湖北省水利志丛书

荆江堤防志

荆州市长江河道管理局 编

 中国水利水电出版社

封面题字：敬正书

责任编辑：李丽艳　刘向杰

图书在版编目（ＣＩＰ）数据

荆江堤防志 / 荆州市长江河道管理局编. -- 北京：
中国水利水电出版社，2012.12
　（湖北省水利志丛书）
　ISBN 978-7-5170-0489-9

　Ⅰ. ①荆… Ⅱ. ①荆… Ⅲ. ①长江－堤防－防洪工程
－概况－荆州市 Ⅳ. ①TV882.2

中国版本图书馆CIP数据核字(2012)第315712号

审图号：GS（2012）2281号

书　　名	湖北省水利志丛书 **荆江堤防志**
作　　者	荆州市长江河道管理局　编
出版发行	中国水利水电出版社 （北京市海淀区玉渊潭南路 1 号 D 座　100038） 网址：www. waterpub. com. cn E - mail：sales@waterpub. com. cn 电话：（010）68367658（发行部）
经　　售	北京科水图书销售中心（零售） 电话：（010）88383994、63202643、68545874 全国各地新华书店和相关出版物销售网点
排　　版	中国水利水电出版社微机排版中心
印　　刷	北京佳信达欣艺术印刷有限公司
规　　格	210mm×285mm　16 开本　59.5 印张　1824 千字　6 插页
版　　次	2012 年 12 月第 1 版　2012 年 12 月第 1 次印刷
印　　数	0001—5500 册
定　　价	**298.00 元**

《荆江堤防志》编纂委员会

主　　任：秦明福

副 主 任：曹　辉　　王建成　　张昌荣　　陈东平　　郑文洋

　　　　　王梦力　　罗运山　　杨明琛　　杨维明　　龚天兆

委　　员：（以姓氏笔画为序）

　　　　　王国志　　王铁卿　　方绍清　　邓　剑　　申晓梅

　　　　　李传玉　　李建波　　朱常平　　刘义成　　刘世文

　　　　　刘绍虎　　杨　兵　　吴银安　　沈功高　　张凡凯

　　　　　张卫军　　张生鹏　　张守雄　　张根喜　　陈永华

　　　　　陈国太　　罗麟斌　　周晓进　　赵正福　　赵守成

　　　　　贾维强　　夏卫兵　　倪苏河　　黄生辉　　黄厚斌

　　　　　龚江红　　蒋彩虹　　魏立鹏

编纂顾问：易光曙　　李建国

主　　编：王建成

副 主 编：陈江海　　白超美　　许宏雷

编撰人员：王建成　　陈江海　　白超美　　许宏雷

资　　料：曾凡义　　杨泗浩　　李道芳

《荆江堤防志》评审委员会

　　1958年3月29日，毛泽东乘"江峡轮"巡视荆江大堤，并听取中共荆州地委第二书记陈明（右一）的汇报，详细询问荆江堤防情况

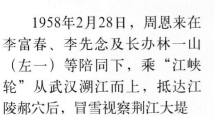

　　1958年2月28日，周恩来在李富春、李先念及长办林一山（左一）等陪同下，乘"江峡轮"从武汉溯江而上，抵达江陵郝穴后，冒雪视察荆江大堤

　　1965年5月，董必武在湖北省省长张体学等陪同下视察荆江分洪工程及荆江大堤

　　1980年7月，邓小平在中共湖北省委第一书记陈丕显陪同下考察三峡时，详细了解荆江防洪问题

1988年4月26日，李先念视察荆江大堤

1988年10月，杨尚昆视察荆江大堤观音矶

鸟瞰荆江大堤

防护林、管养用房

洪湖城区堤防

荆江分洪工程进洪闸——北闸

荆江分洪工程节制闸——南闸

堤防管养组——荆江大堤闵家潭

堤防护岸工程

堤防拦车卡

砂石料仓

荆州长江防洪工程位置图

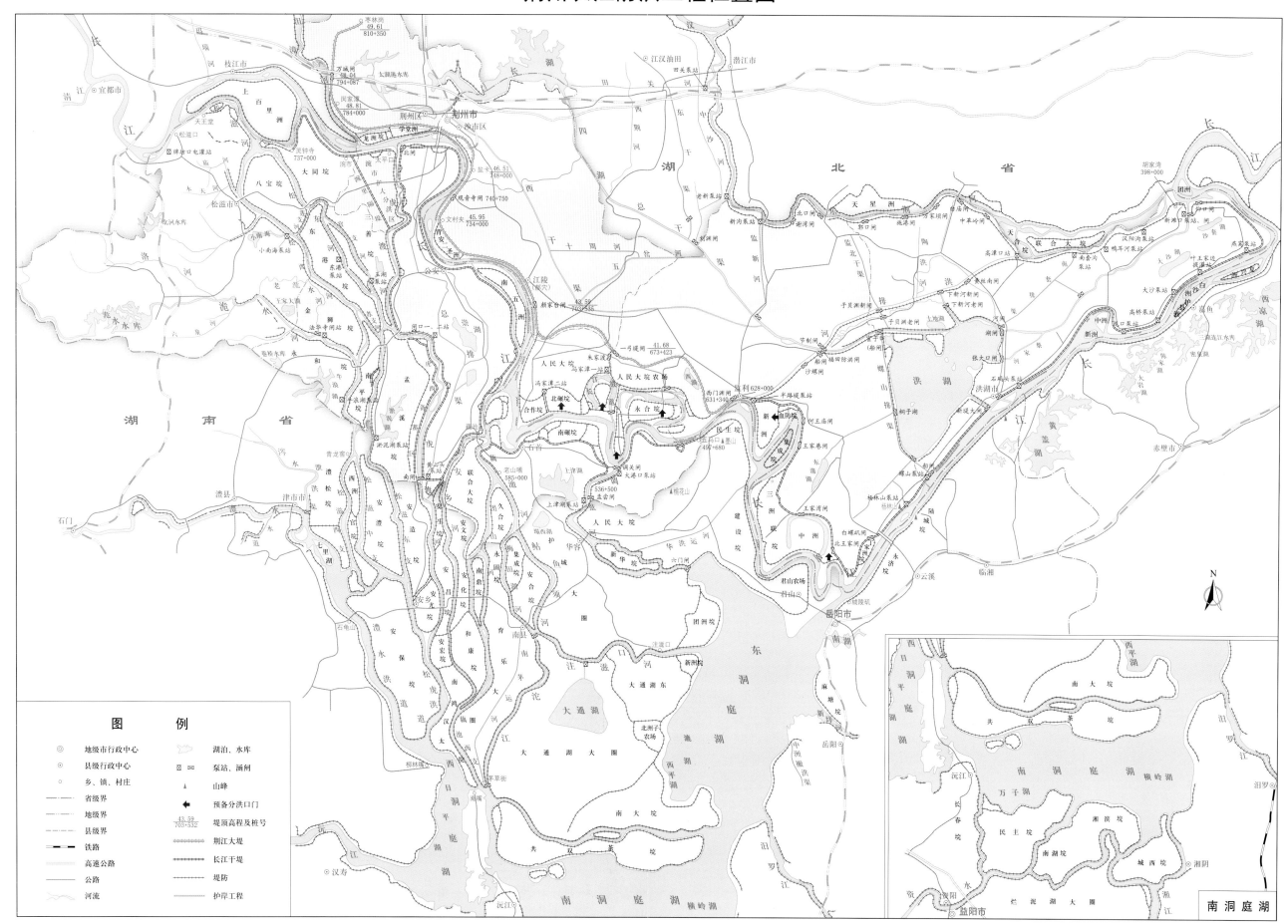

序 一

万里长江，险在荆江。荆江地处长江中游，上起湖北枝城，下迄湖南城陵矶，全长347千米。长江枝城以上河道为诸山所束，水流湍急。奔腾的江水劈开群山，以汹涌澎湃之势直泻荆江——"山随平野尽，江入大荒流"，山原分野，江宽水阔，流速减缓，江洪滞流；至下荆江，河道九曲回肠，泥沙淤积，河床抬高。汛期水位超出堤内地面数米乃至十几米，遥观江轮犹航行楼顶，江堤危如累卵。堤后是沃野千里的江汉平原、洞庭湖平原，民居稠密，城镇棋布，物华天宝，财源丰茂。荆江孕育了光辉灿烂的荆楚文化，成为哺育两湖人民的"母亲河"，同时荆江水患也给两岸人民带来深重灾难。治理荆江、平波安澜成为两岸人民世世代代的企盼。

自荆江形成统一河床后，两岸人民为发展农业生产，开始修筑堤垸，束水归漕，著名的荆江大堤，肇于晋，扩于宋，连于明，固于今，已有1600余年历史。新中国成立以前，历代统治者视民生如草芥，敷衍水务，疏于河工，致使荆江堤防千疮百孔，度汛堪忧。特别是国民党统治时期，吏治腐败，战乱频仍，政府官员视岁修为"肥缺"，以治水为名中饱私囊，造成"官肥堤瘦"。民国时期荆江洪灾发生频率和灾害损失居历朝历代之最，常现两年一溃或一年一溃，甚至出现一年两溃或多溃的灭顶之灾。1935年水灾，江湖难辨，水天一色，云水相连，江汉平原千里黄涛，良田禾稼尽沉波底，庐舍家财倾毁一空，人丁六畜随水漂流，民众不溺毙于水者，亦多困亡于饥，竟至有"人剖人而食"的惨剧，"长叹息以掩涕兮，哀民生之多艰"。

新中国成立后，党和政府为民造福，领导荆江两岸人民学大禹治水，效愚公移山，风餐露宿，披星戴月，肩挑背扛，垒土筑堤，抵御洪水。为保荆江大堤安全，1952年，中央人民政府直接指挥，集30余万军民，以75天时间建成宏大的荆江分洪工程，成功抗御1954年特大洪水。20世纪六七十年代，党和政府继续加固荆江大堤，提高防洪标准；对下荆江蜿蜒的河道实施裁弯取直，使荆江行洪通畅；修建洪湖分蓄洪工程，扩大分洪量，缓解防洪压力。改革开放后，为增强荆江地区防御特大洪水灾害的综合能力，党和政府继续加强荆江堤防建设、长江支流水利工程建设、生态环境建设、分蓄洪区安全设施建设和农田水利配套体系建设。1998年长江全流域大洪水之后，国家斥巨资对荆江堤防工程进行了规模空前的加固整治，堤防抗洪能力显著增强。与此同时，党和政府以伟大的气魄，兴建了规模巨大的长江三峡水利枢纽工程，"高峡出平湖"，极大增强了荆江的抗洪能力。

我生长并长期工作于荆州水乡，1983—1993年任荆州地委领导职务达十年之久，与荆州和荆江防汛抗洪结下不解之缘，荆江防洪保安总让我"如履薄冰、如临深渊"，不敢丝毫懈怠。每年冬春岁修，到施工现场与干部、群众一起研究工程建设；每年汛期，领导班子成员和我都要到防汛抗洪第一线，与干部群众一起战斗。到省里工作后，负责农业和水利工作，更加关注荆江防汛抗洪和堤防建设，特别是1998年汛期，我协助省委主要领导指挥抗洪，那些惊心动魄的日日夜夜让我刻骨铭心。

如今，荆江堤防已成为一道坚固的防洪屏障，同时也是一道亮丽的风景线，特别是荆江大堤被誉为"中华第一堤"，三峡工程防洪效益十分明显。这些浩大工程的建设，充分体现了中国共产党全心全意为人民服务的根本宗旨，充分体现了中华民族和中国人民强大的凝聚力和战斗力，充分体现了社会主义制度集中力量办大事的巨大优越性。

如今，荆江抗洪能力显著增强，但河道安全泄量与上游巨大来量不相适应的根本矛盾仍然存在，1870年长江枝城流量约11万立方米每秒，而1998年只有6.88万多立方米每秒，远未达到历史最大流量。而且，荆江防洪设施隐患尚存，特别是河床深切、崩岸增多的新险令人担忧。我辈应以古为鉴，居安思危，警钟长鸣，常备不懈。必须加强堤防工程科学管理，科学调度三峡水库的水量，实行分蓄洪工程合理调蓄，采取有力的综合措施，确保荆江安澜，永远造福人民。

盛世传志，志传盛世。荆州长江河道人凝聚心血与汗水，春秋几度，数易其稿，编纂了《荆江堤防志》。欣阅这部洋洋近二百万言、图文并茂的鸿篇巨制，掩卷沉思，心潮澎湃，深感这部志书特色鲜明，融史实性、思想性、可读性于一体，算得上是一部可以藏之名山、传之后世的好书。第一，史实性较强。大量翔实的史料尽囊其中，并发掘了不少新史料，由本书最新问世。第二，主体史料来自档案资料和新的研究成果，具有权威性。第三，思想性较强。虽为史志书，但并不拘泥于铺陈史实，而是史中含论，论中有叙，史论结合。一是完整记录了荆江两岸人民与洪水进行不屈不挠斗争、不断推进荆江堤防建设的基本历程；二是深刻反映了党和政府领导人民在治理水害、实现水利方面所探求并且掌握的基本规律；三是系统总结了数十年来党和政府加强荆江堤防建设与管理的基本经验；四是充分讴歌了广大干部群众在荆江堤防建设和防汛抗洪斗争中所展现出来的包括抗洪精神在内的基本精神。第四，可读性较强。一是体现历史崇高壮美；二是文字记叙生动流畅；三是版式设计匠心独具。

《荆江堤防志》付梓之际，编纂者希望我写几句话，我先睹为快，读后有感，是以为序。

十一届全国政协提案委员会副主任　王生铁

湖北省政协原主席　2012年4月于武昌

序　二

　　"万里长江，险在荆江。"我曾多次到过荆江，荆江的防洪安全总在心头，让我常有戒慎恐惧之感。翻阅一部洋洋一百八十余万言的《荆江堤防志》，涛声、号子声犹然在耳，仿佛汛情、险情和万众一心、众志成城的抗洪情景栩栩再现……

　　长江是我国第一大河，孕育了光辉灿烂的中华文明。古往今来，多少仁人志士、文人墨客为之魂牵梦绕、倾倒膜拜，数不清的英雄豪杰、风流人物临水抒怀、祈愿明志。然而，随着两岸经济社会的发展，原本自然的长江利害相间而来，洪水灾害频繁而严重。据史料记载，从汉代迄今的 2000 多年中，就曾发生大小洪灾 200 余次，而这些洪水大多给荆江地区造成了严重损失或影响，尤其是 19 世纪下半叶，两次特大洪水彻底改变了荆江防洪态势。为砥定中流，前人曾提出不少治理荆江的方略与主张，但在当时的条件下，都难以做到基于长江针对荆江的全面保护、综合治理、科学利用。

　　新中国成立后，长江流域的水利建设得到历代党和国家领导人的高度重视，长江的治理与利用和流域的开发与保护翻开了崭新的一页。1990 年，长江水利委员会补充修订的《长江流域综合利用规划简要报告》经国务院批准，成为长江流域综合开发利用、保护水资源和防治水害的基本依据。数十年来，国家和地方各级政府投入巨大人力、物力和财力，对长江进行了大规模的开发利用与保护。尤其是 '98 大水后，长江河道疏浚清障、沿江堤防加高加固、退田还湖涵养水土以及三峡工程的建设运行、南水北调工程的实施等一项项德政工程、一桩桩民生工程都取得了举世瞩目的成就。与此同时，荆江河段也得到了有效治理，防洪能力有了明显提高。

　　2011 年，中共中央、国务院下发了《中共中央　国务院关于加快水利改革发展的决定》的一号文件，并于同年召开了中央水利工作会议，标志着长江流域保护与利用进入了又一个新的历史时期。如今，新编制的《长江流域综合规划》对新时期流域治理、开发、保护和管理提出了新的要求，更加强调以人为本、人水和谐的科学理念，制定了水资源综合、高效、可持续利用和维护健康长江的总体目标。这就是说，荆江河段乃至长江的水利建设虽然取得了伟大成就，但综合治理、科学保护仍任重道远。

　　《荆江堤防志》的编纂者们于浩繁的典籍史料中探幽寻微，钩沉拾遗，以科学求实的态度，追古寻今，汇江湖演变于帙间，集历史经验于笔端，翔实记述了荆江地区的治水实践和发展历程，真实客观地编录了荆江河段水利建设的经纬与现实，他们辛劳不辍，从卷中可窥见一斑，故谨以此贺之为序。

水利部副部长　刘宁

2012 年 6 月 26 日

序　三

　　湖北是水利大省，亦是水患大省，境内长江、汉江和众多中小河流纵横交错，水患尤以荆江地区为甚。历史上，长江每次大水，荆江地区堤防十之八九非漫即溃，给荆江地区人民带来深重灾难。故前人曾有"湖北政治之要，首在江防；江防之要，尤在万城一堤"之说。数千年来，为了求生存、谋发展，与洪患殊死抗争的恢弘活剧在荆江地区不断演绎，一部荆江地区经济社会发展史，即是与洪患不息抗争的战斗史。故民谚云："荆江安澜，两湖丰稔。"

　　荆江地区的治水活动可上溯至春秋战国时期，历史悠久，成果和经验十分丰富；特别是新中国建立后，党和政府从广大人民群众的根本利益出发，高度重视水利事业的发展，中央实施的第一项大规模防洪基本建设工程便是在荆江地区兴建荆江分洪工程和加固荆江大堤。在中央和省委、省政府的领导下，荆江儿女筚路蓝缕，开展了持续不断的、大规模的河道堤防建设，创建了辉煌的业绩，尤其是'98大水之后，国家投巨资整治长江河道，修建堤防工程，从而使荆江地区的整体抗洪能力显著提高；三峡工程兴建并投入运行后，荆江安澜的千年企盼成为现实，荆江地区人民甚感庆幸。

　　多年来，荆江地区人民在治水实践中不断总结出新的经验，从而大大丰富了治水实践的内容。历史上，除荆江大堤史有专载外，尚无较全面、系统地记载荆江地区河道堤防事业发展的专史或专志，因而弥补这个缺憾是荆江治水人的夙愿，也是一件十分有意义的事情。

　　盛世修志。而今，中华民族已踏上全面复兴的伟大征程。纂史志以慰先民、晓更迭、励吾辈、惠子孙、知兴衰、观发展正当其时。《荆江堤防志》的编纂者在批判继承的基础上，史海探微，集旧推新，以科学求实的态度，真实客观地记述了荆江地区的治水历史、河道堤防工程的历史和现状，总结了历代治水经验和教训，内容广博，纵贯古今，汇荆江地区数千年水事沧桑于帙卷中。它的出版，不仅可使当今水利工作者从中得到启示，引为借鉴，亦可为后世留下宝贵的治水经验，善莫大焉，惠莫远矣。

　　值《荆江堤防志》付梓之际，编纂者嘱我写几句话，略书数语，以为序。

湖北省人民政府副省长　赵　斌

2012 年 3 月 4 日

序　四

　　万里长江汇细流，纳巨川，劈群山，浩浩西来。出三峡后，雄视沃野，以高屋建瓴之势进入江流壮阔、平野无垠的两湖平原，此河段即谓"荆江"。

　　荆江两岸，江河纵横，湖泊密布，水备江河之利，地蕴云梦之饶。谚云："荆江安澜，两湖丰稔。"然水能载舟，亦能覆舟。自古长江中下游多洪患，尤以荆江为甚。荆江河道蜿蜒曲折，江流不畅，难承云岭乌峡来水，故有"万里长江险在荆江"之说。

　　荆楚先民为求生存谋发展，很早就沿江择高阜筑堤御水，与洪水抗争的恢弘活剧在荆江演绎了数千年。新中国成立后，党和人民政府率荆楚儿女，立精卫之志，效愚公之法，筑长堤以御洪患，疏河道以除渍涝，建水库以蓄甘泉，兴闸站以畅排灌，劈蓄洪区滞纳洪水，水害遂变水利。莽莽江汉，岁岁得以安澜；荆楚大地，处处祥和升平。

　　所以纂《荆江堤防志》，以慰先民，励吾辈，谕子孙。堤志编纂者，史海探微，寻本溯源，集旧推新，存实求真，汇荆江沧桑水事于帙卷，填补了荆江地区乃至湖北无综合性堤防志书之缺憾，惠莫大焉。

　　值此志书付梓之时，记数笔以为序。亦深感治水兴利之任重道远。

湖北省水利厅厅长　张柱

2012 年 5 月

序　五

　　"山随平野尽，江入大荒流。"浩浩长江越险阻、出三峡、入平原，汹涌澎湃，奔腾不息，在荆楚大地蜿蜒盘旋，养育了勤劳智慧的荆楚儿女，见证了水乡泽国的沧桑巨变，孕育了光辉灿烂的荆楚文明。雄浑壮丽的荆江，是荆州之韵、荆州之灵、荆州之魂。

　　"万里长江，险在荆江。"如何治理荆江、平波安澜、造福人民，如何相依相存、促进人水和谐，自古以来就是一代又一代荆州人民面临的共同命题。新中国成立后，党中央、国务院和省委、省政府高瞻远瞩、科学决策，集中人力、物力、财力，全面建设荆江防洪工程，先后多次解除洪水威胁，特别是战胜1954年百年一遇特大洪水和1998年全流域型大洪水，将洪灾损失降到最低限度。荆江防洪工程为保障江汉平原人民群众的生命财产安全和经济社会发展发挥了巨大作用。忆往昔，长江堤防低矮单薄、隐患丛丛、危如累卵，让人如履薄冰、胆战心惊；看今朝，两道御水"长城"巍峨蜿蜒、岿然屹立，成为抵御洪水、守护荆州的坚固屏障。它以宽厚的肩膀，让源源不断的长江水为荆州发展增添活力，带来灵气，送来商机，勾勒出一幅人水相亲、人水共生、人水和谐的生动画面。

　　"盛世修志，志载盛世。"新中国成立以来，各县市区相继出版辖区水利堤防志书，但全市尚无一本详细记载荆江堤防演变发展的综合志书。《荆江堤防志》客观记载了千百年来荆江堤防发展演变进程，真实记录了荆州长江堤防建设与管理者数十年来的建设管理成果，科学总结了千百年来荆楚人民战胜洪水灾害变水患为水利的经验与教训。此志的成书，极大地丰富了荆州治水文化的内涵，弥补了以往荆州堤防志书的缺憾，对于研究荆州治水历史、传承治水文化、服务水利建设、促进经济社会发展具有十分重大的意义。

　　志书付梓，令人欣喜。《荆江堤防志》编纂历时五载，洋洋一百八十余万言，堪称鸿篇巨制、传世之作，凝聚了长江河道人的智慧和汗水。我相信，随着时光的流逝，《荆江堤防志》的价值将不断凸显，历久弥珍，必将成为一座丰富的知识宝藏和一笔重要的文化财富。借此机会，谨向参与编纂的各位专家、学者和工作人员表示敬意，对《荆江堤防志》的问世诚表衷心祝贺！

荆州市人民政府市长　李建明

2012年7月于荆州

序 六

志传盛世，志载千秋。

为全面、系统、真实、科学地反映荆州长江堤防建设管理的历史与现状、经验与教训，荆州市长江河道管理局凝聚全系统河道堤防人的智慧和力量，历时春秋五载，编纂了这部严谨翔实的河道堤防专志。

编纂堤防志，是传承荆州治水历史优良传统，记述荆州河道堤防沿革变迁的一项基础性工程，也是全面反映新中国成立以来特别是'98大水后堤防建设伟大成就，全面推进河道堤防事业可持续发展的一项十分重要的工作，具有借鉴历史、服务当代、泽被后世的重要意义。

存史修志，是我们长江河道堤防人的文化传统，也是堤防建设管理工作的重要组成部分。编纂好这部志书的现实和历史意义，赋予我们强烈的历史责任感和现实使命感，通过我们的努力，挖掘和再现荆州长江堤防的历史沉淀和时代辉煌，旨在为荆州长江河道堤防事业留下一笔宝贵的精神财富。

荆州治水，源远流长，经验丰富，成就巨大。一部荆州发展史同时也是一部荆楚儿女治水史。千百年来，留下了无数治水史籍，特别是改革开放以来，经过河道堤防人不懈努力，先后有《荆江大堤志》、《江陵堤防志》、《沙市水利堤防志》、《监利堤防志》等问世，河道堤防志书编纂工作成果丰硕。遗憾的是，荆江地区长江河道堤防的历史与现状，至今尚无一部专志予以全面、系统、准确的记载。大量珍贵的水利史料，或被岁月的河流所冲逝，或被浩如烟海的史籍典章所湮没，世人难觅荆楚人民治水的历史全貌。所以，系统地收集、整理、编纂出版《荆江堤防志》，对我们而言，是历史和时代的要求，是传承九八抗洪精神，弘扬水文化的要求，也是在传统"存史、资治、教化"的基础上，为新时期荆州河道堤防建设乃至荆州社会经济发展，提供可靠的历史借鉴和决策依据，同时又是一项认识过去、服务现在、惠及后人、功德无量的善举。编纂《荆江堤防志》，可以全面、客观、真实地反映新中国成立以来，特别是'98大水后治理荆江的历史全貌，可以使人感悟荆州河道堤防人"敬业、进取、求是、奉献"的行业精神和克难奋进、坚忍不拔、敢为人先、开拓创新的时代风貌，从而使我们更加坚定理想信念，沿着河道堤防事业可持续发展的道路奋勇前进。

"治国者以史为鉴，治郡者以志为鉴。"作为记载荆楚儿女筚路蓝缕变水患为水利的史籍，《荆江堤防志》为科学建设平安堤防、生态堤防、和谐堤防、现代堤防、法制堤防和可持续发展堤防提供了借鉴，可以帮助各级领导充分认识荆州治水历史与现状，加深对荆州河道堤防事业重要性及其规律的认识，提高驾驭河道堤防建设管理全局的能力，为科学治水、防洪保安、创建人水和谐的愿景和今后防大汛、抗大灾提供重要史料依据，必将在服务河道堤防事业和两湖平原经济社会发展中显现不可替代的作用。

《荆江堤防志》的问世，是各级领导关心重视、有关部门和单位大力支持的结果，也是河道堤防人集体智慧的结晶。志书编纂人员五年如一日，焚膏继晷，兀兀穷年，付出了心血与汗水，终于完成了荆州长江堤防史上具有里程碑意义的一件大事。值本书付梓之际，对一直关心本志书的各位领导、同仁以及社会各界人士表示衷心的感谢。

荆州市长江河道管理局局长　秦丽福

2012 年 7 月

前　言

　　荆江，以其流经荆州辖境而得名，长江荆州河段因而别称荆江。唐中期戎昱诗作中已有荆江之称谓。此后，人们将长江流经荆州境内的河段俗称荆江。新中国成立后，水利部长江流域规划办公室1988年编制的《长江流域综合利用规划要点报告》（修订本）中记述："枝城至城陵矶河段为著名的荆江。"荆江名称来源，一是地域属性，二是河流特性。为避免误解，本志在记述长江河道情形时，将今荆江河段、城陵矶至新滩口河段合称荆州河段。

　　荆江地区是长江中游遭受洪水威胁最为严重的地区。自古及今，堤防是保护荆江地区经济社会发展不可替代的工程和防护屏障。荆江地区筑堤御洪历史悠久，记载堤防形成与发展，总结治水经验与教训的志书，清代、民国时期有《荆州万城堤志》等6部志书传世；新中国成立后，先后有《荆江大堤志》、《监利堤防志》等新志问世，但这些志书仅记载了部分堤段的形成与发展历史。为此，荆州市长江河道管理局几经研究，议定编纂一部堤防工程专志，期望能全面系统地反映荆州河段河道、堤防形成与发展的历史，主要记载荆江地区堤防的沿革与发展及治理荆江的经验与教训，以填补此前志书之缺憾。为尊重历史与现实，志书定名《荆江堤防志》，这是清代《荆州万城堤防志》、民国时期《荆江堤志》和新中国成立后《荆江大堤志》的延续，也是修志文化的历史传承。

　　1998年长江大水后，国家斥巨资大规模地加高加固荆江地区堤防。为了真实客观反映这一时期荆江地区空前的堤防建设情况及其管理模式、施工方式的变革等，本志专设"堤防工程基本建设"章予以记载，以别于多年来的堤防岁修工程。

　　在本志编撰过程中，我们搜集了大量史料典籍，力求去芜存精，求真辨实，并将当今对荆江河道、荆江地区堤防研究的新成果用于志书中。编纂本志，旨在反映荆江地区所有堤防形成与发展的历史全貌，存史资治，为江汉平原、洞庭湖平原经济社会发展，尤其是为荆州市经济社会发展提供防洪决策依据，为今后治理荆江、综合利用荆江提供借鉴，并为河道堤防工作者提供一部工具书和参考文献。

编　者

2012年6月

凡　　例

一、《荆江堤防志》以马克思列宁主义、毛泽东思想、邓小平理论、"三个代表"重要思想和科学发展观为指导，坚持辩证唯物主义和历史唯物主义的立场、观点和方法，实事求是，力求完整、准确地记载荆州市长江堤防历史与现状，突出地方性、资料性和科学性。

二、时间断限，为反映堤防的历史沿革，全志取统合古今、立足当代的角度编纂，记述年代上限追溯至荆州堤防发端，但以 1949 年后的事项为记载重点，下限止于 2010 年，个别重大事项酌情后延。

三、记载范围以荆州市所辖荆州区、沙市区、江陵县、监利县、洪湖市、松滋市、公安县、石首市的长江及支流河道和堤防为主，旁及与荆江相联系的河湖；历史上所管辖和已划出的县市河道、堤防，酌记其重要事项。全书按堤防等级和江左、江右记事，力求彰显荆州堤防的特点。因管辖的堤段较多，为便于理解和阅读计，可在相应位置标注其名称含义和地段方位。

四、全志结构采用章节体，以章横分门类，节、目划分层次。节下以一、二、三标称，其下子目、细目视需要依次增加（一）、1、（1）等层次，实体层次用黑体字标称，文内须列序号的事项用①、②、③标称。全志节下内容有互见者，用括注提示。

五、体裁采用述、记、志、传、图、表、录七体。以概述居首，撮著地质地貌、河道、堤防建设、堤政管理、防汛抢险、防洪综合治理等大要；各章设"无题序"，节下一般设简要导言，以述大义；正文内辅以图、照片、表，均以章列序号，先进单位随文以表附见；引文、释意可随文括注或文后注；特设重要文献章，以载当代党和国家领导人及国务院、国家防汛抗旱总指挥部、水利部等关于荆江治理、防汛抗洪的重大决策、指示和文件；大事记以编年体结合纪事本末体记事；附录收录学者研究荆江的重要著述。

六、人物生不立传。立传人物以本籍为主，酌收客籍，着重记其与治水、防汛情事相关者，以卒年为序排列。在世人物事迹以事系人记入相关章节，先进人物则以表收录。本志所记人物，当代人物一般直书其名，必要时酌加职务；历史人物原则上在姓名前冠职务。

七、采用现代汉语记述文体，引文照旧。文内标点符号、数据均按国家出版物规定书写。全书行文规范以 2010 年《湖北省第二届省、市（州）、县（市、区）三级地方志书编纂行文规则（修订稿）》为准。文中涉及国家和各级单位第一次出现时用全称，此后酌用简称，如中华人民共和国建立前（后）简称"建国前（后）"，国家防汛抗旱总指挥部简称"国家防总"，水利电力部简称"水电部"，长江流域规划办公室简称"长办"，长江水利委员会简称"长江委"，中国共产党湖北省委员会、湖北省人民政府简称"省委"、"省政府"，中国共产党荆州市委员会、荆州市人民政府简称"市委"、"市政府"，中国共产党荆州市长江河道管理局委员会简称"局党委"，荆州市长江河道管理局简称"市河道局"等，以免繁复。文内涉及历代政府、官员和地名的称谓时，一律沿用旧称。鉴于今昔地名不同，为便于阅读，可括注今名，并在书末附有"地名桩号对照表"。

八、纪年，中华民国及清代以前各朝代采用历史纪年，括注公元纪年。中华人民共和国成立后采用公元纪年。公元纪年用阿拉伯数字书写。时代划分，公元 1840 年前称古代，1840 年至 1949 年称近代，1949 年中华人民共和国成立后称当代。如用年代代表时间，则在其前标明世纪，如 20 世纪 80 年代。

九、度量衡，1949 年以前及引文使用旧制，此后采用国家法定计量单位，如平方米、立方米、千克、千米、平方千米、立方米每秒、吨，表格中用 m²、m³、kg、km、km²、m³/s、t 等。但在行文中如影响文字表述，按省规定，面积仍可用亩。社会、经济数据以荆州市统计局公布者为准，河道堤防数据以水文、河道堤防等部门实测数据为准，历史数据以文献记载为准。地面及水位高程，一般使用"冻结吴淞"高程，少数使用"黄海"高程，并视其需要括注。桩号为表示堤段长度和位置的里程碑，"＋"号前为千米数，其后为米数。

十、全志史料来源于《长江志》、《湖北水利志》、《荆州府志》、《荆州地区志》及新旧县志、新旧堤防志、《荆州抗洪志》、史籍图书、水利河道科技论著、市河道局档案，以及各业务科室、各县（市、区）河道分局、荆南三个支民堤管理总段和抗洪部队及可靠口碑，均经审核后采用，重要者注明出处；如有几说不易取舍者，则并存。因搜集和各分局报来的资料多寡不一，对各章节篇幅的平衡略有影响。

目　录

序一

序二

序三

序四

序五

序六

前言

凡例

概述 …………………………………………………………………………………………… 1

第一章　长江河道 ……………………………………………………………………………… 10

　第一节　河道概况 …………………………………………………………………………… 10

　　一、河道形态 …………………………………………………………………………… 10

　　二、地质地貌 …………………………………………………………………………… 13

　　三、河床边界条件 ……………………………………………………………………… 16

　　四、河段现状 …………………………………………………………………………… 16

　　五、沿江洲滩 …………………………………………………………………………… 24

　第二节　河道形成与演变 …………………………………………………………………… 27

　　一、荆江统一河床塑造过程 …………………………………………………………… 27

　　二、下荆江蜿蜒河型发育过程 ………………………………………………………… 31

　　三、城陵矶至新滩口河段发育过程 …………………………………………………… 33

　　四、河道变迁 …………………………………………………………………………… 38

　第三节　古穴口水系 ………………………………………………………………………… 45

　　一、古穴口 ……………………………………………………………………………… 45

　　二、古水系 ……………………………………………………………………………… 50

　第四节　汇流与分流 ………………………………………………………………………… 53

　　一、沮漳河 ……………………………………………………………………………… 53

　　二、东荆河 ……………………………………………………………………………… 55

　　三、清江 ………………………………………………………………………………… 56

　　四、松滋河 ……………………………………………………………………………… 58

　　五、虎渡河 ……………………………………………………………………………… 60

　　六、藕池河 ……………………………………………………………………………… 63

　　七、调弦河 ……………………………………………………………………………… 66

　　八、洞庭湖 ……………………………………………………………………………… 67

　第五节　水文泥沙特征 ……………………………………………………………………… 71

　　一、径流 ………………………………………………………………………………… 72

二、水位 ……………………………………………………………… 76

三、泥沙特征 ………………………………………………………… 78

四、泥沙输移对洪水的影响 ………………………………………… 82

第六节 江湖关系 ……………………………………………………… 89

一、江湖演变 ………………………………………………………… 90

二、三峡工程运行前后荆州河段分流分沙变化 …………………… 93

第七节 长江洪水 ……………………………………………………… 94

一、洪水特征 ………………………………………………………… 95

二、历史大水年份 …………………………………………………… 99

第八节 决溢灾害 ……………………………………………………… 102

第二章 堤防工程沿革 ……………………………………………… 130

第一节 荆江大堤 …………………………………………………… 131

第二节 长江干堤 …………………………………………………… 140

一、江左干堤 ………………………………………………………… 140

二、江右干堤 ………………………………………………………… 147

三、江右分洪区干堤 ………………………………………………… 154

第三节 连江支堤 …………………………………………………… 156

一、松滋河堤 ………………………………………………………… 156

二、虎渡河堤 ………………………………………………………… 158

三、藕池河堤 ………………………………………………………… 159

四、调弦河堤 ………………………………………………………… 160

第四节 民垸堤 ……………………………………………………… 163

一、民垸兴废 ………………………………………………………… 163

二、重要民垸 ………………………………………………………… 163

第五节 险工险段 …………………………………………………… 172

一、荆江大堤险工险段 ……………………………………………… 172

二、长江干堤险工险段 ……………………………………………… 177

三、连江支堤险工险段 ……………………………………………… 186

第六节 防护工程 …………………………………………………… 189

一、护坡护岸工程 …………………………………………………… 190

二、历史矶头驳岸 …………………………………………………… 193

三、防护林 …………………………………………………………… 195

第七节 涵闸泵站 …………………………………………………… 199

一、建国前涵闸 ……………………………………………………… 199

二、建国后涵闸泵站 ………………………………………………… 200

第三章 堤防工程岁修 ……………………………………………… 219

第一节 荆江大堤培修与整险 ……………………………………… 219

一、堤身加培 ………………………………………………………… 219

二、险情治理 ………………………………………………………… 223

三、重点险段整治 …………………………………………………… 227

四、施工及管理 ……………………………………………………… 231

第二节 江左干堤培修与整险 ……………………………………… 233

　　　　一、堤身加培 ……………………………………………………… 234

　　　　二、险情治理 ……………………………………………………… 238

　　　　三、重点险段整治 ………………………………………………… 242

　　第三节　江右干堤培修与整险 …………………………………………… 245

　　　　一、堤身加培 ……………………………………………………… 245

　　　　二、险情治理 ……………………………………………………… 256

　　　　三、重点险段整治 ………………………………………………… 259

　　第四节　江右分洪区干堤培修与整险 …………………………………… 262

　　　　一、南线大堤 ……………………………………………………… 262

　　　　二、虎东干堤 ……………………………………………………… 263

　　　　三、虎西干堤 ……………………………………………………… 263

　　　　四、浣里隔堤 ……………………………………………………… 263

　　　　五、虎西山岗堤 …………………………………………………… 264

　　　　六、北闸拦淤堤 …………………………………………………… 264

　　　　七、安全区围堤 …………………………………………………… 264

　　第五节　连江支堤培修与整险 …………………………………………… 264

　　　　一、松滋河堤 ……………………………………………………… 265

　　　　二、虎渡河堤 ……………………………………………………… 267

　　　　三、藕池河堤 ……………………………………………………… 267

　　　　四、调弦河堤 ……………………………………………………… 268

第四章　堤防工程基本建设 ……………………………………………………… 277

　　第一节　荆江大堤加固工程 ……………………………………………… 277

　　　　一、一期加固工程 ………………………………………………… 277

　　　　二、续建工程建设项目 …………………………………………… 279

　　　　三、续建工程设计标准 …………………………………………… 280

　　　　四、培修加固 ……………………………………………………… 282

　　　　五、险段整治工程 ………………………………………………… 285

　　　　六、涵闸整险加固 ………………………………………………… 289

　　　　七、竣工验收 ……………………………………………………… 290

　　第二节　南线大堤加固工程 ……………………………………………… 293

　　　　一、建设项目及设计标准 ………………………………………… 293

　　　　二、培修加固 ……………………………………………………… 294

　　　　三、险情整治 ……………………………………………………… 297

　　　　四、涵闸整险加固 ………………………………………………… 299

　　　　五、竣工验收 ……………………………………………………… 301

　　第三节　松滋江堤加高加固工程 ………………………………………… 302

　　　　一、建设缘由 ……………………………………………………… 302

　　　　二、建设项目 ……………………………………………………… 303

　　　　三、设计标准 ……………………………………………………… 304

　　　　四、培修加固 ……………………………………………………… 305

　　　　五、险情整治 ……………………………………………………… 308

　　　　六、涵闸整险加固 ………………………………………………… 309

　　　　七、竣工验收 ……………………………………………………… 310

第四节　荆南长江干堤加固工程 …………………………………………………… 311

一、建设缘由 ………………………………………………………………………… 311

二、建设项目 ………………………………………………………………………… 312

三、设计标准 ………………………………………………………………………… 313

四、培修加固 ………………………………………………………………………… 314

五、险情整治 ………………………………………………………………………… 318

六、涵闸整险加固 …………………………………………………………………… 320

七、竣工验收 ………………………………………………………………………… 323

第五节　洪湖监利长江干堤整治加固工程 ………………………………………… 324

一、建设项目 ………………………………………………………………………… 324

二、设计标准 ………………………………………………………………………… 325

三、培修加固 ………………………………………………………………………… 326

四、险情整治 ………………………………………………………………………… 328

五、涵闸整治加固 …………………………………………………………………… 331

六、竣工验收 ………………………………………………………………………… 333

第六节　湖北省洞庭湖区四河（荆南四河）堤防加固工程 ……………………… 335

一、建设缘由 ………………………………………………………………………… 336

二、规划述略 ………………………………………………………………………… 339

三、设计标准 ………………………………………………………………………… 340

四、建设项目 ………………………………………………………………………… 340

五、培修加固 ………………………………………………………………………… 342

六、险情整治 ………………………………………………………………………… 344

七、涵闸整险加固 …………………………………………………………………… 349

第七节　建设管理体制 ……………………………………………………………… 352

一、计划管理体制 …………………………………………………………………… 352

二、"四制"管理模式 ……………………………………………………………… 353

第五章　防洪综合治理 ……………………………………………………………… 400

第一节　治江方略 …………………………………………………………………… 400

一、建国前治江主张 ………………………………………………………………… 400

二、建国后治江方略 ………………………………………………………………… 406

第二节　荆江分洪工程 ……………………………………………………………… 412

一、地理位置 ………………………………………………………………………… 413

二、兴建缘由 ………………………………………………………………………… 413

三、工程规划 ………………………………………………………………………… 413

四、工程建设 ………………………………………………………………………… 414

五、工程设施 ………………………………………………………………………… 416

六、运用效益 ………………………………………………………………………… 421

第三节　洪湖分蓄洪工程 …………………………………………………………… 422

一、兴建缘由 ………………………………………………………………………… 422

二、规划述略 ………………………………………………………………………… 423

三、工程实施 ………………………………………………………………………… 425

四、工程效益 ………………………………………………………………………… 427

第四节　下荆江裁弯 ………………………………………………………………… 427

一、裁弯工程规划 …………………………………………………… 427

二、人工裁弯 ……………………………………………………… 429

三、自然裁弯 ……………………………………………………… 432

四、裁弯对上下游河道影响 ……………………………………… 434

第五节　河势控制工程 ………………………………………………… 434

一、上荆江河道治理 ……………………………………………… 435

二、下荆江河势控制工程 ………………………………………… 442

三、界牌河段整治工程 …………………………………………… 449

四、重点护岸工程 ………………………………………………… 450

第六节　支流河道整治工程 …………………………………………… 462

一、沮漳河整治工程 ……………………………………………… 462

二、东荆河下游改道整治工程 …………………………………… 463

第七节　防洪非工程措施 ……………………………………………… 464

第六章　堤政管理 …………………………………………………………… 467

第一节　管理体制与机构设置 ………………………………………… 467

一、建国前管理机构 ……………………………………………… 467

二、建国后管理体制与机构 ……………………………………… 469

三、堤防军警 ……………………………………………………… 476

第二节　管理法规 ……………………………………………………… 478

一、明清时期法规 ………………………………………………… 478

二、民国时期法规 ………………………………………………… 479

三、建国后法规 …………………………………………………… 479

第三节　堤防工程管理 ………………………………………………… 484

一、桩号设置 ……………………………………………………… 484

二、河道堤防安全管理范围 ……………………………………… 485

三、堤防养护 ……………………………………………………… 486

第四节　涵闸工程管理 ………………………………………………… 493

一、保护范围与涵闸管理 ………………………………………… 493

二、启闭运用 ……………………………………………………… 494

三、管理规程 ……………………………………………………… 495

第五节　防护林管理 …………………………………………………… 495

第六节　河道堤防安全管理 …………………………………………… 497

一、安全范围内工程建设项目管理 ……………………………… 497

二、水政监察 ……………………………………………………… 499

第七节　奖惩 …………………………………………………………… 499

一、奖惩条例 ……………………………………………………… 499

二、奖惩事例 ……………………………………………………… 501

第八节　财务管理 ……………………………………………………… 503

一、财务管理机构及程序 ………………………………………… 503

二、建国前堤防经费来源 ………………………………………… 504

三、建国后历年堤防投资 ………………………………………… 505

四、堤防经费负担政策 …………………………………………… 506

第九节　石料管理 ……………………………………………………… 509

一、开采基地 …………………………………………………………………… 510

二、石料调运 …………………………………………………………………… 511

第十节 堤防综合经营 ………………………………………………………… 512

一、初创阶段 …………………………………………………………………… 512

二、巩固发展阶段 ……………………………………………………………… 512

第七章 防汛抢险 ……………………………………………………………… 527

第一节 防汛方针与任务 ……………………………………………………… 527

一、防汛方针 …………………………………………………………………… 527

二、防汛任务 …………………………………………………………………… 529

三、防汛水位标准 ……………………………………………………………… 530

第二节 防汛法规 ……………………………………………………………… 533

一、明清及民国时期法规 ……………………………………………………… 533

二、建国后防汛法规命令 ……………………………………………………… 535

第三节 防汛机构与劳力 ……………………………………………………… 537

一、建国前防汛机构与劳力 …………………………………………………… 537

二、建国后防汛机构与劳力 …………………………………………………… 538

第四节 汛前准备与汛期防守 ………………………………………………… 543

一、汛前准备 …………………………………………………………………… 543

二、汛期防守 …………………………………………………………………… 546

第五节 水雨情测报 …………………………………………………………… 549

一、建国前水雨情测报 ………………………………………………………… 549

二、建国后水雨情测报 ………………………………………………………… 550

第六节 防汛通信与网络 ……………………………………………………… 552

第七节 建国后大水年份防汛 ………………………………………………… 556

一、1954年防汛 ………………………………………………………………… 557

二、1981年防汛 ………………………………………………………………… 569

三、1996年防汛 ………………………………………………………………… 572

四、1998年防汛 ………………………………………………………………… 577

五、1999年防汛 ………………………………………………………………… 597

第八节 典型险情抢护 ………………………………………………………… 603

一、1954年荆江大堤江陵董家拐（或称齐家堤口）脱坡险情抢护 ………… 603

二、1954年荆江大堤杨家湾内脱坡险情抢护 ………………………………… 604

三、1968年荆江大堤盐卡堤段爆破管涌险情抢护 …………………………… 605

四、1987年荆江大堤观音寺闸灌渠管涌险情抢护 …………………………… 605

五、1996年洪湖长江干堤周家嘴漏洞险情抢护 ……………………………… 606

六、1998年监利南河口管涌险情抢护 ………………………………………… 607

七、1998年监利杨家湾管涌险情抢护 ………………………………………… 608

八、1998年洪湖八十八潭管涌险情抢护 ……………………………………… 609

九、1998年洪湖七家垸漫溃险情抢护 ………………………………………… 610

十、1998年洪湖青山内脱坡险情抢护 ………………………………………… 611

十一、1998年监利长江干堤分洪口内脱坡险情抢护 ………………………… 613

十二、1998年监利长江干堤芦家月浑水洞险情抢护 ………………………… 613

十三、1998年石首市合作垸（天星堡）管涌群险情抢护 …………………… 613

十四、2002 年、2007 年洪湖长江干堤新堤夹崩岸险情抢护 ······················ 614

第九节 溃口、扒口及堵口 ·· 614

一、1954 年监利长江干堤上车湾扒口及堵口 ··························· 615

二、1965 年松滋八宝垸下南宫闸倒塌溃口 ····························· 615

三、1969 年洪湖长江干堤田家口溃口及堵口复堤 ······················ 616

四、1980 年公安黄四嘴溃口 ··· 618

五、1980 年监利三洲联垸溃口 ······································· 619

六、1996 年石首六合垸溃口 ··· 620

七、1998 年公安孟溪垸严家台溃口 ··································· 621

第八章 堤防科技 ··· 635

第一节 防渗研究及运用 ·· 635

一、勘测调查 ·· 635

二、区域地质环境 ·· 636

三、堤基工程地质 ·· 638

四、管涌的产生及控制 ·· 646

五、堤身、堤基防渗工程 ·· 649

第二节 淤填固基 ·· 655

一、荆北放淤工程研究及试验 ······································ 655

二、机械吹填 ·· 657

第三节 护岸研究及施工技术 ·· 664

一、护岸工程与河床演变观测 ······································ 664

二、护岸工程布置 ·· 669

三、岸坡稳定研究 ·· 670

四、护岸施工技术 ·· 671

第四节 防浪林防风消浪研究 ·· 676

一、研究目标 ·· 677

二、研究过程 ·· 677

三、研究特点 ·· 678

四、研究成果 ·· 680

五、研究鉴定结果 ·· 680

第五节 蚁患防治 ·· 681

一、白蚁危害 ·· 681

二、白蚁的生活及活动规律 ·· 682

三、白蚁防治 ·· 683

四、防治机构 ·· 685

第九章 水利艺文·名胜古迹 ··· 696

第一节 文征 ·· 696

一、清雍正、乾隆、道光皇帝旨 ···································· 696

二、文论 ·· 700

第二节 堤防志·序 ·· 711

一、堤防志 ·· 711

二、堤志序选 ·· 714

第三节　碑刻 ·· 719
　一、古代碑刻 ·· 719
　二、近现代碑刻 ·· 726
第四节　诗歌·民谣 ·· 731
　一、古、近代诗词 ·· 731
　二、现代诗赋 ·· 736
　三、民谣 ·· 737
第五节　胜迹 ·· 738
　一、矶、塔、铁牛 ·· 738
　二、亭、楼 ·· 740
第六节　杂记 ·· 741

第十章　重要文献 ·· 748
第一节　党和国家领导人题词、电报、文稿、批文、讲话 ······································ 748
　一、毛泽东题词 ·· 748
　二、周恩来题词 ·· 748
　三、李先念：保卫荆江大堤 ·· 748
　四、李先念：庆祝荆江分洪工程预定计划的完工 ·· 748
　五、邓小平批转林一山报告 ·· 750
第二节　国务院、国家防汛抗旱总指挥部、水利部文件 ·· 751
　一、政务院关于荆江分洪工程的规定 ·· 751
　二、国务院批转水利电力部关于黄河、长江、淮河、永定河防御特大洪水方案报告
　　的通知 ·· 752
　三、国家防汛抗旱总指挥部文件（国汛〔2011〕22号）关于长江洪水调度方案的批复
　　（2011年12月19日） ·· 754
　四、水利部《中国'98大洪水》（节选） ·· 760
第三节　中南区、湖北省委、省水利厅文件 ·· 767
　一、中南军政委员会发布长江沿岸护堤规约 ··· 767
　二、中共中央中南局关于荆江分洪工程的通知 ·· 767
　三、中南军政委员会关于荆江分洪工程的决定 ·· 767
　四、中共湖北省委关于保证完成荆江分洪工程计划的指示 ·· 768
　五、中南军政委员会荆江分洪工程验收团关于荆江分洪工程的验收报告 ························· 769
　六、中共湖北省委为确保荆江大堤安全一律不得挖堤引江水抗旱的通知 ························· 772
　七、中共湖北省委、湖北省人民政府关于防御荆江特大洪水的意见 ······························ 772
　八、湖北省水利厅关于荆江大堤备战加固及荆江地区防洪问题的报告 ···························· 773

第十一章　人物 ··· 778
第一节　治水人物 ·· 778
第二节　抗洪英烈 ·· 788
第三节　先进人物 ·· 790

大事记 ··· 797
　一、东周至清代 ·· 797
　二、中华民国 ·· 815
　三、中华人民共和国 ·· 824

附录·· 884

　　一、文存·· 884

　　二、地名桩号对照表··· 907

参考文献·· 919

后记·· 921

CONTENTS

Forewords

Preface

General Notices

Introduction ⋯⋯⋯⋯⋯⋯⋯⋯⋯⋯⋯⋯⋯⋯⋯⋯⋯⋯⋯⋯⋯⋯⋯⋯⋯⋯⋯⋯⋯⋯⋯⋯⋯⋯ 1

Chapter 1　Courseof Yangtze River ⋯⋯⋯⋯⋯⋯⋯⋯⋯⋯⋯⋯⋯⋯⋯⋯⋯⋯⋯⋯ 10

　Section 1　Outline ⋯⋯⋯⋯⋯⋯⋯⋯⋯⋯⋯⋯⋯⋯⋯⋯⋯⋯⋯⋯⋯⋯⋯⋯⋯⋯⋯ 10

　　1. *River shape* ⋯⋯⋯⋯⋯⋯⋯⋯⋯⋯⋯⋯⋯⋯⋯⋯⋯⋯⋯⋯⋯⋯⋯⋯⋯⋯⋯⋯ 10

　　2. *Geology and topography* ⋯⋯⋯⋯⋯⋯⋯⋯⋯⋯⋯⋯⋯⋯⋯⋯⋯⋯⋯⋯⋯ 13

　　3. *Boundary conditions of riverbed* ⋯⋯⋯⋯⋯⋯⋯⋯⋯⋯⋯⋯⋯⋯⋯⋯ 16

　　4. *Present River condition* ⋯⋯⋯⋯⋯⋯⋯⋯⋯⋯⋯⋯⋯⋯⋯⋯⋯⋯⋯⋯ 16

　　5. *Islets and shoals* ⋯⋯⋯⋯⋯⋯⋯⋯⋯⋯⋯⋯⋯⋯⋯⋯⋯⋯⋯⋯⋯⋯⋯⋯ 24

　Section 2　Formation and evolution of riverway ⋯⋯⋯⋯⋯⋯⋯⋯⋯⋯ 27

　　1. *The forming process of overall Jingjiang riverway* ⋯⋯⋯⋯⋯⋯ 27

　　2. *Sinuous process of Lower Jingjiang river course* ⋯⋯⋯⋯⋯⋯⋯ 31

　　3. *Course evolution between Chenglingji and Xintankou* ⋯⋯⋯⋯ 33

　　4. *Riverway changes* ⋯⋯⋯⋯⋯⋯⋯⋯⋯⋯⋯⋯⋯⋯⋯⋯⋯⋯⋯⋯⋯⋯⋯ 38

　Section 3　Ancient bifurcated openings and tributaries ⋯⋯⋯⋯⋯⋯ 45

　　1. *Ancient bifurcated openings* ⋯⋯⋯⋯⋯⋯⋯⋯⋯⋯⋯⋯⋯⋯⋯⋯⋯⋯ 45

　　2. *Ancient tributaries* ⋯⋯⋯⋯⋯⋯⋯⋯⋯⋯⋯⋯⋯⋯⋯⋯⋯⋯⋯⋯⋯⋯ 50

　Section 4　Confluence/diffluence channels ⋯⋯⋯⋯⋯⋯⋯⋯⋯⋯⋯⋯⋯ 53

　　1. *Juzhang River* ⋯⋯⋯⋯⋯⋯⋯⋯⋯⋯⋯⋯⋯⋯⋯⋯⋯⋯⋯⋯⋯⋯⋯⋯⋯ 53

　　2. *Dongjing River* ⋯⋯⋯⋯⋯⋯⋯⋯⋯⋯⋯⋯⋯⋯⋯⋯⋯⋯⋯⋯⋯⋯⋯⋯ 55

　　3. *Qingjiang River* ⋯⋯⋯⋯⋯⋯⋯⋯⋯⋯⋯⋯⋯⋯⋯⋯⋯⋯⋯⋯⋯⋯⋯ 56

　　4. *Songzi River* ⋯⋯⋯⋯⋯⋯⋯⋯⋯⋯⋯⋯⋯⋯⋯⋯⋯⋯⋯⋯⋯⋯⋯⋯⋯ 58

　　5. *Hudu River* ⋯⋯⋯⋯⋯⋯⋯⋯⋯⋯⋯⋯⋯⋯⋯⋯⋯⋯⋯⋯⋯⋯⋯⋯⋯⋯ 60

　　6. *Ouchi River* ⋯⋯⋯⋯⋯⋯⋯⋯⋯⋯⋯⋯⋯⋯⋯⋯⋯⋯⋯⋯⋯⋯⋯⋯⋯ 63

　　7. *Tiaoxian River* ⋯⋯⋯⋯⋯⋯⋯⋯⋯⋯⋯⋯⋯⋯⋯⋯⋯⋯⋯⋯⋯⋯⋯⋯ 66

　　8. *Dongting Lake* ⋯⋯⋯⋯⋯⋯⋯⋯⋯⋯⋯⋯⋯⋯⋯⋯⋯⋯⋯⋯⋯⋯⋯⋯ 67

　Section 5　Hydrology and sedimentation ⋯⋯⋯⋯⋯⋯⋯⋯⋯⋯⋯⋯⋯⋯ 71

　　1. *Runoff* ⋯⋯⋯⋯⋯⋯⋯⋯⋯⋯⋯⋯⋯⋯⋯⋯⋯⋯⋯⋯⋯⋯⋯⋯⋯⋯⋯⋯ 72

　　2. *Water level* ⋯⋯⋯⋯⋯⋯⋯⋯⋯⋯⋯⋯⋯⋯⋯⋯⋯⋯⋯⋯⋯⋯⋯⋯⋯⋯ 76

　　3. *Sedimentation* ⋯⋯⋯⋯⋯⋯⋯⋯⋯⋯⋯⋯⋯⋯⋯⋯⋯⋯⋯⋯⋯⋯⋯⋯ 78

　　4. *Effects of sedimentation on floods* ⋯⋯⋯⋯⋯⋯⋯⋯⋯⋯⋯⋯⋯⋯ 82

　Section 6　Correlation between rivers and lakes ⋯⋯⋯⋯⋯⋯⋯⋯⋯⋯ 89

　　1. *Evolvement of rivers and lakes* ⋯⋯⋯⋯⋯⋯⋯⋯⋯⋯⋯⋯⋯⋯⋯⋯ 90

　　2. *Flow and sand variations in Jingzhou reach of Yangtze River before and after the Three Gorges*

    Project operation ·· 93

Section 7   Floods ·· 94

   1. *Flood features* ··· 95

   2. *Historical flood years* ·· 99

Section 8   Dike breach disasters ·· 102

Chapter 2   Dike History ··· 130

Section 1   Jingjiang dike ·· 131

Section 2   Stem dikes along Yangtze River ··· 140

   1. *Stem dike on left bank of Yangtze River* ····························· 140

   2. *Stem dike on right bank of Yangtze River* ·························· 147

   3. *Stem dike of flood diversion area at right bank of Yangtze River* ···· 154

Section 3   Branch dikes connection to Yangtze River ························· 156

   1. *Branch dike along Songzi River* ·· 156

   2. *Branch dike along Hudu River* ·· 158

   3. *Branch dike along Ouchi River* ·· 159

   4. *Branch dike along Tiaoxian River* ····································· 160

Section 4   Local embankments ·· 163

   1. *The rise and fall of local embankments* ······························ 163

   2. *Main local embankments* ··· 163

Section 5   Dangerous sections ·· 172

   1. *Dangerous sections of Jingjiang dike* ································· 172

   2. *Dangerous sections of stem dikes* ······································ 177

   3. *Dangerous sections of branch dikes* ··································· 186

Section 6   Protective works ··· 189

   1. *Slope and bank protection works* ······································· 190

   2. *Historical rock spurs and bulkhead walls* ·························· 193

   3. *Shelter forest* ·· 195

Section 7   Culvert sluices and pump stations ····································· 199

   1. *Culvert sluices before* 1949 ·· 199

   2. *Culvert sluices and pump stations after* 1949 ···················· 200

Chapter 3   Annual Maintenance of dike ······································· 219

Section 1   Repair of Jingjiang dike ·· 219

   1. *Dike body enhancing* ··· 219

   2. *Treatment of dangerous coditions* ····································· 223

   3. *Harnessing of major dangerous sections* ···························· 227

   4. *Construction and management* ··· 231

Section 2   Repair of stem dike on left bank of Yangtze River ············ 233

   1. *Dike body enhancing* ··· 234

   2. *Treatment of dangerous conditions* ··································· 238

   3. *Harnessing of major dangerous sections* ·························· 242

Section 3   Repair of stem dike on right bank of Yangtze River ·········· 245

   1. *Dike body enhancing* ··· 245

2. *Treatment of dangerous conditions* ·· 256

3. *Harnessing of major dangerous sections* ·· 259

Section 4　Repair of stem dike of flood diversion area at right bank of Yangtze River ········ 262

1. *Southline dike* ··· 262

2. *Hudong dike* ··· 263

3. *Huxi dike* ··· 263

4. *Yuanli separation dike* ··· 263

5. *Huxi hill dike* ·· 264

6. *Beizha silt blocking dike* ·· 264

7. *Safety zone closing dike* ··· 264

Section 5　Repair of branch dike connection to Yangtze River ···················· 264

1. *Songzi dike* ·· 265

2. *Hudu dike* ·· 267

3. *Ouchi dike* ·· 267

4. *Tiaoxian dike* ·· 268

Chapter 4　Construction of dike engineering ···································· 277

Section 1　Jingjiang Dike reinforcement project ·································· 277

1. *Phase* I *programs* ·· 277

2. *Subsequent programs* ··· 279

3. *Design standard for Subsequent programs* ·· 280

4. *Repair and reinforcement* ·· 282

5. *Repair and reinforcement of dangerous sections* ································· 285

6. *Repair and reinforcement of Sluices* ·· 289

7. *Completion and acceptance* ··· 290

Section 2　Reinforcement of Southline dike ······································· 293

1. *Programs and design standard* ··· 293

2. *Repair and reinforcement* ·· 294

3. *Repair and reinforcement of dangerous sections* ································· 297

4. *Repair and reinforcement of dangerous sluices* ·································· 299

5. *Completion and acceptance* ··· 301

Section 3　Songzi Dike heightening and reinforcement project ·············· 302

1. *Construction reasons* ··· 302

2. *Construction items* ··· 303

3. *Design standard* ··· 304

4. *Repair and reinforcement* ·· 305

5. *Repair and reinforcement of dangerous sections* ································· 308

6. *Repair and reinforcement of sluices* ·· 309

7. *Completion and acceptance* ··· 310

Section 4　Reinforcement of stem dike on south bank of Jingjiang River ········ 311

1. *Construction reasons* ··· 311

2. *Construction items* ··· 312

3. *Design standard* ··· 313

4. *Repair and reinforcement* ·· 314

　　5. Repair and reinforcement of dangerous sections ·· 318

　　6. Repair and reinforcement of sluices ·· 320

　　7. Completion and acceptance ·· 323

　Section 5　Repair and reinforcement of stem dike from Honghu to Jianli ··············· 324

　　1. Construction items ·· 324

　　2. Design standard ·· 325

　　3. Repair and reinforcement ·· 326

　　4. Repair and reinforcement of dangerous sections ·· 328

　　5. Repair and reinforcement of sluices ·· 331

　　6. Completion and acceptance ·· 333

　Section 6　Stem dike reinforcement of four rivers in Dongting Lake area in Hubei Province

　　　　　 ·· 335

　　1. Construction reasons ·· 336

　　2. Descriptions of planning ·· 339

　　3. Design standard ·· 340

　　4. Construction items ·· 340

　　5. Repair and reinforcement ·· 342

　　6. Repair and reinforcement of dangerous sections ·· 344

　　7. Repair and reinforcement of sluices ·· 349

　Section 7　Construction and management system ···································· 352

　　1. Planning system ·· 352

　　2. Four mechanisms for management ·· 353

Chapter 5　Integrated Flood Control ·· 400

　Section 1　River governance strategy ·· 400

　　1. River governance strategy before 1949 ·· 400

　　2. River governance strategy after 1949 ·· 406

　Section 2　Jingjiang River flood diversion project ······························ 412

　　1. Geographic location ·· 413

　　2. Construction reasons ·· 413

　　3. Project planning ·· 413

　　4. Project construction ·· 414

　　5. Project facilities ·· 416

　　6. Operation benefits ·· 421

　Section 3　Honghu flood diversion and storage project ···························· 422

　　1. Construction reasons ·· 422

　　2. Descriptions of planning ·· 423

　　3. Implementation of the project ·· 425

　　4. Project benefits ·· 427

　Section 4　Cutoffs of lower Jingjiang River ···································· 427

　　1. Planning of cutoffs ·· 427

　　2. Artificial cutoffs ·· 429

　　3. Natural cutoffs ·· 432

　　4. The effects of cutoffs in the upstream and downstream riverway ··························· 434

Section 5　Riverway regulation control project ································· 434

　　1. *Upstream regulation of Jingjiang riverway* ···························· 435

　　2. *Downstream control project of Jingjiang riverway* ···················· 442

　　3. *Regulation project of Jiepai River* ································· 449

　　4. *Main bank protection works* ··· 450

Section 6　Branch riverway regulation project ···························· 462

　　1. *Juzhang River regulation project* ··································· 462

　　2. *Rechanneling and regulation of downstream of Dongjing riverway* ······· 463

Section 7　Non-engineering measures of flood control ····················· 464

Chapter 6　Dike Administration ··· 467

Section 1　Management system and organizations ························· 467

　　1. *Management institutions before 1949* ······························· 467

　　2. *Management system and organizations after 1949* ···················· 469

　　3. *Army and police for river dike* ····································· 476

Section 2　Laws and regulations ··· 478

　　1. *Laws and regulations during Ming and Qing Dynasty* ················· 478

　　2. *Laws and regulations during the Republic of China* ················· 479

　　3. *Laws and regulations since 1949* ··································· 479

Section 3　Dike project management ······································ 484

　　1. *Pile number setting* ·· 484

　　2. *Management scope of dike safety* ··································· 485

　　3. *Dike maintenance* ·· 486

Section 4　Sluice management ·· 493

　　1. *Protection scope and sluice management* ···························· 493

　　2. *Opening and closing operation* ····································· 494

　　3. *Management rules* ·· 495

Section 5　Shelter forest management ····································· 495

Section 6　Dike safety management ·· 497

　　1. *Construction project management within safety scope* ················· 497

　　2. *Water administration and supervision* ······························ 499

Section 7　Reward and punishment ·· 499

　　1. *Rules for reward and punishment* ··································· 499

　　2. *Reward and punishment cases* ······································ 501

Section 8　Financial management ··· 503

　　1. *Financial management institutions and procedures* ··················· 503

　　2. *Financial source for dike before 1949* ····························· 504

　　3. *Yearly investment on dike after 1949* ······························ 505

　　4. *The dike fund policy* ··· 506

Section 9　Stone material management ····································· 509

　　1. *Quarrying bases* ··· 510

　　2. *Dispatching and transportation of stone material* ··················· 511

Section 10　Diverse economic undertakings of dike sector ················· 512

　　1. *Start-up phase* ·· 512

2. *Consolidation and development phase* ·· 512

Chapter 7   Flood Control and Emergency Dealing ······································ 527

Section 1   Policy and task of flood control ·· 527

1. *Flood control policies* ··· 527

2. *Flood control tasks* ··· 529

3. *Water levels for flood control* ··· 530

Section 2   Laws and regulations of flood control ····································· 533

1. *Laws and regulations during Ming Dynasty , Qing Dynasty and the Republic of China* ··········· 533

2. *Laws and regulations after* 1949 ··· 535

Section 3   Flood control organization and labor ······································ 537

1. *Flood control organization and labor before* 1949 ······························· 537

2. *Flood control organization and labor after* 1949 ································· 538

Section 4   Preparation before flood season and defence during flood season ········ 543

1. *Preparation before flood season* ··· 543

2. *Defence during flood season* ··· 546

Section 5   Rainfall and Flood Prediction ··· 549

1. *Rainfall and flood prediction before* 1949 ··· 549

2. *Rainfall and flood prediction after* 1949 ··· 550

Section 6   Communication and Network for Flood Control ························ 552

Section 7   Flood Control in Major Flood Year ··· 556

1. *Flood control in* 1954 ··· 557

2. *Flood control in* 1981 ··· 569

3. *Flood control in* 1996 ··· 572

4. *Flood control in* 1998 ··· 577

5. *Flood control in* 1999 ··· 597

Section 8   Typical Emergency Dealing Cases ··· 603

1. *Dealing with dike sloughing in Jiangling Dongjiaguai of Jingjiang dike*
   in 1954 ··· 603

2. *Dealing with dike sloughing in Yangjiawan of Jingjiang dike in* 1954 ··········· 604

3. *Blasting piping in Yanka section of Jingjiang dike in* 1968 ····················· 605

4. *Irrigation canal piping reinforcement in Guanyin temple gate among Jingjiang dike in* 1987 ·········· 605

5. *Chink treatment in Zhoujiazui of Honghu Yangtze stem dike in* 1996 ·········· 606

6. *Piping reinforcement at south Jianli estuary in* 1998 ··························· 607

7. *Piping reinforcement Jianli Yangjiawan in* 1998 ································· 608

8. *Piping reinforcement Honghu Bashibatan in* 1998 ······························· 609

9. *Dealing with overtopping breach in Honghu Qijia yuan in* 1998 ················ 610

10. *Dealing with dike sloughing in Honghu Qingshan in* 1998 ····················· 611

11. *Dealing with dike sloughing in Jianli flood diversion gate among Yangtze River stem dike in* 1998 ··· 613

12. *Treatment of muddy water hole in Jianli Lujiayue among Yangtze River stem dike in* 1998 ··········· 613

13. *Disposal of piping cluster in Hezuoyuan(Tianxingbao)of Shisou in* 1998 ·········· 613

14. *Dealing with bank collapse in Honghu Xindijia among Yangtze River stem dike*
    in 2002 *and* 2007 ··· 614

Section 9 　Burst，Digging and Blocking ·· 614

　　1. *Digging and blocking in Jianli shangchewan among Yangtze River stem dike in* 1954 ····················· 615

　　2. *Collapse and burst of dike in lower Nangong gate of Songzi Babaoyuan in* 1965 ···················· 615

　　3. *Burst and blocking in Honghu Tianjiakou among Yangtze River stem dike in* 1969 ················ 616

　　4. *Burst of dike in Gongan Huangsizui in* 1980 ··· 618

　　5. *Burst of dike in Jianli Sanzhoulianyuan in* 1980 ···································· 619

　　6. *Burst of dike in Sishou Liuheyuan in* 1996 ··· 620

　　7. *Burst of dike in Yanjiatai of Gongan Mengxiyuan in* 1998 ························· 621

Chapter 8　Science and Technology on Dike ··· 635

Section 1 　Research and application on seepage control ································ 635

　　1. *Exploration and survey* ·· 635

　　2. *Regional geology environment* ·· 636

　　3. *Geology of dike foundation engineering* ··· 638

　　4. *The forming and control of piping leakage* ··· 646

　　5. *Seepage control for dike and its foundation* ··· 649

Section 2 　Dike foundation consolidation by filling ·································· 655

　　1. *Research and experiments on warping in north of Jingjiang* ························· 655

　　2. *Mechanical blow-filling* ·· 657

Section 3 　Research on bank protection and engineering technologies ··············· 664

　　1. *Bank protection works and riverbed evolution observation* ························· 664

　　2. *Layout of bank protection programs* ·· 669

　　3. *Research on stability of bank slope* ·· 670

　　4. *Construction technologies of bank protection* ······································· 671

Section 4 　Research on use of anti-wave forests ······································ 676

　　1. *Research targets* ··· 677

　　2. *Research process* ·· 677

　　3. *Research characteristics* ·· 678

　　4. *Research results* ·· 680

　　5. *Identified results of the research* ··· 680

Section 5 　Prevention and control of termite infestations ···························· 681

　　1. *Damages from termites* ··· 681

　　2. *Regular life and activities of termites* ··· 682

　　3. *Prevention and control of termites* ··· 683

　　4. *Prevention and control organization* ··· 685

Chapter 9　Literature Works and Famous Sites on Water Sector ··················· 696

Section 1 　Literary documents ·· 696

　　1. *Decrees from Emperor Yongzheng，Qianlong and Daoguang of Qing Dynasty* ·········· 696

　　2. *Literary reviews* ··· 700

Section 2 　Records of Jingjiang dike and their prefaces ······························· 711

　　1. *Records of Jingjiang dike* ·· 711

　　2. *Selected prefaces* ··· 714

Section 3 　Stela inscriptions ··· 719

    1. *Ancient inscriptions* ·· 719

    2. *Modern and contemporary inscriptions* ··· 726

  Section 4   Poems and folk songs ··· 731

    1. *Ancient and modern poetry* ·· 731

    2. *Modern poems and odes* ·· 736

    3. *Folk songs* ·· 737

  Section 5   Historical sites ·· 738

    1. *Rock spurs,towers and iron bulls* ·· 738

    2. *Pavilions and pagodas* ·· 740

  Section 6   Miscellanies ··· 741

Chapter 10   Essential Documents ·· 748

  Section 1   Inscriptions,telegraphs, manuscripts, official remarks and speeches from party and

                state leaders ··· 748

    1. *Mao Zedong's inscription* ··· 748

    2. *Zhou Enlai's inscription* ··· 748

    3. *Li Xiannian:Safeguarding Jingjiang Dike* ··· 748

    4. *Li Xiannian:Celebration for Completion of Jingjiang Flood Diversion Project on Schedule* ············ 748

    5. *Deng Xiaoping:Approval and Transmission of the Letter on Northern Jingjiang Silt Discharging*

      Project from Lin Yishan ·· 750

  Section 2   Documents of State Council, State Flood Control and Drought Relief Headquarters

                and Ministry of Water Resources ·· 751

    1. *Government Administration Council: Provisions of Jingjiang Flood Diversion Project* ············· 751

    2. *State Council: Notice on Prevention and Control of Catastrophic Floods along Yellow River, Yangtze*

      River, Huai River and Yongding River ··· 752

    3. *State Flood Control and Drought Relief Headquarters:Ratification of Yangtze River Flood*

      Dispatching Scheme ··· 754

    4. *Ministry of Water Resources: 1998 Major Floods, China (extract)* ············· 760

  Section 3   Documents of Mid-south China Region,CPC Hubei Provincial Committee and

                Water Resources Department of Hubei Province ································· 767

    1. *CPC Mid-south Regional Military and Political Committee: Stipulations and Rules of Yangtze River*

      Dike Protection ·· 767

    2. *Mid-south Bureau of CPC Central Committee: Notice on Jingjiang Flood Diversion Project* ············ 767

    3. *CPC Mid-south Regional Military and Political Committee: Decision on Jingjiang*

      Flood Diversion Project ·· 767

    4. *CPC Hubei Provincial Committee: Instructions for Quaranteeing Completion of Jingjiang Flood*

      Diversion Project on Schedule ·· 768

    5. *Acceptance report of Jingjiang Flood Diversion Project by Acceptance Group under CPC Mid-south*

      Regional Military and Political Committee ··· 769

    6. *CPC Hubei Provincial Committee:Notice on Prohibition of Dike Digging for Drought-relieving*

      Water to Quarantee the Safety of Jingjiang Dike ···································· 772

    7. *CPC Hubei Provincial Committee and People's Government of Hubei Province: Opinions on De*

      fending against Catastrophic Floods along Jingjiang River ························· 772

    8. *Water Resources Department of Hubei Province: Report on reinforcing Jingjiang Dike against wars and*

flood issues along Jingjiang River ·· 773

Chapter 11   People ··· 778

  Section 1   Personages for river harnessing ························· 778

  Section 2   Heroes and martyrs for flood combat ··············· 788

  Section 3   Advanced figares in water sector ···················· 790

Memorabilia ·· 797

  1. *Form Eastern Zhou Dynasty to Qing Dynasty* ················· 797

  2. *During the Republic of China* ································· 815

  3. *After* 1949 ·· 824

Appendix A   Selected Articles ····································· 884

Appendix B   Table of Place Names and Corresponding Chainage along Jingjiang Dike ·············· 907

References ··· 919

Postscript ·· 921

概　　述

一

　　长江是中华民族的母亲河，古称"江"、"大江"，它是中国第一大河，也是世界著名河流，孕育了深厚博大的华夏文明。荆州河段位于长江中游，地处湖北省中南部、江汉平原腹地；左右岸分别为富饶的江汉平原和洞庭湖平原。以荆州河段为中心的两湖平原，发祥了悠久灿烂的荆楚文化，是华夏文明的重要组成部分。

　　荆州河段分为荆江河段和城陵矶至新滩口河段。荆江河段上起湖北枝城，下迄湖南城陵矶[1]，左岸在荆州区临江寺有沮漳河入汇；右岸有松滋、虎渡、藕池、调弦四口[2]分流入洞庭湖，与湘、资、沅、澧四水汇合后，于城陵矶汇注长江。城陵矶至新滩口河段，左岸有内荆河于新滩口、东荆河于新滩口镇西北注入长江；右岸于赤壁附近有陆水汇注。

　　据地质勘察考证和研究成果表明，荆江由距今4万年以前"古荆江"[3]演变而来；城陵矶至新滩口河段，距今1万年前一直沿洪湖（市）至金口大断裂方向流动。

　　荆江发育于第三纪以来长期下沉的云梦沉降区，其统一河床形成年代，至今尚无定论。当代较有代表性观点是：统一河床形成大致经历漫流、三角洲分流和统一河床形成三个阶段，并且是由西向东逐渐形成的过程。

　　沙市以西荆江河道发育于丘陵与山前冲积扇上，先秦两汉时期，长江进入枝城—沙市河段的山前冲积扇地区后，由于河床在扇面上强烈下切的结果，未能形成普通模式的扇状分流水系，而发育成为嵌在冲积扇中的主干道形态。沙市以东荆江河道，史前时期尚未形成明显的河床形态。长江出江陵进入云梦泽地区，大量水体以漫流形式向东汇注。周秦两汉时期，受新构造运动自北向南掀斜下降影响以及科氏力作用，从而形成沙市以东上荆江的明显河床。至魏晋时期，石首境内荆江河段摆脱漫流状态，逐渐塑造自身河道河床，其形态发展至南北朝时已极为清晰。至唐宋时期，云梦泽解体，自此监利境内荆江河床开始形成。长江中下游围湖垦殖，自两宋后由太湖地区逐渐转移至洞庭湖和江汉湖群，明清大盛。堤垸的兴盛，逼水归槽，进一步促使荆江河床最后塑造完成。

　　荆江自形成明显河道以迄于今，虽经河型上沧桑巨变，但其基本流向与流路却较稳定。河型演变上，16世纪初以来，上荆江基本上保持原微弯分汊的河道形态，河曲发展缓慢，河道变化较大的仅有上百里洲、学堂洲、斗湖堤及郝穴等局部河段；下荆江则经历从分流分汊河型到单一顺直河型，最后发展至蜿蜒型河道的演变过程。元明时期，下荆江河道横向摆动加剧，从而逐渐向蜿蜒型河道演变，先在监利境内形成弯道，然后再向上游发育河曲。清初，石首境内河曲开始自下游往上游发展，藕池溃口分流后，蜿蜒河型进一步全线发展。下荆江河曲发育过程中，由于河道稳定性差，弯道凹岸崩坍，凸岸淤积，河势变化相当剧烈，不断发生撇弯、切滩和自然裁弯，19世纪初以来，河道横向移动幅度西部最大达20千米，东部则达30千米。

　　城陵矶至新滩口河段，《水经注》成书时期，基本属顺直分汊型，其后河道左右摆动幅度很大，演变为顺直分汊型与簰洲大湾、粮洲鹅头型相间河道。河道主支流相互交替，有的淤废，有的形成单一干流。宋元明以后，沿江人口日增，筑垸围垦，塞支强干，河道逐渐趋向单一，清后期至民国时期，该河段修筑了部分护岸工程，一定程度上制约了江流任意摆动。建国后，两岸崩坍段均采取抛石措施护岸，堤岸崩坍得到有效遏制，河道渐趋稳定，但在各种因素影响下，局部河段河势仍有调整

1

变化。

荆江河道纵向演变，远年时期河床沉积较明显。20世纪50年代以来，河流自然调整，总体冲淤处于相对平衡状态，部分河段冲淤幅度较大。60年代后，下荆江自然裁弯和系统裁弯工程的实施，以及葛洲坝、三峡工程相继运行等因素影响，荆江河段发生较长时期、较长距离的河床冲刷和同流量水位相应降低的变化。城陵矶至新滩口河段由于江湖关系调整，70年代后出现淤积[4]，80年代中期以后又转为冲刷调整。

荆江与洞庭湖有着密切复杂的关系，既相互依存又相互影响、相互制约，其变化始终与自然演变和人类活动相关，经历了一个长期的历史过程。唐以前，荆江未向洞庭湖分泄洪水，不存在江湖关系问题。唐宋时期，云梦泽解体，荆江两岸形成众多江湖相通的穴口，起着分泄荆江洪水的作用，江湖关系处于自然状态。南宋之后，江湖关系开始变化，因北方人口大量南迁，围垸垦殖兴起，至元明时期更盛，沿江穴口不断淤堵，至清前期，江左堤防连成整体，江水被约束于单一的河槽里，水位大幅上涨，只能通过右岸虎渡、调弦二口向南消泄，以致洞庭湖湖面进一步扩大，成为荆江洪水的天然调蓄场所，其时，江湖关系仍处于相对稳定状态。此后江湖关系进一步发展，日趋密切。清后期，两次大水冲出藕池河和松滋河，荆江大量洪水通过南岸四口涌入洞庭湖，一方面降低了荆江洪水压力，另一方面加重了湖区水灾，洪水携带的泥沙又促使洞庭湖萎缩，降低了洞庭湖调蓄荆江洪水的功能，同流量下湖区水位抬高，四口南流又影响湘、资、沅、澧四水在洞庭湖区的汇流和出流过程，对干流洪水形成顶托，自此，江湖关系进入一个前所未有的急剧变化时期。云梦泽的消亡，荆江河道的形成，荆江左岸堤防形成整体以及"四口南流"格局的出现，均对荆江演变和江湖关系演变及发展产生深刻影响。江湖关系由过去相互吐纳的自然关系，演变成日益紧张的江湖关系，甚至影响到湘鄂两省间的经济社会层面。

江湖关系的实质是水沙分配关系，即如何处理荆江超额洪水、泥沙输移的问题，这是江湖关系矛盾症结之所在。随着洞庭湖湖容的缩小，四口分流道的淤积，荆江入湖水沙量逐年递减，干流流量则相应增加，这是江湖关系调整的新趋势。下荆江裁弯后，江湖关系由紧张走向缓和的趋势虽未改变，但变化幅度明显加大，主要表现为上荆江河段泄流能力增加，同流量水位降低，四口分流分沙进一步减少，洞庭湖淤积减缓，下荆江泄流畅通，河道冲刷，中高水位对洞庭湖出流顶托有所增强。三峡工程运行后，荆江来水来沙条件改变，为缓和江湖关系创造了条件，江湖关系将发生长期的调整。江湖关系的利与害随着水沙分配的变化而变化，调整水沙分配格局，是处理江湖关系的出发点和归宿。针对敏感复杂的江湖关系，不少有识之士在不同历史时期，从不同角度提出众多江湖治理的方略和主张，其中不乏真知灼见，对当今和以后江湖治理亦颇有启发意义。

荆江从漫流状态演变至三角洲分流状态，经历相当长历史过程。而从三角洲分流状态演变至统一荆江河床形成，仅几百年时间，这主要是泥沙作用所致。由于泥沙长期大量淤积，加之两岸堤垸兴起，穴口堙淤，洪水向两岸湖群自然分蓄状况被改变，洪水被束缚于河槽之中，由于河道行洪断面有限，加之河床演变加剧，水位不断抬高，自宋元以来至20世纪60年代的800余年间，荆江洪水位上升达10余米[6]，以致洪水过程日趋明显，宣泄不畅，堤防溃灾日见频繁，防洪形势日益严峻。

二

荆江地区，地势低洼，水道纵横，湖泊密布，洪水灾害频繁，沿江两岸民众很早便筑堤御水。据考古发现，荆江地区西汉时便筑有堤防，这些堤防筑于何处，今已无法确认[7]。荆江地区滨江堤防从东晋时期开始修筑，荆江大堤前身——金堤创修于东晋永和年间（345—356年），松滋长江堤防老皇堤（老城一带）亦有创修于同期之说，距今已有1600余年历史。唐代筑有沙市"段堤"。五代高季兴属将倪可福筑寸金堤和监利古埝堤。北宋时，郑獬在沙市沿江一带再筑长堤。此时期，黄潭堤、登南堤、文村堤、新开堤（新垱堤）、熊良工堤、黄师堤亦已形成。南宋张孝祥再筑寸金堤，监利、洪湖江堤亦形成。元代李埠、万城堤形成。清代堵塞穴口，联堤并垸，江左滨江堤防自上而下连成一线。

荆江右岸各县先后在不断扩展的堤垸基础上培筑滨江堤防，但大多断面较小，且未连成整体。后，宋为留屯计，多将湖渚开垦拓殖，松滋、荆州（区）、公安、石首四地开始大量加筑滨江堤防，明清时期加筑规模更大。民国时期，除继续培筑滨江堤防外，还在部分无堤地段增筑，两岸逐步形成完整堤防体系。

筑堤围垸是荆江地区两岸民众早期御水措施，自宋以来所筑堤垸不仅数量众多，而且独成体系，随着两岸滨江堤防形成整体，至民国时期，非滨江围垸多已毁弃。

历史上，荆江两岸滨江堤段与堤段之间或有穴口或有低洼地相隔，在当时只能分段培筑，不可能一气呵成。这些堤防在连接成整体以前，各自形成以临江一面为干堤，以穴口（或低洼地）分流水道两岸堤防为支堤的大围垸堤防体系以御水。这是荆江滨江堤防形成过程中的一个重要发展阶段。随着沿江穴口堵筑和低洼地淤填，使原以穴口为界的堤段逐渐联结归并形成整体，遂成今日之堤防现状：江左干堤 412.35 千米，其中荆江大堤 182.35 千米，监利长江干堤 96.45 千米，洪湖长江干堤 133.55 千米；江右干堤 220.12 千米，其中松滋长江干堤 26.74 千米，荆州（区）长江干堤 10.26 千米，公安长江干堤 95.8 千米，石首长江干堤 87.32 千米；江右分洪区干堤 268.13 千米，其中南线大堤 22 千米，虎东干堤 90.58 千米，虎西干堤 38.48 千米，浣里隔堤 17.23 千米，荆江分洪安全区围堤 52.78 千米，虎西山岗堤 43.63 千米，荆江分洪工程进洪闸拦淤堤 3.43 千米；荆南四河支堤 653.46 千米，其中松滋河支堤 452.04 千米，虎渡河支堤 59.74 千米，藕池河支堤 112.71 千米，调弦河支堤 10.07 千米；另有民垸堤防 549.33 千米。

随着荆江地区堤防不断修筑，不仅堤防工程技术得到长足进步，堤防管理也逐步提上议事日程。明嘉靖四十五年（1566 年），荆州知府赵贤主持大修荆州六县江堤，此后创立《堤甲法》，形成一套专门的堤防管理制度，这是荆江堤防管理史上的一个里程碑，对日后堤防建设和管理产生深远影响。清代，堤防形制接近现代堤防，并已形成岁修、防守、管理及奖惩等章程。清初，沿江堤防"民众自管"体制逐步推广到内垸堤防，垸设垸总或堤董，自行管理。康熙十三年（1674 年），沿江堤防管理体制由"民众自管"改为"官督民管"。雍正五年（1727 年），朝廷规定："荆州沿江堤岸，着动用资金，遴选委员，监督修理，修成后仍为民堤，令百姓加意保护，随时补葺。"但由于围垦的无序和垸田的发展，引发一系列问题，洪灾更加严重，水利矛盾日趋尖锐，朝廷多次下令禁垸毁垸，但政令难行，有禁不止。晚清，由于江汉平原经济地位日益重要，加上洪灾日益加剧，长江堤防作用日显重要。此时期，荆江地区堤防多次加修培筑。堤防经费来源有朝廷拨款、地方出资、商绅筹集、计亩分摊、收捐和贷款等多种渠道。

民国时期，沿用清制，冬勘春修，荆江地区堤防的修筑、防汛和堤防管理制度，在清代规章制度基础上，经过不断修订，内容不断补充，同时划分了堤防管理等级。但由于军阀割据，战乱不断，社会动荡，民力疲惫，国库空虚，水利事业发展缓慢而艰难，只是在 1931 年、1935 年两次大水灾后实施了一定规模的堤防培修。抗日战争期间，堤防修守管理几近废弛。

建国后，针对荆江地区堤防隐患丛生、低矮单薄状况，国家投入巨大人力、物力和财力，采取加高培厚、改善堤质、巩固堤基、整险护岸等措施实施全面建设整治，并对支堤、民堤实施连堤并垸和调整，还增修部分堤段。干支堤防工程建设因建设标准及投资经费不同大致经历多个阶段：1949—1954 年，以堵口复堤、重点险段加固为主，全面整修堤防，以防御 1949 年洪水位为标准；1954 年大水后至 1968 年，全面加培堤防，清除隐患，以防御 1954 年洪水位为标准；1969 年后按"三度一填"标准实施加固，又称"战备加固期"；1975—1997 年，荆江大堤、松滋江堤、南线大堤相继列入国家基本建设项目实施整治加固。此期间，荆江大堤按沙市水位 45.00 米、城陵矶水位 34.40 米的水面线，堤顶超高 2 米进行加固，干堤按堤顶超高 1 米，或超 1954 年当地实有最高水位 1 米的标准实施加固，支堤则一律按 1954 年当地实际最高水位超高 0.5～1 米进行加固；1998 年大水后，国家加大整治力度，把堤防加高加固作为灾后江湖治理工作的重点，对荆江地区堤防实施全面加固，重点实施堤防基础防渗和清除堤身隐患工程，同时采用并推广钢板桩截渗、高喷灌浆超薄防渗墙、垂直铺塑等新技术、新材料、新工艺。1949—2010年，荆江地区干、支、民堤防共完成土方 69550.82 万立方米（堤防累计土方量约 9.8 亿立方米），而 1949 年以前累计土方量约 2.8 亿立方米，前者仅用了 60 年，而后者历时 1600 年。迄今，大多数堤身断面较建国前扩大 1 倍多。截至 2010 年底，两岸干堤基本达到设计标准[8]：荆江大堤面宽 8～12 米，垂高 6～10 米，堤内、外禁脚 30～50 米，安全超高 2 米；洪湖、监利长江干堤面宽 8～10 米，垂高 5～6 米，堤内、外禁脚 30～50 米，安全超高 2 米；松滋、荆州（区）、公安、石首长江干堤面宽 8 米，垂高 5～6 米，安全超高 1.5～2 米（与分洪区共用堤段超高 2 米）；连江支堤Ⅱ级堤防面宽 8 米，垂高 5～6 米，安全超高 1.5～2 米（与分洪区共用堤段超高 2 米），Ⅲ级堤防面宽 6 米，安全超高同Ⅱ级堤防。堤防堤身断面不断扩大，堤质得到改善，抗洪能力得到提高，截至 2010 年，荆南四河主要支堤按设计标准仍在进行建设。沿江河主要民垸堤防也得到加高加固。随着三峡水利枢纽的建成运行，荆江河段整体防洪能力得到显著提升。

综上所述，荆江地区滨江干堤历史形成过程可概括为肇基于晋，拓筑于宋，形成于明清，加固于今。

三

荆江地区堤防不仅是长江流域的重要堤防，而且是险要堤防。其所以重要，是因为这些堤防是江汉平原、洞庭湖平原和武汉市人民生命财产安全的重要防洪屏障，保护范围内有人口 2000 余万，耕地 140 余万公顷，以及江汉油田、京广铁路、汉宜高铁、荆岳铁路、汉宜高速公路等重要工矿企业和交通干线。

其所以险要：一是洪水威胁严重。民谚曰："荆州不怕刀兵动，只怕南柯一梦终。"据不完全统计，从东晋永和元年（345 年）荆江大堤肇基至 1949 年的 1604 年间，荆江地区干支流堤防共有 234 年出现决溢灾害；清代以后，水灾更趋频繁严重，清顺治四年至民国三十八年（1647—1949 年）的 302 年间，荆江地区干支流堤防共有 143 年出现决溢灾害，灾情之惨烈尤以 1788 年、1860 年、1870 年、1931 年、1935 年等年份为甚。每当堤防溃决，"大地陆沉，官廨倾圮，民舍灭顶，千里扬波，人畜漂流，人民不死于水者，亦多死于饥，竟见有剖人而食者"。每次洪灾，都使堤防遭到破坏，给人民生命财产造成巨大损失，对社会经济发展造成严重影响。

二是河段形势险恶。荆州河道安全泄量与上游巨大来量不相适应，来量大，泄量小，是荆州河段防洪中存在的突出矛盾和洪水灾害频繁的根本原因。荆州河段洪水主要是上游暴雨所形成，枝城以上承雨面积约 102 万平方千米。洪水出三峡后，宜昌至枝城河段两岸有丘陵束流，江水不致漫溢为害；过枝城，进入地势平坦的两湖平原，因河道弯曲平缓，水流宣泄不畅，加之上游洪水又常与清江、沮漳河及洞庭湖出流遭遇，以及汉江出流顶托，致使荆江地区洪灾频发。经过多年治理，至 20 世纪 70 年代，上荆江沙市河段的安全泄量，包括松滋口、太平口的分流量才达到 60000～68000 立方米每秒；下荆江石首河段，包括藕池口的分流量，也只能安全通过约 50000 立方米每秒；城陵矶河段允许泄量约 60000 立方米每秒（螺山）。而据水文记载与历史洪水调查，自 1153 年以来的 800 余年间，上游宜昌发生大于 80000 立方米每秒洪水有 8 次，1870 年、1860 年，宜昌站洪峰流量甚至分别高达 105000 立方米每秒和 92500 立方米每秒（均为调查洪水）；长江干流与洞庭湖出流在城陵矶河段附近形成的合成流量 1954 年达到 100000 立方米每秒。荆江河段由于洪水长期向南分流淤积，逐渐形成南岸地面高于北岸地面 5～7 米的地势，一旦荆江大堤发生溃决，巨大的洪水以高出地面 10 米以上水头倾泻而下，不仅荆北包括江汉平原广大地区将尽成泽国，而且长江还有发生改道的可能，从而造成毁灭性灾害，故有"万里长江，险在荆江"之说。

三是江湖关系复杂。长江上游来水进入荆江河段后，有相当一部分水量经过荆江四口分流入洞庭湖调蓄，与湖南湘、资、沅、澧四水汇合后，由城陵矶注入长江，因而构成复杂的江湖关系。四口形成以来，由于江水所携带的大量泥沙导致湖泊淤积和萎缩，在百余年里，洞庭湖自然面积由 6000 平方千米缩减至 1995 年的 2623 平方千米，容积由 1949 年的 293 亿立方米减少到 1995 年的 167 亿立方米，湖泊自然调蓄功能明显降低。加之人与水争地盲目围垦等因素，使相同来水量条件下湖泊水位抬高。而"四口"分流洪道的淤积和下荆江自然裁弯和系统裁弯工程实施，使荆江分流入湖的流量减少，荆江的流量和水位相应增大增高。洞庭湖的出流洪水，影响荆江洪水宣泄，荆江水位抬高又影响湖水宣泄，两者相互影响相互制约。

四是堤防本身存在诸多问题。由于历史和自然的原因，荆江地区堤防工程大多修筑年代久远，建设标准不高，抗洪能力低下，特别是普遍存在着堤基渗漏易发管涌、堤身隐患众多、许多堤段深泓逼近迎流顶冲导致崩岸频发三大险情。

由于上述问题的存在，荆州河段成为万里长江的险要河段和防洪的重点地区，其堤防工程的重要性不言而喻。建国后，国家在荆江防洪建设方面所做的种种努力就是为了避免溃决灾害的重现。

四

一部荆江地区的社会经济发展史，从某种意义上来说就是一部千百年来与洪水进行殊死抗争的历史，其本质是人与水争地，水与人为殃。荆江地区的先民防御洪水与水争地最早的方法就是修堤筑垸。自修筑堤垸始，防汛抗洪问题也就产生了。

荆州河段有桃汛、伏汛、秋汛之分。一般情况下，桃汛洪水来量不是很大，伏汛、秋汛洪水过程则十分明显，来量也很大，多出现于每年 6—10 月间，7—8 月为主汛期。先民对防汛极为重视，认为"守堤如守城，防水如防寇"，"河防在堤，而守堤在人。有堤不守，守堤无人，与无堤同矣"。荆江地区防汛法规从明清两代开始已见端倪。防汛事宜由民修民防到官督民防，再到道（省）府官员直接负责防汛，并逐渐形成制度。19 世纪 30 年代制定了《详定江汉堤工防守大汛章程》（《衍方伯防汛章程》），这个章程是长江中下游制定最早且较完备的防汛规章，涉及防汛人员、设施、工具、防汛抢险方法、报汛制度等，并规定了主管官员职责。民国时期，则由堤工局负责汛期防守事宜，并将堤防划分为若干段，一般情况每段配 2~4 人，由修防主任或监防员任段长负责带队防守，汛期紧张或危险时，防守人员每公里堤段可达 10~30 人不等，并按保甲户口壮丁，组织防汛抢险队，军警也参与防汛。

建国后，各级人民政府更加重视长江防汛抗洪工作，从防汛方针与任务的制定到防汛机构的设置与劳力的部署，从汛前准备到汛期防守，从防汛非工程措施的健全与完善到汛后资料的收集整理等方方面面工作日趋制度化。各级人民政府不同时期还相应制定了防汛法规。国家于 1998 年颁布《中华人民共和国防洪法》，使防汛抗洪工作由制度化步入法制化轨道。从而战胜了建国以来的历次大洪水，夺取了防汛抗洪斗争的一次又一次胜利，保证了国民经济的持续发展和社会不断进步。

在荆江地区防汛抗洪史册中，浓墨重彩地记载着两场惊天地泣鬼神气壮山河的殊死斗争。

1954 年，长江发生全流域型特大洪水，从 7 月上旬至 9 月上旬共出现 6 次洪峰，流经荆江的洪水总量达 1.24 万亿立方米，荆州河段自沙市以下全线突破历史最高洪水位 0.18~1.66 米，沙市自 7 月 1 日进入设防至 9 月 4 日退出，历时 65 天，其中超过 44.00 米水位线以上有 15 天；监利 6 月 17 日进入设防至 10 月 2 日退出，历时 108 天，其中超过保证水位 32 天。时值建国之初，荆江地区堤防工程尚处于低矮单薄、隐患众多的状况，并不具备抗御特大洪水的条件，在特大洪水的轮番冲击下，两岸堤防工程险象环生，危在旦夕。

关键时刻，为了确保荆江大堤、江汉平原和大武汉的安全，中央人民政府决定运用荆江分洪工程，从 7 月 22 日至 8 月 1 日，先后三次开启荆江分洪工程进洪闸（北闸）分洪，还在洪湖县蒋家码头、枝江县上百里洲、进洪闸下游腊林洲、监利县上车湾等处扒口分洪。通过上述一系列分洪措施，控制沙市站最高水位为 44.67 米。

1954 年抗洪斗争，在党和各级人民政府的领导下，荆江地区干部群众万众一心，众志成城，经过 100 多个日日夜夜艰苦卓绝的斗争，保住了荆江大堤和武汉市的安全。由于认识到面对巨大洪量必须给洪水以出路，决策部门成功运用分蓄洪工程有计划地实施分洪，避免洪水任意决口造成重大悲剧发生，结束了千百年来洪水肆虐的历史。从防洪斗争全局而言，与洪水既要斗争，又要给洪水出路，这是 1954 年防洪斗争取得胜利最重要经验。同时，1954 年防汛抗洪实践，继承了传统的防汛抢险技术，不断发展了新的科学技术和方法。

1998 年，长江发生 1954 年以来最为严重的全流域大洪水，其特征是洪水发生早、范围广，洪水遭遇恶劣，高水位持续时间长，洪量大。荆州河段干支流水位、相同高水位持续时间均超 1954 年，先后遭遇 8 次洪峰冲击，沙市站从 7 月 1 日进入设防至 9 月 10 日退出，历时 72 天，其中警戒水位历时 57 天，最高洪水位 45.22 米，超 1954 年最高洪水位 0.55 米；监利站 6 月 27 日进入设防至 9 月 26 日退出，历时 91 天，超警戒水位历时 82 天，超保证水位历时 61 天；螺山站 6 月 26 日进入设防至 9 月 21 退出，历时 88 天，超警戒水位历时 82 天，超保证水位历时 47 天。巨量洪水超过大部分堤防的抗御能力，在洪峰的轮番冲击下，荆江地区干支民堤险象环生，危如累卵，共发生各类险情 1770 处，其中重大险情 913 处、溃口性险情 25 处，多处堤段抢筑子堤挡水，随时都有可能因险情处理不当、防守不力而造成灭顶之灾。

危急关头，党中央、国务院果断决策，省委、省政府直接指挥，荆江地区抗洪军民克服重重艰难险阻，夺取了这场艰苦卓绝气壮山河抗洪斗争的全面胜利。中共中央总书记江泽民的"严防死守"、"三个确保"、"决战决胜"指示成为战胜洪水的强大动力。最危急时刻，党中央、国务院领导奔赴荆江抗洪一线指挥抗洪，省委、省政府领导靠前指挥，这是战胜世纪洪水的根本保证。最艰难的时候，5 万余名人民解放军、武警官兵和 40 余万干部群众日战洪水，夜卧长堤，身挡激流，舍生忘死。最险要的地方，党员挺身而出，干部群众迎难而上，生死与共，殊死搏斗，塑造了一尊尊惊天地、泣鬼神的英雄群像。

1998 年抗洪斗争取得伟大胜利的另一个深远意义在于：是在当时江河堤防工程并不具备防御'98大洪水，有些堤防达不到防御标准的条件下，依靠科学决策和调度，以及不懈努力顽强拼搏从而取得最终胜利。这标志着在党领导下，在科学防汛原则指导下，防汛抗洪在主动防御方面开创了历史新纪元，书写了人类抗洪史又一新的篇章。

荆江地区之所以取得建国后历次防汛抗洪斗争的胜利，归纳而言，主要有以下一些因素：一是各级党组织和政府高度重视荆江的治理和防汛抗洪工作，并根据不同时期防汛抗洪的特点，审时度势，提出明确的指导思想、方针任务和治理方略；防汛抗洪关键时刻，各级党组织和政府果断决策、坚强领导和统一指挥，这是建国以来荆江防汛抗洪斗争取得胜利的根本保证。二是在防汛抗洪斗争中，抗洪军民万众一心、众志成城，不怕困难、顽强拼搏，坚韧不拔、敢于胜利，人民群众发挥了主力军作用，人民解放军和武警官兵发挥了攻坚突击作用，党员干部发挥了先锋模范作用。三是建国以来，长江流域规划治理取得巨大成就，荆江地区以堤防工程、分蓄洪工程等为主体的防洪工程体系逐步完善，防洪非工程措施不断健全，为防汛抗洪斗争取得胜利提供了坚实的保障。四是在抗御大洪水的斗争中，举国上下大力支援，激发和坚定了荆江地区抗洪军民战胜洪水的勇气和信心。五是汛前准备充分，后勤保障有力，抗洪过程中充分发挥工程技术人员的作用，充分运用科学技术和先进经验，正确分析预测水情、雨情，科学调度运用防洪设施，精心查险，全力抢险，科学处险，以及严密的组织和严格的纪律作保证，也是防汛抗洪取得胜利的重要原因之一。

五

"善为政者，必先治水。"建国伊始，党和国家即着手筹划根治荆江洪患的宏伟蓝图。以确保广大人民生命财产安全和经济社会发展作为治理荆江的基本指导思想，制定了"确保荆江大堤，江湖两利，蓄泄兼筹，以泄为主，上下荆江统筹考虑"的治江方针和"左右岸兼顾，上、中、下游协调"的治江原则。根据这个方针和原则，采取合理地加高加固堤防、整治河道、建设平原分蓄洪区、兴建干支流水库等一系列防洪工程措施，逐步形成以三峡水库为骨干，堤防为基础，配合以其他干支流水库、分蓄洪工程、河道整治工程及非工程防洪体系，使长江中下游防洪问题，尤其是荆江地区的防洪问题得到较好地解决。1998年大水后，党中央、国务院对灾后重建、江湖治理和兴修水利工作极为重视。1998年10月，中共十五届三中全会作出《中共中央关于农业和农村工作若干重大问题的决定》，要求进一步加强水利建设；坚持全面规划、统筹兼顾、标本兼治、综合治理，实行兴利除害结合、开源节流并重、防汛抗旱并举的方针。随后，党中央、国务院下发《关于灾后重建、整治江湖、兴修水利的若干意见》，对灾后水利建设作了全面部署，具体提出"封山植树、退耕还林，平垸行洪、退田还湖，以工代赈、移民建镇，加固干堤、疏浚河湖"的灾后重建措施，对灾后水利建设作了全面部署，并投入巨大人力、财力和物力整治长江堤防。荆江的治理仅靠加高加固堤防不足以解决上游超额洪水等问题，建国以来，党和国家还先后采取一系列措施，对荆江防洪问题实施综合治理，并取得举世瞩目的伟大成就。党和国家领导人关怀荆江，多次前来视察。

辟建分蓄洪区　开辟分蓄洪区，有计划妥善地处理超额洪水是荆江防洪的重要措施。为解决荆江及城陵矶附近河段的超额洪水，保护江汉平原、洞庭湖平原和武汉市的安全，1952年兴建了国家第一个大型水利工程——荆江分洪工程，此后又辟建了浣市扩大分洪区、虎西备蓄区、人民大垸蓄滞区。荆江分洪工程及附属工程蓄洪总面积1444平方千米，有效总蓄洪容积80.6亿立方米。荆江分洪工程建成后，即遇1954年特大洪水，为确保荆江大堤和江汉平原安全三次分洪运用，分洪总量122.6亿立方米，降低沙市站水位0.96米，工程效益显著。由于城陵矶以下河段洪水对两湖平原及武汉市威胁严重，为防御1954年型洪水，中央统筹安排在城陵矶附近区域辟建分洪区，拟解决超量洪水320亿立方米，最后决定湖北与湖南各承担160亿立方米分蓄洪水任务。湖北省于1972年开始兴建洪湖分蓄洪工程，相继修建了一些闸站工程和分洪转移设施。洪湖分蓄洪工程是长江中下游防洪规划中长江中游城陵矶地区分蓄超额洪水容积最大的一个分蓄洪区，是长江中游防洪体系中的重要组成部分，分蓄洪区自然面积2784.8平方千米，有效蓄洪容积160亿立方米。相应地，湖南省也在城陵矶附近就兴建分蓄洪区作了规划和安排。

实施河道整治　荆州河段护岸工程始于宋初，时江水为患，堤不可御，石首县令谢麟筑万石堤（因筑堤耗米万石，故名）时，"迭石障之，自是人得安堵"。后，荆州河段两岸陆续修建了一些零星护岸工程，至1949年，累计石方工程量仅约25万立方米。这些护岸工程不少已经坍毁，荆州河段干流及主要支流河道基本上处于自然演变状态，河道摆幅大，崩岸频繁剧烈。为控制河势，保证防洪工程安全，建国后，按照"上下游、左右岸统筹考虑"和"守点顾线，护脚为先，逐年积累，不断加固"的原则，对堤防崩岸实施大力治理。经过半个多世纪不懈努力，基本抑制住河岸的大规模崩坍，河床形态未发生大的改变。为了解决下荆江河道行洪不畅、上下荆江泄量不平衡的矛盾，在下荆江选定沙滩子、中洲子、上车湾等3处实施人工裁弯。中洲子人工裁弯工程于1966年实施，上车湾人工裁弯工程于1968年实施，1972年沙滩子河湾在工程未及实施前狭颈被冲开，形成自然裁弯。下荆江系统裁弯工程实施后，荆江河段水情发生新的平衡调整，上荆江各站点洪水水位明显降低，泄洪能力得到较大幅度的提高，工程效益显著。同时，在支流沮漳河下游河道实施了堤距展宽工程，对入江口多次实施改道，扩大了沮漳河河道安全泄量。此外，还在汉江支流东荆河下游实施了改道工程。

1998年以后，随着上游地区水利水电工程建设、水土保持和退耕还林等项目的实施，上游来沙量减少，使荆江河段水沙关系发生较大变化，特别是三峡水利枢纽运行后清水下泄，对荆州河段冲刷加剧，在局部河势未得到全面控制的情况下，部分已护工程受损出险，一些未护堤段崩坍出险。为保障荆江河段堤防工程安全，从2007年开始分期实施荆江河段河势控制应急工程。

1949—2010年，荆江地区干支堤防护岸工程累计完成护岸长度302.13千米、石方2900.43万立方米（不含航道部门所实施工程的石方量），起到了控制河势发展、限制河道左右摆动、抑制崩岸险情频发的作用，有效保护了堤防工程安全。

强化非工程措施建设　防洪非工程措施在荆江治水历史中很早即采用，如大水时利用水路、驿站报汛传递信息及烟火手段报警，洪灾发生后进行救灾，制定禁止围垦洲滩的法令、规章等。这些措施在历年抗洪斗争中，配合防洪工程措施，发挥了减轻洪灾损失的作用。建国后，随着防洪非工程措施逐渐被认识和重视，荆江地区防洪非工程措施建设取得了很大成就。一是不断加强防洪意识的宣传。向广大干部群众宣传荆江所处的特殊地理位置、洪水的特点，防洪的有利条件、困难和问题，增强人民群众的防范意识，动员人民群众支持和参与到防汛斗争中来。二是积极做好各项汛前准备工作，认真周密地制定各种防洪预案和度汛措施，并对这些预案及时进行更新。三是不断完善水情、雨情预报预警系统和防汛通信设施。水雨情报已实现由人工预报向自动化预报的转变，市、县（区）两级指挥机构已能及时了解长江流域、洞庭湖水系、汉江的水雨形势；主要分蓄洪区已基本建成预警报警系统，一旦需运用分洪区，报警直接到村，还可利用电视等媒体迅速发布分洪预警。四是不断完善后勤保障，构建了由水利、交通、物资、医疗、公安等部门组成的防汛抗洪后勤保障系统。五是加强防汛抢险技术培训和演练，锻造了一支善打硬仗、恶仗的工程技术人员队伍和抢险队伍。

加强河道堤防工程管理　建国前，荆江地区河道堤防管理处于水平较低的状况，一般由沿堤群众自行管理。建国后，确立"建管并重"的方针，1956年后，实行"统一领导，分级管理，专业管理和群众管理相结合"的管理体制，经过数十年的不断努力，管理体制和机构不断建立完善。21世纪初，随着水利管理体制改革的深入发展，堤防工程管理模式也由"群管"与"专管"结合转变为专业管理，明确了每个管理人员的管理范围、职责任务和具体要求，管理工作逐步规范化、制度化。管理工作内容也从单一的堤防养护逐步扩大到对所有防洪工程的全面管理。1949—1982年以堤防管理养护为主；1982年省政府颁布《湖北省河道堤防暂行条例》，开始对河道实行管理；1988年《中华人民共和国水法》颁布，同年，国务院颁布《中华人民共和国河道管理条例》，对河道堤防和所有防洪附属设施及河道岸线、河道采砂、航道整治等涉河工程建设实行全面管理。管理工作评定逐步完善，日趋规范。管理方式由过去以行政手段为主，转变为依法规范管理，从而保证了防洪工程的抗洪能力不断提高。

为根治长江中下游洪患，党和国家审时度势于1994年动工兴建举世瞩目的三峡水利枢纽工程。三峡工程具有防洪、发电、航运等巨大综合效益，大坝坝顶高程185米，设计正常蓄水位175米，总库容393亿立方米，其中防洪库容221.5亿立方米。荆江地区单靠堤防仅可防御10年一遇洪水，配合运用荆江分洪区也只能防御20年一遇洪水。2009年三峡工程建成运行后，荆江防洪形势有了很大改善。经三峡水库调蓄，荆州河段防洪能力均相应提高，防洪规划目标是：荆江地区遇小于100年一遇洪水，可使沙市站水位不超过44.50米，不需启用荆江分洪区，并可减少洲滩民垸受淹机会；遇1000年一遇或类同1870年洪水，枝城最大泄量不超过80000立方米每秒，与荆江分洪工程配合运用，可控制沙市水位不超过45.00米，从而保证荆江两岸防洪安全，防止发生毁灭性溃灾。城陵矶附近地区，一般洪水年份除各支流尾闾区外，可以基本上不分洪；遇类同1931年、1935年大洪水，可大幅度减少分洪量，甚至不分洪；遇类同1954年大洪水，可减少分洪量94亿～220亿立方米，从而明显减少淹没损失，保证重点区、重点堤防安全。武汉地区，由于上游洪水得到有效控制，遭遇类同1870年等特大洪水，可避免荆江大堤溃决对武汉市的威胁，而城陵矶地区洪水控制能力的增强，相应提高了武汉市防洪调度的可靠性与灵活性，对武汉市防洪起到保障作用。此外，由于有三峡水库的调节及下泄流量减少，洞庭湖入湖径流量和沙量可减少，湖泊寿命得以延长，并可减轻洪水灾害。

"自古荆楚多水患，治荆楚必先治水患"。自秦汉以来，无论江山如何易主，朝代怎样更替，但人们与洪水灾害的斗争从未停止过。纵览古今治理荆江的历史，无论是成功经验或是失败教训，都是宝贵的财富，给我们治理江河实践启迪了思路，提供了借鉴。

建国后，经过长期不懈治理，特别是1998年大水后大规模整治加固堤防和三峡水利枢纽工程投入运行，荆州河段整体防洪能力有了很大提升。但是，荆江河道安全泄量与上游巨大来量不相适应的根本矛盾仍将长期存在，洞庭湖作为荆江洪水调蓄场所的功能仍不可或缺，三峡工程的运行也只是荆江防洪形势由严峻趋向缓和的开始，而决不是终结。三峡工程、荆江地区堤防系统和分蓄洪工程系统，以及荆江三口向洞庭湖分流，配合运用，才能有效防御 1870 年那样的特大洪水。长江上游干支流水库群的逐步建设和水土保持工程的实施，将进一步缓解荆江防洪形势。所以，荆江防洪形势的最终改善，决定于上述多种因素的共同作用。而三峡工程运行后清水下泄对荆江河道的冲刷和由此引发的河势调整，荆江四口断流时间增长，以及对排涝灌溉所产生的影响等一系列问题需要我们认真研究和对待，荆江与洞庭湖的综合治理和科学开发利用仍然是经济社会发展的一个永恒课题。而对于洪水，我们既要顽强抗御，也要尊重自然规律适当给洪水以出路，挤洪占地，人地皆失；让地蓄洪，人地两安。这都需要我们以科学发展观为指导，在治江实践中不断提高人与自然和谐相处的认识，摸清规律，谋划对策。因此，不断认识荆江、治理荆江，不断加强防洪工程建设和非工程措施建设，实现荆江安澜人水和谐的理想，仍是一项长期而艰巨的任务，河道堤防建设者任重道远！

注：

　[1] 荆江河段全长 347.2 千米，其流程原均在荆州辖境，后因行政区划调整，有 8 千米河道（枝城至车阳河）划由宜昌管辖。

　[2] 1958 年冬，调弦口筑坝建闸控制，四口分流变为三口。

　[3] 详见《长江中游荆江变迁研究》，1999 年，中国水利水电出版社。

　[4]《长江河道演变与治理》一文认为，导致宜昌至城陵矶河段河床冲刷主要有三个因素：一是下荆江人工和自然裁弯引起裁弯段上游水面比降加大，发生自下而上的溯源冲刷；二是随着三口（松滋口、太平口、藕池口）分流能力的逐步减小，荆江过流量相应增加，河床过水断面冲刷扩大；三是葛洲坝工程、三峡工程运行后，通过两大枢纽下泄的卵石和沙质推移质明显减少，导致枢纽下游河道发生自上而下发展的长距离冲刷。而城陵矶至新滩口河段所发生的较大冲淤变化，是由荆江与洞庭湖关系的调整所引起。

　[5] 见本志第五章"防洪综合治理"相关内容。

　[6] 周凤琴《荆江近 5000 年来洪水位变迁的初步探讨》一文提出，荆江洪水位的上升过程可划分为三个阶段：新石器阶段，历时约 2300 年，为相对稳定阶段，上升幅度 0.2 米；汉至宋时期，历时约 1400 年，为由慢到快阶段，上升幅度 2.3 米；宋至民国时期，历时约 800 年，为急剧上升阶段，上升幅度 11.1 米，上升率为 1.39 厘米每年。从 1903 至 1961 年的 58 年间水位上升 1.85 米。

　[7] 详见本志附录"《河堤简》校读"。

　[8] 1980 年长江中下游防洪座谈会确定的防洪标准。

第一章　长　江　河　道

长江，古称"江"、"大江"。在江苏镇江以下因古代有扬子津和扬子县（今扬州），故又有扬子江之称。它是中国第一大河，也是世界著名河流。干流全长 6300 余千米，多年平均年径流量约 9600 亿立方米[1]。

长江出三峡后，进入中游平原，发育为冲积性平原河流。长江干流自枝城进入荆江河段，至松滋车阳河入今荆州市境，于洪湖新滩口出境，流程 483 千米。干流湖北枝城至湖南城陵矶一段，现称荆江。

荆州河段包括荆江河段和城陵矶至新滩口河段，发育于第三纪以来长期下沉的云梦沉降区。随着长江、汉江干支流水系发育，江汉冲积、淤积平原的形成变化，荆州河道历经沧桑巨变。由于荆州河道穿越古云梦泽地区，因此在河道形成和云梦泽解体过程中，形成众多穴口和水道，分布于两岸，沟通江汉、江湖。清后期，形成松滋、太平、藕池、调弦四口分流入洞庭湖的格局，其径流和泥沙经洞庭湖调节，于城陵矶汇注长江，构成复杂的江湖关系。

荆州河段，既承受长江上游来水，又受洞庭湖出流影响，江湖蓄泄变化较大，水文特征复杂，是长江中游遭受洪水威胁最严重地区，尤以荆江河段为甚。荆州河段历史上频繁遭遇流域型和区域型大洪水，1788 年、1860 年、1870 年、1931 年、1935 年和 1954 年大水均给两岸带来重大灾害损失。

第一节　河　道　概　况

荆州河段水量丰沛，含沙量不大，长期以来受河流动力作用，形成一条深广而相对稳定的河槽。但由于上游来水来沙在时间、空间上存在不均匀性，河流地质地貌边界条件沿程变化，以及两岸众多支流、湖泊入汇和分流等因素影响，部分河段河势变化剧烈，主流摆动频繁，河床冲淤，河岸崩坍，洲汊消长，对防洪、航运和沿岸经济社会发展产生不利影响。

一、河道形态

荆州河段按河流特性和沿程湖泊、支流水沙分合情况，可分为荆江河段、城陵矶至新滩口河段。

荆江河段　上起湖北枝城，下迄湖南城陵矶，全长 347.2 千米[2]。其间，以藕池口为界，按河型分为上下两段，上段称上荆江，长 171.7 千米（其中枝城至洋溪约 8 千米河段属宜昌市境）；下段称下荆江，长 175.5 千米。荆江流经湖北省宜都、枝江、松滋、荆州、沙市、公安、江陵、石首、监利及湖南省华容、君山等县（市、区）。荆江左岸沙市以上 16.55 千米处有沮漳河在荆州区临江寺入汇[3]，其上游右岸枝城以上 19 千米处有支流清江入汇。汛期，清江、沮漳河洪水常对荆江防洪造成不同程度的影响。

荆江右岸有松滋、虎渡、藕池、调弦（1958 年冬筑坝建闸封堵）四口分流入洞庭湖，与湘、资、沅、澧四水汇合后，于城陵矶注入长江，构成复杂的江湖关系。

荆江河型上下有别，上荆江属微弯分汊型河道；下荆江"九曲回肠"，为典型蜿蜒型河道。

长江出枝城后由东南流向转为东北流向；在陈二口以下河段形成百里洲，右岸有松滋口分流入洞庭湖；干流至杨家垴复向东南流，在太平口有虎渡河分流入洞庭湖，至荆州区临江寺附近有沮漳河入汇。自此长江干流折向南流经沙市区、公安县、江陵县，至藕池口有藕池河分流入洞庭湖。上荆江河道自上而下由江口、沙市、郝穴三个北向河湾和洋溪、沇市、公安三个南向河湾以及弯道间顺直过渡段组成。河道弯道处多有江心洲，自上而下有关洲、董市洲、柳条洲、江口洲、火箭洲、马羊洲、三八滩、金城洲、突起洲等 12 个江心洲滩。上荆江河段弯道较平顺稳定，河湾曲折率约为 1.72[4]，河湾曲折率最大为洋溪河湾的 2.23，最小为沇市河湾的 1.23；最小河湾半径为 3040 米（马家嘴河湾），最大为 10300 米（郝穴河湾）。平滩水位时，河道最宽处 3000 米（南兴洲河段），最窄处 740 余米（郝穴河段），最深处 40～50 米（斗湖堤）。据 1965 年测图量算，上荆江顺直河段，平均宽 1320 米，平均水深 12.9 米；弯曲河段，平滩河宽 1700 米，平滩水深 11.3 米；水面比降为 0.04‰～0.06‰，汛期较大，枯水期较小。

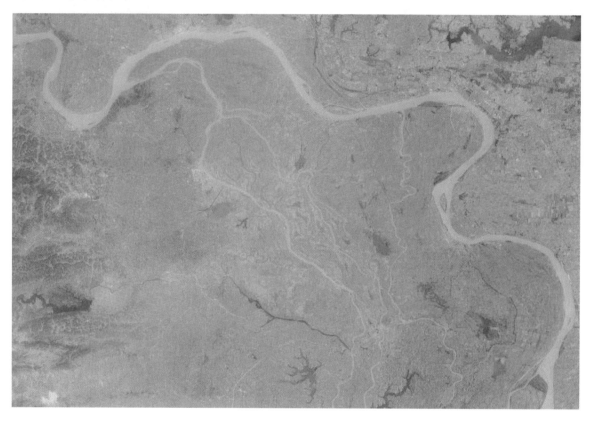

图 1-1 上荆江河段（本节卫星照片均引自国家测绘地理信息局网站）

上荆江沙市河湾、郝穴河湾堤外无滩或仅有窄滩，深泓逼岸，防洪形势十分险峻。建国后，经多年整治，两岸主要险工险段特别是弯道凹岸迎流顶冲部位均建有护岸工程，至 2010 年底，上荆江守护岸线总长 121 千米。

自然条件下，下荆江河道蜿蜒曲折，易发生自然裁弯，河道摆动幅度大。20 世纪 60 年代后期至 70 年代初，历经中洲子（1967 年）、上车湾（1969 年）两处人工裁弯以及沙滩子（1972 年）自然裁弯，1994 年，石首河段向家洲发生自然裁弯。下荆江系统裁弯前长 240 余千米，裁弯后缩短河长约 78 千米，此后河道有所淤长，至 2010 年底下荆江长约 175.5 千米。裁弯工程实施后，因下荆江不断实施河势控制工程、护岸工程，河道摆动幅度明显减小，岸线稳定性增强。经多年整治，下荆江成为限制性弯曲河道，由石首、沙滩子、调关、中洲子、监利、上车湾、荆江门、熊家洲、七弓岭、观音洲等 10 处弯曲段组成，主要江心洲有乌龟洲等 4 个。历史上，下荆江河道平面摆幅较大，19 世纪初以来最大摆幅达 30 千米。系统裁弯前，下荆江河湾曲折率为 2.83[5]；裁弯后，据 1975 年测算，曲折率降为 1.93。河湾曲折率最小为监利的 1.65，最大为上车湾裁弯前的 5.07，最小河湾半径为 1260 米（七弓岭），最大为 5770 米（熊家洲）。除监利河段有乌龟洲，中洲子河段有南花洲将河道分为汊道段外，其余均为单一河道。据 1965 年测图量算，平滩水位时，下荆江河段顺直段平均宽 1390 米，平滩水深平均 9.86 米；弯曲河段平均宽 1300 米，水深平均 11.8 米，河道最宽处 3580 米（八姓洲河段），最窄处 950 米（窑圻垴河段），最深处 50～60 米（调关矶头）。下荆江经章华港、塔市驿东北流后，至监利县又转向东南流，至城陵矶有洞庭湖水系入汇，流量大增。

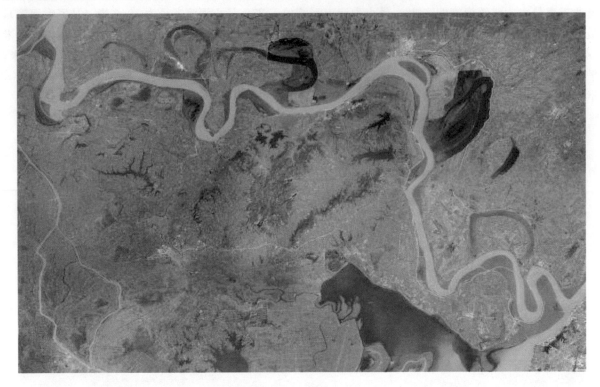

图 1-2 下荆江河段

自然条件下，下荆江河道稳定性差，弯道凹岸崩坍，凸岸淤积，是其河道演变的主要特征。当河道过度弯曲成绳套状时，狭颈处易发生自然裁弯；其后河道又复向弯曲发展，形成周期性演变过程。为抑制崩岸、控制河势、提高防洪能力，从 1983 年开始，国家加大下荆江护岸力度，特别是 1998 年大水后，下荆江先后实施规模较大的河势控制工程，对稳定岸线、控制河势发挥重要作用。据统计，至 2010 年底，下荆江护岸线总长约 149 千米。

由于河床形态、边界条件与沿程来水来沙条件的不同以及支流入汇等因素影响，荆州河段河床纵剖面出现不同波状起伏。上荆江起伏的深泓高点总体上沿程降低，深泓低点也基本呈渐降趋势，深泓最深点多出现于河湾或矶头附近。据 1998 年河床深泓高程纵剖面勘测资料显示，关洲以下缩窄单一段高程为 6.00 米，涴市河湾为 7.50 米，公安河湾为 2.00 米，沙市河湾观音矶为 6.00 米，观音寺附近为 5.80 米，祁家渊为 3.80 米。从深泓高点看，分流口以下河道深泓一般较高。松滋口以下由于分流作用，深泓高点高程为 27.00 米，藕池口附近为 20.00 米；其它深泓高点主要分布在分汊段内，在火箭洲高程达到 27.00 米，突起洲 25.00 米。上荆江深泓平均高程为 16.70 米[6]。据 1998 年勘测，下荆江深泓最高点高程 22.00 米，深泓高点沿程逐渐降低，高点主要出现在较顺直、宽浅河段及分汊段中，在寡妇夹、塔市驿至监利河湾，洪水港以下以及熊家洲以下顺直段均有深泓高点。深泓低点主要分布在河湾处，石首河湾高程为 -11.40 米，调关 -11.00 米，中洲子河湾 -7.00 米，上车湾 -13.00 米，荆江门 -24.00 米，观音洲 -10.00 米。

荆江河段深泓纵剖面变化，下荆江的起伏大于上荆江，上荆江的深泓趋势沿程变化线较下荆江陡，下荆江深泓高程平均值明显小于上荆江。下荆江深泓平均高程为 6.90 米，比上荆江小约 10 米。

荆江河段浅滩变化复杂，董市、太平口、周公堤、藕池口、碾子湾、监利等处浅滩，每年枯水季节有 20～88 天不能保证标准航深 2.9 米，为长江中游航道条件较差河段。

由于荆江两岸地势低洼，必须筑堤御水。左岸自枣林岗起修筑有荆江大堤，大堤沿沮漳河经万城至荆州、沙市城区，而后经盐卡、观音寺、郝穴、麻布拐向东至监利；以下堤线继续东延，经上车湾向东至洪湖新滩口。右岸除沿江筑有堤防外，沿松滋河、虎渡河、藕池河和调弦河两岸亦筑有堤防。荆江两岸堤距，自枣林岗起一般为6～7千米，至沙市缩狭至1余千米，以下随江流趋势宽窄相间，宽处5余千米，窄处约1千米；藕池口以下，堤距一般宽10余千米，最宽处20千米以上，仅监利窑圻垴一带为1.3～1.6千米，其下又复展宽。堤外滩岸，上荆江较为狭窄，平均宽不足200米，沙市、柴纪、祁家渊、郝穴等地段基本无滩，深泓直逼堤脚；下荆江较宽，两岸边滩平均宽达6千米，其中左岸边滩又较右岸宽。

城陵矶至新滩口河段 河道较顺直，全长约154千米。长江干流自城陵矶起东北流，至老湾折向东，至高桥再折向东北，至永乐闸东又转向西北，至北洲折向西，于胡家湾向北入武汉市汉南区境。左岸有内荆河于新滩口镇入汇，东荆河于新滩口镇西北注入长江；右岸于赤壁附近有陆水入汇。

城陵矶至新滩口河段属分汊河型和弯曲河型两类，宽窄相间，呈藕节状；平滩水位时，最宽处3500～4000米，最窄处1055米（腰口至赤壁山）。螺山站低、中、高水位相应水面宽分别约为675米、1575米和1810米。河段最深处51米（官洲村），最浅处3.5米（界牌），平均水深7.9米；干流多年平均比降为0.0244‰～0.0322‰。河段主泓左右摆动，沙滩崩淤无常，自上而下有新堤、老湾、大沙三处汊道及簰洲大湾，其余较为顺直。按河道平面形态不同，可细分为顺直型、微弯型和鹅头型三类，城陵矶至螺山、螺山至乌林均为顺直分汊型；乌林至龙口、燕窝至新滩口为鹅头分汊型；龙口至燕窝为微弯分汊型。江中洲滩罗列，主要有南阳洲、新淤洲、南门洲、新洲、中洲、护县洲、白沙洲、复兴洲等。

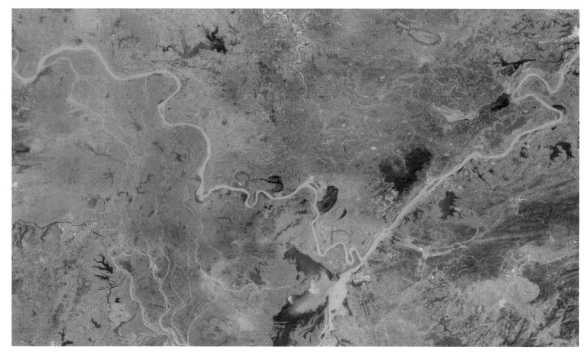

图1-3 长江荆州河段

二、地质地貌

荆州市地处江汉平原南部和洞庭湖平原北部，位于东亚新华夏系第二沉降带，地势西高东低，南高北低，地貌形态为堆积平原、低山丘陵、河流阶地和河床洲滩。荆州河段主要地质构造单元为江汉沉降区的江汉凹陷和扬子准地台。新构造运动以来江汉凹陷为沉降区，江汉盆地连接洞庭湖盆地，外围山地抬升，中部下降，因而地势低洼，水系发育，形成复杂的江湖吞吐关系。城陵矶以下扬子准地

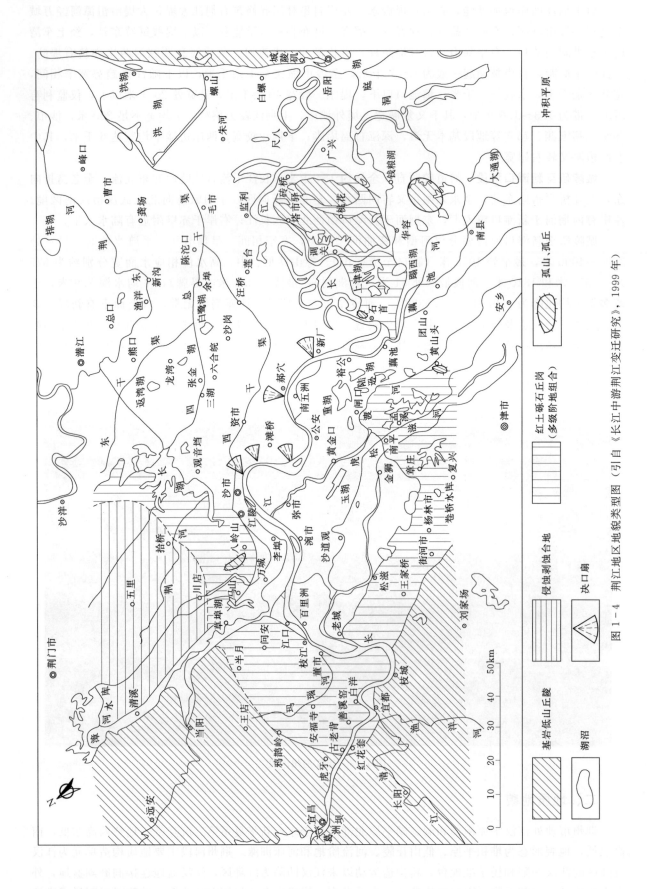

图 1-4 荆江地区地貌类型图（引自《长江中游荆江变迁研究》，1999 年）

台位于淮扬地盾与江南古陆之间的狭长地带，构造运动方向受制于两侧的地盾和古陆，发生强烈的断裂和褶皱运动，形成二级或三级构造单元，成为隆起区或凹陷区。由于新构造运动造成平原地势自西北向东南倾斜，江汉平原中部为巨厚的河湖相松散土类组成的坦荡平原，平原内部受网状水系泥沙沉积和人工筑堤影响，形成相对高差数米至 10 余米的沿江高地和河湖间洼地相间分布的地貌特点，荆江沿岸堤防一般高出背河地面约 10 米。

江汉—洞庭湖平原多为冲湖积平原，城陵矶以下河段右岸多狭窄的冲洪积平原。枝城以上低山丘陵较多，石首、岳阳附近有少数低丘。河道两岸有反映其演变过程的多级阶地，其级数越向下游越少，荆江河段有两级阶地发育，城陵矶以下沿江丘陵有三级阶地发育。从上游至下游，荆州河段左岸部分地面由荆州区枣林岗至堆金台地面高程 50.00～44.00 米（冻结吴淞，下同）形成第三阶地的前沿；堆金台至万城闸地面高程 40.00～38.00 米形成第二阶地，地势平坦并开始向冲积平原过渡；万城闸以下为广阔的江汉平原，地势由高渐低，从荆州区万城至监利县卡子口地面高程由 35.00 米降至 28.00 米，至洪湖市新滩口再降至 25.00 米。荆州河段右岸上游在松滋老城一带为长江一级阶地，地面高程 47.00～49.00 米，与冲积平原呈斜坡过渡；老城砖瓦厂至铁石溪一带为长江二级阶地，地面高程 50.00～68.00 米。老城至涴市一带为冲积平原，沿江而下地势由高变低，地面高程由 43.00 米渐降至 38.00 米。涴市以东至石首五马口沿江一线地面较为平坦，地面高程由 38.00 米渐降至 32.00 米。

荆江两岸平原广阔，河湖交织，现代改造的渠系纵横，分布着丘陵和孤丘。两岸地貌大致有剥蚀丘陵、冲积平原两种类型，洋溪以南石灰岩低山和碎屑丘陵、石首笔架山石英孤丘、华容墨山结晶岩低丘等均为剥蚀丘陵地貌；荆江两岸为冲湖积平原，荆北平原地面高程约 30.00 米，而荆南平原地面高程约 35.00 米。此外，两岸湖泊众多，有河间洼地湖（长湖、洪湖等）、河流壅塞湖、河谷沉溺湖（公安淤泥湖、石首白莲湖等）、河道遗迹湖（碾子湾故道、尺八口老江河等）。在丘陵阶地的河谷间发育有现代高河漫滩和低河漫滩。

上荆江左岸自江口镇以上，右岸自松滋口以上为丘陵或基座阶地基岩组成，河岸稳定，抗冲能力强，河床覆盖层主要由砂、砾、卵石组成，平均厚约 20～25 米，洲滩多为砾、卵石覆盖，其间也有粗中砂落淤。江口以下至藕池口，两岸主要由现代河流沉积物组成，其上层为粘性土壤，一般厚 8～16 米，以粉质壤土为主，夹粘土和砂壤土；中层为砂层，顶板高程较低，一般在枯水位以下；下层为卵石层，卵石层顶板约以 0.2‰ 的坡降向下游倾斜，愈往下游则埋藏愈深。卵石层在河湾段较河床深泓还高，抗冲能力较强。

下荆江河床组成为中细砂，卵石层在床面以下埋藏较深。右岸为墨山丘陵阶地区，石首、塔市驿、砖桥等处有孤独的小山丘，由古老的变质岩及花岗岩组成，河岸抗冲能力较强，限制长江河槽南移，形成南向北弯；左岸为冲积平原，地质结构为现代河流沉积物所组成的二元结构，即上部为河漫滩相的粘性土层，下部主要为河床相中细砂层，抗冲能力弱。

城陵矶至新滩口河段两岸绝大部分为冲积平原和湖泊，两岸地质条件具有明显不均匀性。两岸分布有对河势起不同程度控制作用的孤山矶头等天然节点，左岸主要有白螺矶、杨林矶、螺山等，右岸有城陵矶、赤壁矶等。城陵矶至燕窝河段地质结构，左岸为全新统松软土层和砂层，右岸为更新统硬粘性土和前第四系基岩，抗冲能力右强左弱。新滩口河段两岸均为全新统松软层，抗冲能力左右俱弱；河岸冲积物平均厚达 32.8 米，具有二元结构特征，上层为细颗粒层物质，下层为粗颗粒物质。燕窝下边滩、上北洲边滩以及白沙洲、复兴洲、新洲等江心洲和河湾凸岸边滩、支流口河岸全部或大部由粉细砂组成。区内除白螺矶、杨林山、螺山等剥蚀残丘，以及凤山—黄蓬山剥蚀台地台外，其余均呈典型冲积平原地貌特征。城陵矶至新滩口河段左岸地势平坦，起伏较小，地面高程由监利的 29.74 米渐降至洪湖新堤的 26.82 米，区内湖泊星罗棋布，沟渠纵横交错，较大的穿堤河流或渠道有内荆河、新堤排水闸排渠、螺山电排站排渠等。

三、河床边界条件

荆州河段岸坡物质组成总体上可分为基岩质岸坡、砂质岸坡和土质岸坡,以后两者为主。基岩质岸坡主要分布于下荆江石首、塔市驿以及白螺矶、螺山等河段。砂、土质岸坡多具有二元结构,一般上部以细粒粘性物质为主,下部为粉细砂或砂卵石等。砂质岸坡分布于下荆江部分河段,土质岸坡分布于城陵矶以下河段。上荆江河岸下部或基部为晚更新世砾石层,中部为全新世砂层,上部为全新世粘土层。砾石层抗冲能力强,粘土层为粉质壤土夹粉质粘土或砂壤土,厚度较大。因此,上荆江河岸抗冲性较强,崩退比较缓慢,河床横向摆幅不大。下荆江河岸由下部中、细砂层和上部粘土层组成二元结构,下部中、细砂较上荆江厚,一般超过30米,上部粘土层为粉质粘土或粉质壤土,厚度较上荆江薄,一般仅数米,因此砂层顶板常出露于枯水位以上。河底部分均由比较均匀的细砂及更细的沉积物组成,这种河岸与河底物质组成,在一定水沙条件下,有利于下荆江自由河曲的形成与发展。城陵矶以下姚湖至新滩口河段枯水位以上岸坡土质以厚层粘土、亚粘土质为主;彭家码头至燕窝为粘土、亚粘土与砂土互层或夹层结构,抗冲能力弱[7]。

节点是长江中游干流河道河谷地貌中的一种特殊边界条件,多为滨临江边的山丘阶地出露的基岩或耐冲的粘土构成,对河势有很强的控制作用。主要有调关、塔市驿、城陵矶、杨林山、螺山等天然节点;沿江城市、码头和历史上修筑的人工矶头(观音矶等)均起到人工节点作用。

四、河段现状

荆州河道流经广阔的冲积平原,沿程河段河型不同,支流入汇和边界条件也不尽相同,河道演变特点也各异。由于受上游来水来沙条件、江湖关系调整等自然因素,以及护岸工程、下荆江裁弯工程、葛洲坝工程、三峡工程等人类活动的多重影响,河势发生相应变化,部分河段变化还比较大。

枝城至杨家垴河段 上起宜都枝城,下至沙市杨家垴,长约57千米,为低山丘陵区向冲积平原区过渡河段,两岸多低山丘陵。河床由砂夹卵石组成,厚约20~25米,下为基岩。该河段属微弯分汊河型,洋溪、江口段为有支汊的弯道,其间为长顺直微弯段;右岸有松滋口分流入洞庭湖。河段历年河床平面形态、洲滩格局和河势相对稳定,关洲、董市洲(水陆洲)、江口洲和芦家河江心碛坝局部河段冲淤变化较大。下荆江裁弯工程实施和葛洲坝水利枢纽运行后,河床发生明显冲刷,但河势和洲滩格局无明显改变。1998年大水后,洋溪弯道关洲左侧崩退较大,左汊有所扩大,但关洲洲头、洲尾位置未变,中部串沟有所扩大。三峡工程运行后,关洲左汊有所发展,特别是进口段左岸同济垸边滩上段近岸冲刷较为严重,局部存有25.00米高程线冲刷坑,部分地段出现崩岸险情;董市汊道左汊仍为支汊,上段略有扩大;江口汊道的中汊发展,柳条洲增宽,江口洲右缘崩退。

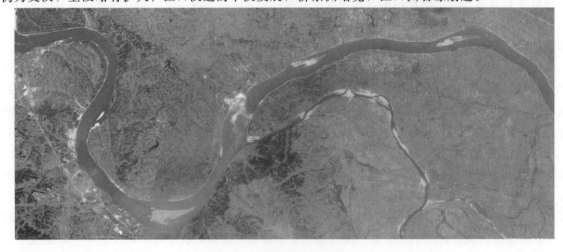

图1-5 枝城至杨家垴河段

涴市河段 上起杨家垴，下至陈家湾，为分汊弯曲型河段，长约18千米，弯曲半径为4.6千米。杨家垴以下河道开阔，20世纪50年代后，随着主泓右移和右岸崩退，左侧沙洲淤并，火箭洲、马羊洲左汊为支汊，均淤积萎缩，但中高水期仍过流。1967年下荆江裁弯工程实施后，涴市河段河床发生明显冲刷，随着20世纪70年代护岸工程的大量修建，总体河势仍保持稳定。1998年大水后，火箭洲淤积更甚，河段支汊仍处于淤积状态；马羊洲洲头冲刷，洲尾有所淤长，右汊始终为主汊。河湾凹岸近岸河床有所冲刷，导致下游河段学堂洲近岸顶冲点上移，崩岸频发。涴市河湾高水期趋中走直，低水期矬弯，1998年后，河湾弯道顶冲点有所上提，贴流段明显增长，三峡工程运行后，凹岸近岸河床进一步冲刷。经历年实施护岸工程，凹岸岸线、深泓线位置基本稳定，总体河势得到有效控制，成为较平顺弯道。

图 1-6 涴市河段

沙市河段 上起陈家湾，下迄观音寺，长约33千米，为弯曲分汊型河段，沿程有三八滩、金城洲将中枯水河槽分为南北两泓；左岸有荆江大堤滨临江岸，堤外无滩或仅有窄滩，深泓逼岸。河道外形基本稳定，局部崩岸地段经护岸后，全河段岸线已稳定少变，其河势变化主要为局部河段主流摆动、洲滩消长和主支汊的兴衰变化。太平口过渡段深泓自20世纪60年代以来逐渐左移，1965—1987年主流线出涴市河湾后自右岸向左岸过渡的着流顶点位置累计上提约2.2千米，但至90年代初，太平口口门上下较长河段内中部形成高程30.00米完整心滩，心滩左右两侧形成深槽，且右深槽略低于左深槽。20世纪90年代后，三八滩和金城洲汊道段主槽易位趋于频繁，且枯水期主槽位于南泓的历时加长。1996年主泓走南槽，1998年、2000年主泓则走北槽，2001年主泓复走南槽；2003年三峡工程蓄水运行后，清水下泄，主泓以北槽为主，贴学堂洲近岸河床而下，引起学堂洲近岸河床冲刷、河道岸线崩坍。1998年大水后，受上游太平口长顺直段主流摆动、太平口边滩下半部展宽下延，以及1998年和1999年大水等因素影响，三八滩洲头冲刷下移，滩面冲刷降低，洲左右缘剧烈崩退，南汊发展左移，右岸埠河边滩发展扩大北移，北汊萎缩并淤长出新的江心滩，至2000年汛后，右汊淤死，新的右汊形成，位于原三八滩右半部，较原右汊北移约800米，老三八滩基本冲失。同时，新江心滩逐渐形成，至2001年汛后，30.00米高程江心滩面积达1.8平方千米，此后逐渐淤长，至2004年右汊复南移至原三八滩南泓，河势又基本恢复到1998年大水以前状态。三峡工程运行后，随着来水来沙条件变化、河床冲刷及局部河势变化，三八滩和金城洲亦发生相应变化。在实测年份中，三八滩呈淤长扩大与冲刷缩小的周期性冲淤变化，且其变化主要发生在洲头和上半部，洲尾较稳定；金城洲变化则表现为洲头呈上伸下缩，洲尾则呈上缩下延交替变化的趋势。

图 1-7　沙市河段

表 1-1　　　　　　　　　　　　　1996—2005 年三八滩冲淤变化统计表

时　间	滩长/m	最大滩宽/m	面积/km²	滩顶最大高程/m
1996 年 7 月	3370	1400	2.98	39.50
1998 年 10 月	2920	870	1.49	40.70
2000 年 4 月	2370	970	1.2	39.10
2001 年 10 月	4010	730	1.79	35.90
2002 年 10 月	4560	740	1.83	35.20
2003 年 10 月	3320	1040	2.21	36.80
2004 年 8 月	3680	950	1.93	36.00
2005 年 11 月	3610（左）	560（左）	1.43（左）	34.80（左）
	1580（右）	460（右）	0.43（右）	32.20（右）

注　数据来源于《人民长江》2007 年 11 月第 384 期,《三峡水库蓄水运行后荆江河道特性变化研究》,高程系统为冻结吴淞。

公安河段　上起观音寺,下迄冲和观,长约 23 千米,为微弯分汊型河段,上段为突起洲弯曲分汊河段,下段为斗湖堤河湾。河势变化主要表现为主流线具有高水期趋中走直,低水期挫弯特点;受上游观音寺河段主流左右摆动影响,突起洲分汊段上游进口局部河段左右岸近岸河床此冲彼淤、岸线崩坍;每次主流左右摆动过程均会引起突起洲头左右缘此冲彼淤,主流相对稳定在进口局部河段的左岸近岸河床,突起洲头右侧向右汊淤长;主流相对稳定在进口局部河段的右岸近岸河床,突起洲头左侧向左汊淤长。20 世纪 50 年代后马家嘴河段航道一直走突起洲右汊,2000 年 12 月主航道摆至左汊,2001 年底后恢复至右汊。

1998 年汛期,上游观音寺河段主流大幅度右移,位于公安河湾凹岸(右岸)上端马家嘴近岸河床严重冲刷,汛后发现马家嘴边滩出现约 500 米长崩岸带,与此同时文村夹河段(左岸)近岸河床淤积;2000—2001 年过渡段主流又逐渐左移,文村夹一带近岸河床冲深 10 余米,出现一深槽,致使文村夹段于 2002 年 3 月发生崩岸;2002 年汛期主流又逐渐右移,又一次重复循环左右岸近岸河床此冲彼淤的演变。1998 年以来,突起洲头左汊冲刷扩大,分流比增大,至 2000 年 7 月左汊分流比达 38%,2001 年 3 月达 41.3%,枯水期航道一度位于左汊。主流出突起洲汊道汇合后沿右岸下行,至杨厂附近主流向对岸郝穴河湾冲和观附近一带过渡。1998 年以来,河段深泓总体稍有右移,近岸河床冲刷。

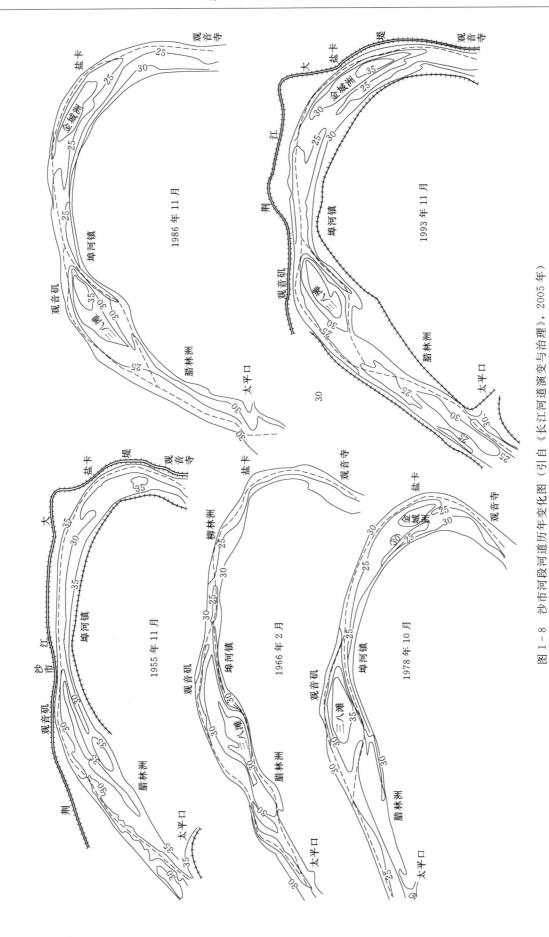

图 1-8　沙市河段河道历年变化图（引自《长江河道演变与治理》，2005年）

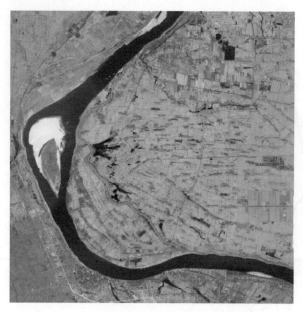

图 1-9 公安河段

2008 年 11 月，受文村夹河段（左岸）近岸河床上修筑一条潜丁坝（航道部门为通航需要所建）和二道护滩带影响，公安河段左岸近岸河床（含突起洲左汊）冲刷受到抑制，在航道整治工程和护岸工程控制作用下，公安河段左岸岸线相对稳定；而（上段）右岸近岸河床冲刷调整，马家嘴边滩、西湖庙河段（未护岸）出现崩岸险情。

郝穴河段 上起冲和观矶，下迄藕池口，长约 40 千米，为微弯单一型河段。1998 年大水后，河势变化主要表现为主流线受郝穴河段近岸深槽（河床）冲刷调整影响，郝穴铁牛矶挑流作用有所增强，自铁牛矶以下，主流线过渡点大幅度上提，引起位于右岸的（南五洲）覃家渊河段近岸河床冲刷、岸线崩退；位于覃家渊河段下游约 10 千米处原险工黄水套段脱（主）流，近岸河床淤积。郝穴河段主流线年内变化具有高水期趋中走直，低水期矬弯特点。2008 年 11 月勘查发现，郝穴河段河势格局基本稳定，但一些未护岸河段岸线（含洲滩）的近岸河床处于冲刷调整中，南五洲岸线多处地段出现崩坍现象。

石首河段 上起藕池口，下迄寡妇夹，长约 31 千米，为一过度弯曲的急弯，历史上多次发生自然裁弯。20 世纪中叶以来，主流摆动和深槽易位频繁。20 世纪 50—60 年代，主流贴左岸茅林口一线而下，过古长堤后向右岸送江码头一带过渡，沿凹岸下行至东岳山被挑向对岸鱼尾洲，弯顶上游主流逐渐左移而产生撤弯。20 世纪 70 年代至 90 年代中期，河段主流贴岸冲刷，岸线崩退，弯道顶冲点下移，石首河湾变为急弯。主流经茅林口进入该河段后，由于长期沿左岸古长堤至向家洲一线流动，致使向家洲一线滩岸受到严重冲刷而崩退，凹岸水流顶冲点大幅度下移，石首河湾发展为过度锐弯。向家洲上缘崩退，狭颈急剧缩窄，由 1965 年的 3200 米缩窄至 1987 年的 420 米，至 1993 年仅余 25 米，以致于 1993 年汛后狭颈崩穿，次年 6 月崩穿处过流，水流撤开右岸原东岳山天然节点控制，直接顶冲石首北门口以下岸线，致使长达 3000 米岸线急剧崩退，至

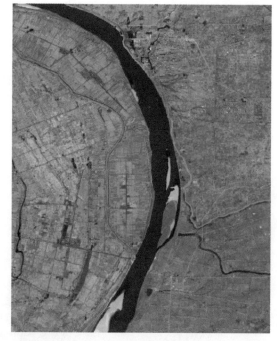

图 1-10 郝穴河段

1995 年汛后口门宽达 1300 米。相应地北门口以上老河道淤积，港口码头无法正常使用。石首河湾主流摆动频繁，滩岸大幅度崩坍，河势处于剧烈调整之中，河湾撤弯后导致对岸鱼尾洲一带水流顶冲部位下移。

1998 年，凹岸北门口段岸线继续崩退，6 月和 10 月先后发生两次大崩退，其中 10 月发生一次崩长 200 米、崩宽 110 米的大崩窝，胜利垸堤脚崩失 11 米。1999 年汛期，约 1 千米范围内连续出现大小不等的崩窝，其中 7 月 9 日发生崩长 200 米、崩宽 35 米的大崩窝，局部地段崩至堤脚。2000 年 7 月，在 1998 年已护岸下段长 90 米及以下未护段长 400 米范围又发生崩坍。随着北门口岸线不断崩

退，水流顶冲部位下移，相应地北门口至鱼尾洲过渡段下移，鱼尾洲水流顶冲部位下移，致使该段岸线发生崩坍。2001 年 4 月后，石首河段主要险工险段得到治理守护，岸线得到初步控制。受上游主流线摆动和河段演变影响，顺直段主流向左岸摆动，贴岸冲刷茅林口至古长堤沿线近岸河床，引起岸线崩坍。2008 年 11 月勘查发现，左岸茅林口河段近岸河床淤积，而对岸下游天星洲左缘出现全线崩坍；由于进口主流向右摆动，进一步影响石首河湾弯道顶冲点下移，位于弯道下段北门口未护岸段 21 世纪初以来崩岸较为剧烈。1949—2010 年，受崩岸影响，石首长江干堤退挽 31 处，长 38.97 千米，退挽土方 435.3 万立方米。

碾子湾位于石首东北约 10 千米，为下荆江河段自西向东第二大弯道，原河长约 17.5 千米。自然裁弯前，被冲开区域为芦苇丛生的荒滩，沿弯道右岸，有不同程度崩坍。1948 年弯道转折处箢子口至弯顶，河滩逐年淤长，使顶冲点下移至柴码头一线，致被冲开处崩坍严重。该处原有被水流冲刷而成的老串沟，名"荷五淡"，贯通东西，长约 2 千米，宽约 100～150 米，漫滩时水深约 2 米，枯水期行人能涉水而过，夏季可通行木帆船。1949 年 7 月洪水盛涨，老串沟被冲成新引河，经过汛期冲刷，新河宽度达到上、下游河宽的一半，约 360 米；左右岸附近水深均达 7～9 米；深槽居中。至 1950 年汛期，新河宽度基本与上下游河道相同。裁弯后，弯顶以下崩坍剧烈，1951—1958 年的 7 年间，新河又延伸约 4 千米。鱼尾洲下游北碾子湾一带，2000 年 7 月在长 500 米范围内，一次崩坍最大宽度达 40 米，2001 年 7—9 月又多次发生崩坍。自 1999 年 12 月至 2001 年 9 月，长约 5 千米范围内，岸线崩退 40～350 米。经 2001 年至 2002 年在该段逐步实施护岸工程后，崩势才得以初步控制。近年水流顶冲点继续下移，崩岸向已护段下游发展。

裁弯段 20 世纪 40—70 年代，下荆江发生碾子湾和沙滩子两处自然裁弯，中洲子和上车湾实施人工裁弯。裁弯后，裁弯段及上下游河势发生不同程度调整，尤其是自然裁弯后，河势变化较大。中洲子河湾人工裁弯后，由于上下游河势衔接平顺，而且当新河发展至规划整治线时受到控制，因此裁弯后上下游河势变化较小。上车湾人工裁弯后，上下游河势衔接也较平顺，但新河出口下游天星阁段受新河出口水流顶冲而急剧崩退，1973—1981 年岸线最大年崩宽达 230 米，累计崩退约 1300 米，护岸后河势得到基本控制。

沙滩子弯道在碾子湾以下约 11 千米。碾子湾自然裁弯后，因出口与下游老河深泓衔接不顺，弯曲半径过小，致使下游河势变动很大，特别是原黄家拐弯道，发生切滩撇弯现象，致使下游顶冲点移至六合垸河口一带。该河口至焦家码头一线堤防，1950—1959 年退挽 11 次之多，其中河口段退挽 8 次。1951—1965 年，该段滩岸平均每年崩退 57 米。1965—1972 年更是逐年加剧，年平均崩退 329 米，而对侧王伯弓以上则崩势较弱，年平均崩退 86 米。至 1971 年，河口地带已形成狭颈，1971 年 5 月查勘时，东西相距仅 1620 米。1972 年冲开前，更缩窄至 1300 米，加之 1963 年扒口废堤，洪水经常漫流。在河口隔堤外，本有六合淡堤套，长 900 余米，其东端与江水相通。1971 年初，淡宽已达 100 余米。套西端原有水田与取土坑，经逐年淤积与冲刷，已形成三四条大串沟，接近于堤套串沟，并与套水相通，洪水漫过时，能行大木船。1971 年汛期，两次洪峰接踵而至，且平滩水位持续时间较长，串沟冲刷严重，7 月 19 日，串沟与堤套迅速拉开，并于次年汛期冲成河道而发生自然裁弯。

沙滩子河湾自然裁弯后，由于上下游河道衔接极不平顺，河势发生急剧调整变化。新河进口右岸寡妇夹一带岸线崩退，水流顶冲点迅速下移，直冲金鱼沟边滩，岸线最大崩退达 3200 米，最大年率达 500 米，致使新河出口下游由右向弯道变为左向弯道。金鱼沟河湾半径增大，由 1980 年的 1800 米增大至 1987 年的 2950 米，相应地下游连心垸弯道凹岸受冲刷崩退，河湾半径由 1980 年的 3000 米减至 1987 年的 1750 米，形成急弯，致使调关矶头更为凸出，守护困难，险情时有发生。自然裁弯与人工裁弯后，其上下游河势变化差异很大，实施人工裁弯工程后，上下游河势衔接平顺，只需适时按规划走向进行岸线控制，河势不至于发生大的变化，而自然裁弯后一般上下游衔接很不平顺，河势易发生急剧调整变化。

监利河段 上起塔市驿，下迄陈家马口，长约 24 千米，河道平面形态为弯曲分汊型，江中有乌龟洲分水流为左右两汊。河段上下两端窄、中间宽，最宽处 3200 米（乌龟洲），平滩水位时平均水深 11.2 米。弯道凹岸有监利矶头，其下端有监利港。长期以来，乌龟洲左右汊交替变化，左汊大多年份为主汊，但在 1931—1945 年、1971—1975 年、1995 年右汊三次成为主汊。上车湾裁弯后，其上游河床冲刷，比降加大，乌龟洲右泓迅速发展，1972 年成为主汊，此后主流逐渐左移，乌龟洲崩失，至 1980 年左泓成为主汊，新乌龟洲形成。1995 年冬，右泓成为主汊，左泓淤积，枯水期航深不足，主泓线逐渐向乌龟洲右缘摆动，洲体南侧大幅度崩坍，主流线逐步向左向下游移动。随着河势变化，乌龟洲 25.00 米高程洲的长度历年有所增加，宽度呈增加与减小交替变化，洲面积增大。1998 年主流经塔市驿沿右岸至江洲汽渡，由江洲汽渡过渡到乌龟洲右缘，1998 年后，由于乌龟洲洲头大幅后退，主流经江洲汽渡顶冲乌龟洲右缘下段，过乌龟洲后顶冲下游太和岭一带。

熊家洲至城陵矶河段 位于下荆江尾部，由熊家洲、七弓岭、观音洲三个连续急弯组成，属典型蜿蜒型河道。20 世纪 60 年代后，凹岸不断崩退，凸岸不断淤长，弯顶逐渐下移，整个弯道向下游蠕动，熊家洲弯道凹岸长 14.6 千米岸线全线崩退，1966—1980 年累计最大崩退 1980 米，年崩率达 132 米，致使下游八姓洲狭颈缩窄，由 1953 年的 1790 米缩窄至 1972 年的 780 米，至 1991 年缩窄至 400 米。1980—1998 年，熊家洲弯道基本稳定，熊家洲至七弓岭主流线右移，主流不再向八姓洲过渡，七弓岭段主流贴岸范围增加，岸线发生强烈崩退，弯顶大幅度下移，1980—1983 年最大崩宽 350 米。1980—1987 年弯顶下移约 2 千米。七弓岭弯顶崩退下移，河湾弯曲率大幅度增大，引起下游观音洲弯道段弯道顶冲点上提，凹岸不断崩退。1987 年七弓岭段开始实施一定规模的护岸工程，至 1997 年，初步稳定弯顶河段岸线。1998 年后，受荆江门十一矶削矶改造影响，熊家洲、七弓岭、观音洲弯道顶冲点下移，近岸深槽上段淤积，下段冲刷，弯道凹岸不断崩退，使其与洞庭湖出口洪道日趋逼近，江湖相隔最窄处仅 600 米。荆河垴凸岸边滩大幅度崩退，主流左移趋直，江湖汇流点下移约 1.2 千米，汇流角改变对江湖关系亦产生一定影响。

界牌河段 位于城陵矶以下约 20 千米处，自杨林山至石码头长约 38 千米，上接南阳洲汊道，下连叶家洲弯道。为进出口两端窄中间宽的长顺直分汊型河道，进口有杨林山与龙头山隔江对峙，为一对天然节点，河宽约 1070 米。其中，杨林山至螺山段河道长约 8.6 千米，为顺直展宽段。螺山和鸭栏矶形成卡口控制水流，河宽约 1630 米。螺山以下至南门洲一带河道逐渐展宽，最宽处约 3400 米，南门洲以下河道又缩窄，至河段出口河宽约 1620 米。螺山至石码头段长约 29.4 千米，为顺直展宽分汊型河段，多数年份深泓线靠左岸螺山至皇堤宫一侧，右岸有边滩；皇堤宫至蔡家庄附近主流由左岸向右岸过渡，为过渡段；蔡家庄以下新淤洲和南门洲将河道分为左右两汊，右汊为主汊，左汊称为新堤夹，两汊水流在石码头附近汇合，主流偏靠左岸。

20 世纪 30 年代后，界牌河段河道形态基本稳定，但局部主流变化及边滩和潜洲的相对位置变化较大。杨林山至儒溪长约 4.5 千米河段历年主流平面摆动较小，儒溪以下主流左右摆幅加大。当螺山边滩位于螺山以上时，进口主流位于河道右岸，各洲滩完整高大，水流相对集中，航行条件较好。当螺山边滩下移过螺山以后，上边滩上冲下淤，过渡段主流下移，随着上边滩滩尾不断展宽，过渡段主流逐渐弯曲。当螺山边滩下移至下覆粮洲一带时，水流在新洲垴附近切割上边滩，导致过渡段主流上提。过渡段主流上提后，河道内洲滩重新组合，螺山边滩消亡，新一代上下边滩形成，并逐年下移，过渡段主流也随之下移。过渡段上下移动最大摆幅达 12 千米，其中下移是渐变的，需若干个水文年才能完成，而上提为突变式的，一个水文年即可完成。从螺山边滩下移，相应地过渡段主流下移至水流切割上边滩，过渡段主流上提，螺山边滩消亡，新边滩形成，20 世纪 60 年代后经历三个周期，即 1961—1974 年、1974—1994 年和 1994 年以后。

在过渡段上下移动过程中，界牌河段形成不同类型浅滩，以交错型为主，散乱、复式、正常式滩型交替出现。在过渡段下移末期、上提初期可能出现散乱浅滩；当过渡段处在下移末期、皇堤宫以上河段主流向右岸摆动时，可能形成复式浅滩；在过渡段摆动过程中，右岸倒套几乎一直存在，使得左、右深槽在过渡段一带交错，形成交错浅滩，这是界牌河段最常见的浅滩类型；过渡段下移后期倒

图 1-11　界牌河段

套萎缩，可转化为正常浅滩。

新淤洲和南门洲右汊河道较窄深，航行条件一直良好。左汊新堤夹 20 世纪 50 年代淤积严重，1971 年断流。此后，新堤夹分流分沙变化较大，分流比一般在 30％以内，但枯水期分流也有超过 50％的，1981—1982 年枯水期分流比达 53.8％，新堤夹全年通航。1998 年大水后，新堤夹分流比逐年增加，至 2001 年 11 月，分流比达 56％，枯水期成为主航道，此后分流比有所回落。其兴衰与过渡段上下移动有密切关系，当过渡段上提时，下边滩向下发展，新堤夹上口淤积，分流减少，反之分流增加。

为解决界牌河段防洪和航运问题，1994—2000 年，水利部和交通部联合实施界牌河段防洪和航运综合治理工程，包括两岸主流贴岸段护岸工程、新淤洲头鱼嘴工程、上边滩 14 座低丁坝及封堵新淤洲和南门洲之间串沟的锁坝工程。工程实施后，取得预期效果，崩岸得到控制，过渡段摆动幅度大为减小，航道条件良好，尚未出现碍航现象。

陆溪口河段　上起赤壁山，下至石矶头，长约 23 千米，左岸洪湖市对应地点上起乌林腰口，下至高桥泵站附近，为典型鹅头分汊型河道。河段进出口受山矶控制，河宽较窄，中间由新洲、中洲将河道分成左中右三汊，右汊较顺直，中汊和左汊弯曲，其中中汊分流比略大于右汊，两汊均可通航；左汊为支汊，分流比较小。河段中部右岸有陆水入汇。

嘉鱼河段　为微弯多分汊河型，上起石矶头，下至潘家湾，长约 31.6 千米，左岸洪湖市对应地段上起高桥泵站，下至燕窝。主流经石矶头贴左岸下行，主要有护县洲、白沙洲和复兴洲位于江心，江心洲紧靠右岸，右汊枯水季节断流或接近断流。19 世纪 60 年代后，该河段由单一河道发展成为连

图 1-12　陆溪口河段

续分汊微弯分汊河型。1861 年时，尚属单一河道，后因左岸大幅崩坍展宽，1912 年出现较多边滩和潜洲，至 1934 年发展成为分汊型河道。河段左岸建有叶家边护岸工程。叶家边护岸段上段宏恩矶始建于 1926 年，有一、二、三矶，均系浆砌条石矶，经历年加固，矶头基本稳定。

　　燕窝至新滩口河段　为长江中游最大弯道——簰洲湾的上段。簰洲大湾全长 60 千米，狭颈最窄处仅 4 千米，弯曲率达 15。弯道左岸上部分为洪湖市燕窝至新滩口段，长约 27 千米。燕窝镇以下至七家垸上搭垴处由顺直东北流向急转为西北流向，因七家垸洲地淤长，河道缩窄。七家垸原为裁弯取直的外垸，1998 年大水后，实施扒口成为洲滩。上北洲至仰口闸段外有左边滩，河道相对紧缩。其下有东荆河于左岸新沟汇入长江，内荆河于新滩口汇入长江。河段左岸为松散冲积层，局部有薄层粘土、亚粘土覆盖层，其下为壤土、细砂层。

　　城陵矶至新滩口河段深泓纵剖面变化，在城陵矶至洪湖大沙段，起伏变化不大；以下河段至新滩口段起伏变化较大，这与该河段的河道弯曲和沙洲发育有关。在汊道段，深泓较高，河湾处及河道缩窄处，深泓较低；南阳洲处深泓高程为城陵矶至新滩口段最高点，达 11.00 米，洪湖大沙附近为9.30 米，螺山至大沙深泓趋势线下降较陡。

五、沿江洲滩

　　荆州河段洲滩密布，两岸滩地一般均在长江高水位以下，易发生冲淤变化，江心洲多发育于上下节点间的河道宽阔段。大的洲滩潜滋暗长，此长彼消，民众不断围挽，形成众多小民垸，但沿江洲滩常常兴废多变，变化无常。

　　荆江沙滩发育，古时有"九十九洲"之说，但其确数究竟几何，过去从未考证。建国后，经长江流域规划办公室 1954 年实地踏勘，统计荆江有大小洲滩 70 处。1975 年勘察统计，主要洲滩有 42处，其中上荆江 20 处，下荆江 22 处。至 2010 年底，荆江河段洲滩自上而下主要有关洲、芦家河（心滩）、董市洲、柳条洲、江口洲、火箭洲、马羊洲、太平口（心滩）、三八滩（心滩）、金城洲、突

图 1-13　燕窝至新滩口河段

起洲、南五洲、天星洲、乌龟洲等心、边洲（滩）。荆江右岸较大边洲（滩）5 处，长 58 千米。其中，杨林寺至郑家河头 13.5 千米，外洲宽 200～1000 米，最窄处 40 米，滩地高程 38.00～39.00 米；青龙嘴至斗湖堤 13 千米，外洲宽 150～467 米，最窄处 15 米，滩地高程 38.80～39.50 米；马家嘴至陈家台 12.7 千米，外洲宽 50～340 米，最窄约 30 米，滩地高程 40.00～41.00 米；陈家台至埠河 6.8 千米，外洲宽 50～416 米，最窄 39 米，滩地高程约 41.00 米；西流湾至北闸 6 千米，外洲宽 300～789 米，最窄 300 米，滩地高程约 41.00 米。

上荆江洲滩多由卵石或卵石夹砂组成，其中边滩呈窄长形态，变形表现为上下延伸；下荆江洲滩多为砂或泥砂组成，其中边滩呈宽短形态，变形以横向扩展为主。

城陵矶至新滩口河段主要洲滩有南阳洲、新淤洲、南门洲、新洲、中洲、宝塔洲、护县洲、白沙洲、复兴洲、永贴洲、新业洲、北洲等边、心洲滩。河道顺直，主泓流向变化不如荆江河段剧烈，沿江洲滩消长相对稳定，洲滩变化幅度相对较小。

表 1-2　　　　　　　　　　　　　长江荆江河段沿江洲滩统计表

洲滩名称	地段	长度/m	宽度/m	高程/m	面积/km²	洲滩形态	等高线/m
四姓边滩	岩子河—吴家湾	21000	700	42.50	6.66	左边洲	35.00
关洲	荆 5—荆 7	6000	1580	47.50	5.70	江心洲	35.00
偏洲边滩	荆 9—董市滩岸	10500	540	41.50	4.20	右边洲	35.00
董市洲	荆 13—荆 14	4500	600	41.50	1.64	江心洲	35.00
小沙洲	荆 17—荆 18	3600	540	46.00	1.25	江心洲	35.00
江口洲	江口镇	2700	340	38.90	0.66	江心洲	35.00
八亩滩边滩	南泓下口	9300	310	38.00	1.12	右边洲	35.00

洲滩名称	地段	长度/m	宽度/m	高程/m	面积/km²	洲滩形态	等高线/m
火箭洲	石套子下首	3300	540	42.70	1.31	江心洲	35.00
马羊洲	浣市	6900	1340	44.40	6.71	江心洲	38.00
三八滩	沙市	3800	1200	36.60	2.95	心滩	35.00
太平口边滩	太平口下	9900	1160	34.10	6.41	右边洲	30.00
埠河边滩	埠河	3000	830	34.40	1.27	右边洲	33.00
金城洲	盐卡	3000	740	35.90	1.35	心滩	33.00
马家嘴边滩	马家嘴	8460	1460	38.10	6.10	右边洲	30.00
突起洲	文村夹	5100	1980	41.90	5.92	江心洲	35.00
二圣洲边滩	斗湖堤对岸	8000	320	36.20	1.17	左边洲	30.00
采石洲	冲和观	1500	180	27.80	0.16	心滩	27.00
南五洲边滩	郝穴对岸	15800	710	33.00	5.32	右边洲	27.00
肖子渊边滩	新厂上	9000	1020	35.00	6.58	左边洲	
天星洲边滩	藕池口	10500	1000	33.50	3.24	右边洲	30.00
北沙上1	藕池上	2700	1700	32.50	2.61	江心洲	30.00
北沙上2	藕池上	3900	1350	35.70	2.87	江心洲	30.00
向家滩	石首对岸	3750	850	32.30	1.63	左边洲	25.00
北门滩	东岳山—马口	15900	1560	36.00	14.21	右边洲	25.00
碾子湾边滩	碾子湾	4000	1700	33.00	3.26	左边洲	25.00
六合垸边滩	六合垸	6300	2040	32.90	9.08	右边洲	25.00
季家嘴边滩	马家嘴	5300	1160	31.90	3.15	左边洲	25.00
下三合垸边滩	下三合垸	5500	900	32.50	2.51	右边洲	25.00
杨苗洲边滩	九分沟	7600	330	30.90	1.26	左边洲	25.00
来家铺边滩	来家铺	8100	1070	32.60	4.85	左边洲	25.00
监利边滩	监利	6400	1050	30.80	3.56	左边洲	22.00
乌龟洲	监利	4370	1250	33.80	3.24	江心洲	22.00
青泥湾边滩	青泥湾	9600	1190	28.60	5.91	右边洲	22.00
大马洲	天字一号	3800	500	23.00	1.01	心滩	20.00
洪山边滩	砖桥	5400	1020	28.70	2.46	右边洲	20.00
韩家洲边滩	韩家洲	5700	430	28.90	1.25	左边洲	20.00
广兴洲边滩	广兴洲	1320	1830	29.90	10.23	右边洲	20.00
反嘴边滩	反嘴	3300	570	29.90	0.89	左边洲	20.00
瓦房洲边	孙良洲对岸	18600	2100	29.80	21.30	右边洲	20.00
孙良洲	孙良洲对岸	5400	1500	29.80	5.45	江心洲	25.00
八仙洲	八仙洲	6000	620	27.90	1.64	左边洲	20.00
七姓洲	观音洲对岸	9800	860	27.50	3.43	右边洲	20.00
南阳洲	杨林山上首	2200	600			江心洲	
新淤洲	新堤	5200	1500	28.56	6.75	江心洲	13.86
南门洲	新堤	4000	1100	29.06	2.50	江心洲	13.86
新洲	嘉鱼陆溪口	7500	2200	24.16	4.80	江心洲	13.86
中洲	老湾	4000	3000	28.26	11.40	左边洲	13.86

洲滩名称	地段	长度/m	宽度/m	高程/m	面积/km²	洲滩形态	等高线/m
宝塔洲	龙口上	4000	1200	28.56	4.00	左边滩	13.86
护县洲	嘉鱼县	6440	1620	29.60	6.23	江心滩	22.00
白沙洲	田家口	7740	2010	28.40	9.89	江心洲	22.00
复兴洲	田家口	7200	2000	27.00		江心洲	22.00
永贴洲、新业洲	燕窝下	4000	1000	26.00	4.00	左边滩	18.00
土地洲	虾子沟对岸	9750	2000	27.00	14.63	右边滩	18.00
北洲	新滩口上	8880	800	27.30	6.00	左边滩	18.00
归粮洲	嘉鱼县	8000	1000	27.00	7.00	右边滩	22.00
团洲	胡家湾对岸	3830	3050	27.00	8.77	右边洲	22.00

注　表中数据由 1975 年水道地形图量得；洲滩高程及等高线系黄海高程；洲滩高程系最高点高程。

注：

[1] 长江干流长度居世界第三位，流域面积 180 万平方千米，占国土总面积的 18.75%，长江发源于青藏高原唐古拉山脉中段各拉丹冬雪山姜根迪如峰西南侧，源头冰舌起始处海拔 6500 余米。长江干流自西向东流经青、藏、川、滇、渝、鄂、湘、赣、皖、苏、沪等 11 省（自治区、直辖市），于崇明岛以东注入东海。长江的长度 6300 千米为 1976 年查勘江源后公布的长度统称。1981 年长江水利委员会水文局从江源到长江口量算的结果为 6397 千米，长江分段长度均以此次量算数据为准。

[2] 据长办荆江河床实验站（以下简称长办荆实站）1975 年测图，按枯水几何中心线量算为 337 千米，以后河道有所延长。《长江志·水系》载，上荆江 172 千米，下荆江 175 千米。《二〇〇九年荆江河道演变监测及分析成果报告》载，荆江河段全长 347.2 千米。

[3] 数据来源于长江委《2001 年长江泥沙公告》。

[4] 《荆江大堤志》和《长江志·河道整治》载为 1.72，《长江志·水系》载为 1.70。

[5] 《长江志·水系》载为 2.83，《长江志·河道整治》载为 2.79，《荆江大堤志》载河湾段曲折率平均为 1.93。

[6] 数据来源于《长江河道演变与治理》，2005 年，中国水利水电出版社。

[7] 详见《四邑公堤志》，1991 年，湖北人民出版社。

第二节　河道形成与演变

荆州河段包括荆江河段和城陵矶至新滩口河段两部分，其形成与发育过程十分复杂，历经漫长的地质时期和历史过程。荆江横贯东亚新华夏系第二沉降江汉沉降区西南部，发育于白垩纪初期开始形成的中、新生代沉降盆地的主干河道上。第三纪早期，它作为黄陵背斜西侧横越宜昌单斜而汇入江汉盆地的多条河流中的一条，与其它汇入江汉盆地的河流共同携来大量细颗粒泥沙和盐类，在江汉盆地中形成巨厚的第三系河湖沉积。由于受气候、地质构造运动以及水流与泥沙运动等众多因素影响，经过长时期历史变迁，大约在距今 4 万年以前形成所谓的"古荆江"。城陵矶至新滩口河段近 1 万年间河道演变大致稳定。

一、荆江统一河床塑造过程

荆江历史变迁与近代变迁非常复杂，一是荆江形成历史悠久，演变频繁，荆江发育于第三纪以来长期下沉的云梦沉降区，经过三角洲的分汊河床阶段、分汊河床衰亡与荆江河曲形成发展阶段；二是荆江演变与洞庭湖演变息息相关，相互影响。

随着外围山地持续上升，江汉盆地拗曲下沉，古长江、汉江从山区带来的泥沙在盆地内大量沉积形成低洼平原，长江始经陈二口附近向东直入江汉盆地，形成以枝江七星台为顶点的砾石质扇形三角洲。此后扇形三角洲顶点上移到今松滋口附近，扇顶部位往下游的长江干流位置经常改变。据考证，距今约 4 万年前古荆江流经七星台、荆州、张金一线[1]。

距今约 1.8 万年前，末次盛冰期鼎盛时期古荆江河槽切深至海拔 0～－10 米。古荆江分流河槽为沙市南侧向东流向，在其南、北两侧有与它大体平行东流的两支流河槽。多条古河槽对后来荆江分流河道发育有较大影响，古夏水、扬水以及涌水具体位置与古支流河槽位置相当接近。

晚更新世末至全新世初期，荆江地区形成深切河谷，因河床纵坡降变陡，流速增大，沙市砾质三角洲向前推进，扇顶三角洲平原相堆积延伸至白马寺和郝穴以东地区，主要以沙市为顶点产生两支分流，一支沿荆州古城、草市、窑湾，从沙市钢管厂出，经岑河、资福寺至白马寺，卵石层埋深均在30 米以下，比其它地方卵石层低 15 米，呈槽状规律分布；另一支从沙市转向东南，即今荆江流路。东部下荆江地区因水流坡降减缓，河床沉积变细，则以砂带显示，并在汪桥、洪湖受残存的"岛状阶地"分流作用，形成分流。

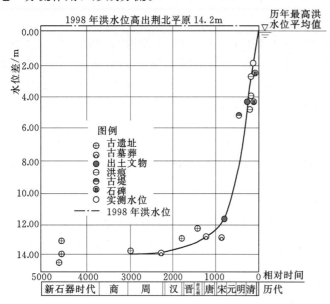

图 1-14　荆江近 5000 年来洪水位上升曲线图
（根据周凤琴《荆江近 5000 年来洪水位变迁的初步探讨》绘制）

距今 5000 年前，由于海面上升，长江发生海浸，长江基面抬升使河床纵降变缓，引起上游带来的大量泥沙溯源堆积和江水位上升，长江中游荆江平原位于周缘丘陵山地所圈闭的两湖平原腹地，因地势低洼和新构造运动下沉等众多原因，溃水而发育湖泊，形成云梦泽。当荆江上游带来大量泥沙的淤积量小于湖盆下沉与水位上升量之和时，湖盆扩张，水深增大，荆江三角洲发生溯源退缩，除水道两侧带状自然堤和七星台、百里洲、刘巷、黄金口等地侵蚀后残存的阶地外，位于荆江喇叭口内的滩地普遍被水所淹没，荆江南北及洞庭地区部分洼地沦为水域，荆江水道演变为漫流洪道。长江出江陵进入范围广阔的云梦泽地区，荆江河槽通常被淹没于湖沼之中，河道形态不甚显著，大量水体以漫流

形式向东汇注。这一时期荆江流路上段从松滋口—杨家垴经太湖农场（北）—荆州—沙市东分支。

此后，荆江水位进入相对稳定阶段，据专家考证，距今 5000 年前荆江高洪水位与 1954 年相比仍然较低，相对高差达 13.6 米，推测当时高洪水面高程约 31.00 米。这一时期荆江地区虽然沉降仍在继续，但有长江上游带来的大量泥沙落淤，同时有汉水来汇，产生充填式堆积。随着三角洲向东推进，云梦泽逐渐淤浅，来自长江上游的大量泥沙主要通过以沙市为顶点的放射状分流泓道向东部云梦泽的主体分流，各分流道又再分若干次一级小流路继续发展，荆江水系由漫流洪道向分流水道发展。在此期间以夏水、涌水和扬水等为主的分流水系逐渐形成。自上游往下游自松滋老城—杨家垴，再由太湖农场—荆州—沙市（东），其分流水道大致有四条：第一条自荆州城东沿阶地前缘至关沮口后折向东南经岑河—资市—白马—秦市—汪桥（北）—周老嘴—龚场—白庙—沔阳（老城）流向东北的弧形分流道；第二条经杨泗洲与雷家垱间，至幸福村的分流道较宽浅，后期形成故道湖；第三条自荆州城东经北湖、洪家垸、太师渊，东至唐剅子后分支的分流道，主干入江，北支经岑河—资市—白马—秦市—汪桥（南）—红城后沿洪湖东的阶地（北）流向东北；第四条自荆州城东南，穿南、北湖后分二支，一支绕徐家台南，经中山公园东北角至章华寺出，另一支经章华寺南与之汇合。

荆江统一河床塑造过程，根据《长江中游荆江变迁研究》[2]一书中，复旦大学张修桂撰写的"各

历史时期的荆江变迁"一章所阐述观点：长江出三峡之后，流经两个不同的地貌单元，即沙市以西丘陵、山前冲积扇和沙市以东云梦湖沼区。荆江在这两个性质迥异的地貌区域内的塑造过程也因此存在着极大差异。

（一）沙市以西荆江河道塑造过程

沙市以西荆江河道发育于丘陵与山前冲积扇上，河道始终以分汊河床形式出现。随着江心洲发育和南北摆动，荆江河道演变以主、汊交替为其主要形式。北宋后，由于荆南地势变化，分汊河道逐渐塑造成为分汊—分流河道形态。

先秦汉晋时期，长江进入枝城—沙市河段的山前冲积扇地区后，由于河床在扇面上强烈下切的结果，未能形成普通模式的扇状分流水系，而发育成为嵌在冲积扇中的主干道形态。由于水量巨大，冲刷剧烈，河床非常开阔，江心洲大量出现。据史载，南朝之前，河道中"九十九洲"纷杂棋布，河床形态发育以复式分汊为其主要特征。

其后，由于江心洲不断合并、消失和靠岸，复式分汊逐渐发育为普通的二分汊形态。在百里洲河段，因大量江心洲合并的结果，复式分汊演变成为"南江北沱"的分汊形态，其后又演变成为"北江南沱"形态；江陵河段，江心洲消失或靠岸，河床逐渐缩窄，复式分汊亦最后演变成为普通的二分汊形态。

沙市以西荆江河床发育与演变，很大程度上取决于江心洲的变化，从而引起江与沱的主、汊变化。沙市以西荆江河道主、汊交替演变的同时，分汊河道在逐渐演变为分汊—分流河道形态。尤其是从东晋筑金堤开始，至唐宋时期，荆南公安一带地势基本改观，加以荆江水位不断升高和人为因素影响加剧，南宋乾道初年（1165年后）开掘淤塞的虎渡口，荆江河段向虎渡河分流量增大，沙市以西荆江单一分汊河道形态得到改变。

清后期同治年间，由于荆江水位抬高并向上游方向发展，又由于上百里洲南侧长江汊道壅塞，水流不畅，特别是1870年特大洪水最终导致黄家铺堤溃决，形成松滋河分流。至此，沙市以西荆江分汊—分流河势大致塑造完成。

（二）沙市以东荆江河道塑造过程

随着云梦泽不断分化解体消亡，沙市以东荆江河道塑造大致经历以下三个阶段。

荆江漫流阶段　由于江汉地区现代构造运动继承第四纪新构造运动的特性继续沉降，云梦泽在全新世初期湖沼程度极高。有史记载以前，长江出江陵进入范围广阔的云梦泽地区，荆江河槽通常被淹没于湖沼之中，河道形态不甚显著，大量水体以漫流形式向东汇注。表现在沉积物上为湖沼相沉积与河流相沉积交替、重叠。但因该地区现代构造运动具有向南掀斜特性，以及科氏力长期作用结果，沙市以东的荆江漫流有逐渐向南推移、汇集趋势。

荆江三角洲分流阶段　先秦至秦汉时期，由于长江泥沙长期在云梦泽沉积结果，以沙市为顶点的荆江三角洲早已在云梦泽西部首先形成。荆江在云梦泽西部陆上三角洲上成扇状分流水系向东

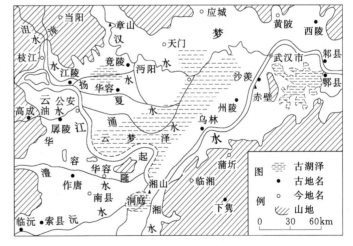

图1-15　秦汉时期云梦泽示意图（张修桂提供）

扩散。荆江主泓道受南向掀斜构造运动制约，偏在三角洲西南边缘。此时下荆江地区大部尚处在高度湖沼阶段，洪水季节荆江主泓横穿湖沼区至城陵矶合洞庭四水。在陆上三角洲中部汇注云梦泽的荆江分流有夏水和涌水等。它们可能分别为以前的荆江主泓道，由于南向掀斜运动影响，主泓道南移而演变成分流水道。荆江三角洲西北边缘的分流很早便已淤塞。春秋后期，楚国利用它东北流形势，凿通

汉水，使之成为运河，其后始有大夏水或扬水之名。

荆江统一河床与右岸分流形成阶段　魏晋时期，由于荆江鹤穴（今郝穴）分流出现，荆江三角洲在向东发展同时，向南迅速扩展，迫使古华容县南境的云梦泽主体向下游方向推移。今石首境内下荆江河段，已经摆脱湖沼区的漫流状态，塑造自身河道，从而使江陵以南荆江河道继续向东延伸发展。此时监利境内荆江河段，大部依旧通过云梦湖沼区，地面独立河道尚不明显，仅有东南方向的大体流路。至南北朝时期，荆江主河床仍然如此，故《水经·江水注》中记载，石首境

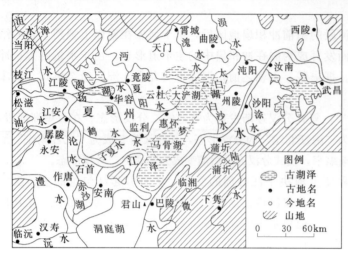

图 1-16　南朝时期云梦泽示意图（张修桂提供）

内下荆江河床形态已极为清晰，两岸不但有众多穴口分流，而且还有较高爽的自然堤供人类定居，江中还有不少沙洲分布。而监利境内下荆江河段，几乎不见任何记载，不但没有城邑村落，连穴口分流和沙洲也未见记载。这绝非郦道元的疏忽或受当时资料所限，而是由于监利境内下荆江河段横穿云梦泽边缘，尚处于漫流为主状态。结合当时云梦泽在监利、惠怀一线以东"萦连江沔"的记载，便可清楚得知当时下荆江形势。此时江陵以东上荆江河段，开始形成河曲于公安附近。荆江三角洲上涌水分流，则因荆江西移而断流。夏水分流在南向掀斜运动支配下，向南摆动劫夺涌水下游河段。与此同时，公安稍下的荆江右岸，开始形成景口和沧口所汇合而成的沧水分流，流注洞庭地区，从而改变过去荆江单纯地向左岸分流汇注云梦泽地区的局面。此时，石首境内下荆江右岸，虽存在一些穴口，但均不构成分流局面，即使是位置约在今调关附近的生江水，由于当时洞庭地区地势尚较高，荆江也只有在洪水期才能通过生江水泄入洞庭地区，平、枯水位时生江水仍为赤沙湖的尾闾。

唐宋时期，江汉平原的云梦泽完全解体，成为遗迹。由于地势普遍升高，"萦连江沔"数百里的云梦泽为星罗棋布的江汉湖群所取代。监利境内云梦泽的消失，其结果是沙市以东荆江统一河道得以全线塑造完成。

沙市以东荆江沿岸县治设置的先后，亦反映出荆江河道这一塑造过程。公安始见于三国时代，石首县设于西晋。石首县东调关附近的建宁县设于北宋，而监利县至南宋端平年间才从夏涌水自然堤上迁至下荆江自然堤上重建今所。县治自上游向下游增设的时间，与沙市以东荆江河道塑造完成时间相一致。

由于南宋初期上荆江虎渡河分流形成，并劫夺油水南下，自古沧水流路流注洞庭湖，公安附近的景口、沧口所形成的沧水即告消失，沙市以东南荆江右岸分流遂下移至调弦口。清后期咸丰年间，藕池河分流形成，沙市以东荆江右岸分流始成定局。

荆江自形成明显河道以迄于今，历经河型的沧桑之变，但其基本流向与流路却较稳定。据《禹贡》"岷山导江，东

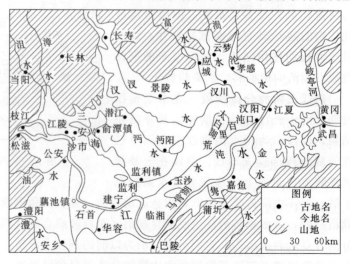

图 1-17　唐宋时期江汉地区水系图（张修桂提供）

别为沱，又东至于澧，过九江至于东陵"的记载，历史上曾因此认定5世纪以前长江主泓，是经虎渡河入澧南注洞庭，再由城陵矶复汇入江的，而今天的荆江在那时只不过是一条汊道而已。此种说法，见之于文字记载的有明末文学家袁中道的《澧游记》。该游记说："郦道元注《水经》，于江陵枚回洲下有南北江之名，南江即江水由澧入洞庭道也。陵谷变迁，今之大江独专其澎湃，而南江之迹稍稍湮灭，仅为衣带细流。"清代胡渭在其《禹贡锥指》中亦称："南江会澧故道，参以近志有所得而言者，江陵县西南二十里有虎渡口，在龙洲之南，南江从此东南流注于澧水同入洞庭。"而张修桂对袁、胡之说，则持完全否定态度，他认为从先秦两汉直至隋唐时期，江陵以西长江流路大体与今略同，根本不存在长江主泓道由虎渡河南注洞庭的问题。在《云梦泽的演变和下荆江河曲的形成》[3]一文中，张修桂明确指出，《水经·江水注》所谓的"南、北江"，其实是因为长江在江陵以西，被江中"七十余里"长的枚回洲"两分，而为南、北江"，即枚回洲将长江支分为东西走向的南、北两条汊道。北江为主泓道，江中又有数个沙洲沿流分布。南江仅属支汊道。因枚回洲尾部的燕尾洲终止于江陵城稍西，故《水经·江水注》于江陵城南明确记载："江水断洲通会"，即南、北江在江陵城南又复合为一。《水经注》成书时代，根本不存在"南江由澧入洞庭"问题，而虎渡河于南宋乾道四年（1168年），因寸金堤复决，江水啮城，为确保江陵安全，人为开挖南岸虎渡堤以杀水势，事后未堵，此后荆江形成虎渡河南下会澧入洞庭的分流状况。据此，并结合《水经·江水注》记载，南朝时代根本不存在虎渡河，所谓南江沿虎渡河南下洞庭，纯属无稽之谈。至于《禹贡》"又东至澧"，所指为先秦时期长江主泓道大体沿今荆江流路至城陵矶附近合洞庭湘、资、沅、澧四水，由于澧水在四水之中首先与长江交汇，故《禹贡》以澧水为四水代表而立言，它与南宋时形成的虎渡河无任何关系。

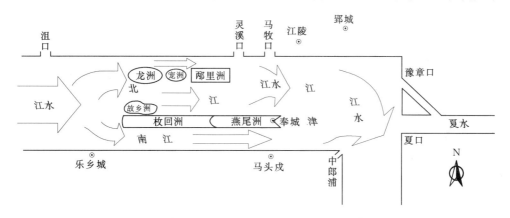

图1-18　《水经·江水注》长江江陵河段分汊河床形态示意图（张修桂提供）

二、下荆江蜿蜒河型发育过程

下荆江河道演变，经历从分流分汊河型到单一顺直河型，最后发展为蜿蜒型河道的历史演变过程。魏晋南北朝时期，江心沙洲连绵，两岸穴口众多，属典型分流分汊河型；南宋以后，分流穴口大多淤塞，江心沙洲也逐渐消失或靠岸形成边滩，从而演变成单一顺直河型。迨至元明时期，河道横向摆动加剧，始逐渐向蜿蜒河型演变。其发育过程为：早期下荆江蜿蜒河型在监利东南首先发育形成，然后自下游往上游推移至石首境内不断演变，这一趋势十分明显，最后由于藕池口分流出现，下荆江蜿蜒河型得以全线发展。

蜿蜒河型发生阶段　元明之际，下荆江蜿蜒河型开始在监利东南出现，然后逐渐向上游发育河曲。至明中叶，监利东南典型河曲弯道发育形成，东港湖弯道和老河弯道即发育此时期。东港湖弯道为明末自然裁弯的牛轭湖遗址。湖西岸固城垸为明中叶在东港湖河湾凸岸围挽的堤垸。当时在东港湖弯道与老河弯道之间的瓦子湾，由于曲流发展迅速，河岸所遭受侵蚀极为严重。

由于河曲迅速发展，至明末清初，据清代齐召南《水道提纲》江水篇记载，下荆江"自监利至巴陵凡八曲折始合洞庭而东北"。《乾隆十三排图》对此亦有十分清晰的描绘。可见蜿蜒河型发生，与洞庭出水顶托存在着密切关系。明代时石首境内下荆江河段典型河曲则尚未形成,河道形态仅由顺直型演变成微弯单一河型。当时下荆江流路在调关至槎港山一线以南,即自石首市北沿止澜堤(又名梓楠堤)北侧至列货山,然后以东南微弯方向通过调弦镇南的胜湖、三陵湖、北湖至塔市入监利县境,这条流路河道平面形态、位置与今大不相同。

调弦至塔市间下荆江流路,据《入蜀记》记载,南宋乾道六年(1170年),陆游自塔子矶溯江西南行,途经山嘴纵横、水体深广、古时潜军伺敌的潜军港,泊于三江口(约调关三岔口附近),次日由三江口过石首县泊藕池。根据其航向和潜军港地理形势推断,当时下荆江在今调关—槎港山一线以南,紧靠墨山丘陵北麓胜湖、三陵湖、北湖一线通过。至明后期,河道位置仍然如此。《读史方舆纪要·荆州府·石首县》载:"调弦口镇,县东六十里江北岸,江水溢则由此泄入监利县境,汇于潜沔,隆庆中复开浚深广以防水害。"很明显,隆庆年间荆江仍从调关以南的湖群中通过,调关以北为江水泄洪通道。下荆江调关附近的这条故道何时废弃而改徙于调关—槎港山之北,史无明文记载。但从清初乾隆年间的奏议及《水道提纲》记载分析,至明隆庆(1567—1572年)以后,由于三江口附近泥沙长期沉积,江流不畅,原调关北侧分洪道逐渐扩展为大江正流,自此江流改经槎港山北侧至塔市入监利境,调关、槎港山则演变为荆江南岸要地。过去所经湖群,当时均偏离大江南岸,至清初,石首境内河曲开始自下游往上游发展。弯道曲流首先在塔市至调关间形成。据《水道提纲》载,江水经石首"县北,又东过调弦口,又东北折而东南至监利县西境"。随着监利河曲不断向上游发展,河床出现平面摆动,被《水经·江水注》称之为"赭要洲"的江心洲,明时则靠陆成为边滩,而改名为"沿江踞",围垦农田达2000公顷。但至清初,则又被"碧波荒草"所代替。其后,石首两岸大规模修筑围垸,北岸有梅肇垸、张惠垸;南岸有张成垸、同人垸;特别是团合洲、永发洲、刘发洲等江心洲并岸后被挽成围垸,河床地形改变,从而促进了石首境内河曲发展。

蜿蜒河型上溯发展阶段 清道光以前,下荆江蜿蜒河型上溯发展至石首县境,最明显的一个河曲弯道形成于调关以北。清嘉庆重修《大清一统志》载,1820年前,石首至塔市间下荆江曲折率达2.5,随着时间推移,下荆江蜿蜒河型在石首县境内全面形成。但此时,因下荆江弯道发展至最后阶段的自然裁弯等因素影响,监利境内下荆江曲折率却降为1.44。

蜿蜒河型全线形成阶段 清后期,自1860年藕池决口分流以来,下荆江在特定条件下,蜿蜒河型得到全线发展,河道横向位移,仅19世纪初以来,西部摆幅即达20千米,东部则在30千米以上。其主要原因为藕池决口后,下荆江流量减少和洪枯流量变幅也减小所致。当流量减少时,河流宽度和弯曲半径也相应缩小,河曲随之形成。在正常发展的弯道中,水流顶冲位置具有随流量变化而上下移动的特性。高水顶冲位置一般在弯顶以下,低水顶冲位置一般在弯顶附近或稍上。而洪枯流量变幅小,水流顶冲位置趋于固定,容易出现弯曲半径较小的弯道,河道也就愈加蜿蜒曲折。

监利河段19世纪60年代仍为单向弯道,至1912年监利河湾河心出现较大沙洲,河道弯曲度逐渐加大,至1928年采用人工护岸开始,监利河段南北泓呈周期性演变过程。20世纪初以来,监利河湾南北泓演变过程:1912—1931年北泓持续19年,1931—1945年南泓持续14年,1945—1971年北泓持续26年,1971—1976年南泓持续5年,1976—1995年北泓持续20年,1995年后,南泓一直持续。该河段演变遵循周期性规律,右汊新生,然后断面扩大,深泓线左移,流路弯曲增长,出现右汊衰亡,接着新的右汊再生。如此周而复始,但分汊水道形态始终保持不变。

下荆江河曲发育过程中,不断发生自然裁弯。据史料记载,先后发生有明末东港湖、老河自然裁弯;1821—1850年间西湖自然裁弯;1886年月亮湖、街河自然裁弯;1887年大公湖、古丈堤自然裁弯;1909年尺八口自然裁弯;1949年7月,冲穿荷芜峡,碾子湾自然裁直;1972年7月,沙滩子自然裁弯;1994年6月向家洲狭颈崩穿,发生自然裁弯,1967—1969年两次实施人工裁弯。

20世纪80年代以前,由于下荆江深厚而广阔的二元结构河床边界,造床时期长而造床流量变幅小,床沙质输沙基本平衡,汛期比降平缓而稳定等诸多因素造成下荆江蜿蜒型河道演变;人类利用凸岸边滩筑堤较多而较少实施护岸工程则进一步造成蜿蜒型河道发展。

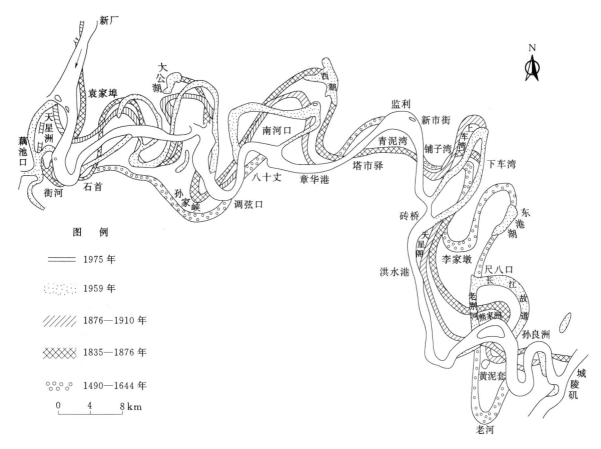

图 1-19　下荆江历史变迁图

三、城陵矶至新滩口河段发育过程

城陵矶至新滩口河段，据地质勘察考证，距今 1 万年前一直沿着洪湖至金口大断裂方向流动。6 世纪以前，河段变迁情况史书记载过于简略，大致流向未变，河道基本上属于顺直分汊河型。6 世纪初河道地理位置和变迁情况，《水经·江水注》载："江水左径上乌林南"，"江水又东，左得子练口"，"江之右岸得蒲矶口，即陆口也"，"又东径蒲矶山北，江水左得中阳水口"，"又东得白沙口"，"又径鱼岳山北"，"江水又东，右得聂口"，"江水左径百人山南"，"右径赤壁山北"。同时还记载嘉鱼鱼岳山当时尚在江中，孤峙中洲之上，渊洲附近，"江濆从洲头以上，悉壁立无岸"，江水过渊洲，还"东北流为长洋港，又东北经石子冈"，形成长江支汊，上口为雍口，亦谓之港口，港水东南流注于江，谓之洋口。当时长江主流自鸭栏矶经郭家棚、晓洲、黄盖山西侧挑流北向经石码头、乌林矶、再东北流经牛埠头、陆溪口后，再东北流经石矶头、鱼岳山、马鞍山至燕子窝后，再东流穿过簰洲弯颈游士边，下行抵赤矶山（今武昌境内），河道较顺直而又多汊。

螺山至黄蓬山河段，无沙洲记载。牛埠头以下江中沙洲众生。牛埠头附近，江流向左分一支流，名曰"练浦"，流经竹林湾、吕家口至龙口与大江交汇。牛埠头至赤矶山河段，当时江中沙洲众多，据《水经·江水注》载，牛埠头以下有练洲、蒲圻洲、中洲、扬子洲、金粮洲、铁粮洲、渊洲、沙阳龙穴洲等。晋太康元年（280 年）、十年分别在蒲圻洲、沙阳龙穴洲设置县治。大江主流在燕子窝附近北分一支流名长洋港，进口称雍口，北经蒿洲至新滩口后，折向东南流至洋口，于龙穴洲与大江交汇，河型略似今簰洲湾河道[4]。据中国科学院地理研究所考证，从航拍照片分析，在今簰洲湾狭颈之间有古河道痕迹，簰洲湾由比较顺直的古道变迁而来。由于地质地貌条件对长江河道发育影响，簰洲湾弯颈地区小隆起带逐渐上升，形成阶地，抗冲性强，河道不易取直通过，促使长江不断外移，绕过隆起形成大湾。

33

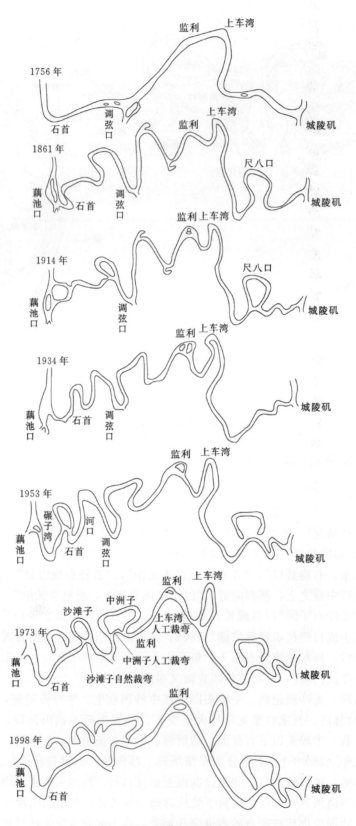

图 1-20 下荆江河道变迁图

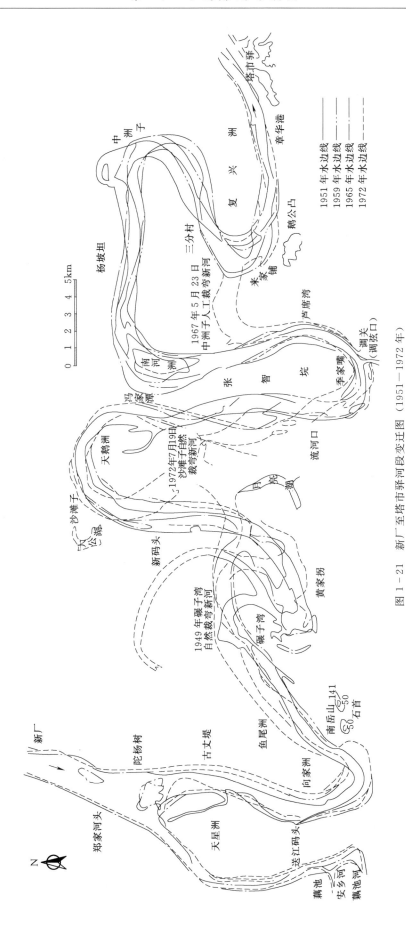

图 1-21 新厂至塔市驿河段变迁图（1951-1972 年）

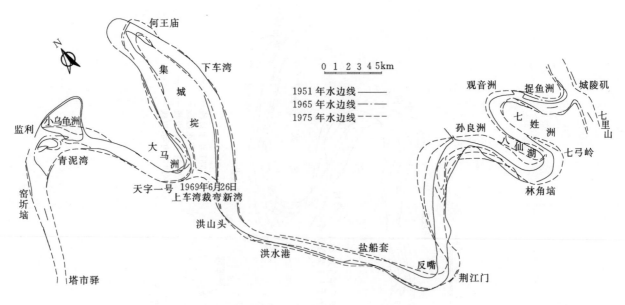

图 1-22 塔市驿至城陵矶河段变迁图 (1951—1972 年)

表 1-3 下荆江自然裁弯或人工裁弯发生时间统计表

裁弯地段	裁弯年代	裁弯地段	裁弯年代
东港湖	明末	尺八口（熊家洲）	1909 年
老河	明末	碾子湾	1949 年
西湖	1821—1850 年	中洲子	1967 年（人工裁弯）
月亮湖	1886 年	上车湾	1969 年（人工裁弯）
街河	1886 年	沙滩子	1972 年
大公湖	1887 年	向家洲	1994 年
古丈堤	1887 年		

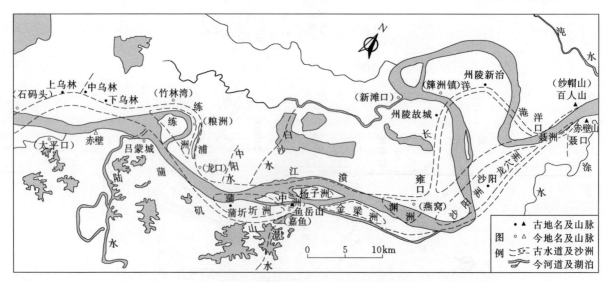

图 1-23 《水经·江水注》长江石码头—赤壁山河段形态图（张修桂绘制）

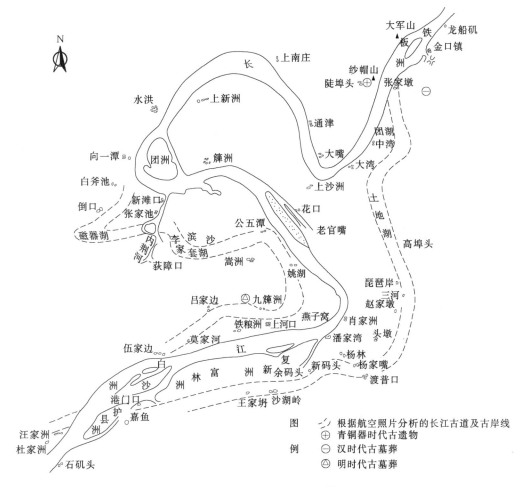

图 1-24　洪湖河段变迁图[5]

城陵矶以下河段历经沧桑巨变，河道主支流相互交替，有的淤废，有的形成单一干流。南北朝（420—589 年）以后，左右摆动幅度很大，根据河道变化遗迹，螺山至王家边河段摆动幅度约 4～7千米，王家边至胡家湾河段摆动幅度约 10～20 千米。由南北朝时顺直分汊型河道演变为簰洲大湾和粮洲鹅头型河道。现在沿江地域，称之为某洲者均为昔日江中洲渚。新闸港、文桥河、还原湖、套口、蔡家套、三百三、彭家边小河、沙套湖等处淤废江道，均为昔日长江故道遗迹，至今河形犹存。宋明以后，沿江人口与日俱增，筑垸围垦，塞支强干，江道逐渐趋向单一。至清代后期，城陵矶以下河段开始实施简单的护岸工程，对江流任意摆动有一定制约。民国时期，江左相继修建叶家洲一、二、三毛矶，宏恩一、二、三石矶，江右也修建了一些护岸工程。建国后，城陵矶以下河段两岸崩坍险段，均采取平顺抛石护岸，堤岸崩坍得到有效制约，河道渐趋流向稳定。

城陵矶至乌林河段系顺直分汊河型。天然节点有城陵矶，隔江对峙的白螺矶和道人矶、杨林矶和龙头矶、螺山和鸭栏矶等，这些节点约束河道自由摆动，使河道较长时期内比较稳定。1860 年白螺矶至杨林矶之间江中淤出南阳洲雏形，1934 年白螺矶以上左岸边滩出现 2 个江心洲，至 1959 年合并形成仙峰洲。1868 年新堤江中出现纵向排列的 3 个潜洲，1934 年合并露出水面形成南门洲。随着南门洲淤长增大，河道向右拓宽，后主流走右汊，南门洲向左淤长。

乌林至龙口河段和龙口至燕窝河段分属鹅头分汊型和微弯分汊型。老湾汊道在唐宋时期形成，左汊弯道为主汊；江心洲名练洲，清代以来逐渐演变成鹅头型弯道，形成宝塔洲，练洲靠岸，左汊变为支汊。清同治年间（1862—1874 年），宝塔洲上游中洲形成，清光绪年间（1875—1908 年）宝塔洲靠岸，光绪以后中洲上游又出现新洲。1912 年，龙口至燕窝河段右岸有边滩和潜洲，1934 年以来，一直发展为现在微弯分汊河道形态。

乌林至龙口河段 20 世纪初以来变迁，突出表现为单一河型演变成鹅头型分汊河道，中汊出现周期性切割变化。1861 年时，陆溪口河道仍为单一河道，左岸有 2 个边滩，后因赤壁挑流，左岸不断崩坍，边滩也不断淤高扩大，洪水切滩，至 1912 年形成沙嘴（新洲）、宝塔洲两个江心滩。河道形成三汊格局后，由于受赤壁山节点约束，右汊平面形态变化不大，但新洲不断淤积，中洲不断冲刷，随着中洲右缘不断崩退，中洲不断左移，汊道分流口门也随之左移上提，当发展到一定程度后，在一定水流泥沙条件下新洲被冲刷切割出一条串沟，并逐渐发展成为新的中汊，自此开始，老中汊开始衰亡。当新中汊发展到一定规模后，老中汊不再冲刷左移，而是开始淤积变浅，走向衰亡，此后新中汊又开始左移，开始新一周期演变。由于左岸继续坍塌并向下游发展，江心洲也继续淤高扩大，至 1960 年时宝塔洲芦苇丛生，鹅头型分汊河型形成。此后江心洲冲淤变化频繁，主泓经常摆动。

潘家湾至纱帽山为簰洲湾弯道，其中燕窝至新滩口河段为弯道上段。据考证，7—15 世纪，长江洲滩十分发育，江中有簰洲、杨家洲等沙洲。元明期间因往来竹木簰停靠交易，始有簰洲之称。16 世纪后，长江两岸支汊情况发生较大变化，北魏时期左岸白沙口、中阳水口、壅口等穴口均已淤废，沔阳东南诸水合而注之。至 19 世纪 50 年代前，江中沙洲多已向右靠岸，簰洲湾湾顶不断向北推进。清代后期形成大兴洲，因洲体向右岸靠近，新滩口附近江岸也向西南发展。

四、河道变迁

荆州河段受上游来水来沙条件、江湖关系调整等自然因素和护岸工程、下荆江裁弯工程、葛洲坝工程及三峡工程等人类活动的双重影响，河道发生相应变化，有些河段的河势变化还较大。

（一）荆江河段

荆江河道在河型演变上，16 世纪初以来，上荆江基本上保持原微弯分汊的河道形态，河曲发展缓慢。近代以来，上荆江河道变化较大的仅有上百里洲、学堂洲、斗湖堤及郝穴等局部河段，其它河道变化较小。

洋溪河段 上起枝城，下至陈二口，长约 15 千米，为弯曲分汊河型。清咸丰十年（1860 年）前，即为弯曲分汊河道，江中有洌洲、潮洲和关洲 3 个江心洲，右汊为主泓。此后，洋溪弯道河势维持基本不变。

百里洲河段 据民国《松滋县志》载，"洋溪官洲下十里有大洲，至沅市而止，曰百里洲，突起江中，自晋、隋已然"。明代以前棋布江中的数十个沙洲，以百里洲为核心逐渐合并，巨型百里洲随之形成，纷杂的分汊河道因之归并为江、沱两股巨大水流。江在百里洲南，沱在百里洲北，属"南江北沱"河势。"古时大江正流在百里洲以南，历考前代过客，如杜子美之下峡，刘禹锡之泊灌口，陆放翁之舣沱滩，王渔洋、张船山之过松滋，皆依南岸而行。江道在南者数千余年。"入明以后，随着北沱流量激增与出水口阻溜，导致荆州西北万城一带江堤屡遭冲溃。明嘉靖前，荆江流经方向为松滋老城—马口镇—大布街，即百里洲南汊方向。至嘉靖年间沱江终在枝江江口镇东南冲断百里洲，巨型百里洲遂分为上、下两个百里洲。下百里洲之北的沱江，清初即已淤废，此洲靠向北岸成为万城西南的长江边滩。沱江改流于上、下百里洲之间。与此同时，百里洲之南长江干道中，自西向东沿流分布有苦草洲、芦洲、洋洲和渐洋洲，实际上将百里洲南的长江干道又一分为二，因此《读史方舆纪要》称，大江至此分为三派。至清道光年间（1821—1850 年）洲南大江干道沙洲继续增长，苦草、渐洋等洲靠向南岸成为边滩，江面日益缩窄。道光十年（1830 年）大水后，长江主泓道北移至百里洲北，河床形态因之演变成"北江南沱"，清光绪《荆州府志》称之为"数千年江流一大变局也"。主泓北移，南汊变为支流后，整个百里洲河段外形并没有显著变化，杨家垴以下河道发生相应变化。据 1861 年测图显示，主流出江口河湾后至杨家垴附近偏靠右岸，又折向左岸，再转向沅市河湾。1934 年测图则显示，江口河湾主泓通过杨家垴附近过渡段与沅市河湾平顺衔接。1953 年测图中沅市河湾为双分汊弯道，马羊洲右汉为主汉。

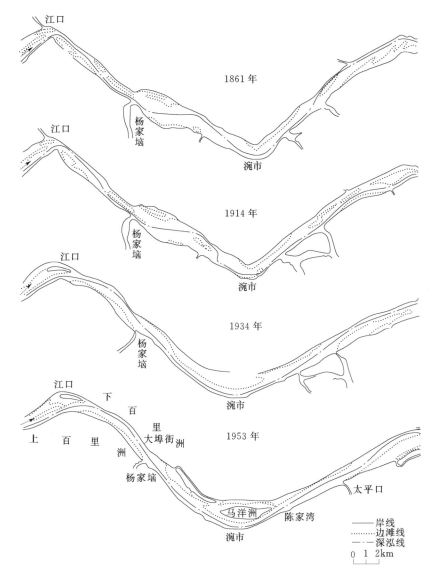

图 1-25　浣市弯道演变图（引自《长江河道演变与治理》）

沙市河段　明万历二十五年（1597年）前，沮漳河由鹚子口和筲箕洼两处入江，后鹚子口淤塞，仅由筲箕洼入江。清乾隆五十三年（1788年）前，观音矶以上河道外形仍为一个大弯道，江中有窖金洲，江流紧贴荆州城南曲达沙市，1788年大水后，在筲箕洼下游修筑杨林矶和黑窑厂矶。后由于学堂洲逐年淤长变宽，岸线向江心不断推进，河道外形弯曲度因而逐渐缩小，光绪二十六年（1900年）以后，学堂洲形成且逐渐并岸；沙市以下岸线，则向内崩进数百米，致使沮漳河口逐渐下移至观音矶上腮。至20世纪50年代，学堂洲发生严重崩坍，致使该处河宽加大约600米。1959年，通过人工改道将沮漳河口上移800米入江（今新河口）。沙市河湾洲滩格局一直维持到20世纪50年代，其间河湾上段新窖金洲呈靠右岸的边滩形式，但靠岸处存在倒套；或呈江心洲形式，北汉和南汉并存，北汉为主泓。沙市河湾下段金城洲呈靠右岸边滩形式。1994年底，万城以下沮漳河口再次经人工改道于荆州区与枝江交界的临江寺入江，河道缩短15.2千米。

公安河湾　清乾隆二十一年（1756年）时，尚属微弯形态，今已成为一大弯道，1953年公安斗湖堤岸边出土的一块明嘉靖元年（1522年）尚书古墓碑标明，此墓离大江八里（4千米）。据考证，嘉靖年间（1522—1566年）该河湾主泓尚在今荆江左岸青安二圣洲处，而今斗湖堤却紧临江边，较当时河道右移约 4 千米。乾隆二十一年时，观音寺至冲和观一线尚为一微弯河道，不及现在河道弯曲程度。1830 年大水后，公安河湾上段出现江心洲，名突起洲，突起洲分汊河道取代原二圣洲汊道。1861 年测图上已有突起洲，其右汊为主泓，左汊即为今文村夹。20 世纪 50 年代后，公安河段上弯道仍不断发展，斗湖堤岸线向南崩退约 400 米，但发展速度较前减缓，河段洲滩格局基本未变。

郝穴河湾 据清嘉庆九年（1804 年）《湖北通志》载，当时郝穴河湾为弯曲分汊河道，江中有彩石洲（亦称石洲）、白沙洲、新淤洲、新泥洲和白脚洲等 5 个沙洲，左汊为主汊，右汊为支汊。此后 5 个沙洲逐渐合并为现今南五洲，左汊仍为主汊，右汊则逐渐萎缩。1852 年在郝穴河湾凹岸修建龙二渊矶、铁牛上矶、铁牛下矶、渡船矶和郝穴矶，1913—1915 年修建冲和观矶、祁家渊矶、谢家榨矶和黄灵垱矶等护岸工程，凹岸崩坍得到初步控制，郝穴河湾平面形态长期以来维持基本不变。

荆江河段自然状态下弯道凹岸冲刷崩退，凸岸淤长，弯顶下移，主流变化遵循小水傍岸、顶冲点上提，大水趋直、顶冲点下挫的规律，当弯道发展到一定程度时，在一定水流、河床边界及上下游河势条件下，易发生切滩撇弯，甚至自然裁弯。汊道段河势变化主要表现为江心洲冲淤变化及主支流兴衰变化；过渡段随着来水来沙条件及上游河势变化，主流发生左右摆动，主流顶冲点相应发生上提下移变化。20 世纪 50 年代后荆江两岸逐步实施以控制河势和保护堤防与城镇安全为主要目标的护岸工程，荆江河段整体河势及河床演变规律没有大的改变，未发生长河段的深泓线大幅度摆动，但下荆江裁弯工程的实施、葛洲坝及三峡工程的修建运行，加之上游来水来沙条件变化、江湖关系调整以及岸线开发利用，局部河段河势仍有一定调整，沙市、石首、监利等河段调整比较剧烈。

下荆江是长江中游河道演变最剧烈河段。20 世纪 40 年代后，经历三次自然裁弯（1949 年碾子湾、1972 年沙滩子和 1994 年向家洲自然裁弯）、两次人工裁弯（1967 年中洲子和 1969 年上车湾人工裁弯）、两次弯道分汊段的主、支汊易位（监利乌龟洲汊道 1972 年和 1995 年主、支汊易位）和两次较大切滩撇弯（20 世纪 60 年代碾子湾下游黄家拐撇弯、1994 年石首河湾撇弯）所引起的河势调整。1983 年开始实施下荆江河势控制工程，以及随后实施八姓洲弯道七弓岭和石首河湾北门口等处护岸工程，下荆江总体河势得到基本控制，经过 1998 年流域型大洪水和 1999 年区域型大洪水，下荆江总体河势仍基本稳定，未发生重大河势变化。但下荆江形成蜿蜒型河道的条件发生一些变化：①21 世纪初的河床已不完全是由二元结构组成，据不完全统计，下荆江 20 世纪 50 年代开始实施护岸工程，至 2010 年底守护 146 千米（单向），下荆江 175.5 千米岸线约 40％的河床边界均已实施人工控制，因此其形成蜿蜒型河道的边界条件发生变化。②三峡水库蓄水前后，上游输沙量已发生巨大变化，宜昌站年均输沙量 1951—2002 年为 4.94 亿吨，2003—2010 年为 0.625 亿吨，2001 年、2002 年、2003年、2004 年输沙量分别为 2.99 亿吨、2.28 亿吨、0.976 亿吨、0.64 亿吨，为多年平均年输沙量（1951—2002 年）的 13.00％～60.52％，河床处于严重冲刷情况下，上游来沙量小于河段挟沙能力，低滩不能淤高，更不可能转化为河漫滩。③现在护岸工程多为凹岸守护，同时也基本停止凸岸边滩的大规模围垦。

（二）城陵矶至新滩口河段

城陵矶以下河段从 6 世纪至 20 世纪河道左右摆动频繁。20 世纪 60 年代后，整体河势基本稳定，但在各种因素影响下，局部河段河势仍有调整变化，其中，界牌河段变化尤为突出。城陵矶至螺山河段河道走向比较顺直，20 世纪初以来变迁主要表现为江心洲滩的形成及变化，1861 年仅有一个江心滩——南阳洲，1912 年增长一个边滩，至 1934 年又增长两个小江心滩，并于 1959 年合并成仙峰洲。

城陵矶至新滩口河段以《水经注》时期长江主流线为依据，自隋唐（581—907 年）以后，河段变化情况有较多史载。

螺山至石码头河段 隋唐以后，主流线由右向左摆动达 4～7 千米。晓洲、漖浒洲、谷花洲、篦

洲等江中之洲，于南宋末年（约 1279 年）向右靠陆，江流主泓冲刷左岸。清康熙三十五年（1696
年），新堤镇江岸剧崩，危及江堤安全，增筑预备堤一道。乾隆三年（1738 年），新堤附近倪家窝崩
坍数十丈，逼近预备堤。嘉庆年间（1796—1820 年），由于左岸不断崩坍，江面展宽，江中出现沙
洲，使主流紧贴左岸，加剧新堤附近滩岸崩坍。清光绪《沔阳州志》载，"堤外沙渚突生，壅水横击，
时有崩卸，旧有棉花集市，其地沉入江心，镇东南环水而居者，近复陷去数十家"。民国二十三年
（1934 年）开始，深泓线由界牌附近向南过渡至右岸，新堤上下岸崩转缓，江右谷花洲至北堤角滩岸
崩坍剧烈，20 世纪 60 年代，江面展宽达 3400 米，江中出现长达 12 千米的南门洲。

界牌至新闸港的老皇堤（又名部堤）外有一河道，清代中叶，水流旺盛，冲刷老皇堤因而形
成崩坍险段。新闸港附近的下花垸堤岸崩坍，危及兴源寺安全。清光绪《沔阳州志》载，雍正十
二年（1734 年），"夏六月，龙阳垸（又名汪家河，现余码头上下）以逼近江流，时虞崩决，巡抚
德林拨公款九百六十两，增筑月堤一道，长一百二十九丈五尺"。嘉鱼、沔阳两县历史上均以此河
道为界。

石码头至牛埠头河段　南北朝以后，主流线由左向右摆动达 5～6 千米，靠近右岸九宫庵、赤壁
山，直抵陆溪口。由石码头经乌林矶至牛埠头的主泓道，大致在宋以后淤废。明初，叶家洲、王家
洲、胡家洲等江中沙洲，已向左靠陆。万历四年（1576 年）左岸江堤基本筑成，"叶、王、胡、白沙
诸洲，乌林、青山、牛鲁诸垸，皆江中干淤壤，范围其内"（清光绪《沔阳州志》）。此时的河道较顺
直单一。大约在清代，主流又由右向左摆动，深泓冲刷左岸，石码头以下江岸崩坍，叶家洲至王家洲
滩岸崩失宽度达 400～800 米。自民国十七年（1928 年）修筑叶家洲一、二、三毛矶起，至建国后继
续抛石护岸，崩岸才得到抑制，但深泓至今仍靠左岸。

牛埠头至高桥河段　6 世纪时主泓线左右摆动幅度大，左岸分汊水道练浦与基河两支流变化明
显。唐宋时，练浦为长江主流所经，自后向南摆动，将练洲分割成若干小洲。至清中期，宪洲、宿公
洲、粮洲、老洲、利国洲、送奶洲、乌沙洲相继向左靠陆，练浦淤废。宝塔洲于清末靠陆后，形成周
码头至宝塔洲河段的鹅头型河道，左右岸最大间距达 6 千米。清末民初，江中出现中洲、新洲，江流
分为左中右三汊，主泓线有时靠右，多时居中，也一度出现左汊为主流，冲刷左岸上北堡至粮洲堤岸
的情形。

高桥至胡家湾河段　按照《水经注》成书时期大江主流线，南北朝以后，总体趋向为向左摆动，
摆幅最大达 20 千米，左岸形成剧烈崩坍。高桥垸附近崩坍约 2 千米，田家口一带崩坍近 2.5 千米，
现江中白沙洲上嘉（鱼）洪（湖）界线即为历史上的江左岸线。《水经注》成书时，燕子窝至赤矶山
为较顺直的西南北东向河道，由于主流偏左，崩坍成著名的簰洲河湾。弯道起点虾子沟至大嘴（汉阳
境），弯曲长 47.5 千米，而直线距离仅 6.5 千米。左岸胡家湾至新滩口、上北洲至姚湖、七家至八姓
洲、穆家河至蒋家灯，总长 26.8 千米堤岸成为崩坍剧烈的险段。

南北朝时期，长洋港汊道随着大江左摆而逐渐淤废，现沙套湖即为长洋港牛轭湖遗迹。上北洲、
老洲、新洲，曾为江中之洲。长洋港淤废后，王家边至燕子窝河段出现新的支流，一是由穆家河分
支，流经水府庙、傅家边至彭家边与小河（江汉）连接，大江与支流之间的茂盛洲曾是江中之洲，清
末民初，始挽筑成丰乐垸，现蔡家套洼地，即属该河遗迹；二是上河口分支，流经彭家边、蒿洲、姚
湖，从北河口（今洪湖永乐闸附近）会大江，当地人称为小河。清代于北河口设厘金局，收取长江船
运货税，局墩的地名即由厘金局的房屋基墩而来。支流与大江之间有九簰洲、调元洲、八姓洲等江中
之洲。上河口、北河口，直至清末民初才堵筑，支河形迹至今犹存。

城陵矶至新滩口河段汊道段，具有主支汊兴衰交替周期较长特点，加之 20 世纪 50 年代以来大力
实施控制河势和抑制崩岸的护岸工程，河势变化基本得到控制。城陵矶以下分汊河道演变主要表现
为：①主支汊兴衰交替表现为主支汊原位交替和摆动交替两种形式，前者主支汊地位互换，但其平面
位置基本不变，一般发生于顺直形分汊和微弯形分汊河段；后者为支汊通过平面位移和断面冲刷扩大
而取代主汊，一般发生在鹅头型汊道。②汊道段主支汊兴衰交替周期较长，大多数汊道段的主支汊地

位较长时期保持不变，其原因主要是汉道段上端有节点控制，进口上游河势又比较稳定；支汉进口汛期进流条件较好，汛期分流比大于非汛期分流比，并且支汉分流比大于分沙比。③汉道段上游河段的河势变化对汉道段主支汉变化往往发生重要影响，一旦进口上游河势发生较明显变化，将导致主支汉易位或某一支汉的萎缩。④汉道的演变对其下游的单一段及汉道演变的影响程度取决于单一段的长度和两岸有无节点控制。⑤长江中下游各种类型汉道段的平面形态特征值都处于同范围内，河道不同程度受山丘矶头节点的控制，其演变规律也基本一致。各种河型河道的演变，都是以弯道作为基本单元，只是演变的程度有所差别。

（三）荆州河道变迁机制

荆州河道演变受自然因素和人为因素双重影响，而且人为因素影响日益增强，总体河势基本稳定，局部河势变化较大。

荆州河道总体冲淤相对平衡，部分河段冲淤幅度较大。自然条件下经过长期不断调整，河道总体冲淤达到相对平衡，反映在基本河槽年际冲淤交替，没有出现抬升或下切的趋势。随着下荆江人工裁弯工程的实施和自然裁弯，以及葛洲坝水利枢纽工程和三峡工程相继运行，长江中游宜昌至城陵矶河段发生较长时期较长距离的河床冲刷和同流量的水位相应降低，城陵矶至汉口河段则在一段时期内发生淤积。

导致宜昌至城陵矶河段河床冲刷的主要因素为：①下荆江人工和自然裁弯引起裁弯段上游水面比降增加，发生自下而上发展的溯源冲刷。②随着荆江三口（松滋口、太平口、藕池口）分流能力逐步减小，荆江过流量相应增加，河床过水断面冲刷扩大。③葛洲坝水利枢纽工程和三峡工程运行后，通过两大枢纽下泄的卵石和砂质推移质明显减少，导致枢纽下游河道发生自上而下发展的长距离冲刷。在诸多因素综合作用下，宜昌至枝城段河床明显冲刷自20世纪70年代延续至80年代末；裁弯段及其上游枝城至碾子湾河段河床明显冲刷自60年代末延续至70年代末；裁弯段下游洪山头至城陵矶段河床明显冲刷则发生在80年代。

荆江与洞庭湖关系调整引起城陵矶至武汉河段发生较大幅度冲淤变化。下荆江裁弯后，三口分流分沙量减小幅度加大，进入荆江的水沙量相对增大，城陵矶以下的螺山站水量不变，而沙量则相对增加，20世纪70年代以来含沙量有所加大，城陵矶以下河道发生一定淤积。从较好反映基本河槽冲淤的历年枯水期1—3月螺山、龙口和汉口站水位—流量关系曲线分析，城陵矶至武汉河段基本河槽有淤积抬高，且淤积沿程递减，但80年代中期以后，淤积趋势基本消失。监利、螺山、城陵矶（七里山）等站历年累计径流量与输沙量关系和历年平均含沙量变化过程说明，螺山站1973—1985年水沙比例发生变化，含沙量加大，1985年又恢复原有状况，此后，城陵矶（七里山）水沙关系持续调整，主要是由于三口和湘、资、沅、澧四水入湖沙量均逐年减少，洞庭湖城陵矶出流的含沙量呈减小趋势。江湖关系调整导致下荆江下泄水沙量相对加大，因此城陵矶以下河道一度发生淤积，但1985年以后螺山站含沙量无增大趋势，该河段亦无继续淤积抬高趋势。

荆江与洞庭湖关系调整幅度加大。洞庭湖与长江干流的关系是长江中游河道演变的重要影响因素之一。1870年后洞庭湖通过荆江的松滋、太平、藕池和调弦四口和城陵矶江流口与长江连通，1958年冬调弦口筑坝建排灌闸，故1970年以来荆江保持三口与洞庭湖相通，湖区接纳四口和湘、资、沅、澧四水来流，于城陵矶汇入长江，构成复杂的江湖关系。湖区淤积和三口分流道的淤积以及干流河道冲刷、水位降低，导致三口入湖水沙量的逐年递减，是江湖关系变化的总趋势。1960年以来受三口分流口门附近干流河道冲淤变化、三口分流道淤积、洞庭湖区淤积等自然因素影响，20世纪50年代以来洞庭湖人工围垦、60年代末下荆江裁弯、70年代葛洲坝水利枢纽工程修建和21世纪初三峡工程的运行等人为因素影响，江湖关系变化总趋势虽未改变，但变化幅度明显加大。主要表现为荆江三口分流分沙递减率较下荆江裁弯前明显加大，至80年代末，递减率已有所减弱。与此相应，进入荆江河段的水沙量加大，尤其是下荆江增幅较大，促使河床冲刷；洞庭湖则因入湖水沙量减少而淤积速率延缓。另一方面，由于荆江出流加大，洞庭湖出流相对减少，使得荆江与洞庭湖出流相互顶托状况改

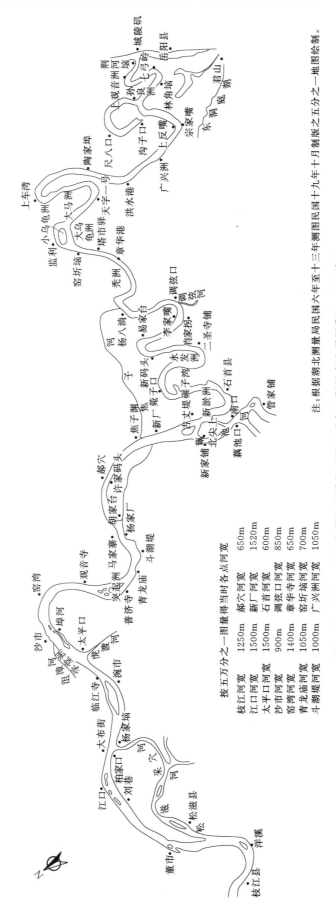

按五万分之一图量得当时各点河宽

枝江河宽	1250m	郝穴河宽	650m
江口河宽	1500m	新厂河宽	1520m
太平口河宽	1500m	石首河宽	600m
沙市河宽	900m	调弦口河宽	850m
盐湾河宽	1400m	章华寺河宽	650m
青龙庙河宽	1050m	窑圻垴河宽	700m
斗湖堤河宽	1000m	广兴洲河宽	1050m

图1-26 1912—1925年荆江河道位置图（引自《荆州市防洪图集》，2000年）

注：根据湖北测量局民国六年至十三年测图民国十九年十月制版之五万分之一地图绘制。

变，荆江对洞庭湖出流顶托作用相对增强，导致洞庭湖出口城陵矶（七里山）站同流量的水位较裁弯前有所抬高，但因三口分流减少，洞庭湖出流相应减少，两者综合作用，使汛期螺山同流量下城陵矶（七里山）高水位无抬高趋势。

随着经济社会发展，荆州河道演变人为因素影响增强，但未改变河道演变基本规律。1960 年以来，长江中游各河段河道演变不同程度受到人为因素影响，但仍遵循原有演变规律，仅演变强度和速度发生变化。建国后，长江中游逐步实施控制河势的护岸工程，河岸稳定性增强，但弯道汛期冲刷、枯水期淤积的基本规律并未改变，横向冲刷受到抑制，纵向冲刷则仍相当剧烈。1968 年中洲子裁弯护岸工程实施后，近岸河床最大冲深达 22.4 米。界牌河段新淤洲鱼嘴守护工程实施后，1998 年 9 月，近岸河床较汛前 5 月冲深达 20 米。蜿蜒型河段凹岸崩退、凸岸淤长，在一定的水流和边界条件下可能发生切滩撇弯或自然裁弯的基本规律，在下荆江 1967 年、1969 年实施中洲子和上车湾裁弯工程以及 1972 年沙滩子自然裁弯后仍维持不变，只是因引河线路选定合理，人工裁弯后下游河势变化较小，而且裁弯后实施河势控制工程，裁弯河段河势才基本稳定，裁弯段不再重新弯曲。随着河势控制工程进一步实施，裁弯河段逐步成为限制性蜿蜒型河段。分汊型河段主支汊易位也受到一定限制，但汊内冲淤规律仍维持不变。

长江中游河道演变受自然因素和人为因素双重影响，其中人为因素影响日益增强。自然因素主要是上游来水来沙变化和江湖关系调整两个方面。由于降雨的随机性，上游来水来沙亦具有一定随机性，各年均有差别，尤其是 20 世纪 90 年代后，受各种因素影响，长江上游来水量与多年平均相比变化不大，而来沙量较多年平均减少较多，至 2010 年底仍表现为三口分流分沙减少，洞庭湖出流也相应减少，通过荆江河段下泄水沙量增大，干流河道发生缓慢冲淤变化。

人类活动的影响主要表现为三峡等干流水库的建成运行所产生的影响和长江中游河道岸线保护与利用程度的大幅度提高两个方面。

2003 年三峡水库蓄水运行后，进入长江中游河道的水沙过程发生明显改变，水库下泄水流含沙量明显减小，水沙条件改变，造成荆州河段发生自上而下长时间、长距离的沿程冲刷，尤其是迎流顶冲段冲刷更为剧烈，并引起河势进一步调整。荆江河段首当其冲，河道冲刷幅度较大，局部河段河势调整较为剧烈，并导致迎流顶冲部位发生变化，引发崩岸。同时河床冲刷，护岸工程的基础受到较为严重的淘刷，直接影响护岸工程和河势的稳定，并威胁堤防安全。根据长江水利委员会（以下简称长江委）一维泥沙数学模型计算结果，在不考虑三峡水库上游干支流新建水库和水土保持工程拦沙效果的条件下，三峡水库运行 10 年后，宜昌至松滋口河段冲淤达到相对平衡，最大冲刷量约为 1 亿吨，平均冲刷深度约为 1 米；松滋口至藕池口河段最大冲刷量约为 7 亿吨，平均冲深 2～3.5 米；城陵矶至武汉河段累计冲刷量约为 2 亿吨，平均冲深约 2.5 米[6]。与河床冲刷相应，同流量水位也较建坝前明显降低，荆江三口分流分沙减少。2008 年汛后，沙市站流量 5000 立方米每秒和 7000 立方米每秒时，水位分别下降 0.56 米和 0.71 米。

三峡工程运行初期，荆州河段变化趋势是河床冲刷强度增大。

注：

[1] 详见《长江中游荆江变迁研究》杨达源、孙昌万所撰第五章"更新世的荆江变迁"，杨怀仁、唐日长主编，1999 年，中国水利水电出版社。

[2] 详见《长江中游荆江变迁研究》张修桂所撰第七章"各历史时期的荆江变迁"，杨怀仁、唐日长主编，1999 年，中国水利水电出版社。

[3] 详见《云梦泽的演变和下荆江河曲的形成》，张修桂，《复旦学报》（社科版），1980 年第 2 期。

[4] 详见《长江城陵矶—湖口河段历史演变》，张修桂，《复旦学报》历史地理专辑，1980 年。

[5] 根据中国科学院地理研究所地貌室《长江城陵矶至九江段河道历史变迁的初步分析》附图复制。

[6] 详见《长江中下游河道整治研究》，潘庆桑主编，2011 年，中国水利水电出版社。

第三节　古穴口水系

荆州河道发育于第三纪以来长期下沉的云梦沉降区，随着长江、汉江干支流水系发育，江汉冲积、淤积平原的形成、变化，荆州河道历经沧桑巨变。由于长江河道穿越古云梦泽地区，因此在河道形成和云梦泽解体过程中，形成众多穴口和水道，分布于两岸。

随着时间推移，人类社会经济活动影响加剧，洪水期荆江分沙量不断增大，促使荆江三角洲在向东扩展的同时，其地面高程也逐渐增高，从而使荆江两岸一些常年性分流水道相继消失，取而代之的是一些季节性自然分洪穴口。这些穴口在调节荆江水位，消减荆江洪峰，沟通江、汉、湖方面起着重要作用。

一、古穴口

历史上，荆州地区河网密布，河道纵横交错，穴口甚多，尤以荆江河段为最。《水经·江水注》详细记载东晋南朝时期，长江沿岸穴口情况和大致位置。荆江河段自上而下的穴口有沮口、曾口、马牧口、江津口、豫章口、中夏口（《水经·夏水注》）、涌口、油口、景口、沧口、高口、故市口、子夏口、侯台水口、龙穴水口、俞口、清阳口、土坞口、饭筐上口、清水口、生江口、饭筐下口、湘江口、西江口。城陵矶以下河段，《水经·江水注》亦载有良父口、彭城口、白马口、鸭栏口、冶浦口、乌黎口、子练口、练口、陆口、刀环口、濠口、中阳水口、白沙口、雍口、洋口、驾部口等。由于记载简略、河道变迁，有些穴口的位置、大小和演变情况，已无从考证。

宋元以后，开始流行"九穴十三口"之说。此说最早见于元人林元的《重开古穴碑记》："按郡国志，古有九穴十三口"，至于穴口名称和位置，该文却未有任何记载。明清时期，对于此说的解释众说纷纭。一说见于明人雷恩霈的《荆州方舆书》："穴凡有九，水口凡十有三。在江陵者二，曰郝穴、曰獐捕穴；在松滋则采穴；监利则赤剥；石首则杨林、调弦、小岳、宋穴；潜江则里社穴。九穴之口合虎渡、油河、柳子、罗堰为十三。"清人俞昌烈著《楚北水利堤防纪要》一书，作《九穴十三口记》，亦同雷氏观点。另一说见于晚清倪文蔚编纂的《荆州万城堤志》："俗传九穴十三口实有其地，北岸则江陵有便河口、獐卜穴、潭子湖口、郝穴、拖茆口、蓝穴、石牌穴；监利有新河口、黄穴、赤剥口、庞公渡，而无潜江之里社穴，北岸凡五穴六口。南岸则松滋有新穴、西溶，而无采穴；江陵则有虎渡口、东溶口；公安则有油河口、三穴、东壁口、芭芒口；石首则有杨林穴、宋穴、调弦口而无小岳穴、柳子口，南岸凡四穴七口。合之适符其数"，但倪文蔚本人却认为"此说近于凿矣"，几近牵强，他自己认为应该是"九穴四口合为十三，非九穴之外别有十三口"。还有一说则见之于清人侯世霖的《江坟议》："禹迹有九穴十三口，江之北有便河口、章步穴、罈子湖口、石牌穴口、新沉河口、黄穴口、赤剥穴口、庞公渡口、朱家河口、苹一口，江之南有采穴口、溶口、油江口、东壁桥口、芭芒口、杨林市口、宋穴口、海船口、调弦口。"实际上他列出的穴口数并未合"九穴十三口"之数。

随着河道不断演变和人为作用，荆江穴口有塞有开，有增有减，不同历史时期穴口及其数目不尽一致，所谓"九穴十三口"，系泛指其多，并非确数。古籍记载的黄穴、里社穴及罗堰等穴口，均不在荆江沿岸，而在离荆江较远的内河。荆州河段两岸至今仍存有历经淤塞、疏通、冲决的穴口或古穴口遗迹，它们曾经分泄或汇流长江，对两岸防洪产生一定影响。

江津口　在今江陵城南偏西长江中。南朝时期，江陵城西南的长江，因江中枚回洲而分为南北江两条汊道，江津口即属分汊河道主泓道北江的下口。南北江在枚回洲尾部的燕尾洲"断洲通会"后，因江中沙洲不复存在，江陵城南以东至沙市的河段，江面随之扩大，是为江津河段[1]。《水经·江水注》："此洲（指枚回洲尾部燕尾洲）始自枚回，下迄于此（江陵城南稍西），长七十余里。洲上有奉城，亦曰江津戌也。戌南对码头岸，北对大江，谓之江津口，故洲亦取名焉。江大自此始也。《家语》

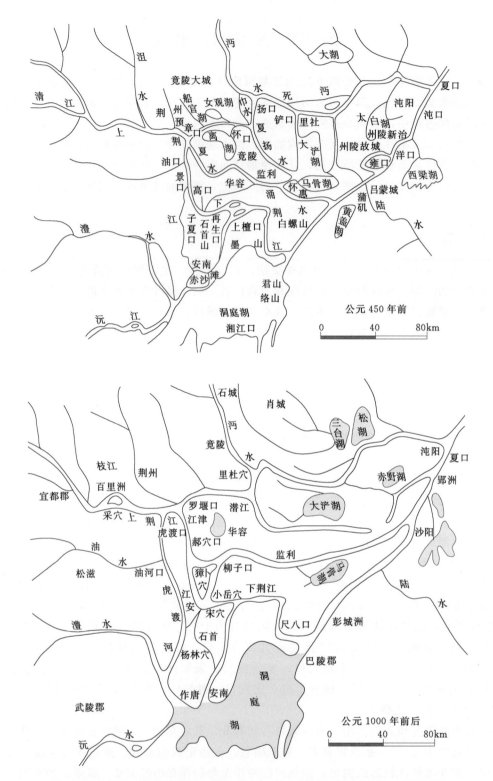

图 1-27　江汉水系历史分布示意图（引自《长江河道演变与治理》，2005 年）

曰：江水至江津，非方舟避风，不可涉也。故郭景纯云：济江津以起涨。言其深广也。"

　　豫章口　在荆州城东，位于今章华台附近。《晋书·刘毅传》："王宏等率军至豫章口于江津蟠舟而进。"《水经·江水注》云："豫章口，夏水所通也。西北有豫章冈。盖因冈而得名矣，或言因楚王豫章台得名。"

　　中夏口　即夏水从长江支出的分流水口，位于今沙市窑湾附近。《水经·夏水注》云："江津豫章口东有中夏口，是夏水之首，江之汜也。"《水经·江水注》亦云："江水又东径郢城南，江水又东得豫章口，夏水所通江也。江水左迤为中夏水。"中夏口分流与豫章口分流会合后的河流，即为著名的夏水，亦称中夏水。

獐卜穴 又称獐捕穴、獐步穴，今江陵县观音寺闸址。獐卜穴为宋时"九穴十三口"之一。元大德七年（1303年）前堙，后复开，明初再塞，隆庆初议开不果。

郝穴口 晋代始称鹤穴或鹤渚，位于今江陵县郝穴镇。郝穴晋末时与北岸相连，南北朝时成为穴口，是荆江左岸重要穴口，明嘉靖年间堵塞。据《荆州府志》载，"大江经此分流东北，入红马湖。按郝穴与虎渡为大江南北岸分泄要口。元大德间，重开六穴口：江陵则鹤穴，监利则赤穴，石首则宋穴、杨林、调弦、小岳，而獐浦不与焉。松滋有采穴，潜江有里社穴，合诸而九。明嘉靖二十一年（1542年）筑塞郝穴，大江遂溢。隆庆中复浚之"。

上洪口、柳港口 《读史方舆纪要》"监利县"卷记载："县东三十五里，其相近者曰上洪口，又有蓼湖口，在县东八十里，皆滨荆江与柳家港相通。"柳港口，位于今监利长江干堤蒋家垴段，据清同治《监利县志》载："县东三十里，与柳家港相通。"又载："洪口与柳港口相近，皆滨大江，与柳港口相通。"据考，柳家港为现东港湖，历史上或称"通江港"、"东江湖"。

尺八流水口 据史载，"在（监利）县东南九十里，上通大江，下通夏水"，又名赤剥口。南宋年间（约1200年）赤剥口第一次堵筑。元大德中议开此以旁泄江流，未果。明洪武三年（1370年）初塞。隆庆四年（1570年）复议开浚，言者以为非便而止。又黄穴口，"在县西北五十五里，其相接者曰白羊垴河，达于潜江"。

曾狮口、壶瓶套口 位于荆江大堤监利段流水口附近，据史料记载："二口在县西二十里，均与新冲口相通。曾狮口'水道犹通'，壶瓶套口'四时不调'。"故二口或为一口二名，或为下荆江入新冲口同一河道的毗邻之口。现流水口紧靠荆江大堤，并有一千米长渊，渊后有一渠道名曾狮港，相传此地过去地势低洼，连年水灾，后曾姓人家在此开排水港通太马河，并在港首竖一镇水石狮，人称曾狮港。

新冲口 又名新河口或新冲河口，系古子夏口之一，位于现荆江大堤盂兰渊处，清康熙年间《监利县志》载："新冲口，县西五十三里，原属新冲江所入之处，明嘉靖十八年（1539年）堵筑"。万历二年（1574年）湖广抚按提议重开新冲口，其时该处"见在成河，虽嘉靖年间筑塞水口，乃口内阔十余丈，深二三丈，且内亦多重湖，直抵沌口而出"。继后，又有荆州知府会勘兴工，因需经费颇多，未予重开。

江口 位于荆江大堤王港处，系古子夏口之一，现距荆江大堤外1千米，为蛟子河与船湾河汇流之处。蛟子河又名焦（肖）子渊，或称消滞渊，原名菱茨港（河），亦名车湖港。原为消泄渍水之古沟，清同治年间（1862—1874年）崩坍成口，上下连贯形成江流。《长江图说》载："郝穴又二十五里经蛟子渊，有正沟者，首受江水，东流至堤头港入之。夏月江行，可捷百里。"现为人民大垸农场内垸排水河道。

采穴口 位于今松滋涴市镇采穴村，为荆江上首分流重要穴口。《天下郡国利病书》中曾指出："（松滋）县东五里有古堤……长亘八十余里，且旧有采穴一口可分杀水势。宋元时故道湮塞。洪武二十八年（1395年）决后，时或间决。"今堙。采穴口之上另有澥口、灌子口。澥口位于今老城镇东三里处，因古时有一溪河自南向北经此处流入大江，故称澥口；老城镇西一里另有灌子口。澥口、灌子口今俱堙。

虎渡口 为今虎渡河入口。《荆州府志》载："大江经此分流，南至公安县界东西港口，会孙黄河便河之水，东过焦圻一箭河，至港口入洞庭。《名胜志》云：'后汉时郡中猛兽为害，太守法雄悉令毁去陷阱，虎遂渡去'。"（详见本章第四节"虎渡河"）

调弦口 即《水经·江水注》中的生江口，在石首调关镇。相传西晋太康元年（280年），杜预为漕运所开。（详见本章第四节"调弦河"）

龙穴口 今石首市东长江南岸。《水经·江水注》云:"大江右得龙穴口,江浦右迤,北对虎洲。又洲北有龙巢,昔禹南济江,黄龙夹舟故名。"《荆州舆图书》谓:"江水过于夏口而得龙山,名龙穴。"

杨林口、柳子口 《读史方舆纪要》卷七八《石首县》记载:"杨林口,县西南三十里,多杨树;县西十五里又有小岳套口,皆在江北岸,江水旁泄入潜沔处也。元大德中,县境堤岸屡决,开杨林、宋穴、调弦、小岳四穴以杀水势。今县西六十里有柳子口,旧与杨林、小岳相灌注,其调弦口则在县东六十里,宋家穴则在县西南三十五里,皆通塞不时。明隆庆中议复诸穴,惟浚调弦一口,其余仍旧闭塞。"

城陵矶以下河段古穴口,史书记载十分简略。《水经·江水注》载:"江水左径上乌林南","江水又东,左得子练口(即今龙口)",……"又东径蒲矶山北","江水左得中阳水口",六朝时期,长江主流在燕窝附近北分一支流名长洋港,江水过渊洲后,还"东北流为长洋港,又东北经石子冈",形成长江支汊,上口为雍口,亦谓之港口,北流蒿洲至新滩口后,折向东南流至洋口,于龙穴洲与大江交汇[2]。后随着大江左摆而逐渐淤废,现沙套湖即为长洋港的牛轭湖遗迹。

茅江口 位于今洪湖市新堤城区荷花广场附近,今堙。

新滩口 为古夏水分支入江之口,历史悠久,汉时,"王莽置江夏县于此,盖以此名也"。明代以前,此地有一湖,名曰新潭湖,陆游去四川时由此入内荆河,其《入蜀记》称:"新潭湖,岸无居人,葭苇弥望。"明初时,因此地处新滩湖边,为内荆河入江之口,派生得名新滩口,并于此设河泊所。

以上所列的众多穴口及关于穴口的说法,之所以众说纷纭,多有差异,是因为古代荆江及以下河段河床在发育形成过程中,河道屡有变迁,水道形成之后又常有水系变化,加上人为堵筑、自然湮塞及洪水溃决等因素,所以穴口经常开塞、兴衰,变迁无常。元明以后,史载荆江两岸穴口,已大多不是《水经注》以前的那些穴口。但是,一些穴口曾长期存在,沟通荆江与各湖泊及内河水系,分泄或汇注江流。

据记载,"宋以前,诸穴开通,故江患甚少"(清同治《监利县志》卷三)。宋代以后,随着荆江两岸的开发和水道的自然变迁,穴口开始堙闭。

南宋开始堙塞某些穴口之后,给荆江河道洪水宣泄带来不利后果,而元大德七年(1303年)的荆江洪水大决溢,成为荆江两岸水灾日益频繁的一个序幕。据《天下郡国利病书》卷七四记载,荆江两岸堤防"自元大德间,决公安竹林港,又决石首陈瓮港。守土官每议筑堤,竟无成绩,始为开穴口之计。按:江陵旧有九穴十三口,其所可开者惟郝穴、赤剥、杨林、宋穴、调弦、小岳六处,余皆湮塞"。元大德年间(1297—1307年)重开的上述六穴至明代以后,渐复湮塞,仅调弦一口尚存。

明嘉靖二十一年间(1542年),又堵筑荆江左岸江陵郝穴口,导致水患显著增多,引起穴口开塞的频繁争论。隆庆中(1567—1572年)为减轻水患,使水分流,"复议开浚诸口",但由于其它穴口湮塞既久,难以开通,所以只决定开通郝穴、虎渡二河,而实际施工时仅疏浚调弦口,"余仍闭塞"。至万历间(1573—1620年),疏浚淤塞严重的虎渡口。万历二年(1574年),湖广巡抚赵贤鉴于荆州一带水患频仍,向朝廷奏请开采穴、新冲等口(《万历实录》),未果。

由于穴口开塞对荆江河势和两岸垸田、湖泊带来很大影响,故明清时期穴口开塞成为一个争议颇多而又相当复杂的问题。穴口闭塞会导致荆江洪水分杀不力而决堤成灾,古人对此早有认识。《天下郡国利病书》中即指出,江陵县在郝穴堵塞后,"诸湖渚又多淤浅,(嘉靖)三十九年(1560年)一遭巨浸,各堤防荡洗殆尽"。

明末至清中期很长一段时间,荆江仅余右岸虎渡、调弦二口分泄江流。至清咸丰十年(1860年)洪水冲成藕池河,同治九年(1870年)冲成松滋河后,荆江河段便形成松滋、藕池、虎渡、调弦"四口南流"局面(详见本章第四节"汇流与分流"相关内容)。

表 1-4　　　　　　　　荆州河段历史上穴口大体位置及开塞情况简表[3]

岸别	名称	别名	所处位置	形成与堙塞（或堵塞）经过
南岸	油河口	油水口 油江口	公安县斗湖堤西	南宋时塞，后复开，明嘉靖后又塞，隆庆、万历年间提议重疏，至清道光年间终塞不开。
	西口	涔浦、 涔阳浦	沙市至公安县城间	不详
	俞口		古石首山西北	
	上檀浦		饭筐上口东之江南岸	
	龙穴口	龙穴水口	石首市区东	
	清水口		古牛皮山东北	（与藕池口可能为同一穴口）
	生江口		清水口东	（与调弦口可能为同一穴口）
	景口		公安县城东	不详
	沧口		景口东	
	再生口		沧口东	
	采穴		松滋浣市以上	明万历年间塞
	瀼口		松滋老城东南 2 里	不详
	灌子口		松滋老城西 1 里	
	虎渡口	太平口	沙市对岸西约 30 里	形成时间各说不一，待考
	东壁口	东壁桥口	公安旧城东	不详
	芭芒口		公安县东南	
	杨林穴		石首市城西南 30 里	元大德七年（1303 年）重开，元末堙
	宋穴		石首市城东 30 里之二圣铺附近	元大德七年重开，元末堙
	调弦口	调弦穴	石首市下 60 里处之调关镇	见第四节汇流与分流"调弦河"
	藕池口		石首市和公安县交界处藕池镇	见第四节汇流与分流"藕池河"
	松滋口		松滋老城下约 20 里	清同治九年（1870 年）黄家铺溃口形成
北岸	豫章口		荆州城东	宋元时堙
	江津口		荆州城南偏西长江中	不详
	便河口	沙市河口	沙市沙隆达广场	
	中夏口		豫章口东	宋元时堙
	涌口		荆州城东南 50 里	北魏时，涌水上游枯竭，其口遂塞
	高口		石首市区西北	不详
	故市口		石首市城北	
	子夏口		石首市城东北	不详
	侯台水口		子夏口东	
	清阳口		侯台水口东	
	土坞口		清阳口东	
	饭筐上口		土坞口东	
	饭筐下口		饭筐上口东	
	沮口	两河口	荆州区万城西	已堙
	马牧口	小河口、 筲箕洼	荆州城关庙东南	已堙
	零口		荆州城西	不详
	潭子口	罈子湖口	江陵县郝穴镇西 8 里	

续表

岸别	名称	别名	所处位置	形成与堙塞（或堵塞）经过
北岸	庞公渡		监利县城西即西门渊处	明万历八年（1580年）九月堵筑，天启二年（1622年）重开，清顺治七年（1650年）终塞不开
	郝穴	鹤穴	荆州城东南100里，即江陵县郝穴镇	形成于东汉以后，后堙，元大德七年（1303年）重开，明嘉靖年间再堵，从此不开
	獐捕穴	獐卜穴、獐步穴	荆江大堤观音寺闸址	元大德七年前堙，后复开，明初再塞，隆庆初议开不果
	小岳穴		石首市西北25里	元大德七年重开，元末堙
	柳子口	柳口	石首市北60里	不详
	新河口	新冲河口、新冲口	监利县城西50里	明嘉靖十八年（1539年）堵塞。隆庆、万历年间提议重疏，未果
	柳港口		监利县东30里	不详
	赤剥穴	赤剥流水口、尺八口	监利县尺八镇	元大德七年（1303年）重开，明洪武三年（1370年）塞，自此不开
	江口		监利县城西70里处王家港	不详
	曾狮口		监利县城西约40里处之流水口	
	蓼湖口		监利县城东80里	
	茅江口		洪湖新堤镇荷花广场	明嘉靖中期，堵塞茅江口
	练口		洪湖龙口	不详
	中阳水口			
	乌黎口		洪湖乌林	
	新滩口		洪湖新滩口	
	白沙口			
	雍口		洪湖燕窝镇	
	洋口		洪湖新滩口附近	

二、古水系

历史上，荆江两岸以及城陵矶以下河段水系众多，见之于史志记载的，南有油水、沧水；北有夏水、扬水、郝水、鲁洑江以及茅江、练浦等。这些水系通过沿江穴口，"南通洞庭，北达汉沔"，分江流以杀水势。后因穴口湮塞，而遂与江隔绝，有的成为内河，有的则淤为平陆。

油水（今称渔水）　有南北两源，北源（主源）发源于湖北五峰清水湾玉占花，南源发源于湖南石门五里坪。北源经曲尺河至河口与南源汇合。1985年复旦大学历史地理研究所编辑的《中国历史地名辞典》载："油水，上游即今湖北松滋及其以西界溪河，下游原东至今公安县北入长江，今已堙塞。"古油水在青羊山以下多次改道，东汉至南宋乾道四年（1168年）以前，油水自青羊山北折，至今松滋与公安交界处再向东折，在黄金口处注入大江，出口处称油江口。南宋乾道四年以后，虎渡河分流形成，油水被劫夺随之南下洞庭，残留的下游河段，成为虎渡河的分泄水道，原来的油江口外滩涂因此不断淤涨，油水口也不断外移。清康熙年间油江一直在斗湖堤上游1千米处注入长江，出口处仍称油江口。1870年大水溃口形成的松滋河将油水中下游冲成三段，油水被迫从今碑口改道南下，经王家大湖东南，于汪家汊附近汇入松西河。松滋河西支与东支之间的原油水被苏支河取代，港关以下入黄金口的油水河道，一部分被中河口所取代，从黄金口至斗湖堤以北的油水河道开始萎缩，残留河道1967年被填平。

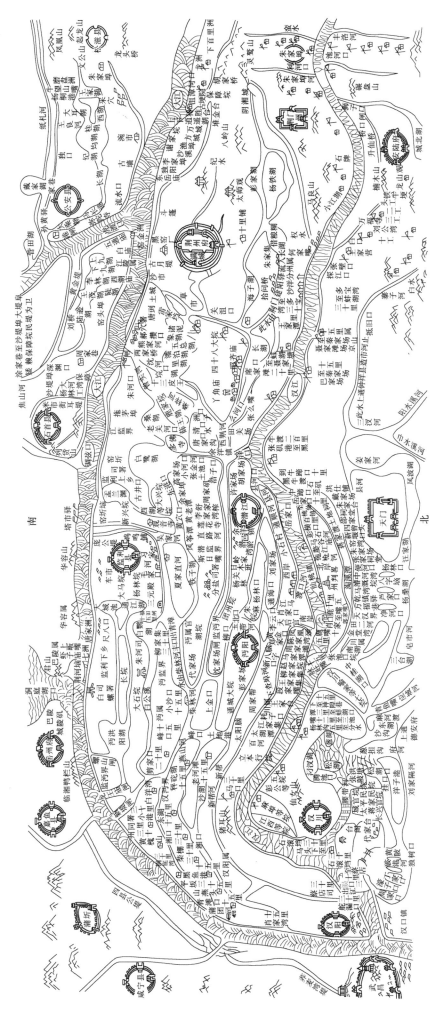

图1-28 清道光年间江汉水系全图(引自清前昌烈《楚北水利堤防纪要》)

沦水 1982 年版《中华人民共和国地名词典·湖南省》载："三国，晋南北朝时期，由于湖区下沉，长江分流的沦水越华容隆起南下，进入洞庭湖。"沦水首尾所在位置，据张修桂《云梦泽的演变与下荆江河曲的形成》一文中所绘制的秦汉时期云梦泽示意图所示，沦水之首在今斗湖堤至黄金口分泄江流，入赤沙湖。《水经·江水注》云："油水东有景口，景口东有沦口。沦水与景水合，又南通澧水及诸陂湖。"荆江右岸景、沦两口南下的沦水，在今华容县西横断澧水故道，于南山至明山一线以西的今南县附近低洼沼泽区潴汇成湖，称为赤沙湖[4]。

沮水 即今沮河及其会漳河后的沮漳河，其入江口，历史上变化较大。《水经·沮水》：沮水"又东南过枝江县东，南入于江"。《水经·沮水》："沮水又东南径当阳县故城北，又东南径麦城西，沮水又南与漳水合。沮水又东南径长城东，又东南流注于江，谓之沮口。"当时，沮水入江口在枝江县，后改从江陵入江。《嘉庆一统志》荆州府："沮水旧分二支，一支自江陵入江，一支自枝江入江。枝江之流，明万历二十五年（1597 年）因沮水泛溢，整挡塞之。沮水遂径从江陵入江。其塞处谓之瓦刲河。"沮水入江处今谓之两河口。沮水河道相对固定，与建国后改道之前的沮漳河故道大致相近。

夏水 早在先秦时期即已存在的长江分流河道。其后由于分流口不断淤高面发育成为季节性的分流。其源头，《楚辞·涉江赋》已有"过夏首而西浮，顾龙门而不见"的表述。先秦两汉时期，夏水和其南部的涌水，是以沙市为顶点的荆江陆上三角洲上的两条最重要的长江分流。其后，涌水上游淤断，下游为夏水所夺。南朝时期，夏水分流起自今沙市，东经潜江市龙湾镇之南，又东南经监利县北周老嘴之南，而后东北至仙桃市注入沔水（汉水）。自此以下，沔水兼有夏水之目，所以沔口（汉口）亦被称为夏口。《水经·夏水》："夏水出江津于江陵县东南，又东过华容县南，又东至江夏云杜县，入于沔。"《水经·夏水注》云："江津豫章口东有中夏口，是夏水之首，江之沱也。夏水又东径监利县南。又东北径江夏惠怀县北而东北注。应劭《十三州记》曰：江别入沔为夏水。原大夏之为名，始于分江，冬竭夏流，故纳厥称。既有中夏之目，亦苞大夏之名矣。当其决入之所，谓之堵口焉。自堵口下，沔水通兼夏目，而会于江，谓之夏汭也。故《春秋左传》称，吴伐楚，沈尹射奔命夏汭也。杜预曰：汉水曲入江，即夏口矣。"宋元之际，夏水分流水口湮塞，自此不再分泄长江洪流。其后夏水故道或淤废，或为其它河道所利用。今内荆河或为夏水故道。

涌水 先秦时期即已存在的长江分流河道，《春秋》所谓"阎敖游涌而逸"，即指该河道。《水经·江水》：江水"又东南当华容县南，涌水出焉。"据盛弘之《荆州记》云：夏首南"二十余里有涌口，所谓阎敖游涌而逸者也。二水之间，谓之夏洲，首尾七百里，华容、监利二县在其中矣"。则分流口在中夏口之南二十里，相当于今江陵观音寺附近。涌水自此东流经华容至监利县北合夏水。魏晋之后涌水源流淤断，下游则被南迁的夏水所夺，原先的涌水因之消亡。而郦道元仍以当时从夏水分出南注于江的水道充当涌水。故其在《水经·江水注》中云："江水之东，涌水注之，水自夏水南通于江，谓之涌口。"应当说明，郦道元所谓的涌水，局限于今沙市境内的长江东岸，与先秦汉晋时期的涌水，是完全不同的两回事。

扬水 亦作杨水、阳水。《汉书·地理志》中《南郡·临沮县》："《禹贡》南条荆山在东北，漳水所出，东至江陵入阳水，阳水入沔，行六百里。"漳水分流至江陵注入的阳水，即汉魏时代自江陵长江河段分出，沿江陵东侧的路白湖、中湖和昏官湖东北流，至今潜江市西北部注入汉江的扬水。它是先秦汉晋时期，沟通江汉之间的重要河道。东晋江陵城南金堤创建，扬水分江水口受阻，除"春夏水盛，则南通大江，否则南迄江堤"。同时漳水从分流口东流至江陵入扬水的河段，也已基本湮没，故《水经·沔水注》记述扬水云："陂水又径郢城南，东北流谓之扬水"，即以郢城东流的故道为扬水起点。当时，扬水在郢城以上的源流，以江陵西北的赤湖和纪山南流的河道为主。

郝水 荆州城东南约 50 公里，"大江经此分流，东北入红马湖，注潜水合于汉水"，今江陵县郝穴镇即为其通江穴口，称郝穴（亦作鹤穴）。东汉以后形成鹤穴分流，历史上即为荆江左岸一个主要分流水系，后淤塞，元大德七年（1303 年）重开。明嘉靖二十一年（1542 年）再次堙塞，自此不开。

鲁洑江 又名太马长川，系荆江左岸重要分流水道之一。因与古夏水相通，又名长夏河。其分江之口，曰"庞公渡口"，位于监利县西二里，即今之监利西门渊处。相传三国赤壁之战时，鲁肃曾屯兵于此，因而得名。明初，江水入鲁洑江后，经监利城北火把堤、刘家铺至沔阳州直埔入沔。明万历八年（1580年）九月十八日堵筑庞公渡口，天启二年（1622年）重开，清顺治七年（1650年）再次堵塞，康熙九年（1670年）御史疏请再开，遭湖广总督反对，以"难以实施"作罢。康熙十九年（1680年）加筑庞公渡堤连为一体，自此，遂与荆江隔绝。

茅江 位于洪湖市境内，系内荆河从小港分出一支流南下，经由莲子溪、杨家嘴至新堤冲口入江，因新堤左边的长江沿岸茅草繁茂，称为茅江，内荆河一支流由小港经此出江，此口称为茅江口。茅江口东地势日高，遂成内河与外江水运通道。明正德初年（1506年后），"南北江襄大水，堤防冲崩，湖河淤浅，水道闭塞，垸塍倒塌，水患无岁无之"；"最患者茅埠江口，更三十年不治，东南尽成水区矣"。嘉靖三年（1524年）知州储询于"沔阳沿边堤岸切要之地，或数百步或半里许，度地形之高卑，验水势之缓急，创筑新堤"。由于洪水加剧，屡筑屡决，至明嘉靖中期，始堵塞茅江口，据明嘉靖《沔阳志·堤防》载，"增筑新堤五千三百余丈，自是江堤称巩固矣"。堵塞茅江口后，复决复筑之新堤，便是今新堤城区名称的由来。

练浦 原属长江的分汊河道，《水经·江水注》载，洪湖牛埠头以下江中沙洲众生，牛埠头附近，江流向左形成分汊，名曰"练浦"，流经竹林湾、吕家口至龙口与大江汇，今龙口为练浦分口，时称"练口"。唐宋时，练浦为长江主流所经，此后向南摆动，将其分割成若干小洲，清中期，练浦淤废。

燕子窝段支流 长洋港淤废后，洪湖王家边至燕子窝河段出现新的支流，一是穆家河分支，流经水府庙、傅家边至彭家边与小河（江汉）连接，大江与支流之间的茂盛洲为江中之洲，清末民初，始挽成丰乐垸，现蔡家套洼地，即为该河遗迹；二是上河口分支，流经彭家边、蒿洲、姚湖，从北河口（今永乐闸附近）会大江，当地人称为小河。支流与大江之间有九簰洲、调元洲、八姓洲等江中之洲。燕子窝段支流上河口、北河口，清末民初时堵筑，但支河形迹至今犹存。

注：

[1] 详见张修桂《〈水经·江水注〉枝江—武汉河段校注与复原》，《历史地理》第二十三辑，2008年。

[2] 详见张修桂《长江城陵矶—湖口河段历史演变》，《复旦学报》历史地理专辑，1980年。

[3] "荆州河段历史上穴口大体位置及开塞情况简表"中内所列穴口，分别出自郦道元《水经注》、元林元《重开古穴碑记》、明雷恩霈《荆州方舆书》、清康熙《监利县志》、乾隆《江陵县志》、同治《松滋县志》、同治《公安县志》、同治《石首县志》、同治《荆州万城堤志》、光绪《江陵县志》、光绪《荆州府志》以及清侯世霖《江坟议》等史籍。其中清水口与藕池口、生江口与调弦口，可能为一口而二名，因无充足资料考证，仍一一列出。

[4] 详见《长江中游荆江变迁研究》，杨怀仁、唐日长主编，1999年，中国水利水电出版社。

第四节 汇流与分流

荆州河段两岸有众多汇流与分流河道，左岸有沮漳河、东荆河、内荆河汇入长江；右岸枝城以上19千米处有清江汇入长江。荆江河段有松滋河、虎渡河、藕池河、调弦河（1958年冬筑坝建闸控制）分流江水入洞庭湖，经调蓄后于城陵矶复注长江。众多支流的汇流与分流对荆州河段防洪形势产生重要影响。

一、沮漳河

沮漳河位于湖北省境内，为长江中游北岸重要河流，由沮河、漳河两支流在当阳两河口（当阳市河溶镇下游 2 千米）汇合后而得名。沮漳河流域集水面积 7340 平方千米，河长 327 千米（人工改道前），属半山地河流。沮漳河流域介于东经 110°56′～112°11′、北纬 30°18′～31°43′之间。干流河道平均比降 1.0‰。

沮漳河流域地处荆山山脉及其延伸部分，地形为西北高，东南低，上游属鄂西山地，中下游为山地向江汉平原过渡的低山丘陵地带。按地貌划分：山区 4424 平方千米，占全流域面积的 60.3%；丘陵 2218 平方千米，占 30.2%；平原 679 平方千米，占 9.5%。区内高山在上游保康、南漳境内，最高海拔 1946 米，黄连山 1770 米，望佛山 1849 米。马良坪以上沮河河流，受淮阳山字型西翼反射影响，呈北西—南东向，过马良坪后进入沮河地堑，东有远安断裂，西有通城河断裂，将河流限制在两裂之间，于当阳长坂坡附近进入江汉平原。

东支漳河，发源于襄阳市南漳县三景庄自生桥上游之龙潭顶，海拔 1220 米。清溪河以上，河流在丛山间穿行，河道狭窄，浅滩尤多，河床皆为岩石及卵石。上游泉水较多，据民国二十四年（1935年）4 月，全国经济委员会江汉工程局查勘沮漳河的报告中称："漳河上源南漳县景山南麓有石嵌空成穹，曰自生桥，桥北约二百米有泉经桥下，又三景庄东北一千米许有洞，曰老龙洞，西北有观，曰蓬莱观，泉出其下，东注而汇入以成水源"。漳河自河源至当阳两河口长 207 千米，河道平均比降 2.14‰，集水面积 2970 平方千米。

西支沮河，发源于襄阳市保康县关山，海拔约 2000 米，东流与白龙洞泉水汇合后经欧家店、歇马河、马良坪、峡口、远安至当阳市两河口与漳河汇合。其中自万马桥至峡口一段，水循山峡穿行，水流湍急，河身狭窄处仅宽十余米，河中大石矗立。峡口至当阳慈化寺，河宽增大，但石滩仍多。沮河河长 243 千米，河道平均比降 1.9‰，集水面积 3367 平方千米。

漳河于 1966 年建成水库，控制来水面积 2212 平方千米，占漳河来水面积的 77.4%。沮河上游建有巩河水库，控制来水面积 168 平方千米；2006 年建成峡口水利枢纽工程，总装机容量 3 万千瓦，控制流域面积 1458 平方千米。

沮漳河，据民国二十六年（1937 年）出版的《荆江堤志》载："春秋时与江汉并称，楚望以其为南条水道之最著也。"五代时沮水尚在麦城（今朝阳山）以西半月山山脚。后漳水于倒湾（今两河口）汇合沮水成为沮漳河。历史上该河流至江陵柳港后分成二支：一支东北流，"经保障垸、清滩河（菱角湖），绕刘家堤头，经万城镇北门外，屈曲入太湖港（太晖港），注城河达草市外关沮口，汇长湖水入汉（汉水）"。明崇祯年间（1628—1644 年）截堵刘家堤头，断流。据史载，汉时沮漳河水与扬水相通即为此支。另一支南流，再分二支，"一支自江陵入江，一支自枝江入江"。枝江入江故道，位于今河道西侧 2～3 千米，俗名干河，入江之口称鹳子口（亦称姚子口），明万历二十五年（1597 年）沮水泛滥，于瓦剅河处壅挡堵塞，其后沮漳水遂径入江陵至笮箕洼一处入江。19 世纪初以来，由于学堂洲不断淤长，沮漳河出口由笮箕洼下移至观音矶上腮处，其河口逼近荆江大堤堤身，严重威胁沙市的防洪安全，因而，1959 年采用人工改道上移 800 米至新河口。为扩大泄洪能力，减轻荆江大堤防洪压力，沮漳河口在 1994 年底于万城以下再次进行人工改道，在荆州区与枝江交界的临江寺入江。沮漳河两河口以下主河道改道前长 97.6 千米，经过多次改道后，缩短老河道长 18.5 千米。

沮漳河为狭长形河流。沮河自慈化镇以下，漳河自官垱以下至沮漳河出口，两岸筑有堤防，防止洪水漫溢。沮河、漳河在两河口汇合后，进入丘陵平原地带，河底为砂质，河身弯曲，两岸均有堤防控制。

沮漳河流域多年平均年径流量 26.5 亿立方米，据统计，1980—1994 年的 15 年平均年径流量为 26.9 亿立方米，与多年平均值接近。最大、最小年径流量分别为 1963 年的 53.6 亿立方米、1972 年的 10.9 亿立方米。历史最大洪峰流量沮河猴子岩站为 8500 立方米每秒（调查洪水），漳河马头砦站为 5100 立方米每秒。

由于流域地形呈北西—南东向，有利于偏东和偏南气流的侵入和抬升，为全省暴雨中心之一。洪水多发生在 7—8 月，每遇暴雨，山洪暴发，河水陡涨，来势凶猛，洪灾频繁，历史上称该流域为洪泛区，"为害于荆堤上游为尤烈"。

据资料记载，从 1952—2010 年，河溶水位超过 49.00 米或流量超过 2000 立方米每秒的较大洪水年份有 1954 年（2120 立方米每秒）、1955 年（2110 立方米每秒）、1956 年（2290 立方米每秒）、1958 年（3020 立方米每秒）、1963 年（2800 立方米每秒）、1968 年（2620 立方米每秒）、1983 年（2020 立方米每秒）、1984 年（2360 立方米每秒）、1996 年（2230 立方米每秒）等。这些年份沮漳河两岸的草埠湖、菱角湖、谢古垸等民垸，分别溃口或被迫分洪十余次。

1897—1949 年的 52 年间，沮漳河 33 年溃堤，其中灾害最严重的当属 1935 年 7 月大洪水。当年沮河上游猴子岩站出现的洪峰流量为 8500 立方米每秒，推算两河口河溶洪峰水位为 51.88 米，万城洪峰水位 47.30 米；7 月 7 日沙市最高水位 44.05 米，按当时沮河、漳河洪水组成推算，河溶洪峰流量估计为 7000 立方米每秒，荆江大堤溃决，沮漳河两岸尽成泽国，灾情惨重[1]。

沮漳河泥沙量不大，沮河猴子岩多年平均年悬移质输沙量为 74.7 万吨，年输沙模数 293 吨每平方千米，小于清江。据统计，1980—1994 年远安站 15 年平均年输沙量为 59.98 万吨，比多年平均减少 19.7%。

沮漳河经过 1992—1996 年实施下游改道、移堤还滩等治理措施，防洪标准提高到 10 年一遇。

二、东荆河

东荆河位于江汉平原腹地，明代称芦伏河，清代称冲河，又名襄河、南襄河。后以其流经地理位置居于荆北水系东侧，故称现名。东荆河起自潜江泽口龙头拐，自北转向东南，止于武汉市汉南区三合垸，河道全长 173 千米，是汉江下游分流入长江的重要河道，洪水期可分泄汉江下游约 1/4 的洪水。左岸为汉南区，有通顺河穿行其间；右岸为四湖中下区，有源于荆门市境的内荆河贯穿而过。河堤安全保护范围涉及沙洋、潜江、仙桃、荆州、沙市、江陵、监利、洪湖等县（市、区）及武汉市汉南区部分地域。

《东荆河堤防志》载，东荆河为古云梦泽的一部分，本无固定河床，随着水域变迁，沙洲形成与发展以及人类的围垸垦殖，逐渐形成洪泛区。清乾隆十一年（1746 年）王概所编《湖北安襄郧道水利集案》中《禀制宪鄂抚晏复台中开河之议并陈水利事宜》一文中记述："盖三楚民居，扼于江汉，实为水乡，从前若遇江汉湖河盛涨之时，中间低洼州县，悉成巨浸，混而为一。自岷江（长江古称）建堤后，江自为江，汉自为汉，湖河各居其界矣。然而其间支河小港，脉络联通者，尚不可数计，使江涨而汉不涨，则江可泄于汉，汉涨而江不涨，则汉可泄于江，仍可互相取济。且不特此也，汉江南岸诸邑，倘遇水涨，则有沌口、清潭口南泄于岷江，有泽口、黄金口分泄于汉。"东荆河进水口门"泽口"之名始见于明嘉靖十年（1531 年）《沔阳志》，泽口的分流作用则始见于明万历元年（1573 年）。东荆河道的形成始见于明代赵贤的留口分流，万历元年夜汉堤溃，次年四月，赵贤"习知水利，疏请留缺口，让水止于谢家湾，两岸沿河修筑支堤三千五百丈，中一道为河"，即泽口至田关的一段。从此成为汉江分流的固定河道，称为夜汉河、荆河、策口河等。这段河流当时并未称为东荆河，田关以下分为二流，向西南流入江陵者为西荆河，向东流的水道称东荆河，其大小支流众多。东荆河向东流经杨林关、府场入内荆河北支，此为东荆河故道。清同治四年（1865 年），杨林关北堤溃决，东荆河改由沔阳朱麻、通城苇堤东流，后成为东荆河主流。光绪四年（1878 年）堵筑原故道决口，从杨林关至濠口长 67 千米，称为东荆河。西荆河于 1932 年堵筑，另一汉江的分流口门，位于汉江泽口下游约 5 千米的芦伏河口，早在清初时即被堵塞，东荆河便成为汉江的主要分流河道。

东荆河堤防始于五代时期高季兴筑潜江高氏堤[2]。至明朝初年，历经溃口改道、围垸垦殖和人工堵塞，两岸堤防低矮单薄，累遭溃决。下游支河小港，纵横交错，南通内荆河，北交通顺河，一遇汉江大水，上压下顶，汉南与四湖中下区便一片汪洋，洪水泛滥成灾。据统计，自清顺治十五年（1658

年）至 1949 年前的 292 年中有 98 年溃堤成灾，其中 1912—1949 年的 38 年间有 32 年发生溃决灾难。

至建国前，东荆河下游两岸尚未形成完整统一的堤防，河流紊乱。东荆河自泽口南流至新口，转向东流经北口，在天星洲分为二流，再于施家港汇合，至敖家洲又分为南北两大支流注入长江；北支出沌口，南支出新滩口，干流全长 249 千米。中革岭以上 117 千米，河道宽窄不一，两岸筑有堤防御水；中革岭以下约 132 千米，则属河湖洲滩沼泽地带，高水位时，河湖连片，无河可循，称为洪泛区。

建国后，1955 年开始全面治理东荆河道，敖家洲下南北两支中，北支在棕树湾接人工开挖的深水河槽，并在渡泗湖与南支汇合后由三合垸入长江。1955 年冬，动员监利、洪湖、沔阳三县民工 12.45 万人，修筑东荆河下游中革岭至胡家湾堤防（称为隔堤），与长江干堤连接，堤长 57.6 千米，完成土方 514.75 万立方米、石方 5000 立方米。东荆河干流（全长 249 千米）缩短为 173 千米，自此成为一条全河有固定河床的首汉尾江的汉江分流河道。

东荆河河道，两堤间河槽与滩地面积约 515 平方千米，河底高程 15.40～29.00 米，纵向坡降 0.83‰；两岸地势平坦，地面高程 24.00～33.00 米，西北高，东南低。东荆河属冲积平原河流。从泽口龙头拐至老新口呈南北向，老新口至三合垸呈东西向。中革岭以上 117 千米河道，河宽一般 300～500 米，最宽达 1500 米，河床由第四纪粘土、亚粘土、亚砂土、淤泥、粉砂及砂砾层组成；中革岭以下 56 千米河道，河宽一般 3.5～4 千米，最宽达 7 千米，河床多为粘壤土组成。龙头拐至北口长 77 千米为多弯型河道，有较大急弯 30 余处，最大弯曲度 110°；北口至中革岭长 40 千米为微弯分汊型河道，有沙洲分流于洲头，合于洲尾；中革岭以下为蜿蜒分支型河道，自长河口分为两支，北支分为数股水流，蜿蜒曲折，时分时合，穿行于洲滩围垸之间。两支均汇入改道河在三合垸入江。

东荆河河道横断面，在顺直河段，泓槽居中，断面近似 V 形；弯曲河段，泓槽偏于凹岸，断面呈不对称的 U 形，横断面自 20 世纪 70 年代以来逐渐淤积减小。河道在平面上，凹岸因冲刷而崩坍，凸岸则淤积。河弯缓慢向下游蠕动位移，经多年整治后基本稳定少变。

东荆河属季节性河流，夏盈冬涸，河水主要来源于汉江，分流汉江下游约 1/4～1/6 洪水，水位亦随之涨落，但下游水位还受长江倒灌影响。据陶朱埠水文站资料统计，高水位多出现于 7—10 月，多年平均年径流量，丹江口水库运行前为 69.1 亿立方米，占汉江新城站多年平均年径流量的 12.9%；运行后为 38.9 亿立方米，占新城站的 7.8%。最大、最小年径流量分别为 1937 年的 230.9 亿立方米和 1978 年的 7.7 亿立方米。历年最大流量（陶朱埠）为 1934 年的 5340 立方米每秒，最小流量则因龙头拐多次筑坝断流而为零。

陶朱埠多年平均年输沙量，丹江口建库前为 1486.5 万吨，占新城的 14.9%；建库后为 345.5 万吨，占新城的 10.9%，历年最大、最小年输沙量分别为 1937 年的 6620 万吨和 1978 年的 24.9 万吨。由于河道淤积、河床升高，1937 年 2 月 13 日陶朱埠最低水位为 28.71 米，而 1958 年 1 月 31 日最低水位为 29.96 米时，便露出河底而断流。河床自然淤积以及边滩、河心洲围垦，致使河道行洪能力降低。

三、清江

清江古名夷水，是长江中游重要支流，发源于利川市清水塘（海拔 1430 米）。干流自西向东流经利川、恩施、宣恩、建始、巴东、鹤峰、五峰、咸丰、长阳、宜都等县（市、区），于宜都市陆城镇汇入长江，河口海拔 48 米。全流域面积 1.67 万平方千米，干流全长 425 千米，平均坡降 1.88‰。清江从河源至恩施为上游，河段长 159 千米，平均坡降 5.96‰；恩施至长阳资丘为中游，河段长 157 千米，平均坡降 1.78‰；资丘至河口为下游，河段长 109 千米，平均坡降 0.57‰。下游左岸有丹水，右岸有渔洋河汇入。

清江流域地貌特征呈狭长型，自西向东倾斜，除利川、恩施、建始有三个小构造盆地及河口段局部为丘陵平原外，其余为山地，面积占流域的 80% 以上。恩施以上多高山、中山，地势崎岖，山高谷深，水流湍急，属高山河型，河曲发育。干流至利川城东，河流断面呈 V 形或箱形；恩施至资丘段，自太阳沱以下清江两侧山地与清江平行展布，并呈阶梯或斜面向清江降低，呈一狭长地带，为山地河型，河曲发育较上游为低，河槽呈 V 形或箱形；资丘至河口，低山和丘陵均呈南北向展布，东西寺坪以上为峡谷，以下为宽谷，并在长阳发育有三级阶地，天明山发育有四级阶地。河流属半山地型，河槽呈 V 形，河曲发育。

清江流域主要为西南气流流入，水汽丰沛，降水量多，暴雨频繁，量大集中，中下游五峰、长阳一带为湖北省最大暴雨区，也是长江流域主要暴雨区之一。1935 年 7 月 3—5 日，五峰 3 日暴雨量高达 1076 毫米，占全年雨量的 76%，为长江流域最高记录。1975 年 8 月 8 日，长阳都镇湾 24 小时暴雨量 630.4 毫米，为湖北记录之冠。由于雨量集中，强度大，加上峰形较陡，洪水来得既快又猛，形成暴涨暴落的特点。最大涨率恩施站达 1.1 米每小时，渔峡口达 2.58 米每小时，搬鱼嘴达 2.2 米每小时。清江洪峰常与长江洪峰遭遇，最大洪峰流量可达长江枝城站的 15%。因此，控制清江洪峰，错开其与长江洪峰遭遇，不但可消除清江沿岸洪水灾害，还可减轻荆江地区洪水威胁。

清江流域 1951—1979 年平均年径流量为 140.1 亿立方米，1980—1994 年为 145.9 亿立方米，年产水模数为 83.9 万立方米每平方千米。最大径流量集中于 4—9 月，占年径流量的 76.3%，其中 7 月最大，占全年的 16.8%。

清江流域水灾由暴雨造成，常为突发性山洪灾害。干流下游控制站长阳（1975 年以前为搬鱼嘴）1951—2010 年的 59 年间，有 13 个水文年最大流量超过 10000 立方米每秒。据史载，历史上清江多次发生大洪水冲坏恩施、长阳等县城，明正德十一年（1516 年）冲坏恩施，清乾隆五十三年（1788 年）冲坏长阳，道光二十九年（1849 年）冲坏长阳，咸丰十年（1860 年）水淹长阳，光绪九年（1883 年）水淹长阳，光绪二十二年（1896 年）水淹恩施，1935 年水淹长阳、五峰。1975 年 8 月大暴雨，长阳山洪暴发，毁坏全县 35% 的河堤、37% 的坝渠、75% 的公路，2 万余灾民房屋被毁。同时，由于清江位于荆江河段上游，其洪水常与长江宜昌以上所来洪水遭遇，对荆江河段构成较大威胁。明崇祯十三年（1640 年）、1935 年 7 月，清江与长江同时出现最高洪峰，致使清江下游、荆江一带，普遍发生严重洪水灾害。

表 1-5　　　　　　　　　　　　**清江流域主要水文站最大流量统计表**

河流	县市	站名	集水面积 /km²	实测流量 /(m³/s)	实测时间	调查流量 /(m³/s)	调查年份
清江干流	恩施	恩施	2928	4300	1989 年 7 月 11 日	4100	1896
清江干流	长阳	渔峡口	11906	10200	1971 年 6 月 11 日	15800	1883
清江干流	长阳	搬鱼嘴	15563	18900	1969 年 7 月 12 日	18700	1883
忠建河	宣恩	宣恩	740	2660	1983 年 9 月 9 日	4120	1896
泗渡河	长阳	招徕河	792	2880	1975 年 8 月 9 日	2460	1883
渔洋河	宜都	聂家河	1042	2690	1969 年 7 月 11 日	3300	1880

长阳水文站多年平均年悬移质含沙量为 0.65 千克每立方米，据 1956—1990 年的 35 年实测资料，1975 年最大年输沙量为 3580 万吨，输沙模数为 2340 吨每平方千米；1961 年最小年输沙量为 186 万吨；多年平均年输沙量为 971 万吨，年均输沙模数为 545 吨每平方千米。长阳水文站 1960—1969 年、1970—1979 年、1980—1989 年平均年输沙模数分别为 501 吨每平方千米、674 吨每平方千米、835 吨每平方千米。20 世纪 50 年代起，清江流域含沙量逐渐增大。据统计，60 年代比 50 年代增加32.9%，70 年代比 60 年代增加 33%，80 年代至 21 世纪初比 70 年代又增加 35.9%。

清江流域相继修建隔河岩、高坝洲、水布垭等水利枢纽工程，充分发挥发电、防洪和航运等综合效益。隔河岩水利枢纽为清江干流骨干工程，最大坝高 151 米，总库容 34 亿立方米，1994 年基本建成；高坝洲水电站为清江最下游的一个发电梯级，为隔河岩梯级的航运反调节梯级，主要任务是发电和航运，1997年动工，2000年3台机组全部投产发电；水布垭水利枢纽为混凝土面板堆石坝，为世界最高面板堆石坝，正常蓄水位400米，相应库容43.12亿立方米，总库容45.8亿立方米，2002年开工，2008年4台机组全部投产，主体工程竣工。

四、松滋河

松滋河，为清代长江溃口不塞而形成的一条分江水入洞庭湖的河流，其分江流之口，称松滋口，位于枝江市百里洲以南，松滋老城上约7千米处（马峪河林场）。

清同治九年（1870年），长江流域发生特大洪水，宜昌洪峰流量达105000立方米每秒（调查洪水），为长江有史可考的最大流量。当上游洪水到达荆州河段时，长江中游包括江汉平原在内的广大地区又普降大雨，"洪水泛涨异常，江堤、垸堤漫溃殆尽"（当年荆江大堤未溃），时称"数百年未有之奇灾"（清同治《公安县志》）。按枝城来量110000立方米每秒（调查洪水）推算老城水位约52.00米，高出堤顶约2米，松滋县庞家湾、黄家铺堤溃决，"洪水泛滥，漂流屋宇人民田禾无算"（民国

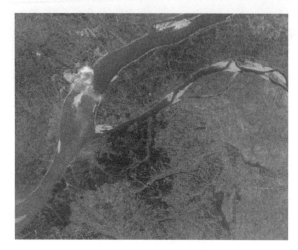

图1-29 松滋河入口

《松滋县志》）。之后，黄家铺堤被堵复。同治十二年（1873年）大水，黄家铺堤"筑而复溃，自采穴以上夺溜南趋，愈刷愈宽"（《再续行水金鉴》卷二八），以后再未堵塞，洪水四溢，任其泛滥达四五十年之久。松滋溃口后，夺取虎渡河故道，迫使虎渡河东迁。松滋河形成，荆江"四口南流"入洞庭湖格局形成。

松滋河自马峪河林场（或称陈二口、松滋口）经老城至大口（1870年溃口处）为上游，全长24.5千米。左岸有采穴河分泄松滋河水；在大口处分为东西两支。

西支为松滋河主流，从大口经新江口至莲支河出口处入公安县境，长27千米，经狮子口、汪家汊、郑公渡、杨家垱入湖南省澧县境。至青龙窖又分为二支，一支称松滋西支或官垸河；另一支称中支或自治局河。松滋西支自青龙窖至彭家港入澧水洪道。松滋西支从松滋大口经青龙窖至彭家港，全长113.2千米，其中流经松滋境内27千米，公安境内49千米，澧县境内37.2千米。中支，又称为自治局河，自青龙窖经张九台、五里河至小望角与松滋东支汇合。从青龙窖至小望角，河长38千米。松滋河西支从松滋大口至青龙窖，经中支至小望角至蔡家滩，全长173.79千米，其中，从松滋大口经青龙窖、张九台至小望角河长134.79千米。西支河床宽320～850米，最宽1320米，其支流有沧水河、新河、庙河。

东支，从大口分流经新场、沙道观、米积台入公安县境，河长26.55千米。经斑竹垱、港关、孟溪、甘厂至新渡口入湖南安乡县境，河长76千米。东支在安乡县境内又称大湖口河，自新渡口经马坡湖至小望角，河长41.35千米。河床宽一般168～500米，最宽760米，其北段有官支河。

东支从松滋大口至小望角全长117.35千米。松滋中支与东支在小望角汇合后向东南流，称为安乡河（或称松虎河道）。经安乡县城至小河口与虎渡河汇合。从小望角至小河口河长21千米。经武圣宫（南县境）、芦林铺至蔡家滩注入目平湖（西洞庭湖），河长18千米。

松滋河东西二支有多条河相通，自上而下有莲支河（河长6.26千米）、苏支河（旧名孙黄河，河长10.5千米，由西支分流入东支，最大流量2330立方米每秒）、瓦窑河（河长8千米）、五里河（河长3.2千米，连接中支与西支）等互为相通。

为解决松滋河与澧水长期互相干扰顶托问题，1959年冬至次年春，实施"松澧分流"工程，先后在观音港、挖断岗、青龙窖、彭家港、濠口、郭家口、王守寺、小望角等8处筑坝堵死东西支，废

除老横堤拐河；保留中支一支作为松滋河洪道，按 8000 立方米每秒流量设计展宽中支洪道，仍然保留五里河作为松滋和澧水洪峰调节的通道。由于当时疏刨工程实施不彻底，东巴口新开引河未完工，影响河水下泄，造成上游水位抬高，防汛历时延长。1961 年春，挖除青龙窖、濠口、王守寺、小望角 4 坝，基本恢复东西两支。1976 年前中支自治局河扩宽至 800 米，此后又缩窄到不足 443 米，1981 年又堵死串通东西两支的横河拐引河进出口，过洪断面减小。松滋河中支分流比由 1959 年以前占松滋来量的 34.64%扩大到 1962—1980 年平均占松滋来量的 47.34%，1964 年达 56.82%，为历年最大。

松滋河溃口初期分流量无据可查。1937 年有实测资料以来，最大分流量为 1938 年 7 月 24 日的 12300 立方米每秒。据实测资料，松滋河 1937 年最大流量 11600 立方米每秒，占当年枝城最大流量 66700 立方米每秒的 17.4%；1954 年为 10180 立方米每秒，占枝城流量 71900 立方米每秒的 14.16%；1981 年为 11030 立方米每秒，占枝城流量 71600 立方米每秒的 15.4%；1989 年为 10270 立方米每秒，占枝城流量 69600 立方米每秒的 14.8%；1998 年为 9210 立方米每秒，占枝城流量 68800 立方米每秒的 13.39%。1949 年以前，松滋河多年平均年最大分流量 10036 立方米每秒，占宜昌同期洪峰流量平均值的 17.98%；1951—1966 年下荆江裁弯前平均最大流量 8020 立方米每秒，占宜昌的 14.63%；1972—1984 年裁弯后平均最大流量 7269 立方米每秒，占宜昌 14.21%。松滋河多年（1951—1994 年）平均年径流量为 440 亿立方米。由于实施下荆江系统裁湾工程和三峡工程运行，荆江河床不断刷深，松滋河分流量逐年减少。松滋河 1981—1998 年多年平均年径流量为 377 亿立方米，1999—2002 年为 345 亿立方米，2003—2009 年为 289 亿立方米。西支多年（1955—2000 年）平均年径流量 311.8 亿立方米，东支多年（1955—2000 年）平均年径流量 113.5 亿立方米。西支冬季出现短时断流，东支冬季断流时间约 150 天。

松滋河东西二支分流比约为 3：7。其中，西支（新江口）最大过洪能力为 8030 立方米每秒（1981 年 7 月），东支（沙道观）最大过洪能力为 3730 立方米每秒（1954 年 8 月）。

西支（新江口）历年最高水位为 1981 年 7 月 19 日的 46.09 米，最低为 1979 年 4 月 22 日的 34.05 米，多年（1954—1981 年）平均水位 38.16 米；东支（沙道观）历年最高为 1981 年 7 月 19 日的 45.40 米，最低为 1975 年 4 月 1 日河道断流，多年（1954—1981 年）平均为 37.32 米。

西支多年（1955—2000 年）平均年输沙量为 3380 万吨；东支多年（1955—2000 年）平均为 1380 万吨。1954 年以来，松滋河河床平均淤高 1 米多，东支上段淤高 2～3 米，原枯水季节尚能通航，现冬季已不过流，尾闾亦淤积严重。松滋河的输沙量已明显减少。1951—1994 年，年均输沙量为 4942 万吨，2007 年分沙量仅为 678 万吨。

表 1-6   松滋河（沙道观站）断流情况统计表

年　份	断流天数	断流时相应 枝城流量 /(m³/s)	年份	断流天数	断流时相应 枝城流量 /(m³/s)
1974	9	3480	1983	126	6320
1975	19	3980	1984	181	8680
1976	16	3510	1985	137	8580
1977	98	6090	1986	178	
1978	136	6850	1987	180	8440
1979	154	6540	1988	179	8810
1980	138	6830	1989	134	8690
1981	158	7020	1990	154	7980
1982	148	7470	1991	172	8670

年 份	断流天数	断流时相应 枝城流量 /(m³/s)	年份	断流天数	断流时相应 枝城流量 /(m³/s)
1992	144	7650	2002	212	10800
1993	158	8360	2003	179	8410
1994	199	9510	2004	134	9250
1995	197	9900	2005	154	8820
1996	184	9960	2006	172	11000
1997	200	9940	2007	144	11300
1998	187	10100	2008	162	9600
1999	156	10300	2009	211	11800
2000	198	9680	2010	189	11500
2001	191	10400			

五、虎渡河

虎渡河形成于何时,至今仍有争议,据清光绪《荆州府志》关于"郢中守猛兽为害"的记载推断,后汉时即已存在,至迟在北宋仁宗时期(1023—1063 年)之前就已形成。北宋公安人张景答仁宗问,有"两岸绿杨遮虎渡,一湾芳草护龙洲"诗句(《宋本方舆胜揽》卷二七《题咏》)可作佐证。宋仁宗时期以后,穴口慢慢湮塞(或被人为堵塞),两岸逐渐围挽成堤。南宋乾道四年(1168 年),荆江北岸"寸金堤决,江水啮城,(府)帅方滋使人决虎渡堤以杀水势",至乾道七年,"漕臣李燾复修筑之"(清嘉庆重修《大清一统志》卷三四四《虎渡河》)。后不知何时又复为穴口。至明嘉靖时期,大量文献均记载当时分泄荆江洪水的支河是"南惟虎渡,北惟郝穴",这一时期,虎渡河还具备相当的过洪能力。明万历初(约 1574 年)一度疏浚严重淤塞的虎渡口,但不过 30 年,又"稍稍湮灭,仅为衣带细流",此后,还不时在冬春之际干涸断流。明末,虎渡河"中多洲渚"(《天下郡国利病书》卷七四《开穴口总考略》),让人担心有湮塞之虞。此后,"两旁皆砌以石,口仅丈许,故江流入者细",几乎丧失分洪能力。清康熙十三年(1674 年),反清的吴三桂军队从松滋撤退,将虎渡河"石矶尽拆,另作它用",大水年份洪水将虎渡口门扩大至 30 丈以上(清光绪《江陵县志》卷三《虎渡口》)。重畅其流的虎渡河便成为整个清代(以及迄今)荆江向洞庭湖分洪的重要河道。虎渡河分别在乾隆二十四年(1759 年)、道光十二年至十四年(1832—1834 年)又有过两次疏浚,其河道流路,同治十二年(1873 年)以前,大致从黑狗垱南流至雷打埠汇澧水,经安乡至白蚌口入湖;其后松滋决口,故道为松滋河所夺而东移以致演变成现状。虎渡河原有八方楼、理兴垱、书院洲 3 条支河分流,后分别于 1954 年、1958 年和 1978 年堙塞。

其分江流之口称虎渡口,亦名太平口,位于荆州区与公安县交界处,距沙市约 11 千米。虎渡河形成之初,经弥陀寺、里甲口、黄金口、中河口汇油水(涴水)后南下,经南平、杨家垱从中合垸附近入湖。至 1870 年后,因松滋溃口,夺虎渡河中河口以下入湖河道,才迫使虎渡河从中河口以东改道,顺虎西山岗和黄山头东麓南下入湖南境内。以后因河口三角洲的演变,形成诸多支流与松滋河串通的形势,先是在张家渡附近入湖,以后受藕池河影响,虎渡河下延 12.5 千米至小河口与松滋河汇合,再下延 18.4 千米于肖家湾入注目平湖。

虎渡河全长 137.7 千米,从太平口至黄山头南闸在荆州境内全长 95 千米,从南闸至小河口在湖南省境内全长 42.7 千米。河流总体流向稳定,河床一般宽 100～200 米,河漫滩不甚发育。

虎渡河水文资料,从 1933 年开始时断时续,1953 年后始有连续资料。据推算,河道最大分流量为 1926 年 8 月 7 日的 4150 立方米每秒,实测最大分流量为 1938 年的 3280 立方米每秒,占宜昌洪峰

图 1-30　虎渡河入口——太平口

流量的 5.36%。1948 年为 3240 立方米每秒，占宜昌的 5.59%。弥陀寺水文站 1952 年以来观测记载，最高水位为 1998 年 8 月 17 日的 44.90 米，最大流量为 3240 立方米每秒（受孟溪大垸溃口影响），最低水位为 1978 年 4 月 20 日的 31.57 米。

1952 年于黄山头修建荆江分洪工程节制闸（南闸），使虎渡河下泄流量控制为 3800 立方米每秒（含松东河汇入 800 立方米每秒）。1954 年因分洪区肖家嘴堤扒口，虎渡河水上涨，开启南闸泄洪（1954 年 8 月 4 日），最大分流量高达 6700 立方米每秒。虎渡河年径流量最大年份为 1948 年的 300 亿立方米，占宜昌 5.63%，1954 年径流量 270 亿立方米，占宜昌 4.69%，1955 年为 214 亿立方米，1981 年为 149 亿立方米，1998 年为 181.9 亿立方米，2010 年为 107 亿立方米。多年（1951—1994年）平均水位 36.43 米。多年（1951—1994 年）平均年输沙量为 1986.0 万吨，2010 年为 142 万吨。据资料分析，1956—1966 年虎渡河分流占枝城来量的 4.6%，1967—1972 年占 4.3%，1973—1980年占 3.5%，1988—1990 年占 2.95%，分流量逐年减少。由于南闸建闸时 32 孔底板最低高程为 35.00 米，1964 年加固时，将 1～15 号单号孔和 18～32 号双号孔底板加高 1.2 米，第 17 号孔为半加固孔，底板仅加高 0.5 米。2002 年将其余 16 孔均加高至 36.20 米高程，故水位在 36.20 米以下时，分泄江流全自中河口入松滋河东支，形成"虎水松流"局面，不利于虎渡河分流。加之上下荆江系统裁弯后，由于下荆江比降增大，河床冲刷，同流量下水位降低。以沙市水位 45.00 米、城陵矶水位（莲花塘）34.40 米相同条件计，裁弯后沙市站扩大泄量 4500 立方米每秒，水位可降 0.5 米，由于荆江河床下切和水位降低，太平口口门淤高，分流自然减少。

虎渡河泥沙淤积严重，多年出现断流现象。从 1937 年至 1980 年有水文资料的 31 年中，有 14 年完全断流，有 6 年流量小于 1 立方米每秒，接近断流。1951 年最小流量 31.2 立方米每秒（3 月 11日），1968 年最小流量 14.5 立方米每秒（2 月 24 日）。据 1976—2010 年弥陀寺站观测资料，连续 35年均出现断流情况，最长断流时间为 2002 年的 212 天，2006 年达 175 天，年平均断流时间达 147 天（1976—2010 年）。从 1976 年起年年断流，给沿河两岸人民生产生活带来诸多困难。

表 1-7　　　　　　　　　　　　　虎渡河历年断流情况统计表

年份	断　流　情　况	天　　数
1956	弥陀寺站断流时，相应枝城流量 4540m³/s	78
1957	弥陀寺站断流时，相应枝城流量 4320m³/s	25
1958	弥陀寺站断流时，相应枝城流量 4340m³/s	80
1959	弥陀寺站断流时，相应枝城流量 4470m³/s	62

年份	断流情况	天数
1960	弥陀寺站断流时，相应枝城流量 4350m³/s	103
1961	弥陀寺站断流时，相应枝城流量 3790m³/s	37
1972	弥陀寺站断流时，相应枝城流量 3470m³/s	17
1976	弥陀寺站断流时，相应枝城流量 4440m³/s	85
1977	弥陀寺站断流时，相应枝城流量 4950m³/s	80
1978	弥陀寺站断流时，相应枝城流量 4870m³/s。	120
1979	弥陀寺站断流时，相应枝城流量 5500m³/s	143
1980	弥陀寺站断流时，相应枝城流量 6140m³/s	127
1981	4月16日通流，12月13日断流，相应枝城流量 5890 m³/s	123
1982	4月30日通流，12月24日断流，相应枝城流量 5710m³/s	108
1983	4月12日通流，11月22日断流，相应枝城流量 6700m³/s	130
1984	5月5日通流，11月22日断流，相应枝城流量 7160m³/s	165
1985	4月10日通流，12月4日断流，相应枝城流量 7960m³/s	128
1986	4月30日通流，11月23日断流，弥陀寺站水位 33.97m	174
1987	4月27日通流，11月30日断流，弥陀寺站水位 33.3m	167
1988	5月1日通流，11月17日断流，弥陀寺站水位 33.8m	174
1989	4月12日通流，11月28日断流，弥陀寺站水位 33.75m	134
1990	4月28日通流，11月24日断流，弥陀寺站水位 33.63m	155
1991	5月3日通流，11月14日断流，弥陀寺站水位 33.56m	172
1992	4月7日通流，11月7日断流，弥陀寺站水位 33.61m	158
1993	5月2日通流，12月2日断流，弥陀寺站水位 33.71m	160
1994	4月10日通流，12月2日断流，弥陀寺站水位 33.71m	146
1995	5月5日通流，12月2日断流，弥陀寺站水位 33.71m	176
1996	5月3日通流，12月2日断流，弥陀寺站水位 33.71m	157
1997	弥陀寺站断流时，相应枝城流量 7330m³/s	165
1998	弥陀寺站断流时，相应枝城流量 7350m³/s	165
1999	弥陀寺站断流时，相应枝城流量 8160m³/s	140
2000	弥陀寺站断流时，相应枝城流量 7480m³/s	165
2001	弥陀寺站断流时，相应枝城流量 7360m³/s	162
2002	弥陀寺站断流时，相应枝城流量 7590m³/s	212
2003	4月26日通流，11月20日断流，相应枝城流量 7030m³/s	165
2004	4月10日通流，12月14日断流，相应枝城流量 5580m³/s	125
2005	4月10日通流，12月1日断流，相应枝城流量 6700m³/s	142
2006	3月15日通流，11月8日断流，相应枝城流量 7210m³/s	175
2007	4月24日通流，11月23日断流，相应枝城流量 7090m³/s	151
2008	4月2日通流，12月10日断流，相应枝城流量 7250m³/s	117
2009	2月20日通流，11月16日断流，相应枝城流量 6150m³/s	131
2010	5月3日通流，11月26日断流，相应枝城流量 7320 m³/s	157

注　本表数据由不同表格综合而成，不同年份数据统计口径不一。

六、藕池河

藕池河，分江流之口称藕池口，位于石首市和公安县交界处藕池镇。据北宋范致明《岳阳风土记》称，藕池口即《水经注》中"清水口"，宋时筑塞，两岸逐渐围挽成堤。藕池堤为南岸堤防中重要堤段，自明嘉靖三十九年（1560 年）决堤之后，"每岁有司随筑随决，迄无成功"，为比较薄弱堤段。清道光十年（1830 年）被冲塌十余丈。

清咸丰二年（1852 年）五月，石首等县连降大雨，江湖漫涨，藕池堤工新筑的马林堤堤脚先行崩坍，发生溃决，即为"马林工溃"，当时"因民力拮据未修"。此后咸丰三年、四年、五年均发生大水，连续多年荆江洪流从溃口分流，南趋石首、华容西境，占夺华容河西支九都河及虎渡东支厂窖河故道，泄入洞庭湖，同时大量泥沙逐渐淤垫沿途湖泊港汊。至咸丰十年（1860 年），长江流域发生特大洪水，宜昌洪峰流量达 92500 立方米每秒（调查洪水），又逢两湖平原大雨，一时江湖并涨，洪水从藕池口汹涌南泻，"水势建瓴直下，漫（公安）城而入，水高出城墙丈余，阖邑被淹，江湖连成一片，民堤漫塌尤多"（《故宫军机处奏折》），溃口越冲越宽，下游冲出一条宽广的藕池河，"宽与江身等，浊流悍湍，澎湃而来"（清光绪《巴陵县志》卷四）。这次大洪水，导致湖区极其惨重的水灾，"壮者散而四方，老弱转乎沟壑"（《南县乡土笔记》）。

藕池从咸丰二年初决至十年大决的近 10 年时间里，水情、灾情严重，但官府借口"民力拮据"未提出救治和抢修办法，更未动手堵筑。

藕池溃口之前，虽然洞庭湖区围垦致使"向日受水之区十去七八"，但由于荆江河床日益淤垫，荆江大堤不断加高，形成与洪水位抬升进行无休止争逐的局面，筑堤负担沉重不堪。因此，社会批评堵筑、主张疏导呼声日高，尤其是主张向南分流的倾向十分明显。藕池溃口之后，正可分江入湖，大大缓解荆江万城大堤洪水压力。同时，咸丰年间政局不稳，内忧外患交加，朝廷不可能拿出更多的财力堵筑溃口。所以，在这种形势下，上至朝廷下至地方官府均未积极地堵塞溃口。

藕池河形成后，其泄洪量和挟沙量都是四口中最多的，对洞庭湖演变产生重大影响。清光绪十八年（1892 年），张之洞在奏文中指出，溃口处荆江水流由石首"王家大路新口东北流归大江正洪者日多，南入藕池溃口者日少。藕池口门当日正值顶湾者，今日已在新口之下，实测今日藕池溃口之水，较之昔年初溃时已减其半"，但此时口门仍宽五百余丈。1937 年实测藕池口最大分流量为 18900 立方米每秒，占该年宜昌来量的 30.6％，而 1954 年藕池口分流量降至宜昌来量的 22.1％[3]。由历史记载和藕池口分流量递年减少的趋势，可推断出，藕池口溃口之初，确是"几引江而南"的。

藕池河水系十分复杂。根据清光绪《华容县志·山水·水道变迁纪略》载："自咸丰二年藕池口溃，汹涌澎湃，一泻千里，无垸不冲，无冲不成河，无河不分支。"藕池河是一条多支汊的河网，在各支汊之间又有一些互相连通、流向不定的横向支河。1949 年以后，由于泥沙淤积和堵并部分支汊，形成一干三支、庞大复杂的河网。

藕池河干流进口处原在藕池口，后上移至公安县裕公垸，经北尖（石首）至藕池镇下倪家塔，分为东西两支。西支为安乡河，东支为主流，至石首市久合垸黄金嘴又分两支，一支称中支，为团山河；另一支称东支，东支至殷家洲后又分为两支。

西支（安乡河）从藕池镇下 500 米处倪家塔进口（又称王蜂腰），经康家岗、茅草街、官垱、麻河口至太白洲与中支汇合，全长 77.7 千米，其中湖北省境内 19 千米。1937 年实测最大分流量 6188 立方米每秒，1981 年实测分流量为 757 立方米每秒，1998 年汛期，安乡河分流量仅 594 立方米每秒。河道断流天数由 1935 年的 63 天增至 2006 年最多的 337 天。年均泥沙含量为 2.1 千克每立方米（1951—1994 年），居四口各河之首。

中支（团山河，湖南称浪拔河），从石首久合垸黄金嘴进口，经团山寺、虎山头、窖封嘴、哑巴渡、荷花嘴、下柴市与安乡河汇合，至茅草街上端注入澧水洪道（南嘴），出南洞庭湖，全长 98 千米，其中湖北境内 15 千米，与湖南共界 5 千米。1954 年分流量为 3380 立方米每秒。由于泥沙淤积严重，部分河段成为悬河。

东支于石首殷家洲分为两支，一支称鲇鱼须河（东支），一支称梅田湖河。鲇鱼须河，从殷家洲分流，经鲇鱼须镇、宋家嘴至九斤麻入干流，全长 27 千米，与湖南华容县共界 1 千米。1954 年分流量 4410 立方米每秒，占上游管家铺来量的 37%，大于梅田湖河，现河道严重淤积。梅田湖河（干流），从殷家洲进口，经梅田湖镇、操军乡，在九斤麻与鲇鱼须河汇合。1954 年分流量为 3560 立方米每秒。1935 年以前，鲇鱼须河与梅田湖河并不相通。鲇鱼须河出东洞庭湖。梅田湖河经九都、中鱼口、八百弓，于茅草街入南洞庭湖，从九都至茅草街，河长 38 千米，又称为沱江。梅田湖河、鲇鱼须河在此相距很近（不到 1 千米），但互不相通。1934 年由湖南省政府拨款挖通，称为扁担河。由于经注滋口入东洞庭湖的流程仅相当于绕道茅草街经南洞庭湖再入东洞庭湖的四分之一，故扁担河挖通后，梅田湖河大部分水流走注滋口入东洞庭湖，原来分流入南洞庭湖的沱江逐渐萎缩，2003 年在沱江上下口建闸进行控制。

藕池河干流，从裕公垸入口，经藕池口、管家铺、老山嘴、黄金嘴（即石首久合垸北端）、江波渡、梅田湖、扇子拐、南县城、九斤麻、罗文窖北、景港、文家铺、明山头、胡子口、复兴港、注滋口、刘家铺、新洲注入东洞庭湖，全长 107 千米，其中裕公垸至藕池镇 12 千米，藕池镇至殷家洲 27 千米，殷家洲至新洲入湖口 68 千米。

藕池河 1954 年最大分流量为 14800 立方米每秒，占当年宜昌来量的 22.16%；1981 年最大分流量为 8517 立方米每秒，占当年宜昌来量的 12.03%；1989 年最大分流量为 7467 立方米每秒，占宜昌来量的 12.02%；1993 年最大分流量为 5240 立方米每秒，占当年宜昌来量的 10.14%；1998 年最大分流量为 6802 立方米每秒，占宜昌来量的 10.75%。1954 年河宽约 550 米，河底高程 24.13 米，最大水深 15.94 米，至 1981 年河面宽缩窄为约 370 米，河底淤高至 29.00～31.00 米。由于安乡河基本淤塞，藕池河分流量基本由东支承担而成为干流。

藕池河 1951—1955 年年均径流量为 807 亿立方米，占枝城来量的 16.65%；1956—1966 年为 637 亿立方米，占枝城来量的 14.08%；1967—1972 年为 390 亿立方米，占枝城来量的 9.07%；1973—1980 年为 247 亿立方米，占枝城来量的 5.56%；1981—1988 年为 217.60 亿立方米，占枝城来量的 4.81%；1989—1995 年为 151.8 亿立方米，占枝城来量的 3.48%；1996—2002 年为 174.9 亿立方米，占枝城来量的 3.91%；2003—2010 年为 111.73 亿立方米，占枝城来量的 2.74%。2010 年径流量为 137.07 亿立方米，占枝城来量的 3.27%，分流比逐年减少。

藕池河历年最高水位（管家铺站）为 1998 年 8 月 17 日的 40.28 米，最低为 1978 年 4 月 26 日的 29.02 米，多年（1953—1981 年）平均为 32.72 米。输沙量多年（1956—1981 年）平均为 8380 万吨，其中管家铺站 7770 万吨，康家岗站 610 万吨。2010 年输沙量为 325 万吨，占枝城输沙量的 6.28%。藕池河东支 1945 年前能常年通航。由于受下荆江系统裁弯工程影响，藕池口分流量急剧减少，分流逐年衰减，加之泥沙淤积，1974 年断流 153 天，过洪能力减小；其西支 1954 年断流 150 天，1974 年断流 240 天，1976 年断流 300 天，河道分泄能力逐年减小。藕池河分流量在 1967 年以前，居荆南四河之首，1967 年后降为第二位，自 1934 年有流量记录以来至 1960 年，在 36.00 米同一水位下，分流量平均每年减少 2%，1981 年比 1954 年分流量减少 6283 立方米每秒。

表 1-8　　　　　　　　　藕池河（管家铺站）历年断流情况统计表

年　份	断　流　情　况	天　数
1959	藕池河管家铺站断流时，相应枝城流量 3770m³/s	23
1960	藕池河管家铺站断流时，相应枝城流量 3930m³/s	20
1961	藕池河管家铺站断流时，相应枝城流量 3780m³/s	38
1963	藕池河管家铺站断流时，相应枝城流量 4150m³/s	85
1965	藕池河管家铺站断流时，相应枝城流量 4000m³/s	19

年　份	断　流　情　况	天　数
1968	藕池河管家铺站断流时，相应枝城流量 4170m³/s	46
1969	藕池河管家铺站断流时，相应枝城流量 5160m³/s	127
1970	藕池河管家铺站断流时，相应枝城流量 5360m³/s	94
1971	藕池河管家铺站断流时，相应枝城流量 5050m³/s	111
1972	藕池河管家铺站断流时，相应枝城流量 5050m³/s	102
1973	藕池河管家铺站断流时，相应枝城流量 5950m³/s。	120
1974	藕池河管家铺站断流时，相应枝城流量 8520m³/s	153
1975	藕池河管家铺站断流时，相应枝城流量 9340m³/s	148
1976	藕池河管家铺站断流时，相应枝城流量 9450m³/s	164
1977	藕池河管家铺站断流时，相应枝城流量 8240m³/s	133
1978	藕池河管家铺站断流时，相应枝城流量 7570m³/s	145
1979	藕池河管家铺站断流时，相应枝城流量 6470m³/s	155
1980	藕池河管家铺站断流时，相应枝城流量 6780m³/s	139
1981	5月4日通流，11月18日断流，相应枝城流量 7030m³/s	157
1982	5月28日通流，12月24日断流，相应枝城流量 7380m³/s	149
1983	4月13日通流，12月26日断流	143
1984	5月6日通流，11月3日断流	176
1985	4月11日通流，12月5日断流	128
1986	4月30日通流，11月25日断流，相应管家铺水位 30.38m	169
1987	5月3日通流，11月29日断流，相应管家铺水位 30.31m	168
1988	5月8日通流，11月23日断流，相应管家铺水位 30.33m	166
1989	4月11日通流，12月10日断流，相应管家铺水位 30.46m	129
1990	4月28日通流，11月29日断流，相应管家铺水位 30.57m	150
1991	5月3日通流，11月6日断流，相应管家铺水位 30.54m	178
1992	4月8日通流日，11月9日断流，相应管家铺水位 30.32m	151
1993	5月4日通流，12月3日断流，相应管家铺水位 30.58m	160
1994	4月19日通流，11月10日断流，相应管家铺水位 30.58m	163
1995	5月13日通流，11月10日断流，相应管家铺水位 30.58m	182
1996	5月4日通流，11月28日断流，相应管家铺水位 30.58m	175
1997	藕池河管家铺站断流时，相应枝城流量 8720m³/s	180
1998	藕池河管家铺站断流时，相应枝城流量 10200m³/s	188
1999	藕池河管家铺站断流时，相应枝城流量 11100m³/s	171
2000	藕池河管家铺站断流时，相应枝城流量 10300m³/s	201
2001	藕池河管家铺站断流时，相应枝城流量 9830m³/s	182
2002	藕池河管家铺站断流时，相应枝城流量 9860m³/s	192
2003	5月15日通流，10月28日断流，相应枝城流量 7990 m³/s	208
2004	5月4日通流，11月23日断流，相应枝城流量 8420m³/s	169
2005	5月6日通流，11月25日断流，相应枝城流量 8500m³/s	162
2006	5月11日通流，11月3日断流，相应枝城流量 8900m³/s	235
2007	5月25日通流，11月6日断流，相应枝城流量 9540m³/s	191
2008	4月24日通流，12月8日断流，相应枝城流量 7440m³/s	137
2009	4月19日通流，10月5日断流，相应枝城流量 9300m³/s	196
2010	5月9日通流，11月15日断流，相应枝城流量 7510m³/s	174

注　本表数据由不同表格综合而成，不同年份数据统计口径不一。

表 1-9 藕池河（康家岗站）历年断流情况统计表

年　份	断流天数	断流时相应枝城流量/(m³/s)	年　份	断流天数	断流时相应枝城流量/(m³/s)
1956	209	11600	1983	238	18700
1957	207	12200	1984	262	20300
1958	234	13800	1985	264	20800
1959	286	16000	1987	245	15400
1960	236		1988	239	17800
1961	190	11200	1989	228	18400
1962	207	13000	1990	230	17000
1963	201	14600	1991	242	16800
1964	158	12400	1992	267	17800
1965	196	11800	1993	248	16800
1966	221	14100	1994	277	16300
1967	198	14600	1995	227	17500
1968	215	14900	1996	249	15900
1969	255	15400	1997	291	17200
1970	224	14900	1998	260	18000
1971	249	17300	1999	256	17600
1972	302	18600	2000	220	16800
1973	221	14400	2001	253	16700
1974	240	18600	2002	212	15000
1975	253	17700	2003	247	16300
1976	300	20400	2004	235	18600
1977	278	19400	2005	219	14500
1978	292	21300	2006	337	13700
1979	251	17300	2007	244	14200
1980	229	17700	2008	243	15300
1981	261	17500	2009	293	16800
1982	238	16900	2010	247	12100

七、调弦河

调弦河，亦名华容河，其分江流之口称调弦口，据《大清一统志》考证，调弦口即为《水经注》中"生江口"，为荆江"九穴十三口"之一，位于今石首市东 30 千米调弦镇。

调弦河形成历史悠久，据考，西晋太康元年（280 年），杜预平定江南，为漕运而开此河，历史上屡淤屡疏。当时从南至北只开至焦山，因当时焦山以北便是长江主泓和支汊洲滩，故名焦山河。至元大德七年（1303 年）焦山铺以北洲滩淤长，长江主泓开始北移，故议开调弦河北段，但兴工未竣。

明嘉靖二十一年（1542 年）堵塞北岸郝穴后，荆江洪水南泄洞庭湖流量加大，石首、华容洪患严重。为此"乃于调弦口筑建宁堤，一名陈公堤，石得稍纾江患，华亦与有利焉"（清光绪《华容县志·山水》）。该堤无疑使江洪南流受到阻碍。此后，调弦口一度湮塞。隆庆中（1567—1572 年）再次将调弦口开浚深广。

明末清初，长江主泓完全移至调关以北，至清咸丰五年（1855 年），制宪纳开通调弦口至焦山铺河段，焦山河复与长江贯通。直到清末，一直比较畅通，不再湮塞。调弦河明万历三年（1575 年）、清道光十四年（1834 年）两次疏浚。但道光年间的这次疏浚，并未达到大量分引洪水入湖的目的。随着湖床淤高、河道淤浅及下荆江河床继续南移，至清后期，它已是一条"可以泄湖水之溢者，十居其七；可以杀江水之怒者，十居其三"的河流（清同治《石首县志·堤垸》），分杀荆江洪水并不得力。

清后期，虎渡、调弦二口逐渐浅涩淤塞。道光末年，"虎渡、调弦二口之水，所以入洞庭湖也，春初湖水不涨，湖低于江，江水若涨则其分入湖也尚易；至春夏间湖水已涨，由岳阳北注于江，则此二口之水入湖甚微缓矣；若湖涨而江不甚涨之时，虎渡之水尚且泛漾而上至公安，安能分泄哉？"（清光绪二年《江陵县志》卷八）。在荆江左岸荆江大堤日益加高加固，而右岸堤防普遍低矮破败的情形下，难以消泄的荆江洪水极易冲溃右岸堤防寻找出路。在这种情势下，先后形成藕池口和松滋口。调弦河流路，咸丰十年（1860 年）以前，自华容西南流至化子坟经县河口由九斤麻入湖。藕池决口后，故道为藕池河所夺，被迫东流以致演变成现状。

调弦河分江入流口，经焦山铺至蒋家冲出石首市境（长 13 千米）进入华容县，经万庚、石山矶至华容县城分南北两支（两支间为华容县新华垸），至罐头尖汇合，经旗杆嘴入湖。1958 年冬在调弦口筑坝建闸控制，并在入湖处旗杆嘴建闸。北支长 27 千米，西支长 31 千米，北支为主流，分流比占2/3。从调弦口至旗杆嘴全长 60.2 千米，进入湖南境内后，左岸为华容县护城垸、双德垸和钱粮湖农场。

调弦河最大分流量为 1938 年的 2120 立方米每秒，1937 年分流量为 1460 立方米每秒，1948 年1650 立方米每秒，1954 年 1440 立方米每秒。1934—1958 年多年平均年径流量为 120 亿立方米，1954 年为 153.9 亿立方米。历年最高水位（调关站）为 1998 年 8 月 17 日的 40.04 米，最低为 1972年 2 月 9 日的 24.84 米。输沙量最大为 1958 年的 1310 万吨，1954 年为 1060 万吨，多年平均年输沙量为 1063 万吨，占建闸前四口入湖沙量的 6.9%。

1958 年冬，调弦河建闸控制，根据湘鄂两省协议，在荆江监利站水位达 36.00 米，预报将超过36.57 米时，即扒开调弦口行洪。1959 年建成设计流量为 60 立方米每秒的灌溉闸（3 孔，每孔宽 3米，闸底高程 26.50 米。1969 年重建，箱涵 3 米×3.5 米，3 孔），外江水位控制为 36.00 米。1996年整治加固闸身进口段，并改造启闭机台，以满足堤防加固需要。在建调弦口闸的同时，湖南省在调弦河入湖处旗杆嘴建 6 孔总宽 18 米的六门排水闸，底高 25.10 米，设计流量 200 立方米每秒。平时调弦河上下封闭，成为排、灌、蓄、航运综合运用的内河。

调弦河筑坝建闸控制后，由于每年汛期开闸引水（一般引水流量约 40 立方米每秒，时间约为 70～100 天），致使泥沙淤积严重，年均淤沙 25 万～38 万吨。现坝上游进口段 600 米外引河，几无河床形态。调弦河口高程由堵塞前的 24.00 米淤高至 31.40 米。湘鄂边界蒋家冲较堵坝前（23.00 米）淤高 2～3 米，华容城关河断面与 1954 年比较，已缩窄 135 米，河滩建有很多阻水建筑物，若维持1954 年 35.85 米水位，仅能通过流量 720 立方米每秒，其过流能力已衰减 50%。

八、洞庭湖

洞庭湖位于长江中游以南，北连长江，南纳四水，是长江最重要的调蓄湖泊。

洞庭湖成因类型属古代大湖遗迹。由于地壳升降、泥沙淤淀，洞庭湖经历由小到大，又由大到小的演变过程，即由河网切割的平原地貌景观沉沦扩展为周极八百里的湖沼，最后又淤塞为陆山三角洲占主体的湖沼地貌景观。湖盆基底为元古界海相沉积变质岩系，中生代末燕山运动古陆断裂拗陷，原始湖盆形成。

洞庭湖形成历史悠久，春秋战国时期已有记述。秦汉以前（距今 2000 年前），洞庭湖仅为君山附近一小块水面，"方二百六十里"，余皆为被湘、资、沅、澧四水河网切割的湖沼平原。南北朝时期为三湖，即洞庭、青草、赤沙湖，初步形成"南连青草，西吞赤沙"局面，面积扩大到"方五百里"。洞庭湖烟波浩渺，唐时即有"周际八百里"之说，发展至全盛时期（元明至清代中叶）湖面约 6000 平方千米，当时"湖东北属巴陵，西北跨华容、石首、安乡，西连武陵（常德）、龙阳（汉寿）、沅江，南带益阳而环湘阴，凡四府一州，界分几邑，横亘八九百里，日月皆出没其中"。可见其昔日水域之辽阔。湖口有山名君山，相传古代叫洞庭山，后湖遂随山名。

洞庭湖水域可分为西洞庭、南洞庭和东洞庭三区。

西洞庭指赤山以西湖区，西南与丘陵、山麓相接，东以赤山为屏障。区内现仅存目平湖与七里湖，主要水系为沅、澧二水尾闾，水涨时除与沅、澧二水互相顶托外，尚有松滋、太平、藕池等口江流混杂汇注。

南洞庭指赤山以东与磊石山以南一片，界于东、西洞庭湖之间，南接湘、资尾闾，北与大通湖相接，高水时汪洋一片，中低水位则洲滩毕露，汊港分歧。南洞庭湖现存湖泊较大者有万子、横岭二湖，入流中最主要的为湘、资两水尾闾。

东洞庭位于湖区东部，在木合铺、新洲、大东口与磊石山、鹿角之间。1958 年冬调弦口建闸控制后，西有藕池河东支于新洲注入，南受西、南洞庭湖的转泄，并有湘江、汨罗江、新墙河等河流入汇，使东洞庭湖成为三口、四水的总汇合区，南由岳阳向东北流至城陵矶汇入长江。

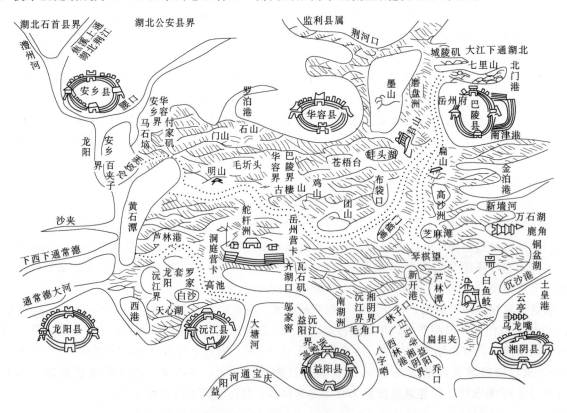

图 1-31　清道光年间洞庭湖水系图（引自俞昌烈《楚北水利堤防纪要》）

洞庭湖水面面积，清道光初年（约 1825 年）约 6000 平方千米，为当时全国第一大淡水湖，后由于泥沙淤积及围垦，面积及容积逐渐缩小。洞庭湖水系复杂，河网密布，现水域范围包括东洞庭湖、南洞庭湖、目平湖和七里湖，总面积为 2691 平方千米[4]，容积为 167 亿立方米（1995 年），降为全国第二大淡水湖泊。洞庭湖区除湖泊河网外，荆江四口与洞庭湖四水三角洲连成广阔的冲积平原，高程大都在 25.00～30.00 米[5]。

表 1-10　　　　　　　　　　　　　　洞庭湖湖泊面积容积变化情况表

年　份	面积/km²	容积/亿 m³
1825	6000	
1896	5400	
1932	4700	
1949	4350	293
1954	3915	268
1958	3141	228
1971	2820	188
1978	2691	178
1995	2623	167

注　数据来源于《长江志·水系》。此表根据石铭鼎等编著的《长江》及长江委水文局最新量算成果，相应水位为城陵矶 33.50 米。
　　另据《中国湖泊名称代码》载，洞庭湖面积 2691 平方千米，1998 年 11 月中华人民共和国水利部发布。

洞庭湖区北有松滋河、虎渡河、藕池河、调弦河（1958 年冬建闸控制）"四口"分泄长江来水；西、南面有湘、资、沅、澧"四水"入汇，还有汨罗江、新墙河等湖区周边中、小河流直接入汇，经湖泊调蓄后，由城陵矶入汇长江。洞庭湖集水面积 26 万平方千米（未含"四口"以上集水面积 104 万平方千米），湖区总面积 1.88 万平方千米，其中湖北省 3600 平方千米；天然湖泊面积 1995 年为 2623 平方千米，皆在湖南省境内；洪道面积 1418 平方千米，其中湖北省 405 平方千米；受堤防保护面积约 1.46 万平方千米，其中湖北省 3500 平方千米[6]。

表 1-11　　　　　　　　　　　　　　湘、资、沅、澧四水流域特征值表

水系	流域面积/km²	河流长度/km	集水面积/km²	多年平均年径流量/亿 m³	多年平均流量/(m³/s)	多年平均年输沙量/万 t	多年平均含沙量/(kg/m³)
湘江	93376	844	81638	625	2070	1079	0.17
资水	28142	713	26704	227	720	284	0.13
沅江	88451	1022	85223	654	2070	1345.4	0.21
澧水	18740	388	15242	152	482	669.2	0.44

注　统计年份为 1951—2005 年。

洞庭湖区年平均降水量 1331 毫米，湖区洪水组成很复杂，"四口"、"四水"自然地理条件各不相同，洪水特征各异。"四口"洪水主要来自长江上游，历时较长，汛期为 5—10 月，主汛期为 7—8 月；"四水"属山溪型河流，峰型尖瘦，历时较短，汛期为 4—9 月，主汛期为 5—7 月。

洞庭湖区径流量年内分配很不均匀，据 1951—1991 年资料统计，汛期（5—10 月）入湖水量多年平均值约 2240 亿立方米，占全年径流量的 74.7%，其中来自荆南四河约为 1040 亿立方米，占 46.4%；来自湘、资、沅、澧四水约 1060 亿立方米，占 47.3%。造成洞庭湖区洪水的"四口"和"四水"，其汇流比例大体相当，但其消长变化及调蓄动态关系，均十分复杂。

洞庭湖自古即与荆江相通，起着调蓄荆江洪水的作用。荆江四口形成前，汛期大量洪水从洪山头以下漫流进入东洞庭湖。四口形成初期，荆江分泄入湖水量巨大，经调蓄后再由城陵矶湖口返注长江，特别是在高水期对分泄荆江洪水、削减洪峰，效能尤巨。1954 年大水，枝城最大流量为 71900 立方米每秒，沙市站最大流量为 50000 立方米每秒，荆江四口最大分流量为 29590 立方米每秒，占枝城来量的 41.15%；1981 年长江上游发生大洪水，枝城最大流量为 71600 立方米每秒，逼近 1954 年最大流量，由于长江下游洪水不大，洞庭湖底水较低，天然湖泊可供调蓄容积大，削减洪峰流量达 38.4%，使荆江安全度汛；1998 年大水，枝城最大流量为 68800 立方米每秒，沙市站最大流量为

53700 立方米每秒，四口最大分流量为 19010 立方米每秒，占枝城来量的 28%。通过四口分泄超额洪水，经洞庭湖调蓄，荆江防洪压力减轻。

表 1-12　　　　　　　　　　　洞庭湖四口、四水实测最大入湖流量统计表

名　称	河　名	站　名	最大流量/(m³/s)	实测时间
四口	松滋河	新江口	7910	1981 年 7 月 19 日
			6400	1954 年 8 月 6 日
		沙道观	3120	1981 年 7 月 19 日
			3730	1954 年 8 月 6 日
	虎渡河	弥陀寺	3210	1962 年 7 月 10 日
	藕池河	管家铺	12800	1948 年 7 月 21 日
		康家岗	6810	1937 年 7 月 24 日
	调弦河		1958 年冬筑坝建闸控制	
四水	湘江	湘潭	20800	1994 年 6 月 18 日
	资水	桃江	15300	1955 年 8 月 27 日
	沅江	桃源	29300	1996 年 7 月 19 日
	澧水	石门	19900	1998 年 7 月 23 日

注　数据来源于《长江志·水系》。

据统计，1951—1955 年进入洞庭湖的年均输沙量为 27468 万吨，来自荆江四口的为 22578 万吨，占 82.2%；来自湘、资、沅、澧四水的为 4890 万吨。城陵矶七里山年均出湖泥沙量为 7400 万立方米，洞庭湖淤积为 20068 万吨，淤积率为 73.1%。三峡工程运行后，2003—2008 年，三口年均输沙量 1353 万吨，占枝城输沙量的 18.1%，四水输沙量为 994 万吨，洞庭湖年均淤积量为 822 万吨，淤积率为 35%。清水下泄后，三口泥沙输入量大为减少，洞庭湖急剧萎缩之势得到缓解。

表 1-13　　　　　　　　　　　　洞庭湖四口、四水历年输沙量表　　　　　　　　　　　　单位：万 m³

统计时间	项目	四口					四水					入湖总沙量四口+四水	出湖沙量（七里山）	湖内淤积
		合计	松滋	太平	藕池	调弦	合计	湘江	资水	沅江	澧水			
1951—1983 年	平均年输沙量	11203	3535	1456	6040	172	2407	777	192	961	477	13610	3510	10100
	占入湖总沙量/%	82.3	26	10.7	44.4	1.2	17.7	5.7	1.4	7.1	3.5	100	25.8	74.2
调弦堵口前（1951—1958 年）	平均年输沙量	15370	3940	1510	9210	710	2730	820	400	1050	460	18100	4470	13630
	占入湖总沙量/%	84.9	21.8	8.3	50.9	3.9	15.1	4.5	2.2	5.8	2.6	100	24.7	75.3
荆江裁弯前（1959—1966 年）	平均年输沙量	12704	3502	1569	7633	堵口	1889	596	120	807	366	14593	3857	10736
	占入湖总沙量/%	87.1	24	10.8	52.3		12.9	4.1	0.8	5.5	2.5	100	26.4	73.6
荆江裁弯后（1967—1983 年）	平均年输沙量	8537	3360	1377	3800	堵口	2497	841	128	991	537	11034	2891	8143
	占入湖总沙量/%	77.4	30.5	12.5	34.4		22.6	7.6	1.1	9.0	4.9	100	26.2	73.8
历年最大出现年份	年输沙量	20530	5873	2067	12200	707	6110	1970	1000	2140	1490	26640	5640	21000
	年份	1954	1954	1968	1954	1954	1954	1954	1954	1969	1980	1954	1954	1954
历年最小出现年份	年输沙量	108.00	69.33	16.67	22.10	587.00	684.90	179.00	16.80	6.87	11.27	792.90	1013.30	−220.40
	年份	2006	2006	2006	2006	1953	2006	1963	2006	2006	2006	2006	2006	2006

注　表内数字系利用流量与沙量相关线插补而得；松滋口输沙量为新江口、沙道观两站合计数，太平口输沙量为弥陀寺站观测，藕池口输沙量为康家岗、管家铺两站合计数；本表引自《湖南省志·农林水利志·水利》，单位未折算成吨数。

洞庭湖区在宋元时始有筑堤围垸记载，挽筑的主要垸堤有岳阳偃虹堤、白荆堤，华容黄封堤、湘

阴南堤和临湘赵公堤等。当时，岳阳堤"外障城垣，内通舟楫"，华容堤则"仅可障官署"。16世纪以后荆江水沙南倾，湖区发展堤垸，水灾增多。明代则大量挽筑，此间围成堤垸130余处，其中尤以明初围挽的华容48垸最为著名。至清康熙"许民筑围"，乾隆时先下令"禁创私围"，随后又认为"淤高沃土弃置实为可惜"，此后，官民竞相围垦。

清末，松滋、藕池两河形成后，洞庭湖演变日益加剧，影响其演变的主要因素是泥沙淤积和与之伴随而至的筑堤围垸。同治九年（1870年）松滋口决，荆江四口分流局面形成。自同治十三年至民国三十八年（1874—1949年）的76年间，为洞庭湖急剧变化时期。藕池、松滋溃口后，荆江泥沙大量入湖，湖区迅速淤填。

民国时期，虽然屡有明令"严禁私筑"新垸，但政府一面"严禁围垦"，一面又"召佃放垦"，发放名目繁多的"垦照"，致使堤垸有增无减。据1935年大水前统计，湖区实有堤垸达1700处以上，经大水溃废后，仍有1400余处。建国后经湖南省人民政府水利局于1949年底进行调查，核实湖区堤垸为993处，垸田39.57万公顷。后经调整、合并，垸数有所减少。

淤积和围垦的结果，致使湖面湖容越来越小。据有关史料记载，天然湖泊面积，自1825年至1995年的170年时间中，减少3377平方千米，现有湖泊面积较之清末缩小一半以上；湖泊容积，1995年比1949年减少126亿立方米，面积和容积均急剧缩小。

19世纪中叶以后，荆江南流基本格局并无改变，长江洪水及挟带的泥沙通过"四口"大量分入洞庭湖，导致洞庭湖大量泥沙淤积。洞庭湖演变，除自然因素外，较大程度上是人为因素的影响。20世纪中叶以来，洞庭湖区围垦、调弦河建闸控制以及下荆江系统裁弯等几项重大人类活动加剧这种影响。但自2003年三峡枢纽工程运行以来，清水下泄，荆江四口分流分沙明显减少，相应影响着洞庭湖区的发展演变。

长江中游（包括洞庭湖区）水灾的根本原因是来水量大而允许的安全泄量有限。20世纪初以来，由于通江的江汉湖群大量堵闭，矛盾更为突出，水患日趋频繁。通江湖泊的减少，加上洲滩民垸的围垦，使城陵矶至汉口河段泄洪能力显著降低，而在相同泄量情况下城陵矶水位明显抬高，从而顶托洞庭湖出口水位，七里山断面的泄洪流量减少，江湖关系演变更为复杂，防洪形势也更严峻。

洞庭湖受自然演变、泥沙淤积及人类活动影响，水面面积和蓄水容积逐年减少，湖泊萎缩速度加快。洞庭湖不断萎缩的结果，导致其调蓄荆江洪水的功能减弱，荆江洪水位抬高。

注：

[1] 引自《漫谈荆江》，1990年荆州地区水文分站《沮漳河洪水对荆江大堤安全影响的分析》。

[2] 详见《长江志·防洪》。

[3] 详见钟宇平《荆江四口向洞庭湖分流洪道的演变》，《长江志通讯》1987年第1期。

[4] 此处引用1998年11月水利部发布数据，《长江志·水系》载，1995年洞庭湖面积为2623平方千米，按城陵矶水位33.50米计。

[5] 详见《长江志·水系》。

[6] 详见《长江志·湖区开发治理》。

第五节 水文泥沙特征

荆州河道干流，由于承受长江上游宜昌以上来水，又承载洞庭湖出湖流量，江湖蓄泄变化较大，水文特征复杂，洪水威胁严重，特别是荆江河段所受威胁尤为突出。荆江河段松滋、太平、藕池、调弦四口分流入洞庭湖，其径流和泥沙经洞庭湖调节，与洞庭湖水系湘、资、沅、澧四水等汇合，从洞庭湖出口城陵矶汇入长江。同时，在城陵矶江湖水流相互顶托，构成复杂的江湖关系。自城陵矶以下至新滩口河段，河道一般宽窄相间，水沙量沿程变化不大。

一、径流

宜昌以上集水面积约占全流域的 56%，宜昌站承受上游来水来沙，经沿程支流、湖泊的分、合、调蓄，下泄水沙量与年内分配过程均发生变化。宜昌以下各站年内分配的不均匀程度逐渐降低，洪峰涨落过程趋向平缓。荆江上游右岸有支流清江汇入，水沙量约占宜昌站水沙量的 3% 和 2%。荆江左岸有沮漳河汇入，水沙量均不大。荆江河段洪水虽然 96% 来自长江上游，但由于清江与三峡区间同属一个暴雨区，清江洪水往往与宜昌洪水遭遇，起着"峰上加冠"的作用。1935 年宜昌洪峰流量仅 56900 立方米每秒，但因与清江来水遭遇，枝城站洪峰流量达 75200 立方米每秒，再加上沮漳河洪水入汇，导致当年荆江两岸堤防大量溃决。

长江干流多年平均年径流量在荆江河段由于受三口分流入洞庭湖影响，沿程逐渐减少，但洞庭湖出口城陵矶增加年均出湖径流量 2323.25 亿立方米（七里山，2003—2010 年），城陵矶以下河段径流量逐渐增大，沿程递增。

荆州河段各站点年最大流量出现时间因受区间来水或湖泊调蓄影响，并不一定遵循自上而下的先后顺序，若清江、沮漳河或洞庭湖流域各支流同时涨水，并与川江来水遭遇，则最大洪峰流量自宜昌向下游递增。

表 1-14　　　　　　　　　　长江中游宜昌至汉口河段干支流来水来沙情况表

干流河段	支流名称	河长/km	流域面积/km²	控制站点	集水面积/km²	年径流量/亿 m³	年输沙量/万 t
宜枝段	（干流）	61		宜昌	1005501	4364	47000
	清江	425	16700	搬鱼嘴	15563	140.1	833
上荆江	（干流）	171.7		沙市		3946	41500
	沮漳河	327	7339	猴子岩+马头砦		26.5	75（沮河）
下荆江	（干流）	175.5		监利	1033274	3555	35800
洞庭湖	澧水	383	18496	石门	15300	159.4	193
	沅江	1033	89163	桃源	85250	594.6	52.2
	资水	653	28142	桃江	26700	180.2	37.3
	湘江	856	94660	湘潭	81600	578.9	208
	洞庭湖在城陵矶出流			七里山		2256	1740
城汉段	（干流）			螺山	1294911	6460	40900
				汉口	1488036	7117	38400

注　1. 数据来源于《长江河道演变与治理》、《长江中下游河道整治研究》、《2008 年中国河流泥沙公报》。
　　2. 宜昌、七里山站及湘、资、沅、澧四水多年平均年径流量，统计年份为 1950—2005 年；监利、螺山站统计年份为 1951—2002 年；汉口站统计年份为 1954—2005 年；清江统计年份为 1951—1979 年。

据统计，宜昌站 1896—1993 年多年平均年径流量为 4510 亿立方米，1950—2005 年多年平均年径流量为 4364 亿立方米，年际间变化不大。最大年径流量为 5751 亿立方米（1954 年），最小年径流量为 2848 亿立方米（2006 年）。宜昌站 5—10 月汛期水量约占全年的 79%；季节分配上以 7 月径流最大，占年径流的 17.82%，2 月最小占 2.14%，7—10 月占年径流的 61.48%，实测最大流量 71100 立方米每秒（1896 年 9 月 4 日），多年平均流量 14300 立方米每秒，最小流量 2770 立方米每秒（1937 年 4 月 3 日）。据洪水调查，历史最大流量 105000 立方米每秒（1870 年）[1]。

荆州河段客水十分丰沛，沙市站多年平均年径流量 3914 亿立方米（1950—2010 年，其中 1950—1990 年采用新厂站数据）。荆州河段年内分配以 7 月径流量最大，占年径流 17.49%；2 月最小，占 2.7%；5—10 月多年平均径流量占全年比例为 76.5%，其中主汛期 7—9 月多年平均径流量占全年 47.5%。实测最大流量 54600 立方米每秒（1981 年 7 月）。

洞庭湖城陵矶（七里山）出湖多年平均年径流量 2652 亿立方米（1950—2010 年），松滋口、太平口、藕池口多年平均年径流量分别为 398.85 亿立方米、152.1 亿立方米、295.1 亿立方米（1950—2010 年）。受荆江裁弯、三峡工程运行等因素影响，三口分流呈减小趋势，1967—1972 年荆江三口年均径流量为 1022 亿立方米，1996—2002 年为 659 亿立方米，2003—2010 年为 500.25 亿立方米，其中藕池口分流比减少最多。1951—1955 年，藕池口年均径流量 807 亿立方米，占枝城来量的 16.65%，2003—2010 年为 111.73 亿立方米，仅占枝城来量的 2.74%。

表 1-15　　　　　　　　荆江三口洪道及洞庭湖分时段多年平均年径流量统计表　　　　　　　　单位：亿 m³

统计年份	枝城	松滋口	占枝城来量/%	太平口	占枝城来量/%	藕池口	占枝城来量/%	三口合计	占枝城来量/%	洞庭湖出湖（七里山）
1951—1955	4848	559.2	11.53	228.0	4.70	807.0	16.65	1594.2	32.88	3895.0
1956—1966	4523	486.0	10.75	210.0	4.64	637.0	14.08	1333.0	29.47	3126.0
1967—1972	4302	446.0	10.37	186.0	4.32	390.0	9.07	1022.0	23.76	2982.0
1973—1980	4441	428.0	9.64	160.0	3.60	247.0	5.56	835.0	18.80	2789.0
1981—1988	4524	410.5	9.07	143.5	3.17	217.6	4.81	771.6	17.06	2578.0
1989—1995	4356	340.6	7.82	122.3	2.81	151.8	3.48	614.7	14.11	2698.0
1996—2002	4475	355.8	7.95	128.4	2.87	174.9	3.91	659.1	14.73	2958.0
2003—2010	4077	293.68	7.20	94.84	2.33	111.73	2.74	500.25	12.27	2294.8

表 1-16　　　　　　　　　　　荆江三口各站同水位下分流量变化情况表　　　　　　　　　　单位：m³/s

年份	松滋口		太平口（弥陀寺站）	藕池口	
	新江口站	沙道观站		管家铺站	康家岗站
1955	4200	3250	2160	8420	1600
1966	4550	3000	2100	8420	1080
1980	4200	2200	1800	5170	450
1993	4200	1800	1800	4000	280
1998	4170	1730	1600	2950	220

注　新江口和沙道观站计算水位为 44.00m，弥陀寺站为 42.00m，管家铺和康家岗站为 38.00m。

监利水文站多年平均年径流量为 3582.36 亿立方米（1950—2010 年），历年最大年径流量为 4926 亿立方米（1998 年），最小年径流量为 2718 亿立方米（2006 年）。实测最大流量为 46300 立方米每秒（1998 年 8 月 17 日），最小流量为 2650 立方米每秒（1952 年 2 月 5 日）。汛期 7—10 月径流量约占全年的 75%，最高水位 38.31 米（1998 年）。

螺山站位于荆州河段下游，上承荆江、洞庭湖来水，为城陵矶出流后长江干流重要控制站。多年平均年径流量为 6460 亿立方米（1951—2002 年），多年平均流量为 20400 立方米每秒，历年最大流量为 78800 立方米每秒（1954 年 8 月 7 日），最小流量为 4060 立方米每秒（1963 年 2 月 5 日）。汛期 5—10 月的径流量占全年的 70% 以上，输沙量占全年的 80% 以上。水位比降平缓，多年平均比降为 0.0244‰～0.0322‰，历年最大流速为 3.29 米每秒。

表 1-17　　　　　　　　　　长江中游宜昌至螺山河段主要站水文特征值表

测　站	统计年份	平均年径流量		平均年输沙量		含沙量/(kg/m³)
		数值/亿 m³	占枝城站比例/%	数值/亿 t	占枝城站比例/%	
宜昌	1955—1966	4405	97.1	5.46	98.2	1.245
	1967—1972	4163	96.8	4.93	98.0	1.170
	1973—1980	4302	96.9	4.99	97.3	1.156
	1981—2000	4384	99	4.79	98.2	1.090

续表

测 站	统计年份	平均年径流量		平均年输沙量		含沙量/(kg/m³)
		数值/亿 m³	占枝城站比例/%	数值/亿 t	占枝城站比例/%	
枝城	1955—1966	4538	100	5.56	100	
	1967—1972	4302	100	5.03	100	
	1973—1980	4441	100	5.13	100	
	1981—1996	4430	100	4.88	100	
新厂	1955—1966	3894	85.8	4.50	80.9	1.160
	1967—1972	3726	86.6	4.64	92.2	1.230
	1973—1980	3885	87.5	4.68	91.2	1.200
	1981—2000	4059	91.6	4.20	86.1	1.035
窑圻垴	1955—1966	2909	64.1	3.10	55.8	1.067
	1967—1972	3358	78.1	3.55	70.6	1.054
	1973—1980	3604	81.2	3.94	76.8	1.090
	1981—1996	3842	86.7	3.98	81.6	1.140
三口分流分沙	1955—1966	1352	29.8	1.96	35.2	
	1967—1972	1022	23.8	1.49	29.7	
	1973—1980	834	18.8	1.11	21.6	
	1981—2000	704	15.9	0.91	18.7	
七里山	1955—1966	3157		0.60		0.193
	1967—1972	2982		0.53		0.178
	1973—1980	2789		0.38		0.138
	1981—2000	2726		0.28		0.104
螺山	1955—1966	6300		4.06		0.644
	1967—1972	6313		4.31		0.683
	1973—1980	6343		4.62		0.728
	1981—1998	6482		4.10		0.633

注 数据来源于《长江河道演变与治理》。

表 1-18　　　　　　　　　　长江中游宜昌至螺山河段主要站水文泥沙特征值表

项 目	统计年份	宜昌	枝城	沙市	监利	城陵矶	螺山
平均年径流量 /亿 m³	1951—1960	4377		3660	3015	3442	6438
	1961—1970	4552		4074	3387	3297	6659
	1971—1980	4187		3781	3516	2668	6153
	1981—1990	4433		4089	3893	2592	6406
	1991—2002	4287	4462	3996	3895	2859	6607
	2003—2010	3967	4077	3750.9	3616.1	2323	5867
	1951—2002	4364	4450	3942	3555	2967	6460
	历年最大	5751 (1954)	5365 (1998)	4926 (1998)	4926 (1998)	5267 (1954)	8956 (1954)
	历年最小	2848 (2006)	2928 (2006)	2718 (2006)	2718 (2006)	1990 (1986)	4647 (2006)
平均年输沙量 /亿 t	1951—1960	5.20		4.09	2.89	0.68	3.77
	1961—1970	5.56		4.89	3.63	0.58	4.33
	1971—1980	4.80		4.50	3.86	0.39	4.51
	1981—1990	5.41		4.68	4.45	0.32	4.73
	1991—2002	3.92	3.77	3.55	3.15	0.24	3.19
	2003—2010	0.61	0.66	0.77	0.90	0.15	1.11
	1951—2002	4.94		4.34	3.58	0.43	4.09
	历年最大	7.54 (1954)	7.01 (1998)	6.56 (1968)	5.49 (1981)	0.85 (1954)	5.52 (1984)
	历年最小	0.09 (2006)	0.12 (2006)	0.25 (2006)	0.39 (2006)	0.15 (2006)	0.58 (2006)

续表

项 目	统计年份	宜昌	枝城	沙市	监利	城陵矶	螺山
年平均含沙量 /(kg/m³)	1951—1960	1.19		1.14	1.00	0.20	0.60
	1961—1970	1.22		1.22	1.07	0.18	0.66
	1971—1980	1.14		1.18	1.10	0.15	0.74
	1981—1990	1.22		1.14	1.14	0.12	0.74
	1991—2002	0.9	0.86	0.88	0.81	0.09	0.49
	2003—2008	0.15	0.16	0.20	0.27	0.07	0.19
	1951—2002	1.13			1.01	0.15	0.64
	历年最大	1.65 (1981)	1.31 (1998)	1.51 (1981)	1.46 (1981)	0.25 (1953)	0.89 (1979)
	历年最小	0.03 (2006)	0.04 (2006)	0.09 (2006)	0.14 (2006)	0.06 (1999)	0.13 (2006)

注　数据来源于《长江中下游河道整治研究》。

表 1-19　　　　　　长江中游宜昌至城陵矶河段干支流历年径流量特征值表

年份	年径流量/亿 m³								
	宜昌	枝城	沙市	监利	松滋口	太平口	藕池口	三口 合计	洞庭湖出湖 （七里山）
1950	4543						842.20		3738
1951	4422	4554		2988	499.70	230.80	643.31	1371.80	3099
1952	4712	4889		3151	556.50		881.40		4198
1953	4021	4147		2927	446.80	181.90	540.66	1169.40	3412
1954	5751	5952		3622		270.40	1155.90		5267
1955	4574	4696	4046	3020	543.00	214.30	813.76	1571.10	3498
1956	4150	4366	3696	2890	480.90	204.40	669.97	1355.30	3124
1957	4297	4446	3795	2963	481.30	195.40	657.71	1334.40	3191
1958	4146	4298	3696	2869	456.30	183.70	633.68	1273.70	
1959	3666	3746	3239	2803	359.80	157.70	439.91	957.41	2741
1960	4032		3486		399.00	171.00	554.77	1124.80	
1961	4404		3877		462.80	218.10	600.44	1281.30	
1962	4647		4016		518.10	234.60	733.88	1486.60	3614
1963	4524		4062		504.40	233.40	645.10	1382.90	
1964	5205		4647		631.60	268.70	836.91	1737.20	4007
1965	4924		4395		578.80	246.50	732.38	1557.70	
1966	4297		3772		464.00	193.20	500.46	1157.70	2669
1967	4499		3987	3507	509.60	221.40	503.58	1234.60	
1968	5154		4552	3990	608.60	247.40	640.97	1497.00	
1969	3665		3359	3041	382.40	165.80	354.75	902.95	
1970	4200			3282	457.70	195.90	433.17	1086.80	3607
1971	3890		3527	3270	391.80	160.20	255.55	807.55	2319
1972	3570		3206	3060	322.44	124.30	153.51	600.25	2048
1973	4280		3855	3471	446.70	177.30	322.69	946.69	3617
1974	5011		4466	3993	531.10	203.60	412.00	1146.70	2625
1975	4307		4007	3630	440.70	165.20	233.00	838.90	2911

续表

年份	年径流量/亿 m³								
	宜昌	枝城	沙市	监利	松滋口	太平口	藕池口	三口合计	洞庭湖出湖（七里山）
1976	4086		3603	3459	382.70	147.00	184.00	713.70	2628
1977	4230		3750	3580	414.70	156.00	181.00	751.70	2980
1978	3900		3480	3330	351.50	129.00	143.00	623.50	1990
1979	3980		3620	3420	379.80	135.00	202.00	716.80	2360
1980	4620		4300	3950	473.00	166.00	298.00	937.00	3200
1981	4420		4070	3750	426.00	149.00	238.30	813.30	2660
1982	4480		4160	3940	441.00	165.00	269.00	875.00	3200
1983	4760		4460	4090	496.00	175.00	335.00	1006.00	3220
1984	4520		4060	3790	433.40	149.00	243.70	826.10	2460
1985	4560		4180	3990	422.70	144.00	190.61	757.31	2245
1986	3810		3580	3510	317.10	107.00	122.67	546.77	1990
1987	4310		3970	3800	384.90	131.00	190.30	706.20	2430
1988	4220		3790	3670	363.20	128.00	155.47	646.67	2410
1989	4700		4460	4340	439.10	149.00	186.98	775.08	2750
1990	4471		4160	4049	375.08	131.30	148.57	654.95	2544
1991	4344	4473	4011	3900	363.85	125.20	184.19	673.24	2679
1992	4105	4127	3865	3752	286.06	105.00	119.98	511.04	2400
1993	4596	4715	4262	4063	385.27	141.10	210.28	736.65	2917
1994	3475	3433	3345	3240	197.54	76.45	69.70	343.69	2736
1995	4227	4216	3967	3764	336.00	128.20	143.09	607.29	2861
1996	4219	4267	3914	3822	339.08	126.80	162.50	628.38	2826
1997	3631	3644	3443	3409	239.51	88.36	93.06	420.93	2574
1998	5233	5432	4752	4926	532.60	181.90	331.78	1046.3	4006
1999	4798	4910	4380	4093	426.01	160.20	214.94	801.15	2991
2000	4712	4872	4336	4151	383.43	139.00	162.28	684.71	2596
2001	4155	4199	3930	3681	291.30	101.50	100.34	493.14	2321
2002	3928	4005	3745	3503	278.73	101.70	141.27	521.70	3393
2003	4097	4226	3924	3663	325.98	105.70	136.79	568.47	2685
2004	4141	4218	3901	3735	310.88	103.70	109.72	524.30	2329
2005	4592	4545	4210	4036	376.97	122.80	143.58	643.35	2415
2006	2848	2928	2795	2718	119.13	34.34	29.12	182.59	1990
2007	4004	4180	3770	3648	317.90	99.75	125.98	543.63	2094
2008	4186	4281	3902	3803	313.13	98.72	116.86	528.71	2256
2009	3822	4043	3686	3647	263.46	86.74	94.69	444.89	2018
2010	4048	4195	3819	3679	321.95	107.00	137.07	566.02	2799
2003—2010	3967.30	4077.00	3750.88	3616.10	293.68	94.84	111.73	500.25	2323.25
1950—2010	4326.00	4345.00	3914.30	3582.36	398.85	152.10	295.10	846.00	2652.15

二、水位

长江中游水面比降沿程变化总趋势为逐渐减小，其间受不同边界条件及区间水文情况变化影响，各区段在年内不同水文季节具有不同的变化特征。荆江河段平均比降约为 0.04‰～0.05‰，螺山至龙口河段平均比降约为 0.024‰，龙口至汉口河段平均比降约为 0.020‰。洞庭湖城陵矶入汇对邻近上游河段有明显顶托影响，当洞庭湖出流处于高水期时，下荆江比降急剧减小，汛后水位下落，下荆江比降增大。

表 1-20   长江干流宜昌至汉口河段河道水面纵比降表

河 段	上下站	比降/10^{-5}	统计年份
宜枝段	宜昌—枝城	4.50	1950—1993
上荆江	枝城—陈家湾	5.79	1954—1993
	陈家湾—沙市	4.88	1954—1993
	沙市—郝穴	4.37	1955—1993
	郝穴—新厂（一）	5.63	1955—1968
	郝穴—新厂（二）		1969—1993
	新厂（一）—石首	5.23	1955—1967
	新厂（二）—石首		1969—1993
下荆江	石首—调弦口	4.10	1952—1972
		4.66	1973—1993
	调弦口—窑圻垴	3.66	1952—1967
		4.13	1968—1969、1973—1993
	调弦口—监利城南	4.73	1970—1974
城陵矶—汉口段	螺山—龙口	2.43	1954—1986
	龙口—汉口	2.03	1954—1986

由于荆江河段洪水比降平缓，故城陵矶水位高低对荆江泄洪能力有较大影响。据实测资料分析：当沙市水位一定时，而城陵矶水位增高 1 米，可减少荆江泄洪能力约 2000 立方米每秒；或当沙市流量一定时，则抬高沙市水位约 0.25 米。因此，洞庭湖水系洪水与川江洪水发生遭遇时，江湖洪水相互顶托，常造成荆江和洞庭湖区险恶洪水形势。

表 1-21   长江中游宜昌至螺山河段水文特征值表

河段	站名	多年平均流量/(m^3/s)	历年最大流量		历年最小流量		统计年份	多年平均水位/m	历年最高水位		历年最低水位		统计年份
			流量/(m^3/s)	发生时间	流量/(m^3/s)	发生时间			水位/m	发生时间	水位/m	发生时间	
宜枝段	宜昌	13900	71100	1896年9月4日	2770	1979年3月8日	1877—2010	43.83	55.92	1896年9月4日	38.30	1998年2月14日	1896—2000
	枝城		75200	1935年			1935—2010	41.34	50.74	1981年7月19日	36.99	1987年3月9日	1951—1993
上荆江	沙市		54600	1981年			1951—2010	36.47	45.22	1998年8月17日	30.37	1993年2月16日	1947—1998
	新厂	12400	55200	1989年7月12日	2900	1960年2月10日	1955—1969 1971—2000	31.97	44.14	1998年8月17日	26.37	1999年3月14日	1955—2000
下荆江	监利	11400	46300	1998年8月17日	2650	1952年2月5日	1951—1965 1967—2010	27.82	38.31	1998年8月17日	22.74	1974年3月7日	1951—2000
城螺段	螺山	20500	78800	1954年8月7日	4060	1963年2月5日	1952—2010	23.13	34.95	1998年8月20日	15.56	1960年2月16日	1954—2000

注 高程系统为冻结吴淞。

长江中游干流主要水文站实测最高水位，按大小顺序前 5 位列表中，宜昌以下各站 1954 年、1998 年、1999 年最高水位均居前列。

宜昌站最高水位约高出海平面 56 米。据统计，宜昌站水位变幅（历年最高水位与最低水位的差值）为 17.63 米；往下游逐渐降低，至石首为 13.50 米；至城陵矶，因洞庭湖出流变化，变幅又增大至 17.28 米。各站最高水位多出现在 7—8 月，最低水位多出现在 2—3 月。据初步统计，从 1903 年有实测数据至 2010 年间（1940—1946 年数据空缺），沙市站水位 100 年间最高水位超过 42.00 米的有 73 年，超过 43.00 米的有 42 年，超过 44.00 米的有 13 年，超过 45.00 米的有 1 年（1998 年）。2006 年三峡工程控制水位达到 156.00 米前，沙市站 44.00 米以上水位的发生频率约 7.4 年一遇。

表 1-22　　　　　　　　　　长江中游宜昌至汉口河段主要水文站最高水位排名表

排　序	宜昌		沙市		螺山		汉口	
	水位/m	年份	水位/m	年份	水位/m	年份	水位/m	年份
1	55.92	1896	45.22	1998	34.95	1998	29.73	1954
2	55.73	1954	44.74	1999	34.60	1999	29.43	1998
3	55.71	1945	44.67	1954	34.18	1996	28.89	1999
4	55.38	1981	44.49	1949	33.17	1954	28.66	1996
5	55.33	1921	44.47	1981	33.04	1983	28.28	1931

注　高程系统为冻结吴淞。

表 1-23　　　　　　长江中游宜昌至汉口主要水文站大水年最高水位统计表　　　　　　　单位：m

年　份	宜昌	沙市	石首	监利	城陵矶（七里山）	螺山	汉口
1860	57.96						
1870	59.50						27.55
1931	55.02	43.63			33.30		28.28
1935	54.59	44.05		35.12	33.36		27.58
1949	54.32	44.49		35.06	33.40	31.95	27.12
1954	55.73	44.67	39.89	36.57	34.55	33.17	29.73
1980	53.55	43.65	39.05	36.22	33.71	32.66	27.76
1981	55.38	44.47	39.12	35.80	31.71	30.53	25.20
1991	52.30	42.85	38.18	35.97	33.52	32.52	27.12
1996	50.96	42.99	39.38	37.06	35.31	34.18	28.66
1998	54.50	45.22	40.94	38.31	35.94	34.95	29.43
1999	53.68	44.74	40.78	38.30	35.68	34.60	28.89

注　高程系统为冻结吴淞。

三、泥沙特征

长江是一条含沙量较小但输沙量较大的河流。长江干流来沙以悬移质泥沙为主，推移质泥沙数量很少，仅占来沙总量的 1%～2%。宜昌站传递输送的悬移质泥沙，绝大部分属冲泄质，它们基本上不参与河床冲淤演变过程，仅在高滩部分，或河宽较大的缓流区和回流区内有所淤积。荆州河段各站输沙量约有 85%～98% 集中于汛期，荆江上游各支流汛期集中 95% 以上的年输沙量。在季节分配上以 7 月最大，占年输沙量的 28.7%，7—9 月占 72.3%。悬移质泥沙中值粒径约为 0.035～0.012 毫米，沿程细化。床沙由中沙（0.25～0.5 毫米）和细沙（0.10～0.25 毫米）组成，细沙占全沙重的 75%～85%，床沙中值粒径亦沿程减小。

在长江上游干流河道修建水利枢纽，侵蚀基准面抬高条件下，悬移质大量泥沙在水库淤积过程直至达到平衡的河床冲淤中起着重要作用。三峡工程及长江上游一系列水利枢纽工程的兴建，加上水土保持工作的持续开展，对控制上游泥沙进入中下游河道起到很大作用，同时，清水下泄也会带来一系列问题，引起荆州河段河槽深泓冲刷，导致荆江及以下河段崩岸加剧。

宜昌站多年平均年输沙量为 4.94 亿吨（1951—2002 年），其中 1951—1960 年年均输沙量为 5.2 亿吨，1961—1970 年为 5.56 亿吨，三峡工程运行后，清水下泄，宜昌站输沙量急剧减少，2003—2010 年年均输沙量仅为 6090 万吨。历年最大年输沙量为 7.54 亿吨（1954 年），最小输沙量为 910 万吨（2006 年）。据实测资料统计，宜昌站多年平均含沙量为 1.13 千克每立方米（1951—2002 年），历年最大含沙量为 1.65 千克每立方米（1981 年），最小为 0.032 千克每立方米（2006 年）。

长江支流输沙量占干流比例很小，清江搬鱼嘴（长阳）站多年平均年输沙量为 890 万吨，沮漳河河溶站为 210 万吨。

荆江河段在比降沿程变缓、流速降低条件下，原悬移质中粗颗粒部分在本河段转化为床沙质；同时又接纳清江、湘、资、沅、澧等河流 1800 余亿立方米的区间来水量和近 0.5 亿吨来沙量。通过长江干流四口分流和洞庭湖的调蓄以及汇流区的江湖相互顶托作用，对长江荆江河道和洞庭湖的冲淤变化产生巨大影响，构成错综复杂的江湖关系。长期以来，荆江河段在自然条件下，由于洞庭湖区及其分流河道长期淤积，四口分流分沙不断减小，荆江河道水沙量不断增大，致使荆江及其下游河道比降发生调整，并带来相应的河床冲淤变化。20 世纪 60—80 年代，下荆江系统裁弯和葛洲坝工程兴建对江湖关系产生一定影响，自然演变进程得到加速。三峡工程投入运行后逐渐改变中下游河道，首先是荆江河段来水来沙条件，江湖关系产生新的影响。

城陵矶至新滩口河段，主要承接荆江河道及洞庭湖出口的来水来沙。由于洞庭湖水系湘、资、沅、澧四水的来水，使进入该河段年径流量增至 6460 亿立方米（螺山站，1951—2002 年）；另一方面四口分流的泥沙和四水来沙经洞庭湖大量淤积，使进入该河段的年输沙量减为 4.09 亿吨，比宜昌站减少近亿吨，结果，其水沙条件与荆江河段相比迥然不同，这是造成城陵矶以上的上、下荆江与该河段河型不同的因素之一。江湖关系变化直接影响着荆江河道演变，也直接影响着城陵矶以下邻近河段的演变。

宜昌至螺山区间由于有四口分流入洞庭湖，三峡工程运行前，平均每年约有 1 亿吨泥沙沉积于湖区。四口分流泥沙约占洞庭湖入湖总沙量的 77%～87%，所以螺山站年输沙量及含沙量均较宜昌站为小。随着 1958 年冬调弦口筑坝建闸控制，荆江河段汛期仅三口分流入湖。加之 20 世纪 60 年后期下荆江实施两处人工裁弯和发生一处自然裁弯，荆江泄洪能力增强，长江与洞庭湖的水沙关系发生显著变化，再加上葛洲坝水利枢纽和三峡工程的运行，上游输沙量急剧减少。荆江三口分流分沙逐年递减，裁弯前的 1955—1966 年，三口分流比平均值为 29.5%，以藕池口 14.1% 为最大，其次为松滋口。裁弯后各时段递减，1973—1980 年，三口分流比减至 18.8%，减少约 10.7%，以藕池口减少 8.5% 为最多。裁弯前三口分沙比为 35.2%，以藕池口 21.3% 为最大；1981—1995 年，三口分沙比减至 19%，减少 16.2%，以藕池口减少 14.64% 为最多。三口年分流量从裁弯前的 1333 亿立方米（1956—1966 年）减至 499 亿立方米（2003—2008 年）；三口年分沙量从裁弯前的 1.96 亿吨（1956—1966 年）锐减至 0.12 亿吨（2003—2010 年）。

受各种自然和人为因素影响，特别是人工裁弯和自然裁弯影响，20 世纪 60 年代以来，荆江三口分流分沙递减，尤以藕池口减少最多，与多年平均值相比，年平均水量减少 58.8%，沙量减少 61.6%。下荆江干流年平均水沙量比多年平均值大，监利站 90 年代年水量比多年平均值增加 8.9%，沙量则相对减少 9.4%。由于荆江三口分流分沙的变化，使洞庭湖出湖水沙量减少，城陵矶（七里山）站水沙量 80 年代以来年平均值分别比多年平均值减少 8.4% 和 29.4%。螺山以下，90 年代以来水沙量变化较小，与多年平均值相比，增减变幅分别为 0.1%～0.5% 和 -2%～10%。

监利站多年平均年输沙量为 3.81 亿吨（1951—2002 年），三峡工程运行后，清水下泄，泥沙量急剧减少，2003—2008 年年均输沙量为 0.98 亿吨。历年最大年输沙量为 5.49 亿吨（1981 年），最小年输沙量为 0.389 亿吨 (2006 年)。

螺山站多年平均年输沙量为 4.09 亿吨 (1954—2002 年),三峡工程运行后,清水下泄,泥沙量急剧减少,2003—2008 年年均输沙量为 1.10 亿吨。历年最大年输沙量为 5.52 亿吨 (1984 年),最小年输沙量为 0.581 亿吨 (2006 年)。螺山多年平均含沙量为 0.64 千克每立方米 (1954—2002 年),历年最大含沙量为 5.66 千克每立方米 (1975 年 8 月 12 日),最小含沙量为 0.048 千克每立方米 (1954 年 2 月 1 日)。相比监利站,螺山站沙量增加的主要原因是洞庭湖来沙量的加入。

四口分洪量自 1955 年以来一直呈减少趋势,据长江委统计,在上游来水洪峰流量(宜昌、长阳、聂家河、河溶 4 站洪峰流量之和)大致相同时,四口分流的洪峰流量和与来水洪峰流量相比,得出四口洪峰流量占来水洪峰的分流百分比:1955—1966 年为 41.86%,1967—1972 年为 34.63%,1973—1987 年为 28.08%。减少的原因,主要是下荆江裁弯后干流泄洪量增大和四口河道受泥沙淤积影响,过水能力减小。藕池口管家铺站河床最低点,1983 年比 1966 年淤高 6 米,河床断面面积以 39.00 米的水位计算,由 4359 平方米减为 3302 平方米,减少 24.2% 的过水面积。

荆江四口分流分沙量大,占干流比例也较大。以 1955—2005 年多年平均数据统计,四口多年平均年分流量为 900 亿立方米,占枝城来量的 18.3%;分沙量为 1.2 亿吨,占枝城来沙量的 23.2%。

1956—2005 年长江干流多年平均年径流量无趋势性变化,荆江四口分时段多年平均年径流量有沿时程递减趋势。1999—2002 年与 1956—1966 年相比,四口年均径流量由 1331.6 亿立方米减少至 625.3 亿立方米,减少 706.3 亿立方米;分流比由 29% 减少至 14%。三峡工程运行后的 2003 年、2004 年和 2005 年四口分流比分别为 13%、12% 和 14%,与三峡水库蓄水前相比稍有减少。

荆江四口分沙情况 1956—1966 年与 1999—2002 年比较,四口分沙由 1.959 亿吨减少至 0.567 亿吨,合计减少 1.392 亿吨,减幅 71%;分沙比由 35% 减少至 16%。三峡工程运行后,2003 年、2004 年和 2005 年四口分沙比分别为 16%、18% 和 21%,与蓄水前相比变化不大。

表 1-24　　　　　　　三峡工程运行后荆江三口多年分流、分沙比变化统计表

年份	年径流量/亿 m³			三口分流比/%	年输沙量/亿 t			三口分沙比/%
	枝城	松滋口	太平口	藕池口		枝城	松滋口	太平口	藕池口	
2003	4232	326.2	105.70	136.80	13.4	1.3100	0.1030	0.0290	0.0740	15.7
2004	4218	310.9	103.70	109.70	12.4	0.8000	0.0750	0.0200	0.0500	17.9
2005	4545	377.0	122.80	143.60	14.2	1.1700	0.1310	0.0360	0.0740	20.5
2006	2928	119.1	34.34	29.12	6.2	0.1200	0.0104	0.0025	0.0030	13.5
2007	4180	318.0	99.80	126.00	13.0	0.6800	0.0678	0.0173	0.0480	19.6
2008	4238	311.0	98.00	115.00	12.4	0.3920	0.0380	0.0102	0.0248	18.69
2009	4031	263.0	86.00	98.00	11.1	0.4100	0.0460	0.0121	0.0245	20.22
2010	4195	322.0	107.00	137.07	13.5	0.3790	0.0461	0.0142	0.0325	24.49
2003—2010	4077	293.7	94.8	111.7	12.27	0.6579	0.0644	0.0176	0.0413	18.76

表 1-25　　　　　　荆江三口河道及洞庭湖出湖年输沙量统计表　　　　　　单位:万 t

统计年份	枝城	松滋口	占枝城/%	太平口	占枝城/%	藕池口	占枝城/%	三口合计	占枝城/%	洞庭湖出湖(七里山)
1951—1955	48160	6094	12.65	2174	4.51	14310	29.71	22578	46.88	7400
1956—1966	56300	5352	9.51	2386	4.24	11840	21.03	19578	34.77	5961
1967—1972	50333	4842	9.62	2093	4.16	7216	14.34	14151	28.11	5247
1973—1980	51263	4711	9.19	1935	3.77	4430	8.64	11076	21.61	3839
1981—1988	56700	5303	9.35	1969	3.47	4299	7.58	11571	20.41	3266
1989—1995	41800	3517	8.41	1335	3.19	2187	5.23	7039	16.84	2760
1996—2002	39400	3470	8.81	1220	3.10	2267	5.75	6957	17.66	2251
2003—2010	6579	645	9.80	176	2.68	413	6.28	1234	18.76	1525

造成四口分流分沙递减的主要原因是四口口门和分洪道逐年淤积且受下荆江裁弯的影响。前者使同水位下过水面积减少，后者致口门水位降低。藕池口距裁弯河段上游较近，受裁弯影响最大。由于四口分流比减小，分沙比也相应减小。

2003年三峡工程开始蓄水运行后，长江中下游干流宜昌至汉口沿程各站2003—2009年平均年径流量与多年平均值相比变化不大，但输沙量大幅度减少。2003—2009年宜昌、枝城、沙市、监利站相比三峡工程运行前各站多年平均年输沙量分别减少86%、84%、79%和72%。其中2006年为水小、沙少年，宜昌至汉口沿程各站年径流量比多年平均值减少24%～35%，年输沙量减少80%以上。三峡工程运行后宜昌站输沙量相对减少最多，1951—2002年宜昌站年均输沙量为4.91亿吨，2001年为2.99亿吨，2002年为2.28亿吨，2003年为0.976亿吨，2004年为0.64亿吨。宜昌以下各站点减少幅度沿程递减，说明河床冲刷补给，使沿程含沙量得到一定的恢复。

表1-26   **宜昌至城陵矶河段干支流主要水文站多年实测水沙特征值表**

测站	平均年径流量/亿 m³	平均年输沙量/亿 t	统计年份	测站	平均年径流量/亿 m³	平均年输沙量/亿 t	统计年份
宜昌	4369	4.91	1950—2002	宜昌	3957	0.6900	2003—2010
枝城	4450	5.00		枝城	4053	0.6579	2003—2010
沙市	3942	4.34	1956—2002	沙市	3742	0.7663	2003—2010
松滋口	419	0.46	1955—2002	松滋口	284	0.0645	2003—2010
太平口	165	0.19	1954—2002	太平口	92	0.0176	2003—2010
藕池口	381	0.58	1956—2002	藕池口	105	0.0413	2003—2010
监利	3576	3.58		监利	3600	0.8958	2003—2010
城陵矶	2967	0.43	1951—2002	城陵矶	2289	0.1525	2003—2010

注 本表中统计年份不同时，以多年平均年输沙量统计年份为准。

表1-27   **长江中游宜昌至城陵矶河段干支流水文站历年输沙量特征值表**

年份	年输沙量/万 t								
	宜昌	枝城	沙市	监利	松滋口	太平口	藕池口	三口合计	洞庭湖出湖（七里山）
1950	40400								5590
1951	41100			26400	5490	2020			4970
1952	50400	53200	61400	26200	5410		16478		7730
1953	38600	38100	36100	29600	4430	(1605)	8473	14508	8450
1954	75400	59500	79600	22200	(8680)	2620	19460	30760	8460
1955	52600	48400	46600	24700	6330	2690	15390	24410	(4830)
1956	62700	64400	44400	32100	5890	2640	13470	22000	6830
1957	51700	55000	40800	31800	5330	2470	11870	19670	5990
1958	58300	66900	48700	34800	5620	2500	13350	21470	6470
1959	47600	47500	36200	31700	3810	2120	8508	14438	6480
1960	41800		34200		4100	1830	9950	15880	5480
1961	48700		44500		4570	2210	11290	18070	6880
1962	49400		38800		5180	2220	13350	20750	5560
1963	56200		47600		5430	2570	11622	19622	5130
1964	62300		58000		7060	2780	14670	24510	6290
1965	57700		49400		5880	2470	11750	20100	5250
1966	66000		52200	42100	6000	2630	10430	19060	5210
1967	54300		50600	39900	5470	2700	9222	17392	5890
1968	71200		65600	44300	8030	3100	14570	25700	5730

续表

年份	年输沙量/万t								
	宜昌	枝城	沙市	监利	松滋口	太平口	藕池口	三口合计	洞庭湖出湖（七里山）
1969	41200		40500	27900	3960	1850	6009	11819	5580
1970	48800		41300	29400	4540	2020	7154	13714	6150
1971	41700		39500	35600	3710	1710	3862	9282	3890
1972	38600		35700	35900	3364	1410	2509.5	7283.5	4240
1973	51000		45100	30700	5000	2110	6226	13336	4320
1974	67500		61000	47400	6480	2700	8466	17646	3290
1975	47000		47800	41600	4440	1970	3824	10234	3880
1976	36800		34800	33600	3380	1410	2739	7529	3900
1977	46400		45400	38200	4420	1910	3246	9576	3920
1978	44200		42400	37900	4067	1590	2302.6	7959.6	3200
1979	52700		48600	44700	4850	1850	3719	10419	3860
1980	53800		49300	40800	5050	1940	4919	11909	4340
1981	72800		61500	54900	7380	2600	6242	16222	4140
1982	56100		48300	45400	5420	2080	5123	12623	3940
1983	62200		55800	46700	6120	2410	6759	15289	3460
1984	67200		52900	51200	6660	2490	5505	14655	3530
1985	53100		43700	46000	4880	1790	3422	10092	3040
1986	36100		36300	35500	3168	1240	1833.1	6241.1	2610
1987	53400		45200	42600	4930	1690	3436	10056	2980
1988	43100		37300	35900	3865	1450	2075.3	7390.3	2460
1989	51000		46300	45600	4570	1590	2786	8946	2800
1990	45800		41000	41500	3991	1560	2105.2	7656.2	3140
1991	54500		46500	43100	4960	1730	3573	10263	2910
1992	32200	33000	31100	30000	2583	985	1534.5	5102.5	2680
1993	46400	45500	41400	35700	3940	1510	3224	8674	2480
1994	21000	23300	20500	20900	1406	652	502.3	2560.3	3010
1995	36300	36800	33900	32100	3177	1320	1583.3	6080.3	2300
1996	35900	35000	29900	29200	3062	1160	1785	6007	2190
1997	33700	32700	30800	30300	2563	1010	1323.7	4896.7	2400
1998	74300	70100	60400	40700	7280	2320	5579	15179	3050
1999	43300	42300	39300	32200	3802	1470	2748	8020	1770
2000	39000	39600	37100	35000	3335	1190	2004	6529	1930
2001	29900	31400	31000	29200	2390	792	1050.9	4232.9	2020
2002	22800	24900	24100	19800	1858	621	1378.8	3857.8	2390
2003	9760	13100	13800	13100	1021	290	739.1	2050.1	1750
2004	6400	8030	9560	10600	745	196	502.4	1443.4	1430
2005	11000	11700	13200	14000	1305	361	735	2401	1590
2006	910	1200	2450	3890	104.2	24.6	33.2	162	1520
2007	5270	6800	7510	9390	678	173	478.9	1329.9	1120
2008	3200	3920	4920	7600	382.6	102	248.1	732.7	1740
2009	3510	4090	5060	7060	461	121	245	827	1670
2010	3280	3790	4800	6020	461	142	325	928	2620
2003—2010	6090	6578.8	7662.5	8957.5	644.7	176.2	413.3	1234.3	1525
1950—2010	44792	23293.6	38145.5	31938.2	4038.7	1632.4	5052.9	10724	1915

注 沙市站1952—1955年输沙量为观音寺站数据。

四、泥沙输移对洪水的影响

长江泥沙输移为中游地区提供土地资源，从而形成广袤的中游平原区。泥沙落淤使中游平原湖区陆域增加，为围垦创造条件，耕地增加。泥沙淤积在江槽、湖泊，则相应地使江湖水域及河床萎缩，洪水位抬高，防洪形势加剧。洞庭湖区从1860年、1870年藕池口、松滋口先后决开，荆江形成四口分流格局之后，大量水沙分泄入湖。湖区南县的大部分土地即为这一时期所淤成。20世纪前湖区水系密如蛛网，纵横相串。随着洲滩不断增多、淤高、扩大以及围垦加剧，形成不利的防洪局面。湖面、湖容、河槽相继萎缩，洪水位相应抬高。出流顶托；影响下荆江泄洪和城陵矶以下河段洪水。湖面从1825年的6000平方千米，逐渐变化为1949年的4350平方千米，再至1995年的2623平方千米。泥沙淤积使荆江四口分流量发生相应变化，1954年四口最大分流量29590立方米每秒，1981年（沙市水位与1954年相近）分流量22427立方米每秒，减少7163立方米每秒。20世纪50年代以前四口全年不断流，至80年代末各口均出现断流期，其中藕池口断流期长达半年以上。由于四口淤积，分流减少，湖区淤积，围垦加剧和江槽演变等因素，荆江水位明显抬高。据1963年分析，沙市水位从1903—1963年，年均抬高2.5厘米，前30年年均抬高3.3厘米，其后年均抬高约2.0厘米。下荆江三处裁弯后抬高值减小，但趋势未变。城陵矶33.95米水位发生的频率，1954年之前大约20年一遇，至20世纪90年代初约9~10年一遇。西洞庭湖区变化尤大，安乡站1954年洪峰水位值当时大约相当于15~20年一遇，至70年代，这一水位常出现，并有数次超过且最大超过1.5米以上。因此西洞庭湖区只有连年加高堤防来解决这一矛盾，防洪形势日趋紧张。1998年长江流域发生大洪水，洪水量级小于1954年，但中游水位却普遍高于1954年，有360千米河段最高洪水位超过历史最高记录。水位高的一个主要原因是三口分流减少，洞庭湖调蓄容积减小，且未运用分洪工程。荆江河段不但7—8月的洪量比1954年多，5—8月的洪量也较1954年多。1954年5—8月径流量为2696亿立方米，1998年为2861亿立方米，相比1954年增加165亿立方米。据三峡工程运行前宜昌水文站近50年资料统计，年平均输沙量约4.94亿吨，年际变化不大，未见明显增加趋势。汉口河段年平均输沙量为3.98亿吨，宜昌与汉口间的年输沙量差值约1亿吨，主要淤积在洞庭湖区。1951—1998年间洞庭湖淤积量为46.3亿吨，淤积致使湖泊容积减小，洪水位抬高。长江中下游干流河床相对变化不大，基本稳定。其中城陵矶至武汉之间部分河段较下荆江河段裁弯取直前有所淤积。

表1-28　　　　　　　　　　长江中游宜昌至汉口河段沿程测站年均水沙量统计表

序　号	河　名	站　名	年均径流量/亿 m³	年均输沙量/亿 t	统计年份
1	长江干流	宜昌	4364	4.70	1950—2005
2	长江干流	枝城	4390	5.11	1955—2005
3	松滋河	新江口	312	0.34	1955—2000
4	松滋河	沙道观	114	0.14	1955—2000
5	虎渡河	弥陀寺	152	0.16	1955—2010
3+4+5	小计		578	0.64	
6	长江干流	沙市	3946	4.15	1956—2005（缺1970）
7	藕池河	管家铺	323	0.58	1955—2000
8	安乡河	康家岗	23	0.05	1955—2000
9	长江干流	监利	3582	3.19	1951—2010（缺1960—1966）
10	洞庭湖出口	城陵矶（七里山）	2652	0.19	1952—2010
9+10	小计		6234	3.39	
11	长江干流	螺山	6408	4.15	1954—2005
12	长江干流	汉口	7117	3.84	1954—2005

注　资料来源于《人民长江》2008年1月总386期，《长江宜昌至汉口河段水沙变化初步分析》。

表 1-29　　　　　　　　　　荆江四口历年最大流量分流情况统计表　　　　　　　　单位：m³/s

年份	枝城最大流量	四口分流量	四口分流量占枝城流量/%	其　中							
				松滋口			虎渡河	藕池口			调弦口
				小计	松西河	松东河		小计	管家铺	安乡河	
1937	66700	28300	42.44	11600			3140	12100			1460
1951	60800	23320	38.40	7840			2660	11530	9520	2010	1320
1952	53500						3170	13820	11100	2720	
1953	52800						2530	11540	9480	2060	
1954	71900	29590	41.15	10180	6400	3780	2970	14790	11900	2890	1650
1955	55200	23960	43.41	8130	5030	3100	2880	12950	10700	2250	
1956	62700	25480	40.64	8830	5220	3610	3000	13650	11200	2450	
1957	51900	22550	43.45	7560	4590	2970	2560	12430	10500	1930	
1958	61300	26730	43.61	8750	5440	3310	2800	13640	11400	2240	1540
1959	53600	22090	41.21	7170	4420	2750	2920	12000	10300	1700	建闸控制
1960	52600	20490	38.95	6590	4080	2510	2430	11470	9880	1590	
1961	54100	22350	41.31	7780	5060	2720	2950	11620	10000	1620	
1962	57400	24640	42.93	8650	5340	3310	3210	12780	10900	1880	
1963	50000	18540	37.08	6300	4060	2240	2620	9620	8520	1100	
1964	53200	22730	42.73	8020	5060	2960	3010	11700	10100	1600	
1965	49300	21130	42.86	7650	4870	2780	2750	10730	9290	1440	
1966	60500	23560	38.94	8800	5710	3090	2920	11840	10300	1540	
1967	49300	18140	36.80	6400	4170	2230	2520	9220	8220	1000	
1968	60300	23500	38.97	9450	6300	3150	2900	11150	9660	1490	
1969	53600	18490	34.50	7000	4790	2210	2770	8720	7720	1000	
1970	46600	17520	37.60	6770	4490	2280	2350	8400	7460	940	
1971	35400	11540	32.60	4650	3120	1530	1820	5070	4700	370	
1972	36900	10870	29.46	4770	3250	1520	1840	4260	4040	220	裁弯后
1973	52300	17070	32.64	7300	4790	2510	2620	7150	6430	720	
1974	62180	20420	32.84	9090	6040	3050	2730	8600	7730	870	
1975	46400	12830	27.65	5940	4110	1830	1920	4970	4620	350	
1976	51200	16440	32.11	7080	4910	2170	2330	7030	6350	680	
1977	47100	12440	26.41	5700	3910	1790	2100	4640	4320	320	
1978	43100	12060	27.98	5610	3920	1690	1940	4510	4220	290	
1980	56000	17204	30.72	7560			2490	7154			
1981	71600	22427	31.32	11030	7890	3140	2880	8520	7770	750	
1985	45200	12000	26.55	5820			1970	4210			
1989	69600	20300	29.17	10270			2570	7467			
1990	43200	11120	25.74	5100			1870	4150			
1991	50800	13740	27.05	6400			2140	5200			
1992	50400	12704	25.21	5900	4250	1650	2070	4734	4360	374	
1993	56200	14386	25.60	6890	4870	2030	2250	5236	4780	456	
1994	30600	7210	23.56	3470	2560	910	1250	1490	1380	110	
1995	40800	8950	21.94	4930	3590	1340	1700	2320	2150	170	
1996	48800	10746	22.02	5850	4290	1560	1770	3126	2920	206	
1997	55300	13120	23.73	6910	5150	1760	2000	4222	3900	322	
1998	68800	19010	27.63	9210	6540	2670	3040	6760	6170	590	
1999	58400	16676	28.55	8120	5960	2160	2640	5916	5450	466	
2000	57600	12410	21.55	6390	4680	1710	2130	3890	3610	280	

续表

年份	枝城最大流量	四口分流量	四口分流量占枝城流量/%	其 中								
				松滋口			虎渡河	藕池口			调弦口	
				小计	松西河	松东河		小计	管家铺	安乡河		
2001	41300	7873	19.06	4380	3310	1070	1510	1983	1860	123		
2002	49800	11164	22.42	5600	4120	1480	1810	3754	3500	254		
2003	48800	10769	22.07	5530	4030	1500	1840	3399	3170	229		
2004	58000	13347	23.01	7100	5230	1870	2060	4187	3890	297		
2005	46000	10417	22.65	5630	4140	1490	1810	2977	2790	187		
2006	31300	5691	18.18	3467	2680	787	1040	1184	1130	54		
2007	50200	11471	22.85	6080	4560	1520	1920	3471	3260	211		
2008	40300	8086	20.06	4600	3410	1190	1450	2036	1920	116		
2009	40100	8501	21.20	4770	3550	1220	1620	2111	1990	121		
2010	42600	10900	25.59	5780	4360	1420	2060	3060	2880	180		

注 数据来源于《长江防汛资料·水情》,1958年调弦口建闸后为三口数据;1998年虎渡河分流量加大与下游孟溪溃口有关。

表 1-30　　　　　　荆江三口历年径流量、输沙量占枝城站比例统计表　　　　　　%

年 份	三口分流比	三口分沙比	年 份	三口分流比	三口分沙比
1956	31.04	34.16	1984	18.28	21.81
1957	30.01	35.76	1985	16.61	19.00
1958	29.63	32.09	1986	14.35	17.28
1959	25.56	30.40	1987	16.39	18.83
1960	27.90	37.99	1988	15.32	17.15
1961	29.09	37.10	1989	16.49	17.54
1962	31.99	42.00	1990	14.65	16.72
1963	30.57	34.91	1991	15.05	18.83
1964	33.38	39.34	1992	12.38	15.46
1965	31.63	34.83	1993	15.62	19.06
1966	26.94	28.88	1994	10.01	10.99
1967	27.44	32.03	1995	14.40	16.52
1968	29.05	36.10	1996	14.73	17.16
1969	24.62	28.69	1997	11.55	14.97
1970	25.88	28.10	1998	19.26	21.65
1971	20.76	22.26	1999	16.32	18.96
1972	16.81	18.87	2000	14.05	16.49
1973	22.12	26.15	2001	11.74	13.48
1974	22.88	26.14	2002	13.03	15.49
1975	19.48	21.77	2003	13.45	15.64
1976	17.47	20.46	2004	12.43	17.98
1977	17.77	20.64	2005	14.16	20.52
1978	15.99	18.01	2006	6.24	13.50
1979	18.01	19.77	2007	13.01	19.56
1980	20.28	22.14	2008	12.35	18.69
1981	18.40	22.28	2009	11.00	20.22
1982	19.53	22.50	2010	13.49	24.49
1983	21.13	24.58			

注 1960—1990年分流比为三口年分流量占宜昌站数据;1960—1991年分沙比为三口年分沙量占宜昌站数据。

表 1-31　　　　　　　　　长江宜昌至螺山河段主要站历年最高水位、最大流量表[2]

年份	宜昌		枝城		沙市		石首		监利		城陵矶（七里山）		螺山	
	最高水位/m	最大流量/(m³/s)	最高水位/m	最大流量/(m³/s)	最高水位/m	最大流量/(m³/s)	最高水位/m	最大流量/(m³/s)	最高水位/m	最大流量/(m³/s)	最高水位/m	最大流量/(m³/s)	最高水位/m	最大流量/(m³/s)
1153	57.50	92800												
1227	58.47	96300												
1560	58.09	93600												
1613	56.31	81000												
1788	57.50	86000												
1796	56.45	82200												
1860	57.96	92500	51.31	110000										
1870	59.50	105000	51.90	110000									30.80	
1877	49.55	33900												
1878	53.23	57200												
1879	53.10	57200												
1880	52.39	50200												
1881	51.22	41600												
1882	52.31	48100												
1883	53.79	54700												
1884	50.74	41900												
1885	51.22	42100												
1886	52.34	47500												
1887	52.53	48800												
1888	53.39	57400												
1889	53.14	51200												
1890	53.18	52200												
1891	53.56	57700												
1892	54.68	64600												
1893	53.61	56000												
1894	51.93	44800											31.40	
1895	53.30	55800												
1896	55.92	71100												
1897	53.15	52000												
1898	54.29	60600												
1899	52.11	46800												
1900	49.37	33000												
1901	53.46	57900												
1902	51.42	43500												
1903	53.66	56300			41.72									
1904	51.55	42400			40.65						28.94			
1905	55.14	64400			42.30						31.43			
1906	52.16	46300			41.41						31.40			
1907	52.61	48500			41.48						31.55			
1908	53.71	61800			42.18						31.36			
1909	54.20	61100			42.05						32.31			

年份	宜昌		枝城		沙市		石首		监利		城陵矶（七里山）		螺山	
	最高水位/m	最大流量/(m³/s)	最高水位/m	最大流量/(m³/s)	最高水位/m	最大流量/(m³/s)	最高水位/m	最大流量/(m³/s)	最高水位/m	最大流量/(m³/s)	最高水位/m	最大流量/(m³/s)	最高水位/m	最大流量/(m³/s)
1910	51.58	44000			41.05						29.58			
1911	52.89	49100			41.90						32.49			
1912	51.70	46100			41.51						31.76			
1913	53.07	53300			42.02						30.11			
1914	51.55	45100			41.05						29.91			
1915	51.00	40200			41.29						30.87			
1916	51.36	42600			41.54						29.24			
1917	54.50	61000			42.60						32.46			
1918	52.98	50200			42.09						32.01			
1919	53.99	61700			42.45						31.23			
1920	54.72	61500			42.63						32.10			
1921	55.33	64800			42.89						31.88			
1922	54.63	63000			42.79						32.58			
1923	53.41	56600			42.42						31.94			
1924	51.39	42700			41.51						32.65			
1925	51.09	40800		43600	41.05						28.38			
1926	54.47	60800			43.06						32.95		31.40	
1927	51.39	43300			41.51						31.11			
1928	52.34	50700			42.09						29.18			
1929	50.21	36400			40.81						30.06			
1930	51.97	48000			42.05						30.81	34000		
1931	55.02	64600	49.99	65500	43.63						33.30	57900	31.85	
1932	51.36	41900			41.84						31.05			
1933	52.34	49100			42.60						32.74	50700		
1934	52.22	45900			42.42				32.92		30.06	27700		
1935	54.59	56900	50.24	75200	44.05				35.12		33.36	52800	31.90	
1936	53.38	62300	49.06	60300	42.82				33.17		30.47	26900		
1937	54.47	61900	49.62	66700	43.90				35.39		33.17	45100		
1938	54.78	61200	49.95	70700	43.95				34.93		32.31	41000		
1939	52.86	53600			43.13									
1940	51.03	40900												
1941	53.13	57400												
1942	49.30	29800												
1943	52.03	44300												
1944	50.80	37600												
1945	55.71	67500												
1946	54.17	62100		61600					33.78		31.61	15900		
1947	53.04	50500			43.51				34.11		31.73	29400		
1948	54.23	57600			44.27				34.90		33.14	35500		
1949	54.32	58100	46.69		44.49				35.06		33.40		31.95	
1950	54.15	59700	49.98		44.38				34.96	21300	31.97	26500		

续表

年份	宜昌		枝城		沙市		石首		监利		城陵矶（七里山）		螺山	
	最高水位/m	最大流量/(m³/s)	最高水位/m	最大流量/(m³/s)	最高水位/m	最大流量/(m³/s)	最高水位/m	最大流量/(m³/s)	最高水位/m	最大流量/(m³/s)	最高水位/m	最大流量/(m³/s)	最高水位/m	最大流量/(m³/s)
1951	52.74	53600	48.80	60800	43.46	36500	38.05		34.14	26000	31.10	25500		
1952	53.74	54900	49.25	53500	43.89	45000	39.39		35.40	27000	32.78	35400		
1953	52.39	49100	48.54	52800	43.15	36000	38.20		33.36	27300	29.85	20600	29.00	42300
1954	55.73	66800	50.61	71900	44.67	50000	39.89		36.57	35600	34.55	43400	33.17	78800
1955	53.37	54400	49.18	55200	43.74	45700	39.09		34.75	27600	32.06	29100	31.17	52200
1956	53.89	57500	49.81	62700	44.19	44900	39.15		34.04	31200	31.15	29800	30.43	44500
1957	52.81	53700	48.83	51900	43.44	42000	38.76		34.14	26800	31.52	28700	30.54	48500
1958	53.32	60200	49.20	61300	43.88	46500	39.26		34.40	29400	31.44	30800	30.51	50000
1959	52.56	54700	48.51	53600	43.19	43000	38.56		33.11	30200	30.23	23800	29.34	42700
1960	52.33	52300	48.17	52600	43.01	37900	38.66		33.58	25700	29.66	22000	28.68	40900
1961	52.73	53800	48.44	54100	43.29	43500	38.74		33.41		29.70	25900	28.76	41000
1962	53.34	56200	49.17	57400	44.35	44400	39.85		35.67		33.18	35100	32.09	55400
1963	51.39	44400	47.60	50000	42.63	38900	37.82		33.27		29.97	23500	28.83	46000
1964	53.37	50200	48.97	53200	43.90	44800	39.39		35.86		33.50	39600	32.36	62300
1965	52.91	49000	48.79	49300	43.51	42300	38.73		34.73		31.12	22000	30.09	45600
1966	53.90	60000	49.53	60500	43.93	47400	38.86		34.50	34600	30.57	29700	29.42	48900
1967	51.49	42600	47.89	49300	42.83	37400	38.00		34.75	27600	31.99	27700	30.91	50900
1968	53.58	57500	49.78	60300	44.13	49500	38.98		36.07	37800	33.79	35500	32.59	58300
1969	51.64	42700	48.36	53600	43.10	41400	37.84		35.68	30100	33.56	38600	32.43	59900
1970	51.94	46100	48.24	46600	42.71	36900	37.72		35.09	28600	32.60	34200	31.46	52400
1971	49.92	34400	46.43	35400	41.02	28800	36.15		32.86	24100	29.89	26400	28.91	39900
1972	49.94	35400	46.51	36900	40.97	30800	35.73		31.41	25900	28.26	17100	27.22	35200
1973	52.43	51900	48.61	52300	43.01	42400	37.77		35.21	31000	33.05	32900	31.91	56800
1974	54.47	61600	49.89	62180	43.84	51100	38.33		35.13	36900	32.51	29800	31.39	53600
1975	51.75	45700	47.75	46400	41.89	38300	36.36		33.24	32500	30.68	28400	29.51	40700
1976	52.41	49600	48.63	51200	43.01	42800	38.05		35.57	33900	32.86	25000	31.66	53600
1977	50.83	40200	47.46	47100	41.90	35700	36.56		34.15	29900	32.14	28900	30.93	49400
1978	51.18	42500	47.51	43100	41.78	36900	36.50		33.47	31200	30.13	18900	29.02	41900
1979	52.74	46100	48.97	54100	42.98	41900	37.88		34.65	35900	31.35	27700	30.26	47300
1980	53.55	54700	49.43	56000	43.65	46600	39.05		36.22	40000	33.71	28100	32.66	54000
1981	55.38	70800	50.74	71600	44.47	54600	39.12		35.80	46200	31.71	22300	30.53	50500
1982	54.55	59300	50.18	60800	44.13	51900	39.09		35.82	42400	32.37	29200	31.28	53300
1983	53.18	53500	49.40	53800	43.67	45500	39.29		36.75	37300	34.21	34300	33.04	59400
1984	53.40	56400	49.58	57100	43.50	46100	38.51		35.23	39100	31.68	22500	30.60	48500
1985	51.37	45700	47.76	45200	41.84	40600	36.81		33.88	33900	30.49	18500	29.32	45100
1986	51.10	44600	47.56		41.95	36800	36.84		33.94	32100	30.96	23600	29.86	49000
1987	53.88	61700	49.90		43.89	51900	38.94		35.63	42500	32.03	22700	31.08	52000
1988	51.73	48200	48.33		42.65	41400	38.33		36.14	34200	33.80	31300	32.80	61200
1989	54.15	62100	50.17	69600	44.20	53900	39.59		36.38	45500	32.54	24700	31.73	53300
1990	50.87	42400	47.58	43200	42.10	38500	37.63		35.36	32700	32.65	23500	31.67	50800
1991	52.30	50400	48.46	50800	42.85	42000	38.18		35.97	37500	33.52	29600	32.52	57400

续表

年份	宜昌		枝城		沙市		石首		监利		城陵矶（七里山）		螺山	
	最高水位/m	最大流量/(m³/s)	最高水位/m	最大流量/(m³/s)	最高水位/m	最大流量/(m³/s)	最高水位/m	最大流量/(m³/s)	最高水位/m	最大流量/(m³/s)	最高水位/m	最大流量/(m³/s)	最高水位/m	最大流量/(m³/s)
1992	51.54	47900	48.02	50400	42.49	41100	37.99		35.28	37600	32.15	28100	31.25	49900
1993	52.57	51800	49.01	56200	43.50	46700	38.97		36.23	37400	33.04	28800	32.10	55600
1994	48.80	32200	45.57	30600	40.33	27600	35.80		33.02	27900	30.24	25900	29.19	38400
1995	50.15	40500	46.82	40800	41.83	34100	38.04		35.76	30700	33.68	37700	32.58	52100
1996	50.96	41700	47.58	48800	42.99	41500	39.38		37.06	35200	35.31	43900	34.18	67500
1997	52.02	49400	48.53	55300	42.99	42900	38.74		35.78	38100	32.56	26400	31.58	51200
1998	54.50	63300	50.62	68800	45.22	53700	40.94		38.31	46300	35.94	35900	34.95	67800
1999	53.68	57600	49.65	58400	44.74	48400	40.77		38.30	41800	35.68	35000	34.60	68500
2000	52.58	54000	48.60	57600	43.13	45200	38.73		35.65	39200	31.84	14500	30.90	47300
2001	50.54	41500	46.49	41300	41.12	35600	36.59		33.50	30000	29.86	18600	28.75	37900
2002	51.70	49200	47.71	50600	42.78	41400	39.28		37.15	37200	34.91	36800	33.83	67400
2003	51.80	47700	47.65	48800	42.69	44600	38.68		36.46	35500	33.61	26600	32.57	59100
2004	53.95	60800	45.71	58000	43.43	45000	38.73		35.40	42300	32.05	29800	30.97	47400
2005	52.10	48900	47.73	46000	42.42	41900	37.81		35.03	36800	31.49	23100	30.60	43500
2006	49.09	31600	45.18	31300	39.72	26500	35.23		32.33	23900	29.57	20500	28.45	34400
2007	52.94	50800	48.33	50200	42.97	41400	38.48		35.79	38800	32.62	15700	31.32	51400
2008	51.05	40100	46.93	40300	41.85	34000	36.90		34.14	30800	31.28	14600	30.13	40800
2009	51.08	40200	46.93	40100	41.84	32900	36.84		34.20	30900	30.93	16400	29.70	42000
2010	51.70	42000	47.65	42600	42.58	35700	38.47		36.12	32100	33.31	28700	32.28	48300

注：

[1] 资料来源于《长江志》、《长江中下游河道整治研究》、《中国河流泥沙公报 2009》。

[2] 数据来源于水利部《中国'98 大洪水》、水利部水文局《1998 年长江暴雨洪水》、长江委水文局《长江防汛水情手册》、《长江中下游防汛基本资料·水情》、《长江志·自然灾害》、《荆江大堤志》及易光曙《漫谈荆江》等。宜昌站 1877 年前多年水文特征值为洪水调查数据。

第六节 江 湖 关 系

江湖关系，是荆江与洞庭湖关系的简称，也称"荆湖关系"，亦含有荆南、荆北两湖关系的含义，它是湘鄂两省水利关系历史上一项重要内容。江湖关系演变经历了一个漫长历史时期和复杂过程，这一过程是与两湖地区垸田兴筑、农业经济繁荣进程相一致的，也是荆江与洞庭湖之间水沙运动的结果。

江湖关系，实质是水沙分配关系，即如何处理荆江超额洪水问题。水沙分配是江湖关系的制约因素，也是江湖关系矛盾症结所在，调整水沙分配格局，则是处理江湖关系的出发点和归宿，从防洪意义上讲，有四口分流及城陵矶出流才有江湖关系。

洞庭湖是长江中游最重要的洪水调蓄场所，荆江四口分流量虽呈逐渐减少趋势，但仍相当于长江枝城高洪流量的 1/4，对荆江防洪有决定性意义。1951—1988 年，三口、四水组合年最大入湖洪峰（不计区间）均值达 37200 立方米每秒以上，削峰率为 27%。即使在 1998 年 8 月 16—19 日，沙市站出现当年最高洪峰期间，虽然江湖满盈，洞庭湖削峰系数仍达 22.8%。维持洞庭湖调蓄能力对荆江防洪至关重要，但由于受泥沙淤积、围垦等因素影响，洞庭湖调蓄能力日渐衰退。

一、江湖演变

江湖关系变化始终与自然演变和人类活动密切相关，两者相互影响。挟带大量泥沙的洪水是江湖自然演变的主要原因。秦汉时期以前以自然演变为主，之后，人类活动逐渐升为影响江湖关系变化的主要因素。在漫长的江湖关系演变过程中，出现几个重要转折点影响江湖关系的发展变化。

秦汉以前，云梦泽南连长江，北通汉水，方圆九百里，面积近2万平方千米。长江从平均海拔4000米以上的青藏高原倾泻而下，涌入三峡，湍激之势为诸山所束而敛，待江流汹涌出峡，地势陡然变宽，落差急剧减小，江水涌入江汉平原，在广阔的云梦泽恣意漫流。枯水季节长江或许还有河道可寻，一旦涨水，长江河道便湮灭在大湖之间。由于有云梦泽调洪，当时"洪水过程不明显，江患甚少"。那时洞庭湖，还只是君山附近一小块水面，方二百六十里，名曰巴丘湖，余皆为被湘、资、沅、澧四水河网切割的沼泽平原。故史书有"洞庭为小渚，云梦为大泽"的记载。当时除澧水自荆江门入江，湘、资、沅水自城陵矶出江外，洞庭平原无别的通道与荆江及云梦泽连通。长江和汉水大量洪水拥入云梦泽的同时，大量泥沙亦被带到云梦泽，渐渐淤出洲滩。其时，湖水高于江水，荆江洪水并不具备向洞庭湖分流条件，虎渡河也未形成，江湖互不影响，并不存在江湖关系问题。由于泥沙长期淤积作用，至两晋南北朝时期，云梦泽开始解体，由过去的方圆九百里演变为三四百里，逼使荆江河段水位抬升，江水开始倒灌入湖，使洞庭湖与南面青草湖相连，由过去方圆二百六十里扩大至方圆五百里。荆江河段水位进一步抬升，使洞庭湖南连青草、西吞赤沙，横亘七八百里。当荆北出现大面积洲滩后，人类便在洲滩上从事生产活动，至东晋永和年间（345年后）开始在江陵筑金堤御水。唐以前，并不存在向洞庭湖分泄洪水，以减轻荆江洪水压力这一问题，江湖关系完全处于一种自然状态，荆江两岸及洞庭湖区水患较少。

至唐宋时期（约1000年前后），统一的云梦泽已不存在，取而代之的是星罗棋布的小湖群。在云梦泽演变成大面积洲滩和星罗棋布小湖群的同时，也逐渐形成荆江河槽雏形。在荆江河道逐步形成与古云梦泽逐步解体的漫长历

图1-32 古云梦泽位置示意图
（引自谭其骧《云梦与云梦泽》）

史过程中，荆江两岸形成众多江湖相通的"九穴十三口"。这些穴口虽多有变迁，但一直连接着荆江与两岸众多湖泊，起着分泄荆江水流作用，江湖关系仍处于自然状态。南宋时期，江湖关系开始发生变化。因支撑战争和安置大量南迁人口的需要，故大量围垦。由于盲目围垦，与水争地情况日益严重。限于当时生产力水平，围垸溃决频繁，屡溃屡围，屡围屡溃，这是江湖关系发展的一个重要转折点。

元明时期，随着人口增加，江汉平原垸田挽筑开始兴盛，荆江沿岸穴口或自然湮塞，或被人为堵筑。明嘉靖二十一年（1542年）荆江左岸重要穴口——郝穴被堵塞，枣林岗至拖茅埠堤段首先连成一线，形成统一荆江河槽。从此，江水被约束在单一河槽内，只能通过右岸虎渡、调弦二口向南消泄，促使荆江水位大幅度抬升，洞庭湖湖面进一步扩大至全盛时期，方圆八九百里，至19世纪30年代洪水湖面达6000余平方千米。这是江湖关系演变过程中一个重要转折。从此，洞庭湖成为荆江洪水调蓄区，江湖关系趋于密切。明后期以降，穴口的堵筑湮塞、堤垸规模的不断扩大、原天然水系的日趋紊乱、社会经济发展带来财富的增多以及人口急剧增长等诸多因素，致使荆江和洞庭湖区水灾呈

日益频繁与严重之势。同时由于"洲涨江高"，荆江大堤防洪形势日愈严峻，江汉平原受洪水威胁也日甚一日。

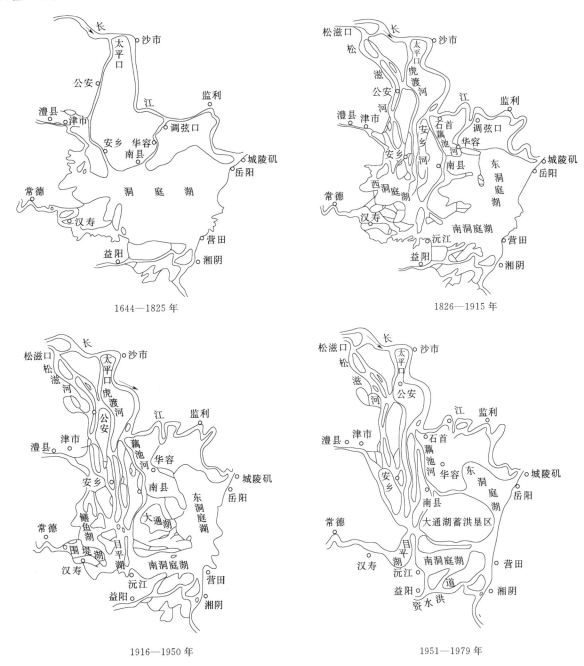

图 1-33 荆江及洞庭湖水系历史演变图（引自《长江中游枝城至城陵矶（荆江）河道基本特征》）

根据有关资料统计，"汉至宋代，历时约 1400 年，荆江河道水位上升幅度为 2.3 米，宋以后为急剧上升阶段，从宋至民国时期，历时约 800 年，上升幅度 11.1 米"，年均上升 1.39 厘米。南宋至清朝初年，江湖关系尚处于一种相对稳定状态，荆江两岸堤防防御洪水能力的"均势"未被打破，历代统治者对两岸堤防修筑和管理还是一视同仁，也未采取任何工程措施来改变这种"均势"；荆江大堤和荆江河道处于相对稳定状态，荆江河势比较顺直，上下荆江泄量差别不大。但因荆江水位不断抬高，昔日"湖高江低"变为"江高湖低"。明代，荆江洪水从华容县洪山头以下至今湖南君山农场一带漫滩进入洞庭湖，湘、资、沅、澧来水受阻，洞庭湖开始扩大。尽管明中后期荆江水位不断抬高溃决频繁，荆江地区洪灾损失严重，但洪水并不直接威胁洞庭湖的安全。

清咸丰十年（1860 年）大水冲出藕池河、同治九年（1870 年）大水冲出松滋河后，奠定江湖关系中"四口南流"局面。四口分流后，自南宋以降持续 600 余年的江湖平衡关系被打破，这是江湖演变过程中一个重要转折点。从此江湖关系发生质的变化，进入一个前所未有的历史巨变时期。江湖关系急剧变化，大量洪水与泥沙进入洞庭湖区，一方面缓解荆江大堤洪水压力，另一方面却加重湖区水灾，同时促使洞庭湖化湖为陆和萎缩，导致湖区垸田围筑高潮到来；洞庭湖区迅速由一个荆江洪水的滞蓄场所转化成湖南省重要农业经济区。

荆江右岸堤防频繁溃决与四口南流局面最终形成，使荆江大堤险况得以显著改善，洪水压力得以缓解。清光绪十六年（1890 年）湖广总督张之洞奏称，"自咸丰以来，石首之藕池口、公安之斗湖堤、江陵之毛杨二尖、松滋之黄家埠等处，相继溃口，荆江分流入湖，盛涨之时，虎渡调弦二口仍系南趋，北岸滨江各险，江水冲激之力稍减，是以历年得免溃决之患"（《再续行水金鉴》卷二一）。

从 1788 年至 1870 年藕池、松滋分流前的 82 年间，荆江大堤有 29 年溃口，约 2.8 年一次；而藕池、松滋分流后的 1870—1949 年共 79 年间，荆江大堤仅 10 年溃决，平均 7.9 年一次，充分反映出藕池、松滋二口分减荆江洪水的巨大作用。据实测资料，1931 年荆江四口分流量分别为：松滋口 7650 立方米每秒，太平口 2390 立方米每秒，藕池口 16100 立方米每秒，调弦口 1285 立方米每秒，其总和占当年枝城最大流量 65500 立方米每秒的 42％，其中松滋、藕池二口分流量之和占枝城最大流量的 1/3，可见松滋、藕池二口分流作用之巨大。直到民国三十六年（1947）年，"在高水时期，长江调弦口以下之泄量仅为枝城的 40％，而四口向洞庭湖的分泄量则达 60％"（《整治洞庭湖工程计划》，载《长江水利季刊》1948 年第 1 卷第 4 期）。建国后，由于四口口门泥沙淤积，加上调弦口建闸、下荆江裁弯等原因，四口分流虽逐渐减少，但仍占枝城站总流量的 2～3 成。

四口分流虽缓解了荆江洪水压力，但加剧了荆江河床形态演变。藕池、松滋溃口初期，分泄荆江大半洪水，下荆江河段由于流量急剧减小而迅速淤塞萎缩弯曲，遂成"九曲回肠"形态，这是上下荆江安全泄量不平衡而造成的严重后果。四口南流一方面直接削减通过下荆江河道的水沙量，使下荆江河道的水沙年内变幅比四口形成以前减小；另一方面大量洪水泄入洞庭湖，加剧洞庭湖水患的同时还带入大量泥沙。四口南流又影响湘、资、沅、澧四水在洞庭湖的汇流和出流过程，致使下荆江水流受到洞庭湖出流顶托，造成汛期下荆江水面比降小于枯水期比降，江水位抬高，洪水漫滩时间延长，水力作用部位相对固定、时间增加，加之下荆江河床边界具有易冲性，致使河曲加速发展，自然裁弯频繁发生，下荆江很快由顺直微弯型河道演变成蜿蜒型河道，河道萎缩，行洪能力降低。

据洞庭湖 100 余年资料记载，1825 年湖泊面积约 6000 平方千米，1860 年和 1870 年大水形成四口分流格局后，由于入湖沙量增大，年均淤积量约 1.38 亿吨（20 世纪 70 年代后有所减少），围湖垦殖迅速扩大，湖容不断萎缩。至 1949 年湖泊面积为 4350 平方千米，1978 年洪水期湖泊面积仅 2691 平方千米。1995 年按城陵矶水位 33.50 米计，湖面积仅存 2623 平方千米，容积 167 亿立方米。据 1977 年 2 月 12 日卫星照片量算，湖泊枯水水面仅 645 平方千米，已是一个冬陆夏水的节季性湖泊。据建国后实测资料，年均沉积泥沙约 1 亿立方米，湖洲以每年 4000 公顷的速度扩大。

洞庭湖的萎缩使湖泊自然调蓄洪水功能大为减弱，在相同来水量条件下水位抬高；另一方面，四口分流洪道淤积，荆江分流入湖流量减少，荆江干流流量和水位相应增高。荆南四河洪水主要来自长江上游，在下游还受洞庭湖顶托影响。长江流域型及区域型洪水均对其防洪安全构成很大威胁。荆南四河洪水特性与荆江干流类似，具有高水位出现频繁、洪峰流量大、持续时间长的特点。湖区及出口水位抬高，影响荆江洪水宣泄，荆江水位抬高又影响湖水宣泄，这种影响相互制约，构成极为复杂的江湖关系。但洞庭湖对荆江一般洪水仍可发挥一定滞蓄功能，只是随水情不同而有较大差别。1981 年 7 月 19 日上荆江枝城站最大流量 71600 立方米每秒，三口分泄入湖最大流量 22427 立方米每秒，此时洞庭湖水位较低，17—22 日 6 天中，城陵矶（七里山）水位由 29.54 米上涨至 31.71 米，滞蓄洪量达 72.9 亿立方米。而 1983 年 7 月 17 日上荆江枝城来量 53800 立方米每秒,三口分流入湖最大流量 16600 立方米每秒,但因前期湖泊满盈,城陵矶(七里山)站水位已达 34.21 米,所以湖区最大 5 天滞蓄量很小,基本未削减洪峰。

为减轻上荆江防洪压力,20 世纪 60—70 年代,下荆江共有 3 处裁弯,缩短河道里程 78 千米。下荆江系统裁弯是江湖关系演变的又一重要转折点。因裁弯扩大下荆江泄量约 10000 立方米每秒,下荆江对上荆江河段顶托作用减小;上荆江河段泄流能力增加,同流量水位降低;四口分流量急剧减少。四口洪道在水流含沙量不变情况下,径流量减少,洪道继续淤积。进入洞庭湖的水沙与前期相比减少,但由于下荆江泄流通畅,河道冲刷,中高水位对洞庭湖出流顶托作用增大,洞庭湖在长江来水来沙减少的情况下继续淤积。而城陵矶至汉口河段(城汉河段)在上游来水变化不大情况下,因下荆江冲刷明显,含沙量增加,导致该河段淤积。城汉河段淤积造成中低水位抬高,又使下荆江河段冲刷受到抑制。

三峡工程运行后,长江中游来水来沙条件改变,江湖关系发生长时期调整,成为新的转折点。因三峡工程拦蓄大量泥沙,同时上游水利工程的修建及水土保持工程的实施,进入库区的泥沙减少,中下游近坝段干流在径流量变化不大的情况下,水流含沙量急剧减少,河道冲刷,泄流能力增大,同流量水位下降。由于荆江三口口门水位降低,分流分沙减少,进入湖区泥沙也随之减少,湖区淤积得以减缓。与此同时,三口洪道水面比降调平,水流挟沙能力减小;因长江清水下泄,水流含沙量减少,随着两者在量变上的程度不同,三口洪道有冲有淤。下荆江河段因三口分流减少而径流量增加,洞庭湖对下荆江顶托作用减小;而水流泥沙含量减小,进入洞庭湖的水沙因之减少。三者共同作用,加之下荆江河床中沙层较厚,河道冲刷且冲刷严重。三峡工程运行后,城陵矶至汉口河段径流量变化不大,其水流含沙量受三峡下泄水流含沙量减小和水流流经下荆江河段所携带泥沙两方面因素影响。因此,在下荆江冲刷不太严重、进入城汉河段水流含沙的增量还不足以抵消因三峡拦蓄减少水流的含沙量时,城汉河段表现为冲刷。

江湖关系演变经历几次重要转折:从距今 2000 余年前的云梦泽调洪,演变至云梦泽消亡,存"九穴十三口"分流,为第一个转折点(约两宋时期);此后演变为尽堵"九穴十三口"形成荆江大堤为第二个转折点(1542 年);再演变至藕池、松滋溃口形成四口分流是第三个转折点(1860—1870 年);20 世纪 60—70 年代下荆江系统裁弯为第四个转折点;2003 年三峡工程运行,清水下泄,水沙关系发生相应变化,江湖关系进入新的转折期。

二、三峡工程运行前后荆州河段分流分沙变化[1]

荆江四口分流分沙占干流比重较大。据 1955—2005 年多年数据统计分析,四口年均径流量为 900 亿立方米,占枝城来量的 18.3%;年均输沙量 1.2 亿吨,占枝城输沙量的 23.2%。

1956—2005 年长江干流年均径流量无趋势性变化,荆江四口分时段年均径流量呈沿时程递减趋势。1956—1966 年与 1999—2002 年相比,四口年均径流量由 1331.6 亿立方米减少至 625.3 亿立方米,减少 706.3 亿立方米;分流比由 29% 减少至 14%。三峡工程运行后的 2003 年、2004 年和 2005 年四口分流比分别为 13%、12% 和 14%,与三峡水库蓄水前相比略有减少。

1956—1966 年与 1999—2002 年四口分沙量比较,由年均 1.958 亿吨减少至 0.567 亿吨,减少 1.391 亿吨,减幅 71%;分沙比由 35% 减少至 16%。三峡工程蓄水运行后,2003 年、2004 年和 2005 年四口分沙比分别为 16%、18% 和 21%,与蓄水前相比变化不大,分沙量逐渐减少。

造成四口分流分沙递减的主要原因是四口口门和分洪道逐年淤积且受下荆江裁弯影响。前者使同水位下过水面积减少,后者则降低口门水位。藕池口距裁弯河段上游较近,受裁弯影响最大。由于四口分流比减小,分沙比也相应减小。三峡工程运行后由于河床冲刷,干流同流量下水位降低,荆江四口分流分沙进一步减少。

四口洪道纵横交错,属河网型河道。因河道淤积,入湖段多具河口三角洲特点,河口下延,但亦有部分河段冲刷较剧烈，尽管藕池河各支多呈淤积态势，但东支注滋口河仍保持上中段冲刷态势，入湖段淤积下延。据历年统计，随着藕池河分沙量减少，淤积量也减少，而淤积百分数增加，河道向萎缩方向发展，松滋分流河道新江口站断面呈冲刷扩大趋势，1980年后略有回淤。松滋口沙道观站、太平口弥陀寺站以及藕池口康家岗、管家铺站水文断面均呈淤积趋势。

三峡工程运行后，进入四口分流道水沙减少，四口分流道各段河床相应发生冲淤变化。洞庭湖的淤积随之发生变化。1956—2005年荆江四口和洞庭湖四水共计入湖悬移质输沙量72.2亿吨，年均1.44亿吨，其中四口入湖泥沙占81.2%，四水入湖泥沙占18.8%；城陵矶出湖悬移质输沙量为19.4亿吨，年均0.39亿吨；湖区共淤积泥沙52.8亿吨，年均1.05亿吨。

受荆江四口入湖沙量减小等因素影响，洞庭湖区泥沙年均淤积量有减小的趋势。1999—2002年间年均入湖沙量0.68亿吨，年均出湖沙量0.20亿吨，年均淤积泥沙0.48亿吨，为多年均值的46%；2003—2005年间年均入湖沙量0.31亿吨，年均出湖沙量0.21亿吨，年均淤积泥沙0.10亿吨，为多年均值的9.4%。

三峡工程运行后，四口分流量减少，分沙量与建库前比大幅度减少，进入湖区含沙量减小，经湖区调蓄后，湖区仍以淤为主，但淤积趋缓，数据显示三峡水库运行后对减少洞庭湖区泥沙淤积，维持洞庭湖区调蓄能力有利。

城陵矶至武汉河段泄流能力随着来水来沙的变化相应改变。城陵矶至武汉河段在下荆江裁弯后的1970—1976年和连续大沙年的1981—1986年这两段时期出现淤积，而其它年份基本上处于冲淤平衡状态，1986年以后螺山断面出现冲刷，1995年又回复到1954年的断面状况。这两年的过水断面之差不足2%。

根据水文资料分析，淤积减小过流的效应主要出现在中低水位时，高水位时影响减小。螺山站在裁弯后的20世纪80—90年代，同流量水位比裁弯前的50—60年代有所抬高，低水位抬高0.5～0.7米，中水位在20000～40000立方米每秒时抬高0.3～0.5米，高水位在50000立方米每秒以上时抬高0.1～0.2米。

根据河道实测地形资料，2001年10月至2005年10月城汉河段主要表现为冲刷，平滩河槽冲刷量为0.71亿立方米，以枯水河槽冲刷为主，其冲刷量为0.51亿立方米，占总冲刷量的72%。

洪水期间荆江河段，水位高出两岸地面几米至十几米，这是泥沙淤积的结果。泥沙淤积致使荆江河段泄流能力减小，荆江水位抬高，荆江四口分流分沙增加，导致洞庭湖湖容逐年减少。湖区调蓄洪水能力减弱导致湖水位逐年抬高，同时又导致四口洪道水面比降调平，挟沙能力减弱，泥沙落淤，四口河道严重淤积；并且导致洞庭湖出流对下荆江的顶托。下荆江泄流能力减少，防洪压力加大。

注：

[1] 本节内容部分参考仲志余、胡维忠《试论江湖关系》，人民长江2008年总386期。

第七节 长 江 洪 水

长江洪水主要由暴雨或长时间连续降雨所形成。入夏后，西太平洋副热带高压北移，偏南季风盛行，大量暖湿气流与西风带冷空气频频交汇，形成暴雨天气，长江流域即进入汛期。6月中旬至7月中旬常有一段连续阴雨，期间且有历时长的暴雨天气，称为"梅雨期"，这种梅雨静止锋暴雨常造成长江中游地区严重的洪涝灾害。7月中旬至8月雨带推进到长江上游地区，上游洪水常与中游洪水相汇合，荆江最高洪水位主要发生在这段时间，所以7—8月为荆江地区主汛期。

建国后，党和政府加大荆州长江防洪工程建设力度，堤防工程抗御洪水能力得到较大提高，但防御标准仍偏低，不能完全适应社会经济发展需要。由于长江上中游降雨时空分布的不均匀性，暴雨集中季节多出现洪涝；历史上频繁的洪水灾害，位列荆州自然灾害之首，成为制约经济发展的关键因素。荆州河段一旦遭遇特大洪水，仍有发生毁灭性灾害的可能，所以长江中游洪水特别是荆江河段的洪水威胁仍是心腹大患。

一般年份，若长江上游汛期来水量不大，或干支流洪水相互错开，荆江地区可依凭长江干支堤防安全度过汛期；如遇气候反常年份，上游产生巨大洪水或与中游干支流洪水遭遇，超过荆州河段宣泄能力就会导致长江堤防漫溢溃决，从而酿成江汉平原和沿江地区严重洪水灾害。三峡工程运行前，荆江河段安全泄量仅为 60000～68000 立方米每秒，而宜昌站 1877—2010 年实测流量超过 60000 立方米每秒的年份约占 20%。而且宜昌至沙市间还有清江和沮漳河入汇，可见沙市站洪峰流量超过河道安全泄量的几率是较大的。城陵矶附近河段大洪水年份最大洪峰合成流量达 100000 立方米每秒以上，而该河段安全泄洪能力仅约 60000 立方米每秒，因而每当枝城站发生超过 70000 立方米每秒洪峰流量时，沿江地区防洪工程常难以承受和抵御巨大洪水压力。

一、洪水特征

荆州河段洪水峰高量大，历时长，上游洪水来量巨大与荆州河段泄洪能力不足的矛盾十分突出。加之荆州地区地势平坦，河道比降小，尤其是下荆江河段蜿蜒曲折，九曲回肠，遇较大洪水，宣泄不畅，洪水灾害频繁而严重，大水年份荆州河段防洪形势十分严峻。

（一）洪水发生时间

荆州河段洪水主要是由长江上游暴雨所形成。长江流域暴雨一般于每年 4—5 月首先在湖南南部、湘江各支流相继或同时降雨（湘江洪水一般可持续至 6 月底），5—6 月暴雨发生在资水、沅水流域，6—7 月暴雨发生在澧水、清江和乌江流域。在此期间，由于天然湖泊水位低，具有较大调蓄容量，因而长江干流泄洪能力较强，洪水能及时下泄。此时洪涝灾害多局限于暴雨中心附近，荆江地区及城陵矶以下河段区域较少成灾。而 7—8 月暴雨多发生在川西、川北为中心包括川东、川南、陕南、鄂西、黔西、黔北、滇北的暴雨区，此时正值长江流域盛雨季节，干支流水位普遍升高，天然湖泊底水高，调蓄作用显著减小。而在这段时间内发生的暴雨覆盖面大，持续时间长，有时暴雨还会在这个雨区内往复移动，所以，常会出现干支流洪水叠加，洪量累积的情况。荆州河段洪水和洪灾大多发生在这一情况下，因此这一阶段为荆州河段的主汛期。

（二）洪水形态

荆州河段遭遇的大洪水，根据暴雨产生的范围与发展历时可分为以下两种类型：①全流域型或称全江性洪水。由于极锋移动规律不正常，徘徊或停滞在流域内较一般年份时间长，全流域广大地区均发生连续暴雨，上中游洪水遭遇，形成干流洪峰高、持续时间长、洪水总量特大的洪水。1788 年、1848 年、1849 年、1931 年、1949 年、1954 年、1998 年等大洪水年份属此类型。②区域性洪水。这是由于强大的暴雨覆盖在上游或中游面积相对较小区域，或者是某一支流，甚至几条支流发生大强度集中性暴雨，从而在支流上或局部区域内发生特大洪水，此类洪水过程历时较短，洪峰高而洪量较小，水位日涨率往往很大，洪灾范围相对较小。1860 年、1870 年、1935 年、1981 年、1996 年、1999 年发生的大洪水均属此类型。由于荆州河段尤其是荆江河段泄洪能力的制约，不论是全流域型，还是区域型大洪水，均会给荆江地区造成很大威胁甚至是严重灾害。

表 1 - 32　　　　　　　　　　　宜昌、枝城站洪峰流量频率表

频率/%		0.01	0.1	0.2	0.5	1	2	5	10	20	50	95	99
重现期/a		10000	1000	500	200	100	50	20	10	5	2	1.06	1.01
宜昌	流量/		98800	94600		83700	79000	72300	66600	60300			
枝城	(m³/s)	109000	96400		86500	82400	77500	71400	66200	60500	50500	38000	33800

注　宜昌站数据来源于《中国'98 大洪水》，中国水利水电出版社；枝城站数据来源于《荆江大堤志》。

表 1-33　　　　　　　　　　　　　　典型大水年份重要水利工程运用效益对比表

参数值 \ 典型年份	1954	1998	三峡蓄水前		三峡蓄水后（防洪库容221.5亿 m³）	
	运用荆江分洪区	不运用荆江分洪区	运用荆江分洪区	不运用荆江分洪区	运用荆江分洪区	不运用荆江分洪区
沙市水位/m	44.67	45.22			≤45.0	44.5~45
流量/(m³/s)	50000	53700				
重现期/a			40	20	>100(1870年)	100
枝城洪峰流量/(m³/s)	71900	68800	80000	60000~68000	≤80000	88000
松滋口/(m³/s)	10180	9180				
太平口/(m³/s)	2970	3020				
分流后流量/(m³/s)	58740	56600				

（三）洪水组成

荆江河段　由于自然因素和人为活动影响，荆江河势演变发生相应变化，荆江干流洪水位逐渐升高。与荆江脉息相通的洞庭湖，因荆江四口和洞庭四水的分水分沙，导致湖泊不断淤积，湖面缩小，围垦也相应发展。湖泊天然容积减小，湖区洪水位逐渐抬高，洞庭湖七里山出流增多，又顶托荆江泄流，种种不利影响的循环，导致荆江洪水位抬高，根据1903—1961年资料显示，沙市站水位上升1.85米。至20世纪50—60年代，荆江河段安全泄量仅约45000立方米每秒，而上游来量远大于其安全泄量，这是荆江河段多年来洪灾频繁，防洪形势日趋严峻的重要因素。

荆江96%以上洪水来自宜昌以上，其次是清江、沮漳河。宜昌站以上100万平方千米的来水峰高量大，长江上游金沙江屏山站控制面积约占宜昌站控制面积的1/2，多年平均汛期（5—10月）水量占宜昌站水量的1/3，因其洪水过程平缓，年际变化较小，是长江宜昌洪水的基础来源。岷江、嘉陵江分别流经川西暴雨区和大巴山暴雨区，洪峰流量甚大。岷江高场站和嘉陵江北碚站控制面积分别占宜昌站控制面积的13.5%和15.5%，多年平均汛期水量却占20.3%和17.1%，共计约占宜昌站水量的40%，是宜昌站洪水的主要来源。此外，干流寸滩至宜昌区间也是长江上游洪水重要来源之一，其面积占宜昌站控制面积的5.6%，多年平均汛期水量约占宜昌站水量的8%，而有些大水年份汛期水量可达宜昌站水量的20%以上。

表 1-34　　　　　　　　　　　　　　荆江汛期与主汛期洪水组成情况表

项目 \ 地区站		长江宜昌	清江搬鱼嘴	宜昌—沙市区间	沙市以上地区来水总和
集水面积/km²		1005500	15563	12210	1033273
6—10月	总水量/亿 m³	3230	86.8	44.8	3361.6
	占沙市上以总来水/%	96.1	2.6	1.3	100
其中7月、8月	总水量/亿 m³	1520	41	28.6	1589.6
	占沙市上以总来水/%	95.5	2.6	1.9	100

根据1877年宜昌设站起至2010年实测资料统计，宜昌站超过60000立方米每秒的洪峰的洪水年有27年，超过70000立方米每秒的有2年（1896年71100立方米每秒，1981年70800立方米每秒）。根据历史洪水调查，自1183年至1870年宜昌站大于80000立方米每秒的洪峰流量的洪水年为8年，其中大于90000立方米每秒的为5年。1870年宜昌站105000立方米每秒（调查洪水）的洪峰流量居可考历史洪水第一位。清江搬鱼嘴实测最大洪峰流量为18900立方米每秒（1969年7月），1883年与1935年调查到的洪峰流量分别为18700立方米每秒和15000立方米每秒。清江暴雨往往与三峡区间暴雨同时发生，因此与宜昌洪水相遭遇也较多，每次遭遇均对荆江河段造成直接威胁。1935年宜昌

洪峰流量仅 56900 立方米每秒，因与清江洪水遭遇，枝城流量达 75200 立方米每秒，再与沮漳河来水流量 5000 余立方米每秒遭遇，致使荆江两岸堤防多处发生溃决，灾害极为严重。宜昌站的洪峰 C_v 值为 0.16，60 天洪量 C_v 值为 0.15，变化均很小，历史上发生的最大洪峰流量只有均值的 2 倍许，但与均值相差较大，达 50000 立方米每秒以上。

荆江四口分流分沙呈逐年减少趋势。松滋口、太平口、藕池口、调弦口 1954 年最大洪峰流量分别为 10180 立方米每秒、2970 立方米每秒、14790 立方米每秒和 1650 立方米每秒，枝城流量为 71900 立方米每秒。1981 年四口最大分流量为 22427 立方米每秒，枝城最大流量为 71600 立方米每秒。根据上游相同来水情况分析，1981 年四口最大分流量与 1954 年相比减少 7163 立方米每秒，其中调弦口于 1958 年冬筑坝建闸控制。据水文资料统计，1951—1955 年四口年平均分流总量为 1594 亿立方米，占枝城 32.88%；1996—2002 年为 659 亿立方米，占枝城 14.73%；三峡工程运行后，2003—2010 年为 500 亿立方米，占枝城 12.27%。四口分沙入湖量 1951—1955 年年均 22578 万吨，占枝城 46.88%；1996—2002 年年均 6957 万吨，占枝城 17.66%；2003—2010 年年均 1234 万吨，占枝城 18.76%。分水分沙入湖量的减少受河道自然演变、下荆江裁弯以及三峡工程运行等因素的综合影响。1967 年、1969 年分别对下荆江中洲子和上车湾实施人工裁弯，1972 年沙滩子发生自然裁弯，明显降低裁弯段以上河段洪水位，扩大荆江泄量，但裁弯后监利至城陵矶河段高水位发生的几率明显高于裁弯以前。

荆江河段洪水位的另一特征是城陵矶洪水位对荆江泄流的影响。城陵矶洪水位每变化 1 米，影响沙市、石首、监利三站的洪水位分别为 0.25 米、0.50 米、0.65 米，即三站在各自水位相应不变的前提下，其泄洪能力，因城陵矶水位降低而增大。反之，则减小。1954 年沙市最高水位 44.67 米，最大流量 50000 立方米每秒（观音寺站），当年由于人民大垸溃垸分流而使沙市流量增大，否则沙市泄量还要减少，而 1981 年沙市水位 44.46 米，最大流量达 54600 立方米每秒（新厂站），增大 4600 立方米每秒，其原因是洞庭湖调蓄作用明显，城陵矶（七里山站）1981 年水位比 1954 年低 2.84 米。

城陵矶河段　以螺山为测流控制站，控制流域面积 129.5 万平方千米，其上游入流站主要为宜昌站和洞庭湖水系下游控制站。该河段洪水的重要特性是荆江洪水经过洞庭湖调蓄之后，洪峰明显坦化，尖瘦型洪峰变为低平峰型，历时明显增长。河段安全泄量约为 60000 立方米每秒（1954 年实测最大洪峰流量为 78800 立方米每秒，因螺山以下分洪溃口影响而增加泄流量）。城陵矶及洞庭湖 1931 年、1935 年和 1954 年的最大合成流量均在 100000 立方米每秒以上，根据天然湖泊的可能调蓄能力，在螺山段显然无法安全通过。湘、资、沅、澧四水入湖和荆江四口分流入湖合成的洪峰流量经过湖泊调节可减少约 10000 立方米每秒（约 20%）。1981 年宜昌洪峰流量 70800 立方米每秒，洪峰尖瘦，加上四水及区间入流合计 73000 立方米每秒，当时洞庭湖区水位很低，城陵矶（七里山站）水位仅 31.71 米，当年螺山站洪峰流量为 50500 立方米每秒，洞庭湖削峰作用为 30%（这里调蓄能力的估算，包括荆江河槽调蓄在内）。

洞庭湖水系产生的洪水，是长江中游洪水的重要组成部分。洞庭湖水系纳湘、资、沅、澧四水及松滋、太平、藕池、调弦（1958 年冬筑坝建闸控制）四口分流入湖水量，其通江出口为城陵矶（七里山）。据 1951—1983 年实测资料统计，城陵矶（七里山）站 4—7 月洪水组成为：沅江桃源站及湘江湘潭站均约占 25%，资水桃江站占 8.3%，澧水三江口站 5.9%；荆江四口分流入湖洪量占 28.5%。1954 年汛期四口分流入湖洪量占城陵矶出湖量（七里山）比例最大（37.6%）；沅江桃源站占 28%，湘江湘潭站占 25.1%。一般年份三口分流入湖量占城陵矶（七里山）站的 25.7%。由于受洞庭湖支流湘水和资水影响，5 月城陵矶至汉口河段常出现较小洪峰。

洞庭湖出湖流量对城陵矶以下河段洪水影响较为明显。湖区及出口水位抬高，影响荆江洪水宣泄，荆江水位抬高又影响到湖水宣泄，这种影响相互制约，构成极为复杂的江湖关系。但在一般洪水年份洞庭湖区仍可发挥一定的滞蓄功能，只是随水情不同而有所差别。1981 年 7 月，枝城站最大流量 71900 立方米每秒，三口分泄入湖流量为 22427 立方米每秒，洞庭湖此时水位较低，在 17—22 日

6 天内，城陵矶（七里山）水位由 29.54 米上涨至 31.71 米，湖区滞蓄洪量达 72.9 亿立方米。而 1998 年 8 月枝城最大流量 68800 立方米每秒，三口分流入湖流量 19010 立方米每秒，因前期湖区已大量滞蓄洪水，城陵矶（七里山）站水位已达 35.94 米，最大流量 35900 立方米每秒，螺山最大流量达 67800 立方米每秒。此间湖区所能容滞蓄量很小，基本未削减洪峰。

（四）洪水遭遇

上游洪水提前，与中游洪水发生遭遇 1935 年上游洪水较早，宜昌站 7 月 7 日即出现当年最高洪峰，最大流量达 56900 立方米每秒，与清江、汉江及洞庭湖水系澧水大洪水遭遇，形成长江中游大洪水。在沿江堤垸大量溃口情况下，汉口 7 月 4 日洪峰流量达 60400 立方米每秒，特别是宜昌洪水与清江、沮漳河洪水遭遇，沙市以上总入流量约 80000 立方米每秒。1949 年上游洪水提前，7 月 10 日宜昌站洪峰流量 58100 立方米每秒，且洪水过程历时较长，与洞庭湖及汉江洪水发生遭遇，沙市站最高水位达 44.49 米，汉口站 7 月 12 日洪峰流量 52700 立方米每秒，且高水位历时长。

中游洪水延后，与上游洪水遭遇 由于中游洪水延后，江湖底水过高，上游洪水又接踵而至，洪峰叠加，形成峰高量大的特大洪水。1931 年汛期中下游洪水延后，且持续时间较长，因而形成全流域洪水。洞庭湖水系一般 7 月汛期基本结束，但该年城陵矶站年最大洪峰推迟至 8 月 16 日。8 月 10 日宜昌站最大洪峰流量 64600 立方米每秒，恰与中游洪水遭遇，中游大量堤垸溃口后，沙市最高水位仍达 43.63 米。1954 年中游及洞庭湖水系 6—7 月暴雨频繁，比常年同期雨量大 2～3 倍，8 月 2 日城陵矶（七里山）站洪峰流量达 43400 立方米每秒，出流峰高量大。8 月 7 日宜昌站最大洪峰 66800 立方米每秒，又与中游洪水遭遇，造成峰高量大历时长的特大洪水。在沿江堤防、两湖民垸溃口和大量分洪情况下，沙市 8 月 7 日水位高达 44.67 米，螺山站最大流量达 78800 立方米每秒，最高水位 33.17 米，创历史纪录。

部分地区支流大洪水遭遇 1996 年 6 月下旬至 7 月中旬，洞庭湖四水控制站以下各站平均降雨量 383 毫米，7 月 13—18 日暴雨集中在资水和沅江流域，二水同时发生大洪水，柘溪水库和五强溪水库均采取超蓄措施。桃江站和桃源站同时出现洪峰，洞庭湖区及莲花塘站洪峰水位超过 1954 年 1.0～1.57 米。当年长江干流宜昌站最大流量 41700 立方米每秒，沙市站最大流量仅 41500 立方米每秒，但仍导致荆南四河出现严重洪水威胁和洪灾。

表 1-35　　　　长江上中游寸滩至汉口河段洪峰传播时间/里程参考表（裁弯后）

寸滩									
18/658	宜昌		长阳						
21/716.6	3/58.6	枝城	3/						
30/804.3	12/146.3	9/87.7	沙市						
36/898.3	18/240.3	15/181.7	6/94	石首					
48/960.2	30/302.2	27/243.6	18/155.9	12/62	监利（窑）				
60/1055.6	42/397.6	39/339	30/236.5	24/142.6	12/80.6	莲花塘			
63/1070.6	45/412.6	42/353.5	33/265.8	27/171.9	15/109.9	3/29.3	螺山		
66/1092.6	48/434.6	45/375.5	36/287.8	30/193.9	18/131.9	6/51.3	3/22	新堤	
87/1279.2	69/621.2	66/562.6	57/474.9	51/381	39/319	27/238.4	24/209.1	21/179	汉口

注　时间单位为 h，里程单位为 km。

表 1-36　　　　枝城至沙市、荆南四河主要站洪峰传播时间参考表（裁弯后）　　　单位：h

枝城			枝城			沙市	
15	郑公渡		12	港关		9	闸口
			15	3	黄四嘴		

注　寸滩至宜昌洪峰原传播时间为 57h，三峡工程运行后洪峰传播时间缩短为 18h（参考），里程数摘自长江委水文局《长江防汛水情手册》。

二、历史大水年份

长江中下游是受洪水威胁最为严重地区，荆江河段尤为突出。据史载，西汉至清末（前185—公元1911年）的2096年中，荆州河段先后出现大洪水200余次，近现代1912—2010年，发生较大洪水10次，平均9.8年一次。

（一）宋绍兴二十三年（1153年）

夏季，长江流域普降大到暴雨，遭遇流域型特大水灾，上游沱江、涪江及嘉陵江下游尤甚，宜昌站7月31日洪峰流量92800立方米每秒（调查洪水），水位据调查推算为57.50米[1]。

（二）宋宝庆三年（1227年）

当年，长江上游及三峡区间发生特大洪水。据洪水碑刻及相关记载推算，宜昌站8月1日洪峰流量推算为96300立方米每秒，水位58.47米。

（三）明嘉靖三十九年（1560年）

当年发生全流域型大洪水，洪水范围较广，金沙江、上游干流、荆江、汉江、洞庭湖和下游干流均为特大洪水。主要雨区位于金沙江下段和涪江、嘉陵江及三峡区间。长江中游出现两次洪峰，宜昌站8月25日洪峰流量93600立方米每秒（调查洪水），水位58.09米[2]。

据《天下郡国利病书》、清雍正《湖广通志》、光绪《荆州府志》、光绪《江陵县志》及宣统《湖北通志》等史籍记载，嘉靖三十九年七月，"三江水泛异常，沿江诸郡县荡没殆尽，旧堤防存者十无二三"。荆江数十处江堤溃决，江陵寸金堤、黄潭堤溃决，水至城下，高近三丈。六门筑土填塞，凡一月退。荆北一带"弥漫数百里，人烟几绝"。公安沙堤铺决。松滋大水，江溢夹洲、朝英口堤决。沔阳大水，人畜溺死。

（四）明万历四十一年（1613年）

长江上游干流发生特大洪水。据历史洪水调查，宜昌站洪峰流量81000立方米每秒，水位56.30米[3]。四川、湖北、湖南等地均有大水入城，房舍淹没，民多饿死的记载。

（五）清乾隆五十三年（1788年）

1788年大水为荆江历史上破坏最严重的一次洪水，同时也是一次流域型特大洪水。

雨情 当年汛期较早，降雨丰沛。4月、5月间，长江流域上下"大雨时行"。6月、7月间降雨强度较大，范围较广。6月下旬，暴雨在湘、鄂西部等地移动。长江南岸滨湖地区堤垸多有被淹。7月中旬，四川西部发生大暴雨，雨区主要位于岷江、沱江和涪江流域。与此同时，三峡区间和长江中下游也普降大雨。山洪及支流洪水汇入长江后又与三峡区间和中游洪水遭遇，形成罕见大洪水。

水情 据洪水调查，当年长江干流寸滩站洪峰流量达90200立方米每秒，7月23日，宜昌站洪峰流量86000立方米每秒，水位57.50米[4]（调查洪水）。3天洪量216.4亿立方米，7天洪量439.6亿立方米。当年长江中下游梅雨一直持续到7月下旬，与7月中旬上游发生的暴雨洪水相遭遇，因而造成罕见洪灾，致使荆州万城堤漫溃，荆州城破。

（六）清咸丰十年（1860年）

1860年大水为长江上中游大洪水。

雨情 当年雨季来得较早，长江流域汛期暴雨主要发生在五月下旬，金沙江、三峡区间、乌江、清江、荆江及洞庭湖区等地普降大雨。暴雨中心一个在金沙江下游、屏山一带；另一个在三峡区间、清江流域和荆江一带，清江、沮漳河、澧水等支流亦发生大洪水。这两处大暴雨构成宜昌和枝城特大洪水，对荆江河段影响很大。

水情 由于暴雨集中在金沙江下游、三峡区间及荆江一带，金沙江洪水与三峡区间洪水遭遇后又与荆江地区暴雨遭遇，形成特大洪水。按调查洪水痕迹推算，屏山段洪峰流量35300立方米每秒；7月18日宜昌洪峰流量约92500立方米每秒，为1560年以来历史第二大洪水，仅次于1870年。

当年10月，长江出现一次罕见的后期洪水，江陵、松滋、公安等县复发水。

（七）清同治九年（1870年）

1870年大水，是长江历史上千年一遇的特大洪水，也是所调查到的最大一次特大洪水。据《长江水利史略》载，1870年特大洪水，主要来自嘉陵江流域，为长时间特大暴雨所形成。此次降雨，范围广，持续时间长，大巴山及其附近地区，嘉陵江中下游及渠江、三峡地区均普降暴雨，汉江流域、洞庭湖区、鄱阳湖湖区也连续降雨。

雨情 当年长江流域雨季开始较早，五月上中旬，长江中下游地区进入梅雨期后连续出现大雨和暴雨。洞庭湖水系的沅江、资水五月即发生大水。随着雨带向上游地区扩展，五月中下旬上游地区亦相继发生大洪水。六月特大洪水发生前，长江上游及中下游地区前期水位已高。

六月中下旬，长江上游连续出现大雨和暴雨，嘉陵江流域中下游地区和重庆至宜昌段干流区间出现强度很大的暴雨。上游岷江、雅砻江，中游洞庭湖亦出现大雨、暴雨。根据文献记载和相关资料调查，六月中下旬有两次大暴雨过程：第一次为六月十五至十九日（7月13—17日），暴雨区主要位于嘉陵江中下游；第二次为六月二十至二十一日（7月18—19日），暴雨区主要位于川东南及长江干流重庆至宜昌区间，雨带呈东北—西南向分布。暴雨中心区自西向东缓慢移动，六月十五日（13日）位于涪江；十六日至十八日（14—16日）在嘉陵江中下游稳定移动；十九至二十一日（17—19日）暴雨移至川东和万县地区，并向北扩展至三峡区间。

六月下旬，雨区范围继续扩大至金沙江下段地区。嘉陵江、渠江、涪江中下游和重庆至宜昌河段，均笼罩于强大暴雨之下。嘉陵江《合川县志》载："夏残洪水急争流，连雨滂沱涨不休"、"雨如悬绳连三昼夜"、"水（涨）连八日……迟半月始落"。重庆以下还有"七天七夜雨没住点"的传说。《荆州府志》载，荆州"庚午岁，狂风雷雨，连日不息。"

水情 1870年特大洪水发生在六月中下旬。长江重庆以上地区六月大洪水，长江上游岷江、沱江、雅砻江、赤水河均有记载。沱江资中"六月十二日大雨大水"；岷江雅安"夏沫水（今大渡河）出蛟"；雅砻江西昌"大雨时行河水奔腾，桥梁倒塌"。长江干流水情据《江津县志》载："六月十九日大水入城，仅有板桥街人可往来，其水直达泮池附城，民房倒塌数百家，三日乃退。"

重庆至宜昌干流区间洪水发生在六月中旬末和下旬初。嘉陵江洪水主要来自涪、嘉、渠三江中下游地区。据洪水调查，当年嘉陵江干流武胜段流量约38100立方米每秒，渠江凤滩洪峰流量24800立方米每秒，涪江小河坝以下洪峰流量超过27800立方米每秒，干流北碚河段洪峰流量为57300立方米每秒。

寸滩站为嘉陵江注入长江后的干流控制站，流域面积86.66万平方千米，水文站上下1.5千米河段内有关当年洪水位的石刻较多，水文站基本水尺断面洪水位为196.25米，比1981年高4.84米，估算最大洪峰流量为100000立方米每秒。当年寸滩至宜昌区间暴雨强度大，干流洪峰流量沿程有所增加，万县洪峰流量为108000立方米每秒，宜昌为105000立方米每秒，超过长江多年平均流量近4倍。宜昌30天洪量为1650亿立方米。此次洪水与清江洪水遭遇，推算枝城洪峰流量为110000立方米每秒。

表1-37　　　　　　　　　　　　　　1870年大水宜昌站洪峰水量过程调查表

时　间	流　量 /(m³/s)	时　间	流　量 /(m³/s)	不同时段洪量 /亿 m³
7月14日	31500	7月29日	55600	
7月15日	44200	7月30日	64600	
7月16日	61100	7月31日	70300	
7月17日	75500	8月1日	74900	
7月18日	100000	8月2日	69600	最大3天：265
7月19日	101000	8月3日	65100	最大7天：537

续表

时　间	流　量 /(m³/s)	时　间	流　量 /(m³/s)	不同时段洪量 /亿 m³
7月20日	105000	8月4日	60600	最大15天：975
7月21日	88300	8月5日	56100	最大30天：1650
7月22日	79600	8月6日	52500	
7月23日	72900	8月7日	49500	
7月24日	68200	8月8日	47000	
7月25日	64300	8月9日	44800	
7月26日	62400	8月10日	43100	
7月27日	62800	8月11日	41200	
7月28日	57500	8月12日	39800	

根据长江委的分析资料，1870年洪水为长江上中游一次特大洪水，在1153年以来历次大洪水中排第一位，其稀遇程度可以认为是最近850余年来长江最大的一次洪水。当年大洪水在重庆至枝城河段，为历史上最大的一次洪水（历史调查第一位），经洞庭湖调蓄后，在城陵矶至九江河段仍为一次特大洪水，九江以下属一般洪水。

（八）1931 年

1931年大水为20世纪受灾范围最广、灾情最重的一次全流域型大洪水。

当年入夏以后，长江流域出现长时间霾雨天气，6—8月3个月内，不断出现大雨和暴雨。全国"南起百粤，北至关外，大小河川尽告涨溢"，造成大范围严重水灾。全国受灾区域达16个省672个县，以湘、鄂、赣、浙、皖、苏、鲁、豫8省受灾最重。据统计，8省受灾人口5127万，占当时人口的1/4；受灾农田973.33万公顷，占耕地面积的28%；40万人死亡[5]。

雨情　当年雨季来得较早，7月长江中下游流域为长时间霾雨所控制，降雨日数比常年约多1倍。6月28日至7月12日，雨区主要位于长江中下游洞庭湖水系的沅江、澧水流域，降雨量400毫米以上。此期间，6月底至7月初洞庭湖区出现一次大强度暴雨。7月18—28日，主要雨区仍停留于长江中下游地区。200毫米以上雨区主要在洞庭湖区及沿长江干流两侧，呈东西向带状分布。18—25日，湘西澧水流域、沅江流域出现大强度暴雨。7月31日至8月15日，川西出现100毫米以上的雨区，汉江下游出现大暴雨。

水情　当年长江汛期来得较早，长江中下游干流水位自4月中旬开始迅速上涨。汉口站4月10日水位14.78米，5月10日水位达到22.09米，1个月内水位上涨7米以上。洞庭湖区湘江长沙站4月23日出现全年最大洪水，洪峰流量12500立方米每秒。7月，长江流域广大地区普降暴雨，且雨带持续徘徊于流域内，月雨量超过常年同期雨量1倍以上，江湖洪水满盈。8月初，川西及金沙江下段、汉江中下游、澧水等一带暴雨相继发生。长江上游金沙江、岷江、嘉陵江等干支流均发生大水，其中岷江高场站洪峰流量达40800立方米每秒。8月10日宜昌站洪峰流量64600立方米每秒，最高水位55.02米。枝城最大流量65500立方米每秒，沙市站最高水位43.63米。川水东下又与长江中游洪水遭遇，沅江、澧水、资水均有洪峰出现，洞庭湖出口城陵矶出现57900立方米每秒的最大流量，水位33.30米。沿江水位持续上涨，且居高不下。螺山最大30天和最大60天总入流洪量分别为1720亿立方米、2990亿立方米。8月19日，汉口站出现最高水位28.28米，最大洪峰流量59900立方米每秒，最大60天及90天洪量分别为3315亿立方米、4437亿立方米。

（九）1935 年

1935年洪水是一次区域性特大洪水。7月3—7日，长江中游发生一次罕见特大暴雨，暴雨区位于长江中游支流澧水、清江、三峡区间下段小支流及汉江中下游地区，暴雨区范围广，200毫米以上雨区范围 11.94 万平方千米，五峰站实测最大雨量 1281.8 毫米，为全国著名的大暴雨之一。清江、澧水、沮漳河、汉江均发生特大洪水。长江干流宜都至城陵矶河段洪水位超过 1931 年，荆江大堤溃决。

雨情　当年 7 月上旬发生于鄂西和湘西北山地的暴雨，为长江流域有记录以来最大的一场暴雨。大暴雨从 7 月 3 日开始至 7 日基本结束，共持续 5 天时间。3 日在长江右岸清江、澧水流域和左岸黄柏河、沮漳河均发生特大暴雨。清江流域五峰暴雨区 3 天（7 月 3—5 日）总降雨量 1075.6 毫米，为该流域 3 日暴雨最高记录。清江洪峰流量 7 月 7 日为 15000 立方米每秒，洗荡长阳县城一条街。

水情　清江、澧水水位 7 月 3 日起涨，7 月 5 日澧水出现最高洪水位，清江、渔洋河、沮漳河均出现于 7 月 6 日。长江干流万县至宜昌区间下段处于"35·7"暴雨中心地区，区间支流形成很高的洪峰。黄柏河小溪塔洪峰流量达 7140 立方米每秒，干流宜昌最大流量达 56900 立方米每秒（7 月 7 日）。宜昌以下支流清江搬鱼嘴站出现 15000 立方米每秒罕见特大洪峰，枝城站洪峰流量达 75200 立方米每秒。与此同时，沮漳河上游山洪暴发，沮河猴子岩、漳河马头砦洪峰流量分别达 8500 立方米每秒和 4930 立方米每秒。7 月 7 日，宜昌洪峰虽不算大，但与清江、沮漳河洪水遭遇，使沙市河段总入流流量达 80000 立方米每秒。枝城最高水位达 50.24 米，超过 1931 年、1949 年最高水位，与 1954 年最高水位相等；沙市出现当年最高水位 44.05 米。

1935 年大水，荆江大堤溃决时洪水峰量均较小，虽然枝城最大洪峰流量达 75200 立方米每秒，但经过松滋口和太平口分流，特别是松滋长江堤防罗家潭等多处溃口，流量大减，沙市洪峰水位仅 44.05 米。造成荆江大堤得胜寺段漫溃主要为沮漳河洪水，洪峰尖瘦，水量不大；荆江大堤下段麻布拐溃口时，水量较大，但洪峰不高。

注：

[1] 数据来源于《长江志·自然灾害》。

[2] 数据来源于《长江志·自然灾害》。

[3] 《长江志·自然灾害》载为 56.30 米，《荆江大堤志》载为 56.67 米。

[4] 数据来源于《长江志·自然灾害》，又据《长江志·防洪》载为 57.14 米。

[5] 数据来源于《长江志·自然灾害》，又据《长江志·防洪》载，灾害遍及全国 205 个县，淹没农田 339.33 万公顷，被淹房屋 180 万间，受灾民众 2855 万人，淹死 14.5 万人，当年估计损失银元 13.45 亿元。

第八节　决 溢 灾 害

荆江地区水患最早记载，据所见文献，为清人所编《荆州万城堤志》，"江水大至，没及渐台（指江陵）"。记载的是楚昭王时期（前 515—前 489 年）的事件，之后 300 余年未见荆州长江水患记录。直至汉高后三年（前 185 年），《汉书·五行志》方记有"夏，南郡大水，水出流四千余家"，八年（前 180 年）夏"南郡水复出，流六千余家"，此后，又历 280 余年，荆州水患记录才逐渐增多。两宋以后，荆江两岸大规模屯田垦殖，尤其是明清两代，江汉平原人口渐密，围垦增多，洪泛频繁，洪灾日显严重，记载也日密。据不完全统计，从东晋永和元年（345 年）荆江大堤肇基至 1949 年的 1604 年间，荆州河段干支流堤防共有 234 年出现决溢灾害，其中 1912—1949 年，荆州河段出现 28 年溃溢。1949 年后，荆州河段干支堤防于 1954 年、1960 年、1965 年、1969 年、1980 年和 1998 年发生堤防溃决。江汉平原地区经济发达，一旦溃口受灾，洪水淹没面积广、时间长，损失十分严重，常造成大量人员伤亡。1788 年、1860 年、1870 年、1935 年及 1954 年等大水年份的洪水均使江汉平原及洞庭湖平原地区遭受严重洪水灾害。

自 12 世纪始,荆州河段水患的记载逐世纪上升。这一时期,出现几次水患频发期,1497—1501 年连续 5 年长江发生大水决溢;1539—1544 年 6 年中有 4 年出现大洪水决溢历史记载;1560 年长江发生特大洪水,堤溃决、水入城、淹民居;1565—1574 年 10 年连续出现大水,6 年出现决溢。

清中期,荆州洪灾日趋严重,道光咸丰两朝 40 年间有 36 年出现洪灾、34 年发生决溢,几至年年洪灾、年年决溢的境地。19 世纪的百年间,嘉庆七年至光绪二十四年(1802—1898 年)96 年间共发生 75 次大水、54 年次出现溃溢灾情,接连出现 1860 年、1870 年特大洪水。特别是同治九年(1870 年)长江发生千年一遇特大洪水,大江南北流尸漂橹,一片汪洋。

民国时期,战乱频繁,民生凋敝,国民政府无力大规模加筑堤防,一遇大水年份,则堤溃江溢,民众流离失所,哀鸿遍野。民国时期 38 年间,荆州长江干支流堤防几乎年年溢决,相继发生 1931 年、1935 年大水,损失惨重。

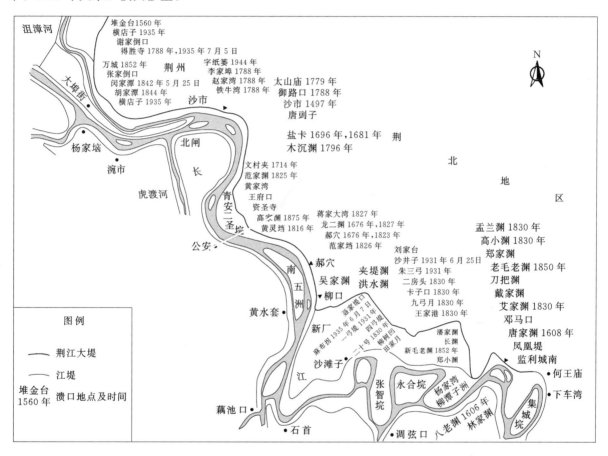

图 1-34 荆江大堤历史溃决地点示意图

荆江大堤历史上的决溢,自东晋太元年间(392—394 年)起,至民国二十六年(1937 年)的 1500 余年间,有确切记载者计 97 次。其间,东晋至元代很长一段历史时期,因资料缺略,有确切记载者仅 6 次。明代历时 277 年,决溢 30 次,平均 9 年多 1 次;其间,嘉靖十一年至四十五年(1532—1566 年),34 年内决溢 10 次,平均 3 年多决溢 1 次。清代历时 268 年,决溢 55 次,平均不到 5 年决溢 1 次;其间,康熙元年至五十三年(1662—1714 年)53 年内决溢 12 次,平均 4 年多决溢 1 次;道光二年至三十年(1822—1850 年)28 年内决溢 18 次,几至无年不溃。此外,民国期间亦有 6 次溃决。历年溃决留下多处决溢冲成的渊潭或倒口遗迹,有记载的重大溃决遗址 87 处,至 1949 年尚存较大渊塘 47 处,顺堤长度 31.3 千米,占全堤长度的 18%,最深的有 29 米(谭家渊),面积最大的达 120.8 万平方米(龙二渊,建国初勘测数据,后淤浅,1987 年勘测时范家渊最大,约 78 万平方米),距堤脚最近处仅 8~10 米。

表 1-38　　　　　　　　　**1949 年荆江大堤沿堤主要渊塘统计表**

渊塘名称	相应桩号	沿堤长度 /m	面积 /万 m²	溃水深 /m	塘底高程 /m	距堤脚 距离/m	备　　注
谢家倒口	799+000～799+300	300					1935 年溃口冲成
谢家倒口	798+835～798+960	125	0.63	0.8	40.10	60	
得胜寺	797+965～798+600	635		2～8.5	28.84	50	1935 年溃口冲成
张家倒口	787+800～788+890	1090	15.25	1.7～7.5	26.73	100	1788 年溃口冲成
闵家潭	784+070～784+550	480	48.00	5～17	17.74	75	1788 年、1842 年溃口冲成
胡家潭	781+185～781+275	90	0.54	1.3	34.46	50	1788 年溃口冲成
字纸篓	776+940～777+650	710	12.40	1.3～2.1	32.36	100	1788 年、1785 年、1844 年溃口
御路口	764+010～764+300	290	1.16	1～1.2	33.38	100	1788 年溃口冲成
木沉渊	744+900～745+500	600	42.00	1.1～4.9	26.28	45	1796 年冲成
范家渊	732+025～732+790	765	37.20	2～8	25.00	42	1826 年冲成
吴家套	729+575～729+835	260	1.56	3～4	29.49	50	
黑狗渊	727+500～728+550	1050	12.60	3～10	21.00	50～100	
刘家渊	726+100～726+750	650	4.88	1～3	31.78	80～100	
高家渊	723+125～723+610	485	5.82	3～6	28.50	20	1875 年溃口冲成
黄灵垱	716+600～717+050	550	1.80	1～1.4	30.70	50～300	1811 年溃口冲成
龙二渊	709+400～710+910	1510	120.80	2～4.9	26.89	70	1676 年、1826 年溃口冲成
郝穴渊	707+500～707+800	300	3.30	0.8～1.6	28.96	50～100	
吴家潭子	699+000～700+300	1300	18.20	1.2～2	28.51	50	
夹堤渊	696+700～697+950	1250	12.50	0.8～1.5	29.45	50	
洪水渊	695+050～695+570	520	11.44	2.2～3	28.71	45	
荷叶渊	680+200～681+125	925	23.12	1.8～2.5	27.89	50～70	
小河口	675+485～675+530	45	1.00	2～3			1931 年溃口
一弓堤	674+000～674+090	90	5.00	2.2			1931 年溃口
朱三弓	672+300～672+950	650	5.70	2		140	1836 年、1931 年溃口
四弓堤	671+600～672+200	600	10.00	2.5			1935 年溃口
卡子口	671+000～671+200	200	2.00	2.5			1830 年溃口
二十弓	670+000～671+000	1000	10.00	2			1830 年溃口
姚家塘	669+450～669+600	150	1.30	2			
廖家渊	668+000～668+820	820	20.00	1.5～2			1839 年溃口
田家冲	665+800～667+200	1400	30.70	1.5～2		50	1914 年溃口
王家港	662+790～663+070	280	2.30	1～3			1839 年溃口
盂兰渊	657+750～658+430	680	30.00	1～3			1830 年溃口
高小渊	653+250～653+750	500	18.70	3～4		80	1848 年溃口
蒲家渊	651+200～651+900	700	9.70	4～12			
郑家渊	649+830～650+300	470	6.70	4～7			
长渊	647+900～649+200	1300	1.60	5～12			
老毛老渊	646+200～646+500	300	3.30	3～8		50～190	1850 年溃口冲成
新毛老渊	645+850～646+200	350	7.00	4～9			1854 年溃口冲成
郑小渊	645+700～645+830	130	2.10	5		150	

渊塘名称	相应桩号	沿堤长度/m	面积/万 m²	溃水深/m	塘底高程/m	距堤脚距离/m	备 注
刀把渊	645+384～645+580	196	3.70	5			
戴家渊	644+988～645+300	312	7.00	6.5			
吴洛渊						180～200	1823 年溃口冲成
艾家渊	643+800～643+977	177		4～6			1830 年溃口冲成
谭家渊	641+800～642+250	450	18.00	20～29	2.60		1608 年溃口冲成
柳家渊	640+600～640+800	200		2～3			
八老渊	635+610～635+800	190		3			1608 年溃口冲成
井家渊	634+800～635+050	250		3～4			

注 高程系统为吴淞基面。

监利县境长江堤防从明万历三十六年（1608 年）谭家渊溃决至民国二十四年（1935 年）江堤溃决，其间 328 年，长江干堤溃决（漫溢）有具体溃址记载的年份有 37 年次，平均不到 9 年决溢一次。现沿堤留有明显溃决痕迹而未见诸记载者，仅监利长江干堤沿线就分布有沈家渊、贺家渊、黄家渊、李家月、沱湾、何家潭、郭家潭、官家潭、龙家渊、上车湾等处。故大堤实际决溢次数远比上述统计为多。

洪湖市地势居四湖流域各县（市、区）最低，地面高程比江陵低 4～6 米，比监利低 2～3 米，历史上每逢荆江左岸堤溃，洪湖必遭灭顶之灾。明朝以后，洪湖长江堤防出现溃决或因上游溃决而受灾的频次日渐密集，明永乐二年至崇祯十三年年间（1404—1640 年）溃决 23 次，清顺治十一年至宣统三年（1654—1911 年）间溃决 56 次，民国年间（1912—1949 年）溃决 16 次。

松滋、公安、石首长江堤防因系不断挽筑而成，堤身低矮，时常溃决，明清两代更是溃决不断。1860 年大水冲开藕池口、1870 年冲开松滋口，灾民遍野，饿殍无数。民国七年（1918 年）石首县城北门口堤溃，连敞 7 年未挽，地成汪洋，村无人烟，民众四处逃难，惨景不堪闻睹。北门口 37 户人家，被洪水席卷一空，城东六里的孙家拐 42 户 173 人，仅存活 48 人。二十年（1931 年），公安斗湖堤、沙潭子、石柳湖坝等堤段溃决，公安全境淹去大半，淹田 4 万余公顷，被灾十余万人，淹毙近3000 人，哀鸿遍野。石首东山之下堤溃 200 余米，自管家埠至调关，淹田万余亩，被灾 9 万余人，淹死 1000 余人。二十四（1935 年），松滋朱家埠、罗家潭，公安斗湖堤，石首二圣寺、茅草岭相继告溃，其中松滋淹田 2.33 万余公顷，塌屋 1.7 万余栋，死亡 1000 余人；公安全县五分之四地区被淹，受灾 20 余万人；石首、江陵淹田、倒屋、死人畜，灾情亦很惨重。三十四年（1945 年）公安朱家湾堤溃，洪水泛溢，高二丈余，被淹面积东抵藕池口，南至黄山头，西至虎渡河，北界大江，波及石首、安乡等县，受灾 26 万余人。

决溢给沿江两岸民众带来深重灾难，历史上灾情记载较详细的有清乾隆五十三年、咸丰十年、同治九年、民国二十年和二十四年等大水年份的决溢灾害。

乾隆五十三年（1788 年）大水，长江上游四川省 4 个州县灾情惨重，湖北全省 36 个县被淹。"五月下旬以来雨水较多，江流泛滥……六月十八日、二十日大雨如注……江水盛涨，沿江各州县多数堤垸漫溢，田庐被淹。宜昌城区平地水深数十公分"；清江尾闾长阳县城"平地水深八九尺至丈余"；枝城（老城）"六月十九日水入城丈余，堤垸漫溃"（民国十年《湖北通志》）。石首罗城垸魏家台、陈公西垸永兴观溃决，田庐尽被淹没，人民流离失所。江陵损失尤为惨重，万城堤、中方城、上下渔埠及御路口一带溃决，江水直逼荆州府城，各城门下闸堵闭。后洪水冲溃西门，随即大北门、小北门及东门相继溃塌。《荆州万城堤志》载，"六月二十三日（7 月 26 日），堤自万城至御路口一带决口二十二处，水冲荆州西门、水津门两路入城，官廨民房倾圮殆尽，仓库积贮漂流一空，水渍丈余，两月方退，兵民淹毙万余。号泣之声，晓夜不辍。登城全活者，露处多日，难苦万状；下乡一带，田庐尽被淹没，诚千古奇灾也。"其时，刚上任的湖广总督毕沅作诗哀叹："凉飙日暮暗凄其，棺椁纵横满路歧。饥鼠伏仓餐腐粟，乱鱼吹浪逐浮尸。神灯示现天开网，息壤难湮地绝维。那料存亡关片刻，万家骨肉痛流离。"其状之惨，史所罕见。

当时江陵城（荆州古城）为清代重镇，城内驻扎有重兵和要员，财富粮草颇多，城池分隔为满汉两个部分，堤溃城坍，洪水所至，一片混乱，无论满人汉人都有重大伤亡。严重洪灾震撼朝廷，乾隆皇帝当年七月至翌年三月连下24道谕旨，严厉查处督修大堤不力、严重失职的地方官员。乾隆皇帝严惩十年内承修荆江堤工的官员及该管上司，上至舒常等三任湖广总督、姜晟等六任湖北巡抚，下至荆州道府、知县、县丞等大小官员23人分别按责任大小，处以革职、留用、降级调用和罚款等处分，并进行严厉申斥。对在荆江右岸窖金洲开垦植芦有碍行洪的萧姓大地主，抄其家产，并依例治罪。是年洪灾具体损失尚难以估算，也未有详细记载。死亡人数，有专折上报，但乾隆皇帝深表怀疑："外省官员于灾伤，向有讳饰，兹报一千三百余，则其讳匿不报者尚不止此数，想来不下万余。"他派大学士阿桂到江陵处理善后工作，工部侍郎德晟负责修复工程，包括修堤、治河（建矶头、护岸），恢复城池、仓库，赈济灾民，并铸造9尊镇水铁牛置于万城至观音矶等处，共拨付帑银200万两。此后，荆江大堤由民堤改为官堤，每年拨专款防护。

咸丰十年（1860年），长江流域大水，上中游损失惨重。据文献资料记载，屏山"五月二十七日，大水涨涌入城，二十八、九（日）水愈甚，次日水更奇涨丈余"；万县大水入城，滨江市街唯见屋瓦。洪水东下时，三峡区间、清江流域、荆江地区亦发生强度较大的暴雨，致使洪水陡涨。据湖北巡抚胡林翼奏称："本年入夏以来，荆宜两府阴雨连朝，江水日增。五月下旬，大雨如注，川江来源异常盛涨。归州（秭归）禀报，五月二十三日后川水入楚，高至二十余丈，漫及城根，沿河两岸全行被淹"；宜昌"大雨如注，连日不绝，江涨骤发，突涌

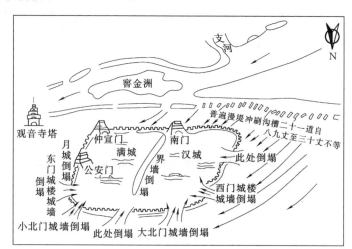

图1-35 清乾隆五十三年（1788年）大水荆州溃城图

入城，平地水深六七尺。"《长阳县志》载，清江下游"五月大雨如注，日夜不绝，清江骤涨，坏城邑，平地水深六尺"；荆江大堤万城堤溃。"五月，大雨如注，日夜不止，江水大涨。二十五日夜，西门城决，水灌城，至东门涌入大江，民舍漂没殆尽"，"堤垸皆溃，沿江炊烟断绝"（清光绪六年《荆州府志·祥异志》、《江陵县志》）。荆江大堤万城堤溃，江陵大水。民国《松滋县志》载："五月二十六日，朱家埠西高石碑堤溃……平地水深二三丈。"江陵万城堤和毛、杨二尖决（《江陵县志》）。公安"邑水高于城二尺许，民栖屋脊者数昼夜"（清同治十三年《公安县志》）。石首"黄金堤溃"（《荆州府志·祥异志》）。监利永兴渊堤溃。此次大水，冲开藕池口，大量洪水分流入洞庭湖，造成洞庭湖区大范围水灾。冲决藕池口原为1852年决的一小口，当地民众自发堵复小口，但标准较低，1860年大水到来，抢护不及，终至大溃，最大分泄流量估算约30000立方米每秒，溃决时间为最大洪峰到来前。[1]

清同治九年（1870年），长江流域出现千年一遇特大洪水，荆江地区灾情极为惨重。川水东下，在荆江导致松滋长江堤防溃决，监利以下江堤4处溃口，且当时中游江湖底水也较高，更加重中游洪水危害，致使荆江右岸及洪湖地区江堤大量漫溃，受灾惨重。宜昌"郡城内外，概被淹没"，枝江县"六月六日（大水）入城，城堞尽坏，漂没民舍殆尽"。洪水至松滋老城，水位约52.00米，高出堤顶约2米，老城冲毁，"庞家湾、黄家铺堤溃，……本县及邻邑堤连决七八处，漂流屋邑人民田禾无算，

松滋城溃五丈余，磨市全为水淹，百里之遥几无人烟。"公安县损失惨重，"江堤俱溃，山峦宛在水中，水漫城垣数尺，衙署、庙宇、民房倒塌殆尽，大水溃城淹平屋脊，数百年未有之奇灾"，"汛后大疫，民多暴死"。大水冲成松滋河，洪水大量向洞庭湖倾泻，所过之处，庐舍荡然无存。安乡、华容水漫堤顶，田禾悉被淹没，官署民房亦遭漫浸，灾情严重。

图 1-36　1870 年洪水淹没范围示意图（引自《长江志》）

松滋、公安两县堤垸几乎全被冲毁，造成严重后果，迫使虎渡河改道。石首、监利、嘉鱼及洞庭湖滨湖地区共 20 余州县亦遭重创。大批灾民流离失所，四五十年之后堤垸才相继恢复。

民国二十年（1931 年）夏，长江洪水泛涨，湖北江汉两岸及各内港支流所有官堤民堤，十九非漫即溃，庐舍荡折，禾苗尽淹，人民流离转徙，嗷嗷待哺者，多至数百万人。全省灾民达 826 万人，死亡 6.5 万余人[2]。荆州受灾面积 5469 平方千米，105.8 万人受灾，淹没农田 16.72 万公顷，因灾死亡 5.42 万人。

表 1-39　　　　　　　　　1931 年大水荆江两岸受灾情况调查表

县　别	受灾面积/km²	受灾人口/万人	受灾田亩/万 hm²	倒塌房屋/间	死亡人数/人
江陵县	2330	49.6	4.48	7000	23000
监利县	1950	37.2	0.94		
沔阳县					30000
松滋县		10.0	11.30		
公安县					
石首县	1189	9.0			1180
合计	5469	105.8	16.72	7000	54180

荆江两岸溃垸甚多，受灾人数多达数百万，最严重的是荆江大堤溃决。据《湖北省自然灾害历史资料》记载："（1931 年）七月，长江大水，江陵霪雨倾盆，岑河口一带尽成泽国。沙沟子、一弓堤溃决，监利朱三弓漫溢。"8 月初，洪水从荆江大堤齐家堤口（即麻布拐稍上）溃决，此处为当时荆

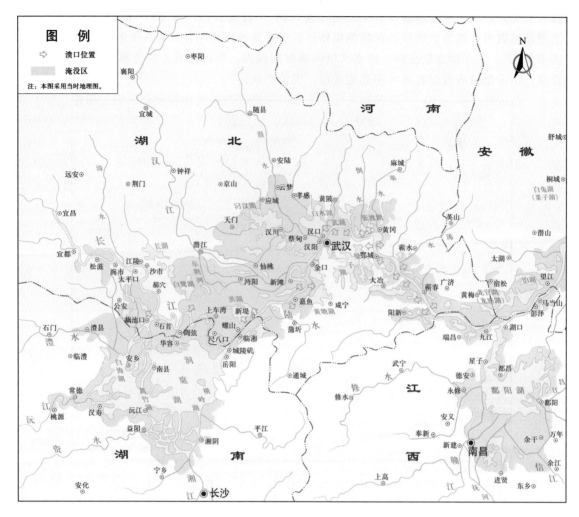

图 1-37　1931 年洪水淹没范围示意图（引自《长江志》）

江大堤尾端，堤背坡脚地面高程约 30.00 米，水位差约 6～7 米，溃口水流倾泻而下，在荆北区上下肆虐。灾民有的用门板、木盆、水桶扎排逃生；有的则爬到树上、房上待救。郝穴、新堤一带堤上，"庐栅绵亘，有数十里之遥"。江陵县受灾 2330 平方千米，淹没农田 4.48 万公顷，倒塌房屋 7000 间，受灾 49.6 万人，淹死 2.3 万余人[3]。

荆北西至江陵张家山、枣林岗，北至潜江蔡家口以下，东至新滩口全部被淹，荆江大堤多处溃决，荆北平原一片汪洋，人畜淹毙无数。因秋收绝望，逃亡者仅监利一县即达 30 余万。百姓处境十分艰难，生者流离转徙，死者随波漂荡，其状之惨重，亦为百年所罕见。

沿江松滋、江陵（江南辖境）、公安、石首等田地淹没，房屋倾塌，灾民流落他乡不计其数。松滋县 6 月大水，外洪内涝，十几个民垸堤溃，松东河、松西河两岸的天宝、同和、邹郝、张恩、中城等垸堤先后溃决，11.3 万公顷农田受灾，灾民 10 余万。6 月，公安斗湖堤、沙潭子等堤段溃决，公安全境大部被淹，淹死 3000 余人，哀鸿遍野。8 月 3 日，江陵县江南虎西堤斗星场溃决。石首县长江堤柳湖坝溃决，东山之下，堤溃 200 米，上起管家铺，下至调关，均成泽国，顾兴、永巩、合兴、护堤等垸俱溃，张惠、泉南、六合等垸只有高阜少数民房尚可目睹，余皆沦为泽国。石首县境灾区占十分之六七，受灾人口 9 万，受灾面积 1189 平方千米，其中农田 6000 余公顷，因灾死亡 1180 人。

8 月 3 日，沔阳新堤溃，淹死近 3 万人。8 月 8 日，监利一弓堤溃，口门宽 900 米，水深 10 米。当年洪湖江堤溃口主要有局墩、穆家河、沙坝子、孙家渊、章家渊、吴家渊等。洪水越洪湖而上倒灌，致使监利、沔阳、江陵、潜江95％区域被淹没，一片汪洋，如同大海，灾民百万，逃亡者30余万。洪湖外洪内涝，江堤多处决溢，死者枕藉。当年9月，湖北省水灾救济分会派出的赈救队赴新堤视察灾情，沿途只见洪水滔滔，汪洋一片。"综计视察所及之处，全成泽国，田园屋宇，均浸于水中，沿江灾民，多麇集江堤未溃之处，茅棚栉比，俨同村落，露天居者，占十分之二三，亦有全家老幼居于船上者，均数日不得一饱，内河各处，因无堤坝岗陵之故，灾民多在被淹未倒之屋中，架木居住，亦有树上结巢，灾情之惨，实所罕见"[4]。面对水灾，中共湘鄂西苏区党组织、苏维埃政府和红军，在贺龙、周逸群、段德昌领导下，组织动员数十万人上堤抢险，堵塞溃口，安顿灾民。中共湘鄂西省委制定《关于水灾时期党的总任务议案》，尽力解决苏区人民吃饭问题，组织苏区灾民向白区转移；对留在苏区的群众，帮助其进行生产生活自救，并发起救济运动，通过新西兰国际友人路易·艾黎发出呼吁，请求国际社会救济。国际红十字会救济600万元赈灾款、70万担小麦、7000套衣服，路易·艾黎不顾国民党当局的阻挠，率船队自武汉溯江而上，将300担小麦运到苏区。苏区政府还组织群众开展经济斗争，先后在一些集镇设置13个赤色粮店，救济灾民[5]。

　　1935年长江流域集中性暴雨洪水，灾情异常严重。长江中游河段，由于干支流洪水遭遇，宜都至沙市河段水位很高，荆江河段宣泄不及。

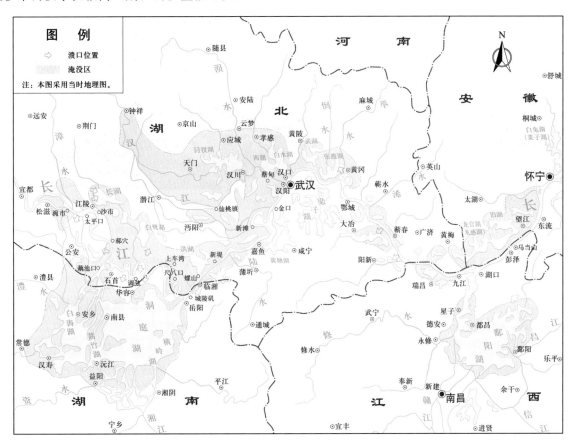

图1-38　1935年洪水淹没范围示意图（引自《长江志》）

　　灾情尤以江陵为重。据《荆沙水灾写真》等有关史料记载，7月上旬，三峡区间、清江和沮漳河上游普降大雨暴雨，连续两三昼夜不停。自7月3—8日，降雨量超过平均年降雨量的一半多，致江水陡涨，枝城站洪峰流量达75200立方米每秒；与此同时，沮漳河上游山洪暴发，两河口水位上涨至49.87米，洪峰流量达5530立方米每秒，洪水直冲当阳镇头山脚。7月4日，破众志垸、谢古垸，决阴湘城堤；5日破保障垸，决荆江大堤之横店子，溃决宽300米，深3米，堆金台与得胜台亦先后漫溃，其中得胜台溃决宽600余米；7日大堤下段之麻布拐又溃1200米。荆州城被水

图 1-39 1935 年受灾民众

围困，城门上闸，交通断绝，灾民栖身于城墙之上，日晒雨淋，衣食无着。城外"水深及丈"，沙市便河两岸顿成泽国，草市则全镇灭顶，人民淹毙者几达三分之二，沙市土城以外亦溺死无数，其幸存者，或攀树巅，或蹲屋顶，或奔高阜，均鹄立水中，延颈待食。此时正值青黄不接，存米告罄，四乡难民凡未死于水者，亦多死于饥，竟见有剖人而食者。此次洪灾波及江、荆、潜、监、沔等 10 余县，致荆北大地陆沉，一片汪洋，江陵受灾 35.47 万人，淹死 379 人，倒塌房屋 9707 栋。因东荆河莲花寺溃，南北两水并淹监利，受灾 35.1 万人，倒塌房屋 5153 栋。此

次大水致使荆北大地一片汪洋，仅江陵即淹去 77%，监利受淹大半，江陵监利两县合计淹田 14 余万公顷。

图 1-40 荆州城南门堤街被冲情形

图 1-41 西门外被淹房屋

当年沮漳河流域为暴雨所覆盖（流域面积约 6000 平方千米），河溶站调查推算洪峰流量约为 7000 立方米每秒，流域内死亡数千人。河溶站以下，大片民垸溃决，两岸尽成泽国。

松滋长江堤防在涴市下游 5 千米处罗家潭等处溃口，江南大片农田受灾。据调查，罗家潭溃口时水位尚不高，内围垸为一豪绅所有，占地数千亩，见大水来临，其欲利用洪水溃淹以增加其地肥力，因而禁止民众上堤抢护，但迅即堤溃垸淹，口门下冲出罗家潭。及水退，罗家潭附近数千亩良田全为泥沙所覆盖而荒废，这个地主豪绅也因而破产，直至 20 世纪 50 年代末期这里仍为一片沙荒地。1935 年汛期，松滋全县 30 个民垸溃口，淹田 2.34 万公顷，淹毙 1215 人，坍塌房屋 17230 余间，受灾人口 21.93 万。

6 月 30 日起，公安县连降大雨七昼夜，江水猛涨，公安长江堤防斗湖堤、范家潭溃口，口门宽 300 米，支河堤防多处相继溃决，全县五分之四地区被淹，受灾 20 余万人。石首水位超过 1931 年 0.7~1.3 米，二圣寺堤溃决，口门宽 200 余米；7 月 1 日，罗城、横堤、陈公东、陈公西堤均溃，茅草岭溃口口门宽 250 米，来家铺溃口宽 90 米；江左各垸于 7 月 3—4 日已一抹横流，无寸尺未淹之地；7 日罗城、横堤、陈公东西四干堤与东络民堤俱溃；8 日大兴、天兴两干堤又决，淹没许多民垸。石首全县各堤垸冲毁淹没者，干堤 6 处，民垸 72 处，受灾人口 20.25 万，占总人口 82%，受灾面积 383 平方千米，占总面积 90%，死亡 2940 人。

据初步统计，此次水灾，荆州受灾面积 1.08 万平方千米，受灾人口 150.64 万，受灾农田 19.6 万公顷，倒塌房屋 3.21 万间，因灾死亡 6885 人。

表 1-40 1935 年长江大洪水荆州灾情统计表[6]

县　别	受灾面积 /km²	受灾人口 /人	受灾田亩 /万 hm²	倒塌房屋 /栋	死亡人数 /人
江陵县	2821	354747	10.94	9707	379
监利县	1920	251755	3.34	5153	
沔阳县	2463	294687			
松滋县	1083	219280	2.34	17230	1215
公安县	1022	183421			2351
石首县	1500	202494	2.98		2940
合计	10809	1506384	19.60	32090	6885

建国后，虽几次遭遇特大洪水、大洪水，但在党和人民政府坚强领导下，广大军民奋勇抗洪抢险，保障了堤防安全，保障了千百万人民群众生命财产安全，未出现重大财产损失。但因特大洪水或人为原因，仍然出现 1954 年长江干支堤 16 处溃决、1960 年石首横堤因挖口抗旱引水而溃决、1965 年松滋八宝下南宫闸倒闸溃堤、1969 年洪湖长江干堤田家口溃决、1980 年松滋河东支堤公安黄四嘴溃决和 1998 年孟溪大垸溃决等灾害损失。

1954 年长江流域发生特大洪水，荆江地区虽三次运用荆江分洪工程分洪，同时有计划地在洪湖蒋家码头、虎东肖家嘴、虎西山岗堤、枝江上百里洲、北闸下腊林洲和监利上车湾等地扒口分洪，保证了重点城市和地区安全，但巨大洪水仍造成沿堤两岸多处溃决。7 月 7 日，荆江县[7]虎西干堤南阳湾、戴皮塔溃决，口门宽达 1260 米；7 月 8 日，石首张智垸金鱼沟、西新垸轭头湾两处相继溃决；7 月 13 日，洪湖老湾、穆家河、新丰闸等处溃决；7 月 29 日，人民大垸鲁家台溃决，口门宽达 1350米；8 月 1 日，永合垸何家沟溃决；8 月 4 日，石戈垸杨家祠溃决；8 月 6 日，公安长江干堤郭家窑溃决；8 月 20 日，陈公东垸廖家祠等 4 处溃决，造成石首全县受灾人口 11.9 万，死亡 163 人。1954年大水给国民经济带来严重损失，长江流域死亡 3.3 万余人，造成京广铁路 100 天不能正常通车。其中，荆州地区死亡 11991 人，淹没农田 44.31 万公顷，受灾人口 209.78 万，其中严重受灾的占 90%以上，倒塌房屋 27.8 万间。

1960 年 9 月 9 日，石首横堤大剅口干堤（桩号 583＋700）因抗旱引水挖堤未堵，秋水上涨时溃决，口门宽 110 米，受灾面积 66.3 平方千米，灾民 24338 人，冲毁、倒塌房屋 1074 间，死亡 7 人。

1965 年 7 月 13 日，松东河右岸八宝垸下南宫闸因发生管涌险情而倒闸溃决，致使八宝垸1.11 万户、5.49 万人受灾，淹没农田近 7000 公顷，倒塌房屋 1.5 万余间，造成直接经济损失1283 万元。

1969 年 7 月 20 日，洪湖长江干堤田家口（桩号 445＋790）溃决，口门宽 620 米，最大进流量9000 立方米每秒，淹没洪湖、监利两县面积约 1690 平方千米，受灾农田 5.33 万余公顷，受灾人口26 万。

1980 年 8 月 4 日，松滋河东支左岸公安黄四嘴因管涌险情发生溃决，溃决堤长 157 米。受灾范围达 53 个大队、577 个生产队，受灾 10 万余人、耕地近 8000 公顷，倒塌房屋约 1 万栋，淹没电力排灌站 22 处，淹没和冲毁涵闸 254 座、桥梁 740 座、公路 144 千米，经济损失约 7 千万元，淹死7 人。

1998 年，长江发生全流域型大洪水，荆州长江堤防及连江支堤遭受严峻考验。为确保荆江大堤、长江干堤和武汉、荆州等重要城市安全，相继有多处围垸扒垸行洪。8 月 7 日，公安县孟溪大垸虎右支堤严家台因管涌险情恶化造成溃决，淹没面积 220 平方千米，受灾人口 12 万。

表 1-41　　　　　　　　　　　　荆州河段历史洪水年份及决溢灾害年表

朝代	历史纪年	公元纪年	史籍记载	决溢情况	史料来源
西汉	高后三年	公元前185年	汉中南郡大水，流四千余家	决溢	《荆州府志·祥异志》、《长江志》
西汉	高后八年	公元前180年	汉中南郡大水，流六千余家	决溢	《荆州府志·祥异志》、《长江志》
东汉	和帝永元十四年	102年	兖、豫、荆州水		《后汉书·和帝纪》
东汉	殇帝延平元年	106年	秋，六州（荆、扬、兖、青、徐州）大水		《后汉书·殇帝纪》、《湖广通志》、《通览辑览》
西晋	武帝咸宁二年	276年	荆州大水，漂流人民房屋四千余家	决溢	《荆州府志·祥异志》
西晋	武帝咸宁三年	277年	七月，荆州大水		《湖广通志》卷一
西晋	武帝咸宁四年	278年	七月，荆州大水		《湖广通志》卷一
西晋	武帝太康四年	283年	荆州大水		《荆州府志·祥异志》
西晋	惠帝元康二年	292年	六月，荆扬五州水		《荆州府志·祥异志》
西晋	惠帝元康五年	295年	夏，荆州大水		《荆州府志·祥异志》
西晋	惠帝元康六年	296年	五月，荆州大水		《湖广通志》
西晋	惠帝元康七年	297年	秋，荆州大水		《荆州府志·祥异志》
西晋	惠帝元康八年	298年	九月，荆州大水		《晋书·五行志》
东晋	元帝永昌元年	322年	五月，荆州大水		《荆州府志·祥异志》
东晋	明帝太宁元年	323年	五月，荆州……大水		《晋书·五行志》
东晋	成帝咸康元年	335年	八月，荆州大水，溢漂溺人畜	决溢	《荆州府志·祥异志》
东晋	武帝太元四年	379年	六月，荆州大水		《荆州府志·祥异志》
东晋	武帝太元六年	381年	六月，扬、荆、江三州大水		《晋书·五行志》
东晋	武帝太元十五年	390年	八月，沔中诸郡大水		《晋书·五行志》
东晋	武帝太元十七年	392年	蜀水大出，漂浮江陵数千家，以堤防不严降号（殷仲堪）为宁远将军	决溢	《晋书·殷仲堪传》
东晋	武帝太元十九年	394年	荆州大水		《荆州府志·祥异志》
东晋	武帝太元二十年	395年	六月，荆州大水		《荆州府志·祥异志》、《晋书·五行志》
东晋	武帝太元二十二年	397年	荆州大水		《荆州府志·祥异志》
东晋	安帝隆安三年	399年	荆州大水，平地水深三丈	决溢	《晋书·五行志》、《荆州府志·祥异志》
东晋	安帝隆安五年	401年	夏，荆州大水		《江陵县志·祥异志》（清光绪二年版）
南北朝	文帝元嘉十八年	441年	沔阳（今洪湖、仙桃）：五月大水，江汉泛溢，没民舍，害苗稼	决溢	《湖北省水旱灾害统计资料》
南北朝	梁武帝天监六年	507年	荆州大水，江溢堤坏，憺亲率府将吏，冒雨赋尺丈筑治之	决溢	《梁史·卷二二·肖憺传》
南北朝	陈废帝光大二年	568年	陈吴明彻攻后梁，破江陵放水灌江陵城	决溢	《资治通鉴》
南北朝	陈宣帝太建二年	570年	陈司空章昭达攻后梁，决堤引长江水灌江陵	决溢	《资治通鉴》
南北朝	陈宣帝太建十四年	582年	七月，荆州江水如血，自京师至于荆州	决溢	《荆州府志·祥异志》

朝代	历史纪年	公元纪年	史 籍 记 载	决溢情况	史 料 来 源
隋	文帝开皇六年	586年	江陵大水		《荆州府志·祥异志》
唐	太宗贞观十六年	642年	荆州大水		《唐书·五行志》
唐	太宗贞观十八年	644年	荆州大水		《唐书·五行志》
唐	玄宗开元十四年	726年	秋，荆州大水		《江陵堤防志》
唐	德宗贞元二年	786年	六月，荆南江溢	决溢	《荆州府志·祥异志》
唐	德宗贞元三年	787年	三月，江陵大水		《唐书·五行志》、《荆州府志·祥异志》
唐	德宗贞元四年	788年	江陵大水，地震		《石首县水利堤防志》
唐	德宗贞元六年	790年	荆南江溢	决溢	《荆州万城堤志》
唐	德宗贞元八年	792年	荆襄大水，江陵大水，石首民饥	决溢	《荆州府志·祥异志》、《长江志》、《石首县志》
唐	宪宗元和元年	806年	夏，荆南大水		《唐书·五行志》
唐	宪宗元和二年	807年	江陵大水		清光绪二年《江陵县志·祥异》
唐	宪宗元和八年	813年	江陵大水		《荆州府志·祥异志》、《江陵县志》、《荆州万城堤志》
唐	宪宗元和九年	814年	荆州大水，石首民灾		《石首县志》（1990年版）
唐	宪宗元和十二年	817年	六月，江陵水，害稼		《唐书·五行志》
唐	文宗太和四年	830年	夏，荆襄大水，皆害稼		《荆州府志·祥异志》
唐	文宗太和五年	831年	荆襄大水，害稼		《唐书·五行志》、《湖广通志》
唐	文宗太和九年	835年	荆州大水		《江陵县志》
唐	文宗开成三年	838年	江汉涨溢，坏荆襄等州，民居及田产殆尽	决溢	《唐书·五行志》、《荆州府志》、《长江志》
北宋	太平兴国二年	977年	沔阳：春淫雨，秋七月复州江水涨，坏城及民舍田庐	决溢	《湖北省近五百年气候历史资料》、《长江志》
北宋	太平兴国五年	980年	秋七月，复州水涨，舍、堤、塘皆坏	决溢	清光绪《沔阳州志》
北宋	太宗淳化二年	991年	秋，荆湖北路江水注溢，浸田亩甚众。秋七月，复州蜀、汉二江水涨，坏民田庐	决溢	《宋史·五行志》、清光绪《沔阳州志》
北宋	仁宗庆历七年	1047年	荆湖北路大水		清同治《平江县志》
北宋	仁宗皇祐四年	1052年	石首大水，田被淹		《石首县志》（1990年版）
北宋	仁宗至和元年	1054年	石首大水		《石首县志》（1990年版）
北宋	仁宗嘉祐二年	1057年	七月，荆湖北路大水		《宋史·五行志》
北宋	徽宗政和八年	1118年	荆湖路大水		《文献通考》
南宋	高宗建炎二年	1128年	江陵令决潭陂（即黄潭堤），入于江，既而夏潦涨溢，荆南、复州千余里皆被其害	决溢	清光绪二年《江陵县志·祥异》《宋史》卷九七
南宋	高宗绍兴三年	1133年	五月，荆湖北路连雨，七月，江陵水		《荆州府志·祥异志》
南宋	高宗绍兴二十三年	1153年	夏，长江流域遭遇流域型特大水灾，宜昌站洪水57.50米，推算流量92800立方米每秒		《长江志》
南宋	孝宗乾道四年	1168年	七月，江陵寸金堤决，水啮城，石首大水	决溢	清光绪二年《江陵县志》《石首县志》
南宋	孝宗淳熙六年	1179年	五月，荆州水		《江陵堤防志》

朝代	历史纪年	公元纪年	史 籍 记 载	决溢情况	史 料 来 源
南宋	孝宗淳熙十五年	1188年	五月，荆州溢，漂民舍、军垒3000余间，江陵、武汉等受水灾。夏五月，荆江溢，复州大水	决溢	《宋史·五行志》、清光绪《沔阳州志》
南宋	光宗绍熙三年	1192年	七月，江陵大雨，江溢，败堤防，圮民庐，溃田稼者逾旬日	决溢	清光绪《江陵县志·祥异》、《长江志》
南宋	光宗绍熙四年	1193年	夏，江陵水。湖北郡县坏圩田	决溢	《宋史·五行志》、《荆州府志·祥异志》
南宋	宁宗开禧元年	1205年	荆湖北路水		《荆州府志·祥异志》
南宋	宁宗开禧三年	1207年	石首堤溃，全县受灾	决溢	《石首县志》
南宋	宁宗嘉定十二年	1219年	石首大水，民流离		《石首县志》
南宋	宁宗嘉定十六年	1223年	五月，荆郡水，江涛溢，圮沿江民庐	决溢	《荆州府志·祥异志》
南宋	理宗淳祐十一年	1251年	九月，江陵大水		《荆州府志·祥异志》、《荆州万城堤防志》
元	世祖至元十二年	1275年	八月，松滋骤雨，水暴溢，漂千余家，溺死七百余人	决溢	《荆州府志》、民国《松滋县志》、《长江志》
元	世祖至元十五年	1278年	松滋大水		《松滋县志》
元	世祖至元二十四年	1287年	九月，江水溢	决溢	《长江、汉江干流泛滥年表》
元	世祖至元二十七年	1290年	七月，江水溢	决溢	《长江、汉江干流泛滥年表》
元	成宗元贞二年	1296年	江陵、潜江、沔阳、玉沙、石首县大水		《荆州府志·祥异志》
元	成宗大德四年	1300年	七月，江陵、松滋大水。江陵路水漂民居，溺死者十有八人。玉沙县大水	决溢	《荆州府志》、《扬子江水利考》、《长江志》
元	成宗大德七年	1303年	公安决竹林港，石首决陈瓮港	决溢	《荆州府志·祥异志》、《石首县志》、《长江志》
元	成宗大德八年	1304年	石首陈瓮港再决	决溢	《荆州府志》、《石首县志》
元	成宗大德九年	1305年	夏五月至秋七月，玉沙江溢，石首水灾	决溢	《石首县志》、《监利县水利志》、《沔阳州志》
元	武宗至大四年	1311年	松滋、江陵大水		《元史·五行志》、《湖广通志》、《松滋县志》、《江陵县志》
元	仁宗延祐五年	1318年	六月，江陵水		《荆州府志·祥异志》
元	仁宗延祐六年	1319年	五月，江陵水		《荆州府志·祥异志》
元	仁宗延祐七年	1320年	五月，江陵水		《元史·五行志》、《湖广通志》、《江陵县志》
元	英宗至治二年	1322年	江陵路江溢，公安水	决溢	《荆州府志·祥异志》
元	英宗至治三年	1323年	五月，公安、江陵二县水		《元史·五行志》
元	泰定帝泰定二年	1325年	五月，江陵路江溢，公安、石首水	决溢	《元史·泰定帝纪》、《荆州府志》、《长江志》
元	泰定帝泰定三年	1326年	五月，江陵、公安二县水		《元史·五行志》、《荆州府志》
元	明宗至顺三年	1332年	九月，江陵大水		《元史·宁宗纪》
元	顺帝至正二年	1342年	松滋大雨，漂流千余家，死七百人	决溢	《松滋县志》
元	顺帝至正八年	1348年	六月，中兴路松滋骤雨暴涨，平地深丈有五尺余，漂没六十余里，死者一千五百人。夏四月，沔阳府大水	决溢	《荆州府志·祥异志》、《长江志》、《湖北省近五百年气候历史资料》
元	顺帝至正九年	1349年	七月，公安、石首、潜江、监利、沔阳等县大水		《湖广通志》、《荆州府志》、《长江志》、《石首县志》

朝代	历史纪年	公元纪年	史　籍　记　载	决溢情况	史　料　来　源
元	顺帝至正十二年	1352年	六月，松滋暴雨，江水暴涨，漂民居千余里，溺死者七百余人	决溢	《荆州府志·祥异志》、《松滋县志》、《长江志》
元	顺帝至正十五年	1355年	六月，荆州大水		《元史·五行志》、《湖广通志》、《荆州府志》
元	顺帝至正十九年	1359年	荆江地区暴雨成灾，漂没民在千余家，溺死七百余人	决溢	《长江志》
明	太祖洪武九年	1376年	七月，湖广大水		《元史·五行志》
明	太祖洪武十年	1377年	公安大水，冲塌城楼，民田陷没无算，荆州、石首大水	决溢	《荆州府志·祥异志》、《石首县志》
明	太祖洪武十三年	1380年	荆州大水		《湖广通志》卷一、《荆州府志·祥异志》
明	太祖洪武十八年	1385年	李家埠堤决，坏民庐舍、田产甚众	决溢	明嘉靖《荆州府志》
明	太祖洪武二十三年	1390年	八月，淫雨，汉水暴溢由郧以西，庐舍人畜漂没无算，荆几陷，五日乃止		《江陵县志》
明	太祖洪武二十八年	1395年	松滋大水，堤溃	决溢	《松滋县志》
明	成祖永乐二年	1404年	七月，湖广大水，石首、监利诸县江溢、坏民居田稼	决溢	《明史·五行志》、《湖广通志》卷一、《湖北省自然灾害历史资料》、《长江志》
明	成祖永乐三年	1405年	江陵、石首、监利诸县江溢，坏民居田稼	决溢	《荆州府志·祥异志》
明	成祖永乐二十年	1422年	沔阳州淫雨，江水泛涨，淹没田地，溺死人民	决溢	《长江、汉江干流泛滥年表》
明	宣宗宣德元年	1426年	沔阳、监利等县久雨，江水泛滥，田地、人民淹没	决溢	《长江、汉江干流泛滥年表》、《扬水江水利考》
明	宣宗宣德三年	1428年	八月，沔阳州及监利县久雨，江水泛涨		《长江、汉江干流泛滥年表》、《扬水江水利考》
明	宣宗宣德八年	1433年	七月，江水泛滥，冲决江陵、枝江堤岸，民田、军屯多被患	决溢	《扬子江水利考》、《明英宗实录》卷一〇八
明	英宗正统元年	1436年	九月，江陵、公安二县及荆门州大雨，江水泛涨，冲决圩岸	决溢	《长江、汉江干流泛滥年表》、《明英宗实录》卷二三
明	英宗正统二年	1437年	江、松、公、石、潜、监六县各奏："近江堤岸俱水决，淹没禾苗甚多"	决溢	《明史·五行志》、《明英宗实录》卷三五
明	英宗正统四年	1439年	荆州府属诸县四月至六月江水流溢堤决，淹没田亩，民多流徙	决溢	《明史·河渠志》、《江陵堤防志》
明	英宗正统九年	1444年	两畿、山东、河南、浙江、湖广大水		《明史·英宗前纪》
明	英宗正统十三年	1448年	石首水灾		《石首县志》
明	代宗景泰元年	1450年	南水、江水泛滥，坏城垣、官舍、民居甚众	决溢	《长江、汉江干流泛滥年表》
明	代宗景泰六年	1455年	闰六月，沔阳：江水泛溢，又被淹没	决溢	《明实录》
明	代宗景泰七年	1456年	江陵恒雨淹田，荆州庐舍漂没		《江陵县志》
明	英宗天顺四年	1460年	江水泛滥决堤，淹没禾苗，民居多流徙	决溢	《明史·五行志》、《明英宗实录》卷三一八
明	英宗天顺七年	1463年	五月，荆州大雨，腐二麦，庐舍漂没，民皆露宿		《荆州府志·祥异志》

朝代	历史纪年	公元纪年	史　籍　记　载	决溢情况	史　料　来　源
明	宪宗成化五年	1469年	湖广大水，公安决，江陵施家渊堤决	决溢	《明史·五行志》、《荆州府志·祥异志》
明	宪宗成化十年	1474年	荆州大水。沔阳：江汉并涨，堤防悉沉于渊，民皆乘舟入城市，浅者为栈、深者如巢、飘风剥雨，溺死者动以千数	决溢	《江陵堤防志》、《监利县水利志》、《沔阳州志》
明	宪宗成化十一年	1475年	荆州大水		《湖广通志》
明	宪宗成化十三年	1477年	江水暴涨		《荆州府历代自然灾害表》、《岳阳历史上的自然灾害》
明	宪宗成化十四年	1478年	荆州大水		《江陵县志》
明	宪宗成化十五年	1479年	荆州大水，免夏秋粮		《江陵堤防志》
明	孝宗弘治三年	1490年	石首大水		《石首县志》
明	孝宗弘治十年	1497年	荆州大水，自沙市决堤浸城，冲塌公安门城楼，民田陷没无算，公安狭堤渊决；石首大水	决溢	《湖广通志》、《公安县志》、《石首县志》、《荆州府志·祥异志》、《古今图书集成》卷一二九、《长江志》
明	孝宗弘治十一年	1498年	八月，荆州大水，决沙市堤，灌城，冲塌公安门城楼，民田陷溺无算。李家埠堤决，淹溺甚众	决溢	《荆州万城堤志》、明嘉靖《荆州府志》
明	孝宗弘治十二年	1499年	夏，大水，江陵李家埠堤决，淹没甚众。沔阳江汉并涨，江堤溃	决溢	《读史方舆纪要》、《荆州万城堤志》、《湖北省水旱灾害统计资料》、《长江志》
明	孝宗弘治十三年	1500年	江陵李家埠堤决，淹没甚众。沔阳江汉并涨，堤防悉沉如渊，湛溺死者动以千数	决溢	《天下郡国利病书》、《明孝宗实录》、清光绪《沔阳州志》
明	孝宗弘治十四年	1501年	荆州大水溃城，文村堤决	决溢	清宣统《湖北通志》、清光绪《江陵县志》
明	武宗正德十一年	1516年	八月，荆州大水，决沙市堤，灌城脚。江陵文村堤决，公安郭家渊决。沔阳江汉并溢，南江堤溃	决溢	《湖广通志》、清光绪《江陵县志》、清光绪《沔阳州志》、明嘉靖《荆州府志》
明	武宗正德十二年	1517年	夏，荆州大水，江水泛溢，田庐漂没，民多溺死。沔阳：大水泛滥，南北江襄大堤冲崩	决溢	《湖广通志》、《荆州府志·祥异志》、《沔阳州志》
明	世宗嘉靖元年	1522年	石首决双剅垸（即石戈垸），市人骑屋而居	决溢	《石首县志》、《长江志》
明	世宗嘉靖四年	1525年	沔阳：夏四月，江溢至于六月	决溢	清光绪《沔阳州志》
明	世宗嘉靖六年	1527年	夏，荆州大水，万城堤决。石首堤溃，市可行舟。沔阳夏六月大水，民田庐皆坏，人畜多溺死	决溢	《明史·五行志》、《荆州府志》、《读史方舆纪要》
明	世宗嘉靖八年	1529年	石首堤溃	决溢	《长江志》
明	世宗嘉靖九年	1530年	沔阳：南江堤茅埠口覆决	决溢	清光绪《沔阳州志》
明	世宗嘉靖十一年	1532年	荆州大水，江陵万城堤决；公安江池湖决	决溢	《湖广通志》、《江陵县志》、《沔阳州志》
明	世宗嘉靖十六年	1537年	秋，两畿、山东、河南、陕西、浙江各被水灾，湖广尤甚		《明史·五行志》
明	世宗嘉靖十八年	1539年	塞祝家垱（约监利一弓堤附近），其垱随决。	决溢	万历《湖广总志》、《天下郡国利病书》卷七四

朝代	历史纪年	公元纪年	史 籍 记 载	决溢情况	史 料 来 源
明	世宗嘉靖二十年	1541年	沙市上堤而南，复遭巨浸，各堤荡洗殆尽，华容大水，城内行舟	决溢	1937年《荆江堤志》、清光绪《华容县志》
明	世宗嘉靖二十一年	1542年	万城堤复遭巨浸，各堤防荡洗殆尽	决溢	清光绪十三年《荆州万城堤图说》、1937年《荆江堤志》
明	世宗嘉靖二十三年	1544年	是年堤决后，寸金堤未修，日圮	决溢	清光绪十三年《荆州万城堤图说》
明	世宗嘉靖二十六年	1547年	沔阳：大水，江堤决，坏民垸无算	决溢	清光绪《沔阳州志》
明	世宗嘉靖二十九年	1550年	江陵万城堤决，各堤防荡洗殆尽，松滋自本年决堤无虚岁	决溢	清光绪《江陵县志·祥异》、《长江志》
明	世宗嘉靖三十年	1551年	七月，石首大水，江涨堤溃，平地深水数丈，官舍民居皆没	决溢	清乾隆《荆州府志》、《石首县志》、《长江志》
明	世宗嘉靖三十三年	1554年	公安大水		《荆州府志·祥异志》
明	世宗嘉靖三十五年	1556年	秋，石首淫雨连月，南北二水交涨，诸堤尽决，溺民无算。公安新渊堤决。黄师堤决	决溢	《荆州府志·祥异志》、清顺治《监利县志》、《长江志》
明	世宗嘉靖三十九年	1560年	七月，荆州大水，江陵寸金堤溃，水至城下，高近三丈。六门筑土填塞，凡一月退。公安沙堤铺决。松滋大水，江溢夹洲、朝英口堤决。沔阳水，人畜溺死	决溢	《荆州府志·祥异志》、《湖广通志》、《松滋县志》
明	世宗嘉靖四十四年	1565年	荆州大水，李家埠决，公安决大湖渊及雷胜旻湾；监利县决黄狮庙、何家垱、义冢垸、金家湖诸堤	决溢	《湖广通志》、《荆州府志·祥异志》
明	世宗嘉靖四十五年	1566年	荆州大水。江陵黄潭堤防荡洗殆尽，民之溺者不下数十万；公安倾洗竹林寺，决藕池	决溢	《湖广通志》、《荆州府志·祥异志》、《公安县志》
明	穆宗隆庆元年	1567年	松滋七里庙（新场东）溃口；公安大水，倾洗二圣寺；石首大水	决溢	《荆州府志·祥异志》、《松滋县志》、《石首县志》
明	穆宗隆庆二年	1568年	荆州大水，江陵逍遥堤决；公安艾家堰决；白螺矶溃	决溢	《荆州府志·祥异志》、《石首县志》、清光绪《湖北通志》
明	穆宗隆庆三年	1569年	荆州大水		《荆州府志·祥异志》
明	穆宗隆庆四年	1570年	石首堤决	决溢	《石首县志》
明	穆宗隆庆五年	1571年	松滋、江陵、公安、石首、监利大水		《湖广通志》、清光绪《湖南通志》
明	穆宗隆庆六年	1572年	松滋、江陵、公安、石首、监利等七县大水伤禾稼，坏庐舍，漂流人畜死者不可胜计。七月，荆州大水，堤塍冲决。江陵、监利水灾	决溢	《湖广通志》、《荆州府志·祥异志》、《江陵县志》、《明史·五行志》、《明穆宗实录》卷十
明	神宗万历元年	1573年	七月，荆州大水。湖广巡抚舒鳌奏称："承天、荆州、岳州等府州频年堤塍冲决，洪水横溢，民遭陷溺非止一处。"	决溢	《明史·五行志》、《明穆宗实录》卷十
明	神宗万历二年	1574年	七月，江陵、公安大水		《湖广通志》卷一
明	神宗万历十四年	1586年	石首陈公西垸溃	决溢	《荆州府志·祥异志》
明	神宗万历十九年	1591年	六月，江陵黄潭堤决，民溺死死者不下数万，其它房屋畜悖无算；公安大水，堤溃	决溢	《明史·五行志》、《荆州万城堤志》、《长江志》

朝代	历史纪年	公元纪年	史 籍 记 载	决溢情况	史 料 来 源
明	神宗万历二十一年	1593 年	江陵逍遥堤决	决溢	《荆州万城堤志》、清康熙《荆州府志》、《长江志》
明	神宗万历二十六年	1598 年	江陵沙津（即沙市）决	决溢	《荆州万城堤志》、清乾隆《江陵县志》
明	神宗万历三十四年	1606 年	五月，江陵、公安、石首、监利、安乡大水，华容城房屋倒塌甚多，城中可行舟		《岳阳历史上的自然灾害》、《石首县志》
明	神宗万历三十六年	1608 年	监利谭家渊、八老渊堤溃，沔阳：五月十四日江堤坏，水至城内行舟，石首涝	决溢	《石首县志》、《监利县志》、《沔阳州志》
明	神宗万历三十九年	1611 年	长江中游大水，松滋决堤，死亡千余人	决溢	《长江志》
明	神宗万历四十年	1612 年	松滋大水，堤溃，淹死千余人	决溢	《荆州府志·祥异志》、《松滋县志》、《长江志》
明	神宗万历四十一年	1613 年	上游干流特大洪水。据历史洪水调查，宜昌洪水位 56.31 米。四川、湖北均有大水入城，房舍淹没	决溢	《长江志》
明	神宗万历四十三年	1615 年	石首大雨成灾		《石首县志》
明	神宗天启三年	1623 年	监利县堤头堤溃成潭	决溢	清康熙《监利县志》、《监利县水利志》
明	崇祯四年	1631 年	五六月，江陵淫雨不已，沔阳二百余垸堤尽溃	决溢	清光绪《江陵县志·祥异志》、《长江志》
明	崇祯七年	1634 年	监利江堤溃	决溢	《监利县水利志》
明	崇祯十三年	1640 年	五月，沔阳江水盛涨，江堤南北湖口、小林诸堤皆溃	决溢	《沔阳州志》
清	世祖顺治四年	1647 年	盛夏，监利水旱相因，诸水骤涨，东西溃决	决溢	《监利县水利志》
清	世祖顺治五年	1648 年	湖广江水大涨，监利水旱相因		《长江历代水灾记载表》、清光绪《监利县水利志》
清	世祖顺治七年	1650 年	诸水骤涨，腾架堤上，（黄师堤等）东西溃决。沔阳五月大水，没朱麻等二百余垸。夏六月，水淹二百余垸	决溢	清顺治《监利县志》、清光绪《沔阳州志》
清	世祖顺治九年	1652 年	江陵水决万城堤	决溢	《荆州府志·祥异志》、清光绪《江陵县志》
清	世祖顺治十年	1653 年	石首大水，松滋大水，黄木坑、杨润口（采穴附近）堤溃，溺死数百人；江陵万城堤溃，江陵城西门倾塌	决溢	《荆州府志·祥异志》、《松滋县志》、清乾隆《江陵县志》
清	世祖顺治十二年	1655 年	因江水泛涨，荆州府城不没者无几。沔阳春三月堤溃大水，夏四月水	决溢	宝藏《宫中档》、《湖北省近五百年气候历史资料》
清	世祖顺治十五年	1658 年	荆州大水，淹田庐，溺人畜无算。公安大水。松滋大水，损禾苗，坏居民。监利水灾异常。沔阳江汉并涨，堤垸多倾溃	决溢	《荆州府志·祥异志》、清光绪《沔阳州志》、民国《松滋县志》
清	世祖顺治十六年	1659 年	五月，江陵大水。沔阳，夏六月大水，秋大水		清光绪《江陵县志·祥异志》、《湖北省近五百年气候历史资料》
清	世祖顺治十七年	1660 年	江陵大水		《荆州府志·祥异志》
清	圣祖康熙元年	1662 年	七月，松滋大水。八月，江陵大水，万城堤溃	决溢	《松滋县志》、《守荆略记》（清光绪十三年徐家干编）

朝代	历史纪年	公元纪年	史 籍 记 载	决溢情况	史 料 来 源
清	圣祖康熙二年	1663年	八月，松滋大水，黄木坑堤溃，浸公安城，民溺死无算；江陵大水，所在堤圩尽决（江水决周尹庙）	决溢	《荆州府志·祥异志》、《松滋县志》、清光绪《江陵县志》、《监利县水利志》、《清史稿》、《东华录》
清	圣祖康熙三年	1664年	江陵郝穴堤溃，洪水滔天，弥漫无际	决溢	《荆州府志·祥异志》、《湖广通志》
清	圣祖康熙四年	1665年	沔阳春三月工竣修筑南江堤溃口九十六处，夏五月南江堤继溃	决溢	清光绪《沔阳州志》
清	圣祖康熙七年	1668年	监利尺八、林家潭堤溃	决溢	《监利县水利志》、《监利县历代水旱灾害简介》
清	圣祖康熙九年	1670年	松滋流虎口、杨润口（采穴洪潭寺）二处溃堤，民居漂溺者无算，古堤颓坏，改筑"圭"形堤	决溢	《荆州府志·祥异志》、《湖北省自然灾害历史资料》
清	圣祖康熙十年	1671年	松滋大水。七月，江水骤涨，（石首）西垸堤溃损禾苗，灾民流离，死者枕藉	决溢	《荆州府志·祥异志》、《长江志》
清	圣祖康熙十一年	1672年	六月，监利大水，决何家湾、薛家潭和红花湖堤。松滋大水，新筑"圭"形堤复溃，民叠遭水灾，死者甚众；石首江涨，溃西垸，死者枕藉	决溢	清光绪《湖北通志》、《监利县水利志》、《松滋县志》、《长江志》
清	圣祖康熙十五年	1676年	江陵、监利大水，江决郝穴龙二渊，人民多死；监利何家湾、洛家湾、永泰山、新中河口、小口子堤决。沔阳：江汉并涨，堤溃六七处，南辖（今洪湖）淹没，人畜溺死无算	决溢	《荆州府志》、清光绪《江陵县志》、清同治《监利县志》、《湖北省近五百年气候历史资料》、清光绪《沔阳州志》
清	圣祖康熙十七年	1678年	监利大水，决东湖港堤，郝穴等处江堤溃决	决溢	《荆州府志》、清同治《监利县志》、《监利县水利志》
清	圣祖康熙十九年	1680年	监利大水，决上牛舍垸堤；江陵盐卡堤溃	决溢	《江陵堤防志》、清同治《监利县志》、《长江志》
清	圣祖康熙二十年	1681年	江陵、监利大水，江决江陵黄潭堤，田庐舍漂没，人民死者无算。沔阳秋七月江汉堤垸多溃	决溢	《荆州府志》、《荆州万城堤志》、《湖北省近五百年气候历史资料》、清光绪《江陵县志》
清	圣祖康熙二十一年	1682年	六月，江堤复决，所谓堤防者，冲荡漂流，于斯为尽	决溢	《中国水利史》郑肇经、《皇朝经世文编》
清	圣祖康熙二十四年	1685年	江陵、公安、监利、沔阳大水		《湖广通志》卷一、《荆州府志·祥异志》
清	圣祖康熙二十八年	1689年	石首陈公西垸溃	决溢	《荆州府志·祥异志》
清	圣祖康熙三十四年	1695年	公安水；江陵盐卡堤溃	决溢	清光绪六年《荆州府志》、《江陵堤防志》（1984年）
清	圣祖康熙三十五年	1696年	七月，江陵、监利大水；黄潭堤决；枝江大水入城，十五日方退，南北大小堤同日溃，居民庐舍漂荡无余	决溢	《荆州府志·祥异志》、《长江志》、《江陵堤防志》
清	圣祖康熙四十二年	1703年	江陵、监利大水		《清史稿·灾异志》
清	圣祖康熙四十三年	1704年	监利大水（韩家埠决）	决溢	《荆州府志·祥异志》、《湖北省自然灾害历史资料》
清	圣祖康熙四十四年	1705年	监利大水		《湖广通志》
清	圣祖康熙四十五年	1706年	监利大水，破堤漂民	决溢	《湖北省水旱灾害统计资料》

朝代	历史纪年	公元纪年	史 籍 记 载	决溢情况	史 料 来 源
清	圣祖康熙四十六年	1707年	公安、江陵大水。石首大水，墨山庙堤溃，冲决黄金堤。水入城，官舍仓库俱没	决溢	《荆州府志·祥异志》、《长江、汉江干流泛滥年表》、《石首县志》
清	圣祖康熙四十七年	1708年	江陵大水，监利大水，沔阳大水		《监利县水利志》、《湖北省近五百年气候历史资料》
清	圣祖康熙四十八年	1709年	江陵、监利大水		《湖广通志》、《江陵县志》
清	圣祖康熙四十九年	1710年	监利上车湾堤溃	决溢	《江陵堤防志》、《监利县水利志》、清康熙《监利县》
清	圣祖康熙五十二年	1713年	江水决于万城，郡城东数百里，茫然巨浸，户遍逃亡；监利潘家棚堤溃	决溢	《江陵堤防志》、《监利县水利志》
清	圣祖康熙五十三年	1714年	江陵文村堤溃；秋，监利水，沔阳大水	决溢	《荆州府志·祥异志》、《监利县水利志》、《湖北省近五百年气候历史资料》、清光绪《江陵县志》、《长江志》
清	圣祖康熙五十四年	1715年	监利、瓦子湾、李黄月堤溃。江水大涨，沔阳西流、龙渊、茅埠等堤俱决，民多流散	决溢	《监利县水利志》、《沔阳州志》
清	圣祖康熙五十五年	1716年	江陵、监利、沔阳等地大水		《湖广通志》、《湖北省近五百年气候历史资料》
清	圣祖康熙五十九年	1720年	六月，石首大水，墨山庙堤溃，冲黄金堤，居民漂没无算	决溢	《荆州府志·祥异志》、《石首县志》
清	世宗雍正二年	1724年	江陵、石首水		《荆州府志·祥异志》
清	世宗雍正四年	1726年	江陵、监利大水，淹没无算，沔阳夏大水		《荆州府志·祥异志》、《湖广通志》
清	世宗雍正五年	1727年	公安、石首等地大水；荆州府堤决，监利永兴渊堤溃，沔阳夏六月江水大发，龙王庙、月堤头、延寿宫等江堤俱溃十九处	决溢	《荆州府志·祥异志》、《湖广通志》、《石首县志》、《监利县水利志》、《沔阳州志》
清	世宗雍正六年	1728年	五月十日监邑费家垸溃，越二日泥湖之西堤又溃，城内行舟，破朱麻达陂、川	决溢	清光绪《沔阳州志》、《北口横堤碑记》
清	世宗雍十一年	1733年	江陵三里司（周公堤）决	决溢	清光绪《江陵县志·祥异志》、《长江志》
清	世宗雍十三年	1735年	公安水		《公安县自然灾害历史资料》
清	高宗乾隆元年	1736年	江陵水，监利江堤溃决	决溢	《清史稿》、《江陵县志》、《监利县水利志》
清	高宗乾隆二年	1737年	江陵大水		《荆州府志·祥异志》，《湖广通志》
清	高宗乾隆六年	1741年	夏秋水灾，（洪湖）王湾堤复决，柴林、九泥烂泥湖诸垸均被其害	决溢	清光绪《沔阳州志》
清	高宗乾隆七年	1742年	六月，江陵、石首、监利大水		《江陵县志》、《石首县志》、《监利县水利志》、《长江、汉江干流泛滥年表》
清	高宗乾隆九年	1744年	监利水灾		《监利县水利志》
清	高宗乾隆十年	1745年	五月，江陵大水，沔阳夏大水		《清史稿》、《荆州府志》
清	高宗乾隆十一年	1746年	荆州、江陵水。十月，江陵万城堤溃，沔阳大水	决溢	《清史稿》、《江陵县志》
清	高宗乾隆十二年	1747年	秋，监利大水，沔阳大水		《监利县水利志》、清光绪《沔阳州志》

朝代	历史纪年	公元纪年	史 籍 记 载	决溢情况	史 料 来 源
清	高宗乾隆十三年	1748年	八月，江陵，监利大水，沔阳夏大水		《清史稿》、《湖北省近五百年气候历史资料》
清	高宗乾隆十四年	1749年	监利、荆州、荆左三卫水，沔阳夏大水。监利秋水灾		《江陵堤防志》、《湖北省近五百年气候历史资料》
清	高宗乾隆十七年	1752年	江陵、监利水		《江陵县志》、《监利县水利志》
清	高宗乾隆十八年	1753年	监利水		《监利县水利志》
清	高宗乾隆十九年	1754年	荆州大雨，监利水灾		清光绪六年《荆州府志》、《监利县水利志》
清	高宗乾隆二十年	1755年	荆州淫雨，自三月至五月，江水骤涨，下乡麦禾尽淹	决溢	《清史稿》、《荆州府志·祥异志》
清	高宗乾隆二十一年	1756年	江陵，监利大水		《荆州万城堤志》、《江陵县志》
清	高宗乾隆二十六年	1761年	六月，江陵大水，沔阳大水，监利大水		《清史稿》、《湖北省近五百年气候历史资料》
清	高宗乾隆二十九年	1764年	洞庭水涨，漂没石首居民无算。监利大水，沔阳大水		《荆州府志》、《湖北省近五百年气候历史资料》
清	高宗乾隆三十年	1765年	江陵大水		《荆州府志·祥异志》
清	高宗乾隆三十一年	1766年	江陵水		清光绪二年《江陵县志·祥异志》
清	高宗乾隆三十二年	1767年	枝江、江陵、监利大水		《清史稿》、《江陵县志》、《荆州万城堤志》
清	高宗乾隆三十四年	1769年	枝江、江陵、石首、监利大水。沔阳大水，民多流亡		《清史稿》、《荆州府志·祥异志》、《石首县志》、《监利县水利志》、《湖北省近五百年气候历史资料》
清	高宗乾隆四十年	1775年	大水，冲决淹及城市（荆州）	决溢	《续行水金鉴》卷一五四
清	高宗乾隆四十三年	1778年	监利水		《监利县水利志》
清	高宗乾隆四十四年	1779年	春，江陵淫雨弥月；夏，大水，溃泰山庙，逆流环城，下乡田禾俱淹	决溢	《荆州府志·祥异志》、清光绪《江陵县志》、《长江志》
清	高宗乾隆四十五年	1780年	五月，江陵、监利、沔阳并荆州、荆左二卫水		《清史稿》、《湖北省近五百年气候历史资料》
清	高宗乾隆四十六年	1781年	江陵观音寺、泰山庙堤溃，江水灌入内河，回流倒漾，淹及城根。监利、沔阳大水	决溢	《续行水金鉴》卷一五四、《湖北省近五百年气候历史资料》
清	高宗乾隆四十七年	1782年	江陵、监利大水		《荆州府志·祥异志》、《监利县水利志》
清	高宗乾隆五十年	1785年	监利大水		《监利县水利志》
清	高宗乾隆五十一年	1786年	八月，荆江泛滥，江陵、监利大水		《江陵县志》、《监利县水利志》
清	高宗乾隆五十三年	1788年	六月，荆州大水。六月十九日，枝江大水入城，深丈余，漂流民舍无数；松滋朱家埠、孔明楼堤溃；江陵万城堤决二十余处，城内水深二丈；石首田庐人畜漂没；监利朱家渊堤溃	决溢	《清史稿》、《荆州府志·祥异志》、《松滋县志》、《石首县志》、《监利县水利志》
清	高宗乾隆五十四年	1789年	江陵、监利、华容大水；江陵木沉渊、杨二月堤溃，监利瓦子湾上溃朱黄月堤，下溃五公月堤	决溢	《荆州府志》、《江陵县志》、清光绪《湖南通志》、《监利县水利志》、《湖北省自然灾害历史资料》

朝代	历史纪年	公元纪年	史 籍 记 载	决溢情况	史 料 来 源
清	高宗乾隆五十六年	1791 年	松滋朱家埠堤溃；石首田庐人畜漂没	决溢	《松滋县志》、《石首县志》
清	高宗乾隆六十年	1795 年	五月，松滋大水，朱家埠堤溃	决溢	《清史稿》、《松滋县志》
清	仁宗嘉庆元年	1796 年	松滋江堤决；江陵木沉渊、杨二月堤溃；石首田塍均被漫溢；监利狗头湾、程公堤、金库堤决	决溢	《荆州府志》、《松滋县志》、《石首县志》、《监利县水利志》、《湖北省自然灾害历史资料》
清	仁宗嘉庆二年	1797 年	江陵木沉垸内猝发蛟水，致将该堤冲塌，并将官修之杨二月堤间段漫缺。松滋江堤决	决溢	《清宫档》、《清代长江流域西南国际河流洪涝档案史料》
清	仁宗嘉庆七年	1802 年	六月大水，松滋高家套堤溃；江陵万城堤六节工、七节工漫溃八十余丈；公安衙署、民房、城垣、仓廒均圮；监利瓦子湾顺江堤溃，沔阳江堤潭湾等垸堤漫溃	决溢	《清史稿》、《荆州府志》、《松滋县志》、《监利县水利志》、《湖北通志》、《湖北省自然灾害历史资料》
清	仁宗嘉庆九年	1804 年	监利县文固垸肖家畈堤和狗头湾、程公堤、金库垸四处堤溃	决溢	《监利县水利志》、《清代长江流域西南国际河流洪涝档案史料》
清	仁宗嘉庆十一年	1806 年	江陵、监利二县，并沔阳、潜江二州县南乡积淹田亩		《清代长江流域西南国际河流洪涝档案史料》
清	仁宗嘉庆十二年	1807 年	万城堤溃口，江陵、监利各一百余垸，田亩尽沉水底	决溢	《清代长江流域西南国际河流洪涝档案史料》
清	仁宗嘉庆十六年	1811 年	监利杨林关堤溃，淹及潜江	决溢	《监利县水利志》
清	仁宗嘉庆十七年	1812 年	公安双石碑堤决	决溢	《荆州府志》、《长江志》
清	仁宗嘉庆十八年	1813 年	枝江大水入城，堤垸溃决；八月朔，江陵弥陀寺堤溃，浸及石首西南垸堤俱决	决溢	《荆州府志·祥异志》、《枝江县志》、《长江志》
清	仁宗嘉庆二十年	1815 年	六月，江水盛涨，江陵南岸龙王庙及虎渡支河梁家等民垸漫缺，淹及公安板半等里和石首东泊等坊	决溢	《清代长江流域西南国际河流洪涝档案史料》
清	仁宗嘉庆二十一年	1816 年	松滋堤溃，淹及公安毛四、瓜一等里；江陵黄灵垱堤决	决溢	《清代长江流域西南国际河流洪涝档案史料》、《江陵堤防志》
清	宣宗道光元年	1821 年	监利武家口溃	决溢	《监利县水利志》
清	宣宗道光二年	1822 年	六月，江水泛滥，堤决郝穴镇下新闸	决溢	《荆州府志·祥异志》
清	宣宗道光三年	1823 年	江陵大水、郝穴堤决；石首大水，各垸堤溃	决溢	《清史稿》、《荆州府志》、《江陵县志》、《石首县志》
清	宣宗道光四年	1824 年	七八月，公安县湖河二水并涨，油河堤溃决漫淹朱家垸，监利朱家月堤和何家埠月堤溃决	决溢	《清代长江流域西南国际河流洪涝档案史料》、《湖北省自然灾害历史资料》
清	宣宗道光五年	1825 年	江陵、监利、潜江、沔阳等县水灾，郝穴堤溃淤十余里，万城下尚林垱月堤，漫溃一百余丈	决溢	《清代长江流域西南国际河流洪涝档案史料》、《江陵县堤防志》、宝藏《宫中档》
清	宣宗道光六年	1826 年	江陵水，龙二渊、范家渊、文村下吴家湾堤溃	决溢	《荆州府志》、《荆州万城堤志》、《江陵县志》
清	宣宗道光七年	1827 年	五月，江陵大水，蒋家埠、吴家湾堤溃；监利南北垸水	决溢	《清史稿》、《荆州府志》、《长江志》、《江陵县志》
清	宣宗道光八年	1828 年	万城堤决六百余丈，退挽月堤一道	决溢	《大清会典事例》
清	宣宗道光九年	1829 年	公安许刘围堤决	决溢	《荆州府志》

朝代	历史纪年	公元纪年	史 籍 记 载	决溢情况	史 料 来 源
清	宣宗道光十年	1830年	沙市"刘公祠潭，大水冲陷前堤，激而成潭，与江潜通"。五月十五日，松滋朱家埠堤溃；公安大河湾决；石首江溢堤决。监利艾家渊、盂兰渊堤溃	决溢	《荆州府志·祥异志》、《松滋县志》、《石首县志》、《湖北省自然灾害历史资料》、《长江志》
清	宣宗道光十一年	1831年	公安大水，吕江口、窑头埠决；石首江堤溃，饿死者大半。监利白螺矶江堤溃决，洪湖螺山、新堤、茅埠等堤垸俱溃	决溢	《荆州府志》、清光绪《沔阳州志》、《续行水金鉴》、《监利县堤防志》、《长江志》
清	宣宗道光十二年	1832年	江陵、公安水决堤，人溺死者无数；石首止澜堤溃，松滋陶家埠堤溃，史家湾复溃，决口洪流横亘四五里	决溢	《荆州府志·祥异志》、《松滋县志》
清	宣宗道光十三年	1833年	江陵万城堤决，郡东数百里，茫然巨浸；五月公安水，江堤溃；石首江堤溃；松滋浣市堤决	决溢	《荆州府志·祥异志》、清光绪《江陵县志》、《长江志》
清	宣宗道光十四年	1834年	松滋大水，史家湾旧口复决，民饥；江陵大水，九节工决；公安、石首大水溃堤；监利水灾	决溢	《荆州府志·祥异志》、《江陵堤防志》、《监利县水利志》
清	宣宗道光十五年	1835年	沔阳：江汉并涨，堤溃六十余处，南辖（今洪湖境内）淹没	决溢	清光绪《沔阳州志》
清	宣宗道光十六年	1836年	七月，江水陡涨，朱三弓老堤漫，溃二十余丈并淹及接壤之江陵、石首、沔阳等州县；枝江、松滋、公安亦受水灾	决溢	《清代长江流域西南国际河流洪涝档案史料》、清同治《监利县志》
清	宣宗道光十九年	1839年	六月，枝江大水入城；松滋浣市堤溃；江陵大水，五节工、肖二垸、五道庙同决；公安大水，监利五家湾九工月决	决溢	《荆州府志》、《枝江县志》、《松滋县志》、清同治《监利县志》、《江陵堤防志》
清	宣宗道光二十年	1840年	松滋浣市堤溃，老城东门外庞家湾堤溃；江陵八节工决；公安、监利俱大水	决溢	《荆州府志》、《松滋县志》、《监利县志》、《长江志》
清	宣宗道光二十一年	1841年	松滋大水，浣市下堤溃；江陵八节工决；公安堤溃；监利白螺汛，界牌上江堤溃	决溢	《荆州府志》、《松滋县志》、《江陵堤防志》、《监利县水利志》、《长江志》
清	宣宗道光二十二年	1842年	五月二十五日，江陵张家堤溃，大水灌城西门，外冲成潭，卸甲山及白马坑城崩，越数日，文村堤、上渔埠头堤溃，松滋、公安、石首、监利俱水	决溢	《荆州府志》、《清史稿》、《清代长江流域西南国际河流洪涝档案史料》、《监利县志》、《长江志》
清	宣宗道光二十三年	1843年	六月以后，上游发水，来源甚旺，或因江湖并涨，或因山水下注，致潜江、监利、公安、江陵、石首、枝江等州县低洼田地，间被漫淹；江陵上李家埠决口	决溢	《清代长江流域西南国际河流洪涝档案史料》、《江陵县志》、《荆沙水灾写真》、《江陵堤防志》
清	宣宗道光二十四年	1844年	七月，松滋灵钟寺堤溃（寅木坑旧口）；江陵李家埠堤溃，大水灌城西门，冲成潭，白马坑城崩；公安大水；石首止澜堤溃，监利螺山崔家堤溃	决溢	《荆州府志·祥异志》、《清史稿》、《江陵县志》、《石首县志》、《监利县水利志》、《长江志》
清	宣宗道光二十五年	1845年	江陵李家埠堤溃；公安西支文文龙习（何家潭堤）决	决溢	《荆州府志》、《长江志》、《江陵县堤防志》
清	宣宗道光二十六年	1846年	公安何家潭决；五月，石首大雨，平地起水数丈	决溢	《荆州府志·祥异志》、《石首县志》
清	宣宗道光二十七年	1847年	枝江、松滋、江陵、公安、石首、监利等州县被水	决溢	《清代长江流域西南国际河流洪涝档案史料》

朝代	历史纪年	公元纪年	史 籍 记 载	决溢情况	史 料 来 源
清	宣宗道光二十八年	1848 年	松滋江亭寺堤、岩板窝堤、高家套堤溃，人物漂流，低乡田尽沙压；江陵、公安大水，石首止澜堤溃；五月，监利昼夜大雨，江水平堤，麻布拐、八十工、高小渊、瓦子垸、保安月堤、粮码头、薛家潭堤俱决	决溢	《清史稿》、清宣统《湖北通志》、《荆州府志·祥异志》、《松滋县志》、《石首县志》、《监利县水利志》
清	宣宗道光二十九年	1849 年	江陵、公安、石首、松滋淫雨弥月；石首止澜堤、黄金堤溃；夏秋，松滋江亭寺、高家套、陶家埠堤溃；监利上汛麻布拐、八十工、高子渊溃，螺山圮；江陵阴湘城堤溃	决溢	《再续行水金鉴》、《荆州府志·祥异志》、《松滋县志》、《江陵县志》、《石首县志》、《长江志》
清	宣宗道光三十年	1850 年	监利老毛老渊堤溢，江陵江堤龙王庙决	决溢	《监利县志》、《湖北省自然灾害历史资料》、《长江志》
清	文宗咸丰元年	1851 年	江陵大水，小江埠决口；江汉湖河并涨，以致军民田地被淹；又公安、江陵、监利、石首四县民堤亦多漫缺	决溢	清宣统三年《湖北通志》、《荆江大堤志》、清同治《巴陵县志》、《长江志》
清	文宗咸丰二年	1852 年	夏，大水，江陵三节工决；公安大水浸城；石首马林工溃决，西南多为沙阜	决溢	清光绪六年《荆州府志》、《江陵堤防志》、《石首县志》、《长江志》
清	文宗咸丰三年	1853 年	五六月，江湖并涨，江陵、监利等县低洼田地被淹；石首新筑马林工决	决溢	《清代长江流域西南国际河流洪涝档案史料》
清	文宗咸丰四年	1854 年	监利新老毛渊堤溃	决溢	《荆江大堤志》、《监利县志》
清	文宗咸丰五年	1855 年	洪湖江堤孙家渊（今界牌附近）堤溃	决溢	《监利县水利志》
清	文宗咸丰七年	1857 年	枝江、松滋、江陵、公安、石首大水		《清史稿》、《长江志》
清	文宗咸丰八年	1858 年	松滋、江陵、公安大水，洪湖钦工堤溃口成潭	决溢	《清史稿》、《洪湖县水利志》
清	文宗咸丰九年	1859 年	监利螺山上张家峰双龙港堤溃、洪湖钦工堤溃	决溢	《监利县志》、《洪湖县水利志》
清	文宗咸丰十年	1860 年	五月，枝江西城门溃决，民舍漂没殆尽，堤垸皆溃，松滋高石牌堤溃；江陵万城堤和毛杨二尖决；公安大水；石首黄金堤决，藕池口形成；监利永兴渊堤溃	决溢	《荆州府志》、《枝江县志》、《松滋县志》、《江陵县志》、《监利县志》、《湖北省自然灾害历史资料》
清	文宗咸丰十一年	1861 年	松滋、公安大水；江陵饶二工决，毛、杨二尖停修	决溢	清同治《公安县志》、《长江志》
清	穆宗同治元年	1862 年	公安大水，东支黑狗垱漫决	决溢	《荆州府志·祥异志》、《公安县自然灾害历史资料》
清	穆宗同治二年	1863 年	公安大水		《荆州府志·祥异志》
清	穆宗同治三年	1864 年	公安大水，米昂贵，民多逃亡		《荆州府志·祥异志》
清	穆宗同治四年	1865 年	公安大水		《荆州府志·祥异志》
清	穆宗同治五年	1866 年	公安大水，松滋低乡水灾。沔阳江堤三总、九总、十三总、潭口边皆溃，民多流亡	决溢	《荆州府志·祥异志》、清光绪《沔阳州志》
清	穆宗同治六年	1867 年	公安大水，松滋庞家湾、黄家铺江堤溃口，洪水泛滥，漂没人畜房屋及田禾无数	决溢	清同治《公安县志》
清	穆宗同治七年	1868 年	夏，公安大水		清同治《公安县志》
清	穆宗同治八年	1869 年	荆江两岸堤多溃，沔阳江堤乌林、八总、李家埠头各堤溃	决溢	清宣统《湖北通志》卷七六、清光绪《沔阳州志》

朝代	历史纪年	公元纪年	史 籍 记 载	决溢情况	史 料 来 源
清	穆宗同治九年	1870年	松滋庞家湾、黄家铺堤溃；斗湖堤决二处；水漫城垣数尺，衙署庙宇民房倒塌殆尽，并波及石首；监利邹码头、引港、螺山等处堤溃	决溢	《荆州府志·祥异志》、《松滋县志》、《监利县志》、《长江志》
清	穆宗同治十年	1871年	夏，江陵、公安大水。江陵代家场堤溃	决溢	《荆州府志》、《江陵堤防志》、《荆沙水灾写真》
清	穆宗同治十一年	1872年	枝江、公安大水		《荆州府志》、《枝江县志》
清	穆宗同治十二年	1873年	公安大水；松滋庞家湾、黄家铺旧口复溃，松滋河形成	决溢	《松滋县志》、《荆州府志》
清	穆宗同治十三年	1874年	五月，公安大水		《荆州府志·祥异志》
清	德宗光绪元年	1875年	夏，江陵高家渊堤溃口，监利杨子垸堤溃	决溢	《清史稿》、《江陵县志》、《监利县志》
清	德宗光绪二年	1876年	五月，监利沙矶关溃。沔阳江堤，牛鲁垸、潭湾、李家埠头上首十三沟相继并溃	决溢	清光绪《沔阳州志》、《监利县水利志》
清	德宗光绪三年	1877年	松滋低乡水。夏淫雨，沔阳吴家口堤溃，江汉并溃	决溢	《松滋县志》、《清代长江流域西南国际河流洪涝档案史料》
清	德宗光绪八年	1882年	荆州大水，松滋暴雨，房屋、桥梁倾塌无算		《江陵堤防志》、《松滋县志》
清	德宗光绪九年	1883年	江陵、公安水。潜江、监利、华容等县因春夏雨水过多，江汉同时泛滥，堤垸多被漫溢	决溢	《清代长江流域西南国际河流洪涝档案史料》、《监利县志》
清	德宗光绪十年	1884年	荆州大水，江陵埔东汛（时为县下行政区划）门口堤溃。松滋、江陵、公安、石首、监利等县低洼田地被淹	决溢	清宣统《湖北通志》、《清代长江流域西南国际河流洪涝档案史料》、《监利县志》、《荆州地区志》
清	德宗光绪十一年	1885年	江陵、公安、监利等县低洼田地被淹		《清代长江流域西南国际河流洪涝档案史料》、《江陵县水利志》、《松滋县志》
清	德宗光绪十三年	1887年	荆州淫雨，松滋、江陵、公安、石首、监利等县田禾概被淹没。沔阳江堤大木林溃	决溢	《江陵县水利志》、《监利县志》、《清代长江流域西南国际河流洪涝档案史料》、《沔阳州志》
清	德宗光绪十四年	1888年	松滋杨家垱堤溃，浊流奔注，直达常、澧；洪湖宏恩江堤决	决溢	《松滋县志》、《荆州地区志》
清	德宗光绪十五年	1889年	夏秋，江河并涨，阴雨连绵，枝江、松滋、江陵、公安、安乡、华容、监利田禾多被淹没		《清代长江流域西南国际河流洪涝档案史料》
清	德宗光绪十六年	1890年	春夏之间，江水涨发，枝江、松滋、江陵、公安、石首等县田禾多被淹没		《清代长江流域西南国际河流洪涝档案史料》
清	德宗光绪十七年	1891年	荆州大水		《江陵堤防志》、《江陵县水利志》、《监利县志》
清	德宗光绪十八年	1892年	荆州大水，公安堤垸漫淹，安乡、华容低田被淹	决溢	《清代长江流域西南国际河流洪涝档案史料》、《江陵县水利志》
清	德宗光绪十九年	1893年	六月初旬，江水盛涨，江陵杨家潭堤溃，江流奔注，致将公安之大定、恒德、大胜、西大等四垸漫溃	决溢	《清代长江流域西南国际河流洪涝档案史料》
清	德宗光绪二十年	1894年	夏，湖河泛涨，公安、安乡、华容等县低洼田亩芦洲悉被淹没		《清代长江流域西南国际河流洪涝档案史料》

朝代	历史纪年	公元纪年	史　籍　记　载	决溢情况	史　料　来　源
清	德宗光绪二十二年	1896 年	七月下旬，川水、汉水同时并发，致滨江之松滋、江陵、公安、监利等县堤防均有漫溃	决溢	《江陵县志》、《清代长江流域西南国际河流洪涝档案史料》
清	德宗光绪二十三年	1897 年	荆州大水；松滋杨家垴堤溃	决溢	清宣统《湖北通志》、《松滋县志》
清	德宗光绪二十四年	1898 年	五月，荆州大水		《湖北省自然灾害历史资料》、《监利县志》
清	德宗光绪二十七年	1901 年	监利大水，江汉水溢，两岸堤防坏甚众	决溢	《监利县水利志》
清	德宗光绪三十一年	1905 年	五月初五，枝江、松滋暴雨倾盆，溪水泛滥，房屋、桥梁崩坍无算；松滋史家湾（陶家铺东）堤溃	决溢	《枝江县志》、《松滋县志》
清	德宗光绪三十二年	1906 年	江陵、公安、监利被水		《清代长江流域西南国际河流洪涝档案史料》
清	德宗光绪三十三年	1907 年	荆州大水，江陵山洪决堤，淹没庐舍无算；监利水灾	决溢	清光绪三十三年《中国事纪》、《江陵县志》、《监利县志》
清	德宗光绪三十四年	1908 年	荆州大水；六月，公安堤决涂家港，石首继之；监利薛家潭堤决；松滋高家套堤决，洪湖朱家峰江堤溃	决溢	《江陵县水利志》、《岳阳历史上的自然灾害》、《监利县志》
清	宣统元年	1909 年	五月，江、汉、湖并涨，松滋、江陵、公安、石首、监利等县均罹水灾，漂没田庐人畜无数，洪湖吕蒙口溃	决溢	《清代长江流域西南国际河流洪涝档案史料》、《江陵县志》、《监利县志》、《石首县志》
清	宣统二年	1910 年	荆州大水，沔阳、监利堤垸溃决甚多	决溢	《江陵县水利志》、《监利县志》、《长江志》
清	宣统三年	1911 年	松滋杨家垴堤复溃。洪湖七月，新堤镇下游八里楚屯垸，被水漫过顶，溃口约二十丈	决溢	《松滋县志》、《清湖官报》
民国	民国元年	1912 年	洪湖江堤新堤上新家码头溃口宽约六百米	决溢	《湖北省水旱灾害统计资料》
民国	二年	1913 年	石首陈公西垸永兴观溃，洪湖局墩溃口	决溢	《石首长江堤防志》、《洪湖县水利志》
民国	三年	1914 年	七月，监利县田家冲堤溃决	决溢	《监利县水利志》、上海《申报》
民国	四年	1915 年	沔阳宏恩江堤溃	决溢	《湖北省近五百年气候历史资料》
民国	六年	1917 年	夏季，淫雨兼旬，江水暴涨，七月二十六、二十七日，荆江水位上涨五、六尺，江陵、松滋、石首、公安、监利、潜江等十余县，堤垸冲决者达三十余处	决溢	《监利县志》、《石首县志》、《长江志》
民国	七年	1918 年	松滋梅溪河一带河水暴涨，漂流民房千余家，淹死三百余人；石首县城北门口及石华、顾复等垸堤溃	决溢	《长江、汉江干流泛滥年表》、《松滋县志》、《石首县志》
民国	八年	1919 年	夏，淫雨，松滋、江陵被水，石首北门口溃	决溢	《监利县水利志》
民国	九年	1920 年	松滋史家湾堤复溃	决溢	《松滋县志》
民国	十年	1921 年	夏，淫雨为灾，滨江临汉各县，天、沔、京、钟、枝、公、监等县二十余处堤决，田庐悉成泽国。松滋八宝垸、义兴垸及合众垸堤均溃口，淹田七万余亩，灾民二万余，倒屋五十七间，伤二百三十七人	决溢	国档《全宗》1001 第 1590 卷、《枝江县志》、《松滋县志》

朝代	历史纪年	公元纪年	史 籍 记 载	决溢情况	史 料 来 源
民国	十一年	1922年	江陵虎西堤太山庙溃决，沔阳宏恩矶江堤溃口六十余丈，洲脚江堤溃口二百余米	决溢	《江陵县志》、《湖北省堤防纪要》
民国	十三年	1924年	秋，江水盛涨，石首古长堤溃口。洪湖石码头、叶十家溃口	决溢	《石首县志》、《洪湖县水利志》
民国	十五年	1926年	江溢，江陵、松滋、公安、石首、监利等县江堤溃口多处。沔阳石码头杨树田江堤溃	决溢	《江陵堤防志》、《监利县志》、《湖北省近五百年气候历史资料》
民国	十八年	1929年	七月、八月两月，松滋阴雨连绵，八宝、大同垸内溃成灾，西大垸堤翻闸		《松滋县志》
民国	十九年	1930年	沔阳江堤十五垸溃	决溢	《湖北省水旱灾害统计资料》
民国	二十年	1931年	长江大水，松滋大口、江陵沙沟子、公安斗湖堤、石首柳湖坝溃决，监利朱三弓、一弓堤溃决，洪湖局墩、穆家河、沙坝子、孙坝子、孙家渊、吴家渊溃口	决溢	《荆沙水灾写真》、《松滋县志》、《江陵县志》、《石首县志》、《监利县志》、《洪湖县水利志》
民国	二十一年	1932年	沔阳大水，江堤自十九年溃决以来，连淹三载	决溢	《武汉日报》
民国	二十二年	1933年	枝江下百里洲横堤溃决；松滋祈福垸、西大垸溃决；石首罗成垸黄家拐溃决，洪湖七家垸东堤角溃口	决溢	《枝江县志》、《松滋县志》、《江陵县水利志》、《洪湖县水利志》、《湖北省自然灾害历史资料》
民国	二十三年	1934年	枝江、松滋、江陵淫雨成灾，民饥；松滋八宝垸下南宫闸倒口	决溢	《枝江县志》、《松滋县志》、《江陵县水利志》
民国	二十四年	1935年	荆江大堤麻布拐、得胜寺谢家倒口、堆金台、横店子等处溃决；枝江、松滋、石首均遭水患	决溢	《荆沙水灾写真》、《松滋县志》、《江陵县志》、《石首县志》、《监利县志》、《长江汉江干流泛滥年表》
民国	二十六年	1937年	江陵阴湘城堤、耀新场和突起洲溃口，受灾十二万亩；松滋、石首溃堤，倒塌房屋，冲走人畜；监利谢家榨溃决	决溢	《江陵县志》、《石首县志》、《监利县志》、《长江志》
民国	二十七年	1938年	江陵淫雨，耀新堤溃；石首大水，洪湖仰口等堤溃口	决溢	《石首县志》、《江陵县志》、《湖北省近五百年气候历史资料》、《长江志》
民国	二十八年	1939年	石首戴家湾西兴垸五马口溃	决溢	《石首长江堤防志》
民国	三十年	1941年	石首大兴，鲁公、兴学、天兴等垸溃	决溢	《石首县志》
民国	三十一年	1942年	江陵龙洲垸堤溃；松滋淫雨，淹田近二十五万亩，灾民约三十万。夏，监利大雨数日，各民院溃水数尺，禾苗受损甚巨	决溢	《江陵县志》、《松滋县志》、《监利县志》
民国	三十二年	1943年	松滋、石首、监利大水		《监利县水利志》、《松滋县志》、《石首县志》
民国	三十三年	1944年	松滋阴雨连绵四十余天，二十四万余亩农田被淹，灾民十余万		《松滋县志》
民国	三十四年	1945年	秋，江水暴涨，公安朱家湾溃堤；石首杨林寺蒋家塔、东王庙溃口；松滋德胜、永丰、上星垸堤溃口，淹田三万亩，倒屋一千六百六十二间，伤亡十人	决溢	《松滋县志》、《石首县志》、《长江汉江干流泛滥年表》、《湖北省自然灾害历史资料》
民国	三十五年	1946年	六月，枝江山洪暴发，受灾农田三十万亩；松滋上星、合兴、德胜等垸堤溃；江陵龙洲下垸宝兴垸溃；八月，公安鼎新、六合、天长、源陵洲和顺河大堤，先后漫溃；石首溃十四垸，淹田六万余亩	决溢	《枝江县志》、《松滋县志》、《江陵县志》、《公安县自然灾害历史资料》、《石首县志》、《监利县志》

续表

朝代	历史纪年	公元纪年	史 籍 记 载	决溢情况	史 料 来 源
民国	三十六年	1947年	沮漳河大水,枝江共和垸溃决;松滋暴雨,山洪暴发,受灾农田三十五万亩,灾民十万八千人;公安县天长、鼎新、六合、源陵等三十四垸溃;石首县溃垸一处	决溢	《枝江县志》、《松滋县志》、《石首县志》、《公安县自然灾害历史资料》
民国	三十七年	1948年	七月,江水猛涨,松滋之祈福、陈小、德胜、江陵之谢古垸、穆黎莲和监利之肖家台、杜家台相继溃决;石首溃二十八垸,洪湖马家码头溃口	决溢	《枝江县志》、《松滋县志》、《江陵县志》、《公安县自然灾害历史资料》、《石首县志》、《监利县志》、《洪湖县水利志》
民国	三十八年	1949年	松滋义兴、祈福、三合、合兴、陈小、德胜、神宝等垸相继溃口,受灾七万八千亩,倒屋一百零四栋,死亡三人;江陵县谢古垸、龙洲垸堤张家大路溃;石首六垸溃口,淹没耕地十七万九千五百亩,受灾人口八万二千一百,死亡一百九十人;监利五分之三的农田被淹,灾民二十六万人,洪湖甘家码头、局墩溃口	决溢	《长江志》、《监利县志》、《松滋县志》、《江陵县志》、《石首县志》、《洪湖县水利志》、《荆南四河加固工程可行性研究报告》
中华人民共和国		1954年	7月,石首张智垸、西新垸溃口,人民大垸鲁家台溃口。8月,永合垸、石戈垸陈公东垸溃口,死亡163人。荆江县南阳湾、戴皮塔溃口,公安长江干堤郭家窑、洪湖老湾、穆家河、新丰闸溃口。荆州死亡1.19万人	决溢	《长江志》、《湖北水利志》、《荆江大堤志》
中华人民共和国		1960年	石首横堤大刭口干堤抗旱挖口后溃决。受灾2.4万余人,倒塌房屋1074间,死亡7人	决溢	《石首县志》、《漫谈荆江》
中华人民共和国		1965年	松东河八宝垸下南宫闸因管涌险情倒闸,溃口,淹没农田10万余亩,倒塌房屋1.5万余间,直接经济损失1283万元	决溢	《湖北水利志》、《松滋县志》
中华人民共和国		1969年	洪湖长江干堤田家口堤溃,江水浸洪湖,淹监利部分地区,倒塌房屋360余栋	决溢	《洪湖县水利志》、《湖北水利志》
中华人民共和国		1980年	公安松东河支堤黄四嘴段因浑水洞险情,8月4日21时许堤身崩坍溃口,口门宽157m,甘厂公社全部受灾,孟溪公社和黄山林场部分大队和生产队受灾,淹没农田7930公顷,受灾人口10.74万,倒塌房屋1.09万间,死亡16人,直接经济损失7000万元	决溢	《公安县志》(1990年、2010年版)
中华人民共和国		1998年	长江流域大洪水,荆州长江堤防遭受严重考验。8月7日,公安孟溪大垸虎右支堤严家台溃口,受灾人口12万	决溢	《湖北水利志》、《戊寅大水》、《'98荆州抗洪志》

注:

[1] 数据来源于《中国江河防洪丛书·长江卷》。

[2] 数据来源于《长江志·自然灾害》,另据《湖北水利志》载,受灾791.84万人,死亡6.79万人。

[3] 详见《荆州市军事志·抗洪抢险》。

[4] 详见《荆州百年》所载引1931年9月18日《申报》。

[5] 详见《荆州市军事志·抗洪抢险》。

〔6〕数据来源于《荆州百年》所载 1935 年 10 月 28 日《申报》，部分统计数据有遗缺。

〔7〕1952 年 11 月，经中南军政委员会决定，将公安、石首、江陵 3 县所辖荆江分洪区内的 6 区 1 镇划出建立荆江县，次年 5 月公安县又划出 9 个乡归荆江县。1955 年 4 月撤销荆江县，所辖区域并入公安县。

第二章 堤防工程沿革

荆江地区，地势低洼，水道纵横，湖泊密布，洪水灾害频繁，沿江两岸民众很早便筑堤御水。据考古发现，荆江地区自西汉时便筑有堤防。这些堤防筑于何处，今已无法确认[1]。荆江地区滨江堤防从东晋时开始逐步修筑，距今已有 1600 余年历史。荆江大堤前身——金堤创修于东晋永和年间（345—356 年），松滋长江堤防老皇堤（今老城一带堤防）亦有创修于同期之说。荆江左岸唐时筑有沙市"段堤"。五代，高季兴属将倪可福筑寸金堤和监利古堤垸。北宋时，郑獬在沙市沿江一带再筑长堤。这一时期，黄潭堤、登南堤、文村堤、新开堤（新凯堤）、熊良工堤、黄师堤亦已形成。南宋时，张孝祥再筑寸金堤，监利、洪湖江堤亦形成。元代，李埠、万城堤形成。清代，堵塞穴口，联堤并垸，江左滨江堤防自上而下连成一线。

荆江右岸各县先后在不断扩展的堤垸基础上培筑滨江堤防，但大多断面较小，且未连成整体。后，宋为留屯计，多将湖渚开垦拓殖，松滋、荆州、公安、石首四地开始大量加筑滨江堤防，明清时期加筑规模更大。民国时期，部分无堤岸段继续修筑，两岸逐步形成完整堤防体系。

筑堤围垸是荆江地区两岸居民早期的避水措施之一，自宋以后所筑垸堤不仅数量众多，而且独成体系，随着两岸滨江堤防形成体系，民国时期这些内垸围堤多已废弃。

历史上，荆江两岸滨江堤段与堤段之间或有穴口或有低洼地相隔。在当时只能分段培筑，不可能一气呵成。这些堤防在连接成整体以前，各自形成以临江一面为干堤，以穴口（或低洼地）分流水道两岸堤防为支堤的大围垸堤防体系以御水。这是荆江滨江堤防形成过程中一个重要发展阶段。随着沿江穴口堵筑和低洼地淤填，使原以穴口为界的堤段逐渐联结归并形成整体，遂成今日之堤防形制。

建国后，经多年堤防培修加固，截至 2010 年底，荆州长江堤防长度：江左干堤 412.35 千米，其中，荆江大堤 182.35 千米，监利长江干堤 96.45 千米，洪湖长江干堤 133.55 千米；江右干堤全长 220.12 千米，其中松滋长江干堤 26.74 千米，荆州（区）长江干堤 10.26 千米，公安长江干堤 95.8 千米，石首长江干堤 87.32 千米。江右分洪区干堤 268.13 千米，其中南线大堤 22 千米，虎东干堤 90.58 千米，虎西干堤 38.48 千米，涴里隔堤 17.23 千米，荆江分洪安全区围堤 52.78 千米，虎西山岗堤 43.63 千米，荆江分洪工程进洪闸拦淤堤 3.43 千米。荆南四河支堤 653.46 千米，其中，松滋河支堤 452.04 千米；虎渡河支堤 59.74 千米；藕池河支堤 112.71 千米；调弦河支堤 10.07 千米。另有民垸堤防 549.33 千米。

表 2-1 荆州长江堤防基本情况表

堤　别	县（市、区）	长度/km	起止点	起止桩号	备　注
荆江大堤	荆州区	48.85	黑窑厂—枣林岗	761+500～810+350	
	沙市区	16.50	木沉渊—黑窑厂	745+000～761+500	
	江陵县	69.50	小河口—木沉渊	675+500～745+000	
	监利县	47.50	城南—小河口	628+000～675+500	
长江干堤	松滋市	26.74	罗家潭—灵钟寺	710+260～737+000	
	荆州区	10.26	太平口—罗家潭	700+000～710+260	
	公安县	95.80	藕池口—北闸	601+000～696+800	
	石首市	87.32	五马口—老山嘴	497+680～585+000	
	监利县	96.45	城南—韩家埠	628+000～531+550	
	洪湖市	133.55	韩家埠—胡家湾	531+550～398+000	

续表

堤 别	县（市、区）	长度/km	起止点	起止桩号	备 注
南线大堤	公安县	22.00	倪家塔—拦河坝	579+000～601+000	
虎东干堤	公安县	90.58	北闸—黄山头	0+000～90+580	
虎西干堤	公安县	38.48	大至岗—黄山头	2+000～40+480	
虎西山岗堤	公安县	43.63	大至岗—黄山头	0+000～43+630	属干堤
荆江分洪安全区围堤		52.78	19个安全区		属干堤
浣里隔堤	松滋市	2.70	浣市—	0+000～2+700	属干堤
浣里隔堤	荆州区	14.53	—里甲口	2+700～17+230	属干堤
北闸拦淤堤	公安县	3.43			属干堤
荆南四河支堤		653.46			
合计		1554.06			

注 石首长江干堤另有围挽及新老章华港闸堤，长8.48千米；荆江分洪安全区围堤原为21个，经废除、合并后，2010年底有19个。

第一节 荆 江 大 堤

荆江大堤，位于荆江左岸，早期的大堤有金堤、寸金堤、万城堤之称，民国七年（1918年）始定名为荆江大堤，自堆金台至拖茅埠，长124千米。建国后，1951年将荆江大堤上段由堆金台延伸至枣林岗，增长8.35千米；1954年汛后，因防洪形势需要，又划入拖茅埠以下至监利城南50千米堤段，自此全长始为182.35千米。据清光绪《荆州万城堤志》和民国二十六年（1937年）《荆江堤志》记载：荆江大堤肇基于东晋，盛于宋，详于明，增高培修于前清。初以"陈遵金堤"其肇基之地灵溪地属万城，因以万城堤名之。后以堤属荆州府管辖，又冠以府名，曰荆州万城堤。清光绪六年（1880年）《荆州府志》载："万城堤界江陵、当阳间，堤因城址，险扼上流。万城本名方城，宋末赵方之子葵守方城，避父讳改为万城，又讹作萬，堤以城名。清乾隆戊申（1788年）以后，形诸章奏，自马山至拖茆（茅）埠二百二十里，统谓之万城堤矣。"民国初期，复以堤在江陵，土费由江陵一县负担，故又有江陵万城堤之称。荆江大堤地处险要，关系重大，历代皆重视，民国十四年（1925年），全省整顿堤工结束时，大堤因修筑历史悠久，堤身断面高大，保护范围广阔且重要，被列为全省各堤之首。建国后经过多年培修加固，荆江大堤成为荆江左岸，汉江右岸，东抵武汉，西迄沮漳河广大平原地区的重要防洪屏障，为确保堤段，其保护区内面积约1.35万平方千米，耕地约67万公顷，人口1000余万。

荆江大堤保护区内广大地区，历史上即为古云梦泽解体后形成的一块河网交叉、湖泊众多的冲积平原，地势低洼。在荆江尚未形成明显河床形态前，主要依靠零星分散的堤垸御水。

东晋时期，江汉平原人口有所增加，县邑、城池、村落和人口大多聚居于江汉平原内河水系河畔。这一时期，滨临荆江的江陵城（今荆州古城）为该地区政治、经济、文化中心，是全国重要军事重镇。为保护江陵城免受水灾，于是东晋桓温始有培筑江堤之举。东晋永和年间（345—356年），荆州刺史桓温令陈遵，自江陵灵溪沿城临江地段修筑江堤，曰"金堤"，这是荆江大堤最早缘起。

图2-1 荆州万城堤铭碑（2011年许宏雷摄）

《水经注》云:"江陵城地东南倾,故缘以金堤,自灵溪始。桓温令陈遵监造。"桓温于东晋永和元年至兴宁三年(345—365年)任荆州刺史,金堤当成于此时。

当时峡江西来,冲破万山约束,过枝城进入广阔的江汉平原。江流经沙市上下进入浩瀚的古云梦泽,而后以漫流形式向东汇注。其时荆江洪水涨幅并不大,修筑金堤主要目的是保护江陵城免遭江水直接冲击而溃坍。金堤所处位置,历史上有过两种说法:一说见于清嘉庆重修《大清一统志·荆州府二》载:"金堤在江陵城东南二十里,又名黄潭堤";另一说则出自同治年间倪文蔚主持编纂的《荆州万城堤志》,谓其起点灵溪,"疑即马山迤西诸湖"。今荆州城西20余千米处堆金台立有倪文蔚撰文的石碑,一般多以此处为荆江大堤始筑堤段。而今之水利史志研究者中有人对此则另有新议,他们认为《水经注》关于"江陵城地东南倾,故缘以金堤"的记载中,一个"缘"字,已经明白无误地说明金堤是绕江陵城而筑。根据当时江陵城西迎江水,南濒大江,东南倾斜的地势,陈遵系紧紧环绕城西南、南和东南三方挽筑该堤的。起点灵溪的位置,经他们考证则是在今荆州城西约5千米的秘师桥附近。金堤的走向基本上自今荆州城西偏北经太晖观,再由荆州城西门今四机厂附近绕城南,经老南门外西堤街、东堤街,向东至"张飞一担土"[2]。据清光绪二年(1876年)刊印的《荆州万城堤志》载,荆州万城堤初期,实止两段,各长三里有余。从这一记载和实际距离来看,当时金堤或加筑自然堤或联垸并堤修筑而成,加筑堤段显非新筑的统一堤防。

又据《资治通鉴·齐纪三》载:"(南齐)永明八年(490年),荆州刺史、巴东王萧子响自与百余人操万钧弩,宿江堤上。"又《艺文类聚》卷八九"木部下"载引南朝宋盛弘之《荆州记》(437年)云,"缘城堤边,悉植细柳,绿条散风,清阴交陌"。可见,当时江陵城附近的江堤修筑得相当坚固,规模壮观,且绿树成荫,故以金堤名之。

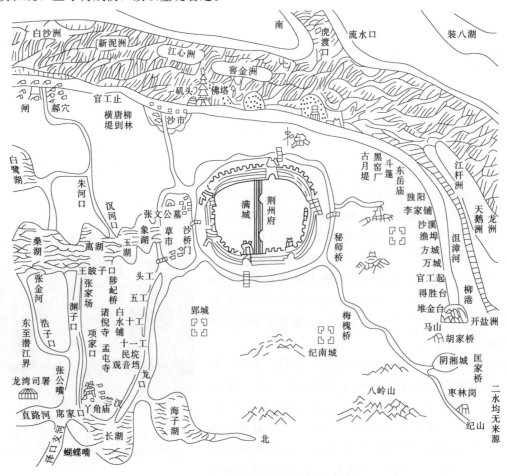

图 2-2 清道光年间江陵水系堤防全图(引自《楚北水利堤防纪要》)

南朝梁时，肖憺修治荆州城附近江堤，对溃决的金堤进一步修复加筑。据《梁史·肖憺传》、《舆地纪胜·卷六五》、清嘉庆重修《大清一统志·卷三四五》等史籍载，梁天监元年（502年），肖憺任荆州刺史，封始兴郡王，"时军旅之后，公私空乏，憺励精为治，广辟屯田。天监六年，荆州大水，江溢堤坏，憺率府将吏，冒雨赋尺丈筑治之。雨甚水壮，众皆恐，或请避焉。憺曰：'王尊欲以身塞河，我独何心以免'……俄尔水退堤立。"天监六年的此次修筑，史载不绝，充分说明当时荆州江堤之重要。另一方面作为荆州刺史的肖憺亲赴现场指挥，"冒雨赋尺丈筑治之"，在政声上很受史家的注意。

唐代（618—907年），沙市开始兴起，沙市江堤亦得以修筑。据考古发现，唐代时，沙市人口聚集中心已由古江津迁移至今沙市城区西部，范围大致西抵近菩提寺，东至龙堂寺，北抵今文湖公园，南临唐代大江岸线。唐代诗人元稹在元和五年（810年）有"阛咽沙头市，玲珑竹岸窗。巴童唱巫峡，海客话神龙"之吟，足见唐代沙市商业贸易繁盛，已成为著名的商业都会。为防长江洪水侵袭，唐代在沙市修筑堤防工程。据清顺治《江陵志余》和乾隆《江陵县志》记载，"菩提寺在城东五里，唐建。依古大堤，堤为节度使段文昌所修，又曰段堤寺。"唐代诗人杜审言在神龙元年（705年）流放峰州途经沙市时作《春日江津游望》，留有"堤防水至清"的诗句。其后王建在《江陵即事》中也有"十里津楼压大堤"的诗句，沙头即今沙市，曾名津。刘禹锡由夔州调任和州时，于唐长庆四年（824年）秋途经沙市作《荆州乐》，亦留有"酒旗相望大堤头"的吟咏。大量诗歌中出现"江堤"、"大堤"字眼充分说明唐代沙市已有堤防之设。

唐代沙市"段堤"修筑年代，为段文昌太和四年至六年（830—832年）任荆南节度使任期。《资治通鉴》卷二四四载："太和四年（三月）癸卯，加淮南节度使段文昌同平章事，为荆南节度使；……六年十一月乙卯，以荆南节度使段文昌为西川节度使。"即是证据。唐代"段堤"走向，1994年出版的《沙市水利堤防志》认为"'段堤'西接晋代金堤，向东沿菩提寺、赶马台、过龙堂寺南（今崇文街）、九十埠（今胜利街），接章华寺堤"。该志还认为在"段堤"形成之前，唐代初期沙市江堤已是具有一定规模的垸堤。"段堤"并非新筑堤段，而是对老堤一次较大规模的培修。

五代时期，寸金堤得以兴筑。五代后梁将军倪可福于南平前期（约907—927年）在江陵首次修筑寸金堤。清嘉庆重修《大清一统志》卷三四五载："寸金堤，在江陵县西龙山门外，高氏将倪可福筑。"《读史方舆纪要》卷七八载："寸金堤，在（荆州）府城龙山门外，五代时高氏将倪可福筑，以悍蜀江激水，谓其坚厚，寸寸如金，因名。"亦可认为此堤修筑最初是出于军事目的，"五代时，蜀孟昶将伐高氏，欲作战舰巨筏冲荆南城，梁将军倪可福筑是堤，激水以悍之"（《天下郡国利病书》）。据有关专家考证，高季兴镇守荆南令倪可福筑寸金堤于后唐同光元年（923年）。

两宋时期，又相继分段接修或加修寸金堤、宋代沙市堤，并有黄潭堤、登南堤、文村堤、新开堤、熊良工堤和黄师堤存世。

图 2-3　荆州西门外古寸金堤遗址
（引自《历史地理》第四辑）

由于辽、金战乱，宋代（960—1279年）北人南迁，统治者更加重视长江堤防修筑。自五代倪可福筑堤以后，约经140余年，北宋郑獬方在沙市沿江一带筑长堤，明清时期地方文献将其命名为沙市堤。肥沃的江汉平原是北宋人南迁后的聚居地区，沿江民众大致以原有堤线为基础，培修加固，堤防已初具规模。

北宋时期，荆江河床南移，堤外江心洲逐渐淤长并岸。其时沙市已是水陆要冲之地，商贾辐辏之区，又地势低下，旧有寸金堤低矮破败，故郑獬动用军工在旧堤之南重新修筑一道堤防。修筑经过《宋史·河渠七》记载为："江陵府去城十余里有沙市镇，据水陆之冲，熙宁（1068—1077年）中，郑獬作守，始筑长堤捍水。缘地本沙渚，当蜀江下流，每遇潦涨奔冲，沙水相荡，摧圮动辄数十丈，见有民屋，岌岌危惧，乞下江陵府同驻副都统制发卒修筑……从之。"另据《宋史·郑獬传》载，郑獬于治平二年（1065年）知荆南，荆南任上三年，熙宁元年（1068年）拜翰林学士，权知开封府，熙宁五年去世。因此，"熙宁年间，郑獬作守，始筑长堤捍水"时间有误。郑獬筑沙市堤应为治平二至四年（1065—1067年）。郑獬所筑新堤路线大抵上起沙市赶马台与金堤（寸金堤）接，东南经迎喜街、解放路、中山路、民主街，接柳林堤。郑獬沙市堤成后不久，常遇长江洪水，沙市江岸屡被侵蚀毁坏，动辄数十丈，后江陵府因堤防溃决于"庆元三年（1197年）复议修筑"，宋淳祐年间（1241—1252年）又建导胜经石幢镇江，但决患并未因此而止。

南宋时期（1127—1279年），为拒金人南侵，朝廷将江汉平原、洞庭湖平原作为抗金的后方，为保障国赋收入、兵食供应，大力修筑滨江堤防，以保农桑。南宋荆南湖北路安抚使张孝祥等人再次主持修筑寸金堤，大约是在宋乾道四年（1168年）。《宋史·张孝祥传》载："张孝祥知荆南湖北路安抚使，筑寸金堤，自是荆州无水患，置万盈仓以储诸漕之运。"其修筑经过，他本人在工竣后写过一篇《金堤记》以记其事："荆州为城，当水之冲，有堤起于万寿山（即今荆州西门之龙山）之麓，环城西南，谓之金堤。岁调夫增筑……乾道四年，自二月至五月，水溢数丈，既坏吾堤，又啮吾城……秋八月，某自长沙来，以冬十月鸠材庀工作新堤。凡役五千人，四十日而毕。……（因）已决之堤汇为深渊，不可复筑，别起七泽门之址，度西阿之间，转而西之，接于旧堤，穹崇坚好，悉倍于旧。"张孝祥修复的寸金堤大致位置据《江陵志余》载："寸金堤自西门外石斗门起，历荆南寺，东至双凤桥、赶马台、青石板、江渎观、红门路，与滨江大堤接"。张孝祥所筑新堤并不长，更不是大规模地在沙市一线重新修筑堤防。张氏自己说，"悉倍于旧"说明他所筑的新堤除东段为溃决地段改线新筑外，西段则是在原堤基础上培修。

从堤线走向和张孝祥《金堤记》记述表明，金堤即为寸金堤前身。金堤、"段堤"、寸金堤和郑獬堤均为南宋以前荆州城至沙市一带的滨江堤防。

黄潭堤，亦名黄滩堤，位于今沙市盐卡附近。《宋史·河渠志》载："绍兴二十八年（1158年）御史都名望言，'江陵县东沿江北岸（有）古堤一道，地名黄潭，宜于农隙修补，勿致损坏。'"《读史方舆纪要》卷七八载："黄潭堤，在（江陵）府东，宋绍兴二十八年监察御史都名望言，江陵东三十里沿江北岸古堤一处，地名黄潭。建炎间（1127—1130年）邑官开决，放入江水，设为险阻以御盗。既而复潦涨溢，荆南复州千余里皆被其害，宜及时修塞，从之。志云，今堤在府东南二十里，上当江流二百余里之冲，一决则江陵、潜江、监利民皆鱼，至为要害。成化正德以后屡经修筑。"黄潭堤在南宋时即被称为古堤，可知形成较早，至迟五代至北宋早期已有之。

黄潭堤迤下堤段，依次为地处江陵观音寺附近的登南堤，文村夹附近的文村堤，郝穴附近的新开堤（新凯堤），熊良工附近的熊良工堤和监利境内的黄师堤等，北宋时亦已基本形成。这些堤段的修筑时间虽未见于正史，但却见于宋人的一些著作。与郑獬同时的刘挚任江陵知府时，曾沿堤从江陵骑马至监利，途中作有《将至监利先寄王令》及《马上和王监利见寄》等诗，内有"屈指中秋六晓昏，大堤丛竹见霜筿"及"昨忆西归春未穷，重来堤竹已成丛"等江边景物的描写，似可作为江陵监利之间北宋时即已有江堤存在的佐证。

元代（1279—1368年），沿江两岸堤防没有大的兴筑，史书少有修筑记载，今观音矶以上部分堤段大致为元代所形成。李家埠及万城堤段，其保护区域在陈遵始筑金堤时，大部分还是江心洲滩，大约在北宋（960—1127年）前后才相继并岸，经过南宋"偏安江南"时期的围垦开发，至元初才最后形成江堤。

元人灭金覆宋，战乱数十年，荆江两岸"承兵燹之余，人物凋谢，土地荒秽，"民众无力修筑堤防。加之当时元人主疏派有一定影响，提出"开穴口为便，塞穴口为不便"（《长江水利史略》），主张挖开宋代堵塞的沿江穴口，以分泄江流降低洪水。元大德年间（1297—1307年），疏浚杨林、郝穴、小岳穴、赤剥穴（尺八口）等口分泄洪水入内，加重"众水之汇"的洪湖低洼地域洪水危害。元末所开穴口又淤塞，仅存南岸虎渡与北岸郝穴两口。

根据地质、地貌、考古、历史地理资料考证，江左堤防逐渐形成整体以来，长江洪水特别是荆江洪水位明显上升，明清时期上升尤为显著。为适应防洪需要，荆江堤防因此相应实施加高培厚。明清两代，江堤不断修筑，修筑重点是溃决频繁和对防洪安全影响较大的堤段。

明代（1368—1464 年），为保证防洪安全，大规模培筑江陵、监利等县长江堤防。荆江左岸自上而下新筑、加培有阴湘城堤、李家埠堤、沙市堤、黄潭堤、杨二月堤、柴纪堤、文村堤、新开堤、黄师堤等堤段。

明洪武年间（1368—1398 年），江汉平定，人心思治，提倡"垦田修堤"，加强堤防的修筑，以达到"人力齐一，堤防坚厚"。加之当时"河湖深广，又垸少地旷，水至漫衍有所停泄"，故自"洪武迄成化（1368—1487 年），水患颇宁"。自后，"佃民估客，日益萃聚，间田隙土，易於构致，稍稍垦辟，……客民利之，多濒河（江）为堤以自固"。由是"垸益多水益迫"，堤高水壅，"大水骤至，汛溢汹涌，主客之垸，皆为波涛"。

永乐年间（1403—1424 年），大批移民涌入荆襄地区，几十年间达数百万之众，他们在这一带河曲沉积土地上大量筑堤围垸，并培修加高荆江大堤。据《监利县江堤简志》载，监利县境荆江大堤下段，监利西门至何嘴套堤段（桩号 630＋600～647＋000，新兴垸），修筑时间为 1450 年前后；河嘴套至八尺弓堤段（桩号 647＋000～653＋000，禾湖垸），修筑时间为 1480 年前后。

由于明后期不断围垸垦殖，泄水水道紊乱受阻，洪水泛涨异常。前代所修堤防屡遭溃决，基础破坏严重，不能重筑，因而在正德年间（1506—1521 年）于郑獬所筑堤防之南再筑新堤，即今荆江大堤观音矶至文星楼堤段。《荆州万城堤图说》载："堤滨大江，分四工：曰四五铺，曰上六铺，曰下六铺，曰九十铺，共长一千二百九十五丈，计七里三分（约 4.3 千米）。"堤头有月湖垸，原沙市第一棉织厂即建于该垸旧址。民国十八年（1929 年）建厂时垸堤尚存。

据史载，成化年间（1465—1487 年）修黄师庙（今八尺弓附近）、龙潭、龟渊一带诸堤。嘉靖十八年至二十一年（1539—1542 年）都御史陆杰、金事柯乔主持增筑江陵、监利等县江堤一千七百余里，其间嘉靖十九年（1540 年）筑修监利县境黄师庙、何家港、茅埠、天井等处江堤。至嘉靖三十九年（1560 年）"一遭巨浸，各堤防荡洗殆尽"。汛后修复，但旋筑旋崩。四十四年（1565 年）、四十五年两年又接连发生大水，荆州知府赵贤大力兴修沿江堤防，四十五年重修江陵、监利等六县江堤五万四千丈，"务期坚厚"，"经三冬，六县堤稍就绪"（《天下郡国利病书》）。

黄师堤位于监利县（城）西 40 里，滨临大江，江流湍急，在诸堤中最险要，为监利县境安危攸关堤段，历史上多次被冲毁。明正德十一年（1516 年），由太守和巡抚中丞陆杰与知县主持修筑，完竣后一度称为"陆公堤"。该堤在嘉靖三十五年（1556 年）和四十四年（1565 年）因大水冲毁。三十五年堤毁后由县令主持培修，"比旧制增高一尺"（清顺治《监利县志》）；四十四年堤溃后，由知县殷廷举负责培修增筑。隆庆万历年间（1567—1620 年），黄师堤"屡决屡修"（清顺治《监利县志》），至明末又遭毁坏。清顺治七年（1650 年）水患后，知县蔺完瑝又依粮户派井土兴大工培修黄师堤。黄师堤在明清时期共修筑 5 次[3]。

阴湘城堤形成较晚，其修筑年代，一说为明末清初，"居民于土岗上加筑二三尺，致成堤形，挡九冲十一汊内积水"；一说明太祖朱元璋第十二子、湘献王朱柏（约 1393 年）为保护其封地荆州太晖观行宫，修筑枣林岗至堆金台的阴湘城堤（《荆沙水灾写真》）。但今人程鹏举认为，堆金台以上地势本高，修成堤防需工不多，而太晖观系建筑在城西太晖山上，地势较高，无须堤防保护。

黄潭古堤形成后，明代又多次培修。正统年间（1436—1449 年），荆州知府钱晰增筑黄潭堤数十里。成化初（约 1465 年），知府李文仪沿黄潭堤甃石，是为荆江大堤砌石护岸之始。正德十一年（1516 年）姚隆增筑黄潭堤月堤三处，长约一千余丈。同时，又筑有盐卡一带堤防（《荆州万城堤志》）。

清代（1644—1911 年），荆江大堤在明末江堤的基础上多次加高培厚，整险加固，且屡决屡修，并挽筑一部分月堤，基本形成近代长江堤防的形制。

顺治七年（1650 年）加修监利蒲家台堤（杨家湾附近）。康熙年间（1662—1722 年），荆江大堤溃决频繁，屡溃屡修。康熙十九年（1680 年）募工运土培修护城堤（监利城南）。二十四年（1685 年），由荆南道祖泽深、郡守许廷试主持，同知陈廷策督工，培修加固万城堤，历四月告成。该工程"自阮家湾（沙市窑湾）至黄潭、杨二月、柴纪堤止，共长一千五百二十八丈有奇"，此次修筑是荆江大堤历史上一次较大规模修筑。

雍正五年（1727 年），朝廷又"数动帑金"，"以去年水痕为准"，"重点加修黄滩（潭）、祁家、潭子湖、龙二渊等堤"。十一年（1733 年）六月，郝穴下十里堤溃，"郡守周钟瑄捐赏修筑。十一月兴工，十二年二月告竣。堤长三百一十六丈，脚宽一十六丈，面宽四丈，高一丈七尺，约费八千余金"。经过明后期及前清的多次培修加筑，至雍正时期，荆江大堤初具规模，长度大有增加。据《荆州府志·万城堤》载："江北大堤自当阳道遥湖起，至拖茅埠止，抵监利界，共六十五工，长三万二千二百二十五丈（约合 107.42 千米）。"

乾隆五十三年（1788 年）荆州大水，大堤自万城至御路口溃决 22 处，府城被淹，造成重灾。荆州万城堤溃决引起朝廷的高度重视，灾后，朝廷发帑银二百万两，修复冲毁的府城和堤防，并派大学士阿桂和工部侍郎德成赴荆州督修，调集宜都、德州、随州、襄阳、武昌、京山、应城、松滋、谷城、枝江、远安、钟祥等 12 州县民工，各由本州县官员带领参与施工。培修标准，"按照当年水痕，酌量加高培厚。自得胜台至万城加高二、三、四尺，顶宽四、五、六、七丈不等；自万城至刘家巷加高四、五、六尺，顶宽八丈；由刘家巷至魁星阁加筑土堰高三、四、五尺；自魁星阁至唐剅横堤加筑土堰，高三四尺"。并另建有杨林洲、黑窑厂、观音矶等石矶。全部土方工程量约 388.5 万立方米。工程于当年十二月开工，次年三月工竣。这是长江堤防历史上皇帝高度关注并多次下诏兴工的一次大规模工程。

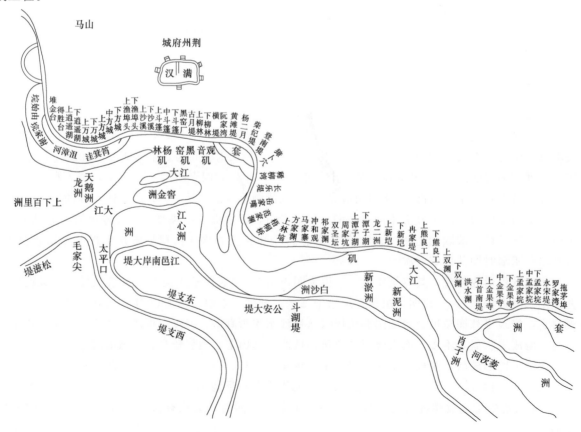

图 2-4　清同治年间荆州万城堤全图（引自光绪《荆州府志》）

　　乾隆五十三年水灾后，朝廷颁布荆江堤防岁修条例，以后逐渐形成制度，即于每年汛后由主管官员或主管机关派人会同有关方面人士上堤"详查堤身应修应补各处"，提出培修与整险的初步计划。其中培修工程是"以当年水痕为准"确定加高培厚标准，整险则根据汛期出险情况确定整险地点及项目，然后再"丈量尺码，算明土石方数、夫碾工资，造具估册"，呈报上级主管官员或主管机关，派人复勘，经审核批准后即成为正式施工依据。（《续行水金鉴》卷一五四）

　　清中期，又多次重修、加修大水溃决堤段，相继有杨二月堤、柴纪堤、渔埠头堤等。据《荆州府志》载："嘉庆元年（1976年），江水泛涨，江陵县知县王垂纪修木沉渊漫口一百一十七丈，又补还杨二月堤七十二丈"，"署江陵县知县魏耀修（柴纪堤）一百二十丈，又修杨二月堤二百五丈，筑挑水坝一道一百五十丈。"道光二十五年（1845年），上渔埠头漫溃数十丈，知府程伊湄挽筑外月堤一道，并在上下游修筑横堤一道，历时两个月。

　　清后期，至光绪年间，荆江大堤又有新的加筑，相比雍正时增长约23.28千米。据《荆州府志》载："近年增筑千有余丈，上接马山之麓，总计雍正以来通堤共增至三万九千二百一十丈（约合130.70千米）。"

　　清代，荆江大堤时有溃决，堤决后，原堤不足恃，常挽筑月堤以堵口，仅康熙十五年至道光二十五年（1676—1845年）荆江大堤便挽筑月堤39处。

表 2-2　　　　　　　　　　荆江大堤挽筑月堤一览表（1676—1845年）

月 堤 名 称	现址	荆江大堤桩号	长度/m	挽 筑 时 间
横堤阮家湾月堤	盐卡—窑湾	748+250～750+250	5000	康熙三十六年（1697年）
长乐堤月堤	蔡家坟—陈家湾	735+300～737+050	1667	康熙五十四年（1715年）
双圣坛月堤	陈家榨	716+300～718+200	533	康熙五十七年（1718年）
下双圣坛月堤	洗马口	713+300～718+200	733	雍正二年（1724年）
下新开丁子月堤	范家垱—郝穴镇	705+600～707+500	833	雍正五年（1727年）
下新开丁子堤、下月堤	范家垱—郝穴镇	705+600～707+500	3300	
周家坑月堤	灵官庙—陈家榨	714+700～716+300	1067	雍正八年（1730年）
双渊月堤	柳口—吴家潭子	698+350～700+250	1067	雍正十一年（1733年）
祁家渊上节月堤	祁家渊	718+200～719+100	883	
祁家渊下节接双圣坛月堤	祁家渊—洗马口	719+100～720+100	1200	乾隆元年（1736年）
横堤工内月堤	窑湾—唐剅子	750+250～752+400	767	乾隆十二年（1747年）
岳家嘴工内顶冲月堤	文村夹	733+500～735+300	767	乾隆十五年（1750年）
双圣坛接周家坑月堤	陈家榨	716+300～718+200	733	
下潭子湖月堤	邬阮渊—方赵岗	711+000～712+900	667	
龙二渊月堤	邬阮渊	708+500～711+000	3500	
冉家堤月堤	雷家台—范家垱	703+750～705+600	497	
周家坑月堤	灵官庙—陈家榨	714+700～716+300	630	
上渔埠头月堤	新场—刘家湾	783+600～786+100	1623	道光二十三年（1843年）
岳家内月堤	文村夹	733+500～735+300	1687	道光二十三年（1843年）
李家埠月堤	李家埠	775+100～778+700	1593	道光二十五年（1845年）
万城月堤	洪家湾—梅花湾	791+300～795+200		道光二十五年（1845年）
梧桐桥月堤	张黄场—三仙庙	729+500～731+350		道光二十五年（1845年）
祁家渊月堤	洗马口—祁家渊	718+200～720+100	1060	道光二十五年（1845年）
双圣坛月堤	陈家榨	716+300～718+200		道光二十五年（1845年）
上下潭子湖月堤	邬阮渊—灵官庙	711+000～714+700		道光二十五年（1845年）
龙二渊月堤	邬阮渊	708+500～711+000		道光二十五年（1845年）

续表

月堤名称	现址	荆江大堤桩号	长度/m	挽筑时间
上新开月堤	郝穴镇—轮渡	707+500～708+500		道光二十五年（1845年）
冉家堤月堤	雷家台—范家垱	707+750～705+600		道光二十五年（1845年）
永泰山月堤	堤头上			康熙十五年（1676年）
新冲堤月堤	孟兰渊			康熙十五年（1676年）
车湖港月堤	荆南山下			康熙十七年（1678年）
蒲东垱月堤	约田家月			雍正十三年（1735年）
程公堤月堤	田家月下			嘉庆二年（1797年）
狗头湾月堤	堤头			嘉庆二年（1797年）
王家港月堤				道光十年（1830年）
朱家巷月堤			1058	道光十年（1830年）
西冲堤月堤				道光十年（1830年）
罗家巷月堤	毛老渊		592	道光十年（1830年）
胡洛渊月堤	胡洛渊下		253	道光十年（1830年）

荆江大堤断面形式，清代以前缺乏明确记载。万城堤在康熙二十四年（1685年）以后，根据典型断面记载，阮家湾至柴纪堤段顶宽约11.2米，底宽约48米，垂高约5.12米；雍正十一年（1733年）的断面，周公堤段顶宽约12.8米，底宽51.2米，垂高5.44米；乾隆五十三年（1788年）大水后，经过培修，得胜台至横堤一段，顶宽增加至19.2～25.6米，底宽48～54.4米，垂高4.8～7.36米。

民国时期，荆江堤防培修整险沿用清制，冬勘春修。民国元年至十五年（1912—1926年），军阀割据，战乱不断，社会动荡，国库空虚，民力疲惫，无力修筑堤防，江陵县按亩摊收土费与沙市盐捐等固定收入，作为大堤修防经费。荆州万城堤因其费用主要取自民间，一度被列为民堤，政府仅按重要民堤予以补助。1937年12月1日，湖北省政府饬令，荆江大堤统一列为长江干堤。

民国二十七年（1938年）武汉沦陷，湖北省政府西撤，荆江大堤不仅停修多年，并且遭到严重破坏。二十九年2月，国民党江防司令部为阻止日寇西侵，在监利城南以上江堤挖筑工事5099处，其中拖茅埠至城南间堤身挖断，毁与滩平者56处。当年填筑鄢家铺至流水口堤段新挖军工计用土方2796市方（约合1.04万立方米）。三十年一弓堤至麻布拐堤段又增挖多处工事。

1945年抗战胜利后，由江汉工程局利用联合国救济总署拨发的面粉以工代赈，连续培

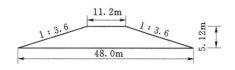

（a）阮家湾至柴纪堤段［康熙二十四年（1685年）］

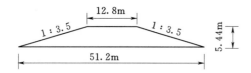

（b）周公堤堤段［雍正十一年（1733年）］

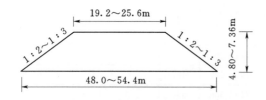

（c）得胜台至横堤堤段［乾隆五十三年（1788年）后］

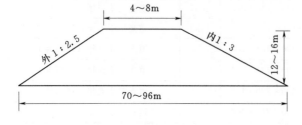

（d）荆江大堤一般堤段（1949年）

图2-5　荆江大堤历年横断面图

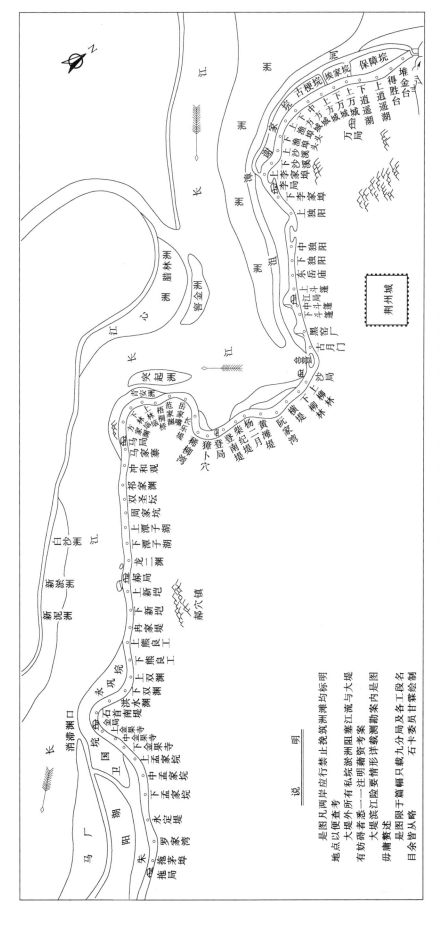

图 2 - 6　民国五年荆江大堤全图（引自《万城堤防辑要》）

修两年，筑有少量堤防工程。荆江大堤 3 年内仅完成土方约 40 万立方米，其间，因柴纪堤段发生严重蚁穴跌窝险情，于民国三十六年（1947 年）岁修时实施近 1 千米的补坡、抽槽翻筑工程，但翻修不彻底，夯筑不密实，当年汛期仍有漏洞险情发生。

建国后，人民政府接管荆江大堤，当时堤防低矮单薄，隐患丛生，堤身破败不堪。荆江大堤堤身一般垂高 12 米，最高段祁家渊 16 米；堤顶面宽一般 4 米，个别 8 米；外坡比 1：2.5，内坡比 1：3。郝穴以上堤段堤顶下 6 米处筑有平台。

注：

[1] 详见本志附录《河堤简》校读。

[2] 在荆州古城公安门护城河东岸。传说张飞守公安时，闻筑城，即挑土来助，但行至此，城已筑起，便将土倒地，化为此丘。

[3] 详见程鹏举《历史上的荆江大堤》。

第二节 长 江 干 堤

荆州河段江左干堤全长 230 千米，上起监利城南接荆江大堤，下迄洪湖胡家湾接东荆河堤，桩号 398+000～628+000，其中监利长江干堤 96.45 千米，洪湖长江干堤 133.55 千米；江右干堤全长 220.12 千米，上起松滋灵钟寺，下至石首五马口，桩号 497+680～737+000，其中松滋长江干堤 26.74 千米（灵钟寺至罗家潭），荆州（区）长江干堤 10.26 千米（罗家潭至太平口），公安长江干堤 95.8 千米（北闸至藕池口），石首长江干堤 87.32 千米（老山嘴至五马口）；江右分洪区干堤全长 268.13 千米，其中南线大堤 22 千米，虎东干堤 90.58 千米，虎西干堤 38.48 千米，浣里隔堤 17.23 千米，荆江分洪安全区围堤 52.78 千米，虎西山岗堤 43.63 千米，北闸拦淤堤 3.43 千米。

一、江左干堤

监利、洪湖[1]长江干堤历史上虽早有创修的记载，但大多为众多零星分散自成一体的堤垸，并未形成完整堤防体系。每届夏秋，洪水盛涨，倒灌内注，洪患连年。五代时期，开始培筑部分堤段，特别是经过两宋时期大规模培修，明清时期堵塞穴口并进一步联堤并垸，监利、洪湖长江干堤系统才初具规模。

据史载，监利、洪湖长江堤防最早创修于五代后梁时期（907—923 年），且所筑堤防自上游向下游发展。当时监利、洪湖沿江一带所谓江堤，不过是在沿江漫滩高地，修筑零星、分散、矮小的堤垸，以御洪患。农田房舍"粗成小垸，旷弃颇多"。当时滨江地域，人烟稀少，土地宽阔，只能在河漫滩高地的局部挽筑成垸。清康熙《监利县志》载："高季兴守江陵筑堤防于监利"，后梁时，南平王高季兴节度荆南时修筑江陵堤防至监利。明万历《湖广总志》载，位于监利县南五里的古堤垸即为当时所修，"赖防水患"。北宋中期，监利已"濒江汉筑堤数百里，民恃堤以为业"（北宋刘攽《彭城集》）。据史载，洪湖江堤正式修筑于北宋时期。《沔阳州志》载，神宗熙宁二年（1069 年）"令天下兴修水利，（洪湖）江堤始创其基"，成为保护监利、洪湖等地的重要沿江堤防[2]。

南宋时期，受长江中游地区大规模军事屯田的推动，长江堤防规模与江汉平原水网地区堤垸规模不断扩大。长江堤防不断延长，两岸原有的众多穴口也开始湮塞或被人为堵筑。监利、洪湖滨江修有车木堤、长官堤等。

南宋时，"以江南之力，抗中原之师（编者注，'师'指金人），荆湖之费日广，兵食常苦不足，……筑江堤以防水，塞南北诸穴口"（元《重开穴口碑记》）。"宋为荆南留屯之计，多将湖潴开垦田亩，复沿江筑堤以御水"（明万历《湖广总志·水利志》）。南宋嘉熙四年（1240 年），孟珙兼夔路制置屯田大使，"军无宿储，珙大兴屯田，调夫筑堰（堤防），募民给种。首稊归、尾汉口，为屯二

十、为庄百七十、为顷十八万八千二百八十。"孟珙大兴屯田的确切位置，难以考证，但城陵矶至汉口长江左岸的洪湖县境，当时属地势较高的泛滥平原，应是屯田地区之一，对屯田收获应有所保障。

至南宋时期，长江沿岸初步形成一定规模的堤防系统。据《川江堤防考略》载"（长江）北岸自当阳至茅埠（洪湖石码头附近）堤长亘七百余里"，长江左岸分流穴口时塞时开，上起当阳，下至洪湖茅埠七百余里的滨江堤防初具近代堤线雏形。

车木堤位于监利县城东40里，即今监利上车湾堤段。清同治《监利县志》载："宋末大水。一夜，大雷雨，明日得雷车毂于其上，邑人循毂迹为堤，即今上车湾。"该堤宋时常有溃决，为堤防要口。车木堤和位于县东南80里的瓦子湾堤（观音洲一带）"皆捍江水上流，防洞庭溢，极为要害"（清嘉庆重修《大清一统志》）。明永乐九年（1411年）增修车木堤四千四百丈。正德年间（1506—1521年）车木堤又遭冲决，布政使周季凤在车木湾旁龙渊外修筑堤防，长百余丈。

南宋时，瓦子湾以下堤段古称"长官堤"。《读史方舆纪要》卷七七载，沔阳州"旧有长官堤起监利县境，东接汉阳，长百数十里，明渐圮。嘉靖初复筑滨江堤，西南起龙渊，东止玉沙，万有余丈"。明嘉靖《沔阳志》和陈文烛《河防议》均有"江堤自监利东接汉阳，长百数十里，……名长官堤，沔皆赖焉"的记载。该堤大部分位于洪湖境内，为现代监利、洪湖江堤的雏形。"长官堤"规模较大，但当时堤高不足3米，且堤身千疮百孔，正如贾让所言，"大水无防，小水得入"。

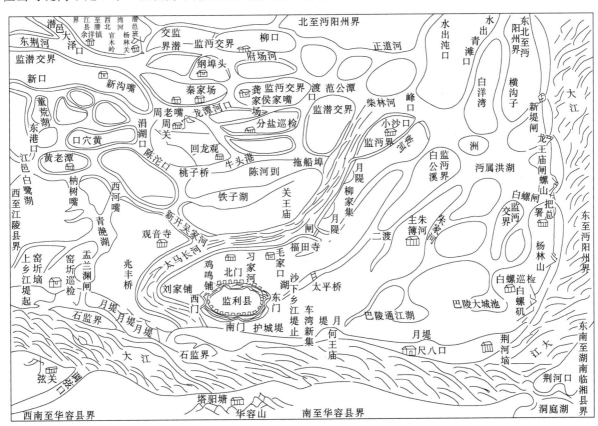

图2-7 清道光年间监利水系堤防全图（引自同治《监利县志》）

明代（1368—1644年），大规模培筑监利、洪湖江堤。洪湖江堤经过多次培修，形成下游界牌至水府庙的完整堤线。

正德十一年（1516年）、十二年江汉并涨，堤防溃决，沔阳州连续两年遭受洪灾，"长波巨浪，烟火断绝，哀号相闻，湛溺死者，动以千数"（清光绪《沔阳州志》）。嘉靖三年（1524年），沔阳知州储洵上书要求借支司库官银和增加粮税银，以工代赈，修筑江堤。嘉靖四年，根据按察副使刘士元自"龙渊（界牌附近）而下凡九区为要衢，宜先举事"的主张，当年春修筑"龙渊、牛埠、竹林、西流、平放、水洪、茅埠、玉沙滨江者为堤，统万有余丈"。此次修筑为洪湖长江堤防历史上一次规模较大的堤防修筑工程。完工后，同年"夏四月江溢至于六月、五月汉溢至于七月，皆不为灾"（清光绪《沔阳州志》）。这是明代动用司库官银，以工代赈修筑沔阳江堤的首举。

嘉靖十八年至二十一年（1539—1542年）都御史陆杰、金事柯乔主持增筑江陵、公安、石首、监利、沔阳等县江堤一千七里余里。至嘉靖三十九年（1560年）"一遭巨浸，各堤防荡洗殆尽"。汛后修复，但旋筑旋崩。四十四年、四十五年两年又接连发生大水，荆州知府赵贤大力兴修沿江堤防，自龙窝岭（约监利堤头）下至白螺矶凡260余里江堤"尝一修筑"（明万历《湖广总志》）；四十五年（1566年）重修江陵、监利等六县江堤五万四千丈，"务期坚厚"，"经三冬，六县堤稍就绪"（《天下郡国利病书》）。隆庆二年（1568年）挽修白螺矶溃堤，新修新庄、黄婆、姜心、茶湖、小垸、燕湖六垸堤段，万历年间（1573—1620年），该段江堤亦有所加筑。

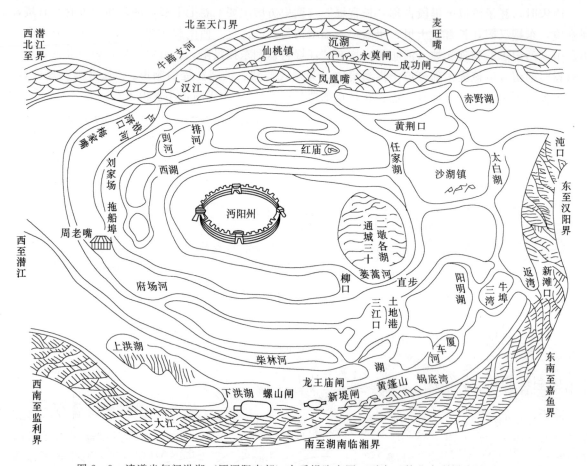

图 2-8 清道光年间洪湖（原沔阳南部）水系堤防全图（引自《楚北水利堤防纪要》）

万历四年（1576年），沔阳人李森然、刘璠召集七县民工修筑沿江堤防，工程范围由"监邑界牌起，抵沔邑小林（叶十家附近）共长一百八十里，自茅江口塞而新堤筑，若叶、王、胡范、白沙诸洲、乌林、青山、牛鲁诸垸，皆江干淤壤，范围其内，而如鱼盐，如古塘，如竹林湾，南北诸江口胥截断其支流"（清光绪《沔阳州志》）。这次加培堵口工程完成后，形成自界牌（当时为监沔界）至小林长一百八十里的江堤。

茅江口以下长江干堤是在明清两代由上而下逐步连接而成的。万历十年（1582年），沔阳知州史自上堵塞茅江口，沿茅江、长江挽筑堤垸，并向下修筑堤防，民领其德，称史公垸。至万历四十三年（1615年），沔阳知州郭侨督修江堤，"始黑沙滩（今高桥附近）迄汉阳玉沙界（今燕窝水府庙）约五千三百丈"。

崇祯十四年（1641年）知州章旷自今洪湖界牌迄牛鲁十二垸，筑堤约35千米；由吕头尾抵高桥列十二总，亦筑 30 余千米，并将洪湖境内堤段一律加以修整。至此，上自监利城南下至洪湖高桥一段堤防连成一体。高桥以东至杨家湾间，则仍为互不相连、各成体系的堤垸。

清代（1644—1911 年），在明末长江堤防基础上进行加培。为改变堤垸分散、堤防线长的不利局面，复堤时部分采用新线，形成自螺山经界牌、新堤、老湾、粮洲、龙口、高桥、田家口、叶家边、天门堤、上河口、七家、姚湖、虾子沟、仰口至新滩口新的沿江统一长江堤防。

清代，监利、洪湖长江堤防在明末江堤基础上多次加高培厚、整险加固，且屡决屡修，并挽筑一部分月堤，基本上形成现代长江堤防形制。

清顺治七年（1650 年）加修监利骆家湾堤（监利尺八口一带）。康熙年间（1662—1722 年）监利、洪湖长江堤防屡溃屡修。康熙四年（1665 年），加修洪湖境长江堤防，"三月工竣，修筑南江（即长江）溃口九十六处"。康熙十一年（1672 年）修红花湖堤一千余三十八丈（螺山至韩家埠堤段），"其堤身修得坚厚"（清同治《监利县志》）。康熙十五年培修增筑溃决后的骆家湾堤，后改名方宁堤。

康熙三十五年（1696 年），沔阳新堤江岸崩坍，"派垸夫两岸筑横堤，名曰'预备堤'"，以作老堤崩穿后备用。康熙五十四年（1715 年），"江水大涨，西流、龙阳、茅埠等堤溃决"，湖广总督满丕以工代赈，发谷修堤。

雍正五年（1727 年），长江大水，监利永兴渊堤溃，洪湖江堤溃决十余处。"（洪湖）江堤龙王庙、五柳墩、月堤头、延寿宫、预备河堤口、观音寺、太平巷、胡家洲、牛字上号、中号、下号、杨泗峰、竹林湾、瓦窑头、吕蒙口、又堤街口、八总口、南北湖口先后溃决"，"溃口总长一千七百一十三丈五尺五寸"。洪灾十分严重，湖广总督傅敏上奏朝廷请用帑银复堤。雍正六年（1728 年）发帑银六万两，并遴选官员监督溃口复堤工程。当年修复杨林垸、永乐庵、太山坡下张家峰（螺山上）以及洪湖溃决口门等处堤段。傅敏还带头"捐支养廉银，买米三千六百三十七担五斗六升"，资助堵口复堤。"垸民闻之，咸踊跃输资"，洪湖江堤经三个多月修筑，动用民工 36.38 万人，完成复堤工程（清光绪《沔阳州志》）。这是清代监利、洪湖长江堤防一次大规模的整修。此后，雍正十二年（1734 年）湖北巡抚德标修龙阳垸（洪湖汪家河）月堤一百二十九丈五尺。

经过清代前期多年加高培厚，加上嘉庆元年（1796 年）加修沔阳程公堤（田家月下）1497 丈，培修护城堤 3604 丈。据道光年间俞昌烈《沔阳州水利堤防记》载："（沔阳）大江北岸堤西流垸、龙阳垸、上下花垸、史家垸、茅埠垸、楚长垸、预备河堤垸、叶王湖范州垸，计长七千二百五十二丈五尺"，"乌林垸、李牛鲁垸、十二总垸、玉沙界，计长八千一百九十六丈"。当时洪湖滨江堤防上起界牌，下至玉沙，总长一万五千四百四十八丈五尺，约合 51.49 千米。

清代，江堤常有溃决。堤决后，原堤不足恃，挽筑月堤予以堵口，所以，溃挽月堤在清代为江堤上常见的岁修工程。同治八年（1869 年），知州罗登瀛修乌林、八总、李家埠等处溃堤。光绪四年（1878 年），长江大水，洪湖"江堤牛鲁垸、潭湾、李家埠头上首十三沟相继并溃"，沔阳知州徐鉴祥请巨帑，以工代赈，堵口复堤。

《荆州府志·顺江堤》载，同治年间（1862—1874 年），监利"江堤上自江陵县交界之拖茅埠，至沔阳界牌止，共长六万七千一百九十二丈七尺（约合 224 千米）"。监利县城以东至洪湖界牌江堤分三段管辖，全长四万九千零四十七丈三尺（约合 163.5 千米）。堤身高 1.8～2.1 丈，堤面宽 2～4 丈，底宽 13～18 丈，堤外滩岸为十余丈至二三十余丈。当时江堤联结众多垸堤，并挽有一定数量月堤，堤线较现代堤防长而曲折。

民国时期，监利、洪湖长江堤防屡溃屡挽，并不断联堤并线，至建国初始具现今堤防形制。民国十四年（1925 年）因监利江堤"堤临荆江，上关万城官堤（即荆江大堤）之安危，下系沔汉之赋命"（民国《湖北堤防纪要》），故湖北省府将其列为"最要"堤防，民国十五年后列为官堤，称为长江干堤。旧之沔阳（今洪湖）宏恩江堤，原为沔属部堤，关系沔阳、汉阳、汉川、嘉鱼、监利诸县赋命。"监利上车湾，适当江流九十度转变之顶端，急流扫射、崩塴之势，骇人听闻。1926 年溃后，堤内一片沙壤，深至数丈，不能再作挽堤基础，因之须就原堤，与水力战，向外挡护，为民国时期护工重点，历年打桩沉船、抛石抛笼及沉帚筑坝之工，不一而足……其堤若溃，则江水即将直入沔阳、汉阳，并将波及汉口，民国期间，用于该工经费岂止四五百万"。（《扬子江水利考》）

民国十五年（1926年）后，监利、洪湖长江干堤由湖北省水利局利用捐资培修。十六年，省局组建上车湾工程处，负责上车湾堵口、退挽和护岸工程，修建上车湾石矶3座，十七年设三帝庙工程处，整治城南崩岸，费时数载建石矶3座。

民国二十年（1931年），长江流域出现1870年之后又一次严重的大水灾。长江洪水泛涨，江汉两岸所有官堤民堤，十九非漫即溃，数百万人流离失所。洪湖江堤朱家峰、孙家渊、章家渊、吴家渊、铁牛塘、熊家窑、沙坝子、小沙角、中沙角、大沙角、穆家河、局墩（当时穆家河、局墩为民堤）等10余处溃决，洪湖县境全部淹没，新堤街道行舟。灾后民国政府成立救灾委员会，组建工赈局第六区和第七区，"招募灾民，以工代赈"，堵复培修沿江堤防。

民国二十一年（1932年）4月，第七区工赈局所辖荆河垴以上监利江堤完成土方92.58万市方（约合342.55万立方米，不含堵口土方），约占应完成工程量的70%～80%。嗣后经江汉工程局第三、第四工务所继续实施岁修工程，至民国二十四年（1935年）大水前，除钟家铺、上车湾街、下车湾等几处堤段外，全堤均高出民国二十年当地实有最高洪水位1米以上。新堤设第六工赈局，当时沔阳县大部分地域为苏区，由"沔阳苏维埃政府组成沔阳堤防委员会，委员共产党三人，工赈局二人"（1932年《申报》），国际友人路易·艾黎派驻新堤，监督工赈救灾复堤。工赈局派监工人员驻铁牛、新堤、龙口、新滩口等地，指导施工。上堤民工三万余人，施工堤线自螺山经新堤至牛埠头，沿老干堤（明清时称皇堤或部堤）进行加培。自牛埠头至高桥，因老干堤外六合垸、合丰、五合等民垸堤（当时属嘉鱼县管辖）堤顶高程与老干堤相近，而地形略高，施工较易，于是将外垸近30千米民堤，加培为长江干堤。自高桥而下经叶十家、田家口、叶家边、王家边仍沿老干堤加培。王家边至水府庙（原沔阳汉阳县界）的老干堤外有丰乐、补松、永铁、三民（原属汉阳）、老洲、江理（原属嘉鱼）、天祜（原属汉阳）等民垸堤，长40千米，经加高培厚为长江干堤。形成自螺山经界牌、铁牛、新堤、叶王胡三洲、牛埠头、宪洲、老湾、送奶洲、龙口、杜家洲、高桥、叶十家、田家口、叶家边、王家边、天门堤、上河口、七家、姚湖、虾子沟、上下北洲、仰口抵新滩口的滨江堤防。此次堵口复堤工程实施后，沿袭千余年的"长官堤"和"皇堤"的堤线变化很大。

民国二十七年（1938年）武汉沦陷，湖北省政府西撤，监利、洪湖长江干堤不仅停修多年，并且遭到严重破坏。抗战初，荆河垴以下江堤在沦陷区内，荆河垴以上堤防修有防御工事，其后全堤又一度被日军侵占，破坏严重。洪湖老湾上街头、燕窝草场头、虾子沟等堤段，外滩崩临堤身，汛期几乎溃决，形势十分危险。民国二十九年（1940年）2月，国民党江防司令部为阻止日寇西侵，监利陶市至城南堤段被驻军挖开20余口修筑防御工事；民国三十年恢复该堤段，填筑轻重机枪壕77个和散兵壕330个，共筑土方453.15市方（约合1676.66立方米）。

1945年抗战胜利后，由江汉工程局利用联合国救济总署拨发的面粉以工代赈，连续两年培修监利、洪湖长江堤防，筑有少量堤防工程。民国三十五年至三十六年，监利长江江堤被江汉工程局列为重要干堤，上车湾处列为修护险工，当时要求堤顶高出民国二十年（1931年）最高洪水位1米。该年全堤堵复、加培工程共195处，除填筑处理堤上工事（称为军工）外，还进行培修，完成杨家湾、重阳树、沈家码头、张家垱、莫徐拐、黄公垸至何家埠等处内外帮压浸台、堤身翻筑等土方工程。

民国三十五年（1946年）春，江汉工程局第六工务所以工代赈挽筑洪湖老湾、草场头、虾子沟3处月堤工程。民国三十六年，退挽田家口月堤，嗣后国民政府无力修筑堤防。1948年，叶家洲（桩号496+300～497+200）江堤外滩崩临堤脚，形势危急，由地方垸民自筹资金，挽筑长900米月堤一道，方保度汛安全。

据旧志记载，历史上，监利长江干堤因崩岸修筑有众多月堤，有的新退挽堤段挡水后，前面老废堤未崩失；有的退挽后河势变化由崩转淤仍以老堤挡水，而月堤废弃。

杨家潭子（桩号 561＋167～561＋500）　1852—1901 年间，下荆江河型由微弯向弯曲发展时，江湖交汇处位于城陵矶下游擂鼓台，河道向左岸崩进，此时期实施多处退堤围挽，杨家潭子便为其中之一。后因河势变化，下荆江向弯曲发展，交汇处向上游城陵矶摆动，河泓移向右岸，这一带退挽月堤因未发挥作用遂成废堤。尹家潭子（桩号 561＋560～562＋000）和芦家月子（桩号 562＋000～562＋730）的情况与杨家潭子相同。

荆河垴（桩号 561＋167～562＋545）　加固前的干堤系清同治四年（1865 年）因崩岸而退挽的月堤，后又在堤内实施杨家潭子、尹家潭子和芦家月子 3 次退挽工程。

观音洲（桩号 562＋545～566＋020）　19 世纪初以来，因河道摆动频繁而多次退挽。1964 年前，上段挡水堤段为 1929 年退挽之堤，下段为 1932 年退挽之堤。因崩岸继续逼近，1964 年退挽桩号 564＋700～566＋020 段；1968 年退挽桩号 562＋545～564＋700 段，并开始护岸。后外滩废堤全部崩毁。

赵家月（桩号 567＋700～568＋150）　退挽时间不详，月堤未使用，废弃堤上建有房屋。

薛潭至北王家（桩号 570＋400～572＋100）　退挽于清光绪八年（1882 年），其外滩废堤常作为加固退挽月堤（即挡水干堤）的取土场。

红庙（桩号 578＋860～579＋480）　1909 年尺八口河湾自然裁直前，为严重崩岸段。据史载，该挡水堤段为清道光二十九年（1849 年）退挽的月堤，后因崩岸逼近，于光绪二年（1876 年）在该干堤后退挽月堤，但未使用。

肖家畈至蔡家月（桩号 581＋975～582＋500）　退挽月堤时间不详。该段是在现有干堤后退挽的，因尺八口自然裁直后崩岸停止，月堤废弃。

季家月（桩号 582＋560～583＋045 和 583＋080～583＋610）　此二处为干堤内废月堤，与肖家畈至蔡家月情况相同。

王家湾（桩号 584＋800～585＋200）　系清光绪二十二年（1896 年）因崩岸而退挽。原已将外面老堤开锁口，但老堤未崩失，外滩仍存。

林家潭子（桩号 585＋600～586＋440）　位于尺八口河湾顶点，干堤为崩岸退挽的月堤，其外老堤已全部崩坍。

莫徐家拐（桩号 599＋640～600＋250）　因崩岸退挽多次，干堤为 1965 年退挽而成的月堤。

莫家月子（桩号 600＋250～600＋950）　现干堤为 1946 年退挽，但老堤未崩穿，于 1950 年开锁口，以后历年施工取土，将老堤挖毁。

蒋家垴（桩号 600＋950～602＋000）　为 1930 年退挽。外滩唇废堤遗迹断续可见。

钟家月（桩号 608＋600～610＋200）　为 1930 年退挽，因老堤未崩穿一直未开锁口。1958 年将月堤加高培厚并在老堤开锁口，该段始挡水，外面老堤虽已崩缺，但仍存在。

钟家月（桩号 610＋200～610＋824）　因崩岸逼近，于 1965 年移堤还滩。

新月堤（桩号 612＋200～614＋200）　为 1943 年退挽的月堤。老堤崩废后，因河湾下移，外滩又逐渐淤宽。

茅草街（桩号 614＋800～615＋000）　为 1925 年退挽月堤，后崩岸至堤脚，于 1929 年抛石护岸。河湾下移后则转崩为淤。

后月堤（桩号 615＋100～616＋060）　为 1930 年退挽月堤，外废堤为上车湾老街。严重时，部分外滩崩至干堤外坡，因河势变化，后又淤成数千米长外滩。

新市街（桩号 626＋800～627＋100）　该堤系清光绪三十四年（1908）外滩崩坍仅存 10 米时，在现有干堤后退挽而成。后因城南河湾于江心洲出现串沟，主泓改道后，崩岸受到遏制，月堤废弃。

表 2 - 3   监利长江堤防挽筑月堤一览表（1573—1870 年）

月 堤 名 称	现 址	长度/m	挽 筑 时 间
南固城月堤			明万历年间（1573—1620 年）
林家潭月堤			清康熙八年（1669 年）
薛家潭月堤			康熙十五年（1676 年）
上牛舍垸月堤			康熙十九年（1680 年）
永固月堤	石碑渊		康熙四十三年（1704 年）
韩家埠月堤	韩家埠		康熙四十三年（1704 年）
潘家棚月堤	新集下		康熙五十五年（1716 年）
太山坡月堤			雍正六年（1728 年）
张家峰月堤			雍正六年（1728 年）
杨林山月堤			雍正六年（1728 年）
永兴渊月堤			雍正六年（1728 年）
何家月堤		748	乾隆九年（1744 年）
赵家月堤			乾隆十六年（1751 年）
李家工月堤			乾隆十七年（1752 年）
周家工月堤		760	乾隆十七年（1752 年）
南刘埠工月堤			乾隆十七年（1752 年）
孙家工月堤		720	乾隆十八年（1753 年）
杨家工月堤		1000	乾隆十九年（1754 年）
彭家工月堤			乾隆十九年（1754 年）
曹家工、吴家工月堤		870	乾隆二十年（1755 年）
米黄月堤	瓦子湾		乾隆五十三年（1788 年）
孙张、王公月堤			乾隆五十三年（1788 年）
朱家渊月堤			乾隆五十四年（1789 年）
崔家月堤	螺山		道光二十五年（1845 年）
钦工月堤	中车湾		道光三十年（1850 年）
王心夹洲月堤			咸丰六年（1856 年）
涂家埠、北六埠新月堤		3225	同治八年（1869 年）
永安、长安、万安月堤		1076	同治九年（1870 年）

民国时期长期战乱，洪湖、监利长江干堤千疮百孔，隐患丛生。沿堤猪圈、牛栏、粪窖随住屋而建，獾洞、蚁穴和鼠窝随处可见，沿堤有堤街 16 处，挖堤埋坟、毁堤种菜、野生杂树比比皆是，且经战乱破坏，抗洪能力很低。据 1951 年长江委中游工程局调查统计，民国末期洪湖长江堤防螺山至新滩口段总长 126.2 千米，其中螺山至粮洲长 53.27 千米，粮洲至王家边长 33.7 千米，王家边至新滩口长 39.23 千米。深泓贴岸的崩坍险段有 48.2 千米，砂基堤段 28.4 千米，堤顶建有民宅、街道堤段长 19.12 千米。监利长江干堤沿堤内脚有大小渊塘 114 个，顺堤长 27.5 千米，界牌至荆河垴 40 余千米堤段发现獾洞 300 余穴，沿堤还有白蚁危害。1948 年汛期，新堤水位 31.71 米，马家码头溃决。1949 年，新堤水位 31.48 米，甘家码头溃决。洪湖连续两年洪灾，导致大面积受灾，上万灾民流离失所。

至民国末期，洪湖、监利长江堤防普遍低矮单薄，破败不堪，堤上军工民宅、荆棘杂草比比皆是，堤身隐患多，崩岸严重。堤面一般宽 4 米，部分地段仅 3 米，内、外坡比为 1：2.5～1：3。监利邹码头、引港、白螺、薛潭、红庙、尺八口、陶市、下车湾、茅草街、上车湾等堤段，部分街道和许多村庄修建在堤身、堤坡上。洪湖田家口至燕窝一带多为砂基，仍为1931年大水后以工代赈复堤之旧貌，獾洞、蚁穴等堤身隐患，埋坟、耕种对堤身的损毁以及占堤民宅对堤身的剥蚀，比1931年大水后更为严重。

二、江右干堤

松滋、公安、石首及荆州区部分辖境地处荆江右岸，其滨江堤防，创筑历史悠久。据史料记载，松滋老皇堤创修于东晋，距今约1600余年，为荆江右岸最早的滨江堤防。据《读史方舆纪要·卷七八》载，松滋县城（今老城）东三十步有上明城，古代称渠为明，城在渠首，故曰上明。"晋末，朱龄石开三明引江水以浸稻田，后堤坏遂废。"据《舆地纪胜·江陵府上》载："三明，元和郡县志云，上明在松滋县东三十步，明犹渠也，晋末朱龄石开三明引江水以灌稻田，大为百姓利。"此江堤应为松滋县境沿江较早的堤防。松滋地处长江中游，一年中江水涨落较大，古代因技术条件限制，直接通过筑江堤开掘人工渠道引江水灌田并不多见。故晋末在松滋所开的三条引江渠道，在荆州乃至湖北水利史上具有一定意义。但因堤废较早，具体情况不详。

公安、石首及荆州区部分辖境内亦先后在不断扩展的堤垸基础上培筑长江干堤，但开始大多断面较小，且未连成整体。后，宋为荆南留屯计，多将湖渚开垦田亩，松滋、荆州、公安、石首四地又沿江加筑堤防以御水。荆江右岸长江干堤部分增筑于南宋，大规模修筑于明清。

历史上，荆江右岸堤防矮小单薄，隐患丛生，因而水患频繁。据史料及调查资料记载，自明洪武十年（1377年）至2010年的633年间，荆江右岸干堤溃决达114次，其中，明代32次，清代62次，民国18次，建国后2次（1954年公安郭家窑，1960年石首大刿口）。其间，清道光十年至二十九年（1830—1849年）的20年间溃决10次，平均两年一溃。

松滋长江干堤　东起罗家潭，与荆州（区）长江干堤相接，西迄点灵钟寺为江右长江干堤终点，桩号710+260～737+000，全长26.74千米。松滋长江堤防始创于东晋，明清时，由官厅负责修理，兴废任之官吏，而人民无与焉，故称为"官堤"，亦称"老皇堤"。长江破峡而出后，荆江右岸松滋长江堤防首当其冲，地势险要。古官堤上接黄龙山，经朱家埠、黄家铺（今大口）、新场、采穴、流淀尾、沱市，至岩板窝（沱市东五里，即古墙铺）入江陵境（今荆州区）。官堤在明末发展成为自老城东门外起，至岩板窝交江陵界长约41.1千米的江堤。

清光绪《荆州府志·顺江堤》载："（松滋）大江堤自县（今老城）东门龙头桥起，至古墙交界止，长九千零四十六丈七尺。内有荆正卫堤四百五十七丈四尺六寸；左卫堤二千一百四十三丈零八寸；右卫堤六百八十四丈七尺。共军民堤一万二千三百三十二丈，计七十八里五分。"

清俞昌烈《松滋县水利堤防记》载："（长江）自枝江县羊角洲入（松滋）县境，历朱家埠、采穴至沱市，下达江陵，延长七十余里。旧有采穴以杀江流，今已淤塞。明隆庆中，议者谓采穴口当诸穴之首，在江南岸原有故道，自堤口起六十里到沙市，下达洞庭，必当开浚，以宽下流之决溃。部议从之，后复不果。堤自县东门龙头桥起，至沱市止，北岸有石套子，挑溜南趋，沱市遂成险工。""大江堤自庞家湾起，至古墙交界止，……共军民堤一万二千三百三十二丈，计七十八里五分。"

清胡在恪《松滋堤防考》载："按县地势平衍，三峡之水迸流，至此始得展荡，最难防御。又当公安、石首诸县之上流，江堤一决，正当诸县胸腹而下，其形势尤为要害。县东五里有古堤。自堤首桥起，抵江陵之古墙铺，长亘八十余里。旧有采穴口，故道湮塞。迨明洪武二十八年（1395年）决后，时或同决。"自明嘉靖三十九年（1560年）以后，溃决频繁，"松与下流诸县甚苦之。较堤利害，惟余家潭之七里庙河、夹洲之朝英口、柳林之杨润口、易家湾、王满湾、沱市之江灌子、古墙之曹珊口为大。其余五通庙、胡思堰、清水坑、马黄冈、皇木坑十九处中多獾窝、蚁穴，水易侵堤。"

明代，松滋长江堤防时有溃决，常于溃决之后有改筑或恢复之举。嘉靖三十九年大水，松滋河夹洲（松滋老城东门外大洲子、渐洋洲，旧称上河夹洲，龚家潭、芦花洲一带旧称下河夹洲）、朝英口（今永福垸）堤决，荆州府郡守赵贤饬令修筑。隆庆元年（1567年），七里庙堤溃，由溃决处内挽月

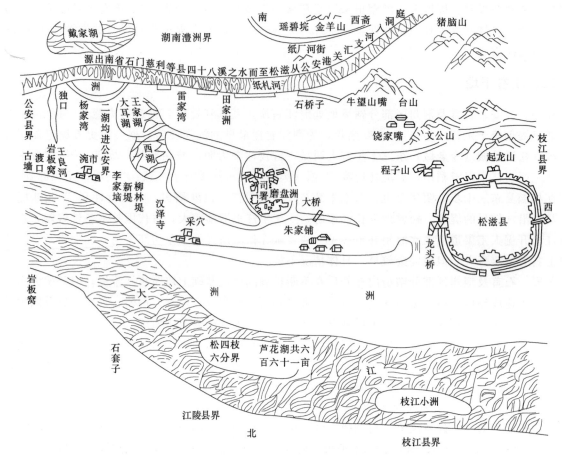

图2-9 清道光年间松滋水系堤防全图（引自《楚北水利堤防纪要》）

堤，次年新堤溃，复由溃决处外挽筑月堤，民国时期，当年溃决处余家潭虽然淤浅，但遗迹仍清晰可辨。

清代，松滋长江堤防溃决频繁，清中晚期更甚，统治者被迫不断挽筑江堤。顺治十年（1653年），荆江大水，皇木坑、杨润口堤溃（采穴附近），松滋知县刘绖、荆州府水利同知娄某与卫所商议，各自分段筑修，三年工竣。康熙二年（1663年），皇木坑复溃，知县李式祖复筑之。九年，流虎口、杨润口二处堤溃（原采穴洪潭寺东），知县李子炎以古堤颓坏难以复堤，申请改筑"圭"形堤。十一年，新筑"圭"形堤又决，此后仍坚筑古堤。雍正六年（1728年），朝廷发帑修大堤，又新筑孟偃坑月堤。

乾隆五十三年（1788年）大水，朱市孔明楼（今朱家埠）堤溃，松滋县民以堤务日坏，先是大堤皆由官修，委任吏胥，百弊丛生，于是呈请改变培修方式，由官委吏修变为官督民修。设总监、散监等职数人，每年年终岁末，由民众自行修理，堤费则随粮带征，民众不负筹款任务。

道光十年（1830年）大水后，由于长江北泓发育，南泓萎缩，河床形态因之演变成"北江南沱"。此后，南沱不断演变成为长江支流，即今采穴河。因泥沙淤积出现大片洲土，民众相继围挽成垸，原松滋长江堤防从黑石溪至灵钟寺毁弃，后仅存部分遗迹。

松滋长江堤防低矮薄弱，清代溃决频繁，因而这一时期挽筑的月堤也最多，道光以后，松滋长江堤防堤线变化较大。道光十二年（1832年）陶家铺、史家湾溃决，原址基础难以复堤，故改在朝家堤至史家湾外滩另筑新堤9千米，上起朝家堤，下至史家湾，其中朝家堤至丙码头堤长5千米，荣家拐至史家湾堤长4千米，原老堤告废。工程尚未竣工，道光十四年又溃，知县熊象麟因督修不力被革职。二十四年，灵钟寺堤溃二百余丈（约合670余米），松滋知县陆锡璞驻堤监修，从民间筹堤款八万贯，调民伕万余人、船八百余只、车五百，数月始将溃堤修复，并撰《凝忠寺重修记》，刻于石碑

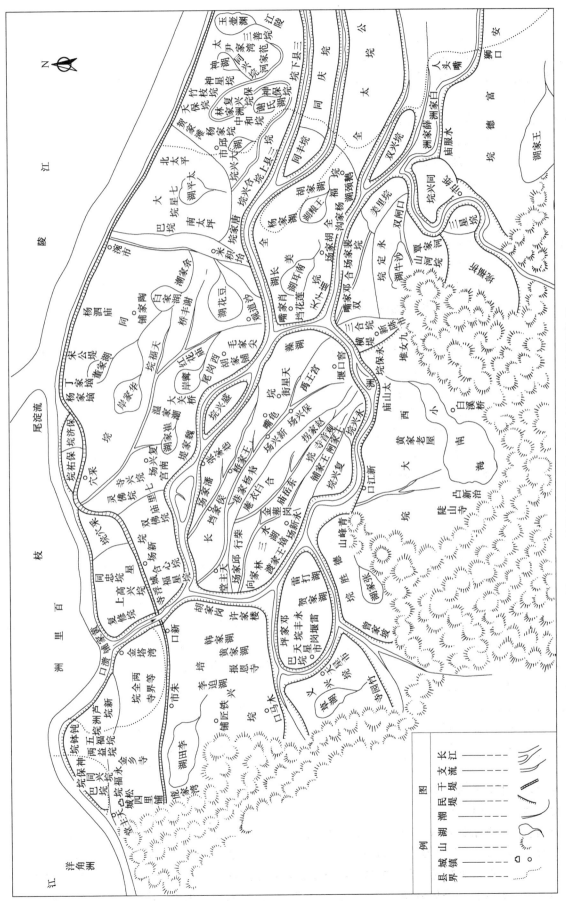

图 2－10　松滋县堤垸全图（引自 1937 年《松滋县志》）

以志其事。

《荆州万城堤志》载："咸丰十年（1860 年），毛家尖（今毛家大路）、杨家尖溃，江陵南岸巨浸，并影响到公安等县，同治六年（1867 年）二月兴工退挽月堤。"挽筑杨家尖月堤长 1415 丈（约 4.7 千米），计土方 27 万立方米，然而，大汛到来时又遭漫溃，后从上搭堘废堤起至杨家尖新月堤中段止挽筑，计长 740 丈（约 2.5 千米）。

同治九年（1870 年）长江大水，农历六月中旬，松滋县庞家湾、黄家铺连溃两口，宽一千余米。调民伕堵筑，因工程艰巨、劳力少，堵筑不坚，同治十二年（1873 年）汛期，江水除从庞家湾漫流外，又冲开堵复的黄家铺决口，自此原来连贯的松滋长江堤防从此中断，江水贯腹心而下，以后溃决不塞，洪水四溢，遂成松滋河。

光绪十四年（1888 年）杨家垱溃决，由于同治九年黄家埠溃决后一直未堵复，江水倾泻而下，公安县深受其害。后由公安、松滋各垫款五千串，合力堵复杨家垱溃决。二十三年，杨家垱复溃，仍由松滋、公安两县各垫款三千串合力修堵溃决。三十一年，史家湾溃决，由沙市盐税中拨赈灾款三万串，以工代赈方式派员督修。

至光绪末年（1908 年前后），松滋沿江围挽培兴垸，即以黄家铺以西官堤为堤基，将大口以上原江中洲地围成 11 个小围垸并培修加固。官堤以东自新场至古墙铺，则将天福垸据为堤基，于是官堤遂成民堤。官堤之外，淤积田亩，又挽筑新垸。此后，不断联垸并堤，历年培修，逐渐演变成现状。

民国时期，战乱频繁，地方政府无力实施堤防建设。民国初期，在大口以东原官堤外筑同忠垸。这时期，高家套至姜家湾、安福寺至王家台子、朝家堤至史家湾等堤段因边滩不断扩大，堤线相继外移 0.5～1.2 千米。民国初年，松滋涴市以下 5 千米江堤又因崩坍殆尽，被迫向后挽退，并于民国七年（1918 年）加固七星垸至保障垸 4.5 千米民堤以应急。民国十年史家湾堤段再决后，由士绅张汉丹、贺云亭主持，按亩摊派堤费修筑史家湾至曾家洲新堤。

民国二十年（1931 年）大水，松滋长江堤防滩岸严重崩坍。次年士绅张南强、田金山等人赴省请愿，要求将官堤纳入江右干堤范围，由政府统一修防，得到在省供职的涴市人熊兰田鼎力相助。经荆江堤工局徐国瑞派员履勘，1932 年始将松滋官堤东段纳入江右干堤，并在涴市设立滨江干堤修防处，业务上由荆江堤工局第四工务所（后改由第八工务所）管辖，此后，松滋长江堤防得到一定修复。民国二十二年（1933 年）冬，荆江堤工局拨款 1.2 万元，采石护岸。民国二十三年、二十四年共拨款 7 万元，加修杨泗庙、丙码头、杨家垱堤段。民国二十五年春，拨款 2 万余元，修复罗家潭溃口。至此，松滋长江堤防经过数年修护，形成一定规模，堤防状况亦稍有改善。

民国时期，松滋长江堤防每年岁修、加培土方 2～3 万立方米。当时施工多采取"团头"包工方式，招伕修筑，竣工后，再验收结账。"团头"在施工中，多有偷工减料、虚报冒领弊端，掘土挖禁脚，堤筑掩草帮，依坑土取方，致使堤质极差。沿堤群众年年修堤，岁岁防汛，其修堤工具主要是锄头箢箕，人力肩挑，片碱压实。堤岸的修护，主要为修矶保岸，沿堤有护岸工程 9 处，长 2 千米，筑有矶头 25 个，但未能控制堤身崩坍。建国前，松滋长江干堤堤顶高程 45.00～46.50 米，堤顶面宽 4 米，内、外坡比 1：2，沿堤有 12 千米堤段靠近沟漕，有渊塘 11 口，其中史家湾至丙码头一段便有渊塘 7 口，堤内脚虚悬，经常出险。杨家垱至丁家垱堤段，原外滩宽 1000 余米，后全部溃失。加之民众在堤身植树、建房，造成不少隐患，故有"豆渣堤"之称，浮土松堆，隐患丛生，一遇大水便堤溃人亡。

荆州（区）长江干堤　位于荆江右岸，东起太平口与虎西支堤相连，西迄岩板窝、罗家潭与松滋长江干堤相接，全长 10.26 千米。干堤外围有神保垸，直接挡水堤段 6.25 千米。荆州（区）长江干堤为零星围垸逐步扩展而连成。据载，当地居民很早便在沼泽高地屯垦，筑堤围垦，逐步发展为十三垸的一部分。明嘉靖三十九年（1560 年）枝江、松滋、江陵[3]多处江堤溃决，至嘉靖四十五年（1566 年）十月，荆州知府赵贤亲自督修后，滨江堤防才逐渐形成规模。清乾隆五十三年（1788 年）改自发修筑为官督民修。民国时期，由民守改为官守，成立修防处，堤董、堤保专管修防事宜。至民国初年尚有十三大垸，松滋、江陵、公安三县合作，友好相处称之为三善，因而称三善垸，每一垸由田多者管理。先前，因抗旱排涝等互相影响，垸与垸常产生矛盾，清末为解决这一长期矛盾，采取合堤并垸措施，使诸小垸合为一垸。合垸后可集中劳力加筑沿江堤防，在负担上按受益大小摊派，而内堤逐渐废弃。至建国前，荆州（区）长江干堤内、外坡比1∶1.5～1∶2，堤顶面宽3～4米，堤身单薄，隐患较多。

公安长江干堤　上端自北闸起，下至藕池口，全长95.8千米，桩号601＋000～696＋800。公安县地势低洼，水灾频繁，其堤防于荆南安危十分重要，并影响到下游石首及湖南安乡、华容的安危，同时又受上游松滋、荆州（区）长江堤防影响。早在清代，有识之士便认识到公安江堤的重要，俞昌烈《公安水利堤防记》载，"公安之堤完固，则下游之石首、安乡、华容俱受其福。江陵、松滋堤不戒，则公安先受其灾，沿堤险工林立，防护维艰"。

公安长江堤防源起，据史料说法有二，一说筑于南宋端平三年（1236年）。据清同治十三年（1874年）《公安县志》载，宋端平三年于公安县城附近修筑沿江五堤；二说认为形成于五代高季兴割据荆南期间（907—927年）。据湖南师范大学卞鸿翔《历史上的荆江、洞庭湖关系及其发展演变》一文载："唐末五代时，高季兴割据荆南，将荆江南北岸大堤修成一整体……南岸自松滋至城陵矶，长七百里。"[4]

公安长江堤防肇基后，至明初沿江一带堤防尚有一定规模修筑。《读史方舆纪要》卷七八《公安县》载："县地平旷，旧治在今治西南紫林街，因避三穴桥水患，移治江阜，势若原陇，宋端平三年筑五堤以捍水。元大德七年（1303年），竹林港堤溃，自是决溢不时。明初修筑沿江一带堤岸，西北接江陵上灌洋，东南抵石首新开堤，凡百二十余里。中间最切者凡十余处，而窑头铺、艾家铺、竹林寺狭堤、渊沙堤铺诸堤尤为要害，明成化（1465—1487年）以后溃决殆无虚岁矣。五堤：在县治东三里者曰赵公堤，在县治南半里者曰斗湖堤，在县西三里者曰油河堤，在县东北二里者曰仓堤，在县治北者曰横堤。其起于县西北四十里迄于县东南八十里者，则明时所筑也。"

另据嘉庆重修《大清一统志》卷三四五载："大江御水堤，在公安县东，上接江陵，下抵石首，长一百里。县治平旷，宋端年三年孟珙筑堤以御水。元大德七年竹林港堤大溃，自是不时决溢，迨明初修筑沿江一带堤塍，西北接江陵上灌洋，东南接石首新开堤，堤长一万二千五百余丈（约41千米）。"明正德十三年（1518年）抚治都御史汪鉴之委张澜加筑公安江堤，自江陵（今荆州区）灌阳抵新开铺。嘉靖、万历年间，公安境内又增筑沙堤、窑头埠、艾家堰、杨公堤诸堤段。

诸多记载印证，公安县城附近御水五堤始筑于宋端平三年。明代多年修筑公安县境沿江堤防，上接江陵上灌洋，下接石首新开堤，长度约八十五里至一百二十里。该堤防历史上不受重视，普遍较低矮残破，险工遍布，明后期多次溃决。胡在恪《公安堤防考》载："（明）成化五年（1469年）决施家渊，弘治间决狭堤渊，正德十一年决郭家渊，嘉靖十一年（1532年）决江池湖，三十五年决新开堤，三十九年决沙堤铺，四十年决新渊堤，四十四年决大湖渊及雷胜旻湾，四十五年倾洗竹林寺，隆庆元年（1567年）倾洗二圣寺，二年决艾家堰，水患殆无虚岁。"

清代，公安县境江堤低矮单薄，残缺不堪，累遭水毁，增筑不止。俞昌烈《公安水利堤防记》载，"（公安江堤）自涂家港起，至沙堤埠止，大堤四十余里，卑矮残缺未修。所赖申梓、平滩、柳子三渊民堤为护，然亦单薄可虑。至西湖庙石工、兴隆工、高李幺，坍岸逼近，大河湾其险又不待言矣。"

清初，制定按亩派费的堤防岁修负担办法。康熙十八年（1679年）修筑公安滨江堤防大河湾、姜家渊、陈家潭堤。大河湾堤，康熙初年决，十八年后重修，四十七年知县陆守采置木城护浪（估计为沉排防浪），并于何家潭亦置木城，五十五年知县杨之骈加修大河湾、何家潭堤。三十六年（1697年），知县许磐挽修斗湖、小关庙、兴隆庙各工，三十九年挽筑黄家湾月堤。雍正六年（1728年）发帑修雷胜旻湾、窑头埠、艾家堰、竹林寺、二圣寺、江池湖、狭堤渊、沙堤铺、新渊堤、施家渊诸堤，十一年挽筑萧家湾工。乾隆七年（1742年）挽筑窑头埠月堤，十八年挽筑陈七湾堤，十九年

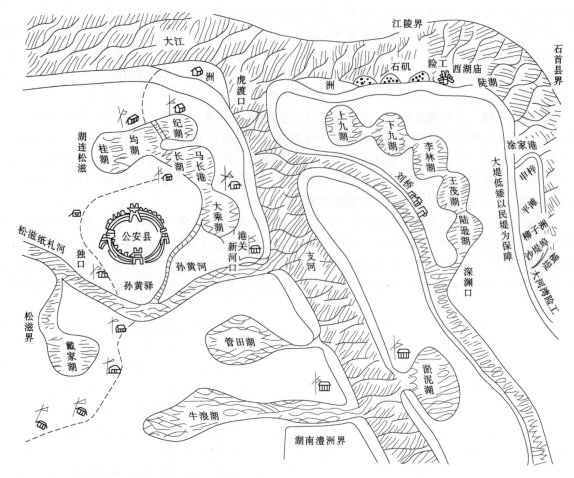

图 2-11 清道光年间公安水系堤防全图（引自《楚北水利堤防纪要》）

（1754 年）挽筑涂家巷堤。道光二十二年（1842 年）知县俞昌烈挽筑窍马口堤，二十二年至三十年（1842—1850 年）油河口淤塞，公安县境长江干堤连成一线。长江堤防虽历年修筑，但因堤身低矮，隐患丛生，多有溃决。

石首长江干堤 上起老山嘴，下至五马口，桩号 497+680～585+000，全长 87.32 千米。石首长江堤防创修于宋元时期，续修于明清时期，完善于 1949 年后，原名临江堤，又名滨江堤。宋代，石首县令谢麟主持修筑万石堤，人称谢公堤，因筑堤用米万石，故又称"万石堤"。清嘉庆《湖北通志》载："万石堤在县西五里，下即万石湾，宋县令谢麟所筑，江水屡圮，堤址沉没，后始筑沿冈堤"。又据《宋史·谢麟传》载："石首宋初江水为患，堤不可御，至谢麟为令，才选石障之，自是人得安堵。"这是所见的下荆江最早采用抛石护岸的记载。元大德中（1297—1307 年），筑石首县新兴堤。《读史方舆纪要》卷七八《石首县》载："新兴堤，在县西南七十里，元大德中筑，以防竹林港水患。"元代又有萨德弥实筑石首黄金堤记载。清同治五年（1866 年）《石首县志》载："黄金堤在县东南五里，元萨德弥实所筑，以御江水者"。

明代，石首境内合垸并堤，培修近江决堤。史载："明宣德六年（1431 年）修石首近江决堤"。《荆州府志》载，明正德年间（1506—1521 年），"县西自军民界（横堤市），东至米市街（绣林），县北门口西自山尾，东至列货山，滨江上下，共长九千三百丈"。两段江堤在此间连成整体，长约 31 千米。

清胡在恪《石首堤防考》载："县治一面滨江，势复下湿。自元大德七年（1303 年）决陈瓮港堤，萨德弥实挽筑。再筑黄金、白杨二堤，护之，不一岁陈瓮堤再决，赵通议开杨林、小岳、宋穴、调弦四穴，水势以杀。追明初，四穴故道俱埋，堤防渐颓。明嘉靖元年（1522 年）决双剅垸，三十四年冲洗戴家垸，三十五年决车公垱，四十五年决藕池。顷年始修南岸，自公安沙堤至调弦口堤，凡四千一百余丈。北岸自江陵洪水渊至监利金果寺堤，凡千有余丈，其间杨林、瓦子湾、藕池、袁家剅尤为要害。"

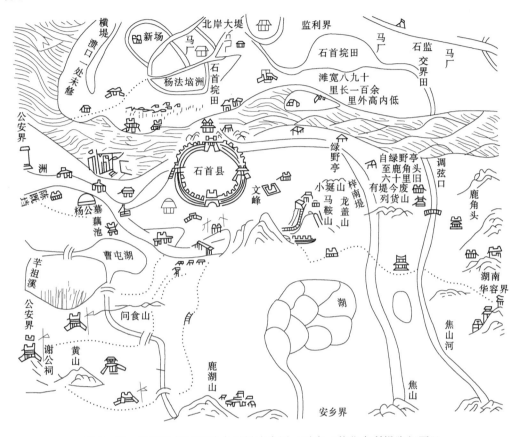

图2-12　清道光年间石首水系堤防全图（引自《楚北水利堤防纪要》）

清俞昌烈《石首县水利堤防记》载："北岸之堤在江陵境者有石首南堤一段，在监利境者有毛老垸堤一段，外洲皆石首所属，官私数十垸，自新场横堤一溃未修，百十里之膏沃悉付波臣矣。江堤：杨林工、烟堆工、马林工、响嘴工、杨树林。自杨林工起，至杨树工止，长五千三里零五丈，计二十九里五分。自头工起（县北门），至十工止（即止澜堤抵列货山），长三千五百五十丈，计十九里。"

清代，石首长江堤防时有增筑，仅康熙十八年至乾隆五十年间（1679—1785年），先后增筑的干堤就有荷花、沿冈等堤段。《荆州府志》载："荷花堤在县西南十里，接大堤，雍正十三年（1735年）挽筑；沿冈堤在县西南五里至南门马鞍山右，接荷花堤，乾隆八年（1743年）挽筑；十五年县丞何晋创议绘图续筑一道，亦名沿冈堤；五十年（1785年）接沿冈堤又挽筑一道，直抵大南门外"。史载表明，明清两代步宋元之后，石首沿江相继修过一些堤段。

民国初年，因无专设水利机构，堤防工程由群众自发筑修。民国二十一年（1932年）全国经济委员会设江汉工程局，总管长江、汉水堤防工程，下设若干工务所，石首干堤属第七工务所管辖。民国三十一年（1942年），石首干堤桩号510＋825～577＋650段加培5处，加培土方6396立方米。民国三十六年（1947年），石首县横堤、罗城、陈公东垸干堤加培土方38.3万立方米。当时所筑堤防普遍低矮单薄，隐患丛生，难以抵挡一般洪水袭击，因而常遭溃决。

石首横堤垸，居城区西南，北临长江，东连罗城、顾复垸，南接金城垸，西隔藕池河与联合、久合垸相望。清咸丰年间藕池溃决后，罗城垸民众在垸外筑横堤一道，以保内堤，后因河流变化，地势淤高，逐渐扩挽成垸，因而得名。清宣统《湖北通志》载："横堤在罗城垸黄金工外，向无此垸堤，咸丰二年（1852年）马林工溃，江水南趋，沙从东积，邑绅民挽筑此堤以保内堤，八年（1858年）

兴工，九年成，十年溃，知县廷元重筑；同治四年（1865 年）又溃，知县朱荣实修复"。建国后，经加培的原堤从老山嘴向北经柳湖坝转折向东与罗城垸堤接界，属长江干堤；从老山嘴向南至玉屏庵为支堤。其余垸东、南与罗城顾复城界堤，大都不复存在，仅肖家岑一段，尚存堤迹。1960 年大剅口溃决，临时抢堵此堤，阻止洪水下泄，减少淹没损失。1964 年，建 3.5 米宽两孔节制闸一座。

罗城垸东连陈公西垸，南接顾复垸，西界横堤垸，北临长江，创挽于明天启七年（1627 年），因包罗县城而得名，随后屡遭溃决，荒废多年，至清康熙二十六年（1687 年）复挽成垸。今垸北堤防属长江干堤，东、南、西三面与陈公西、顾复、横堤垸的界堤，大部分刨毁，仅插瓶丘、巧岸堤、徐家巷双宝堤等段为阻隔垸内溃水，部分保持原状。

陈公西垸居石首城区东南，东抵调弦河、连新垸，南连顾复垸，西接罗城垸，北隔范兴垸遥对长江。此处原为长江边滩，历年淤积成洲，遂得围垦，最早筑挽于明万历八年（1580 年），初名王海垸（传说创挽人名王海，因而得名）。此后，水位抬高，堤防溃决，荒废多年，至明崇祯二年（1629 年），方由知县陈公复挽，因处调弦河西岸，改名陈公西垸。今垸东、北堤段属长江干堤，垸西与罗城垸界堤（南堤）1977 年平整土地时毁弃，仅存残迹，垸南与顾复垸界堤（毕家垱至焦山河），除部分堤段刨矮降低外，余均存在。

胜利垸位于石首城区东北，东接张成垸，南连罗城垸，西抵北门口，北临长江。1949 年 7 月，碾子湾自然裁直后，北门口至陡坡，河床逐渐北移，南岸洲滩发展，地势淤高，1957 年冬兴工围挽，因围挽胜利成功而命名。此后，为根除干堤隐患，在原基础上加高培厚，1959 年达到干堤标准。

陈公东垸位于石首城区以东，东、南靠桃花山与湖南华容以山脊分水岭为界，北临长江，西隔调弦与连新、陈公西垸相望。创修于清道光二十年（1840 年），因为陈公堤旧址，同时地处调弦河东岸而得名。清同治五年（1866 年）《石首县志·方舆志》载："陈公东垸，在调弦口东，系陈公堤旧址，自焦山河沿黄陵山、调弦口至东山鹿角头止，道光二十年，垸内贡生傅文洼等禀知县杨宪周修复；因鹿角头居民移挽至塔市驿下外洲边，以致停工。道光二十八年（1848 年），知县章催照鹿角头堤址加修，垸堤始固"。

陈公东垸西、北堤防属长江干堤，原垸东北有章华港盲肠堤，垸西南有松树口隔堤，西兴、石戈各自成垸，互不穿通。建国后，为解决排水问题，于 1959 年、1973 年两建大港口闸，1969 年章华港筑坝建闸，1970 年打通孟尝湖渠，建修孟尝湖三孔排水闸，此后，西兴、陈公东、石戈三垸的排涝水系连成一体。

西兴垸即戴家垸，相传明代李西兴为首挽筑，因而得名。当时垸内居民戴姓较多，故此又名戴家垸。其位于石首县城东，北滨长江，东、南靠桃花山与华容交界，西隔盲肠河（章华港）与陈公东垸相望。《湖北通志·堤防（二）》载："（明）嘉靖三十四年（1555 年）冲洗戴家垸，翌年始修。"

建国前，荆江右岸长江堤防堤身断面，一般面宽为 4 米，堤坡比 1：2，堤内禁脚房屋栉比。沿堤有大小渊塘 26 口，顺堤长 13.05 千米，其中最大为松滋罗家潭，面积 62.16 万平方米，最深处 5 米。沿堤重点险工 31 处，其中崩岸险工 23 处，长 39.37 千米，松滋堤段 4 处，长 16.4 千米，公安堤段 9 处，长 13.60 千米，石首堤段 9 处，长 9370 米；管涌险工 7 处，松滋堤段 6 处，公安堤段 1 处；砂基险工 1 处（长 100 米，位于公安朱家湾堤段）。这些险工有的至今仍未完全脱险。

三、江右分洪区干堤

南线大堤 原为安乡河北堤，始建于清咸丰、光绪年间。光绪十八年至二十五年（1892—1899 年）由安乡河右岸 23 个小垸合修成大兴、黄山两个大垸，其垸堤即安乡河北堤。后经不断加培安乡河北堤，新筑黄天湖新堤，1952 年兴建荆江分洪区，在旧堤基础上加高培厚形成荆江分洪区围堤，改称南线大堤，后经不断加高培修形成现状。

虎东干堤 上起荆江分洪工程进洪闸与长江干堤相接，下至荆江分洪工程节制闸与拦河坝相连，长 90.58 千米，堤段桩号 0＋000～90＋580，为荆江分洪区围堤的一部分，属公安县辖。该堤段历史上溃决频繁，据调查统计，清光绪十一年至民国末年（1885—1949 年）共溃决 18 次，平均 3 年多一次。沿堤有险工险段 35 处，长 23.56 千米，其中 29 处属堤外滩岸狭窄迎流顶冲堤段，建国后虽经大力整治，但险情仍未彻底消除。大部分堤段内外禁脚筑有 30 米宽平台。堤外较大洲滩 8 处，顺堤长 38.54 千米。建有鄢家渡、李家大路、刘家湾、下四院、雾气嘴、天保闸 6 座排灌闸和闸口电排站，下游建有荆江分洪工程节制闸。沿堤有义和垸、水月、黄金口、夹竹园、保恒垸、闸口、吴达河、戈家小垸、新口等 9 个安全区。

虎西干堤　上起大至岗，下至黄山头，长 38.48 千米，属公安县辖，历史上溃决频繁，据不完全统计，清宣统元年（1909 年）至 1954 年间溃决 7 次，每次溃决均造成严重损失。1954 年南阳湾（桩号 18＋268～18＋397）、戴皮塔（桩号 23＋000～24＋500）两处溃决的口门宽度，分别为 111 米和 1500 米。其后，历经整险加固，堤身普遍加高加厚，并抢护迎流顶冲堤段 12 处，长 7.5 千米，完成石方 2.8 万立方米。加固后，堤顶高程一般为 42.00～43.50 米，按照 1954 年最高洪水位堤顶普遍超高 1～1.5 米以上，堤身垂高 6 米，堤顶面宽一般为 5.7 米，最宽处 10 米，内、外坡比 1∶3。

虎西山岗堤　位于预备分洪区西部，与小虎西干堤衔接封闭成圈，南起黄山头镇，经马鞍山、长山、大门、雷家巷、金鸡湾、达仁岗、章田寺、猴子店、龚家铺，至大至岗与虎西干堤相接，全长 43.63 千米。由松滋县于 1952 年 3 月底至 5 月底施工而成，填筑土方 39.89 万立方米，属公安县辖。当年施工中，因部分堤段沿线为绵亘起伏的岗地，故在低处筑堤 18 段与岗地相连。其中大至岗段 200 米，茶铺子 3 段 490 米，龙家铺 2 段 562 米，杨家岗 2 段 1743 米，谭家祠 350 米，王家祠 3021 米，刘家垸子 1290 米，仙女台 1859 米，新屋巷 3 段长 455 米，七口峪 3 段 640 米，共计 10.61 千米。

浣里隔堤　地处荆江右岸，虎渡河以西，自浣市至里甲口，全长 17.23 千米，系 1963 年冬至 1965 年春为扩大荆江分洪区进洪量而修筑。1964 年 4 月由水利电力部会同长办及湖南、湖北两省对《荆江区防洪规划补充研究报告》研究定案。规划未定案前，水电部决定先修筑浣市扩大分洪区隔堤一道，作为紧急措施方案，长办与湖北省于 1963 年提出《荆江地区防洪规划补充研究报告》，认为应在荆江分洪区上部西侧的虎渡河西岸地区开辟新的分洪区，与荆江分洪区联合运用，以期抗御枝城 80000 立方米每秒的洪峰流量。经水电部批准，从 1963 年 12 月开始施工，工程内容包括新修一道隔堤、加固松滋江陵沿江干堤、培修虎西堤。该堤走向笔直，上下分别与长江干堤桩号 712＋300 处和虎西支堤桩号 23＋150 处相接，封闭成圈。堤防管理以沈家洪为界，其上 2.7 千米属松滋市管辖，其下 14.53 千米属荆州区管辖。

北闸（进洪闸）拦淤堤　北闸建成初期，闸外为一片滩地，每年汛期，闸前落淤，严重影响北闸进洪效果，1952—1961 年间，闸前淤高 0.5～1.5 米。为阻拦闸前洪水带入泥沙淤高进洪口门影响分洪时进流，1961 年冬在闸前 600 米处修建拦淤堤。该堤西连虎东干堤，北衔长江干堤，长 3.43 千米，堤顶高程 46.50 米，垂高 4 米，面宽 4.5～5 米，内、外坡比 1∶3，防汛及日常维护属市河道局公安分局管理。为保证北闸分洪运用时，能及时满足进洪流量，在拦淤堤上预埋有圆柱形混凝土药室 119 个，拟炸开口门宽度 2200 米。

荆江分洪区安全区围堤　安全区为荆洪分洪区分洪运用后群众避水生存的场所。1952 年 11 月，长江委与地方政府协商后划定多处安全区。1952 年冬至 1953 年春，建有埠河、雷洲、斗湖堤、杨厂、黄水套、裕公垸、杨林寺、藕池、倪家塔、上码头、八家铺、新口、戈家小垸、吴达河、东港子、闸口、保恒垸、夹竹园、黄金口、水月、义和等 21 个安全区（施工过程中有所调整），初建时围堤全长 51.95 千米，完成土方 354.31 万立方米，投入标工 326.6 万个。1954 年分洪时永兴垸溃决，1967 年增建戈家小垸和东港子两个安全区。1986 年藕池、倪家塔安全区合并，统称藕池安全区（1965 年石首县藕池镇划归公安县管辖）。经过调整，现分洪区共有安全区 19 个，居住 18 万人，围堤全长 52.78 千米，面积 19.58 平方千米，属公安县辖。这些围堤均依附于分洪区堤左右两边，多数高程为 44.00 米，义和安全区围堤高程 46.00 米，八家铺安全区围堤高程 40.38 米；堤面宽约 4～6 米，仅杨林市、上码头、八家铺 3 个安全区围堤堤顶面宽为 2 米，内、外坡均为 1∶3。围堤内外禁脚多植有防护林。

注：

[1] 历史上属沔阳州辖区，1951 年 6 月由沔阳、监利、汉阳和嘉鱼 4 县部分区域组建洪湖县，1987 年改洪湖市。

[2] 详见《湖北省水利工作大事记》。

[3] 今荆州区于 1994 年从江陵县划出后所设。

[4] 详见《长江志通讯》1986 年第 3 期。

第三节 连 江 支 堤

一、松滋河堤

松滋河系荆江分流入洞庭湖四口之一，为清同治九年（1870 年）黄家铺溃决而冲成。松滋河在湖北境内河段分为东西两支，东支流经同丰尖又一分为二，西汊为苏支河，东汊为官支河，两汊河下泄至蒲田嘴上又合二为一，下流至港关附近，有串河、中河口河与虎渡河相通。西支以西有小南海浣水改道河东流入汇。松滋河堤防包括东支左堤、西支右堤、八宝垸堤、东港垸堤、南平垸堤及官支河堤。松滋河形成后，清光绪年间滩岸逐年淤高，民众堵支并流，筑堤立垸，河道始循定轨。光绪二十六年（1900 年）堤垸发展到近百个。至民国二十五年（1936 年）逐渐合并为 33 垸，堤防长 361 千米。

1949 年后进行整治，合垸并堤，旧堤垸多已不可觅迹。以垸为统一水系，调整为现有支堤，堤长 452.04 千米。松滋境内支堤计有松滋河进口段堤防、松西八宝垸堤、松东大同垸堤、合众大垸堤，堤长 149.23 千米。公安境内松滋河支堤计有松东左堤、松东右堤以及松东西河之间的东港、南平等大垸，松西左堤、松西右堤、官右苏左、苏右等支堤，全长 302.81 千米。

东支左堤 1912 年由松滋大同垸士绅张曙林、张润夫倡修，三年修竣。上起灵钟寺与长江干堤相接，下至新渡口与湖南省安乡县堤相连，长 150.01 千米。其间被官支汊河和中河口汊河从中分隔成 4 段，即灵钟寺至黄家革为一段，过官支河自同丰尖至蒲田嘴为一段，再过官支河出口自蒲田嘴至中河口为一段，过中河口起至新渡口为一段。上段灵钟寺至米积台，长 30.5 千米，属松滋市管辖，米积台起至末段新渡口，长 72.44 千米属公安县管辖。1952 年该堤段郝家湖发生溃决，淹没面积 30 平方千米，耕地 666.67 公顷，受灾人口 1 万余人，倒塌房屋 300 余栋。1954 年大水后，加固同忠垸北堤，大口垸成为外垸，缩短堤长 6.5 千米，次年，因县域调整，下段由张家口缩至文昌宫，缩短堤长 6 千米。

西支右堤 大口以上堤段，原由松滋及枝江县各洲垸连接而成，与枝江县百里洲隔江相望，筑成于清乾隆年间（1736—1795 年），大口以下筑成于光绪末年（约 1908 年）。永合垸堤防原以庙冲河堤防挡水，因外洲淤高，光绪三十三年（1907 年），在沈玉山等倡导下，上自庙冲河口、下至窑沟依洲筑顺河大堤。因人少工程量大，资费难筹，沈自出稻谷五十石，垛棚招伕，包修而成。1936 年，在佘銮卿主持下，将堤外永保垸并入西大垸，加固西永寺至老嘴永保垸堤防 3.3 千米，原内堤告废。1942 年废弃马家尖至打鼓台的德胜垸南堤，沿河筑堤至青峰山。

松滋西支右堤原起旧县城（松滋老城镇）天王堂，经大口、新江口至横堤子接公安县，长 90.59 千米，其间被南海主河道出口和浣水改道河出口自然分隔为 3 段，即南海主河道以北为一段；南海主河道以南与浣水改道河以北为一段；浣水改道河以南为一段。自天王堂至窑沟子长约 53.20 千米，属松滋管辖；窑沟子至杨家垱，长 37.39 千米属公安管辖。

八宝垸堤 清光绪二十八年至三十年（1902—1904 年）由三合、长寿诸小垸并合而成，因垸内共有八个保（保为行政体制，相当于现在的行政村），故称"八保垸"，1958 年，因该垸油菜、棉花颇负盛名，被视为农家之宝，故改称"八宝垸"。垸堤总长 51.25 千米，南起八宝闸，北行至大口，再南至八宝闸重合，呈封闭型，属松滋市管辖。其东为松滋河东支右堤，长 26.5 千米（含莲花垱河堤 7 千米）；西为松滋河西支左堤，长 24.75 千米。光绪二十八年（1902 年），士绅唐协卿、庾祥亭倡修垸堤，就地筹款，兴工数月，始形成三合垸。次年，胡听轩、周厚本等倡修长寿垸，傍三合上、下垴而省其西偏，逾年江水浩大，风高浪急，七月上旬即告破决。后舍大图小，随洲作堤，或连接或独立，先后形成若干小垸。然垸小堤弱，十成九溃，靡费无数。1912 年太山庙溃决。民国八年（1919 年），甘兰亭、唐协卿、庾鼎臣、钟寿全等人倡修垸堤，将三合垸、长寿垸合二为一。至 1922 年堵死长寿河上、下南宫，断绝外水，长寿河沿岸堤防自废。从此，松滋东西支河之间，形成一个四面环水的八宝大垸。八宝垸形成之初，堤身矮小单薄，面宽仅 1.5～2 米，高 2～3 米，且坡陡，堤基严重不良，隐患甚多。民国十年（1921 年）农历六月十三日，马兰湾溃决 300 米，长寿河以东 2000 余公顷耕地被淹，5000 余人受灾。1934 年老同太闸溃决，下游一带受灾，溃决多年始堵复。

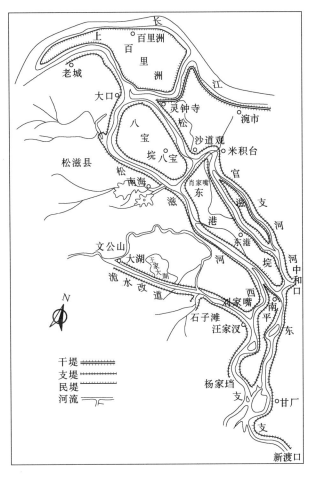

图 2-13 松滋河两岸堤防示意图

东港垸堤 修筑于民国三年至二十三年间（1914—1934 年），系由复兴、顺复、太平、冈太、全福、福太、全美、维兴等垸合修而成。垸堤南起南音庙，北行经斑竹垱、雷公庙至肖家嘴折向南行，经莲花垱、沙口子、鸡公堤至杨家码头，再折向东南行至南音庙重合，呈封闭型，长近 74 千米，属公安县辖。其东为松滋河东支右堤，莲花垱河汊河和中河口汊河间的一段，长约 38 千米；西为松滋河西支左堤莲花垱河汊河和苏支汊河间的各一段，长 35.28 千米。1949 年后逐年有所加修。

南平垸堤 修筑于清同治二年至民国元年间（1863—1912 年），系由同心、中和、护城等 17 垸合修而成。垸堤南起永丰剅，北行经斋公垴、新剅口、木鱼山、柞林潭至南音庙折向南行，经松黄驿、土地峪、沙窝剅至永丰剅重合，呈封闭型，长约 58 千米，属公安县辖。其东为松滋河东支右堤与中河口汊河以南的一段，长 23.29 千米；其西为松滋河西支左堤与苏支汊河以南的一段，长约 35 千米（含苏支河右堤）。

官支河堤 为松滋河东支黄家革至蒲田嘴的汊河支堤与官支河左右两岸支堤，长 43.51 千米，属公安县辖，于清末民初形成整体。官支左堤，自黄家革接松东左堤起，经官沟、毛家港至蒲田嘴再连松东左堤，堤长 21.85 千米，有洲堤段 13 处长 16 千米余，洲滩围垸 2 处。堤内禁脚有塘堰 41 口、沟渠 35 条。沿堤迎流顶冲险段 3 处，其中黄家革堤长 100 米，复兴五队堤长 200 米，官沟堤段长 5.5 千米。官支右堤，自同丰尖与松东左堤接头起，经严家铺至蒲田嘴上，堤长 21.66 千米，有洲滩堤段长约 16.4 千米，洲滩围垸 1 处，堤内禁脚有塘堰 1 处，无洲堤长 5.27 千米。堤身属砂质壤土，有险段 4 处，其中同丰尖堤长 2.9 千米，丁堤拐堤长 700 米，贺洪太堤长 1.4 千米，周启冉堤长 600 米。

溤水改道河堤 1970—1972 年，溤水下游改道，挖河筑堤，修筑改道河两岸支堤，共长 57.41

千米。保护区内人口 21 万，耕地 1.87 万公顷。左岸支堤上起文公山，下至刘家嘴与松滋河西支右堤相连，长 26.65 千米。其中文公山至桂花树 21 千米堤段属松滋县辖，堤顶高程为 43.50～45.00 米。按照法华寺站 1954 年最高洪水位 42.30 米，堤顶超高 1～1.5 米的有 24 千米，超高 1.5～2 米的有约 5.25 千米，超高 2 米以上的有 7.4 千米。堤面宽一般为 3～7 米，堤内、外坡比 1：2.5～1：3。堤上建有排灌闸 4 座。沿堤有塘堰 2 口，沟渠 3 条。险段有别口、渔场、丁家垱 3 段，分别长 100 米、1100 米、625 米。右岸支堤上起石子滩，下至汪家汊与松滋河西支相连，长 30.76 千米，属公安县辖。堤顶高程 44.00～43.80 米，按照 1954 年最高洪水位 42.30 米，堤顶超高 1～1.5 米的有 0.5 千米，超高 1.5～2 米的有近 6.5 千米，超高 2 米以上的 14.2 千米。堤面宽为 5～7 米。沿堤有塘堰 31 口，沟渠 11 条。

南海主河道堤 1975—1976 年治理小南海时，由关洲河至泰山庙开挖一条长 9.5 千米的主河道，两岸筑有支堤 18.51 千米，属松滋县辖。右岸支堤上起关洲河，下与松滋西支右堤相连，长 9.93 千米；左岸支堤上接飞凤山，下与松西支右堤相连，长 8.58 千米。

二、虎渡河堤

虎渡河太平口为荆江分流入洞庭湖四口之一。

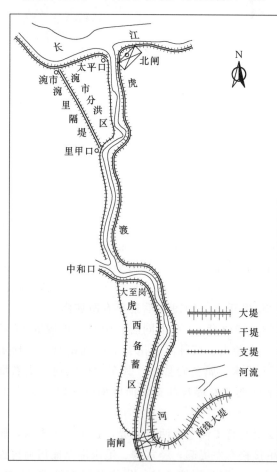

图 2-14 虎渡河两岸堤防示意图

虎渡河南流经闸口、黄山头入安乡河注入洞庭湖。

虎渡河堤创修于何时，史无可考。南宋乾道四年（1168 年）"寸金堤决，水屹不退，帅方滋夜使人决虎渡堤以杀水势"。"七年（1171 年）湖北漕臣李涛（一作焘）修复虎渡堤"。清嘉庆《湖北通志》卷十载：南宋端平三年（1236 年），荆南镇抚使孟珙在虎渡东岸筑堤防，开辟垸田。后元、明两代不断发展，至清代因溃决不断发生，加之各邻垸之间水系纠纷严重，为抵御洪水侵袭和缓解水系矛盾，于两岸并堤联垸，终在永兴、孟溪、三善、复兴等堤基础上经过不断培修形成整体。虎渡河两岸干支堤，均由沿堤小围垸堤合并培修而成，湖北境内堤长约 188.8 千米。

1952 年，为确保荆江大堤，修建举世闻名的荆江分洪工程，虎渡河左岸堤防成为荆江分洪区围堤的一部分。该堤上起北闸与长江干堤相接，下至南闸与拦河坝相连，长 90.58 千米，堤段桩号 0＋000～90＋580，今称虎东干堤。

虎渡河右岸堤防上起太平口，与长江干堤相连，下止黄山头，长 92.99 千米，分属荆州区和公安县管辖。其间被中和口汉河自然分割为南北两段：南段今称虎西干堤；北段上自太平口下至大至岗为虎西支堤，长 54.51 千米。虎西支堤上段太平口至里甲口堤段，长 25.3 千米，为涴市扩大分蓄洪区围堤。虎渡河右岸堤防历史上溃决频繁，据统计，荆州区所辖堤段，清道光二十二年（1842 年）至民国末年溃决 9 次，溃堤口门最窄者 50 米，最宽者 400 米；公安县所辖堤段，清宣统元年（1909 年）至 1954 年溃决 7 次，每次溃决所造成的损失都极其惨重。1954 年南阳湾（桩号 18＋268～18＋397）、戴皮塔（桩号 23＋000～24＋500）两处溃决的口门宽度，分别为 111 米和 1500 米。其后，历经整险加固，堤身普遍加高培厚，并施护迎流顶冲堤段。

三、藕池河堤

清咸丰二年（1852年）长江大水，马林工溃决，1860年大水，串通原有港汊冲开成河，因进口正处藕池，故名藕池河。藕池河分泄荆江来水入洞庭湖，为荆江四口之一。

藕池河下游分汊支流繁多，安乡河北堤即南线大堤前身，形成较早，至清末民初沿河两岸大小堤垸发展日甚一日。当时已有按水系堵支合流的要求，天合、谦吉等垸即为数十垸联并而成。1949年后经调整治理，藕池河支堤联垸成为横堤垸、久合垸，1956年再将复兴、天合、谦吉、业成、合成五垸合并而得名联合垸。藕池堤现长112.71千米。

横堤垸堤 系藕池主河堤，从石首长江干堤起向南经管家铺、老山嘴、南河坝，接湖南界止，堤长16千米，内有横堤、罗城、陈公西、胜利等垸，保护范围内耕地35.53万公顷，其重要性与石首长江干堤同。

清咸丰二年（1852年）马林工溃决，罗城垸民众在垸外另筑横堤一道以保内堤，后河流变化，地势淤高，遂扩挽成垸，横堤垸西堤即以此为基础培修而成，上起老山嘴与长江干堤桩号585+000处相接，下至玉屏庵与湖南华容县垸堤相连，桩号20+000～36+000，长16千米。咸丰十年（1860年）堤溃，知县廷元重筑，同治四年（1865年）又溃，知县朱荣实

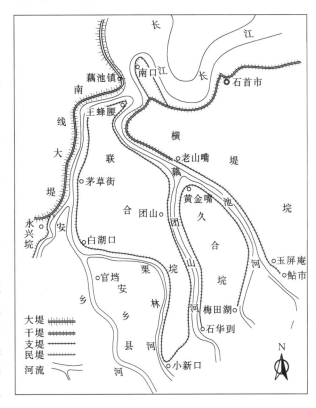

图2-15 藕池河两岸堤防示意图

修复。宣统元年（1909年）老山嘴溃决，田禾无收，淹毙人畜无算。1981年汛后，郑家台、管理站、江波渡、忠裕电站等4.85千米外滩狭窄、迎流顶冲堤段，分别实施护岸，护长4.2千米。经历年培修后，堤顶高程约40.70～41.10米，按1954年最高洪水位，超高0～1米的有6千米，超高1～2米的有10千米；堤顶面宽8米，堤内、外坡比均为1：3。

久合垸支堤（亦称九合垸堤） 位于藕池河右岸，中支团山河左岸，系在各堤垸历年培修基础上形成。清光绪十二年（1886年），郑家、毛家、赵家、黄林、刘合、护双、香家以及蒋家大垸、蒋家小垸等九垸联堤并垸，至此始称九合垸。后又合彭田垸、永固北垸，加高培厚垸堤，始成今藕池河支堤的一部分。垸堤南起梅田湖，与湖南华容县垸堤相连，北行至黄金嘴折向南，抵石华剅，再与湖南华容县垸堤相接，呈撮箕形，全长27.61千米，相应桩号0+000～27+610。垸东堤段自黄金嘴至梅田湖为藕池河东支右堤；垸西堤段自黄金嘴至石华剅为藕池河中支（团山河）左堤。历史上溃决频繁，清光绪三十二年至民国三十八年（1906—1949年）共发生溃决5次：光绪三十二年（1906年）溃西江北渡，三十三年浩封嘴和李家台溃，民国八年（1919年）焦家铺溃，九年永吉湾溃，三十八年（1949年）叶家台溃。1949年后，经不断培修，堤防面貌得到很大改变。根据中南地区对县域边界犬牙交错界线不清的状况进行调整时所作的决定，华容永固北垸应归石首，但在执行交接时，遭群众反对，遂中止交接。后经中南区会同双方协议，原行政区划不变，堤塍采取谁修谁防原则。

1955年，焦家铺堤段因河流逼近堤脚，退挽长535米。獾皮湖、魏家潭、袁家垱、打井窖4处长5.6千米迎流顶冲堤段实施护岸，施护长1.75千米。1981年、1984年汛期，月堤拐和红嘴先后发

生外脱坡险情，后实施抛石护脚，并翻筑脱坡堤段。经多年加修后，堤顶高程 40.47～39.30 米，按 1954 年最高水位标准超高 1 米，堤面宽 5～6 米，内、外坡比 1：3。沿堤尚存石矶 10 座，并建有红嘴、殷家洲、三合、黄金嘴、芦家湾、更明闸、打井窖等排灌闸站 9 座。

联合大垸支堤　东段临藕池主河堤的西部上段，西段上段王蜂腰至白湖口与荆江分洪区隔河相望，南段从白湖口至小新口堤为安乡河分支栗林河（经湘鄂两省批准，长江委同意于 1956 年堵塞），此后将沿河两岸复陵、天合、谦吉等五垸合并修防，统一管理。

联合垸堤，始筑于明代，系由众多小垸逐渐归并联结而成。垸堤南起小新口，北行至王蜂腰转向西，过谭家洲再折南行，经白湖口于小新口重合，呈封闭型，长 69.1 千米，其中白湖口至小新口堤段 18.2 千米，为栗林河分洪隔堤。其垸西、垸东堤段，分别为西支左堤和中支右堤。联合垸堤自民国十年至三十七年间（1921—1948 年），共溃决 15 次，平均不到两年溃决 1 次。民国三十四年（1945 年）灾情尤重，当年 8 月，伏汛已过，秋水上涨，先溃大兴垸，继溃天合垸，随后谦吉、复陵、业成、合兴、合安等垸相继溃决，洪水泛滥，加之霍乱流行，灾民死亡无数。1949 年后不断进行培修，1956 年栗林河堵塞后，石首一侧堤防毁坏严重，因大水年份安乡县有分洪任务，联合垸必须确保安全，故逐年培修栗林河分洪隔堤，投入标工 78 万个，完成土方 106.8 万立方米。1963 年王蜂腰堤段实施退挽，退挽堤长 272 米。后在先成功、郭家潭、王家河 3 处长 2.3 千米迎流顶冲堤段实施护岸，施护长 5.49 千米。加固后，堤顶高程 41.30～39.10 米，垂高 4～6.6 米，按 1954 年最高水位超高 1～1.3 米，堤面宽 5～6 米，内、外坡比 1：3。险工险段 12 处，长 13.85 千米。并在小新口、虎头山、潘家山、团山寺、宜山垱、联合剅、大剅口、王蜂腰、杨盆堰、项家剅、芦林沟、岩土地、窑头庙、木榨湖、黄牯山、狮子山、中剅口、北河口、牛皮湖等处沿堤建有排灌涵闸、泵站 24 座。

四、调弦河堤

调弦河又名华容河，从调关进口沿焦山河、万庚于华容县城关镇分南北两支，北支经潘家渡，南支经鱼口、层山，于旗杆嘴汇合后注入洞庭湖，全长 60.2 千米，其中石首辖境河长 13 千米。

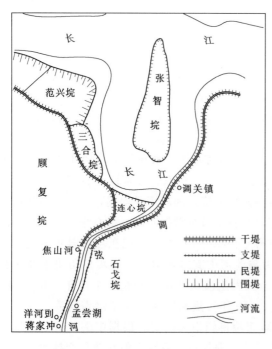

图 2-16　调弦河两岸堤防示意图

据史载，调弦河为西晋太康元年（280 年）驻襄阳镇南大将军杜预平定江南时为漕运而开。历史上调弦河多次堵疏，清咸丰年间（1851—1861 年）全线疏通。沿河两岸堤垸，大都外滨长江堤，内临支河堤，同受保护。调弦河左右两岸支堤，分别为石戈垸西段和顾复垸东段垸堤，属石首市辖。石锅垸为石华垸和锅底垸的合称。锅底垸原名双剅垸，因堤上有前后两道剅子而得名。据清宣统《湖北通志》载："嘉靖元年（1522 年）决双剅垸，翌年始修。"后又因垸内有锅底湖，故改名锅底垸。建国初，石华、锅底两垸合并，改用现名。顾复垸成于明隆庆二年（1568 年），垸内有上津湖，原名上津垸，后因北水南侵荒废。清康熙年间，知县顾之玟复挽成垸，改名顾复垸。

1958 年，根据湘鄂两省协议在调弦口建闸控制，汛期调弦河与长江隔断成为内河。根据协议规定：在监利水位达到 36.00 米，且预报水位将超过 36.50 米时，该河需扒口行洪，扒口地点位于新筑河坝连新垸

民堤管理点右侧。调弦河两岸支堤在扒口行洪后方发挥防洪作用。调弦河上段为干堤，下段为支堤，右岸支堤与干堤分界点在焦山河，自此起向南至蒋家冲（丁宁岗）6.07 千米为支堤；左岸支堤保护

的诸垸并为石戈垸，北接干堤，南至孟尝湖接华容垸堤，长 4 千米。

左岸堤防 上起双剅口与干堤桩号 536＋500 处相接，下至孟尝湖闸与湖南华容县垸堤相连，长 4 千米，堤段桩号 7＋000～11＋000。民国七年（1918 年）、三十八年（1949 年）周家潭堤段溃决，民国十六年木剅口堤段溃决，民国二十年窑湾堤段溃决，溃决后多次堵口复堤。1954 年大水后，按当地最高水位超高 1.5 米，堤面宽 5～8 米，内、外坡比 1∶3 的标准实施多年修筑，并建有孟尝湖排水闸一座，3 孔，每孔宽 3 米。

右岸堤防 上起焦山河与干堤桩号 536＋500 处相接，下至蒋家冲与湖南省华容县垸堤相连，长 6.07 千米，堤段桩号 5＋928～12＋000。蒋家冲堤段清道光十四年（1834 年）溃决。民国九年（1920 年）再溃，淹没农田近 3000 公顷。民国八年修筑双保垸（位于绣林镇东南、止澜堤内），同时挽筑徐家巷、巧岸堤、插瓶丘等隔堤，加强安全保障。1950 年，于朱家湾堤段退挽，退挽堤长 500 米，投入标工 7 万个，完成土方 8 万余立方米。加固后堤顶高程 39.41～40.44 米，堤身垂高 5～8 米，按 1954 年最高水位超高 1.5 米，堤面宽 8 米，内、外坡比 1∶3。建有洋河剅、上津湖泵站闸排水闸 2 座。1958 年冬调弦口筑坝建闸控制后，一般情况下左右两堤常年均未挡水，仅扒口行洪后发挥作用。

表 2－4　　　　　　　　　　　　　　荆南四河堤防统计表

序号	堤段名称	所在县（市）	起止地点	起止桩号	长度/m
	合计				653464
一	松滋河				452040
1	松西河右岸	小计	天王堂—杨家垱	0＋000～94＋240	90589
	（松滋河入口）	松滋	天王堂—胡家岗	0＋000～16＋800	16800
			胡家岗—丰坪桥	16＋800～27＋200	9900
			丰坪桥—太山庙	27＋300～34＋500	7200
			太山庙—窑沟子	34＋700～54＋328	19300
		公安	窑沟子—刘家嘴	56＋223～81＋582	25359
			汪家汊—杨家垱	82＋210～94＋240	12030
2	松西左	小计	北矶垴—永丰剅	0＋000～86＋325	83904
		松滋	北矶垴—八宝闸	0＋000～24＋750	24750
		松滋、公安	莲支河出口封堵	24＋750～32＋500	410
		公安	肖家嘴—沙口子	27＋000～32＋500	5500
		公安	莲支河左终—苏支河左起	32＋500～56＋408	23908
			苏支河右起—永丰剅	56＋989～86＋325	29336
3	松东右	小计	北矶垴—永丰剅	0＋000～90＋963	26765
		松滋	北矶垴—龚家湾	0＋000～20＋200	20200
	（莲支河右）	松滋	龚家湾—八宝闸	20＋200～26＋500	6300
		松滋、公安	莲支河进口封堵	20＋200～26＋500	265
4	松东河左	小计	灵钟寺—新渡口	5＋500～103＋900	150011
		松滋	灵钟寺—东大口		9800
		松滋	东大口—松公界	5＋500～29＋761	24261
		公安	松公界—黄家革	30＋500～32＋615	2115
		公安	同丰尖—蒲田嘴	33＋080～55＋015	21935
	（官支河左）	公安	黄家革—蒲田嘴	0＋000～21＋848	21848
		公安	蒲田嘴—中河口	55＋193～63＋160	7967

续表

序号	堤段名称	所在县（市）	起止地点	起止桩号	长度/m
		公安	中河口—新渡口	63+474～103+900	40426
	（官支河右）	公安	同丰尖—蒲田嘴	0+000～21+659	21659
5	沱水左	小计			26653
		松滋	断山—桂花树	0+000～11+000	11000
		公安	桂花树—刘家嘴	11+000～26+653	15653
6	沱水右	小计			30755
		松滋	大河北桥—垱铺洼	1+200～10+800	9600
		公安	梧桐峪—汪家汊	0+000～21+155	21155
7	苏支左	公安	松黄驿—南音庙	0+000～5+884	5884
8	苏支右	公安	松黄驿—南音庙	0+000～5+545	5545
9	庙河左	松滋			8250
		松滋	庙河口—木天河口	0+000～5+000	5000
		松滋	木天河口—丰坪桥	5+000～8+250	3250
10	庙河右	松滋	木天河口—丰坪桥	0+000～5+170	5170
11	新河左	松滋	飞凤山—磨盘洲	0+000～3+500	3500
12	新河左	松滋	磨盘洲—太山庙	3+500～8+580	5080
13	新河右	松滋	关洲—磨盘洲	0+000～4+500	4500
14	新河右	松滋	磨盘洲—太山庙	4+500～9+934	5434
二	虎渡河	荆州、公安			59742
1	虎渡河左	公安	水管所—麻雀嘴	0+000～5+231	5231
2	虎渡河右		太平闸—大至岗		54511
		荆州：涴市扩大分洪区	太平闸—荆公界	0+000～25+000	25000
		公安	荆公界—中河口	25+000～49+623	24623
		公安	中河口—大至岗	49+937～54+825	4888
		公安	大至岗—王家岗	0+000～2+100	2100
三	藕池河				112710
1	藕池河左	石首	老山嘴—南河坝	20+000～36+000	16000
2	藕池河右	石首			27000
			王蜂腰—三字岗	12+000～24+000	12000
			黄金嘴—梅田湖	24+000～39+000	15000
3	团山河左	石首	黄金嘴—石华剅	0+000～12+610	12610
4	团山河右	石首	三字岗—小新口	0+000～20+000	20000
5	安乡左	石首			37100
			王蜂腰—白湖口	0+000～18+900	18900
6	栗林河左	石首	白湖口—小新口	0+000～18+200	18200
四	调弦河	石首			10072
1	调弦河左	石首	双剅口—孟尝湖	7+000～11+000	4000
2	调弦河右	石首	焦山河—将家冲	5+928～12+000	6072

注 荆南四河堤防因间有汊河及多年裁弯取直，堤段桩号与堤防实际长度并非一致。

第四节 民 垸 堤

历史上，荆州河段两岸洲滩密布，民众很早便择高地筑埂，防御洪水，移民垦拓。自修自建形成的民垸甚多。唐代以后云梦泽逐渐解体消失，民众多沿湖泽开垦良田，并沿江河筑堤御水，形成众多的小民垸从事渔猎耕种。此后不断围挽拓展，至明清时期大盛，史载甚多，形成荆江两岸民垸众多格局。但沿江洲滩民垸常常"洲地塌淤不常"，兴废多变，变化无常。随着滨江堤防不断修筑，逐渐形成体系，荆江地区纷繁复杂的非滨江内垸民堤大多毁弃。

一、民垸兴废

沿堤民垸在一般洪水情况下保护江河滩岸，但在较大洪水时，则又严重阻碍泄洪，因而清代中后期以及民国时期，围垸垦殖一再为官府所严禁。大规模挽筑民垸兴起于南宋以后，当时北人南迁，当政者为保赋税、兵食所需而鼓励屯垦，荆江两岸民众争相围挽湖泽，大兴垸堤以自守，垸田扩展之势不可遏止。至清康熙、乾隆时，江陵、监利各有100～150余垸，沔阳更多达1397垸。清咸丰时，监利亦有围垸502个，围垸大者方圆数十里，小者数里。民国时期，围垸垦殖进一步加剧，众多围垸争相挽筑，无序发展，沿江两岸所筑民垸堤联堤，垸联垸，其数不可胜数。人与水争地，导致自然调蓄洪水的湖泊急剧减少。清末、民国时期长江发生多次大水，许多民垸被冲溃渐废。清同治初年，松滋县挽筑私垸30余垸，1870年大水后，大小围垸均被冲决，沦为泽国。民国初年，松滋县境各地乡民按亩筹资担土，大筑私垸，围有大小民垸80余个。众多民垸溃而复挽，挽而复溃。1931年长江大水，便冲毁淹没沔阳上下新垸47垸和官城等89垸，洪湖境内堤垸溃尽。

建国后，中南军政委员会于1951年正式规定："荆江两岸大堤之间所有洲滩民垸一律作为蓄洪垦殖区，即大水时用以蓄洪，小水时用于垦殖。"建国后，长江两岸堤防不断加高培修，形成统一的防洪体系，沿江两岸因不断并垸联堤，使内垸数量大量减少。据统计，分布于长江、荆南四河沿岸的主要民垸约40余处，垸堤长448.6千米。其中荆江大堤沿堤民垸14处，主要围垸有众志、保障、谢古、龙洲、柳林洲、青安二圣洲、上下人民大垸等，顺堤长107千米。其它长江干堤沿岸民垸有35个，垸堤长311.32千米，其中松滋河沿岸民垸10个，垸堤长114千米；虎渡河沿岸民垸3个，垸堤长10.7千米；藕池河沿岸民垸2个，垸堤长12.45千米；其它垸堤20个，垸堤长174.17千米。20世纪60—70年代下荆江三次裁弯后，长江故道周边相继围挽成垸。

1998年大水时，长江沿线洲滩民垸不仅影响荆江行洪，而且在洪水中损失较大。在汛期最危急时刻，长江沿线一些民垸主动扒口分洪或发生溃垸。汛后，统计荆州市长江干堤及连江支堤沿线有民垸、洲滩76处，垸堤总长613.98千米（主要民垸堤长549.33千米，其它围堤、扒堤长64.65千米），蓄洪容积58.84亿立方米。沿堤民垸面积为1179.01平方千米，耕地面积6.60万公顷，人口60.65万。

1998年、1999年两次大水后，荆州市在大规模加强堤防建设的同时，还实施移民建镇、平垸行洪工程。对长江干流行洪影响较为严重的碍洪洲滩、民垸实施平垸行洪，其中对一些洲滩、民垸实施退人又退耕（双退）、退人不退耕（单退）。实施平垸行洪55个，总面积64.62平方千米，单退裹头6处，单退口门23处，高水行洪5处，实施移民4处，退田还江1万公顷。通过移民建镇，搬迁居民5.08万户20.01万人。

二、重要民垸

菱湖垸（众志垸、保障垸）　位于沮漳河左岸，荆江大堤外围，上起凤台，与草埠湖垸堤相连，下抵荆江大堤桩号794＋650处，南北长6.5千米，东西宽5千米，围堤长24.23千米，垸内面积43.33平方千米。垸内菱湖农场人口1.23万，耕地2667公顷。该垸由保障、众志二垸组成。保障垸

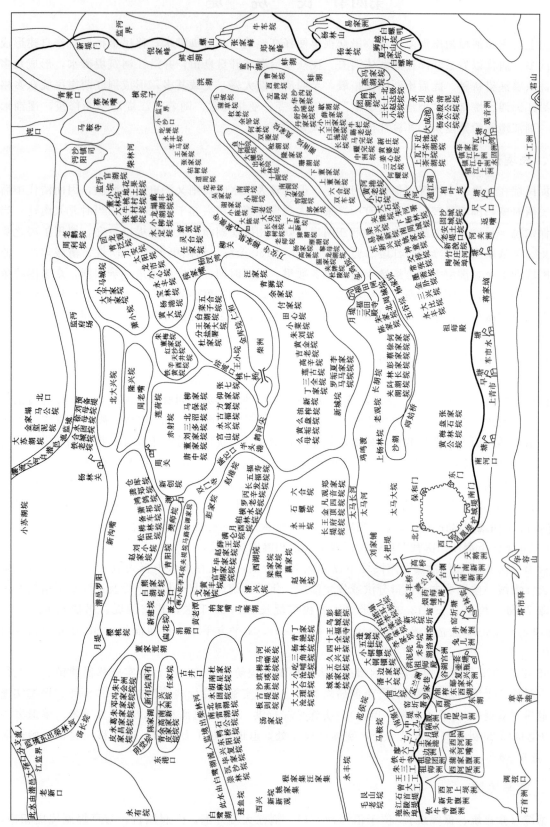

图 2-17 清康熙年间民垸图（引自清康熙《监利县志·县舆图》）

挽筑于明隆庆元年（1567年），上自堆金台，下至万城，两端均与荆江大堤相接，南北长5千米，东西宽2.7千米。历史上"议修议毁，积年有案"。众志垸与保障垸成于同时。民国二十年（1931年），二垸外围零星小垸联成一体，同年成立修防处，分上、中、下三段管理，田赋由此而始征。垸堤北至当阳县镇头山，南至荆州柳港，西临沮漳河，由上十段、下四垸组成。下四垸中香炉垸、关淀湖、打不动湖位于荆州区，其余在当阳境内。保障、众志二垸挽成后屡遭溃决，民国二十四年（1935年）农历六月初五，保障垸于诸家口、杨家口和刘家口，一日三溃，众志垸溃决则多达48处，溺死100余人。此外，众志垸还先后于民国十九年、二十年、二十二年、二十五年、二十六年、二十八年、三十一年、三十四等年溃决。建国后，又先后于1950年、1953年、1954年、1956年、1958年、1962年、1963年汛期7次溃决。1961年垸内农场划归省管后，垸堤得到重点培修加固，并于1964年展宽堤距。垸堤建有涵闸、电排站5处，其中郭家闸始建于清乾隆十四年（1749年），改建于民国十二年（1923年）和1965年；柳港闸建于清光绪二十六年（1900年），改建于1963年；夏家闸则系1965年在刢闸基础上修建；金台和夏家闸电排站分别建于1977年、1978年。1984年，省水利厅以鄂水防〔84〕430号文复函批准菱角湖农场于柳港修建安全区。

谢古垸　地处沮漳河左岸，垸堤两端分别与荆江大堤桩号776＋800和790＋100相接，原长19.32千米。1979年冬加固时，陈家土地和谢家闸以下堤段裁弯取直，垸堤缩短至13.36千米。堤顶高程46.25米，面宽3～5米，内、外坡比1∶3，垸内地面高程39.50米，蓄洪容积9000余万立方米。沿堤修建排灌闸5座、电力排灌闸1座。垸内耕地827公顷，人口0.4万。垸堤始建于明隆庆元年（1567年），清代亦屡有议修议毁成案。至民国十四年（1925年），垸内巨户李竹轩将谢家、古埂、由始三垸合一，并自任垸长，雇用员役，设土局办公，登记户口田亩，按田亩摊派土费。其后又改设修防处管理垸堤。历史上堤垸溃决频繁，垸内杀人潭、新古锤子口、徐家潭、尖角潭、谢家大潭、谢家圆潭、郭家月子、李家月子、吴家月子、上下赵家月子、谭家掩子、贺家台、苏家拐、毛家拐堤、熊家月子、上伍家渡、流家月子等处，均为历年溃口遗迹。1950年谢古垸溃决后，至1956年始堵口复堤。1964年省水利厅确定该垸为计划行洪垸，此后，两次有计划扒口行洪：1968年7月16日18时分洪，当时谢古垸水位44.36米，万城水位45.27米，沙市水位44.31米；1984年7月27日8时30分分洪，当时万城水位44.15米，沙市水位42.28米。根据沮漳河改道工程规划，1995年开始实施谢古垸移堤工程，原堤长14.4千米，全部后移250～300米，河道展宽至450米。沮漳河原出江口位于新河口，改道后上移至临江寺，缩短河长18.8千米（新河由鸭子口至临江寺，长2300米）。谢古垸面积由移堤前的18.87平方千米，减少至13.37平方千米。

龙洲垸　地处荆州城西南10千米，南依长江，北靠沮漳河故道，西望下百里洲，东连新华垸。原系长江、沮漳河淤洲，据北宋天圣元年至嘉祐七年（1023—1062年）间，公安人张景答仁宗问"一湾芳草护龙洲"诗句推断，早在北宋仁宗时期前即已成为沃洲。围垸挽筑于清嘉庆元年（1796年），此后，时溃时堵，时毁时修。历史上建有涵闸2座，后俱废，一名冤枉闸，建于嘉庆十二年（1807年）；一名李家闸，建于民国八年（1919年）。垸堤培修及管理原由首户负责，经费按田亩摊派，至民国二十五年（1936年），始成立修防处，公举主任报县委任。旧时龙洲垸，连年灾荒，非涝即洪。民国二十四年（1935年）溃决8处，民国三十一年（1942年）再溃陈家芦苇，此后又先后溃决槐树庙、周家潭、马家潭、双潭等处。据史载，从1946年至1955年，十年之间几至无年不溃。1961年8月挖口抗旱亦造成溃决。1966年垸内村民又紧贴该垸外滩围挽三垸，即龙洲队垸（面积10公顷）、渔业队垸（面积10公顷）、沿江队垸（面积13公顷），合称龙洲外垸。中共荆州地委1975年10号文件规定："（龙洲外垸）限于沙市水位44.00米时刨毁行洪"，并于1981年汛前刨毁，后淤复，2000年实施移民。龙洲围垸堤长11.32千米，堤顶高程46.50米，堤面宽3～4米，外坡比1∶3，垸内面积24.89平方千米，耕地1400公顷，人口1.2万。建国后，修建排灌闸8座和电排站3座。龙洲垸原与枝江市下里洲相联，中间仅隔一道隔堤。1993年开始实施沮漳河改道工程后，在龙洲堤上端破垸成河，两垸遂隔河分离。2009年引江济汉工程中渠道枢纽工程在垸堤上端动工。

学堂洲垸 西与龙洲垸紧连，东至新河口，堤长 6.4 千米，堤顶高程 47.00 米，面宽一般 4 米，内、外坡比 1：3。围垸面积 6.4 平方千米，耕地 500 公顷，人口 0.11 万。根据沮漳河改道工程规划，为安置谢古垸移民，经批准 1993 年开始围挽学堂洲（原为荒洲）。龙洲垸与新华垸、学堂洲均在荆江大堤外，现合并为统一围垸，面积 36.69 平方千米，耕地 1900 公顷。围堤上起鸭子口，经临江寺至新河口（与荆江大堤搭垴，桩号 762＋250），长 17.72 千米。为防止谢古垸分洪后，下游鸭子口附近因吐洪不及时，水位抬高，危及龙洲、学堂洲安全，1994 年从鸭子口沿龙洲垸老堤至李埠堤长3500 米加固为上隔堤。

柳林洲 紧贴沙市文星楼至盐卡江堤，1969—1970 年始建围堤，分别与荆江大堤桩号 756＋300处和桩号 748＋000 处相接，全长 6.8 千米，堤顶高程 44.50～46.20 米，围垸面积约 4.5 平方千米，地面高程 39.00～41.00 米。垸内厂房、库房密布，常住人口约 3.2 万，垸内建有专用码头，是沙市滨江地区的工业区及各类物资的集散地之一。该洲自修筑围堤以来，因堤身顺直，堤内地势较高，地质堤质较好，经过十余年洪水考验，特别是经历 1981 年、1998 年、1999 年大水考验，未出现重大险情，成为荆江大堤桩号 748＋000～756＋300 段的前沿防洪屏障。

耀新民垸（青安二圣洲垸） 垸堤上起文村夹，下止马家寨，分别与荆江大堤桩号 722＋695 处和桩号 733＋500 处相接，全长 13.85 千米。垸内面积 22 平方千米，人口 1.97 万，耕地 1133 公顷。堤顶高程 44.39～45.00 米，面宽 6 米，堤身平均垂高 5 米，内、外坡比 1：3，并筑有部分内外平台。该垸由刘家埫、二圣、青安、六总四垸合成，清咸丰七年（1857 年）围挽刘家埫、二圣洲堤，同治年间（1862－1874 年）围挽六总、青安二垸。以后，各垸堤时毁时修，后为减轻民众负担，乃放弃隔堤，实行四垸合一。垸堤加培管理由各垸首负责，至民国二十年（1931 年）始成立修防处，按田亩摊派费用。围堤堤身矮小，经常溃决，据不完全统计，民国十九年、二十四年、二十六年和二十七年等年均告溃。建国后，垸堤不断有所培修，其间，1969 年冬江陵县调弥市、李埠、太湖民工，按干堤标准实施加培整险，投入标工 45.6 万个。此外，二圣洲垸外围，1960 年村民私挽围垸三处：即长江队垸（面积 93 公顷）、同心队垸（面积 13 公顷）、文星队垸（面积 5.3 公顷）。1963 年江陵县人民委员会发文，限当年 4 月底前彻底刨毁。嗣后同心、文星两垸按要求刨毁，长江队垸则在当年刨口行洪后于 1968 年堵复。为此，荆州地委于 1975 年行文，责令彻底刨毁，但未执行。1981 年漫溃后，冬季又加筑下横堤，1982 年江陵县政府和荆州行署分别发布布告和下达文件，再次责令刨毁，未果。

突起洲垸 在文村夹下江心，垸堤地处长江主航道东，高程 42.00 米，洪水季节西距江岸 880 米，东距青安二圣洲民堤 850 米，枯水季节与东岸相连，南北长 1.2 千米，东西宽 1 千米。相传清嘉庆二十五年（1820 年）一艘官船在此沉没，江中泥沙因沉船阻滞，逐年淤积，至道光十年（1830 年）积沙突出江面，故称"突起洲"。因历史上屡挽屡溃，故又俗称"难兴洲"（南兴洲）。洲堤挽筑于何时无考，一说道光三十年（1850 年）一次农民起义失败后，起义者避此垦荒，围垸可能成于此时，民国元年（1912 年）刨毁，民国十三年挽筑。后因洪水冲刷，上端逐年崩溃，下端逐年淤积，1965—1980 年沙洲下移 200 米，1981 年 7 月 19 日垸堤崩溃，农田被淹，冲走冲塌房屋 10 余间。当年冬，除加培垸堤外，还迁出垸内农户 94 户。垸堤高程 43.50 米，面宽 2～3 米，内、外坡比 1：2～1：3。垸内江洲村耕地面积 120 公顷，人口 0.14 万，修防工作由乡政府统一筹划，费用由境内群众负担。1963 年该垸群众又在上下搭垴围挽二垸，面积 1.15 平方千米，当年遵令毁废。

上人民大垸 位于长江左岸，东连监利，北接江陵，西临长江与公安县荆江分蓄洪区相望，南隔合作、北碾、新洲等垸遥对长江。1952 年春，根据荆江分洪工程总体规划，为解决蓄洪区移民安居生产问题，经中南区批准，堵塞蛟子渊，扩大围挽而成，称为人民大垸，又称上人民大垸。堤防东起荆江大堤一弓堤（桩号 674＋650），南行至冯家潭转折向西，抵梅王张再转弯北进，至荆江大堤搭垴谭剈子（桩号 47＋500），全长 47.5 千米。垸境东西宽 18 千米，南北长 14.5 千米，自然面积 216 平方千米，耕地面积 1.07 万公顷，人口 15.1 万。堤顶高程 40.87～42.87 米，按 1954 年洪水位超高 1～2 米，堤面宽 6米，内、外坡比 1：3，堤身垂高 3.8～8.5 米，常年挡水堤段 24.17 千米。设计蓄洪水位 40.50 米，蓄洪容积 11.8 万立方米。大垸围挽前已有众多民垸，其中黄金、顾兴等垸成于明代，永护、肇昌北等垸建于清代。民垸挽筑之初，大都堤埂单薄，一遇潦涨即溃，因此历史上时毁时修。自清代石首新场横堤溃决，至民国二十年（1931 年）蛟子渊再溃，"官私数十垸"，"百十里之膏沃悉遭巨浸，连淹九载，几至无年无灾。"建国后，1951 年罗公、梅王张、张惠南、肇昌北四垸联成一垸，曰"四明垸"；1952 年为解决荆江分洪蓄洪区移民问题，中南区批准堵塞蛟子渊，并由石首、监利、江陵三县民工挽成大垸，自此始称"人民大垸"，定为行洪垦殖区。围垸工程自当年 2 月上旬开工，4 月底竣工，完成土方 134.8 万立方米。1954 年大水期间，在下达分洪命令前，该垸鲁家台堤段先行溃决，淹没甚众。此后，垸堤历年有所加修，并在沿堤陆续建有涵闸泵站 6 处。1993 年经批准堵塞长江故道口门，合垸并堤，形成统一的防洪大圈，面积 447.1 平方千米，人口 19.5 万，耕地 1.51 万公顷，包括人民大垸、合作垸、北碾垸、新洲垸、春风垸、六合垸、张智垸、永合垸等，仍名人民大垸或称江北大圈。一线挡水堤防，上起谭剅子至梅王张，沿合作垸至冯潭二站出水闸，再沿北碾垸、新洲垸，经张智垸（张智垸中段筑预备分洪隔堤）、永合垸的黑瓦屋经中洲子故道抵下人民大垸流港堤，共长 83.04 千米。

下人民大垸　1957 年 10 月，省水利厅批准挽筑下人民大垸堤防，随后，成立"下人民大垸围垦指挥部"，由湖北省统一商调河南商丘专区灾民 8 万余人，采取"以工代赈、围垦留场"组织形式挽筑垸堤。上联石首上人民大垸，下抵监利杨家湾，相应荆江大堤桩号 638＋970～673＋600，全长 26.7 千米。当年 12 月开工，次年 5 月工竣，完成土方 145.7 万立方米、标工 142 万个，全部工程投资 186.2 万元。围垸前分属石首县及监利县。滩上芦苇丛生，有朱家湖等湖泊 6 个，蛟子渊河横贯东西。从蛟子渊至刘港长 23 千米内有支河 4 条，长 13.6 千米。因外滩连年淤高，早有民众开荒种植。下人民大垸总面积 125 平方千米，垸内耕地 7700 公顷，人口 3.27 万。围堤堤顶高程 39.50～41.00 米，面宽 6 米，内、外坡比 1∶3，堤上建有排水闸 3 座和泵站 3 座。根据长江流域规划要求，上下人民大垸围堤区域为蓄洪垦殖区，特大洪水年按照防汛预案扒口蓄（行）洪。

柴组围堤　位于监利西门渊闸至药师巷，荆江大堤桩号 631＋400～632＋100 段外滩。围挽于 1975 年，围堤长 1500 米，堤顶高程 38.50 米，面宽 3 米，内、外坡比 1∶2。随后又在围垸以上建有粮食、生资、煤炭、棉花、碎石等仓库、场地和码头，上延该垸至荆江大堤桩号 633＋900 处。

氮肥厂围堤　位于荆江大堤桩号 628＋500～628＋750 段外围，系 1975 年围垸，长 250 米，堤顶高程 37.00 米，面宽 4 米，堤身垂高 3.5 米，内、外坡比 1∶2。

工业围堤　位于监利新市街至小东门，荆江大堤桩号 627＋107～628＋707 段外围，1971 年围挽，堤长 1.6 千米，堤顶高程 38.5 米，面宽 4 米，内、外坡比 1∶2，建有排水闸 1 座，垸内建有水泥、磷肥、预制、造纸等工厂和石油仓库，居民 1000 余人。

新洲围垸　位于监利长江干堤胡家码口至半路堤段外滩，桩号 619＋790～624＋290，垸堤长 24.85 千米，堤顶高程 36.00～36.70 米，面宽 3.5～4 米，堤上建有涵闸、泵站 5 座。面积 34.11 平方千米，耕地 2587 公顷，人口约 1 万人。历史上多次围挽，1970 年始系统围挽成垸，1998 年大水后移民，并确定为单退民垸。

三洲联垸　上连监利长江干堤陶市段，下接干堤万家搭垴，相应桩号 599＋400～566＋670，垸堤长 50.56 千米，堤顶高程 36.00～38.00 米，面宽 5～6 米。总面积 186.13 平方千米，耕地 9093 公顷，人口 6.32 万。三洲联垸原为唐家洲、中洲和孙良洲三个洲垸，约明万历年间始筑堤围垸。因堤矮单薄，溃决频繁。1909 年尺八口河湾自然裁弯，中洲垸被长江故道上下口隔开。1958 年冬筑堤封堵上下口，合堤并垸，始成三洲联垸，次年春工竣，完成土方 57.4 万立方米。1998 年大水后，确定为蓄洪垦殖区，并建有分洪口门。

丁家洲　位于监利长江干堤狮子山至荆河垴段（桩号 549＋650～561＋490）外滩，面积 18.20 平方千米，耕地 1533 公顷，人口 0.29 万，堤长 9.27 千米，垸堤高程 35.50 米，蓄洪容积 1.09 亿立方米。1998 年大水后，确定为单退民垸，并建有分洪口门。

南五洲　位于公安县境东部，为长江主支汊环抱的长形江心洲。东临长江，西与杨厂黄水套隔河相望。南五洲的形成说法不一，一说清道光十年（1830年）后，斗湖堤河滩不断崩坍，长江河道形成左右两汊，两汊间出现采石、白沙、新淤、新泥和白脚五个江心洲，后逐渐淤积成今之南五洲；另一说唐初泥沙淤积成洲，以后逐渐扩大，先后形成老洲、新洲、沙洲、搭巴洲、沅陵洲等五个洲，又因地处长江之南，故名南五洲。洲垸堤长46.10千米，堤顶高程42.50米，垸内地面高程38.00米。垸堤具体形成时间不详。垸内面积76平方千米，耕地2087公顷，人口1.8万。

合作垸 位于长江左岸，人民大垸西南部，西、南两面靠长江，北连上人民大垸。1956年冬复垸，因属合作乡管辖故名合作垸，又因地处人民大垸外围，故称人民外垸。垸堤东起跃进闸，南行至天星堡折向西，经鱼尾洲，过焦家铺再转向北，至梅王张止，全长16.33千米，常年挡水堤长12.80千米。全垸面积23.4平方千米，耕地893公顷。现已并入人民大垸防洪大圈。

北碾垸 位于长江左岸，东连新洲垸，南临长江，西接合作垸，北倚上人民大垸。1949年裁直前，河段蜿蜒曲折，形如碾槽，故称碾子湾，自然裁弯后，碾槽被劈为南北两半，北部称北碾子湾，垸随地名。1959年冬，围挽成垸。垸堤东起新码头南行至柴码头折向西，抵天星堡，全长10.54千米。垸内面积33.9平方千米，耕地433公顷。现已并入人民大垸防洪大圈。

永合垸 位于下荆江左岸，东隔神皇洲围垸与长江故道相望，南濒长江，西、北临长江故道。高水季节，四面环水，形如孤岛。1830年围挽，原为永锡、合兴两垸，后二垸合并，名为永合垸。垸堤南起柳家台，经永合闸、黑瓦屋、南河洲至柳家台重合，呈封闭型，全长24.7千米，全垸面积31.8平方千米，耕地面积1720公顷。现已并入人民大垸防洪大圈。

六合垸 位于下荆江左岸，原系独立围垸，四面环水。现南临长江，东、西、北三面靠长江故道。垸堤南起河口，北行经陡岸峡、千字头转折向南，过沙口子至河口重合，堤长15.57千米，堤面宽4～4.5米，内、外坡比1:2～1:2.8，堤身垂高3～5.5米，沿堤建有复兴闸、陡岸峡闸。围垸面积16.3平方千米，耕地653公顷，人口1.28万，1998年扒口分洪，后并入人民大垸防洪大圈。

南碾垸 位于下荆江右岸，北濒长江，与北碾垸隔江相望。围垸东起范兴垸，南倚罗城垸，西接张成垸。1975年围挽成垸，垸堤东起寡妇峡，西止张成垸，长16.17千米，垸内面积31.5平方千米，耕地面积667公顷。

胜利垸 位于石首市区东北长江干堤外，东接张成垸，西抵北门口，北临长江。1949年7月，碾子湾自然裁弯后，北门口至陡坡河床逐渐北移，洲滩发展，于1957年冬围挽成垸，因围挽胜利成功而得名，全垸面积2.5平方千米，堤长4.8千米，现为石首市开发区。

张成垸 位于石首市区东北长江干堤外，相应桩号560+000～563+000，北临长江，清初挽筑，后因河势变化，废弃多年，民国三十六年（1947年）复挽。垸堤长4千米，堤面宽4～5米，沿堤建有周家剅闸、陡坡闸。全垸面积4平方千米，人口1.34万，现为石首市开发区。

张智垸 垸堤南起季家嘴，北行至小河口转向南，于季家嘴重合，封闭成圈，长22.81千米，堤面宽4～5米，坡比1:2.2～1:2.8，堤身垂高45.5米，沿堤建有黑鱼沟、小河口、金鱼沟和半头岑排灌闸4座。垸内面积16.3平方千米，人口2.6万，耕地933公顷。

荆州市境之外另有位于荆江上游枝江市的上百里洲，有万里长江第一洲之称，1954年扒口分洪。洲滩面积198平方千米，垸堤周长74.5千米，围垸面积172.2平方千米，耕地1.17万公顷，人口约10.5万。

表2-5　　　　　　　　　　　荆州河段干支流民垸情况简表

序号	民垸名称	岸别	移民建镇平垸行洪情况	起止地点（相应干堤桩号）	垸堤长度/km	垸堤高程/m	蓄洪容积/万m³	垸内基本情况 面积/km²	耕地/hm²	人口/人	垸内地面高程/m	近年溃垸扒口情况	溃口水位/m	备注
		合计	76处		613.98		588371	1179.01	66.74	606479				
一	荆州区	小计	10处		70.84		36810	99.97	5913	32939				

序号	民垸名称	岸别	移民建镇平垸行洪情况	起止地点（相应干堤桩号）	垸堤长度/km	垸堤高程/m	蓄洪容积/万m³	垸内基本情况				近年溃垸扒口情况	溃口水位/m	备注
								面积/km²	耕地/hm²	人口/人	垸内地面高程/m			
1	众志垸	沮漳河左	未退	0+000～14+230	14.23	47.00	10130	29.26	1734	6141	39.00			属菱角湖，草埠湖、马山一带未列入
2	保障垸	沮漳河左	未退	0+000～10+000	10.0	45.00		14.07	933	6126	39.00			
3	谢古垸	沮漳河左	未退	776+800～790+100	13.37	46.25	9075	13.27	827	4224	39.50			
4	龙洲垸	长江左	未退	767+932～776+800	11.32	46.50	10914	24.89	1400	12000	41.00			
5	龙洲外垸	长江左	2000年移民		3.15	45.30	130	0.51	33	406	41.80			
6	学堂洲	长江左	未退	762+200～767+900	6.40	47.00	3520	6.40	500	1100	40.00			
7	神保垸	长江右	未退	0+000～3+760	3.76	47.00	1904	4.23	220	2400	39.60			
8	新堤垸	虎渡河	未退	9+050～10+600	3.50	44.30	453	1.51	87	268	41.00			
9	合兴垸	虎渡河	未退	11+000～12+550	2.80	44.20	279	0.93	40	214	41.00			
10	高兴垸	虎渡河	未退	2+000～4+500	2.00	44.50	240	0.80	40	60	41.00			
二	沙市区		小计1处		6.80		1800	4.50	133	32000				
1	柳林洲	长江左	未退	748+000～756+300	6.80	44.50～46.20	1800	4.50	133	32000	39.00～41.00			
三	江陵县		小计1处		13.85		8276	22.00	1133	19700				
1	耀新民垸	长江左	未退	0+000～13+850	13.85	44.39～45.00	8276	22.00	1133	19700	39.00			
四	松滋市		小计13处		43.25		10980	32.52	1435	8264				
1	义兴垸	庙河	单退口门	0+000～6+000	6.00	47.50	3700	7.74	221	1880	43.40			
2	新华垱垸	松滋河右	单退口门	0+000～5+000	5.00	48.50	2800	7.03	280	190	45.00			
3	李家嘴垸	松西支	单退裹头	0+000～3+750	3.75	45.70	550	1.65	64	648	40.70			
4	大口民垸	采穴河	单退裹头	0+000～8+400	8.40	47.50	600	2.50	196	958	42.50			
5	经济大垸	长江右	单退裹头	714+000～715+400	2.40	46.20	500	1.50	57	860	42.70	1998年漫溃	45.52	
6	江心洲垸	松滋河右	未退	0+000～4+800	4.80	48.90	500	2.50	149	1528	46.00	1998年漫溃	49.18	
7	胡家岗垸	松滋河右	未退	0+000～2+000	2.00	48.00	250	1.40	63		45.00	1998年漫溃	47.48	

序号	民垸名称	岸别	移民建镇平垸行洪情况	起止地点(相应干堤桩号)	垸堤长度/km	垸堤高程/m	蓄洪容积/万m³	垸内基本情况			垸内地面高程/m	近年溃垸扒口情况	溃口水位/m	备注
								面积/km²	耕地/hm²	人口/人				
8	马家尖垸	松西右	未退	0+000~1+000	1.00	47.60	100	0.50	8	550	44.50			松滋市福利院
9	邓家垸	松西右	未退	0+000~1+500	1.50	46.90	250	1.50	67	450	44.00			砖瓦厂纸厂
10	同忠外垸	采穴河	未退	0+000~1+500	1.50	47.50	380	1.20	47		43.50	1998年漫溃	47.55	
11	联新外垸	采穴河	未退	0+000~1+400	1.40	47.50	300	1.00	40		43.50	1998年漫溃	47.45	
12	永久围垸	松西左	未退	0+000~4+500	4.50	47.50	700	2.80	233		45.00	1998年漫溃	47.50	
13	谢家渡垸	松西右	未退	0+000~1+000	1.00	47.50	350	1.20	10	1200	44.00			
五	公安县	小计	8处		80.30		36770	105.36	4286	24696				
1	埠河外洲	长江右		684+800~681+500	4.00	43.90	63	0.25	13		41.00	1998年漫溃		
2	裕公垸	长江右	单退口门	615+460~608+850	8.40	42.00	1690	7.10	480	3800	37.50	漫溃		
3	窑星巴垸	松西河	单退裹头	0+000~3+000	3.00	44.00	2300	2.00	200	195	33.00			
4	幸福巴垸	藕池河	单退裹头	0+000~3+000	3.00	42.00	800	1.80	133	192	37.50			
5	六合垸	虎渡河	单退	0+000~1+800	1.80	41.50	6440	9.20	920	2008	35.00	1998年漫溃	41.50	
6	老鸦嘴垸	虎渡河	单退	0+000~7+500	7.50	41.10	1669	3.05	167	501	33.00	1980年漫溃	40.30	
7	腊林洲	长江右		696+730~691+185	4.70	45.50	978	3.26	213		41.00			
8	南五洲	长江右		644+000~621+500	46.10	42.50	22800	76.00	2087	18000	38.00			
六	石首市	小计	26处		285.35		222325	527.53	30610	384664				
1	永合垸	长江左	行洪口门	0+000~24+700	24.70	39.80	19140	31.8	1880	29119	33.50	1998年扒口	40.28	
2	张智垸	长江左	退堤及口门	0+000~22+800	22.81	40.80	4500	16.30	933	26000	33.00	1998年扒口	40.55	
3	六合垸	长江左	行洪口门	0+000~15+570	15.57	39.30	6400	16.30	653	12800	35.00	1998年扒口	40.28	
4	北碾垸	长江左	行洪口门	0+000~9+500	9.50	39.90	11800	30.50	1427	5112	36.00	1998年扒口	40.28	
5	南碾垸	长江右	单退口门	6+000~16+170	10.17	40.80	17380	41.00	1262	13367	35.50			
6	范兴垸	长江	单退口门	0+000~6+000	6.00	40.30	5336	9.20	214	1436	33.50			
7	春风垸	长江	单退口门	0+000~9+620	9.62	38.50	1600	8.58	707	1805	34.00	1998年扒口	40.28	

序号	民垸名称	岸别	移民建镇平垸行洪情况	起止地点（相应干堤桩号）	垸堤长度/km	垸堤高程/m	蓄洪容积/万m³	垸内基本情况				近年溃垸扒口情况	溃口水位/m	备注
								面积/km²	耕地/hm²	人口/人	垸内地面高程/m			
8	新民垸	长江	单退口门	0+000~6+670	6.67	40.20	2050	13.00	853	6800	37.05			
9	丢家垸	长江右	单退口门	0+000~3+500	3.50	41.00	1240	3.10	1413	1060	34.50			
10	爱民垸	长江	双退	0+000~2+180	2.18	39.90	150	2.50	37		35.50			
11	建设小垸	长江	未退	0+000~5+100	5.10	39.50	600	1.50	100	1030	34.50	1998年漫溃	39.87	
12	联合小垸	长江	未退	0+000~2+500	2.50	39.00	200	0.80	28	605	35.00	1998年漫溃	40.55	
13	合作垸	长江	未退	0+000~16+330	16.33	40.00	11000	23.40	1063	17644	36.50			
14	西兴外垸	长江	未退	0+000~2+500	2.50	39.00	320	0.90	63	4095	34.00			
15	建设垸	长江	未退	0+000~1+250	1.25	38.40	50	0.20	8	192	34.40	1998年漫溃	39.85	
16	连心垸	长江右	未退	0+000~3+360	3.36	40.50	2400	8.30	333	5000	34.00	1998年漫溃	39.45	
17	三合垸	长江右	单退口门	0+000~5+576	5.58	40.70	2120	4.00	580	8500	33.80			
18	焦山河垸	调弦河	2001年移民	0+000~2+500	2.50	39.00	500	0.50	347	215	34.00			（顾复外垸）
19	张成垸	长江右		0+000~4+000	4.00	40.00	1150	4.00	467	13400				
20	兴学垸	藕池河	未退	0+000~17+000	17.00	40.50	6400	26.10	2333	22000	37.00			
21	永福垸	藕池河	未退	0+000~10+480	10.48	40.50	3825	16.40	1733	23000	37.25			
22	王蜂腰垸	藕池河	未退	0+000~4+400	4.40	39.00	450	2.80	27	2944	35.50	1998年漫溃	39.35	
23	蔡益小垸	藕池河	未退	0+000~1+200	1.20	39.00	700	0.90	125	256	34.50	1998年漫溃	39.45	
24	谭家洲垸	安乡左	未退	0+000~2+560	2.56	39.60	550	4.70	553	4200	34.50			
25	保合垸	团山河	未退	0+000~2+600	2.60	38.50	900	0.22	10	109	34.00	1998年漫溃	39.00	
26	上人民大垸	长江左	属行洪区	0+000~47+500	47.50	40.87~42.87	118000	216.00	10667	151024	32.00~37.5			
七	监利县	小计	14处		156.81		275815	432.36	25797	127612				
1	下人民大垸	长江左	属行洪区	638+970~673+600	26.70	38.50~41.00	80000	125.00	7700	32673	32.00			
2	柳口垸	长江左	单退口门	0+000~13+100	13.10	37.80	5220	8.70	482	3227	32.00	1998年、1999年溃口	38.18~38.23	外垸
3	中洲垸	长江左	单退口门	0+000~3+800	3.80	39.00	1100	2.20	147	444	34.00	1998年、1999年溃口	38.23~38.28	外垸
4	朱湖垸	长江左	单退口门	0+000~5+200	5.20	39.00	1595	2.90	213	175	33.50	1998年漫溃	38.37	外垸
5	杨洲垸	长江左	单退口门	0+000~5+010	5.01	39.00	1680	2.80	207	518	33.00	1998年溃口	38.26	外垸

序号	民垸名称	岸别	移民建镇平垸行洪情况	起止地点（相应干堤桩号）	垸堤长度/km	垸堤高程/m	蓄洪容积/万 m³	垸内基本情况				近年溃垸扒口情况	溃口水位/m	备注
								面积/km²	耕地/hm²	人口/人	垸内地面高程/m			
6	三洲联垸	长江左	单退口门	0+000～50+558	50.56	36.00～38.00	120000	186.13	9093	63168	29.00	2次	35.92	行洪区
7	新洲垸	长江左	单退口门	0+000～24+850	24.85	38.00～38.50	40000	55.90	4263	13168	30.00	3次	38.16	
8	老台垸	长江左	单退口门	612+000～615+000	3.00	36.50	1000	1.67	100	2650	30.00	3次	38.16	
9	血防垸	长江左	单退口门	0+000～7+520	7.52	37.50	9500	19.00	1400	2497	29.50	3次	38.16	
10	丁家洲	长江左	单退口门	0+000～9+470	9.27	35.50	10920	18.20	1533	2864	28.00	1996年溃口		
11	财贸围垸	长江左	未退	631+550～632+100	1.50	38.50	500	1.50	47	1000	29.50			
12	工业围垸	长江左	未退	627+107～628+707	1.60	38.50	500	1.50	33	1000	29.50			
13	窑场围垸	长江左	未退	626+500～627+700	1.20	38.20		1.00	33	900	29.50			
14	柴民垸	长江左	2000年移民		3.50	37.50	700	1.00	73	2470	32.00			
八	洪湖市	小计	3处		4.66		2454	10.96	205	10413				
1	大兴垸	长江左	单退	462+898～464+918	2.50	31.84	754	3.01	167	4564	29.40	1998年漫溃	31.80	
2	茅江垸	长江左	单退		1.54	33.00	1560	7.43	27	5499	26.50～35.40	1998年漫溃	33.00	
3	新堤垸	长江左	未退	507+520～508+350	0.62	33.00	140	0.52	12	350	26.50～35.40	1998年漫溃	33.00	

注 表中民垸堤防包括部分围堤、扒堤。

第五节 险 工 险 段

荆州河段两岸堤防历经千百年修筑，堤基地质条件复杂，建设标准不高，加之荆江河势变化无常，河道崩岸频繁，一遇汛期洪水猛涨，持续时间长，沿堤便暴露出众多险情。其中以堤防崩岸、堤基渗漏、堤身隐患三大险情最为突出。这些险工险段虽经建国后较长时期治理，但仍未完全脱险。

一、荆江大堤险工险段

得胜寺险段 位于荆江大堤荆州区段，桩号798+000～799+100。系乾隆五十三年（1788年）溃决，民国二十四年（1935年）7月5日再次溃决处，外有海子湖（已淤平），内有太湖港。堤内水港即为历年溃决所冲成。《荆沙水灾写真》载，得胜寺堤溃决，"冲口五六十丈，深一二丈，流成巨浸，四乡人畜漂没，田舍荡然，并波及荆潜监沔一带，为状之惨，目不忍睹"。当时，荆江堤工局运去麻袋2万条、杉条1500根，采用海坝式工程，以麻袋装土沉抛，内外钉立排桩及梅花桩，坝后填土支撑，上加包土等法堵复[1]。建国后，常出现渗漏、脱坡险情，多次实施培修整险。1972年1月，培修即将完工时，堤面中间及堤外上半坡突现脱坡险情，外脱坡长50米、宽1米、錾坎12米，堤脚处凸起0.6～0.8米。当即在堤外脚抽槽拔桩，换土回填，堤身翻筑填缝还坡，并加筑宽20米和16

米的二级平台。1991 年实施堤身加固培厚，1997 年实施堤基处理工程。2010 年 7 月 22 日，桩号 798 ＋140～798＋170 段发生外脱坡险情，脱坡处高程 44.50～48.50 米，长 30 米，吊坎平均高 0.4 米，出险面积约 360 平方米。该段堤顶高程 49.80 米，面宽 8 米。

闵家潭险段 位于荆江大堤荆州区段，桩号 783＋700～786＋000。堤内渊潭系清乾隆五十三年（1788 年）、道光二十二年（1842 年）、二十四年三次溃决冲成，原水域面积 48 万平方米，最深处 15.7 米，高程 30.00 米以下为粉砂层，其上有 1～2 米厚亚粘土覆盖层。潭内大面积砂层出露，外江高水位时潭内常出现多处冒水孔。1968 年谢古垸行洪时潭内出现 23 个冒孔，1972 年在浅水区进行探摸，发现冒水孔 23 个，其顶部孔径 0.2～0.5 米的 2 个，0.2 米以下的 21 个，冒孔处水冷浸骨，砂质松软；大冒孔旁有成堆白螺蛳壳，以手探试有较强涌水感觉；冒孔分布成群（即一处多孔）、成线（与堤垂直方向分布较多）、成片（靠近潭边有大片小孔冒砂），冒孔处水深约 1～1.3 米。1984 年 7 月 27 日，谢古垸分洪后，又出现管涌 11 处，当天连夜处理重点险情（翻黑砂）5 处。1954 年、1973 年和 1990 年分别实施堤身、堤基整治加固，但险情未根除。1995 年，实施排渗沟、潭岸护坡和局部填塘工程，次年竣工。经历年整治，水域面积仍有 26.4 万平方米。

字纸篓险段 位于荆江大堤荆州区李家埠段，桩号 776＋940～777＋650。清代时分上李家埠堤（长 1.35 千米）与下李家埠堤（长 1.85 千米），系历史上溃决频繁堤段。字纸篓段位于上、下李家埠交界处，堤内为一水潭，系清道光二十四年（1844 年）溃决所冲成。1950 年、1954 年民堤谢古垸两次溃决。荆江大堤内散浸普遍，并出现管涌。1954 年汛后于外堤脚抽槽处理，次年因垸堤未堵，汛期仍出现管涌洞 8 个。1968 年 7 月 16 日谢古垸分洪，该段出现管涌 7 处、冒水孔 23 个，经导滤处理脱险。后实施内平台培修加厚，险情得到有效控制。

观音矶险段 位于荆江大堤沙市段，桩号 759＋630～760＋520，为荆江大堤著名历史险工，历史上多次出现下腮崩坍、滩岸崩塌、矶身裂缝、脚石位移等险情。矶头位置对应荆江大堤桩号 760＋265，凸出江中 159 米，挑流剧烈。因挑流形成的冲刷坑深达卵石层以下，冲深点在一定范围内随水流变化而移动，左右变幅约 200 米，上下移动约 180 米。因原在水上实施的块石护岸和以条石砌筑的工程均沉于水底，清乾隆五十三年（1788 年）大水后，当年冬重新增修。民国十年（1921 年）矶头下游崩宽近 4 米，当年冬修砌石坡矶头。1949 年和 1950 年在下腮建混凝土墙 2 道。1953 年矶身出现裂缝 2 条，缝宽 0.02～0.04 米，经勾缝和抛铅丝笼（镀锌的铁丝，颜色像铅，不易生锈）后险情暂时得到控制。1987 年 5 月，矶身发现纵向裂缝 3 条，经采取用水下抛石、矶体表面勾缝和建截流排水沟等措施，险情得到缓解。据统计，1951—1989 年间，观音矶上下腮长 400 米岸段总抛石 19.72 万立方米，平均每米抛石 495 立方米。经多年抛石护脚，冲坑最深点为 −5.00 米。矶尖断面达 600 立方米。1998 年 8 月 17 日，矶头顶部出现跌窝险情，次年 12 月实施综合整治，险情得到基本控制。2010 年 10 月，矶头上下腮挡土墙出现龟裂崩塌，矶面出现下陷，挡土墙顶混凝土悬挑板因基础不均匀沉陷而错位，最大错缝处达 0.2 米。

廖子河险段 位于荆江大堤沙市段，桩号 759＋760～760＋015，对应观音矶下游冲刷坑位置，堤外仅有窄滩。堤内原系明弘治十年（1497 年）和清乾隆五十三年（1788 年）溃决冲成的渊塘，与内荆河相通。原塘底高程 30.50 米，溃水位高程一般约 32.00 米。临江为崩岸险工，高洪水位时内外高差达 12.5 米。1962 年 7 月，距堤内脚 70～100 米范围内出现冒水孔 14 个，最大砂盘直径达 2 米，抢护历时一周，滤料下沉达 8 次。1963 年实施填塘固基工程并建减压井 13 口。1969 年再建减压井 8 口，并建导滤沟 3 条。1970—1974 年汛期仍冒清水。1975 年实施内平台填压工程，填高达 4 米，并实施堤外水下抛石，累计量达 600 立方米以上。1992 年实施减压井拔管、扩孔、风干泥球回填处理。1999 年实施外坡水上护坡整治工程，后基本脱险。

盐卡险段 位于荆江大堤沙市段，桩号 745＋500～751＋700。河道深泓贴岸，堤外无滩或仅有窄滩，堤内为明清时多次溃决所形成的沼泽渊塘，堤基为双透水层土体结构，覆盖层厚约 3 米。盐卡至观音寺段为沙市河湾下段，古称黄潭堤、黄滩堤或黄陵。清乾隆《江陵县志》称："黄潭堤当江流二百里之冲，一决则江陵、监利、荆门、潜江皆受其害，至险至要。"1788年前滩宽2～3千米，此后主泓顶冲点逐年向下发展，历经多年冲刷崩失后，至20世纪初滩宽仅余8～20米。经退挽还滩后，崩坍仍不断发生，外滩宽一般仅为10～20米。外滩狭窄，深泓紧贴岸脚，迎流顶冲。南宋建炎二年（1128年），明嘉靖四十五年（1566年），万历十九年（1591年），清康熙十二年（1673年）、十九年、二十年、二十一年、三十四年、三十五年屡决于此。其下首木沉渊亦系乾隆五十四年（1789年）、嘉庆元年（1796年）两次溃决冲成。明成化初年（约1465年）知府李文仪于黄潭堤"沿堤甃石"，为上荆江最早护岸工程。明正德十一年（1516年）知府姚隆增筑月堤3处，约4千米。清康熙二十年（1681年）、二十一年黄潭大决，"知府许廷试督舟以救，发粟以赈，次年作月堤一千五百二十八丈"。1959年4月15—27日连续出现严重裂䜣5处，岸坡崩坍成陡坎，堤顶出现裂缝，经水下抛石、水上翻筑控制险情。1968年7月11日，桩号747＋500距堤内脚70米处石油勘探爆破孔出现管涌险情，采用块石压住冒水后，再实施反滤抢护。此后，1984—1986年分三期采用挖泥船输泥淤填渊塘。1998年汛期堤内脚一线仍出现散浸险情。1999年、2000年实施整治后，堤基渗漏险情得到基本控制。

柴纪险段　位于荆江大堤江陵段，桩号742＋000～744＋600。深泓逼岸，滩地狭窄，清嘉庆元年（1796年）漫溃。《荆江堤志》载，民国时期，柴纪"内堤面发现跌陷二十余处，围圆二十余公尺，深四、五、六公尺不等，水流汹涌。该段堤身由于历年蚁穴太多，随时翻挖，空隙难以根除尽净"。1946年7月，因蚁患导致跌窝，直径达3米，深4米，可闻流水声，次年实施抽槽翻筑。1959年4月，因金城洲发育，逼主流贴岸，近岸河床冲深5～7米，坦脚虚悬，三处滩岸滑䜣，最严重一处弧形裂缝长125米、宽9米，吊坎高3米，经采取抛石还坡稳定河岸。1965年、1975年又两次削坡整坦，筑枯水平台，调整岸线，近岸水流态势得到改变，1980年堤内实施吹填整治。历年累计完成石方58.6万立方米，每米抛石290立方米。

观音寺险段　位于荆江大堤江陵段，桩号740＋700～740＋800，原为古獐卜穴，地质结构复杂，清乾隆四十六年（1781年）溃决。1960年、1962年先后修建两座灌溉涵闸，前后相连形成套闸。1962年7月，闸后距消力池370米处渠道内出现管涌险情，砂盘直径4.8米，管涌孔深11.6米，经实施导渗抢护后脱险。1963年后建减压井32口、观测井15口，险情得到控制，后井管逐渐淤塞。1973年拔管封闭，但灌渠内12口减压井仍保留。1987年7月，在1962年管涌处附近再次出现管涌险情，砂盘直径8米，管涌孔深4.7米，涌出泥沙20立方米，经采取建反滤堆和筑坝蓄水反压措施处理脱险。汛后在渠内建减压井20口，渠道两侧建观测井13口，另修建观南分水闸一座，高水位时实施蓄水反压，缓解险情。

文村夹险段　位于荆江大堤江陵段，桩号734＋450～735＋000。1998年大水后，河势变化明显，主泓呈北移趋势，近岸冲刷加剧。2002年3月19日，桩号734＋450～735＋000段发生崩岸险情，长550米，最大崩宽10米，崩坎距堤脚最近处仅44米，岸坡陡峭且有多处裂缝，严重威胁堤防安全。采取水下抛石护脚、滩岸削坡减载、坡面护坡防浪等汛前应急抢护措施后，险情得到基本控制。2002年4月26日至5月25日，共完成削坡土方4.41万立方米、石方4.53万立方米。2003年4月，汛前检查时发现桩号734＋200～735＋125段枯水抛石平台崩䜣下滑，抢护段接坡石局部有崩坍现象。立即采取应急度汛措施对坡度较陡、滩岸较窄的地段适当抛护块石镇脚，并将守护线适当下延。2005年1月13日，桩号733＋800～733＋905、733＋960～734＋100段再次发生崩岸险情，崩长245米，崩宽12米，吊坎高8米。2010年7月28日，桩号734＋570距堤脚50米内平台脚处发现管涌群，出险部位高程36.00米（堤顶高程46.05米），5处管涌孔径约0.01米。汛后实施导渗沟处理，险情得到基本控制。

冲和观险段　位于荆江大堤江陵段，桩号720＋200～722＋420，地处郝穴河湾入口段，外滩狭窄，迎流顶冲，水深流急，岸坡陡立，民国时期多次发生崩岸。附近祁家渊为清道光二十二年（1842年）五月溃决冲成。民国二年（1913年）实施水下抛石和石笼护脚，并以条（块）石浆砌成阶梯式或扶壁式驳岸。民国四年滩脚崩至堤边，石矶崩坍，后实施抛石护脚。民国六年又补修条石驳岸及板石坦坡，并加修石拱石。民国十一年（1922 年）石拱石坍塌 10 余处，此后两年又各崩坍 213 米，板石矶上下腮被冲成窝，长 500 米，抛石近 1 万立方米。民国二十三年（1934 年）汛期，板石坦坡溜矬 45 米，滩岸崩坍长 83 米，退水时又下滑 133 米，后抛石 2612 立方米，并抛篾笼 550 个护脚。民国三十五（1946 年）年再次发生巨崩，长 270 米，宽 30～40 米，严重处已崩近堤面，几致溃决。抢险历时 48 天，在堤内打木桩稳坡镇脚，堤外抛石、沉船 9 只，汛后又在崩岸处打木桩，用柴埽加固还坡。民国三十六年 9 月，前一年所护柴埽下滑沉陷，至次年 1 月矬深达 9 米，石坦石矶多有损坏，因而又抛护块石 8751 立方米，抛枕 2956 个。民国三十七年再次加抛护脚石 8774 立方米、卵石竹笼 483 立方米，筑浆砌块石驳岸 66 立方米。1949 年汛期，岸坡再次剧烈崩坍，据 8 月 12 日《长江日报》报道："从 6 月 18 日到 7 月 8 日的 20 天中，外坡堤面崩下去 18 米之多，老堤全部崩完，余下的只是去年和前年的新帮部分，宽约 10 米，并在每天以 0.8 米的速度继续崩坍，有随时破口的危险。"

1951 年汛期，岸坡崩矬长达 1000 余米。1954 年汛前，又发生严重崩岸，崩长 1000 余米。1956 年 8 月冲和观河槽冲刷坑最低高程为 -8.00 米（冻结吴淞），河床卵石层出露。据统计，冲和观至祁家渊段 1915—1949 年的 35 年间发生崩岸 48 次，1950—1959 年的 10 年间发生崩岸和坦坡下滑 64 次。20 世纪 60 年代后，堤身多次培修，堤内平台加宽加厚，岸坡相对稳定，崩岸险情有所控制。

祁家渊险段　位于荆江大堤江陵段，桩号 718＋000～720＋200，为郝穴河湾进口段，深泓贴岸，水深流急，外滩狭窄，堤内地势低洼，沼泽密布，每临高洪水位时有管涌险情发生。民国时期有 9 年发生崩岸、滑矬险情。民国三十五年（1946 年），桩号 719＋800～720＋130 段堤外发生崩矬，长 270 米，宽 30～40 米，严重处崩至堤肩。当即在堤内脚打桩稳定堤身，水下沉船抛石抢护。汛后于堤外打桩铺柴埽还坡。1949 年汛期发生重大脱坡险情，半边堤身崩入江中，幸退水快且经大力抢护脱险。1950 年冬修建长 60 米重力式混凝土挡土墙，并延长坦坡 900 米，同时退堤还滩，以后又逐年进行水下抛石加固，堤内排渗减压。1958 年 2 月，国务院总理周恩来冒雪视察祁家渊险段。1973 年后利用挖泥船吹填堤内沼泽洼地，险情得到基本控制。

灵官庙险段　位于荆江大堤江陵段，桩号 714＋100～714＋650。清咸丰十年（1860 年）修筑矶头，抗日战争时期将石矶散石改建为浆砌条石。1972 年 3 月，石矶上腮坦坡出现裂缝，先用细砂灌缝，后用混凝土砂浆砌筑复原，经水下抛石镇脚，险情得到控制。1979—1981 年采用挖泥船吹填堤内沼泽洼地，填宽 300 米。1991 年再次进行堤身加高培厚。加培后堤面宽 12 米，堤顶高程 44.40 米（冻结吴淞）。

铁牛矶险段　位于荆江大堤江陵段，桩号 709＋400～709＋900，上荆江左岸郝穴河湾顶部。该河段为上荆江最狭窄河段。堤内龙二渊系清康熙十五年（1676 年）、道光三年（1823 年）、道光六年三次溃决所冲成，汛期时有管涌发生。据清光绪十三年（1887 年）《荆州万城堤图说》[2] 载："龙二渊堤即郝穴上堤，长七百九十一丈，计四里四分，堤分一、二、三、四、五号，均临江险要之工，累年江水泛涨，对岸之新泥洲，上连新淤、白沙等洲，逐渐增长，逼流冲激，滩岸崩矬，堤身壁立"。堤外无滩，深泓紧逼岸边，为荆江大堤最重要护岸段之一，也是崩岸严重的险段。一般低水位距岸边 40～70 米范围内，水下坡脚发生崩坍，影响到近岸。该堤段于"乾隆五十二年（1787 年）奏修石岸"，后因溜矬，于"道光十三年（1833 年）……将水脚挖开，密排木桩，夯筑结实，开放水沟，实以木炭，再于木炭上铺土累筑平满，自是水归炭路，不复散浸，而堤乃渐以干硬，稳固如常"，咸丰二年（1852 年）整修重建，并于咸丰九年（1859 年）铸铁牛一具于外滩以镇江水因而得名铁牛矶。民国时期改建为直立台阶式驳岸，并抛石笼、块石镇脚。由于深泓逼岸，水流湍急，狭颈段平滩水位以下江面仅宽 740 米。民国九年（1920 年）堤外滩岸矬深 1.3～2.7 米，长 6.6 米。1922 年石工又溜矬 20 米。1931 年大水，一号箭堤崩矬长 93 米、宽 4 米、高 7.7 米。1932 年、1933 年连续出现冲溜崩矬险情。下荆江裁弯工程实施后，河道比降增大，冲刷加剧。1971 年石矶脚槽滑动，岸坡出现裂缝，后实施水下抛石镇脚护底，枯水位以上干砌石坦还坡。1979 年一次崩岸长达 1045 米。1973—

1980 年，实施铁牛矶上腮潜坝造滩工程，采取抛石护脚、砌石坦坡、潜坝造滩、堤内吹填等措施实施整治，平台筑宽 200～300 米，后又实施堤身加固培修。1998 年汛期，滩面冲刷严重，局部坦坡遭到毁坏，汛后投资 1000 余万元实施综合整治，完成干砌石 1.26 万立方米、混凝土 9048 立方米、削坡土方 8.64 万立方米，险情得到有效控制。

柳口险段　位于郝穴河湾下段，荆江大堤江陵段，桩号 697＋180～698＋900。该段江流出郝穴卡口后，河宽骤增，致使江中沙洲浅滩纵横，为长江中游主要碍航河段之一。下荆江裁弯后，河势演变加剧，崩岸险情相继发生。1977 年石首人民大垸谭剕子一段岸滩发生剧烈崩岸。1978 年 9 月 20 日，柳口岸滩出现崩坍险情，崩险持续至次年 2 月，崩岸总长 1045 米，最大崩宽 45 米，最大陆坎高 10 米。1977—1980 年间，滩岸崩长约 3000 米，最大崩宽 100 米，岸坎距堤脚 130 米。崩坍强度最大一次崩长 200 米，崩宽 30～40 米。后采取水下抛枕、削坦砌坦、抛石护岸等措施使贴岸主流外移，近岸渐淤浅，险情得到有效控制。

董家拐险段　位于荆江大堤江陵段，桩号 679＋000～680＋000。外有朱阳湖，内有油榨渊，历史上数次出险，多次打桩加戗。1954 年 7 月 29 日，外垸溃决，荆江大堤直接挡水后发生长 247 米的脱坡险情，从堤顶下 3 米处，呈弧形下墩，堤面崩墩宽达 2 米，堤脚发现浑水漏洞一个，孔径 0.12 米。防汛部门组织民工 8000 余人采取抛石镇脚、开沟导滤、外帮截渗等措施实施抢护，历时十昼夜方脱险。此后又多次加高培厚，并锥探灌浆，填塘固基。加固后堤面宽 10 米，堤顶高程 42.10 米，基本脱险。

麻布拐险段　位于荆江大堤江陵段，桩号 677＋000～678＋200，清道光二十九年（1849 年）、民国二十年（1931 年）、民国二十四年三次溃决。1931 年溃决，洪水波及江汉平原 9 个县，淹没农田 33.33 万公顷，受灾人口 300 余万。1954 年 7 月，外垸堤决，荆江大堤直接挡水后出现浑水漏洞 3 个，经围井导滤后脱险。此后，多次实施整险加固。加固后堤面宽 10 米，堤顶高程 41.97 米，基本脱险。

朱三弓险段　位于荆江大堤监利段，桩号 672＋300～672＋950，历史上多次溃决。清道光十六年（1836 年）溃决，冲刷坑面积 5 万平方米，水深 23 米。"半堤水，悠悠风，太阳晒倒朱三弓"的民谣，即为此次溃决真实写照。民国二十年（1931 年），桩号 672＋500～672＋950 段溃决，距堤脚 140 米处形成渊塘，面积约 7000 平方米。1958 年前多次出现管涌险情。1984 年后，实施堤身、内外平台加高培厚和渊塘填筑。

王家港险段　位于荆江大堤监利段，桩号 662＋740～663＋130，系古夏水走江口经蛟子河通长江的"子夏口"之一。清同治年间（1862—1874 年）溃决，冲刷坑顺堤长约 300 米，宽近 100 米，面积 2.3 万平方米，水深 1～3 米。挽筑下人民大垸后荆江大堤不直接挡水情况下，堤外蛟子河水位稍高时，塘内便会发生管涌险情。1973 年填筑平台后又多次沉陷，1981 年加筑外平台。1984 年后，实施堤身、内外平台加高培厚及渊塘填筑。

潭家渊险段　位于荆江大堤监利段，桩号 641＋800～642＋100。堤内渊塘系明万历三十六年（1608 年）溃决所冲成，面积 18 万平方米，平均水深 20 米，最深处 26.6 米，为荆江大堤沿堤最深渊塘。1958 年前，渊塘内多次出现管涌险情。1981—1983 年实施吹填工程，填宽 150～200 米，完成土方 305 万立方米。1984 年后，为根治险情隐患，提高抗洪能力，实施堤身和内外平台加高培厚工程，并吹填覆盖堤内大部分渊塘。

杨家湾险段　位于荆江大堤监利段，桩号 638＋000～639＋200。1954 年汛期，发生重大脱坡、浑水漏洞、管涌和散浸等综合险情。汛后，在岁修工程中采取翻筑镇脚和外帮截渗等措施整治险情。1978—1980 年吹填覆盖包括长渊在内的沿堤长 3 千米渊塘，1983 年又吹填桩号 638＋750～639＋200 段 350 米宽、高程 35.00 米的平台。1998 年 8 月 30 日，桩号 638＋200 距堤脚 400 米处沼泽地出现一处孔径 0.5 米的管涌，出险时监利城南水位 37.45 米。经 1000 余名民工和 150 名武警官兵 20 余小时奋战，成功排除险情。该险情被省防汛抗旱指挥部确定为 1998 年荆州长江干堤 25 处溃口性险情之一。

窑圻垴险段 位于荆江大堤监利段，桩号 636＋000～637＋000。窑圻垴至杨家湾堤段长 3 千米（桩号 636＋000～639＋000），其上段为清代退挽修筑的月堤，建国后外滩尚存老堤痕迹。该堤段堤质不良，堤基青砂层较厚，堤内地势低洼，粘土覆盖层薄，堤内 100～200 米处为水塘，中段（桩号 636＋680～637＋300）堤内有沿堤长 620 米渊塘——"长渊"，塘底高程 28.00 米，水深 1.5～2 米，底部均系细砂层。历年汛期涌水此起彼伏，多次出现管涌险情。其下游 500 米处有八老渊，系明万历三十六年（1608 年）扒口冲成。民国十六年至民国二十四年（1927—1935 年）、民国三十六年和 1954 年，汛期堤外滩岸发生崩垜。1964 年 7 月，桩号 636＋350～636＋400 段距堤脚 15 米水塘内出现管涌孔 3 个，最大孔径 0.2 米；次年汛期又出现管涌孔 4 个；1968 年，距堤脚 60 米处出现冒孔 2 个；1974 年 7 月，距堤内脚 90 米处水田内发现孔径达 0.5 米的冒孔 1 个。1966 年填塘 30 米，并在堤内脚埋设地下水位观察井 4 口，建导渗浅层减压井 11 口。2007 年 8 月 3 日，桩号 636＋500 距堤内脚 850～890 米处排水沟内，发现管涌 3 个，孔径 0.03～0.10 米。出险时，外江水位 35.76 米，地面高程 29.30 米。汛后实施整治，险情得到基本控制。

城南险段 位于下荆江左岸监利河湾，桩号 628＋760～629＋500，堤内原为顺堤水塘，即监利"城河"。监利河段为分汊型河道，20 世纪 20 年代后，河泓左右摆动频繁，当主流左移逼岸，河岸即会发生崩坍险情。民国十五年（1926 年），监利一矶至二矶发生崩岸，危及堤身。十九年冬，八老渊发生崩岸。三十四年二矶至药师庙相继崩坍，崩宽 10～30 米。三十六年主流恢复至北泓。1948 年、1949 年一矶头南侧被激流冲毁，陡崩长、宽各 40 米。1963 年一矶矶尖崩坍宽 40 米、长 50 米。1969 年 6 月 26 日，下游上车湾裁弯工程过流。1972 年 7 月 19 日，上游沙滩子发生自然裁弯。裁弯前一段时间主泓位于南泓，1975 年汛后，主泓开始恢复至北泓。1977 年下段铺子湾崩岸加剧，崩岸长 4000 余米，退挽围堤也崩失两段计长 300 余米，横岭、庙岭、新滩 3 个大队受到崩岸威胁。1981 年汛后，新洲垸铺子湾滩岸迅速崩坍，9 月下旬下段沙嘴崩失 50 余米，崩长 250 米，横岭四队 4 户住宅遭毁，宋家庄近 140 公顷农田崩失，150 户被迫搬迁，原护坡老河口渔场下河口崩失约 100 米，崩长 300 米，距堤身仅 100 米。1983 年崩势由上游向下游发展，1984 年汛期新洲垸堤崩坍宽 100～230 米，1980 年前所守护段脱溜，崩失 500 米。从 1969 年起，小乌龟洲上河口至铺子湾共崩宽 600～1500 米。1975 年、1985 年新洲垸崩失耕地 733 公顷，1984 年铺子湾附近崩失 100～200 米。据统计，1980—1984 年间窑圻垴至徐家垱段累计崩长 2 千米，崩宽 20～40 米，距堤脚最近处仅 70 米。该段为荆江三大河湾重点崩岸段之一，建国前实施护岸工程。

监利城南堤段堤基砂层较厚，汛期堤内坑塘中常出现管涌险情。1970 年汛期，距堤脚 30～50 米坑塘内多次出现冒孔，孔径约 0.1 米。1972 年，采用挖泥船吹填整治堤内禁脚渊塘。1980 年汛期，桩号 628＋760～629＋120 段从堤脚垂高 2 米处至禁脚几十米范围，普遍出现严重散浸。1983—1984 年，部分险段实施内平台填筑，1998 年大水后实施综合整治，管涌险情得到控制。

黄公垸险段 桩号 627＋700～628＋050，为荆江大堤监利段著名险工险段。清雍正年间（1723—1735 年），为防连年水灾，沿堤百姓在此修建月堤一道，长 3.6 千米，月堤内名为黄公垸。每年汛期，距堤内脚 140 米范围内常会出现严重管涌险情。1954 年后，历年抢险中先后筑有与堤平行的土围导滤井 5 个，但每年汛期井内仍出现涌水现象。1983 年 12 月至翌年 5 月，桩号 627＋700～628＋050 段实施吹填整治。整治后，险情得到基本控制。

二、长江干堤险工险段

分洪口险段 位于监利长江干堤，桩号 618＋750～619＋350。历史上，堤身低矮单薄，堤内地势低洼。1954 年大水，为确保荆江大堤和武汉市安全，经中央批准，8 月 8 日 0 时 30 分于桩号 617＋930～619＋100 段扒口分洪，分洪总量约 291 亿立方米，汛后堵口复堤。1998 年 8 月 8 日，桩号 618＋850～618＋866 堤内脚垂高 2.5 米处堤坡发生长 16 米的内脱坡险情，严重危及堤防安全，经广大军民全力抢护,采取外帮截渗、堤背坡筑透水土撑和开沟导滤等措施,勉强度过汛期。汛后实施堤身加高培厚、锥探灌浆及护坡工程,险情得到控制。

何王庙闸险工 位于监利长江干堤桩号611+152处。该闸修建于1973年,为双孔钢筋混凝土拱涵结构,属Ⅰ级水工建筑物,设计流量34立方米每秒,受益面积2.93万公顷。1998年7月19日,发生闸门漏水险情,漏水量较大,危及堤防安全,经广大军民全力抢护,采取闸下游筑坝、二级蓄水反压措施,险情得到控制,安全度过汛期。2000年实施改造加固,拆除、重建闸首和进口连接段,增长洞身,并在该堤段实施加高培厚、锥探灌浆及堤身护坡工程。经整治后,基本脱险。

蒋家垴险段 位于监利长江干堤,桩号600+000～602+000,为古荆江故道——柳港口,是历史著名险工险段,地质特征为一条垂直堤身方向砂带,从地表起即为细砂层,堤基渗漏严重,其中桩号601+400～601+800段系历史管涌险段。民国十九年(1930年),实施堤段退挽,三十五年崩坍冲刷逼近堤身。1952—1996年多次实施整险加固(包括填筑内平台,导滤减压井等),但险情未得到控制。1998年7月9日,桩号601+760～601+800段距堤脚250米排水沟中发现管涌4处,孔径分别为0.03米、0.1米、0.02米、0.02米,严重危及堤防安全。经广大军民全力抢护,采用围井三级导滤、蓄水反压等措施,度过汛期。2007年8月4日,桩号601+800距堤内脚350米处沼泽地,高程27.50米处发现管涌1处,孔径0.06米。汛后,采取铺盖防渗和建导滤沟导渗等措施实施整治,险情得到基本控制。

南河口险段 位于监利长江干堤,桩号588+850～589+850,古称蓼湖口,为砂基堤段,堤基渗漏严重。1998年8月11日,桩号589+000～589+100距堤内脚32米水田中发生管涌险情,共8处34孔,孔径0.05～0.15米,为当年危险性最大的溃口性管涌险情。经广大军民全力抢护,采用围井三级导滤和围堰蓄水反压措施,险情得到控制,勉强度过汛期。汛后,实施混凝土超薄防渗墙截渗工程,险情得到有效控制。

下红庙险段 位于监利长江干堤,桩号578+350～578+500,形成历史较早,地质条件复杂,堤身隐患严重。1998年汛期,三洲联垸扒口行洪后,该堤段挡水。8月13日,桩号578+350、桩号578+500堤内脚垂高1米堤坡上,各发生一处浑水洞险情,孔径分别为0.07米、0.08米,严重危及堤防安全,经广大军民全力抢护,采用外帮截渗和围井三级导滤措施,险情得到控制,勉强度过汛期。汛后,实施堤身加高培厚、锥探灌浆及渊塘填筑工程,险情得到有效控制。

杨林港险段 位于监利长江干堤,桩号575+775～576+275,为砂基堤段,系清同治五年(1866年)溃决后堵复之堤,堤内冲刷坑面积30万余平方米。据史载,复堤时堤基塌陷段以煤炭、木桩固基,故称杨林港。1998年8月14日,桩号576+025距堤内脚25～40米水塘中发生管涌群险情,共4处,孔径0.03～0.15米,严重危及堤防安全,经广大军民全力抢护,采用三级导滤堆和围堰蓄水反压措施,险情得到控制。

三支角险段 位于监利长江干堤,桩号574+700～575+500,为砂基堤段。1998年8月14日,桩号574+800处和桩号575+100～575+140段距内堤脚60米水塘中发生管涌群险情,孔径0.05～0.30米,严重危及堤防安全,经广大军民全力抢护,采用三级导滤堆和蓄水反压措施,险情得到控制。

赵家月险段 位于监利长江干堤,桩号567+600～568+250,为砂基堤段,堤段原滨临长江,因长江干堤溃决后,退挽形成月堤,其后赵姓民众迁居此地而得名。1998年8月22日,桩号567+700距内堤脚120米水塘中发生管涌险情4处,孔径0.05～0.15米,严重危及堤防安全,经广大军民全力抢护,采用围井三级导滤和蓄水反压措施,险情得到控制。汛后,实施堤身加高培厚、锥探灌浆及渊塘填筑等工程。

观音洲险段 位于监利长江干堤,桩号562+000～566+000。观音洲河湾段位于下荆江左岸,为下荆江最后一个河湾,深泓贴岸,崩岸严重。因滨临长江,历史上屡遭水患,村民临江修庙宇祈神保佑,称观音庙,由于庙前逐年淤积,形成洲滩,故名观音洲。该河段河床摆动频繁,属重点险工险段。1852 年后，观音洲河势向南稍微矬弯；1909 年尺八口自然裁弯，此河湾逐渐形成。此后，河床北移，常年退挽。民国十八年（1929 年）退挽月堤时，河湾尾端云溪庙附近修建矶头 1 座，民国二十五年脱溜，1952 年矶头孤立江中，后淤埋于南岸河滩中。1886—1967 年间共崩失滩地 1.3 千米，洲上农田大量毁弃。1969 年，桩号 562＋545～566＋020 段开始护岸，河势逐步得到控制。1998 年，受长江大洪水冲刷影响，已守护工程损毁严重，发生多处跌窝和吊坎等崩岸险情。汛后实施坍坡修复和水下抛石等工程，险情得到基本控制。

芦家月险段 位于监利长江干堤，桩号 562＋953～563＋253，堤身隐患严重。1998 年 8 月 19 日，桩号 563＋103 堤内坡发生浑水洞险情，孔径 0.03 米，同时附近长 20 米范围出现严重散浸，严重危及堤防安全。经全力抢护，采用外帮截渗、围井三级导滤和开沟导渗等措施，险情得到控制。

许家庙险段 位于监利长江干堤，桩号 552＋000～553＋000，为砂基堤段。1998 年汛期，外垸丁家洲围堤 7 月 23 日扒口分洪，25 日桩号 552＋060～552＋095 段距堤内脚 21 米内平台坡脚上发生管涌险情，共 3 处 8 孔，孔径 0.03～0.06 米。经采用围井三级导滤措施，险情得到控制。

姜家门险段 位于监利长江干堤，桩号 547＋250～547＋550，为砂基堤段。1998 年 8 月 21 日，堤内脚长 4.5 米范围内顺堤沟中出现管涌险情 3 处，孔径分别为 0.1 米、0.01 米和 0.02 米，严重危及堤防安全。经广大军民全力抢护，采用围井三级和四级导滤、围堰蓄水反压等措施，险情得到控制。

熊家洲险段 位于下荆江左岸熊家洲河湾，岸线桩号 6＋000～20＋600，为尺八口 1909 年自然裁弯后在弯段内形成的崩岸段，上起姜介子，下抵孙良洲，长 14.6 千米，后又呈弯曲型发展。1979 年原所护 3 个守护点脱溜。1970—1985 年崩岸宽分别为姜介子 467 米、上口（自然裁弯）294 米、潘阳 898 米、后洲 1430 米、下口（自然裁弯出口）956 米，共崩失耕地 1000 公顷，退挽 27 次，退挽堤长 12.93 千米，三洲联垸（原弯曲段内）共退挽 36 次，退挽堤长 38.8 千米。

周家嘴险段 位于洪湖长江干堤，桩号 523＋700～527＋000，堤外无滩或仅有窄滩，堤内地势低洼，堤身蚁患危害严重。1996 年 7 月 23 日，螺山站水位 34.17 米时，因白蚁危害，堤身出现多处清水漏洞，并且在桩号 525＋400 处出现严重浑水漏洞，导致堤顶塌陷，几乎溃决成灾。汛后进行初步整治，但由于未采取翻筑等根治措施，蚁患未能根除。1998 年汛期，又出现清水漏洞群，共 3 处 15 孔，最大涌水量达 1.5～2.5 吨每小时。经广大军民全力抢护，险情得到控制。汛后，为根除隐患，提高抗洪能力，实施翻挖、施药、回填处理，并实施堤身加高培厚及堤身护坡工程。经整治后，历经 1999 年、2002 年、2010 年等多年洪水考验，未发生险情。

新堤夹险段 位于洪湖长江干堤，桩号 500＋000～512＋000，堤外无滩或仅有窄滩，迎流顶冲，历史上崩岸严重，为洪湖长江干堤重点险工险段。界牌河段综合整治工程实施后，新淤洲北汊新堤夹分流比扩大，河道发生冲刷。1998 年后，多次出现崩岸险情。2002 年 9 月至 2003 年 1 月，桩号 500＋500～502＋470 段多次发生崩岸险情，累计崩长 1570 米，最大崩宽达 45 米，坎高 10 余米，距堤脚最近处仅 40 米，崩势迅猛且不断发展，严重危及堤防安全。2006 年初，桩号 500＋500～507＋000 崩岸段实施守护。2007 年 3 月 6—18 日，桩号 500＋500～500＋560、505＋290～505＋350 段及新堤大闸下游水厂河岸相继发生崩岸，三处崩岸长 180 米；21 日，新堤大闸上游 600 米范围内未护段再次发生大面积崩岸险情，最大崩宽 10 米，吊坎高 6～8 米。11 月 21 日，未护段桩号 507＋750～508＋050 段发生崩岸，长 300 米，最大崩宽 60 米，吊坎高 6～9 米。后经整治，险情得到基本控制。

王洲险段 位于洪湖长江干堤，桩号 495＋500～496＋500，为砂基堤段，堤基渗漏严重。1998 年 7 月 19 日，桩号 495＋595 距堤脚 25 米处发生管涌险情，孔径 0.15 米，出浑水带砂，涌水量较大，严重危及堤防安全。经广大军民全力抢护，采用三级导滤、围堰蓄水反压等措施，勉强度过汛期。汛后，实施堤基垂直铺塑、堤身加高培厚、锥探灌浆、渊塘填筑及堤身护坡工程，险情得到控制。

任公潭险段 位于洪湖长江干堤，桩号 494＋500～495＋500，为砂基堤段，堤基渗漏严重。1998 年 7 月 31 日，桩号 494＋600 距堤脚 100 米水塘中发生管涌险情 4 处，孔径分别为 0.25 米、

0.12 米、0.10 米和 0.08 米，出浑水带砂，出水量较大，严重危及堤防安全。经广大军民全力抢护，采用三级导滤、围堰蓄水反压等措施，险情得到控制。汛后实施堤基垂直铺塑、堤身加高培厚、锥探灌浆、渊塘填筑及堤身护坡工程，险情得到有效控制。

中沙角险段 位于洪湖长江干堤，桩号 491＋300～492＋100，为砂基堤段，堤基渗漏严重。1998 年 8 月 3 日，桩号 491＋650 距堤脚 50 米水塘中发生管涌险情 3 处，孔径分别为 0.40 米、0.20 米和 0.08 米，严重危及堤防安全。中共中央总书记江泽民，国务院总理朱镕基，副总理、国家防总总指挥温家宝等党和国家领导人先后视察该险段。在这里，江泽民向全国抗洪军民发出"坚持、坚持、再坚持，夺取抗洪斗争全面胜利"的伟大号召，广大抗洪军民斗志受到极大鼓舞。经广大军民全力抢护，采用三级导滤、围堰蓄水反压等措施，险情得到控制。汛后实施综合整治，险情得到有效治理。

小沙角险段 位于洪湖长江干堤，桩号 490＋400～491＋300，为砂基堤段，堤基渗漏严重。1998 年 7 月 29 日，桩号 491＋000 处内平台边坡上发生管涌险情，孔径 0.04 米，出浑水带砂，出水量较大，严重危及堤防安全。经广大军民全力抢护，采用三级导滤、围堰蓄水反压等措施，险情得到控制。汛后实施综合整治，险情得到有效治理。

王家潭险段 位于洪湖长江干堤，桩号 486＋000～486＋500，为砂基堤段，堤基渗漏严重。1998 年 8 月 5 日，桩号 486＋000 处距内堤脚 60 米水塘中发生管涌险情，孔径 0.4 米，出浑水带砂，出水量较大，严重危及堤防安全。经采用三级导滤、围堰蓄水反压等措施全力抢护，险情得到控制，度过汛期。

青山险段 位于洪湖长江干堤，桩号 485＋300～485＋750，堤身低矮单薄，隐患严重，堤内地势低洼。1998 年 8 月 20 日 23 时，桩号 485＋550～485＋565 段堤内坡高程 32.00 米处发生内脱坡险情，脱坡长 15 米，吊坎高 0.2～0.3 米，裂缝宽 0.02～0.08 米，缝内有明水；桩号 485＋400～485＋600 长 200 米堤段内坡出现裂缝，宽 0.01～0.02 米，深 0.03～0.2 米，严重危及堤防安全。经广大军民全力抢护，采用外帮截渗、堤内开沟导渗，建透水平台、土撑等措施，险情得到控制。

粮洲险段 位于陆溪汊道左汊左岸，对应洪湖长江干堤桩号 467＋900～476＋200，长 8.3 千米。河岸土质为二元结构，但上部为细砂层，下部为砂壤土，抗冲力弱。河岸外滩狭窄，加上凹岸迎流顶冲，崩岸严重，为洪湖长江干堤历史险工段。20 世纪 30 年代，桩号 471＋900 处发生溃决，此后多次被迫退挽。1952 年外滩崩失殆尽，后退堤还滩，1970 年桩号 472＋300～472＋950 段退挽月堤，后再无退路，只有固守，并开始护岸抛枕。据统计，历年最大崩宽 100 米每年，一般崩宽 50 米每年，年崩率约 10～20 米，崩坍一般出现于汛后枯水季节。1998 年汛期，受长江洪水冲刷影响，桩号 471＋000～472＋550 段出现 17 处弧形堪崩，崩岸长 1500 米，离堤脚最近处仅 47 米，严重危及堤防安全。虽经多次护岸整治，但仍未彻底消除险情。

套口险段 位于洪湖长江干堤，桩号 458＋000～458＋920，为砂基堤段，堤基渗漏严重。1998 年 8 月 2 日，桩号 458＋540～458＋580 距内堤脚 30 米水塘中发生管涌险情，共 5 处，孔径分别为 0.05 米、0.08 米、0.10 米、0.12 米、0.15 米，出浑水带砂，出水量较大，严重危及堤防安全。经广大军民全力抢护，采用三级导滤、围堰蓄水反压等措施，险情得到控制。

高桥泵站险段 位于洪湖长江干堤桩号 454＋705 处。该站建于 1985 年，设计提排流量 9 立方米每秒，设计扬程 7.5 米，装机总容量 6×155 千瓦，与高桥闸呈前后布置，配合使用。该堤段为砂基堤段，堤基渗漏严重。1998 年 8 月 14 日，距泵站出水口 14 米渠道内发现管涌 8 处，孔径 0.10～0.40 米，出浑水带砂，出水量较大，严重危及堤防安全。经广大军民全力抢护，采用三级导滤堆、围堰蓄水反压等措施，险情得到控制。

洪恩矶险段 位于洪湖长江干堤，桩号 446＋700～450＋750。河岸土质上部为细砂层，下部为砂壤土，抗冲力弱，又处于主流贴岸的凹岸，极易崩坍。民国十五年（1926 年）在此建有 3 个矶头，但由于矶头挑流产生强烈回流，致使矶头之间形成弧形凹崩。田家口老堤外滩原宽 150 米，至 1964

年仅余 60 米。1947 年退挽田家口新堤，1948 年被大水冲溃造成严重灾害。1961 年发生大窝崩，一次崩宽 30 米，崩长 50 米。同年 10 月，又继续崩长 50 米，崩宽 20 米。1965 年 4 月，一矶下腮老堤坡崩宽 5 米、10 米，长 20 米。1985 年一、二矶头之间仍继续崩坍，其弧长累计达 570 米，崩宽达 80 余米；二、三矶头之间累计崩长 1700 米，崩宽达 120 米；一、三矶头上下游 200 米范围内，崩势不断发展，为确保安全，只得退挽筑新堤，并进行抛护。

田家口险段 位于洪湖长江干堤，桩号 445＋200～446＋700，为砂基堤段，堤基渗漏严重，1969 年 7 月 20 日因管涌险情导致溃决。历史上多次实施整治，但未得到根治。1998 年 7 月 9 日至 8 月 2 日，桩号 445＋300～446＋600 段距内堤脚 20～90 米范围内发生管涌险情，共 34 孔，孔径约 0.01～0.10 米，严重危及堤防安全。经广大军民全力抢护，采用三级导滤、围堰蓄水反压等措施，险情得到控制。

天门堤险段 位于洪湖长江干堤，桩号 443＋400～443＋800，为砂基堤段，堤基渗漏严重。1998 年 8 月 3 日，桩号 433＋600 距内堤脚 100 米水田中发生管涌险情，孔径 0.05 米；桩号 433＋480 距内堤脚 50 米水沟中发生管涌险情，孔径 0.02 米，严重危及堤防安全。经广大军民全力抢护，采用三级导滤、围堰蓄水反压等措施，险情得到控制。

叶王家边险段 位于嘉鱼河段白沙洲左汊左岸，对应洪湖长江干堤桩号 433＋000～443＋000。该河段汊河主泓紧贴凹岸。堤外滩岸狭窄，迎流顶冲，崩岸严重，为历史险工险段，崩岸堤长 1283 米。河岸土质 18.00 米高程（冻结吴淞）以上为 1～2 米细砂层；18.00 米以下为砂层，河岸可冲性大。该段为老崩岸段，民国十四年（1925 年）发生重大崩岸险情。1927 年退挽一次，退挽后边滩为 800 米。由于崩岸剧烈，至 1948 年，外滩仅余 20～30 米。1951—1970 年先后退挽月堤 5 次。该段崩岸多为弧形凹崩，弧长 30～50 米，崩宽 10～30 米每年，且汛后崩岸严重。1965 年后开始采用抛护等措施实施整理。1998 年 8 月 4 日，桩号 443＋1180 处发生外脱坡险情，呈弧形滑痤，堤身脱坡长 7 米，堤顶下滑 0.15 米。16 日，脱坡处又出现横向裂缝，长 153 米。严重危及堤防安全。经广大军民全力抢护，采用打桩固脚、抢筑外帮等措施，险情得到控制。但因受长江洪水冲刷影响，已护岸工程亦损毁严重，险情未得到遏制。

八十八潭险段 位于洪湖长江干堤，桩号 431＋700～432＋500，砂基堤段，堤基渗漏严重，为重点险段。1998 年 7 月 12 日，桩号 432＋310～432＋355 距内堤脚 260～320 米水塘中发生 3 处孔径分别为 0.30 米、0.40 米、0.55 米的管涌险情。8 月 8 日，桩号 432＋070～432＋100 段距内堤脚 74～110 米水塘和水沟中发生 2 处砂盘直径分别为 1.8 米、0.5 米管涌险情，严重危及堤防安全。经广大军民全力抢护，采用正反六级导滤、围堰蓄水反压等措施勉强度过汛期。1998 年汛后，实施整治加固，险情得到有效控制。

七家垸险段 位于洪湖长江干堤，桩号 424＋000～424＋600，堤身低矮单薄。1998 年 8 月 20 日，桩号 424＋000～424＋600 段受外垸溃决及风浪冲击影响，造成 140 米子堤被冲垮，大堤漫溢，堤顶过水深 0.6 米，严重危及堤防安全。经广大军民全力抢护，组成四排人墙挡水，并抢筑子堤，方化险为夷。1998 年汛后，实施整治加固，险情得到有效控制。

虾子沟险段 位于长江簰洲大湾上段左岸，上起杨林，下接胡家沟，对应洪湖长江干堤桩号 409＋000～413＋000，为砂基堤段，堤基渗漏严重。河岸土质为砂质壤土，抗冲性极差，主流由右岸直冲左岸，迎流顶冲，极易形成崩岸。由于主泓摆动幅度大，崩岸线甚长，为历史老崩岸段，仅 1949 年以后即有 3 次退挽还滩。崩坍一般出现在枯水或退水时。据 1972 年、1973 年两年统计，最大崩坍宽度为 50 米，一般为 10 米；最大崩坍长度为 120 米，一般为 25～30 米。至 20 世纪 80 年代，滩岸尚宽百余米，但土质较差，极易崩至堤岸。1998 年 7 月 28 日至 8 月 3 日，桩号 410＋750～411＋600 段距内堤脚 170～280 米范围内发生 12 处孔径分别为 0.03～0.55 米的管涌险情，严重危及堤防安全。经广大军民全力抢护，采用三级导滤、围堰蓄水反压等措施，险情得到控制。

鱼尾洲险段 位于北门口段下游对岸（左岸），垸堤桩号 3＋780～10＋780。随着北门口岸线的崩退，鱼尾洲段顶冲点大幅度下移，桩号 6＋700 以上成为大片淤滩。20 世纪 50 年代至 80 年代初，受东岳山挑流影响，岸线崩坍严重段主要出现在上段（桩号 7＋000～10＋000）。1972 年后经守护，岸线才初步得到控制。1994—2000 年，随着北门口岸线不断崩退，鱼尾洲处顶冲点大幅度下移，原重点守护的上段成为淤积段，守护薄弱的下段（桩号 3＋780～6＋700）成为强烈顶冲段，岸线发生强烈崩坍。特别是 1998 年、1999 年两年大水期，该段先后发生重大崩岸险情。1998 年汛期焦家铺发生重大险情，1999 年汛期又在桩号 4＋000～5＋000 段范围内连续出现大小不等的崩窝。2000 年后，鱼尾洲顶冲点继续下移，2000 年、2001 年、2002 年和 2003 年汛期，该段尾部多处发生崩坍。1971 年开始实施护岸工程，但险情仍未得到遏制。

灵钟寺险段　位于松滋长江干堤，桩号 736＋000～737＋000，长 1000 米。1904 年、1905 年两次溃决。为采穴河转弯急流段，主流靠右，河岸经常崩坍，1988—1989 年，经过抛石护坡，险情得到遏制。

采穴河险段　位于松滋长江干堤，桩号 734＋000～735＋000，由于地处采穴河，河床狭窄，水流冲刷严重，边坡不稳，崩岸险情时有发生。2007 年，采穴河崩岸段被纳入崩岸应急整险计划，其中桩号 734＋600～735＋000 段采取削坡减载、抛石护脚、混凝土预制块护坡等综合整治措施。因资金所限，桩号 734＋000～734＋600 段仅实施抛石护脚进行整治，其外平台狭窄、岸坡陡立状况仍未得到改善。

陈家湾—李家垴险段　位于松滋长江干堤，桩号 729＋500～731＋300，长 1800 米。20 世纪 50 年代以来，汛期多次发生重大跌窝、堤内脱坡、浑水漏洞、严重散浸、外坡裂缝等险情。后经过全力抢护并重点实施导渗护坡，险情得到一定缓解。1991 年采用土工布实施导滤工程，但汛期散浸险情仍时有发生。

财神殿险段　位于松滋长江干堤，桩号 725＋900～727＋100，长 1200 米。迎流顶冲，岸坡裸露，部分堤段外坡比约 1∶1～1∶1.5，虽有干砌护坡，但年久失修，局部干砌护坡风化严重，抗风浪能力较差。堤内原有杨林潭一口，1980 年秋汛出现严重险情，当年冬至次年春，采取吹填措施实施整治，完成淤填土方 30 万立方米，吹宽至 150 米，险情得到缓解。1993 年后，距堤脚 150～200 米范围内仍有零散管涌险情出现，若遇大洪水，仍可能出现险情，影响安全度汛。

朝家堤险段　位于松滋长江干堤，桩号 725＋950～726＋550。历史上发生跌窝险情 12 处，每处面积约 5～10 平方米，致使岸坡裸露。因资金所限，一直未得到有效整治。该险段深泓逼近堤脚，汛期洪水冲刷堤岸，破坏原有护坡，且水下坡比不足 1∶1。堤内脚散浸严重，虽在加培中修筑有大平台，但汛期高水位时仍有散浸险情发生。

王家大路险段　位于松滋长江干堤，桩号 720＋100～720＋200。1998 年 7 月 16 日，当地水位涨至 44.37 米时，距堤内脚 210 米渠道中发现管涌险情 3 处，其中一处管涌孔径 0.1 米，砂盘直径 1.8 米。经组织 500 余名劳力筑围井蓄水反压，险情得到控制。汛后实施填土盖重，并碾压密实，完成土方 300 立方米。勘查表明，堤基及垸内保护范围内均为浅砂透水层，外江水位超过 44.0 米时，粘土层遭破坏的低洼处易出现管涌险情，危及堤防安全。

杨家垴闸险工　位于松滋长江干堤，桩号 725＋591 处。杨家垴新闸 2000 年 4 月竣工，下游渠道开挖时，闸门下游 200 米范围内有流砂层，存在渗透破坏隐患，后实施反滤层和浆砌护底工程，渠底和渠坡共护砌 200 米。该堤段迎流顶冲，易发生崩岸，汛期多次发生管涌。1981 年吹填固基，1989 年实施内平台工程，但仍有 600 米堤段汛期时常出现严重散浸及局部管涌现象。

丙码头险段　位于松滋长江干堤，桩号 719＋700～721＋000，长 1300 米，1917 年溃决，急流冲刷，岸脚崩裂，建国后多次出现大面积散浸。1985 年和 1986 年堤内芦家潭、王家潭实施吹填，险情得到控制。1998 年 7 月 16 日，桩号 720＋150 距堤脚 210 米处王家大路渠内出现管涌险情，砂盘直径 0.8 米，孔径 0.2 米，砂丘高 0.6 米，出砂量大，采取砂石导滤、围井蓄水反压等措施控制险情。汛后实施清淤、粘土回填、夯实等基础性工程处理措施。由于坐落于砂层上，汛期仍可能发生管涌险情。

杨泗庙险段 位于松滋长江干堤,桩号716+000~716+700,长700米,堤外无滩,迎流顶冲,堤内为沼泽。建国后,被列为重点险工加强治理,经水下抛石护脚,内填固基,抗洪能力得到一定提高。但由于主泓南移,汛期崩滩,上下游逐渐形成凹岸,1970年、1972年两年汛前部分坦坡中上部崩裂,经及时抢险勉强度过汛期。历年汛期接近设防水位42.00米(黄海高程)时,垸内距堤脚70~120米农户家和农田内常出现渗水,水量较大,并有一部分散浸集中形成管涌,出逸点一般位于老堤与新堤连接处。经多年整治,险情仍未得到有效控制。

浣市横堤险段 位于松滋长江干堤,桩号713+350~714+200,长850米。迎流顶冲,深泓贴岸,内空外悬,建国前即为重要险段。1954年汛期,岸坡严重滑矬,经采取抛块石竹笼镇脚,险情略有缓解。1972年汛前护坡中部发生崩坍,汛期由于洪水峰高量大,过流断面窄,矶头顶部被洪水冲走。外坡较陡,坡比约1∶1~1∶2,汛后经整治勉强脱险。1975年实施人工内填固基,1983年吹填压浸台,堤岸有所巩固。由于该河段左岸马羊洲不断发育,北泓淤淀,迫使主泓南移,河段冲刷严重,遭遇大洪水时仍有可能发生崩岸险情。

罗家潭险段 位于松滋长江干堤,桩号710+260~710+800。1935年大水时溃决,数十万亩农田被淹,溃决冲成深潭——罗家潭。由于水流冲刷,粘土覆盖层相对较薄,下层为强透水层,潭底与外江连通,汛期常出现管涌险情。1996年实施以工代赈项目加以整治。1998年大水后,又实施堤身加培、填塘护岸、抛石镇脚工程,并在堤身实施混凝土防渗墙工程,堤基渗漏问题得到有效控制。

弥市大口险段 位于荆州区长江干堤弥市段,桩号704+900~705+900。1998年汛期,距堤内脚12米处水塘中出现管涌8个,最大孔径0.05米,当时外江水位44.00米。险情发生后,经采取三级围井导滤,并在水塘周围筑围堰抽水反压进行处理,后险情得到控制,勉强度过汛期。1998年大水后实施整治,培筑一级平台30米,二级平台170米,修建导渗沟1千米。

西流湾险段 位于窖金洲上段,公安长江干堤桩号687+500~690+000段。窖金洲右侧有套河与干堤相隔,套河宽100米,河底高程一般为32.00米;左侧300米处为三八滩。由于三八滩逐年淤长,造成南泓河底单向下切,河床不断扩大,以致枯水年份北泓断流,南泓成为主要航道。1959年后窖金洲逐渐崩坍,原洲宽510米,1965年为440米,1968年7月间最窄处仅4米,经采取抛石、沉柴等措施,险情得到基本控制。1973年,航道部门在三八滩南泓过渡段实施定向爆破,流向对准埠河河口,再度发生崩坍,最大崩幅105米。1978年南泓口门下矬,江心沙洲切断,激流冲刷护岸下游,崩坍长1200米,宽60米,此后进行抛石护岸整治,滩岸基本稳定。1998年汛期,桩号689+750内平台脚41.20米高程处发生管涌险情,最大孔径0.08米,经整治后脱险。

陈家台险工 位于公安长江干堤,原桩号677+800~680+000,长2200米。1988年冬上延80米至桩号680+080处,最大崩宽18米,吊坎高5~7米;1989年冬又上延200米至桩号680+200处,最大崩宽增大3米,吊坎高5~7米;1996年受江心南汊沙滩发育影响,再次上延1700米至桩号681+800处,最大崩宽增至73米,吊坎高7~9米。近岸100米内水下坡比不足1∶1.5,河底最低高程8.00米。桩号677+800~681+800段险工总长4000米,下与新四弓险工基本相连,为公安长江干堤重要险工。经多年不断整险加固,险情得到基本控制。

西湖庙险段 位于公安长江干堤,桩号662+450~663+450,长1000米,与突起洲洲端相对,迎流顶冲,深泓逼脚,内临深渊,为历史重点崩岸险工。清道光元年(1821年),堤外坡向下崩坍52米,宽2.5米,同治年间(1862—1874年)建石矶一座。1928年,因继续外崩退挽月堤一道,长1200米。1935年、1938年均出现不同程度外坡滑矬。1948年7月,江水猛涨,回流扫射,老堤全部崩入江中,新堤崩坍长20米,宽2米。经400余人连夜实施削坡减载,并挂柳150棵,抛块石283立方米,勉强度过汛期。1950年6月22日,坦坡崩坍长30米,抛石500立方米。1951—1954年护石2292立方米,抛石2005立方米。1957年4月,水下堤脚因冲刷而虚悬,石坦下陷0.1~0.3米,长110米。同年12月底,石坦又下陷长8米,每个断面抛石80立方米,共抛石9197立方米固脚。

1961年，江中沙洲伸长，河泓移向南岸，脚下形成深潭，石坦下滑，长40米。1980年5月，新老堤面裂缝，缝宽0.05米，经采取抽槽碾缝、抛石护脚等措施整治后，险情得到有效控制。

朱家湾险工　位于公安长江干堤，桩号646+800～649+128，长2328米，上迄凯乐塑管厂，下至杨家厂安全区，桩号648+510～649+128段为重点险段，长618米。由于河道弯曲，朱家湾险工正处于弓弯之中，迎流顶冲，大汛期间主泓直冲堤脚。该堤段内、外坡比1∶3，堤顶高程44.20米，堤外平台宽50米，堤内为朱家湾安全台，台宽15～20米，高程43.50米，台外沟渠纵横，低洼水田成片。堤外洲滩最窄处距堤脚仅25米，最宽467米，外洲高程38.50～41.00米。该处原为公安县砖瓦场取土场，最低高程约36.00米。桩号647+680～648+150长470米堤段距内堤脚30～50米以外为1945年溃决所形成的冲潭，潭底高程23.00米，最大水深14米。1907年、1945年两次溃决，1907年溃决最大口门宽1645米，1945年溃决最大口门宽1475米，淹没农田近7000公顷，近2万人无家可归。两年大水后均于当年冬退堤还滩。1957年、1958年桩号646+990～647+340段两次退堤还滩。因长江航道部门治理航道炸毁二圣寺码头，1962年、1969年、1978年、1981年多次出现不同程度外崩，特别是1962年高水位期间，杨厂码头崩矬长50米，宽10～20米。一般滩岸按1955—1970年测图比较，崩宽约100米，以致近岸出现深槽，水下坡比不足1∶1.5。后经多年整治，险情得到基本控制。

黄水套险段　位于公安长江干堤，桩号619+200～620+640，长1440米。上游为南五洲尾部和柳梓河出口，下游与无量庵泄洪口相邻，河道上窄下宽，呈喇叭状，中多浅滩。1945年8月江堤溃决，口宽250米，次年新筑月堤一道，长1000米。1951年退堤450米。1952年江左蛟子渊河口堵筑，江流激冲右岸。1958年退堤长826米，完成土方17.5万立方米。1977年8月，河势突变，右岸迎流顶冲，形成深泓，河床最大冲刷坑底高程为－7.20米（冻结吴淞），近岸水下坡比1∶0.3～1∶0.5，堤岸严重崩坍，8月25日崩坍长90米、宽51米，27日，黄水套闸下游150米处崩坍长73米，次日又崩坍长100米、宽32米。9月8日崩坍长82米、宽36米。黄水套拦淤闸崩入江中，由于险情恶化，迅速组织抢险。后因河势变化，在离坦坡35米远的江心处淤成沙洲，险情得以解除。

北门口险段　位于石首河段凹岸下段，迎流顶冲，石首长江干堤桩号563+000～566+050。1994年6月上游向家洲发生切滩撤弯，狭颈崩穿，形成宽1100余米口门，长江主流改弦易辙，撤开东岳山天然节点，直接顶冲北门口，造成岸线大面积崩坍。1994—2001年护岸工程实施前，桩号S6+000～S9+000段为主要崩岸段，主流顶冲点也由1994年桩号S6+000移至1999年桩号S7+000附近。2001年护岸工程实施后，由于北门口上端和向家洲守护工程作用，北门口上端主流又复至桩号S6+000附近，下端主流则贴岸，导致桩号S9+000～S11+100未守护段发生大范围崩岸。1994年6月25日防汛物资码头顷刻崩失浆砌护坡20米，地锚也崩入江中。至7月10日北门口崩岸发展至3.5千米，最大崩宽220米，严重危及石首城区安全。7月13—26日，胜利闸以上500米（桩号565+520～566+020）崩岸段实施抛石抢险，完成石方2.3万立方米，削坡减载土方2000立方米，抛袋石1万袋，险情得以缓解。因中水位持续时间长，新河湾又处在调整发育时期，强劲水流淘刷致使近岸泥沙产生横向输移，深泓向岸脚发展。9月8—9日，原抢护段发生两处崩坍，崩长170米，宽10米。12日，抢护段下游又突发剧烈崩坍，崩长250米（干堤桩号565+400～565+650），崩宽80米。18日，守护段中段又发生崩坍险情，崩长60米、宽20米，原抛块石崩离岸脚。当年岸线崩坍不断发生，其中大型崩坍有7次。1994年6月至次年底，共发生大型崩坍20次，累计崩长4千米，最大崩宽400余米，崩坎距干堤堤脚最近处仅38米，崩速之快，崩势之猛，崩幅之大，居长江崩岸史上之最。1998年8月至2006年5月期间，平均岸线崩宽幅度达430米，最大岸线崩宽幅度达536米。由于1994年后石首河段冲刷调整剧烈，2000年、2003年、2004年北门口（2001年、1999年实施守护工程）出现4次不同程度崩岸险情，其中2004年8月，原1999年实施的护岸工程（桩号7+780～7+960）长180米岸线发生崩坍，最宽25米。2007年3月，已护段上端（桩号566+110～566+140）发生崩坍，崩长30米，崩宽5～8米，坎高4.5米。桩号S6+000～S9+000段1994年开始实施护岸工程，并被列入 1999—2000 年度长江重要堤防隐蔽工程项目实施加固改造。虽经多年整治，但险情仍未得到有效控制。2008 年 11 月勘查发现该段上端和未护岸段出现多处崩岸险情。

调关矶头险段　位于石首长江干堤，桩号 527＋900～529＋750，长 1850 米，为下荆江历史险工段，1967 年、1974 年、1989 年、1991 年、1993 年、1994 年汛期多次发生堤身崩坍、平台冲毁、下挫、裂缝等重大险情。尤其是 1993 年，调关矶头上下游河势变化，矶头冲刷坑最深时达 -18.00 米，深槽距堤顶高达 60 米，后经逐年整治，险情得到暂时控制。2003 年后，由于北岸季家嘴滩岸淤长，调关矶头矶尖更显突出，挑流作用强烈，矶头下腮回流冲刷严重。其中桩号 529＋210～529＋480 段下平台于 2004 年 9 月 9 日、11 月 12 日出现崩坍、裂缝险情，冲坑最大面积达 1700 平方米，导致原护坡大面积混凝土块被冲毁，底部垫层石被冲走淘空。2005 年 10 月 24 日，桩号 529＋320～529＋380 段再次出现面积为 960 平方米的冲坑，冲坑均宽 16 米。汛后实施综合整治，但险情仍未得到有效控制。

八十丈险段　位于石首长江干堤，桩号 521＋880～525＋520，中洲子故道上口对岸，新河进口上游，上距调关约 7 千米。1967 年守护 3 个点，长 360 米（桩号 524＋060～524＋550，留空档 130 米），水下抛石，散铺护坦。由于 1972 年汛期发生崩坍，1973 年新守护长 630 米，抛枕护脚，散铺护坡。1974 年守护 200 米，以后逐年延伸加固，至 1984 年已守护 8 个点，控制长 2390 米（桩号 522＋240～524＋630），其中守护长 2040 米，空档 3 处，长 350 米。1989 年，末端回流加剧。1990 年 3 月，滩岸发生严重崩坍，崩长 120 米（桩号 522＋100～522＋220），宽 30 米，当年在洼子上腮抛石护脚，守护长 60 米（桩号 522＋160～522＋220）。1991 年下延守护 420 米（桩号 521＋880～522＋300，包括老段已崩的 60 米），实施水上削坡砌坦，水下抛石护脚。1998 年汛前桩号 522＋100～522＋150 段实施水下加固。2001 年 2 月桩号 521＋880～525＋520 段实施加固，长 3640 米，其中守护 1040 米，加固 920 米，整修 1680 米。

鹅公凸险段　位于下荆江右岸，中洲子新河下口斜对岸，对应石首长江干堤桩号 497＋680～512＋000，为下荆江重点崩岸险段。1972 年河床被冲深至 -25.60 米（黄海），崩岸幅度较大。1967 年 5 月，中洲子新河通流后，出口水流顶冲鹅公凸段，至 1969 年 5 月，桩号 512＋300～512＋800 段长 500 米外滩崩宽 180～260 米，危及堤防安全。其后开始分 4 点守护，实施水下抛石、水上削坡、散铺块石，汛后第 2 点全部崩坍，其它点也有不同程度崩坍。1974 年 11 月，5 点矶头全部崩失，桩号 512＋430～512＋730 段崩进 127 米；6 点崩进 40 米（桩号 512＋800～512＋910）。1975 年重新守护崩岸段。随着上游中洲子弯道下端崩退，水流顶冲点逐年下移，至 1987 年顶冲点下移至鹅公凸守护段尾端（桩号 511＋800 附近）。2000 年汛期，桩号 509＋520～509＋380 段长 140 米出现崩岸险情，崩宽 27 米，坎高 2 米，外平台被冲刷形成明显沟槽，最深处达 1.2 米，最窄处外平台宽由 49 米崩失至 17 米。2001 年 1—3 月，桩号 510＋400～510＋100 段出现连续三处大崩窝。2002 年汛后，桩号 511＋680～511＋200 段长 480 米护岸段滩顶冲刷严重，最大冲深达 3 米。该段堤外滩较窄，最窄处距堤脚仅 40 米；桩号 510＋960～510＋900 段 28.00 米高程以下干砌石护岸不同程度地出现崩窝、滑坍险情。2004 年 2 月 28 日，桩号 510＋475～510＋420 段长 55 米范围发生崩坍险情，岸坡中下部呈弧形整体下挫，下挫高度约 2 米，弧长约 66 米，界线清晰，弧顶点从坡面 28.50 米高程下滑，形成吊坎，局部出现渗水，坡脚块石崩入江中。2001—2002 年，桩号 497＋680～512＋000 段被列入长江重要堤防隐蔽工程项目，原护岸工程实施加固改造。2005 年后，护岸段岸线基本稳定。

茅草岭险段　位于下荆江右岸鹅公凸下游，石首长江干堤桩号 510＋280～512＋750 段。由于上游鹅公凸崩岸 4 点、5 点于 1973—1974 年不断凹进，河槽冲深，边坡变陡，1975 年汛期，桩号 510＋900～511＋130 段滩岸发生崩坍，崩长 230 米。当年 7 月进行抢护，抛柴枕 635 个、块石 6010 立方米。由于施工时水位不断上涨，施工未顺利完工，汛后，桩号 510＋800～511＋590 段又发生较大崩岸。后被纳入 1976 年整治工程，重点守护 4 处，长 720 米，点距 50～60 米，抛柴枕 2286 个、块石 2.27 万立方米。经历年连线守护，桩号 510＋280～511＋750 段守护长 1510 米，岸线基本稳定。

章华港险段 位于下荆江石首河段右岸，石首长江干堤五马口段，桩号 490＋000～509＋500。1979 年由于中水位持续时间较长，加上外滩较窄，上游发生不同程度崩坍，1980 年开始抛石护脚，1984 年桩号 500＋200～500＋840 段进行削坡砌坦，长 640 米。1990 年，受风浪冲蚀影响，滩岸崩退，最窄处不足 10 米。当年冬岁修时，桩号 490＋000～490＋470 段进行水上、水下同时守护，护岸长 470 米。1991 年，桩号 498＋470～499＋070 段被纳入河控规划，守护长 600 米，实施水上削坡砌坦和水下抛石护脚。后由于中洲子尾端未加控制，顶冲点由鹅公凸下移至茅草岭、章华港一带，1991 年 7 月桩号 499＋884～500＋020 段已守护段发生严重崩坍，长度达 140 余米，宽约 20 米。12 月 7 日，老守护段上段（桩号 509＋390～509＋460）崩长 70 米，宽 30 米。12 月 10 日砣测近岸水下坡比仅约 1∶1。为控制河势，确保堤防安全，实施老守护段崩洼退坡还坦，水下抛石固脚，并在新守护上段（桩号 499＋070～499＋670）实施水下抛石固脚，水上削坡砌坦，坦顶浆砌块石，守护长 600 米。但险情仍未得到有效控制。

康家岗险段 位于南线大堤临安乡河右岸，桩号 595＋650～596＋250，堤外无滩或仅有窄滩，滩岸迎流顶冲，深泓贴岸，冲刷严重。由于滩岸土质较差，岸坡被淘刷，崩坍时有发生，虽经多次水下抛石护岸，但因标准较低、加固石方数量少，每遇较大洪水常发生崩岸险情，严重威胁大堤安全。1998 年后经大力整治，险情得到基本控制。

谭家湾险段 位于南线大堤临安乡河右岸，桩号 593＋500～594＋500，堤外无滩或仅有窄滩，滩岸迎流顶冲，深泓贴岸，冲刷严重。由于滩岸土质较差，岸坡被淘刷崩坍时有发生，虽经多次水下抛石护岸，但因标准较低、加固石方数量少，每遇较大洪水常发生崩岸险情，严重威胁大堤安全。1998 年后经大力整治，险情得到基本控制。

郑家祠险段 位于南线大堤临安乡河右岸，桩号 588＋250～588＋750，堤外无滩或仅有窄滩，滩岸迎流顶冲，深泓贴岸，冲刷严重。由于滩岸土质较差，岸坡被淘刷崩坍时有发生，虽经多次水下抛石护岸，但因标准较低、加固石方数量少，每遇较大洪水常发生崩岸险情，严重威胁大堤安全。1998 年后经大力整治，险情得到控制。

张家宫险段 位于虎东干堤，桩号 28＋900～29＋800，长 900 米，为历史老险段，堤外无洲滩。2000 年冬，桩号 29＋050～29＋130 段发生严重外脱坡险情，脱坡长 80 米，坎高 1.8 米。次年冬，下游桩号 29＋600～29＋650 段发生险情，脱坡长 50 米，坎高 3.2 米。

座金山险段 位于虎东干堤，桩号 30＋500～32＋000，长 1500 米，为历史老险段，堤外无洲滩。堤顶高程 44.50 米（冻结吴淞），堤身垂高 8 米以上，外坡比不足 1∶3，近岸水下坡比约 1∶1.5。2002 年春，桩号 30＋900～31＋100 段发生严重崩岸险情，崩长 200 米，由于水下近岸坡较陡，引起土坡失稳。此外，内水外渗也是造成脱坡的原因之一。

姚公堤险段 位于虎东干堤，桩号 63＋150～65＋110，长 1960 米，为历史老险段。堤外无洲滩，迎流顶冲。内平台宽 25～28 米，高程 37.00 米（冻结吴淞）。

三、连江支堤险工险段

金沟险段 位于松滋江堤，桩号 15＋550～16＋200（老桩号），长 650 米。1981 年汛期出现堤内脚散浸，1982 年和 1984 年汛期出现 30 米宽大面积散浸，1987 年出现严重散浸，1988 年、1989 年汛期多处出现管涌险情。经整治基本脱险。

大矶险段 位于松滋河右岸，老城镇境内，桩号 9＋000～10＋300，长 1300 米。堤顶高程 50.10 米，内、外坡比 1∶3，堤基有夹砂层与松滋河相通。1957 年汛期堤内脚 30 米处出现管涌，孔径 0.3 米，1980 年汛期堤后 40 米宽范围出现大面积散浸，1981 年汛期出现外坡崩坍险情，1984 年汛期出现堤内脚散浸，1989 年汛期出现堤后散浸及外脱坡险情。2003 年 7 月 14 日，时外江水位 45.30 米，内渠水位 43.00 米，距堤脚 200 米水田内发生管涌险情，孔径 0.04 米，数量 3 个，浑水带砂，砂盘直径 0.3 米，间距 6 米。经采取围井导滤、坐哨防守、加强观察等措施安全度汛。

新华垴险段 位于松滋江堤桩号 3+800~4+600（老桩号）段，长 800 米。1949 年溃决，1968 年汛期堤内脚出现散浸，1981 年汛期出现外坡崩坍及闸后散浸，1987 年汛期出现严重外脱坡，1991 年汛期出现外脱坡及管涌险情，管涌孔 6 个，孔径最大为 0.1 米。该段为险情多发地段，堤基粘土覆盖层较薄，厚约 2~3 米，其下为深厚的砂层，虽经多年整险，但仍未完全脱险。

朱家湖险段 位于松东河左岸，沙道观镇境内，桩号 11+300~22+000，长 10.7 千米，堤顶高程 47.50 米，内、外坡比 1：2.5。1999 年 7 月 29 日，时外江水位 44.40 米，内渠水位 41.00 米，距堤脚 100 米老河槽边发生管涌险情，经采取围井导滤等措施安全度汛。

大矶嘴险段 位于松东河左岸，沙道观镇境内，桩号 27+250~29+760，长 2510 米，堤顶高程 46.80 米，内、外坡比 1：2.5。1999 年 7 月 21 日，发生散浸险情并伴集中出流，时外江水位 44.68 米。当时采取清沟排水、开沟滤水等抢险措施度过汛期。2002 年桩号 28+260~29+700 段实施开沟导滤、混凝土护坡、抛石镇脚，2004 年实施堤身加培，并填筑部分内平台。但由于为砂基堤段，在高洪水位时，险情仍可能再次发生。

胜利闸险工 位于松东左岸沙道观镇境内，桩号 29+000。该闸修建于 1964 年，孔高 4.1 米，孔宽 3 米，系拱涵结构，钢质平板闸门。堤顶高程 46.50 米，内、外坡比 1：3。1998 年汛期闸内出现管涌险情，经抢护勉强度过汛期，但险情仍未得到有效控制。

斋公垴险段 位于松东河左岸，孟家溪镇境内，桩号 78+000~81+000，为砂基堤段，长 3 千米。堤顶高程 43.30 米，面宽 5~6 米，内、外坡比 1：3，内平台宽 6 米，堤外无滩。1998 年汛期，发生长 200 米散浸，时外江水位 41.56 米。经采取开沟导滤措施抢护脱险，洪水消退时，又发生崩岸险情。1999 年汛期，散浸复发，且发生多处管涌险情。1998 年、1999 年连续两年汛后，均实施堤身加培、内填和护岸工程，抗洪能力得到增强。但由于堤段属砂基，透水性强，虽采取加高培厚和护岸工程措施整治，但仍未根治险情隐患，高洪水位时，险情仍可能再次发生。

上南宫闸险工 位于松东河右岸八宝镇上南宫，桩号 2+200。该闸修建于 1959 年，系双孔拱涵结构，孔高 3 米、3.3 米，宽 1.6 米、2.2 米。堤顶高程 47.80 米。因该闸右孔闸身有裂缝 8 处，长 16 米；闸左孔闸身有裂缝 12 处，长 40 米，伸缩缝裂缝 8 处，长 10.8 米，宽约 1 毫米，遂成病闸。

易家渡险段 位于松东河右岸，南平镇境内，桩号 78+000~80+300，长 2300 米，堤顶高程 43.30 米，面宽 5 米，内、外坡比 1：3，堤外无滩。1998 年 7 月 18 日，发生管涌险情，时外江水位 41.94 米，经采取围井导滤等措施抢护脱险。汛后实施堤身加培和内填塘工程，抗洪能力得到加强。但由于属砂基堤段，透水性强，加之堤内地面低洼，高洪水位时，险情仍可能再次发生。

胡家湾险段 位于松东河右岸，斑竹垱镇境内，桩号 31+500~32+300，长 800 米，堤顶高程 46.69 米，面宽 6 米，内、外坡比 1：3，内有一级平台宽 5 米，高程 43.60 米，外洲宽 170 米。1998 年 7 月 14 日，先后出现 2 处管涌险情，时外江水位 43.94 米，经采用围井导滤等措施抢护脱险，汛后实施内、外填整治，抗洪能力得到增强。但由于为砂基堤段，透水性强，采用内、外平台填筑难以根治险情隐患，高洪水位时，险情仍可能再次发生。

保丰闸险工 位于松西河左岸，八宝镇境内，桩号 0+612。修建于 1958 年，系单孔半圆拱式混凝土结构，孔高 2 米，宽 1.8 米，闸身长度 29.4 米，内外八字墙为浆砌条石，设计灌溉流量 3.5 立方米每秒，闸底板高程 40.50 米。闸外设防淤闸，内建安全闸，用于高洪水位时蓄水反压。闸基地质条件复杂，闸底板以下为细粉砂层，厚约 4 米，为强透水层，外江高洪时，内渠易发管涌。1963 年、1964 年内渠出现管涌险情，2000 年 7 月 20 日，闸内渠再次出现管涌，经砂石导滤，内蓄水反压后险情得到控制。2002 年 8 月 25 日，闸内渠边坡预制块板缝有清水渗出，经现场勘察确定为渠底管涌险情，经抢护脱险，度过汛期。

沙口子闸险工 位于松西河左岸，桩号 23+063 处。修建于 1972 年，为混凝土拱涵结构电排闸，孔高 1.8 米，宽 2 米，设计流量 7.5 立方米每秒。闸基为砂质土，渗径长度不够，1987 年汛期，闸后渠道边坡多次出现管涌险情，并在护砌石上形成砂盘，1998 年冬重建外江拦淤闸，并加培两岸箭堤，险情得到有效控制。

谢牟岗险段 位于松西河左岸，松滋市八宝镇境内，桩号11＋400～12＋200，长800米，堤顶高程45.10～45.40米（黄海高程），堤外无滩，堤内地面高程38.50～38.90米。1994年堤坡出现7处2米×3米跌窝，2003年6月，堤外脚再次出现2处4米×6米的大跌窝。出险后，因资金所限，仅采取局部开挖回填等临时度汛措施处理，未能根除隐患。2005年1月17日，桩号11＋400～12＋200段发生严重堤身崩坍和跌窝险情，长800米范围内共出现跌窝12个，跌窝深度均为1米，直径2～3米，跌窝处高程35.00～36.00米，伴有明显带砂出流。桩号11＋740～11＋770段堤面中心出现纵向裂缝，裂缝宽0.15米，堤身崩坍，堤外坡已经崩塌，外脱坡处高程36.00～45.40米，呈圆弧形下挫，形成吊坎0.30～0.50米。20日，堤坡出现直径2米、深0.5米大跌窝。21日，桩号11＋695～11＋710段堤身再次出现崩坍。后经整治，险情得到基本控制。

鹅井湖险段 位于松西河左岸，斑竹垱镇胡家场境内，桩号39＋500～40＋850，长1350米，堤顶高程46.00米，面宽6米，内、外坡比1：3，外洲宽200米。1998年7月18日，先后发生17处管涌险情，时外江水位43.80米，经采用围井导滤等措施抢护脱险。次年7月19日，又发生3处管涌险情，时外江水位44.20米，经采用导滤和蓄水反压措施抢护脱险。连续两年汛后均实施内填整险工程，抗洪能力得到增强。但由于为砂基堤段，透水性强，采用内填方法整治后险情仍未能根治，高洪水位时，险情仍可能再次发生。

澧安垸险段 位于松西河左岸，南平镇境内，桩号84＋050～86＋325，长2275米，历史上受湖南澧安垸外围堤段保护。2000年4月湖南省澧安垸实施平垸行洪。1999年冬、2002年春分别实施堤身加高培厚，并填筑内外平台。经整治后，堤顶高程43.80米，堤面宽6米，堤内地面高程35.00米；内平台宽20米，高程37.20米；外平台宽20米，高程38.70米；内、外坡比1：3。由于堤身垂高大，挡水次数极少，堤基基础差，堤身土质含砂量重，高洪水位时险情仍可能发生。

王家渡险段 位于松西河右岸，老城镇境内，桩号17＋000～27＋300，长10.3千米，堤顶高程49.80米，内、外坡比1：2.8。1999年7月20日，距堤脚80米水沟中发生管涌险情，孔径0.05米，时外江水位45.97米，内渠水位41.55米。经采取围井导滤等措施度过汛期。2004年桩号22＋000～25＋000段实施堤身加培及内平台填筑。但由于为砂基堤段，高洪水位时，险情仍有可能发生。

德胜闸险段 位于松西河右岸，桩号28＋400～29＋030，为松滋市新江口镇城市防洪中心堤段。其中桩号28＋700～29＋030为无堤地段，桩号28＋400～28＋700为有堤无滩堤段。因堤身低矮，1981年、1998年大水时漫过堤顶，靠抢筑子堤挡水度过汛期。

老嘴闸险工 位于松西河右岸，南海镇境内，桩号42＋200。该闸修建于1990年，孔高3.45米，宽2.5米，洞身长43米，钢质平板闸门。堤顶高程46.80米，闸出口段向外整体倾斜，闸前因历年放水冲刷形成深潭。

刘家嘴闸险工 位于松西河右岸，桩号81＋410。该闸建于1959年，为条石拱涵结构，孔高3米，宽3米，设计流量16立方米每秒，闸基为黑淤质壤土，其下部约10米为稀淤泥，原闸室沉陷伸缩缝无止水设备。1981年外接钢筋混凝土箱涵14米，因堤中心线外移，洞身受力发生变化，使二、三段出现纵向裂缝。1988年底底板加厚0.3米后，1990年春又发现二段与三段之间伸缩缝漏水。1998年汛期洞内出现浑水。汛后检查发现原闸洞身沉陷，伸缩缝宽度较往年有较大程度加大，最大缝宽达0.06米，采用增设内止水处理，同时在内渠道80米处修建反压闸。2001年冬检查发现混凝土接长部分从外江至洞身内部6米处、10米处，两孔洞身侧墙均出现裂缝，但裂宽较小，无渗水现象。

官沟采购站险段 位于官支河左岸，毛家港镇境内，桩号9＋500～9＋700，长200米。堤顶高程45.50米，堤面宽6米，内坡比1：3，高程40.00米以上外坡比1：3，以下约1：1.5，堤内地面高程39.00米。由于河泓逼近，外坡陡峭，堤身质量差，历年洪水期间散浸严重。

文寺岗险段 位于安乡河左岸，高陵镇境内，桩号3＋100～3＋470，长370米，堤顶高程40.00

米，面宽 6 米，内、外坡比 1∶3，外滩宽 150 米。1998 年 8 月 7 日，堤内禁脚与农田交界处发生多处管涌群险情，时外江水位 40.18 米，经采用二级砂石导滤等抢护措施脱险。次年 8 月 2 日，时外江水位 40.10 米，在离原出险点不远处出现 2 处管涌，经采用二级砂石堆导滤和蓄水反压等措施脱险。汛后，虽经内填整险，但由于为砂基堤段，高洪水位时，险情仍可能发生。

油榨嘴险段　位于团山河左岸，久合垸乡境内，桩号 7＋500～8＋350，长 850 米，堤顶高程 39.60 米，面宽 6 米，内、外坡比 1∶3，外滩宽 250 米。1998 年 8 月 15 日，外江水位 38.70 米时，先后发生 10 余处管涌，最大孔径为 0.25 米，经采取二级导滤和蓄水反压等抢险措施脱险。汛后实施内填整险处理，但由于为砂基堤段，险情仍可能再次发生。

长林嘴险段　位于团山河右岸，团山寺镇境内，桩号 9＋800～10＋200，长 1400 米，为砂基堤段。堤顶高程 39.50 米，面宽 6 米，内、外坡比 1∶3，外滩宽 150 米。1998 年 7 月中旬至 8 月底，外江水位超 38.30 米时，先后发生 20 余处管涌险情，分别采取围井三级导滤和围堰蓄水反压等抢险措施，安全度过汛期。汛后内填整治堤内低洼地，抗洪能力得到提高。但由于为砂基堤段，高洪水位时，险情仍可能发生。

马蹄闸险工　位于官支河左岸，桩号 18＋550。该闸建于 1978 年，为混凝土拱涵结构灌溉闸。闸孔宽 2.5 米，洞身长 39.0 米，流量 8 立方米每秒，闸底高程 36.00 米，配钢制平板闸门 1 块，25 吨启闭机 1 台套。2000 年冬检查发现闸顶洞身顶板出现纵向贯穿性裂缝，缝宽 1 毫米，长 39.0 米。次年冬对裂缝实施勾缝处理，并做观测标记。

合兴闸险工　位于藕池河左岸，高基庙镇境内，桩号 32＋210。该闸建于 1964 年，混凝土涵管结构，管径 0.85 米，设计流量 2 立方米每秒。由于该闸设计标准低，且闸基为砂基础，闸底高程过低，加之几十年的淤积，止水部分破坏，封闭不严，启闭困难。1996 年、1998 年、1999 年汛期，闸内渠多次发生管涌险情。每年汛期均要在内渠道 100 米处筑坝蓄水减压以保证度汛安全。2009 年老闸拆除，重建新闸。

三星闸险工　位于藕池河左岸，高基庙镇境内，桩号 30＋990。该闸建于 1964 年，为混凝土涵管结构，设计流量 1.5 立方米每秒，闸基为砂基础。由于原设计标准低，洞身存在多处裂缝，渗径短，不能满足安全需要，汛期海漫段多次出现管涌险情。1998 年、1999 年汛期，闸翼墙外坡出现浑水漏洞。此后每年汛期均在闸后 50 米处渠道内筑坝蓄水减压，以保证度汛安全。2009 年老闸拆除，重建新闸。

岩土地闸险工　位于安乡河左岸，高陵镇境内，桩号 14＋600。该闸建于 1967 年，为混凝土涵拱结构，孔高 1.5 米，宽 1 米，设计流量 2.2 立方米每秒，闸基为砂基地段，闸门锈蚀严重，启闭困难。1998 年、1999 年高洪水位时，堤内渠道均发生管涌险情，经采取在内渠上筑坝蓄水和导滤等抢护措施脱险。此后每年汛期均在后渠筑坝蓄水减压，以保证度汛安全。

注：

[1] 详见《荆江堤志》第三卷。

[2] 徐家干《荆州万城堤图说》，光绪十三年（1887 年）。

第六节　防　护　工　程

随着江河堤防修筑和堤防工程维护措施、手段的不断增多，护坡、护岸等河道整治工程措施应运而生。矶头驳岸是历史上保护堤防的主要护岸措施，荆州河段堤防上广泛采用，特别是荆江大堤上运用更为广泛，为保证堤防安全发挥巨大作用。护岸方式也从单纯守点，逐渐发展到守点顾线，再至整体守护。

防护林是保护堤防的重要措施，荆江堤防上很早便栽植防护林防风消浪，以保护堤防。

一、护坡护岸工程

护岸工程主要运用的材料为块石，当河泓逼近河岸，河岸发生坍崩，渐次危及堤身，而堤内又因地形所限无法实施退挽月堤时，必须采用以块石为主体的护岸措施实施守护，即护岸工程。早在宋代，荆江河段即有抛石护岸记载。明清时期，沿江堤岸险段用条石砌成阶梯或斜坡，向江中突出或平顺守护从而形成矶头、驳岸，以抵御江水冲刷。古之"甃石"为堤，实即护工开端。清后期除少数城镇采用条石驳岸外，多采用矶头和矶头群护岸，但无序挑流常造成下游堤岸崩坍险情，自民国时期开始实施守点顾线。建国后，逐渐改变护岸方式，采取平顺护岸，由点及面，进而实施全面守护，重点加强，逐年积累。

荆江河段蜿蜒曲折，分布着六大河湾。荆江大堤紧邻上荆江沙市河湾、郝穴河湾和下荆江监利河湾凹岸。三大河湾共长 71.35 千米，大堤外滩宽度不足 100 米的共长 34.6 千米，其中宽度不足 20 米的长 10.5 千米。由于水流条件和土层结构特征以及河床变化、河泓变迁影响，滩岸不断崩坍，威胁大堤安全。上荆江护岸工程始于明成化初（约 1465 年），荆州知府李文仪在黄潭堤（沙市盐卡附近）以块石护砌外坡，即所谓"沿堤甃石"。下荆江早在宋初便有抛石护岸的历史记载，《宋史·谢麟传》载："石首宋初江水为患，堤不可御，至谢麟为令，才迭石障之，自是人得安堵。"

清乾隆五十三年（1788 年）大水，冲决万城堤 20 余处。整修万城堤时，增修上荆江杨林洲、黑窑厂、观音矶 3 处石矶，用以挑流护岸，这是荆江大堤历史上规模较大的一次护岸工程。从乾隆年间至清末荆江大堤陆续修建多处石矶、条石驳岸、砌石护坦、抛石护脚等工程。据旧志载，杨林矶，乾隆五十三年修，同治十二年（1873 年）加高；黑窑厂矶，乾隆五十三年修；观音寺矶，道光年间修，同治十三年岁修加砌；康家桥矶，乾隆年间知府张方理劝捐修，同治十二年复行接砌；刘大人巷矶，同治十年修，十二年接修石岸；岳家嘴矶，道光二十二年（1842 年）修；潭子湖矶，累年修补，自咸丰十年（1860 年）崩坍后矶嘴不能接砌；杨二月矶，光绪三年（1877 年）修；郝穴矶，里人黄义迁、黄义模捐修。

清道光八年（1828 年），公安长江干堤蔡尹工筑石矶两座，长 1366 米。同治年间（1862—1874年），公安长江干堤西湖庙、青龙庙、二圣寺等处修筑石矶，水流冲刷堤岸得到缓解，但引起下游河岸变化，酿成人为工。洪湖江堤抛石护岸历史悠久，同治元年（1862 年），新堤镇江岸抛沉石矶，当地文人傅卓然作石矶记以志之，"新堤江岸石矶成"，为洪湖长江堤防修建最早的石矶护岸工程。洪湖长江堤防另有老官庙石矶一座，名凤凰矶，其修筑年代不详。

随着治水历史发展，水工技术不断进步，护岸方式日渐倾向于平顺护岸，护岸措施多采用抛石、抛笼、抛枕，至民国期间开始实施沉排。民国时期，多在沿江堤防原有工程处抛石防护，出险堤岸采用填石竹笼和柳枕抢护，荆江大堤沙市、祁家渊、郝穴等处修建有多处干砌或浆砌块石护坡。

至 20 世纪 30 年代，荆江河段共建成驳岸矶头 29 处，城陵矶以下河段亦建有少量城镇驳岸和零星矶头及桩石工程。

民国十二年（1923 年），公安长江干堤西湖庙、林家渊、董家湾、蔡尹工、窑头埠、马家嘴、大金横堤、许刘渊、兴隆工、王家菜园、油河工、古柏门、青羊庵、万堤垱等堤段抛石固脚或铺石防冲。1933 年江汉工程局炸毁二圣寺矶头，改为坦坡。民国十六年（1927 年），监利上车湾被列为护工重点，湖北省水利局设立"上车湾堤工处"实施崩岸段护岸和挽筑月堤等工程。上车湾一带江堤，自清代以来，"江流冲刷堤脚，年挽年崩"（清同治《监利县志》），河湾弯顶处于上车湾镇街，部分滩岸崩至堤面，1927 年先后修建石矶 3 座、柴矶 1 座和柴埽 2 座并抛石护脚和挽筑后月堤；1933 年，堤身崩陷约 40 米，外坡崩成陡坎，堤面削失其半，采取抛石、抛铅丝笼护岸和外削内帮后险情得以缓解。

民国十七年（1928 年），监利城南修建一、二、三矶头，位于荆江大堤桩号 629＋200～629＋800外滩急流顶冲处，全部以块石铺护，修筑矶头以改变水势流向，消减水流对堤岸的冲刷。民国十八年，洪湖彭家码头至叶十家堤段，修建木质桩基条石砌筑的石矶，名曰一、二、三矶，长期发挥护岸挑流作用。民国十九年，叶家洲抛筑块石矶头三座，名曰一、二、三毛矶，除三毛矶被水流冲击崩入江中外，其余仍在发挥作用。1940 年冬，监利八老渊发生崩岸。1945 年汛后城南二矶至药师庵堤岸相继崩坍，以二矶至一矶间最为严重，崩宽 10～30 米。1948 年、1949 年一矶头南侧被急流冲击，陡崩长宽各为 40 米，随后在一矶上下腮抛枕、抛竹笼和抛石护脚，同时上段窑圻垴、井家渊和鄢家铺等处实施护岸。1946—1949 年，沙市和祁家渊两地除继续实施水下抛石外，还修建混凝土挡土墙式护岸工程，四年间完成石方 2.66 万立方米。

由于历史条件所限和河道演变认识发展，不同时期荆江护岸工程型式各异。历史上多以矶头护岸为主；清代以条石矶、石板坦坡为主；民国时期以块石矶、浆砌块石护坡和竹篓装石、柳枕和抛石护脚为主。沿江城镇岸线有驳岸和浆砌条石等型式。

建国后，不断加大荆江河势控制力度。鉴于石矶阻碍行洪，建国初先后削除或改建沿江矶头、驳岸，同时，逐步实施堤防险工护岸整治，并采用塑料土枕护脚、模袋混凝土土枕、混凝土铰链沉排等护岸新材料、新工艺实施护岸。这些护岸工程不仅遏制崩岸发生、发展，而且有利于控制河势变化。

从 1952 年起，石首河段重点堤段开始采用块石护岸，年均耗石 4100 立方米。1963—1966 年，工程规模逐步扩大，年均耗石 8750 立方米，效果也日益显著。1967—1985 年，年均耗石 14.05 万立方米，由点到面，系统整治。

1950—1958 年，洪湖叶家洲一、二毛矶实施抛石沉枕维护，完成石方 9962 立方米。1954 年春，宏恩一、二矶抛石沉枕维修，完成石方 3587 立方米。1957 年，维修加固原有护岸工程。1958 年丁家堤外滩发生剧烈崩坍，由于该段堤外无滩，堤内地势低洼，退挽月堤困难，只得抛石 2206 立方米进行守护。同年七家护岸工程抛石 1380 立方米，两处小规模护岸，崩势得到基本遏制。1963 年胡家湾堤段发生剧烈崩坍，两次崩幅 30～40 米，河床冲深达−15～−20 米（冻结吴淞），形势危急，经上级部门批准，实施抛石沉枕护岸。此次护岸是洪湖境内首次深水护岸。自 1964 年起，洪湖长江干堤崩岸险工治理转入以抛石护岸为主，退堤挽月为辅，过去遇崩险即退挽局面得到改变。1964—1989 年，洪湖境内螺山至朱家峰段、石码头至王家洲段、上北堡至粮洲段、蒋家墩至王家边段、草场头至七家段、杨树林至上北洲段、新滩口至胡家湾段等七大崩岸险段整治加固 47.69 千米，崩岸险情得到基本控制。

上荆江沙市河湾和郝穴河湾堤外无滩或仅有窄滩，深泓逼岸，防洪形势严峻。经过建国后多年建设，上荆江两岸主要险工险段特别是弯道凹岸迎流顶冲部位均建有护岸工程。1954 年荆江分洪后，南线大堤全线护坦，截至 1985 年，完成石方 20.03 万立方米。

20 世纪 60 年代末 70 年代初，下荆江相继实施中洲子（1967 年）、上车湾（1969 年）两处人工裁弯，沙滩子发生自然裁弯（1972 年），缩短河长约 78 千米。裁弯工程实施后，下荆江多年不断实施河势控制工程与护岸工程，河道摆动幅度减小，岸线稳定性增强，逐渐成为限制性弯曲河道。

自然条件下，下荆江弯道凹岸崩坍、凸岸淤长为其河道演变主要特征。为抑制崩岸，控制河势，提高荆江地区防洪能力，1983 年开始，国家加大下荆江守护力度，特别是 1998 年大洪水后，下荆江实施规模较大的河势控制工程，对稳定岸线与控制河势起到重要作用。

据统计，建国后，经过多年整治，截至 2010 年底荆江河段完成护岸长度 270 千米，累计完成抛石量约 2710 万立方米（含湖南省辖荆江河段护岸 30 千米，石方 222.03 万立方米）。按河段划分，上荆江河段完成护岸长度约 121 千米，累计抛石量约 1042 万立方米，其中荆江大堤护岸段抛石量 600万立方米，公安长江干堤位于上荆江的护岸段抛石量 263.5 万立方米，松滋长江干堤护岸抛石量 74万立方米。下荆江河段完成护岸长度 149 千米，石方 1668 万立方米。

在 1998 年大水后长江重要堤防隐蔽工程中，荆江河段实施新护和加固的岸线约 110 千米，抛石量 626.41 万立方米。在荆江河段河势控制应急工程 2006 年度实施项目中，湖北岸段共 9 段，先后于 2007—2010 年度实施。

表 2-6　荆江河段河势控制应急工程 2006 年度实施项目工程量统计表

序号	地名	起止桩号	施工长度/m	石方量		施工年份
				总量/m³	断面方量/(m³/m)	
1	学堂洲	4+600～5+170	570	52036	91.3	2008—2009
2	沙市	759+332～759+812	570	377	0.7	2008—2009
3	沙市	749+200～750+000	800	41530	51.9	2008—2009
4	文村夹	733+400～735+600	2200	118650	53.9	2006—2007
		12+400～13+350	950			2006—2007
5	南五洲	29+340～29+960	640	58729	91.8	2007—2008
6	茅林口	35+000～36+300	1300	6989	5.4	2009—2010
7	北碾子下段	6+000～6+730	1300	114000	87.7	2007—2008
8	铺子湾	15+720～16+220	500	46800	93.6	2007—2008
9	文村夹	735+250～735+600 734+600～735+100	860	20930	24.3	2009
	合计		10570	475903		

注　茅林口实施铰链沉排护岸，沉排面积 11.28 万平方米。

1998 年大水后，国家投巨资进行堤防工程加固建设，期间护岸工程建设主要项目有：荆江大堤加固工程、洪湖监利长江干堤整治加固工程、荆南长江干堤加固工程、松滋江堤加固工程、石首河湾整治工程、下荆江河势控制工程、界牌河段综合整治工程、荆江河势控制应急工程、岁修工程、整险工程、特大防汛经费护岸工程等。

据初步统计，1950—2010 年，荆州河段护岸工程累计完成护岸长度 302.13 千米。完成主要工程量为：土方 1385 万立方米、石方 2900.43 万立方米、混凝土 31.04 万立方米、柴枕 52.16 万个，完成投资 133968 万元[1]。

表 2-7　荆州长江河道护岸工程历年实施情况汇总表

实施年份	施工长度/m	完成工程量				完成投资/万元
		土方/m³	石方/m³	混凝土/m³	柴枕/个	
合计	840274	13853297	29004323	310444	521655	133968
1950—1988	303724		16495484	25216	343650	21797
1989	37025	456703	412433	2351	5937	1039
1990	31676	435202	381550	829	11139	1217
1991	38341	615800	474110	1358	12959	1454
1992	64396	442156	368228		5360	1024
1993	22261	246122	375781	954	7200	841
1994	21691	93000	284256	386	656	681
1995	22920	531821	374373	3377	2960	1697
1996	27559	539894	502044	7035	12422	2650
1997	10740	251500	140317	290	2622	1012
1998	16490	208858	310634	15208	600	2442
1999	49770	642446	724232	16246	8200	7647
2000	13864	1139452	1112468	15310	23709	7470
2001	60500	2177560	2246168	42389	4890	27088

实施年份	施工长度 /m	完 成 工 程 量				完成投资 /万元
		土方/m³	石方/m³	混凝土/m³	柴枕/个	
2002	61074	4839562	2741064	152209	79351	35361
2003	6985	266443	275354	9026		2230
2004	830		118130			90
2005	9045	266603	354938	204		4107
2006	7458	134016	118206	4134		2521
2007	10425	43200	302428	5269		1846
2008	3440	101128	112944	1408		1190
2009	3450	107259	33946	4017		2648
2010	16610	314572	745235	3228		5914

二、历史矶头驳岸

荆江沿堤历史矶头及驳岸的位置、规格型式及沿革，历代志书和相关档案资料均有记载。

杨林矶 位于荆江大堤桩号 765+800 处，清乾隆五十三年（1788 年）大水后由大学士阿桂主持修筑。矶长二十一丈（约 70 米），土坝一百四十丈（约 466 米），同治十二年（1873 年）加高土坝五尺，十三年（1874 年）接长石矶五尺，光绪十二年（1886 年）再接修矶嘴二丈（约 7 米）。后因学堂洲淤长，沮漳河出口下移，矶头已不临江，逐渐淤塞，唯矶嘴未湮。

黑窑厂矶 位于荆江大堤桩号 762+500 处，亦系阿桂于清乾隆五十三年（1788 年）修筑。原系碎石裹头，后改为鸡嘴坝，连土坝长十八丈八尺（约 63 米）。后亦因沮漳河口下移，矶头不再临江而淤塞。

观音矶 位于荆江大堤桩号 760+265 处，原系旱地工程，以条石砌筑，长 130 米，后沉于水底，清乾隆五十三年（1788 年）冬增修，将矶头接出江面 8 米。道光年间（1821—1850 年）知府程伊湄劝捐补修。同治十三年（1874 年）岁修时，加砌四尺，连土坝计长十一丈一尺，均以条石镶砌。民国十年（1921 年）矶头下游崩宽近 4 米，是年冬修砌石坦坡矶头。民国三十八年（1949 年）又修建混凝土墙一道，长 40 余米，高 5 米。1950 年续修混凝土墙一道。1953 年矶身出现裂缝 2 条，缝宽 2～4 厘米，经勾缝和抛铅丝笼后，险情得到控制。

二郎矶 位于荆江大堤桩号 759+450 处，建于民国十年（1921 年）。矶头下游驳岸为知府舒惠于光绪十七年（1891 年）及十八年筹款建成，长约 1700 米。民国二年（1913 年）又修条石驳岸和板石坦坡，分别长 272 米、280 米，并于民国二十八年（1939 年）建测水尺。

刘大巷矶 位于荆江大堤桩号 759+000 处，清同治十年（1871 年）修建。矶头上下建有驳岸二层，民国二年（1913 年）又加修二层，长 120 余米，宽约 7～10 米。因布局不合理，1957 年削除其高程 33.00 米以上部分，改建成坡比 1:2.5 浆砌石坡。

康家桥矶 位于荆江大堤桩号 758+400 处，清乾隆五十三年（1788 年）后募捐建成。同治十二年（1873 年）又募捐增修石岸并修米厂河至康家桥驳岸四百丈（约 1332 米）。光绪十七年（1891 年）再修康家桥至九杆椇等处驳岸，长 723 米。1952 年汛期，矶头上游桩号 758+540～758+615 段条石驳岸崩坍长 75 米，崩宽 10 米。1953 年改建为浆砌条石护岸。

玉和坪矶 位于荆江大堤桩号 756+600 处，修筑年代不详。矶头上腮原建有浆砌块石。1963 年下游 300 米内滩岸崩坍宽 30～50 米，经铺砌石坦，抛石护脚，至 1966 年始被淤埋。

盐卡矶 位于荆江大堤桩号 747+800 处，修筑年代不详。建国后因河泓逼近，矶身受到严重冲刷，逐年抛石固基和重点铺砌坦坡，矶头保存完好。

岳家湾矶 位于荆江大堤桩号 746＋850 处，清光绪二十一年（1895 年）修筑。矶长 13 米，中宽 3.3 米，底宽 6.7 米，高约 3 米，外砌块石，其中以三合土填筑。1952 年削减矶头，1956 年冬再将矶头下部削坡并砌石坦，上部矶头突嘴尚存，但未起作用。

杨二月矶 位于荆江大堤桩号 745＋870 处，清光绪三年（1877 年）以台砖和条石砌筑，坝脊如剑，长 57 米。1965 年整理矶身并砌块石坦坡，与上下坦坡连成整体。

柴纪上矶 位于荆江大堤桩号 744＋273 处，修筑年代不详。清光绪十七年（1891 年）正月初，矶嘴下滑，面长 57 米，底长 63 米，高 4 米。下首块石护岸长 200 米，高 5 米，光绪二十一年修筑。1965 年矶体高程 3.00 米以下整理成干砌坦坡，并抛石固脚。

柴纪下矶 位于荆江大堤桩号 742＋750 处，建于何年无考。建国后经改造削坦，矶头已无存。

蒿子垱矶 位于荆江大堤桩号 742＋190 处，清光绪二十一年（1895 年）修筑，矶头上下加筑干砌块石坦坡。

七里庙矶 位于荆江大堤桩号 741＋420 处，清光绪二十一年（1895 年）修筑。民国五年（1916 年）在旧有条石驳岸处加修驳岸，长 174 米，宽、高各 7 米。1953 年拆除条石驳岸，改建浆砌条石坦坡。1965 年和 1975 年冬又改成干砌坦坡，后矶头无存。

文村夹矶 位于荆江大堤桩号 734＋200 处，浆砌条石结构，建于何年无考。建国后于水上砌坦护坡，水下抛石护脚。后矶身被淤埋，尚余矶嘴可见。

冲和观矶 位于荆江大堤桩号 721＋120 处，民国二年（1913 年）修筑，四年春大加修补。矶上游建有浆砌条石驳岸长 70 米，建于何年无考。建国后，逐年实施干砌块石护岸工程，并抛石固基。

祁家渊矶 位于荆江大堤桩号 720＋840 处，民国二年（1913 年）修筑，建国后又实施大量固脚护岸工程。

谢家榨矶 位于荆江大堤桩号 720＋000 处，民国二年（1913 年）修筑。矶头上腮建有 60 米长条石驳岸护矶，下游亦有驳岸三段，合长 650 米。其中一段于 1950 年改建成重力式混凝土挡水墙，其余二段也先后于 1969 年和 1971 年改建成干砌块石坦坡。

黄灵垱矶 位于荆江大堤桩号 717＋000 处，民国四年（1915 年）冬修筑，为浆砌台阶式矶头。民国五年又修筑条石驳岸，六年再修上中下三层驳岸，每层 173 米，两端各建矶头一座，各五层，弧长 20 米。十一年堤脚碎石冲刷、下滑，后修砌石坡矶头，抛石护脚，1978 年和 1979 年削平矶头两头空嘴，条石驳岸 300 米，尚保存完好。

无名双矶 位于荆江大堤桩号 715＋300～715＋500 段，系两个矶头组成的石矶，浆砌台阶，散抛斜坡。民国四年（1915 年）又加修小石矶一座，上下复筑摆石、拱石，长 115 米，高 6.7 米。民国六年修补条石驳岸，并加筑摆石、拱石。民国十年矶头崩坍，1972 年实施改造，矶头被削平，上下护岸工程连为一体。

灵官庙矶 位于荆江大堤桩号 714＋582 处，清咸丰十年（1860 年）修筑，浆砌斜坡结构，累计修筑矶头上下条石驳岸长 100 米，并在桩号 713＋040～713＋480 段建有片石驳岸，长 440 米。

龙二渊矶 位于荆江大堤桩号 710＋370 处，清咸丰二年（1852 年）修筑，为散抛斜坡矶头。民国二十年（1931 年）堤岸崩坍，加修块石驳岸六层，二十二年水漫石矶，又加修块石台一层。

铁牛上下矶 分别位于荆江大堤桩号 709＋810 和 709＋500 处，清咸丰二年修筑。高水位时，以下挑为主；中水位以下时，则以上挑为主。两矶上下游（桩号 709＋380～709＋920）建有条石驳岸（少数接头处为片石），长 540 米。

渡船矶 位于荆江大堤桩号 708＋460 处，清咸丰二年修筑，为浆砌条石，弧形台阶式矶头。矶头上下修有驳岸长 620 米，其中桩号 707＋980～708＋120 段为条石驳岸；桩号 708＋120～708＋360 段为片石驳岸；桩号 708＋360～708＋600 段为条石驳岸，与郝穴矶头连成一体。石矶、驳岸至今完好无损。

郝穴矶 位于荆江大堤桩号 708＋100 处，清咸丰二年修筑。光绪十一年（1885 年）知府恒琛加修条石驳岸。光绪二十一年（1895 年）冬，知府舒惠拆除堤上房屋，抛石护脚，修石矶长 173 米，高 5 米。上铺块石坦坡，高 6 米，下游建条石驳岸 17 米，又于上首新建石矶，长 13 米，高 8 米。民国十年（1921 年）旧石板矶头崩塌。

监利城南一、二、三矶 分别位于荆江大堤桩号 629＋720、629＋200 和 628＋800 处，先后建于民国十八年至二十四年（1929—1935 年）。3 个矶头均系块石铺护。除一矶尚完整并发挥作用外，二、三矶已淤埋堤外滩之下。一矶头上下 573 米范围，1950—1964 年实施砌坦和抛枕等护岸工程。

观音洲矶 民国十八年（1929 年）退挽月堤时，于观音洲河湾尾端云溪庙附近修筑矶头，民国二十四年（1935 年），又加筑一次石方工程。其后矶头上下腮出现凹崩，矶身孤立；民国二十五年脱溜，滩岸向北崩退；1952 年矶头屹立江中，后随着主泓向北摆动被淤埋于对岸洲滩中。

叶家洲一、二、三毛矶 民国十九年，叶家洲抛沉块石砌筑矶头三座，名为一、二、三毛矶，分别位于洪湖长江干堤桩号 498＋100、498＋150、498＋400 处。1965 年，三毛矶被水流切断，孤立江中。一毛矶以上出现淤滩，崩势逐渐向二毛矶以下延伸。1968 年，王家洲发生剧烈崩坍，1969 年、1970 年，沉枕抛石 2.96 万立方米。崩岸又由王家洲向上发展，护岸也相应上延与二毛矶连接。由王家洲至叶家洲（桩号 493＋790～498＋700），长 4910 米的崩岸线，自 1950 年维修一、二毛矶起，至 1987 年，总计抛石 24.62 万立方米，其中水下抛石 1.8 万立方米，崩势得以缓解，但有向下发展趋势。

洪恩矶 位于洪湖长江干堤彭家码头至叶十家堤段，桩号 447＋300～450＋750。民国十八年（1929 年）建有木质桩基条石砌筑的石矶三座，分别为一、二、三矶（桩号 447＋400、448＋900、449＋400）。但由于矶头挑流产生强烈回流，致使矶头之间形成弧形凹崩。田家口老堤外滩原宽 150 米，至 1964 年仅余 60 米。1947 年退挽田家口新堤，1948 年该堤被大水冲溃后造成严重灾害。1961 年又发生大窝崩，一次崩宽 30 米，崩长 50 米。同年 10 月，又继续崩长 50 米，崩宽 20 米。1965 年 4 月，一矶下腮老堤坡崩失宽 10 米，长 20 米。1969 年，田家口溃决，宜昌市拆除庙宇、学校中的条石、碑石 1000 余立方米，运送至洪湖，支援堵口抢险。这些石料全部抛投于三矶。至 1985 年，一、二矶头之间仍继续崩坍，其弧长已累计达 570 米，崩宽已达 80 余米；二、三矶头之间累计崩长达 1700 米，宽达 120 米；一、三矶头上下游 200 米范围内，崩势不断发展，为确保安全，只得退挽筑新堤，并进行抛护。

浣市横堤矶 位于松滋长江干堤桩号 713＋440 处，建国前修建，矶头为干砌块石护坡，由于矶头突出河湾，挑流强烈，近岸冲坑大，坦坡松动，经历年抛石护脚固基，矶头保存完好。

杨泗庙矶 位于松滋长江干堤桩号 715＋900 处，建国前修建，矶头为干砌块石护坡。2000 年采取水下抛石镇脚后，岸基基本稳定。

调关矶头 位于石首长江干堤，桩号 527＋900～529＋750。1933 年修筑石坦，次年续修成矶。后因长期迎流顶冲、旋流扫射，加之年久失修，至 1952 年岸脚被淘空，危及堤身及下游堤防安全。1953 年平铺块石 3786 立方米，水下抛石 1573 立方米，1954 年又抛石 1500 立方米，经过连续两年整修，基本脱险。

三、防护林

防护林是栽种于堤防两侧平台或滩地上林木的统称。迎水侧种植的防护林，起着防风、消浪、护堤作用，通常称之为防浪林。植树造林，护堤保土，属水利工程管理养护的重要事项，历代均较重视。荆州长江堤防栽植防护林最早见于南朝盛弘之的《荆州记》，当时，荆江堤防"缘城堤边，悉植细柳，绿条散风，清阴交陌"。其后南宋庆元三年（1197 年），"袁枢知江陵府，沿堤种树数万，以为捍蔽，民德之"。可见历史上沿堤多植有树木，且蔚然成林。

明代，倾心江防的统治者对长江堤防修筑防护提出"可经久而运行"的十条办法，其中第七条为"植杨柳"（明万历《湖广总志》）。并具体说明沿堤栽植杨柳，可使"根土相著，纠互相绛"，汛期

"虽有风浪，可藉搪护"，即起防浪护堤作用。洪湖江堤植树造林同样历史悠久，据清光绪《沔阳州志》载，明崇祯十二年（1639年），沔阳知州章旷"将北口横堤加筑长三百四十丈，高厚坚壮，植杨柳护之，立民舍安之"。在江堤上植树造林后，还修建民房派专人看护。

民国《荆江堤志》载："前清定例，（荆江）大堤离脚五十丈以内不准人民耕种，兴工之时一律留有余地以便栽种芦苇杨柳，藉以搪护。"当时，沿岸遍植芦苇杨柳，而尤重于种植枝杨。《荆州万城堤志》载："枝杨又名白杨，种地即生，柔条长藤，用绳絷结，俨若竹篱，随长随编，数年之后俨若墙壁，而又稀疏柔软，可以随波起立，不致激水生怒，亦属以柔治刚之策。"

清道光十年（1830年），湖北布政使林则徐修订《公安、监利二县修筑堤工章程十条》，明确规定："堤成之后，……并于两坦撒种芭根草子，即可长发，坦外多植柳株、芦苇，禁民采伐，庶藉抵御风浪，可免撞刷之患。"林则徐明确要求公安、监利两县堤防修筑完成后，遍撒草籽进行草皮护坡，并要求堤禁脚坦坡上种植柳树、芦苇，严格按照"修堤工章程十条"执行。清同治十一年（1872年）八月，倪文蔚任荆州知府后，于堤外数丈遍插杨筒，"每株相隔五尺，两行参差取势"，并作碶夫曲云："缘堤新种万杨筒，次第分行布势工，不为浓荫覆游骑，为留枝叶护江风。"营造办法，一是责令堤防兵丁在各自经营段内，"于堤外十丈栽种杨筒芦荻，定限次年二月内一律完竣，报明本管道，檄委荆州验收，务须如式办理，不得草率偷减"；二是动员文武官员和百姓捐种，规定"捐种柳五千株至二万株者，分别议叙；百姓种二万株者，给予顶戴"。这一时期，由于立法严密，故沿岸植树造林防浪，一度出现"万绿参差"局面，但至民国时期已毁尽。

民国时期，松滋、公安江堤外洲植有零星树木，农民沿堤身栽植林木，虽能起到一定防浪作用，但树根穿堤，树蔸腐烂后形成空洞，以致堤防埋下隐患。民国二十五年（1936年），民国政府行政院制订《各省堤防造林大纲》，以3年为完成期限，命各省执行。当年，江陵、公安、监利等县在沿江堤岸共植树11万株。民国三十五年（1946年）江汉工程局成立造林委员会，并颁发《堤防造林及限制倾斜地垦殖办法》10条，沔阳依照该办法要求，在洪湖长江干堤外滩植树造林，当时由于管理经验不足，栽植多，成活少，收效低。同时期，荆江大堤、长江干堤两旁栽种的树木无人管理，破坏严重，堤上杂草丛生。

建国后，荆州堤防不断进行整险加固，堤防管理部门开始重视植树造林工作，在堤防、涵闸、泵站等工程范围，发展耐水林木，这一时期植树造林发展迅速。防护林防浪护堤，保持水土，美化环境，同时经济收入得到增加。

沿江各县（市、区）堤防管理部门在长江干堤沿线划出一定范围，作为工程防护土地，进行植树造林。从1951年起，松滋长江堤防内外禁脚收归国有，为有计划地营造防浪林创造了条件和基础。1952年冬至1953年，公安县在荆江分洪区围堤禁脚内栽防浪林38万株。荆江大堤从1953年冬起栽种防护林，1954年后正式把营造防护林纳入堤防加固计划，每当培修结束，发动群众沿堤内外植树。1955年，党和政府号召"绿化祖国、绿化长江"。该年冬，松滋县长江堤防管理段投资5400元购买杨筒2.7万株，在松滋长江干堤六条路外滩插植，至1958年，所植护堤林木蔚然成林。1959—1961年3年自然灾害时期，一度出现群众毁林种粮和偷伐防浪林现象。1962年，松滋县开始实施林木收益国家与当地群众按一定比例分成的政策，群众护林积极性得到提高，防浪林得到发展，此后，初步形成长江防浪林带。

1956年监利县开始栽植防浪林，并将植树造林列为堤防建设的重要项目，纳入工程计划，结合岁修进行。但由于只重栽植，不重管理，以致形成"栽得不少、活的不多"的局面。1958年洪湖县开展植树造林试点工作，并逐步推广，1963年5月，洪湖县水利工程指挥部颁布《防浪（护）林管养规定》，明确实行"谁建、谁管、谁植树、谁受益"政策。监利县自1962年后，贯彻建管并重的营林方针，并在管理体制上由堤防部门与当地公社（乡）、队联合营造，沿堤内外林木发展较快，1966年基本成活成林。至1985年底，监利县荆江大堤沿堤内外共有防护林近29.54万株。堤外以杨柳为主的防浪林和堤内以水杉、山杉、池杉为主的护堤林形成两道林带，迎水防浪，背水取材。

20世纪80年代初，洪湖县堤防管理部门在"加强经营管理，讲求经济效益"方针指导下，植树造林成为开展多种经营的重要门类，利用堤、闸、渠、泵站周围工程用地资源，大量栽植经济林和用材林，把营造、管理、砍伐、更新纳入正常规程。

1961年前，各县区大多采取发动堤防管养员栽种和雇请民工栽种包栽包活两种种植模式。管养员每栽树一棵，按定额实行补贴，栽完验收，先付一半，余款年终结账；民工栽种则按定额记工，按工计酬。

1961年后，由于沿江堤防护林大多发展成林成材，每年更新、砍枝均有一定收入，因此在经营管理上，开始实行林木收益国家与当地群众按一定比例分成政策，实行与大集体联合营造管理，收益"三七分成"的办法，即由堤防部门投资育苗，当地农业社队群众参与栽种管理，收益国家提取三成，其余七成则归社队群众。此举加强了群众护林工作，促进了防浪林发展。1984年后推行堤林管理承包责任制，分专业户、专业人、联合体、定额管理4种承包形式，实行"国家所有，专业承包，管堤为主，以林养堤，保留现资，增值分成，逐年预支，到期结算"的管理办法。由于报酬合理，群众植树造林积极性提高。至1985年底，荆江大堤沿堤植树达102.9万株，其中防浪林31.6万株，防护林71.3万株，平均每千米堤段植树5641株。1988年后，实行管养员报酬与乡村脱钩，所有堤段防护林栽植、管理由分段干部职工及管养员负责，管养员报酬在绿化收入内解决。2006年4月，荆州长江河道堤防管理系统实行体制改革，取消群管员，防护林栽植管理由各段干部职工负责。

建国后很长时期沿江两岸植树造林以种杨柳为主，一般栽种5～8排，多的达10余排，个别滩宽处达30排；堤内护脚以种"三杉"为主，一般离堤脚6米，栽种5～30排。20世纪60年代开始利用堤后禁脚地种植防护林，既可配合堤前防浪林巩固堤防，又能充分利用堤后禁脚土地资源，创造经济效益，增加管理单位和群众收益。这一阶段多栽种桑树、果树、油桐、楝树、枫杨等经济防护林，经过一段时间实践，发现这些树种生长缓慢，不易管理。此后，根据江汉平原地区地下水位高特点，经试验证明选择速生、耐水性强的以水杉等为主的树种比较适宜，随即推广各地普遍采用。80年代以山杉、水杉及少许杨柳为主。90年代以山杉、水杉少许，意杨为主。2000年以后发展为全部栽植意杨。其间不断改良意杨品种，并从南京林业大学引进优良品种沿堤栽植。据2010年调查，荆州长江干堤植树造林主要品种有中石8号、鲁山杨、南林895、中潜系列等。

荆江大堤营造防浪林后，防洪效益显著。过去堤外因无树林防护，汛期高水位时如遭遇大风，堤身受风浪淘刷极为严重。1954年汛期，荆江大堤因风浪淘刷普遍造成严重浪坎，沿堤因风浪袭击所造成的堤岸崩坎达31处，计长4745米，何家垴最大浪坎高达1米。1954年荆江分洪区分洪，分洪区60%以上堤段被风浪冲刷成1～4米陡坡，闸口、保恒垸、新口等安全区围堤毁坏尤其严重，而栽植防浪林堤段损坏较轻。荆江两岸沿堤形成防浪林带后，洪水淹至堤脚，即使出现5～7级大风，由于前沿有防浪林带搏护，风浪冲击力大为减弱，很少出现浪坎或其它损坏堤身现象。

图2-18 长江干堤防护林

植树造林不仅起到保护堤防工程的显著效果，而且能改善和美化生态环境，增加经济收入，减轻防汛负担，逐渐成为发展水利堤防事业的重要经济"支柱"。截至1985年，荆江大堤共为国家和集体提供成材1.3万余立方米，树枝1400吨，经济收入达208.11万元。其中国家所得部分，除用于购置树苗、农药、化肥、工具以及管养人员生活补助外，各级管理部门还有部分盈余。至2010年底，石首长江干堤共植树44.29万株，其中防浪林29余万株，防护林15.33万株，平均每千米4643株，有育苗基地1.33公顷，年出圃幼苗5万株用于更新栽植。1963年，洪湖长江干堤仅有林木9.4万株，1965年达到22.1

万株，经过多年不断造林，1976年达到120.7万株。从1965年至1989年底，洪湖长江干堤历年砍伐木材4.15万立方米，纯收入54.3万元。

河道堤防部门把护堤护岸林建设作为堤防事业持续发展的基础，1998—2005年堤防加固建设期间，基本实现工程土地不失权、宜林地不闲置，工程完工后及时进行植树造林。为加强新植防护林的管理，荆州市长江河道管理局于2001年3月编制并实施《新植防护林美洲黑杨品系管理规定（暂行）》和《新植防护林管理奖赔办法（暂行）》。

截至2010年底，荆州市长江干堤禁脚地面积共有63.79平方千米，防护林389万株，蓄积量约14.98万立方米。1998—2010年共造林1138万株，采伐218.4万株，采伐蓄积62391立方米。

表2-8　　　　　　　　　　荆州河段堤防工程用地及防护林资源统计表

县（市、区）堤防	堤内					堤外					合计			
	堤长/m	禁脚面积/hm²	禁脚实际使用面积/hm²	防护林株数	防护林蓄积/m³	堤长/m	禁脚面积/hm²	禁脚实际使用面积/hm²	防护林株数	防护林蓄积/m³	禁脚面积/hm²	禁脚实际使用面积/hm²	防护林株数	防护林蓄积/m³
合计	905290	4086.39	2734.84	1511942	133499	912331	5519.11	5428.36	1797722	124892	9605.50	9329.42	3309664	258393
一、荆州（区）	73640	270.34	299.20	180055	9729	73640	227.59	227.46	162071	7254	497.93	497.74	342126	16983
荆江大堤	48850		241.27	151542	8699	48850		153.13	87492	5523		394.47	239034	14222
浣里隔堤	14530		43.53	16149	1030	14530		43.53	35252	1731		58.07	51401	2761
荆南干堤	10260		14.40	12364		10260		30.80	39327			45.20	51691	
二、沙市（区）	16500	209.97	209.87	169607	4566	8210	30.17	30.13	19920	252	240.14	240.00	189527	4818
三、江陵	69500	349.44	335.76	176412	24498	69500	205.61	197.36	111958	10915	555.05	533.12	288370	35413
四、监利	143950	492.57	492.34	330882	10354	143850	615.95	615.66	509960	10059	1108.52	1108	840842	20413
荆江大堤	47500		147.87	71812	4720	47500	615.95	160.53	125185	6195		308.40	196997	10916
长江干堤	96450		344.47	259070	5634	96450		455.13	384775	3864		799.60	643845	9498
五、洪湖	133550	450.09	450.09	223730	30036	135036	694.02	694.02	351202	34360	1144.11	1144.11	574932	64396
六、松滋	29480	1438.29	85.36	42557	6550	29440	2326.39	2263.43	70101	8917	3764.68	3543.93	112658	15467
松滋江堤	24500	1218.48	71.50	39024	5920	24500	2052.38	1989.42	62201	8239	3270.86	3061.99	101225	14159
荆南干堤	2240	114.64	6.85	3533	630	2240	161.36	161.36	3970	480	276.00	264.12	7503	1110
浣里隔堤	2740	105.17	7.01			2700	112.65	112.65	3930	198	217.82	217.82	3930	198
七、公安	343270	612.88	599.41	228722	41886	348865	830.22	811.10	265627	43835	1443.10	1410.51	494349	85722
荆南干堤	95800		244.19	86595	15763	130150		323.61	104620	19090		567.80	191215	34853
南线大堤	22000		104.10	31237	6668	34050		42.25	18276	1199		146.35	49513	7867
虎东干堤	90580		174.52	81066	14196	97680		232.47	70679	12391		406.99	151745	26587
虎西干堤	38480		47.88	16888	1966	38480		126.43	45225	6610		174.31	62113	8577
虎西山岗堤	43630					43630								
围堤	52780	677.56	28.72	12936	3293	58375	856.01	86.34	26827	4545		115.06	39763	7838
八、石首	95400	262.81	262.81	151500	4441	95400	589.16	589.20	289804	7136	851.97	852.01	441304	11577
荆南干堤	82840	243.54	243.54	141347	3599	82840	560.36	560.40	278588	5443	803.91	803.93	419935	9042
胜利垸	4800	5.07	5.07	1270	270	4800	18.40	18.40	4054	1346	23.47	23.47	5324	1616
章华堤	7760	14.20	14.20	8883	572	7760	10.40	10.40	7162	347	24.60	24.60	16045	919
九、南北闸				8477	1439				17079	2164			25556	3603
北闸				6237	1209				5445	1101			11682	2310
南闸				2240	230				11634	1063			13874	1293

注：

[1] 数据来源于《荆州市长江河道护岸工程技术资料整编》，荆州市长江河道管理局，2010年12月。

〔2〕2010 年 12 月数据。

第七节 涵 闸 泵 站

　　荆州长江堤防修筑涵闸泵站起缘较早，历年来为沿堤民众生产生活发挥显著效益。荆江地区涵闸有确切史料记载，最早的为元大德年间石首县筑黄金堤修渠建闸节制的记录。明代后，涵闸修筑随着垸田兴盛而发展，至清后期，长江沿岸修建有一些刭闸，多为陶管或木质结构，流量一般很小，经常淤废，但却是解决沿江两岸排涝的重要设施。建国后，为保证荆州长江防洪安全和解决沿堤群众生产生活需要，涵闸泵站陆续修建。

一、建国前涵闸

　　元代黄金堤闸　　元大德中（1297—1307 年），萨德弥实主持在石首县筑黄金堤修渠建闸节制。清嘉庆重修《大清一统志》卷三四五载："黄金堤在石首县南五里，元大德中，萨德弥实所筑。县南去洞庭湖一百余里，每秋霖泛涨，辄至城下，自筑黄金堤障之，水患遂息。此堤不特防御外浸，亦利内泄，因设桥闸，以时启闭。"可知当时筑堤时建有节制闸，为一套排泄系统，具有一定技术水平。

　　清嘉庆年间（1796—1820 年）　　湖广总督汪志伊在江陵、监利、洪湖等地修建涵闸，以解决当地民众灌溉排涝之所需，不过流量极小，且淤塞严重。据道光二十年（1840 年），湖广总督周天爵向朝廷奏报江汉灾情，所呈《疏堵章程六章》中，即有三章专指修建涵闸事宜。他指出："查（长江）北岸自前任督臣汪志伊于汉川、沔阳、监利、江陵地方设立闸座，冬启夏闭，其法甚美，惜不度湖之广狭，又不专在下游，所制口门宽不过七八尺一丈不等，如屋大之盂留一容指之口，冬月泄水无几，而夏汛续至即须堵闭，故无济也。"

　　荆江大堤历史上涵闸，见于方志和碑记者，有郝穴范家堤闸、监利盂兰渊闸和吴洛渊闸。监利、洪湖长江干堤上修建较早的有螺山闸、新堤老闸。松滋长江堤防上天王堂闸建于清道光二十二年（1842 年），建国后很长时期一直沿用。松滋长江堤防戴家渡闸修于同治十年（1871 年），因外洲围垸，后作内闸过水之用。公安长江干堤马家嘴闸修建时间亦较早，旧闸原建于光绪十六年（1890 年）。

　　范家堤排水闸　　位于荆江大堤桩号 706＋500 处，建于清嘉庆二十三年（1818 年），其修筑经过，据该闸碑记记载："丙子（1816 年）之秋，双圣堤溃二百余丈，洪流内灌，平地扬波，……越次年，丁丑（1817 年）春，……详核淹渍情形，勘得郝穴汛有熊家河，可引桑湖汇归之水，直接出范家堤以达于江。爰请于大府，具奏借款，择吉鸠工，遴员监督而复建闸焉。"闸分前后两座，为套闸，共长 5.3 米，单孔，高、宽各 2 米。闸前后均建有八字墙，堤内引水河长 766 米，河口宽 27 米，深 7米，底宽 6.7 米。清道光六年（1826 年）堤溃闸毁。遗址尚存石碑一座。

　　盂兰渊排水闸　　位于荆江大堤桩号 658＋700 处，据民国《湖北通志》载："在窑圻江堤，道光间（1821—1850 年）建，今废。光绪三年（1877 年）履勘，外洲高于闸口数尺。"另据《荆州府志》载："案内地卑于外江，昔内水难浅，外水易灌，闸遂止废。且此闸地处西北上游，仅能泻白鹭一带之水，不能使东南洼下之柴林河诸水逆流到此者，其理与势使然也。"

　　吴洛渊闸　　亦称南刭，位于荆江大堤桩号 644＋000 处，系单孔浆砌条石刭闸，为清道光三年（1823 年）溃决外挽大堤时所建，民国十四年（1925 年）开闸引水抗旱因出险封闭，后淤埋于堤内坡，建国后锥探时发现闸遗址并进行处理。

　　螺山闸　　清道光三十年（1850 年），为消泄内湖渍水，在监利长江干堤螺山处修建排水闸，为浆砌条石结构，内外各置木闸门两道，闸孔为箱式拱顶。清同治《监利县志》载："螺山闸鉴山为之，道光间建，今废。"又载，螺山闸"泻沔阳洪湖一带之水，惜淤塞无用。"螺山原属监利管辖，建国后，因闸底偏高、孔小，1959 年拆除，在原址改建为双孔 3 米宽混凝土排水闸，1971 年原闸拆除，改建螺山泵站。

1949 年前，洪湖境内孔宽 1.5 米以上涵闸有螺山闸、新闸（龙王庙闸）、老闸（茅江闸）、永安、七星、主车、河滩、永固、永乐、江理等 10 座涵闸。其中新闸最大，孔宽 4.1 米，老闸修建最早，清嘉庆十三年（1808 年）修建。但这些沿江涵闸标准很低，十闸九漏，闸孔窄小，排水不畅，效益不明显，又影响堤防安全，后分别废除。

茅江闸 又称新堤老闸，位于洪湖新堤。新堤古名茅江口，外滨长江，内临洪湖，为江陵、潜江、监利、沔阳湖沼积水出江要道。明嘉靖、万历及清康熙、雍正年间多次修复由沙市至汉阳的沿江干堤，堤身穿压茅江口，当时并未建闸。此后数邑民堤赖干堤阻遏江水，由于沙市便河以下各湖蓄水只能由洋坼湖分向青滩、沌口二处出江，消泄不畅，每值春夏暴雨，沿湖稻田受淹数量，动辄数十万亩。清嘉庆十三年（1808 年），湖广总督汪志伊奏请发帑修建水港口和茅江闸。该闸消洪湖之水入长江，限每年农历九月上旬开启，以泄积潦，次年三月上旬关闭，以防江汛。汪志伊主持修闸后，严加管理，内泄积涝，外防倒灌。嘉庆二十三年，绅耆刘应鸾领帑于龙王高庙施墩河口添建新闸，因施工质量差，不久即行溃废。民国初年，新堤老闸闸基损坏，闸板腐朽，地方无力修缮，加之时局动荡，政府无暇顾及，致闸口淤塞，20 余年里不能开启。1947 年，江汉工程局驻新堤第六工务所整修新堤老闸，开启排水后，因闸门关闭不严，汛期漏水，几酿成闸毁堤溃之灾。1949 年 7 月，长江甘家码头干堤溃决，为及时泄洪冬播，当年开启老闸泄洪。1950 年春整修闸身、更换闸门后，又得以发挥排水功能。1959 年重建该闸，采用重力式拱涵结构，分为 3 孔，单孔净宽 3 米，1960 年 4 月竣工。1999 年 12 月至次年 6 月，整险加固老闸，原洞身实施混凝土衬砌；延长洞身，重建启闭台；更换 3 孔闸门埋件、闸门及启闭机。

二、建国后涵闸泵站

建国后，荆州长江干堤上老涵闸因出险或淤塞而废除后，新的涵闸泵站尚未修建以前，沿江两岸干堤并无引水设施。为缓解人畜饮用水及农田灌溉困难，多次在堤身挖明口引水：肖家畈，1959 年挖开一次，1961 年挖开两次，口门宽约 41 米，引水量约 2000 万立方米；监利北王家，1960 年挖口，口门宽 40 米，引水量 1200 万立方米；钟家月，1959 年挖口，口门宽 45 米，进水量约 3700 万立方米；何家垱 1959 年挖口一次；沙市窑湾 1959 年挖口；监利一弓堤 1959 年、1960 年两次挖口。当年在荆江大堤和长江干堤这样重要堤防上挖明口引水，主要原因是堤防上缺少引水涵闸，但挖明口引水常因无法控制而淹没农田，或因封堵不及时造成溃决。为此 1959 年 8 月湖北省委专门向荆州地委下发《为确保荆江大堤安全一律不得挖堤引江水抗旱的通知》。据统计仅 1960 年长江干支民堤即开挖明口 107 处，有的因封堵不及时造成溃决。

20 世纪 60 年代，沿江两岸开始大量修建涵闸泵站，截至 2010 年底，荆州长江干堤上有穿堤建筑物 94 座，按行政区划分，松滋市 1 座，公安县 44 座，石首市 16 座，荆州（区）7 座，江陵县 2 座，监利县 11 座，洪湖市 13 座；按工程作用分，排灌闸 77 座，电力泵站 14 座，交通闸 3 座。由荆州市长江河道管理局管辖的涵闸泵站为 42 座。1990 年后，国家安排资金对其中 32 座涵闸实施重建、改建或加固。荆州长江主要支堤涵闸泵站共 215 座（包括部分民垸闸站）。

万城闸 位于沮漳河左岸荆州区境内，荆江大堤桩号 794+087 处。为Ⅰ级建筑物，钢筋混凝土结构，拱涵式三孔灌溉闸，每孔净宽 3 米，净高 4.36 米，平板钢质闸门，闸底高程 34.50 米（冻结吴淞），闸顶高程 39.36 米，安装蜗壳螺杆式启闭机 3 台，启闭能力 30 吨，控制运用水位 43.67 米，设计最大过闸流量 50 立方米每秒。配套工程包括干渠长 2～3 千

图 2-19 万城闸

米，支渠 5 条长 82 千米。自沮漳河引水，灌溉荆州区马山、川店、八岭山、李埠、纪南、九店和太湖等地农田 2.47 万公顷。1961 年由长办设计，同年 12 月由省水利工程四团施工，1962 年 5 月 1 日建成，1994 年实施整险加固。

观音寺闸 位于江陵县境内，荆江大堤桩号 740＋750 处，为新、老闸组成的套闸，钢筋混凝土结构。老闸系拱涵式，由荆州地区长江修防处设计并施工，1960 年 2 月建成，为Ⅲ级水工建筑物。

运行两年后，由于基础不均匀沉陷，伸缩缝止水破裂，闸门开启时震动严重，对涵闸安全构成威胁。因此，1961 年由长办设计，在老闸前围另建开敞式新闸。新闸于 1961 年 11 月动工，1962 年 4 月建成，为Ⅰ级水工建筑物。两闸建设规模一样，均为开敞式 3 孔，每孔净宽 3 米，净高 3.3 米，闸底高程 31.76 米（冻结吴淞），闸顶高程 35.06 米，平板钢质闸门，闸室装有蜗壳螺杆式启闭机 3 台，启闭能力 30 吨，闸后消力池长 29 米，控制运用闸前水位 42.07 米，设计流量 56.79 立方米每秒，校核流量 77 立方米每秒，1971 年最大引灌流量达 110 立方米每秒。配套工程建有总干渠 1 条，

图 2-20 观音寺闸

长 900 米，干渠、分干渠 5 条，长 102.4 千米，以及支渠 32 条，斗渠 331 米，灌溉江陵、潜江、沙市以及江北、三湖、六合等农场，受益农田 6.35 万公顷。1997 年实施涵闸整险加固，2009 年实施局部整治。

颜家台闸 位于江陵县境内，荆江大堤桩号 703＋535 处，为Ⅰ级水工建筑物，钢筋混凝土结构，

图 2-21 颜家台闸

拱涵 2 孔，每孔净宽 3 米，净高 3.5 米，钢质平板闸门，闸底高程 30.50 米，闸顶高程 34.50 米（冻结吴淞）。闸室装有蜗壳螺杆式启闭机 2 台，启闭能力 30 吨，闸后建有消力池和扭曲面护坡。控制运用水位 39.70 米，设计流量 37.6 立方米每秒，校核流量 41.6 立方米每秒。1970 年超设计运用最大流量达 52.7 立方米每秒。配套工程有总干渠长 2.8 千米，干渠、分干渠 5 条，长 41.28 千米，支渠 14 条，灌溉江陵县白马、熊河、普济、沙岗、郝穴等乡镇农田，实际受益面积 3.41 万公顷。该闸由江陵县水利局和江陵县长江修防总段设计，长办和省水利厅审批，荆州地区长江修防处及江陵县组织施工。1965 年 12 月 10 日开工，1966 年 5 月 1 日竣工。1996 年进行整险加固，2002 年、2006 年分别实施局部加固。

一弓堤闸 位于监利县境内，荆江大堤桩号 673＋423 处。为涵洞式进水闸，钢筋混凝土结构，拱涵 2 孔，每孔净宽 2.5 米，净高 3.75 米，钢质平板闸门，闸底高程 28.00 米（冻结吴淞），控制运用水位 37.00 米，设计流量 20 立方米每秒，扩大流量 30 立方米每秒。1961 年动工修建，次年 5 月建成，设计受益面积 2.3 万公顷，投资 36.9 万元。由于堤外有人民大垸，不蓄水时不直接挡水，因此又于 1964 年在下人民大垸上搭垴冯家潭修建配套闸一座，3 孔，每孔宽 3 米。1993 年拆除老闸，在原址重建新闸，

图 2-22 一弓堤闸

为 I 级水工建筑物。新闸闸首及穿堤拱涵纵向轴线不变，闸轴线东西两侧荆江大堤桩号 673＋300～676＋600，堤顶高程由原 41.10 米加高至 42.26 米，堤面设计宽 12 米。

图 2-23　西门渊闸

西门渊闸　位于监利城关上端，荆江大堤桩号 631＋340 处。1959 年在此处上首修建灌溉闸，为纯混凝土结构，拱涵，2 孔，孔宽 2.5 米，设计流量 25 立方米每秒，名为城南闸。因设计标准偏低，与防汛要求不相适应，1964 年汛后拆除。当年 12 月按 I 级水工建筑物标准重建新闸——西门渊闸，次年 6 月建成。新闸系双孔钢筋混凝土拱涵，孔宽 3.5 米，闸底高程 26.00 米（黄海高程），设计流量 34.29 立方米每秒，扩大流量 50 立方米每秒，设计灌溉面积 3.17 万公顷，电动启闭装置，并试制自动控制。1994 年进行整治加固。

黄天湖泵站　位于南线大堤桩号 579＋800 处，距荆江分洪工程节制闸（南闸）2 千米，是荆江分洪区主要排涝工程之一，也是荆江地区修建最早的一座大型电力排水站。1966 年 11 月动工，1969 年 4 月竣工投入运行，由省水利厅组织省、地、县水利局联合设计组设计，装机总容量 6×800 千瓦。设计时即考虑到湖区排涝和分洪区分洪的特殊情况，泵房布置形式为堤后式，肘型流道进水，爬坡长管路虹吸出流。根据沙市 1954 年最高水位 44.67 米，相应泵站外河最高水位 39.00 米确定虹顶底高程 39.50 米，设计排水流量 48 立方米每秒。建成后，由于多年沉陷，现实际虹顶高程 39.30 米，加之湖南多年来堵支并流围湖造田，以及河床淤塞，形成南水严重顶托，致使泵站外江水位 6 次超过虹顶，不仅失去外排机会，而且严重威胁泵站设备和分洪区人民生命财产安全。泵站出水渠淤积也很严重，1985 年投资修建防洪拦淤闸，2006 年进行改造，将驼峰改为平管出流。

螺山船闸　位于洪湖长江干堤桩号 527＋160 处，沟通长江与螺山干渠，船闸下闸门连接长江干堤，承担长江防汛的重要任务。船闸上连螺山干渠通洪湖，下接长江，为江汉航线南大门。按五级航道标准设计，通航等级为 300 吨级，年设计通航能力 278 万吨。1996 年 11 月开工建设，2000 年 3 月完工。

新滩口泵站　为四湖中下区流域性排水泵站，通过小港闸、张大口闸排除洪湖渍水，与高潭口泵站联合运用，能有效提高中下区排涝能力。泵站装机总容量 10×1600 千瓦，排水量 220 立方米每秒，1983 年 12 月开工，1986 年 7 月试运行。泵站枢纽总体布置为堤身式，钟型流道进水，低驼峰虹吸管道出流，出口安装有拍门。2009 年改造，拆除钟型流道改为撮箕型流道并增设防洪闸门。

图 2-24　新滩口泵站

图 2-25　新滩口船闸

表 2－9   荆州河段长江干堤涵闸泵站统计表

涵闸、泵站名称	堤别	桩号	堤顶高程/m	管理单位	建成/改造年份	水准基面	闸基地质	过闸流量/(m³/s)	洪水重现（设计/校核）/m	孔数	尺寸/(m×m)	底板/m	门顶/m	闸上/m	闸下/m	闸体	闸门	启闭机	功能	灌溉/hm²	排涝/hm²	存在问题
荆州区（7）																						
万城闸	荆江大堤	794+087	49.40	荆州分局	1962/1994	黄海	粘土	40/50	45.61	3	3.0×4.36	34.50	39.36	41.98	35.84	钢筋混凝土	钢平板	双动螺杆	灌	24667		
幸福闸	荆市干堤	704+250	46.31	弥市镇水管所	2002	黄海		14.26		1	2.5×3.0	36.50		43.51	36.56	钢筋混凝土	钢平板	双动螺杆	灌			
金桥闸	浣里隔堤	4+960	46.00	荆州分局	1965	吴淞		3.47		1	2.0×2.2	36.27				钢筋混凝土	钢平板	手动螺杆	灌			
余家泓闸	浣里隔堤	10+800	45.80	荆州分局	1965	吴淞		17.2		2	2.5×3.2	35.00				钢筋混凝土	钢筋混凝土平板	手动螺杆	排			
太平桥闸	浣里隔堤	14+050	45.70		1965	吴淞		6.25		1	2.0×3.0	35.00				钢筋混凝土	钢筋混凝土平板	手动螺杆	排			
顺林沟闸	浣里隔堤	15+200	45.70	荆州分局	1965	吴淞		5.01		1	2.0×3.01	35.00				钢筋混凝土	钢筋混凝土平板	手动螺杆	排			
鄢家泓闸	浣里隔堤	13+000	45.70	荆州分局	1965	吴淞		16.8		2	2.5×2.5	35.00				钢筋混凝土	钢筋混凝土平板	手动螺杆	排			
江陵县（2）																						
观音寺闸	荆江大堤	740+750	46.62	江陵分局	1962/1997	吴淞	粘土	56.79/77	41.98	3	3.0×3.30	31.76	35.06	39.98	32.48	钢筋混凝土开敞	钢平板	双动螺杆	灌	63533		启闭机老化管理设施差
颜家闸	荆江大堤	703+535	44.10	江陵分局	1966/1996	吴淞	粘土	37.6/41.6	41.60	2	3.0×3.50	30.50	34.50	39.70	33.82	钢筋混凝土	钢平板	双动螺杆	灌	26786		基础管理设施差
监利县（11）																						
一弓堤闸	荆江大堤	673+423	41.75	监利分局	1993	黄海	粘土	20/30		2	2.5×3.75	28.00		37.00	29.64/30.24	钢筋混凝土	钢平板	手、柴油机螺杆	灌	23000		
西门渊闸	荆江大堤	631+340	39.87	监利分局	1964/1995	黄海	粘土	34.29/50	35.10	2	3.5×4.95	26.00		32.86	23.82	钢筋混凝土	钢平板	双动螺杆	灌	31733		螺杆磨损严重
半路堤泵站防洪闸	监利干堤	624+400	39.70	监利水利局	1999	吴淞		76.5		3	3.5×4.0	27.40				钢筋混凝土	钢平板	电动螺杆	排/灌	22400		
何王庙闸	监利干堤	611+152	38.69	监利分局	1973/2000	吴淞		34/	36.82	2	3.0×4.0	24.50	29.00	34.50/38.05	26.50/26.00	钢筋混凝土	钢平板	双动螺杆	灌	29300		洞身裂缝
王家巷闸	监利干堤	604+620	38.70	监利分局	1977	吴淞		10/15	36.71	1	3.0×4.5	24.80	29.30			钢筋混凝土	钢平板	手、柴油机螺杆	灌	10867		
王家闸	监利干堤	584+650	37.60	监利分局	1996	吴淞		10/15	35.36	1	3.0×4.0	25.00	29.00			钢筋混凝土	钢平板	双动螺杆	灌	5793		闸室严重风化
北王闸	监利干堤	570+150	37.03	监利分局	1960	吴淞		12.5/	34.92	1	3.0×3.0	25.00	28.75			钢筋混凝土	钢平板	螺杆	灌	8867		
白螺矶闸	监利干堤	550+555	36.50	监利分局	1996	吴淞		4.86/	34.32	1	2.5×3.75	25.00	28.75			钢筋混凝土	钢平板	双动螺杆	灌	3400		螺杆与闸门中线不对称
杨林山电排站	监利干堤	539+000	36.50	监利水利局	1999	吴淞		80		10	2.0×2.0	26.00				钢筋混凝土	钢平板	双动螺杆	排/灌			

续表

涵闸、泵站名称	堤别	桩号	堤顶高程/m	管理单位	建成/改造年份	水准基面	闸基地质	过闸流量/(m³/s)	洪水重现(设计/校)/m	闸孔孔数	闸孔尺寸/(m×m)	高程底板/m	高程门顶/m	设计/校核水位闸上/m	设计/校核水位闸下/m	闸体	闸门	启闭机	功能	灌溉/hm²	排涝/hm²	存在问题
杨林山深水闸	监利干堤	538+380	36.30	监利水利局	1999	吴淞	粉质粘土	17.5		2	2.5×3.0	19.50		24.00/34.80	24.30/15.90	钢筋混凝土拱	钢平板	双动螺杆	排/灌	18667	100	
螺山电排站	洪湖干堤	527+880		监利水利局	1968	吴淞													排/灌			
洪湖市	13																					
螺山船闸	洪湖干堤	527+160		洪湖交通局	1999	吴淞		300吨级		1	12.0	12.80	37.00			钢筋混凝土开敞			航运			
新堤大闸	洪湖干堤	508+595	36.00	洪湖水利局	1971/2001	吴淞		800/1050	20.00	23	6.0×9.50	19.60	38.30	26.92/31.52	21.92/20.00	钢筋混凝土半开敞	钢平板	电动螺杆	排			
新堤老闸	洪湖干堤	505+583	35.60	洪湖水利局	2000	吴淞	砂壤土	50		3	3.0×3.5	20.00					钢平板	电动螺杆	灌			
石码头电排防洪闸	洪湖干堤	500+422	35.50	洪湖水利局	1975	吴淞	粉质粘土	18		1	3.5×3.5	20.60	39.10	32.30/34.00	23.50/23.00	钢筋混凝土拱	钢平板	电动螺杆	排/灌	6000	4200	
龙口电排防洪闸	洪湖干堤	464+680	34.80	洪湖水利局	1974	吴淞	砂基	20		1	3.0×4.0	22.50	38.80	29.84/32.80	23.80/22.50	钢筋混凝土拱	钢平板	电动螺杆	排/灌	3340	3300	
高桥闸	洪湖干堤	454+705	34.70	洪湖分局	2000	吴淞	粉质粘土	15.25/	20.00	1	3.0×3.0	24.00	37.70	30.50/33.23	27.52/24.00	钢筋混凝土箱	钢平板	双动螺杆	排/灌	1980	2000	
大沙电排站防洪闸	洪湖干堤	448+085	34.70	洪湖水利局	1971	吴淞	粘土	29.4		2	3.5×3.5	24.00	38.20	31.50/32.82	22.60/22.10	钢筋混凝土箱	钢平板	电动螺杆	排/灌	1500	4900	
叶家边提灌站	洪湖干堤	441+975	34.70	洪湖水利局	1986	吴淞	粘土/细砂	20									钢平板	手动螺杆	灌	2000		
燕窝电排站防洪闸	洪湖干堤	426+775	34.70	洪湖分局	1982	吴淞		9.2/6		1	3.0×4.0	21.00	25.00	26.30/31.80	24.00/22.50	钢筋混凝土箱	钢平板	双动螺杆	排/灌	990	4180	
仰口闸	洪湖干堤	402+142		洪湖水利局	1962/2003	吴淞		460		1	2.5×2.5	23.50	26.50	28.34/30.40	32.50/32.50	钢筋混凝土箱	钢平板	手动螺杆	排/灌	650	3400	
新滩口排水闸	内荆河引堤	4K+139		四湖管理局	1959	吴淞		220		12	5×6	16.40							排		475800	
新滩口电排引堤	内荆河引堤	3K+630		四湖管理局	1986	吴淞						上16.00 下14.00				钢筋混凝土箱			排/灌			
新滩口船闸	内荆河引堤	2K+930		四湖管理局	1960	吴淞		300吨级		1	12.0											
松滋市	1																					
杨家垴闸	松滋干堤	725+591	46.38	松滋分局	2000	吴淞	粘土	10/	46.841	1	4.0×4.0	37.00	39.70	45.13/45.43	43.26	钢筋混凝土开敞	钢平板	电动卷扬	灌	8700		
公安县	44																					
北闸	公安干堤	697+850	47.20	北闸管理所	1952/1990	吴淞	砂壤土	7700	8000	54	18×3.93	41.50	45.43			钢筋混凝土开敞	钢平板	手、电动卷扬	分洪			两机一门操作不便

续表

涵闸、泵站名称	堤别	桩号	堤顶高程/m	管理单位	建成/改造年份	水准基面	闸基地质	设计标准								结构型式			功能	设计排、灌面积/hm²		存在问题
								过闸流量/(m³/s)	洪水重现(设计/校核)/m	闸孔		高程/m		设计/校核水位		闸体	闸门	启闭机		灌溉	排涝	
										孔数	尺寸/(m×m)	底板	门顶	闸上/m	闸下/m							
周家土地闸	公安干堤	691+040	46.72	公安水利局	1959/1965	吴淞		10/		1	2.8×3.0	36.00		45.21		钢筋混凝土箱	钢弧板	双动螺杆	灌	3800		渗径短、建设标准低
马家嘴闸	公安干堤	666+230	45.00	公安水利局	1958/2003	吴淞	粉质壤土	9.95/		1	2.5×2.5	34.00		43.98		钢筋混凝土箱	钢平板	双动螺杆	排/灌	2333		
二圣寺灌溉闸	公安干堤	651+250	42.43	公安水利局	1972/2003	黄海	粉质壤土	12.5/		1	3.8×4.0	30.20	34.70	41.46	32.90	钢筋混凝土拱	钢平板	双动螺杆	灌	10000		
二圣寺防洪闸	公安干堤	651+250	42.43	公安水利局	1972/2003	黄海	粉质壤土	12.5/		2	2.0×3.0	28.20	31.70	41.46	35.70	钢筋混凝土箱	钢平板	双动螺杆	排	10000		
白龙港闸	公安干堤	620+500	44.00	公安分局	1960/2002	吴淞	沙壤土	1		1	1.0×1.8	35.05				钢筋混凝土箱	钢筋混凝土平板	手动螺杆	灌	27		
黄水套闸	公安干堤	620+336	44.00	公安水利局	2001	吴淞	粉质粘土	12.8/34.59		1	3.0×3.0	32.20		34.05/38.00		钢筋混凝土箱	钢平板	双动螺杆	灌	3667	8000	
鄢家渡闸	虎东干堤	0+000	46.20	公安水利局	1973	吴淞	粉质粘土	10.46		1	3.0×3.2	35.00		44.67		钢筋混凝土箱	钢平板	手动螺杆	灌	2200		
义和闸	虎东干堤	3+974	46.05	公安分局	1952/2004	吴淞	粘土	0.74		1	1.7×1.0	39.00				钢筋混凝土拱	钢平板	手动螺杆	排	53		
李家大路闸	虎东干堤	25+701	44.90	公安水利局	1960/1966	吴淞		12/17.69		1	2.5×3.0	34.20		43.45		钢筋混凝土箱	钢筋混凝土平板	手动螺杆	灌	3200		建设标准低
刘家湾闸	虎东干堤	47+780	45.20	公安水利局	1964	吴淞	沙壤土	3		1	1.4×1.4	34.00		42.23		钢筋混凝土箱	钢平板	手动螺杆	灌	1733		砂基、建设标准低
闸口电排站	虎东干堤	58+479	44.00	公安水利局	1992	吴淞	粉粘土	168		4	2.8×3.0	34.00				钢筋混凝土箱	钢平板	双动螺杆	电排		36000	
下涧埫闸	虎东干堤	60+000	44.30	公安分局	1968	吴淞	粉粘土	8/		1	1.2×1.5	33.67				钢筋混凝土箱	钢平板	手动螺杆	灌	667		砂基、建设标准低
戈家小垱闸	虎东干堤	67+100	42.82	公安分局	1969	吴淞	粘土	0.2/		1	0.8×1.0	35.00				钢筋混凝土箱	钢筋混凝土平板	手动葫芦吊	排		133	
雾气嘴闸	虎东干堤	69+595	43.30	公安水利局	1973	吴淞	粘土	12.4/		1	3.0×3.2	32.00		40.95		钢筋混凝土箱	钢平板	双动螺杆	灌	4000		砂基、建设标准低
南闸	虎东干堤	77+680	43.00	南闸管理所	1976	吴淞	粘土	3.5/		1	1.2×1.6	32.00		41.60		钢筋混凝土箱	钢平板	手动螺杆	灌	1333		
天保闸	虎东干堤	90+605	44.65	公安水利局	1952/2002	吴淞		3800		32	9.0×6.0	36.20	42.20	42.00/38.50	43.00/38.50	钢筋混凝土干拱	钢筋混凝土干平板	手动螺杆	灌			渗径短、建设标准低
中兴闸	虎东干堤	5+665	42.70	公安水利局	1995	吴淞	沙壤土	2.2/		1	1.0×1.5	34.18				钢筋混凝土箱	钢弧板	双动螺杆	节制	467		
仁洋湖闸	虎东干堤	11+200	43.92	公安水利局	1976	吴淞		6.4		1	2.0×2.15	37.50				钢筋混凝土箱	钢平板	手动螺杆	电排		1153	
章田寺闸	虎西干堤	16+500	43.55	公安水利局	1964/1968	吴淞		4.5		1	2.0×3.2	33.00				钢筋混凝土拱	钢平板	手动螺杆	灌	1333		
罗家塔闸	虎东干堤	26+050	42.98	公安水利局	1984	吴淞	粘土	7.5		2	2.2×2.2	34.00		41.65		钢筋混凝土箱	钢平板	手动螺杆	排/灌	1333	2000	

续表

涵闸、泵站名称	堤别	桩号	堤顶高程/m	管理单位	建成/改造年份	水准基面	闸基地质	过闸流量/(m³/s)	洪水重现期(设计/校核)/m	孔数	尺寸/(m×m)	底板高程/m	门顶/m	闸上/m	闸下/m	闸体	闸门	启闭机	功能	灌溉/hm²	排涝/hm²	存在问题
虎西下闸	虎东干堤	40+205	44.50	公安水利局	1953	吴淞		7.2/		1	2.5×2.5	30.50		38.50		钢筋混凝土箱	钢平板	手动螺杆	排		3533	
黄天湖泵站	南线大堤	579+800	45.60	公安水利局	1969	吴淞		168				31.50				钢筋混凝土箱	钢平板		排/灌			
黄天湖老闸	南线大堤	579+908	45.60	公安水利局	1952/1969	吴淞		250		2	8.8×2.9	31.60	45.20	41.00		钢筋混凝土开敞	钢弧板	电动卷扬	排		36000	
黄天湖新闸	南线大堤	580+028	45.60	公安水利局	1970	吴淞		140/450		3	5.3×5.3	30.00		43.00		钢筋混凝土箱	钢平板	电动卷扬	排		36000	
埠河闸	安全区围堤	2+097	45.00	公安分局	1991	吴淞	粘土	3.18		1	1.2×1.7	37.00				钢筋混凝土箱	钢平板	手动螺杆	排		267	
雷洲闸	安全区围堤	1+452	43.35	公安分局	1952/1998	吴淞		1		1	1.0×1.7	37.00				钢筋混凝土箱	钢平板	手动螺杆	排		333	
斗湖堤(老闸)	安全区围堤	1+642	44.03	公安分局	1985	吴淞	沙壤土	2.4		1	1.0×1.7	33.50				钢筋混凝土箱	钢平板	手动螺杆	排		1600	
斗湖堤(新闸)	安全区围堤	2+645	44.29	公安分局	1953/2002	吴淞	沙壤土	1.4		1	1.0×1.7	34.70				钢筋混凝土箱	钢筋混凝土平板	手动螺杆	排	333		
交通闸	安全区围堤	3+015	44.20	公安分局	2002	吴淞	粘土	2.65		2	6.4×7.0	33.41				开敞	钢平板	手动螺杆	排			
杨家厂闸	安全区围堤	0+860	44.00	公安分局	1987	吴淞	粘土	0.18		1	1.0×1.7	34.80				钢筋混凝土箱	钢平板	手动螺杆	排		333	
裕公闸	安全区围堤	1+900	43.71	公安分局	1979	吴淞	沙壤土	0.08		1	1.0×1.5	35.30				钢筋混凝土箱	钢平板	手动螺杆	排		1200	
杨林寺闸	安全区围堤	0+180	41.16	公安分局	1965/2004	吴淞	沙壤土	0.18		1	1.0×1.7	34.50				钢筋混凝土箱(浆砌石侧墙)	钢平板	手动螺杆	排		27	
蒋家塔闸	安全区围堤	4+255	41.76	公安分局	1979	吴淞		0.5		1	1.0×1.5	34.00				钢筋混凝土箱	钢平板	手动螺杆	排		27	
倪家闸	安全区围堤	0+189	42.06	公安分局	1965/2004	吴淞	沙壤土	0.18		1	1.0×1.7	34.99				钢筋混凝土箱(浆砌石侧墙)	钢平板	手动螺杆	排		27	
向阳闸	安全区围堤	0+214	41.10	公安分局	1965/2003	吴淞		0.18		1	1.0×1.7	34.98				钢筋混凝土箱(浆砌石侧墙)	钢筋混凝土平板	手动螺杆	排		27	
八家铺闸	安全区围堤	0+430	40.42	公安分局	1965/1998	吴淞		0.12		1	1.0×1.5	34.98				钢筋混凝土箱	钢平板	手动螺杆	排		27	
新口闸	安全区围堤	0+945	44.00	公安分局	1953/2001	吴淞		1		1	1.0×1.7	34.50				钢筋混凝土箱	钢筋混凝土平板	手动螺杆	排		140	

续表

涵闸、泵站名称	堤别	桩号	堤顶高程/m	管理单位	建成/改造年份	水准基面	闸基地质	过闸流量/(m³/s)	洪水重现(设计/校核)/m	孔数	尺寸/(m×m)	底板/m	门顶/m	闸上/m	闸下/m	闸体	闸门	启闭机	功能	灌溉/hm²	排涝/hm²	存在问题
吴达河闸	安全区围堤	2+957	44.30	公安分局	1952	吴淞		0.24		1	0.6×0.8	34.25				钢筋混凝土	钢平板	手动螺杆	排		160	
闸口（进）	安全区围堤	58+015	43.66	公安分局	1975	吴淞		0.73		1	1.0×1.7	35.50				钢筋混凝土箱	钢平板	手动螺杆	灌	333		
闸口（出）	安全区围堤	1+053	44.06	公安分局	1975	吴淞		1		1	1.0×1.5	33.50				钢筋混凝土箱	钢平板	手动螺杆	排		800	
保柜院闸	安全区围堤	1+171	43.88	公安分局	1979	吴淞		1.8		1	1.0×1.5	33.00				钢筋混凝土拱	钢平板	手动螺杆	排		1200	
夹竹园闸	安全区围堤	2+495	44.00	公安分局	1988	吴淞	沙壤土	2.65		1	1.0×1.7	34.80				钢筋混凝土拱	钢平板	手动螺杆	排		100	
黄金口闸	安全区围堤	2+030	44.00	公安分局	1988	吴淞	沙壤土	2.65		1	1.0×1.7	34.80				钢筋混凝土箱	钢平板	手动螺杆	排		100	
水月闸	安全区围堤	1+430	44.03	公安分局	1986	吴淞	粘土	2.4		1	1.0×1.7	37.00				钢筋混凝土箱	钢平板	手动螺杆	排		1600	
石首市	16																					
管家铺闸	石首干堤	578+850	42.46	石首分局	1960/2003	黄海	粉质粘土	8.6/	36.70	1	2.6×3.3	31.94		38.78	32.05	钢筋混凝土管	钢平板	双动螺杆	灌	4667		
孙家拐闸	胜利院	0+070	41.60	石首分局	1958	吴淞		0.5/		1	Φ0.9	34.30		38.20	30.20	钢筋混凝土管	钢平板	手动螺杆	灌	220		
马行拐闸	石首干堤	560+200	39.44	石首分局	1962/2004	黄海	粉质粘土	2.6/		1	1.5×2.25	31.90	32.80	36.50		钢筋混凝土拱	钢平板	双动螺杆	灌	1667		
新堤口闸	石首干堤	552+180	38.97	石首分局	1963/2003	黄海	粉质粘土	8.6/		1	2.6×3.9	29.70	36.20	38.28	32.47	钢筋混凝土拱	钢平板	双动螺杆	灌	3667		
肖家湾闸	石首干堤	542+900	38.46	石首分局	1968/2003	黄海	粉质粘土	1.4/		1	1.0×1.5	28.70	31.20	37.30	30.20	钢筋混凝土拱	钢平板	双动螺杆	排/灌		180	
老闸口闸	石首干堤	537+540	38.37	石首水利局	1952/2004	黄海	粉质粘土	8.4/		1	3×3.5	28.50	32.20	37.50	31.00	钢筋混凝土拱	钢平板	双动螺杆	排		1000	
小湖口泵站防洪闸	石首干堤	537+280	38.37	石首分局	1961/2003	黄海	粉质粘土	51.5/	(37.55)	3	3.0×3.5	28.50	32.20	37.37	31.00	钢筋混凝土拱	钢平板	双动螺杆	排		11000	
大港口排灌闸	石首干堤	531+484	38.48	石首分局	1973/2003	黄海	粉质粘土	17.3/		1	3.0×3.5	26.20	30.10	36.90	29.70	钢筋混凝土拱	钢平板	双动螺杆	排		6667	
大港口电排防洪闸	石首干堤	531+200	38.49	石首水利局	1978/2003	黄海	粉质粘土	50		2	4.5×4.65	31.19	33.40	35.20	32.70	钢筋混凝土拱	钢平板	双动螺杆	排		5800	
桃花外闸	石首干堤	528+838	41.04	石首分局	1959/2003	吴淞	粉质粘土	5.1/	(38.20)	1	2.5×3.05	30.20	32.00	35.70	30.80	钢筋混凝土拱	钢平板	双动螺杆	灌	2667		
新章华港闸	石首干堤	500+950	40.16	石首分局	1969/2002	吴淞	粉粘土夹粉土	15		1	3.0×3.5	27.80	31.30	36.50		钢筋混凝土拱	钢平板	双动螺杆	排/灌	2933		
西章华港闸	石首干堤	508+075	37.59	石首分局	1954	吴淞		0.5/		1	0.7×1.0	30.60		36.50		钢筋混凝土箱	钢平板	手动螺杆	排		3067	
艾家嘴闸	石首干堤	505+133	37.00	石首分局	1953/1978	吴淞		10.59/		1	3.0×4.0	27.80		36.50		条石拱	钢平板	手动螺杆	灌	200		
西兴闸	石首干堤	505+315	37.54	石首分局	1955	吴淞		4.9/		1	1.8×2.7	27.40		36.50		钢筋混凝土拱	钢平板	手动螺杆	排		567	
东章华港闸	石首干堤	501+293	38.04	石首分局	1962	吴淞		0.9/	37.6	1	Φ0.85	30.50		36.50		钢筋混凝土管	钢平板	手动螺杆	灌	267		
老章华港闸	石首干堤	508+860	37.66	石首分局	1969	吴淞		15/		1	3.0×3.75	27.80		36.50		钢筋混凝土拱	钢平板	手动螺杆	排/灌	2933		

注：统计截至2010年底；公安二圣寺防洪闸；灌溉闸为位于干同一桩号堤段的套闸，统计时一般将两闸算为一座涵闸。

表 2－10　荆州河段主要支民堤涵闸泵站统计表

涵闸、泵站名称	河岸	桩号	堤顶高程/m	建成/改造年份	水准基面	闸基地质	过闸流量/(m³/s)	洪水重现(设计/校核)/m	闸孔孔数	闸孔尺寸/(m×m)	底板高程/m	门顶高程/m	设计/校核水位闸上/m	设计/校核水位闸下/m	闸体	闸门	启闭机	功能	灌溉面积/hm²	排涝面积/hm²
松滋市	57																			
红卫闸	松东左	9+460	48.30	1968	冻吴	砂壤土	2.5		1	1.4×1.9	39.50	41.40	40.00	38.50	钢筋混凝土涵	钢平板	手动螺杆	排	145	133
大同闸	松东左	26+350	47.00	1963	吴淞	粉质砂土	16	20.8	1	4.1×3	36.50	41.05	39.50	45.56	拱涵	钢平板	双动螺杆	排		1933
跃进闸	松东左	27+480	46.80	1958	吴淞	粉质砂土	16.8	21.8	2	3.95×2.3	36.60	40.50	40.50	45.53	拱涵	钢平板	双动螺杆	排		2667
胜利闸	松东左	29+000	46.50	1964	吴淞		16	20.8	1	4.1×3	36.00	40.55	40.50	45.50	拱涵	钢平板	手动螺杆	排		1333
天王堂闸	松滋河右		51.40	1999	吴淞		1		1	1×1.2	42.95				钢筋混凝土拱	钢平板	手动螺杆	灌	350	
进洪闸	松滋河右	736+700	51.41	1999	吴淞		4.6		1	1.2×1.8	41.40		43.88		钢筋混凝土拱	钢平板	电动螺杆	灌	350	
两利闸	松滋河右	754+805	50.55	1967/2000	吴淞		7.66		1	2.2×3.3	40.58		43.28		钢筋混凝土拱	钢平板	手动螺杆	排/灌		1000
戴家渡闸	松滋河右	755+800	50.66	2000	吴淞		1		1	1.2×1.8	42.46		44.68		钢筋混凝土拱	钢平板	手动螺杆	灌	200	
金闸	松滋河右	750+900	50.13	1956/2000	吴淞		9.8		1	2.5×3.6	39.08		43.28		钢筋混凝土拱	钢平板	手动螺杆	灌		1200
合众闸	松滋河右	13+215	50.13	1956/2000	吴淞		9.8		1	2.5×3.6	39.08		43.28		钢筋混凝土拱	钢平板	手动螺杆	灌		1200
抱鸡母闸	松滋河左	744+200	49.10	1996	冻吴	砂壤土	15		1	1.2×1.8	42.27	43.27	43.97	41.27	钢筋混凝土拱	钢平板	手动螺杆	灌	100	4000
余家渡闸	松西右	26+612	47.55	1976	吴淞		13		1	3.2×3	37.40		46.36		钢筋混凝土拱	钢平板	电动螺杆	排		1333
上闸	庙河左	1+070	47.22	1958	吴淞		5.6		1	2.7×1.8	38.00		46.50			钢平板	手动螺杆	排		
下闸	庙河左	3+930	47.38	1963	吴淞		4.2		1	1.6×2.4	38.00		46.50		钢筋混凝土拱	钢平板	手动螺杆	灌	1200	1333
永丰闸	庙河左	7+210	47.23	1954	吴淞		5.8		1	2.8×1.92	38.60		46.50		钢筋混凝土拱	钢平板	手动螺杆	排		2067
大公闸	松西右	13+303	47.30	1968	吴淞		9.3		1	3.3×2.2	37.00				混凝土拱涵	钢平板	手动螺杆	排		2200
解放闸	松西右	17+400	47.10	1953	吴淞		14.8		1	3.35×2.55	36.80	40.50			条石拱	钢平板	双动螺杆	排		2667
和平闸	松西右	20+280	47.40	1953	吴淞		15.5		1	3.5×2.6	36.48	36.60			条石拱	钢平板	手动螺杆	排		
八宝闸	松西右	24+273	46.50	1965	吴淞		29.5		2	3.8×2.5	35.80				混凝土拱涵	钢平板	双动螺杆	排		6000
南海闸	松西右	42+700	46.40	1962	吴淞		92.5		3	4.1×3	35.50				钢筋混凝土拱涵	钢平板	手动螺杆	排		6000

续表

涵闸、泵站名称	河岸	桩号	堤顶高程/m	建成/改造年份	水准基面	闸基地质	过闸流量/(m³/s)	洪水重现(设计/校核)/m	孔数	尺寸/(m×m)	底板/m	门顶/m	闸上/m	闸下/m	闸体	闸门	启闭机	功能	灌溉/hm²	排涝/hm²
水合闸	松西右	53+760	45.80	1964	吴淞		18.7		2	3.75×2.5	35.00				混凝土拱涵	钢平板	手动螺杆	灌、排		1000
老嘴闸	松西右	42+200	46.80	1990	吴淞		10.1		1	3.45×2.5	35.00				混凝土拱涵	钢平板	手动螺杆	灌、排		2133
灌溉闸	新河右	8+450	47.12	1976	吴淞		3		1	1.2×2	37.60				反拱	钢平板	手动螺杆	灌	1667	
戈井潭闸	新河右	5+130	47.00	1976	吴淞		0.4		1	0.6×0.6	38.50				箱式	钢平板	手动螺杆	灌	267	
倒虹管进口	新河左	5+530	46.90	1976	吴淞		12		2	2.3×2	37.00				反拱	钢平板	手动螺杆	排		500
芒芒滩闸	新河右	1+270	47.40	1977	吴淞		0.5		1	0.8×0.4	42.00				涵外方	混凝土平板	手动螺杆	灌	334	
黑湾闸	新河右	0+650	47.60	1963/2002	吴淞		0.4		1	0.8×0.5	42.00				混凝土涵	钢平板	手动螺杆	灌	200	
德胜闸	松西右	29+663	47.20	1963	冻吴		9.5	10	1	2.55×1.9	37.99	40.50			钢筋混凝土拱	钢平板	手动螺杆	排		1667
南宫闸	松西左	2+200	47.80	1959			21.4		2	3.3×2.2	38.50				钢筋混凝土拱	钢平板	双动螺杆	灌	1500	
保丰闸	松西左	0+612	46.40	1958/2010	黄海	粉质砂土	3.5		1	1.8×2	38.20	41.70	38.20	37.40	钢筋混凝土拱	混凝土平板	双动螺杆	灌	1333	
牌坊口泵站	江右			1975			1.5			5级 总扬程115.0m								灌	1667	
杨润庙泵站	江右	716+650	47.30	1977	冻吴		0.46			总扬程28.5m								灌	333	
杨家岗泵站	江右	725+600	47.80	2002	冻吴		1.8			总扬程7.0m								灌	2000	
保丰闸灌溉站	松西左	0+612	48.58	1987			2.4		1	1.95×1.3	40.20				钢筋混凝土拱	钢平板	手动螺杆	灌	1000	
解放闸灌溉站	松西右	17+220	46.80	2005			0.8		1	3.35×2.5	36.80	40.50			条石拱	钢平板	手动螺杆	灌	350	
金南海泵站	松滋河右	750+900		1992			1.3		1									灌	1000	
小南海泵站	松西右	45+300	46.80	1979	吴淞	粉质砂土	32	32.5	1	3.5×5	40.20	44.30	40.20	45.53	厢涵	钢平板	双动螺杆	排		3548
跃进泵站	松东左	27+700	46.80	1975/2008	吴淞	粉质砂土	25	19.5	1	3×3	40.20	43.8	40.20	45.50	厢涵	钢平板	双动螺杆	排		4333
米积台泵站	松东左	29+050	46.50	1974/2008	吴淞	粉质砂土	15	19.5	1	3×4	40.13	44.53	40.13	45.56	厢涵	钢平板	双动螺杆	排		2000
大同泵站	松东左	26+400	47.00	1982/2008	吴淞	粉质砂土	15		1		44.31	45.51			厢涵	钢平板	双动螺杆	排		2800
德胜泵站	松西右	28+700	47.30	1964	冻吴		0.8	10	1	1.8×1.2					钢筋混凝土拱	钢平板	手动螺杆	排		533
八宝泵站	松西左	24+550	46.40	1973	冻吴		20.4		1	3.75×2.5	42.00				钢筋混凝土拱	钢平板	手动螺杆	排		3333

续表

涵闸、泵站名称	河岸	桩号	堤顶高程/m	建成/改造年份	水准基面	闸基地质	过闸流量/(m³/s)	洪水重现(设计/校核)/m	闸孔孔数	闸孔尺寸/(m×m)	高程底板/m	高程门顶/m	设计/校核水位闸上/m	设计/校核水位闸下/m	闸体	闸门	启闭机	功能	灌溉/hm²	排涝/hm²
向家渡泵站	松东右	12+300	45.33	1984	黄海		6		1	2.1×1.6					混凝土拱涵	钢平板	手动螺杆	排		2000
艾家湖泵站	松东右	15+350	44.68	1987/1992	黄海		1.6								条石拱	钢平板	手动螺杆	排		667
大桥泵站	松西左	11+260	45.20	1987	冻吴		2								条石拱	钢平板	手动螺杆	排		667
解放泵站	松西左	17+220	47.10	1992	冻吴		10			3×2.5	40.50				钢筋混凝土拱	钢平板	手动螺杆	排		2667
同太湖泵站	松东右	23+700	46.20	1981	冻吴		4.6								钢筋混凝土拱	钢平板	手动螺杆	排		667
上闸泵站		1+070		1966/1992	冻吴		5.6									钢平板	手动螺杆	排		2600
下闸泵站		3+930		1972/1992	冻吴		1.6									钢平板	手动螺杆	排		467
水丰泵站		7+210		1971	冻吴		2									钢平板	手动螺杆	排		267
横堤泵站	松西右	19+580	48.20	1977/2010	冻吴		15			3.2×3	40.50					钢平板	手动螺杆	排		2733
义兴泵站	木天河	1+250	47.00	1973	冻吴		1.8									钢平板	手动螺杆	排		233
两利泵站	松滋河右	754+805		1987			3.6									钢平板	手动螺杆	排		907
宁家篓闸	松西右	31+033	47.30	1960/2010	冻吴		1.7	10	1	1.95×1.3	37.82	39.12			钢筋混凝土拱	钢平板	电动螺杆	排/灌	100	1000
马家稃闸	庙河右	0+174	47.50	1987	冻吴		0.3		1	0.5×0.5	40.25				钢筋混凝土箱	钢平板	手动螺杆	灌	133	
田家湾闸	庙河右	2+037	47.50	1983	冻吴		0.3		1	0.6×0.6	40.00				钢筋混凝土箱	钢平板	手动螺杆	灌	133	
复兴闸	松东右	6+800	47.60	/1986	冻吴				1	1.3×1						混凝土平板	手动螺杆	排		333
公安县	67																			
牛浪湖泵站	松西右	89+540	43.60	1975/2009			36		2	6×2.93	33.05				钢筋混凝土涵	钢平板	电动螺杆	排		6800
杨家稃闸	松西右	94+160	43.19	1951/2010			20.4		2	3×2.2	30.75				钢筋混凝土箱	钢平板	电动螺杆	排		4333
螺丝湾闸	虎右	27+050	45.40	1967/1984			3.7		1	2.2×2.2	34.90				钢筋混凝土箱	钢平板	电动卷扬	灌	1293	
南堤埂闸	虎右	38+930	45.00	/1986			2.36		1	1.3×1	35.00				钢筋混凝土箱	钢平板	手动螺杆	灌	693	
张家湖闸	虎右	43+230	44.45	1979/2008			4.65		1	1.5×1.2	31.86				钢筋混凝土拱	钢平板	电动螺杆	电排		733
中河口闸	虎右	50+388	44.40	1962/1985			8.37		1	1.8×1.4	34.41				条石混凝土涵	钢平板	手动螺杆	灌	840	

续表

涵闸、泵站名称	河岸	桩号	堤顶高程/m	建成/改造年份	水准基面	闸基地质	过闸流量/(m³/s)	洪水重现(设计/校核)/m	孔数	尺寸/((m×m)	底板/m	门顶/m	闸上/m	闸下/m	闸体	闸门	启闭机	功能	灌溉/hm²	排涝/hm²
大至岗闸	虎右	0+144	43.90	1958			4.7		1	2.5×2	32.85				条石拱	钢平板	电动螺杆	灌	1733	
合成下坝闸	虎右	3+100	43.12	1963			0.88		1	φ0.85	34.18				钢筋混凝土管	钢平板	手动螺杆	灌	1473	
白家岗闸	虎左	3+040	40.60	1962			4.5		1	φ0.7	35.25				混凝土圆管	混凝土		灌		
许家潭闸	松东左	31+298	45.62	1959/1983			6.3		1	2.8×2.2	36.04				条石涵	钢平板	手动螺杆	灌	1960	
同丰尖闸	松东左	33+295	45.44	1966			2.06		1	1.6×1.6	38.76				混凝土箱涵	钢平板		灌		
曹家嘴闸	松东左	46+677	45.17	1973			10.4		1	2.6×2.6	32.73				钢筋混凝土	钢平板		排		
小河口闸	松东左	54+108	44.80	1980/1988			10.4		1	3×3	34.40				条石拱	钢平板		排		
蒲田嘴闸	松东左	56+234	44.03	1953/2009			60		4	4×3	32.86				钢筋混凝土	钢平板	电动螺杆	排		18360
双剀口闸	松东左	66+763	44.00	1982			1.2		1	1.2×1	34.70				混凝土方涵	钢平板	手动螺杆	排		7000
邹郝院闸	松东左	71+183	44.26	1974/1985			4.8		1	2×1.8	37.28				拱方涵	钢平板	电动螺杆	排		1333
孟家溪闸	松东左	74+431	44.00	1957/1983			4.03		1	2×2	31.35				钢筋混凝土箱	钢平板	电动螺杆	排		2133
斋公墩闸	松东左	80+015	43.34	1970			1.2		1	1.2×1	34.41				钢筋混凝土拱涵	钢平板	手动螺杆	灌	487	
甘家厂闸	松东左	88+486	42.88	1959/1981			34.9		3	3.35×3	30.05				石混凝土拱	钢平板	电动螺杆	排		7067
涨泥湖二站	松东左	88+250	42.88	/1997			32		2	4.8×3.1	31.20				钢筋混凝土拱	钢平板	电动螺杆	排		
涨泥湖一站	松东左	88+560	42.88	1974/2000			17.6		1	2.5×3	34.50				钢筋混凝土箱	钢平板	电动螺杆	排		
高剀口闸	松东左	90+424	42.70	1963/1980			4.35		1	1.62×1.45	31.42				钢筋混凝土拱	钢平板	手动螺杆	灌	2393	
青石碑闸	松东左	99+200	41.99	1980			13.5		1	3.2×2.6	29.15				钢筋混凝土箱	钢平板	电动螺杆	排		2393
肖家闸	松东右	27+770	46.90	1965			9.33		1	2.2×2.2	36.96				钢筋混凝土箱	钢平板	电动螺杆	灌	2000	
东港剀闸	松东右	46+100	45.37	1974			15		1	3.5×3	32.90				混凝土拱涵	钢平板	电动螺杆	排		4333

续表

涵闸、泵站名称	河岸	桩号	堤顶高程/m	建成/改造年份	水准基面	闸基地质	过闸流量/(m³/s)	洪水重现期(设计/校核)/m	孔数	尺寸/(m×m)	底板/m	门顶/m	闸上/m	闸下/m	闸体	闸门	启闭机	功能	灌溉	排涝
东港泵站	松东右	46+050	45.37	2008			32		4	1.5×2					钢筋混凝土箱	钢平板		排		
火神庙闸	松东右	47+950	45.20	1985			2.27		1	1.3×1	38.30				钢筋混凝土箱	钢平板	手动螺杆	灌	667	
花大坝闸	松东右	53+560	44.93	1975/2009			7.5		1	2.5×2.5	32.00				钢筋混凝土拱	钢平板	电动螺杆	排		800
花堰闸	松东右	54+425	44.53	1982			8		1	1.6×1.4	35.25				条石拱	钢平板	手动螺杆	灌	1133	
碳子沟闸	松东右	64+615	44.25	2009			8.01		1	2.5×3	31.70				条石拱	钢平板	电动螺杆	灌		1667
新城刘闸	松东右	67+800	43.25	1966/1993			0.97		1	0.8×0.9	35.25				钢筋混凝土箱涵	钢平板	手动螺杆	排	100	
木鱼山闸	松东右	73+588	42.60	1951			2.68		1	1.6×2.4	33.24				条石拱	钢平板		排		
木鱼山闸	松东右	73+738	42.69	1965			2.3		1	1.6×1.6	35.34				钢筋混凝土箱	钢平板		灌		
高庙庙电排闸	松东右	76+820	43.65	2009			10.8		1	2.5×3	30.25				钢筋混凝土箱	钢平板	手动螺杆	排		1200
下新刘闸	松东右	76+980	42.89	1961			1.7		1	1.05×0.73	34.32				条石拱	混凝土		灌		
天兴泵站	松东右	85+550	43.24	1976/2009			9.6		1	2.5×3	30.60				钢筋混凝土拱涵	钢平板	电动螺杆	排		933
蔡上闸	松东右	1+785	42.02	1968			0.45		1	1.3×1.3	34.48				钢筋混凝土箱	钢平板		灌		
蔡下闸	松东右	4+250	42.50	1986			2.7		1	1×1.2	34.00				钢筋混凝土箱	钢平板		排		
沙口子泵站	松西左	23+063	45.94	1972			7.5		1	2×1.8	39.70				混凝土拱涵	钢平板	电动螺杆	排		1667
胡家场泵站	松西左	36+600	46.00	1984			6		1	1.8×1.8	35.50				钢筋混凝土箱	钢平板	电动螺杆	排		2667
鸡公堤泵站	松西左	48+150	45.10	1973			6		1	2×1.8	34.18				钢筋混凝土拱	钢平板	电动螺杆	排		1227
双河场闸	松西左	54+600	45.00	1960/1981			21.6		1	2.8×3	33.00				条石拱	钢平板	手动螺杆	排		6267
余家竹园闸	松西左	67+290	43.18	1974/1988			1.83		1	1.8×1.5	32.25				混凝土拱涵	钢平板	手动螺杆	灌	167	
中长泵站	松西左	73+000	43.90	1968/1982			0.88		1	1.2×1	34.00				钢筋混凝土箱	钢平板	电动螺杆	排		160
北堤口闸	松西左	77+070	43.50	1967/1998			1.43		1	1.8×1.4	32.23				钢筋混凝土箱	钢平板	电动螺杆	灌		667

续表

涵闸、泵站名称	河岸	桩号	堤顶高程/m	建成/改造年份	水准基面	闸基地质	设计标准								结构型式			设计排、灌		
							过闸流量/(m³/s)	洪水重现(设计/校核)/m	闸孔		高程		设计/校核水位		闸体	闸门	启闭机	功能	灌溉/hm²	排涝
									孔数	尺寸/(m×m)	底板/m	门顶/m	闸上/m	闸下/m						
观山闸	松西右	57+800	45.63	1971			7.2		1	2.2×2.2	35.57				混凝土拱涵	钢平板	电动螺杆	灌	2667	
金龙闸	松西右	64+482	45.31	1959			3		1	2×2.9	35.59				条石拱	钢平板		灌		
金马闸	松西右	71+286	44.70	1961			1		1	φ0.85	36.16				钢筋混凝土管	钢平板	手动螺杆	灌	667	
刘家嘴闸	松西右	81+410	44.30	1959/1988			16		2	3×3	32.16				条石拱	钢平板	手动螺杆	排		2000
汪家汉闸	松西右	82+460	44.20	1964/1983			6.81		1	1.6×1.6	32.25				钢筋混凝土箱	钢平板	手动螺杆	灌	1120	
虎西上闸		56+234	43.64	1953			60		2	6×4	32.85				钢筋混凝土	钢平板		排		18360
小麦嘴闸	松西右	2+300	43.43	1967			1.2		1	1×1.1	36.74				钢筋混凝土箱涵	钢平板		排		
法华寺闸	沱左	14+900	44.73	1972/1995			80		3	4×6	33.04				钢筋混凝土拱	钢平板	螺杆	排		7793
法华寺泵站	沱左	15+990	44.30	1975/2008			36		4	φ1.6	34.50				混凝土拱涵	钢平板	电动螺杆	排		7793
解放闸	沱左	18+180	44.50	1952			7.2		1	3×2	33.68				条石涵	钢平板	手动螺杆	排		1000
黑老岗闸	沱左	18+200	44.30	1961			1.4		2	φ0.75	36.09				钢筋混凝土管	钢平板	手动螺杆	灌	1000	
车家明闸	沱左	23+300	44.20	1993/2008			7.2		1	2.5×2.5	35.50				钢筋混凝土箱	钢平板	电动螺杆	排		2000
丁堤嘴闸	沱左	12+900	44.44	1974			8		1	2.8×2.8	32.50				钢筋混凝土拱	钢平板	电动螺杆	排/灌	800	993
丁家挡闸	沱右	17+150	44.70	1962/1982			11.4		1	3.4×3.2	35.50				条石拱	钢平板	手动螺杆	灌	1507	
官沟闸	官支左	9+750	45.20	1989			3.4		1	1.5×1.2	35.00				钢筋混凝土箱	钢平板	手动螺杆	灌	1000	
玉湖泵站	官支左	18+038	44.82	1973/2008			36		4	φ1.6	36.00				钢筋混凝土箱	钢平板	电动螺杆	排/灌	2333	7333
马蹄拐闸	官支左	18+550	44.75	1978			8		1	2.5×2.5	35.54				钢筋混凝土拱	钢平板	手动螺杆	灌	1333	
军台闸	官支右	19+804	45.10	1972			1.5		1	1.2×0.8	34.78				钢筋混凝土箱涵	钢平板	手动螺杆	灌	1000	
严家刽闸	官支右	13+038	45.35	1965/1984			9.16		1	2.5×2.6	36.31				混凝土箱涵	钢平板		排	333	
丁堤拐闸	官支右	15+750	44.88	1962			2.09		1	1.06×1.52					条石拱	钢平板		灌		

续表

涵闸、泵站名称	河岸	桩号	堤顶高程/m	建成/改造年份	水准基面	闸基地质	过闸流量/(m³/s)	洪水重现(设计/校核)/m	孔数	尺寸/(m×m)	底板/m	门顶/m	闸上/m	闸下/m	闸体	闸门	启闭机	功能	灌溉/hm²	排涝
苏家渡闸	苏支左	2+900	45.00	1964			6.30	12	1	1.6×1.6	33.02				钢筋混凝土箱	钢平板	电动螺杆	排		1667
枯树庵闸	苏支右	1+876	44.33	2002			1.00	2.3	1	1.2×1.7	35.40				钢筋混凝土箱	钢平板	手动螺杆	灌	173	
石首市	89																			
陈市桥泵站	藕池左	22+300	40.80	1980	冻吴		12.00		1	2.7×3	33.00	35.70	37.00		钢筋混凝土拱	钢平板	手动螺杆	排		3333
江波渡闸	藕池左	29+567	40.10	1990	冻吴		2.28		1	1.7×1.2	31.87	33.57	37.00		钢筋混凝土箱	钢平板	手动螺杆	灌	1200	
合兴闸	藕池左	32+210	38.30	1964/2009	黄海	粉质壤土	2.00		1	φ0.85	29.41	31.11	34.91		圆涵	钢平板	手动螺杆	灌	227	
八角山泵站	藕池左	33+500	38.70	1982	黄海	粉质壤土	0.5		1	1.4×1.7	34.50	36.20	34.91		钢筋混凝土箱	钢平板	手动螺杆	排		147
王螃腰闸	藕池右	12+420	41.50	1960	冻吴		7.7		1	3.05×2.5	32.00	35.05	38.70		钢筋混凝土拱	钢平板	手动螺杆	灌	4000	
大刿口泵站	藕池左	18+800	40.50	1976	冻吴		4.1	4.1	1	2.5×2	29.50	32.00	38.00		钢筋混凝土拱	钢平板	手动螺杆	排/灌		1400
联合剅闸	藕池右	22+600	40.45	1958	黄海	粉质壤土	0.4	0.4	1	φ0.75	32.00	35.00	37.50		圆涵	钢平板	手动螺杆	排		133
黄金嘴闸	藕池右	24+164	39.93	1966	黄海	粉质壤土	2	1.1	1	1.4×1.7	28.90	30.60	36.80		条石拱	钢平板	手动螺杆	灌	400	
焦家铺闸	藕池右	26+940	40.00	1987	冻吴		4.3	1.2	1	1.5×1	34.80	36.30	37.50		钢筋混凝土拱	钢平板	手动螺杆	灌	400	
三合泵站	藕池右	31+060	39.38	1964	冻吴		1	4.1	1	2.25×1.5	31.00	33.25	37.20		钢筋混凝土拱	钢平板	手动螺杆	排/灌		1200
殷家洲闸	藕池右	35+200	39.50	/1993	冻吴		4.1	4.1	1	1.0×2.7	31.50	33.20	37.10		钢筋混凝土箱	钢平板	手动螺杆	灌		1333
红嘴泵站	藕池右	36+800	39.70	1980	冻吴		0.7	4.1	1	2.5×2	30.50	33.00	37.20		钢筋混凝土拱	钢平板	手动螺杆	排/灌		1333
卢家湾泵站	团山左	4+065	39.25	1974	冻吴		4.1	4.3	1	2.45×2.1	29.48	31.93	37.74		钢筋混凝土箱	钢平板	手动螺杆	排/灌		1200
更明垸闸	团山左	6+300	39.63	1956	冻吴		4.3	6	1	1×1	31.72	32.72	37.10		钢筋混凝土箱	钢平板	手动螺杆	排/灌		2000
打井窖泵站	团山左	9+550	39.60	1967	冻吴		1	6	1	2.25×1.5	33.10	35.35	37.34		钢筋混凝土箱	钢平板	手动螺杆	排/灌		2000
建设闸	团山左	9+750	39.61	1960	冻吴		6	14	1	3.5×3	29.49	32.97	37.00		条石拱	钢平板	手动螺杆	排		
宣山嘴泵站	团山右	3+045	40.43	1967	冻吴		6		1	2.25×5	33.70	35.95	37.74		条石拱	钢平板	手动螺杆	排/灌		3333

续表

涵闸、泵站名称	河岸	桩号	堤顶高程/m	建成/改造年份	水准基面	闸基地质	过闸流量/(m³/s)	洪水重现期(设计/校核)/m	闸孔 孔数	闸孔 尺寸/(m×m)	底板/m	门顶/m	设计/校核水位 闸上/m	设计/校核水位 闸下/m	闸体	闸门	启闭机	功能	灌溉/hm²	排涝/hm²
宜山挡闸	团山右	3+700	40.43	1973	冻吴		14	14	1	3.5×3	29.60	33.10	37.20		钢筋混凝土拱	钢平板	手动螺杆	排		2000
团山寺泵站	团山右	6+200	39.00	1965	黄海	粘土	6	6	1	2.25×1.5	31.31	33.81	36.86		条石拱	钢平板	手动螺杆	排/灌		7200
潘家山山闸	团山右	7+700	40.33	1966	冻吴		1.1	1.1	1	1.5×1	32.50	34.00	37.10		钢筋混凝土拱	钢平板	手动螺杆	灌	333	
虎山头山闸	团山右	14+200	39.50	1967	冻吴		3.3	3.3	1	1×2	32.50	34.5	37.34		钢筋混凝土拱	钢平板	手动螺杆	排/灌	1200	
小新口闸	团山右	19+850	39.38	1958	冻吴		14	14	2	3.36×3	29.64	32.82	36.50		钢筋混凝土拱	钢平板	手动螺杆	灌	273	
杨岔堰闸	安乡左	1+350	40.90	1962/2011	黄海	粉质粘土	1.5	0.4	1	φ0.75	32.81	34.51	38.36		圆涵	钢平板	手动螺杆	灌	107	
项家剀闸	安乡左	5+470	40.80	1958	黄海	粉质粘土	1.5	0.4	1	φ0.75	33.41	36.30	38.12		圆涵	钢平板	手动螺杆	灌	100	
卢林沟闸	安乡左	6+822	41.00	1962	冻吴		16	3	1	2.25×1.6	32.5	34.75	38.3		钢筋混凝土拱	钢平板	手动螺杆	排/灌	933	
岩土地泵站	安乡左	14+660	41.00	1975	冻吴		4.5	4.5	1	2.25×2	32.2	34.70	38.00		钢筋混凝土拱	钢平板	手动螺杆	排/灌		1400
岩土地闸	安乡左	14+600	41.00	1967	冻吴		2.2	2.2	1	1.5×1	34.27	35.77	37.74		钢筋混凝土拱	钢平板	手动螺杆	排/灌		467
孟尝湖闸	调弦左	10+700	39.00	1970	冻吴		69.5	31.4	2	3.5×3	27.80	31.30	36.50		钢筋混凝土拱	钢平板	手动螺杆	排/灌		3600
洋河剀闸	调弦右	11+000	40.00	1967	冻吴		31.4	31.4	2	3.5×3	27.00	30.50	36.45		钢筋混凝土拱	钢平板	手动螺杆	排		3600
上津湖电排闸	调支右	10+800	40.10	1999	冻吴		32		2	4.8×2.5	27.50	30.00	35.58		箱涵	钢平板	手动螺杆	排		6667
虎山头泵站闸	团河右	14+200	39.55	1967	冻吴		3.3		1	1×2	33.00	35.00	37.34		混凝土拱	钢平板	电动螺杆	排		1067
团山电排闸	团河右	6+200	39.70	1967	冻吴		6		1	1.5×2.25	33.40	35.65	37.44		钢筋混凝土拱	钢平板	电动螺杆	排/灌		1867
窑头庙闸	栗林左	0+683	39.50	1973	冻吴		1		1	φ0.8	32.50	33.30			圆涵	钢平板	电动螺杆	排/灌		134
木榨湖闸	栗林左	2+365	39.90	1974	冻吴		1.2		1	φ0.1	31.50	31.60	37.00		圆涵	钢平板	电动螺杆	排/灌		267
黄佑山泵站闸	栗林左	6+043	39.60	1977	冻吴		4.5		1	1.6×3	32.75	35.75	37.00		混凝土拱	钢平板	电动螺杆	排/灌		667
友谊闸	栗林左	6+574	39.60	1974	冻吴		1.5		1	1.5×1	29.50	31.00	36.00		混凝土拱	钢平板	汛期封堵	灌	1334	
狮子山闸	栗林左	8+147	39.10	1976	冻吴		1		1	0.8×0.8	32.00	32.80	36.00		混凝土管	钢平板	电动螺杆	灌	200	
中剀口闸	栗林左	10+707	39.10	1976	冻吴		0.8		1	0.8×0.8	31.00	31.80	36.00		混凝土管	钢平板	电动螺杆	灌	100	
牛头山闸	栗林左	11+274	39.10	1982	冻吴				1	φ0.6	37.60	38.20			混凝土管	钢平板	电动螺杆	灌	67	
北河口闸	栗林左	13+050	39.20	1981	冻吴		1		1	1×1	32.50	33.50	36.00		混凝土拱	钢平板	电动螺杆	灌	134	

续表

涵闸、泵站名称	河岸	桩号	堤顶高程/m	建成/改造年份	水准基面	闸基地质	过闸流量/(m³/s)	洪水重现(设计/校核)/m	设计标准		高程		设计/校核水位		结构型式			功能	设计排、灌面积/hm²	
									孔数	尺寸/(m×m)	底板/m	门顶/m	闸上/m	闸下/m	闸体	闸门	启闭机		灌溉	排涝
牛皮湖涵泵站闸	栗林左	14+754	39.50	1978	冻吴		4.5		1	1.5×2.5	31.18	33.68	36.00		混凝土管	钢平板	电动螺杆	排		67
蛟子渊闸	江左	44+725	43.05	1959	冻吴		9.3		1	2.6×3.3	33.00	36.30	39.00		混凝土拱	钢平板	电动螺杆	灌	6934	
河码头泵站闸	江左	40+150	43.00	1978	冻吴		7.4		1	2.5×2.35	35.00	37.35	38.50		混凝土拱	钢平板	手动螺杆	灌	3867	
二站防洪闸	江左	25+592	42.20	1992	冻吴		32		2	4.5×3.5	34.50	38.00	39.50		箱涵	钢平板	电动螺杆	排		6000
故道闸	江左	25+406	42.20	1992	冻吴		16		1	4×3.5	31.00	34.50	39.50		混凝土拱	钢平板	电动螺杆	排		2000
肖家拐闸	江左	19+950	41.12	1962	冻吴		1.9		1	1.5×2.25	32.00	34.25	38.00		混凝土拱	钢平板	手动螺杆	灌	2000	
新堤闸	江左	13+050	40.50	1987	冻吴		2.4		1	1.2×1.8	34.50	36.30			混凝土拱	钢平板	手动螺杆	灌	1000	
冯家潭泵站	江左	6+200	40.30	1976	冻吴		32		4	φ1.6	39.10	40.70			混凝土管	钢平板	电动螺杆	排		5834
人民大闸	江右	2+300	38.50	1954	冻吴		73.2		3	4×4.5	30.50	35.00	32.00		明槽	钢平板	电动螺杆	排		11334
调弦口闸	江右	0+050		1969	冻吴		60		3	3.0×3.5	26.50	40.00	36.50		混凝土拱	钢平板	手动螺杆	灌	3334	
八一闸	江右	2+000	39.37	1962	冻吴		0.6		1	φ0.8	33.50	34.30	37.00		条石拱	钢平板	手动螺杆	灌	200	
三合闸	江右	4+750	39.89	1973	冻吴		0.8		1	1.2×1.6	31.27	32.87	38.00		混凝土拱	钢平板	手动螺杆	灌	400	
三合泵站闸	江右	5+200	39.50		冻吴		1		1	0.8×0.8	36.00	36.80			混凝土拱	钢平板	手动螺杆	灌	234	
周家闸	江左	0+000	41.00	1975	冻吴		2.5		1	1.5×1.75	36.00	37.75	38.20		混凝土拱	钢平板	手动螺杆	灌	667	
陡坡闸	江左	3+800	41.00	1962	冻吴		2.9		1	1.5×2.25	32.00	34.25	38.20		混凝土拱	钢平板	手动螺杆	灌	1667	
丢家垸闸	江左	0+505	41.00	1973	冻吴		0.8		1	0.8×1.5	32.00	33.50	38.00		条石	钢平板	手动螺杆	排		200
北头闸	藕左	0+550	41.52	1966	冻吴		0.5		1	φ0.85	37.00	37.85	39.00		混凝土管	钢平板	手动螺杆	电灌	267	
幸福闸	藕左	4+500	41.57	1958	冻吴		1.7		1	1.6×2.2	34.20	36.40	38.90		混凝土拱	钢平板	手动螺杆	排灌		800
南尖闸	藕左	6+750	41.50	1973	冻吴		2.5		1	1.5×2.25	32.50	34.75	38.50		混凝土拱	钢平板	手动螺杆	排灌		800
南尖电排闸	藕左	6+700	41.50	1975	冻吴		4.5		1	1.5×2.25	36.90	39.15	39.00		混凝土拱	钢平板	手动螺杆	排灌		800
东支河电灌闸	藕左	10+376	41.50		冻吴		0.5		1	φ0.9	37.00	37.90	39.00		混凝土管	钢平板	手动螺杆	电灌	167	
古长堤闸	江左	14+730	41.00	1978	冻吴		2.1		1	1.5×2.5	33.00	35.50	39.00		混凝土涵	钢平板	手动螺杆	灌	940	
跃进闸	江左	0+180	40.31	1958	冻吴		6.1		1	2.6×3.3	33.00	36.30	37.56		混凝土拱	钢平板	手动螺杆	灌	1134	
老洲岑闸	江左	3+740	40.50	2000	冻吴		2		1	1.4×1.7		38.00			混凝土	钢平板	手动螺杆	排		334
金鱼沟闸	江左	3+100	40.50	1962	冻吴		0.7		1	φ0.8	31.50	32.30	38.00		混凝土管	钢平板	手动螺杆	灌	400	
半头岑闸	江左	7+300	40.50	1972	冻吴		3		1	1.5×2.25	31.50	33.75	39.00		混凝土	钢平板	手动螺杆	灌	667	

续表

涵闸、泵站名称	河岸	桩号	堤顶高程/m	建成改造年份	水准基面	闸基地质	设计标准								结构型式			功能	设计排、灌、灌面积/hm²	
							过闸流量/(m³/s)	洪水重现(设计/校核)/m	闸孔		高程/m		设计/校核水位		闸体	闸门	启闭机		灌溉	排游
									孔数	尺寸/(m×m)	底板/m	门顶/m	闸上/m	闸下/m						
黑鱼湖闸	江左	14+800	40.30	1961	冻吴		3.6		1	1.6×2.2	31.00	33.20	39.00		混凝土	钢平板	手动螺杆	排		1067
小河口闸	江左	18+200	38.00	1982	冻吴		0.7		1	φ0.8	32.00	32.80	36.00		混凝土	钢平板	手动螺杆	排		134
杨苗洲闸	江左		40.30	1990	冻吴		1		1	1.2×2	33.00	35.00	38.00		混凝土	钢平板	手动螺杆	灌	334	
长江闸	江左	21+500	39.80	1967	冻吴		2.4		1	1.6×2.2	31.40	33.60	38.00		混凝土	钢平板	手动螺杆	灌	1400	
永合泵站闸	江左	25+444	39.60	1967	冻吴		8		1	2.5×2.35	31.00	33.35	38.00		混凝土	钢平板	手动螺杆	排		1800
永合闸	江左	27+100	39.60	1954	冻吴		2.2		1	1.6×2.4	30.80	33.20	38.00		石拱	钢平板	手动螺杆	排		1000
杨坡坦闸	江左	35+800	39.60	1989	冻吴		16		1	3×3.7	30.30	34.00	37.00		混凝土	钢平板	手动螺杆	灌	400	2067
黑瓦屋闸	江左	内堤	38.00	1962	冻吴		0.7		1	φ0.85	31.15	32.00	36.00		石箱	钢平板	手动螺杆	排		
合兴闸	江左	内堤	38.00	1965	冻吴		4.1		1	2.2×2.2	37.15	39.35	36.00		混凝土拱	钢平板	手动螺杆	排		334
群利闸	藕左	内堤	38.00	1967	冻吴		1.4		1	1.6×2.2	31.50	33.70	36.00		混凝土管	钢平板	手动螺杆	灌		400
新江闸	江左	内堤	38.00	1967	冻吴		0.8		1	φ0.8	32.70	32.78	36.00		混凝土管	钢平板	手动螺杆	灌	267	
天鹅洲闸	江左	0+150	41.00	1999	冻吴		70		3	3.5×3.5	30.50	34.00	39.00		混凝土箱涵	钢平板	电动螺杆	排灌		2000
鸭子湖闸	江右	6+015	41.00	1975	冻吴		10		1	2.6×3.3	31.00	34.30	38.00		混凝土拱	钢平板	手动螺杆	灌	4000	
送江泵站闸	江右	6+300	41.00	1974	冻吴		1		1	0.8×1.2	38.00	39.20	39.00			钢平板	手动螺杆	排	267	
前进泵站闸	藕左	10+050	41.00	1967	冻吴		2		1	1.2×1.6	34.50	36.10	38.50		混凝土涵	钢平板	双动螺杆	排		400
新民退洪闸	江左	0+800	40.20	2004	冻吴		2.2		2	2×2	34.50	36.50	38.00		混凝土箱涵	钢平板	手动螺杆	排		667
沙河闸	江左	3+950	40.20	1976	冻吴		1		1	1×1.3	35.00	36.30	37.50		圆涵	钢平板	手动螺杆	灌		200
谭家洲闸	安左	2+480	39.80		冻吴		0.5		1	φ1.0	34.40	35.40				钢平板	手动螺杆	排	67	
二站排灌闸	江左	13+140	41.00	1992	冻吴		32		2	4.5×3	33.30	36.30	39.50		混凝土箱涵	钢平板	电动螺杆	灌		6000
春风闸	江左	2+414	39.00	1975	冻吴		2		1	1.5×2.25	32.50	34.75			混凝土拱	钢平板	手动螺杆	排		267
血防闸	江右	6+665	40.90	2004	冻吴		12		2	2.5×3	32.50	35.50			混凝土涵	钢平板	双动螺杆	排		667
陡岸涨闸	江左	3+100	39.50	1997	冻吴		12		1	2.5×3	31.00	34.00	36.00		混凝土箱涵	钢平板	手动螺杆	排		667
复兴闸	江左	13+100	39.50	2004	冻吴		3		1	1.5×3.1	32.50	35.60	36.00		混凝土箱	钢平板	双动螺杆	灌	534	
荆州区																				
红卫闸	虎右	8+088	45.66	1966			8.5		1	3.25×2.5	38.40				钢筋混凝土拱	钢平板	手动螺杆	灌	5533	
大兴寺闸	虎右	13+000	45.00	1973			4.38		1	1.5×2.75	34.50				钢筋混凝土拱	钢平板	手动螺杆	灌	760	

注　统计截至2010年底；双动螺杆即双动螺杆手动、电动螺杆；松滋市、公安县、荆州区、石首市主要支堤涵闸泵站管理单位均为各乡镇水利站、水委会。

新滩口船闸 1960年建成，为沟通长江与江汉平原内河运输网的主要通道。闸身长140米，宽12米（闸体顺水流方向为闸长，垂直水流方向为闸宽），闸门最高通航水位24.50米，最低水位18.00米，总投资647万元。洪水期航深4米，能通过300吨级拖驳船队，平均每次过闸量约600吨，年通闸能力30万吨。由于河床泥沙淤垫，闸底过高，枯水期（1—5月）一般不能通航。2003年加固。

第三章 堤防工程岁修

历史上，荆江地区堤防培修、退挽，多为溃决后的修复工程，或临险所采取的应急措施，特别是明清两代，堤防溃决频繁，故修筑次数较多。民国时期，堤防虽然也有一定修补，但大多工程量较小。至建国前，荆州长江两岸堤防普遍存在堤基不良、堤身单薄、堤质较差等问题，抗洪能力较低。

建国后，荆江地区堤防建设受到党和政府高度重视，被列为水利建设的重要任务。针对堤防低矮单薄状况，国家投入巨大人力、物力和财力，采取加高培厚、改善堤质、巩固堤基、整险护岸等措施实施全面建设整治，并对支民堤实施合堤并垸和调整，还增建部分堤段。在列入国家基本建设项目前，一直按照岁修计划进行整治加固，1998年大水后，荆州长江干支堤防得到大规模整治加固。

第一节 荆江大堤培修与整险

建国初，荆江大堤上起堆金台（桩号 802+000），下至拖茅埠（桩号 678+000），全长 124 千米。堆金台上至枣林岗长 8.35 千米堤段，原为阴湘城堤；拖茅埠下抵监利县城南长 50 千米堤段，原为长江干堤，这两段堤防与荆江大堤实为一体，同等重要，先后于 1951 年、1954 年划入荆江大堤。自此，荆江大堤的起讫被固定下来——上起荆州区枣林岗，下至监利县城南，全长 182.35 千米。荆江大堤外有围垸堤防，一般年份大堤并未全部挡水，直接挡水堤段 71.20 千米，非直接挡水堤段 111.15 千米。

一、堤身加培

在漫长历史时期，荆江大堤屡筑屡溃、屡溃屡筑，以致形成堤身断面不一、土质各异、堤内渊塘众多的复杂堤况；且荆江河段水深流急，九曲回肠、河道主泓摆动频繁、河势演变复杂、滩岸崩坍严重，严重威胁大堤安全。至建国初期，大堤堤身仍矮小单薄，残破不堪。据 1946 年扬子江水利委员会编写的《荆江水位特高原因及整理办法》和 1951 年长江委编写的《荆江大堤简史》（稿）记载："（荆江大堤）堤面宽度，最宽者仅万城、李家埠两段，共 2 公里达到 12 米；最狭者为郝穴堤，有一段竟不到 3

图 3-1 1954 年汛前的荆江大堤

米。"堤顶高程，"据实地查勘，沿江各地之堤顶在洪水位以上者，最高不过 0.9 米（沙市）；最小者仅 0.5 米（郝穴）"。内、外坡比，最大者 1∶3，最小者仅 1∶1.5；沿堤基本无平台，堤上杂草丛生，堤街房屋栉比，堤身隐患严重。历史留存的军事工程及坟、窑、房基、剅闸、暗管、树蔸、木桩、砖渣等沿堤遍布，还有白蚁、狗獾等对堤身造成危害，尤其是蚁患危害遍布全堤。大堤堤身破败不堪，堤外滩岸崩坍，堤基相对不透水层薄，土质结构复杂，渗漏严重。堤基渗透、堤身隐患和滩岸崩坍三大险情严重影响着荆江大堤防洪安全。

建国后，荆江大堤的建设，经历了由点到面逐步扩展的过程。荆江大堤岁修工程由于各个时期所提出断面设计标准不同，整险加固经历 1949—1954 年清除隐患、培修加固，1955—1968 年堵口复堤、重点加培和 1969—1974 年"战备加固期"三个阶段。

表 3-1   1954 年汛前荆江大堤堤防状况表

地名	桩号	堤顶高程/m	堤顶面宽/m	内坡比	外坡比	堤身垂直高度/m	1954 年当地最高水位/m	堤顶高出 1954 年水位/m
丁堤拐	679+700	40.69	4.0	1:3	1:1.5～1:2.5	8.85	39.73	0.96
西李湾	686+400	41.16	2.9	1:2.5	1:2.5	8.76	40.09	1.07
熊良工	700+500	42.08	4.7	1:3	1:3～1:5	10.02	-41.07	1.00
祁家渊	718+500	42.71	5.3	1:3～1:4	1:2.5～1:3.5	10.34	42.34	0.37
木沉渊	746+000	44.56	3.3	1:3.5～1:5	1:4～1:5	13.10	43.86	0.70
御路口	765+500	45.76	3.8	1:2.5～1:4	1:2.5～1:3	11.50	44.70	1.06
闵家潭	783+500	45.97	3.0	1:3	1:3	9.53	44.81	1.16
万城	793+800	46.55	4.4	1:3～1:2.5	1:3～1:4	10.40	45.30	1.25

第一阶段（1949—1954 年） 20 世纪 50 年代初期，主要针对堤防低矮单薄、百孔千疮、隐患众多状况，进行清除隐患和培修加固。因荆江大堤关系重大，根据堤身断面设计要求：按 1949 年沙市最高水位（44.49 米）的相应水面线超高 1 米为堤顶高程，面宽加培至 6 米，内、外坡一律按坡比 1:3 的标准进行加高培厚。同时，彻底清除堤上军工、沟道及堤身内墙脚、暗沟、棺木等隐患。1949年冬至 1950 年春，重点修复 1949 年大水所毁坏堤段，清除民国时期存留于堤上的军工建筑，共完成土方 133.29 万立方米。

1950 年汛期，荆江大堤出险 50 余处。中央和省政府对此极为重视，12 月底，中南军政委员会副主席邓子恢主持召开会议，专门研究荆江大堤加固问题，省政府主席李先念、副主席王任重均参与决策，决定由政府拨粮 1.65 万吨，组织江陵、监利两县劳力 5 万人、民船 3000 艘投入施工，荆江大堤加固工程全面动工，计划整险加培土方 300 万立方米、石方 6 万余立方米。1951 年主要培修重点险段，实际投入劳力 6 万余人，完成土方 329.02 万立方米。

1952 年，为确保荆江大堤安全，经中央人民政府批准，决定兴建荆江分洪工程，同时，进一步整险加固荆江大堤。当年，江陵县组织民工 2 万余人，自枣林岗至麻布拐，加培翻筑 42 处，长 45 千米，完成土方 142 万余立方米（其中包括纳入荆江分洪工程项目的 48 万余立方米）；沙市辖区内堤段以培修为主，完成土方 26 万余立方米，并拆迁狗头湾至玉和坪堤段（桩号 760+850～756+850）长约 4 千米堤街房屋。麻布拐以下至监利城南堤段，当时尚未划入荆江大堤，监利县亦组织民工实施麻布拐至八尺弓培修子堤和朱三弓、四弓堤、九弓月、堤头等处外帮、外压浸台等应急工程，并清除堤上碉堡、壕沟等军工建筑，拆迁堤身部分房屋。此时期，监利段大堤普遍培修 1～2 次，险段先后培修 3 次，共完成加培土方 138 万立方米。1952 年，江陵、沙市、监利 3 县（市）合计完成土方 306万余立方米。

1949—1954 年，荆江大堤共处理堤身隐患 4515 处，完成土方 1008.87 万立方米、石方 35.66 万立方米、国家投资 1051.6 万元，大堤面貌初步得到改变[1]。

表 3-2   1949 年冬至 1954 年春荆江大堤完成土石方统计表   单位：万 m³

项 目	实 施 年 份					
	1950	1951	1952	1953	1954	合计
土方	133.29	329.02	306.39	151.32	88.85	1008.87
石方	3.74	6.32	6.98	6.86	11.76	35.66

第二阶段（1955—1968 年） 1954 年长江流域发生百年一遇特大洪水，荆江大堤经受严峻考验，部分堤段损坏严重。汛后，湖北省委提出"堵口复堤、重点加固"的方针，组织数十万民工投入堤防施工。根据大堤断面设计要求，长江委在 1954 年大水后编制的《1955 年荆江大堤培修工程设计指示书》中提出的设计为：堤顶高程按沙市 1954 年最高洪水位 44.67 米超高 1 米，堤面宽度 7.5 米，外

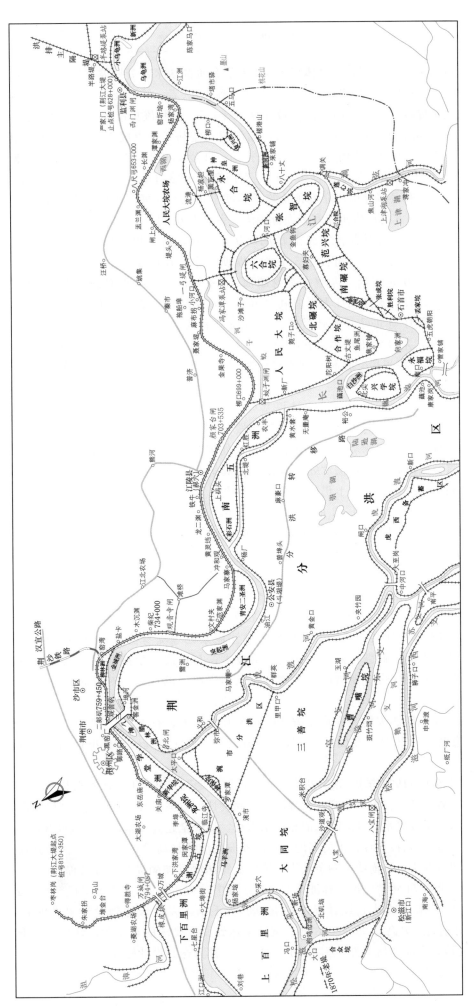

图 3-2 荆江大堤位置图（2010 年）

坡比 1:3，内坡比 1:3~1:5；并具体规定内坡距堤顶垂高 3 米部分按坡比 1:3，3 米以下按 1954 年汛期情况设计。凡未发现险情堤段，其原有坡比达到 1:3 者，维持现状，坡比不足 1:3 者，加培至 1:3；出现险情堤段，结合整险加固使坡比增至 1:5。按照该标准，1955 年由国家拨款，采取"以工代赈"方式实施培修。是年因工程量大，除江陵、监利二县上民工 7.5 万人外，还动员潜江、天门、荆门三县民工 7 万余人协助施工。具体安排为：江陵负责金果寺至三仙庙堤段；潜江负责丁堤拐至金果寺堤段；天门负责三仙庙至盐卡堤段；荆门负责御路口至万城堤段；监利负责本县所辖堤段。1954 年汛期，监利县多处堤段靠堤顶抢筑子堤度汛，汛后立即开始修复水毁工程，荆南山至王家港、吴洛渊、城南等 6 处堤段重点实施堤身培修，完成土方 50.78 万立方米。

经过一个冬春施工，五县共计完成土方 615 万立方米，施工堤段断面大多达到或接近设计要求，同时拆迁郝穴和平街、劳动街长 1.5 千米的堤顶房屋。在此基础上，1956 年岁修仍以培修为重点，完成土方 413 万立方米，以增大堤身断面。1956 年、1957 年岁修，荆州地区分别调集江陵、公安、石首三县劳力支援荆江大堤监利段施工，完成培修、填塘土方 154.42 万立方米。1958 年整治加培监利田家月至九弓月等处堤段。此阶段监利县共完成加培土方 335.64 万立方米。此后，1957—1968 年，荆江大堤加固以整险加固为主，但对未达标堤段则继续有所加修。这一阶段不但恢复了 1954 年毁损堤段，还使荆江大堤堤质和抗洪能力得到一定程度改善和提高，基本改变了低矮单薄的旧貌。

荆江大堤进行培修加固同时，还实施堤基处理和崩岸整治工程。1957 年，黄灵垱、廖子河、观音寺、李家埠、窑圫垴、马王庙等险情严重堤段分别进行地质钻探，埋设地下水位观测管，设置空（实）导渗减压井，观测堤基地下水位变化，处理和防止堤基渗漏及管涌的发生，收集相关地质和渗流资料。同时，继续贯彻"守点顾线，护脚为先"方针，水下仍以抛石、抛笼、抛枕为主，个别地段采用沉排护底；水上仍以砌石护坡为主。1956 年后，抛石护岸标准以枯水位以下总坡度变化为依据，对坡比不足 1:1 的抛护至 1:1.5，达到 1:1 的暂缓抛护。1959 年要求全部按总坡比达到 1:1.5 的标准抛护。1960 年起，一般险工险段按 1:1.5、重点险工险段按 1:1.75~1:2 的标准抛护。

20 世纪 60 年代，除继续开展加高培厚、填塘固基、整险加固、消除隐患、植树防浪等建设外，还相继实施河道整治、合堤并垸、移堤改线等防洪工程建设，并开始在大堤上修建灌溉涵闸。在增强堤质改善堤基方面，荆州地区长江修防处在省水利厅领导下，相继开展一系列科研工作，从 50 年代起，与省水利厅共同研究，采用压力灌注泥浆处理堤身隐患；与武汉大学生物系合作，对严重危害堤防的土栖白蚁进行研究，探索防治技术；与长江科学院共同开展堤基渗透变形和荆江护岸等课题的研究及探索治理措施。这些科研工作所取得的成果，对堤防整险加固具有较好的技术指导作用。

1955—1968 年，荆江大堤共完成土方 1950.08 万立方米、石方 168.06 万立方米，修建减压井 124 个，消除隐患 6.63 万处，完成投资 3680.88 万元[2]。荆江大堤防洪标准得到较大提高，抗洪能力增强。

第三阶段（1969—1974 年）　该时期称为"战备加固期"。1969 年冬，根据长江中下游防洪座谈会精神及长办、省水利局提出的《荆江大堤战备加固设计》方案，加固标准是："堤顶高程按控制沙市水位 45.00 米、城陵矶水位 34.40 米的相应水面线，加安全超高 1 米，堤面宽度 8 米，内、外坡比仍按过去要求不变。"除按设计标准的高度、宽度和坡度继续加高培厚堤身外，为增强堤基的抗渗稳定性，还采用填压办法，平衡渗透剩余水头，填压堤脚渊塘以加固堤基，故又称"三度一填"工程。经过 5 年施工，至 1974 年"三度"标准基本达到，其中沙市所辖 15.5 千米堤段全部达到设计标准，江陵所辖 119.35 千米堤段达到设计标准的有 93.86 千米，高程未达到设计要求的有 5 段，计长 25.49 千米，分别间断欠高 0.09~0.88 米；宽度未达到设计要求的有 1 段，计长 7.4 千米。监利所辖 47.5 千米堤段，完成加培土方 305.51 万立方米，大部分达到设计标准。

1969—1974 年，荆江大堤岁修完成投资 5110.61 万元，完成土方 2111.43 万立方米、石方 152.93 万立方米，修建减压井 9 个，消除隐患 3.11 万处[3]。1972—1973 年还修建沙市城区堤顶混凝土路面 9.65 千米。

二、险情治理

荆江大堤修筑于冲积土层上，堤基为砂卵石基础，地面粘土覆盖层薄，又系多年分段加培而成，堤质不良，堤基相对不透水层薄；土质结构复杂，不连续的粉细砂层、砂砾层以及淤积层随机分布，砂层与砂砾层延伸很广，在河床中露头与江水相通；堤身隐患严重；许多堤段堤外无滩，滩岸崩坍严重。荆江大堤历经多次溃决，遗留有许多冲坑形成的渊塘和古河道，有记载的重大溃决遗迹 87 处。至建国初，尚存较大渊塘 47 处，顺堤长 30.3 千米。整治加固前，面积最大的为江陵龙二渊（120.8 万平方米，距堤脚 100～1000 米），最深的为监利谭家渊（深 29 米），严重威胁堤身安全。经过多年整险加固，大堤堤基渗漏、堤身隐患和崩岸三大险情基本得到控制。

（一）堤基渗漏处理

堤基渗漏，多发生在外滩狭窄、堤内渊塘沼泽密布的堤段，出险部位则多在距堤脚 500 米范围内，尤以距堤脚 200 米以内为多。1954 年大水时，沿堤出现管涌 101 处，因当年内垸渍水水位高，反压大，渗漏险情暴露尚不充分。1962 年外洪内旱，沙市水位高达 44.35 米，洪水高出堤内地面 8～14 米，大堤因承压水头增大，堤基粘土覆盖薄弱地段出现大面积管涌险情，其中尤以观音寺、廖子河、木沉渊、蔡老渊、黄灵垱、窑圫垴等处最为严重。

造成渗漏的原因，主要与堤基地质结构有关。荆江大堤地质属第四纪沉积物，其地层结构，一般表面为粘土或亚粘土层，其下为砂层（砂层间也有粘土隔水层），再下为透水性很强的砂砾石层。由于砂层与砂砾石层延伸很广，在河床中露头与江水相通，在洪水作用下，地基隔层或地表覆盖层产生渗透压力，破坏堤基稳定，加之历史上溃决形成的渊塘、沼泽和沿堤堵筑穴口、河汊未进行堤基处理，修堤取土、地质爆破、开沟、挖塘、打井、修建地下建筑物等活动致使地表覆盖层遭到人为破坏，故汛期管涌险情异常严重。堤防加固过程中，科研人员通过地基钻探取样分析，基本查清荆江大堤地基情况，地质好的堤段 68.85 千米，占 37.76%；较好堤段约 70.25 千米，占 38.52%；较差的 43.25 千米，占 23.72%。较差堤段主要集中在江陵、监利堤段，主要为江陵唐家渊至观音寺段（桩号 729+000～740+000，长 11 千米）、麻布拐至夹堤湾段（桩号 679+000～698+000，长 19 千米）、监利杨家湾至高小渊堤段（桩号 639+750～653+000，长 13.25 千米）。

堤基渗漏处理，包括汛期所采取的临时性应急措施和汛后实施整险工程。临时性措施，根据不同情况，分别采取砂石料导滤、建导滤井、筑反滤堆、预制导滤井以及蓄水反压等措施，以控制险情发展。汛后整险工程，则采取"外截"、"内导"和"内压"等措施。

1954 年大水后，荆江大堤渗漏险情严重的木沉渊等堤段，采取堤外抽槽筑浅层粘土截渗墙和加大堤外铺盖等办法，防止江水通过透水层渗入堤内。但由于遭遇流沙层，不易处理彻底，截渗效果较差。1958 年改用"内导"办法，在沿堤渗漏严重地段堤内普遍开沟排渗，并在黄灵垱修建实心减压井 51 口、观测井 20 口，收到一定效果。1963 年起，又先后在沿堤修建空心减压井 83 口，其中廖子河 21 口、蔡老渊 32 口、李家埠 10 口、窑圫垴 11 口、黄灵垱 9 口，地下水位得到有效降低，险情发展得到控制。但由于钢管管径过小，易淤塞，不易清洗，常因锈蚀导致过滤网堵塞而失效。1987 年在观音寺闸内渠道修建玻璃钢管结构空心减压井 20 口。因这种减压井的管径大（管径 0.55 米 5 口，管径 0.65 米 15 口），井深 35.0～40.0 米，井底深入卵石层约 15 米，易冲洗，不易堵塞，收到良好减压效果。

与此同时，还根据"以压为主，导压兼施"的原则，在堤内实施禁脚平台压浸，即在渗漏堤段内坡（或外坡）帮筑土台一道，称"压浸台"。平台视堤段险夷情况分别填宽 30～50 米，厚度约 3～5 米。

223

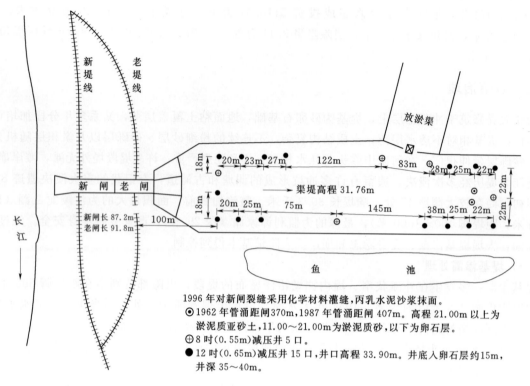

1996年对新闸裂缝采用化学材料灌缝,丙乳水泥沙浆抹面。

⊙1962年管涌距闸370m,1987年管涌距闸407m。高程 21.00m 以上为
淤泥质亚砂土,11.00～21.00m为淤泥质砂,以下为卵石层。

⊕8吋(0.55m)减压井 5 口。

●12吋(0.65m)减压井 15 口,井口高程 33.90m。井底入卵石层约15m,
井深 35～40m。

图 3－3　观音闸整险工程减压井位置示意图

堤内渊塘和沼泽地段,先后采取人工挑土、挖泥船输泥和利用涵闸引水落淤等方式实施大面积填压固基。荆江大堤与柳林洲之间原有水套相隔,水套上自青龙台,下至盐卡,有小沟与江相通,渍水不易排泄,常年浸泡堤脚。水套下至柳林洲后渐宽,"渍浸宏深","江涨漫洲,风拥浪抬,洗刷最甚"[4]。1952年,将淤填水套作为荆江大堤加固工程项目纳入荆江分洪工程计划,采取"行水落淤"的措施初步淤填柳林洲水套地带。1952—1965年,再淤填唐刬子一段长 800 米、宽 350 米、面积 28万平方米的水套,平均淤高 2.5 米。1956—1965年,又淤高马家江踏以上一段长 150 米、宽 200 米、面积 3 万平方米的水套地带,平均淤高 0.8 米。1956—1968年,淤填窑湾一段长 1300 米、宽 660米、面积 85.8 万平方米的水套地带,平均淤高 1.2 米。经过多年施工,使洲堤相连,消除多年隐患。

1972年,监利城南段采用挖泥船挖吸江洲泥沙淤填堤内脚渊塘,开展"吹填"试验。挖泥船工作 290 小时,共吹填泥沙 7 万余立方米,3.97 万平方米面积平均淤高约 2 米,"吹填"试验取得成功。1973年,堤防部门向长江航道局租用功率为 350 立方米每小时挖泥船一艘,在荆江大堤冲和观段实施吹填试验,从 4 月 28 日至 7 月 1 日,67 天中实际吹填 841 小时,共吹填 21.7 万立方米,平均淤高 1.35 米。

(二)堤身隐患处理

荆江大堤土质复杂,历史遗留隐患甚多。堤身内狗獾、蚁穴、蛇洞、坟墓、墙基、军事工事、树苑、石渣、暗沟、阴刬等比比皆是,这些隐患对堤防安全威胁很大,其中尤以白蚁危害最为严重,历史上因白蚁危害导致溃堤的事件常有发生。1954年,荆江大堤因白蚁危害造成的大小漏洞有 5493个,占全部险情的 94％,跌窝 162 处,占全部险情的 3％,白蚁危害是造成当年荆江大堤出险的主要原因。1954—1985年,累计查出和处理各种隐患 11.4 万处,其中蚁患 7.75 万处。蚁患严重堤段,主要分布在祁家渊至枣林岗段,计长 92.35 千米,占大堤全长的 51％。土栖白蚁在堤内营巢寄居,致使堤内蚁腔密布,蚁路纵横。据历年普查资料显示,蚁穴最密集堤段,每千米竟达 300 处之多,不仅密度高,而且洞穴大。1960年刘家碾子堤段(桩号 754＋536)堤顶下 2.5 米内坡处,挖出蚁洞一个,长 2.5 米,宽 2 米,高 1.4 米;另在桩号 754＋500～754＋508 段堤顶内坡处挖出蚁洞 8 个,追

挖至堤身后又发现 1 个白蚁窝群，其空隙体积达 2 立方米。万城堤段桩号 790＋000 处翻挖时，一民工突然陷入蚁穴，洞内面积之大，竟能容纳 5 人。此外，关庙堤段亦在桩号 763＋000、767＋000 等处发现长 3 米、宽 2 米、深 1 米的蚁穴多处。

建国后，堤身隐患处理，主要是在普查基础上实施大量翻筑或锥探灌浆，仅 1954 年汛后，一个冬春就抽槽翻筑堤长 40 千米。1958 年起，荆江大堤建立专业灭蚁队，系统整治白蚁危害堤段，累计普查 154 次，查出隐患 4.17 万处，其中蚁患 3.6 万处，有效控制了蚁患蔓延扩散，堤身隐患大幅度减少。

1953—1954 年，监利县在蒲家渊、杨家湾、祖师殿、流水口等长 2893 米堤段共锥探 1.2 万余孔，发现獾洞、鼠穴、蛇洞、坟墓、漏洞、裂缝、树苑、棺木、阴刨等隐患 40 余处，并进行翻筑回填。1956 年，监利县对重点堤段实施锥探，钻孔 26.94 万个，发现并处理隐患 747 处。此后，荆江大堤又先后实施数次大规模翻筑，其中 1962 年翻筑江陵梅花湾长 1.33 千米蚁患严重堤段；1964—1965 年，监利县锥探钻孔 10.47 万个，发现隐患 71 处，并实施翻筑处理；1969 年在沙市泰山庙、刘大巷、康家桥等堤段集中翻筑渗漏严重堤段，挖出砖渣瓦块及条石约 7 万立方米、纵横砖墙 363 道、阴沟下水道 115 条及便池、漏水痕迹各 10 处。1995 年荆江大堤盐卡、尹家湾堤段发生獾害，河道堤防部门在尹家湾石仓和杨二月矶捕获狗獾 4 只，并对洞穴实施处理。2002 年 6 月又查出 3 处獾穴并进行处理。以后在历年堤防加培和增筑过程中不断挖出砖墙、阴沟、条石、砖渣、树桩、暗坟、棺木等杂物。在清除堤身杂物后，对堤身采取抽槽、翻筑、锥探、灌浆等措施处理。同时，拆迁堤身所有房屋及建筑，堤身渗漏险情大为减少。

（三）崩岸险情处理

荆江沙市、郝穴、监利三大河湾共长 71.35 千米，其中堤外无滩或滩宽不足 100 米的堤段 34.6 千米，滩宽不足 20 米的堤段长 10.5 千米。历史上洲滩变化无常，河势多变，加之水流通过河湾时，因其离心力作用，产生环流冲刷河岸；而河岸土质抗冲能力弱，致使坡脚形成陡坎和较大冲刷坑，引起河岸不断崩坍。同时，又伴随发生河床淤积，致使主泓摆动，造成新的冲刷和淤积。当崩岸逼近堤脚，即威胁堤防安全。

20 世纪 50 年代初至 70 年代末，荆江大堤共发生崩坍险情 147 处。学堂洲从 40 年代起开始崩坍，至 50 年代发展为巨崩，最大崩宽达 220 米，1951—1971 年共崩长 3700 米。沙市城区至盐卡堤段，仅建国后就先后于 1952 年、1953 年、1963 年、1964 年和 1965 年多次发生较为严重的崩岸，直至 1970 年仍有间断小崩发生。乾隆五十三年（1788 年）前，盐卡至观音寺段滩宽约 2～3 千米，此后，主泓顶冲点逐年向下发展，经过近 200 年冲刷、崩坍，滩宽仅存 8～20 米。经退堤还滩后，崩坍仍不断发生，现外滩宽一般仅为 10～20 米。冲和观至祁家渊段崩坍则更为频繁剧烈，19 世纪末尚有 400 米宽外滩，后不断崩窄。1949 年 7 月 19 日，祁家渊堤段 40 米宽外滩仅两天时间即崩至堤脚，几乎造成溃决。1954 年汛前，冲和观段发生严重崩岸，崩长 1000 余米。据统计，冲和观段 1915—1949 年 35 年内发生崩岸 48 次（其中 1935—1945 年无资料可查），1950—1959 年发生崩岸和坍坡下滑 64 次。20 世纪 60 年代后，祁冲段滩岸冲刷有所缓和。龙二渊至郝穴堤段为崩岸严重的险工段，一般低水位距岸边 40～70 米范围内，水下坡脚易发崩坍，影响至近岸。1971 年，桩号 709＋800～710＋600 段 3 处坍坡发生崩坍，长 800 米。1979 年 1 月，郝龙段一次崩岸长达 1045 米。柳口至谭剅子段，1977—1980 年滩岸崩长约 3 千米，最大崩宽 100 米，岸坎距堤脚 130 米，崩坍强度最大一次崩长 200 米，崩宽 30～40 米。监利河湾 20 世纪初以来变化剧烈，主泓南北摆动频繁。民国时期，在城南段外滩急流顶冲处修建三座石矶，以期改变水势流向，杀减水流对堤岸的冲刷。后又多次在一、二、三矶上下腮抛枕、抛竹笼和抛石护脚，同时还在窑圻垴、井家渊和鄢家铺等处修筑护岸工程。1948 年、1949 年和 1963 年一矶连续 3 次发生崩坍，崩幅长、宽均在 40 米以上。

荆江大堤崩岸险情整治，始于明成化初年（约 1465 年后）黄潭堤的"沿堤甃石"，其后陆续修建过一些矶头、驳岸和滑坡等护岸工程，至 1949 年的 484 年间累计护岸长约 15.6 千米，护岸石方量仅约25万立方米。1949年后,对堤外滩岸不足30米的堤段设想采取"退堤还滩"措施实施治理,但考虑到新筑堤防安全系数较低,且工程量大,未付诸实施。根据国家财力和崩岸险情的轻重缓急,建国初期仍以"守点"和"护脚"为主。1952—1954年,监利县采取"守点顾线,护脚为先"的原则,在一矶至窑圻垴5.5千米崩岸线上,用石7.5万立方米,守护9个点,达到相对稳定,其后10年间,每年用石0.8万~1.5万立方米对诸守点抛石加固。

通过工程量的不断积累,荆江大堤护岸工程逐步连点成线,后发展到大面积的平顺守护。一方面改建或加固历史遗留下来的旧式护岸工程,先后对布局不合理,导致水流紊乱的刘大巷矶、土矶头矶、黄灵垱矶和无名双矶分别予以削退或削除,以改变矶头上下游局部水流流态,使之变为平流或顺流;对观音矶、康家桥矶、柴纪矶、七里庙矶、谢家榨矶等处旧式条石驳岸或坡度过陡的重力式条石挡土墙等,则分别改造为枯水位以上的块石或混凝土预制块护坡及混凝土挡土墙,使干砌块石护坡坡比达1:3。此外不断采取新的护岸措施,在学堂洲、沙市城区、观盐、文村夹、祁冲、黄灵、郝龙、熊刘、柳口、城南等崩岸险段,实施水上砌坦坡、水下抛石镇脚,并修建和整治宽3~5米的枯水平台。水上坦坡以干砌块石为主,兼有浆砌混凝土预制块和混凝土挡土墙。水下以散抛块石为主,新工段兼抛柳枕、柴排、铅丝笼、竹笼等以护底。抛护标准为:1956年以前,水下抛护依滩岸宽窄、河床深浅、险情轻重,一般每米每次抛石5~20立方米;1956年以后,以枯水位以下总坡度变化情况为依据,对坡比不足1:1的抛护至1:1.5,达到1:1的暂缓施护;1959年要求全部按总坡度达到1:1.5的标准抛护加固;1960年起,根据每年高、中、低3次不同水位测量成果,选用冲刷最大、坡度最陡的一次作为依据,一般险工与重点险工分别按坡比1:1.5和1:1.75~1:2的设计要求进行抛护;1971年以后,护岸标准略有提高,水下总坡比,一般险工为1:2,重点险工达1:2.5。至1985年,累计施护长53.88千米,约占三大河湾总长的78.1%,完成石方638.8万立方米、柴枕36251个、柴排5478平方米、竹笼86901个、铅丝笼751个,其中矶头及其上下游岸线,每米完成石方292~607立方米;重点险段,每米完成石方113~172立方米;一般险工段,每米完成石方24~72立方米。

据初步统计,1983—1998年,荆江大堤河道发生崩岸总长12.44千米,均只采取水下抛石和散铺石等应急处理措施。1998年大水后,重点整治局部毁损严重的护岸段,累计整治长度5.2千米,完成石方11.4万立方米、投资2300万元。

据统计,从1949年至2010年累计守护长度64.17千米,护岸石方725.48万立方米,完成投资17595万元。经过多年护岸工程建设,河岸抗冲能力得到一定增强,已守护滩岸保持了相对稳定,崩岸险情得到一定缓解。

表3-3   荆江大堤崩岸险工防护统计表

地点(桩号)	施护长度/m	护 岸 方 式	石方量/m³	起讫年份
城南(627+180~636+940)	7970	除一矶为矶头外,其余为平护	1037479	1950—2010
柳口(697+100~700+500)	3400	平护	119029	1950—2010
熊刘段(700+500~708+000)	7300	平护,多为半坦	284807	1950—1996
郝穴至龙二渊段(707+800~713+000)	5200	除铁牛上、下矶,龙二渊矶、郝穴矶为矶头外,其余为平护	1129228	1950—2010
灵官庙至黄灵垱段(713+000~718+000)	5000	灵官庙矶、黄灵垱矶为矶头外,其余为平护	570580	1950—1996
祁家渊至冲和观段(718+000~722+200)	4200	祁家渊矶、冲和观矶为矶头外,其余为平护	1309816	1950—1999
文村夹(733+050~735+600)	2700	平护,未砌坦	193295	1950—2008

地点（桩号）	施护长度/m	护　岸　方　式	石方量/m³	起讫年份
观音寺至盐卡段 （738＋000～745＋000）	6300	除柴矶为矶头外，其余为平护	1051577	1950—2010
沙市区（745＋000～761＋500）	16500	矶头、直立驳岸、平护相结合的护岸方式	1295436	1950—2010
学堂洲（0＋000～6＋400）	5600	平护，未砌坦	263516	1950—2010
合计	64170		7254763	1950—2010

荆江大堤早期修建的护岸工程多采用矶头群护岸方式，1788年大水后，沿堤陆续修建矶头29座。随着河道冲淤变化，有5座矶头崩坍或被泥沙淤埋而消失，5座在20世纪50年代以来历年加固中被全部削除，至今存留19座，其中有6座被部分改造。大部分矶头间的空档已护石守护。

表 3 - 4　　　　　　　　　　　　　　　荆江大堤护岸矶头现状表

河段	矶头名称	大堤桩号	修建年份	自然消失	全部削除	部分改造	河段	矶头名称	大堤桩号	修建年份	自然消失	全部削除	部分改造
沙市河湾	杨林矶	765＋800	1788	√			郝穴河湾	冲和观矶	721＋120	1913			
	黑窑厂矶	762＋500	1788	√				祁家渊矶	720＋840	1913			
	观音矶	760＋265	1788					谢家榨矶	720＋000	1913			√
	二郎矶	759＋450	不详					黄灵垱上矶	717＋000	1917			√
	刘大巷矶	759＋000	1871			√		黄灵垱下矶	716＋900	1917			√
	康家桥矶	758＋400	1736—1795		√			无名双矶	715＋300	1860		√	
	玉和坪矶	756＋600	不详					灵官庙矶	714＋582	1860			
	盐卡矶	747＋800	1465					龙二渊矶	710＋370	1852			
	岳家嘴矶	746＋850	1842			√		铁牛上矶	709＋810	1852			
	杨二月矶	745＋870	1895					铁牛下矶	709＋500	1852			
	柴纪上矶	744＋273	1895			√		渡船矶	708＋460	1852		√	
	柴纪下矶	742＋750	1895		√			郝穴矶	708＋100	1852			
	蒿子垱矶	742＋190	1895	√			监利河湾	一矶头	629＋720	1926			
	七里庙矶	741＋420	1895		√			二矶头	629＋200	1926	√		
								三矶头	628＋800	1926	√		

三、重点险段整治

得胜寺险段（桩号798＋000～799＋100）　为历史溃决险段。建国初期，抢护渗漏险情时取出内外排桩及梅花桩150余根。此后，堤内脚水塘中多次出现管涌险情。1972年1月20日，培修即将完工时，桩号798＋521～798＋741段堤面中间及堤外半坡上出现一条长50米、缝宽0.15米的裂缝，15天后缝宽发展至1米，下挫陡坎达1.2米，呈弧形扩展并延伸至堤脚，致使堤脚凸起0.6～0.8米。翻筑过程中，又在堤脚高程40.00米处发现木桩三排，计56根，翻挖至堤顶下3.5米时，裂缝方全部消失。后回填还坡，并在堤外筑20米宽一级平台，堤外脚增筑16米宽二级平台，长70米。经多年培修，至1985年，堤面宽8米，堤顶高程48.28米，外坡比1∶3，内坡比1∶3～1∶5；内平台分两级，分别宽为40米、15米，平台外肩高程分别为40.00米和39.00米；外平台宽30米，外肩高程39.00米，堤身渐趋稳定。

字纸篓险段（桩号776＋940～777＋650）　顺堤长710米，面积12.4万平方米，水深1.5～2.5米，淤泥深1～2米，其外有谢古垸民堤，一般情况下大堤不直接挡水。建国初，李家埠堤段堤顶高程 46.00 米，堤面宽 7～8 米，外坡比 1：3，内坡比 1：3～1：4，但极不规整，堤外地面一般高于堤内地面约 4 米；距堤内脚 5～20 米处有水沟，常年渍水。1954 年汛期，谢古垸堤溃决，桩号 776＋950～777＋900 段堤内普遍发生散浸，距堤脚 30 米范围内多处发生管涌群险情，当时采取开沟导渗、建围井反滤措施进行抢护。汛后又在临水堤脚抽槽 900 米，挖深 6 米，用粘土回填。次年因垸堤未修复，汛期仍出现管涌洞 8 个。汛后实施除险整治，经在桩号 777＋100、777＋180 两处钻探和在桩号 777＋200 处堤内涌水洞旁勘察，堤内地面 7 米以下为纯砂层，堤外 5.5 米以下为纯砂层，其上为黑色腐质淤土层；内外砂层相互贯通，故汛期水压增大而出险。在整险施工中发现管涌孔，砂盘直径 1.5 米，深 2 米。在堤外加筑粘土覆盖层，长 900 米，宽 50 米，厚 1.5 米；堤内实施翻筑，并填筑 30 米宽平台。1965 年修建排渗减压井 10 口、观测井 12 口，初期效果良好，后因淤塞、锈蚀，至 1975 年全部封闭处理。1968 年 7 月 16 日谢古垸分洪，大堤内脚及平台散浸严重，平台脚以外出现较大管涌 7 处，计 23 孔，当即开沟导渗以缓解险情。1969 年冬加宽内平台至 40 米，1972 年和 1975 年又加筑内、外平台，同时封闭减压井。1984 年谢古垸分洪时未出现险情，1986 年冬加固培修堤身，1996 年实施堤基处理工程，险情基本稳定。

廖子河险段（桩号 759＋760～760＋015） 紧临观音矶，历史上因多次溃决致使地面覆盖层遭到破坏，距堤内脚 100 米处地势低洼，常年渍水。1961 年 7 月，距堤脚 70 米原沙市棉纺厂旁的废堤脚水塘边出现冒孔 2 个，孔径 0.08～0.3 米，同时桩号 759＋930 距堤脚 100 米处的钻孔也出现冒砂（当年 1—7 月为拟建沙市闸选址，在此钻孔 17 个）。1962 年 7 月，沙市水位 40.20 米时，距堤脚 20～100 米范围出现冒孔 14 个，除棉纺厂废堤边 1 个外，其余 13 个均位于水塘中。1963 年实施填塘处理，并在原冒孔附近设置减压井 13 个、观测井 12 个。1968 年汛期出现管涌，原 13 号冒孔再次涌水。1969 年增建 8 个减压井、2 个观测井和 3 条导滤沟，但 1970—1974 年汛期仍出现管涌险情。1974 年汛期，对减压井进行冲洗，1975 年进行人工填压处理，除保留观测井外，将减压井全部封闭回填，填土高 4 米、宽 100～140 米。并实施堤外水下抛石，累计抛石 600 余立方米。1976 年采用挖泥船输泥填压，从堤脚高程 38.00 米起，按 1：80～1：100 坡比填宽达 200～300 米。1992 年实施减压井拔管、扩孔、风干泥球回填处理。1999 年 12 月，结合观音矶护岸综合整治工程，桩号 759＋630～760＋520 段外坡实施水上护坡整治工程。

盐卡险段（桩号 745＋500～751＋700） 桩号 748＋000～750＋000 段外滩狭窄，深泓紧贴岸脚，迎流顶冲，堤内地势低洼，多为沼泽渊塘，距堤背水坡脚 400～1000 米范围，地面高程约 31.00 米。历史上多次溃决，为重要险工险段。1963 年石油会战时，在距内脚 1000 米范围实施地震爆破 57 孔，1966 年又实施石油物探爆破，钻孔深 8 米，事后未作妥善处理，当年冬仅用粘土泥球分层封堵，地表加筑 2 米高土压台。1968 年 7 月 11 日，桩号 747＋500 距堤内脚 70 米处发生爆破孔管涌，孔径 0.2 米，当即建反滤围井处理。7 月 18 日沙市洪峰水位 44.13 米时险情加剧，至 21 日傍晚，围井内滤料下陷，孔径扩大至 0.8 米，水流汹涌，反滤石料在内翻腾如沸，大部被水冲出，并涌出黑砂 10 余立方米。抢险人员紧急加大围井直径和高度，镇以巨石，作倒反滤和正反滤导渗。经两昼夜抢护始脱险。汛后重新翻筑，按高 3.5 米、底部 50 米×50 米、顶部 30 米×30 米的标准建土台填压。1973 年和 1979 年为拟建放淤闸选址，先后钻探 43 孔、36 孔，虽经回填处理，但仍有渗水现象。1982 年汛期，桩号 748＋300 距堤脚 200 米处地质钻孔出险。为解决堤基渗漏问题，1984—1986 年分三期采用挖泥船输泥填压渊塘，填土 190 万立方米，并填筑内平台。

木沉渊险段（桩号 744＋900～745＋550） 顺堤长 650 米，宽 400～1300 米，水域面积 84.5 万平方米，系清乾隆五十四年（1789 年）、嘉庆元年（1796 年）两次溃决冲成，后在外滩复堤。渊底高程 26.30 米以上为 1～2 米厚砂壤土，31.00 米高程土层则为壤土、砂和粘土混杂，大堤即修筑在此基础上。汛期，堤内脚 110～200 米范围内常有管涌险情发生，为荆江大堤重要险工之一。1954 年前，堤面宽仅 4 米，堤内在堤顶下 1 米处有 3 米宽平台，自堤顶下 3 米为一级平台，宽 14 米；再下 7 米为二级平台，宽 8 米。1954 年后，堤顶高程加高至 44.60 米，面宽加至 7.5 米，二级平台加宽至

25 米，还在外坑抽槽翻筑 6～7 米。1955 年、1962 年在内平台修建大型导滤沟。1968 年 7 月 10 日，渊内发现冒孔 3 个，水深约 4 米，间距 2～4 米，孔径 0.3～0.5 米，孔旁沙丘 0.5～2 米，当时仅加强观察，未作处理。冬修时建反滤堆 2 个（其中双孔堆 1 个），耗用砂石料 208 立方米，此后险情未发展。1971 年 8 月，桩号 745+100～745+300 段堤内坡出现 1 条长 200 米的顺堤裂缝，缝宽 0.1～0.3 米，缝深 0.5～1 米。冬季整险时发现裂缝顺堤向上延伸，长 620 米。抽槽处理时，发现裂缝向下逐渐变小，抽槽深至 4 米以下时，裂缝宽约 0.01～0.03 米。采取泥浆灌缝，然后回填夯实，共计土方 1 万立方米。1978 年后，采用大型挖泥船铺设潜管过江取土 149.5 万立方米，填塘顺堤长 600米，平均宽 200 米，厚 7 米，填压高程达 34.00～38.00 米。此后与蔡老渊淤区连成整体。至 1982年，堤顶高程 46.40 米，面宽 12 米，内坡比 1:4，外坡比 1:3；外堤脚高程 40.36 米，堤内吹填宽350 米，高程达 36.00～38.50 米。1997 年，为进一步提高桩号 745+000～745+550 段抗渗能力，在长 550 米、宽 200 米范围内共完成吹填土方 11.92 万立方米，堤基渗漏险情得到改善。

蔡老渊险段（桩号 740+700～741+050）　古称"登南堤"，系溃口冲决遗址，后水道淤塞，形成渊塘。地质结构复杂，多属粉质壤土和粉质粘土，夹有细砂和粉砂，中间为厚约 5 米的粘土隔层，下部为深砂层，地表下 17～21 米为卵石层，厚 90～100 米，基础透水性强，地表覆盖单薄。1962 年7 月 12 日，观音寺闸灌溉渠道内距闸 370 米处发现一处管涌洞，砂盘直径 4.8 米，孔深 11.6 米，其旁还有小冒孔 3 个。随后又在渊内发现管涌洞 7 个，当即填入反滤料进行导渗处理。汛后又采取扩大冒孔孔径深入开挖，然后分别按级配填入反滤料的措施进行处理。1964 年后修建减压井 32 个、观测井 12 个，险情得到缓解，后因过滤设施逐渐淤塞，效果略减，1973 年起陆续拔除和封闭。1969 年利用观音寺灌溉闸落淤，沿堤脚 400 米范围内，修筑放淤围堤和隔堤 7 千米（自观音寺经柴纪至木沉渊）。至 1980 年落淤 240 万立方米，蔡老渊至柴纪 3 千米堤段内脚平均淤厚 1～2 米。1980 年后采用挖泥船管道输泥填压，与木沉渊连成一个淤区，共淤积土方 633 万余立方米，管涌险情基本消除。1985 年堤顶高程 45.60 米，面宽 12 米，外坡比 1:3，内坡比 1:4（局部为 1:3～1:5），堤外有滩，堤内平台宽 130～180 米，高程 37.00～39.00 米。

祁家渊至冲和观险段（桩号 718+000～722+420）　内为沼泽，外滩狭窄，迎流顶冲，水深流急，岸坡陡立，民国时期多次发生崩岸。人民政府接管荆江大堤后，当即全力突击抢修，1949 年冬至次年春，修筑重力式混凝土挡水墙，长 60 米，延长块石坦坡 900 米，并进行退挽还滩处理，险情暂时得到缓解。其后，历年在其水上部分实施块石护坡和改建旧坦坡，水下大量抛石护脚，截至1985 年，共完成石方 126.83 万立方米，水下坡比由建国初期的 1:0.8 变缓至 1:2～1:2.5。随着河势演变，近岸河床有所抬高，滩岸日趋稳定。该段多次出现管涌险情，1969 年重点进行人工整险，1973 年及 1975—1984 年，又使用大型挖泥船从马家寨回流边滩取土，与黄灵垱至龙二渊连成一个淤区，累计完成土方近 1160 万立方米。经建国后全面整险加固，至 1985 年，堤顶高程 44.50～44.86米，堤面宽 12 米，外坡比 1:3，内坡比 1:4；堤外高滩地宽 8～20 米，高程 40.50～41.50 米；堤内吹填区宽达 200～400 米，高程 37.00～40.00 米，最高 41.50 米，经整治后险情得到缓解。

黄灵垱险段（桩号 717+050～717+350）　堤外滩宽不足 15 米，滩岸高程约 41.00 米，河泓逼近，堤内一般地面高程约 31.00 米，距堤脚 500 米范围内皆为沼泽，常年渍水，地表粘土覆盖层较薄，系历年多发险情重点险段。据地质资料，堤段粘性土壤覆盖层较薄，有两个透水砂层：一为浅砂层 0.5～1.8 米，高程 28.00 米；一为深砂层，高程 18.00～22.00 米。1954 年汛期普遍出现管涌险情，6 月 30 日，洪水尚未漫滩，桩号 717+210～717+358 段长 148 米内坡和堤脚发生脱坡，并不断发展，历时 40 余天，后采用砂石导渗处理。1955 年春在其下段填筑顺堤长 120 米、宽 200 米的大平台，高程 32.00～34.00 米。1956 年汛期，在平台脚下及大平台上出现管涌洞 4 个。1957 年在距堤脚330 米管涌处采用五级配砂石料导渗方式，建椭圆形导渗井 1 个，围井面积 248.7 平方米，高 3.9米，耗用砂石料 535.62 立方米。1958 年春，在堤内脚筑大平台，并修建实心排渗井 51 个，埋设堤身浸润线观测管 8 根、地下水测压管 12 根，经 1958 年、1962 年、1964 年洪水考验，具有一定减压效果，后井管逐渐淤塞。1973 年、1974 年，沙市水位超过 43.00 米时，距堤脚 250 米大平台外再次连续发生管涌险情。1974 年冬修建 9 个浅层减压井，因深度有误未见效果。1975 年冬工，培修原有大平台，加宽至 300 米，顺堤长 100 米，累计最大填土厚度 5 米，并将减压井全部封闭填实。1977 年后采用挖泥船输泥加固堤基，与祁家渊连成一个淤区，使 500 米范围内管涌险情得到控制。经多年整治加固，至 2010 年堤顶高程 45.10 米，面宽 8 米，内、外坡比 1：3，堤内淤宽 300 米，高程 37.70 米，堤身垂高由 12 余米降至 6.41 米。

龙二渊险段（桩号 709＋400～710＋910）　系清康熙十五年（1676 年）和道光三年（1823 年）、道光六年三次溃决冲成，顺堤长 1510 米，最宽处 1000 米，水域面积 120.8 万平方米，为荆江大堤整险加固前沿堤最大渊塘。渊底为厚约 10 米的砂基，其下为透水层，渊底高程 26.89 米。该段为上荆江狭窄河段，堤外无滩，深泓紧逼岸边，为荆江大堤最重要险段之一。清代及民国时期多次出现崩岸险情。民国九年（1920 年）堤外滩岸崴深 1.3～2.7 米，长 6.6 米，抢护后，1922 年石工又溜崴 20 米，以碎石抢护。1931 年一号箭堤崩崴长 93 米、宽 4 米、高 7.7 米，后加修驳岸 6 层，抛石笼 350 个，并于下端抛护块石。但 1931—1934 年，又连年出现冲溜崩崴险情，因力所不及，仅以少量块石抛护，直至 1946 年才抛护脚石 2000 立方米[5]。1970 年土矶头削退。因下荆江实施系统裁弯，水位比降增大，冲刷加剧。1971 年 5 月 6 日，铁牛一矶上腮高程 35.00～36.00 米部位坦坡发生弧形滑崴，长 35 米，缝宽 0.1 米，当即采取水上整滩还坡，水下抛石 8000 立方米抢筑护脚平台，以稳定坡脚。12 月 6 日土矶头上腮高程 35.00～36.30 米部位坦坡淤土上发现弧长 100 米的三级跌坎，每坎跌差 0.5 米。清除淤土时，发现坦坡脚槽滑崴，下沉 1.2 米，向前滑动 0.8 米，缝宽 0.4 米，当即抛石 1.3 万立方米，使水下坡比达到 1：2。12 月 26 日，原出险处上端 30 米处，高程 32.40 米部位坦坡下滑，弧长 30 米，裂缝宽 0.01～0.03 米，近水边有下沉现象。1972 年 3 月，抢抛块石 3.48 万立方米，使水下坡比达到 1：2.5，险情基本稳定。1973—1983 年，又在该渊临江处实施潜坝造滩工程，累计抛石 9.59 万立方米。此外 1973 年还在其上下隔坝沉柳，滩岸得到进一步稳定。堤内渊塘历经人工及挖泥船隔江取土填压，截至 1984 年，共完成土方约 100 万立方米。其间，1982 年挖泥船施工，因未完成施工任务，而建围堤破坏覆盖层又未填压，致使大堤桩号 710＋877 处距堤脚 190～370 米范围内，4 月 10 日出现管涌 3 处，经组织 2600 余人抢险方化险为夷。至 1985 年，吹填区建成顺堤长约 700 米、宽 200～300 米的大平台，平台高程达 33.00～34.50 米。至 2010 年渊塘内再未出现管涌险情。

柳口险段（桩号 697＋180～698＋875）　长 1695 米。桩号 698＋600～699＋000 段堤内原有钻孔 6 个，其中桩号 698＋800 处 1957 年汛期出现管涌险情，孔径 0.6 米，经砂石导滤填压处理脱险。该处河段江流出郝穴卡口后，河宽骤然由 700 余米增至 1500～1700 米。由于流速减缓，泥沙沉积，致使江中沙洲浅滩纵横，为长江中游主要碍航河段之一。下荆江系统裁弯后，由于河床冲刷发生溯源侵蚀，河势演变剧烈，深泓摆动不定，沙洲淤潜无常，崩岸险情相继发生。1977 年石首人民大垸谭剅子一段滩岸发生剧烈崩坍。1978 年 9 月 20 日，柳口滩岸出现崩坍，崩险持续至次年 2 月，崩岸总长 1045 米，最大崩宽 45 米，最大陡高 10 米。为防止滩岸继续崩坍，1978 年 12 月上旬至 1979 年 3 月底组织水下抛枕，抛护长度 1130 米（桩号 697＋180～698＋225）。与此同时采取削坦砌坦措施，砌坦长 1045 米，面积 3.77 万平方米，完成砌坦块石 1.32 万立方米、抛护块石 6.93 万立方米。工程实施后，贴岸主流外移，近岸开始淤浅，滩岸渐趋稳定。

杨家湾险段（桩号 638＋000～369＋200）　堤内地势低洼，坑塘及水田内粘土覆盖层薄，堤基砂层较厚，历年堤脚散浸严重，并有清水漏洞和管涌险情发生。杨家湾至窑圻垴堤段（桩号 636＋680～637＋300）长 620 米堤内 50 米处有渊塘名"长渊"，塘底高程 28.00 米，水深 1.5～2 米，底部均系细砂层，历年汛期涌水此起彼伏，不断出现管涌险情。1954 年 6 月，桩号 638＋300～639＋736 段距堤内脚 30～60 米范围出现管涌险情；桩号 638＋400 处上下 70 米范围发生脱坡，从堤顶内肩下滑 1.5 米，当即采取开沟导滤、柴土还坡、外帮截渗及袋土砖渣碎石填脚等措施抢护脱险。1974 年发现冒孔 1 个，次年进行处理后管涌险情暂时稳定。1955 年、1957 年和 1969 年，经三次填筑加宽平台达 50 米，厚 2 米，高程 29.50 米。1983 年采用挖泥船吹填土方 10 万立方米，填筑宽约 200 米、仅低于堤顶 1 米的高压平台，险情得到缓解。至 1985 年，堤顶高程为 39.98 米，面宽 12 米，外坡比 1：3，内坡比 1：4；外滩宽达 800 米，高程 32.00 米。1998 年 8 月 30 日，桩号 638＋200 距堤脚 400 米沼泽地发现一处孔径为 0.5 米管涌（被省防汛抗旱指挥部列为当年荆州长江干堤 25 处溃口性重大险情之一），出险时监利城南水位 37.45 米。经 1000 余名民工和 150 余名武警官兵，采用围井三级导滤和加筑围堰蓄水反压等措施，奋战 20 余小时，成功排除险情。汛后经综合整治，完成整险土方 70 余万立方米，险情得到控制。

窑圻垴险段（桩号 636＋300～636＋900）　堤内地势低洼，覆盖层薄，渊塘底部均系细砂层，历年汛期多次发生管涌，为荆江大堤重点险工险段之一。1927—1935 年、1947 年及 1954 年，堤外滩岸多次发生崩挫，严重时崩至堤脚。1964 年 7 月，监利城南水位 35.58 米时，桩号 636＋350～636＋400 段距堤脚 15 米水塘中出现冒孔 3 个，最大孔径 0.2 米，1965 年汛期又出现管涌 4 个。1966 年建减压井 11 个、观测井 4 个，同时填塘宽 30 米，汛期堤基渗漏得到一定控制。1968 年又在距堤脚 60 米处出现冒孔 2 个。1970 年填塘加宽至 60 米。1974 年 7 月 6 日，在距堤内脚 90 米处水田中发现一处孔径 0.5 米的管涌，采用围井导滤方式抢护，所填骨料屡填屡陷，经全力抢险勉强度过汛期。1975 年因减压井失效而拔除，并将水塘全部填至与地面平齐。1978—1980 年，通过挖泥船输泥填筑平台至 200 米宽，与杨家湾连成一片，两处共完成土方 100 余万立方米。1980 年、1981 年大水时未发生险情。至 1985 年，堤顶高程 39.85 米，堤面宽 12 米，外坡比 1：3，内坡比 1：4，外滩高程 33.00～35.00 米，堤身淤区高程 32.00 米。2007 年 8 月，桩号 636＋500 距堤内脚约 860 米处发现 3 个管涌，汛后实施整治，基本稳定。

监利城南险段（桩号 628＋760～629＋500）　堤内原为顺堤水塘，即监利"城河"。堤基砂层较厚，汛期，堤内坑塘中多次出现管涌险情。1970 年汛期，距堤脚 30～50 米坑塘内多处出现冒孔，孔径约 0.1 米。1972 年，采用挖泥船吸取江洲泥沙淤填堤内禁脚渊塘，在航道部门支持下，租用红旗吸扬 2 号挖泥船实施吹填试验，淤填土方 7 万立方米，3.97 万平方米险工范围得到整治，50 米禁脚内平均淤高 2 米。此次吹填工程试验的成功为荆江大堤加固开创了新的施工方式。1975—1978 年，下段严家门和上段一矶头、凤凰堤内外禁脚、外滩坑、内潭相继实施吹填工程，完成土方 17.24 万立方米。1980 年汛期，桩号 628＋760～629＋120 段，从堤脚垂高 2 米起至禁脚几十米范围普遍严重散浸，1983—1984 年填筑部分险段内平台，1998 年大水后，得到进一步整治。

黄公垸险段（桩号 627＋700～628＋050）　位于荆江大堤和长江干堤接壤段，系历史著名险工，每年汛期在距堤内 140 米处范围均有严重管涌险情出现。1954 年后，历年抢险筑成与堤平行的 5 个土围导滤井，每年汛期井内冒水，冒孔孔径 0.3～0.5 米，时有细砂透过导滤料上涌。1983 年 12 月至次年 5 月，桩号 627＋700～628＋050 段堤内脚实施吹填，共淤填泥沙 30.02 万立方米，淤填后高程 32.00～32.50 米，完成标工 324.24 万个，耗资 53.34 万元。

四、施工及管理

（一）工程项目及标准

建国后，荆江大堤的培修与整险加固工程，分基本建设项目和岁修两类。基本建设项目，着眼于荆江防洪的需要，针对大堤存在的问题，经过勘测、试验和研究，由堤防部门编制初步工程计划（包括预期目的、项目、设计标准、工程量、经费和工期），并附图表，逐级上报审批。其中有些项目，为充分发挥工程效益，控制建设投资，还同时提出几种方案供上级主管部门决策。然后由省水利厅、长江委和水利部联合派人到现场查勘，提出修订意见，形成正式计划上报国家计委，经批准后，即纳入国家基本建设计划。1975—1983 年荆江大堤加固一期工程和 1984—2007 年的二期加固项目均为国家基本建设项目。此类基本建设项目由于工程量大、投资多、工期长，故须根据国家财力和先急后缓原则，分期组织实施，并据此每年制订年度计划和具体施工方案报省水利厅和长江委批准后即按计划组织施工。未纳入基本建设项目的岁修工程，与历史上的做法大致相似，即由堤防部门根据汛期所出现的险情和国家投资金额，提出岁修工程计划（内容包括工程项目、标准、工程量和经费等），经上级主管部门审查批准后，即可组织实施。

（二）实施组织和劳力

历史上，荆江大堤的岁修工程均由各级主管堤工的官员负责主持施工，一般不再另设专门机构。建国后，为加强领导，在施工期间成立工程指挥部，负责统一指挥调度，确保工程计划的按期完成。各级指挥部以堤防管理部门为基础，适当吸收有关部门人员参与组建。正副指挥长分别由所在地区行政首长和水利堤防部门领导干部担任，其中均有一定数量工程专业技术干部参与领导工作。这种建管合一的管理模式保证了荆江大堤一期工程的顺利完成，在当时历史条件下发挥了巨大作用。荆江大堤二期加固工程1984—1998年间的建设管理仍沿袭此前的管理模式。1998年大水后，荆江大堤建设管理逐步开始实行"项目法人制"、"招标投标制"、"工程监理制"和"合同管理制"，通过公开招标、评委会评议、政府监察部门代表现场监督开标的形式，实行"阳光"操作。从施工过程、施工资料整编及工程验收，实行全过程监理制度。

施工所需劳力，清代、民国时期实行"包工制"，即根据工程量大小，事先招募夫头，再由夫头招募土夫和石匠。工价标准以"不失于刻，不失于滥，而适得其平"为原则。建国后，荆江大堤培修加固按水利负担政策，由江陵、沙市和监利就近摊派；任务特大年份则由上级政府部门协调动员邻县予以支援。每年任务确定后，由地区行署行文下达有关各县。参与施工的民工均属义务性质，施工期间按每年岁修总任务，群筹按"田七劳三"负担，国家适当给予生活补贴。为不影响农业生产，在工期安排上，土工一般要求在秋后农忙结束时开工，力求在春节前完工，至迟不得超过次年3月底以前完工；石工则务必在汛前竣工。1998年后，施工管理实行项目法人制，由中标的施工企业进行机械化施工，改变了过去由群众投工投劳，采用人海战术的施工方式，沿堤民众负担大为减轻。

（三）施工管理

施工管理，清代采取工完收方结账办法，由负责承修堤工官员与夫头在开工前议定"方价"，确定施工质量要求，施工中再委派专人驻工地监督质量。每铺一踩，采用"锥试法"进行一次检查验收。所谓"锥试"即"用数尺铁钉锥下，拔起成孔，即以壶水灌之，土松者即不能久注，则杂用砂土及不加夯硪之弊亦见。"每验一踩，发给验票。验票内容："某至某处堤工第几坯，验明实系滤土铺踩，平均将松土一尺打成实土八寸，复行硪三遍，业经试锥，灌水不漏，亦无瘦坡情弊，如复验不能饱锥如式，夫头责处翻筑，原验之员参究。某年某月某日，委员某某验收。"清乾隆五十三年（1788年）后，乾隆皇帝深感堤防溃决多与过去施工草率有关，因而规定以后所修堤工"定限保固十年"；凡新筑堤防在此限期内冲溃者，除由承修人赔偿工程费用外，还要追究其刑事责任。民国时期为确保施工质量，对夫头采取奖惩措施，规定"夫头须有殷实铺保"，在工费发放上采取"兴工时先发五厘棚费，其余按修工成数发给，工竣后发给八成，留二成俟验收后补给；验收符合要求，发给十成方价，最优者酌奖，以示鼓励；工程草率者除按价核减外，另加二成罚款，均于存留二成方价中扣除，如数不符，责令保户追赔"。验收方法仍沿用"锥试法"，但"定限保固"制度未能沿袭下来。1949年后，在总结前人经验基础上，通过不断实践，逐渐形成一套比较完整的施工管理办法，包括施工定额、质量标准、操作规程、奖惩办法和检查验收制度等。每年施工时由工程指挥部以《施工须知》形式印发到所有参与施工的单位，并组织学习贯彻。施工中由各级指挥部组成包括行政、工程技术人员参与的工作组驻工地进行指导和监督，并定期检查评比，奖优罚劣，对工程质量好的给予奖励（包括表扬、发给奖状、奖品和奖金）；对工程质量差的给予处罚（包括批评、责令返工），以切实保证工程质量。

（四）施工机具

荆江大堤培修加固土方，历史上主要依靠人工挑运，每人只需备箕筐一担、扁担一条即可。取土用锹（锄），铺踩用锄，压实则用扁碾、石滚或木夯，此种简单施工工具一直沿用到20世纪50年代初期。当时施工场地人山人海，数十万人同时参与劳动，沿堤民众每年有三四个月参与冬春岁修，负担十分沉重。1954年后始出现木质独轮手推车等运土工具，主要用于运距较远的施工。运行时常咯咯作响，因而有"鸡公车"之名。1958年后又逐步将木轮换为胶轮，并在坡高路陡处设机械动力牵引，劳动强度大为减轻，工效亦较之人工挑运高出3～5倍。1970年后因土源缺乏，又陆续采用大、中、小型挖泥船以及汽车、拖拉机、手扶拖拉机等机械实施远距离输泥和运土，特别是挖泥船的运用，不仅解决了堤防加固的土源问题，而且工效大为提高。一艘大型挖泥船在运距3～4千米条件下，每小时输泥1700立方米，若每日分三班日夜运转，24个小时可输泥4.08万立方米。而在同样运距条件下采取人工挑运，一个强劳力每天也仅能完成约0.5立方米。此外，木夯石碾等夯实工具也于20世纪50年代后期逐渐被"东方红"履带式拖拉机碾压所代替。1998年以后，施工中大部分实行机械化作业，大多采用挖掘机挖土装车，运输广泛采用神牛泰山自卸拖拉机、3吨农用车或5吨自卸汽车，工效大为提高，也保证了工程质量。

除荆江大堤外，其它长江干支堤防的培修与加固建国初期至60年代中期仍以肩挑运土为主；60年代中期至70年代中期，以肩挑和手推车、板车等运土；70年代中期至80年代中期，除肩挑、手推车、板车以外，手扶拖拉机、拖拉机、翻斗车、汽车等机具参与施工。其后，堤防培修与加固全部实施机械化作业。

以上施工机具，凡属简易手工工具，如箢箕、扁担、锹、锄以及手推车等，均由民工自备，施工期间予以合理计酬；大、中型施工机械，如挖泥船、汽车、拖拉机等则分别属国家、集体所有，施工时亦按方量合理付酬。为

图3-4　荆江大堤加固——打飞碾

适应荆江大堤加固工程需要，1970年起荆州地区长江修防处正式组建船队，经过多年发展，成为一个集水利水电施工、水陆运输、疏浚吹填、船舶修造等于一体的综合实体。组建前期先后购置中、小型挖泥船4艘，合计挖泥效率为1010立方米每小时；机动拖轮4艘，合计780匹马力，以及绞锚艇、铁驳等配套设施。

注：

[1] 数据来源于《当代湖北基本建设》，湖北省计划委员会、湖北省城乡建设厅汇编，湖北人民出版社，1987年。

[2] 数据来源于《当代湖北基本建设》、《荆江的防洪问题》。

[3] 数据来源于《荆江大堤》、《当代湖北基本建设》、《荆江的防洪问题》等。

[4] 详见清光绪十三年（1887年）《荆州万城堤图说》。

[5] 详见《江陵县荆江大堤资料汇编》，1976年版。

第二节　江左干堤培修与整险

江左干堤位于长江中游左岸，包括监利长江干堤和洪湖长江干堤，跨监利县、洪湖市，上起监利城南严家门（桩号628+000）与荆江大堤相接，下迄洪湖胡家湾（桩号398+000）与东荆河堤相连，全长230千米，其中，监利长江干堤堤长96.45千米（内含杨林山1.45千米、狮子山0.34千米），洪湖长江干堤堤长133.55千米。

监利、洪湖长江干堤横跨监利县与洪湖市，既挡御长江、洞庭湖来水，亦是洪湖分蓄洪区围堤的重要组成部分，直接保护区为洪湖分蓄洪区，间接保护江汉平原和武汉市安全。直接保护区内自然面积2782.84平方千米，保护洪湖市65％的耕地和人口、监利县40％的耕地和人口。该保护区是湖北省经济较为发达的商品粮和渔业水产生产基地，区内辖监利、洪湖2个县（市），3个县级国营农场，人口118万，耕地8.85万公顷，社会财产总值约399亿元[1]。保护范围内土地肥沃，人口密集，一旦溃决将直接威胁保护范围内人民生命财产安全，甚至还会威胁江汉平原和武汉市的安全。因此，该段长江干堤是长江中下游防洪工程的重要组成部分。

1949年前，监利、洪湖长江干堤低矮破败，隐患丛生，千疮百孔。据调查，建国初监利长江干堤堤顶高程32.50～36.00米，其中引港32.77米、白螺33.43米、观音洲33.48米、尺八口34.36米、莫徐拐35.75、胡码口35.73米；洪湖长江干堤堤顶高程为：螺山32.86米、新堤32.33米、石码头32.06米、龙口31.57米、大沙31.04米、燕窝30.55米、新滩口30.20米。

1950年和1951年，党和政府采取"以工代赈"方式修堤救灾，动员广大群众加固堤防。1952年开始，实行按田亩、劳力合理负担政策，组织上万劳力，大规模进行加高培厚、抛石护岸、整险加固、清除隐患等工程建设，堤防面貌得到初步改善。1954年、1998年两次大水后，先后两次实施大规模加培整治，堤质堤貌和抗洪能力得到显著改善和提高。

一、堤身加培

1949年冬至1954年春，监利、洪湖长江干堤以堵口复堤"关好大门"为主，按防御1949年当地实有最高洪水位的标准进行培修。1949年冬，监利、洪湖县政府大力组织沿堤区、乡民众开展以加高培厚、填塘固基、消除隐患、治理险工为主的堤防加培工程。监利县提出"修堤治水、保堤保命"的口号，实行"以工代赈"。当年对监利长江干堤王家巷至莫徐拐、林家潭、白螺至观音洲、杨林山至螺山等处单薄、浪坎堤身实施加培和建压浸台等工程，至次年春完成土方78.43万立方米。随后，监利、洪湖长江干堤新加培堤段按1949年当地实有最高洪水位超高0.5～1.0米，以内、外坡比1：3为标准实施全面岁修。1949年冬至1954年春期间，洪湖完成加培土方514.4万立方米（不包括堵口土方），清除獾洞、蚁穴、坟冢、废闸、私剅等堤身隐患184处，拆迁占堤民宅近千户，毁堤栽树种菜等损害堤防的行为基本停止。这一时期，监利、洪湖长江堤防面貌得到初步改变。

1954年，长江流域出现百年一遇特大洪水，监利、洪湖长江干堤溃决和主动分洪5处（溃口3处，分洪2处），部分堤段受到毁灭性破坏。当年汛期，新堤最高水位32.75米，牛埠头至螺山堤段仅略高于当地洪水位0.1～0.3米；王家边至牛埠头堤段，洪水与堤顶齐平；王家边至新滩口堤段，洪水漫溢堤顶0.2～1.2米；除铁牛（蒋家码头）、老湾、穆家河、仰口4处溃决外（其中一处系分洪口门），还有中小缺口125处。当年大水后，监利、洪湖两县着手进行"堵口复堤、整险加固"。荆州行署统一调派监利、沔阳、洪湖三县劳力共9万人（监利1.5万、沔阳2.5万、洪湖5万）堵筑洪湖长江干堤溃口，加高培厚，完成加培土方263万立方米（不含四处堵口土方），完全恢复至1954年大水前堤貌，燕窝至新滩口堤段有所加强。1954年冬，监利县拆迁堤身房屋535栋（含荆江大堤监利段），完成上车湾分洪后的堵复挽月工程，险要堤段实施重点加培，至1955年春完成加培土方208.81万立方米，其中分洪口桩号617+100～620+350段退挽月堤，挽筑土方111.13万立方米。

1954年大水后，省水利厅制定新的长江干堤防洪标准：按城陵矶34.40米、汉口29.73米为控制水面线，以堤顶超高1米，堤面宽6米，内、外坡比1：3为标准，由国家拨款，以工代赈，实施堵口复堤、加高培厚。洪湖县按螺山控制水位34.02米、新堤33.61米、石码头33.49米、龙口32.65米、大沙32.41米、燕窝31.93米、新滩口31.40米的标准实施加高培厚，并于1956年建成洪湖隔堤，同时筑坝堵塞新滩口，结束江水倒灌的历史。1959年建成新滩口排水闸，洪湖长江干堤下延至胡家湾与东荆河堤相接，至此，江左干堤与东荆河堤连成一体。

1958年，监利县按堤顶超高1954年当地最高洪水位，即城南至陶市段0.8米、面宽6米；陶市以下堤段 0.5 米、面宽 5 米，内、外坡比 1：3 的标准实施加培，并要求第二年全堤达标。1960 年，韩家埠至杨林山等处欠高堤段实施堤身整治培修。该年底，城南至何王庙、钟家月等处 19.4 千米堤段顶高超过 1954 年洪水位 1 米，另有 18 千米堤段顶高超过 0.8 米，其余 47 千米堤顶超高不到 0.5 米。

1955 年冬至 1969 年春，洪湖县完成加培土方 940.88 万立方米，占堤民宅、猪圈、牛栏等全部清除，整治獾洞、蚁穴、鼠窝等堤身隐患 641 处。据 1965 年汛后普测，除堤面宽度未达到原定标准外，堤顶高程相比 1955 年加高 0.8～1.7 米。

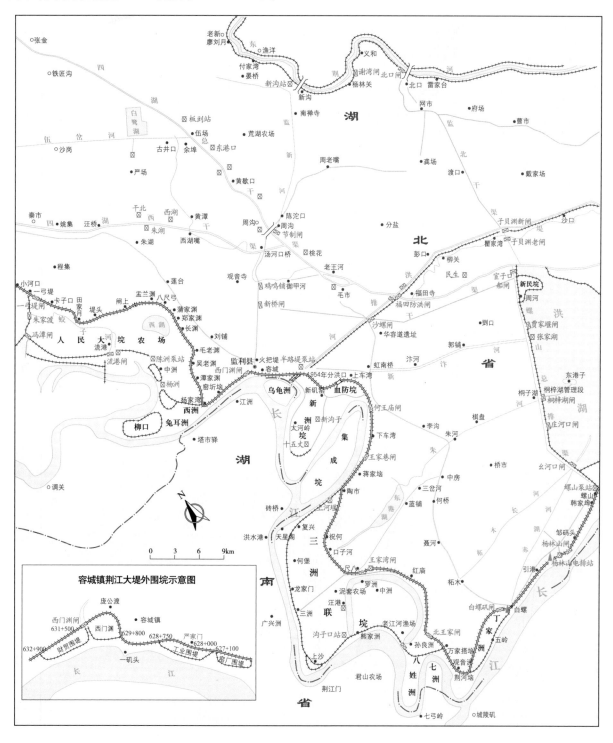

图 3-5 监利堤防工程示意图（2000 年）

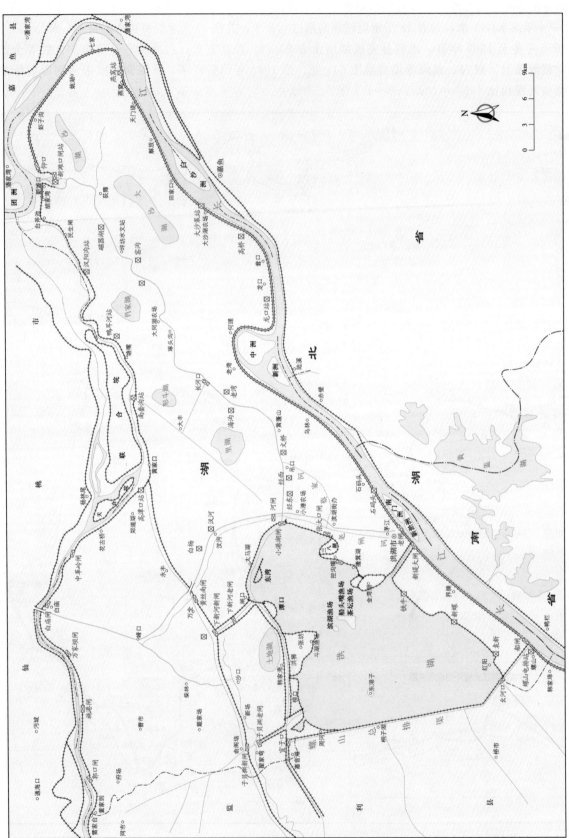

图 3-6 洪湖堤防工程示意图（2000年）

1969 年汛期，正值"文化大革命"时期，防汛领导机构和组织瘫痪。7 月 20 日，洪湖田家口堤段因管涌险情发生溃决（桩号 445＋700），推算最大进洪流量 9000 立方米每秒，总进水量约 35 亿立方米。溃口前，7 月 18 日在距堤内脚 18 米处发现两处管涌，经处理险情得到基本控制。7 月 20 日 7 时，距堤内脚 15 米处再次出现管涌，由于缺乏抢险材料和劳力，通讯联络中断，延误了抢险时机，险情不断扩大，至 20 时溃决。

田家口溃决后，监利、洪湖紧急动员 20 余万名群众，在人民解放军帮助下，沿洪线堤（监利沿洪湖老民堤）、万全垸、下三垸、五西大堤实施二线堤抢险防守。此次溃决淹没监利、洪湖两县面积约 1690 平方千米，受灾农田 5.33 万公顷，受灾人口 26 万（3 万人转移至嘉鱼、蒲圻、沔阳等地）。溃决发生后，国务院总理周恩来打电话询问灾情，并作出重要指示。7 月 21 日，湖北省成立"田家口移民抢险堵口指挥部"，迅速组织堵口抢险，至 8 月 16 日堵口断流，历时 23 天。当时，动用劳力 1 万余人从水下筑起长 730 米临时堵口堤一道，堤顶高程 30.50 米，抛石 1.6 万立方米，填土 6 万立方米。堵口采取的方案为先将溃口两头裹住，稳住堤脚，不使口门扩大；再采取抛石截流、立堵与平堵相结合，然后用袋土断流，粘土闭气，逐步加高土堤，最终堵口成功。田家口溃决，是"文化大革命"内乱所造成的悲剧，同时也暴露出堤防建设和管理方面存在的一些问题。田家口溃决后于次年春实施复堤工程。

1969 年冬，根据长江中下游防洪会议精神，对长江堤防进行战备加固，监利、洪湖长江干堤得到较大规模的培修。按沙市水位 45.00 米、城陵矶水位 34.40 米、汉口水位 29.73 米的水面线超高 1 米进行加培，面宽 6～8 米，内、外坡比 1：3，并在部分堤内脚实施填塘，称为"三度一填"工程。1969 年冬至 1970 年春，洪湖集中全县 10 万余劳力，除曹市区 1.2 万人堵口复堤外，其余近 9 万人投入加高培厚工程中，彭家码头至韩家埠（桩号 446＋800～531＋500）82.2 千米堤段，完成土方 385.5 万立方米。与此同时，荆州行署调派沔阳 4 万余人支援协修胡家湾至叶家边（桩号 398＋000～445＋000）47 千米长堤段，加培土方 297 万立方米，还完成七家月堤退挽工程。6 月，洪湖集中劳力完成汪家洲至马家闸长 31 千米的培修任务。1970 年培修加固共完成土方 664.5 万立方米，洪湖长江干堤 135 千米堤防平均每米加培土方 50.7 立方米，是建国以来规模最大的一次加固工程。1972 年，洪湖完成胡家湾至虾子沟、叶家洲至王家门、熊家窑至谢家白屋三段长 39.41 千米堤段加培任务，完成土方 55.4 万立方米。1980 年洪湖龙口上下堤段，又分别按"长江防洪"标准和"洪湖分蓄洪区"标准加修。同时，采取人工、机械运输和"吹填"办法，大力改造堤基条件。1982 年堤顶高程普测，洪湖长江干堤比设计洪水位超高约 0.9 米，堤顶面宽 6 米，内、外坡比 1：3。

经过 1949 至 1985 年的工程建设，洪湖长江干堤通过堵口复堤、挽月加培、清除隐患、整险加固、护岸保滩等综合治理，堤顶高程达到 32.20～34.90 米，超过设计水位（按城陵矶

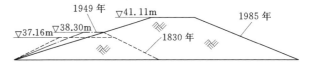

图 3－7 监利长江干堤王家港堤身断面图
（桩号 663＋000）

34.40 米、汉口站 29.73 米推算）近 1 米，少量堤段超过 1 米；堤面宽 6～8 米，险工险段面宽达 8～24 米；内、外坡比为 1：3；险工险段压台宽 10～70 米，重点险段压台宽达 220 米，抗洪能力得到提高。1983 年，洪湖长江干堤新堤洪水位 32.65 米，比 1954 年大水仅低 0.1 米，堤防安全度汛。同时，护岸工程得到加强，崩岸险情开始得到治理，结束了因崩岸而退挽堤防的历史。

1949—1985 年，监利长江干堤累计完成加培堤身土方 1845.63 万立方米（不含禁脚平台土方），全堤堤身总体积约 2623.44 万立方米，每米平均体积 272 立方米。1949 年后平均每米堤段完成土方 191.36 立方米，即 1949 年后加培土方占全堤总体积土方的 70.4％，堤身断面增大 1.4 倍，堤顶高程增高 3 米。

截至 1985 年，监利、洪湖二县共完成土方 7039.47 万立方米，崩岸护坡护脚完成石方 189.59 万立方米，国家投资 9832.53 万元，营造防浪林和护堤林约 166 万株。此外，还在干堤上改建和修建涵

图3-8　20世纪80年代监利长江干堤

闸、泵站共51座。

二、险情治理

（一）堤基渗漏处理

监利、洪湖长江堤防堤基修筑在江河冲积平原上，地表粘（壤）土覆盖层较薄，一般为2～7米，以下为中细砂层，透水性强。沿堤开沟、打井、挖鱼池、取土坑等人为破坏地表覆盖层的现象普遍存在，汛期渗漏、管涌等险情不断发生。

监利长江干堤沿堤内脚有大小渊塘114个，顺堤长27.5千米，占全堤长的28.6％；沿堤渗漏险情堤段共37处，顺堤计长20余千米。韩家埠至白螺矶长16千米堤段中有7.67千米堤段存在严重渗漏险情。万家塔垴至陶市长32.56千米堤段，1980年汛期出现渗漏险情堤段长为12.96千米，其中粮码头、曾家门、红庙、肖家畈四段累计长2.10千米堤段在堤顶下垂高3～4米部位发生严重散浸。茅草街堤段（桩号614＋150～614＋420）堤内脚历来有多处较大清水漏洞，汛期时常出险。监利长江干堤管涌险情较为严重的有5处，顺堤共计长1.73千米，分别为杨家潭堤段（桩号561＋167～561＋560）、北王家堤段（桩号571＋130～571＋150）、三支角堤段（桩号574＋400～575＋280）、口子河堤段（桩号589＋600～589＋650）、蒋家垴堤段（桩号601＋400～601＋800）。红庙至尺八仅6千米堤段就有水塘10余处，平台宽不足10米。

20世纪50年代，在蒋家垴段堤内脚实施抽槽回填，在大月堤、孙家湾、尺八、薛潭、杨林山至沈码头、引港等处实施填塘和加筑压浸台。加培后，降低了渗流压力，延长和增加了堤内外土层铺盖的长度和厚度。60年代，采取"导压兼施"措施，在蒋家垴修建导渗工程。70年代起，继续填塘固基和加宽平台，在沈家塘、何王庙、茅草街、半路堤至黄公垸堤段实施填塘压脚，在杨家潭等处汛期出现管涌险情的堤段加筑内平台。

监利长江干堤经过多年筑压浸平台、填塘固基，堤内铺盖面增大，堤身垂高降低，堤身质量提高，堤基抗渗能力增强。1950—1985年，干堤内禁脚平台总体积共947万立方米，累计填塘平台土方458.65万立方米。内平台宽50米以上堤段5处，顺堤长2千米，内平台宽30～50米堤段54处，长7千米，内平台宽30米堤段55处，长18.50千米。

（二）堤身隐患处理

监利、洪湖长江干堤堤基不良，土质复杂，隐患甚多。1949年前，洪湖长江干堤有120千米堤段堤内坡、禁脚多次发生不同程度渗漏、散浸或管涌险情，严重者酿成堤身脱坡滑塌、堤身塌陷等危险。监利长江堤防荆河垴以下40余千米堤段，共发现獾洞300余处和多处白蚁危害，以及多年破堤引水抗旱或修建剅闸等遗留的明口隐患5处，影响堤防安全。

建国后，监利、洪湖长江干堤堤身隐患多采取普查翻筑、锥探灌浆、灭蚁等工程措施实施整治，堤身隐患得到初步治理。建国初，为清除堤身隐患，普遍采取翻筑措施。根据汛期出险部位，于汛后在堤身外坡及外脚抽槽或按漏洞跟踪翻筑并填土夯实。1952年，监利长江干堤抽槽处理漏洞12处、獾穴33个，回填土方1.9万立方米。1954年春，通过抽槽翻筑，清除韩家埠至观音洲堤身大量树蔸，回填土方3.61万立方米。

1953年冬，堤防部门成立长江堤防锥探队，通过人工锥探沿堤寻查隐患，岁修时有目的地进行翻筑，消除隐患。经过多年努力，所有发生险情堤段均实施锥探灌浆。锥探施工发展历程大致为：由简单的人力锥探灌沙，冬修翻筑隐患；到手工机械锥探灌沙，冬修治理隐患；发展到机械锥探灌浆，直接消除隐患三个阶段。

1953年，洪湖长江干堤引入缘于黄河大堤整险加固的锥探技术，以8人一组，用长6米、直径

2.5厘米的圆钢一根作锥，三人紧握，探插堤身，遇有松土、裂缝、砖瓦、朽木等隐患，凭手握锥触物的感觉，以判断隐患种类，按锥孔灌沙量多少，确定隐患大小，并记录桩号地点，冬修时翻筑回填。1956年，采用人工锥孔自流灌浆方法取代锥孔灌沙。洪湖堤防部门将三人握锥，改为以横木卡接锥杆，两人紧握横木两端探查，改灌沙为灌浆，自流灌孔，并在冬修时翻挖回填。1954—1958年，监利长江干堤累计锥探133.6万孔，发现和处理隐患1823处，其中獾洞28个、蛇洞5个、鼠洞5个、漏洞176处、裂缝836处、树蔸129处、棺木601处、墙砖33处、废刲8处、石渣2处。1964年，采用广西手摇双杆灌浆机代替自流灌浆，使锥探灌浆由单一寻查隐患变成与处理隐患相结合。1973年，堤防部门试制成功拌浆机、压力灌浆机和锥探机，形成锥探、拌浆、输浆、灌浆一条龙的机械施工流程。1977年，洪湖长江修防总段工程师涂胜保首创新型液压锥探机，压力灌浆入孔，用泥浆充填堤身裂缝，直接消除隐患，提高了施工效率，节省了大量人力。

洪湖长江干堤自1953年正式组建锥探队锥探处理出现散浸、渗漏等险情堤段，由最初的一队8人，发展到5队120人。截至1989年，共投入劳动工时1.2万个，动用锥探机3台、泥浆机3台、柴油机32台、拌浆机10台、拖拉机6台，耗费耐压胶管6340米，投入资金112.56万元，锥探堤段长119.2千米，锥探249万孔，灌入泥浆14万立方米，平均每米堤身灌入量为1.16立方米，堤身隐患得到控制，防洪能力得到提高。

监利长江干堤蚁穴隐患以韩家埠至狮子山段最为严重。该堤段地处螺山、杨林山和狮子山三山之间，茅草丛生，便于土栖白蚁觅食活动。白蚁隐藏于堤身内部筑巢繁殖，蚁腔密布、蚁路纵横，有的贯穿堤身形成管道，汛期洪水沿蚁路进入蚁巢，于背水坡溢出，形成跌窝、漏洞等险情。

杨林山至邹码头2千米堤段，平均数米便有蚁穴1处，最大主巢直径在1米以上，纵横蚁路10余条，环绕主巢的副巢空腔有40余个，穿堤蚁路直径0.4米，汛期白蚁从漏洞流出。1960年，韩家埠至白螺20千米堤段，发现土栖白蚁135处，分群扩片、繁殖蔓延。白螺至杨林山到邹码头堤段，汛期蚁洞险情众多，桩号544＋270、546＋615、548＋380堤段，每段约有3～4条大型蚁路贯穿堤身，巢位深4～5米。

从20世纪70年代开始，在杨林山至白螺段寻查翻挖白蚁。1972年监利县成立长江堤防灭蚁队，自当年3月起，在韩家埠至赖家树林（桩号531＋550～549＋000）18千米堤段实施灭蚁。经8个月寻查，查出白蚁地表象征611处，其中泥被线396处、移植孔69个、蚁巢103个，并捕捉蚁王、蚁后199只，消灭有翅繁殖蚁25.1万只，另清除坟冢23座、树蔸11个，回填土方1.01万立方米。1980年6月，合兴堤段（桩号559＋510）通过锥探发现白蚁蚁路贯穿堤身，经翻筑取巢才避免汛期出险。

韩家埠至白螺16千米堤段中严重渗漏堤段便有7.67千米。1980年汛期，经过灭蚁、锥探灌浆、加筑禁脚平台，仅700米堤脚处出现轻微散浸。其中桩号534＋986～548＋620段灭蚁62处、取巢115个，原有清水漏洞102个，灭蚁后，汛期出险仅17个。至1980年，监利长江干堤普遍锥探一遍，重点堤段密锥2～3遍，堤身隐患得到发现和处理。

洪湖长江干堤叶家边至韩家埠段（桩号440＋000～531＋550）为蚁患危害严重堤段。1965年、1966年在龙口以下杜家洲至下庙（桩号456＋000～462＋000）长6千米堤段、乌林以下梅家潭至横堤角（桩号488＋000～490＋000）长2千米堤段、螺山以下重阳树至韩家埠（桩号524＋000～531＋000）长7千米堤段，均查出严重白蚁隐患，共取巢25处，捕捉蚁王蚁后42只。洪湖长江干堤于1992—1993年、1999—2001年对全堤实施白蚁普查，均未发现明显白蚁地表活动迹象。

（三）崩岸险情处理

建国后，监利、洪湖长江干堤崩岸险情得到有效整治。1950—1958年，洪湖叶家洲一、二毛毛矶实施抛石沉枕护岸，完成石方9962立方米。1954年春，宏恩矶一、二矶进行抛石沉枕护岸，完成石方3587立方米。1957年，仅对原护岸工程实施维修巩固。1958年，丁家堤外滩发生剧烈崩坍，由于堤外无滩，堤内地势低洼，退堤挽筑难度较大，防汛困难，当年抛石2206立方米。同年，七家护岸工程抛石 1380 立方米。两处试验性小规模护岸后，滩岸崩坍得到遏制。1963 年，胡家湾堤段发生剧烈崩坍，两次崩幅 30～40 米，河床冲深达 −15.00～−20.00 米（冻结吴淞），形势危急，经上级部门批准，实施抛石沉枕护岸。此次护岸为洪湖境内首次深水护岸。自 1964 年起，洪湖长江干堤崩岸险工治理转入以抛石护岸为主，退堤挽月为辅，过去遇崩险即退挽的局面得到改变。建国以来，洪湖多年整治加固境内重要崩岸险段，至 2010 年底完成护岸工程 61.42 千米，施工总长度 128.91 千米；完成土方 292.31 万立方米、石方 410.04 万立方米、混凝土 8.39 万立方米、柴枕 7.70 万个；完成投资 32775.15 万元。

上车湾河段护岸工程　上车湾至何王庙险段为荆江著名险工。上车湾河段上端起于宋家港，下端至洪山头，呈舌形急湾。河段长 35.80 千米，狭颈距离 1.85 千米，河湾曲折率为 5.07，为下荆江 12 个河湾中曲折率最大的河湾。河湾顶点位于长江干堤上车湾，由于江水长期冲刷上车湾堤岸岸脚，导致对岸淤洲不断增大，堤岸年年崩坍，每到汛期，堤防险象环生。

清代，上车湾一带江堤，"江流冲刷堤脚，年挽年崩"（清同治《监利县志》）。民国时期，河湾弯顶处于上车湾镇街，部分滩岸崩至堤面。民国十六年（1927 年），上车湾被列为护工重点，湖北省水利局设立"上车湾堤工处"，在该处实施护岸和月堤等工程，先后修建石矶 3 座、柴矶 1 座和柴埽 2 座，并抛石镇脚和挽筑月堤。民国二十二年（1933 年）堤身崩失长约 40 米，外坡崩成陡坎，堤面削去其半，经采取抛石、抛铅丝笼护岸和外削内帮，险情得以缓解。民国二十四年后，由于上车湾极度弯曲而向下游撇弯，险情下延至青果码头。二十八年至三十二年，险段下迄易家堤，上至黄家台（现烟墩）。后在险段抛枕、抛笼坠柳和建透水坝护脚；二十九年和三十四年在桩号 619+260～619+432 段和 612+200～614+200 段，分别移堤还滩和退挽新月堤。民国三十五、三十六年，因新月堤上塔垴崩坍逼近堤脚，曾采取内帮加厚堤身、外抛柳枕护岸等措施进行处理。由于河势极度弯曲，开始对河泥尾洲切嘴，凹岸逐渐转为淤渍，至 1949 年淤宽达 2～4 千米。

1949 年后，崩势下移至青果码头下游 2～5 千米的何王庙至钟家月。1957 年后泥尾洲切嘴加快，何王庙至钟家月堤段（桩号 609+000～612+000）长 3 千米堤岸崩坍加剧，其中桩号 610+200～611+800 长 1.6 千米堤段外滩，1958—1963 年平均每年崩坍 30～60 米，严重段 80～100 米，深泓线距岸边 50～80 米，高程为 −10.00 米（冻结吴淞）以下，最深点为 −16.10 米。该处滩顶高程 32.00 米，河床边界土质覆盖层较厚，但河槽已冲至吴淞高程 3.00 米以下中砂层内。1964 年开始护岸，按照"守点顾线"的原则，自上而下选定 4 个点实施守护，至 1968 年基本控制河势。1969 年上车湾裁直后，前两年因故道分流仍较大，对已守护段进行抛石加固，桩号 609+000～612+050 长 3.05 千米崩岸范围内守护 2 千米堤段，总计耗石 8.53 万立方米、抛枕 7622 个，投资 117.10 万元。后改道新河冲开，原河道成为故道。

莫徐家拐段护岸工程　位于上车湾故道原上车河湾顶点下游 12 千米处，民国三十五年（1946 年）时退挽，后月堤下塔垴处又崩至堤身。1951 年和 1953 年两次采取外削内帮，在桩号 599+900～600+050 长 150 米削坡段采取柴梢护坡、水下抛石（砖）及竹笼等措施，共计抛笼 800 个，水上护坡 1616 平方米。1963 年、1964 年两年在桩号 599+900～600+114 段长 214 米范围抛石护脚及铺坦护坡，耗石 2229 立方米，共投资 4.16 万元。上车湾裁弯后故道回淤，该处转趋稳定。

观音洲河段护岸工程　观音洲河湾为下荆江最后一个河湾。1756 年前，下荆江通过洪水港河湾后，河道经尺八口、观音洲，在城陵矶下游擂鼓台与洞庭湖出流汇合。1852 年后，观音洲河势略向南趜弯，其后，尺八口湾上下游向南发展，形成荆江门和孙良洲两个河湾。1909 年，尺八口河湾狭颈冲开，自然裁直，并逐渐向裁弯段下游发展，形成七弓岭和观音洲两个河湾。1886—1967 年，观音洲共崩失宽 1.3 千米滩地。民国十八年（1929 年）退挽月堤时，在河湾尾端云溪庙附近修筑矶头一座，民国二十四年（1935 年），又实施一次石方工程。其后矶头上下腮崩凹、矶身兀立；民国二十五年脱溜，滩岸向北崩退；1952 年矶头兀立江中，后随河泓向北摆动被淤埋于对岸洲滩中。鉴于观音洲农田大量崩失，民众年年疲于退挽，1969 年开始大量抛石护岸，至 1985 年，共抛石 30.83 万立方米，抛枕 1.31 万个，投资 509.64 万元，守护堤外滩岸长 2.65 千米。

螺山至朱家峰护岸工程　对应洪湖长江干堤桩号 517＋500～530＋400，长 12.90 千米。螺山河段主流由上游右岸转向左岸，致使周家嘴一带迎流顶冲，河道顺直沿周家嘴、朱家峰、皇堤宫下行，主流贴左岸。1958 年桩号 525＋400～526＋500 段发生严重崩坍，当即抛石枕护脚并加筑内帮实施整险。1965 年实施移堤还滩，同时加强滩岸保护，采取干砌块石和混凝土六角预制块护坡，以后至 1970 年每年均实施干砌块石护坡，共完成干砌块石 1727 立方米。1991 年 11 月，桩号 521＋000～521＋477 段发生严重崩岸，后采取削坡减载、抛石护岸等措施整险。此后纳入长江委 1996—2000 年度界牌河段整治工程。2008—2009 年，该河段 1 千米无滩断面实施浆砌块石护坡加固工程。整治后，滩脚基本稳定，但周家嘴一带滩岸较窄，堤身垂高大，仍需进一步整治加固。1950—2010 年，共完成护岸工程 12.90 千米，施工总长度 26.53 千米；完成土方 3.63 万立方米、石方 37.86 万立方米、混凝土 4198 立方米、柴枕 2160 个；完成投资 4335.50 万元。

夹街头至万家墩护岸工程　位于长江左岸洪湖市新堤段，对应长江干堤桩号 506＋955～510＋000、500＋700～506＋400，长 8.75 千米。属界牌河段下段，由江心洲（新淤洲、南门洲）将其分为两汊，左汊（新堤夹）为支汊，右汊为主汊，水流经该段于石码头茅埠汇合。2000 年后，由于分流比增加，清水下泄，深泓贴岸，加之码头众多，船舶停靠对岸坡产生破坏，及因此产生的紊流对近岸的淘刷，使之出现多处大面积崩岸险情，2001—2009 年，多次实施护岸整治。1950—2010 年，共完成护岸工程 8.75 千米，施工总长度 12.99 千米，完成土方 59.69 万立方米、石方 62.59 万立方米、混凝土 3227 立方米；完成投资 6477.78 万元。

茅埠至任公潭护岸工程　位于洪湖市乌林镇，洪湖长江干堤桩号 493＋790～500＋000，长 6.21 千米。1930 年于叶家洲建毛矶三座，由于主流持续冲刷左岸，深泓贴岸，三毛矶被水流切断，残存矶头留存江中，距岸边约 200 米。建国后历年进行加固，2001—2002 年纳入长江委重要堤防隐蔽工程整治项目。1950—2010 年，共完成护岸工程 6.21 千米，累计施工总长 11.72 千米；完成土方 31.54 万立方米、石方 53.77 万立方米、柴枕 1.14 万个；完成投资 3476.51 万元。

上北堡至粮洲护岸工程　受上游赤壁矶头节点的控制及新洲、中洲分流影响，左岸自老湾至宝塔洲江岸成鹅头形，弯曲半径仅 1.2 千米；对应洪湖长江干堤桩号 470＋000～476＋000，长 6 千米。堤外滩窄，迎流顶冲，堤岸崩坍剧烈，被迫于 1930 年、1959 年、1970 年三次退挽。退挽后滩唇距堤脚最近处仅 40 米，一般滩宽 70 米。1970 年开始实施护岸工程，2001—2002 年被纳入长江委重要堤防隐蔽工程整治项目，全线整治河道崩岸段。截至 2010 年，共完成护岸工程 6.0 千米，累计施工总长 14.08 千米；完成土方 47.33 万立方米、石方 32.32 万立方米、混凝土 2.16 万立方米、柴枕 2.61 万个；完成投资 3127 万元。

下庙至套口护岸工程　位于洪湖市龙口镇，对应洪湖长江干堤桩号 458＋700～459＋750，长 1.05 千米，堤外无滩，迎流顶冲，为洪湖长江干堤重点险工险段。1998 年汛期，在外江超保证水位长时间作用下，发生管涌群险（汛后该险被认定为全省 34 处溃口性险情之一）。为彻底整治隐患，在该堤段实施振沉板桩基础防渗处理和堤身锥探灌浆工程，岸线实施混凝土预制块护岸。1950—2010 年，共完成护岸工程 1.05 千米，施工总长度 1.95 千米；完成土方 4.88 万立方米、石方 4.30 万立方米、混凝土 3761 立方米；完成投资 419.96 万元。

蒋家墩至王家边护岸工程　为洪湖长江干堤重点险工险段，对应洪湖长江干堤桩号 438＋080～450＋750，长 12.67 千米，由宏恩矶、田家口、叶家边、王家边、莫家河 5 个险段组成。宏恩矶位于嘉鱼县石矶头节点与潘家湾弯道过渡段，该段从一矶至三矶长 3 千米，属微弯分汊型河道，主流走左汊，深泓紧贴左岸而下，堤外窄滩。由于江流受护县洲、白沙洲影响，形成分流水道，主流逼冲左岸，自 1929 年建成宏恩一、二、三矶不到 5 年，矶与矶之间即出现回流凹崩，崩势向三矶以下田家口、叶家边、王家边发展。1964 年，叶家边开始沉枕抛石护岸，此后护岸工程向上下扩展。其后用混凝土预制块护坡和尼龙编织布护底，上至蒋家墩，下至王家边（桩号 438＋000～446＋200），全长

8200 米护岸连成一线。自 1954 年整修宏恩矶至 2010 年，该段共完成护岸工程 12.67 千米，施工总长度 31.04 千米；完成土方 32.36 万立方米、石方 109.52 万立方米、混凝土 1.47 万立方米、柴枕 1.80 万个；完成投资 5522.09 万元。

草场头至七家护岸工程 对应长江干堤桩号 425＋137～429＋000，长 3.86 千米。因上游白沙洲、复兴洲等三个洲消长的影响，致使该段汊道淤塞断流，其分流比向左岸转移，主航道由 1999 年前的右岸至 2000 年移至左岸；深泓左移使河床明显冲深并出现局部崩岸。由于深泓靠左，江中暗沙潜洲消长多变，引起主流冲刷堤岸。自 1958 年开始局部散抛块石护岸，后逐年扩大抛护范围。截至 2010 年，共完成护岸工程 3.86 千米，施工总长度 10.42 千米；完成土方 81.41 万立方米、石方 42.81 万立方米、混凝土 2.03 万立方米、柴枕 1184 个；完成投资 5648.07 万元。

杨树林至上北洲护岸工程 对应长江干堤桩号 409＋200～416＋300，长 7.1 千米，为历史著名崩岸险段。河床冲深至 -17.00 米（冻结吴淞），1946 年、1947 年连续退挽月堤。由于对岸老宫嘴及江中谷洲淤积，形成崩岸淤洲，1960 年崩失 25 米，1951—1971 年，先后退挽 13 次。自 1969 年开始在虾子沟沉枕抛石护岸，局部仍有新崩岸。2001—2002 年被纳入长江委重要堤防隐蔽工程整治项目。截至 2010 年，共完成护岸工程 7.1 千米，施工总长度 15.59 千米；完成土方 22.89 万立方米、石方 61.84 万立方米、混凝土 1.18 万立方米、柴枕 1.27 万个；完成投资 2625.08 万元。

刘家墩至大兴岭护岸工程 对应长江干堤桩号 6＋500～7＋100，长 600 米；为新滩口内荆河进出水流的引河段，堤外无滩，历年来受内荆河排水冲刷影响，多年来经常发生崩岸。历年来多次在崩岸险段实施水下抛石护岸。自 1950 年至 2010 年，共完成护岸工程 600 米，施工总长度 1.11 千米；完成石方 1.06 万立方米、投资 32.07 万元。

新滩口至胡家湾护岸工程 对应长江干堤桩号 398＋000～400＋278，长 2.28 千米。受内荆河出水口尾水淘刷及簰洲湾河势变化影响，出现崩岸险情。2001—2002 年被纳入长江委重要堤防隐蔽工程整治项目。1950—2010 年，共完成护岸工程 2.28 千米，施工总长度 3.48 千米；完成土方 8.57 万立方米、石方 3.95 万立方米、混凝土 4267 立方米、柴枕 5326 个；完成投资 1039.09 万元。

表 3-5　　　　　　　　　　　　洪湖长江干堤崩岸及护岸情况统计表

崩 岸			护岸长度/m	护岸方式	备 注
地点	长度/m	发生年份			
燕窝	3313	1896	2343	平顺	1961 年起守护 8 个点，逐年加固，后深泓南移，滩岸淤移
粮洲	6840	1897	4419	平顺	历史上淤崩多次，1970 年开始护岸，后基本稳定
叶王家洲	6844	1912	4371	平顺	1930 年所建的三座毛矶损坏，1953 年后逐年加固延伸护岸
皇周段	8200	1923	5983	平顺	河道顺直，主流摆向左岸时发生崩岸，1958 年始守护，后列入国家计划实施整治
宏恩矶	5693	1926	3908	先矶头后平顺	1929 年建石矶三座，上下腮冲刷凹进，矶头突出、倾斜，历年抛石加固
叶王家边	8235	1925	7499	平顺	1945 年后主泓北移冲刷，1964 年开始护岸，现为重点险工
上杨段	7921	1933	6196	守点	1897—1971 年干堤退挽 17 次，1969 年开始护岸，逐年延伸加固
胡家湾	3248	1935	2077	平顺	1963—1965 年实施护岸后基本稳定
新堤夹	5150	1949 前	2724	平顺	堤外无滩，浪崩严重，护岸后基本稳定
套口	1350	1949 前	550	平顺	堤外无滩，1969 年开始护岸，后较稳定
刘家墩	605		605	平顺	枯水季内荆河出流冲刷河岸

三、重点险段整治

蒋家垴险段（桩号 600＋950～602＋000） 为长江干堤著名险段，地质特征为一条垂直堤身方向的砂带，为明朝时期长江故道。从地表起即为细砂层，其中桩号 601＋400～601＋800 段系历史管涌险段，1946 年崩坍冲刷曾逼近堤身。

建国初，在堤脚抽槽翻筑，回填粘土截渗，筑浅层粘土截渗墙，与内禁脚粘土平台配合施工。1952 年，桩号 601＋000～601＋750 段内脚抽槽，槽深 3～5 米，又在桩号 601＋750～602＋050 段堤外脚抽槽，槽深 6 米。同时，在桩号 601＋000～602＋000 段堤内建宽 10 米、厚 2 米的压浸台。1955 年冬，将压浸平台加宽至 50 米。1963 年，在桩号 601＋400～602＋800 段将压浸平台再次加宽至 50～90 米，高程 28.00 米。同时，在平台脚下修建 400 米长浅层导渗沟一道，由三级反滤料构成，沟中设直径 14 毫米排渗管 33 根，顶接直径 24 毫米排水卧管，并建 3 个浅层观测井。1965 年修建减压井 15 口、观测井 18 口（其中深层井 12 口、浅层井 3 口、导滤沟观测井 3 口），地下水位得到有效降低。后因年久淤塞，不易清洗，减压井功效衰退。

1980 年汛期，在距堤禁脚 90 米平台脚外沟里发生多处冒孔，1981 年将平台填宽至 120 米，填高至高程 29.50 米。1983 年汛期，仅 7 口减压井出水正常。经 1984 年冲洗处理，除 1 号和 12 号井因填满石渣无法疏通外，其它 13 口井经冲洗后恢复使用。1996 年汛期，距堤内脚 150～180 米处发生两处管涌，距堤内脚 80 米的平台上发生严重散浸，汛后采用吹填方式将平台加宽至 250 米。1998 年汛期，距堤内脚 250 米外发生两处管涌，孔径 0.1 米。当年汛后，将内平台加宽至 270 米，平台高程加高至 32.60 米（厚约 4～5 米），外平台加宽至 50 米，高程 43.80 米。2007 年汛期出现管涌险情，汛后采取铺盖防渗和建导滤盲沟导渗等措施实施整治，后基本稳定。

钦宫堤险段（桩号 529＋550～530＋300） 该段 750 米堤线内外均为深潭，外潭底高程 22.00 米，内潭底高程 11.80 米，堤内脚直伸潭内，属重点险工险段。其内潭面积 15 公顷，系清咸丰八年（1858 年）、九年连续两年溃决成潭。汛期堤内坡高程 29.00～31.00 米以下常出现严重散浸，1950 年以后，多年修筑内外平台，防渗固脚，加高外培，外筑粘土铺盖防渗。至 1988 年共完成土方 13.25 万立方米。

周家嘴险段（桩号 523＋700～527＋200） 长 3500 米，其中重阳树、丁家堤、袁家湾等地堤外无滩，堤脚临江，汛期散浸严重；堤内地势低洼，堤身垂高达 9 米，高洪水位与堤内地面相差达 8 米，外崩、内浸、水差大，形势险峻。自 1958 年开始实施抛石护岸，无滩堤段实施退堤还滩，内帮培厚，顺堤修筑内压台一道，固脚压浸，完成土方 1.44 万立方米、石方 10.93 万立方米。1996 年因蚁患出现漏洞险情，初步整治后度过汛期，1998 年汛期发生重大险情，经全力抢护脱险。汛后实施彻底整治，进行翻挖、施药、回填处理，并实施堤身加高培厚及护坡工程。整治后，历经 1999—2010 年多年洪水未发生险情。

叶家洲险段 堤线跨越长江故道，有 900 米长堤段为历年大汛时出现管涌险情最严重堤段。6 世纪时，江流受黄盖山挑流向北，经石码头、周家坊、乌林矶出陆溪口，叶家洲曾是江中之洲，后因长江主支汊易位，叶家洲淤积成为边滩，堤基砂层较厚，1950 年、1962 年、1980 年和 1983 年，在堤后 50～70 米范围的坑塘和覆盖薄弱处出现严重管涌险情，孔径 0.2～0.5 米。1950 年开始拆迁堤上房屋，填筑堤内低洼渊塘。1962 年冬顺堤修筑宽 30～70 米，厚 1.5～2 米的平台，固脚压浸，完成土方 42.81 万立方米。

王家洲险段（桩号 494＋500～496＋500） 长 2000 米，原为白沙洲，因左汊淤塞靠岸成滩后在此基础上修筑堤防。堤基砂层顶板高程 22.00～24.00 米以下为深砂层，其上为砂壤土覆盖层，汛期渗水严重。该堤段为 1969 年退挽的新堤，1970 年在堤脚外滩抽槽翻筑，槽深 4 米，其下仍为青砂层，难以继续深挖，随即用粘土填复。此后在堤外滩加培宽 50 米、厚 1 米的粘土铺盖层防渗，堤内修筑 50 宽平台压浸，高程达 29.60 米，外滩抛石护岸，共完成土方 20.70 万立方米，堤身渗水略有减轻。1999 年，桩号 494＋350～496＋000 段长 1650 米堤段，距堤外脚 3～5 米轴线上铺设土工塑膜实施防渗，膜深 10 米。

梅家潭险段（桩号 487＋500～487＋900） 沿堤长 400 米，面积 7.67 公顷，潭底高程 7.96 米，

堤脚空虚。1950年堤外加培粘土铺盖防渗，并帮宽堤身。1983年汛期，潭内发生管涌，孔径0.2米。1989年实施吹填，完成土方66.05万立方米。

田家口险段（桩号445+200～446+700） 长约1500米，堤基多为砂壤土，临近堤脚外滩，部分有夹砂层，堤基高程19.00米以下为深砂层，历年汛期常出现严重散浸和管涌险情。1969年溃决后，堵口复堤时其中心筑有底宽3米、深1.5米的粘土心墙，因堤基为砂基，新堤仍渗漏如故。1973年，顺堤内修筑压台宽70米，开挖砂石导滤沟10条，因导滤效果不佳，1984年改砂石沟为无砂混凝土滤管16条，完成土方53.74万立方米。1996年汛后，桩号445+953～446+600段堤外脚边采用射水法造墙技术实施防渗墙647米，墙体深10米、厚0.22米。1998年汛后，实施堤坡铺塑防渗、堤身加高培厚、锥探灌浆及渊塘填筑、堤身护坡等综合整治工程。经整治后，险情基本稳定。

七家险段（桩号424+000～424+600） 1931年前为合兴垸民堤，1932年以工代赈加培后纳入干堤，堤基砂层深厚，汛期常出现严重管涌险情。1933年东堤角段因青砂管涌发生溃决，属重点险段。经多次填塘固脚，加高培厚，但渗漏险情如故。1970年由沔阳协修，自桩号422+030～426+500，裁弯取直修筑新堤一道，长2.1千米，完成土方41.27万立方米。新堤线比老堤线缩短2.4千米。新堤线与老堤线间的外垸称为七家垸。1970—1998年汛期，老堤线仍作为干堤防守，但堤身隐患较多。1998年汛期，老堤线因子堤漫溢而溃决，新堤线亦几近溃溃。汛后实施新堤堤身加高培厚、锥探灌浆及渊塘填筑工程，内平台加高至高程28.50米，宽50米。经整治后，险情基本稳定。

局墩险段（桩号420+400～421+900） 长1500米，原堤线跨越长江支汊故道北河口，系1905年挽筑的民垸堤。1931年大水后，以工代赈纳加培后纳入长江干堤，堤基砂层深厚，汛期常发生严重管涌。1913年、1931年、1949年等大水时因堤基漏水而溃决，1951年，在堤外抽槽翻筑，槽深4米处仍为砂层，故以粘土回填。1983年汛期，距堤内脚60余米的棉地发生严重散浸。1950年开始实施内填和加培工程，1984年在桩号420+619～421+681段外挽月堤一道，长1063米，完成土方34.25万立方米，缩短堤线110米，基本消除隐患。

虾子沟险段（桩号409+000～413+000） 原名下新河，是沙套湖（又名古江湖）通江口之一，沟底高程19.00米，堤基砂层深厚，1932年纳为干堤。1968年汛期，虾子沟内发生严重管涌，用草袋围井填砂石滤料200余立方米实施抢护。1969年开始，先以人工填沟，并加筑内平台，后于1979—1983年实施挖泥船吹填，完成土方238.2万立方米，将深沟低地填成平台，栽种护堤林，险情得到缓解。1998年汛后实施堤身加高培厚、锥探灌浆及渊塘填筑工程。经整治后，险情得到控制。

中小沙角险段（桩号490+400～492+100） 为洪湖长江干堤重要险工险段，堤外为胡范垸，堤内为中、小沙角潭。中沙角潭由三个紧邻的渊潭组成，均为历史溃决冲成，沿堤长690米，距堤脚30～60米，潭底高程19.00～22.30米（冻结吴淞）。堤内一级、二级平台高程分别为27.50米、26.50米，宽均为16米。1998年汛期，中、小沙角潭均发生重大管涌险情。由于此处堤身单薄，地势低洼，防洪形势十分危急。险情发生后，引起各级领导高度关注。1998年8月9日、8月13日，江泽民、朱镕基、温家宝等党和国家领导人先后赴该险段视察。经广大军民奋力守护，当年才得以安全度汛。汛后，为根治险情，实施综合整治：在中沙角潭实施吹填固基，加筑两级内平台，加高加宽堤身，加筑外平台，共完成土方145.3万立方米。1999年初，又实施1.7千米混凝土防渗墙工程。经过1999—2010年等多次大洪水考验，未发生险情。

长江干流出螺山后，主泓冲刷左岸，造成堤岸崩坍。洪湖长江干堤有螺山至皇堤宫、石码头至王家洲、老湾至粮洲、蒋家墩至穆家河、八型至七家、姚湖至上北洲、新滩口至胡家湾等7处崩岸堤段，总长48.2千米。堤防多次退挽，不但造成大量农田崩失和房屋搬迁，且被迫退挽也耗费大量人力、物力和财力。从1950年至1969年洪湖长江干堤共退挽14处，总长41.93千米，完成土方536.9万立方米。1962年以前，每年护岸石方量约2000～3000立方米，仅能对老护岸工程进行维护，无力控制河势，出现危及堤身的崩险，只能靠退挽月堤来确保度汛安全。崩势最剧烈的有上北洲至杨树林（桩号409＋000～416＋000）7千米堤段，屡崩屡挽，1951—1969年先后退挽月堤13道，挽堤总长10.8千米，计土方162.7万立方米。胡家湾至新滩口长3千米堤段，1950—1962年退挽月堤4道，总长6610米，计土方59.1万立方米；1970年和1971年退挽2处，长10428米，计土方127.5万立方米。1950—1971年间，洪湖长江干堤有17年实施退挽工程，挽筑月堤42道（包括堵复5个溃口月堤），总长47.16千米，培筑土方664.4万立方米。至1971年后由于护岸工程加强，才停止退挽。

表3-6 洪湖长江干堤退堤挽月情况表

挽筑年份	挽 筑 地 点	挽筑长度/m	工程量/万 m³
1950	挽筑胡家湾、局墩（堵溃口）、七家、甘家码头（堵决口）、周家嘴等5处月堤	4450	62.8
1951	虾子沟月堤	723	10.0
1952	刘家墩、上北洲、虾子沟、杨树林、上北堡等5处月堤	3953	43.3
1954	胡家湾月堤	3000	25.5
1955	七家、穆家河（堵溃口）、老湾（堵溃口）、铁牛（堵分洪口）4处月堤	8331	104.3
1959	虾子沟、粮洲2处月堤	2587	31.7
1961	胡家湾、燕窝、王家边3处月堤	2710	30.6
1962	胡家湾、草场头、八姓洲、石家4处月堤	2932	37.3
1963	刘家墩、燕窝、草场头3处月堤	1338	14.2
1964	杨树林、王家边2处月堤	1588	15.8
1965	杨树林、蒋家墩2处月堤	957	11.8
1966	王家边、下北堡2处月堤	1372	19.5
1968	上北洲—虾子沟北虾段、虾子沟、杨树林3处月堤	4033	62.9
1969	杨树林、穆家河、王家边、王家洲4处月堤	3956	67.7
1970	七家、田家口（堵溃口）、粮洲3处月堤	4428	105.8
1971	上北洲月堤	780	10.7

注：

[1] 数据来源于湖北省洪湖分蓄洪区工程管理局，2005年底统计。

第三节 江右干堤培修与整险

江右干堤，位于荆江右岸，跨松滋市、荆州区、公安县和石首市境，包括松滋长江干堤、荆州长江干堤、公安长江干堤、石首长江干堤。江右干堤上起松滋涴市灵钟寺，下迄石首市五马口，全长220.12千米。其中，松滋长江干堤上起灵钟寺，下至罗家潭（桩号710＋260～737＋000），长26.74千米；荆州长江干堤上起罗家潭，下至太平口（桩号700＋000～710＋260），长10.26千米；公安长江干堤上起北闸，下至藕池口（桩号601＋000～696＋800），长95.80千米；石首长江干堤上起老山嘴，下至五马口（桩号497＋680～585＋000），长87.32千米。

一、堤身加培

建国前，江右长江干堤抗洪能力极差，堤身低矮单薄、隐患严重，堤面、堤身建有大量民宅、堤街以及军事工程，堤防管理更是流于形式，因此经常溃决。1840—1949年，江右长江堤防有确切记载的溃决次数为93次，其中松滋28次（含罗家潭溃决，1956年神保垸划归江陵县，即今荆州区），荆州 17 次，公安 24 次，石首 24 次。频繁溃决在沿堤形成大量渊塘，堤基遭受严重破坏。

建国后，松滋、江陵、公安、石首 4 县（区）均以"加固干堤、关好大门"为首要任务，从 1950 年起，以防御 1949 年洪水位超高 1.0 米的标准进行加培，整治险工险段。这一时期，主要是进行堵口复堤，但未达到加固标准。

1954 年长江流域发生百年一遇特大洪水，江右长江堤防遭受严重损毁，多处扒口分洪或溃决。汛后，各县区按当年当地最高洪水位超高 1 米、面宽 5 米、坡比 1∶3 的标准，普遍加高培厚。此后数年，平均每年完成土方 200 余万立方米，并逐步填筑沿堤附近沟塘，堤身断面加大，堤质得到改善。这一时期，不但恢复了 1954 年被洪水毁坏的堤段，还不断加高培厚，堤防抗洪能力也得到一定程度改善和提高，基本改变低矮单薄旧貌。

1969—1974 年为战备加固期，实施了较大规模的堤防整险加固。按沙市水位 45.00 米、城陵矶水位 34.40 米的水面线超高 1 米的标准加培沿江堤防，加培堤段堤顶面宽 6 米，内、外坡比 1∶3，并在部分堤内脚实施填塘工程，称之为"三度一填"。1979 年又采用挖泥船管道输泥技术，在松滋财神庙和公安唐家湾两处堤内低洼地段实施吹填，以改善基础条件，吹填长度分别为 1100 米和 1055 米，完成吹填土方 77.74 万立方米。对江流逼近、崩岸严重堤段，采取退挽月堤以保证堤防安全。截至 1979 年，江右干堤新筑退挽堤段共 50 处，长 70.69 千米，其中松滋境内退挽 4 处，长 8.9 千米；江陵境内退挽 1 处，长 4 千米；公安境内退挽 19 处，长 11.30 千米；石首境内退挽 26 处，长 46.49 千米。在不断扩大堤身断面的同时，结合采取翻筑等措施，累计消灭堤身隐患 3344 处。护岸工程，从 20 世纪 50 年代初起，开始逐步整修或改造旧矶老坦，同时在此基础上，以水下抛石护脚为主，修建新的护岸工程。1980 年后又采用沉帘护脚技术，逐步由点到面，达到大面积平顺守护的要求。经过多年整治，沿堤共施护 46 处，长 70.41 千米，水下坡比一般超过 1∶1.5，重点护岸段水下坡比达 1∶1.75～1∶2。堤上原有旧式刬闸亦分别实施改造或拆除，并修建新闸站 26 座，其中，灌溉闸 13 座，排水闸 9 座，排灌两用闸 3 座，分洪闸 1 座；封闭病险刬闸 3 座。在确保堤防安全前提下，1955 年开始在内外禁脚范围内植树造林，堤内一般植树 3～30 排，堤外 3～80 排。至 20 世纪 80 年代中期，防护林达 210 余万株。

经大力培修加固，至 20 世纪 80 年代中期，江右长江干堤堤质堤貌得到很大改善，抗洪能力也大为增强，堤身断面与建国前比较，普遍增高 2～4 米。堤身高程，松滋堤段为 46.60～48.35 米；荆州堤段为 46.30～46.85 米；公安堤段为 43.50～46.88 米；石首堤段为 40.50～41.43 米。按照 1954 年最高洪水位，超高 2 米以上堤段 78.06 千米，占江右干堤全长的 32.16％；超高 1～2 米堤段 139.16 千米，占 57.3％；超高 0.5～1 米堤段 25.5 千米，占 10.5％。堤面比建国前扩宽 3～6 米，一般宽度为 6 米。内、外堤坡比均达 1∶3。堤内外一般筑有平台，宽 8～10 米。建国后至 1985 年，松滋、江陵、公安、石首四县（区）共完成土方 8557.16 万立方米，崩岸护坡护脚完成石方 309.69 万立方米，国家投资 11926.69 万元。

20 世纪 90 年代，鉴于江右长江干堤防洪标准仍然偏低，国家相继将江右干堤的加固建设列入国家基本建设工程项目，先后实施了松滋江堤加高加固工程、荆南长江干堤整治加固工程。

松滋长江干堤　东起自罗家潭，西至灵钟寺（桩号 710＋260～737＋000），全长 26.74 千米。其中，杨家垴以下至罗家潭 18 千米堤段滨临长江，其余沿采穴河而筑。1951 年，长江委确定江陵五房头至涴市灵钟寺为长江干堤，松滋境内其它堤防为支堤或民堤，此时，松滋长江干堤全长 28 千米。1956 年，神保垸划归江陵县后（今荆州区），松滋县境长江干堤由五房头缩至罗家潭，缩短 1.26 千米。1992 年后松滋长江干堤按枝城来量 8 万立方米每秒、水位 51.75 米，沙市水位 45.00 米进行加固，但部分堤段仍未达到设计标准。

建国后，松滋县政府把长江干堤列为堤防建设的重点，实施加高培厚，除险加固，并进行护岸整治。20 世纪 50 年代初，松滋长江干堤的建设，国家采取"以工代赈"的办法，群众投劳，国家按土方补粮，整治堤身隐患，治理险工险段。每年岁修加培堤身，翻筑回填，填塘固基，年均完成加培土方约 10 余万立方米。1951 年，松滋长江干堤加固现场 5000 余人齐上阵，奋战 60 余天，人力箢箕运土，大平进踩，片硪压实，完成丁码头退挽工程，筑新堤 2 千米，缓解了丙码头至丁码头堤段严重崩塌的危险。该地原堤由于多年失修，主泓南移，河泓逼近，1950 年冬丁、丙两码头（实为抵御江水的两个矶头）迎流顶冲，出现严重堤身崩坍，1.5 千米堤段崩坍口达 70 米，已无法防御洪水。因此，在整险过程中，将堤退挽成月堤。施工过程中，调集干部和工程技术人员 40 余人，召集劳力数千人，调运大米 200 吨，拆除影响施工的民房千余栋，新培筑堤防堤顶高程 46.30 米，超过 1950 年洪水位 1 米，堤面宽 4 米，内、外坡比 1∶3，完成土方 23 万立方米。1952 年，加固保济垸堤 1.5 千米，废弃杨家埫至李家埫白蚁危害严重及砂质渗水堤段，同时，将一些低矮堤段普遍加高至 1949 年当地最高洪水位以上。1953 年冬，荆州地区长江修防处批准加固聚宝垸外堤，将 1.5 千米砂质堤基全部废除，新筑垸堤升级为干堤，当地政府组织 3500 余人，奋战两月完成施工任务，基本达到设计要求。

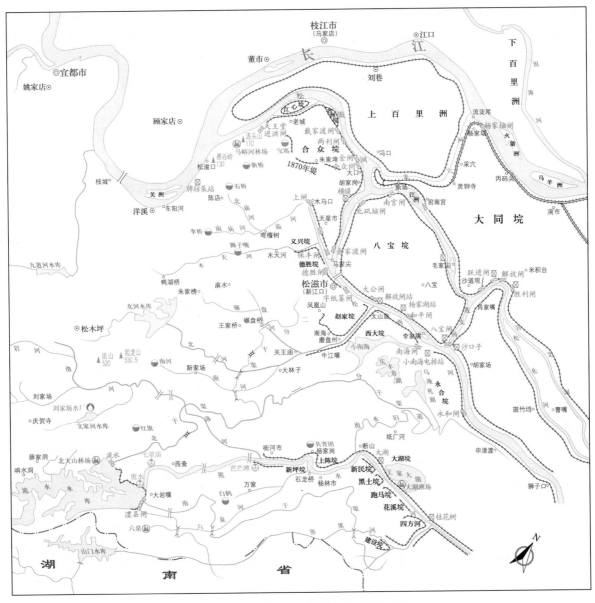

图 3-9 松滋堤防工程示意图（2000 年）

1954 年大水，松滋长江干堤险象环生，出现管涌险情 300 余处，7 千米堤段靠子堤挡水。汛后，松滋县组织当地民众，彻底翻筑李家埫至灵钟寺 8 千米堤段，5000 余民工奋战一冬一春 100 天时间，翻挖险段堤身，清除蚁穴和树兜，后将堤身重新培筑，同时拆迁沿堤民房895栋，清除沿堤杂树，填平沿堤沟槽。其后，松滋县又用三年时间，全面规划，分年实施，采取民众出工，国家补助形式，按先急后缓原则，治理堤身，整矶护岸。松滋长江干堤均按1954年沙市水位44.67米，相应沅市水位45.37米超高1米，堤面宽4～5米，边坡坡比1∶3的标准，连续3年实施加培，年均加培土方19万立方米。加培后，堤身状况明显好转，堤防面貌得到较大改善。

1968年冬，松滋长江干堤按"三度一填"（高度、宽度、坡度和填塘）标准开始加培。按沙市水位45.00米、相应沅市水位46.02米超高1米，面宽6米，边坡坡比1∶3的标准进行施工。主要完成采穴堤加培和史家湾堤外削内培工程。这一阶段，由于任务重、时间紧、要求高，松滋县调集主要劳力，行政领导、技术人员和群众相结合，以战备态势，利用农闲时间抢筑堤防，完成土方167万余立方米，基本达到"三度一填"标准。

松滋长江干堤培修加固中，兼顾整险护岸，在许家潭外300米重筑新堤，加培采穴垸堤，并升级为干堤，内堤作二道防线，至20世纪70年代初，堤防抗洪能力大为提高。1973年松滋长江干堤加培转入重点整险、治理河岸阶段，主要对堤基浅层渗水、堤身白蚁獾洞及裂缝隐患实施整治。在曾家洲上段，试用沉帘镇脚防冲技术护岸，节省了人力物力，取得较好工程效果。

松滋长江干堤历史上因溃决而形成的冲刷坑有6处（1870—1935年）、故道3条、距堤内脚100米范围内大小渊塘46个。20世纪60—80年代，新华垸、金闸湾、灵钟寺、杨家垱、史家湾等7处溃决冲坑分别实施全部或局部机械吹填和人工回填工程。

20世纪80年代初，松滋长江干堤堤顶高程均以1954年当地最高洪水位超高1.5米为标准，从1983年至1986年再次大力加培，修筑内平台，年均完成土方34万立方米。黄昏台至朝家堤等历年险情严重险段，采取外削外护、内帮内填、翻筑、修建隔渗墙等综合治理措施彻底整治，堤防基本达到设计标准。1951—1989年的38年间，培修松滋长江干堤共完成土方923万立方米、石方55.4万立方米。

表 3-7　　　　　　　　　　　　　　松滋长江干堤历年完成工程量表　　　　　　　　　　　　单位：万 m³

年份	土方	石方	标工	年份	土方	石方	标工	年份	土方	石方	标工
1950	11.10	0.41	7.60	1971	15.90	3.50	14.80	1992	21.00	1.20	31.60
1951	16.80	0.30	17.40	1972	34.90	2.20	41.90	1993	14.90	0.70	24.70
1952	24.90	0.80	20.10	1973	4.31	1.20	40.90	1994	10.30	0.80	16.60
1953	18.37	2.70	0.50	1974	15.20	1.70	20.00	1995	17.50	2.70	23.70
1954	16.10	3.15	15.20	1975	9.90	1.50	16.50	1996	15.00	3.15	14.90
1955	22.40		14.30	1976	7.40	1.6	12.00	1997	10.00	0.35	18.00
1956	18.20	0.60	11.20	1977	8.10	2.00	12.70	1998	15.50	0.60	21.00
1957	6.50	1.20	5.60	1978	11.00	1.80	18.90	1999	90.00	1.20	
1958	5.20	12.70	3.70	1979	7.50	2.30	18.90	2000	80.00	12.70	
1959	2.70	0.10	2.40	1980	13.80	2.50	22.30	2001	4.80		50.31
1960	0.30	9.80	2.20	1981	39.60	2.00	20.50	2002	28.40	9.80	
1961	0.80	0.50	1.10	1982	6.50	1.90	15.50	2003			
1962	1.10	0.40	1.70	1983	17.20	2.50	34.50	2004		0.40	15.80
1963	1.60	0.40	1.50	1984	20.30	2.00	12.90	2005			
1964	0.60	0.20	1.20	1985	46.90	1.20	7.80	2006			
1965	19.70		17.40	1986	53.30	1.30	17.10	2007		0.80	
1966	5.40	0.60	7.90	1987	7.90	2.50	18.50	2008			
1967	5.90	0.90	7.60	1988	10.60	1.70	25.90	2009			
1968	17.10	0.40	19.90	1989	7.30	1.70	29.90	2010		0.40	
1969	25.30	1.80	30.60	1990	18.90	1.20	39.80	合计	948.68	114.06	948.81
1970	48.30	2.00	74.90	1991	16.40	1.20	26.90				

经过 1949 年后 60 余年的加培、护岸、填塘固基等工程，累计完成土方 987 万立方米、石方 67 万立方米，投劳标工 899 万个，国家历年投资 8500 余万元。至 2010 年底干堤堤身断面比 1949 年前增大约三分之一，堤顶高程达 47.15～49.25 米，超过 1954 年最高洪水位 1～1.5 米，面宽 6～8 米，内、外坡比 1∶3。

松滋长江干堤虽然基本达到"三度一填"的要求，但是按照枝城流量 80000 立方米每秒，沙市水位 45.00 米的要求，推算至杨家垱闸水位达到 46.02 米，防洪标准尚未完全达到。沿堤尚有 17 千米迎流顶冲、江泓逼近堤段和 5.2 千米堤段无外滩堤段需要加强守护，三分之一的护岸任务尚未完成；沿堤还有王家大路、横堤、杨泗庙、新潭、财神殿、采穴码头等 6 处共长 3 千米重点险工险段未实施防渗工程，仍需进一步整险加固。

荆州长江干堤　位于上荆江右岸，长 10.26 千米，直接挡水堤长 6.25 千米。起自虎渡河口（太平口），至罗家潭止（桩号 700＋000～710＋260），是保护涴市扩大分洪区的重要堤防。干堤外围有神保垸（民垸），上起罗家潭，下止毛家大路，长 3.76 千米，保护干堤长 4.01 千米。该段堤防肇修于唐宋时期，明清时期增修。今之干堤是由零星堤垸逐步扩展而连成，内有十三大垸，俗称三善垸。清乾隆五十三年（1788 年）大水之后，改为官督民修，民国时期，由民守改为官守。1954 年大水分洪时，太平口一段长 4 千米堤段，因分洪时受到冲刷，后进行退挽，经历年加培，抗洪能力有所提高，堤顶高程达到 47.00 米，面宽 6～8 米，内、外坡比 1∶3，自 1951 年到 1982 年共完成土方 84.58 万立方米、石方 2.43 万立方米，国家投资约 224.59 万元。1998 年大水后，又经过整险加固，已达到设计标准。

公安长江干堤　上起太平口北闸东引堤，经埠河、雷洲、马家嘴、斗湖堤、杨厂、北堤、黄水套、裕公垸、杨林寺，下至藕池口接南线大堤，全长 95.8 千米。公安县于宋端平年间（1234—1236 年）开始修筑堤防，当时为荆南留屯计，多将湖渚开垦田亩，并沿江筑堤以御水。至明朝，围垸增多，从县城至石首境内的列货山（原长江边），两段江堤联成整体，清康、乾时期，堤防亦有增修。1870 年长江大水，松滋黄家铺溃决，公安堤垸损毁严重，至民国初年，民众又在原有堤垸基础上进行围挽，时称"滨江干堤"，分属江陵（太平口至马家嘴）、公安（马家嘴至筜篓湾）和石首（筜篓湾至藕池）三县所辖。1953 年 1 月 29 日，划归荆江县。

建国后，公安长江堤防建设进入新的发展时期。建国之初，按照 1949 年当地实际最高洪水位，沿江堤防全面实施整险加固，加高培厚。1952 年兴建荆江分洪工程，其围堤即是在原有围垸堤防基础上经过联并而形成的。荆江分洪工程分两期进行，于 1953 年 4 月 25 日全部竣工。在荆江分洪第二期工程中，由江陵、公安、监利三县培修围堤，完成土方 122.51 万立方米。

1954 年汛后，堤防加固按照 1954 年当地最高水位超高 1 米，堤面宽 5 米的标准进行培修加固，同时兼顾改善抗旱排涝条件，修建近 10 座沿江自排剅闸。当年，公安长江干堤由松滋、监利、荆江三县共同修复，共完成土方 282.31 万立方米。此后历年均进行冬春岁修，加固堤防。1979—1984 年，以公安县历年最高洪水位和出险实际情况为依据，确定新的堤防培修加固标准，按照 1954 年当地最高洪水位超高 1.5～2 米，堤面宽度 5～7 米，逐段加高培厚长江干堤和支堤，同时重点段实施护岸整治。公安县长江干堤重要险工堤段共计 7 处，分别为西湖庙、黄水套、杨厂至朱家湾、斗湖堤、青龙庙、双石碑、陈家台等，其中西湖庙、黄水套为重点险段。整治过程中，实施抛石固脚、水上块石护坡。

经过历年加高培厚，公安长江干堤抗洪能力得到很大提高。堤顶高程：杨厂以上按沙市水位 45.00 米，超高 1.5 米为设计标准，北闸至埠河已达标准，埠河至杨厂为 46.60～43.50 米；杨厂以下按蓄洪水位 42.00 米，超高 2 米设计，除藕池至康王庙、黄水套为 44.00 米外，其余为 43.50 米。堤身断面：北闸至杨厂、藕池至康王庙，一般垂高 6 米，面宽 6 米，内、外坡比 1∶3；杨厂至黄水套面宽 5 米，内、外坡比 1∶3。大部分堤段内外禁脚筑有 30 米宽平台。沿堤建排灌涵闸 4 座，植防浪林 57 万株。

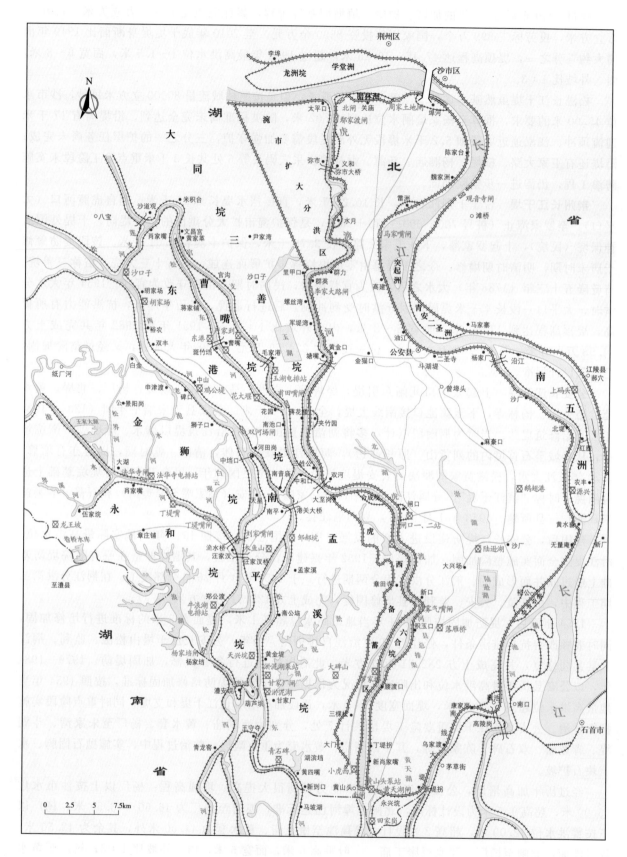

图 3-10 公安堤防工程示意图（2000 年）

表 3-8 公安长江干堤历年机械吹填工程明细表

年份	河岸	地点	起讫桩号		长度/m	吹填项目	吹填土方合计/m³	其中		国家投资/万元
			起	止				吹填/m³	围堤/m³	
1982	江右	唐家湾	664+643	665+700	1057	内填	408047	387000	21047	102.01
1983	江右	唐家湾	663+928	666+065	2137	内填	243162	230975	12187	60.79
1984	江右	唐家湾	662+780	664+609	1829	内填	334620	265220	49400	83.66
1987	江右	西湖庙	662+100	663+900	1800	内填	436578	378000	58578	109.14
1988	江右	西湖庙	661+300	664+500	3200	内填	244000	222000	22000	61.00
1989	虎东	黄金口	33+160	33+484	324	提高安全区内地面高程	223330	218000	5330	55.83
1990	江右	黄水套	619+463	620+232	759	内填	239710	220000	19710	59.93
1996	虎西	陵武垱	34+950	38+000	1050	外填	460000	460000		115.00
1999	虎东	槽坊潭	11+000	12+300	300	内填	30000	30000		30.00
2000	江右	裕公垸	609+300	613+500	4200	外填	1480000	1480000		1114.18
2002—2003	江右	何家湾—北闸	601+000	696+550	95550	内填	1710361	1710361		1347.12
1982—2003		合计			112206		5809808	5601556	188252	3138.66

注 2004—2010 年间，公安长江干堤未实施机械吹填工程。

表 3-9 荆江分洪区干堤整险加固工程历年完成情况统计表

年 份	完成土方/m³	共用标工/个	投资/元	备 注
1950—1979	40122802	34812841	70953854	
1980	722824	608788	240239	
1981	1138244	1178573	353572	
1982	1207705	675083	960558	
1983	1194996	738446	738446	
1984	1303952	996497	597898	
1985	928486	842739	505643	
1986	1020000	1045500	627300	
1987	1030645	1082177	324833	
1988	1203101	1285408	385622	
1989	590455	649500	295228	
1990	977188	1113944	636208	
1991	908072	991119	454036	
1992	900000	1090951	450000	
1993	936511	1174102	675327	
1994	953366	1220008	686424	
1995	902003	1754441	649442	
1996	1000696	1927388	720501	
1997	1144620	3128913	824126	
1998	1232897	1422639	887686	
1999	2847726		31324986	
2000	3011996	1348494	27582070	包括基本建设机械施工在内

续表

年 份	完成土方/m³	共用标工/个	投资/元	备 注
1980—2000	25155483	24274710	69920145	
2001—2002	3916103		48174098	601+000~696+980
2001—2002	1667576		14548066	外平台
2001—2002	2596724		21562153	内平台
2002	120000		712941	荆南四河加固工程
2003	1548221		8138325	
2004	1298700		5689190	
2005	1339891		6616135	
2006	221072		1105360	
2007	181854		909270	
2008	605060		7727559	
2009	984500		13400000	
2010	250948		6047989	
2001—2010	14730649		134631086	
合 计	80008934	59087551	275505083	

注 表中数据包括荆南长江干堤公安段、虎东、虎西、安全区围堤和南线大堤1992年以前数量。

表3-10 公安长江干堤历年防护林栽植更新情况统计表

年 份	年末成林数量/万株	历年/万株	
		更新数量	栽植数量
1952—1979	92.00	45.60	144.40
1980	110.00	1.85	10.50
1981	118.00	1.90	11.20
1982	125.00	3.30	9.80
1983	132.50	4.30	20.50
1984	145.00	4.60	36.30
1985	148.00	3.20	5.20
1986	148.70	3.40	24.50
1987	150.00	6.50	24.00
1988	151.50	7.20	21.50
1989	154.00	6.10	26.70
1990	155.00	3.80	20.00
1991	156.00	2.90	17.00
1992	145.00	2.80	16.00
1993	150.00	2.00	11.00
1994	150.00	2.50	12.50
1995	145.50	2.70	10.70
1996	128.70	2.50	10.90
1997	130.00	2.80	9.70
1998	88.70	3.20	15.60
1999	85.00	9.70	18.40

年　份	年末成林数量/万株	历年/万株	
		更新数量	栽植数量
2000	88.50	8.50	22.50
2001	42.48	4.28	25.10
2002	38.20	11.04	19.00
2003	27.16	8.57	27.00
2004	43.82	4.71	38.10
2005	62.88	7.21	16.00
2006	38.84	3.74	11.70
2007	40.09	9.96	8.70
2008	45.60	1.19	6.99
2009	42.30	4.44	4.65
2010	41.86	2.95	6.10
1980—2010		143.84	517.84
合计		189.44	662.24

石首长江干堤 原称滨江干堤，1949 年后改称长江干堤，上起藕池河左岸老山嘴，下至湖南省华容县交界的五马口（桩号 497＋680～585＋000），全长 87.32 千米。以调弦河为界分为东西二段，东段干堤起自五马口，止于调弦河左岸双剅口（桩号 497＋680～536＋500），全长 38.82 千米；西段干堤，起自调弦河右段的焦山河，向西沿长江再沿藕池河止于老山嘴，桩号 536＋500～585＋000，全长 48.5 千米。另有史家垸堤长 1.04 千米，新老章华港闸堤长 0.56 千米。调弦河支堤长 10.07 千米，当调弦河不分洪时挡内涝水。孙家拐至北门口堤长 4.95 千米，相应桩号 562＋380～566＋122，原为胜利垸民堤，后按长江干堤标准加固。

石首长江沿线堤垸围挽时间迟于江左的江陵和监利，因泥沙不断淤积，其地面比江左沿江堤内地面高出 2～3 米，故堤身垂高相对小于江左堤防。绣林城区上下段干堤垂高约为 5～6 米，老山嘴段堤身垂高约 6 米，章华港段堤身垂高 5～6 米，调弦河干堤堤身垂高为 6～7 米。

建国后，石首县加大长江堤防建设力度，1950—1966 年，按北门口 1950 年最高洪水位 39.39 米和 1954 年最高洪水位 39.89 米，干堤普遍加高 1～1.5 米，加宽 1～2 米。1950—1957 年共完成干堤加培土方 720.5 万立方米、石方 1.2 万立方米。鉴于石首长江堤防孙家拐至北门口堤段堤基不良隐患丛生，1958 年冬按干堤标准进挽胜利垸。1958—1966 年共完成加培土方 465.3 万立方米、石方 3.7 万立方米。1950—1966 年共加培堤段 42 段（次），完成土方 1185.8 万立方米、石方 4.9 万立方米，投劳标工 972.72 万个。同时对堤身内外禁脚清基除障，部分堤段实施人工锥探灌浆，栽植防护林 91.39 万株。

1967 年后，由于河势变化，洪水位逐渐升高，为确保干堤能够安全防御 1954 年型特大洪水，重点加强长江干堤的加高固基建设。1967—1976 年完成加培土方 831.2 万立方米、石方 57.23 万立方米；1977—1985 年完成加培土方 98.23 万立方米、石方 55.52 万立方米。20 世纪 50 年代初，五虎朝阳堤段因河床变迁，滩岸崩坍，1952 年、1960 年两次退挽堤长 5069 米。柳湖坝堤段堤质不良，堤内脚地势低洼，每临汛期，散浸严重，1984 年进挽堤长 638 米。1967—1984 年间，石首长江干堤退挽、翻筑、内外加培、整治堤面、填塘补脚、挽筑新隔堤 118 段（次），共完成土方 855.34 万立方米，投劳标工 621.46 万个，同时修建防汛备用砂石仓 22 个，库存防汛石料 2.64 万立方米。

1950—1985 年，石首长江干堤共完成加培土方 2115.3 万立方米、石方 117.65 万立方米。1985 年后，堤防管理逐步走向规范化，至 1990 年，石首长江干堤按设计要求，超当地最高洪水位 1.5 米进行加固，其中老山嘴至调关加高 1.5 米，调关至五马口加高 1 米，堤面宽 6～6.5 米，内、外坡比

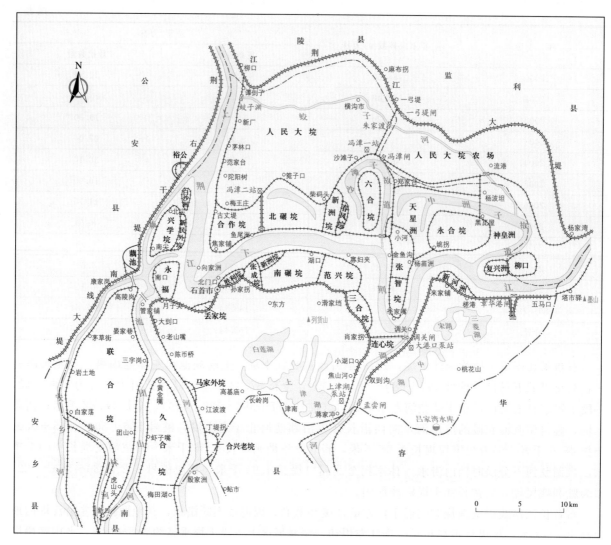

图 3-11 石首堤防工程示意图（2000 年）

1：3。1995 年完成水利工程用地确权划界，确权面积 12.70 平方千米，注册滩地工程用地 28.29 平方千米，沿堤累计库存防汛砂石料 32691 立方米。1985—1995 年间，石首长江干堤整治险工险段 56 处，完成土方 250.1 万立方米，投劳标工 256.5 万个。1996—1998 年，填筑干堤内外禁脚 21 处，完成土方 143.96 万立方米，投劳标工 105.1 万个。

表 3-11　　　　　　　　　　　　1950—1998 年石首长江干堤岁修工程建设统计表

年　份	处　数	长度/m	工程类别	土方/万 m³	共用标工/万个
1950				83.20	66.60
1951				54.30	43.40
1952				67.20	54.00
1953				103.00	82.40
1954				65.30	52.20
1955				142.40	114.00
1956				143.40	115.00
1957				61.70	49.70
1958				123.90	99.10

年　份	处　数	长度/m	工程类别	土方/万 m³	共用标工/万个
1959				43.00	34.40
1960				36.20	29.00
1961	10			10.80	8.60
1962	4	1890	退挽、翻筑	8.49	6.90
1963				69.30	59.80
1964	12	21187	加培、外帮	24.00	19.82
1965	5	22414		94.80	83.80
1966	3	19046		51.50	51.30
1967	4	13007	培修	28.16	20.61
1968	11	27015	内外填脚、加培	44.17	31.16
1969	11	40048	加培、筑新隔堤、翻筑	103.64	78.60
1970	10	117550	内外填筑、加培	229.10	170.60
1971	10	70268	加培、填脚	159.40	95.30
1972	11	26936	加培、填脚	81.20	53.71
1973	16	8713	内外填塘	15.64	9.21
1974	15	35675	内填塘、填脚、退挽	61.21	53.75
1975	8	5273	加培、内填脚	30.50	19.00
1976	5	20657	填脚、加堤坡	15.40	14.30
1977	1	2122		2.20	1.20
1978	4	14058	哨台、内填脚	21.63	15.70
1979	11	62319	填内外平台、加培	12.87	15.86
1980	7	27980	堤面整理、内外填脚	7.60	7.50
1981	9	10665	内外填脚	16.73	11.22
1982					
1983	10	5987	内外填脚、填塘	12.29	9.37
1984	8	4692	内外填、进挽	14.60	14.40
1985	7	4698	内外填脚	11.90	11.20
1986	10	10926	堤面整理、内外填脚	13.30	13.00
1987	5	21872	内填渊塘、内外填脚	21.20	23.90
1988	7	32470	外填、堤身整补	19.40	19.80
1989	8	15378	内外填、外翻筑	23.80	24.90
1990	5	4407	内外填	29.60	31.70
1991	6	3082	外填、撑帮、整补	29.50	30.10
1992	7	3187	外填外帮	26.40	27.00
1993	8	4970	外填	34.20	32.60
1994	7	4730	外帮、内外填平台	35.00	42.30
1995					
1996	5	4500	内外填	34.99	40.38
1997	9	10420	内外填	53.97	64.72
1998	7	9140	内外填	55.00	
合计	276	687282		2427.09	1953.11

注　1998 年大洪水后，石首长江干堤列入国家基本建设项目实施整治，无岁修工程。

二、险情治理

（一）堤基渗漏治理

20 世纪 50 年代至 60 年代初，江南各县区发动群众兴修水利，填筑长江干堤堤内 30 米、堤外 50 米禁脚以内小面积沟塘洼地，堤基有所改善。1967 年以后，采取内填外压措施整治堤身，内筑固基平台，外筑铺盖，填筑平台宽 20～30 米，高于地面 2～3 米。工程实施后，堤身渗漏险情大为减少。1979 年冬至 1986 年，松滋县采用挖泥船输泥吹填措施，将堤外洲滩淤泥输入堤内填实塘堰，除罗家潭外，沿堤渊潭均已填实，同时填实横堤老河槽 600 米。据统计，松滋长江干堤共完成吹填土方 175.1 万立方米，耗资 220 万元。经过历年整险，松滋长江干堤沿线填实大小塘堰 94 口、沟槽 30 余条，堤内管涌险情大为减少。1998 年实施荆南长江干堤整治加固工程后，松滋市利用世界银行贷款实施罗家潭填塘及护岸工程，工程总投资 452.98 万元，其中直接工程费 337.98 万元，其它 115 万元；填塘长 870 米，填宽约 100 米；堤外护坡采用混凝土预制块护砌，护砌长 2240 米，护砌面积 3600 平方米；完成填筑土方 23 万立方米。工程于 2001 年 11 月 20 日开工，次年完工。同时，在填塘工程中实施了防渗墙工程，从罗家潭至隔堤，在离堤顶外坡 1 米处灌注混凝土防渗墙，长 2.24 千米，宽 0.5 米，墙深达 22 米；堤脚抛石 9 万立方米，国家投资 1700 万元。

建国初期，公安长江干堤沿堤有渊塘 162 处，1980 年以前通过人工运土和机械吹填等方式将绝大部分渊塘填实。但在堤脚 30 米以内，仍有渊塘 2 处，顺堤长 670 米，其中朱家湾 470 米，埠河镇团结村 200 米。

石首长江干堤堤基地质条件复杂，大部分堤段堤基为透水性较强的砂性土层，加之历史上溃决形成的渊塘、沼泽未进行处理，修堤取土、开沟、挖塘、建闸等活动也使地表覆盖层遭到破坏，汛期常出现渗漏险情。1954 年大水后，石首长江干堤渗漏严重堤段采取抽槽筑浅层粘土截渗墙和加大堤外铺盖等措施进行防渗截渗。后又改用"内导"办法，在沿堤渗漏严重地带堤内普遍开沟导渗；与此同时，还采取"内压"措施在堤内全面填筑平台压浸。1980 年，除石首城区外，其它堤段距堤内脚 30 米以内房屋分期分批拆迁，并按设计要求填筑平台压浸。1998 年大水后，石首长江干堤堤内 30 米、堤外 50 米范围普遍实施内外平台填筑，厚度为 1～3 米。并在历史上渗漏严重的桃花素、郝家湾、胜利垸、范兴垸、调关镇、来家铺、章华港、五马口等堤段修筑防渗墙，全长 34.52 千米。通过多年整治措施降低堤身垂高近 2 米，堤基渗漏和管涌险情得到一定缓解。

（二）堤身隐患处理

荆江江右干堤堤质较差，隐患甚多，蛇、鼠、獾洞及蚁穴等比比皆是。20 世纪 50 年代初，松滋县结合长江干堤堤身加培，大力清除堤身上的障碍物，翻筑堤身清除隐患。从 1953 年开始至 60 年代，组织专班对干堤堤身实施人工锥探灌浆，锥探长 16.5 千米，锥探 50 余万孔，查出堤身隐患 6000 余处，均实施翻筑处理。结合堤身加培，拆除堤身房屋 895 栋计 3500 余间，清除堤身杂物 3.84 万立方米，堤质和堤貌得到改善。1976 年以后，堤身锥探改用机械钻孔灌浆，并改进灌浆机，灌浆效果明显提高。1976—1981 年累计锥探长度 3.55 万米，锥探 62.57 万孔，灌浆 2.35 万立方米，平均每千米灌浆 900 立方米，处理隐患 1206 处，堤身质量得到提高。

蚁患危害是堤防重大隐患。荆江江右干堤土栖白蚁甚多，危害极大。20 世纪 60—70 年代，松滋县堤防管理部门组织白蚁防治人员，采用科学方法进行白蚁防治。根据白蚁怕湿、畏光、贪食杂草和木料的特性，采取"查找、翻挖、烟熏、灌浆"等措施治理蚁患，收到显著效果。每年冬春，在白蚁出没之处，采取"查找泥被、跟踪追巢、翻挖清巢"等方法，清除白蚁。因挖填工作量大，每处平均需挖填土方约 30 立方米，70 年代，改用压力灌浆机灌注泥浆，达到填实蚁穴消灭白蚁的目的。1953—2010 年底，松滋长江干堤共查出白蚁蚁穴 401 处，取巢 201 个，捕获蚁王蚁后 151 对。其中 1969 年发现蚁穴 28 处，取巢 23 个，捕获蚁王蚁后 23 对。历年来，松滋长江干堤常规普查一直开展，1998 年大水后，蚁患险情大为减少。

　　20世纪70年代，石首绣林、调关分段开始实施人工锥探。1985年后，石首县组建两支30余人的专业锥探队，投入100余万元购置锥探设备。自1987年以来，石首长江干堤锥探堤段长66千米，机械锥探82万孔，灌浆土方4.5万立方米。2003—2005年荆南长江干堤加固工程中，石首长江干堤完成锥探灌浆199.69万延米。通过多年整治，荆江江右干堤白蚁危害大为减少。

表3-12　　　　　　　　　公安长江干堤历年锥探灌浆消除隐患数量统计表

年　份	锥　探　灌　浆				消除隐患数量/处				
	处数/处	长度/m	孔数/孔	土方/m³	动物穴	漏洞	裂缝	其它	小计
1954—1979	410	295995	4509500	219918	342	4461	13048	4612	22463
1980	10	10286	23143	10907	52	106	110	90	358
1981	9	12672	199512	12755	56	115	354	155	680
1982	16	13452	258380	12000	21	28	256	7	312
1983	12	12264	220164	9920	9	82	164	72	327
1984	16	13264	231463	15063		24	219	87	330
1985	18	16988	210016	14985	15	24	58	16	113
1986	19	20353	217275	20000	1	37	138	33	209
1987	12	19655	250746	20171	18	28	76	53	175
1988	10	18226	286002	16035	5	12	32	44	93
1989	8	17695	264013	16044	5	13	26	23	67
1990	9	17875	234155	160401		8	29	19	56
1991	10	17870	226115	16030		19	27	20	66
1992	12	17680	216115	16086	1	18	29	12	60
1993	4	6000	60500	6011	11	9	29	12	61
1994	4	6800	74900	6806	4	6	26	12	58
1995	3	6200	68200	6205	1	5	20	10	36
1996	4	6200	65000	6220	1	6	20	14	41
1997	19	35325	360940	35322	12	16	3	37	68
1998	16	21050	166800	18260	2	21	26	14	63
1999	37	56750	303910	38680	3	24	23	12	62
2000	15	5500	55000	6800	5	4	2	27	38
1980—2000	263	352105	3992349	464701	222	605	1667	769	3273
2001									
2002									
2003	5	17350	69400	9022	9	5	11	17	42
2004									
2005									
2006									
2007									
2008	2	1450	3862	502	2	4	3	4	13
2009	1	4000	10656	1385	5	4	6	8	23
2010	3	3450	9190	1195	3	6	5	7	21
2001—2010	11	26250	93108	12104	19	19	25	36	99
合计	684	674350	8594957	696723	583	5085	14740	5417	25835

（三）崩岸险情处理

　　荆江河段蜿蜒曲折，湾多流急，水势复杂，尤其是下荆江河段横向摆动频繁。经过两次人工裁弯和多次自然裁弯后，下荆江河段流程缩短，比降增大，河床束窄，水位抬高，致使两岸崩坍频繁发生，从 20 世纪 50 年代开始，江南各县均开始整治沿江崩岸险情。1954—1968 年是长江干堤崩岸险情最严重时期，堤防多次退挽，不但造成大量农田崩失、房屋搬迁，而且因退挽耗费了大量人力、物力和财力。这一时期，松滋退挽 4 处，长 8.9 千米；公安退挽 19 处，长 11.30 千米；石首退挽 26 处，长 46.49 千米。60 年代，江南各县按照"因势利导，顺水挑流，守点顾线，控制河势"的护岸原则，重点整治沿江崩岸险段。

20 世纪 50 年代初，松滋长江干堤采取"群众出工、国家投资"的培修模式，裁削旧矶头，补修老护坦，植柳防浪，并在重点险段抛石镇脚、块石护坡，以达到守点顾线，控制河岸的目标。这时期共抢护长江岸段 15.1 千米，占应施护长（21 千米）的 71.4%，堤岸崩坍基本得到控制。1954 年大水后，本着量力而行、先急后缓的原则，裁拆旧矶改为护岸镇脚；施工由招包改为民办公助，民工按标工给予生活补助。这一时期，重点整治了涴市、杨泗庙、丙码头、黄昏台等处严重崩岸。60 年代，松滋长江干堤以涴市横堤、杨泗庙、丙码头、黄昏台和新口外悬堤段为重点，大量抛石抛枕。同时，砌护查家月堤至杨泗庙、红花口至新口共 7.7 千米堤段。先后共拆除沿堤矶头 22 个，并继续修建新护岸，改造老坦坡，重点崩岸段得到初步控制。

20 世纪 70 年代，松滋长江干堤护岸工程得到加强，"重护坡、轻镇脚"的倾向得到扭转，崩岸段水下部分堤脚的保护得到加强。大量抛石镇脚，岸坡基本稳定，崩岸险情开始得到控制，结束了一遇崩岸即退挽堤防的历史。同时增护白骨塔、丙码头、六条路等处未护段，沿江护岸工程基本连成整体。80 年代初，按高标准要求砌护曾家洲 2.2 千米堤岸，并采用"沉帘护脚"技术进行护岸施工。90 年代，广泛采用混凝土预制块护岸，护岸工程质量得到提高，岸坡抗冲刷能力增强。1950—1988 年共耗用石方 45.16 万立方米，抛枕 1.1 万个，沉柴帘 2800 平方米。

公安长江堤防薄弱，各类险情频发，1954 年汛期，分洪区沿堤发生险情 1538 处，出险堤段长 123.5 千米，漫溢 16 处。汛后虽经大力整治，但仍有 68 处约 55 千米险工险段。经过 40 余年不断整治和大力培修加固，截至 2000 年底，68 处险工共完成培修加固土方 991.68 万立方米，平均每米险工 179.6 立方米；采取水下抛石护脚、水上块石护坡等方式护岸，共完成石方 284.65 万立方米。此外，西流湾、陈家台、蔡永弓、唐家湾、西湖庙、朱家湾、黄水套等险段除护石外，还采取沉排、抛铅丝笼、抛柴枕等方式进行抢护，共沉排 278 个，抛铅丝笼 118 个，抛柴枕 2.24 万个。建国后至 2010 年底，公安长江护岸工程累计守护 312.96 千米，完成护岸石方 448.68 万立方米、标工 379.82 万个，共耗资 22846.14 万元。

建国后，石首长江干支堤防共退挽 107 处，长 155.11 千米，退挽土方 1350.4 万立方米。其中，干堤退挽 31 处，长 38.97 千米，土方 435.3 万立方米。从 1950 年起，开始整治重点崩岸堤段，采取的措施主要有水下抛石护脚、水上砌坦护坡、砌筑枯水平台等；此后，护岸措施逐渐发展为水下沉排、沉帘，采用铅丝笼、合金笼、格栅抛石，抛柴枕、塑枕等；水上兼有干砌、浆砌石护坡、土工布导渗坡等。1950—2007 年，长江干堤共守护 31 处，施工总长 99.25 千米，完成石方 847.04 万立方米（含水下抛石、干砌石、浆砌石、砂卵石、平铺石），抛柴枕 20.69 万个、塑枕 2.38 万个，抛钢、铅丝笼 1.64 万个，沉帘 8.8 万平方米，土工布 18.61 万平方米，混凝土预制块护坡 8.33 万立方米，土方 1017.14 万立方米，总投资 4.9 亿元。

经过多年整险加固，江南各县市长江堤防得到稳固，河势变化得到有效控制，崩岸险情大为减轻。

表 3-13　　　　　　　　　　荆江分洪区干堤护岸工程历年完成情况表

年　　份	护岸长度/m	合计护岸石方/m³	其中：护坡石/m³	共用标工/个	投资/万元
1950—1979	165687	1704652	1076913	1729923	4261.63
1980	5527	111614	38566	242746	279.04
1981	5158	113441	22820	204721	283.60
1982	3127	43422	34261	86240	108.56

续表

年　份	护岸长度/m	合计护岸石方/m³	其中：护坡石/m³	共用标工/个	投资/万元
1983	5553	55734	37540	84428	139.34
1984	3014	36127	14862	28704	90.32
1985	3273	34732	12366	34405	86.83
1986	3723	37326	7210	30234	93.32
1987	3560	49605	11404	34357	124.01
1988	3850	72280	31145	107525	180.70
1989	4320	29517	25580	90135	79.70
1990	4528	32854	15164	50596	88.71
1991	6200	40922	24849	74886	110.49
1992	1566	21986	10000	55500	59.36
1993	3408	28003	18766	150411	75.49
1994	3335	27427	14126	151070	74.05
1995	3374	27300	19704	86587	73.71
1996	2680	20493	11200	171300	56.55
1997	2815	36056	20787	126835	97.35
1998	2269	11154	5447	25630	55.77
1999	6505	64436	16770	83850	354.40
2000	1800	247386	49386	148158	165.43
1980—2000	79585	1141805	441863	2068318	1291.00
2001—2002	21172		51053		2076.70
2001—2003	32755	1387829	83698		12016.00
2002	1300	27000	16855		269.71
2003	1150	9874			122.82
2004	2550	56910	30736		543.45
2005	250	6167	6167		57.79
2006	1000	19381	10389		242.08
2007					
2008	3013	69986	37231		936.63
2009	1950	25826	17826		318.51
2010	2550	37387	21262		709.84
2001—2010	67690	1640360	275217		17293.51
合计	312962	4486817	1793993	3798241	22846.14

注　表中数据包括江右、虎东、虎西安全区围堤和南线大堤1992年以前工程；2001—2002年为荆南长江干堤护岸加固工程；2001—2002年为护岸隐蔽工程；2002—2010年为湖北省洞庭湖区四河堤防工程。

三、重点险段整治

1950年冬至1951年，动工修筑松滋长江干堤"丁工月堤工程"，桩号720＋449～722＋261，内挽新堤1.58千米，废老堤2千米，内退宽100～300米，解除了丙码头至丁码头因河泓逼近而引发的险情。工程采取以工代赈方式，完成土方22.6万立方米，国家补贴粮食410.65吨。

1952年冬，为整治杨家垴至李家垴砂质严重险段，外移保济垸堤1.5千米，外移宽200～500

米，完成土方 3.95 万立方米。

1964 年结合修建浣里隔堤工程，修筑浣市横堤内挽堤段 1.17 千米，两堤相距约 200 米，成为浣市横堤的第二道防线。

1967 年，为整治史家湾蚁患险段，采取削堤外移措施，移堤 500 米，外移宽 50～100 米。

1968—1973 年，为整治王家台至灵钟寺堤基严重渗漏、蚁患严重及堤内低洼险段，按干堤标准加固堤外采穴垸堤（桩号 731＋300～737＋000），加固堤长 5.7 千米，外移宽 200～400 米，加培土方 104.4 万立方米，老堤遂告废。1992 年松滋江堤被纳入国家基本建设项目前，通过历年移堤退挽，共修筑、加培新堤 10.4 千米，废除病险堤段近 10 千米，堤质得到相应改善。

浣市横堤吹填工程，位于松滋长江干堤桩号 713＋350～714＋200 段，长 850 米，堤内 30～50 米以外有深沟一条，系浣市南河水系，为历史溃决冲刷形成。1963 年开始新修浣里隔堤时，考虑横堤度汛安全，在距堤内约 300 米处修筑退挽堤一道，作为二级防线。由于浣市横堤堤外无滩，迎流顶冲，深泓逼岸，外悬内空，堤内深沟中，每年汛期均出现不同程度管涌险情，一般采用砂石围井导滤、灌水反压等临时抢护措施。为根治堤基隐患，1983 年 11 月实施机械吹填，至次年 1 月完工，完成土方 15.7 万立方米，投资 24 万元，经过多年汛期检验，险情得到控制。

财神殿险段位于松滋长江干堤桩号 725＋900～727＋100 段，长 1200 米，堤内有一深潭名杨柳潭，又称新口潭，为历史溃决形成，面积约 3000 平方米，水深 2～3 米，历年汛期常出现管涌险情，20 世纪 60 年代末 70 年代初多次实施人工填压，未能脱险。1980 年汛期，出现重大险情，因抢护及时，勉强度过汛期。汛后实施机械吹填整治，1980 年 10 月动工，年底完工，完成土方 30.89 万立方米，投资 45.98 万元，1981 年汛期，未出现险情。1998 年、1999 年大水时均出现管涌，经抢护度过汛期。后经过大力整治，险情基本稳定。

西湖庙是公安长江干堤重点崩岸险工，建国前多次发生崩岸险情，建国后多次实施整险加固。1950 年 6 月，西湖庙坦坡出现崩陷，长 30 米，抛石 500 立方米。1951—1954 年抛石 2292 立方米。1957 年，该堤段堤脚因水流冲刷导致空虚，共抛石 9197 立方米。1959 年 4 月抛石 6938 立方米。1963—1979 年，为确保水下坡比达到 1：1.5、坦坡坡比达到 1：3，抛石 11.39 万立方米。1980 年结合整险将原 6 米宽堤面加宽至 10 米，并在内坡高程 43.00 米处加筑 5 米宽压浸台。1953—1979 年，采取水下抛石镇脚、重点填充、水上块石护坡等措施整险，共耗石 7.4 万立方米，其中水上块石护坡 1.67 万立方米。1973—1975 年因河床冲刷严重，除抛石镇脚外另抛柴枕（内包块石 1～1.5 立方米）400 个。1979—2000 年，完成整险石方 21.31 万立方米，其中水上护坡石 5.86 万立方米。其间，实施堤身加培 68 万立方米，堤顶高程按设计要求基本达标，内、外坡比达到 1：3～1：5；新筑内平台宽 30 米，高程 38.00 米。1982—1988 年在西湖庙至马家嘴段（桩号 661＋300～666＋065）平台外采用机械吹填填塘固基，吹填宽 80～150 米，由原高程最低点 36.00 米吹填至 38.00 米与内平台齐平。水面宽阔的西湖支汊全部填筑，吹填土方达 148.3 万立方米，形成大尺度、大面积的内平台，并于当年植树 24 万株，形成防护林带。通过不断整治，1980 年以来该河段河势稳定，河床最低高程由 -0.20 米上升至 12.80 米，近岸 100 米水下坡比约 1：1.2～1：1.5，险工上游唐家湾至马家嘴闸前淤积成大片沙洲，河岸基本稳定，堤身抗洪能力增强。

朱家湾险段位于公安长江干堤中段，下起公安杨厂安全区，上迄凯乐塑管厂，长 2328 米，其中重点段桩号 648＋510～649＋128，长 618 米。该处河道弯曲，险段正处于弓弯，迎流顶冲，汛期主泓直冲堤脚。1955—1979 年，多年实施护岸，累计耗石 4.66 万立方米，其中水上护坡石 3.27 万立方米，抛柴枕 7638 个。1985 年后，杨厂至二圣寺对岸沙洲不断增多，面积逐年扩大，高程不断增高，迫使主泓南移，致使险况日趋恶化，1988—1992 年 11.00 米深泓线南移 13 米，1992—1994 年南移 18 米；重点段同一冲刷坑河底最低高程，1980 年为 6.80 米（冻结吴淞），1987 年为 2.80 米，1991 年为 0.60 米；1991 年近岸 80 米水下坡比为 1：0.6～1：0.9。1991—1997 年，经过 6 年治理，耗石 1.86 万立方米，最低高程回升至 8.70 米，滩岸较为稳定。1979—2000 年，继续进行抛石护岸，共耗石 14.98 万立方米,其中水上护坡石 4.57 立方米,主要用于填补冲刷坑,近岸水下坡比达到 1:1.75。1997 年后,河势稳定,滩岸崩势得到控制。

陈家台险工位于公安长江干堤上段,1963 年因崩岸于桩号 677+980～679+493 段退堤还滩 1513 米,完成土方 12.8 万立方米。加固后堤面宽 5～7 米,堤顶高程 45.50～45.80 米,内、外坡比 1:3,堤外洲宽 39～416 米,高程 40.50～42.50 米。内临陈家台安全台,台宽 15～20 米,高程 43.60 米,台脚下加筑 30 米宽内平台,高程 40.00 米。陈家台险段每逢汛期沙市水位约 43.50 米时,江水面宽约 2200 米,主泓靠长江左岸;枯水期沙市水位 36.00～39.00 米时,江水落槽,滩高水低,险段所对江中裸露出大片沙洲,沙洲高程 38.00～40.00 米,自然形成主泓南移,造成水流紊乱复杂。该险工受江中沙洲挑流影响,加之险段又处沙市河湾凸岸顶部,滩岸土质差,砂层较厚,在高程 36.00 米以下虽有局部粘土层,但其厚度仅约 1.5 米,故经常发生崩岸险情。1971—1979 年护岸长 1790 米,共耗石 3.6 万立方米,其中水上护坡 1.5 万立方米。1998 年 3 月出现大面积崩岸,经紧急抢护勉强度过汛期,汛后实施削坡减载、抛石护脚。据统计,1979—2000 年累计护岸长 5786 米,护石 10.14 万立方米,其中水上护坡石 1.65 万立方米。

图 3-12 陈家台崩岸现场

黄水套堤段位于公安长江干堤,桩号 618+000～620+640,上起柳梓河口,下至无量庵,全长 2640 米。1945 年 8 月,江堤溃决,次年新筑月堤一道。1951 年退堤长 450 米。1952 年,江左蛟子渊河口堵死,江流激冲南岸。1958 年退堤 826 米,加培土方 17.5 万立方米。1965—1976 年护坡耗石 4877 立方米,水下抛 1.02 万立方米。1977 年 8 月,河势突变,深泓贴岸,迎流顶冲,堤岸严重崩坍,黄水套拦淤闸崩入江中,当时组织 2500 名劳力抢险,共沉树 800 余株、柴枕 9466 个,抛石 5.66 万立方米。1978 年春,退堤长 1736 米,完成土方 9.2 万立方米、石方 8 万余立方米。1979 年退堤长 733 米,培筑土方 13.84 万立方米,抛石 10 万余立方米。1987 年汛期,又多次发生崩岸,汛后采取水下抛石镇脚、削坡减载、无滩岸段抢护还坡措施进行整治,同时还实施防渗工程,加培堤身平台,共完成石方 53.30 万立方米、土方 6 万立方米。1990 年桩号 619+463～620+232 段实施吹填固基,完成吹填土方 22 万立方米。1964—1979 年累计护石 25.15 万立方米,沉树 1800 余株,抛柴枕 6400 个,堤身加培土方 85 万立方米。1979—2000 年继续整险加固,耗石 5.88 万立方米。河势变化后,黄水套闸外滩淤积大片沙洲,堤身抗洪能力显著提高,历经 1998 年、1999 年两次大水该险段安然无恙。

西流湾位于窖金洲上段,对应公安长江干堤桩号 687+500～690+000 段,全长 2500 米。因窖金洲外三八滩逐年淤长,造成南泓河底单向下切,河床不断扩大,枯水年份,南泓成为主航道。1959 年窖金洲不断崩坍,西流湾出险。1968 年 7 月,公安县组织 4000 余名劳力抢护,抛块石 5 万立方米,沉柴枕 1000 个,沉柳 2780 棵。1972 年又护石 1.25 万立方米,抛石 7.37 万立方米,险情逐渐稳定。1973 年,长江航运局在三八滩南泓过渡段实施定向爆破,造成河岸崩坍,最大崩幅 105 米。当即组织劳力 4000 余人,抛石 1.1 万立方米,沉柴 564 个。1974—1977 年,护石 1.3 万立方米,抛石 1.68 万立方米。1978 年南泓口门下矬,江心沙洲切断,激流冲刷护岸段,崩坍长 1200 米,当即护石 2.24 万立方米。1979 年进行加固,护石 1.27 万立方米,抛石 1.95 万立方米。1980—1981 年,护石 5.52 万立方米，抛石 1.58 万立方米。经过多年治理，河岸崩坍得到有效控制，滩岸基本稳定。

第四节 江右分洪区干堤培修与整险

建国后，在荆江右岸兴建荆江分洪工程，历年来分洪区干堤按照长江干堤建设标准进行大力培修和整险。整治加培后，分洪区干堤总长 268.13 千米，其中，南线大堤位于安乡河右岸，既是安乡河堤防，又是荆江分洪区围堤的一部分，长 22 千米，属国家确保堤防；浼里隔堤为浼市扩大分洪区横隔堤，长 17.23 千米；虎东、虎西干堤为长江支流虎渡河两岸堤防，虎东干堤长 90.58 千米，虎西干堤长 38.48 千米；荆江分洪区围堤 52.78 千米，虎西山岗堤 43.63 千米，北闸拦淤堤 3.43 千米。

一、南线大堤

南线大堤位于长江中游右岸、荆州市公安县境内，是荆江分洪区的重要组成部分。南线大堤呈东西走向，北临荆江分洪区，南临安乡河，西起虎渡河拦河坝与虎东干堤相接，东至藕池何家湾与公安长江干堤相连，桩号 579+000～601+000，全长 22 千米，为国家 I 级堤防。

南线大堤防洪地位重要，当荆江地区遭遇特大洪水，运用荆江分蓄洪区分洪时，南线大堤将肩负分蓄洪区 54 亿立方米洪水的拦洪任务，确保洞庭湖以北广大地区安全，是湖南省北部重要防洪屏障；不分洪时，它肩负防御安乡河洪水的防洪任务，保护荆江分洪区（国土面积 921 平方千米，耕地 3.4 万公顷，人口 53 万）的安全。

1952 年兴建荆江分洪区时，南线大堤按当时分蓄洪水位 41.00 米，堤面宽度 5 米的标准进行加培扩修。施工人数达 10 万余人，其中，解放军 5.6 万人、湖南民工 2.3 万人、湖北民工 2.1 万余人。黄天湖新堤有 755 米长堤段跨越黄天湖，湖中淤泥深达 3～4 米，泥中菱角刺和贝壳很多，排淤任务异常艰巨。该堤段由中国人民解放军 908 和 430 部队修筑，第一天下湖施工 617 人，受伤的即有 521 人。部队指战员"重伤不叫苦，轻伤不下火线"，改良工具，日夜奋战，以九天八夜时间排淤 5.9 万余立方米，提前四天完成排淤任务，创造了"腰斩黄天湖"的奇迹。八家铺段（上码头至大湾）长 7.76 千米，由公安县民工承修，4 月 4 日动工至 5 月 23 日竣工，完成土方 92.82 万立方米，除雨天外，仅用 40 个工作日完成全部任务。藕池至上码头因原老堤标准较低，培修整险时加培土方 80.38 万立方米。大湾至拦河坝、八家铺安全区、上码头安全区及藕池安全区培筑新堤，共完成土方 578.24 万立方米。拦河坝至大湾内护坡完成石方 3.04 万立方米。

1954 年长江流域发生特大洪水，荆江分蓄洪区先后三次开闸运用，分洪总量达 122.6 亿立方米，发挥巨大作用。南线大堤成功抵御 42.08 米的最高分蓄洪水位，经受了严峻考验，出现外崩、脱坡、散浸等各种险情 134 处。1954 年冬，南线大堤实施全面加培，完成土方 42.5 万立方米，次年冬临洪面全部实施块石护坡。后又经过几次培修加固，在大堤内外进行填塘固基，并加筑内外堤脚平台。1955—1968 年在大堤内外填塘固基，完成土方 155.60 万立方米。1969 年，大堤培修整险时，分洪区设计蓄洪水位提高至 42.00 米，堤防设计标准为堤顶高程 45.20 米（冻结吴淞），堤顶宽 6.0 米，堤身内、外坡比 1∶3；临河面 42.00 米高程处设宽 3～5 米的压浸台，内外堤脚有 40～50 米宽平台。当年按以此标准进行全面加高培厚，完成土方 201.75 万立方米，并在内坡进行干砌块石护坡。

经过 1952—1969 年多年培修加固，南线大堤共完成土方 927.70 万立方米，标工 1391.55 个，堤容堤貌得到较大改观，堤基堤身抗洪能力显著增强。1985 年大堤堤顶高程达 45.16 米，堤身垂高 9～13 米，堤面宽 6 米，内、外坡比 1∶3；内坡护坦，堤面铺碎石；临河面堤段筑有平台，长 19.9 千米（无滩岸堤段未筑），宽 5 米，高程 42.00 米；每千米筑土台 1 个，长 20 米，宽 10 米，高程 42.00 米，共 22 个，以便分洪后堆放抢险器材或搭盖哨棚。沿堤建排水闸 2 座（黄天湖老闸和黄天湖新闸）、电排站 1 座；堤内外禁脚栽植防浪林 19 万株。黄天湖老闸位于南线大堤桩号 579+908 桩号处，修建于 1952 年，设计排水量 250 立方米每秒；黄天湖新闸位于南线大堤桩号 580+028 处，修建于

1970 年，设计排水量 450 立方米每秒。特大洪水年份分洪区一旦蓄洪，两闸将担负拦洪任务，泄洪时承担排泄分洪区洪水的任务，平时则承担分洪区内的排渍任务。

南线大堤坐落于安乡河右岸低平的冲积、湖积平原之上，堤基为第四系全新统地层，由壤土、砂壤土、粉细砂及粘土组成，部分堤段两侧表层粘土覆盖层较薄，透水性较强的粉细砂、砂壤土埋藏浅且贯通大堤内外；部分堤段内外有渊塘，粘土覆盖层遭到不同程度破坏，常出现各类险情。谭家湾、康家岗、郑家祠等险段主泓紧逼岸脚，存在堤基冲刷、渗透稳定等问题，汛期常出现险情。1987 年桩号 579＋000～599＋650、600＋000～601＋000 段共 705 米护坡进行翻修，并用混凝土砂浆勾缝；锥探灌浆 8.04 千米，锥灌土方 9489 立方米；翻筑隐患 54 处，翻筑土方 4803 立方米。同年汛期，采取临时度汛措施初步整治康家岗、谭家湾、郑家祠 3 处险段，长 1.16 千米，完成土方 3.57 万立方米。1990 年在谭家湾和郑家祠险段实施水下抛石固脚，并继续锥探灌浆 6.3 千米，灌浆土方 5250 立方米，堤身隐患有一定程度减少，但仍未完全消除。

南线大堤是在原安乡河北堤的基础上加培而成，部分堤段是从黄天湖底填筑而成，虽经多年不断加培、加固和维护，但因原堤基础不良，堤上建筑物标准不高、年久失修，堤身、堤基和穿堤建筑物存在不同程度的隐患和问题。为保证荆江分洪工程正常运用和南线大堤安全，1992 年水利部以水规〔1992〕2 号文批复《关于南线大堤加固工程初步设计报告》，同意按一等工程 I 级建筑物标准列入水利部直供项目进行加固建设。

二、虎东干堤

虎东干堤位于虎渡河东岸，起自北闸沿虎渡河至黄山头，原为支堤，1952 年荆江分洪工程建成后升格为干堤；北接北闸西引堤，南接拦河坝，全长 90.58 千米。历史上溃决频繁，建国后虽经大力整治，但险情尚未彻底消除。沿堤有险工险段 35 处，长 23.56 千米，其中 29 处为堤外滩岸狭窄迎流顶冲堤段。整治加固前，堤顶高程一般为 42.70～46.64 米，堤身垂高 6 米，堤面宽 5～6 米，内、外坡比 1∶3。1952 年 11 月至 1953 年 1 月，由松滋、荆门、枝江、远安、宜昌、当阳、宜都等县和宜昌地区共同培修，共完成土方 151.80 万立方米。堤顶高程新口以上按沙市水位 45.00 米，超高 1.5 米为设计标准，即 44.00～46.64 米，鄢家渡至刘家湾达到标准，刘家湾至新口为 44.00 米；新口以下按蓄洪水位 42.00 米超高 2 米设计，已达 42.50～42.70 米。一般垂高 6 米，面宽 5～6 米，内、外坡比 1∶3。1954 年大水后，由松滋、公安、荆江三县实施堵口复堤工程，共完成堵口和培修土方 180.27 万立方米。堤内外禁脚植防浪林 45.7 万株。

三、虎西干堤

虎西干堤位于虎渡河右岸，为虎西备蓄区东围堤，从王家岗起，经顺水堤、章田寺、南阳湾、沙口市至黄山头止，长 38.48 千米，原为东南顺河大堤，属支堤，1954 年 2 月省政府确定为干堤。1952 年 9 月至 1953 年，由松滋、荆门、当阳县民工培修，完成土方 138.79 万立方米。1954 年 7 月 6 日 2 时，南阳湾溃决，口门长 1260 米。汛后由公安、荆江县修复，共完成土方 60.49 万立方米。堤顶高程按闸口站 1954 年最高洪水位 42.26 米超高 2 米设计，王家岗至顺水堤为 43.04～44.65 米，顺水堤至黄山头为 42.01～43.04 米，一般垂高 6 米，面宽 5 米，内、外坡比 1∶3。大部分堤段内外禁脚筑有 30 米宽平台。植有防浪林 15.7 万株。护岸工程 8 处，长 13.62 千米。

四、浣里隔堤

浣里隔堤为浣市扩大分洪区拦洪围堤，自浣市至里甲口，全长 17.23 千米，堤线顺直。1963 年冬至 1965 年春，为增大荆江分洪区蓄洪能力而修筑浣市扩大分洪区浣里隔堤。浣市扩大分洪区建成后可扩大荆江分洪区面积 96 平方千米，增大荆江分洪流量 3000 立方米每秒，增加蓄洪容量 2 亿立方米，工程主要作用是配合荆江分洪区防御 1954 年型或更大洪水。

1963年10月，经水电部批准动工建设。工程包括新筑由浣市至里甲口隔堤17.23千米，加固培修松滋长江堤防和虎西堤防，主体工程于1964年4月竣工。浣里隔堤为浣市扩建区西部围堤，北起松滋市浣市镇接长江干堤桩号712＋500，南抵荆州区（原江陵县）里甲口接虎西支堤桩号23＋150，以沈家洪为界，其中荆州区14.53千米，松滋县2.7千米。隔堤与荆州区长江干堤和虎西支堤连成封闭整体。

浣里隔堤由长办设计，荆州地区长江修防处组织施工，松滋、江陵、公安三县民工2万余人参与施工。共完成土方105.7万立方米，投劳标工78.49万个，国家补助经费125万元（包括挖压补偿）。1965年春修建金桥、余家泓、鄢家泓、太平桥和顺林沟等5座排灌涵闸（排水闸1座、灌溉闸4座），共完成土方330.19万立方米、石方7.6万立方米，国家投资158.38万元。

1964年冬，隔堤工程续建，松滋组织该县八宝、西斋、刘家场和大同区民工4600人施工，主要任务是加培堤身，刨毁废堤，填塘撑帮。工程于次年2月17日完工，共完成土方22.3万立方米，投劳标工14.11万个。此外，大同区承担浣市横堤围挽工程，工段长1171米，完成围挽土方18.7万立方米，投劳标工16.58万个；拆迁民房116间，挖压土地23.13公顷，国家补助搬迁青苗损失费1.3万元、退挽工程费6.6万元。

浣里隔堤堤顶高程44.90～46.40米，面宽4米，堤身上部边坡坡比1∶3，安全超高1.5米，下部筑有5米宽平台，平台坡比1∶1.5。分洪口门位于松滋长江干堤桩号710＋700～711＋700。隔堤左右两条防护林带共植树2万余株。

五、虎西山岗堤

虎西山岗堤位于虎西预备分洪区西部，为备蓄区西围堤，与小虎西干堤衔接封闭成圈，长43.63千米。自螺壳嘴起，经马鞍山、长山、大门土地、雷家巷、金鸡窝、达仁岗、章田寺、猴子店、龚家铺至大至岗接虎西干堤。因沿线为绵亘起伏的岗地，仅在低处筑堤与岗地相连，计18段长近10.61千米。1954年8月6日，扒开马家渊、雷家巷、金鸡湾、张德庵和双屏墙等处泄洪，当月堵复。经加培后，堤顶高程一般43.50米，垂高1.5米，面宽5米，内、外坡比1∶2.5。

六、北闸拦淤堤

北闸拦淤堤位于荆江分洪区北闸（进洪闸）前600米处，西连虎东干堤，北衔长江干堤，长3.43千米，堤顶高程46.50米，外平台高程42.50～43.00米，堤内脚高程41.50～42.00米，垂高4米，面宽4.5～5米，内、外坡比1∶3。不分洪时，拦淤堤阻拦闸前洪水带入泥沙淤高进洪口门。为保证北闸分洪时能及时及量进洪，在拦淤堤上预埋有混凝土药室119个，分为两个单排、一个双排相间的平行布置，行距为25米，拟炸开口门宽度2200米。单排药室59个，沿堤中心线布置；双排药室60个，分别沿内外堤肩布置，间距6.5米。预埋药室内径0.9米，高2.7米，其上填土0.7米。

七、安全区围堤

荆江分洪区有埠河、雷洲、斗湖堤、杨厂、黄水套、裕公垸、杨林市、藕池、向阳、八家铺、新口、戈家小垸、吴达河、闸口、保恒垸、夹竹园、黄金口、水月、义和等19个安全区，围堤总长52.78千米，属公安县辖。围堤均依傍于分洪区围堤两边，多数高程约44.00米，义和安全区围堤高程46.00米，八家铺安全区围堤高程40.38米。堤面宽约4～6米，杨林市、向阳、八家铺3个安全区围堤堤面宽约2米。堤内、外坡比1∶3。围堤内外禁脚多植有防护林。

第五节　连江支堤培修与整险

松滋河、虎渡河、藕池河、调弦河（简称荆南四河）位于湖北省中南部，长江中游荆江河段右岸，是连通荆江与洞庭湖的洪水通道，江湖连结的纽带，对确保荆江防洪安全具有重要意义和作用。荆南四河地区河多、垸多、堤多，水系紊乱，历来洪涝灾害频繁。荆南四河支堤总长 653.46 千米，其中松滋河堤防长 452.04 千米，虎渡河支堤 59.74 千米（包括南闸下游左岸水管所至麻雀嘴 5.23 千米），藕池河堤防长 112.71 千米，调弦河堤防长 10.07 千米，其它串河及围垸堤防长约 305.327 千米，保护区涉及松滋、荆州、公安、石首 4 个县（市、区）15 个重点堤垸，总面积 3471 平方千米，总人口 197.91 万，耕地 14.13 万公顷。

荆南四河堤防原为分散的民垸，1860 年、1870 年和 1935 年等几次大水时多次出现溃决，损毁严重，至 1949 年时大都支离破碎。堤身普遍低矮单薄，堤面宽约 3～5 米，堤身隐患众多，无滩堤段长达 150 千米，防洪标准仅为 2～3 年一遇，因此常遭溃决。1954 年以后溃决三次（1965 年八宝垸，1980 年孟溪垸黄四嘴，1998 年孟溪垸严家台）。

1954 年以前以防御 1949 年洪水为标准，其后以防御 1954 年洪水为标准，1996 年后，以防御 1981 年和 1991 年洪水为标准。经过建国后 60 余年的加培整治，堤身高度相比建国前增加 1.0～1.5 米，堤身断面扩大约三分之一，堤身坡比一般达 1.25～1.3。

一、松滋河堤

建国初，松滋河堤防包括东支左堤、西支右堤、八宝垸堤、东港垸堤、南平垸堤及官支河堤等，共长 452.04 千米。

1949 年大水后，松滋河支堤均按当地最高水位超高 1 米的标准实施加高培厚，整坡撑帮。1954 年大水，松滋河支堤险象环生，漫溢严重，仅松滋县便有 9.6 千米堤段出现漫溢险情。当年冬开始，各垸堤防均按 1954 年当地最高洪水位超高 1 米的标准普遍实施加高培厚。20 世纪 60 年代末至 70 年代初，各垸支堤均按"三度一填"的标准加培，至 70 年代末，松滋河支堤堤身高度、坡度、堤顶面宽大部分达到设计标准。1981 年大水后，连续 6 年加高培厚松滋河支堤，重点整治险工险段，培筑平台内外加筑铺盖，险情得到明显控制。

东支左堤 上起松滋灵钟寺与江右干堤相连，下至公安新渡口与湖南安乡县堤相接，长 150.01 千米。堤基较差，沿堤迎流顶冲堤段 22 处。1952 年郝家湖堤段溃决，1980 年黄四嘴堤段溃决。两次溃决后国家均投入大量人力、物力堵口复堤。1950—1984 年共护岸 19 处，长 22.22 千米，完成石方 13.99 万立方米。1981 年复兴垸移堤改线 780 米，完成土方 3.5 万立方米。1982 年罗家湾移堤改线 200 米，完成土方 1.2 万立方米。1985 年有利垸移堤改线 1300 米，完成土方 7.6 万立方米。经过多年加培，至 1985 年该堤段相比 1954 年最高洪水位，堤顶超高 1～1.5 米堤段长 11.77 千米；超高 1.5～2 米堤段长 60.97 千米；超高 2 米以上堤段长 30.21 千米。1995—1996 年松滋江堤加高加固工程中，自灵钟寺沿同忠北堤和大口垸民堤至东大口按干堤标准实施改线加固。1999 年荆南四河堤防加固前，东大口至松公界堤段（桩号 5+500～29+761），长 24.26 千米，堤顶高程 46.77～49.83 米，堤身垂高 1.4～8.5，堤顶宽 2.5～8.8 米，内、外坡比 1:2～1:3；松公界至新渡口堤段（桩号 30+500～103+900），长 73.4 千米，堤顶高程 42.59～46.77 米，堤身垂高 2.5～9.9 米，内、外坡比 1:1.4～1:3，内平台宽 3～16 米，外平台宽 4～50 米。

西支右堤 上起松滋天王堂，下至公安杨家垱与湖南澧县堤相连，长 90.59 千米。大口以上堤段修筑于清乾隆年间，以下筑于光绪末年。1954 年汛后，按当地最高洪水位，堤顶普遍超高 1～2 米的标准进行加筑，堤面宽 4～7 米。有外滩堤段 14 处，堤长 31 千米。无滩堤段迎流顶冲险工险段有观山闸、狮子口、马家垱、张家峪、汪家汊、五首旗、郑公渡、王家汊和杨家垱等处，长 6 千米。沿堤禁脚 50 米以内有塘堰 11 口、沟渠 1 条。1951 年芦洲段实施移堤工程，培筑新堤 2100 米，完成土方 9.2 万立方米，此后，相继实施两利闸、复兴闸、二槽口、上横堤、余家渡、青龙寺、月星洲、南海闸堤段移堤改线工程，改线后堤长 8.26 千米（原旧堤长 10.27 千米），完成土方 77.4 万立方米。老城至胡家岗堤段（桩号 0+000～16+800）1992 年列入松滋江堤加高加固建设项目，胡家岗至杨家垱堤段（桩号 16＋800～94＋240）1999 年列入洞庭湖区四河堤防建设项目。经多年培修，至 1999 年荆南四河堤防加固前，胡家岗至杨家垱堤段堤顶高程为 41.00～48.75 米；堤身垂高 2.5～10 米，堤顶宽 4～8 米，部分堤段宽 10 米，内坡比 1∶2.1～1∶3，外坡比 1∶1.9～1∶3；内平台宽 0～20 米，部分堤段宽 25 米；外平台宽 0～30 米。

八宝垸堤 南起八宝闸，北行至大口，再南至八宝闸呈封闭圈型垸堤，长 51.25 千米，其东为松滋河东支右堤上段，长 26.5 千米；其右为松滋河西支左堤上段，长 24.75 千米。1954 年大水后，按当地最高洪水位超高 2 米以上，堤宽 6 米，内、外坡比 1∶3 实施加培。原有堤防在修筑过程中，因省工图快，在堤脚边就近取土，造成堤身内空外悬，汛期堤内渊塘常出现管涌险情，共发现大小管涌险情 143 处，范围达 25.33 公顷。1954 年冬，根据先近后远、先易后难原则，将填塘固基纳入堤防加固工程计划，至 1983 年完成填塘土方 25 万立方米，标工 50 万个。为改善堤基状况，1962—1966 年在八宝垸重点堤段进行锥探，完成土方 5.8 万立方米，其间共锥探许家榨等 18 处重点堤段，总长 7.6 千米，标工 9.1 万个。1989 年陈家榨、张家巷、和平闸等地长 5.8 千米重点堤段实施锥探灌浆整治，共钻探 1.16 万孔，灌浆 3000 余立方米。经过多年锥探灌浆，薄弱堤段堤身密实度显著提高。由于部分堤段泓岸合一，迎流顶冲，红光、马兰湾、康洲湾等处长 5953 米堤段存在基础不良、弯多、"三度"未达标等问题。为增强抗洪能力，1952 年和平闸堤段实施移堤改线工程长 500 米，培筑土方 3 万立方米，1977 年松西左红光堤段实施移堤改线，加筑新堤 3920 米，完成土方 30.2 万立方米，1980 年、1981 年相继在松东右马兰湾移堤改线 1620 米，松西左康洲湾移堤改线 803 米。整个移堤改线工程，完成土方 77.5 万立方米，标工 60.6 万个。

荆南四河堤防 1999 年加固前，松西左北矶垴至八宝闸堤段（桩号 0＋000～24＋750），全长 24.75 千米，堤顶高程 46.77～48.77 米，堤身垂高 3.5～10.4 米，堤顶宽 4～10 米，内坡比 1∶1.5～1∶3，外坡比 1∶2.2～1∶3，内平台宽 0～35 米，外平台宽 0～20 米；松东右北矶垴至莲支右堤段（桩号 0＋000～20＋200），堤顶高程 47.00～49.53 米，堤身垂高 3.6～7 米，堤顶宽 2～9 米，内坡比 1∶0.7～1∶3，外坡比 1∶2.3～1∶3，内平台宽 3～8.6 米，外平台宽 12.6～68 米。

东港垸堤 修筑于民国三年至二十三年间（1914—1934 年），南起南音庙，北行经斑竹垱、雷公庙至肖家嘴折向南行，经莲花垱、沙口子、鸡公堤至杨家码头，再折向东南行至南音庙重合，呈封闭型，长近 74 千米，属公安县辖。其东为松滋河东支右堤及莲花垱河汊河和中河口汊河间的一段，长 38 余千米；西为松滋河西支左堤及莲花垱河汊河和苏支汊河间的各一段，长 35.28 千米。建国后历年有所加修，至 1999 年前，东港垸西堤莲左终至苏支左起（桩号 32＋500～56＋408），堤顶高程 45.05～45.89 米，堤身垂高 3.2～8.6 米，堤面宽 5～7 米，内、外坡比 1∶1.7～1∶3，内平台宽 0～20 米，外平台宽 0～30 米；东港垸东堤莲左起至苏支左终（桩号 26＋500～65＋473），堤顶高程 44.34～47.26 米，堤身垂高 1.8～9 米，堤顶宽 4～7.4 米，内、外坡比 1∶1.9～1∶3，内平台宽 2～12 米，外平台宽 6～38 米。

南平垸堤 南起永丰剅，北行经斋公垴、新剅口、木鱼山、柏林潭至南音庙折向南行，经松黄驿、土地峪、沙窝剅至永丰剅重合，呈封闭型，长 58 千米，属公安县辖。其东为松滋河东支右堤及中河口汊河以南的一段，长 23.29 千米；其西为松滋河西支左堤及苏支汊河以南的一段，长约 35 千米（含苏支河右堤）。经建国后历年培修，南平垸东堤苏支左终至永丰剅（桩号 65＋753～90＋963），堤顶高程 42.46～44.34 米，堤身垂高 2.4～9 米，堤面宽 4～7 米，部分堤段宽 12 米，内、外坡比 1∶2.3～1∶3。

官支河堤 官支左堤，自黄家革接松东左堤起，经官沟、毛家港至蒲田嘴再接松东左堤上，桩号 0＋000～21＋848，堤长 21.85 千米。堤顶高程 44.60～46.00 米，按 1954 年最高洪水位 43.00～44.50 米，堤顶超高 1～1.5 米的堤段长 3350 米，超高 1.5～2 米的堤段长 13.1 千米，超高 2 米以上的堤段长 5398 米。堤面宽 5～7 米。有洲堤段 13 处，堤长 16 余千米。洲滩围垸 2 处。堤内禁脚有塘堰 41 处、沟渠 35 条。沿堤有迎流顶冲险段 3 处，其中黄家革堤长 100 米，复兴五队堤长 200 米，官沟上下长 5.5 千米。官支右堤，自同丰尖与松东左堤相接处起，经严家铺至蒲田嘴上，桩号 0＋000 ～21＋659，堤长 21.66 千米。堤顶高程 44.00～46.00 米；堤顶超高 1～1.5 米堤段长 6.85 千米，超高 1.5～2 米的堤段长 13.2 千米，超高 2 米以上的堤段长 1.6 千米。堤面宽 5～7 米。有外洲堤段长近 16.4 千米，洲滩围垸 1 处。堤内禁脚有塘堰 1 处。无洲堤长 5.27 千米。堤身属砂质壤土，有险段 4 处，其中同丰尖堤长 2.9 千米，丁堤拐堤长 700 米，贺洪太堤长 1.4 千米，周启冉堤长 600 米。

二、虎渡河堤

虎渡河湖北境内两岸堤防全长 188.8 千米，其中支堤长 59.74 千米。

左岸堤防　今称虎东干堤，属干堤级别，上起北闸与长江干堤相接，下至南闸与拦河坝相连，长 90.58 千米（桩号 0＋000～90＋580），为荆江分洪区围堤，属公安县辖（详见"江右分洪区干堤培修与整险"相关内容）。南闸下游另有水管所至麻雀嘴堤段 5.23 千米。

右岸堤防　位于虎渡河右岸，上起太平口与长江干堤相连，下止黄山头，长 92.99 千米。其间被中河口汊河分为南北两段：北段上自太平口下至里甲口，长 25.3 千米，属荆州区辖，其中桩号 0＋000～23＋160 段为涴市扩大分洪区东部围堤，长 23.16 千米；南段自里甲口至黄山头，长 67.69 千米，属公安县辖，其中大至岗至黄山头段称虎西干堤，长 38.48 千米，属干堤级别。

虎西堤防历史上溃决频繁，每次溃决所造成的损失都极惨重。1954 年南阳湾（桩号 18＋268～18＋397）、戴皮塔（桩号 23＋000～24＋500）溃决，淹没农田 2251 公顷，受灾人口 24430，灾后及时组织群众堵口复堤。1954 年大水后，历经整险加固，堤身普遍加高加厚，并对迎流顶冲堤段进行抢护防冲，仅公安县所辖堤段即施护 12 处，长 7.5 千米，完成石方 2.8 万立方米。1975 年大力加培虎西支堤，江陵县所辖堤段完成土方 31.89 万立方米。1966 年、1973 年虎西支堤上分别修建南街、大兴寺两座灌溉闸，投资 14 万元。1975 年里甲口堤段（桩号 23＋850～23＋930）建电排站一座，投资 40 万元。沿堤还建有闸站 15 座（其中排灌闸 13 座，电排站 2 座）。堤内外防护林木基本成带。截至 1982 年，江陵县所辖虎西支堤共完成土方 289.04 万立方米、石方 3.36 万立方米。至 1999 年荆南四河堤段整治加固前，太平口至里甲口堤段（桩号 0＋000～23＋160）堤顶高程 44.69～46.18 米，堤身垂高 3.25～7.6 米，堤顶宽 4～16 米，内、外坡比 1：2～1：3，内平台宽 3.2～25 米，外平台宽 7.5～16 米；里甲口至大至岗堤段（桩号 23＋160～49＋623）堤顶高程 44.30～45.79 米，堤身垂高 3～9 米，堤顶宽 4～8 米，内、外坡比 1：1.7～1：3；大至岗至黄山头堤段堤顶高程 41.74～44.80 米，堤身垂高 1.07～8.6 米，堤顶面宽 4～7 米，内、外坡比 1：1.4～1：3，内平台宽 2.6～24 米，外平台宽 2～40 米。

三、藕池河堤

藕池河分东、中、西三支，各支左右两岸堤防分别为横堤垸西段堤、九合垸堤和联合垸堤，共长 112.71 千米，属石首市辖。1956 将复兴、天合、谦吉、业成、合成五垸合并而得今名联合垸。

横堤垸西堤　即藕池河东支左堤。清咸丰二年（1852 年）马林工溃决，罗城垸民众在垸外另筑横堤一道以保内堤，后河流变化，地势淤高，遂扩挽成垸，横堤垸西堤即以此为基础培修而成，上起老山嘴与长江干堤桩号 585＋000 处相接，下至南河坝与湖南华容县垸堤相连，桩号 20＋000～36＋000，长 16 千米。1981 年汛期，陈币桥堤段（桩号 4＋300～5＋900）离堤脚 20 米处发现跌窝险情，经抢护后度过汛期。汛后，分别实施郑家台、管理站、江波渡、忠裕电站等外滩狭窄、迎流顶冲堤段（长 4.85 千米）护岸工程，施护长 4.2 千米。经历年培修，至 1999 年堤顶高程一般为 39.27～41.06 米，堤身垂高 2.3～8 米，堤顶宽 4～11 米，内、外坡比 1：2～1：3.5，外平台宽 11～30 米。

九合垸堤　亦称久合垸堤，南起梅田湖与湖南华容县垸堤相连，北行至黄金嘴折向南，抵石华剅，再与湖南华容县垸堤相接，呈撮箕形，长 27.6 千米，相应桩号 0＋000～27＋610。垸东堤段自黄金嘴至梅田湖为藕池河干流右堤；垸西堤段自黄金嘴至石华剅为藕池河中支（团山河）左堤，历史上水患频繁，溃决不绝。建国后，经过不断培修，堤防面貌得到很大改变。1955 年焦家铺堤段因河流逼近退挽，退挽长 535 米，并在獾皮湖、魏家潭、袁家垱、打井窖 4 处长 5.6 千米迎流顶冲堤段实施护岸工程，守护堤长 3.4 千米。1981 年和 1984 年两年汛期，月堤拐、红嘴堤段先后发生外脱坡险情，经抛块石护脚，并实施脱坡段翻筑工程后脱险。沿堤尚存石矶 10 个，建有红嘴、殷家洲、三合、黄金嘴、芦家湾、更明闸、打井窖等排灌泵站 9 座。经不断加修，至 1999 年，黄金嘴至梅田湖堤段（桩号 24＋000～39＋000）堤顶高程 38.36～39.72 米，堤面宽 5.5～7.5 米，内、外坡比 1:3；黄金嘴至石华剅堤段（0＋000～12＋610）堤顶高程 38.69～39.70 米，堤面宽 4～9.2 米，内、外坡比 1:2.2～1:4。

联合垸堤　始筑于明代，系由众多小垸逐渐归并连结而成，南起小新口，北行至王蜂腰转向西，过谭家洲再折向南行，经白湖口于小新口重合，呈封闭型，长 69.1 千米。其垸西垸东堤段，分别为西支左堤和中支右堤。建国后不断进行培修，1956 年栗林河堵塞后，石首一侧堤防损毁严重。因大水年份安乡县有分洪任务，联合垸必须确保安全，故栗林河分洪隔堤（自白湖口至小新口长 18.2 千米）得到大力培修，完成标工 78 万个、土方 106.8 万立方米。

1963 年王蜂腰堤段再次退挽，退挽长 272 米，土方工程量约 1 万立方米。此后，先后实施先成功、郭家潭、王家河、月堤拐等迎流顶冲堤段护岸工程，施护长 5.49 千米。加固后仍有险工险段 12 处，长 13.85 千米。并在小新口、虎头山、潘家山、团山寺、宜山垱、联合剅、大剅口、王蜂腰、杨岔堰、项家剅、芦林沟、岩土地、窑头庙、木枯湖、牛头山、狮子山、中剅口、北河口、牛皮湖等处沿堤建有排灌涵闸 23 座。经过多年培修加固，至 1999 年前，三字岗至小新口堤段（桩号 0＋000～20＋000）堤顶高程 38.33～39.91 米，堤身垂高 3.4～9 米，堤顶面宽 4～8.5 米，内、外坡比 1:1.2～1:4，内平台宽 2～18 米，外平台宽 3～50 米；王蜂腰至白湖口堤段（桩号 0＋000～18＋900）堤顶高程 39.22～41.33 米，堤身垂高 2.4～7 米，堤面宽 5～8.5 米，内、外坡比 1:2～1:4.3，内平台宽 2.5～20 米，外平台宽 2.8～30 米。

四、调弦河堤

调弦河左右两岸支堤，分别为石戈垸西段堤和顾复垸东段堤，长 10.07 千米，属石首市辖。石锅垸为石华垸和锅底垸的合称，后称石戈垸。锅底垸原名双剅垸，因堤上有前后两道剅子而得名。

左岸支堤　上起双剅口与干堤桩号 536＋500 处相接，下至孟尝湖闸与湖南华容县垸堤相连，长 4 千米（桩号 7＋000～11＋000）。沿堤建有孟尝湖排水闸 1 座，3 孔，每孔宽 3 米。至 1999 年荆南四河堤防加固前，堤顶高程 38.90～39.56 米，垂高 2.33～6.5 米，堤面宽 5.8～9.5 米。2010 年实施调关水利血防工程时，桩号 7＋000～10＋000 段实施整治加固，完成堤身加培土方 21.17 万立方米（桩号 7＋000～8＋223）、清基开挖土方 2.59 万立方米。

右岸支堤　上起焦山河与干堤桩号 536＋500 处相接，下至蒋家冲与湖南省华容县垸堤相连，长 6.07 千米（桩号 5＋928～12＋000）。为加强该堤安全保障，1950 年于朱家湾堤段退挽，退挽堤长 500 米，完成标工 7 万个、土方 8 万余立方米。加固后，堤顶高程 39.41～40.44 米，垂高 5～8 米，按 1954 年最高洪水位超高约 1.5 米，堤面宽 4.5～5 米，内、外坡比 1:3。沿堤建有洋河剅、上津湖泵站排水闸 2 座。1959 年调弦口筑坝建闸后，一般情况下左右堤防常年均不挡水，仅扒口分洪时发挥作用。至 1999 年荆南四河堤防加固前，堤顶高程 39.02～39.27 米，垂高 5.8～10.78 米，堤顶面宽 4.3～5.5 米。

建国后，党和政府加大荆南四河堤防建设力度，地方政府组织干部群众年复一年地开展堤防建设，合堤并垸，加培堤防，整治险段。堤防隐患、崩岸险段得到初步治理，堤上留存的大量房屋、竹木等得到清除，并翻挖清除多处隐患。1953 年，松滋县水利局建立堤防锥探队，对重点渗漏堤段进行人工锥探处理，在松滋河堤防锥探 30 余万孔。至 1957 年，全县查处堤上建筑物和堤身隐患 3.8 万处，其中，拆除堤上房屋 1702 间，翻挖树蔸 2.97 万个，翻筑蚁穴 1273 处，迁除坟冢 1576 座，填实獾洞 259 个，整治后堤质大为改善。1986 年后，荆南各县相继组建机械锥探专班，采用机械锥探灌浆方式，普遍清除堤身隐患。各地采用抛石镇脚、散抛护岸、干砌石护岸及混凝土护岸等措施，共计实施荆南四河护坡护岸约 64.73 千米。据初步统计，完成石方 25.6 万立方米、混凝土 9210 立方米，主要集中在公安境内的虎渡河左岸、松东河左右岸及松西河右岸等堤段。

至 1997 年，荆南四河堤防累计完成土方 24526 万立方米，平均每个段面达 225 立方米。1999 年荆南四河堤防列入湖北省洞庭湖区四河堤防加固工程项目，国家投入大量资金实施大规模培修加固。历经多年建设，荆南四河堤防逐步形成较为完整的防洪体系，防洪标准也由建国初期的 2～3 年一遇，提高到约 10 年一遇。

表 3－14 1949—1997 年荆南四河堤防加固及护坡统计表

堤防名称	加固堤长/m	已 护 坡		工程量/m³		备 注
		长度/m	占堤长/%	干砌石	混凝土	
合计	688802	64733	9.40	255847	9210	
一、松滋河	400629	28429	7.10	192412	6649	
松西河干流	152193	7932	5.21	58951	2957	
松西右	73789	4899	6.64	44467	1210	
其中：松滋	36400	650	1.79		740	
公安	37389	4249	11.36	44467	470	
松西左	78404	3033	3.87	14484	1747	
其中：松滋	24750	450	1.82		570	
公安	53244	2583	4.85	14484	1177	
松东河干流	181265	19049	10.51	128472	3692	
松东右	84648	7895	9.33	59726	579	
其中：松滋	20200					
公安	64183	7895	12.30	59726	579	
松东左	96617	11154	11.54	68746	3113	
其中：松滋	24261	1400	5.77		1590	
公安	72356	9754	13.48	68746	1523	
苏支河	11429	450	3.94	1135		
苏支左	5884					
苏支右	5545	450	8.12	1135		
二、虎渡河	183591	34404	18.74	63435	625	
虎左	90580	22658	25.01	14400		未计散护块石
虎右	93011	11746	12.63	49035	625	
其中：荆州	25000	1240	4.96	22000		
公安堤防段	29511	3726	12.63	21035	625	
公安分局	38500	6780	17.61	6000		未计散护块石
三、藕池河	94510	1900	2.01		1936	
藕池河干流	43000	950	2.21		973	
藕左	16000	500	3.13		500	
藕右	27000	450	1.67		473	
团山河	32610	950	2.91		963	
团左	12610	350	2.78		357	
团右	20000	600	3.00		606	
安乡河左	18900					
四、调弦河	10072					
调左	4000					
调右	6072					

表 3-15 荆州河段护岸工程实施情况统计表

序号	行政区、地点		实施年份	桩 号	施工长度/m	护岸长度/m	完成工程量				完成投资/万元
							土方/m³	石方/m³	混凝土/m³	柴枕/个	
	荆州市	合计	1950—2010		840274	302129	13853297	29004323	310444	521655	133968
一	荆州区	小计	1950—2010		38994	11048	111981	363256	5183	2326	1819
1	龙洲		1950—2010	2+100～4+800	7050	2700		3670			69
2	学堂洲		1950—2010	0+800～6+400	27720	5600	62969	263516	657	2326	1444
3	神保垸		1950—2010	1+100～3+398	2894	1448		1700	1592		28
4	杨家尖		1950—2010	703+800～704+900 708+000～708+200	1330	1300	49012	94370	2934		278
二	沙市区	小计	1952—2010	745+000～761+500	133927	16500	101746	1191506	36286		1053
1	刘大巷—观音矶		1952—2010	759+000～761+500	19872	2500	5900	332751	8829		391
2	马家江踏—刘大巷		1952—2010	755+000～759+000	51157	4000	57100	372166	14148		479
3	窑湾—马家江踏		1952—2010	750+000～755+000	8273	5000		82827			
4	木沉渊—窑湾		1952—2010	745+000～750+000	54625	5000	38746	403762	13310		184
三	江陵县	小计	1950—2010		108595	36050	372982	4800117	24268	10304	13991
1	木沉渊—陈家湾		1950—2010	738+700～745+000	29335	6300	40355	863987	7942	835	2527
2	文村夹		1950—2010	733+050～735+600	9200	2550	161288	273546	4572		3380
3	冲和观—祁家渊		1950—2010	718+000～722+450	16550	4450		1364502		1660	2267
4	黄灵垱—灵官庙		1950—2010	713+000～718+000	11240	5000		627397		1911	1061
5	龙二渊—郝穴		1950—2010	707+800～713+000	15880	5200	119589	1129228	11754		2901
6	刘家车路—熊良工		1950—2010	700+500～707+800	18515	7300		348317		5898	870
7	柳口		1950—2010	697+100～700+500	4750	3400		119029		5898	244
8	西流堤		1950—2010	12+050～13+350	3125	1850	51750	74111			740
四	监利县	小计	1950—2010		136243	46993	3225022	5883864	21443	174582	13827
1	监利城南—窑圻垴		1950—2010	627+400～636+940	37700	7970		981591		18802	1038
2	铺子湾		1950—2010	11+820～22+606	29148	10786	1260438	1346946	7774	60831	3562
3	天星阁		1950—2010	40+060～44+490 47+982～48+180	13058	4628	273343	565687	532	11802	1849
4	盐船套		1950—2010	31+650～33+150 33+970～34+150	2337	1680	7500	43115			159
5	团结闸		1950—2010	22+280～24+499	3693	2219	320294	213683	1745	1397	615
6	熊洲河湾		1950—2010	6+730～20+200	35742	13470	917799	1880548	11392	44870	4293
7	八姓洲		1950—2010	1+120～3+920	4890	2800	403340	425890		23167	808
8	观音洲		1950—2010	563+300～566+920	9675	3440	42308	426404		13731	1504
五	洪湖市	小计	1950—2010		128907	61971	3011771	4124596	83852	76964	32775
1	螺山—朱家峰		1950—2010	517+500～530+400	26533	12900	66968	402843	4198	2160	4336
2	夹街头—万家墩		1950—2010	506+955～510+000 500+700～506+400	12994	9300	596901	625965	3227		6478
3	茅埠—任公潭		1950—2010	493+790～500+000	11721	6210	315433	537711		11429	3477
4	上北堡—粮洲		1950—2010	470+000～476+000	14079	6000	473312	323216	21610	26103	3127
5	下庙—套口		1950—2010	458+700～459+750	1950	1050	48812	43043	3761		492
6	蒋家墩—莫家河		1950—2010	438+080～450+750	31036	12670	353041	1095201	14737	18041	5522

序号	行政区、地点		实施年份	桩 号	施工长度/m	护岸长度/m	完成工程量				完成投资/万元
							土方/m³	石方/m³	混凝土/m³	柴枕/个	
	荆州市	合计	1950—2010		840274	302129	13853297	29004323	310444	521655	133968
7	草场头—七家		1950—2010	425+137～429+000	10418	3863	814135	428107	20282	1184	5648
8	杨树林—上北洲		1950—2010	409+200～416+300	15594	7100	255873	618408	11770	12721	2625
9	刘家墩—大兴岭		1950—2010	6+500～7+100	1105	600	1600	10649			32
10	关岭—胡家湾		1950—2010	398+000～400+278	3477	2278	85696	39453	4267	5326	1039
六	松滋市	小计	1950—2010		58788	19380	82267	839676	4028	14118	3290
1	灵钟寺—采穴码头		1950—2010	736+800～737+330 735+400～735+600 733+200～735+350	4188	2880	6567	22687	1275		159
2	财神殿—丙码头		1950—2010	720+350～727+300	26751	6950		309709		5947	798
3	王家大路—浣市横堤		1950—2010	713+300～719+650	17343	6350		288350		6183	730
4	查家月堤—罗家潭		1950—2010	710+100～713+300	10506	3200	75700	218929	2753	1988	1603
七	公安县	小计			82640	39615	805475	2957763	28750	17980	14937
1	腊林洲		1950—2010								
2	西流湾		1950—2010	0+000～3+500	3500	3500		271070		4442	419
3	埠河		1950—2010	686+340～686+497	157	157		1411			2
4	新四号—陈家台		1950—2010	675+050～681+500	15764	6450	323008	498988	11969		3935
5	唐家湾		1950—2010	664+200～665+650	1530	1450		83114			140
6	西湖庙—杨厂		1950—2010	664+200～645+792	45542	18408	407590	1420814	13764	7138	8083
7	南五洲		1950—2010	26+300～29+960 36+450～37+000	4750	4310		124538			210
8	黄水套—郑家河头		1950—2010	615+460～620+800	11397	5340	74877	556828	3017	6400	2148
八	石首市	小计			152180	70572	6142052	8843546	106634	226760	52277
1	柳口		1950—2010	45+760～46+810	1050	1050		62511		4557	103
2	谭剖子		1950—2010	44+960～45+759	800	800		34549		2614	58
3	复兴洲		1950—2010	42+540～44+070	1530	1530		72360		2985	121
4	茅林口		1950—2010	35+060～37+490	4090	1900	60447	74569	1742	2999	2016
5	范家台		1950—2010	32+816～35+060	5245	2344	236800	197448	2587		882
6	古长堤		1950—2010	28+000～32+816	6386	4816	501100	422343	12793	817	3704
7	合作垸		1950—2010	26+000～28+000	870	870	43200	35200	120		286
8	向家洲		1950—2010	0+000～2+000 24+000～26+000	8955	3370	756954	338252	11889	11471	3429
9	鱼尾洲		1950—2010	3+780～10+380	16600	6600	394603	1063533	7157	32430	3738
10	六合垸		1950—2010	0+018～1+450	1292	1292		102314		3622	167
11	北碾子湾		1950—2010	0+000～7+300	10135	7300	1045897	934803	21499	38250	8549
12	金鱼沟		1950—2010	15+700～20+820	19565	5120	121604	861514	2506	17125	2460
13	中洲子		1950—2010	0+200～5+420	7100	5220	255745	874901	5041	15102	2788
14	丢家垸		1950—2010	0+200～0+635	290	290		10049			14

271

序号	行政区、地点		实施年份	桩　号	施工长度/m	护岸长度/m	完成工程量				完成投资/万元
							土方/m³	石方/m³	混凝土/m³	柴枕/个	
	荆州市	合计	1950—2010		840274	302129	13853297	29004323	310444	521655	133968
15	造船厂		1950—2010	568+000～568+950	950	950		39268		2399	54
16	三义寺		1950—2010	567+165～567+210	140	110	2110	2508			9
17	送江码头		1950—2010	S0+000～S3+600	3600	3600	371354	306631	9790	21951	3516
18	北门口		1950—2010	563+000～566+050（对应长江委桩号 S6+000～S9+000）	12535	3050	1017553	669036	8134	15799	6101
19	寡妇夹		1950—2010	0+000～3+000	3000	3000	318239	240036	8837	23400	3084
20	连心垸		1950—2010	0+000～2+500	13947	2500	173312	504716	68		1732
21	调关矶头		1950—2010	527+900～529+600	7650	1700	87250	435620	4043	278	2035
22	沙湾		1950—2010	527+120～527+900	1520	780	39100	77406	1398	1428	461
23	芦家湾		1950—2010	524+630～527+120	4710	2490	169000	291079	4126	8987	1613
24	八十丈		1950—2010	521+880～524+630	5510	2750	305000	298252	3883	6161	1864
25	鹅公凸		1950—2010	511+590～513+140	2260	1550	5100	301014		7955	587
26	茅草岭		1950—2010	510+280～511+590	4410	1310	15300	219967		4699	869
27	章华港		1950—2010	498+000～510+280	8040	4280	222385	373669	1020	1731	2038

表 3－16　　　　　　　　　　荆州河段护岸工程资料汇总表

所在辖区	所在河段	岸别	地段名称	水上护坡材料结构型式						水下护岸材料结构型式			
				水上护坡工程桩号范围	干砌石/km	浆砌石/km	预制混凝土块/km	其他/km	合计/km	水下护岸工程桩号范围	抛石/km	柴枕/km	合计/km
荆州市			合计		128.80	30.84	97.70	13.97	271.31		301.42	141.41	301.42
荆州区			小计		0.57	3.96	2.15		6.68		11.05	3.08	11.05
荆州区	上荆江河段	左岸	龙洲							2+100～4+800	2.70		2.70
荆州区	上荆江河段	左岸	学堂洲	4+000～6+400 2+620～2+950 0+800～2+600	0.57	3.96			4.53	0+800～6+400	5.60	3.08	5.60
荆州区	上荆江河段	右岸	神保垸	1+100～1+750 3+000～3+398			1.05		1.05	1+950～3+398	1.45		1.45
荆州区	上荆江河段	右岸	杨家尖	703+800～704+900			1.10		1.10	708+000～708+200 703+800～704+900	1.30		1.30
沙市区			小计		11.87	3.02		1.33	16.22		16.50		16.50
沙市区	上荆江河段	左岸	新河口—观音矶	760+520～761+500	0.98				0.98	760+520～761+500	0.98		0.98
沙市区	上荆江河段	左岸	观音矶—谷码头	757+600～760+520	0.18	2.02		0.72	2.92	757+600～760+520	2.92		2.92
沙市区	上荆江河段	左岸	谷码头—航道码头	756+600～757+600 756+200～756+318	0.12	1.00			1.12	756+200～757+600	1.40		1.40
沙市区	上荆江河段	左岸	航道码头—盐卡	748+000～756+200	8.20				8.20	748+000～756+200	8.20		8.20
沙市区	上荆江河段	左岸	盐卡—木沉渊	745+000～748+000	2.39			0.61	3.00	745+000～748+000	3.00		3.00

所在辖区	所在河段	岸别	地段名称	水上护坡材料结构型式						水下护岸材料结构型式			
				水上护坡工程桩号范围	干砌石/km	浆砌石/km	预制混凝土块/km	其他/km	合计/km	水下护岸工程桩号范围	抛石/km	柴枕/km	合计/km
江陵县			小计		27.16	0.95	1.67	5.80	35.58		36.05	12.85	36.05
江陵县	上荆江河段	左岸	木沉渊—陈家湾	738+700～745+000	3.76		0.36	2.18	6.30	738+700～745+000	6.30		6.30
江陵县	上荆江河段	左岸	文村夹	733+050～735+600		0.40	1.31	0.84	2.55	733+050～735+600	2.55		2.55
江陵县	上荆江河段	左岸	西流堤	12+575～13+350 12+425～12+475 10+200～10+550 11+200～11+400	0.05	0.55		0.78	1.38	12+050～13+350 10+200～10+550 11+200～11+400	1.85		1.85
江陵县	上荆江河段	左岸	冲和观—祁家渊	718+000～722+450	4.45				4.45	718+000～722+450	4.45	4.45	4.45
江陵县	上荆江河段	左岸	黄灵垱—灵官庙	713+000～718+000	5.00				5.00	713+000～718+000	5.00	5.00	5.00
江陵县	上荆江河段	左岸	龙二渊—郝穴	707+800～713+000	3.20			2.00	5.20	707+800～713+000	5.20		5.20
江陵县	上荆江河段	左岸	熊刘	700+500～707+800	7.30				7.30	700+500～707+800	7.30		7.30
江陵县	上荆江河段	左岸	柳口	697+100～700+500	3.40				3.40	697+100～700+500	3.40	3.40	3.40
监利县			小计		24.23	8.10	6.83		39.16		46.99	38.71	46.99
监利县	下荆江河段	左岸	监利城南—窑圻垴	627+400～636+940	7.97				7.97	627+400～636+440	7.97	7.97	7.97
监利县	下荆江河段	左岸	铺子湾	11+820～16+220			4.40		4.40	11+820～22+606	10.79	9.77	10.79
监利县	下荆江河段	左岸	天星阁	40+060～43+000 43+000～44+470	2.94		1.47		4.41	40+060～44+490 47+982～48+180	4.63	4.38	4.63
监利县	下荆江河段	左岸	盐船套	31+650～33+150 33+970～34+150	1.68				1.68	31+650～33+150 33+970～34+150	1.68		1.68
监利县	下荆江河段	左岸	团结闸	22+280～24+499	1.26		0.96		2.22	22+280～24+499	2.22		2.22
监利县	下荆江河段	左岸	熊洲河湾	6+730～10+870 11+400～19+500	4.14	8.10			12.24	6+730～20+200	13.47	12.05	13.47
监利县	下荆江河段	左岸	八姓洲	1+120～3+920	2.80				2.80	1+120～3+920	2.80	1.10	2.80
监利县	下荆江河段	左岸	观音洲	563+480～566+920	3.44				3.44	563+480～566+920	3.44	3.44	3.44
洪湖市			小计		11.67	11.56	22.39	6.23	51.84		61.42	24.29	61.42
洪湖市	岳阳河段	左岸	螺山—界牌	522+600～527+200 517+500～521+600	3.50	1.00	0.10	4.10	8.70	517+500～530+400	12.90	2.00	12.90

所在辖区	所在河段	岸别	地段名称	水上护坡材料结构型式						水下护岸材料结构型式			
				水上护坡工程桩号范围	干砌石/km	浆砌石/km	预制混凝土块/km	其他/km	合计/km	水下护岸工程桩号范围	抛石/km	柴枕/km	合计/km
洪湖市	岳阳河段	左岸	新联—万家墩	506+955～510+000 502+400～506+955 501+650～502+260 500+700～501+350	3.05	4.56		1.26	8.86	506+955～510+000 500+700～506+400	8.75		8.75
洪湖市	岳阳河段	左岸	茅埠—任公潭	494+000～500+000		6.00			6.00	493+790～500+000	6.21	4.37	6.21
洪湖市	岳阳河段	左岸	上北堡—粮洲	470+000～476+000			6.00		6.00	470+000～476+000	6.00	2.87	6.00
洪湖市	陆溪口河段	左岸	下庙—套口	458+700～459+750			1.05		1.05	458+700～459+750	1.05		1.05
洪湖市	嘉鱼河段	左岸	蒋家墩—莫家河	446+200～449+600 444+700～445+200 440+700～443+300 437+850～439+1012	2.32	6.34			8.66	438+080～450+750	12.67	9.54	12.67
洪湖市	嘉鱼河段	左岸	草场头—七家	429+000～425+135	2.80	0.20		0.87	3.87	425+137～429+000	3.86	2.01	3.86
洪湖市	簰洲湾河段	左岸	杨树林—上北洲	409+000～416+300			7.30		7.30	409+200～416+300	7.10	3.50	7.10
洪湖市	簰洲湾河段	左岸	刘家墩—大兴岭							6+500～7+100	0.60		0.60
洪湖市	簰洲湾河段	左岸	关岭—胡家湾	398+000～399+400			1.40		1.40	398+000～400+278	2.28		2.28
松滋市			小计		15.72		0.50		16.22		19.38	11.82	19.38
松滋市	上荆江河段	右岸	灵钟寺—采穴码头	736+900～737+000 734+600～735+000			0.50		0.50	736+800～737+330 735+400～735+600 733+200～735+350	2.88		2.88
松滋市	上荆江河段	右岸	财神殿—丙码头	720+575～727+100	6.52				6.52	720+350～727+300	6.95	6.47	6.95
松滋市	上荆江河段	右岸	王家大路—涴市横堤	713+300～719+650	6.35				6.35	713+300～719+650	6.35	3.79	6.35
松滋市	上荆江河段	右岸	查家月堤—罗家潭	710+450～713+300	2.85				2.85	710+100～713+300	3.20	1.56	3.20
公安县			小计		26.45		7.98	0.62	35.05		39.46	4.56	39.46
公安县	上荆江河段	右岸	西流湾	0+000～3+500	3.50				3.50	0+000～3+500	3.50	3.50	3.50
公安县	上荆江河段	右岸	陈家台—新四号	675+050～681+500	3.73		2.72		6.45	675+050～681+500	6.45		6.45
公安县	上荆江河段	右岸	西湖庙	661+400～665+650	4.25				4.25	660+920～665+650	4.73	1.06	4.73
公安县	上荆江河段	右岸	双石碑	657+150～658+320 659+120～660+920	1.80		1.17		2.97	657+150～660+920	3.77		3.77
公安县	上荆江河段	右岸	青龙庙	654+880～657+150	2.27				2.27	654+880～657+150	2.27		2.27

所在辖区	所在河段	岸别	地段名称	水上护坡材料结构型式					水下护岸材料结构型式			
				水上护坡工程桩号范围	干砌石/km	浆砌石/km	预制混凝土块/km	其他/km	合计/km	水下护岸工程桩号范围	抛石/km	柴枕/km	合计/km
公安县	上荆江河段	右岸	斗湖堤	652+000～654+880	2.20		0.68		2.88	652+000～654+880	2.88		2.88
公安县	上荆江河段	右岸	二圣寺	649+600～650+280 650+280～651+600	1.32		0.68		2.00	649+600～652+000	2.40		2.40
公安县	上荆江河段	右岸	朱家湾	645+792～649+600	3.81				3.81	645+792～649+600	3.81		3.81
公安县	上荆江河段	右岸	南五洲左缘中下段	26+300～27+800 29+340～29+960			1.53	0.62	2.15	26+300～29+960 36+450～37+100	4.31		4.31
公安县	上荆江河段	右岸	黄水套一郑家河头	617+200～620+775 616+400～617+600	3.58		1.20		4.78	615+460～620+800	5.34		5.34
石首市			小计		11.13	3.25	56.19		70.57		70.57	46.11	70.57
石首市	上荆江河段	左岸	柳口	45+760～46+810	1.05				1.05	45+760～46+810	1.05	1.05	1.05
石首市	上荆江河段	左岸	唐豆子	44+960～45+760	0.80				0.80	44+960～45+760	0.80	0.80	0.80
石首市	上荆江河段	左岸	复兴洲	42+540～44+070	1.52				1.52	42+540～44+070	1.53	1.53	1.53
石首市	上荆江河段	左岸	茅林口	35+060～37+490			1.90		1.90	35+060～37+490	1.90	1.65	1.90
石首市	上荆江河段	左岸	范家台	32+816～35+060			2.34		2.34	32+816～35+060	2.34		2.34
石首市	上荆江河段	左岸	古长堤	28+000～32+816			4.82		4.82	28+000～32+816	4.82		4.82
石首市	下荆江河段	左岸	合作垸	26+000～28+000			0.87		0.87	26+000～28+000	0.87		0.87
石首市	下荆江河段	左岸	向家洲	24+000～26+000 0+000～1+370			3.37		3.37	24+000～26+000 0+000～1+370	3.37	1.33	3.37
石首市	下荆江河段	左岸	鱼尾洲	3+780～10+380			6.60		6.60	3+780～10+380	6.60	6.60	6.60
石首市	下荆江河段	左岸	六合垸	0+018～1+450	1.29				1.29	0+018～1+450	1.29	1.29	1.29
石首市	下荆江河段	左岸	北碾子湾一柴码头	0+000～7+300			7.30		7.30	0+000～7+300	7.30	4.00	7.30
石首市	下荆江河段	左岸	金鱼沟	15+700～20+820	5.12				5.12	15+700～20+820	5.12	5.12	5.12
石首市	下荆江河段	左岸	中洲子	0+210～5+420			5.22		5.22	0+210～5+420	5.22	5.22	5.22
石首市	下荆江河段	右岸	丢家垸	0+200～0+635	0.29				0.29	0+200～0+635	0.29		0.29

所在辖区	所在河段	岸别	地段名称	水上护坡材料结构型式						水下护岸材料结构型式			
				水上护坡工程桩号范围	干砌石/km	浆砌石/km	预制混凝土块/km	其他/km	合计/km	水下护岸工程桩号范围	抛石/km	柴枕/km	合计/km
石首市	下荆江河段	右岸	造船厂	568+000～568+950	0.95				0.95	568+000～568+950	0.95	0.95	0.95
石首市	下荆江河段	右岸	三义寺	567+100～567+210	0.11				0.11	567+100～567+210	0.11		0.11
石首市	下荆江河段	右岸	送江码头	S0+000～S3+600			3.60		3.60	S0+000～S3+600	3.60	3.60	3.60
石首市	下荆江河段	右岸	北门口	563+000～566+050（对应长江委桩号S9+000～S5+950）			3.05		3.05	563+000～566+050（对应长江委桩号S9+000～S5+950）	3.05	3.05	3.05
石首市	下荆江河段	右岸	寡妇夹	0+000～3+000			3.01		3.01	0+000～3+000	3.00		3.00
石首市	下荆江河段	右岸	连心垸	0+000～2+500			2.50		2.50	0+000～2+500	2.50		2.50
石首市	下荆江河段	右岸	调关矶头	527+900～529+600		1.70			1.70	527+900～529+600	1.70		1.70
石首市	下荆江河段	右岸	沙湾	527+120～527+900			0.78		0.78	527+120～527+900	0.78	0.78	0.78
石首市	下荆江河段	右岸	芦家湾	524+630～527+120			2.49		2.49	524+630～527+120	2.49	2.49	2.49
石首市	下荆江河段	右岸	八十丈	521+880～524+630			2.75		2.75	521+880～524+630	2.75	2.04	2.75
石首市	下荆江河段	右岸	鹅公凸	511+590～513+140		1.55			1.55	511+590～513+140	1.55	1.55	1.55
石首市	下荆江河段	右岸	茅草岭	510+280～511+590			1.31		1.31	510+280～511+590	1.31	1.31	1.31
石首市	下荆江河段	右岸	章华港	498+000～501+000 509+000～510+280			4.28		4.28	498+000～501+000 509+000～510+280	4.28	1.75	4.28

注 水下护岸长度小计不含柴枕施工长度，因柴枕施工长度与水下抛石长度重合。

第四章 堤防工程基本建设

鉴于荆州长江堤防的重要防洪地位，建国后，党和国家高度重视其防洪安全。1974 年后，荆江大堤、松滋江堤、南线大堤相继被列入国家基本建设项目，实施综合整治加固；1998 年大水后，国家进一步加大基本建设项目的投入，洪湖监利长江干堤、荆南长江干堤亦被列入国家基本建设项目实施整险加固；1999 年后，湖北省洞庭湖区四河堤防（俗称荆南四河堤防）被水利部列为重点建设项目实施整险加固。

荆州长江干流及连江支流主要堤防长 2103 千米，包括江左、江右长江干流堤防，荆南四河主要堤防及其它堤防。江左干流堤防 412.35 千米，其中，列入国家基本建设项目的的荆江大堤（Ⅰ级）182.35 千米。洪湖、监利长江干堤（Ⅱ级）230 千米。江右干流堤防 220.12 千米，其中，列入国家基本建设项目的荆南长江干堤（Ⅱ级）189.02 千米。列入国家基本建设项目的松滋江堤长 51.2 千米（干堤 26.74 千米）。荆南四河支流主要堤防 653.4 千米（Ⅱ、Ⅲ级），余为其它堤防。荆州长江两岸堤防保护区内人口 2000 余万，耕地 140 万公顷，其中有武汉、荆州等重要大中城市和江汉油田、沪蓉高速汉宜段、汉宜高铁等重要工矿企业和交通干线。

建国后，经过多年建设整治，各堤防基本达到设计标准：荆江大堤面宽 8～12 米，垂高 6～10 米，堤内、外禁脚 30～50 米，安全超高 2 米；洪湖、监利长江干堤面宽 8～10 米，垂高 5～6 米，堤内、外禁脚 30～50 米，安全超高 2 米；松滋、荆州（区）、公安、石首长江干堤面宽 8 米，垂高 5～6 米，安全超高 1.5～2 米（与分洪区共用堤段超高 2 米）；荆南四河Ⅱ级堤防面宽 8 米，垂高 5～6 米，安全超高 1.5～2 米（与分洪区共用堤防超高 2 米），Ⅲ级堤防面宽 6 米，安全超高同Ⅱ级。堤防堤身断面不断扩大，堤质得到改善，抗洪能力显著提高。

第一节 荆江大堤加固工程

荆江大堤为国家Ⅰ级堤防，加固工程自 1974 年立项建设，至 2007 年竣工验收，历时 33 年，其中 1975—1983 年为一期加固工程，1984—2007 年为续建加固工程期（亦称二期工程）。

一、一期加固工程

1974 年春，荆江大堤"三度"标准基本达到，但填塘固基工程未按设计任务完成。鉴于荆江严峻防洪形势和荆江大堤建设状况，1974 年 4 月 28 日，国务院副总理李先念批示"建议用大力加强现在的荆江大堤，无论如何要保证荆江大堤不出事。这一点要湖北认真执行，决不能大意"。据此，湖北省水电局编制《荆江大堤加固工程初步设计简要报告》上报水电部。12 月，国家计委以〔74〕计计字第 587 号文、水电部以〔74〕水电计字第 227 号文批准《荆江大堤加固工程初步设计简要报告》，荆江大堤加固工程正式被纳入国家基本建设工程计划，实施一期工程，批复工程投资 1.25 亿元。设计标准为：堤顶高程按沙市水位 45.00 米（冻结吴淞）、城陵矶水位 34.40 米所对应的水面线超高 2.00 米控制，堤顶宽度直接临江堤段为 12.0 米，其余堤段为 8.0 米，内坡比 1：3～1：5，外堤坡坡比 1：3；内、外平台加宽至 30～50 米。

一期工程中，荆江大堤加固工程先后动员江陵、沙市、监利、松滋、公安和石首等 5 县 1 市民工 100 余万人，调集挖泥船、汽车、拖拉机、推土机等大量施工机具投入工程建设。一期工程以填塘固基、护岸工程为主，并继续扩大堤身断面。堤面宽度，直接临水堤段文村夹至观音寺、盐卡至唐剅子等堤段加宽至 12 米，其余堤段面宽 8 米；内外禁脚加宽 30～50 米，并筑厚 5～7 米；平台面坡比 1 ：50。堤顶超高部分，为便于防汛抢险，仍以土料填筑，并铺设碎石路面。填塘固基，主要采用大、中、小型挖泥船，先后在监利城南、窑圻垴、谭家渊、龙二渊、黄灵垱、祁家渊、蔡老渊、木沉渊、盐卡、廖子河、肖家塘、水虎庙、花壕等地实施机械吹填，截至 1983 年一期工程完成，共完成吹填土方 2300 余万立方米。为便于防汛抢险，在部分堤段铺筑碎石路面，沙市城区部分堤段铺筑混凝土路面。这一阶段加大了护岸整治力度，1975 年后抛石护岸标准，一般险工险段水下总坡度为 1：2，重点险段为 1：2.5，严重顶冲段为 1：3，部分护岸段还增筑 3～5 米宽枯水平台，在低水位时水深达 15 米以上、深泓逼近的护岸段，增设护底工程。

1974 年冬开始实施的荆江大堤第一期加固工程，大量实施填塘和内外禁脚平台工程，填压堤基，至次年春共填筑大小渊塘 8 个。谭家渊（桩号 641＋800～642＋300）一般水深 20～26.6 米，渊底高程接近吴淞基面零点，1981—1983 年在该渊共吹填泥沙 264.57 万立方米，填宽 200 米。

吹填施工过程中，1981 年引进一套适宜荆江跨江潜管输泥的"端点站"设备。该技术是一项能使管道自动浮沉的潜管输泥技术，可跨越深水区或航道区至对岸沙洲取土吹填，在龙二渊等地吹填施工中发挥重要作用。

由于挖泥船一次最远吹距仅为 4.5 千米，为解决远距离吹填难题，1998 年，在监利西湖堤段吹填施工中，采用输泥管径为 0.5 米、输沙管道长 10 千米、加压站最大功率 573 千瓦、中途建两级加压站的长排距接力吹填技术，吹填效果较好。

经多年采用吹填技术实施填压工程，历史著名的盐卡、木沉渊、祁家渊、龙二渊、谭家渊、杨家湾、窑圻垴、黄公垸等险工险段得到整治。通

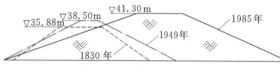

图 4-1　荆江大堤监利田家大渊段堤身断面图
（桩号 666＋000）

过吹填与运土填筑，绝大部分堤段内平台宽度已达到 30～50 米，重点险段达到 100～200 米，外平台大部分达到 30 米（不直接挡水堤段还有部分堤段内外平台未达标）。由于采取填压措施，加厚了内外铺盖，降低了堤身垂高，使大堤承压最大水头由原来的 15 米降至 8 米，堤基渗径由原水头的 8 倍，延长至 15 倍以上，从而使大堤渗漏险情得到缓解。

一期工程自 1975 年开始实施，至 1983 年底完工，历时 9 年，累计完成土方 4035.09 万立方米、加固护岸石方 242.32 万立方米，消除隐患 637 处，完成投资 1.18 亿元。

图 4-2　20 世纪 80 年代荆江大堤施工场景

一期工程的实施改善了大堤质量，1981 年沙市水位达 44.47 米，大堤险情较以前明显减少。一期工程内外平台的加筑，除监利西湖堤段有 8 千米堤段因土源奇缺未完成施工外，其余堤段均按计划

完成施工任务。此阶段工程重点为堤基和护岸整治，并取得较好成效，但堤身加培项目由于堤身加高部分由浇筑1米混凝土墙改为全部土料加高，工费突破计划，故未达到设计标准。

荆江大堤一期工程因工程投资所限，在完成加固工程后按防御1954年型洪水的标准，仍存在诸多问题：①堤身断面普遍未达标。由于一期工程未能实施堤身加培项目，因而堤防高度、宽度及坡度等方面均未达到设计标准，仍不能满足防洪安全要求。②堤基渗漏严重。荆江大堤修建于江汉冲积平原之上，堤基下为深厚的第四纪冲积物，地层结构十分复杂，因历史上溃决冲刷沿堤形成47处渊塘及一些取土坑和沟渠，这些自然因素或人为活动严重破坏了原有地表覆盖层。虽经一期工程大力整治，但因工程浩大仍未完成堤基处理任务。每年汛期，仍有大量堤基渗漏险情出现。③岸坡防护工程标准低，存有未实施岸坡防护堤段。荆江大堤所处的沙市、郝穴、监利三大河湾沿江滩岸系由第四系砂性土或现代沉积土组成，抗冲能力差，由于水流冲刷作用强烈，崩岸险情时有发生。虽然岸坡经过多年整治与守护，取得较明显成效，但由于护岸工程缺乏整体规划，存在着结构不尽合理、部分防护工程标准低、局部有空白防护段等问题。④沿堤涵闸设施老化隐患多。沿堤涵闸多建于20世纪60—70年代，已运行数十年，加之年久失修，闸门漏水，启闭设备老化，闸门锈蚀严重，闸身混凝土碳化严重，运用安全性逐年降低，严重影响防洪安全。⑤部分堤段堤身存有隐患。由于大堤形成历史久远，堤身土质复杂，部分堤段存在堤身隐患。

二、续建工程建设项目

为解决上述存在问题，报经国务院批准，荆江大堤加固工程于1984年开始续建（二期工程），1998年大水后，国家投入力度加大，至2007年二期工程竣工验收，建设历时长达24年。

1985年，省水利厅将《荆江大堤加固工程补充设计任务书》（鄂水堤〔85〕208号）上报水电部，要求国家投资2.7亿元，继续加固荆江大堤。水电部审查后以〔85〕水电水规字第43号文转报国家计委。

1986年初，国家计委将《荆江大堤加固工程补充设计任务书》（计农〔1986〕51号）上报国务院。3月，国家计委以《印发〈关于审批湖北荆江大堤加固工程补充设计任务书的请示〉的通知》（计农〔1986〕241号），明确该项目业经国务院批准。

1986年5月，水电部下发《贯彻执行国家计委关于审批湖北荆江大堤加固工程补充设计任务书的通知》（〔86〕水电水规字第17号文），要求省水利厅抓紧编制补充初步设计。

1988年，省水利勘测设计院编制完成《荆江大堤加固工程补充初步设计说明书》，12月23—27日，水电部在北京召开《荆江大堤加固工程补充初步设计》审查会。会议认为该设计基本达到初步设计阶段要求，对1984—1986年已完成的堤身加高培厚土方605.6万立方米，达标堤段长58.47千米；填塘固基土方1074万立方米；护岸石方50.6万立方米；禁脚房屋拆迁4.6万平方米等工程量和相应完成的投资5974万元，予以认可。

1990年，水利部下发《关于荆江大堤加固工程补充初步设计的批复》（水规〔1990〕11号），核定工程总投资30489万元，其中国家投资27000万元。扣除1984—1986年完成投资和工程量后，剩余投资为24515万元。其主要工程量为：尚有128.05千米堤段需要加培，核定土方1523.96万立方米；需填塘30个，固基土方908.53万立方米，导渗工程11处；大堤护岸工程削坡土方60.53万立方米，石方127.36万立方米；堤顶路面156千米；沙市防浪墙9.5千米；涵闸改建工程5座；堤防管理设施及其它工程。

荆江大堤加固工程实施过程中，由于物价不断上涨，国家调整价格体系，原核定的投资远不能满足完成工程设计任务的要求。依据国家计委办公厅计办建设〔1995〕44号文、水利部办公厅规计〔1996〕10号文和长江委计基〔1996〕39号文精神，按照1996年底价格水平进行调整概算。1987—1997年，长江委逐年下达年度基本建设工程计划，并审核年度财务决算报告。

随着荆江大堤加固工程勘探工作的深入，工程量和工程项目较补充初步设计发生一定变化，为此省水利水电勘测设计院编制《荆江大堤加固工程调整概算》。

1998 年 5 月，水利部水利水电规划设计总院（以下简称水规总院）在武汉召开荆江大堤加固工程调整概算（以下简称《调整概算》）审查会，同意将剩余工程和增补项目概算编制按水利部水建〔1998〕15 号文执行，并以《关于报送荆江大堤加固工程调整概算审查意见的报告》（水规规〔1999〕16 号）上报水利部，确定自 1998 年后还需投资 45374 万元。其主要工程量为：堤身加培土方 180.68 万立方米、堤基处理土方 350.66 万立方米、护岸石方 43.41 万立方米、堤顶公路 126.5 千米、禁脚房屋拆迁 6.81 万平方米、锥探灌浆 26 千米，以及水下测量、管理房屋、观测设施和通讯设施等。加上 1984—1997 年已完成投资 32786 万元，荆江大堤加固工程调整概算总投资 78160 万元。

三、续建工程设计标准

荆江大堤加固工程防洪标准和设计洪水位按照防御 1954 年型洪水的目标，以沙市水位 45.00 米、城陵矶水位 34.40 米、汉口水位 29.73 米作为控制站推算各控制断面的设计洪水位。荆江大堤在李埠以上，由于有沮漳河汇入长江，大堤外有菱湖垸、谢古垸，堤线虽远离长江主泓，但在沮漳河遭遇特大洪水时，破围垸行洪后大堤将直接挡水，设计洪水位考虑长江洪水与沮漳河洪水组合情况。

表 4 - 1　　　　　　　　　　荆江大堤各控制站点设计洪水位表

地　点	城陵矶	严家门	郝穴	沙市	枣林岗
桩　号		628＋100	707＋594	760＋000	810＋000
设计洪水位/m	34.40	37.23	41.81	45.00	47.60

注　高程系统为冻结吴淞。

表 4 - 2　　　　　　　　　　荆江大堤各堤段设计洪水位明细表

序号	地名	桩　号	设计水位/m		序号	地名	桩　号	设计水位/m	
			吴淞	黄海				吴淞	黄海
1	严家门	628＋100	37.23	35.08	24	一弓堤闸	673＋423	39.75	37.65
2	监利码头	629＋300	37.24	35.09	25	一弓堤	674＋050	39.79	37.68
3	庞公渡	630＋500	37.25	35.10	26	小河口	675＋485	39.88	37.77
4	徐家垱	632＋600	37.26	35.11	27	麻布拐	677＋314	39.99	37.88
5	井家渊	635＋030	37.27	35.12	28	聂家堤口	679＋395	40.11	38.01
6	窑圻垴	636＋200	37.28	35.14	29	西李家湾	685＋592	40.49	38.39
7	上搭垴	637＋500	37.45	35.30	30	王家台	688＋303	40.65	38.55
8	杨家湾	639＋000	37.64	35.49	31	金果寺	690＋240	40.76	38.67
9	柳家渊	640＋500	37.80	35.65	32	邓家台	692＋338	40.89	38.80
10	谭家渊	642＋000	37.88	35.74	33	王八拐	694＋362	41.01	38.92
11	吴老渊	643＋850	37.99	35.85	34	洪水渊	695＋563	41.09	38.99
12	刀把渊	645＋110	38.06	35.93	35	上搭头	696＋665	41.15	39.05
13	新渊	646＋180	38.11	35.99	36	柳口	698＋114	41.25	39.14
14	长渊	648＋007	38.24	36.09	37	柳口	699＋000	41.30	39.19
15	长渊	648＋937	38.29	36.14	38	张家湾	701＋597	41.45	39.35
16	蒲家渊	651＋322	38.43	36.30	39	颜家台闸	703＋535	41.58	39.47
17	高小渊	653＋253	38.55	36.41	40	黎家台	704＋121	41.61	39.50
18	董家垱	655＋600	38.68	36.56	41	刘家半路	705＋260	41.67	39.56
19	孟兰渊	658＋192	38.85	36.72	42	范家堤闸	706＋590	41.75	39.65
20	黄家港	662＋992	39.14	37.01	43	郝穴	707＋594	41.81	39.71
21	九弓堤	666＋572	39.35	37.23	44	铁牛	709＋214	41.91	39.81
22	廖大渊	668＋600	39.46	37.35	45	龙二渊	710＋000	41.97	39.86
23	二十号	670＋536	39.58	37.47	46	龙二渊	710＋484	42.00	39.90

序号	地名	桩 号	设计水位/m		序号	地名	桩 号	设计水位/m	
			吴淞	黄海				吴淞	黄海
47	高家渊	711+002	42.04	39.94	68	预制厂	748+830	44.50	42.32
48	蒋家大湾	712+001	42.11	40.00	69	肖家巷	749+520	44.54	42.35
49	方赵家台	713+006	42.18	40.06	70	窑湾	751+040	44.60	42.43
50	灵官庙	714+031	42.25	40.14	71	柳林二桥	755+850	44.82	42.64
51	黄灵垱	717+300	42.48	40.36	72	沙市二码头	757+640	44.90	42.74
52	祁家渊	720+630	42.71	40.58	73	廖子河	759+800	45.01	42.82
53	冲和观	722+120	42.82	40.68	74	马王庙	761+060	45.04	42.85
54	马家寨	723+040	42.88	40.75	75	御路口	764+420	45.12	42.92
55	黑狗渊	724+840	43.00	40.87	76	白龙桥	766+920	45.32	43.12
56	王府口	727+350	43.18	41.04	77	马蹄关庙	769+500	45.52	43.52
57	唐家渊	729+318	43.32	41.18	78	张家台	773+390	45.81	43.61
58	范家渊	732+030	43.50	41.36	79	李家埠	777+100	46.10	43.90
59	赵家垴	736+024	43.78	41.64	80	胡家巷	779+021	46.25	44.05
60	陈家湾	737+750	43.89	41.75	81	胡家谭	781+365	46.40	44.21
61	邓家台	739+300	44.01	41.85	82	闵家潭	784+354	46.65	44.45
62	中陈家湾	738+400	43.95	41.80	83	张家倒口	789+016	47.00	44.81
63	文村夹	734+950	43.70	41.56	84	万城闸	794+087	47.34	45.15
64	观音寺	740+750	44.13	41.96	85	何家冲	797+160	47.44	45.25
65	田家台	742+190	44.19	42.02	86	谢家倒口	798+884	47.50	45.31
66	木沉渊	745+570	44.35	42.17	87	马家冲	800+000	47.53	45.34
67	盐卡	748+330	44.48	42.30	88	枣林岗	810+000	47.60	45.41

加固堤段按表 4-2 中防洪水位，考虑下荆江裁弯后影响，修正原有水面线再加风浪及安全超高 2.0 米进行加固设计。

荆江大堤沿堤 5 座穿堤涵闸建筑物级别为 I 级建筑物，按闸址所在堤段设计洪水位再加高 0.5 米，作为闸身设计洪水位。

荆江大堤加固工程地震基本烈度为 VI 度。堤身加培工程堤顶高程按设计洪水位加安全超高 2.0 米。堤面宽度根据堤身、堤基条件及各堤段挡水情况，分别为 8 米、10 米和 12 米。其中，常年挡水段（含谢古垸）为 12 米，即城南至杨家湾堤段（桩号 628+000～639+000）、夹堤湾至马家寨堤段（桩号 696+665～722+700）、文村夹至堆金台堤段（桩号 733+400～802+000）；外有民垸堤，一般年份不挡水堤段为 10 米，即杨家湾至夹堤湾堤段（桩号 639+000～696+665，外有人民大垸）、马家寨至文村夹堤段（桩号 722+700～733+400，外有青安二圣洲）；堆金台至枣林岗堤段（桩号 802+000～810+350）为 8 米，该段为丘陵，堤基较好，堤身不高。堤身边坡，断面外帮，外坡坡比采用 1:3，内坡不变；断面内帮，内坡坡比采用 1:4，外坡不变。平台宽度为：荆州（区）、沙市、江陵堤段外平台为 30 米，内平台为 50 米；监利堤段外平台为 50 米，内平台为 30 米。

填塘固基范围依据渗流计算成果确定，重点险工段一般距堤内脚 200 米，堤外有民垸的堤段为 100 米。盖重厚度按渗透稳定需要确定。

护岸工程，水上护坡面层采用厚 0.30 米或 0.35 米干（浆）砌石，厚 0.10 米或厚 0.12 米预制混凝土块（现浇混凝土）；垫层厚度 0.10 米；水下抛石，重点险工段枯水位以下坡比按 1:2～1:2.5 控制；一般护岸段抛护范围为枯水位以外 30 米，平均厚度 1.2 米，单宽不足 36 立方米每米的补足到 36 立方米每米。

堤顶混凝土路面，路面宽 6 米（沙市城区为 7 米），路面一般厚度为 0.20 米。监利城南至井家渊 7.50 千米、沙市城区段 9.65 千米、荆州区黑窑厂至白龙桥段 5.50 千米（其中，计入本工程的为 500

米）等重点堤段，堤顶路面按城市Ⅱ级次干道设计，混凝土路面厚度为 0.22 米。

四、培修加固

荆江大堤二期加固工程 1984 年 10 月开工，2007 年 12 月竣工验收，共完成堤身加培土方 2529.69 万立方米、堤基处理土方 2707.49 万立方米、石方 179.61 万立方米、混凝土 28.65 万立方米，工程按设计和下达的投资计划全部完成。

二期工程主要建设内容包括：①堤身加培。沿原堤线，在 182.35 千米堤防断面上进行整险加固，实施堤防加高加宽、内外平台加培、锥探灌浆等。沙市城区堤段设置 9.65 千米钢筋混凝土防浪墙。②堤基处理。主要是填筑沿堤总长 45.25 千米的渊塘，并实施平台压渗盖重，修建减压井、排渗沟等。③护岸工程。护岸护坡 60.2 千米，以枯水平台为界，枯水平台以上为水上护坡，枯水平台以下采用抛石护脚。④182.35 千米堤段全部修筑混凝土路面，同时根据沿堤居民生产生活需求，沿线在堤坡适当布置上堤路。⑤穿堤建筑物。荆江大堤建有万城、观音寺、颜家台、一弓堤和西门渊 5 座灌溉涵闸，此次工程建设根据涵闸险情及运行状况，实施重建或加固。另根据荆江大堤西湖堤段吹填工程实际，增补初步设计阶段未考虑的西湖吹填工程水源补偿项目，新建窑圻垴、长渊两座小型泵站，作为西湖堤段堤基加固工程的生产水源补偿工程。⑥新建防汛哨屋 85 座以及其它管理设施。

表 4-3　　　　　　　　　　荆江大堤加固工程（二期）主要工程量汇总表

堤　段		堤身加培土方/m³	堤身土工膜防渗长度/m	堤基处理土方/m³	西湖段堤基加固土方/m³	护坡、护岸/m³		堤顶路面/km
						石方	混凝土	
合计	计划	26140842	4800	24373060	3988974	1856012	2576	182.35
	设计	25174984	5150	23514518	3988974	1970317	10846	182.35
	完成	25296863	4850	23549537	3525314	1774756	37960	182.35
监利 628＋000～675＋50	计划	9319923	700	3486300	3988974	492580		47.50
	设计	8993867	700	3119726	3988974	512543		47.50
	完成	8745712	700	3181609	3525314	458987	5000	47.50
江陵 675＋500～745＋000	计划	8148141	1900	12271660		1009413	2576	69.50
	设计	8045138	1900	11648374		1061930	6493	69.50
	完成	8214878	1900	11811441		906387	23345	69.50
沙市 745＋000～761＋500	计划	2044576	500	6429500		276025		16.50
	设计	1882583	550	6657968		289001	4353	16.50
	完成	1962168	550	6627205		267981	9616	16.50
荆州 761＋500～810＋350	计划	6628202	1700	2185600		77994		48.85
	设计	6253396	2000	2088450		106843		48.85
	完成	6374105	1700	1929282		141401		48.85

注　西湖堤基加固土方设计工程量为 3988974 立方米，其中包括河湖疏浚项目 417693 立方米，西湖堤基加固工程完成工程量为 3525314 立方米。

石方、混凝土完成工程量与设计工程量变化较大的主要原因是：在工程实施过程中，因河势变化减少石方耗量；部分护坡、护岸工程由干砌石护坡变更为混凝土护坡。

表 4-4　　　　　1984—1998 年荆江大堤加固工程（二期）堤身加培、堤基处理完成情况表　　　　　单位：m³

实施年份	堤身加培完成情况				堤基处理完成情况					合计
	江陵	沙市	监利	小计	江陵	沙市	监利	荆州	小计	
1984—1986	3644570	414480	2005807	6064857	6098600	3538500	1101400		10738500	16803357
1987	2565041	287621	1351823	4204485	1300000				1300000	5504485
1988	1141537	300000	1260248	2701785	200000	2176600			2376600	5078385

续表

实施年份	堤身加培完成情况				堤基处理完成情况					合计
	江陵	沙市	监利	小计	江陵	沙市	监利	荆州	小计	
1989	1726600	250000	694539	2671139	990200				990200	3661339
1990	2387215	133016	589000	3109231	204100	100000	91000		395100	3504331
1991	1384430	52980	260010	1697420	628200	200000	682600		1510800	3208220
1992	20401	21067	42000	83468		476500			476500	559968
1993	183001			183001	73100	40000			113100	296101
1994						10000			10000	10000
1995			36000	36000	115300				115300	151300
1996	40000			40000			139400		139400	179400
1997	5000		197000	202000	208000	186400		350800	745200	947200
1998	1471188	433091	733362	2637641	260000	24600	900900	50000	1235500	3873141
合计	14568983	1892255	7169789	23631027	10078000	6753000	2915000	401000	20146200	43777227

注　1995年后荆州区堤段堤身加培完成工程量计入江陵，堤基处理1995年后荆州区单列；沙市区1998年工程量中含巡司巷整险土方21540立方米。

1984—1986年，完成堤身加培土方605.6万立方米、填塘固基土方1074万立方米、护岸石方50.6万立方米、禁脚房屋拆迁4.6万平方米，共完成投资5974万元。1987—1997年，完成投资26812万元，完成堤身加培土方1438万立方米、堤基土方672万立方米、填塘16个；完成护岸石方106.58万立方米；铺筑堤顶路面31.5千米；修筑沙市堤段防浪墙9.5千米；改建、加固5座涵闸；拆迁禁脚房屋20万平方米。

1984—1997年，荆江大堤共完成土方3789.6万立方米、石方153.92万立方米、投资32786万元。

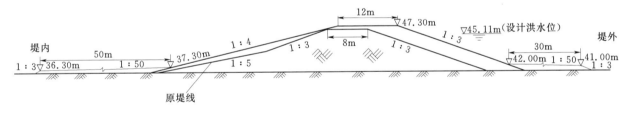

图4-3　荆江大堤典型断面加培示意图（桩号762+000）

沙市城区堤顶防汛路面改造工程是此次整险加固工程中的重点工程，东起沙隆达集团，西迄荆州长江公路大桥（桩号751+850～761+500），全长9.65千米。原混凝土路面始建于1972年，宽7米，厚0.2米。历年来，沙市城区堤顶防汛路面既是防汛抢险的重要通道，又是207国道和沙市城区的重要交通要道。经过30余年运行，改造前已超过使用年限，加之车流量日趋增加，致使堤面破损严重，破损率达70%以上，车辆无法正常通行。鉴于此，市委、市政府决定实施路面改造，并将其作为改善城区环境和城区交通条件的一项重要措施。工程2003年1月25日动工，5月初完工，总投资982.37万元，修筑堤顶路面全长10.15千米，完成混凝土浇筑1.57万立方米。

沙市城区、江陵郝穴以及监利城南、堤头等堤段堤内距堤脚50米范围内房屋，1980年起开始分期分批拆迁，然后按设计要求填筑平台压浸。2000年，集中整治沙市柳林段、虹云市场等多处违章建筑，共拆除违章建房120余间；拆除马王庙至新河口堤段内平台上1000余平方米违章建筑。2001年，彻底清除青龙台至沙岗堤段内平台禁脚700米长范围内房屋、水井、晒粮场、塔棚、堆放场等违章建筑。据统计，1984—2007年，荆江大堤拆除禁脚房屋面积41.56万平方米。

荆江大堤加固工程项目资金主要来源于中央基本建设资金和中央国债资金。1990年，水利部批复核定荆江大堤补充初步设计工程概算总投资30489万元，其中国家投资27000万元。1998年5月，水利部水规总院在武汉主持召开荆江大堤加固工程调整概算审查会，确定荆江大堤调整概算总投资78160万元。

国家计划下达后，建设单位按照年度投资计划和《荆江大堤加固工程补充初步设计》所确定的建设内容、设计标准、堤防现状和存在的主要问题及现场查勘成果，编制年度工程实施计划，上报长江委审批。长江委审批后，建设单位按照实施计划进行工程建设。

1984—2003年，有关部门分年度共下达工程投资计划86060万元，其中国家投资77650万元，地方配套8410万元（省级配套资金585万元、地方自筹资金7825万元），较上报未批的荆江大堤加固工程调整概算超安排7900万元。

工程实际到位资金85580.14万元，其中：中央投资77650万元（财政预算内专项资金32000万元，水利基本建设资金45650万元），省配套资金1500万元，地方配套6430.14万元（1984—1992年政策性地方自筹配套资金6028.71万元，1997—2006年地方货币资金配套401.43万元）。

荆江大堤二期加固工程实际完成总投资85174.13万元，其中建筑安装工程投资68792.94万元、设备投资2841.88万元、待摊投资13539.31万元。相比实际到位资金结余406.01万元，工程共形成交付使用资产85174.13万元，均为固定资产。

表4-5　　　　　　　　　　　　荆江大堤加固工程（二期）年度投资计划情况表

年　份	年度计划总投资/万元	计　划　文　号	小计/万元	其　　中		
				中央/万元	省配套/万元	地方自筹/万元
1984	1300	〔84〕长规字第151号	1300	1300		
1985	1300	〔85〕长计字第98号	1300	1300		
1986	3400	〔86〕长计字第566号	400	400		
		〔86〕长计字第571号	3000	3000		
1987	3050	〔87〕长计字第778号	3050	3050		
1988	2800	〔88〕长计字第120号	2700	2700		
		〔88〕长计字第662号	100	100		
1989	3000	〔89〕长计字第143号	3000	3000		
1990	3000	〔90〕长计字第713号	3000	3000		
1991	3000	〔91〕长计字第279号	2084.63	2084.63		
		长计〔1991〕803号	915.37	915.37		
1992	1900	长计〔1992〕236号	1196.69	1196.69		
		长计〔1992〕582号	703.31	703.31		
1993	2000	长计〔1993〕173号	585	585		
		长计〔1993〕305号	1415	1415		
1994	3000	长计〔1994〕274号	1150	1150		
		长计〔1994〕623号	1300	1300		
		长计〔1994〕806号	550	550		
1995	2000	长计〔1995〕259号	2000	2000		
1996	2000	长计〔1996〕335号	723.22	723.22		
		长计〔1996〕532号	500	500		
		长计〔1996〕585号	776.78	776.78		
1997	2900	长计〔1997〕283号	2000	2000		
		长计〔1997〕481号	350	350		
		长计〔1997〕600号	550	550		

年　份	年度计划 总投资/万元	计 划 文 号	小计/万元	其　中		
				中央/万元	省配套/万元	地方自筹/万元
1998	20500	长计〔98〕290号	3300	3300		
		长计〔98〕340号	1000	1000		
		长计〔98〕352号	1200	1200		
		鄂计农字〔98〕970号	15000	15000		
1999	18750	长计〔99〕485号	3628.62	3628.62		
		长计〔2000〕277号	871.38	871.38		
		鄂计农字〔1999〕0567号	13000	10000	200	2800
		鄂计农字〔2000〕0031号	1250	1000	25	225
2000	1000	长计〔2000〕472号	1000	1000		
2003	11160	鄂计农经〔2003〕817号	11160	6000	360	4800
合计	86060		86060	77650	585	7825

五、险段整治工程

闵家潭险段综合整治工程　堤基渗漏严重，地质条件复杂，为多年老险段，桩号783＋700～786＋000，长2300米。经多年整治后水域面积尚存26.4万平方米。潭内水位变幅不大，枯、洪水位为32.20～32.80米，潭底高程17.74米。堤顶高程47.58米。由于历史上多次溃决冲刷，表层覆盖层遭到破坏，大面积浅沙露头，潭内管涌严重。堤外有谢古垸民堤，一般情况下该段不直接挡水。1954年汛后，桩号784＋050～784＋200段进行外抽槽，挖深2米时出现流沙，经钻探，4米以下为砂层，因无法继续下挖而回填，另加筑30米宽外平台。1962年冬加宽内平台15米。1968年谢古垸行洪时该险段发生严重管涌险情，出现冒孔23个。1972年在浅水区进行探摸，发现冒水孔23个。1974—1975年对该潭实施填塘固基，其后又在距堤内脚50米范围内，填筑一级内平台（高程38.00米），80米内填筑二级平台（高程36.00米）。1954年、1973年和1990年整治加固堤身和内外堤基，但险情未根除。为巩固堤基，确保堤防安全，二期加固时决定整治该险段堤基。经过地质勘查，1995年长江科学院、南京水科院和省水利水电勘测设计院共同研究，决定采用以排为主的堤基渗控综合整治方案，采取修建排渗沟导渗、潭岸护坡和局部填塘等措施实施综合整治。

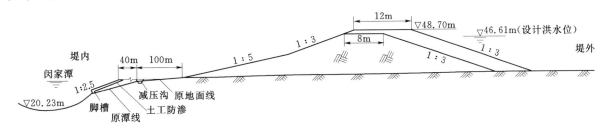

图4-4　闵家潭险段整治工程示意图（桩号784＋325）

闵家潭险段土方工程为桩号783＋750～785＋950段填筑平台铺盖和三处凹岸填潭，全长2096米。施工前，清除平台铺盖及潭岸表层杂草、树根和淤泥，完成清基14万平方米，填筑内平台铺盖宽50～80米，高程34.69米，填筑三处凹岸潭岸宽45米，高程34.19米。工程于1995年11月10日动工，历时42天，完成填潭土方及平台、铺盖土方27.97万立方米。潭岸护坡工程（桩号783＋850～785＋350）全长1505.5米，1996年1月2日开工，2月4日完工。为使潭岸圆顺一致，削除桩号784＋250、784＋650、784＋950等处潭岸凸出土矶头。由于潭水位降低，潭岸砂质松软，渗流较为严重，多次发生管涌险情，潭岸崩坍、滑坍现象时有发生，在清除潭边淤泥的同时用编织袋装卵石填筑崩岸，沿潭岸用卵石镇脚固坡，然后铺设土工织物，填筑卵石护坡。潭岸坡比为 1：5～1：10。完成削坡土方 7692 立方米、卵石 1.93 万立方米、坡面清淤 3.9 万立方米，铺设土工织物布 4.32 万平方米，工程施工中，总排水量 220 万立方米。导渗减压沟工程是以减压沟、排水沟为主体的建筑物工程，实施堤段桩号 783＋900～785＋000。按设计规定，减压沟底板坐落于砂基上，减压沟土方开挖时，发现桩号 784＋075～784＋190 和 784＋400～784＋525 两段砂层距地表较深，经研究决定在这两段 250 米长的底板垫层实施钻井填砂处理，共钻探砂井 72 口，井深 3～12 米，砂井间距 3～5 米，总进尺 642 米。减压沟长 964.6 米，底板高程 31.19～32.19 米，沟顶高程 34.69 米；修建排水沟 5 条，总长 345 米，沟底高程 33.49 米，沟底宽 0.5 米，纵坡比 1：500。减压沟工程共完成土方开挖 1.84 万立方米、土方回填 8050 立方米、混凝土浇筑 1921 立方米、浆砌块石 2350 立方米、卵石滤料 646 立方米、土工织物 7950 立方米。为检验减压沟工程运行效果，还分别在减压沟两侧布设 4 对观测井，用于观测减压沟渗压情况；每条排水沟尾部设置 1 组三角堰，共设置 5 组，用于渗流量观测；沿减压沟两侧顶部墙面设置有 7 对 14 个水准基点，用于观测减压沟工程沉陷情况。

　　闵家潭险段综合整治工程于 1995 年 11 月开工，次年 9 月底完工，工程总投资 1267 万元。1996 年大水中，经受沮漳河万城站有水文记录以来最高洪水位考验，高洪水期间，减压沟内排水顺畅，潭内及整个工程未出现任何险情。

　　沙市观音矶、江陵郝穴护岸综合整治工程　两处险段枯水位以上矶头或驳岸均为明清时所建，迄今已有数百年历史，虽修建时间跨度大，但总体上仍为平顺护岸和矶头护岸相结合的组合形式。建国初，采用平顺护岸方式进行局部延伸，20 世纪 80 年代前，基本未对老护岸实施改造，仅实施崩岸抢险、填空连线及水下抛石加固等工程。1998 年大水期间，两处堤段护岸工程水毁情况严重。

图 4-5　观音矶护岸整治工程（贺道富摄）

　　1998 年汛期，观音矶矶头以上护岸坦坡因水流冲刷损坏严重，矶面发生跌窝、塌陷险情，堤内发生大范围严重散浸；护岸块石零乱，造成近岸水流紊乱；滩唇至枯水位之间坡面发生大面积崩坍，形成吊坎，大量土体外露；矶头部位（桩号 760＋266）因年久失修，条石风化严重，矶头顶部出现裂缝。江陵郝穴堤段滩面上至铁牛上矶，下至铁牛下矶长达 200 余米遭受严重冲刷，其中数处冲刷成长 10 米、宽 8 米、深 1 米的深槽。铁牛及纪念亭因水流冲刷导致基座悬空，滩面成排树木倾覆，树根外露，矶头平台被冲成大坑，矶头条石大面积移位，矶下腮等多处护坡块石塌陷，土体外露，当年汛期，由部队和抢险突击队日夜抢护方保平安。

　　为改善近岸水流条件，保持滩岸稳定，提高边坡、滩面抗冲能力，达到综合整治目的，1999 年国家安排专项资金，分别于当年 5 月、12 月开始实施郝穴铁牛矶、沙市观音矶护岸综合整治工程。鉴于两堤段外滩狭窄，水下边坡趋于稳定，施工时，基本利用原有岸线进行整治。观音矶桩号 759＋630～760＋520 长 890 米堤段、铁牛矶桩号 707＋800～710＋000 长 2200 米堤段，分别实施堤身外坡混凝土护坡、滩面混凝土硬化、滩肩浆砌石挡土墙、一级混凝土护坡、二级干砌石护坡、干砌石脚槽及枯水平台散抛石等工程。观音矶护岸工程完成土方开挖 4.76 万立方米、土方回填 4491 立方米、混凝土浇筑 4161 立方米、干（浆）砌石砌筑 4065 立方米，完成投资 515.53 万元。铁牛矶护岸工程完成土方开挖 12.8 万立方米、土方回填 1.61 立方米、混凝土浇筑 1.10 万立方米、干（浆）砌石砌筑 2.11 万立方米，完成投资 1027.21 万元。2003 年 12 月，又实施观音矶内平台综合整治，至次年 4 月完成土方 10 万立方米，填筑平台面积 2.6 万平方米，填高 5 米。

　　沙市城区护岸工程　位于荆江大堤沙市城区康家桥至谷码头堤段，对应桩号 757＋630～758＋400，工程建设主要内容为水下抛石和水上护坡。枯水平台高程 30.50 米（本自然段高程均为黄海高程），宽 1.5 米，浆砌块石护坡范围 30.50～40.50 米高程，坡比 1：2.5，滩面高程 43.50 米，混凝土挡土墙高程 40.50 米，高 3 米，挡土墙型式为 L 形。挡土墙后采用粘土回填。枯水位平台外侧接坡石抛石坡比为 1：1.5～1：2。工程总投资 459.61 万元。

巡司巷整险工程 位于荆江大堤沙市堤段桩号 757＋900 处。堤顶高程 46.50 米，堤外无滩，仅有台阶式条石护岸。1998 年 8 月 5 日，时沙市水位 44.35 米，该堤段距内堤脚 1 米处发现冒清水，后变浑浊，当时判断为散浸集中，经采取围堰蓄水反压处理后勉强度过汛期。1999 年 3 月，翻筑该险段施工时，发现高程 38.00 米处有垂直于大堤轴线方向的主排水沟一条，另有顺堤方向排水沟数条和砖渣、墙基、煤渣等大量杂物。经省水利厅、省防办领导和专家察看、研究后，决定将该堤段堤身开挖后用粘土回填，彻底整治堤身历史隐患。整险工程 1999 年 4 月 1 日开工，5 月 14 日完工，工程投资 241 万元。经整治，该段未再发生渗漏险情。

图 4-6 沙市城区护岸工程现场（2007 年 4 月摄）

图 4-7 巡司巷整险工程现场

盐卡护岸整治工程 位于沙市河湾下段，由古黄潭堤和杨二月堤一段组成，相应荆江大堤桩号 745＋000～751＋700，长 6150 米。该段长江主泓下行冲刷，尤以桩号 747＋070～747＋680 段堤外滩最为狭窄，最窄处不足 8 米。1998 年汛期，堤内脚发生散浸险情，汛后实地勘查发现，该堤段护岸工程因水流冲刷损毁严重，坦坡块石零乱，土体裸露，危及堤防安全。汛后，整险加固杨二月矶（桩号 745＋870）水毁部位，尹家湾段（桩号 745＋300～745＋800）使用土工膜进行堤身防渗，同时进行堤身加培。1999 年汛前，实施盐卡外填工程（桩号 748＋100～751＋050）。1999 年 12 月，实施盐卡内填工程（桩号 745＋550～747＋500），填筑内平台长 2000 米、宽 50 米，工程于 2000 年 4 月竣工，完成土方 9.8 万立方米。2000 年投资 169 万元实施桩号 747＋070～747＋680 长 610 米范围内护坡改造工程。工程于当年 1 月开工，5 月完工，完成干砌块石拆除 8400 立方米、现浇混凝土 3551 立方米、碎石垫层 1596 立方米、浆砌块石 810 立方米、干砌块石 600 立方米、散抛石 4800 立方米，并在堤内脚一线采用导渗沟处理。

观音寺闸钢板桩防渗墙工程 该工程是将钢板桩打入堤基透水层下相对不透水层中，拦截透水层渗水，形成半封闭防渗墙，从而起到堤基防渗作用。1998 年大水后，采用日本无偿援助资金及施工设备实施。施工堤段位于荆江大堤桩号 740＋342～741＋288 段，以观音寺闸为中心，向两侧各布置 500 米，钢板桩轴线总长 1000 米。闸前轴线在原防渗板前约 10 米；闸上游侧轴线走向，从防渗板前沿经渐变段至堤坡，然后延伸至距堤脚 5～6 米轴线；闸下游侧轴线走向，从防渗板前沿穿过排灌站滑道后，再渐变至距堤脚 5～6 米轴线。该堤段钢板桩防渗墙采用 FSP—ⅣA 型钢板桩，在轴线转折处设转角异型桩。

图 4-8 观音寺堤段钢板桩防渗墙

工程于 1999 年 10 月 15 日开工，次年 4 月 19 日完工，打入钢板桩 2533 根（每根桩长 20 米），防渗面积 1.90 万平方米，钢板桩用量 3811 吨。该工程施工时主要分为闸上和闸下工程，闸上段桩顶高程 42.80 米，底部高程 22.80 米；闸下段桩顶高程 31.26 米，底部高程 11.26 米（桩顶高程允许偏差 -10～+5 厘米）。

图 4-9　观音寺堤段
钢板桩防渗墙工程

图 4-10　文村夹模袋混凝土护岸

文村夹崩岸整治　位于上荆江公安河湾进口段左岸，桩号 734+450～735+000。1998 年大水后，上荆江河势发生变化，洲滩变化明显，上游沙市河段三八滩冲散，一分为三，南汊发育，引起下游金城洲北汊冲刷，导致文村夹河段主泓也相应逐渐北移；航道部门在江心突起洲头实施鱼嘴护岸工程，文村夹北汊分流比扩大；加之三峡工程运行后清水下泄冲刷下游河道，文村夹河段河床由淤积逐步转向冲刷，水下岸坡逐渐变陡，发生崩岸几率逐渐加大。2002 年 3 月 19 日，桩号 734+450～735+000 段发生崩岸险情，崩长 550 米，最大崩宽 10 米，岸坡陡峭且多处出现裂缝，崩坎距堤脚最近处仅 44 米。2005 年 1 月 13 日，桩号 733+800～733+905、733+960～734+100 段发生崩岸险情，崩长 245 米，最大崩宽 10 米；12 月 9 日，下游围堤桩号 12+462～12+708 段再次发生崩岸险情，崩长 246 米，最大崩宽 20 米。据资料记载，文村夹堤段 1913 年开始散石护坡，但至 1992 年水下抛石累积量仅 10～22 立方米每米，根本不能抵御水流冲刷，频繁发生崩岸险情严重威胁荆江大堤安全。

文村夹崩岸险情引起国务院、国家防总及省委、省政府高度重视。2002 年 6 月 4 日，国务院总理朱镕基视察崩岸现场，各级政府和部门领导也多次到现场视察和指导抢险。险情整治按照"抛石固脚、削坡护岸"抢护方案实施。截至 2010 年底，文村夹崩岸整险工程累计守护岸线长 2550 米，完成削坡土方 16.13 万立方米、石方 27.35 万立方米、混凝土 4572 万立方米，累计完成投资 3380.15 万元。经多年整治，险情得到初步遏制。

监利西湖堤段堤基加固工程　该堤段上起八尺弓下迄谭家渊（桩号 641+400～652+400），全长 11 千米，由于堤基土层地质条件差，为历史上著名险段。此次加固工程中，吹填该堤段渊塘和内外平台，加固薄弱堤段堤基。工程施工内容包括谭家渊、吴洛渊、戴家渊、刀把渊、新毛老渊、老毛老渊、长渊、蒲家渊、郑家渊等 9 个渊塘及内外平台土方吹填，2 座小型泵站的修建。工程于 1997 年 10 月开工，2007 年 10 月竣工。9 个渊塘分别吹填至设计规定高程，吹填土方总工程量 398.89 万立方米；所在堤段内外平台填宽 30～50 米，加高至高程 29.50～30.50 米，内外平台填筑土方 84.1 万立方米。新建窑坵垴、长渊两座用于水源补偿的提水泵站，完成土方开挖 2.32 万立方米、土方回填 1.95 万立方米、混凝土浇筑 1848 立方米，耗用钢筋 27.24 吨。西湖堤段堤基加固工程完成总投资 7981.17 万元。

表 4 - 6　　　　　　　　　1999—2004 年荆江大堤堤基、堤身防渗工程统计表

堤　别	工程项目	桩　号	施工长度/m	备　注
荆江大堤	合计		8400	
	万城堤身防渗	791＋000～793＋000	2000	
	闵家潭综合防渗	783＋700～786＋000	2300	导渗沟 964m
	沙市尹家湾堤身防渗	745＋300～745＋800	500	堤身防渗膜
	江陵柳口堤身防渗	699＋000～700＋500	1500	堤身防渗膜
	江陵木沉渊堤身防渗	744＋000～744＋400	400	堤身防渗膜
	监利凤凰堤身防渗	630＋000～630＋700	700	堤身防渗膜
	观音寺钢板桩	740＋342～741＋288	1000	钢板桩

六、涵闸整险加固

因荆江大堤二期加固工程防洪水位标准提高，沿堤 5 座涵闸不能满足堤身加高加宽的要求，且涵闸大多建于 20 世纪 60 年代，闸门漏水，启闭设备老化，闸门锈蚀严重，影响防洪安全。经水利部、长江委审定，决定分别改建、加固或新建这 5 座涵闸。

万城闸改建工程　1993 年 10 月动工，1994 年 4 月 28 日完成混凝土浇筑，5 月 12 日安装闸门，5 月 26 日开始试运行。改建过程中，拆除原闸首竖井上部，改为一节洞身；拆除 U 形槽，重建闸首；闸首前重建 U 形槽和护坦工程；改建下游海漫，新建段 18 米，重建段 38 米，改建后全闸总长182.24 米（比原闸长 38 米）。闸室底板高程 34.50 米（冻结吴淞），设计流量 40 立方米每秒，校核流量 50 立方米每秒，设计洪水位 45.61 米。改建工程完成土方开挖 2.89 万立方米、土方回填 9.62万立方米、混凝土浇筑 2783 立方米、砌石 2138 立方米，耗用钢筋 122 吨，工程总投资 525.21 万元。

观音寺闸加固工程　由于防洪水位标准提高，堤身加高培宽，新闸闸室段启闭机平台需抬高1.82 米，另外，闸室存在裂缝，因此需实施整险加固。加固工程 1996 年 12 月开工，次年 5 月竣工，总投资 585.78 万元。工程项目主要包括裂缝处理、闸室段混凝土拆除与砌筑、堤防加固等。加固中，拆除原启闭机室，升高启闭机室平台，改造原启闭机室结构；上游建交通桥与堤身相接，下游高程40.30 米处增建检修平台。裂缝处理根据结构部位的重要性，视裂缝宽度及深度，或裂缝渗水情况，将 127 条裂缝分为贯穿性、非贯穿性和表层三种不同类型，根据不同类型特性，选用不同灌缝材料和不同化学灌缝方法实施处理。闸室中部底板、侧墙裂缝采用分层深孔灌浆，灌浆材料选用既能使其恢复结构强度，又具有能适应微量变形能力的弹性聚氨酯灌缝；上游 U 形槽底板和侧墙，闸室门槽上部及胸墙裂缝等采用电冲钻打浅孔，选用改性环氧树脂进行灌缝。同时，粘钢补强处理锈蚀严重的闸门面板。水工建筑部分 1997 年 4 月中旬完工，4 月 13 日开闸试运行，当时闸前水位 32.82 米，闸室过水深度 1.06 米，进流量 12 立方米每秒。堤身加培及其它附属项目于 5 月底完工。该工程共完成土方开挖 7500 立方米、土方填筑 5.59 万立方米、混凝土浇筑 1494 立方米、砌石 3903 立方米，耗用钢筋 48.55 吨。2009 年 12 月至次年 4 月，又实施局部整险加固，更换闸门粘钢，对闸门槽底板及局部闸底板新出现的贯穿性裂缝实施开槽灌浆、粘钢板、丙乳砂浆抹面等处理，并维修启闭机传轴、离合片、齿轮等，耗资 30 万元。

颜家台闸改建工程　由省水利水电勘测设计院提出技施阶段设计报告，荆江大堤加固工程指挥部1994 年下达工程施工任务，江陵县政府 1995 年 10 月成立改建工程指挥部，并正式开工。1996 年 5月底完工，工程总投资 719.08 万元。改建工程由长江科学院振动爆破研究所负责混凝土爆破拆除，荆州市水利水电工程处负责桩基和新建混凝土工程。改建中，拆除老闸闸首竖井段上部，改为一节洞身；U 形槽拆除后重建闸首；上游重建 U 形槽和护坦工程。改建段 12 米，扩建段 46 米，建筑物总长度比老闸（长 150 米）增长 16 米。改建工程共完成土方开挖 3.24 万立方米、土方回填 9.34 万立

方米、混凝土浇筑 2350 立方米、砌石 1746 立方米，耗用钢筋 125.82 吨。改建后，该闸设计流量为 50 立方米每秒，校核流量 60 立方米每秒。改建完成后，为进一步消除安全隐患，2002 年 3 月更换闸门。2006 年拆除、更换门槽、闸门支撑轮，改造螺杆、拉杆、吊耳，检修启闭机，更换止水橡皮，并在闸门底部内侧加设可移动的铸铁配重块以减少闸门震动。

一弓堤闸重建工程　由于老闸修建时标准偏低，长期带病运行，严重影响荆江大堤防洪安全，因此在二期加固工程中，重建新闸。新闸上游最高水位 39.76 米，最高运用水位 37.00 米，设计灌溉流量 20 立方米每秒，校核流量 30 立方米每秒。新闸为穿堤拱涵、竖井式闸首，按 Ⅰ 级建筑物设计，闸室及拱涵均为 2 孔，每孔净宽 2.5 米，底板高程 28.00 米（冻结吴淞）。重建工程于 1992 年 9 月 25 日破堤动工，11 月底完成老闸拆除，拆除钢筋混凝土 1825 立方米、混凝土 195 立方米、浆砌石 827 立方米。12 月开始新闸底板垫层浇筑，次年 9 月底完成新闸浇筑及堤身土方回填，完成土方开挖 6 万立方米、土方回填 10.72 立方米、混凝土浇筑 4455 立方米、砌石 2483 立方米，耗用钢筋 223.7 吨。重建工程总投资 564.4 万元。

西门渊闸改建工程　1994 年 10 月 5 日动工，1995 年 3 月底完成主体混凝土浇筑及砌石工程，4 月 19 日安装闸门，7 月开始试运行。施工中，先爆破拆除老闸竖井长 12 米，保留底板及 2.5 米高墙身，改建为涵洞；爆破拆除老闸 U 形槽，改建为长 18 米的竖井（即闸室）；为解决抗滑稳定与地基承载力不足的矛盾，在闸室底板下布设 18 根钻孔灌注桩；拆除老闸上游浆砌块石护底护坡，改建为长 19 米 U 形槽，新建 U 形槽的上游浆砌石护底护坡及干砌护底护坡各长 20 米。原闸洞身、消力池、海漫等建筑部位维持原状不变。新建部分总长 89 米，加上原闸四节洞身、消力池、海漫，改建后闸体全长 203 米。新建闸首底板高程仍为 26.00 米（黄海高程），设计流量 34.27 立方米每秒，最大流量 50 立方米每秒。完成拆除老闸钢筋混凝土 1100 立方米、老闸干砌石 520 立方米、改建新闸开挖土方 4.09 万立方米、土方填筑 10.92 万立方米、混凝土浇筑 3337 立方米、浆砌石 1944 立方米、干砌石 2006 立方米，耗用钢筋 119.32 吨。工程总投资 751.41 万元。

表 4-7　　　　荆江大堤加固工程（二期）防浪墙和涵闸泵站主要工程量汇总表

工程项目	阶段	土方开挖/m³	土方填筑/m³	混凝土/m³	砌石/m³	钢筋/t
防浪墙	设计	1949		7280	7098	211
	完成	1949		7280	7098	211
万城闸 794+087	设计	28000	61028	2713	1524	122
	完成	28868	96178	2783	2138	122
观音寺闸 740+750	设计	9400	75490	1693	4300	52.85
	完成	7500	55870	1494	3903	48.55
颜家台闸 703+525	设计	32375	77134	2300	1746	126
	完成	32375	93379	2350	1746	125.82
一弓堤闸 673+423	设计	60000	107200	4455	2483	220
	完成	60000	107200	4455	2483	223.7
西门渊闸 631+340	设计	41867	104950	3058	3950	120
	完成	40914	109196	3337.45	3950	119.32
窑圻垴、长渊泵站	设计	23270.64	19547.93	1848.16		27.24
	完成	23216.39	19485.2	1848.16		27.24

七、竣工验收

1996 年 10 月至 2007 年 11 月，荆江大堤加固工程 30 个单位工程分多批次通过单位工程验收，4 个单位工程被评定为优良。

2006年9月16—18日，荆江大堤加固工程征地移民专项自验工作通过验收。12月22—23日，省水利厅抽查征地移民专项验收工作情况，认为具备验收复核条件。2007年7月15—16日，水利部水库移民开发局验收复核荆江大堤征地移民工程，同意通过验收。

2007年1月15—16日，荆江大堤加固工程档案工作通过水利部组织的专项验收。工程档案资料实行集中统一管理，共整理归档档案921卷，其中综合类58卷、建管类236卷、设计类101卷、施工类338卷、监理类182卷、声像资料2卷、相片4卷。

2007年3月15—18日，荆江大堤竣工初步验收工作会议由长江委主持召开，竣工初步验收专家组同意荆江大堤加固工程通过竣工初步验收。

2007年12月24—30日，荆江大堤加固工程竣工验收会议在武汉召开，会议由水利部主持，大会通过荆江大堤加固工程竣工验收。

经过24年整险加固建设，荆江大堤防洪能力得到较大提高，相继安全防御1998年、1999年长江大洪水，汛期险情大为减少，防汛成本显著降低，防洪效益显著。穿堤建筑物经过整治加固，运行情况正常。堤顶防汛路面建成后，防汛劳力和物资设备调度效率得到提高，为防汛抢险的高机动性和快速反应提供有力保障。同时也给沿堤人民群众生产生活提供便利，在一定程度上促进了地方经济发展。部分著名险工险段通过综合整治不仅增强抗洪能力，而且已成为长江堤防的景点、亮点，成为沿堤居民的生活休闲场所和亲水平台。堤防两侧种植的防浪林、防护林既有

图4-11 荆江大堤加固工程竣工验收

效地保护了堤防工程，又有效地保护了生态环境，改善了堤容堤貌，其工程效益和社会效益显著。

由于荆江大堤堤防形成历史悠久，地质条件复杂，且荆江大堤加固工程设计年代较早，相对于荆江大堤国家Ⅰ级堤防的重要防洪地位，其建设标准仍然偏低，堤身、堤基仍存在一定的安全隐患；三峡水库蓄水后清水下泄对荆江河道产生冲刷影响，现有护岸工程标准及其布局不能完全满足河势变化的要求。因此，完成二期加固工程后的荆江大堤仍需进一步实施整治加固。

表4-8　　　　荆江大堤加固工程（二期）年度计划主要工程量统计表

年度	计划文号	堤身加培/m³	堤基处理/m³	护坡、护岸/m³ 石方	护坡、护岸/m³ 混凝土	堤顶路面/km	备 注
1984	〔84〕长计字第469号	307800	3900000	220000		7.0	
1985	小计	2677422	3400000	162600			
	〔85〕长计字第195号	637422	3400000	162600			〔85〕长计字第98号文批准堤身加培计划为596900m³
	〔86〕长计字第571号	2040000					
1986	小计	3065641	3630000	125000			
	〔86〕长计字第566号	1025641					
	〔86〕长计字第571号	2040000	3630000	125000			
1987	〔87〕长计字第778号	4174400	1300000	130000			
1988	〔88〕鄂水堤便字第012号	3000000	2000000	115000			
1989	〔89〕长计字第512号	3569100	1100000	105000	2100	6.0	泥结石路面
1990	鄂水堤复〔90〕623号、〔90〕长计字第713号	3279100	1211000	119190		16.5	堤基处理含沙市盐卡覆盖10万 m³，泥结石路面

年度	计划文号	堤身加培/m³	堤基处理/m³	护坡、护岸/m³ 石方	护坡、护岸/m³ 混凝土	堤顶路面/km	备 注
1991	小 计	1115000	1246000	347000		75.0	堤基处理含沙市盐卡覆盖 20 万 m³
	〔91〕长计字第 279 号	1105000	1146000	115000		75.0	泥结石路面
	长计〔1991〕803 号	10000	100000	232000			
1992	小 计	302000	826500		476		堤基处理含沙市盐卡覆盖 47.65 万 m³
	长计〔1992〕236 号	302000	450000		476		
	长计〔1992〕582 号		376500				
1993	鄂水堤〔1993〕598 号、长计〔1993〕305 号	103000	40000	100000			堤基处理含沙市盐卡覆盖 4 万 m³
1994	小 计	266100	123000	154170			堤基处理含沙市盐卡覆盖 1 万 m³
	长计〔1994〕274 号	266100	123000	18890			
	鄂水堤复〔1995〕016 号、长计〔1994〕623 号			70000			
	鄂水堤复〔1995〕016 号、长计〔1994〕806 号			65280			
1995	鄂水堤复〔1995〕589 号	336000		56100			
1996	小 计	89800	182000	35000			
	长计〔1996〕335 号	35000		35000			
	鄂水堤函〔1996〕309 号、长计〔1996〕532 号		182000				
	鄂水堤函〔1996〕309 号、长计〔1996〕585 号	54800					
1997	小 计		570000	30000		19.1	堤基处理含龙二渊覆盖 5 万 m³
	长计〔1997〕283 号		340000	30000		19.1	混凝土路面
	鄂水计〔1997〕514 号、长计〔1997〕600 号		230000				
1998	小 计	2256280	1121700	60000		138	
	鄂水堤〔1998〕359 号		286700	20000			
	鄂水堤函〔1998〕148 号	137500	150000				
	鄂水堤复〔1999〕44 号	2097000	685000	40000		138	护岸石方不含马家寨整治 4 万 m³，路面为混凝土路面
	鄂水堤复〔1999〕122 号	21780					
1999	小 计	709199	2188260	86952		28.5	管理土方 100 万 m³ 工程量不计入堤身加培，主要实施内容为管理设施
	鄂水堤复〔1999〕293 号	709199	1618260	86952			西湖吹填土方单列
	鄂水堤函〔2000〕66 号		570000				
	鄂计农〔2000〕0031 号					28.5	混凝土路面
2000	鄂水堤复〔2001〕584 号、长计〔2001〕218 号		160000				
2002	鄂计农经〔2003〕817 号	890000	1374600	10000			西湖吹填土方单列
2007	鄂水利计复〔2007〕275 号					17.65	路面改造
合计		26140842	24373060	1856012	2576	182.35	

第二节　南线大堤加固工程

南线大堤是荆江分洪区的重要组成部分。分洪区运用时，它是湖南洞庭湖广大地区免遭毁灭性灾害的安全屏障，肩负北面荆江分洪区运用时 54 亿立方米洪水的拦洪任务，保护洞庭湖区广大地区安全，并为分洪区人畜安全转移和防汛抢险提供交通便利；不分洪时，抵御南面安乡河洪水，保障分蓄洪区内 921 平方千米的面积和 53 万人民生命财产安全。南线大堤是荆江分蓄洪区以及湖南省北部地区广大人民生命财产安全的一道坚实防洪屏障。

1990 年南线大堤加固工程进行初步设计时，堤防普查发现大堤隐患较多，蚁穴、獾洞等各种隐患有 349 处。汛期，当外江水位较高时，堤内坡常出现大面积散浸、脱坡、跌窝等险情。大堤原设计标准偏低，未达到Ⅰ级堤防标准；原有块石护坡为干砌与散抛块石，未作勾缝处理，致使杂草丛生，成为各种野生动物栖身之地；大堤临安乡河侧有多处险工险段，主要表现为滩岸迎流顶冲，深泓贴岸，冲刷严重，加之滩岸土质较差，岸坡时常崩坍，部分险工虽于 1987 年实施干砌块石护岸和少量抛石固脚，但未能彻底消除险情，仍威胁着大堤安全；黄天湖新、老闸混凝土裂缝多，机电设备老化；老闸消力池挡土墙水平裂缝已贯穿，墙体倾斜，直接影响两闸安全运行。

为提高南线大堤抗洪能力，消除安全隐患，1990 年水利部以水汛〔1990〕8 号文要求长江委尽快提出南线大堤加固设计。长江委长江勘测规划设计研究院于 1991 年 10 月编制《南线大堤加固工程初步设计报告》（以下简称《初设报告》）。1992 年 1 月，水利部水利水电规划设计总院批复《初设报告》（水规〔1992〕2 号），认为南线大堤地位重要，同意按防洪标准实施加固建设。

一、建设项目及设计标准

南线大堤加固工程主要是对大堤堤身及内外平台 50 米范围内的隐患实施整治，工程项目遍布大堤堤身、内外平台及临安乡河无滩堤段。建设内容为：沿原堤线在堤防断面上进行整形加固，实施堤身加高培厚、堤身蓄洪面翻筑护石、堤身锥探灌浆、内外平台加高加宽、填塘等；康家岗、谭家湾、郑家祠三处窄滩或无滩的临安乡河侧重要险工堤段实施护岸加固；在堤顶修建混凝土防汛路面；对黄天湖新、老闸进行裂缝处理，对消力池挡土墙、金属结构、公路桥桥面实施加固等。

表 4-9 　　　　　　　　　　　　安乡河设计洪水位表　　　　　　　　　　　　单位：m

地　名	桩　号	相应沙市水位 45.00
藕池镇	601＋500	40.60
	597＋100	40.29
康家岗站	596＋400	40.20
	595＋000	40.15
	594＋000	40.12
康家岗站	593＋000	40.09
	592＋000	40.06
	591＋000	40.02
	590＋000	39.99
	589＋000	39.96
	588＋000	39.93
	587＋000	39.89
	586＋000	39.86
	585＋000	39.83
	584＋000	39.80

注　高程系统为冻结吴淞。

南线大堤加固工程按Ⅰ级堤防、Ⅰ级建筑物标准，防洪标准和设计水位以荆江分蓄洪区蓄洪水位42.00米，加安全超高3.6米进行加固设计。安乡河汛期设计水位取沙市45.00米相应水位。加固工程分为堤身加固、堤顶路面、险工险段护岸加固、黄天湖新老闸加固4个单位工程，设计主要工程量为：土方开挖与回填191万立方米，石方34万立方米，封顶抹面混凝土2900立方米，穿堤建筑物加固2座，堤顶路面22千米（C30混凝土2万立方米）。

表4-10　　　　　　　　　南线大堤加固工程主要技术指标统计表

堤身加固单位工程	（1）填土干密度：堤身加培和填土压坡视土场土质及含水量状况控制在1.48～1.50g/cm³。 （2）翻护石之砌石厚度和垫层厚度：砌石厚30cm，垫层厚10cm。 （3）勾缝混凝土砂浆标号：100号。 （4）封顶抹面细石混凝土标号：100号
堤顶路面单位工程	（1）路基抽槽找平、压实：路基抽槽找平、压实，设计要求压实度不低于94%。 （2）石灰碎石土基层：石灰碎石土基层厚18cm，宽6m，规范规定压实度为95%，强度为0.8MPa。 （3）混凝土面层：C30混凝土面层厚22cm，宽4m，临蓄洪面顶面高程45.68m，采用425号普硅混凝土，钢筋采用Ⅰ级ϕ25mm圆钢，混凝土弯拉强度4.5MPa，标号C30。 （4）泥结石面层：泥结碎石面层厚12cm
险工险段护岸加固单位工程	（1）水下抛石：水下抛石坡比采用1:2，抛石厚0.8～1.2m，块石粒径20～40cm。 （2）水上干砌石：水上岸坡坡比郑家祠1:2.5，谭家湾、康家岗1:3。三险工段护岸砌石厚度均为30cm，垫层厚度为10cm，砌石底部最低高程为33.20m，最高顶部高程为41.00m。 （3）截流排水沟：在41.00m高程处顺水流方向设50cm×50cm截流排水沟一条；并在护坡上每隔50m设一条30cm×30cm的横向排水沟。截流排水沟采用浆砌块石砌筑
黄天湖新、老闸加固单位工程	（1）老闸消力池、挡土墙混凝土标号：150号。 （2）老闸公路桥桥面混凝土标号：200号。 （3）老闸预制块混凝土护坡标号：150号、预制块厚8cm，垫层厚5cm。 （4）老闸干砌块石护岸翻修砌石厚30cm，垫层厚10cm。 （5）新闸检修门槽混凝土标号：250号

二、培修加固

南线大堤加固工程于1992年4月16日开工，2003年3月28日完工。1998年前，加固工程采取建管合一的指挥部管理形式，由荆州地区长江修防处组织施工，并在工程所在地专门成立驻南线大堤工作组负责工程实施，公安县成立南线大堤加固工程指挥部，为工程承建单位。1999年底以前，南线大堤险工险段加固、黄天湖老闸加固和堤身加固工程的许多分部工程已完成，但黄天湖新闸加固工程、堤顶混凝土路面工程以及堤身加培、导渗沟等部分工程尚未施工。以后，下剩工程项目采取招投标方式择优选择施工单位进行施工。南线大堤加固工程招标项目共4个，共有4家施工单位中标承建。

表4-11　　　　　　　　南线大堤加固工程设计与完成的主要工程项目及工程量表

序　号	工程项目	设计工程量	完成工程量
1	土方开挖/万 m³	34.50	34.73
2	土方回填/万 m³	181.45	183.61
3	干砌块石/万 m³	23.45	24.26
4	浆砌块石/万 m³	0.52	0.52
5	水下抛石/万 m³	3.47	3.47
6	碎石垫层/万 m³	7.06	7.08
7	土工布/万 m³	4.49	4.49
8	反滤料/万 m³	1.29	1.29
9	锥探灌浆/万 m³	6.21	6.21
10	涵闸加固/座	2	2
11	堤顶路面/km	22	22

加固工程建设资金主要来自中央水利基本建设资金和国债资金。1991 年 12 月，水利部审查通过《南线大堤加固工程初步设计报告》，并以水规〔1992〕2 号文批复总投资为 3390 万元。1997 年长江委勘测设计研究院根据水利部办公厅规计计〔1996〕10 号文精神，编制南线大堤加固工程调整概算，工程总投资调整为 7926.35 万元。

加固工程累计下达计划投资 8874 万元，其中长江委 7274 万元（基本建设投资），省计委 1300 万元（国债资金，含地方配套资金 300 万元），省水利厅 300 万元（以工代赈）。实际到位投资 8419 万元，其中中央水利基本建设拨款 7274 万元，国债资金 1000 万元，地方财政以工代赈 145 万元。工程投资计划超过概算的主要原因是：原批准的土石方单价偏低和漏项，执行中进行必要调整提高；涵闸加固依据损坏情况增添部分建设内容，堤顶路面由泥结碎石改为混凝土路面；建设周期延长，相应增列部分建设、监理、设计等相关费用。工程实际完成工程总投资 8386.67 万元，其中湖南围堤投资 120.72 万元由湖南实施，批准设计工程量与实际完成工程量基本相符合。

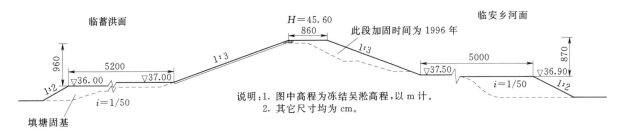

图 4-12　南线大堤加固典型横断面示意图（593＋100）

南线大堤堤身加固工程实施堤段全长 22 千米，起止桩号 579＋000～601＋000，1992 年 4 月 16 日开工，2001 年 5 月 10 日完工，完成投资 4321.6 万元。堤身加固大部分工程项目于 1998 年以前基本完成；1998 年后，下剩工程 3.5 千米堤身加培和 7.1 千米导渗沟工程公开招标承建。

堤身加固单位工程共分为 8 个分部工程：①堤身填筑，按堤顶高程 45.60 米，堤顶宽度 8 米，内、外坡比 1∶3 进行加高培厚，共完成挖运土方 90.92 万立方米（含防汛哨台土方 4 万立方米）、挖弃土方 14.73 万立方米，1992 年 10 月 20 日开工，2000 年 4 月 10 日完工，完成投资 1112.88 万元。②蓄洪面翻护石护坡。③锥探灌浆。④路垱，为解决沿堤居民生活、生产上堤交通，共修筑上堤路垱 60 条，宽度 3～6 米，坡度 8%～10%，路垱外侧砌浆砌石挡土墙，内侧回填土方，路面铺筑块石，以防分洪后或汛期洪水波浪淘刷，该工程 1992 年 9 月开工，2000 年 4 月完工，完成投资 39.20 万元。⑤填土盖重，为延长渗径，改变堤基渗流状态，在部分薄弱堤段实施填筑盖重，盖重总长度 4250 米，盖重厚度从堤脚处厚 0.5 米渐变至禁脚外侧为 0，宽度为 50 米。⑥填土压坡，为提高堤坡稳定性，降低浸润线出逸高程，桩号 580＋200～585＋000 长 4.8 千米堤段设填土压坡，压坡顶部高程 37.00 米，顶部宽 2 米，边坡坡比 1∶3，压坡在堤脚处厚度 1.5 米，渐变至禁脚外侧为 0；⑦导渗沟，在堤基较差的八家铺、郑家祠、沙坛子、谭家湾、康家岗等堤段设置导渗沟。⑧填塘，根据渗流计算，距大堤内外脚 50 米以内渊塘全部填筑，填筑高程以原地面高程为准。这 8 个分部工程分别解决堤身加高加宽、堤身防护、堤身隐患处理及堤身、堤基渗透稳定等问题。

表 4-12　　　　　　　　　　　　堤身加固单位工程分部工程的开、完工时间表

分　部　工　程	开　工　时　间	完　成　时　间
锥探灌浆	1992 年 4 月 16 日	1995 年 11 月 23 日
堤身加培	1992 年 10 月 20 日	2000 年 4 月 10 日
翻护石	1992 年 9 月 10 日	2001 年 5 月 10 日
路垱	1992 年 9 月 10 日	2000 年 4 月 15 日
填塘	1992 年 11 月 10 日	2000 年 4 月 10 日

分部工程	开工时间	完成时间
压坡	1998 年 11 月 10 日	2000 年 4 月 30 日
盖重	1998 年 11 月 10 日	1999 年 4 月 30 日
导渗沟	1999 年 11 月 16 日	2001 年 1 月 17 日

表 4 - 13　　　　　　　南线大堤加固工程堤身加固单位工程主要工程量表　　　　　　单位：万 m³

序　号	工　程　项　目	设计工程量	完成工程量
1	填方	178.87	181.03
2	挖方	30.75	30.99
3	干砌块石	21.81	22.64
4	碎石垫层清除	6.67	6.69
5	锥探灌浆	6.21	6.21
6	削坡	55.99	57.80
7	浆砌块石	0.39	0.39
8	反滤料	1.29	1.29
9	土工布	4.49	4.49

南线大堤堤顶原为土路面，路面高低不平，损坏严重，只能晴天通车，雨天泥泞不堪，严重影响分洪转移和防汛抢险。1992 年原批准的《初设报告》中堤顶路面设计为碎石路面工程，为满足分蓄洪区人员物资转移及防汛抢险、管养维护需要，长江委于 2001 年 12 月 7 日，同意按堤顶路面宽 6 米，其中混凝土路面宽 4 米的标准设计修建堤顶混凝土路面通道。工程于 2002 年 3 月 10 日开工，次年 1 月 12 日完工。

堤顶路面工程实施堤段长 22 千米，工程内容为土方开挖、填平压实、石灰碎石土基层、C30 混凝土路面、泥结碎石路面、土路肩、路垄与路面结合处理、封顶抹面维护、路缘石。堤顶路面为二层结构，即 0.18 米厚石灰碎石土基层，0.22 米厚混凝土路面层；路面两侧各宽 1 米、厚 0.12 米的泥结碎石面层，其下为厚 0.28 米的石灰碎石土基层。在泥结碎石路面临蓄洪面一侧为原已施工的 1 米宽的干砌块石封顶，靠安乡河一侧为 1 米宽的土路肩。

堤顶路面工程完成土方压实处理 1.84 万立方米、土方回填 1.44 万立方米、石灰碎石土 2.75 万立方米、C30 混凝土 2.0 万立方米、泥结碎石 4978 立方米、预制混凝土路缘石 1008 立方米、钢筋 19 吨，完成投资 1093.84 万元。

表 4 - 14　　　　　　　　堤顶路面单位工程主要项目的开、完工时间表

分部工程	开工时间	完成时间
土方找平压实	2002 年 3 月 17 日	2002 年 4 月 14 日
石灰碎石土	2002 年 4 月 1 日	2002 年 7 月 21 日
混凝土面层	2002 年 6 月 15 日	2002 年 10 月 28 日
泥结石路面	2002 年 8 月 11 日	2002 年 12 月 17 日
土方回填	2002 年 8 月 11 日	2002 年 12 月 17 日
路缘石预制安装	2002 年 9 月 5 日	2002 年 12 月 27 日
封顶抹面维护	2002 年 12 月 3 日	2003 年 1 月 12 日

表 4-15 南线大堤加固工程堤顶路面主要工程项目和工程量表

序 号	工程项目	设计工程量	完成工程量
1	土方找平压实/m³	18375	18375
2	土方回填/m³	14421	14421
3	石灰碎石土/m³	27454.4	27454.4
4	C30 混凝土/m³	20026	20026
5	泥结碎石/m³	4977.6	4977.6
6	预制混凝土路缘石/m³	1008	1008
7	钢筋/t	52	19

南线大堤加固工程初步设计报告中未专门安排水土保持项目，但在工程建设过程中，为防止水土流失，建管单位采取取土场恢复、堤顶路面硬化、加强护坡与植草、保持防护林地建设等具体措施。取土场主要分布于外滩及堤内部分农田，建设单位在堤内旱地料场开采结束后，结合当地农田基本建设，恢复原有土地功能，实施取土场恢复 86.27 公顷，对临时占地部分实施土地复耕及农田水利配套设施的恢复，通过土地改造及调整，恢复或提高土地质量；将要改造成鱼塘的取土场保留一定厚度粘土层，以利养殖；取土较深的土场夯实坑底和坑周，以防止坑改塘后发生塘水渗漏。堤外滩地料场开采结束后，结合地形条件实施场地平整、植草绿化等。通过这些水土保持措施，基本控制工程建设责任范围内因工程活动引起的水土流失，恢复和改善工程建设区的生态环境。

南线大堤所有堤段均栽植有防护林，内外堤坡栽植草皮 39.64 万平方米。沿堤两旁 20 万株防护林以及临洪面块石护坡、栽植的草皮，平时防止风蚀与水土流失，汛期对防风浪起到显著作用。

三、险情整治

(一) 堤身隐患治理

南线大堤加固前地质勘察发现，堤身土质较复杂，由粘土、壤土和砂壤土所组成，其间夹杂有粉细砂和碎石、碎砖瓦片及树根、木块等；堤身密实度较差、干密度较小，堤身土孔隙度较大、透水性较强。因此，汛期安乡河水位较高时，堤内坡常出现散浸、脱坡、跌窝等险情。历年加固中，1952年、1955年、1959年分三期实施蓄洪面块石护坡，但由于分年砌筑，干砌、散抛均有，施工质量差，块石空隙大，杂草丛生，成为各种野生动物栖生之地，致使堤身隐患难以消除，危及大堤安全。

为提高南线大堤堤身稳定安全度，消除堤身存在的各种隐患，提高堤身填土密实度，1990 年进行堤身加固时，对全线 22 千米内外坡、堤身主体实施锥探灌浆。工程于 1992 年 4 月 16 日开工，1995 年 11 月 23 日完工。锥探灌浆按堤顶和堤坡不同标准进行锥灌，堤顶锥孔共布置 7 排，其中上、下游两排距上下游堤坡与堤顶的交线 0.5 米各一排，中间 5 排，排距、行距均为 1 米，孔深 12 米，呈梅花状布置；堤坡锥孔共布置 25 排，其中，临蓄洪面 15 排、临安乡河面 10 排，锥孔排距、行距均为 1 米，孔深 9 米，呈梅花状布置；灌浆浆液水、土比 1:0.8～1:1.6。临蓄洪面 1987 年已灌堤段从堤顶高程至 43.00 米高程加灌 5 排，1990 年已灌堤段从堤顶高程至 42.00 米高程加灌 8 排，对白蚁隐患突出的堤段密锥密灌，并配制药浆灌注。

锥探灌浆工程施工中发现并清除各种隐患 61 处，对每处隐患，施工人员分别采取不同方式实施整治。隐患锥探出现问题：①上灌下流。1992 年桩号 597+200～597+210 段施工时，堤顶有一锥孔灌浆时间长达 41 分钟，在距灌浆孔 7.5 米临安乡河堤坡出现漏浆情况，经采取堵塞漏洞、多次复灌后方灌满密实，用土达 1.5 立方米；1995 年在桩号 579+850～579+855（临安乡河面）施工时出现类似情况，采取堵漏复灌多次方灌实。②动物洞穴进浆量大。1994 年，谭家湾堤段（桩号 594+100～594+110）施工时发现一獾洞，经过 4 次复灌方灌实；桩号 595+280～595+285 段清除鼠洞一处，经多次复灌方灌实。③土体结构差，出现裂缝。1993 年 4 月 9 日，谭家湾堤段桩号 593+116～593+

120 处，当灌浆嘴插入一锥孔灌浆 6 分钟后开始出现裂缝，停灌 2 分钟后复灌，缝口有少量溢浆，并形成不规则的顺堤纵向裂缝，长达 3.7 米，经采取翻筑回填后消除隐患。经过 4 年施工，共完成土方 6.21 万立方米，工程总投资 217.19 万元。

堤身加固过程中，大堤临分蓄洪区侧堤坡原有护坡块石重新翻筑并补充碎石垫层。1998 年前由指挥部统一实施 20 千米，此后，下剩工程采取招投标形式选择两家企业施工。临分洪面块石翻筑工程从堤脚至堤顶采用干砌块石护坡，堤顶高程 45.60 米，脚槽顶部高程一般为 37.00 米，当堤脚高程高于 37.00 米时，脚槽高程则取堤脚高程，脚槽断面 1 米×1 米。护坡厚 0.4 米，其中块石厚 0.3 米、碎石垫层厚 0.1 米，护坡表面采用混凝土砂浆勾缝。蓄洪面翻护石工程完成削坡清基土方 57.8 万立方米、干砌块石 22.64 万立方米、勾缝 57.55 万平方米，完成投资 1581.57 万元。临安乡河堤坡均采用草皮护坡 39.64 万平方米。

（二）堤基渗漏整治

南线大堤分洪时全线发挥分蓄洪区拦洪功能，不分洪时约有 9 千米堤段起着抵御安乡河洪水的作用，这 9 千米堤段在分洪区运用时将发挥双向挡水功能。1998 年汛期，这 9 千米堤段在抵御安乡河洪水时，临蓄洪面禁脚范围内出现不同程度险情 14 处。从险情发生情况及地质勘察表明，该堤段基础土质的透水性比较大，需重点加固处理。设计单位根据渗流分析，并结合堤基具体情况，确定在采取普通填塘固基的基础上，根据堤段不同险情采取不同渗控方案，即一部分堤段采用填土盖重加导渗沟，另一部分堤段采取填土压坡加导渗沟进行处理，以减少堤基渗透压力，防止堤基渗透变形。

堤基渗漏整险过程中，部分重点薄弱堤段实施填筑盖重，盖重总长 4.25 千米，盖重厚度从堤脚处 0.5 米渐变至禁脚外侧为 0，宽度为 50 米。填土盖重工程于 1998 年 11 月 10 日动工，次年 4 月底完工，完成挖运土方 22.28 万立方米、挖弃土方 3.18 万立方米、投资 366.19 万元。

为提高堤坡稳定性，降低浸润线出逸高程，桩号 580＋200～585＋000 长 4.8 千米堤段实施填土压坡工程，分二期施工。1998 年度施工堤段桩号 583＋000～585＋000，长 2 千米，11 月 10 日开工，次年 4 月底完工；1999 年度施工堤段桩号 580＋200～583＋000，长 2.8 千米，11 月 10 日动工，次年 4 月底完工。二期工程共完成挖运土方 27.5 立方米、挖弃土方 3.41 立方米、投资 454.29 万元。

大堤沿堤线距堤内、外脚 50 米以内渊塘全部实施填筑，填筑高程以原地面高程为准。填塘工程于 1992 年 11 月 10 日动工，2000 年 4 月 10 日完工，完成土方 33.9 万立方米、投资 230.63 万元。

堤基较差的八家铺、郑家祠、沙坛子、谭家湾、康家岗等堤段设置导渗沟。在临蓄洪面脚槽纵向开挖导渗沟，每间隔 40 米布置一个集水井，在集水井处接排水管将渗水引入附近沟渠。导渗沟底宽 1.0 米，顶宽 1.23～1.26 米，以两集水井中间为界按 1：100 坡比至集水井；导渗材料为 SNG300—4 土工布裹 0.01～0.04 米粒径砾石，上部回填 0.25～0.45 米厚壤土。工程于 1999 年 11 月 16 日动工，2001 年 1 月 17 日完工，导渗沟总长 10.8 千米，完成投资 319.65 万元。

（三）险工险段整治

郑家祠、谭家湾、康家岗三处险段均位于安乡河凹岸，堤外无滩，河泓逼近堤脚，迎流顶冲，堤基受水流冲刷淘蚀严重，岸坡常出现崩坍险情；近岸水下坡陡，郑家祠近岸段坡比不足 1：1.5，为南线大堤最险峻堤段。三处险段虽经多年抛护治理，险情有所缓解，但标准较低，加固石方数量较少，险情未能根治，每遇大洪水年份，常发生崩岸险情，严重威胁大堤安全。为提高河床边界防御能力，改善险工险段近岸水流条件，确保大堤安全，在此次加固工程中将三处险工险段作为一个重要项目实施全面整险加固。

康家岗、谭家湾、郑家祠三处险工险段均采取平顺护岸、水下抛石护底、水上削坡减载、干砌石护坡等措施进行整险加固。施工过程中，按设计标准水下抛护到位是工程的关键，对于控制河势，改善水流，减轻岸坡冲刷，稳定岸坡具有重要作用。事先施工人员设计三种方案，一是筑坝围堰，将河底水抽干，然后进行人工抬抛；二是搭脚手架，人工抬抛，抛完一段再移动脚手架；三是竹排代船进行抬抛。经过反复试验比较，前两种方式费时耗料，未被采纳，最终采取竹排代船方式，用楠竹扎成

15米×3米竹排，然后在竹排上实施抬抛，抛完一段再移动竹排至下一段连续施工，顺利完成水下抛石任务。削坡及干砌护坡，按设计要求，首先做好施工放样，确定开挖线，然后再进行削坡处理。护坡中坚持按打桩挂线分格砌护的方法进行，桩距控制在10～15米内，砌石厚度、高度控制则在桩号石上刻画标志，并选用细胶线形成四方挂线，砌石人员在方格中进行砌护。浆砌块石截流沟同样采取挂线控制方法进行施工。

根据长江委下达的年度计划安排，谭家湾和康家岗护岸工程1992年汛后开始施工，郑家祠护岸工程于1993年11月施工，1994年6月10日前三处护岸加固工程全部完工，共投入建设管理、施工技术、质检等人员380名，投入自卸汽车、小型翻斗车辆80余台。

康家岗、谭家湾、郑家祠三处护岸段加固总长2100米，其中郑家祠段加固长度500米，谭家湾段加固长度1000米，康家岗段加固长度600米。施工中，设计枯水位以下按水下坡比1∶2抛石护底，抛石至深泓，抛石范围为10～20米，平均厚度0.8～1.2米，块石直径为0.2～0.4米；设计枯水位以上采用干砌块石护坡，脚槽高程34.20米，尺寸1米×1米，砌石底部最低高程33.20米，顶部最高高程41.00米（冻结吴淞）。郑家祠险段护坡坡比为1∶2.5，谭家湾、康家岗岸坡坡比1∶3，护坡砌石厚0.3米，碎石垫层厚0.1米。护坡脚槽与水下抛石衔接处设计2米宽枯水平台。为防止堤面雨水冲刷，护坡顶部设置纵向排水沟（顶沟）1条，护坡上每隔50米设置横向排水沟1条（面沟），并与顶沟衔接。顶沟与面沟均采用浆砌块石，顶沟净断面为0.5米×0.5米，面沟净断面为0.3米×0.3米。

康家岗、谭家湾、郑家祠护岸工程共完成干砌块石1.62万立方米、碎（卵）石垫层3920立方米、浆砌块石1340立方米、水下抛石3.47万立方米（含1992年汛前实施工程量）、削坡挖方3.74万立方米、填筑土方2.58万立方米、植草1.38万平方米，共完成投资290.37万元。

表4-16　　　　　　　　　险工险段护岸加固工程主要工程项目及工程量表　　　　　　单位：万 m³

序　号	工　程　项　目	设 计 工 程 量	完 成 工 程 量
1	干砌块石	1.63	1.62
2	垫层	0.39	0.39
3	水下抛石	3.47	3.47
4	浆砌块石	0.13	0.13
5	削坡土方	3.75	3.74
6	土方回填	2.58	2.58

表4-17　　　　　　　　险工险段整险加固单位工程分部工程开、完工时间表

分　部　工　程	开 工 时 间	完 成 时 间
郑家祠整险护岸	1993年11月1日	1994年6月10日
谭家湾整险护岸	1992年9月24日	1993年6月9日
康家岗整险护岸	1992年10月24日	1993年7月13日

四、涵闸整险加固

黄天湖新、老闸位于公安县黄山头镇境内，南线大堤最南端，为大堤重要组成部分和关键性控制工程。新、老闸共同控制荆江分洪区总排渠出口，主要担负荆江分蓄洪区平常年份渍水排泄和大水年份分洪时蓄洪区内洪水排泄任务。此次涵闸加固设计标准和南线大堤同等，属一等Ⅰ级水工建筑物。两闸全面加固前已运用多年，已超过金属结构规定的使用年限，闸门锈蚀严重，橡皮止水大量破损脱落，混凝土表面止水不同程度损坏和老化，启闭设备陈旧落后且严重老化，存在严重隐患。为保障南线大堤防洪安全，此次堤防加固中，新、老涵闸一并进行整险加固。

黄天湖老闸加固工程 系开敞式两孔排水闸，全长99米，桩号579+908~580+007，排水流量250立方米每秒，设有两孔弧形闸门，每孔净宽8.8米，净高2.8米，底板高程31.60米，闸顶高程45.20米，配有两台2×8吨弧门启闭机。老闸建于1952年，虽于1969年实施加固，但仍存在诸多问题。老闸下游消力池两岸混凝土挡土墙产生水平贯穿性裂缝，并向迎水面倾斜，倾斜最大值为0.27米，闸底板、墙体及翼墙顶板出现长短不一裂缝207条。黄天湖新闸系三孔钢筋混凝土箱涵结构，位于南线大堤桩号580+028，排水量450立方米每秒，底板高程30.00米，单孔净宽5.3米，平面钢闸门，闸身长64.42米。新闸建于1970年，此次整险加固前运行时间超过30余年，混凝土表面止水有不同程度的损坏和老化，涵洞存在裂缝，金属结构锈蚀严重。

黄天湖老闸加固工程主要建设项目为消力池段整险、公路桥桥面维护、混凝土表面止水更新、闸涵混凝土裂缝处理、上游护坡翻新、金属结构安装等。

黄天湖老闸加固工程项目多，工程量少，施工难度大，开工时尚未实行招投标制，由公安县黄天湖老闸加固工程指挥部按建管合一体制实施。工程于1998年3月动工，5月完工，主要实施消力池段一期整险。1999年1月，公安县水利局成立黄天湖老闸整险加固工程建设指挥部，负责二期加固施工，5月10日完成消力池段右岸整险加固。此后拆除消力池段已水平断裂的挡土墙混凝土，后进行重新浇筑，并实施挡土墙以上六边形混凝土预制块护坡和浆砌石梯阶等项目，完成混凝土挡土墙拆除21.6立方米、混凝土挡土墙更新56.4平方米、钢筋制作安装3.37吨。挡土墙以上护坡工程完成拆除浆砌石322立方米、拆除混凝土块206立方米、土方削坡开挖1968立方米、六边形混凝土块护坡199立方米、浆砌石48立方米。

2000年11月初，开始实施老闸公路桥（桩号579+908~580+007，长99米）桥面工程，施工内容包括拆除原桥面面板以上包括磨耗层在内的所有构件，现浇钢筋混凝土桥面板、人行道、护栏柱。12月底完成公路桥墩桥面混凝土工程。完成混凝土拆除87.2平方米、桥墩面混凝土浇筑172.84立方米、钢材制作安装14.4吨。

老闸伸缩缝表面橡皮止水严重老化，钢板与螺栓锈蚀严重，在此次加固中全部更新。老闸岸墩与岸墙临洪面垂直缝加设橡皮表面止水进行处理；上游两边墩新建垂直表面止水，并对原止水井填料全部更换。混凝土表面止水更新分两期施工，一期完成水平止水和中墩上下游垂直止水，共4条72.2米；二期上游两侧新增止水2条20米。混凝土裂缝处理施工分三次完成，1999年3月30日至5月2日，处理闸底板裂缝36条，同年12月18日至次年1月18日完成38条底板裂缝施工，两次合计处理裂缝74条352.75米，均使用低聚灰比复合改性细骨料混凝土填补。2000年1月2日开工进行侧墙裂缝化学灌浆处理，4月9日完成133条裂缝（359.05米）的化学灌浆处理。

老闸上游块石护坡实施翻修。翻修后干砌块石厚0.3米，下铺0.1米厚碎石垫层，干砌块石采用混凝土砂浆勾缝处理。工程于1999年1月18日开工，5月10日完工，完成干砌石拆除805立方米、土方削坡开挖及清淤1991立方米、干砌石护坡602立方米、碎石垫层200立方米。

老闸更换固定式弧门启闭机2台、闸门侧轮以及部分铆钉，并进行除锈防腐。工程于1999年1月17日开工，次年5月17日完工，完成闸门除锈500平方米、闸门涂装防腐两次共500平方米、主桁架加固2×1.8米、更换侧轮8个、更新顶止水17.6米、侧止水10.8米，安装QHQ—2×150kN固定卷扬式启闭机两台套，更新钢丝绳4根共长100米。

黄天湖新闸整险加固工程 由中国葛洲坝水利水电集团有限公司中标承建。新闸加固工程项目包括新建检修门槽；增设25吨固定卷扬式启闭机1台（包括钢丝绳），闸门定轮改造，中孔闸门作变形校正处理，增设1台临时启闭设备（启吊检修门用），增配变压器、电控柜和柴油发电机等机电设备；对3块平面钢闸门除锈防腐、校正、更换止水；对裂缝进行凿槽回填细骨料混凝土和化学灌浆修补，伸缩缝止水更换等。工程于2003年1月10日动工，2月20日完成检修门槽浇筑，25日完成顶板、侧墙裂缝化学灌浆处理，3月2日完成底板裂缝浇灌处理，3月3日完成伸缩缝止水安装，3月4日涵闸水下部分止水、门槽和裂缝处理验收，3月25日完成启闭机室卷扬机更换安装，3月28日新闸加固全部完工。新闸由于闸底板高程较低，整个洞身底板常年处于水下，为便于检修，在新闸上游进口处（临分洪区）加设简易叠梁检修门一道。

黄天湖新、老闸加固工程总投资 303.62 万元。

表 4-18　　　　　　黄天湖新、老闸加固主要工程项目及工程量表

序　号	名　　称		设计工程量	完成工程量
1	混凝土拆除/m³		355.1	355.1
2	混凝土浇筑/m³		263.6	263.6
3	钢筋/t		19.28	21.31
4	土方开挖/m³		2759	2759
5	干砌块石护坡/m³		602	602
6	混凝土预制块护坡/m³		118.8	118.8
7	垫层料/m³		281	281
8	裂缝处理	化学灌浆/m	528	566
		细骨料混凝土/m³	13	11
9	混凝土表面止水更新/条		12	12
10	闸门防腐处理/扇		5	5
11	启闭机安装/台		4	4

表 4-19　　　　　黄天湖新、老闸加固单位工程分部工程的开、完工时间表

序号	分部工程		开工时间	完工时间
1	消力池段整险	一期	1998 年 3 月	1998 年 5 月
		二期	1999 年 1 月 22 日	1999 年 5 月 10 日
2	公路桥桥面		2000 年 11 月 1 日	2000 年 12 月 25 日
3	混凝土表面止水更新		1999 年 3 月 10 日	2000 年 4 月 18 日
4	混凝土裂缝处理		1999 年 3 月 30 日	2000 年 4 月 9 日
5	上游护坡翻修		1999 年 1 月 18 日	1999 年 5 月 10 日
6	金属结构		1999 年 1 月 17 日	2000 年 5 月 16 日
7	新闸加固		2003 年 1 月 10 日	2003 年 3 月 28 日

五、竣工验收

2003 年 5 月 18—19 日，南线大堤加固工程通过单位工程验收，4 个单位工程均被评定为优良。

2003 年 6 月 19 日，南线大堤加固工程档案进行专项验收。工程档案共 125 卷，其中综合类 4 卷、建管类 23 卷、施工类 67 卷、设计类 14 卷、监理类 17 卷。11 月 18 日，长江委下发《关于印发南线大堤加固工程档案专项验收意见的通知》，同意南线大堤加固工程通过档案专项验收。

2003 年 7 月 1 日，通过南线大堤加固工程征地移民专项验收。11 月 17 日，省水利厅抽查征地移民工程实施情况，11 月 24—25 日，长江委进行复核验收。复核检查组认为：征地移民工作已按设计要求完成，有征地拆迁任务的对象得到妥善安置和相应的补偿，无遗留问题，自验报告与工程实际情况相符，并通过抽查、复核检查，验收程序完备，满足竣工验收要求。

2003 年 11 月 24—26 日，长江委在荆州主持召开南线大堤加固工程竣工初步验收会议。2004 年 7 月 1 日，长江委下发《关于印发南线大堤加固工程竣工初步验收工作报告及专家组工作报告的通知》，同意该工程通过竣工初步验收。

2003 年 10 月 29 日至 11 月 28 日，长江委审计局委托湖北阳光会计师事务有限公司（以下简称

阳光会计师公司）现场审计南线大堤加固工程建设管理办公室编制的工程竣工财务决算报表及相关工程竣工结算资料。2004年5月27日，阳光会计师公司向长江委审计局提供《南线大堤加固工程竣工决算审计报告》（以下简称《审计报告》）。长江委审计局下发《关于对南线大堤加固工程竣工财务决算的审计意见》，原则同意阳光会计师公司的《审计报告》，审计确认工程主要建设内容已基本按批准设计完成。

2006年10月18—21日，长江委在荆州主持召开南线大堤加固工程竣工验收会议，通过南线大堤加固工程竣工验收。

南线大堤加固工程在运行过程中经受安乡河多次洪水考验。经过加固整治后，大堤防洪能力明显提高，堤面平整，堤坡和岸坡稳定，未出现大的险情。黄天湖新闸和老闸加固工程完成后运行正常，达到设计要求。大堤整险加固完成后，为湘鄂两省人民带来了安全保障，发挥了显著的防洪、经济和社会效益。社会效益上，湘鄂两省人民通力合作，共同努力，团结治水，把南线大堤建成"一堤两林"的靓丽风景线，构建人水和谐的生态环境，为社会经济发展作出重要贡献。

第三节　松滋江堤加高加固工程

松滋江堤位于长江右岸松滋市境内，西起松滋市老城，东至涴里隔堤，全长51.2千米，由老城至胡家岗（16.8千米）、东大口至灵钟寺（9.8千米）、灵钟寺至涴里隔堤（24.6千米）共三部分堤段组成，属国家Ⅱ级堤防。

松滋江堤保护湖北省松滋、公安、荆州区（江南部分）和湖南省澧县、安乡、汉寿、南县、沅江等县（市、区）约17万公顷耕地、270万人口以及区内重要基础设施安全，是荆江防洪体系的重要组成部分。

一、建设缘由

建国后，松滋江堤虽进行多年整治，但仍存在着堤身质量差、堤基险情多、部分堤段岸坡失稳、病险涵闸长期运行等诸多隐患，每临汛期，各种险情时有发生，防洪任务相当繁重。

松滋江堤为历年逐次填筑而成，堤身、堤基质量较差，堤身填料多为粉质壤土、粘土和砂壤土，堤基上部为粉质粘土，中部为淤泥质粘土或粘土，下部为壤土。部分段面地质条件为：朝家堤堤段堤基下为厚约6～10米的粉质粘土，堤内300米外粘土层厚约15米，下部为深厚的砂、砂砾石层；新潭堤段堤基下为厚约2.5米的粉质粘土及厚约6米的壤土层，其间夹有1米厚粉细砂层，并由堤脚延伸至外江，堤内160米处为新潭，最大潭深18米，潭底有厚约2米砂层，其下为厚约2.5米的粉质粘土和厚约2米的壤土。松滋江堤由于土料杂乱，填筑质量不高，密实度不够，部分堤段填筑时未进行妥善处理，因而，堤身与堤基结合不好，成为渗透变形和破坏的隐患。

松滋江堤堤基险情较多，历史上发生8次重大溃溢，留下6处溃口遗迹，分别为新华垸、金闸湾（大口）、灵钟寺、杨家垴、史家湾和罗家潭溃口。这些历史溃口处防渗铺盖层被破坏，为渗透变形和破坏的隐患。根据地质勘察，松滋江堤堤基土层结构复杂，相对粘性覆盖层较薄，约为2～16米，下部为深厚的强透水砂层和砂卵石层，在稍厚的粘性覆盖层中还夹有砂层，且与江河通连，形成渗透通道，汛期常发生散浸和管涌险情，较严重管涌点9处，其中王家大路和财神殿险段为管涌险情易发堤段。

全堤堤外无滩、河泓贴岸、迎流顶冲堤段有6处，长5.2千米，部分堤段岸坡失稳。深泓贴岸和弯道凹岸段，由于江河水流冲刷、淘蚀岸坡下部壤土、砂壤土及砂层，使上部覆盖的粘性土层失去依托常出现崩岸险情；当岸坡土层为单一壤土或砂壤土等时，岸坡土体常冲刷流失。岸坡失稳危及堤基稳定，威胁堤身安全，全堤有涴市横堤迎流顶冲段、朝家堤护岸崩岸段、采穴河崩岸段等多处重点险段。

松滋江堤上病险涵闸多，各类涵闸防洪标准低，普遍存在闸门变形漏水等险情。部分涵闸结构老化，难于继续使用；部分涵闸闸身较短，渗径不够，形成渗流通道；部分涵闸出现严重裂缝，天王堂闸、戴家渡闸、进洪闸、两利闸、杨家垴闸均存在着上述问题。

荆江河段洪水峰高量大，而河道泄洪能力不足，洪水威胁严重，是长江流域防洪的重点。为提高荆江地区防洪能力，完善荆江河段防洪工程体系，早在 1963 年就提出加高加固松滋江堤。当年，水电部对长办提出的《荆江地区防洪规划补充研究报告》的批示中指出："长江中游荆江地区的防洪关系到两湖广大地区人民生命财产的安全，非常重要。为了尽量减少分洪对洞庭湖区的威胁，应培修浣市至松滋老城沿江堤防，其标准应与临时防汛措施标准相应，保证荆南地区安全。"但当时因经费所限，未能实施。

根据 1980 年长江中下游防洪规划会议要求和国务院原则批准的《长江流域综合利用规划简要报告》（1990 年修订，简称《长流规》）规定，荆江河段沙市设计水位 45.00 米（冻结吴淞），城陵矶水位 34.40 米，约可防御 10 年一遇洪水。当枝城来量为 80000 立方米每秒的洪水时，运用荆江分洪区、浣市扩大分洪区，可基本保证安全，达到 40 年一遇的标准。松滋江堤是荆江河段防洪工程体系的重要组成部分，其安危关系湖北松滋、公安和湖南洞庭湖广大地区安全，但存在着诸多问题和不足，是荆江河段防洪工程体系中的薄弱环节。为确保荆江防洪安全，保证荆江分洪工程安全运用，必须加高加固松滋江堤。

加固前，由于松滋江堤部分堤段堤顶高程较低，难于抵御特大洪水，部分堤段有可能发生漫溢险情。采穴至灵钟寺堤段一般堤顶高程 45.73～45.94 米（黄海高程，下同），超过设计水面线仅 0.04 米，堤顶与洪水基本齐平。灵钟寺至松滋老城堤段堤顶高程一般为 45.94～47.42 米，比设计洪水位低 0.5～1.05 米。若枝城发生 80000 立方米每秒洪水，灵钟寺以下堤段堤顶欠高，远不能满足防洪要求，而灵钟寺以上堤段将会普遍漫溢。因此，松滋江堤需按枝城来量 80000 立方米每秒的标准进行加固。

1988 年，水利部以水计〔1988〕68 号文批示长江委："必须尽快加高加固浣市至松滋老城的江堤，拟请长江委加速松滋江堤设计，按基建程序报批后，再研究安排兴建问题。"1990 年 8 月，长江委向水利部报送《松滋江堤加高加固阶段性报告》。其后，长江委勘测规划设计研究院完成《松滋江堤加高加固初步设计报告》。1992 年，水利部以水计〔1992〕72 号文批复《关于松滋江堤加高加固工程设计任务书的审查意见》（以下简称《审查意见》）。按照《审查意见》要求，1993 年长江委编制《松滋江堤加高加固工程初步设计补充报告》，并以长规〔1993〕68 号文上报水利部，水利部以水规计〔1994〕100 号文正式批复松滋江堤列入水利部直供项目，工程概算投资 14945 万元。

1998 年、1999 年长江流域发生大洪水，松滋江堤加高加固工程建设原有设计不能满足防洪要求，配套工程跟不上，工程难以更好地发挥作用。为此，2000 年 12 月长江委长江勘测规划设计研究院根据 1994 年后的工程实施情况、沿堤群众生产生活需要以及工程管理要求，编制《松滋江堤加高加固工程设计修订及补充说明》，增补原设计中遗漏的、影响工程安全运行需要整治的部分项目，变更原设计中与实际情况不相适应的设计成果，在原总投资基础上增加投资 1405 万元，国家下达最终总投资为 16350 万元。

二、建设项目

松滋江堤加高加固工程建设主要目的是彻底整治 51.2 千米堤段各种隐患，提高堤防防洪能力。工程项目遍布江堤堤身及内外平台，建设内容主要为：堤身加高培厚，堤基平台处理，堤身锥探灌浆，险工险段护岸整治，堤顶碎石、混凝土路面铺筑，涵闸新建及改建。

1994—2002 年，国家累计下达松滋江堤加固工程投资计划 16350 万元，其中，中央水利基本建设投资 11600 万元，中央财政预算内专项资金（国债资金）3000 万元和地方配套资金 1750 万元。竣工后，松滋长江干堤达到国家Ⅱ级堤防标准。

表 4 - 20　　　　　　　　　　　1994—2002 年松滋江堤加高加固工程投资计划表　　　　　　　　　　　单位：万元

长江委、省计委下达计划文号	计 划 投 资				
	合计	中央投资	地方配套投资		
			小计	省级配套	市区地方配套
长计〔1994〕570 号	1000	1000			
长计〔1995〕261 号	1000	1000			
长计〔1995〕664 号	500	500			
长计〔1996〕700 号	752.37	752.37			
长计〔1997〕61 号	47.63	47.63			
长计〔1997〕574 号	100	100			
长计〔1998〕288 号	4045	4045			
长计〔1999〕43 号	1155	1155			
鄂计农字〔1999〕0567 号	1500	1000	500		
鄂计农字〔2000〕0031 号	2500	2000	500		
长计〔2000〕117 号	1509.29	1207.43	301.86		
长计〔2002〕61 号	1710.930	1368.744	342.186		
鄂水计〔2002〕48 号	529.780	423.824	105.956		
合计	16350	14600	1750		

　　松滋江堤加高加固工程资金主要由国家投资和地方配套两部分组成。根据批准的《松滋江堤加高加固工程补充初步设计报告》概算，总投资 14945 万元，但由于工程受自然变迁及人为活动等因素影响，特别是 1998 年、1999 年大水造成松滋江堤所在河段河势发生一定变化，原设计不能满足防洪要求。为此，松滋江堤加高加固工程建设管理办公室委托长江委勘测规划设计研究院编制《松滋江堤加高加固工程设计修订及补充说明》，增补原设计中遗漏或影响工程安全运行需要整治的部分项目，变更原设计中与实际情况不相适应部分。工程投资在原概算投资基础上增加 1405 万元，分别由长江委以长计〔2000〕117 号文和省计委、省水利厅以鄂计农字〔1999〕567 号文、鄂计农字〔2000〕31 号文下达。

三、设计标准

　　松滋江堤加固堤线由三段组成，即从老城进洪闸经新华垸、何家渡至胡家岗，长 16.8 千米；自东大口至灵钟寺，长 9.8 千米；从灵钟寺经杨家垸至涴里隔堤，长 24.6 千米，总长 51.2 千米。松滋江堤为Ⅱ级堤防，主要建筑物按Ⅱ级建筑物设计。设计水位按《长流规》确定的防御长江中游 1954 年型洪水目标和规划方案，以沙市水位 45.00 米（冻结吴淞）和枝城洪峰流量 80000 立方米每秒时，保证荆江河段安全泄洪的标准设计。设计洪水水面线高程为：松滋老城 47.73 米（黄海高程，下同）、何家渡 46.51 米、杨家垸 44.86 米、陈家湾 43.18 米、沙市 42.79 米[1]。堤身设计标准断面为堤顶高程按设计洪水位超高 1.5 米，堤顶宽度老城至胡家岗、东大口至灵钟寺为 6 米，灵钟寺至涴里隔堤为 8 米，内、外坡比按 1∶3 标准控制。堤顶道路采用碎石路面，碎石厚 0.2 米。

表 4 - 21　　　　　　　　　　　松滋江堤加高加固工程设计洪水位表　　　　　　　　　　　单位：m

堤　　段	地　点	老桩号	新桩号	原堤顶高程	设计洪水位
老城至胡家岗 老城至胡家岗	天王堂闸（老城）	0+101			47.73
	进洪闸	0+623	0+000	47.39	47.70
	新华垸		3+204	47.36	47.45
	戴家渡	9+000	8+096	46.48	46.98
	两利闸		9+092	46.77	46.88
	何家渡	13+000	12+179	46.17	46.54
	大口	15+500	14+714		46.29
	胡家岗	17+500	16+803	45.91	46.09

续表

堤　段	地　点	老桩号	新桩号	原堤顶高程	设计洪水位
东大口至灵钟寺	许家湾		20+058	45.64	46.29
	高家套		22+023	45.40	45.90
	灵钟寺	737+000	28+191	45.92	45.48
灵钟寺至涴里隔堤	王家台子	731+300	32+935	45.74	45.13
	李家垴	729+650	35+131		44.98
	上杨家垴		35+559	46.08	44.95
	杨家垴闸		37+872		44.83
灵钟寺至涴里隔堤	下杨家垴	726+000	39+086	45.86	44.74
	朝家堤	725+000	40+069	46.01	44.68
	丙码头	720+000	45+288	45.41	44.31
	新潭	718+650	46+653		44.18
	涴市镇	715+000	50+383	45.21	43.79
	涴里隔堤	712+500	52+711	45.00	43.46

注　高程系统为黄海。

护岸加固堤段，水下抛石厚度一般为块石粒径的 2 倍，对水下坡比不足 1：2 的边坡，抛至 1：2。对其以下水深比较深的缓坡（大于 1：2），其厚度达 4 倍块石粒径（按块石直径 0.3 米计），块石容重 2.5 吨每立方米。水上护岸堤段，护坡上限为有滩地岸坡，护至与滩肩齐平；无滩地岸坡，则护至设计洪水位。护坡下限为护至设计枯水位以上 1 米。护岸边坡要求按 1：3 护砌，过陡边坡要求削坡。护岸用块石干砌，块石厚 0.3 米，垫层厚 0.1 米。

穿堤建筑物设计流量为：杨家垴闸 10 立方米每秒，进洪闸 4.1 立方米每秒，戴家渡闸 0.43 立方米每秒，两利闸灌溉流量 3.61 立方米每秒，合众闸灌溉流量 0.8 立方米每秒，抱鸡母闸灌溉流量 0.8 立方米每秒，天王闸 1.0 立方米每秒，戴家渡闸排水流量 1.4 立方米每秒，两利闸排水流量 8.04 立方米每秒，两利泵站 5.7 立方米每秒，金闸泵站闸 4.8 立方米每秒，合众闸排水流量 9.8 立方米每秒，抱鸡母闸排水流量 2.87 立方米每秒。

四、培修加固

松滋江堤加高加固工程于 1994 年 8 月开工，2002 年 12 月完工，历时 8 年，完成堤身加培 51.2 千米、平台填筑 19.55 千米、锥探灌浆 48.4 千米，铺筑泥结碎石堤顶路面 51.2 千米，改建混凝土路面 2 千米，护岸 13.7 千米，完成改建、重建及加固涵闸 9 座。完成主要工程量：堤身土方加培 267.28 万立方米，堤基内外平台土方填筑 107.04 万立方米，水下抛石护脚 39.71 万立方米，水上混凝土预制块护坡 1.45 万立方米，浆砌脚槽 0.62 万立方米，填塘 15.12 万立方米，堤身锥探灌浆 8.97 万立方米。

表 4-22　　　　　　　　　　松滋江堤加高加固工程布置表

序号	工程项目	布置位置	桩　号	堤　段
1	堤身加高培厚	堤身	51.2km	全堤段
2	堤基平台处理	内外平台	1+378～4+000、9+200～11+000、12+000～12+590、14+162～15+542	老城—胡家岗
			0+000～1+000、2+763～5+660、6+260～7+300、8+260～9+460	东大口—灵钟寺
			8+000～24+600	灵钟寺—杨家垴

序号	工程项目	布置位置	桩　　号	堤　段
3	锥探灌浆	堤身	0＋100～5＋000、8＋585～19＋900	老城—胡家岗
			0＋000～9＋860	东大口—灵钟寺
			0＋000～24＋600	灵钟寺—涴里隔堤
4	护坡	沿堤外坡	0＋100～0＋350、2＋250～3＋150、10＋702～11＋432、12＋013～12＋786	老城—胡家岗
			1＋400～2＋000、2＋625～3＋800、9＋410～9＋810	东大口—灵钟寺
			1＋400～2＋000、2＋625～3＋800、9＋410～9＋810	东大口—灵钟寺
5	护岸抛石整治	险工险段	2＋250～3＋150、8＋650～9＋800、10＋702～11＋432、11＋932～12＋786	老城—胡家岗
			0＋000～0＋168、2＋625～3＋800、9＋410～9＋810	东大口—灵钟寺
			11＋720～12＋059、11＋876～15＋027、20＋206～21＋265、22＋010～24＋762	灵钟寺—涴里隔堤
6	堤顶碎石	堤顶长度	51.2km	全堤段
7	混凝土路面	堤顶	22＋000～24＋000	灵钟寺—涴里隔堤
8	涵闸新建及改建	堤身	0＋101、0＋623、8＋964、9＋932、10＋088、13＋672、13＋824	老城—胡家岗
			2＋870	东大口—灵钟寺
			11＋050	灵钟寺—涴里隔堤

表 4－23　　　　　　　　　　　松滋江堤加高加固工程初设、实际完成工程量表

工程项目	具体内容	初设批复工程量	设计变更后工程量	实际完成工程量
堤身加培	土方填筑/m³	2589700	2672800	2672800
	土方开挖/m³	216000	135187	135187
	植草/m²		848018	848018
堤基处理	土方填筑/m³	1082300	1070400	1070400
	清基/m³	70600	30443	30443
	填塘/m³	122800	151200	151200
	锥探灌浆	2241600m	89700m³	89700m³
护岸工程	削坡土方/m³	115800	223421.7	223421.7
	干砌石/m³	58800	变更	变更
	混凝土预制块护坡/m³		14500	14500
水下抛石	m³	379500	397000	397095.5
路面工程	泥结碎石/m³	73000	58986	58986
	混凝土路面/m³		2400	2400
穿堤建筑物	混凝土/m³	4102	4031	4031
	钢筋/t	209.2	211.4	211.4
抱鸡母洲护岸	削坡土方/m³	24168	25269	25269
	预制块护坡/m³	2062	2082	2082
	现浇混凝土封顶/m³	319	332.5	332.5
	浆砌石/m³	798	835.5	835.5
	粗砂、瓜米石垫层/m³	3259	3823	3823
	水下抛石/m³	7746	7746	7746
	土工布/m²	4069	6349	6349

松滋江堤加高加固前，松滋老城至胡家岗堤段堤顶高程47.42～45.91米（黄海高程，下同），堤身垂高3.8～4.7米，堤宽4～6米，内、外坡比1:2.5～1:3；沿采穴河的东大口至灵钟寺堤段堤顶高程45.83～45.92米，堤身垂高4.4～4.9米，堤宽4米，内坡比1:2，外坡比1:2.5～1:3；灵钟寺至浣里隔堤堤顶高程44.90～45.92米，堤身垂高4.9～5.6米，堤宽6～8米，内、外坡比1:3。经过加高培厚后，松滋江堤堤顶宽度达到8米，堤顶高程达47.18～49.69米，内、外坡比1:3，堤身垂高5～8米。一般垸内高程39.50～44.00米[2]。

1995年3月成立松滋江堤加固工程指挥部，由松滋县水利局负责组织实施。堤身加高培厚和堤基加培工程中，老城至胡家岗堤段（桩号0+100～16+900）、东大口至灵钟寺堤段（桩号0+000～9+860）、灵钟寺至浣里隔堤堤段（桩号0+000～4+000）的加固工程于1998年前基本完成。其中，老城至胡家岗堤段完成堤身加高培厚和堤基加培堤段16.8千米、填筑土方146.55万立方米、水下抛石3.4万立方米、锥探灌浆1.33万立方米；东大口至灵钟寺堤段完成堤身加高培厚9.86千米、填筑土方104.47万立方米、堤身锥探灌浆7285米、灌浆1.40万立方米。堤身加固工程于1995年5月开工，次年5月完工。1996年冬，完成大口堤段改线950米，同时修建抱鸡母洲闸；灵钟寺至浣里隔堤堤段完成堤身加高培厚4.0千米、填筑土方16.70万立方米、堤身锥探灌浆24.65千米、灌浆114.18万立方米，朝家堤、杨泗庙等地抛石2.32万立方米，浣市横堤水下抛石2.68万立方米。

1998年后，松滋江堤下剩工程由省河道局负责组织公开招标，湖北省水利水电建设总公司、湖北省建筑工程总公司三公司、荆州市城建集团土石方公司等7家公司中标。

下剩工程施工中，继续实施堤身加高培厚，部分堤段进行堤基处理和填塘。老城至胡家岗（松滋河）堤段完成填塘300米、填筑土方2.67万立方米；灵钟寺至杨家垴堤段（桩号4+000～11+000）完成堤身加培7千米、填筑土方47.59万立方米；杨家垴至浣里隔堤（桩号11+000～24+600）长13.6千米堤段进行堤身土方填筑和堤基填筑，桩号21+315～22+157长842米堤段实施填塘，完成土方填筑64.46万立方米。

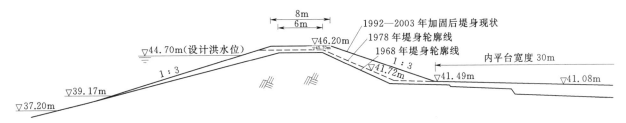

图4-13　松滋江堤历年加高加固对比图（桩号725+000）

2000年后，松滋江堤51.2千米堤顶路面实施改造，铺筑泥结石路面51.2千米，并在泥结石路面上改建混凝土路面2千米，完成泥结石铺筑5.90万立方米、混凝土路面2400立方米。其中，松滋江堤老城至胡家岗（桩号0+100～16+800）16.8千米堤段铺筑泥结碎石1.28万立方米；东大口至灵钟寺（采穴河）堤段（桩号8+500～16+900）铺筑堤顶碎石路面长8.4千米，完成泥结碎石7395立方米、路面砂石垫层2465立方米；灵钟寺至杨家垴堤段（桩号0+000～11+000）铺筑堤顶碎石路面11千米，完成碎石垫层3300立方米、泥结碎石9900立方米；杨家垴至浣里隔堤（桩号11+000～24+600）铺筑堤顶碎石路面13.6千米，改建堤顶混凝土路面2千米（桩号22+000～24+000），完成碎石垫层2.04万立方米、泥结碎石1.31万立方米、堤顶路面混凝土2400立方米。

松滋江堤堤顶路面工程2000年4月招标，6月路面工程开工，由湖北省水利水电建设总公司、潮州市水利水电基建公司、天门市水利建筑工程公司、浙江华东工程公司等施工单位中标承建。

表 4 - 24　　　　　　　　　松滋江堤加高加固工程项目开、完工时间表

序号	单位工程名称	桩号	开工时间	完工时间
1	老城—胡家岗（1998 年前）	0＋100～16＋900	1994 年 8 月	1999 年 7 月
2	东大口—灵钟寺（1998 年前）	0＋000～9＋860	1994 年 12 月	1997 年 5 月
3	灵钟寺—涴里隔堤（1998 年前）	0＋000～4＋000	1995 年 4 月	2000 年 2 月
4	老城—胡家岗	0＋100～16＋900	2000 年 5 月	2002 年 12 月
5	东大口—灵钟寺	0＋000～9＋860	2000 年 6 月	2001 年 3 月
6	灵钟寺—杨家垱	0＋000～11＋000	1999 年 3 月	2000 年 8 月
7	杨家垱—涴里隔堤	11＋000～24＋600	2000 年 2 月	2000 年 8 月
8	穿堤建筑物		1996 年 1 月	2000 年 4 月

五、险情整治

松滋江堤加高加固工程施工中重点整治堤身隐患、堤基渗漏和崩岸险情，清除堤身多处隐患，堤基防渗能力得以提高，崩岸段得到有效控制，江堤防洪能力得到显著提高。

（一）堤身隐患治理

松滋江堤堤身单薄，填筑质量差，密实度不够，在加高加固工程建设中，针对堤身隐患堤段进行整治，完成锥探灌浆 48.4 千米，占全堤长的 94％，灌浆 8.97 万立方米。

（二）堤基渗漏整治

散浸和管涌险情是造成松滋江堤渗流变形破坏的主要原因。散浸险情主要发生堤段有新华垱、大矶、金沟、李家垱、杨家垱、朝家堤、丙码头、史家湾、杨泗庙、查家月堤、罗家湾等 11 处，沿堤长约 10.8 千米，占全堤长的 20％。散浸宽度离堤脚 30～250 米。管涌险情主要发生堤段为新华垱、大矶、金沟等，主要管涌点有 9 个，最大孔径达 0.3 米。松滋江堤历史溃决遗迹有 8 处，经过多年吹填整治至 2010 年底历史冲坑仍有新潭和罗家潭。

为整治松滋江堤堤基渗漏险情，加高加固工程中堤内外 50 米范围内均采取渗控措施实施整险加固，一般根据险情和渗径要求，采用堤内盖重为主，压排相结合，辅以部分填塘等措施。老城至胡家岗堤段有 8 处堤基渗控除险，其中堤内压浸台 7 处，堤外铺盖 1 处；东大口至灵钟寺堤段有 4 处堤基渗控除险，其中堤内压浸台 2 处，堤外铺盖 1 处，填塘 1 处；灵钟寺至罗家潭堤段有 6 处堤基渗控除险，均修筑堤内压浸台，并对罗家潭实施部分填塘。涴市堤段和灵钟寺堤段部分地段堤脚地势低洼，汛期易渍水，对防洪安全影响极大，此次加固中，特增加盖重填筑 4.21 千米，盖重宽度与上下游堤段一致。堤基渗漏险情整治共完成加培土方 92.88 万立方米、填塘土方 13.96 万立方米。

（三）护岸整治

松滋江堤不稳定岸坡沿堤长约 23.6 千米，占全堤长 46％。新华垱、灵钟寺、罗家潭、丙码头等堤段易发生崩岸险情；松滋河段土体冲刷严重，尤以戴家渡至合众闸段为甚；何家渡、朝家堤等堤段深泓逼岸，新华垱、大矶、灵钟寺、杨泗庙、涴里隔堤、查家月堤、罗家潭等地迎流顶冲，易导致岸坡失稳。为稳定河势和增强河床边界抗冲能力，对迎流顶冲，外滩较窄河段与深泓贴岸河段实施重点防护整治；对阻水漫滩，虽崩岸严重，但滩岸较大，尚不危及大堤安全河段，采取抛石护岸。施工中采用平顺护岸方式，水上护岸采用干砌块石；水下抛石护脚，上端一般自设计枯水位以上 1 米接护坡脚槽，下端则根据河床具体情况实施守护。

老城至胡家岗段水下抛石 7.56 万立方米，护长 3629 米；护岸削坡 4 处 2653 米，削坡土方 9.22 万立方米；混凝土预制块护坡 4 处 2653 米，共 9703 立方米；浆砌脚槽 3450 立方米。大口至灵钟寺护岸削坡 3 处，并在削坡地段实施混凝土预制块护坡，护砌长度 2175 米；水下抛石 3 处 1743 米，共抛石 4.77 万立方米。灵钟寺至涴里隔堤水下抛石护岸 3 处 1055 米，共护石 28.0 万立方米。整个护岸工程水下抛石共 39.71 万立方米，护岸长度 13.43 千米，混凝土预制块护坡 1.45 万立方米。

　　1999年7月，松滋江堤高家套堤段（桩号3+356～3+550）发生严重崩岸险情，而当时该段尚未实施护岸，经紧急抢抛块石2871立方米进行维稳固脚，得以保证江堤安全度汛。

六、涵闸整险加固

　　此次加高加固中，松滋江堤上9座病险涵闸分别实施重建或改建。其中，天王堂闸、进洪闸、戴家渡闸、两利泵站闸、金闸泵站闸和合众闸等7座涵闸建于合众垸沿松滋老城至胡家岗长16.8千米松滋河支堤上；抱鸡母闸建于东大口至灵钟寺采穴河支堤上，为排灌两用闸；杨家垴闸建在长江干堤杨家垴堤段，为灌溉闸。9座涵闸合计灌溉面积1.47万公顷，排水面积84.6平方千米。

　　这些涵闸大都修建年代久远，天王堂闸最早建于1842年；戴家渡闸建于1871年；合众闸建于20世纪50年代中期；杨家垴闸、进洪闸、两利闸等建于20世纪60年代。这些涵闸防洪标准低，闸身质量较差，闸门和涵洞钢筋锈蚀严重，混凝土大都已老化，闸基险情较多。进洪闸为单孔混凝土拱涵灌溉闸，设计标准低，渗径不够，闸门严重变形，外滩淤塞严重；戴家渡闸系单孔条石箱涵排灌两用闸，闸身结构老化，无启闭设备，每年汛期均用土填堵涵洞，因闸外筑有围堤，该闸多年未运用；天王堂闸为单孔条石箱涵，无启闭设备，条石风化严重，闸址距河较远，闸口淤塞严重；杨家垴闸闸基土层结构复杂，闸基下2～8米为淤泥质粘土层，其下为深厚强透水的砂层或砂卵石层，在稍厚的粘性覆盖层中夹有砂层；两利闸闸基中的夹砂层与江河相通，汛期堤脚及堤后多次发生散浸及管涌险情。

　　松滋江堤加高加固工程中，针对9座涵闸不同病险情况分别实施整险加固。合众闸在原闸址上加固接长，闸首由老堤外移40.3米，即离新堤堤面中心21.4米；外移后，新建闸首段14米，闸首段后接长两节箱涵，并在闸首外江侧设消力池。两利闸和两利泵站闸在原闸址上接长加固，根据堤身内帮要求，在垸内接长一节，并采用钢筋混凝土箱涵，同时，重建外江、垸内两侧八字形矩形槽，以延长渗径。金闸泵站闸在原址接长洞身，同时重建消力池，更新闸门、启闭机。天王堂闸、进洪闸、戴家渡闸由于建筑质量较差，病险较多，在原址按排灌要求实施改建，改原单孔条石涵（混凝土拱涵）为钢筋混凝土箱涵。杨家垴闸和抱鸡母闸原闸址条件较差，堤身加高培厚后堤线有变化，整险加固中，将两闸迁移新址，变更规模，实施重建。

表4-25　　　　　　　　　松滋江堤加高加固工程穿堤建筑物建设一览表

工程项目名称	开工时间	完工时间	土方开挖/m³	土方回填/m³	混凝土/m³	钢筋/t	砌石/m³	清淤/m³	备注
杨家垴闸重建工程含提水泵站	1999年11月30日	2000年4月5日	33084	12170	1497	76.4	干、浆砌石2168		建提水泵站1座
杨家垴闸后渠首护砌	2002年4月4日	2002年4月20日	1200	垫层350			浆砌块石840		
天王堂闸改建工程	1998年11月9日	1999年3月31日	4175	3245	263	14			
进洪闸改建工程	1999年2月4日	1999年6月25日	9984	7488	466	24			
戴家渡闸改建工程	1999年12月3日	2000年5月25日	2120	2239	251	13			
两利闸加固工程（两利泵站闸）	1999年1月15日	2000年5月25日	3132	2684	混凝土351、拆除混凝土570		浆砌块石304	1760	
金闸泵站闸加固工程	1999年12月19日	2000年5月10日	827	436	混凝土181、拆除混凝土184	7	浆砌石53		
合众闸加固工程	1999年12月13日	2000年5月25日	4083	10029	混凝土756、拆除混凝土562	33	浆砌石158		
抱鸡母闸改建工程	1996年1月22日	1996年6月25日	5188	4487	266	12			

1998年前，抱鸡母闸、天王堂闸、进洪闸、戴家渡闸、两利闸、两利泵站闸、金闸泵站闸及合众闸完成重建、改建。1998年后，由省河道局负责组织对杨家垴闸新建工程进行公开招标，湖北省水利水电建设总公司中标承建，长江委负责设计。

旧杨家垴闸建于1960年，闸址位于松滋江堤桩号727＋635处，系双孔拱式结构，修建时由于条件所限，施工中混凝土掺入块石较多，浇灌质量较差，建成运用后，1965年发现闸底板纵向（顺水流方向）中心发生断裂。1968年，将闸底板用钢筋混凝土加厚0.3米，1973年和1982年分别进行局部改建加固，但因闸基地质条件较差，机电设备老化，且闸前淤塞严重，40余年一直带病运行，是松滋江堤上最大的病险涵闸，严重影响安全度汛。因此，松滋江堤1992年立项加固时决定将该闸进行迁址重建。

新建的杨家垴灌溉涵闸位于老闸下游2044米，松滋江堤桩号725＋591处，闸室为单孔4米×4米箱涵，闸底高程37.00米（冻结吴淞），设计流量10立方米每秒；采用卷扬式启闭机，钢绳吊挂钢质闸门，最高工作水位42.85米，最大灌溉面积8700公顷；涵闸全长97米，其中闸室长43.6米。新建配套电力提水站一座，总装机容量265千瓦每3台，37.50米水位以下时，采用电力提水灌溉。新闸1999年11月30日开工建设，次年4月5日竣工，2002年7月19日首次开闸试运行。新闸建成后，2002年10月28日整体开挖拆除旧闸并回填密实，次年1月25日完工。迁址重建工程完成土方开挖3.3万立方米、土方回填1.22万立方米、混凝土浇筑1497立方米、浆砌（干砌）块石2168立方米，耗用钢筋76.4吨，完成国家投资216.6万元，其中涵闸部分146万元。

松滋江堤穿堤建筑物加固与改建工程于1996年1月开工建设，2000年5月完工，完成投资460.48万元。9座涵闸的加固与改建共完成土方开挖5.98万立方米、土方填筑4.08万立方米、混凝土浇筑4031立方米、浆砌石3371立方米（含干砌），拆除混凝土1316立方米，修建提水泵站1座，更换平板闸门9扇、启闭机9台，耗用钢筋221.4吨。

七、竣工验收

2003年6月17—18日，松滋江堤加高加固工程8个单位工程通过验收。73个分部工程中43个分部工程被评为优良，优良率58.9%；8个单位工程全部合格，其中6个单位工程被评为优良，优良率75%。

2003年8月28日，松滋江堤加固工程档案工作通过专项验收。工程归档案卷263卷，其中综合类19卷、建设管理类32卷、设计类54卷、施工类138卷、监理类20卷；图纸18盒共396张，以及其它资料。

2003年9月21—22日，召开松滋江堤加高加固工程水土保持专项工程验收会。验收组认为，松滋江堤加高加固工程基本完成水土保持设施建设任务，水土保持设施总体质量达标，水土流失防治效果基本满足有关标准规定，同意通过验收。

图4-14　松滋江堤加高加固工程竣工验收

2003年10月24日，召开松滋江堤加高加固工程建设征地补偿及移民安置验收会，并通过建设征地补偿及移民安置验收。

2003年12月29—30日，召开松滋江堤加高加固工程竣工初步验收会议，通过竣工初步验收。该工程是全省16个堤防加固工程项目中第二个通过竣工初验的项目，也是由省水利厅主持验收的第一个通过竣工初验的项目。

省财政厅委托湖北天宇工程造价咨询有限公司于2003年12月11日至2004年2月14日、2007年3月27日至4月13日，分两次评审松滋江堤加高加固工程项目及竣工财务决算。省财政厅以鄂财函〔2007〕149 号文予以批复，批复意见为：松滋江堤加固工程概算投资 14945 万元，完成投资 14589.466 万元（其中建安工程投资 10126.532 万元、设备投资 413.254 万元、待摊投资 4049.680 万元）；实际到位资金 14600 万元，资金结余 10.534 万元，工程共形成交付使用资产 14589.466 万元，均为固定资产。

2007 年 6 月 18—19 日，省水利厅在荆州主持召开松滋江堤加高加固工程竣工验收会议，通过竣工验收。

经过 8 年建设，松滋江堤加高加固工程通过竣工验收，并交付运行管理单位使用，堤身、堤基、护岸、涵闸等工程运行情况正常，堤身隐患得到整治，堤防的抗洪能力得到提高，经受住 1998 年、1999 年两年大水考验，未出现重大险情，具有显著社会和经济效益。松滋江堤抗洪能力达到 1980 年长江中下游防洪座谈会规划的堤防加固目标，堤防等级达到国家 Ⅱ 级堤防标准。

注：

[1] 数据来源于水利部《关于松滋江堤加高加固设计任务书（代可研报告）的批复》。

[2] 数据来源于《松滋市长江防汛指挥部 2008 年防汛预案》。

第四节　荆南长江干堤加固工程

荆南长江干堤位于长江中游荆江河段右岸，上起松滋市涴里隔堤与松滋江堤相连，下抵石首市五马口与湖南岳阳长江干堤相接，全长 189.02 千米，为 Ⅱ 级堤防，保护荆江分洪区（公安县）、涴市扩大分洪区（荆州区、松滋市）、石首市江南部分及湖南华容东洞庭湖大部分地区。保护区面积 2564 平方千米、耕地 11.59 万公顷、人口 136.4 万。保护区内土地肥沃、雨量充沛、资源丰富，是国家重要的粮棉油生产基地。建国后经多年建设，荆南长江干堤虽具备一定防洪能力，但在列入国家基本建设项目实施整治加固前，仍不具备抵御沙市水位 45.00 米洪水能力。

列入基本建设项目的荆南长江干堤横跨松滋、荆州、公安、石首 4 个县（市、区）。为荆南各县（市、区）长江干堤的大部分。其中：松滋市自涴里隔堤至罗家潭（桩号 712＋500～710＋260），长 2.24 千米；荆州区自罗家潭至太平口（桩号 710＋260～700＋000），长 10.26 千米；公安县自北闸至何家湾（桩号 696＋700～601＋000），长 95.70 千米；石首市自老山嘴至五马口（桩号 585＋000～497＋680），长 80.82 千米。

一、建设缘由

荆南长江干堤地处荆江右岸。上荆江为微弯分汊型河道，右岸有公安河湾；下荆江蜿蜒曲折、九曲回肠，右岸石首、调关两大河湾最为险要。河湾处江流逼岸、崩坍严重，干堤外滩逐渐萎缩，调关处已是堤岸合一。加之河势不稳，已守护岸段可能再次崩坍。建国后虽不断整治，严重崩岸段得到基本控制，但守护量总体偏小，许多地段堤外无滩或滩很窄，主流常年贴岸，顶冲淘刷岸脚，威胁护岸工程及堤防安全；已护段内存在较多空白段，不能适应局部河段河势调整变化，工程抛石量不足，分布不均匀，局部河段河势不顺，水流顶冲强烈，必须加强护岸整治。

荆南长江干堤堤基多为典型二元结构或多元结构。近堤脚渊塘众多，顺堤长达 39.2 千米。堤外无滩或仅有窄滩，江水易通过下部透水层向堤内渗透，造成管涌险情。堤身土质复杂，填筑质量差，普遍存在密实度不够问题；白蚁分布较广，虽经管理部门多年翻筑处理和锥探灌浆，险情有所好转，但每年汛期，蚁患险情仍不断发生。

荆南长江干堤共有穿堤涵闸 19 座，其中 2 座已废弃，这些涵闸多为 20 世纪 60 年代所建，最早的马家嘴闸原建于 1890 年。整治加固前，水利部长江科学院工程质量检测中心对 17 座涵闸逐一进行安全检测，发现多数涵闸基础较差，修建时大都未进行基础处理，导致闸身出现裂缝；涵洞部分普遍短窄，消能设施标准低，损毁失修，闸门锈蚀严重，启闭设备陈旧老化，严重危及堤防安全。

荆南长江干堤堤线长，观测设备、交通工具缺乏，通讯联络手段落后；一些重要险工险段路况差，给防汛抢险和指挥调度带来极大困难；整治、管理状况未达到《堤防管理设计规范》要求。

1998 年，长江发生全流域型大洪水，荆南长江干堤有 140.14 千米堤段直接挡水，发生散浸、管涌、清水漏洞、裂缝等险情 177 处，其中散浸 104 处，一般出现于堤坡，累计长度 56.94 千米，占挡水堤段的 40.63%；管涌 16 处，最大孔径达 0.8 米；清水漏洞 38 处，最大孔径 0.1 米；堤身纵向裂缝 7 处，最大缝宽达 0.03 米；其它险情 12 处。

1998 年大水中暴露出的各类险情表明荆南长江干堤存在堤防防洪标准低、堤身质量差、断面标准不够、堤基隐患多、河岸崩坍严重、涵闸设计标准低、安全问题严重，以及管理基础设施薄弱等诸多问题。

在列入国家基本建设项目进行大规模整治加固前，荆南长江干堤防洪标准与 1990 年修订的《长流规》确定的整体防洪规划不相适应，汛期安全度汛困难。全线 189.02 千米堤防，除极少数堤段堤顶宽度达到 8 米，堤顶高程达到规划控制要求外，绝大部分堤段堤顶高程、堤坡坡比及内外平台未达到规划要求。

二、建设项目

1998 年大水后，国务院办公会议适时提出"封山植树、退耕还林，平垸行洪、退田还湖，以工代赈、移民建镇，加固干堤、疏浚河湖"的灾后重建措施，并明确指出长江主要堤防要能防御建国以来发生的最大洪水，重点地段堤防要达到防御百年一遇洪水标准，要抓紧加固干堤，建设高标准堤防。鉴于荆南长江干堤在 1998 年大水中充分暴露的管涌、漏洞等各类重大险情和存在的诸多问题，为保证堤防防洪安全，遵照中央指示精神和部署，荆南长江干堤被纳入长江堤防建设项目实施全面加固。随即，勘测、设计、报批、施工管理等各项工作迅速开展。

1998 年 12 月，长江勘测规划设计研究院编制《荆南长江干堤加固工程可行性研究报告》（以下简称《可研报告》），省水利厅将《可研报告》以鄂水堤〔1998〕344 号文上报水利部。1999 年 3 月，水利部水利水电规划设计总院审查通过该报告，并以水规〔1999〕36 号文将审查意见上报水利部。

2000 年 3 月 17—22 日，受国家发展计划委员会委托，中国国际工程咨询公司评估《可研报告》，评估报告肯定荆南长江干堤加固工程的必要性，工程评估总投资为 144885 万元（含隐蔽工程）。2001 年 4 月，国家发展计划委员会以计经农〔2001〕542 号文批准《可研报告》。

《可研报告》批准之后，2001 年 10 月，长江勘测规划设计研究院编制完成《荆南长江干堤加固工程初步设计报告（非隐蔽工程）》（以下简称《初设报告》）。受水利部委托，10 月由省水利厅主持审查《初设报告》，并上报长江委。2002 年 2 月 10 日，长江委以长计〔2002〕74 号文件批复《初设报告》，核定工程静态总投资为 84963 万元。

此后，长江委又以长规计〔2003〕557 号文批准同意将堤顶路面原设计泥结石路面变更为混凝土路面，并以长规计〔2005〕69 号文增设 3 座沉螺池；省水利厅以鄂水利堤函〔2006〕167 号批复同意增加公安县斗湖堤城区堤顶 2.5 千米混凝土路面。

根据《初设报告》、《湖北省荆南长江干堤初步设计报告（非隐蔽工程）补充说明》（以下简称《补充说明》）及长计〔2002〕74 号文批复意见，荆南长江干堤加固工程主要工程建设内容为：在原有堤防断面上进行整险加固，实施堤防加高培厚、锥探灌浆；填筑沿堤内渊塘，实施平台压渗盖重、建排渗沟；在堤顶全线布置堤顶防汛道路，且沿堤线在堤坡适当布置上堤路。荆南长江干堤原有 19 座涵闸，按保持涵闸原有规模和结构，以及涵闸险情、运行情况，重建其中 9 座、加固改建 8 座、拆除回填废弃 2 座。直接挡水堤段临水坡为预制混凝土块护坡，背水坡为草皮护坡；外有民垸堤段临水坡及背水坡均为草皮护坡。

三、设计标准

根据《防洪标准》(GB 50201—94)及《长流规》有关规定,荆南长江干堤为Ⅱ级堤防,其穿堤建筑物为Ⅱ级建筑物,地震基本烈度为Ⅵ度。工程设计洪水位按《长流规》确定的防御1954年型洪水目标和规划方案,以沙市45.00米(冻结吴淞)、城陵矶34.40米、汉口29.73米作为控制站推算各控制断面设计洪水位。

表4-26   荆南长江干堤主要控制点设计洪水位明细表   单位:m

序号	地名	桩号	设计洪水位		序号	地名	桩号	设计洪水位	
			吴淞	黄海				吴淞	黄海
1	五马口	497+680	37.78	35.96	17	裕公垸	613+725	42.00	40.15
2	章华港	501+000	37.98	36.16	18	赵家埠	628+720	42.00	40.15
3	鹅公凸	514+500	38.79	36.85	19	鲁家埠	633+090	42.00	40.15
4	槎港山	516+500	38.90	36.95	20	北堤	638+250	42.15	40.19
5	来家铺	517+500	38.96	37.01	21	青龙嘴	642+620	42.41	40.41
6	调关	529+300	39.19	37.04	22	杨厂	646+200	42.69	40.69
7	官山	536+500	39.00	36.85	23	朱家湾	647+700	42.76	40.76
8	肖家拐	543+000	39.20	37.00	24	斗湖堤	654+420	43.14	41.14
9	扁担湾	545+400	39.26	37.06	25	双石碑	660+300	43.38	41.38
10	王海	549+000	39.48	37.28	26	埠河	688+000	45.00	42.80
11	北门口	566+000	40.38	38.30	27	周家土地	690+500	45.10	42.90
12	五虎朝阳	572+000	40.42	38.42	28	关庙	696+500	45.18	42.98
13	月子尖	576+000	40.82	38.82	29	何家台	700+000	45.20	43.00
14	管家铺	578+800	40.88	38.88	30	幸福闸	704+250	45.25	43.15
15	老山嘴	585+000	41.00	38.80	31	毛家大路	705+050	45.26	43.16
16	倪家塔	600+000	42.00	40.15	32	查家月堤	712+500	45.67	43.57

堤顶高程按设计洪水位加安全超高1.5米,其中荆江分洪区杨厂至藕池段堤段则按分洪水位加高2.0米或设计洪水位加高1.5米取大值。堤面宽度为8米,公安县城区及荆江分洪工程安全区局部堤段(桩号655+000~655+230)因拆迁工程量较大,堤顶宽度设计为6米。堤身边坡设计为断面外帮,外坡比1:3,内坡不变;断面内帮,内坡比1:3,外坡不变。平台宽度设计为内平台宽30米(局部50~80米),外平台宽50米。

沿堤线进行填塘固基及盖重,100米范围内渊塘、低洼地和取土坑填平至地表。堤基基础较差堤段、历史溃决冲潭地段适当加宽固基范围至距堤脚200米。填筑厚度一般为1~2.5米,较深渊塘,填筑厚度控制在4.5米以内。盖重厚度按渗透稳定计算确定。

堤顶混凝土路面设计宽4.5~6米,其中4.5米宽路面长134.64千米(含无量庵桩号613+500~616+500长3千米沥青路面),5.5米宽路面长2.5千米,6米宽路面长43.9千米(含腊林洲桩号692+500~695+500长3千米沥青路面)。堤顶混凝土路面施工质量参照三级公路标准控制,路面结构层上层至下层分别为混凝土路面、混凝土稳定砂砾基层和级配碎石底基层,厚度分别为0.2米、0.15米、0.15米。沥青路面,从上层至下层分别为沥青混凝土面层、混凝土稳定砂砾层及碎石垫层,厚度分别为0.04米、0.2米、0.15米。

穿堤建筑物按Ⅱ级建筑物设计,设计水位按闸址所在堤段设计水位加0.5米确定。

表 4 - 27　　　　　　　　　　荆南长江干堤涵闸设计洪水位明细表　　　　　　　　　　单位：m

序号	地名	桩号	设计洪水位		序号	地名	桩号	设计洪水位	
			吴淞	黄海				吴淞	黄海
1	章华港排灌闸	501＋293	40.29	38.47	10	管家铺闸	578＋850	41.38	39.38
2	桃花外闸	528＋838	39.69	37.54	11	黄水套排灌闸	620＋336	44.67	42.82
3	大港电排闸	531＋200	39.64	37.49	12	白龙港闸	620＋500	42.45	40.65
4	大港口排灌闸	531＋484	39.63	37.48	13	二圣寺灌溉闸	651＋200	44.96	42.96
5	新小湖口闸	537＋280	39.52	37.37	14	二圣寺防洪闸	651＋250	44.96	42.96
6	老小湖口闸	537＋540	39.52	37.37	15	马家嘴闸	666＋230	45.18	43.18
7	肖家拐闸	542＋900	39.70	37.50	16	周家土地闸	691＋040		
8	新堤口闸	552＋180	40.17	37.97	17	幸福闸	704＋250	45.61	43.51
9	马行拐闸	560＋200	40.59	38.51					

堤身护坡为预制混凝土护坡和草皮护坡两种。预制混凝土护坡，边长 0.30 米，厚 0.12 米，中心预留直径 0.02 米透水孔。护坡封顶采用 0.3 米厚现浇混凝土，封顶高程低于设计堤顶高程 0.15 米。草皮护坡为草皮移栽和播撒草种两种方式。移栽方式是按 0.5 米×0.5 米菱形分布；播撒草种方式选择适应性强、生长迅速、根系发达、四季长活的草种，将堤坡清理干净并翻松施肥后撒草籽。

四、培修加固

荆南长江干堤加固工程从 1999 年 12 月开工，2005 年 7 月竣工。根据防洪保安需要，1998 年 11 月，省计委以鄂计农字〔1998〕第 1131 号文下达长江崩岸整治计划，安排公安县整险土方 350 万立方米，石首市整险土方 220 万立方米，加高培厚荆南长江干堤汛期依靠子堤挡水堤段。1999—2000 年，国家在 4 批计划中下达整险资金，重点整治荆南长江干堤 1998 年汛期出现管涌、漏洞、崩岸、散浸等重大险情堤段。此后，荆南长江干堤加固工程按照批复确定的建设内容和程序，先实施堤身加培、内外平台填筑，种植防浪林和防护林，接着实施堤身锥探灌浆，然后进行堤身混凝土护坡，修建堤顶混凝土路面，最后完成管理设施的配置，分年实施。

图 4 - 15　2003 年 5 月 20 日，中共中央政治局委员、省委书记俞正声（左二）视察荆南长江干堤

荆南长江干堤加固工程项目主要资金来源于中央国债资金和世界银行贷款（以下简称世行贷款）。1999—2001 年，工程建设项目主要资金为中央国债资金；2001 年后，该工程改为世行贷款项目，项目资金 65％为世行报账（世行贷款资金，工程结算采用报账制），35％为国内配套。为规范工程结算工作程序，项目法人按照基本建设财务管理规定，制定一系列关于工程计量及价款结算的管理办法，对工程价款的结算方式作出明确规定，价款结算严格按照报账程序执行。该工程由荆南长江干堤加固工程建设管理办公室（以下简称荆南建管办）负责现场管理，征地移民拆迁由荆州市移民办负责实施。

1999—2000 年，省发展计划委员会、省水利厅分三批下达荆南长江干堤加固计划投资 13500 万元，其中中央投资 9000 万元，地方配套 4500 万元。根据年度计划，项目法人及现场管理机构在参建各方配合下，共完成 1999 年度石首、松滋、荆州（区）、公安段土方加培工程，以及北闸东引堤加固工程、章华港排灌闸新建工程、黄水套排灌闸重建工程等 7 个单位工程；完成堤身加培 40.06 千米，涵闸重建 2 座。

2000—2002年，省发展计划委员会、省水利厅分五批下达荆南长江干堤加固计划投资71462万元（中央投资28000万元，世行贷款25843万元，地方配套17619万元）。根据投资计划以及长计〔2002〕74号文批复的《初设报告》，项目法人对荆南长江干堤加固工程下剩项目内容逐步实施。

2002年2月，长江委批复荆南长江干堤加固工程（非隐蔽工程）投资总概算为84963万元。资金投入按国家有关部门下达的年度投入计划执行。1999—2002年，国家有关部门分年度共下达工程投资计划84962万元（含整险计划资金2514.37万元），其中中央投资37000万元，世行贷款25843万元，省配套8064万元，地方配套14055万元。

工程实际到位资金86016.55万元，其中，中央国债资金37000万元，世行贷款27569.71万元，省配套资金21442.84万元，地方配套4万元。实际完成总投资85908.08万元〔含整险工程2036.61万元，湖北省利用世界银行贷款长江干堤加固项目移民安置办公室（以下简称世行办）完成征地拆迁资金24314.08万元〕，其中，建筑工程投资47600.30万元，机电设备投资2178.58万元，金属结构投资138.28万元，临时工程投资919.8万元，其它费用35071.12万元。

表4-28　　　　　　　　　　　荆南长江干堤加固工程年度投资情况表　　　　　　　　单位：万元

年度	年度计划总投资	计划文号	小计	中央投资	世行贷款	省配套	地方配套
1999	13500	鄂水堤复〔1999〕323号	6000	3000		685	2315
		鄂计农字〔1999〕1233号	5000	4000		100	900
		鄂计农字〔2000〕0031号	2500	2000		50	450
2000	19300	鄂计农经〔2000〕1146号	16000	5000	8000	80	2920
		鄂计农经〔2000〕1399号	1200	1000		20	180
2001	52162	鄂计农经〔2001〕727号	2100	1000	900	20	180
		鄂计农经〔2001〕1307号	5000	4000		500	500
		鄂计农经〔2002〕524号	47162	17000	16943	6609	6610
合计	84962		84962	37000	25843	8064	14055

表4-29　　　　　　　　　　荆南长江干堤加固工程投资实际完成情况表　　　　　　　单位：万元

序号	项目	建筑工程	安装工程	设备价值	其它费用	合计
一	第一部分：建筑工程	47600.31				47600.31
1	堤身加固	10486.87				10486.87
2	堤身护坡	5477.22				5477.22
3	堤基加固	13066.48				13066.48
4	导渗沟	104.93				104.93
5	废闸拆除	96.15				96.15
6	涵闸工程	3882.34				3882.34
7	房屋建筑工程	989.67				989.67
8	堤顶道路	9106.47				9106.47
9	防汛码头	252.58				252.58
10	堤防管理设施	1701.61				1701.61
11	沉螺池	399.37				399.37
12	应急整险工程	2036.61				2036.61
二	第二部分：机电设备及安装工程			2178.59		2178.59
三	第三部分：金属结构设备及安装工程		17.87	120.40		138.27
四	第四部分：临时工程	919.80				919.80
五	第五部分：其它费用				35071.12	35071.12
合计		48520.11	17.87	2298.98	35071.12	85908.08

注　数据来源于荆南长江干堤加固工程竣工决算审计报告。

实际完成工程建设内容：按照原堤线加固 189.02 千米，堤身加固培厚 167.48 千米，内平台填筑 142.07 千米，外平台填筑 80.76 千米，锥探灌浆 87.8 千米，堤顶混凝土路面 181.04 千米，加固改建沿堤涵闸 17 座（重建 9 座、加固改建 8 座），拆除回填废弃涵闸 2 座，临水坡预制混凝土护坡 51.73 千米、浆砌块石护坡 250 米、草皮护坡 87.48 千米，背水坡草皮护坡 103.42 千米，上堤路 419 条，防汛哨屋 100 座，防汛码头 7 座。

实际完成工程量：土方开挖 51.61 万立方米（含涵闸开挖土方 39.16 万立方米），土方填筑 2190.62 万立方米（含涵闸回填土方 33.55 万立方米），锥探灌浆 390.29 万延米，涵闸钢筋混凝土 1.87 万立方米，钢筋 1284.36 吨，预制混凝土护坡 6.92 万立方米，脚槽 4.76 万立方米（浆砌石 3.7 万立方米，混凝土 1.06 万立方米），砂石垫层 5.56 万立方米，草皮护坡 436.52 万平方米，防浪林 148.44 万株。

表 4 - 30 荆南长江干堤加固工程主要项目工程量汇总表

项 目	阶段	石首市	公安县	荆州区	松滋市	合计
堤身加培	初设/m³	2927463	4196287	272405	115253	7511408
	设计/m³	2928811	3817988	231733	110950	7089482
	完成/m³	2956259	3916103	234419	110950	7217731
外平台填筑	初设/m³	2343225	1768746	964176	1460	5077607
	设计/m³	2415626	1689480	829750		4934856
	完成/m³	2420414	1667576	822435		4910425
内平台填筑	初设/m³	2560543	2365290	465671	152546	5544050
	设计/m³	2607385	2013430	371429	141271	5133515
	完成/m³	2596724	2255945	352891	141271	5346831
填塘	初设/m³	1432159	1629172	391673	1188	3454192
	设计/m³	1646100	1704732	217783	199012	3767627
	完成/m³	1686297	1710361	225155	230000	3851813
哨屋台填筑	初设/m³					
	设计/m³	105000	125000	15000	5000	250000
	完成/m³	96928	115092	24000	7818	243838
土方填筑 小计	初设/m³	9263390	9959495	2093925	270447	21587257
	设计/m³	9702922	9350630	1665695	456233	21175480
	完成/m³	9756622	9665077	1658900	490039	21570638
堤顶路面	初设/km	19.80	14.55			34.35
	设计/km	78.82	90.70	10.26	2.24	182.02
	完成/km	78.09	90.42	10.29	2.24	181.04
土方开挖	初设/m³	15736	30467	6770	2882	55854
	设计/m³	36903	75781	15483	4781	132948
	完成/m³	36903	67331	15483	4781	124497
混凝土护坡	初设/m³	18069	56528	12315	2852	89764
	设计/m³	24556	55172	11195	2593	93516
	完成/m³	23187	34617	8779	2593	69176
护坡脚槽 （浆砌石）	初设/m³	14023	30467	6770	2882	54142
	设计/m³	16439	9932	6154	2620	35146
	完成/m³	17928	12094	5777	2620	36986

续表

项　目	阶段	石首市	公安县	荆州区	松滋市	合计
护坡脚槽 （C15 混凝土）	初设/m³					
	设计/m³		19872			19872
	完成/m³		10568			10568
碎石垫层	初设/m³	17020.7	47106.6	10262.3	2376.8	76766.4
	设计/m³	20463.3	45976.8	9329.4	2160.7	77930.2
	完成/m³	18135.2	28391.3	6894.7	2160.7	55581.9
草皮护坡	初设/m²	1579897	2497086	194986	30585	4302554
	设计/m²	1631738	2444829	194986	30585	4302138
	完成/m²	1658456	2439024	236544	31200	4365224
锥探灌浆	初设/m	2577833	1453797			4031630
	设计/m	2025494	1923525			3949019
	完成/m	1996873	1906072			3902945
防浪林与防护林	初设/株	834506	838170	141704	30937	1845317
	设计/株	835680	594446	138255	12331	1580712
	完成/株	779943	564627	133451	6400	1484421
上堤道路	初设/条	80	96	25	3	204
	设计/条	130	261	25	3	419
	完成/条	130	261	25	3	419
哨屋	初设/座					
	设计/座	42	50	6	2	100
	完成/座	42	50	6	2	100

此外，1998 年汛后至 2000 年，根据应急整险安排，重点整治荆南长江干堤 1998 年大水中出现管涌、漏洞、崩岸等重大险情以及依靠子堤挡水堤段，共完成应急整险土方 505 万立方米、石方 8.51 万立方米、混凝土 691 立方米，实际完成投资 2036.61 万元。整险工程在《可研报告》、《初设报告》编制及批复前已经完成，其工程量与可研及初设没有重叠的情况，故未纳入进《初设报告》中。

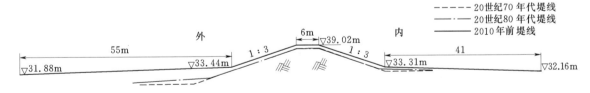

图 4-16　石首长江干堤历年加培示意图（桩号 546＋000）

施工建设过程中，根据荆南长江干堤工程实际需要对部分工程项目实施设计变更，其中主要有堤顶路面由原设计泥结石路面变更为混凝土路面，涵闸建设项目沉螺池单项设计变更以及公安县斗湖堤城区堤顶路面设计变更。

《初设报告》中，荆南长江干堤仅城镇附近 34.35 千米堤段修建 6 米宽混凝土路面，其余 136.97 千米堤顶路面为 6 米宽泥结碎石路面。鉴于泥结石路面易损坏、维修频繁、维护费用高、使用年限短等问题，2003 年 4 月，长江勘测规划设计研究院编制《荆南长江干堤加固工程堤顶路面设计修改专题报告》，省水利厅审查后基本同意该报告，同时提出具体修改意见。此后，省水利厅向长江委报送《关于要求对荆南长江干堤加固工程堤顶路面设计修改进行审批的请示》，8 月，长江委对修订本进行审批。按照审批意见，长江勘测规划设计研究院编制《荆南长江干堤加固工程堤顶路面设计修改专题报告（审定本）》。2003 年 9 月 5 日，长江委批复《荆南长江干堤加固工程堤顶路面设计修改专题报告（审定本）》。

根据批复意见，原设计 34.35 千米混凝土堤顶路面，仍按 6 米宽建设，泥结石路肩改为土路肩；原设计 136.97 千米的 6 米宽泥结碎石路面，除无量庵分洪口门（桩号 613＋500～616＋500）3 千米堤段变更为 4.5 米宽沥青路面外，其余 133.97 千米堤段改为 4.5 米宽混凝土路面；增加埠河至北闸 8.7 千米堤段堤顶路面，其中（桩号 688＋000～692＋500、695＋500～696＋700）5.7 千米按 6 米宽混凝土路面进行重建，腊林洲（桩号 692＋500～695＋500）3 千米按 6 米宽沥青路面实施重建。

鉴于荆南长江干堤沿堤部分区域为血吸虫疫区，需要在工程建设中解决此类问题。2003 年 10 月，世行环保专家察看沿堤涵闸建设现场，听取工程建设情况汇报后，要求按照世行贷款项目实施原则，凡涉及钉螺扩散的血吸虫疫区涵闸建设项目，必须结合工程建设采取措施解决钉螺扩散和灭螺问题，以免钉螺飘游至下游渠道，危害群众身体健康。12 月，受省河道局委托，长江勘测规划设计研究院编制《荆南长江干堤加固工程沉螺池单项设计报告》（以下简称《单项设计报告》）。12 月 25 日，省水利厅主持召开《单项设计报告》审查会，提出具体修改意见。2005 年 2 月 7 日，长江委批复《荆南长江干堤加固工程沉螺池单项设计报告（修订本）》，在沉螺池单项设计中拟建沉螺池 3 座。其中，马家嘴排灌闸东排渠和总排渠外修建马家嘴沉螺池，设计流量 9.95 立方米每秒，沉螺池底长 74 米，底宽 41 米。黄水套排灌闸引水渠的分支麻豪口九下渠和下干渠分别修建九下渠、下干渠沉螺池，九下渠沉螺池设计流量 8 立方米每秒，池底长 63.8 米，底宽 34 米；下干渠沉螺池设计流量 6.88 立方米每秒，池底长 63.8 米，底宽 28 米。沉螺池为次要建筑物，修建标准分别为：马家嘴沉螺池按Ⅲ级建筑物，九下渠、下干渠沉螺池按Ⅳ级建筑物。3 座沉螺池总投资 548.32 万元。

公安县斗湖堤城区（桩号 652＋000～654＋500）长 2.5 千米堤段堤顶混凝土路面建于 1986 年，经过 19 年运行，破损严重，需重建。2006 年 1 月，长江勘测规划设计研究院编制《荆南长江干堤加固工程公安县斗湖堤城区桩号 652＋000～654＋500 堤段堤顶路面、堤身内外坡整治补充设计报告》。8 月 10 日，省水利厅批复该报告，要求对原路面进行破碎灌浆处理后，在其上铺设 0.15 米混凝土稳定砂砾基层和 0.2 米混凝土路面，路面宽 5.5 米，路面两侧填筑土路肩。

五、险情整治

（一）堤身隐患整治

荆南长江干堤形成时间跨度大，堤身土质差，隐患较多，挡水堤身不断出现险情，1998 年和 1999 年大水中堤身险情以散浸为主，多见于堤内坡下部及堤脚至压浸平台，1998 年汛期，全堤出现清水漏洞 38 处，浑水漏洞 1 处，管涌 16 处。为消除堤身隐患，主要采取堤身锥探灌浆措施整治。施工前按设计要求进行布孔，每个孔作醒目标志；施工按三序孔法进行灌浆，分序加密；每孔灌浆采用多次施灌，少灌多复，直到不再漏浆。全堤锥探灌浆长 87.80 千米。

（二）堤基防渗整治

据勘察，荆南长江干堤坐落于第四系全新统冲湖积层之上，主要为松散沉积物。在勘探深度范围内（约 25 米）堤基土类主要为粘土、粉质粘土、粉质壤土、砂壤土、粉细砂等。干堤地基根据堤基地层结构、1998 年汛期出险情况及主要工程地质问题，可分为 3 个工程地质类型：①工程地质条件好的和较好的堤段。好的堤段主要为基岩，无渗透变形情况，此类堤段共 2 段，长 4.1 千米；较好堤段主要为透水性较弱的第四系全新统粉质粘土、粉壤土，砂层埋藏较深或无砂层，部分堤段堤基下部为第四系中更新统粉质粘土，堤基稳定条件较好，但部分堤段外滩较窄，此类堤段共有 10 段，长 91.93 千米。②工程地质条件较差堤段。此类堤段堤基上部有较薄的第四系全新统粘性土盖层（厚度一般小于 4 米）；下部粉细砂为引起渗漏和渗透变形的通道。此类堤段共 3 段，长 39.64 千米。③工程地质条件差的堤段。此类堤段堤基上部以第四系全新统上段砂壤土、粉细砂为主，其下为粉质粘土砂层。由于砂壤土、粉细砂的渗透性相对较强，部分段无外滩或外滩较窄，存在的主要工程地质问题为渗透较强，严重影响岸坡稳定。此类堤段长 53.35 千米。

荆南长江干堤堤基加固措施包括内外平台填筑、近堤渊塘和低洼地段填平等一般性工程措施，以及采取截渗墙、盖重、导渗沟和减压井等根据具体地质条件布置的针对性工程措施。堤基加固工程以土方填筑为主，一般堤段外平台宽度为 50 米，填筑前进行清基处理，采用粘土、粉质粘土、壤土填筑。外平台范围渊塘，填筑前排干积水，晒干塘内淤泥或用进占排淤法施工。堤内 100 米范围内渊塘、低洼地和取土坑填平至地表。堤基基础差、历史溃决冲潭堤段适当加宽固基范围至距堤脚 200 米。渊塘填土采用透水性较好土料，机械吹填的砂土，在表层覆盖 0.5 米厚耕植土。全堤渊塘填筑实际完成土方 385.18 万立方米，外平台填筑完成土方 491.04 万立方米，内平台填筑完成土方 534.68 万立方米。

荆南长江干堤整险加固过程中，桩号 552+000～553+300 段堤内设置 1070 米长导渗沟一条。导渗沟断面为矩形，净宽 0.8 米，深 1 米，边壁采用浆砌块石护砌，导渗沟底部从上至下设卵石、瓜米石、砂砾石、中砂四级反滤。

荆南长江干堤隐蔽工程施工中，采用新技术、新工艺加固堤防。对堤身险情出现较多堤段、地质勘探显示堤身填土质量较差堤段、常年不挡水堤段、白蚁活动较频繁堤段采用混凝土截渗墙方法处理。堤基渗漏治理过程中，采用截渗墙措施进行防渗，修筑堤基垂直防渗墙共 90.65 千米。

2000 年 3 月 19 日至 4 月 27 日，桩号 705+383～712+400 段实施堤基混凝土防渗墙加固工程，完成断面长 7017 米，耗用混凝土 13.09 万立方米。3 月 20 日至 12 月 28 日，在桩号 704+550～708+000 段实施混凝土防渗墙，墙顶高程 44.27～44.71 米（黄海），深度 15～20.2 米，厚 0.3 米，完成防渗面积 5.72 万平方米。2001 年 11 月 22 日至 2002 年 3 月 29 日，桩号 705+383～708+000 段铺筑塑性混凝土防渗墙，施工长度 2617 米，铺筑 0.25 米厚塑性混凝土防渗墙 9.56 万平方米。

荆南长江干堤桃花素 B 段（桩号 579+200～581+600）采用锯槽法建造防渗墙技术，设计轴线全长 2.4 千米，截渗墙为塑性混凝土防渗墙，墙深 11～34 米，设计防渗面积 4.1 万平方米，采用射水法和锯槽法两种工法施工。其中锯槽法施工桩号 581+200～581+600，施工轴线距外堤肩 1.5～2 米，墙深 14～25 米，共完成塑性混凝土浇注 6000 余平方米。桩号 579+200 处防渗墙顶高程 39.07 米，桩号 580+500 处墙顶高程 38.87 米，桩号 581+600 段墙顶高程 38.81 米（均为黄海）。埠河至双石碑堤段防渗墙工程采用高压喷射灌浆工法施工，施工堤段长 10 千米，

图 4-17　荆南长江干堤采用新技术防渗截渗

设计墙深 6.5～14.3 米，墙厚 0.2 米，防渗墙采取垂直防渗措施，向下深入至弱透水层 1.5～2 米。经过 61 天施工，完成防渗墙 11.12 万平方米，耗用混凝土 1.53 万吨。

防护林和防浪林是保护干堤基础安全的重要组成部分。内外平台填筑完成后，对部分防护林和防浪林进行种植和重植，共完成两林种植 148.44 万株。

（三）护岸整治

调关矶头位于调弦河口下侧，荆南长江干堤桩号 529+000～529+550 段，矶头处于弯道顶点急弯卡口，水深流急，迎流顶冲，堤岸合一，地势险要，为荆南长江干堤重要险段之一。堤防建设中，石首段调关矶头实施整险加固，桩号 529+000～529+300 段完成老坦坡改造，拆除旧坦，堤内外以浆砌石护坦；桩号 529+385～529+550 段完成水下抛石加固，施工长度 550 米，完成浆砌（干砌）块石 3404 立方米、垫层石 950 立方米、水下加固 4793 立方米。2001 年 12 月 10 日至 2002 年 4 月 28 日，查家月堤、杨家尖堤段（桩号 703+800～704+900、710+450～712+500）实施护岸长度 3150

米，完成干砌石护坡 4567 立方米、预制混凝土护坡 1893 立方米、水下抛石 8.69 万立方米。

六、涵闸整险加固

荆南长江干堤沿堤有涵闸 19 座，除石首市王海闸、公安县新开铺闸废弃，并进行挖除、重新筑土回填外，其它 17 座涵闸根据实际情况实施拆除重建或整险加固。

因沿堤部分涵闸超过设计使用年限，整体结构严重老化或闸基存在严重病险，且难于加固修复，在此次加固中，石首市章华港闸、马家嘴闸、桃花外闸、新小湖口闸、老小湖口闸，公安县二圣寺防洪闸、黄水套防洪闸、黄水套安全区闸，荆州区幸福闸共 9 座涵闸全部拆除，并在原址上重建新闸。

图 4 - 18　涵闸加固

图 4 - 19　涵闸重建

石首市大港口电排闸、大港口闸、新堤口闸、马行拐闸、管家铺闸、肖家拐闸，公安县二圣寺灌溉闸、周家土地闸共 8 座涵闸实施整险加固。启闭台高程偏低，不能满足防洪需要的涵闸，实施改造或重建启闭机室和闸室；对超期使用、陈旧老化、严重锈蚀的启闭设备及钢闸门予以更换；因堤身加高培厚，洞身长度严重不足的涵闸实施接长涵洞；洞身长度欠缺不大，且渗径长度满足要求的涵闸，在进口或出口设置挡土墙；消能设施效果不够或已发生冲毁或因接长涵洞而拆除消能设施的涵洞，实施改造或改建消能设施；承载力不足，沉降变形较大的闸基，采用混凝土搅拌桩进行加固；存在渗透变形隐患，特别是历史上发生过渗透破坏险情的闸基采取防渗措施，一般结合堤基隐蔽工程施工时建垂直防渗墙，对原涵洞保留而接长加固的涵闸，为便于施工，采用高压喷射灌浆法成墙，并对堤内渠道进行反滤护砌；对整体结构强度满足要求，只是局部存在裂缝、止水老化或损坏等缺陷，进行补强、更新。

荆南长江干堤所有涵闸加固、重建均维持原闸的灌溉或排水功能不变，设计流量、孔口尺寸不变。为保证防洪安全，原闸底板高程一般不进行调整，但所有涵闸的防洪标准与荆南长江干堤防洪标准一致，并根据有关规定，涵闸设计洪水位比所在堤段设计洪水位高出 0.5 米。

表 4 - 31　　　　　　　　　荆南长江干堤涵闸概况及整治加固一览表

序号	涵闸名称	涵洞形式、孔口尺寸（宽×高）	修建年份	主要病险情况	工程方案	实施情况
1	章华港闸	单孔箱涵、孔口 3m×3.5m	1969/2002	由于施工时未进行地基处理，完工后发现闸室沉陷达 0.3m，倾斜 0.1m 以上，且闸址距长江 300m，淤积严重，灌溉期引水困难	重建	接建三孔涵洞，闸基实施混凝土搅拌桩处理，新建闸室段、出口段，新建闸门、更换启闭机
2	马家嘴闸	单孔条石拱涵、孔口 2.5m×2.5m	1958/2003	超期使用，条石勾缝严重老损失效，底板及洞身产生裂缝，拱顶条石下墰，启闭台高程偏低	重建	涵洞采用钢筋混凝土箱涵，重建消力池、闸身、闸室、闸门、启闭机

序号	涵闸名称	涵洞形式、孔口尺寸（宽×高）	修建年份	主要病险情况	工程方案	实施情况
3	桃花外闸	单孔混凝土拱涵、孔口 2.5m×3.05m	1959/2003	涵洞沉陷和不均匀沉陷严重，伸缩缝开裂，涵洞裂缝，洞身长度不足，启闭台偏低，启闭设备老化，闸门埋件锈蚀	重建	涵洞改为箱涵，闸基建防渗墙，并用搅拌桩加固
4	新小湖口闸	三孔条石拱涵、孔口 3m×3.5m	1961/2003	闸室和洞身不均匀沉陷，条石涵洞内无止水，渗水造成洞身四周土体松散，闸基存在渗透变形隐患，启闭机陈旧，闸门锈蚀，启闭台高程偏低	重建	涵闸改为箱涵，闸基建防渗墙，并用桩基加固，新建闸室、海漫，新建闸门、启闭机等
5	老小湖口闸	单孔条石拱涵、孔口 3m×3.5m	1952/2004	病险情况与新小湖口闸类似，但结构老损更严重，地基沉陷变形更明显	重建	加固措施同新小湖口闸
6	二圣寺防洪闸	双进水口单孔混凝土箱涵、孔口 2m×3m	1972/2003	洞身不均匀沉陷，并有裂缝，进水口破损封堵，土堤单薄低矮，散浸严重，启闭机及闸门磨损锈蚀，洞身伸缩缝老损	重建	涵洞改为箱涵，并增长涵洞，加高培厚防洪堤，桩基加固，堤外重建进口段
7	黄水套防洪闸	单孔混凝土拱涵、孔口 3m×3m	1960/2001	该闸基础差，渗径长度不满足要求，涵洞闸身有裂缝 36 条，伸缩缝止水年久老化失效，临江引水段泥沙淤积严重	重建	对闸基实施混凝土搅拌桩处理，新建涵洞段、进出口段及相应海漫和消力池，新建闸门，更换启闭机
8	白龙港闸	单孔浆砌石盖板涵、孔口 1m×1.8m	1953/2002	孔口尺寸太小，不便进入检修、清淤，无启闭设施，洞身长度偏短，涵洞出现沉陷、开裂，密封止水性能差，结构老化	重建	浆砌石进水段，设简易闸室，重建钢筋混凝土箱涵、10m 闸室、消力池和海漫段
9	幸福闸	单孔混凝土拱涵、孔口 2.5m×3m	1960	闸基渗透变形严重，启闭机老化，启闭台偏低，钢闸门锈蚀严重，进水口引渠已大部分崩坍	重建	洞身改为钢筋混凝土箱涵，堤基建防渗墙
10	大港口电排闸	双孔混凝土拱涵、孔口 4.5m×4.65m	1976	洞身长度严重不足，消能设施不能满足要求，已形成冲坑，原电动葫芦式启闭机不安全	整治加固	对原涵洞的结构加固处理，在堤外侧接长涵洞（箱涵），重建闸室及启闭机室，重建堤外消能工
11	大港口排灌闸	单孔混凝土拱涵、孔口 3m×3.5m	1970	闸底板不均匀沉陷，洞身长度不足，消能设施不满足要求，启闭台高程偏低，启闭机陈旧老化，闸门严重锈蚀，止水损坏	整治加固	重建闸室、启闭机室，堤内接长涵洞，重建堤外消能段，增建内港消能段
12	新堤口闸	单孔混凝土拱涵、孔口 2.6m×3.9m	1963	洞身长度不足，闸门锈蚀，启闭机陈旧老化，启闭机室高程偏低，消能设施不满足要求	整治加固	堤外接长涵洞，重建闸室、启闭机室、外江连接段、内港消能段
13	马行拐闸	单孔混凝土拱涵、孔口 1.5m×2.25m	1962	洞身长度严重不足，启闭机房简陋，高程偏低，启闭机陈旧，闸门锈蚀	整治加固	堤外接长涵洞，重建闸室、启闭机室，重建上游进口段、下游出口段
14	管家铺闸	单孔混凝土拱涵、孔口 2.6m×3.3m	1960	渗径短，洞身长度不够，闸门锈蚀严重，大梁已锈穿，无启闭机室，启闭设备严重老化陈旧	整治加固	堤内接长涵洞，重建闸室、启闭机室，重建堤内、外连接段
15	肖家拐闸	单孔混凝土拱涵、孔口 1m×1.5m	1968	洞身长度不足，闸门锈蚀严重，启闭机陈旧，启闭机室高程偏低	整治加固	堤内接长涵洞，重建闸室、启闭机室和外江消能设施，增建消力池
16	二圣寺灌溉闸	单孔混凝土拱涵、孔口 3.8m×4m	1972	中段洞身不均匀沉陷，拱顶裂缝，洞身长度不足，洞身伸缩缝止水老化失效，启闭机陈旧老化，闸门锈蚀，消能设施不满足要求，闸基为粉细砂层	整治加固	更新闸室、启闭机室，堤内接长涵洞，重建闸前连接段及涵洞出口消力池，闸基建防渗墙，新建启闭机

序号	涵闸名称	涵洞形式、孔口尺寸（宽×高）	修建年份	主要病险情况	工程方案	实施情况
17	周家土地闸	单孔混凝土箱涵、孔口2.8m×3m	1965	洞身长度偏短，涵洞伸缩缝止水老化并漏水，闸门及启闭机锈蚀老化	整治加固	堤内坡涵洞出口顶部增建浆砌石挡土墙
18	王海闸			存在严重安全隐患	废除	拆除原涵闸，粘土回填筑实
19	新开铺闸			存在严重安全隐患	废除	拆除原涵闸，粘土回填筑实

注　所有涵闸均更换闸门及启闭机，保留的涵洞均更换伸缩缝止水，修补已出现的裂缝。

表 4-32　　荆南长江干堤加固工程涵闸主要工程量汇总表

名称（桩号）	阶段	土方开挖/m³	土方填筑/m³	混凝土/m³	砌石/m³	钢筋/t	启闭机/台套	桩基础处理/m
章华港排灌闸（501+293）	初设	94231.9	59431	1777.43	2073.9	91.35	1	543
	设计	94231.9	59431	1798.43	2073.9	110.23	1	543
	完成	97520.9	59431	1851.23	1585	134.45	1	543
桃花外闸（528+838）	初设	13000	20000	890	310	73.00	1	5157
	设计	15000	20000	890	310	73.00	1	5157
	完成	15266.2	170795	751.8	156.9	68.00	1	5157
大港口电排闸（531+200）	初设	6198	7546	2091	342	105.70	2	
	设计	12198	14546	2091	342	105.70	2	
	完成	12183	15108	2221.9	413.4	120.00	2	
大港口排灌闸（531+484）	初设	6912	6593	830	140.4	65.70	1	1964
	设计	11912	12593	830	140.4	65.70	1	1964
	完成	11935.5	15125	746.5	175.6	52.80	1	1964
新小湖口闸（537+280）	初设	18000	22000	2800	585	229.00	3	12156.5
	设计	20000	24000	2800	585	229.00	3	12156.5
	完成	19610	24546	2133.9	656	157.10	3	12156.5
老小湖口闸（537+540）	初设	11000	16000	1345	255	108.00	1	2850
	设计	19000	24000	1345	255	108.00	1	2850
	完成	18735	22542	1104.5	375.9	79.90	1	2850
肖家拐闸（542+900）	初设	5992	8340	311	209.6	23.50	1	1181
	设计	5992	13340	311	209.6	23.50	1	1181
	完成	6142.7	124225	317.3	240.2	31.80	1	1181
新堤口闸（552+180）	初设	8200	9600	900	140	69.00	1	2999
	设计	8200	9600	900	140	69.00	1	2999
	完成	8387	9840	599.3	268	48.30	1	2999
马行拐闸（560+200）	初设	6622	7475	443	170	39.00	1	
	设计	8622	8975	443	170	39.00	1	
	完成	8982	8800	662.3	242.7	33.80	1	
管家铺闸（578+850）	初设	7500	9000	700	260	55.50	1	
	设计	10500	11000	700	260	55.50	1	
	完成	11350.8	8497	951.7	276	56.90	1	

名称（桩号）	阶段	土方开挖 /m³	土方填筑 /m³	混凝土 /m³	砌石 /m³	钢筋 /t	启闭机 /台套	桩基础处理 /m
黄水套排灌闸 （620＋336）	初设	46169	242014	1242.86	943.32	61.27	1	
	设计	48462	35144	1729.58	943.32	86.00	1	
	完成	56854.1	35144	1696.7	939.26	86.00	1	
白龙港闸 （620＋500）	初设	13400	14600	321.22	97.15	21.69	1	
	设计	13400	14600	321.22	97.15	21.69	1	
	完成	12719	16092	287	158.00	26.20	1	
二圣寺灌溉闸 （651＋250）	初设	17439	19515	1119.2	153.3	99.80	1	706.5
	设计	17439	19515	1119.2	153.3	99.80	1	706.5
	完成	17170.8	12476	700.04	303.2	60.00	1	706.5
二圣寺防洪闸 （651＋250）	初设	12733	33280	1375	1305	141.00	2	4680.8
	设计	22733	33280	1375	1305	141.00	2	4680.8
	完成	22562	27982	1870.6	33.7	132.40	2	4680.8
马家嘴闸 （666＋230）	初设	43553	49395	2010	362.9	168.80	1	2322.3
	设计	52553	49395	2010	362.9	168.80	1	2322.3
	完成	51800	36926	1987.4	366.6	125.40	1	2322.3
周家土地闸 （691＋040）	初设						1	
	设计						1	
	完成						1	
幸福闸 （704＋250）	初设	20644	18840	636.2	683.3	47.15	1	1623
	设计	20644	18840	636.2	683.3	47.15	1	1623
	完成	20340	13511	867.8	200.4	71.31	1	1623
合计	初设	331594	3258164	18791.87	8030.91	1399.46	21	36183.1
	设计	380887	368259	19299.59	8030.91	1443.07	21	36183.1
	完成	391558	335521	18749.97	6390.39	1284.36	21	36183.1

七、竣工验收

2003年8月至2006年4月，先后分三批通过荆南长江干堤加固工程29个单位工程验收。

2004年10月至2005年6月，国家审计署武汉特派办委托武汉永和会计师事务有限公司对荆南长江干堤加固工程进行工程审计。审计组通过现场抽检，审核施工、监理、工程结算资料，认为荆南长江干堤加固工程基本按技施设计标准完成，质量合格。

2006年12月，水利部水土保持植物开发管理中心组织专家组实地调查和勘测荆南长江干堤加固工程水土保持项目。2007年2月，水利部水土保持植物开发管理中心编制《湖北省荆南长江干堤加固工程水土保持设施验收技术评估报告》。2007年4月26日，长江委主持荆南长江干堤加固工程水土保持专项验收会议，通过验收。

2007年4月10日，长江委主持通过荆南长江干堤加固工程档案专项验收。档案分为综合、建设管理、设计、施工、监理五大类，共整理归档形成档案1458卷，其中文件6833件、设计图2029张、竣工图1765张，整理照片200余张。

2007年4—7月，荆州市审计局对荆南长江干堤加固工程进行审计，审计结论为：工程决算财务报表没有重大误报，未发现违反国家法则、贷款协定和内部控制缺陷等违规现象。2008年3月17—

25日，荆州市审计局对荆南建管办组织实施的征地及移民资金进行审计，结论认为荆南建管办及项目部所提供的会计资料真实、完整地反映了该项目征地及房屋拆迁工程投资的完成情况，资金管理等基本符合国家基本建设财务管理要求，无超计划情况，补偿范围符合工程建设实际。

2008年4月9—10日，荆南长江干堤加固工程征地移民（荆南建管办负责实施部分）工作通过专项自验。5月7—8日，长江委对荆南长江干堤加固工程征地移民工作进行验收复核，通过该项验收。

2008年7月3日，荆南长江干堤加固工程通过由长江委组织的竣工验收。

经过近6年时间整险加固建设，荆南长江干堤抗洪能力得到较大提高，穿堤建筑物经过整治，运行情况正常，汛期险情减少，防汛成本显著降低。工程防洪效益和社会效益显著。堤顶防汛路面建成后，防汛劳力和物资设备调度效率得到提高，为防汛抢险的高机动性和快速反应能力提供保障。同时也给沿堤人民群众的生产生活提供便利，促进了地方经济发展。沿堤涵闸及沉螺池的建设，防止了因钉螺扩散而传播血吸虫病的危害，保障了沿堤群众生活用水健康。堤防两侧种植的防浪林、防护林、堤坡种植的草皮既有效地保护堤防工程，又有效地保护了生态环境，改善了堤容堤貌。部分险工险段通过综合整治不仅增强抗洪能力，而且改善环境，成为沿堤居民生活休闲场所。

第五节　洪湖监利长江干堤整治加固工程

洪湖监利长江干堤为国家基本建设项目工程，包括原监利长江干堤和洪湖长江干堤的全部，位于长江中游左岸，上起监利县严家门与荆江大堤相接，下迄洪湖市胡家湾与东荆河堤相连，桩号398＋000～628＋000，全长230千米，其中洪湖长江干堤长133.55千米，监利长江干堤长96.45千米。洪湖监利长江干堤堤防等级为Ⅱ级，是长江中游防洪体系中的重要组成部分。

1998年，长江发生全流域型大洪水，洪湖监利长江干堤防汛历时91天，历经八次较高洪峰水位考验。洪湖监利长江干堤堤身单薄，由于洪水居高不下，汛期共加筑子堤225.28千米（其中监利90.35千米，洪湖134.93千米），子堤挡水堤段57.33千米（其中监利14.4千米，洪湖42.93千米）；各类险情频发，险象环生，共发生各类险情790处，其中重点险情334处，省防汛抗旱指挥部确定为溃口性特大险情有22处，占当年全省长江堤防特大险情的三分之二。1998年长江抗洪最危急时刻，中共中央总书记江泽民在洪湖长江干堤上发出长江抗洪总动员令，国务院总理朱镕基，副总理、国家防总总指挥温家宝赶赴现场，指挥防汛抗洪斗争。在各级党和政府领导下，广大军民万众一心、众志成城，与洪水展开殊死搏斗，终于夺取抗洪斗争全面胜利。

一、建设项目

1998年长江流域大洪水充分暴露出洪湖监利长江干堤存在的各种隐患和险情。洪湖监利长江干堤设计标准偏低，堤防超高不足，根据设计防洪水位确定的标准，堤顶普遍欠宽、欠高，最大欠高达1.58米，当年汛期，不少堤段靠子堤挡水；堤基隐患多，堤身质量差。堤基土层为第四系冲积层，为二元结构，表土层厚薄不均，其下为粉细砂层，堤身为逐年填筑而成，且大多为就近取土填筑，土体含有杂质，生物洞穴较多，1998年汛期受长时间高水位浸泡，管涌、散浸、脱坡等险情不断发生，严重溃口险情达22处；洪湖监利长江河段河岸崩坍严重，在弯曲河段变化较大，深泓逼近，迎流顶冲堤段河岸崩坍严重，威胁堤防安全；堤内外渊塘众多，水流渗径偏短，覆盖层较薄，很多管涌险情均发生在距堤脚200米范围以内渊塘内，洪湖王洲管涌、监利南河口管涌等溃口性险情即发生于堤后渊塘内；穿堤建筑物年久失修，损坏严重，启闭设备老化，涵闸漏水严重。

1998年长江大水后，党中央、国务院及时作出灾后重建、整治江湖、兴修水利的重大决策，加大以长江防洪工程为重点的水利基础设施建设。鉴于洪湖监利长江干堤存在的诸多问题和隐患，为提高长江堤防整体抵御洪水的能力，洪湖监利长江干堤被纳入国家基本建设项目实施全面综合整治。

1998 年汛后，省水利厅委托湖北省水利水电勘测设计院（以下简称湖北水院）全面展开勘察设计工作。1999 年 9 月，湖北水院编制完成《湖北省洪湖监利长江干堤整治加固工程可行性研究报告》（以下简称《可研报告》）。10 月，水利部水利水电规划设计总院（以下简称水规总院）对《可研报告》进行评审，并形成评审意见。2000 年 4 月，湖北水院根据评审意见修改编制完成《可研报告》（修改本）。

图 4-20　加固前的洪湖长江干堤（1989 年）

2000 年 4 月，水规总院对《可研报告》（修改本）进行审查，并将《关于报送湖北省洪湖监利长江干堤整治加固工程可行性研究报告审查意见的报告》上报水利部。6 月，中国国际工程咨询公司对《可研报告》（修改本）进行评估，并上报国家发展计划委员会。

2001 年 5 月，国家计委以计农经〔2001〕812 号文批复《可研报告》（修改本）。7 月，根据批复意见，湖北水院编制完成《湖北省洪湖监利长江干堤整治加固工程初步设计报告》（非隐蔽工程）（以下简称《初设报告》）。

2001 年 10 月，省水利厅审查通过《初设报告》，并以鄂水计〔2002〕53 号文报长江委批准。次年 2 月 10 日，长江委以长计〔2002〕67 号文批复《初设报告》，工程投资 27.28 亿元，主要建设内容为：堤身加培、堤身护坡护岸、填塘固基、建筑物加固、堤顶路面、险工险段整治、水系恢复、防浪林栽植等工程。

二、设计标准

洪湖监利长江干堤设计洪水位，依据 1990 年修订的《长流规》确定的防御 1954 年型洪水的目标和规划方案要点，以沙市水位 45.00 米（冻结吴淞）、城陵矶水位 34.40 米、汉口水位 29.73 米推算各堤段控制点设计洪水位，其中洪湖龙口（桩号 454+767）以下堤段按洪湖分蓄洪区设计分蓄洪水位 32.50 米确定。洪湖监利长江干堤各堤段设计洪水位，按照以上成果中邻近控制断面设计洪水位内插确定。

表 4-33　　　　　　　　　　长江中游各控制站堤防设计洪水位表　　　　　　　　　　单位：m

站　名		沙　市	城陵矶	汉　口	湖　口
水位	冻结吴淞	45.00	34.40	29.73	22.50
	黄海高程	42.79	32.37	27.65	20.61

表 4-34　　　　　　　　　洪湖监利长江干堤堤防设计洪水位表　　　　　　　　　　单位：m

序　号	地　名	堤防桩号	长江设计水位复核	分蓄洪区设计蓄洪水位（龙口）	堤防设计洪水位
1	沙市二郎矶	759+000	45.00		45.00
2	监利城南	629+000	37.23		37.23
3	何王庙	611+200	36.82	32.50	36.82
4	陶市	599+400	36.68	32.50	36.68
5	万家搭垴	566+700	34.63	32.50	34.63
6	荆河垴	563+000	34.40	32.50	34.40
7	白螺	549+700	34.30	32.50	34.30
8	洪湖螺山	529+000	34.01	32.50	34.01

续表

序　号	地　名	堤防桩号	长江设计水位复核	分蓄洪区设计蓄洪水位（龙口）	堤防设计洪水位
9	新堤	505＋583	33.59	32.50	33.59
10	龙口	464＋681	32.73	32.50	32.73
		454＋767	32.50	32.50	32.50
11	大沙	448＋975	32.54	32.50	32.54
12	燕窝	426＋775	32.34	32.50	32.34
13	新滩口	402＋141	31.84	32.50	31.84
14	汉口		29.73		29.73

　　注　1. 高程系统为冻结吴淞。
　　　　2. 荆河垴位于城陵矶对岸。

　　洪湖监利长江干堤为Ⅱ级堤防，堤防加固按Ⅱ级建筑物设计；何王庙闸、新堤老闸、石码头泵站等大型穿堤建筑物按Ⅰ级设计，其它中小型穿堤建筑物按Ⅱ级设计；地震基本烈度为Ⅵ度。设计洪水位按闸址所在堤段设计洪水位加 0.5 米确定。

　　洪湖监利长江干堤堤身加培工程，沿原堤线布置，在原有堤防断面上实施整治加固，按设计标准进行加高培厚、内外平台加培、堤身锥探灌浆等。堤顶高程按设计洪水位加安全超高 2.0 米；堤面宽度监利城南至洪湖龙口（桩号 454＋767～628＋000），宽 10 米；洪湖龙口至胡家湾（桩号 398＋000～454＋767），宽 8 米。堤身边坡内、外坡比均为 1：3。堤身内平台宽 30～50 米，外平台宽 50 米。

　　堤身护坡工程，沿原堤线布置，对加培后堤防进行护坡，主要有浆砌块石护坡、混凝土预制块护坡、草皮护坡。浆砌块石护坡厚 0.3 米，混凝土预制块护坡厚 0.12 米；下面均设 0.1 米厚碎石垫层。

　　填塘固基沿堤线布置，填筑范围依据渗流计算成果确定。对堤内距堤脚 250 米、堤外距堤脚 50 米范围内渊塘均回填至地面高程。

　　洪湖监利长江干堤整治加固工程中建筑物整治加固工程共计 28 座，其中涵闸封堵 8 座，重建 2 座，加固 4 座，泵站加固 8 座，新建替代水源泵站 6 座。

　　在全堤布置混凝土堤顶路面，保证防汛交通畅通。堤顶混凝土路面宽 6 米，面层厚 0.2 米；下设混凝土稳定层，厚 0.15 米，宽 6.5 米；碎石垫层厚 0.15 米，宽 7 米。

　　护岸工程主要位于洪湖新堤夹河段，以枯水平台为界，枯水平台以上为浆砌块石护坡；枯水平台以下实施抛石护脚。水上护坡面层采用厚 0.30 米浆砌石，砂石垫层厚度为 0.10～0.15 米。水下抛石厚度为 0.6～1.2 米，抛护宽度一般按距枯水平台 30～40 米控制，但应抛至深槽部位，坡比 1：1.5～1：2。块石重量大于 30 千克。

　　险工险段整治工程主要为对沿堤险工险段实施堤内渊塘填筑，内平台压渗盖重，外平台堤基采取垂直防渗技术，实施垂直铺塑、浇筑混凝土防渗墙和钢板桩截渗。

　　为防风消浪、保护堤身、防止水土流失，沿堤在外平台种植防浪林；在内平台种植防护林。因渊塘填筑改变沿堤灌溉水源分布情况，沿堤实施水系恢复工程，沿原渠系布置，修建提水泵站、节制闸等，保证农业生产灌溉用水。

三、培修加固

　　洪湖监利长江干堤整治加固工程，1998 年 10 月 10 日开工建设，2008 年 4 月完工，历时 10 年。1998 年度施工项目主要为堤身加培、重点险情整治和部分建筑物整险加固。1999 年度实施内外平台填筑、渊塘填筑、防汛哨屋、防护林工程及部分建筑物加固。2000 年开始实施堤顶混凝土路面、上堤路面工程、防汛哨屋及部分建筑物加固工程。2003 年开始实施堤防管理设施、堤身草皮护坡、防浪林及防护林工程，2004 年实施水利通信信息网络及通信广播设施恢复工程、洪湖新堤夹崩岸整治工程、监利半路堤整治工程。2006 年开始实施杨林山交通桥重建工程。

洪湖监利长江干堤整治加固工程投资来源于中央财政预算内专项资金和地方配套资金。2002 年 2 月，长江委以长计〔2002〕67 号文批复《洪湖监利长江干堤整治加固工程初步设计报告（非隐蔽工程）》，批复概算投资 272751 万元。从 1999 年至 2002 年，省计划委员会、省水利厅分年度累计下达工程投资计划 272751 万元，其中国家投资 210700 万元，地方配套 62051 万元。实际完成投资 234433.79 万元，其中，建筑安装工程 158087.04 万元，设备投资 5846.88 万元，待摊投资 70499.87 万元。

表 4-35　　　　　　　　　　洪湖监利长江干堤加固工程年度计划情况表　　　　　　　　单位：万元

序　号	计　划　文　号	计划投资		
		小计	中央投资	地方配套
1	鄂计农字〔1999〕第 0567 号	44000.00	22000.00	22000.00
2	鄂计农字〔1999〕第 1233 号	18750.00	15000.00	3750.00
3	鄂计农字〔2000〕第 0031 号	6500.00	5000.00	1500.00
4	鄂计农经〔2000〕第 0898 号	9000.00	8000.00	1000.00
5	鄂计农经〔2000〕第 1399 号	4500.00	4000.00	500.00
6	鄂计农经〔2001〕第 147 号	5000.00	4000.00	1000.00
7	鄂计农经〔2001〕第 1092 号	63750.00	50000.00	13750.00
8	鄂计农经〔2002〕第 524 号	78700.00	63700.00	15000.00
9	鄂计农经〔2002〕第 1191 号	42551.00	39000.00	3551.00
	总计	272751.00	210700.00	62051.00

表 4-36　　　　　　　　　　洪湖监利长江干堤加固工程投资概算执行情况表　　　　　　　单位：万元

序　号	主　要　项　目	概　算　数	完成投资数	投资增减情况
1	建筑工程	190443	148572.06	−41870.94
2	机电设备及安装工程	1636	1904.74	268.74
3	金属结构及安装工程	513	538.41	25.41
4	临时工程	5599	4922.93	−676.07
5	其它费用	59590	76828.76	17238.76
6	基本预备费	12889		−12889
7	单项部分	2075	1666.87	−408.13
	合　计	272751	234433.79	−38317.21

洪湖监利长江干堤整治加固工程批复的初步设计和重大设计变更主要内容为：堤防加高培厚 230 千米，修建堤顶混凝土路面 230 千米，迎水坡混凝土预制块护坡 73.7 千米，浆砌块石护坡 92.1 千米，草皮护坡 60.1 千米，背水坡草皮护坡 230 千米，加固、重建和封堵建筑物 27 座（封堵病险涵闸或失效涵闸 8 座、重建 2 座、加固 13 座、替代水源 4 座）。完成主要工程量为：堤身加培土方 6781.13 万立方米，填塘 1111.41 万立方米；堤身锥探灌浆 322.98 千米；防渗墙 17.0 万平方米；护坡、护岸石方 126.35 万立方米；混凝土 10.32 万立方米；堤顶混凝土路面 230 千米。

表 4-37　　　　　　　　　　洪湖监利长江干堤加固工程主要工程量汇总表

项目名称	堤身加培土方 /万 m³	填塘 /万 m³	堤身锥探灌浆 /km	防渗墙 /万 m²	护坡、护岸 /万 m³		堤顶路面 /km	建筑物 /座
					石方	混凝土		
初步设计和重大设计变更	6722.27	1465.58	230.00	23.33	142.43	13.74	230.00	28
技施设计	6831.08+23.42	1118.56	230.00	17.16	148.87	11.58	230.00	27
完成	6781.13	1111.41	322.98	17.00	126.35	10.32	230.00	27

表 4-38　　　　　　　　　　　洪湖监利长江干堤加固工程建筑物主要工程量汇总表

项目名称	土方开挖 /万 m³	土方填筑 /万 m³	混凝土 /万 m³	砌石 /万 m³	钢筋 /t	金属结构 /t
技施设计	45.49	41.31	2.64	2.16	825.82	370.77
完成	45.49	41.19	2.52	2.07	825.18	370.77

四、险情整治

(一) 堤身隐患处理

为消除堤身隐患,230千米洪湖监利长江干堤实施锥探灌浆。施工过程中,对出现白蚁危害的洪湖周家嘴和监利赖家树林21千米堤段实施复灌;对1998年和1999年汛期出现散浸的监利荆河垴至万家搭垴、陶市至分洪口,洪湖虾子沟、七家垸、田家口、青山等72千米堤段进行复灌,累计完成锥探灌浆322.98千米。

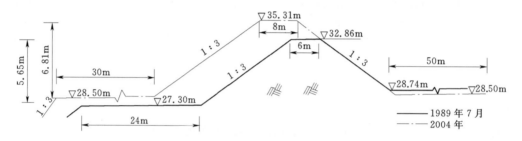

图 4-21　洪湖长江干堤典型断面加培示意图 (桩号 428+000)

(二) 堤基防渗处理

洪湖监利长江干堤部分堤段堤基渗漏严重,汛期常出现各类险情,为保障堤防安全,沿堤险工险段堤内采取填塘固基、盖重压渗、减压井、防渗墙等措施进行整治,对险情严重堤段采取外平台堤基垂直防渗技术实施整治,共完成堤基垂直防渗墙18.85万平方米。另有监利三支角堤段桩号570+000～571+500超薄混凝土防渗墙0.88万平方米和洪湖燕窝堤段桩号423+400～431+330搅拌墙、高喷防渗墙、垂直铺塑3.40万平方米。

在大规模堤防整险加固建设中,堤防部门将新技术、新工艺、新材料运用于洪湖监利长江干堤堤防建设之中。

历史上,洪湖长江干堤燕窝段多次溃决,1998年汛期该堤段出现溃口性重大险情,为长江干流重要险工险段。该堤段堤基表层粘土盖层薄,汛期高洪水位作用下,极易发生因堤基渗透破坏引起的各种险情。1998年汛期,桩号423+400～431+330段出现重大险情,汛后湖北省专门安排资金分别采取搅拌墙、高喷防渗墙和垂直铺塑等防渗技术整治该堤段,完成3.4万平方米。

为保证堤防工程安全,中国政府使用日本政府无偿援助资金,在洪湖监利长江干堤桩号429+786～431+000段实施钢板桩防渗墙工程,增强该堤段抵御洪水能力。钢板桩防渗墙工程上游起点与燕窝堤段已实施的垂直铺塑防渗工程相接。垂直铺塑轴线距堤外坡脚约4米,钢板桩防渗墙与垂直铺塑顺堤线平接一段距离后,从高平台临江侧绕过高平台,横穿高平台至外滩简易公路,向下游顺堤外坡脚布置于低平台。钢板桩轴线距堤外坡脚5～6米,轴线总长1200.7米。燕窝堤段823.2米防渗墙采用KSP—ⅢA型钢板桩,377.5米防渗墙采用SKSP—ⅣA型钢板桩,在轴线转折处设异型转角桩。工程于2000年1月1日开工,4月20日完工,防渗面积1.82万平方米,打入钢板桩3019根,钢板桩用量3009吨,防渗墙长1.2千米。

洪湖长江干堤燕窝堤段采用超薄防渗墙成墙技术实施防渗。燕窝堤段垂直铺膜工程位于燕窝镇附近，施工桩号 431＋000～431＋330、432＋422～433＋000，1998 年 11 月 8 日开工，12 月 18 日完工，完成长度 900 米，成墙面积 1.38 万平方米，完成投资 138 万元。燕窝堤段实施高压摆喷防渗墙施工堤段桩号 431＋300～432＋432，1998 年 12 月 20 日开工，次年 3 月 16 日完工，完成长度 1132 米，成墙面积 2.70 万平方米，完成投资 676 万元。造墙深度 11.6～25 米，成墙厚度 0.22 米。设计孔深 13 米，孔距 1.5 米，采用双喷嘴三重管法顺序施工。

王洲堤段垂直铺膜段位于洪湖市石码头镇王洲村，施工桩号为 494＋350～496＋000，1999 年 3 月 6 日开工，4 月 27 日完工，完成长度 1650 米，成墙面积 1.65 万平方米，完成投资 135.3 万元。施工轴线距堤外脚 3～5 米，垂直铺膜深 10 米，开槽宽度为 0.21 米，土工膜厚 0.3～0.5 厘米。

1999 年汛前，洪湖长江干堤田家口堤段（桩号 445＋953～446＋600）采用射水法造墙技术实施防渗截渗，造墙深度 10 米以上，墙体厚度 0.22 米；中小沙角堤段（桩号 490＋400～492＋100）实施多头小口径深层搅拌桩截渗墙，施工长度 1.7 千米，深度 15 米，成墙厚度 0.18 米，造墙面积 2.55 万平方米；套口堤段（桩号 458＋000～458＋800）实施振沉板桩混凝土截渗墙，施工长度 800 米，深度 18 米，成墙厚度 0.2 米，造墙面积 1.32 万平方米。

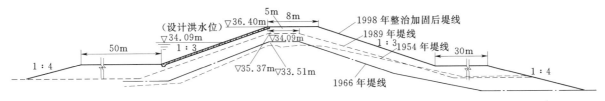

图 4-22 监利长江干堤典型断面示意图（桩号 535＋000）

监利长江干堤堤基渗漏情况严重，1998 年汛期在距堤脚 500 米范围内堤内渊塘、沼泽地出现多处溃口性管涌险情，尤以南河口、三支角、姜家门等处最为严重。为根治渗漏隐患，南河口、三支角和姜家门堤段分别采用超薄、薄型防渗墙技术实施防渗截渗。

监利南河口堤段（桩号 587＋500～590＋800）由中国水利水电对外公司上海分公司引进德国宝峨公司（BAUER）B—WDⅡ超薄防渗墙技术实施防渗处理，完成超薄防渗墙 3.3 千米，造墙面积 4.63 万平方米，设计深度 6.8～20 米，墙体厚度 7.5 厘米，工程总投资 874.52 万元，并在该堤段实施堤身加高培厚、锥探灌浆及沿堤渊塘填筑等工程。

监利三支角堤段桩号 570＋000～571＋500（薛潭堤段）超薄防渗墙由长江委实施，完成 0.88 万平方米。桩号 573＋150～573＋650、574＋400～575＋300 段由省水利厅招标完成造墙面积 1.02 万平方米，长 1.4 千米，完成投资 193.73 万元。成墙深度 6.3～8.7 米，墙体厚度 8 厘米。南河口和三支角堤段超薄防渗墙工程于 1999 年 5 月开工，次年 4 月底完工，由中德两国工程技术人员共同组织施工。超薄防渗墙墙体由混凝土、石粉、膨润土加水拌和成浆液，设计比例为每立方米浆液中混凝土 120～140 千克、石粉 600 千克、膨润土 60 千克、水 715 千克；设计抗压强度不小于 0.5 兆帕，墙体渗透系数不大于 10^{-7} 厘米每秒，坡降 1:200。并在该堤段实施堤身加高培厚、锥探灌浆及渊塘填筑等工程。

1998 年大水时，监利姜家门堤段（桩号 547＋400）堤内禁脚之外顺堤沟中，发现多处管涌险情，严重危及堤防安全。汛后经地质勘察，该堤段为砂基，基础薄弱。堤基整险时，桩号 547＋000～548＋000 段采用中国水利水电基

图 4-23 监利南河口超薄防渗墙施工

图 4-24　监利姜家门超薄防渗墙施工现场

础工程局运用的薄型防渗墙技术进行防渗处理。采用液压抓斗开槽建造防渗墙，成墙平均深度 18 米（墙顶高程 31.00 米，底部高程 13.00 米），平均厚度 0.41 米，面积 1.81 万平方米，长度 1 千米，轴线位置距堤身迎水面坡脚 1 米处。工程于 1999 年 4 月 25 日开工，12 月 4 日完工，共造孔 5425.84 立方米。完成混凝土浇筑 7470 立方米，耗用混凝土 1312 吨、膨润土 1011.62 吨、粗砂 6670 吨、碎石 7476.5 吨、钢材 23.1 吨，完成投资 422.76 万元。并在该堤段实施加高培厚、锥探灌浆、渊塘填筑及堤身护坡等工程。

表 4-39　　　　洪湖监利长江干堤 1999 年堤基处理情况表　　　　　　　单位：m²

序号	工程项目或地点	桩号	完成工程量
	合计		198835
一	洪湖		124225
1	燕窝钢板桩	429+786～431+000	18200
2	八十八潭垂直铺塑	431+000～431+322 432+422～433+000	13808
3	八十八潭高喷防渗墙	431+322～432+422	27049
4	田家口截渗墙	445+953～446+600	10287
5	套口截渗墙	458+000～458+800	12506
6	中小沙角截渗墙	490+400～492+100	25875
7	王洲垂直铺塑	494+350～496+350	16500
二	监利		74610
1	姜家门垂直铺塑	547+000～548+000	18086
2	三支角截渗墙	573+150～573+650 574+400～575+300	10196
3	南河口截渗墙	588+850～591+850	46328

（三）崩岸整治

洪湖新堤夹崩岸险段（桩号 500+000～509+000）位于洪湖新堤夹河段，上起螺山，下至赤壁，全长 38.9 千米，为顺直分汊河段，是长江中游严重碍航河段之一。左岸堤内为洪湖市区，其堤段外滩较窄（宽 40～80 米），局部无滩，1984—1998 年界牌河段综合整治后，河段左、右汊分流比发生变化，左支中枯水期流量加大，近岸河床冲刷，深泓逐年逼近岸边。

因界牌河段整治工程初步设计中未考虑左岸桩号 517+500 以下至新堤夹河段护岸工程，受不断加剧的水流淘刷作用，新堤夹堤段 1997 年起连续发生崩岸险情，严重威胁长江干堤安全。2002 年 9 月 21 日，桩号 501+050～501+100 距堤脚 46 米处发生崩岸，崩长 42 米，最大崩宽 7 米；2003 年 1 月底，崩长发展至 1570 米（桩号 500+500～502+470），最大崩宽 45 米，坎高 10 余米，距堤脚最近处仅 40 米，崩势迅猛且不断发展。险情发生后，有关部门成立抢险指挥部，制订新堤夹崩岸应急整治方案，实施抢险守护。为保障长江干堤安全，控制和稳定河势，长江委批准实施新堤夹河段崩岸整治工程。

2003 年 3 月 5 日，受水流冲刷影响，新堤夹尾段桩号 500+000～500+500 段发生崩岸，崩长 500 米，最大崩宽 30 米。因该段外滩宽仅 100 米，崩岸严重危及长江干堤和新堤城区防洪安全。出险后，在枯水平台以下实施抛石护脚，枯水平台以上至 24.00 米高程坦坡实施干砌块石护坡，高程 24.00～30.00 米处坦坡实施预制混凝土块护坡。至 2003 年 5 月，完成土方 16 万立方米、水下抛石 8.5 万立方米、干砌块石 0.85 万立方米、混凝土 0.3 万立方米、碎石垫层 0.6 万立方米，完成投资 951 万元。

2004 年 3 月，长江委以《关于洪湖监利长江干堤整治加固工程新堤夹崩岸整治变更设计报告的批复》（长规计〔2004〕128 号）同意实施新堤夹崩岸整治。为加强护坡的整体性和抗冲能力，实施浆砌块石护坡，护岸长度 4 千米，并实施新堤城区外滩场地平整。护岸工程完成土方 43.3 万立方米、石方 30.8 万立方米、混凝土 0.1 万立方米，完成投资 6350.54 万元。

2006 年 10 月 26 日，新堤夹堤段桩号 505+725～505+800 段护岸段局部坡面突然崩坍，崩长 75 米，吊坎高 2～3 米，原块石护坡和脚槽崩毁。11 月 21 日，桩号 505+400～505+550 段长 150 米范围内脚槽、坦坡和驳岸出现明显裂缝；脚槽裂缝 8 条，缝宽 0.5～2 厘米，局部有下挫趋势；坦坡裂缝 56 条，缝宽 1～2 厘米，呈弧形发散状；岸上浆砌石驳岸开裂，裂缝 13 条，裂缝宽 10～15 厘米。

2007 年 3 月 6 日，新堤夹堤段桩号 500+500～500+560 发生崩岸险情，崩长 40 米，最大崩宽 4 米，距堤脚 80 米。16 日，桩号 505+290～505+350 长 60 米已护段由于雨水侵蚀和风浪及水流淘刷，导致接坡石下沉，坦脚外露；未护段桩号 508+240～508+320（新堤大闸出口下首）发生崩岸险情，崩长 80 米，最大崩宽 10 米，吊坎高 3～4 米，近岸水流流速加快，险情呈发展趋势。

2008 年 12 月，长江委批准实施新堤夹险段（桩号 506+955～510+000）整治。在新堤夹已护段桩号 506+955 至新堤大闸出口上游崩岸处，并适当上延至新堤夹口门（桩号 510+000 处）实施水上干砌块石护坡、水下抛石护岸，护岸全长 2.78 千米。同时，批准实施螺山袁家湾险段（桩号 526+000～527+000）整治，对该段处于迎流顶冲部位，且水上无整体性护坡堤段拆除原干砌块石护坡，改为抗冲性和整体性较好的浆砌块石护坡，整治长度为 1 千米（桩号 526+000～527+000）。

五、涵闸整治加固

洪湖监利长江干堤上原有穿堤涵闸 18 座、船闸 1 座、泵站 10 座。这些穿堤建筑物大多规模较小，年久失修，且建筑质量差、老化损坏严重，其结构安全不能满足防洪要求。有些涵闸已无法起到应有作用，残留堤身形成安全隐患；由于堤顶加高后，部分涵闸洞身偏短，无法运用。因此，此次堤防整治加固过程中，对沿堤建筑物实施整治加固。除新堤大闸、新滩口排水闸和新滩口船闸由长江委负责实施，石码头列入洪湖分蓄洪工程加固外，其余涵闸封堵 8 座，重建 2 座，加固 5 座，穿堤泵站加固 8 座，新建替代水源泵站 4 座。洪湖监利长江干堤涵闸泵站整治加固工程初步设计为 28 座，经省水利厅批复（鄂水利堤复〔2005〕166 号），穿堤建筑物增加王家巷闸加固工程，根据工程实际情况减少莒头泵站和南闸泵站 2 座替代水源。完成建筑物整治加固 27 座，共完成土方开挖 45.49 万立方米、土方填筑 41.19 万立方米、混凝土 2.52 万立方米、浆砌石 2.07 万立方米、钢筋 825.18 吨、金属结构安装 370.77 吨。

表 4-40　　　　　　　　洪湖监利长江干堤穿堤建筑物整险加固情况表

类别	名　称	桩号	孔口尺寸/(m×m)或装机/kW	流量/(m³/s)	底板高程/m	存在的问题及出险情况	整治与加固方式
涵闸	老湾闸	478+274	2.0×2.5	5.0	24.00	漏水、启闭台梁环形裂缝	封堵，新建老湾泵站作为老闸的替代水源
	莒头闸	483+777	2.0×2.5	5.0	24.00	无止水设施，八字墙渗水，内渠管涌	封堵，莒头泵站替代
	五八闸	527+337	2.0×2.0	4.6	24.50	无止水设施，闸门漏水，内渠管涌	失效封堵
	红卫闸	433+050	2.0×2.0	12.2	23.60	无止水设施，闸门漏水，内渠管涌	封堵，新建幸福泵站作为老闸的替代水源
	高桥闸	454+705	3.0×3.0	15.25	24.00	无止水设施，闸门漏水，内渠管涌	拆除重建，新闸为箱涵式钢筋混凝土结构
	腰口闸	488+340	2.0×2.2	10.0	23.50	无止水设施，闸门漏水，内渠管涌	封堵，新建长渠泵站作为老闸的替代水源

类别	名　　称	桩号	孔口尺寸 /(m×m) 或装机/kW	流量 /(m³/s)	底板 高程 /m	存在的问题及出险情况	整治与加固方式
涵闸	马家闸	515+000	2.0×2.2	6.0	22.10	无止水设施，闸门不配套	封堵，新建北闸泵站作为老闸的替代水源
	新堤老闸	505+583	3孔， 3.0×3.5	64.0	20.00	启闭设备老化，启闭台混凝土碳化，漏水严重	部分闸室混凝土拆除重建，更换闸门及启闭设施，涵洞接长
	永安闸	465+000	2.0×2.2	6.0	23.40	无止水设施，闸门严重漏水	失效封堵
	老新闸	507+700	2.0×2.2	6.0	19.60	无止水设施，闸门严重漏水	失效封堵
	何王庙闸	611+152	3.0×4.0	34.0	24.50	闸门漏水，1998年汛期溃口闸险，汛后水位复核，稳定应力不满足要求	老闸室及进口连接建筑物拆除重建，新建拱涵
	北王家闸	570+150	3.0×3.0	12.5	25.00	桥面高程不够，启闭机房破损	拆除重建工作桥和启闭机房
	杨林山深水闸	538+380	2孔， 2.5×3.0	17.5	19.50	闸门漏水，1999年湖北省重点险情	闸室底板高程抬高，涵洞加长，伸缩缝处理，渠道开挖改造，原箱涵盖板拆除，换为钢筋混凝土撑梁，闸室出口新建消力池，原消力池侧墙拆除重建，闸门喷锌处理及螺杆机更换
	仰口闸	402+142	2.5×2.5	6.0	23.50	设计标准低，孔口尺寸偏小，洞身偏短，止水失效，闸门及启闭机锈蚀严重	拆除重建
	王家巷闸	604+620	3.0×4.5	15.0	24.80	启闭台排架柱碳化、局部露筋，工作桥面断裂，启闭机房破损	拆除、重建启闭机房及工作桥，对碳化严重的启闭台排架柱采用丙乳砂浆抹面处理
泵站	高桥泵站	454+700	6×155kW	9.0		基础渗透破坏	渠道及管涌整治，更换闸门及止水，对涵洞及压力水箱漏水处进行灌浆，更换变压器
	半路堤泵站	624+500	3×2800kW	76.8	27.40	止水破坏，漏水严重，基础渗透变形	堤身翻筑，修复止水，底板灌浆，出水渠加固，海漫加长，更换闸门
	石码头泵站	500+422	12×155kW	18.0		基础渗透破坏，出水涵、压力水箱伸缩缝止水破坏，漏水严重，金属结构锈蚀，启闭设施老化	重建压力水箱，洞身接长，止水修复，堤身灌浆，出水涵海漫、护坡修复，兴建反压闸，重建启闭台、工作桥，防洪闸门、灌溉闸门、启闭机等设备更新
	杨林山泵站	538+440	10×800kW	80.0	26.00	出水管断裂，止水破坏，漏水严重	出水管内衬钢套，更换止水、渠道护砌，更换闸门止水，拍门加固
	新滩口泵站	401+500	10×1600kW	220.0		配套设施不完善，伸缩缝漏水	增设改造启闭设施，修复止水
	大沙泵站	488+085	20×155kW	29.4		止水破坏，漏水严重，混凝土裂缝，基础渗透变形，洞身偏短	洞身接长，止水修复，堤身灌浆，新浇混凝土铺盖，铺设反滤，更换闸门及启闭设备

续表

类别	名　称	桩号	孔口尺寸/(m×m)或装机/kW	流量/(m³/s)	底板高程/m	存在的问题及出险情况	整治与加固方式
泵站	燕窝泵站	462＋775	10×155kW	15.0		止水破坏，渗径短，基础渗透变形	重建压力水箱，兴建反压闸，内渠土工织物铺盖，灌溉闸门、启闭机等设备更新
	龙口泵站	464＋680	10×155kW	15.0		漏水，渗透变形	重建压力水箱，堤身灌浆，兴建反压闸，内渠土工织物铺盖，防洪闸门、灌溉闸门、启闭机等设备更新
	幸福泵站	433＋050	2×155kW	12.7	23.50		新建，替代红卫闸
	老湾泵站	478＋274	2×155kW	4.7	20.30		新建，替代老湾闸
	长渠泵站	488＋340	2×155kW	10.0	20.30		新建，替代腰口闸
	北闸泵站	515＋000	2×155kW	6.0	21.00		新建，替代马家闸

六、竣工验收

2000年12月至2008年7月，洪湖监利长江干堤整治加固工程86个单位工程分多批次通过单位工程验收。

2006年9月16—18日，荆州市人民政府对洪湖监利长江干堤整治加固工程征地移民工作进行自验。2008年5月14—16日，水利部水库移民开发局验收复核工程征地移民工作，通过该项验收。

2007年1月15—16日，洪湖监利长江干堤整治加固工程档案工作通过专项验收。工程档案共2582卷，其中综合类108卷、建管类111卷、设计类133卷、施工类1438卷、监理类779卷、影像资料13册。

2008年2—3月，水规总院对洪湖监利长江干堤整治加固工程进行竣工验收技术鉴定。10月，水规总院向项目法人提交《洪湖监利长江干堤整治加固（非隐蔽）工程竣工验收技术鉴定报告》。报告认为该工程已按批复的设计内容和下达的投资计划建设完成，工程加固设计符合现行规范要求，工程质量总体合格。初期运行情况表明，工程加固后险情明显减少，险工危险程度明显降低，工程防洪能力明显提高。在1954年型洪水位情况下，工程运行是安全的。

2008年8月27—28日，水利部主持召开洪湖监利长江干堤整治加固工程水土保持设施竣工验收会议，同意通过竣工验收。

图4-25　洪湖监利长江干堤整险加固工程竣工验收

2009年4月20—24日，水利部和省政府在武汉召开洪湖监利长江干堤整治加固工程竣工验收会议。竣工验收主持单位组织成立竣工验收委员会和竣工技术预验收专家组，验收委员会形成《湖北省洪湖监利长江干堤整治加固工程（非隐蔽工程）竣工验收鉴定书》，通过竣工验收。

经过多年整险加固建设，洪湖监利长江干堤逐步达到设计标准，防洪能力得到较大提高。堤防工程由于其特殊性，建设期间即处于运行状态，相继经历1999年、2002年、2004年和2007年长江洪水，与1998年比较，汛期险情大为减少，防汛成本显著降低，防洪效益十分显著。穿堤建筑物经过整治加固，运行情况正常。

1998 年汛期洪湖监利长江干堤共出险 790 处，其中重点险情 334 处，特大险情 22 处。当年汛期，出现管涌险情 156 处 483 孔，孔径多为 0.05 米以上，最大砂盘直径 1.8 米，史所罕见，且出险部位多在距堤脚 200 米以内，距堤最近处仅 25 米；出现清水漏洞 301 处 452 洞、浑水漏洞 4 处 5 洞、散浸 281 处长 61096 米、脱坡险情 4 处长 292 米。当年汛期每一处重大险情都非常危险，每一次抢护都耗用大量人力、物力和财力。

1999 年汛期，长江再次发生大洪水，洪湖监利长江干堤共出险 133 处，其中重点险情 15 处，无特大险情。当年汛期，出现管涌险情 11 处 27 孔，且孔径均小于 0.05 米，出险位置距堤脚均大于 200 米（除夹堤钻孔管涌外）；出现清水漏洞 2 处 2 洞；散浸 82 处长 14830 米，与 1998 年汛期比较，险情明显减少。

2002 年汛期，监利站最高洪峰水位 37.15 米，洪湖螺山站最高洪峰水位 33.83 米。当年汛期，洪湖监利长江干堤出险 25 处，其中重点险情 3 处。险情类别主要为管涌险情 2 处 2 孔，散浸 19 处长 2920 米，闸门漏水 2 处，崩岸险情 2 处。

2004 年汛期，监利站超设防水位 13 天，最高洪峰水位 35.40 米，洪湖螺山站未设防，洪湖监利长江干堤未出现险情。

2007 年汛期，监利站最高洪峰水位 35.79 米，洪湖螺山站最高洪峰水位 31.32 米。洪湖监利长江干堤出险 4 处，其中重点险情 1 处。

1999 年、2002 年、2004 年和 2007 年洪湖监利长江干堤出险情况大大少于 1998 年。2002 年洪湖监利长江干堤基本达到设计标准后，汛期险情相比 1999 年再次大幅度减少。在高洪水位检验下，加固后的洪湖监利长江干堤险情处数明显减少，险情危险程度明显降低，抗洪能力明显提高，防汛抢险费用明显降低，防洪效益充分体现，工程效益显著。2009 年，湖监利长江干堤整治加固工程获得中国水利工程优质奖（大禹奖）。

图 4-26 加固后的洪湖长江干堤（2010 年）

经过多年整险加固建设，洪湖监利长江干堤堤面宽度达到 8～10 米，堤身及堤内（外）平台普遍加高 2～4 米，各项管理设施基本完善，穿堤建筑物均制订完善的管理规章制度和操作程序，自竣工以来多年运行过程中，未出现重大安全事故或故障。

堤顶防汛路面的建成，有利于防汛劳力和物资设备调运，为提高防汛抢险快速反应能力提供了保障。同时也给沿堤人民群众生产生活提供了便利，在一定程度上促进地方经济发展。部分著名险工险段通过综合整治不仅增强抗洪能力，而且成为长江堤防的景点、亮点，成为沿堤居民的休闲场所。

洪湖监利长江干堤整治加固工程实施后，堤防两侧种植防浪林、防护林共 230.95 万株，堤坡种植草皮 1255.2 万平方米，不仅有效地保护了堤防工程，还有效地保护了生态环境，改善了堤容堤貌，其工程效益和生态效益十分显著。

表 4-41　　　　　　　　　　洪湖监利长江干堤隐蔽工程实施情况表

序号	工程项目或地点	桩　号	长度/km	工程量/万 m³							防渗墙/m²	投资/万元
				土方开挖	水下抛石	混凝土预制块	浆砌块石	干砌块石	垫层石料	柴枕或土枕/个		
合计	2000—2001 年度		13.7	7.7	54	0.16	0.44	11			30147	7926.4
一	洪湖		12.2	7.7	54	0.16	0.44	11			30147	7926.4
1	边洲护岸工程	426+000～428+800	2.8		28.5			3.53				2743.5
2	叶王家洲护岸工程	494+000～500+000	6		25.2			7.5				3374.9

续表

序号	工程项目或地点	桩 号	长度/km	工程量/万 m³								投资/万元
				土方开挖	水下抛石	混凝土预制块	浆砌块石	干砌块石	垫层石料	柴枕或土枕/个	防渗墙/m²	
3	新堤排水闸加固工程	508＋500				0.16	0.44					1198
4	燕窝防渗墙工程	417＋550～418＋000 421＋200～422＋600 422＋800～424＋300	3.35	7.7							30147	610
二	监利		1.5									
1	薛潭防渗墙工程	570＋000～571＋500	1.5									
合计	2001—2002 年度		22.3	87	80	7.09	1.51					11955
一	洪湖		22.3	87	80	7.09	1.51					11955
1	胡家湾、虾子沟护岸	398＋000～399＋400 409＋000～411＋500	3.9	15.4	20.9	1.84	0.37					2702.8
2	杨树林、燕窝护岸工程	411＋500～416＋300 428＋800～429＋000	5	18.4	15.3	2.03	0.51					2628.3
3	叶王家边、田家口、宏恩矶护岸工程	440＋700～443＋300 444＋700～445＋200 446＋200～446＋600 446＋800～449＋600	6.3	27	29.2	0.38	0.63					3616.2
4	套口、粮洲—老湾护岸工程	458＋700～459＋750 470＋000～476＋000	7.05	26	15	2.84						3008.1
合计	2000—2002 年度		35.9	95	134	7.25	1.95	11			30147	19882

第六节 湖北省洞庭湖区四河（荆南四河）堤防加固工程

湖北省洞庭湖区荆南四河（松滋河、虎渡河、藕池河、调弦河）位于湖北省中南部，长江中游上段，荆江河段右岸，所流经地区亦称荆南地区。荆南地区属亚热带季风气候，温和湿润，雨量充沛，无霜期长，多年平均年降雨量1094.5毫米，最大年降雨量1854.3毫米。荆南平原湖区滨临长江，水土资源丰富，自然条件优越，人口密集，农业生产发达，是湖北省重要的商品粮棉生产基地之一。荆南平原湖区国土面积占全省的2.10％，而农业总产值却占到全省的5.26％。荆南地区以农业经济为主，在发展多种经营的同时，充分利用本地资源，大力发展地方工业，已建立起以机械、建材、纺织、轻工、食品为主的地方工业体系；与水陆空交通中心沙市港毗连，交通便利，水运发达。

荆南地区北与荆江大堤隔江相望，南以湘鄂省界为其边缘，行政区域包括松滋市、公安县全境、石首市江南部分及荆州区弥市镇，国土面积5516平方千米。荆南四河堤防包括松滋河（含松东河、松西河、苏支河、沧水河、庙河、新河）、虎渡河、藕池河、调弦河等诸河堤防及渍里隔堤。保护范围涉及松滋市、公安县、荆州区、石首市，面积3471平方千米，耕地14.13万公顷，人口257.15万。荆南四河堤防是安全分泄荆江洪水入洞庭湖的保证，是江湖关系的重要纽带。

荆南四河地区地貌形态以冲积平原为主，地势开阔平坦，地面高程由北西40.00～41.00米，往南东至湘鄂两省交界处缓降至28.00～32.00米。松滋市区—南海镇，以及公安县孟溪、甘家厂、黄山头、团山一带，有岗地或丘陵分布，高程一般40.00～74.00米，多呈孤丘状，黄山头为区内最高点。区内分布有众多湖泊和渊塘，较大湖泊有淤泥湖、玉湖、王家大湖、小南海、牛浪湖等。

一、建设缘由

荆南地区河流众多，河道总长达 433 千米，区内干支堤防总长达 1086 千米。区内河网交错，水系复杂，每当洪水季节，北受荆江巨大洪水威胁，南遭洞庭湖洪水顶托，四面临水，历史上洪涝灾害频繁。据统计，1788—1954 年的 167 年间，该地区相继遭受 1788 年、1860 年、1870 年、1931 年、1935 年、1954 年 6 次大水灾害。仅 1931—1949 年的 18 年间，荆南地区即有 16 年遭受洪涝灾害。建国后，1949—2010 年间发生严重溃堤的洪灾年份有 1949 年、1954 年、1965 年、1980 年、1981 年、1983 年、1996 年、1998 年等。1949 年沙市最高洪水位 44.49 米，石首调关、久合、团山等 6 垸溃决，淹没耕地面积 1.20 万公顷，受灾人口 8.21 万，死亡 190 人；1954 年汛期，区内受灾面积 15.31 万公顷，受灾人口 87.15 万，其中死亡 236 人。

荆南四河洪水特性具有高水位出现频繁、洪峰流量大和持续时间长的特点。荆南四河堤防既要防御荆江洪水，又要防御洞庭湖洪水，更要警惕江湖洪水遭遇。据初步统计，沙市站从 1903 年有实测数据至 2010 年的 100 余年间（1940—1946 年数据空缺），最高水位超过 42.00 米的有 73 年，超过 43.00 米的有 42 年，超过 44.00 米的有 13 年，超过 45.00 米的 1 年（1998 年），特别是 1998 年超过警戒水位的时间最长，达 54 天。石首站 1953—2010 年有 40 年洪水超设防水位，31 年超过警戒水位，其中以 1998 年超过警戒水位的时间最长达 73 天。

荆南地区洪涝灾害多发，江湖洪水遭遇频繁，泥沙淤积，河床抬高，洪水位不断升高，频繁洪涝灾害严重制约区域经济发展，威胁着人民生命财产安全。建国后，该区治理以江河防洪为中心，坚持进行兴利除害的水利建设，发动群众，开展防洪工程建设，经过加高培厚堤防、合堤并垸、整治险段，基本形成较为统一的堤防体系，防洪标准也由建国时期 2～3 年一遇，提高到约 10 年一遇。20 世纪 80 年代后，由于洞庭湖和四河河道泥沙淤积而多次出现高水位，历时延长，每届汛期，堤防险情增多，"小洪水、高水位、大防汛"的不正常情况经常出现。1998 年长江与澧水流域同降大暴雨，发生 12 次强降雨过程，荆江出现 8 次大洪峰，河道超历史最高水位持续达 35 天，致使区内淹没耕地 6.89 万公顷，数十万人口受灾，直接经济损失 104.89 亿元。

由于历年国家投资有限，加之江湖关系演变等因素影响，荆南四河地区防洪体系不够完善，防洪形势仍很紧张。荆南四河堤防存在防洪标准低、堤线长、险情多，堤上涵闸多、标准低、年久失修、安全问题严重，管理基础设施薄弱等诸多问题。

（一）堤防防洪标准低，堤防建设未达标

1999 年整险加固前，荆南四河堤防防洪标准不足 10 年一遇，与洞庭湖区整体防洪规划不相适应。每遇汛期，如遇洞庭湖洪水顶托，安全度汛困难。与设计洪水确定的堤顶高程相比，现有堤顶高程普遍欠高，个别堤段最大欠高超过 2 米，堤顶宽度尚未达到 6～8 米，内、外坡比不足 1∶3，平台修筑绝大部分未达建设标准。

（二）堤防三大险情突出

堤基管涌　荆南四河堤防多为 1870 年大水溃决后在淤积泥沙之上重建的，堤基下夹有浅层透水层，其下多为深厚强透水层，结构松散、质地极不均一，堤后多渊塘，汛期堤基管涌等险情多。1981 年，松东河左堤黄四嘴段因堤基浅层砂层内外贯通，发生管涌，经全力抢护无效，溃口宽达 157 米，淹没耕地 7933 公顷，倒塌房屋 1.09 万栋，受灾人口达 10.74 万。1998 年，虎渡河右堤严家台段因堤基浅层砂层内外贯通发生管涌，经抢护无效溃决，口门宽 185 米，淹没国土面积 346 平方千米，受灾人口达 13.5 万。

堤岸崩坍　荆南四河堤防土质差，抗冲能力弱，滩岸在水流作用下，导致失稳而出现崩岸险情；在无滩堤段中，由于堤内地下水位较高，在内水外渗作用过程中，由于堤质差而出现外脱坡险情。松东河左堤粮管所码头附近 526 米长范围内，1981 年、1989 年两次大水中 3 次出现外脱坡险情。

堤身隐患　荆南四河堤防为历年多次加培而成，填料杂乱，各土层性质不一，普遍存在密实度不够，含水量偏高等问题，不少堤段变形开裂严重，白蚁分布也较广，每年汛期险情较多。1981年汛期，松西河右堤金狮堤段附近约2300米堤长范围内，出现浑水漏洞114个，堤身最大跌窝达70平方米。1998年汛期，松西河右堤义胜哨棚堤段因白蚁危害，出现浑水漏洞60余个。

1998年汛期，荆南四河堤防共出现各类险情516处，其中管涌194处637个，浑水洞58处，清水洞83处，散浸76处，崩岸4处，水井冒水10处，裂缝45处，脱坡34处，涵闸险情8处。据统计，荆南四河堤防中崩岸险段长达273千米，其中1999—2007年新增崩岸长约44千米。

（三）堤上涵闸标准低、年久失修、安全问题严重

荆南四河堤防现有的133座涵闸中，大部分建于20世纪60—70年代，均不同程度地存在险情隐患：①涵闸修建时受当时条件限制，标准低、工程简陋，大多采用条石拱涵、预制混凝土圆涵等。②涵闸基础较差，修建时未进行基础处理，沉陷变形严重，涵管错位，止水失效，漏水严重，部分涵闸未进行防渗处理，渗径不能满足要求，汛期易产生管涌险情，消能设施标准低，损毁失修。③堤身不断加高培厚而涵闸未能相应加固接长。④启闭设备老化陈旧，不能正常运行。大部分涵闸长期带病运行、损毁失修，严重危及堤防安全。

（四）管理基础设施薄弱，管理水平有待提高

管理经费无可靠来源，观测设备、交通工具缺乏，通信联络手段落后，一些主要险工段雨天道路泥泞难行，给防汛抢险指挥调度带来困难；管理水平有待进一步提高。荆南四河堤防整治加固前，未达到《堤防管理设计规范》要求。

（五）堤段违章建筑物多

由于历史原因，堤防管理范围内违章建筑物多，虎东、虎西干堤又属分蓄洪区围堤，沿堤建有大量安全台，因而部分地段"堤"台不分，违章建筑颇多；四河沿堤城镇段，挤占堤防用地严重，堤两侧均建有民房，形成堤街，松东左的沙道观镇、团山右的团山寺镇、藕池河左的江波渡等堤段均存在挤占堤防用地情况。

经过多年治理，荆南四河地区防洪能力有所提高和改善，但由于国家资金投入有限，大部分工程措施尚未到位，大部分堤段仍未达标。按照国务院批准的《长江流域综合利用规划简要报告》（1990年）和《国务院批转水利部关于加强长江近期防洪建设若干意见的通知》（国发〔1999〕12号）的要求，在三峡工程建成前，长江发生1954年型洪水或更大洪水时，荆江分江区等分蓄洪区需承担分蓄长江洪水任务；三峡工程运行后，遇100年一遇以上洪水时，仍需承担分蓄超额洪水任务。因此，对荆南四河的堤防进行达标加固是非常必要的。

表4-42　　　　　　　　　湖北省洞庭湖区四河堤防保护范围及级别表

序号	堤段名称	所在县（市）	保护垸名	保护面积/km²	总人口/万人			耕地面积/hm²			级别
					合计	其中		合计	其中		
						城镇	农村		水田	旱地	
1	松滋河										
1.1	松西右		小计	666.10	39.52	6.96	32.56	26240	14640	11600	3
		松滋	合众垸	102.27	5.48	0.43	5.05	5153	1307	3847	
			新江口	12.20	9.26	5.36	3.90	2327	1707	620	2
			南海垸	97.50	6.96	0.40	6.56	5227	2693	2533	
			大湖垸	109.00	3.03	0.25	2.78	2307	1287	1020	
		公安	合顺垸	167.77	7.22	0.14	7.08	5373	2873	2500	
			永合垸	177.36	7.57	0.38	7.19	5853	4773	1080	
1.2	松西左		小计	388.40	21.81	1.56	20.25	18867	6673	12193	3
		松滋	八宝垸	146.00	8.44	0.25	8.19	8320	1580	6740	

序号	堤段名称	所在县（市）	保护垸名	保护面积/km²	总人口/万人			耕地面积/hm²			级别
					合计	城镇	农村	合计	水田	旱地	
		公安	东港垸	156.60	8.16	0.26	7.90	7180	3353	3827	
			南平垸	85.80	5.21	1.05	4.16	3367	1740	1627	
1.3	松东右		小计	388.40	21.81	1.56	20.25	18867	6673	12193	3
		松滋	八宝垸	146.00	8.44	0.25	8.19	8320	1580	6740	
		公安	东港垸	156.60	8.16	0.26	7.90	7180	3353	3827	
			南平垸	85.80	5.21	1.05	4.16	3367	1740	1627	
1.4	松东左		小计	669.27	29.83	3.92	25.91	26067	12800	13267	3
		松滋	大同垸	197.70	10.32	1.33	8.99	9513	2547	6967	
		公安	三善垸	155.51	7.64	1.94	5.70	5847	2953	2893	
		荆州	三善垸	61.63	1.97	0.09	1.88	3067	927	2140	
		公安	孟溪垸	254.43	9.90	0.56	9.34	7640	6373	1267	
1.5	沱水左		小计	374.27	17.21	0.79	16.42	12907	6853	6053	3
		公安	合顺垸	167.77	7.22	0.14	7.08	5373	2873	2500	
		松滋	南海垸	97.50	6.96	0.40	6.56	5227	2693	2533	
			大湖垸	109.00	3.03	0.25	2.78	2307	1287	1020	
1.6	沱水右	公安	永合垸	177.36	7.57	0.38	7.19	5853	4773	1080	3
1.7	苏支河左	公安	东港垸	156.60	8.16	0.26	7.90	7180	3353	3827	3
1.8	苏支河右	公安	南平垸	85.80	5.21	1.05	4.16	3367	1740	1627	3
1.9	新河左	松滋	新江口	12.20	9.26	5.36	3.90	2327	26500	620	2
1.10	新河右		小计	367.54	14.18	0.54	13.64	10600	5567	5033	3
		松滋	南海垸	97.50	6.96	0.40	6.56	5226	2693	2533	
		公安	合顺垸	167.77	7.22	0.14	7.08	5373	2873	2500	
1.11	庙河左	松滋	合众垸	102.27	5.48	0.43	5.05	5153	1307	3847	3
1.12	庙河右	松滋	新江口	12.20	9.26	5.36	3.90	2327	1707	620	2
2	虎渡河										
2.1	虎渡河左	公安	荆江分洪区	921.30	52.44	13.94	38.50	35087	15547	19540	2
2.2	虎渡河右		小计	848.47	42.32	5.95	36.37	36153	17887	18267	3
		松滋	大同垸	197.70	10.32	1.33	8.99	9513	2547	6967	
		荆州	涴市扩大分洪区	93.20	6.71	1.58	5.13	5120	947	4173	
			三善垸	61.63	1.97	0.09	1.88	3067	927	2140	
		公安	三善垸	155.51	7.64	1.94	5.70	5847	2953	2893	
			虎西备蓄区	86.00	5.78	0.45	5.33	4967	4140	827	
			孟溪垸	254.43	9.90	0.56	9.34	7640	6373	1267	
3	藕池河										
3.1	藕池河左	石首	横罗陈顾垸	278.00	24.26	10.64	13.62	11107	6553	4553	2
3.2	藕池河右		小计	238.00	9.83	0.58	9.25	7240	5567	1673	3
			联合垸	128.90	6.99	0.54	6.45	4893	3700	1193	
			久合垸	53.70	2.87	0.04	2.80	2347	1867	480	

序号	堤段名称	所在县（市）	保护垸名	保护面积/km²	总人口/万人			耕地面积/hm²			级别
					合计	其中		合计	其中		
						城镇	农村		水田	旱地	
3.3	团山河左	石首	久合垸	53.70	2.84	0.04	2.80	2347	1867	480	3
3.4	团山河右	石首	联合垸	132.00	6.99	0.54	6.45	4893	3700	1193	3
3.5	安乡河左	石首	联合垸	132.00	6.99	0.54	6.45	4893	3700	1193	3
4	调弦河										
4.1	调弦河右	石首	横罗陈顾垸	280.50	24.26	10.64	13.62	11107	6553	4553	2
4.2	调弦河左	石首	（石戈垸）陈公东垸	183.40	6.95	0.70	6.25	5033	3587	1447	3

二、规划述略

1994年3月，省政府以鄂政发〔1994〕23号文向国务院提出将湖北省洞庭湖区防洪治涝工程纳入国家洞庭湖综合治理规划的要求。1997年长江委在湘鄂两省有关部门配合下，提出《洞庭湖区综合治理近期规划报告》（以下简称《报告》）。水利部以水规计〔1998〕166号文批复，明确荆南四河堤防加固工程内容。《报告》中，荆南地区按水系划分属洞庭湖平原，为治理规划的重要组成部分。治理范围按荆江河段右岸，湘、资、沅、澧四水尾闾控制点以下，高程在50.00米以下湘鄂两省广大平原、湖泊水网区。总面积18780平方千米，其中湖北省3580平方千米。治理范围内，湖北省洪道面积405平方千米，受堤防保护面积3547平方千米，人口190万。《报告》提出，本着统一规划、江湖两利原则，以防洪为主，洪、涝、旱、航运、水资源保护、防治血吸虫病、水产等综合规划，分期实施。力争小水不成灾，大洪水少受灾，特大洪水（枝城来量8万立方米每秒）在分蓄洪工程运用配合下，保证主要堤防安全，排涝标准达到10年一遇，以达到与荆江、洞庭湖整体防洪能力相适应目的。

为落实1998年大水灾后重建任务，尽快实施荆南四河堤防加固规划，1999年4月，荆州市长江河道管理局委托长江委长江勘测规划设计研究院于当年9月编制完成《湖北省洞庭湖区四河堤防加固工程可行性研究报告》（以下简称《可研报告》）。2000年3月，水规总院在荆州召开审查会，基本同意《可研报告》，并提出修改意见。6月，根据水规总院审查意见，长江设计院提出《湖北省洞庭湖区四河堤防加固工程可行性研究报告补充说明》（以下简称《补充说明》）。7月，水规总院以〔2000〕89号文将审查意见上报水利部，确定加固工程范围为"荆南四河在湖北省境内的主河道堤防、串河及部分支河堤防。总计加固堤防706.03千米"，审定工程总投资296894万元（2000年一季度价格水平）。

2001年11月，根据国家发改委和水利部对荆南四河按轻重缓急、分期实施原则进行加固的要求，荆州市长江河道管理局再次委托长江设计院修改设计，并编制《湖北省洞庭湖区四河堤防一期加固工程可行性研究报告》，11月下旬，水规总院再次组织专家审查报告。2003年7月，国家发改委委托中国国际工程咨询公司组织专家评估可研报告，并以咨农水〔2004〕358号文上报国家发改委。评估确定荆南四河一期加固堤防总长347.82千米，工程总投资14.4亿元。

2008年初，长江委编制《洞庭湖区综合治理近期规划报告》，4月，水规总院审查报告。长江委在水规总院审查意见基础上编制《洞庭湖区治理近期实施方案》（修订本），同年8月中国国际工程咨询公司对报告进行评估（咨农水〔2008〕1189号），确定湖北省荆南四河堤防工程建设内容为四河加固堤防706千米。评估建议荆南四河堤防工程可按一次立项分期实施的原则进行建设。

2008年11月，受湖北省河道堤防建设管理局委托，长江设计院修改补充《可研报告》，并将

《补充说明》内容纳入，复核建设征地实物指标，修改征地拆迁及环境影响评价等内容，并增加水土保持设计、劳动安全与工业卫生、节能分析等内容。对未实施工程按照 2008 年三季度价格水平进行投资估算，已实施工程按照 2003 年平均价格水平进行投资估算，估算湖北省洞庭湖区四河堤防加固工程静态总投资为 55.84 亿元，较 2000 年审定工程总投资增加约 26.15 亿元，主要原因是材料价格上涨及国家有关移民政策调整较大。其中工程部分静态总投资增加 5.81 亿元，移民部分静态总投资增加 18.42 亿元，环境保护和水土保持部分静态总投资增加 1.92 亿元。

2009 年初，省发改委、省水利厅联合向水利部报送《湖北省洞庭湖区四河堤防加固工程可行性研究报告》（鄂发改农经〔2009〕328′号），4 月，水规总院审查后提出修改和补充意见。11 月，长江设计院根据审查意见完成报告修订本，经水规总院 2010 年 5 月复审后，于 2011 年 3 月编制完成《湖北省洞庭湖区四河堤防加固工程可行性研究报告（审定本）》。水规总院基本同意该可研报告（审定本），并以水总规〔2011〕479 号文上报水利部获得通过。2011 年 10 月 17 日，水利部向国家发改委报送《关于报送湖北省洞庭湖区四河堤防加固工程可行性研究报告审查意见的函》（水规计〔2011〕532 号）。

三、设计标准

按 2011 年水利部报送国家发改委《关于报送湖北省洞庭湖区四河堤防加固工程可行性研究报告审查意见的函》（水规计〔2011〕532 号）文件精神，荆南四河各河分别确定堤防设计标准为：松滋水系、太平水系属西洞庭湖区，其两岸堤防按 1949—1991 年实测最高洪水位设计；藕池河、调弦河堤防按 1954 年实测最高洪水位设计。虎渡河堤防按枝城站洪峰流量 8 万立方米每秒，沙市控制水位 45.00 米，城陵矶控制水位 34.40 米，利用荆江分洪区，虎渡河分流口相应水位 45.13 米、南闸水位 42.00 米作为控制条件推算，取虎渡河设计洪水位和荆江分洪区设计蓄洪水位外包线作为虎渡河堤防的设计标准；苏支河、涴水河、新河、庙河堤防按松西河相应河段水面线推求；涴里隔堤根据进、退水口门水位（45.44 米、44.37 米）按直线插值确定。四河主要控制点的设计枯水位为：新江口 35.14 米、沙道观 34.88 米、弥陀寺 32.80 米、藕池口 30.43 米、管家铺 30.35 米，据此推算各河护岸点设计枯水位。

虎渡河左岸干堤、松西河右堤（桩号 27＋300～34＋500）、庙河右堤、新河左堤、藕池河左堤、调弦河右堤、松东河左堤（桩号 65＋474～103＋900）、虎渡河右堤（桩号 49＋937～54＋825）、松西河右堤（桩号 82＋210～94＋240）为Ⅱ级堤防，其它堤防为Ⅲ级堤防；穿堤建筑物级别与所在堤防等级相同。

堤顶高程按设计洪水位加安全超高确定；安全超高按水利部水规计〔1998〕166 号文批复确定为 1.5 米，抵御蓄洪水位堤段加安全超高 2.0 米。Ⅱ级堤防堤顶面宽 8 米，设置 6 米宽碎石路面；Ⅲ级堤防堤顶宽 6 米，设置 5 米宽碎石路面。内坡比 1∶3，外坡比 1∶2.5～1∶3。内坡设计堤顶以下 4～5 米设置平台，平台宽度根据堤防保护重要性具体确定。

根据《中国地震参数区划图》（GB 18306—2001），该工程区地震基本烈度不大于Ⅵ度。

四、建设项目

根据水利部水规计〔2011〕532 号文件规定，湖北省洞庭湖区四河堤防加固工程建设范围为：荆江右岸松滋河（包括松东河、松西河、苏支河、涴水河、新河、庙河）、虎渡河、藕池河、调弦河等在湖北省境内主要河道、部分串河、支流河道堤防以及涴里隔堤。堤防总长度为 706.03 千米，其中松滋河堤防 400.63 千米（其中松西河 152.19 千米、松东河 181.27 千米、涴水河 36.81 千米、苏支河 11.43 千米、庙河 8.42 千米、新河 10.51 千米），虎渡河堤防 183.59 千米，藕池河堤防 94.51 千米，调弦河堤防 10.07 千米，涴市扩大分洪区涴里隔堤 17.23 千米。堤防加固工程项目包括：堤身加高培厚、堤基防渗处理、堤身锥探灌浆、护岸固脚、堤顶防汛道路、涵闸整险加固等。

工程主要建设内容为：堤防加高加固 286.19 千米；堤身灌浆 555.47 千米；堤身堤基防渗墙

51.21 千米；堤内防渗平台 211.39 千米；护坡 89.95 千米，其中新护 79.73 千米，加固 10.22 千米；护岸工程 87.4 千米，其中新护 75.2 千米，加固 12.2 千米；堤顶泥结石路面 661.97 千米，城区段混凝土路面道路 23.03 千米；涵闸整险加固 118 座，其中重建 39 座、加固 78 座、新建 1 座；1999—2001 年度已实施未达标工程项目，需增加堤内平台 6.6 千米。

按 2010 年一季度价格水平估算，工程静态总投资为 493124 万元，其中：1999—2009 年已安排工程投资 89150 万元；未完工程 403974 万元（包括工程部分投资 199019 万元、建设征地移民补偿费 194370 万元、环境保护专项投资 2665 万元、水土保持专项投资 7920 万元）。工程总工期为 36 个月。

该工程为地方水利建设项目，但其功能属性为以防洪为主的公益性水利工程，资金投入由中央水利建设资金和湖北省自筹资金组成。

（一）堤身加高加固

断面加培　对四河堤防（加固范围内）未达设计要求的堤段进行加培，即堤顶高程、堤顶宽度、堤坡的设计要求中，其中一项或多项未达标准，应视不同情况加高加固。堤顶高程以高出设计洪水位 1.5 米（或高出分洪水位 2.0 米）为准；堤顶宽度为 6~8 米，坡比为 1:3。

隐患处理　四河堤防堤身质量较差，填土复杂，结构松散，填筑干密度在 1.42~1.53 克每立方厘米范围，天然孔隙比为 0.63~0.9，同时存在散浸、漏洞、裂缝等多种险情，堤身白蚁等生物危害严重，分布范围广。此外局部堤段堤外有民垸，自 1954 年后一直未挡水，险情未暴露，为此，对堤身隐患需采取全面整治措施。整治方法一般采取锥探灌浆，如堤基需截渗处理堤段则与堤基一并采取截渗处理。

护坡　考虑四河堤防堤线长，分布范围广，块石料场离工区较远，砌石或混凝土护坡投资相对较高等实际，故仅在重点险段迎水坡结合护岸实施干砌石或混凝土护坡。护坡布置原则为：重要城镇段及块石料运距在 50 千米以外重点险段护坡采用混凝土预制块护坡，其余险段采用干砌石护坡。其它一般堤段迎水坡及背水坡均采用草皮护坡。

堤顶道路　采用泥结碎石路面。

2003 年，结合湖北省洞庭湖区四河堤防加固工程建设，实施松滋新江口城市防洪工程项目。新江口城区从上南街至德胜闸沿河原无堤防，当松西河水位达到 45.00 米以上时，沿河街道及民主大道北段常遭水淹，商店停业，交通受阻，民居进水。防洪工程地点位于新江口镇河街，工段长 1000 米。沿河修筑 4 米高混凝土防洪墙，墙内填筑土堤，堤面宽 8 米，混凝土路面宽 6 米，混凝土墙顶高于堤面 1 米。迎水堤坡，用预制混凝土六角块护坡，浆砌石镇脚，水下抛石护脚。工程于 2003 年 5 月 18 日动工，年底基本完工，修建防洪墙 1000 米，施工桩号 29＋000~30＋000，完成土方 4.5 万立方米、钢筋混凝土 5149 立方米、浆砌石 1531 立方米、干砌石 1429 立方米、水下抛石 5037 立方米，工程直接投资 370 余万元（不含搬迁费和锥探灌浆等费用）。

（二）堤基渗流控制

垂直防渗　对堤基砂性土直接出露，或透水砂层埋藏较浅，地质条件差，1998 年汛期出现管涌险情较多的堤段，采用垂直防渗处理；垂直防渗方式视不同堤段透水堤基埋藏深度，同时考虑不同工法的适用范围，并尽量采用投资少的防渗技术，优先考虑适应变形能力强的柔性材料防渗方案。采用的垂直防渗技术有：垂直铺塑、多头小口径深层搅拌混凝土截渗墙、射水法造混凝土截渗墙。墙深要求插入相对不透水层 1~1.5 米。

盖重加减压井　对深厚透水堤基，采用垂直防渗措施不仅投资大，且渗控效果较差，则采用铺盖加盖重加减压井的措施。

内外平台　对堤身垂高大于 5 米，堤基砂性土直接出露，或透水层埋藏较浅，地质条件差或较差的堤段，采取补筑内平台或外平台的措施。地质条件差的堤段，平台宽取为 30 米；地质条件较差的堤段，平台宽取为 20 米。厚度控制不大于 2 米。

填塘固基　填平堤内 50 米范围内的所有渊塘。

防护林栽植　内平台种植防护林，外平台种植防浪林。

（三）护岸工程

荆南四河河道处于不断淤积抬高过程中，河床高程较高，枯水位较低，枯季常发生断流。但汛期河道部分岸坡受水流顶冲淘刷，常发生崩岸险情，危及护坡及堤防安全。因此，荆南四河河道护岸的主要任务是守护护坡坡脚，防止水流从下部淘刷护坡脚槽，保护护坡脚槽及整个护坡工程安全。主要工程措施为散抛石镇脚。本次护岸工程主要考虑重点险工段，共计 110 段护岸总长 120.97 千米，其中新护 100.56 千米，加固 20.41 千米。

（四）涵闸泵站改建、加固

四河堤防共分布各类涵闸泵站 133 座，大部分建于 20 世纪 60—70 年代，多数涵闸或年久失修，或原设计标准低，经多年运用，不同程度出现裂缝、管位错动、止水失效、闸门及启闭机设备老化等问题，每遇汛期，一些涵闸不同程度出现过漏水、散浸、管涌等险情，威胁堤防安全，必须进行改建或加固。

涵闸加固与改建设计原则为：对年久失修，病险严重，险情频频发生，危及堤防防洪安全的或者原为圬工结构，堤身加高后涵管不能满足强度要求的涵闸，进行拆除改建；隐患严重且相邻较近的涵闸，进行合并改建；对改建涵闸，无特殊情况下，不改变原闸性能、规模和位置，均采用钢筋混凝土结构；对强度和耐久性均满足要求的，或建设运用时间较短的涵闸在对一般裂缝和漏水进行处理后，根据大堤加高加固需要，或为满足涵闸渗径需要，进行加固接长。

根据上述原则，在现场查勘、结合地质勘探成果在稳定校核及分析的基础上，确定对刘家嘴等 38 座涵闸进行改建。其中，沧水左的解放闸及黑老港闸合并重建，鄢家渡闸因原址地质条件差，采取异地重建；保丰闸等 86 座涵闸实施加固接长，解放闸泵站等 6 座涵闸，则维持现状。另由于莲支河封堵需新建排水闸 1 座。

堤防加固措施包括：加高培厚、堤身灌浆、填塘固基、护坡护脚、涵闸整修、白蚁防治等。计划灌浆长度 367 千米，填塘固基 253.6 千米，护坡护脚 142 千米，改造涵闸 80 处，白蚁防治 37.23 千米，铺设防汛道路（碎石路面）423 千米。

按照以上规划，总土方量为 4710.57 万立方米，石方量为 209.6 万立方米。

五、培修加固

1998 年以前，荆南四河堤防加固以群众负担为主，按受益范围出工，国家给予少量资金补助。1998 年以后，被纳入洞庭湖治理规划，以国家投资为主，地方筹集部分资金。根据轻重缓急原则，先实施第一期加固工程，以四河主干河道堤防为主，加固堤长 348 千米，其中 Ⅱ 级堤防 130 千米，Ⅲ级堤防 218 千米，其余堤防以后安排。

（一）1999—2008 年度完成工程量

工程于 1999 年开始实施，截至 2008 年年底，国家发改委共下达投资计划 73150 万元（中央投资 40000 万元，地方配套 33150 万元）。截至 2009 年 5 月，共完成土方 2120 万立方米、石方 69.58 万立方米、混凝土 6.67 万立方米，涵闸拆除改建 6 座，锥探灌浆 60.65 千米，加固堤防长度 306.5 千米，护岸长度 42.9 千米。

1999 年完成投资 5000 万元，其中中央投资 4000 万元，地方配套 1000 万元。加固堤防长度 40 千米，完成土方 334.99 万立方米（招投标 226.51 万立方米，配套土方 108.48 万立方米）；护岸长 1.45 千米，石方 2.08 万立方米；锥探灌浆 43 千米。

2000 年完成投资 2400 万元，其中中央投资 2000 万元，地方配套 400 万元，加固堤防长 26.07 千米，完成土方 226.59 万立方米（招投标 51.72 万立方米，补助性土方 174.87 万立方米）；护岸长 1730 米，石方 2.93 万立方米、混凝土护坡 1240 立方米；穿堤建筑物整治 2 座（北堤口、保丰闸）；锥探灌浆 5 千米。

2001年完成投资4000万元，其中中央投资2000万元，地方配套2000万元。加固堤长7.84千米，完成土方80.21万立方米；护岸堤段长4.0千米，完成石方5.71万立方米、混凝土5920立方米；改建涵闸1座（枯树庵闸），完成混凝土463立方米。

2002年完成投资2250万元（总投资3750万元，中央投资3000万元，地方配套750万元），加固堤防长8.67千米。完成土方27.85万立方米；完成护岸长4.48千米，石方7.73万立方米，混凝土5460立方米。

2003年完成投资18000万元（中央投资9000万元，地方配套9000万元），加固堤防长85.57千米，完成土方599.32万立方米；护岸10.03千米，石方16.88万立方米，混凝土2.63万立方米。

2004年完成投资6000万元（中央投资3000万元，地方配套3000万元），加固堤防长39.233千米，完成土方315.67万立方米。

2005年计划投资8000万元（中央投资4000万元，地方配套4000万元），加固堤防长39.58千米，完成土方329.5万立方米；完成护岸1.64千米，石方2.07万立方米，混凝土9370立方米；涵闸在建1座。

2006年计划投资2000万元（中央投资1000万元，地方配套1000万元），加固堤防长12.28千米，完成土方57.31万立方米。

2007年国家安排投资2000万元，中央投资和地方配套各1000万元。

（二）2009年度工程计划安排及实施

国家有关部委分两批下达荆南四河2009年度投资计划20000万元（中央投资10000万元，地方配套10000万元）。其中，第一批计划16000万元（中央投资8000万元，地方配套8000万元），计划加固堤防长度66.26千米，加培土方320万立方米，护岸2.25千米。

2009年8月27日，第一批计划的7个标段在武汉完成招投标程序，9月28日，湖北省洞庭湖区四河堤防加固工程建设管理办公室与中标单位签订施工合同。第二批计划4000万元（中央投资2000万元，地方配套2000万元），计划护岸4.54千米（松滋1.3千米，公安3.2千米），锥探灌浆6千米。2009年完成堤防加培42.5千米、护岸整治10.47千米、涵闸改建加固2座，完成土方224万立方米。

1999—2009年，四河堤防加固工程完成堤身加固373.62千米、锥探灌浆111.03千米、堤基防渗平台192.45千米、护坡46.32千米、护岸61.21千米、堤顶泥结石路面21.04千米、重建加固涵闸6座。完成主要工程量为：土方开挖183.7万立方米、土方填筑2387.71万立方米、锥探灌浆277.5万立方米、块石护坡15.51万立方米、混凝土护坡6.29万立方米、水下抛石37.77万立方米、碎石垫层14.94万立方米、泥结石路面10.89万平方米、涵闸混凝土5730立方米、涵闸砌石7400立方米，耗用钢材420吨。

（三）2010年度资金安排

2010年度，国家发改委下达投资计划21000万元，其中中央投资10000万元，地方配套11000万元。2010年完成土方183.49万立方米、石方12.18万立方米、混凝土4.54万立方米，耗用钢材389.06吨。施工项目主要为护坡、水下抛石、堤身加培、防渗墙修筑以及涵闸整险加固等。

表4-43　　　　　　　　　1999—2010年荆南四河堤防加固工程计划投资表

序号	年份	计划投资/万元				计划投资分解/万元								
		计划下达文号	总投资	中央投资	地方配套	建筑工程	机电及金属结构	临时工程	其它费用					合计
									小计	征地拆迁	监理费	设计费	其它	
1	1999	鄂计农字〔2000〕0031号	5000	4000	1000	3346.00	20.0		1634.00	721.69	30.0	716.0	166.31	5000
2	2000	鄂计农经〔2000〕0898号	1200	1000	200	915.50		25.2	259.30	203.62	12.0	15.0	28.68	1200
		鄂计农经〔2000〕1399号	1200	1000	200	1014.00		18.5	167.50	106.00	12.0	12.0	37.50	1200

续表

序号	年份	计划投资/万元			计划投资分解/万元								合计
		计划下达文号	总投资	中央投资	地方配套	建筑工程	机电及金属结构	临时工程	其它费用				
									小计	征地拆迁	监理费	设计费	其它	

序号	年份	计划下达文号	总投资	中央投资	地方配套	建筑工程	机电及金属结构	临时工程	小计	征地拆迁	监理费	设计费	其它	合计
3	2001	鄂计农经〔2001〕1092号	4000	2000	2000	2695.00	4.0	22.0	1279.00	1078.00	40.0	60.0	101.00	4000
4	2002	鄂计农经〔2002〕914号	1250	1000	250	1124.60		20.0	105.40	9.00	12.0	48.9	35.50	1250
		鄂计农经〔2003〕178号	2500	2000	500	2055.70		20.0	424.30	310.10	15.9	53.1	45.20	2500
5	2003	鄂计农经〔2003〕817号	8000	4000	4000	7070.30		50.0	879.70	479.34	42.4	183.8	174.16	8000
		鄂发改农经〔2005〕720号	10000	5000	5000	5706.20	150.0	100.0	4043.80	3616.52	46.1	120	261.18	10000
6	2004	鄂发改农经〔2005〕79号	6000	3000	3000	3387.40			2602.60	2378.97	26.2	70.0	127.43	6000
7	2005	鄂发改农经〔2006〕283号	8000	4000	4000	6027.60	60.0	10.0	1902.40	1550.33	30.0	200.0	122.07	8000
8	2006	鄂发改农经〔2007〕313号	2000			1189.00		80.0	731.00	501.55	30.0	75.0	124.45	2000
9	2007	鄂发改农经〔2008〕342号	2000	1000		1293.50	10.0	10.0	686.50	397.27	56.0	100.0	133.23	2000
10	2008	鄂发改农经〔2008〕1221号	6000	3000		3954.60	175.3	100.0	1770.10	1169.16	100.0	318.2	182.74	6000
		鄂发改农经〔2008〕344号	16000	8000	8000	12024.20		40.0	3935.80	3017.29	140.0	500.0	278.51	16000
11	2009	鄂水利堤复〔2009〕353号	16000	8000	8000	11516.96		100.0	4383.03	3818.54	120.0	225.0	219.49	16000
12	2010	鄂发改投资〔2010〕1040号	21000	10000	11000									21000
合计			110150	58000	52150	63320.56	419.3	605.7	24804.43	19357.38	712.6	2697.0	2037.45	110150

表 4 - 44　　　　　　　1999—2010 年荆南四河堤防堤顶泥结碎石路面完成情况表

河 岸 别	所在县（市）	起止桩号	长度/m	施工年份
松西右	公安	90+000～94+240	4240	2004
松东右	松滋	10+500～13+500	3000	2004
新河左	松滋	3+500～6+300	2800	2004
藕池左	石首	25+000～31+000	6000	2004
虎右上	荆州	8+000～13+000	5000	2004
合计			21040	

六、险情整治

（一）崩岸整治

荆南四河河势变化大，堤防无滩堤段多，堤身土质差，抗冲能力弱，滩岸崩坍现象严重。堤身直接受水流冲刷或内水外渗后，外崩险情时有发生。据统计，2002—2005 年，共发生大小崩岸险情 358 处，崩长 81 千米。汛后，对谢牟岗、张家宫、座金山、南厂口等 96 处、26 千米重点崩岸实施应急整治，由于资金来源有限，其它崩岸险段仅采取削坡减载、袋土还坡等临时处理措施。

表 4 - 45　　　　　　　　荆南四河堤防崩岸险段汇总表

| 河　名 | 所在县（市） | 崩岸险段长度/m | | | 备 注 |
		左岸	右岸	合计	
合计		114430	112458	226888	
松滋河	松滋、公安	80260	67206	147466	
松西河干流	松滋、公安	32750	19106	51856	
	其中：松滋	10350	10606	20956	
	公安	20600	8100	28700	

河　名	所在县（市）	崩岸险段长度/m			备　注
		左岸	右岸	合计	
庙河	松滋		4000	4000	
新河	松滋				
松东河干流	松滋、公安	46610	40400	87010	
	其中：松滋	12710	3200	15910	
	公安	33900	37200	71100	含官支河左
沱水河	公安	900	700	1600	
苏支河	公安		3000	3000	
虎渡河	公安、荆州	25250	27800	53050	
	其中：公安	25250	22600	47850	
	荆州		5200	5200	
藕池河系	石首	10200	16800	27000	
藕池河干流	石首	4700	9600	14300	
团山河	石首	2500	7200	9700	
安乡河	石首	3000		3000	
调弦河	石首	520	1052	1572	

表 4－46　　　　　　　　　　　　　1999—2010 年荆南四河堤防崩岸险段汇总表

河　名	所在县（市）	崩岸险段长度/m			备　注
		左岸	右岸	合计	
松西河	松滋	3600	3440	7040	
	公安	1810	2559	4369	
	小计	5410	5999	11409	
庙河		200	150	350	
松东河	松滋	1507	2760	4267	
	公安	7055	3570	10625	含官支河左
	小计	8562	6330	14892	
沱水河	公安	100		100	
苏支河	公安	500	500	1000	
虎渡河	公安	4750	2833	7583	
	荆州		1601	1601	
	小计	4750	4434	9184	
藕池河	石首	3111	1510	4621	
团山河	石首	610	1370	1980	
安乡河	石首	600		600	
合计		23843	20293	44136	

（二）护岸工程

表 4－47　　　　　　　　　　　　　1999 年前荆南四河护坡状况汇总表

河　流	岸　别	加固堤长/m	已护坡		工程量/m³	
			长度/m	占堤长/%	干砌石	混凝土
松西河	左岸	78404	3033	3.87	14484	1747
	右岸	73789	4840	6.56	44467	1210
松东河	左岸	96617	11154	11.54	68746	3113
	右岸	84648	7885	9.32	59726	579

河 流	岸 别	加固堤长/m	已护坡		工程量/m³	
			长度/m	占堤长/%	干砌石	混凝土
沧水河	左岸	15653	388	2.48	1916	
	右岸	21155	610	2.88	1938	
苏支河	左岸	5884				
	右岸	5545	450	8.12	1135	
庙河	左岸	3250				
	右岸	5170				
新河	左岸	5080				
	右岸	5434				
虎渡河	左岸	90580	22658	25.01	14400	
	右岸	93011	11596	12.47	49035	625
浣里隔堤		17233				
藕池河	左岸	16000	500	3.13		540
	右岸	27000	450	1.67		473
团山河	左岸	12610	350	2.78		357
	右岸	20000	600	3.00		606
安乡河	安乡河左	18900				
调弦河	左岸	4000				
	右岸	6072				
合计		706035	64514	9.14	255847	9250

表 4 - 48　　　　　　　　　　1999—2010 年荆南四河堤防锥探灌浆完成情况表

县 市	锥探灌浆	桩 号	长度/m	完成年份
四河堤防			44300	1999
四河堤防			5000	2000
四河堤防			10000	2002
四河堤防			17952	2003
四河堤防			27448	2004
四河堤防			1050	2008
四河堤防			4000	2009
小计			109750	
松滋	松西右	30+000～31+400	1400	2003
松滋	松西右	31+400～33+500	2100	1999
松滋	松西右	33+500～34+500	1000	1999
小计			4500	
公安	松西右	72+100～74+100	2000	1999
公安	松西右	75+600～77+340	1740	1999
小计			3740	
松滋	松西左	0+100～1+600	1500	1999
松滋	松西左	1+600～3+300	1700	1999
小计			3200	
公安	松东右	78+750～80+350	1600	1999
公安	松东右	70+200～72+200	2000	1999
小计			3600	
公安	松东左	63+600～65+450	1850	2004
公安	松东左	75+100～78+100	3000	2004

县　市	锥探灌浆	桩　号	长度/m	完成年份
公安	松东左	78＋100～80＋500	2400	2003
公安	松东左	91＋200～97＋000	5800	2004
公安	松东左	101＋225～103＋900	2675	2004
公安	松东左	97＋000～99＋000	2000	1999
公安	松东左	99＋225～101＋225	2000	1999
小计			19725	
公安	虎渡左	0＋000～5＋500	5500	2004
公安	虎渡左	28＋500～29＋800	1300	2003
公安	虎渡左	38＋500～39＋000	500	2008
公安	虎渡左	53＋450～54＋000	550	2008
公安	虎渡左	63＋600～66＋600	3000	2003
公安	虎渡左	74＋000～78＋000	4000	1999
小计			14850	
荆州	虎右上	0＋000～0＋500	500	1999
荆州	虎右上	0＋500～1＋000	500	1999
荆州	虎右上	1＋000～6＋000	5000	2000
荆州	虎右上	15＋000～25＋000	10000	2002
小计			16000	
公安	虎右上	27＋100～29＋100	2000	1999
公安	虎右上	53＋750～54＋410	660	1999
公安	虎右下	3＋000～7＋000	4000	2009
公安	虎右下	7＋000～13＋000	6000	1999
公安	虎右下	18＋000～21＋000	3000	1999
公安	虎右下	30＋000～37＋000	7000	1999
小计			22660	
石首	藕池左	25＋000～28＋000	3000	2004
石首	藕池左	28＋000～30＋700	2700	2003
石首	藕池左	30＋700～33＋300	2600	2004
石首	藕池左	20＋000～21＋500	1500	1999
小计			9800	
石首	藕池右	14＋450～15＋950	1500	1999
石首	调弦右	5＋928～6＋500	572	2003
石首	调弦右	8＋000～12＋000	4000	2003
小计			4572	
松滋	庙河右	2＋170～5＋170	3000	2004
松滋	新河左	3＋500～7＋380	3880	2003
合计			111027	

（三）险段整治

张家宫险段　位于虎东干堤桩号 28＋900～29＋800，长 900 米，为历史老险段，堤外无滩。2000 年冬，桩号 29＋050～29＋130 段发生严重外脱坡险情，脱坡长 80 米，坎高 1.8 米。次年冬，下游桩号 29＋600～29＋650 段发生外脱坡险情，脱坡长 50 米，坎高 3.2 米。2004 年，实施堤身加培及干砌块石护坡工程，共完成土方 12.96 万立方米、石方 2.78 万立方米。工程实施后，河势稳定，滩岸完整，抗洪能力提高。

座金山险段 位于虎东干堤桩号 30＋500～32＋000，长 1500 米，为历年老险，外无洲滩。堤顶高程 44.50 米（冻结吴淞），堤身垂高达 8 米以上，外坡比不足 1：3，近岸水下坡比约 1：1.5，防洪形势险要。2002 年春发生严重崩岸险情，出险堤段桩号 30＋900～31＋100，崩岸长 200 米。崩岸主要原因是水下近岸坡比较陡和内水外渗引起土坡失稳。2003 年 3 月，再次发生崩岸险情，为保证当年安全度汛，桩号 30＋900～31＋150 长 250 米堤段实施整治，完成石方 4400 立方米、混凝土 550 立方米，险情得到初步控制。

姚公堤险段 位于虎东干堤桩号 63＋150～65＋110，长 1960 米，堤外无洲滩，迎流顶冲，为历史老险段。内平台宽 25～28 米，高程 37.00 米（冻结吴淞）。2002 年，桩号 63＋100～63＋600 长 500 米堤段实施堤身加培、块石护坡和抛石固脚工程，完成土方 5.5 万立方米、石方 0.9 万立方米。2004 年，桩号 63＋600～66＋600 长 3000 米堤段实施堤身加培，桩号 63＋600～65＋200 长 1600 米堤段实施块石护坡和抛石固脚，共完成土方 22.6 万立方米、石方 2.5 万立方米。经过历年整险加固，堤面宽度为 8 米，堤顶高程 41.93～41.97 米（黄海高程），内、外边坡 1：3，抗洪能力得到提高。

港关护岸工程 位于苏支河和松东河交汇处下游松东河右岸，桩号 68＋250～69＋450，长 1200 米，堤外无洲滩且迎流顶冲，属历史老险段，1998 年大水后发生多次脱坡险情。2003 年，采取削坡、浆砌块石镇脚、干砌块石护坡、水下抛石镇脚等措施实施整治，2 月 8 日开工，6 月 18 日完工。完成土方开挖 4.23 万立方米、干砌块石 8706 立方米、碎（砾）石垫层 3184 立方米、粗砂 1592 立方米、浆砌块石 1895 立方米、导滤沟填筑料 625 立方米、干砌石 1260 立方米、抛石 7272 立方米、草皮护坡 2297 平方米，完成国家投资 222.6 万元。经过护岸整治，抗洪能力显著增强，后未发生险情。

南厂口护岸工程 位于松东河左岸，桩号 75＋100～78＋100，长 3000 米，护岸工程分两段（桩号 75＋100～76＋600、76＋600～78＋100）于不同年度施工。桩号 75＋100～76＋600 段为干砌块石护坡，工程于 2003 年 2 月 21 日开工，6 月 22 日完工，完成土方开挖 5.54 万立方米、块石拆除 3000 立方米、干砌块石 1.21 万立方米、浆砌块石 2255 立方米、碎（砾）石垫层 4331 立方米、粗砂 2165 立方米、导滤沟填筑料 731 立方米、填塘 2 万立方米，完成投资 336.13 万元。桩号 76＋600～78＋100 段实施混凝土预制六角块护坡，工程于 2004 年 10 月 27 日开工，次年 5 月 30 日完工，完成土方开挖 8.03 万立方米、混凝土 4777.5 立方米、浆砌块石 2090 立方米、干砌块石 175 立方米、砂石垫层 5204 立方米、导渗沟填筑料 1739 立方米、干码石 1396 立方米、抛石 8793 立方米、草皮护坡 2.02 万平方米、堤身加培 1.74 万立方米，完成投资 341.16 万元。

谢牟岗险段 位于松西河左岸，松滋市八宝镇境内，桩号 11＋400～12＋200，长 800 米，堤顶高程 45.10～45.40 米（黄海高程），堤面宽 7～9 米，内、外坡比 1：2.5～1：3，堤外无滩，堤内地面高程 38.50～38.90 米，历年最低枯水位 34.00 米。该堤段为历史险工险段，1994 年出现 7 处 2 米×3 米跌窝，2003 年 6 月，堤外脚再次出现两处 4 米×6 米大跌窝。出险后，因资金有限，仅局部堤段采取开挖回填等临时度汛措施处理，堤身隐患未得到根除。2005 年 1 月 17 日，桩号 11＋400～12＋200 段发生严重堤身崩坍和跌窝险情，长 800 米范围内共出现跌窝 12 个，跌窝深度均约 1 米，直径 2～3 米，跌窝处高程 35.00～36.00 米，跌窝处伴有明显带沙出流。桩号 11＋740～11＋770 段堤面中心出现纵向裂缝，裂缝宽 0.15 米，堤身崩坍，堤外坡崩脱，外脱坡处高程 36.00～45.40 米，呈圆弧形下锉，形成吊坎 0.30～0.50 米。20 日，堤坡 42.50 米高程处出现直径 2 米、深 0.5 米大跌窝。21 日，桩号 11＋695～11＋710 段堤身再次出现崩坍。险情发生后，立即进行现场勘察，初步拟订整治方案，并迅速向省水利厅汇报。22 日，省水利厅、省防办专家查勘现场后，决定采取削坡退堤、堤身加培、混凝土预制块护坡、水下抛石镇脚等措施实施整治。整险工程共完成削坡土方 6.4 万立方米、抛石 1000 立方米、浆砌石 800 立方米、混凝土 2135 立方米、垫层 2011 立方米、导滤料 752

立方米，总投资 200 万元。

七、涵闸整险加固

荆南四河堤防上各类重点涵闸（含泵站）大部分建于 20 世纪 60—70 年代，多数涵闸或年久失修，或原设计标准低，经多年运用，不同程度出现裂缝、管位错动、止水失效和闸门、启闭机设备老化等问题。由于大部分涵闸长期带病运行，每年汛期均不同程度地出现漏水、散浸、管涌等险情，严重危及堤防安全。此次堤防加固建设中，计划重建涵闸泵站 40 座，其中异地重建 4 座，新建 1 座；整险加固 78 座，共计 118 座。40 座重建涵闸中，沧水左岸解放闸、黑老岗闸移址合建一新闸，鄢家渡闸因虎渡河太平口淤积日趋严重而移至下游重建，莲支河封堵后，新建涵闸闸址选定松西河左岸莲支河出口封堵堤段上，其余涵闸均在原址重建，且规模不变。78 座设计需要加固接长的涵闸泵站对存在的裂缝、漏水、不均匀沉陷等问题进行处理，对闸门锈蚀严重、橡皮止水失效、启闭设备陈旧的进行更新改造；堤顶欠高不够但内外接均有困难的采用在堤身加培方向修建挡土墙方案；渗径长度不满足要求，堤顶欠高较多的，采取在堤身加培方向拆除原闸室，接长涵闸的方式进行整治加固。

涵闸泵站重建、加固设计工程量为：土方开挖 90.0 万立方米、土方回填 107.88 万立方米、泵砌块石 3.66 万立方米、干砌块石 4.24 万立方米、浇筑混凝土 8.09 万立方米，耗用钢筋 3968.9 吨、钢材 960.8 吨。

截至 2010 年年底，穿堤建筑物重建加固完成 6 座，其中，松东左蒲田嘴闸、苏支右枯树庵闸、藕池左合兴闸、藕池左三星闸、松西右杨家垱闸等 5 座涵闸完成重建，松西右德胜闸完成加固。

表 4-49 　　湖北省洞庭湖区四河堤防加固工程涵闸泵站整险加固统计表

序号	涵闸泵站名称	河岸	整治加固措施	桩号	设计洪水位		堤防加固设计断面（黄海）/m			
					吴淞/m	黄海/m	堤顶		堤身坡比	
							高程	宽	内	外
	公安县									
1	鄢家渡闸	虎渡左	异地重建	0+000	45.58	43.56	44.56	8		
2	李家大路闸	虎渡左	重建	25+701	44.60	42.52	43.52	8		
3	刘家湾闸	虎渡左	重建	47+780	43.67	41.54	42.54	8		
4	电排防洪闸	虎渡左	加固	58+479	43.26	41.11	42.11	8		
5	下泗垸闸	虎渡左	重建	60+000	43.22	41.06	42.06	8		
6	雾气嘴闸	虎渡左	加固	69+595	42.99	40.81	41.82	8		
7	天保闸	虎渡左	加固	77+680	42.80	40.62	41.82	8		
8	螺丝湾闸	虎渡右	加固	27+050	44.56	42.48	43.48	6		
9	南堤拐闸	虎渡右	加固	38+930	44.08	41.96	42.96	6		
10	张家湖泵站	虎渡右	加固	43+230	43.88	41.76	42.76	6		
11	中河口闸	虎渡右	重建	50+388	43.61	41.48	42.48	6		
12	大至岗闸	虎渡右	重建	0+144	43.47	41.33	42.33	6		
13	中兴闸	虎渡右	异地重建	5+665	43.36	41.20	42.20	6		
14	仁洋湖泵站	虎渡右	加固	11+200	43.19	41.03	42.03	6		
15	章田寺闸	虎渡右	重建	16+500	43.07	40.89	41.89	6		
16	章田寺泵站	虎渡右	加固	17+300	43.05	40.87	41.87	6		
17	罗家塔泵站	虎渡右	加固	28+050	42.79	40.61	41.82	6		
18	虎西下闸	虎渡右	加固	40+205	42.50	40.32	41.82	6		
19	许家潭闸	松东左	重建	31+298	45.36	43.24	44.24	6		

序号	涵闸泵站名称	河岸	整治加固措施	桩号	设计洪水位		堤防加固设计断面（黄海）/m			
					吴淞/m	黄海/m	堤顶		堤身坡比	
							高程	宽	内	外
20	双剅口闸	松东左	加固	66+763	43.08	40.89	41.89	6		
21	邹郝垸泵站	松东左	加固	71+183	42.87	40.68	41.68	6		
22	孟家溪闸	松东左	加固	74+431	42.72	40.53	41.53	6		
23	斋公墉闸	松东左	加固	80+015	42.46	40.27	41.27	6		
24	甘家厂闸	松东左	重建	88+486	42.07	39.88	40.88	6		
25	高剅口闸	松东左	加固	90+424	41.96	39.77	40.77	6		
26	青石碑泵站	松东左	加固	99+200	41.44	39.25	40.25	6		
27	肖家嘴闸	松东右	加固	27+770	45.69	43.50				
28	东港泵站	松东右	加固	46+050	44.40	42.21				
29	火神庙闸	松东右	加固	47+950	44.29	42.10				
30	花大堰泵站	松东右	加固	53+592	43.92	41.73				
31	花大堰闸	松东右	重建	54+425	43.87	41.68				
32	碾子沟闸	松东右	重建	64+615	43.23	41.04				
33	新城剅闸	松东右	加固	67+800	43.05	40.86				
34	高庙闸	松东右	加固	76+820	42.63	40.44				
35	天兴泵站	松东右	加固	85+550	42.24	40.05				
36	沙口子泵站	松西左	重建	23+120	45.66	43.47				
37	胡家场泵站	松西左	加固	36+600	45.46	43.27				
38	鸡公堤泵站	松西左	加固	48+150	44.69	42.50				
39	双河场闸	松西左	重建	54+600	44.26	42.07				
40	余家竹园闸	松西左	加固	67+290	43.31	41.12				
41	中长泵站	松西左	加固	73+000	42.83	40.64				
42	观山闸	松西右	加固	57+800	45.03	42.84	43.84	6		
43	金马闸	松西右	异地重建	71+286	44.12	41.95	42.95	6		
44	刘家嘴闸	松西右	重建	81+410	43.25	41.06	42.06	6		
45	汪家汊闸	松西右	加固	82+460	43.16	40.97	41.97	6		
46	牛浪湖泵站	松西右	加固	89+540	42.57	40.38	41.38	6		
47	法华寺闸	沧水左	加固	14+900	43.45	41.26				
48	法华寺泵站	沧水左	加固	15+990	43.44	41.25				
49	解放闸、黑老岗合并新闸	沧水左	异地重建	19+200	43.33	41.14				
50	丁堤嘴泵站	沧水右	加固	12+900	43.34	41.15				
51	丁家垱闸	沧水右	重建	17+150	43.22	41.03				
52	官沟闸	官支左	加固	9+750	44.64	42.48	43.48	6		
53	玉湖泵站	官支左	加固	18+038	44.07	41.90	42.90	6		
54	马蹄拐闸	官支左	加固	18+550	44.04	41.87	42.87	6		
55	军台闸	官支左	加固	19+084	43.97	41.79	42.79	6		
56	苏家渡泵站	苏支左	加固	2+900	43.71	41.52				
	松滋市									

序号	涵闸泵站名称	河岸	整治加固措施	桩号	设计洪水位		堤防加固设计断面（黄海）/m			
					吴淞/m	黄海/m	堤顶		堤身坡比	
							高程	宽	内	外
57	保丰闸	松西左	加固	0+612	47.79	45.30				
58	大公闸	松西左	加固	13+303	46.49	44.32				
59	解放闸	松西左	重建	17+400	46.20	44.03				
60	和平闸	松西左	重建	20+280	46.00	43.81				
61	八宝闸	松西左	加固	24+273	45.73	43.54				
62	八宝闸泵站	松西左	加固	24+550	45.71	43.53				
63	莲支闸	松西左	新建	28+200	45.69	43.51				
64	横堤泵站	松西右	加固	19+580	47.39	45.20	46.20	6	1:3	1:3
65	余家渡闸	松西右	加固	26+612	46.90	44.73	45.73	6	1:3	1:3
66	德胜泵站	松西右	加固	28+700	46.83	44.66	45.66	6	1:3	1:3
67	字纸篓闸	松西右	加固	31+033	46.66	44.49	45.49	6	1:3	1:3
68	老嘴闸	松西右	加固	42+200	45.90	43.71	44.71	6	1:3	1:3
69	小南海泵站	松西右	重建	45+300	45.75	43.56	44.56	6	1:3	1:3
70	永合闸	松西右	加固	53+760	45.13	42.94	43.94	6	1:3	1:3
71	复兴闸	松东左	重建	6+800	46.97	44.79				
72	红卫闸	松东左	加固	9+460	47.11	44.95	45.95	6	1:3	1:3
73	大同闸	松东左	加固	26+350	45.69	43.59	44.59	6	1:3	1:3
74	大同泵站	松东左	加固	26+400	45.61	43.50	44.50	6	1:3	1:3
75	跃进闸	松东左	加固	27+480	45.61	43.50	44.50	6	1:3	1:3
76	胜利闸	松东左	重建	29+000	45.50	43.39	44.39	6	1:3	1:3
77	南宫闸	松东右	重建	2+200	47.47	45.29				
78	永丰闸	庙河左	重建	7+210	46.86	44.67		6	1:3	1:3
79	马家榨闸	庙河右	重建	0+174	46.86	44.67		6	1:3	1:3
80	田家湾闸	庙河右	重建	2+037	46.86	44.67				
81	戈井潭闸	新河右	加固	5+130	46.66	44.47				
82	三垸灌溉闸	新河右	重建	8+550	46.47	44.28				
83	松林垱倒虹管	新河右	加固	8+805	46.49	44.30				
	石首市							6		
84	陈币桥泵站	藕池左	加固	22+300	39.52	37.43	38.43	6	1:3	1:3
85	江波渡闸	藕池左	加固	29+567	39.12	37.03	38.03	6	1:3	1:3
86	八角山泵站	藕池左	重建	33+500	38.88	36.79	37.79	6	1:3	1:3
87	王蜂腰闸	藕池右	重建	12+420	40.19	38.10	39.10	6	1:3	1:3
88	大剅口泵站	藕池右	加固	18+800	39.76	37.67	38.67	6	1:3	1:3
89	联合剅闸	藕池右	重建	22+600	39.56	37.47	38.47	6	1:3	1:3
90	黄金嘴闸	藕池右	重建	24+164	39.47	37.38	38.38	6	1:3	1:3
91	焦家铺闸	藕池右	加固	26+940	39.32	37.23	38.23	6	1:3	1:3
92	三合剅泵站	藕池右	加固	31+060	39.07	36.98	37.98	6	1:3	1:3
93	红嘴泵站	藕池右	加固	36+800	38.68	36.59	37.59	6	1:3	1:3

续表

序号	涵闸泵站名称	河岸	整治加固措施	桩号	设计洪水位 吴淞 /m	设计洪水位 黄海 /m	堤防加固设计断面（黄海）/m 堤顶 高程	堤顶 宽	堤身坡比 内	堤身坡比 外
94	卢家湾泵站	团山左	加固	4＋065	39.12	37.03				
95	更明垸闸	团山左	加固	6＋300	38.95	36.86				
96	打井窖泵站	团山左	加固	9＋550	38.77	36.68				
97	建设闸	团山左	重建	9＋750	38.76	36.67				
98	宜山垱泵站	团山右	重建	3＋045	39.23	37.14				
99	宜山垱闸	团山右	加固	3＋700	39.20	37.11				
100	团山寺泵站	团山右	重建	6＋200	38.98	36.89				
101	潘家山闸	团山右	加固	7＋700	38.93	36.84				
102	虎山头泵站	团山右	加固	14＋200	38.50	36.41				
103	小新口闸	团山右	重建	19＋850	38.16	36.07				
104	杨岔堰闸	安乡左	重建	1＋350	40.45	38.36				
105	项家刖闸	安乡左	重建	5＋470	40.21	38.12				
106	卢林沟闸	安乡左	重建	6＋822	40.13	38.04				
107	岩土地泵站	安乡左	加固	14＋660	39.77	37.68				
108	岩土地闸	安乡左	加固	14＋600	39.74	37.65				
109	孟尝湖闸	调弦左	加固	10＋700	38.33	36.24				
110	洋河刖闸	调弦右	加固	11＋000	38.25	36.16				
	荆州区									
111	红卫闸	虎渡右	加固	8＋088	45.35	43.32				
112	大兴闸	虎渡右	加固	13＋000	45.12	43.07				
113	里甲口电排站	虎渡右	加固	23＋500	44.69	42.61				
114	金桥闸	浣里隔堤	加固	4＋961	45.13	43.07				
115	余家泓闸	浣里隔堤	加固	10＋800	44.77	42.71				
116	鄢家泓闸	浣里隔堤	加固	13＋000	44.63	42.57				
117	太平桥闸	浣里隔堤	加固	14＋050	44.57	42.51				
118	顺林沟闸	浣里隔堤	加固	15＋200	44.50	42.44				

第七节 建设管理体制

　　荆州河段堤防列入国家基本建设项目前，一直按照岁修整险计划实施，由堤防部门根据汛期出现的险情和国家投资额，提出岁修工程计划，经上级主管部门审查批准后，即可组织实施。1974 年底，荆江大堤加固工程被列入国家基本建设项目，其后，南线大堤于 1992 年，松滋江堤于 1994 年相继被纳入国家基本建设项目。1998 年大水后，国家投入巨资整治长江堤防，2001 年，荆南长江干堤、洪湖监利长江干堤先后被纳入国家基本建设项目。随着国家经济体制改革与发展，堤防基本建设项目建设管理体制发生变化，逐步由原来计划管理体制向"四制"（项目法人制、招标投标制、工程监理制和项目合同制）管理模式转变。

一、计划管理体制

　　1974—1998 年荆江大堤加固工程项目属计划管理体制。水电部明确荆江大堤加固工程为水电部直供项目，项目主管单位为长江流域规划办公室（1989 年后为长江委），代表水电部全面负责建设项目管理。1974—1999 年，荆江大堤加固工程实施计划通过长江委下达：建设单位为湖北省水利厅，对项目工程质量、进度和资金负总责；施工单位为荆江大堤加固工程总指挥部（履行部分建设单位职责），对省水利厅负责。在此期间，工程任务主要由荆州（区）、沙市、江陵和监利4个分指挥部按上级下达计划和设计内容组织实施。荆江大堤加固工程总指挥部组建质量控制专班驻现场进行质量控制。工程设计由湖北省水利水电勘测设计院承担，按照水利部审批同意的《荆江大堤加固工程补充初步设计》进行年度工程施工图设计，设计要求参照当时水利水电工程相关标准执行。

省水利厅及荆江大堤加固工程总指挥部按照当时水利工程建设管理程序组织实施荆江大堤加固工程。按照国家有关部门下达的年度投资计划和水利部审批同意的《荆江大堤加固工程补充初步设计》所确定的建设内容、设计标准，并根据堤防现状、存在问题及现场查勘成果，编制年度工程实施计划，上报长江委审批。按照长江委审批同意的年度计划，安排组织实施。督促各县市荆江大堤加固工程分指挥部加强施工质量和进度管理，合理调配劳力和机械设备，做好临时征用土地和房屋拆迁等各项社会协调工作，按照荆江大堤加固工程总指挥部下发的《荆江大堤加固工程施工管理文件》所确定的施工质量控制标准组织施工。对专业性较强的穿堤建筑物、渗控工程、挖泥船输泥加固堤防等工程，选择专业队伍施工。按照基本建设管理规定，编制年度工程竣工报告和财务决算报告，上报长江委审批，并按审批意见调账整改，确保工程建设规模和财务开支符合国家规定。

南线大堤、松滋江堤被纳入国家基本建设项目后，其管理模式与荆江大堤基本相同。

1992年8月，长江委以长计〔1992〕346号文明确南线大堤加固工程为水利部直供项目，项目主管单位为长江委，代表水利部全面负责建设项目管理，省水利厅为建设单位，对项目主管单位负责，全面组织协调项目建设，对项目工程质量、工程进度和资金管理负总责。省水利厅鄂水堤〔1992〕460号文件中明确荆州地区长江修防处为施工单位，并受省水利厅委托履行部分建设单位职责，对省水利厅负责。为完成工程施工任务，根据项目与施工管理要求，专门成立荆州地区长江修防处驻南线大堤工作组，具体负责组织南线大堤加固工程的实施。工作组设组长1人，工程技术人员8名。公安县南线大堤加固工程指挥部为施工具体承建单位，与荆州地区长江修防处驻南线大堤工作组共同参与工程施工。

松滋江堤加高加固工程1994—1998年度施工管理实行计划管理，长江委为项目主管单位，湖北省水利厅为建设单位。省水利厅委托荆州市长江河道管理处代行部分建设单位管理职能，并与荆州市长江河道管理处签订施工承包合同。荆州市长江河道管理处与松滋市江堤加固工程指挥部联合组织施工。省水利厅委托长江委监理中心为松滋江堤加高固工程的工程监理单位，并成立松滋江堤监理站。基本建设投资计划实行分级负责，实行投资包干责任制。

二、"四制"管理模式

随着堤防建设不断发展，堤防建设管理体制也不断健全和完善。1998年后，国家对堤防工程建设管理体制作出重大调整，在项目建设中履行基本建设程序。荆江大堤加固工程于1998年底开始试行招投标制度，在施工过程中依据国家有关法律、法规逐步规范建设管理程序。2000年8月后，工程实行"四制"管理模式，采用公开招标、评委会评议、政府监察部门代表现场监督开标形式，实行阳光操作，从施工过程、施工资料整编及工程验收，实行全过程监理制度。

1998年10月至1999年10月，洪湖监利长江干堤和荆南长江干堤按应急整险工程由地方政府负责组织实施。地方政府组织成立加固工程指挥部，工程堤段所在乡镇及堤防管理部门共同组成分指挥部进行建设管理。

项目法人　1999年至2000年8月，省政府研究决定，省水利厅为全省Ⅰ级、Ⅱ级堤防和重点堤防建设的项目法人单位。并在全省范围内试行项目法人负责制、招标投标制、建设管理制。经项目法人和荆州市人民政府协商，由项目法人批准先后组建现场管理机构荆江大堤加固工程、南线大堤加固工程、松滋江堤加高加固工程、荆南长江干堤加固工程、洪湖监利长江干堤整治加固工程等5个基本建设项目建设管理办公室，简称荆堤建管办、南线大堤建管办、松滋江堤建管办、荆南建管办、洪监堤建管办。

从 2000 年 8 月起，根据《关于加强公益性水利工程建设管理若干规定》和《省人民政府办公厅关于明确全省堤防建设项目法人及法人代表的批复》等文件精神，明确湖北省河道堤防建设管理局为全省Ⅰ级、Ⅱ级堤防和重点堤防及分蓄洪区建设总投资在 2 亿元以上的项目法人，对项目建设的质量、进度和资金管理等全过程负总责。后明确荆堤建管办、南线大堤建管办、松滋江堤建管办、荆南建管办和洪监堤建管办作为项目法人的派出机构，具体负责工程建设的现场管理。

现场管理机构（各建管办）在施工所在地设立项目部作为其现场具体管理单位。荆堤建管办下设荆州（区）、沙市、江陵、监利 4 个项目部，南线大堤建管办下设公安项目部，松滋江堤建管办下设松滋项目部，荆南建管办下设松滋、荆州（区）、公安、石首项目部，洪监堤建管办下设洪湖、监利项目部。

根据水利部水规计〔2011〕532 号文件规定，湖北省洞庭湖区四河堤防加固工程由省河道局作为项目法人，负责工程的前期工作、资金筹措和建设管理。工程管理单位为松滋市、公安县、石首市 3 个堤防管理总段和荆州区水利局及下属 25 个分段（管理所），以及荆州市长江河道管理局公安分局 6 个分段、荆州分局弥市段等。

五大基本建设工程的项目法人及其现场管理机构按照《湖北省长江干堤与分蓄洪区工程建设管理暂行办法》规定的职责范围开展建设管理工作，按照基本建设程序办事，按照批准的建设内容组织实施，执行项目法人负责制、招标投标制、建设监理制和合同管理制。负责项目实施的前期准备工作；按照年度投资计划委托设计单位进行招标设计，并按国家有关规定，组织工程招标投标，择优选择施工单位；定期和不定期巡查施工现场，及时掌握施工进度和质量情况，协助解决相关技术疑难问题；督促监理单位按照监理职责严格把关，加强对工程的施工质量、进度控制，经常进行质量和进度情况的检查。

在资金管理上，实行专户储存、专账核算、专人管理、专款专用，建立规范的工程用款拨付程序，按计划项目、施工合同和工程进度，并经总监审核、项目行政负责人审批后拨付工程款。同时还开展对工程款的自查和检查，执行堤防建设资金使用情况定期报表制度。

设计单位　五大基本建设项目的设计单位一般在工程现场分别设立工程设计代表组，负责项目技术交底、设计变更及现场技术指导，配合建设、监理、施工单位按照设计规范、规程和设计图纸进行工程项目的施工及验收。

荆江大堤加固工程的设计单位有 2 家，湖北省水利水电勘测设计院为主要设计单位，荆州市水利水电勘测设计院为窑圻垴泵站工程设计单位。松滋江堤加高加固工程设计单位为长江委勘测规划设计研究院。南线大堤设计单位为长江委长江勘测规划设计研究院。荆南长江干堤加固工程主要设计单位为长江委长江勘测规划设计研究院，武汉水利电力大学勘测设计院为黄水套排灌闸重建工程和章华港排灌闸新建工程设计单位。

洪湖监利长江干堤加固工程的主要设计单位为湖北省水利水电勘测设计院，中国普天信息产业北京通信规划设计院主要承担水利通信信息网络及通信广播设施恢复工程的设计任务，武汉建筑材料工业设计研究院承担监利段设代、监理、施工、建设管理用房工程（2003 年度第 3 标段）设计任务，荆州市水利水电勘测设计院承担半路堤、杨林山等泵站加固工程设计任务，荆州建筑设计院承担相关管理用房工程设计任务。

各加固工程的设计单位在工程现场分别设立工程设计代表组，负责项目技术交底、设计变更及现场技术指导；配合建设、监理、施工单位按照设计规范、规程和设计图纸进行工程项目的施工；根据施工现场的实际情况及时进行设计变更，优化工程设计；并参与隐蔽工程、重要项目的检查验收等活动。

监理单位　一般按照《工程建设监理规定》、《水利工程建设监理规定》、《长江干堤堤防监理工作手册》和监理合同中的有关规定，编制《监理规划》和《监理实施细则》；按照监理工作规范的要求，常驻现场，从施工单位进场签发开工令起到清理施工现场工程完工止，采用旁站、巡视、跟踪检验等形式，对工程实施全过程监理，并主持分部工程验收；同时参与项目各项验收工作，接受和配合工程审计。

荆江大堤二期加固工程从1995年底开始有监理单位介入，至1998年底监理单位仅对工程质量负责；1999年后，监理单位对工程质量、进度和投资控制全面负责。二期加固工程监理工作以湖北华傲水利水电咨询中心为主，湖北省水利水电工程建设监理中心只对部分项目实施监理。监理单位在施工现场分别设立荆江大堤加固工程监理处，主要负责1998年后招标项目的全过程监理工作。

松滋江堤监理单位为长江委监理中心，设立松滋江堤加高加固工程监理站，对工程项目实施全方位、全过程监理。

洪湖监利长江干堤整治加固工程监理单位共有6家，湖北华傲水利水电工程咨询中心为该工程主要监理单位，分别设立洪湖工程监理处和监利工程监理处，共派驻总监2人，监理工程师36人，监理员48人。中国水利水电建设工程咨询北京公司等另外5家设计单位主要承担2001年度第21～22标段、第42～46标段单位工程以及洪湖中小沙角、套口堤基防渗工程等其它工程的监理工作。

南线大堤监理单位为湖北省水利水电工程建设监理中心，设立南线大堤监理处，设总监1人、监理工程师6～8人。

荆南长江干堤监理单位为湖北省水利水电工程建设监理中心。监理单位在施工现场设立加固工程监理部，监理部工作人员56人。

施工单位 1998年后，列入国家基本建设的工程项目逐步开始实施招投标制，择优选取施工企业承建。荆江大堤先后通过招标选取39家施工企业承建；南线大堤共招标4家施工企业承建；松滋江堤共招标27家承建单位为该工程施工单位；荆南长江干堤先后招标43家企业承建；洪湖监利长江干堤先后招标84家施工单位承建。

各施工单位均在现场成立施工项目经理部，项目经理部配有技术负责人、专职质检员、材料员、安全员、预算员、施工员、机械师等人员，做到计划协调、现场管理、物资供应、资金收付、对外联络五统一。施工项目经理部负责工程项目的施工管理，完成工程合同规定的全部内容。

质量监督单位 1984—1998年，荆江大堤质量监督工作主要由工程建设主管单位依据建设单位委托检测单位的检测成果，鉴定工程质量。1998—2000年，由湖北省水利水电工程质量监督中心负责二期加固工程质量监督工作。

2000年后，荆江大堤加固工程、松滋江堤加高加固工程、南线大堤加固工程、荆南长江干堤加固工程、洪湖监利长江干堤整治加固工程的质量监督工作由水利部水利工程质量监督总站长江流域分站和湖北省水利水电工程质量监督中心站具体负责。各项工程分别组建项目质量监督站，依据国家有关法律法规、行业有关技术规程、规范和质量标准以及批准的设计文件对工程质量进行全过程检测和监督，直至工程竣工验收交付使用。

招标投标 荆江大堤加固工程自1998年逐步开始实行招投标制，至二期工程竣工共采用招标或邀请招标方式招标80个标段项目。1998—2000年的项目由荆州市长江河道管理局招标投标领导小组组织招标，2000年8月至2002年的项目由项目法人组织招标，2003年后的项目由项目法人委托招标代理机构湖北华傲水利水电工程咨询中心进行招标。

松滋江堤加高加固工程1999年1月首次公开招标，招标内容为4个标段共40万立方米的土方工程，共有4家企业中标，合同总价445.28万元。2000年1月8日再次举行招标会，5家单位中标。2000年5月10日，第三次举行招标会，对堤顶路面4个标段和护岸石方5个标段进行招标，并邀请荆州市监察局参与旁监。此次招标共有31家企业报名投标，荆州市电视台专门进行报道，社会影响较好。

荆南长江干堤加固工程自建设开始即实行招标投标制，共招标85个标段。1998—2000年，由荆州市长江河道管理局招标投标领导小组组织招标，共招标28个标段。2000—2004年，该加固工程的招标项目由项目法人湖北省河道堤防建设管理局委托招标代理机构湖北华傲水利水电工程咨询中心承担招标投标工作，共招标 57 个标段。

洪湖监利长江干堤整治加固工程自 1999 年开始逐步实行招投标制，至工程竣工共招标 152 个标段项目，招标金额 10.37 亿元，占应招标金额的 92.5％。1999—2000 年的项目由荆州市长江河道管理局招标投标领导小组组织招标，部分项目由湖北省水利水电工程招标投标管理委员会组织招标。2000 年 8 月至 2002 年的项目由项目法人组织招标，2003 年后的项目由项目法人委托招标代理机构湖北华傲水利水电工程咨询中心进行招标。

各加固工程的公开招标项目均在《中国经济导报》、《中国水利报》、《湖北日报》、《荆州日报》和互联网上公开发布招标信息，通过招标方式择优选择企事业单位参与承建；部分应急整险项目经湖北省水利水电工程招投标委员会批准后采取邀请招标方式，向符合项目资质要求的企业发送招标邀请书。项目法人对拟中标单位报省水利水电工程招投标委员会公示备案后，向中标单位发出中标通知书，并委托现场管理机构签订施工合同。

合同管理 1998 年以后，全面实行合同管理。施工合同由建管办或项目部按合同范本与施工企业签订。监理受建设单位委托直接参与施工承包合同管理。工程量核实、工程款拨付，每道工序验收都必须有监理签字。建办、项目部、监理经常对施工单位按照合同规定的内容进行检查、督办。

在荆南四河堤防加固工程建设中，全面推行与市场经济体制相适应的"项目法人制、招标投标制、建设监理制、合同管理制、廉政责任制"五项建设管理制度，建立和完善"法人负责、企业保证、监理控制、政府监督"的质量管理体系，确保堤防工程建设的顺利进行和工程建设的高标准、高质量。此外，在施工中建设单位和设计单位制订相关的技术要求，并要求施工单位在施工中严格实施，监理人员严格监督。通过现场抽查和验收未发现降低建设强制性标准、降低工程质量的现象发生。

附表 4—1

荆南长江干堤隐蔽工程完成情况表（一）

序号	工程项目或地点	标段	桩号	长度/m	土方开挖/m³	水下抛石/m³	混凝土预制块/m³	浆砌块石/m³	干砌块石/m³	垫层石料/m³	脚槽/m³	混凝土墙/m²	塑性混凝土墙/m²	枯水平台砌石/m³	投资/元
一	1999—2000年度	合计		115000	55323	127243	1368		4210	2470	720	568146.0		7200.0	70412952
	荆州	1	712+500~708+500	4500								71041.0			9793648
	荆州	2	708+000~704+550	3500								50413.0			7502760
	公安	3	688+000~678+000	10000								146484.0			10083058
	公安	4	678+000~668+000	10000								103421.0			9797604
	公安	5	668+000~660+300	77000								102632.0			12421720
	公安	6	647+700~654+420	6720								94155.0			9050000
	公安	7	664+200~660+920	3280	55323	127243	1368		4210	2470	720			7200.0	11764162
二	2000—2001年度	合计		92772	773459	1200610	22206	23455	58094	74177	10216	234094.0	197365.3	8401.0	177003499
	公安	1	647+470~642+978	4492								56901.0			7880000
	公安	2	615+000~601+500	13500								115271.5	23909.0		13896633
	石首	3	585+000~581+600	3400									56776.9		10345936
	石首	4	581+600~579+200	2400									65287.0		11769230
	石首	5	575+500~571+400	4100								61922.0			5060092
	石首	6	565+800~562+300	3500									51392.0		10540000
	石首	7	500+960~498+000	2960	61350	118750	954	1070	8606	5784	730			657.0	10384641
	石首	8	512+000~509+040	2960	11000	73920			4840	3750	200			180.0	5905516
	石首	9	525+520~521+880	3640	187062	153920	3920		12800	14056	2156			1764.0	17522651
	石首	10	529+500~525+520	3980	150778	154040	3760	2295	12400	14244	2420			1980.0	17620266

续表

序号	工程项目或地点	标段	桩号	长度/m	土方开挖/m³	水下抛石/m³	混凝土预制块/m³	浆砌块石/m³	干砌块石/m³	垫层石料/m³	脚槽/m³	混凝土墙/m²	塑性混凝土墙/m²	枯水平台砌石/m³	投资/元
	石首连心垸	11	2+000~0+000	2500	11452	110060	1176	279	6431	3108	160			160.0	8242678
	公安	12	649+600~646+200	34020	34560	94320	4160		4444	4283	640			420.0	8274284
	公安	13	652+000~649+600	2400	103644	109520		1980	830	6744	1590			1152.0	11614474
	公安	14	654+880~652+000	2880	48768	96080	3124		2850	6960					11080000
	公安	15	657+150~654+880	2270	50745	110000	5112	17831	1353	5948	880			792.0	10280500
	公安	16	660+920~657+150	3770	114100	180000			3540	9300	1440			1296.0	16586598
		合计		40463	501282	582515	19353	11107	25724	35731		90076.0	14622.0	10924.0	164635740
三	2001—2002年度														
	章华港至五马口、老来铺、调关镇	1	531+000~525+500 517+600~516+500 500+800~498+700	8193								90076.0	14622.0		13206834
	范兴垸至三合垸、南碾垸	2	558+800~557+100 552+000~550+400 549+600~546+900	6000											26120000
	王家台、西流湾	3	703+000~702+000 688+000~690+660	3660											22128915
	李家花园	4	641+610~637+400 633+400~629+000	8610											38720558
	黄水套至郑家河头	5	620+800~616+400	4400	72367	167840	3017	1463	1961	4673				8513.0	15202245
	陈家台至新四号	6	681+500~675+050	6450	307687	283900	11969	6799	15461	22147				2411.0	33939713
	查家月堤杨家尖	7	712+500~770+450 704+900~703+800	3150	121228	130775	4367	2846	8302	8911				200.0	15317475

附表 4 - 2　荆南长江干堤隐蔽工程完成情况表（二）

序号	工程项目或地点	实施年度	标段	桩号	长度/m	工程量											投资/元
						土方开挖/m³	水下抛石/m³	混凝土预制块/m³	浆砌块石/m³	干砌块石/m³	垫层石料/m³	脚槽/m³	混凝土墙/m²	塑性混凝土墙/m²	枯水平台砌石/m³	
	合计				248235	1330064	1910368	42927	34562	88028	112378	10936	892316.0	211988.0	26525.0	412052191
一	防渗墙工程				157305								892316.0	211988.0		157467515
	荆州	1999	1	712+500～708+500	4500								71041.0			9793648
	荆州	1999	2	708+000～704+550	3500								50413.0			7502760
	公安	1999	3	688+000～678+000	10000								146484.0			10083058
	公安	1999	4	678+000～668+000	10000								103421.0			9797604
	公安	1999	5	668+000～660+300	77000								102632.0			12421720
	公安	1999	6	647+700～654+420	6720								94155.0			9050000
	公安	2000	1	647+470～642+978	4492								56901.0			7880000
	公安	2000	2	615+000～601+500	13500								115272.0	23909.0		13896633
	石首	2000	3	585+000～581+600	3400									56776.9		10345936
	石首	2000	4	581+600～579+200	2400									65287.0		11769230
	石首	2000	5	575+500～571+400	4100								61922.0			5060092
	石首	2000	6	565+800～562+300	3500								94155.0	51392.0		10540000
	范兴垸至三合垸、南碾垸	2001	2	558+800～557+100 552+000～550+400 549+600～546+900	6000											26120000
	章华港至五马口、老寨铺、调关镇	2001	1	531+000～525+500 517+600～516+500 500+800～498+700	8193								90076.0	14622.0		13206834
二	护岸工程				78660	1330064	1910368	42927	34562	88028	112378	10936			26525.0	193735203

续表

序号	工程项目或地点	实施年度	标段	桩 号	长度/m	土方开挖/m³	水下抛石/m³	混凝土预制块/m³	浆砌块石/m³	干砌块石/m³	垫层石料/m³	脚槽/m³	混凝土墙/m²	塑性混凝土墙/m²	枯水平台砌石/m³	投资/元
	查家月堤杨家头	2001	7	712+500~770+450 704+900~703+800	3150	121228	130775	4367	2846	8302	8911				0.2	15317475
	陈家台至新四号	2001	6	681+500~675+050	6450	307687	283900	11969	6799	15461	22147				2411.0	33939713
	公安	1999	7	664+200~660+920	3280	55323	127243	1368		4210	2470	720			7200.0	11764162
	公安	2000	16	660+920~657+150	3770	114100	180000			3540	9300	1440			1296.0	16586598
	公安	2000	15	657+150~654+880	2270	50745	110000	5112		1353	5948	880			792.0	10280500
	公安	2000	14	654+880~652+000	2880	48768	96080	3124	17831	2850	6960					11080000
	公安	2000	13	652+000~649+600	2400	103644	109520		1980	830	6744	1590			1152.0	11614474
	公安	2000	12	649+600~646+200	34020	34560	94320	4160		4444	4283	640			420.0	8274284
	黄水套至郑家河头	2001	5	620+800~616+400	4400	72367	167840	3017	1463	1961	4673				8513.0	15202245
	石首	2000	10	529+500~525+520	3980	150778	154040	3760	2295	12400	14244	2420			1980.0	17620266
	石首	2000	9	525+520~521+880	3640	187062	153920	3920		12800	14056	2156			1764.0	17522651
	石首	2000	8	512+000~509+040	2960	11000	73920			4840	3750	200			180.0	5905516
	石首	2000	7	500+960~498+000	2960	61350	118750	954	1070	8606	5784	730			657.0	10384641
	石首连心垸	2000	11	0+000~2+000	2500	11452	110060	1176	279	6431	3108	160			160.0	8242678
三	李家花园吹填	2001	4	641+610~637+400 633+400~629+000	8610											38720558
四	王家台、西流湾减压井	2001	3	703+000~702+000 688+000~690+660	3660											22128915

附表 4-3

湖北省洞庭湖区四河堤防 1999—2008 年完成情况表

序号	年度	计划下达文号	计划投资/万元			计划工程量							完成工程量							拆迁完成情况							完成投资/万元		
			总投资	中央投资	地方配套	土方加固 长度/km	工程量/万m³	护岸工程 长度/km	石方/万m³	混凝土/万m³	建筑物/座	锥探灌浆/km	土方加固 长度/km	工程量/万m³	护岸工程 长度/km	石方/万m³	混凝土/万m³	建筑物/座	锥探灌浆/km	楼房/m²	平房/m²	副房/m²	永久征地/亩	临时征地/亩	林木/株	其它/万元	总投资	中央投资	地方配套
1	1999	鄂计农字〔2000〕0031号	5000	4000	1000	39.995	323.00	1.45	2.0800			44.300	32.920	317.11	1.450	2.084			44.300	5414.9	14039.7	4557.00	962.10	3490.3			3938.00	3938.00	
2	2000	鄂计农经〔2000〕0898号	1200	1000	200	23.967	235.00	1.73	4.0300	0.124		5.000	23.417	226.59	1.730	3.0199	0.1240		5.000	1996.4	9334.0	1408.59	223.60	1999.6		17.10	1949.98	1949.98	
		鄂计农经〔2000〕1399号	1200	1000	200																								
3	2001	鄂计农经〔2001〕1092号	4000	2000	2000	12.00	84.00	4.00	7.0000	0.642			8.600	70.18	4.000	5.7103	0.6420			2045.5	27849.2	7708.10	355.00	1295	26270	20.00	1860.96	1860.96	
4	2002	鄂计农经〔2002〕914号	1250	1000	250	6.270	24.50						6.270	20.42						2013.2	6022.5	1653.50	72.50	640.00	35670	58.20	3238.25	3238.25	
		鄂计农经〔2003〕178号	2500	2000	500			12.17	23.6300	1.280		10.296			10.300	23.5592	1.6355		10.296										
5	2003	鄂计农经〔2003〕817号	8000	4000	4000	87.000	648.20						85.047	599.32						22065.7	36094.4	18492.30	1874.00	6820.80	319670	186.21	9827.06	7678.79	2148.27
		鄂发改农经〔2005〕720号	10000	5000	5000			12.70	26.4300	3.820					13.533	16.8815	2.6282												
6	2004	鄂发改农经〔2005〕79号	6000	3000	3000	35.000	252.30	1.85	2.5900	0.640	1	26.000	39.233	315.67				1	26.000	17707.4	34343.4	20747.20	983.00	3159.10	284613	160.32	4237.7	3107.29	1130.41
7	2005	鄂发改农经〔2006〕283号	8000	4000	4000	39.580	330.00	1.63	2.0701	0.937			39.580	329.47	1.630	2.0701	0.9370			29139.7	43988.9	29017.10	251.30	2415.30	306373	175.32	6106.94	4396.64	1710.30
8	2006	鄂发改农经〔2007〕313号	2000	1000	1000	12.275	57.31						12.275	57.31						4026.9	3525.6	1285.70	31.53	307.41	39720	56.48	1204.65	669.59	535.06
9	2007	鄂发改农经〔2008〕1221号	2000	1000	1000	15.700	55.41						16.700	55.41						4700.0	10841.0	2352.00	63.46	182.53	42130	50.21	1495.65	813.63	682.02
10	2008	鄂发改农经〔2008〕344号	16000	8000	8000	正在实施							正在实施																
合计			73150	40000	33150	271.787	2009.72	35.53	67.8301	7.443	4	85.596	264.042	1991.48	32.643	53.3251	5.9667	4	85.596	89109.7	186038.7	7221.49	4816.49	20310.04	1054446	723.84	33859.19	27653.13	6206.06

注　工程量范围为湖北省洞庭湖区四河堤防加固工程可行性研究报告中确定的 706.03km 范围；截至鄂发改经〔2008〕342 号文，共下达计划 51150 万元，完成投资 29000 万元；完成中央投资 27653 万元，完成地方配套 6206 万元。

附表 4-4

湖北省洞庭湖区四河堤防加固基本情况表

河岸名称	所在县（市、区）及乡、镇	起止地点	起止桩号	长度/m	设计水位/m（吴淞）	现有堤顶高程/m（吴淞）	代表水文站	设防水位/m	警戒水位/m	保证水位/m	设计水位/m	历史最高水位（时间）/m	附近堤顶高程/m
合计				706035									
松滋河				400629									
松西右	小计	胡家岗—杨家垱	16+800～94+240	73789									
	松滋：老城	（进洪闸—）胡家岗—丰坪桥（庙河左终）	16+800～27+200	7200	47.19～46.46	48.75～47.12							
	松滋：新江口、南海	丰坪桥（庙河右终）—牟家岗—太山庙（新河左终）	27+300～33+715～34+500	19300	46.46～45.96	47.12～47.35	新江口	43.00	44.00	45.77	46.09	46.18（1998年8月）	
	松滋：南海	太山庙（新河右终）—窑沟子	34+700～54+328	25359	45.93～44.62	47.45～46.12							
	公安：狮子口	窑沟子—刘家嘴（沧水左终）	56+223～81+582	12030	44.62～42.74	45.74～44.53	狮子口	40.50	41.00	43.00	43.93	44.29（1998年8月）	
	公安：章庄铺	刘家嘴（沧水右终）—杨家垱	82+210～94+240	9900	42.70～41.68	44.62～41.00	郑公渡	39.00	39.50	41.62	42.07	43.26（1998年7月）	
松西左	小计	北矶垴—永丰剅	0+000～86+325	78404									
	松滋：八宝	北矶垴—八宝闸	0+000～24+750	24750	47.04～45.27	48.77～46.77	新江口	43.00	44.00	45.77		46.18（1998年）	
	松滋、公安	莲支河出口段封堵	24+750～32+500	410									
	公安：胡家场、斑竹垱	莲支河左终—鸥并湖—双河场（苏支河左终）	32+500～40+850～56+408	23908	46.22～43.62	45.89～45.05	胡家场				44.99	45.26（1998年8月）	
	公安：南平	松黄驿（苏支河右起）—永丰剅	56+989～86+325	29336	43.59～41.45	44.58～42.24							
松东右	小计	北矶垴—永丰剅	0+000～90+963	84648									
	松滋：八宝	北矶垴—肖家嘴（莲支河右起）	0+000～20+200	20200	47.04～45.29	49.53～47.00	沙道观	43.00	44.00	45.21		45.21（1998年）	
	松滋、公安	莲支河进口段封堵	20+200～26+500	265	49.29～45.28	47.00～47.26							
	公安：胡家场、斑竹垱	莲支河左起—火神庙—南苜庙（苏支河左终）	26+500～47+600～65+473	38973	45.28～42.67	47.26～44.34	斑竹垱	40.00	41.50	43.63	43.84	44.06（1998年8月）	

续表

河岸名称	所在县（市、区）及乡、镇	起止地点	起止桩号	长度/m	设计水位/m（吴淞）	现有堤顶高程/m（吴淞）	代表水文站	设防水位/m	警戒水位/m	保证水位/m	设计水位/m	历史最高水位/m（时间）	附近堤顶高程/m
松东左	公安：南平	南音庙（苏支河右终）—永丰剅	65+735～90+963	25210	42.67～41.47	44.34～42.46	港关	39.00	40.00	41.94	42.54	43.18（1998年7月）	
小计	松滋、涴市、沙道观、米积台	（灵钟寺）东大口—新渡口	5+500～103+900	96617									
	公安：毛家港	东大口—高家尖—肖家嘴—文昌宫（松公界）	5+500～13+500～25+500～29+761	24261	46.94～44.93	49.83～46.77	沙道观	43.00	44.00	45.21	45.40	45.51（1998年8月）	
	公安：毛家港	文昌宫（松公界）—黄家革（官支河左起）	30+500～32+615	2115	44.90～44.79	46.47～46.22							
（官支河左）	公安：毛家港	黄家革（官支河左终）—蒲田嘴（官支河左）	0+000～21+848	21848	44.79～44.33	46.22～45.05							
	公安：孟家溪、甘厂	官支河左终—中河河左起	55+193～63+160	7967	43.33～42.83	45.05～45.11							
	公安：章庄铺	中河右起—黄金堤—新渡口	63+474～84+000～103+900	40426	42.8～40.73	44.91～42.59	黄四嘴	37.00	38.00	39.62	40.79	41.93（1998年7月）	
沧水左	公安：章庄铺	桂花树—刘家嘴	11+000～26+653	15653	42.64～43.05	43.88～45.60	法华寺	39.00	40.50	42.50		43.39（1998年7月）	
沧水右	公安：斑竹垱	梧桐峪—汪家汊	0+000～21+155	21155	42.59～43.15	44.22～45.54							
苏支河左	公安：南平	松黄驿—南音庙	0+000～5+884	5884	42.54～43.61	44.34～44.99							
苏支河右	公安：南平	松黄驿—南音庙	0+000～5+545	5545	42.84～43.63	43.50～44.56							
庙河左	松滋：老城	木天河口—丰坪桥	5+000～8+250	3250	46.36	46.69～47.59							
庙河右	松滋：老城	木天河口—丰坪桥	0+000～5+170	5170	46.36	46.96～48.08							
新河左	松滋：南海	磨盘州—太山庙（新河出口）	3+500～8+580	5080	45.89～46.22	46.49～47.34							
新河右	松滋：南海	磨盘州—太山庙（新河出口）	4+500～9+934	5434	45.89～46.20	46.70～47.23							
虎渡河	荆州、公安			200824									
虎渡河左	公安：埠河、夹竹园、闸口、藕池	太平闸—李家大路—刘家湾—新河出口—积玉口—黄山头闸	0+000～25+600～47+000～68+630～75+350～90+580	90580	45.08～42.00	46.70～42.51	闸口	39.00	40.00	42.25	42.79	42.48（1998年7月）	

续表

河岸名称	所在县（市、区）及乡、镇	起止地点	起止桩号	长度/m	设计水位/m 吴淞	现有堤顶高程/m 吴淞	代表水文站	设防水位/m	警戒水位/m	保证水位/m	设计水位/m	历史最高水位（时间）/m	附近堤顶高程/m
虎渡河右	荆州浣市扩大分洪区	太平闸—黄山头闸		93011									
		太平闸—里甲口（荆公界）	0+000~25+000	25000	45.08~44.14	46.18~44.69	弥市	42.00	43.00	44.15		44.90（1998年8月）	
	公安	里甲口（荆公界）—中河左起	25+000~49+623	24623	44.14~42.98	45.79~44.30							
		中河右起—大至岗	49+937~54+825	4888									
	虎西备蓄区：孟溪、章田、黄山	大至岗—黄山头闸	2+000~40+500	38500	42.98~42.00	44.80~41.74							
浣里河隔堤	松滋浣市、荆州弥市			17233									
		松滋浣市—弥市土桥	0+000~2+700	2700									
		弥市土桥—里甲口	2+700~17+233	14533									
藕池河	石首			94510									
藕池河左	石首：高基庙	老山嘴—拦河坝	20+000~36+000	16000	38.21~39.15	39.27~41.06	江波渡	35.50	36.50	38.53	38.53		
藕池河右	石首：高陵	王蜂腰—梅田湖		27000									
	石首：高陵	王蜂腰—三字岗	12+000~24+000	12000	39.86~38.98	41.74~39.72							
	石首：久合院	黄金嘴—梅田湖	24+000~39+000	15000	38.98~38.03	39.72~38.36							
	石首：久合院	黄金嘴—石华剅	0+000~12+610	12610	38.97~38.09	38.69~39.70							
团山河左	石首：高陵、团山	三字岗—刘宏宪—小新口	0+000~20+000	20000	38.98~37.65	38.33~39.91	团山寺	35.50	36.50	38.47	38.47		
团山河右	石首：高陵	王蜂腰—白湖口	0+000~18+900	18900	40.02~38.93	39.22~41.33							
安乡河左	石首	双剅口—白湖口					康家岗				39.87	40.44（1998年8月）	
调弦河	石首			10072									
调弦河左	石首：调关	双剅口—孟尝湖	7+000~11+000	4000	37.82~38.01	38.90~39.56	调关	36.00	37.00	38.44	38.44		
调弦河右	石首：焦山河	焦山河—蒋家冲	5+928~12+000	6072	37.70~38.04	39.02~39.27							

附表 4－5

湖北省洞庭湖区四河堤防一期加固工程现状表

序号	堤段名称	所在县(市、区)	起止地点	起止桩号	长度/m	设计水位/m 吴淞	设计水位/m 黄海	堤顶高程/m 吴淞	堤顶高程/m 黄海	堤顶欠高/m	堤射垂高/m	堤顶宽/m	坡比 内	坡比 外	平台宽/m 内	平台宽/m 外
	合计				371997											
一	松滋河				170406											
1	松西右	小计	胡家岗—杨家当	16+800~94+240	73789											
		松滋	胡家岗—庙河左终	16+800~27+200	9900	47.19~46.46	45.00~44.27	48.75~47.12	47.67~44.93	0~0.84	2.52~5.94	5~8	1:2.3~1:3	1:2.6~1:3	0~20	0~20
			庙河古终—新河左终	27+300~34+500	7200	46.46~45.96	44.27~43.77	47.12~47.35	44.93~45.16	0~0.9	0~5.03	5~8.2	1:2.3~1:3	0~25	0~30	0~30
			新河右终—笆沟子	34+700~54+328	19300	45.93~44.62	43.74~42.43	47.45~46.12	45.26~43.93	0~0.61	4.4~7.68	5~10	1:2.2~1:3	1:2.4~1:3	0~20	0~30
		公安	笆沟子—淞水左终	56+223~81+582	25359	44.62~42.74	43.74~42.43	47.45~46.12	45.26~43.93	0~0.61	4.4~7.68	5~10	1:2.2~1:3	1:2.4~1:3	0~20	0~20
			淞水右终—杨家当	82+210~94+240	12030	42.70~41.68	40.51~39.49	44.62~41.00	42.43~38.81	0~0.5	3~9.9	5~8	1:2.1~1:3	1:2.4~1:3	0~20	0~30
2	松东左	小计	东大口—新渡口	5+500~103+900	96617											
		松滋	东大口—松公界	5+500~29+761	24261	46.94~44.93	43.71~42.82	49.83~46.77	47.65~44.66	0~1.16	1.4~8.48	2.5~8.8	1:2~1:3	1:2.5~1:3	4.4~36.1	5.7~32.4
		公安	松公界—官支左起	30+500~32+615	2115	44.90~44.79	42.79~42.66	46.47~46.22	44.36~44.09	0~0.07	5.03~8	5~8	1:2.3~1:3	1:2.4~1:3.1	4~7	8~17
		(官支河左)	官支河左起—官支河左终	0+000~21+848	21848	44.79~43.33	42.66~41.15	46.22~45.05	44.09~42.87	0~0.55	2.5~8.08	3~9	1:2.2~1:3	1:1~1:3	3~20	8~30
			官支河左终—中河右终	55+193~63+160	7967	43.33~42.83	41.15~40.64	45.05~45.11	42.87~42.92	0~0.07	4.04~7.41	3~6	1:1.4~1:3	1:1.4~1:3		
		公安:虎西备蓄区	中河右起—新渡口	63+474~103+900	40426	42.80~40.73	40.61~38.54	44.91~42.59	42.72~40.40	0~0.72	3.26~9.94	3.89~20	1:1.4~1:3	1:1.4~1:3	3~16	4~50
二	虎渡河	荆州公安			158591											
1	虎渡河左	公安:荆江分洪区	太平口—黄山头河闸	0+000~90+580	90580	45.08~42.00	43.06~39.82	46.70~42.51	44.67~40.33	0~1.72	2.79~9.34	3.5~36.5	1:1~1:3	1:1.9~1:3	1.5~30	2~45
2	虎渡河右	公安	荆公界—黄山头河闸		68011											
		公安	荆公界—中河左起	25+000~49+623	24623	44.14~42.98	42.06~40.84	45.79~44.30	43.71~42.17	0~0.69	3~9	4~8	1:1.9~1:3	1:1.7~1:3	3~7.2	2~40
		公安:虎西备蓄区	中河右起—大至岗	49+937~54+825	4888											
			王家岗(大至岗)—黄山头闸	2+000~40+500	38500	42.98~42.00	40.84~39.82	44.80~41.74	42.66~39.56	0~2.27	1.07~8.62	4~7	1:1.4~1:3	1:1.7~1:3	2.6~24	2~40
三	藕池河	石首			43000											
1	藕池河左	石首	老山嘴—拦河坝	20+000~36+000	16000	38.21~39.15	36.12~37.06	39.27~41.06	37.18~38.97	0~0.72	3.2~8.1	4~11	1:2~1:3.5	1:2.5~1:3.2	11~30	
2	藕池河右	石首	王蜂腰—梅田湖		27000											
			王蜂腰—三字岗	12+000~24+000	12000	39.86~39.98	37.77~36.89	41.74~39.72	39.65~37.63	0~0.56	2.72~7.34	4.5~7	1:2.5~1:3.9	1:2.6~1:3.3		
			黄金嘴—梅田湖	24+000~39+000	15000	38.98~38.03	36.89~35.94	39.72~38.36	37.63~36.27	0~2.07	1.87~7.94	5.5~7.5	1:2~1:4	1:2.7~1:3.9		12~24

365

附表4-6 1999—2010年堤身加培完成情况表

序号	河岸别	县（市、区）	起止桩号	长度/m	施工年份	备注
1	松滋河			242681		
1.1	松西右	松滋	16＋800～18＋800	2000	2005	
			18＋800～19＋300	500	2008	
			19＋300～19＋750	450	2000	
			19＋750～20＋000	250		
			20＋000～22＋000	2000	2008	
			22＋000～25＋000	3000	2003	
			25＋000～27＋200	1700	2008	
			27＋300～27＋900	600	2000	
			27＋900～28＋400	500	2008	
			28＋400～29＋030	630	2005	
			29＋030～30＋000	970	2002	
			30＋000～31＋400	1400	2003	
			31＋400～33＋500	2100	1999	
			33＋500～34＋500	1000	1999	
			34＋700～37＋160	2460	2005	
			37＋160～38＋660	1500	2000	
			38＋660～41＋000	2340	2008	
			41＋000～42＋000	1000	2003	
			42＋000～43＋350	1350		
			43＋350～44＋350	1000	2005	
			44＋350～45＋630	1280	2007	
			45＋630～46＋000	370	2009	
			46＋000～49＋000	3000	2008	
			49＋000～52＋000	3000	2003	
			52＋000～54＋328	2000	2004	
		公安荆南	56＋223～57＋300	1077	2008	
			57＋300～64＋000	6700	2008	
			64＋000～70＋100	6100	2009	
			70＋100～72＋100	2000	2004	
			72＋100～74＋100	2000	1999	
			74＋100～75＋600	1500	2005	
			75＋600～77＋340	1740	1999	
			77＋340～81＋582	4242	2003	
			82＋210～85＋200	2990	2005	
			85＋200～90＋000	4800	2008	
			90＋000～94＋240	4240	2003	
	松西右小计			73789		

序号	河岸别	县（市、区）	起止桩号	长度/m	施工年份	备注
1.2	松西左	松滋	0+000～1+600	1600	1999	
			1+600～3+000	1400	1999	
			3+000～3+700	700	1999	
			10+050～10+150	100	1999	
			14+100～15+100	1000	2000	
			22+500～24+000	1500	1999	
		公安荆南	39+450～40+550	1100	2000	
			44+500～46+000	1500	2000	
			52+550～54+550	2000	2000	
			74+000～78+850	4850	2009	
			78+850～79+000	150	2009	
			79+000～84+000	5000	2008	
			84+000～86+325	2325	2001	
	松西左小计			23225		
1.3	松东右	松滋	0+000～0+900	900	1999	
			0+900～4+400	3500	2009	
			4+400～5+000	600	2000	
			5+000～19+800	14800	2009	
		公安荆南	29+800～31+650	1850	2008	
			31+650～32+100		2009	
		公安荆南	53+550～56+358	2808	1999	
			65+753～65+950	197	2008	
			70+800～71+800	1000	2000	
			78+750～80+350	1600	1999	
			80+350～88+450	8100	2009	
	松东右小计			35355		
1.4	松东左	松滋	5+500～6+910	1410	2004	
			6+910～7+500	590	1999	
			7+500～8+600	1100		
			8+600～8+950	350	2000	
			8+950～9+950	1000	2004	
			9+950～11+450	1500	2003	
			11+450～12+000	550		
			12+000～13+500	1500	2003	
			13+500～16+500	3000	2004	
			17+500～18+290	790	2000	
			16+500～17+500 18+290～18+700	1410	2005	
			18+700～23+000	4300	2003	
			23+000～24+650	1650	2008	
			24+650～25+000	350	2000	

续表

序号	河岸别	县（市、区）	起止桩号	长度/m	施工年份	备注
1.4	松东左	松滋	25+000～26+000	1000	1999	
			26+000～28+260	2260	2003	
			28+260～29+761	1501	2008	
		公安荆南	30+500～32+615	2115	2003	
			0+000～3+000	3000	2003	
			3+000～4+000	1000	2003	
			4+000～5+430 5+780～8+000	3650	2004	
			5+430～5+780	350	1999	
			10+000～17+000	7000	2005	
			17+000～21+848	4848	2006	
			55+193～59+000	3807	2006	
			59+000～63+160	4160	2009	
			63+474～68+000	4526	2004	
			68+000～75+100	7100	2007	
			75+100～76+600	1500	2002	
			76+600～78+100	1500	2002	
			78+100～80+500	2400	2003	
			80+500～84+100	3600	2005	
			84+100～89+000	4900	2007	
			89+000～91+200	2200	2005	
			91+200～95+200	4000	2004	
			95+200～97+200	2000	2001	
			97+200～99+225	2025	2003	
			99+225～101+225	2000	1999	
			101+225～103+900	2675	2003	
	松东左小计			94617		
1.5	沧水右	公安荆南	6+900～10+000	3100	2000	
1.6	苏支右	公安荆南	4+700～5+545	845	2008	
1.7	庙河右	松滋	0+000～1+000	1000	2005	
			1+000～2+170	1170	2006	
			2+170～5+170	3000	2004	
	庙河右小计			5170		
1.8	新河左	松滋	3+500～7+380	3880	2003	
			8+580～7+380	1200	2000	
	新河左小计			5080		

序号	河岸别	县（市、区）	起止桩号	长度/m	施工年份	备注
1.9	新河右	松滋	7＋100～8＋600	1500	1999	
2	虎渡河			86818		
2.1	虎渡左	公安分局	16＋150～16＋850	700	2007	
			28＋500～29＋800	1300	2003	
			38＋700～38＋950	250	2008	
			41＋100～41＋900 63＋100～63＋600	1300	2002	
			51＋000～54＋000	3000	2008	
			54＋000～56＋450	2450	2006	
			60＋050～63＋100	3050	2005	
			63＋600～66＋600	3000	2004	
			66＋600～68＋650	2050	2007	
			70＋000～79＋000	9000	2003	
			79＋000～85＋000	6000	2004	
			85＋000～90＋580	5580	2005	
	虎渡左小计			37680		
2.2	虎渡右上	荆州	0＋000～0＋500	500	1999	
			0＋500～1＋000	500	1999	
			1＋000～2＋600 4＋700～5＋700	2600	2004	
			2＋600～3＋700	1100	2000	
			3＋700～4＋700	1000	1999	
			8＋000～23＋600	15600	2003	
			23＋600～25＋000	1400	2001	
	虎渡右上	公安荆南	27＋100～29＋100	2000	1999	
			49＋937～52＋050	2113	2003	
			52＋050～53＋600	1550	2000	
			53＋600～54＋825	1225	2003	
	虎渡右上小计			29588		
	虎渡右下	公安分局	2＋000～6＋000	4000	2009	
			6＋000～6＋500	500	2009	
			6＋500～10＋200	3700	2008	
			10＋200～15＋100	4900	2009	
			29＋500～32＋500	3000	2008	
	虎渡右下小计			16100		

序号	河岸别	县（市、区）	起止桩号	长度/m	施工年份	备注
2.3	洮里隔堤	荆州	0＋000～3＋450	3450	2009	
3	藕池河			37544		
3.1	藕池左	石首	20＋000～25＋000	5000	2005	
			25＋000～32＋300	7300	2003	
			32＋300～33＋300	1000	2002	
			33＋300～36＋000	2700	2004	
	藕池左小计			16000		
3.2	藕池右	石首	14＋450～15＋300	850	1999	
			15＋300～15＋950	650	1999	
			19＋200～23＋200	4000	2008	
			23＋200～24＋000	800	2009	
			37＋000～39＋000	2000	2001	
	藕池右小计			8300		
3.3	团山左	石首	0＋000～6＋600	6600	2009	
			7＋300～8＋100	800	1999	
	团山左小计			7400		
3.4	团山右	石首	0＋000～1＋300	1300	2009	
			6＋640～7＋640	1000	1999	
			10＋200～11＋000	800	2000	
			18＋622～19＋574	952	1999	
	团山右小计			4052		
3.5	安乡左	石首	15＋608～16＋600	992	1999	
			16＋600～17＋400	800	2000	
	安乡左小计			1792		
4	调弦河			6572		
4.1	调弦左	石首	10＋000～10＋500	500	2000	
4.2	调弦右	石首	6＋500～8＋000	1500	2000	
			5＋928～6＋500 8＋000～12＋000	4572	2003	
	调弦右小计			6072		
	已完堤身加培合计			373615		

附表 4 - 7   **1999—2009 年堤基防渗平台完成情况表**

河岸别	县（市、区）	已施工内平台堤段			
		桩号	长度/m	平台宽度/m	施工年度
松西右	松滋	16＋800～18＋800	2000	30	2005
		18＋800～19＋100	300	20	2008
		19＋150～19＋750	600	25	2000
		21＋650～22＋000	350	20	2008
		22＋000～25＋000	3000	30	2003
		31＋400～34＋500	3100	20	1999
		34＋700～37＋160	2460	20	2005
		38＋660～39＋600	940	20	2008
		41＋000～41＋700 41＋950～42＋000	750	30	2003
		43＋350～44＋350	1000	30	2005
		44＋350～45＋630	1280	30	2007
		45＋630～46＋000	370	30	2009
		46＋000～46＋700	700	30	2008
		52＋115～54＋328	2213	20	2004
	公安荆南	59＋000～59＋350 59＋450～59＋850 60＋650～61＋800	1900	30	2008
		71＋000～72＋100	1100	30	2004
		72＋100～74＋100	2000	30	1999
		74＋100～75＋600	1500	30	2005
		75＋600～77＋340	1740	20	1999
		77＋340～78＋200 80＋000～81＋582	2442	30	2003
		82＋210～83＋750 84＋900～85＋200	1840	20	2005
		85＋200～88＋250	3050	30	2008
		91＋880～94＋240	2360	20	2003
小计			36995		
松西左	松滋	0＋000～3＋700	3700	30	1999
		14＋400～15＋400	1000	20	2000
		22＋500～24＋000	1500	20	1999
	公安荆南	74＋000～74＋500 75＋500～78＋850	3850	20	2009
		84＋000～86＋325	2325	20	2001
小计			12375		
松东右	松滋	0＋000～0＋900	900	30	1999
		0＋900～1＋600	700	30	2009
		4＋400～5＋000	600	30	2000
		9＋350～11＋550 14＋200～15＋400	3400	30	2009
		17＋000～19＋800	2800	30	2009

河岸别	县（市、区）	已施工内平台堤段			
		桩号	长度/m	平台宽度/m	施工年度
松东右	公安荆南	29＋800～31＋650	1850	30	2008
		70＋800～71＋800	1000	30	2000
		78＋750～80＋350	1600	30	1999
		82＋700～84＋850	2150	20	2009
小计			15000		
松东左	松滋	10＋400～11＋450	1050	30	2003
		12＋000～13＋500	1500	20	2003
		13＋500～14＋700	1200	30	2004
		16＋500～17＋500	1000	30	2005
		17＋500～18＋290	790	30	2000
		18＋290～18＋700	410	30	2005
		18＋700～22＋000	3300	30	2003
		28＋000～28＋260	260	30	2003
		28＋260～28＋800 29＋200～29＋760	1100	30	2008
	公安荆南	30＋500～32＋300	1800	30	2003
		0＋550～1＋350（官支） 1＋600～4＋000	3200	30	2003
		5＋400～5＋800	400		2000
		4＋000～5＋430（官支） 5＋780～8＋000	3650	20	2004
		10＋000～16＋715（官支）	6715	30	2005
		17＋650～18＋150（官支）	500	30	2006
		57＋000～59＋000	2000	30	2006
		59＋000～59＋450	450	30	2008
		70＋700～71＋200	500	30	2007
		78＋100～80＋050	1950	20	2003
		80＋500～84＋100	3600	30	2004
		84＋250～84＋360	110	20	2000
		91＋200～95＋200	4000	30	2004
		99＋225～101＋225	2000	20	1999
		101＋225～101＋600 102＋550～103＋300	1125	30	2003
小计			42610		
虎渡右上	荆州	0＋000～0＋500	500	30	1999
		0＋500～1＋000	500	30	1999
		1＋000～1＋750	750	20	2004
		2＋600～3＋700	1100	20	2000
		3＋700～4＋700	1000	30	1999

河岸别	县（市、区）	已施工内平台堤段			
		桩号	长度/m	平台宽度/m	施工年度
虎渡右上	荆州	8＋000～10＋600 11＋100～11＋300 11＋600～11＋750	2950	20	2003
		12＋000～14＋000	2000	30	2003
		14＋000～14＋800 17＋000～18＋250	2050	30	2005
		23＋600～25＋000	1400	30	2001
	公安荆南	49＋937～50＋700 51＋300～52＋050	1513	20	2003
		52＋050～52＋847	797	20	2000
		53＋600～54＋825	1225	30	2003
虎渡右下	公安分局	6＋000～6＋500	500	50	2009
		6＋500～10＋200	3700	50	2008
		10＋200～11＋450 13＋200～15＋500	3550	30	2009
		29＋500～32＋500	3000	30	2008
小计			26535		
虎渡左	公安分局	51＋000～51＋150 53＋500～54＋000	650	20	2008
		54＋000～56＋450	2450	20	2006
		60＋050～60＋200	150	20	2005
		72＋600～80＋000	7400	30	2003
		85＋000～90＋580	5580	30	2005
小计			16230		
藕池左	石首	20＋000～21＋200	1200	20	1999
		21＋200～24＋300	2100	20	2005
		27＋650～27＋750 28＋000～32＋300	4400	20	2003
		32＋300～33＋300	1000	20	2002
		33＋300～33＋850	850	20	2004
		35＋700～36＋000	300	20	2004
小计			8650		
藕池右	石首	14＋450～15＋950	1500	30	1999
		19＋200～20＋300 20＋650～24＋000	4450	30	2008
		37＋000～39＋000	2000	30	2001
小计			7950		
安乡左	石首市	16＋600～17＋400	800	20	2000
调弦左	石首市	10＋000～10＋500	500	20	
调弦右	石首市	6＋450～6＋500	50	20	2003
		6＋500～8＋000	1500	20	2000

河岸别	县（市、区）	已施工内平台堤段			
		桩号	长度/m	平台宽度/m	施工年度
调弦右	石首市	8+000～10+600 11+100～11+300 11+600～11+750	2950	20	2003
小计			4450		
庙河右	松滋	0+000～1+000	1000	20	2005
		1+000～2+170	1170	20	2006
		2+170～5+170	3000	30	2004
小计			5170		
团山左	石首	0+000～2+400	2400	30	2009
		2+500～2+900	400	20	2000
		2+900～3+400	500	30	2009
		3+400～3+800	400	20	2000
		3+800～5+450	1650	30	2009
		6+400～6+650	250	30	2009
小计			5600		
团山右	石首	0+000～1+300	1300	30	2008
		10+200～11+000	800	20	2000
		18+622～19+574	952	10	1999
小计			3052		
浣里隔堤	荆州	0+000～3+450	3450	30	2009
滗水右	公安荆南	7+000～8+500	1500	17.5	1999
新河左	松滋	7+000～7+380	380	20	2003
		8+580～7+380	1200	20	2000
小计			1580		
合计			192447		

附表 4-8　　　　　　1999—2009 年护坡护岸工程完成情况表

年份	县（市、区）	地点	河岸别	起止桩号	长度/m	完成项目
1999	小计				1370	
	公安分局	军堤湾	虎河左	19+400～19+950	470	护坡、护岸
		鳝鱼垱	虎渡右下	31+700～32+000	300	护坡、护岸
		狗腿湾	虎河左	33+800～34+400	600	护坡、护岸
2000	小计				1730	
	公安荆南				930	
		榨林潭	松东右	71+200～71+830	630	护坡、护岸
		四方堰	松西右	89+800～90+100	300	护坡、护岸
	公安分局				500	
		乐善寺	虎河左	70+500～70+800	300	护坡、护岸
		鳝鱼垱	虎渡右下	32+000～32+200	200	护坡、护岸
	荆州	大兴寺	虎渡右上	13+000～13+300	300	护坡、护岸

年份	县（市、区）	地点	河岸别	起止桩号	长度/m	完成项目
2001	小计				4000	
	公安荆南	眠牛山	松东左	95+200～97+200	2000	护坡、护岸
	石首	欢皮湖	藕池右	37+000～39+000	2000	护坡、护岸
2002	小计				21179	
	松滋				3420	
		文昌宫	松东左	28+260～29+760	1500	护坡、护岸
		新江口	松西右	29+030～30+000	970	护坡、护岸
		熊家祖坟	松东右	5+950～6+100	150	水下抛石
		文昌宫	松西右	21+850～22+100	250	水下抛石
		丰坪桥	庙河右	5+000～5+150	150	水下抛石
		沙道观老水利站	松东左	24+150～24+350	200	水下抛石
		靳家渡	松西右	20+880～21+000	120	水下抛石
		镇江寺	松西右	30+470～30+560	80	水下抛石
	公安荆南				8319	
		南厂口	松东左	75+100～76+600	1500	护坡、护岸
		南厂口下	松东左	76+600～78+100	1500	护坡、护岸
		港关	松东右	68+250～69+450	1200	护坡、护岸
		文昌宫	松东左	30+500～30+850	350	水下抛石
		沙窝	松东左	78+750～78+850	100	水下抛石
		斋公垴	松东左	79+480～79+800	320	水下抛石
		碾子沟	松东左	64+620～64+670	50	水下抛石
		毛家港大桥	松东左	17+190～17+490	300	水下抛石
		水文站	虎渡右上	51+344～51+500	156	水下抛石
		狮子口	松西右	67+430～67+790	360	水下抛石
		月亮湾	松东右	88+050～88+350	300	水下抛石
		长湖	松东右	28+100～28+200	100	水下抛石
		中河口	松东右	63+800～64+100	300	水下抛石
		南池口	松东右	59+910～60+130	220	水下抛石
		港关	松东右	68+500～68+950	450	水下抛石
		月亮湾	松东右	88+400～88+600	200	水下抛石
		金坑子	松东右	90+800～90+963	163	水下抛石
		新甸堤	松东右	82+950～83+000、83+200～83+450	300	水下抛石
		和尚桥	松东右	35+750～36+000	250	水下抛石
		余家闸下	松西左	67+400～67+600	200	水下抛石
	公安分局				2235	
		夹竹园姚公堤	虎渡左	41+100～41+900 63+100～63+600	1300	护坡、护岸
		邹家河头	虎渡左	27+550～27+700	150	水下抛石
		张家弓	虎渡左	29+050～29+130 29+600～29+650	130	水下抛石

年份	县（市、区）	地点	河岸别	起止桩号	长度/m	完成项目
2002		夹竹园	虎渡左	41+550～41+590 41+650～41+735	125	水下抛石
		吕家坡	虎渡右下	16+750～16+880	130	水下抛石
		鳝鱼垱	虎渡右下	32+800～32+900	100	水下抛石
		陵武垱	虎渡右下	38+150～38+450	300	水下抛石
	石首				6775	
		八角山	藕池左	32+300～33+300	1000	护坡、护岸
		高陵	藕池右	14+500～15+700	1200	护坡、护岸
		八角山	藕池左	33+050～33+240	190	水下抛石
		郑家台	藕池左	29+110～29+800	690	水下抛石
		老山嘴	藕池左	20+000～20+600	600	水下抛石
		庙湾	团山右	17+310～17+650	340	水下抛石
		安山垸	团山右	6+600～6+750	150	水下抛石
		刘宏垸	团山右	2+100～2+300	200	水下抛石
		郭家潭	安乡左	12+000～12+360	360	水下抛石
		先成功	安乡左	6+940～7+260	320	水下抛石
		长港村	藕池右	15+200～15+280	80	水下抛石
		大剅口	藕池右	18+020～18+655	635	水下抛石
		碑湾	藕池右	14+700～14+900	200	水下抛石
		打井窖	团山左	9+600～9+930 10+450～10+530	410	水下抛石
		三汊河	团山右	14+150～14+550	400	水下抛石
	荆州	大兴寺闸	虎渡右上	12+650～12+780	130	护坡、护岸
2003	小计				17262	
	松滋				1180	
		红卫闸	松东左	8+900～9+200	300	护坡、护岸 （2003年度应急整险）
		跃进闸	松东左	26+950～27+480	530	
		德胜闸	松西右	28+450～28+600	150	
		许家榨渡口	松西右	36+800～36+900	100	
		龚家湾	松东右	12+100～12+200	100	
	公安荆南				5620	
		斋公垱	松东左	78+100～78+900 79+900～80+500	1400	护坡、护岸
		斋公垱	松东左	79+750～79+900	150	护坡、护岸 （2003年度应急整险）
		斋公垱下	松东左	81+500～81+650	150	
		黄金堤	松东左	83+120～83+220 83+390～83+490	200	
		莆田哨棚上	虎渡右上	45+380～45+500	120	
		胡家坪	松西右	93+600～93+800	200	
		李昌文	松东左	91+330～91+480	150	
		劲松	松东右	38+400～38+650	250	

年份	县（市、区）	地点	河岸别	起止桩号	长度/m	完成项目
2003		南池口	松东右	60＋560～60＋690	130	护坡、护岸（2003年度应急整险）
		熊家台	松东右	84＋490～84＋630 84＋730～84＋800 84＋960～85＋120	370	
		金坑子	松东右	90＋240～90＋340	100	
		中长西堤	松西左	73＋900～74＋000	100	
		窝棚嘴	松西右	83＋200～83＋300	100	水下抛石
		速水房	松西右	86＋985～87＋105	120	水下抛石
		三荣哨棚	松东右	78＋000～78＋350	350	水下抛石
		新甸堤上	松东右	82＋250～82＋300	50	水下抛石
		新甸堤下	松东右	84＋300～84＋400	100	水下抛石
		碾子沟	松东右	63＋970～64＋170 64＋500～64＋580	280	水下抛石
		月亮湾	松东右	88＋200～88＋500	300	水下抛石
		中长西堤	松西左	74＋900～75＋400	500	水下抛石
		胡家场	松西左	33＋200～33＋450	250	水下抛石
		大公小学	松东左	44＋500～44＋650	150	水下抛石
		桥车六组	松东左	52＋200～52＋300	100	水下抛石
	公安分局				4600	
		张家弓	虎渡左	28＋500～29＋800	1300	护坡、护岸
		姚公堤	虎渡左	63＋600～65＋200	1600	护坡、护岸
		军堤湾	虎渡左	19＋350～19＋480	130	护坡、护岸（2003年度应急整险）
		座金山	虎渡左	30＋900～31＋150	250	护坡、护岸（2003年度应急整险）
		肖家嘴	虎渡左	88＋500～88＋700	200	
		乐善寺	虎渡左	70＋300～70＋470	170	
		周家河头	虎渡左	27＋500～27＋700	200	
		顺水堤	虎渡右下	10＋100～10＋300	200	
		车家湾	虎渡左	53＋600～54＋000	400	水下抛石
		新口	虎渡左	68＋630～68＋780	150	水下抛石
	荆州	陡兴场	虎渡右上	15＋750～16＋050	300	护坡、护岸
	石首				5562	
	招标	高基庙	藕池左	28＋900～31＋050 31＋200～32＋200 32＋250～32＋300	3200	护坡、护岸
	整险	老山嘴	藕池左	20＋200～20＋400	200	护坡、护岸（2003年度应急整险）
	整险	三星闸	藕池左	31＋050～31＋200	150	
	整险	刘宏垸	团河右	2＋413～2＋800	387	
	整险	庙湾	团河右	17＋210～17＋400	190	
	整险	建设闸	团山左	9＋830～10＋030	200	
	整险	打井窖	团山左	10＋490～10＋578	88	
	整险	袁家垱	团山左	0＋442～0＋710	268	

续表

年份	县（市、区）	地点	河岸别	起止桩号	长度/m	完成项目
2003	抛石	江波渡	藕池左	30＋117～30＋354 30＋870～31＋000	367	水下抛石
		焦山河下	调弦右	5＋928～6＋090 9＋050～9＋925 10＋470～10＋630	512	护坡、护岸
2005	小计				1630	
	松滋	新江口	松西右	28＋400～29＋030	630	护坡、护岸
	公安分局	谢家渡	虎渡左	16＋000～17＋000	1000	护坡、护岸
2007	小计				500	
	荆州			23＋000～23＋300	300	护坡、护岸
	荆州			23＋600～23＋800	200	护坡、护岸
2008	小计				11012	
	松滋				2550	
		胡家铺	松东左	9＋200～9＋400 18＋700～20＋500	2000	护坡、护岸
		牟家岗	松西右	32＋100～32＋650	550	护坡、护岸
	公安荆南				2850	
		斋公垴	松东左	80＋500～81＋500 81＋650～82＋000	1350	护坡、护岸
		高台哨棚	松东左	92＋100～92＋600	500	护坡、护岸
		高台哨棚	松东左	92＋600～93＋600	1000	护坡、护岸
	公安分局				3000	
		肖家嘴	虎渡左	88＋300～88＋500 88＋700～89＋200	700	护坡、护岸
		赤土坡	虎渡左	79＋700～80＋100	400	护坡、护岸
		王家湾	虎渡左	9＋000～9＋700	700	护坡、护岸
		鳝鱼垱	虎渡右下	30＋500～31＋700	1200	护坡、护岸
	荆州				1400	
		吴家渡	虎渡右上	4＋500～4＋700	200	护坡、护岸
		太山庙	虎渡右上	8＋000～8＋800	800	护坡、护岸
		熊贺恭	虎渡右上	20＋600～21＋000	400	护坡、护岸
	石首	打井窖	团山左	9＋300～9＋830 10＋030～10＋490 10＋578～10＋800	1212	护坡、护岸
2009	公安荆南	中河口	虎渡右 松东右	47＋700～49＋450 49＋990～50＋090 50＋220～50＋290 50＋320～50＋350 51＋400～51＋500 62＋950～63＋150	2250	水下抛石
合计		护坡、护岸			46437	
		水下抛石			16046	

附表 4-9　　　　2010 年度洞庭湖区四河堤防加固工程完成情况统计表

县(市、区)	河岸别	地点	桩号	长度/km	中央投资情况		计划工程量				完成工程量				主要建设内容
					计划/万元	完成/万元	土方/万m³	石方/万m³	混凝土/万m³	钢材/t	土方/万m³	石方/万m³	混凝土/万m³	钢材/t	
合计															
松滋市	松西右	余家渡	25+550~26+600	1.05	294.82	86.00	4.09	1.01	0.29		4.30	1.01	0.29		护坡、抛石
松滋市	松西右	许家榨	35+900~36+900	1.00	675.95	225.78	5.15	0.79	0.30		5.15	0.79	0.30		护坡、抛石
		库家咀	41+000~41+800、42+600~43+000	1.20			4.28	0.94	0.36		4.28	0.94	0.36		护坡、抛石
公安县	松东左	黄金堤	82+400~84+100	1.70	652.58	625.00	10.12	1.32	0.88		10.12	1.32	0.53		护坡、抛石
公安县	松东右	易家渡下	79+200~80+300	1.10	237.27	237.27	2.86	0.72	0.22		2.86	0.72	0.22		护坡、抛石
公安县	松东右	陈家渡	36+000~39+050	3.05	1101.89	1101.89	23.91	1.77	0.81		23.91	1.77	0.81		堤身加培、护岸
公安县	虎渡左	军堤湾	18+500~20+500	2.00	614.79	501.14	17.60	1.00	0.31		15.60	1.00	0.31		堤身加培、护岸
公安县	虎渡左	杨家湾	40+200~41+100	0.90	699.85	357.64	10.00	1.53			10.00	1.53			堤身加培、护岸
	虎渡右	鳝鱼垱	28+000~28+550	0.55		267.07	7.54		0.90		7.54				堤身加培、护岸
公安县	松西左	松黄驿	56+989~67+800	10.81	1478.27	800.00	34.18	0.08	0.08		34.18	0.08	0.08		堤身加培、护岸
	苏支右	中剅九组	0+000~4+700 4+860~5+300	5.14		678.27	13.23	0.67	0.16		13.23	1.11	0.29		堤身加培、护岸
石首市	团山左	横峰岭	6+600~7+300、8+100~12+610	5.21	684.19	554.20	12.62				12.62				堤身加培、护岸
石首市	团山右	团山上	1+300~6+640	5.34	834.68	567.58	27.65	0.72	0.24		26.27	0.68	0.23		堤身加培、护岸
石首市	团山右	团山下	7+640~10+200、11+000~14+000	5.56	540.78	367.74	19.26	0.10	0.35		18.30	0.09	0.33		堤身加培、护岸
荆州区	虎渡右	红卫闸	8+088			57.25	1.73	0.08	0.04	29.34	1.73	0.08	0.04	29.34	涵闸加固
	虎渡右	大兴闸	13+000			56.76	2.59	0.07	0.06	29.01	2.59	0.07	0.06	29.01	涵闸加固
松滋市	松西左	保丰闸	0+612		367.00	90.71					1.06	0.13	0.05	36.05	涵闸改建
	松西右	字纸篓闸	31+033			18.22					0.20	0.13	0.06	9.51	涵闸加固
	松西右	老嘴闸	42+200												涵闸加固
公安县	松西右	金马闸	71+286		326.67	240.00	1.19	0.05	0.02	1.12	1.20	0.05	0.02	1.12	涵闸翻筑
	虎渡左	刘家湾闸	47+780				2.73	0.08	0.07	40.59	2.73	0.08	0.07	40.59	涵闸改建
	虎渡左	下泗坑闸	60+000				2.95	0.04	0.06	42.56	2.95	0.04	0.06	42.56	涵闸改建

续表

县(市、区)	河岸别	地点	桩号	长度/km	中央投资情况		计划工程量				完成工程量				主要建设内容
					计划/万元	完成/万元	土方/万m³	石方/万m³	混凝土/万m³	钢材/t	土方/万m³	石方/万m³	混凝土/万m³	钢材/t	
石首市	藕池右	联合剅闸	22+600		356.79	331.81	1.50	0.05	0.14	32.31	1.50	0.05	0.14	32.31	涵闸改建
	藕池右	黄金嘴闸	24+164				1.02	0.11	0.06	34.13	1.02	0.11	0.06	34.13	涵闸改建
	藕池左	八角山泵站	33+500				0.56	0.11	0.10	32.62	0.56	0.11	0.10	32.62	涵闸改建
石首市	团山右	团山寺泵站	6+200		377.48	369.93	2.00	0.18	0.06	41.53	2.00	0.18	0.06	41.53	泵站改建
	安乡左	杨岔堰闸	1+350				1.98	0.12	0.04	34.59	1.98	0.12	0.04	34.59	涵闸改建
	安乡左	项家剅闸	5+470				1.87	0.03	0.05	26.82	1.87	0.03	0.05	26.82	涵闸改建

附表4-10　　　　荆州长江干支堤防工程历年完成土石方统计表　　　　单位：万m³

年份	荆江大堤		长江干堤		连江支民堤		分蓄洪建设		合计	
	土方	石方	土方	石方	土方	石方	土方	石方	土方	石方
1949										
1950	133.29	3.74	397.03	0.84	501.14	1.30			1031.46	5.88
1951	329.02	6.32	361.21	1.19	1011.49	1.53			1701.72	9.04
1952	306.39	6.98	1128.82	0.79	935.77	1.14			2370.98	8.91
1953	151.32	6.86	1277.84	4.76	639.93	0.74			2069.09	12.36
1954	88.85	11.76	449.99	2.55	310.74	1.17			849.58	15.48
1955	614.91	16.90	1484.31	20.76	733.83	1.25			2833.05	38.91
1956	413.05	19.87	816.00	6.69	542.38	0.55			1771.43	27.11
1957	271.36	14.21	460.34	2.31	590.34	0.23			1322.04	16.75
1958	213.26	8.58	544.00	2.01	519.69	2.09			1276.95	12.68
1959	47.27	13.66	157.20	1.10	322.54	0.81			527.01	15.57
1960	9.90	8.78	197.80	1.48	167.28	0.67			374.98	10.93
1961	15.16	7.20	66.71	1.90	136.87	0.82			218.74	9.92
1962	4.20	6.64	69.30	1.81	188.35	1.34			261.85	9.79
1963	22.45	9.29	169.32	3.83	316.73	0.74			508.50	13.86
1964	51.90	11.88	508.63	5.17	354.64	1.70			915.17	18.75
1965	80.37	13.60	367.76	6.86	362.43	2.88			810.56	23.34
1966	65.18	15.25	266.28	7.78	234.21	2.87			565.67	25.90
1967	89.66	12.81	327.94	9.26	230.84	4.35			648.44	26.42
1968	51.41	9.39	257.50	9.70	312.57	3.24			621.48	22.33
1969	199.79	13.91	586.60	29.78	526.97	6.62			1313.36	50.31
1970	706.07	21.41	1222.39	35.98	460.58	7.38			2389.04	64.77
1971	493.80	25.61	348.80	45.85	439.82	6.38			1282.42	77.84
1972	433.91	24.94	801.40	48.76	416.43	10.32			1651.74	84.02
1973	212.55	38.03	197.51	47.89	414.16	8.72	283.90		1108.12	94.64
1974	65.31	29.03	324.74	30.62	327.60	6.33	1079.70		1797.35	65.98
1975	759.35	41.78	203.07	36.95	250.87	6.56	688.00		1901.29	85.29
1976	708.23	28.62	132.69	31.34	240.06	8.04	600.00		1680.98	68.00
1977	252.71	24.34	132.07	46.62	356.83	6.52	500.00		1241.61	77.48

年份	荆江大堤		长江干堤		连江支民堤		分蓄洪建设		合计	
	土方	石方	土方	石方	土方	石方	土方	石方	土方	石方
1978	289.61	28.23	333.78	45.21	391.68	2.13	217.10		1232.17	75.57
1979	167.32	31.66	182.88	51.49	260.77	9.34			610.97	92.49
1980	443.87	27.43	190.72	44.11	574.30	3.60			1208.89	75.14
1981	452.39	14.31	355.51	29.67	764.12	10.74			1572.02	54.72
1982	446.66	22.54	254.51	37.17	735.47	8.87			1436.64	68.58
1983	514.95	23.41	257.42	36.62	557.98	3.00			1330.35	63.03
1984	420.80	22.00	288.72	34.36	781.01	6.60			1490.53	62.96
1985	608.10	6.26	219.69	19.57	373.88	5.50			1201.67	31.33
1986	643.33	12.50	200.78	48.91	375.00	1.55			1219.11	62.96
1987	547.44	13.00	204.26	41.08	376.00	4.45			1127.70	58.53
1988	500.64	9.48	240.00	25.73	263.00	3.80			1003.64	39.01
1989	339.46	9.28	67.26	28.13	400.90	5.88			807.62	41.24
1990	396.56	12.67	58.11	20.19	533.60	5.30			988.27	38.16
1991	246.96	8.69	93.97	32.90	503.14	5.82			844.07	47.41
1992	100.46	7.56	43.79	25.66	453.39	3.60			597.64	36.82
1993	22.34	15.90	81.23	17.16	514.61	4.52			618.18	37.58
1994	20.34	11.88	121.34	12.72	454.10	3.83			595.78	28.43
1995	14.90	7.50	90.00	24.86	459.39	5.08			564.29	37.44
1996	17.91	6.49	75.00	41.31	565.50	2.40			658.41	50.20
1997	71.81	0.11	129.49	10.12	531.44	3.80			732.74	14.03
1998	389.68	7.78	4055.80	19.33	486.09	3.95			4931.57	31.06
1999	211.81	3.34（混凝土0.24）	1230.46	66.98	334.99	2.08			1777.26	72.4（混凝土0.24）
2000	76.20	0.50（混凝土7.50）	872.77	107.82	226.59	2.93			1175.56	111.25（混凝土7.50）
2001	178.14		4178.23	218.91	80.21	5.71			4436.58	224.62
2002	96.90	6.06	22.00	241.05（混凝土62.36）	27.85	（混凝土1.60）			118.90	247.11（混凝土63.96）
2003	231.00	8.09（混凝土4.13）	14.98	9.95	599.32	9.50			845.30	27.54（混凝土4.13）
2004	102.40	（混凝土0.06）	117.85	1.31（混凝土1.37）	315.67	10.50			535.92	11.81（混凝土1.43）
2005		2.52		30.90	329.5	2.07			329.5	35.49
2006		9.69		2.13	56.53				56.53	11.82
2007		1.59		28.65	50.91				50.91	30.24
2008		4.64		6.65						11.29
2009		2.09		1.30	224.00				224	3.39
2010		0.14（混凝土4.54）		66.10	183.49	8.28			183.49	74.52（混凝土4.54）
合计	14342.65	788.73（混凝土16.47）	27237.80	1872.63（混凝土63.73）	24601.67	239.07（混凝土1.60）	3368.70		69550.82	2900.43（混凝土81.80）

附表 4-11　　　　　　　　　　2010 年荆州长江堤防现状统计表　　　　　　　　　　单位：m

地点	桩号	设计洪水位		堤面		外平台		内平台		备注
		长江洪水	分洪区	高程	宽度	高程	宽度	高程	宽度	
荆江大堤										
荆州（区）										
枣林岗	810+350	47.60		50.40	15.90	44.00	25.60	44.10	32.90	
谢家园沟	809+000	47.59		50.10	8.80	43.80	29.30	44.80	47.20	
张家沟	808+000	47.58		50.40	8.50	44.10	28.90	44.70	39.10	
熊家槽坊	807+000	47.57		50.60	7.50	44.40	29.10	45.70	27.90	
孙家湾	806+000	47.57		50.80	8.50	44.10	30.30	44.70	34.30	
朱家拐	805+000	47.56		50.30	7.20	43.60	24.80	45.50	37.00	
张家榨	804+000	47.56		50.20	7.60	44.90	40.50	45.50	29.00	
堆金台	803+000	47.55		49.90	8.20	44.70	35.00	45.30	29.20	
堆金台	802+000	47.54		50.00	12.80	44.40	30.00	46.10	18.40	
周家湾	801+000	47.53		49.80	11.80	41.50	34.40	42.30	31.00	
马家冲	800+000	47.53		49.70	12.50	40.80	34.70	41.80	47.80	
谢家倒口	799+000	47.48		49.90	12.30	40.70	33.40	42.10	49.60	
德胜寺	798+000	47.42		50.00	12.80	40.50	29.00	40.70	39.70	
横店子	797+000	47.37		49.50	12.10	40.20	30.60	40.70	49.80	
刘家堤头	796+000	47.32		49.90	11.80	40.30	27.00	40.80	48.60	
万城闸	795+000	47.26		49.30	12.90	39.90	24.30	40.10	47.90	
万城闸	794+000	47.21		49.40	10.10	41.50	26.10	39.90	52.10	
花濠	793+000	47.16		49.80	9.70	41.60	26.50	39.50	49.70	
万城	792+000	47.11		49.40	11.10	41.20	27.80	39.40	24.70	
李家湾	791+000	47.06		49.30	12.10	40.90	27.60	39.20	49.40	
李家湾	790+000	47.01		49.40	11.30	40.60	8.80	38.70	41.00	
张家倒口	789+000	46.94		49.00	11.80	41.00	16.10	38.60	57.80	
张家倒口	788+000	46.87		49.10	11.40	40.80	18.70	38.60	46.50	
孙家屏墙	787+000	46.83		48.90	11.20	40.60	28.10	38.80	50.10	
刘家湾	786+000	46.76		48.90	11.40	40.50	26.00	38.40	47.80	
闵家潭	785+000	46.68		49.00	11.70	40.80	34.70	38.50	50.10	
闵家潭	784+000	46.61		48.70	12.80	40.70	27.40	38.60	48.40	
向家湾	783+000	46.54		49.10	10.40	41.80	23.20	38.80	49.40	
胡家潭	782+000	46.46		48.70	11.40	40.70	22.90	38.80	45.40	
胡家潭	781+000	46.39		48.60	11.60	40.50	29.70	38.80	51.90	
胡家巷	780+000	46.32		48.40	12.80	40.60	17.70	38.50	47.50	
胡家巷	779+000	46.25		48.20	11.80	40.40	11.10	38.30	51.00	
字纸篓	778+000	46.17		48.30	10.90	40.80	19.70	38.30	48.90	
字纸篓	777+000	46.10		48.50	10.90	41.80	17.60	38.60	45.20	
李家埠	776+000	46.03		48.10	11.50	43.10		38.30	68.80	
余家湾	775+000	45.97		48.00	11.90	40.90	29.90	37.80	54.30	
赵家湾	774+000	45.90		48.40	11.80	41.00	27.30	37.50	48.60	

续表

地点	桩号	设计洪水位		堤面		外平台		内平台		备注
		长江洪水	分洪区	高程	宽度	高程	宽度	高程	宽度	
付家台	773+000	45.84		48.00	11.80	36.80	25.10	37.30	52.00	
付家台	772+000	45.77		48.00	12.10	41.10	16.50	37.60	48.90	
破庙子	771+000	45.70		47.60	9.90	39.90	33.50	38.10	52.00	
东岳庙	770+000	45.64		48.00	12.10	40.40	27.50	37.50	46.00	
关庙	769+000	45.57		47.60	11.90	40.50	55.20	37.10	22.00	
白龙桥	768+000	45.50		48.10	11.40	41.00	34.90	37.30	29.80	
白龙桥	767+000	45.44		48.10	9.10	40.60	28.30	39.30	17.70	
铁佛寺	766+000	45.37		47.90	10.20	40.90	31.70	38.40	51.20	
江神庙	765+000	45.31		47.80	10.20	40.70	19.70	37.30	42.70	
御路口	764+000	45.24		48.30	15.50	44.30	41.60	39.10	37.50	
陈家茶铺	763+000	45.17		47.50	13.40	41.80	28.10	37.50	62.70	
黑窑厂	762+000	45.11		47.30	12.50	41.90	19.90	37.30	22.00	
沙市										
马王庙	761+000	45.04		46.50	9.50	44.50		37.10	50.20	
廖子河	760+000	44.99		46.50	15.60	44.50		38.20	46.70	
刘大巷	759+000	44.95		46.90	18.60	43.60		40.70	59.60	
拖船埠	758+000	44.91		46.30	13.00	43.60		39.70	13.20	
轮渡	757+000	44.86		46.30	11.50	43.60		40.70		
文星楼	756+000	44.82		46.20	14.20	40.70	33.00	40.70	50.80	
马家江踏	755+000	44.78		45.80	12.70	40.60	23.70	36.30	28.30	
吕家河	754+000	44.74		46.00	12.40	42.00	20.50	35.70	39.50	
吕家河	753+000	44.69		46.00	11.40	41.00	24.50	37.60	47.10	
窑湾	752+000	44.65		45.80	14.00	40.60	50.90	38.20	53.10	
窑湾	751+000	44.61		47.30	12.40	41.00	13.00	39.70	28.50	
窑湾	750+000	44.56		48.20	11.30	41.00	22.00	38.70	27.50	
肖家巷	749+000	44.52		46.90	11.20	41.00	22.10	35.50	24.00	
盐卡	748+000	44.48		47.30	9.50	42.20		35.90	30.20	
岳家湾	747+000	44.42		46.80	12.00	43.20	14.70	37.00	13.40	
蔡家湾	746+000	44.36		47.30	13.10	43.00	36.00	37.00	22.30	
江陵										
木沉渊	745+000	44.30		47.00	10.30	43.20	23.00	36.20	100.00	
杨二月	744+000	44.24		46.80	11.50	45.40	21.00	35.70	74.00	
柴纪	743+000	44.17		46.90	10.60	43.40	17.00	36.40	50.00	
蒿子垱	742+000	44.11		46.90	9.60	45.00	19.00	38.20	100.00	
观音寺	741+000	44.05		46.70	10.30	43.80		40.30	108.00	外为段机关
陈家湾	740+000	43.99		46.50	11.30	42.00	38.70	37.00	50.00	
陈家湾	739+000	43.93		47.30	10.90	41.50	50.00	38.10	50.00	
赵家垱	738+000	43.87		46.70	11.50	42.00	50.00	37.50	50.00	
赵家垱	737+000	43.81		46.70	11.40	41.20	50.00	34.80	50.00	

地点	桩号	设计洪水位		堤面		外平台		内平台		备注
		长江洪水	分洪区	高程	宽度	高程	宽度	高程	宽度	
赵家垴	736+000	43.75		46.60	11.80	39.60	50.00	35.70	50.00	
文村夹	735+000	43.68		45.70	8.80	39.40	50.00	34.80	50.00	
文村夹	734+000	43.62		46.50	11.80	41.70	40.00	37.70	50.00	
范家渊	733+000	43.56		46.20	9.80	38.90	28.50	35.80	48.10	
三仙庙	732+000	43.50		46.30	9.30	38.50	27.50	34.70	48.30	
三仙庙	731+000	43.43		46.20	9.40	37.80	25.50	34.90	46.50	
张黄场	730+000	43.36		46.30	9.90	38.50	28.30	35.00	36.50	
黄家湾	729+000	43.29		46.20	10.00	37.80	25.50	34.80	40.20	
黑狗渊	728+000	43.22		46.10	9.40	37.70	27.40	34.20	45.20	
王府口	727+000	43.16		45.70	10.00	36.80	27.20	34.30	46.20	
资圣寺	726+000	43.09		45.90	9.60	37.70	30.30	35.80	45.40	
赵家湾	725+000	43.02		45.70	9.30	37.30	23.40	35.70	45.40	
马家寨	724+000	42.95		45.60	10.00	37.50	28.50	35.70	36.40	
马家寨	723+000	42.88		45.50	9.11	38.30	21.20	34.30	42.30	
冲和观	722+000	42.81		45.40	11.00	40.00	52.70	35.10	45.40	
祁家渊	721+000	42.74		45.40	12.10	35.80	15.50	38.30	56.70	
祁家渊	720+000	42.67		45.30	12.60	35.90	11.50	40.00	50.10	
谢家榨	719+000	42.60		44.90	12.00	40.80	18.30	42.10	70.30	
洗马口	718+000	42.53		45.20	11.80	40.80	48.00	37.50	69.00	
黄灵垱	717+000	42.46		45.10	11.50	36.00	12.00	37.00	57.00	
灵官庙	716+000	42.39		44.70	10.90	36.10	23.00	36.30	32.00	
灵官庙	715+000	42.32		44.50	11.40	38.40	14.00	36.40	49.80	
方赵岗	714+000	42.25		44.80	12.90	36.40	14.00	35.90	50.00	
方赵岗	713+000	42.19		44.50	11.40	40.50	8.00	34.70	50.00	
蒋家湾	712+000	42.13		44.50	11.80	40.00	40.00	34.50	47.60	
邬阮渊	711+000	42.06		44.40	11.80	39.80	13.00	35.00	74.50	
铁牛	710+000	42.00		44.00	12.60	43.10	12.00	34.30	38.50	
铁牛	709+000	41.94		44.20	12.60	40.40		34.00	35.00	
郝穴镇	708+000	41.87		44.40	11.00	38.10	14.50	36.00	41.00	
九华寺	707+000	41.81		44.00	13.50	40.60	15.00	34.50	89.00	
范家垱	706+000	41.74		44.70	12.00	40.90	32.00	34.50	59.00	
刘家车路	705+000	41.68		43.90	11.90	40.00	28.00	34.50	57.00	
颜家台	704+000	41.61		44.10	10.90	39.50	48.00	32.60	53.00	
颜家台	703+000	41.55		44.10	11.80	40.20	59.00	32.70	46.00	
熊良工	702+000	41.49		43.60	11.10	37.90	20.00	32.60	48.80	
周公堤	701+000	41.42		43.80	11.40	39.90	61.00	32.80	52.00	
吴家潭子	700+000	41.36		43.30	11.40	38.20	50.00	32.10	52.00	
柳口	699+000	41.30		43.90	12.00	38.20	50.00	33.20	44.00	
夹堤湾	698+000	41.00		43.70	12.00	38.20	50.00	33.00	45.30	

续表

地点	桩号	设计洪水位		堤面		外平台		内平台		备注
		长江洪水	分洪区	高程	宽度	高程	宽度	高程	宽度	
万家台	697+000	41.18		43.60	9.50	36.30	18.00	33.10	40.00	
万家台	696+000	41.12		43.40	9.90	35.50	24.00	33.00	32.10	
洪水渊	695+000	41.06		43.10	9.50	34.80	26.20	32.70	30.70	
南王台	694+000	41.00		43.30	9.40	34.70	29.00	32.70	29.60	
公管堤	693+000	40.94		43.50	9.40	34.70	30.00	33.50	27.10	
余家湾	692+000	40.88		43.10	9.40	35.20	24.00	33.80	28.60	
金果寺	691+000	40.82		42.90	9.20	35.40	26.00	33.80	22.20	
金果寺	690+000	40.76		42.90	9.00	35.00	30.00	33.20	20.00	
彭家台	689+000	40.70		43.10	10.00	34.40	30.00	32.80	15.40	
王家堤口	688+000	40.64		42.70	9.50	34.30	28.00	33.20	27.50	
杨叉路	687+000	40.58		42.70	8.50	34.10	29.20	32.90	25.40	
羊子庙	686+000	40.51		42.60	9.40	33.30	29.30	32.50	25.40	
羊子庙	685+000	40.45		43.20	9.90	34.00	26.10	32.70	25.90	
齐家湾	684+000	40.39		42.40	9.40	33.20	30.00	31.90	29.20	
曾家渊	683+000	40.33		42.70	9.40	32.80	28.30	31.90	29.80	
荷叶渊	682+000	40.27		42.50	9.30	31.90	29.00	31.30	31.20	
荷叶渊	681+000	40.21		42.40	9.30	33.30	28.20	31.10	32.30	
聂家堤口	680+000	40.15		42.20	9.60	33.30	29.80	31.40	47.70	
丁堤拐	679+000	40.09		42.40	10.50	32.60	27.60	32.50	48.70	
麻布拐	678+000	40.03		42.30	10.00	34.00	28.30	33.40	30.50	
窑湾	677+000	39.97		42.20	9.50	33.90	30.50	33.40	66.50	
小河口	676+000	39.91		42.00	9.80	33.90	28.00	33.80	57.70	
监利										
小河口	675+000	39.85		41.60	8.50	33.00	45.00	32.30	31.90	
一弓堤	674+000	39.79		42.10	8.30	33.20	42.80	42.80	54.60	
朱三弓	673+000	39.73		41.50	7.80	32.90	47.70	47.70	39.60	
四弓堤	672+000	39.67		41.80	7.90	31.10	43.60	43.60	55.30	
卡子口	671+000	39.61		41.00	7.30	31.50	58.00	29.50	48.00	
二十号	670+000	39.56		40.60	8.30	31.10	39.50	48.70	52.20	
柳树凹	669+000	39.50		41.10	8.90	31.20	45.90	28.50	41.70	
九弓月	668+000	39.44		41.50	7.90	32.40	43.00	29.70	64.70	
永安寺	667+000	39.38		41.20	7.80	31.40	47.80	30.10	85.70	
永安寺	666+000	39.32		41.50	8.60	31.90	40.70	30.50	68.30	
田家月	665+000	39.26		41.50	9.30	31.90	41.90	29.10	35.10	
王家巷	664+000	39.20		41.50	8.40	31.70	41.70	30.50	40.40	
堤头	663+000	39.14		41.40	8.80	32.10	49.80	29.80	64.00	
堤头	662+000	39.09		41.10	8.80	32.20	54.00	36.60	44.00	
三根树	661+000	39.03		40.80	9.10	32.00	42.00	29.80	40.00	
郑家拐	660+000	38.97		40.90	9.40	31.69	23.10	29.40	32.40	

地点	桩号	设计洪水位		堤面		外平台		内平台		备注
		长江洪水	分洪区	高程	宽度	高程	宽度	高程	宽度	
荆南山	659+000	38.91		40.70	8.80	31.30	16.40	30.20	31.20	
盂兰渊	658+000	38.85		41.10	9.20	32.70	38.90	29.10	96.00	
少岭头	657+000	38.79		41.00	9.20	31.80	29.70	29.70	33.20	
三节垱	656+000	38.74		41.10	8.50	31.90	38.90	29.50	33.70	
冬青树	655+000	38.68		41.00	8.50	31.50	44.90	30.50	37.10	
局屋汀	654+000	38.63		41.00	8.40	31.50	39.30	30.50	30.60	
八尺弓	653+000	38.57		40.70	7.70	30.60	22.10	30.50	36.40	
沙汀凹	652+000	38.51		41.10	8.40	30.70	41.10	19.30	41.30	
蒲家渊	651+000	38.46		41.10	8.30	31.30	41.70	30.00	43.00	
郑家渊	650+000	38.40		41.00	8.80					
流水口	649+000	38.35		40.70	8.50					
窑湾	648+000	38.29		40.60	7.70					
何嘴套	647+000	38.22		40.40	7.60					
毛老渊	646+000	38.15		40.40	8.70	30.00	27.70	29.80	29.00	
罗码口	645+000	38.09		40.70	9.60	31.70	42.80	29.80	24.80	
吴老渊	644+000	38.02		40.40	8.40	31.30	48.10	30.50	21.10	
邓码口	643+000	37.95		40.40	9.70	31.50	47.50			
潭家渊	642+000	37.88		40.50	9.70	32.30	47.90			
唐码口	641+000	37.80		40.30	9.70	31.40	49.60			
王码口	640+000	37.72		40.00	9.40	31.20	48.90			
杨家湾	639+000	37.64		39.90	9.60	31.50	50.20			
上塔垴	638+000	37.55		39.79	9.90	33.40	43.60			
长湖	637+000	37.46		39.70	9.00	33.70	43.30			
窑圻垴	636+000	37.36		39.70	9.70					
井家渊	635+000	37.27		39.70	8.90					
烟家铺	634+000	37.26		39.60	9.70					
药师庵	633+000	37.26		39.70	10.70					
党牛行	632+000	37.25		40.00	12.80					
西门渊	631+000	37.25		39.80	11.50					
凤凰堤	630+000	37.24		39.61	10.10					
城南	629+000	37.24		40.06	10.50					
洪湖监利长江干堤										
监利										
严家门	628+000	37.23		39.75	8.00	33.50	50.00			堤外为工业围堤
新市街	627+000	37.20		39.72	8.00	33.50	50.00	30.94	18.00	堤外为工业围堤
张家垱	626+000	37.19		39.69	8.00	33.50	50.00	30.94	20.00	堤外为工业围堤
董家垱	625+000	37.18		39.66	8.00	33.50	50.00	30.14	20.00	堤外为工业围堤

地点	桩号	设计洪水位		堤面		外平台		内平台		备注
		长江洪水	分洪区	高程	宽度	高程	宽度	高程	宽度	
半路堤	624+000	37.17		39.63	8.00	33.50	50.00			堤外为工业围堤
九弓湾	623+000	37.15		39.6	8.00	33.50	50.00	33.17	30.00	外滩为新洲垸
曾家码头	622+000	37.11		39.57	8.00	33.50	50.00	33.15	30.00	外滩为新洲垸
胡家码口	621+000	37.09		39.54	8.00	33.50	50.00	33.11	30.00	外滩为新洲垸
上搭垴	620+000	37.06		39.51	8.00	33.50	50.00	33.09	30.00	外滩为血防垸
分洪口	619+000	37.03		39.48	8.00	33.50	50.00	33.06	30.00	外滩为血防垸
分洪口	618+000	37.01		39.47	8.00	33.50	50.00	33.03	30.00	外滩为血防垸
狮子口	617+000	36.98		39.47	8.00	33.50	50.00	29.14	24.00	外滩为血防垸
上车湾	616+000	36.95		39.47	8.00	33.50	50.00	30.34	22.00	外滩为血防垸
青果码头	615+000	36.92		39.47	8.00	33.50	50.00			外滩为血防垸
姜家门	614+000	36.89		39.37	8.00	33.50	50.00	30.94	10.00	外滩为血防垸
新月堤	613+000	36.86		39.27	8.00	33.50	50.00	29.14	22.00	
何王庙	612+000	36.83		39.17	8.00	33.50	50.00	29.74	24.00	
钟家月	611+000	36.81		39.07	8.00	33.50	50.00	29.24	24.00	
钟家月	610+000	36.80		39.58	8.00	32.80	50.00	29.54	25.00	
钟家月	609+000	36.78		39.98	8.00	32.80	50.00	29.64	20.00	
下车湾	608+000	36.77		39.8	8.00	32.80	50.00	29.44	20.00	
秦家前房	607+000	36.74		39.8	8.00	32.80	50.00	29.04	25.00	
郑家沱湖	606+000	36.74		39.8	8.00	32.80	50.00	29.90	22.00	
王家巷	605+000	36.71		39.8	8.00	32.80	50.00	29.84	24.00	内平台填至604+806
吴赵门	604+000	36.65		39.8	8.00	32.80	50.00	32.71	30.00	
蒋家垴	603+000	36.60		38.7	8.00	32.80	50.00	32.65	30.00	
蒋家垴	602+000	36.55		38.7	8.00	32.80	50.00	32.60	30.00	
莫家月	601+000	36.50		38.7	8.00	32.80	50.00	32.55	30.00	
莫徐拐	600+000	36.44		38.7	8.00	32.80	50.00	32.50	30.00	内平台从599+806起
陶市	599+000	36.40		38.7	8.00	32.50	50.00			外滩为三洲联垸
秦刘	598+000	36.35		38.7	8.00	32.50	50.00	30.34	25.00	外滩为三洲联垸
柏子树	597+000	36.30		38.47	8.00	32.50	50.00	29.94	23.00	外滩为三洲联垸
刘家墩	596+000	36.24		38.47	8.00	32.50	50.00	29.94	25.00	外滩为三洲联垸
彭刘	595+000	36.18		38.47	8.00	32.50	50.00	30.54	24.00	外滩为三洲联垸
蔡刘	594+000	36.13		38.47	8.00	32.50	50.00	30.74	15.00	外滩为三洲联垸
竹庄河	593+000	36.08		38.47	8.00	32.50	50.00	30.54	18.00	外滩为三洲联垸

地点	桩号	设计洪水位		堤面		外平台		内平台		备注
		长江洪水	分洪区	高程	宽度	高程	宽度	高程	宽度	
龙儿渊	592+000	36.03		38.47	8.00	32.50	50.00			外滩为三洲联垸
孙家湾	591+000	35.98		38.47	8.00	32.50	50.00	30.74	9.00	外滩为三洲联垸
南河口	590+000	35.93		37.95	8.00	32.50	50.00	29.14	20.00	外滩为三洲联垸
南河口	589+000	35.87		37.9	8.00	32.50	50.00	30.14	20.00	外滩为三洲联垸
何家垱	588+000	35.83		37.9	8.00	32.50	50.00	28.84	10.00	外滩为三洲联垸
林家潭	587+000	35.77		37.9	8.00	32.50	50.00	28.14	13.00	
尺八	586+000	35.72		37.9	8.00	32.50	50.00	28.04	22.00	
王家湾	585+000	35.67		37.9	8.00	32.50	50.00	28.64	9.00	
周喻家	584+000	35.63		37.87	8.00	32.50	50.00	28.94	20.00	
委家月	583+000	35.57		37.87	8.00	32.50	50.00	28.64	16.00	
肖家畈	582+000	35.53		37.75	8.00	32.50	50.00	27.64	18.00	
王马脚	581+000	35.46		37.75	8.00	32.50	50.00	31.53	50.00	内平台填至581+588
蔡家嘴	580+000	35.41		37.75	8.00	32.50	50.00	31.46	50.00	
红庙	579+000	35.36		37.75	8.00	32.50	50.00	31.41	50.00	
四号堤	578+000	35.31		37.75	8.00	32.50	50.00	31.36	50.00	
杨林港	577+000	35.24		37.75	8.00	32.50	50.00	31.31	50.00	
杨林港	576+000	35.21		37.75	8.00	32.50	50.00	31.24	50.00	
三支角	575+000	35.15		37.38	8.00	32.50	50.00	31.21	50.00	
土地塔	574+000	35.11		37.38	8.00	32.50	50.00	31.15	50.00	
曾家门	573+000	35.06		37.38	8.00	32.50	50.00	27.64	16.00	
北王家	572+000	35.03		37.38	8.00	32.50	50.00	30.14	26.00	
薛潭	571+000	35.00		37.2	8.00	32.50	50.00	31.03		堤外为老江河
张杨堤	570+000	34.98		37.38	8.00	32.50	42.00	31.00	30.00	外滩为三洲联垸
粮码口	569+000	34.96		37.46	8.00	32.50	42.00	30.98	30.00	外滩为三洲联垸
赵家月	568+000	34.94		37.46	8.00	32.50	42.00	30.96	30.00	外滩为三洲联垸
陈家墩	567+000	34.92		37.46	8.00	32.50	42.00	30.94	30.00	外滩为三洲联垸
杨家老墩	566+000	34.89		37.46	8.00	32.50	42.00	30.92	30.00	
上观音洲	565+000	34.87		36.87	8.00	31.20	42.00	30.89	30.00	
东头岭	564+000	34.84		36.87	8.00	31.20	42.00	30.86	30.00	
芦家月	563+000	34.82		36.87	8.00	31.20	42.00	30.84	30.00	
尹家潭	562+000	34.80		36.87	8.00	31.20	42.00	30.82	30.00	
郭马湾	561+000	34.78		36.96	8.00	31.20	42.00	30.80	30.00	外滩为丁家洲

续表

地点	桩号	设计洪水位		堤面		外平台		内平台		备注
		长江洪水	分洪区	高程	宽度	高程	宽度	高程	宽度	
郭马湾	560+000	34.76		36.96	8.00	30.80	42.00	28.24	21.00	外滩为丁家洲
朱田王	559+000	34.75		36.96	8.00	30.80	42.00	28.54	13.00	外滩为丁家洲
沱湾	558+000	34.73		36.96	8.00	30.80	42.00	29.14	22.00	外滩为丁家洲
宋家埠口	557+000	34.69		36.96	8.00	30.80	42.00	28.24	18.00	外滩为丁家洲
黄家渊	556+000	34.67		36.94	8.00	30.80	42.00	28.44	20.00	外滩为丁家洲
张先口	555+000	34.64		36.92	8.00	30.80	42.00	29.14	17.00	外滩为丁家洲
张先口	554+000	34.62		36.91	8.00	30.80	42.00	28.14	18.00	外滩为丁家洲
王家台	553+000	34.60		36.9	8.00	30.80	42.00	29.24	28.00	外滩为丁家洲
许家庙	552+000	34.58		36.89	8.00	30.80	42.00	28.74	18.00	外滩为丁家洲
石码头	551+000	34.56		36.88	8.00	30.80	50.00	30.58		外滩为丁家洲
白螺	550+000	34.51		37.87	8.00	30.80	50.00	30.57		外滩为丁家洲
狮子山	549+000	34.51		37.87	8.00					
瞿李家门	548+000	34.51		37.86	8.00	30.80	50.00			
姜家门	547+000	34.47		37.85	8.00	30.80	50.00	30.49	30.00	
五里庙	546+000	34.45		37.84	8.00	30.80	50.00	30.47	30.00	
刘家门	545+000	34.42		37.83	8.00	30.80	50.00	30.45	30.00	
李家月	544+000	34.40		36.69	8.00	30.80	50.00	30.42	30.00	
引港	543+000	34.38		36.69	8.00	30.80	50.00	30.40	30.00	
龙头湾	542+000	34.36		36.69	8.00	30.80	50.00	30.38	30.00	
沈码头	541+000	34.34		37.00	8.00	30.80	50.00	30.36	30.00	
闻码头	540+000	34.29		36.69	8.00	30.80	50.00	30.34	30.00	
杨林山	539+000	34.29		36.69	8.00					
余码头	538+000	34.26		36.69	8.00	30.80	50.00	30.29	30.00	
杨码头	537+000	34.24		36.69	8.00	30.80	50.00	30.27	30.00	
邹码头	536+000	34.22		36.69	8.00	30.80	50.00	30.24	30.00	
中房	535+000	34.20		36.69	8.00	30.80	50.00	30.22	30.00	
五马口	534+000	34.18		36.69	8.00	30.80	50.00	30.20	30.00	
兔耳港	533+000	34.17		36.69	8.00	30.80	50.00	30.18	30.00	
韩家埠	532+000	34.17		36.69	8.00	30.80	50.00	30.17	30.00	
韩家埠	531+550	34.17		36.69	8.00	30.80	50.00	30.17	30.00	
洪湖										
韩家埠	531+550	34.17		37.10	8.00	30.00	50.00	30.00	50.00	
钦宫潭	531+000	34.12		37.10	8.00	30.00	50.00	30.00	50.00	
钦宫潭	530+000	34.09		37.10	8.00	30.00	50.00	30.00	50.00	
螺山汽渡	529+000	34.06		37.10	8.00	30.00	50.00	30.00	10.00	
螺山老街	528+000	34.03		37.10	8.00	30.00	50.00	32.00	20.00	
袁家湾	527+000	34.00		37.10	8.00	30.00	50.00	33.00	7.00	
丁家堤	526+000	33.97		37.05	8.00	31.00	50.00	31.00	30.00	
周家嘴	525+000	33.96		36.50	8.00	31.00	50.00	31.00	30.00	

地点	桩号	设计洪水位		堤面		外平台		内平台		备注
		长江洪水	分洪区	高程	宽度	高程	宽度	高程	宽度	
重阳树	524+000	33.95		36.50	8.00	31.00	50.00	31.00	30.00	
伍家墩	523+000	33.94		36.50	8.00	30.00	50.00	30.00	30.00	
王家码头	522+000	33.93		36.50	8.00	30.00	50.00	30.00	30.00	
朱家峰	521+000	33.91		36.50	8.00	30.00	40.00	30.00	30.00	
皇堤宫	520+000	33.89		36.50	8.00	29.00～29.80	27.00～30.00	30.00	30.00	
单家渊	519+000	33.87		36.50	8.00	30.00	24.00	30.00	30.00	
界牌	518+000	33.85		36.42	8.00	30.00	42.00	30.00	30.00	
卫星塘	517+000	33.83		36.42	8.00	29.00	24.00	30.00	30.00	
马家闸	516+000	33.81		36.42	8.00	29.00	30.00	30.00	30.00	
彭家码头	515+000	33.79		36.42	8.00	29.50	30.00～34.00	30.00	30.00	
复粮洲	514+000	33.77		36.42	8.00	29.50	32.00～34.00	30.00	30.00	
复粮洲	513+000	33.75		36.42	8.00	29.50～29.00	30.00～32.00	31.00	30.00	
复粮洲	512+000	33.73		36.34	8.00	30.00～30.50	32.00～40.00	31.00	30.00	
熊家窑	511+000	33.71		36.26	8.00	28.50～29.00	40.00	30.00	30.00	
熊家窑	510+000	33.69		36.18	8.00	28.50	23.00～30.00	30.00	30.00	
新堤大闸	509+000	33.67		36.10	8.00	30.00	50.00	30.00	30.00	
洪湖分局	508+000	34.02		36.02	8.00	30.00	50.00	30.25	30.00	
夹街头	507+000	33.63		36.04	8.00	30.00	50.00	30.25	30.00	
搬运站	506+000	33.50		36.04	8.00	30.00	50.00	30.00	30.00	
电厂	505+000	33.59		36.04	8.00	30.00	50.00	30.00	30.00	
磷肥厂	504+000	33.57		36.04	8.00	30.00	50.00	30.00	30.00	
叶家门	503+000	33.55		36.04	8.00	30.00	50.00	30.00	30.00	
甘家门	502+000	33.53		36.40	8.00	30.00	50.00	30.00	30.00	
万家墩	501+000	33.51		36.06	8.00	29.00	50.00	30.00	30.00	
电排站	500+000	33.49		35.99	8.00	29.50	50.00	30.00	30.00	
茅埠	499+000	33.46		36.02	8.00	30.50	50.00	30.00	30.00	
石码头	498+000	33.44		36.15	8.00	29.00	50.00	30.00	30.00	
叶家洲	497+000	33.42		36.10	8.00	29.40	50.00	30.00	30.00	
王家洲	496+000	33.40		35.74	8.00	29.40	50.00	30.00	30.00	
王家洲	495+000	33.38		36.10	8.00	29.40	50.00	30.00	30.00	
任公潭	494+000	33.36		36.04	8.00	29.50	50.00	30.00	30.00	
大沙角	493+000	33.34		36.05	8.00	29.50	50.00	29.50	30.00	
中沙角	492+000	33.32		36.05	8.00	29.50	50.00	29.50	30.00	
小沙角	491+000	33.30		35.98	8.00	29.50	50.00	29.50	30.00	
横堤角	490+000	33.28		36.01	8.00	29.50	50.00	29.50	30.00	

续表

地点	桩号	设计洪水位		堤面		外平台		内平台		备注
		长江洪水	分洪区	高程	宽度	高程	宽度	高程	宽度	
山口	489＋000	33.26		35.92	8.00	29.50	50.00	29.50	30.00	
梅家坛	488＋000	33.24		35.76	8.00	29.50	50.00	29.50	30.00	
王家坛	487＋000	33.22		35.66	8.00	29.50	50.00	29.50	30.00	
青山	486＋000	33.20		35.87	8.00	29.50	50.00	29.60	50.00	
李家坛	485＋000	33.18		35.69	8.00	29.50	50.00	29.50	30.00	
牛埠头	484＋000	33.16		35.88	8.00	29.50	50.00	30.00	30.00	
宪洲	483＋000	33.14		35.87	8.00	29.50	50.00	30.00	30.00	
宪洲	482＋000	33.12		35.87	8.00	29.00	50.00	29.00	30.00	
宪洲	481＋000	33.11		35.80	8.00	29.00	50.00	29.00	30.00	
宪洲	480＋000	33.09		35.85	8.00	29.00	50.00	29.00	30.00	
叶家墩	479＋000	33.07		35.87	8.00	29.00	50.00	29.00	30.00	
老湾	478＋000	33.05		35.96	8.00	29.00	50.00	29.00	30.00	
老湾	477＋000	33.03		35.73	8.00	29.00	50.00	29.00	30.00	
上北堡	476＋000	33.00		35.81	8.00	29.00	50.00	29.00	30.00	
上北堡	475＋000	32.98		35.87	8.00	29.00	50.00	29.00	30.00	
宿公洲	474＋000	32.96		35.73	8.00	28.50	50.00	28.50	30.00	
宿公洲	473＋000	32.94		35.61	8.00	28.50	50.00	28.50	30.00	
良洲	472＋000	32.92		35.65	8.00	28.50	50.00	28.50	30.00	
良洲	471＋000	32.90		35.72	8.00	28.50	50.00	28.50	30.00	
良洲	470＋000	32.87		35.38	8.00	28.50	50.00	28.50	30.00	
送奶洲	469＋000	32.85		35.26	8.00	28.50	50.00	28.50	30.00	
送奶洲	468＋000	32.82		35.21	8.00	28.50	50.00	28.50	30.00	
乌沙洲	467＋000	32.80		35.30	8.00	28.50	50.00	28.50	30.00	
乌沙洲	466＋000	32.78		35.56	8.00	28.00	50.00			
龙口泵站	465＋000		32.76	35.52	8.00	28.00	50.00	28.50	30.00	
三红	464＋000		32.74	35.43	8.00	28.00				
三红	463＋000		32.72	35.26	8.00	28.00～29.00	20.00	29.00	50.00	
下庙	462＋000		32.70	35.44	8.00	29.00	50.00	29.00	30.00	
下庙	461＋000		32.68	35.43	8.00	29.00	50.00	29.00	30.00	
下庙	460＋000		32.66	35.60	8.00	29.00	50.00	29.00	50.00	
套口	459＋000		32.64	35.66	8.00	29.00	50.00	29.00	50.00	
套口	458＋000		32.62	35.26	8.00	29.00	50.00	29.00	30.00	
黑沙坛	457＋000		32.60	35.50	8.00	29.00	50.00	29.00	30.00	
杜家洲	456＋000		32.58	35.38	8.00	29.00	50.00			
汪家洲	455＋000		32.56	35.48	8.00	29.00	50.00	29.00	30.00	
高峰岭	454＋000		32.54	35.30	8.00	29.00	50.00	29.00	30.00	
梅家墩	453＋000		32.52	35.36	8.00	29.00	50.00	28.50	30.00	
一屋墩	452＋000		32.50	35.39	8.00	29.00	50.00	28.50	30.00	

续表

地点	桩号	设计洪水位		堤面		外平台		内平台		备注
		长江洪水	分洪区	高程	宽度	高程	宽度	高程	宽度	
蒋家墩	451+000		32.50	35.28	8.00	29.00	50.00	28.50	30.00	
高六	450+000		32.50	35.23	8.00	29.00	50.00	28.50	30.00	
石家	449+000		32.50	35.19	8.00	29.00	50.00	28.50	30.00	
石家	448+000		32.50	35.19	8.00	29.00	50.00	28.50	30.00	
彭家码头	447+000		32.50	35.62	8.00	29.00	50.00	28.50	30.00	
田家口	446+000		32.50	35.50	8.00	28.50	50.00	28.50	30.00	
田家口	445+000		32.50	35.48	8.00	28.00	50.00	28.50	30.00	
叶家边	444+000		32.50	35.40	8.00	28.00	50.00	28.50	30.00	
叶家边	443+000		32.50	35.27	8.00	29.00	50.00	28.50	40.00	
叶家边	442+000		32.50	35.29	8.00	29.00	50.00	28.50	40.00	
王家边	441+000		32.50	35.36	8.00	29.00	50.00	28.50	30.00	
王家边	440+000		32.50	35.35	8.00	29.00	50.00	28.50	30.00	
莫家河	439+000		32.50	35.00	8.00	29.00	50.00		30.00	
莫家河	438+000		32.50	36.00	8.00	27.50~28.00	28.00~34.00	28.50	30.00	
莫家河	437+000		32.50	36.00	8.00	27.50~28.00	28.00	28.50	30.00	
天门堤	436+000		32.50	35.98	8.00	27.00~28.00	33.00	28.50	30.00	
天门堤	435+000		32.50	35.74	8.00	28.66	30.00	28.50	30.00	
天门堤	434+000		32.50	35.13	8.00	27.00~28.00	28.00	29.00	30.00	
天门堤	433+000		32.50	35.36	8.00	28.00~29.00	30.00	28.50	30.00	
八十八潭	432+000		32.50	35.28	8.00	29.00	20.00~40.00	28.00	50.00	
上河口	431+000		32.50	35.67	8.00	29.00	10.00	28.50	30.00	
八型洲	430+000		32.50	35.63	8.00	28.00~29.00	30.00	28.50	30.00	
八型洲	429+000		32.50	35.63	8.00	28.50	50.00	28.50	30.00	
草场头	428+000		32.50	35.55	8.00	28.50	50.00	28.50	30.00	
燕窝	427+000		32.50	35.34	8.00	28.50	50.00	28.50	30.00	
七家	424+000		32.50	35.18	8.00	28.50	50.00	28.50	30.00	
七家	423+000		32.50	35.34	8.00	28.50	50.00	28.50	30.00	
七家	422+000		32.50	35.72	8.00	28.50	50.00	28.50	30.00	
局墩	421+000		32.50	35.38	8.00	28.50	50.00	28.50	50.00	
三型码头	420+000		32.50	35.14	8.00	28.00	50.00	28.50	30.00	
四型码头	419+000		32.50	35.40	8.00	28.00	50.00	28.50	30.00	
五型码头	418+000		32.50	35.40	8.00	28.00	50.00	28.50	30.00	
五型码头	417+000		32.50	35.18	8.00	28.00	50.00	28.50	30.00	
杨树林	416+000		32.50	35.35	8.00	28.50	50.00	28.50	30.00	
杨树林	415+000		32.50	35.35	8.00	28.50	50.00	28.50	30.00	
杨树林	414+000		32.50	35.56	8.00	28.50	50.00	28.50	30.00	

续表

地点	桩号	设计洪水位		堤面		外平台		内平台		备注
		长江洪水	分洪区	高程	宽度	高程	宽度	高程	宽度	
虾子沟	413+000		32.50	35.68	8.00	28.00	50.00	28.00	30.00	
虾子沟	412+000		32.50	35.40	8.00	28.00	50.00	28.00	30.00	
上北洲	411+000		32.50	35.47	8.00	27.00	37.00~54.00	28.00	30.00	
上北洲	410+000		32.50	35.20	8.00	26.00	14.00~30.00	28.00	30.00	
上北洲	409+000		32.50	34.80	8.00	28.00	50.00	28.00	30.00	
上北洲	408+000		32.50	35.00	8.00	28.00	50.00	28.00	30.00	
下北洲	407+000		32.50	35.08	8.00	28.00	50.00	28.00	30.00	
下北洲	406+000		32.50	34.88	8.00	28.00	50.00			
补园	405+000		32.50	35.16	8.00	28.00	50.00			
补园	404+000		32.50	35.00	8.00	28.00	50.00	28.00	30.00	
仰口	403+000		32.50	34.73	8.00	26.00~27.00	18.00~23.00	28.00	30.00	
仰口	402+000		32.50	34.84	8.00	26.00~26.50	17.00~22.00	28.00	30.00	
刘家墩	7+000		32.50	34.92	8.00	25.50~27.00	20.00~37.00	28.00	30.00	
大兴岭	6+000		32.50	34.75	8.00	24.50~27.00	20.00	28.00	30.00	
排水闸	5+000		32.50	35.28	8.00	27.00~27.50	30.00	28.00	30.00	
船闸	4+000		32.50	35.08	8.00	27.50	50.00			
宋家湾	3+000		32.50	35.00	8.00	27.50	50.00			
张家地	2+000		32.50	34.95	8.00	24.00~26.00	30.00~38.00	28.00	30.00	
张家地	1+000		32.50	35.30	8.00	27.00~28.00	30.00~32.00	28.00	30.00	
新滩口	401+000		32.50	34.72	8.00	27.00~28.00	27.00~32.00	28.00	30.00	
关岭	400+000		32.50	35.52	8.00	27.00~27.50	27.00~30.00	28.00	30.00	
胡家湾	399+000		32.50	35.84	8.00	27.00~28.00	26.00~30.00	28.00	30.00	
胡家湾	398+000		32.50	34.98	8.00	27.00~29.00	29.00~30.00	28.00	30.00	
松滋江堤										
老城—胡家岗	763+600	49.60		51.30	6.00					
	761+600	49.47		51.09	6.00			46.80	30.00	
	759+600	49.28		50.86	6.00					
	757+600	49.07		50.68	6.00					
	755+600	48.84		50.37	6.00					
	752+600	48.68		50.36	6.00			46.02	30.00	
	748+600	48.27		49.78	6.00			46.96	50.00	

续表

地点	桩号	设计洪水位		堤面		外平台		内平台		备注
		长江洪水	分洪区	高程	宽度	高程	宽度	高程	宽度	
东大口—灵钟寺	746+800	48.16		49.76	6.00			44.66	30.00	
	743+800	48.05		49.75	6.00			45.26	30.00	
	741+800	47.82		49.32	6.00			44.88	30.00	
	739+800	47.67		49.18	6.00			44.22	30.00	
	737+740	47.55		49.13	6.00			45.08	30.00	
灵钟寺	737+000	47.51		49.18	8.00	44.18	52.00	43.55	21.00	
采穴码头	734+000	47.28		49.11	8.00	44.80	31.00	43.64	21.00	
采穴码头	732+000	47.13		48.94	8.00	44.06	67.50	43.56	21.00	
王家台	730+000	47.00		48.67	8.00	44.75	13.00	42.03	25.00	
黄鱼庙	729+000	48.63		48.63	8.00	44.24	40.00	42.88	21.00	
财神殿	726+000	46.77		48.46	8.00	44.93	10.50	44.07	50.00	
红花口	722+000	46.51		48.17	8.00	44.03	100.00	41.31	25.00	
丙码头	720+000	46.36		47.99	8.00	43.81	70.00	42.78	30.00	
史家湾	718+000	46.17		48.16	8.00	43.84	100.00	42.07	30.00	
杨泗庙	716+000	46.00		47.58	8.00			44.23	30.00	
横堤	714+000	45.75		47.69	8.00	44.60	45.00	43.40	15.00	
月堤	713+000	45.61		47.58	8.00	43.18	100.00	41.15	30.00	
荆南长江干堤										
松滋										
	712+500	45.57								
涴市	712+000	45.54							30.00	
查家月堤	710+260	45.44		47.22	6.20	44.42	25.60	40.80	30.00	
荆州										
陈家湾	709+000	45.38		46.35	6.20	40.50	28.50			
王家台	700+000	45.08		47.12	7.00	42.50	34.00	41.21	8.80	
公安										
太平口	695+500	45.00	42.15	47.31	4.20			42.31	22.50	
宋家台	694+500	44.98	42.15	47.17	5.20	40.07	30.60	45.77 41.57	3.60 18.70	
关庙	693+500	44.97	42.15	47.11	5.40	40.21	28.00	40.71	22.00	
砖瓦厂	692+000	44.94	42.15	47.13	5.60			40.73	17.00	
西流湾	690+000	42.88	40.15	45.40	8.00	40	50.00	41.20	50.00	黄海高程
西流湾	689+000	42.84	40.15	45.02	8.00	40.63	50.00	39.30	36.00	黄海高程
	688+500	42.82	40.15	45.08	8.00	41.50	50.00	39.67		黄海高程
埠河	686+000	42.70	40.15	44.79	8.00			39.41		黄海高程
永德寺	684+000	42.59	40.15	44.09	8.00	39.50	50.00			黄海高程
陈家台	678+500	42.32	40.15	43.82	8.00			40.50	50.00	黄海高程
陈家台	678+000	42.29	40.15	43.79	8.00			40.50	50.00	黄海高程
陈家台	677+500	42.27	40.15	43.77	8.00			40.50	50.00	黄海高程
陈家台	677+000	42.24	40.15	43.74	8.00			39.50	30.00	黄海高程

地点	桩号	设计洪水位		堤面		外平台		内平台		备注
		长江洪水	分洪区	高程	宽度	高程	宽度	高程	宽度	
陈家台	675+000	42.13	40.15	43.63	8.00			39.50	30.00	黄海高程
新四弓	673+500	42.06	40.15	43.56	8.00	39.00	50.00	40.95		黄海高程
新场	673+000	42.03	40.15	43.53	8.00	39.00	50.00	38.85		黄海高程
新场	672+500	42.01	40.15	43.51	8.00	39.00	50.00	38.25		黄海高程
伍刘河	672+000	41.98	40.15	43.48	8.00	39.00	50.00			黄海高程
伍刘河	671+000	41.93	40.15	45.43	8.00	39.00	50.00			黄海高程
雷洲安全区	670+000	41.88	40.15	43.38	8.00	39.00	50.00			黄海高程
雷洲安全区	669+500	41.86	40.15	43.36	8.00	38.50	50.00			黄海高程
雷洲安全区	668+500	41.81	40.15	43.31	8.00	38.50	50.00	38.50	30.00	黄海高程
杨家潭	668+000	41.77	40.15	43.27	8.00			38.50	30.00	黄海高程
杨家潭	667+500	41.75	40.15	43.25	8.00					黄海高程
杜家凹	667+000	41.72	40.15	43.22	8.00			37.50	30.00	黄海高程
马家嘴	666+500	41.70	40.15	43.20	8.00			37.50	30.00	黄海高程
唐家湾	665+000	41.62	40.15	43.12	8.00			38.00	30.00	黄海高程
唐家湾	664+000	41.57	40.15	43.07	8.00			38.00	30.00	黄海高程
吴鲁湾	663+000	41.52	40.15	43.02	8.00			37.50	30.00	黄海高程
白家湾	662+000	41.47	40.15	42.97	8.00					黄海高程
双石碑	660+500	41.40	40.15	42.90	8.00			42.00	6.30	黄海高程
黄家湾	659+000	41.33	40.15	42.83	8.00			41.15		黄海高程
窑头铺	658+500	41.31	40.15	42.81	8.00			36.50	28.40	黄海高程
窑头铺	658+000	41.29	40.15	42.79	8.00			40.34	22.80	黄海高程
青龙庙	657+000	41.25	40.15	42.80	8.00			40.91	14.20	黄海高程
青龙庙	655+500	41.18	40.15	42.68	8.00			41.39	12.90	黄海高程
斗湖堤	654+000	43.14	42.15	44.93	6.10					
斗湖堤	653+000	43.07	42.15	44.90	9.20					
杨公堤	652+000	43.00	42.15	44.75	6.00			41.35	3.70	
朱家湾	649+000	42.86	42.15	44.74	10.80	40.64	29.00	38.14	26.80	
杨家拐	646+500	40.71	40.15	42.21	8.00	38.70		37.19		黄海高程
杨厂镇	645+000		40.15	42.15	8.00	38.00		38.96		黄海高程
杨厂镇	643+000		40.15	42.15	8.00			37.52		黄海高程
杨厂镇	641+500		40.15	42.15	8.00			36.13		黄海高程
杨厂镇	640+000		40.15	42.15	8.00			41.33		黄海高程
杨厂镇	639+500		40.15	42.15	8.00			35.10	30.30	黄海高程
杨厂镇	638+000		40.15	42.15	8.00	38.60		35.69	35.60	黄海高程
杨厂镇	637+000		40.15	42.15	8.00			36.69	35.60	黄海高程
杨厂镇	636+500		40.15	42.15	8.00			36.00	30.00	黄海高程
杨厂镇	635+500		40.15	42.15	8.00			36.00	30.00	黄海高程
崔家大湾	635+000		40.15	42.15	8.00			34.86	30.00	黄海高程
北堤湾	633+000		40.15	42.15	8.00	39.70		36.28		黄海高程

地点	桩号	设计洪水位		堤面		外平台		内平台		备注
		长江洪水	分洪区	高程	宽度	高程	宽度	高程	宽度	
鲁家埠	629+500		40.15	42.15	8.00	39.60				黄海高程
范家潭	628+000		40.15	42.15	8.00	39.70		35.60	30.00	黄海高程
范家潭	627+500		40.15	42.15	8.00	39.10		37.26	30.00	黄海高程
赵家埠	626+000		40.15	42.15	8.00	37.70		35.50	30.00	黄海高程
赵家埠	625+500		40.15	42.15	8.00	39.40		35.30	30.00	黄海高程
赵家埠	624+500		40.15	42.15	8.00			35.00	30.00	黄海高程
朱湖	624+000		40.15	42.15	8.00			34.90	30.00	黄海高程
朱湖	623+500		40.15	42.15	8.00			35.00	30.00	黄海高程
黄水套	621+000		40.15	42.15	8.00			34.50	30.00	黄海高程
黄水套	619+500		40.15	42.15	8.00			36.00	30.00	黄海高程
无量庵	618+500		40.15	42.15	8.00			35.00	30.00	黄海高程
陈家潭	615+000		40.15	42.15	8.00	36.50	50.00	35.50	30.00	黄海高程
新开铺	608+000	41.10	42.00	44.00	8.00	38.00	50.00	38.00	30.00	
严家湾	606+500	41.06	42.00	44.00	8.00			37.00	30.00	
杨林寺	605+000	41.03	42.00	44.00	8.00	39.85		37.00	30.00	
杨林寺	604+000	41.01	42.00	44.00	8.00			37.50	30.00	
安全区	603+000	40.98	42.00	44.00	8.00	39.70	20.20	37.50	30.00	
何家湾	601+000	40.94	42.00	44.00	8.00	43.70	3.80	35.27	30.00	
石首										
老山嘴	585+000	38.80		40.70	6.00	36.20	27.08	32.17	27.50	设计洪水位以沙市45.00m、城陵矶34.40m进行推水面线方法计算得到各段设计洪水位
	584+000	38.81		40.87	6.00	35.56	27.39	32.21	32.20	
桃花素	583+000	38.83		40.81	6.00	34.27	37.10	33.28	34.60	
	582+000	38.84		40.82	6.00	34.27	40.65	33.53	35.40	
	581+000	38.85		40.91	6.00	34.19	43.70	33.09	29.30	
	580+000	38.86		40.74	6.00	36.10	46.80	34.23	26.30	
管家铺	579+000	38.88		40.86	6.00	36.08	23.31	34.43	28.90	黄海高程
	578+000	38.86		40.66	6.00	31.47	27.28	32.97	30.90	黄海高程
月子尖	577+000	38.84		40.76	6.00	35.47	34.85	33.88	35.90	黄海高程
	576+000	38.82		40.71	6.00			32.46	33.20	黄海高程
	575+000	38.72		40.58	6.00	32.87	44.80	31.71	26.80	黄海高程
五虎朝阳	574+000	38.62		40.48	6.00	32.72	63.00	33.91	31.40	黄海高程
	573+000			40.49	6.00	33.82	50.00	33.29	31.40	黄海高程
	572+000	38.42		40.16	6.00	33.67	48.90	31.93	28.30	黄海高程
牛黄庙	571+000	38.38		40.01	6.00	32.26	41.30	33.55	27.70	黄海高程
	570+000	38.36		40.14	6.00	31.89	54.30	31.38	29.70	黄海高程
绣林镇	569+000	38.34		40.06	6.00	32.57	39.70	32.92	27.20	黄海高程
三义寺	568+000	38.33		39.93	6.00					黄海高程
	567+000			39.15	6.00					以山代堤
北门口	566+000	38.30		39.32	6.00					黄海高程

地点	桩号	设计洪水位		堤面		外平台		内平台		备注
		长江洪水	分洪区	高程	宽度	高程	宽度	高程	宽度	
	565+000	38.24		40.09	6.00	33.13	46.85			黄海高程
孙家拐	564+000	38.18		40.13	6.00	32.72	47.26	31.17	30.80	黄海高程
	563+000	38.12		39.92	6.00	32.91	44.20	31.59	33.90	黄海高程
	562+000	38.06		39.95	6.00	33.28	45.38	33.30	24.70	黄海高程
	561+000	38.00		39.88	6.00	32.90	53.13	34.52	26.30	黄海高程
马行拐	560+000	37.94		39.84	6.00	32.96	46.27	32.77	23.70	黄海高程
	559+000	37.88		39.75	6.00	33.18	127.60	33.71	29.80	黄海高程
黄家拐	558+000	37.82		39.54	6.00	34.33	110.60	32.51	27.50	黄海高程
	557+000	37.76		39.78	6.00	33.94	99.70	33.18	34.60	黄海高程
	556+000	37.70		39.68	6.00	33.26	100.20	33.39	32.00	黄海高程
	555+000	37.64		39.69	6.00	33.43	90.10	33.03	27.20	黄海高程
二圣寺	554+000	37.58		39.51	6.00	33.30	73.40	32.94	27.50	黄海高程
	553+000	37.52		39.41	6.00	33.25	161.30	32.41	80.00	黄海高程
	552+000	37.45		39.37	6.00	31.78	43.40	32.38	80.00	黄海高程
新堤口	551+000	37.40		39.57	6.00	31.02	45.50	32.50	29.70	黄海高程
	550+000	37.34		39.41	6.00	30.84	45.00	31.33	36.10	黄海高程
苏老堤	549+000	37.28		39.37	6.00	31.19	56.70	32.62	31.40	黄海高程
王海	548+000	37.22		39.08	6.00	31.55	42.50	32.38	33.50	黄海高程
	547+000	37.16		39.19	6.00	29.72	49.20	31.61	37.50	黄海高程
扁担湾	546+000	37.10		39.02	6.00	31.88	55.70	32.20	41.00	黄海高程
	545+500	37.05		39.19	6.00	32.39	36.00	32.24	46.00	黄海高程
	544+000	37.03		38.96	6.00	30.77	49.40	31.63	38.20	黄海高程
肖家拐	543+000	37.00		39.03	6.00	31.45	49.00	31.43	34.70	黄海高程
	542+000	36.98		39.17	6.00	33.74	49.50	31.79	36.00	黄海高程
	541+000	36.96		38.77	6.00	30.87	28.30	30.93	25.90	黄海高程
直堤子	540+000	36.93		38.70	6.00	30.75	33.23	30.15	39.00	黄海高程
永兴贯	539+000	36.91		38.98	6.00	29.38	38.00	31.21	40.60	黄海高程
三岔寺	538+000	38.89		38.76	6.00	29.27	32.60	31.09	40.70	黄海高程
小湖口	537+000	36.86		39.07	6.00	38.15	27.60	29.64	31.60	黄海高程
桂家铺	536+000	36.86		38.83	6.00	30.88	30.30	31.04	27.50	黄海高程
	535+000	36.89		38.53	6.00	29.58	26.80	32.04	39.50	黄海高程
	534+000	36.92		38.70	6.00	30.1	12.00	31.90	39.70	黄海高程
大港口	533+000	36.94		38.87	6.00	28.01	25.50	32.24	37.10	黄海高程
	532+000	36.97		38.95	6.00	29.67	30.40	32.40	29.00	黄海高程
	531+000	36.99		39.13	6.00					黄海高程
调关矶头	530+000	37.02		39.06	6.00			32.86	34.60	黄海高程
	529+000	37.04		38.94	6.00	34.27		31.78	30.00	黄海高程
沙湾	528+000	37.04		38.91	6.00	35.55	25.00	32.35	35.70	黄海高程
	527+000	37.03		39.06	6.00	33.48	196.00	32.31	30.60	黄海高程

续表

地点	桩号	设计洪水位		堤面		外平台		内平台		备注
		长江洪水	分洪区	高程	宽度	高程	宽度	高程	宽度	
观音庵	526+000	37.03		39.05	6.00	34.52	100.00	32.37	33.80	黄海高程
	525+000	37.03		39.11	6.00		56.00		34.00	黄海高程
	524+000	37.03		38.93	6.00		73.00	31.09	34.00	黄海高程
八十丈	523+000	37.02		39.02	6.00		59.00	33.02	80.00	黄海高程
	522+000	37.02		39.39	6.00	33.01	79.00	33.04	80.00	黄海高程
来家铺	521+000	37.02		38.95	6.00	32.94	54.00	33.40	80.00	黄海高程
	520+000	37.02		38.82	6.00	31.67	57.00	32.99	35.80	黄海高程
	519+000	37.01		38.76	6.00	30.77	54.70		32.00	黄海高程
	518+000	37.01		38.72	6.00	30.15	48.40	29.82	38.10	黄海高程
槎港山	517+000	36.98		39.01	6.00	30.45	47.50	30.40	32.00	黄海高程
	516+000	36.95		38.82	6.00	31.27	17.70			黄海高程
	515+000			40.64	6.00					黄海高程
	514+000			38.06	6.00	32.11	84.90	30.46	24.70	黄海高程
鹅公凸	513+000			38.22	6.00	32.60	74.00	30.47	30.15	黄海高程
	512+000			38.09	6.00	32.60	112.30	30.37	31.60	黄海高程
	511+000			38.20	6.00	32.36	24.90	31.64	24.20	黄海高程
	510+000			38.01	6.00	32.87	182.30	32.14	27.20	黄海高程
盲肠堤	509+000			37.37	4.00			32.37	28.40	黄海高程
	508+000			34.11	4.00	27.70	15.80	28.94	2.80	黄海高程
	507+000			33.74	4.00			29.07	2.50	黄海高程
	506+000			33.87	4.00	27.36	8.10	28.14	24.60	黄海高程
	505+000			33.98	4.00			31.41	31.30	黄海高程
	504+000			33.41	4.00			30.64	26.70	黄海高程
	503+000			34.99	4.00				54.60	黄海高程
	502+000			34.97	4.00	28.86	7.50	30.98	3.60	黄海高程
章华港	501+000	36.16		37.96	6.00	31.34	23.50			黄海高程
	500+000			37.81	6.00	33.36	72.90	32.53	24.30	黄海高程
	499+000			37.81	6.00	33.01	101.00	31.96	26.00	黄海高程
	498+000			37.70	6.00	34.47	12.20	32.08	29.90	黄海高程
五马口	497+680			38.26	6.00					
南线大堤										
黄山	579+000		42.00	45.60	8.00			37.50	50.00	荆江分蓄洪区设计蓄水位42.00m
黄山	579+700		42.00	45.60	8.00			37.50	50.00	
黄山	580+150		42.00	45.60	8.00	37.50	50.00	37.50	50.00	
黄山	581+000		42.00	45.60	8.00	37.50	50.00	37.50	50.00	
黄山	582+000		42.00	45.60	8.00	37.50	50.00	37.50	50.00	
广福寺	583+000		42.00	45.60	8.00	37.50	50.00	37.50	50.00	
新堤拐	584+000		42.00	45.60	8.00			37.50	50.00	

续表

地点	桩号	设计洪水位		堤面		外平台		内平台		备注
		长江洪水	分洪区	高程	宽度	高程	宽度	高程	宽度	
八家铺	585＋000		42.00	45.60	8.00			37.50	50.00	
八家铺	586＋000		42.00	45.60	8.00			37.50	50.00	
八家铺	586＋500		42.00	45.60	8.00	37.50	50.00	37.50	50.00	
上伸	587＋000		42.00	45.60	8.00	37.50	50.00	37.50	50.00	
郑家祠	588＋000		42.00	45.60	8.00			37.50	50.00	
郑家祠	588＋250		42.00	45.60	8.00			37.50	50.00	
郑家祠	588＋750		42.00	45.60	8.00			37.50	50.00	
向阳	589＋000		42.00	45.60	8.00			37.50	50.00	
向阳	589＋500		42.00	45.60	8.00	37.50	50.00	37.50	50.00	
向阳	590＋500		42.00	45.60	8.00			37.50	50.00	
向阳	591＋500		42.00	45.60	8.00	37.50	50.00	37.50	50.00	
谭家湾	592＋500		42.00	45.60	8.00	37.50	50.00	37.50	50.00	
谭家湾	593＋500		42.00	45.60	8.00			37.50	50.00	
谭家湾	594＋500		42.00	45.60	8.00	37.50	50.00	37.50	50.00	
康家岗	595＋650		42.00	45.60	8.00			37.50	50.00	595＋583 上下各50m, 内平台70m
康家岗	596＋250		42.00	45.60	8.00			37.50	50.00	
倪家塔	597＋000		42.00	45.60	8.00			37.50	50.00	
藕池	598＋000		42.00	45.60	8.00			37.50	50.00	
藕池	599＋000		42.00	45.60	8.00			37.50	50.00	
藕池	600＋000		42.00	45.60	8.00			37.50	50.00	

注　除特别说明外，表中高程系统均为冻结吴淞。

399

第五章　防洪综合治理

荆州河段由于其所处的特殊地理位置，存在着洪水来量大于河道安全泄量的突出矛盾，而且该河段江湖关系复杂，单纯依靠加固堤防并不能根治洪患。随着江湖的自然演变和堤垸的日益发展，人与水争地趋势愈演愈烈，至明清时期，洪灾日益严重，地区间矛盾日增，不少有识之士认识到荆江防洪问题的严重性，认为筑堤不能解决根本问题，必须标本兼治，因而从不同角度提出过一些治江意见。这些治理对策和见解主张，不乏真知灼见，影响着后世江湖治理的方针与措施，对当今和以后的治水亦颇有启发意义。

建国后，鉴于荆江堤防保护范围内政治经济地位日益重要和防洪的严峻形势以及江湖关系的复杂性，国家制定"确保荆江大堤，江湖两利，蓄泄兼筹，以泄为主，上下荆江统筹考虑"的方针。并根据这一方针采取一系列综合整治措施，先后投入巨大的人力、物力、财力兴建荆江分洪工程、洪湖分蓄洪工程，实施下荆江系统裁弯、沮漳河改道整治和东荆河下游改道整治等工程。为缓解长江中下游地区防洪压力，综合治理开发长江，国家审时度势地提出并兴建三峡工程，开创了治理长江新局面。

第一节　治　江　方　略

一、建国前治江主张

建国前，各种治江主张大多围绕荆江治理与洞庭湖区治理而展开，并不单一就治江论治江。这些主张大致可以分为：①分疏论，即主张开浚穴口或支河，或留溃垸不堵复，或禁垸毁垸以保存湖泊储水之地。②废田还湖与塞口还江之说，即主张湖区禁垸毁垸或浚湖，以保持湖泊的容蓄能力；堵筑南流的四口，疏浚荆江河道。清末民初，浚湖、塞口与还江三说并为一说。③其它治理江湖关系主张，有人工改道分流、四口筑坝建闸、蓄洪垦殖及河道综合治理等论说。

（一）分疏论

此种论说大体上与明末清初学者顾炎武所创"经纬论"相似，主要是治理干流和支流的理论，不同之处是在"经纬论"基础上增加"蓄滞之说"。分疏论其一是强调疏整河道，使水流宣泄畅达。明清时期关于疏整河道的建议，主要是针对江湖治理中分疏江水的支河而言的。明中叶以后，尤其是清代以来，比较强调保护荆江左岸堤防，而使江水南下洞庭，此时期，荆江四口及其河道，尤其是虎渡、调弦两河，均有疏浚。为保持荆江干流顺直畅达，历代多次颁布严禁在堤外洲滩围垦或筑垸的禁令。其二是强调开穴分流，即主张重开古穴口以分泄江流。其三为蓄滞之说，即"予地与水"的理念。禁垸和留存广阔的洞庭湖面及附近低地用以蓄洪的理念，其后蓄洪垦殖理念均来源于此。

明后期，随着穴口湮塞，水灾渐多渐重，对此不少有识之士主张重开穴口以分疏洪水。顾炎武指出："古有九穴十三口，江水分流于穴口，穴口流注于湖渚，湖渚流于支河，而支河泻于江海，此古穴所以并开者，势也。今生齿渐盛，耕牧渐繁，湖渚渐平，支河渐湮，穴口古道皆为廛舍畎亩……此今穴口所以多塞者，亦势也。""盖穴口之流多湮，则江水之正流易泛，将来浸决之患其可免乎？故荆以开古穴口为上策，此固溯源探本之论也。"但他又深知"开穴口"之难，认为"穴口之有故道者尚且开浚之难，况古道湮没者乎！"以为开穴之难以成功，"抑亦势有所不可行也"[1]。

清乾隆九年（1744 年），御史张汉在《请疏通江汉水利疏》中提出，"欲平江汉之水，必以疏通

400

诸河口为急务"，他认为三楚之地之所以"稍逢水患即仓皇无策"，是因"河堤之为累"。因而主张疏浚荆江汉江两岸穴口和支河以杀水怒，纾水患[2]。乾隆十三年（1748 年）湖北巡抚彭树葵奏称，"少一阻水之处，即多一容水之区，则私垸之禁尤不可不既乎实也。查荆襄一带，江湖衮延，千有余里，一遇异涨，必藉余地以资容纳。考之宋孟珙知江陵时，曾修三海八柜以设险而潴水……又荆州旧有九穴十三口，以疏江流，会汉水。是昔之策水利者，大都不越以地予水之说也"[3]。

乾隆以后，虎渡、调弦二口渐湮，荆江大堤受洪水威胁愈加严重，因而分疏之议愈来愈多地转向以南为主。道光年间（1821—1850 年），主张向南分流呼声逐渐达到高潮。

道光五年（1825 年），御史贺熙龄上疏请查濒湖私垸、永禁私垸时指出，"治水之道，宣泄重于堤防。湖南洞庭一带为川黔楚粤诸水汇宿之区，应使湖面宽阔，旁无壅滞，则诸水易于消纳，上游不致泛溢"[4]。道光九年（1829 年），魏源在《湖北堤防议》中指出元明以来，垦殖日广，"容水之地尽化为阻水之区"，导致水害日重，"人与水争地为利，而欲水让地不为害，得乎？"他认为解决的办法，一是"相其决口成川者因而留之，加浚深广，以复支河泄水之旧"；二是"乘下游圩垸之溃甚者因而禁之，永不修复，以存陂泽潴水之旧"。道光十四年（1834 年）又作《湖广水利论》，指出数十年来江患日重的原因是"无土不垦，无门不辟"，人与水争地，而"下游之湖面江面日狭一日，而上游之沙涨日甚一日，夏涨安得不怒？堤垸安得不破？田亩安得不灾？"对于治水办法，他认为，"不去水之碍而免水之溃，必不能也"，而"去水之碍"即刬毁阻水的垸堤。

道光十三年（1833 年），御史朱逵吉请疏江汉支河以弥水患，奏称："欲治江汉之水，以疏通支河为要策，堤防次之"。"近年支河淤塞，诸湖诸洲亦被民间侵占，以致数千里之汉水直行达江，江不能受，倒溢为灾。为今之计，惟有疏江水之支河，南使汇于洞庭……疏江汉河使分汇于云梦七泽间，然后堤防可固，水患可息，所谓御险必藉堤防，经久必资疏浚也。"因湖泊蓄洪是分疏得以实行的必备条件，朱逵吉指出，"洞庭增长一寸，即可减江水四五尺，江水势减，则江陵、公安、石首、监利、华容等县俱可安枕"，他着重强调应利用洞庭湖滞蓄荆江洪水。

道光三十年（1850 年），江陵知县姜国祺上疏请浚南岸穴口河道，"荆江一带向有九穴十三口，南北交通，故水患绝少。今惟调弦、虎渡二口尚可分流，近来二口亦渐淤浅，一线之堤与十里之水为敌，几何不激之使溃！"因此，他建议"就现在之可为者为之，可弃者弃之"，将虎渡河"捐其支堤不治，又留东江堤不治，萧石嘴溃口不治。凡公安、华容、安乡水所经行处，其支堤皆不治，任水之所至，以畅其流，以杀其势。江流南往，则北岸万城大堤可免攻击之患，保大堤即保荆州"，并建议江水南往后，免除公安、石首、华容、安乡等县三四百里被弃之地钱粮，其地居民"或操网罟，或业工商，或采菱芦菱藕以谋生，或收鱼虾鳖介以给食，水至则乘小舟以为家，水退则葺茅舍以御冬"。此言一出，激起南岸居民强烈反对[5]。

清代监利人王柏心先后作《浚虎渡口导江流入洞庭议》及《导江续议》上篇和下篇[6]。在《浚虎渡导江流入洞庭议》中主张疏浚虎渡河经澧水进入洞庭湖的洪道，"因其已分者而分之，顺其导者而导之，捐弃（公安、石首、澧州、安乡）二三百里之江所蹂躏之地与水，全千余里肥饶之地与民"。《导江续议》上下篇亦主张留决口不堵，"南决则留南，北决则留北，并决则并留"，以疏导江湖消泄洪水。

道光年间，大水连年，分疏江水南流入湖议论呼声日高。上述一系列分疏论在相当程度上导致后来藕池、松滋两次决口均未予认真堵筑，从而形成四口南流局面。

荆江四口形成之后，南岸"塞口还江"呼声日起，但有人深知塞口之不易行，因而主张"南北并分"。黄海仪提出："江南诸口宜塞，惟虎渡禹迹仍旧；江北诸口亦宜塞，惟郝穴一处当浚。"1936 年钟歆在《扬子江水利考》中提出于荆江北岸开一新穴，分江入于江汉平原，使荆江洪水"不致专注洞庭"。

（二）废田还湖与塞口还江

废田还湖，实为分疏论的组成部分。顾炎武认为，"穴口分大江之流者也，必下流有所注之壑，中流有所经之道，然后上流可以分江澜而杀其势"[7]，即湖泊的存在是分流得以实现的重要保障。主张废田还湖者，一方面将其与疏浚支河、分杀江怒联系在一起，另一方面又注重湖区的禁垸与浚湖。乾隆年间（1736—1795 年）此类议论颇多，因而导致其后的湖区禁垸与毁垸。

道光五年（1825 年），贺熙龄提出，"如有新筑围田、阻碍水道之处，即剀切晓谕，令其刨毁"。魏源在《湖北堤防议》和《湖广水利论》中亦提出禁修溃垸、刨毁阻水堤垸"以存陂泽潴水之区"的思想。此外，朱逵吉、吴荣光、黄爵滋等人均有类似主张。但是，湖区堤垸的发展与淤洲的生长是同步的，单一的禁垸并无显著效果。所以四口形成以后，废田还湖之议便逐步向浚湖之议转变。

与"废田还湖"相对立的是"塞口还江"之议，即主张将长江入洞庭湖的松滋、太平、藕池、调弦四口予以堵塞。四口堵塞后，可借以冲刷荆江河槽，恢复荆江原有容量，并减少洞庭湖水灾威胁。此议起于四口形成之后。光绪中叶，湖南南洲厅杨荫亭等上书请示恢复荆江南岸堤工。光绪十八年（1892 年），刑部郎中、湘人张闻锦和汉寿士绅胡树荣、梅安等人提出堵塞藕池口，湖广总督张之洞对此予以拒绝，他指出，"自咸丰二年溃口以来，四十余年南北相安无事……若一旦堵塞，荆民必群起相争。南省依堤为命者，北省必将以堤为仇，既欲强行议堵，此工亦恐难成"，终不准堵筑。

清末民初，持"与水争地"论者与"废田还湖"论者争论甚烈。宣统元年（1909 年）朝廷提出迁城废垸以浚深洞庭水道，湖南一些士绅则以"费将安出，人将安置"为由，提出相反要求："迅将南岸各口堵塞，挟两省全力以疏江。"

与此同时，"浚湖、塞口与还江"并为一说，成为江湖关系的一种对策应运而生。它是四口形成之后废田还湖（浚湖）与塞口还江两种对策的结合与折衷。此说首先由湖南省咨议局于宣统元年提出，其理由是："江横洲亘，已有故道就湮之势，若不急于疏治，则江何以安？疏而不塞，则北岸雄峙，南岸无对峙之势，必不能束水东行，逼而入海，然既疏且塞矣，而不以浚湖竟其功，则洞庭原有河流无畅达流通之日"。当时湖南委派三名议员与湖北咨议局协商。湖南提出先疏江，次塞口（塞松滋、藕池，暂留太平、调弦），再浚湖。湖北则主张先浚湖，次疏江，再塞口，双方各执一说，互不相让。后清王朝覆灭，此议便偃旗息鼓。此后，废田还湖，塞口还江，浚湖、塞口、疏江等诸多对策各有"市场"，莫衷一是。

民国四年（1915 年），湖南武冈人李国栋上书《两湖水利条陈》中指出，"湘鄂两省自大江洞庭相继淤塞，水患频仍，民不堪命，政府疲于赈济"，欲减轻水患，便应减轻江湖之淤塞。疏江、浚湖于两省均有利，而"塞口一节未免有利于湘而有害于鄂，宜删去之"。"欲治湖南水患，必先治江；欲治江，必先求鄂人同意；欲求鄂人同意，必先图无碍于鄂，而后可有利于湘。使筑塞四口，各怀壑邻主义，虽连年言筹治水患，而水患愈大，终莫能治矣"。关于疏江，他建议对自枝江至汉口千余里河道进行疏整；关于浚湖，他提出疏浚湖中重要航路，铲除四水中所有新淤及有碍航路的浅滩，并浚四水尾闾，并不塞口，补救的办法是"另辟新河以杀江流，留（四）口待淤以分江怒"，"留口待淤，所以表湘人之苦衷，而求鄂人之赞成也"。

1912 年曾继辉在其《洞庭水患论》中提出，洞庭地区"表面之患在湖，根源之患则在大江"，"洞庭湖乃潴水之区，非流水之处……今以潴水之区易为流水之处，于是水势散漫，无堤岸以束之，流沙随地散落遂成洲渚，年年继长增高，洲地愈广，则湖地愈狭；湖地既狭，于是潴亦不得潴，流亦不得流矣。至流不得流，则且弃其故道，奔纵四溢，势不得不以历年所失之洞庭区域，取偿于濒湖南岸各府州县之城郭田园庐墓"。他认为将来洞庭淤满"尽成高阜"后，江水将"舍南就北"并"夺最低陷之荆州、汉阳各属以为新洞庭"。对此，他提出的整治办法是"疏江、塞口、浚湖"，三者缺一不可。

民国时期是废田还湖与塞口还江之争的高潮时期。1932 年，国民政府召开废田还湖会议，并由内政、实业、交通三部作出相应决定令湖南省执行。次年内政部又特别重申执行废田还湖办法，但终因"窒碍甚多"而不了了之。会后，湖南水利委员会委员王恢先发表《湖南水利问题之研究》，指出"占水量者非堤圩而乃淤洲，致水患者非垸田而乃沙泥。欲除水患，必自去沙泥始，垸田之存废，关系于洪水之涨落也至属轻微",因此,"现既无移民之地,又无移粟之区,遽夺其田而废之,非但不智,仰且难能"。湖南救灾委员会委员彭懋园在《对于水利之我见》中指出:"洞庭水灾来源不在洲田之围垦,而在于泥沙之倾积;无荆江四口即无大量泥沙,无大量泥沙即无大量湖田,不责荆江四口而罪及滨湖垸田,舍本求末,殊欠公允!若不亟图补救,坐令荆江泥沙长期输入,行见已淤成洲者日益高涨,田虽可废,而湖终不可还,故与其废田还湖,不如塞口还江。"

在湖南强调塞口还江时,湖北则力主废田还湖和反对堵塞四口。1936年5月,荆江堤工局局长徐国瑞向省府呈报《荆江源流消泄水患意见》,指出:"窃惟水性最猛,泄则势分力弱,堵则势强力大……近因各口淤垫,分泄不灵,故荆江南北两岸堤防,屡遭溃决,设不疏浚,陆沉堪虞。如再提议堵筑四口,是何异荆江堵筑上游峡江、清江、沮漳河。""夫欲整理洞庭蓄水之区,积极则筹款设计疏浚,消极则严禁淤洲挽垸。"他提出应疏浚荆江四口,并且南岸湖区应"一律废田还湖,以免阻碍,并严禁淤洲再挽堤垸"。之后,江汉工程局局长席德炯亦称:"洞庭湖为湘鄂两省天然蓄水库,赖有松滋等四口及城陵矶湖口等以资调节江流;如议塞上游四口,匪特江流阻遏,即下游一带,水势剧增,为患殊非浅鲜。而洞庭湖原蓄水面积达6780平方公里,其被挽垸占去面积竟达2340平方公里,占去全面积的三分之一强,且鄂境各处滨临江汉之洲垸堤段,年来呈请改作干堤者,亦复不少。在两省境内,类似无统筹兼顾之计划而私自修挽者,尚恐日有增加。如长此与水争地,使水库日削,堤政前途,其危殆诚不堪设想!"他提出的解决方法是"测定湘鄂两省行水区域,严禁淤洲继续围垦。其在行水区域以内,原有洲湖垸堤,并予废除,或限制其高度,使低于干堤一二尺"。

1937年,徐国瑞以湖南拟堵筑四口,影响荆堤安全甚巨,特拟具《救济荆江水利及荆堤安全之意见书》。该文认为,分泄流量的四口堵筑之后,"对于洞庭湖流域不易淤塞,保留现有之水库,在湘自为得计,独不虑荆江流量骤增,本身河床不足以容纳巨大之流量,必漫溢堤身,演成溃决之害。四口何时堵筑,江流何时改道,洞庭随之北迁"。

(三)四口筑坝建闸

1935年长江流域发生严重水灾后,扬子江水利委员会即酝酿四口控制方案。1936年9月,李仪祉考察荆湖水利后发表《整理洞庭湖之意见》一文。文中指出:"洞庭湖调蓄洪水最有力,但应以停蓄四水为主,必主能容,然后再及客",他提出必须保持洞庭湖现有湖面和蓄洪量,"现存之湖面,不惟中央为扬子江本身计欲保持,鄂人为北岸安危计,不肯令之淤废;即湘人为其整个经济大计,其保湖之心,当较他省人为更切"。因此,他建议在松滋、太平、藕池、调弦四口设滚水坝,"以言筑坝,藕池可先,松滋可缓,太平可罢,调弦则或可作闸,拒其入而利其出"。他认为筑坝可限制泥沙入洞庭湖以保持湖容;长江盛涨时期分泄相当水量入湖;在危险水位以下集中水流以期刷深江床增加泄量。当时,荆江堤工局局长徐国瑞坚决反对李仪祉意见,认为"参照此议执行,实有阻碍江流危害荆堤情事",他建议湖北省府"急应在事先预为制止,以免临时争之无益"。1938年,扬子江水利委员会提出《划定洞庭湖界报告》,四口筑坝之议似未见采纳。1948年,长江水利工程总局提出《整治洞庭湖工程计划》,对李仪祉的建议多有采纳;但认为控制四口对减少输入沙量的效果"似有检讨之必要",并且担心限制四口入湖水量会影响荆江安全。因而,整个民国时期,四口建闸之说未能付诸实施。

(四)蓄洪垦殖

蓄洪垦殖理念作为治理两湖水患的建议,在清代便已出现。清乾隆三十年(1765年),湖北巡抚鄂宁为解决荆湖地区围垦之利与溃堤之害之间的矛盾,提出"改粮废堤,以便民生而顺水性。无水之年以地为利,有水之年即以水为利,任水之自然,不与之争地,俾免告灾请赈之繁。其原有堤塍,听其自便,亦省修筑传呼之扰"的主张[8]。

清末民初,荆湖地区围垦形势日益严重,虽多次颁布严禁围筑私垸的禁令,但均未能改变这种形势。在废田还湖、筑垸围垦两种意见相持不下情况下,"蓄洪垦殖"理论大为提倡。民国四年(1915年),荆州万城堤工总局总理徐国彬提出:"将江陵、监利、松滋、枝江、公安、石首等六县滨江内外绘制图形，设立水标，明定章程，遇奇涨之年，江水消泄不及，不得不舍轻救重，应将新立各堤垸指挥挑破，以杀水势"，使这些堤垸成为临时应急的滞洪区。

1936年扬子江水利委员会拟订"利用沿江湖泊以消纳洪涨，及整理江湖间之洼地以增加生产，同时并整理域内航道以利交通"的治江方略，系统地提出湖泊洼地蓄洪垦殖的治理原则与运用方式。当时李仪祉称赞道："此实为吾国技术家对于扬子江整理思想之大进步，以后治江颇可本此旨而切实研究以实行之。"1938年，扬子江水利委员会与江汉工程局共同拟定预防长江特大洪水方案，提出在汉口水位涨至水标15.30米，全部干堤难保全时，"应有权其轻重、斟酌牺牲两岸湖泊低洼之区及干堤以内洲滩支圩之必要"，为此，拟定荆江南北两岸干堤之外支堤围垸等为临时泄洪区。

（五）疏堵并用

清乾隆九年（1744年），御史张汉、湖广总督鄂弥达上奏三楚治水原则时称，"治水之法，有不可与水争地者，有不能弃地就水者。三楚之水，百派千条，其江边湖滨未开之隙地，须严禁私筑小垸，俾水有所泄，以缓其流，所谓不可争者也。其倚江傍湖已辟之沃壤，须加谨防护堤塍，俾民有所依，以资其生，所谓不能弃也。其各属迎溜顶冲处，长堤连接，责令每岁增高培厚，寓疏浚于壅筑之中"[9]。

清嘉庆十一年（1806年），湖广总督汪志伊在《筹办湖北水利疏》一文中指出，江汉平原治水原则应是："其受害在上游者宜于堵，其受害在下游者宜于疏；或事疏消于防堵之先，或借防堵为疏消之用。通盘筹画，不徇一乡一邑之私见、使有此益彼损之虞。"

《荆楚修疏指要》中，熊士鹏提出："防水患莫急于修决堤……修决堤而欲为经久之谋，尤莫急于浚淤河而开穴口。"胡祖翮提出，治理江湖"为今之计，惟有南疏松滋之采穴，石首之调弦，与虎渡汇于洞庭；北疏江陵之郝穴由白湖而达沌口，分派以杀江势……并于支穴中相其高阜修堤以御之，顺其低洼以疏浚之，俾注之湖泽，不令壅塞而漫流"。

黄海仪在《荆江洞庭利害考》中，首先分析南宋以来沿江穴口疏塞和湖南水患渐增的历史，接着列出"开浚之说"与"堤防之说"，并评论道："开浚之说虽属探本，然生齿日繁，芦舍纷绪，冢墓交加，二十余派按处疏瀹，其势殊难；堤防之说虽间有成效，然大决所防伤人必多。为今之计，当酌二说并用之。江南诸口宜塞，惟虎渡禹迹仍旧；江北诸口亦宜塞，惟郝穴一处当浚"，郝穴疏浚之后，"洞开门户，俾达武汉，则江怒减半，水力不骄，各处从而堤之"，便可解除两湖平原水患[10]。

1936年，钟歆在《扬子江水利考》中提出，"江河防治方法，不外研究泄蓄与从事防堵二途。泄蓄为治本之计划，防堵为治标之工程"。堤防本非根本之计，"然自支河渐湮，穴口渐塞，湖田围垦日增，有开之不能开、废之不能废者，形禁势格，积习难返，不得不缮完堤防，以备洪潦"，因此他提出"因其堤防，以救目前，逐渐开辟引河，废除湖田，以利泄蓄，而策将来"的意见。

（六）改道分流

光绪十八年（1892年），张闻锦等人要求朝廷堵塞藕池溃口时提出，如堵口难以实施，也可在藕池口东南筑长堤一道引洪水入江以达分流之目的。1932年，王恢先在《整理湖南水道商榷书》中指出，荆江四口分流分沙，是清末以来洞庭湖日益缩小和湖区灾患日益频繁严重的原因。他提出的整治建议是"在湘鄂交界处修筑长堤"，"开挖运河，引四口之水出大江"，即由澧县的澧安垸（松滋河下游）至岳阳黄公庙开挖宽达2千米的运河，刨毁计划线内的堤垸，并筑南北两堤，引四口之水从黄公庙处入长江。

（七）河道综合整治

其中尤以提出水土保持的观点最为新颖。早在清初，顾炎武在《天下郡国利病书》中对长江流域水土流失现象便有所关注和认识。道光年间，魏源在《湖北堤防议》和《湖广水利论》中系统论述过长江上游水土流失问题，其后便有人提出禁止开山主张。

清末马征麟认为："水之不能宽缓而冲激振撼也，堤防浸削壅遏之为害也固也，然非尽堤防壅遏之害也。所以致其壅遏者，亦有故矣：入江之水，为省八九，深山穷谷，石陵沙阜悉加垦辟，以为尽地力也……而土脉疏浮，沙石迸裂，随雨流注，逐波转移。其沙石之重者，近填溪谷，其泥沙之轻者，荡积而为洲渚，平湮湖泽，远塞江河……是故开山、围田皆有例禁，而开山之禁尤当致严于围田也。"他所提出的治江办法是："一曰禁开山以清其源，二曰急疏瀹以畅其流，三曰开穴口以分其势，四曰议割弃以宽其地，五曰修陂渠以蓄其余。五者并举，大川易泄，小川有所蓄，废弃无多，所全甚众，此外无良策也。"

同时期赵仁基在《论江水十二篇》中，首先分析江患的原因是："太平日久，生齿日繁，未有甚于今日者也……古之耕者，平原广隰而已，今则平陆不足，及于山陵之田，层级垦辟而上……其山形之陡峭者，流泉不能蓄，嘉禾不能植，于是种苞芦口芋之属……结草为棚，谓之棚民，无山不垦，无陵不植……设遇霖雨，则水势建瓴而下，草去土浮，挟之以行溪谷之间……夫此开种垦殖既秦蜀楚吴数千里皆是，一遇霖雨，则数千里在山之泥沙皆归溪涧……以达于江。江虽巨，其能使泥沙不积于江底哉？江底既积而渐高，复遇盛涨之时，其能使水不泛溢为患哉？"他提出："治江之计有二，曰广湖渚以清其源，防横决以遏其流；治灾之计有二，曰移灾民以避水之来，豁田粮以核地之实。"关于广湖渚，他认为洞庭、鄱阳诸湖的调蓄作用很重要，应"使四周居民勿侵湖地，使之宽为淤衍以缓其流"[11]。

清末及民国时期，有人开始提出在长江干流修陂障或建大库以滞洪削峰的设想。孙中山先生提出过长江治标与治本之法，他认为治标方法"除了筑高堤之外，还要把河道和海口一并来浚深，把沿途的淤积沙泥都要除去"，"水灾便可减少"。关于治本，他认为"多种森林便是防水灾的治本方法"，并首次提出在三峡地区建坝的设想[12]。

1936年，李仪祉就长江洪水问题发表论说，他认为减洪之法，一是"上游觅相当地点设水库"以拦蓄洪水，并广植林木；二是"利用江堤两岸湖泽低地以消洪"，使长江之非常洪暴有迁回之地，但对低地的利用"须有节制"，以免影响农业发展；三是高固堤防，以求备患于无穷；四是河道裁弯取直；五是整理洞庭湖，四口分江流入湖。钟歆在《扬子江水利考》中提出整治长江的意见是："泄流（分流）、蓄水、堤防、造林、沟洫，其中造林是水土保持的措施，沟洫则是引水灌溉兼顾分流的一种措施"。章锡绶在《荆河堤埝之险状与整理补救之雏议》中提出荆江堤防的整治措施是："在监利境内上车湾对岸开凿引河，实即裁弯取直；加高培厚监利县江堤；在江陵、监利北岸建筑蓄水库，把江陵的茅草湖和监利的洪湖辟为分江蓄洪库；取缔沿江大堤之外的洲滩围垦"。他认为，"荆河之水，必有不能入洞庭之一日"，"北岸之堤，势必有自然溃决"，"将来洞庭北迁，亦属沧桑应有之变也"，因而呼吁当局和民众"亟谋根本治荆之计"。

1936年，扬子江水利委员会提出《扬子江中游之危机及其初步首要整治工程》，列出江湖治理六项初步工程计划：江堤培修，四口筑滚水坝，上车湾裁弯取直，南北增辟蓄洪湖泊，汉江长江之间辟泄洪减河，洞庭湖区堤垸整理。

抗日战争结束后，江湖问题再次引起人们关注。1946年12月，扬子江水利委员会测量队勘测荆江及四口水道，并与1935年的勘测结果进行比较，发现荆江河道水位较1935年抬升0.16～0.78米不等（枝城站1935年最大洪峰流量为75200立方米每秒，1946年为61600立方米每秒），认为除受蛟子渊水道堵塞影响外，其主要原因是藕池河及洞庭湖的淤塞。与1935年相比，1946年藕池口平均淤高3米以上，藕池河淤高1米以上，安乡河淤高2米以上；抗战前洞庭湖面积约为4700平方千米，而到1946年仅为3100平方千米，蓄洪能力缩减1/3。为此，扬子江水利委员会建议治理沿江湖泊以泄纳盛涨。

1947年，长江水利工程总局发表《洞庭湖计划会勘报告》，分析认为，"在高水时期，长江调弦以下之泄水量仅为枝江的40％，而四口分泄量则达60％，故荆河不能无四口之分泄"，但由于泥沙淤积形成洞庭湖急剧萎缩的堪忧局面。当年5月，江汉工程局会同湖北建设厅拟具湘鄂湖江工程方案：整理荆江堤防，整理荆江水道，整理洞庭湖，整理四口，整理两岸湖泊及低地，拦沙保土。

1947年底，又提出"整理洞庭湖计划"。该计划按1947年行政院核定的湖界内蓄洪量为标准，并使四口四水输入泥沙不在湖内沉积为原则，在湖内留一行洪道，以泄四口及四水平时注入之水，沿洪道两岸筑堤，以与其余湖面隔绝，并设闸相通，作为蓄洪区。低水位时，可将蓄洪区内之水放出，保持空虚，估计蓄洪量可增加 3 倍。当行洪道内水位（或荆江水位）超过普通洪水位时，即开闸放水入蓄洪区，以减少城陵矶汉口间江水位之暴涨，且因洪道水流集中，泥沙不致沉积。又于四口设闸，中低水位时关闭，使水流集中于荆江，可减少淤积并保持航道水深。这一计划的预期效益为：可增加蓄洪量，如遇 1935 年同等洪水，荆江及洞庭湖可免水患；湖内沉积泥沙减少，湖泊寿命可以延长千年以上；荆江河道可望逐渐改善。

上述江湖综合治理对策在民国时期均未能付诸实践。

二、建国后治江方略

建国初期，在荆江治理上，国家制定"确保荆江大堤，江湖两利，蓄泄兼筹，以泄为主，上下荆江统筹考虑"的方针。后根据这一方针采取一系列综合治理措施，整治加固荆江大堤、长江干堤和连江支堤，兴建荆江分洪工程、洪湖分蓄洪工程，实施下荆江系统裁弯和沮漳河初步整治等工程，并审时度势兴建三峡工程，以及长江上游实施水土保持、干支流修建水库群，在综合治理上取得显著成效。

鉴于荆江防洪的严峻形势，建国初期，长江委即根据水文资料分析江湖演变态势，论证荆江水位有"继长增高"趋势，如再遇 1931 年洪水，沙市水位将远远超过荆江大堤的防御能力，可能发生毁灭性灾害。考虑到建国初期的实际情况，结合需要与可能，拟定的规划目标是尽快缓解荆江河段防洪的严峻形势，为"治本"争取时间。要求在发生与 1931 年同样大洪水时，控制沙市水位不超过 1949 年最高水位 44.49 米，以确保荆江大堤安全。1950 年 8 月至 1952 年 2 月，长江委先后提出《荆江分洪初步意见》、《荆江临时分洪计划》、《荆江分洪工程规划》、《荆江分洪工程技术设计草案》等规划设计报告。经多种方案比较，选定在虎渡河与荆江之间开辟分洪区，即荆江分洪工程方案，并报经中央人民政务院批准于 1952 年 4 月开始兴建。当年主体工程建成。

荆江分洪工程建成后，中南水利部部长刘斐就荆江治理撰文指出："治理长江的最根本办法，当然是要在上游（西南区）建蓄洪闸与水土保持，在下游疏浚河床与河道之裁弯取直，就中游来说，应在长江北岸放淤使地面逐渐淤高来逐渐改变'水从天上流'的危险形势。……在治本工程未举办前先设法分洪旁泄，以减轻荆江大堤所受洪水的威胁，并减少四口入湖水量，延长洞庭湖的寿命，实为目前湘鄂并举，江湖两利的妥善办法"。为达到治理长江的目的，长办在林一山主持工作期间，按照中央的指导思想，从 20 世纪 50 年代起即着手组织"长江流域规划"和"三峡水利枢纽工程"的研究。中共中央根据国务院总理周恩来报告起草的《关于三峡水利枢纽工程和长江流域规划的意见》，在 1958 年 3 月召开的成都政治局扩大会议上正式通过。该文明确指出："长江较大洪水一般可能五年发生一次，要抓紧时间完成各项防洪工程，其中堤防特别是荆江大堤的加固，中下游湖区洼地蓄洪排渍工程等决不可放松。在防洪问题上要防止等待上三峡工程和有了三峡工程就万事大吉的思想"，并强调"长江流域规划工作的基本原则，应当是统一规划，全面发展，适当分工，分期进行"。

1954 年大水，荆江分洪工程发挥重要作用，但荆江河段防洪形势仍极度紧张，证明荆江分洪工程还远不能满足荆江的防洪要求。虽然当时已认识到解决荆江的防洪问题必须结合长江整体防洪规划方案综合治理，即兴建上游调洪水库，但在修建水库前，仍应尽量利用局部防洪措施提高荆江河段防洪能力。为此，1955 年在长江中游防洪排渍方案研究中，对荆江防洪规划又进一步分析论证。特别是通过长江上游历史洪水调查，获得 1788 年、1860 年和 1870 年三次历史洪水资料，更明确了防止荆江地区发生毁灭性洪灾的紧迫性。为尽快解除更大洪水的威胁，在防洪规划中，又选择 1896 年、1931 年型等 100 年一遇洪水作为标准，研究比较了以已建分洪区为主体的多种方案。规划方针为"确保荆江大堤，江湖两利，蓄泄兼筹"。经多种方案比较论证，推荐方案是：以涴市至米积台隔堤以东区为扩大分洪区，并修建 2 号北闸；下荆江建下人民大垸，同时刨除六合、张智、永合 3 垸作为自然滞洪区。规划蓄洪容量为：荆江分洪区 54 亿立方米，新建涴市区 20 亿立方米，人民大垸 11.8 亿立方米，虎西备蓄区 3.8 亿立方米。如遇 100 年一遇洪水，各区联合运用。联合运用时均采用扒口行洪措施。

对上述方案中修建涴市分洪区和将下荆江部分民垸辟为自然滞洪区，湘鄂两省持不同意见。在《长江流域综合利用规划要点报告》（以下简称《要点报告》）编制阶段，根据有关方面意见，在上述方案研究基础上，对荆江防洪规划再次研究。1958 年提出《荆江地区近期防洪规划报告》，拟定在涴市至里甲口修建一道隔堤，与荆江分洪区联合构成一个整体（以下简称"一道隔堤"方案），后又修改为虎渡河改道方案，并载入 1959 年的《要点报告》。该方案扩大分洪区面积 94 平方千米，增加蓄洪容积 2 亿立方米，分洪时与虎渡河水流不发生干扰，能有效扩大分洪区进流能力，与北闸配合，可满足 100 年一遇洪水分洪流量的要求。同时，下荆江扩建下人民大垸，与荆江分洪区联合运用；六合、张智、永合 3 个民垸则临时扒口分洪，"以蓄助泄"。为处理超人民大垸蓄量的洪水，相应提出与洪湖区联合运用的"洪湖洪道方案"，洪湖蓄洪区又兼有承担分蓄荆江洪水的任务，这一方案虽取得有关各省一致同意，但对洪湖蓄洪区的运用，各方仍有不同意见。因此，洪湖配合荆江防洪的方案又多次改变。

《要点报告》完成后，国家三年自然灾害影响到荆江防洪规划的实施。1960 年 11 月，长办邀请湘鄂两省代表开展荆江防洪问题座谈，一致认为当前为保荆江大堤安全应采取适当措施。为此长办于1961 年 3 月提出《荆江地区防洪轮廓方案》上报中央。1962 年荆江沙市洪水位达到 44.35 米，防汛形势比较紧张。长办建议湖北省实施"虎渡河改道工程"，以迅速提高荆江河段的防御标准。湖北省认为，因经济形势刚开始好转，实施虎渡河改道工程在人力物力上尚难以胜任，希望暂按"一道隔堤"方案实施，可以获得同等防御效果。为此，长办又组织研究，于 1963 年 6 月提出《荆江地区防洪规划补充研究报告》，报送水电部并分送湘鄂两省。7 月下旬受水电部委托，中南局计委在广州组织讨论。由于改变原定虎渡河改道方案为"一道隔堤"方案，湖南省表示有疑虑，不能接受；对超标准洪水处理方案，即松东大堤方案也不同意；此外在具体扒口措施上也有置疑。会上为落实扒口爆破措施，邀请广州军区有关领导出席会议，经研究认定爆破土堤是可行的。"63·8"海河大水之后，水电部十分担心荆江防洪问题，10 月再次组织审查荆江防洪规划补充研究报告，湘鄂两省代表，长办林一山、李镇南（总工程师）数人，水电部副部长张含英及有关司局领导、专家、学者与会。会上严谨细致地讨论了相关问题，湖南对隔堤方案和松东大堤方案仍持不同意见。最后，由水电部副部长钱正英出面，说明荆江问题的严重性。湖南代表表示，作为 1964 年度汛措施，可实施涴市至里甲口隔堤工程，但防洪规划补充研究报告中提出的若干问题有待深入论证。此次会议最重要的决定是隔堤立即开工，1964 年汛前建成；并考虑到调弦河堵口建闸已 5 年，堵口以下两岸堤防因未经临水而失修，在 1963 年岁修中拨专款加培；松滋长江堤防一段欠高，与隔堤方案不相配套，应在汛前加培至设计标准。12 月，水电部以〔63〕水规字第 465 号文转发水电部报国务院并国家计委的请示及附件《关于荆江地区防洪规划补充研究报告的审查情况报告》、《关于荆江地区防洪规划补充研究报告的审查意见》，并要求遵照执行，"希望长办于明年 4 月提出荆江地区防洪补充规划；对于 1964 年临时度汛工程，迅即报送设计，在设计未批准前，可同意湖北省水利厅意见，涴市至里甲口隔堤工程先行开工（已另发电），临时度汛工程中其它工程如涴市至松滋老城沿江堤防，虎渡河西堤和虎渡河南闸加固或改建工程等希望积极准备争取早日开工，以保证明年汛前完成"。

1963 年 10 月会议以后，长办根据各方面提出的意见和要求，组织涴市至里甲口隔堤的设计与配合施工，并进一步开展荆江地区防洪规划工作，于 1964 年 12 月提出《荆江地区防洪补充规划报告》。此次规划，主要考虑在三峡工程建成前研究解决 50 年及 100 年一遇洪水的荆江防洪措施方案，同时对历史上发生的超 100 年一遇特大洪水，制订出确保荆江大堤的紧急措施及方案。经研究论证：上荆江涴市至里甲口隔堤方案作为永久工程；荆江大堤加培、改造、护岸工程和荆北放淤是荆江防洪的主体内容；荆江分洪区最高蓄洪水位定为 42.00 米，南线大堤加培按 I 级建筑物设计，相应加固黄天湖排水闸和南闸；提出荆江系统裁弯方案，以扩大下荆江泄洪能力，使上下荆江河道安全泄量得到平衡。与此同时还提出兴建第二人民大垸方案，既有利于防洪，也有利于外滩综合利用；提出洪湖蓄洪区修建八尺弓至新沟嘴隔堤，以防蓄洪后回水直抵沙市造成巨大淹没损失的意见，明确指出洪湖蓄洪区是下荆江分蓄洪方案的基础。

1964 年规划报告提出之后，至 1969 年，方案基本得到实施：包括隔堤工程、下荆江裁弯、黄天湖闸加固、增建泄洪闸、南闸加固、荆江分洪区安全建设、南线大堤加固、主要进洪口门裹头工程。荆北放淤工程也进行设计，但湖北省及荆州地区认为需审慎考虑。

1971 年 11 月至 1972 年 1 月，长江中下游规划座谈会在北京召开，会议对兴建荆北放淤和洪湖隔堤工程提出初步意见。关于荆北放淤方案，拟在荆江大堤沙市至柳口堤段内再建一道平行于大堤的新堤，两堤之间辟为淤区，于盐卡建闸引江水落淤，在江陵柳口建闸泄流，以期使宽 1.7～3 千米的淤区地面平均每年淤高约 0.3 米，以 10～15 年时间逐步改善荆江南高北低的险状，并使堤基管涌险情得到根本解决。该方案 1972 年上半年提出初步设计报请审批后，计划当年冬开工，1974 年建成。会议建议洪湖隔堤工程实施由八尺弓经福田寺到中革岭方案。为落实会议意见，1972 年 3 月，长办和湖北省水电局联合组成荆北放淤规划小组和洪湖区防洪排渍规划小组，共同完成相关区域的规划工作。1972 年 12 月长办提出《荆北放淤工程规划方案初步意见简要报告》，1973 年提出《荆北放淤工程补充初步设计报告》。1974 年 4 月 28 日，国务院副总理李先念在长办《关于兴建荆北放淤工程简要报告》上批示："一、建议用大力加强现在的荆江大堤，防止近几年，特别是今年出现意想不到的大水。无论如何要保证荆江大堤不能出事。这一点要湖北认真执行，决不能大意。二、长办提出的意见已议论多年，看能否按长办的方案办，如可以，可提前实现。但是湖北的人力是否够用，因为同时有两个大工程要在那里兴建：一是葛洲坝，一是荆江第二道大堤。前者用人可能少些，后者就要大打人民战争，这个问题要与湖北省详细商议。商议之后，请水电部提出报告……"1974 年 5 月水电部在北京召开荆北放淤工程审查会，国家计委、交通部、湖北省水电局、长办等单位与会。湖北省水电局认为该工程只能解决局部堤段的加固问题，工程量大，投资多，使用劳力多，荆北地区负担太重，势必影响农业生产，同时对航运及近期防汛也会带来一定影响，建议采用"吹填"的办法，结合人工填压和涵闸引水放淤，同样可以达到解决荆江大堤现有问题的目的。由于意见未能统一，荆北放淤工程方案被搁置。与此同时，1972 年湖北省提出《湖北省荆北洪湖地区防排（涝）规划要点报告》及《洪湖隔堤第一期工程初步设计报告》。《初步设计报告》将隔堤堤线中八尺弓至福田寺一段改为半路堤至福田寺。水电部〔73〕水电计字第 33 号文在批复初步设计时，虽明确提出关于洪湖主隔堤堤线问题，但从荆江整体防洪考虑，仍应采用八尺弓至福田寺堤线。1975 年 7 月 28 日湖北省水电局向水电部报告，认为选用半路堤至福田寺堤线为好。水电部据此批文同意主隔堤上段先按半路堤方案实施，同时指出，八尺弓方案仍需要在荆江整体防洪方案中进行研究。以后，据长办不断研究，仍认为从中游整体防洪考虑，洪湖主隔堤仍以采用八尺弓方案为好。

因荆北放淤方案未能实施，从 1975 年开始，长办在下荆江裁弯工程和长江中下游河道研究工作基础上又提出"上荆江主泓南移方案"，即在沙市、郝穴两个河湾采取因势利导的工程措施，通过水流自身动力调整河势使主泓南移，以期为无滩或仅有窄滩的荆江大堤险段，造成宽 1～2 千米外滩。1980 年长江中下游防洪座谈会上，"上荆江主泓南移方案"作为会议文件《长江中游平原区防洪规划要点报告》的附件之一，与会代表对此方案进行研究。会后，水电部向国务院呈报的《关于长江中下游近十年防洪部署的报告》中提出，继续有计划地整治上下荆江，扩大泄洪能力，改变荆江防洪的险峻局面；由长办对上荆江继续进行研究，争取以几千万元的工程，对河势作有利地调整。据此，会后长办对上荆江河势调整继续开展研究。

1985 年 6 月 1 日，林一山上书邓小平，请求中央尽早对上荆江主泓南移等方案作出决定。信中说："经过数十年的研究，我们已经制定了几种经济易行的荆江防洪治本方案。这类方案的指导思想是淤高北岸地面或者迫使长江主泓南移，后者是指利用河流自身的动力调整河势，使长江主泓南移。

荆江问题所以严重，主要原因是南岸地面高，北岸地面低，相差五至七米。如果使长江主泓在最危险的河段南移一至数千米，这样就可以解决南高北低这个根本问题。在这种情况下，万一发生特大洪水，大堤溃决，洪峰过后，河水归槽，长江不会改道；长江改道则是招致特大灾害的根本原因……在我们的总体方案还没有达到一定成效之前，立即组织力量，在可能改道的河段把荆江大堤加高展宽，并创造抢险条件。这样，在万一出现特大洪水时不致束手无策。这就是先保重点堤段，允许次要堤段溃决。在完成这一工程的基础上，随着主泓逐步南移，再争取时间，全面改善荆江大堤的防御条件。"

此外，有关方面还先后提出"沮漳河改道方案"、"两沙运河方案"、"荆南四口控制方案"、"荆江分洪道方案"、"荆南三口堵支并流"、"控湖调洪方案"、"沙市至沌口运河方案"等多种治理方案。

沮漳河改道方案 将沮漳河入江口上移至龚家台，于火箭洲附近汇入长江，以缓解沮漳河洪水对荆江大堤的影响。

两沙运河方案 在沙市与沙洋之间利用古河道开挖人工运河，为南水北调中线工程规划中研究的一项补偿工程——引江济江工程。该工程以分洪为主，兼有航运、灌溉、发电之效。同时有人主张将运河断面扩大，使之能在荆江发生洪水而汉江水小时，适当分泄部分洪水入汉；汉水大而荆江水位低时分泄部分洪水入江。

荆南四口控制方案 即在荆南四口建闸控制荆江入湖水量，实现四口与四水错峰补偿调节，起到控湖调洪，减少淤塞作用。1952年兴建荆江分洪区时，在虎渡河下游建有南闸控制下泄流量；调弦河亦于1958年建闸封堵，所以该方案主要考虑于松滋口、藕池口建闸和调弦口闸改建问题。由于涉及江湖关系，有关方面对此方案尚有不同意见，认为调弦河建闸封堵后出现的诸多问题应引以为鉴。

荆江分洪道方案 自澧水尾闾津市小渡口起，由西向东，取道澧县、安乡、石首、华容等县及钱粮湖农场，经荆江门新开一条长100千米、宽1000余米，能通过12000~16000立方米每秒流量的人工运河，将澧水和荆南四口入湖水量经运河直接输入长江（北线方案），或者自澧县九垸下首，七里湖东侧三不管起，经澧县、安乡、南县、华容拦截澧水及三口洪水，循注滋口（展宽）入东洞庭湖（南线方案），与湘、资、沅三水分流。该方案不足之处在于分洪道直接入江泄洪，不经洞庭湖调蓄，势必引起湖口上下长江水位抬升，江湖顶托更加严重；运河处于平原区，河道比降小，泥沙易淤积。

荆南三口堵支并流 部分学者认为理顺洪道，合理堵支并流，可缩短防洪堤线，减轻修防负担，同时集中水流维持行洪能力，束水攻沙，保持河道生命力，是治湖的战略措施。湖南方面多次提出在松滋、虎渡、藕池河水系适当堵闭分支汊道，挖深和展宽主洪道的方案。

经过多年研究论证，上述方案中仅沮漳河改道和荆南四口堵支并流得到部分实施。

荆州部分河段、洲滩冲淤多变，主流摆动不定，顶冲点移位频繁。河岸在水流冲刷下，崩坍十分剧烈，许多河段已崩至堤脚，严重危及堤防安全。历年来，为遏制河岸崩坍，控制河道摆动，保证堤防安全，沿江两岸修建大量矶头、驳岸等护岸工程。这些护岸工程抗冲能力相对较强，对堤防安全起到有效防护作用，但至建国前，这些护岸工程不少已坍毁，长江干流及主要支流基本上处于自然演变状态。为扭转崩岸险工危及堤防安全的严峻局面，20世纪50年代开始，各级政府和部门投入大量人力、财力进行河道治理。

下荆江河段"九曲回肠"，为长江中下游典型的蜿蜒型河道，泄洪十分不畅，河势极不稳定，河道平面摆幅达20~30千米，凹岸崩坍严重，自然裁弯时有发生，航运条件较差。为解决防洪和碍航问题，长办于20世纪60年代提出下荆江系统裁弯工程规划，并于1967年、1969年先后实施中洲子、上车湾人工裁弯工程，沙滩子于1972年发生自然裁弯。为巩固裁弯成果，防止河势恶化发展，1983年下荆江河势控制工程列入水电部直供项目，先后在石首金鱼沟、连心垸、调关、八十丈、中洲子、章华港和监利铺子湾、天星阁、盐船套、熊家洲河湾、观音洲河湾等11处实施护岸工程。据不完全统计，1952—2010年下荆江完成护岸工程总长度149千米，石方量1668万立方米，平均每米岸线石方112立方米。经多年实施河势控制工程，沙滩子新河出口至上车湾新河出口河势得到控制，滩岸大范围、大强度崩坍基本被遏止，河岸稳定性得到增强。

随着长江流域经济社会发展，对干流河道稳定和两岸水土资源开发利用的要求越来越高，因此搞好长江中下游干流河道治理，对促进和发展长江流域乃至全国经济具有十分重要的战略意义。1996年12月，长江委在1959年提出的《长江流域综合治理规划报告》、1960年提出的《长江中下游河势控制应急工程规划报告》和1966年提出的《长江中下游河势控制应急工程规划补充报告》的基础上编制《长江中下游干流河道治理规划报告》（以下简称《规划报告》）。1997年11月，水利部审查《规划报告》，同意该报告提出的长江中下游干流河道按照"因势利导，全面规划，远近结合，分期实施"以及"综合治理，标本兼治"原则确定的近期和远期治理目标，即在2005年或稍后，力争重点河段有利河势得到控制；2020年或以后，使干流河势得到改善和控制，成为一条河岸稳定，航运、港域和水环境良好的河道。为适应长江中下游地区干流河岸经济发展，界牌河段等河道治理相继得以实施，随着《长江中下游干流河道治理规划》的实施，至2010年底，干流河道治理已按规划展开。经过建国后60余年整治，荆州河段河岸大规模崩坍基本得到抑制，堤岸稳定和防洪安全得到保证。

为防止荆北地区发生毁灭性洪灾，加高加固荆江大堤是荆江防洪规划的主要内容之一。1971年长江中下游防洪座谈会后，湖北省积极开展荆江大堤加高加固工作。1974年10月编制《荆江大堤加固工程初步设计简要报告》。1975年2月，水电部对荆江大堤加固工程提出审查意见，同意采用挖泥船吹填和人工挖填相结合的办法，以增加荆江大堤背水面覆盖层；同时提出按沙市水位45.00米、城陵矶水位34.40米另加超高2米的标准加高加固荆江大堤。第一期工程批复总投资为1.25亿元，至1983年底完成投资1.18亿元，但大堤防洪标准未达到设计要求。1985年湖北省编制《荆江大堤加固工程补充设计任务书》上报水电部，1986年经国务院批准，国家计委以〔1986〕241号文、水电部以〔1986〕水电水规字第17号文批复该任务书，同意在1983年已完成投资的基础上再安排投资2.7亿元，继续加固荆江大堤，1998年大水后，国家投巨资整治长江堤防，荆江大堤得到大规模整治。

1971年和1980年两次长江中下游防洪座谈会确定，按防御1954年洪水的标准，城陵矶附近需分洪总量为320亿立方米。洪湖与洞庭湖两区各分（蓄）洪160亿立方米，组成城陵矶附近区的近期分（蓄）洪工程系统。湖北开始修建洪湖分蓄洪区，湖南方面也在城陵矶附近洞庭湖区修建蓄洪区以解决城陵矶附近超额洪水问题。1998年大水后，针对暴露出的问题，国务院决定在城陵矶附近建设蓄滞100亿立方米的蓄洪区，根据湖南、湖北对等原则，洞庭湖分蓄洪区选取钱粮湖、共双茶、大通湖东3垸（蓄量约50亿立方米）先行建设；湖北则在洪湖分蓄洪区划块安排50亿立方米的蓄洪区。工程建成后，遇1998年型洪水，可分蓄100亿立方米超额洪水，有效缓解城陵矶附近地区防洪紧张局面。

1990年9月，国务院批准《长江流域综合利用规划简要报告》（以下简称《简要报告》）。《简要报告》中，防洪是此次长江流域规划的主要内容之一。《简要报告》分析长江防洪形势及多种防洪措施作用后，确定长江中下游防洪治理的方针仍应是"蓄泄兼筹，以泄为主"，并应考虑"江湖两利"和左右岸兼顾及上、中、下游协调的原则，强调采取合理加高加固堤防，整治河道，安排与建设平原分蓄洪区，结合兴利逐步兴建干支流水库，逐步达到以三峡工程为骨干，堤防为基础，配合其它干支流水库、分蓄洪工程、河道整治工程以及防洪非工程措施，使长江中下游防洪问题得到较好解决。具体安排为：中下游堤防仍按1980年防洪座谈会确定的设计水位加高加固，荆江右岸松滋老城附近堤防应按能安全通过枝城80000立方米每秒流量加高加固；沮漳河下游改道，荆江河道继续进行整治；安排长江中游有效容量约500亿立方米的分蓄洪区；尽早按正常蓄水位175米兴建三峡工程；规划2020年前后在长江上游兴建13座较大水库，总库容460亿立方米。

三峡工程是举世瞩目的特大型综合利用水利枢纽，具有防洪、发电、航运等巨大效益，坝址位于长江干流三峡河段西陵峡三斗坪，控制长江流域上游100万平方千米承雨面积。

早在1918年，孙中山先生就提出兴建长江三峡水利工程："以闸堰其水，使舟得以溯流以行，而又可资其水力。"以后，民国政府亦组织力量对三峡工程进行过勘查、设计，因当时内忧外患、民不聊生，兴建三峡工程仅限于纸上谈兵。

20世纪50年代，长江委成立不久即着手进行三峡工程的勘探、规划与设计研究。1958年3月，中共中央政治局成都会议通过《中共中央关于三峡水利枢纽和长江流域规划的意见》。1984年，国务院审查通过三峡工程150米水位、175米坝高方案的可行性研究报告，并开始进行施工准备。但由于对兴建三峡工程仍有不同意见，1986年中共中央决定重新论证。防洪专题是14个论证专题之一，水利专家们着重分析长江中下游防洪形势和防洪要求，论证三峡工程在长江中下游防洪的地位与作用以及三峡工程对上下游防洪的影响等课题。通过论证表明，长江中下游防洪形势严峻，特别是荆江遭遇特大洪水后可能发生毁灭性灾害；兴建三峡工程并与堤防、分蓄洪区等配合运用，可以明显提高荆江防洪标准，避免荆江地区发生毁灭性洪灾；对不同类型洪水可不同程度地减少长江中下游分洪量和相应的分洪损失。通过"有三峡"和"无三峡"两类防洪方案对比研究论证，证明无三峡工程情况下，虽也可通过一些工程措施提高荆江防洪标准，但投资大、运用条件差、损失大，特别是遭遇类似1870年特大洪水，仍难以避免发生毁灭性灾害，从而进一步论证无现实可行的方案可以替代三峡工程在防洪方面的作用。三峡工程巨大的防洪作用也是全国人大会议通过兴建三峡工程决议的关键因素之一。

1992年4月3日，全国人大第七届五次全体会议通过《关于兴建长江三峡工程的决议》。1994年12月14日，长江三峡水利枢纽工程正式开工建设。

三峡工程主要建筑物由大坝、水电站厂房和通航建筑物三大部分组成。拦河大坝为混凝土重力坝，主坝长2309米，坝顶高程185.00米，设计正常蓄水位175.00米。三峡水利枢纽最大泄洪能力为116110立方米每秒，可削减的洪峰流量达27000～33000立方米每秒，总库容393亿立方米，其中防洪库容221.5亿立方米。左右岸厂房布置有26台总装机容量1820万千瓦的水轮发电机组，后又在右岸大坝"白石尖"山体建有地下电站，设有6台70万千瓦水轮机组，总装机容量为2250万千瓦，年最大发电能力约1000亿千瓦时，是世界上最大的水电站，发电效益显著。

三峡水库在长江防洪中具有重要地位，对长江洪水主要来源——宜昌地区以上洪水具有巨大的拦洪调蓄作用。据1903年以来资料表明，大水年宜昌站洪水来量占荆江洪水95％以上，约占城陵矶70％，占武汉59％～64％。1860年、1870年宜昌最大流量分别为92500立方米每秒和105000立方米每秒（调查洪水）。1931年、1954年、1998年大水，宜昌最大流量均超过60000立方米每秒。三峡水库巨大的库容，可与上中游干支流水库联合运用，对中下游洪水进行补偿调节，特别是对长江防洪形势最严峻的荆江河段防洪标准的提高具有关键作用，可使该地区防洪标准从10年一遇提高至100年一遇，防止发生毁灭性洪灾。对城陵矶附近区域亦有重大防洪效益，可使防洪标准得到显著提高。

荆江左岸为江汉平原，右岸为洞庭湖平原，均凭堤防保护。左岸荆江大堤已有1600余年历史，是江汉平原的重要防洪屏障，直接保护江汉平原约74万公顷耕地和1000余万人民的生命财产安全。右岸干堤保护的农田与人口与其相当。因洞庭湖泥沙淤积，四口分流量逐渐减少等原因，枝城同流量时的荆江洪水位逐渐抬升，荆江大堤也不断加高，至1990年堤身垂高平均达12米，最高达16米，而荆江河段干堤仅能防10年一遇洪水。当荆江遭遇类似1860年或1870年特大洪水时，枝城流量约110000立方米每秒，超过荆江河段安全泄量约50000立方米每秒，除有计划分洪20000立方米每秒外，还有30000立方米每秒超额流量无可靠措施予以处置，两岸仍可能自然溃决，从而发生毁灭性灾害，并可能影响到武汉市的安全，其后果难以估量。因此，荆江地区是长江防洪形势最严峻的地区。经长期研究论证：只有兴建三峡工程，才能防止该地区发生毁灭性洪灾。

三峡水库具有防洪调度的作用。1990年修订的《长江流域综合利用规划简要报告》提出，荆江地区近期防洪标准应达到100年一遇，并且在遭遇类似1870年特大洪水时保证荆江防洪安全，南北两岸大堤不发生自然溃决，防止发生毁灭性灾害；城陵矶以下，以1954年洪水为防御对象，分洪量500亿～700亿立方米，保证重点区、重点堤防安全。

三峡水利枢纽的防洪调度在初步设计阶段研究过两种方式：①以解决荆江地区防洪问题为主，采用分级补偿控制沙市水位泄洪，即按枝城或沙市补偿的调度方案。当洪水不大于 20 年一遇时，控制沙市水位 44.00～44.50 米；当洪水为 20～100 年一遇时，控制沙市水位 44.00～45.00 米；当洪水超过 100 年一遇，则控制枝城泄量不超过 80000 立方米每秒，再配合运用荆江分洪工程保障荆江河道安全行洪。②除重点考虑荆江地区防洪问题外，还对城陵矶进行补偿调节，即除上述规定外，并按城陵矶水位不超过 34.40 米进行控制与调蓄。

根据以上安排，以下地区防洪能力均得到相应提高。

荆江地区 遇小于 100 年一遇洪水，可使沙市水位不超过 44.50 米，不启用荆江分洪区，并可减少洲滩民垸受淹机会；遇 1000 年一遇或类同 1870 年洪水，枝城最大泄量不超过 71700～77000 立方米每秒，在与荆江分洪工程配合运用下，可使沙市水位不超过 45.00 米，从而保证荆江两岸防洪安全。

城陵矶附近区 一般洪水年份，除各支流尾闾区外，可以基本上不分洪；遇类同 1931 年、1935 年大水，可大幅度减少分洪量，甚至不分洪；遇 1954 年同大洪水，可减少分洪量 94 亿～220 亿立方米，从而明显减少淹没损失。

武汉地区 由于上游洪水得到有效控制，如遇类同 1860 年、1870 年等特大洪水，可避免荆江大堤溃决对武汉市的威胁；由于提高了城陵矶地区洪水控制能力，可避免武汉水位失去控制；由于城陵矶地区分洪量减少，相应提高了武汉市防洪调度的可靠性与灵活性，对武汉市防洪起到保障作用。

1998 年大水后，党中央、国务院对灾后重建、江湖治理和兴修水利工作极为重视。1998 年 10 月，中国共产党十五届三中全会作出《中共中央关于农业和农村工作若干重大问题的决定》，要求进一步加强水利建设，坚持全面规划、统筹兼顾、标本兼治、综合治理，实行兴利除害结合、开源节流并重、防汛抗旱并举的方针。随后，党中央、国务院下发了《关于灾后重建、整治江湖、兴修水利的若干意见》，对灾后水利建设作了全面部署，具体提出"封山植树、退耕还林，平垸行洪、退田还湖，以工代赈、移民建镇，加固干堤、疏浚河湖"的灾后重建措施，并明确指出长江主要堤防要能防御建国以来发生的最大洪水，重点地段堤防要达到防御百年一遇洪水标准，要抓紧加固干堤，建设高标准堤防。

经过建国后 60 余年的建设，长江中下游已基本形成以堤防为基础、三峡水库为骨干，其它长江上游干支流水库群、蓄滞洪区、河道整治相配合，以及平垸行洪、退田还湖、水土保持等工程措施与防洪非工程措施相结合的综合防洪减灾体系。

注：

[1] 详见《天下郡国利病书》卷七四。

[2] 详见《皇朝经世文编》卷一一七。

[3] 详见《续行水金鉴》卷一六五。

[4] 详见《再续行水金鉴》卷一。

[5] 详见《再续行水金鉴》卷八。

[6] 详见本志附录。

[7] 同注释 [1]。

[8] 详见《续行水金鉴》卷一五三。

[9] 详见《清史稿》卷一二九"河渠四"。

[10] 详见《再续行水金鉴》卷三二。

[11] 详见《再续行水金鉴》卷三二。

[12] 详见本志第九章所节录孙中山《建国方略》之二——《实业计划》（物质建设）。

第二节 荆 江 分 洪 工 程

荆江分洪工程是建国后为解决荆江河段部分超额洪水而兴建的国家第一个大型水利工程。

一、地理位置

荆江分蓄洪区位于荆江河段，由荆江分洪区、涴市扩大分洪区、虎西预备蓄洪区和人民大垸蓄滞洪区组成，总面积1444平方千米，总有效蓄洪量80.6亿立方米，行政区域跨公安、石首、松滋、荆州、监利等5个县（市、区），2010年统计总人口约95万。工程主要作用是缓解长江上游巨大洪峰来量与荆江河段安全泄量不相适应的矛盾，减轻洪水对两湖地区人民生命财产的威胁，确保荆江大堤、江汉平原安全。

荆江分洪工程主体工程东濒长江，西临虎渡河，北起太平口与荆州、沙市隔江相望，南达黄山头与湖南省安乡县为邻。地势西北高东南低。区内除闸口附近有4.5平方千米岗地外，一般为平原，地面高程34.00~39.00米，设计蓄洪量54亿立方米。区内有自北而南纵贯全区的排水主渠道，总长约70千米。28个湖泊分布于区内，总面积约为分洪区的1/10。

二、兴建缘由

荆江两岸平原区共有耕地140余万公顷，人口2000余万，是著名的农产区。左岸荆江大堤是长江中游地区重要的防洪屏障，直接保护着江汉平原约74万公顷耕地和1000余万人民的生命财产安全，若其溃口，将导致严重灾难。建国后，荆江大堤被确定为确保堤段，任何情况下均要保证安全。荆江河道数百年来不断演变，冲淤变化频繁，泥沙淤垫，河床呈抬高趋势。荆江四口分流量逐年减少，洞庭湖围垦，使湖面、湖容锐减，调蓄洪水功能降低。荆江四口泥沙淤积，导致荆江洪水位逐年增高，据1903—1963年资料分析，沙市洪水位60年间升高1.5米。荆江河段是长江中游洪灾最为频繁和严重的河段，其安全泄洪能力与上游来量巨大且频繁的洪水不相适应，致使荆江地区频繁遭受洪水严重威胁，造成灾害。19世纪中叶以来，荆江河段先后发生1860年、1870年、1931年、1935年、1954年和1998年等年份大洪水。

洪水来量与泄量不相适应，是荆江堤防频繁溃决灾害严重的根本原因。上荆江沙市河段安全泄量，包括松滋口、太平口分流量在内约为60000~68000立方米每秒，而上游宜昌站1877年有实测记录以来洪峰流量超过60000立方米每秒的洪水年份有27年。1870年和1860年宜昌站最大流量分别高达105000立方米每秒和92500立方米每秒，1870年枝城站最大流量110000立方米每秒，远远超过荆江的安全泄量。加之自荆江大堤连成整体以后，荆江洪水向南分流、溃口的泥沙淤积，使荆江两岸地势逐渐形成南高北低的局面，北岸地面高程较南岸低5~7米，汛期洪水位常高出北岸地面10余米。荆江大堤一旦溃决，巨大洪流将以高出地面10余米的水头向荆北平原倾泻而下，所经之处将造成大量人员伤亡的毁灭性灾害。

三、工程规划

建国后，党和国家高度重视荆江的治理。1950年2月，长江委成立后，即着手研究荆江防洪问题，通过实地勘查，参考前人治江论述，以及防汛斗争实践，研究过多种方案。1950年8月提出《荆江分洪初步意见》，认为在长江上游尚未兴建大型山谷水库和尚未实施水土保持工程，泥沙洪水皆无从控制的情况下，选定枝江以下旁泄，是可以实行的较为妥善的方案。分析荆江两岸形势，左岸为广阔而低洼的江汉平原，如由左岸分洪，则控制运用均有困难，右岸"四口"通湖洪道如同脉络，堤垸各自独立，各垸面积亦较左岸为小，因此，在荆江实行有计划地分洪以右岸分泄为宜，并确定在整理洞庭湖计划未实施前以不增加四口通湖洪道和洞庭湖区的洪水负担为原则。1950年10月1日，党和国家领导人毛泽东、刘少奇、周恩来听取邓子恢、薄一波关于荆江分洪工程的汇报，毛泽东仔细询问每一个技术性问题后，同意兴建荆江分洪工程的方案。12月25日，中南军政委员会召开荆江安全会议讨论荆江分洪工程计划，一致认为该计划可以实施。1950年12月1日至1952年1月2日，长江委组织查勘荆江分洪区后提出《查勘荆江临时分洪工程报告》，内容包括地形、水系；干堤、民堤及垸堤；人口、田亩、产量及房屋；临时分洪区与临时蓄洪区的比较；分洪道的拟议，以及分蓄洪有关问题的研讨。

1951 年 2 月，长江委提出《荆江临时分洪工程计划》。该计划是荆江地区防洪规划的开端，按防御 1931 年型洪水，初步拟定分洪区的设计标准、工程规模、工程运用以及民垸配合蓄洪等初步设想，确定以沙市站控制水位 44.00 米为设计参数，设计最大进洪流量为 13500 立方米每秒，最高蓄水位为 40.24 米，最大泄洪流量为 8730 立方米每秒；划定虎渡河以东、公安长江干堤以西、藕池口安乡河以北，地跨江陵、公安、石首三县的范围为分洪区；初步选定进洪口在距太平口约 2.5 千米的腊林洲，采取宽顶堰结构型式，堰顶高程 42.50 米，堰顶口门长 3018 米；泄洪口选在公安长江干堤无量庵前的低洼地段，结合区内排渍，拟定泄洪口底部高程为 37.00 米，口门长 1242 米；进、泄口不建永久性建筑工程；为扫清分洪区内行洪障碍，计划刨毁马家嘴狭颈处一道横堤。全部工程需土方 393.3 万立方米、石方 6 万余立方米。8 月，长江委提出《荆江分洪工程计划》，本着"蓄泄兼筹，以泄为主"，"江湖两利"的原则，以 1931 年 8 月 5—25 日宜昌至枝城洪峰水位、流量为标准，配合荆江左岸加固荆江大堤，在荆江右岸藕池口安乡河以北，太平口虎渡河以东地区，开辟 921.34 平方千米的分洪区，以分、蓄荆江上游来水的超量洪峰流量，减轻洪水对荆江大堤的威胁。拟定最大分洪流量为 13450 立方米每秒，最高蓄洪水位为 40.95 米，总容量为 55.75 亿立方米，最大泄流量为 8124 立方米每秒，以维持沙市水位不超过 44.00 米。进洪闸址选定腊林洲民垸堤内，拟定闸底高程 41.00 米，60 孔，每孔净宽 25.00 米，闸体宽 1679 米。泄洪闸址选定黄水套下游无量庵前低洼地段，拟定闸底高程 34.00 米，16 孔，每孔净宽 25 米，闸体宽 447 米。工程计划包括进洪、泄洪闸各一座；围堤全长 200 千米；安全区 18 个，虎东堤闸口以下护坡 11 处；马家嘴横堤刨毁等，总计土方 2710 万立方米。同年 9 月，中央水利部审查同意兴建荆江分洪工程。

1952 年 1 月，长江委提出《荆江分洪工程技术设计》，将进洪闸北移至虎渡河太平口东岸；并考虑如分洪区水位蓄至设计水位，虎渡河东堤闸口以下溃决时，为保障湖南省西洞庭湖区安全，计划在黄山头东侧建节制闸一座，控制下泄流量不超过 3800 立方米每秒；无量庵吐洪采取临时扒口。3 月 4 日，中南军政委员会召开湖南、湖北两省负责人和中南局水利、农林、交通等有关部门负责人会议，对荆江分洪工程计划进行磋商，一致认为工程计划能够照顾全局，兼顾两省，于两省人民均为有利。3 月 18 日，荆江分洪总指挥部将荆江分洪工程计划上报中央，国家主席毛泽东审阅后批准实施。3 月 31 日，中央人民政务院作出《关于荆江分洪工程的规定》，指出"为保障两湖千百万人民生命财产的安全起见，在长江治本工程未完成以前，加固荆江大堤并在南岸开辟分洪区乃是当前急迫需要的措施"。

四、工程建设

1952 年 3 月 15 日，中南军政委员会第 74 次行政会议通过《荆江分洪工程计划》的实施办法，并作出《关于荆江分洪工程的决定》。分洪工程建设包括荆江大堤加固，太平口进洪闸修建，黄山头虎渡河节制闸及拦河坝修建，分洪区围堤培修，南线大堤修建等，工程分两期实施。

为加强领导，按期完成任务，由中南军政委员会副主席邓子恢负责荆江分洪工程建设，同时成立荆江分洪委员会和荆江分洪总指挥部。

荆江分洪委员会由李先念任主任委员，唐天际、刘斐任副主任委员，下设秘书处、政治处、闸工处、器材处、供给处、堤工处和移民处，共配备干部 1076 人（不包括移民处干部）。

荆江分洪总指挥部由唐天际任总指挥，李先念任总政治委员；王树声、许子威、林一山、田维扬任副总指挥；袁振、黄志勇任副总政委。总指挥部下设南闸指挥部，田维扬、徐觉非为指挥长，李毅之为政委；北闸指挥部，任士舜为指挥长，张广才为政委；荆江大堤加固指挥部，谢威为指挥长，顾大椿为政委[1]。

1952 年 4 月 5 日荆江分洪工程全面动工，参战军工、民工共 30 万人，其中，湘鄂两省民工 20

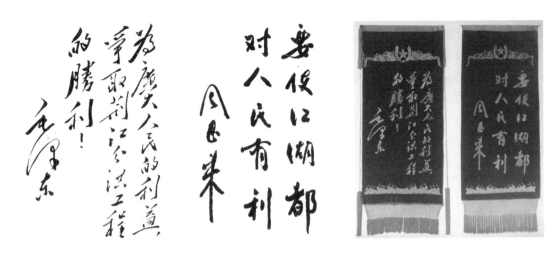

图 5-1　毛泽东、周恩来题词及赠授锦旗

万人，部队参建人员 10 万人。4 月 25 日，荆江分洪总指挥部发出《关于完成红五月爱国劳动竞赛总任务的号召》，号召"全体同志百倍努力，为五月份基本完成任务，七月份取得全部工程建设的胜利而奋斗"。5 月上旬，整个荆江分洪工程掀起施工高潮。在竞赛中，涌现出以夏汉卿、袁成竣、鲍海清、张杨林、谭文翠（女）、辛志英（女）、孙基楷、孙茂绪、张大玉（女）、李国仁、颜山林、凌国奠、王起、张德、王文柳、王咸成、李芬、谢涌、饶民太、商国新为代表的 1.2 万余名功臣、英雄和模范人物，工效成倍提高。混凝土工程平均工效由开始每人每天 0.23 立方米提高到 0.39 立方米，创造了每日浇灌 5800 立方米的当时全国最高记录；土方工程在 80～120 米运距内，工效由每人每天 0.6 立方米提高到 2.02 立方米，其中七一三支队戴国华每天高达 15.1 立方米；闸工铆钉安装纪录由每日 300 个提高到 834 个；弯钢筋的平均工效由每日 20 人 1 吨提高到 8 人 1 吨；交通运输战线采用"一列式拖带法"，运输效率较平时提高了 1.5 倍，以 2 个月时间完成了 3 个月的任务；码头起卸率由开始的每日两三千吨提高到万吨。

　　5 月 19 日，中央水利部部长傅作义在中南水利部部长刘斐、农林部部长陈铭枢和苏联水利专家布可夫陪同下视察荆江分洪工程施工现场。24 日在沙市召开赠授党和国家领导人为荆江分洪工程题词锦旗的大会。国家主席毛泽东题词是："为广大人民的利益，争取荆江分洪工程的胜利！"政务院总理周恩来题词是："要使江湖都对人民有利。"消息传到工地，一片欢腾，军民施工热情更加高涨，对提前完成工程建设起到巨大鼓舞作用。

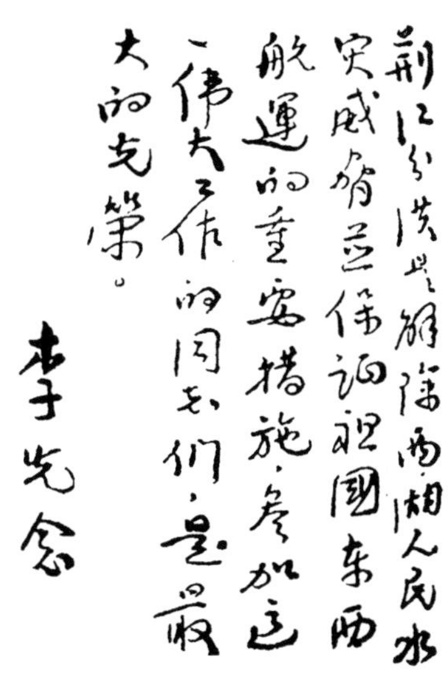

　　荆江分洪工程主体工程于 6 月 20 日胜利建成，工期仅 75 天，比预定计划提前 15 天，建设速度之快令中外水利界赞叹不已。

　　1952 年 6 月 25 日，荆江分洪总指挥部发布《公告》宣布："荆江分洪工程胜利完成！"

　　主体工程竣工后，中南军政委员会成立以刘斐、黄琪翔为正、副团长的荆江分洪工程验收团，于 6 月 28 日至 7 月 4 日对工程逐处进行验收，认为工程质量基本符合设计要求。7 月 22 日，中南军政委员会召开第 84 次行政会议，批准荆江分洪总指挥部关于荆江分洪工程总结报告和荆江分洪验收团关于荆江分洪工程验收报告。

　　第一期主体工程　包括进洪闸、节制闸、黄天湖拦河坝、南线大堤和荆江大堤加固工程，共完成土方 834.58 万立方米、石方 17.13 万立方米、耗用钢材 5864 吨、混凝土 3.55 万吨、木材 1.03 万立方米，投入经费 4142.51 万元。

　　第二期工程　包括公安长江干堤培修工程；虎渡河东西堤培修

图 5-2　李先念题词

415

工程；安全区围堤及涵闸工程；进洪闸东引堤延伸及闸前滩地刨毁工程；黄天湖新堤、安乡河北堤及虎东堤护岸工程；分洪区排水工程等。1952 年 11 月底，中南军政委员会调整荆江分洪总指挥部领导成员，任命任士舜为总指挥，阎钧为总政委，具体领导第二期工程施工。第二期工程于 1952 年 11 月 14 日动工，次年 4 月 25 日竣工，参建人员 18 万人，其中荆州专署 13 万人，宜昌专署 5 万人，共完成土方 1100 余万立方米，投入经费 572.55 万元。

主体工程竣工后，在荆江分洪工程进洪闸、泄洪闸和荆江大堤上分别修建纪念碑亭以志纪念。

五、工程设施

（一）主体工程

主体工程主要包括分洪区围堤工程、进洪闸、节制闸等工程设施。全区面积 921.34 平方千米，南北长约 68 千米，东西平均宽 13.55 千米，最窄处 2.5 千米，四面环堤，有效容积 54 亿立方米。

围堤及防浪工程 分洪区围堤北面和东面临荆江干流，堤长 95.8 千米；西临虎渡河，堤长 90.58 千米；南面南线大堤长 22 千米。全部围堤除黄天湖数千米堤段为新筑之外，其余均系利用原有民垸堤防加固加高形成。围堤断面：一般按长江干堤标准培建，顶宽 6 米，内、外坡比 1：3。堤顶高程：部分堤段按江河设计水位超高 1.5 米，大部按蓄洪水位 42.00 米计算加风浪安全超高 2 米。由于南线大堤特别重要，被确定为 Ⅰ 级堤防，为确保蓄洪时洞庭湖区堤垸不受溃决威胁，设计为复式断面，顶宽 5 米，内、外坡比 1：3，堤顶以下 3 米在分洪区外侧设有 5 米宽戗台，堤顶高程按蓄洪水位 42.00 米加 3.2 米安全超高，以 45.20 米控制。南线大堤建成后 1969 年进行第一次全面加培，1992 年再次实施全面整修加固。

分洪运用达到蓄洪水位 42.00 米时，分洪区内大部区域水深 7～10 米，水面宽阔，风浪高 1～2 米。为防风消浪，在区内沿堤栽植 6～10 排以柳树为主的防浪林共约 100 万株；堤坡植草防风浪冲刷；南线大堤除在内外平台植柳之外，还在蓄洪面内坡面砌筑糙面干砌块石护坡，可有效削减分洪后的爬坡风浪。

荆江分洪工程进洪闸（北闸） 位于太平口东岸，因地处荆江分洪区北端，又称北闸，是建国之初兴建的第一座大型水闸，其主要作用是当荆江分洪工程运用时，开闸分泄荆江地区超额洪水流量，控制沙市水位不超过防洪标准，以确保荆江大堤安全。进洪闸设计为钢筋混凝土底板，空心垛墙，坝式岸墩轻型开敞式结构，闸体宽 1054.38 米，共 54 个进洪孔，每孔净宽 18 米，孔高 5.5 米；闸底板高程 41.00 米，闸顶高程 46.50 米；钢质弧形闸门，门高 3.78 米，重 18 吨。初建时启闭设备为人力绞盘式绞车，启闭机 55 台，每台启闭能力为 12.5 吨。设计最大进洪流量为 8000 立方米每秒。

1954 年，北闸三次开闸分洪，运行情况良好。20 世纪 70 年代后期，由于混凝土构件长期裸露及其它设计施工原因，闸墩、岸墩、闸室底板等部位出现多处裂缝，且荆江防御水位计划提高 0.5 米，因而北闸必须进行加高加固。1980 年长江中下游防洪座谈会同意实施北闸加固工程。1987 年 8 月长办提出加固初步设计：闸室底板、阻滑坡、下游护坦斜面板各加厚 0.5 米，闸墩加高 0.7 米，其余部分相应加固，海漫防冲槽延长 10～25 米，闸门加高 0.35 米；启闭方式由原绞盘式改为手摇、电动两用，并增加电子显示设施及其它配套设施。加固工程于 1988 年 7 月开工，1990 年 5 月竣工，完成土方开挖 2.68 万立方米、土方回填 17.95 万立方米、石方填筑 5.94 万立方米、砌石 1.55 万立方米、混凝土 3.91 万立方米、金属结构安装 803 吨，耗用钢材 2290.71 吨、紫铜片 10.86 吨，完成投资 3017 万元。加固后，闸顶高程 47.20 米，闸底高程 41.50 米，沙市水位 45.00 米时设计流量为 7700 立方米每秒。钢质弧形闸门采用电动机和手摇启闭机两种方式启闭，闸上工作桥为 2.8 米宽钢结构便桥。

1994 年和 1998 年分别实施启闭机房、防潮棚及附属工程建设，完成投资 450 万元。2001 年实施北闸东引堤护坡翻筑工程。东引堤桩号 696＋800～697＋337，长 537 米，属国家 Ⅱ 级堤防，堤顶高程 44.30（黄海），堤顶宽 10 米，修有 4.5 米宽混凝土路面。翻筑工程完成干砌石拆除 5604 立方米、土方加培 1.77 万立方米、现浇混凝土护坡 1080 立方米、草皮护坡 6754 平方米，完成投资 98.61 万元。2003 年实施荆南长江干堤 JN/NCB-北闸加固工程，工程内容包括西引堤加固、北闸与长江干堤连接工程、分洪配电设施、防汛通信指挥系统、弧形闸门防腐处理、防汛码头、堤顶道路及上堤路等。工程于 2003 年 9 月 3 日开工，次年 12 月 13 日完工，完成投资 809.85 万元。2006 年实施北闸东西引堤防渗墙工程（隐蔽工程），完成西引堤混凝土防渗墙 1.29 万立方米、东引堤混凝土防渗墙 9345 立方米，工程于当年 2 月 20 日开工，5 月 3 日完工，完成投资 286.42 万元。

进洪闸上游约 1.5 平方千米滩地，由于汛期洪水泥沙淤塞，进洪口门逐年淤高，影响进洪流量。1961 年沿滩地边缘修筑连接分洪区干堤的防淤堤一道，堤长 3.43 千米，堤顶高程 45.90 米，面宽 4 ～5 米，内、外坡比 1:3。该堤分洪前要保证安全，分洪时爆破进洪，1987 年被列为干堤。

图 5-3 北闸加固工程施工（1988 年）

图 5-4 1952 年的南闸

荆江分洪工程节制闸（南闸） 位于湘鄂边陲黄山头东麓，又称南闸，紧接分洪区南端西侧，横跨虎渡河而建。主要作用是控制虎渡河向洞庭湖分流水量，以确保洞庭湖区数百万人民生命财产安全。当分洪区蓄洪水位达到 42.00 米时，如果分洪区虎渡河东堤下段决口，将增加虎渡河流量，危及黄山头以下两岸堤垸安全时，控制下泄流量不超过 3800 立方米每秒。

南闸结构型式为钢筋混凝土开敞式结构，Ⅰ级建筑物，共 32 个泄洪孔，每孔净宽 9 米，钢质弧形闸门高 6 米、宽 9 米、重 19.5 吨，启闭机采取半自动操作方式，配人力绞车 33 台，每台启闭能力 10 吨。原闸底高程 35.00 米，闸顶高程 43.00 米，闸体宽 336.8 米，设计最大泄洪流量为 3800 立方米每秒。南闸于 1952 年 4 月 2 日开工建设，6 月 15 日完工，共完成钢筋混凝土 3.25 万立方米、抛砌块石及碎石垫层 5.93 万立方米、土方 83.44 万立方米。

因原设计标准偏低，1954 年南闸超标准运用后闸体出现一些问题。1963 年 12 月，水电部批复的《荆江地区防洪规划补充研究报告》中指出，节制闸应进行必要的加固和改建，按上游水位 42.00 米设计，43.00 米校核，控制下泄流量不超过 3800 立方米每秒。为保证南闸结构稳定和安全运行，1964 年 11 月至 1965 年 10 月实施第一次加固改建。加固内容包括闸室底板加固、闸身增高 1.5 米、闸门加固（闸门顶高程 41.80 米，上有胸墙）、新建启闭操作台、将绞盘式绞车改为手摇式启闭机、改建混凝土工作桥、加固东西引堤和拦河坝等。加固后 1～16 孔单孔和 18～32 孔双孔闸底高程为 36.20 米，第 17 孔为 35.50 米，其余仍为 35.00 米，交通工作桥桥面高程 44.00 米。并且全面加固护坦、海漫和防冲槽，二号护坦板加厚 0.5 米，三号护坦板加厚 0.2 米；海漫加固长 30 米；防冲槽加长 10～26 米（河床中央加长 26 米，两侧为 16 米）；闸墩加高 0.7 米；东、西引堤加高至 44.50 米。1979 年增设电动装置，启闭操作改为电动手动两用方式，每台启闭能力为 10 吨。2000 年 12 月，南闸实施第二次加固，设计水位标准为上游水位 42.00 米，下游水位 38.50～40.40 米；校核水位标准为上游水位 43.00 米，下游水位 38.50～40.40 米。工程主要项目包括闸室段加固，上游防渗板和阻滑板加固，下游滤渗板和一、二、三号护坦板及海漫加固；将原底板高程未加高至 36.20 米的一律加高至 36.20 米；岸墩、角墙加固；东、西引堤加高加固；上、下游河道整治；重建变电所；重建工作桥；更换闸门控制设备，增设闸门集中显示设备；电气及照明设备、广播通信设备、消防暖通设备安装，以及闸门加固、更换启闭机等。加固后闸底板高程 36.20 米，启闭机台高程 44.60 米。工程于 2000 年 12 月开工，2002 年 4 月 15 日完工，完成土石方填筑 9.67 万立方米、混凝土 2.48 万立方米，耗用钢筋 2018.7 吨，完成总投资 7412 万元。

拦河坝（即东引堤）位于节制闸东端，为节制闸配套工程，东接分洪区围堤，西接节制闸边墩。坝长 500 米，坝顶高程 45.65 米，面宽 11.5 米，上下游边坡坡比 1：3。东引堤为二级复式断面，下游边坡在 33.00 米高程处筑有 10 米宽平台，上游边坡 39.50 米高程处筑有 5 米宽平台。西引堤东接南闸引桥，西接黄山脚下南闸纪念公园，堤顶高程 45.00 米，长 283 米，面宽 7 米。东、西引堤均为国家 I 级堤防。东、西顺水堤位于节制闸上游，东顺水堤高程 44.58 米，长 185 米，宽 35 米；西顺水堤上接虎西干堤，下接南闸西引堤，高程 44.58 米，长 500 米，宽 15 米，为国家 II 级堤防。东、西导水堤位于节制

图 5-5　整险加固后的南闸（2010 年）

闸下游，东导水堤高程 41.50 米，长 1200 米，宽 2.5 米；西导水堤高程 41.50 米，长 800 米，宽 2.5 米。

避洪安全措施　分洪区内耕地 3.33 万公顷，人口 50 余万。沿堤建有安全台 87 处，总面积 1.78 平方千米；安全区 19 个（原为 21 个，1972 年 11 月将藕池、倪家塔两个安全区合二为一，1988 年 11 月建闸口第二电力排灌站，经省水利厅批准，废除东港子安全区。东港子安全区，位于虎东干堤中部，东与闸口、吴达河安全区相邻，西临虎渡河），总面积 19.58 平方千米，围堤全长 52.78 千米。原计划定居人口约 17 万，多余人口迁至区外。分洪区内不得建永久住房，为便于生产，可搭临时生产棚。1954 年以后，分洪区一直未运用，加之疏于管理，分洪区内人口剧增至 58.7 万，分洪时区内居民约 39.6 万人需临时转移。20 世纪 60—70 年代在分洪区安全区内和安全台上共修建移民安置房 908 栋计 12146 间，共 36.4 万平方米。经多年更新、扩建和改造，2010 年底有安置房 694 栋计 10748 间，面积 37.18 万平方米，其中框架安全楼 246 栋，面积 13.5 万平方米，用于临时避水和存放重要物资；仓库 64 栋计 325 间，面积 9598.7 平方米，为临时转移囤放物资之用；移民公路 84 条，共计 458.84 千米；各类桥梁 389 座。当预告分洪时，动用和调入车船等运输工具，组织群众紧急转移。

泄洪工程　分洪区泄洪分两种情况：①分洪期间，分洪区蓄洪水位（黄金口站）预报将超过 42.00 米时，在无量庵扒口泄洪，扒口堤段均作裹头准备。②当分洪过程结束，分洪区水位不超过 42.00 米，待江水位下落，首先从无量庵江堤扒口泄入长江，剩余水量约 18 亿立方米由修建在南线大堤上的黄天湖泄洪老闸、新闸泄入虎渡河。两闸设计流量共 700 立方米每秒，均为钢筋混凝土建筑物。老闸为开敞式，1953 年建成，2 孔，每孔净宽 8.8 米，上有胸墙，经加固后，底板高程 31.60 米，设计泄洪流量 250 立方米每秒；新闸为箱涵式，建于 1970 年，3 孔，每孔宽 5.3 米，底板高程 30.00 米，设计泄洪流量为 450 立方米每秒。两闸均为泄洪排涝两用闸。

排灌工程　为发展区内农业，已建成较为完备的排灌系统。沿长江和虎渡河跨堤修建灌溉闸 10 余座，分别引水分片灌溉。为解决平时排水问题，开辟纵贯南北的排水主干渠和与之相接的各级排灌渠 800 余条，集中在南端由排水闸自流入虎渡河。建有 3 座电排泵站，用于汛期排涝，一座位于南线大堤，装机容量 4800 千瓦，排水流量 54 立方米每秒；另两座建于闸口镇，总装机容量 16800 千瓦，设计流量 168 立方米每秒。电灌站 3 座，装机容量 2300 千瓦，设计流量 23 立方米每秒。为适应蓄洪要求，泵站为封闭式，以保护机电设备蓄洪时不被水淹。经过历年整治改建，以排水灌溉为主体的分

洪区排灌系统基本形成。

通信设施 荆江分洪工程建成后，即沿分洪区围堤架设专用电话线路。为便于应急通讯，汛期，北闸向邮电部门租用电台用于联络。1976年6月，分洪区建成无线电通讯网。1985年，修建30米高通信钢质铁塔1座。1988年，组建以分洪区分洪建设指挥部（湖北省荆江分蓄洪工程管理局前身）为中心台，10个指挥所、9个转移渡口、6艘救生船和3辆指挥车为分台的全双工自动拨号网。1989年11月建立有线通信网，1990年5月，组建无线电报警网，建成50米高钢质天线铁塔1座，同时建立无线报警信息反馈网。经过多年建设，荆江分洪区已拥有县—镇（乡）—村三级无线通信网和与水利微波联网的有线通信，以及无线报警网，共有各种电台188台，数字程控交换机1台，无线报警主、备发射机各1套，接收警报器400台，以及其它配套设备，通信系统日臻完善。2006年南闸完成电信通讯网络，2011年8月实现光缆通信。

过船设施 黄水套升船机，位于公安长江干堤桩号620＋400，黄水套安全区下游100米处，为荆江分洪区配套工程。1990年由湖北省水利勘测设计院设计，主体工程于1990年11月至1992年7月建成。升船机以斜面单绳牵引惯性过堤方式运行。滑道工程由主滑道、引航道、内外承船池及停船池组成。1993年7月18日成功进行试运行，每日可通过30吨级船舶35艘。升船机建设目的是在分洪蓄水后，输送船只进入分洪区救生、打捞，并作为转运高层框架楼房避险人员、物资以及对外联系的交通枢纽。

（二）附属工程

涴市扩大分蓄洪工程 位于太平口西岸，荆州区弥市镇和松滋市涴市镇境内，东濒虎渡河，西抵涴里隔堤，北临长江，南至里甲口，与荆江分洪区隔虎渡河相毗邻，于1964年汛前建成。扩大区东西平均宽8.33千米，南北长17.2千米，蓄洪面积96平方千米，有效蓄洪容积2.0亿立方米。扩建区有效蓄洪容量较小，其主要作用是补充荆江分洪区进洪流量的不足，当长江干流枝城来量大于75000～80000立方米每秒时，扒口分洪，与荆江分洪区联合运用，以扩大分洪效果。区内有荆州区弥市镇和改口乡大部分及松滋市涴市镇月堤村，人口约6万，耕地5800公顷。

扩大区防洪工程由松滋长江干堤部分堤段、荆州（区）长江干堤、虎渡河右堤及涴里隔堤组成，全长52.67千米。进吐洪口门，均临时扒口破堤。松滋长江干堤桩号自712＋300向东全长12.3千米，与虎渡河西堤相接。堤顶高程46.00～47.00米，堤顶面宽6～8米，内、外坡比1∶3。进洪地点选定在涴市以下（桩号710＋300～711＋710），为防止分洪时口门扩大，两端以块石裹头。进洪口门设计宽约1000米，设计进流量5000立方米每秒。泄洪入荆江分洪区的口门分别位于虎东、虎西堤的里甲口段，口门宽均为2000米。分洪运用时，三处进泄洪口门同时扒开，上吞下吐。虎西支堤长23.15千米，从太平口起，向南至里甲口与隔堤相接，堤顶高程45.00～46.00米，堤顶面宽6～10米，内、外坡比1∶3。涴里隔堤自松滋长江干堤涴市横堤段起，南抵里甲口接虎西支堤，长17.23千米，堤顶高程44.90～46.40米，堤顶面宽4米，内、外坡比1∶3，外坡自堤顶下3米有宽5米平台，平台以上坡比1∶3，其下1∶5。隔堤进口1千米处建有块石护坡，围堤内外禁脚均植有防浪林。

扩大区内排灌系统基本完备，围堤上建有中小型钢筋混凝土结构灌溉涵闸8座：荆州（区）长江干堤幸福闸（灌溉闸，原名竹林子闸），单孔，最大设计流量14.26立方米每秒，为主要引水工程，因落淤严重，在闸前引渠内增建防淤闸1座；虎西支堤红卫灌溉闸（南街闸）和大兴寺灌溉闸均为1孔，设计流量分别为8.5立方米每秒、4.38立方米每秒。涴里隔堤建有涵闸5座（灌溉闸1座、排水闸4座），即金桥灌溉闸及余家泓、鄢家泓、太平、顺林沟等排水闸。除余家泓和鄢家闸为2孔，设计流量分别为17.2立方米每秒和16.8立方米每秒外，其余均为1孔，设计流量金桥闸为3.47立方米每秒，太平桥及顺林沟两闸分别为6.25立方米每秒和5.01立方米每秒。扩大区南端虎西堤建有里甲口电排站一座，是荆州区弥市镇排水骨干工程，装机155千瓦电机18台，总装机容量2790千瓦，设计总流量24.84立方米每秒。

扩大区建成以来，建成转移道路12条（全长51.45千米）、转移桥16座。

虎西备蓄工程 虎西预备蓄洪区，又称小虎西（以下简称虎西备蓄区），位于公安县孟溪大垸内，上起大至岗，下迄黄山头，东傍虎渡河，西以山岗为界，呈狭长地形，南北长 28 千米，东西平均宽 3.3 千米，最宽处 4.8 千米，总面积 92.38 平方千米。区内大部为丘陵岗地，地势西高东低，地面一般高程 33.60 米。1952 年建成，为荆江分洪区配套工程，在荆江分洪区蓄洪水位达到或接近设计水位，并预报蓄洪量可能超过荆江分洪区最大蓄洪量 2 亿～3 亿立方米时，即将荆江分洪工程节制闸（南闸）部分关闭，节制下泄流量不超过 3800 立方米每秒，同时扒开虎东干堤和备蓄区虎西干堤，使超额洪水进入备蓄区，以补充荆江分洪区容量的不足。进洪口门位于肖家嘴对岸的虎西堤段，蓄洪面积 86 平方千米，设计蓄洪水位 42.00 米，有效蓄洪容量 3.8 亿立方米。分洪时大部分人口可就近转移安置，转移道路长 12.7 千米，转移桥 22 座。2010 年全区共有 5.4 万人，耕地约 3600 公顷。

虎西备蓄区围堤由虎西干堤和山岗围堤组成，总长 82.11 千米，其中虎西干堤长 38.48 千米。虎西山岗堤 1952 年由松滋县建成，自螺壳山起，经马鞍山、长山、大门土地、雷家巷、金鸡窝、达仁岗、章田寺、猴子店、龚家铺，至大至岗接虎西干堤，全长 43.63 千米；沿线为绵亘起伏的岗地，仅于 18 处低于设计蓄洪水位的垭口筑堤长 10.61 千米。1959—1968 年，当地在原堤面修建灌溉渠道时，将堤基高程增高至 45.00 米，新堤面宽 3～4 米，内、外坡比 1:3。

虎西备蓄区由多个民垸组成，各垸水系独立，分别向虎渡河排水。1952 年黄山头节制闸建成后，虎渡河闸上游水位抬高，原有剅闸失去排水功能。1952 年进行统一排灌规划，修建排水工程。虎西干堤建有排灌涵闸 6 座，其中排水闸 2 座，灌溉闸 4 座，总流量 32.95 立方米每秒；建有一级、二级机电排灌站 12 座，装机总容量 5405 千瓦，流量 35.45 立方米每秒。

虎西山岗堤穿行于孟溪大垸，将大垸分割为东西两块，建国后，多次发挥防洪作用，保护了垸内民众免遭更大洪灾损失。1954 年大水时启用荆江分洪区和虎西预备分洪区，山岗围堤保护了围堤以西 10 余万人生命财产安全，并使备蓄区内数万人得以顺利转移至围堤上。1980 年松东河黄四嘴溃口，山岗围堤成功拦截洪水，使其未能进入虎西备蓄区，5 万余人生命财产得到保护。1998 年孟溪严家台溃口，围堤以东安然无恙，围堤以西 7 万余人转移至备蓄区内，生命财产损失减少。

人民大垸分蓄洪工程 为荆江分洪工程的组成部分，位于荆江大堤下段外垸，上搭埫起于新厂镇，下搭埫抵杨家湾，由上人民大垸和下人民大垸组成，总面积 341 平方千米。上、下人民大垸面积分别为 216 平方千米、125 平方千米。围堤一部分为荆江大堤蛟子渊至杨家湾堤段，长约 55 千米；另一部分为垸堤，自蛟子渊经新厂镇、古长堤、冯家潭、流港至杨家湾，长 74.2 千米。上人民大垸设计蓄洪水位 40.50 米，下人民大垸为 38.50 米，总有效蓄洪容量为 20.8 亿立方米，区内耕地 1.84 万公顷。分洪口设在人民大垸堤新厂镇下首，计划扒口宽度为 2420 米，最大进洪流量为 20000 立方米每秒。按照荆江分洪运用程序，当荆江分洪区、涴市扩大分洪区和虎西预备蓄洪区运用后，并达到设计蓄洪水位时，在公安长江干堤无量庵扒口泄洪；若干流泄洪不及，则扒开人民大垸分泄超额洪水。

1952 年荆江分洪移民委员会为安置荆江分洪区移民，挽筑人民大垸（上人民大垸）。新修箢子口至一弓堤堤防，堤顶高程按 1949 年最高洪水位超高 0.5 米设计，面宽 4 米，内、外坡比分别为 1:3 和 1:2.5，堵塞蛟子河，疏通垸内渠道。工程计划土方 139 万立方米，1952 年 2 月 7 日开工，石首、监利、江陵三县 5.61 万名民工参与施工。1952 年新修堤防 22.49 千米，堵塞蛟子河，长 1.56 千米，疏浚渠道 12 条，长 29.6 千米。共完成土方 140.5 万立方米，实用人工 101.2 万个，受益农田 1.07 万公顷。

1955 年 4 月，长江委为解决上、下荆江泄量不平衡矛盾，在《荆江地区防洪排渍方案》中提出第二人民大垸方案（下人民大垸），扩大下荆江泄量，以适应分洪区泄洪的需要。1957 年 10 月 17 日，湖北省水利厅以〔1957〕第 3961 号文批准《荆州专区人民大垸围垦设计任务书》。工程计划包括新建从陈家倒口起，经流港子、中洲子至杨家湾堤防一道，新辟和疏浚渠道 4 条，修建涵闸 2 座。工程于 1957 年 12 月 18 日动工，次年 5 月竣工。建成人民大垸支堤一道，长 26.7 千米，面宽 4 米，垂高 3.3 米（平 1954 年洪水位），内、外坡比 1：3，完成土方 145.7 万立方米，共用人工 102 万个。新开渠道 2 条，长 6.5 千米，其中，流港子至杨波坦 2.5 千米，深 6 米，底宽 15 米，坡比 1：1.5；江口至西湖长 4 千米，深 4 米，底宽 6 米，坡比 1：1.5。疏浚渠道 2 条，长 18 千米，其中，四屋台至焦家台长 10 千米，深 3 米，底宽 4 米，坡比 1：1.5；吴垃渊至杨沟子长 8 千米，深 2 米，底宽 6 米。修建涵闸 2 座（流港子和杨沟子闸），完成土方 87 万立方米，用工 40 万个。全部工程投资 186.2 万元。

六、运用效益

兴建荆江分洪工程的目的在于分泄荆江超额洪水，确保荆江大堤安全，并减轻洞庭湖区防洪负担。1952 年建成后，历经 1954 年分洪和 1998 年准备分洪大转移，虽然分洪、转移造成人员财产损失，但确保了荆江大堤安全，取得了荆江防洪全局的胜利。

图 5-6　1954 年北闸分洪情形

1954 年夏，长江发生流域型特大洪水，7 月中旬，当沙市水位达到 43.00 米以上时，荆江大堤发生险情 2000 余处。为确保荆江大堤安全，经报请中央人民政府批准，先后三次运用荆江分洪工程，分泄荆江洪水总量达 122.6 亿立方米，降低荆江河槽洪水位 0.96 米，从而确保了荆江大堤和武汉市安全。同时，减少荆江四口泄入洞庭湖总水量 54.22 亿立方米，减轻了洞庭湖区水灾，发挥了江湖两利的显著效益。

1998 年入汛后，长江流域发生自 1954 年以来最为严重的大洪水，荆州境内上起车阳河，下至新滩口全线 483 千米长江干流和荆南四河支流，出现最高水位全线超 1954 年、超保证的大洪水，干流沙市站超警戒 54 天。在沙市水位急剧上升，将超过 45.00 米分洪争取水位情况下，为确保荆江大堤安全，省防汛抗旱指挥部按照《中华人民共和国防洪法》及《长江防御特大洪水方案》的规定，8 月 6 日 20 时下达准备运用荆江分洪区分洪的命令，要求即刻转移分洪区内老、弱、病、残、幼及低洼地区群众至安全地带。8 月 7 日，中共中央政治局召开常委扩大会议，听取国家防总汇报，随后中共中央发出《关于长江抗洪抢险工作的决定》，要求坚决严防死守，确保长江大堤安全，切实做好荆江分洪区分洪准备，有备无患。8 月 16 日，沙市水位涨至 44.97 米，直逼 45.00 米分洪争取水位，省防汛指挥部发出《关于紧急转移荆江分洪区人员的命令》和《关于爆破荆江分洪区进洪闸拦淤堤的命令》，要求做好分洪前的一切准备工作。分洪区内 33 万群众在 24 小时内按转移方案安全转移。16 日 16 时，国家防总要求长江委在一个小时内，就沙市洪峰的可能最大值及出现时间；沙市超保证水位和分洪水位持续时间及超额洪量；预见期内降水对沙市最高水位的影响；清江隔河岩水库出流对沙市水位的影响；运用荆江分洪工程可能降低荆江各站水位值；综合考虑荆江分洪工程、汉江杜家台分洪工程不分洪运用情况下对汉口站水位的影响等与荆江防洪密切相关的 6 个问题作出回答。长江委接到任务后，经过紧张分析计算，在规定时间内先后以口头和文字形式上报国家防总，由国家防总组织专家审查，然后上报中央。长江委分析结论为：第六次洪峰是因区域降雨所产生，洪峰过程比较尖瘦，沙市水位不会超过 45.30 米；超过 45.0 米的时间仅 22 个小时；超额洪量约 2 亿立方米；如果分洪，沙市至螺山各站降低最高水位约 0.06～0.23 米；预见期内的降雨不会进一步加大洪峰。

16 日 22 时，温家宝飞抵荆江坐镇指挥，代表国家防总向长江流域抗洪军民下达命令，要求所有军队、干部、民工全部上堤，坚持严防死守，咬紧牙关，坚决挺过去，并决定不运用荆江分洪工程。

为确保长江流域防洪安全，1985 年国务院批准《长江防御特大洪水方案》（国发〔1985〕79 号）。在此基础上并根据长江防洪工程现状，2011 年 12 月，国家防总关于长江洪水调度方案的批复，对荆江河段及荆江分洪工程的调度运用程序作出具体安排，明确了长江中下游的防汛任务，确定了主要河段防御水位及防洪工程运用程序[2]。

表 5 - 1   荆州分蓄洪区主要特征值表[3]

分洪区名称	蓄洪面积/km²	有效蓄洪容积/亿 m³	蓄洪水位/m	耕地/万 hm²	人口/万人
荆江分洪区	921.0	54.0	42.00	3.5	57.7
涴市扩大分洪区	96.0	2.0	43.00	0.6	5.7
虎西备蓄区	86.0	3.8	42.00	0.4	5.4
人民大垸蓄滞洪区	341.0	20.8	38.50	1.8	18.7
洪湖分蓄洪区	2782.8	160.0	31.50	8.6	118.0
合计	4226.8	240.6		14.9	205.5

注 高程系统为冻结吴淞。

注：

[1] 详见本志第九章所载李先念、唐天际所撰《荆江分洪工程纪念碑文》。

[2] 详见本志第十章重要文献相关内容。

[3] 表中数据引用《长江流域综合利用规划要点报告》，分别于 1998 年、2011 年修订；如果洪湖分蓄洪区蓄洪水位为 32.50 米，则有效蓄洪容积为 189.36 亿立方米。

第三节 洪湖分蓄洪工程

洪湖分蓄洪工程位于长江中游左岸，荆州市东部监利、洪湖境内，紧接荆江下段，南临洞庭湖出口，下游紧邻武汉市，为长江防洪体系的重要组成部分。洪湖分蓄洪区是长江整体防洪规划中长江中游城陵矶地区分蓄超额洪水容积最大的一个分蓄洪区，对保障江汉平原和武汉市防洪安全发挥着重要作用。

洪湖分蓄洪区由洪湖监利长江干堤、东荆河堤和分洪主隔堤围成，围堤总长 334.51 千米，区内自然面积 2782.84 平方千米，设计蓄洪水位 32.50 米，有效蓄洪量 160 亿立方米。2010 年底区内人口 118 万，耕地 8.85 万公顷，社会财产总值约 399 亿元[1]。

1985 年，按国务院批转的《长江防御特大洪水方案》，如遭遇 1954 年同样严重洪水，城陵矶河段控制水位 34.40 米，要求洪湖分蓄洪区与洞庭湖分蓄洪区共同承担城陵矶地区超额洪水 320 亿立方米，其中由洪湖分蓄洪区蓄洪 160 亿立方米；或者当荆江上游出现超过 1954 年的更大洪水时，要求洪湖分蓄洪区承担荆江分蓄洪区蓄洪后所不能容纳的超额洪水。洪水由荆江分蓄洪区无量庵吐入长江，经人民大垸转泄洪湖蓄洪区，形成荆江分蓄洪区、人民大垸与洪湖分蓄洪区联合运用的分蓄洪工程系统，从而控制沙市、城陵矶和武汉市的洪水位不超过设计防御水位，确保荆江大堤和武汉市防洪安全。

一、兴建缘由

城陵矶河段洪水来源于荆江和洞庭湖流域湘、资、沅、澧四水。河道安全泄量约 6 万立方米每秒（螺山站），但 1954 年及 1931 年、1935 年大水，其合成流量均达 10 万立方米每秒，其中 1954 年超额洪水即达 400 余亿立方米。因此，该河段洪水对两湖平原及武汉市威胁十分严重。1955 年，长江委在编制《长江中下游防洪排渍规划》时，即着手研究处理该河段超额洪水问题。根据演算，如 1954 年洪水重现，控制沙市水位 45.00 米、城陵矶水位 34.40 米、汉口水位 29.73 米，则必须在城陵矶附近区域内再分蓄洪水 320 亿立方米。经中央统筹安排，最后选定在四湖地区下区，与洞庭湖蓄洪区分别承担 1954 年同大洪水的超额洪水各 160 亿立方米。湖北省建设洪湖分蓄洪区，湖南省也在城陵矶附近地区修建蓄洪区以解决城陵矶以下超额洪水问题。湖南方面修建分蓄洪工程，根据"五先五后"的原则，即先国营农场后民垸，先防洪标准低的后防洪标准高的堤垸，先蓄老垸后新垸，先蓄小垸后大垸，先蓄距城陵矶近的后蓄远的堤垸。据此原则，1970年提出建蓄洪垸37个，蓄洪量181亿立方米的方案。以后多次变更，1984年10月规划蓄洪堤垸为30个，总面积29.89万公顷（其中耕地15.97万公顷），蓄洪量171.8亿立方米。湖南省从1969年冬开始至1974年冬，连续5年进行湖区蓄洪建设试点，国家投资1191万元，共计完成安全台、安全区及安全隔堤土方2809万立方米，建成安全仓库面积18万平方米、永久性民房面积46万平方米，并有3万余居民迁至安全台定居。1975年后相当长一段时间，洞庭湖分蓄洪工程建设基本停顿。此后，根据1990年国务院批复的《长江流域综合利用规划简要报告》，洞庭湖区安排钱粮湖、共双茶等24个蓄洪垸。

1998年大水后，针对暴露出的问题，国务院决定在城陵矶附近地区建设蓄滞100亿立方米的蓄洪区。根据湖南、湖北对等原则，洞庭湖分蓄洪区选取钱粮湖、共双茶、大通湖东3垸为蓄滞洪区先行建设，总面积936.29平方千米，蓄洪容积51.91亿立方米。工程建设项目包括围堤加固、分洪闸工程和安全建设工程。此外，建设垸、江南陆城垸堤防作为长江干堤实施加固建设并已达标，但洞庭湖区其余19个蓄洪垸未达到水利部1997年批准的《洞庭湖区综合治理近期规划》的治理标准。2008年4月，水利部向国家发改委提出《洞庭湖区治理近期实施方案》，明确围堤湖等10个蓄洪垸堤防加固为下一阶段实施项目。

洪湖分蓄洪区运用效益：①开启螺山闸分洪，控制河道泄量，配合武汉附近分洪区的运用，以保证武汉河段不超过防洪保证水位，确保武汉市区防洪安全。②配合洞庭湖民垸蓄洪运用，控制城陵矶水位，有利于下荆江和湖口泄流，从而保证洞庭湖重点圩垸防洪安全。③荆江分洪区于无量庵吐洪，在干流泄洪不及时，跨江进入人民大垸，其末端扒口入江，从上车湾分洪进入洪湖蓄洪区，配合荆江分洪区联合运用，确保荆江大堤和武汉市防洪安全。

洪湖分蓄洪区和洞庭湖分蓄洪区工程建成后，将有效缓解城陵矶附近地区防洪紧张局面。

二、规划述略

洪湖分蓄洪工程自1955年开始进行重点研究和规划。1955年《荆北区防洪排渍方案》对洪湖蓄（分）洪规划提出方案，拟定以洪湖、大同湖、大沙湖范围为基础，新滩口长江自然倒灌区域作为蓄洪区范围，与其它蓄洪工程联合运用，控制武汉水位不超过29.73米。蓄洪区面积1840平方千米，新滩口蓄洪水位为30.00米，有效蓄量57亿立方米；蓄洪水位提高至31.35米（相应汉口水位29.73米），有效容量为81亿立方米，围堤长375.6千米。同时，考虑当长江中游遭遇超过1954年洪水，为减轻洪水淹没损失，选定在监利城区以下，长江干堤半路堤至东荆河新沟嘴修建隔堤，将隔堤以东至蓄洪区围堤之间，划定为备蓄区。为了在不同洪水情况下，尽可能减少损失，便于群众转移，规划以计划的总排水干渠为界，南北筑堤，与蓄洪区围堤相接，形成两个备蓄区，总面积1722平方千米，蓄洪水位为30.00米和31.35米，有效蓄洪容量分别为55亿和79亿立方米。

1958年5月，下人民大垸建成，上、下人民大垸的建成，为洪湖与荆江分洪区联合运用创造了条件。1958年长办在《长江流域综合利用规划要点报告》中提出，修建八尺弓至福田寺隔堤，形成分洪道，导引洪水经分洪道进入1955年规划的洪湖蓄洪区。

计划修建自荆江大堤八尺弓至鸡鸣铺接备蓄区北段隔堤的北堤，与修建由吴老渊至火把堤与备蓄区南段隔堤相接的南堤，形成分洪道；修建备蓄区隔堤与蓄洪区围堤，培修加固人民大垸堤，退建监利青泥洲江堤；选定吴老渊为洪道进洪口，进洪流量20000立方米每秒。1958年5月，国务院总理周恩来主持湘、鄂、赣3省水利工程安排会议，水电部、长办主要负责人在会上讨论过此方案。

1963年，长办在1958年提出的荆江防洪方案基础上，进一步研究制订《荆江地区防洪规划补充研究报告》。报告仍维持1958年下荆江洪湖洪道方案，经中南局计委与水电部两次组织长办及湘鄂两省有关部门讨论，认为洪湖洪道方案有些重要技术问题仍需进一步研究、补充。

1964年，长办根据水电部审查《荆江地区防洪规划补充研究报告》意见，进一步分析论证和补充以前各种方案，提出《荆江地区防洪补充规划》。补充规划中洪湖蓄洪方案计划自荆江大堤八尺弓至东荆河新沟嘴修筑隔堤，隔堤以东为蓄洪区，面积3920平方千米，以蓄洪水位32.00米计，有效蓄洪量196亿立方米。为减少淹设损失，采取分片蓄洪，在蓄洪区内修建南北隔堤，将蓄洪区划分成3片，其中洪道与蓄洪区面积2460平方千米，有效蓄洪量126亿立方米，两个备蓄区合计面积1460平方千米，有效蓄量70亿立方米。规划选定在吴老渊扒口进洪或在螺山分洪。

1969年1月，经国务院批准，水电部军管会邀请湘、鄂、赣、皖、苏5省及国务院有关部门和长办的领导、专家在京召开长江中下游防洪工作会议。会议着重讨论长江防洪工作，对荆江地区、城陵矶附近区为战胜可能发生的1954年同样严重洪水作出安排。对城陵矶附近超额洪水的处理意见是："城陵矶附近区，城陵矶控制水位由33.95米逐步提高到34.40米，在洞庭湖的大通湖蓄洪160亿立方米，在洪湖及西凉湖需要蓄洪174亿立方米。考虑到洪湖蓄洪区的安全措施较困难，对运用西凉湖沟通梁子湖和洪湖东部大沙、大同湖地区方案，应积极勘探落实，报中央审批实施。按此方案蓄洪220亿立方米，与洪湖地区淹没基本相等，但可大大减少洪湖渍灾，西凉湖一般年景可增垦土地8.6万公顷，武汉附近可相应减少淹没损失约5.4万公顷，对确保武汉市非常有利。"

据此，1969年11月，湖北省革命委员会（以下简称湖北省革委会）生产指挥组向中央报送《长江中下游城陵矶至汉口河段利用西凉、梁子、大同、大沙湖蓄洪垦殖工程请示报告》，提出以洪湖蓄洪区东部的大同湖、大沙湖与江南西凉湖、梁子湖共同蓄洪方案，来代替洪湖洪道方案。报告指出，西凉、梁子湖等蓄洪区靠近武汉，分洪路线直撒向武汉下游，对确保武汉非常有利，相应可减少武汉附近地区分洪量，减少淹没耕地约5.4万公顷。洪湖平原区蓄洪后，水位高、防御堤线长，洪水分蓄于武汉上游，始终对武汉构成威胁。报告划定蓄洪区范围的有效蓄洪容量191.2亿立方米，耕地11.4万公顷，人口81万。方案规划修建4道隔堤，开挖西凉湖至梁子湖分水岭洪道10千米，修建马鞍山节制闸、西梁湖进洪闸、两座电力排灌站，以及铁路改线和垫高部分路基等。全部工程需土方6700万立方米、石方173万立方米，其中洪道石方153万立方米，混凝土34.7万立方米。

1971年11月，水电部在京召开长江中下游规划座谈会，再次研究长江近期防洪部署。会议认为："1969年长江中下游五省防洪工作会议时，研究过沟通西凉湖、梁子湖以代替洪湖区蓄洪的方案。按这一方案，淹没面积较小，分洪时安全转移较方便，但不能代替洪湖和荆江分洪区、人民大垸联合运用，解决荆江防洪问题，且工程规模较大，牵涉面较广，当遇到比1954年更大的洪水时，仍需使用洪湖分洪"，因此该方案需进一步研究，再考虑是否兴建。同时指出洪湖一旦分洪，淹没面积达33.33万公顷，超过实际需要，为减少不必要的淹没损失，应根据实际需要面积修建隔堤。对于隔堤线路，建议采取八尺弓经福田寺至中革岭方案，土方约2000万立方米，1972年动工并完成。会后，湖北省水电局根据座谈会要求，着手落实洪湖分洪160亿立方米方案。1972年3—6月，以湖北省水电局为主组成有长办和荆州地区有关县水利局参与的洪湖区防洪排渍规划组，进行现场查勘和规划，拟定八尺弓隔堤和半路堤隔堤比较方案，以防洪为主，兼及排渍，并推荐半路堤方案报送水电部。

半路堤方案（又称上车湾方案） 防洪主隔堤自半路堤经福田寺至花鼓桥。进洪口选定于监利长江干堤上车湾，以半路堤隔堤东部，上车湾至螺山南隔堤以北，作为洪湖蓄洪区，面积2370平方千米；蓄洪水位32.50米时，有效蓄洪容量161.9亿立方米，蓄洪水位32.00米时，有效蓄洪容量148亿立方米；区内耕地7.29万公顷，人口53万（1972年统计数据）。规划修建隔堤67.2千米、备蓄区隔堤44.1千米，培修长江干堤128千米、东荆河堤55.4千米，以及部分堤段护坡工程；荆江大堤监利段退建（杨家湾附近）；洪湖县城和5个区镇的安全区围堤503千米，全部土方9784万立方米，并在螺山修建分洪闸（设计进洪流量12000立方米每秒）及改建新滩口排水闸，同时修建电排工程和移民道路等。

八尺弓方案 防洪主隔堤自八尺弓经福田寺至花鼓桥。较半路堤方案增长13.5千米，蓄洪范围扩大约 156 平方千米。主隔堤以东、南隔堤以北为蓄洪区，面积 2526 平方千米。蓄洪水位 32.50 米和 32.00 米时，有效蓄洪容量分别为 168 亿立方米、156 亿立方米。区内耕地 8 万公顷，人口 59 万（1972 年统计数据）。进洪地点选定于荆江大堤八尺弓，其余与半路堤方案同。该方案基本特点是：分泄洪进入人民大垸与洪湖区联合运用时，只扒开吴老渊由洪湖洪道直接分洪入洪湖蓄洪区，措施简易可靠，蓄洪能力有所增大，但淹没损失亦相应增大。

1972 年，水电部专家现场查勘后认为，半路堤位于八尺弓下 30 余千米，在联合运用时，需扒开 8 道荆江洲滩民垸堤防，洪水多次漫越洲滩高地，影响扒口处水位的降低；在上车湾河段裁弯后，河势发展不利于行洪。因此，1973 年 2 月 1 日水电部以〔73〕水电计字第 33 号文批复："关于主隔堤堤线问题，……从荆江整体防洪考虑，八尺弓方案可以使洪湖分洪区与荆江分洪区、人民大垸联合运用，对荆江防洪有利，仍应采用八尺弓到福田寺堤线，监利县城修建安全区围堤。"当隔堤自高潭口至福田寺基本建成后，湖北省水电局再次上报半路堤方案。1975 年 11 月 17 日，水电部又以〔75〕水电计字第 267 号文，对湖北省水电局关于洪湖主隔堤工程的再次请示报告予以批复："经研究，为了迅速落实 1954 年同样严重洪水的蓄洪任务，同意先按半路堤至福田寺线路建成洪湖主隔堤，保证明年汛期能发挥防洪作用。八尺弓到福田寺方案，保留在今后荆江防洪规划中进一步研究。"

1983 年 3 月，国家计委以计土〔1983〕285 号文下达《关于请水电部负责组织编制长江黄河流域规划的通知》，水电部组织修订 1959 年编制的《长江流域综合利用规划要点报告》，1990 年完成修订，形成《长江流域综合利用规划报告》。规划报告中明确洪湖分蓄洪区承担 160 亿立方米的分蓄洪任务，并且 1999 年的《长江洪水调度方案》（国汛〔1999〕10 号）明确规定："确保分洪入洪湖分洪区通道的畅通，做好人民大垸中洲子吐洪入洪、上车湾分洪入洪湖的准备"，"运用洞庭湖区蓄洪垸分洪不能有效控制城陵矶水位时，则运用洪湖分洪区分蓄洪水"。1998 年大水后，长江委补充修订新的长江流域规划，根据洪湖分蓄洪区的地理位置条件，拟定 3 个分块方案，即东分块、中分块和西分块方案，蓄洪面积分别为 883.62 平方千米、1025.15 平方千米、888.63 平方千米，有效蓄洪容积分别为 61.86 亿立方米、66.83 亿立方米、52.25 亿立方米。规划的洪湖东分块分蓄洪区由拟建腰口隔堤、洪湖长江干堤、东荆河堤、洪湖主隔堤围成封闭圈，总长 155 千米，总面积 883.62 平方千米，设计蓄洪水位 32.50 米（冻结吴淞），相应蓄洪面积 836.45 平方千米，有效蓄洪容积 61.86 亿立方米。该工程分为两大建设项目，即东分块蓄洪工程和东分块安全建设工程。

2009 年 11 月，国家发改委批准洪湖分蓄洪区东分块蓄洪工程项目建议书。工程建设内容包括新建腰口隔堤 25.95 千米；加固洪湖主隔堤 12.50 千米，加固东荆河堤 42.24 千米，长江干堤内护坡 85.09 千米；新建套口进洪闸、补元退洪闸、内荆河节制闸、南套沟节制闸和新滩口泵站保护工程；还建腰口泵站、高潭口二站及区内外渠系恢复工程等。东分块安全建设工程项目建议书已报国家发改委待批，规划主要建设内容包括建设龙口、大沙、燕窝、新滩、唐嘴、老湾、黄家口和黄蓬山等 8 处安全区；转移道路 335.95 千米，河渠桥梁 4 座，公路配套桥梁 976 座及躲水楼 2 栋等。

2011 年，国家防总批准新修订的《长江洪水调度方案》（国汛〔2011〕22 号），明确规定："在荆江河段遭遇超过枝城 1000 年一遇或 1870 年同大洪水时，视实时洪水水情和荆江堤防工程安全状况，爆破人民大垸中洲子江堤吐洪入江；若来水继续增大，爆破洪湖蓄滞洪区上车湾江堤进洪口门，分洪入洪湖蓄滞洪区。在城陵矶河段，三峡水库水位达到 155.0 米后，如城陵矶水位仍将达到 34.40 米并继续上涨，则需采取城陵矶附近蓄滞洪区分洪措施。视重点保护对象安全需要，首先运用洞庭湖钱粮湖、大通湖东、共双茶和洪湖蓄滞洪区东分块，并相机运用湖南省其它蓄滞洪区蓄洪。"

三、工程实施

自 1955 年提出修建洪湖蓄洪垦殖工程之后，工程规划陆续付诸实施。1955 年冬动工修建中革岭至新滩口隔堤，堵截东荆河通向洪湖区的 7 个水口，避免洪水泛滥成灾。隔堤长 50 余千米，1956 年 1 月建成。1958 年初，为杜绝长江洪水由新滩口倒灌成灾，除改善新滩口以上内荆河渠道的排水条件，减轻新滩口原按季节堵口和汛后扒口进行排水的繁重负担外，还于 1958 年冬动工修建新滩口排水闸。排水闸闸底高程 16.00 米，12 孔，每孔净宽 5 米，孔高 6 米，设计最大排水流量 460 立方米每秒，1959 年建成。至此洪湖区围堤连成一体，江河洪水倒灌成灾的历史基本结束，荆北区排涝状况得到改善。根据洪湖区排渍增垦土地和提早冬播扩大面积的要求，以及加快区内排水需要，1960 年在长江干堤新堤段建成新堤排水闸。1971 年建成新堤大闸后，四湖地区泄洪条件得到改善。新堤大闸闸底高程 19.60 米，23 孔，每孔净宽 6 米，闸孔高 9.5 米，设计最大排水流量 1050 立方米每秒。因荆江和城陵矶河段水位变化，大闸对抢排汛期洪湖渍水作用并不明显。2001 年实施加固，闸室底板加高 0.4 米，同时相应加固消力池底板，闸外消力池延长并增设消力坎，修复原冲坑；并将中间 5 孔卷扬启闭机改为螺杆启闭机。

20 世纪 50 年代，监利、洪湖长江干堤和东荆河堤逐年进行培修加固，半路堤经新堤至胡家湾长 226 千米长江干堤，堤顶高程一般超过 1954 年实际洪水位 1 米；东荆河堤根据防御 1964 年汉江最高洪水位标准全面整修加固，高潭口至胡家湾长 43 千米堤段堤顶高程一般超过当地实测最高水位 1 米，防洪能力得到增强，成为洪湖区北部防洪屏障。

分隔防洪保护区与蓄洪垦区的洪湖主隔堤是洪湖分蓄洪工程的主体部分，1972 年经水电部批准，自半路堤经福田寺至高潭口的防洪主隔堤于当年进行勘测，1973 年全线动工修建，堤长 64.8 千米，堤顶高程 34.70 米，堤顶面宽 8 米，堤身平均垂直高 8～10 米，内、外坡比 1：3。

洪湖主隔堤第一期工程，由荆州地区组织施工。1972 年 10 月，荆州地区组建工程指挥部，动员监利、洪湖两县 8 万民工，先开挖沙口至高潭口排水龙骨沟排干渍水；12 月动工修筑主隔堤，同时修建高潭口电排站。1973 年冬，为加强工程领导和施工力量，成立湖北省洪湖防洪排涝工程总指挥部，动员江陵、潜江、监利、洪湖、沔阳、天门六县民工 48 万人，先修筑福田寺至高潭口长 48.8 千米堤段。采用开河取土筑堤方式，河通堤成。主隔堤堤线穿越湖沼地段，先破湖排水，填土挤淤；同时修建福田寺入洪湖节制闸和过船能力 300 吨级船闸，并修建防止分洪倒灌和排渍入湖的节制闸。1974 年春，基本建成福田寺至高潭口主隔堤和排涝河后，又继续动员洪湖、监利、潜江三县民工 20 万人，修筑半路堤至福田寺堤段，并整治福田寺至高潭口跨湖崩坍段。至 1975 年春，全部建成 64.8 千米主隔堤及排涝河工程。1975 年冬至 1980 年春，继续修建有关桥闸等建筑物。工程累计完成土方 7159 万立方米、混凝土 16.5 万立方米，先后动员民工 130 余万人。1980 年以后，因国家压缩基本建设投资，洪湖分蓄洪工程列为待建工程暂停实施。1986 年复工，至 1988 年第一期工程结束，主隔堤除几处重点崩坍段无法按设计标准完成外，其余堤段均达到设计标准。修建主隔堤同时，建成高潭口、半路堤两座大型电力排灌站，其中高潭口站装机 10 台，总容量 1.6 万千瓦，设计排水量 240 立方米每秒；半路堤站装机 3 台，总容量 8400 千瓦，设计排水量 76.5 立方米每秒。这两座排灌站是四湖中下区 7000 余平方千米区域排涝骨干工程。此外，建成主隔堤附属建筑物，包括福田寺节制闸、防洪闸、船闸，黄丝南、沙螺防洪闸，子贝渊、下新河出湖闸以及沙口、黄丝南、半路堤、海唐、毛太等 5 座横跨排涝河公路桥。其中福田寺闸群为较大的水利枢纽工程，效益显著。福田寺防洪闸为四湖总干渠咽喉，分洪时拦阻洪水，正常年份用于抗旱排涝，1978 年完工投入运行；闸底高程 21.10 米，6 孔箱涵，每孔净宽 8.5 米，设计流量 384 立方米每秒；为控制四湖中下区水位，2004 年实施整险加固，并进行全自动化控制改造，防洪闸原设计流量提高至 667 立方米每秒，校核流量提高至 810 立方米每秒。福田寺船闸是贯通四湖地区设计为 300 吨级的船闸，1983 年建成通航。过往船舶沿总干渠上溯通长湖，下行至新滩口入长江，南抵半路堤，水路交通便利。在修筑主隔堤同时，完成平行于主隔堤的大型排涝河一条，全长 64.8 千米，其中半路堤至福田寺段设计排水流量 85 立方米每秒，福田寺至高潭口段设计排水流量 240 立方米每秒，排涝河与四湖总干渠横向交叉，构成四湖中区排水主干渠，具有排灌、通航综合效益。一期工程共完成土方 7497 万立方米、混凝土 16.7 万立方米、砌石 5.74 万立方米，投劳标工 5000 余万个，投入资金 1.26 亿元。

1990 年 9 月，能源部、水利部水利水电规划设计总院审查通过湖北省水利勘测设计院编制的

《湖北省洪湖分蓄洪二期工程初步设计》，1991 年水利部以水规〔1991〕3 号文批准实施。工程主要项目有：围堤土方加培 2969.4 万立方米，石方加筑 49.04 万立方米；改建沿堤建筑物 20 处；修建新堤、螺山、龙口、大沙、燕窝、新滩、唐嘴、瞿家湾、白螺、尺八等 10 个安全区，堤长 61.94 千米，面积 68.71 平方千米；修建总长 398.2 千米转移路 23 条；建躲水楼 24 栋；配备分洪区内乡镇无线电台、村级报警以及防洪指挥系统通信设施。截至 1999 年，二期工程完成分蓄洪区围堤加培土方 2225.42 万立方米，围堤涵闸改建 5 座，转移道路 374 千米，配套建筑物 255 座，转移桥 6 座，躲水楼 12 栋以及新堤安全区部分工程、分蓄洪区通信系统工程等。

四、工程效益

洪湖分蓄洪区防洪主隔堤的基本建成，加上二期工程部分项目的实施，标志着洪湖分蓄洪工程总体上初具规模，使长江中游防洪现状得到一定改善。工程建成后，如遇 1954 年同样洪水，通过与洞庭湖分蓄洪工程联合运用，不仅能减轻洪水对荆江大堤的威胁，还可使城陵矶附近地区特别是武汉市的防洪能力提高至百年一遇标准。

洪湖分蓄洪工程整体而言，主隔堤虽已建成，但尚有上、下万全垸、秦口至沙口总长 3.1 千米淤泥堤基堤段仍处于不稳定状态，建成初期堤顶年最大沉降量约 1.3 米，高程尚欠 0.6～1.3 米，亟待采取治本措施处理；东荆河堤高潭口至胡家湾堤段堤身加高工程尚未实施，大部分堤顶高程尚未达到分蓄洪水位的设计要求；螺山进洪闸及新滩口泄洪闸工程尚未修建，如需与荆江分洪区、人民大垸联合运用，或与洞庭湖区联合运用，采取临时扒口分洪，水位和流量难以控制，如超过有效蓄洪能力，则必将在新滩口扒口提前吐洪，直接威胁武汉市的安全。主要防洪工程中安全区工程尚未实施，区内 110 余万人口全部外转安置难度很大，加上转移路桥和躲水楼工程建设尚未完善，报警设施也不完备，要在有限时间里，将人口转移更是困难重重，因此洪湖分蓄洪区工程设施离分洪运用的要求还相距甚远。

注：

[1] 数据来源于湖北省洪湖分蓄洪区工程管理局，2005 年底。

第四节 下 荆 江 裁 弯

下荆江从藕池口至城陵矶，属典型蜿蜒型河段，河道曲折，弯曲率约为 3，素有"九曲回肠"之称。历史上，河曲最大摆幅达 20～30 千米，河岸崩坍剧烈，历年崩岸宽度最大达 600 米，于行洪、航运和农业生产均不利。

一、裁弯工程规划

1936 年 1 月，扬子江水利委员会编制《扬子江中游之危机及其初步首要整治工程报告》，在分析扬子江中下游水灾概况、扬子江中游历史和现状基础上，提出首要整治工程 6 项中即有上车湾裁弯取直工程。报告指出："上车湾为扬子江中游之著名险工，地势既易溃决，而溃决后影响所及，其范围更广，且关系汉口者尤巨，因其线路较江流较为近捷。其具体情况为：①弯度大。江流于上车湾，其面宽约 1500 米，本由南而北 180 度之曲线，但其半径则不足 3000 米，故其水流湍急异常，至此复折而南。②堤身逼近江岸。扬子江宜、沙、岳州间，江流盘旋，曲折殊甚，但其两岸干堤多取直线，不随江流而迂回，惟上车湾一段，则紧靠江边，而适当水势之冲。③堤内地势低注。扬子江中游北岸，地势本均低注，而以上车湾之内为尤甚，其与堤顶相差，都约十公尺。且自 1926 年溃堤以后，堤内一片砂壤，深至数丈，不能再作垸堤之基础矣。"

上车湾因水流逼近堤岸，堤内地势低注，一旦决口，江流有大部分流的危险，且扬子江低水位流量巨大，堵决口将发生很大困难。1936年扬子江水利委员会编制的《上车湾裁弯取直工程计划书》内容包括裁弯新河的线路、初期引河开挖断面、护岸工程、石坝工程和洪水堤工程计划，以及施工程序、工程费用和效益。

下荆江裁弯工程规划研究，当时颇为水利界人士所关注。1933年，李仪祉提出《对于上车湾裁弯取直工程之意见》，强调必须先进行引河线路的地质钻探和开展模型试验后才能确定工程方案。张含英在1946年所编《防洪工程学》大学教材中，将长江上车湾等裁弯工程计划作专节介绍。

下荆江裁弯工程计划建国前均未能实施。建国后，1952年4月长江委完成藕池口至白螺矶长239千米河道查勘，并编制《查勘荆江河道裁弯取直工程报告》。此次查勘主要目的是了解下荆江河段在以泄洪为主、利航为辅的原则下，采取裁弯取直工程的可行性，因此查勘中致力搜集荆江河道特性、演变情况、发展趋势及其可能产生的后果等资料。报告中提出对于荆江局部河段裁弯的意见，包括作为拟定裁弯引河路线的原则和具体裁弯引河路线。拟定裁弯引河路线的十大原则为：①裁弯后，其上下游河槽以不改变原有规律为首要条件。②裁弯后，以能增加泄洪量，使水畅流为原则。③引河路线，以结合地形、远离北岸（左岸）干堤为原则。④引河上下口之进水与出水河槽，必须顺上下老河槽之流向与水性。⑤一组裁弯，以能裁去较多之弯曲为原则。⑥引河以路线短、工程小，且有顺水性之缓和弯曲为原则。⑦护岸工程小。⑧引河位置以土质坚硬、地势低洼，能利用所裁曲狭颈地区为原则。⑨紧接引河下口之老河槽以有控制点为原则。⑩引河以利灌溉与航运为原则。

根据上述原则，拟定两组裁弯引河路线。第一组引河路线，自石首三户街起，经复兴垸、田家湖、何家沟、必家铺，二分而至来家铺止，长约20千米，裁去三户街、调弦口、陡湾子、来家铺等锐弯4处，缩短航程37千米，并可利用塔市驿控制点，使下游老河槽不易改变其原有规律。第二组引河线路，自监利洋栏起，利用原有北泓老河槽经沈家台、七十丈、八星角、上五岭、护城垸而至蒋家垴止，长约18千米，裁去监利、徐家长岭、上车湾等锐弯3处，缩短航程21千米，并可使城陵矶发生控制作用，控制下游老河槽的演变。另一意见为对第二组裁弯引河路线，自天字一号至砖桥辟一弧形引河，即同意以前扬子江水利委员会上车湾裁弯取直工程计划。其优点是：引河长仅3.5千米，工程费用较少；能缩短航程35千米，对航运利益较大；仍顺监利、小乌龟洲新冲河槽。

1957年后，长办继续进行下荆江裁弯工程的勘测、规划和科研工作。1958—1960年委托南京大学勘察荆江地质地貌，以后在引河地区实施地质钻探共计98孔，初步查明引河地区的地质情况。1959年3月长办邀请水利水电科学研究院（以下简称水科院）、武汉水院、长江航道局、湖北省水利厅和南京大学等单位共同组成查勘队，勘定裁弯路线。

1959年2月，苏联科学院院士Ｋ·Н·罗辛斯基应邀到长办指导工作。2月24日至3月5日，与长江水利水电科学研究院（以下简称长科院）何之泰院长等查勘长江三峡至武汉河段，途中讨论了下荆江裁弯取直线路方案。

通过上述各项工作，长办及有关单位认为：针对下荆江河道特性及存在问题，为扩大下荆江洪水泄量，降低荆江自沙市以下沿程洪水位，保护荆江大堤和沿江城镇安全，缩短航程和切除某些碍航急弯和浅滩，在下荆江实施有计划有步骤的系统裁弯取直，并结合护岸工程控制弯道的发展，应为改善下荆江不利情况的有效措施；关于系统裁弯线路，提出南线、北线两类4种方案作进一步比较。

1960年6月长办编制《下荆江系统裁弯取直初步规划研究》报告，选定由沙滩子、中洲子和上车湾3处主要裁弯工程组成的南线方案。报告从河道外形改善、防洪、航运以及引河损毁农田等方面比较论证，认为南线方案优点居多，特别是从防洪方面，河床紧靠荆江右岸基岩山脚或粘性土层较厚地带，有利于荆江河势控制；引导河道远离荆江大堤，可显著减少左向河湾河岸冲刷对堤防安全的影响，有利于确保大堤安全；利用裁弯后的滩地、故道和民垸，可以开辟作为分洪垦殖通道，并符合荆江地质地貌自然情况，易于固槽护岸，使河槽稳定，不再威胁沿江工农业生产发展，故对由图5-8下荆江系统裁弯规划中1-1、2-2、4-1、7-1、9-2等引河线组成的南线方案作进一步河床演变估算、河工模型试验及经济效益论证。

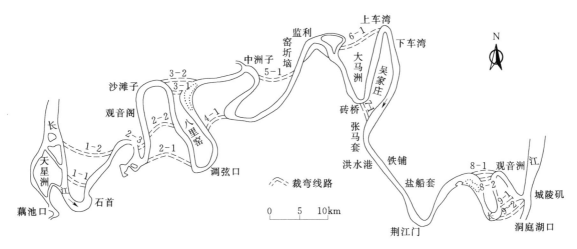

图5-7 下荆江系统裁弯规划图

规划拟定以后，又针对裁弯实施后河道是否会继续迂回弯曲、裁弯实施过程对航道是否会发生不利影响，以及裁弯后河道护岸工程能否稳定等技术问题，继续在下荆江开展系列观测研究工作，一方面参考有关资料，对河道特性进行分析研究；另一方面总结国内外裁弯工程实践经验，对蜿蜒型河道的成因，通过广泛收集国内蜿蜒型河道资料进行对比分析，并在试验室进行粘土冲刷和造床试验研究。裁弯工程线路最终根据"进口迎流、出口顺畅"的原则选定。

工程造价估算 下荆江系统裁弯采取"引河法"施工方式，即在裁弯河段狭颈处先开挖一条断面适当，能满足航深要求的曲线形式引河，借水力冲刷，使其逐渐成为新河。引河开挖深度为当地历年平均最枯水位以下3米，开挖底宽150米，边坡坡比1:2。在新河冲刷发展达到稳定时，实施凹岸护岸工程，在其它未实施裁弯的崩岸严重河段，也采取护岸措施。护岸工程结构为历年平均枯水位以下沉排护底，以上块石砌坡。总计引河开挖土方总量6815万立方米，护岸总长度为74千米。工程总造价为1.9亿元，其中引河开挖及筑堤1.2亿元、护岸工程0.7亿元。

经济效益论证 防洪效益方面，下荆江系统裁弯后，将降低沙市洪水位约0.2米，对当时和三峡水利枢纽建成后，确保荆江大堤安全均具有显著作用。下荆江裁弯固槽后，每年可减少崩岸造成的损失约64万元。航运效益方面，按1962年长江年货运量4000万吨为标准，裁弯后缩短航程97千米，每年节约营运费和航道维护费1723万元，加上可节省船舶投资，则约6.5年即可收回裁弯工程全部投资。

实施程序 初步选定的南线方案中，虽包括图5-8下荆江系统裁弯规划图中1-1、2-2、4-1、7-1和9-2等5个裁弯河段，但其中1-1河段裁弯比较小，工程效益不大，且与藕池口控制闸的闸址有矛盾，并影响到石首县工农业发展，故考虑不裁；9-2河段裁弯比更小，经济效益更小，也考虑不裁或缓裁；其余2-2（或2-1）、4-1、7-1等三河段可以先后施工，若无大的地质问题，拟对7-1或4-1河段作进一步比较，再选其中之一作为典型试验性裁弯工程。

二、人工裁弯

中洲子裁弯工程 中洲子河湾位于调弦河湾下游约5千米处。调弦河湾狭颈两侧崩岸严重，1951—1962年间，狭颈区两侧崩岸年均宽度达60余米，致使狭颈宽度不断缩小，1964年8月实测狭颈区最窄处宽度仅550米，且崩坍趋势未得到减缓。若任其发展，将导致自然裁弯，给治理荆江造成极为被动的局面。1964年长办开展研究阻止调弦河湾发生自然裁弯的两种工程方案。

第一种方案是在河湾狭颈区两侧崩岸严重岸段实施必要的护岸工程，并在滩面植柳保护，以防止汛期水流冲穿狭颈，发生自然裁直。因当时狭颈下游岸段（东侧）崩岸较上游岸段（西侧）剧烈，拟在下游段抛石护岸长3.5千米，上游段抛石护岸长1.5千米，并在狭颈区滩地种植柳树，以减小漫滩流速，避免水头过于集中而发生溯源侵蚀。工程拟需抛投块石 22.5 万立方米、植柳 4.5 万株。

第二种方案是按照下荆江系统裁弯规划方案，选择调弦河湾下游中洲子河湾或上游的沙滩子河湾一处立即实施人工裁弯，使河流改道，从而摆脱调弦河湾狭颈区东侧或西侧的崩岸威胁，避免发生自然裁直。沙滩子裁弯工程量比中洲子大，而裁弯比则较小。

通过方案比较认为，为防止自然裁弯发生不利影响，并使近期工程能与下荆江系统裁弯方案相结合，选定在中洲子河湾实施裁弯试验工程。通过试验性工程，为实施下荆江系统裁弯工程取得经验。1964 年 11 月，长办编制《下荆江裁弯试验工程规划报告》，提出中洲子人工裁弯工程规划，裁弯工程包括引河开挖工程、新河北岸堤防工程、新河凹岸护岸工程、调弦河湾狭颈区上游段护岸工程，以及引河发展维护工程等项目。主要工程量为引河开挖土方 123.1 万立方米，北岸堤防工程土方 28.8 万立方米，抛石护岸长 5.0 千米，需块石 22.5 万立方米。工程总造价 869.7 万元。1964 年 12 月长办将该报告上报水电部。

1965 年湖北省水利厅以〔65〕鄂水堤字第 146 号文报送水电部，对长办规划报告提出相关意见：采用南线系统裁弯方案是缓和上、下荆江防洪矛盾的正确有效措施，是整个荆江防洪规划的主要组成部分，对防洪、航运、农业以及河道整治均有显著效益；工程实施宜先下后上，以免尾闾不畅；为防止自然裁弯，应在调弦河湾狭颈护岸，先进行上车湾裁弯，有力量则同时进行中洲子裁弯；人工裁弯应与护岸工程结合统一安排。

1965 年长江航运公司以道程〔65〕字第 014 号文主送交通部，抄送水电部，对长办规划报告提出意见：对引河经过地区的亚砂土层的冲刷流速，应作进一步研究，以便更好地决定引河开挖尺度；裁弯后引河尚未冲深达到通航水深，而老河已有淤积碍航情况，应将航道维护费列入专款；进一步研究裁弯后对下游浅滩的影响，以及下游含沙量增大情况；研究裁弯后对上游水位降低的影响范围；进一步研究引河定线，以达到进口迎流、出口顺畅，避免复兴洲顶冲。

1965 年 12 月，长科院编制《下荆江中洲子裁弯试验工程扩大初步设计》，对引河路线、开挖断面、开挖方式，调弦狭颈和新河北岸护岸工程，以及新河北堤工程等提出设计方案；对裁弯后新河上下游河势控制及通航维护也提出工程措施。

1965 年水电部以〔65〕水电规水字第 49 号文作出批复："我部认为你办所提防止调弦河湾自然裁直的方案，属于局部性试验性的工程，可由湖北省安排计划，技术上请你办负责并征得长江航运管理局的同意。在确定方案时，希充分考虑不利因素，力争搞成功。……此项工程的投资希控制在 500 万～800 万元以内，属地方项目，所需经费由湖北省的防汛岁修费或基建费内调剂解决。"

1966 年 7 月，湖北省水利厅以〔65〕鄂水堤字第 308 号文报水电部，决定中洲子裁弯试验工程于当年冬开始施工，由荆州专署水利局成立荆州专区长江中洲子裁弯工程指挥部负责组织施工，引河开挖工程和北堤工程由石首县组织完成，引河水下开挖工程由长江航道局吸扬式挖泥船承担。

中洲子裁弯工程是全国首次在长江上实施的裁弯工程，引河长 4.3 千米，平均弯曲半径 2.5 千米，裁弯比 8.5。根据引河地区地质条件和下荆江水文泥沙特点，选定中洲子裁弯引河底宽为 30 米，开挖深度以将粘土层全部挖除为准，一般开挖深度为 6 米，引河边坡人工开挖部分坡度为 1:2，水下机械开挖部分为 1:1.5。引河开挖断面面积仅为原河道的 1/30。为保证水下开挖施工能在静水中进行，在引河中段预留土埂，待引河过流前爆除。工程于 1966 年 10 月 25 日开工，次年 3 月 10 日竣工，施工人员最多达 1.6 万人，完成开挖土方 134.5 万立方米。水下开挖由 3 艘吸扬式挖泥船于 1967 年 3 月 8 日至 5 月 22 日完成，开挖土方 52.2 万立方米。总计引河开挖土方 186.7 万立方米。

为保障新河北岸农业生产和人民群众生命财产安全，按洲堤标准在新河发展控制线以北 500 米处修建北堤，堤长 4022 米，堤顶高出 1954 年当地最高洪水位 0.5 米，顶宽 4 米，内、外坡比为 1:3。工程于 1966 年 12 月上旬开工，次年 4 月下旬竣工，共完成土方 40 万立方米，栽植防浪林 1.49 万株。

1965 年 12 月实测调弦河湾狭颈最窄处宽度仅 430 米，为配合中洲子裁弯工程的实施，确保狭颈不被水流冲开，1966年3—5月在狭颈西侧实施抛石护岸工程，并于1967年4—5月修建狭颈隔堤工程。狭颈西侧护岸工程设计长度2千米，分两期施工。第一期先进行狭颈最窄段1.2千米岸线施工，1966年3月3日开工，5月16日完工，采用护一段空一段形式，实护长710米，控制长990米，共抛石2.3万立方米。通过当年汛期观测，未发现岸线继续崩坍，同时护岸段上游主流有离岸过渡的趋势，故未对第一期护岸工程实施加固，也未继续实施第二期护岸工程。

狭颈隔堤全长2千米，堤顶高出当地1954年最高洪水位1.0米，堤顶宽3米，西侧边坡坡比1:3，东侧1:2.5，原设计分两期施工。第一期工程长1.5千米，堤顶较原设计降低0.5米，于1967年4月13日开工，5月27日竣工，共完成土方8.5万立方米、裹头块石455立方米。经漫滩洪水冲刷，堤身仍完整良好。鉴于第一期隔堤工程已起到防止漫滩水流冲刷滩面的作用，故未继续实施第二期隔堤工程。中洲子人工裁弯引河开挖工程于1967年5月22日竣工。鉴于此时江水已与预留土埝齐平，遂于5月23日15时将引河中部预留土埝爆除，引河通流。通流后引河发展迅速，经过一个汛期水流冲刷，1967年10月26日，引河发展成宽631米的新河，当月即被辟为长江主航道。1968年3月初，新河宽769米，平均过水断面面积9850平方米，为下荆江平均河宽（约1100米）和平滩过水断面面积（约1.3万平方米）的75%，故汛前仍不宜在新河凹岸实施护岸工程。10月中下旬，新河平滩过水断面面积为1.07万平方米，虽未达到预期过水断面面积（1.3万平方米），但河宽已达1200米以上，且凹岸尚在剧烈崩坍，遂于1968年11月17日开始实施抢护。新河护岸工程从凹岸中段崩岸线离堤最近处先行施工，逐步向上下游延伸。护岸工程水下部分以抛石为主，结合沉枕、抛铅丝笼；枯水位以上为块石护坡。1968年汛后至1971年汛前，经过3个枯水期及2个汛期抢护，新河凹岸岸线基本得到控制。以后逐年加固，截至1983年，共守护岸线长4130米，完成石方55.78万立方米、削坡土方67.8万立方米、抛枕9251个、投资836.7万元。

上车湾裁弯工程　为下荆江系统裁弯工程重要组成部分。1965年研究下荆江裁弯工程实施方案时，即有"裁弯工程要自下游而上游实施"的建议。由于中洲子试验性裁弯工程引河1967年汛期发展顺利，汛后即被辟为长江主航道，故1968年初监利县、湖南省岳阳地区水利局及华容县要求长办实施上车湾裁弯工程，以加速对荆江的治理。长科院承担上车湾裁弯工程规划工作，于1968年3月组织长办水文处、湖南岳阳地区水利局、华容县水利局有关人员至上车湾裁弯地区实地查勘，了解河道演变情况，征求各方意见。其后于当年10月编制《下荆江上车湾裁弯工程规划报告》，11月水电部军事管制委员会（以下简称水电部军管会）决定将上车湾裁弯工程列入当年冬季和翌年春季水利建设项目。

上车湾河段位于洞庭湖出口城陵矶上游约50千米处，为一舌形急弯，河段长32.7千米，狭颈宽度仅1.85千米，设计引河长3.5千米，弯曲半径为2千米，裁弯比9.3。引河中心线平面形态为向北的曲线，进出口与上下游河道平顺衔接。根据引河地区地质条件和水文泥沙特点，参照中洲子裁弯工程经验，引河开挖深度为设计枯水位以下3米，引河底宽上段为30米，下段为20米，开挖断面面积约为原河道的1/17～1/25。

长办接水电部军管会通知后，派勘测技术人员赶赴工地进行施工测量放样，自1968年11月25—30日完成任务。1968年11月下旬湖南省革命委员会将裁弯工程施工任务下达至岳阳地区革命委员会，成立长江改道工程湖南省岳阳指挥部负责组织施工。

引河开挖第一期工程分陆上施工和水下开挖。陆上施工由湖南省岳阳指挥部组织华容、岳阳、湘阴、汨罗和临湘县民工共3万余人承担；水下开挖施工由长江航道局调集链斗式挖泥船1艘、吸扬式挖泥船3艘承担。施工技术管理工作由岳阳地区水利局、长科院和长办荆江河床实验站派员承担。1968年12月6日正式提出《上车湾裁弯第一期工程人工开挖施工组织计划》，该计划中明确引河全长3.4千米；陆上人工开挖底边线为设计枯水位以上2米；上段1.9千米开挖底宽64米，下段1.5千米开挖底宽46米；引河两侧边坡坡比上部为1:3，下部为1:2；开挖土方总量为208.6万立方米。1969年1月根据引河土质情况，提出《上车湾裁弯工程引河开挖修改设计报告》，将开挖断面底宽和边坡坡比作出调整，这样既便于施工，人工开挖总量也可减少 20.5 万立方米。引河陆上开挖工程于 1968 年 12 月 7 日开工，次年 1 月 28 日完工，完成开挖土方 177 万立方米。引河水下开挖工程于 1969 年 2 月 24 日开工，6 月 3 日完工。施工过程中对机械开挖设计方案作出修改，即引河下段砂性土壤全部不挖，集中挖泥船挖除上段粘性土层，从而节省开挖土方量，总计完成水下开挖土方 42 万立方米。整个引河开挖总土方量为 219 万立方米。为使挖泥船能在静水条件下施工，并兼作引河施工期间的交通道路，在引河中段预留土垱。

1969 年汛期长江水位上涨，6 月 26 日将引河预留土垱爆除，引河开始过流，8 月 31 日引河正式成为单线航道。由于引河上段 600 米长河岸粘性土层厚达 30 余米，1969 年汛期冲刷发展缓慢，引河下段发展受到限制，汛后引河断面尺度尚未达到通航要求。汛后随着江水位下落，引河上段河道狭窄，流速较大，航行困难，当年 10 月 17 日引河封航，整个枯水期均维持老河通航，未出现碍航情况。

为尽快发挥裁弯工程效益，先满足单线通航要求，1969 年冬实施第二期施工，主要工程任务是在进口段 600 米范围内以人工与挖泥船开挖方式将引河拓宽与挖深，局部地段使用爆破方式施工。自 1969 年 11 月至 1970 年 2 月，完成人工开挖土方 8 万立方米，挖泥船开挖土方 11 万立方米。1970 年 10 月至 1971 年 1 月，又采取挖泥船和爆破方式继续施工。整个引河第二期开挖工程共完成土方 41.3 万立方米，其中人工开挖 8 万立方米，挖泥船开挖 24 万立方米，由两艘吸扬式挖泥船完成。同时，还先后进行 6 次土方爆除施工，炸除土方 9.3 万立方米。

经过两期引河开挖施工，总计开挖土方 260.3 万立方米。引河在水流冲刷作用下，逐步发展成为新河，1970 年 5 月，成为长江单线航道，1971 年 5 月，成为长江主航道。

1972 年长科院通过新河实测资料分析和河工模型试验研究，认为在不影响泄洪和有利于裁弯河段河势控制前提下，当新河宽度为 800～1000 米、平滩水位下过水断面面积大于 1 万平方米时进行护岸为宜。预计 1972 年汛后新河宽度将接近 800 米，1973 年汛后将超过 900 米，届时进行护岸较适合，对防洪、航运均为有利。因此，1972 年 8 月长办编制《下荆江上车湾裁弯工程新河及进出口河段护岸规划》，并于当年 10 月报水电部审批。此后根据新河发展情况，先后 10 余次报请水电部批准实施新河及上下游护岸工程。在此期间，湖北省水利厅也多次请求水电部批准该项工程。直至 1982 年始获准在新河出口下游左岸天星阁岸段实施护岸工程。1983 年开始实施新河护岸工程。以后逐年延长和加固护岸工程，至 1986 年上车湾新河及下游天星阁岸线才趋于稳定。新河守护岸线长 4590 米，天星阁守护岸线长 4360 米。但由于新河及天星阁守护较晚，新河弯道顶点下移至天星阁一带，致使下游右岸洪水港一带水流顶冲点下移，出现新的险工段。

三、自然裁弯

沙滩子河湾裁弯 沙滩子河湾位于藕池口下游 37 千米处。1949 年上游碾子湾河湾自然裁弯后，引起下游河势剧烈变化，沙滩子河湾狭颈西侧发生剧烈崩坍。1970 年汛后，狭颈最窄处仅宽 1.3 千米，已有明显自然裁弯趋势。石首县于 1970 年 10 月 26 日和 12 月 21 日先后两次向上级报告，反映沙滩子河湾狭颈变化情况，要求于当年冬实施人工裁弯工程。1970 年 11 月由湖北省水电局、荆州地区长江修防处、石首县、长江航道局和长办等单位派员进行现场查勘，查勘结论提出应抢在自然裁弯发生之前实施人工裁弯工程，争取 1970 年冬进行施工。长办于 1970 年 12 月 4 日现场查勘后，以文件形式报送湖北省革委会，并抄报水电部，要求尽快实施人工裁弯工程。报告称："沙滩子狭颈明年汛期自然裁弯的可能性很大，自然裁弯后，对上下游河势的变化是不利的，因此宜尽快实施沙滩子裁弯工程，以免自然裁弯后造成不利的被动局面。"

1971 年 2 月长科院编制《下荆江沙滩子裁弯工程规划报告》，并经引河线路南、中、北 3 个方案进行比较后，选定中线方案。2 月 11 日，长办将报告报送水电部和湖北省革委会，规划报告认为，由于河势急剧变化，1971 年汛期如遇较大洪水，狭颈有发生自然裁弯的可能。自然裁弯以后，出口与下游河段极不平顺，将引起下游河势剧烈变化。如果推迟到当年冬施工，施工以后，狭颈仍可能冲开，将发生两河并存情况，故该处裁弯工程有提前于1971年春实施的必要。

沙滩子河湾狭颈地区经过1971年汛期水流冲刷，当年11月底查勘时，狭颈西侧岸坎至东侧滩面串沟的最小距离仅250米，情况十分紧急。长办于当年11月和12月报告水电部和湖北省革委会，要求于当年冬实施沙滩子人工裁弯工程，未获批复。

荆江河段六合垸北堤外沿六合公社至河口段原有几条串沟，每年汛期过水，均未冲开。但自然裁弯前几年河道冲刷加剧，这些串沟于1972年7月开始冲深扩宽，汇合成河。由于至1972年汛前一直未在沙滩子河湾狭颈区采取任何防止自然裁弯的工程措施，当年7月19日沙滩子河湾狭颈终被水流冲开，形成自然裁弯。其形成的新河较人工裁弯工程规划的新河线偏北约2千米，新河出口与下游河势衔接极不顺畅。据7月24日实测资料，被冲开的串沟下口宽130米，流速2.5～3.0米每秒，流量约2000立方米每秒，出口水深达7米。

沙滩子自然裁弯前，狭颈宽度仅1.3千米。自然裁弯发生后，新河长仅1.45千米，老河长21.65千米，裁弯比约15，新河以极快速度发展。据7月31日实测资料，新河分流量达8610立方米每秒，占上游来量的44%；新河宽由冲开时的30米扩展至350～560米；水深14～31米；过水面积5590平方米；水面比降0.48‰。8月6日晚，新河出口下游约1千米处，因航槽急剧变化和流速增大，发生拖轮沉没事故。13日新河被辟为正式航道，老河停止通航。20日流量增至9710立方米每秒，占当时干流总量的83%。9月25日进出口水位仅相差0.07米，基本调平。

1972年8月2日，湖北省水电局以鄂革水电〔72〕389号文《关于六合垸串沟被冲开的紧急报告》上报水电部，要求将沙滩子裁弯控制工程列入1973年度计划，并预拨经费，进行施工准备。

1972年10月湖北省水电局、荆州地区长江修防处会同长办、长江航道局等有关单位共同组成六合垸裁弯控制工程设计组，编制《荆江六合垸裁弯控制工程规划设计》。11月3日湖北省水电局将规划设计报告上报水电部。规划设计报告中提出在六合垸新河北岸、调关河湾、鱼尾洲、寡妇夹河湾、王伯弓河湾共5处实施控制河势的护岸工程，分三期实施：第一期工程以新河北岸护岸工程为重点，并包括鱼尾洲和调关至芦家湾2处护岸工程；第二期工程包括第一期工程守护段加固和鱼尾洲守护段下延，以及新河进口右岸寡妇夹岸线守护，防止新河弯顶下移至张智垸；第三期工程施工方案参照张智垸裁弯方案。

1972年11月28日长办以长革生〔72〕字第119号文送湖北省水电局，对《荆江六合垸裁弯控制工程规划设计》提出意见：第一期工程建议以六合垸新河北岸和新河进口段（寡妇夹河湾）为重点，其中新河北岸护岸工程更为重要，进口段（寡妇夹河湾）守护时间，建议进一步研究决定；自然裁直后上下游河势还需要一定时间进行调整，尤其下游控制方案尚未最后确定，因此对于上下游河势控制工程建议尽量减少，对干堤以能保证1973年度汛为原则。

1972年10月24日成立六合垸裁直护岸工程指挥部，当年冬，新河北岸护岸工程开始施工。护岸工程长1.5千米，石方10.2万立方米。1973年春新河护岸工程竣工后，新河进口上游右岸的寡妇夹岸段因未实施护岸工程，崩退迅速，新河主流顶冲位置下移至新河出口下游，以致新河护岸工程逐渐淤废。

向家洲切滩撇弯　向家洲位于石首河段左岸合作垸一带，呈一狭长滩嘴。1972年下荆江沙滩子自然裁弯后，上游河势变化急剧，河段左岸不断崩退，至1990年共崩退500～1500米，弯道水流趋弯、撇弯交替出现，主流走天星洲洲头右岸向左岸过渡，顶冲陀阳树至古丈堤岸线，贴左岸进入石首河湾。天星洲洲头大片沙洲被冲走，靠左岸江心出现散乱洲滩。陀阳树、古丈堤与向家洲狭颈岸线崩坍迅速，崩岸线长达12千米，枯水期崩坎高7～8米。1987年5月至1990年3月，洲滩崩失200～300米。1965年向家洲狭颈宽3000米，至1990年9月底仅余170米。1994年6月11日向家洲狭颈崩穿过流，新河口门迅速扩展，至8月7日，口门已达1190米。

四、裁弯对上下游河道影响

中洲子和上车湾裁弯工程、沙滩子自然裁弯控制工程实施后，上游河道比降加大，河床冲刷，藕池河、虎渡河、松滋河河道分流分沙量大幅度减少，对洞庭湖、荆江以至长江中下游防洪产生并将继续产生重大影响。向家洲撇弯亦造成上下游河势发生变化。

长江委 1992 年 9 月编制的《长江中下游蓄洪防洪工程规划报告（送审稿）》中对下荆江裁弯工程防洪效果作出分析：由于人类活动影响，尤其是下荆江系统裁弯所引起的急剧变化，荆江河段水文情况发生新的调整，沙市、新厂、监利等站的洪水位明显降低，泄洪能力有较大幅度增加。根据裁弯前后历年水文资料分析，由于受裁弯影响，荆江河段泄洪能力有所增加，随城陵矶水位的不同，沙市泄洪能力约增加 4000 立方米每秒（当流量为 50000～60000 立方米每秒时，相应水位约降低 0.3～0.5 米）；四口分流比呈递减趋势，其中以藕池口衰减最为明显。以历年（1955—1987 年）汛期一次洪水过程分析，裁弯前松滋口分流比平均为 13.15%，裁弯后 12.10%，裁弯前太平口分流比平均为 5.34%，裁弯后平均为 4.42%，藕池口分流比则由裁弯前的平均 19.76% 锐减为裁弯后的 8.56%，四口合计分流比由裁弯前的 39.21% 减为裁弯后的 25.08%；四口分流洪峰流量大幅度减少，监利流量相应增大，水位抬高，下荆江防洪压力加大；四口输沙量由裁弯前的 1.91 亿吨（1966 年）减为裁弯后的 1.02 亿吨（1975 年），裁弯工程减缓了洞庭湖的淤积速度。

裁弯后，下荆江、螺山、城陵矶以及东洞庭湖一带洪水位抬高；荆江河道因流量扩大引起一定冲刷；城陵矶至武汉河段因含沙量加大，发生淤积；三口分流河道因径流量减少而逐渐萎缩；洞庭湖由于进沙减少而淤积减缓。对下荆江水文变化反应最灵敏的是监利站，裁弯后由于该站至洞庭湖出口的流程缩短，洞庭湖出水顶托作用明显。裁弯前回水顶托最大影响可使监利站流量减少 41%；裁弯后，回水最大影响使流量减少 53%。因此在同流量情况下，监利水位呈抬高趋势，区域防洪压力加大。向家洲撇弯切滩后，严重威胁到下游右岸石首北门口一带堤防安全，加速藕池河口门萎缩，藕池口分流能力降低，导致调关、监利、城陵矶水位少量抬高，下荆江防洪压力加大。

20 世纪 60—70 年代三次裁弯后，缩短下荆江航程 78 千米，由于河势变化，至 1987 年航道实际缩短 72.5 千米。裁弯后引起上游河道平面变形加剧，石首河段主流 1947 年以后一直走北泓，1971 年 3 月南泓成为主航道，而北泓则逐渐淤浅，1975 年 10 月又复走北泓，对上游浅滩影响总体而言有所改善。天兴洲为长江中游严重碍航浅滩，裁弯前部分年份需疏浚方能维持航深，裁弯后由于藕池口分流减少，且枯季年年断流，水流集中，利于浅滩冲刷，裁弯后未出现碍航现象，航行条件有所改善。大马洲浅滩为长江中游一般浅滩，上车湾裁弯以后，促使监利弯道南泓发展，平面变形加剧，致使大马洲航槽大幅度位移，该浅滩一度淤高，严重碍航。经过数年逐渐调整河势，浅滩通航条件有所好转。人工裁弯后，下游河势来沙量均较少变化，浅滩变化不大。

第五节 河 势 控 制 工 程

1949—1959 年，荆江护岸工程采取"守点顾线，护脚为先，逐年积累，不断加固"的守护原则，规划布置上遵循"因势利导"原则。随着对护岸工程的逐步认识，以"守点顾线"的矶头护岸，逐渐暴露出洪枯水位主流均贴近矶身，矶身上下均出现回流，使近岸河床受到强烈冲刷而淘深的弊端。因而对荆江大堤沿岸一些修筑年代较早的矶头驳岸进行改造，保留 20 座，被泥沙淤埋或拆削 4 座。

荆江护岸工程建筑物类型主要有连续性平顺护岸和间断性矶头护岸两种。护岸工程施工分水上、水下两部分进行，水上为砌坦（护坡）工程，有浆砌、干砌和散铺三种方式，其中以干砌坦坡为主，浆砌仅在市镇码头局部采用，散铺一般在次要或水下坡脚尚未稳定岸线上采用。散铺坦坡无垫层、脚槽，厚约 0.25 米；浆砌和干砌坦坡须先在枯水边坡开挖脚槽，宽深各 1 米，中填狗头石或块石。坦坡包括碎石垫层在内，厚约 0.3 米，枯水位以上岸坡有地下水渗出地段，则布设导滤沟连接脚槽，导滤沟平面布置为"人"字形，横断面为梯形或矩形，梯形断面一般深 0.6 米，底宽 0.4 米，面宽 0.8 米；矩形断面一般宽、深各约 0.4 米。导滤沟中以粗砂、瓜米石、碎石分层填实。

荆江护岸工程以抛石为主，分年施工，逐年积累。抛笼（竹笼、铅丝笼）多在水深流急、冲刷最严重部位和抢险地段采用。抛枕（柴枕或柳枕）则在水下河床冲刷严重、岸坡崩坍剧烈的新险工段实施。护岸工程施工一般由远（河泓）及近（岸）抛护，但在崩坍强度大、块石采运困难情况下，施工则由近及远守护。

建国初期，荆江河段新险工的抛护设计标准是根据险情轻重、河槽深浅，按每米岸线 5～20 立方米设计，以后逐年累积。边坡标准 1956 年以后以低水位下总坡度变化情况为依据，不足 1∶1 者，按 1∶1.5 设计；达到 1∶1 者，缓期施工。1959 年则全部按坡比 1∶1.5 设计。1960 年以后，重点险段提高到 1∶1.75～1∶2。为加大边坡稳定性，2000 年后还将边坡增大至 1∶2.5，部分重点地段达 1∶3。

据初步统计，1950—2010 年，荆江河段护岸工程累计完成土方 1084.15 万立方米、石方 2710 万立方米、混凝土 22.66 万立方米、柴枕 44.47 万个，完成投资 101193 万元。

一、上荆江河道治理

受下荆江裁弯和局部河段河势调整影响，上荆江河段崩岸不断发生，严重危及堤防安全，文村夹、学堂洲、幸福安全台等险段多年发生崩岸险情。

为抑制河岸崩坍，控制河道摆动，保证堤防安全，长江委 1997 年编制《长江中下游干流河道治理规划报告》，提出荆江继续治理的任务、目标和规划，其中上荆江河势控制主要内容如下。

治理任务和目标 上荆江河道治理主要任务是加强险工段守护，提高河段防洪能力，确保荆江大堤防洪安全。充分利用已建护岸工程，对工程薄弱地段进行加固，稳定河势，并适度调整局部河段河势，增强河段防洪能力。至 2020 年或稍后，进一步调整和改善河势，确保荆江大堤安全；同时，整治碍航浅滩改善航行条件，为全面开发利用岸线和沿江经济发展提供良好条件，达到河段综合治理目标。

河道治理规划 上荆江河段平面形态及总体河势较为稳定，河湾半径与主流线曲率均较适中，因此，初步河势控制规划方案，主要是通过护岸工程，稳定河势，并适当调整进入郝穴河湾过渡段过短的不利形势。远期根据三峡工程运行后一段时间该河段演变情况，进一步研究河势调整方案。

鉴于荆江大堤沙市河湾、郝穴河湾堤外无滩或滩岸狭窄，迎流顶冲，防洪形势严峻，为确保大堤安全，长江委研究过荆北放淤方案、主泓南移方案和河势调整方案以及维持现状加强守护方案。荆北放淤方案难以实施，主泓南移方案实施亦较困难，河势调整方案工程量仍较大，且尚有一些技术问题需进一步深入研究。因此，该河段远期河势控制方案，需根据三峡工程运行后河道演变情况深入研究论证。

近期治理规划主要是稳定现状并适当改造局部岸线，加强沙市、公安、郝穴河湾护岸工程，稳定弯道凹岸和重要导流岸段，控制河势。主要工程包括左岸学堂洲、文村夹段新护和学堂洲、盐卡至观音寺及文村夹段加固工程，右岸杨家垴至查家月堤、西湖庙至斗湖堤和黄水套至郑家河头新护及加固工程；公安段近期适当切削杨家厂土嘴，调顺岸线，利于泄洪，改变郝穴河湾凹岸主流逼岸状况。

三峡水库建成运行后，长江上游洪水得到有效控制，荆江河段防洪标准提高，效益巨大。同时由于三峡水库蓄水，清水下泄，导致坝下游冲刷，荆江河段崩岸呈增多趋势。根据有关研究成果，预计荆江河段河床将持续冲深，届时将给荆江河段带来新的崩岸险情；河床刷深后，直接威胁部分窄滩、无滩堤段堤身安全，部分堤段堤基渗径缩短，对堤基处理提出新的要求。对此，宜早作规划，加强控制河势，确保防洪安全。

上荆江护岸工程断面设计一般要求是：设计枯水位以下抛块石厚 1 米，抛护至深泓或河底坡比为 1∶4 处，枯水位以上 1 米范围内，抛成 1 米宽平台，并向上接为 1∶2.5～1∶3 坡度的护坡。

工程主要建设内容为新护长 66 千米、加固 86 千米。主要工程量为土方 1230 万立方米、石方 850 万立方米、混凝土预制块 20.2 万立方米、基础处理 48 千米。测算总投资 21 亿元，施工期 7 年。投资来源为中央投资 80%，地方配套 20%。

上荆江险工险段主要分布在左岸学堂洲、沙市河湾、文村夹、郝穴河湾段和右岸林家垴段、杨家垴至查家月堤、杨家尖、陈家台至新四弓、公安河湾、覃家渊、黄水套至郑家河头段。自 20 世纪 50 年代以来，上述地段出现不同程度崩岸险情，汛后枯水期在出险地段实施不同标准程度的护岸工程。经过半个多世纪积累，截至 2010 年，上荆江护岸工程总长约 121 千米，河岸崩坍基本得到抑制。但因河道冲刷调整引起主流摆动以及弯道顶冲点下移或上提，近岸河床冲刷部位发生变动，局部地段仍多次发生崩岸险情。

经过建国以来对荆江河段严重崩岸段和重点险段实施整治，荆江河段总体河势稳定。随着上游地区水利水电工程建设、水土保持和退耕还林等项目的实施，上游来沙减少，荆江河段水沙关系发生较大变化，特别是三峡工程运行后清水下泄，冲刷加剧，局部河势剧烈调整，在局部河势未得到全面控制的情况下，部分已护工程受损出险，一些未护堤段崩岸严重。为保障荆江河段堤防工程安全，长江勘测规划设计研究院 2004 年 10 月编制《长江荆江河段河势控制工程可行性研究报告书》（以下简称《可研报告》），水利部水利水电规划设计总院（以下简称水规总院）于 2005 年 1 月对《可研报告》进行审查，并将审查意见报水利部。水利部以水规计〔2005〕66 号文上报国家发展与改革委员会，中国国际咨询公司于 2005 年 8 月对《可研报告》（修订本）进行评估，核定工程总投资 8.91 亿元，环境评价报告也通过国家环保总局审查。

2006 年 4 月 18 日，水利部规划计划司在北京召开长江荆江河段河势控制应急工程建设会议。长江委根据会议精神，在组织编制年度项目初步设计《长江荆江河段河势控制应急工程 2006 年度实施项目初步设计报告》（投资规模约 2 亿元）的同时，根据湖北省《关于报请审批 2006 年度长江荆江河段河势控制应急工程计划的请示》和湖南省《关于安排湖南省荆江河段河势控制应急工程 2006 年度建设资金的请示》，长江委组织两省有关单位进行现场查勘和座谈，在此基础上提出 2006 年度汛期 5000 万元崩岸治理工程实施意见。7 月，长江设计院根据长江委意见以及近年崩岸险情和新测地形资料，编制《长江荆江河段 2006 年汛前崩岸应急治理工程实施方案》，水规总院对该方案进行审查，并提出审查意见。11 月 8 日，水利部印发《长江荆江河段 2006 年汛期崩岸应急治理工程实施方案的批复》，审定工程总投资 5078 万元。

2007 年 4 月 29 日，水利部批复《长江荆江河段河势控制应急工程 2006 年度实施项目初步设计报告》，项目静态总投资为 19252 万元，工程分期实施。项目涉及上荆江林家垴、学堂洲、沙市城区、文村夹、南五洲、茅林口河段，下荆江北碾子湾、铺子湾等河段，截至 2010 年底完成投资约 1.5 亿元。

为控制荆江河势变化，保障荆江河段堤防及护岸工程安全，2009 年长江委委托长江设计院再次对长江荆江河段河势控制应急工程可行性研究报告进行修编，拟定工程总投资 98142 万元，其中湖北段 62408 万元，包括建筑工程投资 60070 万元，机电设备 204 万元，临时工程 2134 万元。水下护脚总长 80.52 千米，其中新护 22.31 千米（上荆江 8545 米，下荆江 13760 米），加固 58.22 千米。水上护坡总长 27.15 千米（含护坡整险改造）。

沙市河湾段是历史著名险情多发段。20 世纪 50 年代后，沙市河湾段早期护岸工程得到改造与加固，并上下延长守护岸段。1998 年大水后，荆州长江大桥下游 450 米处、观音矶、沙市汉沙船厂码头及沙市港埠公司码头、观音寺闸等堤岸岸坡均发生规模较小的滑塌或塌陷；2001 年初，沙市城区柳林洲发生小范围窝崩，2002 年 4 月发生小范围崩坍。为提高沙市河段防洪标准，确保防洪安全，1998 年大水后，相继实施观音矶护岸整治工程、康家桥至谷码头护岸整治工程。2008 年 11 月，荆江大堤沙市城区段（桩号 749+200～750+000）和沙市城区改造段（桩号 759+332～759+812）实施护岸工程，护脚 800 米，护坡 122 米，完成混凝土预制块护坡 784 立方米、水下抛石 3.92 万立方米，

2009年4月完工。建国后，经过多年守护，沙市河湾岸线较为稳定，截至2010年，护岸工程总长达18.6千米，守护岸桩号范围741+559～760+200。

1998年大水后，国家加大对上荆江河段治理力度，重点对学堂洲、观音矶、谷码头、文村夹等险段实施护岸整治，险情得到控制，岸线基本稳定。

学堂洲护岸整治工程 位于荆江大堤荆州区，垸堤桩号0+000～6+400，长6.4千米，为上荆江沅市河湾和沙市河湾的过渡段。南临长江，北倚荆江大堤，地势南高北低，平面呈狭窄三角形，地面高程37.00～40.00米（冻结吴淞）。垸堤为荆州城南开发区防洪屏障以及荆江大堤外围防洪屏障。2000年后，因受荆江河势调整、上游清水下泄、地质条件差等因素影响，崩岸险情时有发生。2003年2月该段发生窝崩，崩宽80米，坎线后退约35米，距堤脚仅10米，崩窝处裂缝宽达0.3米；2004年3月郢都水厂上游段（原护坡）发生长20米、宽5米崩岸；2005年桩号3+950附近（原护坡）发生长70米、宽5米崩岸；2006年汛期至2007年3月共发生3处崩岸，崩长300米，桩号分别为2+650～2+750、5+050～5+150、5+400～5+500，距堤脚最近处不足10米，严重威胁堤防安全。

图5-8 整治后的学堂洲段（2012年摄）

2007年，省财政厅、省水利厅联合下达学堂洲崩岸应急整治工程计划。省水利厅批复的整治方案为：水下抛石护脚，局部坦坡修复；整治范围为桩号2+650～2+750、5+050～5+150、5+400～5+500三段，计300米。当年完成水下抛石7000立方米、浆砌块石160立方米、投资50万元。2008年，桩号4+600～5+170长570米段实施整治，完成干砌块石6180立方米、水下抛石3.79万立方米。

学堂洲护岸段1994年开始水下抛石，岸坡桩号0+000～3+900段为已护工程段，实施干砌块石护坡，局部为浆砌块石、抛石或混凝土面板护坡，沿线均实施抛石镇脚。少数岸段有崩岸现象，局部护坡有裂缝及沉陷现象。至2010年底，学堂洲护岸段累计完成护岸长度5.6千米、完成土方6.30万立方米、石方26.35万立方米、抛枕2326个、混凝土657立方米、完成投资1443.52万元。

观音矶护岸整治工程 位于上荆江沙市河湾凹岸顶段，上为滩面较宽的学堂洲边滩，下为外无边滩的沙市区重要港岸，是荆江大堤重要险段。矶身凸出江中159米，最大宽度230米，呈半椭圆形。修筑历史悠久，经历代维护，保存完好，长期以来起着顶承江流、挑杀水势、保护堤防的重要作用。长江主流从上游右岸陈家湾下行，经太平口呈S形摆动逐渐向左岸学堂洲过渡，在学堂洲下段贴岸，观音矶首当其冲；经观音矶挑流离岸，再经刘大巷、康家桥二次挑流后离开左岸，观音矶至刘大巷长1100米无滩堤段得到保护，免遭冲刷，同时使刘大巷、康家岗受水流冲刷减弱。

据载，1921年汛期观音矶下腮崩坍十丈；1931年上下腮被水流冲刷，石脚空虚六丈；1949—1953年滩岸崩塌，矶身裂缝二条，后在矶脚实施混凝土挡土墙和水下抛石加固；1987年矶头再次出现裂缝，底部裂缝两侧条石发生错位，采用砂浆勾缝、抛石固矶脚等加固措施。后经水流淘刷在矶下腮形成葫芦形冲刷坑，最深点高程为-2.00米（黄海高程）。经多年抛石加固，矶身上下部单宽累积抛石方量为110～280立方米每米，矶尖部位为600立方米每米，冲刷坑最深点高程维持约2.00米，护岸段基本稳定。

1998年大洪水，观音矶受洪水剧烈冲刷，汛后检查发现，护岸坡面受水流冲刷损坏严重，块石零乱，枯水位以上坡面发生大面积崩坍，大量土体外露，矶面出现数处跌窝。为确保观音矶岸坡稳定，改善近岸水流条件，增强抗冲能力，1999年国家安排专项资金实施护岸工程整治。鉴于护岸段外滩较窄，水下坡比趋于稳定，原则上利用已有岸线，尽量减少土方挖掘量，保留现有滩面宽度，局部过窄段以挡土墙和坡面相接，使之形成弯直相间、平顺圆滑的流线型外形。在护坡方式上，选用整体性强、密实度高、外观好、不易损坏变形的现浇混凝土板护坡。整治范围为荆江大堤桩号 759＋630～760＋520，长 890 米，从设计枯水位高程 30.20 米至滩肩。护岸工程自下而上由块石枯水平台护脚、浆砌石脚槽、一级混凝土护坡、坡面便道、二级混凝土护坡、浆砌石挡土墙组成。

观音矶护岸整治工程自 2000 年 5 月完工后，滩岸抗冲能力明显提高，近岸水流条件改善，经受多年洪水考验，工程运行稳定。党和国家领导人江泽民、朱镕基、温家宝等多次视察整治后的观音矶险段，充分肯定工程整治效果。

1952—2010 年，观音矶堤段（桩号 759＋000～761＋500，刘大巷至观音矶）护岸长 2500 米，完成土方 5900 立方米、石方 33.28 万立方米、混凝土 8829 立方米。

康家桥至谷码头护岸整治工程 位于荆江大堤桩号 757＋750～758＋400，沙市城区沙隆达广场长江外滩，长 650 米。为历史老驳岸，因工程年久失修，抗冲、抗渗能力差，多次发生滑坡、裂缝险情，特别是 1998 年汛期发生巡司巷清水漏洞重大险情。为确保沙市中心城区堤防安全，2006 年 1 月开始实施谷码头护岸整治。经过多年整治，截至 2010 年，该段完成土方 5.71 万立方米、石方 1.32 万立方米、混凝土 1681 立方米，完成投资 459.6 万元。工程实施后，堤段防洪能力得到提高，外滩外观形象得到改善。

盐卡段护岸整治工程 位于沙市河湾下段，由古黄潭堤和杨二月堤一段组成，相应荆江大堤桩号 745＋000～751＋700，长 6150 米。该段长江主泓下行冲刷，尤以桩号 747＋070～747＋680 段堤外滩狭窄，最窄处不足 8 米。1998 年大水后实地勘查发现，护岸工程因水流冲刷损坏严重，坦坡块石零乱，土层裸露，危及堤防安全。1998 年汛后杨二月矶（桩号 745＋870）水毁部位实施整险加固，尹家湾段（桩号 745＋300～745＋800）实施堤身防渗工程，同时进行堤身加培。1999 年汛前，又先后实施盐卡外填（桩号 748＋100～751＋050）及内填（桩号 745＋550～747＋500）工程。2000 年投资 169 万元实施桩号 747＋070～747＋680 段护坡工程改造。工程于 2000 年 1 月开工，至 5 月完工，完成干砌块石拆除 8400 立方米、现浇混凝土 3551 立方米、碎石垫层 1596 立方米、浆砌块石 810 立方米、干砌块石 600 立方米、散抛石 4800 立方米。

文村夹段护岸整治工程 位于公安河湾段左岸，由于上游河段河势调整，长顺直过渡段主流 1998 年和 1999 年大水后向左岸摆动，水流冲刷文村夹沿线近岸河床。

表 5-2　　　　　　　　　　　2002 年以来文村夹段主要险情一览表

序号	荆江大堤桩号	险情类别	出险时间	险 情 概 述
1	734＋800～735＋250	条崩	2002 年 4 月	岸坡原进行了块石抛填，后上部块石下滑，裸露土体形成崩岸，较严重，且坡顶平台分布较多宽达数厘米的纵横裂缝
2	733＋350～733＋590	条崩	2005 年 4 月	未护岸；沿线坡下均有崩岸，使下部岸坡变陡，局部地段有浪坎侵蚀现象
3	735＋200～735＋600	窝崩	2005 年 3 月	未护岸；均有多级浪坎分布，部分地段坡上部有规模较小的崩坍现象

2002 年 3 月 19 日，荆江大堤文村夹堤段桩号 734＋450～735＋000 段发生崩岸险情，崩长 550 米，最大崩宽 10 米，岸坡陡峭且多处出现裂缝，崩坎距堤脚最近处仅 44 米；2005 年 1 月，桩号 733＋800～733＋905、733＋960～734＋100 段发生崩岸险情，崩长 245 米，最大崩宽 10 米；12 月 9 日，下游围堤桩号 12＋462～12＋708 发生崩岸险情，崩长 246 米，最大崩宽 20 米。据史料记载，该堤段 1913 年开始散石护坡，至 1992 年水下抛石累积量仅 10～22 立方米每米，无法抵御水流冲刷，严重威胁荆江大堤安全。

文村夹崩岸险情发生后，按照"抛石固脚、削坡护岸"的抢护方案实施应急抢险整治。2005 年桩号 733＋750～734＋150 段实施浆砌块石护坡。2006 年，桩号 734＋150～734＋600、733＋400～733＋750 和 12＋400～13＋350 等堤段实施水上护坡，施工段全长 2064 米。2006 年度工程完成干砌块石 4369 立方米、混凝土预制块 2873 立方米、浆砌块石 4234 立方米、投资 5078 万元。2009 年 10 月，长江委对桩号 734＋600～735＋120、735＋250～735＋600 两处共 860 米护岸段实施整治加固，工程总投资 715 万元，于 2010 年 5 月完工。

截至 2010 年底，文村夹崩岸整险工程累计守护岸线 2550 米，完成削坡土方 16.13 万立方米、石方 27.35 万立方米、混凝土 4572 万立方米、累计完成投资 3380.15 万元。经多年整治，险情得到初步控制。

图 5-9 文村夹崩岸段（2010 年 1 月肖波摄）

图 5-10 公安河湾西湖庙崩岸段
（2008 年 11 月 5 日摄）

西湖庙护岸工程 位于马家嘴河湾下游，与突起洲下尖相对，对应公安长江干堤桩号 660＋900～665＋800，长 4900 米。外无洲滩，迎流顶冲，由于受上游码头挑流影响，汛期水流流速大，洪水直射堤脚，冲刷严重。1989 年、1990 年桩号 660＋900～661＋070 和 661＋380～662＋130 段先后发生长 170 米、750 米外崩险情，崩宽 5～15 米，吊坎高 3～5 米。1990—1999 年，桩号 660＋900～665＋800 段逐年实施水下抛石固脚整治，完成抛石 2.89 万立方米。2000 年后，桩号 660＋920～664＋200 段整治力度加大，整治长度 2320 米，水上在桩号 663＋480～664＋200 长 720 米段实施砌石护坡，完成石方 1.84 万立方米、水下抛石 13.12 万立方米。截至 2010 年，守护长 3280 米（桩号 660＋920～664＋200），完成石方 40.86 万立方米、土方 5.53 万立方米、混凝土 1368 立方米、柴枕 400 个、投资 1633.28 万元。经过多年整治，堤身抗洪能力得到提高，险情基本稳定。

双石碑护岸工程 位于公安长江干堤，桩号 656＋360～660＋080，长 3720 米。堤外无滩，迎流顶冲，堤内平台宽 30 米，高程 36.50 米，平台外地势低洼，沟渠纵横。1974 年原堤段实施裁弯取直、加高培厚、填筑堤内平台等整治。经综合治理后，近岸水下坡比达 1：1.5 以上，堤脚以外淤积成 8～10 米宽平滩，河势较稳定。1996 年桩号 656＋360～657＋440 长 1080 米段实施水上整坡砌坦、水下抛石固脚整治，完成石方 3260 立方米。1999 年桩号 657＋950～658＋150 长 200 米段实施水上混凝土护坡、水下抛石固脚整治，完成混凝土护坡 1206 立方米、抛石 2400 立方米。

2000 年后，桩号 656＋600～660＋080 长 3480 米段实施整治，完成石方 2.88 万立方米、水下抛石 19.24 万立方米，其中桩号 656＋600～658＋320 长 1560 米段进行水上护坡砌筑。截至 2010 年，桩号 656＋360～660＋920 守护长 4560 米，完成石方 22.45 万立方米、土方 11.41 万立方米、投资 1718.53 万元。

青龙庙护岸工程 位于公安长江干堤，桩号 654＋200～656＋600，长 2400 米，内平台宽 10 米，高程 36.50～36.80 米。堤外无洲滩，迎流顶冲，土质以粉质粘土、粉质壤土为主，堤身土质差，渗透性强。1997 年，桩号 654＋365～654＋535 长 170 米段实施水下抛石固脚整治，抛石 1496 立方米。2000 年后，桩号 654＋200～656＋600 长 2400 米段实施整治，完成水上砌石护坡 2.75 万立方米、水下抛石 12.06 万立方米。2007 年、2009 年，桩号 656＋550～656＋750 长 200 米段、654＋270～654＋330 长 60 米段相继出现护坡块石脱落和裂缝险情。截至 2010 年，桩号 654＋880～657＋150 段守护长 2270 米，完成石方 17.45 万立方米、土方 5.07 万立方米、混凝土 5112 立方米、完成投资 1136.51 万元。

斗湖堤护岸工程 位于公安长江干堤,桩号650+810～654+690,长3880米。内平台宽10米,高程36.00～36.50米。堤身土质差,渗透性强,内临安全区,无禁脚,地下水位高,外无洲滩,河道弯曲,迎流顶冲,特别是中高水位时,主流凹岸冲刷,水流紊乱,近岸回流流速大,淘刷堤脚。1990年、1991年、1992年,由于内水外渗,桩号654+180～654+310、654+435～654+590段相继出现堤身外坡中下部弧形滑塌险情,后采取水下抛石固脚,水上滑塌堤段实施抽槽碾缝、整坦护石,以及堤内填搪固基等措施整治,1989—1999年共完成水下抛石2.29万立方米、水上整坦护坡石方5245立方米。

2000年后,桩号651+400～654+200长2800米段实施整治,完成水上砌石护坡12.75万立方米、水下抛石4.17万立方米。截至2010年,桩号651+400～654+880段守护长3480米,完成石方17.30万立方米、土方4.88万立方米、混凝土3124立方米,完成投资1230.29万元。

二圣寺护岸工程 位于公安长江干堤,桩号649+480～651+400,长1920米。内平台宽10米,高程36.00～36.50米。外无洲滩,河道弯曲,迎流顶冲,堤身土质差,渗透性强。2000年后,桩号649+480～651+400长1920米堤段实施整治,完成水上砌石护坡1.57万立方米、水下抛石11.11万立方米。2009年4月,桩号651+200处护坡石崩坍,出险处位于坡面排水沟处,崩长(沿堤方向)2米、崩宽(沿排水沟方向)30米,出险原因为内水外渗所致:在外滩(高程40.00米)有一面积约2000平方米水塘,承接雨水和周围居民生活废水,由排水管与护坡排水沟相接,由于水流长期冲刷,加之水管接头处断裂,致使土壤大量流失,形成一条直径2米、长约30米暗沟,造成崩坍。出险后实施整治。截至2010年,桩号649+480～652+000段守护长2520米,完成石方12.83万立方米、土方10.36万立方米、投资1172.79万元。

朱家湾护岸工程 位于公安长江干堤,桩号646+320～649+480,长3160米。堤顶高程42.16米,内平台宽10米,高程37.30米;外平台宽30米,高程40.08米。1989年后,杨家拐至二圣寺对岸沙洲淤涨,面积逐年扩大,高程不断增高,迫使主泓南移,造成朱家湾险段险情日趋恶化。以11.00米深泓线比较,1988—1992年南移13米,1992—1994年南移18米;以重点段同一冲刷坑底最低高程比较,1980年为6.80米(冻结吴淞),1987年为2.80米,1991年为0.60米。1991年,近岸80米以内水下坡比约1:0.6～1:0.9。1990—1999年,桩号647+337～649+310段累计完成水上接坡和整坦石方9641立方米、水下抛石1.69万立方米。经过多年整治,河底高程回升至8.70米,滩岸较为稳定。2000年后,桩号646+320～649+480长3160米段实施整治,桩号646+320～647+000、649+360～649+480长800米段实施水上砌石护坡和坡面加固,共完成石方2万立方米、水下抛石9.92万立方米。2005年3月,桩号648+100～648+130长30米段发生滑塌险情。截至2010年,守护长3808米(桩号645+792～649+600),完成石方31.18万立方米、土方3.5万立方米、混凝土4160立方米、柴枕6738个、投资1191.88万元。经多年整治,岸线基本稳定。

陈家台—新四弓险段护岸整治 位于沙市河湾段金城洲凹岸,公安长江干堤桩号675+000～681+500,长6.5千米,外无洲滩。因受对面沙洲挑流影响,洪水直射滩脚,且滩岸土质差,砂层厚,以致崩岸频发。1988年汛期,桩号679+775～680+299长524米段出现崩岸险情,最大崩宽18米,吊坎高5～7米。次年冬桩号679+825～680+375长500米段按坡比1:3实施削坡护石,滩脚外33米处留有5～10米宽枯水平台,完成水下抛石2300立方米、块石护坡4752立方米。

1996年冬,桩号680+100～681+800长1700米段再次发生崩岸,崩宽40米,吊坎高5～7米。为护滩保堤,当年冬实施整治,1997年汛前完工,完成水下抛石固脚石方8773立方米、削坡护石2104立方米。当年12月,桩号678+300～679+000段又出现新崩岸,崩长700米,最大崩宽30米以上,一般崩宽3～6米,吊坎高7～9米。出险后,水下地形勘测发现近岸100米以内水下坡比不足1:1.5,河底最低高程8.00米,一般高程15.00～20.00米。1997年、1998年、1999年分期实施整治,完成水下抛石1.32万立方米,块石护坡和整砌坦共完成1.44万立方米。

2000年后,桩号675+050～681+500长6450米段实施整治,间断整治5420米,完成水上砌石护坡和混凝土护坡 6.89 万立方米、水下抛石 30.23 万立方米。

陈家台至新四号险段列入荆南长江干堤隐蔽工程项目实施整治后，岸线基本稳定，但 2005 年 3 月桩号 675+000～675+050、675+200～675+280、680+650～680+670 段仍出现六角块护坡面及排水沟崩塌或滑坡险情。

截至 2010 年，桩号 675+050～681+500 段守护长 6450 米，完成石方 49.90 万立方米、土方 32.3 万立方米、混凝土 1.20 万立方米，完成投资 3935 万元。

郝穴河段整治 为荆江历史著名险情多发段，堤外无滩或仅有窄滩，沿线建有黄灵垱、灵官庙、龙二渊、铁牛矶等矶头。20 世纪 50 年代后，高标准改造加固早期的护岸工程，并上下延长守护岸段。

1998 年汛期，郝穴堤段上起铁牛上矶，下至铁牛下矶长达 200 余米滩面遭受洪水严重冲刷，其中数处冲刷成长 10 米、宽 8 米、深 1 米的深槽；铁牛及纪念亭因水流冲刷导致基座悬空，滩面成排树木倾覆，树根外露；矶头平台被冲成大坑；矶头条石出现大面积移位；下腮等多处护坡块石塌陷、土体外露。汛期经抗洪军民日夜抢护方保平安。

为保滩岸稳定，提高边坡、滩面抗冲能力，1999 年 5 月开始实施铁牛矶综合整治工程。鉴于堤段外滩狭窄，但水下边坡趋于稳定的状况，施工时基本利用原有岸线，在桩号 707+800～710+000 长 2200 米段实施外坡混凝土护坡、滩面混凝土硬化及滩肩浆砌石挡土墙，并在枯水平台散抛石，完成土方开挖 12.8 万立方米、土方回填 1.61 万立方米、混凝土 1.10 万立方米、干浆砌石 2.11 万立方米，完成投资 938.81 万元。经多年整治加固，1950—2010 年护岸工程总长约 22 千米（桩号 700+500～722+450），其中，冲和观至祁家渊段（桩号 718+000～722+450）护岸长度 4.45 千米，完成石方 136.45 万立方米、柴枕 1660 个、投资 2267 万元；黄灵垱至灵官庙段（桩号 713+000～718+000）护岸长度 5 千米，完成石方 62.74 万立方米、柴枕 1911 个、投资 1060 万元；龙二渊至郝穴段（桩号 707+800～713+000）护岸 5.2 千米，完成土方 11.96 万立方米、石方 112.93 万立方米、混凝土 1.18 万立方米、投资 2901 万元；刘家车路至熊良弓段（桩号 700+500～707+800）护岸长度 7.3 千米，完成石方 34.83 万立方米、投资 870 万元。由于该河段护岸工程历史悠久、标准较高，经多年整治，岸线基本稳定。

南五洲河段整治 位于郝穴河湾下段右岸，主流自上游铁牛矶近岸河床向右岸过渡，经覃家渊段近岸河床而下。该段守护岸线较短，标准低，岸线基本处于自然状态。1998 年 9 月至 2005 年 6 月，近岸河床遭受冲刷，岸坡变陡，岸线崩退；桩号 25+520～29+680 段最大冲深幅度为 9.00～26.00 米，平均崩宽 29 米（28.20 米高程），最大崩宽 53 米（桩号 28+400）。2006 年 3 月桩号 24+000～37+100 长 13100 米段出现外崩现象，坎高 7 米，崩宽 8 米。2009 年 5 月桩号 36+450～37+100 段出现崩岸险情。2007 年，桩号 29+340～29+960 长 640 米段实施护岸工程，完成水下抛石 5.81 万立方米、水上钢丝网石垫 2.32 万立方米。截至 2010 年底，该段守护长 4310 米（桩号 26+300～29+960、36+450～37+000），完成石方 12.45 万立方米、投资 210 万元。

图 5-11 南五洲崩岸段（2009 年 11 月摄）

图 5-12 南五洲护岸施工
（2009 年 5 月汪记锋摄）

郑家河头至黄水套险段护岸整治 位于郝穴河湾下游长顺直过渡段右岸，公安长江干堤桩号 615

＋800～620＋800，长5千米。外无洲滩，迎流顶冲；堤身土质差，渗透性强。受过渡段主流摆动影响，经常发生崩岸险情。

1991年冬，桩号617＋500～617＋800长300米未护段出现滩岸滑坼，吊坎高5～7米，近岸100米内河底最低高程约19.50～22.00米，水下坡比约1：1.5。1992年汛前实施整治，完成石方1.08万立方米，其中水下抛石固脚4603立方米、水下接坡护石6207立方米。1995年桩号615＋950～616＋200长250米段发生崩坼，吊坎高10米，崩宽22米，1996年呈继续恶化趋势。1989—1996年累计完成水下抛石1.15万立方米、水上护坡9724立方米。2000年后，桩号616＋400～620＋800长4400米段实施整治，其中桩号616＋400～617＋600长1200米段实施预制混凝土护坡，完成混凝土2.79万立方米，水下抛石16.87万立方米。经多年整治，岸线基本稳定，但2010年汛期桩号619＋900～620＋250长350米老护岸段发生弧形滑坼，吊坎高2米。截至2010年，桩号615＋460～620＋800段守护长5340米，完成石方55.68万立方米、土方7.49万立方米、混凝土3017立方米、柴枕6400个、投资2148万元。

上荆江河势控制工程实施后，扩大了上荆江泄洪能力，崩岸得到遏制，河势受到控制；上荆江堤防抗洪能力提高，可减轻设计水位以下洪水造成的经济损失；对确保沿江人民生命财产安全，同时兼顾航运、港口及城市发展，促进社会经济发展和繁荣具有重要意义。

表5-3　　　　　　　　　　　　　　上荆江河段完成护岸工程统计表

序号	护岸段	桩号	施护长度/m	石方量/m³	断面方量/（m³/m）	统计年份
一	左岸	小计	55390	6472548		
1	柳口	697＋100～700＋500	3400	119029	35.01	1950—2010
2	熊刘	700＋500～708＋000	7500	348317	46.44	1950—2010
3	郝穴—龙二渊	708＋000～713＋000	5000	1129228	225.85	1950—2010
4	灵官庙—黄灵垱	713＋000～718＋000	5000	627397	125.48	1950—2010
5	祁家渊—冲和观	718＋000～722＋200	4200	1364502	324.88	1950—2010
6	文村夹	732＋800～735＋500	2700	273546	101.31	1950—2010
7	观音寺	738＋700～745＋000	6300	1051577	166.92	1950—2010
8	沙市区	745＋000～761＋500	15690	1295436	82.56	1952—2010
9	学堂洲	0＋800～6＋400	5600	263516	47.06	1950—2010
二	右岸	小计	39265	2997581		
1	郑家河头	615＋460～616＋400	940	24423	25.98	1974—2010
2	黄水套	616＋400～620＋800	3575	532405	148.92	1960—2010
3	朱家湾	645＋790～652＋000	6200	440108	70.99	1969—2010
4	南五洲	26＋300～37＋000	4310	124538	28.90	1990—2010
5	斗湖堤—双石碑	652＋000～660＋920	8920	572071	64.13	1957—2010
6	西湖庙	660＋920～664＋200	3280	408635	124.58	1953—2010
7	唐家湾	664＋200～665＋650	1450	83114	57.32	1950—2010
8	新四号—陈家台	675＋050～681＋500	6450	498988	77.36	1961—2010
9	杨家尖	703＋800～708＋200	1300	94370	72.59	2001—2010
10	查家月堤	710＋100～713＋300	3200	218929	68.42	1960—2010
	合计		95015	9470129		

二、下荆江河势控制工程

建国后，由于水利投资所限，加之缺乏下荆江河势控制的整体规划来指导护岸工程的实施，在系统整治前，河势控制工程进展缓慢。下荆江河道在 1967 年中洲子人工裁弯实施前，历年来仅在若干城镇和重要堤段实施局部护岸工程，未从河势控制的大局指导护岸工程建设。

20 世纪 60—70 年代，下荆江系统裁弯后，河势处于急剧调整状态。因新河上下游河势未能及时控制，河道比降增大，江湖水系相互顶托作用减弱，水流冲刷力增大，造成两岸崩岸强度加剧。一般年崩约 150～300 米，最大年崩达 600 余米，河曲十分发育。在中洲子、上车湾人工裁弯过程中，河道堤防部门对新河上、下游河势控制的重要性和迫切性有了进一步认识，特别是沙滩子自然裁弯对下游河势的不利影响，更引起河道堤防部门的高度重视。

为巩固裁弯工程成果，整治下荆江河道，防止河势继续恶化，长办根据有关部委 1963 年审查荆江地区防洪规划所提出的"确保荆江大堤，江湖两利，蓄泄兼筹，以泄为主，上下荆江统筹考虑"方针，于 1974 年 8 月提出《下荆江河势控制规划初步意见》，1979 年 4 月编制《下荆江河势控制规划》上报水电部。由于河势已发生不同程度变化，1983 年 11 月长办将《下荆江河势控制规划补充分析报告》报送水电部，河势控制河段为石首人工裁弯段、沙滩子自然裁直段、中洲子人工裁弯段、上车湾人工裁弯段、盐船套至荆江门河段，以及孙良洲至楼西湾人工裁弯段等共 6 段。

1983 年 11 月，水电部组织湘鄂两省有关单位对《下荆江河势控制规划补充分析报告》进行预审。根据审查意见，12 月长办向水电部报送《下荆江河势控制工程规划报告》，提出下荆江河势控制规划原则是"全面规划，综合利用，因势利导，重点整治，以满足防洪、航运和各部门的要求"。具体要求是：有足够断面宣泄洪水，下荆江主河槽断面面积不应小于 1.5 万平方米，平滩河宽不应小于1300 米；满足航道部门对航道的要求，弯道过渡段长度不宜大于 7 千米，航槽最小宽度应大于 80米，曲率半径大于 1500 米；护岸方式主要为抛石抛枕等。报告中按上述 6 个河段进行规划，需控制岸线长 125.5 千米，其中守护段长 50.3 千米，尚需控制段长 75.2 千米，工程量为块石 712.5 万立方米，工程总投资 1.27 亿元。

1984 年 6 月，水电部批复《下荆江河势控制规划报告》：①为巩固裁弯成果，防止河势继续恶化，减轻崩岸，保护沿岸城乡和农田安全，并避免防护工程的盲目性，对该河段进行统一规划，有计划地适时防护控制是完全必要的。②原则同意《规划报告》提出的规划原则和整治措施，同意先进行南碾子湾到荆江门 4 个河段河势控制和整治。③石首河湾裁弯方案关系到藕池口的分流能力，应进一步研究。④对孙良洲河湾要抓紧进行试验研究，尽早提出人工裁弯方案。⑤近期工程投资控制在9000 万元以内。按水电部批复，南碾子湾至荆江门 110 千米河段内，新护岸长度 50.92 千米，改造加固长度 35.08 千米，总石方量 466.33 万立方米，土方约 1000 万立方米。其中荆州境内新护岸长36.17 千米，石方 327.88 万立方米，所占比例为 70.3%，相应投资 6327 万元。

按照水电部批示，长办于 1985 年编制《下荆江河势控制工程规划补充报告——熊家洲至城陵矶河段裁弯规划》，1986 年上报水电部。1988 年长办按水电部水利水电规划设计总院意见，编制《下荆江河势控制工程规划补充报告——熊家洲至城陵矶河段护岸规划》上报水利部。1989 年 8 月水利部对该报告作出批复：①对下荆江熊家洲至城陵矶河段进行控制整治是十分必要的。②从长远来看，对这一过于弯曲河段进行裁弯是必要的，但裁弯对洞庭湖出口和下游河道的影响等问题十分复杂，关系重大，现在提出的裁弯方案还不够成熟，尚需继续研究。③为防止河势进一步恶化，水利部同意近期对该段按遏制其发展的原则进行守护控制。

为适应河势新变化，更有效地实施工程规划，更好地发挥工程效益，管好用好基本建设投资，1988 年长办要求湘鄂两省提出各辖区河段河势控制工程初步设计。1991 年 11 月长江委在两省提出的初步设计基础上编制《下荆江河势控制工程初步设计》，并于 1992 年报水利部。

1990 年，长江委编制《熊家洲至荆江门河段护岸工程初步设计》上报水利部。水利部批复：熊家洲至城陵矶河段重点守护熊家洲、七弓岭和观音洲等 3 段共长 13.62 千米，一般守护长 10.48 千米，总石方量 136.24 万立方米，土方 196.4 万立方米，投资 7235 万元（其中地方自筹 20%），施工期 3 年。其中荆州境内新护岸长 6.24 千米，加固改造 7.68 千米，石方 61.19 万立方米，所占比例为

44.9％，相应投资为 3249 万元。

经过多年对裁弯后的下荆江河势实施系统的护岸控制工程，使上述河段河势得到基本控制，消除了控制河段内滩岸大范围、大强度崩坍，增大了河岸稳定性，基本改变下荆江河道"九曲回肠"状况。

位于下荆江之首的石首河道因整治方案难以定夺，"八五"期内仍未列入总体河势控制之中，河道基本处于自然演变状态。左岸向家洲至茅林口长 10 千米岸线普遍崩退，自 1975 年至 1994 年最大累计崩退 2 千米，夹河口狭颈 1975 年为 1.9 千米，于 1994 年 6 月中旬崩穿过流，口门迅速扩宽至 1 千米，主流撇开原大弯道，直接过渡顶冲右岸北门口一带，滩岸最大崩宽达 300 余米，离堤脚最近处仅 38 米，危及石首城区干堤防洪安全。为抑制河势恶化，确保石首河段两岸防洪安全，湖北省提出"守住北门口，稳住向家洲，加固鱼尾洲及胜利垸内隔堤"的抢护方案，编制《石首河段整治规划》，并于 1994 年 11 月报送国家计委、水利部和长江委，要求列入国家基本建设项目。

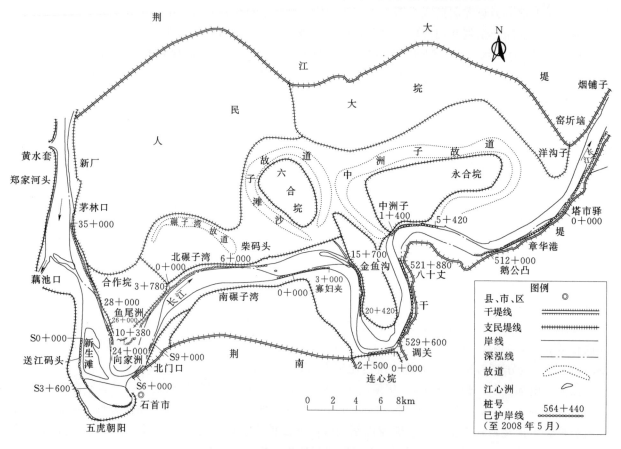

图 5-13　荆江河势控制工程布置示意图

下荆江南碾子湾至荆江门 4 个河段和熊家洲至城陵矶护岸工程设计采用平顺护岸方式，一般河段设计枯水位以下抛石护底，枯水位以上削坡砌坦护坡；重点河段水下抛枕护底后，再抛石护底。削坦边坡坡比 1：3，护坡分干砌块石和混凝土板两种，干砌块石厚 0.3 米，混凝土厚 0.1 米。

下荆江河势控制工程荆州境内主要建设内容为护岸长 71.6 千米（其中新护长 42.2 千米）。主要工程量为：石方 387 万立方米、柴枕 3.92 万个，近期投资控制在 9000 万元以内。

随着下荆江河势控制工程按照先急后缓、巩固成果的指导思想，石首金鱼沟、连心垸、中洲子，监利铺子湾、天星阁、姜介子、八姓洲等剧烈崩岸段先后实施守护，有效地控制了河势朝不利方向发展，堤防抗洪能力得到增强。

下荆江河势控制工程概算总投资 44949.83 万元。主要工程量为：石方 304.4 万立方米，混凝土

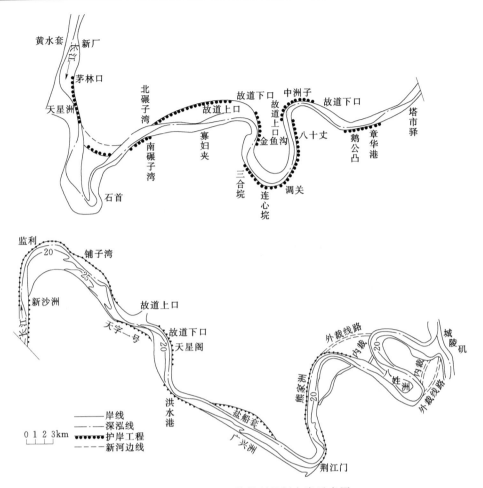

图 5-14　下荆江河势控制规划方案示意图

7.39 万立方米，土方 275.5 万立方米，柴枕 8.75 万个，砂枕袋 9900 个，模袋混凝土 3.9 万平方米；临时占地 126.17 公顷，永久占地 78.93 公顷。

2002 年 4 月 8 日，水利部批复石首河段整治工程概算投资 39951 万元。主要工程量为：石方 304.4 万立方米，混凝土 7.39 万立方米，土方 275.5 万立方米，柴枕 8.75 万个，砂枕袋 9900 个，模袋混凝土 3.9 万平方米；临时占地 126.17 公顷，永久占地 78.93 公顷。

截至 2010 年底，石首河段累计护岸长 70.57 千米，完成土方 614.21 万立方米、石方 884.35 万立方米、混凝土 10.66 万立方米、柴枕 22.68 万个，完成投资 52277 万元；监利河段完成护岸长 46.99 千米，完成土方 322.50 万立方米、石方 588.39 万立方米、混凝土 2.14 万立方米、柴枕 17.46 万个，完成投资 13826.5 万元。

表 5-4　　　　　　　　　　　下荆江监利河段护岸工程统计表

地　　点	施护长度 /m	护岸方式	完成工程量			投资金额 /万元	起止年份	备　注
			土方/ 万 m³	柴枕 /个	石方/ 万 m³			
合计	46993		322.50	174582	588.39	13826.5		
城南 （627+180～636+940）	7970	矶头 平顺		18802	98.16	1037.68	1950—2010	
铺子湾 （11+820～22+606）	10786	平顺	126.04	60831	134.69	3561.64	1977—2010	失效石方 6.13 万 m³、 柴枕 1.7 万个

续表

地　点	施护长度/m	护岸方式	完成工程量			投资金额/万元	起止年份	备　注
			土方/万 m³	柴枕/个	石方/万 m³			
天星阁 （40＋060～44＋490、 47＋982～48＋180）	4628	平顺	27.33	11802	56.57	1848.61	1982—2010	桩号 42＋310～510＋000 抛尼龙布帘 1.4 万 m²、尼龙土枕 1390 个
盐船套 （31＋650～33＋150、 33＋970～34＋150）	1680	平顺	0.75		4.31	158.91	1991—2010	失效石方 8254 m³、柴枕 976 个
团结闸 （22＋280～24＋499）	2219	平顺	32.03	1379	21.37	614.59	1970—2010	
熊家洲 （6＋730～20＋200）	13470	平顺	91.78	44870	188.05	4293.17	1970—2010	失效石方 1.75 万 m³
八姓洲 （1＋120～3＋920）	2800	平顺	40.34	23167	42.59	807.78	1970—2010	
观音洲 （563＋480～566＋920）	3440	平顺	4.23	13731	42.65	1504.12	1969—2010	

表 5－5　　　　　　　　　　　　　　下荆江石首河段护岸工程统计表

地点	实施年份	桩　　号	长度/m	护岸长度/m	完成工程量				完成投资/万元
					土方/万 m³	石方/万 m³	混凝土/m³	柴枕/个	
合计			152180	70572	614.21	884.35	106634	226760	52277.00
柳口	1950—2010	45＋760～46＋810	1050	1050		6.25		4557	103.20
谭剅子	1950—2010	44＋960～45＋759	800	800		3.45		2614	58.40
复兴洲	1950—2010	42＋540～44＋070	1530	1530		7.24		2985	121.00
茅林口	1950—2010	35＋060～37＋490	4090	1900	6.04	7.46	1742	2999	2015.97
范家台	1950—2010	32＋816～35＋060	5245	2344	23.68	19.74	2587		882.02
古长堤	1950—2010	28＋000～32＋816	6386	4816	50.11	42.23	12793	817	3704.33
合作垸	1950—2010	26＋000～28＋000	870	870	4.32	3.52	120		286.00
向家洲	1950—2010	0＋000～2＋000 24＋000～26＋000	8955	3370	75.70	33.83	11889	11471	3429.00
鱼尾洲	1950—2010	3＋780～10＋380	16600	6600	39.46	106.35	7157	32430	3738.11
六合垸	1950—2010	1＋450～0＋018	1292	1292		10.23		3622	167.40
北碾子湾	1950—2010	0＋000～7＋300	10135	7300	104.59	93.48	21499	38250	8549.37
金鱼沟	1950—2010	15＋700～20＋820	19565	5120	12.16	86.15	2506	17125	2460.00
中洲子	1950—2010	0＋200～5＋420	7100	5220	25.57	87.49	5041	15102	2787.91
丢家垸	1950—2010	0＋200～0＋635	290	290		1.00			14.00
造船厂	1950—2010	568＋000～568＋950	950	950		3.93		2399	54.00
三义寺	1950—2010	567＋165～567＋210	140	110	0.21	0.25			8.57
送江码头	1950—2010	S0＋000～S3＋600	3600	3600	37.13	30.66	9790	21951	3515.57
北门口	1950—2010	563＋000～566＋050 （对应长江委桩号 S6＋000～S9＋000）	12535	3050	101.76	66.90	8134	15799	6101.00

续表

地点	实施年份	桩 号	长度/m	护岸长度/m	完成工程量				完成投资/万元
					土方/万m³	石方/万m³	混凝土/m³	柴枕/个	
寡妇夹	1950—2010	0+000～3+000	3000	3000	31.82	24.00	8837	23400	3084.00
连心垸	1950—2010	0+000～2+500	13947	2500	17.33	50.47	68		1732.00
调关矶头	1950—2010	527+900～529+600	7650	1700	8.73	43.56	4043	278	2035.00
沙湾	1950—2010	527+120～527+900	1520	780	3.91	7.74	1398	1428	461.00
芦家湾	1950—2010	524+630～527+120	4710	2490	16.90	29.11	4126	8987	1613.00
八十丈	1950—2010	521+880～524+630	5510	2750	30.50	29.83	3883	6161	1864.00
鹅公凸	1950—2010	511+590～513+140	2260	1550	0.51	30.10		7955	587.00
茅草岭	1950—2010	510+280～511+590	4410	1310	1.53	22.00		4699	869.00
章华港	1950—2010	498+000～510+280	8040	4280	22.24	37.37	1020	1731	2038.00

注 柳口、谭剥子、复兴洲、茅林口、范家台、古长堤河段位于上荆江，现暂将该段护岸列入下荆江护岸工程统计。

　　下荆江险工段位于左岸的主要有向家洲、鱼尾洲、北碾子湾至柴码头、金鱼钩、中洲子、监利河湾、集成垸、天星阁、杨岭子、团结闸、熊家洲河湾和观音洲段，右岸有送江码头、北门口、寡妇夹、连心垸、调关至八十丈、鹅公凸、章华港等。自20世纪50年代以来，上述地段均出现不同程度崩岸险情，汛后枯水期在出险地段分别实施不同标准的护岸工程。1998年大水后，国家加大对长江

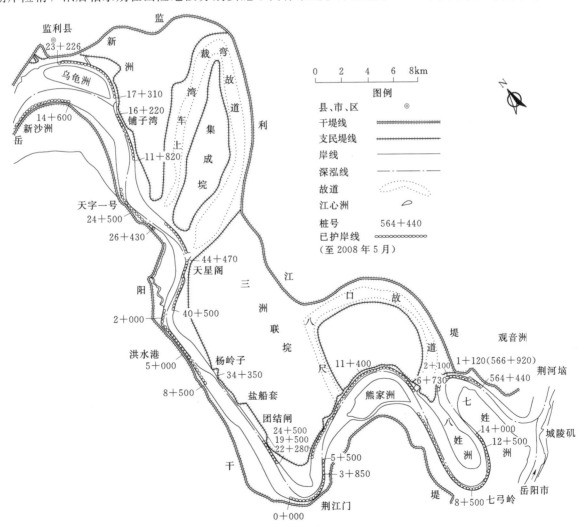

图 5-15　下荆江河势控制工程布置示意图（2001 年）

中下游干流堤防建设力度，下荆江河势控制工程也在已往工程基础上继续实施。根据1983年以来下荆江河势控制工程实施情况和1998年以后下荆江河势变化，2000年后，长江委及有关单位对原定的下荆江河势控制工程作出补充调整，提出下荆江各河段的河势工程设计，并陆续实施。截至2010年底，下荆江护岸工程总长149千米。

表 5 - 6　　　　　　　　　　　　下荆江河势控制工程隐蔽工程完成情况表

| 序号 | 工程项目或地点 | 桩号 | 长度/km | 完成工程量/万 m³ | | | | | | | 投资/万元 |
				土方开挖	水下抛石	混凝土预制块	浆砌块石	干砌块石	垫层石料	柴枕或土枕/个	
小计	1999—2000 年度		4.52	61.70	41.18	0.45				11016	4628.95
一	石首		1.72	22.56	17.00					5440	1825.66
1	中洲子护岸工程	3+700～5+420	1.72	22.56	17.00					5440	1825.66
二	监利		2.80	39.14	24.18	0.45				5576	2803.29
1	铺子湾护岸工程	11+820～13+340	1.52	29.92	15.17	0.28				5576	1868.00
2	团结闸护岸工程	22+280～23+240	0.96	9.22	7.24	0.17					816.67
3	姜介子应急护岸工程	17+680～18+000	0.32		1.77						118.62
小计	2000—2001 年度		2.00	5.40	16.44					8500	1630.18
一	石首		1.05	5.40	8.94					8500	1066.48
1	北碾子湾应急护岸工程	0+000～1+050	1.05	5.40	8.94					8500	1066.48
二	监利		0.95		7.50						563.70
1	铺子湾应急护岸工程	15+720～15+920 14+830～15+040	0.41		4.00						299.37
2	熊家洲应急护岸工程	15+045～15+380 17+300～17+500	0.54		3.50						264.33
小计	2001—2002 年度		19.05	130.07	98.28	1.43	1.07	5.60	7.15	64562	14963.88
一	石首		9.20	89.32	58.10					53150	8977.68
1	石首鱼尾洲及北碾子湾护岸工程	3+780～3+980 0+000～2+000	2.20	16.40	7.66					8500	1628.15
2	石首北碾子湾护岸工程	2+000～4+000	2.00	18.40	15.32					17000	2305.88
3	石首北碾子湾护岸工程	4+000～6+000	2.00	24.40	16.24					4250	1920.53
4	寡妇夹护岸工程	0+000～1+500	1.50	15.06	9.44					11700	1549.02
5	寡妇夹护岸工程	1+500～3+000	1.50	15.06	9.44					11700	1574.10
二	监利		9.85	40.75	40.18	1.43	1.07	5.60	7.15	11412	5986.20
1	铺子湾护岸工程	13+340～15+720	2.38	4.63	8.64	0.12	0.10	1.74	0.56		922.09
2	熊家洲A段护岸工程	15+380～19+500	3.62	10.78	15.24	0.39	0.425	2.40	1.22	7412	2007.35
3	熊家洲B段护岸工程	13+445～15+380	1.80	13.43	9.278	0.52	0.277	1.125	1.00	4000	1538.55
4	熊家洲C段护岸工程	11+400～13+445	2.05	11.91	7.02	0.40	0.27	0.33	4.37		1518.21
合计	1999—2002 年度		25.56	197.17	155.90	1.88	1.07	5.60	7.15	84078	21223.01

三、界牌河段整治工程

长江界牌河段位于城陵矶以下 20 千米，上起监利县杨林山，下至洪湖市石码头，全长 38 千米，左岸属湖北监利、洪湖，右岸属湖南临湘。界牌河段是长江中游防洪重要河段，也是长江中游碍航浅滩河段之一。该河段为长顺直分汊型河道，上段单一，下段分汊。其中杨林山至螺山段呈藕节状，螺山至复粮洲河宽沿程变化不大，左岸为深槽，右岸为边滩，称为上边滩；复粮洲以下河道逐渐展宽并出现江心洲分汊，至新堤附近最大河宽达 3400 米（含江心洲），至石码头又缩窄为 1670 米；叶家墩以下展宽段纵向排列有两个江心洲（新淤洲、南门洲），将河道分成两汊，左汊习称新堤夹，为支汊，右汊为主汊，主流在上边滩尾与新淤洲头之间由左岸向右岸过渡，称为过渡段，过渡段河床相对凸起，为浅滩之所在。

界牌河段是控制荆江、洞庭湖洪水下泄的咽喉。因河段内洲滩多变，两岸崩岸严重，曾多次实施护岸工程。该河段主要问题是因顺直段过长，主流易摆动，造成航道不稳定，随着河势变化，给两岸防洪带来较大隐患；同时枯水期航槽不稳，造成航道深度不足，成为长江中游航运卡口河段，严重制约航运发展，不适应两岸经济发展需要。对航道采取疏浚、爆破等措施，又与两岸堤防安全产生矛盾，加剧崩岸。这些问题早已存在，1936 年《扬子江水利考》有关临湘县江堤调查报告中，就有"近年来本县与二区之土矶头、与湖北新堤附近各淤沙洲，堵塞江心。江水宣泄不畅，时常引起泛滥，危及堤防"的记载。

1986 年国家将界牌河段综合治理列入计划，由长办、长江航务管理局、湖南省、湖北省共同进行防洪护堤和航运的综合治理可行性研究。长办长科院开展整治方案模型试验研究，确定护岸防冲、建坝固滩、稳定主航道的工程方案，1989 年提出可行性研究报告，1990 年国家计委审查，1993 年批准实施长江界牌河段综合治理工程。自 1994 年起，交通部、水利部和湖南、湖北两省联合实施界牌河段综合整治，以解决防洪和碍航问题。水利部、交通部联合审查通过《长江中游界牌河段综合治理工程初步设计》。综合治理工程包括护岸工程和航道整治工程两部分。湖北省主要实施左岸桩号 517＋500～527＋200 堤段护岸工程（右岸护岸工程由湖南省实施），交通部主要实施新淤洲洲头鱼嘴、鸭栏固滩丁坝群及南门洲锁坝工程，以控制南北两汊分流比。这是长江干流第一次由水利、交通部门联合实施的重点河段综合治理工程。

1994 年 10 月，交通部、水利部以交基发〔1994〕1077 号文批复界牌河段整治工程概算投资 3060 万元（湖北段），其中中央投资 2040 万元，地方投资 1020 万元。

界牌河段综合治理工程（湖北部分）主要内容为洪湖河段 9.7 千米护岸，其中新护 4.8 千米，加固 4.9 千米。左岸五八闸至朱家峰崩岸段长 4.9 千米，以往虽多次守护，但主要为水上砌石护坡，水下护脚块石较少，江岸未完全稳定，故实施全线加固。朱家峰至界牌 4.8 千米堤段，因崩岸加剧，岸线不稳定，危及堤防安全，在整治中实施守护。综合治理工程护岸方式采取平顺抛石护岸，设计枯水位以上以干砌块石和混凝土板护坡，水下为抛石护脚，新建护岸段水下抛石平均厚度为 1 米。工程于 2000 年完工，完成护岸石方 24.5 万立方米、土方 36.6 万立方米、混凝土预制块 1.38 万立方米。

界牌河段整治工程实施后，新淤洲北汊新堤夹分流比扩大，河道开始发生冲刷。因界牌河段整治工程初步设计中未考虑桩号 517＋500 以下至新堤夹河段护岸工程，受不断加剧的水流淘刷影响，新堤夹一带自 1998 年起相继发生崩岸。2002 年 9 月 21 日，桩号 501＋050～501＋100 距堤脚 46 米处，出现崩长 42 米、最大崩宽 7 米的崩岸，至 2003 年 1 月底，崩岸增长至 1970 米（桩号 500＋500～502＋470），最大崩宽达 45 米，坎高 10 余米，距堤脚最近处仅 40 米，崩势迅猛且不断发展。2004 年开始实施新堤夹护岸整治工程，完成土方 43.3 万立方米、石方 30.8 万立方米、混凝土 1000 立方米，完成投资 6350.54 万元，此后又有所加固。

界牌河段整治工程实施后，崩岸得到遏制，河势受到控制，同时兼顾航运、港口及城市经济发展。但由于三峡水库蓄水后，清水下泄，导致坝下游冲刷，界牌河段仍需提前作出进一步河势控制规

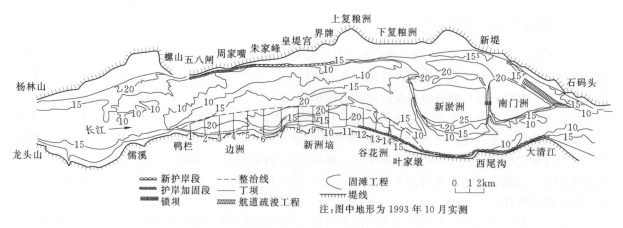

图 5-16 界牌河段综合治理工程总体布置图

划，进一步控制界牌及洪湖河段河势，确保防洪安全。

四、重点护岸工程

茅林口护岸工程 位于石首河段左岸，1975 年后完成护岸工程 11.6 千米（桩号 28+000～37+280、22+000～26+000）。1994 年 6 月新口门冲开后，石首河势一直处于调整之中，此后两年，主流过古长堤后走新生滩右汊，左汊淤积萎缩，右岸送江码头一线发生崩坍。1997 年 9 月后，主流从新生滩右汊过渡至左汊，向家洲遭受强烈冲刷，1994 年抢护的 2 千米护岸段至 1998 年汛后基本崩失，向家洲洲尖也不断崩退。至 1998 年 9 月，新口门宽达 1.4 千米，与 1994 年底比较，口门扩宽约300 米。1998 年以后茅林口一带岸线持续发生崩退，主流经陀阳树后贴右岸至古长堤后过渡至左岸。

2003 年 2 月后，受迎流顶冲、回流淘刷等因素影响，茅林口堤段（桩号 35+650～37+675）长 2025 米岸线共发生 5 次大崩坍，并形成 8 处大崩窝，累计最大崩宽 62 米，崩坎距堤脚最近处仅 28 米（桩号 36+180）。2004 年 7 月向家洲堤段（桩号 23+300～23+600）发生长 300 米崩岸险情，向家洲至古长堤（桩号 26+000～28+000）2 千米未守护段岸线崩坍严重。2007 年 3 月，合作垸段（桩号 25+980～27+200）发生崩岸险情，崩长 1220 米，最大崩宽 40～60 米，坎高 7 米。向家洲守护段因近岸河床冲刷严重，2007 年 3 月出现崩岸险情，桩号分别为 25+615～25+675、25+720～25+750，最初崩长 90 米，随

图 5-17 茅林口段铰链沉排护岸整治

后向两端与纵深扩展，至 4 月中下旬，崩长增至 350 米，最大崩宽 45 米。2006 年经省财政厅、水利厅批准，桩号 34+500～37+200 部分岸段实施应急整险，完成水下抛石 6180 立方米。2009 年长江委实施的荆江河段河势控制应急工程项目中，桩号 35+000～36+300 段实施水下沉排进行守护。

截至 2010 年，完成石方 7.46 万立方米、土方 6.05 万立方米、混凝土 1742 立方米、沉排 11.28 万平方米、编织布 10.04 万平方米、柴枕 2999 个，累计投资 2015.97 万元。

鱼尾洲河控护岸工程 位于长江左岸，距石首城区下游约 6 千米，原为淤积沙洲，地面 1～1.5 米以下为纯砂层。由于上游弯道多，水流经东岳山节点挑流，主泓北移，加之频繁裁弯使上下游河段不断发生崩岸，而鱼尾洲沿线首当其冲。

1965—1973 年，鱼尾洲年均崩坍宽约 80～100 米。1962 年、1965 年、1973 年陆续实施退挽，退挽堤长 8446 米，土方 71.9 万立方米，毁弃耕地 169.33 公顷，拆迁房屋 220 栋 633 间。为控制崩势，

1971年3月，开始守护1～4点，桩号8＋350～9＋560段守长845米，留空档365米。1972年7月沙滩子自然裁弯后，比降增大，流速加快，崩势更为剧烈。为控制河势，1973年，鱼尾洲被纳入河控规划守护，从5点守至12点，共守8个点，桩号6＋170～8＋190段守护长1190米，留空档830米。1974年春守点8个，0～13点，桩号4＋680～6＋080段守长940米，留空档460米。1974年汛期，上游河势急剧变化，致使桩号5＋100段以下各点空档急速崩进，河道有向筻子口故道发展趋势，当时水位在37.00米以上，情况十分危急。石首县动员民众扎制小柴枕5.9万个，上劳力2000余人，采取船上、坡上同时抛枕，并下延4个点，五昼夜抛枕2181个。截至1975年，全线守点24个，守护长5480米。1980～1982年，由于向家洲嘴尖淤长，五虎朝阳矬弯，东岳山嘴挑流，顶冲点上提，守护岸线短且有空档，加上滩岸土质较差，矶头上下回流淘刷，使2～5点两腮急速凹进，最终狭颈崩穿，致使2～5点矶头石方离岸80～200米失效，失效石方16.23万立方米。1982年对崩洼进行重点守护，连接空档，沉帘8.38万平方米。此后多年虽有部分崩坍现象，但岸线基本稳定。1994年6月，鱼尾洲上游向家洲崩穿通流后，引起河势发生变化，鱼尾洲沿线顶冲剧烈。为巩固守护成果，1995年3月8—24日，桩号4＋700～5＋580长790米段实施水下加固，抛石1.51万立方米；汛期桩号4＋910～5＋630长720米段又实施水下进行加固，抛石1.08万立方米。

2000年2月，桩号3＋980～4＋700长720米段实施守护，完成水下抛石9万立方米、柴枕5607个、干浆砌石5389立方米、土工布6696平方米、平铺石5340立方米、土方7.35万立方米。2001年12月，桩号4＋700～6＋700长2000米段实施守护，完成水下抛石9.55万立方米、混凝土预制块护坡2697立方米、干浆砌石2174立方米、砂卵石5157立方米、土工布9987平方米、平铺石4000立方米、土方4.90万立方米。2002年2月，桩号3＋780～3＋980长200米段实施守护，完成水下抛石8518立方米。

截至2010年，鱼尾洲护岸段守护长6600米（桩号3＋780～10＋380），共抛石106.35万立方米（其中失效石方16.23万立方米）、柴枕3.24万个（失效8940个）、沉帘8.38万平方米，完成混凝土预制块护坡4095立方米、干砌石5712立方米、浆砌石2578立方米、砂卵石7865立方米、平铺石1.06万立方米、土工布1.68万平方米、土方144.61万立方米，总投资4027.31万元。

北门口护岸工程 位于长江右岸，石首城区北门口。1994年6月上游向家洲在洪水漫滩后切滩撇弯，狭颈崩穿，形成宽1100余米口门，长江主泓改流，撇开东岳山天然节点，直接顶冲北门口，导致该段岸线出现大面积崩坍。至7月10日崩岸段发展至3.5千米，最大崩宽220米，严重危及石首城区安全。7月13—26日，胜利闸以上500米（桩号565＋020～565＋520）崩岸实施抢险抛石，完成石方2.3万立方米、抛袋石1万袋、削坡减载土方2000立方米。因中水位持续时间长，新河湾又处在调整发育期，强劲水流淘刷致使近岸泥沙产生横向输移，深泓向岸脚发展，9月8—9日，原抢护段出现两处崩坍，崩长170米，宽10米。12日，抢护段下游又突发剧烈崩坍，崩长250米（桩号565＋400～565＋650），崩宽80米。18日，守护段中段再发生崩坍险情，崩长60米，宽20米，原抛块石崩离岸脚。1994年6月至1995年12月，北门口发生大型崩坍20次，累计崩长4千米，最大崩宽400余米，崩坎距干堤堤脚最近处仅38米，崩速之快，崩势之猛，崩幅之大，居长江崩岸史上之最。险情发生后，各级领导高度重视，国务院副总理姜春云、水利部部长钮茂生赶赴现场视察。1994年12月，石首市委、市政府成立石首河湾崩岸抢险指挥部，提出"稳住向家洲，死守北门口，整治鱼尾洲"的整险方针，重点抢护石首河湾北门口崩岸段、向家洲崩岸段、鱼尾洲崩岸段和胜利垸隔堤等4处重点险段。1995年11月开始下延守护330米（桩号564＋950～565＋280），整修加固200米（桩号565＋280～565＋480），整修崩坍老险段230米（桩号565＋720～565＋950）。

1998年汛期，北门口段受迎流顶冲、回流剧烈淘刷影响，原护段及下游未护段发生5次大幅度崩坍，10月14日已护段桩号565＋050～565＋250段发生严重崩坍，崩长200米，宽110米，其中100米长堤段堤身崩失1米。险情发生后，迅速组织抢护，遏制崩势，年底对该崩凹段实施筑坝锁口还滩工程。筑坝锁口以抛砂枕为主，坝外水下抛石加固、水上砌坦护坡，坝内粘土回填，堤身加培。

1999 年后，长江委对该段进行守护整治。2000 年 3 月，桩号 S6＋886～S7＋060、S7＋320～S7＋400 长 254 米段实施加固，桩号 S7＋400～S8＋000 长 600 米段实施守护，共计施工长 854 米。2000 年 6 月，桩号 S6＋250～S6＋400 长 150 米段实施应急整治。2001 年 12 月，桩号 S6＋000～S9＋000 互不连续的五段长 1800 米实施整治，其中加固长 630 米，守护长 1170 米。

截至 2010 年，北门口抢护工程守护段长 3050 米（桩号 563＋000～566＋050，对应长江委护岸桩号 S5＋950～S9＋000），共抛石 66.90 万立方米、柴枕 1.58 万个、合金钢丝石笼 1.19 万个、砂枕 3996 个、

图 5-18　整治后的北门口段（2012 年摄）

完成混凝土预制块护坡 8134 立方米、干砌石 7623 立方米、浆砌石 3131 立方米、砂卵石 9916 立方米、土工布 6.78 万平方米、平铺石 2.1 万立方米、土方 101.76 万立方米，总投资 6101 万元。

送江码头护岸工程　位于长江右岸石首市南口镇永福村。2001 年 12 月，桩号 S0＋000～S3＋700 段实施护岸，施工长度 3700 米，其中守护段长 3600 米，裹头长 100 米。工程于 2002 年 5 月完工，完成水下抛石 30.66 万立方米、抛柴枕 2.2 万个、水下土工布铺垫 4.2 万平方米、混凝土预制块护坡 9790 立方米、干砌石 4509 立方米、砂卵石 1.92 万立方米、土工布 7359 平方米、浆砌石 5907 立方米、平铺石 1.53 万立方米、土方 38.79 万立方米，完成投资 3515.57 万元。

向家洲护岸工程　位于长江左岸，石首城区北门口对岸上游 2 千米处。1994 年 6 月向家洲狭颈崩穿通流后，石首河段河势发生巨大变化，崩坍频繁，险情日趋严重。为稳住向家洲，桩号 0＋000～1＋000 段长 1000 米实施守护，投入劳力 1.5 万人。工程于 1995 年 1 月动工，4 月完工，完成削坍土方 15 万立方米、石方 1.95 万立方米、抛柴枕 500 个、塑枕 6000 个、砌坍 2.85 万平方米，完成投资 294 万元。同年汛期，受水流顶冲影响，上游未护段发生崩坍，已护段上端亦崩坍长 90 米。为遏制崩势，6 月 29 日至 7 月 4 日实施抛石裹头抢护。1996 年汛期水位涨落变化大，水流紊乱，加之上游未护段崩退矬弯，江心洲洲头南移，左汊口门扩宽，江心洲中部向左岸淤积，致使护岸段过流段面束窄，主流集中贴岸冲刷，导致守护段发生崩坍，原护坍坡崩长千余米。当年上延守护长 1 千米（桩号 1＋000～2＋000）。1997 年向家洲恢复守护长 870 米（桩号 0＋500～1＋370）。1999 年，桩号 0＋090～0＋590 和 0＋800～1＋060 两段恢复守护长 760 米。

2000 年 3 月，桩号 24＋095～25＋420 段实施整治，施工长度 1325 米。新老护岸衔接段长 5 米（24＋095～24＋100），加固段长 160 米（桩号 24＋100～24＋260），新守护长 1120 米（桩号 24＋260～25＋380），裹头长 40 米（桩号 25＋380～25＋420）。2001 年 12 月，桩号 24＋000～24＋100、25＋380～26＋050 段实施整治，施工长度 770 米。

截至 2010 年，向家洲守护段长 3370 米（桩号 0＋000～2＋000、24＋000～26＋000），完成石方 33.83 万立方米，抛柴枕 1.39 万个、砂枕 1.2 万个，完成混凝土预制块护坡 1.19 万立方米、干砌石 6951 立方米、浆砌石 2771 立方米、砂卵石 8956 立方米、平铺石 8629 立方米、土工布 2.12 万平方米、土方 89.77 万立方米，工程总投资 3780.61 万元。

古长堤护岸工程　位于长江左岸石首新厂下游 12 千米。原有外滩宽约 2 千米，1975—1981 年崩失，堤防连续 4 次退挽，退挽堤长 1974 米，土方 31.3 万立方米。1981—1987 年崩宽约 350 米，崩岸逼近堤脚。为确保度汛安全，1981 年采取抛枕压石、削坡减载等措施实施抢护，桩号 14＋040～14＋300、14＋660～14＋740 段守点 2 个，长 340 米，完成抛枕 817 个、压枕石 1.2 万立方米、削坡减载土方 5180 立方米。因无后续工程投资，未继续加固整治，1982—1984 年全线崩毁。1991 年滩岸最窄处距堤不足 30 米，1992 年实施水下抛塑枕护脚，桩号 14＋400～14＋700、15＋300～15＋700 段

图5-19 古丈堤崩岸段（2010年1月摄）

守护长700米，抛塑枕4200个，滩岸进行削坡减载。1993年抛塑枕3600个，施工长600米。2001年12月，桩号27＋950～33＋800段长5850米实施守护，次年6月完工，完成水下抛石30.05万立方米。

1981—2010年，古长堤守护段长4816米，共抛石42.23万立方米、柴枕817个、塑枕7800个，完成混凝土预制块护坡1.54万立方米、干砌石8194立方米、浆砌石7603立方米、砂卵石3.75万立方米、平铺石3.07万立方米、土工布3.73万平方米、土方61.37万立方米，工程总投资3745.47万元。

范家台护岸工程 位于长江左岸石首市新厂下游6千米。1975年3月滩岸发生矬崩，崩坎距堤脚最近处不足40米。为确保安全度汛，桩号34＋220～34＋540段4月抛石1万余立方米固脚，施工长320米。1984年后，由于右岸洲滩向左岸淤长，河床束窄，横向发展受到约束，纵向刷深迅速，致使原守护段滩岸下矬，下游也相继发生崩坍，最窄处外滩宽仅30米。为此，下延守护180米（桩号34＋040～34＋220），桩号33＋220～33＋540长320米段实施水下加固。1985年下延守护长200米（桩号33＋840～34＋040），水上削坡减载，水下抛石护脚，同时对已守护段也适当加固。1986年，桩号33＋840～34＋230长390米原守护段实施削坡砌坦，水下加固长630米，并整修原散铺段。1987—1988年实施少量整修加固。1990年汛期原散铺段已残缺不全，于5—6月在桩号34＋200～34＋350长150米、宽28米岸线外滩进行抢护，当时水位上涨，水上仅削坡斜长3米，水下采取抛石固脚度汛。受上游河势变化影响，崩岸继续向下游发展。1991年守护长1000米（桩号32＋816～33＋216、34＋560～35＋160），后守护段岸线基本稳定，未守护段继续崩坍。1992年3月开始整治范家台段，守护长600米（桩号33＋216～33＋816），改造恢复已护段长220米（桩号34＋340～34＋560），水下加固长1070米。该年度工程完成砌坦工程620米，其余200米采用散铺块石护坡，完成石方5.02万立方米。1993年对上年度散铺块石段采取削坡砌坦方式进行改造，全线820米进行水下加固，完成石方1.59万立方米，并对1990年汛期范家台抢护段120米（桩号34＋200～34＋340）重新削坡砌坦，整治加固1991年守护段。由于河汊变化，顶冲加剧，1993年冬范家台岸线发生剧烈崩坍，1994年3月已护段崩至坦顶。后整治加固桩号32＋090～34＋370段，守护长536米，抛护脚石6244立方米。2000年6月，桩号33＋520～33＋630长110米段实施加固，完成水下抛石5506立方米。

至2010年底，桩号32＋816～35＋160段守护长2344米，共完成抛石20.14万立方米、土方30.84万立方米，工程总投资882.02万元。

北碾子湾护岸工程 位于长江左岸石首市大垸镇境内。该岸段土质条件差，抗冲能力极弱。1994年石首河段发生撇弯切滩，河势发生较大调整，随着主泓流路改变，上游北门口尾段继续崩退，主流出北门口后向下游鱼尾洲至北碾子湾过渡时，顶冲点下移，水流顶冲北碾子湾强度加剧，主流在此矬弯。受河势演变及主流贴岸冲刷影响，1994—2001年，北碾子湾段出现大幅崩退，崩退范围向下游迅速延伸，崩岸形式以条崩为主，其次为窝崩。2000年汛期该段发生剧烈崩坍，崩岸逼近堤脚，危及堤防安全。2001年1月实施退堤工程，长4千米，后退350米（2002年由于3500余米新堤崩至堤脚，又实施第二次大规模退堤工程）。2001年汛期长江中低水位持续时间较长，加之北门口已护段下游逐年崩退，顶冲点不断下移，长江主流经北门口岸段后折射北碾垸岸线，致使北碾垸岸线发生大幅度崩坍，崩长4850米（桩号7＋400～12＋250），一次性最大崩宽达50米，崩坎距堤脚最近处仅39米。由于岸段矬弯明显，顶冲剧烈，回流淘刷严重，9月10日，桩号9＋000～10＋000段再次发生剧烈崩坍，崩长1000米，桩号9＋400～9＋630段堤身崩失8米。2002年6月护岸工程完工至2003

年 12 月，北碾子湾共发生险情 7 处和裹头崩坍险情 1 处。2007 年 7—9 月发生三次崩坍，共崩长 285 米，最大崩宽 30 米。新护岸段由于近岸冲刷、深泓内移和岸坡变陡导致工程多处出现险情，2008 年 11 月，勘查发现已护段多处出现崩岸险情。

2001 年 5 月，桩号 0+000～1+050 长 1050 米段实施守护（守护长 1000 米，裹头长 50 米）。2002 年 2 月 1 日至 2003 年 1 月 25 日，北碾子湾桩号 000+000～006+000 段实施重点护岸整治，守护长度 6 千米。2007 年，桩号 6+000～7+300 长 1300 米段实施护岸整治。

截至 2010 年，桩号 0+000～7+300 段守护长 7300 米，完成水下抛石 93.48 万立方米、柴枕 3.83 万个、抬抛石 4120 立方米、混凝土预制块护坡 2.15 万立方米、干砌石 1.05 万立方米、平铺石 5.05 万立方米、土方 104.59 万立方米，工程总投资 8549.37 万元。

图 5-20　整治后的北碾子湾段（2008 年 6 月摄）

寡妇夹护岸工程　位于长江右岸石首市东升镇境内。受沙滩子自然裁弯影响，寡妇夹 1970—1979 年崩岸宽达 1500 米，最大崩宽平均 167 米每年；1980—1987 年崩岸宽达 1300 米，最大崩宽平均达 186 米每年；1987—1998 年崩势有所减缓；1998 年 8 月至 2001 年 12 月近岸河床逐年冲刷，水下岸坡变陡，岸线崩退，平均崩宽幅度达 65 米，最大崩宽幅度达 85 米（桩号 0+960）。2001—2002 年，桩号 0+000～3+000 段实施护岸整治，守护段长 3000 米，完成水下抛石 24 万立方米、柴枕 2.34 万个、混凝土预制块护坡 8837 立方米、干砌石 3945 立方米、砂卵石 17591 立方米、浆砌石 3477 立方米、平铺石 1.56 万立方米、土方 32.75 万立方米，工程总投资 3084.35 万元，岸线崩退基本得到遏制。

金鱼沟护岸工程　位于长江左岸石首市小河口镇张智垸，邻近沙滩子裁弯下口门，1972 年 7 月六合垸新河改道后的出口。1973—1974 年，实施六合垸护岸工程后，水流由新河口直冲金鱼沟，加之对岸寡妇浃一带滩岸遭水流切割，顶冲点逐渐下移，致使金鱼沟沿线发生剧烈崩坍。1970—1980 年间，滩岸崩宽 1600 余米。1977 年桩号 16+000 处最大崩宽 810 米。1981—1984 年滩岸崩宽 1100 米，年均崩宽 275 米。

1977 年春，桩号 15+750～16+440 段进行抛枕护脚守护，守点 3 个。次年汛后，增守第 4 点。至 1984 年，守护长 1800 米（桩号 15+700～17+710），完成石方 7.6 万立方米、柴枕 4220 个。随着顶冲点不断下移，护岸上段脱流，且淤出边滩，下段崩势日趋加剧。1982—1984 年，张智垸堤段连续三年退挽，退挽堤长 4158 米，土方 44.7 万立方米，毁弃耕地 133.33 公顷，搬迁房屋 893 间。1985 年 3 月，金鱼沟护岸工程被纳入下荆江河势控制规划，当年桩号 17+610～17+800、18+000～19+500 两段共长 1770 米段实施抛石护脚，抛石 7.26 万立方米。此次施工因时间紧，未削坡减载。因汛期平滩水位持续时间长，加之滩岸又为近 10 米厚纯砂层，抗冲力极弱，水流抄后路致使桩号 18+500～19+500 段护脚石 4.24 万立方米离岸约 80 米而失效，当年冬被迫再次退挽堤长 1043 米，加筑土方 15.86 万立方米。

1986 年 1 月，桩号 17+300～19+020 长 1720 米崩岸段实施整治。由于当年汛期冲刷剧烈，已护岸段 4 处发生坐崩，崩长 1100 米。1987 年整修守护总长 2500 米。随着顶冲点继续下移，1988 年下延守护 400 米（桩号 20+420～20+820），抛枕 2803 个，同时整治加固 1987 年汛期发生的 15 处长 1000 米崩洼。

由于河床纵向刷深严重，致使水下边坡变陡。1989 年 11—12 月，连续发生 5 处长 280 米崩洼，最大崩宽 30 米。1990 年对上述 5 处崩洼中的 4 处进行整修，其中最上游一处（桩号 17+860～17+

930，长 70 米）加固两腮。1992 年 11 月，桩号 18＋510～18＋610 段崩坍 100 米，宽 30 米。1993 年

图 5-21 金鱼沟崩岸段（2010 年 1 月摄）

3 月又发生 2 处矬崩，崩长 80 米，宽 5～10 米，4 月进行抛石固脚，抛石 3240 立方米。1994 年春，3 处崩洼实施削坡砌坍，施工长 230 米，完成石方 5826 立方米。至 1994 年，桩号 17＋500～20＋420 段护岸工程基本完成。随着新河进口右岸寡妇夹一带崩退，金鱼沟弯道顶冲点仍不断下移，桩号 20＋420～21＋100 未护岸段及桩号 21＋100～21＋400 段崩坍严重。

2001 年后，由于北碾子湾微弯河型形成，弯道顶冲点上提，桩号 16＋800～17＋500 段出现崩岸，局部已护段也发生崩坍险情。2008 年 11 月，勘查发现金鱼沟段多处出现崩岸险情。截至 2010 年，桩号 15＋700～20＋820 段守护总长 5120 米，完成石方 86.15 万立方米、土方 95.21 万立方米、混凝土 2506 立方米、抛柴枕 1.71 万个、投资 2460 万元。

六合垸河控护岸工程 位于长江左岸石首小河口镇六合垸。1972 年 7 月沙滩子自然裁弯后，新河左岸六合垸冲刷加剧，滩岸发生大幅度崩坍。10 月下旬，新河宽 700～900 米，进口处水深为黄海－8.00 米。为防止河势继续恶化，1972 年 11 月，荆州地区革命委员会成立六合垸护岸工程指挥部，实施抛石护岸，1973 年 5 月竣工，完成土方 7.9 万立方米、柴枕 3622 个、石方 10.07 万立方米（其中旱方 1.98 万立方米）。

1973 年汛后，上游主流顶冲点逐渐移向新河口出口以下，护岸段枯水位时除出口尾部略有冲刷、滩坡滑矬外，其余近岸均发生淤积。1974 年利用废弃块石整治出口尾端，桩号 0＋018～0＋080 段抛裹护块石 1566 立方米；已冲毁的滩坡进行削坍铺石，完成削坍土方 2000 立方米，铺坍石斜长 30 米，以掩盖岸坡砂层，防止滩坡继续崩坍。桩号 0＋018～1＋450 段累计守护长 1292 米，完成石方 10.23 万立方米、土方 8.1 万立方米、柴枕 3622 个、投资 167.4 万元。因河势变化，至 1987 年止，六合垸护岸工程全部淤为沙洲，远离主干流。

连心垸河控护岸工程 位于长江右岸，调弦河河口以上。1974 年为避免调关矶头过于凸出，实施守护长 3150 米。因上游河势变化，1984 年汛后崩势迅速发展，桩号 0＋500～1＋300 长 800 米段岸线最大月崩宽 30～40 米，矬弯日趋明显。为控制河势，该段于 1985 年被纳入河控工程计划，实施水下抛石固脚，水上削坡减载。1986 年，桩号 0＋600～1＋500 长 900 米段进行水下加固，水上削坡砌坍。1987 年下延守护 600 米至调弦口，并整治 1986 年发生崩坍的 7 处崩洼段。同年汛后又发生 4 处矬崩，崩长 305 米（桩号 0＋180～1＋420）。1988 年对该段进行整治，恢复坍面。1988 年 3 月该段发生巨大变化，坍坡下矬长 720 米，其中 3 处崩洼较严重，共崩长 300 米（桩号 0＋300～0＋420 长 120 米，桩号 0＋780～0＋910 长 130 米，桩号 1＋360～1＋410 长 50 米），崩宽 20～30 米。同年实施改造加固，并恢复坍面。因顶冲点上移，河势变化加剧，连心垸河床纵向刷深 5～13 米，深泓内移 10～24 米，有形成反向弯道趋势。为使岸线平顺，1989 年上延守护 500 米（桩号 1＋500～2＋000），施工过程中 2 月 6—12 日连续发生 3 处矬崩，崩长 120 米，宽 20～30 米。后重点抢护水下变化较大断面段，3 处崩洼段实施退坡还坍，加大导滤沟，回填部分以双层导滤处理。

受 1989 年洪水冲刷影响，沿线发现多处跌窝吊坎，桩号 0＋200～0＋350 长 150 米段，坍坡下矬 1200 平方米；桩号 0＋800～0＋850 长 50 米段，坍坡中下部下矬 900 平方米；桩号 1＋010～1＋100 长 90 米段，坍坡全部下滑（2250 平方米）。1990 年对崩洼、跌窝、吊坎进行削坡砌坍，恢复坍面，水下坡比按 1∶1.6～1∶2 进行重点加固。汛后由于深泓常年贴岸，在急流淘刷作用下，出现 5 处吊坎，长 160 米，其中一处崩洼长 30 米，宽 30 米，崩坍严重。1991 年对吊坎实施人工抬石接坡，崩洼进行退坡还坍，并上延守护 500 米（桩号 2＋000～2＋500），实施水下抛石护脚，水上削坡砌坍。汛后由于急流贴岸冲刷，沿线又出现 8 处吊坎，坎高 1～2 米，坍面跌窝 18 处，面积达 4345 平方米。

1992年对上述险段进行抬石接边、整修坦面。为解决地下水渗透破坏问题，还增补和整治排水沟。2001年2月，桩号0+000～2+500长2500米段实施整治，完成水下抛石12.81万立方米、干砌石1.07万立方米、砂卵石2662立方米、浆砌石902立方米、平铺石1943立方米、土方1.75万立方米，完成投资908.90万元。

由于受上游河势调整影响，贴流冲刷区发生相应变化，引起局部地段强烈冲刷，多处已护岸段出现崩坍险情。桩号0+000～2+500段被列入2000—2001年度长江重要堤防隐蔽工程项目实施整治，施工期该段出现3处岸坡崩坍险情。2003年汛后枯水期出现2处岸坡崩坍险情，2004年汛前枯水期整治修复崩坍的岸坡。

截至2010年底，该段护岸工程守护段长2500米（桩号0+000～2+500），完成抛石方50.47万立方米、干砌石1.07万立方米、浆砌石902立方米、砂卵石2663立方米、平铺石1943立方米、土方45.4万立方米，工程总投资1732万元。

调关矶头护岸工程 地处调弦河口，位于石首长江干堤桩号527+900～529+750段，正处弯道顶点，防洪形势险峻。1933年始建石坦，次年续修成矶。后因长期迎流顶冲和旋流扫射，加之年久失修，至1952年岸脚淘空，冲刷成坑，逐渐危及堤身及下游堤防安全。1953年1月9日至3月9日，实施平铺块石3786立方米、水下抛石1573立方米。1954年又抛石1500立方米，经过连续两年整修，岸线基本稳定。

1956年汛后，桩号529+500处外滩因受上游连心垸崩岸及对岸季家嘴沙洲淤涨影响，深泓逼近，急流冲刷，崩宽20米，水下坡比由1953年的1∶2变为1∶1，原有护坡残缺不全，并出现裂缝13条，最近处距堤脚仅40米。为防止险情扩大，1957年春，加固上下腮及旧点三处，整铺位移的坦面，又在桩号528+740以上两段实施重点护岸。此后除1963年、1984年两年外，每年均进行石方加固。

1956年6月，调关矶头维修加固时，下游轮船码头（桩号527+900）一带发生剧烈崩坍，最严重处连续崩进400米，距堤脚仅12米（水深10米），水下坡比不足1∶1。防汛部门紧急抢运块石2500立方米，重点实施水下抢护，勉强度过汛期。其后每年不断加固，截至1973年，平均每米抛石37立方米，水上砌坦平均每米用石9立方米。

中洲子、沙滩子相继裁弯后，河势变化不断，该段冲刷严重，屡出险情。1973年夏，桩号528+230～528+440坡滩出现弧形裂缝，长210米，下挫0.5～0.65米，除抛石固守外，还在堤内培筑长200米、宽15米、高3米的平台，以防不测。1974年2月23日，裂缝仍继续扩展，干堤随之下陷崩坍，形成弧长210米、半径60余米的圆形大凹，滩地下沉5～9米，原有砌石被挤出，零散凸露水面。随即采取沉杨树（500株）、建树坝（3道）挑流，重新整护坡滩（抛石1.15万立方米）的措施进行整治，并于3月2日开工退挽新堤（桩号528+154～528+730，长576米，后退50～70米），至3月20日完成土方8.7万立方米。截至1985年，共完成水下抛石16.45万立方米、水上护砌3.56万立方米、削坦土方17.2万立方米、沉帘3434平方米，其中抛石最多的1974年完成3.39万立方米，经过大力抢护，抗冲能力增强。

1989年7月13日，江水猛涨，水流湍急，矶头上下50米水位差达0.8米，护坡块石被急流冲走，坡面冲成吊坎。14日上午，崩岸扩展至35米，下午扩展至50米（桩号529+360～529+410），吊坎高8～9米，险情十分严重。险情发生后，省、地领导高度重视，指挥紧急调运石料抢险，经两昼夜奋战，抢运块石3100立方米，至15日险情基本得到控制。为防止险情恶化，又从五马口水运块石进行加固。当年冬季，采取内筑新堤，外削矶头，迎流顶冲段浆砌块石护坡的措施进行整治，完成浆砌护坡石9360平方米、干砌平台石1.28万平方米，并进行水下重点加固。1990年后矶头又多次发生下平台下挫、冲坑、裂缝等险情，经多次整治加固和维护，截至1999年，共守护长1700米（桩号527+900～529+600）。

调关矶头整治工程桩号525+520～529+500段分三次进行整治加固，长3.98千米，加固工程于

2001年2月15日开工，4月30日完工。完成水下抛石20.1万立方米、混凝土预制块护坡7138立方米、现浇混凝土封顶218立方米、干砌石4416立方米、砂卵石1.83万立方米、浆砌石7560立方米、平铺石7423立方米、土方20.23万立方米，完成工程投资2116.95万元。

受河势变化影响，调关矶头愈显凸出，挑流作用强烈，致使下腮水流紊乱，回流扫射剧烈，形成强烈漩流。2002年12月和2003年6月，桩号527＋300～527＋480段出现明显滑塌和裂缝。2004年矶头下腮下平台及干砌石坡面发生冲坑裂缝险情，两处冲坑深1～1.2米，面积分别为810平方米和300平方米，裂缝长30米（桩号529＋455～529＋485），宽0.2～1.2米。2005年汛前，采用粗砂、干砌块石填充冲坑，浆砌石砌筑，浇筑钢筋混凝土板进行处理；裂缝处理采取沿缝开挖截渗沟，回填砂石料，用干砌石恢复坦面。完成C20钢筋混凝土204立方米、浆砌块石1312立方米、砂卵石598立方米、干砌石整坦1452立方米，工程投资48万元。

图5-22 整治后的调关矶头（2012年摄）

2005年10月24日矶头矶尖出现冲坑，坑长60米、宽16米、深1.4～2.8米、面积960平方米。2006年2月实施应急整治，完成干砌石1056立方米、浆砌石1632立方米、砂卵石115立方米、零星整坦1124立方米，工程投资60万元。2007年3月，桩号529＋360～529＋450段进行水下加固，完成水下抛石4077立方米。2007年汛后调关矶头平台再次出现冲蚀与裂缝险情。2009年1月，荆江河势勘察时发现调关矶头平台处再次出现冲蚀与裂缝险情。

截至2010年，调关矶头桩号527＋900～529＋600守护段长1700米，共抛石53.03万立方米、铅丝笼3306个，完成混凝土预制块护坡7356立方米、干砌石6923立方米、浆砌石1.05万立方米、砂卵石1.9万立方米、平铺石7423立方米、土方41.61万立方米，工程总投资3177.9万元。

八十丈护岸工程 位于长江右岸石首调关镇下游7千米，中洲子故道上口对岸，新河进口上游。1967年守护3个点，长360米（桩号524＋060～524＋550，留空档130米），水下抛石，散铺护坦。1972年汛期发生崩坍，1973年新守护长630米，抛枕护脚，散铺护坡。1974年守护200米，以后逐年延伸加固，至1984年已守护8个点，控制长2390米（桩号522＋240～524＋630），其中留空档3处，长350米。1989年该段末端回流加剧，次年3月滩岸严重崩坍，崩长120米（桩号522＋100～522＋220）、宽30米。当年在洼子上腮抛石护脚，守护长60米（桩号522＋160～522＋220）。1991年下延守护420米（桩号521＋880～522＋300，包括老险段已崩段60米），实施水上削坡砌坦、水下抛石护脚。1998年汛前，桩号522＋100～522＋150段进行水下加固。2001年2月，桩号521＋880～525＋520段进行加固，长度3640米，其中守护1040米（桩号523＋220～524＋260），加固920米（桩号521＋880～522＋800），整修1680米（桩号522＋800～523＋220、524＋560～525＋520），工程于5月18日完工。完成水下抛石17.24万立方米、混凝土预制块护坡5139立方米、现浇混凝土封顶397立方米、干砌石7980立方米、砂卵石1.8万立方米、浆砌石3579立方米、平铺石3.04万立方米、土方34.04万立方米，工程投资2164.35万元。

图5-23 整治后的八十丈段（2012年摄）

截至 2010 年底，守护段长 2.75 千米（桩号 521+880～524+630），共完成水下抛石 29.83 万立方米、混凝土预制块护坡 5139 立方米、现浇混凝土封顶 397 立方米、干砌石 7980 立方米、浆砌石 3579 立方米、砂卵石 1.8 万立方米、平铺石 3.04 万立方米、土方 54.44 万立方米、柴枕 6161 个、工程总投资 2365.69 万元。

中洲子河控护岸工程 位于下荆江监利河段左岸。土质较差，滩岸粘土覆盖层薄，加之人工裁弯后水面比降增大，流速加快，新河道横向发展迅猛，1968 年 3 月，河宽发展至 690 米，10 月扩至 1～1.2 千米。受水流及诸多因素影响，左岸方家峡沿线崩坍剧烈。1968 年 11 月进行整治，采取以抛石为主，抛枕护底、守点顾线方案实施，共守点 18 个；先在中段第 9 点进行抢护，然后逐步向上下游延伸。1969 年汛期 7 点、8 点之间崩成大洼，距堤脚最近处仅 5～7 米。为防万一，当年汛期在 6～12 点堤内修筑一道内隔堤，长 1558 米，修筑土方 16.3 万立方米；在 2 点、4 点、7 点 3 个顶冲点装石沉抛铁笼 1107 个。1972 年 9 月 22 日，5 点空白段（桩号 1+670～1+750）发生剧烈崩坍，崩长 140 米、宽 50 余米；桩号 1+790～1+860 段崩长 70 米。当年即抢护加固。1974 年春，因顶冲点下移，未护段崩坍严重，被迫增守第 19 点，长 230 米。1982 年在 2 点、3 点空档沉帘 4200 平方米。

因 9 点处矶头凸出江心，阻水挑流，上下游形成较大回旋，致使冲坑逐年扩大刷深。为改善水流条件，1988 年实施矶头改造，削矶长 116 米，削退 52 米，并护坡砌坦。改造后，由于下平台属粉细砂层，抗冲能力弱，急流淘刷致使下平台冲成面积约 900 平方米、深 1.8～2 米深坑。1989 年冬，用人工抬石填平冲坑。1993 年 3 月，8 点、9 点洼子崩长 70 米（桩号 2+400～2+470），距堤脚最近处仅 10 米；6 点、7 点中部崩长 100 米（桩号 1+920～2+020）。5 月，洼子向两端各扩长 10 米。为缓解崩势，7 月 14—21 日对崩洼实施抛石护脚、防浪处理。1994 年春又在 6 点、7 点洼子进行削坡砌坦，8 点、9 点崩洼进行水下加固，散铺护坦。1995—1999 年部分守护段实施水下加固。受中洲子裁弯影响，1980—1998 年柳家台地段以下深泓线大幅度左移（约 800～1300 米），引起中洲子段岸线崩坍，1980—1998 年一般崩宽 150～300 米，最大崩宽 400 米以上。特别是 1998 年大水期间，崩岸强度加剧，弯道下段崩坍剧烈，17 点（桩号 3+700）附近一崩窝长约 200 米、宽 150 米，其下 400 米处出现连续 4 个崩窝，崩窝平均长 100 米、宽 40 米，再向下长约 3 千米岸线全线崩退，崩坍形式为窝崩。

2000 年 2 月 20 日，桩号 3+700～5+420 段长 1750 米段（其中新增连接段 30 米）实施守护，5 月 5 日完工，完成水下抛石 18.86 万立方米、抛柴枕 5440 个、混凝土预制块护坡 4707 立方米、砂卵石 6229 立方米、土工布 2.30 万平方米、浆砌石 1905 立方米、平铺石 2.01 万立方米、土方 23.11 万立方米，工程投资 1825 万元。

20 世纪 70 年代中洲子段岸线开始守护，至 90 年代，完成桩号 1+200～5+420 范围内护岸工程，但崩岸险情仍频繁发生。中洲子段（桩号 1+200～5+420）护岸工程列入 2001—2002 年度长江重要堤防隐蔽工程实施加固改造。受顶冲点上提和下游主流贴岸段增长的影响，中洲子上、下段又出现不同程度岸线崩退，2002 年、2003 年、2004 年汛期，桩号 1+200～1+300 段出现 3 次破面"抄后路"水毁险情。其后，修复局部水毁段护岸工程。2004 年后，中洲子护岸段岸线较为稳定，但桩号 6+700～7+300 未护段岸坡崩坍较严重，崩坍形式主要为条崩，其次为窝崩，崩岸规模不大。

1968—2010 年，桩号 0+210～5+420 段守护长 5220 米，共抛石 87.49 万立方米，抛柴枕 1.5 万个，沉铁笼 1107 个，沉帘 4200 平方米，完成混凝土预制块护坡 4707 立方米、砂卵石 6229 立方米、浆砌石 1905 立方米、平铺石 2.01 万立方米、土工布 2.3 万平方米、土方 99.21 万立方米，总投资 2883.59 万元。

鹅公凸护岸工程 位于长江右岸，中洲子新河下口斜对岸，为下荆江重点崩岸险段。1972 年河床高程被冲深至 -25.60 米（黄海高程），崩岸幅度较大。1967 年 5 月，中洲子新河通流后，出口水流顶冲鹅公凸段，至 1969 年 5 月，桩号 512+300～512+800 段长 500 米外滩崩宽 180～260 米，危及堤防安全。1969 年 5 月开始分 4 点守护，实施水下抛石、水上削坡散铺块石，守护长 640 米（桩号 511＋900～512＋540），汛后第 2 点全部崩毁，其它点也不同程度崩坍。1970 年，在下游守护 1 点长 180 米，其它守护点进行水下加固。1971 年，增守第 6 点，并整治加固其它段。1972 年，5 点、6 点间崩洼（270 米）重新守护，改造 5 点矶头削退 30 米，各点连空守护。1974 年 11 月，5 点矶头全部崩毁，崩进 127 米（桩号 512＋430～512＋730），6 点崩进 40 米（桩号 512＋800～512＋910）。1975 年，重新守护崩坍段。因中洲子尾端崩退，顶冲点逐年下移，上游 6 点顶冲减缓，下游 1～5 点出现部分崩坍，每年均对崩毁部分整修加固。1987 年，顶冲部位下移至茅草岭、章华港上游，原洼子开始落淤，该段趋于稳定。

至 1994 年共守点 6 个，守护长 1550 米（桩号 511＋590～513＋140）。该岸段迎流顶冲，深泓贴岸，近岸处发生崩岸，原有坡面破损严重。2000—2001 年，桩号 509＋040～512＋000 段长 2960 米实施加固整修，2002—2003 年续建加固，2004—2005 年修复水毁工程，完成水下抛石长 2960 米、砌石护坡长 570 米、坡面整修长 2390 米，完成水下抛石 16.54 万立方米、干砌石 5660 立方米、砂卵石 4031 立方米、土工布 2155 平方米、浆砌石 791 立方米、平铺石 3262 立方米、土方 3.39 万立方米，工程投资 1260.69 万元。

1969 年 5 月开始守护至 2010 年底，守护段长 4100 米（桩号 509＋040～513＋140），共抛石 44.16 万立方米（失效 5.47 万立方米）、柴枕 7955 个，完成现浇混凝土封顶 243 立方米、干砌石 5660 立方米、砂卵石 4031 立方米、浆砌石 791 立方米、平铺石 3262 立方米、土工布 2155 平方米、土方 25.59 万立方米，总投资 1673.29 万元。

图 5-24　整治后的章华港段（2012 年 5 月摄）

章华港护岸工程　位于石首五马口上游长江右岸。1971 年桩号 509＋230～509＋450 段守护长 180 米，其中留空档 40 米。1979 年因中水位持续时间较长，上游发生不同程度崩坍。1980 年开始抛石护脚，1984 年桩号 500＋200～500＋840 段实施削坡砌坦，施工长 640 米。1986 年桩号 500＋850～509＋160 段新守护长 340 米。1990 年，因风浪冲蚀，下段滩岸变窄，最窄处不足 10 米，当年冬干堤岁修时守护长 470 米（桩号 490＋000～490＋470，水上水下同时守护）。1991 年被纳入河控规划，守护长 600 米（桩号 498＋470～499＋070），实施水上削坡砌坦、水下抛石护脚。后因中洲子尾端未加以控制，顶冲点由鹅公凸下移至茅草岭、章华港一带，1991 年 7 月已守护上游段发生严重崩坍，崩长 140 余米，宽约 20 米（桩号 499＋884～500＋020）。12 月 7 日，章华港老守护段上段崩长 70 米，宽 30 米（桩号 509＋390～509＋460）。经 12 月 10 日砣测，近岸水下坡比仅约 1：1。为控制河势，确保安全，实施老险段崩洼退坡还坦，水下抛石固脚工程，并在新守护上段进行水下抛石固脚，水上削坡砌坦，坦顶浆砌块石，守护长 600 米（桩号 499＋070～499＋670）。退水后，再次降低枯水位平台，重新砌筑脚槽，工程基本达到设计要求。1992 年汛期，桩号 499＋570～499＋670 段坦面下挫，其余基本完好。至 1998 年，桩号 498＋000～510＋280 段共守护长 3420 米，留空档两处 860 米。2001 年 2 月，桩号 498＋000～500＋960 段长 2960 米进行守护，完成水下抛石长 2960 米、新护坡长 491 米（桩号 499＋622～500＋113）、坡面改造长 200 米（桩号 499＋380～499＋580），完成水下抛石 13.42 万立方米、混凝土预制块护坡 1020 立方米、现浇混凝土封顶 61 立方米、干砌石 5672 立方米、砂卵石 8314 立方米、土工布 5750 平方米、浆砌石 1276 立方米、平铺石 3570 立方米、土方 7.35 万立方米，工程投资 1151.34 万元。

从 1971 年开始守护，至 2010 年，守护段长 4280 米（桩号 498＋000～501＋000、509＋000～510＋280），完成抛石 37.37 万立方米、浆砌石 1276 立方米、干砌石 5672 立方米、混凝土预制块护坡 1020 立方米、现浇混凝土封顶 61 立方米、砂卵石 8314 立方米、平铺石 3570 立方米、柴枕 1731 个、土工布 5750 平方米、土方 22.24 万立方米、总投资 2038 万元。

铺子湾段护岸工程　1971 年监利河湾右汊被冲开，主流顶冲铺子湾下段。因地质条件差，粘土覆盖层薄，抗冲性差，滩宽狭窄（最窄处仅 10 米），崩岸发展迅速。1971—1975 年间崩岸线长达 10 千米，普遍崩宽达 500 米，相应年崩率达 100 米。1975—1995 年，监利河湾主泓摆向左汊，老河口上下遭受严重冲刷，仅 1980—1987 年间岸线崩坍即长达 7 千米，最大崩宽 1300 米，相应平均年崩率为 186 米。1987 年冬，开始守护老河口至太和岭段，岸线基本得到控制。在此期间，乌龟洲依附于右岸，几乎并岸成为边滩。1995 年冬，主泓复行右汊，致使右岸新沙洲一线长约 5.4 千米岸线发生崩坍，与此同时左汊开始淤积萎缩。监利河湾桩号 11＋820～23＋226 段护岸工程列入 1999—2000 年度长江重要堤防隐蔽工程实施加固改造。

受乌龟洲右缘大幅度崩坍及主流北移影响，2004 年汛前枯水期，铺子湾段（桩号 15＋640～16＋740）出现 3 处已护坡面崩坍险情；2005 年、2006 年汛前枯水期太和岭段未护岸段出现较大规模崩岸险情，主要集中在桩号 16＋180～16＋740 段，2005 年 6 月至次年 5 月间岸坡平均崩退 90 米，最大崩宽 155 米（桩号 16＋540 断面，22.60 米高程线）。2009 年 1 月铺子湾已护岸段和未护岸段多处出现崩岸险情，汛期险情进一步扩大。

图 5-25　铺子湾崩岸段（2010 年 1 月汪记锋摄）

1999—2002 年共施护长 3900 米（桩号 11＋820～15＋720），其中，新护工程 1590 米，加固 2380 米。工程分三期实施：一期为 1999—2000 年度工程。1998 年大水后桩号 11＋820～13＋340 段 1520 米崩岸较剧烈，故先期实施。护脚工程桩号 12＋620～13＋340 段为抛柴枕加压块石区，由江中往岸边分为 1～6 区。其中 1 区为抛防冲石区，6 区 5 米宽为抛石，5 米抛柴枕加压块石，其余为抛柴枕加压块石区，每区宽 10 米，各区抛石及压枕石厚 1.1～2 米，断面平均抛石量为 92 立方米每米，桩号 11＋820～12＋620 均为抛石区，断面抛石量为 39.8 立方米每米。二期为 2000—2001 年度工程，桩号 14＋830～15＋040、15＋720～15＋920，共计长 410 米，实施水下抛石 4.35 万立方米。三期为 2001—2002 年度工程，桩号 13＋340～15＋720，长 2380 米。桩号 14＋830～15＋040 段实施枯水位以上护坡工程，桩号 15＋040～15＋720、13＋340～15＋040 段枯水位以下实施抛石固脚。

铺子湾段护岸工程共守护岸线长 10.79 千米，累计完成石方 134.69 万立方米、混凝土预制块护坡 7774 立方米、柴枕 6.08 万个。

天星阁段护岸工程　位于监利县上车湾新河出口处。新河进口水道因粘土层深厚，而新河中下段砂层顶板高，因而脱离引河位置北移 900～1200 米，由微弯向弯曲型发展，新河及天星阁发展成半径 2800 米的河湾，天星阁处于弯顶下常年贴流区。1987 年前随着主流左移，岸线大幅崩退，1987 年后随着守护工程的实施，岸线基本稳定。此后，因天星阁至洪水港之间水流过渡急促，致使洪水港段水流顶冲强烈，崩岸逐年下延。随着上游河势变化，自 1980 年后主流顶冲点下移 2 千米，冲刷向下游发展。1982—1986 年，桩号 40＋060～44＋470（长 4410 米），抛石 41.76 万立方米，抛柴枕 1.2 万个。1998 年后，已护岸工程得到加固，并向下游延伸守护。截至 2010 年底，守护岸段长 4628 米（桩号 40＋060～44＋490、48＋180～49＋982），完成石方 56.57 万立方米、土方 27.33 万立方米、混凝土 532 立方米、柴枕 1.18 万个、土枕 9470 个、柴帘 2.71 万平方米。经多年整治后，河势基本稳定，但主流贴岸段有所下移。

盐船套段护岸工程　主流出天星阁过渡至右岸洪水港后，为长 15 千米的盐船套顺直河段，有较宽边滩，主流流经右岸广兴洲，其下为荆江门河湾。三次裁弯后，天星阁对岸洪山头、盐船套对岸广兴洲相继淤滩，主流常年贴左岸，盐船套滩岸崩坍严重，向微弯发展，沿线崩岸逼近堤脚。1972 年、

1978年和1985年，桩号31＋650～32＋250、34＋000～34＋050和33＋150～33＋250段分别守护长300米、150米和100米，完成抛石1.4万立方米。

图5－26　盐船套崩岸段（2010年1月摄）

杨岭子和团结闸段均位于盐船套顺直河段内。杨岭子段（桩号33＋150～34＋350）为未护岸段，岸线变化直接受上游洪水港河湾主流变化影响，20世纪90年代以后，因洪水港处水流顶冲点下移，导致向左岸团结闸的过渡段也相应下移，顶冲位置在桩号33＋150～34＋350处，致使岸线崩退，宽度达150米。团结闸段（桩号22＋280～24＋500）自1987年6月至1999年12月，岸线崩退达220米，其中1987年至1993年11月崩退达190米，1993年以后岸线继续崩退，但幅度有所减弱。此后，团结闸桩号22＋840～23＋760段护岸工程列入1999—2000年度长江重要堤防隐蔽工程实施加固改造，守护段长960米，护脚工程全部为抛石，由江中向岸边分区抛石，断面平均抛石量为75.2立方米每米。并实施团结闸退堤工程，新堤轴线长1240米，堤顶宽4米，内、外坡比1：3。2008年11月勘查发现团结闸已护段和未护段均出现较严重崩岸险情。

截至2010年底，盐船套段护岸工程桩号31＋650～33＋150、33＋970～34＋150段已守护段长1680米，完成石方4.31万立方米；桩号22＋280～24＋499段已守护长2219米，完成土方32.03万立方米、石方21.37万立方米、混凝土1745立方米。

图5－27　杨岭子崩岸段（2008年11月摄）

图5－28　团结闸崩岸段（2008年11月摄）

熊家洲段护岸工程　熊家洲河湾为1909年尺八口河湾自然裁弯后新河北移所形成，由于河湾不断向北扩展和下延，至20世纪70年代初形成上起姜介子，下抵孙良洲长14.1千米的弯曲型河道。1970年先在上口、姜介子两段实施护岸，1973年开始守护后洲段，1979年开始守护下口段。因崩岸线长，河床边界均为细砂，抛投石方量少，守护中未护段剧烈崩坍。1970—1984年，姜介子、上口、后洲、下口等处相继崩失耕地1000余公顷，退挽13次，退挽堤长12.93千米。因熊家洲弯道凹岸大幅度崩退，下游八姓洲狭颈缩窄，由1953年的1970米缩窄至1991年的400米，1998年约为380米。

熊家洲弯道段护岸工程长约13千米，护岸段桩号6＋730～20＋220，实施项目为干砌石护坡和水下抛石护脚。1999—2002年共施护长7600米，其中新护长4810米，加固及改造长2790米。2000年汛前，实施桩号17＋680～18＋000段护岸，守护长度320米，完成水下抛石17.72万立方米。2000—2001年度，桩号17＋300～17＋500、15＋045～15＋380段共完成抛石3.64万立方米。2001—2002年度，桩号15＋380～19＋500段护岸工程（长3620米），枯水位以上为干砌块石护坡和混凝土预制块护坡，枯水位以下抛石、抛柴枕。此后，除桩号10＋850～11＋400局部已护岸段和桩号6＋000以下未护岸段出现崩坍外，其它地段岸线基本稳定。

截至 2010 年底，累计守岸段长 13.47 千米（桩号 6＋730～20＋200），完成土方 91.78 万立方米、石方 188.05 万立方米、混凝土 1.14 万立方米、柴枕 4.49 万个。

图 5-29 熊家洲崩岸段（2010 年 1 月摄）

图 5-30 观音洲崩岸段（2010 年 1 月摄）

观音洲段护岸工程 水流出七弓岭弯道后逐渐向左岸过渡进入观音洲弯道，主流顶冲段位于观音洲弯道顶点及下半段，1987—1999 年，凹岸崩退 50 米。观音洲河湾凹岸不断崩退及荆河垴凸岸边滩后退，主流左移，致使江湖汇流点下移约 1.2 千米。为稳定河势，20 世纪 60 年代后观音洲实施抛石护岸工程，护岸长约 5.4 千米，护岸段桩号 1＋120～4＋250 和 564＋400～566＋920。经多年守护加固，弯道已护段岸线基本稳定；未护段受上游弯道顶冲点下移影响，多处出现崩岸险情。截至 2010 年底，已守护段长 3440 米（桩号 563＋480～566＋920），完成石方 42.64 万立方米、柴枕 1.37 万个。

下荆江河势控制规划的确定与实施，是关系到江湖治理、巩固裁弯成果、提高荆江地区防洪能力的一件大事。河势控制工程实施后，能遏制崩岸，控制河势，保滩护堤，确保堤防安全。经过建国后多年的护岸整治，特别是长江重要堤防隐蔽工程下荆江河势控制工程实施后，主要险工段岸线崩退基本得到抑制。但由于三峡水库蓄水后，清水下泄，导致坝下游冲刷，下荆江河段冲刷影响需作进一步研究论证，采取更大力度控制河势，以确保防洪安全。

第六节 支流河道整治工程

建国前，荆州河段仅沿江市镇码头零星修筑有一些矶头驳岸。建国后，经过多年努力，在大力进行干流河道整治的同时，先后实施沮漳河、东荆河等支流河道综合整治。

一、沮漳河整治工程

沮漳河河道上游陡峻，中、下游狭窄弯曲，每当山洪暴发，峰高流急，奔腾直下，若遇长江同时起涨，相互顶托，宣泄不畅，往往泛滥成灾。当阳河溶 1952 年设置水文站前，据不完全统计，1810—1952 年间，沮漳河发生较大洪水年份有 1816 年、1826 年、1896 年、1897 年、1906 年、1910 年、1935 年、1948 年、1950 年和 1951 年等。据实测记载，1952—2010 年，当阳河溶站洪水位超过 49.00 米或洪峰流量超过 2000 立方米每秒以上年份有 1954 年、1955 年、1956 年、1958 年、1963 年、1968 年和 2007 年，其中 1958 年 7 月 19 日水位达 50.49 米，相应最大流量 3020 立方米每秒。

历史上，沮漳河洪水多次导致荆江大堤上段溃决。1788 年、1935 年大水，荆州城均遭淹溃，损失惨重。民国时期《荆江堤志》载："沮漳之水为害于荆堤上游为尤烈。保江北之安全，固恃荆堤，能增荆堤之隐患，实为沮漳。"

建国后，根据"上蓄下泄"治水方针，沮漳河流域从 20 世纪 50 年代开始实施整治，包括上游结合灌溉建水库拦洪与下游扩大河道泄量两个方面。1958 年 6 月 5 日，湖北省委、省人民委员会发出兴建漳河水库工程指示，当年 7 月 1 日开工，1966 年 7 月竣工。漳河水库工程以灌溉为主，兼有拦洪、发电、航运、水产等综合效益。水库承雨面积 2212 平方千米，总库容 20.35 亿立方米，其中兴利库容 9.4 亿立方米，防汛库容 3.43 亿立方米。1962 年 7 月漳河水库初次开始拦洪，至 1996 年，先后拦截漳河上游 1000 立方米每秒洪峰 25 次，其中大于 3000 立方米每秒洪水 5 次，最大流量 5500 立方米每秒。漳河水库拦洪错峰的防洪作用，能减轻下游洪水灾害，避免沙市水位遽然增高，可减轻荆江大堤防洪压力。此外，建国后还分别在沮、漳二河上游先后修建小型水库 113 座，总库容 15 亿立方米。下游扩大安全泄量，包括重开入江河口与展宽下游两岸堤距两方面。

沮漳河口古今迁徙不一。先秦时期入江口在今枝江江口镇一带，江口因此得名。明中期以后，沮漳河至柳港后分为两支，一支经百里洲出今江口镇附近长江（时为沱江），后淤塞；另一支经太湖满仓过荆州城护城河入长湖，明末堵塞断流。因长江泥沙淤积，沮漳河口左右岸之间滩涂不断扩大并向东延伸，从而导致河口随之下移；至清前期下移至荆州区李埠镇；民国初年又下移至沙市城区观音矶上腮处。此处为荆江著名险段，河势险要，加之沮漳河下移至此，河口逼近荆江大堤，严重威胁防洪安全。20 世纪 50 年代初学堂洲发生严重崩坍后，1959 年结合学堂洲洲尾沉排护岸工程，采取护岸保洲和人工改道措施，将出口上移 800 米，即新河口。

沮漳河两岸围垸堤防防洪标准偏低，经常发生围垸溃口、分洪灾害，直接威胁荆江大堤李埠以上堤段。因此，必须综合整治沮漳河河道堤防，以提高防洪能力，减轻灾害。治理的首要任务是扩大沮漳河安全泄洪能力。

为扩大沮漳河安全泄洪能力，多次实施展宽堤距工程。1964 年根据宜昌地区与江陵县协议，在万城以上堤距过窄、两岸凸出堤段，分别退堤展宽河道，以扩大泄量，共退挽堤长 11.5 千米，完成土方 87.84 万立方米。工程实施后堤距最窄处 170 米（王家渡），最宽处 350 米（毛家拐堤）。

因沮漳河下游出口改道涉及的挖压土地、人口搬迁、水系恢复以及资金筹措等问题难以统一，以往改道工程均未能解决防洪问题。为配合荆州长江大桥建设，减轻沙市城区防洪压力，1992 年，省水利厅委托省水利水电勘测设计院提出设计方案，要求既考虑扩大行洪能力，又考虑实施的可行性。设计方案的主要目标是使沮漳河两河口以下达到 10 年一遇防洪标准（万城 5 年一遇流量为 1866 立方米每秒，10 年一遇流量为 3577 立方米每秒）；通过移堤、扩河、改道，降低万城水位 1.20～1.50 米，扩大泄洪能力 1250 立方米每秒，可减少沮漳河沿河洲滩民垸的分洪几率，减轻荆江大堤李埠至新河口 14.5 千米堤段防洪压力（溃口、扒口除外），为消灭堤段外滩钉螺创造条件（有螺面积约 534 公顷），还可开发部分国土资源。

沮漳河下游河道治理工程主要措施是裁弯取直、展宽堤距。施工中，退堤 19.36 千米，其中谢古垸 14.4 千米，堤距 450 米。在当时江陵县与枝江县交界处石套子开挖新的入江口，具体位置在新河口上约 20 余千米松滋涴市镇对岸马洋洲长江夹道北侧。挖新河长 2300 米，将原河口改道上移至临江寺入长江，全部工程土方 2100 万立方米，新河口同时堵塞。

1993 年沮漳河改道后，学堂洲由芦苇遍布的沙洲挽成民垸。沮漳河下游有大小民垸 18 个，总面积 584 平方千米，主要民垸有观基垸、芦河垸、木闸湖垸、草埠湖垸、菱湖垸、谢古垸、龙洲垸和学堂洲垸等。

建国后，虽然沮漳河堤防多次实施整治加固，漳河上游修建漳河水库，沮河上游修建巩河水库，下游河道堤防实施堤距展宽、扩流，并且入江口多次改道扩洪，但防洪标准仍然偏低，洪灾仍然频繁，主要是因沮漳河河道窄狭弯曲，受两岸堤防约束，加之过度围垦，行洪能力与上游来量很不相适应所致。经初步整治，沮漳河防洪的严峻形势得到一定缓解，但其对荆江大堤上段的威胁并未根除。

二、东荆河下游改道整治工程

东荆河为汉江下游主要分流河道，又称南襄河，起于汉江泽口；自北向南流至老新口，转向东流经北口，在天星洲分为二流，汇合于施家港；至敖家洲以下，又分南北两大支流注入长江，北支出沌口，南支出新滩口。

东荆河原长 249 千米，中革岭以下河段沟壑纵横，洲滩围垸遍布。每遇江汉泛涨，江河湖连为一体，既无河可循，又无堤可防，称为东荆河洪泛区，面积 983 平方千米，蓄洪容积约 45 亿立方米。仙桃市居东荆河中下游，境内通顺、通州、西流诸水道及其分流汊河 27 条，均注入东荆河北支由沌口入长江。每届汛期，不仅洪泛区一片汪洋，而且洪水由通顺河倒灌，占据排水河道，常酿成严重水灾。据载，自 1840 年至 1949 年的 110 年中，发生洪涝灾害达 76 年。每遇重灾之年，百里水乡饿殍载道，哀鸿遍野。

1950 年，省政府开始整治东荆河堤，先后实施河道下游改道工程和堤防整治加固工程。东荆河下游改道及沌口控制，是汉南地区利用泛区防洪蓄洪、排涝除渍重点工程，包括修筑洪湖、沔阳（现为仙桃）隔堤，改道河槽开挖等工程。

右岸洪湖隔堤　1956 年完成东荆河下游右岸洪湖隔堤修筑工程，自中革岭起至胡家湾与长江干堤相接，全长 56.42 千米，完成土方 514 万立方米、投资 282 万元。从此消除长江与东荆河洪水向内荆河倒灌泛滥之患，四湖地区下部 10 万公顷农田免除洪涝威胁，洪湖周边约 6.67 万公顷洪泛区变为良田。

左岸沔阳隔堤　自罗家湾起，沿六合垸至董家埫、火炉沟（北支分流）经冯家口至张家棚、小沟口，再经南泓河、穿坝港至石山港与六合港垸北堤相接；顺堤抵江家埫，向东延伸；下跨东荆河老河槽入三合垸接长江干堤，长 36.34 千米。整治工程完成土方 452 万立方米，其中培修老堤 8.75 千米、筑新堤 27.59 千米，堤顶高程均为 31.50 米。

1951 年冬至 1952 年春，为扩大东荆河分流能力，实施堤距狭窄段退挽工程，并实施下游改道工程，河道长度缩短至 173 千米；修建沔阳县罗家湾至汉阳三合垸隔堤 36.04 千米，与对岸洪湖隔堤相束形成一条新河（从中开挖深水河槽 24.3 千米，底宽 50 米，新河进口高程 21.86 米），三合垸入江出口高程 18.60 米。工程包括改道河开挖、修筑新堤、加固老堤及刨弃废旧堤等，1965 年 11 月 20 日开工，次年 3 月完工，投入劳力 11 万人，完成土方 638.5 万立方米（其中新河改道土方 299.2 万立方米）。洪水河槽除两段老河疏挖以外，其余 16.5 千米大都按 30 米底宽和设计深度完成。当时，集中木船 500 艘和民工 7000 人，耗时半月挖成长 2.6 千米、宽 70 米、深 2.5 米深水河槽。

东荆河下游改道工程的建成，对改善汉南地区防洪排涝形势发挥了重要作用。改道后，东荆河洪水不再泄入汉南泛区，江水由黄陵矶闸控制防其倒灌，减轻了汉江下游两岸洪水压力和洪水对武汉市威胁。形成下游完整堤防和单一河槽，河床稳定，既能使上游洪水安全下泄，又可减轻境内 200 余千米泛区围堤及主要民堤防汛负担。东荆河与汉南主要排涝河通顺河两相隔离，各有归宿。通顺河水出泛区经沌口入江，不再受东荆河水倒灌影响，水位一般较改道前降低 2～3 米，有利于汉南地区除涝排渍。正常年份，通顺河水向沌口消泄，加上内部调蓄，可解除汉南地区 10 年一遇渍涝灾害。由于消除江水倒灌影响，东荆河下游一带 5.33 万公顷农田得以保收，并可增垦荒地约 7000 公顷。同时也可避免东荆河泥沙淤积通顺河，减少每年清淤所耗劳力，通顺河排水条件也得到改善。

东荆河下游堤防是沿岸的防洪屏障，由于受长江和汉江洪水双重影响，历来是当地防汛重中之重。以往，东荆河堤整治加固工程仅加高培厚，但由于堤基隐患多，堤身质量差，堤顶高程欠高，穿堤建筑物老化，每届汛期，经常出险。1998 年大水后，国家投巨资整治加固东荆河堤防。整治加固工程，上起杨林尾镇兴隆村，下至武汉汉南区大垱子村，全长 39.6 千米，工程竣工决算投资 26554.34 万元，2008 年 1 月竣工验收。

东荆河堤下游段整治加固，经过近 10 年建设，堤防抗洪能力得到显著提高，沿堤居民生产生活条件得到改善。

第七节　防洪非工程措施

防洪非工程措施一般是指通过法令、政策、行政、经济、管理等手段以及防洪工程以外的其它技术手段，以减少洪灾损失的措施。它包括洪水警报、预报、堤防管理、河道管理、分蓄洪区管理、水库防洪调度管理、超标准洪水防御措施、洪灾赈济及有关法规、政策等具体措施。防洪非工程措施是一种新的防洪理念和方式，是整个防洪体系的重要组成部分。

防洪非工程措施与工程措施两者的目标是一致的，相辅相成。工程措施立足于洪水本身，是设法利用各种防洪工程控制或约束洪水。防洪非工程措施并不能改变洪水的存在状态，而是更多地利用自然和社会条件去适应洪水特性，减少洪灾损失和受灾区的负担。它涉及到立法、政策、行政管理、经济技术等各个方面。基本措施大致可分为两大类：第一类是提高抗损失能力，即提高对洪水的适应能力，主要有防洪准备（包括灾前准备和超标准洪水应急措施）、洪水预报和警报、河道管理、堤防管理；第二类是改变损失分担形式，主要有灾害救援、洪水保险及有关政策法规等。

在整个防洪系统中，单纯依靠工程措施，不一定能取得最佳防洪效果，应当采取综合性防洪措施，把工程措施与非工程措施落到实处。

荆江地区防洪工程经过建国后多年建设，已取得显著成绩，20世纪80年代后，防洪非工程措施随着防洪事业的发展而逐步建立和完善。防洪非工程措施亦逐渐被重视，初步形成防洪非工程措施体系：洪水预警预报系统，河道管理，防洪工程的调度、运用、管理，防洪法规，超标准洪水防御措施等。

防洪非工程措施的某些手段，荆江治水历史上早已采用，沿江两岸民众将城镇、建筑物修建在地势较高的地方；大水时利用水路、驿站报汛传递信息；洪灾发生后进行救济等。明清及民国时期，又发布禁止围垦洲滩、"不与水争地"等法令、规章；在某些重要地点，沿江建立江水漫滩后进行观测、报汛的制度等措施。这些措施在历年抗洪斗争中，配合防洪工程措施，发挥了减轻洪灾损失的作用。

随着防洪非工程措施逐渐被认识和重视，荆州市加大对防洪非工程措施的投入和建设。

加强防洪意识的宣传 历年来，河道堤防部门采取宣传车、标语、横幅、讲座、宣传册等多种形式进行防汛抗洪意识的宣传。主要是向广大干部群众宣传荆州所处的特殊地理位置和洪水特点，防洪的有利条件、困难和问题，做好各种准备，增强人民群众对洪灾的防范意识，支持防汛斗争，参与防汛斗争；宣传三峡工程对荆州防汛抗洪的重要作用，使人民群众了解荆江的防洪形势，建立起同洪水灾害作斗争的信心，形成全民关注防洪、参与防洪的良好氛围。

加强防洪法律、法规的贯彻落实 国家相继颁布《中华人民共和国防洪法》、《中华人民共和国防汛条例》等法律、法规，湖北省相应制定《湖北省实施〈中华人民共和国防洪法〉办法》、《防汛条例实施细则》等。要认真贯彻执行上述法律法规，使防汛抗洪工作真正走上法制轨道。

加强防汛信息网络建设 建国前，荆江防汛抗洪无专用防汛通讯设施，仅有水位情报，且最初是人工走报。建国后，荆州河道堤防部门逐步建立和完善水情、雨情报系统。1951年以后沿荆江大堤和长江干堤开始架设专用电话线路，至1962年底，全部使用单线作通话回路。有关县段设总机，自成体系，但通话效率不高，接转也很困难。各地的水位实况均通过电话或电报报送，很不及时。20世纪90年代后，随着通信手段的不断进步，已建立全天候通讯系统，水情、雨情报全部由人工走向自动化，市、县（区）两级防汛指挥机构能及时了解长江流域、洞庭湖水系、汉江的水雨形势，能迅速、准确接收来自国家防总、长江委、省防总及省内外有关单位的水雨情预报，据此制订防洪对策。主要分蓄洪区基本建成报警系统，一旦需要运用，报警可直达村组，还可由电视、广播等媒体发布分洪预警。（详见第七章第六节通信与网络相关内容）

加强河道堤防工程管理 河道堤防部门加大工程管理检查力度，实现由"突击型"向"日常型"转变。各分局每月对所属工程进行一次全面检查，开展月检月评，市局每季度对所辖堤防进行巡回检查，重点查看堤容堤貌、护堤护岸林及管理设施，统一考核、统一评比、统一打分，综合评定名次，以检查促管理。组织检查组分江北片、江南片对所辖堤防进行检查，对管理工作抓得好的授予流动红旗，给予物质奖励；落后的给予黄牌警告。不断加强堤身管理、堤基管理、堤上建筑物管理和堤防防汛管理；加强分蓄洪区工程相关工程设施管理；及时对北闸和南闸进行整治加固，每年汛前均按防汛预案进行启闭演练；加强涵闸的工程管理和日常养护维修，做到排得出、灌得进、启闭自如；维护好护坡工程，确保岸坡无人为破坏。在堤防管理范围内大力整治"乱搭、乱建、乱堆、乱批、乱晒、乱烧、乱栽、乱挖"行为，依法拆除违章建筑，清除堤防杂物，维护堤防外观形象。

依照《河道管理条例》、《湖北省河道管理实施办法》等法律法规，对河道堤防进行监督、检查，对河道违章违法案件进行调查取证，查处水事纠纷、水事案件，维护正常的水事秩序；保护堤防、涵闸及其管理设施安全运用；加强河道管理范围内建设项目的管理。《行政许可法》实施前，按管理权限对穿堤等建设项目实施初审；《行政许可法》实施后，按上级部门要求做好穿堤等建设项目的初审工作，并按上级批复意见加强对建设项目的监督和管理。加强河道综合整治与建设管理，对河道进行保护，对违反水法规定，人为设置的阻水物，按照"谁设障、谁清除"的原则限期清除，恢复河道通畅；在荆江河段成立荆江采砂管理基地，对河道采砂进行管理；加强河道岸线的利用管理，维护河道稳定。

加强防洪预案的制定与完善 防洪预案是针对可能发生的各类洪水灾害，力求将损失减少到最低限度而预先制定的防御方案、对策和措施，是各级防汛指挥机构指挥决策和防汛调度、抢险救灾的依据。

1954年特大洪水后，荆州长江防汛指挥部门根据国家防总在各个时期制订的荆江防洪调度方案中规定的任务编制具体实施方案，并不断修订和完善，使之具有实用性和可操作性。每年汛前召开防汛会议，认真分析气象、水文形势，加强极端天气对防汛抗洪影响的研究，并制订相应对策。做好汛前检查工作，针对防汛检查中出现的险情、病险涵闸及通讯等问题，水情变化和堤防工程状况，组织专业技术人员进行防汛预案修订工作。制订分蓄洪区运用计划、人畜安全转移计划等，并每年都对有关预案、计划和度汛措施进行更新和完善。

第六章 堤 政 管 理

建国前，荆江地区河道堤防工程管理处于水平较低的状况，一般由沿堤群众自行管理；堤防组织管理体制之雏形，最早形成于明嘉靖年间。建国后，确立"建管并重"方针，1956年后，实行"统一领导、分级管理、专业管理和群众管理相结合"的管理体制，经过数十年不断努力，管理体制和机构不断建立完善。21世纪初，随着水利管理体制改革的深入发展，堤防工程管理也由"群管与专管"结合转变为专业管理，明确了每个管理人员的管理范围、职责任务和具体要求，管理工作逐步规范化、制度化。管理工作内容也由单一的堤防养护逐步扩展到对所有防洪工程的全面管理。1949—1982年以堤防管理养护为主；1982年省政府颁布《湖北省河道堤防暂行条例》，开始对河道实行管理；1988年《中华人民共和国水法》颁布，同年，国务院颁布《中华人民共和国河道管理条例》，此后，对河道堤防和所有防洪附属设施及河道岸线、河道采砂、航道整治等涉河工程建设实行全面管理。管理工作评定由目标管理评定到"千分制"（1994年水利部制订的《河道目标管理等级评定标准》）评定。管理方式由过去以行政手段为主，转变为依法规范管理，管理工作的科学性和效率逐步提高，从而保证了防洪工程抗洪能力的不断改善和提高。

第一节 管理体制与机构设置

一、建国前管理机构

荆江地区长江堤防组织管理体制之雏形，见于记载是在明嘉靖年间（1522—1566年）。此时期，荆江堤防多次决溢，嘉靖四十五年（1566年）黄滩堤（黄潭堤）溃决后，荆州知府赵贤主持大修南北两岸堤防，三载修毕，于是议立堤防专人管理制度，订立《堤甲法》。这是荆江地区堤防也是长江中下游堤防最早实施的组织管理体制，但实际上仍由地方行政官员兼管。

清乾隆五十三年（1788年）以前，荆江大堤未设堤防专管机构。其后，朝廷以大堤"向属民修，地方官不能妥为办理"，决定由荆州水利同知专管堤防，并迁其衙署于李家埠堤上，自此，荆江大堤始有专管机构。至道光十二年（1832年），又由水利同知专管改归荆州知府承办，仍令水利同知"随同该府，催雇人夫，往来稽查"。于万城、李家埠、江神庙、沙市、登南、马家寨、郝穴、金果寺、拖船埠等9处设立工局，分段管理堤务；并设沙市石卡，验收发送石料，管理机构逐步健全。

民国初期，实行"官绅合办"体制。民国元年（1912年）在沙市成立荆州万城堤工总局，设总理、协理各一人；前者由湖北省巡按使委任，后者由江陵县自治会公举。总局以下仍按前清旧制，于万城等九处设立分局，沙市仍设石卡。分局设经理二人，石卡设经理一人，均由堤工总理及协理遴选；另设土费局六所，负责土费摊征事宜，每所设经理一人，由江陵知事与堤工总局会衔委派。各级负责人的职责，根据《万城堤防辑要》载："总理负万城大堤安全责任，任免分局员生，考核工程，稽查土费及总、分局出入款项，并会商江陵县知事及地方正绅筹议修防事务与一切进行方法"；"各堤工分局经理，按所管堤段，监查工程，巡视堤身，冬春修筑，夏秋防护"；"石卡经理，督催石船，切实验收，陆续运赴工次，接济工用"；"各土费局经理，于所管土费切实经理，认真督促，务期依限完纳，以济工用"。民国七年荆州万城堤工总局改名荆江堤工局，原设之总理改称局长，其余职称不变。隶属关系上，民国二十一年属长江水利委员会江汉工程局（以下简称江汉工程局）；民国二十六年改名为江汉工程局第八工务所，设主任一人，由主管局委派，下设万城、李家埠、祁家渊、郝穴4个分段，分管大堤修防业务。

1940年至1945年日军占领期间，由地方自行组成沙市堤防工程处，下设万李、江沙、登马、郝金拖四个修防处，每处7～8人，负责管理堤防。其后，日伪湖北省政府建设厅亦于1943年在沙市设立第四堤防工务所，设职员八九人掌管各民办堤防管理单位，处理一切修防事宜。1945年抗战胜利后，仍恢复原设之江汉工程局第八工务所。

表6-1 民国时期堤工局（所）负责人表

机 构 名 称	职 务	姓 名	任期起讫时间
荆州万城堤工总局	总理	徐国彬	1912年4月至1918年
荆江堤工局	局长	徐国彬	1918年至1923年
荆江堤工局	局长	徐国瑞	1923年至1937年
江汉工程局第八工务所	主任	徐国瑞	1937年至1943年5月
江汉工程局第八工务所	主任	杨鸿勋	1943年5月至1945年12月
江汉工程局第八工务所	主任	余传周	1946年1月至1946年12月
江汉工程局第八工务所	主任	陈英	1947年1月至1947年11月
江汉工程局第八工务所	主任	洪长儒	1947年11月至1949年3月
江汉工程局第八工务所	主任	黄守楷	1949年3月至1950年

民国时期，经江陵县议会提议并呈请内务司批准，出示裁免堤长、圩甲，堤防营（详见本节三、堤防军警）亦随之裁撤。每工堤防仅设防险居民1人。因防力不济，又无行政权力，堤防管理部门颇感呼应不灵，故呈请"借助警威"，由湖北省巡按使批准，责成湖北水警总厅及其所属各署水警，协助堤防管理部门就近参与防汛抢险和禁止挽筑私垸，对违禁者予以武力弹压。民国三年于堤工总局内成立专门的堤工警察署，署长由堤工总局稽察兼任，凡堤上人员有违禁舞弊、滋生事端者，堤警有直接拘留惩罚之权。

江左监利县兴修堤垸元代以前或由民间自建，或由官府总揽委派督修，并无常设专管机构。至明朝初年，堤防初具规模，每年冬春岁修，朝廷令各级府衙农官办理，夏秋防汛，也由官员负责，日常管理，由地方官组织业户看管。民国三年全国水利局和湖北水利分局相继成立后，监利江堤修防事宜由荆江堤工局代管，具体工程由土局承办。民国七年设立监利县堤工局，会同土局征收土费，由荆江水利知事管辖。堤防养护另由知县组设堤工防护委员会，沿堤遴选堤董、堤保具体办理。清代，洪湖（原沔阳州南部）境内水利修防，均由地方官吏督导。江右松滋县水利业务历代均由县丞或县长兼办，乾隆五十三年（1788年）大水后，官堤由官修改为官督民修，设立堤工总局，业务隶属荆州府同知管理；同治九年黄家铺溃口后，民垸增多，堤防全由民修民管，县衙督导。各民垸公推有经验的垸绅为垸首，自理其事。民国初至二十一年，水利业务由县府知事或县长负责。民国二十一年，经江汉工程局核准将松滋河以东"官堤"改为干堤，由县政府统一修防，并设松滋县滨江干堤修防处，业务隶属荆江堤工局第四工务所（民国三十五年改属第八工务所）。民国二十二年堤防管理组织改为董保制。民国二十四年成立松滋县水利委员会，各民垸设修防处或董保事务所。民国三十年由县府建设科办理。民国三十五年组建松滋县水利协会，管辖全县水利工作。明清时期，公安县水利事宜由知县主管，民堤以堤垸为单位设立修防会。民国时期由县府主持水利。1931年成立公安县滨江干堤修防处。民国初期以前，石首堤防无常设专门管理机构，堤垸修防，地方各垸自行设立修防处、土局、垸务委员会，由垸首轮流担任修防（或垸务）主任、堤董、堤保职务。至建国前，全省长江沿江干堤，由江汉工程局统一管理，下设若干工务所，负责日常修防事宜。荆江地区长江干堤（含荆江大堤）分属第七、第八工务所管理。

荆南支民堤管理机构的设置及沿革，各地不尽相同。松滋县：明代至清初由县丞兼管水利堤防。

乾隆五十三年大水后，官堤由官修改为官督民修。同治九年（1870年）黄家铺溃口后，民垸增多，堤防民修民管，县衙督导，公推有堤工经验的垸绅为垸首，自理其事。民国初期，水利业务由知事或县长负责。民国二十一年，松滋河以东"官堤"改为干堤，由县府统一修防，并设松滋县滨江干堤修防处，业务隶属荆江堤工局第四工务所（民国三十五年改属第八工务所）。民国二十二年，堤防管理组织改为董保制。民国二十四年成立松滋县水利委员会，各民垸设民堤修防处或董保事务所，负责人均由各垸公举。民国三十年由县府建设科办理。民国三十二年各乡、垸成立水利协会，协助水利事宜。嗣后，平原湖区各民垸设立民堤工程水利协会，理事长由各垸修防主任兼任。民国三十五年组建松滋县水利协会，统一领导全县水利工作。公安县：清代以前，无专门堤防管理机构。其后，由知县主理堤防事宜，民堤以堤垸为单位设立修防会，负责人由当地开明士绅担任。民国时期由县长主掌水利。民国元年至二十四年县府一科负责水利堤防事宜。民国二十五年县府内设建设科，主持堤防和农田水利。民国三十年，成立县水利委员会专管堤防。石首市：自明清至民国初期，石首堤防无常设专门管理机构，堤垸修防，各垸自行设立修防处、土局、垸务委员会，由垸首轮流担任主任、堤董、堤保职务，县府由建设科代管；民国二十一年后由江汉工程局第七工务所管理。

二、建国后管理体制与机构

长江流域防洪工程管理有别于国内其它流域，未实行流域机构行业统一管理体制，而是按水系、行政区划、工程等级和类别，实行地方水行政主管部门分级管理的体制。荆江地区防洪工程管理体制与上述体制类似，但又有所不同。鉴于荆江防洪的重要性，荆江大堤、长江干堤由省水利厅统一管理，荆南四河支堤由国家投资的建设工程亦由水利厅管理。荆南四河支堤、民垸围堤的日常维护管理由当地政府管理。由于堤别不同，相应管理机构的设置、沿革和行政隶属关系亦有所区别。荆江分洪工程、洪湖分蓄洪工程分别设有专门的管理机构。

（一）荆州市长江河道管理局

荆州市长江河道管理局为荆州河段（荆州辖境）河道和干堤的常设管理机构。其历史沿革：1949年7月28日成立湖北省人民政府荆州水利委员会，接管荆江地区长江堤防。同年12月3日改组成立湖北省农业厅水利局荆州分局（简称荆州水利分局），下设天门、钟荆潜、江松公三个办事处。江松公办事处设沙市，负责管理荆江大堤和松滋、江陵、公安长江干堤。1950年7月1日改为长江水利委员会中游工程局荆州区长江修防管理处，原荆州水利分局江松公办事处改为该处第一工务所，并于有关县、市设工务段。1951年，沔阳专署撤销，洪湖、监利、石首并入荆州专署，同年9月，处以下又改设江陵、监利、洪湖、石首四个修防总段和沙市、松滋、公安3个修防段。1955年6月15日荆江分洪工程管理处与长江修防处合并，更名荆州区长江修防管理处。1956年3月，长江委将该处交湖北省水利厅管理，更名为湖北省水利厅荆州区长江修防处。1964年，又更名为荆州地区长江修防处。自此，修防处的人事、行政实行属地管理，工程计划、财务、工程建设和管理等业务仍由湖北省水利厅管理。1966年以前修防处处长之职，由荆州地区行署专员或副专员兼任。1968年成立"革命委员会"，由军代表主持工作。1974年8月郭贯三任革命委员会主任，自此，地方政府行政负责人不再兼任修防处处长之职。1978年8月，撤销革命委员会，恢复党委领导下的处长分工负责制。1994年10月，荆州地区长江修防处更名荆沙市[1]长江河道管理处。1996年12月又更名为荆州市长江河道管理处。1999年3月再更名为荆州市长江河道管理局，并明确为正县级公益性事业单位，行政关系（隶属荆州市委、市政府）不变，计划、财务、工程建设和管理及人员编制关系则分别隶属于湖北省水利厅、财政厅和机构编制委员会。2000年12月，湖北省机构编制委员会核定荆州市长江河道管理局全额拨款事业编制2438人。截至2010年，全局干部职工3185人。学历结构：研究生15人，大学本科176人，大专556人，中专1034人。专业技术职称（含离退休人员）：高级114人，中级709人，初级近100人，另有工勤职称人员959人。

荆州市长江河道管理局机构设置为市局机关和局直属单位。

市局机关，1960 年以前设工程、管养、财器、人秘四股；1960 年以后，改股为科；1985 年设办公室及工程技术、工程管理、支民堤管理、计财、通讯、行政、政工、老干部管理八科；1998 年 12 月设办公室、政工科、工程技术科、工程管理科、支民堤科、勘察设计院、财务器材科、审计科、计划科、行政科、水利经济管理办公室、老干部管理科、保卫科 13 个职能科室；纪委、工会、团委按有关规定和章程设置。2008 年，撤销计划科和保卫科，增设防洪科、宣传科、行政审批科（与工程管理科合署办公）。2009 年 3 月，增设会计核算中心。上述各科室均为正科级内设机构。

市局直属单位，1998 年以前，设测量队、物资站、船队、荆江山场、南闸管理所、北闸管理所、招待所及驻宜采石工作组。1998 年设荆江分洪工程南北闸管理处、湖北省荆江防汛机动抢险队、河道堤防水政监察支队、通信总站、长江船舶疏浚总队、驻宜昌办事处、驻石首办事处、测量队、物资供应站、培训中心、劳动服务中心、生活能源供应站。南北闸管理处、机动抢险队为副县级机构，其它均为正科级机构。1999 年 12 月，增设荆州市长江工程开发管理处，为正科级机构。2009 年 4 月，又增设荆州市荆江河道演变监测中心，为正科级机构。2009 年 8 月水政监察支队支队长高配为副县级。原江陵、沙市、监利、洪湖、石首、公安、松滋河道堤防管理部门，自建国以来至 1999 年 3 月，其行政关系均属当地党委、政府管理，其业务由荆州市长江河道管理局（荆州地区长江修防处）管理。沙市河道堤防管理部门，1981—1994 年，与沙市市水利局合署办公。1994 年荆州地区与沙市市合并后，原江陵县长江修防总段拆分为江陵区、荆州区长江修防总段，其后，各县（市、区）长江修防总段（段），更名为××县（市、区）长江河道管理总段（段）。1999 年 3 月，为理顺管理体制，将荆州市 8 个县（市、区）河道堤防管理部门的人、财、物，收归荆州市长江河道管理局统一管理，将各县、（市、区）长江河道管理总段更名为荆州市长江河道管理局××县（市、区）分局，分局均为正科级机构。分局下设管理段，各管理段均为正股级机构。各分局机关内设机构，1960 年前仿湖北省水利厅荆州区长江修防处设置。2009 年 8 月，沙市分局更名为荆州市长江河道管理局直属分局，恢复副县级级别。

为节约行政开支，精简机构，提高办事效率，按职能类别，自 2004 年后，分别将物资供应站、劳动服务公司和培训中心与长江工程开发管理处合署办公；将测量队、勘察设计院、荆江河道演变监测中心合署办公；将石首分局与驻石首办事处合署办公。此外，因水管体制改革、堤防大建设及堤防管理需要，同时为了解决人员经费不足问题，部分局属单位还成立各类公司，按企业章程进行管理。

表 6-2　　　　1950—2011 年荆州市长江河道管理局（荆州地区长江修防处）历任负责人表

姓　名	职　务	任期起讫时间	备　注
一、正职			
张海峰	处长	1950 年 11 月至 1951 年 6 月	荆州专员兼
阎均	处长	1951 年 6 月至 1953 年 1 月	荆州专员兼
胡义之	处长	1953 年 2 月至 1953 年 10 月	荆州专员兼
饶民太	处长	1953 年 11 月至 1955 年 6 月 1957 年 1 月至 1968 年 9 月	荆州副专员兼
李富五	处长	1955 年 6 月至 1956 年 12 月	荆州副专员兼
路金启	革委会主任	1968 年 9 月至 1970 年 1 月	军代表
郑兵	革委会主任	1970 年 7 月至 1973 年 12 月	军代表
郭贯三	革委会主任、处长	1974 年 8 月至 1984 年 4 月	兼党委书记
马香魁	处长	1984 年 4 月至 1990 年 5 月	1984 年 4 月至 1991 年 11 月兼党委书记
袁仲实	处长	1990 年 5 月至 1996 年 9 月	1982 年 2 月至 1990 年 5 月任副处长， 1991 年 5 月至 1996 年 9 月任副书记
张文教	处长、局长	1996 年 9 月至 2003 年 5 月	1995 年 8 月至 2002 年 10 月任党委书记

姓　名	职　务	任期起讫时间	备　注
秦明福	局长	2003 年 5 月至今	2002 年 10 月至 2011 年 9 月任党委书记
曹辉	党委书记、副局长	2011 年 9 月至今	
二、副职			
黄柏青	副处长	1950 年 11 月至 1951 年 9 月	
邓锐辅	副处长	1950 年 11 月至 1956 年 5 月	
刘大明	副处长	1951 年 6 月至 1953 年 3 月	
唐忠英	副处长	1953 年 12 月至 1978 年 1 月	
王前	副处长	1953 年 12 月至 1966 年 6 月	
李大汉	副处长	1954 年 9 月至 1955 年	
张家振	副处长	1955 年 6 月至 1976 年 10 月	
肖川如	副处长	1962 年 1 月至 1984 年 4 月	
催民	副处长	1964 年 7 月至 1979 年	
倪巨修	副处长	1964 年 7 月至 1973 年 3 月	
杨先德	副主任	1969 年 9 月至 1970 年 3 月	
耿美	副主任	1970 年 1 月至 1973 年 12 月	军代表
向从凯	副主任	1970 年 7 月至 1972 年 8 月	
刘其玉	副主任	1971 年 8 月至 1984 年 4 月	1984 年任顾问
李同仁	副主任	1972 年 3 月至 1984 年 4 月	1984 年至 1990 年 5 月任顾问
张宏林	副主任	1972 年 3 月至 1978 年 9 月	
陈为森	副主任	1973 年 4 月至 1984 年 4 月	
崔茂如	副处长	1978 年 1 月至 1984 年 4 月	
申庆忠	副处长	1978 年 8 月至 1991 年 11 月	1990 年 5 月至 1991 年 11 月兼纪委书记
袁玉波	副处长	1978 年 8 月至 1991 年 11 月	
尹同孝	副处长	1978 年 11 月至 1979 年 9 月	
邹月恒	副处长	1979 年 9 月至 1984 年 4 月	1984 年 4 月至 1990 年 4 月任纪委书记
戴明月	副处长	1979 年 9 月至 1984 年 4 月	1984 年 4 月至 1994 年 1 月任工会主席
李金玉	副处长	1980 年 12 月至 1984 年 4 月	
夏德光	副处长	1984 年 4 月至 1986 年 2 月	
夏雷	副处长	1986 年 2 月至 1990 年 4 月	
镇万善	副处长	1986 年 2 月至 1999 年 3 月	1996 年 9 月至 2000 年 5 月兼任党委副书记
	副局长	1999 年 3 月至 2000 年 5 月	
	总工程师	2000 年 5 月至 2001 年 12 月	
孟庆成	副处长	1986 年 12 月至 1987 年 10 月	
朱家文	副处长	1990 年 5 月至 1996 年 9 月	
陈扬志	副处长	1990 年 5 月至 1999 年 3 月	
	副局长	1999 年 3 月至 2000 年 7 月	
王俊成	副处长	1992 年 4 月至 1999 年 3 月	1994 年 6 月至 2000 年 5 月兼任纪委书记
	副局长	1999 年 3 月至 2004 年 11 月	
徐仲平	副处长	1996 年 6 月至 1999 年 3 月	
	副局长	1999 年 3 月至 2000 年 6 月	

续表

姓　名	职　务	任期起讫时间	备　注
张生鹏	副局长	1999 年 2 月至 2010 年 4 月	
王建成	党委副书记	2000 年 5 月至今	
李　一	副局长	2000 年 5 月至 2007 年 2 月	
杨明琛	纪委书记	2000 年 5 月至今	
张昌荣	副局长	2003 年 9 月至今	
陈东平	副局长	2004 年 12 月至今	
杨维明	总工程师	2004 年 12 月至今	
龚天兆	副局长	2000 年 5 月至 2003 年 3 月	
	副县级干部	2006 年 6 月至今	
	党委委员	2007 年 10 月至今	
罗运山	党委委员	2007 年 10 月至今	
	副局长	2011 年 7 月至今	
郑文洋	副局长	2011 年 7 月	
王梦力	副局长	2011 年 7 月	

作为荆州市长江河道堤防专门管理机构，汛期和工程建设期间，以荆州市长江河道管理局为基础组建荆州市长江防汛指挥部和工程建设指挥部，以强化领导和管理。

荆江南岸各县市支民堤管理机构设置情况：①松滋市。1949 年 11 月，设立松滋县人民政府水利局，1967 年 7 月，松滋县革命委员会成立，下设水电组，行使水利局职权，1970 年后，水利机构开始恢复正常工作。1982 年 4 月，为加强全县支民堤管理，设置松滋县支民堤管理段，1987 年，更名为松滋县堤防管理段。②石首市。1949 年，石首隶属沔阳专署，专署设湖北省水利局沔阳办事处，负责嘉、蒲、汉、沔、监、石等 7 县水利堤防工作，1951 年底，裁撤沔阳专署，石首县划入荆州专署，其支民堤由荆州水利分局和荆州区长江修防处（业务管理）管辖。1988 年，成立石首县堤防管理总段。③公安县。由县水利局统一管理，各区、人民公社设水利管理段。1981 年 5 月成立公安县支民堤管理总段，1992 年更名为公安县荆南河流堤防管理总段。北岸民垸堤防，均由地方自行管理，部分垸堤由当地水行政主管部门管理。

（二）县（市、区）分局

荆州河道管理分局　全民所有制纯公益性事业单位。1995 年，因荆沙市行政区划调整，对原江陵县长江修防总段进行分解，分别成立荆州长江河道管理总段、江陵长江河道管理总段。1995 年 3 月 28 日，成立荆州市荆州区长江河道管理总段，为正科级单位，受荆州市长江河道管理处、荆州区人民政府双重管理。1999 年荆州市长江河道管理体制变更，更名为荆州市长江河道管理局荆州分局；行政、业务关系隶属荆州市长江河道管理局，党组织关系归口荆州区委；2011 年 12 月党组织关系转入市局。现内设办公室、纪委监察室、工青妇办公室、工程技术科、工程管理科、财务科、多种经营科、水政大队、通讯室；下属单位：万城堤防管理段、李埠堤防管理段、御路口堤防管理段、弥市堤防管理段、荆江大堤灭蚁工程队、物资站、宏业公司一分公司。管辖境内荆江大堤 48.85 千米、荆南长江干堤 10.26 千米、沮里隔堤 14.523 千米和荆江大堤万城闸及沮里隔堤上的金桥闸、余家泓闸等 6 座涵闸。

沙市河道管理分局　全民所有制纯公益性事业单位。1951 年 1 月 16 日成立荆州区修防处沙市市管理段，管辖张家河（752＋930）至狗头湾（760＋756）长 7.826 千米堤段；1972 后行政上改属沙市市水利局，先后更名"湖北省沙市市修防段"、"沙市市长江修防管理段"；1981 年 1 月沙市复为省直管市，随之更名为"沙市市长江修防管理处"，为副县级单位；1994 年 10 月原荆州地区与沙市市合并，更名为荆沙市沙市区长江河道管理总段；1995 年前与沙市区水利局合署办公，1995 年后两家分设，改为正科级单位；1999 年荆州市长江河道管理体制变更，更名为荆州市长江河道管理局沙市分局，2009 年 8 月恢复为副县级级别，更名为荆州市长江河道管理局直属分局；2011 年 12 月党组织关系转入市长江河道管理局。现内设办公室、政工科、工程管理科、工程技术科、计财科、水利经济办公室；下属单位：辖城区管理段、柳林管理段、盐卡管理段、荆州市长河工程公司、荆州市荆堤广告公司。现管理荆江大堤 16.5 千米，代管柳林洲围堤 6.5 千米。

江陵河道管理分局　全民所有制纯公益性事业单位。1950 年 5 月，原湖北省水利局荆州专区水利分局江（陵）松（滋）公（安）办事处更名为长江水利委员会中游工程局荆州区修防处第一工务所，于江陵县设区工务段；1951 年 1 月成立荆州区长江修防处江陵县管理总段；1956 年 3 月更名为荆州区长江修防处江陵县修防总段；1980 年 4 月更名为江陵县长江修防总段；1995 年 4 月因荆沙区划调整，将原江陵总段所辖堤防一分为二，分别成立荆州区堤防管理总段、江陵区堤防管理总段；1999 年荆州市长江河道管理体制变更，更名为荆州市长江河道管理局江陵分局。现内设办公室、政工科、财务科、工程技术科、工程管理科、防洪科、通讯科、水利经济办公室、工会、纪委；下属单位：水政监察大队、观音寺堤防管理段、祁家渊堤防管理段、郝穴堤防管理段、柳口堤防管理段、麻布拐堤防管理段、长河装卸公司、永兴水利工程公司。管辖江陵县境内荆江大堤 69.50 千米和荆江大堤观音寺、颜家台两座灌溉涵闸。

监利河道管理分局　全民所有制纯公益性事业单位。1949 年底，属湖北省水利局沔阳水利分局管辖，跨县合设的沔阳分局监（利）石（首）办事处为建国初最早的长江堤防管理机构；1950 年 6 月监石办事处更名为沔阳区修防处第四工务所，同年 10 月正式成立沔阳区修防处监利县管理总段；1951 年 6 月更名为荆州区长江修防处监利县管理总段，由荆州区长江修防处管理；1956 年 9 月更名为荆州区长江修防处监利县修防总段；1995 年 6 月更名为监利县长江河道管理总段；1999 年荆州市长江河道管理体制变更，更名为荆州市长江河道管理局监利分局。2011 年 12 月其党组织关系转入市长江河道管理局。现内设办公室、政工科、工程技术科、工程管理科、计财科、多种经营企业科、纪委、工会、老干部管理科、防洪科、审计科、行政科、宣传科；下辖堤头段、八尺弓段、西门段、城南段、上车段、尺八段、柘木段、白螺段、水政监察大队、通信站、防汛服务中心、劳动服务公司、祥禹疏浚公司、祥禹养护公司、祥禹工程公司等 15 个直属单位。管辖县境长江堤防 143.95 千米（荆江大堤 47.5 千米、长江干堤 96.45 千米）及一弓堤、西门渊等 7 座灌溉涵闸。

洪湖河道管理分局　全民所有制纯公益性事业单位。建国前，洪湖（原沔阳）长江堤防由江汉工程局第六工务所管辖。1949 年底划归湖北省水利局沔阳分局。1950 年 6 月改由沔阳修防处第六工务所管辖。1951 年 6 月 4 日成立洪湖县长江管理段，第六工务所改编为荆州区长江修防处第三工程队。1953 年 6 月，第三工程队撤销，并入洪湖县长江管理段；段名改为长江水利委员会中游工程局荆州地区长江修防处洪湖县管理总段。1954 年 4 月改名为湖北省水利厅洪湖县管理总段。1956 年 9 月改为湖北省荆州地区长江修防处洪湖县管理总段。1987 年 7 月改名洪湖市长江修防总段。1995 年 6 月更名为洪湖市长江河道管理总段。1999 年荆州市长江河道管理体制变更，更名为荆州市长江河道管理局洪湖分局。内设机构：1966—1975 年设人秘股、工程股、财器股、电话股及临江山采石场、新滩分段、燕窝分段、龙口分段、郊区分段等二级单位；其后设办公室、纪检监察室、工会、工程技术科、政工科、财器科、审计科、多种经营科、防洪科、老干部管理科、通讯科；下辖水政监察大队、新滩管理段、燕窝管理段、龙口管理段、老湾管理段、乌林管理段、城区管理段、螺山管理段及湖北华禹工程有限公司、洪湖市长江河道管理服务中心等二级单位。管辖长江干堤长 133.55 千米。

松滋河道管理分局　全民所有制纯公益性事业单位。1949 年松滋县设干堤管理处，隶属县水利局；1951 年更名为荆江修防处松滋段管理处；1956 年以前人事、经费、业务由荆州区长江修防处管辖，其后人事由松滋县水利局代管；1971年11月更名为松滋县长江干堤修防管理段，1999年荆州市长江河道管理体制变更，更名为荆州市长江河道管理局松滋分局。现内设办公室、工程科、财器科、劳动人事科；下辖水政监察大队、涴市管理段、采穴管理段、荆州市宏业公司三公司。管理堤长29.48千米（松滋江堤24.5千米、荆南长江干堤2.24千米、涴里隔堤2.74千米）。

公安河道管理分局　全民所有制纯公益性事业单位。民国二十年冬成立公安县滨江干堤修防处；1949年7月改为滨江干堤办事处；1950年撤销滨江干堤办事处，成立公安县斗湖堤直属段，业务隶属荆州地区长江修防处领导；1953年1月，湖北省人民政府将江陵、石首部分辖区划归荆江县，成立荆江县修防管理总段；同年6月2日，撤销荆江县修防管理总段，成立长江水利委员会中游工程局荆江分洪工程管理处；1956年4月撤销荆江分洪工程管理处，成立荆江修防处公安县修防管理段，同年8月更名为荆州地区长江修防处公安县修防管理总段；1958年3月，公安县修防管理总段与县水利局合署办公；1963年9月，公安县修防管理总段与县水利局分开办公；1964年3月更名为荆州地区长江修防处公安县荆江分洪区围堤管理总段；1973年1月更名为荆州地区长江修防处公安县荆江分洪区管理总段；1996年2月更名为公安县长江河道管理总段；1999年荆州市长江河道管理体制变更，更名为荆州市长江河道管理局公安分局。现内设办公室、工程技术科、工程管理科、财器科、政工科、审计科、纪委、工会、老干部管理科、设计院；下辖斗市段、杨家厂段、麻豪口段、藕池段、黄山头段、小虎西段、闸口段、夹竹园段、埠河段、通信站、白蚁防治科学研究所、综合经营管理站、劳动服务公司、水政监察大队、荆堤公司等15个二级单位。管辖堤长346.682千米（南线大堤22千米、长江干堤95.8千米、虎东干堤90.88千米、虎西干堤37.98千米、安全区围堤52.992千米、北闸外围3.4千米、山岗围堤43.63千米）。

石首河道管理分局　全民所有制纯公益性事业单位。1949年建国后，石首隶属沔阳专署，专署设湖北省水利局沔阳办事处，石首县堤防水利工作由该办事处负责。1950年1月，省水利局成立黄冈、沔阳、荆州3个分局，下设监、石等10个办事处。1950年6月成立长江水利委员会中游工程局，沔阳专署设沔阳办事处，设第四工务所于监利，管理监利、石首长江干堤。1951年撤沔阳专署，石首划归荆州专署，石首长江干堤由荆州区长江修防处管辖；同年10月成立长江水利委员会中游工程局荆州区长江修防处石首县修防管理总段。1995年6月，更名为石首市长江河道管理总段；1999年荆州市长江河道管理体制变更，更名荆州市长江河道管理局石首分局。2011年12月党组织关系转入市长江河道管理局。2004年后与市局驻石首办事处合署办公。现内设办公室、政工科、财器科、工程技术科、工程管理科、通讯科、纪委、工会、堤防经济管理科、安全保卫科；下辖调关、东升、绣林3个管理段及河道堤防水政监察大队、荆江建设管理所、五马口采石山场、长江水利工程建设有限公司、石首市长江经济开发中心、河道滩岸管理所、江南宾馆等9个二级单位。管理境内90.3千米长江河道、95.4千米长江干堤。

（三）直属单位

湖北省荆江防汛机动抢险队　全民所有制纯公益性事业单位（副县级）。成立于1997年，专为荆江大堤防汛抢险而组建，是国家防总在湖北省组建的两个专业机械化抢险队之一。队址设于荆州市长江河道管理局长江船舶疏浚总队。全队编制45人，下设办公室、险情组、器材组（设备科）、保障组（车间）、防汛专用码头等组室。配备有"国汛5号"专业救生船（120马力）2艘、装载自卸车7台、推土机4台、挖掘机1台；储备有无纺布、编织袋等防汛抢险物资。汛期，根据市级以上防汛指挥部命令或调遣，承担急、难、险、重防汛任务；平时，则充分利用现有机械设备为水利堤防建设服务，积极创收，维持抢险队的正常运行。自建队以来，快速高效圆满完成了各项防汛抢险任务，同时实现了自我维持、自我完善、自我发展的目标。

荆江分洪工程南北闸管理处　全民所有制纯公益性事业单位（副县级）。成立于1998年12月。负责指导荆江分洪工程进洪闸（北闸）、节制闸（南闸）工程建设、工程管养工作；汛期，负责两闸的安全度汛工作，并执行督办上级的调度方案；抓好三产业工作。

北闸（荆江分洪工程进洪闸）管理所　全民所有制纯公益性事业单位。1952 年 6 月成立北闸管理处，由荆江分洪工程管理处领导。1953 年 2 月，北闸管理处与南闸管理所合并，直属长江水利委员会，同年 6 月改称北闸管理所，属长江中游工程局荆江分洪工程管理处领导。1955 年 4 月，中游工程局撤销荆江分洪工程管理处，另设公安总段，改由荆州地区修防管理处领导。1964 年后更名为荆州地区长江修防处北闸管理所。1995 年荆沙合并后更名为荆沙市长江河道管理处北闸管理所。1998 年更名为荆州市长江河道管理局北闸管理所。2000 年更名为荆州市荆江分洪工程北闸管理所沿用至今。内设办公室、财器科、工程管理科、水利经济办公室、水政监察大队等六个职能部门。负责进洪闸工程的建设和维护管理，执行分洪运用时确保工程的安全正常运行任务。

南闸（荆江分洪工程节制闸）管理所　全民所有制纯公益性事业单位。1952 年 6 月成立南闸管理处，由荆江分洪工程管理处领导；1953 年 2 月，南闸管理处与北闸管理处合并，直属长江委，同年 6 月改称南闸管理所，属长江水利委员会中游工程局荆江分洪工程管理处领导；1955 年 6 月，更名为荆州区长江修防处南闸管理所；1964—1998 年，因行政区划变更，名称屡易；1998 年 12 月成立荆州市荆江分洪工程南北闸管理处后，更名为荆州市荆江分洪工程南北闸管理处南闸管理所。内设办公室、工程管理科、综合经营管理科、财器科、水政监察大队（兼保卫科），负责节制闸的建设和日常维护管理，执行分洪运用时确保工程的安全正常运行任务。

荆州市长江船舶疏浚总队　全民所有制事业单位，1971 年 1 月为实施荆江大堤加固工程而组建。内设办公室、财务部、市场部；下辖二分队、三分队、四分队、五分队。2000 年 9 月注册荆州市长江水利水电工程公司，是集水利水电施工、水陆运输、疏浚吹填、船舶修造等于一体的综合企业，水利水电二级资质。承接过荆州市各类水利水电工程，先后在广东、江苏、湖南等地承接围海造地、水下疏浚、陆上吹填等工程项目；能承接各种机械加工及修造 500 吨以下船舶业务。1999 年获荆州市"重合同，守信誉"企业称号；2000 年、2001 年连续被评为湖北省综合实力百强企业及"AAA"资信企业；2000—2006 年获湖北省"重合同，守信誉"企业称号；2003 年建立 ISO 质量体系并通过认证；2007 年被湖北省统计局授予全省地市行业十强称号；2008 年被评为全国优秀企业；2009 年荣获中国水利工程优质（大禹）奖。

该单位注重科技开发创新，其科研成果《中型挖泥船增长排距技术》开创了我国中型挖泥船远距离输泥的先河，获湖北省科技进步二等奖；《200 立方米每小时绞吸式挖泥船改装配置》技术成果获原荆州地区首届科技进步一等奖；《200 立方米每小时电动绞吸式挖泥船电机容量匹配研究》技术成果获原荆州地区科技进步三等奖。

荆州市长江工程开发管理处　全民所有制事业单位，正科级，成立于 1999 年 12 月。2000 年 9 月注册荆州市长江宏业建设有限公司。经营资质等级：堤防工程专业承包二级、土石方工程专业承包二级。内设办公室、工程部、发展部、财务部、物资部。2003 年 9 月与局属物资供应站、生活能源中心合署办公，市局驻宜昌采石办事处也划归其管理。次年 8 月市局所属培训中心、劳动服务中心全部资产及人员划转该处。合并重组后，该处与宏业公司合署办公。

通信总站　全民所有制纯公益性事业单位。前身为荆州地区长江修防处电话队。1984 年成立通讯科；1998 年更名湖北省荆江微波通信总站，负责荆州河段水利防汛通信网络的规划、设计、建设和管理维护，并为长江河道局所属各单位通信工作提供技术支持。内设办公室、通信部、网络部、财务部；下辖长江信息技术有限公司。

测量队　全民所有制事业单位，始建于 1980 年。2003 年 5 月与局设计院合署办公。2006 年 11 月注册荆州市长江勘察设计院。工程测绘、水利工程设计乙级资质，水利工程施工监理丙级资质。主要从事工程勘察、设计、监理相关业务。内设办公室、生产经营办公室、设计室。建院以来，主要完成了荆江大堤、洪湖监利长江干堤、荆南长江干堤、荆南四河堤防、荆州市城市防洪、荆南四河水利血防和荆江河势演变监测及分析等 100 余项目的勘测与设计；完成了荆江大堤护岸整险、仙桃市水利血防工程、麻城市中小河流治理等多项工程的监理。科研成果《三峡工程蓄水后荆江河段近岸河床演变监测研究及应用》获湖北省重大科学技术成果奖、荆州市科技进步一等奖；《荆州河段河势演变监测及研究项目控制点布控实施工程》项目获湖北省测绘科技进步二等奖。荆州市人民政府授予该院"守合同重信用企业"；湖北省国土资源职业学校确定该院为就业实习基地。

（四）荆南支民堤管理单位

松滋市堤防管理总段　松滋市水利局二级单位（副科级事业单位），业务归口于荆州市长江河道管理局。内设办公室、政秘组、工程组、管养组、财器组、通讯组、多种经营组、锥探组。负责境内304.669千米支堤和民堤及63座涵闸的修、防、管工作。

公安县荆南河流堤防管理总段　行政隶属公安县，工程业务由荆州市长江河道管理局指导。1980年成立公安县虎西堤防管理总段，为副科级事业单位，内设办公室、工程股、管养股、财器股；1982年增设人事股、政法办公室；1991年增设通讯股、多种经营股，同年升格为正科级事业单位；1994年更名为现名；2000年成立水政监察中队，负责虎西区域水工程管理和案件查处；2003年增设锥探队。负责公安县支民堤452千米堤防和59座涵闸的修、防、管工作。

石首市堤防管理总段　行政隶属石首市，负责石首市支民堤381.8千米和沿江109座涵闸泵站的修、防、管工作；负责监督协调国家、省和荆州市安排石首市堤防河道建设项目的实施，主管市境内河道、堤防等水域及岸线；配合有关部门组织全市防汛工作和组织制订防洪调度方案；负责组织河道管理范围内兴建各类建设项目的防洪安全审查及监督实施。石首市堤防管理总段成立于1988年3月，为副科级公益性事业单位，行政隶属石首市，工程业务由荆州市长江河道管理局指导。现有干部职工33余人，其中高级工程师2人，工程师20人。内设办公室、工程技术科、堤防管理科、财务器材科。

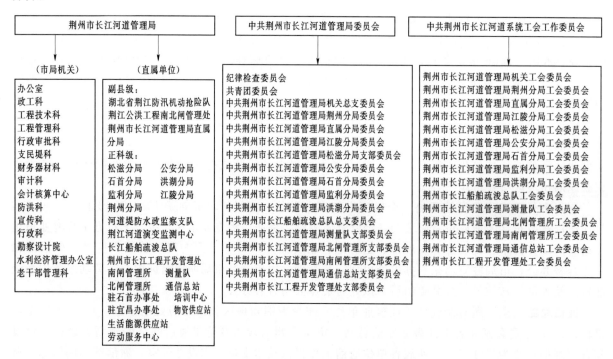

图 6-1　2012年荆州市长江河道管理局机构设置图

三、堤防军警

清乾隆五十三年（1788年）大水后，朝廷令驻扎江陵筲箕洼的荆州水师营，协理文职人员共同履行荆江大堤的防护职能。该营专管水操事务，并兼护送铜、铅等差。原设守备1员、千总1员、把总2员，外委、额外各1员，兵丁213名。自乾隆五十四年始，每年农历四月至八月由守备带领弁兵上堤驻守，自得胜台至魁星楼，每千米设兵卡1间，驻兵2名，与伏卡相间联防，共设兵卡26间；

另于杨林矶、黑窑厂、观音寺三处石矶各驻兵 1 名，共驻兵 50 名。规定全营兵丁轮流替换，以期营务、堤防两不误。同治十三年（1874 年）将荆州水师营守备 1 员裁去，改设千总、外委、额外各 1 名，统兵 92 名，专事堤工，隶属关系由宜昌镇标管辖改为荆宜施道管辖。光绪元年（1875 年）改水师营为堤防营，隶属荆州知府直接调遣。营兵于堤上分段设卡，常年驻防。守护范围，除原设得胜台至魁星阁 20 卡及杨林矶 3 个石矶外，又新设上下潭子湖、龙二洲和上下新开 5 卡，以外委 1 员为左哨哨官，带兵 4 名，驻李家铺，巡防堆金台至下独阳一段，计兵卡 16 间，兵丁 36 名；以额外 1 员为右哨哨官，带兵 4 名，驻横堤巡防东岳庙至横堤一段，石矶 3 处及新设上下潭子湖等 5 卡，设兵卡 15 间，兵丁 37 名；千总 1 员则驻扎于最紧要的中斗篷，带亲兵 7 名，并配船 4 艘，每艘配兵 3 名，在左右两哨间梭巡。兵丁原只习武事，不谙堤工，改为堤防营后即全行遣散，另募本地精壮，挑选成伍，夏秋二汛协力防护，春冬二季，挑土种芦。规定每名兵丁每年务于经营段内挑筑“土牛”（用于防汛抢险的预备土）十座，每座估土五方，并于堤外十丈栽种杨桐柳荻，定限次年二月内一律完竣。

民国初期，经江陵县议会提议并呈请内务司批准，出示裁免堤长、圩甲，堤防营亦随之裁撤，每工仅设防险居民 1 人。因管理人员少，又无行政权力，堤防管理部门呼应不灵，曾呈请“借助警威”，由湖北省巡按使批准，责成湖北水警总厅及其所属各署水警，协助堤防管理部门就近参与防汛抢险和禁止挽筑私垸，对违禁者给予武力弹压。民国三年（1914 年）于堤工总局内略增人员，改设名目，正式成立专门的堤工警察署。署长由总局稽查兼任，驻各分局警官亦由各分局经理兼任，另外每个分局配设堤警 2 名。凡堤上人员有违禁舞弊滋生事端者，堤警有直接拘留惩罚之权。

建国后，军警与堤防建设和管理的关系更为密切。1949 年 7 月解放沙市时，正值洪汛，人民解放军一边作战一边抢修堤防工程。1952 年，10 万解放军指战员参与荆江分洪工程建设。荆州军分区首长及各市县人武部领导于每年汛期参加地、县两级防汛指挥部，领导防汛工作。根据汛情，中央军委还从武汉军区抽调一定数量野战部队参与荆江防汛。“文化大革命”期间，堤防实行军管，地区长江修防处和部分县修防总段，由军代表担任“革命委员会”主任，主持堤防日常工作。

荆州市长江河道管理局所属荆江分洪工程进洪闸（北闸）和荆江分洪工程节制闸（南闸），1955 年以前由部队一个警卫连常年驻守，其中北闸两个排 73 人，南闸一个排 38 人。1955 年以后，二闸联合成立民警队（经济警察），设专职队长和指导员各 1 名、民警 60 人，分驻二闸（北闸 35 人、南闸 25 人），配备枪支弹药，以武装保卫大闸为主，并参与其它闸务管理。1966 年民警队撤销。

1981 年，经荆州地区行署批准，各级堤防管理机构成立堤防治安保卫组织。由地区公安处抽调一名干部任荆州地区长江修防处公安特派员；行政和业务分别隶属地区公安处和地区修防处领导。江陵、监利两县修防总段也配设专职公安特派员和公安干事 2～3 人组成治保办公室。1985 年，各县修防总段和南、北闸管理所，先后成立公安派出所。每所设所长、指导员各 1 人，民警 3～7 人。其行政和业务关系，分别隶属所在县公安、长江修防管理部门，经费开支由长江修防管理部门负责。还成立群众性的治安保卫委员会和治安保卫小组。这些警力的配备，主要为了加强堤防、涵闸等水利工程和防护林的保卫工作，确保工程的完整和安全运用，并负责对近堤居民和上堤参加防汛的人员进行政策法规宣传。对违反管理法规的，有权劝说、制止；对有破坏行为或其它违法犯罪行为的，有权进行侦破、拘留和审讯。1999 年，上述公安保卫机构撤销，其部分职能由 1998 年 12 月设置的荆州市河道堤防水政监察支队行使。

附：

蒋太守谕堤兵示（清光绪年间）

照得堤营改设，原为专事堤防。左右两哨选兵，总宜精壮安详。

挑土巡签防护，兵丁责任应当。近闻无知堤兵，行为甚属荒唐。

既不恪守营制，堤务毫无所长。合行出示晓谕，以后切记莫忘。

一经委哨调遣，趋赴勿稍彷徨。无事驻扎工次，有事协力保障。

随带防护器具，上堤不许慌张。防水同于防敌，营规军法昭彰。

平时操演听令，须求技艺精良。不准藉端生事，不准欺弱逞强。

如有兵不足额，哨官主挂弹章。本官言出法随，幸勿以身相尝。

愿尔官兵勤慎，毋负谆谆厚望。

注：

    [1] 1994 年 10 月 22 日，撤销荆州地区、沙市市和江陵县，设立荆沙市。1996 年 12 月，荆沙市更名为荆州市。

第二节 管 理 法 规

    堤政管理是河道堤防防洪管理的重要组成部分，是防洪非工程措施的一项重要内容。各级河道堤防管理机构除按行政组织领导程序履行管理职能外，还必须采取必要的法制手段，以维护工程完整，延长工程寿命，保证工程安全，发挥工程效益。

一、明清时期法规

    荆江地区筑堤御洪历史悠久，但很长历史时期里未设置专门的河道堤防管理机构，堤防多于"农隙修补"，管理混乱，私挽洲滩，堤上建房、设榨、埋坟、耕种等势难遏止。实行堤防专人管理，明定堤防管理法规，始于明嘉靖年间，时荆州知府赵贤主持大修南北两岸江堤，三载完竣，于是首创荆江堤防专人管理制度——《堤甲法》。规定：每千丈设"堤老"一人，五百丈设"堤长"一人，百丈设"堤甲"一人和"圩夫"十人，分段守护，"夏秋守御，冬春修补，岁以常备"。崇祯十四年（1641年），沔阳知州章旷"议分江堤岁修之制"，规定"就近田亩顶修"，"照田起伏"，修筑江堤。此制度，"历经百余年，悉绍其旧"（清光绪《沔阳州志·堤防》）。清乾隆元年（1736年），沔阳知州禹殿鳌将州同移驻今洪湖市城关新堤镇，管理沿江地防。修堤规章，基本沿袭"就近田亩顶修"和"照田起伏"的明制。如遇大洪灾，逐级上奏朝廷，动用帑银，以工代赈，修复堤防。

    清乾隆五十三年（1788年）大水后，朝廷以大堤"向属民修，地方官不能妥为办理"，决定由荆州水利同知专管堤工，将大堤按每五百丈为一工，共编分六十七工，每工设堤长一人、堤甲五人、夫二十五人，由近堤居民按年轮替。上堤人员免除一切杂役，并划有"圩甲田"以供改善生活。防汛以外，则督令烟夫（即当时劳力）栽芦种柳，堆积"土牛"（用于堤防抢险和维护的预备土），遇有獾洞、蚁穴及水沟、狼窝，随时加以修补。此时期，朝廷开始逐步颁布堤防管理方面的晓谕、禁令，如湖北布政史林则徐颁布的《修筑堤工章程》，湖广总督卢坤制定的《湖北堤工章程》等，其内容包括严禁在堤上建房、设榨、葬坟、耕种和植树等，更严禁挽筑私垸，立法极严，对当时"改除堤政积弊"发挥了很大作用。《荆州万城堤志》载："乾隆五十三年谕旨，万城堤上居民虽属相沿已久，但堤工之上盖有庐舍，且约有万余家之多，于加高培厚究多妨碍，自应谕令迁移居住，况官为给予屋价，亦可无虑失所，现已拆卸让出，将来务宜严饬地方官随时查察，勿任再有私占居住之弊。"《荆江堤志》载：嘉庆十七年（1812年）福观察饬刨窖金洲芦苇札："奉谕旨将所产芦苇概行刘伐刨挖净尽，永远不许栽种，并不许一人居住洲上，每年春间将洲面翻犁一次，以待汕刷。"道光十二年（1832年），荆州宋知府禁堤上房屋示："爱护堤防，俾资永保田庐，不许堤面造盖房屋，倘敢故违，定即严拿，从重究办。"清代，江汉堤防大修，堤工耗资浩大，舞弊现象时有发生。雍正九年（1731年），朝廷准奏，立堤防修筑各项开支价格标准，以绝舞弊之风，并规定所节余的堤工费用以放贷收息养堤。此规定施行甚久。

二、民国时期法规

民国时期，堤防管理法规制度比较明确具体，对堤防保护、洲滩围垸、堤防造林、农田水利、灌溉工程等，均制定了相应的法令规章。

民国元年（1912年），荆江堤工总局以"荆江南北两岸私筑垸堤阻塞江流"，呈请内务司派员勘测，立案杜患。内务司拟订《取缔私垸办法》。民国初期，地方民垸、塘、堰等水利设施修防，规定按田亩摊费派工；江汉干堤修筑，准以田赋附加堤工捐筹费。民国七年（1918年），省府鉴于堤工官员贪污私肥严重，特颁《湖北省堤工奖惩暂行条例》。十五年，允准湖北"特税"和海关进出口税附加堤工捐筹资募工修堤。十九年，行政院颁布《堤防造林及限制倾斜地垦殖办法》。二十年五月，省政府颁布《水利局组织规程》。同年，省水利局颁布《湖北省堤工奖惩暂行章程》。二十一年，省水利局制定《湖北省境内江汉干堤行驶汽车取缔章程》，对汽车通行土堤作了一定限制规定。二十二年，豫、鄂、皖3省总部为清理前湖北水利堤工事务，厘订《湖北水利堤工事务清理委员会验收堤工规则》，对湖北江汉干堤验收制度作了具体要求和规定。同年六月，省府颁布《组织修督办法令》；省堤工事务清理委员会、全国经济委员会江汉工程局分别颁布《验收堤工规则》和《湖北省江汉干堤岁修防护章程》。后者共六章二十四条。其中第四章主要规定有"七不得"：不得耕削堤面或铲除堤身草皮；不得刨毁堤身；不得在堤上栽种树木植物；不得在堤上建筑房屋或安设厕屋粪窖砖窑等事；不得挖毁新旧矶坦；不得在禁脚内取土；不得有其它损害堤身、堤脚或矶、闸、坦坡之行为。民国二十三年（1934年），省府通过《湖北省整理各县民堤办法》、《湖北省各县民垸修防处组织通则》、《湖北省各县区水利委员会组织通则》和《湖北省各县县水利委员会通则》，规定：除沿江沿汉干堤，另设修防处办理干堤修防外，所有各县民堤现有堤工机关，一律撤销，在有水利各区组设水利委员会，由区长兼委员长，督理各区民堤及农田水利。由各区水利委员会组成县水利委员会，由县长兼委员长，办理全县民堤及一切水利业务。同年，江汉工程局制定《湖北江汉干堤岁修防护章程》，为江汉干堤较为全面的一部管理规范。二十四年，省府颁布《江汉干堤堤身禁止耕种营坟及取缔建造房屋办法》。二十五年，省府令颁《防止堤工弊端办法》。规定：凡修干堤民堤或兼办堤工机关员役人等，不得为包工或承揽人。堤工完竣后，工程负责人应出具3年保固期切结，如有溃决事情，除完全赔偿外，并予以刑事处分。二十六年，《江汉干堤检查獾穴及捕獾给奖办法》颁布施行。三十二年，行政院颁布实施《水利法》，共九章七十一条。主要内容包括：水利机关、水权、水利事业、水之蓄泄、水道防护等。三十四年，抗战胜利后，为修复战伤和水毁工程，江汉工程局拟定《江汉干堤堵口工赈办法》十四条。此办法在施工组合上改以团为单位，按田收方，照方给价。改变了过去"点工发资，以少报多"的弊端。三十六年二月，江汉工程局成立堤防造林管制委员会，并拟定《堤防造林及限制倾斜地垦殖办法》。规定：河流两岸应行造林之区域由各该水利主管机关办理。为防止土沙冲刷其倾斜在20度以上者经森林及水利主管机关之会勘认为确有建造保安林之必要时，由林业主管机关依法征收经营。凡倾斜在20度以下地亩水利主管机关认为有筑梯田或其它相当工程物之必要时，得勒令垦殖者遵照办理。河川中新涨沙洲及因堤岸崩坏形成之沙滩非经水利主管机关之核准，不得造林。其已经造林而认为有碍水道时得强制砍伐之。同年四月，省府颁布实施《湖北省管理各县民堤办法》及《湖北省各县民堤修防处组织规程》各十二条。前者规定：民堤管理以江汉工程局为主管机关，不得增挽民垸；后者规定：民堤修防处设主任1人，堤董、堤保若干人，修防期间分段负督工防护之责。

民国时期间虽然颁布了上述一些办法、章程和条例，一定程度上对堤工管理起了一些作用，但终究未能改变灾祲相寻、靡有宁岁的状况。

三、建国后法规

1949年建国后，党和人民政府十分重视水利建设，为了保障防洪工程安全，充分发挥工程效益，在总结前人经验教训的基础上，逐步制定和完善了防洪工程管理法规。其主要内容涵盖了河道堤防管理的方方面面。1980年，长江流域各省、市于长江中下游防洪座谈会后，相继制定了有关水利工程（主要是堤防）管理条例和管理规程，为堤防管理单位提供了依据，并取得一定成效。

20世纪80年代以来，国家颁布的水利法律法规主要有：

《中华人民共和国河道管理条例》，共七章五十一条。1988年6月3日国务院第七次常务会议通过并颁布实施。主要内容包括：河道整治与建设、河道保护、河道清障、经费与罚则等。

《中华人民共和国防汛条例》，共八章四十八条。1991年6月28日国务院第八十七次常务会议通过，以国务院令第86号发布。主要内容包括：防汛组织、防汛准备、防汛与抢险、善后工作、防汛经费、奖励与处罚等。

《中华人民共和国防洪法》，共八章六十六条。1997年8月29日第八届全国人大常委会第二十七次会议通过，自1998年1月1日起施行。主要内容包括：防洪规划、治理与防护、防洪区和防洪工程设施的管理、防汛抗洪、保障措施、法律责任等。

《中华人民共和国水法》，共八章八十二条。由第九届全国人大常委会第二十九次会议于2002年8月29日在原《水法》的基础上修订通过。同年10月1日颁布实施。主要内容包括：水资源规划、开发利用、水资源、水域和水工程保护、水资源配置和节约使用、法律责任等。

此外，水利部还先后颁布了《水利工程质量管理规定》、《长江河道采砂管理条例实施办法》等规章。

湖北省、荆州地区（市）及所属县（市、区）人民政府以国家有关法律法规为指导，先后颁布许多地方性法规。其主要内容包括：工程用地管理、堤坝禁脚规定、爆破钻探打井规定、建设审批制度、设施器材管理等，使荆州长江河道堤防管理步入法制化、规范化轨道。

1950年5月，中南军政委员会和中南军区联合发布命令，指出筑堤修坝是为防止水患，保护人民生命财产安全，是和平建设重大任务之一，特令严禁挖掘堤坡开荒生产，已挖毁者，应迅速责成填补，今后挖毁堤坝者，送交当地政府或有关机关惩处。同年7月，中南军政委员会颁布《长江沿岸护堤公约》。同年10月，中南军政委员会颁布《中南区江、河、湖泊沿岸护堤规约》。

此后，各级人民政府和主管部门在总结前人管理经验和教训的基础上，根据本地实际对工程用地范围、河道（包括水域、洲滩）保护、堤防禁脚管理、沿堤钻探爆破及开挖、沿江修建建筑物、林木保护、涵闸维护及附属设施管理维护等先后制定实施了一系列行之有效的管理条例、通则、办法及规定。

（一）河道管理规定

河道管理范围，大致包括洲滩围垸之挽筑，河道内开采砂、石土料，兴建港口、码头等各类建筑物等，以利河道安全行洪，确保堤防安全。建国后，各级人民政府在不同时期，作了具体规定。

1950年颁布的《中南区土地改革中水利工程留用土地办法》中规定："洲滩垸堤或圩堤堤顶高程应比当地干堤堤顶高程低一米。"1951年，中南军政委员会〔51〕会水字010190号命令规定："干支河流两岸隙地，凡未经水利机关核准，一律禁止擅自修堤挽垸，免增治水困难。"同期，《中南第一届水利会议决定》规定："各地不得与水争田，不得围垦，沿江的湖泊水系，不论大小，均不得改变与侵犯或缩小。如有任何改变，必经批准。长江以内新淤泥洲，坚决禁止围垦。旧有洲地，亦不得围垦，洲内已溃堤垸的修复，更应报告批准。"

1973年，湖北省革命委员会重申"不准在江河滩地，擅自围垸、拦河筑坝以及修建其它有碍行洪建筑物"的规定（鄂革〔1973〕80号文件）。1975年6月，省革命委员会印发《关于严禁在危及防洪安全的河道内设置阻水物通知》，规定："对江河洲滩，应本着垦而不围的原则，予以利用。严禁盲目围垦，以利河道通畅。今后，在江河湖滩进行围垦，需经省防汛指挥部审批。凡因擅自围垦河道，设置阻水物，而造成决堤或死人事故的，要认真追究责任，严肃处理。……江河洲滩围垦、修台渠、筑坝、建房等阻水物,凡影响防洪安全的要坚决彻底刨毁和拆除。对洪水期需要扒口行洪的围垸,要确定扒口行洪水位,随时做好准备,严格执行命令;暂时保留的,一律不准加高培厚。"1979年,省革命委员会《关于保护水利工程保障防洪安全的布告》中规定:"在河道内挖沙取土,必须在水利部门的统一规划下进行,不准乱挖乱取。"

1987年,国务院《关于清除行洪障碍保障防洪安全的紧急通知》指出:"一些地区和部门不顾三令五申,任意在江河、湖泊围垦,筑围养鱼或占滩建房……致使河道行洪能力大大减弱,湖泊蓄水容积明显下降。因此,河湖行洪蓄洪障碍,已成为防洪的重大威胁……要求各地人民政府主要领导人,教育群众,树立全局观念,坚决清障;建立健全责任制,限期完成任务;加强河、湖管理,巩固清障成果,并重申所有行洪河道、行洪滩地和蓄洪湖泊,不准围垦或再设置新的行洪蓄洪障碍物。"

1991年2月27日,省水利厅、财政厅、物价局联合颁发的《湖北省河道采砂受费管理实施细则》规定:"河道采砂必须服从河道整治规划,采砂实行许可证制度,河道采砂必须交纳河道采砂管理费。"1992年8月12日发布施行的《湖北省河道管理实施办法》第二章(水域、洲滩保护)明确规定:"在两岸堤防之间的水域、沙洲、滩地范围内采砂(包括砂、石、土,下同),必须经有关水行政主管部门或河道专门管理机关核准……,并按河道管理权限,向有关水行政主管部门或河道专门管理机关交纳采砂管理费。"(湖北省人民政府令第33号)

2001年1月12日省政府发布《关于在长江河道湖北段禁止采砂的通告》[鄂政发〔2001〕3号]。同年1月20日市政府印发《关于在长江河道荆州段禁止采砂的紧急通知》(荆政电〔2001〕1号)。同年10月25日颁布中华人民共和国国务院第320号令:《长江河道采砂管理条例》已经2001年10月10日国务院第45次常务会议通过,自2002年1月1日起施行。2003年9月19日省政府第256号令公布:2003年9月15日湖北省人民政府常务会议通过《湖北省长江河道采砂管理办法》,自公布之日起施行。

(二)工程用地规定

1950年,中南军政委员会颁布的《中南区土地改革中水利工程留用土地办法》规定:"堤外(临水面)距堤脚一百米及堤内(背水面)距堤脚五十米以内之土地,一律收归国有,作为护堤和工程用地。如堤外无地,则根据需要将堤内留用土地展至一百至一百五十米。""堤垸溃决多年,已恢复湖泊状态者,一律收归国有。"1951年中南军政委员会颁布的《关于江汉干堤留用土地办法补充规定》:"干堤内有塘堰房屋者,应除去后再按规定留地,特殊地方可超出150米。"

1982年《湖北省河道堤防管理暂行条例》规定:"工程留用地距禁脚地的范围,分别为确保堤、干堤及重要支堤200米左右,支堤100米左右,工程留用地,平时可由当地生产队耕种,工程需要时,无代价取土,任何人不得阻拦。"

《湖北省河道管理实施办法》第三章第十八条明确规定:"工程留用地:确保堤、干堤及重要支堤迎水面和背水面均为200米(从禁脚地外沿算起)。"

(三)堤防禁脚管理规定

1950年规定堤防禁脚宽度,内外各为30米。20世纪70年代后,荆州地区堤防内外禁脚分别为30米和50米。1982年《湖北省河道堤防管理暂行条例》规定:"确保堤迎水面50~100米,背水面30~50米;干堤及重要支堤迎水面30~50米,背水面5~10米。"

1968年6月14日湖北省革命委员会《关于加强堤防管理保证堤防安全的通知》规定:严禁在堤上和堤内外规定的范围内开挖明口,开挖沟渠,开垦种植、建房、建窑、埋坟、打井等及其它损伤堤身或堤基的行为。

1973年,湖北省革命委员会重申:"不准在堤防内外禁脚(30~50米)范围内耕种;不准在水库、闸站、堤防的200米范围内开沟、挖挡、取土、做坟、盖房、建窑和修建破坏地表土层的建筑物;500米范围以内,不准爆破、打井、钻探和修建地下工程。"(鄂革〔1973〕80号文件)

1980年，省防汛抗旱指挥部鄂汛字〔1980〕19号文件要求："所有堆在堤身、内外平台、禁脚上的物资，限期全部运走，谁堆谁运，超过期限的，由有关防汛部门予以没收处理。今后堤防范围内不得任意再行堆放。防汛部门要与交通、码头、物资等部门协商，采取其它措施解决堆放问题，确属短时间临时少量物资的较远堆放，除汛期以外，在堆放上要服从防汛部门的管理与指挥，未听从者，按违章处理，造成事故的，要追究责任。"

1992年颁布的《湖北省河道管理实施办法》第三章第十八条规定："禁脚地：确保堤迎水面五十至一百米，背水面三十至五十米；干堤及重要支堤迎水面三十至五十米，背水面二十至三十米（从堤防两侧斜面与平地的交叉点算起）。"第二十条规定："禁止任何单位和个人在堤身和禁脚地范围内建房、爆破、采砂、打井、挖洞、开挖、埋坟、铲草皮、打粮晒场、搭棚、设摊、堆放物料、钻探与开采地下资源、进行考古发掘以及从事其它危害堤身和禁脚的行为"和"非经省人民政府批准，任何单位和个人不准将堤身和禁脚范围内的土地批给其它单位和个人使用"，以及"河道专门管理机关除修建哨屋、临时工棚、通讯照明设施、堆放防汛抢险物料外，不准修建其它任何建（构）筑物"。

（四）沿堤钻探爆破及挖防空洞规定

针对沿堤石油勘探和挖建防空洞与江堤安全产生矛盾，省及荆州地区革命委员会先后作出如下规定：

1969年，荆州地区革命委员会生产组〔69〕042号文件规定："荆江大堤100米以内，不准爆破，堤内100～120米，须报经上级批准。荆江分洪区及长江干堤外70米以内，不准爆破，堤内70～120米，须报上级批准。险工险段的堤防外滩，一律不准钻孔爆破。"

1970年，湖北省革命委员会鄂革〔1970〕65号文件规定："任何单位、任何个人，都不准在堤防维护范围内修建防空洞。"同年，荆州地区革命委员会《关于处理江堤沿线防空洞和爆破孔的紧急通知》规定："荆江大堤1000米以内（沙市市区一律不准挖），长江、汉江和东荆河500米以内，不准挖地下防空洞（壕），其防空措施，可采用地面上堆土筑掩体的办法。今后任何单位不准在堤防范围内挖防空洞，炸爆破孔，不准在堤防上种农作物，砍伐防浪林，盖厕所和搭猪圈。如有破坏堤防现象，一定要严加追究。"同年，有关会议纪要规定："荆江大堤背水面1000米，长江干堤背水面500米，主要支民堤背水面300米以内（险工险段还要放宽）一律不准钻孔爆破。"1971年，荆州地区革命委员会水电科《关于长江水下石油勘探爆破报告的批复》规定："水下石油钻探：沙市以下，江中爆破必须离岸边400米以外，严格控制爆破期间水位（沙市水位35～40米之间），药量20公斤以内，药包沉入水深1.5米以内。凡属江中爆破，应由石油勘探单位提出爆破方案，上报审查批准后进行，并报地区备案。"

（五）堤顶防汛专用通道车辆限行规定

1964年，水电部《堤防工程管理通则》规定："禁止铁轮、木轮和履带的车辆在堤上行驶（有路面的除外）。堤顶泥泞期间，除为防汛抢险专用车外，禁止各种车辆通行。凡利用堤顶作为公路时，交通部门应定期向水利部门缴纳养护费。"

1971年，湖北省革命委员会《关于加强堤防水库工程管理的规定》："无路面堤段，在下雨和雨后未干时，严禁行驶车辆或拖拉机。"

《湖北省河道管理实施办法》第二十二条规定："利用堤顶、禁脚地新建公路，须事先经县以上水行政主管部门或河道专门管理机关批准。已在堤顶和禁脚地修建的公路，由投资修建单位实施管理和养护；未修建公路但机动车辆流量较大的堤顶和禁脚地地段，由省水行政主管部门和省交通主管部门协商确定后，纳入公路建设计划，按公路建设管理体制，分级安排建设和养护；在其它可通车堤顶和禁脚地地段，按照'晴通雨阻'的原则处理机动车辆通行事宜，但防汛抢险车辆不受此限。"

（六）沿江修建建筑物规定

1964年，水电部《堤防工程管理通则》规定："严禁在河道内任意筑坝、挑水堤等工程和倾倒灰渣、矿渣等杂物，以免阻塞水流，改变流向，影响河道行洪和堤防安全。如因工程和交通运输以及其它生产需要，必须经过管理机关同意，并报上级主管部门批准后，方可进行。在河道上修筑桥梁时，桥孔断面必须满足泻洪需要，并报上级主管部门同意，方可兴建。"

《湖北省河道管理实施办法》规定："修建取、排水口及临时性设施必须经有关水行政主管部门或河道专门管理机关批准。""埋设缆线、管道，修建桥梁、码头、渡口、道路以及通航设施等，建设单位必须将工程建设方案，报送有关水行政主管机关或河道专门管理机关"，并且"修建港口、码头或进行其它活动，不得随意扩占岸线"。

（七）防浪护堤林规定

1981年，省人民政府鄂政发〔1981〕142号文件规定："江汉干堤国家规定的禁脚和防浪林地，属全民所有，种植树木，国造国有，与社队合造的，比例分成，山林权所有证发给当地主管单位。"1982年，省水利局《关于堤防造林绿化管理的通知》规定："任何单位和个人，不准乱砍滥伐护堤林，违者损一根栽三棵，罚五元，并追回原物，严重者依法处理。"

1992年颁布施行的《湖北省河道管理实施办法》规定："江汉干堤及其重要支堤防浪护堤林经营收入，县市河道专门管理机关按规定提取育林基金和更新改造资金，以用于防浪护堤林的营造和管理。"同时还规定："防浪护堤林的更新采伐许可证，由省林业主管部门按省人民政府下达给水行政主管部门的限额，一次发给省水行政主管部门。由省水行政主管部门组织核发。"

（八）涵闸管理规定

1968年6月14日湖北省革命委员会印发《关于加强堤防管理保证堤防安全的通知》，规定："维护好沿堤排灌涵闸及其附属设施，确保结构完整和使用安全，禁止超载汽车在闸上行驶。涵闸的启闭运用，应暂按原分级管理的权限，履行批准手续，不得擅自启闭。如抗旱挖堤引水，必须经地区革委会报省批准。"

1971年，湖北省革命委员会《关于加强堤防水库工程管理的规定》中规定："汛期，堤防、水库上的涵闸闸门的启闭，要按照统一领导、分级管理原则，严格履行批准手续。未经批准，任何单位和个人，不准随意启闭。"

1989年9月23日，湖北省水利厅颁发《湖北省江汉堤防涵闸管理暂行规定》（鄂水堤〔89〕364号），对省内长江、汉江、东荆河等河流及县以上管理的其它河道堤防的涵闸管理作了全面规定，其内容主要包括涵闸安全保护范围、管理单位职责与任务、管理机构及管理人员配备、工程管理、调度运用、检查观测、养护修理、经营管理以及奖励与惩罚。

1995年3月28日，省防汛抗旱指挥部又制定《关于汛期江河堤防上涵闸运用批准权限的规定》（鄂汛字〔1995〕3号文）：长江、汉江、东荆河等河堤涵闸的正常运用，其批准权限在各地市防汛抗旱指挥部或省汉江河道管理局；涉及到两个以上地市行政区划受益的需超设计标准运用或警戒水位以上使用的，需报经省批准。

（九）附属设施管理规定

1968年6月，湖北省革命委员会印发《关于加强堤防管理确保安全的通知》（鄂革〔1968〕87号），规定："严禁偷盗、破坏堤防附属设施，如防汛电话线路、测量标记、护坡块石、防汛器材、仓库、哨棚等。"1969年6月11日，湖北省革命委员会发布布告，规定："各地的水文设施、测量标记、堤坝护坡、防汛通讯设备及其仓库、器材、哨棚等，都要严加管理，认真保护，不得移动、挪用或毁坏，违者依法处理。"

《湖北省河道管理实施办法》第二十六条规定："堤身和禁脚地上的里程碑、水尺、哨屋、仓库及备用砂石料等设施和防汛物料，由河道专门机关管理，任何单位和个人不得侵占、移动和毁坏。"

建国以来，为了使河道堤防管理工作有章可循，荆州地区（市）及所属县市人民政府和防汛指挥机构在上级人民政府和主管部门颁布的有关法规的指导下，结合本地实际，相应制定了一系列有关河道堤防管理的条例、制度和规定。

1956 年，荆州专区防汛指挥部制定《关于处理干堤内钻孔（井）工作的规定》。1958 年，荆州专署制定《水利工程管养暂行办法》，在全区实施。

1960 年 3 月 29 日，荆州专署发出《关于加强堤防、涵闸、水库管理养护工作的指示》。同年 12 月 21 日，中共荆州地委批转《湖北省荆州专区水利工程管理养护暂行规定（草案）》。1962 年 7 月 22 日，荆州专区"四防"总指挥部发布《关于管好用好水利工程的几项规定》。同年 11 月，荆州专署印发《荆州专区水利工程管理办法（草案）》。1963 年 8 月，荆州专署制定《荆州专区征收水费暂行办法》，在全区实施。

1970 年，荆州地区革命委员会对江堤沿线挖防空洞、勘探爆破作了明文规定。1975 年 6 月，荆州地区革命委员会以荆革防字〔75〕第 08 号文发出《关于汛期涵闸、水库、泵站启闭运用批准权限的通知》。

1982 年、1983 年，荆州地委先后发出《有关清除江河行洪障碍问题的通知》。1984 年 7 月，荆州行署批转地区水利局《荆州地区水利工程收费管理补充办法》。1985 年 6 月，荆州地区防汛指挥部发出《关于汛期水利工程调度和控制运用的命令》。

1991 年 2 月，荆州行署印发《荆州地区水利工程水费核订、计收和管理规定》。

洪湖市先后颁发了《洪湖县水利工程管养方案》、《洪湖县涵闸管养规定》、《洪湖县水利工程管理养护暂行条例》、《关于水利电力工程管理养护暂行规定》和《洪湖县水利设施管理养护暂行规定》等。

松滋市先后颁发了《支民堤内外土地问题与堤上房屋处理意见》、《关于沿江洲滩围垦立即刨毁的通知》、《松滋县水利工程管理暂行办法（草案）》、《关于加强水利设施管理的布告》、《松滋市水利工程管理办法》等。

石首市先后颁发了《长江沿岸护堤规约》、《关于加强水利工程管理的布告》等。

监利县先后颁发了《关于加强堤防管理工作的布告》、《关于加强水利工程管理的布告》和《实施细则》。

第三节　堤　防　工　程　管　理

一、桩号设置

堤防桩号，以千米为单位，1 千米立碑一块，以阿拉伯数字进行标识，又称"堤防公里碑"，其间设"百米桩"；其功能是反映堤段长度和相对位置，同时也是划分堤防管理单位管理范围的"界碑"。

堤防桩号的设置，据考始于民国时期，由扬子江水利委员会统一制作和埋设。在此之前，按"每五百丈为一工，每一百丈为一号"，编分"工名号次"计算堤段长度，划分各个管理单位的管理范围。

长江荆州河段堤防自民国时期设置桩号以来，堤身历经修培，有的退挽，有的裁弯取直，有的增建加修，堤段实际长度略有变化，与桩号所示里程并不完全吻合，但桩号并未重新修正。如荆江大堤枣林岗堤段，经过长期加修其实际堤长已较过去增加 50 米，但习惯上仍以原测定堤长为准。

荆州河段堤防体系由荆江大堤、长江干堤、分洪区围堤、荆南四河支堤及民垸堤防组成。

（一）江左干堤桩号设置

荆州河段左岸干堤桩号，按湖北省长江左岸干堤桩号的顺序依次设置。湖北省长江左岸堤防的起点（江左桩号 0+000）位于湖北省黄梅县黄广大堤与安徽省同马大堤交界处段窑，止点（江左桩号

810＋350）位于湖北省荆州市荆州区枣林岗，全长810.35千米。其中，桩号398＋000～810＋350堤段（洪湖胡家湾至荆州枣林岗）为荆州市管辖，堤长412.35千米；桩号628＋000～810＋350为荆江大堤段，长182.35千米。

按行政区划划分如下。

洪湖市：桩号398＋000～531＋550（胡家湾至韩家埠），堤长133.55千米，为长江干堤。

监利县：桩号531＋550～675＋500（韩家埠至小河口），堤长143.95千米，桩号531＋550～628＋000为长江干堤，长96.45千米；桩号628＋000～675＋500为荆江大堤，长47.50千米。

江陵县：桩号675＋500～745＋000（小河口至木沉渊），堤长69.50千米，为荆江大堤。

沙市区：桩号745＋000～761＋500（木沉渊至黑窑厂），堤长16.50千米，为荆江大堤。

荆州区：桩号761＋500～810＋350（黑窑厂至枣林岗），堤长48.85千米，为荆江大堤。

（二）江右干堤桩号设置

荆州河段右岸干堤桩号，按湖北省长江右岸干堤桩号的顺序依次设置。湖北省长江右岸干堤的起点（江右桩号0＋000）位于湖北省阳新县与江西省交界处的富池口，止点（江右桩号737＋000）位于湖北省松滋市灵钟寺，全长572.0千米。其中，桩号497＋680～737＋000堤段（石首市五马口至松滋市灵钟寺）为荆州市管辖，堤长220.12千米。

按行政区划划分如下。

石首市长江干堤：桩号497＋680～585＋000（五马口至老山嘴），堤长87.32千米。

公安县长江干堤：桩号601＋000～696＋800（藕池口至北闸），堤长95.80千米。

荆州区长江干堤：桩号700＋000～710＋260（太平口至罗家潭），堤长10.26千米。

松滋市长江干堤：桩号710＋260～737＋000（罗家潭至灵钟寺），堤长26.74千米。

（三）其它堤防桩号设置

南线大堤：湖北省长江右岸干堤桩号601＋000（公安县藕池镇何家湾）～579＋000（荆江分洪工程节制闸东引堤）堤长22.00千米。

虎东干堤：桩号0＋000～90＋580（公安县太平口至黄山头），堤长90.58千米。

虎西干堤：桩号2＋000～40＋480（公安县大至岗至黄山头），堤长38.48千米。

涴里隔堤：桩号自成体系，起点（桩号0＋000）位于松滋市涴市镇，止点（桩号17＋230）位于荆州区里甲口，堤长17.23千米。按行政区划划分为松滋市堤段桩号0＋000～2＋700，堤长2.70千米；荆州区堤段桩号2＋700～17＋230，堤长14.53千米。

北闸拦淤堤：桩号自成体系，起点（0＋000纪念塔处）接长江干堤，止点（3＋430）接虎东干堤，堤长3.43千米。

虎西山岗堤：桩号自成体系，堤长43.63千米。

湖北省洞庭湖区（荆南四河地区）支堤、民堤根据堤别不同，桩号自成体系。

二、河道堤防安全管理范围

《湖北省河道管理实施办法》规定：本省境内确保堤、干堤及重要支堤的禁脚地、工程留用地和安全保护区范围由市、县人民政府按照下列标准划定公布。

禁脚地：确保堤迎水面50～100米，背水面30～50米；干堤及重要支堤迎水面30～50米，背水面20～30米（从堤防两侧斜面与平地的交叉点算起）。

工程留用地：确保堤、干堤及重要支堤迎水面和背水面均为200米（从禁脚地外沿算起）。

安全保护区：确保堤、干堤及重要支堤迎水面和背水面均为300米（从工程留用地外沿算起）。

鉴于荆江大堤的特殊重要性，1997年8月18日湖北省人民政府办公厅以鄂政办函〔1997〕69文批复将其安全管理范围由《湖北省河道管理实施办法》规定的550米扩增至1000米，即安全保护区扩增至750米。

安全管理范围内的有关活动，550 米以内报省水行政主管部门审批，550～1000 米范围内由市河道专门管理机关备案。

三、堤防养护

长江荆州河段堤防堤别上以其防洪地位和重要性的不同，有荆江大堤、长江干堤、支堤和民堤之分，管理体制亦有所不同。荆江大堤、长江干堤、南线大堤、虎东干堤、虎西干堤、浣里隔堤等由荆州市长江河道管理局统一管理，荆南四河支堤、民堤由所属各县（市、区）堤防管理总段管理，荆州市长江河道管理局受省水利厅委托，对其业务进行指导。

荆州市长江河道管理局管理机构，分为三个层级：荆州市长江河道管理局——各县（市、区）河道管理分局——堤防管理段。荆南四河支堤、民堤管理机构分两个层级：堤防管理总段——水管所（两者并无行政隶属关系，后者行政隶属所在乡镇，前者在业务上对其进行指导）。

荆江地区堤防管理体制和管理制度几经演变。明嘉靖四十五年（1566 年）荆州知府赵贤制定汛期防守和堤防管理办法——《堤甲法》，是荆江地区最早的堤防管理法规。该法规定"每千丈设堤老一人，五百丈设堤长一人、堤甲一人、圩夫十人……夏秋守御，冬春修补，岁以为常，官司责成堤老，堤老责成堤甲，堤甲率领民夫守之，而有垸所亦有设垸长垸夫，其法与堤甲同，仍不论军屯、官庄、王府，凡受利者，各自分堤若干丈，凡守堤者各自派夫若干人，一有疏虞，罪难他诿"。这种民间自管的体制，规定明确，职责清楚，清代仍沿用，且由江堤推行到垸堤，"垸各有总、有夫，立法久矣。至于垸总之设，非同于江堤之堤老，堤甲，逐年更易……司防守催工之责。"后江堤管理体制逐渐演变为"官督民管"，重要堤段，设职专管。清康熙十三年（1674 年），"朝廷议准荆州、安陆（今钟祥）府同知，分督钟祥、京山、天门、江陵、公安、石首、监利七县丞潜江县主簿。沔阳、荆门二州州同，松滋典史，各于所属地方董率堤老，堤甲，每冬春兴工修筑。"雍正五年（1727 年），世宗亲谕："荆江沿州堤岸，着动用资金，遴委贤员，监督修理，修成后仍为民堤，令百姓加意防护，随时补葺。"雍正六年，朝廷对"荆江两岸黄滩等六处险工每百丈设圩长一名，圩甲二名，圩役五名，督率附近居民看守……"。雍正七年，在荆州道加兼理水利衔，统管同知、州同、县丞、主簿等官职，对防汛、修堤工作不负责任之官员，由各道揭发参奏。既加强了统一领导，又加重了地方官员督办堤工的责任。乾隆五十三年（1788 年）万城堤溃，酿成"千古奇灾"后，朝廷意识到"万城堤工为全郡保障"，便在《荆江堤防岁修条例》中规定："万城堤逍遥湖至御路口长六十余里的最险段，由本县丞亲自看管，同知衙门从城内迁至堤上办公。"并将万城堤按每五百丈为一工，共编分六十七工，每工设堤长一人，堤甲五人，夫二十五人，由近堤居民按年轮替，每年农历八月十五日以后，堤长、圩甲佥点上堤，设立卡房住守。上堤人员免除一切杂役，并划有"圩甲田"以改善生活。防汛之外，则令烟夫栽芦种柳，堆积"土牛"，遇有獾洞、蚁穴及水沟浪窝，随时加以补修。若工程过大，则必须承修州、县赴工修补，并规定每个烟夫于冬春岁修之际，修筑"土牛"五座，每座估土四方八寸，并栽插杨筒若干以资护卫。道光十二年（1832 年），荆州府在万城大堤设万城、李家埠、江神庙、沙市、登南、马家寨、郝穴、金果寺、拖茅埠九个工局，实行分段管理，这是荆江地区第一个管堤的官方机构。同年，"又因水势猛涨，岁修工程费逐年增加，同知督办均不得力……改归荆州府承办"，仍令水利同知"随同该府，催雇人夫，往来稽查"。后因近堤居民负担过重，由江陵县武举王洪昌等上书，请将"土牛"归入岁修项下，费用由全县按数摊征。因此，从同治十三年（1874）起出示"裁革烟夫，堤长、圩甲照旧供役"。还规定堤外十丈之内，有田业户自种芦苇，靠堤不能种植芦苇的地方，按"株距五尺，行距三尺"的规格，栽种杨筒两行，以御风浪。凡不按规定种植的，即由堤长、圩甲、地保勒令种植。并责令在堤人员及住堤人户，轮流昼夜照看，以防窃取。民国时期，堤防管理体制和管理制度更趋完善。民国元年（1912 年），在沙市成立荆州万城堤工总局，隶属湖北巡按使水利局，专管荆江大堤堤务，统管清代设置的 9 个分局和沙市石卡；另设土费局 6 个。自此，荆江大堤由分散管理，演变为官方统一领导，分级管理的体制。1913 年，省水利局颁发《干堤分保遴委董保办法》，按里分保，分局下设十八董、八十五保。

建国后，在人民政府领导下，贯彻执行"修管并重"的管养方针，按照统一领导，分级负责的原则，依靠沿堤基层政权和广大群众，实行"专管与群管相结合"的管理体制。1956年以后，荆江大堤沿线以乡为单位建立"堤防管养委员会"，委员7～9人，其中由专管水利的副乡长1人任主任委员，依靠群众进行堤防养护。1960年提出"修管并重"方针，1971年又进一步确立"管重于修"的指导思想。并根据此方针和指导思想，不断调整充实堤防管养组织，完善管养办法。从1960年开始，建立管养点。每个管养点设管养主任1人，管养员2～7人。管养主任由农村公社抽调脱产干部担任，工资主要由堤防部门和其所在乡（村）给予补助。管养点的职责是根据堤防管理的各项规章制度，管理和养护好大堤，具体任务是：

护堤 经常宣传管理法规，发动群众订立"护堤公约"，保护堤身、禁脚、护坡石等不受破坏，发现违禁行为及时按章处理；问题大的及时报告上级管理部门处理，以保证堤防的完整和安全。

护林 保护防浪林木及其它经济林木（临水面以防浪为主，背水面以用材为主），精心培育管理，不断育苗更新，严防盗窃和牲畜危害，避免损失，切实起到防洪保堤作用，并获取经济收益。

护草 繁殖和保护堤上的一切益草（如爬根草等），拔除一切杂草、害草和荆棘。

护物 协助做好混凝土块护坡、防汛通信设施、哨棚、料棚、料物（粗砂、卵石、块石、木桩、木料、岗柴、柴草、楠竹）以及桩号碑、水准点等的保护，使之不受破坏和损失。

管养人员在保证完成上述任务的前提下，积极发展副业生产，如种植果木、材木，培育苗圃，养牛、养羊、养蜂、养兔等，以发展林业为主，开展多种经营。林业，按照"临河防浪，背河取材"的原则，在堤外以种植杨柳为主，堤内则大量栽种水杉、落叶松等用材林，少数地方还种有梨、李、橘等果木，实行"国家投资，群众管理，收益分成"的管理办法。

荆江地区的堤防管理大致经历了由看守工程到建立健全各项管理规章制度，由单一工程管理到经营管理，由"重建轻管"到"建管并重"，由无法可依到依法管理，由"群管"与"专管"相结合到专业管理的历史演变过程。建国后至2005年，实行的是"群管与专管相结合"的模式。从2005年开始，为适应改革形势发展的需要，提高管理的科学化、专业化水平，荆州市长江河道管理局对堤防管理模式进行了改革——堤防管理专业化，即全面辞退原有堤防群管员，堤防的日常管理职责由国家正式职工履行。从事堤防日常管理的职工，实行分堤段责任管理，其工作职责和目标任务是保证所负责段面堤身外观完整，防汛道路畅通，防汛物料和管理设施齐备，防浪护岸林木养护，草皮护坡堤段培植益草清除杂草，附属设施管理，以及宣传贯彻有关政策法规等，并签订责任书，其工资待遇与工作业绩挂钩。实行由管理段对包堤段职工进行月检月评，分局对管理段进行季检季评的奖惩兑现制度。市局对各堤段实行半年检评、考核。

据统计，2010年底荆州长江干堤上共有管养用房（汛期作防汛哨屋使用）299座，其中：荆州区堤段26座，沙市区堤段6座，江陵县堤段33座，监利县堤段66座，洪湖市堤段61座，松滋市堤段21座，公安县堤段48座，石首市堤段38座。

日常管理考核办法和标准依据的是水利部布的《河道目标管理考评办法》、《水利工程管理考核办法》。在上述办法的指导下，根据本辖境堤防管理工作实际，相应制订了《荆州市长江河道管理局工程考核办法》、《荆州市长江河道管理局工程管理考核实施办法》、《荆州市长江河道管理局行政审批实施办法》。这些办法中对考核原则、考核对象、考核主要内容及办法、考核程序、奖励及处罚，审批原则、审批权限及适用范围、审批流程、审批时限、审批工作职责等都作了明确规定。并根据不同历史时期的工作内容和要求，与时俱进地对这些办法进行补充和完善。

荆江地区干支堤防目标管理工作始于20世纪80年代中后期，主要以"湖北省河道堤防管理十条标准"为依据开展达标活动。"十条标准"对承包责任制、堤容、堤貌、禁脚管理、河道清障、涵闸运行、护堤林栽植、险工护岸、管理设施、科研成果、综合经营等方面提出了明确要求和具体指标。

1994年，水利部下发《河道目标管理考评办法》及《河道目标管理等级评定标准》，实行"千分制"考核评定。1997年，荆州市积极开展荆江大堤目标管理达标晋级工作，主要工作内容为：散乱石归仓，城区沿堤生活建筑垃圾清运，防汛哨屋维修改建和补建，管理标牌补充和维修，防汛路面建设，大堤两侧生产生活斜坡道封堵，堤顶加拱，低洼平台填筑，绿化建设，清障及整治"三乱"（乱搭、乱建、乱盖）。1998年2月，在市政府召开的荆江大堤达标工作会议上，市委书记刘克毅要求要用防汛抢险的精神抓好这项工作，以推动全市堤防岁修、在建工程、整险工程建设和防汛设施维护，做到抓荆堤，促全局，保平安，把荆江大堤建成中华第一堤。3月下旬，荆江大堤达标工作通过省水利厅的检查验收，认为荆江大堤目标管理工作取得了很大成绩，已基本达到部颁Ⅰ级堤防标准，随后省厅专文上报长江委，要求尽快对荆江大堤一级河道目标管理工作进行考评初验。3月底，水利部副部长周文智、长江委主任黎安田来荆州检查防汛工作时，对以"创建中华第一堤"为目标的荆江大堤达标工作十分赞赏，表示全力支持此项工作，并将在全国推广荆江大堤的管理经验和做法。4月中旬，长江委有关领导和专家组成的验收组，对荆江大堤目标管理工作以行政区划为单位进行了初步验收，认为荆江大堤近年来河道目标管理达标晋级工作成绩显著，各堤段综合评分均达到国家Ⅰ级堤防标准。

表 6-3　　　　　　　　　荆州长江干堤管理责任段划分表

县(市、区)	管理分段	堤别	岸别	地点		桩号		堤段桩号长度/km	备注
				起	止	起	止		
合　计								900.62	
荆州	小计							73.64	
	万城	荆江大堤	长江左	枣林岗	万城	810+350	792+000	18.35	
	李埠	荆江大堤	长江左	万城	付家台	792+000	772+000	20.00	
	御路口	荆江大堤	长江左	付家台	黑窑厂	772+000	761+500	10.50	
	弥市							24.79	
		长江干堤	长江右	松滋	砖瓦厂	710+260	700+000	10.26	
		浣里隔堤		里甲口	土桥	17+230	2+700	14.53	
沙市	小计					761+500	745+000	16.50	
	城区	荆江大堤	长江左	黑窑厂	江汉南路	761+500	757+150	4.35	
	柳林洲	荆江大堤	长江左	江汉南路	唐剅子	757+150	752+250	4.90	
	盐卡	荆江大堤	长江左	唐剅子	木沉渊	752+250	745+000	7.25	
江陵	小计					745+000	675+500	69.50	
	观音寺	荆江大堤	长江左	木沉渊	文村夹	745+000	733+500	11.50	
	祁家渊	荆江大堤	长江左	文村夹	洗马口	733+500	718+000	15.50	
	郝穴	荆江大堤	长江左	洗马口	柳口	718+000	700+000	18.00	
	柳口	荆江大堤	长江左	柳口	金果寺	700+000	688+000	12.00	
	麻布拐	荆江大堤	长江左	金果寺	麻布拐	688+000	675+500	12.50	
监利	小计					675+500	531+550	143.95	
	堤头	荆江大堤	长江左	小河口	荆南山	675+500	659+400	16.10	
	八尺弓	荆江大堤	长江左	荆南山	禾嘴套	659+400	647+000	12.40	
	西门渊	荆江大堤	长江左	禾咀套	西门渊	647+000	631+000	16.00	
	城南	荆江大堤	长江左	西门渊	严家门	631+000	628+000	3.00	

县 (市、区)	管理分段	堤　别	岸　别	地　点		桩　号		堤段桩号 长度 /km	备　注
				起	止	起	止		
	城南	监利长江干堤	长江左	严家门	九弓湾	628+000	622+800	5.20	
	上车	监利长江干堤	长江左	九弓湾	下车	622+800	605+000	17.80	
	尺八	监利长江干堤	长江左	下车	杨林港	605+000	576+000	29.00	
	柘木	监利长江干堤	长江左	杨林港	荆河垴	576+000	561+450	14.55	
	白螺	监利长江干堤	长江左	荆河垴	韩家埠	561+450	531+550	29.90	
洪湖	小计					531+550	398+000	133.55	
	螺山	洪湖长江干堤	长江左	韩家埠	熊家窑	531+550	509+000	22.55	528+000～ 527+000 老街裁弯1.0km
	城关	洪湖长江干堤	长江左	熊家窑	熊李湾	509+000	500+500	8.50	
	乌林	洪湖长江干堤	长江左	熊李湾	宪洲	500+500	481+000	19.50	
	老湾	洪湖长江干堤	长江左	宪洲	宿公洲	481+000	474+000	7.00	
	龙口	洪湖长江干堤	长江左	宿公洲	蒋家墩	474+000	450+000	24.00	
	大沙	洪湖长江干堤	长江左	蒋家墩	田家口	450+000	446+200	3.80	
	燕窝	洪湖长江干堤	长江左	田家口	虾子沟	446+200	413+000	33.20	裁弯3.0km
	新滩	洪湖长江干堤	长江左	虾子沟	胡家湾	413+000	398+000	15.00	未含管理养护 的引河堤段 长6.0km
松滋	小计							29.44	
	采穴	松滋长江干堤	长江右	朝家堤	灵钟寺	723+700	737+000	13.30	
	涴市	松滋长江干堤	长江右	查家月堤	朝家堤	712+500	723+700	11.20	
		松滋长江干堤	长江右	罗家潭	查家月堤	710+260	712+500	2.24	
		涴里隔堤		查家月堤	土桥	0+000	2+7000	2.70	
公安	小计							346.72	
	埠河							74.89	
		公安长江干堤	长江右	北闸	吴鲁湾	696+800	664+650	32.15	
		虎东干堤	长江右	鄢家渡	李家大路	0+000	25+600	25.60	
		埠河安全区	长江右			0+000	5+500	5.50	
		雷洲安全区				0+000	3+300	3.30	
		北闸外围堤				0+000	3+430	3.43	
		水月安全区				0+000	1+603	1.60	
		义和安全区				0+000	3+313	3.31	
	斗湖堤							12.87	
		公安长江干堤	长江右	吴鲁湾	黄家湾	664+650	659+000	5.65	
				王家菜园	化肥厂	655+230	652+000	3.23	
		斗湖堤安全区				0+000	3+987	3.99	
	杨厂	公安长江干堤	长江右					25.52	
				黄家湾	王家菜园	659+000	655+230	3.77	
				化肥厂	北堤	652+000	634+100	17.90	
		杨厂安全区						3.85	
	麻豪口	公安长江干堤	长江右					34.57	
				北堤	黄水套	634+100	620+336	13.76	
		黄水套安全区				0+000	1+240	1.24	

续表

县 (市、区)	管理分段	堤 别	岸 别	地 点		桩 号		堤段桩号 长度 /km	备 注
				起	止	起	止		
		公安长江干堤	长江右	黄水套	新开铺	620+336	606+150	14.19	
		裕公安全区				0+000	4+680	4.68	
	藕池							24.51	
		公安长江干堤	长江右	新开铺	何家湾	606+150	601+000	5.15	
		南线大堤		何家湾	康家岗	601+000	595+000	6.00	
		虎东干堤		积玉口	新口	75+350	68+630	6.72	
		藕池安全区				0+000	4+466	4.46	
		杨林寺安全区				0+000	1+012	1.01	
		新口安全区	(虎东)			0+000	1+169	1.17	
	黄山							38.09	
		虎东干堤		拦河坝	积玉口	90+580	75+350	15.23	
		南线大堤		康家岗	拦河坝	595+000	579+000	16.00	
		向阳安全区				0+000	1+815	1.82	
		八家铺安全区				0+000	1+557	1.56	
		虎西干堤		王家岗	拦河坝	37+000	40+480	3.48	
	闸口							30.36	
		虎东干堤		新口	上刘家湾	68+630	47+700	20.93	
		保恒垸安全区				0+000	1+240	1.24	
		闸口安全区				0+000	2+210	2.21	
		吴达河安区				0+000	4+805	4.11	
		戈家小垸				0+000	1+871	1.87	
	夹竹园							27.96	
		虎东干堤		上刘家湾	李家大路	47+700	25+600	22.10	
		黄金口安全区				0+000	2+840	2.84	
		夹竹园安全区				0+000	3+024	3.02	
	小虎西							78.63	
		虎西干堤		黄山头	王家岗	37+000	2+000	35.00	
		山岗围堤		大至岗	黄山头	0+000	43+630	43.63	
石首	小计							87.32	
	绣林							32.48	
		石首长江干堤	长江右	老山嘴	马行拐	585+000	559+000	27.00	571+000 重桩号
		月子尖围挽						0.68	
		胜利垸外堤		孙家拐	北门口	0+000	4+800	4.80	
	东升	石首长江干堤	长江右	马行拐	焦山河	559+000	536+500	22.50	
	调关							32.34	
		史家垸隔堤	长江右			0+000	1+040	1.04	
		石首长江干堤		五马口	章华港	497+680	501+200	3.52	
		新章华港闸坝						0.24	
		石首长江干堤		章华港	焦山河	508+960	536+500	27.54	

注 1. 石首长江干堤桩号里程长 87.32 千米，实际管理养护长度 95.40 千米，含调关段盲肠堤（桩号 501+180～508+960）、老章
华港闸堤坝共 8.08 千米。
2. 洪湖长江干堤桩号里程长 133.55 千米，实际管理养护堤长 135.55 千米，包含引河堤段长 6 千米，另有老街、七家垸段已
裁弯 4 千米。
3. 荆州长江干堤实际管理养护长度为 911 千米。

表 6－4　　　　　　　　　　荆州河段河道堤防管理设施统计表

分局	分段	名称	职工/人	堤长及路面/km 堤长	混凝土路面	其它路面	确权面积/hm² 总面积	禁脚	护堤护岸林 宜林地/hm²	株数/株	涵闸/个 总数	局管	管理设施/个 哨屋	公里碑	百米桩	险工碑	宣传牌	分界牌	警示牌	拦车卡	上堤路	石料仓	穿堤管道缆线
合计	40		3273	911.00	631.86	279.14					94	42	331	892	6116	67	84	152	204	102	1197	584	97
荆州	4		210	73.64	59.11	14.52	1391.97	682.35		452618	7	6	27	49	441	3	6	4	8	2	301	61	9
	1	万城	14	18.35	18.35		297.30	95.75		105466	1	1	5	18	166	1	3	2	3		57	13	2
	2	李埠	17	20.00	20.00		404.24	197.4		139452			9	20	180	2	1	1	4		68	25	1
	3	御路口	18	10.50	10.50		202.97	111.47		74601			7	11	95		2	1	2		18	17	6
	4	弥市	19	24.79	10.26	14.53	243.73	138.87		133099	6	5	6								79	3	
				10.26	10.26		119.20	82.27		76313			6								48	2	
				14.53		14.53	124.53	56.60		56786											31	1	
沙市	3		88	16.50	16.50		296.07	135.00	82.67	193647			7	16	148	4	3	1	3	3	71	31	22
	1	城区	8	4.35	4.35				26.13	33632			3	4	39	3	1	1	1	1	37		9
	2	柳林洲	6	4.90	4.90				26.67	49012			2	5	44						26		8
	3	盐卡	4	7.25	7.25				29.87	141273			2	7	65	1	2		2	2	8	29	5
江陵	4		178	69.50	69.50		3166.52	692.01	599.89	328475	2	2	35	69	626	10	9	7	10	1	193	121	5
	1	观音寺	10	11.50	11.50		866.40	141.63	125.22	65830	1	1		11	104	3	2	1			28	23	2
	2	祁家渊	8	15.50	15.50		365.44	149.92	123.06	75835			8	16	139	2	1		6		35	24	1
	3	郝穴	20	18.00	18.00		1593.77	241.58	196.51	100884	1	1	11	18	162	3	2	2			41	64	2
	4	柳口	11	24.50	24.50		340.90	158.87	155.09	85926			9	24	221	2	4	3	4	1	89	10	
监利	7		557	143.95	143.95		2548.47				11	7	70	143	1296								
	1	堤头		22.50	22.50						1		12	23	202								
	2	西门渊		22.00	22.00						1		11	22	198								
	3	城南		8.20	8.20								4	8	74								
				3.00	3.00								2										
				5.20	5.20								2										
	4	上车		17.80	17.80						1		8	17	161								
	5	尺八		29.00	29.00						2		14	29	261								
	6	柘木		14.55	14.55									14	140								
	7	白螺		29.90	29.90						2		21	30	360								
洪湖	8		221	133.55	133.55		2753.11	1095.20	2063.92	574937	13	2	70	138	1204	19	28	19	59	36	175	126	14
	1	螺山	14	22.55	22.55		413.86		314.37	98661	1		11	23	196	1	6	4	12	8	22	21	1
	2	城关	22	8.50	8.50		133.87		95.07	25618	2		4	8	58		2	5	1		4	20	3
	3	乌林	16	19.50	19.50		386.26		289.34	94616	1		11	20	175		6	7	4	14	5	40	30	2
	4	老湾	5	7.00	7.00		157.82		121.97	41188			4	6	64		1	2	2	2	15	6	1
	5	龙口	13	24.00	24.00		575.99		435.53		2	1	12	24	215	4	1	2	6	5	23	20	3
	6	大沙	5	3.80	3.80		85.62		66.84	110547	1		2	3	35		2	2	2	2	10	4	1
	7	燕窝	12	33.20	33.20		592.06		441.23	131336	2		15	32	278		2	2	10	5	18	28	1
	8	新滩	11	15.00	15.00		407.63		299.58	72971	4	1	11	20	183	1	4	2	10	6	27	14	1
松滋	2		18	29.44	2.24	27.24	384.39	250.98	236.26	118025	1		21	30	263	7	4			3	27	50	8
	1	采穴	8	13.30		13.30	156.91	108.07	102.60	55052	1		11	13	120	2	2			1	13	11	2

续表

分局	分段	职工/人	堤长及路面/km			确权面积/hm²		护堤护岸林		涵闸/个		管理设施/个										穿堤管道缆线
			堤长	混凝土路面	其它路面	总面积	禁脚	宜林地/hm²	株数/株	总数	局管	哨屋	公里碑	百米桩	险工碑	宣传牌	分界牌	警示牌	拦车卡	上堤路	石料仓	
2	浣市	10	16.14	2.24	13.94	202.25	142.91	133.66	62973			12	17	143	5	2			2	14	39	6
			11.20	2.40	8.80							8										
			2.24	2.24								2										
			2.70		2.70	25.23						2										
公安	9	382	346.72	121.14	227.88	11556.30	1443.03	1410.52	494349	44	25	135	296	1174	23	92	28	44	46	904	150	56
1	埠河	28	74.89	32.15	42.74	5261.20	382.90	307.89	113228	8	4	34	66	287				3	4	192	29	
	长江干堤		32.15	32.15						4	4	22	32	287				3	3	91	15	
	虎东干堤		25.60		25.60							12	26						1	46	11	
	埠河安全区		5.50		5.50					1	1									19	1	
	雷洲安全区		3.30		3.30					1	1									15		
	北闸外围堤		3.43		3.43																	
	水月安全区		1.60		1.60					1	1	3								12		
	义和安全区		3.31		3.31					1	1	5								9	2	
2	斗湖堤	40	12.87	12.87		1180.63	102.92	67.51	20761	5	3	8	17	179	4	3	1	13	2	16	12	1
	长江干堤		8.88	8.88						2		8	14	143	4	3		13	2	16	12	1
	斗湖堤 安全区		3.99		3.99					3	3		3	36								
3	杨厂	29	25.52	15.70	3.85	470.76	109.52	184.47	60788	1		9	19	139	2	2	1	13	4	37	5	3
			21.67	15.70								9	15	135	2	2	1	13	2	37	4	3
			3.85		3.85					1			4	4					2		1	
4	麻口	38	33.87	27.95	5.92	704.39	151.97	147.87	127659	3		14	35	258	2	2	1	23	5	89	15	3
			27.95	27.95						1		14	28	252	2	2	1	23	3	89	14	3
			1.24		1.24					1			2	1							1	
			4.68		4.68					1			5	5					2			
5	藕池	21	24.51	11.15	13.36	8932.70	1448.60	95.95	46547	5		5	28	123	3	2	4	7	6	29	14	2
			5.15	5.15								3	6	63	2	2	2	5	1	14	5	
			6.00	6.00								2	6	54	1		1	2	1	15	1	1
			6.72		6.72					1			7				1		1		8	
			4.46		4.46					2			5	4					2			
			1.01		1.01					1			2	1								
			1.17		1.17					1			2	1								
6	黄山	29	38.09	16.00	22.08	1126.02	300.45	198.56	108530	8		3	35	160	2	2	3	12	2	28	8	
			15.23		15.23					2			16			1	2				6	
			16.00	16.00						3		3	11	153	2	1	1	12	2	28		
			1.82		1.82					1			2	2							1	
			1.56		1.56					1			2	2							1	
			3.48		3.48					1			4	3								
7	闸口	19	30.36		30.36	734.39	171.88	149.13	73846	8			32	189	3	1	1	3		27	9	

续表

分局	分段	职工/人	堤长	混凝土路面	其它路面	总面积	禁脚	宜林地/hm²	株数/株	总数	局管	哨屋	公里碑	百米桩	险工碑	宣传牌	分界牌	警示牌	拦车卡	上堤路	石料仓	穿堤管道缆线
			20.93		20.93					3			20	180	3		1		3	24		9
			1.24		1.24					1			2	1						1		
			2.21		2.21					2			3	2	1					1		
			4.11		4.11					1			5	4								
			1.87		1.87					1			2	2						1		
8	夹竹园	23	27.96		27.96	513.62	176.21	86.77	50549	3			29	6			1		3	14		10
			22.10		22.10					1			22	3			1		3	13		10
			2.84		2.84					1			3	3						1		
			3.02		3.02					1			4									
9	小虎西	26	78.63		78.63	897.41	143.95	149.85	99262	4			80				3		4	11		4
			35.00		35.00					4			36				2		4	11		4
	(山岗)		43.63		43.63								44				1					
石首		368	95.40	80.82	14.58	1228.13	851.93		537192	16	46		91	819	6	18	103	30	26	126	50	
1	绣林	63	32.48		32.48	440.60	29.00		147868	3	14									30	15	
			27.00	27.00																		
			0.68		0.68																	
			4.80		4.80																	
2	东升	61	22.50		22.50	310.53	224.07		185089	4	15									54	14	
			22.50	22.50																		
3	调关	84	40.42		40.42	477.00	337.87		204235	9	17									42	21	
			1.04		1.04																	
			7.76		7.76																	
			0.32		0.30																	
			3.52	3.52																		
			0.24		0.26																	
			27.54	27.54																		

注　洪湖长江干堤桩号长度133.55千米，实际管理养护长度135.55千米；表中统计数据含螺山、燕窝段已裁弯堤长4千米，未含新滩口引河堤长6千米。

第四节　涵　闸　工　程　管　理

一、保护范围与涵闸管理

荆州河段干堤有穿堤建筑物94座，按行政区划划分：松滋市1座、公安县44座、石首市16座、荆州区7座、江陵县2座、监利县11座、洪湖市13座；按工程性质划分：排灌闸77座、电力泵站14座、交通闸等3座；按管理权属划分：河道堤防管理部门42座、各县（市、区）水利局48座、其它部门4座；按养护维修经费来源划分：省水利厅30座、市水利局3座、各县（市、区）水利局56座、其它部门5座。

保护范围　《湖北省河道管理实施办法》规定：涵闸保护区由市、县人民政府按下列标准划定并公布：大型涵闸上游、下游各五百米，左右各二百米；中型涵闸上游、下游各二百米，左右各一百米；小型涵闸上游、下游各一百米，左右各三十米。上述距离均从涵闸外沿算起。

表 6-5　　　　　　　　　　　　　　荆州河段干堤涵闸统计表

县(市、区)别	小计	按日常管理权属划分			按维护经费来源划分				省水利厅维护经费	市河道局管理涵闸
		河道局	县水利局	其它	省水利厅	市水利局	县水利局	其它		
合计	94	42	48	4	30	3	56	5		
荆州	7	6	1		5	1	1		金桥、余家泓、太平桥、顺林沟、鄢家泓	万城、金桥、余家泓、太平桥、顺林沟、鄢家泓
江陵	2	2			2					观音寺、颜家台
监利	11	7	4				11			一弓堤、西门渊、何王庙、王家巷、王家湾、北王家、白螺矶
洪湖	13	2	7	4	1		8	4	新堤大闸	高桥、仰口
松滋	1		1				1			
公安	44	25	19		24		19	1	北闸、南闸、白龙港、义和、戈家小垸、埠河、雷洲、斗湖堤老闸、斗湖堤新闸、杨家厂、裕公、杨林寺、何家湾、倪家塔、向阳、八家铺、新口、吴达河、闸口（进）、闸口（出）、保恒垸、夹竹园、黄金口、水月	北闸、南闸、斗市交通闸、白龙港、义和、戈家小垸、埠河、雷洲、斗湖堤老闸、斗湖堤新闸、杨家厂、裕公、杨林寺、何家湾、倪家塔、向阳、八家铺、新口、吴达河、闸口（进）、闸口（出）、保恒垸、夹竹园、黄金口、水月
石首	16		16				16		管家铺、孙家拐、胜利闸、马行拐、新堤口、肖家拐、大港口、桃花闸、新章华港、西章华港、东章华港、老章华港、艾家嘴、西兴闸	

涵闸管理　由长江河道堤防部门负责日常维护管理的涵闸有42座：荆江大堤5座、洪湖监利长江干堤7座、涴里隔堤5座、荆江分洪区安全区围堤23座以及荆江分洪工程进洪闸（北闸）、荆江分洪工程节制闸（南闸）。

20世纪80年代以前，荆江大堤5座灌溉闸（万城、观音寺、颜家台、一弓堤、西门渊）均设有管理单位（闸管所），管理人员均为国家干部、职工编制，一般3～4人，大闸5～6人，灌溉季节另由受益地区增派群众管水人员4～5人，协助闸管所做好涵闸启闭运行工作。闸管所行政上原分属所在地河道管理部门。支堤涵闸由所在地乡镇水管所管理。民堤涵闸由所在地村民委员会管理。

二、启闭运用

涵闸调度启闭权限：一般时期，涵闸的调度运用由当地水行政主管部门审批；汛期，根据《荆州市防汛抗旱指挥部关于沿江涵闸和内湖主要闸站汛期调度运用权限的通知》（荆汛〔1998〕4号）的规定进行调度运用。

1.荆江大堤万城、观音寺、颜家台

外江水位低于警戒水位，其调度运用由灌区县（市、区）水利管理单位申请，由市四湖防汛指挥部提出灌溉方案，市长江防汛指挥部进行安全审查，报市防汛抗旱指挥部批准后通知长江防汛指挥部执行。

外江水位高于警戒水位，其调度运用由市防汛抗旱指挥部报省防汛抗旱指挥部审批执行。

2. 荆江大堤一弓堤、西门渊及长江干堤上涵闸

外江水位低于设防水位，由市长江防汛指挥部负责调度。

外江水位高于设防水位低于警戒水位，由市长江防汛指挥部审查，报市防汛指挥部批准执行。

外江水位高于警戒水位，由市防汛抗旱指挥部报省防汛抗旱指挥部审批执行。

3. 支民堤涵闸

外江水位低于设防水位，由县（市、区）防汛抗旱指挥部调度运用。

外江水位高于设防水位低于警戒水位，由县（市、区）防汛抗旱指挥部审查，报长江防汛指挥部批准执行。

外江水位高于警戒水位，由市长江防汛指挥部审查，报市防汛抗旱指挥部批准执行。

4. 病险涵闸

凡被列入病险的涵闸、泵站工程以及封堵的涵闸，汛期未经市防汛抗旱指挥部批准，严禁使用。汛期有蓄水反压任务的沿江涵闸，有关县（市、区）防汛抗旱指挥部要严格按照规定水位落实反压措施，确保安全。

三、管理规程

荆州河段沿堤涵闸管理规程依据的是水利部 1995 年 1 月 14 日批准发布的《水闸技术管理规程》（SL 75—94）（略）。

第五节　防护林管理

植树造林，护堤保土，属水利工程管理养护的重要事项。荆州长江堤防营造林木防浪最早见于南朝盛弘之的《荆州记》，云荆江堤防"缘城堤边，悉植细柳，绿条散风，清阴交陌"。当时在沿堤种植柳树，已然成为防护林带。明代，朝廷对江堤修筑防护制定了"可经久而运行"的十条办法，其中第七条为"植杨柳"（明万历《湖广总志》），沿堤栽植杨柳，可使"根土相著，纠互相绛"，汛期"虽有风浪，可藉搪护。"民国《荆江堤志》载："前清定例，（荆江）大堤离堤脚五十丈以内不准人民耕种，兴工之时一律留有余地以便栽种芦苇杨柳，藉以搪护。"清道光年间，湖北布政使林则徐在《公安、监利二县修筑堤工章程十条》中明确规定："堤成之后，……并于两坦撒种芭根草子，即可长发，坦外多植柳株、芦苇，禁民采伐，庶藉抵御风浪，可免撞刷之患。"清同治壬申（1872 年）八月，倪文蔚任荆州知府后，于堤外数丈遍插杨筒，"每株相隔五尺，两行参差取势"。一是责令堤防兵丁在各自经营段内"于堤外十丈栽种杨筒芦获，定限次年二月一律完竣，报明本管道，檄委荆州验收，务须如式办理，不得草率偷减"。二是动员文武官员和百姓捐种，"捐种柳五千株至二万株者，分别叙议；百姓种二万株者，给予顶戴"。这一时期，由于立法严密，沿岸植树防浪一度出现"万绿参差"的局面，但到民国时期，损毁殆尽。民国二十五年（1936 年），行政院制定《各省堤防造林大纲》，以三年为完成期限，命各省执行。当年，湖北沿长江的江陵、公安、监利等十余县在各自堤岸植树 11 万株。民国三十五年，江汉工程局成立造林委员会，并制订《堤防造林及限制倾斜地垦殖办法》十条。后由于一些堤段所植树木无人管理或管理经验不足，成活率低，受损严重，堤身仍杂草丛生。

建国后，荆州长江堤防不断整修加固，水利堤防部门开始重视植树造林工作，沿江各地水利堤防部门在长江干堤划出一定范围，作为工程防护用地，在堤防、涵闸、泵站等工程范围内，发展耐水林木，防浪护堤，保持水土，美化环境，并增加经济收入，植树造林发展迅速。1954 年后正式把营造防浪林纳入堤防加固计划，每当培修结束，发动群众沿堤内外植树。1955 年，国家发出"绿化祖国，绿化长江"的号召，至 1958 年，荆州沿江所植护堤林木蔚然成林。此时期，监利县把植树造林列为堤防建设的重要内容，纳入工程计划，结合岁修进行。洪湖县颁布《防浪（护）林管养规定》，制定

了"谁建，谁管，谁植树，谁受益"的政策。1959—1961年三年自然灾害时期，一度出现群众毁林种粮或偷伐防浪林的现象。1962年以后，松滋县开始实施林木收益国家与当地群众按比例分成的政策，促进了防护林的发展。此时期，沿江堤防防浪（护）林已成林成材，每年更新砍伐均有一定收入，因此在经营管理上开始实行林木收益国家与当地群众按比例分成的政策，即与大集体联合营造管理，堤防部门投资育苗，当地农业社队群众参与栽种管理，收益国家提取三成，七成归社队群众。20世纪80年代，在"加强经营管理，讲求经济效益"方针指导下，植树造林成为发展多种经营的重要门类，大量栽植经济林木和用材林，林木的营造、管理、更新、砍伐也实现制度化管理。1984年后推行堤林管理承包责任制，分专业户、专业人、联合体和定额管理四种承包形式，实行"国家所有，专业承包，管堤为主，以林养堤，保留现资，增值分成，逐年预支，到期结算"的管理办法，群众植树造林的积极性被充分调动起来。1988年以后，实行管养员的报酬与乡村脱钩，防护林的栽植管理由分段干部职工及管养员负责，管养员的报酬在绿化收入内支出。

1998—2005年堤防建设加固期间，基本做到了工程土地不失权，宜林地不闲置，工程完工后及时植树造林。2006年，荆州长江河道堤防管理系统进行管理体制改革，清退群管员，实行专业化管理，防护林营造管理由各管理段干部职工分段承包，工资与管理业绩挂钩。至2007年1月，荆州市长江干堤及重要支堤禁脚面积共63.08平方千米，现有防护林木389万株，蓄积量约14.98万立方米。

荆州河段两岸堤防防护林分为防浪林和护堤林，临水面以防浪为要，背水面以护堤为主，兼以经济用材林。堤外防浪，明清和民国时期，大多种植杨柳、芦苇等，1949年以后很长一段时期以杨柳为主要树种。一般栽种5~8排，多的达10余排，个别滩宽处达30排。堤内护脚，以"三杉"（水杉、山杉、池杉）为主，一般离堤脚6米，栽种5~30排。20世纪60年代，开始利用堤后禁脚种植经济用材林，既可护脚固堤，又能充分利用水土资源创造经济效益。这一阶段多栽植桑树、果树、油桐、楝树、枫杨等。经过一段时间的实践，发现这些树种生长缓慢，不易管理。后根据江汉平原地区地下水位高的特点，经实践证明选择速生、耐水性强的水杉等树种较为适宜并大力推广。80年代以山杉、水杉及少许杨柳为主，90年代以意杨为主，辅以山杉和水杉，2000年以后发展为全部栽植美洲意杨。其间不断改良意杨品种，并从南京林业大学引进优良品种，主要有中石8号、鲁山杨、南林895、中潜系列等。

防护林木更新以15~20年为一个周期。凡已达到成材标准或因栽种过密需间伐的林木，以及受病虫害影响生长不正常的病树烂树，允许砍伐更新，但必须经过河道堤防和林业部门批准，未经批准的，要追究责任；因施工需要毁林的，也需经过批准，并由施工单位合理补偿损失。

防护林管理的主要工作任务是：精心培育管理，不断育苗更新，严防虫灾、盗窃和牲畜危害，避免损失，切实起到防洪保堤的作用，并发挥其经济效益。防护林营造严格按《湖北省河道堤防与分蓄洪区护堤护岸林造林管理办法》（试行）执行，坚持统一规划、分级管理和适地适树适种源、良种壮苗、科学栽植和"自育，自栽、自管，自受益"的原则。为充分发挥防护林的防洪效益、经济效益和生态效益，建立健全了造林绿化责任制，实行"末位淘汰"、"三同一体"、"工资挂钩"等形式的奖赔制度。更新采伐严格按照省林业和水行政主管部门下达的限额指标执行。

在防护林日常管理中，加强栽植和抚育管理，严格按照树种的生物学特性和当地气候特点进行栽植，不断应用科技成果，提高造林成活率。对有条件的新造林地适当进行林间套种。在定期检查的基础上，针对护堤护岸林特点和历史经验，在病虫害多发季节加密检查次数，做到科学防治。植树造林档案采用分级建档、分级管理和建立领导责任制的模式进行管理。植树造林实行质量监督管理。造林后进行检查验收和实绩核查，每年4月和10月分别开展一次造林及管理大检查，检查的主要内容为：各堤段宜林面积、春季造林面积、苗木质量、造林密度、栽植质量、成活率、造林档案、有无空白段、林地翻耕、防治病虫害、品种优良率、林间套种作物管理，以及苗圃基地落实情况等。

对新植防护林的管理，制订奖赔办法：一是建立责任制，从段长到职工、群管员责任落实到堤段、桩号，一定三年不变。凡通过检查评比，未达到管理标准、成活率低、综合评分排在末位的单位和个人，实行末位淘汰制；二是将新植树成活率高低与包段干部职工的奖励工资、管养员的岗位补助工资、群管员的林间间作抵押金捆绑在一起，层层签订责任状，严格奖赔兑现；三是制定新植树单项奖赔制度，凡成活率达到95%以上，每株奖0.5～2元，成活率为90%～94%，不奖不赔，成活率为89%～80%，每株赔偿0.5～2元，低于79%以下的，按末位淘汰处理，同时，制订和实行了严格的检查验收评比办法。通常在每年9—10月进行一次秋季大检查，主要内容为当年春季造林的面积、成活率、幼林抚育及幼林生长情况。

第六节 河道堤防安全管理

一、安全范围内工程建设项目管理

随着经济社会不断发展，河道安全范围内的建设活动日益增多。1988年《中华人民共和国河道管理条例》颁布后，荆江地区从仅对河道堤防工程进行岁修、维护和养护，发展到对河道实行全面管理，在管理好河道工程的同时，对河道整治与建设进行管理，并对河道进行保护。

（一）河道工程管理

河道工程是指沿岸堤防、涵闸和护岸等工程。这些工程在长期运行过程中，受自然因素和人为因素影响，常遭不同程度的损坏，因此必须切实做好工程检查工作，发现问题和隐患及时进行处理，确保工程正常运行，发挥工程效益。

堤防、涵闸管理已如前述。护岸整治工程管理同样也是河道工程管理中不可或缺的重要内容，它主要包括工程检查、监测、维护和建立技术档案四个方面。

（二）河道整治与建设管理

依据《中华人民共和国河道管理条例》、《中华人民共和国行政许可法》等法规的规定，经省水利厅、市政府确认，荆州市长江河道管理局为荆州市长江涉河建设项目行政审批的实施机关。工作职责是从防洪安全角度出发，保证河道管理范围内的建设项目必须符合国务院批准的《长江流域综合利用规划简要报告》规定的防洪标准，维护堤防安全，保护河势稳定和行洪通畅。审批许可权限为：长江干堤及所辖管理范围内连江支流（荆南四河）堤防距堤内100～550米内的地质钻探和房屋桩基工程；荆江大堤距堤脚550～1000米范围内的新建、扩建、改建厂房、仓库、工业和民用建筑及其公共设施，打井、钻探等工程进行行政审批许可。对长江及连江支流（荆南四河）两岸堤防之间、长江干堤及连江支流（荆南四河）堤防堤内脚至100米、荆江大堤堤内脚至550米范围内新建、扩建、改建的建设项目〔包括开发水利（水电）、防治水害、整治河道的各类工程，如跨河、穿河、穿堤、临河的桥梁、码头、道路、渡口、管道、缆线、取水口、排污口等建筑物，厂房、仓库、工业和民用建筑及其它公共设施等〕进行初审上报。

（三）河道保护

河道清障 确保河道泄洪通畅是河道保护的首要任务。河道行洪障碍分为自然形成和人为设障两类。不同类型的行洪障碍有的缩小了河道过水面积，有的增大了河道糙率，从而降低河道泄洪能力；有的还会影响河势变化，这些都会对防洪安全造成威胁。由于历史原因，荆州河段干支流河道围垦民垸众多，大垸连小垸，小垸连巴垸，影响了河道过洪能力。对这些民垸，规模较小的有计划地进行清除，规模较大有人居住并形成一定工农业基础的，纳入防洪预案，在一定水位情况下，根据防洪保安需要限时扒口行洪。对违反水法规定，人为设置的阻水物，实行不定期检查，同时每年汛前进行一次集中大规模检查清理，按照"谁设障、谁清除"的原则限期清除，以恢复河道通畅，保持其过水能力。

河道采砂管理 河道内的砂石是河床的重要组成部分，是河道水沙运动处于动态平衡的产物，采砂（石）活动不可避免地涉及堤防、护岸等防洪工程的安全与河势的稳定。荆州河段干支流河道中蕴藏着丰富的砂石资源，随着经济和城乡建设发展，对砂石等建材的需求量与日俱增。但由于荆江河道的特殊性和荆江地区防汛抗洪的极端重要性，至今国家未在荆江河道批准设置采点。但是，有需求就有供给。荆州河段干支流河道也存在滥采乱挖现象，对堤岸安全和河势稳定造成影响。《中华人民共和国河道管理条例》、《长江河道采砂管理条例》等法规颁布后，湖北省又先后颁布《湖北省河道管理实施办法》、《湖北省长江河道采砂管理实施办法》，对河道采砂活动的主管机关、审批程序、收费等作出了具体规定。荆江地区作为长江中下游防洪重点区，省水利厅在荆江沙市段设立湖北省采砂管理局荆州基地，负责宜昌、荆州两市的长江河道采砂管理。根据工作职能和职责的要求，荆州市长江河道管理局也承担着荆江河道采砂管理任务。

（四）河道监测

建国以来，围绕荆江河床演变和崩岸整治工程，先后开展了险工护岸和河床演变等项观测，以加强河道崩岸的可预见性，避免崩岸险情的突发性，争取整治的主动权。所取得的观测成果，为护岸工程设计和施工提供了一定科学依据。

险工护岸观测工作。1956年前后，由荆州地区长江修防处及所辖县段组织进行，重点险工护岸段由长江委所属荆江河道观测的专门机构结合荆江观测进行。1960年以后，观测工作由长办荆实站配合荆州地区长江修防处进行，1980年起，又主要由荆州地区长江修防处测量队负责实施。多年来，在荆江30多个河段和20多个护岸段分别进行了崩岸和护岸观测，其中对荆江大堤沙市、观盐、灵黄、祁冲、郝穴、城南等重点险工段进行重点观测。水下观测，每年汛前、汛后或汛期进行2～3次，测量宽度均过深泓线，一般为250～300米，个别重点险段为400米。河床演变观测，历年由长办荆实站负责进行。自1956年起对滨临荆江大堤的沙市、郝穴、监利3个河湾的河床演变进行系统观测。全江观测，每5年进行一次。通过崩岸观测，摸清了荆州河段崩岸的基本情况，对其规律和成因有了较为清晰的认识。

鉴于三峡工程运行后上游来沙量大幅度减少，荆江河段发生自上而下长时间、长距离沿程冲刷调整，河势变化可能对荆江防洪带来不利影响。2006年7月省水利厅成立湖北省荆江河道演变监测及研究领导小组，2007年荆江河道演变监测及研究项目启动，由荆州市长江河道管理局组织实施，荆州市长江勘察设计院与长江水利委员会长江科学院共同开展荆江河道演变监测及分析工作。项目主要内容：①2007—2010年连续4年对荆江全河段进行年度巡查，并对两岸堤外滩地较窄或无滩、迎流顶冲、深泓贴岸段以及河势变化较大的岸段进行近岸河床地形测量。②根据实测水文地形资料，连续系统地分析三峡工程运行前后河道冲淤变化、洲滩与汊道演变、岸线变化，明晰三峡工程运行后荆江河道及三口口门段演变规律，并预测河势变化趋势。③根据河道监测资料，通过对监测岸段近岸河床水下坡脚前沿监测导线高程沿程变化分析、冲刷坑面积变化和最深点高程变化分析、典型断面比较分析相结合的方法，综合研究荆江监测岸段近岸河床变化特点。④根据近岸河床的冲淤变化、岸坡的地质边界条件、相关地段河势变化等河道岸坡稳定影响因素，建立河道岸坡稳定等级评估技术指标体系，并对各监测岸段进行评估。⑤根据上述研究成果，确定并绘制监测年度内存在的防洪安全隐患及可能引起河势向不利方向发展的岸段分布图，为荆江地区防洪安全管理提供技术指导，并为荆江河势控制工程与航道整治工程的规划设计提供技术支撑。该项目分5年实施。

水下地形测量，一类河段一年两次（汛前汛后各一次），二类河段每年汛后一次。定期观测分为岸上定期观测和河势查勘（每年一次）。资料整编采用的分析方法为：监测导线分析法、荆江河道岸坡稳定性评估分类技术指标体系、监测岸段河势评估综合归纳法。通过对监测岸段近岸河床的水下坡脚前沿的导线高程沿程变化分析、冲刷坑面积变化和最深点高程变化分析、典型断面比较图分析方法相结合进行分析，可实现总体量化分析和局部图形分析的优势互补。监测导线法分析近岸河床变化，可全面直接反映监测岸段沿线近岸河床的变化情况，克服典型断面法分析近岸河床变化的代表局限性，达到可直接发现监测岸段近岸河床冲淤变化的沿程（顺水流方向）分布关系，具有总体量化分析的特点；典型断面比较图分析和冲刷坑面积以及最深点高程变化分析可直接发现局部岸段近岸河床冲淤变化的横向（垂直水流方向）分布关系。

（五）岸线利用管理

岸线利用管理虽属建设管理的一部分，但在河道管理中有其特殊重要性。荆州河段干支流沿岸分布有许多城镇、工矿企业、水利设施和港口码头。改革开放以来，区域经济迅猛发展，河道岸线开发利用速度越来越快，沿江两岸新建、扩建、改建工程设施如港口、码头、取排水口、桥梁等尤多。河道岸线开发利用一般需占用江岸、水域甚至滩岸，减小了泄洪断面，对水环境、河道防洪安全、河势稳定及航运通畅均有一定影响。

为了加强河道岸线开发利用建设项目的管理，管理部门注重正确处理河道岸线开发利用与防洪的关系，既积极支持经济建设，合理开发利用，同时又实行严格管理，务使建设项目服从防洪整体规划和安排，服从河道整治规划、岸线利用规划，维护河道堤防安全，保持河势稳定及行洪通畅。

荆江河段岸线开发利用管理工作已走上法制化、规范化轨道，建设项目必须由河道管理部门审查批准后方能开工建设。

鉴于荆江大堤的特殊重要性和国际国内日益严峻的反恐形势，为及时、高效妥善处置恐怖袭击对荆江大堤的破坏，保证荆江大堤安全，保障公众生命财产安全，减少灾害损失，维护公共利益和社会秩序，维护社会稳定，促进荆州市经济社会全面协调可持续发展，荆州市长江河道管理局依据水利部水汛〔2003〕253号文件和相关法律法规，结合荆江大堤实际，制订《荆江大堤反恐怖应急预案》。预案共分总则、组织机构与职责、预测预警、应急处理、恢复重建、应急保障、监督管理、附则8个部分。

二、水政监察

荆州市长江河道堤防水政监察机构设置于1998年，分为两个层级：市局设河道堤防水政监察支队；所属各分局、北闸管理所、南闸管理所设大队。其职能是宣传贯彻水法规；保护水资源、水域、水工程、水土保持、生态环境，以及防汛抗旱、水文监测等有关设施；对水事活动进行监督检查，维护正常的水事秩序；依据水法规的规定，对公民、法人或者其它组织遵守、执行水法规的情况进行监督检查，对违反水法规的行为依法实施行政处罚或者采取其它行政措施；配合和协助公安和司法部门查处水事治安和刑事案件；对下级水政监察队伍进行指导和监督；受水行政执法机关委托，办理行政许可和征收行政事业性规费。2003年7月22日，市政府以荆政法办〔2003〕9号文件明确荆州市长江河道管理局及所属荆州分局、沙市分局、江陵分局、松滋分局、公安分局、石首分局、监利分局、洪湖分局、北闸管理所、南闸管理所具有合法的行政执法主体资格。其后，荆州市长江河道管理局行政执法人员统一使用省政府制发的行政执法证，从事执法活动。

第七节　奖　　惩

一、奖惩条例

清代奖惩办法　康熙三十九年（1700年）议准：湖广筑堤责令地方官每年九月兴工，次年二月告竣。如修筑不坚，以致溃决，将巡抚按"总河例"、道府按"督催官例"、同知以下按"承修官例"议处[1]。同年康熙下旨：江堤与黄河堤不同，黄河水流无定，时常改道，故设河官看守，江水并不改移，故交地方官看守。……嗣后湖广堤岸溃决，府州县官各罚俸禄一年，巡抚罚俸半年[2]。

雍正七年（1729年）朝廷议准：武昌、荆州、襄阳三道加兼理衔，统辖武昌等府同知、州同、县丞、主簿等官员。对于防汛、修堤等工作不负责任的官员，由各道揭发参奏，该道徇隐不揭，由督府一并题参[3]。

乾隆二十四年（1759年），地方官劝民疏渠开堰多者酌量记功。有急工捐资在三百两以下者给牌匾；三百两以上者题请议叙[4]。

民国奖惩条例 民国十八年（1929年）四月，内政部颁布《水利官员考绩条例》，规定水利官员每年考绩一次，由主管机关分别给予奖惩。奖励共分五等，即升级、加俸、记大功、记功、嘉奖；惩戒分为六等，即免职、停职、减俸、记大过、记过、申诫[5]。民国二十年（1931年）三月，省政府颁布《湖北水利堤工奖惩暂行章程》，其中第二条规定，各堤实施工程人员及有堤防关系之各县县长，有下列事实之一者，应分别酌情奖励：①承办堤工确系工坚料实，在保固期限经过大汛，毫未发生险状。②督促工程提前告竣，并能节省原估工费，使工程完全巩固。③遇有难工险工而能设法抢筑，并节减工款使该堤稳固无虞。④夏秋两汛防险得力，或调遣民夫协助有方，因而全部堤防保庆安澜。⑤水势盛张发生特殊险状，尽力设法抢救致未溃决。⑥略。⑦其它不避艰险在堤工上有显著劳绩，由当地民众团体报告经查明确实。

奖励项目分为：嘉奖、记功、记大功、加俸、递升、依次递升、调升（依该员具有学识职位予以提升调用或存记）。

第八条规定：办理堤工人员及有堤防关系之各县县长，有如下事实之一者应分别考察情形，酌予惩处：①凡水利局内职员及所派查勘验收各员，如设计考核不当，查勘验收不实，或有其它情弊甚或至工程发生危险。②办理堤工不依估定计划，图减工料，以致工程草率，发生重大危险。③办理堤工疏于督促，以致不能按期告竣或故意延长时期虚糜公款。④在保固期内发生重大险状，或致溃决莫可抢救。⑤防汛抢险办理不力，或仰望推卸，不尽力协助以致堤身溃决，或经人民团体举报某处堤防发生险状，延不履勘又不呈报。⑥略。⑦对于溃险工程修防事宜协助不力或藉故推诿。⑧其它废弛堤工上之职务，不听指挥，任意延滞等情事。

惩罚包括：申斥、记过、记大过、撤职、停委（一至三年）、降级（照原级递降）、追赔。

第十条规定，办理堤工人员如果侵蚀工款情节重大，由水利局详叙事实呈请省政府特别惩办。

第十一条规定，办理堤工人员如无重大过失妨碍工程进行者，不得中途更换[6]。

民国二十五年（1936年），省政府令颁《防止堤工弊端办法》，规定：凡修干堤、民堤或兼办堤工机关员役人等，不得为包工或承揽人，堤工完竣后，工程负责人，应出具三年保固期切结，如有溃决情事，除完全赔偿外，并予以刑事处分[7]。

民国二十七年（1938年）三月二十九日，省政府为防止堤工弊端，将原来拟定之水利堤工奖惩暂行章程，改为监察堤工办法七条，会饬有堤各县遵照执行。其中第一条规定："凡修筑干堤、民堤或兼办堤工机关员工等，经查明有自办堤工或充承揽人者，无论已否发觉舞弊情事，均依公务员考绩奖惩条例第三条之规定，从严议处"。[8]

建国后防汛奖惩暂行办法 1950年由湖北省防汛总指挥部命令公布施行《防汛奖惩暂行办法》，其中第二条规定，有下列各款事实之一者，得根据具体情况予以集体奖或个人奖：①组织严密，分工合理，布置妥善，计划周到，能掌握水情，在紧急情况下防守得宜，得庆安澜者。②平时对堤防能注意检查巡视，遇有险工能不顾艰苦，不怕牺牲，不分昼夜，不畏风雨，化险为夷，卓有劳绩者。③对本段防守能完成任务，并对邻段险工能作适当之援助者。④对于抢险材料及工具准备充足，平时能妥善保管遇险工能及时供应，对防汛工作起良好作用者。⑤对水情及雨量之报告迅速确实，并掌握时效，卓具劳绩者。⑥对抢堵险工有新的建议或创造，因而克服困难完成任务者。⑦有其它特殊贡献或成绩者。

第四条规定：有下列各款事实之一者，得根据具体情况予以惩罚：①对工作之计划与完成粗枝大叶，麻痹大意，因而出险者。②对于堤段平时既失于注意检查，遇险工又未能组织干部带动群众尽力抢救，因而遭受损失者。③对抢险料具未能及时供应因而出险者。④对水情雨量报告不确实或延误时间者。⑤工作不负责任，不服从指挥，不遵守纪律及擅离职守者。⑥其它认为应受处罚者。

第五条规定，奖励办法：①登报表扬；②通令表扬；③奖状、奖旗、奖章；④奖品、奖金；⑤荣誉（模范、英雄）。

第六条规定，罚惩办法：①批评；②警告；③通报；④处分[9]。

《中华人民共和国河道管理条例》第四十四条规定（节录）：汛期违反防汛指挥部的规定或者指令的，县级以上地方人民政府河道主管机关除责令其纠正违法行为、采取补救措施外，可以并处警告、罚款、没收非法所得；对有关责任人员，由其所在单位或者上级主管机关给予行政处分；构成犯罪的，依法追究刑事责任。

1997年8月29日颁布实施的《中华人民共和国防洪法》第七章明确了防汛的法律责任（略）。1998年11月27日湖北省第九届人民代表大会常务委员会第六次会议通过湖北省实施《中华人民共和国防洪法》办法。其中第五章明确了相关法律责任，并作出处罚规定（略）。

违章处理　有下列行为之一的，县级以上地方人民政府河道主管机关除责令其纠正违法行为、采取补救措施外，可以并处警告、罚款、没收非法所得；对有关责任人员，由其所在单位或者上级主管机关给予行政处分；构成犯罪的，依法追究刑事责任：

（1）在河道管理范围内弃置、堆放阻碍行洪物体的；种植阻碍行洪的林木或者高秆植物的；修建围堤、阻水渠道、阻水道路的。

（2）在堤防、护堤地建房、放牧、开渠、打井、挖窖、葬坟、晒粮、存放物料、开采地下资源、进行考古发掘以及开展集市贸易的。

（3）未经批准或者不按照国家规定的防洪标准、工程安全标准整治河道或者修建水工建筑物和其它设施的。

（4）未经批准或者不按照河道主管机关的规定在河道管理范围内采砂、取土、淘金、弃置砂石或者淤泥、爆破、钻探、挖筑鱼塘的。

（5）未经批准在河道滩地存放物料、修建厂房或者其它建筑设施，以及开采地下资源或者进行考古发掘的。

（6）违反本条例二十七条的规定，围垦湖泊、河流的。

（7）擅自砍伐护堤护岸林木的。

（8）汛期违反防汛指挥部的规定或者指令的。（《中华人民共和国河道管理条例》第四十四条）

有下列行为之一的，县级以上人民政府河道主管机关除责令纠正违法行为、赔偿损失、采取补救措施外，可以并处警告、罚款；应当给予治安处罚的，按照《中华人民共和国治安管理处罚条例》的规定处罚；构成犯罪的，依法追究刑事责任：

（1）损毁堤防、护岸、闸坝、水工程建筑物，损毁防汛设施、水文监测和测量设施、河岸地质监测设施以及通信照明等设施。

（2）在堤防安全保护区内进行打井、钻探、爆破、挖筑鱼塘、采石、取土等危害堤防安全活动的。

（3）非管理人员操作河道上的涵闸闸门或者干扰河道管理单位正常工作的。（《中华人民共和国河道管理条例》第四十五条）

河道主管机关的工作人员以及河道监理人员玩忽职守、滥用职权、徇私舞弊的，由其所在单位或者上级主管机关给予行政处分；对公共财产、国家和人民利益造成重大损失的，依法追究刑事责任。（《中华人民共和国河道管理条例》第四十八条）

二、奖惩事例

授奖　清道光十三年（1833年），郝穴主簿尹春年因办理郝穴许仙观等处石工及防护抢险有功，按"应升之缺升用"[10]。

道光二十三年（1843年），黄冈县丞汤景，在办理观音寺石矶及帮修万城堤时尽心出力，先后记大功四次，并按"应升之缺升用"[11]。

咸丰十一年（1861年），荆州知府唐际盛，自八年至十一年知府任内，冬春亲督筹修，伏秋驻工防护，不辞劳瘁，又捐资以抢险，致连续三年"岁庆安澜"，赏"二品顶戴"。此次承俸、佐杂、印委各员亦各记大功三次。后，凡"三庆安澜"者，均援此例[12]。

民国四年（1915年），万城堤工局总理徐国彬因"三庆安澜、劳绩异常"经内务部核议，大总统批准，授给"七等嘉禾章"；协理杨继南、总稽查员韩毓荫、收支员王华栴奖给"九等嘉禾章"[13]。

民国二十年大水成灾后，湖北省参议员傅向荣（监利鄢铺人），为家乡人民多次在省筹措经费，对修复上车湾月堤有功。监利县参议会第三次呈请国民政府："傅先生对监利堤防贡献殊多，兹为表彰功绩起见，请县府在车湾月堤建碑纪念。"后因战乱未予实施。

民国二十三年，荆江堤工局长徐国彬因"劳绩卓著"，国民政府主席林森题词"绩著安澜"匾额，以资表彰[14]。

民国三十五年七月二日，行政院水利委员会电："江汉工程局第七工务所主任陆孝嵩等，办理监利、石首堵复工程督导有方，工程均能限于汛前完成，殊堪嘉赏，有功人员各记功一次。"陆银如、沈永治、王启明、沈清濂、侯大恒、张肇贤、丁质明、朱礼成分别获大会嘉奖。

1978年水电部授予荆江大堤灭蚁工程队"水利电力科学技术先进集体"称号，并在全国科技大会上授予"合作完成堤坝白蚁防治研究成果奖"[15]。

1990年，因管理工作成绩突出，国土资源部授予监利堤防管理总段蔡荪荣"土地管理先进工作者"荣誉称号。

1991年，因管理工作成绩突出，水利部授予监利堤防管理总段刘绍虎"水利管理先进工作者"荣誉称号。

2004年，高加成、刘晓红、甘新民"堤身蚁穴系统的结构及强度与稳定性"研究成果获水利部"科技进步一等奖"。

2006年，因堤防管理工作业绩突出，方绍清荣获水利部"全国水利建设与管理先进个人"荣誉称号。

2008年，因堤防日常管理工作业绩突出，湖北省总工会、荆州市委宣传部、荆州市妇联分别授予松滋分局黄昌凤"湖北省女职工建功立业标兵"、"荆州市三八红旗手"荣誉称号。

2009年，因堤防日常管理工作业绩突出，荆州市人民政府授予江陵分局陈永珍"荆州市特等劳动模范"荣誉称号。

2010年，因堤防日常管理工作业绩突出，湖北省总工会授予江陵分局陈永珍"湖北五一劳动奖章"。

处分 清乾隆五十三年（1788年）水灾善后处理中，经乾隆皇帝御批，分别对有关责任者严惩：湖广总督舒常革职留用赎罪，认罚银四万两；前任湖广总督特成额革职抄家，解京治罪；湖北巡抚姜晟革职；前任湖北巡抚李封革职留用赎罪，认罚银二万两；湖北藩司陈淮革职留任八年，无过方准开复，认罚银二万两；荆宜施道陈世寿、荆州知府俞大猷及前任荆州同知尹衡革职；前任荆州同知陈文纬降二级调用；甘澍赔银六千两，降三级调用；江陵知县雷永清革职并赔银五千两；前任知县孔毓檀、王嘉谟各赔银五千两；江陵县丞王廷梁、黎士烜，荆州府司狱马鸿均督修堤工之人，各杖一百，徒刑三年[16]。

道光十二年（1832年）大堤溃决处，凡属新建工程或未满保固期限者，查明承修官员及接防官员一并惩处，并追赔夫工银两，承修者追赔七分，接防者追赔三分。

道光十七年（1838年）湖广总督林则徐、湖北巡抚周之琦，为改除堤政积弊，对"监利土局滥征堤费，引起民众捣局事件"处理了土局首士。经报朝廷准奏"重新稽查监利土局章程"，规定："局不许多设，人不可多充，用不可多开，费不可多派"，首士必由公举，不许留连把持。

道光二十二年（1842年）堤溃，知府程伊湄"咎无可辞"被革职留任，限两月修复溃口，所需银两计二万八千三百余两由其认赔[17]。

道光二十四年（1844年）李家埠堤溃，负责驻防的荆宜施道李廷棨因失职按律应照"黄运河失事之例"惩处，但湖广总督裕泰、湖北巡抚赵炳言"谨请摘去顶戴，与例未符"，经部议并报皇帝批准，改为"降四级督赔"处分。裕泰、赵炳言因未按律呈报，以"违令公罪律"，分别给予罚俸九个月和罚俸六个月之处分。其中裕泰任内有记功记录一次，部议可抵罚俸六个月，实际罚俸三个月[18]。

民国二十年（1931年）水灾一案，经监察院提出弹劾，中央公务员惩戒委员会于1938年3月28日分别对有关责任者作出处理决定：湖北省水利局长陈克明等免职并停止任用二年；卢邦燮（嘉鱼县长）、卢泽东（石首县长）等降一级改叙。王星一（沔阳县长）、张明之（枝江县长）、卢本权（江陵县长）等减月俸百分之十，期间四月。毕蔚如（汉阳县长）、万树铭（监利县长）等减月俸百分之十，期间二月。

民国二十四年（1935年）荆江大堤溃决一案，中央公务员惩戒委员会于1938年5月7日议决：①原江汉工程局局长杨恩廉玩忽职守，予以免职并停止任用十二年；②原荆江堤工局万城分局堤工主任吴锦棠，玩忽职守，予以免职并停止任用十年；③原荆江堤工局局长徐国瑞，玩忽职守，予以降二级改叙。

1955年7月3日，监利白螺丁家洲围堤溃决，中共监利县委纪律检查委员会调查溃口事件后，给予白螺区区长傅冠章党内严重警告处分，对杨焕茂、余振重分别给予警告和记过处分；荆州专区防汛指挥部对此通报各地。

1980年8月28日，监利三洲联垸万家墩堤溃口后，中共荆州地委纪律检查委员会组织联合调查组，对溃口事件进行了调查。中共监利县委向省委、地委分别作了书面检查。荆州地委向省委呈送了《处理报告》。1981年2月27日，中共湖北省委办公厅在荆州地委《关于处理监利县三洲联垸洲堤溃口的复函》中指出："省委同意你们的处理意见，望组织各有关方面深入进行总结，认真吸取教训，切实纠正工作中的错误，并采取得力措施，搞好溃口堤段的复堤、加固和堤防检查、岁修工作。"

1984年2—3月，江汉石油管理局、地球物理勘探公司2213地震队，严重违反堤防管理规定，不经堤防管理部门批准，擅自在荆江大堤黄灵垱、王府口险段大堤内外禁脚范围内进行物探爆破120孔，造成极为严重的人为险情，严重威胁大堤安全。经有关部门研究决定，分别对有关责任人处理如下：2213地震队队长开除留用；江汉石油管理局主管处长、总工程师各记大过一次；荆州地区长江修防处及江陵总段有关人员亦分别受到党纪政纪处分。

注：

[1]、[2]、[3]、[4] 摘引自《大清会典》。

[5]、[13]、[14] 摘引自1937年版《荆江堤志》。

[6]、[7]、[8] 引自《湖北省水利工作大事记》载引《省档资料》。

[9]、[15]、[16] 详见荆州市长江河道管理局档案室相关档案资料。

[10]、[11]、[12]、[17]、[18] 见《荆州万城堤志》。

第八节　财　务　管　理

一、财务管理机构及程序

荆州河段干堤（荆州市辖境）财务管理体制机制随着岁月的变迁不断建全和完善，管理程序渐趋科学和严密。据史料记载，荆江大堤因其特殊的历史地位，最早出现荆州长江堤防财务管理机构的雏形。荆江大堤历史上每年岁修所需人工及经费，由江陵县册书按粮造册摊派，并由民间公举三四人"司理出入"。至清嘉庆六年（1801年）始"金派绅士于沙市设局收缴土费"，称"土局"。此种土局到民国初曾增设至六所，分别设于荆州、岑河、枣林岗、龙二渊、郝穴和普济。民国二十年（1931

年）裁撤土局，改由江陵县财政局"随粮附征"，湖北省堤工经费保管委员会派"监征员"监征。民国期间，荆州其它长江堤防的情况与此类似。

建国后，为加强河道堤防财务管理，荆州地区长江修防处（荆州市长江河道管理局）及所属各修防总段（荆州市长江河道管理局各分局）分别设立科、股专司财务工作。1960 年以前，设财器股。1960 年以后，地、市级改股为科，县级仍为股。1984 年后改称"计财科"、"计财股"。1999 年后均改称"财器科"。在业务上实行上下对口领导，归口管理。1974 年，荆江大堤加固工程纳入国家基本建设计划后，省委、省政府为加强该工程的领导，成立"湖北省荆江大堤加固工程总指挥部"，下设后勤处，由荆州地区长江修防处选派人员组成，负责管理荆江大堤加固工程建设资金。1984 年机构改革后，湖北省荆江大堤加固工程总指挥部后勤处与荆州地区长江修防处计财科合署办公，一套人马，两块招牌。1998 年后，随着国家基本建设管理体制的改革，堤防建设工程实行"四制"管理（项目法人制、招标投标制、合同管理制、建设监理制），省水利厅成立湖北省河道堤防建设管理局，担任项目法人。同时，为加强荆州长江堤防的建设管理工作，省水利厅批准组建荆江大堤加固工程、洪湖监利长江干堤整险加固工程、荆南长江干堤加固工程、松滋江堤加固工程、南线大堤加固工程和荆南四河加固工程 6 个建设管理办公室，下设财务部，与荆州市长江河道管理局财器科合署办公。各项目建设管理办公室在相应管辖范围的分局、荆南四河支民堤管理段设立项目部，其财务由各自所依托的财务部门负责。

按照国家财政管理的规定，荆州市长江河道管理局为湖北省财政全额预算管理事业单位。其财务管理工作，直接受省水利厅领导。"文化大革命"期间，曾一度下放到荆州地区水利局管理，1980 年后予以恢复。各类工程的基本建设资金，1988 年以前按国家规定接受开户行建设银行和上级主管部门的监督；1988 年以后接受计划、财政、审计、监察和水利等主管部门的监督。财务管理程序为：省水利厅计财处、省河道堤防建设管理局财务处对荆州市长江河道管理局财务工作进行监督管理。1998 年以前，由省水利厅计财处全面负责管理。1998 年后，省水利厅计财处侧重于人员机构经费和水利事业费的管理，而省河道堤防建设管理局财务处则重点管理堤防建设资金。荆州市长江河道管理局对所属分局的财务工作和荆南四河支民堤管理段的工程建设资金进行监督管理。资金流向哪里，财务监督管理就跟踪到哪里。年度预算和决算按照自下而上的程序进行编报，审批工作则按自上而下的程序进行。资金流向为由上而下，按照"专户存储、专账核算、专人管理"的要求，实行省厅（局）、市局（建办）、分局（项目部、管理段）三级核算管理体制。

按照国家规定，根据资金的不同来源和性质，采取不同的管理办法和核算制度。对于中央和省级财政安排的基本建设资金，执行《国有建设单位会计制度》和《基本建设财务管理规定》；对于利用世行贷款的荆南长江干堤加固工程项目资金，执行其专门的财务管理办法和会计核算制度；对于中央、省级财政安排的特大防汛费、水利建设基金、正常防汛经费、堤防岁修经费、堤防维护费和人员机构经费及综合经营周转金等水利事业经费，按《事业单位会计制度》和相应的财务管理办法执行。此外，1985 年以后，随着国家经济体制改革的不断深化，为解决人员经费不足，堤防部门先后兴办了一批经济实体，这些实体从 1993 年会计制度改革以后，分别执行相应行业的财务管理办法和会计制度。

二、建国前堤防经费来源

堤防修防经费，历史上主要依靠"摊征"方式解决。如荆江大堤，每年汛后即由主管官员派人前往各堤段逐段勘估，核计土方量及费用，然后由江陵县按田亩摊派到户。至清雍正年间始有动用"帑金"的记载，但投入金额极少，故称"官助民修"。乾隆五十三年（1788 年）大水后，发帑银 200万两，修复堤工，并将荆江大堤由"民堤改称官堤"，但嗣后仍照旧例，动用民力自行修理，规定工程费用在 500 万两以上者，准其"借项"官为办理，即由司库先行筹垫，再于下年由业户名下按亩摊征归款，称"官督民修"。道光以后，因水患频仍，民力耗尽，国库支绌，因而规定捐款修筑者可以加官晋爵，称为"捐修"，以解决经费来源之不足。民国时期，堤工经费仍以征收土费为主，民国九年（1920年）起开始从食盐公益捐中按比例提款用于堤工补助，名为修防公益捐。规定：川盐每包重100千克提款400文；精盐每包重75千克，提款300文；淮芦盐每包重50千克提款200文。其中五分之一用于堤工补助，五分之四用于其它公益事业。至民国二十四年（1935年）水灾后，民力枯竭，始由国库对堤工经费给予补助。民国二十九年至三十四年（1940—1945年）日军占领期间，堤工所需费用则由"县政筹备处"或"维持会"在烟土费及各种官办组合商品盈利项下开支。其它长江干堤历年修防经费与荆江大堤情况类似，列为民堤时实行"民征民修"，修防经费由所在堤受益田亩摊征，称为土费。列为官堤后，其堤防经费由省堤工捐款支付。

三、建国后历年堤防投资

建国后，党和政府高度重视荆州长江堤防建设，长期以来，投入大量人力、物力和财力，兴修了一大批防洪工程。20世纪50年代初兴建荆江分洪工程；60年代修建涴里隔堤工程，实施下荆江裁弯取直工程；70年代实施荆江大堤加固工程；80年代实施下荆江河势控制工程、江南四口整治工程；90年代相继实施南线大堤加固工程、松滋江堤加固工程、洪湖监利长江干堤整险加固工程、荆南长江干堤加固工程和荆南四河加固工程等一大批重点建设项目。通过这些工程项目的建设，荆州长江堤防已基本达到防洪标准，抗洪能力显著增强，为国民经济和社会发展提供了可靠保障。据统计，1950—2010年，国家累计投入荆州长江堤防建设资金522881.34万元，年均投入8714.69万元。

上述建设资金，根据投资强度不同，大致可分为两个阶段：1950—1998年为第一阶段，这一阶段的主要特点是国家投资与群众负担相结合，投入强度较弱。除松滋江堤、南线大堤和下荆江河势控制工程等基本建设项目外，绝大多数工程均以群众负担为主。施工方式以人挑肩扛为主，打人海战术。这是因为建国以后百废待兴，在相当长的一段时间内，国家财力十分有限，对堤防建设投入相对不足。群众负担主要是投工投劳和一些民筹器材。这一时期，国家共投入堤防建设资金101825.14万元。

表6-6　　　　　　1950—1998年荆州河段堤防投资统计表　　　　　　单位：万元

年度	全市长江堤防	年度	全市长江堤防	年度	全市长江堤防	年度	全市长江堤防
1950	772.84	1963	478.12	1976	2261.51	1989	3712.97
1951	312.35	1964	867.82	1977	1605.88	1990	3916.01
1952	186.73	1965	503	1978	1784.63	1991	5319
1953	598.69	1966	563.61	1979	2188.93	1992	2567.71
1954	1080.46	1967	303.69	1980	2379.07	1993	4164.81
1955	2038.21	1968	389.34	1981	2440.08	1994	3946.95
1956	1091.53	1969	1385.39	1982	2528.98	1995	5336.59
1957	483.88	1970	2135.12	1983	2432.92	1996	4290.65
1958	401.49	1971	1446.61	1984	2386.65	1997	4903.61
1959	710.68	1972	2017.43	1985	2450	1998	5975.07
1960	1008.84	1973	1618.92	1986	3323.7		
1961	271.43	1974	1104.66	1987	3776.3		
1962	379.72	1975	2448.86	1988	35533.7		

注　表中统计投资数，全市长江堤防投资金额包括堤防基建、岁修和防汛经费等。

1999—2009年为第二阶段。这一阶段的主要特点是国家投资为主，地方配套为辅，投资强度大，相当于前一阶段的4.14倍。地方配套包括货币配套资金和非货币配套资金（投劳折资和政策性税费减免等）。这一阶段地方配套货币资金23374.27万元。其中：荆南长江干堤加固工程省级配套资金

21442.84万元；荆江大堤加固工程省级配套1500万元，县市配套401.43万元；洪湖监利长江干堤整险加固工程县市配套30万元。非货币配套资金为根据省财政厅、省计委、省水利厅《关于印发〈湖北省水利基本建设地方自筹配套资金核算管理办法〉的通知》（鄂水财〔2001〕35号）核算的投劳折资、政策性减免等政策性配套事项的价值，共计29950.17万元。第二阶段的施工方式以机械化作业为主，专业施工企业成为主力军。在这一阶段，堤防建设投资之所以如此巨大，首先得益于我国改革开放所取得的巨大成就，综合国力显著增强。其次，1998年长江发生流域型特大洪水，荆州长江堤防险象环生。党中央、国务院、中央军委果断决策，及时调派数万名人民解放军指战员与荆州人民一道与洪水进行殊死搏斗，最终夺取了抗洪斗争的胜利。同时，国民经济面临1998年亚洲金融危机的严重冲击，急需拉动国内市场需求，从而促进经济发展。因此，大汛以后，国家投入巨资，开展大规模堤防建设，荆州长江堤防更是此轮建设的重中之重。1999—2009年，荆州长江堤防共开建荆江大堤加固工程、洪湖监利长江干堤整险加固工程、荆南长江干堤加固工程、松滋江堤加固工程、南线大堤加固工程和荆南四河加固工程等6个重点建设项目，国家累计投资421056.2万元。这10年的投资是前50年投资之和的4.14倍，荆州长江堤防面貌焕然一新，发生翻天覆地的变化。

同一时期，大规模堤防建设开始以后，水利事业费的投入转为以堤身整形、管理设施维护、白蚁防治、砂石料仓维修等小型项目为主。至2010年共投入资金18389.49万元，年均投入资金1671.77万元。这些资金的使用管理，由荆州市长江河道管理局及所属各分局根据省下达的资金计划和预算，将资金落实到位，按要求完成项目内容并办理项目验收，确保专款专用。从2004年起，随着财政"部门预算、政府采购、收支两条线和国库集中支付"三项制度改革的逐步推行，财务管理和会计核算都发生了相应变化。

表6-7　　　　　　　　　　1999—2009年荆州河段堤防投资统计表　　　　　　　　　单位：万元

年　度	荆江大堤	松滋江堤	南线大堤	荆南长江干堤	洪湖监利长江干堤	荆南四河	合计
1999	16730.45	7514.8	1695.36	2345	19349.21		47634.82
2000	9033.05	3791.1	1014.4	6607.35	18710.2	3944	43100.1
2001	2301.49	32.28	120.65	1825.72	14886.91	1970	21137.05
2002			823.41	11539.09	48757.63	1497.28	62617.41
2003	2575.8	1615.25	861.34	9374.41	40465.82	2142.51	57035.13
2004	1525.99			12011.96	16441.82	3685.56	33665.33
2005	1295.54			8997.24	11011.29	4460.69	25764.76
2006	16188.93	559.24			2067.12	4061.55	22876.84
2007				33207.29	2110.32	2826.44	38144.05
2008					60633.43	1650.1	62283.53
2009						6797.19	6797.19
合计	49651.25	13512.67	4515.16	85908.06	234433.75	33035.32	421056.21

四、堤防经费负担政策

建国后，堤防建设经费长期实行国家投资与群众负担相结合的办法。1950—1998年，堤防历年岁修加固、防汛抢险都由群众义务负担，国家给予适当补助。1999—2009年，堤防工程建设以国家投资为主，地方配套为辅。2003年以后，随着国家财力的不断增强，堤防岁修经费和防汛经费全部由省财政纳入预算进行安排，群众不再负担。堤防经费按资金性质可分为三大类，即建设资金、管理资金和防汛经费。这三类资金的负担政策各不相同。

（一）建设资金负担政策

用于荆州长江堤防建设的资金包括基本建设资金和水利事业费两大类。基本建设资金又分为中央、省级预算内拨款、基金拨款、拨改贷资金、国债资金、世行货款等。水利事业费包括中央、省财政安排的水利事业费、水利建设基金等。

1. 基本建设资金

基本建设资金是指按照基本建设程序，纳入国家基本建设计划、按经批准的概、预算进行使用管理的项目建设资金。不同性质的资金有不同的负担政策和管理要求。

中央、省级财政预算内拨款、基金拨款、拨改贷资金 这种资金是基本建设项目资金的主体，由中央和省级财政负担。建国以后，荆州长江堤防建设的大部分工程项目都是使用此类资金。1998 年以前，荆江大堤加固工程为水利部直供项目，不仅资金由中央财政负担，而且国家还按计划供应工程所需的钢材、木料、水泥、汽油和柴油等物资。

国债资金 1998 年长江大汛以后，国家加强了堤防建设的投资力度，发行国债用于堤防工程建设。荆江大堤加固工程、洪湖监利长江干堤整险加固工程、荆南长江干堤加固工程、松滋江堤加固工程、南线大堤加固工程和荆南四河加固工程都全部或部分使用了国债资金。荆南四河加固工程投资按照中央国债资金负担一半、地方各级配套一半的原则安排。其余工程项目投资按照中央国债资金负担80％、地方配套 20％的原则安排。

世行贷款 1998 年长江大汛以后，国家为了迅速加固长江堤防，利用世界银行贷款进行堤防工程建设。从 2001 年起，荆南长江干堤加固工程改为世界银行贷款项目。世行贷款是国家财政部与世界银行签署协议并还本付息的贷款。工程建设由水利、计委、财政三部门共同负责，按世界银行贷款的相关要求组织实施，共同使用贷款资金 27569.71 万元。计委负责移民、永久征地；省、市财政部门负责世行报账及资金调度；水利部门负责主体工程建设管理和临时征地补偿。

2. 水利事业费

水利事业费是指纳入中央、省级财政预算，用于堤防整险加固和与基本建设项目配套安排的预算资金。包括特大防汛费、水利建设基金等。

特大防汛费是中央财政预算安排的用于补助遭受特大水灾的地方的防汛抢险专项资金，必须专款专用。主要用于大江大河大湖堤防（含重要支堤、分蓄洪区围堤）和重要海堤及其涵闸、泵站、河道工程。开支范围包括：伙食补助费、物资材料费、防汛抢险专用设备费、通信费、水文测报费、运输费、机械使用费和其它费用。特大防汛费用于水毁设施修复和防汛物资、设备批量采购可实行项目管理，直接负责项目实施的部门和单位（含施工单位）可以提取不超过该项目总额 3％的管理费，用于前期勘测和项目监督管理。不得开支农田水利设施、工矿、铁路、公路、邮电等部门和企业的防汛抢险费用、基本建设水毁工程等。

水利建设基金分为中央和省级两种，是分别经国务院和省政府批准筹集而设立的政府性基金，纳入中央和省级预算管理，专款专用。中央水利建设基金使用包括两部分：一是大江大河大湖治理工程支出；二是防洪工程支出（包括应急度汛支出）。省级水利建设基金是用于本省水利建设的专项资金。全省设立省、市、县三级水利建设基金。

水利建设基金的来源和标准如下：

从征收的政府性基金（收费、附加）中提取 3％。应提取水利建设基金的政府性基金项目包括：公路养路费、公路建设基金（含高等级公路建设资金）、车辆通行费、公路运输管理费、与中央分成的地方电力建设基金、公安和交通等部门的驾驶员培训费、市场管理费、个体工商业管理费、征地管理费、市政设施配套费。

从年度新增财政收入中剔除列收列支、政策性先征后返及按规定上解后，提取 10％作为水利建设基金。

非农业建设使用土地的，按获得土地使用权所发生的所有费用的 5％，向用地单位征收水利建设基金。国家重点工程、社会民政福利和安居工程以及军队、学校、科研机构的用地，免征水利建设基金。

有重点防洪任务的城市从征收城市维护建设税中划出 15% 的资金用于城市防洪建设（含武汉、荆州等）。

表 6 - 8 　　　　　　　　　　1999—2010 年荆州河段堤防水利事业费投入统计表 　　　　　　　　单位：万元

年 度	堤防岁修	防汛费	特大防汛费	整险经费	堤防维护费返还	专项补助	合 计
1999	578		345				923
2000	657.6	75.5		242	115.59	50	1140.69
2001	519.9	68		172	120.4	77	957.3
2002		60		218	121.6		399.6
2003		40	1000		130		1170
2004	430	140		261	119	100	1050
2005	400	100	260	22	166	440	1388
2006	400	100	50	269	126	50	995
2007	400	100		769	251	211	1731
2008	767	150		316	317.9	270	1820.9
2009	1644	360		708	407	300	3419
2010	1644	300	170	517	464	300	3395
合 计	7440.5	1493.5	1825	3494	2338.49	1798	18389.49

（二）管理资金负担政策

堤防岁修资金　长期以来，堤防岁修都由群众义务投工投劳负担，国家给予适当补助。建国初期，根据"田七劳三"的负担政策，农村以田亩为基础，加上适龄人口评议人工土方一次到户，每一标工国家补助 1.25 千克大米。1952 年实行土地改革以后，堤工负担问题根据合理负担的分配原则，实行"人田出工"的办法，分配到户，即每一适龄劳动力出工 2 个，每亩标准田出工 2 个，每工 3 千克大米，以乡为单位调剂，田少人多者得米，田多人少者出米。城镇工商业负担办法以 1 个月营业税为标准，以县为单位，合理负担。1958 年人民公社化以后，堤防岁修纳入县水利工程统一平衡负担，山区按"田劳各半"、平原按"田七劳三"的比例，由县逐级落实到公社，公社合理分配到生产队，生产队则按劳、按人分配到组。从 1981 年实行生产责任制后，小队负担到户，任务到劳，统一安排，长进短出，即根据任务大小，结合工地实际情况，按田、劳、人分配负担。所有参加岁修工程人员，均由国家按标工适当给予生活补助费。每个标工的补助标准：荆江大堤 1974 年前为 0.4 元，1974—1983 年为 0.8 元，1983 年以后为 1.2 元；长江干堤为 0.3 元。此外，还酌情适当给予工棚搭盖、长途调遣的补贴费。

堤防岁修经费由省财政纳入预算进行安排。其开支范围为：列入国家管理的长江干堤和经批准补助的重要支堤的岁修、堵口、复堤的土石方工程，堤基处理，排水涵闸整修，以及堤防通讯设备购置、维修，锥探灭蚁，管理设施建设及维修，施工管理，工程养护等属于堤防岁修投资范围的。

从 1982 年起，堤防岁修经费开始推行预算包干合同制，以当年核定的工程量及施工预算为基础实行分级管理，层层包干，并签订经济效益合同。根据"责、权、利"相结合的原则，承包单位有权自行安排施工，在如期保质保量完成施工任务的情况下，通过加强管理，挖潜革新所结余的资金，百分之四十缴省，百分之六十单位留用。留用部门按照"6：2：2"的比例，用于本单位发展生产、集体福利和职工奖励基金。

1994 年，《湖北省河道堤防工程修建维护管理费征收、使用和管理办法》（湖北省人民政府第 51号令）颁布施行。堤防维护费的征收标准为：对缴纳消费税、增值税、营业税的生产经营者按其缴纳的流转税总额的 2% 征收；对从事农业生产的单位和个人，每年按每亩农田 5 千克稻的价格（按当年农业税计价标准计价）计收；从事林、牧、副、渔生产的单位和个人每年按每亩林、牧、渔用地 6 千克稻的价格计收。省水利厅负责全省堤防维护费的征收。全省堤防维护费的收入主要用于长江、汉江干堤及重要支堤的修建、维护和管理。后河道堤防工程修建维护管理费改由地税部门代征。

人员机构管理费用 荆州市长江河道管理局属全额预算管理的公益性事业单位，其人员机构管理费用一直由省财政负担。1980 年以前，省财政纳入预算管理的人员为 606 人，财政全额负担国家政策规定的所有人员机构费用。当时，全局系统财务工作由省水利厅管理，市局机关和分局的行政人事则分别实行属地管理。后由于形势的发展，人员无法控制，机构不断膨胀，开支大幅增加。省财政无力全额负担，于是采取包干甩砣子的管理办法。因此，导致多年人员机构经费严重不足。1999 年，在省、市主管部门的大力支持下，荆州市长江河道管理局进行了体制调整，各分局的人事关系上收至市局进行统一管理。省编委核定控编人员 2438 人，省财政厅也相应增加了人员机构经费预算，人员机构管理费用不足的局面有了缓解。

（三）防汛经费负担政策

防汛费历来都由堤防保护区的受益群众负担，根据负担政策，民主评议，达到公平合理。农村人民公社生产队实行按田亩和田劳比例负担，对灾区特殊困难的社队和个别农户酌情减免；集体所有制单位、城镇居民、小商小贩按适龄人口负担；受益范围内的国营农场按劳力计算负担。防汛工的摊派办法，由有关县、市划分防守堤段，将责任落实到区、乡或街道，并根据上级确定的一、二、三线防守劳力的标准，届时按水位上齐防守劳力。此种劳力纯属义务性质，国家除给予一定的照明及医药补助外，概不发给生活补助费。

列入国家管理的荆江大堤、长江干堤及堤上已建成的分洪闸、大型排灌涵闸，在防汛期间因抢险所消耗的国家统筹物资及必需的费用，由防汛费开支。国家统筹器材包括：楠竹、木料、铅丝、元钉、麻袋、草包、钢材、油料、砂石料等。民筹器材（砖瓦碎片、木桩、稻草等）由堤防保护区内群众自筹解决。工矿、企业、铁路、国营农场的专用堤防、码头等因防汛抢险所消耗的材料及费用，由专用的工矿企业、农场负担。支民堤、民垸因防汛抢险所消耗的器材及费用，由受益地区负担。防汛期间临时抽调企事业单位人员中自带车辆在防汛部门加油，一律收费。伙食费自理，按出差标准回原单位报销。堤防保护范围内的所有工矿企业、国营农场要按劳出工，参加防汛的职工，工资由原单位照发。省财政厅将防汛费纳入当年财政预算安排。

1995 年 4 月《湖北省防汛费征收管理办法》（鄂政发〔1995〕43 号）施行。该办法规定，将年度 5 个防汛义务工折资缴纳。本省境内下列有劳动能力的非农业人口为防汛费纳费义务人：年满 18 周岁至 60 周岁的男性公民，18 周岁至 55 周岁的女性公民（包括异地从业的本省籍公民，外省在本省从业且领取公安机关签发《暂住证》的公民，没有承担农村水利义务工的国营农场中以农代干和以农代商的农工、乡镇企业的职工、农民个体工商户。常年在厂、矿、企业做工的农民）。纳费义务人每年向所在地防汛部门缴纳 25 元防汛费，防汛费是用于抵顶财政预算防汛经费不足的专项资金。

注：本节内容由吴凤平、贾维强撰写初稿。

第九节 石 料 管 理

随着江河堤防的修筑和堤防工程维护措施、手段的不断增多，护坡、护岸等河道整治工程措施应运而生。荆州河段堤防坡、岸防护工程所需石料，历史上向于岁修测估核定工程量后，租用船只就近采运。建国后，长江水利委员会中游工程局从 1950 年起，除继续在宜昌平善坝组织开采外，还在湖南华容县塔市驿组织开采。后因需求量不断增加，1954 年以后，又陆续在宜都毛沱，松滋车阳河，石首笔架山、东岳山、南岳山、五马口以及洪湖对岸的临江山等处开辟石源，以满足工程需要。工程所需石料以就近采运为原则，荆江大堤于宜昌平善坝及宜都、长阳沿清江一带采运；监利长江堤防一般于塔市驿、五马口山场采运；洪湖长江堤防于临江山场采运；公安长江堤防斗湖堤以上堤段一般于上游毛沱、车阳河等山场采运，斗湖堤以下于石首南岳山、东岳山、笔架山等山场采运；石首于境内采运。

一、开采基地

平善坝 位于宜昌南津关以下，自三游洞至涟沱，长 15 千米余，宽约 0.5 千米，傍水，运输便利，费用低廉，开采历史悠久；石源丰富，石质坚硬，色青。前清、民国时期荆江大堤所需石料，主要取于此处。1950 年，长江委中游局在此设立采石组，后划交荆州地区长江修防处，改名驻宜昌工作组，就近组织群众开采，办理调运业务。建国后每年大堤所需石料，百分之七十取于此处。1982 年葛洲坝工程部分建成发电，因开采石渣落江，推移过闸，磨损发电机组，同时影响三峡风景，危及过往船只，因此停采。

毛沱 地属宜都，距县城 15 千米；沿清江两岸山峦重叠，石源丰富，且便于开采，当地群众早有开采习惯。1985 年以后，当地社队曾在此处建场采石供应荆江大堤。但由于清江下游部分河道水浅、枯水季节水深不及 0.8 米，运输受限，因而开采潜力未能得到充分发挥。1982 年大江截流后，由于南津关以上石源断绝，经省、地派人多次查勘，决定在毛沱投资建场扩大开采。后因清江水利枢纽工程的坝址亦选择在毛沱附近，故将场址移至毛沱对岸的呙家冲。开采区系奥陶、塞武系地质，岩石主要为灰岩及白云岩，石质优良，储量极丰。拟开采的有清江北岸斗笠山，南岸石门以东沿岸以及周家坪以东至呙家冲以西一带，储量约为 1 亿立方米，建成后年开采量为 30 万立方米。运输办法：丰水季节由膛口用板车陆运 1 千米抵清江，然后再由清江进入长江直达工地；枯水季节则通过已建成的专用公路，陆运 9 千米抵长江转水运。

车阳河 位于枝城下 6 千米处，地跨松滋、宜都两县边界，可供开采的山 6 座，蕴藏量约 3 亿立方米，有效开采量 2 亿立方米以上。先行开采的五丰山、香炉山，石质优良，土质覆盖层薄，易于开采。从膛口到江边约 6.5 千米，建有简易公路，可通机动车辆。历史上当地群众即有开采习惯。1970 年 6 月，江陵县长江修防总段曾抽调民工于此处建场开采，因运输条件不好，于当年 10 月迁至石首。其后松滋县于此处设立采石指挥部，组织群众常年开采，年开采量约 8 万立方米。

绣林 石首县城，紧靠长江，有笔架、东岳、南岳三座大山，石质优良，采运便利。20 世纪 60 年代初期，先后在绣林城区东岳山、笔架山、南岳山，滑家埫附近的列货山进行过开山采石；60 年代中期，长江中洲子裁弯后，新河护岸用石量逐年增加，在桃花区五马口村开辟了五马口采石工区；70 年代和 80 年代初期，在石首境内采石的不仅有本地山场，公安、江陵两县也分别在南岳、笔架两山设立采石指挥部，开山采石。业务上，同属荆州地区长江修防处派驻石首的采石管理机构荆江山场管理。

笔架山 1956 年荆州区长江修防处在此建场开采，并建轻便铁路 1 千米，直抵江边。1970 年改变体制，交江陵、公安、石首 3 县开采。后江陵、石首相继退出，自 1972 年起始为公安独家经营。至 1983 年止，共开采块石 148.36 万立方米。

东岳山 1957 年荆州地区长江修防处在此建厂采石，体制几经变化，起初为荆州区长江修防处建场开采，1958 年后，由石首水利局工程队所取代，附近的四个区也曾于此办场采石。1972 年修防处又重新接管区办场的开采膛口，至 1975 年县水利局转为水泥制品厂，自此全部划交石首县采石指挥部开采。1978 年划出三个膛口归航运部门，用作港口码头建设。后东岳山被削为平地。

南岳山 该山石方蕴藏量居石首绣林镇诸山之首，1970 年以前仅由当地群众零星开采。1971 年江陵由笔架山转移至此建场开采。1976 年石首县东方、南口、向阳、农科所等公社和单位也先后上山采石。1981 年国家投资 40 万元搬迁山上军工建筑，让出场地，进一步扩大石源。同年 3 月，石首采石指挥部部分转移南岳山。膛口宽 120 米，原计划增开膛口 230～300 米，后因飞石损坏附近房屋，石首县政府下令停采。

五马口 位于石首境内桃花山，石源丰富，石质属花岗岩，距江边 1900 米，建有简易公路直抵江边。1969 年为适应中洲子裁弯工程之需，由石首、监利两县同时建场采石，将该处一分为二，故有"石首五马口"与"监利五马口"之称。1981 年荆州地区行署鉴于石首东岳山、笔架山石源接近枯竭，因而曾设想扩大五马口的开采，年开采量由 8 万立方米扩大到 15 万立方米。

1984 年，石首城区开山采石因威胁周边居民安全，影响城区环境，经省人民政府批准，南岳山、笔架山停止开采。石首县采石指挥部撤销，公安、江陵两县采石山场先后撤离，东岳山场、五马口山场归口县修防总段。

塔市驿 位于下荆江南岸湖南华容县境内塔市街下游约 3 千米之弹子山下，与监利县隔江相望，水路到监利县城约 7.5 千米。该山石源丰富，石质优良，有效开采藏量约为 3000 万立方米，始建于民国十七年（1928 年）监利城南建矶时，分西山、东山两个作业区，直属湖北省建设厅水利局领导。民国十八年因三帝庙、上车湾护岸工程之需，省水利局又开设塔市驿（又称弹子山）采石处。民国二十四年监利城南三座石矶建成，两处山场暂停开采。1949 年 5 月，武汉军事管制委员会接管江汉工程局，同意监利采石护岸石料仍由两家山场开采，仍沿袭招标发包办法。1950 年 7 月，长江水利委员会中游工程局成立，西山采石场由该局采石组直接领导。1951 年 6 月，采石组划归中游工程局沔阳修防处领导，由该处驻监利第四工务所组织开采。同年 9 月，根据中南军政委员会水利部〔51〕政字第 1626 号文《关于石山收归国有通知》的要求，经与湖南有关方面商定，由沔阳修防处设立塔市驿采石组进行常年开采。1952 年 10 月，经中游工程局决定，扩建该址东山塘口（即东山山场）。1957 年荆州地区长江修防处在东山设采石常设机构，称"监利县水利工程指挥部塔市采石山场"，行政隶属监利县长江修防总段。1960 年改称"监利县水利工程总指挥部塔市采石指挥部"，部分副业工转为正式职工。1971 年后经批准陆续招收大批正式工人。1978 年改称"监利县长江修防总段驻塔市驿山场"。20 世纪 80 年代中期，湖南方面以该山场土地矿产权属问题和采石对环境造成破坏为由，要求停止开采。后经有关方面协调，湖北方面停止开采，并对山场员工进行安置。

20 世纪 80 年代后，上述采石山场中有的因种种原因停止开采，有的因地域管理权属问题移交属地政府，仅石首五马口山场开采至今。2000 年后，驻石首采石办事处与石首分局合署办公，驻宜昌采石办事处与荆州市长江工程开发管理处合署办公。堤防建设所需石料进行市场采购。

二、石料调运

根据"就近采运、因水采运"的原则制订调度方案。每年岁修工程开工以前，即预先将石方调运计划函告航运部门，以便其统一安排船只运力；一般年度组织 1.5 万～1.8 万吨运力即可，个别年度则需组织 2 万吨以上，突击抢险和实施应急工程时则另行安排；以组织荆州地区各县运力为主，任务大、时间紧时则通过航运部门适当组织一些外省外地运力。运费按国家运价，于起运之先预支部分现款做购置燃料之用，其余按进度支拨，工完结账，并适当给予油料及木料指标的补助，以保证其燃料和维修之需。对参运船只，务于每年开运之前，会同港监部门及航运管理部门过磅核实吨位，火印水记，受载后认真核对水记，运载量不足，或规格质量不合标准的，不签证放行；抵达工地经检查验收，数量不足或质量不好的要扣除运费，并给予检查人员一定奖励，以鼓励严格把关。

在调度上根据"就近采运"的原则，宜昌、宜都及松滋车阳河一带所采石料，一般仅下运至荆江大堤祁家渊以上工地，祁家渊以下至中洲子由石首绣林采石基地调运；五马口所采石料主要调往中洲子；塔市驿则运往监利荆江大堤及长江干堤。洪湖长江干堤所需石料一般于对岸临江山场采运。

实施应急工程石料供不应求时，还需到清江沿岸进行采购；所采石料，枯水季节从清江进入长江，中途要经小船转驳一次，因而费用加大，丰水季节则可直达。任务紧急时，有时还由地区行署指示有关县市调派民工到山场参与采石，但由此引发的民工伤亡等安全问题需妥善解决。

护岸施工项目包括水方、旱方，水方宜于枯水时抛护，旱方则宜于丰水期施工，因而调配时务必密切注意江河水位，做到"因水采运"，以降低工程费用。

第十节 堤防综合经营

一、初创阶段

水利堤防综合经营的发端可追溯至 20 世纪 60 年代初三年自然灾害时期。其时，连续几年发生严重自然灾害，国民经济发展遇到困难，物资供应极其匮乏，包括粮、棉、油等几乎所有商品都实行严格的计划配给制度，根本不能满足人们的物质生活需求。为了弥补计划配给的不足，度过困难时期，在汛期无汛和冬春岁修任务不大时，组织干部职工先后在新河口、观音寺、北闸、虾子沟等处开垦荒地，种植的农作物有小麦、水稻、豌豆、黄豆、芝麻等，收获的粮食、油料一部分拨给单位食堂，一部分分给干部职工。生产活动一直持续至 70 年代。

80 年代后，随着改革开放的不断发展深入，经济环境发生了很大变化，加之人口大量增加，就业压力加大，人员机构不断膨胀，省财政给付的人员机构经费严重不足，单位运行日益艰难。造成这一局面的主要原因：一是历史上为了解决荆州河段堤防建设的石料供应问题，经国家批准，从 1950 年起，荆州地区长江修防处陆续在长江沿线的宜昌平善坝、宜都毛沱、松滋车阳河、石首笔架山、南岳山、东岳山、五马口，洪湖对岸的临江山及湖南华容塔市驿等地开办了 9 处采石山场。1984—1988 年间，这些采石山场因污染环境、影响旅游、利益纷争等多种原因相继关闭，原来以采石为生的数百名职工顿失生活来源，由荆州地区长江修防处在全系统分流安置。二是随着人口的增长，职工家属子女按国家政策内部就业。三是由于行政人事权和财务管理权分离，人员管理失控，有的单位人员严重膨胀。

为了改变这种状况，全系统上下一致，以确保防洪安全和自身发展为工作主线，一手抓防洪保安全，一手抓综合经营保稳定，堤防综合经营经历了从无到有，由小到大，由点到面，由单一到多元的发展过程。

80 年代初期，主要立足于河道堤防部门自身的水土资源、人力和设备优势，发展种植、养殖和加工业，经营规模都很小，当时有洪湖分局新滩段的板箱厂，通信总站的特种水产养殖公司，石首总段的园林花木场、运输船队，松滋总段的花生、芝麻、油菜、棉花等农作物种植等。1985 年，在全系统设立专门的综合经营管理机构，地（市）为综合经营科，县级为综合经营股，省财政也出台了专门的扶持政策，开展替代财源建设，发放综合经营周转金，规定兴办企业创造的收入抵顶财政预算资金的不足，三年内免征企业所得税，促进了水利综合经营的长足发展。

二、巩固发展阶段

1985 年后，国家改革开放的步伐加快，国民经济由计划经济逐步向市场经济转型。为了适应新形势的要求，巩固原有项目，不断发展新项目，进一步增添水利综合经营的活力和后劲，全系统上下逐步兴办了一些商贸企业，如石首总段兴办的江南宾馆、长虹商场，公安总段的化工厂、预制厂，江陵总段的制碱厂，市局的长江劳动服务公司，洪湖总段的水利工程机械施工队、养殖基地、杞柳基地等。期间，全系统共兴办工业、加工业实体 33 个，商业服务网点 84 个，宾馆、招待所 12 座，城乡供水站 2 个；有养殖水面 116.4 公顷，年产成鱼 200 余吨；林果面积 4826.67 公顷（用材林 4800 公顷、果木林 26.67 公顷），林木总蓄积量 72580 立方米，每年可更新砍伐 5000 立方米，年产水果 150 余吨；水上运输船舶总吨位 3425 吨；家禽、家畜产量也逐年大幅度增长，堤防综合经营逐步从福利型转变为经营型，从单一的种养业逐步发展形成为农工商并举，种、林、牧、渔、养、工、商、运输、加工、采购等门类齐全并初具规模的综合性产业。洪湖、石首、公安、监利总段部分下属单位基本弥补了人员工资和办公经费的不足。公安总段创办的荆南化工厂生产的水基染料剂 1988 年省科委颁发的金鹤奖，1990 年被评为省优质产品。石首总段、洪湖总段、局招待所进入全省水利综合先进行列，一批水利综合经营先进个人先后受到各级表彰，同时也锻炼造就了一批懂管理、善经营，具有自力更生艰苦创业精神的人才队伍。

1990 年以后，堤防综合经营领域进一步拓展，船舶总队保险箱厂生产家用保险箱，市局与沙市市建委、沙市热电厂合资组建湖北三力有限公司利用粉煤灰生产新型墙体材料等，综合经营的规模不断扩大，实力进一步增强。长江船舶疏浚总公司勇闯市场，1991—1993 年承接了广东省湛江市博贺港围海造地工程，1994 年承接了京杭大运河南北段（坯县、常熟段）疏浚工程。石首分局"八五"期间比"七五"期间产值和利润明显增长。洪湖分局以"利用堤防抓经营，抓好经营促堤防"为水利综合经营指导思想，积极兴办木材加工、装饰件加工、煤炭加工和种养业实体，兴建城区仿古建筑门面。全系统上下利用沿堤土地资源优势，结合堤防加固建设对防护林进行彻底改造，先后引进优质速生、周期短、见效快的白杨、美国黑山杨、哈山杨、天演杨、南林 895 等杨树品系，逐步改善了林木种植结构；在堤内禁脚大面积规模化种植经济价值较高的用材林、果木林和中药材，不仅发挥了应有的防洪效益，也创造了可观的经济效益。各分局和堤防管养段、管养点积极开展"庭院经济"建设，大力发展种养业，养猪、养鱼、养牛、养鸡鸭，种草、种菜、种果树、种药材、建苗圃，堤防综合经营健康发展。

1998 年以后，随着大规模堤防建设的展开，全系统先后组建 10 个工程建设公司，积极参与工程竞标，进入工程建设市场。市局组建了"荆州市长江宏业建设工程有限公司"，船舶总队组建了"荆州市长江水利水电工程公司"，公安分局组建了"公安县荆堤建设工程公司"等。以这些企业为龙头，各经营实体逐步发展壮大，经济实力不断增强，为荆州长江堤防建设贡献了力量，同时也创造了一定的经济效益，稳定了干部职工队伍。

21 世纪初，在进一步巩固发挥好堤林水土资源优势的基础上，根据市局制订的"充分合理利用岸线资源，积极参与工程竞标，发展壮大自身实力；大力发展'五小经济'（小养殖、小菜园、小种植等），切实提高干部职工福利待遇"的水利综合经营工作方针，荆州分局、江陵分局、石首分局、洪湖分局等单位充分利用沿江滩岸，修建码头，经营物流业。2005 年江陵分局兴建年吞吐 50 万吨的郝穴土矶头码头，2007 年扩建 300 米长岸线货场，规模进一步扩大，已形成江陵城区原材料集散港口。沙市分局充分利用城区堤防的水土资源优势，在内部管理体制上不断改革创新，加强土地资产维权力度，因地制宜发展以场地租赁为主的项目，在内外平台开发了一批短、平、快综合经营项目，形成包括经济苗木种植、码头滩岸、集散中心、广告承接、停车场等在内的一批良性资产。洪湖分局充分利用岸线长、简易码头和堆场多的优势，加强管理，获得了可观的经济效益。各工程建设公司融入市场经济大潮，走南闯北，采取独立中标承建、合作中标、劳务合作等形式，千方百计参与各类水利工程项目的竞标和建设，经受了市场锻炼，获取了较好的效益。长江水利水电工程公司（局属船舶疏浚总队）2003 年成功竞标安徽淮河疏浚吹填工程项目，2007—2008 年成功竞标天津塘沽新港港池开挖工程项目，并于 2008 年开始大力开展企业资质升级工作，成功升级为水利水电总承包二级资质，增强了企业的市场竞争力，拓宽了承接工程项目的范围，为企业的生存发展创造了有利条件。同时加强与有关部门、行业协会的联系沟通，努力营造有利于企业发展的外部环境，与省内外数十家水利施工企业建立了良好的合作关系；加强与其它企业的联系合作，不断吸纳新的施工工艺和先进的管理机制，促进了管理水平的提升。承建范围拓展到大坝、隧道、水库、涵闸、灌渠、城市引水供应、小农水以及设备安装等领域，企业知名度逐年提高，率先成为湖北省第一批水利施工 AA 信用等级企业，被评为"全国优秀水利企业"，先后获全国水利建设优质工程"大禹奖"、湖北省水利建设优质工程"江汉杯"等诸多奖项，企业经营规模逐步扩大。同时还利用现有场地和码头兴建荆江防汛物流中心，以实现多元化经营和多元化发展。公安分局荆堤建设工程有限公司外拓市场，内抓管理，以质量求生存，以信誉谋发展，经过 12 年的市场磨砺，逐步成为当地技术力量雄厚、装备精良、管理科学的水利龙头企业。石首分局为适应市场，痛下决心，将运行艰难、市场潜力差的单位或实体撤销，重新进行资源整合，水利综合经营走上了良性循环的轨道。监利分局所属湖北祥禹水利水电工程有限公司，面对激烈的市场竞争，居安思危，强化管理，创新管理，于 2007 年获水利水电总承包二级资质，企业经营迈上新台阶。洪湖分局兴办了瑞泰宾馆、长江商城、桑蚕基地、银杏基地。

至 2010 年，全系统共有企业化管理单位 28 家（工程建设二级资质总承包企业 2 家、堤防工程建设专业二级资质企业 6 家、宾馆 3 家、灭蚊队 2 家、广告公司 1 家、其它 14 家），水利经济稳步发展，摸索出了适合自身的发展途径，弥补了部分干部职工工资发放的不足，稳定了干部职工队伍，并以此反哺堤防，促进了堤防管理与水利经济同步发展，为荆州长江河道堤防事业的发展贡献了力量，也对地方经济的发展起到了积极作用。

附表 6-1　　　　　　　　　　　　荆州河段干堤防汛哨屋统计表

堤　别	地　点	相应桩号	修建年份	结　构	面积/m²	使用情况
合计	299 座					封堵 76 座
荆州区	26 座					封堵 13 座
万城	5 座					封堵 2 座
荆江大堤	枣林岗	810+400	1985	砖混	110	使用
荆江大堤	马南	799+700	1992	砖混	110	封堵
荆江大堤	万城	794+650				封堵
荆江大堤	菱湖下搭垴	794+130	1991	砖混	110	使用
荆江大堤	万城桥	792+550	1991	砖混	110	使用
李埠	9 座					封堵 6 座
荆江大堤	谢古搭垴	790+270	1989	砖混	110	封堵
荆江大堤	刘家湾	785+970	1991	砖混	110	封堵
荆江大堤	闵家潭	784+010	2004	砖混	104.36	封堵
荆江大堤	张家老场	782+000	1993	砖混	110	使用
荆江大堤	刘家台	780+000	1993	砖混	110	使用
荆江大堤	杨井	778+000	1993	砖混	110	使用
荆江大堤	字纸篓	777+000	1986	砖混	110	封堵
荆江大堤	李埠	776+000	1991	砖混	110	封堵
荆江大堤	赵家湾	774+000	1988	砖混	110	封堵
御路口	7 座					封堵 2 座
荆江大堤	付家台	771+980	1989	砖混	110	封堵
荆江大堤	东岳庙	770+050	1989	砖混	110	封堵
荆江大堤	关庙	768+020	1985	砖混	110	使用
荆江大堤	铁佛寺	766+030	1985	砖混	110	使用
荆江大堤	御路口	764+000	1986	砖混	110	使用
荆江大堤	二矶头	762+600	1985	砖混	110	使用
荆江大堤	黑窑厂	761+600	1994	砖混	110	使用
弥市	5					封堵 4 座
荆州区长江干堤		709+600			84	封堵
荆州区长江干堤		708+100			84	封堵
荆州区长江干堤		704+000			84	使用
荆州区长江干堤		701+900			84	封堵
荆州区长江干堤		700+020			84	封堵
沙市区	6 座					

堤　别	地　点	相应桩号	修建年份	结　构	面积/m²	使用情况
城区	2座	二层结构				
荆江大堤	马王庙	760＋650	1993	砖混		使用
荆江大堤	二郎矶	759＋450	1982	砖混		使用
柳林	2座	二层结构				
荆江大堤	沙岗	754＋650	1985	砖混		使用
荆江大堤	唐剅子	752＋250	1992	砖混		使用
盐卡	2座	二层结构				
荆江大堤	盐卡	747＋930		砖混		使用
荆江大堤	尹家湾	745＋870	1986	砖混		使用
江陵县	33座					封堵4座
观音寺	6座					封堵2座
荆江大堤	木沉渊	744＋880	1993	砖混	229	使用
荆江大堤	柴纪	742＋980	1992	砖混	115	使用
荆江大堤	观音寺	740＋900	1993	砖混	115	使用
荆江大堤	陈家湾	739＋000	1983	砖混	115	使用
荆江大堤	赵桥	737＋000	1991	砖混	111	封堵
荆江大堤	蔡家坟	735＋000	1987	砖混	114	封堵
祁家渊	8座					封堵1座
荆江大堤	三仙庙	731＋640	1990	砖混	115	使用
荆江大堤	张黄场	729＋600	1989	砖混	115	使用
荆江大堤	资圣寺	726＋100	1990	砖混	115	使用
荆江大堤	资圣寺	724＋100	2003	砖混	45	使用
荆江大堤	马家寨	721＋400	1990	砖混	115	使用
荆江大堤	冲和观	721＋160	1989	砖混	115	使用
荆江大堤	祝家台	719＋750	1991	砖混	115	使用
荆江大堤	谢家榨	718＋200	1993	砖混	130	封堵
郝穴	10座					
荆江大堤	黄灵垱	717＋200	1987	砖混	129	使用
荆江大堤	灵官庙	715＋600	1995	砖混	160	使用
荆江大堤	蒋家湾	711＋970	1989	砖混	127	使用
荆江大堤	土矶头	710＋000	1989	砖混	129	使用
荆江大堤	铁牛矶	709＋500		砖混		使用
荆江大堤	九华寺	707＋400	1987	砖混	128	使用
荆江大堤	范家垱	706＋050				使用
荆江大堤	东风	704＋600	1987	砖混	128	使用
荆江大堤	颜家台	703＋070	1989	砖混	128	使用
荆江大堤	边江	701＋000	1991	砖混	110	使用
柳口、麻布拐	9座					封堵1座
荆江大堤	柳口	698＋960	1989	砖混	132	使用
荆江大堤	洪渊	697＋000	1991	砖混	142	使用

堤　别	地　点	相应桩号	修建年份	结　构	面积/m²	使用情况
荆江大堤	公馆堤	693+400	1987	砖混	145	封堵
荆江大堤	金果寺	689+000	1989	砖混	102	使用
荆江大堤	秦家堤口	686+950	1992	砖混	228	使用
荆江大堤	羊子庙	684+950	1987	砖混	116	使用
荆江大堤	曾家湾	682+250	1995	砖混	77	使用
荆江大堤	聂堤	679+950	1993	砖混	147	使用
荆江大堤	麻布拐	676+750	1991	砖混	151	使用
监利县	66座					封堵30座
堤头	12座					封堵4座
荆江大堤	小河口	674+960	1990	砖混	110	封堵
荆江大堤	朱三弓	672+800	1990	砖混	110	使用
荆江大堤	卡子口	671+000	1990	砖混	110	使用
荆江大堤	二房头	669+370	1990	砖混	110	使用
荆江大堤	九弓月	667+270	1990	砖混	110	使用
荆江大堤	田家口	665+100	1990	砖混	110	使用
荆江大堤	王港	663+000	1990	砖混	110	使用
荆江大堤	三根树	660+910	1990	砖混	110	使用
荆江大堤	荆南山	658+980	1990	砖混	110	封堵
荆江大堤	沙岑头	657+000	1990	砖混	110	封堵
荆江大堤	东青树	655+000	1990	砖混	110	使用
荆江大堤	八尺弓	653+200	1990	砖混	128.5	封堵
西门	10座					封堵3座
荆江大堤	沙郭台	652+300	1990	砖混	128.5	封堵
荆江大堤	蒲家渊	651+150	1990	砖混	128.5	使用
荆江大堤	流水口	649+050	1990	砖混	128.5	使用
荆江大堤	何嘴套	647+600	1990	砖混	128.5	使用
荆江大堤	罗码口	645+000	1990	砖混	128.5	使用
荆江大堤	邓码口	643+000	1990	砖混	128.5	使用
荆江大堤	杨家湾	639+000	1990	砖混	128.5	封堵
荆江大堤	长湖	637+450	1990	砖混	128.5	使用
荆江大堤	井家渊	634+700	1990	砖混	128.5	封堵
荆江大堤	药师庵	632+750	1990	砖混	128.5	使用
城南	4座					
荆江大堤	西门渊	630+500	1990	砖混	128.5	使用
荆江大堤	严家门	628+580	1990	砖混	128.5	使用
监利长江干堤	张家垱	625+800	2001	砖混	86.3	使用
监利长江干堤	半路堤	623+850	2001	砖混	86.3	使用
上车	8座					封堵4座
监利长江干堤	九弓堤	622+400	2001	砖混	86.3	使用
监利长江干堤	胡家码口	621+000	2001	砖混	86.3	使用

堤　别	地　点	相应桩号	修建年份	结　构	面积/m²	使用情况
监利长江干堤	分洪口	619＋000	2001	砖混	86.3	封堵
监利长江干堤	狮子口	617＋250	2001	砖混	86.3	封堵
监利长江干堤	青果码头	615＋050	2001	砖混	86.3	使用
监利长江干堤	新月堤	612＋980	2001	砖混	86.3	使用
监利长江干堤	钟月	608＋950	2001	砖混	86.3	封堵
监利长江干堤	下车	606＋950	2001	砖混	113	封堵
尺八	13座					封堵9座
监利长江干堤	王家巷	603＋900	2001	砖混	86.3	封堵
监利长江干堤	蒋家垴	602＋050	2001	砖混	86.3	封堵
监利长江干堤	莫家月子	599＋950	2001	砖混	86.3	封堵
监利长江干堤	陶市	598＋000	2001	砖混	86.3	使用
监利长江干堤	彭刘	596＋000	2001	砖混	86.3	封堵
监利长江干堤	蔡刘	593＋980	2001	砖混	86.3	使用
监利长江干堤	孙家湾	590＋980	2001	砖混	86.3	封堵
监利长江干堤	南河口	589＋100	2001	砖混	86.3	封堵
监利长江干堤	林坛	586＋800	2001	砖混	86.3	封堵
监利长江干堤	王家湾	585＋000	2001	砖混	86.3	使用
监利长江干堤	季月	583＋050	2001	砖混	86.3	使用
监利长江干堤	王马脚	581＋000	2001	砖混	86.3	封堵
监利长江干堤	杨林港	577＋060	2001	砖混	86.3	封堵
白螺	19座					封堵9座
监利长江干堤	三支角	574＋750	2001	砖混	86.3	封堵
监利长江干堤	曾家门	573＋000	2001	砖混	86.3	封堵
监利长江干堤	薛坛	571＋000	2001	砖混	86.3	使用
监利长江干堤	粮码头	569＋000	2001	砖混	86.3	封堵
监利长江干堤	万家塔垴	566＋650	2001	砖混	113	使用
监利长江干堤	观音洲	564＋250	2001	砖混	86.3	封堵
监利长江干堤	尹家坛	561＋900	2001	砖混	113	使用
监利长江干堤	郭马湾	560＋050	2001	砖混	86.3	使用
监利长江干堤	黄家渊	555＋950	2001	砖混	86.3	使用
监利长江干堤	唐邓家	554＋000	2001	砖混	86.3	封堵
监利长江干堤	许家庙	552＋000	2001	砖混	86.3	使用
监利长江干堤	瞿李	548＋900	2001	砖混	86.3	使用
监利长江干堤	五里庙	546＋050	2001	砖混	113	使用
监利长江干堤	李家月	544＋090	2001	砖混	86.3	封堵
监利长江干堤	龙头湾	542＋000	2001	砖混	86.3	封堵
监利长江干堤	阎码头	540＋100	2001	砖混	86.3	使用
监利长江干堤	邹码头	535＋850	2001	砖混	86.3	封堵
监利长江干堤	下房	534＋050	2001	砖混	86.3	封堵
监利长江干堤	韩家埠	532＋000	2001	砖混	86.3	使用

堤 别	地 点	相应桩号	修建年份	结 构	面积/m²	使用情况
洪湖市	61座					封堵14座
螺山	10座					封堵2座
洪湖长江干堤	韩家埠	531+100	2001	砖混	86.3	使用
洪湖长江干堤	周家嘴	525+400	1999	砖混	122.5	封堵
洪湖长江干堤	谢家百屋	522+400	2001	砖混	86.3	使用
洪湖长江干堤	朱家峰	521+220	2001	砖混	86.3	使用
洪湖长江干堤	皇堤宫	520+020	2001	砖混	86.3	使用
洪湖长江干堤	单家码头	518+820	2001	砖混	86.3	使用
洪湖长江干堤	孙家渊	517+200	2001	砖混	86.3	使用
洪湖长江干堤	马家闸	515+000	1999	砖混	80	使用
洪湖长江干堤	十八家	511+550	1999	砖混	80	封堵
洪湖长江干堤	新联	509+100	1999	砖混	80	使用
城区	4座					
洪湖长江干堤	烈士陵园	507+550	2001	砖混	89	使用
洪湖长江干堤	叶家门	503+650	2001	砖混	89	使用
洪湖长江干堤	万家墩	502+200	2001	砖混	89	使用
洪湖长江干堤	老官庙	501+250	2001	砖混	89	使用
乌林	8座					封堵1座
洪湖长江干堤	茅埠	500+000	2001	砖混	86.3	使用
洪湖长江干堤	叶洲	496+500	2001	砖混	86.3	封堵
洪湖长江干堤	廖墩	493+300	1999	砖混	80	使用
洪湖长江干堤	中沙角	492+500	1999	砖混	80	使用
洪湖长江干堤	小沙角	491+000	2001	砖混	86.3	使用
洪湖长江干堤	腰口闸	488+400	2001	砖混	86.3	使用
洪湖长江干堤	王家坛	486+020	1999	砖混	86.3	使用
洪湖长江干堤	周码头	482+100	2001	砖混	86.3	使用
老湾	4座					封堵2座
洪湖长江干堤	宪洲	480+400	1999	砖混	86.3	使用
洪湖长江干堤	六合	479+500	1999	砖混	86.3	使用
洪湖长江干堤	老湾	477+700	1999	砖混	86.3	封堵
洪湖长江干堤	北堡	475+660	2001	砖混	86.3	封堵
龙口	12座					封堵1座
洪湖长江干堤	利国	470+980	2001	砖混	86.3	使用
洪湖长江干堤	送奶	469+030	2001	砖混	86.3	使用
洪湖长江干堤	乌沙	466+800	1999	砖混	86.3	使用
洪湖长江干堤	街道	463+550	1999	砖混	80	使用
洪湖长江干堤	下庙	462+000	1999	砖混	80	使用
洪湖长江干堤	七型	460+060				使用
洪湖长江干堤	套口	458+520	2001	砖混	86.3	封堵
洪湖长江干堤	黑沙坛	456+850	2001	砖混	86.3	使用

堤　别	地　点	相应桩号	修建年份	结　构	面积/m²	使用情况
洪湖长江干堤	永安闸	454+900	2001	砖混	86.3	使用
洪湖长江干堤	高桥闸	454+650				使用
洪湖长江干堤	梅家墩	453+000	1999	砖混	80	使用
洪湖长江干堤	高陆	450+650	2001	砖混	86.3	使用
大沙	1座					封堵1座
洪湖长江干堤	彭丰	447+050	2001	砖混	86.3	封堵
燕窝	14座					封堵3座
洪湖长江干堤	田家口	444+300	2001	砖混	86.3	使用
洪湖长江干堤	虾达船	443+900	2001	砖混	86.3	封堵
洪湖长江干堤	王家边	440+000	1999	砖混	80	封堵
洪湖长江干堤	木家河	438+000	2001	砖混	86.3	使用
洪湖长江干堤	天门堤	435+950	2001	砖混	86.3	封堵
洪湖长江干堤	红卫闸	433+020	2001	砖混	86.3	使用
洪湖长江干堤	上河口	429+950	2001	砖混	86.3	使用
洪湖长江干堤	边洲	428+260	1999	砖混	80	使用
洪湖长江干堤	燕窝汽渡	426+800	2001	砖混	86.3	使用
洪湖长江干堤	永乐闸	422+000	2001	砖混	86.3	使用
洪湖长江干堤	三型码头	419+600	2001	砖混	86.3	使用
洪湖长江干堤	五型码头	417+500	2001	砖混	86.3	使用
洪湖长江干堤	杨树林	415+500	1999	砖混	80	使用
洪湖长江干堤	虾子沟	413+500	2001	砖混	86.3	使用
新滩	8座					封堵3座
洪湖长江干堤	虾子沟	410+890	2001	砖混	86.3	使用
洪湖长江干堤	上北洲	409+310	1999	砖混	80	封堵
洪湖长江干堤	北洲	408+000	2001	砖混	86.3	封堵
洪湖长江干堤	补园	404+000	2001	砖混	86.3	使用
洪湖长江干堤	仰口闸	402+280	1999	砖混	80	封堵
洪湖长江干堤		6K+970	2002	砖混	87.3	使用
洪湖长江干堤	刘家墩	6K+250	2001	砖混	86.3	使用
洪湖长江干堤	张家地	1K+660	1999	砖混	80	使用
松滋市	21座					封堵4座
采穴	10座					封堵3座
松滋长江干堤	灵钟寺	737+700	2001	砖混		封堵
松滋长江干堤	草庙子	735+560	2001	砖混		使用
松滋长江干堤	采穴码头	734+500	2001	砖混		使用
松滋长江干堤	采穴垸	733+850	2001	砖混		使用
松滋长江干堤	段家湾	732+750	2001	砖混		使用
松滋长江干堤	陈排站	731+400	2001	砖混		封堵
松滋长江干堤	李家垴	729+700	2001	砖混		封堵
松滋长江干堤	宝聚垸	728+400	2001	砖混		使用

堤　别	地　点	相应桩号	修建年份	结　构	面积/m²	使用情况
松滋长江干堤	财神殿	727+250	2001	砖混		使用
松滋长江干堤	杨家垴	725+970	2001	砖混		使用
涴市	11座					封堵1座
松滋长江干堤	丙码头	724+530	2001	砖混		使用
松滋长江干堤	丙码头	722+830	2001	砖混		封堵
松滋长江干堤	丙码头	721+530	2001	砖混		使用
松滋长江干堤	丙码头	720+370	2001	砖混		使用
松滋长江干堤	史家湾	718+600	2001	砖混		使用
松滋长江干堤	史家湾	717+570	2001	砖混		使用
松滋长江干堤	杨泗庙	716+400	2001	砖混		使用
松滋长江干堤	横堤	714+050	2001	砖混		使用
松滋长江干堤	横堤	714+000	2001	砖混		使用
松滋长江干堤	月堤	712+270	2005	砖混		使用
松滋长江干堤	罗家潭	710+770	2005	砖混		使用
公安县	48座					封堵2座
埠河	16座					封堵1座
公安长江干堤	太平口	696+440	2004	砖混		使用
公安长江干堤	太平口	694+100	2004	砖混		使用
公安长江干堤	砖瓦厂	692+360	2004	砖混		使用
公安长江干堤	砖瓦厂	691+360	2004	砖混		使用
公安长江干堤	埠河	688+670	2004	砖混		使用
公安长江干堤	水德寺	684+170	2004	砖混		使用
公安长江干堤	陈家台	681+240	2004	砖混		使用
公安长江干堤	陈家台	680+050	2004	砖混		使用
公安长江干堤	陈家台	677+850	2004	砖混		使用
公安长江干堤	新民	674+150		砖混		使用
公安长江干堤	新民	673+200		砖混		使用
公安长江干堤	新建	672+380		砖混		封堵
公安长江干堤	雷洲安全区	670+450	2004	砖混		使用
公安长江干堤	雷洲安全区	668+950	2004	砖混		使用
公安长江干堤	雷洲安全区	668+000	2004	砖混		使用
公安长江干堤	马家嘴	666+050	2004	砖混		使用
斗湖堤	5座					
公安长江干堤	吴鲁湾	662+800		砖混		使用
公安长江干堤	高建	661+410		砖混		使用
公安长江干堤	窑头铺	659+900		砖混		使用
公安长江干堤	青龙庙	656+350		砖混		使用
公安长江干堤	杨公堤	649+850		砖混		使用
杨家厂	9座					封堵1座
公安长江干堤	朱家湾	649+100		砖混		使用

堤　别	地　点	相应桩号	修建年份	结　构	面积/m²	使用情况
公安长江干堤	杨厂镇	647＋350		砖混		使用
公安长江干堤	杨厂镇	645＋300		砖混		封堵
公安长江干堤	五杨桥	643＋140		砖混		使用
公安长江干堤	福利	641＋630	2004	砖混		使用
公安长江干堤	国胜	639＋960		砖混		使用
公安长江干堤	国胜	638＋900		砖混		使用
公安长江干堤	国胜	636＋200		砖混		使用
公安长江干堤	国胜	635＋000		砖混		使用
麻豪口	14 座					
公安长江干堤	北堤	633＋980		砖混		使用
公安长江干堤	北堤	630＋900		砖混		使用
公安长江干堤	鲁家埠	629＋700		砖混		使用
公安长江干堤	范家潭	627＋300		砖混		使用
公安长江干堤	赵家埠	624＋820		砖混		使用
公安长江干堤	朱湖	622＋600		砖混		使用
公安长江干堤	黄水套	620＋400		砖混		使用
公安长江干堤	无量庵	618＋400	2004	砖混		使用
公安长江干堤	郑河	617＋560	2004	砖混		使用
公安长江干堤	郑河	615＋850		砖混		使用
公安长江干堤	友好	613＋550		砖混		使用
公安长江干堤	联盟	611＋960		砖混		使用
公安长江干堤	联盟	609＋510		砖混		使用
公安长江干堤	新开铺	607＋550		砖混		使用
藕池段	3 座					
公安长江干堤	杨林寺	605＋060	2004	砖混		使用
公安长江干堤	何家湾	603＋000	2004	砖混		使用
公安长江干堤	何家湾	601＋000	2004	砖混		使用
黄山头	1 座					
南线大堤	谭家湾	594＋700	2002	砖混	150	使用
石首市	38 座					封堵 9 座
绣林	13 座					封堵 1 座
石首长江干堤	大剅口	584＋030	2004	砖混	88	使用
石首长江干堤	大剅口	582＋050	2004	砖混	88	使用
石首长江干堤	管家铺	580＋000	2004	砖混	88	使用
石首长江干堤	管家铺	575＋500	2004	砖混	88	使用
石首长江干堤	柳湖坝	574＋200	2004	砖混	88	封堵
石首长江干堤	玉皇岗	572＋380	2004	砖混	88	使用
石首长江干堤	金银村	571＋400	2004	砖混	88	使用
石首长江干堤	新建村	569＋950	2004	砖混	88	使用
石首长江干堤	城区	568＋830	2004	砖混	88	使用

堤 别	地 点	相应桩号	修建年份	结 构	面积/m²	使用情况
石首长江干堤	城区	565+830	2004	砖混	88	使用
石首长江干堤	原种场	564+400	2004	砖混	88	使用
石首长江干堤	孙家拐	562+370	2004	砖混	88	使用
石首长江干堤	马行拐	560+180	2004	砖混	88	使用
东升	10座					封堵6座
石首长江干堤	周家剠	558+800	2004	砖混	88	使用
石首长江干堤	东方	556+460	2005	砖混	88	封堵
石首长江干堤	黄家拐	555+380	2005	砖混	88	使用
石首长江干堤	梓楠堤	553+500	2005	砖混	88	封堵
石首长江干堤	新堤口	552+000	2005	砖混	88	使用
石首长江干堤	王海	550+000	2005	砖混	88	使用
石首长江干堤	王海	547+980	2005	砖混	88	封堵
石首长江干堤	花鱼湖	545+970	2004	砖混	88	封堵
石首长江干堤	余家棚	543+630	2004	砖混	88	封堵
石首长江干堤	小湖口	537+500	2005	砖混	88	封堵
调关	15座					封堵2座
石首长江干堤	调支河	536+100	2005	砖混	88	使用
石首长江干堤	调支河	533+750	2005	砖混	88	封堵
石首长江干堤	调关	531+600	2005	砖混	88	封堵
石首长江干堤	调矶	529+400	2005	砖混	88	使用
石首长江干堤	沙湾	526+970	2005	砖混	88	使用
石首长江干堤	沙湾	526+000	2005	砖混	88	使用
石首长江干堤	卢家湾	524+350	2005	砖混	88	使用
石首长江干堤	新和洲	520+320				使用
石首长江干堤	新和洲	518+260	2005	砖混	88	使用
石首长江干堤	新和洲	516+520	2005	砖混	88	使用
石首长江干堤	槎港山	513+970	2005	砖混	88	使用
石首长江干堤	鹅公凸	512+030	2005	砖混	88	使用
石首长江干堤	茅草岭	510+950	2005	砖混	88	使用
石首长江干堤	长江村	500+000	2005	砖混	88	使用
石首长江干堤	五马口	497+700				使用

附表 6-2　　　　　　荆州长江干堤土地确权面积统计表

序 号	县、市、区	堤别	堤长/km	禁脚占地/hm²			洲滩占地/hm²
				小计	堤内	堤外	
合计			911.16	6262.67	2699.33	3563.33	3276.67
一	荆州		73.63	543.47	301.33	242.20	148.60
1	御路口	荆江大堤	10.50	111.47	69.67	41.80	11.33
2	李埠	荆江大堤	20.00	197.40	123.40	74.00	69.40
3	万城	荆江大堤	18.35	95.73	59.87	35.93	67.93
4	弥市		24.78	138.87	48.40	90.47	

序 号	县、市、区	堤别	堤长/km	禁脚占地/hm²			洲滩占地/hm²
				小计	堤内	堤外	
		长江干堤	10.26	82.27	35.33	46.93	
		浣里隔堤	14.52	56.60	13.07	43.53	
二	沙市	荆江大堤	16.50	135.00	50.40	84.60	
三	江陵	荆江大堤	69.50	692.00	423.27	268.80	
1	柳口	荆江大堤	24.50	158.87	95.53	63.33	
2	郝穴	荆江大堤	18.00	241.60	144.93	96.67	
3	祁家渊	荆江大堤	15.50	149.93	81.73	68.20	
4	观音寺	荆江大堤	11.50	141.67	101.07	40.60	
四	监利		143.95	1275.67	558.87	716.80	320.20
1		荆江大堤	47.50	416.00	215.00	201.00	82.00
2		长江干堤	96.45	859.67	343.87	515.80	238.20
五	洪湖	长江干堤	135.55	1095.20	405.27	689.93	694.87
1	螺山	长江干堤	21.55	160.87	59.67	101.40	100.00
2	城关	长江干堤	8.50	53.73	19.87	33.87	34.00
3	乌林	长江干堤	19.50	154.93	57.33	97.60	98.27
4	老湾	长江干堤	7.00	63.33	23.40	39.87	40.13
5	龙口	长江干堤	24.00	231.20	85.53	145.60	146.53
6	大沙	长江干堤	3.80	34.33	12.67	21.60	21.73
7	燕窝	长江干堤	30.20	237.67	87.93	149.73	150.67
8	新滩	长江干堤	21.00	159.13	58.87	100.27	103.53
六	松滋		29.44	251.00	95.87	155.07	
1	浣市	长江干堤	2.24	18.40	7.67	10.73	
		长江干堤	11.20	110.00	37.47	72.47	
		浣里隔堤	2.740	14.53	7.00	7.47	
2	采穴	长江干堤	13.30	108.07	43.73	64.33	
七	公安		347.18	1534.00	614.00	920.00	2048.67
1	斗湖堤		18.84	101.47	48.27	53.20	90.40
2	杨家厂		19.55	109.53	43.67	65.87	101.00
3	麻豪口		33.87	152.00	83.67	68.33	75.07
4	藕池		24.53	96.60	52.20	44.40	62.00
5	黄山头		38.08	300.47	125.53	174.93	261.47
6	小虎西		78.63	143.93	48.00	95.93	193.47
7	闸口		30.55	171.87	64.40	107.47	87.27
8	夹竹园		27.96	176.20	61.20	115.00	10.73
9	埠河		75.17	281.87	86.87	195.00	1167.47
八	石首	长江干堤	95.40	851.93	262.80	589.13	64.00
1	绣林		32.48	290.00	107.53	182.47	
2	东升		22.50	224.07	63.00	161.07	
3	调关		40.42	337.87	92.27	245.60	

附表 6 - 3　　　　　　　　　　　　荆州市长江河道管理局系统受表彰一览表

受 表 彰 名 称	时间	受 表 彰 单 位	授 予 单 位
抗洪先进集体	1987 年 12 月	荆州地区长江修防处	湖北省防汛抗旱指挥部
全国抗洪抢险先进集体	1992 年 4 月	荆州地区长江修防处	国家防总、人事部、水利部
全国水利公安保卫先进集体	1993 年 2 月	荆州地区长江修防处	水利部
1995 年度水利综合经营先进单位	1996 年 1 月	荆沙市长江河道管理处	荆沙市人民政府
荆州市文明单位	1996 年 3 月	荆沙市长江河道管理处	荆州市委、市政府
湖北省抗洪救灾英雄集体	1996 年 9 月	荆沙市长江河道管理处	湖北省委、省政府、湖北省军区
荆州市抗洪救灾集体二等功	1996 年 10 月	荆沙市长江河道管理处	荆州市委、市政府
安全生产、文明生产先进集体	1997 年 3 月	荆州市长江河道管理处	湖北省水利厅
1996 年度水利综合经营先进单位	1997 年 3 月	荆州市长江河道管理处	荆州市人民政府
全省农林水系统职工自营经济先进集体	1997 年 10 月	荆州市长江河道管理处	湖北省总工会、省水利厅
全省 1998 年抗洪抢险集体一等功	1998 年 10 月	荆州市长江河道管理处	湖北省委、省政府、湖北省军区
荆州市 1998 年抗洪英雄集体	1998 年 10 月	荆州市长江河道管理处	荆州市委、市政府、荆州军分区
抗洪先进集体	1998 年 12 月	荆州市长江河道管理处	长江防汛总指挥部
防汛通信保障先进单位	1999 年 3 月	荆州市长江河道管理局	湖北省防汛抗旱指挥部
湖北省水利系统文艺调演组织奖	1999 年	荆州市长江河道管理局	湖北省水利文艺协会
1999—2000 年度全省水利行业文明单位	2000 年	荆州市长江河道管理局	湖北省水利厅
湖北省水利财务管理先进集体	2000 年 2 月	荆州市长江河道管理局财器科	湖北省水利厅
先进单位	2000 年 9 月	荆州市长江河道管理局	荆州市人民政府
1999—2000 年市文明单位	2001 年 3 月	荆州市长江河道管理局	荆州市委、市政府
湖北省绿化先进集体	2001 年 12 月	荆州市长江河道管理局	湖北省绿化委、人事厅、林业局
全市防汛抗灾先进集体	2002 年 10 月	荆州市长江河道管理局	荆州市委、市政府
2002 年度全省职工计算机知识普及应用比赛优秀组织奖	2002 年 11 月	荆州市长江河道管理局	湖北省总工会
1999—2004 年度林业工作先进单位	2004 年	荆州市长江河道管理局	荆州市人民政府
全国绿化模范单位	2004 年 3 月	荆州市长江河道管理局	全国绿化委员会
全省水利系统群众文艺体育活动先进单位	2006 年 6 月	荆州市长江河道管理局	湖北省水利文学艺术体育协会
全省河道堤防管理先进集体	2007 年 1 月	荆州市长江河道管理局	湖北省水利厅
全省水利财务审计工作先进集体	2010 年 12 月	荆州市长江河道管理局	湖北省水利厅
2010 年度全市防汛抗灾工作先进单位	2010 年 12 月	荆州市长江河道管理局	荆州市委、市政府
2010 年度市直绩效考核优秀单位	2010 年	荆州市长江河道管理局	荆州市委、市政府
全省长江堤防建设先进集体	2003 年	洪湖监利长江干堤整险加固工程建设管理办公室	湖北省人民政府
全省长江堤防建设先进集体	2003 年	松滋江堤加固工程建设管理办公室项目部	湖北省人民政府
全省长江堤防建设先进集体	2003 年	南线大堤加固工程建设管理公安项目部	湖北省人民政府
全省长江堤防建设先进集体	2003 年	荆江大堤加固工程建设管理江陵项目部	湖北省人民政府
全省长江堤防建设先进集体	2003 年	荆南长江干堤工程加固建设管理石首项目部	湖北省人民政府
全国优秀企业	2007 年	荆州市长江船舶疏浚总队	中国水利企业协会

受表彰名称	时间	受表彰单位	授予单位
中国水利工程优质奖（"大禹奖"）	2009 年 10 月	荆州市长江水利水电建设工程公司	中国水利工程协会
湖北省优质工程奖（"江汉杯"）	2011 年	荆州市长江船舶疏浚总队	湖北省水利水电企业协会
全国水利系统水利管理先进集体	1996 年 2 月	北闸管理所	水利部
九八抗洪抢险先进集体	1998 年 8 月	北闸管理所	荆州市委、市政府、荆州军分区
湖北省文物保护单位	2002 年	北闸管理所	湖北省人民政府
全国重点文物保护单位	2006 年 5 月	北闸管理所	国务院
全省水利风景区	2006 年	北闸管理所	湖北省水利厅
2005—2006 年荆州市文明单位	2007 年	北闸管理所	荆州市委、市政府
全省堤防系统庭院建设示范单位	2009 年 2 月	北闸管理所	湖北省堤防建设管理局
湖北省企业科技事业单位档案工作规范管理	2009 年 6 月	北闸管理所	湖北省档案局
国家级 AAA 旅游风景区	2009 年	北闸管理所	全国旅游景区质量等级评定委员会
2007—2008 年荆州市文明单位	2009 年	北闸管理所	荆州市委、市政府
2009—2010 年荆州市文明单位	2011 年	北闸管理所	荆州市委、市政府
荆州市十大优秀旅游景点	2011 年 4 月	北闸管理所	荆州市委宣传部、荆州市旅游局
全国水利管理先进单位	1991 年	南闸管理所	水利部
2003—2004 年市级文明单位	2004 年	南闸管理所	荆州市委、市政府
全国重点文物保护单位	2006 年 5 月	南闸管理所	国务院
档案工作目标管理省二级	2006 年 8 月	南闸管理所	湖北省档案局
2005—2006 年市级文明单位	2006 年	南闸管理所	荆州市委、市政府
全省河道堤防管理先进单位	2007 年 1 月	南闸管理所	湖北省水利厅
2007—2008 年市级文明单位	2008 年	南闸管理所	荆州市委、市政府
全省堤防系统庭院建设先进单位	2009 年 2 月	南闸管理所	湖北省堤防建设管理局
2009—2010 年市级文明单位	2010 年	南闸管理所	荆州市委、市政府
湖北省级模范职工小家	2010 年 6 月	南闸管理所	湖北省总工会
2003—2004 年市级文明单位	2004 年	荆州分局	荆州市委、市政府
2005—2006 年市级文明单位	2006 年	荆州分局	荆州市委、市政府
2007—2008 年市级文明单位	2008 年	荆州分局	荆州市委、市政府
2007—2008 年省级文明单位	2008 年	荆州分局	湖北省委、省政府
全国河道目标管理三级单位	1996 年 12 月	江陵县长江河道管理总段	湖北省水利厅
荆州市 1998 年抗洪英雄集体	1998 年 9 月	江陵县长江河道管理总段	荆州市委、市政府、荆州军分区
1998 抗洪抢险集体一等功	1998 年	江陵县长江河道管理总段	湖北省委省政府、湖北省军区
全市档案系统先进集体	1999 年 2 月	江陵县长江河道管理总段	荆州市人事局、档案局
荆州市 1998 年思想政治工作优秀单位	1999 年 3 月	江陵分局	荆州市委宣传部
档案工作目标管理省一级	2002 年 12 月	江陵分局	湖北省档案局
全省长江堤防建设先进集体	2003 年 5 月	江陵分局	湖北省人民政府
全省河道堤防管理先进集体	2007 年 1 月	江陵分局	湖北省水利厅
全省堤防系统庭院建设先进单位	2009 年 2 月	江陵分局	湖北省河道堤防建设管理局
全省堤防系统庭院建设示范单位	2009 年 2 月	江陵分局柳口段	湖北省河道堤防建设管理局
全省堤防系统庭院建设示范单位	2009 年 2 月	江陵分局麻布拐段	湖北省河道堤防建设管理局

受表彰名称	时间	受表彰单位	授予单位
河道堤防管理达标优秀合格单位	1989年	监利长江修防总段堤头分段	荆州地区行署
河道堤防管理达标优秀合格单位	1990年	监利长江修防总段堤头分段	荆州地区行署
河道堤防管理先进单位	2007年	监利分局尺八段	湖北省水利厅
全市防汛救灾先进集体	2010年	监利分局	荆州市人民政府
荆州市1998年抗洪先进集体	1998年	洪湖市长江河道管理总段	荆州市委、市政府、荆州军分区
湖北省绿化先进集体	2001年11月	洪湖分局	湖北省绿化委、省人事厅、省林业局
安全文明小区	2001年	洪湖分局	湖北省综合治理委员会
全省河道管理先进集体	2007年	洪湖分局	湖北省水利厅
湖北水利优秀工程大禹奖	2009年10月	洪湖分局	中国水利工程协会
堤防管理达标合格单位	1993年	松滋县长江干堤修防管理段	湖北省水利厅
全市安全文明单位	1996年	松滋县长江干堤修防管理段	荆州市综合治理委员会
全省河道堤防管理先进集体	2006年	松滋分局采穴管理段	湖北省水利厅
湖北省河道堤防管理先进单位	1996年12月	公安县长江河道管理总段	湖北省水利厅
统计基础工作规范化合格证	1997年4月	公安县长江河道管理总段	湖北省统计局
档案工作目标管理省二级	2001年12月	公安分局	湖北省档案局
全省长江堤防建设先进集体	2003年5月	公安分局	湖北省人民政府
湖北省水利水电施工A级信用企业	2008年10月	公安分局荆堤公司	湖北省水利厅
全省堤防系统庭院建设示范单位	2009年2月	公安分局	湖北省河道堤防建设管理局
全省堤防系统庭院建设先进集体	2009年2月	公安分局	湖北省河道堤防建设管理局
2005—2009年度全省水利科技教育工作先进单位	2009年12月	公安分局	湖北省水利厅
堤防管理达标合格单位	1989年	石首市长江修防总段东升分段	湖北省水利厅
全国水利管理先进单位	1991年	石首市长江修防总段	水利部
堤防管理达标合格单位	1991年	石首市长江修防总段	荆州地区行署
堤防管理达标优秀合格单位	1992年	石首市长江修防总段	湖北省水利厅
堤防管理达标优秀合格单位	1993年1月	石首市长江修防总段东升分段、绣林分段、调关分段	湖北省水利厅
抗灾救灾先进集体	1995年	石首市长江修防总段	湖北省委、省政府、湖北省军区
荆州市1998年抗洪先进集体	1998年	石首长江河道管理总段	荆州市委、市政府、荆州军分区
全省长江堤防建设先进集体	2003年	石首分局	湖北省委、省政府

第七章 防 汛 抢 险

荆州河段有桃汛、伏汛、秋汛之分。一般情况下，桃汛洪水来量不是很大，伏汛、秋汛洪水过程则十分明显，洪水来量也很大，多出现于每年 6—10 月，7—8 月为主汛期。

荆江地区先民防汛御洪最早的方法就是筑堤围垸，而且对防汛极为重视，认为"守堤如守城，防水如防寇"，"河防在堤，而守堤在人。有堤不守，守堤无人，与无堤同矣"（明代潘季驯）。荆江地区防汛规则明清时期初见端倪，民国时期有所发展，防汛事宜最初由民修民防到官督民防，再到省府官员直接负责，并逐渐形成制度。19 世纪 30 年代便有《详定江汉堤工防守大汛章程》（《衍方伯防汛章程》），这个章程是长江中下游制定最早且较翔实的防汛规章，涉及防汛人员、设施、工具、防汛抢险方法、报汛制度等，并明确规定主管官员职责。

建国后，各级人民政府更加重视长江防汛工作，从防汛方针与任务的制定到防汛机构的设置与劳力部署，从汛前准备工作到汛期防守工作，从防汛非工程措施的不断健全完善到汛后资料整理等日趋制度化。各级人民政府不同时期还相应制定防汛法规。国家于 1998 年颁布《中华人民共和国防洪法》，从而使防汛抗洪工作由制度化步入法制化轨道。

在党中央、国务院的重视和各级党委、政府的坚强领导下，荆江地区人民与洪水不懈抗争，在举国上下大力支持下，取得 1949 年后历年防汛抗洪斗争的胜利，特别是战胜了 1954 年和 1998 年全流域型大洪水，保护了人民生命财产安全，保障了社会稳定和经济发展。

第一节 防汛方针与任务

清代和民国时期，当政者比较重视荆江地区防汛的预防工作，主张平时兴利除害，做好"先事之防"[1]。建国后则更加强调以江河防汛为重点，指导思想立足于预防为主，有备无患。每年均按防大汛、抗大洪的要求，做好各项准备工作。荆州河段的防汛方针和任务是根据各个时期不同情况制定的。

一、防汛方针

1949 年 11 月，全国水利会议明确提出，水利事业必须"统筹规划，相互配合，统一领导，统一水政。在一个水系上，上下游、本（指干流）支流，尤应统筹兼顾，照顾全局"。从而确立防汛工作必须遵循团结协作和局部服从全局的原则。1950 年，全国防汛会议提出"在春修工程的基础上，发动组织群众力量，加强汛期防守，以求战胜洪水，保障农业安全，达到恢复与发展农业生产的目的"。这次会议还规定防汛工作原则是："集中统一领导，左右岸互相支援；民堤服从干堤，部分服从整体；全面防守，重点加强；分段负责，谁修谁防。"同年，中南区防汛指挥部亦提出类似防汛方针和原则。

1951 年 4 月，政务院发布的《关于加强防汛工作的指示》中指出，防汛工作要提高预见性，防止麻痹思想；对异常洪水要预筹应急措施。同年，长江委主任林一山传达中央关于在防汛抗洪工作中应遵循"重点防护，险工加强"及必要时采取"临时紧急措施"以尽力减轻灾情的指示。1951 年汛期，湖北省人民政府发出指示，强调以江汉防汛为重点，提出"依靠群众，统一领导，重点防守，全面照顾，分段负责，谁修谁防"的方针，要求长江堤防保证 1949 年同样高水位不溃口，特别强调荆江大堤关系到千百万人民生命财产安全，切不可稍有忽视。

1952 年，省政府又进一步提出"集中统一领导，逐级分层负责；上下游统筹兼顾，左右岸互相支援；民堤服从干堤，部分服从整体；全线防守，重点加强，分段防守，谁修谁防"的方针。

荆州地区防汛抗灾以防汛为重点，提出"大力发动和组织群众，加强防汛防守，战胜洪水，以保障农田、发展农业生产为目的"的防汛工作方针。

1953 年，省防汛指挥部提出"上下游兼顾，左右岸支援，民堤服从干堤，部分服从整体，全线防守，重点加强"的防汛方针。

1954 年 6 月，省防汛救灾紧急会议提出"全面防守，重点加强，确保在防汛保证水位内不溃口，力争水涨堤高，战胜更大的洪水"的防汛工作方针，并确定荆江大堤、武汉市堤等堤防为确保堤段，要求在任何情况下都要保证防洪安全。

1955 年，省防汛指挥部制定"全面防守，重点加强，保证在现有基础上安全行洪、并争取在特殊情况下不溃决，以减轻或免除洪水灾害，保证农业丰收"的方针。

建国初期，荆州长江干支堤防比较薄弱，汛期多次出现溃口性险情。当时提出"必须依靠群众，动员一切人力、物力、财力，紧急抢修险工和溃口堤段，用最大努力，防止和挽救缩小灾情，有钱出钱，有力出力，合理负担"的指导方针。并且对分洪准备提出"准备分洪、争取不分洪、分洪保安全、不分洪保丰收"的指导方针。经过 1954 年防汛抗洪斗争，至 20 世纪 50 年代末期，荆州地区逐步形成"全线防守，重点加强，水涨堤高；一般洪水，全线防守，全线确保；特大洪水，全线防守，重点加强"的防汛抗洪方针。

60 年代后，随着荆州水利事业发展，防汛抗灾工作由单一的堤防防汛转为堤防、水库、涵闸等工程的全面防汛抗灾。60 年代后期，中央提出"以防为主，防重于抢"的防汛工作方针。根据这一方针，荆州地区防汛工作形成"全面防守，重点加强，水涨堤高；一般洪水，全线防守，全线确保；特大洪水，全线确保，重点加强；大、中、小水库不准倒坝，即使超过校核标准的特大洪水，也要采取非常措施，保证大坝安全"的方针，当时提出，要不惜一切代价，确保荆江大堤安全，确保长江干堤安全。70 年代和 80 年代，随着国民经济发展，对防汛工作提出更高要求。70 年代，荆州地区防汛工作贯彻"以防为主，防重于抢；全面防守，重点加强，水涨堤高；人在堤在，严防死守"的方针。80 年代后，根据建国后多年防汛抗灾的实际，荆州地区贯彻"以防为主，防重于抢；全面防守，重点加强"的防汛方针。

1991 年《中华人民共和国防汛条例》颁布，明确规定防汛工作实行"安全第一，常备不懈，以防为主，全力抢险"的方针。荆州长江防汛抗洪工作强调"以防为主，防重于抢"，认为这是夺取抗洪抢险斗争胜利的关键。

1994 年 7 月 6 日，省政府发布 58 号令，颁布《湖北省实施〈中华人民共和国防汛条例细则〉》，明确指出，防汛抗洪工作实行"立足防大汛、抗大洪、排大涝和安全第一、常备不懈、以防为主、全力抢险"的方针。

1995 年，荆沙市政府贯彻落实省委、省政府提出的"在防洪标准以内，不溃一堤，不失一垸，不倒一坝，不失一闸；即使出现超标准特大洪水，也要千方百计把损失减少到最低限度"的防汛指导方针。

1996 年长江中游发生大洪水，荆州长江堤防全线布防，荆沙市委、市政府制定的防汛方针是："全面防范、重点加强、严防死守、全力抢险。"通过全面动员，全力以赴，取得当年防汛抗洪的全面胜利。

1998 年《中华人民共和国防洪法》颁布后，将防洪工作纳入法制化轨道，以法律形式规范防治洪水。依法防洪，防御和减轻洪水灾害，对保障人民生命财产安全和经济建设的顺利发展，具有重大而深远的意义。

1998 年长江流域发生全流域型大洪水，超警戒水位堤防之长，水位之高，持续时间之久，为

1954年之后所罕见。为夺取防汛斗争的胜利，荆州市贯彻的防汛方针是："安全第一，常备不懈，以防为主，全力抢险"。随着长江水雨情形势变化，党中央、国务院果断提出，"坚定不移地严防死守，确保长江干堤安全，确保江汉平原和大武汉的安全，确保人民群众生命财产安全"的防洪总方针。

2010年5月，荆州市贯彻落实的防汛工作指导方针是："在标准洪水内，确保不溃一堤、不倒一坝、不损一闸（站），确保人民群众生命财产安全，确保城乡和交通干线防洪安全。"

荆州长江防汛抗洪年年立足于防大汛、抗大灾，未雨绸缪，精心部署，落实各项准备工作。洪水发生时，动员军民全力抢险，强调江湖两利，团结抗洪，以最大限度地减少灾害损失。

二、防汛任务

长江防洪的重点是中下游河段，其中尤以荆江为重点。荆江洪水灾害发生次数最多、损失最重、影响范围最大，因而，荆州长江防汛任务是根据荆州长江干堤特别是荆江大堤在不同历史时期所具有的抗洪能力而提出来的。

1949年11月，全国水利会议指出："由于战争尚未完全结束，人力财力还存在着一定程度的困难，因之，在规定我们水利方针和任务的时候，这一情况也必须考虑在内。"所以，1950年确定长江中游防洪任务时提出："目前长江防洪的最高目的是保证在1949年同等水位的情况下不发生溃决，争取1931年洪水位不发生溃决。"根据中央"重点保护"原则，防汛中力争保障荆江大堤及武汉市等重点堤防和城市的安全。1952年，政务院《关于1952年水利工作的决定》中要求："长江中游继续加强荆江大堤……中下游其它地区仍应分段保证1931年或1949年的最高水位不发生溃决。"当时，荆江大堤以防御1949年最高洪水位（沙市二郎矶站44.49米）不溃口为目标。

1954年要求争取荆江大堤超过1949年最高洪水位0.3米不溃口[2]。1954年大水后，长江防洪规划确定以1954年实际洪水作为长江中下游总体防御对象。荆州长江干堤即以防御1954年实际最高水位为目标实施加高加固。荆江大堤经过汛后整险加培，抗洪能力有所提高，因此1955年提出的任务是："在有效地充分运用荆江分洪工程的条件下，确保大堤江陵、沙市堤段在任何情况下不溃口，大堤监利堤段争取在1949年最高水位以上0.6米（监利城南35.99米）不溃口。"此后，1957年开始提出荆江大堤在任何情况下要确保安全，不能溃口。

1971年11月，长江中下游防洪规划座谈会召开，确定以1954年实际洪水年作为长江中游重要地区的防洪标准，并建议适当提高干流各主要站设计水位：沙市站为45.00米，城陵矶（莲花塘）34.40米，汉口29.73米不变。

1980年，再次召开长江中下游防洪座谈会，明确长江中游近期防洪任务是：遭遇1954年同样严重洪水，要确保重点堤防安全，努力减少淹没损失。

1983年，省委、省政府提出的防汛任务是：长江遇到1954年当地最高洪水位时，要保证长江干堤及主要支堤的安全；沿江河大小涵闸、泵站必须在确保安全的前提下，做到启闭灵活，充分发挥工程效益。遇到超过标准洪水时，也要千方百计保证防汛安全，最大限度地发挥人民群众的抗灾能力和防洪排涝工程的减灾作用，力争把灾害损失减少到最低限度。

1985年，为防御更大洪水，国务院以国发〔1985〕第79号文批复《长江防御特大洪水方案》，并明确规定："长江中下游的防汛任务是，遇到1954年同样严重的洪水，要确保重点堤防的安全，努力减少淹没损失。对于比1954年更大的洪水，仍需依靠临时扒口，努力减轻灾害。"

长江委确定的长江中下游总体防汛任务是：遇1954年同样严重的大洪水，通过运用已建水库和已安排的分洪区调蓄洪水，以确保荆江大堤、南线大堤（荆江分洪区）等重点堤防及武汉市等重要城市安全；努力保护重要江堤及重点堤垸安全。遇超过1954年洪水，也要全力抗洪，力争减少中下游平原洪灾损失。对常遇洪水，应保证安全度汛。

20世纪90年代，省政府根据全省防汛实际，要求坚决做到长江出现1954年型洪水，各中小河流出现建国以来当地最高洪水位不溃堤；需要分洪时，能顺利分洪，安全分洪；涵闸泵站能够安全正常运用。遇到超标准洪水时，也要千方百计保证防汛安全，最大限度地发挥人民群众的抗灾能力和防洪排涝工程的减灾作用，力争把灾害损失减少到最低限度。荆州市对分蓄洪区提出的防洪总体任务是"加高堤防、改造闸站、治理河道、增强机构、强化管理、加快分蓄洪区建设，尽快达到分洪保安全转移，不分洪保丰收发展"。

1998 年汛期，省委、省政府要求坚持严防死守，不惜一切代价，确保荆江大堤、长江干堤、连江支堤和重要堤垸安全，调动一切力量做好防汛抗洪工作，确保万无一失。随着防汛形势日益严峻，党中央果断提出确保长江大堤安全，确保重要城市安全，确保人民生命财产安全的"三个确保"抗洪决策，最终取得抗洪抢险斗争的全面胜利。

1999 年汛期，省防汛指挥部发出紧急通知，要求严防死守荆江大堤、长江干堤、连江支堤等重要堤防和防洪设施，确保荆江大堤和重要堤防安全，确保武汉、荆州等重要城市安全，确保江汉平原和重要交通干线安全，确保人民生命财产安全。

2003 年，根据荆州长江防汛抗洪工作实际，调整防汛水位特征值，确定沙市站保证水位为 45.00 米，监利站保证水位为 37.23 米，螺山站保证水位为 34.01 米。

对长江干流不同河段、各支流及各不同工程，本着局部服从全局的原则，其防汛任务与总体防汛任务协调；具有相对独立性的工程，按工程设计标准设防；处于在建尚未达标工程或险工，则根据具体情况确定其当年防御标准和防汛任务。

三、防汛水位标准

堤防是荆江地区防洪的基本设施，为使防汛工作能根据水情变化有序开展，国家防汛部门根据堤防状况、河道行洪能力等制定不同的防汛特征水位，作为防汛调度依据。

1935 年《扬子江防汛办法大纲》规定沿江堤防设防标准，其中湖北以沙市、汉口两地为控制站。当每年第二季末，沙市水位超越 7.50 米、汉口水位降至 11.00 米（水位基点分别为沙市、汉口海关水尺零点）时即为当年该地区防汛开始及防汛结束时间。并规定沙市水位 10.28 米、汉口 15.00 米为危险水位。超过危险水位，防汛工作随时可由民国中央政府协助。

自 20 世纪 50 年代开始，国家防汛部门根据堤防工程的防御能力，确定荆州河段防汛特征水位，分设防水位、警戒水位、保证水位三级，各地各级防汛指挥机构据此部署防汛抗洪工作。

设防水位　是规定堤防应当开始防汛的特征水位，一般表现为洪水接近平滩或部分堤脚挡水，堤防可能出现险情。洪水达到设防水位，防汛工作即进入实战阶段，防汛专防人员到岗到位，进一步落实防汛准备工作，并对堤防及沿江涵闸、泵站进行设防，严密监视汛情发展。

警戒水位　是规定堤防应加强防守的较高水位，一般表现为洪水普遍漫滩或主要堤段漫滩挡水，堤防险情可能逐渐增多，需加强群防，严加戒备。洪水达到警戒水位，各级防汛部门按提高一个等级投入人力、物力进行防汛，增加上堤防汛人员，实行昼夜不间断巡堤查险；险工险段实施重点防守，加岗加哨，消除一切隐患，保证堤防安全。同时组织防汛抢险突击队伍，备足抢险物资器材，作好一切抢险准备，随时应对突发险情。对于出现的险情，及时向上级报告，并组织技术人员进行分析判断，制订抢险方案，调集力量抢险排险。警戒水位是根据经过历年大洪水考验后堤防防洪能力，由基层河道堤防管理和防汛部门分析研究提出，报请有管辖权的部门核定。

保证水位　是规定堤防工程及其它附属建筑物必须保证安全挡水的上限水位，是体现防汛任务的重要水位，也是三级特征水位中最高等级水位，一般以防洪规划文件为依据，由具有管辖权的部门审定。江河水位未达到这一水位时，必须保证堤防安全运行。洪水位接近这一水位时，防汛抗洪斗争进入最关键时刻，需紧急动员全社会力量，一切服从防汛大局，全力投入防汛抗洪斗争，不惜一切代价确保重点地区和人民生命财产安全。当洪水位可能超过这一水位时，要根据洪水调度方案，作好紧急运用分蓄洪区的准备工作，及时采取分洪措施，以保证重要堤防和重点地区安全，把洪灾损失减少到最低限度。运用水库或蓄洪区调洪时，应控制下游洪水位不超过这一水位。

表 7 - 1　　　　　　　　1998—2004 年宜昌至汉口河段干支流主要站特征水位调整表　　　　　　　单位：m

河流	站名	特征水位								
		设防水位			警戒水位			保证水位		
		1998 年	2001 年修正	2003 年修正	1998 年	2001 年修正	2003 年修正	1998 年	2001 年修正	2003 年修正
长江	宜昌			52.00	52.00	52.00	53.00	55.73	55.73	55.73
	枝城	48.00	48.00	48.00	49.00	49.00	49.00	50.75	50.75	51.75
	沙市	42.00	42.00	42.00	43.00	43.00	43.00	44.67	44.67	45.00
	石首	37.00	☆37.50	37.50	38.00	☆38.50	38.50	39.89	39.89	40.38
	监利	34.00	34.00	34.00	34.50	35.00	35.50	36.57	36.57	37.23
	螺山	31.00	31.00	31.00	31.50	31.50	32.00	33.17	33.17	34.01
	汉口	25.00	25.00	25.00	26.30	26.30	27.30	29.73	29.73	29.73
松西河	新江口	43.00	43.00	43.00	44.00	44.00	44.00	45.77	45.77	45.77
	郑公渡	38.50	•39.00	39.00	39.50	39.50	39.50	41.62	41.62	41.62
松东河	沙道观	43.00	43.00	43.00	44.00	44.00	44.00	45.21	45.21	45.21
	港关	39.00	•39.50	39.50	40.00	40.00	40.00	41.94	41.94	41.94
	黄四嘴	37.00	•37.50	37.50	38.00	38.00	38.50	39.62	39.62	39.62
虎渡河	弥陀寺	42.00	42.00	42.00	43.00	43.00	43.00	44.15	44.15	44.15
	闸口	39.00	•39.50	39.50	40.00	40.00	40.00	42.25	42.25	42.25
藕池河	管家铺	36.00			37.00		⊙38.50			⊙39.50
	康家岗	36.00			37.00		⊙38.50			⊙39.87
	团山	35.50	△36.00	36.00	36.50	△37.00	37.00	38.53	38.53	38.53
洞庭湖	城陵矶				32.00	32.00	32.50			34.40
湘江	湘潭				38.00	38.00				39.50
资水	桃江				41.00	40.00				42.80
沅江	桃源				42.00	42.50				45.40
澧水	石门				59.00	58.50				61.00

注　1. 2001 年修正依据•荆汛办〔2001〕11 号文、△荆汛办〔2001〕17 号文、☆鄂汛办字〔2001〕20 号文；2003 年修正依据鄂
汛办字〔2003〕29 号文（试行）；2004 年修正依据⊙鄂汛办字〔2004〕20 号文（正式）。

　　2. 表中松西河郑公渡、松东河港关和黄四嘴、虎渡河闸口、藕池河团山站为荆州市防汛抗旱指挥部批准自设水文站。

　　3. 高程系统为冻结吴淞。

荆州河段防御洪水位标准，是根据荆州长江堤防不断加固，河道安全泄洪能力增强，防洪标准不断提高等多因素综合考虑后，作出调整变化的。建国后，国家不断加大荆江大堤、长江干堤的建设投入，荆州长江堤防防洪能力得到较大提高，荆州长江干流主要控制站点水位因此经历几次大的调整。1949 年长江大水，沙市最高水位 44.49 米，以后数年便以此水位作为保证水位。1954 年长江流域发生特大洪水，沙市最高水位为 44.67 米，1956 年，沙市站保证水位便提高至 44.67 米，此水位特征值一直沿用至 2002 年。1998 年大水，在未运用荆江分洪工程情况下，沙市站最高洪水位达到 45.22 米，超 1954 年最高洪水位 0.55 米。汛后，国家投入巨资建设长江干堤，至 2003 年，荆州长江干堤整险加固基本竣工。鉴于荆州长江干堤防洪能力显著提高，省防办下发《2003 年湖北省长江干流堤防防汛特征水位（试行）通知》，调整荆州长江干流堤防防汛水位标准，沙市站保证水位调整至 45.00 米，其它特征水位不变。2010 年，鉴于全省长江干支堤防防洪能力得到较大提高，且三峡工程建成运行，省防办以鄂汛办字〔2010〕29 号下发《关于明确我省江河防汛特征水位设置有关事项的通知》，规定全省江河防汛特征水位设置警戒水位和保证水位两级。原设置的设防水位，由各地防汛

部门内部掌握使用，不再作为一级特征水位上报。

表 7 - 2　　　　　　　1954—2010 年荆州河段干流主要站特征水位变化表　　　　　　　单位：m

年份	沙市（二郎矶站）				监利（城南站）				螺山站			
	设防水位	警戒水位	保证水位	实测最高水位	设防水位	警戒水位	保证水位	实测最高水位	设防水位	警戒水位	保证水位	实测最高水位
1954	41.70	43.00	44.49		32.50	33.80	36.19		29.00	30.00	31.85	
1955	41.70	43.00	44.49		32.50	33.80	36.19		29.50	31.00	32.75	
1956	42.00	43.00	44.67		32.50	34.00	36.19					
1957	42.00	43.00	44.67		32.50	34.00	36.57					
1978	41.50	43.00	44.67		32.50	34.00	36.57		29.00	30.50	33.17	
1984	42.00	43.00	44.67		32.50	34.00	36.57		29.00	30.50	33.17	
1985	42.00	43.00	44.67	45.22m（1998年8月17日）	32.50	34.00	36.57	38.31m（1998年8月17日）		30.50	33.17	34.95m（1998年8月20日）
1986	42.00	43.00	44.67		32.50	34.00	36.57			30.50	33.17	
1987	42.00	43.00	44.67		32.50	34.00	36.57		29.50	30.50	33.17	
1995	42.00	43.00	44.67		33.50	34.50	36.57		30.00	31.00	33.17	
1998	42.00	43.00	44.67		33.50	34.50	36.57		30.00	31.50	33.17	
1999	42.00	43.00	44.67		34.00	35.00	36.57		30.00	31.50	33.17	
2003	42.00	43.00	45.00		34.00	35.50	37.23		31.00	32.00	34.01	
2010	取消	43.00	45.00		取消	35.50	37.23		取消	32.00	34.01	

注 1. 数据来源于《长江志·防洪》、《湖北水利志》、《荆江大堤志》和易光曙《荆江的防洪问题》；1954 年、1955 年螺山站数据为新堤站水位。

2. 高程系统为冻结吴淞。

表 7 - 3　　　　　　　宜昌至汉口河段干支流及洞庭湖区四水主要控制站防汛特征水位表

河流	站名	特 征 水 位			历史最高水位、最大流量				备 注
		设防水位/m	警戒水位/m	保证水位/m	水位/m	时间	流量/(m³/s)	时间	
长江	宜昌	52.00	53.00	55.73	55.92	1896年9月4日	71100	1896年9月4日	根据 2003 年 6 月 4 日荆汛办〔2003〕18 号文《关于转发 2003 年湖北省长江干流防汛特征水位（试行）的通知》，全省长江干支流部分站点的特征水位值进行调整：宜昌警戒水位由 52.00m 调整为 53.00m，枝城保证水位由 50.75m 调整为 51.75m，沙市保证水位由 44.67m 调整为 45.00m，石首保证水位由 39.89m 调整为 40.38m，监利警戒水位由 35.00m 调整为 35.50m、保证水位由 36.57m 调整为 37.23m，螺山警戒水位由 31.50m 调整为 32.00m、保证水位由 33.17 调整为 34.01m
	枝城	48.00	49.00	51.75	50.74	1981年7月19日	71900	1954年8月7日	
	沙市	42.00	43.00	45.00	45.22	1998年8月17日	54600	1981年7月19日	
	石首	37.50	38.50	40.38	40.94	1998年8月17日			
	监利	34.00	35.50	37.23	38.31	1998年8月17日	46300	1998年8月17日	
	螺山	31.00	32.00	34.01	34.95	1998年8月20日	78800	1954年8月7日	
	汉口	25.00	27.30	29.73	29.73	1954年8月18日	76100	1954年8月14日	
洞庭湖	城陵矶	31.00	32.50	34.40	35.94	1998年8月20日	57900	1931年7月30日	
松西河	新江口	43.00	44.00	45.77	46.18	1998年8月17日	7190	1981年7月19日	
	郑公渡	39.00	39.50	41.62	43.20	1998年7月24日			

续表

河流	站名	特征水位			历史最高水位、最大流量				备　注
		设防水位/m	警戒水位/m	保证水位/m	水位/m	时间	流量/(m³/s)	时间	
松东河	沙道观	43.00	44.00	45.21	45.51	1998年8月17日	3730	1954年8月6日	
	港关	39.50	40.00	41.94	43.18	1998年7月24日			
	黄四嘴	37.50	38.50	39.62	41.83	1998年7月24日			
虎渡河	弥陀寺	42.00	43.00	44.15	44.90	1998年8月17日	3240	1948年7月10日	
	闸口	39.50	40.00	42.25	42.48	1998年7月25日			
藕池河	管家铺		38.50	39.50	40.28	1998年8月17日	11900	1950年7月22日	
	康家岗		38.50	39.87	39.87	1954年8月8日	2890	1957年7月22日	
	团山	36.00	37.00	38.53	39.07	1998年8月19日			
沮漳河	万城	42.50	43.50	45.34	45.77	1998年			
湘江	湘潭		38.00	39.50	41.95	1994年6月18日	20800	1994年6月18日	
资水	桃江		40.00	42.80	44.44	1996年7月17日	15300	1955年8月27日	
沅江	桃源		42.50	45.40	46.90	1996年7月19日	29100	1996年7月17日	
澧水	石门		58.50	61.00	62.66	1998年7月	19900	1998年7月23日	

注　高程系统为冻结吴淞。

注：

[1] 详见《荆州万城堤志》。

[2] 详见长江水利委员会中游工程局《1954年水利事业防汛工程计划》（修订本）。

第二节　防　汛　法　规

明清时期，荆江地区防汛法规初见端倪，民国时期有所发展。建国后，随着社会进步、经济发展和法制建设的加强，相应的法律、法规逐步建立，日臻完善。

一、明清及民国时期法规

明嘉靖年间（1522—1566年），荆州知府赵贤主持大修荆江堤防之后制定《堤甲法》[1]，规定"每千丈堤老一人，五百丈堤长一人，百丈堤甲一人，夫二人。夏秋守御，冬春修补，岁以为常"，这是荆州长江防洪史上见于记载最早的汛期防守和堤防管理制度。

清乾隆五十三年（1788年）荆江发生特大洪灾，万城大堤多处决口，荆州城被淹，乾隆皇帝御批严厉处罚上自湖广总督、下至修堤有关责任人，并规定，"此后凡遇万城大堤决口，从决口之年起，上溯十年，其间有关人员均予治罪"。汛后，明确规定总督、巡抚轮流分年主持防汛事务，荆州知府设水利同知专司其事，下设修防局所。汛期责令堤长、圩甲带领民夫上堤驻守，增添近堤绅耆帮同防护。并具体规定："荆州万城大堤，每五百丈设堤长、圩甲各四名，堤上设卡屋常年驻守，汛涨时多备守水器具，同业民昼夜防守，该道府同知，往来巡查，一有危险，即行严督抢护，如水利各官防护不力者，该道府查明纠查。"这是历史上由皇帝具体参与制定的长江防汛法规[2]。

道光十年（1830年），湖北布政使林则徐制定《公安、监利二县修筑堤工章程十条》，作为筑堤御水必须遵守的制度。道光十六年（1836年），林则徐升任湖广总督，为防御江汉洪水，他提出"与其补救于事后，莫若筹备于未然"的治江指导思想，并制定《林制府防汛事宜十条》，作为防汛制度颁布执行。

据《荆州万城堤志》载，《详定江汉堤工防守大汛章程》（《衍方伯防汛章程》），共十一条，是荆江堤工较为全面的防汛规范。摘记如下：

（1）长堤大汛应设立堡房、器具、招募兵夫、以资防守。查楚省堤工，惟荆州万城堤官工，向有卡房五十二座，例系汛点与圩甲等分半住守，近已率多坍塌，汛点不给灯烛，圩甲并无饭食，焉能枵腹从事。其余江汉各堤，则堡房兵夫无之，然有堤而无人防守与无堤等，有人而无钱养赡与无人等。必得预筹经费，明定章程，以为思患预防。除万城堤旧有卡房，宜速修整并议给汛兵油烛，酌发圩甲饭食，按堡制备器具，责成该管守备及汛员督饬驻守外，其余各堤，虽例无防兵，亦应令圩甲雇募长夫，按十里搭盖芦篷一所，派夫三名驻守，日间填补雨溜沟槽，夜间分班往来巡查。每夫一名，日给饮食钱八十文，每篷日给油烛钱三十文，均由该县筹给。以五月初六日上堤，至寒霜日下堤止。

（2）各堡房、芦篷应备插牌一个（上书离江若干丈及堤之长宽高等）及雨笠、灯笼、火把、铜锣、铁锹、筐杠、椰头、木夯、铁签、铁锅、旧布袄、口袋等巡逻抢险用具。

（3）大汛盛涨，该汛各防守专司，应住宿堤上，于该汛内昼夜梭巡，不得安枕衙署，并遴委妥员，往来于两汛地方，会同汛员稽查。迎溜顶冲险要处所，另委勤干一员督防。该管州县，仍不时亲往各汛查察。如遇危险，即督率汛员，多雇人夫，抢筑子埝。巡道本府，并先后轮流往勘。查出汛委各员稍有懈忽，立于揭参。倘堡夫名数短缺，堡房器具不全，亦惟汛员是问。

（4）堤头、堤坡，除巴根草外，如有长草，必须割去，以清眉目。堤顶草须全割，里坡草应割至腰路为止，总须留根二三寸，以护堤身，不得连根铲拔。外坡之草，不可割去，应留以御风浪。

（5）漫滩水到堤根，必须日夜巡查大堤里坡有无渗漏，如里坡见潮润，即须时刻留心。倘有浸渗，该堡夫应一面禀知防汛官，一面鸣锣，照堵漏子章程，如法办理。日间由堤顶行走，一目了然。夜间持灯烛，由底路去，腰路回，细心查看。

（6）外滩一经漫滩，水面愈阔，每遇风暴，必致伤及堤身，最为危险，宜用碎石抛护或放大坦坡包淤。或于该处签桩抢护，每一尺五寸，钉橛一根，用柴掩御。

（7）大堤渗水之处，任何人等，得先举报。因得抢护平稳者，赏钱十千文。于伏汛前，出示晓谕，凡大堤外，连年水至堤根者，尚无大患。惟或因滩高，或因外有民埝，多年未经水之堤，甚为可虑。每因猝不及防，因而漫溢，宜平时防患于未然。

（8）江势裹卧塌滩，须将塌岩之处，用锹放坦，并多插柳枝，以免续崩。

（9）江水漫滩，各堡门前，设立小志桩一根，用以随时查看涨落，通传下段报汛，报汛员按三日一次汇报道、府、县，如遇陡涨陡落之时，堡夫刻速飞报，由汛员随即转报道、府、县，不在三日汇报之列。

（10）各堡夫经查明有日间割草、填补水沟，夜间在堤巡逻者，分别给赏。否则薄责。

（11）大堤走漏，为至险至急之事。若临河水中有旋涡，即是进水之门，应速令人下水踹摸，如为圆方洞，则用锅扣住，四面浇土断流，如系斜长形，一锅不能扣住者，应用棉袄等物填塞，或用口袋装土一半，两人抬下，随其形象塞之，四面仍用散土断流，是外堵法也。若临河面不见进水形象，无从下手，得于里坡抢筑月埝。先以底宽一丈为度，两头进土，中留一沟出水，俟月埝周身高出外滩水面二尺，然后赶紧抢堵，待里外水势相平，则不进水矣，是内堵法也。

此外，《荆州万城堤志》还载有《鲁观察之裕四防说》（昼防、夜防、雨防、风防）、《防汛章程》等，均为清代沿用一时的防汛章则。

民国时期，省水利局和江汉工程局多次颁发有关防汛法规和章程。扬子江水利委员会1935年制定《扬子江防汛办法大纲》十一条，是民国时期由流域机构主持制定的一部防汛法规，其后江汉工程局于1946年拟定《江汉干堤防汛办法》十六条。

二、建国后防汛法规命令

建国后，随着法制建设和防汛管理的加强，有关长江的防汛法律、法规和规章制度逐步完善，防汛工作走上法制化、制度化轨道。

（一）国家法规

构成防汛法规体系的中央立法，按层次可分为防洪、防汛法律、行政法规、行政规章等。建国时，即把防洪等水利事业规定在《共同纲领》中。20世纪80年代，国家开始加强水利立法工作，截至2010年，全国相继制定水法律4件，水行政法规20件，初步建立与《中华人民共和国水法》相配套的水法规体系，各项水事活动做到有法可依。已颁布实施的防汛专项法律、法规有《中华人民共和国防洪法》、《中华人民共和国防汛条例》等。水利部和有关部委已发布的关于防汛的行政规章亦是中央防汛法规体系重要组成部分。

《长江防御特大洪水方案》（1985年国务院国发〔1985〕第79号）　明确长江中下游的防汛任务是：遇到1954年同样严重的洪水，要确保重点堤防的安全，努力减少淹没损失；对于比1954年更大的洪水，仍需依靠临时扒口行洪，努力减轻灾害。防洪的具体措施是：经过培修巩固堤防，提高防洪能力，尽快做到长江干流防洪水位比1954年实际最高水位略有提高，以扩大洪水泄量；明确分洪、滞洪任务，安排超额洪水；如遇1870年同样洪水，即采取一系列扒口泄洪紧急措施，以努力减轻灾害；荆江分洪区的运用，由国家防总决定，其余行洪、蓄洪区和有关湖泊的滞洪运用，由长江中下游防汛总指挥部商同所在省人民政府决定。在防御1870年同样洪水时的分洪运用，需经国务院批准。

《关于1967年防汛工作通知》（1967年6月25日国务院、中央军委颁发）　规定各级防汛组织和防汛人员要坚守岗位，不得擅离职守；水文测站必须按时向受报单位报送水情、雨情；对堤防、水闸、水库等一切水利工程设施要加以保护，不得破坏；邮电部门对防汛电报要及时迅速传递；防汛物资要妥善保管不得挪作他用。

《河道堤防工程管理细则》（水电部，1973年）　明确规定河道堤防管理单位，在汛期是防汛指挥部门的主要组成部分，应在防汛指挥部门统一领导下开展工作。每年汛前应做好对河道堤防等工程的检查工作，制订防汛计划，提出蓄洪、滞洪、行洪区的运用措施，报上级防汛主管部门并作好运用准备；配合有关部门做好蓄（滞、分、行）洪区内群众保安和转移准备工作；加强对沿河涵闸、泵站、船闸等管理，汛期应严格控制运用。掌握水情、雨情和工情，加强险工险段及河势变化处的观察，根据汛情发展，及时提出防汛抢险措施，参加防汛抢险，并作好技术指导。

《水闸工程管理通则》（1990年10月水利部部颁标准）　明确规定每年汛前、汛后应对水闸工程及各项设备进行定期检查；当发生特大洪水、暴雨、暴风、强烈地震和重大工程事故时，管理单位应及时组织力量进行全面重点检查，并根据定期检查和重点检查所发现的工程缺陷或问题，对工程设施进行必要的整修和局部改善。

（二）地方法规

建国后，省委、省政府先后多次发布有关防汛的法规命令，荆州市及各县市亦制定相应法规。

《关于防汛抢险的紧急命令》（1954年大汛，湖北省人民政府7月5日发布）　要求贯彻执行全面防守，重点加强方针，力争水涨堤高，保证不漫堤不溃口，所有堤段，必须有专人防守，险工险段必须及时抢护。各部门必须贯彻为防汛服务的方针，紧密配合与支援，保证粮食、器材及其它物资及时供应，遵守时限和规格，坚决完成任务。坚决依靠群众，发动群众。防汛地区人民武装部队和公安部队，必须派出适当武装，巡查堤防与险工险段，防止反革命分子破坏。

《关于切实搞好防汛调度和控制运用的命令》（1985 年，湖北省防汛抗旱指挥部发布） 规定实行分级负责制，统一调度指挥。长江、汉江、沮漳河和漳河水库的防洪调度，由省防汛抗旱指挥部指挥。沙市所辖的荆江大堤堤段和荆门市所辖的汉江堤段的防汛，长湖、洪湖的防洪排涝调度，均由荆州地区防汛指挥部统一指挥。其它河流、水库、湖泊的调度和控制运用，分别由所在地之市、县负责。严格执行调度运用规定，切实控制水库、湖泊水位。

《关于坚决清除河道行洪障碍、处理违章建筑的通令》（1986 年，湖北省防汛抗旱指挥部发布）通令要求各地要认真总结和吸取过去省内外因河道设障和堤防工程设施遭破坏而造成损失的严重教训，树立全局观念，采取断然措施，坚决清除行洪障碍，处理堤防内外一切违章建筑。按照"谁设障、谁清除"的原则，迅速将清除任务落实到单位和负责人。因洪障未清除而造成灾害的，既要追究当事人，也要追究领导的责任。情节严重的要绳之以党纪国法。

《湖北省防汛抗洪责任制若干规定》（1988 年，湖北省人民政府鄂政发〔1988〕70 号通知） 规定防汛抗洪是全社会的工作，省内一切单位和个人，都有参加防汛抗洪的义务；全省防汛抗洪工作由省长负责，各级行政首长负责其所辖区内的防汛抗洪工作，并组织完成上级行政首长下达的其它防汛抗洪任务；并提出"长江出现 1954 年型洪水、中小河流出现建国以来的最高水位不溃堤，水库、涵闸按设计标准保坝、保安全"的防洪标准。

《关于汉江中下游、沮漳河、汉北河、府澴河防御特大洪水调度方案的通知》（1988 年，省政府批转省水利厅特大洪水调度方案鄂政发〔1988〕74 号） 这是由省政府颁布实施的省内河流洪水调度方案，主要内容为重点站控制水位，出现特大洪水时的调度方案和分蓄洪区运用顺序。

《湖北省河道管理实施办法》（1992 年 8 月 12 日，湖北省人民政府 33 号令颁发） 办法对加强河道管理，保障防洪安全，发挥江河湖泊的综合效益作出明确规定。

《湖北省实施〈中华人民共和国防汛条例〉细则》（1994 年 7 月 6 日，湖北省人民政府 58 号令发布） 规定防汛抗洪工作实行"立足防大汛、抗大洪、排大涝和安全第一、常备不懈、以防为主、全力抢险"的方针。防汛抗洪工作实行各级人民政府行政首长负责制、部门岗位责任制和统一指挥分级分部门负责的制度。细则对防汛组织、防汛准备、防汛与抢险等均作出明确规定。

《湖北省分洪区建设与管理条例》（1996 年 11 月 22 日，经湖北省第八届人大常委会第 23 次会议审议通过，颁布实施） 规定分洪区的分洪运用，实行统一指挥，分级、分部门负责。长江各分洪区的分洪运用，按照国务院批准的防御洪水方案，由长江防汛总指挥部和省人民政府商定，报国家防汛抗旱总指挥部下达实施命令。

《湖北省实施〈中华人民共和国防洪法〉办法》（1998 年 11 月 27 日，湖北省第九届人大会常委会第 6 次会议审议通过） 规定各级人民政府分别对本行政区域内的防洪工作实行统一领导，全面负责。防汛抗洪工作实行各级人民政府行政首长负责制，统一指挥、分级分部门负责。县级以上水行政主管部门下设的防洪工程专管机构和跨行政区域的水利工程管理机构，受水行政主管部门的委托，依法行使所辖范围内的防洪协调和监督管理职责。

20 世纪 80 年代初期，随着农村实行经济体制改革后，对水利工程管理、防汛工作提出的新要求，地、市各级相继出台加强水利工程管理的布告、规定、暂行条例等。

1982 年 7 月，中共荆州地委批转地区防汛指挥部《关于清除江河行洪障碍问题的报告》，规定汛期各地切实加强领导，指定专人负责，按报告内容对行洪障碍进行及时清除。

1982 年 3 月，监利县发布《关于加强水利工程管理的布告》，规定："严禁在江河、渠道内设置障碍，保障行洪安全。江河洲滩、行洪道、调蓄区不准盲目围垦。对影响行洪的建筑、芦苇、林木，本着谁设障，谁清除的原则，限期清除，恢复原状。"同年，江陵县颁布《关于加强堤防水利设施安全管理的布告》和《江陵县水利工程管理实施细则》，对与防汛相关的管理体制、机构、职责等作出具体规定。洪湖县发布《关于加强水利工程管理的布告》和《暂行规定》。

1995年4月，荆沙市人民政府印发《荆沙市防汛抗洪责任制若干规定的通知》（荆政发46号），对防汛抗洪工作责任作出具体规定。同年4月10日，荆沙市人民政府发布《关于印发荆沙市市直部门和荆沙军分区防汛职责的通知》（荆政发〔1995〕47号），对荆沙市直各部门和军分区防汛责任进行明确划分。

注：

[1] 详见清光绪《荆州万城堤志·江陵堤防考》。

[2] 详见《长江志·防洪》"建国前的长江防汛"。

第三节　防汛机构与劳力

荆江两岸早期堤防工程均为自修自防，明清时期，重要堤防开始设有基层防汛组织。

一、建国前防汛机构与劳力

明代赵贤制定《堤甲法》后，江陵、监利、松滋等县依照《堤甲法》设有堤老、堤长和堤甲、伕工，沿江堤防实行"夏秋防守"。当时，江陵设堤长66人，松滋、公安、石首设堤长77人，监利设堤长80人。

清康熙十三年（1674年）规定"每逢夏秋汛涨"，由荆州府同知督江陵县丞领率所辖堤老、圩甲在沿江堤防搭盖棚房，储放桩篓、芦苇、锹等器具，昼夜巡逻看守防护，并由道府同知督促[1]。

雍正七年（1729年）议准湖北武昌、荆州、襄阳三道加兼理水利衔，荆州道统辖荆州府同知、同州、县丞、主簿等官职。乾隆五十三年（1788年）荆江大水后，乾隆皇帝明确规定，汛后由总督、巡抚轮流分年主持防汛，如因省垣有事不能履职，则务必上报委托道府代防。荆州府并设同知专司其事，下设修防局、所，管辖官民六十七工，汛期责令堤长、圩甲带领民夫上堤驻守，增加近堤绅耆帮同防护。还具体规定："荆州万城大堤，每五百丈设堤长、圩甲各四名，堤上设卡屋常年驻守，汛涨时多备守水器具，同业民昼夜防守，该道府同知，往来巡查，一有危险，即行严督抢护，如水利各官防护不力者，该道府查明纠查。"《监利县志》载，道光十六年（1836年）洪水不大，朱三弓江堤决口，淹没荆北区数百万亩。县令未尽职责，群起上告，诉曰："半堤水，微微风，太阳晒倒朱三弓"，十分形象地刻画出县令不负责任导致决口的情景，之后县令被撤职处死。清代，防汛实绩突出者奖赏方面，亦有明文规定，连续三年安澜者晋级或加俸。

清代设水利专官负责荆江防汛，渐次相沿成规，且防汛与岁修多为一体，夏秋防汛，冬春岁修。道光五年（1835年）荆江各县设土局，每值汛期，则派局首数人率伕头，以及各垸垸首，划堤为上、中、下乡，驻堤抢险。同治年间（1862—1874年）中、下乡堤划为县丞汛，由县丞督责防守。同治十三年（1874年）荆江大堤每五百丈设堤长一人，圩甲五人，烟夫（由农民轮流担任）二十五人，在荆州同知、江陵县丞率领下，担负防汛抢险任务。

此外，荆江大堤还有水师营（后改为堤防营）分段设卡协防。原荆州水师营专管水操事务，兼护送铜铅等差，守备兵213名，驻扎江陵县筲箕洼。1788年大水后，照河工之例，"荆州大堤令水师营备弁兼管，每二里添设卡房一间，拨兵二名驻守防护，夏秋汛涨由荆宜施道节制，归荆州城守营参将兼辖[2]"。这是明令军队介入长江防汛的最早记载。及至同治十三年，又有荆州堤防营之设立，营设千总一员，驻中斗篷（江神庙），堤兵73名，汛期分驻堆金台、下独阳（东岳庙）、横堤（窑湾）、潭子湖（邬阮渊）等五卡，受荆州府调遣。汛期派兵驻守堤防这一做法一直延续至光绪年间，人数则有所减少。

民国元年（1912年），在沙市成立"荆州万城堤工总局"，属官绅合办，局以下沿清代旧制，于万城等9处设立分局；局设总理，由省府巡按使委任，总理负万城堤安全责任，任免分局员生，考核工程，稽查土费、出入款项，负责与地方筹议修防。其中，岁修防汛为重大事项，规定"各堤工分局经理，按所管堤段，监查工程，巡视堤身，冬春修筑，夏秋防护"。其后，裁免堤圩员生，各堤局仅用堤警二名，防汛时则雇临时签夫，由堤工局负责主持防守，并委近堤绅耆为堤董、堤保，协同警员防护。每董管辖五工，每保管一工。

民国十五年（1926年）后，沿江干堤先后由省水利局和江汉工程局主持防汛事务。规定每年6月至10月中旬为防汛期，可根据水情提前或推迟。汛期，由县长兼任防汛专员，区（乡）长任防汛委员，偕同修防处率堤董、堤保分派伕工；市镇由镇长或县警察局长任防汛委员，会同工务所和当地商会办理。还根据堤段险夷和地方习惯由工务所分设防汛段，委派工程员主持该段防汛事务，负责防汛抢险技术指导，配备防汛材料，县、区（乡）负责征集民伕。上堤民伕除轮流日夜巡查外，有险时抢护，无险时于堤上填筑压浸台、挑土牛[3]、填平水沟等修补、筹备工程。如有情况，各保甲长和军警保安队得协助召集伕工。

民国十七年（1928年），湖北江汉堤防分为荆河、汉黄、襄河三路，设分局管理。荆河路设有3个防汛区，主管堤工防汛。随后，水利分局撤销，制定《湖北省各县堤工修防局章程》，规定由各县县长负责办理辖区堤防防汛、岁修事务。民国十九年，省水利局制定《十九年沿江、沿襄两岸干堤防汛章程》，规定除荆江大堤、襄阳老龙堤由常设局防守外，另于长江设防汛段12处，各段皆由省水利局委派防汛主任负责。

民国二十三年（1934年），江汉工程局制定的《江汉工程局防汛实施概要》规定：每35千米设一分所，设工程员1人、监工员2人、堤警堤丁若干人指导防汛，切实协助，并按《荆江堤工局传签办法》分段日夜巡查。对于水势涨落、堤身变化及抢护工程设施均应详细报告。抢险编制规定，次险处每保选20名、特险处每保选50名，由各所商防汛委员会修防处负责选派，一遇险情，即鸣锣召集，各赴原定区域听候调遣。

民国二十六年至三十四年（1937—1945年）荆江大堤分为4个防汛段：堆金台至上独阳（赵家湾）为第一段，段址位于李家埠；中独阳至阮家湾为第二段，段址位于沙市；黄滩至周家垸为第三段，段址位于观音寺；潭子湖至拖茅埠为第四段，段址位于郝穴。其中第四段因管辖堤段较长，故从孟家垸至拖茅埠又划出一临时防汛段。每大段各辖3个小段，由修防主任任段长，监防员任小段长。每大段配4人，小段配2人，并按保甲户口壮丁，组织防汛抢险队。汛情紧张时，每千米10人，危险时每千米30人。民国三十五年（1946年）防汛段由4个改划为6个，即万城、李埠、观音寺、马家寨、郝穴、金拖，各防汛段按堤段长短雇用2～3人巡堤防守，并传递情报和水位报单。民国三十四年后，荆江大堤沙市堤段单独成立荆州防汛委员会，由第四区行政督察专员任主任，内设总务组、工务组、警卫组，下辖防汛段。总务组负责筹措并掌握防汛经费，工务组负责工程技术、巡堤查险，警卫组负责防汛器材的登记管理以及防汛抢险的警卫事宜。当时还成立以码头工人为主的荆沙防汛义勇总队，有队员1800余人，由市警察局长任总队长，负责抢险事宜。

民国三十一年（1942年）前，江南各县堤防汛期防守薄弱，无常设水利机关，更无防汛统一指挥机构。每年汛期，均由各垸群众组织——修防处（局）主持，沿堤群众负责防守。明清时期，松滋长江官堤分为民堤、军堤两类，民堤实行官督民防，有驻军屯垦的堤段实行军民联防。每届汛期，官府督令军民上堤防守，由堤长、堤甲带领民伕上堤驻守，官府派员督导。民国时期，每届夏汛来临，石首各垸修防处（局）将全垸堤段，分配垸属各保防守，由保甲长催伕上堤。修防处按每保配备一名堤保，任技术指导，劳力数量则根据堤段及水位情况，按保分配。民国三十一年松滋始设县防汛委员会，由县长兼防汛专员，驻军长官任防汛督办，原各垸修防主任任总队长，原堤董、堤保任中队长、分队长，每中队领三分队，每分队30人，发现险情，鸣锣催伕上堤抢险。民国三十六年（1947年）后，滨江各乡乡长兼防汛委员。汛期，为加强领导，各垸增设防汛督导员。

二、建国后防汛机构与劳力

建国初，国家明确防汛组织领导实行"集中统一领导，逐级分段负责，建立统一的防汛机构"。

此后荆江地区防汛体系逐步建立健全。

（一）防汛机构

1950 年 5 月，水利部在北京召开第一届全国防汛会议，明确规定各地防汛工作以地方行政机构为主体，防汛组织领导实行"集中统一领导，逐级分段负责"，建立统一的防汛机构。1951 年 6 月，第一次组建荆州专区防汛指挥部，地委、专署、军分区主要负责人担任正副指挥长，各部门派员参加。各县也相应建立防汛指挥机构，由各级党政主要领导任指挥长、政委，还有部分县领导和武装部、水利局、堤防管理部门负责人任副指挥长。各县、乡、镇也相应成立防汛指挥机构。1952 年 6月，根据湖北省防汛会议精神，荆州专区增设长江、汉江、东荆河 3 个防汛分部，由荆州专区防汛指挥部副指挥长兼任指挥长，长江分部在荆州区修防处（荆州市长江河道管理局前身）办公。1954 年大水，为加强荆江防汛分洪工作的领导，由荆州、常德、中游工程局共同组成荆江防汛分洪总指挥部，还成立石首江北（人民大垸）指挥部、荆江分洪南线指挥部。

1957 年，以荆州地区长江修防处为基础成立"荆州地区防汛指挥部长江分部"，江陵、监利、洪湖、松滋、公安、石首等县及沙市市亦分别成立相应指挥机构，负责所辖长江干支堤防的防汛工作。各级指挥部由地方各级党政主要负责人任指挥长、政委，地方武装及当地驻军首长、水利（堤防）、公安、粮食、供销、交通等部门主要负责人任副指挥长。大水年份，省防汛指挥部还于沙市成立前线指挥部。紧张时期，省、地、县主要负责人分赴第一线，坐镇指挥。市（地）、县各级防汛指挥部一般于汛前恢复办公，汛后停止办公，1984 年起，始配专职干部常年办公。水利、堤防部门为防汛基本组织，负责当好各级指挥部的参谋，统一筹划、处理汛期日常事务。

1983 年 12 月，成立荆州地区长江防汛指挥部，以荆州地区长江修防处为办事机构，处理汛期日常事务。

县以下防汛指挥机构，一般由县长任指挥长，县委书记任政委，但地方行政体制变更时有相应变动。县（区）指挥部一般将长江干堤划分若干防汛分段，由乡（镇）长任分段长，负责所辖段防汛工作。1956 年荆州撤区后，以原区管理段为基础，相应成立若干分部，指挥长由县委派或区长担任，副指挥长由区管理段长担任。1968—1972 年间，各县指挥长由县人民武装部部长或政委担任，地方党政领导干部任副指挥长。1975 年各县撤区并社，又以公社为单位成立指挥部，由公社主要领导任正副指挥长；沙市市则以街道为单位，分设防汛指挥所。

荆州地区长江防汛指挥部一般设办公室、工务、情报（水雨情报）、财器、组织宣传、保卫、卫生、交通等科（1950 年设处）。县（市、区）指挥部也设相应各科、股、室（有的设组），分工负责防汛具体事务。各级防汛指挥机构，汛前负责进行检查，制订防汛计划，组织整险和查堤加工，筹集防汛器材，宣传防汛意义，组织防汛队伍，划分防守堤段，开展抢险技术培训，做好分蓄洪准备，清除河道障碍；汛期及时掌握水、雨、工情，做好预报工作，组织和检查巡堤查险及抢险，随时传达贯彻上级指示和命令，清理补充防汛器材，整顿防汛队伍，观测记载水情险情；汛后进行资料整编和防汛总结，做好财务器材清理、结算、保管和防汛工的结算工作。

1998 年《中华人民共和国防洪法》实施后，防汛工作依法实行行政首长负责制。荆州市长江防汛工作由荆州市人民政府、荆州市防汛抗旱指挥部（简称市防指）及其长江防汛指挥部（简称市长江防指）负责，一般洪水年份设立荆州市长江防汛指挥部，市政府委派专人任指挥长，另有副指挥长若干名。长江防汛指挥部常设工程抢险、水情预报、物资器材、通讯保障、综合协调、后勤保障等组，指导各县（市、区）长江干支流防汛抢险，负责长江防汛工作正常运转。2010 年汛期，荆州长江防汛指挥部下设防汛值班组、水情预报组、工程抢险组、物资器材组、通信维护组、后勤保卫组等 6 个组。各县（市、区）分别设立长江防汛指挥部或防汛指挥部负责防汛工作。特大洪水年份，荆州市还设立长江防汛前线指挥部、荆江分洪前线指挥部、特大险情应急抢险指挥部等。

大水年份，省防汛指挥部均于荆州设前线指挥部，指挥防汛抗洪。1998 年长江大洪水，为切实加强荆州防汛工作组织领导，国务院副总理、国家防汛抗旱总指挥部总指挥温家宝，率国家防总成员

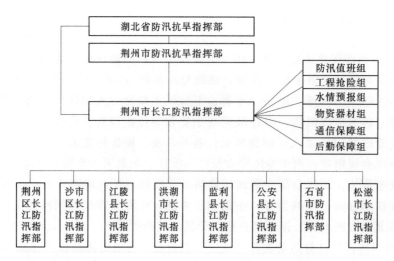

图 7-1 2010 年荆州长江防汛组织机构图

赴荆州坐镇指挥。省防汛抗旱指挥部以荆州抗洪为重点，在抗洪一线设立荆州防汛前线指挥部、荆江分洪前线指挥部、洪湖分蓄洪区堤防突发溃口救生应急指挥部等，并派出 32 个防汛工作组和督查组，实施督查。根据汛情需要，荆州市委、市政府决定市防汛指挥部与市长江防汛指挥部合署办公，设立长江防汛前线指挥部，并设立长江防汛洪湖前线指挥部、洪湖分洪前线指挥部、荆江分洪前线指挥部、特大险情应急抢险指挥部等。各县（市、区）在重点地段亦相应成立前线指挥机构。

（二）防汛队伍组织

防汛劳力安排，1950—1952 年按照受益范围田亩，多受益多负担，少受益少负担的原则，适当照顾堤线长、田多劳少的地区。汛期，动员沿堤群众，一般以区、乡、村为单位，编成大队、中队、小队，分别按设防水位、警戒水位和保证水位组成一、二、三线防汛劳力，随水情预报，上堤布防[4]。1953 年起，按照荆州专署印发的《水利工程动员民工办法草案》规定，实行劳产负担。在一定受益范围内，将全年水利（岁修防汛）标工按总计劳产单位分配任务。20 世纪 60 年代中期改为人田比例负担，即受益范围内总人口负担总任务的 30%，总田亩负担总任务的 70%。

各县（市、区）劳力部署，当水位在设防水位以下时，通常由堤段防守单位和堤防管理部门自行组织防守；当各县（市、区）控制站水位达到设防水位时上一线劳力[5]，每千米 6～10 人，由分管水利副县（市、区）长、副乡长及水利堤防部门干部带领设防；当控制站水位达到警戒水位时上二线劳力，每千米 30～50 人，由各县（市、区）长、乡长和各级党委副书记带领布防；当控制站水位达到保证水位时上三线劳力，每千米 80～100 人，各级党委第一书记上堤；超过保证水位则全民动员，以防汛为各地区中心工作，全力以赴，严防死守。重要险工及涵闸、泵站按 30～50 人每点布防，实行专班防守。2010 年，全省调整江河防汛特征水位设置，只设置警戒和保证水位两级。警戒水位以下防汛工作，由各级分管指挥长与水利专班组织实施。

1997 年，国家防总在荆州组建专业化抢险机构——荆江防汛机动抢险队，配备 8 吨货车 4 辆、120 马力救生船 1 艘等，担负重要防汛物资运输、突击抢险任务。荆江防汛机动抢险队为首批国家级重点防汛抢险队之一，以防汛抢险为主，兼具抗旱服务和防汛物资储备功能，受国家防总、省防汛指挥部调遣，1998 年汛期多次承担重大抢险任务。当年 7 月 24 日，石首市小河口子堤溃决，该队调集防汛专用船"国汛五号"急运砂石料 240 吨至六合院，有力支援了当地抢险救灾；7 月 28 日，监利县赵家窑子、洪湖市八十八潭等地发生重大管涌险情，该队工程船参与内围堰蓄水反压，连续工作 5 天，圆满完成抢险任务；8 月 12 日，接到上级准备北闸分洪运用的通知，该队组织人员赴荆江分洪区开展分洪前各项准备工作，检查分洪区进洪闸启闭设备，搬运爆破物资，协助分洪区人员转移，历时 30 天；另外，还抢运编织袋 200 万条，完成了省、市防汛指挥部交付的各项任务。

除常规防汛劳力安排和专业抢险队伍外，各县（市、区）还选拔训练有素、技术熟练、反应迅速、战斗力强人员组成抢险突击队，配备必要的运输和施工机具、通信设备，一般由县（市、区）防汛指挥部统一指挥调配，主要承担重要险情、紧急抢险任务。汛情紧张时，各县直属单位还组织预备队，由县统一调配。抢险突击队、预备队作为防汛后备力量，为防御较大洪水或紧急抢险时补充、加强一线防守力量之需。2010 年汛期，全市共组建抢险突击队 18 支，其中，公安、监利各 3 支，其余各县（市、区）各 2 支，每支突击队配备 80～100 名专业抢险人员。

大洪水期间，各级交通运输、邮电通信、公安、医疗等部门也组织起来参与防汛抗洪，听从各级防汛指挥部统一指挥调度；各级干部实行岗位责任制，定点包段负责。军队及各级地方武装部队、武警战士、公安干警亦被动员，驻扎于指定地点，参与抢大险、抗大灾。军队及各级地方武装部队是防汛最紧急阶段的主力军和重要突击力量。大水年份，广大军民面对洪水威胁，并肩作战，战胜一次又一次洪水，确保了广大人民群众生命财产安全。

1949 年 7 月 9 日，长江沙市站水位高达 44.49 米，中国人民解放军一边为解放荆沙而战，一边积极参与郝穴、祁家渊堤段防汛抢险。由于军队强有力的支持才使当年险象环生的荆江大堤安全度过汛期。

从 1950 年起，每年汛期，部分县区当地驻军、武警部队与堤防部门建立军民联防制度，重点堤防亦有驻军参与防汛，成为防汛大军的骨干力量。部分县区人武部和区、镇、农场武装部负责人，每年都在各级防汛指挥部担任领导工作，并抽调部分干部到重点堤段负责防汛抢险；组织动员复原退伍军人和民兵参与长江干支堤防汛抗洪。

1952 年汛期，荆江大堤祁家渊、冲和观段出现重大险情，军工 500 余人配合江陵县实施紧急整险加固工程，完成抛石 4.3 万立方米，安全度过汛期。

1954 年汛期，荆江大堤最紧张时期抗洪军民多达 20 余万，各级党、政主要负责人赴一线坐镇指挥，并抽调大批技术干部、武装干部上堤加强防守。江陵县，有 7.1 万余名劳力（含潜江、监利、石首等县支援金拖地段防汛抢险的劳力）和省、地、县、区各级干部 920 名、武装干部 150 余名，以及 617 名教员、学生、医务工作者上堤防汛。监利长江干堤上堤民工最高达 4.98 万人，调用民用船只 2032 艘。石首县投入防汛劳力 4.18 万人，县区两级机关干部 955 人。松滋县投入县区干部 304 人，上堤劳力 3.3 万余人。当年 8 月 5 日，荆江大堤董家拐堤段出现 247 米长弧形脱坡险情，堤面崩塌 2 米，下挫 2.7 米，堤面中心相继出现 3 条裂缝，情况十分危急，当即抽调部队指战员 143 人，冒着暴雨，与广大防汛民工一道紧急抢险，终控制住险情，避免了可能溃口的危险，荆江大堤顺利度过当时最高洪峰。8 月 8 日，监利上车湾扒口分洪后，在转移灾民和恢复生产中，省军区军政干校派来干部和医疗人员 300 余名，组成 20 余支医疗队，帮助灾民治疗疾病，支援生产救灾工作。中央军委 8 月 7 日、8 日和 11 日三次派飞机飞临荆江大堤和分洪区上空视察，及时了解防汛情况。

1957 年汛期至 1965 年，由公安民警负责荆江分洪工程进洪闸、节制闸防守。1978 年后，每年 6 月 15 日至 10 月 15 日，由人民解放军某部负责进洪闸、节制闸防守。

1968 年 7 月 16 日谢古垸分洪时，解放军某部一个连参与防汛抢险。18 日，荆江河段又一轮洪峰到来之前，人民解放军一个连奔赴郝穴险段支援防汛抢险，对排除"派性"干扰，保障防汛工作顺利进行，发挥重要作用。

鉴于荆江地区防汛抗洪的严峻形势，自 20 世纪 80 年代起，中国人民解放军武汉军区（后撤销）、广州军区等部队直接参与荆江防汛抗洪工作，并形成责任制度。凡有防守任务的部队，每年汛前均到所防守堤段进行踏勘，并制订防守抢险预案。大水年份，部队按照防汛预案参与责任堤段防汛抢险。

1981 年荆江河段出现仅次于 1954 年和 1949 年的洪峰，武汉军区某部 3300 余名指战员从河南星夜兼程，于 7 月 18 日 5 时前抵达荆江大堤。人民子弟兵发扬一不怕苦、二不怕死的精神，与江陵县 2 万名防汛人员一起固守荆江大堤各险工险段，为保卫大堤安全作出重要贡献。

1987 年汛期，沙市水位 43.89 米，超警戒水位 0.89 米。中国人民解放军 34470 部队接到广州军区命令后，分乘 97 辆运兵车，经过 16 个小时急行军，抢在最大洪峰到来前奔赴沙市、江陵、监利等地，紧急投入荆江大堤抗洪抢险战斗。期间，部队共出动官兵 1310 人、车辆 122 台、直升机 4 架次，与 8.2 万名民兵抢险突击队员一起，连续奋战 4 天，排除险情 145 处，完成土石方 5000 余立方米。

1996 年汛期，省军区司令员贾富坤少将赶赴抗洪抢险前线指挥抗洪抢险，驻鄂空降兵某部和省军区舟桥旅先后派出约 4000 名官兵参与荆州防汛抗洪。空降兵某部 4 名军首长，除政委留守外，均来到荆州抗洪前线，直接指挥部队作战。

1998 年汛期，荆州全市动员干部 1.7 万余人，投入劳力 40 余万人，与部队官兵并肩抗洪抢险。军委主席江泽民发出全军参与抗洪抢险斗争命令后，广州军区、济南军区、北京军区、空降兵、武警部队以及民兵预备役部队在荆州共设立各级抗洪前线指挥部（所）26 个，陶伯钧上将等 38 位将军深入抗洪抢险一线指挥抗洪抢险。当年汛期，人民解放军、武警部队、预备役部队共 5.41 万人参与荆州抗洪抢险；抗洪部队出动车辆 3500 余台、冲锋舟（艇）230 余艘、各型飞机 100 余架次。

1999 年，继 1998 年长江流域型大洪水之后，长江中游发生严重区域性大洪水。荆州长江防汛抗洪期间，洪湖、监利、石首 3 县市部署部队官兵 6260 人，重兵把守重点险段和薄弱堤段。

表 7 - 4　　　　　　　　　1998 年汛期驻守荆州河段干支堤防抗洪抢险部队一览表

部　队		兵力/人	布　防　区　域
空降兵	小计	10985	洪湖市、监利县、公安县、石首市
	空降兵前指	39	洪湖市、监利县
	39231 部队	2563	洪湖市、公安县
	39312 部队	3220	洪湖市
	39435 部队	5163	监利县、洪湖市、公安县、石首市
广州军区	小计	20129	荆州区、沙市区、江陵县、松滋市、公安县、石首市、监利县、下人民大垸
	53013 部队	7638	荆州区、沙市区、江陵县、松滋市、公安县
	53203 部队	8649	石首市、监利县、江陵县
	53802 部队	2880	公安县
	53503 部队	962	下人民大垸、监利县、江陵县
济南军区	小计	13083	公安县、石首市、江陵县、洪湖市
	54650 部队	3686	公安县、石首市、江陵县
	54676 部队	3710	公安县
	54784 部队	5687	洪湖市、公安县
武警部队	小计	7143	监利县、洪湖市、荆州区、松滋市、石首市、下人民大垸
	8640 部队	2270	监利县、洪湖市
	8680 部队	2400	监利县
	湖北武警	2473	荆州区、松滋市、石首市、下人民大垸
北京军区	51002 部队	230	洪湖市
湖北省军区	小计	2537	公安县、监利县、石首市
	湖北省军区	165	公安县
	34660 部队	2270	公安县、石首市
	34260 部队	102	监利县、人民大垸、石首市
合　　　计		54107	

注：

　　[1] 详见清宣统《湖北通志·卷四二》。

　　[2] 详见《荆州万城堤志》。

　　[3] 土牛即筑堤抢险的预备土料。

　　[4] 进入汛期后，当江水位在设防线以下时，一般由该堤段的防守单位和堤防管理部门自行组织防守。

　　[5] 防汛劳力系义务工，20世纪60年代中期始主要由农民负担，按田亩数量摊派。

第四节　汛前准备与汛期防守

　　为迎战可能到来的大洪水，荆州长江防汛指挥部每年于汛前和汛期切实做好思想、组织、工程、器材、通信、水文预报和防洪预案等各项准备。汛期加强巡堤查险并全力抢险。

一、汛前准备

（一）思想准备

　　汛前或汛期，防汛指挥部门一般通过以会代训、专题讲座以及广播电视、报刊文章等多种形式加强宣传、教育，增强全民水患意识。做到有汛无汛作有汛的准备；小汛大汛作大汛的准备；一灾多灾作多灾的准备；有备无患，把握防汛主动权。强调防汛工作要立足于防，针对可能发生的洪水，向广大干部群众实事求是地说明防汛抗灾的有利条件和存在问题，让干部群众了解防汛，支持防汛，参与防汛。

（二）组织准备

　　防汛工作实行党政领导责任制。一是建立党政领导防汛责任制，明确防汛指挥部成员职责，各级党委、政府加强对防汛工作的领导，行政一把手负总责，分管领导具体负责；二是落实防汛指挥机构、防汛人员职责，各级防汛指挥部成员落实定点包段，层层负责的措施，确保防汛目标任务的落实；三是坚持思想到岗，行动到位，实行建、管、防、查一体化的防汛责任制；四是加强培训，对新任防汛工作的领导进行培训，提高指挥决策水平。防汛是全社会的事，要形成全社会防汛抗洪合力，才能取得抗洪斗争的胜利。各级水利部门履行职责，主动加强与有关方面联系，及时准确掌握雨情、水情、工情、灾情，积极主动当好参谋；气象、物资、商业、供销、石油、电力、电信、交通、医疗卫生、公安等部门均发挥职能作用，配合搞好防汛抗洪工作。

（三）工程准备

　　汛前检查　汛前，防汛专管人员对堤脚、堤坡、堤身、堤面多次进行徒步检查，做到不漏一个部位；组织技术人员对涵闸、泵站进行检查，不漏一项工程设施。凡检查的部位和设施均登记造册，建档立卡，汛期全程负责，全面落实安全度汛措施。发现险情，防汛专管人员先研究方案，做到边查、边整、边报、边除险；一时难以除险的工程，先落实应急抢护方案、防守责任人和抢险队伍，汛后再进行整险加固。

　　汛前整险　大汛来临前，一般抓紧有利时间整险，河道堤防管理部门称之为查加。凡列入整险计划的堤、闸、站均定领导、定劳力、定责任、定措施、定时间，现场督办，限期完成。整险工程强化质量管理，护岸石方工程坚持保证方量、石质、规格等各个环节，以达到抛石镇脚、护坡除险目的。各涵闸泵站备齐备足配件，确保安全运用。完建工程严格把好验收关，凡未达到设计要求的坚决返工。常年施工的工程，汛期落实抢护方案和度汛措施，确保度汛安全。汛前检查中，采取查、追、捕、堵的办法整治獾害，彻底清除，逐处验收；采取查、找、熏、挖的综合措施彻底整治蚁患。汛前组织劳力挑运抢险预备土，堆放于堤身或平台，预备土因是一堆堆地堆放，又称"土牛"。

　　清除行洪障碍　有的河段设障严重，屡禁不止；有的河段因违章建筑影响行洪，水位壅高。汛前，防汛部门逐一检查，严肃处理，依法治水。按照"谁设障、谁清除"的原则，采取设障人自拆、专班强拆、责任人包干拆的措施，限期清除，保障水畅其流，行洪无碍。

（四）资金准备

防汛部门确保分配或配套的防汛资金到位，相关部门各负其责，督促资金落实；已到位资金，做到专款专用，不挪作他用。汛前检查中新发现的险情实行分级落实抢险资金，即使借款、贷款也不得延误整险。同时，防汛部门加强对防汛经费的审计。

（五）劳力准备

汛前，各县（市、区）防汛指挥机构按照防守要求配备一、二、三线劳力，保证汛期有充足劳力可供调配。每年汛前，荆州长江防汛指挥部均举办白蚁防治、防汛抢险技术指导等培训班，壮大防汛抢险技术人员队伍，培养人才，形成骨干；按照技术精、纪律严、作风硬、特别能战斗的目标，组建多支快速抢险突击队，以应急需；建立健全各级防汛办事机构，充分发挥抗洪抢险决策的参谋作用，指导各县市按要求配备足额防守劳力。防汛工作中，加强军民联防，警民联防，并肩抗洪。

（六）水雨情预报准备

汛前，国家防总组织全国气象、水利、防汛及科研等部门会商，预报当年汛期气象及水情，以供各级防汛指挥机构参考，早作防汛准备。汛期，防汛部门加强与气象、水文部门联系，密切注视上游地区水雨情变化，加强气象短期预测预报，以及江河湖库洪水预测预报；加强防汛调度，充分发挥水利工程的抗灾作用；及时会商，随时为各级领导指挥防洪抗灾提供科学依据，做到提前预报、提前部署、提前防范。

（七）预案准备

为满足荆州长江防汛抗洪需要，将洪灾损失减至最低限度，根据国家制定的长江防御特大洪水方案和荆州长江防汛抗洪工作实际，防汛部门不断更新完善防洪预案。这些预案具有科学性、可操作性，主要包括防御荆州河段不同频率洪水的防汛预案；江河堤防及水利防洪工程防守和抢险预案；防汛通信保障预案；防汛物资储存和调运预案；涵闸封堵预案；分洪爆破预案；紧急情况下防汛指挥机构设置和调动全社会参与防汛的预案等。防汛部门和有关责任部门严格按照预案的要求开展工作。

建国初，为确保荆江大堤和荆江地区度汛安全，1950年8月长江委编拟《长江水利建设五年计划大纲草案》，提出以荆江分洪工程为中心的防洪计划。同年，中南军政委员会召开荆江安全会议，原则同意实施长江委提出的荆江分洪工程，作为荆江地区防洪安全的治标办法之一。此后，为防御荆江可能发生的1935年型和1954年型洪水，水电部和长江委先后多次制订修改洪水调度方案。此外，为提高沮漳河下游防洪能力，确保荆江大堤安全，1963年汛后，省水利厅会同荆州、宜昌地区实地查勘后编制《沮漳河近期防洪规划》。1985年，省防汛指挥部又根据堤防和河道变化情况，以1963年规划为基础，制订《沮漳河洪水调度方案》，对彻底清除河道行洪障碍、谢古垸扒口行洪、漳河水库调洪错峰等措施作出具体要求。

为确保长江流域防汛安全，根据国务院国发〔1985〕79号文确定的《长江防御特大洪水方案》和长江防洪工程现状，1999年6月，国家防总制定《长江洪水调度方案》，2011年国家防总重新修订该方案（国汛〔2011〕22号，详见第十章重要文献第二节相关内容）。荆州市根据国家防总修订的调度方案，不断完善《荆州市长江防汛预案》、《荆江分洪工程进洪闸分洪预案》、《荆江分洪工程节制闸防汛预案》以及险工段、闸站工程度汛等各类预案。

（八）器材准备

防汛器材是防汛抢险的物资保证。建国前，防汛器材数量较少，且多为民筹器材。清康熙十三年（1674年），朝廷议准湖北滨江一带地方官吏"每逢夏秋汛涨，搭盖棚房，置备桩篓柴草、芦苇、铁锹、筐等项器具堆贮棚所，昼夜巡逻，看守防护"。此例沿至清末。同治十二年（1873年），荆州知府倪文蔚"制造抬棚二百数十架，以木为之，可睡二人，亦可随时搬动，应大堤汛时防守之用"。民国时期，防汛器材主要从民间筹集树竹、柴草、芦苇、棉絮、铁锅等。民国三十六年（1947年），湖北省第四行政督察专员公署要求按堤段险夷配备斗笠、蓑衣、铁锹、扁担、木夯等，堤内住户应贮存灯笼、马灯、芦柴、草竹、绳索、榔头、石碾、铁锅、破絮及其它可供防汛的器材。

建国后，经过多年堤防建设，防汛器材得到充足储备，长江干堤绝大部分已铺筑混凝土路面，部分支堤得到整治加固，为机动化抢险和防汛物资运送提供了保证。汛前，一般根据堤防、涵闸等防洪工程的建筑结构和工作状态，以及堤段险夷情况，合理储备布设防汛物料，按确保重点堤防、堤段，兼顾一般的原则，加强防汛器材储备。

汛期，全市及各县（市、区）均有专门的防汛物资准备专班负责筹集、调运抢险器材，保证抢险材料供应。防汛物资的筹集主要包括：①国储器材。河道堤防部门储备的抢险器材，包括砂石料、编织袋、油料、炸药、铁丝和照明、救生、运输器材等。②商储器材。各级防汛指挥部门与商业物资等部门商储备用的器材，汛前作好登记。③民筹器材。每年汛前，沿堤乡、镇、村农户按防汛指挥机构的要求，储备一定数量的棉絮、稻草、木桩、编织袋、楠竹等，以备急需。汛后，民筹器材由储备者自收自管，以备来年再用。

汛后，剩余器材由各地分别清理，交由堤防管理部门或指定仓库集中保管，以备来年再用。防汛器材的堆放，沿堤建有专门仓库或以哨屋代库进行堆码。随着堤防的不断整险加固，堤防防护林的形成，荆州长江堤防抗洪能力的不断增强，除砂石料外，其它器材用量大为减少。险工险段均预先堆存防汛砂石料，在堤内坡或堤平台上以块石砌仓，砂、卵石、瓜米石等分格储放仓内。

历年来，荆江分洪工程运行（爆破口门）所需爆破药料贮存于专门设置的炸药仓库，由河道堤防部门指派专人负责看管。但这些药料始终是一个安全隐患。20世纪90年代中期以后，荆州长江防汛指挥部于每年汛前与生产厂家签订所需药料的购置仓储协议，由生产厂家代为保管，一旦需要，由厂家即刻运送至指定地点。

经过多年大规模堤防建设，荆江大堤、长江干堤及荆南四河堤防抗洪能力得到显著提高，沿堤储备有大量抢险器材。据2010年底统计，荆州长江堤防防汛砂石料库存总量为73.46万立方米，其中粗砂18.94万立方米、卵石19.67万立方米、碎石2.81万立方米、瓜米石9.80万立方米、块石21.20万立方米、裹头石1.03万立方米。

表7－5　　　　　　　　　　　荆州河段干支堤防防汛石料库存汇总表　　　　　　　　　　单位：m³

堤　别	单　位	合　计	其　中					
			粗砂	卵石	碎石	瓜米石	块石	裹头石
	总计	734579.42	189446.21	196700.34	28115.20	97965.01	212025.06	10327.60
荆江大堤	小计	168524.25	46810.61	36644.64	3332.80	29610.41	52125.79	
	荆州	22767.25	6057.90	5947.70		3119.00	7642.65	
	沙市	24937.81	8173.41	1229.04		5797.51	9737.85	
	江陵	79411.19	20096.50	20036.90		14216.50	25061.29	
	监利	41408.00	12482.80	9431.00	3332.80	6477.40	9684.00	
长江干堤	小计	412295.65	87494.30	111416.90	23072.40	43291.00	136693.45	10327.60
	荆州	2000.00	800.00	600.00		600.00		
	监利	95480.85	23457.40	33970.50	8433.00	5009.70	24610.25	
	洪湖	108524.00	23169.90	42023.70	1932.10	19966.10	21432.20	
	松滋	32002.90	4338.00	3884.00		231.00	13222.30	10327.60
	公安	122196.40	25240.30	30938.70		7797.00	58220.40	
	石首	52091.50	10488.70		12707.30	9687.20	19208.30	
荆南四河	小计	143728.52	52644.30	45495.80	1710.00	24313.60	19564.82	
	荆州	9702.30	1481.00	2068.60		450.00	5702.70	

续表

堤别	单位	合计	其中					
			粗砂	卵石	碎石	瓜米石	块石	裹头石
	松滋	38576.22	11437.20	12070.80		5066.10	10002.12	
	公安	80459.00	35229.10	29179.40		16050.50		
	石首	14991.00	4497.00	2177.00	1710.00	2747.00	3860.00	
荆南围堤	小计	6759.00	1365.00	2003.00			3391.00	
	公安	6759.00	1365.00	2003.00			3391.00	
局直	小计	3272.00	1132.00	1140.00		750.00	250.00	
	局直其它	500.00				500.00		
	北闸管理所	2022.00	882.00	890.00		250.00		
	南闸管理所	750.00	250.00	250.00			250.00	

表 7-6　　　　　　　　　　荆州河段干支堤防防汛器材库存汇总表

堤别	单位	土工物/m²	发电机/台	马灯	管涌停/t	冲锋舟/艘	白蚁探测仪/台	渗漏探测仪/台	高压水泵/台套	活动子堤/延米	炸药/t		
		商储	国储	国储	国储	国储	国储	国储	国储	国储	小计	国储	备注
	合计	46450	1	1275	6	10	1	7	20	100	25	25	TNT炸药25t
荆江大堤	小计	4965	1	1275	3	6	1	4	20				
	荆州	4115		275	1	2	1	1	5				
	沙市				1			1	5				
	江陵	450	1	1000	1	2		1	5				
	监利	400				2		1	5				
长江干堤	小计	15875			1	1							
	荆州				1								
	监利												
	洪湖	4875											
	松滋												
	公安	11000				1							
	石首												
荆南四河	小计	5610			2			3		100			
	松滋	2025			1			1					
	公安	2325						1		100			
	石首	1260			1			1					
局直	小计	20000				3							
	南闸												
	北闸												
	船队	20000				3							
	本局												

二、汛期防守

荆州长江堤防战线长，且各堤段承担的防汛任务不同，堤基地质条件各异，因此，加强汛期防守，切实做好巡堤查险，是防汛工作的首要任务。要使各类险情化险为夷，确保汛期安全，关键是抓好"精心查险、科学判险、及时报险、全力抢险、坐哨守险"等五个环节。为确保防汛措施的落实，各级防汛指挥部严格执行防汛纪律，一切行动听指挥，对巡查不负责任、马虎敷衍的进行批评教育；对组织巡堤查险不力，防守工作薄弱的追究该段指挥人员的责任；对少数失职、渎职，严重违反防汛纪律，逃岗脱岗，擅离职守，造成严重后果的绳之以法纪；对巡堤查险成绩突出的则通令嘉奖。强化巡视检查的有关工作要求、工作制度，明确检查范围及注意事项等各个环节是确保巡堤查险落到实处的重要措施，必须高度重视。

（一）工作要求

巡堤查险是防汛抢险中一项重要工作。巡堤查险必须挑选熟悉堤防情况，责任心强，有防汛抢险经验的人员担任，编好班组，力求固定，全汛期不变。巡堤查险工作实行统一领导，分段分项负责，明确检查内容、路线及检查时间（或次数），把任务分解到班组，落实到人；当发生暴雨、江河水位骤升骤降、持续高水位或发现堤防有异常现象时，应增加巡查次数，必要时应对可能出现重大险情的部位实行昼夜不间断监视；巡堤查险人员要按照要求填写检查记录，当发现险情，应详细记载时间、部位、险况，同时记录水位和气象等有关情况，必要时应测图、摄影或录像，即时采取应急措施并上报主管部门。防汛期间，决不允许存在有险不查、有险不报、有险不整等情况，对查险、整险、防范不力造成损失的要严肃追究责任。

（二）检查范围及内容

巡堤查险应检查堤顶、堤坡、堤脚有无裂缝、脱坡、跌窝、浪坎等险情发生；堤防背水坡脚附近或较远处积水潭坑、洼地渊塘、排灌渠道、房屋建筑物内外易出险且易被忽视的地方有无管涌现象；迎水面砌护工程有无裂缝或损坏崩塌情况，退水时迎水边坡有无裂缝、崩塌；特别是沿堤闸涵有无裂缝、位移、滑动、漏水等现象及运行是否正常等。巡视力量按堤段、闸站险夷情况配备；重点险工险段，包括原有和近期发现并已处理的，尤应加强巡视，做到全线巡查，重点加强。

1. 巡堤查险一般要求

（1）查险范围为距堤内禁脚：荆江大堤、长江干堤 500 米，重点险段 1000 米；民堤 300 米；所有堤段距堤内脚 100 米范围更应仔细巡查。

（2）查险范围内要重点巡查水坑、水井、水沟、渊潭、稻田、水塘、鱼池、住宅、厂房、涵闸、泵站等及难以查险的地段和建筑物。

（3）巡查人员每班不得少于 8 人，要以干部带班，以成排间隔形式排查。县、乡、村查险交界地段要相互延伸 10～15 米，避免漏查。

（4）鼓励沿堤居民查险报险。

（5）查出新险，应竖立标志，边处理边报告，以利抢险人力、器材及时调配。

（6）注意堤顶、堤脚是否出现跌窝、裂缝险情，有无浪坎、崩坎、外滩树木倒塌，近堤有无旋涡等险情发生；临河堤防浪设施要用手检查边桩是否松动，绳缆、铅丝松紧是否合适，用短棍探查堤身堤脚有无淘空现象等；听水流有无异常声音；黑夜雨天要赤脚试探水温及土壤松软情况，查看有无跌窝崩坍现象；应随身携带铁锹、探水杆等，以便发现险情及时抢护。

2. 城区堤防巡堤查险专门要求

城区堤段是人口居住较为密集、地表地下情况最为复杂的地段，加之沿堤建筑物多，布局杂乱，给巡堤查险增加难度。为保证城区查险无遗漏，必须做到：

（1）城区巡堤查险人员应挑选责任心强，经过短期防汛知识培训的国家干部、职工担任，并特别强调领导带班巡查制度。

（2）城区堤防查险应结合城区特点，注意检查地下水管、排水涵管、穿堤建筑物、地下防空洞等公用设施。城建部门应安排技术人员依据城区上、下管网等设施布置图并考虑可能发生地面渗漏地段的情况，配合防汛指挥部及时排除各种险情。

（3）沿堤各单位要组织有干部带队的专班，对本单位房前屋后、院内各处地下地表建筑物基础进行自查，发现险情及时报告。对为了自身利益，有险不报、大险小报的单位和个人，若造成贻误抢险后果的，将依照《中华人民共和国防洪法》予以处罚。

（4）妨碍、阻塞查险通道的障碍物，应予清除，以利巡堤查险。

（5）各县（市、区）所辖公用事业管理部门，应接受防汛指挥部统一指挥。因查险需要其提供有关地表、地下建筑物资料时，应积极配合，以利查险处险。

（三）交接班制度

巡堤查险必须进行昼夜轮班，并严格执行交接班制度。上下班要紧密衔接，查险人员应相对固定，接班人要提前到岗，与交班人共同巡查一遍。交班人应交待本班所了解的情况，特别是可能出现的问题必须交待清楚。相邻队（组）应商定碰头时间，碰头时互通情报。

（四）注意事项

巡堤查险过程中，检查、休息、交接班时间，由带领检查的队（组）长统一掌握。检查进行中不得休息，当班时间内，不得离开岗位。检查是以人的直观或辅以简单工具，对险情进行检查分析判断。队（组）检查交界处必须搭接一段，一般重叠检查10～20米。检查中发现可疑情况，应派专人进一步详细检查，探明原因，采取处理措施，并即时向上报告。

由干部带队，坚持24小时不间断巡查、"拉网式"巡查；汛情紧急时，各级领导要带队查哨，要内外堤坡，堤身上下，禁脚、远脚一起查，责任到班、到人；发现险情要迅速研究，快速整险除险，把险情消灭在萌芽状态。为防止险情变化、恶化，要定领导、定劳力、定技术人员、定措施，备足应急抢险器材和工具，安装照明和通信设备，固定专人24小时观察监视，做好记录，发现蛛丝马迹，迅速处理并及时上报。如遇突发险情，必须全力抢险。各地要事先针对防洪工程薄弱环节，有计划地提前做好抢险器材、通信照明、突击抢险队伍、水手、木匠等准备，一旦出险，及时到点到位，不惜一切代价全力抢险，确保安全。总之必须做到"认真查险"、"准确判险"、"果断整险"、"及时报险"、"突击抢险"、"专班守险"，把准确的情况迅速、及时传送到指挥部门，以便决策人员正确判断、科学决策、果断处置，确保安全度汛。

险情的及时传递，可赢得抢险时间，为领导指挥决策提供依据。但在实际工作中，仍存在有险不报、重大险情拖延上报、非险误报和小险大报等情况，为规范管理、准确定性，防汛指挥部根据多年防汛经验提出如下要求：

险情发现、传递　要求做到"及时、准确、全面、清楚"八个字。即发现上报及时，数据准确无误，相关资料全面，总体描述清楚。

险情种类　根据多年防汛实际，荆州长江干支堤防汛期险情种类一般有：管涌、清水漏洞、浑水漏洞、散浸、崩岸、裂缝、脱坡、跌窝、浪坎以及涵闸泵站险情、水井险情等11种。其它如气泡、湿印等自然及人为现象不能作为险情上报。

报告险情基本要素　报告险情既要全面，又要简明扼要。对重大险情和特殊险情还应增加地质资料、附图和其它补充资料。发现险情后必须报告的情况归纳为15项基本内容：堤别（或河岸别）、地点、桩号、出险时间、险情类别、出险部位、险情尺寸、堤内外水位、堤顶高程与宽度、堤外滩高程与宽度、堤内平台高程与宽度、堤内地面高程及已采取措施、现实状态、防守情况等。

险情填报表格按荆州市长江防汛指挥部统一规范格式填报。高程系统应与防洪水位高程系统相一致。规定统一使用冻结吴淞高程系统。

按照分级管理原则，上报荆州市长江防汛指挥部的险情为：荆江大堤各类各等次险情全报；干堤各等次险情均报，其中散浸只报汇总处数和长度，不报详细情况；重要支堤只报重点险情；一般支、民堤只报重大险情。

防汛工作最重要的环节是抓好巡堤查险。群众从防汛实践中总结出巡堤查险应注意"五时"、"三清"、"三快"。

"五时"：①黎明时（人最疲乏）。②吃饭时（思想易松劲）。③换班时（巡查易间断）。④黑夜时（看不清易忽视）。⑤狂风暴雨时（巡查条件艰苦，出险不易判断）。这些时候最容易疏忽忙乱，注意力不集中，容易遗漏险情。特别是对已处理的险情和隐患，也应注意检查，防范险情变化。

"三清"：出现险情要仔细鉴别并查清原因；报告险情要说清出险时间、地点（堤防桩号）、现象、位置（临河、背河、距堤脚距离，水面上或以下等）；报警信号和规定要记清，以便及时报警。

"三快"：发现险情要快，争取抢早，抢小，打主动仗；报告险情要快，以便上级及时掌握出险情况；抢护要快，根据险情迅速组织力量采取措施及时抢护，以免贻误时机。

一般情况下，险情随外江水位上涨和时间延长而增多，小险应迅速报告并处理，防止发展扩大；重大险情，报告后集中力量即时处理，以避免堤防溃决造成灾害。总之，发生险情，事关全局，只有严格坚持"五到"、"三清"、"三快"才能做到及时发现险情，准确判明险情类别和性质，及时上报并采取相应措施，果断处理，方能化险为夷。

第五节　水　雨　情　测　报

汛期水文情报（水情、雨情）及预报是防汛抗洪工作的重要手段，及时准确掌握汛期水文情报和科学准确预报，是各级领导防汛抗灾决策指挥的主要依据。因此，汛期水文情报预报迅捷准确，防汛工作方能赢得主动。

一、建国前水雨情测报

荆江历史上较早便有水情测报记录。《荆州府志》载：清乾隆五十三年（1788 年）大学士阿桂"筑堤外石矶（杨林矶）以攻窖金洲之沙，立标尺以志水势，每汛期凭以报验"。江陵郝穴渡船矶附近清代水尺石刻遗迹犹存。

水雨情预报及其传递，清代、民国时期的做法是，每到江水漫滩时，"各堡门前设小志桩一根，用以随时查看涨落，通传下段报汛。报汛员按三日一次汇报道、府、县，如遇陡涨陡落之时，堡夫刻速飞报，由汛员随即转报道、府、县，不在三日汇报之列"。具体传递方法："由署中标发循环板签八枝，注明某时至某工交万城、江神庙、登南堤、郝穴、拖茅埠五局，挨局填写水势涨落尺寸，饬令各堤圩，俟工传递，轮流巡梭，早发晚收，晴雨无间"。并规定"自四月初一日起至霜降止，将荆江涨落尺寸，按五日填单通报"[1]。民国时期，仍沿用传签方式传递水

图 7-2　清代郝穴渡船矶水尺石刻

情信息，规定"各局传签报水，自阳历六月起至九月止，均责成堤警、签夫昼夜严密上下梭巡，勿稍延误"。传签所用签板，由竹片制成，"长三尺，宽五寸，厚五分，白粉底。上书传递钟点并地点，用光漆涂之，以免模糊"。传签限定地点，并分纵横传递。纵传，即"无论上（游）传下（游）传，均须按签板上所定时刻，送至各管工段地点。堤警签夫每班三人，严密梭巡，一人堤顶行，一人堤内斜坡行，一人内脚行。无论晴雨，不得稍涉懈怠，违者从严究办"。横传，即"报水公署局所，如荆州城江陵县及沙市水陆警察、商会、法院等处，并驻防师旅团部"[2]。如遇紧急情况，则派人驰马报急，或鸣锣示警，各方闻警而动。

清末、民国时期，荆江河段测报汛站寥寥无几。1903 年，沙市设立海关水尺，开始有实测水位记录，逐日定时观测水位，并将记录整理成水位公报，一直沿续至 1939 年，后因日军侵华而停止观测，水文数据不完整，至 1947 年恢复观测。1925 年，扬子江水道讨论委员会（长江委前身）成立测

量队及水文站，开展荆江河段流量、泥沙观测。1926年后，荆江河段先后设立太平口、郝穴等水位站。1931年长江发生大水后，水文观测才逐步引起重视。1932年，江汉工程局水文观测项目由降水量增加到降雨量、水位、蒸发量等，并进行资料整理刊布。沙市二郎矶水文站1933年1月设立，开始观测水位，郝穴1937年11月设立水位站。

二、建国后水雨情测报

（一）测报站点

1950年，长江委在荆江河段设有沙市、窑圻垴、城南、监利、城陵矶等9个水位报汛站。荆州专区另在观音寺、万城两处设立水尺，1952年又在金果、周公堤、郝穴、祁家渊、李家埠和杨家尖6处设置汛期水尺。1954年汛期，长江委在荆江分洪区设3个临时观测站。为适应荆江大堤、长江干堤防汛需要，防汛部门又在大堤沿线、沿江涵闸加设临时水尺观测水位，江陵县在文村夹、窑湾、御路口、柳口等处设有临时水尺；监利县在长江干堤二十号、上车湾、陶市、尺八、引港等处设临时水位观测站，其后改设在流港（人民大垸）、何王庙、孙良洲（三洲联垸）、白螺矶等处，松滋县各垸水利委员会沿松东、松西河自设水尺，观测水位，县境长江干流无水尺，汛期水位由沙市水位推算。20世纪60年代，万城、观音寺、颜家台等闸均设有水文测报点，监利沿江一线和外洲围垸设有螺山、狮子山、孙良洲、上河堰、何王庙、流港、冯家潭等水位站，洪湖在沿江石码头、老湾、高桥、红卫闸、仰口等闸站自设水尺观测水位。

20世纪70年代，江陵县共设水尺9处。1982年底，除荆江大堤3座涵闸的固定水位测报站外，还在夹堤湾、土矶头、祁家渊、李家埠和弥市设有5处水尺，观音寺、颜家台闸还增设雨量计。1985年，公安县有定型雨量站16个，江河湖泊水位站80个，汛期定期向县防汛指挥部报告水情、雨情。

图7-3 1998年高洪水位下的水位记录亭

20世纪80年代，与境内河流水系有关的外省、长办和区境外向荆州地区（包括已划出的仙桃、潜江、天门、钟祥等地）发布水雨情的站点有190个，其中雨量站141个，水位、流量站49个。荆州地区国家水文站、代办站和气象站及各单位工程代办站146个，内外站共336个，1986年后，精简为288个（包括汉江流域站点）。

20世纪50年代初，气象预报仅内部掌握使用，由防汛部门指定专人，用特定电码、电话与气象部门专人联系。当时，荆州长江防汛指挥部汛期水文情报，来自长江上游及荆南四河各支流控制站，通常接收汛情的报汛站，主要有寸滩、万县、宜昌及上游重要支流控制站高场、北碚、武隆、李家湾等，支流有清江、沮漳河及荆南四河、湖南四水各测站。荆江河段枝城、沙市、新厂、石首、监利、城陵矶等报汛站也向荆州长江防汛指挥部报汛。

各级报汛站均全年观测水位和流量（部分报汛站不观测流量），从5月1日起至9月30日止，分别向有关防汛指挥机构按规定电报报汛。1980年开始，荆州地区长江防汛指挥部向邮电部门租用电传机，以加快水雨情情报传递速度。报汛规定分每日2段（间隔12小时）、4段（间隔6小时）、8段（间隔3小时）制；特大洪峰期间加测加报，每小时报汛一次。沿江各县（市、区）根据相应水位及上级规定，通知下级防汛指挥部按照水位涨落情况，部署防汛工作。每年汛期，水涨渐达设防水位标准时，长江中下游防汛总指挥部水情预报室，根据上游各站测报情况和气象预报，对荆江各站以电报方式及时发布水雨情预报。各县（市、区）防汛指挥部水雨情报机构，亦于每日根据上游各站水位流量和雨情，推算出所辖堤段各站水位予以预报。由于运用这些资料预作防范准备，防汛工作较为主动。

（二）报汛方式

建国后，荆江地区水雨情测报采用过多种方式：一是报汛站将水雨情报拟成密码电文电话传至邮局电报发出；二是租借邮电部门电台发报；三是近距离采用电话报汛。水情报汛在各地报汛站渐次建成后，各地水文情报传递，按照水利部统一规定，用5个数字一组，译成"报汛电报"，由报汛站每日定时（如一段制为每日8时、二段制为每日8时及20时）观测后，送当地邮电部门以优先等级（1964年水电部《水文情报预报拍报办法规定》明确防汛拍发的水情电报均属R类），列在一般军用电报与一般电报之前拍发。也有架设专用电台或电话报汛的。汛期凡有关水雨情的电话、电报均列为急件，等级列为一类，优先于其它一切通讯。联络、传递亦分纵横两个方面，即由荆州地区长江防汛指挥部上传至省、下传至县，再由县下传至乡、镇，并由各报汛站向上级各有关机构报告水雨情，是为纵传；地县防汛指挥部，按日填写水位时日表，分送当地政府、驻军及有关部门，则为横传。荆州地区长江防汛指挥部一般在数小时内，即可了解到长江上游有关各站的情况，为防汛指挥提供决策参考。汛期，除用电话、电报传递水雨情外，还印发《防汛日报》、《防汛分洪日报》、《防汛简报》、《水情简报》及《水雨情报》等，按内容可分为长、中、近期预报。并按上游已出现的洪水测算洪峰抵达荆江各站点的时间、水位及流量。

水利部、省水利局（现为水利厅）于1950年先后制定《报汛办法》，长江委制订《报汛工作计划》。1952年，水利部颁发《修正报汛办法》并同时发布《报汛电台通讯网图及传递报汛电报办法》。1958年再次修订《水情报汛办法》，其中，长江流域编号从60区至69区，6为长江代号，0～9为区号，报汛电码组为5位数。

为满足防汛抗旱需要，1985年水电部在《水文情报预报规范》中规定：水文情报预报服务内容，已扩展为提供雨情、旱情、冰情、沙情、水质、风暴潮等水文情报，发布各种不同预见期的水情、旱情、冰情及其它水文现象的预报与展望，及提供旱涝趋势的分析报告与有关水情的咨询或参考资料，为防汛工作创造有利条件。

20世纪80年代，荆州长江防汛指挥部的水情传递采用水情专用电报机，电报机收到的报文为水情专用代码，水文站号、水位、流量、涨落等均由数字或字母组成，每日收到电报后，由专人将电报翻译后发布水情信息，这种模式一直沿用到1997年。

随着科技发展，计算机的投入运用，水情信息传输越来越迅捷。1998年，荆州市长江河道管理处购置计算机一台，并从邮局专设一条水情专线用于水情信息传输。当时采用的是基于DOS系统下的"X.25"系统，由省水利厅水文局与荆州市长江河道管理处联合开发，信息数据由省水文局通过专用线路传输，该系统可自动接收、自动译报并具备打印功能。传输的信息有水情简报及河道水情，表格式及所需站点由负责水情信息的专业人员设计。1998年汛期，水情信息接收任务十分繁重，当时该系统只能收报，上游的预报信息仍由重庆水文局从邮局以电报形式发送。

2002年，随着Windows系统的广泛运用，省水利厅水文局对原系统进行升级，采用Wap网页形式，建立Sybase数据库系统。该系统采用广域网传输，无需邮局专网，接收功能与"X.25"系统相同。更新后的水情信息系统以网页形式打开，更直观，更具操作性。预报信息仍以电信传真形式接收。

为规范水情测报工作，2006年国家防总、水利部正式发布《水情信息编码标准》。水情编码由原来的5位码升为4位码，原有系统已不能满足新编码的传输。长江委水文局所属重要站点已完全实行自动测报。此前，省厅水文局水情信息是先从长江委水文局接收后再发送至荆州市长江防汛指挥部。为接收水雨情更快捷，荆州市长江防汛指挥部与长江委水文局签订"荆州市长江河道管理局水情信息服务系统"开发协议。该服务系统基于SQL数据库开发，除每日水雨情自动接收、译点、入库外，还新增实时及历史水雨情、天气预报以及水位预报查询、打印系统。新的水文信息系统既有数据资料，又有曲线图及河道断面图，能显示最近时期的水位走势情况以及与去年同期比较的情况，至2010 年该系统一直沿用。

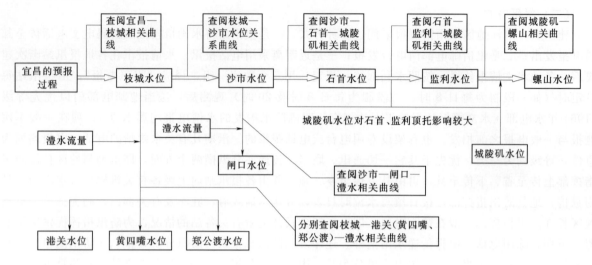

图 7-4 水情预报流程图

注：

[1] 清光绪《荆州万城堤志·防护》。

[2] 民国二十六年（1937 年）版《荆江堤志·防汛》。

第六节 防汛通信与网络

建国前，荆州无专用防汛通讯设施。建国后，荆州长江流域性报汛站网渐次建成，水雨工情传输设施从无到有，由少到多，由低级到高级。特别是 1998 年大水后，全市长江防汛通信事业迅猛发展，经历了从单纯语音通信到程控交换网络，再到微波通信、光纤通信综合数据通信发展的过程。无线电、有线通讯、微波、同轴光缆、光纤通信，以及通信卫星、计算机渐次服务于防汛抗洪工作。

建国初期，沙市与武汉间，仍使用 20 世纪 40 年代自备的无线电台联系。1950 年，各地堤防工务所仅有一部无线电台与省防汛指挥部门联系，交通工具仅靠一二部自行车就地联络或人工日夜步行传递防汛信息。同年，长江流域开始架设防汛通讯专用电话线，荆江大堤李埠至郝穴、江南堤防松滋丙码头至江陵郑家榨架设两段线路，但通信效果较差。汛期，监利县防守的麻布拐至洪湖界牌 160 千米长江堤防架设 16 号铅线单程电话线路一条，并下迄至新堤，使荆州专区与监利、洪湖等地防汛指挥部能及时联系。1951 年荆州区长江修防处组建电话队，专门管理通讯设施。后为适应防汛和堤防建设需要，在荆江大堤架设专用电话线路，可及时与沿堤各县管理段互通信息。北闸建成后，汛期向邮电部门租用电台，以便应急通讯。1954 年大水后，架设麻布拐至监利县城 8 号、12 号铅丝线各一对。1955 年，沙市至麻布拐架设、更换电线杆 1406 根，沙市至万城则利用旧杆架设 810 根电线杆。1956 年监利县至洪湖新堤全部改换为 12 号铅丝线路，沙市至监利、洪湖的通信始得畅通。50 年代后期，荆州长江沿线堤防开始逐步完善防汛专用线。松滋县采用单回路通话，每条线路挂单机 6～8 部，各垸水利管理单位配 10～20 门总机一台，全县共架设防汛专用线路 200 余千米，装话机 40 余部。石首县修防总段设有 15 门总机一台，以绣林镇为中心，架设东至调关、小湖口单线回路长 26 千米，1961 年架设绣林至老山嘴单线回路一条长 18 千米。

1962 年底，荆州长江两岸全部使用单线作通话回路，共架设线路约 400 千米，并在沙市及沿江各县管理段设有 5～20 门总机 6 台。但通讯机、线设备程式混杂，性能不一，网路不全，江南江北互不相通。各县管理段通讯网路自成体系，每一回路挂设单机多至 6～8 部，通话效率不高，接转也很困难。但各管理段已自成使用单线回路联络的独立通信体系，较之以往，稍有进步。

1964年后，重新改建江陵万城至洪湖新堤杆路284千米，逐步将江北电话干线由单线回路改为双线回路，无脚瓷瓶改为四线横担，木制电杆改为混凝土电杆，并在长途干线中间地段装设增音设备；在江陵观音寺施放过江水线，使南北两岸堤防通讯网络联成一体，在荆江大堤桩号739＋200处外滩建水线房，装20门总机1台。至1966年，初步建成以沙市为中心的防汛通讯网，传输效能得到提高，通讯能力扩大。荆江大堤架设沙市以上2对铅丝线，1对通万城，并架临时线延伸至马山；1对通李埠，沿堤分段、灭蚁组均就近搭挂。1966年后，继续改造单线回路为双线回路，改建和新建沙市至武昌长途电话杆路400千米；并在沙市、监利、洪湖、武昌建立长途载波电话终端站，以扩充电路容量，提高传输效率，改善音质音量。还敷设洪湖七家过江水下电缆一条；敷设备进站埋式电缆30千米，沿途加设总机至14台，总容量增至730门。60年代中期，松滋开设松滋管理段至东风闸、采穴间线路1对，沿途在杨泗庙、丙码头、东风闸、采穴等地安装4部手摇磁式单机，汛期或岁修时各站分机均需经邮电局转接后方能通讯。1969年，外线经过整修后，安装20门交换总机一部。1967年，石首调关增设15门总机一台。1968年冬，石首至调关单线回路改为双线回路，后通过改造，1978年完成石首干堤单改双线路架设任务。1976年石首修防总段总机由30门增为50门，调关总机由15门改为30门。1976年，水电部、电子工业部在荆州实施防汛专用无线通讯试点。

20世纪60—70年代，荆江两岸干堤上电话线路与广播通讯共用同一线路，经常出现因广播通讯而影响汛期实时通话的情况。1969年汛期洪湖长江干堤田家口溃决时，就因线路为广播通讯所占而无法传递紧急信息。

荆江分洪工程建成后，即沿分洪区围堤架设防汛专用电话线路。1976年5月，省防汛指挥部配备公安县503型单功率无线电报话机40台，采用无线电通讯，后由单功率换为双功率无线电话机。6月，初步建成荆江分洪区无线电通讯网。1977年，在加强已有有线通信设备基础上，又在荆江分洪区建立一个以服务安全转移为重点的无线电话通讯网，联络安全区、安全台及分洪爆破口等通讯站点。通讯网建立后，又更新部分设备，更新301型电台20部，添置303型电台14部及其它设备3部，并增设流动台。分别在沙市、石首、监利、洪湖、浠市、北闸、南闸建立无线电台站7套（对开两端），以沙市为中心建立起无线电话通讯网，基本建成有线、无线、多路由、多方向，纵横成网，此断彼通，畅通无阻的通讯网络。

1978年后，架设万城至马山公社总机；观音寺又铺设一条20对过江水线，沟通江南石首、公安、松滋和弥市的专用电话通信，并改建公安、石首、松滋长江干堤有线通讯杆路，电话线容量得到扩充。1981年，沙市至公安通讯线路加开三路载波电话电路，并将至浠市的电话杆路延伸至新江口；将黄金口至黑狗垱电路扩充延伸至南平；将沙市人工交换机改型为自动小交换机；监利县堤防部门租用当地长江航运过江水线，为地处江南的塔市驿山场安装电话，与监利长江修防总段电话总机相连。1981年，公安县防汛指挥部增设无线电台报话机，至1985年，公安县有无线电报话机56部，设有4个固定联系点，上下可随时联系。

至1985年，荆江大堤共有通信干路764.51千米，线对千米总长2302.62千米；设有过江线缆2处、过江飞线2座；长途通信中间电缆全长29.15千米；设载波站5处、主要电台站9处；交换总机实装容量600门，设点16处；累计投资400余万元。每年维护经费约50万元。通讯专业人员120人。荆江分洪区有线通讯杆线已发展到330千米，线对720千米，有线专网遍及各基层防汛单位。石首总段总机增至100门，调关总机增至50门，还敷设地下电缆2.5千米、架空电缆8千米。石首长江干堤沿线杆程118千米，线对228千米，水利专线单机78部，新立水泥电话杆1384根，木杆由原来的984根减少至113根。

1986年，松滋县支民堤管理段架设防汛专用线33千米，与位于浠市的长江干堤管理段专线联通，并可直接与荆州地区长江防汛指挥部联系。

1987年，荆江大堤沙市段共有防汛电话11部（其中堤防专用电话机2部）、对讲机3部（台式）。汛期，沙市防汛指挥部还从市政府、军分区抽调电台 2 部以及步话机若干部，组成沙市防汛通讯网络。

1992 年，荆州长江防汛指挥部建成荆江数字微波通讯网，分别在沙市、公安县城及南平、江陵郝穴、石首等地设微波通信站，公安县城为荆江微波中继站。

1994 年 3 月，公安县微波设备投入使用，拥有数字微波容量 120 线路，程控交换机 164 门，无线接入固定台 37 台，无线车台 7 部，并且虎西片南平总段开通一套 400 兆赫兹六路特高频电台电路，对南闸管理所开通一套 400 兆赫兹三路特高频电台电路。同年，石首修防总段通信设备更新换代，将原有磁石交换机改换为 64 门数字程控交换机，增设特高频设备，进入荆江数字微波通讯网络。1994 年以前，监利总段通信设施是从三路载波到十二路载波的有线通信网，1995 年安装爱立信（MD—110）程控交换机，原有磁石交换机停止使用。1998 年汛后，监利总段组建安装深圳华为公司 ETS450—WLL 无线基站（BS）与爱立信（MD—110）程控交换机配合使用，1999 年将爱立信（MD—110）程控交换机更换为深圳华为公司生产的 ETS450—WLL 基站控制器（BSC）。

1995 年汛期，沙市防汛通讯由防汛专用电话、对讲机、电台、步话机、防汛专用手机等组成通讯网络，服务于防汛指挥调度。1997 年后，荆州长江防汛指挥部建成以荆江微波通信为骨干，配以 800 兆移动电话和无线电台的防汛通信网，覆盖全市长江防汛指挥机构，进一步为防汛抗灾提供可靠通信保障。

随着通信事业的进步发展，新的高效通信方式不断投入荆州长江防汛系统。1995 年 12 月荆沙市长江河道管理处设立通讯总站，专门负责荆江防汛通信工作。此后，荆江防汛通信系统引进华为公司设备组建荆江微波系统，通过应用超短波、数字微波、数字程控和集群移动通信等技术，逐步实现超短波数字拨号和窄带高速数字通信，扩展话音、数据和图像等业务功能。水利通信有线电传实现计算机联网，通信干线采用微波、同轴电缆、光纤通信等先进技术，提高了传输时效。

1998 年抗洪抢险最紧张时期，荆州长江防汛指挥部调用海事卫星通信系统、微波设备、光端机、光中继机、光接头设备等通信设备，并增设移动通信基站、直放站等保障汛期通信联络。

2000 年，通信总站组建河道局机关计算机办公网络，并租用网通专用链路接入互联网。2001 年，监利、洪湖和荆州、沙市城区分段敷设 30 余千米光缆。

2004 年 12 月，开始实施洪湖监利长江干堤水利通信广播设施恢复工程，主要对荆州、沙市、江陵、监利、洪湖 5 个通信站点设施实施改造，完成沿江光缆、计算机广域网、沿江监控系统、通信机房改建、程控交换系统改造、通信电源改造等六大工程。2005 年，初步形成荆江防汛通信网络，江北 5 个分局通信网络通过沿江通信光缆接入荆江防汛通信网络。

2006 年，实施荆南长江干堤水利通信网络通信广播设施恢复工程，对松滋、公安、石首 3 个通信站点实施设施改造，完成沿江光缆和计算机广域网工程。2007 年江南 3 个分局通信网络通过沿江通信光缆接入荆江防汛通信网络。

荆江大堤水利通信信息网络是荆江水利通信信息网络的组成部分。该通信信息网络系统除无线接入系统及部分程控交换机为 2000 年前投资建设外，其余均为 2004 年底至 2007 年 4 月间新建。新建网络除实现原有语音、传真等传统通信手段外，还提供计算机网络互联、网络信息、视频监控等新型信息服务，主要由光传输网络、程控交换、无线接入、计算机广域网、通信电源、视频监控等系统组成。光传输网络系统涵盖市局及荆州、沙市、江陵、监利 4 个分局，并采用 SDH 光传输设备形成传输平台，同时传输网与省水利厅联通。市局、监利分局、石首分局、公安分局形成 2560 兆环。

程控交换系统由各点程控交换机组成。荆江程控交换网以通信总站交换机为一级汇接中心，公安、监利、洪湖、石首分局交换机为二级汇接局，其它交换机为端局。汇接中心局和每个二级汇接局均使用一个 E1 连接。主要站点及新建站点均采用阿尔卡特 4400 程控交换机。为解决交换机用户的延伸与覆盖，1999 年分别建有沙市、江陵、监利站和荆江分蓄洪工程管理局站 4 个无线接入基站，后陆续增加洪湖、龙口、石首和松滋站，基本保证全流域各管理单位、涵闸、险工险段、水文站点和运动在该区域车载台的语音通信联系。该设备采用深圳华为公司生产的 ETS450 无线接入设备,配有固定台和移动车载台,适合水利部门点多面广、用户分散的特点。其安装简单迅速,机动性强,其移动车载台可以无缝覆盖 30 千米半径范围,并可实现自动漫游。

视频监控系统是为了将荆州长江重要堤防、险工险段、涵闸、泵站等现场实况实时传送省、市防汛指挥部,为防汛抢险指挥决策提供依据而建立。荆江堤防视频监控点有观音矶、观音寺、铁牛矶、西门渊、何王庙等 5 处。

2007 年,荆江水利通信信息网络建成覆盖全流域的光通信网络。整个系统包括光缆、光传输通信、程控交换、广域网等系统,同时在这些基础系统支撑下,还运行视频电视会议及视频监控、政务公开、水文情报收发等应用子系统。荆州江南、江北两岸光缆连接成环,荆江程控交换网连同有线线路、无线接入覆盖荆州市长江河道管理局及下属各分局机关和重点防守堤段,以及各县(市、区)水利局、防汛指挥机构。江北段依托建立的光缆还对沙市观音矶、江陵观音寺闸等 7 处险工险段、重要涵闸进行实时监控。2007 年底,新增江南石首调关、公安斗湖堤、北闸 3 个监控点。

至 2010 年底,荆江水利通信信息系统建有自建埋地光缆 571.24 千米,自建架空光缆 3.89 千米,自建管道光缆 22.67 千米,与荆州电视台合建光缆 460.84 千米,并在洪湖过江与省水利厅通信系统相连接。其中,江北自建埋地光缆长 365.36 千米,管道光缆长 18.35 千米,合建埋地光缆 89.65 千米;江南段自建埋地光缆 109.34 千米,架空光缆 3.89 千米,管道光缆长 11.04 千米,合建光缆 459.12 千米。整个系统建有 SDH 站点 20 个,其中骨干环路 2560 兆比特每秒光传输站点 6 个,622 兆比特每秒末端传输站点 14 个,建成数字程控交换机站点 20 个,其中中心局 1 个,交换局 11 个,模块局 8 个;视频监控点 7 个;电视会议会场 1 个。全网形成以荆州市长江河道管理局所属沙市中心站为汇接中心,水情与灾情信息直报省防办、长江委、水利部及国家防总的星形辐射通信专用网络,实现网络的水雨情资料共享,险情资料随时上报等功能。

2011 年 8 月,为提高各管理段、管养组的信息现代化水平,加强系统内部的网络通信联系,推进各基层管理单位间的网络互联互通,市局根据已实施的水利光纤网络的光缆敷设现状,结合基层管理单位分布情况,对 50 个基层单位投资建设光纤网络,南闸也完成网络通信覆盖。至此,全系统各分局、直属单位一级光纤网络全部建成。各单位联网主机均可无缝接入现有的荆江水利通信网,并拥有一部内网电话分机,可实现与市局、分局的内网通信。截至 2011 年底,全系统各分局、管理段、管养组 102 个通信工程信息点中已有 65 个接入荆江防汛通信网。

荆江水利通信网络系统利用信息领域的新技术和设备,构建集信息采集、传输处理、信息服务和决策支持于一体的综合性网络系统,将在一定程度上提高防汛信息收集处理、语音通信、数据传输、信息管理服务和辅助决策的现代化水平,为提高防汛调度指挥和堤防工程管理的科学性,最大限度地发挥防洪工程的效益发挥积极作用。

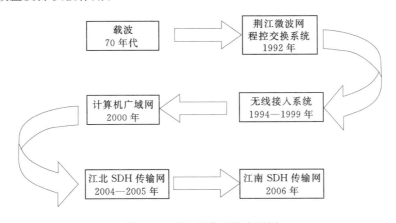

图 7-5 荆江通信网络发展图

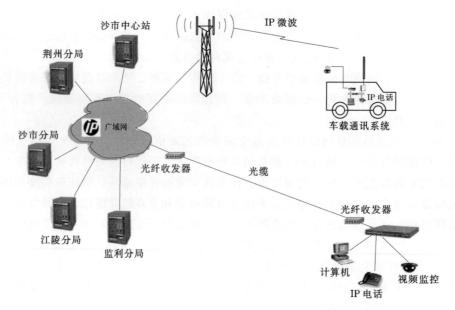

图 7 - 6　通信网络流域光缆示意图

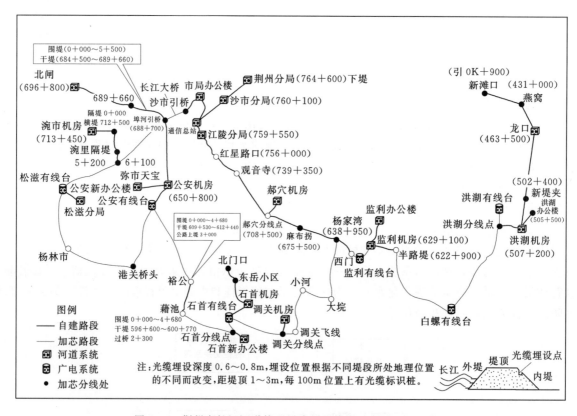

图 7 - 7　荆州市长江河道管理局光纤干线网示意图（2010 年）

第七节　建国后大水年份防汛

　　建国后，长江流域多次发生大洪水。中央和省、市各级领导高度重视荆江地区防汛抗洪工作，始终将确保荆江安澜作为天大的事情放在重要议事日程，坚持把防汛抗灾作为保平安、保经济发展、保社会稳定的重要任务。各级党委政府常备不懈，组织和动员千百万人民群众投入防汛抗洪，取得历年防汛抗洪斗争的胜利，特别是夺取了 1954 年、1981 年、1996 年、1998 年和 1999 年抗洪斗争胜利，将灾害损失减少到了最低程度。荆州人民在长期与洪水斗争过程中，锤炼出"万众一心、众志成城、不怕困难、顽强拼搏、坚韧不拔、敢于胜利"的伟大抗洪精神，结束了千百年来洪水恣意肆虐的历史。

一、1954 年防汛

（一）概述

1954 年长江发生全流域型特大洪水。

汛期，气候反常，长江流域连续发生暴雨，洪水峰高量大，持续时间长。5 月、6 月两月暴雨中心分布于长江中游湘鄂地区，致荆江下段江湖水位均高。7 月中旬，中游地区降雨未止，而上游地区又连降大雨，不仅雨区广、强度大，而且持续时间长，7 月下旬至 8 月下旬，上游洪峰又接踵而至，而中游江湖满盈未及宣泄，以致荆江形成特大洪水，干流自沙市以下全线突破历史最高洪水位 0.18~1.66 米。

5 月 3 日，省政府召开全省水利会议，全面部署防汛工作。20 日省防汛抗旱联合指挥部成立。6 月上旬，地、市、县、区各级防汛机构陆续成立，并以农村区（乡）、城市街道和工厂为单位组织防汛大军。6 月中旬，中央、中南和长江委防汛检查团检查荆江大堤和荆江分洪区汛前准备工作，要求重点加强分洪准备，包括闸门启闭、工程技术人员培训及分洪区群众安全转移等。6 月下旬，中南军政委员会发出《关于加强防汛工作的紧急指示》，省委、省政府召开防汛救灾紧急会议，省委第一副书记张体学代表省委、省政府作紧急动员报告，要求"全面防守，重点加强，克服麻痹思想，进一步做好防大汛的准备"，强调无论付出多大代价，也要确保荆江大堤安全。荆州地委、专署及地区防汛指挥部随即召开紧急会议部署防汛工作。

7 月 5 日，上游出现第一次洪峰，下荆江监利河段超过保证水位，省政府下达"关于防汛抢险的紧急命令"。8 日，沙市首次洪峰水位达 43.89 米，荆江大堤全线进入抗洪紧张阶段，地、市、县动员 13.58 万人上堤防汛。各级党政主要负责人奔赴前线坐镇指挥，并抽调大批干部上堤加强防守，层层划分责任堤段，定点定人，专人负责。

当年汛期，雨量大、汛期长、水位高、险情多，先涝后洪，洪水持续时间之长，洪涝灾害之严重，受灾范围之广，堤防险情之多，为荆江防洪史所罕见。当年汛期，一方面要集中重要力量防汛抢险，一方面要组织转移受灾群众，克服前所未有的艰难险阻，同时在两条战线进行斗争。

1954 年抗洪斗争，是建国后党领导广大人民群众与洪水灾害进行的史无前例的较量，是在极其困难条件下进行的一场没有硝烟的战争，是对新生人民政权的一次重大考验。时值建国初期，荆江大堤尚未全面加固，洪湖、监利长江干堤以及松滋、江陵、公安、石首长江堤防堤身单薄、隐患众多，抗洪能力较差，所有堤防均面临超额洪水严峻考验。面对特大洪水，在党中央坚强领导下，各级党委政府紧急行动，动员全社会力量投入抗洪抢险。荆江地区抗洪军民众志成城，迎战洪水，依靠两岸防御标准不高的干支堤防和为数不多的分蓄洪工程，采取包括扒口分洪、蓄洪的洪水调度和临时抢筑子堤等一系列措施，在全国各地大力支援下，经过 100 多个日夜艰苦奋战，终于战胜特大洪水，取得抗洪斗争重大胜利，保卫了荆江大堤和武汉等重点堤段和重要城市的安全，防止了毁灭性灾害发生。

由于认识到面对巨大洪水必须给其以出路，决策部门成功运用分蓄洪工程，避免洪水任意决口造成重大悲剧发生，结束了千百年来洪水肆虐的历史。同时，1954 年防汛抗洪实践，批判继承了传统的防汛抢险技术，并有所发展和创新。

（二）雨情

当年，大气环流异常，5 月上旬至 7 月下旬 3 个月间，西太平洋副热带高压一直停滞在北纬 20°~22°，雨带长时间徘徊于长江流域，梅雨期长达 60 余天，不但梅雨期长，而且梅雨期大面积暴雨一次紧接着一次。5 月上旬至 6 月上旬，为汛期暴雨初始阶段，6 月中旬至 7 月中旬的 5 次暴雨过程，其暴雨强度、笼罩面积、降水总量均较大，是该年暴雨最集中的阶段，7 月 14 日后，日暴雨范围在 10 万平方千米以上的仅出现过两天，暴雨强度、笼罩面积明显衰减。8 月初，欧亚环流发生明显调整，稳定的阻塞高压形势开始崩溃，长江中下游梅雨结束。

（三）水情

当年，长江中下游地区雨季提前到来，洪水发生比一般年份早。洞庭湖水系 4 月即进入汛期；5 月，湖北西部及湖南洞庭湖区出现大雨和暴雨，下旬，上游支流乌江、嘉陵江、岷江相继出现洪峰；城陵矶以下水位迅速上涨；6 月，长江上游金沙江、岷江、乌江连续出现洪峰，同时中游地区洞庭湖水系洪水频频发生，入江水量剧增，上、中游洪水发生遭遇。长江中下游经历 5 月、6 月连续降雨之后，江湖均已盈满，而 7 月又迭次出现大面积暴雨。上游嘉陵江 7 月下旬水位创全年最高峰；乌江 7 月 27 日出现 16000 立方米每秒洪峰，超过实测记录；金沙江、岷江 7 月水位数度上涨。长江干流水位在各支流交相上涨中，连续出现洪峰：寸滩站 7 月 22 日出现 182.57 米洪峰水位；宜昌 7 月 22 日水位 54.04 米，30 日水位达 54.77 米，洪峰流量 62600 立方米每秒。洪峰流量沿程增加，荆江河段出现严重汛情。7 月底至 8 月上中旬上游金沙江、岷江、嘉陵江、乌江等出现大范围降雨，长江上游连续出现洪峰，加上三峡区间和清江暴雨，长江全流域洪水涨幅达到最高潮。宜昌站 8 月 7 日水位达到 55.73 米，为 1877 年以来第二高水位，洪峰流量 66800 立方米每秒。三次运用荆江分洪工程后，沙市站 8 月 7 日最高水位仍达 44.67 米，相应流量 50000 立方米每秒。监利以下因受沿江堤防溃决影响，最高水位出现时间分别为 7 月中旬至 8 月中旬。汉口站 8 月 18 日最高水位达 29.73 米，超过 1931 年最高水位 1.45 米，为 1865 年有实测记录以来最高值。

表 7-7   1954 年长江中游部分站最高水位统计表

站 名	最高水位/m	时 间	站 名	最高水位/m	时 间
枝城	50.61	8 月 7 日	新河口	39.47	8 月 7 日
吴家港	49.24	8 月 7 日	沙滩子	38.52	8 月 7 日
砖窑	48.11	8 月 7 日	调弦口	38.44	8 月 7 日
牌楼口	48.59	8 月 7 日	鹅公凸	37.59	8 月 7 日
杨家垴	46.01	8 月 7 日	监利	36.62（窑圻垴）	8 月 7 日
浣市	45.37	8 月 7 日	监利	36.57（南门）	8 月 7 日
陈家湾	44.72	8 月 7 日	朱家港	36.24	8 月 7 日
沙市	44.67（二郎矶）	8 月 7 日	上车湾	36.02（何王庙）	8 月 7 日
沙市	44.23（海关）	8 月 7 日	砖桥	35.39	8 月 7 日
陈家台	43.92	8 月 7 日	钟家门	34.92	8 月 8 日
观音寺	43.65	8 月 7 日	城陵矶	34.55（七里山）	8 月 8 日
马家嘴	43.71	8 月 7 日	城陵矶	33.95（莲花塘）	8 月 7 日
杨厂	42.43	8 月 7 日	螺山	33.17	8 月 8 日
郝穴	41.59	8 月 7 日	新堤	32.75	8 月 11 日
黄水套	40.76	8 月 7 日	石码头	32.52	8 月 11 日
石首	39.89	8 月 7 日	龙口	31.71	8 月 14 日
箢子口	39.58	8 月 7 日	燕窝	31.48	8 月 14 日

（四）洪水过程

自 4 月开始，洞庭湖水系降雨极为丰沛，各支河洪水频发，湖区水位节节上升，湖容满盈；5 月、6 月间长江上游出现数次洪峰，助长干流中下游各站水位涨势。受洞庭湖涨水影响，6 月上旬江湖已成满盈之势，16 日，洪湖新堤水位上涨至 29.04 米，率先超设防，20 日，上涨至 30.04 米，超警戒 0.04 米。6 月 17 日，监利进入设防水位，29 日 14 时超过警戒水位（34.00 米），7 月 7 日水位

35.70米，超过保证水位（35.69米）。6月、7月间全流域连续大范围暴雨，致使长江水位持续上涨。

由于长江上中游汛情变化，荆州河段共出现六次洪峰。

第一次洪峰（7月5—8日）　沙市7月1日进入设防。7月5日，上游出现第一次洪峰，与支流洪水汇合而下，荆江水位迅速上涨，5日沙市水位达到42.70米，8日达到43.89米。7月9～19日为一般洪水，9日沙市水位43.11米，19日回落至42.61米。此后，荆江两岸进入全面防汛阶段。

第二次洪峰（7月20—23日）　由于长江上中游连续降雨，荆江水位迅速上涨，7月20日沙市水位回涨至43.00米。第二次洪峰出现时，如不运用荆江分洪工程分泄荆江洪水，预计沙市洪峰流量将达47880立方米每秒，洪峰水位将达44.85米，荆江大堤可能漫溃。经中央批准，7月22日2时20分开启北闸分洪。分洪后，22日沙市站维持最高水位44.38米，23日回落至44.08米。

第三次洪峰和第四次洪峰（7月24—31日）　7月24日沙市水位43.96米，27回落至43.12米，28日回涨至43.72米，30日上涨至44.40米，31日回落至44.20米。8月1—4日为一般洪水，1日沙市水位44.04米，4日回涨至44.39米。

第五次洪峰（8月5—8日）　8月5日沙市水位44.43米，7日17时沙市最高水位达到44.67米，为1954年汛期最高水位，8日回落至44.58米。7日24时，螺山站出现当年最大流量78800立方米每秒，洪峰水位33.17米（8日16时）。此后，8月16—26日长江流域天气开始好转，干支流降雨偏少，荆江各站水位逐渐回落。

第二次洪峰至第五次洪峰（7月20日至8月10日）的21天时间内，是荆江防汛极为紧张、艰难的阶段，大量险情发生，尤其是荆江大堤不断发生溃口性险情。分洪、溃口、转移灾民等主要集中在这一阶段。

第六次洪峰（8月27日至9月1日）　因上游降雨，荆江各站水位略有回涨，8月30日沙市水位43.18米，监利9月1日水位34.61米，至9月2日全线回落。

第六次洪峰过后，9月、10月长江中游各站先后退出设防水位，荆江地区防汛抗洪结束。

沙市：7月1日进入设防至9月4日退出，历时65天，其中水位超过43.00米以上34天，超过44.00米以上15天。最高水位44.67米，最大流量50000立方米每秒。

石首：6月29日进入设防（北门口水位37.00米），9月12日退出设防，历时76天，其中超警戒水位（38.00米）61天，超保证水位（39.39米）17天，最高水位39.89米。

监利：6月17日进入设防至10月2日退出，历时108天，其中超过警戒水位58天；7月2日至8月16日水位在35.00米以上46天，其中超保证水位（35.69米）32天。最高水位36.57米，最大流量35600立方米每秒。

洪湖：6月16日进入设防（29.00米），6月20日超过警戒水位（30.00米），7月2日达到保证水位（31.85米），8月11日达到最高水位32.75米（新堤），10月7日退至设防水位，历时109天，其中超警戒水位72天，超保证水位56天。螺山站最大流量78800立方米每秒。

1954年长江全流域型特大洪水，与1931年洪水相似而远大于1931年，宜昌站最大30天洪量1386亿立方米，约为80年一遇，在城陵矶为180年一遇，在汉口及湖口地区约为200年一遇，属稀遇洪水。由于长江上游干流洪水与中游众多支流洪水相遇，超过上荆江河道安全泄量约1万余立方米每秒。8月7日，上游洪水首先与清江4800～7800立方米每秒洪峰遭遇，抵达枝城时最大洪峰流量71900立方米每秒，对荆江大堤造成很大威胁。当年洪水峰高量大，迫使荆江分洪工程三次开闸运用，并在上百里洲、腊林洲扒口扩大分洪。由于下荆江过洪能力不足，干堤之间民垸几乎全部决堤行洪；监利水位超过堤顶，依凭子堤挡水，最终被迫于长江干堤上车湾扒口分洪。除洞庭湖区分洪外，沿江还有多处湖区分洪，城陵矶以下于洪湖蒋家码头扒口分洪，还在西凉湖潘家湾扒口分洪。当年，除宜昌站居历史实测水位第二位外，其它各站均为有水文记录以来历史最高水位。经采取大量分洪措施，汉口实测最大流量达76100立方米每秒，在城陵矶水位下降至33.53米时，汉口水位8月18日上升至 29.73 米的峰顶。

表 7 - 8　　　　　　　　　　　1954 年长江大洪水六次洪峰主要站水位、流量表

站名	第一次洪峰 水位/m	日期	流量/(m³/s)	日期	第二次洪峰 水位/m	日期	流量/(m³/s)	日期	第三次洪峰 水位/m	日期	流量/(m³/s)	日期	第四次洪峰 水位/m	日期	流量/(m³/s)	日期	第五次洪峰 水位/m	日期	流量/(m³/s)	日期	第六次洪峰 水位/m	日期	流量/(m³/s)	日期
宜昌	52.60	7月7日	51000	7月7日	54.04	7月22日	56900	7月21日	53.55	7月24日	52000		54.77	7月30日	62600		55.73	8月7日	66800	8月7日	53.76	8月29日	53200	8月29日
枝城	48.96	7月7日	43100	7月7日	49.82		55900		49.33		55200		50.17		59600		50.61		71900		48.09		52300	8月29日
沙市	43.89	7月8日	40200	7月7日	44.38	7月22日	41300		43.96	7月24日	37500		44.40	7月30日	46600		44.67	8月7日	50000		43.18	8月30日	39200	8月29日
石首	39.41				39.54				39.41				39.62				39.89				38.50	8月31日		
监利	35.84		25200		35.74		26300		35.78		26600		36.08		26400		36.57		35600		34.61	9月1日	27200	9月2日
莲花塘	33.40		61700		33.17		64200		33.21		65500		33.65		70200		33.95		79400		32.60	8月27日	47100	9月1日
螺山	32.83		55400		32.51		57100		32.58		58100		32.89		70500		33.17	8月8日	78800	8月7日	32.10		44300	9月1日

注　1. 长江委关于六次洪峰时间划分为，第一次洪峰 7 月 5—8 日，7 月 9—19 日为一般洪水。第二次洪峰 7 月 20—23 日，第三四
　　　次连续洪峰 7 月 24—31 日，8 月 1—4 日，为一般洪水。第五次洪峰 8 月 5—8 日，第六次洪峰 8 月 9—11 日，为一般洪水。
　　2. 数据来源于《1954 年长江防汛资料汇编·水情工作总结》、《荆江的防洪问题》。

表 7 - 9　　　　　　　　　　1954 年长江中游及洞庭湖主要站最高水位、最大流量统计表

流域	站名	最高水位 时间	水位/m	相应流量/(m³/s)	最大流量 时间	流量/(m³/s)	相应水位/m
长江	宜昌	8月7日9：00	55.73	66600	8月7日5：00	66800	55.64
长江	枝城	8月7日9：00	50.61	69900	8月7日5：00	71900	50.54
长江	沙市	8月7日17：00	44.67	50000	8月7日	50000	44.67
长江	石首	8月7日24：00	39.89				
长江	监利	8月8日5：00	36.57	35600	8月7日	35600	36.57
长江	螺山	8月8日16：00	33.17	76600	8月7日24：00	78800	33.15
长江	汉口	8月18日15：00	29.73	67800	8月14日15：00	76100	29.58
松滋河	新江口	8月7日18：00	45.77	5950	8月6日12：00	6400	45.57
松滋河	沙道观	8月7日18：00	45.21	3730	8月6日12：00	3780	44.99
藕池河	管家铺	8月8日3：00	39.50	11500	7月22日	11900	
藕池河	康家岗	8月8日5：00	39.87	2740	7月22日11：00	2890	39.54
虎渡河	弥陀寺	8月2日16：00	44.15	2970	8月2日16：00	2970	44.15
调弦河	桂林铺	8月7日21：00	38.07	1650	8月7日21：00	1650	38.07
湘江	湘潭	6月30日3：00	40.73	19100	6月30日3：00	19100	40.73
资水	桃江	7月25日16：00	42.91	10900	7月25日15：00	11000	42.89
沅江	桃源	7月30日23：00	44.39	23900	7月30日23：00	23900	44.39
澧水	三江口	6月25日20：00	67.85	14500	6月25日20：00	14500	67.85
洞庭湖	七里山	8月8日12：00	34.55	40100	8月1日18：00	43400	34.42
沮漳河	河溶	7月7日22：00	49.40	2050	7月7日16：00	2120	49.26

注　数据来源于长江委水文局《长江防汛水情手册》，2000 年。

从洪水组成：宜昌站6月25日至9月6日约两个半月洪水量总计达2795亿立方米（其中最大60天洪量2448亿立方米），占年径流量48.6％，以金沙江屏山站洪水量899亿立方米所占比例最大，为32.2％；岷江高场站502亿立方米，占17.9％；屏山至寸滩区间占15.2％；乌江武隆站390亿立方米，占14.0％；嘉陵江北碚站331亿立方米，占11.9％；寸滩至宜昌区间占8.8％。宜昌站全年径流总量5751亿立方米，其中4—10月、7—9月洪量分别占该年总量的86.6％、56.6％，8月占23％。螺山站洪水组成除干流洪水为主外，还有清江、沮漳河、洞庭湖四水等，8月7日出现全年江湖最大容蓄量573亿立方米（螺山以上4—7月），其中354亿立方米为洞庭湖4—7月总容蓄量，但洞庭湖蓄量4—6月已达265亿立方米，至7月所余蓄量仅约89亿立方米，削减最高洪峰作用已不大，以致造成两岸水位抬高、堤防分洪溃口和荆江大堤险情频现的严峻局面。

表7-10　　　　　　　　　　　1954年长江流域大洪水荆江四口分流情况表

河　流	站　　名	最大分流量 /(m³/s)	最高水位 /m	备　　注
松滋河	新江口	6400	45.77	松滋河合计最大流量10180m³/s
	沙道观	3780	45.21	
虎渡河	弥陀寺	2970	44.15	
藕池河	管家铺	11900	39.50	（7月22日）河底高程23.78m，最大水深15.72m，横断面积5690m²，河面宽282m，横断面积1710m²。藕池河合计最大流量14790m³/s
	康家岗	2890	39.87	
调弦河	桂家铺	1650	38.07	

注　表中分流量为1954年8月7日，枝城站洪峰流量71900立方米每秒时（相应水位50.54米）分流量。四口分流量29590立方米每秒，占枝城来量的41.15％。

洪水特点有：

洪水量大　洞庭湖水系等重要长江支流、湖泊洪水量几乎全部超过或接近各水系历史大洪水年份，监利、螺山、汉口最大流量均突破历年实测纪录。宜昌、沙市、螺山等主要站汛期（5—10月）洪水总量频率均相当于100～200年一遇。

峰型肥大、洪水历时长　长江上游金沙江及岷江、嘉陵江、乌江等主要支流洪水汇入干流后，在宜昌形成峰型较"肥胖"洪峰，全年流量超过40000立方米每秒的持续时间达45天，为有记载以来持续时间较长的一年。洪水流经枝城后，汇集洞庭湖洪水，经沿江湖泊洼地天然调蓄与分洪溃口等影响，洪水过程线总体呈现为馒头状肥大峰型，几乎完全超出各大水年洪水过程线，成为历年的"外包线"。

上、中下游洪水发生遭遇　长江中下游地区洪水推迟至7月，较一般年份约推迟一个月，上游洪水又提前发生，上中游洪水相遭遇，致使全江各河段干支流洪水过程叠加，交相影响，形成全流域型洪水。

中游地区成灾洪量巨大　实际分洪量、溃口水量达1023亿立方米，其中荆江地区62亿立方米，洞庭湖地区254亿立方米，洪湖地区196亿立方米，武汉附近地区344亿立方米，湖口地区167亿立方米。

（五）防汛抢险

6月上旬，荆州、常德专区及长江委中游工程局在沙市成立荆江防汛分洪总指挥部，下设石首江北指挥部和荆江分洪区南线指挥部；下旬，中南军政委员会发出《关于加强防汛工作的紧急指示》。省委、省政府强调无论付出多大代价，也要确保荆江大堤的安全。洪峰出现后，沿江各级党政负责人奔赴前线坐镇指挥，地、市、县动员民工13.58万人上堤防汛（最紧张阶段上堤人员达23.38万人）。中央、中南局、湖北省委、长江委分别动员大批解放军、民兵、水利技术人员，调用大批登陆艇、轮船、拖船、帆船、汽车、抽水机投入抢险，并从东北、西南、广州、宜昌等地调来大批蒲包、麻袋、块石，支援荆江防汛。中央军委派飞机先后3次飞临荆江上空视察。

其时，荆州长江干支堤防尚未全面加固，堤身单薄，隐患众多，经洪水长时间浸泡，百孔千疮，险象环生，危在旦夕。大汛到来时，抗洪军民一面突击加固，一面全力抢险、转移灾民。汛期，荆州

图7-8　1954年7月，李先念
视察荆江分洪工程

长江干支堤防共出现险情9471处，仅荆江大堤即发生险情2440处。荆江两岸所有险情抢护中，荆江大堤董家拐大脱坡，祁家渊至冲和观漏洞、跌窝，监利杨家湾内脱坡，松滋大口垸堤崩坍等均属溃口性重大险情。这几处险情特别严重，抢护难度极大，一旦溃决，淹没范围广，损失严重，但在党和新生人民政府坚强领导下，运用科学抢险方法，组织数十万军民日夜抢护，终转危为安。针对汛期出现的各种险情，各地抓住时机进行突击性整险，包括抽槽翻筑、开沟导渗、填塘固基、外帮截渗等。对风浪冲击严重的堤段用柳枝、草塌、岗柴、木排进行防护，并在低矮堤段加筑子堤，长约70千米。还发动群众在重点险段抢挑预备土，整险共完成土方31万立方米。

7月20日后，沙市超过警戒水位，且不断上涨，险情不断增多。21日一天出现险情300余处，7月26日至8月16日，出险尤为频繁，江陵董家拐、黄灵垱和监利杨家湾等堤段脱坡险情严重；上荆江祁家渊、文村夹上下、盐卡上下、九弓月等堤段浑水漏洞及跌窝险情严重，陈家湾清水漏洞最多，黑窑厂、御路口一带次之；监利井家渊、严家门堤段管涌险情严重；拖茅埠至监利城南堤段漫溢险情普遍，靠抢筑子堤挡水。这些险情中，漏洞多出现在堤内坡（背水坡）或内平台；散浸多发生在堤背距堤脚上6米以内部位；跌窝多出现在堤面、内坡平台；裂缝脱坡则多发生在内（外）坡平台以上。7月22日，负责祁家渊堤段防守的江陵县副县长李大汉，巡堤时发现一浑水漏洞，涌水量大，外坡水面出现旋涡，险情严重。李大汉一面带头跳入水中用棉絮堵住洞口，一面指挥民工在堤内肩取土筑围井反滤，终化险为夷。

董家拐特大险情的抢护最具代表性，经采用多种措施抢护才得以脱险。7月29日，荆江大堤外围人民大垸鲁家台溃决，围垸进水。石首县县长原有发抱病乘拖轮携带器材前往组织抢险时，在鲁家台被卷入洪流，原有发及船工徐阿德、公安战士陈兴荣不幸遇难。幸存者方正荣与另一组船继续冒险进入灾区，积极抢救遇难群众。8月1日，洪水抵达荆江大堤金拖堤段，垸内水位连续上涨5米，董家拐堤段堤质不良，历史上数次溃口，此时多处出现严重散浸、渗漏。8月2日14时，董家拐段突然发生裂缝与剧烈滑坡，裂缝长150米，下挫0.5米，缝内出水；3日8时，裂缝发展至200米，下挫1.5米，险情继续恶化；6日上午，桩号679+723～679+970长247米段明显呈弧形下挫，堤面塌陷形成2米跌坎，情况十分危急。险情发生后，负责防守的干部、民工积极抢护，8月3日晨，荆州地区和江陵县党政领导、工程技术人员及解放军指战员300余人相继赶赴现场，随后，荆江防汛分洪总指挥部又急派荆州区长江修防处副处长唐忠英，率松滋县民工3000人冒雨前往现场抢护。先后投入民工8000余人，大小船只252艘、汽车4辆、发电机3台，以及大量麻袋、草包、块石、卵石等物资。根据省委"筑固堤基，争取时间"的指示，当时采取开沟导渗、填塘固基、外帮防渗、土撑防崩和还坡护堤等紧急措施。抢险初期以导渗固基为主，兼顾外压，开纵横主沟27条、支沟32条，由于卵石不济，以块石代作导渗材料，未能及时控制险情。4日卵石陆续运抵现场，又重开导渗沟，将原导渗沟加以整理，在沟内填满卵石，上盖草垫，土壤逐渐滤干变硬。与此同时，在脱坡最严重堤段用袋土及散土抢筑外帮，加大堤身断面，以控制脱坡险情发展。但由于崩坎陡立，堤面又出现裂缝，为防止堤面继续崩坍和雨水浸入，当即采取填塘固基、加筑土撑和上部柴土还坡等措施，但局部仍发生微裂，因此，又先后加筑透水土撑8个，另在堤脚和水下部分依次填压袋土，填塘宽6～12米，长219米，并于袋土外抛块石，填筑平台长250米，宽2～6米，高出水面1～1.5米，以排淤固基阻滑，并在平台上连接土撑，加土还坡。至8月7日最高洪峰到来时，下段堤脚漏洞出水忽又由清变浑，孔径增大。又经在堤内加筑围井，填入卵石，水色方转清，但涌水仍急；于是再加高围井至3.2米，并加筑 56 米长严重险段外帮，由 4 米加宽至 10 余米，高出水面 0.5 米。此处抢护共耗用麻袋 21528 条、草包 13861 条、块石 2100 立方米、卵石 300 立方米，完成土方 23000 立方米，经十昼夜抢护，于 8 月 11 日脱险。

祁家渊段、冲和观段是 1954 年汛期出现浑水漏洞最多、最集中、险情最严重堤段。7 月 21 日，沙市水位上涨至 43.63 米，桩号 720＋240～720＋250 段堤顶下 8 米内坡处先后发现浑水漏洞 7 个；22 日晨，堤顶下约 2 米外坡处发现进口洞 1 个，水往内涌，迎水面出现旋涡，桩号 720＋320 和 720＋350 段堤顶下内坡 5 米及 7.5 米处发现浑水漏洞 3 个，孔径约 0.8 米，当日上午，桩号 721＋500 外肩处，发现跌窝 2 个；23 日晨，外坡堤顶下 2 米处发现进口洞 3 个，孔径 0.4～0.6 米；24 日晨，桩号 720＋350 处堤内围井上 2 米处有流水声，桩号 720＋630 处堤顶内下坡 6 米平台与堤坡连接处发现浑水漏洞 12 个，孔径 0.07～0.1 米；25 日，又在外坡堤顶下约 2 米处发现进口洞 7 个，孔径 0.4～0.6 米。险情发生后，因进口洞部位比较清楚，分别用棉絮堵塞，又在洞口压盖麻袋土，同时抢筑外帮，并对部分漏洞抽槽翻筑、堵截。经三昼夜紧张抢护，险情得到控制。据调查，漏洞、跌窝险情主要为白蚁隐患所致，同时堤身填筑质量差也是出险原因之一。

大口堤段外脱坡险情抢护惊心动魄。大口位于松滋新场附近（松滋采穴河堤上段起点），8 月初，外滩崩塌 300 余米，其中 100 余米堤身崩坍，随时有溃决危险。一旦溃决，将危及松滋、公安、江陵 3 县安全（大口属大同垸，大同垸与三善垸受统一堤防保护，面积 514 平方千米，垸与垸之间未建防洪隔堤，1964 年始建成浣里隔堤）。险情发生后，立即组织 5000 余人抢险，一面抢筑内帮，一面抛石护脚。荆州地区防汛指挥部调集船只 500 艘，从宜昌抢运块石 4600 立方米进行抛石护岸。宜昌市为支援大口抢险，连夜拆除两处条石路面街道、准备修筑油池用的石块以及碑石、门坎石等共 1140 立方米，并派"江发轮"协助运输，保证了大口抢险需要。同时，松滋调回在荆江分洪区防汛的 7000 名民工，抢修郭家湾至南宫第二道防线。由于各方面大力支援，抢护措施正确，从而化险为夷。

1954 年，各堤段有针对性地实施整险抢护，主要采取抽槽翻筑、开沟导渗、填塘固基、外帮截渗等措施。风浪冲击严重堤段采用柳枝、草枕、岗柴、柴排进行消浪防护；监利等县沿江低矮堤段加筑子堤抵御超高洪水，据统计，荆州地区长江沿线加固子堤长达 267.9 千米（缺洪湖堤段数据），完成护浪工程 268.68 千米；抢护管涌险情采取围井三级导滤；部分险段还发动群众挑预备土，共完成整险土方 31 万立方米。

城陵矶附近区域包括湖南洞庭湖区和湖北监利、洪湖两县，防洪地位重要且江湖关系复杂，上游影响荆江区，下游直接关系武汉市安全。当年监利、洪湖尚未形成完整堤防封闭圈，江、汉上涨洪水从新滩口附近倒灌四湖地区，中小水年淹没常达 1800 平方千米。1954 年，随着水位高涨，洪湖区新滩口一带倒灌自然分洪，继而老湾等江堤溃口。6 月下旬开始，洞庭湖区防御标准最低的民垸，在城陵矶水位 33.00 米时相继溃决，面积约占当时洞庭湖区面积 5%。此后，城陵矶水位上升至 33.50 米，主动分洪与自溃交替发生。城陵矶水位上涨至 33.95 米（8 月 8 日）时，洞庭湖区约 80% 圩垸因自溃或分洪而受淹，淹没耕地 35 万公顷，蓄洪量 254 亿立方米，城陵矶水位降低。监利、洪湖区分洪，相应降低城陵矶水位。

表 7-11　　　　　　　　　　　1954 年荆州河段干支堤防险情统计表

县别	合计			重要险情/处	脱坡		裂缝		浑水漏洞		清水漏洞		崩岸		漫溢		散浸		管涌/处	跌窝/处	到闸漏水/处	其它/处
	处数	长度/m	漏洞/处		处数	长度/m	处数	长度/m	处数	数量/个	处数	数量/个	处数	长度/m	处数	长度/m	处数	长度/m				
江陵	2218	59111	5375	141	114	2774	40	1481	309	422	1354	4953	31	4745			114	50111	65	162		29
沙市	72	3782	118		4	65	8	255	2	2	28	116	2	123			26	3339	1			1
荆江	538	123489	310	51	63	3971	21	1259	66	107	133	203	40	13221	24	61640	151	43398	12	5	10	13

续表

县别	合计			重要险情/处	脱坡		裂缝		浑水漏洞		清水漏洞		崩岸		漫溢		散浸		管涌/处	跌窝/处	剅闸漏水/处	其它/处
	处数	长度/m	漏洞/处		处数	长度/m	处数	长度/m	处数	数量/个	处数	数量/个	处数	长度/m	处数	长度/m	处数	长度/m				
监利	673	124657	864	33	123	4519	19	772	24	40	164	824	64	24195	21	10050	212	85121	35	9		2
松滋	896	136884	892	29	267	13916		10000		220		672	96	9769		9636		93563	44	431	14	44
石首	2819	247486	3231	214	306	22860	101	5679	218	486	582	2745	132	33372	42	35820	979	149755	326	51	18	64
洪湖	588	135983	204	276	161	4870	15	322	51	60	86	144	17	27480	35	83540	154	19771	28	5	4	32
公安	1667	151261	3163	109	231	11362	88	8285	180	1128	302	2035	122	16473	69	17888	163	97253	298	203	9	2
合计	9471	982653	14157	853	1269	64337	292	28053	850	2465	2649	11692	504	129378	191	218574	1799	542311	809	866	55	187

注 1. 资料来源于《1954年长江防汛资料汇编·险情灾情总结》（第四集），长江委，1954年12月。
　　2. 荆江县堤防包括部分支堤。

（六）荆江分洪工程及其它工程运用

1954年洪水总量大，高水位历时长，荆江地区几度告急，为保卫荆江大堤，保卫大武汉，经中央批准，先后三次运用荆江分洪工程，并先后在虎东肖家嘴、虎西山岗堤、枝江上百里洲、北闸下腊林洲、监利上车湾、洪湖蒋家码头等地扒口分洪。分洪后，荆江汛情缓解，8月22日沙市水位降至42.70米，加之期间两岸民垸大量溃口，荆江及城陵矶至汉口河段峰高量大局面得到缓解。

第一次分洪　7月8日，首次洪峰抵达荆江，沙市水位43.89米，荆江分洪工程处于紧急临战状态。21日，宜昌洪峰流量56000立方米每秒，与清江3360立方米每秒流量遭遇。因长江上游金沙江、岷江、嘉陵江、三峡地区和清江流域连续暴雨，预计22日沙市洪峰水位将超过44.85米，沙市、郝穴一线将超过保证水位，且仍将上涨，严重危及荆江大堤安全。此时荆江大堤发生多处重大险情，荆江防汛分洪总指挥部内气氛紧张，荆江抗洪到了最危急时刻，政务院总理周恩来十分关注。为解除洪水威胁，7月21日下午，一个权衡良久的命令从北京传来：紧急准备，准备分洪。中央防总指示，7月22日2时20分，开启荆江分洪工程进洪闸（北闸）分洪。开启顺序，先单号孔，后双号孔；开启高度，以0.25米为一格，每小时应开格数，按荆江防汛分洪总指挥部电话通知执行。至8时22分，54孔闸门全部开启，最大进洪流量6700立方米每秒。27日13时10分关闭全部闸门。分洪后维持沙市最高水位44.38米、黄天湖水位38.10米。此次分洪进洪总量23.53亿立方米，总蓄水量约31.7亿立方米，减少泄入洞庭湖水量7.27亿立方米。据推算，如不分洪，沙市水位将达44.85米，超过防御标准0.36米，洪峰流量将达47880立方米每秒。分洪后，沙市水位骤降，太平口水位直落1.3米，荆江大堤险情得以缓解。

第二次分洪　27日关闸后，长江上游水位一再上涨，加之三峡区间又普降暴雨，预报枝城站29日流量将达到或接近63000立方米每秒，清江来量2820立方米每秒，且将继续上涨，31日枝城将超过65000立方米每秒。7月29日6时，沙市水位再度升至44.24米，预计30日沙市水位将达45.03米，中央决定第二次开启北闸分洪。29日6时15分，开启进洪闸40孔，至30日54孔全部开启，进洪流量由5500立方米每秒逐步增加到6900立方米每秒，8月1日15时55分关闭，分洪总量17.17亿立方米，蓄洪总量达47.2亿立方米，分洪区蓄洪水位40.32米。分洪后，维持沙市最高水位44.39米，郝穴最高水位仅超过保证水位0.10米，争取了汛期整险的可能。据推算，如不分洪，沙市水位将达到45.03米，超保证0.54米。此次分洪降低沙市预计最高洪峰水位0.64米，减少入湖水量3.79亿立方米。

7月27日，螺山水位32.94米，新堤水位32.43米，汉口水位28.40米。为确保武汉防汛安全，危急关头，中南区防总决定在洪湖分洪，以削减洪峰，降低汉口水位。27日5时，新堤上游蒋家码头堤段扒口分洪（分洪口门宽150米，7月30日扩大至900米。8月8日，口门达1003米，口门内外水位差仅1.1米），致使全县一片汪洋，房屋大部倒塌，造成洪湖先涝、后决堤、再分洪的特大洪灾。人民大垸鲁家台 7 月 29 日溃决，扩大进洪；东堤三户街相继溃口，向尚未建成的下人民大垸区（滩地）吐洪，下荆江河曲带形成一片宽达 20 千米的"行洪区"，监利一带江堤告急，临时加筑子堤挡水。

第三次分洪 几乎在第二次开闸分洪同时，金沙江、岷江、嘉陵江、乌江又先后连降大雨，在清溪场以下汇集成巨大洪峰，加之三峡区间、清江又普降暴雨，刚刚消退的水位又直线上升，预计沙市水位将涨至 45.63 米，洪水将普遍漫溢荆江大堤。因沙市水位长时间维持在 44.00 米以上，荆江大堤重大险情不断发生。为减轻荆江干流压力，紧急关头，中央指示在沙市水位 44.35 米时第三次开启北闸分洪。8 月 1 日 21 时 40 分开闸，先开启 20 孔，3 日 0 时增开至 40 孔，其后开启孔数多次变动，至 7 日 0 时 54 孔全部开启。7 日枝城最大洪峰流量高达 71900 立方米每秒，加上沮漳河流量 1500 立方米每秒，还有区间 600 余立方米每秒，荆江防洪形势极度紧张。

此时，经过前两次蓄洪，荆江分洪区所余容积仅约 7 亿立方米，如维持沙市水位 44.30 米，尚需进洪 10 余亿立方米。8 月 4 日 8 时黄天湖水位达 41.27 米，如继续进洪，则黄天湖水位将超过 42.00 米，危及南线大堤安全。荆江分洪区开始进洪至 8 月 4 日，蓄洪水位已达 41.00 米（当时设计蓄水位），但为保证荆江大堤安全，必须继续分洪；而为保证分洪区南线大堤安全又不能过量超蓄，更不宜在荆江右岸再增辟临时分洪区。经中央充分权衡，决定开启南闸，扒开虎东堤及虎西山岗堤，让分洪区超额洪水进入洞庭湖和虎西备蓄区，进洪与吐洪同时进行。遵照中央指示，8 月 4 日荆江防汛分洪总指挥部在虎渡河东堤肖家嘴（即荆江分洪区西堤）扒口，口门宽初为 300 米，后扩至 1436 米，吐洪流量 4490 立方米每秒。8 月 6 日扒开虎西备蓄区堤，口门宽 565 米，但进流效果较差，以致虎渡河南闸上游水位抬高。南闸开闸加大泄量至 6700 立方米每秒（8 月 4 日 21 时 40 分），大大超过闸下游河道安全泄量。8 月 6 日，荆江分洪区水位继续上涨，分洪区黄天湖闸水位急剧上升至 42.08 米，超过原控制水位 1.08 米。因进洪量远远大于下泄量，6 日 24 时，分洪区长江干堤郭家窑段因堤顶高程欠高而漫溃，区内超额洪水向荆江漫溢，溃口宽 1480 米，分洪区内洪水回泄入江，最大吐洪量达 5160 立方米每秒，下荆江防洪负担骤然加重。此时，长江上游复降大雨，荆江区又处于泄蓄超饱和状态。8 月 7 日 8 时宜昌出现当年最高水位 55.73 米，洪峰流量 66800 立方米每秒，加上清江来量 7190 立方米每秒，荆江大堤有漫溢危险。为减轻大堤压力，被迫于 8 月 7 日 22 时在上百里洲堤八亩滩（开口处位于下游）扒口分洪，估算最大分洪流量 3150 立方米每秒，分洪总量 1.76 亿立方米。

经采取一系列分洪措施，至 8 月 7 日下午沙市仍出现有水文记录以来最高水位 44.67 米，最大流量 50000 立方米每秒。8 月 8 日，又在腊林洲破堤进洪，口门宽 250 米，最大进洪流量 1800 立方米每秒，分洪总量 17 亿立方米，荆江水位缓慢下降，至 8 月 22 日，沙市水位落至 42.70 米时关闭进洪闸。据估算，如不分洪，沙市洪峰水位将达到 45.63 米，多处分洪降低沙市水位 0.96 米，荆江大堤漫溢之灾得以避免。第三次开闸分洪计 20 天又 10 小时，最大进洪流量 7700 立方米每秒，分洪量 81.9 亿立方米，减少入湖水量 43.16 亿立方米。

经三次运用荆江分洪工程后（三次分洪总量 122.6 亿立方米），荆江河段、城陵矶以下河段水位仍居高不下，汉口水位继续上涨，两岸堤防险情不断增多。随着郭家窑吐洪，下荆江负担骤然加重，加之江陵董家拐、监利杨家湾发生特大脱坡险情正在抢护，荆江大堤岌岌可危。鉴于严峻防洪形势，为确保荆江大堤和武汉市安全，中南区防总请示中央，要求在监利长江干堤扒口分洪。8 月 5 日前后，国家防总三次电话询问监利县防指，荆江大堤董家拐险情十分严重，且监利杨家湾险情也很严重，上游仍在降雨，荆江分洪区已无调蓄余地，为避免荆江大堤溃决造成重大损失，国家防总准备在杨家湾以上堤段扒口分洪。监利县防指根据国家防总意见，进行反复讨论，认为荆江超额洪水必须尽快寻找出路，避免洪水泛滥，特别是荆江大堤一旦溃决将造成重大损失。如在杨家湾以上堤段扒口分洪，势必淹没监利县城，而县城当时还有面积约 2 平方千米未淹水，还有一道长 2 千米南门土城墙，已有数万灾民转移至此，又是监利县防汛救灾指挥中心，因此建议将长江分洪口门改在监利县城以下。国家防总同意该意见，决定在监利长江干堤上车湾扒口分洪（桩号 617＋930～619＋100）。8 月

7日，省防指副指挥长夏世厚带领工兵连乘炮艇抵达现场，经短暂动员和疏散沿堤灾民，于8日0时30分在上车湾大月堤扒口分洪。分洪口门最宽达1026米，最大分洪流量9160立方米每秒，进洪总量291亿立方米。据测算，扒口后3天内降低监利城南水位0.74米。

荆江分洪工程三次开闸分洪，减少荆江四口泄入洞庭湖总水量54.22立方米，为减轻洞庭湖区灾情作出重要贡献，发挥了江湖两利的显著效益。其它地区扒口分洪也为保证荆江大堤和武汉市安全起到重要作用。

（七）溃口及灾情

1. 溃口

当年汛期，除主动分洪外，还有大量民垸和部分干堤相继溃口分流。7月7日，位于虎渡河右堤的南阳湾、戴皮塔相继溃口。8日，石首西新垸、张智垸金鱼沟堤溃口。13日、14日洪湖路途湾、穆家河、仰口溃口。此后，又有监利唐家洲及石首鲁家台、永合垸、陈公东垸、石戈垸等处溃口。

南阳湾溃口 南阳湾位于虎渡河右堤桩号17+400～19+000段，长1600米，为砂基堤段，汛期被风浪冲成陡坎。7月6日2时，出现浑水漏洞5个，最大孔径0.05米，时闸口水位40.22米。出险后，采取围井导滤措施，并筑两条土垱支撑堤身，堤外用草包、麻袋装土护坡并用棉絮塞洞等措施抢护。7日3时，孔径扩大，浑水急涌，虽经全力抢护，终因取土困难，加之风浪猛烈冲击，不到30分钟，堤面发生长10米跌窝，洪水直灌堤内，4时堤溃，口门宽111米。

戴皮塔溃口 戴皮塔位于南阳湾下5千米，虎渡河右堤桩号23+000～24+500，长1500米。外临河泓，内濒深潭，沙土堤质，1902年汛期溃决。7月6日5时，出现浑水漏洞2个、清水漏洞3个，最大孔径0.03米，时闸口水位40.24米。7日4时，孔径扩大至0.05米，经210名民工抢护，因内外无土可取，加之风浪猛烈冲击，堤身向内滑矬，致使该堤段5时15分溃决，口门宽125米。

南阳湾、戴皮塔溃口后，淹没农田2253.33公顷，受灾2.44万人。

西新垸溃口 7月8日4时，调弦口水位37.87米，石首西新垸因堤面崩矬严重、抢险取土困难而溃决，口门宽70米。受灾人口3221人，淹没农田433.67公顷。

张智垸溃口 7月8日，石首江北张智垸金鱼沟堤溃决，口门宽70米，受灾人口5716人，淹没农田1069公顷。

路途湾溃口（今称"老湾溃口"） 7月13日15时，新堤水位32.35米，超保证水位0.51米，洪湖长江干堤路途湾（老湾叶家墩）堤段10日出现孔径0.15米漏洞，防守人员用3个黄桶及麻袋装土围井抢护，当时效果较好，后突遇大风，险情突变，黄桶破裂，因抢护不及而溃决，口门宽1880米，灾及洪湖、监利两县，受灾人口31.39万。

穆家河溃口 7月14日，受路途湾溃口影响，防守燕窝穆家河段洪湖民工全部下堤，沔阳支援洪湖防汛民工情绪低落，当日2时，新堤水位32.43米时，子堤漫溃引起干堤溃决，口门宽547米。

仰口堤溃口 受路途湾溃口影响，新丰闸下防守仰口堤段民工全部下堤回家避险，7月14日2时仰口堤溃决，口门宽200米，当时新堤水位32.44米，受灾人口约10万。

路途湾、穆家河、仰口溃决，受灾人口41.39万，淹没农田5.08万公顷。

唐家洲溃口 7月14日，监利长江干堤外垸唐家洲沙墩堤出现内脱坡险情，当时现场无技术人员指导抢险，抢险干部和民工打下13根树撑，未能控制险情，于4时30分溃决。洪水直冲唐家洲与克城垸隔堤，9时许，隔堤长约800米堤段被冲垮，洪水取直径入老江河。

鲁家台溃口 7月29日，石首人民大垸鲁家台堤溃口，口门宽1350米，受灾79172人，淹没农田1.34万公顷。

永合垸溃口 8月1日，石首永合垸何家沟溃决，口门宽320米，受灾8140人，淹没农田2104.8公顷。

陈公东垸溃口 8月2日12时，石首陈公东垸来家铺溃决，口门宽1163米（调弦口水位38.12米），受灾31730人，淹没农田6102公顷。

石戈垸溃口　8月4日，石首石戈垸杨家祠溃决，口门宽134米，受灾1300人，淹没农田254.8公顷。

永固刵溃口　8月4日下午，荆江县虎西堤永固刵漫溃，时黄山头水位40.47米，溃决三处，口门共宽900米。

姚公堤溃口　8月6日，荆江县虎东姚公堤桩号64+120～64+450段被风浪击溃，口门宽70米，时黄山头水位42.06米。同日，荆江虎东张家嘴被风浪击溃。

郭家窑溃口　8月6日24时，荆江县郭家窑漫溃，口门宽1480米，估算最大流量5160立方米每秒，时黄山头水位42.06米，外江黄水套水位40.45米。

当年16处溃口，一部分为民垸堤，一部分为长江干堤和荆江分洪区围堤。当时，高水位持续时间长、雨日多，所有溃口堤段堤身断面都很单薄，防御标准很低，特别是防守人员少，抢险器材缺乏，缺少抢险技术指导，因此，发生溃决难以避免。但有的堤段溃决是因防守人员麻痹大意、抢护措施不当，甚至有少数干部违反纪律所造成。当年汛期，洪湖老湾负责防守的领导思想麻痹，对险情严重性认识不足，未加强险情监控，当险情突变时，抢救不及而溃决。监利唐家洲沙墩堤出险时，没有技术人员指导，仅打下13根树撑而溃决。石首人民大垸鲁家台出险时，县指挥部调某乡劳力支援，遭拒绝。溃口前三天（7月26日），有的区领导强调生产重要，减少防汛劳力，抢护措施也是错误的。鲁家台堤段为沙层堤基，7月6日，堤内脚发生管涌，并逐渐扩大、增多。抢护时筑有很多围井，且筑得很高，但在围井脚坡打下很多木桩和树撑，土层遭到破坏，以致管涌在围井四周再次冒出，抢护不及而溃口。正确抢护方法应当是将分散围井合并，形成几个大围井，蓄水反压，保护围井周围土层不受扰动，方能控制险情。

表7-12　　　　　　1954年大水荆州河段干支堤防扒口、溃口一览表

县别	河岸别	地点	起止桩号	长度/m	溃口扒口	发生时间	溃口、扒口前险情及抢护概况或分洪效益	受灾面积/hm²	受灾人口	备注
荆江	虎西	南阳湾、戴皮塔	18+286～18+397、25+325～25+450	1260	溃口	7月7日4:00	出险时，均为浑水漏洞群，且孔径大都为0.3m，由于干部思想麻痹，抢险人员少，且技术措施欠妥当，取土困难，致使险情发展恶化，抢救不及而溃口，除当时溃口两处外，后又漫溃6口，总长1260m	2251	24430	受灾面积内有溃灾1650公顷
荆江	虎西岗堤	达人岗		565	扒口	8月6日至8月9日	开口563m，通流165m，分泄分洪区最大流量606立方米每秒。8月15日堵死	1536	10000	受灾人口系概估数
荆江	虎东	肖家嘴	87+840	1436	扒口	8月4日至8月5日	开口1000m，18日扩大、漫溃至1436m，分泄分洪区最大流量4490立方米每秒			
荆江	荆右	郑家榨	693+000附近	250	扒口	8月7日至8月9日	开口150m，17日扩大至250m，最大进洪量1800立方米每秒	39858	173744	外垸腊林洲
荆江	荆右	郭家窑	623+000～627+000	1480	溃口	8月6日24:00	最初漫溃2口，后发展为14口，因取土困难，雨大人力少而漫溃			
石首	江右	西新垸	540+160～540+230	70	溃口	7月8日4:00	堤右剧烈崩塌，雨很大，水位高堤身低，取土困难抢救不及	433.67	3221	
石首	江左	人民大垸		1200	溃口	7月29日20:00	鲁家台浸漫严重，漏洞多，抢护时筑有众多围井，附近穿孔抢救不及溃口	13438	79172	

续表

县别	河岸别	地点	起止桩号	长度/m	溃口扒口	发生时间	溃口、扒口前险情及抢护概况或分洪效益	受灾面积/hm²	受灾人口	备注
石首	江右	陈公东垸	516+912~517+123、518+653~519+000	1163	溃口	8月2日12:00	干堤外民堤永和垸溃口，干堤抢救不及而溃口3处，后又破口3处，共长1163m	6102	31730	
监利	江左	唐家洲垸		600	溃口	7月14日4:30	洪水普遍漫堤，沙灯原脱坡处，曾打树撑13个，内3个向下滑趔，抢救不及溃口	533	19000	口门长度系概估数
监利	江左	大月堤（上车湾）	617+900~619+100	1026	扒口	8月8日0:30	开3小口，扩大至1026m，降低监利水位0.22~0.4m	151600	625000	
洪湖	江左	蒋家码头	513+450~514+450	1000	扒口	7月27日5:00	27日晨开始放水，口门宽540m，水位差2.4m，后又挖6个口共长1000m			老湾已溃，洪湖灾情不再扩大
洪湖	江左	老湾上	478+500~480+400	1880	溃口	7月13日15:00	堤脚外原管涌孔径0.15m已盖黄桶，因防汛人员思想麻痹，大风雨夜无人看守，险情恶化，抢救不及溃口	50803	313921	
洪湖	江左	穆家河	436+260~436+807	547	溃口	7月14日2:00	老湾溃口后，防汛人员思想不稳，子堤破口无人抢救而溃口			
洪湖	江左	新丰闸下	401+000附近	200	溃口	7月14日2:00	老湾溃口后，防汛人员思想不稳，子堤破口无人抢救而溃口		100000	

注 荆江河段另有枝江上百里洲8月7日扒口分洪，最大分洪口门300米，分洪总量1.76亿立方米，受灾面积1.21万公顷，受灾人口5.8万。

2. 灾情

建国后，全面恢复整修江河堤防，兴建荆江分洪工程，加上全国动员，军民全力抗洪抢险，保住了荆江大堤、江汉平原和武汉等重要地区和城市，取得抗洪斗争重大胜利，但百年一遇大洪水仍然造成巨大人员伤亡和经济损失。

据长江委《1954年长江防汛资料汇编·险情灾情总结》（第四集）载，1954年大洪水，荆州地区（不含历年划出的县市）因洪灾和抢险共死亡11991人，209.79万人受灾，44.30万公顷农田被淹，其中受灾严重的占90％以上，倒塌房屋27.8万余间。洪湖地区、东荆河两岸一直到武汉市区周边一片汪洋，荆江分洪区及其备蓄区全部淹没。

表 7-13　　　　　　　　1954年大水荆州受灾损失统计表

县市	合计		受 灾 情 况								死亡人口	倒塌房屋/间
	受灾人口	受灾田亩/hm²	分洪		溃口		溃水		山洪			
			受灾人口	受灾田亩/hm²	受灾人口	受灾田亩/hm²	受灾人口	受灾田亩/hm²	受灾人口	受灾田亩/hm²		
江陵	234338	62490	192794	51412			41544	11078			101	1511
监利	649062	162350	649062	162350							7055	76266
松滋	215914	37047			6000	776	188151	34146	21763	2125	18	11220
公安	189908	26452			45887	5102	144021	21350			50	18162
洪湖	342990	65243	342990	65243							4599	168000
石首	245591	45528			121712	21504	123879	24024			163	2637
荆江	220081	43850	220081	43850							5	240
合计	2097884	442960	1404927	322855	173599	27382	497595	90598	21763	2125	11991	278036

注 数据来源于《1954年长江防汛资料汇编·险情灾情总结》（第四集），长江委，1954年12月。

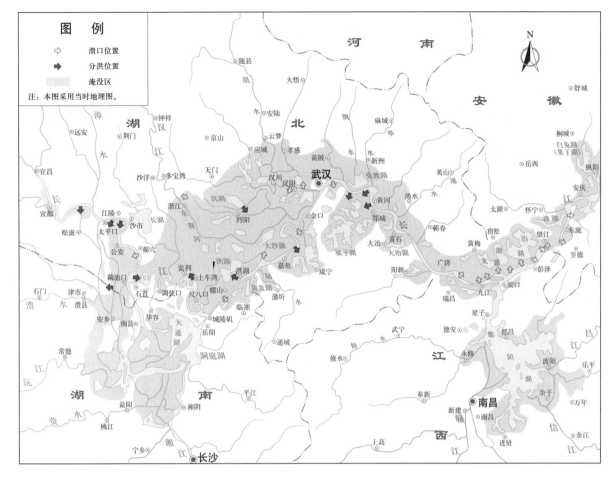

图 7 - 9　1954 年洪水淹没范围示意图

随着长江水位回落，10 月底至 12 月中旬，69.64 万转移至外地灾民陆续返乡，其中洪湖 25 万人、监利 36.9 万人、江陵 6.33 万人、荆江 1.41 万人。在党和政府组织下，群众积极恢复生产，重建家园。党和政府重点实施水毁工程修复，其中工程量最大的为堵口复堤。因复堤标准提高，土方工程量很大，当时采取以工代赈措施，充分发动群众，迅速完成水毁工程修复。

二、1981 年防汛

1981 年 7 月，长江上游发生区域型特大洪水，对荆江地区影响主要集中在上荆江。

7 月 9—14 日，长江上游四川盆地腹地发生历史罕见大面积暴雨，强度大、范围广。雅砻江下游、岷江中下游、大渡河上游、沱江、嘉陵江、涪江、渠江等地区均为暴雨笼罩（史称"81·7 暴雨"）。暴雨主要位于岷江、沱江、嘉陵江流域，6 天面平均雨深 118 毫米，其中，以沱江和涪江雨量最大，流域面平均雨深均超过 200 毫米。由于山洪暴发，洪水泛滥，长江上游及中游荆江地区遭受水灾。

（一）雨情

"81·7 暴雨"范围很广，暴雨量空间分布比较均匀。7 月 9—14 日，累计雨量大于 100 毫米笼罩面积达 17.36 万平方千米，200 毫米以上范围 6.96 万平方千米，为 1945 年以来历次大暴雨中范围最大的一次。9 日，岷江、大渡河、青衣江中下游、嘉陵江中游地区开始降雨，11 日，雨区范围扩大，主要雨区东移至嘉陵江、涪江及沱江流域，暴雨中心位于涪江中游地区，日雨量 140 毫米。12 日，雨区迅速扩大，笼罩嘉陵江、涪江、沱江上中游及岷江中游地区，并出现多个暴雨中心，降雨强度也迅速加大。13 日，雨区进一步扩大，整个四川盆地被大雨笼罩，暴雨成灾。"81·7 暴雨"，9—11 日

569

由东西向切变形成东北—西南向的暴雨带，雨区主要分布在岷、沱、嘉三江上中游。12—14日由北槽南涡的天气形势继续造成岷、沱、嘉三江上中游大面积暴雨。

（二）水情

"81·7"暴雨由西向东移动，岷、沱、嘉三江等大支流洪峰依次发生叠加，峰高量大，与干流涨洪汇集于寸滩，致使长江干流重庆寸滩站16日13时洪峰流量达到85700立方米每秒，为1892年有实测资料以来上游最大一次洪水，为1870年（100000立方米每秒）以后110年间最大值。洪峰经河槽调蓄沿程递减，18日22时安全通过葛洲坝水利枢纽，到达宜昌洪峰流量为70800立方米每秒，超过1954年最大流量4000立方米每秒，居105年实测记录第二位。沙市站实测最大流量54600立方米每秒，比1954年最大流量多4600立方米每秒；监利站最大流量46200立方米每秒。

（三）洪水过程

7月，岷、沱、嘉三江洪峰自西向东先后交汇入江后，与金沙江洪水（屏山洪峰流量19000立方米每秒）遭遇。寸滩站水位急剧上涨，7月11—16日的5天中，水位上涨20.35米，其中15日一天涨幅达10.37米，16日洪峰水位191.41米。洪峰过寸滩后，由于乌江武隆站流量仅2040立方米每秒，三峡区间也无暴雨，因河槽调蓄，洪峰流量大为削减。宜昌站19日8时洪峰水位55.38米，居1877年有水位记录以来的第四位，比1954年低0.35米。19日沙市站最高水位44.47米，为1903年有水文记载以来第三位。当年，沙市站超设防22天，超警戒5天，监利站最高水位35.80米，超设防64天，超警戒12天。

荆江河段虽然峰高量大，但因中游干流及洞庭湖水位低，江湖调蓄作用显著。尽管枝城流量与1954年洪峰相似，达71600立方米每秒，但因洞庭湖可供调蓄湖容约110亿立方米，监利最大流量仅46200立方米每秒，削减洪峰达35.5%。7月19日，松滋河分流量11030立方米每秒（松西河分流量7890立方米每秒，松东河分流量3140立方米每秒），虎渡河分流量2880立方米每秒，藕池河分流量8514立方米每秒（管家铺分流量8100立方米每秒，安乡河分流量757立方米每秒），三口合计分流量22427立方米每秒，占枝城来量31.4%。由于三口分流大量洪水，加之荆江两岸天气晴好，沿江各县七八月降雨量偏少，此次洪峰过境时，荆江两岸虽一度出现防汛紧张局面，但干流城陵矶以下均低于警戒水位，荆江两岸安全度汛。监利最高水位35.80米。城陵矶最高水位仅31.71米（7月22日），最大出湖流量22300立方米每秒（7月29日）。螺山7月22日最大流量50500立方米每秒，最高水位30.53米。

（四）汛前准备与防汛指挥

1月，为加强荆州长江堤防工程管理，保证工程运行安全，荆州行署发出《关于在长江修防系统设特派员的通知》，批准各县长江堤防部门设特派员办公室，政治思想工作和经费开支由修防部门负责，业务属公安部门领导。

7月中旬，根据上游水雨情预报，枝城最大洪峰流量将达70000立方米每秒，接近1954年大水。荆江汛情引起党中央、国务院高度关注，国家防总与荆江防汛前线指挥部联系，要求每两小时向国家防总汇报一次荆江水雨情及防范措施等情况，再由国家防总将情况报告国务院副总理李先念。

省委、省政府一直密切关注荆江汛情。14日下午，省委召开防汛紧急会议，省委第一书记陈丕显、省长韩宁夫、湖北省军区司令员褚传禹和省防汛指挥部正、副指挥长及荆州地委书记胡恒山参加。会议决定成立荆江防汛前线指挥部，由副省长石川任指挥长，荆州地委书记胡恒山、副书记尹朝贵，荆州行署副专员徐林茂，省水利局副局长姚克业、涂建堂为副指挥长。16日，省政府以鄂政发电〔81〕33号文《关于防御荆江特大洪水的情况》向中央作出汇报。会后，荆州地委、行署分别召开沿江各县指挥长紧急会议和长江防汛紧急电话会议，要求全力以赴，以防汛抗洪为压倒一切的中心任务，迅速上齐防汛劳力，全面防守，重点加强，确保安全。并根据省委、省政府会议精神，进一步作出部署，要求沙市出现或高于1954年洪水时，在不采取分洪措施情况下，确保荆江大堤安全。并由省、地、市党政军负责人在沙市组成前线指挥部（简称"前指"），统一指挥荆江防汛工作。7月19

日，沙市出现最高水位 44.47 米，经防汛抢险人员严防死守，避免了分洪的巨大损失。

（五）防汛抢险

洪峰到来之前，荆州各级防汛指挥部门组织防汛抢险劳力 10 万余人，清除河道行洪障碍，刨毁洲滩围垸 85 处；填平荆江大堤堤内禁脚 500 米范围内鱼池 77 个；长江干支堤防堤顶高度欠缺堤段抢筑子堤 155 段，长 281 千米，加筑土方 42 万立方米；突击封堵、内围、回填病险涵闸 202 座。全市商业、供销、交通等部门安排和调运大批防汛器材，增拨柴油 300 吨、汽油 200 吨、煤油 300 吨，荆州汽车运输公司调集汽车 90 余辆，3 天突击运输草袋 62 万条、砂石料 300 立方米；"前指"主要负责人逐堤段检查防汛准备情况，在郝穴堤段老险工段作好抢护准备，制作直径 0.8 米、长 2 米铅丝笼 30 个，备船若干艘、块石 7000 吨。

7 月 16—17 日，监利以上荆江河段相继达到设防水位，第一线劳力上堤防守。17 日，水位上涨，沙市站 43.18 米，监利 33.98 米，监利容城以上河段水位均在警戒线以上，地、市、县负责人和二、三线劳力全部上堤分段防守。地、市、县直属单位也分别组织抢险队上堤，严密防守。"前指"负责人日夜值班，及时检查督导。郝穴、观音寺等重点险工险段，由地区派出工作组协助防守。参与长江防汛各级干部最多时达 1.1 万人，劳力最多时达 21 万人。18 日，武汉军区调集 5000 名指战员赶赴荆江大堤，组织巡逻组 75 个、救护组 75 个、安全组 75 个、宣传组 68 个，并组织防汛预备队。南北闸由工程兵驻守，荆州军分区教导队亦上堤协防。

图 7-10　荆江汛期高洪水位情景

荆江汛情严峻。7 月 18 日，宜昌最大洪峰流量 70800 立方米每秒，最高洪峰水位 55.38 米（7 月 19 日）。19 日 13 时，沙市洪峰水位 44.47 米，仅低于 1954 年最高水位 0.20 米，相应新厂站洪峰流量 54600 立方米每秒，较 1954 年最大流量多 4600 立方米每秒，为建国以来最高记录。

在党中央、国务院高度关注下，在荆江防汛前线指挥部直接领导下，广大抗洪军民严防死守，终于战胜洪水。7 月 19 日 20 时，洪峰顺利通过荆江，水位逐渐回落。在获悉荆江洪峰顺利过境后，党中央、国务院给省委、省政府和荆州地委、行署发来贺电："在葛洲坝顺利通过 72000 立方米每秒的洪峰之后，现在长江干流洪峰又安全通过了险要的荆江河段，葛洲坝全部建筑物和荆江大堤都安全无恙。这是战胜 1954 年、1980 年两次长江大洪水后的又一次重大胜利。"省委、省政府和荆州地区党政军领导机关亦先后发出慰问信，热烈祝贺军民、干群合力取得战胜 1981 年大洪水的重大胜利。

荆江干流洪峰虽然过境，但分泄荆江洪水入洞庭湖的松西河却出现 1905 年以来最高水位，危机四伏，险象环生。7 月 21 日，松滋河公安金狮堤段出现溃口性跌窝险情，四处漏水，万分危急。一旦溃口，高过屋顶的水头便会直捣大垸，全公社 7 万人民生命财产和 8000 公顷农田将遭受严重损失，还会危及松滋县两个公社安全。

险情发生后，公安县防汛指挥部连夜紧急组织抢险。县长带领 20 余名干部赶赴现场，并从附近社队调集 5000 余名抢险突击队员投入抢险，大批草袋、油布、粗砂、卵石、发电机等抢险器材也陆续运抵现场，布防在荆江大堤上的 33764 部队和荆州军分区直属教导队 300 余名指战员水陆兼程 150 千米，于次日 0 时 50 分赶到出险堤段，投入防汛抢险。

松西河公安金狮堤段因外有围垸，退为第二道防线后有 20 余年未挡水，白蚁隐患严重。当围垸 18 日溃口而二道防线突然挡水时，约 1 千米堤段堤内脚出现 68 处浑水漏洞、管涌，险情逐渐恶化。21 日 9 时，金狮公社保城管理区民工防护堤段忽闻一声巨响，一段长 10 米、宽 8 米的堤身突然跌窝下陷，坐于其上的 5 名民工随之跌入洞内，咫尺之外，松西河水呼啸着掠堤而过。县委领导紧急调集在场民工向洞内甩土袋。已经奋战通宵刚下堤休整的解放军指战员，闻讯后飞奔而来投入战斗。为防止波浪对跌窝堤段冲击，30余名解放军指战员和民工跳进齐颈深洪水中，背靠堤岸，手挽手筑起一道防浪人墙。随即，数十名干部、民工拉起一张30米长大油布潜入水下铺垫。水上水下密切配合，两小时内投下土袋400个，填平陷洞，在迎水面堤坡外又筑起一道长15米、宽8米的外压堤台，险情开始缓解。然而，当日下午，横堤第三险区又发生大面积跌窝。解放军指战员们率先赶到现场，紧急从堤外筑起一道10米宽的外压堤台，控制住险情，并对跌窝堤身进行翻挖回填，夯实填土，巩固堤身。随后与赶到的干部、民工一道连续奋战至22日中午，溃口性险情方得到控制。整个汛期，公安县加筑子堤135千米，完成土方13万立方米。

荆江大堤、长江干堤经过历年整险加固，堤质得到改善，抗洪能力得到增强，此次大洪水过境时，经受住严峻考验，险情有所减少，重大险情基本未发生。据统计，当年汛期荆州长江干支堤防发生各类险情1114处，其中荆江大堤81处，大多为清水漏洞或散浸；长江干堤282处，支堤751处。

（六）灾情

1981年大水为长江上游特大洪水，因中流干流及洞庭湖水位较低，江湖调蓄作用明显，仅上荆江部分地区发生洪灾。7月10—12日，松滋县普降大雨，平原湖区部分地区受涝。19日松滋河水位上涨，出现百年来最高洪峰，新江口水位46.09米，超过1954年最高水位0.32米，松滋河分流量达11030立方米每秒，大于1954年分流量（10130立方米每秒）。新江口镇十字街头至大桥头一段街道漫水0.3～1米，可行小舟。松滋县支堤崩坍9处，长476米，堤身出现大小漏洞196个，涵闸出险13处。7月18—19日，堤外围垸毛家尖垸、李家嘴垸、江心垸、沙道观垸、新华垸、团山垸、合兴垸、关洲垸相继漫溃。松滋县淹没农田2066.67公顷，倒塌房屋935间，受灾人口2.58万，直接经济损失423万元（当时市值）；公安县外滩围垸概被淹没，淹没农田1666.67公顷，倒塌房屋1418栋计4917间。

三、1996年防汛

1996年长江中下游梅雨期暴雨引发典型的中游区域型洪水；荆江两岸发生自1954年以后灾情最严重洪涝灾害，尤以内涝灾害特别严重。

当年7月，长江中游继1995年大水年后，再次出现由洞庭湖水系洪水与干流洪水遭遇而形成的中游型大洪水。位于暴雨中心的监利至螺山河段及沿洞庭湖区诸站出现中游区域型特大洪水。

（一）雨情

6—7月，暴雨频繁，位置稳定，范围广，强度大。

6月19日至7月21日，持续33天的长江中游暴雨，形成典型的中游区域型大洪水。其中6月26—30日、7月1—5日两次暴雨过程使长江中游干支流河道和湖泊满蓄。7月13—18日又发生一次更严重的暴雨过程，其暴雨中心稳定在鄂东北—洞庭湖—沅、资水地区，造成长江中游7月中下旬大洪水（简称"96·7"洪水）。

7月3次主要降雨过程：

第一次降雨过程 7月1—5日，雨带呈东西向分布，乌江、三峡、清江、沅江、资水等持续4天连降暴雨、大暴雨。

第二次降雨过程 7月6—11日，流域内每天均有暴雨发生，6日降雨从上游开始，7日雨区扩大并加强；8—9日，全流域中到大雨，局部地区暴雨、大暴雨；10—11日，洞庭湖湘水、资水分别出现暴雨区。7月1—11日，下荆江石首及城陵矶以下华容、岳阳、监利、洪湖一带，普遍降雨量在500毫米以上，石首446毫米，监利550毫米，洪湖817毫米，以监利尺八口站为最大，达899毫米，新堤站788毫米次之。

第三次降雨过程 7月13—21日，是当年汛期降雨过程中强度最大、持续时间最长、降雨区最为集中的一次，流域内大面积连降暴雨、大暴雨。特别是13—18日，长江中游、洞庭湖以及沅江、澧水维持一个强暴雨带，且在该地区滞留长达 6 天。长江中游地区 7 月共出现暴雨日 23 天，其中，大暴雨 22 天，占暴雨日的 96％；特大暴雨 4 天，占暴雨日的 17％。

（二）水情

"96·7"洪水，长江中游监利至螺山河段及洞庭湖区出现超历史记录洪水位。7 月中旬开始，长江中游干流监利以下河段全线超过警戒水位，监利、城陵矶（莲花塘）、螺山洪峰水位分别为 37.06 米、35.01 米、34.18 米，均超历史最高水位。

表 7－14　　　　　　　　1996 年长江干流宜昌至螺山主要站水位、流量特征表

站 名	最高水位/m	时 间	最大流量/(m³/s)	时 间
宜昌	50.96	7 月 5 日	41700	7 月 13 日
枝城	47.58	7 月 5 日	48800	7 月 5 日
沙市	42.99	7 月 25 日	41500	7 月 6 日
监利	37.06	7 月 25 日	35200	7 月 6 日
城陵矶	35.01	7 月 22 日 （莲花塘）	43900	7 月 19 日 （七里山）
螺山	34.18	7 月 21 日	67500	7 月 22 日

（三）洪水过程

7 月，洞庭湖区和长江干流城陵矶河段，出现超 1954 年的高洪水位，城陵矶（莲花塘）水位高出 1954 年最高水位 1.06 米。洞庭湖区（湖南部分）水位几乎普遍超过 1954 年：资水、沅江经柘溪水库和五强溪水库调蓄后，最高水位分别为桃江站 44.44 米、桃源站 46.90 米，均居实测记录首位；湖区南嘴、城陵矶（七里山）最高水位分别为 37.62 米、35.31 米，超过 1954 年 1.57 米、0.76 米。

1996 年上游属中水年，宜昌站最大流量仅为 41700 立方米每秒（7 月 13 日），中下游支流也多属中水年，惟有洞庭湖水系中资水、沅江为大水年。四水各控制站以下，6 月 23 日至 7 月 20 日 28 天各站平均降水量 383 毫米，与 1954 年 7 月 31 天各站平均降水量 389 毫米相近；各支流水系 7 月降水量，资水、沅江比 1954 年大。汛期，四水入湖洪量比较集中，最大 15 天洪量比 1954 年小 47.7 亿立方米，但最大 7 天洪量比 1954 年大 56.7 亿立方米。1996 年沅江五强溪最大入库流量 40000 立方米每秒，为 50 年一遇，桃源站实测最大流量 29100 立方米每秒（约 30 年一遇）。若无五强溪水库调蓄，桃源站最大流量将达 37000 立方米每秒。资水柘溪水库最大入库流量 17900 立方米每秒（约 100 年一遇），桃江站实测最大流量 11600 立方米每秒。

表 7－15　　　　　　　　1996 年洞庭湖各站最高水位表

站 名	该年水位/m	时 间	超过历史最高值/m	1996 年前历史最高水位	
				水位/m	时 间
城陵矶	35.31	7 月 22 日	0.76	34.55	1954 年 8 月 3 日
茅草街	37.50	7 月 21 日	1.51	35.99	1995 年 7 月 4 日
注滋口	35.69	7 月 21 日	0.51	35.18	1954 年 8 月 9 日
安乡	39.72	7 月 21 日	0.34	39.38	1983 年 7 月 8 日
小望角	39.97	7 月 21 日	0.10	39.87	1983 年 7 月 8 日
蒿子港	39.33	7 月 20 日	0.10	39.23	1991 年 7 月 7 日
白蚌口	39.07	7 月 21 日	1.28	37.79	1991 年 7 月 7 日
牛鼻滩	40.56	7 月 19 日	0.97	39.59	1995 年 7 月 2 日
周文庙	38.78	7 月 20 日	1.06	37.72	1995 年 7 月 4 日

站 名	该年水位/m	时 间	超过历史最高值/m	1996 年前历史最高水位	
				水位/m	时间
肖家湾	37.66	7 月 20 日	1.08	36.58	1983 年 7 月 9 日
南嘴	37.57	7 月 21 日	1.52	36.05	1954 年 7 月 31 日
沙湾	37.98	7 月 21 日	1.32	36.66	1995 年 7 月 31 日
小河嘴	37.57	7 月 21 日	1.35	36.22	1995 年 7 月 4 日
三岔河	37.67	7 月 20 日	1.78	35.89	1995 年 7 月 4 日
草尾	37.37	7 月 21 日	1.53	35.84	1995 年 7 月 4 日
黄茅洲	37.07	7 月 21 日	1.89	35.18	1995 年 7 月 4 日
沅江	37.09	7 月 21 日	1.33	35.76	1995 年 7 月 4 日
东南洲	37.39	7 月 21 日	1.49	35.90	1995 年 7 月 4 日
南县	36.87	7 月 21 日	0.52	36.35	1964 年 7 月 4 日
沙兴	38.15	7 月 21 日	0.83	37.32	1995 年 7 月 3 日
杨堤	37.03	7 月 21 日	1.09	35.94	1995 年 7 月 3 日
杨柳潭	36.75	7 月 22 日	1.39	35.36	1995 年 7 月 3 日
白马寺	36.66	7 月 22 日	1.25	35.41	1954 年 8 月 3 日
湘阴	36.66	7 月 22 日	1.25	35.41	1954 年 8 月 3 日
营田	36.54	7 月 22 日	1.41	35.13	1995 年 7 月 4 日
鹿角	35.73	7 月 22 日	0.73	35.00	1954 年 8 月 3 日
岳阳	35.39	7 月 21 日	0.57	34.82	1954 年 8 月 3 日
津市	41.88	7 月 21 日	−2.13	44.01	1991 年
石龟山	40.03	7 月 21 日	−0.79	40.82	1991 年

注 高程系统为冻结吴淞。

汛期以 7 月中旬洪水量最大，长江上游同期来水不大，沙市最高水位 42.99 米（7 月 25 日），最大流量 41500 立方米每秒（7 月 6 日），藕池分流量 3910 立方米每秒（7 月 25 日）。洞庭湖 7 天入湖总洪量 315 亿立方米，其中四水 267 亿立方米，占 85%；三口 48 亿立方米，占 15%。洞庭湖 27 个水位站及长江干流监利至螺山河段出现超历史记录高水位。7 月 5 日、7 日，监利、洪湖相继进入设防水位，6 日、11 日又分别超过警戒水位。7 月 9 日，沮漳河出现第一次洪峰，两河口水位 50.15 米，流量 2230 立方米每秒，至万城水位达 44.72 米，流量 1740 立方米每秒。

7 月 17 日，四水、四口入洞庭湖流量 51300 立方米每秒，城陵矶出湖流量 30000 立方米每秒。21 日 8 时，七里山水位 34.60 米，超 1954 年 0.05 米，螺山水位 34.15 米，新堤 33.60 米。

7 月 22 日，城陵矶洪峰水位（莲花塘）35.01 米，流量 43800 立方米每秒；螺山洪峰水位 34.18 米，居历史首位，最大流量 67500 立方米每秒，仅次于 1954 年。7 月 25 日，监利洪峰水位 37.06 米，超保证 0.49 米；石首水位 39.38 米，超警戒 1.38 米。

（四）汛前准备

为确保安全度汛，全面完成"防洪保平安、抗灾夺丰收"目标，根据省委、省政府关于 1996 年防汛要"更早、更紧、更实"的工作要求和省防汛指挥部关于认真做好水利工程汛前检查的通知精神，市委、市政府全面部署并狠抓落实全市防汛抗灾工作。防汛部门从干部到位、组织得力、部门协调、资金保证四个方面落实领导责任制。全市堤防岁修计划（土方 1004 万立方米，施工点 700 余处）春节前全部完成。堤防建设及防汛工作检查组定期督办全市确定的 41 处重点水利建设项目，确定专人督办省防指确定的 1995 年汛期 14 处重点险情整治工程。

荆州长江堤防工程完成岁修土方732万立方米、石方43.03万立方米。石首河湾崩岸抢护工程、荆江大堤闵家潭堤基处理工程、松滋江堤加固工程、南线大堤加固工程、洪湖界牌河段整治工程、监利铺子湾护岸工程、洪湖叶王家边护岸工程及柴纪、红卫闸除险工程等重点基本建设项目及整险工程先后于汛前竣工或提前完成年度计划。颜家台闸、德胜闸、法华寺闸、抱鸡母洲闸、白螺矶闸等改扩建工程，也于汛前完成。汛前还完成堤防退挽工程6处，总长4750米，土方59.4万立方米。

汛前，全国政协副主席杨汝岱，国家防办副主任李代鑫，副省长王生铁，广州军区、济南军区首长，市委、市政府主要领导等先后检查督导全市长江防汛准备工作；市防汛部门先后三次分组进行汛前检查，印制统一的防汛检查登记卡；市长江防汛指挥部组织专班完成《长江荆江河段应急度汛方案实施意见》，并制订荆江大堤、松滋长江干堤防御特大洪水预案，补充和完善沿江涵闸、泵站调度实施方案。

（五）防汛指挥

洪涝灾害发生后，按照市委、市政府"全面防范、重点加强、严防死守、全力抢险"的方针，在领导、专班、人员、资金、器材等方面迅速落实到位，"四大家"领导奔赴灾区、险工险段指导防汛抗灾。

抗洪期间，党中央、国务院、国家防总和省委、省政府高度重视荆州汛情。国务院副总理姜春云，水利部部长钮茂生和省委、省政府领导贾志杰、蒋祝平、杨永良、王生铁、黄远志，省军区司令员贾富坤少将等奔赴抗洪抢险前线指挥抗洪；驻鄂空降兵某部和省军区舟桥旅先后派出4000余名官兵驰援荆州，空降兵某部3位军首长来到荆州长江抗洪前线直接指挥部队作战。洪湖、监利有62千米长江干堤未达到安全高度，两地组织4万余名劳力，在空降兵某部和省军区官兵大力支持下，日夜奋战，加高子堤约1米，堤防安全得到保证。姜春云代表党中央、国务院视察荆州防汛抗洪后，又三次从北京来电询问荆州及洪湖抗洪情况，充分肯定荆州长江抗洪斗争的成绩。

进入7月，暴雨灾害和长江汛情发生后，市委、市政府紧急动员，全面部署。市委领导坐镇市长江防汛指挥部；各级指挥长迅速到岗到位，分片包段，分兵把守，全防全保。7月4日至8月5日一个月内，沮漳河先后出现三次洪峰，市委、市政府主要领导坚守前线，指挥群众抗洪抢险，取得抗御沮漳河三次洪峰的全面胜利。7月10日，省委、省政府召开防汛抗洪紧急电话会后，市委、市政府坚持以防汛抗灾为压倒一切的中心，全力以赴，统一部署，各级领导分赴防汛抗灾第一线指挥战斗。7月17日，荆州长江监利、洪湖河段水位暴涨，汛情严峻，市委、市政府再次召开紧急电话会议，对全市人民进行总动员。遵照省委、省政府指示，7月18日凌晨1时，市委、市政府、荆州军分区主要领导赶赴洪湖，组建前线指挥部，坐镇指挥；市"四大家"领导分别赶赴长江防汛第一线，包段分片驻守，指导防汛工作。市委领导坐镇市长江防汛指挥部指挥沿江各县（市、区）防汛，并派出31个工作组赴石首、公安、监利、洪湖、松滋等县市指导防汛抗灾。在防汛最紧张时期，战斗在抗洪第一线的各级干部达7274人，全市共有23名市级领导、288名县处级干部战斗在防洪抗灾第一线。

（六）防汛抢险

为战胜洪涝灾害，荆州市各级党政部门全力以赴，共投入防汛抢险劳力16.81万人，人民子弟兵3000余人驰援洪湖、监利。面对严峻汛情，市防汛指挥部及时分析通报汛情，部署安排防守力量。从7月4日起全市沿江8个县（市、区）相继布防，布防堤段1781千米，其中警戒水位以上1541千米、保证水位以上625千米。超警戒水位堤段按每千米150人布防，病险涵闸、险工险段按每处50人布防，组织突击队9.2万人、预备队58.6万人，同时落实草袋、编织袋、砂石料、车辆、船只等大批抢险器材。巡堤查险坚持干部带班，包干负责，分兵把守，实行哨上加哨，反复检查、拉网式检查，发现险情，及时处理，及时上报。全市迎战多次洪峰，及时处理洪湖螺山周家嘴等地溃口性险情，保证了长江堤防安全。

由于超高水位持续时间长，导致险情不断发生，巡堤查险成为抗御大洪水斗争的重中之重。为此，防汛指挥部门多次发出关于切实认真抓好巡堤查险的通知和命令，要求各地始终把巡堤查险工作放在一切工作首位。各地实行县市领导包乡镇，乡镇领导包堤段，国家干部包村组、包险段，村组包桩号的责任制，分工到人，责任到人，一级抓一级，层层抓落实。洪湖市在巡堤查险中实行领导带队查、督导巡回查、车辆全线查、重点突出查的"四查"制度，防止重涨水轻退水、重雨天轻晴天、重晚上轻白天、重上半夜轻下半夜、重新险轻老险、重大险轻小险的"六轻六重"麻痹大意思想产生。并在各防守堤段立"责任状"、树"生死牌"，做到水涨堤高，人在堤在。各地还结合本地实际情况，制订一系列有关巡堤查险的规定和守则，做到巡堤查险工作规范化、制度化。省、市各级工作组在各自驻守段面上，带班巡查，认真督导，市前指及防汛部门主要负责人多次带领检查小组深夜到各堤段、险工现场巡查督导。由于巡查认真，发现及时，上报及时，险情都得到及时正确处理。

汛期，荆州长江干支堤防发生各类险情696处，其中荆江大堤34处、长江干堤551处、支民堤111处。管涌、浑水洞、清水洞及涵闸险情等重大危险性险情比往年成倍增加，达209处，其中管涌51处、浑水洞22处、清水洞125处、涵闸险情11处。散浸险情也较往年明显增多，共350处，总长120千米；散浸出逸部位比往年有所抬高，有的甚至爬升至堤半坡。洪湖、监利两地险情居多，洪湖长江干堤出险331处，监利长江干堤出险106处。最高洪水位期间，相继发生洪湖周家嘴、田家口、老湾闸，监利赖家树林、尹家潭等24处重特大险情。

7月16日，洪湖长江干堤周家嘴堤段（桩号525＋400～525＋415）出现浑水漏洞群，孔径0.03～0.12米，最大出水流量约800升每分钟。起初，因对险情性质判断意见不一致，先采用围井导滤措施实施整治。20日上午，围井周围又发现多个漏洞，后采取加筑围井处理。21日24时，围井导滤料被水涌起，险情急剧恶化。市前指征求专家意见后，决定立即加高加长围井，与此同时实施外帮截渗。22日下午，市前指下达关于周家嘴险情抢护特令。17时45分，桩号525＋400处约18平方米堤面突然坍塌（属白蚁巢），塌陷坑长6米、宽3米、深2米，堤防随时可能溃口。紧急关头，市前指、部队前指及防汛抢险技术负责人立即组织500名解放军官兵分三路抢筑外帮，同时组织民兵突击队翻挖蚁巢，清除杂物，回填粘土，随即又从戴家场、曹市、万全、峰口、府场、新堤等乡、镇紧急调集5500名民工，并申请300名解放军官兵支援，调运防汛器材车辆253台、船只15艘、发电机组10台、草袋编织袋34万条、砂石料1750余吨投入抢险。经过两昼夜奋战，完成土方约1万立方米、石方2240立方米，筑外帮平台长560米（桩号525＋280～525＋840），宽10米，高出水面0.5米，堤内围堤在24日18时按计划完工，险情得到控制。国务院副总理姜春云、国家防总以及省委、省政府高度赞扬周家嘴险情的成功抢护。7月26日，国家防总在全国通令嘉奖荆州防汛大军，并颁发奖金100万元，这在中国抗洪史上还是第一次。同样，由于决策指挥科学果断，方案正确，措施有力，抢护及时，赖家树林、尹家潭、田家口等重大险情抢护也获得成功，受到国家防总高度赞扬和表彰。

汛期，针对洪湖石码头至燕窝堤段有35千米砂基堤段表面粘性土覆盖层薄，极易发生管涌险情的实际情况，防汛部门根据市前指指示，连夜制订《洪湖长江干堤砂基堤段防守预案》，按度汛方案采取蓄水反压措施守护沿江病险涵闸，做到有备无患。据气象预报，受8号台风伸入内地的外围云系影响，荆江地区将有大风过程发生，江面大风对防汛工作会造成不利影响，防汛部门迅速发出关于做好长江堤防防风浪准备工作的紧急通知和紧急命令，连夜组织动员，全面落实迎战8号台风的各项措施。防汛部门迅速制订防风浪工作方案及具体实施办法，经过广大防汛干部群众昼夜苦战，终于夺取抗御台风的重大胜利，省防汛指挥部为此发出专电致贺。

7月19日8时，监利城南、洪湖螺山水位分别达36.51米和33.71米，且预报将继续上涨，并将突破历史最高洪水位。洪湖、监利境内254.5千米长江堤防（包括荆江大堤监利段24.5千米）要确保洪峰安全通过，还有62千米堤防安全高度未达标，为防止漫溢险情发生，必须紧急行动抢筑子堤，加高0.5～1米。市前指下达紧急抢筑子堤抗御大洪水命令后，防汛部门组织工程技术人员拟定方案和实施措施，监利、洪湖两县组织4万余名劳力，在空降兵某部和舟桥部队大力支持下，日夜奋战，抢运土方，加高堤防，至24日18时，顺利完成抢筑子堤任务，加筑土方73万立方米。

汛期，沮漳河先后出现三次大洪水，其中第一、第二次洪峰时万城水位分别接近、超过历史最高水位。为战胜沮漳河洪水，防汛部门根据省防汛指挥部关于做好沮漳河谢古垸分洪的通知要求和市委、市政府部署，召开紧急会议进行组织调度。市长江防汛指挥部先后两次制订分洪爆破和抢险方案，成立爆破技术指导组和抢险组。由于部署得当，防守严密，措施完备，保障有力，最终在不分洪条件下夺取沮漳河抗洪斗争胜利。

抗洪斗争中，防汛指挥部门充分发挥水利工程技术人员的作用，科学指导防汛抢险。各级防汛部门工程技术人员在抗洪抢险中，高度负责，兢兢业业，顽强战斗，为各级领导决策指挥当好参谋，指挥并参与抢险战斗，成为抗洪抢险的一支中坚力量。

1996年抗洪抢险物资保障有力，各种防汛抢险物资器材准备充足。据统计，共消耗编织袋133万条、麻袋4.5万条、土工织物布0.6万平方米、砂石料1.62万立方米、芦苇26.5吨等。

（七）灾情

当年，荆州连续多次普降大暴雨，遭受严重洪涝灾害，江河湖库水位超历史纪录，受灾最严重的是下荆江地区和洪湖、监利两县市。荆江两岸20余万军民奋力抗洪，安全度汛，但石首六合垸，监利丁家洲、新沙垸等地仍发生溃口破垸灾害。据初步统计，全市171个乡镇（场、办事处）、3341个村、102.7万户、485.32万人受灾，其中65.66万人被洪水围困，45.73万人被迫转移；农作物受灾面积49.09万公顷，成灾面积37.69万公顷，其中绝收20.73万公顷；因灾造成直接经济损失105.86亿元[1]。

四、1998年防汛

（一）概述

1998年，长江流域发生继1954年之后最为严重的全流域型大洪水，荆州市遭受历史罕见洪涝灾害袭击。

受厄尔尼诺现象影响，1998年长江流域气候异常，冬暖春寒，仲春暴雪，春夏暴雨，洪涝灾害接连不断。荆州长江干支堤防水位全线长时间超1954年，高水位运行长达两月余；同时，由于各种洪水的恶劣组合和降雨时空分布不均，荆州遭受大面积洪涝灾害，损失严重。早在年初，这种特殊气候现象就引起党中央、国务院和省委、省政府的高度关注。2月23—24日，省防汛抗旱指挥部在公安县召开全省防办主任会议，会期早于常年。4月9日，国家防总召开1998年第一次全体会议，国务院副总理、国家防汛抗旱总指挥部总指挥温家宝在会上强调，本年气候条件不利，发生大洪涝灾害可能性较大，防汛工作必须早准备、早部署、早动手、早落实。5月29—31日，温家宝检查长江中游湖北、湖南、江西3省长江防汛工作，并在江西九江召开长江中下游防汛工作会议，要求按防御1954年型特大洪水进行各项准备，并视察荆江大堤重点险工险段和荆江分洪工程进洪闸。6月5日，省委、省政府召开防汛动员电视电话会议，强调立足于防大洪抢大险不动摇。6月19日，省防指将全省8大重点堤防、3处主要分蓄洪区、53座大型水库和5大重点湖泊围堤的防汛责任人名单通报各地，其中包括荆江大堤和荆江分蓄洪区。

在党中央、国务院，省委、省政府果断决策和直接指挥下，在市委、市政府坚强领导下，在人民解放军、武警官兵和全国人民大力支援下，全市人民全力以赴，大力弘扬抗洪精神，与洪水展开一轮又一轮殊死搏斗，奋力实现了"确保长江大堤安全、确保重要城市安全、确保人民生命安全"的抗洪目标，夺取了1998年防汛抗灾的伟大胜利。

（二）汛前准备

年初，气候异常，各方气象、水文专家通过各种因素综合分析预测，长江流域雨水偏多，要做好防御1954年型洪水准备。各级提前召开防汛工作会议，作出全面部署。市委、市政府1月初即召开防洪保安现场会，要求高度警惕，未雨绸缪，按照"安全第一，常备不懈，以防为主，全力抢险"的防汛方针，"更早、更紧、更实"预防1954年型洪水的要求，抓好各项汛前准备工作。

思想准备 从 1 月 4 日新年上班第一个工作日开始，市委、市政府就紧锣密鼓地部署 1998 年防大汛、抗大洪、抢大险、救大灾准备工作，主要领导先后主持召开三次防汛指挥长全体会议、四次全市防汛工作会议，统一各级对荆江防洪工作极端重要性的认识，牢固树立防大汛、抗大灾思想。为提高全民水患意识，加强对防汛抗洪重要性的认识，防患于未然，防汛部门利用新闻媒体等各种途径广泛宣传发动，加大执法力度，整治违法水事行为，提高全民依法治水、积极参与防汛意识。市委、市政府领导带队到各地检查指导，落实防范措施，把防 1954 年型洪水思想准备落到实处。

工程准备 按照"抓荆堤、带全局、全面夯实防汛抗灾基础"的要求，以荆江大堤建设达标晋级为突破口，突出"防洪关大门"这个重点，狠抓长江堤防基本建设。堤防岁修土石方计划和荆江大堤、松滋江堤等重点工程，以及石首河湾整治工程、下荆江河势控制工程、涵闸维修、白蚁普查等工作均按计划圆满完成。汛前，全市长江堤防建设完成土方 2227 万立方米，创历史最好水平，河道堤防管理部门被省政府评为全省水利建设先进单位。按照荆江分洪工程进洪闸防洪预案要求，汛前，市长江防汛指挥部三次组织进行进洪闸启闭演习。

组织准备 3 月底前，全市调整充实各级防汛指挥机构；按分级负责原则，各堤段各工程明确责任人，按照防汛抢险要求落实一、二、三线领导和劳力；各地组建多支防汛抢险队伍，成立县一级抢险突击队 5 支，乡镇一级抢险突击队 118 支共 4.31 万人；签订各类防汛责任状 900 余份；加强各地新上任分管水利工作领导防汛抢险知识培训；对各级水利防汛人员进行战前动员，并成立由 10 余名"老水利"组成的防汛指挥部顾问咨询委员会。

物资准备 汛前，按照"数量备足、品种备齐、质量备好、管理加强"原则，狠抓防汛物资器材准备工作，全市共储备抢险砂石料 64 万立方米、麻袋 29 万条、草袋 67 万条、编织袋数百万条、芦苇 33 万捆，同时还加强照明设施和民筹器材准备。

预案准备 汛前，修订《长江荆江河段应急度汛方案》，修改完善重点水利工程调度方案、《荆江大堤防汛调度方案》、《松滋江堤度汛方案》、《南线大堤度汛方案》、《荆州市城市防洪规划（长江部分）》。市长江防汛指挥部依照《长江防御特大洪水方案》，结合荆州长江防汛实际，分别按防御 1954 年型洪水和枝城 80000 立方米每秒流量特大洪水制订两套洪水调度实施方案，使其更具可操作性。对安全度汛有影响的在建工程、重点险工险段和病险涵闸等分别制订临时度汛方案，初步形成依靠科学防洪的预案体系。

汛前检查 市委、市政府领导先后多次率领市直有关部门检查全市防汛准备工作，并与当地党政领导、水利技术人员研究安全度汛措施。市长江防汛指挥部对照市委、市政府提出的"十查十落实"要求，组织专班先后多次检查长江干堤、重要支堤险工险段。扎实的汛前准备工作为 1998 年防大汛、抗大洪起到重要作用。

（三）水雨情势

1998 年长江洪水，洪水量巨大，洪水位特高，高洪水位历时长，洪水遭遇恶劣，仅次于 1954 年，为 20 世纪第二位全流域型大洪水。

1. 天气形势

汛期，长江流域降雨强度大，范围广，持续时间长，暴雨发生频率高，这种大范围天气异常现象是在一定气候背景和环流异常形势下出现的。当年汛期，亚洲中低纬环流异常，西太平洋副热带高压持续偏强，赤道附近西风环流和从南太平洋越过赤道的气流不活跃，在缺少动力条件下，台风很难在热带地区生成；由于台风生成次数少、时间晚，也使副高受不到强大北上气流的推动，而长期徘徊在偏南位置。中高纬环流异常，阻塞高压强而稳定，促使西伯利亚冷空气频繁南下，与暖湿气流频频交汇，成为长江流域持续多雨的冷空气条件，当年 6—8 月的 92 天中，阻塞高压维持天数达 84 天，为历史所少见。1997 年 5 月至 1998 年 5 月，发生 20 世纪最强一次厄尔尼诺事件。厄尔尼诺现象对天气影响，以及 1997 年冬季青藏高原积雪异常偏多等诸多因素综合影响造成 1998 年异常天气现象。

2. 降雨过程

入汛后，长江流域持续降雨，雨量偏丰。特别是 6 月 11 日入梅后，洞庭湖水系暴雨不断，强度大，面积广，主雨带长时间徘徊于长江中下游干流右岸附近。4—8 月总降雨量全流域型偏多。6—8 月主汛期，长江中游地区 6 月 11 日至 7 月 3 日及 7 月 16—31 日两度出现梅雨且降雨强度大，尤其是 6 月中旬和 7 月下旬发生持续性强降雨过程。在中下游梅雨间歇期及 8 月，暴雨区又出现于长江上游。8 月中下旬，除长江中上游出现持续强降水外，汉江流域也发生强降雨过程。由于汛期暴雨频繁，笼罩面积大，稳定历时长，强度大，雨量集中和暴雨洪水遭遇恶劣，造成 1998 年长江全流域大洪水。

（1）汛期雨情

汛期，长江流域雨带出现明显的南北拉锯和上下游往复现象。形成 1998 年洪水主要是 6—8 月的降雨。此期间暴雨过程连绵不断，笼罩面积大，雨带稳定维持，强度大。总雨量超过 800 毫米的笼罩面积约 23 万平方千米；超过 1000 毫米范围达 9 万余平方千米；超过 1500 毫米范围达 1 万平方千米；澧水上游总雨量超过 2000 毫米。

第一阶段为 6 月 11 日至 7 月 3 日（中下游第一度梅雨）　前期（11—26 日）强降雨带呈东西向维持在洞庭湖、鄱阳湖两大水系，降雨量超过 300 毫米的笼罩面积约 19 万平方千米，中心最大值 1115 毫米。后期（6 月 27 日至 7 月 3 日）降雨带移至长江上中游干流附近，暴雨中心位于三峡区间，尤其是 6 月 28 日区间大暴雨超过 100 毫米的笼罩面积达 2.1 万平方千米。6 月 11—26 日洞庭湖区经历 5 次暴雨过程，洞庭湖水系各支流洪水频发，城陵矶水位壅高。6 月 27 日至 7 月 3 日，雨带移至长江上游地区。

第二阶段为 7 月 4—15 日（上游第一段集中降雨期）　随着首度梅雨结束，长江中游出现降雨间歇期；主雨带呈东北—西南向分布，主要集中在长江上游和汉江上游地区，嘉陵江、岷江、青衣江、金沙江、汉江上游交替出现大范围大雨、暴雨和大暴雨。

第三阶段为 7 月 16—31 日（中下游第二度梅雨）　东西向雨带再度稳定在长江中游干流及江南地区，乌江、沅江、澧水、资水局部、汉江下游等地区相继出现大暴雨。强降雨中心位于洞庭湖沅江、澧水地区，降雨量超过 300 毫米的笼罩范围约 17 万平方千米，中心最大值 1001 毫米。洞庭湖区又一次大面积暴雨，城陵矶以下水位出现新一轮上涨。

第四阶段为 8 月 1—29 日（上游第二次集中降雨）　8 月 1—29 日暴雨带北抬，主要集中在长江上游和汉江。8 月 1—15 日，岷江、乌江、清江、三峡区间及汉江中下游先后出现暴雨，主要降雨区集中在三峡以上地区和汉江流域。16—18 日，雨区扩展至长江中下游及江南地区。19—25 日，雨区复回至嘉陵江、岷江、汉江流域。26—29 日，雨区再度影响到长江中下游和江南地区，主雨带呈东北—西南向。29 日雨量大于 300 毫米的区域分布较广，包括三峡区间、清江流域、乌江下游、沅江和澧水上游、汉江中下游、嘉陵江和岷江流域部分地区。

长江中游及洞庭湖区水位居高不下，而上游又不断出现大范围降雨。8 月上旬宜昌站连续出现 3 次超 60000 立方米每秒洪峰。8 月 16 日宜昌站出现第六次洪峰，最大流量 63300 立方米每秒，8 月 17 日洪峰到达沙市站时，水位高达 45.22 米，为有实测记载以来最高水位。沿江各水位站 8 月 17—20 日均出现超历史记录最高水位。

（2）暴雨特征

暴雨频繁，历时长　从 6 月中旬起，长江流域暴雨频繁，来势迅猛。6—8 月的 92 天中，长江流域共出现 74 个暴雨日，其中大暴雨 64 天，超过 200 毫米特大暴雨 18 天。6 月 11 日至 7 月底，长江中游暴雨仅间歇 2 天，日暴雨发生频率高，几未间歇，且暴雨中心稳定，长时间维持在某一地区或水系，实为罕见。6 月 11—26 日，强降雨带稳定维持于洞庭湖水系，长达 16 天。6 月 27 日至 7 月 16 日，强降雨带移至长江上游地区，维持 20 天。7 月 20—31 日，强降雨带又移回洞庭湖水系，历时 11 天。8 月 1—29 日，暴雨、大暴雨长时间徘徊于长江上游地区和汉江地区，长达 29 天。

暴雨覆盖范围广　日降雨量大于 50 毫米的笼罩面积最大为 6 月 23 日，暴雨、大暴雨覆盖洞庭湖地区，遍及洞庭四水。7月22日，笼罩湖南、湖北两省。日降雨量大于100毫米的笼罩面积最大为6月13日，覆盖两湖地区达5万平方千米。7月21日，乌江、洞庭湖、鄂东北大暴雨笼罩面积为3.4万平方千米。

暴雨强度大 6—8月，有1683站（次）日降雨量在50～99毫米，有488站（次）日降雨量在100～199毫米，有39站（次）日降雨量大于200毫米。其中，日降雨强度最大的为7月21日沅江水田站339毫米，其次为6月15日湘江黄旗段站315毫米。6—8月，日暴雨强度大且集中的计有32天，最强一次降雨过程为7月19—25日。其中，20—22日暴雨中心沅江水田站3天暴雨强度最大，达655毫米。

区间暴雨频繁遭遇 当年汛期有3次较为典型区间暴雨和上游洪峰叠加，其中2次为三峡区间暴雨。8月初，长江上游第四次洪峰向下游推进，预报宜昌洪峰流量为55000立方米每秒，由于4—6日3天三峡区间持续暴雨，导致洪水叠加，致使宜昌7日21时出现第四次洪峰，最大流量63200立方米每秒。上游洪水下传遭遇9—12日三峡区间下段连续暴雨，宜昌8月12日出现第五次洪峰，最大流量62600立方米每秒。洪水下传中遭遇清江暴雨，沙市出现44.84米的高洪水位。因区间暴雨汇流快，预见期短，所造成的洪峰叠加给洪水预报带来困难，也骤然加剧荆江地区防汛紧张形势。

3. 洪水情势

1998年天气异常，导致长江流域水情异常。3月上旬，湘江即出现17500立方米每秒的年最大洪峰流量，史所罕见。6月中旬以后，长江中游各大支流先后发生暴雨洪水，致使江湖水位在原底水较高情况下迅猛上涨。长江上游干流宜昌站先后出现8次大于50000立方米每秒洪峰，中游干流沙市至螺山河段及洞庭湖水位多次超历史最高水位。

6月下旬，受洞庭湖出流及下游高水位顶托，洪湖、监利、石首河段相继突破设防水位并超过警戒水位。7月1—2日，沙市超警戒水位。监利、螺山从超设防水位、警戒水位到超历史水位仅六七天时间，沙市水位也以每日1米涨幅直线上升。受洞庭湖洪水严重顶托，松滋河、虎渡河下段，最大日涨幅达1.7米。在8次洪峰中，沙市水位3次超历史，最高达45.22米，比1954年历史最高水位高0.55米；石首水位6次超历史，最高达40.94米，比1954年历史最高水位高1.05米，部分河段水位超过堤顶高程；监利水位7次超历史，最高达38.31米，比1996年历史最高水位和1954年最高水位分别高1.25米和1.74米；洪湖螺山水位6次超历史，最高达34.95米，比1996年历史最高水位高0.77米，部分河段水位超过堤顶高程。荆南四河各站水位超历史最高水位0.09～1.19米，部分河段水位超过堤顶高程。汛期7—8月洪水来量，长江干流枝城、沙市、监利站比1954年同期分别多出100亿立方米、282亿立方米（不含分洪量）、622亿立方米，但长江支流荆南四河径流量均比1954年小。洪水持续时间长，超警戒水位天数为监利站81天、石首站73天、沙市站54天；超保证水位上述三站分别为57天、29天、9天。洪水组合恶劣，表现为干流与支流、荆江与洞庭湖洪峰遭遇，洪峰与暴雨遭遇。长江第四次、第六次洪峰出现后，川水、三峡区间、清江洪水沿程叠加，洪峰沿程加大，形成荆江最恶劣的两次大洪水。而澧水最大洪峰与长江第三次洪峰遭遇，致使西洞庭湖及松虎水系水位暴涨，洪灾损失严重。洞庭湖区降雨与长江第六次洪峰遭遇，防洪形势险恶。其中8月8—17日发生最大3次洪峰，平均5天发生一次，"峰连峰，峰追峰"，为历史所罕见，荆州抗洪始终处于"川水下压、南水上顶"的严峻态势。

（1）洪峰

第一次洪峰 6月中旬至7月初，洞庭湖地区发生持续长时间强降雨过程，致使江湖水位迅速上涨。洞庭湖水系资水桃江站、沅江桃源站、湘江湘潭站先后超警戒水位。在洞庭湖出流作用下，长江中游干流各站水位急剧上涨。6月26日，洞庭湖出湖流量24800立方米每秒，监利水位达33.31米，日涨1米以上，超设防水位0.08米，洪湖螺山、新堤分别超过30.00米、29.50米设防水位。28日，监利水位上涨至34.54米，超过警戒水位0.04米，螺山水位上涨至31.50米警戒水位。28—29日，三峡区间发生暴雨，7月1日再次发生大暴雨，宜昌站7月2日23时出现第一次洪峰，最大流量

54500 立方米每秒，3 日 0 时洪峰水位 52.91 米[2]；3 日 5 时，沙市站洪峰水位 43.97 米，超警戒水位 0.97 米，最大流量 49200 立方米每秒。宜昌以下各站全线超警戒水位，其中监利站超历史最高水位。3—6 日，石首至洪湖河段超保证水位。3 日，石首水位 39.85 米，比 1954 年 39.89 米的历史最高水位仅低 0.04 米；4 日第一次洪峰通过监利，14 时流量 38600 立方米每秒，水位 37.07 米，比 1954 年高 0.50 米；6 日，第一次洪峰与洞庭湖出水汇流后抵达洪湖河段，5 时螺山水位 33.51 米，流量 60800 立方米每秒，8 时新堤水位 32.89 米。

第二次洪峰　7 月 5 日后，雨区向上游推移，降雨范围与强度尚属一般，各支流洪峰到达时间错开。受金沙江、岷江和嘉陵江降雨影响，长江上游形成洪峰。7 月 18 日，宜昌出现第二次洪峰，最大流量 55900 立方米每秒，中游干流水位在第一次洪峰缓退后返涨，并再次全线超警戒水位。18 日，沙市水位 44.00 米，流量 46100 立方米每秒；石首水位 39.79 米，超警戒水位 1.79 米；监利水位 36.89 米，超保证水位 0.32 米，持续长达 40 小时。21 日，第二次洪峰与洞庭湖出流遭遇，14 时螺山最大流量 56700 立方米每秒，水位 32.90 米，超警戒水位 1.40 米；新堤水位 32.27 米，超警戒水位 1.27 米。

第三次洪峰　7 月 16—31 日，长江流域主要雨带再度南压，长江中游大面积降雨，并波及长江上游。洞庭湖澧水石门站出现 19900 立方米每秒洪峰流量，为 20 世纪第二次大洪水；沅江洪水经五强溪水库调蓄削峰后，桃源站仍出现少见的 25000 立方米每秒洪峰流量。因洞庭湖入流增量较大，加之宜昌以上来水，致使干流中游各站水位涨势加快。宜昌 7 月 24 日 2 时出现第三次洪峰，流量 51700 立方米每秒，西洞庭湖出现超历史记录洪水位。上游洪峰与洞庭湖水系洪水遭遇于长江中游，受下游鄱阳湖洪水出流顶托影响，进一步抬高洪峰水位，导致石首、城陵矶、螺山站再次超历史最高水位；汉口水位则仅低于 1954 年，居历史第二位。25 日 5 时，沙市流量 46900 立方米每秒，水位 43.85 米，超警戒水位 0.85 米；26 日 17 时，监利流量 34600 立方米每秒，水位 37.55 米，超保证水位 0.98 米，超历史最高水位 0.49 米。26 日，螺山出现当年最大流量 67800 立方米，相应水位 34.24 米，27 日 4 时，螺山水位 34.45 米，超过 1996 年历史最高水位 0.27 米。

第四次洪峰　8 月初，在长江中游水位居高不下的形势下，雨带迅速上移至长江上游，8 月 4 日寸滩出现洪峰，与岷江、嘉陵江、乌江洪水汇合后恰遇三峡区间发生大暴雨。因洪水叠加，宜昌站 8 月 7 日 21 时出现第四次洪峰，流量 63200 立方米每秒，水位 53.91 米。此次洪峰向下游推进过程中又遭遇清江流域大暴雨，此时清江隔河岩水库因水位大大超过正常高水位而不得不下泄 3570 立方米每秒，导使荆江河段沙市、石首水位超历史最高水位。8 日 4 时，沙市水位 44.95 米，超过 1954 年最高水位 0.28 米，洪峰流量 49000 立方米每秒；洪峰通过松西河新江口时，水位 45.86 米，流量 6000 立方米每秒；21 时洪峰通过石首，水位 40.72 米，超历史最高水位 0.83 米。9 日，洪峰通过监利、洪湖河段，2 时监利水位 38.16 米，超历史最高水位 1.1 米，洪峰流量 39600 立方米每秒；14 时螺山水位 34.62 米，超历史最高水位 0.44 米，流量 64300 立方米每秒；新堤水位 34.03 米，超历史最高水位 0.45 米。

第五次洪峰　受长江上游干流区间及嘉陵江、乌江暴雨影响，同时又遭遇三峡区间洪水，宜昌站 8 月 12 日 14 时出现第五次洪峰，最大流量 62600 立方米每秒，洪峰水位 54.03 米。但经葛洲坝、隔河岩等水利枢纽错峰调度，来水增量有限，经河道、湖泊调蓄后，仅造成沙市至监利河段水位有所回涨。12 日 21 时，洪峰通过沙市，流量 49500 立方米每秒，水位由 11 日的 44.40 米复涨至 44.84 米，超历史最高水位 0.17 米。13 日，洪峰通过石首、监利、洪湖河段，3 时石首水位由前一日的 40.42 米回涨至 40.67 米，超历史水位 0.78 米；19 时监利流量 41200 立方米每秒，水位由前一日的 37.88 米回涨至 38.09 米，超历史水位 1.03 米；15 时螺山流量 60900 立方米每秒，水位由前一日的 34.42 米涨至 34.44 米，超历史最高水位 0.26 米。

第六次洪峰　此次洪峰为当年汛期最大一次洪峰。因金沙江、嘉陵江来水加大，14 日寸滩站再次出现洪峰，并受三峡区间两次暴雨洪水叠加影响，16 日 14 时宜昌站出现第六次洪峰，流量 63300

立方米每秒，为当年最大值，17日4时出现年最高水位54.50米。此次洪峰向中游推进过程中，与清江、洞庭湖以及汉江洪水遭遇，荆江各站出现最高水位。17日4时枝城站水位50.62米；9时沙市水位创历史新记录，达45.22米，超1954年历史最高水位0.55米，洪峰流量53700立方米每秒；11时石首水位40.94米，超历史最高水位1.05米；22时监利水位38.31米，超历史最高水位1.25米，流量46300立方米每秒。20日城陵矶七里山、莲花塘相继出现年最高水位35.94米（14时）、35.80米（15时）；14时螺山流量64100立方米每秒，水位34.95米（18时），超1954年水位1.78米，超1996年历史最高水位0.77米；新堤水位34.35米，超历史最高水位0.78米。此次洪峰来势凶猛，持续时间长，沙市水位从16日21时45.01米至18日10时退出45.00米，历时38小时。

图7-11　1998汛期高洪水位下的洪湖长江干堤

第七次洪峰　此次洪峰主要受岷江、沱江、嘉陵江洪峰影响，三峡区间增量不大，加之隔河岩、葛洲坝水库蓄洪错峰，8月25日7时宜昌洪峰流量56100立方米每秒，监利以上水位有所回涨。26日，第七次洪峰通过荆江河段，1时沙市水位44.39米，比前一日回涨0.03米，流量44700立方米每秒；10时石首水位40.30米，比前一日回涨0.05米；监利水位37.67米，比前一日回涨0.03米，流量40200立方米每秒。28日，洪峰通过洪湖，对洪湖河段水位影响不大，5时螺山水位34.43米，相应流量59300立方米每秒；新堤水位33.72米。洪峰通过洪湖后波峰随即消失。

第八次洪峰　8月26日，长江上游出现较大范围降雨，但三峡区间无明显降雨，加上葛洲坝水利枢纽拦蓄并经河槽调蓄，宜昌站30日23时洪峰流量削减为56800立方米每秒。31日，第八次洪峰通过沙市，沙市水位44.43米，比第七次洪峰水位高0.04米，流量46100立方米每秒。9月1日8时，监利水位37.62米，比前一日上涨0.17米，流量40700立方米每秒；11时洪湖螺山水位34.30米，比前一日上涨0.05米，流量59800立方米每秒；20时新堤水位33.70米，比前一日回落0.19米。

9月2日后，长江中下游干流水位开始缓慢回落，监利至螺山6—8日先后退落至保证水位之下，10日沙市首先退出设防水位。22日，随着螺山退出设防水位，荆州河段长达3个月高洪水位紧张局面逐渐缓解。

表7-16　　　　　　　　　　1998年长江中游及洞庭湖各站水位流量表

流　域	站　名	最高水位/m	发生时间	最大流量/(m³/s)	发生时间
长江	宜昌	54.50	8月17日	63300	8月16日
长江	枝城	50.62	8月17日	68800	8月17日
长江	沙市	45.22	8月17日	53700	8月17日
长江	石首	40.94	8月17日		
长江	监利	38.31	8月17日	46300	8月17日
长江	莲花塘	35.80	8月20日		
洞庭湖	城陵矶	35.94	8月20日	35900	7月31日
长江	螺山	34.95	8月20日	67800	7月26日
长江	新堤	34.35	8月20日	67800	7月26日
长江	汉口	29.43	8月20日	71100	8月19日

续表

流　域	站　名	最高水位/m	发生时间	最大流量/（m³/s）	发生时间
松西河	新江口	46.18	8月17日	6540	8月17日
松东河	沙道观	45.52	8月17日	2670	8月17日
虎渡河	弥陀寺	44.90	8月17日	3040	8月17日
藕池河	管家铺	40.28	8月17日	6170	8月17日
安乡河	康家岗	40.44	8月17日	590	8月17日
湘江	湘潭	40.98	6月27日	17500	3月10日
资水	桃江	43.98	6月14日	10100	6月14日
沅江	桃源	46.03	7月24日	25000	7月24日
澧水	石门	62.66	7月23日	19900	7月23日
澧水	津市	45.01	7月24日	15900	7月24日
澧水洪道	石龟山	41.89	7月24日	12300	7月24日
松虎洪道	安乡	40.44	7月24日	7270	7月24日
洞庭湖	南嘴	37.21	7月25日	18000	7月24日
沮漳河	河溶	49.07		1520	7月3日
清江	长阳	81.97	7月2日	8860	7月2日

注　数据来源于水利部《中国'98大洪水》，水利部水文局、长江委水文局《1998年长江暴雨洪水》和长江委水文局《长江防汛水情手册》。

（2）洪水特征

1998年洪水发生早，范围广；洪水遭遇恶劣；高洪水位持续时间长；洪量大。

洪水发生早，范围广　1998年长江洪水发生之早为历年少见，3月长江中游干流、洞庭湖水系受降雨影响即出现历史同期最高水位，部分支流河段水位超过当地警戒水位。入汛后暴雨频繁，全流域总降雨量明显偏多，一些主要支流先后出现特大洪水。最大流量超过1954年的有岷江高场站、嘉陵江北碚站、清江长阳站、湘江湘潭站、资水桃江站、沅江桃源站等站，形成全流域大洪水。

洪水遭遇恶劣　由于暴雨频繁，范围广，强度大，雨带南北拉锯、上下游摆动，致使长江上中下游干支流洪水发生恶劣遭遇。6月下旬和7月中旬，洞庭湖水系洪水叠加，随后上游洪水又与中游洪水遭遇。8月上中旬，长江上游几次洪峰恰与三峡区间和清江流域暴雨洪水遭遇，特别是第六次洪峰，上游金沙江、岷江、沱江、嘉陵江洪水叠加；通过三峡河段，两度叠加三峡区间暴雨洪水；流经荆江时，又遭遇洞庭湖沅江、澧水洪水，形成长江干流峰连峰又与支流洪峰几乎重叠的严峻局面。

高洪水位持续时间长　长江中游干流宜昌至汉口河段水位居高不下。其中，沙市、石首、监利、城陵矶、螺山等站创历史最高水位纪录；枝城、汉口等站最高水位居历史第二位，仅低于1954年。荆州河段螺山站6月26日率先进入设防，至9月25日监利退出设防，防汛时间持续91天，其中全线超设防66天、超警戒43天、超保证4天；监利河段超警戒、保证和历史最高水位时间最长，分别为81天、57天、45天。宜昌—螺山河段超警戒水位持续时间超过1954年。荆江河段控制站沙市超警戒水位时间长达54天，比1954年多20天。

洪量大　长江干流宜昌5—8月来水总量3342亿立方米，仅比1954年的3367亿立方米少25亿立方米。宜昌站实测最大30日洪量1379亿立方米，略小于1954年的1387亿立方米；最大60日洪量2545亿立方米，略超过1954年的2448亿立方米。沙市站5—8月来水总量2861亿立方米，比1954年（2696亿立方米）多165亿立方米。监利站5—8月来水总量2565亿立方米，比1954年（1897亿立方米）多668亿立方米。螺山站5—8月来水总量4599亿立方米，比1954年（5110亿立方米）少511亿立方米。

1998年洪水与1954年同为全流域型大洪水，但降雨时空分布、流域蓄水状态、河槽行洪条件以及人类活动影响等多有差异，导致洪水特征也明显不同。依据三峡工程设计频率分析成果推算，宜昌1998年洪峰流量约为7年一遇，最大30天洪量重现期约为100年，60天洪量重现期超过100年。螺山站最大30天总入流洪量重现期约为30年，60天总入流洪量重现期约为50年[3]。

（四）决策指挥

1998年长江流域发生继1954年后最为严重的洪涝灾害，荆州长江干支民堤水位之高、持续时间之长超历史记录，巨额洪水超过大部分堤防抗御能力。在超高洪水位巨大压力下，在一轮又一轮洪峰冲击下，干支民堤险象环生，随时有因险情处理不当、防守不力而造成堤防溃口导致重大灾害损失的可能。面对严峻形势，党中央、国务院，省委、省政府和市委、市政府果断决策，带领抗洪军民大力弘扬抗洪精神，夺取抗洪斗争最后胜利。

党中央、国务院的坚强领导和省委、省政府的正确指挥，是夺取抗洪胜利的根本保证。1998年汛期，党中央、国务院，省委、省政府高度重视荆州抗洪工作。在长江抗洪决战决胜紧要关头，中共中央总书记江泽民奔赴荆州抗洪前线视察，并向全党、全军、全国发出严防死守，夺取长江抗洪抢险全面胜利的总动员令。国务院总理朱镕基两次赴荆州长江抗洪前线视察，作出许多重大决策和重要指示。全国政协主席李瑞环、国务院副总理李岚清先后视察荆州，慰问抗洪军民。主汛期，国务院副总理、国家防汛抗旱总指挥部总指挥温家宝率国家防总成员六赴荆州，坐镇指挥长江防汛抗洪。省防汛抗旱指挥部以荆州抗洪为重点，在荆州抗洪一线设立防汛前线指挥部、荆江分洪前线指挥部、洪湖分蓄洪区堤防突发溃口救生应急指挥部等，并派出32个防汛工作组、督查组，督查指导防汛抗洪工作；省委、省政府8位领导以及省直75位厅局长、300余位处长在荆州指挥和参与抗洪。广州军区、济南军区、北京军区、空降兵、武警部队、湖北省军区在荆州共设立各级抗洪前线指挥部（所）26个；陶伯钧上将等38位将军战斗在荆州抗洪前线。市委、市政府和各县（市、区）党委、政府领导坚持现场指挥、靠前指挥；根据洪水形势发展，先后成立荆州市防汛抗旱指挥部、荆州市长江防汛指挥部（4月13日成立）、荆州市长江防汛洪湖前线指挥部（7月25日成立）、荆州市长江防汛前线指挥部（8月5日成立）和荆州市荆江分洪前线指挥部（8月6日成立）。全市形成中央、省、部队、荆州市和各县（市、区）从上至下、统一协调的防汛指挥体系。

当年长江流域汛情发生早，来势猛。洪湖螺山站6月26日进入设防，7月1日，沙市站达到设防水位，随即数日内全线进入警戒。至9月12日紧急防汛期结束，荆江共抗击长江八次洪峰，经历三个阶段。

第一阶段从6月下旬至8月初，洪水处于发展期，荆江经历前三次洪峰。此阶段主要任务是贯彻落实省防汛抗旱指挥部关于防御当年可能出现大洪水的要求，立足防御1954年型大洪水，防汛工作一是继续坚持"安全第一、常备不懈；以防为主、全面抢险"指导方针不动摇；二是在防御标准洪水内，确保不溃一堤、不失一垸、不倒一坝、不损一闸站的防汛目标不动摇；三是坚持防汛保平安、抗灾夺丰收、防汛保发展的工作主题不动摇。根据这一工作任务和要求，荆州市长江防汛工作开展全面布防，积极备战、应战。

荆江历来是湖北乃至长江流域防洪重点地区。7月6日，温家宝实地查看荆江大堤郝穴铁牛矶、沙市观音矶险段后，向防汛干群发出"严防死守、死保死守、确保长江干堤万无一失"的命令。7月22日，江泽民打电话给温家宝，要求沿江各省市特别是武汉市要做好迎战洪峰准备，确保长江大堤安全，确保武汉等重要城市安全，确保人民生命财产安全。江泽民"三个确保"的指示成为荆江防汛抗洪的最高原则。7月27日，温家宝第二次来到荆江指导工作，传达江泽民指示，要求湖北和沿江各省市连续作战，迎战洪峰，人在堤在，确保长江干堤、重点地区和人民生命财产安全，夺取长江抗洪的决定性胜利。

鉴于长江部分江段超过历史最高洪水位，部分干堤险情不断发生，经国家防总和交通部批准，长江石首至武汉河段7月26日0时起实施封航。

汛期，荆江沿线各级党委、政府把防汛抗洪作为压倒一切的中心工作。6月30日，当预报长江出现首次洪峰时,市委书记刘克毅、市长王平组织召开市防汛指挥部指挥长会议进行部署。7月1日,市委、市政府主要领导分赴监利、洪湖、石首指导防汛抗洪工作。7月2日,市委、市政府召开迎战长江第一次洪峰市直机关紧急动员大会,抽调两批共15个市直机关工作组奔赴各地协助防汛抗洪,并急调武警官兵进驻石首,申请空降兵部队进驻监利、洪湖。据不完全统计,共有25名市级领导、282名县(市、区)领导奔赴抗洪一线,加强指挥;1400余名水利工程技术人员迅速参战,上堤指导;从市直机关派出43个工作组驻防重点民垸和险工险段,分段把守;荆江沿线每千米堤段护堤干群达150人以上,重点险段按每米1人配备,全线防守劳力约30万人;各级防汛指挥部聘请200名老水利专家、老工程技术人员担任抗洪抢险一线顾问,帮助指挥部门预报、判断和指挥排险。40天内,先后排除洪湖长江干堤王洲管涌、小沙角管涌,监利长江干堤南河口管涌等各类险情数百起。

第二阶段从8月初至8月中旬,根据汛情变化,这一阶段的主要任务是适时调整防洪战略,即由"全抗全保"转移到确保长江大堤,确保武汉等重要城市,确保人民生命财产安全"三个确保"上。此阶段,主动放弃部分洲滩民垸,同时切实做好荆江分洪工程运用准备工作,并确定洪湖地区"保大堤、防万一"的方针,积极稳妥地开展安全转移准备工作,迎战可能发生的更大洪峰。

在顺利抵御前三次洪水之后,荆州河段又迎来更高、更大、更险的三次洪峰。鉴于形势危急,党中央、国务院和省委、省政府审时度势,决定采取断然措施:

调整长江防洪战略　8月4日,湖北省委召开常委扩大会议,决定放弃全抗全保的防洪战略,把确保人民生命安全放在第一位,重点确保荆江大堤、长江干堤、连江支堤和水库的安全,必要时弃守民垸,扒口行洪。防洪战略的改变,缩短了战线,集中优势兵力确保重点,集中了人力、物力、精力,为夺取抗灾最后胜利奠定基础,对于最大限度确保最广大人民利益,具有重大意义。

宣布全省进入紧急防汛期　8月6日凌晨1时,省防汛抗旱指挥部发布公告,宣布自8月6日8时起,全省进入紧急防汛期。在紧急防汛期,防汛指挥部有权对壅水、阻水严重的桥梁、引道、码头和其它跨河工程作出紧急处置;根据防汛抗洪需要,有权在其管辖范围内调用物资、设备、交通运输工具和人力,决定采取取土占地、砍伐林木、清除阻水障碍物和其它必要紧急措施;必要时,公安、交通等有关部门按照防汛指挥部决定,依法实施陆地和水面交通管制。经省防指请示国家防总,国家防总批转交通部组织实施,自8月6日14时起,长江松滋至石首河段实行封航。

大量调集人民解放军参与长江防汛抗洪　8月初,中央军委命令,紧急调遣部队增援全国防汛抗洪。至8月8日,参与荆江地区抗洪的解放军、武警部队达5.41万余人,投入人数之多,规模之大,为解放战争渡江战役之后长江地区所仅有。这是一个至关重要的重大战略决策,对确保荆江防汛抗洪最后胜利起到关键作用。在这场人与自然的惨烈搏斗中,人民子弟兵发挥中流砥柱作用,先后夺取南平大垸等抗洪抢险重大胜利,涌现出李向群等一批英雄模范。

8月6日,沙市水位超过1954年最高水位(44.67米)和荆江分洪临界水位,分洪迫在眉睫。7日晚,温家宝在荆州就湖北抗洪作出四条指示:中央强调要把坚守长江大堤作为重中之重;为了保全局,可能有一些民垸要扒口行洪,要转移好群众,安置好灾民;在严防死守的同时,做好分洪的准备;分洪命令要等中央批准。

8月7日晚,中共中央政治局召开常委扩大会议,听取国家防总汇报,随后,中共中央发出《关于长江抗洪抢险工作的决定》,要求坚决严防死守,确保长江大堤安全,切实做好荆江分洪区的分洪准备,有备无患,并授权国家防总审时度势作决策,无论是否分洪,首先要确保人民生命安全。次日上午,国务院总理朱镕基飞抵荆州,传达中央政治局常委扩大会议精神,坐镇指挥抗洪斗争。尽管此时荆江水位直逼分洪争取水位45.00米,但综合分析未来气象、水情以及合理评估荆江大堤抗洪能力,朱镕基初步判断,荆江大堤经过几十年建设,已经具备较强抗洪能力,现在其它相关流域协同分担荆江洪水压力的措施已经产生效果,荆江大堤以及监利、洪湖堤段只要严防死守,荆江不分洪的可能性很大。这一推断对后来中央在长江抗洪关键时刻作出荆江不分洪决断起到至关重要作用。

8月13日,中共中央总书记江泽民奔赴荆州指导抗洪,深入荆江大堤、洪湖长江干堤险工险段,慰问抗洪军民，对决战阶段防汛抗洪斗争提出四点明确要求：第一，各级领导思想上要高度重视。坚决严防死守，确保长江大堤安全，保护人民生命安全。第二，要加强领导。沿江各地党委和政府要对抗洪抢险工作负总责。第三，要加强统一指挥，统一行动，这是取得抗洪抢险最后胜利的重要保证。第四，要充分发挥人民解放军的突击队作用。参加抗洪抢险的各部队，要继续发扬不怕疲劳、连续作战的作风和英勇顽强的革命精神，与人民群众团结奋斗，在夺取抗洪抢险斗争的全面胜利中再立新功。最后，江泽民发出决战决胜总动员令："全党、全军、全国要继续全力支持抗洪抢险第一线军民的斗争，直到取得最后的胜利！"

第六次洪峰8月16日抵达荆江。沙市水位突破45.00米，且持续上涨。经过长时间高水位浸泡，长江干堤险象环生。运不运用荆江分洪区的问题再次提出，并成为人们关注的焦点。省防汛指挥部根据《中华人民共和国防洪法》和1985年国务院批准的《长江防御特大洪水方案》的相关规定，16日19时45分向荆州市防指正式下达《关于紧急转移荆江分洪区人员的命令》和《关于爆破荆江分洪进洪闸拦淤堤的命令》，要求作好分洪前一切准备工作。18时45分爆破拦淤堤的炸药运抵北闸，22时，20吨炸药全部分装于119个药室内，等待起爆命令。分洪区内33万群众在24小时内按转移方案安全转移。后因未实施启爆，广州军区某地爆连40名战士费时五天于25日9时50分取出拦淤堤内炸药。

16日上午，长江委预报第六次洪峰通过沙市时会超过分洪水位（沙市站45.00米）。16时，国家防总紧急要求长江委在一个小时内，针对沙市洪峰的可能最大值及出现时间；沙市超保证水位和分洪水位持续时间及超额洪量；预见期内降水对沙市最高水位的影响；清江隔河岩水库出流对沙市水位的影响；运用荆江分洪工程可能降低荆江各站水位值；综合考虑荆江分洪工程、汉江杜家台分洪工程不分洪运用情况下对汉口站水位的影响等与荆江防洪密切相关的6个问题作出回答。长江委接到任务后，经过紧张分析计算，于17时30分前将6个问题的分析和结论，先后以口头和文字形式上报国家防总，由国家防总组织专家审查，然后上报党中央。长江委分析结论为：第六次洪峰是由于区域降雨产生的，洪峰过程比较尖瘦，沙市水位不会超45.30米；超过45.00米的时间仅22个小时；超额洪量约2亿立方米；如果分洪，沙市至螺山各站降低最高水位约0.06～0.23米；预见期内的降雨不会进一步加大洪峰。

16日22时，温家宝飞抵荆江，立即向水利、气象专家详细调查询问，了解荆江大堤防守情况，分析水雨情和抗御第六次洪峰的有利、不利因素。温家宝决定不运用荆江分洪工程，他强调："在正常情况下，看来可通过严防死守渡过这难关。"于是，他代表国家防总下达命令："坚持严防死守，咬紧牙关，顶过去！"23时30分，湖北省军区司令员贾富坤少将到市长江防汛指挥部传达中央领导关于严防死守的重要指示。他着重指出，首长命令严防死守，所有军队、干部、民工全部上堤。

17日7时，沙市水位上涨至45.20米，彻夜未眠的温家宝，先是到长江委沙市水文水资源局了解水情，后又到郝穴矶头查看险情，沿荆江大堤检查军民防守情况。9时，沙市洪峰水位45.22米。11时许，温家宝一行来到观音矶头，检查询问观音矶头发生的跌窝险情及处理情况。当得知沙市洪峰流量为53700立方米每秒，水位稍退后，他铿锵有力地向全国人民宣布："长江第六次洪峰安全通过沙市。昨天晚上，我们一夜未眠，与国家防总、长江委的专家紧急会商，决定不分洪，我们终于顶住了。我坚信，按照江总书记提出的坚持、坚持、再坚持的指示，全体军民团结一致、严防死守，我们完全能够战胜这次洪峰，夺取最后的胜利！"与此同时，江泽民向抗洪抢险一线解放军官兵发布命令，要求沿江部队全部上堤奋战两天，死保死守，全力迎战洪峰。湖北省党政领导也要求干部群众全部上堤奋战两天，死守大堤，保住大堤。

8月17日10时，第六次洪峰通过沙市时，沙市水位维持在45.22米，这是1998年长江大洪水沙市最高水位，同时也是有记录以来历史最高水位。11时，第六次洪峰顺利通过沙市，水位开始缓慢回落。抗击第六次洪峰取得最后胜利。

第三阶段从8月下旬至9月上旬，洪水处于高水位运行，长江防汛进入持久战阶段。第六次洪峰向下游推进，与洞庭湖出流汇合，监利以下河段水位迅速上涨。8 月 20 日 18 时螺山最高水位 34.95 米，比 1954 年最高水位 33.17 米高出 1.78 米，为有水文记录以来最高水位，洪湖、监利长江干堤安全受到严重威胁。为确保两县市长江干堤安全，荆州市在洪湖成立洪湖防汛前线指挥部，集中力量抢险。洪湖、监利长江干堤发生险情最多，也最严重，抢护难度也最大。洪湖长江干堤 135 千米堤段，大部分堤内没有平台，沿堤渊塘多，有的渊塘距堤脚仅 10 米，极易发生管涌险情；燕窝上下有长约 30 千米堤段位于砂基之上，部分堤段堤后沙层已经出露。当年全市发生的 421 处管涌险情中，洪湖就有 106 处。

8 月 20 日，省委、省政府、广州军区前指在荆江大堤荆江分洪工程纪念亭堤段召开全省军民抗洪抢险战地誓师大会。誓师大会号召全省军民，要为中华民族不可战胜的尊严而战，为保卫改革开放的成果而战，为保卫人民的生命财产而战。要以压倒一切的英雄气概战胜一切艰难险阻，严防死守，奋力夺取抗洪抢险斗争的胜利。

第六次洪峰刚过，第七、第八次洪峰又相继在长江上游形成。8 月 25 日，江泽民就迎战长江第七次洪峰发出指示，要求抗洪抢险部队高度警惕，充分准备，全力以赴，军民团结，以洪湖地区为重点，严防死守，坚决夺取长江抗洪决战的胜利。省委、省政府要求再组织、再动员、再

图 7-12　1998 年 8 月 20 日湖北省抗洪
抢险战地誓师大会现场

部署，确保荆江大堤、长江干堤、连江支堤万无一失；坚持领导上阵，干部带班，民工到岗，技术人员到位，组成专班，实行徒步拉网式 24 小时不间断巡查。

为迎战第七次洪峰，省防指电令宜昌市迅速调集车辆 100 台，抢运砂石料 4 万吨，增援洪湖、监利长江干堤防汛抢险。从 25 日 19 时起，宜昌市分四批日夜兼程向监利、洪湖运送 142 车砂石料，有力支援了抗洪抢险。

在抗击第七、第八次洪峰斗争中，葛洲坝水利枢纽成功拦洪，清江隔河岩水库和漳河水库蓄洪发挥关键性作用。8 月 26 日，第七次洪峰到达沙市时，因葛洲坝水利枢纽成功拦洪和清江隔河岩水库蓄洪，沙市水位未回涨至预计的 44.67 米，仅为 44.39 米，第七次洪峰顺利过境。8 月 31 日，第八次洪峰抵达沙市前，葛洲坝水利枢纽科学调度，利用有限库容削峰；清江隔河岩水库关闭全部泄洪闸门，有效削减洪水下泄流量，8 月 31 日沙市洪峰水位仅为 44.43 米，第八次洪峰顺利通过沙市。

根据国家防总决定，9 月 7 日 8 时，长江最后一段封航江段石首至武汉航段解除禁航令，从 7 月 26 日起禁航 43 天的长江中游航道恢复通航。湖北上下举全省之力，连续战胜长江八次洪峰，取得抗洪抢险斗争的全面胜利。

（五）防汛抢险

抗洪抢险斗争中，防汛指挥部门密切注视雨情、汛情，及时调整阶段性目标任务，做到科学决策、超前部署。全市各级防汛指挥机构坚持把严防死守、死保死守长江大堤作为抗洪斗争的重中之重，全面强化防守措施。从 6 月 26 日设防至 8 月 2 日，市委、市政府坚持严防死守，全抗全保，实现了不溃一堤、不丢一垸、不损一闸站的目标。在预报第四次洪峰即将来临，沙市水位将突破 1954 年分洪水位时，市委、市政府 8 月 3 日在监利召开全市防汛紧急会议，迅速将工作目标由"全抗全保"转移到中央作出的"坚定不移地严防死守，确保长江大堤安全，确保江汉平原和大武汉安全，确保人民生命财产安全"的决策上来，并根据省防指命令，果断弃守或扒口行洪沿江主要民垸 7 个，突击完成分洪区运用前的各项准备工作。8 月 20 日以后，长江防汛进入持久战阶段，抗洪军民人困马乏，长江堤防险象环生，市委、市政府又组织开展反麻痹、反松劲、反厌战教育，提出背水一战、决

战决胜的指导思想，增强广大干部群众夺取抗洪斗争最后胜利的信心和决心。

图7-13 1998年汛期防汛抗洪生死牌

在迎战长江八次洪峰的斗争中，市委、市政府除设立市长江防汛前线指挥部外，还先后在荆南、洪湖和荆江分洪区建立精干高效、统一协调、反应灵敏、决策迅速的前线指挥部，为赢得南平保卫战、洪湖大决战和分洪转移攻坚战全面胜利发挥关键作用。各县（市、区）也根据实际情况，把主要力量配置在险工险段和重点区域，洪湖燕窝，监利尺八、白螺，石首江北，公安南平，松滋涴市等重点堤段均设立前线指挥部。全市各级领导干部既是指挥员，又是战斗员，在抗洪抢险现场舍身拼搏。特别是一大批中青年领导干部在抗洪抢险中经受考验，迅速成长为临危不惧、遇险不惊的出色指挥员，在抗洪斗争中作出重要贡献。

荆州各级防汛指挥部周密有序地做好分洪及应急准备，把确保人民生命财产安全作为抗洪抢险第一目标。根据中央决定和省防汛抗旱指挥部命令，一面严防死守，确保长江大堤安全，一面做好荆江分洪区分洪运用准备及洪湖分蓄洪区"以防万一"应急救生准备，以有备无患。迅速调整充实荆江分洪前线指挥部，并在8月6日沙市水位即将突破1954年分洪水位44.67米之前，迅速到位开展工作，为做好分洪区运用准备工作提供组织保证，抓紧做好分洪区内需转移的33.5万人、1.84万余头大牲畜在规定时间内提前安全转移工作。8月6日，调集5个县（市、区）1.96万名民兵突击队员，并申请1.1万名解放军指战员增援，以加强分洪区围堤防守。部署980名公安干警全力维护分洪区社会秩序。荆江分洪工程已做好随时运用准备。有关县（市、区）热情接待转移群众，为改善转移群众饮食、住宿、医疗等方面条件做了大量工作。洪湖市按照"保大堤，不分洪，防万一"指导思想，制订重点险段、薄弱部位溃口性险情应急抢护预案及救生转移预案，并成立荆州市应急小组，进行各方面准备。

防汛指挥部门坚持把严防死守、确保大堤安全作为抗洪抢险斗争的重中之重，把巡堤查险作为确保大堤安全的关键环节，狠抓各项措施落实。千里江防上，行政领导、技术人员、防守民工组成"三结合"巡堤查险专班，坚持24小时不间断进行拉网式巡查，白天查到堤脚外1000米，夜晚查到200米，不漏掉一寸防区，不放过一处疑点。为提高查险质量，各地建立严格的巡堤查险记录制度、快速报险制度及报险奖励制度。省、市、县（市、区）、乡各级均成立督查工作组，深入一线督查巡堤，每天通报全市督查情况。高峰时期和重点堤段，抗洪军民全部上堤，立军令状，树生死牌，日战洪水，夜卧长堤，迎战八次大洪峰。

汛情最紧急时，全市长江干支堤防布防堤段达1856千米，其中荆江大堤60千米，长江干堤516千米，支民堤1280千米；全市高峰期投入防汛干部1.8万余人、部队5.41万人、民工41万余人（其中基干民兵和民兵突击队19万余人），每千米堤段防守力量达200人以上，重点堤段每千米超过500人。为确保除险及时，全市组织抢险预备队127个，4.3万余人枕戈待发；各类抢险物料车装船载，集结待令；市及各县（市、区）还成立抢大险应急领导小组，落实抢护预案和物资器材，确保一旦出险，用得上，抢得住。全市按防御沙市水位45.50米要求，抢筑欠高

图7-14 抢筑子堤（王成钢摄）

堤段子堤809.56千米，共完成土方286.57万立方米，其中，长江干堤加筑子堤276.09千米，完成

土方 55.97 万立方米。汛情最危急时，全市长江干支堤防依凭子堤挡水堤段达 587.6 千米，其中长江干堤 93.54 千米。由于准备充分，抢险及时，全市长江堤防发生的 1770 处各类险情（其中省防指确定的溃口性险情共 25 处），在军民共同奋战全力抢护下，均化险为夷。

表 7-17　　　　　　　　　　　　1998 年大洪水荆州河段干支民堤抢筑子堤统计表

县（市、区）	堤别	地　点	桩　号	长度/km	宽度/m	高度/m	土方/m³
总计	干、支、民			809.56			2865720
干堤	合计			276.09			559720
一、监利	小计			90.35			124000
1		韩家埠—余码头	531+550～538+700	7.55	0.5～0.7	0.5	7000
2		闾码头—狮子山	540+000～549+400	9.40	0.5～0.7	0.5	7000
3		狮子山—尹家潭	549+600～562+000	12.4	0.6～0.8	0.7～1.3	26000
4		尹家潭—观音洲	562+000～565+000	3.0	0.6～0.7	0.5	3000
5		观音洲—薛潭	565+000～571+500	5.5	0.8～1	1.5	15000
6		薛潭—柏子树	571+500～597+000	25.5	0.6～0.7	0.6～1	32000
7		柏子树—半路堤	597+000～624+000	27.0	0.8～1	0.6～1.5	34000
二、洪湖	小计			134.93			228425
		螺山—韩家埠	509+000～531+550	21.11	0.8	0.8～1.3	37000
		新堤	505+630～509+000	3.22	0.8	0.6～1.1	2867
		茅江	500+500～505+630	5.10	0.8	0.6～1.1	9188
		石码头	492+800～500+500	7.61	0.8	1～1.3	13200
		乌林	481+000～492+800	11.78	0.8	0.8～1	24076
		老湾	474+000～481+000	7.17	0.8	1～1.2	17526
		龙口	450+000～474+000	23.38	0.8	1～1.5	60345
		大沙	446+200～450+000	3.76	0.9～1.1		7683
		燕窝	413+000～446+200	30.18	0.8	0.7～1.5	41540
		新滩	398+000～413+000	21.62	0.8	0.6～1	15000
三、公安	小计			9.91			10250
1	安全区围堤	杨林寺	0+000～1+012	1.01	0.5	0.6～1.0	800
2	长江干堤	藕池	四个路口	0.5	0.5～0.8	0.6～1.2	500
3	虎西干堤	闸口	56+500～56+700	0.2	0.5	0.5	350
4	虎东干堤	积玉口	73+900～74+900	1	0.5	0.7	1000
5	虎西干堤	鳝鱼垱	30+700～34+500	3.8	0.6	0.7～1	4250
6	虎西干堤	陵武垱	36+600～40+000	3.4	0.8	0.5～1	3350
四、石首	小计			40.9			197045
1		五马口—鹅公凸	497+680～511+000	4	0.5～0.7	1	11700
2		鹅公凸—调支河	511+000～536+980	25.9	0.5～0.7	1	150000
3		焦山河—王海	536+500～545+000	8.5	0.5～0.7	1	35045
4		东升	547+500～545+000	2.5	0.5～0.7	1	300
支堤	合计			39.22			64800
一、松滋	松东、松西			5.0		0.5～1.5	18000
二、公安	松东、松西			34.22		0.3～1.5	46080
民堤	合计			494.25			2241200
一、荆州		龙洲		4.5	1	1～1.2	5400
二、沙市		柳林		7.28	1	1.5	15000
三、江陵		耀新、突起		7	1	1～1.5	19000
四、监利				105.7	1.5	1.2～1.5	129300
五、松滋		松东、松西河		68.65	1.5	0.5～1.5	238500
六、公安		虎渡河、松西河		7.6	1	0.7～1.5	11000
七、石首		江南江北民垸		293.52	1	1.5～3.2	1823000

抗洪抢险斗争中，各级指挥部充分发挥水利工程技术人员的指导作用，认真听取专家意见，依靠技术人员解决抗洪抢险中大量技术难题。全市各级指挥部共聘请200余名老水利专家、工程技术人员担任防汛抢险技术顾问，参与决策，指导抢险；全市有1433名水利工程技术人员驻守堤上，担任技术指导。市长江防汛指挥部工程技术人员临危受命，勇挑重担，始终奋战在最危险、最关键堤段，为各级领导决策指挥当好参谋，为各类险情成功抢护和取得抗洪抢险最后胜利作出突出贡献。

面对大洪水，市委、市政府广泛动员，充分发挥全社会力量，形成抗洪强大合力。8月6日，沙市站水位超过1954年最高水位，荆州市委、市人大、市政府、市政协、荆州军分区按照《中华人民共和国防洪法》有关规定，联合发布"防汛抗洪紧急动员令"，宣布全市进入紧急防汛期。号召全市人民紧急行动起来，一切工作服从和服务于抗洪抢险，党政军民、各行各业齐心协力抗洪抢险，万众一心，决战长江。全社会方方面面深刻认识到防汛是大家的事，是全社会的事，全力支持防汛抢险。抗洪抢险关键时刻，各级各部门讲大局、讲原则、讲奉献，要人出人，要物资给物资。全市各部门均成立防汛指挥部，组建防汛抢险突击预备队，根据各部门防汛职责迅速完成上级指挥部安排的各种任务。市交通局定领导、定防汛工作专班，先后完成洪湖分洪转移应急准备、荆江分蓄洪区安置转移车辆及船舶的组织调集工作；市邮电局克服时间紧、险点地理环境差等困难，及时架设重要堤段报险电话、险点守险电话，并在偏远堤段安排布置转播网点，确保汛期通信畅通；市卫生局组织医疗保障队，深入一线为防汛干部群众及时送医送药；荆州电力局全力以赴，保障汛期防汛部门电力供应和排涝抗旱用电；市民政局和街道办事处、乡镇村组多方协调，及时为部队官兵提供后勤保障，组织慰问防汛干群等。1998年夺取抗洪救灾胜利离不开全社会的大力支持。

人民解放军和武警官兵，在1998年荆州长江抗洪抢险斗争中发挥中流砥柱作用，建立了不朽功勋。当危急汛情发生，人民子弟兵遵照中央军委主席江泽民和中央军委命令，日夜兼程奔赴荆州抗洪抢险第一线，充分发扬一不怕苦、二不怕死的大无畏革命精神，与广大干部群众一道日夜战斗在抗洪抢险第一线。官兵们哪里最危险就冲向哪里，哪里最艰苦就战斗在哪里，他们苦战南平，激战调关，夜战乌林，鏖战尺八，死守荆江，在加固堤防、抢险救灾、转移群众、抢运物资等方面，充分发挥突击队作用，展示出人民军队威武之师、文明之师光辉形象。他们的到来，使人民群众看到了战胜洪水的希望，坚定了战胜洪水的信心。在1998年长江抗洪斗争中，人民解放军、武警官兵共5.41万人日夜坚守江堤，几乎参与所有重大险情抢护和重要堤段守护。特别是8月20日晚，长江第六次洪峰通过洪湖河段时，洪湖长江干堤短短3小时内先后发生燕窝七家月堤140米长子堤漫溃和乌林青山重大内脱坡两处溃口性险情。千钧一发之际，人民子弟兵用身体组成四道人墙堵住七家月堤子堤漫溃段；6200名官兵和人民群众一道昼夜奋战，成功抢护住青山脱坡。人民子弟兵关键时刻力挽狂澜，他们可歌可泣的英勇事迹和惊天撼地的抗洪业绩，在荆州人民心中树起一座不朽丰碑。

党员干部发挥模范作用，人民群众舍生忘死，坚持严防死守，发挥抗洪抢险主力军作用。面对世纪洪水，各级党组织带领全市人民与洪水殊死搏斗，充分发挥领导核心和战斗堡垒作用；在最紧张的70多个日日夜夜里，40余万群众不畏艰险，奋勇抗洪，召之即来，来之能战，是抗洪主心骨；广大公安干警维持社会秩序，确保交通畅通，抢救转移灾民，立下赫赫战功；民兵预备役人员与人民解放军官兵一道组成抢险突击队、敢死队，敢打敢拼，舍生忘死，是抗洪抢险的中坚力量；共产党员、共青团员充分发挥先锋模范作用，大洪当前，勇于冲锋陷阵；广大水利工程技术人员临危不惧，善谋良策，在抗洪抢险斗争中发挥重要指导作用。在抗洪斗争中，全市有35名优秀党员和荆州人民的优秀儿女献出宝贵生命。在他们感召带动下，全市广大干部群众大力弘扬万众一心、众志成城、不怕困难、顽强拼搏，坚韧不拔、敢于胜利的伟大抗洪精神，在各级党委、政府领导下奋勇投入抗洪抢险斗争。千千万万英雄的人民和人民子弟兵共同铸就荆州冲不倒、摧不垮的巍巍长堤。

在抗御1998年大洪水斗争中，全市干群一心、党政一心、军民一心、万众一心战洪水，形成一股不可战胜的强大凝聚力。为减轻第四次洪峰对监利、洪湖河段的压力，石首张智垸、六合垸、永合垸、监利三洲垸、新洲垸等14个民垸，在严防死守40多个日日夜夜之后，主动破垸行洪，淹没面积达 333.9 平方千米，蓄滞洪水 11.47 亿立方米。荆江分洪区 33 万群众在抗洪斗争中体现出崇高的牺牲奉献精神，在市荆江分洪前线指挥部领导下，坚决执行分洪转移命令，在 24 个小时内完成痛苦的紧急大转移，创造了人类抗灾史上的奇迹。在这次转移过程中，分洪区损失高达 30 余亿元。松滋、石首、荆州、沙市、江陵等县（市、区）在自身防汛任务十分繁重的情况下，紧急抽调 1.9 万名民兵星夜驰援公安，接守分洪区 208 千米围堤，风餐露宿 20 余天。同时，这 5 个县（市、区）人民还举着"我家是你家，移民是亲人"的横幅，尽最大努力，先后接纳 8.51 万名分洪区转移群众。市直干部职工和广大市民积极向灾区群众献爱心、送温暖，短短两三天时间，就捐款 300 余万元、衣物数万件。

面对世纪大洪水，全市军民奋起迎战，用血肉之躯筑起一道坚不可摧的钢铁长城。石首调关矶头段是荆江重要险段之一，8 月 10 日，2 万余名石首军民顽强抵御超高洪水，他们肩扛块石、背驮泥土，连续奋战三昼夜，抢筑起一道高 2.5 米、长 24 千米的子堤。第六次洪峰通过时，子堤挡水高达 1.8 米，创造了长江干堤子堤挡水高度的历史纪录。监利县肩负 140 余千米长江干堤防守任务。为确保堤防安全，近 10 万监利抗洪大军立军令状、树生死牌，每千米堤段防守劳力超过 300 人，有的堤段甚至达 600 人。全市抗洪军民中，涌现出一大批抗洪英模，新时期英雄战士李向群、大堤卫士胡继成就是其中杰出代表。6 月 27 日，23 岁的胡继成作为第一批抗洪抢险突击队员奔赴抗洪一线。一个多月里他参加十余次抢险。7 月 20 日，在监利潘揭村抢险中，他冒着生命危险跳入激流，与队友一起以身体护卫遭风浪冲击的堤段，8 月 8 日在分洪口堤段特大溃口性险情抢护中，胡继成带病坚持奋战 8 个小时，终因劳累成疾英勇献身。广州军区某连战士李向群带病坚守抗洪前线，连续奋战多日，在保卫公安南平天兴堤战斗中，终因劳累过度，抢救无效牺牲，他的父亲从海南来到公安，一面将收到的 2 万元慰问金捐给灾区人民，一面强忍悲痛，穿上儿子的军装上堤抢险。在李向群、胡继成等抗洪英烈精神感召下，全市 40 余万抗洪军民慷慨赴难、视死如归、严防死守，确保了长江大堤安全，谱写了一曲英雄主义凯歌。

在历时两个多月抗洪大决战中，荆州人民先后八战八胜大洪峰。惊心动魄场面无数次出现在洪湖大堤、石首干堤上。在两个多月高水位持续浸泡下，洪湖大堤全线吃紧，老险恶变，新险频发，形势十分险恶。洪湖人民发扬一不怕苦，二不怕死的革命精神，不惜一切代价全力抢险，每抢必胜。入汛以来，他们共成功抢护险情 856 处，其中溃口性险情 12 处，多次受到省防指通令嘉奖。8 月 20 晚，长江第六次洪峰通过洪湖时，驻守在七家垸的燕窝镇洲脚村民兵连长方红平和村干部一起，指挥 80 余名民兵与狂风恶浪展开殊死搏斗。当数米高浪头将防守人员卷入激流时，方红平、王世卫、胡会林把生的希望让给他人，把死的威胁留给自己，帮助一个个群众脱离危险，自己却被无情洪水夺走了生命。当洪水以更凶猛势头冲向新挡水的新月干堤时，干堤上的子堤被撕开 140 米宽的口门，洪水如脱缰野马从 8 米高堤顶倾泻而下，人民生命财产危在旦夕。危急关头，数千名抗洪大军置生死于度外，顶风冒雨，搏击浊浪，堵口复堤，抢筑子堤。经过 9 个小时激战，大堤终化险为夷，江汉平原避免了一场灭顶之灾。

抗御大洪水期间，各地为确保抗洪抢险顺利进行，制定或重申防汛纪律，强化防守责任。各级防汛指挥部均成立由组织、纪检、监察部门组成的督查组，不分昼夜上堤督查查险、守险工作。沿江一线干部群众立军令状，树生死牌，誓与大堤共存亡。同时严肃查处在抗洪救灾斗争中不听指挥、失职渎职、脱岗离岗的干部和防汛人员，全市共处理党员干部 119 人，其中国家干部 54 人，村组干部 65 人。

防汛抗洪规模空前，全市共投入资金 9.1 亿元，消耗砂石料 61.08 万立方米、编织袋 9463.6 万条、草袋和麻袋 340.6 万条、芦苇 52.44 万担、煤油 784.4 吨、柴油 2171 吨、汽油 2223 吨。

当年汛期，荆州河段高洪水位持续时间长，沙市至莲花塘及其附近堤段最为突出，普遍超设计防御水位，沙市超 0.22 米，监利超 1.83 米，莲花塘超 1.80 米。荆州长江两岸堤防经受洪水严峻考验，也暴露出薄弱环节。据统计，全市长江干支堤防共发生各类险情 1770 处，其中重点险情 913 处（汛后筛选确定重大险情287处）。荆江大堤出险91处；长江干堤出现险情1163处，其中重点险情471处；支民堤发生险情516处，其中重点险情351处。

因持续高水位浸泡，长江干堤险象环生，危如累卵，而荆江大堤出险较少，重点堤防历年加培效果充分显现。当年沙市最高水位比1954年高0.55米，警戒水位以上历时比1954年长，而险情约为1954年的4%。但是，除荆江大堤外，其它长江干堤险情仍比较严重，监利长江干堤出险205处，其中重大险情98处；洪湖长江干堤出险585处，其中重大险情236处。省防汛指挥部确定荆州长江干支堤防溃口性险情共25处，其中，荆江大堤1处，监利长江干堤9处，洪湖长江干堤12处，荆南长江干堤1处，荆南四河2处。

当年汛期，荆州长江干支堤防险情以堤基管涌、浑水洞和清水洞居多，加上堤身断面小，高度又不够，严重威胁堤防安全。公安县、石首市支民堤险情多，尤以管涌、白蚁隐患等险情危害大。长江干支堤防堤基险情位置后移，大多距堤脚50米以上，险情严重程度相应有所减轻，但管涌和浑水漏洞仍很严重，公安孟溪垸严家台堤决口，即缘于此。穿堤涵闸、泵站险情严重，大中型涵闸泵站多临江、临湖，修建年代久远，使用时间较长，质量也有差异，先后出现涵闸泵站险情13处。

险情发展大致与以往相似，从设防水位到警戒水位阶段出险很少，重大险情均发生在警戒水位以上，而接近或到达保证水位时险情剧增，险情的数量和严重性与水位高低和高水位延时长短成正比。险情抢护的成败，主要决定于险情发现及时与否，抢护方法正确与否，人力、物料准备充分到位与否。也有人力不可抗拒的情况，如江湖水位超过堤防设计水位太多且上涨很快等。而当年洪水最大特点是水位特高，荆州河段普遍超保证水位，高洪水位持续时间特长，水位涨率较大。

表7-18　　　　　　　　　　荆州河段主要水文站典型年份超特征水位时间统计表

站名	沙　市				监　利				螺　山			
特征	超警戒		超历史		超警戒		超保证		超警戒		超保证	
年份	起止时间	天数	起止时间	天数	起止时间	天数	起止时间	天数	起止时间	天数	起止时间	天数
1998	7月2日至7月6日 7月11日至7月28日 8月1日至9月3日	54	8月6日至8月10日 8月12日至8月14日 8月16日至8月19日	9	6月28日至9月17日	81	7月2日至7月7日 7月14日至9月6日	57	6月28日至9月17日	81	7月4日至7月8日 7月24日至9月3日	45
1996					7月6日至8月18日	44	7月19日至7月28日	10	7月14日至8月16日	34	7月18日至7月27日	10
1981	7月17日至7月21日	5			7月18日至7月23日	6						
1954	7月6日至7月9日 7月11日至7月12日 7月20日至8月13日 8月29日至8月31日	34			7月1日至8月24日 8月31日至9月2日	58			6月29日至9月8日	72		

（六）民垸行洪、溃口

1998年大水，长江流域遭受严重洪涝灾害。在党中央、国务院领导下，广大军民团结奋战，顽强拼搏，依靠多年来形成的防洪工程体系和雄厚的物资基础及防汛抢险经验，取得抗洪斗争伟大胜利，减轻了洪灾损失。

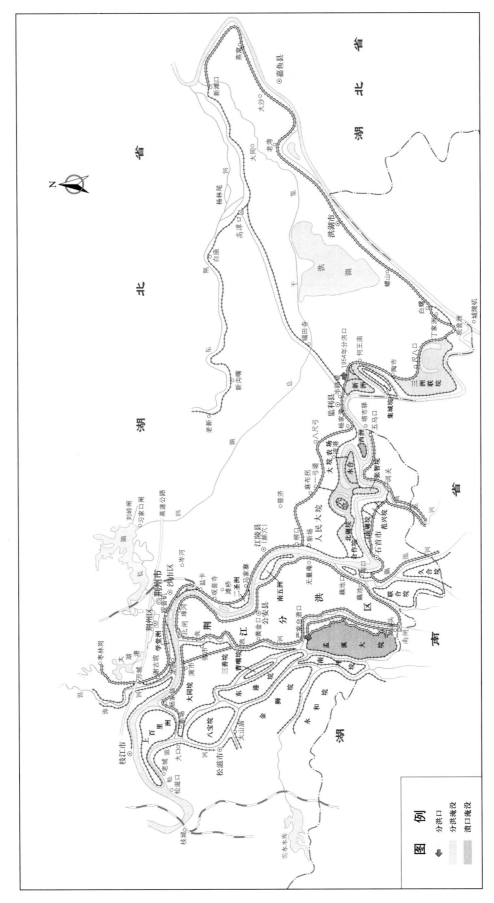

图 7−15　1998 年荆州市洪水淹没范围示意图

荆州市因持续不断暴雨和堤防长时间高洪水位运行,造成溃垸、内涝等多种灾害损失,受灾范围遍及全市所有县(市、区)。自第三次洪峰后,防汛形势日益险峻,为实现"三个确保"的目标,8月5—9日,省防汛抗旱指挥部分别向石首市、监利县下达命令,对六合垸、永合垸、张智垸、春风垸、北碾垸、三洲联垸、西洲垸、血防垸实施扒口行洪。此前,洪湖市于7月3日、7月25日主动将龙口人造湖西垸、大兴垸破口行洪。全市汛期共扒口行洪、漫溃洲滩民垸113个。

表 7 - 19　　　　　　　　　　　1998 年大洪水荆州河段主要民垸分洪、溃口表

县　市	垸　名	分洪、溃口	发生时间	淹没面积/km²	蓄水量/亿 m³
公安	孟溪大垸	溃口	8 月 7 日	252.00	14.93
	六合垸	溃口	7 月 24 日	0.45	0.19
	义合垸	溃口	8 月 6 日	1.33	0.03
	裕洲垸	溃口	8 月 7 日	7.13	0.26
	新利垸	溃口	8 月 5 日	2.00	0.03
石首	张智垸	分洪	8 月 7 日	15.00	0.57
	永合垸	分洪	8 月 5 日	33.00	1.16
	天星洲	溃口	7 月 15 日	23.10	0.81
	郑家台	溃口	7 月 17 日	2.40	0.08
	六合垸	分洪	8 月 5 日	16.00	0.56
	北碾垸	分洪	8 月 5 日	29.20	1.34
	春风垸	分洪	8 月 5 日	3.40	0.12
	复兴洲	溃口	7 月 25 日	2.80	0.10
	新河洲	溃口	7 月 26 日	4.00	0.16
	红洲垸	溃口	7 月 17 日	1.00	0.04
监利	新洲垸	分洪	8 月 5 日	34.70	1.88
	三洲垸	分洪	8 月 9 日	186.00	5.17
	西洲垸	分洪	8 月 5 日	3.00	0.17
	血防垸	分洪	8 月 5 日	6.00	0.07
	老合垸	溃口	7 月 2 日	1.30	0.07
	荆沙垸	溃口	7 月 2 日	1.30	0.09
洪湖	胡垸	分洪	7 月 3 日	2.30	0.12
	七家垸	分洪	8 月 20 日	2.60	0.16
	东垸	分洪	7 月 1 日	1.30	0.09
	西垸	分洪	7 月 3 日	1.40	0.06
	外垸	溃口	7 月 1 日	1.50	0.06
	中垸	溃口	8 月 20 日	1.20	0.07
	中原洲	溃口	6 月 28 日	2.30	0.06
合计	28 处			637.71	28.45

注　数据来源于水利部水文局、长江委水文局《1998 年长江暴雨洪水》。

六合垸扒口行洪　8 月 5 日 13 时,武警荆州二支队 80 名官兵奉命赴石首六合垸执行扒口行洪任务。16 时 30 分,武警官兵在六合垸围堤桩号 5+850 处(碾槽涣)扒口,17 时 40 分过水通流。扒口时口门宽 10 米,行洪后口门扩至 100 米,最大流量 2590 立方米每秒。该垸总面积16.3 平方千米,耕地面积 575.27 公顷(水稻 20 公顷、棉花 555.27 公顷),辖 4 个行政村、33个村民小组,总人口 1399 户共 7002 人。扒口行洪后,农田被淹,受淹房屋 5036 间,直接经济

损失 1.4 亿元。

　　永合垸扒口行洪　8 月 5 日 23 时，市委领导率 80 名武警官兵，至石首永合垸南河洲群利闸段实施扒口行洪，因群众阻拦而另选址。6 日凌晨 3 时许，在永合垸（桩号 19＋500）新江村六组、七组交界处扒口通流，口门宽 10 米。因堤土密实，进水缓慢，后被群众用袋土堵死。10 时，石首市领导率 10 名公安干警至永合垸东堤 7 千米（永合闸村七组）处准备扒口，又遇群众阻拦。15 时，增派干警 50 名强行扒口，17 时通流，口门宽 10 米，行洪后口门扩至 120 米，最大流量 2420 立方米每秒。永合垸总面积 32.9 平方千米，耕地面积 1582 公顷（水稻 816.73 公顷、

图 7 - 16　石首六合垸扒口分洪现场

棉花 751.93 公顷，其它作物 13.33 公顷），辖 6 个行政村、96 个村民小组，总人口 2949 户共 1.8 万人。扒口行洪后，农田被淹，10616 间房屋被淹，直接经济损失 2.8 亿元。

　　张智垸扒口行洪　8 月 6 日 23 时，市长江防汛前线指挥部转发省防汛抗旱指挥部《关于石首市张智垸破口行洪的命令》。7 日凌晨，石首市江北防汛前线指挥部接令后，立即命令小河口镇作好行洪准备。8 日凌晨 1 时 30 分，在张智垸东堤老洲岭村四组、七组交界处（桩号 7＋800）扒口成功，口门宽 10 米，行洪后口门 110 米，最大流量 1310 立方米每秒。张智垸为小河口镇中心地带，总面积 16.2 平方千米，耕地面积 806.87 公顷（水稻 266.67 公顷、棉花 466.67 公顷、其它作物 73.53 公顷），辖 6 个行政村、1 个居委会、55 个组，总人口 2400 户共 1.2 万人。扒口行洪后，农田被淹，1.25 万间房屋被淹，直接经济损失 4.4 亿元。

　　春风垸扒口行洪　8 月 5 日 15 时，防汛一线领导带领武警荆州支队官兵 40 名、乡民兵突击队员 38 名，在和丰至大公湖连接部堤段（桩号 3＋150～3＋250）扒口，在场抗洪民工挥泪退守支堤，扒口口门宽 10 米，6 日 9 时冲开至 100 余米，最大流量 551 立方米每秒。该垸辖 2 个行政村、10 个村民小组，总人口 430 户共 2000 人，耕地面积 600 公顷（水稻 66.67 公顷、棉花 533.33 公顷）。扒口行洪后，农田被淹，房屋被淹 1548 间，直接经济损失 3000 万元。

　　北碾垸扒口行洪　8 月 6 日 11 时，石首市防汛一线领导带领武警荆州支队官兵 40 名和乡突击队员 38 名，在北碾至芦苇站大沟点以北 100 米，破开柴码头隔堤 10 米，后行洪口门冲刷至 100 余米。17 时许，隔堤冲开 3 个口子，最大流量 2070 立方米每秒。该垸辖 3 个行政村、35 个村民小组，总人口 2915 户共 9000 人，耕地面积 1400 公顷（水稻 1000 公顷、棉花 400 公顷）。扒口行洪后，农田被淹，房屋被淹 1.05 万间，直接经济损失近亿元。

　　三洲联垸扒口行洪　8 月 9 日 12 时，按照省、市防指命令，由防汛一线领导带领 30 名武警官兵、50 名公安干警在八姓洲堤段桩号 2＋850 处破口行洪，至 15 时 45 分，破口宽 15 米，深 2 米，最大流量 3190 立方米每秒。三洲联垸堤长 50.56 千米，保护长江干堤 32.7 千米，自然面积 186.1 平方千米，垸堤高程 36.00～38.00 米，内有耕地 9093 公顷，人口 6.32 万。破口时水位 38.16 米（孙良洲闸水位），扒口行洪造成直接经济损失 3.6 亿元。

　　新洲垸扒口行洪　8 月 5 日 15 时 30 分，按照市长江防汛指挥部命令，在容城镇新洲垸堤桩号 2＋800 处扒口行洪，最大流量 2890 立方米每秒。新洲垸面积 34.1 平方千米，垸堤长 24.85 千米，堤顶高程 36.50～37.40 米，内有耕地 2093 公顷，人口 1.16 万。破口时城南水位 38.16 米（16 时）。扒口造成直接经济损失 1.2 亿元。

　　西洲垸扒口行洪　8 月 5 日 14 时，按照市防指命令，在监利红城乡西洲垸堤段桩号 2＋500 处扒口行洪。西洲垸面积 3 平方千米，垸堤长 6.5 千米，堤顶高程 36.50 米。内有耕地 300 公顷，人口 830。破口于 15 时进行，当时城南水位 37.61 米，扒口处最大流量 5090 立方米每秒。行洪后造成直

接经济损失 8000 万元。西洲垸行洪后，人民大垸农场 26.7 千米堤防全线挡水。

血防垸扒口行洪 8 月 5 日 14 时，按照市长江防汛前线指挥部命令，在监利血防垸堤段桩号 3＋400 处扒口行洪。血防垸面积 7 平方千米，垸堤长 7.52 千米，堤顶高程 36.20 米，内有耕地 400 公顷，人口 0.3 万。16 时破口，当时城南水位 37.61 米。行洪造成直接经济损失 600 万元。

龙口人造湖西垸破口行洪 7 月 3 日 10 时 45 分，长江洪湖龙口段水位 31.45 米，超过长江干堤外人造湖西垸围堤水位 0.54 米，围堤全线漫溃。龙口镇长江防汛指挥部指挥长与水利技术人员紧急会商后作出选址破口行洪决定。人造湖西垸内 206.67 公顷农作物（棉花 93.33 公顷、芝麻 66.67 公顷、中稻 26.67 公顷、蔬菜 20 公顷）和 11.27 公顷鱼池被淹，1927 间房屋被淹，宝塔村小学教学楼受损；柴民、宝塔两村 219 户共 1230 人全部被安全转移至长江干堤上临时搭建的简易帐篷内。此次破口蓄洪直接经济损失 435 万元。

龙口大兴垸破口行洪 7 月 25 日 14 时 30 分，长江洪湖龙口段水位升至 32.24 米，超过大兴垸围堤保证水位 0.74 米。市长江防汛指挥部命令大兴垸破口行洪。大兴垸面积 186.67 公顷，垸内居民 1080 户共 4130 人，工业企业 6 家，精养鱼池面积 40 公顷，蔬菜面积 21.33 公顷。垸内自来水厂被淹后，2 万余人饮用水困难。行洪造成直接经济损失 5200 万元。破口蓄洪前夜，龙口镇紧急组织机关干部和公安干警 400 余人，动用机动车 20 余辆，冒雨将垸内群众全部转移至镇直 3 个学校和镇党校，妥善安排灾民生活。

孟溪垸严家台堤段溃口 公安县孟溪垸严家台险段位于虎渡河右岸，桩号 53＋500～54＋000，长 500 米，堤面宽 8 米，堤顶高程 44.40 米，堤外坡高程 41.00 米以上坡比 1∶3，以下坡比 1∶2.2。8 月 7 日 0 时 40 分，因管涌险情未及时处理导致大堤溃决，造成孟家溪、甘家厂、章田寺 3 个乡镇、4 个场、73 个村、16 万人受灾，死亡 3 人，淹没农田 1.06 万公顷、养殖水面 2466 公顷、房屋 3.2 万栋，直接经济损失 32.9 亿元。

图 7-17 1998 年孟溪垸严家台堤段溃口处

（七）分洪群众转移及灾情

在沙市水位急剧上升、将超过 45.00 米分洪争取水位情况下，省防指 8 月 6 日 20 时下达《关于做好荆江分洪区运用准备的命令》。省荆江分洪前线指挥部指挥长罗清泉、荆州市荆江分洪前线指挥部指挥长王平等立即赶赴荆江分洪区，会同公安县委、县政府紧急部署分洪区群众转移。此次转移是 1954 年后分洪区第一次人口大转移。为确保 33.5 万余人转移安全，确保分洪区顺利运用，省、市、县荆江分洪前线指挥部在不到 4 小时时间内，调集和征集 119 艘转移船只、10 艘应急抢险船只、691 辆客货车，抢设 8 个转移渡口，疏通四座转移大桥。同时，出动 1300 余名干警疏导主要转移道路、码头交通，对主要转移干道码头和桥梁实行交通管制，以保证道路畅通和人员快速安全转移。区内群众在 24 小时内全部安全转移。第一次分洪转移中，分洪区共转移群众 335318 人，占应转移人数的 99.01％。其中，向松滋、荆州、沙市、江陵、石首转移群众 85130 人，占应外转人数的 66.23％，向公安县内非分洪区转移群众 246873 人，占应内转人数 119.5％。此外，还外转耕牛 8531 头，占应转的 46.36％。

长江第四、第五次洪峰期间，正是粮、棉等农作物田间管理关键时期，由于转移后分洪命令一直未下达，加之江水时涨时落，一部分群众思家心切，产生不会分洪的麻痹思想，出现严重人口回流现象，回流约 2.5 万人。8 月 12 日，市荆江分洪前线指挥部发出《关于继续做好分洪转移安置工作的紧急通知》，要求彻底清查回流人员，组织群众再次转移。16 日，公安县委、县政府第三次组织力量逐村逐户拉网式搜查，6 时前，返乡滞留群众全部转移至安全区。三次分洪转移后，分洪区内人走房空，工厂停产，农田停管，商业停营，造成直接经济损失 20.12 亿元。

表 7 - 20　　　　　　　　　　　　　　荆江分洪区第一次大转移情况统计表

转移单位	包转人畜				内转人数				
	应外转		实际外转		应内转	实际内转			
	人数	大牲畜/头	人数	大牲畜/头	人数	安全区台/人	投亲靠友/人	其它/人	合计/人
合计	128738	18444	85130	8551	206580	186099	15642	45132	246873
埠河	2185	4533	1280	2560	54817	48000	3000	2000	53000
斗湖堤	17114	957	10500	858	31632	26500	1000	1000	38500
夹竹园	10146	1728	10000	1200	32674	22600	5542	4532	32674
闸口	10082	1240	4000		15013	14000	1000	6000	21000
裕公	11410	1538	5500	900	15815	15000	700	6000	21700
曾埠头	26174	1483	22000	1483	4905	7000	800	1200	9000
黄山头	6993	2017			17864	6000	1000	18000	25000
麻豪口	21775	1199	18000	300	3460	2499	1000	3700	7199
藕池	13843	1514	8000	500	17127	21000	800	1000	22800
杨家厂	88414	2037	6000	750	13273	13500	800	1700	16000
合计	335318								

1998 年长江大洪水给荆州造成重大灾害损失。全市农田受灾 33.87 万公顷，成灾 24 万公顷，绝收 10.07 万公顷；88.65 万户 390 万人受灾，其中特重灾民 98 万人，因灾死亡 133 人；5 个乡镇、195 个村成建制被洪水淹没，75 万人被迫紧急转移，其中荆江分洪区转移群众 33.5 万人；倒塌房屋 35.6 万间，损坏 15.36 万间；全市 1481 家乡及乡以上工业企业受灾，859 家商店、18 家医院、200 余所学校进水被淹；洪水冲毁大小桥梁、涵闸 218 座，毁坏公路 295 千米；600 余千米长江干支堤损坏严重；民垸堤防决口 47 处。据统计，全市直接经济损失达 173.2 亿元，其中水利设施经济损失 13 亿元。

五、1999 年防汛

1999 年大水是继 1998 年长江全流域大洪水之后，长江中下游发生的一次区域型大洪水。洪水主要来自长江干流以南的乌江、洞庭湖水系。

6 月下旬洞庭湖水系沅江、澧水相继发生较大洪水，洞庭湖水位迅速上涨，与此同时，长江上游乌江流域发生超历史最大洪水（6 月 30 日武隆站流量达 22800 立方米每秒），形成"南水"、"川水"夹击之势。6 月下旬全市长江干支流各站水位迅速上涨。6 月 28 日，松滋河下段率先进入设防，6 月 30 日 2 时，干流监利站进入设防，随后螺山、石首、沙市相继设防。7 月，长江上游形成四次较大洪峰，全市长江干支流堤防经受四次较大洪水考验。第三次洪峰过境时，沙市至螺山各站均出现有水文记录以来仅次于 1998 年的第二高洪水位，防汛形势十分严峻。本年洪水与上年洪水共同形成 20 世纪最大一次"姊妹型"洪水。

（一）雨情

6 月至 8 月上旬，长江上游金沙江、岷沱江、嘉陵江、上游干流和三峡区间降雨基本正常，乌江降雨比常年平均降雨偏多 3 成以上，仅 6 月下旬乌江水系面平均降雨就达 243 毫米，6 月 25—29 日乌江流域发生罕见特大暴雨，龙泽站日降雨量 252.2 毫米。

6 月 25 日至 7 月 20 日，洞庭湖水系面平均降雨 280 毫米，呈北多南少分布。暴雨中心位于沅江中下游，湖南凤凰县三拱桥最大雨量 752 毫米，累积降雨量超过 500 毫米有 23 站。600 毫米以上暴雨笼罩面积 6500 平方千米，500 毫米以上 2.2 万平方千米，400 毫米以上 4 万平方千米，300 毫米以上 10.5 万平方千米，200 毫米以上 17 万平方千米。

洞庭湖水系第一次降雨过程为 6 月 25 日至 7 月 2 日，降雨主要集中于沅江、资水中下游、澧水和洞庭湖区，沅江出现仅次于 1996 年的实测第二大洪水，澧水发生超警戒水位洪水。第二次过程为 7 月 7—13 日，有两个较明显暴雨中心，即沅江中下游和湘水中下游，致使城陵矶站水位维持在 34.00 米以上。第三次过程为 7 月 15—16 日，降雨集中于湘、资、沅江中下游及澧水、湖区，已缓慢回落的洞庭湖水位再度回涨，并与长江干流洪水遭遇，致使城陵矶站水位持续上涨。

（二）水情

6 月下旬开始，长江上游支流先后涨水，岷江高场站 7 月 1 日 3 时最大流量 11600 立方米每秒；沱江李家湾站 7 月 24 日 4 时洪峰水位 266.50 米，超警戒水位 0.50 米；嘉陵江北碚站 7 月 17 日 18 时最大流量 17200 立方米每秒，均为一般洪水。6 月下旬至 7 月下旬，乌江先后出现四次洪峰流量超过 10000 立方米每秒的洪水过程，武隆站 6 月 30 日 3 时出现 1999 年入汛以来最高水位 204.63 米，超保证水位（192.00 米）12.63 米，超 1955 年历史最高水位（204.51 米）0.12 米，实测最大流量 22800 立方米每秒，为有记录以来最大流量（历史最大流量 21000 立方米每秒，1964 年）。

长江上游干流寸滩站 7 月 18 日最大洪峰流量 48000 立方米每秒，最高水位 180.02 米，超警戒水位 0.02 米。受上游来水和三峡区间降雨影响，宜昌站分别于 7 月 1 日 20 时、8 日 17 时、20 日 8 时和 27 日 2 时出现四次洪峰，最大洪峰流量分别为 47400 立方米每秒、52000 立方米每秒、57500 立方米每秒和 44300 立方米每秒。7 月 20 日 13 时出现当年最高水位 53.68 米，超警戒水位 1.68 米。

7 月 5—8 日，四川中部、三峡区间、清江流域普降大到暴雨。8 日清江流域平均面雨量 63.4 毫米，最大降雨量建始 125.5 毫米，宣恩 82.6 毫米。7 月上中旬，清江流域出现两次暴雨过程，致使隔河岩水库 8 日 20 时、16 日 17 时分别出现 6300 立方米每秒、7400 立方米每秒入库洪峰流量，经水库调蓄，隔河岩水库 17 日 2 时最大出库流量 6010 立方米每秒，最高库水位 194.49 米，超汛限水位 0.89 米。

6 月下旬以来长江中游连遭强降雨袭击，江河湖库水位迅猛上涨，干流洪水与洞庭湖出水恶劣遭遇，上压下顶，致使中游干流水位涨势迅猛，干流沙市以下河段自 6 月底开始相继超警戒水位，监利、螺山站超警戒均为 37 天，石首至螺山 217 千米河段一度超保证水位，监利、螺山超保证天数分别为 29 天、25 天。7 月下旬，荆州河段各站相继出现 1999 年最高水位，为实测第二高水位。

（三）洪水过程

受第一次降雨过程影响，澧水、沅江下游干支流和西洞庭湖水位陡涨。澧水两次出现超警戒水位洪水，以第一次为最大，澧水石门站 6 月 27 日 21 时洪峰水位 58.56 米，超警戒水位 0.56 米，最大流量 10100 立方米每秒。沅江洪水主要发生在下游和一级支流酉水。位于酉水的凤滩水库和干流五强溪水库相继开闸泄洪，29 日 14 时，凤滩水库最大入库流量 18000 立方米每秒，最大下泄 16600 立方米每秒，7 月 3 日 11 时最高库水位 206.17 米。五强溪水库 6 月 30 日 15 时最高库水位 107.77 米，最大入库流量 38000 立方米每秒，接近 50 年一遇，最大下泄 24000 立方米每秒。沅江控制站桃源 30 日 17 时出现洪峰水位 46.62 米，超警戒水位 4.12 米，最大流量 27100 立方米每秒，为建国后第二大洪水。

与此同时，长江中上游干流水位也不断上涨，荆江洪水通过三口大量泄入洞庭湖，与澧水、沅江洪水汇合，致使洞庭湖水位全面上涨。南嘴站 7 月 3 日 11 时出现洪峰水位 36.59 米，超警戒水位 2.59 米，相应流量 15500 立方米每秒；城陵矶站 7 月 6 日出现第一次洪峰，最高洪水位 34.32 米，超警戒水位 2.32 米，出湖流量 30100 立方米每秒。

7 月 15—16 日，洞庭湖水系北部再次发生强降雨过程，四水及长江中游形成较大洪水。湘水湘潭站 7 月 18 日 6 时洪峰水位 38.49 米，相应流量 9230 立方米每秒；资水桃江站 7 月 17 日 18 时洪峰水位 42.57 米，相应流量 8340 立方米每秒；沅江桃源站 17 日出现 22000 立方米每秒洪峰；澧水石门站 16 日洪峰流量 8110 立方米每秒。四水洪水刚入洞庭湖，同期发生当年长江上游最大洪水，部分洪水经荆江三口分流入洞庭湖，入湖水量增加，7 月 17 日最大入湖流量 58400 立方米每秒，19 日最大出湖流量 35000 立方米每秒，23 日 0 时城陵矶站出现当年最高水位 35.68 米，超保证水位 1.13 米，为有实测记录以来仅次于 1998 年的第二高水位。城陵矶站自 7 月 1 日超警戒水位，8 月 8 日退落至警戒水位，超警戒水位历时 39 天，超保证水位历时 13 天。

第一次洪水过程（6 月 30 日至 7 月 6 日）　受长江上游第一次涨水及洞庭湖和中游来水影响，中游干流水位自 6 月下旬开始持续上涨。6 月 28 日，松滋、虎渡河各站水位率先进入设防。7 月 1 日宜昌站出现第一次较大洪水，洪峰流量 47400 立方米每秒，2 日长江干、支流各站全面进入设防水位。干流洪水与洞庭湖水系洪水遭遇，长江中游水位涨幅增大，奠定干流高水位基础。

第二次洪水过程（7 月 7—19 日）　长江上游第二次洪水传至中游，7 月 8 日宜昌站流量 52000 立方米每秒，沙市站 8 日超警戒水位，9 日 5 时洪峰水位 43.55 米，最大流量 42900 立方米每秒；监利站 9 日 20 时洪峰水位 37.13 米，最大流量 39000 立方米每秒。中游各站洪峰水位比首次洪峰高 0.04 ～0.77 米，致使中游河段较高水位持续半个月。

第三次洪水过程（7 月 20—25 日）　长江上游宜昌站出现 1999 年入汛后最大洪峰，洞庭湖 7 月 17 日最大入湖流量 56600 立方米每秒，长江上游洪水和洞庭湖出水恶劣遭遇，致使中游河段达到当年最高水位，荆州河段各站均出现仅次于 1998 年的高洪水位。7 月 20 日宜昌站洪峰流量 57600 立方米每秒；沙市站 21 日 2 时洪峰水位 44.74 米，超警戒水位 1.74 米，超 1954 年最高水位 0.07 米，低于 1998 年最高洪水位（45.22 米），最大流量 48400 立方米每秒；监利站 7 月 21 日 13 时洪峰水位 38.30 米，超保证水位 1.02 米，接近 1998 年最高洪水位（38.31 米），洪峰流量 41800 立方米每秒；莲花塘站 7 月 22 日 20 时洪峰水位 35.54 米，超保证水位 1.14 米；螺山站 7 月 22 日 23 时洪峰水位 34.60 米，超保证水位 0.59 米，最大流量 68500 立方米每秒。

7 月 27 日上游宜昌站出现第四次洪峰，最大流量 44300 立方米每秒。第四次涨水过程在中下游干流未形成明显洪峰，但起到延缓洪水消退作用。

9 月初，长江上游、洞庭湖四水流域又发生中等强度降雨，受其影响，长江干流石首段以下及荆南四河下段又进入设防，但未超警戒水位，9 月下旬全线退出设防。

当年，长江中游汛期较常年偏早，6 月 30 日沙市至螺山各站同时进入设防。洪水汇流明显加快，中下游干流水位接近 1998 年最高水位，最大 30 天洪量略小于 1998 年。

表 7-21　　　　　　　　**1999 年及其它大水年份宜昌、螺山站最大 30 天洪量比较表**　　　　单位：亿 m³

站　名	1999 年		1931 年	1954 年	1996 年	1998 年
	洪量	起止时间				
宜昌	1124	6 月 30 日至 7 月 29 日	1065	1386	934	1382
螺山	1591	7 月 3 日至 8 月 1 日	1580	1744	1431	1613

1999 年大洪水，降雨集中，洪涝同步。6 月下旬，江湖水位迅速上涨，内垸出现大于 1998 年的涝灾；江湖洪水恶劣遭遇，7 月 15—26 日，洞庭湖出湖流量与下荆江流量均在 25000～30000 立方米每秒以上。7 月 19 日 8 时，七里山出湖流量 35000 立方米每秒。20 日，长江上游最大洪峰抵达宜昌，最大流量 57600 立方米每秒。21 日 2 时，沙市洪峰水位 44.74 米，14 时，监利站洪峰水位 38.30 米，洪峰流量 41800 立方米每秒。22 日 23 时，螺山流量 68500 立方米每秒。24 日 8 时，监利站流量 30300 立方米每秒，七里山出湖流量 32600 立方米每秒。至 7 月 27 日，七里山出湖流量仍达 29000 立方米每秒，8 月 1 日出湖流量 27800 立方米每秒。江湖洪水长时间顶托，致使城陵矶附近河段水位居高不下。

进入汛期，长江中游大洪水上涨迅速。自 6 月下旬第一次洪峰出现，沙市、监利、城陵矶（莲花塘）、螺山水位上涨迅速。日平均涨率为 0.46～0.53 米，沙市站最大日涨率高达 1.30 米，监利、城陵矶（莲花塘）、螺山最大日涨率分别为 1.01 米、1.0 米、0.92 米，比 1998 年大。沿线各站点洪水位较高，中下游干流最高水位接近 1998 年最高水位。沙市最高水位 44.74 米，超过 1954 年最高水位，比 1998 年最高水位低 0.48 米；石首站最高水位 40.77 米，低于 1998 年最高水位 0.17 米；监利站最高水位 38.30 米，仅低于 1998 年最高水位 0.01 米；城陵矶（莲花塘）最高水位 35.54 米，低于 1998 年最高水位 0.26 米；螺山最高水位 34.60 米，低于 1998 年最高水位 0.35 米。沙市、石首、监利、莲花塘、螺山最高水位均居有历史记录的第二位。

表 7 - 22　　　　　　　　1999 年长江、洞庭湖与 1954 年、1998 年水位、流量比较表

流 域	站 名	1954 年		1998 年		1999 年			
		水位/m	流量/(m³/s)	水位/m	流量/(m³/s)	水位/m	时间	流量/(m³/s)	时间
长江干流	宜昌	55.73	66800	54.50	63300	53.68	7月20日	57600	7月20日
	枝城	50.61	71900	50.62	68800	49.65	7月20日	58400	7月24日
	沙市	44.67	50000	45.22	53700	44.74	7月21日	48400	7月20日
	石首	39.89		40.94		40.77	7月21日		
	监利	36.57	35600	38.31	46300	38.30	7月21日	41800	7月21日
	城陵矶	33.95		35.80		35.54	7月22日		
	螺山	33.17	78800	34.95	67800	34.60	7月22日	68500	7月22日
	新堤	32.52		34.37		33.94			
洞庭湖	七里山	34.55	43400	35.94	35900	35.68	7月23日	35000	7月19日
松西河	新江口	45.77	6400	46.18	6580	45.65	7月21日	6150	7月21日
	郑公渡	41.62		43.26		42.20	7月21日		
松东河	沙道观	45.21	3780	45.51	2770	45.06	7月21日	2510	7月21日
	港关	41.94		43.18		42.70	7月21日		
	黄四嘴	42.25		42.48		40.41	7月21日		
虎渡河	弥陀寺	44.15	2970	44.90	3060	44.55	7月21日	2650	7月21日
	闸口	42.25		42.48		42.30	7月21日		
藕池河	管家铺	39.50	11900	40.28	6210	40.17	7月21日	5690	7月21日
	康家岗	39.87	2890	39.87	592	40.38	7月21日	479	7月21日
澧水	石门	67.85	14500	62.66	19900	58.56	6月27日	10100	6月27日
沅江	桃源	44.39	23900	46.03	25000	46.62	6月30日	27100	6月30日
资水	桃江	42.91	11000	43.98	10100	42.57	7月17日	7180	7月17日
湘江	湘潭	40.73	19100	40.98	17500	38.77	7月18日	14100	7月18日
洞庭湖	南嘴	36.05	14400	37.21	18000	36.83	7月22日	16400	7月20日

本年大洪水虽为有水文记录以来第二高水位年，但高水位持续时间不长。沙市站 1998 年设防、超警戒、超保证天数分别为 72 天、57 天、12 天，1999 年分别为 22 天、17 天、2 天。

本年大洪水荆江三口最大分流量 16676 立方米每秒，占枝城来量（58400 立方米每秒）的 28.55%，其中松滋河分流量 8120 立方米每秒，占枝城来量 13.90%；虎渡河分流量 2640 立方米每秒，占枝城来量 4.5%；藕池河分流量 5916 立方米每秒，占枝城来量 10.13%。与 1998 年最大分流比 27.7% 相比，增加 0.85%；与 1954 年三口最大分流比相比，减少 10.30%。

（四）汛前准备

市委、市政府始终坚持以堤防建设为重点落实汛前各项准备工作，多次召开水利防汛现场办公会，解决水利建设与防汛准备中存在的各项具体问题。针对 1998 年荆州长江防汛抗洪工作中暴露的主要问题和薄弱环节，汛前开展大规模堤防建设和整治。荆江大堤实施堤身加培工程，洪湖监利长江干堤进行堤身加培、重点险情整治和护岸工程，松滋江堤、南线大堤进行堤身加培。全市长江堤防共

完成土方 4176 万立方米、石方 110 万立方米，堤防建设长度达 904 千米，重点加高培厚 1998 年汛期依凭子堤挡水的 513 千米重要干支堤防；整治省确定的 1998 年汛期 287 处重大险情和 83 处重点崩岸险工，并对部分薄弱堤段进行堤基处理；洪湖监利长江干堤 12 千米堤段采取高喷灌浆、垂直铺塑、超薄防渗墙等工程措施防渗固基；锥探灌浆累计完成施工长 172 千米；白蚁普查累计完成长 1159.6千米；涵闸维修 224 座。经过初步整治，荆州长江干堤抗洪能力与 1998 年相比得到明显改善和提高。

汛前，各地调整充实长江防汛指挥部成员，建立领导干部连锁责任制，进一步明确全市和各县（市、区）防汛连锁责任人及防汛任务。长江防汛指挥部和各级河道堤防管理部门，按照江河堤防建设与防汛连锁责任制要求，由责任人带队，工程技术人员参与，两次徒步检查堤防在建工程质量和进度，以及防汛物资准备、阻滞洪违章建筑清理和安全隐患整治情况。5 月中下旬，市长江防汛指挥部再次全面检查长江堤防工程重点险工险段和汛前准备工作，并在北闸进行两次启闭演习。

非工程措施方面，重点加强思想认识落实。全市各地各级强化宣传教育，认真对待 1998 年抗洪成绩和经验，正确对待 1998 年汛后防洪工程建设成绩和问题，正确对待 1999 年中长期天气预报和汛情预报，进一步增强水患意识。针对 1998 年大水和抗洪工作实际，根据相关法规，各地编制防御大洪水预案，根据洪湖、监利新加培堤防现状，专门制订《监利、洪湖新加培堤防基本情况与防洪对策》。

（五）防汛抢险

当年汛期，从 6 月 28 日松滋河下段率先进入设防至 9 月 22 日洪湖退出设防，全市长江防汛历时71 天。26 万军民团结拼搏，确保了荆江大堤、长江干堤和主要支民堤安全，取得抗洪斗争全面胜利。

党中央、国务院以及省委、省政府高度重视荆州长江防汛抗洪工作。当年汛前和防汛抗灾期间，国务院总理朱镕基、副总理温家宝等党和国家领导人先后检查、指导荆州防汛抗灾工作。抗洪抢险关键时刻，省委书记贾志杰、省长蒋祝平、省委副书记王生铁等省委、省政府领导奔赴前线，察看汛情，部署指挥抗洪斗争。为加强荆州市防汛抗灾工作领导，省防指派出以省堤防建设与防汛连锁责任人带队的 41 个防汛工作组，深入长江防汛抗灾工作第一线，为夺取荆州长江防汛斗争的胜利起到重要领导作用。

第三次洪峰来临时，全市紧急动员，各级领导干部、各级指挥人员和责任堤段责任人一律上堤，靠前指挥，全市 15 名市级领导赴各县（市、区）指导抗洪，并派出 12 个工作组驻重点地区协助抗洪。同时，水利堤防部门组织数百名工程技术人员驻点守线，具体指导，市里派出 5 个技术巡回指导组分赴洪湖、监利、石首等重点县市指导抢险。市长江防汛指挥部全体动员，工程技术抢险组工作人员除值班人员外，全部参与一线防汛抢险及险情督察工作，随时准备处理重大险情；密切跟踪汛期出现的重大险情、1998 年省防汛指挥部确定的 25 处溃口性险情以及市长江防汛指挥部确定的 77 处重大险情，逐处架设专线电话，固定专人防守，随时掌握情况；汛期所有险情均专人登记、严格核实，及时上报；每天坚持交接班制度和会商制度，充分发挥专业技术优势，科学判险，正确处险，紧张有序，忙而不乱，为战胜 1999 年大洪水作出重要贡献。

当年汛期，在全面做好防汛各项工作同时，各级防指坚持把巡堤查险作为工作的重中之重贯穿始终，狠抓各项查险制度、措施的落实，推广介绍各地具有典型意义的巡查制度和方法。公安县将一定数量竹签散置于巡查范围内，巡查人员应如数寻回的"丢签法"，石首市查险"做到六有"的要求等均得到有效推广。各地始终坚持 24 小时不间断巡查，各防守堤段组织由行政领导、工程技术人员和民工组成的三结合巡堤查险专班，普遍实行查险"四不变"，即下派防汛干部不变，领导带班巡查不变，排查密度和范围不变，险工险段坐哨守险不变；查险做到"四个一样"，即退水与涨水一样、雨天与晴天一样、夜晚与白天一样、有监督与无监督一样。同时，部分县市还分别制订查险奖励制度，表彰和奖励认真查险、及时发现险情和抢险有功人员。

同时，全力抓好长江堤防防风浪工作。1998 年汛后，国家投巨资大规模实施荆州长江堤防建设，因建设过程中部分县市沿堤防浪林和堤身植被毁坏严重，形成 275 千米"赤膊堤"（洪湖 126 千米、监利 53.5 千米、石首 80 千米、公安 15.5 千米），且大部分新加固堤段来不及植草种树，已植草皮尚不能抵御风浪冲击。因此，新加固堤防防风浪成为安全度汛的一个关键环节和难点。大汛来临之前，市长江防汛指挥部把防风浪工作作为重点进行部署，明确监利、洪湖新加培堤防以防风浪为重点，在制订的《监利、洪湖新加培堤防基本情况与防洪对策》等预案中，对防风浪提出明确意见和要求。各地大量准备防风浪物资器材，及时整修防浪设施，组织防浪专班，定人定堤段加强防浪设施管理。7月25日晚，监利、洪湖堤段突遭5～6级大风袭击，防浪设施损毁严重，两县市紧急动员，省市县领导、干部和防汛劳力并肩与风浪展开斗争。风浪过后，洪湖市迅速组织力量，严格按照"填土还坡、塞坎防滑、铺盖压实、枝把消浪、随水而调、备足器材、劳力上齐、专班负责"的要求，在数小时内即恢复和加固全堤被毁防浪设施。汛期，全市铺设防风浪设施堤段长351.1千米，其中监利125千米、洪湖108.7千米、松滋23千米、公安15.4千米、石首79千米。各地欠高堤段加筑子堤196千米。加强沿江涵闸泵站的防守，所有闸站一律按标准实施内渠蓄水反压。

高峰时期，全市长江干支堤防布防堤段长1724.66千米，其中，荆江大堤58.75千米、长江干堤529.25千米、支民堤1136.66千米。全市上堤防汛干部1.19万人，防汛劳力25.85万人，洪湖、监利、石首3县市重点险段和薄弱堤段部署6260名解放军和武警官兵重点驻守。各县（市、区）还组织96个抢险突击队共3.98万人，集中安营待令。

汛期，全市长江干支堤防出险512处，其中重点险情147处，重大险情9处。主要险情为荆江大堤沙市区散浸集中，江陵县柳口机井险情，监利县杨家湾、窑圻垴管涌，洪湖长江干堤夹堤管涌，公安长江干堤幸福安全台崩岸，石首长江干堤新开铺崩岸、调关矶头浪坎及合作垸民堤鱼尾洲崩岸等。在第三次洪峰到来之前，石首、监利主动放弃部分民垸，连同漫溃小围垸共53处，面积约160平方千米，堤防总长164.2千米，受灾人口5万余，淹没农田8601公顷。据调查，破垸行洪降低监利洪峰水位约0.16米、石首洪峰水位0.08米。

1998年汛后，国家投巨资大规模整治加固荆州长江堤防，堤防抗洪能力得到增强。1999年沙市以下各站水位仅低于1998年，尽管水位较高，但险情与1998年相比较明显减少。汛期所动员人力、消耗物料明显少于1998年。1998年共发生各类险情1770处，1999年为512处；1998年管涌险情421处，1999年仅97处；1998年有25处险情属溃口性险情，1999年未发生此类险情。特别突出的是洪湖监利长江干堤，1998年不仅险情数量多，又多属重大险情。洪湖长江干堤1998年共发生各类险情585处，占荆州全市各类险情总数的33%，其中管涌险情106处，1999年仅发生管涌险情8处。1998年全市25处溃口性险情中，洪湖有12处，近50%，而1999年未发生溃口性险情。堤防整险加固效益明显。但1999年高洪水位持续时间少于1998年，沙市站1998年超警戒水位57天，1999年仅17天；监利站1998年超警戒水位82天，1999年仅37天，部分险情可能尚未充分暴露。

表7-23 1999年荆州河段干支堤防特征水位防汛时间统计表

站　名	设防水位/m	警戒水位/m	保证水位/m	设防水位以上天数	警戒水位以上天数	保证水位以上天数
沙市	42.00	43.00	44.67	32	17	2
石首	37.00	38.00	39.89	38	35	4
监利	34.00	35.00	36.57	41	37	29
螺山	30.00	31.50	33.17	44	37	25
郑公渡	38.50	39.50	41.62	38	28	7
港关	39.00	40.00	41.94	38	29	6
闸口	39.00	40.00	42.25	37	31	2

（六）灾情

外洪内涝使荆州市各县（市、区）均不同程度受灾。据统计，全市8个县（市、区）、84个乡镇受灾，受灾人口132.73万，其中因灾死亡10人；农作物受灾面积27.07万公顷，成灾16.8万公顷，因灾绝收 5.47 万公顷；倒塌房屋 1.38 万间，损坏 1.2 万间；冲毁公路 320 处 14 千米，冲毁桥梁 17 座、渠道 28 处；沿江 87 个洲滩、民垸漫溃或扒口行洪，淹没农田 1.52 万公顷。因灾造成直接经济损失 32.8 亿元。

注：

[1] 资料来源于《荆州五十年》，1999 年，中国经济出版社。

[2]、[3] 数据来源于《1998 年长江暴雨洪水》，水利部水文局、长江委水文局，中国水利水电出版社，2002 年。

第八节 典型险情抢护

荆州长江堤防堤基渗漏、堤身隐患、崩岸三大险情频频发生，原因是多方面的：一是这些堤防的形成历经数百年甚至千余年漫长历史过程，有些堤段为历年逐步加高增厚而成，有的堤段历经冲毁、修复、再冲毁、再修复的反复过程，且长期以来，堤防普遍凭经验修筑，质量差别很大，隐藏着诸多缺陷和隐患。二是堤防穿行于广阔的荆江冲积平原，普遍修筑于第四纪冲积层之上，堤基上部一般为粘土、亚粘土等细粒物质，下部以粉细砂、细砂为主，再下面为砂砾石和卵石层，透水性极强，历史上一般均未实施防渗处理。建国后虽多次大力整治，但因工程量巨大，还存在大量尚未处理或处理尚不完善的薄弱环节，易出现管涌等险情。三是荆江部分河段河势不稳，主流摆动频繁，分汊河道主支易位，洲滩冲淤消长，易导致河岸冲刷、崩坍；有的河段主流已逼至堤脚，危及堤身，甚至导致堤防崩坍。四是堤身白蚁、鼠、蛇、獾洞穴及其它埋藏物等隐患时有发现。五是长期以来，堤身因排水、灌溉或其它用途，修建有大量涵闸、泵站、交通闸口、船闸等穿堤建筑物，成为防汛抗洪薄弱环节，汛期极易出险，且抢护十分困难。

荆州长江干支堤防历年汛期经常出现管涌、内脱坡、散浸、漏洞、跌窝、崩岸、漫溢以及涵闸险情，其中管涌为最为常见、危险性极大的险情。1954 年高洪期，荆江大堤发生各类险情 2440 处，其中，散浸占 10%，脱坡占 5%，漏洞占 70%，跌窝占 7%，管涌占 3%，裂缝占 2%，其它占 3%，溃口性险情所占比例很大。1954 年大水后，国家对荆州长江堤防实施大规模培修整险，堤基渗漏、堤身隐患、崩岸三大险情得到初步治理，堤防抗御洪水能力增强，经过 1981 年、1996 年、1998 年、1999 年等几次大洪水考验，堤防溃口性险情大为减少。

一、1954 年荆江大堤江陵董家拐（或称齐家堤口）脱坡险情抢护

董家拐堤段（桩号 679+723～679+970）堤基不良，土质含砂，堤质较差。1935 年大水中数次出险，多次进行打桩挑土抢护，后因下游麻布拐堤溃而解围。此后，该堤段久未挡水，年久失修。1954 年 7 月 29 日晚，人民大垸鲁家台溃口，该堤段突然挡水。8 月 2 日 14 时，江水涨至距堤顶 1.5 米，在距堤顶下 2.8 米内坡处出现顺堤裂缝，宽 0.01 米，长 23 米，至 16 时 30 分裂缝增长至 150 米，堤身下挫 1.5 米，1935 年脱坡抢护时打入的排桩部分出露，裂缝不断扩大至距堤顶下 5.4 米，内坡隆起崩裂，堤脚向内滑挫，水塘稻田泥土隆起。8 月 5 日，堤身继续发生内脱坡，桩号 679+723～679+970 长 247 米段成弧形下挫，其中 134 米长堤段滑挫最为严重。堤面崩挫 2 米，坎高 2.7 米，陡坎下部有水渗出，土壤浸水饱和变为泥浆。堤面裂缝增至 3 条，长 85 米，缝宽 0.02～0.12 米，其中有 13 米全部倾挫。

当时，采取开沟导滤、填塘固基、外帮截渗、袋土还坡等措施实施抢护。由于对开沟导渗的认识不一致，担心开沟扩大险情，加之导渗材料不合要求，未收到预期效果。后改开垂直沟，并将原沟加以整理，沟距改为 6～12 米，哪里渗水就在哪里开沟，沟深 1 米（突出部分沟深 2 米），在沟内填满卵石上盖草袋，并随挖随填，还开支沟。很快土壤就变得干燥，抗剪力加强。同时在脱坡最严重部

位用袋土及散土抢筑外帮,加大堤身断面,以抑制险情发展。由于崩坍体前部已崩入水塘,塘边泥体隆起,便采取填塘固基、抛石镇脚、加筑土撑、上部以柴土还坡等措施,但仍有局部发生微裂。此后又先后加筑透水土撑,在堤脚和水下部分依次填压袋土,并于袋土外加抛块石;填筑平台长250米、宽2~6米、高出水面1~1.5米,以排淤固基阻滑;还在平台上连续抢筑土撑,加土还坡。

8月5日,在基本完成导渗沟及外帮工程后实施填塘固基,先填盛土草包再压盛土麻袋,面压块石。填宽6~12米,筑土撑8个,再连接土撑还坡。7日导渗工程全部完成,筑成宽4米、高出水面0.5米的外帮。7日,最高洪峰到来时,水位距堤顶约1米,10时,桩号679+731处原孔径0.02米的清水漏洞,突变为浑水漏洞,孔径扩大至0.12米,流势汹涌,带出大量泥沙,同时从漏洞上部堤面至外坡发生弧形裂缝,长28米,情况危急。当即加筑围井,高1.7米,井内水深1.5米,并填入卵石厚1米,出水仍急;又将围井加高0.5米,泥沙仍不断涌出水面;经再加高1米(井高3.2米),并在外坡漏水严重的56米堤段加长外帮5~6米,宽10米,险情才被控制。

此次抢护共耗用麻袋2万余条、草包1.3万条、块石2100立方米、砂卵石300立方米、土方2.3万立方米。

董家拐险情是当年荆江大堤发生的最为严重的溃口性险情之一,由于险情不断恶化及其它方面原因,迫使上车湾分洪。该险情的抢护是与采取传统打桩防止滑动方法作坚决斗争才取得成功的,也是运用开沟导滤来稳定脱坡险情这一抢护方法缘以广泛使用的开端。这是荆江大堤险情抢护不断总结经验教训,防汛抢险技术不断进步发展的典型事例。

二、1954年荆江大堤杨家湾内脱坡险情抢护

杨家湾位于荆江大堤监利段,桩号638+300~639+415,长1115米。历史上即为渗漏严重险段,堤内为低洼水塘,土质含沙较多,虽经多次翻筑填塘及加固堤身,但标准不高。历次施工时老堤渗漏段并未采取整治措施,新堤与老堤未形成整体,因而汛期常出现散浸、管涌、漏洞及脱坡等险情,尤其是桩号638+350~638+772长422米段,自6月30日至8月8日,先后脱坡达9次,下挫陡坎最高为1.7米,抢护时间长达40天,为当年荆江两岸抢护时间最长的险情。

6月30日,当监利水位上涨至34.37米时,桩号638+610~638+646长36米段,堤面下斜长10米处出现弧形裂缝一道,下挫成0.6米高陡坎,因处于防汛初期,未能及时处理,以致脱坡部分浸水饱和逐渐成为稀泥,并迅速向下滑动。后采取在堤脚打关土桩[1](长7米)、填及打大树撑和土撑的办法。至7月2日上午,陡坎发展至1.5米(最大时1.7米),木桩已打入102根,滑挫仍未停止。后改为开沟排渗、突击填塘和建透水土撑。7月3日,3个土撑全部筑成,脱坡处基本稳定。7月4日,桩号636+646~636+658长12米段在同一高程处,又向下裂挫陡坎0.3米,因开沟及时未继续发展。8日,桩号638+560~638+610长50米段,也开始向下裂挫,裂缝宽0.1米,当即开沟排渗并填充柴把,险情未继续发展。

7月10日,桩号638+354~638+394长40米段,堤面下斜长23米处向下裂崩0.03米,因开沟不彻底,12日晚裂缝又向上延长3米,堤面下斜长20米处,下挫0.6米,经开沟及柴土还坡处理,险情基本稳定。17日,桩号638+472~638+492长20米段,堤面下斜长20米处,出现宽0.1米裂缝。18日,桩号638+600~639+100段,距堤内脚50~60米水田内,发现一处管涌群,管涌孔5个,其中最大孔径0.5米,其次为0.32米。因无抢险物料只得用砖渣填充,并在洞口附近堆护一层薄砖渣,险情始得控制。

7月29日,桩号638+468~638+513长45米段,堤面下斜长15米处发生裂缝,30日向坡上发展2米,因未及时抢护,又不敢开深沟(一般沟深只有0.2~0.3米),加之水位上涨迅速,堤身渗漏加剧,险情不断发展。8月4日裂缝向下游延长10米,5日又延长27米,此段堤全部脱坡,长达82米(桩号638+431~638+513),裂缝向上发展到距堤面斜长仅6米,下崩陡坎0.6米。经开深沟滤水,堤脚填塘,筑透水土撑3个,并将陡坎适当削坦,至6日险情稳定。8日,桩号637+400~638

＋420 段堤脚上 10 米处，下矬坎高 0.5 米，经开沟导滤险情未再发展。

主要教训：抢护全过程证明打木桩（关门桩）、打树撑并不能控制险情，也是很危险的；要开好滤水沟，开沟深度要达到一定标准（0.5 米以上），浅沟不易见效；管涌险情处理应采取筑围井导滤等行之有效的方法。当年，该险情一直未得到有效控制，后因内垸溃决，水淹至堤脚，形成反压，险情方缓解。

三、1968 年荆江大堤盐卡堤段爆破管涌险情抢护

1968 年 7 月 11 日，荆江大堤盐卡堤段（桩号 747＋500）距堤内脚 70 米处发生爆破孔管涌险情，孔径 0.2 米，当即采取筑反滤围井实施处理。18 日，沙市水位 44.13 米时险情加剧，至 21 日傍晚，围井内滤料下陷，孔径扩大至 0.8 米，水流汹涌，反滤石料在洞内翻腾如沸，大部被水冲出，并涌出黑砂 10 余立方米。当即紧急加大围井直径和高度，并以大块石镇压，实施倒反滤和正反滤措施导渗。省革委会副主任张体学紧急飞赴沙市指挥抢险，经两昼夜奋力抢护始脱险。该险情是荆江大堤 1954 年后发生的距堤脚最近，且最严重的一次溃口性险情。

四、1987 年荆江大堤观音寺闸灌渠管涌险情抢护

观音寺闸位于荆江大堤桩号 740＋750 处，系 3 孔灌溉闸，闸底高程 31.76 米。该处系荆江历史上"九穴十三口"之一獐卜穴所在位置，地质结构复杂，覆盖土层单薄，表土层下有厚约 8 米粉细砂层，其下 90～110 米为砂卵石层，透水性强。

1962 年 7 月 12 日，渠内距闸 370 米处发现一个大管涌洞，砂盘直径 4.8 米，洞深 11.6 米，旁有小冒孔 3 个。当时向洞内填入导滤石料 128 立方米进行导渗处理，汛后扩大孔径并深挖，然后分别按级配填入反滤料。1964 年修建减压井导水减压止砂，后多年未再出现管涌险情。1987 年 7 月 24 日 7 时许，渠道内距闸 407 米，距减压井出水砖孔下边沿 10 米处，发现一巨大冒水孔，冒出的砂粒在渠底向四周扩散，砂盘直径达 8 米，孔口周围涌积的沙丘高处高出渠底面 0.2 米。经探测，孔深约 4.7 米。时外江水位 42.48 米，渠内水位 32.20 米。

当日 9 时开始实施紧急处理，先采取三级导滤控制，即填充粗砂、小卵石（粒径 0.01～0.02 米）、大卵石（粒径 0.04～0.08 米）。因冒孔涌水量大，水势汹涌，填料后孔内仍冒浑水，并伴有填料沙外逸。11 时加固扩大反滤堆，在原地实施三级导滤基础上，先在孔内填投大卵石，将原填滤料压向孔底，以减弱水势，再填入小卵石后又填入粗砂，上面再铺盖小卵石，最后在反滤堆中心处填入大卵石，加强孔口盖重，至 14 时处理结束。同时在冒水孔下游 80 米处临时筑土坝抽水反压，水深约 1.5 米。24 日 18 时 30 分反滤堆突然下陷，下陷孔径 2 米，中心深度 0.2 米，孔中心冒黑浑水，带黑细砂，经填入卵石后，水逐渐变清。20 时 10 分，反滤堆再次下陷，带黑色浑水，约 10 分钟水色变清，下陷孔径 2 米，中心深度 0.7 米，至 26 日险情未发生大的变化，渠内抬高反压水深保持在 1.4～1.5 米，最深时 2.2 米。27 日沙市水位退至 42.00 米以下，开闸引水反压（闸外水位 40.70 米，渠内水位 32.15 米），后反滤堆内逸出的水流均为清水，无带沙和浑浊现象，达到出清水不带沙的要

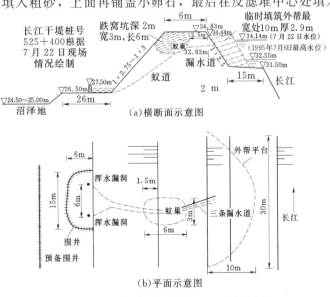

图 7－18 周家嘴险段横断面、平面示意图

求，险情基本稳定。

五、1996年洪湖长江干堤周家嘴漏洞险情抢护

周家嘴堤段位于洪湖长江干堤桩号523+700～527+000段，外滩最窄处10～15米，但滩岸高程较高，一般为31.50～32.50米；堤内地势低洼，堤身垂高达8～9米，高水位内外水位差达6～7米。该堤段为1950年退挽的月堤，1958年开始抛石护岸，对部分无滩堤段退堤还滩、内帮培厚，并顺堤筑内压浸台一道，固脚压浸。上游3千米处为螺山山丘，为白蚁活动区域，蚁患相当严重。

1996年7月中旬，桩号525+400～525+817长417米范围内多处出现漏洞险情，桩号525+800～525+817处为清水洞，桩号525+750处、525+600～525+670处为浑水洞，均采取建围井导滤处理。7月16日，桩号525+400～525+415段平台与堤脚交界处出现浑水漏洞1个，并很快发展成为4个，据探摸，孔径为0.03～0.12米，出流量约800升每分钟，当时分别采用围井导滤、蓄水反压等措施处理。21日上午发现导滤失效，围井四周又出现多个浑水漏洞，洞中有泥团流出，颗粒迅速变粗。经现场技术人员分析判定，险情为生物洞穴所致，要求拆除原围井，合围导滤、蓄水反压，同时局部外帮，截流堵漏。后筑成长15米、宽7米、高1.5米大围井，采用正反导滤措施，险情暂时缓解。因围井质量原因，水流仍带有极细土粒溢出。22日0时，围井导滤料被土粒堵塞而鼓起，导滤再次失效，险情进一步恶化。经研究，加固围井围堤，同时实施外帮截流堵漏。后发现围井上游仍有浑水漏洞出现，分别采用围井导滤并蓄水反压，但浑水漏洞仍向井外延伸。

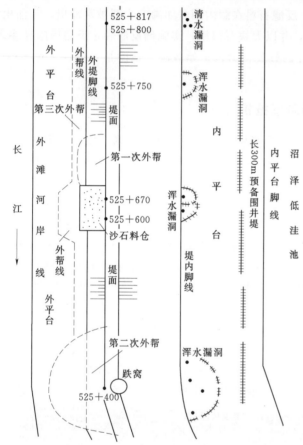

图7-19　周家嘴险段平面示意图

7月22日13时30分，现场再次研究抢险方案，决定采取堤内大面积围井导滤、蓄水反压（围井长350米、宽20米，围井堤高2.5米）和江堤迎水面外帮截流堵漏（长35米、宽10米）的抢护措施。14时开始实施，16时发现漏洞内有白蚁流出。至此确定出险原因系白蚁危害所致。17时45分，桩号525+400处堤顶内肩突然发生坍塌（高程33.00米，跌窝长6米、宽3米、深2米）。当时正值长江最高水位，螺山站水位34.18米，推算周家嘴水位约为34.14米，堤顶高出水面仅0.69米，且堤身垂高达8.3米，情况十分危急，几近溃口决溢。当即集中全部人力物力，水陆并进，紧急抢筑外帮，并迅速清理跌窝。一方面清除坍塌散土和被水浸泡后形成的稀泥，另一方面寻找外江水进入漏洞的通道并查找是否还有其它隐患。至22时清除坍塌散土约25立方米，并发现跌窝左侧临江面有3个流水小孔（3个小孔因土浸成泥浆，孔径难以辨认），不断向跌窝坑内渗水，但水量极小，未发现其它隐患，至此，险情状况才完全清楚。为防止清除散土后再发生渗透，立即用粘土层层夯实回填，至24时回填结束。由于外帮截渗效果明显，跌窝坑内回填土方与老堤结合处未出现裂缝或下挫现象，堤内围井原有浑水漏洞亦全部断流。外帮填土于23日凌晨2时停止，险情基本得到控制。此后，防守人员加强堤后沼泽地巡查，密切注视险情变化，勉强度过汛期。

重要经验：周家嘴特大险情发生之后，随时有溃口危险，情况十分危急，之所以能够在很短时间

内控制险情发展，转危为安，最根本的经验就是抢护速度快。关键措施就是紧急抢筑外帮，堵截外江进入跌窝的水源，成败在此一举。除除险军民全力以赴徒手抢运土方之外，还组织船只、车辆参与抢运，水上岸上多路并进，整个外帮工程用时约 10 小时便基本完成，收到以快取胜、以快制险的效果。此外，抢险成功很关键的原因是有坚强的组织指挥、充分的后勤保障、灵活准确的通讯手段和及时无误的水雨情报，并且有一支不怕苦、不怕死，特别能战斗的抢险队伍，没有全方位的整体配合，这样的溃口性险情将很难控制。

主要教训：周家嘴险情完全是堤身隐患所致，与崩岸和堤基无关。该段堤内地面高程 27.00 米，堤身土质由粘土组成。根据 1989 年洪湖分蓄洪区二期工程地质勘查资料，该堤段（桩号 524＋130，距跌窝险情处 1270 米）地基情况较好，堤内覆盖层较厚，距堤内脚 100 米处粘土覆盖层厚约 12 米，200 米处厚约 10 米，堤身下部砂层高程约 10.00 米。堤内虽有大面积沼泽地，但 1996 年汛期均未发现管涌险情，堤内平台大部分也处于干燥状态。堤身断面按防御螺山站 1954 年水位 33.17 米的标准基本达标。汛后查明该堤段存在的主要问题有：一是外滩护岸未完全稳定；二是堤内大片沼泽地未填土处理；三是堤身隐患严重。当年汛后，在该堤段清除蚁患 3 处。

险情发生之后，应该采取以外堵为主，内导为辅的抢护措施，这是在险情未完全明朗时，为防止溃口发生应采取的最保险最妥当的办法。当初，由于对险情的判断是堤身隐患引起的浑水漏洞还是堤基管涌，认识不完全一致，才未及时采取外堵方案。因而 21 日连续两次出现导滤围井失效，直至 22 日 13 时 30 分才决定实施外帮截流堵漏。从 16 日出险到 22 日发展成为大险历时 6 天，处理过程时间太长，这是十分危险的。周家嘴出险堤段外滩地面较高，水深仅 2 米，外帮容易见效。类似这样的堤身隐患采用内导并不能解决问题，无法防止险情恶化。漏洞险情，重在外堵，辅以内导，外堵不成功易出现溃口，这在荆州长江防汛抗洪史上有过深刻教训。

六、1998 年监利南河口管涌险情抢护

南河口又称口子河，清同治三年（1864 年）溃口，堤基位于溃口处。1998 年 8 月 11 日，监利长江干堤南河口发生溃口性管涌险情。11 日 10 时 20 分，桩号 589＋000 处距堤内脚 32 米水田中 2.5 平方米范围内发现 10 处管涌，孔径 0.005～0.02 米，最大砂盘直径 0.5 米，出险时外江水位 36.53 米，内平台高程 29.72 米，内外水位差 6.81 米（堤顶高程 37.09 米），经技术人员判断为溃口性险情。分析出险原因：该段堤基细砂层部位高，覆盖层薄，堤内地势低，且已 18 年未挡水；自三洲联垸 8 月 9 日扒口行洪后，因长江水位高，内外水位差达 7.4 米而出险。险情立即逐级上报，当天报至国家防总。为便于联系，在现场安装专用电话一部，国家防总、省市防指每一小时一次电话，询问情况。17 时 20 分，省委书记贾志杰、省长蒋祝平、荆州市委书记刘克毅及省、市水利专家赶赴现场，研究抢护对策。迅即调集民工 1200 人、部队官兵 800 人，采用围井反滤措施进行抢护。围井直径 3.5 米，高 1.4 米，围井内分别填粗砂厚 0.3 米、瓜米石厚 0.3 米、卵石厚 0.2 米，蓄水深 0.5 米，处理后出清水，险情暂时得到控制。

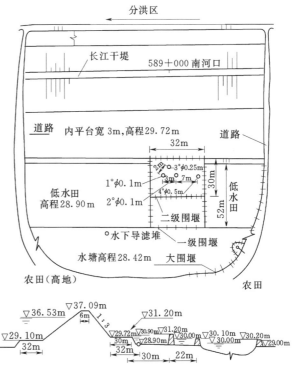

图 7-20　南河口险段平面、横断面示意图

16 日 8 时 25 分，外江水位 35.50 米，防守人员发现围井内滤料有直径 0.3 米的小圆面积下陷 2.3 米，当即回填三级反滤料。至 8 时 50 分，该处又下陷 1.5 米，再回填反滤料。至 17 时再下陷 0.7 米，再次回填反滤料。17 时 20 分，将最后一次回填的卵石、瓜米石层扒掉后，用纱窗布铺盖粗砂表面，然后加 0.3 米厚粗砂、0.25 米厚瓜米石，处理后出水变清。18 时 30 分，围井脚边出现 3 个管涌，1 个孔径 0.15 米，2 个孔径 0.05 米，当即采用三级反滤堆处理，填铺粗砂、卵石各厚 0.2 米。10 分钟后，在同一方向距围井 2 米远处，再次出现 2 个孔径为 0.01 米的管涌，采用二级反滤堆进行处理。20 时 30 分，加筑长 10 米、宽 5 米、厚 0.4 米的二级导滤层铺盖。23 时，孔径为 0.15 米的管涌处滤料下陷 0.3 米，当即采用二级滤料回填。

18 日 8 时，加筑一级围堰，蓄水反压围堰长 52 米、宽 32 米、高 1.2 米，调用 2 台抽水机抽水，蓄水深 1.1 米，险情暂时得到控制。21 日 11 时、12 时 50 分，反滤铺盖中有两处分别下陷 0.4 米、2 米，当即回填反滤料至原高度，并将原一级围堰分出五分之三的范围，筑二级围堰长 32 米、宽 30 米、高 2.3 米，蓄水深 2 米，内填粗砂、瓜米石各厚 0.2 米。随后将四周低水田及水塘筑大围堰（面积 20 公顷）蓄水反压，蓄水位高程 30.00 米。至 21 日 23 时，围井内滤料又下陷 2.3 米，管涌孔径 0.4～0.5 米，当即按级配回填反滤料。8 月 22 日至 9 月 4 日 10 时，反滤堆及围井内滤料共下陷 20 次，每次下陷 0.1～0.6 米，均按级配回填反滤料，并抽水保持蓄水位。9 月 5 日后反滤堆及围井稳定。至 9 月上旬，长江水位明显回落后，南河口管涌群险情才根本解除。

险情抢护投入劳力最多时民工达 1200 人、部队 800 人，抢险共耗用粗砂 240 立方米、瓜米石 240 立方米、卵石 30 立方米、塑料编织袋 1 万条、土方 1000 立方米。为防止南河口险段发生溃决，监利县在险情现场部署守险民工 70 人，部队在此部署 1 个连兵力；险点外围集结劳力 2500 人、部队官兵 1400 人，备驳船 17 艘，渡船 3 艘，铅丝石笼 3 船 490 吨，大块石 900 吨，袋装粮食 200 吨，以备应急抢险。

汛后调查，南河口管涌属浅层管涌。该段堤防系明万历十三年至清康熙七年（1585—1668 年）竹庄河官堤与何家垸官堤联挽而成。成堤前为长江古河道穴口，沙层深厚，地基内多沉积物，堤内出险处堤基以下以沙壤土为主，覆盖层厚仅 2.5 米，以下为厚 5 米沙壤土，再下为 1.5 米厚沙层。堤外 50 米有一条宽约 100 米、深 3～5 米深槽，为历年修堤取土时所挖，堤外覆盖层遭到破坏。出险前有 18 年未挡水，自三洲联垸 8 月 9 日扒口行洪后，因外江水位太高，内外水位差大而出险，带出大量浅层细砂。

南河口管涌险情是 1998 年汛期荆州长江干堤入汛后发生的最严重的溃口性险情，险情抢护成功的主要经验是抢险指挥人员了解该处地质情况，迅速采取大面积、分层蓄水措施降低内外水位差，不断调整三级导滤材料，达到出清水不带沙的要求从而控制住险情。

七、1998 年监利杨家湾管涌险情抢护

荆江大堤杨家湾堤段（桩号 638＋200 附近）背水面原为一片洼塘，终年不涸，1954 年发生重大管涌险情，1974 年亦出现管涌险情，是荆江大堤著名险段。整险加固中，堤背实施吹填固基，填宽 300 米以上，水塘远离堤脚，此后未出现险情。

1998 年 8 月 30 日 13 时 30 分，桩号 638＋200 处距堤内脚 400 米水塘中发现管涌险情，孔径 0.5 米，砂盘直径 5 米，沙丘高 0.2 米，时外江水位 37.45 米。出险处内平台高程 30.00 米，宽 50 米，塘底高程 28.50 米，洼塘水位 29.00 米。险情发生后，立即采用筑围井三级导滤措施实施抢护，围井高 1.1 米，直径 6 米。因水势汹涌，铺填正反导滤层以控制险情，即先抛大卵石杀水势，分散水流，以上三层为正导滤（细、中、粗）；又沿塘加筑子堤，并从外江用虹吸管引水入塘，抬高塘水位至 29.10 米。14 时开始筑宽 5 米、高 1.1 米、长 100 米围堰，用大卵石填平洞孔分散涌水，再填粗砂厚 0.30 米、瓜米石厚 0.25 米、卵石厚 0.20 米，围井水位蓄至 29.50 米。同时，对面积 2 亩的沼泽地加筑围堰，高程 29.40 米，蓄水位 29.20 米，处理后出水不带砂，但水色浑浊。17 时，出水量 14 升

每秒，至 20 时，发现填料四周有冒砂涌出。22 时，测得环形砂带内径 2 米、外径 3 米、厚 0.05 米，出砂量 0.157 立方米每小时。遂决定清除直径 3 米、厚 0.3 米反滤料后，重建三级反滤，填粗砂厚 0.2 米、瓜米石厚 0.2 米、卵石厚 0.15 米，至 31 日 0 时完成。

31 日 8 时，导滤料下陷 0.05 米，水柱涌高 0.2 米，并出现浑水带砂，随之导滤体再度下陷 0.06 米，防守民工和部队战士在技术人员指导下又对围井重新进行处理。先清除上部 0.3 米厚滤料，再平铺一层纱窗布，然后分别铺填粗砂厚 0.3 米、瓜米石厚 0.3 米、卵石厚 0.2 米，同时加高围井至高程 30.20 米（围井垂高 1.7 米，井内水位 29.90 米）；水塘四周子堰加高到 29.70 米，蓄水至 29.50 米。5 小时后导滤体下陷 0.06 米，及时补充砂石料，处理后出水量变化不大、不带砂，险情趋于稳定。至 8 月 3 日，险情才完全被控制。整个抢险过程投入民工 2000 人、部队官兵 300 人，耗用粗砂 20 立方米、瓜米石 18 立方米、卵石 15 立方米、编织袋 10000 条、土方 500 立方米。

据地质调查，该堤段地面高程 28.50 米，为历史重点险工（曾实施吹填工程），表土层为粘土层，厚 1.5 米，下为沙壤土层，厚 14 米，再下为深厚的透水沙层。出险主要原因是堤内地基沙层顶板高，地表覆盖层薄，在超设计洪水位的长期作用下，堤基的承压水头冲破吹填区外边缘部位覆盖层而形成管涌。

八、1998 年洪湖八十八潭管涌险情抢护

1998 年 7 月 12 日，洪湖长江干堤八十八潭堤段出现重大管涌险情，出险处桩号 432＋310～432＋355，时外江水位 30.55 米。

7 月 12 日 21 时 30 分，八十八潭堤段堤内水塘中发现 3 处管涌，因出险部位隐蔽，发现时险情已有一定程度发展。1 号管涌对应桩号 432＋310，距堤内脚 320 米，孔径 0.3 米，砂盘直径 1.4 米，高 0.5 米；2 号管涌对应桩号 432＋315，距堤内脚 300 米，孔径 0.4 米，砂盘直径 1.5 米，高 0.2 米；3 号管涌对应桩号 432＋355，距堤内脚 260 米，孔径 0.55 米，砂盘直径 1.8 米，高 0.5 米。出险处堤顶高程 33.09 米，面宽 7 米，堤内、外坡比均为 1：3，外平台高程 28.00 米，宽 30 米，内平台高程 28.00 米，宽 20 米，堤内地面高程 27.20 米，内平台与水塘之间宽约 190 米，水塘顺堤长 100 米、宽 100 米，出险时塘内水面高程 27.00 米，出险处高程 25.00 米。

险情发生后，抢险人员先将卵石倒入洞中消杀水势，然后筑三级倒滤堆进行处理，3 个导滤堆直径分别为 2.3 米、2.6 米、3 米，厚度均为 1.5 米，内铺填粗砂、瓜米石、卵石各厚 0.5 米。13 日 2 时 30 分开始抢护，1 号、2 号反滤堆于 4 时 10 分，3 号反滤堆于 5 时 20 分按预定方案实施完毕，险情初步得到控制。

为控制险情发展，防汛指挥人员沿水塘四周筑围堰，用 4 台消防车从外江取水蓄水反压，并在水塘中间加筑一条子堤将 3 号管涌与 1 号、2 号管涌分隔，先对 3 号管涌区抽水反压。围堰长 750 米，高 1～1.2 米，堤顶高程 27.70 米，计划蓄水至 27.50 米。14 日 5 时围堰完成。8 时 30 分，经水下摸探，3 号反滤堆略有塌陷，当即加铺粗砂、瓜米石、卵石。15 日 10 时 30 分，反压水位达到预定高程，险情基本得到控制。险情抢护过程中，根据出水出沙变化情况多次调整，实际沙石反滤堆多达 5 层。因塘水较深，筑围井导滤有困难，而建反滤堆相对容易，但消耗的砂石料较多。此次抢险投入民工 2000 人、部队官兵 1000 人，耗用粗砂 300 立方米、瓜米石 300 立方米、卵石 400 立方米、块石 200 立方米、编织袋 5 万条，完成土方 1000 立方米。

洪湖长江干堤八十八潭重大管涌险情抢险处理的效果直接关系到堤防安危，省防指高度重视。18 日、19 日国家防总专家相继到现场检查指导，一致认为险情判断准确，抢护方法得当，效果较好。

汛后调查发现，由于该堤段基础砂层深厚，在外江高水位长时间作用下，导致管涌险情迭出。该处原为旱地，因修堤取土形成两个大坑，面积约 1 公顷，坑底高程 25.00 米，地面高程 27.50 米，坑深 2.5 米，表层粘土层遭到破坏，坑底沙层裸露，导致险情发生。

九、1998年洪湖七家垸漫溃险情抢护

七家垸是洪湖长江干堤的一个外垸，保护长江干堤2500米堤段。垸堤原为长江干堤，因过于弯曲且为崩岸险段，于1972年裁弯取直，新筑干堤。所裁部分便成为七家外垸，面积1.6公顷，堤长4.4千米；堤顶高程32.30米，外垸地面高程25.00～26.00米。新筑干堤形成后，一直未挡水，每年汛期仍靠七家垸堤挡水。1991年和1996年七家垸与新干堤上搭垴处发生管涌险情，均采用蓄水反压措施才勉强度汛。1998年高洪水位时，七家垸4.4千米堤段完全依凭高达1.5米的子堤挡水。为防止外垸突然溃口，威胁新干堤安全，决定抽水灌垸，使新干堤逐步挡水。7月25日开始用虹吸管引水灌垸，至8月20日，外垸水位达29.30米，七家垸老堤仍未放弃，有民工400人防守。

20日17时30分，七家垸附近出现雷雨大风（事先有预报），阵风达5～6级，大风掀起1～2米大浪。18时30分，七家垸堤被风浪摧垮，400名防守民工被洪水包围，其中3人不幸身亡。垸内水位迅速上涨，与外江水位齐平，干堤全面挡水。干堤堤顶高程32.50～32.70米，其中140米长一段（桩号421＋990～442＋130）堤顶高程仅32.30米，比两端堤顶高程低0.2～0.4米，呈马鞍形。此时外江水位为32.99米，内平台高程28.30米，干堤子堤高1米，挡水0.5米。受风浪冲击影响，19时30分，干堤桩号421＋990～422＋130段子堤被风浪冲垮，漫水深0.3～0.6米，口门宽140米，汹涌洪水如脱缰野马从堤顶倾泻而下，以近8米高落差直冲堤脚，水声轰鸣，声震数百米外，洪湖长江干堤随时有溃决危险，人民生命财产危在旦夕。

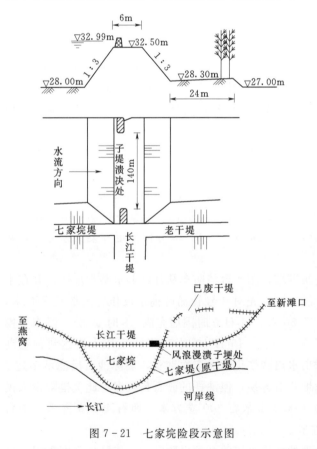

图7-21 七家垸险段示意图

尽管该段堤面为粘土，但因水流冲刷，仍被冲成坑坑洼洼，最深处达0.5米。虽然堤内禁脚上种植有大量水杉，阻遏了水流冲刷，但合龙处堤脚仍被水冲成多处凹坑，其中最大一个坑长4.6米、宽1.3米、深1.1米。

险情发生后，负责防守的3名干部迅速向燕窝指挥部和洪湖前线指挥部报告，请求支援，当即联系到位于出险地上游的抢险部队。500余名武警战士在师政委和参谋长带领下，冒雨疾奔4千米，最先抵达险段。此时，由堤顶飞泻而下的水流发出震耳轰鸣声，大堤面临溃决危险。千钧一发之际，人民子弟兵将生死置之度外，跃入激流，倚江堤外肩，手挽手，肩并肩，一层、两层、三层，用血肉之躯筑起一道"长堤"，抵御洪流的疯狂冲击。风雨越来越猛，浪头狠狠地砸向官兵们头顶，在内层的战士稍一松手，就被湍急水流冲下堤坡……但他们挣扎着爬上堤，又重新结成牢固的"人墙"，全然不顾随时可能发生堤毁人亡的危险。当时现场没有编织袋和铁锹，无法装土堵口；想砍树扎排拦水，又没有锯子和斧头。为尽快阻止险情扩大造成干堤溃决，"人墙"始终屹立在激流之中，减轻了洪水对堤坡的冲刷，控制了向两端扩展的决口口门。20时许，空降兵某部1000名官兵赶到，立即组成第四道人墙。稍后，在2千米外巡堤查险的200名民工送来急需的5000条编织袋，开始挖土装袋堵口。21时，大批增援部队赶到，大量编织袋也运抵现场。夜晚，抢险现场灯火通明，140米漫溃大堤上，军民2000余人抢筑子堤。时值雨夜，道路泥泞，官兵们背负沉重的土袋，艰难

地运往堤上。经过2000余名军民殊死拼搏，22时05分，一条长140米、高1.5米、宽2米的子堤终于胜利合龙，保住了长江干堤和江汉平原安全。整个抢险过程从19时30分子堤漫溃至22时05分全部堵复，仅历时2小时45分钟。

险情成功抢护的关键因素是军民团结一心，特别是人民子弟兵置生死于度外，危急时刻在水中组成四道人墙，减轻了漫溢洪水对堤内坡的冲刷，大堤才得以安全脱险。如果险情无法及时控制，倾泻的洪水将淹没洪湖分蓄洪区，直接受灾人口将达100余万，将造成大量人员伤亡和财产损失。

险情发生教训：①七家垸堤段漫溃险情本是可以避免的，但在是否主动弃守七家垸问题上，决策过于保守，犹豫不决。决策者因担心裁弯后新筑干堤不能安全挡水，可能发生大险，而不敢果断决策。七家垸新干堤挡水后的实践证明，其堤基较好，堤身质量较高，未发生管涌险情，仅出现几处散浸。在第六次洪峰安全通过沙市后，洪湖前指就七家垸是否弃守、应如何弃守进行过研究。洪湖市防指提出，水在不断上涨，七家垸是守不住的，子堤已有1米余高，风浪大，又没有土场，再加筑子堤已无可能，应尽快弃守，集中力量守护其后的干堤。这个意见未被及时采纳，仍主张慢慢放弃，只采取增加抽水机加快垸内灌水的措施，以致遭遇风浪老堤的子堤被摧垮造成漫溃。②对于七家垸后长江干堤的地质状况、修筑情况，事前未仔细调查研究，决策者心中无数，所以决策艰难；如果早点放弃，其后干堤子堤问题可能提前暴露出来，可为加固子堤争取时间，化被动为主动。③漫溃的这一段干堤，比两端干堤堤顶低0.2～0.4米，呈马鞍形，在加筑子堤时却仍像两端干堤一样，均只加高0.5米，子堤仍呈马鞍形，比两端堤顶低0.2～0.4米，且加筑子堤质量较差。④风浪险情虽是一种常见险情，但如不重视，也可能酿成大灾。在已知雷雨大风预报的情况下，仍未对弃守老堤、防守新堤作出切实的布置，以致老堤被风浪冲垮。转移被困民工行动缓慢，在干堤挡水后未加强力量防守，对弃守老堤后防守新堤在思想、组织、物资等方面都未做好准备。⑤暴露出抢险准备工作中存在一些具体问题。该险工险段应配备一定数量木工、水手和抢险器材，但未得到落实。编织袋、锯子、斧头等工具准备不足。

十、1998年洪湖青山内脱坡险情抢护

8月20日23时20分，洪湖长江干堤乌林镇青山堤段（桩号485＋400～485＋600）发生严重内脱坡溃口性险情，堤身出现两条弧形裂缝。一条位于桩号485＋420～485＋488段，长68米；一条位于桩号485＋550～485＋590段，长40米，出险部位在堤肩以下1.5～2.5米的堤内坡，裂缝宽0.01～0.05米，缝中有明显渗水。凌晨1时，险情迅速发展，裂缝扩宽至0.08米，堤坡下滑，下滑吊坎高0.1米，裂缝中渗水不断涌出。两条弧形裂缝中间的堤坡也出现宽0.02米裂缝。桩号485＋400～485＋600段200米出险堤段，裂缝相连，全线贯通，局部堤坡土壤浸水饱和，变成泥浆，险情恶化。凌晨3时，两段滑体不断下锉，吊坎高达0.12～0.2米，同时，桩号485＋600处裂缝向上游延伸，出现约50米长断续裂缝，缝宽0.01～0.02米。21日8时，第一

图7-22　青山内脱坡抢险现场

段严重弧形裂缝下锉不明显，而第二段土体下滑0.3米，堤半腰以下的堤坡土壤大部分稀软，一片泥泞，滑锉裂缝可测深度达0.5～1.6米，险情进一步恶化。21日11时，桩号485＋050～485＋070段，距堤内肩以下2米部位，出现0.01～0.02米断续裂缝；桩号485＋000～485＋850段长850米堤段的半坡以下，散浸严重，渗水量大，局部堤段堤坡稀软。

该堤段1996年汛期仅出现一般性散浸险情。1998年该段堤顶高程34.10米，出险时长江水位34.08米（当地历史最高水位），距堤顶仅0.02米，超保证水位1.78米。8月12日出现严重散浸时，

仅作一般性处理，导渗沟的宽度、深度均不足 0.3 米，滤沟小，导渗差。随着水位上升，浸润线相应抬高，致散浸日趋严重。8 月 18 日，本应立即进行开沟导渗，加速滤水，因第六次洪峰来临，抢筑挡水子堤而延误开沟导滤时间，堤身渗水未能及时排出，浸润线不断抬高。

7 月 3 日至 8 月 20 日，该堤段超高水位已历时 48 天；出险时外江水位与堤顶高程基本齐平，加之堤身单薄矮小，堤面仅 6 米宽，堤身土体浸水饱和，散浸严重；已开导滤沟尺寸偏小且不及时，致使渗压水头不断加大，浸润线不断攀高（达到 32.50～33.00 米高程，仅比长江水位低 1～1.5 米）。面对如此短时间内恶化的大面积内脱坡，防汛抢险技术专家经现场勘察分析认为，青山堤段按洪湖防洪标准其设计高程应为 34.70 米，面宽 8 米，而当时堤防欠高、欠宽，堤身单薄，渗径不足，边坡过陡，堤脚不足；堤身为砂质壤土，修堤时夯实不够，长时间浸泡致使土体抗剪强度不断降低，在渗压水和土体重量增大等因素共同作用下，引起内坡失稳导致险情恶化而滑坡。

青山内脱坡险情严重危及堤防安全。出险后，洪湖市防指迅即在险情现场成立抢险指挥部，由洪湖市委书记负责，并调集汽渡轮驳和车辆，载运粮食、砂石料、油布、棉絮、塑料编织袋等赶赴险段。

面对危急形势，刚从河南洛阳赶赴洪湖的济南军区某部 1500 余名官兵，在部队长张祥林少将、副部队长蒋于华少将率领下，高举"铁军来了"的横幅奔赴抢险现场；空降兵某部部队长马殿圣少将率领 1900 余名官兵迅即赶到出险地点；乌林镇 1800 名民工，峰口、万全两镇和小港农场增援民工 1000 余人也及时赶到。21 日 1 时，开始抢险。抢险工地灯火通明，军民 6200 余人同心协力，抢筑外帮和内压台。至次日中午，太阳将地面烤得滚烫，抗洪军民忍受着袭人热浪紧急抢险。济南军区副司令员裴怀亮中将不顾高龄，与张祥林等部队首长带头拿起锹，夯实新筑的外帮土层。看到部队官兵拼命地干，民工们深受感动，他们一边喊着"向解放军学习"，一边扛起土袋飞奔。

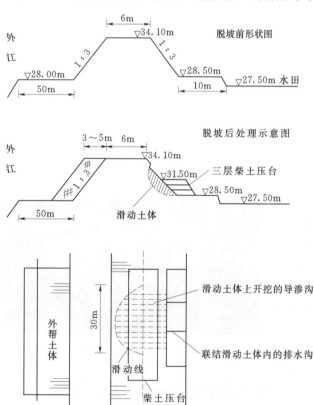

图 7-23 青山脱坡险段示意图

抢险人员按照"临水截渗，背水导渗，稳定滑体"的抢护原则，迅速采取内坡开沟导滤，抢筑透水压台，临水外帮截渗的抢护措施：①开沟导渗。在出险段 200 米范围内，每 4 米开一条截面为 0.3 米×0.4 米直沟，内填砂石料，与内平台截面为 1 米×0.6 米的沟相连，将裂缝处渗水排至内平台外。②柴土还坡，增强堤身抗洪能力。在内平台上筑透水压台、土撑，长 150 米、高 3 米、宽 10 米，按 0.3 米厚土层、0.3 米厚芦苇交替平铺至上述尺寸。③外帮截渗，阻止外江水继续向堤身渗透，使堤身达到稳定。外帮长 200 米，宽 5 米，高出水面 0.5 米。④抽槽翻筑。待险情基本稳定后，对裂缝进行翻挖，清除裂缝处浸水饱和土体，回填含水量适中土壤。至 21 日凌晨 3 时，脱坡最严重地段外帮已抢筑 3 米宽、40 米长。由于外帮土体截浸效果明显，进入堤内裂缝处的浸水减少，内脱坡吊坎处明水减少，基本控制住土体滑动。为完全控制险情，外帮实际长度为 150 米，宽度为 3～8 米。同时抓紧进行柴土还坡。先在宽 5 米的平台上开沟，内填黄砂、卵石，再于其上铺一层芦苇，芦苇上铺稻草，厚约 0.2 米，再于其上填土，厚约 1 米，其上再铺芦苇稻草，再填土厚约 1 米，共三层，厚约 3 米，面宽 5 米，柴土平台高程 31.50 米。滑动体内及两侧裂缝渗水，通过柴土平台内的排渗沟排至平台外，达到排渗阻滑、稳定堤身目的。

至 23 日 20 时，在滑垛堤段桩号 485＋420～485＋488、485＋550～485＋590 段，分别抢筑长 80 米和 60 米、宽 5 米透水压台两段；桩号 485＋500～485＋550 段出现裂缝处内坡，筑顺堤长 10 米、高宽相应的透水土撑 4 座；桩号 485＋400～485＋650 长 250 米堤段，突击抢筑宽 10 米、高出水面 0.3 米的外帮；在 850 米长严重散浸堤段，将原导渗沟加宽加深，加速滤水保持堤身干燥；紧邻桩号 485＋400 处以下 100 米严重散浸段建三级砂石反滤，外坡外帮下延 100 米，宽 3 米，以防止出现新的脱坡；桩号 485＋050～485＋070 出现断续裂缝段筑内透水土撑两个，加筑外帮，加快滤水处理；对脱坡裂缝处 108 米吊坎进行翻挖，用粘土回填，胶布覆盖，防止雨水淋灌。开沟导渗后，脱坡滑体及堤身渗水出溢流畅，21 日下午，脱坡段浸润线明显下降，内坡逐步干燥，滑体停止下滑，险情得到控制。23 日下午外帮筑至 5～8 米时，渗水大量减少，堤内坡渗水消失，截渗效果显著，至此险情得到完全控制。

青山脱坡险情抢护是当年汛期荆州市动员人数最多、抢护时间最长的一次抢险战斗。从 8 月 20 日 24 时开始，至 23 日 18 时结束历时近 3 天，投入民工 2800 人、部队官兵 3400 人，洪湖市防指调集汽渡轮驳 16 艘、机械车辆 260 台（套）、耗用编织袋 10 万条、黄砂 80 立方米、卵石 80 立方米、岗材及草料 40 吨，完成土方 1.5 万立方米。

十一、1998 年监利长江干堤分洪口内脱坡险情抢护

监利长江干堤分洪口堤段（桩号 618＋850～618＋865）系 1954 年长江扒口分洪处。因当时堵口复堤机械化作业程度低，堤身密实度不够土质较差。1998 年 8 月 5 日，分洪口堤段外垸血防垸扒口运用后，在超设计洪水位作用下，该堤段土体很快浸水饱和，堤内坡散浸严重，抗剪力下降，无法支撑自身重量而出现内脱坡险情。8 月 8 日，外江水位 37.65 米，桩号 618＋850～618＋865 段内坡 33.04 米高程长 15 米范围内发生弧形脱坡，吊坎高 0.4～0.5 米。出险堤段堤顶高程 37.83 米，面宽 6 米，内、外坡比均为 1∶3，外平台高程 30.50 米，宽 39 米，内平台高程 30.54 米，宽 28 米。桩号 618＋850～619＋250 段距堤顶垂高 1 米以下，长 400 米内范围发生严重散浸。

出险后，抢险人员在严重散浸堤段开沟导滤，沟宽 0.3 米，内回填二级砂石料，将渗水导出；在脱坡处建透水土撑，内填粗砂厚 0.1 米、瓜米石厚 0.1 米，防止险情进一步发展；在堤临水面外帮截渗，外帮长 50 米，宽 5 米，高出水面 0.5 米。经过处理，险情得到控制。此次抢险共投入劳力 2000 人，其中部队 800 人；耗用粗砂 5 立方米、卵石 5 立方米、编织袋 1 万条、土方 2000 立方米。

十二、1998 年监利长江干堤芦家月浑水洞险情抢护

8 月 19 日，监利长江干堤芦家月段（桩号 563＋103）发生浑水洞险情。出险处位于堤内坡高程 35.60 处，孔径 0.03 米，时外江水位 35.70 米。堤顶高程 36.30 米，面宽 10 米，堤内坡比 1∶3，堤外坡比 1∶4，外平台高程 31.00 米，宽 50 米，内平台高程 27.45 米，宽 18 米。

出险后，抢险人员采取外帮截渗和出逸处建围井导滤措施实施抢护，在堤外筑长 30 米、宽 5 米的外帮，高出水面 0.5 米截断渗流；在堤内渗流出逸处建围井二级导滤，围井直径 1 米，高 0.5 米，填粗砂、卵石各厚 0.2 米。经广大军民全力抢护，险情得到控制。此次抢险共投入民工 1200 人、部队 800 人，耗用粗砂、卵石各 5000 立方米，编织袋 5000 条，土方 1000 立方米。汛后分析，出险原因为 1996 年汛后实施加培时，由于对交卡缝碾压不实，致使渗透水沿施工码口形成集中通道出险。

十三、1998 年石首市合作垸（天星堡）管涌群险情抢护[2]

8 月 7 日凌晨 1 时 40 分，石首市合作垸鱼尾洲（天星堡）堤段江左民堤桩号 4＋600 处，距堤内脚 35 米外 25 米×34 米范围内发生溃口性管涌群险情。后不断扩大至 22 处 42 孔，涌出青砂约 60 立方米。从 8 月 7 日至 9 月 7 日，持续抢护时间长达 1 个月，共筑砂石导滤堆 28 个，耗用砂石料约 200

吨、编织袋 2 万条、土方 200 立方米，围堰总长 150 米，面积 800 平方米，参与抢险民工最多时达 1200 人。

第一个管涌孔径 0.3 米，涌出水柱高 0.4 米，抢险人员立即将砖块和卵石投下，消杀水势，但很快就向堤脚方向坍塌，范围长 3 米，当即大量抛投砂石料，并立即铺垫 0.5 米厚芦苇铺垫，其上填土高 1 米，直径 6 米，呈圆形。此点控制后，又陆续发现 3 个管涌孔，抢险人员建大围井采用三级砂石料导滤，围井直径 4～5 米，高 0.8～1.2 米，同时筑大围堰，抬高水位减压，围堰子堤高 1 米，反压水深 0.8 米，但险情仍未控制，不断出现新冒孔，至 8 月 16 日管涌群发展至 22 处。当日将围堤子埂加高 1.3～1.5 米，反压水位抬高 1～1.2 米。但围井内涌水变化较大，至 8 月 26 日险情才趋向缓解。其间，8 月 12 日 7 时 30 分，2 号、3 号、4 号、5 号、13 号孔突然停止出水，当时未采取具体措施，仍继续观测，作好出现新冒孔抢险的准备。至 11 时 30 分又恢复涌水。当时采取的措施，先是对单个冒孔，大的筑围井，小的建反滤堆，后因冒孔不断增多，便采取大范围蓄水反压措施，才使险情得到控制。因此处堤身单薄，加筑外帮长 35 米，宽 3～7 米。处理过程中，围井内流量减少或闭塞时，将砂石堆下降导流；流量增大时，在上面加填粗砂、瓜米石和狗头石。

调查发现，该处地质状况较差，属长江古河道崩淤之地，粘土覆盖层薄，砂层深厚；堤内地面高程 35.50～36.00 米，33.0 米以下为夹砂层。从涌出的水质看，呈芦苇腐烂质，略有臭味，水面有黄色泡沫。因土层内掩埋大量芦苇、柳条，年久腐烂，时有沼气冒出，并伴有响声。出险时，外江水位 40.64 米，内、外水位差 4.66 米。此处覆盖层厚度仅约 3 米，内外水位差与覆盖层厚度之比为 1：0.65。当第一次蓄水反压时（36.0 米＋0.8 米＝36.8 米），内外水位差为 3.84 米；第二次抬高反压水位时，内外水位差降至 3.44 米，险情得到控制。

经验教训：如此大面积管涌险情，只有采取筑大围堰、大范围蓄水反压措施才能控制。但用芦苇盖压于冒孔上，不能滤水滤砂，不宜采用。加宽加厚堤内平台是防止管涌险情发生的最好措施。

十四、2002 年、2007 年洪湖长江干堤新堤夹崩岸险情抢护

新堤夹堤段位于洪湖长江干堤桩号 500＋000～504＋000，长 4 千米。堤外无滩或仅有窄滩，迎流顶冲，历史上崩岸严重，为洪湖长江干堤历史重点险工险段。2002 年 9 月至 2003 年 1 月，桩号 500＋500～502＋470 段多次发生崩岸险情，累计崩长 1570 米，最大崩宽 45 米，坎高 10 余米，距堤脚最近处仅 40 米，经采取守护措施后险情暂时稳定。2007 年 3 月 18 日，新堤大闸下游水厂河岸发生崩岸，长 80 米，最大崩宽 10 米，吊坎高 3～4 米。21 日，新堤大闸上游 600 米范围内未护岸河岸，再次发生大面积崩岸，最大崩宽 10 米，吊坎高 6～8 米，崩势迅猛且不断发展，严重危及堤防安全。险情发生后，堤防部门迅速采取水下抛石护脚、削坡减载等措施进行整治。经多年整治，新堤夹段基本稳定。

注：

[1] 即打入树桩将土拦住。

[2] 根据石首市水利局胡遐科所提供资料整理。

第九节 溃口、扒口及堵口

建国后，荆江地区多次发生倒闸和堤防溃口事件，给人民生命和财产造成重大损失，教训十分深刻。这些事件的发生，主要原因为：工程设计标准偏低，施工质量差，建筑物老化；或因管理失职，违章运行以及思想麻痹大意、抢险失误等。本节收录建国后荆江地区历年来重大溃口和堵口复堤事件作为实例，为防汛抢险提供引以为戒的教训和借鉴的经验。

一、1954 年监利长江干堤上车湾扒口及堵口

上车湾分洪口位于监利县东约 10 千米，监利长江干堤桩号 617＋930～619＋100 段。荆江河段在此拐有一个急弯，该堤段位于弯顶。1954 年大水，荆江分洪工程经过三次分洪运用后，荆江和城陵矶以下河段水位仍居高不下，汉口水位继续上涨，两岸堤防险情不断增多。随着郭家窑吐洪，下荆江负担骤然加重，加之江陵董家拐发生特大脱坡险情，监利杨家湾脱坡及管涌险情正在抢护，荆江大堤岌岌可危。鉴于当时严峻防洪形势，为确保荆江大堤和武汉市安全，决定 8 月 8 日在监利上车湾扒口分洪。

分洪口门位于监利长江干堤桩号 617＋930～619＋100 段之间，该段外滩宽约 3 千米，地面高程 28.00～30.00 米，堤面宽 4 米，内坡比 1：2.5，外坡比 1：2；表土层以粘土为主，有充足的补给水源，分洪后不会造成长江改道。8 日零时，在堤面横向挖

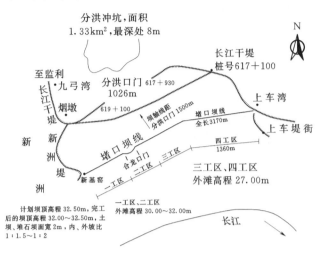

图 7-24　1954 年监利上车湾堵口工程示意图

掘三道沟槽，至 2 时冲开口门宽约 200 米，随后扩大至 1026 米，最大进流量 9160 立方米每秒；9 日开始在口门两侧裹头，11 日控制稳定，分洪总量 291 亿立方米。由于上车湾分洪量大，荆江河段水位迅速回落。8 月 8 日监利城南最高水位 36.57 米，9 日回落至 36.10 米，15 日回落至 35.15 米；沙市 8 日水位回落至 44.47 米，10 日回落至 44.03 米，15 日回落至 42.46 米；城陵矶 8 日最高水位 33.95 米（莲花塘），9 日回落至 33.90 米，15 日回落至 33.62 米。分洪取得显著效果，标志着 1954 年荆江地区防汛抗洪基本结束。

上车湾分洪口经过 36 天进流后，长江汛期已近尾声，大批转移至外地的灾民需要返乡，重建家园，恢复生产。省政府指示，上车湾分洪口必须及时堵口断流，并委派水利专家陶述曾到现场制订堵口施工方案，由监利县政府组织实施堵口复堤工程。堵口堤线选择在口门外滩较高地段。9 月 14 日开始准备实施，当时口门外水位 30.87 米，口门内水位 30.36 米，流量 3030 立方米每秒，沿坝线最大流速 2.6 米每秒。监利县组织民工 4640 人、大小船只 464 只、机动船 2 只，并调集各种堵口器材。陶述曾在监利修防总段工程师张佑清协助下，实地勘查分洪口门状况，并召开干部群众座谈会，主持制订详尽的堵口复堤施工方案。堵口复堤工程于 9 月 24 日正式开工（9 月 25 日，上车湾长江主流水位 31.96 米，口门外水位 30.06 米，口门内水位 29.78 米）。施工坝线长 3180 米，按水深及地势情况划为 4 个工区，分三期进行。第一期为 8 天，要求全部完成打桩工程；第二期 6 天，为堵口最紧张阶段，要求完成深水急流段堆石坝和合龙段龙口土枕护底工程及预流合龙口的稳定措施；第三期为合龙断流。

施工方法采取平抛速堵，先深后浅，先堵东段，后堵西段，立堵与平堵相结合，多头施工，先断流后闭气。经过二十余昼夜苦战，于 10 月 20 日合龙，再经闭气加固，10 月 24 日竣工。共完成土方 6.28 万立方米，抛石 6394 立方米、石枕 644 个、土枕 9139 个、柴枕 9539 平方米，打下 4～6 米长木桩 3675 根、1.5 米长小木桩 6077 根，实际用工 10.75 万个，耗资 19.3 万元。

二、1965 年松滋八宝垸下南宫闸倒塌溃口

松滋八宝垸位于松滋河东、西两支之间，面积 144.3 平方千米，人口 5.5 万。下南宫闸于 1963 年建成，为双孔混凝土拱式结构，每孔单宽 2.2 米，设计流量 29.6 立方米每秒。1965 年 7 月 13 日，因管涌险情导致倒闸溃口，灾害损失巨大。

该闸建成当年汛期，闸内海漫发生严重管涌险情，大小管涌孔共 7 个，涌沙近 30 立方米；右侧海漫后护坡处（干砌块石）出现脱坡，长 30 米，坎高 0.5～0.8 米；右侧浆砌条石八字墙向后（填土方向）倾斜，裂缝宽 0.04 米，坎高 0.1 米，时外江水位 42 米，内渍水位 38.00 米。出险后，除在管涌处以卵石填压外，还在闸后堵坝抬高渠道水位，降低内外水位差，减轻渗水压力，从而勉强度过汛期。汛后，采取抽槽回填、浆砌防渗和砂卵石导滤等措施进行处理；在闸下游（闸外）海漫前抽槽，底宽 1 米，深 3 米，长 100 米，呈矩形，向两侧伸进渠道各 30 米，槽内临闸部分浆砌 0.4 米厚块石防渗墙，其余用粘土回填防渗；闸内海漫亦用抽槽办法处理，用粘土回填，未采取反滤措施；右侧渠道脱坡部位连同裂缝削坡，垂直深达 2 米，并结合砂、卵石导滤暗沟，分层回填粘土还原，另在左岸铺筑四层，然后仍用干砌块石护坡还原，延长护坦至 60 米。

1964 年因内外水位差较小（0.4 米），未发生明显管涌险情，但在右侧渠道护坡原出险处发生脱坡险情，长 30 米，坎高 1 米。汛后检查发现，上游海漫八字墙底板有纵向裂缝，将整个底板折成两块。1965 年春对脱坡处实施翻挖，用卵石进行"反滤导渗"（未用砂料），外填粘土，干砌还原。

1965 年 7 月 4 日，新江口水位 41.89 米，该闸内渍水位 38.00 米（渠道水深 2～2.5 米），闸上游海漫前右侧原出险处发生脱坡；坡脚有管涌孔 4 个，孔径 0.02 米；另在海漫前右侧发现管涌孔 3 个，孔径 0.04～0.05 米，涌沙 2～3 立方米；右侧浆砌条石八字墙与闸室联结处有下沉外倾现象；闸身上游矩形槽海漫沉陷 0.04 米。5 日，铺填卵石 9 立方米填压冒孔。7 日，在海漫前中部又发现管涌孔 1 个，直径 1 米，深 1.2 米，沙水上涌，冲力较大，涌沙 2～3 立方米，当即填压卵石 4 立方米，1 小时后沙又涌出，高于卵石 0.1 米，继续填压卵石 24 立方米后，四周仍继续涌沙，冒出卵石以上。8 日，计划在渠道筑坝反压，因故未能实施。9—10 日险情变化很大，整个海漫前管涌洞连成一片，四处涌沙；右岸渠道脱坡由 20 米发展至 40 米，0.21 米坎高发展至 0.6 米。11 日填压卵石 18 立方米，12 日讨论渠道筑坝反压措施，因"农业生产忙"等原因未能实施。13 日上午，脱坡由 40 米发展至 44 米，坎高由 0.9 米扩展至 1.3 米；海漫前管涌洞表面未见发展。至当日 22 时许，险情突变，上游海漫前突然大量涌水，紧接着水头冲出水面，直径 1.2 米，高 0.3 米，两三分钟内扩大至 70 平方米，水头冲高 1.5～2 米，同时闸下游（闸前）启闭台倾斜，丝杆折断，伴发一声巨响，旋即堤顶裂缝，堤身下沉，堤面过水，前后不到 30 分钟，整个闸身向左侧倾斜倒塌，造成溃口。溃口时，闸外水位 42.70 米，内外水位差 3.2 米，时新江口水位 43.80 米。14 日晨，口门扩至 40～50 米，并继续冲深扩大。为控制口门发展，决定采取护底裹头措施，但最终口门仍扩大至 90～100 米。溃口后，松滋县委动员大同、南海、老城、王家桥、街河市、西斋等区民工 2 万余人堵复溃口、抢筑垸内隔堤，但因战线太长，水位不断上涨，堵复不及，八宝垸近 7000 公顷农田被淹，倒塌房屋 1.5 万间，5.4 万人受灾，淹没损失达 1000 余万元（当时市值）。当年 11 月实施退挽复堤。

主要教训：①该闸建于砂层上，地基未作处理，留下隐患，这是造成倒闸的根本原因。②该闸运行过程中，已经出现大范围管涌，但仅作一般性处理，未达到出水不出沙的要求，闸底板下形成空洞。③在渠道内筑坝蓄水反压这一正确措施，因"农业生产忙"未能实施。④从该闸出险到倒闸溃口全过程，决策者对管涌险情的严重性认识不足。

三、1969 年洪湖长江干堤田家口溃口及堵口复堤

田家口位于洪湖长江干堤燕窝段，溃口处桩号 445＋790。该段河势东北走向，比较顺直，至燕窝镇有一个急弯与簰洲湾相衔接。

田家口 1954 年最高水位 31.57 米（螺山最高水位 33.17 米，最大流量 78800 立方米每秒；汉口最高水位 29.73 米，最大流量 76100 立方米每秒）。1969 年溃口时堤顶高程 32.40 米，水位 30.55 米（螺山最高水位 32.43 米，最大流量 59900 立方米每秒；汉口最高水位 27.00 米，最大流量 62400 立方米每秒），堤面宽 5 米，内、外坡比 1：3；堤内无平台，仅有 10～12 米禁脚，高程约 26.80 米；禁脚外有一个宽约 40 米的取土坑，高程较禁脚低 0.8～1.0 米；堤外滩宽约 150 米，滩面高程 27.00

～27.50米；距堤脚15米处有一条槽沟宽40～50米。溃口堤段附近1954年曾发生脱坡险情，历史上亦多次发生散浸和管涌险情。据汛后地质勘察，此段堤身内外覆盖层很薄，地基多砂，大部分砂土已经裸露。

1969年7月18日，在堤内脚取土坑中（距堤脚仅18米）出现管涌洞2个，平行于堤身分布，两洞相距约10米，采用导滤围井处理后效果较好。20日7时许，再次出现管涌险情，位于距堤脚约15米处土坑内（两处险情相距约300米），水深约0.25米，洞口周围土质较其它地段松软，洞口四周形成一道小沙

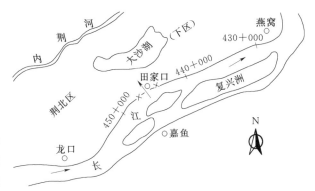

图7-25 1969年田家口溃口示意图
（引自《中国江河防洪丛书·长江卷》）

丘，涌沙量约50千克，除此洞外，坑内涌水、冒水小孔数量很多，范围很大，禁脚、堤身渗水严重。当时决定采取三级导滤井处理管涌洞，拟定井高0.8米，井径1.5米；计划填塘恢复覆盖层，顺堤方向填筑长100米、厚1米的覆盖层。方案决定之后，因砂石料缺乏，导滤井拖延至15时才开始实施，此时洞口出水量、出沙量较前增大。围井于16时建成，经1小时观测，水量逐渐增大，水色变浑，但含沙量不大，至20时许，填坑任务仅完成约30%。18时许，400余名抢险民工离开险点回家吃饭，仅留40人守险。19时，围井中间翻涌黑砂，涌高约0.3米，抢险人员将仅存的1立方米碎石压上，井中水势稍减，大约维持近10分钟，距井约1.5米土堤处突然涌出黑砂，孔径约0.2米，继而堤身断裂，长约80米。裂缝出现约5分钟后，堤身成抛物线下陷，下陷最低点与江水平齐。因堤身下陷，土坑出水洞被堵死。此时，抢险民工大部分弃守，仅10余名干部和部分水手坚守在堤身下陷地段抢筑子堤，终因人少力薄，至20时漫溃。溃口口门宽620米，推算最大进流量9000立方米每秒，淹没面积1690平方千米，受灾农田5.33万公顷，受灾人口26万。

据调查，7月20日，对于险情应如何处理，决策部门意见不一，认为燕窝境内有14千米堤段为砂基础，这种险情出现较多，均是采用小围井内导脱险。当日下午险情恶化，当堤身下陷断裂之后，没有足够的劳力和器材抢险，任其发展。当时虽不断打电话向当地大沙农场指挥部和洪湖县防指求援、请示，因正值全省联播节目时间，无法通话，直到广播结束后才汇报，但为时已晚。

溃口教训：①田家口堤段系深砂基础，堤身全部建筑在砂层之上，外有深槽，内有土坑，内外覆盖层均遭破坏，汛前未采取加固措施，也未准备一定数量的抢险器材。②类似这样大范围的管涌险情，应采取大面积砂石导滤措施，抢护速度要迅速。因当时水位差达3.75米，堤内大部分为已经裸露的砂层，覆盖层很薄，外江水很容易渗透覆盖层冒出地面，单靠一二个小围井不能控制险情发展，更不能采取只压不滤的方法。③虽见险情不断恶化，但当时没有足够的抢险劳力和充足的抢险器材，且通信联络中断无法与上级指挥机构保持联系。④险情发展迅速。据专家分析，该段堤身可能存在严重隐患，才酿成溃口险情。险情突变至堤身下陷漫溃仅约9小时，其中严重涌沙约10分钟，但堤身一次下陷土方量达400立方米。当堤身下陷后，堤内2个管涌洞停止出水，仅堤坡裂缝渗水，时间持续约30分钟，下陷土方将堤身内部漏洞堵死。当时如有足够的劳力、器材，采取外帮内导、加筑子堤等措施，险情或可缓解。

溃口后，防汛指挥部门对堵口复堤有两种方案，一是汛期抢堵，二是江水位退至低于江滩地面高程，可堵旱口。按当地水情规律，水位退至滩面以下约为9月底。届时堵旱口，工程量小，施工容易，费用较少，但淹没区受淹将达3个月（包括新滩口闸排水时间）；尤其担心的是，如后期涨水使口门水位达到30米以上，洪线堤[1]守不住，将增大淹没面积。如果汛期抢堵，工程量大，技术难度高，且有一定风险。根据现实要求，技术人员作出缜密分析：按长江洪水一般规律，该河段洪水过程在高水位之后大部分情况下会有一段短暂缓慢退水期，并有再次上涨可能；地形方面有1953年测绘

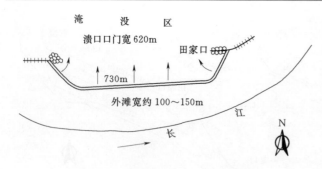

图 7-26　1969 年田家口堵口示意图
（引自《中国江河防洪丛书·长江卷》）

成果，可作为分析估算依据；技术力量可由地方调动。长办技术人员及时研究工程量、堵口方案后，迅即向指挥部汇报，得到初步认可。防汛指挥部要求技术人员对堵口实施前 10～15 天水情提出具体预报或展望，并提出具体堵口方案和堵口工程量。

根据有关实测资料参照对比分析后认为，流域 15 天内有局部降雨，中上游天气形势为基本无雨或少雨的趋势。只要不是大面积暴雨，水位不会大涨，洞庭湖区四水水情趋势也已明显转落，如天气能稳定 10 天左右，即使上游再出现暴雨，洪峰传播至田家口尚需 5～6 天，因此有半个月堵口时间。在工程技术方面针对天气意外、暴雨提前等情况，制订相应应急保障措施，避免出现严重后果。技术人员认为田家口汛期堵口是可行的。

供工程设计的资料，除参照 1953 年地形测量图外，当时由长办荆实站对重要部位实施补测。测量结果，溃口后原滩地面冲刷不严重，且较为均匀；有些地带主要是浅层被冲走，其下粘性土层未冲失。于是决定利用口门上下游水位差减小至 0.5 米、坝区流速 1～2 米每秒的时机实施堵口。施工采用抛石断流，抛草袋土及粘土闭气，然后逐步培土，加高堵坝，并考虑"水涨堤（坝）高的原则"以御秋汛的方案。断流坝体为抛石堆石坝。计划需 2 万～3 万立方米块石，土方约 6 万～7 万立方米。

堵口方式以立堵为主，辅以平堵。施工基本原则：统一指挥，分段负责，力求快速，先难后易，一气呵成。具体办法是先深水段，后浅水段；先连线合龙，再闭气；平、立堵混合，分段施工，平行作业。分四步进行：①7 月 25—27 日对口门两端堤头实施裹护，耗用块石 2700 立方米。②原定 8 月 1 日开工，实际 7 月 28 日试抛，29 日全面抛堵，8 月 2 日清晨最后合龙断流，完成抛石 1.03 万立方米。③8 月 8 日完成闭气工作，8 月 15 日完成水下土石方工程。④8 月 20 日全线加高土堤至设计高程。

四、1980 年公安黄四嘴溃口

黄四嘴位于松滋河东支左岸，距湖南安乡县境约 2 千米，桩号 101＋505～101＋685。于 1980 年 8 月 4 日 21 点 10 分溃口，溃口时水位 39.64 米，溃口堤长 157 米。

溃口险情发生在黄四嘴排水闸下游 30 米处，溃口处堤顶高程 41.60～41.80 米，堤面宽 5 米，外坡比 1∶3，内坡比 1∶2.7；堤内坡高程 37.50 米以下建有顺堤电灌站灌溉渠，渠底宽 1 米，渠底高程 36.20 米；堤内地面高程 35.00～36.00 米。险情出现于渠堤脚 35.50 米高程处，距排水闸引水渠 35 米。

据调查，堤外滩及堤内地面高程 35.00 米以下为砂层，沙粒较细，色灰黑；35.00 米以上为壤土覆盖层。堤身 35.80 米高程以下为灰黑色流砂层。初步判断堤身与堤内外砂层连成一片，构成内外贯通的较强透水层。溃口段上游 20 米堤段距堤脚 30 米处，有一处老渗漏孔，1953 年后常年冒水，冬季还渗出锈水，表明地下水位高，堤

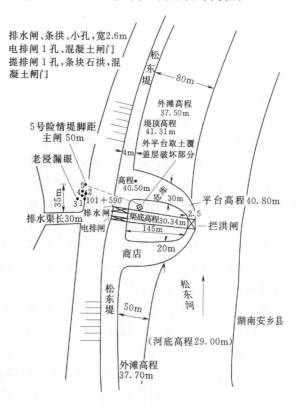

图 7-27　黄四嘴溃口示意图

脚和堤基土壤常年处于浸水饱和状态，土壤抗剪强度弱，但长期未引起高度重视。

1979 年冬修时，在溃口堤段堤脚取土面积 200 平方米，内堤脚取土面积 500 平方米，共取土 1000 余立方米，挖深 0.3～1 米，最大挖深 1.5～2 米，取土坑底部高程 35.00 米（因 35.00 米以下为砂层未能再挖），堤内外覆盖层均遭破坏。

入汛后，该段先后出现 5 处险情：1 号翻沙漏洞险情位于排水闸下 10 米，距堤脚 5 米，孔径约 0.01 米；2 号险情位于粮站仓库禾场台，距堤 20 米，有 3 个漏洞带砂，最大孔径 0.02 米；3 号险情位于排水闸下 15 米，距堤脚 18 米；4 号险情在排水闸下 25 米，距堤脚 20 米；5 号险情在闸下 30 米，正位于堤脚，孔径 0.03 米。由于 5 处险情的出现，原老浸水漏洞不再渗水，险情不断向堤脚转移。8 月 4 日前对 5 处险情均实施处理，但 5 号险情因石料缺乏仅采用巴茅草及砂卵石导滤处理。

8 月 3 日，黄四嘴堤段洪峰水位 40.34 米，超历史最高水位（39.62 米）0.72 米。此前，6 月 18 日至 8 月 4 日，该堤段已超设防水位 41 天、超警戒 19 天、超保证水位 4 天，高水位浸泡时间过长。8 月 4 日 8 时，发现 5 号险情旁又出现浑水漏洞，至 17 时 30 分才上报县防办。16—20 时在漏洞处采取砂卵石导滤堆进行处理，后发现出水不畅，便将巴茅草及砂卵石堆全部清除，导致土坎失去支撑，坎坡下矬。后清除泥土，形成弧形凹坎，坎高约 2 米，坎底部面积约 3～5 平方米，可容人抢装泥土，此时发现漏洞孔径约 0.07 米。因土坎不稳，以人力支撑，倒卵石堆撑压（卵石用量约 1 立方米）。在场技术人员有两种处理意见，一是先倒砂后倒卵石，以便滤水阻砂；二是只用卵石不用砂，认为卵石透水性大。因意见不一致，决定开会研究。20 时，大部分防守人员及主要负责人均离开现场，只留部分技术人员及看守民工坐哨观察，因当时雨大，看守人员均到临近仓库避雨，现场实际无人防守。

会后，待技术人员赶到现场查险，发现漏洞水柱已冲出卵石堆，孔径约 0.07 米，当防守领导赶到现场时，孔径迅速扩大至 0.10～0.12 米、0.4～0.5 米。防守人员到堤外查找洞口，发现外堤坡水边线 12～13 米处有一旋涡，经探摸，孔径约 0.05 米，迅即堤身下陷。当堤顶向下塌陷 1 米、宽约 4 米时，下陷处尚未过流，此时又发现堤坡另一处大洞向堤内涌水，防汛人员当即用油布堵口，未能奏效，于 21 时 10 分溃口。溃口造成甘厂公社全部受灾，孟溪公社和黄山林场部分受灾，受灾 2.2 万户计 10.74 万人，受灾农田 7930 公顷，倒塌房屋 1.09 万栋计 4.28 万间，冲毁涵闸 254 处、桥梁 740 座、公路 144 千米，直接经济损失 7000 万元。

溃口教训：①黄四嘴为老险段，但一直未采取整险措施。②修堤时在堤内脚及外滩取土使覆盖层遭到破坏，外江水易通过砂层向堤基渗透。③对险情性质及处理方法意见不一致，该险情为堤基管涌，但有人认为是散浸集中，认识不统一影响险情判断，延误了抢险时机。④所筑导滤围井标准不高，效果差，为保证安全，以防万一，应采取外堵内导措施，即在堤外筑土加帮（外滩水深仅约 3 米，溃口时进水孔旋涡距堤脚仅约 12 米），堤内建砂石大围井导滤。⑤抢险劳力、器材十分缺乏。

五、1980 年监利三洲联垸溃口

三洲联垸为监利长江干堤外民垸，位于

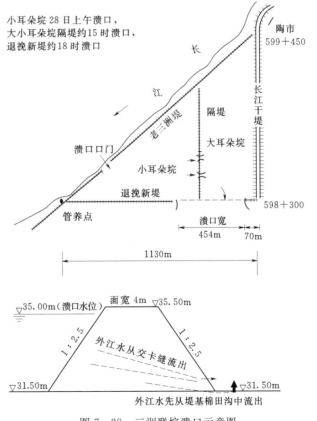

小耳朵垸 28 日上午溃口，
大小耳朵垸隔堤约 15 时溃口，
退挽新堤约 18 时溃口

图 7 - 28　三洲联垸溃口示意图

监利县城下 37～63 千米，联垸堤长 51 千米，垸内面积 186 平方千米。

1980 年 8 月 28 日，三洲联垸与监利长江干堤（桩号 598＋300）搭垴处发生溃口。该堤段为 1968 年退挽新堤，一直未挡水，溃口处堤顶高程 35.50 米，面宽 4 米，内、外坡比 1：2.5。8 月 28 日 17 时，发现干堤与洲堤连接处出现浑水，之后又发现洲堤后距堤脚 3 米处棉花地有一孔径 0.04 米的浑水漏洞，涌水高 0.05 米，并向堤脚转移，同时堤脚又出现多个冒水孔。当即采取砂卵石填压漏洞，挑土踩围。抢护过程中，漏洞孔径扩大至 0.08～0.1 米，在出险处下游 3 米堤坡处出现穿堤漏洞，孔径约 0.04 米，在堤外距水边平距 15 米处发现直径约 0.3～0.4 米的旋涡，立即组织民工用草袋装土压洞并向旋涡处抛草袋。由于漏洞迅速扩大，堤坡出现裂缝射水，堤面下陷决口，口门宽约 10 米，随即，口门迅速向两侧扩大，从发现险情至溃口仅 30 分钟。因溃口迅速向长江干堤方向扩展，危及长江干堤安全，当即组织民工抢运块石裹头，并在口门右侧实施爆破，扩大进流，防止水流贴近长江干堤。至 22 时，左侧口门稳定（距长江干堤 70 米）。溃口时监利水位 36.00 米，下游孙良洲水位 33.53 米，溃口处水位约 35.00 米。口门宽 454 米，估算最大进流量 1500 立方米每秒。

溃口教训：①隔堤建成后，一直未挡水，一旦外垸溃决，新堤突然挡水，事先未制订相关预案。②汛前，内堤应认真检查加固，汛期内堤如无法挡水，则应全力抢保外垸，不可犹豫不决。③新堤施工时未严格清基。溃口处为一交卡缝，是用土块堆码缝内用散土填筑而成，很不密实，初次挡水后外江水沿缝隙渗透而溃口。④堤内外均无平台，堤身断面单薄。

六、1996 年石首六合垸溃口

石首市小河镇六合垸位于长江左岸，南临长江，东、西、北三面靠长江沙滩子故道。1959 年围挽该垸，1962 年建闸。因闸基及回填料均系纯砂，建闸当年汛期即倒闸溃决。1972 年 7 月沙滩子自然裁弯，江南部分洲滩被裁至左岸。1975 年正式围挽加修，围垸包括原六合垸大片面积，仍名六合垸，面积 15.7 平方千米，耕地约 570 公顷，人口 6500。因沙滩子故道上下口汛期仍可过流，该垸成为江水环绕的独立围垸。

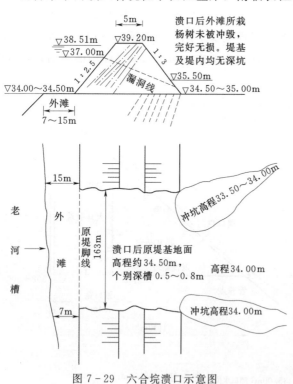

图 7 - 29 六合垸溃口示意图

1996 年 7 月 26 日，围堤桩号 13＋300 处出现一处浑水漏洞，距堤脚仅 1 米，孔径约 0.1 米。时外江水位 38.51 米（为建国后第二高水位，溃口前最高水位为 38.61 米）。堤内地面高程 34.50～35.00 米，堤顶高程 39.20 米；外滩狭窄，高程 34.00～34.50 米。入汛后，经多次巡查，仅堤内脚有散浸，并已开沟导滤，未发生其它险情。26 日 23 时 40 分许，防守人员听见流水声响，立即跑去查看，发现堤身下部有一漏洞，水流湍急。在附近防守的 40 名劳力迅速投入抢险，一边派人到堤外坡探查，一边用编织袋装填砂石料下抛。经探摸，在堤外离水面 1.3～1.4 米处有一孔径约 0.4 米的洞穴，吸力很大，防守人员用棉絮、塑料布、门板等外堵，均未见效。5～6 分钟后，5～6 米长堤面开始下陷，堵洞的编织袋、棉絮从外冲到内，险情进一步恶化。23 时 55 分，堤面溃决，口门很快扩大至 15～20 米，27 日凌晨，口门冲开 100 余米。

溃口教训：主要原因是堤身土质太差，以砂土为主，未经历大水考验（1996 年高水位为该垸围挽后的最高水位）；由于堤身浸泡时间长，土壤含水量大，浸润线抬高；筑堤时碾压不密实，可能存在交卡缝，持续高水位使水流沿交卡缝向堤内渗透，形成贯穿漏洞；抢险劳力太少，没有足够的抢险物料。此外，发现险情太迟也是造成溃口的原因之一。要防止这类堤防出现类似溃口事故，应采取锥探灌浆等措施，提高堤身密实度，并在险要地段准备一定数量砂、卵石、块石和编织袋等抢险物料。

七、1998年公安孟溪垸严家台溃口

1998年8月7日0时45分，公安县孟溪垸严家台堤段发生溃决。该堤段位于虎渡河右岸，桩号53＋500～54＋000，长500米。堤面宽8米，堤顶高程

图7-30 孟溪大垸溃口（贺道富摄）

44.40米，堤外坡（迎水面）高程41.00米以上坡比1:3，以下1:2.2；于1988年护坡，长220米，抛石3000立方米；堤内有两级平台，坡比均为1:3，一级平台宽4米，高程39.80米，二级平台宽6米，高程37.50米。内临塘堰，宽20～30米，面积3.5亩。1985年修筑黑狗垱至章田寺公路，将塘堰一分为二，上堰（即西端）草塘顺堤长30米，宽30米，水深0.6米；下堰（东端）荷花塘顺堤长70米，宽18～25米，水深0.6～1.2米。黑章公路西端水田高程36.20米，沙性较重；东端旱地和宅基地高程38.00米，土质为黄粘土。

7月4日，发现塘边有数处管涌冒水带黑砂，未作处理。20日险情出现变化，但未设坐哨观察。25日发现桩号53＋850处二级平台脚有一管涌洞，孔径0.05米，距此管涌0.6米处又发现一处孔径0.01米管涌，对二险情合建一个三级导滤围井后出清水。同时，桩号53＋800处距二级平台脚0.5米的两个管涌发生变化，均出浑水，分别建二级围井导滤和反滤堆。后公安县防汛指挥部指示，除两个围井和一个导滤堆外，要求以两个出险部位为中心，上下各筑10米长的内平台，宽度以围井外沿向塘内推进4米。27日发现围井周围有少量涌沙现象，新建平台上有渗水，防汛指挥人员再次要求加高平台至防汛路，并向上延伸10米抵水田，宽度不变。实施时将围井与导滤堆全部填压。8月7日0时15分，桩号53＋800堤段距二级平台脚10米、距黑章公路3米的草塘中出现管涌，冒浑水，砂盘直径1米，该堤段迎水面下跌长20米，宽1.5米，深0.2米。0时20分许，大堤迎水面长30米、背水面20米下跌0.5～1米，堤面出现纵横裂缝，缝宽约0.06米；黑章公路滑坡路中间下跌长10米，深0.5米，并出现裂缝，缝中有水射流。约0时40分，因当时既无抢险器材，又无抢险劳力，终致溃决，口门宽30余米。溃口时推算严家台水位42.90米，相应沙市水位44.95米、闸口水位42.38米、港关水位42.83米。

技术鉴定结果：①经技术人员现场勘察，严

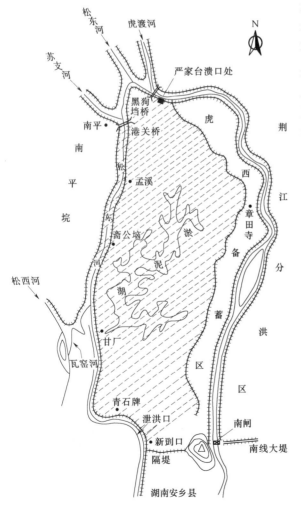

图7-31 孟溪溃口淹没范围示意图

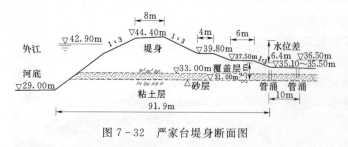

图 7-32　严家台堤身断面图

家台堤段堤身质量较好，外坡筑有一段块石护坡。从发现险情到溃口的调查资料分析，溃口为浅砂层管涌基础性险情造成。只要查险及时，处理得当，抢险得力，此类险情抢护成功的可能性很大，不会导致溃口。②7月25日整险时，对草塘、荷花塘出现的管涌采取围井导滤的技术措施是正确的；以两个出险部位为中心，上下各填筑10米内平台的做法，在汛期抢险受施工条件和质量控制等各方面因素限制的条件下，即使在保留导滤堆的前提下也不适宜采用；加固内平台时将草塘围井和导滤堆全部压掉堵死的做法是错误的。围井和导滤堆被堵死后，致使险情向其它部位转移，后又未能及时发现和处理，险情因而恶化以致溃口。

③7月25日整险后，应派得力坐哨人员观察，并加强巡查，坐哨和巡查人员应密切注视险情变化，还应下水巡查、探摸，扩大巡查范围；巡查领导、劳力要到位；防汛抢险器材要准备充足、到位；应加高草塘、荷塘围堤，进行蓄水反压；并做好抢大险的预案，落实抢险预备队，做到有备无患。

溃口教训：①未认真巡堤查险。两处管涌险情均非查险人员所发现，溃口性险情抢护关键在于及时查险、整险，决不能认为一次整险即可到位，必须反复探查，依据不同情况、不同变化适时调整整治措施。②堤防虽然筑得高大、堤身质量也较好并不等于不会发生溃口性险情，堤基若存在问题，不处理好，掉以轻心，一样导致溃口，对此必须予以高度重视，决不可麻痹大意。③抢险应视防汛技术部门的处理险情能力和应变措施采取更为科学、更切实际的方法。

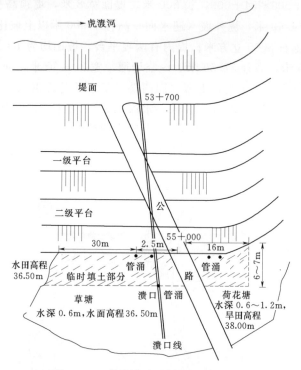

图 7-33　严家台溃口平面位置示意图

注：

[1] 荆北区下区在新滩口建闸前，为防止洪水倒灌，以保部分较高地带的小防洪堤，堤顶高程27.00～28.00米。

附：

1998年荆州市长江防汛抗洪受表彰人员及单位

（一）抗洪烈士
（被国家民政部、湖北省人民政府批准为革命烈士者）

李向群　广州军区"塔山守备英雄团"9连战士

胡继成	监利县上车湾镇潘揭村	杨书祥	监利县朱河镇余杨村
侯明义	监利县网市镇三官村	李锦成	洪湖市老湾回族乡石桥村
张玉成	洪湖市黄家口镇坝坛村	方红平	洪湖市燕窝镇洲脚村
王世卫	洪湖市燕窝镇洲脚村	胡会林	洪湖市燕窝镇洲脚村
胥良发	石首市焦山河乡东升村	张孝贵	石首市高基庙镇沙河村

周菊英	女，石首市大垸乡黄木山村	段玉华	石首市大垸乡丁家垸村
胡正军	石首市横沟市镇秦家洲村	谭金昌	石首市横沟市镇溜口子村
胡贻云	石首市横沟市镇三户街村	唐传平	松滋市新江口镇林园村
刘宏俭	松滋市街河市镇花桥村	杨德全	松滋市老城镇横堤村
李远国	松滋市沙道观镇豆花湖村		

（二）抗洪英雄模范

1. 国家机关表彰

（1）国家防总、人事部、解放军总政治部表彰

全国抗洪模范：

王德春	荆州市水利局	镇万善	荆州市长江河道管理处
赵有礼	石首市政府	方红平	洪湖市燕窝镇洲脚村
左德明	监利县防汛抗旱指挥部办公室		

（2）水利部表彰

先进集体：

荆州市水利局

先进工作者：

| 徐新民 | 荆州区水利局 | 王炎阶 | 洪湖市水利局 |
| 王大银 | 监利县水利局 | 毕折冰 | 石首市水利局 |

2. 湖北省委、省政府表彰

抗洪抢险模范集体：

| 洪湖市委、市政府 | 监利县委、县政府 |
| 石首市委、市政府 | 公安县南平镇委、镇政府 |

抗洪抢险集体一等功：

荆州市公安局	荆州市交通局
荆州市水利局	荆州市长江河道管理处
荆州电视台	荆州市荆州宾馆
荆州区李埠镇委、镇政府	江陵县长江河道管理总段
松滋市委、市政府	松滋市公安局
沙市区交通局	洪湖市乌林镇委、镇政府
洪湖市老湾乡党委、乡政府	洪湖市龙口镇委、镇政府
洪湖市新滩镇委、镇政府	洪湖市石码头办事处
洪湖市燕窝镇民兵营	公安县胡家场乡党委、乡政府
公安县狮子口镇委、镇政府	公安县夹竹园镇委、镇政府
公安县章田寺乡党委、乡政府	公安县公安局
公安县人大常委会	公安县毛家港镇委、镇政府
石首市供电局	石首市东升镇委、镇政府
石首市大垸乡党委、乡政府	石首市调关镇民兵营
石首市交通局	监利县上车湾镇委、镇政府
监利县红城乡党委、乡政府	监利县黄歇口镇委、镇政府
监利县三洲镇委、镇政府	监利县广播电视局
监利县尺八镇委、镇政府	

抗洪抢险模范个人：

| 陈扬志 | 荆州市长江河道管理处 |

曾祥培　　　　　　洪湖分蓄洪区管理局

袁义修（女）　　　公安县政府

贾汉洋　　　　　　石首市政法委

韩从银　　　　　　洪湖市政府

杨道洲　　　　　　中共监利县委

抗洪抢险个人一等功：

高德发	荆州市交警支队渡口大队	李光忠	荆州军分区
李海昌	荆州电视台	夏钧勤	荆州市土地管理局
张生鹏	荆州市长江河道管理处	邓青山	荆州市农场管理局
贺崇文	中共荆州区委	肖孚忠	荆州区人大常委会
蔡尚选	荆州区弥市镇人武部	张绪明	荆州区城南开发区
江永武	沙市区政府	万代源	沙市区长江河道管理总段
郭昌文	江陵县政府	张致和	江陵县长江河道管理总段
孙贤坤	中共松滋市委	裴光奇	松滋市政协
王盛满	松滋市水利局	陈沛松	松滋市老城镇人武部
覃文萍（女）	松滋市米积台镇政府	崔庆斌	公安县公安局交警大队
甘行科	公安县人大常委会	吴代炎	公安县纪委
向世朗	公安县三防办	李同斌	公安县长江河道管理总段
李发云	公安县章田寺乡政府	张永林	石首市政府
陈楚平	中共石首市委	钟 鸣	石首市政府
刘正清	石首市人大常委会	李孟坤	石首市委办公室
郑 林	石首市团山寺镇委	毕折冰	石首市水利局
赵生喜	石首市南口镇人武部	刘时耕	中共洪湖市委
胡俊荣（女）	洪湖市人大常委会	李四平	洪湖市财办
杨 平	洪湖市长江河道管理总段	王炎阶	洪湖市水利局
文 昭	洪湖市农机局	李忠林	洪湖市石码头办事处党委
崔星球	洪湖市燕窝镇政府	方红平	洪湖市燕窝镇洲脚村
彭小平	中共监利县委	曾祥鑫	监利县防办
匡进平	监利县上车湾镇委	冯 斌	监利县尺八镇委
胡定新	监利县红城乡党委	杜志棠	监利县黄歇口镇委
苏兆新	监利县广播电视局	徐新华	监利县公安局

3. 荆州市委、市人民政府、荆州军分区表彰的集体和个人

（1）集体

抗洪英雄集体：

荆州市长江河道管理处　　江陵县长江河道管理总段

抗洪先进集体：

石首市长江河道管理总段　　洪湖市长江河道管理总段

（2）个人

抗洪功臣：

袁仲实　杜根发　张生鹏　万代源　张致和　杨 平　李同斌

抗洪模范：

秦明福　龚天兆　李明海　任天宝　熊子荣

宋泽炎　郑文洋　张厚洪　游汉卿　李成华

附表 7—1

1998 年与 1954 年汛期长江流域各站点月平均流量、径流量比较表

序号	流域	站名	5月 1954年 平均流量 (m³/s)	5月 1954年 径流量 (亿m³)	5月 1998年 平均流量 (m³/s)	5月 1998年 径流量 (亿m³)	6月 1954年 平均流量 (m³/s)	6月 1954年 径流量 (亿m³)	6月 1998年 平均流量 (m³/s)	6月 1998年 径流量 (亿m³)	7月 1954年 平均流量 (m³/s)	7月 1954年 径流量 (亿m³)	7月 1998年 平均流量 (m³/s)	7月 1998年 径流量 (亿m³)	8月 1954年 平均流量 (m³/s)	8月 1954年 径流量 (亿m³)	8月 1998年 平均流量 (m³/s)	8月 1998年 径流量 (亿m³)	7—8月合计 1954年 径流量 (亿m³)	7—8月合计 1998年 径流量 (亿m³)	5—8月合计 1954年 径流量 (亿m³)	5—8月合计 1998年 径流量 (亿m³)	年最大流量 1954年 流量 (m³/s)	年最大流量 1954年 时间	年最大流量 1998年 流量 (m³/s)	年最大流量 1998年 时间
一	长江	宜昌	14600	391	11000	318.7	18500	479.5	15800	409.5	43700	1170	45500	1216	49500	1326	52600	1398.1	2496	2628	3366.5	3332.1	66800	8月7日	63300	8月16日
		枝城	15200	407	12100	324.1	20000	518.4	16300	422.5	46300	1240	47000	1259	50600	1355	53600	1436	2595	2695	3520.4	3441.6	71900	8月7日	68800	8月16日
		沙市	12900	345.5	11000	294.6	16300	422.5	14600	378.4	34900	934.8	37800	1012	37100	933.7	43900	1176	1868.5	2188	2636.5	2861	50000	8月7日	53700	8月17日
		监利	10400	278.6	11000	294.6	11500	298.1	12997	336.9	22200	594.6	34100	913.3	27100	725.8	38100	1020	1320.4	1933.3	1897.1	2564.8	35600	8月8日	46300	8月17日
		螺山	31000	830.3	22700	616	43400	1125	30400	793	59000	1580	58100	1550	58800	1575	61100	1639	3155	3193	5110.1	4589	78800	8月7日	67800	7月27日
		汉口	33400	894.6	25400	666.9	43800	1135	31327	798.3	57000	1527	62500	1674	66500	1781	67200	1800	3308	3474	5337.6	4966.3	76100	8月14日	71100	8月19日
二	清江	长阳	1170	31.34	497	13.31	882	22.86	701	18.17	2230	59.73	1080	28.93	1230	32.94	1840	49.28	92.67	78.21	146.87	109.69	7810	7月22日	8840	7月3日
三	沮漳河	河溶	144	3.86	99.5	2.67	128	3.32	25.2	0.65	478	12.8	212	5.68	411	11.01	370	9.91	23.81	15.59	30.99	18.91	2120	7月7日	1500	7月3日
四	荆江三口			125.5		21.13		208.9		54.98		562.7		322.9		534.9		389.5	1097.6	712.4	1432	788.51				
	松滋河	新江口	1700	45.53	570	15.27	2630	68.17	900	25.66	6900	184.8	4490	120.3	7150	191.5	5060	135.5	376.3	255.73	490	296.73	10100	8月6日	6580	8月17日
		沙道观							167	4.33			1590	42.59			1750	46.87		89.46		93.79			2770	8月17日
	虎渡河	弥市	654	17.52	219	5.87	1150	29.81	470	12.18	2410	64.55	1870	50.09	2120	56.78	2470	66.16	121.33	116.25	168.66	134.3	2980	8月2日	3060	8月8日
	藕池河	管家铺	2330	62.41	143	3.83	4280	110.9	476	12.34	11700	313.4	3800	101.8	10700	286.6	4810	128.8	600	230.6	773.31	246.77	14800	7月22日	6210	8月17日
		康家岗							18	0.47			304	8.142			453	12.13		20.272		20.742			592	8月17日
五	洞庭四水			429.6		371.7		606.5		298.6		510.5		311.6		251.8		239.5	762.3	551.1	1798.4	1221.4				
	湘江	湘潭	5840	156.4	6370	112	9940	257.6	2490	164	3830	102.6	2425	58.7	1300	34.82	1083	29.01	137.42	87.71	551.42	329.1	18300	6月30日	17500	6月27日
	资水	桃江	2130	57.05	3140	35.4	3900	101.1	1260	89.2	2680	71.78	1546	38	1180	31.61	922	24.69	103.39	62.69	261.54	182.86	11300	7月25日	10100	6月26日
	沅江	桃源	6590	39.64	3870	103.7	74600	193.4	6000	160.7	9640	258.2	5341	148.4	5410	144.9	5081	160.1	403.1	308.5	636.14	538.4	239	7月30日	25000	7月23日
	澧水	三江口	1480	555.1	496	25.2	2100	54.43	1770	16.5	2910	77.94	2321	67.8	1510	40.44	1856	49.71	50.1	111.88	727.91	171.04	14500	6月25日	19900	6月25日
六	入湖量	入湖量 (四+五)	19544	523.5		392.8		815.4		253.6		1073		634.4		786.6		629	1859.6	1263.4	3198.5	1909.8	43400	8月20日	36800	7月27日
七	出湖量	城陵矶			11900	318.7	29500	764.6	17000	440.6	35900	961.5	26200	701.7	34000	910.7	27700	740.8	1872.2	1442.5	2636.8	2201.8	43400	8月2日	35900	7月31日

注　表中 1954 年资料摘自长江水文资料整编资料，1998 年来自水文测报资料。1954 年沙市为新厂站流量，1954 年最大流量、最大流量为荆江分洪区分洪后实测值；城陵矶为七里山站流量。

附表 7-2 **1998 年汛期荆州河段干支堤防溃口性险情统计表**

地点	桩号	险情类别	出险时间	出险水位/m		险情概述	处理情况
				外江	内塘		
监利杨家湾	638+200	管涌	8月30日	37.45	出险处沼泽地高程28.50m	距堤脚400m沼泽地出现管涌，孔径0.5m，砂盘直径5m，沙丘高0.2m	采用围井三级导滤方式实施处理，围井高1.1m，直径6m，用大卵石消杀水势，再填黄砂厚0.3m、瓜米石厚0.25m、卵石厚0.2m。并蓄水反压，蓄水深0.6m
监利芦家月	563+103	浑水洞	8月19日	35.70		堤内坡高程35.60m处有一浑水洞，孔径0.03m	采取外帮截渗，外帮长30m、宽5m，高出水面0.5m；在渗流出逸处建围井二级导滤，围井直径1m，高0.5m，填粗砂、卵石各厚0.2m
监利赵家月	567+700	管涌群	8月22日	36.44		距堤脚120m水塘内，在42m² 范围内发现管涌4孔，孔径0.05~0.15m，出险处高程26.00m，水塘内水深0.5m	对4处管涌分别采取围井三级导滤处理，围井直径1~1.5m，高0.8~1m，内填黄砂厚0.3m，瓜米石厚0.2m，卵石厚0.2m；对水塘实施抽水反压，蓄水深1m至高程27.00m
监利杨林港	576+025	管涌群	8月14日	35.40	29.00	距堤脚25~40m水塘中出现4处管涌，其中1处孔径0.3m，不带砂；1处0.15m，2处0.1m，均带砂	对孔径0.3m管涌洞采取正反四级围井导滤，围井高1.5m，直径2m，其中底部用大卵石压杀水势，厚0.4m，然后依次铺填黄砂、小卵石、大卵石各厚0.3m；对另外3个孔采取三级导滤堆处理
监利南河口	589+000	管涌群	8月11日	35.40	28.42	距堤内脚32m水田中，2.5m² 范围内发现10处管涌，孔径0.005~0.02m，最大砂盘直径0.5m，沙丘高0.05m	采用围井反滤实施处理，围井直径3.5m，高1.4m。围井内分别填黄砂、瓜米石各厚0.3m，填筑卵石厚0.2m，并蓄水深0.5m
监利三支角	575+100~575+140	管涌群	8月21日	35.40		距堤内脚80m干塘抽水沟中，6m² 范围内发现管涌群，共14孔，其中最大一处孔径1.2m，最大砂盘直径1.4m	对各管涌点采取围井三级反滤堆进行处理。最大围井直径3m，依次铺填块石、卵石、瓜米石各厚0.2m，铺盖纱窗布，填粗砂厚0.2m，再铺一层纱窗布，再填瓜米石、卵石各厚0.2m
监利分洪口	618+850~618+865	内脱坡	8月8日	37.65		堤内坡高程33.40m处长15m范围内发生弧形内脱坡，吊坎高0.4~0.5m。出险堤段堤顶高程37.83m，面宽6m，另桩号618+850~619+250段长400m，距堤顶垂高1m以下出现严重散浸	严重散浸堤段开沟导滤，沟宽0.3m，内填二级砂石料，将渗水导出；在内脱坡处建透水土撑，内填黄砂、瓜米石各厚0.1m，防止内脱坡发展；外帮截渗，外帮长50m，宽5m，高出水面0.5m
监利下红庙	578+350、578+500	浑水洞	8月13日	35.40		堤脚垂高1m处出现2个浑水洞，孔径为0.07m、0.08m。出险堤段堤顶高程36.20m，面宽6m，浑水洞高程30.00m	浑水洞出逸处围井导滤，围井内径1.2m，外径3m，高1m，内填黄砂厚0.4m，瓜米石厚0.3m，卵石厚0.2m；外帮截渗，外帮长度分别为30m、40m，宽5m，高6.5m

续表

地点	桩号	险情类别	出险时间	出险水位/m 外江	出险水位/m 内塘	险情概述	处理情况
监利姜家门	547+400	浑水洞	8月21日	35.52		沿堤内脚水沟内出现1处管涌,孔径0.1m,该处堤顶高程36.10m,沟底高程27.00m	采取围井四级导滤实施抢护。围井内径4m,高1.1m,填黄砂0.3m,瓜米石、卵石、大卵石各厚0.2m;在抢护中,距管涌4.5m处内平台上又出现2处孔径分别为0.01m、0.02m的管涌,两孔间距1.5m。遂抢筑内径为8m,高0.8m的大围井(将小围井包围),三级导滤,填黄砂厚0.25m、瓜米石、卵石各厚0.2m
监利何王庙闸	611+190	闸险	7月19日			闸下游出现渗漏现象,且渗水量逐渐加大,水质浑浊,检查发现闸门底部有缝隙漏水	闸下游实施筑坝,二级蓄水反压
洪湖周家嘴	525+735～525+800	清水洞群	7月26日	33.86		7月5日出现2个清水漏洞,25—26日又连续出现8个清水洞,出险部位在堤脚、堤坡长65m范围内,高程30.00～31.20m处,孔径0.02～0.03m	采取二级、三级围井导滤,堤外外帮长150m,宽10m,高出水面0.5m,完成土方3000m³,堤内筑围堰,长40m、宽8m、高1.5m
洪湖王洲	495+595	管涌	7月19日	32.04		距堤脚25m处有1孔管涌,孔径0.15m,出浑水带砂出水量1.5～1.8t/h。管涌点高程29.00m	采取围井三级导滤,围井外径4m,内径2m,高0.6m,内填砂、瓜米石、卵石各厚0.2m;内平台上筑大围堰,长60m、宽100m、高1.2m;堤外加筑外帮,长30m,宽5m,高出水面0.5m
洪湖任公潭	494+865	管涌群	8月23日	34.08	27.60	距堤内脚90m水塘内发现一孔径0.5m管涌,砂盘直径2m,高0.1m。内地面高程27.00m,水塘长110m,宽65m,管涌出逸点高程25.60m。26日又出现2处管涌,孔径0.08m、0.12m	采取三级围井导滤实施处理,导滤堆直径5m,高1.4m,内填粗砂厚0.7m、瓜米石厚0.4m、卵石厚0.3m。26日出新管涌后,采取水下三级导滤堆处理,导滤堆长3m、宽2m、高1.2m,填粗砂厚0.5m、瓜米石厚0.4m、卵石厚0.3m
洪湖中沙角	491+600～491+610	管涌群	8月3日	33.37		距堤脚50m水塘内管涌3个,顺堤间距5m,孔径0.08m、0.2m、0.4m,3处砂盘均高0.3m,直径1.5m	3处管涌分别用0.5m³、1.25m³、1.5m³卵石填洞口,分别建三级导滤,抽水反压至27.0m,水塘面积2hm²
洪湖小沙角	491+000	管涌群	8月3日	33.37		距堤脚55m塘内管涌2个,顺堤排列,间距5m,孔径0.2m,1号砂盘直径6m,高1m,2号砂盘直径6m,高0.7m	以卵石压孔,高0.2m,再建三级导滤堆(8m×16m),其中粗砂、瓜米石、卵石各厚0.4m,高1.4m;围堰抽水反压,反压水位26.80m

627

地点	桩号	险情类别	出险时间	出险水位/m		险情概述	处理情况
				外江	内塘		
洪湖青山	485+400～485+600	内脱坡	8月20日	34.08		该段长200m堤内坡出现内脱坡，其中桩号485+550～485+565段，长15m，高程32.00m处出现滑楼，吊坎高0.2～0.3m，缝宽0.02～0.08m，缝内有明水；其余段裂缝宽0.01～0.02m，由高位严重散浸所致	开沟导渗，在出险段200m范围内每4m开一条直沟，规格0.3m×0.4m，内填砂石料；内平台上亦开沟排水，规格1m×0.6m；外帮截渗，外帮长200m，宽5m，高出水面0.1m；内平台修筑透水压台、土撑，长150m，高3m，宽10m；险情控制后，对裂缝进行抽槽翻筑
洪湖套口	458+540～458+580	管涌群	8月2日	32.83		顺堤长40m范围内有2处5个管涌孔。下游1处距堤脚48m，孔径0.15m，砂盘直径1.5m，高0.3m，上游1处距堤脚28m有管涌4孔，孔径最大为0.12m，4孔砂盘在长5m、宽3m、高0.5m范围内	对桩号458+540处管涌采用三级围井导滤，规格3m×2m，高1m，内填砂厚0.4m，瓜米石厚0.2m，卵石厚0.2m；桩号458+580处管涌贴内平台肩筑半圆形围井，半径6.5m，高1m，先用0.2m厚卵石压水势，再填砂厚0.4m，瓜米石厚0.2m，卵石厚0.1m。另建大围堰抽水反压。围井长18m、宽20m
洪湖田家口	445+300～445+510	管涌	7月9日	31.08		距堤脚80m排水沟内发现管涌险情，共24孔，其中孔径0.01～0.02m的有9个，砂盘直径0.05m；直径0.1m孔2个，其一砂盘直径0.7m，高0.1m	孔径0.1m管涌，采用围井三级导滤，井径1.5m，高1m内填砂、瓜米石、卵石各厚0.3m；孔径0.01～0.02m的管涌，采用二级导滤堆，堆径1m，高0.6m，填砂、卵石各厚0.3m。蓄水反压，将沟两端筑坝，长800m，蓄水深1.5m
洪湖天门堤	433+650	管涌	8月21日	32.84		距堤内脚60m水沟内发现孔径为0.3m管涌，砂盘直径2m，高0.2m。水沟宽40m，沟底高程26.30m，地面及水沟水面高程27.50m	采用正反五级反滤堆实施抢护，反滤堆直径3m，高1.5m，分别铺填卵石厚0.2m、瓜米石厚0.3m、粗砂厚0.5m、瓜米石厚0.3m、卵石厚0.2m；同时在水沟中筑围堰蓄水反压，围堰规格25m×30m，高1.5～2m，反压水面高程28.20m
洪湖八十八潭	431+850～432+355	管涌（含红光二组和洲脚村）	7月12日至8月13日	30.53	27.00	距堤内脚260～320m鱼塘内发现管涌3个。1号管涌桩号432+310，距堤脚320m，孔径0.3m，砂盘直径1.4m，砂盘高0.5m；2号管涌桩号432+315，距堤脚300m，孔径0.4m，砂盘直径1.5m，高0.2m；3号管涌桩号432+355，距堤脚260m，孔径0.55m，砂盘直径1.8m，砂盘高0.5m	采取三级导滤堆导滤，1号导滤堆直径2.3m，高1.8m，2号导滤堆直径2.6m，高1.8m，3号导滤堆直径3m，高1.8m；蓄水反压，蓄水围堰周长460m，顶部高程28.00m，中间筑隔堤将3号与1号、2号导滤堆分开，反压水位27.50m

地点	桩号	险情类别	出险时间	出 险 水 位/m		险情概述	处理情况
				外江	内塘		
洪湖虾子沟	412+250	管涌群	8月17日			距堤脚200m水沟内发现管涌群,共13孔,分布在5m范围内,砂盘集中长5m、宽7m、高0.1~0.3m。沟底高程24.30m	实施围井导滤,大围井规格6m×7.5m×0.8m,大管涌正反五级导滤,小管涌四级导滤
洪湖七家垸	422+000~424+400	子堤漫溢	8月20日	32.99		当晚,燕窝河段刮大风,致使外垸子堤漫溃,干堤及子堤挡水,该段堤顶高程32.50~32.70m,加筑子堤高1m,挡水0.5m,受大风影响,桩号422+000~422+130段子堤被风浪摧垮,口门宽140m,过水深0.3~0.6m	七家外垸漫溃后,防汛部门调集部队1700人,劳力300人赶赴现场抢筑干堤子堤,溃口子堤于22时合龙,并对其余子堤实施加固。七家外垸漫溃后,干堤多年未挡水,堤身散浸严重,实施开沟导滤,并筑透水土撑
公安港关	68+560~68+640	浑水洞及管涌群	7月24日	42.82		距堤脚2.5m,高程39.20m处发现管涌5个,孔径0.01~0.07m;在堤身高程41.20m处,长80m范围内发现4个浑水洞,孔径0.01~0.02m	堤外铺盖油布4块,封口后先用编织袋装土盖压,再运土外帮,长80m、宽5m、高出水面0.3m,对5个管涌孔实施围井导滤,围井内径1m,高0.5m,填粗砂厚0.3m,卵石厚0.2m;堤内脚筑坝蓄水反压,蓄水位高程40.60m
公安新店堤	81+200	浑水洞	7月24日	43.09		堤内坡高程36.50~37.20m处,出现5个浑水洞,孔径0.01~0.2m,出水量大且带土粒及小土块,并流出白蚁,外江出现旋涡	采用围井二级导滤处理,围井直径均为1m,高0.7m,砂厚0.4m,卵石厚0.3m;堤外用油布盖压洞口,外压袋土,并筑土帮,长40m,宽7m,高出水面0.2m
荆州区大口	705+400	管涌群	7月24日	44.00	41.00	距堤内脚12m水塘内出现8处管涌,其中1处孔径0.05m,有2处孔径0.03m,其余5处孔径为0.01m	在孔径0.03m和0.05m的3个管涌周围采取围井二级导滤处理。围井规格4m×4m,高0.8m,填粗砂厚0.3m,卵石厚0.4m;并在水塘周围筑子堤高0.5m,抽水反压至42.20m

附表 7-3 **1998年汛期荆州河段干支堤防险情数量统计表**

堤别/县(市、区)	险情总数	管 涌		清水漏洞		浑水漏洞		散 浸		崩 岸		裂 缝		脱 坡		跌窝	浪 坎		涵闸险情	水井(钻孔)险情	
		处数	个数	处数	个数	处数	个数	处数	长度/m	处数	长度/m	处数	长度/m	处数	长度/m		处数	长度/m		处数	个数
合计	1770	421	1438	506	770	68	189	571	178982	6	895	65	3033.75	55	1895.7	9	31	23401.3	13	26	36
荆江大堤	91	11	38	20	28			43	3417							1	6	523	2	8	8
荆州区	10			2	2			6	236											1	1
沙市区	33	1	2	5	5			23	1796							1				3	3

续表

堤别/县(市、区)	险情总数	管涌 处数	管涌 个数	清水漏洞 处数	清水漏洞 个数	浑水漏洞 处数	浑水漏洞 个数	散浸 处数	散浸 长度/m	崩岸 处数	崩岸 长度/m	裂缝 处数	裂缝 长度/m	脱坡 处数	脱坡 长度/m	跌窝	浪坎 处数	浪坎 长度/m	涵闸险情	水井(钻孔)险情 处数	水井(钻孔)险情 个数
江陵县	37	5	10	12	20			12	1055								3	433	1	4	4
监利县	11	5	26	1	1			2	330								3	90			
长江干堤	1163	216	763	403	614	10	11	452	163494	1	50	20	660	21	1289	4	25	22878.3	3	8	16
松滋市	39	7	13	3	8	2	2	20	3418	1	50	1	4	1	20		1	350	2	1	1
荆州区	8	7	23					1	40												
公安县	264	40	199	71	125	1	1	127	66910			2	43	16	977	1	3	260		3	11
石首市	62	6	45	28	29	3	3	23	32030			1	90				1	10			
监利县	205	50	159	65	83	3	4	69	16983			4	90	2	35		10	17880	1		1
洪湖县	585	106	324	236	369	1	1	212	44113			12	433	2	257	3	10	4378.3		3	3
支民堤	516	194	637	83	128	58	178	76	12071	4	53	45	2373.75	34	606.7	4			8	10	12
松滋市	21	5	24	1	3							1	83	6	137	1	1	29.6	2		
荆州区	39	18	55	4	7			17	1172												
公安县	231	40	93	43	65	32	115	58	10699			32	1692.75	9	223.2	2			5	10	12
石首市	167	96	300	29	38	18	55	1	200	3	450	2	40	18	289	1					
监利县	58	35	165	6	17	5	5					6	504	5	65						1

附表 7－4　　　　1998 年汛期荆州河段干支堤防重大险情统计表

序号	出险时间	出险地点、堤段	桩号	险情类别
1	7 月 16 日	松滋市长江干堤王家大路	720＋150～720＋160	管涌
2	8 月 6 日	松滋市松西右支堤大公闸	13＋300	浑水洞
3	8 月 6 日	松滋市松西右支堤新河口	34＋490	管涌
4	8 月 9 日	松滋市松西左支堤丝线潮	15＋600、15＋800	管涌
5	7 月 18 日	荆州区虎西支堤向家码头	12＋150	管涌
6	7 月 18 日	荆州区虎西支堤隔堤搭垴	23＋300	管涌
7	7 月 24 日	荆州区长江干堤大口村三组	705＋400	管涌群
8	8 月 4 日	荆州区虎西支堤马嚎	22＋550	管涌
9	8 月 6 日	荆州区长江干堤大口村三组	705＋380	管涌
10	8 月 13 日	荆州区虎西支堤杨林湖	16＋780	管涌
11	8 月 18 日	荆州区荆江大堤洪家湾	791＋330	清水洞
12	8 月 2 日	江陵县荆江大堤陈家湾	737＋750	管涌
13	8 月 6 日	江陵县荆江大堤郝穴铁牛	709＋600	浪坎（平台冲坑）
14	8 月 10 日	江陵县荆江大堤边江	701＋600	机井管涌
15	8 月 12 日	江陵县荆江大堤柳口	699＋000	管涌
16	7 月 24 日	公安县松东右支堤新店	81＋200	浑水漏洞群
17	7 月 24 日	公安县松西右支堤义胜哨棚	78＋360～78＋440	浑水洞 跌窝
18	7 月 24 日	公安县松东右支堤港关桥头	68＋560～68＋640	浑水漏洞 管涌群
19	7 月 25 日	公安县松东右支堤蔡田湖老倒口	73＋000	浑水洞
20	7 月 27 日	公安县松西右支堤团结村八组	75＋430	浑水洞
21	8 月 1 日	公安县南线大堤大竹垸	595＋585～595＋590	管涌
22	8 月 5 日	公安县南线大堤谭家湾	594＋100	管涌
23	8 月 5 日	公安县虎西干堤沙月堤	8＋867～8＋872	管涌
24	8 月 9 日	公安县长江干堤北堤湾	633＋100	清水洞
25	8 月 11 日	公安县长江干堤李家花园	631＋800	管涌
26	8 月 14 日	公安县虎东干堤王家湾	9＋608	清水洞

序号	出险时间	出险地点、堤段	桩　　号	险情类别
27	8月26日	公安县松西右支堤郑公渡	88＋160	清水洞
28	8月3日	石首市长江干堤大路口	580＋960	管涌
29	8月5日	石首市长江干堤青山粮店	516＋018	清水洞
30	8月5日	石首市长江干堤青山粮店	516＋240	浑水洞
31	8月5日	石首市长江干堤郝家湾	577＋480	清水洞
32	8月6日	石首市长江干堤管家铺	580＋780～580＋980	管涌群
33	8月8日	石首市久合垸支堤金堂拐	20＋500	浑水洞
34	8月8日	石首市久合垸支堤宜兴南垸	49＋180～49＋240	浑水洞
35	8月14日	石首市久合垸支堤宜兴南垸	19＋230～19＋235	浑水洞
36	7月24日	监利县荆江大堤窑圻垴	633＋400～636＋500	管涌
37	8月8日	监利县长江干堤分洪口	618＋850～618＋865	内脱坡
38	8月10日	监利县荆江大堤八老渊	635＋700	管涌
39	8月10日	监利县长江干堤薛潭	571＋180	管涌群
40	8月11日	监利县长江干堤南河口	589＋000	管涌群
41	8月11日	监利县人民大垸支堤糖厂	13＋500	浑水洞
42	8月13日	监利县长江干堤下红庙	578＋350、578＋500	浑水洞
43	8月14日	监利县长江干堤三支角	574＋800	管涌群
44	8月14日	监利县长江干堤杨林港	576＋025	管涌群
45	8月15日	监利县长江干堤薛潭	571＋240～571＋280	管涌
46	8月15日	监利县长江干堤永红	589＋350	管涌
47	8月21日	监利县长江干堤姜家门	547＋400	管涌
48	8月21日	监利县长江干堤三支角	575＋100～575＋140	管涌
49	8月26日	监利县长江干堤南河口	589＋700	管涌
50	8月30日	监利县长江干堤杨家湾	638＋200	管涌
51	7月3日	洪湖市长江干堤叶家边	420＋790	管涌
52	7月4日	洪湖市长江干堤甘家潭	493＋140	管涌
53	7月6日	洪湖市长江干堤边洲	428＋610	管涌
54	7月7日	洪湖市长江干堤宿公洲	474＋300	管涌
55	7月7日	洪湖市长江干堤螺山	527＋215	清水洞
56	7月12日	洪湖市长江干堤八十八潭	432＋310～432＋355	管涌
57	7月19日	洪湖市长江干堤王洲	495＋595	管涌
58	7月23日	洪湖市长江干堤梅家墩	453＋875	管涌
59	7月24日	洪湖市长江干堤甘家门	502＋400～502＋410	管涌
60	7月25日	洪湖市长江干堤七家垸	423＋600	管涌
61	7月26日	洪湖市长江干堤七家垸	424＋150	浑水洞
62	7月26日	洪湖市长江干堤周家嘴	525＋735～525＋800	清水洞
63	7月27日	洪湖市长江干堤任公墩	494＋900	管涌
64	7月28日	洪湖市长江干堤七家垸	424＋260	管涌
65	8月2日	洪湖市长江干堤套口	458＋540～458＋580	管涌
66	8月3日	洪湖市长江干堤小沙角	491＋000	管涌
67	8月3日	洪湖市长江干堤中沙角	491＋650	管涌
68	8月8日	洪湖市长江干堤红光村二组	432＋070～432＋100	管涌
69	8月11日	洪湖市长江干堤洲脚村	431＋850	管涌
70	8月13日	洪湖市长江干堤大沙角	492＋750	管涌
71	8月14日	洪湖市长江干堤高桥泵站	474＋705	管涌
72	8月20日	洪湖市长江干堤七家垸	421＋990～422＋130	漫溃
73	8月20日	洪湖市长江干堤青山	485＋400～485＋650	脱坡
			485＋050～485＋070	裂缝
74	8月21日	洪湖市长江干堤天门堤	433＋650	管涌
75	8月22日	洪湖市长江干堤大沙角	492＋760	管涌
76	8月23日	洪湖市长江干堤任公潭	494＋865	管涌
77	8月26日	洪湖市长江干堤任公潭	494＋865	管涌

附表 7－5

1998 年长江洪峰特征值统计表

站名	第一次洪峰			第二次洪峰			第三次洪峰			第四次洪峰			第五次洪峰			第六次洪峰			第七次洪峰			第八次洪峰			特征水位				历年特征值	
	时间	水位/m	相应流量/(m³/s)	时间	水位/m	相应流量/(m³/s)	时间	水位/m	最大流量/(m³/s)	时间	水位/m	最大流量/(m³/s)	时间	水位/m	最大流量/(m³/s)	时间	水位/m	最大流量/(m³/s)	时间	水位/m	最大流量/(m³/s)	时间	水位/m	最大流量/(m³/s)	警戒水位/m	保证水位/m	历年最高水位/m	时间	历年最大流量/(m³/s)	时间
寸滩	7月1日23:00	173.90	29500	7月15日20:00	182.11	54800	7月22日21:00	176.84	39700	8月4日6:00	179.10	46000	8月8日21:00	176.80	39400	8月14日6:00	178.10	43300	8月23日16:00	183.20	58000	8月29日8:00	182.60	56200	180.00		191.41	1981年7月	85700	1981年7月
宜昌	7月3日0:00	52.91	54500	7月18日1:00	53.00	55900	7月24日20:00	52.45	51700	8月7日21:00	53.91	63200	8月12日14:00	54.03	62800	8月17日4:00	54.50	63300	8月25日7:00	53.29	56100	8月31日2:00	53.52	56800	53.00	55.73	55.92	1896年9月4日	71100	1896年9月4日
沙市	7月3日5:00	43.97	49200	7月18日8:00	44.00	46100	7月25日5:00	43.85	46900	8月8日4:00	44.95	49000	8月12日21:00	44.84	49500	8月17日9:00	45.22	53700	8月26日1:00	44.39	44700	8月31日17:00	44.43	46100	43.00	确保	45.22	1998年8月		
石首	7月3日8:00	39.87		7月18日14:00	39.79		7月25日18:00	39.91		8月8日21:00	40.72		8月13日3:00	40.67		8月17日11:00	40.94		8月26日10:00	40.30		8月31日20:00	40.27		38.00	39.89	39.89			
监利	7月4日14:00	37.09	38600	7月18日11:00	36.89	43500	7月26日17:00	37.55	34600	8月9日2:00	38.16	39600	8月13日19:00	38.09	41200	8月17日22:00	38.31	46300	8月26日15:00	37.67	40200	9月1日8:00	37.62	40700	34.50	36.57	38.31	1998年8月17日	46300	1998年8月
城陵矶	7月6日5:00	34.52	26200	7月20日17:00	33.86	20600	7月27日8:00	35.48	30300	8月9日13:00	35.57	26200	8月13日19:00	35.37	23400	8月20日14:00	35.94	28800	8月28日5:00	35.30	25000	9月1日19:00	35.26	24000	32.00	34.55	35.94	1998年8月20日	57900	1931年7月
螺山	7月6日5:00	33.51	60800	7月21日23:00	32.90	56700	7月26日4:00	34.44	67800	8月9日14:00	34.62	65900	8月13日15:00	34.44	60900	8月20日18:00	34.95	64100	8月28日5:00	34.43	59300	9月1日11:00	34.30	59800	31.50	33.17	34.95	1998年8月20日	78800	1954年8月7日
新堤	7月6日4:00	32.89		7月21日14:00	33.86		7月27日5:00	33.84		8月9日14:00	34.03		8月13日14:00	33.86		8月20日21:00	34.35		8月28日5:00	33.72		9月1日11:00	33.70		31.00	32.75	34.60	1998年8月20日		
汉口	7月5日20:00	28.16		7月22日14:00	27.75		8月1日20:00	29.20		8月9日23:00	29.39	68300				8月19日21:00	29.43	72300							26.30	29.73	29.73	1954年8月18日	76100	1954年8月14日
新江口	7月3日8:00	45.22	6500	7月18日5:00	45.23	6000	7月24日20:00	45.28	4900	8月8日2:00	45.84	5900	8月13日5:00	45.70	6090	8月17日14:00	46.18	6550	8月26日5:00	45.47	5330	8月31日17:00	45.58	5660	43.50	45.77	46.18	1998年8月17日	7391	1981年
沙道观	7月3日14:00	44.48	2200	7月18日8:00	44.58	2170	7月25日2:00	44.75	1850	8月8日6:00	45.19	2300	8月13日8:00	44.98	2300	8月17日12:00	45.51	2630	8月26日5:00	44.84	2180	8月31日17:00	44.94	2200	43.50	45.21	45.51	1998年8月17日	3730	1954年8月7日

续表

站名	第一次洪峰 时间	水位/m	相应流量/(m³/s)	第二次洪峰 时间	水位/m	相应流量/(m³/s)	第三次洪峰 时间	水位/m	最大流量/(m³/s)	第四次洪峰 时间	水位/m	最大流量/(m³/s)	第五次洪峰 时间	水位/m	最大流量/(m³/s)	第六次洪峰 时间	水位/m	最大流量/(m³/s)	第七次洪峰 时间	水位/m	最大流量/(m³/s)	第八次洪峰 时间	水位/m	最大流量/(m³/s)	特征水位 警戒水位/m	保证水位/m	历年最高水位/m	时间	历年特征值 历年最大流量/(m³/s)	时间
弥市	7月3日 8:00	43.74	2310	7月18日 14:00	43.81	2180	7月25日 5:00	43.79	1750	8月8日 6:00	44.63	2920	8月13日 5:00	44.47	3010	8月17日 9:00	44.9	3020	8月26日 8:00	44.21	2600	8月31日 14:00	44.22	2550	43.00	44.15	44.9	1998年 8月19日	3240	1998年
管家铺	7月4日 9:00	39.08	4570	7月18日 17:00	39.08	4300	7月25日 20:00	39.39	4250	8月8日 2:00	40.19	5140	8月13日 11:00	40.06	5480	8月17日 14:00	40.28	6210	8月26日 8:00	39.73	4890	9月1日 2:00	39.72	4930	40.00	42.25	40.28	1998年 8月17日	11900	1950年 7月22日
康家岗	7月4日 9:00	39.27	360	7月18日 17:00	39.26	386	7月25日 20:00	39.52	372	8月8日 20:00	40.24	534	8月13日 20:00	40.21	531	8月17日 17:00	40.44	592	8月26日 14:00	39.87	488	9月1日 2:00	39.89	491	40.00	41.94	39.87	1954年 8月8日	2890	1957年 7月22日
闸口	7月4日 20:00	41.63		7月18日 23:00	41.47		7月25日 8:00	42.48		8月7日 00:00	42.38		8月13日 19:00	41.33		8月19日 7:00	42.19		8月26日 14:00	41.48		9月1日 2:00	41.50		40.00	42.25	42.25	1954年 8月7日		
渣关	7月4日 11:00	42.18		7月19日 8:00	41.97		7月24日 14:00	43.18		8月6日 16:00	42.83		8月13日 7:00	42.23		8月19日 2:00	43.10		8月27日 12:00	42.35		9月1日 00:00	42.32		40.00	41.94	42.54	1981年 7月20日		
郑公渡	7月4日 14:00	41.81		7月19日 11:00	41.43		7月24日 12:00	43.26		8月6日 22:00	42.43		8月12日 22:00	41.93		8月19日 8:00	43.01		8月27日 12:00	42.21		9月1日 2:00	42.07		39.50	41.62	42.07	1991年 7月12日		
黄四嘴	7月5日 8:00	40.11		7月19日 8:00	39.63		7月24日 12:00	41.93		8月6日 12:00	40.64														38.00	39.62	40.79	1991年 7月8日		
法华寺	7月4日 14:00	42.20		7月19日 5:00	41.85		7月24日 14:00	43.38		8月6日 16:00	42.79		8月12日 21:00	42.52		8月19日 7:00	43.33		8月27日 11:00	42.75		9月1日 2:00	42.51		40.50	42.5	42.94	1980年 8月5日		
河溶	7月3日 12:00	49.09	1490							8月8日 12:00	47.52	740				8月21日 12:00	48.51	900	8月21日 15:00	48.04	924	8月30日 20:00	46.20	534	48.00		50.49	1958年 7月19日		
万城	7月3日 17:00	44.69	1330	7月18日 14:00	44.33		7月25日 8:00	42.21	440	8月8日 11:00	45.35	390	8月13日 2:00	45.12		8月17日 11:00	45.76	1200	8月25日 20:00	44.81		8月31日 20:00	44.88		43.50	45.41	45.41	1996年 8月5日	2070	1996年 8月5日

注 宜昌站为实时最大流量；万城站始建于1989年；第四次洪峰系于8月7日溃口和汉江洪水汇合形成；黄四嘴因孟溪垸8月7日溃口停止观测；螺山站受城陵矶出湖流量加大影响，8月1日7时洪峰水位34.52m，相应流量62000m³/s；汉口站第五次无峰，第六次洪峰由长江和汉江洪水汇集，第七次洪峰城陵矶至新堤段腹涨涨幅不大。第七、第八次汉口无峰。

附表 7-6

1998年长江洪峰组合情况统计表

峰次	寸滩 水位/m	寸滩 流量/(m³/s)	寸滩 时间	武隆 流量/(m³/s)	三峡区间 均雨量/mm	三峡区间 产水/(m³/s)	三峡区间 时间	小江 溢洪/(m³/s)	宜昌 水位/m	宜昌 流量/(m³/s)	宜昌 时间	隔河岩 水位/m	隔河岩 Q入/(m³/s)	隔河岩 Q出/(m³/s)	长阳 流量/(m³/s)	枝城 水位/m	枝城 流量/(m³/s)	沮漳河 流量/(m³/s)	沙市 水位/m	沙市 流量/(m³/s)	沙市 时间	石首 水位/m	监利 水位/m	螺山 水位/m	坡陂矶 水位/m	坡陂矶 流量/(m³/s)	坡陂矶 时间	新堤 水位/m	汉口 水位/m
第一次	173.09	29500	7月1日 23:00	5330	127	9000	6月30日 8:00	3140	52.91	53000	7月3日 2:00	193.91	11000	4780	52900	49.33	58200	989	43.97	49200	7月3日 5:00	39.87	37.09	33.51	34.52	26200	7月6日 4:00	32.89	28.16
第二次	182.11	54800	7月15日 20:00	2220	8.4	600			53	56400	7月18日 1:00	192.7	1170	11	10	49.23	56000	450	44.00	46100	7月18日 8:00	39.79	36.89	32.90	33.86	20600	7月20日 17:00	32.27	27.75
第三次	176.84	39700	7月22日 21:00	13700	15.3	1090	7月21日 8:00		52.45	52000	7月24日 20:00	195.15	500	16	55	48.87	51500	130	43.85	46900	7月25日 5:00	39.91	37.55	34.44	35.48	30300	7月28日 8:00	33.84	29.20
第四次	179.07	46000	8月4日 6:00	10500	37.8	2700	8月3日 8:00		53.91	61500	8月7日 22:00	203.49	3500	3000	3310	50.13	59800		44.95	48500	8月8日 4:00	40.72	38.16	34.62	35.57	26200	8月9日 13:00	34.03	29.39
第五次	176.76	39400	8月8日 21:00	6230	40	2830	8月7日 8:00	4770	54.03	62800	8月12日 15:00	199.11	600	500	580	49.98	64000		44.84	49500	8月12日 21:00	40.67	38.09	34.44	35.37	23400	8月13日 13:00	33.86	
第六次	178.13	43300	8月14日 6:00	3200			8月15日 8:00		54.5	60200	8月17日 4:00	203.58	5150	6800	7090	50.62	68000	1200	45.22	53700	8月17日 9:00	40.94	38.31	34.95	35.94	28800	8月20日 14:00	34.35	29.43
第七次	183.21	58000	8月23日 16:00	3030					53.29	56300	8月25日 12:00	195.87	350	0	27	49.52	56900		44.39	44100	8月26日 1:00	40.30	37.67						
第八次	182.57	56200	8月29日 8:00	5370	8.4	600	8月28日 8:00	539	53.52	57400	8月31日 2:00	197.15	600	200	208	49.72	57900	400	44.43	46000	8月31日 17:00	40.27	37.62	34.30	35.26	24000	9月1日 19:00	33.70	

第八章　堤　防　科　技

建国前，堤防加培、防汛抢险是历代民众在实践中不断总结经验教训的基础上完成的。建国后，随着堤防建设管理事业和科技水平不断发展，人们不断总结先人经验教训，不断借助新的科研成果，将新技术、新工艺、新材料应用于河道堤防建设和管理。

荆江地区堤防堤基渗漏、堤身隐患和崩岸三大险情突出。建国后，通过大量勘测、试验和研究，基本查清荆江地区堤防地质情况，摸清了堤防存在的问题：长江干堤大部分地质结构多属砂土二元结构，堤基粘性土层薄，管涌等险情严重；堤身隐患较多，生物侵害严重；部分堤段迎流顶冲、深弘逼岸，河势多变，崩岸剧烈。

建国以来，国家和地方投入大量人力、物力、财力进行崩岸研究及整治，实施长期大规模护岸工程，崩岸险情得到有效控制，河势基本稳定。

荆州河段河流密布，众水汇集，江面宽阔，水深流急。每值汛期，风浪频繁而至，常冲刷淘洗滩岸、禁脚乃至堤身，对堤防安全造成威胁。河道堤防部门组织科研人员开展长江防浪林防风消浪科研实验，成果显著。

千里金堤，溃于蚁穴。数千年来白蚁一直大量生存繁殖于长江堤防上，活动区域几乎覆盖荆江地区干支堤防，建国前数千年来对蚁患危害几乎束手无策。建国后，大力实施堤防整险加固工程，综合治理堤身存在的隐患险情。荆州长江河道系统先后成立两家白蚁专业研究机构，长期开展白蚁生活习性及灭蚁方式研究，逐步总结出防治蚁患的经验和办法，广泛运用于长江干支堤防，取得显著成果。

荆州市长江河道堤防管理部门历年来相继完成长江防浪林防风消浪研究、堤身蚁穴系统的结构及强度与稳定性研究、中型挖泥船增长排距技术、黑翅土白蚁初建群体研究等多项科研项目，获得省部级奖励6项，市（厅）级奖励6项。河道堤防系统职工发表在市级以上核心刊物或在省级技术、学术交流大会上交流的水利及相关专业论著共104篇，编写专著4部，优秀论文获市级以上奖励6篇。多年治水实践中，全系统涌现出一批科技人才，袁仲实、陈扬志、镇万善、张致和、陈德芳、周芝泉、冯德平、周运生等8人享受国务院政府特殊津贴，游汉卿享受湖北省人民政府津贴，蔡作武享受荆州市人民政府津贴。

第一节　防渗研究及运用

为增强荆江地区干支堤防抗洪能力，在长江委、省水利厅及所属科研单位帮助和指导下，多年来，河道堤防部门不懈地开展堤防地质情况调查，为堤防建设提供了翔实的地质资料，为防汛抢险提供了科学依据。

一、勘测调查

先后于1954年、1955年、1958年、1965年、1966年和1976年在荆江大堤龙二渊、柳口、黑窑厂、黄灵垱、郝穴、斐家台、蛟子渊、胡家潭、肖家潭、李埠等堤段实施钻探试验。其中，1958年以研究堤基管涌为重点，选择代表性断面40处，钻探185孔，总进尺3195米，钻孔布置分为堤基、堤身两类。研究堤基问题实施的钻探原则上钻至砂卵石层，每个断面布置4孔，其中1孔、2孔各钻深约20米，3孔、4孔各钻深约15米，共钻进约70米；研究堤身问题实施的钻探原则上钻至堤内地面下 10 米止，每个断面布置 5 孔，其中 1 孔、4 孔各钻深约 15 米，2 孔、3 孔各钻深约 20 米，5 孔钻深约 10 米，共钻进约 80 米。所取土样经长科院土工试验室进行颗粒分析，确定土壤名称及不均匀系数，并开展比重、含水量、干容重、流塑限和剪力、渗透等项试验。此外，堤基部分还另外实施压缩试验。根据这些资料成果，1961 年 8 月，长春地质学院大堤科研组编著《荆江大堤堤基翻砂涌水现象分析》一书。1976 年长科院又对上述地区历来土工试验资料进行整理，编制《荆江地区地基粘性土性质指标间的相互关系》报告。

上述试验研究，对于了解区域地质条件及堤基情况发挥一定作用，但就荆江大堤实施全面加固设计需要而言，系统、完整的地质资料仍然欠缺。1986 年根据国家计委 241 号文件精神，委托湖北省水利勘测设计院承担荆江大堤加固工程补充勘测设计任务；委托国家地震局武汉地震大队鉴定荆江地区地震基本烈度；委托长办物探队负责荆江大堤沿线万分之一精度地球物理勘探工作；委托湖北省水文地质大队负责荆江大堤沿线 1∶25000 综合工程地质测绘。此次勘测设计长度，由监利城南至荆州枣林岗，全长 182.35 千米；另按国家计委批文要求，增加监利城南至半路堤 4.2 千米堤段。勘探工作自 1986 年 9 月起陆续进行，至 1987 年 4 月完成外业，当年 9 月又在充分利用历年勘测资料基础上，进行整理和研究。

20 世纪 90 年代，南线大堤、松滋江堤、荆南长江干堤、洪湖监利长江干堤以及荆南四河堤防相继实施大规模加固建设。加固建设前，对这些堤防开展全面、系统地堤防地质情况勘察。南线大堤地质勘测由长江委第七勘测队负责，1990 年 11 月开始实施，次年 4 月完成勘察。完成地质纵剖面 1 个，地质横剖面 11 个，总进尺 1233 米，钻孔 47 个，取原状样 123 个，扰动样 188 个。钻孔布置原则为堤顶孔间距约 1 千米；沿堤线每 2 千米布置勘探横剖面，一般堤顶、堤脚内外各 1 个，孔距 50～100 米，若为渗透试验横剖面则另增设 1～2 个钻孔；钻孔深度 10～20 米。松滋江堤加高加固工程地质勘察始于 1990 年 12 月，次年 4 月完成地质、钻探、试验及取样等工作。勘测全长约 54 千米，其中包括老城至胡家岗堤段 18 千米，东大口至灵钟寺 9.6 千米，灵钟寺至罗家潭 26.4 千米；开展比例尺 1∶10000 的地质测绘 110 平方千米；实测 1∶2000 横剖面 24 条 11.05 千米，机钻 86 孔 1503 米，手摇钻 142 孔 475 米；开展力学试验 131 组、物理试验 471 组。土体物理力学及渗流试验由长科院承担。荆南长江干堤加固工程于 1999 年 11 月底开始地质勘察工作，2000 年 6 月完成，开展各种比例尺工程地质测绘 698 平方千米；勘探剖面 329 条；小口径钻探孔 2644 个，进尺 6.3 万米；手摇钻孔 276 个，进尺 842 米；物理力学性质试验 2500 余组；渗透破坏试验 52 组；标准贯入试验 2937 段；水文地质试验 1180 段。洪湖监利长江干堤整险加固时实施初步设计阶段地质勘察，钻孔布置主要位于险工险段、护岸段及穿堤建筑物。对 1998 年发生险情段，布置 1～3 个横剖面，纵断面钻孔间距按 500 米实施，横剖面 3～5 孔，钻口间距按 80～100 米实施，共钻探 528 孔 4824 米，取原状样 1599 组，扰动样 565 组，标准贯入试验 1883 次。荆南四河堤基地质勘测于 1999 年 3 月开始，7 月中旬完成，实测 1∶25000 纵断面 691.31 千米；实测 1∶200 横断面 170 条 85.8 千米，放、测钻孔 610 个；1∶50000 地质测绘共 951.08 平方千米；实测 1∶200 地质横断面 170 条 85.8 千米；地质钻探 610 孔 13776 米；标贯试验 2537 次。

大量基础地质勘察试验基本弄清了荆州长江干支堤防区域地质环境、堤基工程地质条件、堤身基本情况和渗漏产生原因以及针对其特点所应采取的渗控措施，为堤防全面整险加固和防汛抗洪提供了必要的科学依据。

二、区域地质环境

荆江地区两岸干堤地层结构为第四系沉积物，总厚约 100～120 米，有粘土、壤土、砂卵石等，由上而下，由细到粗，属典型河流相沉积。荆江大堤所处位置在江汉断隔区内的江陵断凹区与陈沱口断凹区之上，为第四系以来沉降中心。根据地震地质背景及地震活动分析，枣林岗至观音寺、柳口至聂家堤头堤段，处于Ⅶ度地震危险区，其余堤段处于Ⅵ度地震区。松滋江堤所在区域及邻近地区发育有雾渡河断裂、天阳坪断裂、高家溪断裂、枝江断裂及松滋断裂，各断裂均隐伏于第四系以下，其中以走向北西的雾渡河断裂及天阳坪断裂规模最大。松滋江堤所在区域地层物质主要为一套由粗到细多韵律的河湖相松散沉积物组成，自西向东厚度渐增，一般厚42～52米；按层次分为上中下三段，上段厚0～18米，除表层为堆积土以外，主要为粉质壤土、粉质砂壤土、细砂等；中段厚7～13米，主要为粉质粘土和砂壤土；下段厚5～12米，主要为细砂及砂砾层。荆南长江干堤所处区域位于洞庭坳陷与江陵断凹接壤的华容隆起上，新构造运动以来以继承性沉降为主，区内第四系地貌的发育、沉积的展布，河湖演变均受控于此。荆南四河堤防工程范围内浅表地层主要为人工堆积层、第四系全新统冲积层和晚更新统冲洪积层。另外局部地段钻孔揭露有老第三系紫红色、灰白色的粉砂岩、泥岩、第四系残坡积层以及元古界五强溪紫褐长石石英岩。

荆江大堤地形，万城闸以上为长江二级、三级阶地前缘，呈垄岗状；万城闸以下为广阔的冲积平原，沿江而下，地势由高渐低，地面高程26.00～33.00米。南岸地面比北岸地面高出5～7米。荆江两岸部分堤段堤外有江心洲和边滩，边滩主要分布于谢古垸、柳林洲和人民大垸等处。堤内则留有历史上溃口形成的冲刷坑，经建国后填平一部分后，1987年勘测时仍有大小溃口冲刷坑45处，沿堤长25.68千米，占大堤总长14.88%，其中最大的为范家渊（78万平方米），溃水最深的为闵家潭（15.20米），人民大垸内有蛟子渊，为长江分流故道，后分流口门堵筑，河长约40千米，滨临大堤外脚，水深5～8米。此外，还有一些古穴口、古河道穿过大堤，计10余处，其中荆江大堤桩号794+750～794+920段为沮漳河分流故道；桩号740+700～740+800段为獐卜穴；桩号707+350～707+500段为郝穴；桩号630+400～630+500段为庞公渡。

洪湖、监利长江干堤地处江汉平原东部，地势平坦，堤基除狮子山、杨林山、螺山附近为元古界和震旦系基岩外，其余均为第四系松散堆积物，岩性复杂，岩相变化大，总厚度30～90米，最厚处达130米。堤基表层为全新统冲积层、冲湖积层，此外，上更新统地层广泛分布。地基中灰褐色、灰绿色可塑至硬塑状态的粘土层为上更新统地层的分界顶板，但在观音洲—北王家闸、姜家湾（尺八口）、蒋家垴、半路堤等地，仍以新近沉积的全新统冲积层为主。堤基总体上由下至上颗粒由粗变细，具二元结构，燕窝—局墩等局部地段，上覆粘性土层中夹粉细砂层，虽然粉细砂夹层总体呈透镜状，但由于粉细砂夹层厚度和面积均较宽广，呈现出双透水层结构地基。

松滋江堤所在区域地势西高东低，以董市—老城—松滋一线为界，西部为岗波状丘原，东部为宽阔的冲积平原。岗波状丘原主要由多级阶地组成，老城镇—老城砖瓦厂一带为长江一级阶地，台面高程47.00～49.00米（黄海高程，本自然段同），与冲积平原呈斜坡过渡；老城砖瓦厂—铁石溪一带为长江二级阶地，台面高程50.00～68.00米；一级、二级阶地均由上更新统冲洪积砂砾层和粘土组成。冲积平原宽阔平坦，沿江而下地势由高变低，在长约52千米松滋江堤范围内，地面高程由43.00米渐降至38.00米，相对高差约5米，宏观所视，地面向东微倾。松滋江堤北侧滨临长江、松滋河、采穴河，枯水位为31.00～32.00米，河床底部高程一般约21.00米。受火箭、马羊两洲影响，河势南移，岸坡常遭冲刷，多处呈无滩护岸状态。

荆南长江干堤所处区域为冲积平原，地势西高东低，地面高程32.00～39.00米（冻结吴淞）。石首附近有东岳、南岳、笔架等低山丘陵，沿干堤两侧湖泊、堰塘、沟渠分布广泛，近堤渊塘成因多属溃口冲潭，洼地改建鱼塘、河流改道、废道等。

南线大堤所在区域内地形平缓，堤内地面高程32.50～36.50米，具有西低东高特征。堤外（临安乡河）地面高程33.50～37.50米，堤内（分洪区）地面高程30.00～34.00米。大堤两侧沟渠、渊塘众多，据调查，内外各200米范围内共有293处，总面积达95万平方米，其中，加固前距堤脚30米以内有52处，积水深度一般为1～2.5米，最深达4米。

荆南四河堤防工程区内地貌形态以冲积平原为主，局部镶嵌岗地。地势较平坦，整体上北、西高，南、东低，地面高程由工程区北西的40.00～41.00米往南东至湘鄂交界处缓降至28.00～32.00米。区内河网密布，沟渠纵横，主干河流有松滋河、虎渡河、藕池河及调弦河。河道宽窄不一，较窄

637

处仅 100 余米，较宽处达 700 余米。各主干河流以及主干河流之间又多发育支河、汊河及串河。河道曲折多变，总体流向自北往南。区内河流间低洼地区以及废弃河道往往积水成湖，以致河道之间大小不一、湖泊众多，湖底高程一般为 26.00～31.00 米。此外，区内废弃的沟渠、古冲坑以及人工开挖所形成的坑、渊、塘亦为数众多。局部地段湖泊、沟渠、渊、塘等凹地于堤后临堤分布。

荆州长江干支堤防堤基地下水有孔隙潜水与孔隙承压水两种。孔隙潜水主要在壤土和砂性土中，含水层厚度约 1～5 米，水量小，水位埋深约 0.50～2.00 米，埋藏浅，由大气降水补给，潜水蒸发排泄，并与地表水体互补，洪水期堤外地表水体补给潜水（或以散浸形式排出地表），枯水期潜水也向堤外排泄。孔隙承压水，具有两个承压含水层组：第一承压水层，在孔隙潜水水层之下，由粉质壤土、淤泥质壤土等相对隔水层和下伏的粉细砂层构成；第二承压水层，由粘土结成的隔水层和下伏的砂、砂砾石层构成。这两个承压含水层在一些地段，由于粘土缺失、表露或第一承压水层缺失而构成统一的承压含水层组且沿堤分布广泛。含水层厚度，大多在 40～100 米之间，有的更厚。其分布特征是上游厚度小，粒径大，以砾石为主，砾石层向下游倾伏；下游厚度大、粒径小，以砂为主，承压水层组一般均被外江或河道及堤内较深渊塘切入（在蛟子渊分流故道切割深度达 6～8 米，最深达 10 米），因而与江水水力联系密切。承压水补给来源，一为高处地表水；二为外江渗入水；三为上覆潜水。长期观测资料表明，江水与地下水互为补给。江水补给地下水（在沙市、郝穴两河湾段较为明显），流向江汉平原腹地，而后再向江汉平原下游方向的长江干流排泄。

三、堤基工程地质

荆江地区干堤堤基土层，自下而上一般依次为河床相沉积、湖相沉积以及表层的河漫滩和溃口冲积扇。其土体可分为老粘土、粘土、壤土、砂壤土、粉细砂、砂卵石和淤泥等类。

河床相沉积，下部为砂卵石层，渗透系数约 2×10^{-2} 厘米每秒，沿堤分布稳定，厚度变化为 50～100 米之间；上部为细砂层，厚约 20 米，渗透系数为 1×10^{-3} 厘米每秒。这两层构成极为透水的下垫层。

湖相沉积物为深灰色、浅灰、黑褐色粘土或粉质粘土，沿堤分布不稳定，厚度为 1～8 米。该层黏粒含量高，透水性弱，渗透系数为 10^{-6}～10^{-8} 厘米每秒，可视为相对隔水层。但局部埋有植物根、螺贝壳等杂物。

河漫滩及溃口冲积扇，系由砂、砂壤土、壤土、粉质粘土等所组成，且为互层，厚度约为 1～12 米。

上述堤基土层，一般可划分为单层透水地基、双层透水地基及多层透水地基（多层透水地基并不普遍，仅见于观音寺、庞公渡等局部地段）。另外根据堤外滩岸宽窄及堤后渊塘分布情况，又可分为以下多种类型。

（1）单透水层地基表土层较薄（小于 4 米）的堤基段，荆江大堤杨家湾至高小渊堤段为其典型代表堤段。

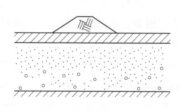 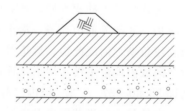

图 8-1 堤基单透水层图一　　　　　图 8-2 堤基单透水层图二

（2）单透水层地基表土层较厚（大于 4 米）的堤段，主要分布于荆江大堤高小渊至董家拐、盐卡至李家埠、万城闸至枣林岗堤段。

（3）双透水层地基薄层浅砂层表露的堤基段，荆江大堤王港、文村夹等堤段主要为双透水层地基。

（4）双透水层地基薄层浅砂砂层浅埋的堤基段，主要有荆江大堤董家拐至柳口、唐家渊至观音寺等堤段。

（5）双透水层地基双透水层互相串通的堤基段，下部隔水层被破坏，可能产生深砂层管涌，荆江大堤观音寺堤段即属此种情况。

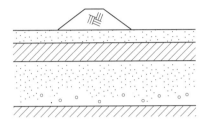 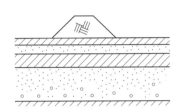 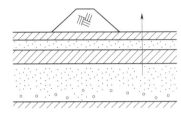

图 8-3 堤基双透水层图一 　　图 8-4 堤基双透水层图二 　　图 8-5 堤基双透水层图三

（6）堤外无滩或仅有窄滩堤段（分布于三大河湾处）地下水入透途径较短，为单层或双层透水层结构，表土层较薄或较厚，也有浅砂层外露的。

（7）堤后渊塘平浅，未切穿表土层的堤基段渊塘较多，但较平浅，表土层未被切穿，荆江大堤高小渊至董家拐堤段为其典型堤段。

（8）堤后渊塘深切堤基段，主要分布于表土层较薄堤段，渊塘较深，表土层被侵蚀破坏，砂层外露，荆江大堤杨家湾至高小渊一带渊塘多属这种情况。

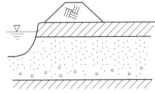 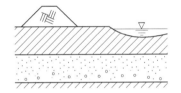 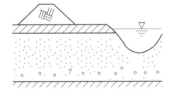

图 8-6 堤外无滩堤段示意图 　　图 8-7 堤后渊塘平浅堤段 　　图 8-8 堤后渊塘深切堤段

（9）堤内外表土层均被切穿的堤基段表层土较薄，堤外多为取土坑，堤内有渊塘，荆江大堤杨家湾至高小渊堤段亦属此种情况。

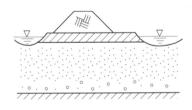

图 8-9 堤内外表土层切穿堤段

荆江地区干支堤防填筑土类主要为粉质粘土、粉质壤土、砂壤土、粉细砂等。根据堤基地质结构状况，可分为单层Ⅰ、双层Ⅱ、多层Ⅲ类。江左长江堤防多为Ⅱ、Ⅲ类结构；江右堤防由于河道曲折蜿蜒，左右摆动频繁，并多次出现改道，沉积环境不断变化，因而组成堤基的土层各地差异较大，堤基地质结构复杂多变，Ⅰ、Ⅱ、Ⅲ类结构均有涵盖。根据堤基地质结构及主要工程地质问题，结合堤段外滩宽度、堤内渊塘沟渠、溃口冲刷坑等渗流边界条件。此外，还考虑历史险情及岩土物理力学性质等因素，可将地质条件划分为好（A）、较好（B）、较差（C）和差（D）四类。

表 8-1　　　　　　　　　　　荆江地区干堤堤基地质结构分类表

堤基工程条件分类	结 构 特 征	堤别	长度/km	占总长百分比/%
A	主要为Ⅰ、Ⅱ₂类堤基，堤外有民坑或外滩，基本无渗透稳定和岸坡稳定问题，基本无历史险情。工程地质条件良好	江右	22.10	11.7
		江左	25.90	6.3
B	主要为Ⅱ₂类堤基，外滩一般较宽，堤内发育有少量渊塘，无严重散浸、管涌险情发生。工程地质条件较好	江右	41.33	21.9
		江左	160.95	39.4

续表

堤基工程 条件分类	结 构 特 征	堤别	长度 /km	占总长 百分比/%
C	主要为Ⅱ₁、Ⅲ类堤基，外滩宽度一般较窄或无外滩，堤内渊塘发育，险情较多，深泓贴岸，崩岸现象较严重。工程地质条件较差	江右	63.16	33.5
		江左	131.84	32.3
D	主要为Ⅲ类堤基，一般为窄外滩或无外滩，堤内渊塘发育，有严重的散渗、管涌险情发生，多属历史险工险段。岸坡迎流顶冲，崩岸现象较严重，危及堤身安全。工程地质条件差	江右	61.83	32.8
		江左	89.60	21.9

荆江大堤按其堤基土层结构，堤外滩地宽窄及堤后渊塘分布等条件，可划分为13个自然堤段，各堤段的地形地貌，土层结构及主要工程地质问题详见表8-3。

表8-2 　　　　　　　　　　1987年荆江大堤土体物理力学性质调查表

土类	比重 G_s	密度/ (g/cm³)	含水量 W/%	塑限 W_p/%	液限 W/%	塑指 I_p	液指 I_c	孔隙比 e	限制 粒径 d_{60}/mm	有效 粒径 d_{10} /mm	均匀 系数 UH	压缩系数 a_{1-2} /Mfa⁻¹	摩擦角 ϕ	凝聚力 C /kra	渗透 系数 K /(cm/s)
Q老 粘土	2.72～ 2.76	1.83～ 1.96， 李埠以 上2.0	30.34～ 38.61， 李埠以上 29.60～ 25.53	21.00～ 29.93	37.50～ 49.84	17.00～ 20.50	0.33～0.67， 万城以上 0.09	0.73～ 1.08，从 上而下 由小至大				0.23～ 0.51	18°	19.6	盐卡以上 1×10⁻⁸ 盐卡以下 1×10⁻⁷
Q粘 土	2.72～ 2.76	1.83～ 1.90	31.64～ 38.17	21.34～ 25.85	34.65～ 40.23	13.31～ 15.87	0.44～ 0.74，高 小渊以 下为1.00	0.92～ 1.03				0.61～ 0.70	18°～ 20°	1.0～ 14.7	1×10⁻⁶ 柳口以上 1×10⁻⁷
壤土	2.72～ 2.74	1.88～ 1.96	23.65～ 32.93	19.15～ 22.50	28.28～ 35.50	10.50～ 12.50	柳口以上 0.38～0.73， 柳口以下 0.90～1.10	0.66～ 0.93				0.20～ 0.39 监利河湾 0.68	21°～ 24°	9.8	黄灵挡以上 1×10⁻⁶ 黄灵挡以下 1×10⁻⁵
砂壤 土	2.71～ 2.73	1.80～ 1.95	23.04～ 34.93	17.30～ 20.35	24.92～ 30.12	8.00～ 10.70	0.76～0.95， 高小渊以 下大于1.00	0.73～ 0.93				0.18～ 0.33	高小渊 以下23°， 高小渊 以上32°	15.7， 4.9	1×10⁻⁴ 董家拐以上 1×10⁻⁴
粉砂	2.71～ 2.74	1.88～ 2.10	24.48～ 28.36					0.61～ 0.86	0.10	0.026	3.85				1×10⁻⁴
细砂	2.71～ 2.74	1.90～ 2.03	22.61～ 28.30					0.64～ 0.82	0.15	0.050	30.00				1×10⁻³

注 根据湖北省水利勘测设计院1987年报告整理。

表8-3 　　　　　　　　　　1987年荆江大堤工程地质分段勘察表

起止地点	地 形 地 貌				堤内现有渊塘		地 层 岩 性		土 层 结 构			
	外滩 宽/m	地面高程		古河道、古穴道	处数	沿堤 分布 长/m	占本 段堤 长/%	层位	岩性	厚度 /m	类型	表土层厚/m
		堤外/m	堤内/m									上透 水层	下透 水层
半路堤—黄公垸 （623+850～626+ 700）长2.85km	>1000	30.20～ 31.50	26.00～ 27.00					alQ₄ alQ₄ +aplQ₃	壤土 粉细砂 砂卵石 基岩	17 40	单层或 双层透 水地基	3	17～ 21

起止地点	地形地貌							地层岩性		土层结构			
	外滩宽/m	地面高程		古河道、古穴道	堤内现有渊塘			层位	岩性	厚度/m	类型	表土层厚/m	
		堤外/m	堤内/m		处数	沿堤分布长/m	占本段堤长/%					上透水层	下透水层
黄公垸—杨家湾 (626+700~639+750) 长13.05km	20~200	30.00~31.00	26.50~28.00	630+400~630+500为庞公渡,古夏水通长江穴口之一	1	200	1.5	alQ₄ alQ₄ alQ₄ alQ₄+aplQ₃	壤土 淤泥质壤土或淤泥砂壤土、壤土类粉砂 粉细砂、砂卵石、基岩	1~2.5 0~7 10~15 30~45	单层或双层透水地基	1.5~14.0	6~30
杨家湾—高小渊 (639+750~653+000) 长13.25km	>1000	28.00~31.00	26.00~28.00	649+000为曾狮口,荆江分流古道	11	4525	34.15	allQ₄ alQ₄+aplQ₃	淤泥、淤泥质壤土 粉细砂、砂卵石、基岩	0~5 60~90	单层透水地基		0~5
高小渊—董家拐 (653+000~679+000) 长26.00km	>1000	29.20~33.60	26.20~29.30	662+000~677+000堤外有蛟子河。662+450为江口。658+400为新冲口	10	6890	26.50	alQ₄ allQ₃ alQ₃ aplQ₄	壤土、淤泥质壤土 粘土、壤土 粉细砂 砂卵石、基岩	5~8 5~15 30 45	单层透水地基		7.8~21.0
董家拐—柳口 (679+000~698+000) 长19.00km	200~1000以上	30.00~33.50	27.10~28.90	690+050~692+000有一古河道通过堤下	3	2450	12.89	alQ₄ alQ₄ allQ₃ alQ₃ aplQ₃	壤土、砂壤土 粉细砂、粘土 壤土、粉细砂 砂卵石、基岩	1~2 1~6 5~8 10~20 50	双层透水地基	1~2	11~21
柳口—黄灵垱 (698+000~718+000) 长20.00km	0~100	34.00~27.00	28.50~31.00	707+350~707+500为郝穴,716+950~717+050为黄灵垱	3	2475	12.38	alQ₄ allQ₃ alQ₃ aplQ₃	壤土、砂壤土夹薄层粉砂层粘土夹壤土或砂壤土 粉细砂 砂卵石、基岩	6~8 8~12 3~12 70~80	单层或双层透水地基	0~6.5	10~23
黄灵垱—唐家渊 (718+000~729+000) 长11.00km	200~2000	35.00~38.00	30.00~33.00	—	3	3550	32.27	alQ₄ alQ₃₊₄ aplQ₃	壤土 细砂层 砂卵石、基岩	3.5~12.0 8.0 50~75	单层透水地基	—	3.5~11.0
唐家渊—观音寺 (729+000~740+000) 长11.00km	200~2000	38.00~40.00	30.00~34.00	—	2	1650	15	alQ₄ allQ₃ alQ₄ aplQ₃	壤土、砂壤土细砂层 粘土 细砂层 砂卵石、基岩	7 1.5~2.1 2~15 65~70	双层透水地基	0~3	7~14
观音寺—盐卡 (740+000~748+000) 长8.00km	0	—	29.00~32.50	740+700~740+800为獐卜穴古穴口之一	1	1170	14.63	alQ₄ allQ₃ allQ₃ alQ₃ aplQ₃	壤土、砂壤土 粘土 壤土 细砂层 砂卵石 基岩	7~10 5~7 3~5 1~5 83~94	单层或双层透水地基	1~3	12~18
盐卡—新河口 (748+000~761+000) 长13.00km	0~500	36.00~39.00	28.00~30.00	758+000~758+100堤下古河道通过	—			alQ₄ alQ₄ aplQ₃	壤土层 细砂层 砂卵石、基岩	10~15 0~8 85~105	单层透水地基	—	11~17

续表

起止地点	地 形 地 貌							地 层 岩 性			土 层 结 构		
	外滩宽/m	地面高程		古河道、古穴道	堤内现有渊塘			层位	岩性	厚度/m	类型	表土层厚/m	
		堤外/m	堤内/m		处数	沿堤分布长/m	占本段堤长/%					上透水层	下透水层
新河口—李埠 (761+000~775+000) 长14km	200~500	36.00~38.50	31.00~33.00	—	1	160	1.14	alQ4 alQ4 aplQ3	壤土、粘土 细砂、砂壤土 砂卵石、基岩	7~12 5~7 35~60	单层透水地基	—	7~15
李埠—万城闸 (775+000~795+000) 长20.00km	>500	35.00~39.00	32.00~37.00	794+750~794+920 沮漳河分流故道	7	3570	17.85	alQ4 alQ4 aplQ3	壤土、砂壤土、夹砂层 细砂层 砂卵石、基岩	6~10 7~12 35~90	单层透水地基	—	1.5~9.5
万城闸—枣林 (775+000~795+000) 长15.00km	>1000	38.00~42.00	38.00~42.00	797+965~798+100 为古河道	3	1125	7.31	auQ3 或 allQ2 alQ3 或 alQ2 aplQ3 或 apcQ2	粘土 细砂 砂卵石、基岩	7~12 3.5~7.0 15~60	单层透水地基	—	13.0~18.5

表 8-4　　　　　　　　荆江大堤堤基地质结构分类表

结构类型	结 构 特 征	亚 类	分布堤段（桩号）	累计长度/km	占总长百分比/%
双层结构（Ⅱ） 上部有较厚粘性土或砂土；下部为砂性土或粘性土。根据上部粘性土层厚度及砂层的分布，可分为2个亚类	上覆粘性土层厚度一般为2~5m，下部砂层较厚，堤岸抗冲性及堤基抗渗性能较差，汛期易出险	上薄层粘性土，下砂土双层结构亚类（Ⅱ₁）	792+140~791+300、790+500~790+000、785+500~783+500、724+400~723+800、652+300~644+500、639+700~635+300	16.14	8.8
	上部粘性土厚度大于5m，下部砂层厚度大，在粘性土无破坏条件下堤基抗渗性好	上厚层粘性土，下砂土双层结构亚类（Ⅱ₂）	810+350~794+000、793+150~792+140、791+300~790+500、787+400~785+500、779+500~774+200、772+600~770+000、769+000~752+500、751+800~748+200、726+500~725+300、722+700~721+600、708+000~707+000、700+000~699+400、683+800~682+800、673+500~668+600、664+900~663+800、660+600~658+500、657+800~652+300、641+300~639+700、634+600~634+000、633+350~632+000	70.11	38.5
多层结构	堤基由两类或两类以上土体组成；一般由厚度约2m的粘土、壤土或砂性土呈互层或透镜状夹层组成的复杂结构堤基，抗渗性取决于表层粘性土的厚度以及砂壤土、砂性土中水力联系	Ⅲ	794+000~793+150、790+000~787+400、783+500~779+500、774+200~772+600、770+000~769+000、752+500~751+800、748+200~726+500、725+300~724+400、723+800~722+700、721+600~708+000、707+000~700+000、699+400~683+800、682+800~681+550、681+550~673+500、668+600~664+900、663+800~660+600、658+500~657+800、644+500~641+300、635+300~634+600、634+000~633+350、632+000~628+000	96.10	52.7

洪湖、监利长江干堤根据堤基上覆土层厚度、堤基工程地质性质（力学性质、抗渗性能）、外滩宽度、渊塘切割状况，以及历史险情、崩岸等情况，可分为地基工程地质好的、较好的、较差的和差的四类。堤基工程地质条件属差的和较差的堤段长137.4千米，较好的和好的堤段长88.49千米。

洪湖、监利长江干堤堤基工程地质好的堤段主要为山体直接挡水或堤基粘性土层厚（厚度大于20米），堤基土的力学性质好，抗渗强度高，历史上未发生过险情的堤段，主要有分洪口—重阳（桩号619+000～622+500）、蒋家垴—钟月堤（桩号603+000～609+000）、高彭—观音洲（桩号557+500～564+000）、杨林山—螺山泵站（桩号527+300～538+500）、马家码头—刘家碾房（桩号514+000～516+800）、李家潭—腰口（桩号485+500～488+000）、现洲—李家潭（桩号480+000～485+500）、新滩口—上北洲（桩号402+000～409+000）等堤段。

洪湖、监利长江干堤较好的堤段主要是堤基上覆粘性土层中厚—厚，堤基土的力学强度较高，抗渗性能好，外滩较宽，渊塘切割浅，历史上未发生过险情，此类堤段主要有重阳—半路堤（桩号622+500～623+886）、观音洲（桩号564+000～566+000）、张仙口—高彭（桩号554+800～557+500）、杨林山—白螺矶（桩号538+500～548+600）、刘家碾房—单家码头（桩号516+800～519+000）、腰口—大沙角（桩号488+000～493+200）、老湾（桩号477+500～480+000）、下庙—送奶洲（桩号462+700～469+500）、杨树林—燕窝（桩号416+400～427+000）等堤段。

洪湖、监利长江干堤较差的堤段主要是堤基上覆粘性土层薄—中厚，土的力学强度或者是抗渗性能差，外滩较窄，渊塘切割较深，历史上发生过险情，但险情较小，易于抢护，这样的堤段主要有白螺矶—贺沈湾（桩号548+600～551+000）、单家码头—朱家峰（桩号519+000～520+800）、新堤大闸—马家码头（桩号506+500～514+000）、套口—下庙（桩号461+200～462+700）、叶家洲—石码头（桩号498+500～500+000）、二十家—高桥（桩号450+000～455+000）、胡家湾—新滩口（桩号398+000～402+000）等堤段。

洪湖、监利长江干堤差的堤段主要是堤基上覆粘性土层薄（厚度小于5米），堤基土的力学性质差或抗渗性能极差，堤外无滩或外滩极窄，历史上多次发生重大或溃口性险情，险情重大，发展快，不易抢护，此类堤段主要有钟月堤—分洪口（桩号609+000～619+000）、贺沈湾—张仙口（桩号551+000～554+800）、观音洲—蒋家垴（桩号566+000～603+000）、大沙角—叶家洲（桩号493+200～498+500）、石码头—新堤大闸（桩号500+000～506+500）、老墩—叶家洲（桩号469+500～477+500）、高桥—套口（桩号455+000～461+200）、燕窝—二十家（桩号427+000～450+000）、上北洲—虾子沟（桩号409+000～413+500）等堤段。

松滋江堤坐落在松滋河、采穴河和长江干流高漫滩前缘，其基础土层具有明显二元结构，即下部为砂性土层，上部为粘性土盖层，局部夹薄层砂性土透镜体。在某些堤段，因河道变迁和历代江堤溃口，致使松滋江堤沿线土层结构极为复杂，总的来看，大致分为三种类型：第一类基础土体上部为粘性土盖层，厚约1～5米，由粉质粘土、粉质壤土组成，下部由新老砂层叠加，导致砂层较厚，达8～12米，新华垴、大口、东大口—王家台子、大同砖瓦厂、朝家堤—史家湾、罗家潭等堤段均属此类；第二类基础土体主要为粘性土类，厚度达5～15米，由粉质粘土、粉质壤土层组成，其间夹有厚度不一的砂壤土、粉细砂透镜层以及成层稳定，埋藏深度2～5米的淤泥质粉质粘土及淤泥质壤土，何家渡、王家台子—浣市（除中部老皇堤和溃口堤段外）均属此类。第三类基础土体为粘性土与含泥砂砾石层，成层稳定，厚3～5米，其下部粘土较厚，属此类堤段的为老城西门河以上堤段。松滋江堤为历年逐次填筑而成，堤身、堤基质量较差，堤身填料多为粉质壤土、粘土和砂壤土，堤基上部为粉质粘土，中部为淤泥质粘土或粘土，下部为壤土。松滋江堤代表段面地质条件为：朝家堤堤段地表以下为厚约6～10米的粉质粘土，堤后300米外粘土层厚约15米，下部为深厚砂、砂砾石层。新潭堤段堤身下面为厚约2.5米的粉质粘土及厚约6米的壤土层，其间夹有1米厚的粉细砂层，并由堤脚延伸至外江；堤后160米处为新潭，最大潭深18米，潭底有厚约2米的砂层，其下为厚约2.5米粉质粘土和厚约2米壤土。

南线大堤堤基为第四系全新统地层，由粉细砂、砂壤土、壤土及粘土组成。堤基全新统砂壤土为新近沉积，结构松散，干密度小，强度小，具弱透水性，工程地质较差；全新统粘土、壤土层，为新近沉积，结构较疏松，均匀性差，干密度较小，压缩性中等，强度较低，具极弱、弱透水性，工程地质差；中更新统粘土、壤土层，结构紧密、干密度大，压缩性较低，强度较高，具极弱透水—微弱透水性，工程地质性质较好。郑家祠以西以粘土、壤土为主，砂壤土呈薄层状分布于地表或呈透镜体分布于地下；郑家祠以东以砂壤土为主，局部夹粉细砂和粘土透镜体。堤基下部为中更新统粘土层，透水性极弱。

根据南线大堤堤基地质结构及外滩宽（大于100米）窄（小于100米）等地质条件，可将堤基分为三种工程地质类型：一是工程地质条件好的堤段（Ⅰ）；二是工程地质条件较好堤段（Ⅱ）；三是工程地质条件较差堤段（Ⅲ）。此外，根据堤基所反映主要地质问题，划分工程地质五段。

Ⅰ类型段，长6.9千米，占堤线勘探总长（23千米，勘探时延伸1千米，桩号为601+000～602+000）的30％。堤外滩宽广，均在100米甚至500米以上，堤基土基本为深厚的粘性土，渗透弱，堤基稳定工程地质条件。

Ⅱ类型段，长12.82千米，占堤总长的55.73％，为工程地质条件较好堤段。其中又分为Ⅱ₁与Ⅱ₂两段。Ⅱ₁段堤外无滩或窄段（小于100米），河水逼近堤脚，堤基为较均一且深厚的粘性土，主要工程地质问题是河流冲蚀堤基岸坡而引起堤基失稳。Ⅱ₂段堤外为宽滩，但堤基上部为松散饱水的砂壤土，下部为结构较紧密的粘土，其主要工程地质问题是地震引起的砂壤土液化影响堤基稳定。

Ⅲ类型段，长3.28千米，占堤总长的14.27％，为工程地质条件较差堤段，分布于安乡河河湾顶冲部位，一般无外滩，且堤身直接坐落在饱水、松散的砂壤土层上，其主要工程地质问题有三：一是地震易引起砂壤土液化；二是安乡河冲蚀堤基；三是渗透稳定问题。

表 8－5　　　　　　　　　　　　南线大堤堤基工程地质分段情况表

分段			柱号	长度/m	占总长比例/%	工程地质特征
段	亚段	自然段				
工程地质条件好（Ⅰ）	Ⅰ₁	Ⅰ₁₋₁	579+000～581+400	2400	30	堤外滩宽广，大于500m。堤基上部为全新统粘土或壤土层，厚3～5m，下部为中更新统粘土。粘土、壤土层微弱，极弱透水。Ⅰ₁₋₁段外堤内外有坑塘36个，距堤脚0～50m，对大堤稳定不利，宜采取处理措施
		Ⅰ₁₋₂	598+600～599+500	900		
	Ⅰ₂		584+500～588+100	3600		堤外滩宽，大于100m。堤基土上部为全新统壤土层（局部为粘土层）、砂壤土层，下部为中更新统粘土。壤土层覆盖于砂壤土之上，厚2.5～4m，微弱透水性，砂壤土弱透水，堤外有坑塘31个，距堤脚30～50m，宜进行适当处理。砂壤堤段有可能产生渗透变形，影响堤基稳定
工程地质条件较好（Ⅱ）	Ⅱ₁	Ⅱ₁₋₁	588+100～588+900	800	55.73	堤外无滩或窄滩（小于100m），迎流顶冲，深泓常逼至堤脚，岸坡陡，对堤基冲刷、淘蚀，形成岸崩，导致堤坡失稳。堤基上部为全新统粘土，厚2～3m，极弱透水，下部为中更新统粘土，具极弱透水性。堤内有坑塘16个，距堤脚30～50m，对大堤稳定不利
		Ⅱ₁₋₂	600+700～602+000	1300		
	Ⅱ₂	Ⅱ₂₋₁	581+400～584+500	3100		堤外滩宽大于100m。堤基土上部为全新统砂壤土，厚3～7m，弱透水，下部为中更新统粘土，具极弱透水性。堤内外有坑塘180余个，距堤脚30～50m。地震时砂壤土易液化
		Ⅱ₂₋₂	588+900～593+000	4100		
		Ⅱ₂₋₃	596+281～598+600	2319		
		Ⅱ₂₋₄	599+500～600+700	1200		
工程地质条件较差（Ⅲ）	Ⅲ		593+000～596+281	3281	14.27	堤外一般无滩，局部为窄滩（小于100m），迎流顶冲，深泓逼至堤脚，对堤基冲刷、淘蚀，形成崩岸，岸坡发育冲沟、机械潜蚀洞导致堤坡失稳。堤基上部为全新统砂壤土，厚约7m，最厚达14m，下部为中更新统粘土。枯水期地下水埋深仅2m。砂壤土弱透水，渗径短，无盖层，极易产生渗透破坏

南线大堤外动力地质现象主要为河岸崩坍、冲沟和潜蚀洞等。河岸崩坍主要分布在安乡河沿岸康家岗、谭家湾、邬家渡、郑家祠等地段；冲沟发育在安乡河右岸，由砂壤土组成的康家岗、谭家湾、郑家祠等河段，冲沟垂直岸坡，由地表水冲刷作用形成，有 40 余条，一般宽 1～2 米，长 5～6 米，最深达 1.5 米；潜蚀洞分布在谭家湾、康家岗河段右岸砂壤土层中，共勘测发现 17 处。

荆南长江干堤堤基土层按其工程地质特性，特别是土的渗透性分成两大类：其一为砂性土类，包括粉细砂、砂壤土，具中等透水或中等—弱透水，为相对透水层；其二为粘性土类，包括粉质壤土、粉质粘土、粘土淤泥质土类，其透水性为弱透水—微透水，为相对隔水层。中等透水或中等—弱透水砂性土类有可能成为堤基渗漏通道，导致堤基渗透破坏，是堤基防渗处理的主要对象。根据堤基工程地质条件、堤基砂性土和粘性土的组合形式，结合防渗工程特点，荆南长江干堤堤基地质结构可分为 3 个主要类型，并细分为 9 个亚类。

Ⅰ$_1$ 类堤基长 35.04 千米，占全堤段的 18.5％。单粘性土类，主要由粘性土类组成，局部夹有砂性土类透镜体，其厚度一般小于 2 米，埋深大于 5 米。该类堤基无渗透稳定问题。

Ⅰ$_2$ 类堤基长 8.36 千米，占全堤段的 4.4％。单砂性土类，主要由砂性土组成，局部夹有粘性土类透镜体，上部粘性土分布厚度一般小于 2 米，无法达到铺盖作用，堤基为完全直接通畅的渗透通道。因此一般外江水位较低（堤内、外水位差较小）时，即会产生渗透稳定问题，一般出现在内堤脚附近。

Ⅱ$_1$ 类堤基长 13.29 千米，占全堤段的 7.0％。上部粘性土层厚约 2～5 米，下部为砂性土层。汛期在高水位压力下，江水沿砂性土渗水通道向堤内渗透，由于上覆相对隔水层（包括人工铺盖层，下同）的阻隔，砂性土层中的孔隙水压力不断积聚，当达到一定程度时，上覆较薄的相对隔水层无法承受压力而被击穿，从而产生渗透稳定问题，1998 年汛期，荆州弥市段（桩号 702＋600）距内堤脚 300～340 处即出现 3 个管涌。

Ⅱ$_2$ 类堤基长 34.17 千米，占全堤段的 18.1％。上部粘性土层厚度大于 5 米，下部为砂性土层。该类堤基由于上覆相对隔水层较大，一般不会产生渗透稳定问题。但由于堤内外存在渊、塘、沟、渠，当上覆相对隔水层因此而深切，厚度变小时，也易产生渗透稳定问题。公安县李家花园（桩号 628＋670～631＋800）距内堤脚 65～670 米之间范围内，由于水塘、渠道深切，上覆相对隔水层厚度由 5～8 米减至 2～4 米，在水塘、渠道底部产生 5 处管涌群共 10 个管涌。

Ⅱ$_3$ 类堤基长 25.14 千米，占全堤段的 13.3％。上部为砂性土层，下部为粘性土层。该类堤基的渗透稳定问题与单一砂性堤基相同。由于上部砂性土层以及存在相对隔水层，可作垂直防渗的依托。

Ⅲ$_1$ 类堤基长 18.11 千米，占全堤段的 9.6％。上部粘性土层厚约 2～5 米，中部砂性土层，下部粘性土层。由于此类堤基上覆相对隔水层与Ⅱ$_2$ 类相同，因而两者的渗透稳定问题也相同。除可采用堤内水平铺盖加减压井防渗处理措施外，也可采用垂直防渗措施解决渗透稳定问题。

Ⅲ$_2$ 类堤基长 8.81 千米，占全堤段 4.7％。上部粘性土层厚度大于 5 米，中部砂性土层，下部为粘性土层。该类堤基的渗透稳定问题与Ⅱ$_2$ 类相似，在沟渠、水塘深切的情况下，上覆粘性土层厚度减小，也可导致渗透破坏。

Ⅲ$_3$ 类堤基长 23.24 千米，占全堤段的 12.3％。上部为砂性土层，中部为粘性土层，下部为砂性土层。该类堤基的渗透稳定问题与单砂性土堤基类似。其处理措施与中部粘性土层的厚度及延续性有关：中部粘性土层厚度大于 3 米的延续性较好，可作为依托层，宜采用垂直防渗措施；反之，可采用水平铺盖防渗或堤内盖重加减压井消散孔隙水压力的方法处理。

Ⅲ$_4$ 类堤基长 22.86 千米，占全堤段的 12.1％。粘性土、砂性互层或相互间有较多透镜体存在组成的复杂堤基，但各土层厚度一般小于 5 米。该类结构堤基较为复杂，一般而言，堤基上部粘性土层厚度小于 5 米或延续性较差，堤基存在渗透稳定问题。该类堤基还包括上部分布有较厚粘性土层，但其内特别是浅部分布有较多砂性土透镜体，这类堤基当外滩较窄或堤内、外分布低洼地形时，亦有产生清水漏洞等险情可能[1]。

表 8 - 6 荆南长江干堤堤基地质结构分类表

大类	亚类	地质结构特征	适宜处理措施
单一结构类（Ⅰ）	Ⅰ₁	单粘性土类：主要由粘性土类组成，局部夹有砂性土类透镜体，其厚度一般小于2m，埋深大于5m	不需防渗处理
	Ⅰ₂	单粘性土类：主要由粘性土类组成，局部可夹有砂性土类透镜体，上部粘土分布厚度一般小于2m	水平铺盖或堤内盖重加减压井
双层结构类（Ⅱ）	Ⅱ₁	上部粘性土层厚度2～5m，下部为砂性土层	水平铺盖加减压井
	Ⅱ₂	上部粘性土层厚度大于5m，下部为砂性土层	一般不需防渗处理
	Ⅱ₃	上部为砂性土层，下部为粘性土层	垂直防渗
多层结构类（Ⅲ）	Ⅲ₁	上部粘性土层厚度2～5m，中部为砂性土层，下部为粘性土层	水平铺盖加减压井或垂直防渗
	Ⅲ₂	上部粘性土层厚度大于5m，中部为砂性土层，下部为粘性土层	一般不需防渗处理
	Ⅲ₃	上部为砂性土层，中部为粘性土层，下部为砂性土层	垂直防渗
	Ⅲ₄	粘性土、砂性土互层或相互间有较多透镜体存在组成的复杂堤基，但各土层厚度一般小于5m	水平铺盖加减压井

注 数据来源于《长江防岸及堤防防渗工程论文选集》中王德阳《荆南长江干堤堤基地质结构类型与渗透稳定问题研究》一文。

荆南四河堤防加固工程区位于荆江河段右岸洞庭湖区北缘，地貌形态以冲积平原为主，地势开阔平坦，河网交错，水系发育。区内第四系冲洪积层广布，岩性较为复杂，局部变化较大，粘性土、砂壤土和粉细砂均有出露，以多层结构为主，基本无基岩出露。区内地质问题主要是岸坡失稳和堤基渗透变形。受河势水流迎流顶冲、侵蚀淘刷、深泓逼岸等影响，导致土质岸坡崩岸破坏问题严重。据统计，1999年四河堤防加固前历年崩岸段总长约229千米，约占堤线总长的1/3。

勘察资料显示，四河堤防堤基渗透变形主要有三类：①堤基为砂壤土或粉细砂，堤外无滩或仅有窄滩，堤内粘性土盖层厚度一般小于2米。汛期高水位时，河水通过砂壤土或粉细砂向堤内渗透，致使堤基产生管涌、清（浑）水洞及散浸险情。②堤基上部为粉质壤土、粉质粘土，厚度一般小于5米，水平微层理发育，层理面上附有极薄层粉细砂和砂壤土。下部为砂壤土、粉细砂，具弱—中等透水性。堤外无滩或仅有窄滩，局部有较宽外滩。③堤基土层为分质壤土、粉质粘土和粘土，无明显砂层分布。但土体属新近河流冲积层，结构疏松且水平层理发育，层理中夹有极薄的粉细砂层。

荆南四河堤防根据堤基地层结构，1998年汛期出险情况以及主要工程地质问题，可分为工程地质条件好、较好、较差、差等四类工程地质类型堤段。工程地质条件好的堤段粘性土层厚，堤外滩岸较宽，历史上无重大险情，无渗透变形和岸坡稳定问题，共有11段长约38.69千米，占全长的5.5%；较好堤段上覆粘性土层较厚，砂层埋藏较深或无砂层，有外滩，堤内分布有少量渊塘，无大的渗透变形及崩岸险情，此类堤段共24段长约169.08千米，占全长的23.9%；较差堤段上覆粘性土层较薄，夹有薄层软弱层或粉细砂层，外滩窄，堤内渊塘较发育，险情较多，主泓贴脚，崩岸现象较严重，此类堤段共35段长约220.78千米，占全长的31.3%；工程地质条件差的堤段上覆粘性土层较薄或砂性土直接出露，堤外无滩或仅有窄滩，堤内渊塘发育，有较多散浸、管涌等险情发生，岸坡迎流顶冲，崩岸现象严重，此类堤段共有38段长约277.49千米，占全长的39.3%。

四、管涌的产生及控制

（一）管涌险情产生原因

荆江地区干支堤防大多修筑于冲积土层上，堤基相对不透水层单薄、沙层深厚、土质结构复杂，不连续的粉细沙层、淤泥层夹杂土层之中。多数堤段堤基为双层结构，即表层有一层弱透水层（壤土或粘性土），其下为透水层（沙）；另一种是单一砂性透水层，堤后表面沙层已经裸露。由于长江河泓切割地面覆盖层，河床底部即为沙层或卵石层。洪水季节江水向堤内不断渗透，为深层承压水的主要补给源，至枯水季节，堤内地下水又向外江流动。汛期，外江水因高于堤内地下水，通过压力传递使承压水位增高，其影响范围可达数千米，因而，汛期在堤后几百米，甚至上千米远区域亦经常出现管涌险情。由于外江水位与承压水位具有同步增长规律，外江水位越高渗压就愈增，强大的水压力通过地基土层中的空隙不断向堤内渗透，在堤后覆盖层薄弱或遭破坏地段冒出地面，因像水管一样向外流水，故形象地称为管涌，亦称翻沙鼓水。

管涌之所以为堤防安全最大威胁，就在于水流挟带地基土层中的泥沙不断涌出，致使地基虚悬而最终形成溃口。

产生管涌险情的另一个重要原因是覆盖层遭人为破坏，主要有挖坑取土、修房挖基、开挖鱼池、打井取水、钻探打井、爆破以及受爆破影响所产生的裂缝，开挖渠道、修建穿堤建筑物时不进行地基处理等活动，覆盖层遭破坏，汛期即可能产生管涌险情。人为破坏覆盖层诱发管涌险情比自然因素出现管涌险情的可能性更大、更危险，是一种"人造险情"。

（二）管涌抢护方法及控制

管涌分为浅层管涌与深层管涌。

浅层管涌主要是覆盖层很薄，一般距地面以下 2～3 米即为沙层，有的堤后平台很窄，平台以外可见裸露沙层。强大水压很容易击穿覆盖层而形成管涌险情。浅层管涌具有出水量时大时小，水色混浊，有臭味，常伴有腐烂质流出，水温与外江水温差别不大，一处常有多个冒孔发生，冒孔位置容易变化等特点。

深层管涌水色较清，多带细沙，水温较低，常伴有黄色锈水流出，出水量大小较稳定，一般为单孔发生，位置不易变化。深层管涌多为人为破坏覆盖层所引起。

浅层管涌发生率大于深层管涌。

管涌险情抢护的指导原则主要为：采取措施消减水位差，降低渗透水在地基运动过程中的流速，达到出流不带泥沙的目的。这是抢护管涌险情自始至终所追求的目标。具体方法为"外截内导"。"外截"，即在堤外堵截渗透水，但汛期一般难以做到。也有例外情况，例如，堤身底部下卧一层薄沙层，堤外脚覆盖层遭破坏，单纯依靠在堤内筑围井或蓄水反压并不能控制险情，因此仍需在堤外填土压盖阻渗。有的管涌险情发现太迟，已经形成通道，这种险情多发生在堤外无滩、泓坡合一或沙层裸露堤段，此时，采取"外截"措施难以奏效，还需在堤内筑高围井进行反压。与堤身漏洞险情不同，渗透水虽从外江而入，但在形成管涌险情之后的一段时间内，并未形成明显通道，堤外也无洞口可寻。所以两者要区别对待，不能把管涌险情当做漏洞险情来抢护。

对于大多数管涌险情则必须采取"内导"方法。渗透水既已冒出地面，堵回去是不可能的，企图采用堵塞方法来控制险情，是造成险情恶化乃至溃口的主要原因。

"围井导滤"和"蓄水反压"是抢护管涌险情的有效措施。出清水不带泥沙是管涌险情得到控制的标志。设置围井导滤是防止渗透破坏的有效措施，可以保证出逸口不遭受渗流破坏，达到渗透稳定。蓄水反压是针对管涌险情已经发生多处，且出水涌沙量较大时，单靠围井导滤已不能控制险情，必须通过筑围堰抬高水位，增加对管涌孔的淹没深度和范围，达到减压稳定险情目的，这是处理已经发生和防范可能发生管涌险情的有效措施。

必须采取蓄水反压的情况：①涵闸或泵站内渠道，堤内坑塘，低洼沼泽地发生的管涌；涵闸、泵站侧墙、翼墙出现管涌。②距堤脚很近的管涌，有可能控制一处后，又在附近发生新的管涌；或者堤内土质含沙量大，已经发生的管涌虽已得到控制，但水位差超过 5 米以上，时间过长，可能再发生多处管涌。③大面积管涌群，每个管涌孔冒孔小，出水冒沙量小，但不连续。有的堤段地基为古河道，覆盖层薄，沙层深厚，极易发生大范围的管涌，采用围井或导滤堆费工费时。④已经出现明显的面积较大的流土险情。

（三）高科技检测管涌

随着科技进步，越来越多的高新科技手段运用到堤防隐患检测之中，运用流场法原理检测管涌是在监利长江干堤上试验运用的一项高科技检测方法。因自然界江河湖库中水流的正常分布有其自身规律，在未出现渗漏情况下，流场为正常场；一旦出现管涌、渗漏，便会出现迎水面向背水面的渗漏通道。流场法正是基于此种物理原理，利用水流场与电流场在一定条件下数学物理上的相似性，通过分析"伪随机"电流场与渗漏水流场之间在数学形式上的内在联系，建立电流场和异常水流场时空分布形态之间的拟合关系，从而通过测定电流场可间接测定渗漏水流场。这是一种全新的物理探测技术，经过理论分析和大量物理模型试验，优选电流信号波形，使之与渗漏水流场分布关系简单、测定方便，并具有较高分辨率和较强抗干扰能力。

蒋家垴险段（桩号 600＋000～602＋000）是监利长江干堤重点险段，也是历史著名险工险段，为砂基堤段。1930 年退挽，为古荆江诸穴口之一的柳港口，1952—1996 年多次采用工程措施整治，但险情未得到根治。1998 年 7 月 9 日，桩号 601＋760～601＋800 堤段距堤脚 250 米排水沟中发现一处管涌群，4 个管涌孔径分别为 0.03 米、0.1 米、0.02 米、0.02 米，严重危及堤防安全。

1998 年汛后，按照设计要求，蒋家垴堤段实施加高培厚、锥探灌浆、渊塘填筑及堤身护坡工程后，但管涌险情仍然存在。为整治管涌险情，提高该堤段抗洪能力，按照国家防总指示和省水利厅要求，湖南继善高科技有限公司和中南大学组织 10 余名技术人员，于 2007 年 8 月 9—10 日在监利蒋家垴堤段进行检测。此次检测采用 DB—3 和 DB—3A 两种型号堤坝渗漏检测仪，并对其应用效果进行详细对比，共发现渗漏相对集中入口两处。

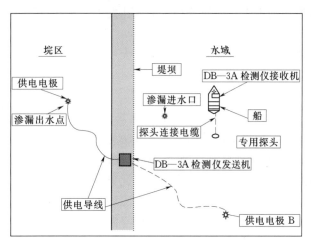

图 8-10　DB—3A 普及型堤坝管涌渗漏检测仪
实际工作布置示意图

检测中，技术人员在渗漏区背水面出水点和堤垸水中同时发送人工信号，"伪随机"电流场接收机以船载形式在水面巡查，同时将接收机接收探头伸入不同深度水中进行检测人工发送信号的分布强度和方向，通过检测电流场三维分布，从而确定渗漏入水口。为提高探测速度，将接收探头放入水中进行连续扫描，使之尽量靠近入水口。应用流场法探测堤防渗流可将特殊电流场聚集到漏水通道，使整个水体形成准均匀场，使得渗水处异常明显，定位准确性高；传感器放在水中，可直接接触或靠近管涌、渗漏入水口部位，探测精度高、定位准确；探测器在水中可以 0.5～1 立方米每秒速度快速、连续扫描，可满足抢险时要求快速测量需求；使用组合信号波形，抗干扰能力强，易于分辨；普及型探测仪不用数字显示，而用表头显示，效果直观。

现场检测时，先进行测线布置，供电电极 A 极置于干堤渗漏出水口处，有多处渗漏的地段，在每一渗漏处各布置一电极，然后用导线将其并联。B 极或称"无穷远极"，布置在离查漏区域较远的外江上游。查漏测线布置，以干堤桩号 601＋900 为基准建立独立坐标系，然后进行测网布置。可用干堤桩号作为每次探测的起始点，用全站仪在干堤上按 2 米间距进行定点，每一点均作明显标记。由于标志点在待测河段内，所以将该标志点定位为 100 号点，往下游方向 2 米处，用红纸或红布条做上记号，将其点号定为 101 号，以此类推，一直延伸到探测区域边界。测线根据采用 3 米线距。

现场操作程序：当发送部分及接收部分准备就绪后，通知发送机操作员正式开始供电，并记下发送机面板上电流指示表读数值。接收组成员将船划至第一条测线端点位置上，具体位置由岸上人员根据岸上所定位置给船只定位（接收探头所处位置）。接收探头操作员将接收探头放入水中，手握连接电缆慢慢让接收探头沉至河底，再拉紧电缆向上提起，以保持接收探头直立，接收机操作员按接收机面板上"开"按钮，略待接收探头稳定，便可读出接收机面板上渗漏指示表中数据，并记录下来。船平行大堤向前移动至下一个测点位置，接收探头随船在水下移动。重复操作，读取数据并记录下来，直到一条线探测完，将船只划到第二条线位置，通知发送机操作员供电。重复操作，直到整个区域探测完为止，此时通知负责发送机操作员关闭发送机，水面探测工作结束。

在对某一水域进行探测时，在正常（即没有管涌渗漏出现）情况下，接收机面板上渗漏指示表中有相对恒定（一般较弱）的数值显示，该数值反映该区域正常情况下电流密度分布特征。此时电流密度场称为正常场，其观测值称为正常值。对于不同水域，其正常场电流密度分布特征有所不同。不同区域正常场（即观测值）值是不同的，但数据值范围一般较小。异常场是相对正常场而言的，由于存在渗漏，电流密度分布特征发生改变，在局部地段会出现高值反映，该高值称之为异常场，其幅值大小与分布范围与管涌渗漏点的分布情况有密切关系。具体至一个区域多个数据在 0～10 范围内，那么以 10 为正常场，不小于 2 倍正常场值（即 20）为异常场。如果异常幅值高，范围较小，一般是管涌的特征；异常幅值高，范围大，则是集中渗漏特征；异常幅值低，一般为散浸特征，特别大面积幅值介于正常与异常场的区域基本是由于散浸所引起。

经过科研人员大量细致的勘测试验，充分运用 DB－3 和 DB－3A 堤坝渗漏检测仪探测，确定以渗漏异常值 20 为边界圈定出两个异常区域，其中 1 号异常区中心点位置为桩号 601＋602，距堤中心轴线的距离为 122 米，沿堤方向长为 12 米，垂直堤方向宽 5 米；2 号异常中心位置为桩号 601＋803，距堤中心轴线距离为 124 米，沿堤方向长为 8 米，垂直堤方向宽 6 米。经检测，以上两处管涌均为基础性渗漏。此次检测为汛后处理提供了准确而详细的技术支持。

五、堤身、堤基防渗工程

20 世纪 50 年代，限于历史条件、经济条件及技术水平，荆江地区堤防存在诸多严重缺陷。堤防建设一直在探索适用、有效的渗流控制措施，主要采取堤身加高培厚、翻挖回填、吹填（填塘、盖重）、反滤、减压井（沟）、铺盖、锥探灌浆等多种传统整治方式。1998 年大水后，为整治险情，提高抗洪能力，河道堤防部门在整治险要堤段及溃口性险情过程中，广泛应用新技术、新工艺、新材料处理堤防基础渗漏问题。

（一）锥探灌浆

堤身隐患是荆江地区堤防三大重要险情之一。堤身隐患有白蚁、獾洞及埋在堤内的阴沟、墙脚、砖石、树桩，以及堤上建筑物等，尤以白蚁隐患最为突出。长期以来，堤身隐患大多采用抽槽或按漏洞跟踪翻筑等方法查找，耗费大量人力物力。相比而言，锥探灌浆是处理堤身各种隐患行之有效的一项工程措施。早在 1953 年，在荆江大堤建设加固中便学习运用黄河人工锥探方法，以消除堤身渗漏隐患，随后推广到全市长江堤防。

多年来，荆江地区堤防采用锥探灌浆技术消除多处病险堤段渗漏隐患，特别是对整治长期存在的白蚁隐患具有显著效果。实践证明，作为一种预防性措施，锥探灌浆不仅能充填白蚁巢穴、蚁道，消灭白蚁，还能大量处理堤身裂缝、獾洞及其它隐患，增加堤身土壤密实度，增强堤身抗渗能力，改善堤质，加固堤防，是综合治理堤身隐患的有效措施。经历年高水位考验，采取灌浆处理的堤身渗漏隐患基本消除，防渗效果明显。

堤防锥探部位，一般位于堤内坡。早期人工锥探钢锥长有 4.3 米和 6.3 米两种，直径约 12～16 毫米，钢质锥杆。一般 4 人持锥杆，用力将锥杆钻入堤内，凭锥杆进土速度快慢与感觉，判定有无隐患；入土深 3.5～5.5 米，锥孔间距 1 米，呈梅花状排列。但有时单凭感觉不易发现隐患，则用干细沙灌孔办法，灌入沙量如果与锥孔体积相近，表明没有隐患；超过锥孔体积便证明堤内存在隐患；灌入细沙越多，隐患越大。发现隐患后可立即开挖回填。

由于施工中常出现因灌入的沙土不纯净，有阻塞锥孔现象，影响隐患的发现，且锥探只能在晴天进行。该法探查堤身洞穴、蚁穴、棺木、树苑等隐患较为敏感，但对堤身裂缝及其它空隙的鉴别和处理效果则不太明显。1956 年开始，由灌沙改用灌泥浆，将泥浆由锥孔倒进，自流灌入，避免因锥孔阻塞或灌沙不实而影响处理效果。1958 年，江陵县改用手摇双杆灌浆机灌浆，一般洞穴、裂缝经过灌浆得到密实。这样，锥探灌浆的功能由单一的查找隐患发展到进行隐患处理，减少人工开挖回填工作量。1972年，河道堤防部门学习黄河大堤机械锥探灌浆经验，试制拌浆机、压力灌浆机和锥探机，形成锥探、拌浆、输浆、灌浆一条龙机械化施工流程，改变过去人工锥探灌浆耗费大量体力的状况，节约了人力。1977年，洪湖长江修防总段工程师涂胜保首创新型液压锥探机，压力灌浆入孔，以泥浆充填堤身裂缝，取得良好效果。1979年沙市市修防管理段与沙市棉纺厂合作，共同设计制造出车载挤压式双杆锥探机，获得当年沙市科技成果三等奖。此后，这些锥探机械推广到荆州沿江各县市和武汉市东西湖堤防加固工程。

1958年，荆江大堤唐刽子堤段进行锥探灌浆消除堤身隐患试验。工地实际开挖情况表明，泥浆经过压力压进堤身后，填满所有锥孔相通的洞隙，从大到直径1米的洞穴，到小至2毫米宽裂缝及长达5米的蚁道全部被浓泥浆填实。

荆江大堤从1953年开始锥探至1990年共锥探214.5万孔，灌浆长度21.9万米（含复灌长度），完成灌浆土方233万立方米，锥探处理隐患3.7万余处。

1998年大水后，荆江大堤151千米堤段实施锥探灌浆，部分重点薄弱堤段反复锥探。洪湖监利长江干堤整险加固中，230千米堤防进行锥探灌浆，并对险工险段进行复灌，累计完成锥灌322.98千米。荆南长江干堤完成锥探灌浆堤段87.8千米，合计灌浆390.29万延米。南线大堤加固工程建设中，锥探灌浆6.21万立方米。松滋江加高加固工程建设中，锥探灌浆8.97万立方米。由于长期以来在堤防整治加固过程中不断进行堤防锥探灌浆，堤身隐患得到有效治理，堤防安全得到保障。

（二）减压井防渗

建国后，在荆江大堤、长江干堤多处险工险段设置减压井实施截渗防渗。减压井的作用是使基础土层在保护细砂不流失的条件下排除渗透水，减低渗透压力，防止土粒流失；可降低地下水位，防止管涌发生，为处理堤基管涌的一项措施。减压井多布置在历史上管涌险情多发堤段上游；管涌集中段井距小，管涌分散处井距大；井口高程略高于当地最高渍水位。回填反滤料和粘土泥球的规格是控制减压井质量和安全的关键。只要减压井排渗量大于管涌的涌水量并保证出水不带砂，即可避免管涌险情发生。1958年在荆江大堤黄灵垱堤段（桩号717+050～717+170）布置空心减压井51口、浸润线观测管8根、地下水测压管12根，取得明显效果。1963年起，荆江大堤历史管涌险段先后布置空心减压井83口，其中廖子河21口、蔡老渊32口、李家埠10口、窑圻垴11口。1974年在黄灵垱堤段（桩号717+060～717+100）距堤脚80～100米处修建减压井2排共9口。

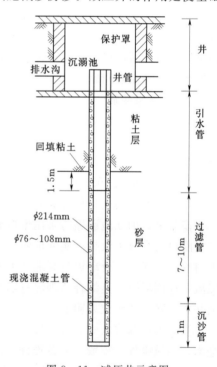

图8-11 减压井示意图

1963年，监利长江干堤蒋家垴堤段（桩号601+400～602+800）建浅层观测井3口，1965年另建减压井15口、观测井18口（其中深层井12口、浅层井3口、导滤沟观测井3口）。1983年汛期仅7口减压井出水正常，1984年冲洗处理后，13口井恢复使用，后减压效果日渐衰退。

减压井建成后一般3～5年内效果较好，但随着时间推移，因泥沙淤塞，效果渐趋下降。除观音寺闸下游渠道内和两侧仍存有大量减压井外，其它堤段减压井大多先后拔管废除，并回填粘性泥土压实。

（三）压缩充填

通过专用设备将刀具或模具振动挤压至土体中，起拔时形成空间并同时注入浆液建造防渗墙的方法称为压缩充填。挤压法成墙主要有振动压模造墙法、超薄防渗墙工法、振动切槽法和板桩灌注法等。

超薄防渗墙 亦称板桩灌注防渗墙技术，是运用振动沉桩的方法通过液压振动锤将规格一般为 H 形，高约 0.5～1 米，厚约 0.07～0.1 米钢板桩振动至设计深度。为加快沉桩速度，在桩体上焊有注浆管，在沉桩同时注入润滑浆液，沉桩达到设计深度后，边拔桩边注入混凝土膨润浆液。然后沿设计轴线逐次移动桩位，重复操作，将履带式造孔机移至下一槽段，将 H 形桩一边顺着前一个槽段边缘部分振入后再灌注，使槽与槽之间形成连续性防渗墙体。1998 年大水后，洪湖长江干堤燕窝段（桩号 427＋000～429＋000）实施 2.0 千米，监利段南河口段（桩号 588＋000～590＋500）实施 2.5 千米，两处共 4.5 千米。超薄防渗墙成墙深度为 15～20 米，墙体厚度仅 0.08 米，成墙 28 天后渗透系数 $K<10^{-7}$ 厘米每秒，抗压强度 $R>1.0$ 兆帕。洪湖、监利堤段两处造墙总面积 6.75 万平方米。

振沉板桩 施工方法是用振动锤将矩形钢板桩震入地下，达到设计深度后，用 3PN 立轴泥浆泵将混凝土浆通过高压管输送至钢板桩，经桩尖处特别设计的喷门喷出。边灌浆，边缓慢提升桩体，直至完成全桩灌注，最后形成连续的防渗板墙帷幕。施工时以 36 根桩为一小段，每小段跳桩分序进行，在各小段之间用"外椰桩"的形式，使之成为完整、连续的防渗墙。成墙 28 天后，渗透系数 $K<10^{-7}$ 厘米每秒，抗压强度 $R>6.0$ 兆帕。洪湖套口堤段（桩号 458＋000～458＋800）实施的振沉板桩防渗截渗工程，成墙深度 18 米，厚度 0.2 米。

钢板桩 将钢板桩打入堤基透水层下相对不透水层中，拦截透水层渗水，形成半封闭或全封闭防渗墙，从而起到堤基防渗作用。钢板桩间均以锁扣连接，能有效防止水流渗透。钢板桩防渗墙建于江堤外滩软土上，先沿钢板桩轴线开挖施工沟槽，安装施工样架，沿样架插打钢板至设计高程；然后在钢板桩顶浇筑钢筋混凝土锁口梁，锁口梁顶贴复合土工膜，再覆盖粘土，与堤防形成防渗整体。

长江岩土公司采用钢板桩防渗技术，在荆江大堤观音寺闸堤段（桩号 740＋342～741＋288）、洪湖长江干堤燕窝堤段（桩号 429＋786～431＋000）堤基实施钢板桩防渗墙工程，以治理堤基渗透破坏险情，增强堤防抗御洪水能力。

1998 年汛期，荆江地区干堤险情不断，洪灾损失严重，引起国际社会普遍关注。针对荆江地区堤防堤基渗流引发的各种险情，1999 年 3 月 1 日，日本政府向中国政府提出以无偿援助资金紧急实施长江堤防钢板桩加固示范项目建议。最终选定在荆江大堤观音寺闸堤段、洪湖长江干堤燕窝堤段实施钢板桩防渗工程，共援助价值 14.57 亿日元（约合人民币 1 亿元）的设备和钢板桩材料。

荆江大堤观音寺闸段钢板桩防渗墙工程以观音寺闸为中心，向两侧各布置 500 米，钢板桩轴线总长 1000 米。在观音寺闸闸前，轴线位于原防渗板前约 10 米；闸上游侧轴线走向，从防渗板前沿经渐变段至堤坡，然后延伸至距堤脚 5～6 米的轴线；闸下游侧轴线走向，从防渗板前沿穿过排灌站滑道后，再渐变到距堤脚 5～6 米的轴线。防渗墙采用 FSP—ⅣA 型桩长 20 米的钢板桩，在轴线转折处设转角异型桩。工程于 1999 年 10 月 15 日开工，次年 4 月 19 日完工，打入钢板桩 2533 根，防渗面积 1.90 万平方米，钢板桩用量 3811 吨。

洪湖长江干堤燕窝段钢板桩防渗墙工程，上游起点与燕窝段已实施的垂直铺塑防渗工程相接，防渗墙起点对应桩号分别为 429＋786、431＋000。垂直铺塑轴线距堤外坡脚约 4 米，防渗墙与垂直铺塑顺堤线平接一段距离后，从临江侧绕过高平台，横穿高平台至外滩简易公路，向下游顺堤外坡脚布置于低平台。钢板桩轴线距堤外坡脚 5～6 米，轴线总长 1200.7 米。该段 823.2 米防渗墙采用 KSP—ⅢA 型钢板桩，377.5 米防渗墙采用 SKSP—ⅣA 型钢板桩，在轴线转折处设异型转角桩。工程于 2000 年 1 月 1 日开工，4 月 20 日完工，总防渗面积 1.82 万平方米，打入钢板桩 3019 根，钢板桩用量 3009 吨。

施工工序为：先开挖施工平台，安装施工墙架，再将 20 米长 FSP—ⅢA 和 FSP—ⅣA 型钢板桩按槽型钢板的套接顺序逐一切入地基，形成完整的防渗墙体。该钢板桩工程采用单根打入法施工，施工速度快，墙架高度相对较低，位于斜坡上的钢板桩需二次打桩，必要时采用氧割切断钢板桩。打桩前需对钢板桩逐根检查，对锈蚀、变形的及时调换，以减小板桩锁口阻力。为防止桩体倾斜，在打入一根桩后，将其与前一根焊牢，以避免先打入桩被后打入桩带入土中，确保施工达到设计效果。

（四）材料置换

利用机械在土层中开槽并填充具有防渗能力的材料，从而形成一道连续的防渗墙的方法为材料置换。根据开槽机具和方法不同，有液压抓斗法、射水法和垂直铺塑法等。

液压抓斗开槽建墙　利用抓斗抓出土层中土体，借助泥浆护壁形成槽孔，再浇注塑性混凝土形成防渗墙。其施工方法为：用 WY—300 型液压抓斗造孔，槽孔抓取时一般使用膨润土或粘土泥浆护壁以防槽孔坍塌。槽孔分成间隔的Ⅰ、Ⅱ期槽孔，Ⅰ期槽孔成槽后，将接头管置入槽孔两端，依据初凝时间、浇注混凝土速度、气温等因素，确定起拔时间；全部拔出后形成接头子孔，待Ⅱ期槽孔浇筑时，混凝土嵌入Ⅰ期槽孔形成连续墙。成墙 28 天后，渗透系数 $K<10^{-7}$ 厘米每秒，抗压强度 $R>2.0$ 兆帕。该方法抽槽后墙体连续，建墙堤段 1999 年洪水期未出现新险情。不足之处是该方法工效较低，成墙速度较慢，每台班造墙不足 100 平方米，造价较高，单位面积造价约 250 元。监利姜家门堤段（桩号 547＋000～548＋000）采用液压抓斗开槽建墙防渗，成墙深度为 18～30 米，厚度为 0.3 米，防渗墙面积 1.81 万平方米，造孔 2 万米。

垂直铺膜技术　运用开槽机械，在堤基内开出深槽，将塑料薄膜埋入槽内，形成以塑料薄膜为主体的防渗屏障。施工中，通过 PCY—15 型垂直铺膜开槽刀杆的往复运动，刮刀不断切割土层，同时，高压水泵提供的高压水流经高压水管和刀杆空腔从喷嘴射出，不断冲切土体。土体在刮刀和高压水流共同作用下，经搅拌形成泥浆起固壁作用，并流向沟槽后方。铺膜装置位于开槽机后方，施工时将竖向固定杆插入缠有土工膜的钢管内，放入沟槽至槽底，牵引绳系在开槽机底架后部随机器前进，土工膜即可平顺铺于槽内。沟槽由泥沙淤积和人工回填。用垂直铺塑替代混凝土、粘土、高压喷射灌浆防渗墙，可节省投资，缩短工期，且防渗效果明显，渗透系数可达 10^{-9} 厘米每秒。施工程序为平整场地、开沟槽铺膜、土方回填。平整场地后将设备安装就位，控制刀架角度使槽深达设计高程 13.00 米，槽宽 0.3 米，形成的沟槽采用泥浆固壁以防坍塌。土工膜缠绕于 $\phi 0.5$ 米钢管上，一边形成沟槽，一边人工转动土工膜捆，使其平顺铺设在沟槽铅直面上；铺膜不要张拉太紧并应留有余地，土工膜铅直方向不进行搭接，后续土工膜采用粘土或缝合。土工膜铺设后应及时回填。本方法施工工艺简单，铺膜速度快，采取机械化施工，挖槽、铺塑、回填一次完成。土工膜可将一定高程以上砂层中地下水截断，从而起到阻渗作用。每台班可铺膜 500 平方米，造价为每平方米 60～100 元。

洪湖燕窝堤段（桩号 431＋000～431＋322、432＋422～433＋000）、王洲堤段（桩号 494＋300～496＋000）采用垂直铺塑防渗技术防渗截渗，铺膜深度 10～20 米，开槽宽度 0.21 米，土工膜厚 0.3～0.5 厘米，铺塑面积 3.12 万平方米。

射水法造墙　利用水泵及成型器中的射水喷嘴形成高速泥浆水流来切割地层，水土混合回流，泥砂溢出地面，同时利用卷扬机操纵成形器上下往复运动，进一步切割土层，并由成型器下沿刀具切割修整孔壁形成一定规格槽孔；槽孔由一定浓度泥浆固壁，槽孔成型后采用导管法水下混凝土浇注建成混凝土单槽，先单序号跳槽造孔浇注，待混凝土槽板初凝后，造双序号槽孔，在造双序号槽孔过程中，成形器偶向水喷嘴不断冲洗单序号槽板侧面，形成两侧冲洗干净的混凝土面槽孔，经过双序号浇筑与单序号槽板连成连续混凝土墙体。成墙 28 天后，渗透系数 $K<10^{-7}$ 厘米每秒，抗压强度 $R>10$ 兆帕。该方法施工工艺较为复杂，造价适中，工效较低，每台班造墙 50～70 平方米，但成墙效果好。实施该法造墙，能有效清除散浸、管涌等险情。

1999 年汛前，洪湖长江干堤田家口段（桩号 445＋953～446＋600）实施射水法造墙，造墙深度 10 米以上，墙体厚度 0.22 米。

锯（拉）槽法建造防渗墙　采用锯槽机，由近乎垂直的锯管在功率较大的上下摆装置或液压装置驱动下，锯管上设置一种类似锯条的刀削杆，模仿拉锯动作对地层进行上下切削，锯槽机根据地层状况以一定速度向前移动开槽，采用泥浆护壁，正循环或反循环出渣；槽孔成形后，根据需要采用导管法下浇注混凝土、塑性混凝土或钢筋混凝土形成防渗墙。

荆南长江干堤桃花素 B 段位于石首市境内，桩号 579＋200～581＋600，堤身由粉质壤土、粉质粘土及砂壤土组成，局部夹粉细砂，土体不均一；堤基主要为第四系全新统冲湖积层。防渗墙工程设计轴线全长 2.4 千米，为塑性混凝土防渗墙，墙体深约 11～34 米，厚 0.25 米，设计防渗面积 4.1 万平方米，采用射水法和锯槽法两种工法施工。其中堤身及堤基防渗采用锯槽工法建造塑性混凝土防渗墙，施工段桩号为 581＋200～581＋600，施工轴线长度 400 米，防渗墙轴线距外堤肩 1.5～2 米，墙厚 0.25 米，深约 14～16 米。施工中，采用庆 50 锯槽机施工，由电动机带动大拐臂轮，拐臂轮带动刀杆做往复切割运动，被切下的石子与土渣沿切削面落至槽底，由排渣系统将含渣泥浆吸至沉淀池沉淀，再循环利用；在牵引作用下，锯槽机边工作边前进，从而开挖成槽孔，再进行清孔、混凝土浇注。工程于 2001 年 2 月 20 日开工，4 月 30 日完工，完成防渗墙面积 6025 平方米。桩号 579＋200～581＋200 段采用射水造墙机建造塑性混凝土防渗墙，墙厚 0.25 米，施工轴线长 2 千米，工程量 3.48 万平方米。防渗墙轴线沿堤外肩呈折线布置。施工时，利用高速泥浆水流切割地层，操纵成形器成槽，采用水下直升导管法浇注混凝土，平接技术建成地下混凝土连续墙。

（五）密实孔隙

采用相应方法将防渗材料填至原土层孔隙中，达到防渗目的的方法为密实孔隙。通过垂直防渗墙的建造，在地下形成封闭式防渗帷幕，使堤基背水侧表土层下面水头压力大为减小，从而达到防治管涌等险情的目的。

多头小口径深层搅拌桩　深层搅拌法防渗技术，是在深层搅拌桩基础上发展起来的堤防防渗加固新方法。它是利用混凝土浆作为固化剂，通过特制深层搅拌机械，在堤基深处将软土和混凝土强制搅拌后，由混凝土和软土之间所产生的一系列物理、化学反应，使软土改性硬化为具有整体性、水稳定性和一定强度的混凝土搅拌桩。施工方法为：先将多头小口径深层搅拌桩机就位、调平，通过主机动力传动装置，带动主机上三个并列钻杆转动，并以一定推进力使钻头在土层中推进至设计深度，然后再提升搅拌至孔口。施工中，通过水泥浆泵将水泥浆由高压输浆管输进钻具，在钻进和提升的同时，水泥浆和原土充分拌和；再将桩机纵移就位调平，多次重复上述过程形成防渗墙。成墙 28 天后渗透系数 $K<10^{-7}$ 厘米每秒，抗压强度 $R>0.5$ 兆帕。该方法施工进度较快，每台班可造墙 150 平方米以上，造价较低，每平方米造约 80 元，成墙墙体连续可靠。

洪湖长江干堤中小沙角段（桩号 490＋400～492＋100）实施的多头小口直径深层搅拌桩，成墙深度 15 米，成墙厚度 18 厘米。此后，施工堤段未出新的管涌险情。

高喷灌浆造墙工法　利用置于钻孔中的喷射装置喷射高压射流冲切、掺搅地层，在射流冲切过程中部分土体颗粒被能量释放中产生的气泡携带置换出地面，同时灌入浆液，在基本不扰动地基应力条件下，形成不同结构型式（桩、板、墙）、不同形状、不同深度、不同倾斜度的防渗加固凝结体。成墙 28 天后，渗透系数 $K<10^{-7}$ 厘米每秒，抗压强度为 10～20 兆帕。适合松散地基深度大于 15 米，并且可截断水源堤段地基处理。该法施工每台班造墙约 140 平方米，单位造价每平方米约 200 元。

洪湖燕窝堤段（桩号 431＋322～432＋422、429＋000～431＋000）采用高喷灌浆技术防渗截渗，采用双喷嘴三重管法，分两序孔进行施工。施工进度，按机械循环时间计算，施工工效为 48～78 平方米每台班。造墙深度 11.6～25 米，成墙厚度 22 厘米。设计孔深 13 米，孔距 1.5 米。

荆南长江干堤埠河至双石碑堤段防渗工程亦采用高压喷灌浆工法施工。该段堤身填土层厚约 5～8 米，由粉质壤土、粉质粘土及砂壤土组成，局部夹粉细砂；堤基主要为第四系全新统冲湖积层组成。施工堤段长 10 千米，防渗墙厚 0.2 米。工程于 2000 年 3 月 14 日开工，经过 61 天施工，共造墙 11 万平方米，耗用混凝土约 1.5 万吨。防渗措施采取垂直防渗，设计墙深 6.5～14.3 米，墙顶高程与堤顶高程一致，向下深入到弱透水层 1.5～2 米，固化剂使用普硅 425 号水泥。

表 8 – 7　　　　　　　　**1999—2004 年荆州长江堤防堤基堤身防渗工程表**

堤 别	工程项目	桩 号	施工长度/m	备 注
合计			116479	
荆江大堤	小计		8400	
	万城堤身防渗	791＋000～793＋000	2000	
	闵家潭综合防渗	783＋700～786＋000	2300	导渗沟 964m
	沙市尹家湾堤身防渗	745＋300～745＋800	500	堤身防渗膜
	江陵柳口堤身防渗	699＋000～700＋500	1500	堤身防渗膜
	江陵木沉渊堤身防渗	744＋000～744＋400	400	堤身防渗膜
	监利凤凰堤身防渗	630＋000～630＋700	700	堤身防渗膜
	观音寺钢板桩	740＋342～741＋288	1000	钢板桩
松滋江堤	松滋江堤	710＋260～712＋700	2440	堤身防渗墙
荆南长江干堤	小计		91991	
	荆州区	704＋500～710＋260	5760	堤身防渗墙
	公安埠河至雷洲	660＋300～688＋000	27700	堤身防渗墙
	公安斗湖堤	647＋700～654＋420	6720	堤身防渗墙
	公安裕公垸	601＋500～615＋000	10590	堤身防渗墙
	公安杨厂安全区	642＋978～647＋700 643＋000～644＋500	4720	堤身防渗墙
	公安王家台安全区	700＋000～704＋530 702＋000～703＋000	4524.5	堤身防渗墙
	公安西流湾	688＋000～690＋660	2660	堤身防渗墙
	公安李家花园上段	637＋400～641＋610	4210	堤身防渗墙
	公安李家花园下段	629＋000～633＋400	4400	堤身防渗墙
	石首南碾垸	554＋380～558＋800	4420	堤身防渗墙
	石首三合垸	545＋300～552＋000	6686.5	堤身防渗墙
	调关	525＋500～531＋000	5500	堤身防渗墙
	石首老来家铺	516＋500～517＋500	1100	堤身防渗墙
	石首章华港至五马口	497＋800～500＋800	3000	堤身防渗墙
洪湖监利长江干堤	小计		13648	
	监利南河口	588＋850～591＋850	3000	堤外脚截渗墙
	监利三支角	573＋150～573＋650 574＋400～575＋300	1400	堤外脚截渗墙
	监利姜家门	547＋000～548＋000	1000	堤外脚垂直铺塑
	洪湖王洲	494＋350～496＋350	2000	堤外脚垂直铺塑
	洪湖中小沙角	490＋400～492＋100	1700	堤外脚截渗墙
	洪湖套口	458＋000～458＋800	800	堤外脚截渗墙
	洪湖田家口	445＋953～446＋600	647	堤外截渗墙
	洪湖八十八潭	431＋322～432＋422 431＋000～431＋322 432＋422～433＋000	2000	堤外脚截渗墙 堤外垂直铺塑
	洪湖燕窝	429＋786～431＋000	1201	钢板桩

注：

[1] 部分参考王德阳《荆南长江干堤堤基地质结构类型与渗透稳定问题研究》，长江护岸及堤防防渗工程论文选集，中国水利水电出版社。

第二节 淤 填 固 基

建国后，为提高堤防抗洪能力，先后实施规模浩大的整险加固工程。在堤基加固方面，根据前截后导原则，即在迎水面截断渗流或延长渗径，在背水面采取砂石导滤使之出水不出砂或导压兼施。在堤身迎水面，因地制宜地采用铺盖、截渗沟、帷幕灌浆、混凝土防渗墙、垂直铺塑等方法截断渗流或延长渗径；在堤后采用压浸台、排渗沟、减压井等方法加固堤防，取得较好效果。20世纪60年代，在荆江大堤还进行过利用涵闸引水放淤的试验，使堤后低洼地带、覆盖较薄地段盖层加厚，以防止管涌发生，获得较好效果。但引水放淤只能在有引水闸条件下才能实施，而且泥沙落淤也有一定规律，临近进水口地段积淤厚，远离涵闸地段落淤薄，淤积厚薄不易控制。

利用河床泥砂填充堤边渊塘和加固堤基是一种既经济又快速有效的方法。吹填落淤既可减少开挖占地，而且泥沙还是一种筑压浸台的相对透水材料。20世纪70年代开始，由航道部门疏浚联想到利用疏浚航道所挖泥沙来增加堤后覆盖层，通过实践，取得满意效果。经过多年对重点险工险段实施机械吹填，管涌险情基本消除，堤防安全系数加大，防汛抢险条件改善，效果显著。该施工技术简单、方便，节省大量劳力，施工效率高，造价比人工、机械运土均低，特别是能够解决沿堤土源缺乏的难题。经过吹填，使原沼泽低洼地、水坑、水塘可改造成适于栽种林木和农作物的耕地，同时还为消灭血吸虫、改善生态环境提供条件。利用挖泥船吹填整险，深受沿堤广大群众欢迎，并誉为堤防整险加固革命化的措施。在延长"吹距"、提高挖泥效率方面不断有所改进和创新，并广泛运用于荆州长江堤防整险加固工程中。但利用挖泥船吹填所存在问题有待进一步研究解决，一是吹填厚度、宽度还需进一步论证，否则有可能抬高堤身浸润线，造成新的不利影响；二是吹填使沿堤塘渊消失或缩小，影响到部分沿堤居民生产生活用水；三是吹填区内泥沙颗粒松散，遇大风、大雨极易流失，需以粘土覆盖。

一、荆北放淤工程研究及试验

荆北放淤工程是治理荆江标本兼治的工程措施，也是综合利用长江水沙资源的工程。荆江河道水量丰沛，多年平均年输沙量约4亿吨，用以加固堤防，实为取之不尽的资源。长办1963—1974年间开展荆北放淤工程规划设计和试验研究工作。

（一）试验目的

鉴于荆江大堤存在三个重要问题：①长江特大洪水远远超过荆江河道宣泄能力，如遇类似洪水，荆江大堤可能漫溢。②堤基堤身隐患较多，汛期经常出现管涌、崩岸等险情，危及堤防安全。③荆江大堤大部分只有一道防线，战备条件差。因此，为确保荆江防洪安全，除继续抓紧加固荆江大堤外，必须结合战备需要，修建二道防线；结合修建二道防线，增辟新的分洪出路；抬高荆江大堤堤后地面，摆脱南高北低的不利局面。

（二）工程布置方案

荆北放淤工程设计方案，自盐卡至柳口平行荆江大堤修筑新堤，长49.72千米，其设计标准同荆江大堤，两堤之间形成放淤分洪区。新堤与荆江大堤平均间距为2.3千米；盐卡建进水闸一座，设计放淤流量5000立方米每秒，分洪流量可达9000立方米每秒；柳口建退水闸一座，设计流量5000立方米每秒；另在盐卡新建引流量350立方米每秒灌溉闸一座。设计全部工程量为开挖土方940万立方米、填筑土方4600万立方米、混凝土30万立方米。

（三）工程预期效益

每年汛期引水放淤进水量为300亿～400亿立方米，可落淤泥沙2000万～3000万立方米，使淤区每年平均淤高0.2～0.3米，15年全区可淤高约4米，从而逐步改变荆北低洼地势，消除管涌险情；放淤大堤构成荆江大堤盐卡至柳口段的二道堤线，提高防洪安全度；淤土可就近为加高加固堤身提供土源；利用放淤闸和淤区分洪，可降低沙市洪水位，提高控制分洪能力。

（四）放淤试验工程

为论证荆北放淤淤区泥沙淤积效率和淤积分布，1966 年后，分别在荆江大堤颜家台闸、观音寺闸灌溉渠、荆江大堤盐卡附近的窑湾外滩、下荆江石首长江干堤外废弃民垸丢家垸和八十丈堤段外滩设置放淤试验区。其中颜家台和丢家垸放淤试验区对水流、泥沙和淤积过程进行系统观测。

为荆北放淤工程的实施，1966 年首先在荆江大堤颜家台闸，结合灌溉进行引水绕道缓流落淤试验。该闸位于江陵郝穴镇下游 4 千米处堤上，堤内沿堤脚长 1140 米、宽 50～90 米范围，地势低洼，水塘密布，汛期管涌险情严重。试验淤区建于堤身背水面，为条渠式，长1300 米，宽 30～80 米，面积 0.12 平方千米。

1966 年结合灌溉，开闸 8 次，落淤 58 天，平均淤厚 0.58 米。次年放淤 39 天，落淤总量4.07 万吨，平均淤厚 0.34 米。第三年放淤 28天，落淤总量 2.28 万吨，平均淤厚 0.19 米。3 年合计落淤 1395 万吨，平均淤厚 1.11 米，

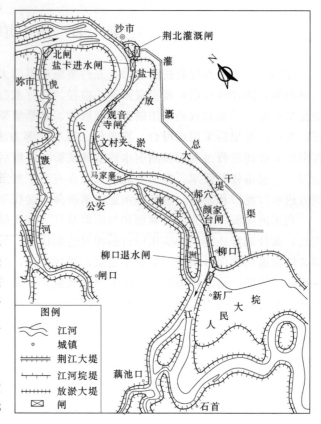

图 8-12　荆北放淤工程布置图

取得较好效果。落淤泥沙多属粉壤土或亚粘土，沙土及纯沙所占比例约为 5％～10％。

颜家台闸放淤试验期间观测实验数据：

流量，6.1～60.7 立方米每秒。

平均流速，0.03～0.78 米每秒。

平均水深，0.7～4.0 米。

水面宽度，22～206 米。

平均含泥沙量，进口处 0.182～3.89 千克每立方米，出口处 0.05～2.09 千克每立方米。

悬移质泥沙，进口处 0.01～0.026 毫米，出口处 0.003～0.018 毫米。

淤沙，0.006～0.15 毫米。

泥沙干容重，0.713～1.43 吨每立方米。

1968 年冬后，将颜家台闸淤区延长至郝穴镇下端，新、老淤区共长约 3.7 千米，面积 0.46 平方千米，延伸段宽度为 120～200 米。在同一引流进砂条件下，因淤区条件变化，落淤效果与前相比较差：1970 年放淤 33 天，年落淤 6.28 万吨，平均淤厚仅 0.11 米；1971 年放淤 80 天，年落淤 20.85万吨，一年落淤泥沙量较淤区扩大前三年落淤总量还多，但仅淤厚 0.36 米。淤区泥沙落淤百分比与淤区水深、长度、宽度以及平面形式、进口流量、进口含沙量、泥沙级配等因素有关。老淤区落淤百分比为 22.9％～36.9％，新淤区为 65％～88％。

继颜家台引水落淤工程试验成功之后，江陵观音寺闸亦于 1969 年起在沿堤脚 400 米范围内，筑成 7 千米长放淤围堤，每年结合开闸灌溉引水落淤。截止 1980 年，两处引水落淤工程共计落淤土方299 万立方米，其中颜家台 1966—1980 年落淤 59 万立方米，观音寺 1969—1980 年落淤 240 万立方米。从观音寺至柴纪长 3 千米堤段内脚普遍淤厚 1～2 米，原管涌险情严重的蔡老渊基本淤平。

石首丢家垸放淤试验区位于下荆江石首长江干堤外一处废弃民垸。试验区开挖进出口引流放淤区

于 1966 年建成，淤区上部长约 700 米，呈条状，宽约 125 米；下部似胃状，最大宽约 900 米。淤区全长 3.86 千米，面积 1.56 平方千米。1966—1968 年引水天数 183 天，进沙总量 112.6 万吨，落淤总量 99.2 万吨，落淤百分比为 88.0%。

表 8 - 8　　　　　　　　　　　荆江大堤颜家台放淤实验区落淤情况统计表

年份	放淤天数	进水总量/亿 m³	进沙总量/万 t	落淤总量/万 t	落淤比例/%	落淤效率/(m/d)	全淤区年平均落淤厚度/m
1966	102	1.80	22.20	8.18	36.9	0.0100	0.58
1967	83	1.20	12.90	4.07	31.8	0.0084	0.34
1968	72	1.88	16.00	3.66	22.9	0.0068	0.19
1969				8.11			
1970	49	0.61	7.08	6.23	88.0	0.0033	0.11
1971	59	2.20	24.70	20.80	84.4	0.0045	0.36
1972	60	1.76	19.40	15.60	80.4		
合计	425	9.45	102.28	66.65	65.0		

丢家垸放淤试验区观测实验数据：

最大流量，182 立方米每秒。

最小流量，0.1 立方米每秒。平均流速：0.02~0.71 米每秒。

平均水深 0.32~3.91 米。

平均含沙量，进口处 0.712~3.79 千克每立方米，出口处 0.019~0.367 千克每立方米。

悬移质中值粒径，进口 0.008~0.029 毫米，出口 0.002~0.015 毫米。

表 8 - 9　　　　　　　　　　　石首丢家垸放淤实验区落淤情况表

年份	放淤天数	进水总量/亿 m³	进沙总量/万 t	落淤总量/万 t	落淤比例/%
1966	70	2.58	51.5	44.7	86.9
1967	51	1.99	29.6	26.0	87.8
1968	62	2.41	31.5	28.5	90.0
合计	183	6.98	112.6	99.2	88.0

长办在荆江进行数年放淤试验后，1972 年提出《荆北放淤工程初步设计报告》，1973 年又提出《补充报告》。由于各方面对荆北放淤工程认识不一，主要认为放淤区淤高地面 2~3 米，淤区面积小，改变不了荆江南高北低局面；放淤时荆江大堤两面浸水，对防汛不利；放淤时对航道可能有影响等，因而工程未能付诸实施，1975 年以后各项工作基本结束。

二、机械吹填

堤防渗透破坏在堤防工程中非常普遍，汛期尤以堤基渗透破坏险情威胁最大。根据 1998 年荆州长江堤防防汛抢险资料统计，由渗透破坏造成的险情约占险情总数的 70%。除漫溢险情外，堤防溃口性险情均为渗透破坏所造成。抗洪抢险及整险加固实践表明，渗透破坏是堤防工程中最普遍且很难根治的堤防隐患。因此，堤基防渗及堵口复堤是堤防建设的重要内容。

荆州长江堤防整险加固工程规模巨大，分布范围广，尤以濒临河湾凹岸、堤外无滩又内临深渊堤段，以及外靠湖泊洼地又内傍渊塘沼泽的险工险段，所需土方量巨大。在阶段性整险加固治理中，有的险段土源奇缺，长期无法进行整治，成为荆州长江堤防防洪和建设的薄弱环节。

1972 年，荆州地区长江修防处与长江航道部门联系，结合监利城南河段航道疏浚施工，吹填城南段堤背，以缓解该处管涌险情，效果较好。此后，1974 年湖北省水电局在编制荆江大堤加固工程初步设计时，正式列报挖泥船吹填项目，计划吹填铺盖土方 2605 万立方米，并列资购置部分挖泥船设备，经水电部审核后得到国家计委批准。根据这一计划，1975—1980 年，水利部门租用长江航道局汉口航道区挖泥船 12 船次，投入荆江大堤加固工程施工，完成吹填土方 866 万立方米。1976 年后，水利部门购置的挖泥船（包括荆州地区长江修防处购置的中型挖泥船 6 艘）先后投入施工，还向荷兰订购 4 艘巨型绞吸式挖泥船（海狸 1 号、2 号、3 号、4 号），交省水利厅船队的海狸 2 号、海狸 3 号于 1980 年投入荆江大堤施工；交水电部十三局的海狸 1 号、海狸 4 号于 1981 年投入荆江大堤施工。与此同时，引进一套适宜荆江跨江潜管输泥的端点站设备。至此，运用挖泥船吹填堤背铺盖，成为整治荆江大堤堤基管涌险情的重要手段，先后在沿堤管涌险情严重的窑圻垴、谭家渊、龙二渊、黄灵垱、祁家渊、中和观、木沉渊、盐卡、廖子河、御路口、黑窑厂、傅家台、花壕等堤段实施机械吹填，堤基险情得到一定控制，堤防环境得到改善。

表 8 - 10　　　　　　　　　　荆江大堤应用挖泥船填塘固基情况表

船名	总功率/PS	出水流量		生产率/(m³/h)	平均含砂量/%	排泥管直径/mm	最大挖深/m	设计排距/m
		m³/s	m³/h					
长航吸扬 2 号	550	0.56	3500	350	10	560	7	1200
长航吸扬 3 号	970	0.7	2500	350	14	560	7	1200
长航吸扬 5 号	4600	2	7250	1450	20	700	16	4000
长航吸扬 7 号	4600	2	7250	1450	20	700	16	4000
荷兰海狸 1 号	4625	2.39	8600	1720	20	700	16	4000
荷兰海狸 4 号	4625	2.39	8600	1720	20	700	16	4000
湖北省挖泥船队 2 号	4625	2.39	8600	1720	20	700	16	4000
湖北省挖泥船队 3 号	4625	2.39	8600	1720	20	700	16	4000
330 工程局 351 号		0.97	3500	350	10	560	10	1200
修防处吸扬 1 号	520	0.21	750	90	12	240	5	800
耙吸式	720	0.33	1200	120	10	300		1000
液压绞吸式 2 号	1150	0.56	2000	200	10	400	10	1000
液压绞吸式 3 号	1150	0.56	2000	200	10	400	10	1000
液压绞吸式 4 号	1150	0.56	2000	200	10	400	10	1000
液压绞吸式 5 号	1150	0.56	2000	200	10	400	10	1000

挖泥船的运用，起初以用于造地和疏浚工程较多。按挖泥方式，挖泥船可分为绞吸式、耙吸式、链斗式、抓斗式等，其中绞吸式挖泥船灵活便利，活动范围大，产量高，输距较远，生产环节较省，因而为荆江大堤加固工程所通用。按其功率，分为大、中、小型三类，其中，大型挖泥船用于堤背铺盖等土方量较为集中的工地；中型挖泥船适宜吹填小型铺盖和加培土方工程；小型挖泥船因输泥排距过短、产能过低而未采用。挖泥船在荆江大堤施工过程中，以淤填堤身背水面铺盖为主，个别堤段还进行加培堤身试验，以及防汛抢险的大量蓄水反压，均取得较好效果。

经过多年施工运用，施工管理已逐步规范化。首先，选择取土场地，以能够回淤的壤土土质边滩为宜，并配合做好进船定位、设置计划、挖掘范围和施工导向标志。有的土场如与航道有关，则需设置临时航行标志。挖掘大量土方的河床坑洼，经冲刷均淤积还原。利用挖泥船吹填为解决大堤加固土源奇缺问题，找到一条"取之不尽，用之不竭"的出路。其次，架设输泥管道，要求平顺、坡微弯缓，尤应避免过大弯曲，并选择好跨堤与上下坡位置；必要时，要修筑管线堤或打墩，并在有的区间设置分岔支管、淤填小区、输泥管道出口和防冲设备，一般以铺挂软体柴排为宜。施工期间应防止管道接头漏水，气温较高时要防备炸管，管道出现问题均应立即解决。第三，要按照计划吹填区的范围与厚度，修筑吹填区围堤。围堤规格与土质有关，一般围堤面宽 2 米，内、外坡比 1∶2～1∶2.5，堤顶高程高出放淤水位 1 米，并对当冲围堤完善防护措施（一般采用草包或编织袋堆砌防护）。淤区纵坡比一般为1：2000。吹填区出口，必须设置防护工程，口门采用块石或袋装卵（碎）石堆砌防冲，并经常检查出口水流泥沙含量情况，如含有泥沙，则需抬高口门或修建隔堤等类似滞流工程，使出流为清水，避免浪费泥沙。施工期间，尤应注意吹填区平整，应经常移动管口位置，防止堆积过厚。经过填压，不仅起到延长渗径作用，而且还可使血吸虫重疫区疫情得到控制，并可进行改田、造田等，综合效益显著。第四，出水口以下排水渠系，既要调查处理好与排水有关的干扰，又要妥善照顾当地利益。采用挖泥船吹填施工，可节省劳动力和费用，每艘大型挖泥船在4000米运距条件下，每天可完成土方4.08万立方米（1700立方米每小时×24小时），相当于8万多精壮劳动力一天的挑运工作量；土方单价（包括各项费用在内）远低于人工填筑。

（一）潜管技术应用

荆江大堤淤填固基工程，土方量巨大，始终存在如何经济省时输送土料的综合受益问题。运用吸扬式挖泥船进行挖泥吹填虽可收到省工省钱的良好效果，但施工技术运用范围与荆江大堤工程分布的要求仍然不相适应，常遇到的突出问题是大堤需加固险段一般多位于主流贴靠的凹岸，外临深泓，内存深渊，近岸土源不足；而对岸是连绵不断的沙滩和潜洲，土源充足，但自江心或对岸取土，采用吸扬式挖泥船吹填浮管管道将横跨江面，妨碍船只通航，同时浮管与流向的角度使铺设困难。采用其它方式挖泥吹填凹岸，效率太低，必须增加很多转运设备，耗资巨大。为彻底解决土源问题，1975年交通部水基局指示研究铺设跨江水下输泥管道吹填，为机械吹填开辟新土源。为此，荆江大堤加固工程总指挥部组织潜管过江取土研究试验。

图8-13 荆江大堤木沉渊潜管试验

1978年1—3月，长江航道局与湖北省荆江大堤加固总指挥部配合，在荆江大堤重要险段木沉渊首次实施水底过江排泥管线铺设工程。木沉渊位于荆江大堤江陵县观音寺至木沉渊堤段（桩号470+800～744+700），外临大江，内有深渊，历史上多次发生管涌险情，北岸一侧为主航道，南岸一侧有金城洲。

铺管施工时因利用枯水期流速缓、水位低、河床稳定时完成，不开挖基槽，避免水下管线遭到破坏。木沉渊铺设过江潜管取土试验的潜管铺设技术，当时提出"水面拼装"、"水下组装"和"组装潜拖"等三个方案进行比较。根据所具备的设施条件以及木沉渊段具体情况，决定采取"组装潜拖"施工技术，即按急流河宽300米管道在南岸缓流区组装、试压、沉放。

铺设工程分三个阶段施工，第一阶段为小段管组的组装、密封、下水、浮运及吊点船定位。第二阶段为300米大段管组的组装、绑扎试压沉放和潜拖到位。绑扎牵引管道的捆缆，由两只浮吊船将管头略微提起，分别顺序跳锚横移，北岸使用60匹马力柴油机带动双卷筒卷扬机牵引。牵拖历时12小时30分钟，将300米长大号管道，沉落至急流段计划管位线上，然后两端进行管道连接。北岸为深水区，由潜水人员潜入水下作业。第三阶段为水底管道上升与浮管、岸管连接和铺设。在当时枯水流速约1.5米每秒，最大水深12.7米情况下，水底过江管道历时37天铺设完成。完成铺设跨江管道全长1059米，其中水下管道长517.5米、北岸岸管长258米、南岸岸管长19.5米、浮管长264米。管线铺设后，利用从荷兰进口的吸扬五号挖泥船（1450立方米每小时浮箱装配式绞吸挖泥船），从长江南岸金城洲边将泥沙通过水底过江管道输送至北岸堤后木沉渊。经两个月试运行，吹填土方87.5万立方米，无任何排泥故障，实施两年共完成吹填土方150万立方米。这次潜管吹填实验效果显著，将木沉渊填筑为顺堤长600余米、平均宽200余米，厚7米的大平台。使用吹填法相比人工或机械运土，节约投资175万元、标工劳力270万个。

木沉渊潜管试验成果通过有关方面鉴定，获得肯定，荣获交通部1979年重大科技成果二等奖。

但此项试验未能解决管道的自行沉浮问题，在水下不能移动位置，因而不仅不能回收使用过的管道，而且影响输泥效益。木沉洲潜管试验后因河床冲淤变幅过大，南岸部分潜管被埋入沙洲以下 6～8 米而失效。为此，1981 年 12 月至 1982 年 1 月，水电部十三局与荆江大堤加固工程总指挥部又在江陵龙二渊组织实施"端点站"技术潜管过江取土试验。

"端点站"技术是一项能使管道自行沉浮的潜管输泥技术，其自行沉浮是利用管系重力与浮力变化进行的。沉放管道时，利用"端点站"上的水泵及充水阀向管道内充水，此时重力大于浮力，故能使橡胶软管由首端至尾端逐段下沉至江底；需上浮时，则启动"端点站"上的空压机和充气阀向管道内充气，以气逐水，此时浮力大于重力，故又能使管道逐段上浮。此项技术及设备，1979 年自荷兰引进后，在上海进行验收试验，此后又多次改进。

龙二渊为上荆江郝穴河湾顶冲点（桩号 709＋400～710＋910），堤段外无洲滩，是上荆江重要护岸险段。江面宽度由郝穴大湾处的 1200 米，流经 600 米长河段至铁牛矶时仅为 740 米。参照木沉渊铺设水下跨江管道的经验，利用海狸 4604 挖泥船配以水下潜管，隔江取土，吹填加固龙二渊堤段。

龙二渊水下管道采用组装潜拖方案，在潜管输泥过程中，为解决管道自行浮沉问题，以便在水下能移动位置，采用"端点站"技术进行潜管过江取土试验，经过顺岸沉、浮；横江浮拖、就位；横江浮、沉；隔江取土排泥试验四个阶段完成。

试验时，先在沙市红旗码头由桁架吊车起吊，进行水上组装，再经 45 千米水上拖运，抵达龙二渊工地。随后，分别进行顺江潜管和横江潜管两个分项试验，从 1981 年 12 月 17 日至 1982 年 1 月 2 日试验全部结束，完成跨江吹填土方 53 万立方米。此后成功运用于其它工地。

1984 年 1 月，水电部十三局第七工程队用海狸 4604 号挖泥船和潜管吹填盐卡堤段。盐卡堤段位于河道凹岸，20 世纪 60 年代和 70 年代，地质部门运用地震法勘探石油以及水利部门勘察闸址等工作，该堤段内分布有近 100 个爆破钻探孔，加上蚁患危害，成为荆江大堤重要险工险段之一。吹填堤段桩号 745＋500～751＋700，长 6200 米，分下、中、上三段进行。先潜沉水下排泥管管线，然后起浮水下排沉管线，再进行潜管横拖、端点站定位程序，最后挖泥船开泵，潜管排泥生产。

利用"端点站"技术铺设跨江水下输泥管道，经过多次运用，成效显著。

（二）远距离输泥施工技术应用

运用大、中型挖泥船实施吹填固基施工，因有的堤段离吹填料源太远，输泥排距无法满足施工需要而影响最大效益发挥，而采用长排距施工技术——接力泵站吹填渊塘、加固堤基是解决料源远问题的有效方法。

挖泥船吹填由最初的填塘发展到加固堤基和压浸防渗，20 世纪 80 年代进而试用挖泥船直接吹筑大堤，并取得成功。90 年代以来，由于洪水位抬高，堤防标准低，在遇较大洪水时，常有一些堤垸发生溃决。部分溃决堤垸由于受地形、水位、土源等因素制约，无法及时堵口复堤，有些溃决险段因工程量大而无法汛后立即堵复，既影响灾民恢复生产重建家园，又给政府救灾带来很大困难。在这种情况下，利用挖泥船长排距输泥堵口复堤，成为防洪减灾中堵口复堤工程施工中十分有效的方法。荆州市长江河道管理局船队在湖南洞庭湖区安乡县安造大垸、汉寿、桃园、华容团州垸等堤垸，利用挖泥船长排距输泥堵口，发挥较大的防洪减灾效益，开创全国防洪堵口复堤施工方法的先河。

1981 年后，荆州地区长江修防处组织技术力量，对挖泥船长排距输泥技术的可行性进行广泛调查论证，并对 200 立方米每小时绞吸式挖泥船进行改装前长排距输泥实验及观测，其排距达 2300 米（国产 200 立方米每小时绞吸式挖泥船最大限定排距为 1000 米）。1986 年又实施 200 立方米每小时绞吸式挖泥船改造，1987 年 12 月正式投产。1988 年 1 月进行实船试验，排距达 3500 米。同年 3 月 8 日，该技术通过省内外专家技术鉴定，认为排距尚可延伸至 5000 米，在国内同类型挖泥船中处于领先地位，成为全国长排距输泥吹填施工技术的典范。

荆江大堤整治加固过程中，河道堤防部门组织技术力量，通过对国内远距离水力输送技术进行分析比较，提出对原国产 200 立方米每小时绞吸式挖泥船进行改造，配设接力泵站，采用"一船两站"

施工方案，延长输泥排距15千米，解决了堤防加固及部分险工险段因土源缺乏而无法施工的难题。其阶段性成果"200立方米每小时绞吸式挖泥船改造配套装置"1988年获荆州地区科技进步一等奖，"中型挖泥船增长排距技术"获1991年湖北省科技进步二等奖。

国内长排距水力输送技术主要有三相流（充气减阻）、两相流高浓度输送，以及接力泵站、明槽输泥、高分子聚合物减阻、纤维状材料减阻、加大排泥管径及调整工况运行等。1986年，荆江大堤监利杨家湾堤段，在200立方米每小时挖泥船排泥管出口筑成比降为1.38‰土槽，延长输泥距离900余米。1987年10月，公安县西湖庙堤段吹填中，利用平均面宽4.5米，比降为1‰的土槽，延长输泥排距2700余米。

改变泥泵扬程和外特性，加大排泥管径与调整工况运行，可在一定范围内延长输泥排距。荆州市长江河道管理局船队将200立方米每小时绞吸式挖泥船泥泵及管道进行改进后，输泥排距由原来最大限定1000米提高至5000余米。

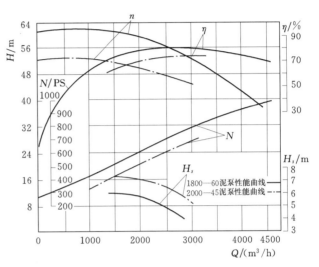

图8-14　1800—60型、2000—45型泥泵特性比较图

200立方米每小时绞吸式挖泥船是由中国船舶及海洋工程设计院708所设计的工程船舶，属国产定型中型挖泥船舶。设计者主要是考虑适应全国施工范围，按Ⅳ类工况考虑，而长江中下游以及洞庭湖区土质、地质条件均属Ⅰ、Ⅱ类工况条件，而该型挖泥船在此工况条件下施工，主机与泥泵匹配，相应主机的轴功率有较大富裕度。根据荆州长江堤防加固工程需要，为充分利用主机富裕的功率，使挖泥船输泥排距更远，在保证单位产量不变前提下，将原2000—45型泥泵更新改造为1800—60型泥泵，提高泥泵输送扬程，达到远距离输泥目的。

原200立方米每小时绞吸式挖泥船所匹配的2000—45型泥泵由6300ZD型柴油机驱动，泥泵设计功率为680马力。但在设计工况点输送泥浆时，泥浆实际需要功率仅为520马力，为额定值的76.5%。因此，在保证不降低挖泥船产量前提下，将泥泵设计参数提高，充分发挥主机的运用效率，有关部门对2000—45型泥浆泵进行更新改造。经过设计和模型泵试验，将2000—45型泥泵叶轮由4叶片改换成5叶片，泥泵直径由900毫米增大到980毫米，叶轮内宽选用175毫米。更新改型的泥泵为1800—60型。两种泥泵性能见图8-14 1800—60型、2000—45型泥泵特性比较图。

输泥管径选择原则是尽量减少摩擦阻力，增大输泥能力。根据需要输送的监利杨家湾堤段取土场土质的特性及实测管道沿程阻力损失特性，考虑该堤段土质输送临界不淤流速，依据排管与适用流速曲线图8-15，确定管径使其接近适用经济流速。通过计算和分析比较，确定排泥管径D为500毫米较为适宜。

1988年1月7—11日，在荆江大堤夹堤渊吹填工地，河道堤防部门用荆江五号挖泥船，以排距总长3005米，净排高4.6米进行现场试验。试验介质为清水及泥浆，排泥管内径$D=500$毫米，管长6米，土质为细粒粘土。试验主要测定排管$D=500$毫米，管内不同流速时的管道沿程阻力损失，计算其摩阻系数λ值。通过泥泵清水管道特性的测试，转换成输泥时的特性（土样物理的资料：中值粒径$d_{50}=0.044$毫米；土粒比重$\lambda_T=2.74$吨每立方米；饱和容重$\lambda_S=1.87$吨每立方米）。

沿程排泥管压力表的布设：沿程摩损失分三种情况，一是在水上浮管段装设两个压力表，用于测试浮管段沿程阻力损失，选择比较顺直的浮管段装设；二是陆上排泥管，根据管线，选取直管段布设，其间距一般控制约500米，以便表位之间联络；三是弯头局部阻力损失，根据实际地形位置

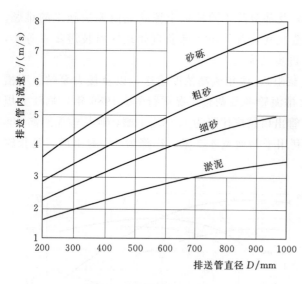

图 8-15 排管与运用流速

布置。

排管内流速的测定：不同流速改变，通过改变柴油机转速及排泥管出口加装不同异径管进行调节获得。为确保试验测试精度，采用染色法或管口拍照法测定流速。

沿程测压点压力及泥浆容重的测计：每个测压点均安排一名观测人员。在改变转速或换接异径管测定流速的同时，测计其相应压力值，每变换一种工况，记录一组读数值，每组分三次读数。

在有限的挖泥工况转速范围内，用 2000 毫升量杯从出口取样，每一工况取样五次，分别称重，求得泥浆容重。经试验得知，管内实测摩阻系数低于理论值。可根据土壤试验资料，确定其管内临界不淤流速，从而获得理想长排距。

为适应长排距输泥需要，改泵提高泥泵输送扬程，扩大管径减小摩阻是可行的，在一定范围内，可大大延长输泥排距。排泥管径的扩大，主要依据本地土质，计算其临界不淤流速，选取管内合理的经济流速，确定排泥管内径。

接力泵技术是发展成熟的长距离管道水力输送技术，一般采用陆用固定式和水上浮动式接力泵站。20 世纪 80 年代初，为解决荆江大堤险工堤段长距离吹填加固工程中的技术问题，湖北水利部门为将接力泵站技术应用到荆江大堤监利西湖加固工程，进行大量研究论证工作，从可行性研究初步设计、施工设计及建站投产，历经较长过程。

200 立方米每小时绞吸式挖泥船改装成功，为荆江大堤著名险工险段——监利西湖段采用挖泥船配用接力泵站进行加固，提供了可靠的施工技术及设备选配保证。

荆江大堤监利西湖接力泵站施工方案，是针对该工程的特殊情况提出来的。西湖堤段上起监利八尺号，下迄监利杨家湾（桩号 639＋000～652＋000），全长 13 千米，大堤外为人民大垸农场，顺堤为宽广的西湖水域，沿堤有蒲家渊、高小渊、艾家渊、长渊等 10 余处历史溃口形成的渊塘，堤内地势低洼；堤基地质条件较差，上覆为湖沼相沉积淤泥或淤泥质土类，厚约 0.5～5.0 米，特别是堤后渊塘部分，塘底覆盖土层遭破坏，全为粉细砂层；谭家渊至吴老渊一带（桩号 641＋000～644＋500），堤基及外滩分布上层以砂壤土及淤泥质土类为主，夹有壤土层，分布厚度较大，约 20.0 米，堤内土层甚薄，以粉细砂为主。由于堤内外临水，且地势低洼，因此工程土源奇缺。距西湖堤段较近的杨家湾（桩号 639＋000）外滩逐年淤积，滩顶高程一般在 29.85～30.85 米，蕴藏着丰富土料，但距西湖堤段最近为 6.8 千米，最远为 15.8 千米。

因土源问题困扰，施工方案一直难以确定。为解决这一施工技术难题，在 200 立方米每小时绞吸式挖泥船长距离输泥改造成功的基础上，于 1986 年完成《荆江大堤监利杨家湾多级接力泵站可行性研究报告》、《荆江大堤监利杨家湾多级接力泵站初步设计》。1987 年，在北京审查荆江大堤加固工程初步设计时，水利部领导和专家比较陆上机械运输填土和挖泥船配合接力泵站吹填两个方案，经反复论证后，确定西湖堤段加固采用挖泥船配合接力泵站施工方式，以解决土源和长距离输泥排距问题。

1992 年，根据长江委及省水利厅批复，由荆州市长江河道管理处勘察设计院、船队在初步设计基础上，全面开展泵站站址确定、取土场勘测、泵站土建、机组基础、泥浆池设计、吸排泥系统管线的设计与布置，以及电器系统总体设计、通讯联络控制等项目技施设计工作，提出"一船两站"，"一船一站"长排距输泥系统方案。1997 年在长江委和省水利厅组织的专家论证会上，最终选择"200立方米每小时绞吸式挖泥船配用二级接力泵站"施工方案实施西湖堤段加固工程。

根据西湖堤段工程地理位置及自然条件，输泥陆用排泥管线较长，接力泵站形式选用陆用固定式方式。接力泵接力方式比较5个方案为：①船泵与一级泵及二级泵采用中间集浆池连接。②在方案一基础上，一级泵与二级泵就近串联。③在方案一基础上，一级泵与二级泵远距离串联。④船泵与一级泵远距离直接串联，一级泵与二级泵在同一站内串联。⑤在方案四基础上，一级泵与二级泵远距离直接串联。根据改型200立方米每小时绞吸式挖泥船的技术性能，采用"一船两站"施工方案。泥浆池中转与直接串联相比，在设计含泥量情况下，直接串联可增加排距，但运行中两泵平衡操作难度较大，机具磨损严重，排泥管投资增加。为稳妥起见，采用船泵、站泵联合运用中间集浆池中转方案。

为使泵站设备与改装的200立方米每小时绞吸式挖泥船相匹配，主要设备的设计选型尽量做到与挖泥船设备一致，这样既方便用户，又减少因设备型号繁杂而造成配套困难，也方便设备维修时主要机件的采购与更换。

泥泵机组基础设计，采取措施增大基础面积，使其有较大基础质量，以减小机组运行时基础振幅和防止共振。泥泵机组基础设计成近似正方形，机组总重与机组和基础合重的比值保持约1∶10，采用大块基础，且加密短桩。

集浆池设计采用压入式，平面为矩形。池底标高根据允许几何安装高度和泵的安装中心高度而定。底部有一定斜度，向岸泵吸入口倾斜。池顶留0.5米富裕高程，以防止泥浆漫溢。集浆池容量按 $V_池 = 0.25Q$ 确定（Q 为泥浆泵每小时流量）。

接力泵站平面布置，第一级泵站站址，选定于荆江大堤监利谭家渊段（桩号642+100）附近堤内脚平台上，距挖泥船约4300米。第二级泵站站址选定于荆江大堤代家渊段（桩号646+700）附近堤内脚平台上，距一级站约4500米。

泵房内设备布置，本着操作便利，安全稳妥，简明整洁原则。以主机泥泵为主轴线，1号、2号发电机组为副轴线；主副轴线间或泵房主空间，主副轴线外侧与泵房墙壁形成两条副走道，其它设备沿壁布设。

输泥管线布置尽可能顺直，避免高低起伏，以减少局部水头损失，避免产生因不满流而引发空穴和气蚀，从而保证延长输泥排距，使设备性能得到最大限度地发挥，确保管道安全运行。输泥主管道从取土场就近翻越大堤，破农田撇开大堤弯道至谭家渊（桩号634+000）后，沿大堤内平台至郑家渊（桩号649+800），主管线全长12.5千米。末端蒲家渊的吹填利用明渠输泥进行。

1998年11月底，荆江大堤监利西湖接力泵站一级站正式建成投产。在完成一级站吹填任务后，2001年6月二级站建成投产。通过试水调试、试生产、生产等阶段，截至2007年4月底安全运行2万小时，完成吹填土方400余万立方米，设备运转正常，各项性能及参数达到或超过设计指标，实际施工效果好于预期，得到部、省等各级领导好评。2007年11月初，通过由省河道堤防建设管理局主持的单位工程验收，12月底，包括西湖接力泵站吹填工程在内的荆江大堤加固工程通过由水利部主持的竣工验收。

通过改造国产中型挖泥船，在保证产能基本不变的情况下，使200立方米每小时绞吸式挖泥船原设计输泥排距最大限定1000米增至5000余米，生产效率及经济效益得到提高。1990年以来，荆州市长江河道管理局船队先后在湖北、湖南、安徽、江西、江苏等地完成长排距加固堤防及抢险堵口复堤工程土方1000余万立方米。绞吸式挖泥船长排距输泥技术的成功运用，较好地发挥了抗洪减灾效益，增强了堤防抗洪能力，避免了堤防整险加固中就近取土需大量挖毁农田的弊端，使沿堤大量农田免遭破坏，群众负担减轻。同时由于沿堤堰塘及沼泽低洼地的填筑，血吸虫宿主——钉螺被消灭。

利用挖泥船填塘固基，加宽加厚堤内覆盖层厚度，维持堤脚附近渗透稳定，是20世纪70年代初荆江堤防加固建设及堵口复堤工程建设中广泛采取的重要措施。盖重平衡的理论，通过多年防汛抢险实践，逐渐被人们所认识，与常规的外截、内导工程措施相比，它满足堤基渗透稳定的要求。经过历年吹填加固的险工堤段尚未发现新的渗透破坏险情。

荆州长江堤防建设采用长排距输泥施工技术，自20世纪80年代初开始，从可行性研究、施工方案的选定、初步设计、技施设计到投产运行，经历较长的历史过程。在堤防建设过程中，逐步丰富、完善和发展了这一技术。

第三节 护岸研究及施工技术

河岸崩坍是荆州长江堤防三大险情之一。荆州河段干流由于地质结构为砂土二元结构，粘土覆盖层薄，沙层厚，沙层顶板高，河岸抗冲能力弱，加之长江径流丰沛，汛期长，水深流急，河道弯曲，险工段迎流顶冲，深泓贴岸，历史上崩岸频发，堤防多次退挽，大量良田崩失，给当地人民生命财产造成严重威胁。

建国后，国家和地方投入大量人力、物力、财力进行崩岸研究及整治，实施长期大规模护岸工程，有效控制了崩岸险情，稳定了河势。据初步统计，1950—2010 年，荆州长江干流护岸工程累计完成护岸长 302.13 千米，完成土方 1385 万立方米、石方 2900 万立方米、混凝土 31.04 万立方米、柴枕 52.16 万个，完成投资 133968 万元。[1]

一、护岸工程与河床演变观测

围绕荆江河段崩岸整治工程，先后开展了险工护岸和河床演变等项观测。这些观测成果，为护岸工程设计和施工提供了科学依据。

1956 年前后，险工护岸观测由荆州地区长江修防处及所辖县段组织进行，重点险工护岸段由长江委所属荆江河道观测专门机构（回声测量队、水文测量队、荆江观测队）结合荆江观测进行。1960 年后，观测工作由长办荆江河床实验站配合荆州地区长江修防处进行。1980 年起，主要由荆州地区长江修防处测量队负责进行。多年来，荆江 30 余个河段和 20 余个护岸段分别进行崩岸和护岸观测，并重点观测沙市、盐卡、黄灵、祁冲、郝穴、城南 6 大险工河段。水下观测，每年汛前、汛后或汛期进行 2～3 次，水下地形图所用比例尺为 1∶2000，每测点间距约为 20 米，测量宽度均过深泓线，一般为 250～300 米，个别重点险段为 400 米，多年施测长度为 2620 余千米。河床演变观测，历年由长办荆江河床实验站负责进行。自 1956 年起对荆江大堤沙市、郝穴、监利 3 个河湾河床演变实施系统观测。全江观测，每 5 年进行一次。水道地形图所用比例尺为 1∶10000，多年施测长度 10365 千米。

施测技术：水深测量最初采用"砣测"、"杆测"等原始方法，1952 年后，开始普遍采用回声测深仪。该仪器体积小，灵活方便，根据回声原理，工作时由小型马达带动记录带转鼓，发声器即接通电流，经发声振荡器转换为声波，向河床发出，再经收声振荡器转换成电传信号，放大输送到记录器，显示黑色曲线，即可求得水深，点绘成水下地形图，具有一定精度。平面控制测量采用激光经纬仪进行。为了解护岸效果和块石在床面分布情况，先后采用潜水员直接摸探和使用摸探打印器探测。1958 年后，长办荆江河床实验站利用特制测锤在荆江大堤护岸段进行探测，判别床面有无块石、卵石覆盖。结果表明，离岸 40～60 米范围内，一般均有块石存在。1976 年开始又先后试用日本产 SP—2 型浅地层剖面仪和长办研制的 CK—1 型水声勘探仪，在沙市、郝穴河段进行探测。SP—2 型浅地层剖面仪是根据声学原理，采用声学电子技术探测水下几十米地层分层结构的仪器。CK—1 型水声勘探仪，也是利用声波原理进行水下地质勘探的一种仪器，可以得到地质断面的直接显示和连续记录。经使用以上两种仪器测探，对了解抛石部位与分布及险工段安全状况方面，收到较好效果。但 SP—2 型仪器在较厚砂层应用时，存在二次反射，影响探测有效深度。CK—1 型仪器则存在噪音干扰，并在记录的清晰度和分辨率上有待进一步提高。此后，试用水下电视以直窥河底真貌，直观度得到较大提高。此后，使用 GPS 定位仪和新型回声仪进行河势监测，准确度和精度上都有较大提高。

崩岸是导致河势变化的主要原因之一。在顺直河道，崩岸促使边滩下移，主流摆动；在弯曲河道，崩岸使水流顶冲点下移，从而形成"一弯变，弯弯变"格局；在分汊河道，崩岸常使支汊缓慢发展（或突变），严重地段还会引起主支汊交替发展。崩岸引起河势变化，不仅威胁长江干堤防洪安全，也严重影响长江航运畅通，对沿江经济发展和人民生命财产安全构成威胁。经过崩岸观测，基本弄清了荆江崩岸基本情况，对其规律和成因有了进一步认识：崩岸部位及趋势，在弯道常年贴流区崩坍率最大，顶冲变异区次之，进出口区较小。弯道凹岸崩坍导致岸线崩退，弯顶下移；分汊型河段内，各支汊崩岸部位及趋势与弯道基本相同，所不同的是，当上游水流的支汊分流点离分流洲头较远时，分汊前进口段的一岸或两岸发生崩岸；洲头淤滩，当分流点紧靠洲头时，洲头崩退，分汊前进口段一岸或两岸淤长边滩。此外，各分汊河段间顺直段，其崩岸部位与上游汊道中的各支汊分流比和汇流角度有关。

荆州河段崩岸具有近岸流速大、环流强、冲坑深、崩岸长、强度大、危险程度高、原因复杂多样、防守困难、整治工程量大等特点，给防洪、航运带来不利影响。按其状况大致有弧形锉崩、条形倒崩、风浪洗崩、跌窝与滑坡、回流崩岸等类型。

（一）弧形锉崩

弧形锉崩一般发生于沙层较低，粘土覆盖层较厚，水流冲刷严重的弯道"常年贴流区"，这一区域内，崩岸强度最大。当岸脚受水流冲刷，淘空沙层后，上覆盖层土体失去平衡，平面和横向呈弧形阶梯状滑锉，表现为先在滩（堤）顶呈弧形裂缝，然后整块土体分层向下滑锉，由小到大，最后形成巨大窝崩，一次弧宽可达数十米，弧长可达 100 余米，年崩岸宽度可达数百米。从平面上看，弧形锉崩的崩窝是逐步发展的，每一次崩坍后，岸线呈锯齿状，突出处水流冲刷较剧；第二次崩坍多出现在突嘴部位，从而使岸线均匀后退。

荆江河段崩岸大部分为弧形锉崩，金鱼沟、连心垸、铺子湾、北碾垸崩岸以及洪湖河段新堤夹崩岸均为弧形锉崩。

据调查，监利后洲崩岸为有详细记载的最大弧形锉崩，发生于 1982 年 10 月 9 日，桩号 9＋550～9＋800，长 250 米，崩岸弧长 320 米，最大崩宽 105 米，距堤脚最近处仅 3 米。崩岸导致后洲堤防当年冬季退挽月堤。

（二）条形倒崩

条形倒崩多出现于沙层较高，粘土覆盖层较薄，土质松散，主泓距岸较近河段，当水流将沙层淘空后，上层粘性土失去支撑，而绕某一支点倒入江中，或沿裂缝切面下坠水中，崩坍后岸壁陡峻，每次崩坍的土体多呈条形。条形倒崩一次崩进宽度比弧形锉崩小，一般仅为数米，但崩坍频率较弧形锉崩大，多在高水期冲刷剧烈时发生，它不像弧形锉崩发生后能出现暂时稳定。鱼尾洲、中洲子、文村夹崩岸等均为条形倒崩。

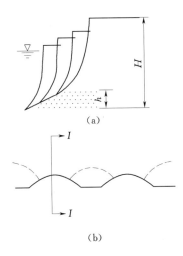

图 8-16　弧形锉崩剖面、平面图

图 8-17　弧形锉崩现场

弧形窝崩、条形倒崩主要为强大弯道环流与抗冲能力差的边界条件相互作用所造成。

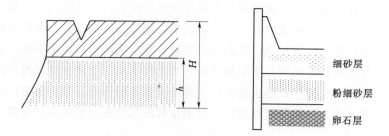

图 8-18　条形倒崩剖面示意图

细砂层

粉细砂层

卵石层

　　荆州河段两岸土质为二元结构，其上层为河漫滩相，下层为河床相。河漫滩相一般为粘土、亚粘土、粉质沙壤土，厚度不一；河床相均系疏松沉积物组成，土质松散，抗冲性差，一般为中细砂或卵石，夹砂砾石，厚度也不尽一致。尤其是下荆江卵石层深埋河泓以下，沙层较高，以致崩坍剧烈，河曲摆幅大，促使崩岸产生和发展。

图 8-19　文村夹条形倒崩现场

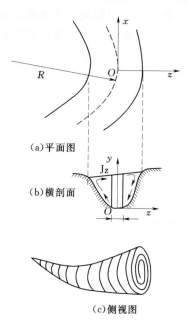

(a)平面图

(b)横剖面

(c)侧视图

图 8-20　弯道环流示意图

　　下荆江河道弯道中横向环流与纵向水流动力轴线，是河道演变的原动力。流速大的河段，冲刷力强，泥沙运行快，常造成滩岸崩坍。弯道环流出现，主要是水流在弯道段做曲线运动所产生的离心力

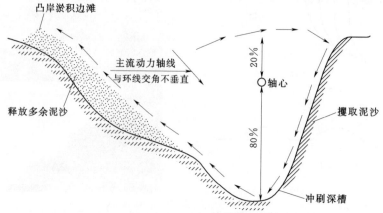

图 8-21　弯道环流纵横向流向示意图

和重力作用。两者相互作用的结果，当水流做曲线运动时，必然产生凹岸方向的离心力，为平衡这个离心力，通过自然调整，使凹岸水面抬高，凸岸水面降低，形成横向水面比降，因而产生强大的螺旋环流。在同一横断面内，水面有高差呈倾斜现象，横比降的大小与弯曲率成正比，横向环流与纵向环流相结合，使水流呈螺旋状前进，因而使凹岸崩坍形成深槽，凸岸淤积形成边滩。

条形倒崩、弧形矬崩差异：①崩坍幅度，条形倒崩长而窄，长可达数百米，每次崩坍宽仅数米、数十米，但崩岸发生频率较快。弧形矬崩短而宽，长度大多数十米，宽亦达数十米，且崩凹一个接着

图 8-22　堤身浪坎示意图

一个，每次崩岸部位大多不同，同一部位再次发生崩岸时间间隔较长。②近岸水流条件，条形倒崩段主流紧贴岸边，水流较快，流线比较顺畅；弧形矬崩段发生崩坍时近岸水流湍急，多有旋涡，流线不顺畅，崩岸发生后近岸水流平缓。③横剖面形状，条形倒崩段近岸陡峭，崩坎最大高差可达十余米，崩坍泥沙随时被水流带走；弧形矬崩段发生崩岸时近岸也很陡，但崩岸发生后土体向下滑矬，近岸水下平缓，坡比一般都大于 1:2。

弧形矬崩因其崩退幅度大，崩岸线不整齐而不便于守护，其危害性要大于条形倒崩。

（三）风浪洗崩

由风浪引起的堤身（岸坡）崩坍，大都位于河面开阔河段，是汛期常见险情。在风力作用下，产生风浪，直接破坏堤身（岸坡），吹程和水深对风浪的波高和波长起主导作用。当堤身（岸坡）受风浪冲击淘刷，土粒被水冲起，轻则将堤身（岸坡）冲成陡坎，使堤身（岸坡）发生浪崩险情，重则致堤身（岸坡）遭到严重破坏。

浪坎多发生在堤身植被松散或护岸老化失修、坦坡局部块石较小、缝隙大、垫层稀疏导致土体外露等部位，但风浪对波谷以下高程部位影响不大。1996 年、1998 年和 1999 年汛期，荆州长江干堤堤身外坡长期被洪水浸泡后抗风浪侵蚀能力降低，导致长江左岸部分堤段受大风影响出现多处较严重浪坎。

（四）跌窝与滑坡

荆江地区堤防基本上坐落于松散堆积上，堤基以下几乎都有渗透性较强砂层。沿江两岸地下水位随季节而变化。汛期长江水位高于地下水位，江水补给地下水，因而对崩岸起抑制作用。枯水季节地下水回渗入江，则促使崩岸发生。当土质粘性较强，透水性不大，或土质疏松易透水，或滩内常年积水，加之汛期水位涨落幅度较大，土壤浸软饱和后，凝聚力减小，抗剪强度降低，导致滩岸和坦坡轻则出现跌窝，重则出现滑坡险情。但纯沙土质与粘性土壤各具特性，粘土一般不易透水，当经渗透或过于饱和后，凝聚力就很小；沙质土壤含水太多时，其抗剪强度几乎为零。

图 8-23　跌窝及滑坡示意图

荆江地区干支堤防出现跌窝及滑坡险情堤段一般均非处于水深流急河段，堤基以下多为粉质壤土、细砂及粉细砂，且砂层顶板高，透水性强。洪湖良洲堤段外滩较宽，因多年淤积导致滩唇高于靠近堤脚的滩面，形成倒套长期积水。每到枯季，滩面积水顺砂层于坦坡渗出，致使岸坡抗剪能力降低，坦坡出现跌窝及滑坡险情。荆南虎渡河两岸亦多处出现此类险情，主要为堤内地下水外渗所致。

图 8-24 窝崩

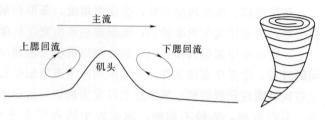

图 8-25 矶头段近岸水流示意图

（五）回流（"涡流"）崩岸

清代，荆江河段护岸工程主要结构型式为矶头护岸。建国后，按照"守点顾线，护脚为先"原则进行守护，并发挥一定作用。但由于受投资和施工能力限制，"守点"之间未能及时"连线"，导致"守点"成为矶头，空白段不断凹进，致使矶头上下（尤其是下腮）产生回流，形成巨大冲刷坑，使岸线冲陡淘深而发生崩岸。

矶头附近水流可分为三个区，即上回流区、下回流区和主流区。上回流区是壅水区。由于矶头壅水作用，矶头上游形成较强下降水流，从而在矶头上腮附近产生回流，使矶头上游侧和矶头附近产生局部冲刷。主流绕过矶头，流速场重新分布，表现为单宽流量和近底流速沿程增大，并在矶头下腮形成回流，导致矶头下游产生冲刷。下回流区范围较上回流区大，回流速度更快，冲刷也更剧烈。通常都用螺旋流或竖轴环流的冲刷机理解释冲刷现象。在主流与回流交界面处，由于平面上流速梯度大，形成不同程度紊动现象，同时交界面靠回流区一侧还出现成片较强的泡水，导致主流区与回流区水体的强烈交换。

调关矶头位于下荆江右岸调关河湾顶点，1989 年汛期矶头出现低水平台遭毁、坦坡崩垮直接危及干堤堤身的特大险情。1991 年、1993 年矶头又几次出险。所出险情有几点共同之处：一是出险年份水位较高；二是出险高程部位相近，均在矶头下腮 30 米高程低水平台上；三是破坏形式相同，三次出险破坏均呈锅底状深坑，所护块石被破坏后堆积于坑沿。2004 年、2005 年亦出现过类似险情。

中洲子九点矶于 1988 年春改造完毕，次年初发现平台距坦脚 30 米处，沿上下游矶面出现长 37 米、宽 30 米、面积约 700 平方米的椭圆形冲坑，坑深 1～2 米。当年汛期用块石填平。1992 年 2 月

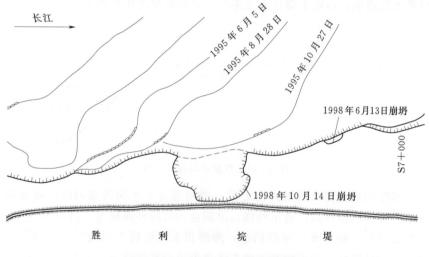

图 8-26 北门口崩窝平面示意图

又发现该平台距坦脚 15 米处，出现长 30 米、宽 15 米、深 2.5～3 米且外围形成石埂的冲坑，同时还发现位于 9 点矶下游 60 米，距 9 点矶深坑尾 150 米 10 点矶平台坦脚处，出现长 30 米、宽 8 米、深 2.5 米椭圆形冲坑。

1998 年 10 月 14 日，石首北门口桩号 565＋050～565＋250 段发生崩岸，水流摧毁护坡后继续向内淘挖，最后形成长约 200 米、宽约 100 米、深 10～20 米巨大崩窝，崩坎紧靠堤脚；崩岸发生时崩窝内可见一个巨大旋涡，流速较快。

上述三处崩岸共同点是：崩岸皆位于弯顶，水流破坏力巨大，搬移冲刷物的能量巨大。这些现象可能是"涡流"所形成的破坏。

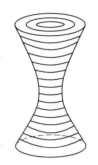

涡流为一呈双喇叭状的旋转水体（即水面、水底旋转面大，而中间断面小）。其特点是：两喇叭口呈反相负压，愈近轴心负压强值愈大。根据调关矶头受损部位和破坏形式分析，该处出险并非通常弯道环流所造成，而是因矶尖上腮主流反挑角度过陡，矶尖上腮壅水，形成水流高压区，在矶尖附近水流绕流作用下，流线集中，流速加大，形成水流低压区；高压区水体流向低压区，同时在矶头壅水作用下产生的水跌双重因素造成在矶尖下腮产生"涡流"所致。

图 8-27　涡流示意图

调关矶头 1989 年出险后，经连续几年汛期观测，可见矶头上下两腮常保持有一长短轴分别约 100 米、30 米的顺水流方向椭圆形旋涡，并可见下腮旋涡间断呈现涡心低于水面 1～1.5 米的情形。

二、护岸工程布置

荆州河段护岸工程历史悠久，上荆江河段明成化年间（1465 年）即在沙市盐卡附近黄滩堤修建护岸石工，下荆江石首河湾早在宋代便有抛石护岸记载。清代，荆州河段修筑大量矶头驳岸，1788 年在沙市附近修筑杨林矶、黑窑厂矶和观音矶；至 1852 年修筑郝穴矶、渡船矶、铁牛下矶、铁牛上矶、龙二渊矶、柴纪矶、箭堤矶和杨二月矶；1860 年修筑灵官庙矶；1913 年修筑冲和观矶和祁家渊矶；1915 年修筑黄灵垱矶；1928 年在监利城南修筑一、二、三矶，形成矶头群护岸工程。早期护岸工程受条件所限，工程量较小，建国后，荆州河段护岸工程得到大力巩固与发展。荆江大堤护岸工程因其历史原因和特定地理位置，形成自身特点：时间跨度大，地域战线长，工程条件差，防护要求高。这些护岸工程在时间上跨越 5 个世纪的工程累积，在地域上穿越两县一市，间断分布于荆江沙市、郝穴、监利三大河湾。

荆江大堤除堤外有围垸或宽滩堤段外，其余均修建有险工护岸工程，重点险工护岸段一般位于荆江大堤迎流顶冲、外无洲滩或滩岸较窄堤段。荆江大堤三大河湾凹岸线总长约 71.3 千米。其中实施护岸段长度为 54.8 千米。由于学堂洲河段发生崩岸约 1 千米，实际尚存护岸长度 53.8 千米。受自然崩淤和人工防护等多种因素影响，三大河湾凹岸滩岸呈现为平宽险窄、宽窄相间的不合理状态，外滩最宽处达 820 米，最窄处为 0 米，其中大于 50 米宽滩段 44.6 千米，小于 50 米宽滩段 26.7 千米。一般情况下，弯道进出口段具有较宽的外滩，沙市河湾学堂洲、陈家湾，郝穴河湾马家寨、柳口，监利河湾杨家湾、太和岭等处均有较宽外滩。

荆江大堤护岸，历史上多采用固守据点的守护形式，后发展为平顺护岸与矶头护岸相结合的形式。各护岸段因修建年代与地理位置不同而类型各异，有条石矶、块石矶、片石矶、石板坦、浆砌块石坦、浆砌条石坦、浆砌驳岸；水下护脚工程则有竹篓装石、柳枕和散抛块石等。建国后，枯水位以上以干砌块石护坡为主，水下多为散抛块石；重点险工矶头，也有集装块石结构。1998 年大水后，开始以混凝土预制块和现浇混凝土板大面积护坡。

荆江大堤护岸工程布局，受弯道水流和港埠节点影响较大，沙市、郝穴和监利河段为护岸工程重点段，在弯道凹岸，从迎流顶冲变异区至主流常年贴岸区，均修建有一系列矶头逐段掩护，矶头之间则辅以平顺护岸。建国前修筑于三大河湾凹岸的矶头共 29 个，这些矶头与建国后陆续修建的平顺护岸组成荆江大堤护岸工程整体，使其逐步形成为半限制性河湾。护岸工程布局保持了历史基本框架，在此基础上，现代工程在布局方面主要做了两方面工作：一是以各个矶头为据点，向上下游延伸，扩大护岸范围，加强各矶头之间的连接，使河湾内护岸工程连为一体；二是因地制宜地切削矶头和突嘴，对局部岸线作了适当调整，以平顺水流。

荆江大堤护岸工程重点在水下护脚，水下水上工程量之比约 8：1。水下护脚工程主要结构型式为散抛块石。水下护脚工程实施，主要根据堤段险夷、水流条件和水下岸坡坡比等因素决定。

荆江大堤枯水位以上护坦工程，工程结构型式多种多样，质量标准有高有低，其中占主导地位的是建国后陆续修建的干砌块石坦坡。在这些工程中，存在三种情况，一种是早期建造的浆砌工程，由于胶材料为糯米石灰浆，正日趋老化，渡船矶条石驳岸和部分矶头均为此类。一种是建国初期修建的部分工程，年代较晚，标准高，保持完好，沙市荆江亭一带条石坦坡即为建国初期所修。再就是部分后期修建的工程，由于当时石源紧缺，规格偏小，无导滤设施，标准不高，质量较差。也有的则因管理不善，人为破坏严重。

经多年整治后，荆江大堤护岸工程仍存在诸多问题：①未从河势控制角度出发制订整体规划，历史护岸工程大都采取的是防洪抢险应急措施，形成现在河岸凹凸不顺，河道宽窄相间，过渡段长短不适，弯道急缓并存状况。②历史护岸工程结构型式不合理，早期矶头护岸，对水流的扰乱，对近岸河床所引起的冲刷以及维护工程量大等问题突出。③水下石方量沿程分布极不均衡，这与不合理的工程形式、地理位置和地貌特征有关。④主流摆动频繁，河势仍不稳定，随着不同水文年来水来沙条件变化，三大河湾主泓线也随之变化，尤其是有心滩的宽河段和弯道过渡段，主流不定则河势不稳。

三、岸坡稳定研究

建国后，荆江堤防护岸工程岸坡稳定问题，一直是护岸研究中的重要课题。研究工作主要围绕抛石范围、抛石厚度及单位方量、稳定坡度等方面进行。多年来，研究工作者依据实地观测资料，就稳定性等各种指标，在理论与实际的应用结合上进行分析论证。同时鉴于长江水深流急，施工机械化程度较低，以及受各种测量仪器性能限制，抛石护岸工程质量不易控制。为解决工程实践中出现的问题，1956 年起，荆州地区长江修防处实施抛石位移测验，以了解在一定流速和水深条件下石重与位移关系，为施工提供参考，并根据测验成果绘成曲线图。1961 年起，长办水科院还陆续开展实验室研究工作，其中于 1973 年 9 月至 1974 年 11 月在直槽和弯槽中分别进行定性实验，其内容包括：河底冲深后斜坡上块石失去平衡而移动情况；相对稳定坡度的变化范围；荆江大堤护岸加固方案比较。该系列分析论证和室内试验研究成果，详见 1978 年科学出版社出版的《长江中下游护岸工程经验选编》和 1981 年、1985 年长江水科院分别出版的《长江中下游护岸工程论文集》第二、第三集。这些成果资料中，多数成果资料就抛石护岸工程设计，在岸坡稳定问题上提出各种指标，较为接近一致的有以下几个方面。

块石尺寸 一般采用 30～150 千克（直径约 0.2～0.4 米），个别急流险段，少量块石可为 200～300 千克。实践证明块石并未流失。

抛石范围 平顺抛石护岸和矶头群抛石护岸工程中，横断面抛石范围，上端一般自枯水位水边开始，下端则根据河床形势而定；深泓逼岸河段，下端应达到深泓；深泓离岸较远河段，可抛至河底坡比为 1：3～1：4 处。

抛石厚度 室内试验表明，一般为块石粒径 2 倍时，即可防止岸坡岸脚泥沙被水流淘刷，根据工程实践经验，考虑到施工中块石分布可能不够均匀，在水深流急部位，其厚度往往增大为块石直径的 3～4 倍。长江水科院潘庆燊等编写的《长江中下游的抛石护岸工程》一文则认为："将岸坡分为上、中、下段，各段的抛石厚度分别为 $2D$、$(2～2.5)D$ 和 $(2.5～4)D$（D 为块石平面直径）是适宜的"。

稳定坡度 低水位以上护坡工程，多采用干砌块石护坡，坡比一般为 1：3。低水位以下水下坡度，室内试验报告表明"1∶2 已具备必要的稳定性"。实测分析资料则表明，在深泓线离岸距离变化不大，深槽由卵石组成和抛石量较大的矶头迎流顶冲段，水下岸坡相对稳定坡度为 1∶1；引深槽由中细砂组成的矶头迎流顶冲段，坡度为 1∶2；深槽由中细砂组成的平顺护岸段，坡度约 1∶3。荆州地区长江修防处编写的《荆江大堤护岸工程论证分析》一文，考虑到渗流作用和结构坡形不合理的实际情况后指出："荆江大堤险工护岸低水位以下的设计坡比以 1∶3 为宜"。

多年来，荆江大堤枯水位以下坡度变化与崩矬险情发生频率实际情况是：20 世纪 50 年代，坡比由约 1∶1 逐渐达到 1∶1.5，发生崩矬险情 120 处；60 年代，一般险工坡比达 1∶1.5，重点险工达1∶1.75～1∶2，发生崩矬险情 18 处；70 年代，坡比一般约 1∶2，发生崩矬险情 9 处；1975—1985年，护岸设计标准有所提高，一般险工坡比达 1∶2，重点险工达 1∶2.5，但仍不适应河道演变，崩矬险情仍有发生。多年观测表明，水下坡比小于 1∶1 是无法保证稳定的，当坡比达 1∶2～1∶2.5 以上时，崩矬险情减少，坡比亦逐渐趋于稳定。这与实验研究成果较为接近。

各种资料和工程实践还表明，抛石护岸工程不可能做到一劳永逸，只有通过实施大规模护岸工程才能基本控制崩岸险情，再通过实地观测，逐步维护加固，最终达到工程的相对稳定。

四、护岸施工技术

荆江大堤护岸，清代以修筑条石矶、石板坦坡和条石驳岸为主；民国初，仍采用修筑块石矶、浆砌块石护坡、抛沉毛碎石和实石竹篓护脚等方法。民国二十六年（1937 年）后，改建干砌块石坦坡，间或用浆砌块石护坡，并抛石、抛枕护脚，三十五年（1946 年）、三十六年在祁家渊堤段崩岸抢护中，还采用沉木船和打桩等方法。建国后，护岸施工技术仍大多沿袭传统方法，但在工程设计和施工方面大多采取更具科学性的平顺护岸方式，并在技术措施上进行较大改进；同时还开展多项新护岸技术的研究和实践。平顺护岸能较平顺地引导水流，在近岸河床不形成明显局部性冲刷。同时，建国后荆江地区护岸工程实践证明，平顺护岸可起到稳定岸线，因势利导的作用，工程效果较好。

水上护坡工程，主要采用砌石坦、筑混凝土墙及砌混凝土块等方法。

砌坦　荆江堤防块石砌坦有干砌、浆砌和散铺三种形式，其中以干砌石坦为主；浆砌仅在市镇码头局部地段采用；散铺一般应用在岸坡尚未稳定之处。

干砌石坦具有整体稳固性强，可防御强烈风浪和水流冲刷，能适应滩岸轻微变形，对地下水能起导滤作用，以及造价低、便于维修养护等优点，是较好而通用的护坡结构型式。砌坦坡度，根据滩岸形势、土质条件、地下水活动情况，1956 年前常采用 1∶2～1∶2.5，1956 年后普遍采用 1∶3，在必要时适当采用变坡。坦脚高程为平均枯水位以上 0.5～1 米。坦脚砌 1 米×1 米断面块石脚槽（个别地方脚槽断面为 1 米×0.5 米、0.5 米×0.5 米），以保持坦坡稳定，再连接砌坦坡。坦坡以单层块石护坡，其厚度一般为 0.3 米，下铺碎石垫层厚 0.07 米，上砌块石厚 0.23～0.3 米。砌坦时，一般由低向高平衡上升，保持交错结合，紧密平整，不留直缝；脚槽外留宽 3～5 米枯水平台，散抛块石与水下抛石相衔接；坦顶高程与滩唇齐平，并以块石锁口或改建为 1～2 米宽滩唇便道。在滩面较宽或滩面渗水严重堤段，以砂石料建导滤暗沟，或在坦坡面每隔一定距离设置排水明沟，以排除滩岸渗水和滩面积水，防止暴雨汇流冲坏坦坡。

浆砌石坦具有高度整体性，抗冲能力强，整齐美观，但不易排渗，不能适应岸坡变形，出险不易发现，需常年维修，造价较高。其设计条件和施工程序与干砌石坦相同，仅增以混凝土砂浆砌缝，并在坦面留有排水孔。

散铺石坦能适应岸坡变形，施工快，技术性要求不高，但整体性差，抗冲能力较弱。与干砌、浆砌坦坡所不同的是，无垫层也不砌缝，仅将石块大致按设计要求铺平挤紧即可。

混凝土墙　是建国初期水上护坡工程之一，多建于基础稳固地段，具有抗冲力强的特点，但施工时间长，发生险情不便检查，投资大。荆江大堤混凝土墙，1949 年始建于观音矶下腮，墙长 40 米、高 5 米，次年续建。1950 年祁家渊迎流顶冲岸段新建混凝土墙。施工中，先按设计要求削好坦坡，再于墙基础上打入"梅花桩",此后即用配比1：4：8的混凝土浇筑成墙。

平顺护岸水下护脚工程结构型式主要有散抛块石、抛柴枕、铰链混凝土板沉排、模袋混凝土、土工隔栅卵石枕、六边空心四面体等。由于各种水下护脚型式在适用范围、防护对象、施工工艺、工程造价等方面均存在优缺点,故需在考虑水流边界条件,水流冲刷程度的强弱,并兼顾岸坡的地质组成、稳定情况以及所在地工程型式实施的可能性情况下,对不同护岸段进行有针对性的护脚方案比选,从而选择经济适用的防护型式。

抛石护脚 抛石是荆州河段历年实施护岸普遍采用的一种平顺护岸方式。主要优点是能很好地适应河床变形,适用范围广,任何情况下崩岸均能以块石守护而达到稳定岸线目的,即无论是一般护岸段,还是迎流顶冲段,只要设计合理、抛投准确,护岸效果均较好,尤其是在崩岸发展过程或抢险中更能体现抛石的优越性;同时,抛石工程造价低,施工、维修简便,因此,荆州河段普遍采用。散抛块石缺点是施工中工程数量控制难度较大,又需经常性加固;开采石料对环境有一定影响。

施工前,按设计要求制订施工作业计划,将抛石范围、抛石数量,划分为若干小的区间,即先在顺堤方向,按每断面20米或25米,以及在垂直滩岸的横向自设计水位以外,每隔10米间距,划分若干抛石区间,然后根据抛石断面,算出每个抛石区间抛石数量,填入工间表,以控制抛石,指导施工。

图8-28 水下抛石现场

施工开始前,做好每个断面横向定位控制,同时布置好船只岸上锚定设施,即在适当地点埋设地锚,在水深流急、抛石范围较大地段,应将锚深埋,使之牢固可靠,有的工段或设置定位船舶,以保证抛石位置准确。

抛石分丁江抛、顺江抛和斜向抛等。丁江抛,为船只纵轴大致与水流方向垂直后进行抛石。抛石开始时,船体应略向上游倾斜,以免受力过大造成事故,此后则在投抛过程中逐步调整船体方向,最后使船体与岸线呈丁字形。顺江抛,即使船只纵轴与水流方向基本平行,定位投抛。斜向抛,即船只纵轴与岸线呈一个交角,停靠船位后进行抛投。

荆江大堤护岸抛石,1974年以前主要采用丁江抛。此后,丁江抛、顺江抛交叉进行,使所抛块石分布尽量均匀。施工实践表明,采取这种方式对船只定位控制较复杂,但对施工质量、防冲效果、大小船只综合利用等方面是有利的。施工前,施工人员根据抛石部位、水深、流速及块石大小等条件,测定出不同规格块石的位移平距,以作抛石定位参考。

抛石按照"先远后近,先深后浅,先上游后下游"的顺序进行,以达到先镇脚,后稳坡,并使块石形成大小级配适中的铺护目的。施工过程中,为及时掌握水下抛护情况,以达到准、稳、匀,往往在抛护范围内进行水下测量2～3次,发现空档、抛石成堆或堆石成沟槽、冲坑等现象,应及时调整补抛,以确保施工质量。

抛枕护岸 是采取先抛枕后压石、枕石结合的一种护岸方式,多用于河床土质松软易受冲险工段。建国后,荆江大堤城南、柳口、灵黄、祁冲、观盐及学堂洲等护岸段多次实施抛枕工程。石枕防护面积大、柔性强、空隙小,既可覆盖砂质床面,防止冲刷,缓流落淤,又能适应岸坡地形变化,具有就地取材,少用石料,节省投资,施工简易和收效快等特点。

枕以梢料裹装块石捆扎而成。所用梢料有芦苇(俗称岗柴)和柳枝,因此,枕又有柴枕、柳枕之分。荆江大堤护岸常用柴枕。捆抛枕前,应备一定数量柴把,把径0.14米,长10米,用篾(仔篾或扦篾)或铅丝捆扎扭紧。抛枕施工时,用200余吨木船2只撬帮使用,在船外沿设置抛枕架,先取6～8个柴把置于枕架上,使成半圆形长槽,将石料填入,填石规格每块重约3～25千克,然后在枕两端放置较大块石封口，盖上柴把，再于距枕两端 0.2～0.3 米处，中间部分每距 0.5 米处，分别用铅丝或竹篾捆扎 21 箍，使成圆柱形；每枕一般用把 11 个，填石 0.9 立方米，枕径 0.62 米，长 10 米。枕捆好后，抛沉水底。抛枕施工常于枯水期进行，施工前还根据水深、流速、流向等因素测定位移。石枕一般在船上边扎边抛，按先下游、后上游顺序以 10 米为单位断面间距投抛。在断面上则按先远后近，边抛边移位，依次抛至岸边低水位以下 1 米高程后，再抛投压枕石 0.4～0.6 米厚。抛完一个守护段后，则抛接坡石及上下游裹头石，每米岸线抛接坡石 3～5 立方米、裹头石 200～250 立方米为宜，使枕面及守护点四周均有块石裹护，以形成防护整体。

沉排护岸 根据扎排所用梢料而定名。1959 年春，荆江大堤学堂洲段护岸实施沉排工程，所沉皆为柴排。施工前后观测情况表明，柴排护岸具有高度整体性和柔韧性，防护面积较大，能适应河床水下地形变形而紧贴河床，起到防冲作用，在水面流速小于 2 米每秒、岸坡为 1∶1.5 河段均能实施，但投资较大，技术性强，所需设备工具较多。

柴排制作时，先用岗柴、铅丝或竹篾扎成直径 0.15 米的梢笼，后将梢笼捆扎成纵横距为 1.0 米的十字格，每块排由上下两层十字格中填 0.20 米厚散料（即岗柴）用铅丝联结而成。凡排上着力部位还需适当加扎短梢笼数块，称为系缆闩。柴排捆扎处及送排下水的称滑台，滑台由枕木、竖梁和滚木联结构成，其坡比一般以 1∶6 为宜。柴排在滑台上铺放捆扎好后，由船只拖带、绞车和人推配合送下水，随即由船只或拖或推，运送至施工地点定位妥当后，在排面均匀投抛 0.4～0.6 米厚压枕石。投抛顺序，自上游向下游、自江中向岸边进行。排的沉放应先下游、后上游进行排列，排与排搭接处，留 1 米搭头。

沉帘护岸 沉帘是在沉排护岸基础上的一种改进。1979 年，荆州地区长江修防处在荆江曾家洲和西流湾河段实施沉柴帘工程试验，收到较好效果。试验表明，沉帘护岸主要优点是整体性强，覆盖面积大，具有一定强度和柔韧性且结构灵活可变，能适应河床横向和纵向变形需要；施工简易、安全，工程进度快，能及时控制崩势；工程造价、材料消耗、运输量、用工及其它项目较抛枕工程节省。但柴帘编织不紧或操作不当，在沉帘过程中易发生漏底或折叠现象，块石覆盖不匀，还可能造成帘体飘浮。此方法，在水流速度大于 2 米每秒或水下坡比不足 1∶1 河段，不宜采用。

帘体由芦苇（岗柴）小把（柳枝等物也可）和尼龙绳编织而成，长度根据水下横断面需要而定，宽一般为 10～15 米。小柴把捆扎规格一般长 10 米，直径 0.14 米。尼龙绳一般直径为 0.06～0.08米，破坏拉力为 320～340 千克即可。沉帘施工主要设备有滑道、工作架和趸船。滑道按一定坡度架设，其作用是将小柴把从滩顶运至工作架处；工作架即为编织柴帘的操作台，编好后柴帘由工作架顺势下滑至江面，以备抛护；趸船一般为约 20 吨位的船舶即可，起牵引柴帘和控制定位的作用。柴帘沉放前，先进行横断面测量，以掌握施工范围内水下地形、水深、流速等情况，作为施工设计的依据和参考，使沉帘能准确到位。当柴帘牵引至施工点后，应水陆配合，协同定位，然后沉帘。沉帘一般采用单床沉放，需多床同时沉放时，则应先用尼龙绳将帘逐床连成整体，然后自下游向上游依次沉放。沉帘顺序，一般是水下坡度较缓者，宜采用由近到远顺序；水下坡度较陡且变化急剧者，则应先从变化急剧处开始沉放，再向两侧推进。投抛压帘石船只一般在帘体上进行作业，抛石方法以丁抛、顺抛结合进行，以便投抛均匀。柴帘沉放河底后，即应加抛压帘块石，厚度一般以 0.6 米为宜。

抛笼护岸工程 有抛竹笼、铅丝笼两种，郝龙、祁冲、沙市观音矶等险工地段采用过抛笼护岸。实践表明，抛笼具有取料广（小块石和大卵石均可作为填料）和增强块石与卵石的整体性等优点，尤其是铅丝笼体积大，防冲能力强，可用于水深流急冲刷严重河段。但施工较困难，使用面不广。

抛石所用竹笼由楠竹（或用土竹）篾条编扎而成，呈圆柱形，高 1 米，直径 0.84 米。施工现场备抛笼船只，填石抛投均在船上操作，笼周先铺放一层带叶小柳枝，再填入 0.1～0.15 米直径块石或大卵石，将盖盖上用篾锁口后，即推抛水中。抛笼船一般边抛边移位，以使竹笼均匀抛于计划防护位置。

抛石所用铅丝笼一般呈长方体形，高 0.6 米，长、宽各为 1.5 米。施工时，用木条并扎大木排，与岸坡缆系接牢固，木排中间留 1.8 米×1.8 米或 2.0 米×2.0 米方孔一至数个，以便笼体通过；孔洞上安装木条结扎的活门，用插杠控制，铅丝笼搁置门上填石，每笼装石约 1.35 立方米，填满后盖上盖并锁口，然后用夯头（铆头）击开插杠，活门下坠，笼即抛入水中。复用绳索提上活门，将大木排按要求位置移动，再进行下一个抛笼工序。

抛石下垫土工布及沉放钢丝网石笼护岸　20 世纪 90 年代，下荆江进口段石首河段河床演变剧烈，石首急弯切滩撇弯，1994 年 6 月向家洲狭颈崩穿过流，河势发生剧烈调整，引起岸线多处大崩坍，给防洪和航运等造成不利影响。险情发生后进行抢护，但因许多地段守护标准不高而失败。1998年大水后，石首河段整治纳入长江重要堤防隐蔽工程实施范围，工程设计时，对崩坍较严重弯道—右岸北门口段采用抛石下垫土工布及水下沉放钢丝笼两种方法进行护岸。

石首河湾处于下荆江河段进口，因向家洲切滩撇弯变化，引起北门口顶冲点下移。1998 年汛期及汛后北门口连续多处崩岸，6 月 13 日护岸段发生两处崩岸，崩长分别为 70 米、60 米，坦坡崩失宽为 30 米、15 米；10 月 14 日又在其下段发生大窝崩，4 小时崩长 200 米，最大崩宽 100 米。经测量，1998 年汛后，北门口岸段深泓由 1996 年的 10.00 米（黄海高程）刷深至 1998 年 10 月的—11.00 米，崩岸形势异常严峻。北门口崩岸引起下游对岸鱼尾洲、北碛子湾强烈崩坍，并带来下游河势变化。为根治崩岸，稳定河势，1999 年水利部将石首河湾整治列入长江重要堤防隐蔽工程项目建设，1999—2002 年正式实施。

北门口段护岸工程是石首河湾整治工程的重要组成部分，施工范围桩号 S6＋000～S9＋000，由互不连续的五段组成，累计长 1806 米。鉴于该段水深流急，近岸冲刷严重，崩岸强度大等因素，设计时采用抛石下垫土工布和沉放钢丝网石笼等方式进行守护，其中 S8＋080～S8＋540 段水下采用沉放钢丝网石笼守护，实施长度 460 米，沉放 9660 个，平均铺设在近岸约 76×460 米河床区域内；S8＋540～S9＋000 段 460 米范围内水下铺土工布垫并抛石压重，铺设土工布 3.7 万平方米，其上平均压石厚 0.8～1.2 米。

抛护时将钢丝编制成网兜，充填一定数量块石，即制成钢丝网石笼，每个钢丝网笼内充填块石不少于 4 立方米。将施工区域进行网格划分，石料装笼，运输船水上定位，吊起笼体进行定点沉放，一个沉放程序即全部完成。

采用水下无纺土工布铺设施工，主要起到防止因水下抛投块石不均匀而造成局部河床泥沙受水流冲刷走失，形成冲刷坑导致块石相应下沉，最终导致已护岸坡垮塌现象发生的作用。施工顺序为先铺设土工布，然后在土工布上抛投块石。抛石下垫土工布施工虽然工序上比散抛石多了铺设土工布环节，但它能很好地弥补块石抛投不均匀的缺陷。特别是荆江河段砂质河床上，多年抛石守护段往往由于水下块石抛投不均匀，局部出现冲刷坑，块石相应下沉，出现空虚，而最终导致岸坡垮塌。抛石下垫土工布能够很好地防止此种现象发生，也可相对节省投资。

图 8-29　护岸整治时铺垫土工布

沉放钢丝网石笼和抛石下垫土工布两种护岸方法，作为应用于长江护岸的新材料、新技术，在石首河湾北门口段实施后，经过多年洪水考验，工程段河岸稳定，近岸流态调整较好，对下游河势稳定起到重要作用，达到预期目的。

抛塑料编织袋土枕　又称"塑料织物护岸"，简称"塑护"，是用塑料编织袋盛土构成的一种软体沉排新技术。荆州地区长江修防处工程技术人员结合荆江河段崩岸特点进行研究，先后于1983年冬、1984年春在洪湖田家口、监利天星阁护岸段进行试验，经过多年汛期考验，效果明显。

塑袋土枕护岸由织袋土枕及织物枕垫组成。编织布枕垫作软体沉排代替传统柴排，复合纺织布土枕代替块石压垫沉抛，以保证有足够压强紧贴床面。其施工设备有土枕架、枕垫布。先在两只帮船上安装一定规格的钢质土枕架并配绞车一部；将塑袋放入枕架中盛土，盛装饱满锁口牢固后待抛；将枕垫布由帮船下部水中牵至岸上，从岸边抛起，自上而下，由近及远；在每个断面最后一个枕即抛压簾枕，使枕簾平铺于河床上，床沙即能受到簾布保护。塑护主要特点：一是土源广，成本低。以土（沙）代石，可就地取材；塑袋土枕护岸每平方米守护面积投资仅占柴枕投资的44%、抛石护岸投资的35%，在石源困难地区其实用价值尤为显著。二是工效高、工期短。守护700～1000平方米，施工仅需一套简单机械设备，劳力100～120人，且质量控制及安全均有可靠保证。三是材料轻，运输量小。采用轻便塑料袋盛土或砂来代替笨重的块石，占用劳力少；每700平方米塑料织物总重量仅430千克，仅占柴枕的9.7%、块石的0.22%。四是可避免形成"暗礁"，对航运有利。五是"塑护"用于平均低水位以下水下工程，在水中缺氧及紫外线条件下，使用寿命达20～30年。

图8-30　混凝土铰链沉排

混凝土铰链沉排技术　20世纪80年代首次在国内使用，是一种集抗冲、反滤为一体的整体式护岸方式。由系排梁、预制混凝土板铰链和岸上干砌块石护坡三部分组成，用钢制扣件将预制混凝土块连接并组建成排然后实施护岸。系排梁处于护坡与护脚结合部位，起承上启下作用，对下固定排首为工程成败关键。其平面布置需考虑工程具体要求、河岸条件、河段水位特征值、工程运行条件、工程地质情况等因素，尽量拉直平顺，减少转折，以保证排体之间搭接，局部崩岸处排体可平行后退与系梁斜接。排体是预制混凝土沉排护岸的主体，由铰链混凝土体和土工布组成。铰链混凝土体起抗冲和压重作用，土工布位于铰链混凝土体之下，起反滤与抗冲作用。混凝土体连接可采用钢筋连接环，其规格应满足混凝土体间距和混凝土体连接施工操作的需要。选取土工布主要考虑其抗冲、耐磨、防渗、强度及抗老化等性能，一般选用抗老化聚酯织布。

施工工序为，系排梁浇筑；混凝土板预制拼装；水下沉排及陆铺排连接；其中最为关键的是铰链排沉放工艺的可行性和安全性。施工工艺有三种比较成熟的类型：①美国密西西比河整治中应用的桁架式吊车分条平移排体工艺；②在长江铰链排试验中采用的旋转式起重船分单元垂直吊排工艺；③南京水建总公司研制的水上连续水平拉排工艺。

为保证工程守护效果，减小排体周围受水流冲刷引起的变形，需在头、尾部加抛块石保护；此外，对于新护段，需加土工布作为垫层，以防止混凝土块之间泥沙被淘刷而影响排体稳定与护岸效果；对于已抛石加固段，可不加土工布垫层。该技术是在传统沉排基础上发展起来的一种新型护岸结构型式，集柔韧性与整体性于一身，能较好地适应河床变形，并不需经常加固和维修，护岸效果好，能够保证工程进度，容易控制工程数量和质量，缺点是需采用专用施工船施工，施工及维修相对较复杂，造价较高。

石首长江干堤茅林口段崩岸频繁，多年采取抛石护岸仍未稳定，2009年采用旋转式起重船分单元垂直吊挂混凝土铰链沉排技术实施护岸整治，运行情况良好。实施堤段桩号35+000～36+300，护岸长度1.3千米，完成沉排护岸总面积11.28万平方米，完成土方开挖60447立方米、干砌石护坡

5809 立方米、C20 混凝土预制块 1742 立方米、土工布 10.04 万平方米，总投资 1833.53 万元。工程于 2009 年底开工，次年汛前完工。

模袋混凝土护岸 采用合成纤维机织双层织物，利用高压泵内灌注具有一定流动度的混凝土或砂浆，混凝土凝固后形成整片的混凝土护岸体；具有强度高，浇注时柔性大，能适应复杂水下地形，可机械化施工，施工速度快、质量可靠，稳定耐用等优点。2010 年 3 月 6 日至 4 月 24 日，长江委在荆江大堤文村夹崩岸段实施模袋混凝土护岸工程。

图 8-31 模袋混凝土护岸

荆江大堤文村夹堤段位于上荆江公安河湾进口段左岸，江心突起洲将长江分为南北两汊，主泓多数年份走南汊，少数年份走北汊，1998 年前，北汊多年来呈现淤积之势，高程约 32.00~33.00 米，枯水期行人可步行上洲。1998 年大水后，上荆江河势发生变化，洲滩变化明显。上游沙市河段三八滩冲散后"一分为三"，南汊发育，引起下游金城洲北汊冲刷，导致文村夹河段主泓相应逐渐北移；航道部门在江心突起洲头实施鱼嘴护岸工程，文村夹北汊分流比扩大；加之三峡工程运行后清水下泄对下游河道冲刷，该河段河床由淤积逐渐转为冲刷，水下岸坡逐渐变陡，发生崩岸的几率逐渐加大。

受自然及人为因素影响，2002 年 3 月 19 日，文村夹堤段桩号 734+450~735+000 段发生崩岸险情，崩长 550 米，最大崩宽 10 米，岸坡陡峭且多处出现裂缝，崩坎距堤脚最近处仅 44 米；2005 年 1 月 13 日，桩号 733+800~733+905、733+960~734+100 段又发生崩岸险情，崩长 245 米，最大崩宽 10 米；12 月 9 日，下游桩号 12+462~12+708 段再次发生崩岸险情，崩长 246 米，最大崩宽 20 米。据资料记载，该堤段于 1913 年始散石护坡，至 1992 年水下抛石累积量仅 10~22 立方米每米，根本不能抵御水流冲刷。崩岸险情严重威胁荆江大堤安全。该处崩岸险情按照"抛石固脚、削坡护岸"的抢护方案进行整治。但崩险尚未稳固，为此，采用模袋混凝土进行护岸整治。2006 年 10 月至次年 4 月，桩号 733+400~734+600 段实施模袋混凝土护岸长 1200 米、面积 27430 平方米；桩号 734+600~735+720、735+260~735+600 两段实施模袋护岸长 860 米、面积 34446 平方米。护岸后，崩岸险情得到有效遏制。

注：

　[1] 数据来源于荆州市长江河道局《荆州市长江干流护岸工程技术资料汇编》。

第四节　防浪林防风消浪研究

荆州河段河势变化较大，防洪形势严峻，是长江流域防洪的重要河段。每临汛期，风浪常常冲刷淘洗滩岸、禁脚乃至堤身，对堤防安全度汛构成威胁。

长期以来，堤防工程防风消浪，通常采用块石、混凝土预制块护坡，汛期则采用散铺柴枕、树排等临时措施，对堤防工程安全度汛起到重要作用。但由于荆州河段堤防线长面广，情况复杂，加之护坡工程耗资大，在一定历史时期，国家财力及群众劳务难以承受，因此在实施上具有一定局限性。针对荆州长江防洪特点和防汛工作面临的困难和问题，多年来，河道堤防管理部门因地制宜，科学合理地采取多种经济易行的措施防风消浪，以确保堤防安全。水利部在《堤防工程技术规范》中明确规定："堤防护岸工程设计应在统一的河道整治规划下统筹安排，合理布局，并应尽量利用工程措施和生物措施相结合的护岸方法。"作为生物工程措施之一的防浪林带营造，河道堤防部门早在 20 世

50年代即开始探索施行。实践证明，它不仅对堤防工程防风消浪、护脚固滩和抵御洪水侵袭起到重要作用，而且显示出一定程度的生态效益和经济效益。

建国后，荆江地区堤防营造防浪林带虽有数十年历史，但由于人们对其作用认识不足或认识仅处于感性层面，因而如何准确测算防浪林带的防风消浪效果，科学制订防浪林营造方案及优化模式，国内尚缺乏定量分析和理论依据。鉴于此，1988年洪湖长江修防总段开始在长江堤防上进行实验研究。随着科研工作的开展和深入，逐渐引起上级主管部门的关注和重视，1991年，水利部水管司将长江防浪林防风消浪作为研究课题正式下达，委托省水利厅堤防处组织实施。

一、研究目标

长江防浪林防风消浪研究课题旨在通过对防浪林的观测、了解，研究其内在因素和联系，从而达到科学制订防浪林营造方案和优化模式目的。因此，在课题内容上，根据防浪林通过其枝杆、树冠对气流阻挡、摩擦、摇摆，迫使气流

图8-32　风浪淘蚀的堤岸

分散而改变原有结构消耗动能，达到防风作用机理，以及波浪通过防浪林时水质点与其主干、枝叶间摩擦消耗波能，达到消浪作用机理。主要选定确立以下三项原则。

（1）对设置断面内的防浪林，从不同林带，不同树种，不同地点，不同风向风力进行观测，测算和验证防浪林对风力的降低值和对波浪爬高衰减值，并建立一定的函数关系式。

（2）分析、研究其规律，科学地选定能满足防风消浪的林带结构型式，即合理的树种、种植排数（林宽）、密度等。

（3）探讨既能适合长江外滩生长，又能发挥防风消浪作用，既有防洪等社会效益，又有较高经济效益的乔木、灌木、草类等相结合的生物防护体系。

二、研究过程

长江防浪林防风消浪课题研究，从1988年开始至1994年结束，历时7年。针对课题研究内容和目的，其基本技术思路是：选择并设置有代表性观测断面，确定观测项目及方法，详细收集整理资料，研究分析影响防浪林防风消浪效果的因素，选定主要因子，找出内在规律，然后采用多元回归分析法建立函数关系式，提出一套科学合理的防浪林营造模式。

对防浪林防风效能，主要考虑林带宽度、密度、树高、枝下高，树干直径、树冠幅度，林带背风面平均风速、风向及空旷地对照断面平均风速、风向等相关因子。对防浪林消浪效能，主要考虑林带宽度、密度，水平面处树木平均直径、冠幅，河岸滩宽及滩坡水深，林缘前平均风速、风向和吹程，林缘及林后的浪高、波周期等相关因子。

观测方法，风因素采用对照断面同步比较法；林内波高因素，采用同断面多点同步观测法；林外缘波高因素，采用直观观测法；林带结构、树种、林宽、树高、枝下高、树干及树冠平均直径等相关因子的观测，依据"森林调查规范"进行。公式推导，先从所有原始观测数据中，反复分析、比较，筛选出具有可靠性、代表性的数据，然后进行多元非线性回归分析推导。

1988—1989年，进行初步选点，并试测防浪林林间风速、流速、泥沙沉降等，为正式选点定点和确定观测方法奠定基础，创造条件。

1989—1990年，在综合考虑堤段典型性、林带多样性、河道代表性、滩岸特殊性以及风向规律

图 8-33 防风消浪观测断面

性后，在前段工作基础上正式进行选点布点。实验共设置观测区段 9 个、观测断面 24 个、风浪观测标志牌 16 块、测点桩 70 个、固定观测台 8 个；购置观测所必需仪器、工具；绘制"观测地形图"、"段面布置图"、"观测断面图"等 10 余种图表，并进行部分现场观测。观测断面布设采取全堤布点与集中布点相结合方式，洪湖长江干堤高桥至界牌（桩号 454+800～522+100）67.3 千米堤段，选定 9 个观测区段、24 个观测横断面实施布点观测。其中，18 个观测断面布设于洪湖长江干堤高桥至龙口（桩号 454+800～463+500）8.7 千米堤段，包括江右嘉鱼县长江干堤 2 个断面。

1990—1991 年，开展以防风效果为主的观测资料收集。1991 年赴京向水利部汇报科研工作情况并得到肯定。同年，水利部水管司正式定向下达课题，委托省水利厅堤防处继续组织深入研究，并签订合同书。此后通过走访、咨询和征求南京水科院、河海大学、武汉水利电力大学、武汉测绘大学、上海水利局、上海芦潮港海上观测站等有关单位专家、教授的意见后，科研组扩大和增设部分观测堤段和断面。

1992 年，按照合同要求，课题组进一步调整充实研究内容并加大工作力度，总结阶段性成果，赴水利部汇报，受到部领导和有关专家好评。当年，该成果被推荐到水利部在江西九江召开的"全国河湖管理技术研讨会"上进行交流；此后，又在《湖北水利》发表。

1993—1994 年，针对长江防浪林防风消浪研究前段工作中的薄弱环节，科研组重点强化对防浪林消浪效果因素的观测和风、浪、林同步观测，并进行资料整理，共积累资料数据 1 万余个。在此基础上，经反复研讨、分析、计算，推导建立防浪林防风效果、防浪林林外缘波高、防浪林消浪效果等三个函数式，总结拟定防浪林科学营造模式。

三、研究特点

长江防浪林防风消浪研究，观测内容广，时间长。为使课题研究时资料丰富、数据精确，在观测时注重内容的广泛性。根据课题技术思路和要求，观测内容涉及各种风向、风速、吹程、波高、波长，各种林相、树种、林宽、密度，不同岸滩、边坡以及风作用于林间所产生的波浪及其比降等多种因素。这些观测内容需要较长时间，加之在实际观测过程中常常出现有风时林内无水而无法观测，林内进水时又难逢大风而不能观测，或者林间有水而风起夜间不便观测等情况。正常工作时，一般是汛期洪水位达到设防水位，风速达到 3 米每秒时开始观测。观测前，在林缘迎面（迎水面）设第一测点，根据堤防（河道）走向，在林中和林后选择垂直堤防（河道）纵轴线方向设若干测点，每个测点

图 8-34 风速观测记录

图 8-35 测量流速

距离 20～40 米。观测人员根据测点多少分为若干组，每组 2～3 人，第一组在林缘迎风面，其余各组在林中、林后，每组配备对讲机一部，由第一组发出同步观测信号，各组用 DEM—6 型轻便风向风速表、搪瓷水位标尺，在机动测船、橡皮艇或是简易观测台上同步测试各点风向、风速、波高、波周期，上述为一次同步观测过程。实际工作中，科研人员坚持守候，耐心观测，并不急于求成，而是以资料的完整性、准确性、可靠性为前提，因而整个观测过程历时 6 年之久。

课题研究过程观测数据量大，质量控制严格。为满足研究时数据整理取舍要求，观测过程中，特别注意数据量的积累和质量，共完成有效工作日 200 余天，收集观测数据 1 万余个。按照规范要求，严格审核所收集实测资料，对有其它因素干扰和明显矛盾、误差的数据或剔除或补测，数据数量和质量得到保证。

长江防浪林防风消浪研究，资料具有直接性和准确性，资料分析整理严谨科学。该课题的资料收集，因系有目的、有计划的现场实测，故与实验室模拟成果相比，精确度更高，更具实用性和可靠性。其分析、计算的结果比较客观地反映出防浪林防风消能的实际情况。在资料分析过程中，首先，对原始资料进行优选，即从原始资料中排除因流速干扰过大，风速过小或明显错误的观测数据，再对余下数据进行排列组合，再次进行分析选择直至最优。其次，对观测的因子进行筛选，即择影响作用显著的因子进行回归分析。在防风效果影响因子中，对不同树种成材林，树径及冠幅虽不尽相同但差异不大的，只作定性说明。在消浪效果影响因子中，因大水年份林中水深约 4 米，而林木的主干高亦约 4 米，且主干直径均在 0.1 米以上，消浪效果

图 8 - 36　读取数据

主要靠主干和第一分枝，故回归时对树种和树冠因子予以排除。因此，在防风效果回归中，只选用林外缘风速、林宽、密度、枝下高等影响显著的因子；在林外缘波高回归中，只选用风速、有效吹程（含风向、风时、吹程）等影响显著的因子；在消浪效果回归中，只选用林外缘波高、林宽、密度、水面处树干平均直径等影响显著的因子。再次，拟定科学合理的回归方程型式，即经过反复分析计算，分别确定在其他自变量不变的条件下，单个自变量对因变量的变化规律，再绘图制表拟定回归方程型式。课题组先后制作各类散点图 40 余份、测算表格 30 余份，拟定回归方程型式 20 多种，其中有幂函数、指数、对数、负指数以及其它组合型式，最后根据边界条件、物理定义、实际情况和回归效果择优选用 S 形函数型式作为防风和消浪效果的回归方程型式；幂函数型式作为林外缘波高的回归方程型式。在此基础上，采用计算机和人工对比方法进行回归运算和回归效果显著性及复相关系数的检验，其结果均满足科研要求，效果理想。

课题研究过程中，注重多学科互补。该研究课题涉及水力、水文、地质、林业、气象、物理、统计等多学科知识，因而在观测与研究中尽力运用多学科知识，进行数据取舍和综合分析，避免顾此失彼，达到互为兼容效果。

课题研究过程中，坚持图形与数据之间有机结合。基于该课题在图形和统计数据之间具有紧密联系的实际，研究中十分注重图表并举、图文并茂和图表接口的结合。所编制的不同密度林带防风效能比较表、比较曲线图，不同宽度林带防风效能比较表、比较曲线图，不同枝下高林带防风效能比较表、比较曲线图，及反映消浪系数定义式的散点图的回归曲线等，均能便捷地检索某一因子，获得其相关关系。

长江防浪林防风消浪研究，具备分析方法的科学性和结论的合理性。由于风浪对防浪林和堤防的

作用为多种因素的物理影响，因此在分析过程中采用数理统计中常用的回归分析法，并筛选满足和基本满足回归分析法所需数据来建立关系式。其结论是在对大量数据的分析中找出有关因素组合的基础上，通过物理分析而得出的，从而建立函数关系式型式，不仅保证了数学、物理及实际情况的吻合性，还真实反映出事物本质和内涵。

四、研究成果

根据项目合同的有关要求，科研组成员经过长期艰苦努力，至 1994 年 6 月，课题研究工作基本按确定的内容完成并有所拓展，共取得 4 项成果。

防浪林防风效果函数式

防浪林的透风系数：$a=\left[1+0.53e^{(2.48\text{Log}B+5.58\text{Log}D-0.7h+0.93v_0)}\right]^{-1}$。

防浪林林外缘波高函数式

浪高：$H_0=1.8V_{10}^{6/5}F_{有效}^{1/3}$ （cm）。

适用范围：$V_{10}<20(\text{m/s})$；$F_{有效}<20$ （km）；$d_{外}>0.5L(\text{m})$。

防浪林消浪效果函数式

消浪系数：$K=1/\left[1+1.3e^{(0.0167H_0-2.53\text{Log}B-1.92\text{Log}D-1.45\text{Log}\phi)}\right]$。

防浪林合理结构型式

营造以旱柳为主的单层林疏透型结构林带，株行距以 3 米×3 米为宜，排数不得少于 16 排，宽度不得小于 50 米。

营造以水杉、池杉单层林疏透型结构林带，株行距以 2 米×3 米为宜，排数不得少于 20 排，宽度不得小于 40 米。

营造以意杨为主的单层林疏透林型结构林带，株行距以 5 米×4 米为宜，排数不得少于 18 排，宽度不得小于 70 米。

当滩宽不足 40 米时，应营造以旱柳、水杉、池杉与芦竹相结合的复层混交林紧密型结构林带，其中芦竹宽度不小于 10 米。

根据实测资料及计算结果，防浪林体系以上述 4 种型式营造，防风、消浪效果显著，经济效益良好。

五、研究鉴定结果

长江防浪林防风消浪课题研究，从江河防洪工程的整体效益出发，通过实地观测和分析研究而推导总结出"防浪林防风效果函数式"、"防浪林消浪效果函数式"、"防浪林林外缘波高函数式"和"防浪林合理结构型式"，为江河防洪工程建设和管理提供一套具有理论性和实用性的方案。

1995 年 8 月，长江防浪林防风消浪研究获水利部科学技术进步二等奖。验收专家一致认为，课题研究范围虽在湖北省洪湖市长江堤段内，但该河道堤防具有长江中下游河道一般特性和代表性，因此，其成果对长江中下游堤防乃至其它江河堤防科学营造防浪林具有指导性和实用性，并有较强可操作性，应用前景广阔。该成果既实用又有一定理论价值，并且填补国内该领域研究空白，研究成果在国内同类研究中居领先水平。专家组鉴定意见为："长江防浪林防风消浪课题研究坚持多年野外观测，取得了翔实而系统的实际资料，真实地反映了防浪林防风消浪物理现象，资料难能可贵；根据防风消浪现象，建立了合理的多因素数学表达式，采用数理统计多元回归法，筛选出大量实测数据，建立了计算防浪林的透风系统 a、消浪系统 K、浪高 H 公式，技术思想正确，研究方式可行，计算结果与物理现象一致，达到了实践与理论的统一，同时对树种结构也提出了合理的模式；该成果为堤防生物防浪措施提供了切实可行成效较高的方案。对长江中下游地区有很好的应用和推广价值，对中小河流也可参考运用。"

经过近 7 年时间的艰苦努力，长江防浪林防风消浪研究工作全部完成，并为江河堤防科学营造防浪林提供一套精度较高的基础理论和技术依据，这无疑将有力推动荆州长江堤防防浪林体系建设和发展。但从更深层次，如防浪林最佳品种的培育栽种，防浪林最大限度地综合开发利用等，还有待继续深入研究。

第五节　蚁　患　防　治

土栖白蚁常寄生在土坝、堤身内，蚁路横贯，内外相通，既分散又隐蔽，平时不易发现。一旦汛期水涨，在江水压力下，水流渗入堤身，穿过蚁巢、蚁路，形成渗流通道，常造成堤身漏水、跌窝，严重危及堤身安全。据历史文献记载，白蚁危害堤防已有2000余年历史，至今仍是威胁荆江地区堤防安全的重要隐患。

白蚁生存活动区域几乎覆盖荆州全境，仅荆江大堤蚁患堤段就达90余千米，约占大堤全长的一半。建国后几次大水年中，公安金狮、洪湖周家嘴等堤段发生过因白蚁危害造成堤身漏洞，以致堤防几近溃口的重大险情。建国后，经大力实施堤防整险加固工程，综合治理堤身存在的隐患险情，逐步总结出防治蚁患经验，并取得显著成绩。

一、白蚁危害

荆江地区常见的危害堤防安全的白蚁属黑翅土栖白蚁，亦名"台湾黑翅土栖白蚁"。其巢穴深居堤防内部，菌圃、空腔星罗密布，蚁路纵横交错、四通八达，主巢往往建筑在堤身浸润线以上。如遇汛期水涨，洪水顺着蚁路流入主巢，长时间贯通便会发生溯源淘蚀。水流沿洞壁带走大量泥沙，洞径越来越大，流速随之增大，使堤身空洞发生恶化，主巢周围土壤逐渐含水饱和，抗剪能力降低，土体滑塌下陷，导致堤身变形，轻者形成漏洞、跌窝，重者发生堤身下陷，洪水漫溢而溃决。

历史文献最早记载堤防遭受白蚁危害大约在2200年前，《韩非子·喻老》（公元前234年）便提到"千丈之堤，以蝼蚁之穴溃"。明清以来，人们对白蚁危害及防治记载则更为具体详细，明代潘季驯在《河防一览》（1590年）中指出："江河一决，澎湃难支，始而蚁穴，继而滥觞，终必至于滔天而莫可收拾。崔镇黄浦之复辙可鉴也。崔镇黄浦当初决之时（崔镇决于明隆庆年间），持数十人捧土之力耳"。清代胡在恪在《松滋堤防考》中称："明洪武二十八年（1395年）决后，时或间决，自明嘉靖三十九年（1560年）以后，决无虚岁……凡十九处中多獾窝蚁穴，水易侵堤。"1894年《荆州万城堤续志》载："蚁之为害，隐而难察，以土为食，孳生繁衍。其穿啮无问堤之内外，每曲折以透堤身，因此而成浸漏，物虽微而害实大，向来于堤内有浸漏处挖筑，忽隐忽现，难于得其踪，且未至堤心即止矣，因者堤不能全动也，数年来此费不少，迄无大效。窃思漏从外入，固外即可塞漏源，遂于漏孔上下翻挖外帮，宽一二丈，长一二十丈不等，近年李登二局，即照此法办理，十有八九得其巢穴，中空如盘如盂，累累相属，人者竟如数担瓮，中悬蚁窝如蜂房，藏蚁至数担之多。挖毕用三合土坚筑，惜不能透堤身搜除净尽，然较之内堤内漏孔挖筑，力功实多矣。修防之道，精益求精，稳益求稳，多尽一分心力，总有一分益处。"

"黑翅土白蚁"对荆江地区堤防危害严重，特别是荆江大堤蚁害建国初期达到高峰。据调查，荆江地区干支流堤防2000余千米，有蚁堤段522.4千米，占四分之一。其中，荆江大堤182.35千米堤段有蚁患段92.4千米，占50.7%；长江干堤670.17千米堤段有蚁患段180千米，占26.6%；荆南四河重要支堤653.46千米堤段有蚁患段250千米，占38.26%。

白蚁蚁穴分布，宏观上靠近丘陵、荒地和杂草丛生的地方多；微观上堤身内外坡上部多。荆江大堤枣林岗，监利长江干堤杨林山、狮子山，洪湖长江干堤螺山，石首长江干堤槎港山，荆南支堤沿江丘陵、岗地等堤段，白蚁分布面广、密度大，危害甚烈。堤身蚁患是造成堤坝漏洞和跌窝险情的主要根源。荆江大堤祁家渊以上至枣林岗堤段，1959—1980年共查出蚁患3.59万处，年平均发现1197处。防治工作开始后，1959—1966年年均查出3775处。1960年最多查出6321处。分布密度最大、隐患最突出堤段为沙市以下肖家港，该段 1000 米范围内，一年中查出蚁患 430 处，平均每 2.33 米即有一处。江陵县孙家竹林堤段，在 10 平方米范围内，共挖出小型蚁巢 9 个，捕获蚁王、蚁后 22 只。1950—1990 年的 40 年间汛期，荆江大堤共发生各类险情 6150 处，其中蚁患就达 2554 处，占险情总数的 41.5%。1954 年长江发生特大洪水时，荆江大堤发生漏洞 5493 个、跌窝 162 处，其中最大跌窝直径达 2 米，下陷深度 2.5 米，洞内可容 4～5 人站立。当年汛期，祁家渊堤段二民工突然跌入直径 2 米跌窝中，大呼救命。1955 年冬，江陵县境内荆江大堤翻挖出蚁土 4608 担。经汛后翻筑证明，1954 年重大溃口性险情大都为白蚁危害所致。

经过长期不懈努力，荆江大堤蚁患明显减少，1988—1995 年荆江大堤未查出一处白蚁，相反，其它长江堤防蚁患危害相对突出。1996 年长江发生区域性大洪水，荆江地区堤防发现各类险情 696 处，其中蚁患险情 19 处。洪湖长江干堤周家嘴（桩号 525+400～525+825）浑水洞群、监利长江干堤赖家树林（桩号 548+400）浑水洞、尹家潭（桩号 526+300）浑水洞 3 处险情为省防指确定的溃口性重大险情，均为蚁患所致。

1998 年长江流域型大洪水，荆江地区发生因蚁患引起的险情 96 处，其中，荆江大堤 1 处、长江干堤 27 处、荆南四河支堤 68 处。因蚁患所致的洪湖市长江干堤周家嘴（桩号 525+400～525+800）清水洞群、公安县松东支堤新店堤（桩号 81+200）浑水洞均为省防指确定的溃口性重大险情。

据初步调查统计，1996—2010 年荆江地区干堤共查处蚁患 344 处，其中，荆江大堤有蚁堤段 10 千米，蚁患率 5.4%，灭治蚁患 60 处，蚁患密集区位于荆州区洪家湾（桩号 791+240～791+695），长 455 米堤段内共翻挖大中型蚁巢 12 个；长江干堤有蚁堤段 30 千米，蚁患率 4.5%，灭治蚁巢 97 处，蚁患密集区位于洪湖市周家嘴堤段（桩号 525+400～525+810），共翻挖大中型蚁巢 8 个；荆南四河支堤有蚁堤段 50 千米，蚁患率 7.4%，灭治蚁巢 187 处，蚁患密集区位于公安县松西、松东河堤段。

二、白蚁的生活及活动规律

经白蚁防治人员长期观察和悉心研究，初步掌握土栖白蚁巢居结构、群体分工、生育繁殖、生活习性及外出觅食活动规律。白蚁属群居性昆虫，堤坝附近的丘陵、山岗荒地、坟墓等均为其"安营扎寨"的处所，也是传播堤防白蚁的主要来源之一。白蚁家族分工精细，组织严密，行动统一，常见大型巢穴大都具有繁殖功能，一般由蚁王、蚁后、繁殖蚁、若虫、工蚁和兵蚁组成。非生殖性工蚁、兵蚁由卵孵化成幼虫，一般约需 40 天时间，经过 3～5 个龄期，变为成虫，每个龄期脱皮一次，全发育期约 4 个月。生殖性繁殖蚁，由卵孵化为成虫，则需 7 个龄期，约 7～8 个月时间。蚁王、蚁后为蚁群创造者，也是蚁群亲体。一般每巢一王一后，个别也有一王多后、多王多后的。蚁后大小，因产卵次数与数量增多而生殖器官发达，腹部膨大，向后延伸，其体长、腹围与其巢龄关系密不可分。巢龄长短，大抵可按其色泽作出判断：深色即长，浅色即短。巢龄短的蚁后体积小，在巢穴中没有特殊住处，一般常与蚁王同住菌圃下方。体长 3～4 厘米蚁后多住在菌圃以上三分之二高度的王室中。

图 8-37 白蚁蚁王、蚁后

有翅成虫，通称繁殖蚁，幼虫期与工兵蚁相似，色泽较白，虫体较大，长约 3 厘米时，色泽转深，翅脉明显，可辨雌雄，腹部共有 10 节；雌蚁腹部较空，第七节大于其它各节。每巢繁殖蚁约 5000～9000 只，多的可达 17000 只。一般巢龄达 5～6 年或更长时间才在巢中出现，每年 5～6 月于一定条件下群飞出巢，着地脱翅，入土交配，建立新的群体。初期自觅食物，孵育幼蚁，待后代能独立生活时，则专司王、后职能。

工蚁体形较小，为数最多，约占蚁巢中个体总数的 80%，全属雌性；无繁殖后代功能，头部淡黄，腹部带黑色，其它部分为乳白色；担任取食、建巢、筑路等任务，为蚁王、蚁后、兵蚁、繁殖蚁等提供食物，并在蚁巢遭到破坏时，抬运蚁后逃遁。

兵蚁占蚁巢中个体总数的 10～20%，体形较工蚁为大，色深，头部有一对上颚，负责护巢，防御外敌入侵。

白蚁蚁巢结构复杂精细，除巢体外还有王室、蚁路、移殖孔和候飞室。有繁殖蚁的大型蚁巢，除王室、菌圃外，四周还有大小不一、远近不等的副巢相依存。主巢分层建筑，中有泥骨架，大型蚁巢王室即建于其上。主巢大小与巢龄有关。中型蚁巢直径 0.3～0.5 米，主巢与副巢之间有蚁路相通，每巢有蚁路数条至数十条不等，长者近百米，短者仅数米，为工蚁外出觅食、取水和繁殖蚁出飞的通道。其横断面呈马蹄形半圆拱，近地面处仅能容纳两只工蚁并行，至主巢附近则逐渐宽阔，一般直径 2～3 厘米，最大 6～8 厘米。王室为不规则的扁形泥盒式建筑，

图 8-38 挖除蚁穴

内壁光滑，一般容积为 25 厘米×14 厘米×5 厘米，四周有很多小孔，供工蚁进出俸食、搬运蚁卵或传递信息，孔口有兵蚁守卫。移殖孔一般每巢 15～20 孔，最多达 80 余孔，有蚁路与主巢相通，为繁殖蚁出飞通道，多修筑于地势较高的通风向阳处，状如小坟堆，构造坚硬，顶部有小孔，平时封闭，出飞时打开，下端有薄片状候飞室多个，为繁殖蚁伺机出飞场所。

土栖白蚁有贪潮、怕湿、畏光、避风等特性，其生存活动与食料、水分、土质、气候等条件有密切关系。白蚁食物，据 20 世纪 60 年代荆江大堤 390 处蚁穴调查统计，艾蒿占 31.8%，茅草占 23.1%，绊根草占 15.1%，野茵蓿占 8.2%，马鞭草占 7.7%，其它占 14.1%。此外，臭牡丹、野菊花、小蓟、野燕麦等枯根、枯茎，也为白蚁所取食。因白蚁畏光，故在巢穴口门多筑有管状"泥线"，作为工蚁取食出入通道。取食时，先将所取食物包裹封闭，然后搬运入洞，称为"泥被"。

繁殖蚁羽化成熟后，移殖飞翔期常在 5～6 月，气温 20～30℃，土温 18～18.5℃，气压 746～753 毫米，相对湿度 80%～95% 为宜。一般在雷雨交加、气压较低的雨前或雨后初晴傍晚出飞。出飞前多先由工蚁打开移殖孔口门，经兵蚁外出窥探无异常情况后，方鱼贯出孔起飞。飞出的繁殖蚁成活率约 3%～5%，一般飞行高度 30～50 米，顺风飞行距离 500～1000 米，也有逆风、趋光飞行和落地后又起飞的。经飞行降落地面与植物摩擦而脱翅，至合适地点雌雄双双打洞入地交配，入地 7 天后，蚁室已初步形成，并于第 11～13 天开始产卵，一月之内每天产卵 2～3 粒。至完成第一批产卵后，常有明显休止期，停止产卵约 2 个月；第一代兵蚁发育成熟后，才开始第二批产卵。原始蚁后是一个群体的缔造者，一生可产卵 50 万粒以上，孵化成个体约 43 万只[1]。

三、白蚁防治

自古民间就流传着防治土栖白蚁的一些办法，据清光绪《荆州万城堤志·挖蚁篇》载："蚁洞万城大堤最多，竹树枯根更易生蚁，每逢汛水泛涨，内必浸漏，默志其处，候十月间，浸漏处挖开，有小洞，以篾丝通入，视其邪正，跟挖即得其窝，如蜂房。土人云'蚁不过五尺，必须搜挖净尽，投诸河流，或用火焚，以石灰拌土筑塞，方尽根诛，缘蚁最畏灭也'。"直至民国时期，仍沿用此法。

建国后，为寻求整治蚁患方法，堤防部门学习黄河锥探灌沙和灌浆经验，结合翻筑，抽槽处理白蚁隐患，取得初步效果。1958年荆州地区长江修防处在武汉大学生物系、中国科学院昆虫研究所及中南昆虫研究所专家、教授的帮助下，先后成立荆江大堤白蚁研究组、荆江大堤灭蚁工程队和白蚁防治所。经过长期观察与研究，根据白蚁生活习性、活动规律，制定预防为主、防治结合、综合治理、逐步消灭的灭治方针，发动群众采用"查找、翻筑、烟熏、灌浆"等措施防治蚁患。

查找 根据土栖白蚁每年4—6月和9—11月大量外出地表觅食的基本活动规律，开展春秋两季普查。普查办法是根据地表象征（泥线、泥被、移殖孔）查找。经多年实践，发现白蚁地表象征分布规律是：春季堤内（背水）坡多，堤外（临水）坡少，堤上部多，堤下部少；秋季堤外坡多，堤内坡少，洪水线以下部位多，洪水线以上部位少；天气久晴不雨，堤身下部多，久雨不晴堤身上部多；烂渣枯枝植物多、青嫩植物少。高温、高湿的梅雨季节，主蚁路附近或主蚁路上，能生长鸡枞菌、三踏菌、鸡枞花等多种可食菌，顺其可寻获主巢。根据普查出的地表象

图8-39 查找蚁路

征，进一步寻找蚁路：一是由移殖孔下面找蚁路，挖掉移殖孔，在移殖室下约0.5米，即可寻获较大蚁路；二是从泥被线下或直接从有白蚁活动地方查找蚁路，具体做法是先在泥被线下或有白蚁活动的地方，铲去杂草，开始面积不宜过大，如不见蚁路，再由小到大，由浅入深，层层剥皮，反复检查，一旦发现如半月形小孔，即跟踪追挖，一般在不太深或不很远地方即可寻获通向主巢蚁路。

随着科学技术发展，查找蚁患的高科技手段不断增多，如"同位素探巢"、"红外线探巢"、"雷达探巢"、"微地震探巢"和"高密度电阻率法探测"等。"同位素探巢"是用松花粉、艾蒿粉、糖、水加入同位素碘或锑，制成饵料投放，然后用辐射仪探测，可探测出43～55厘米深处巢穴，但采用此法须注意人员防护与安全。"红外线探巢"是根据蚁巢内部温度季节性变化与周围土温差异而产生的红外线辐射原理查找。"雷达探巢"是通过电磁波或超声波在分层介质中传播所反射的回波，来判断蚁巢位置的技术，分辨率高、图像清晰直观，可探测人工普查手段不易查找的各种堤防隐患，探测1～10厘米以上洞穴、裂缝，深度1～10米。"微地震探巢"则是在不影响堤防安全前提下，采取物理测试的一种技术。"高密度电阻率法探测"主要是靠电阻率图像推测隐患，该方法现场采集数据量大、信息丰富，且对地基结构具有一定成像功能，因此堤防裂缝、洞穴、不均匀体、软弱层等在探测成果图上均有明显、直接反映，对蚁穴隐患探测适应能力较强。

图8-40 高密度电阻法探测白蚁蚁穴

翻筑 跟踪蚁路深挖巢穴。根据普查所做标记，发动群众上堤翻挖，由专业人员分段负责，做好

技术指导，传授灭蚁方法，判断蚁巢所在方向，适时控制翻挖土方，避免浪费劳力。以往每翻挖一处蚁巢平均需挖土 70 立方米以上，后每处平均仅需挖 30 立方米。

烟熏　过去常使用"六六六"烟雾剂毒杀土栖白蚁。使用 6％丙体可湿性"六六六"烟雾剂毒杀，不仅效果较佳，而且安全经济。在蚁路通畅，距主巢不远，巢内结构不十分复杂的情况下，烟熏灭蚁可收全巢尽歼之效果。其主要作用，一是快速处理移殖孔，杀灭长翅成虫，不使其出飞蔓延；二是处理翻挖取出主巢后的蚁路及残留的工蚁、兵蚁，蚁王蚁后逃跑，熏烟较为有效；三是处理未灌浆蚁路，避免蚁巢封闭。每个全巢需用药量 0.5～0.7 千克即可。

烟雾剂配方：6％丙体可湿性"六六六"粉 70％（毒杀剂），氯酸钾 20％（燃烧剂），香粉 7％（助燃剂），氯化铵 3％（降温剂）。

由于环保方面原因，2000 年以后该方法一般不再使用。此后，河道堤防部门每年春秋两季普查白蚁时，堤身白蚁灭治多采用"灭蚁灵"诱饵条实施药杀。其方法是：每 100 平方米范围内在新鲜泥被泥线上投放"灭蚁灵"诱饵条 5 处，每处 1～3 根，一个月后进行检查，如诱饵条被白蚁封闭蛀蚀，地面长出死亡蚁巢指示真菌——地炭棒、鹿角菌，即可验证灭蚁效果。

灌浆　使用压力灌浆机由蚁路口灌注泥浆，达到填实蚁巢巢路消灭白蚁的目的。成龄蚁巢，通常情况下需灌泥浆量 30～35 担（约 1500～1800 千克），并需严格掌握水土比例（即土 2 担加水 1 担）和浆浓度（波美度达到 60 度以上）。在条件许可地段，每 100 千克泥浆还可适量加入低毒环保灭蚁毒剂，制成毒浆灌入，效果尤佳。运用压力灌浆填实堤内蚁巢，恢复堤身土壤结构，蚁巢在蚁路口径 2 厘米以上者，采用压灌泥浆可以代替人工翻筑。泥浆由蚁路灌入蚁巢，不仅包裹和填实主巢，而且很快即将蚁王、蚁后和所有白蚁凝固于泥浆内，使其发酵、霉烂而全部死亡。翻挖蚁巢时，蚁后逃跑，亦可用药浆杀灭。

荆江地区干支堤防多年以来坚持采用以上防治措施，因地制宜，相互结合，合理运用，收到良好效果。

四、防治机构

荆江地区堤防蚁患防治工作战线长、任务重、责任大。荆州市长江河道管理局下属 8 个分局均设有白蚁防治机构，除荆州、公安分局所辖白蚁防治研究所为专职机构外，其余均为非专职人员，仅在春秋两季普查期组织队伍进行白蚁查处工作。

荆江大堤白蚁防治所　初建于 1954 年 8 月，始称荆江大堤灭蚁锥探队，主要承担长江中游重要堤防特别是荆江大堤白蚁防治工作。截至 2010 年底，共处理荆江大堤各种隐患 71012 处，其中白蚁隐患 35954 处；清除蚁巢 14116 个，保证了荆江大堤防洪安全。

该所自组建以来，坚持"预防为主，防治结合；群防群治，确保安全"的灭治方针，坚持走科研与实践相结合道路，从研究白蚁生活习性着手，开展地电仪探巢、同位素示踪、警犬寻巢、药物毒杀等多项试验，总结出一套"查、找、熏、灌、挖"相结合的防治方法，首次在全国范围内揭开黑翅土白蚁"地下巢穴"生活状况。

1960 年 1 月，苏联专家专程考察荆江大堤白蚁防治工作；同年 3 月，第一次全国性白蚁防治学术研讨会在沙市召开；4 月，全国首届南方 12 省（市）防治土栖白蚁现场会在荆江大堤举行，与会专家、学者充分肯定荆江大堤土栖白蚁防治工作。多年以来，到访白蚁防治所参观、指导工作的各级领导、专家和科技人员达 7000 余人次。白蚁研究所为省内外有关部门举办白蚁防治专业技术培训班 120 余次，参与培训人员达 1 万余人次，还外援其它单位查处堤坝白蚁 700 余处，并处理房屋白蚁千余处。1978 年，全国科技大会授予该所"合作完成堤坝白蚁的防治研究科技成果奖"，并被全国水利管理会议授予"水利电力科学技术先进集体"称号。1980 年，由联合国 17 个成员国组成的防洪考察团和美国考察团先后来荆江大堤参观考察，对荆江大堤白蚁防治工作给予高度评价。经多年潜心研究和不断探索，1989 年完成荆江大堤白蚁防治资料汇编；1991—1996 年编写《荆江大堤白蚁研究与防治》一书，并由中国水利水电出版社出版发行。

表 8-11　　　　　　　　　1953—2010 年荆江大堤普查处理白蚁隐患统计表

年份	普查次数	共查隐患	其中蚁患	移殖孔	灌浆处数	泥浆担数	蚁巢个数	蚁王个数	蚁后个数	备注
1953		10								
1954		41								
1955		4234								1953—1959 年主要隐患为獾洞
1956		14546								
1957		10470								
1958		3808								
1959	2	3230	1281	143	604	12080	423	404	443	
1960	4	6321	6321	347	2791	52820	2092	2056	2145	
1961	6	4868	4868	275	2153	43060	1743	1714	1774	
1962	6	3044	3044	223	1507	30140	857	825	846	
1963	6	4245	4245	201	1874	37480	1525	1410	1464	
1964	4	3541	3541	96	1274	25480	1692	1510	1866	
1965	6	2849	2849	14	919	18380	1515	1549	2046	
1966	6	4052	4052	47	1561	31220	1786	1722	1917	
1967	4	701	701	33	339	6780	304	295	350	
1968	2	505	505	16	190	3800	229	181	224	
1969	2	841	841	24	348	6960	336	296	329	
1970	2	1022	1022	27	338	6760	531	510	528	
1971	2	531	531	12	206	4120	232	213	256	
1972	3	807	807	17	334	6680	373	298	364	
1973	4	806	806	15	441	8220	202	218	254	
1974	9	228	228	1	74	2147	77	69	79	
1975	8	107	107	2	60	3572	29	27	34	
1976	2	11	11		6	82	6	6	6	
1977	2	6	6	1	1	40	5	5	6	
1978	8	5	5				5	4	6	
1979	4	51	51	3	11	393	25	25	25	
1980	4	29	29	4			29	29	30	
1981	4	25	25				25	25	25	
1982	4	4	4	1			4	4	4	
1983	4	3	3				2	2	2	
1984	4	2	2	1	2	131	2	2	2	
1985	4	4	4		3	159	4		2	
1986	4									未查出
1987	2	2	2		2	35	2	2	2	
1988	2									未查出
1989—1995										未查出
1996	2	2	2				2	2	2	

续表

年份	普查次数	共查隐患	其中蚁患	移殖孔	灌浆处数	泥浆担数	蚁巢个数	蚁王个数	蚁后个数	备注
1997	2	13	13				13	10	11	药物处理 1 处
1998	2	8	8				8	2	4	药物处理 2 处
1999	2	9	9				9	8	8	药物处理 1 处
2000	2	7	7				7	2	4	药物处理 2 处
2001	2	4	4				4	3	3	药物处理 1 处
2002	2	4	4				4	2	4	
2003	2	4	4				2	3	4	
2004	2	3	3				3	1	1	
2005	2	1	1				1			
2006	2	2	2				2	2	3	
2007	2	1	1				1	1	1	
2008	2	1	1				1	1		
2009	2									
2010	2	4	4				4	4	3	
合计	154	71012	35954	1503	15038	300539	14116	13442	15078	

公安白蚁防治科学研究所　正式成立于 1988 年 9 月，原为 1959 年组建的公安县荆江分洪区管理总段锥探灭蚁队。1990 年 12 月，荆州地区长江修防处将该所命名为"荆州地区长江干堤公安白蚁防治科学研究所"。成立以来至 2010 年底共计完成堤防白蚁普查 6451 千米，消灭、清除长江干堤白蚁隐患 3875 处。该所在长期工作实践中，积累了丰富经验，探索总结出成功的防治方法。1990 年 5 月，全国南方省（自治区）堤坝白蚁防治经验交流会在公安召开，与会代表参观公安白蚁防治科学研究所白蚁防治现场，交流防治经验。2002—2003 年，由省水利厅组织的中南地区各省市专家、教授 3 次来该所指导交流；2004 年该所作为特邀代表参与中南五省白蚁防治学术研讨会；2005 年 12 月，参与华中三省昆虫学会 2005 年学术年会及全国第四届资源昆虫学术研讨会。

该所具备"四室一地"，即化验室、档案室、陈列室、接种室和实验培育基地，拥有白蚁专业技术人员 8 名，高级工程师 1 名，高级技师 11 名，助工及技术人员 6 名。业务范围逐步由过去单一的堤防白蚁防治扩展为集白蚁防治、接种实验、蚁巢培育及专项课题研究于一体的白蚁防治综合科研机构。同时该所加强与华中农业大学昆虫资源研究所的合作，成为高校研究所的科研基地。

自建所以来，对荆江地区堤防白蚁危害和种类分布进行调查，撰写了有关专题学术论文；探讨研究白蚁常见区（引诱桩、坑）与蚁巢关系，进行人工培育蚁巢试验；与日本除虫菊株式会社联合试验低毒安全诱饵条防治白蚁；开展黑翅土白蚁初建群体研究，通过培育、观察、研究，总结出黑翅土白蚁初期群体的建立、发展、发育规律，黑翅土白蚁巢龄结构的演变过程及产生有翅成虫的周期性规律；根据黑翅土白蚁有翅成虫分飞时间的关系建立灰色预报方程；黑翅土白蚁的定量研究，黑翅土白蚁防治系统的研究，为根治堤坝白蚁隐患提出一套理论正确、技术先进、实用性强、适合推广于南方地区堤坝白蚁防治的方法。"黑翅土白蚁初建群体的研究"成果于 1996 年 3 月获湖北省水利厅科学技术进步一等奖，1997 年 4 月获湖北省政府科学技术进步二等奖。2002 年申报的科研项目"黑翅土白蚁初期成年巢演变过程及规律"亦取得一定成果。

1960—2010 年，该所共翻筑蚁巢 912 处，活捉蚁王 695 只、蚁后 805 只。

表 8 - 12　　　　　1960—2010 年公安白蚁防治科学研究所消灭黑翅土栖白蚁情况统计表

年份	翻筑蚁巢/处	活捉/只			翻筑		备注
		蚁王	蚁后	繁殖数	土方/m³	标工/个	
1960—1979	706	495	592	29510	12209	6528	
1980	25	24	32	2650	319	218	
1981	13	13	16	3100	318	228	
1982	24	16	23	105	168	80	
1983	23	23	23	1000	210	110	
1984	10	10	12	400	300	221	
1985	15	15	9	200	286	105	
1986	11	11	10	200	711	250	
1987	11	11	10	3400	356	120	
1988	5	5	5	2900	156	50	
1989	9	9	6	2300	223	79	
1990	5	5	5	1000	160	120	
1991	1	1	1	600	35	20	
1992	4	4	4	1370	132	90	
1993	2	2	2	1540	60	60	
1994	6	6	7	1680	180	100	
1995	3	3	4	2500	125	70	
1996	5	5	5	2600	200	80	
1997	1	1	1	30	20	20	
1998	8	10	12	12000	3100	3100	
1999	2	2	3	1000	160	80	
2000	5	5	5	1500	250	150	
1980—2000	188	181	195	42075	7469	5351	
2001	1	1	1	800	40	40	
2002	7	8	7	1500	280	500	
2003	2	2	2	1800	350	500	
2004	1	1	1	1500	80	20	
2005	2	2	2	3500	340	120	
2006	1	1	1	1700	80	20	
2007	1	1	1	600	140	30	
2008	1	1	1	200	160	30	
2009	1	1	1	3760	180	25	药物处理 37 处
2010	1	1	1	2980	150	20	药物处理 26 处
2001—2010	18	19	18	18340	1800	1305	
合计	912	695	805	89925	21478	13184	

注：

　　[1] 此系荆江大堤白蚁防治所实验成果，详见《荆江大堤土栖白蚁防治工作汇报》。

附表 8－1 　　荆州市长江河道管理局系统工程技术人员享受各级政府津贴统计表

姓名	工 作 单 位	政府津贴发放单位	时 间
袁仲实	荆州市长江河道管理局	国务院	1997 年
游汉卿	荆州市长江河道管理局洪湖分局	湖北省人民政府	1997 年
蔡作武	荆州市长江河道管理局	荆州市人民政府	1998 年
陈扬志	荆州市长江河道管理局	国务院	1999 年
镇万善	荆州市长江河道管理局	国务院	1999 年
张致和	荆州市长江河道管理局江陵分局	国务院	1999 年
陈德芳	荆州市长江河道管理局监利分局	国务院	1999 年
周运生	荆州市长江河道管理局洪湖分局	国务院	1999 年
周芝泉	荆州市长江河道管理局松滋分局	国务院	1999 年
冯德平	荆州市长江河道管理局公安分局	国务院	1999 年

附表 8－2 　　荆州市长江河道管理局系统科研项目获奖情况一览表

水利部科技进步奖

成果名称	获奖等级	时间	主要完成单位	主要完成人员	备 注
长江防浪林防风消浪研究	二等奖	1996 年 3 月	省水利厅堤防处、荆州地区长江修防处、洪湖市长江修防总段	蔡作武、陈扬志、朱常平、李成华、游汉卿、李敦品	
堤身蚁穴系统的结构及强度与稳定性研究	一等奖	2004 年 8 月	湖南理工学院、荆州市长江河道管理局石首分局	高加成、刘晓红、甘新明	2004 年 8 月 31 日，经全国水利水电科技成果评审委员会审核鉴定，获得 2004 年度全国水利水电科技成果一等奖

湖北省科技进步奖

成果名称	获奖等级	时间	主要完成单位	主要完成人员	备 注
荆江大堤木沉渊铺设跨江水下吹填输泥管道	二等奖	1982 年	长江航道局汉口航道区、湖北省荆江大堤加固工程总指挥部	李同仁、夏德光、朱大香、万汉斌、张德忠	王继章、赵道隆、徐立体、王孝安、刘昌时、李俊德、袁绍绪、马志雄参与该项目研究
塑料织物护岸	三等奖	1987 年	荆州地区长江修防处	刘继春、郭梦瑶（女）	
长江荆江河段防浪林带营建技术与效益的调查研究	二等奖	1988 年	石首市长江修防总段、石首市林业局、石首市水利局	李建设、陈睦文、李家德、徐荣松、刘明春、朱兵、汪铃、徐洪	
中型挖泥船增长排距技术	二等奖	1992 年	荆州地区长江修防处	黄明山、刘昌时、陈江海、镇万善、马明礼	
黑翅土白蚁初建群体的研究	二等奖	1997 年	湖北省水利厅堤防处、荆州地区长江修防处	陈立志、冯德平、蔡作武、陈扬志、张善政、陈斌、张义、杨泽安	吴克喜、徐义平、石树荣、程原升、刘方法、徐禄安、管洪生、王定科参与项目研究
荆州河段河势演变监测及研究项目控制点布控实施工程	二等奖	2008 年	荆州市长江勘察设计院	谢先保、张卫军、陈飞、田传文、谭建中、袁群、毛国雄	获得湖北省测绘科技进步二等奖

湖北省水利厅科技进步奖

成果名称	获奖等级	时间	主要完成单位	主要完成人员	备 注
长江防浪林防风消浪研究	一等奖	1996 年 3 月	湖北省水利厅堤防处、荆州地区长江修防处、洪湖市长江修防总段	蔡作武、陈扬志、朱常平、李成华、游汉卿、李敦品	

续表

成果名称	获奖等级	时间	主要完成单位	主要完成人员	备 注
黑翅土白蚁初建群体的研究	一等奖	1997年	湖北省水利厅堤防处、荆州地区长江修防处	陈立志、冯德平、蔡作武、陈扬志、张善政、陈斌、张义、杨泽安	吴克喜、徐义平、石树荣、程原升、刘方法、徐禄安、管洪生、王定科参与项目研究

<table>
<tr><td colspan="6" align="center">荆州市科技进步奖</td></tr>
</table>

成果名称	获奖等级	时间	主要完成单位	主要完成人员	备 注
200m³/h绞吸式挖泥船改装配套装置	一等奖	1989年	荆州地区长江修防处勘察设计院、长江修防处船队	刘昌时、黄明山、陈江海、镇万善、马明礼	
荆江大堤志	一等奖	1991年	荆州地区长江修防处	马香魁、袁玉波、刘井湘、王建成、马东让、黄锡瑞	
200m³/h电动绞吸式挖泥船电机容量的匹配研究	三等奖	1991年	荆州地区长江修防处船队	陈江海、童宗贵、马明礼、侯帝华、陈全江	
三峡工程蓄水后荆江河段近岸河床演变监测研究及应用	一等奖	2010年	荆州市长江勘察设计院	张卫军、陈飞、谢先保、汪记锋、肖波	

附表8－3　　　　　　　　荆州市长江河道管理局系统优秀论文一览表

论文名称	获奖等次	时间	完成单位	获奖人员	备注
塑料织物护岸在长江中游的初步实践	三等奖	1986年5月	荆州地区长江修防处	刘继春、郭孟瑶（女）	湖北省自然科学优秀学术论文
荆江大堤加固工程远距离输泥吹填探讨	优秀	1989年12月	荆州地区长江修防处	陈江海	中国水利学会"四大"（1985—1989年）以来优秀论文
熊家洲至观音洲护岸工程初步设计	二等奖	1994年5月	荆州地区长江修防处	杨维明	荆州市第四次优秀工程勘察、第五次优秀工程设计二等奖
200m³/h电动绞吸式挖泥船电负荷的实测及电机容量的重新配置	三等奖	1998年6月	荆州地区长江修防处	陈江海、黄生辉	中国水利学会、中国水力发电工程学会评选为三等优秀论文
荆江调关矶头下腮护岸崩塌的原因分析及险情整险	二等奖	1998年	荆州市长江河道管理处	杨维明、罗运山	荆州市自然科学优秀学术论文二等奖
荆州市长江堤防1998年汛后整险加固工程的成效分析	二等奖	2003年	荆州市长江河道管理局	杨维明、罗运山、陈永华	荆州市自然科学优秀学术论文二等奖

附表8－4　　　　　　　荆州市长江河道管理局系统工程论文、技术总结一览表

姓名	发表刊物及学术、技术会议交流	论文（著）名称	发表时间	备注
夏孟林	《中国水利》1956年第2期	对闸门防漏设备的几点意见	1956年	
刘昌时	《人民长江》1956年元月号（总第6期）	土方定额曲线形式的探讨	1956年3月	
涂志鸿、刘昌时	《人民长江》1956年3月号（总第8期）	介绍几种修堤工具	1956年3月	
刘昌时	《人民长江》1957年12月号（总第29期）	填土砸实的试验	1957年12月	

姓名	发表刊物及学术、技术会议交流	论文（著）名称	发表时间	备注
刘继春、张生鹏	《人民长江》1980年第6期（总第91期）	荆江柴帘护岸的初步经验	1980年	
刘继春	《人民长江》1982年第1期（总第98期）	对荆江大堤防护工程设计方案的商榷	1982年	
冯德平	《农田水利与小水电》1984年第2期	用迭代法求水流收缩水深	1984年	
刘继春、郭孟瑶	《人民长江》1985年第3期（总第118期）	塑料织物护岸在长江中游的初步实践	1985年6月	
刘继春	《人民黄河》1985年第5期（总第39期）	化纤、塑料织物护岸	1985年10月	
侯三元	《机械疏浚》（创刊号）	船用硅整流直流电源简介、200m³/h绞吸式挖泥船直流电源的改进	1985年8月	
陈江海	《机械疏浚》（总第2期）	6300ZD型柴油机气缸套外壁气蚀及防止措施	1986年2月	
冯德平	《农田水利与小水电》1986年第3期	计算挑流射程的实用方法	1986年	
冯德平	《人民长江》1986年第4期	求解水流收缩水深的一简捷方法	1986年	
冯德平	《科研管理》1987年第4期	定量评价工程质量	1987年	
冯德平	《海河水利》1987年第5期	用迭代法求各种流态下的水深	1987年	
黄明山	《疏浚与吹填》1987年第3期（总第12期）	200m³/h挖泥船2000—50型泵的恒扭矩特性曲线	1987年	
陈江海	《疏浚与吹填》1988年第1期（总第8期）	200m³/h绞吸式挖泥船主机润滑系统的改进	1988年	
陈江海	《疏浚与吹填》1988年第2期（总第9期）	荆江大堤加固工程远距离输泥吹填探讨	1988年	
黄明山	《疏浚与吹填》1988年第3期（总第10期）	200m³/h绞吸式挖泥船长排距探讨及应用	1988年	
耿选强	《疏浚与吹填》1988年第3期（总第10期）	200m³/h绞吸式挖泥船6300ZD主机延长大修期可行性分析	1988年	
陈江海	《疏浚与吹填》1988年第3期（总第10期）	200m³/h液压绞吸式挖泥船排距达到3500米	1988年	
镇万善	《疏浚与吹填》1988年第4期（总第11期）	利用挖泥船加固荆江大堤地基的探讨	1988年	
赵正福	全国挖泥机具技术交流会上宣讲	浅谈200m³/h工程船泥泵的正确使用和维护	1988年	
王建成	水利电力出版社	江汉命脉录	1989年	参与编撰
龚天兆	水利电力出版社	江汉命脉录	1989年	参与编撰
刘昌时、崔邦益	《湖北水利》1989年河道堤防专辑	荆江大堤护岸工程分析	1989年	
刘昌时、黄明山、镇万善	《湖北水利》1989年河道堤防专辑	200m³/h绞吸式挖泥船改造配套取得初步成果	1989年	
史绍权	《湖北水利》1989年河道堤防专辑	洞庭湖演变与荆江防洪探讨	1989年	
蔡作武	《湖北水利》1989年河道堤防专辑	防治蚁患 保护堤防	1989年	
刘昌时、黄明山、镇万善、陈江海	《疏浚与吹填》1989年第1期（总第12期）	200m³/h绞吸式挖泥船配套装置的初步经验	1989年	
陈江海	《疏浚与吹填》1989年第1期（总第12期）	船用燃油积时流量计的应用	1989年	
雷明月	《长江中下游护岸工程论文集》（第四集）	荆江天星阁护岸工程兴建及效果	1990年8月	

续表

姓名	发表刊物及学术、技术会议交流	论文（著）名称	发表时间	备注
宋泽炎	《长江中下游护岸工程论文集》（第四集）	石首市连心垸护岸工程及河势演变浅析	1990 年 8 月	
刘昌时、黄明山、镇万善、陈江海	《长江科学院院报》第 7 卷第 2 期（总第 19 期）	中型挖泥船输泥排距增大的试验研究	1990 年	
黄明山	《疏浚与吹填》1990 年第 1 期（总第 16 期）	200m³/h 绞吸式挖泥船延长排距改造配套装置设计及应用介绍	1990 年	
陈江海	《水运工程》1990 年第 9 期（总第 200 期）	国产 200m³/h 挖泥船由双台改为单台发电机的运行经验	1990 年	
袁仲实、罗运山	《长江中下游护岸工程论文集》（第四集）	鱼尾洲守护工程的剖析	1990 年 8 月	
陈江海	《泥沙研究》1990 年第 3 期	管道输送泥沙的实船试验及分析	1990 年 9 月	
袁玉波、王建成	《人民长江》第 22 卷 1991 年第 8 期	长江荆江防汛工作经验简介	1991 年 8 月	
黄明山	《疏浚与吹填》1991 年第 2～3 期合订本	关于海狸 4600 型挖泥船堵管事故对机泵影响分析	1991 年	
陈江海、黄生辉	《疏浚与吹填》1992 年第 2 期（总第 21 期）	200m³/h 绞吸式挖泥船电机容量的重新配置	1992 年	
李卓坚	《长江中下游河道整治和管理经验论文集》（第五集）	石首河段治理的探讨	1993 年	
雷明月	《长江中下游河道整治和管理经验论文集》（第五集）	下荆江护岸工程的施工管理	1993 年	
梁吉华	《长江中下游河道整治和管理经验论文集》（第五集）	长江干堤松滋罗家潭护坦设计及效益分析	1993 年	
杨维明	《长江中下游河道整治和管理经验论文集》（第五集）	荆江河段近年护岸工程总结	1993 年	
张生鹏、刘义成	《长江中下游河道整治和管理经验论文集》（第五集）	荆江大堤护岸工程现状分析	1993 年	
陈江海	《疏浚与吹填》1993 年第 1 期（总第 22 期）	排距、排高因素影响燃油消耗的实测数据的累积及综合计算	1993 年	
李建设、陈睦文	《湖北林业科技》1993 年第 2 期	长江荆江河段防浪林营建技术与效益的调查研究	1993 年	
夏孟林、尚本立	《水利管理技术》1994 年第 2 期	荆江分洪工程节制闸排渗管管涌的发生和防治	1994 年	
蔡作武	《湖北农学院学报》第 15 卷第 2 期	蜚蠊卵啮小蜂生物学研究	1995 年 6 月	合作完成
龚天兆	1999 年 5 月中华书局	戊寅公安抗洪志	1995 年	编委副主任
袁仲实、朱常平	《人民长江》1997 年第 28 卷第 4 期	周家嘴抢险经验与探讨	1997 年	
蔡作武	《水利管理技术》湖北省堤防管理专辑 1997 年第 4 期（总第 92 期）	周家嘴特大险情抢护及原因浅析	1997 年	
龚天兆	1999 年 8 月武汉测绘科技大学出版社	荆江防洪手册	1999 年	主编
徐仲平、蔡作武、杨维明	《白蚁科技》中国白蚁防治研究会 1999 年第 16 卷第 3 期	荆江大堤白蚁危害现状及防治方法	1999 年 9 月	
朱常平	《长江护岸工程防渗技术论文汇编》	无砂混凝土管导渗在荆南四河护岸工程中的应用简介与技术探讨	2001 年	合作完成
陈东平、冯德平	《广西水利水电》2001 年第 2 期	整治管涌的计算方法	2001 年	

续表

姓名	发表刊物及学术、技术会议交流	论文（著）名称	发表时间	备注
李立保	《人民长江报》2002年4月12日第2版	建立洪湖监利长江干堤堤林经济结构体系的设想	2002年4月	
李立保	《人民长江报》2002年7月26日第2版	规范基层堤管部门经济行为的思考	2002年7月	
蔡作武、胡伟	《华中昆虫研究第二卷》（论文摘要集）	黑翅土白蚁初建群体自然移殖飞翔的研究	2002年10月	
杨梦云	《湖北水利》2002年第6期	30/SDH—13A型测探仪在水下地形测量中的应用探讨	2002年	
龚江红	《工程物探》2003年第2期	浅谈地震法在松滋江堤中质量检测的运用	2003年	
甘新民	《湖南理工学院学报》2003年	堤坝白蚁发育规律及早期防治措施研究	2003年	合作完成
甘新明	《南华大学学报》（理工版）第17卷第4期	堤身蚁穴系统的结构及强度与稳定性研究	2003年12月	合作完成
刘义成	《湖北水利》2004年第6期（总第90期）	荆江大堤沙市观音矶护岸整治工程	2004年12月	合作完成
朱常平	《湖北水利》2004年第2期（总第86期）	湖北省荆南四河防洪安全与对策	2004年	
顿耀银、何云、陈立志、杨海燕	《中国水利》2004年第19期	黑翅土白蚁有翅成虫分飞首日预测	2004年	
肖代文	《人民长江》	涵闸及渠道引水灭螺工程措施研究	2005年4月	
肖代文	《湖北水利》2005年第1期	荆江分洪区围堤内护工程的利弊分析	2005年	
刘义成、周晓进、魏静	《水利水电快报》2005年第14期	荆江大堤文村甲护岸工程枯水期崩塌原因分析	2005年	
刘世文、甘新明	《水利水电技术》2005年第1期	锥探灌浆技术治理蚁穴通道系统	2005年	合作完成
刘世文、李建设、甘新明	《华北水利水电学院学报》2005年第2期	蚁害堤坝临洪出险特征与抢护措施	2005年	合作完成
刘义成	《长江堤防建设管理及护岸工程论文集》	荆江大堤沙市观音矶护岸整治工程	2006年12月	合作完成
谢先保	《长江堤防建设管理及护岸工程论文集》	全站仪科码记录法在数字化成图中的应用	2006年12月	
李文远	《长江堤防建设管理及护岸工程论文集》	合同管理在堤防工程建设与管理中的重要性	2006年12月	
刘国亮、张薇娣	《长江堤防建设管理及护岸工程论文集》	服务理论与竞争机制——论政府与市场手段在城市护岸工程中的协调运用	2006年12月	
陈向阳、万辉	《长江堤防建设管理及护岸工程论文集》	石首调关河弯段综合治理的设想	2006年12月	
杨梦云	《长江堤防建设管理及护岸工程论文集》	论上荆江河控中南五洲崩岸整治的必要性	2006年12月	
陈江海	《长江堤防建设管理及护岸工程论文集》	荆江大堤监利西湖接力泵站设计及应用	2006年12月	
郑文洋	《长江科学院院报》2006年第5期	下荆江监利河段近期河道演变与综合整治初探	2006年	合作完成
郑文洋	《湖北水利》2006年第7期	荆州堤防管理模式探讨	2006年	
龚江红	《环境教育》2006年	治理水土流失　确保生态安全	2006年	
刘国亮	《中国农村水利水电》2006年第12期（总第290期）	基层河道管理体制改革问题探讨	2006年	

续表

姓名	发表刊物及学术、技术会议交流	论文（著）名称	发表时间	备注
龚江红、周晓进、万辉、杨维明	《人民长江》2007 年第 38 卷	四河流域的防洪、生态和饮用水安全问题	2007 年 4 月	
张卫军、陈飞、谢先保	《资源环境与工程》2007 年第 6 期（总第 70 期）	荆江河势演变监测研究的必要性及主要方法	2007 年	
杨海燕	《中国水利》2007 年第 6 期	黑翅土白蚁成年巢的危害及查找	2007 年	
蒋彩虹	水利部水文化研讨会全国水文化成果三等奖	荆江治水实践的文化解析	2007 年	
陈飞、张卫军、周俊	《人民长江》2008 年第 14 期（总第 399 期）	2007 年度荆江河势踏勘综述	2008 年	
陈飞、张卫军、袁静	《中南水力发电》2008 年第 2 期（总第 60 期）	洞庭湖区荆南四河水利血防工程设计	2008 年	
陈江海	《水利水电技术》2009 年（总第 243 期）	荆江大堤加固工程中的长排距吹填施工	2009 年 1 月	
蔡松	第十届全国水工混凝土建筑物修补与加固技术交流会论文集	荆江分洪进洪闸混凝土裂缝的修补处理效果初探	2009 年 10 月	
曹纯军、李文远	《湖北水利》2009 年第 5 期	藕池河口河道演变规律分析	2009 年	
张贤波、陈红、杨学勤	《现代经济信息》2009 年 4 月刊（总第 277 期）	浅析科学发展观在水利经济工作中的指导作用	2009 年	
胡伟	《湖北水利》2010 年第 4 期	保障防洪安全的蚁患控制措施探讨	2010 年	合作完成
顿耀银	《湖北水利》2004 年第 6 期（总第 90 期）	黑翅土白蚁有翅成虫分飞首日预测	2010 年 12 月	
胡伟	《中国防汛抗旱》2010 年第 6 期	堤坝白蚁隐患可持续控制措施探讨	2010 年	合作完成
杨文洁、杨维明、许宏雷	第十五届海峡两岸水利科技交流研讨会选录该文（2011 年 10 月 24 日）	2010 年与 1998 年荆江防洪形势比较及三峡工程的防洪效益	2011 年	
杨文洁、杨维明、许宏雷	《湖北水利》2011 年第 5 期（总第 131 期）	2010 年与 1998 年荆江防洪形势比较及三峡工程的防洪效益	2011 年	
张昌荣、高卫军	《湖北水利》2011 年	杨树主要害虫防治	2011 年	
胡伟	湖北省地方标准（2011 年 12 月 23 日发布）	湖北省水利工程白蚁防治技术规程	2011 年	参与编写
杜根发	《人民长江》	地球物理方法在堤防安全检测中的应用研究		
刘昌时、李锦荣、李楚南、李纯熙、梁中贤、孙经荣	《长江中下游护岸工程论文集》（第二集）	地层剖面仪在长江中游荆江大堤护岸工程中的应用		
刘继春	《长江中下游护岸工程论文集》（第二集）	荆江柴帘护岸的初步经验		
刘继春、杨维明	《全国土工织物在防洪抢险中的应用经验交流会文集》	让土工织物更全面地为水利工程建设服务		
刘继春、郭孟瑶	《长江中下游护岸工程论文集》（第三集）	软体沉排护岸初探——塑料织物土枕护岸实验报告		

注 按编委会制订的原则，仅收录在省级及以上学术刊物发表的与河道堤防工程相关的学术论文（著）、工程技术总结；排列顺序以发表和完成的时间为准；合作完成或参与编撰者仅收录本单位人员。

附表 8 - 5　　　　　　　荆州市长江河道管理局系统出版专著一览表

著作名称	出版单位	发行时间	主编	编辑人员	备注
荆江大堤志	河海大学出版社	1989 年	刘井湘	刘井湘、马东让、王建成、黄锡瑞	
监利堤防志	湖北人民出版社	1991 年	张佑清	张佑清、刘扬志、贺宗宇	
沙市水利堤防志	山西高校联合出版社	1994 年	万代源	席万红、丁一德	
荆江大堤白蚁研究与防治	中国水利水电出版社	1996 年	陈扬志	陈扬志、王贵钦、张善政、蔡作武、魏勇	副主编王贵钦

第九章　水利艺文·名胜古迹

荆江地区，治水历史悠久，留存有众多治水文征，记录着不同时期水利的重大政令政策、治水思想、水事事件，是历代治理荆江水患经验教训的总结，是激励荆江人民筚路蓝缕、励精图治的宝贵精神财富，对后世治水颇具参考意义。

荆江历史上修志文化传统渊源甚深。清代、民国以来，先后有《荆州万城堤志》、《荆州万城堤图说》、《荆州万城堤续志》、《荆州万城堤后续志》、《万城堤防辑要》和《荆江堤志》传世。建国后，又相继有《荆江大堤志》、《'98荆州抗洪志》等多部新志问世。

水利诗词碑记，是荆楚文化的重要组成部分，给后世留下了值得珍惜的文化遗产。诗文内容，既有颂扬水利事业功绩，亦有揭示洪水灾害带来一方的苦难；还有的描述了河道变迁、水利生态环境、堤防兴筑等。通过这些诗词碑记，窥斑见豹，可以从中读出当时水利发展概貌和具体历史场景。

第一节　文　　征

一、清雍正、乾隆、道光皇帝旨

雍正五年二月（1727 年）

上谕：据傅敏奏称"荆州地方沿江堤岸，例系民堤民修。今请用耗羡银两修筑，令监修官防护"等语。朕思耗羡银两亦系小民脂膏，凡地方应修工程，于民生实有裨益者，即当动用帑银办理，不必取给于耗羡。但此处既系民堤，若修理之后即算钦堤。则凡遇随时补葺之处，小民不敢干涉，转致疏忽；且恐顽劣之民，恃有朝廷岁修之力，不肯用心防护，以致溃决，害及田庐，而民受其累。此等处，皆当预为筹及。荆州沿江堤岸，著动用帑金遴委贤员，监督修理。修成之后，仍算民堤。令百姓加意防护，随时补葺，俾得永受其益。其如何令地方官员稽察照看，俾永远保固之处，著该督抚会议，具奏该部知道。

六年正月

上谕：据迈柱奏修筑江堤，百姓踊跃从事，可嘉宜沛，特恩赐帑银六万两令迈柱酌量工程多寡，分给使小民均沾实惠，工程永远坚固，以副受养楚民至意，钦此。朱批朕已令动拨帑金六万两颁发楚省，如果俱经疏通无可更为兴修之处，则亦已耳。若勉强捏造一事以迎合朕之恩旨又属不可也，钦此。

乾隆五十三年七月初四（1788 年）

上谕：荆州因江水泛涨，溃决堤塍，致满汉两城均被淹浸。该处堤塍兴修未久，荆州前曾被水，其淹浸情形未闻如此之重。此次满汉两城均被淹浸，虽系大江夏汛泛涨，究由堤塍不固，被水溃决所致。除交军机大臣详查具奏外，著传谕舒常等，即将所决堤工，系何年何人承修，因何工程不固，以致溃决之处，查明据实参奏。

五十三年七月初七日

上谕：前据图桑阿、陈淮奏，荆江泛涨，府城被水冲淹，已屡谕舒常等亲往查勘，妥为抚恤矣。本日据军机大臣查奏，四十四年、四十六年两年，荆州两次被水，俱曾借项兴修堤塍，用银七万余两及四万余两不等，分年于各业户名下征还。该处堤工因例归民修，向无保固。督抚等既不慎重拣派妥员办理，而承办之员又以此项工程系动用民力，并不认真修筑，外省官办工程尚有草率浮冒情弊，何况民修之工，官员等从中偷减、浮开尤属事之所有，以致堤塍不能巩固，屡被冲决，而此被淹情形尤重。著传谕该督等务遵前旨，即将现冲堤工系何员承修查明，严参著赔，以示惩儆。

五十三年七月十四日

上谕：据阿桂奏称"闻得荆州府治对岸一带向有泄水之路八处，近惟虎渡一处尚可泄水，其余七处俱久在堙废。江水分泄之路既少，又沙市对岸有地名窨金洲，向来只系南岸小滩，近来沙势增长，日渐宽阔，江流为其所逼，渐次北趋，所谓南长北坍，以致府城濒江堤岸多被冲塌，屡致淹浸，其故或由于此"等语，观现在被水情形，则阿桂所言，竟是该处受病已非一朝一夕之故。而地方官之漫不经心，已可概见。又奏"荆州城垣一切布置规模由来已久，不便径议更张，即当查看地势，或于府城濒江处所建鸡嘴石坝之类，逼溜南趋，将窨金洲沙滩渐次冲刷"等语，朕意若府城可以无需移建，自以不移为是。昨已降旨阿桂到彼，务宜与舒常察看情形，悉心筹酌，即当于濒江处所酌建石坝，逼溜南趋。再将从前泄水故道，择其疏消得力，易于修复者，即为挑复，并将窨金洲上挑挖引河，俾府城不受顶冲，自可长期巩固。阿桂历经委任，具悉形势，务与舒常酌筹尽善，因利乘便，妥为办理。总期一劳永逸，方为全善。

五十三年七月十八日

上谕：据舒常奏驰抵荆州查明被水情形一折，并据绘图呈览，详阅图内沿江堤工漫溃至二十余处，各宽十余丈至数十丈不等，此次荆州被淹较重，竟由堤塍不固所致。该处堤工于四十四年、四十六年两年被水，均曾借项兴修，如果工程巩固，何致屡被漫决。此项工程例系民修，向无保固，承办之员并不认真妥办，草率从事，甚或侵渔入己，均属事所必有。著阿桂等到彼会同舒常等详细查明，以十年为限，所有现决之堤工如在十年以内兴修者，承修之员俱当从重治罪，仍著落赔补；其监修之该管道、府及藩司、督抚亦著一并查参，分别议罪著赔。嗣后，并著定限保固十年，如在限内冲溃者，即照此严行参处，以示惩儆。至该处堤塍为全郡保障，所关甚重。从前因系民修，以致地方官办理不善，任意克减，屡被冲溃，况该处民人现在被灾较重，亦不忍再令其自行修理，所有此次应修各堤工，竟著动项兴修，官为办理。其将来每岁修理需费无多，再照例办理，以示体恤。

五十三年七月十八日

上谕：沿江堤塍，为百姓保护田庐而设，固应动用民力，此次因被淹甚重，业经动用帑项，官为坚筑。俟将来每岁修理，需费无多，再照例办理。但该处民人甚众，若竟归于民修，不复官为经理，则百姓等谁肯首先出赀，踊跃从事？是将来修理堤塍，各费派之于民，仍当官为经理，第不肖官吏于官工尚思侵克肥己，矧此项工程例归民修，并无保固。官员等不特于需费之外，可以藉端加倍洒派，而且草率从事，偷减侵渔。该管上司又因系民修之工，漫无查察，殊非慎重。堤防保护民命之道，自应立定章程。于应修时专派大员，确切勘估，借项兴修，俟报部核减，再按亩摊征归款。并定保固年限，如在限内有溃决之事，即严参治罪著赔。著阿桂会同舒常，悉心妥议具奏。

五十三年九月初一日

上谕：据阿桂奏称"荆州水患询之该处官员、兵民人等，咸以窨金洲侵占江面，涨沙逼溜为言，且不自今日始，并查有萧姓民人陆续契买洲地，种植芦苇，阻遏江流。沙面渐阔，江面愈就窄狭，是以上流壅高，所在溃决"等语，窨金洲涨沙，逐年渐长，侵占江面，逼溜北趋，以致郡城屡有溃决之事，该处官员、兵民人等众口一词，且其说相传已久。该督、抚等于四十四年、四十六年两次被水之后，仍不留心查察，置若罔闻，直同聋聩，所司何事？又萧姓置买洲地，种植芦苇，牟利肥家，已非一日，此项洲地原因沙涨而成，何得谓之祖业？必系尔时萧姓贿求地方官簿，认轻租所得耳。现在荆州被水，数万生灵咸受其害，情节甚属可恶。饬令阿桂等将萧姓家产查抄，并交刑部按律治罪。至该督抚等平日于此等关系民生之事竟置不问，除特成额业经查抄家产，再已降旨将伊拏问外，舒常著革去翎顶，仍留工所效力赎罪。李封前经降旨将伊解任，亦著革去顶戴，留工效力赎罪。姜晟亦著革去顶戴，加恩署理刑部侍郎。所有此次荆州堤工加高培厚各土方，及府县漂失仓米，著阿桂等查明历年督、抚、藩司及该管道、府等分别著落赔补，以示惩儆。

五十三年九月二十二日

上谕：据阿桂等查抄荆州府萧姓家产，请将勒休都司萧梦鼎一并革职解部治罪一折内称讯，"据萧逢盛供，窖金洲是伊祖父于雍正七年起至乾隆二十七年止，陆续买自石首县民人王、齐、叶、张、杨五姓的"等语，各省民田、庐舍俱有管业之人，始准其辗转售卖。今江心涨出沙洲，自系官地，无论何姓皆不得据为己业。若云萧姓所垦洲地买自王、齐、叶、张、杨五姓，则此五姓民人又因何敢私占官地？必系奸民见江中涨有沙洲，认种可以获利，遂借词升科呈请开垦，而地方官受其贿赂，因而准行。既据萧逢盛供系伊祖父陆续买自王、齐、叶、张、杨五姓，虽雍正年间，阅时已久，而契册可以调查。著阿桂、毕沅务将此项洲地系何姓始行私占开垦，何地方官得其贿赂，准其私占之处，再行确查具奏。现据阿桂等将伊家产查封具奏，但此项查出财产不可照例入官，著阿桂等分别估变，留于该处，以抵工赈之用，使为富不仁者知所儆戒。

五十三年十一月十二日

上谕：毕沅奏"荆州修筑玉路口堤塍已有七分工程，杨林洲鸡嘴坝、黑窑厂裹头亦次第筑做，已出江面约长七丈，溜势稍觉南趋。将来接长做去，似可冀挑溜得力"等语，荆江一带堤工，总以大江溜势北趋易于漫溃，今杨林洲石矶做出七丈，溜势已挑向南开，此是极好机会，正当乘此水弱之时，赶紧进做，得尺则尺。该督即督饬在工员弁勉力妥办，并绘图贴说具奏呈览。至万城堤上居民虽属相沿已久，但堤工之上盖有庐舍，且约有万余家之多，于加高培厚究有妨碍，自应谕令迁移居住。况官为给予屋价，亦可无虑失所，现已拆卸让出。将来务宜严饬地方官，随时查察，勿任再有私占居住之弊。

五十三年十一月

上谕：本年湖北荆州被水，现经修筑堤工，加高培厚，永资巩固。因思向来沿河险要之区，多有铸造铁牛安镇水滨者，盖因蛟龙畏铁，又牛属土，土能制水，是以铸铁肖形，用示镇制。此次荆州被灾甚重，闻系蛟水为患。现在该处新筑堤工，著传谕毕沅于荆州万城堤及沙市等处形势扼要处所、相度紧要顶冲，酌量铸置铁牛以镇堤坝，亦预弭水患之一法。

五十四年某月某日（1789 年）

上谕：本日据毕沅具奏"荆州杨林洲新添矶嘴堤工已挑砌出水，长十丈；黑窑厂碎石裹头已挑砌出水，长三丈余，溜势亦渐挑开。甚为得力"等语，所办颇好。荆州一带堤工，总因大江溜势北趋易于漫溃，今杨林洲石矶业经做出十丈，江溜益觉南趋。对岸沙洲被溜势搜刷，四面沙脚渐有日消之机，实是大好机会。正当乘此江水归槽之时，向前抛砌碎石，并行加高帮阔。其黑窑厂裹头亦照朱笔点出处所，再行砌筑直坝，以期溜势日渐挑开，得尺得寸，日起有功，该督务须饬令在工员弁认真赶筑，实力妥办。至御路口等处堤塍补还缺口、加高培厚各工，亦当赶紧妥速办理。务于明年三月内一律完竣，方为妥善。将此谕令知之。

五十四年二月初一日

上谕：毕沅奏"杨林洲矶嘴坝原估十五丈已如数抛砌，黑窑厂裹头原估长五丈，今已做出七丈，苟可向前进占，总当极力做出，俾溜势日挑日远，以冀浮沙尽去，刷动窖金洲老土礄"等语，并据绘图呈览，所办是。但阅图内所绘，黑窑厂裹头取势太直，若复往南进做，不特恐致着重，且江水至此已成入袖，兼虑激回波冲北堤，不能复向南挑。朕意应顺向东南，不妨略长，以次进做，因势利导，溜势自然往南开，则窖金洲土礄可期逐渐刷尽，已于图内用朱笔标志，著发交毕沅即复加履勘，酌量妥办。并将应否如此办理之处，据实复奏。至杨林洲鸡嘴坝现做出十五丈，黑窑厂裹头现做出七丈，窖金洲淤沙已刷去数百丈不等，可见荆州堤工屡次溃决，而上年被淹尤重，总由窖金洲之上种植芦苇以致淤沙日涨日宽，逼溜北趋，堤塍因而冲决。舒常平日在彼，既不能预行查察，迨降旨询问，尚称此次荆州被淹与窖金洲无涉，实难辞咎。而萧姓民人惟图肥己，不顾占碍地方水利，酿成大灾，淹毙多命，将伊治罪，尤属情真罪当，毫无屈抑也。将此通谕知之。

五十四年三月某日

上谕：据毕沅奏称"黑窑厂碎石裹头，遵照谕旨改为鸡嘴坝砌出江面，顺向东南接做，共长十八丈，又杨林洲砌出江面二十一丈。自两坝接出后，对面窖金洲浮沙已刷去，东西长四百七十八丈，南北宽六十五丈，江面较前宽阔，统计添做碎石工程共需例价银五万三千一百余两。又，万城堤现在做有九分工程，三月即可一律告竣。惟楚省筑堤，并无夯硪一法，土方例价不符，硪工现在招募岳州人夫酌给硪价，不敢稍存惜费之见"等语，荆州黑窑厂处坝工，毕沅等遵照指示机宜，添做碎石接砌矶头，挑溜甚为得力。现在窖金洲沙岸日见冲刷，业已著有明效，毕沅等所办甚为妥协，即添估多需银两亦所不惜，惟期工程巩固，足资挑刷淤沙，俾大溜南趋，窖金洲逐渐刷尽，江流复旧最为紧要。至土工经久，全恃层土层硪。毕沅添雇硪工，不存惜费之见，所办亦是。

道光十二年正月二十四日（1832年）

上谕：卢坤等奏荆州万城堤请改归知府承办一折，湖北荆州府万城堤工为全郡保障，向系水利同知专管。历届岁修，由该同知勘估详办，饬县按粮摊派，督率收缴兴修。兹据该督等查明，近年水势盛涨，岁修工费逐年加增，该同知催费督修均不能得力，请改归荆州府承办，著照所请。此项堤工，著自本年为始改归荆州府知府承办，该府先期亲诣勘估详定，饬县照例按粮派费，缴存府库，由府慎选绅耆充当董事，不许假手吏胥。仍令该同知督率稽查，务于春汛以前完竣。毋任草率延误，以专责成。

二十一年十二月十四日（1841年）

上谕：裕泰奏称"查勘万城大堤二十三工内横堤一工，因本年夏秋二汛异常泛涨，将外滩洗刷坍塌，江水直逼堤根，仍须抛砌石岸，以资保卫"，亦著照所请，准其将原领发商银四千五百五十两零于堤面兴工，赶紧办理。该部知道。

二十二年六月二十八日（1842年）

上谕：裕泰奏请将承办堤工之知府革职留任，勒限赔修一折，湖北荆州上渔埠头工段江水漫溃，府城被淹，现据该督勘明，水已消退，惟埠头漫口较宽，势难对口接筑。拟估挽外月堤一道，并先于上下游各筑横堤一道，著该督认真饬属，赶紧修办。该府程伊湄责重，修防未能先事抢堵，虽现在捐修横堤办理尚为迅速，究属咎无可辞，著革职暂行留任，勒限两月将溃口挽月工程堵筑完固。所有大堤估需银二万八千三百余两，即著责令赔修。倘再贻误即著从严参办。被水灾黎，现以工代赈，仍著确查妥办。其修府城及抚恤灾民应需银两，著准其于上年江汉捐办抚恤款内动支。至郡城用资保障，现据勘估修复，即饬承办之员认真办理，务期一律坚固，以资经久。余均著照所议办理。该部知道。

二十二年某月某日

上谕：裕泰等奏勘估堤工溃口分别筹修一折，湖北荆州府万城大堤岳家嘴溃口，关系各州县保障，自应赶紧筹办，以济要工。该处被水较重，未便派工修筑。所有估需银八万八千九百三十八两零，着照议在于捐输及各项生息项下如数借动发交，具领开工。并饬该道府等照估赶修，勒限春汛以前一律完竣，核实验收，照例保固。如有草率、偷减，即行严参办理。所借款项著于道光二十三年秋后起，由江陵县在于受益业民名下分派，八年征还归款。此项工程，仍准免其造册报销。其马家渡、官湖垸各垸各民工溃口，均著照议分别赶办。该部知道。

二十四年七月二十三日（1844年）

上谕：裕泰等奏称荆江水涨堤段漫缺被淹一折，据称"本年水势异常泛涨，将李家埠五号内老堤漫溢成口，刷宽十余丈，郡城间有渗漏，并西门闸板被水冲翻，灌入汉城。又江陵县所管南岸虎渡汛江支各堤，亦有漫溢之处，该督即前赴荆州赶办抢堵"等语，荆州万城大堤为阖郡保障，该堤岁修既系该府承办，可见平时经理不善，以致临事不能抢护。裕泰现在亲赴该郡，著即确切查明各堤是漫是溃，有无保固，及被淹轻重情事，据实严参。至该处堤工屡经动项修筑，何以一遇盛涨即致漫溢，并著该督将全堤形势通行履勘，务使一律坚固，保卫有资，毋得苟且目前，将就了事。将此谕知裕泰，并谕赵炳言知之。

二十四年八月十七日

上谕：裕泰奏查明李家埠老堤漫溃情形，请将防护不力之知府、道员分别革职、摘去顶戴一折，湖北荆州府知府程伊湄于修防大堤是其专责，既不能先事预筹，迨漫缺之后，又不能将堤头妥为襄护，以致刷宽至一百五十余丈之多，实属办理不善。程伊湄著即行革职，仍留工效力，以示惩儆。荆宜施道李廷荣有兼辖之责，经该督奏委，督防不能抢护平稳，致有漫缺，亦难辞咎，著即摘去顶戴，责成监修。如不能妥速竣工，著一并严参具奏。

二十四年八月十七日

上谕：荆州李家埠工段因江水泛涨，漫刷成口，计宽至一百五十余丈之多，准其由外筹款，次第赶修。该督现驻荆州，著即督饬该道、府等迅速堵筑，务期刻日竣工。又另片奏，江陵县各工漫溢之处，应挽筑月堤，共长四百六十丈，估需夫土银一万六千五百三十余两，著准其筹借银五千两，不敷银五千六百余两，即由该县自行捐赏办理。所借银两归于来年秋成后于受益业户名下按田征还归款。其该县支河民工内尚有团湖垸、麻家堤二处，著准其俊秋后涸出，勘估筹修。将此谕令知之。

二十四年九月十一日

上谕：裕泰奏查勘万城大堤择要兴修一折，万城大堤北岸关系阖郡及下游各属保障，自应设妥法筹修。据该督逐段履勘择要估计，所有土石各工并翻筑加修等项，总共估需例价银十万八千七百九十九两零，著即照所议筹办，俟兴工届期遴委熟谙工程妥员，分段核实办理。如有草率、偷减情弊，立即据实参奏。工竣后仍著该督亲往验收。又另片奏"李家埠溃口因秋汛复涨，赶紧抢堵"等语，著即督率在工各员，设法堵筑，及早兴修，以资捍卫。余者照所议办理。

二十四年十月初四日

上谕：裕泰奏李家埠溃口外滩河道设法镶扫进占，不日即可截流，及勘估大堤工程一折，湖北荆州府上李家埠溃口，现在水势退落，经该督派委熟谙河工之员设法进占，即可截流。拟于断流后由外挽筑月堤，并加修子埝各一道，均计长四百七十八丈，及补修沟槽等项，共估需工夫银四万四千五百五十两零，著准其将江汉疏浚要工备用息银等项共银四万一千九百十四两先行借动，其不敷银两，即著饬令该藩司筹补足数，解工应用。统俟捐项缴齐，即行分别拨还归款。该督即严饬在事各员如式兴修，务期工坚料实，勒限年内完竣，核实验收。仍责成该道认真监修，如有减率稽延，即著据实参办。此项工程著免其造册报销。其堤外垸民私筑土堤，设立闸座，有碍河身之处，著即全行刨毁。余著照所议办理。该部知道，单并发。

二、文论

魏源《湖广水利论》

魏源（1794—1857年），原名远达，字默深，湖南邵阳人。他根据历年对两湖河流湖泊的调查勘察，从探索解决湖广水灾途径出发，在《湖北堤防议》中提出治江患必须首先查明江患的原因。若不究其原委，"专从事于堤防曲遏"，也徒劳无益。他主张解决的途径应从实际出发，因势利导，本着"弃少救多"原则，照顾上下游民众的利益，寻求解决江汉洪水问题的出路。《湖北堤防议》载："患在天者……惟有相其决口之成川者，因而留之，加浚深广，以复支河泄水之旧"，"患在人者……惟乘下游圩垸之溃甚者，因而禁之，永不修复，以存陂泽潴水之旧"。

《湖广水利论》是魏源继《湖北堤防议》之后撰写的一篇论湖广水利问题的重要献章。它对长江近数十年中沿岸"告灾不辍"的原因作了具体分析，长江上游由于无限制地垦荒，造成严重的水土流失，长江中下游和滨湖地区由于无计划地围垦，严重影响到河道泄洪和湖泊蓄洪。他主张从全局出发，遵循"两害相形，则取其轻；两利相形，则取其重"的指导原则，"掘水障"、"导水性"，凡是阻塞水流、妨碍泄洪、蓄洪的垸堤，无论官垸、民垸均应废除，"毁一垸以保众垸，治一县以保众县"。又说："欲兴水利，先除水弊"；如果让"玩视水利之官"和"垄断罔利之豪右"当道，"而望水利之行，无是理也"。

历代以来，有河患，无江患。河性悍于江，所经兖、豫、徐地多平衍，其横溢溃决无足怪。江之流澄于河，所经过两岸，其狭处则有山以夹之，其宽处则有湖以潴之，宜乎千年永无溃决。乃数十年中，告灾不辍，大湖南北，漂田舍，浸城市，请赈缓征无虚岁，几与河防同患，何哉？

当明之季世，张贼屠蜀民殆尽，楚次之，而江西少受其害。事定之后，江西人入楚，楚人入蜀，故当时有江西填湖广、湖广填四川之谣。今则承平二百载，土满人满。湖北、湖南、江南各省沿江、沿汉、沿湖向日受水之地，无不筑圩捍水，成阡陌、治庐舍其中，于是平地无遗利。且湖广无业之民多迁黔、粤、川、陕交界刀耕火种，虽蚕丛峻岭，老林邃谷，无土不垦，无门不辟，于是山地无遗利。平地无遗利，则不受水，水必与人争地，而向日受水之区十去五六矣。山无余利，则凡箐谷之中浮沙壅泥、败叶陈根、历年壅积者，至是皆铲疏浮，随大雨倾泻而下，由山入溪，由溪达汉、达江，由江、汉达湖。水去沙不去，遂为洲渚。洲渚日高，湖底日浅，近水居民又从而圩之田之，而向日受水之区十去其七八矣。江、汉上游，旧有九穴、十三口，为泄水之地，今则南岸九穴淤，而自江至澧数百里，公安、石首、华容诸县尽占为湖田。北岸十三口淤，而夏首不复受江，监利、沔阳县亦长堤亘七百余里，尽占为圩田。江、汉下游，则自黄梅、广济下至望江、太湖诸县向为寻阳九派者，今亦长堤亘数百里，而泽国尽化桑麻。下游之湖面、江面日狭一日，而上游之沙涨日甚一日，夏涨安得不怒？堤垸安得不破？田亩安得不灾？

然则计将安出？曰：两害相形，则取其轻；两利相形，则取其重。为今之计，不去水之碍而免水之溃，必不能也。欲导水性，必掘水障。或曰：有官垸、民垸大碍水道，而私垸反不碍水道者，将若之何？且有官垸、民垸而藉私垸以捍卫者，并有藉私垸以护城堤者，将若之何？且私垸之多千百倍于官垸、民垸，私垸之筑高固甚于官垸、民垸。私垸强而官垸弱，私垸大而官垸小，必欲掘而导之，则庐墓不能尽毁，且费将安出？人将安置？

应之曰：今昔情形不同，自有因时因地制宜之法。如汉口镇旧与鹦鹉洲相连，汉水由后湖出江；国初忽冲开自山下出江，而鹦鹉洲化为乌有。又如君山自昔孤浮水面，今则三面皆洲，水涸不通舟楫；岳州城外，昔横亘大沙滩，舟楫距城甚远，今则直泊城下。又如洞庭西湖之布袋口，今亦冬不通舟。此则乾隆至今已判然不同，皆西涨东坍之明验。水既不遵故道，故今日有官垸、民垸当水道，私垸反不当水道之事。今日救弊之法，惟不问其为官为私，而但问其垸之碍水不碍水。其当水已被决者，即官垸亦不必修复；其不当水冲而未决者，即私垸亦毋庸议毁，不惟不毁，且令其加修、升科，以补废垸之粮缺。并请遴委公敏大员，编勘上游如龙阳、武陵、长沙、益阳、湘阴等地私垸孰碍水之来路，洞庭下游如南岸巴陵、华容之私垸，北岸监利、潜、沔之私垸及汀洲孰碍水之去路。相其要害，而去其已甚；杜其将来，而宽其既往。毁一垸以保众垸，治一县以保众县。

且不但数县而已。湖南地势高于湖北，湖北高于江西、江南。楚境之湖口日垫日浅，则吴境之江堤日高日险。数垸之流离，与沿江四省之流离，孰重孰轻？且不但以邻为壑而已。前年湖南、汉口大潦，诸县私垸之民人漂溺者，亦岂少乎？损人利己且不可，况损人并损己乎？

乾隆间，湖南巡抚陈文恭公劾玩视水利之官，治私筑豪民之罪，诏书嘉其不示小惠。苟徒听畏劳畏怨之州县、徇俗苟安之幕友以姑息于行贿舞弊之胥役、垄断罔利之豪右，而望水利之行，无是理也。欲兴水利，先除水弊。除弊如何？曰：除其夺水、夺利之人而已！

周天爵《查勘江汉情形酌拟办法疏》

周天爵（1772—1853年），字敬修，山东东阿人。《查勘江汉情形酌拟办法疏》是其湖广总督任内就江汉防洪问题向清政府呈报的奏文。奏疏中对江汉防洪治理方案条陈较详，是见诸于文字最早提出以南岸分洪、北岸固堤为主治理荆江主张的文献。

……江汉延长，俱有千余里。以两面计之，各有二千余里。一处疏防，百里为壑。纵每岁加高培厚，而极险地段，一坍数十丈，旋培旋圮，人力莫施。若仅恃筑堤，似属扬汤止沸，终非拔本塞源之计也。

兹臣相度形势，酌拟疏筑办法六条，敬为我皇上陈之。

一、查大江形势，与汉水迥殊。大江纳云、贵、川、粤各省之水，更有无数溪河入之。派流既多，其江身规模，亦复壮阔。两边滩岸，远者往往三四十里，水有容与之地。间有曲折，每折湾即有百里。惟折湾之处，有沙滩对面挺峙，湾处冲刷逼窄，溜趋一面，其险工倍难于汉水。缘汉水冬月消缩，于水底可以造作挑坝，撑溜外趋。江干一有险工，水激成渊，不能施工。即强作坝头，亦不甚长，撑水无力。距堤十余丈，即若无堤者。然其坍卸，可以一年剥及堤根。此挑坝堤工，皆非捍卫江浪之长策也。是以多费无成。惟有于对岸克制沙洲之法，可以有济。查从前铲除洲滩，皆以人力爬疏。而靠河之水，浅弱散漫，冲刷无力。因此，旋疏旋淤，亦属无成。臣筹思既久，因得以水治水、逼溜克沙之法。法于沙滩上游微注之处作一引坝，拦水入口，俾源源汇凑，势蓄力专，再作河堤障其外面，以堵旁泄。即以挖沟之土，作筑堤之用。必筑至下流水深之处为止，宛若鲇鱼形，口宽尾窄。查挑坝形如撇书，支水外出；引坝形如偃月，拦水内入。一逢盛涨，汇江流浩瀚之势纳于沟渎之中，溜急势猛，不得畅泄，其挫浮沙，必如摧枯拉朽。是以于监利县尺八口地方作为引坝，不数日刷深丈余，费不满千金，而成功颇大。然初饬州县为之，人皆不信，固以所费微末，有何益处？不知医疾不必参苓，惟期有当而已。可惜今春坐失机宜。夫溜分两道则险处必生淤长根，然后作筑挑坝，俾洪涛中趋，可以顺江流之正轨而去，无虑沙洲阻塞之患矣。昔李冰云："深淘滩，浅作堰。"此不易之理也。今一切反是，全赖堤工保障，虚糜不可以亿万计。急宜改图，筑浚兼施者，一也。

二、江工筑堤，宜并力于北岸，而南岸不可普施。长江南近洞庭，水多去一分，则江患轻减一分。今之南岸，湖荡沙濡之地，民皆占之为田，筑成私垸，阻遏水道。分江之流者，仅有虎渡口、调弦口二处而已。虎渡口在江南岸，与万城堤一涨一泄，相为表里。该堤不但保护荆郡，实系全楚安危。惟虎渡口出水多，则堤不吃重。不然，则势如累卵。盖江水自西蜀嵌束于万山之中，过枝江始得畅流，其水力正悍，必大分泄之，然后自荆之下流，方得安轨。今虎渡口江流甫入，不数十里，即形高仰。水之来源甚旺，而下流节节艰涩，其堤之易溃决也明矣。况堤外之地，低于河身丈余，一溃即如建瓴。其法莫如以虎渡之东支堤改为西堤，别添新东堤一道，留宽水路四五里，下达黄金口，归于洞庭，即古之油江也。然初为其费甚巨，又非数月可竟，是以今春修理，姑仍其旧。若得公正府道设法筹维，以渐为之，五年后放水纳至低之地，则全楚上流之患轻矣。其下流石首县之调弦口去洞庭尤近，河之东畔地势沮洳，必不可筑堤。留此三四十里沮洳之地，水大泻入洞庭，则下流之患亦轻矣。是以江之南岸，凡有通湖荡之处，皆不宜与水争地。缘石首以下，南岸多山，即有堤，亦宜多设口门。若一一重关叠隘以障之，绝其入湖之路，其势能不并于北岸乎！今为之多方消纳，夫既宽其去路，又克刷沙洲，疏通正轨，则可以顺水之性矣。此南岸之情形，为之必当审观大局者，二也。

三、江北岸非堤不可。缘北岸无山，而荆门、襄、郧所属数十州县万山之水，不入江与汉者，皆汇于江北岸之湖渚溪河。是以孙吴时常作堰海，以遏水限敌。其后宋刘申、李师夔又作上、中、下三海。淳祐中，孟珙引沮漳之水由江陵城西绕北入汉，遂通三海为一。而更为八柜，今瓦子长湖、白鹭湖、洪湖渠道通连者，皆是也。水大时，四五百里，浩渺无际，而全赖一堤判隔江湖。堤堰不固，民不堪命矣。然岁修之法，宜于无险之工堤畔多栽芦苇以御风浪，节蓄民财，必用之于极险工段，修一段务得一段之力，则异于处处苴补、虚糜而无实用者矣，此筑堤之法也。乃堤里之水、三海八柜，尤不可不思宣泄之宜。查北岸，自前任督臣汪志伊于汉川、沔阳、监利、江陵地方设立闸座，冬启夏闭，其法甚美。惜不度湖之广狭，又不专在下游，所制口门宽不过七八尺、一丈不等，如屋大之盂留一容指之口，冬月泄水无几，而夏汛续至即须堵闭，固无济也。今易其闸门，改作滚坝，口宽七八丈，必居下游，冬启夏闭，可以涸出数百里滨湖之地。民得一季之利，其地休息已久，又俱肥美，可以胜数季矣。然滚坝尺丈既宽，购料甚属不易。查湖南巴陵县所属之柁港洲，有废庙在湖滩旷荡无人之地，建于乾隆初年，一孀妇捐资为之。后因藏聚盗贼拆毁，剩有基址十数亩，多长大条石，民间渐有偷去者。该处去沔阳之新堤不远，水脚运之最易。而新堤居各湖之下游，出水势若建瓴。今以无用作为有用，可以费半功倍，而造滚坝不难矣。此北岸之宜防宜泄，当次第清理者，三也。

四、襄、汉形势，水性善曲，多有闷溜搂刷根脚。又复挟沙带淤，多湾多滩倍于大江。每遇汛涨，一日可长二丈许，汹涌奔腾，加之江水并涨，则溃决易矣。其差好者，只有水落时，水不甚深耳。治之之法，多为挑坝，宜施之于冬月水消之时。今春曾试为之。买旧船十余只，分置汉川、沔阳、天门、京、潜诸处，载之以土沉于上游将险之处，挑动溜势，以克淤沙。然后镶裹草土，创为挑坝，冲刷更为得力。唯一遇水长，则船沉不能到底，故莫宜于冬令也。至襄河堤工，其土性最为松浮，难于捍御风浪，非防风草坝不能制其冲剥，非碎石堆砌不能固其根脚。尤难者，极险之工，底土虚陷，施之以草，则漂浮而去；抛以碎石，则沉溺无踪。此等地方，必于上游作长大挑坝，撑水外出。迫险处生根，然后再为护堤护滩，方保无虞。不然退挽月堤，或加高培厚，不数年水啮滩根，其险复至。且下面坍卸，堤身愈高愈危。故襄河舍作挑坝，其他皆下策也。

五、前此设施未合机宜者，徒恃退挽月堤以避其险，以致水之全力逼来。对面之河滩愈长，一挽不已，至再至三，不但民田废空无数，而愈湾愈险，如兜入之袖。所以溃决频仍，而民益困矣。然民之冒欲退挽而不悟者，何也？盖退挽一遍，当年即收挂淤之利，从此一岁之收倍于四五年。小民欣艳小利，而忘于受祸之大，地方官亦以此为治水不易之章程。劣生刁民，因而借兴大工渔利，一堤辄费巨万。此所以如理乱丝，愈治而愈棼也。然愚民之狙于小利，不独退挽月堤，更有藉决堤以为利者。此地谚云：五金六银七铜八铁。以五六月水涨滞淤，七八月带沙故也。治之之法，宜因其所欲而利导之。盖治襄水之法，不收其利，总无以祛其大患。淤者，民之所利，无方以收之，始出之于决。不思一发无收，而害随之矣。莫若于两岸堤畔用砖石多砌斗门，一交夏令，水及斗门之半则启之，过大则闭之。可以操纵在我，而坑坑受淤。且百道俱出，则分减已多，必不致宣泄不及而有溃决之虞矣。况夏令之底水既小，即遇秋汛骤涨，亦能容也。年年受淤而地益高，则凡田之被淹者少矣。此收水之利以祛水患者也。

六、襄汉堤外，自钟祥以下七八百里，二面多有湖荡，渍储陂外，入不能出。积年沉淹，民不聊生，不得已聚为盗贼，以苟延旦夕之命，甚可悯也。而襄之河身太高，非冬月水落，不能宣泄。民皆穷于治堤，不暇计及。必痛关民瘼之州县，日计不足，月计有余，积渐添造滚坝，冬放夏闭，仿照沿江改作之法，于两岸低洼处所为之，引渠以吸纳湖水。湖消一寸之水，可以涸出无数之田，小民其苏矣。此三者，又皆汉水之情形也。

凡此愚昧之见，大江之中以引坝克沙夺溜为主，南岸分泄、北岸作挑坝堤堰次之。襄河之水，以挑坝撑溜刷沙为主，而堤堰之用石、用草作斗门次之。至滚坝宣泄湖水，其宜于江汉之间，则一也。特是国家经费有常，安得事事縻之！臣惟有督率各该地方官，先事预图，力出于民，财筹于官，次第经营，以仰副圣主保父斯民之至意。

王柏心《导江三议》

王柏心（1799—1873 年），字子寿，号螺洲，湖北监利人，清代学者。道光、咸丰以后，长江洪灾频繁，湖广地区围绕荆江洪水出路问题争议较多。王柏心对荆江与洞庭湖的关系及湘、鄂两省水患有所研究，著《导江三议》（即《浚虎渡口导江流入洞庭议》和《导江续议》上、下篇），提出南北分流、以南为主的主张，对当时和后世荆江防洪治理产生较大影响。

浚虎渡口导江流入洞庭议

闻导江矣，未闻防江也。江何以有防？壅利者为之也。昔之为防者，犹顺其导之之迹，其防去水稍远，左右游波宽缓而不迫，又多留穴口，江流悍怒得有所杀，故其害也常不胜其利。后之为防者，去水愈近，闭遏穴口，知有防而不知有导，故其为利也常不胜其害。

夫江自岷蜀西塞，吞名川数十，所纳山谷溪涧不可胜数；重崖沓嶂，风雨之所摧裂，耕岷之所垦治，沙石杂下，挟涨以行五千余里；至彝陵始趋平地，经枝江九十九洲，盘纡郁怒，下江陵则两岸皆平壤，沮、漳又自北来注之，江始得骋其奔腾冲突之势，横驰旁啮，无复羁勒，而害独中于荆江一郡。《家语》曰："江水至江津，非方舟避风不可涉也。"郭景纯《江赋》亦曰："跻江津以起涨。"荆郡盖有江津口云。江之有防，自荆郡始，防之祸，亦荆郡为最烈。郡七邑，修防者五，松滋、江陵、公安、监利、石首是矣。以数千里汪洋浩瀚之江束之两岸间，无穴口以泄之，无高山以障之，至危且险，孰逾于此？况十数年来，江心骤高，沙壅为洲，枝分歧出，不可胜数。江与堤为敌，洲挟江以与堤为敌，风雨又挟江及洲之势以与堤为敌。一堤也，而三敌乘之，左堤强则右堤伤，左右俱强则下堤伤，堤之不能胜水也明矣。五邑修防之费，一岁计之，不下五十万缗，而增筑、退筑、蠲赈之费不与焉。缗钱有尽，江患无穷，譬之以肉喂饿虎也。然而吏民终不敢议复穴口者，何也？上游受水之故道与下游入江之故道皆已湮淤，或化为良田，又其中间陂泽什九淤淀，不足以资潴蓄。欲尽事开凿，未能轻举。明知修防非策，而城郭田庐舍此别无保卫之谋，故竭膏血于畚锸而不辞也。抑愚闻之，解纠纷杂乱者不控拳，救斗者不搏戟。以堤捍水，愈争而愈不胜，是控拳搏戟之智。有策于此，不劳大役，不烦大费，因其已分者而分之，顺其已导者而导之，捐弃二三百里江所蹂躏之地与水，全千余里肥饶之地与民，其与竭膏血、事畚锸者利害相去万万矣。请言其分，则江南之虎渡是矣；请言其导，则自虎渡之入洞庭是矣；请言其所捐弃，则公安、石首、澧州、安乡水所经之道是矣。

禹贡之文曰："岷山导江，东别为沱，又东至于澧。过九江，至于东陵。"按：水自江出为"沱"，枝江亦沱也；"澧"即今湖南澧州；曰"又东至於澧"者，是江水南出公安而下经澧州也；"九江"即今洞庭，以九水所入得名；大水入小水曰"过"，其曰"过九江"者，是江水南由澧州、安乡而过洞庭也；'东陵'即今湖南巴陵，其曰"至于东陵"者，是江水南出洞庭至巴陵，而复下合于江也。由此言之，神禹导江之故迹，不在北而在南也明矣。《水经注》"江陵枚回洲之下"，有北江之名，北则今荆江，南则虎渡至澧之道也。古时云梦合南北为巨浸，然江之经流，恒在南，后乃以在北之荆江为经流耳。昔也以长江入九江，故杀而漫；今也以九江入长江，故扼而隘，其势然也。

夫导江必于南者，何哉？盖公安本沮洳地，安乡尤甚，惟澧州多山。江行公安而下注安、澧，得洞庭八百里广大之泽，洄漩潴蓄，其恣睢凌厉之气乃有所舒，然后弭节安行以下合于江，此乃上圣因势利导之功也。今虽以在北之荆江为经流，然犹南存虎渡口以备宣泄，特口门过宽。宽则束水无力，岁久积淤，虽遇盛涨，其流不畅，故旁溢横决无岁无之。决而复筑，筑而复决，决与筑相循环无已，而民已穷，财已殚矣。今莫若修治虎渡口门，其宽不得过三里，测量口门达洞庭之道阻浅者几何处，皆疏浚深通。凡水所经行处及所泛滥处皆除其粮额，其翼水支堤皆弃而不治，俟经流畅达、水势既定，然后相度高阜，听民别建遥堤以安耕凿。若使大江经流自此趋南，是复神禹导江故迹，万世之长利也。即不能如此，但分江水大半南注洞庭，则水力已杀，不过捐弃二三百里有名无实之租赋田亩，而北岸自荆州郡城及郡属之江陵、监利，安属之潜江，汉属之沔阳、汉川、汉阳，皆可免冲决之患，上下千余里间所全膏腴土产不可以亿万计，又无每岁治堤增高培厚之费。是说也，不劳民，不伤财，不创异论以骇听，不拂众情以难行，因其已分者分之，顺其已导者导之，而足以淡大灾、纾大患。倘亦事之可行者乎？虽然，民可乐成，难与虑始。今建此议，恐众论之犹多异同也。粗述其端，随难立解，以次比附于后，凡难十、解十。

难者曰："古之穴九而口十有三，南北并建，故江患以纾。今如子说，何不于北岸并复穴口？若闭北而开南，是嫁祸于南也，北则安矣，南困奈何？"解之曰："南北并复穴口，善之善者也。然北岸数百里内无山，弥望皆平野耳，引江故道不可求，陂湖淤浅，水至既不能容又不能去，经年累岁，浩渺无涯，徒有昏垫之苦而已。若水注于南，则惟公安一邑受浸者什之六，其邑内东西两冈广袤各数十里，犹可垦田、可栖农民。安乡受浸倍于公安，水当宅其十之八九。至石首、澧州及与澧毗连之安福，则大半皆山，水所浸者才什之一二耳。况虎渡受江以后入公安境，又自析而为三：其一自公安之三汊河分西支至澧州入洞庭；其一自三汊河分南支出安乡，合澧水，由景河入洞庭；其一自公安之黄金口分东支过安乡，由沦口入洞庭。夫江自虎渡析而为二，虎渡又自析而为三。江势愈分，江怒愈杀，江流愈畅，必不至横溢于南境，其与江行北岸之浩渺无涯者，不可同日语也，何嫁祸之有哉？"

难者曰："万一经流南徙，是引全江入公安，而公安南境又有山谷诸水自松滋来者，势不能容，必至泛溢，设同时洞庭又复暴涨于下，乌睹其能宣泄哉？吾恐南境之民尽为鱼也。"解之曰："患经流不能南徙耳。诚能南徙，则水势有归矣，且随涨随泄，何至积而为横决乎？今夫公安南境之水与洞庭之涨岁岁有之，非关虎渡之浚也。不浚虎渡，江自决堤而南注者，十岁中尝六七见矣，能禁之乎？今不思顺导江之迹以行水，而惴惴焉恐江之入南境，岂为善虑患者哉？"

难者曰："水注于南，原隰高下荡为广泽，租税将安所取？未睹益下，先见损上，当若之何？"解之曰："南境江入则患水，堤决亦患水，岁常缓租，甚者蠲赈，民无升斗之利，而有版筑之费，不足者仰给于上，是上与下交损也，赋额徒虚名耳。方今尧舜在上，至仁如天，方镇大吏又皆日夜孜孜讲求利弊，惟恐一民不得其所，若举灾区积苦为民请命，国家隆盛，拥薄海内外之大，岂以此区区一二邑租赋为轻重者？其荷俞允也必矣。然后遣清白吏按行虎渡，东至洞庭，视卑下之区水所能至处，征集村耆，按方田图册豁除粮额；其高阜之乡毗连他邑者割而隶之，按征如故；凡南境各堤徭役皆罢，士籍存于乡学，府史分隶旁县，省吏禄，减抚赈，而民皆沛然获再生之乐矣。"

难者曰：赋除矣，南境民居当水所过者，迁徙之费谁给之乎？且何以赡其生邪？策将安出？"解之曰："南境患潦，所从来远矣，前此岂无迁徙，谁给其费耶？谁赡其生邪？吾闻南境之民，去其乡井者大半矣，或舍未耜而业工商，或弃陇亩而操网罟，其滨水而居者转徙无常，余者皆栖处冈阜。今即大江分注，水所泛溢，不过如前此岁岁之沦胥而已，安在其重烦迁徙邪？且畅流之水与横决之水，其强弱不侔矣。况赋额已除，则民得收其菱藕、茭苇、鱼鳖、螺蚌之饶，而又无徭役以困之，无吏胥以扰之，资生之策何必仰县官也。语有之：'白刃当前，不顾流矢。'南境潦患深矣，不有所弃，安有所存？必求百利无一害者而后行之，则非愚蒙之所能及矣。"

难者曰："安乡视公安尤注下，固宜废矣。独公安有黄山者跨两省、界三邑，其俗颇悍，不立县恐强梗益甚，割隶石首则中隔废区，且东西两冈东有东河不可隶石首，西有军、纪诸湖不可隶松滋，似未宜遽废公安也。"解之曰："公安即不可废，其旧治可废也。闻其邑有孟家溪者，地处高阜，可移治焉，控制黄山甚近也。若以安乡之南连洞庭者废为潴泽，西连澧州者割隶澧州，而以其北连公安者自茶窖至黄山凡三十里悉隶公安，合东西两冈共为一县，此则形势联络贤于旧治之与猿獭为邻者。"

难者曰："公安、安乡故有驿传，若江水大至，道路不通，将废驿传，非计之便者。"解之曰："征诸公安邑乘，每岁春冬置驿公安，夏秋置驿松滋，避水潦也。松滋可任其半，独不可任其全乎？改而隶之，远近相等，挚畜尤宜，安乡驿即可移置澧州，皆计之至便者也。"

难者曰："波涛出没，津渚周回，旷无居民，芦苇丛生，斯盗贼之薮也，又不设县，无官吏以督之，能无萑蒲之警乎？"解之曰："江湖薮泽，所在有之，盗贼常不绝也，视政事之严与惰耳。令长精强，则威行旁邑，桀黠闻而敛迹。不然，则日莅其境，而盗贼之横者自若也。若江流注南，水势有归，徐按其津途扼要处移置水师营弁以资镇压，或遣丞倅岁一巡缉，旁邑复时时近加督察，则奸宄无所容矣。"

难者曰："子恃洞庭为尾闾，然今之洞庭非昔之洞庭矣。湖心渐淤，滨湖之田皆筑为堤，夏秋盛涨，湖阔不过三四百里耳。若江水大至，湖不能容，滨湖之田败矣，将奈何？"解之曰："昔之江水入湖多而湖转深，今之江水入湖少而湖反浅者，其故可知矣。江之水急而强，湖之水慢而弱；江入多则能荡泥沙，江入少则积成淤滞，湖堤又从而夺之，湖之浅且隘，不亦宜乎？今若使江水入多，而借江疏湖，借湖纳江，两利之道也。且滨湖私堤本为例禁，即不决去，亦未见其岁免潦患也。"

难者曰："江自龙洲而下，其趋沙市也势犹曲，其入虎渡也势甚径，喧豗汹涌，骤难容纳，往往至于横溢，即欲分江南注，曷不治之于其上游？"解之曰："浚虎渡者，因其已分之迹而导之也。今上游南口皆已闭遏，故未遑兼及，若能议此，洵良策也。闻松滋有陶家埠者，古采穴口也。倘凿为川渠，使江水自此经公安孙黄河入港口，合南境诸水达洞庭，则杀上游霆奔箭激之势，使虎渡得从容翕张，而北岸万城大堤亦不至为怒涛所排笮，其固将与磐石等。浚虎渡而并复采穴，此亦辅车之势也。"

难者曰："是皆然矣。南岸石首尚有调弦口，亦引江入湖者。子专言虎渡而略调弦，何也？"解之曰："专言虎渡者，先其急者耳。虎渡北与荆州郡城遥相直，能分江南注，则荆州郡城安矣，郡城安而北岸各邑皆安矣。譬之人身，虎渡咽也，调弦腹也，先咽而后腹，固其理也。虎渡浚，自当次浚调弦。岂惟调弦哉？公安之斗湖堤、涂家港，石首之杨林穴，皆系旧口，江势犹存，皆可开凿引水入湖。俟其成效既见，北岸安堵，十余年后，民气全复，经费有所取办，复于北岸獐捕、郝穴、庞公渡等口，或访求故道，或别凿新河，分引江水入长湖、白鹭湖、洪湖，由新堤、青滩、沌口下注于江。南北并治，势无不可，顾今力有未逮耳。惟当先遣通知水利者，自虎渡东至洞庭，探测水道纡直、河势分合、地形高下、道里远近、浚治工费多少，通计南北两省大利大害，博采众议，洞然知其利多害少，然后断而行之。自虎渡始，余俟财力有余，次第及之未晚也。"

导江续议（上）

岁戊申六月，南郡江涨骤至，南岸则公安堤决涂家港，石首堤继之；北岸则监利堤决薛家潭；最后南岸松滋堤决高家套。四邑者，漂庐舍、人民不胜计。客有问于螺洲子曰："子前言殆验矣，今将若之何？"螺洲子曰："曩固言之，南决则留南，北决则留北，并决则并留。若以人力开凿之，役巨而怨重，孰敢任厥咎者？今幸天为开其途，地为辟其径，因任自然而可以杀江怒、纾江患，策无便于此者矣。吾闻凤凰乘乎风，圣人乘乎时。夫乘时者，犹救火追亡人也，蹶而趋之，惟恐弗及，此机不可失也已。"

客曰："今南北二岸大决者四，小决者数十，将尽留之乎？抑有先且急焉者乎？"螺洲子曰："以愚论之，在南则高家套、涂家港决口宜勿塞，在北则薛家潭决口宜勿塞。此三者相距各百余里，远近略准，皆水所必争之地。所谓杜曲捣毁之势，兵法有之，坚其坚者，瑕其瑕者，谨避之无与争，勿塞为便，塞则必败。若留此三决口，而南纵之入洞庭，北纵之入洪湖，始有所分，继有所宿，终有所往，一郡之中，千里经流自此安矣。其小小决口可塞者塞之，其濒江各堤存之如故，岁省营缮捍御之费，而又无一旦漂没之害，于以兴利若不足，于以救败则有余。"

客曰："是皆然矣。今之洞庭非昔之洞庭也，阔不及向者之半。洪湖虽阔实浅。大江经流数千里，其底多积沙，岁岁增高。江入海处皆沙壅为洲，尾闾甚滞，赴下不及。以目前论之，南北并决，水入洞庭、洪湖仍不能容，倘溢出平地，数千里间，滈汗混茫者尽田庐。能纳而不能泄，乌睹所谓救败者？目击沦胥不之捍御，仁者岂宜出此？然则留口之不如修防也明矣。"螺洲子曰："夫以洞庭、洪湖之巨，长江经流之远，沧海之大且深，而不能容水，则堤又恶能容水乎哉？且今之数千里滈汗混茫者，骤决使然也。相持既久，所积愈多，故一怒而肆滔天之虐耳。果留决口，则自冬历春、历夏秋，随涨随泄，涨即大至，万万无蓄威狂噬之势也。客以修防为仁，岂徒不得谓之仁哉？又不得谓之智！夫不量堤之能敌水与否，而敿敿焉括财赋、事版筑，此以田庐人民侥幸者也，必以田庐人民予水者也。不量力之能存堤与否，而贸贸焉补苴罅漏，此以堤侥幸者也，必以堤予水者也。悲夫！愚氓何知？谓堤成则吾属有托矣，筑室庐于其中，列市廛于其中，垦田艺种于其中，幸而无败，租税、衣食、嫁娶、丧葬、祷祀而外，益以缮堤、捍堤之费，耕作所入无赢焉；不幸则荡田庐，湛家族，今岁堤决，来岁复筑，筑与决如循环之无端，吏民犹以为得计，不自知其踏危阱也、蹴祸机也，不自知其狎波卧渊、枕蛟龙而席长鲸也。若预定留口，明示以趋避之路，民见可居者始居、可耕者始耕，自不至寄命于不可测之渊，而又蠲去岁岁缮堤、捍堤之费，其与设罟获以周民者，孰仁且智欤？留口则必免租，其春麦之入一也，所损仅秋成，然无纳税、治堤诸费，亦足以相当，况濒口内外，犹有填淤之望哉？故曰：救败有余也。"

客曰："因其决也而不治，此与坐视无策同，奚以止藉藉之怨咨？"螺洲子曰："诚能留口，则江分矣，然后可用吾导之之说，行视决口以内至于湖。不能成道者，就而浚之，必使深畅。凡其旁溢伤败处，量除粮额，多留水地，徐增遥堤，翼水入湖，由湖下达于江。水有所分，则其忿息；有所宿，则其悍平；有所往，则其行疾。自兹以还，江患必减什之六七，此不可失之机也。知弃之为取者，斯善于取者矣。"

客曰："善。"

是岁也，沮于众论，留口之策迄不行。

导江续议（下）

越己酉岁，楚自正月雨至五月不止，江骤涨，南岸松滋高家套及北岸监利中车湾堤皆决，漂庐舍、人民视戊申岁倍之。客复有言于螺洲子者曰："甚哉！江之为害烈也。"螺洲子曰："非江则害，堤实害之。堤利尽矣，而害乃烈。"

客曰："稻人何言以防止水，匠人何言防必因地势，八蜡何以有防与水庸之祭？"螺洲子曰："田间沟洫之水宜用防，潴水之泽宜用鄣，谨泄蓄、备旱潦而已。江河大川，三代时无用防者。故周太子晋曰：'古之长民者不防川，昔共工壅防百川，堕高堙卑，以害天下。有崇伯鲧称遂共工之过。'召穆公曰：'川壅而溃，伤人必多，是故为川者决之使导。'子产曰：'不如小决使导。'贾让亦曰：'大川无防，小水得入。治土而防其川，犹止儿啼而塞其口。'此皆不防川之明验也。"

客曰："今将如何？"螺洲子曰："向者言之矣，因江之自分，吾乃从而导之而已矣。夫天地成而聚高于上，归物于下。川者，气之导也；泽者，水之钟也。导其气而钟其美，然后水土演而财用可足也，然后民生有所养而死有所葬也。昔者禹之治水，高高下下，疏川导滞，钟水丰物，故天无伏阴，地无散阳，水无沈气。今不师神禹之智，而循共工、伯鲧之过，起堤防以自救，排水泽而居之，自取湛溺，又不悔祸，筑塞如故，民死于堤，乃曰江实害之。嗟乎！岂不悖哉？诚能旷然远览，勿塞决口，顺其势而导之，上合天心，远遵古圣之法，使水土各遂其性而不相奸，必有成功，而用财力亦寡。不然，祸未艾。"

客曰："子曩言留三决口，今又舍公安不言，何漫无定见也？且盍不尽求古穴口而复之乎？"螺洲子曰："今但因江所自分者从而导之，贤乎人力开凿者远矣。凡穴口故道，大半湮没。元大德时，曾访得其六复之，果有效，今仍湮矣。然大抵江所攻突决裂处，率近古穴口，因其分而导之，奚必规规成迹？汉时韩牧论治河不能为九，但为四五宜有益，即此意也。善乎！管夷吾之论水性也，曰：杜曲则搞毁。杜曲激则跃，跃则倚，倚则环，环则中，中则涵，涵则塞，塞则移，移则控，控则水妄行，水妄行则伤人。'凡今之水妄行者，皆挠其曲故也，此无异犯虎口而摩鲸牙也。如吾之说，但视江所欲居者，稍自成川，跳出沙土，然后因其分而导之，高其高者，下其下者，顺从其性，水道自利，宜无巨害。必欲缮完故堤，增卑培薄，劳费无已，数逢其害，则吾不知所终穷矣。"

客曰："筑与留，等之救患，若堤不败，利当百倍。何独坚持留口之议？"螺洲子曰："以迁徙之费与缮治捍御之费较，什不敌一也；以沮洳之苦与覆宗湛族之苦较，百不敌一也。且留口者特弃水以予水，非尽弃地以予水也。即令弃地，视彼之举人民而弃以予水者，不犹愈乎？今堤决之后，灾黎与浮食无产业民同仰赈恤于县官，因而率之以浚川导流，费不糜而功可就，乃两便。此功一就，江安患弭？人有定居，填淤加肥，租赋尚可徐复，虽云救败之下计，实乃通变之中策也。"

客曰："唯。唯请以俟当世在位之吉凶与民同患而能断大事者。"

黄海仪《荆江洞庭利害考》

黄海仪，清晚期人，生平不详。

洞庭北受江流，有虎渡、采穴、景沧、调弦诸口之水，而湖势益雄。然自古不闻江为湖害。自宋南渡之后，国家贫困，以荆南屯留之卒，艺种民田，筑江堤，塞穴口，以筹兵食。而水道一变，江患遂起。元大德九年，按口开疏，共计六处，江南江北，分杀江势。顺帝之末，诸穴复埋，南惟虎渡，北惟郝穴。明嘉靖初，塞郝穴口；隆庆中，浚南岸之调弦口。江北之口尽塞，而堤益加固。江南则虎渡之外，又增调弦。江之分注，专属于南，其流遂急。湖南之水患，自此增焉。故邑所隶之洞庭村，今为无何有之乡矣。国朝康熙五十三年，减除荒粮一千八百余亩。旧志所谓村里，名存而实亡十之三四。然乾嘉时，沿湖间庆丰稔者，则以虎渡宽止十余丈，调弦广半里。水细泥少，湖底沉深，力能容纳。故沉没虽甚于前，怀襄未及于今。咸丰十年，藕池镇决口之宽广与江身等，浊流悍湍，澎湃而南。水既增加，湖身淤浅。今华容当口处，泽皆成洲，湖至冬涸，褰裳可济。北增十倍之流，南无吞吸之地，此数年来水患所以顿加也。议者谓：古有九穴十三口，江水分流于穴口，穴口流注于湖渚，湖渚泄流于支河，支河泻入于江海。使穴口尽开，将大江分作二十二派，自无江患。又有谓：穴口埋塞，故道难寻，惟堤防可恃以为固。案开浚之说，虽属探本，然生齿日繁，庐舍纷错，冢墓交加，二十余派，按处疏瀹，其势殊难。堤防之说，虽间有成效，然大决所防，伤人必多。为今之计，当酌二说并用之，江南诸口宜塞，惟虎渡禹迹仍旧；江北诸口亦宜塞，惟郝穴一处当浚。盖导江入湖，湖仍归江。杨林咽喉壅阻，水常逆流，无福于江，有祸于湖，此南口之宜塞也。江入荆州，至郝穴南转最为要害，丁其濚淤，洞开门户，俾达武汉，则江怒减半，水力不骄。各处从而堤之，庶毁掘止及一处，而江防可固，湖流不增。滨洞庭而居者，不致其鱼之叹，即江北倚堤为命者，亦可免夫哀鸿之歌矣。

孙中山《建国方略》之二——《实业计划》（物质建设）

孙中山（1866—1925年），名文，字德明，号日新，改号逸仙，广东香山（今中山）人，中国民主革命的伟大先行者。1912年1月1日在南京就任中华民国临时大总统。1917—1919年撰述《建国方略》，在上海创办《星期评论》和《建设》杂志，并发表其《建国方略》之二——《实业计划》（物质建设）。《实业计划》（物质建设）原为英文，于1921年译为中文，名为《国际共同发展中国实业计划书—补助世界战后整顿实业之方法》。孙中山在《实业计划》中提出以发展水运、开发水利为中心的整治和开发长江的设想。在治理河道方面，主张理顺河势，裁弯和堵汊，开湘桂运河，改良南北大运河，淮河分流入江，在长江口塞支强干，建深水航道，充分利用泥沙造陆；在水利开发方面，主张在长江宜昌以上及汉江中上游建水利枢纽。孙中山的这些设想，大部分在1949年后付诸实施或列入规划之中，不愧为远见卓识。但他要求将长江整治为单一河道，所谓"令全河上下游一律"，把江心洲都"削去"，甚至多处要塞干强支，以及主张封闭下荆江弯道，令长江来水全部在石首流入洞庭湖等，显然不可取。以下节录第二计划中第四部中汉水、洞庭系统、长江上游内容。

汉水　此水以小舟溯其正流，可达陕西西南隅之汉中；又循其旁流，可达河南西南隅之南阳及赊旗店。此可航之水流，支配甚大之分水区域：自襄阳以上，皆为山国；其下以至沙洋，则为广大开豁之谷地；由沙洋以降，则流注湖北沼地之间，以达于江。

改良此水，应在襄阳上游设水闸。此一面可以利用水力，一面又使巨船可以通航于现在惟通小舟之处也。襄阳以下，河身广而浅，须用木桩或叠石作为初级河堤，以约束其水道，又以自然水力填筑两岸洼地也。及至沼地一节，须将河身改直浚深。其在沙市，须新开一运河，沟通江汉，使由汉口赴沙市以上各地得一捷径。此运河经过沼地之际，对于沿岸各湖，均任其通流，所以使洪水季节挟泥之水溢入诸湖，益速其填塞也。

洞庭系统　此项水路系统，为湖南全省及其上游排水之用。此中最重要之两支流，为湘江与沅江。湘江纵贯湖南全省，其源远在广西之东北隅，有一运河在桂林附近，与西江系统相联络。沅江通布湖南西部，而上流则跨在贵州省之东。两江均可改良，以供大河船舶航行。其湘江、西江分水界上之运河，更须改造。于此运河及湘江、西江各节，均须设新式水闸，如是则吃水十英尺之巨舶，可以自由来往于长江、西江之间。洞庭湖则须照鄱阳湖例，疏为深水道，而依自然之力，以填筑其浅地为田。

长江上游　自汉口至宜昌一段，吾亦括之入于长江上游一语之中。因在汉口为航洋船之终点，而内河航运则自兹始，故说长江上游之改良，吾将发轫于汉口。现在以浅水船航行长江上游，可抵嘉定，此地离汉口约一千一百英里。如使改良更进，则浅水船可以直抵四川首府之成都。斯乃中华西部最富之平原之中心，在岷江之上游，离嘉定仅约六十英里耳。

改良自汉口至岳州一段，其工程大类下游各部。当筑初步河堤，以整齐其水道。而急弯曲之凹岸，当护以石堤，或用士敏土坚结。中流洲屿，均应削去。金口上游大湾，所谓簰州曲者，应于簰州地颈开一新河以通航。至后金关之突出地角，则应削除，使河形之曲折较为缓徐。

洞庭之北、长江屈曲之部，自荆河口起以至石首一节，吾意当加闭塞。由石首开新道，通洞庭湖，再由岳州水道归入本流。此所以使河身径直，抑亦缩短航程不少。自石首以至宜昌，中间有泛滥处，当以木石为堤约束之；其河岸有突出点数处，须行削去，而后河形之曲折可更缓也。

自宜昌而上，入峡行，约一百英里而达四川之低地，即地学家所谓红盆地也。此宜昌以上迄于江源一部分河流，两岸岩石束江，使窄且深，平均深有六寻（三十六英尺），最深有至三十寻者。急流与滩石，沿流皆是。

改良此上游一段，当以水闸堰其水，使舟得溯流以行，而又可资其水力。其滩石应行爆开除去。于是水深十英尺之航路，下起汉口，上达重庆，可得而致。而内地直通水路运输，可自重庆北走直达北京，南走直至广东，乃至全国通航之港无不可达。由此之道，则在中华西部商业中心运输之费当可减至百分之十也。其所以益人民者何等巨大，而其鼓舞商业何等有力耶！

章锡绶《荆河堤埝之险状与整理补救之刍议》

章锡绶，生卒年月不详。民国时期水利专家。该文是1936年他担任江汉工程局第四工务所（驻监利）主任时所撰，同年5月发表于《扬子江水利委员会季刊》第1卷第1期。文中主张在江陵堆金台和监利麻布拐建进洪闸，必要时分别引洪蓄于茅草湖和洪湖，以减缓大汛时荆江洪水之压力。

一、荆河情形概要

荆河为扬子江中游之一部分，自城陵矶对岸之荆河口起，上溯至宜昌以下60公里处的枝城约400余公里，其间河道弯曲特甚，为扬子江全流域水患最剧之区。湖北监利县志有云："江之利在蜀，江之患在楚。楚之江患，荆郡其首，监利又荆郡之最也"。可知荆河水患之严重自古已然。

扬子江之上游，两岸夹山，不易泛滥。下游则水道宽畅，易于排洪。惟荆河一带，江道窄狭，水流湍急。南岸有山岭为之阻隔，洞庭湖为之蓄泄，北岸则一片平原，完全赖堤埝之保障。而且堤埝内外，地势高低之差在二三丈上下。江陵、监利、沔阳以及潜江、天门、汉阳、汉川等县如在釜底，万一江堤溃决，则一泻千里，尽成泽国，而汉口市场，亦遭其鱼之叹。

江流愈曲，险工愈多，此自然之势也。荆河自藕池口下迄荆河口，长约240公里。其间大弯小曲不下20余处，甚至有旱道五六里可达彼端，而水道环绕须七八十里者。统计荆河两岸，因弯曲而受之险工，何止数十处。其最重要而险象最著，每年工程亦最巨者，莫若监利县之上车湾。

二、上车湾对岸应开凿引河

查民国以来，上车湾之工程经费，何止四五百万。其堤适在江流90°转弯之顶端，急流扫射，堤砧壁立，崩溃挫陷之势，只有骇人听闻者。以全部之石建挑水坝一座，于一夜之间，挫陷至二丈有余，其他随修随崩、随筑随坍之情形层见叠出，无足为异。往者堤内尚有坚实之平地，以为退挽月堤，步步退让之计。而自民国十五年车湾溃堤之后，堤内一片沙壤，深至数丈，不能再作挽堤之基础。故现在之情势，惟有与水力战，向外挡护而已。历年以来打桩、沉船、抛石抛笼，以及沉埽、筑坝之工，不一而足，岁耗公币何止一二十万！然其结果仍属危在旦夕。锡绶于上车湾工程苦心经营者，3年有余。对岸之沙洲，因此间石工之影响，逐渐崩坍。而堤之崩溃情势，较前略差。然以如此弯曲甚大之处，倘不在对岸沙洲开凿引河，以减流速，为根本之设计，深恐今日缓和之情形，亦难持久。夫上车湾之堤，关系甚巨，苟一决口，其水可直入沔阳、汉阳，而淹至汉口。盖水流之势，必走捷径。车湾既决，水势可不回环曲折，走故道，而达汉口。去年（民国二十四年）汉口之所以能免灾者，实赖上车湾之未决。否则，襄水攻于后，江水阻于前，人力虽足，何所设施。故扬子江之患，荆河为甚，而上车湾实荆河之最险处，宜速积极开凿对岸之引河，以作根本之解决。

上车湾对岸开凿引河之说，业经美籍总工程师史笃培之详细研究，切实勘估，认为确有开凿之必要。其计划自天字一号起，向南直开至砖桥为止，计5公里，约计工程经费90余万元。此项测绘结果，设计图表及其预算报告书等，早已呈送全国经济委员会案，惜尚未实施，致车湾之堤，犹日与江流相搏战，设或抢救不及，而竟演成扬子江之改道，其患当不堪设想。

三、监利县江堤须加高培厚

荆河北岸之堤埝，自万城以下，经沙市郝穴诸镇，而至拖茅埠，计长130余公里，谓之荆江大堤（亦名万城大堤），代设专官，以培修之。自民国以来，改设专局，征收土费，培修不遗余力，故其堤身雄厚高大，为荆河诸堤之冠。自拖茅埠起至荆河口止，计长150余公里，为监利县之江堤。历来由民间自管自修，分为上中下三汛，每岁举首事，派工费，集民夫，以修理之。堤身低矮，参错不齐。自民国十五年后，改由湖北水利局培修，稍有可观。及二十年大水之后，经经全国水灾救济委员会彻底修筑，凡低矮者，大都加高至二十年洪水位以上3尺，……监利上下游江堤，至二十一年后，复经江汉工程局补修，大致完成。惜限于经费，不能一气呵成。其不及二十年洪水位以上3尺之堤段，尚有麻布拐、钟家铺、下车湾，及上车湾之于端等处，亟应于最短期内，加高培厚，以免意外。

民国二十四年，荆河之洪水位超出二十年洪水位3尺余，以致监利江堤150余公里，无处不需抢筑子堤。随涨随筑，昼夜不停。集数万人于堤上，在狂风猛雨之中，拼命抢险，与水争持者五昼夜。无奈水势之涨，始终不止。堤之低矮处，已在水面之下三五尺不等，所赖以抵挡泛溢者，仅临时抢筑之麻袋草把等子堤而已。满江大流，澎湃极点，不破一口，无以消泄，卒在江陵、监利、石首3县交界处之麻布拐，溃决一口，直灌洪湖。同时上下游南北两堤，溃决之口，不一而足。水势得有消泄，江水逐渐退落。查麻布拐干堤之外尚有30余里之滩地，地势颇高，水之退出口门较早，复因洪湖之容量颇大，故监利县虽已决口，而为患尚小。设或溃在车湾，则堤外既无滩地，而江流迫近，将顺大湾及溃口之势，一泻而淹沔阳、汉阳、汉口等处，不复循其90°之转角而走故道矣。

此外监利县江堤著名危险之堤段，如上汛之宋四弓、九月宫，堤身崩溃大半；中汛之代渣段，约长25公里，巨浪打击，堤面已去十之四五；下汛之观音洲，堤脚崩坍，大有车湾第二之势。凡此诸险，现在均需切实修筑，预为防范。倘一失事，其所受灾害之严重，与决上车湾无异也。在此荆河根本整治问题未解决以前，所当切实注意也。

四、江陵监利北岸建筑蓄水库

荆河水位之涨落，不若扬子江下游之有规则，而与洞庭湖有密切关系。盖江流挟数千里建瓴之势，自宜渝段之峡间，直泄而下，湍激已甚。洞庭又包黔、蜀、粤西、湖南数省之水南出而横截于城陵矶，力战交搏，踔天昊而翻地轴。自城陵矶而下，又有道陵矶、白螺矶等，以锁束之，不得畅流。故当川湘两水同时暴发之时，荆河口之出路，几为洞庭之水横截堵塞，沸腾澎湃于监利江面。前无泄路，后有涌水，水面高度由下游逐渐向上游抬高，与平常自然之坡度完全不同。在此情形之下，不破新道，难以消泄，此荆河之所以向有九穴十三口而为之分泄也（九穴者，江陵之郝穴、獐卜穴，石首之宋穴、杨林穴、调弦穴、小岳穴，监利之赤剥穴，松滋之采穴，潜江之里社穴。十三口无考，雷恩霈《荆州方舆书》谓九穴合虎渡、油河、柳子、罗堰为十三口）。宋以前诸穴皆通，故江患稍差。元明以后，逐渐闭塞，至清同治年间，则仅存石首之调弦一穴而已。咸丰年间，藕池口溃决，江水直泄洞庭，为今之最大穴口。其他尚有松滋、太平二口，亦为近代所开泄者。总而言之，自宜昌至荆河口3000余里间，仅存南岸之松滋、太平、藕池、调弦四口，以泄江流而入于洞庭。其北岸则长堤一带，不许滴水分泄。明清时代，每值北堤危急，准予开挖南堤，以消水势。于是荆河所挟之含沙量，悉入洞庭，卒造成湖中新洲县之地面（如南县全县及津市之一部分），致蓄水面积日益狭小。故江北之堤，防守愈严，即江南之水，分泄愈多，亦即江南地面愈见淤高。最近南岸平地之高度，有较北岸平地高出二丈以上者，深恐洞庭湖底亦将较高于江陵监利两县之平地也（宜精密测量以供研究）。年复一年，洞庭湖底，增高不已，荆河之水必有不能流入洞庭之一日。而松滋、太平、藕池、调弦诸口，亦必有闭塞之一日。彼时荆河之水无从分泄，势必择其地势低注之处而灌注之，北岸之堤势必有自然溃决，而返其古来穴口原状之一日也。且详加推测，其患或不止此。盖古时南北两岸，同为平地，尚有洞庭为之蓄水。今后南岸淤高，北岸仍属平衍，以地形而论，则将来洞庭北迁，亦属沧桑应有之变也。深愿江陵、监利、沔阳、潜江、汉阳等县之人民，明了此种危机，而主持水利者，亟谋根本治荆之计也。

治荆之计，非经详密之测量与考虑，不易发言，惟以目前洞庭淤塞之速，与水患逐年增加，不得不亟谋建筑蓄水库，以分泄荆河之水，而使之暂有归束。蓄水库之地点，在形势上观之，非在北岸不可。江陵县之茅草湖及监利县洪湖，地势卑洼，本为蓄泄内地雨水之处所，不妨将其扩大围垸，建成水库。在江陵方面，建闸于堆金台；监利方面，建闸于麻布拐。利用原有内河水道，筑围堤于两岸，以通水库。庶几大水之时，在沙市一带，有茅草库以暂蓄之；因车湾一带，有洪湖库以缓和之。临时应急，足以稍解荆堤之危，而免泛滥之害也。舍此之外，惟有尽徙江陵、监利、沔阳3县低洼处之人民，于湖南西北及四川或本县高原之上，放弃3县之地，以为大湖。恢复明宋以前之穴口，使荆河挟多量之沙以淤填之，则不及百年，仍可恢复原状，而其地面当较高于洞庭矣。不过此举牺牲太巨，非有坚忍之决心，与强有力之逼迫，不易办到耳。

五、取缔沿江围垦

荆堤之外，滩地极广，本为排洪之用。乃自前清以来，人烟稠密，大都垦为民田，私筑围圩，阡陌相连，何止有数万亩。旋坍旋筑，政府不加阻止，以期国课之增收，舍本求末，实违水政之本旨。设或沿江一带之滩地，一律筑为民垸，则洪潦之时，水无去路矣。而且此项民堤，非特有碍排洪，实更有害干堤之溃决。每当洪水暴发之时，民堤首先溃决，水势即乘其溃决之势，直冲干堤，为害信非浅鲜。查公安、石首、江陵、监利4县之民垸独多，压迫江流，使其无从畅行，无怪4县之灾情独多也。是宜设法取缔，以畅江流。爰刍荛之见，以备高明之择焉。

第二节 堤防志·序

一、堤防志

荆江大堤自东晋桓温肇基，历经多个朝代，至元明尚未出现专志，但清末至民国短短数十年间，先后有《荆州万城堤志》、《荆州万城堤图说》、《荆州万城堤续志》、《荆州万城堤后续志》以及《万城堤防辑要》、《荆江堤志》等6部志书传世。20世纪80—90年代，又有《荆江大堤志》、《'98荆州抗洪志》等堤防、抗洪新志问世。

《荆州万城堤志》 清同治十一年（1872年）倪文蔚任荆州知府，深感治堤艰难，又乏成文之规章典籍，"一切以吏为师"甚为不便。于是访求旧案，"搜集他书，益以近事"，四易其稿，于同治十三年（1874年）冬编成《荆州万城堤志》。该志分目合理，记叙详尽，保存了大量第一手资料。全书计有卷首1卷，正文10卷，卷末1卷，共12卷。下分36目，约20.8万字。倪文蔚自叙分卷顺序理由："以《谕旨》冠诸首，详之以《图说》，示之以《水道》，则以《建置》基焉。有《建置》然后有《岁修》，有《岁修》然后有《防护》。然无财则事不集，故《经费》次之；有财无人则事不成，故《官守》次之；事成则害事者必去，故《私堤》又次之；《艺文》、《杂志》皆所以记者也，仍附于正篇，而归《志余》于终。窃取沙氏《（河防）通议》之意。"

卷首《谕旨》收录雍正至同治各代关于万城堤工的谕旨48道，其中雍正3道，乾隆24道，嘉庆1道，道光18道，咸丰、同治各1道。其中乾隆、道光二帝谕旨对了解乾隆五十三年（1788年）和道光二十二年（1842年）、二十四年的洪水决堤和培修情况颇有裨益。

卷一《图说》，有大堤全图1幅，并记载各堤段名称、长度及内外渊塘情况。惟大堤全图的图幅太小，实用性不大。

卷二《水道》，荟集多种资料中关于岷江（倪文蔚仍以岷江为长江正源）、清江、沮漳河及大堤对岸入江诸水的记载，并附穴口和九江考。

卷三《建置》，先列有关金堤、寸金堤、黄潭堤等著名堤段的记载。后详记各月堤的挽筑时间及长度，石矶、铁牛、祠庙所在，各堤工局驻所及分管工段、兵卡位置等。

卷四《岁修》，对岁修工程量的估算、工程验收的方法有详尽叙述，意在有章可循，以杜绝岁修中的诸多弊病。并收入历任官员制定的有关章程。

图9-1　《荆州万城堤志》封面及内封

卷五《防护》，记大堤的日常管理和汛期守护制度。包括清除隐患的手段如捕獾、禁止堤脚取土与堤上建房等。还详载守汛所需工具、物料及联系方法，亦收入历任官员有关章程。

卷六《经费》，叙工费来源，包括按亩摊征，先行借款分期偿还及官绅捐资等。在经费的管理、使用和核销等方面有较全面的规定。

卷七《官守》，叙各级官员职责及历任官员受奖或受处分情况。

卷八《私堤》，记载位于大堤之外有碍行洪的垸堤及以往处理情况。

卷九《艺文》，收入有关碑记、议论、诗歌等数十篇。

卷十《杂志》，杂收河道疏浚议论，堤工器具和灾异记录等。各种堤工器具均绘有图式。

卷末《志余》，首列南岸等其它各处堤防情况，次收历任官员在治江防洪、防护抢险等方面的议论，部分内容似与前文有重复之嫌。

总体而言，该志收录资料较为完整，对了解清代荆江大堤状况极有帮助。清代大堤自乾隆五十三年（1788年）大水后，拨巨款修复加培，又制定严格的规章制度，重视程度几不让黄运河工。然历经百年，至倪文蔚时，由于一直没有系统的记载，给堤防管理造成困难，因而他编纂此志，实功不可没。

《堤志》于光绪二年（1876年）刊行，几乎成为荆州地方官必备之书。光绪中荆宜施道周懋琦称《堤志》"于江水之源流，石矶之建置，岁修之估验，方价之低昂，经费之销算，官汛之责成，以及奏牍文移，疏筑器具，莫不犁然备具，遂为大堤不可缺少之书"。《堤志》有光绪二年刻本和光绪二十年刻本两种。

《荆州万城堤图说》　倪文蔚之后，徐家干继任荆州知府，他考诸倪氏编纂的堤志，觉得堤志所记大堤之"纡曲险夷，尚可互证"，但志首堤图则"移形就幅，微嫌略而不详"。乃于光绪十三年（1887年）"仿贾鲁验状为图之意，重加测绘，计里开方，分段而为之说"，并命名为《荆州万城堤图说》。舆图所绘，上起马山，下迄拖茅埠，计长百余千米。开方方法"按工部营造尺，每方一寸计地一里，以黑线之广，为堤基之广；以虚线与黑线间之空，为堤之高"。"悉依堤志坐向纡直，各肖其形"，立体感强。随工段注载里数，各段堤名即随空处附载，举凡堤段长度、内外渊塘、民垸、胜迹以及古穴口所处位置和开塞情况、石矶的兴废等，无不一一加以记述。其可贵之处，正如徐家干自叙所云，览此《图说》，"即不身至其地，其修防概况亦可了了于胸"。

图9-2　《荆州万城堤图说》封面
（图片来源于荆州市档案馆）

《荆州万城堤续志》　由于《荆州万城堤志》只叙至同治末，20年后舒惠任知府，觉得倪书"篇首只载总图，形势之曲折犹略"，同时情况也有一些变化，遂于光绪二十年（1894年）修成并刊印《荆州万城堤续志》，全书计十二卷四册，约4.6万字。体例全照《堤志》，将倪书以后20年有关资料分类编排成书，唯"水道"、"杂志"二门无事可叙省略。其独具特色者唯卷一"图说"，较《堤志》有很大进步，弥补了《堤志》缺憾。

《续志》中"万城大堤全图",采用"计里开方"法,每方(1.5厘米)合实地一里(576米),比例尺为1：38400。它是舒惠"聘画友黄君汉卿将全堤形势逐段测绘"而成。图中对堤防曲折形势、石矶、渊潭、月堤及铁牛位置,堤外围垸或沙洲所在均详细绘出,并标明地名等,几乎为当时堤防形势的写生,水平较高。全图由马山起至拖茅埠止,可谓清以前最为详尽准确的万城堤图。

《续志》另有石矶图2幅,驳岸图4幅,并附"简说",但其价值不能与"全图"相提并论。《续志》有光绪二十一年刻本。有人将《荆州万城堤志》和此《续志》二书合为一套,称《荆州府万城大堤原(续)志六(四)本》,年代不详。

《荆州万城堤后续志》 光绪二十二年(1896年)冬,余肇康于荆州知府任内修堆金台及上新垱堤工,适《续志》方成未久,因将两工碑记、公牍连缀编刻,别为一卷,命名《荆州万城堤后续志》。约2500字,有单行本传世,亦有人以其篇幅过短,且又无完整体例,故将其附编于《续志》之末。

《万城堤防辑要》 由万城堤工总局总理徐国彬编纂,成书于民国五年(1916年),全书约6万字,计分上下两卷,共12目。上卷主要记叙大堤修防、勘测、禁挽私垸及条陈等内容;下卷主要收录大堤章程、堤警简章、奖励成案、改编堤工总局局员办法和有关议论、诗歌、杂记、碑文及万城堤工总局各员名单及职衔,颇具资料性,后人研究荆江大堤可资借鉴。

《荆江堤志》 编纂于民国二十六年(1937年)徐国瑞任荆江堤工局长时。他在卷首所撰之自序云:"瑞因防川策略屡有变更,案积如山,猝不易检,虑旧案之或失,且欲供修防之研究,爰有修荆江堤志之意"。但他却又因"局务冗繁,无暇握管",未具体参与编纂,而是由他主持并聘请曹仲儒任编辑主任,具体负责编纂。全书约20余万字,共分4卷,下分13纲,25目。

卷一包括"法令"、"图说"、"水道"、"工程"四纲。"法令"中收民国时期政府令7道,鄂省府令12道。"图说"中荆江大堤平面图及纵断面图均通过精确测量,然后采用新法绘制,沿堤各地名称及高程亦一一插入图中。"水道"记叙荆江河段受水和分泄水系以及筹款疏江的情况和计划。"工程"设估验、土工、石工三目,凡土、石工岁修工程量的估算、工程质量验收和有关章程等,均有较详叙述。

卷二分"防汛"、"经费"、"职官"三纲。"防汛"记载汛前准备工作和汛期防守抢险及水情传递办法。"经费"记载征收土费规章以及工费的来源、管理、使用和核销等。"职官"记载堤工局组织章则及公职人员奖惩情况。

卷三分"建置局廨"、"禁挽私垸"、"杂案"三纲。"建置局廨"记叙堤工总局、分局建造和修葺情况。"禁挽私垸"叙堤外有碍行洪垸堤及分流水系堵筑纠纷。"杂案"收录直接或间接与大堤有关的呈文。

卷四分"条呈汇录"、"艺文"、"附纪"三纲。"条呈汇录"包括大堤善后、险工整治及疏江、修堤计划等条文。"艺文"收入有关议论、堤记、碑文、诗歌、杂著、题词30余篇。"附记"叙南岸各县堤防修筑情形,并附修筑大堤堆金台工程记一文。

《荆江堤志》是民国时期修成的一部内容丰富、体例完整的工程专志,对研究民国时期大堤状况有较大的参考价值。

《荆江大堤志》 建国后第一部以堤防为记述对象的堤防工程专志,是在批判继承清代、民国时期编纂的《荆州万城堤志》、《荆江堤志》等6部旧志基础上编纂而成。志书从分析荆江大堤在国民经济中重要地位和荆江河道特性与堤防本身所固有矛盾入手,深入揭示荆江大堤的"险"、"要",客观地反映出大堤所面临的险峻形势和建国后治理上采取的措施,取得的成就、经验和教训。志书对于全面了解荆江大堤具体情况,搞好荆江防洪建设与抗洪斗争,具有存史、资政作用。

1988年5月,全国政协主席李先念为志书题写书名。全国政协副主席王任重、原长办主任林一山、湖北省人大常委会副主任陶述曾、湖北省省长郭振乾、湖北省水利厅厅长童文辉、荆州地区行署专员徐林茂为志书题写序言。1990年4月17日,《荆江大堤志》在北京人民大会堂隆重举行首发式。该书由刘井湘、马东让、王建成、黄锡瑞编辑撰稿,全书共34.5万字,由河海大学出版社出版发行。

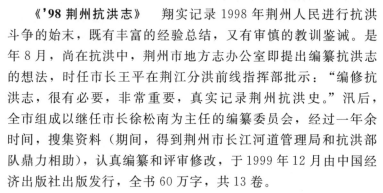

图 9-3　李先念为《荆江大堤志》所题书名　　　图 9-4　《荆江大堤志》封面

《'98 荆州抗洪志》　　翔实记录 1998 年荆州人民进行抗洪斗争的始末，既有丰富的经验总结，又有审慎的教训鉴诫。是年 8 月，尚在抗洪中，荆州市地方志办公室即提出编纂抗洪志的想法，时任市长王平在荆江分洪前线指挥部批示："编修抗洪志，很有必要，非常重要，真实记录荆州抗洪史。"汛后，全市组成以继任市长徐松南为主任的编纂委员会，经过一年余时间，搜集资料（期间，得到荆州市长江河道管理局和抗洪部队鼎力相助），认真编纂和评审修改，于 1999 年 12 月由中国经济出版社出版发行，全书 60 万字，共 13 卷。

《'98 荆州抗洪志》为全国和全省首部抗洪专志，详尽记载 1998 年党和国家领导人赴荆州视察抗洪、审慎决策的全过程。依时记录全年防汛准备、全年降雨及形成汛情和发生八次洪峰、战胜大洪水的过程。该志讴歌了全市及各县（市、区）干部群众以及在荆抗洪部队顽强拼搏、奋力抗洪，以人民利益为重，誓与大堤共存亡的英雄气概，真实展现出抗洪军兵团结一心，挽狂澜于既倒，不惜以鲜血和生命奋战大洪水的感天动地场景。

图 9-5　《'98 荆州抗洪志》封面

二、堤志序选

《荆州万城堤志》李鸿章序

荆州知府倪君豹岑为万城堤志成，邮致其凡例、目录征序于余。志分卷十二，分目三十六，凡述修防之义甚晰，而其所甄采故牒、遗籍亦广博以严。江自发源西南檄外，由滇入蜀，盟曲六七千里，以与岷江合之，千数百里而出峡。其始束于群山之中，源长流铺郁怒无所泄。既出峡，则奔腾横啮，甚则逾防稽陲平野为壑，故湖北滨江郡县往往多水患，而荆州尤当其冲。自东晋陈遵创建金堤，迄今不废。

我朝乾隆戊申之役，特出重臣蠲巨帑，增筑石矶。厥后累岁崇修，水患亦以稍弭。夫荆之病涝久矣，而堤之利民亦博矣。同治己巳，余于楚督任内持节赴蜀，曾两过堤上，详察形势，审其要术，大氐课工欲坚，筹费欲宽，落事欲核，防护欲勤。得此数者，则灾之大者可以减，小者可以消，固人定胜天之理也。

君与余相知也久，为人笃雅，劬于著述，尤究心经世之学。守荆州政简民乐，乃以其暇纂辑是书，于二千年来设堤御水之成绩犁然毕具，务俾有志之士考镜得失，一旦躬临巨役，不至以吏为师。后之官斯土者，庶其有所折衷，亦君永庇荆民之一端已。光绪二年正月中瀚，合肥李鸿章叙。

《荆江大堤志》王任重序

防洪是治理长江的首要问题。这个问题的解决，在荆江河段尤其重要。

两千多年来，长江中、下游广泛修堤抗洪，荆江大堤就是其间修筑的最重要的一段堤防。该堤位于荆江北岸，直接保护着荆北

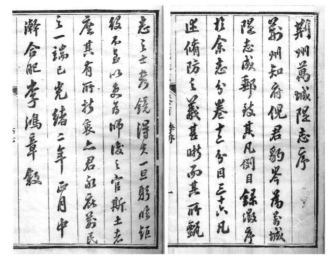

图9-6 李鸿章为《荆州万城堤志》所题书序

地区800万亩耕地和500万人民生命财产的安全，是江汉平原的重要防洪屏障。建国后被列为国家确保堤段，但防洪标准不高，如遇1870年曾发生过的那样的大洪水，大堤溃决后，不仅直接受其保护的区域被淹，而且还将危及武汉工业区乃至整个江汉平原，从而打乱国家经济建设部署。因此，我在湖北主持工作期间，常以荆江防洪问题为虑，多次察看荆江大堤，并陪同周恩来同志前往视察，深感大堤形势之险要！调离湖北后，每届大汛，仍常以荆江大堤的安危为念。

为了减缓洪水对荆江大堤的威胁，1952年中央决定兴建荆江分洪工程，1954年分洪对确保荆江大堤起了决定性的作用。30多年来，大堤加培土石方达1亿余立方米，三大险情的治理取得很多成绩，对此深感欣慰。但荆江防洪问题仍远未得到解决，荆江大堤溃决的危险依然存在，按照长江流域规划研究，若不兴建三峡工程控制川江洪水，荆江大堤就难以确保安全。

《荆江大堤志》在记述该堤发展历程时，一方面充分肯定了大堤的建设成就，一方面又强调了它潜伏着的严重危机，对此我们必须提高警惕！除应继续大力加固荆江大堤外，还要从全局出发，加强科学研究，采取综合治理方针，特别是请求国家加快修建三峡工程，并在干支流兴建具有调洪作用的水库群，以达到更高的防洪标准。

《荆江大堤志》完稿之日，编纂者要我写几句话，谨书此以为序。

《荆江大堤志》林一山序

《荆江大堤志》是一本记述荆江大堤形成与发展的工程专著，也是总结该堤防洪经验教训的书。

荆江大堤形成以来，虽经不断加修，但仍多次发生溃决。洪水对于荆北的严重威胁始终没有根除。一九四九年夏天，该堤冲和观一带，因经受不住洪水的冲击，大部堤身已经崩塌江中，眼看就要发生溃堤，幸好洪峰持续时间不长，才侥幸地避免了一次毁灭性的灾害。这是我所亲眼目睹的一次特险，至今回想起来，仍有惊心动魄之感！

人们常常习惯于事后才去总结经验教训，须知，这是要付出巨大代价的。像荆江防洪这样的重大问题，必须树立防患于未然的思想，不然，后果将不堪设想。

建国后，荆北地区广大干部和群众，在共产党和人民政府的领导下，通过对堤身的加高培厚，在堤背填塘防渗，从堤内清除各种隐患，向临江险段抛石护岸等，共计完成土石方量一亿余立方米。加之荆江分洪工程的兴建与运用，从而在一定程度上减轻了洪水对荆江大堤的威胁，使我们有可能战胜像一九五四年和一九八一年那样的较大洪水。但是，要战胜一八七〇年那样的特大洪水，仅仅依靠现有的荆江堤防工程则是远远不够的。

在长江流域规划的编制过程中，对于长江的防洪问题，尤其是重点河段荆江的防洪问题，曾拟定出一系列治本措施。包括修建三峡工程作为防洪主体工程等。完成了这些治本工程以后，万一长江发生特大洪水，经由三峡水库的调蓄，以及荆江分洪工程、荆江堤防工程的共同作用，才能为荆江的防洪安全提供可靠的保障。

荆江的防洪问题还必须改变北岸过于低洼的形势。改变这种危险形势的方案主要有两个：一个是荆北放淤，在荆江北岸修建分洪工程，引入长江泥沙以淤高低洼地带；一个是主泓南移，利用长江天然的巨大动力，因势利导，使河流主泓逐步向南移动，为北岸堤外得到必要的安全边滩，消除临江大堤的危险状态。多年来我们力争实施荆北放淤方案，认为这是上策，但由于各种原因而未能实施。现主泓南移方案则仍不失为治理荆江的有效办法，因此应该争取早日付诸实施。

长办曾研究过大、小两种实施主泓南移的方案：大方案是在下荆江裁弯取直使主泓远离北岸大堤，并在上荆江开挖新河道，以取代旧的河道，这就是变南五洲为北五洲的方案；小方案则是迫使现在的荆江危险河段主泓逐步南移，也就是说在危险河段使南岸崩塌北岸淤积，逐步改变北岸低洼的危险状态。由于下荆江裁弯取直现已初步完成，今后主要是控制裁弯后的河道向合理方面发展。因此，上述两种方案，实际上已无多大区别。在实施步骤上，除已经过模型试验制订出一整套南移工程方案外，还要在上荆江沿岸兴修的工程中，结合未来的总体方案，在较小的局部河段上创造有利条件，使长江河段的变化向有利方面发展。具体说就是在南岸有利于未来的河势改造的某些崩塌河岸，要说服当地群众不要抛石护岸，最好移民退建临江大堤。另一方面研究利用滨江城镇岸边码头建设工程，使之有利于实现主泓南移的整体工程计划。

我们的治本方案应该包括利用城市护岸工程，使城市河段能有一个稳定的弯段，使下游弯段的变化幅度控制在一定范围内。因为平原河床弯段，由于冲刷点下移，在一定年限内可使河湾走向反面。也就是说由凹岸变成凸岸，或者由凸岸变成凹岸。为避免在北岸边滩宽度不够的河段长期处于凹岸崩滩的状态，在沿江城镇的建设规划中，就要结合岸边码头的建设，考虑这个城市河段的近期与远景的建设规划，使之有利于达到上述这一控制河势的目的。在上荆江河段，则必须控制沙市、郝穴两个市区弯段和斗湖堤河湾。这三个河湾控制得好，就可以迫使上荆江各个河湾弯段的变化幅度不至于超出我们所允许的范围。

近百余年来，沙市市区河段，不管上游河段变化如何，它始终处于比较稳定的状态。但由于该河段过于顺直，下游盐卡和观音寺河湾弯段半径太小的危险状态没有改变，对河势控制未起到城市弯段所应起到的好作用。目前，这一弯段的冲刷点基本上没有向下游移动。而冲刷点的下移，从改变河势来说则是好事。如果结合沙市城市规划，将市区岸边下移部分向江中进展，增加该河段的弯曲度，或者说缩小该顺直河段的弯曲半径，并加大盐卡、观音寺的河湾半径就会有利于沙市以下弯段的整治。由于城市的沿江码头最好建在凹岸，使岸边始终处于冲刷状态，港口才能保持一定水深，这种城市河段可以始终对河流起着有益的挑流作用。因此，城市河段的河势规划应考虑有利于保证下游的河势控制。据说沙市的铁路与水运联运码头，拟设在市区以下的岸边滩地，并进行这一新市区的建设计划。因此，沙市河段的岸边整治计划，应同该市城市规划统一研究，使工程达到综合利用的目的。

郝穴镇市区河段基本没有可以利用的河段边滩，因而，目前的市区中心建在堤背低洼地带。由于郝穴河段危险堤段太长，故应结合该镇岸边码头与河岸工程的建设，争取在河势变化过程中使本河段的冲刷点保持在市区岸边，因为市镇本身就是抗御洪水的堡垒，可以保证在一定时期内不至发生危险。为使郝穴以上河段变成淤滩河段，在一定时期内，必须使该镇附近在河势演变中形成凹岸河段。只有整个郝穴堤段形成一定宽度的淤滩以后，郝穴镇市区的岸边才能有计划地分段淤宽滩地，形成新的市区。

斗湖堤河段的变化，直接影响着郝穴河段的变化，郝穴河段之所以长期处于危险状态，主要是因为斗湖堤河段右岸崩滩的发展。在这一崩滩的发展过程中，它越是崩塌的厉害，郝穴弯段的险情就越是严重。从上荆江两岸现存的新旧堤线可以看出，郝穴河段由原来的江心洲变为后来的南五洲，因而形成了危险的郝穴弯段，这不能不说是斗湖堤河段主泓不断南移的结果。该弯段主泓不受限制地向南岸大移动，增大了杨家厂粘土滩岸的挑流作用，右岸冲刷点不可能向下移动，致使本来有希望恢复为长江主泓的黄水套支汊，现已接近淤死。而这个河湾右岸冲刷点的不断向南崩塌过程，也就是郝穴弯段的冲刷点还停止在冲和观一带，至斗湖堤河段右岸冲刷点开始向上移动，冲和观、祁家渊的危险堤段才开始缓和。近20年来，郝穴弯段冲刷点又开始向下移动，因此，斗湖堤河岸的整治必须坚持两个原则：第一，迫使该河段主泓向左岸移动，以逐步改善郝穴河段的险情（至于这两个弯段的具体关系，则必须经过模型试验才能制定出它们的河势整治计划）；第二，杨家厂粘土河段必须看作是在历史上曾经是控制荆江右岸发展变化的最重要因素。因此，在该河段粘土岸边应当树立一个石碑，说明今后在该粘土以上的滩岸如果不是处于淤滩，而是处于凹岸状态时，斗湖堤右岸的主泓线则必须保持在允许的范围以内。即深泓线不得超越杨家厂岸边以上河岸最大弯曲半径的岸线，绝对避免杨家厂以上凹岸岸边半径变小，因而产生或加大杨家厂粘土岸边的挑流作用。另外，该河段主泓还不宜过多地向北岸发展，不允许长江主泓有较大的摆动，这就是因为北岸滩地宽度较窄。因此，制订上荆江的河势控制计划时，就必须在上下游的整体计划中，保证杨家厂河段，不至于产生主泓向两岸有较大幅度的摆动。有人曾主张大量开挖杨家厂粘土岸边，经过初步的模型试验，在同等投资条件下，进行各种方案比较的结果，采用这种主张，工程效益最小。

纵观过去，展望未来，我们只有一个目的，就是力争在不太长的时期内，实施"上荆江主泓南移"工程，尽快改变荆江大堤的危险形势，以求在修建三峡水库后彻底解决荆江防洪问题。

《荆江大堤志》陶述曾序

这部新编的《荆江大堤志》批判地继承《荆州万城堤志》等6部旧志，充分反映了建国以来党中央及各级人民政府对荆江大堤的关怀，充分反映了广大干群对建设荆江大堤的不懈努力。

新志内容翔实，除人文章节多存旧志资料外，其余章节则以新材料为主。建国以来，关于荆江治理及保护荆江大堤的一切措施都经过实践检验。有的方案目前还在拟议之中，但并不是凭空想出来的。例如，三峡工程方案，提出之前有美国田纳西河谷一系列高坝的建筑，之后有我国八万多座大中小山峡水库的成功经验，证明三峡工程方案是可行的。

荆江大堤本身有三大险情：第一是堤基渗漏，第二是堤身隐患，第三是滩岸崩坍。任何河流都有一二种险情，荆江大堤则是三种具备，各有特点。荆江是古云梦泽冲积平原河段，平原底层是强透水性的卵石层，中层是弱透水性的细砂层，地面是不透水的壤土层。每次决堤，口门宽千米以上，长数千米跌塘；层面冲坏，细砂层外露处成片出现冒水涌砂小孔，小孔扩大危及堤身。小孔或在塘水面下，或离水面二三千米。堤身隐患多种，最险的一种是土栖白蚁穴多，民谣说："千里金堤，溃于蚁穴"，实际是指荆江大堤的。迎流顶冲，滩岸崩塌，是冲积平原河流的通病。荆江滩岸崩塌速度次于黄河，但规模却大得多。每段长一二百米，接连三五段至一二十段，退水时期或低水位季节也崩塌。建国以来，除尽心运用传统方法防止了决堤外，还创造了新方法，使险情趋于缓和。例如，用挖泥船吹填渊塘，堤背放淤加宽压浸台，代替人工或汽车运土填筑；用压力泵灌泥浆，填实蚁穴，消灭白蚁，代替挖掘追寻、翻筑堤身；用柴帘护岸，代替沉排；用塑料袋装土护岸，代替块石。这些新方法加强了荆江大堤的防洪力量，节省了大量人力、物力和财力。"新志"不愧为江防工作者的技术手册！

但是，荆江的泄洪力量不适应上游较大的来洪量，历史上有洞庭湖起调蓄作用。自晚清四口分流入洞庭湖后，促使洞庭湖迅速淤浅，河床萎缩。本世纪三十年代，洞庭湖又开始大面积围垦，导致荆江入洞庭湖调蓄的流量减少将近一半。江湖矛盾引起两湖人民生死利害的矛盾。1952年春建设荆江分洪区，人民之间的矛盾得以缓解。但荆江泄洪能力与上游来洪量不相适应的矛盾依然存在，为了解决这个矛盾，长办在1958年以前就提出三峡工程方案，在毛主席主持召开的成都会议上得以通过，并经中央正式批准。又因三峡工程规模大、投资多、工期长，短时期难以实施。长办多次提出调度荆江超额洪水的方案。后水电部又制订《黄河、长江、淮河、永定河防御特大洪水方案》，均经国务院批准。其中长江的调度方案是按荆江超额洪水主要来自上游规定的。要解决这一矛盾，有待于三峡工程的完成，"新志"是强调这一点的。

长江洪灾来自大面积、长时间的暴雨：西伯利亚冷气团和东南太平洋湿热气团常按季节接触于长江流域上空，成为"峰面雨"，有时持续一二十天或更长，如在中游上空，我省即有水灾，凑上川水，灾情更重。1954 年湖北大暴雨，由七月初持续到八月中旬，宜昌站亦出现六万多流量，所以造成百年罕见的大灾。如川水得到控制，灾情可小。

三峡工程可行性研究了 30 多年，争议还要持续下去，江南四口分流日减，上游来洪量如何？前几年，中国林学会曾提出"长江会变成第二条黄河吗？"的问题，根据全国政协农业组 1987 年 10 月的调查报告，川西林区覆盖率由百分之四十骤减成百分之十四。由此推断，荆江所面临的根本矛盾更趋于尖锐了。展望前途，希于二十一世纪十年代初即看到三峡高坝巍然屹立，川西和其他林区得到恢复，各级支流梯级开发开始，所有河川水源涵养林，各地防风林带，等等森林植造取得突破性成就！

社会主义初级阶段的中华人民共和国总是要向高级前进的，制服特大洪水灾难便是前进的第一步，前面说的根本矛盾终将趋于解决！

"新志"编辑室的同志们是在寝不安席的荆州编写的，够辛苦，成绩斐然；"新志"将与荆江大堤并存天地间！登高望远，应乐观！

《荆江大堤志》郭振乾序

我省境内长江、汉江和众多的中、小河流纵横交错，防洪任务十分艰巨。全省共有干支民堤 9000 余公里，是工农业生产和人民生命财产的防洪屏障，特别是荆江大堤，直接保护的地区，人烟稠密，经济发达，在全省国民经济中占有举足轻重的地位；如果发生溃决，不仅将使这个地区的生产、生活设施遭到毁灭性的破坏，人民生命财产蒙受惨痛损失，还将严重地影响社会的安定。因此，前人曾有"湖北政治之要，首在江防；而江防之要，尤在万城一堤"的说法。

中华人民共和国成立四十年来，党和政府十分关心荆江大堤的建设，耗资之巨，前所未有；荆江人民为加固大堤和抗洪抢险付出了艰辛的劳动，建立了巨大的功绩。一九八八年，中共湖北省第五次党代会明确提出"在中部崛起"的战略目标。实现这一战略目标，确保荆江大堤的安全始终是一件不容忽视的大事。除了每年抓紧完成堤防岁修和加固任务外，还要切实加强汛期防守。荆江大堤经过建国以来的大力加固，抗洪能力虽然有很大增强，但防洪标准仍然偏低，如遇特大洪水仍有溃堤危险，对此绝不能掉以轻心。现在长江已经多年没有发生特大洪水，但不发生特大洪水的周期愈长，发生特大洪水的几率就愈高。只有居安思危，充分做好迎战特大洪水的一切准备，防患于未然，才能立于不败之地。

万里长江，险在荆江。新编《荆江大堤志》，以科学的态度，客观地记述和总结了荆江洪水发生情况和防洪的经验教训，资料翔实，内容丰富。它的出版，不仅可使从事水利工作的同志从中受到启示和得到借鉴，还可为领导者决策提供科学的、切实可靠的依据。在建国四十周年之际，谨以此书奉献给广大读者。

《荆江大堤志》童文辉序

荆江大堤是我省江汉平原的重要防洪屏障，它的安危，不仅对湖北至关重要，而且对全国也有重大影响，因此受到国家高度的重视。该堤自东晋肇基至今已有 1600 多年的悠久历史，人们在长期与洪水作斗争的过程中，积累了极其丰富的经验；特别是在中华人民共和国成立以后，随着现代科学技术在该堤建设中的广泛应用，又不断总结出一些新的经验，从而大大丰富了实践的内容。新编《荆江大堤志》对此做了大量客观的记述，所以应该说这是一部观点明确，资料翔实，具有鲜明时代特点和科学价值的志书；它的出版和发行，不仅将对我省水利堤防事业产生一定影响，而且对于促进水利科学研究也将不无帮助。

由于荆江大堤地处长江矛盾最为突出和复杂的荆江河段，同时堤防本身又存在不少难以克服的弱点，因此，对于荆江的治理，前人曾经提出各种主张或建议；建国后，中央经过大量的调查研究工作，及时提出了"确保荆江大堤，江湖两利，蓄泄兼筹，以泄为主，上下荆江统筹考虑"的综合治理方针。根据这个方针，先后修建了荆江分洪和下荆江系统裁弯工程，将来还要在长江上游兴建三峡工程。这些对于巩固荆江大堤和根本解决荆江防洪问题，无疑都是完全必要的，但绝不能因此而忽视了堤防本身的加固，否则那是会犯错误的。全国政协副主席、原水利电力部长钱正英最近反复强调："即使在三峡工程建成以后，荆江大堤也仍然是三峡的一个配套工程，因此大堤本身的加固不能放松"。这个观点是很正确的。

荆江大堤是我省第一位重要的防洪工程，也是整个长江流域最重要的防洪工程。对于这样一个重要工程，我们不仅要加强建设，而且还要加强科学管理，特别是要建立必要的法规。在这方面，《荆江大堤志》中的一些记载，如前清、民国时期制定的一些责任制和奖惩办法，对于我们今天研究和制定法规仍有参考价值，我们要十分珍惜前人留给我们的这份宝贵文化遗产，凡是可以为今所用的，我们就一定要加以继承和发展，这也是我们今日修志的主要目的之一。

新编《荆江大堤志》在各级领导和众多专家、学者的亲切关怀和指导下，经过编纂者五年时间的辛勤耕耘，现在终于在中华人民共和国成立四十周年大庆的前夕，奉献给广大读者，这是荆州地区党政领导和广大水利堤防工作者献给祖国的一份礼品，谨此表示热烈的祝贺！

《荆江大堤志》徐林茂序

荆州襟江带汉，腹背均受洪水威胁，从来以堤为命。其中特别是荆江大堤，当荆江二百里之冲，抵挡着高出荆北地面十多米的巨大洪水，咫尺不坚，千里为壑，如果一旦失事，那就会如民间谚语所说的那样："水来打破万城堤，荆州便是养鱼池"了。因此，这条大堤的安危，尤为千百万人民生命之所系。

据历史资料记载，荆江大堤肇基东晋，至今已有一千六百多年。历史上曾屡遭溃决，给人民带来极其深重的灾难，而荆州地区首当其冲，因此受害尤烈。建国后，荆江大堤被列为国家确保堤段，纳入国家基本建设计划，到1985年止，投资二亿三千多万元，大力进行培修加固，完成土石方工程量一亿多立方米，堤身断面较之建国前扩大三分之一，个别堤段甚至扩大一倍还多。同时还先后兴建了荆江分洪工程和下荆江的河道整治工程，以减轻洪水对荆江大堤的压力，从而大大增强了大堤的抗洪能力，安全度过了三十多个伏秋大汛，防洪效益十分显著。但由于荆江河床的安全泄量与上游巨大洪水来量不相适应的突出矛盾并未得到解决，荆江大堤本身存在的三大险情也未得到根治，因此决不能掉以轻心。只有按照中央的安排和部署，继续抓紧采取措施，进一步加固堤防，完成各项综合治理工程，力争尽早由治标转入治本，这样才有可能实现荆江大堤长治久安的目标。

编修地方志，是我国所特有的优良传统。历史上有关荆江大堤的志书，先后已有《荆州万城堤志》和《荆江堤志》等六部专志传世。现在编纂的这部《荆江大堤志》就是在批判继承旧志传统的基础上，用新的观点和新的材料编纂成的。"新志"翔实地记述了荆江大堤的历史和现状，特别是着重地记述了建国后广大人民群众在党和政府的领导下建设荆江大堤的过程。这期间，有成功，也有失误；有经验，也有教训，其中可供借鉴之处当不会少。衷心希望它的问世，对今后研究和制定荆江大堤建设的方略和措施，能够有所裨益。

第三节 碑 刻

一、古代碑刻

重 开 古 穴 碑 记
元 林 元

皇帝即位之初元，诏开江陵路三县古六穴口，从本路请。府邑官吏即日奉行之。其应役者，不集而至，扶老携幼，远近集观，欢呼忭舞，赞皇元万年无疆之休，猗欤盛哉！江陵，荆一大都，西巫峡，东洞庭，北汉沔，南鼎澧。由江陵而下，皆水乡。按《郡国志》：古有九穴十三口，沿江之南北，以导荆水之流，夏秋泛溢，分杀水怒，民赖以安。宋以江南之力，抗中原之师，荆湖之费日广，兵食常苦不足。于是有兴事功者，出而画荆留屯之策，保民田而入官，策江堤以防水，塞南北诸古穴，阴寓固圉之术，射小利，害大谋；急近功，遗远患，当时善之。畚锸既兴，工以万计，屯田之人不足供中役，则取之民，二邑之民不足，则取之他邑，甚而他郡皆征焉。集夫之名，岁以冬十月迄春三月筑堤，夏五月迄秋八月防水。终岁勤动，良农废业。归附以来，其取几何？纵令捍御，有备无虞，官入之数，偿民出之什一。堂堂大朝，梯航效贡，岂与此水争咫尺之利哉。今之故址，或摧而江，或决而渊，或潴而湖。七十年间，土水之工，皆生民之膏血。始作俑者，其白丹之徒欤！萨德弥实以忠翊授石首县。大德七年五月视事，六月，陡决县东之陈瓮港。本官□筑内之开口，再筑黄金、白杨之两堤。邻境岌岌，又增筑内垸之新兴堤。方完，公安竹林港大溃，新兴无恙，保全数村。自是本官究心于堤，必欲脱斯民于鱼鳖之区。未几，委运淮粮不果。明年，上司合数郡大兴工役。不一再岁，陈瓮再决，波及数邑，民堕流亡，官费赈给，皆堤祸之。本年八月，本官偕尹王承事，集邑耆儒、乡老、里社经事之人于庭，询其利害，皆曰开穴为便，塞穴为不便，遂定不筑陈瓮港之议，以验其效。是岁夏潦不减于常年，独陈瓮当下流之浸，注之洞庭，而无常岁冲溃之患，农田稍收。乃大合土民讲究之词，力陈古穴必合疏导之利，以告于府。时通议大夫赵公剖符江陵，严明正大，见义勇为，下车问疾苦甚悉。遂以牍上于行中书省参知政事行荆湘湖北道宣慰使司脱孛孛山南山北道肃政廉访副使朵儿只与二公之意犹合璧，立赞决。私意不得投于其间，是以请愈坚，筹画愈熟，其利害愈白。受水之患，地隶两省，则委江陵路治中嘉山海牙参政，湖广则委澧州路治中李公奉政，皆详明廉干，通达今昔。故其申述穷极源委，议论毕合。请于省台，闻于朝廷，遂下合开六穴之令。江陵则郝穴，监利则赤剥，石首则杨林、宋穴、调弦、小岳与焉。元年秋大熟，网罟之地，转而犁锄；菰蒲之乡，化为禾黍。虽竭江汉之汤浮，不足以形容惠民之圣政，真太平盛事也。盖尝论水之利莫详《汉志》，治水之迹，莫神禹功。堤防壅塞，失利致害，非古意也。迁《史》《沟洫》之笔，有取贾谊兴利除害之说，以诏来世。今夫诸穴，通则为利，塞则为害，较然甚明。曩闻塞穴之初，未尝无陈其不利者，前乎此，时非陈公言之时，人无主公言之人，不惟不主，且以己之私，挠人之公。宜其有言，略见举行，旋闻寝罢。斯民有幸，诸公一心，同主公论，利民之事达于上，害民之弊革于下。学道爱人，承流宣化，其善亦尽矣。涝水，天数也；酸枣金堤，宣防瓠子，人力也。疏通之论，不可磨灭。邀功生事，毋以适然之水藉口。或谓开穴之利今已见；复民田之利谁与领此？后来者，愿广数公之志。

玉沙范氏洪济桥碑记

监利西门外向为江襄合流之所，每夏秋之间，监北一带垸分悉成洪潦，国赋民命两受其害……扶宇公毅然以己任，亲至京师叩阍，奉旨谕允，于万历八年九日十八日修筑庞公渡，并建洪济桥。自后，新兴垸及北垸遂成腴产。今值重修桥，谨将我祖有功赋命之由书石，永垂不朽。

皇清嘉庆七年立

江陵县郝穴范家堤建闸记
李若峰

《括地志》称："荆州为全楚襟喉，古之泽国"，江陵首七邑，不但川岷发源江流掠境，即支分之汉水亦带萦虹贯，例注西趋。前数十年，迭遭巨浸，如极洼之林章等一百八垸，次洼之永丰等一百四十八垸，匪于莱，即釜底。守斯土者，亦心劳计拙矣。

岁丁卯制府汪大司马，入告民艰，发帑建监利福田、沔阳新堤二闸。萃县属西北长湖、东南桑湖之水，悉侧出于正东白露湖，而之□滥逐年消泄，日不足而月有余，民因赖以稍苏。然而道远且淤，中月阻浅，已难期于畅消。益以丙子之秋，双圣堤溃二百余丈，洪流内灌，平地扬波，前世之固复无几，而浸淹过之，如民生何？今夫民者圣王之田，田者百姓之命，聚千百万生灵托命之资，尽付陆沉，空嗟屋仰，是以本有膏腴之产，转而无升合之收也。守斯土者，亦何以上答天子牧民之意乎！

越次年，丁丑春，见峰观察、松亭郡伯率余周历各垸，详核淹渍情形，勘得郝穴汛有熊家河，可引桑湖汇归之水，直接出范家堤以达于江。爰请于大府，具奏借款，择吉鸠工，遴员监督，而复建闸焉。是后也，金门正付，地平天光，底桩之严密如铁铸，而且两掖抢滩，长领锁口，江水泛而不淫，而且挟堤捍涨，挑渠迎流，河水聚而不暴，费不虚糜，工以月计，而闸已成。由斯以往，天不淫阳，地不闭阴，有保障而无漫缺之虞。有疏消而无渍涝之患。俾吾民财产给之家室，和康登礼让□型□采输将以奉上。所望后之君子，有守土之责者，济苦嶂之不足，极人事以相天工，用庇我溺民也。计正副闸二座，各长七丈，中腰达长二尺，共长十四丈二尺。金门口宽六尺，中空高六尺。金刚墙二，各长十四丈二尺，凑长二十八丈四尺，伏卷正副各长七尺，内迎水八字雁翅墙二，各长三丈五尺。明闸长十四丈，外分八字雁翅墙二，各长六丈。堤内引水河长二百三十丈，分十二段，底面量地形浅深开挖，河口宽八丈，深二丈二尺，底宽二丈有奇。明闸外出水河长七十丈，深通与明闸等，均例得备书。

赐进士出身文林朗知湖北省荆州府江陵县事，庚午科同考试官卓异侯升加五级记录十次，闻喜李若峰撰文。

县丞　　　　李洁

监修委员候补

训导　　　　喻炳

邑　人　　程炌　晓民书丹

嘉庆二十三年　　岁次戊寅孟秋月上澣榖旦

石　工　　王大榜　镌

荆南观察祖公挽筑黄潭堤碑记

观察使祖公之莅我荆南也，精敏廉毅，有可以利民者，行之坚勇，不俟终朝。其视人之瘝，辄寝食弗遑，必欲去之而后快。以故风清弊绝，年丰人和。甘棠之所庇荫，口碑之所传诵，美不胜书。而黄潭一堤，其大造于吾民者，亿万载犹将受其赐也。盖荆当江汉之冲。江自岷山来，为众山所约束，激湍奔迅，抑遏未伸之气恒，有待而发。所恃以保障下邑者，惟沿江诸堤耳。黄潭隶在江陵，尤为要害，一决则监利、潜江、沔阳、荆门，绵亘千余里，稽天巨浸，波及邻封，不仅一郡一邑也。自昔以来，坏筑不一，康熙辛酉七月，堤忽崩溃，父老皆拊膺痛哭，谓百年所未有。于是急谋修筑。功未竣，而壬戌六月又告溃矣。水势怒涨，更倍于昔。风雨大作，益助凶威。禾黍桑麻，尽归鱼腹。室庐坟墓，化作蛟宫。死者枕藉，生者流亡，贾哭徒悲，郑图难绘。夫区区三户，夸形胜通商贾，皆倚江为利，而阳侯一怒，举千里之人民土地，而悉委之波臣，彼苍者天，何宁忍此。然事当穷蹙之秋，必有扶危定倾之人，夺造化之权，而争百姓之命。公下车即慨然曰："人事之不修，而徒诿其咎于天灾乎？"于是以修筑为己任，而又恐力役之不均也，勤惰之不齐也，吏胥之作奸也，追呼之多扰也，愚民之难与谋始而一劳永逸之无期也。公乃目营心计，颁设规程，揣基址，量厚薄，分丈尺，视远迩，行台土、个土之法，分工列号，给印票以杜欺罔，必赏罚以别勤怠，节省其力而用之，故民不劳；区画其地而考之，故事大集。凡四阅月，而一千五百余丈之堤屹如山立，向之惊浪狂澜悉循其故，然后人得平土而居之，公之功不在禹下矣。堤既成，妇子相与庆于室，农夫相与庆于野，行旅相与庆于涂。乃焚香呼跃稽首于公之庭，请勒石以志不朽。公曰："吾奉天子命，旬宣兹土。尔父老子弟有克，保有其田畴庐舍，以歌咏太平是重，吾不德也。幸而成，其敢自以为功乎！"亟请弗许。诸父老子弟曰："君行制，臣行意，古之道也。"乃乞言于余，以彰公之功。余曰："天下事亦惟是至诚者为之尔。公诚于爱民，故虽以江流之剽悍，不得不效灵以听畚锸而归其壑。藉令白圭郑国殚其生平之智力，犹惧不克胜，而公乃必之於数月之间，则诚与不诚之别也。回忆曩者吾与若均受其害，痛定而思，其痛愈毒。后此之田尔田、宅尔宅者，百世子孙，其谁不拜公之赐！歌颂之思，其又乌能已也！"爰述其事，授之简，以勒诸贞珉。

来 福 寺 碑 记

万城堤者，荆州全郡之屏蔽也，俯翼郡城为唇齿。堤绵亘二百余里，大抵鳞次栉比，皆扼江之冲云。今年夏，余权守是邦，兼权本路观察。六月中旬，江流骤涨，逼万城堤下。官民各工以险告，城中文武诸君，分驰保护，余则择险要者任之，仍往来董率。二十日，中方城堤报险。驰视之，则内堤已坍丈许，下有漏孔，大可二三寸。疾加填筑子堤，忽横裂成缝者数处，表里洞彻。江水入啮之，已舂撞有声矣。内堤漏孔益刷宽二三丈，水喷激如箭，色浑而夹沙，势横溢不可遏。俄而老子堤相继颓圮者二十余丈，与江水平。急率众役，以土益增筑于其外，凡两昼夜间始高出水面。方惶遽间，内海面同时倏陷数坑，潭水突射如箭。孔此塞则彼涌，此筑则彼陷。或曰："殆蛟龙异物凭焉！"或曰："此泉脉也"。霖雨又继之，积旬不止。皆相视失色，村民狂走号哭欲去。唯幸此日无风，新筑处俄陷一坑，始知内渗所由。募人探之，得其实，急下絮豆塞之，内渗始绝，外筑者亦坚实，堤卒以全。皆称为万城堤数十年无此险者！事平，吏民议曰：堤之全，非独人力，盖亦有神助焉。按万城来福寺旧祀真武大帝，基宇甚隘，盍建中方城？又兹郡者圣帝昔尝治焉。灵爽凭依，最为赫濯，御灾捍患，屡著奇绩，盍并崇祀，用昭呵护？众咸以为然。自官吏至居民，相与捐锱成之，以壮庙貌，答灵贶焉。夫不测之谓神，不可遣之谓神，其与人心相感通，则捷若桴鼓者，惟诚而已矣！方护堤之际，危在呼吸，张皇补苴，罅漏百出，无智愚皆谓万难全济。即事后思之，未有不心悸目眩，手脚失措者也。而卒能回狂澜于既倒，此非神之为之，而谁为之耶？或谓神之于人，仁爱至矣，盍不镇定于事先，乃从其阽危而拯之乎？不知诚不积，则感不孚；诚不至，则应不捷。必待其忘身捍救，智勇俱竭，至于呼号有厉，始起而援之。然后人之事以尽者，神之事以著。尽也者，尽此诚也；著也者，著此诚也。其不测而不可遣也如此。夫自兹以往，尤愿吏于斯者，无忘畚锸之事，上下一心，日望其昭，格于陟降。则神之祐之，如响斯赴，千万年乐利之麻，广长保无穷也已。寮属请余以文纪之，因推明感召之理，盖如此云。

道光二十年十二月　但明伦

凝 忠 寺 重 修 记

凝忠者何？聚众人之忠爱，成众人之忠爱也。道光二十四年，在甲辰夏秋交，江水盛涨，荆郡滨江之邑，堤多漫溃。松滋之黄木岭一口为最巨，其他系采穴故道。内有重潭，水势汹涌，直引支流，正泓全注。至仲冬，方能估工探量。当从内挽，计三百五十余丈，以两潭间古埂旧底为堤基，截水修筑者，长迤二百余丈，深至数尺至二丈许。水面以上，陡高计三丈三尺。取土之远，由二三百丈至五六百丈，观者咋舌。上悉皆悯其难，璞思被灾州县，既众均请筹款，势难遍给。议事之初，众绅金称，官督民修，邑有旧章，无所推诿，遂上达舆情，请协同绅士办理。择苏君孔瞻等十二人司总局，袁君应炳等八人为总监，并筵请学博陈弼山、明经王龙岗、上舍朱博斋综理诸人役。于是高乡敛帛布，低乡负畚捐，藉工代之，民皆踊跃。从事运土之夫舟八百余只，车五六百辆，肩荷者数逾万人，登筑之声，闻于数里。五闰月而工成，费逾八万贯，合之岁修与庞家湾、张国兴二口逾十万贯。众工并举，民力不免拮据，非藉众人之忠爱能竣此巨工乎！

兴工以来，璞驻堤督修，依灵钟寺为馆舍，每祈晴朗均沐神麻。新堤成，寺当登高重修以答灵贶。商所以题寺名者，窃谓旧时灵济晓钟之说似无深议，因以"凝忠"二字易之。为此举纪其实焉，盖兴大工而无累于上，此松人抒忠之义。璞特为聚而一之，顺而成之耳。自维才拙，幸此事之克竣，不敢没众人之善，故藉寺名以表彰之。后之君子图善俗以敷善治，可以知聪事矣。不能爱上则成功，事得众擎则易举，此可深长思也！鄙识迂论，冀垂览者鉴。

呈清道光二十五年仲秋吉日
知松滋县事龙川陆锡璞记

汪公堤告成碑记（节录）
赵天相

　　江水发源岷山，控引巴渝三峡、建瓴之势，荆州实迎其锋。松滋据荆上游，长江直下，堤始于此，迤亘八十余里。思患预防洵赖于泣兹土者，明嘉靖间立堤甲法，国朝堤法日密。乾隆五十三年改章，官督民修，屡塞屡决。道光庚寅迄己酉二十年中，决至九次。

　　今上御极以来，稍庆安澜，第既幸无虞。则虽岁有议修之举，而心力或未至。邑侯汪公名维诚，号省吾，以拔贡登道光辛卯乡科，任青阳学博举，咸丰元年制科，旋奉讳归越，岁戊午。吾楚省制府官中丞胡耳，其名特疏，荐既其家起之，己未仲夏来署。……无何，阳侯不仁，庚申五月，江水横溢，非常之□为前此所未有，人情汹汹。幸侯雨绸缪岁修外，尚得余费。闻警即驻堤分遣丁役督圩夫作子埝，勿片刻缓，全堤遂无恙。惟庞家湾溃一口，而决后水势益加。……条呈灾异，请予各上台，集邑人士议修筑，量工筹费，期归实用。择邑绅谙练老成者董司、局监、总务，遴选监修二十余人，工分二十二段，诹吉举事。万夫展力，荷畚执锸者，日如鱼鳞然。侯戴星出入督修，不辞劳瘁，始庚申十月，越明年夏五月堤成，计曰四百余丈，用费四万余缗。……春夏之交，濠口堤随修随烊，众忧之，议且纷起□□□□，势所必然，深渊中起，基未一筑，加其上者，若邱山乌得不烊，愈烊而土愈加，堤且愈固，何虑焉！事既竣，道路口碑名之曰：汪公堤。……侯曰：咨父母儿女原为一体，何幸斯人而罹艰，厄治水之余，征税有次第，而民不告急，徭赋从省抑，而民不告乏，矜恤措置。若疾病之在身，遂以奠灾黎于衽席，非仁心仁政曷克如此。……若夫堤工有难易，先乎其难易者，遂不劳而治，则此堤之保障万民，而我侯之砥柱中流，才力遂于此见焉！然则，侯因智、仁、勇兼备者，伟人功业其可量耶？侯莅松近三载矣！政绩莫能殚述，述其大而彰，彰较著者以复诸父老，父老曰：此一邑交颂之言，非一人私言也，宜贞诸石，候采风者传之。

咸丰十八年八月　松滋县士民公立

江汉两堤永不协筑碑记
张可前

　　自古治水独隆禹功，禹之明德成之也。方其祗承帝命，以干爰蛊，轸念民艰，委股肱发肤于舟车辖橾中，求六府三事允治之不遑，岂有厥贡、厥赋、厥金、厥篚先萌于胸臆哉！继是井田变而阡陌，疏浚变而堤防。劳心劳力供职者，又便而因民之财、因民之力以利民，斯固勉效禹功而逊志禹德者也。迨至借昔例以博名，朘民膏以自利，趋斯下矣。康熙乙亥冬，吾邑百二五里之父老子弟，持部覆荆安两郡停协工前案，并违旨板协后案，索记于余，铭盛德也，杜后害也。余惟江汉两堤各修，旧矣。变例互协，取偿分争，时为之乎？人为之也。征之碑文，有明隆庆丁卯，安丞继升荆守赵公贤，因汉堤沙洋溃久难塞，以荆安两属援请捐助筑。顺治乙未，安丞马公逢皋，因监利马子湾连溃，灾切沔阳，详称：请沔阳愿协监利什之三。征之部案，康熙庚戌，荆堤石头嘴挽筑大工，荆郡丞张公登举，议安协荆，力请藩司张公彦珩，率两郡官民诣江堤丈勘。量得江水高汉水一丈六尺四寸，且验荆西诸流会于荆门潜江地方，过监利入沔阳，酌拨安属还协银四千两。康熙壬子，江陵民朱匡以四千两协荆不敷，匍匐控部，咨送两院议覆。总制蔡公毓荣、抚军董公国兴会勘，二府协修，每多争论，诚恐推诿两误，因下其议官于民，自后各筑各堤，两不相协，复部立案。征之题覆俞允者，则康熙庚申，科臣王公又旦条奏湖北协修五害，部覆荆安两郡，仍照州县，各卫本汛，各筑各堤，永禁协修。合稽碑文，部案俞旨永为遵守者，则康熙甲戌，知荆州府魏公勤、郡丞王公固妄请协修，详勘江汉水势，高不协低，大不协小，民力多不协寡，劳不协逸。奉旨事不必议，达者事不敢议，详允中丞年公遐龄，如详销案，凡此皆因民之财、因民之力以利民，逊志禹德，而功所必归者也。至若顺治庚子，历年安郡丞刘某，荆巡道升安守道颜某，啖于安郡李亨若，因重修沙洋，作俑互协，继筑绿麻湾，叠索荆郡银夫屡万，聚讼连年。康熙甲戌，荆门许仁声谋，江陵竺澄暗应，违旨翻案，请驱江、监、潜、沔四邑军民，协修沙洋，仍蹈覆辙，荆安道某未查奉旨有案，遽调五属丁男，公诣沙洋堤所，或挽或筑，民情鼎沸。幸魏公和衷共济，其事仍寝。彼李亨若辈，比匪无忌，不足论矣。岂颜若刘为天子恤民，乃为朘民自利、创利博名者愚耶？夫鲧之圮族，以方命也；禹之元圭告成，以祗承帝命也。今此案叠奉明旨俞允，永不协助，其恤民力杜纷争。虑至深远。后之治水者，将为方命之鲧也，抑为祗承帝命之禹也？余故直据往事，谨列于左，以为将来之法戒，两郡后患奚虑焉！按此记本非江堤正文，而事与江堤相涉。江陵岁供江堤经费巨万，又有阴襄城堤工，无非取给一邑。每遇偏灾，动形掣肘。邻邑别有工作，往往藉口受益，分成摊派，致起争端。存此以谂留心民瘼者。

荆州万城堤铭
望江倪文蔚

维荆有堤，自桓宣武。

盘折蜿蜒，二百里许。

培厚增高，绸缪桑土。

障川东之，永固吾圉。

光绪五年己卯五月　勒石

新修沙市驳岸碑记
清　舒惠

　　沙市荆楚巨镇也。昔郑獬守荆，筑沙堤以御蜀涨，而沙市始有堤。堤之外为康家桥，越桥而南，遵外市，而达于江。迨下游穴口淤塞，河失故道，无以分泄江流，外市沦于深渊。乾隆以来，窖金洲

图 9-7　接修沙市驳岸碑（2012 年许宏雷摄）

淤生日甚，挺峙江心，逼溜北趋。北岸日益倾圮，堤以骎骎乎，濒临大江矣。每逢盛涨，岷江建瓴，清江、沮漳又复助之，众流毕汇。沙市适当其冲，水挟沙流，水退沙停，江底淤垫日高，堤防愈形吃紧，势必与水争地，且欲以人胜天，夫万城一堤，绵亘二百余里，为下游数十州县保障。岁恒补葺罅漏，培厚增高，独至沙堤官民二工之所交汇也，较之上下，堤身均形单薄，沿堤内外瓦鳞椽节，夯筑难施，取土维艰，官于斯者无不虑焉。前观察孙公倡捐督修驳岸于外以翼堤，自上米厂河迤逦至康家桥止。列如环堵桥以下迎溜顶冲，活土浮沙无从下脚，非惜费也，施工难也。升任河南巡抚倪公，设闸板、安石桩于堤上各铺户门前以防险。闸板分储民房，每逢异涨则上，水落则下，盖亦权宜之计。丁亥年，余出守是帮，上赖圣天子威灵，大府之洪福，下托群百工执事之贤劳，与彼都人士之和协，水不扬波、安澜有庆者五载。然而居安未尝忘危，履平不能忘险也。己丑之冬，南皮张公奉命督楚，下车伊始，首念堤防，庚寅夏，亲履万城勘工，辛卯春复遴，委观察赵公诣

荆，相形估工，命于低洼之处加高三尺，中实以土，旁撑以石，自二郎门至九杆桅，计长五百丈，以太守札公董其役，费金钱壹万四千余缗。盖至是而堤已一律坦平，无少缺陷矣。而余窃虑堤外驳岸之保障未全也，增单培薄，事无偏废，功不善继，隐患斯在，上之宪司，得报日"可"。论者顾以点金不易，鞭石维艰，代为忧之。余以仔肩所在，既见其事之当为，必尽其力所能到，于是毅然自任委员，入山伐石，诹吉兴工，先于靠岸抛填毛石实其底也，砌碎石坦水坡不致游矬也，鳌磐石固其基也，取土于对岸窖金洲，亏彼而盈此也，累石为墙，逐层多放，收分而顺水势也，加帮保石，筑三合

土戗培厚堤身也。经始于辛卯仲冬，落成于壬辰仲夏。同力合作，春和景明，迨观厥成，波澜未兴。石岸四层，层各五尺，连坦坡共高二丈七尺有奇，长竟二百丈，面宽丈许，费金钱三万二千余缗。功成筹及善后，遂于濒江适中之地，购置房屋，以为委员驻扎，用资防护焉。从此沙堤巩固，易危为安，道岸诞登，一劳永逸。一时游人、估客、耆老、妇孺靡不额手称庆，载道欢声，以为此固百世之利也。岂仅金城屹屹，克壮观瞻已哉？噫！江水盈虚，以时消长者，天也；陵谷变迁，沙诸回漩者，地也。因天地而度地利以补偏救敝，弥缝造化之所不及者，则终有待于人焉。余设法筹挪巨款，并捐廉俸以利民之事亦尽心于民焉耳，敢以为有功德于斯民耶！兹以工程之大，砥石之坚，兴筑之固，经费之多，成功之速，咸宜勒石，晤兹来许。时往来筹画，揆度经费者，则有若曹主簿本元、张通守良弼、陈巡检启奉、梁巡检景镛；督工，则有若孔典史昭熙、谭典史耀煊、徐典史保宗、乔典史南、候选布理问谢超；其入山督运石料，则谢巡检葆珊、吕经历钦泰、魏大令远猷，皆有勋于斯堤者也。例得备书。

光绪十八年

接 修 沙 市 驳 岸 碑 记
清 舒惠

天下事，贵有初，以开其先尤贵，有终以善其后，此事理之当然。亦事机之相因，而有不容己者。余前之创建驳岸，自康家桥至九杆桅计二百余丈。当勘估之初，议论分歧，皆谓事苟可为，昔人已早为之，其不为者，畏其难耳，余日："不然，为政之要，当为民生计久远，难奚辞？"于是毅然为之，历经大汛，巩固无虞，人咸称善，余亦谓既竭吾力，聿观厥成矣，而孰知洲滩消长莫测，要工环生之未已也。创建驳岸，以及加高工程取土于窖金洲，原冀亏彼而盈此也。癸巳冬，察看取土之处，淤生如故，洲尾滩脚宽长倍昔，坚如铁石，逼遏江流直射北岸，自九杆桅起至洋码头止，计长二百余丈，江滩正当其冲，逐渐坍塌，形如偃月。就目前情形而论，距堤尚远，似无妨碍，然窖金洲攻之不克，诚恐南岸愈长而北岸愈坍，若必俟坍近堤脚而始图之，殊难措手，则未雨绸缪，岂可缓哉！爰督同曹委员本元、陈委员启奉、薛委员绍文、甘委员霖，筹估接修，以为永远计。察勘该处，沙土松浮，不能下桩，若修条石，难以任重，且易于游陷，即抛碎石，亦不过为一时搪护之计，一遇江水盛涨，石随浪淌，仍不免坍卸，徒费重资，终无实济。查该处沿江一带多系空旷，原非尺寸必争之地。再三酌议，相度滩势，刨成坦坡，仍分四层台面。下脚用毛碎石，砌一层内灌灰浆，其余每层用青石板陂陀斜铺，用灰石抿缝，台面用宽厚门坎石结面，共计收高二丈二尺。其靠洋码头处约四丈，沙少土多，外有滩脚，堪以任重，仍用条石砌成驳岸形，与前修一律，费钱二万余缗。款之巨，筹之难，不计也。是役也，经始于癸巳嘉平月中旬，落成于甲午清和月中旬。督工委员：曹本元、陈启奉、薛绍文、甘霖、梁景镛、徐钧、杨炳坤；入山采石料委员：魏大令远猷、谢巡检葆珊、高典史崇德；押运委员：张细洲、李渐达；验收石料委员：薛金吾、幕友蒋涣然。皆始终不懈，例得列名记碑，所以表其勤也。沿岸安设路灯十六盏，上油点灯有吴绅来卿、张绅新莆情愿集资经理，以利行人，二绅乐善不倦，并记之俾垂久远云。

光绪二十年

万城堤上新垱工程记碑

荆州万城堤至郝穴，临江壁立，称最险。太守舒君惠，伐石甃为坦坡，使水著之无力，法至善也。光绪乙未冬（1895年）舒君以卓荐入□□观，余奉檄权守是郡，开办岁修冬工，覆勘至此，尚无恙。不旬月，忽传其地上新垱堤段烼裂，深至二丈许，长至四十余丈。一时居民相传说，甚恐。余闻之，仓卒复往视，信然。审其故，则由对江沙洲日壅益高，逼江洪北趋益近；轮艘往来，浪掣波翻，水脚为所震撼，自下而上，先烼后裂，势岌岌可危。先是，环堤皆保台。保台者累石为之，大数人围，深入地丈数尺，高出地亦丈数尺，市民建以载屋，重不知其几许。而沙土松，不能胜。溜刷于

725

外，台压于上，遂以至此。堤上造屋，向有明禁，乃一律拆去。先抛乱石，饱护堤根。穷裂痕丈八九尺至尽处，杂和石灰沙石，级三层，层五尺，长五十二丈，又于其上，循舒君旧式，铺石为坦坡，高一丈八尺。就中又隔别，修石梯六处，便行旅上下。于尾又斧石为条，作驳岸五丈，保护台之未拆者。凡此，仅可保目前之险，而江洪之北趋如故也。则又于其首之在镇江寺者，适有淤沙突出江唇，遂因之建石矶一座，高二丈三尺，长七丈，俾挑大溜南行，以冀洄流蓄沙成洲于矶之下湾，使堤脚逐渐得所依护，不致复有燁裂患。工既成，居民无不额手称庆。余复虑他日或又建屋其上，则更于堤面濒江隙地，缭以石柱。大书高碑者三，分段树立禁之。有犯者，则治于官法。是后也，不出于舒君九年之内，而出于不肖数月之间，犹幸出于霜清安澜之后，得以从容营造，在险不惊。未必非天之增益所不能，而使吾民相安亦无事。不然，殆矣！余既数数临视，工员亦相戒敷衍。如曹主簿本元、李经历章锷、易派检翰鼎，尤为勤实。张大使德溥、孔巡检照熙、邓典史联镖，亦始终其事，例德备书。

时光绪二十有二年夏五月。

赐进士出身、湖北补用道、特用府署，荆州府知府长沙余肇康识并书。

便 港 志 碑

胡洛渊洲垸之所接壤也，堤外河路弯环，舟不便于行。丁巳春，议由堤套开港捷出，举唐君忠禄、何君宾门、吴君远汉董其事，计十数日港成。而其地块之向背，费资之参差，宜有所征验，以传于后。谨刊于石碑，一览而知焉。同事里人龚旭章序。

注：荆江大堤桩号644＋000处名胡洛渊。渊距堤内200米，系清道光三年（1823年）溃口冲刷坑。溃决后外挽新堤，堤内建有一座单孔浆砌条石拱涵式剅闸，名为南剅。相传民国十四年（1925年）开剅引江水抗旱时出险，后将剅闸封堵未再使用。经锥探查明剅闸位于堤身下部，通南剅沟渠名"便港"，刊有石碑一块，立于该堤段堤身内坡。

黄 公 寺 碑

张太公筑九穴十三口，修长堤，已垦农田，历乃三百年也。……黄公寺系同治初年迁寺于市后原尺八口，古之赤剥穴也。

注：尺八小学校址原为黄公寺，民国二十九年（1940年）九月在寺中建一亭，亭中立有石碑一块，高1.5米，宽1米，厚0.3米。碑文为季家作（生平不详）题写。后因寺庙毁坏，石碑遗失。

二、近现代碑刻

日 清 公 司 赔 款 碑
徐国瑞

日清公司信阳丸撞坏沙市上巡司巷下首堤岸，交涉经过及解决赔款情形。

案查民国十八年（1929年）日清公司信阳丸于七月八日上午十时，由宜至沙。该轮司机人漫不经心，致将沙市上巡司巷口下首江岸大石驳岸撞坏。当经本局将破坏程度切实丈量，长四丈余，宽二丈余，深一丈余，咨请驻沙熊交涉员，于九日上午十时，会同熊交涉员及驻沙日领事馆崛内孝、日清公司大班北岛静等履勘复丈拍照，一面电报省府。确惟斯堤保障鄂中十余县赋命，关系极为重大。况值江水盛涨，撞坏宽长甚巨，全镇民众以利害切肤，深为愤激，兹特郑重声明，提出下列四条，咨请交涉署转向日领严重交涉，期达圆满解决目的，藉保命赋而固堤防。一、是日是时天气晴明，既无暴风大雾，水线又极宽深，通宽四里有余，非窄狭江面可比，该轮竟将数尺厚之大石驳岸崛重命堤撞坏阔大，实属漫不经心。应将该轮负责人役按照航海通例从严惩办，以为妨害安宁者戒。二、沙市大堤驳岸，保障江陵、荆门、监利、潜江、沔阳、汉川、汉阳、天门、钟祥等十余县生命财产，而沙市全镇首受其害，尤为重要。自该轮七月八日十时撞坏堤岸起，至本年水落归槽，估工修复日止，在被撞范围内两头接连及水底附近之堤段发生危险情事，概归该公司完全负责。三、现在江水盛涨，若不急为抢护，危险实甚。已提前饬派工程课督同夫役，以麻袋装入炭瓶、炭渣、石灰、粗砂，均合装满，缝固抛填。极三昼夜多数人工之力，勉为护妥。并购民船一只停外挡浪，蛮石多方护面保固。所费实属不赀，应归该公司负责担任。四、至本年水落归槽，再将该堤被撞长短宽高，两头连接及水底附近之损坏尽量估价，按照大石原样整修完好，共需石料工资若干，均应由该公司负责赔偿。以上四条，咨由交涉员转照日领，严重交涉在案，嗣因交涉署裁撤，致前项提案尚无圆满答覆，交涉因之停顿。经本局长（荆江堤工局局长徐国瑞）呈奉省建设厅指令，就近与驻沙日领切实磋商及早解决等因，一面与日领切实磋商，一面趁江水枯涸，切实复勘。幸被撞堤段仅上中损坏，而下层脚底左右附近均未受损，不得不将全估修复各费酌加核减，以冀交涉易了，俾免之悬，函知日领转饬日清公司如数拨交，俾早解决。

图 9-8 日清公司赔款碑（2012年许宏雷摄）

十九年元月十一日接准日领崛内孝函，称：去年七月九日贵局关于此案提议四条，已饬日清公司圆满负责，并催该公司派员赴贵局面商云云。十六日。该公司派来王经理一名，仅允赔偿抢险修复等费洋一千元，于抢修各费不敷甚巨。再三磋商，终无良果。嗣准日领崛内孝面称赴汉向汉口总领事请示。于元月二十日呈报请水利局就近在汉交涉，奉批示仍由本局在沙交涉。旋准日领回沙，云汉口总领事已转知日清总公司，只允赔款一千二百元，丝毫不肯再加。经本局极力交涉，增至一千三百五十元，呈奉请水利局令准各在案，不敷抢修仍巨，复经本局严重抗议，日领转旋，始增至一千五百元，于本年三月二十三日签字拨款了案，借敦邦交。卷查此案，自十八年七月起，至十九年三月止，拖延八月之久，与日领面商十次之多，往返公文不以数计，足见交涉困难达于极点。若不及时了案修复，一遇春汛盛涨，迎浪顶冲，危害实不堪设想。总之，堤在必修，决不能因争赔款之多少致该堤久羁修筑，置数百万生命于不顾，此解决斯案之实在情形也。除将该赔款、购料按照该堤原样修复抢险，作碑少数不敷由本局长捐廉呈报省水利局备案外，特将此案发生、交涉始末及经过情形，祥勤碑石以作永远纪念云。

民国十九年四月

荆江分洪纪念碑

长江为世界著名大江，我国一大动脉。两岸肥沃，生产最富、航利最大，对中国民族之生存、经济之繁荣关系至深且巨。然长江中游荆江段狭窄淤垫，下游弯曲，急流汹涌，不能承泄，两岸平原低下极易泛溃，为千百年来长江水患最烈之区，历代人民甚以为苦。东晋年间，始修荆堤作为屏障，明万历年间加工复修。清乾隆时决溃，费时十年乃稍修复，此后人民常年与水搏斗，不遗余力。而历代封建帝王及国民党反动政府对千百万人民生命所系之大业置若罔闻。且以邻为壑，垦殖洲垸，阻塞水道、与水争地，于是水患迭起，险象环生，使长江水位高出两岸达十数公尺。而剥削阶级复乘民之危，藉修堤之名，行敲诈之实，以致洪峰逼临，防不胜防。故荆堤之安危，不独千百万人民之生存所系，长江且有改道之虞，影响遗害实非浅鲜！

一九五〇年，中国人民伟大领袖毛主席下令治理淮河，今年又下令进行荆江分洪，解除长江水患。并决定由中南军政委员会副主席邓子恢督责此项巨大工程，限于四月初开工，六月底完成。中南军政委员会乃决定成立荆江分洪委员会，以李先念为主任，唐天际、刘斐为副主任，以黄克诚、程潜、赵尔陆、赵毅敏、王树声、许子威、林一山、袁振、李一清、张执一、张广才、任士舜、李毅之、刘惠农、齐仲桓、徐觉非、田维扬、潘正道、刘子厚、郑绍文为委员；并成立荆江分洪总指挥部，以唐天际为总指挥，李先念为总政委，王树声、许子威、林一山、田维扬为副总指挥，袁振、黄志勇为副总政委，蓝侨、徐启明为正副参谋长，白文华、须浩风为政治部正副主任；并在总指挥部下成立南闸指挥部，以田维扬、徐觉非为指挥长，李毅之为政委；北闸指挥部以任士舜为指挥长、张广才为政委；荆江大堤加固指挥部以谢威为指挥长，顾大椿为政委，专司荆江分洪事。并集中大批干部、技师，调动人民解放军十万人，民工二十万人，在中央水利部、苏联水利专家之指导与协助下，发扬爱国主义精神，夜以继日，历尽艰辛，克服重重困难，终于提前十五日完成。继治淮之后又一伟大建设乃臻于成。

完竣工程计：一为荆江大堤培修加固，凡一百一十四公里；一为分洪区大水库，凡九百二十平方公里，可蓄水六十亿公方，其中堤工长百余公里；进洪闸五十四孔，长一千零五十四公尺；节制闸三十二孔，长三百三十六公尺，均为近代化新式工程，而进洪闸之大又为世界所鲜见。从此长江中游洪水浩劫之天灾人祸得以解除，长江航道得以畅通，两湖人民生命财产得以安全，广大群众未来之幸福生活具有保障矣。然此丰功伟绩属谁？应属毛主席之英明领导，中央、中南、两湖暨全国各级党、政、军与广大劳动群众之努力，尤以三十万参加工程之劳动建设大军，及代表新中国劳动人民优秀品质之数万劳动英模，其中多是中国共产党员、中国新民主主义青年团员与男女青年，不分昼夜，不分晴雨，以爱国主义、革命英雄主义精神忘我劳动，发挥无限智慧，取得无数发明创造，涌现出如"父子英雄"、"夫妇模范"、"兄妹光荣"、"师徒双立功"、"人民子弟兵战斗生产称英雄"等事迹。再则归功于苏联水利专家布可夫之伟大国际主义友谊援助。

兹值大功告成，江湖变象，自然改观，千万人民欢呼胜利之际，谨志于此，为后人鉴耳！

李先念　唐天际敬撰　一九五二年七月一日立

枣 林 岗 碑

长江中游枝城至城陵矶通称荆江，河道蜿蜒淤狭，江流不畅，难承云岭巫峡来水，故有万里长江险在荆江之谓。

荆江大堤地处荆江北岸，西起荆州枣林岗，东迄监利城南，长一百八十二点三五公里。临江壁立，御狂澜之奔突；盘拆蜿蜒，犹龙虬之蜷舒，为江汉平原和武汉重镇之重要防洪屏障。

斯堤肇基于东晋，拓於宋，成於明，固於今。其名始称万城堤，后屡易，一九一八年始用现名。

图 9-9　荆江大堤起点——枣林岗碑

历史上，荆堤决溢频繁，东晋至民国一千五百余年间，有确切记载者九十七次，然沿堤存明显溃决痕迹而未见诸记载者远非此数。决堤之惨状尤以一七八八年、一九三一年、一九三五年为甚。清乾隆五十三年（1788年），堤自万城至御路口决二十二处，淹三十六县，实情骇人。帝颁旨二十四道惩负咎之吏，钦定其后承修该堤定限保固十年，并遣大学士阿桂督修，发帑银二百万两善后。

惟新中国崛世后，荆江防洪方列社稷鸿猷，荆江大堤亦首列国家确保堤段。一九七五年，荆江大堤加固工程列入国家重点基本建设项目，建设内容为：加固堤身、整治隐患、填塘固基、护岸保滩。建修以来，至二〇〇五年国家累计投资六点一二亿元，共完成土方二点一亿立方米，石方七百五十八万立方米，清除隐患十万余处。今之荆堤，堤身断面较建国前扩大三分之一，质貌巨变，御洪能力与昔殊异。莽莽江汉，岁岁安澜；荆楚大地、祥和升平。

斯堤，亦称"金堤、命堤"，万民安危之所系。

观 音 矶 碑

观音矶，因旁有"观音寺"得名。该矶初为土矶，形同象鼻，又名"象鼻矶"。南宋淳祐年间，建"尊胜石幢"于矶东北缘，以镇江流。明嘉靖年间，改建成石矶。明辽王建"万寿宝塔"于矶北缘，故俗称"宝塔矶"。

清乾隆五十四年（1789 年），石矶增筑，工程浩大，其上置镇水铁牛一具，雄视江流。后历经补修、增筑、方成现今规模。

长江西来，横啮江堤，观音矶顶承江流，挑杀水势，至险至要，为沙市市城市防洪之保障，荆堤安全之砥柱。

解放后，人民政府除对江堤进行多次维修外，还加固石矶。一九八七年，矶头出现纵裂，为整险，又补修截流沟，并重建围栏。凭栏远眺，天水一线，雄伟的荆江分洪工程形绰可见；俯瞰江流，浪奔波腾，石矶雄风再现，特刻石为记。

1989 年秋立

洪 湖 抗 洪 纪 念 碑

该碑位于洪湖乌林中沙角。1998 年夏，长江流域遭遇大洪水，8 月 9 日 11 时 50 分，朱镕基总理赴洪湖乌林中沙角长江大堤视察，慰问抗洪军民，并发表重要讲话。8 月 13 日 17 时，江泽民总书记来到乌林中沙角险段视察，号召广大抗洪军民发扬不怕疲劳、不怕艰险、连续作战、顽强拼搏的精神，坚持，坚持，再坚持！就一定能够夺取抗洪的最后胜利。为纪念这场抗洪斗争的伟大胜利，洪湖市人民在江泽民总书记、朱镕基总理视察讲话的地点中沙角，树立抗洪纪念碑。

公 安 县 一 九 九 八 抗 洪 纪 念 碑

公元一九九八年夏，长江发生了继 1954 年后又一次全流域型的大洪水，长江上游洪峰叠加，下游河湖满溢，三峡区间及长江中游又是暴雨连连，公安县堤内形成上压下顶，南北受夹、腹背受敌的严峻形势。面对大自然的肆虐，在党中央、国务院的亲切关怀下，在各级防汛指挥部的领导下，数十万军民临危不惧、众志成城、万众一心誓与大堤共存亡，用撼天动地的抗洪精神与洪魔展开了顽强拼搏，经过近三个月的持续战斗和与洪峰的 8 次较量，确保了长江干堤的安然无恙，夺取了公安县抗洪史上最辉煌、最重大的胜利。

图 9-10 公安县一九九八抗洪纪念碑

石 首 调 关 矶 头 碑

调关矶头位于荆江河段调弦口下端，地处弯道顶点（石首长江干堤桩号 527＋900～529＋600），是荆江著名的险工险段，是鄂南湘北逾百万人民生命财产安全的重要防洪屏障。该矶头始建于 1933 年，迄今守护长 1700 米，水下累计抛石 41.6 万立方米。

受河势变化影响，调关矶头迎流顶冲，急弯卡口，水流紊乱，近岸边坡极不稳定，矶尖上下腮环形水流贴岸冲刷强劲，典型年份矶头深泓最深点为黄海高程－20 米，高洪期水深 60 米，矶头上下腮 30 米间距水位落差达 1.05 米，导致调关矶头险情频发，曾于 1967 年、1974 年、1989 年、

图9-11　石首调关矶头碑

1991年、1993年、2004年、2005年、2007年等年份发生堤身脱坡、下平台及堤脚冲毁等重大险情。1989年7月13日23时，江水猛涨，矶头护坡块石被急流冲走，堤身崩塌，崩长瞬即扩展至35米，吊坎高8～9米，险情居当年全国之最，经奋力抢险才化险为夷。1998年8月9日在抗击长江流域大洪水的关键时刻，国务院总理朱镕基视察调关矶头，并号召军民要死守长江干堤，确保长江大堤安全，确保人民生命财产安全。

历经沧桑的调关矶头，见证了石首人民众志成城抗击洪水的英雄气概，见证了党和人民政府治理江河的惠民之举。

盛 世 安 澜 石 刻

20世纪末，长江发生全流域型大洪水，荆州堤防势如累卵。存亡之际，荆江两岸人民万众一心，众志成城，不怕困难，顽强拼搏，坚忍不拔，敢于胜利，在全党全军和全国人民的大力支持下，在千里江防上，展开了一场气壮山河的抗洪大决战，先后八战八胜大洪峰，最终夺得了抗洪斗争的全面胜利。荆州人民的抗洪壮举以其特有的凝重和悲壮载入人类文明史册。

前事不忘，后事之师。为纪念这一伟大的历史事件，荆州市长江河道管理局沙市分局特置"盛世安澜"石刻于荆江观音矶下腮后缘处，以激励后来者居安思危，治水除患，造福子孙万代。

石刻为石灰岩质，取自长江滨城五眼泉，通高4.1米，阔3.2米，厚1.3米，上窄下阔，略呈锥体。正中镌刻原中国书法家协会主席、中国文联副主席沈鹏先生题书"盛世安澜"四字，笔力苍凉遒劲，石、字珠联璧合，极具历史厚重感。

图9-12　盛世安澜石刻（陈洪峰摄）

图9-13　禹王采穴治水纪念碑

松滋江堤禹王采穴治水纪念碑

禹，上古"三皇五帝"之一，史称大禹。

大禹治水，吸取其父"堵截"失败的教训，采用"疏导"方法，先导大河之水于湖海，再导沟壑之水于大河，含辛茹苦十三年，三过家门而不入，最后终于取得成功。

浬市镇长江故道之畔的采穴，或是大禹治水时在南北开九穴十三口之一穴，"采穴"由此而得名，为了纪念大禹在松滋为民治水的功劳，并以其精神激励后人，特立此碑。

2002 年 8 月立

第四节　诗歌·民谣

一、古、近代诗词

赴荆州泊三江口
梁　萧绎

涉江望行旅，金钰间绿游。水际含天色，虹光入浪浮。柳条恒扫岸，花气尽薰舟。
丛林名故社，单成有危楼。叠鼓随朱鹭，长萧应柴骝。莲舟夹鹤鹙，画柯覆缇油。
榜歌殊未息，于此泛安流。

春日江津游望
唐　杜审言

旅客摇边思，春江弄晚晴。烟销垂柳弱，雾卷落花轻。飞棹乘空下，回流向日平。
鸟啼移几处，蝶舞乱相迎。忽叹人皆浊，堤防水至清。谷王常不让，深或戒中盈。

渡荆门送别
唐　李白

渡远荆门外，来从楚国游。山随平野尽，江入大荒流。
月下飞天镜，云生结海楼。仍怜故乡水，万里送行舟。

送王十六判官
唐　杜甫

客下荆南尽，君今复入舟。买薪犹白帝，鸣橹已沙头。
衡霍生春早，潇湘共海浮。荒木庾信宅，为仗主人留。

江行无题百首（选其一）
唐　钱起

堤坏漏江水，地坳成野塘。晚荷人不折，留取作秋香。

自江陵沿流道中
唐　刘禹锡

三千三百西江水，自古如今要路津，月夜歌谣有渔父，风天气色属商人。
沙村好处多逢寺，山叶红时觉胜春，行到南朝征战地，古来名将尽为神。

堤上行（三首）
唐　刘禹锡

（一）
酒旗相望大堤头，堤下连樯堤上楼。日暮行人争渡急，桨声幽轧满中流。

731

（二）

江南江北望烟波，入夜行人相应歌。桃叶传情竹枝怨，水流无限月明多。

（三）

春堤缭绕水徘徊，酒舍旗亭次第开。日晚上楼招估客，轲峨大艑落帆来。

踏歌词（三首录其一）
唐　刘禹锡

春江月出大堤平，堤上女郎连袂行。唱尽新词欢不见，红霞映树鹧鸪鸣。

晚　次　荆　江
唐　戎昱

孤舟大江水，水涉无昏曙。雨暗迷津时，云生望乡处。渔翁闲自乐，樵客纷多虑。
秋色湖上山，归心日边树。徒称竹箭美，未得枫林趣。向夕垂钓还，吾从落潮去。

江　陵　即　事
唐　王建

瘴云梅雨不成泥，十里津楼压大堤。蜀女下沙迎水客，巴童傍驿卖山鸡。
寺多红叶烧人眼，地足青苔染马蹄。夜半独眠愁在远，北看归路隔蛮溪。

入　荆　江
北宋　刘敞

此江自岷山，浩瀚浮西极。中为三峡束，壅淤气愤激。崩腾得平地，千里怒未息。
虽投洞庭阔，争道犹窄逼。触岸皆倒流，势兼万牛力。浑黄不可鉴，咫尺梦玄白。
颇似昆仑流，泄源下积石。逶迤屡屈折，九曲乃大直。始信枉渚歌，至今犹凄恻。
中流急沸沙，惨惨半江黑。俄倾成丘陵，方舟渡安得。坤仪理专静，何故辄损益。
多异真穷乡，所逢岂中国。墨生忍黔突，孔子不暖席。贤圣亦远游，吾宁倦行役。

息　壤　歌
北宋　苏轼

帝息此壤，以藩幽台。有神司之，随取而培。帝敕下民，无敢或开。
惟帝不言，以雷以雨。惟民知之，幸帝之怒。帝茫不知，谁敢以告。
帝怒不常，下土是震。使民前知，是沿于民。无是坟者，谁取谁予？
惟其的之，是以射之。

荆州（十首选二）
北宋　苏轼

（一）

游人出三峡，楚地尽平川。北客随南贾，吴樯间蜀船。
江浸平野断，风捲白沙旋。欲问兴亡意，重城自古坚。

（二）

沙头烟漠漠，来往厌喧卑。野市分獐闹，官帆过渡迟。
游人多问卜，伧叟尽携龟。日暮江天静，无人唱楚词。

公 安 县
北宋 陶弼

门沿大堤入，路傍浅沙行。树短天根起，山穷地势倾。
孤舟难泊岸，远水欲沉城。夜半寻津济，烟中菰火明。

马 上 和 王 监 利 见 寄
北宋 刘挚

昨忆西归春未穷，重来堤竹已成丛。川塍足水稻齐插，霖雨涨江河欲通。

泊 公 安 县
南宋 陆游

秦关蜀道何辽哉，公安渡头今始回。无穷江水与天接，不断海风吹月来。
船窗帘卷萤火闹，沙渚露下苹花开。少年许国忽衰老，心折柂楼长苗哀。

初 发 荆 州
南宋 陆游

淋漓牛酒起檣干，健艣飞如插羽翰，破浪桀风千里快，开头击鼓万人看。
鹊声不断朝阳出，旗脚微舒宿雨乾，堪笑尘埃洛阳客，素衣如墨据征鞍。

荆 渚 堤 上
南宋 范成大

原田何莓莓，野水乱平楚。大堤少人行，谁与艺稷黍。独木且百岁，肮脏立水浒。
当年识兵烬，见赦几樵斧。摩挲欲问讯，恨汝不能语。薄暮有底忙，沙头听鸣橹。

归 自 寸 金 堤
南宋 项安世

十里河堤接郡城，城边杨柳密于屏。行人尽日翠阴里，啼鸟数声残酒醒。
七泽观前无限草，高沙湖外一时青。斜阳极目春如海，只有平庵两鬓星。

铁 牛 寺
元 孔思明

破幽触怪护江堤，头角峥嵘近水犀。神物不存灵迹散，古潭烟浪冷凄凄。

瓦 子 湾
明 孙存

三月此湾两度过，江岸渐见倾颓多。岸上壁立更痕露，豆田半圮萦青沙。
农人初将豆种掷，去江余地犹十尺。而今苗没浸町畦，若至秋深何止极。
桑田变迁固其常，江湍百年殊未央。膏腴不足填巨浸，贡赋宁免输虚仓。
东消西长吾不计，但欲计亩蠲租税。吁嗟平地灾犹疑，愁杀江坍无左契。

雷 穀 庙
明 杨述筠

江堤亘百里，势若蜿蜓伏。巨浸忽奔冲，蛟鼍起平陆。夜闻风雨声，霹雳撼林屋。
居人旦出视，乃获雷车木。岂惟资障护，犹能免修筑。于焉崇庙祀，岁岁祈嘉穀。

江　涨

明　袁宏道

滟滪三冬雪，潇湘五月波。疾流翻地转。远势触云过。
县尉临江祭，巴人下水歌。州平无孟珙，父老恨如何。

江　崩　及　城

明　袁宏道

城郭荒如许，迁来得几时？江通夔子国，潮打武侯祠。
六代余封在，三分故里疑。焉知深谷底，不有万山碑？

古荆篇（节选）

明　袁宏道

年年三月飞桃花，楚王宫里斗繁华。云连蜀道三千里，柳拂江堤十万家。

江陵竹枝词（四首选一）

明　袁宏道

龙洲江口水如空，龙洲女儿挟巨艟。奔涛泼面郎惊否？看我船歂八尺风。

江　津　怀　古

明末清初　孔自来

江津之水何瀰瀰，惊涛远接镇流砥。吴舸楚艇候好风，椎牛酾酒沙头市。
江渎庙前花乱红，行人指点章台宫。谁家游女吹玉笛，一曲未终啼向壁。
华亭唳鹤巫山猿，半夜犹闻哀怨繁。五两不鸣百丈断，贾客征人尽撩乱。
美酒相传竹叶春，红茶黑枣惯留宾。青楼歌舞渡头水，昨日西川今日秦。

代　灾　民　言　怀

清　张圣裁

江陵自昔称泽国，全仗长堤卫江北。咫尺若少不坚牢，千里汪洋只顷刻。
朝廷特设水利官，民间土费随粮完，土若归堤堤身固，积久何难成丘山。
争奈我官鲜廉耻，依样葫芦援前例，高坐卫斋懒查看，铲草见新等儿戏。
前年打破郝穴东，田庐飘荡已成空。可怜疮痏尚未起，平地又复走蛟龙。
吁嗟呼！此方之人命何苦，五年两遭阳侯怒，携妻负子走他乡，只恐将来没归路。

荆州水灾（十首选七）

清　毕沅

（一）

景光泽洞去妖螭，巫峡云涛忽倒垂。浪蹴半天沉鹤泽，城湮三版作鱼池。
室家荡析鲜民痛，精魄沦亡溺鬼痴。闻得白头父老说，百年未见此灾奇。

（二）

浪头高压望江楼，眷属都羁水府囚。人鬼黄泉争路出，蛟龙白日上城游。
悲哉极目秋为气，逝者伤心泪迸流。不是乘桴即升屋，此生始信一浮鸥。

（三）

凉飙日暮暗凄其，棺翠纵横满路歧。饥鼠伏仓餐腐粟，乱鱼吹浪逐浮尸。
神灯示现天开网，息壤难湮地绝维。那料存亡关片刻，万家骨肉痛流离。

（四）

修渚中央宛溯洄，田园庐舍此中开。渔郎误认桃源去，虎渡疑移砥柱来。
沙抱洲环占地阔，芦深苇密截江回。窖金未必真金穴，贻与孙曾作祸媒。

（五）

生生死死万情牵，骚客酸吟《哀郢》篇。慈筏津迷登波岸，滥觞势蹶竟滔天。
不知骨化泥涂内，只道身经降割前。此去江流分九派，魂归何路识穷泉。

（六）

大工重议筑方城，免使虫氓呼癸庚。凉月千家嫠妇哭，清霜万杵役夫声。
蚁兵渐整新槐穴，虎旅重开旧柳营。我有孝侯三尺剑，誓将踏浪斩长鲸。

（七）

江水漫漫烟霭深，纸钱吹满挂枫林。冤埋鱼腹弹湘怨，哀谱鸿鸣写楚吟。
南国郑图膏雨逮，西风潘鬓镜霜侵。莫嗟病骨支离甚，康济儒生本素生。

陟螺阜望江水犹壮
清　王柏心

岷江秋纳洞庭雄，黔粤巴巫众壑通。一气混茫尘壤外，万山浮动晚波中。
村氓市小恒争米，处士荒庐但掩蓬。目击滔滔思砥柱，几人无愧障川功。

冒雪循堤
清　蔺完瑝

茅檐风雪夜，尘土马牛人。假寐难成梦，独怜荷蒉民。

松滋勘灾途中偶成
清　黄燮清

画中城郭倚江开，野色苍茫策马来。山不雄奇无碍秀，水难疏泄易成灾。
荒村枫叶鸦栖少，断岸芦花雁语哀。一线长堤筹保障，可怜岁岁竭民财。

松滋叹
清　胡九皋

　　长江意欲变沧海，为问息壤今何在。我来松滋访旧游，风景山河一时改。零落人家堤上住，往日村墟渺何处！试呼父老一问之，颦蹙如饮三斗醋。潦后污泥高于人，坏尽室庐平丘墓。上上黄壤成白沙，五谷不生同斥卤。日月幽隐岂尽烛，县官租税谁改误！衣衫质尽卖儿女，犹恐未足充正赋。欲以沙丘告长官，未言长官目已怒。诚知此地不足耕，舍去衣食安所措！今年竹箭水且来，性命除是神力护。筑堤邪许呼不停，如以鲁缟当强弩。我语父老勿苦悲，导江议用无灾黎。圭璧莫向江神祷，黄金铸作骊山老。

绝句二首
民国　徐国彬

（一）

长堤一线似垂虹，百万生灵保障中，咫尺不坚千里壑，全凭人力挽天工。

（二）

沙滩南壅北泓深，崩矬时闻碎我心，最险下游登马郝，年年糜费万千金。

赠徐文陔（七绝四首）

民国　徐国瑞

（一）

昔年曾读堤工志，每念吾乡郑毅夫。城北有人今继起，齐名不患后来无。

（二）

恩波远被三春浪，宦味清余两袖风。赢得儿童语音好，舒公而后有徐公。

（三）

天从缺处功能补，澜到狂时方可回。公与斯堤同不朽，万城万古镇江隈。

（四）

一线长堤万顷田，沿江修筑厚而坚。采风喜听途人语，共庆安澜已数年。

水 灾 赈 济

民国　徐元昌

天仙霆雨，江汉横流。灾黎百万，冻饿为忧。

已饥已溺，仁人之羞。宏筹赈济，美誉千秋。

（1931 年 11 月，徐元昌为《民国二十年湖北水灾赈济汇编》一书所题词）

二、现代诗赋

荆江分洪工程落成纪念

邓子恢

荆江分洪工程大，设计施工近代化。北闸长逾千公尺，南闸规模亦不亚。

南堤腰斩黄天湖，虎河修起拦河坝。蓄洪可达六十亿，从此荆堤不溃垮。

两岸人民免灾害，万顷沙田变沃野。洞庭四水如暴涨，随时可把闸门下。

节制江水往南流，滨湖年长好庄稼。长江之水浪沧沧，万吨轮船可通航。

如今荆堤无顾虑，物质交流保正常。根治长江大计划，尚待专家细商量。

荆江分洪工告竣，赢得时间策周详。这对国家大建设，关系重大意深长。

卅万大军同劳动，艰巨工程来担当。热情技术相结合，又有专家好主张。

施工不到三个月，创此奇绩美名扬。中国人民长建设，勤劳勇敢素坚强。

自从出了毛主席，革命威名震四方。现在功成来建设，前途伟大更无量。

人民比对今和昔，永远追随共产党。纪念分洪新胜利，主席英明永不忘。

祝 观 音 寺 闸 竣 工

（1960 年 4 月 5 日观音寺闸竣工典礼大会上）

陶述曾

两千英雄齐挥手，荆江孽龙不再吼。观音大闸闸门开，俯首听命穿闸走！

人民眼中无困难，降龙伏虎只等闲。水旱消除干劲足，粮棉岁岁获丰收。

长江防浪林·调寄《行香子》

肖川如

指点长龙，望眼迷濛。尽依依郁郁葱葱，齐齐整整，线线丛丛。

看万重绿、一江碧、两岸同。小憩沙汀，牛背牧童，

向人称道橐驼公：不辞辛苦，屡建奇功。任倾盆雨、滔天浪、暴来风。

堆 金 台 怀 古
袁玉波

慕访灵溪几度来，碑文指点堆金台；荆堤逶蜒从台起，历代修堤有俊才。

荆 江 大 堤 赋
刘友凡

丁亥冬月，荆江大堤加固工程竣工验收。前人有言，湖北政治之要，首在江防。感治江固堤之事，遂作此赋。其辞曰：

万里长江，险在荆江。接川陕，携潇湘，襟连千湖，九曲回肠，出秦关蜀道，越三峡天险，浩浩乎如云水坠地，荡荡乎如风雷摧尘。洞庭阔，荆江窄，中流沸沙，势兼万钧，咫尺不牢，顷刻汪洋千里。史载决溢，九十又七，人烟几绝，千古惨凄。

安澜佑民，堤防湖浦，历代前贤，彪炳史册。楚尹叔敖，宣导川谷，收九泽之利。东晋桓温，遵善防工，始建金堤。郑獬孝祥，两宋贤臣，拓堤有记。明相居正，除患兴利，万城堤立。康乾盛世，数动帑金，岁修定制。然吏治昏暗，贿赂横行，堤工款项，十有九空。官肥堤瘦，千疮百孔。民生多艰，命悬一弦！

一九四九，华夏新生，生民主事。国是初定，百废待兴，治水为先。毛泽东挥手，描绘高峡平湖；荆江大堤，上拓枣林岗，下展监利城；鄂湘儿女并肩，兴建分洪工程。邓小平谋划新时期治江方略，荆江二期，拉开序幕。第三代领导核心，三峡建伟业，九八抗洪砥柱，退耕还湖，平垸行洪，大堤加固。新一代领导集体，倡导科学发展，免国课粮赋，建城乡统筹，竞写江人和谐新篇章。

乾坤转，群星耀。看巾帼部长，正英著江湖文章；"长江王"林一山，鞠躬尽瘁建殊功；人民公仆原有发，抗洪献身写春秋；更有共和国干城，科技精英，万千军民，铁肩担道义，陶铸万世丰碑。

纵览千年，荆江大堤，肇于晋，拓于宋，成于明，固乃当今。屈子放吟，神女长舞，淘尽风流。神女曰："逝者如斯，今昔乃殊，荆江居险而安，何也？"子良久乃答："上善若水，水利万物，是故，政通则大堤治，人和则荆江安。"

（发表于 2008 年 3 月 1 日《人民日报》）

三、民谣

千里金堤，溃于蚁穴。

万里长江，险在荆江。

荆州不怕干戈动，只怕南柯一梦终。

水来打破万城堤，荆州便是养鱼池。

荆江水啊长又长，提起荆江泪汪汪；三年两次发大水，携儿带女去逃荒。

江北古长洲，十年九不收，百姓散四方，锅台藏野兔。

年年挑堤不成垸，年年栽禾不见熟。

旱灾再大心不慌，大闸就是活龙王，

引进荆江幸福水，棉花稻谷堆满仓。

保堤如保命，修堤保粮仓。

荒年歌（节选）

到了丙寅年，五月刚过完。六月初三倒车湾，提起心胆寒。

车湾倒了口，洪流往内流。可怜淹死人无数，尸首无人收。

水高势又凶，奔腾朝内冲。百年祖业一旦空，呜呼一梦中。

洪湖连沔阳，监利抵潜江。大江南北成汪洋，一片白茫茫。

注：丙寅年即民国十五年（1926 年）。

劝民十箴·八·堤防

李纯朴

惟兹监地，江汉之间，一望千顷，足称良田。

堤防一失，顿成芜漫，赋役繁重，供亿艰难。

逃亡困苦，谁肯尔怜，同心协力，共保堤边，厚培兼筑，庶几可全。

第五节　胜　迹

一、矶、塔、铁牛

荆江大堤沙市观音矶

沙市观音矶，位于荆江三大河湾之一的沙市河湾凹岸上首，是荆江大堤著名的历史险工。观音矶

图 9-14　观音矶宝塔河湾

顶承江流，挑杀水势，维护江堤，位置十分险要，对控制荆江河势变化、稳定岸坡和保护荆江大堤安全起着重要的作用，有"荆江第一矶"之称。

观音矶初为土矶，清乾隆五十四年（1789 年）改为石矶。因矶上建有"观音寺"而得名。明辽王建万寿宝塔于矶北缘，故亦称"宝塔矶"。

历史上，观音矶曾多次出现下腮崩坍、上腮被水流冲刷导致石脚空虚、滩岸崩塌、矶身裂缝等险情。

1999 年 12 月，在荆江大堤桩号 759＋630～760＋520 长 890 米堤段实施观音矶护岸综合整治工程。

工程实施，提高了观音矶防洪能力，改善了周边环境，工程防洪效益和社会效益显著。

万　寿　宝　塔

万寿宝塔矗立于荆江大堤观音矶头之上，系明朝第七代辽王朱宪㸅藩封荆州时，于嘉靖二十七年（1548 年）遵嫡母毛太妃之命，为嘉靖皇帝祈寿而建，历时 4 载。它是荆州重要的古建筑，1956 年被湖北省人民政府公布为全省第一批重点文物保护单位。

万寿宝塔通高 40.76 米，八面七层，楼阁式砖石仿木结构。塔基八角各有一汉白玉力士为砥柱。塔内一层正中有接引佛一尊，身高 8 米，肃然威严，塔体内外壁嵌佛龛，共有汉白玉坐佛 87 尊，神态各异，造型超绝逼真。部分塔砖烧制独特，成正方形，图文并茂，品类繁多，计有花卉砖、浮雕佛像砖、满藏回蒙汉五种文字砖共 2347 块。塔砖来自全国 8 省 16 个州府县，均为各地信士所敬献。塔身中空，内建石阶，可盘旋而上至各层，每层向外洞开四门；依门俯瞰远眺江流、城廓，美不胜收。塔顶为葫芦形铜铸鎏金，其上刻有《金刚经》全文，是不可多得的珍稀

图 9-15　1952 年万寿宝塔

图 9 - 16 2010 年万寿宝塔
（许宏雷摄）

文物。

万寿宝塔与全国众多宝塔相比，特色独具的是：塔身深陷大堤堤面以下 7.29 米。这一奇特景象的形成，主要源于长江河床、水位在漫长岁月中逐渐抬高，荆州大堤随之不断加高所致。

万寿宝塔建于荆江大堤之上，除了为皇帝祈寿的主旨外，另还有镇锁江流、降伏洪魔，保一方平安的寓意。数百年来，万寿宝塔既是荆江两岸饱经水患的历史见证，又承载寄托了人们制服江流的美好愿望。

1998 年盛夏，荆江河段遭遇大洪水，观音矶头有记载 45.22 米的超历史最高水位线，举世瞩目，广大军民众志成城谱写了一曲响彻寰宇的抗洪凯歌。为了祭奠抗洪斗争中英勇献身的英烈，1999 年初，荆州市委、市政府在万寿宝塔西侧修建荆州抗洪纪念碑亭。

宝塔所在的万寿园，古朴典雅，竹木苍翠。园内的临江长廊、书法碑苑及奇石盆景汇展，与荆江矶头、古塔长廊交相映衬，使这里"分外妖娆"。尤其是盛夏，江风习习，荫凉片片，这里更成为人们游览憩息的场所。

荆 江 铁 牛

建国前，荆江堤防千疮百孔，水患不断。对此，封建统治者兴修堤工后，多铸造铁牛镇守江滨，以求得神灵的保佑。历史上，荆江两岸曾有多尊铁牛厮守江流，虽夜以继日、任劳任怨，但终未能降伏肆虐的洪魔，且大多在与"蛟龙"的搏杀中折戟沉沙。至今唯清道光二十五年（1845 年）和咸丰九年（1859 年）所铸铁牛尚存，分别伫立于荆江大堤李埠和郝穴堤段。两尊铁牛均呈昂首蹲伏状，直视江面，神情专注，威严肃然。

《荆州万城堤志》载：清乾隆五十三年（1788 年）十一月，上谕"向来沿河险要之区，多有铸造铁牛安镇水滨者。盖因蛟龙畏铁，又牛属土，土能治水，是以铸铁肖形，用示制镇"。十二月，湖广总督毕沅奉旨铸造镇水铁牛九具，安放于万城、中方城、上渔埠头、李家埠、中独阳、杨林矶、御路口、黑窑厂、观音矶等九处险要堤段。九具铁牛安砌石台九座，每座长一丈，宽六尺，高二尺。每具铁牛半身自额至尾长九尺，肩至蹄高五尺，额宽一尺八寸，肩宽三尺，角二支在额之中，前角长八寸，后角长一尺二寸，尾右盘长三尺，头身俱空，余俱实，背有铭载艺文。

李埠铁牛位于荆江大堤桩号 777+000 内肩处，1976 年毁于"文化大革命"时期，1982 年修复。牛身铸有铭文："岁当乙巳，铸此铁牛，秉坤之德，克水之柔。分墟列宿，永镇千秋"。

图 9 - 17 清末民众围看铁牛

镇安寺铁牛是咸丰九年万城堤加培之后，由荆州知府唐际盛铸造，位于郝穴镇西北 1.5 千米，荆江大堤桩号 709+400 处外平台，以建在镇安寺湾得名。镇安寺铁牛，前立后蹲，高踞堤岸，俯视长江。铁牛独角，身长 3 米，高 1.8 米，宽 0.9 米，尾右盘长 1 米，外实内空，重约 2 吨。牛背有铭文 126 字，其中有篆、隶铭文各 63 字。书法遒劲工整，是荆江大堤唯一保存完好的一具铁牛。牛背上铸有铭文："嶙嶙峋峋，其德贞纯；吐秘孕宝，守悍江滨；骇浪不作，怪族胥驯；繄千秋万代兮，福我下民。"铭文言简意赅，意味深远。如今铁牛所背负的铭文均已成为悠悠长江水患的历史见证，是荆江防洪史难得的珍贵文物。

图 9-18　铁牛（上：李埠铁牛；下：郝穴铁牛）　　　　图 9-19　郝穴铁牛铭文

"镇水兽"并未减轻荆江两岸人民的灾难，只有在新中国成立后，修筑堤防，治理荆江，变水患为水利，才使荆江得以安澜。1958 年 2 月 28 日，国务院总理周恩来视察荆江大堤时，手抚铁牛，赞扬我国古代劳动人民的智慧，并谈笑风生地讲述"铁牛镇水"的典故和治理荆江的宏图。

二、亭、楼

荆江分洪工程纪念碑亭

荆江分洪工程纪念碑亭位于荆州市沙市区荆江大堤上，与荆江分洪区隔江相望。

图 9-20　荆江分洪工程纪念碑亭（王大成摄）

为根治长江水患，1952 年党中央、政务院决定，在荆江南岸公安县境修建荆江分洪工程。当时调集军民 30 余万人日夜奋战，仅用 75 天便胜利修建建国后第一个可蓄纳荆江过量洪水 54 亿立方米的大型水利设施荆江分洪工程。由荆江南岸公安县境的太平口 54 孔进洪闸、32 孔黄山头节制闸、921 平方千米分洪区围堤和荆江北岸大堤加固等工程组成。为纪念这一造福子孙后代宏伟工程建设，1952 年工程竣工后随即修建这组荆江分洪工程纪念碑亭。

荆江分洪工程纪念碑碑体为塔形花岗岩建筑，下层四壁浮雕为工程兴建时军民劳动的动人画面。中层四面镌刻有题词、碑文；南面为国家主席毛泽东题词"为了广大人民的利益，争取荆江分洪工程的胜利"；北面为政务院总理周恩来题词"要使江湖都对人民有利"；东面为邓子恢的古言颂词；西面为李先念、唐天际撰写的纪念碑文。纪念碑两侧，各有亭阁一座，朱栏碧瓦，分外耀眼。工程建成后共 2.2 万余人受到表彰，该处纪念亭中石碑镌刻有其中 928 位英模的名字。

荆江分洪工程纪念碑亭占地数百平方米。此处的江堤格外敞亮宽阔，极目河道碧空，一览无余。江流、江堤、江津城，人民的伟业殊勋，融为织锦，令人感慨万千，流连忘返。如今，这里已成为人们休闲游览的好场所。

戊寅抗洪纪念亭

位于荆州市沙市区荆江大堤万寿公园内。1998 年夏，长江流域发生全域型大洪水，千里荆堤危在旦夕，世人瞩目荆江。抗洪中，党中央、国务院英明决策，抗洪军民昼夜严防死守，抗御八次洪峰的凶猛冲击，取得抗洪全面胜利！在与洪水的殊死搏斗中，李向群等35位烈士英勇献身。为纪念这次长江抗洪斗争的伟大胜利和烈士英名，市委、市政府于1999年修建戊寅抗洪纪念亭。纪念亭采用北方园林亭阁的形式设计建造。亭为八角飞檐状，正央东南朝向，高6.8米，长、宽各6米，四面有青石台阶入亭。环亭起八根朱漆圆柱，柱间有长椅相连，亭顶盖为棕黄琉璃瓦覆盖，上置龙头脊吻、走兽。梁枋斗拱为木制，梁枋内外彩绘有104条金龙，呈行、腾、坐、降等动态状。亭内天花直径3米，雕有五爪金龙，为腾云驾雾之势。亭右为万寿宝塔，左为临江而立的碧瓦长廊，后有碑廊。在亭内正中处，横卧有长2米、宽1.1米、高0.3米的戊寅抗洪纪念碑。亭梁首悬"戊寅抗洪纪念亭"黑底金字匾，两侧挂"流芳千古"、"浩气长存"匾。亭前后柱分别挂有两幅抱匾：一书"碧血丹心昭日月，楚天荆水伴英雄"；一书"烈士英名与天地终古，抗洪豪气同松筠长青"。

图 9-21　戊寅抗洪纪念亭、抗洪纪念碑（2012年许宏雷摄）

文 星 楼

文星楼傍依沙市区中山路尾端荆江大堤，原为砖木结构，高三层，飞檐翘角，巍然峙立，相传为元明时期所建。楼下正殿供有"奎星神像"和四面佛一座，造型生动，别具一格。门前有石刻"云霄占斗极，都会控江津"楹联。清初于堤外建"奎文阁"，康熙年间移至堤内，道光年间改名文星楼，沿用至今。现存建筑物为1942年重建。"奎星神像"，取"奎主文昌"之意。当时文人为博取功名，修建此楼以祀"奎星"。每年春二月、三月和秋八月、九月于此集会，举功名最高、年龄最长者主祭，并以分赠祭祀肉食为荣。

第六节 杂 记

息 壤

荆州南纪门外有息壤，相传大禹用以镇泉穴。唐元和中始出地，致感雷雨之异。由是岁旱，辄一发之，往往而验。自康熙间发掘，暴雨四十余日，几至沦陷。近虽大旱，不敢犯。按方氏通雅，息壤坌土也。罗泌路史作息生之土，凡土自坟起者，皆为息壤，不独荆州有之。东坡诗序，谓畚锸所及，辄复如故，殆即此意。抑又闻之，古人有以息壤堙洪水，是息壤本以止水，而反致雷雨，殊不可通，益恍然于镇泉穴之说为可信也。夫物必有所制，乃不为患，土所以治水，原泉之水生息无穷，非此生息无穷之土不能相制；失其所制，则脉动、气腾，激而为雷，蒸而成雨，理有固然，无足怪者。旁有屋三楹，奉大禹像，负城临河，地势湫隘，春秋祀事，文武僚属咸在，不能容拜献。余惟荆州当江沱之会，四载之所必经，灵迹昭著，神所凭依，将在是矣，不可以亵爱，命工度地，增拓旧址长十余丈，广三丈许，高出河面，甃以巨石，俾与岸平，别为前殿三楹，以为瞻拜之所，改正门南向息壤，缭以石阑，游者从旁门入。经营数月，规制一新，计糜白金千两有奇，崇德报功，守土者之责，非敢徼福于明神也。董其役者府经历荣科属为之记，因书以刻于石。

（倪文蔚作于光绪元年）

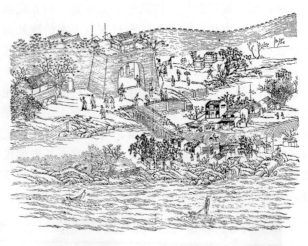

图 9-22　古息壤图

堤　街

荆江大堤沿堤城镇甚多。这些城镇由于滨江，水运四通八达，货物多在江边集散，故旧时堤街异常繁荣。其中，沙市、郝穴之堤街则尤盛。

沙市早在唐时即已发展成为重要港埠，"蜀舟吴船上下必停"，商贾就堤"列肆"，堤街因此应运而生。发展至民国时期，堤上已是房屋栉比，店铺林立，热闹非凡，逶迤长达数里：上起宝塔至大湾名大同一街；大湾至拖船埠名大同二街；拖船埠至大慈巷名大同三街；大慈巷以下名大同四街。其间尤以大同二街最为繁华，全市山货行业百分之九十集散于此。三街尾四街头又称"板院子"，是收买坏船板做棺木的集市。宝塔河则是水果码头，大批川橘、夔府柚子等贸易即在此处成交。堤街街道窄狭，全用石板铺路，一般仅容二三人行走。堤内坡则是逐级砌墙为邻，由上而下建成住宅和货栈。堤外坡亦为民房住宅，由于不敢在条石梯级驳岸上砌墙，则以木柱建成吊楼，临江而筑，人行于下，整个堤身上下均为房屋遮盖，由于木质建筑居多，民国三十六年（1947年）一场大火，烧了七里庙到巡司巷一整条街，可谓惨矣！

郝穴堤街，旧时上起铁牛下迄范家堤闸，首尾共长亦在数里之遥。不仅商店林立，经济活跃，而且还是该镇政治中心。据县志记载，清乾隆年间，郝穴主要衙署如郝穴塘、郝穴司、郝穴汛巡检及郝穴主簿等无不设在堤上。街名：铁牛至轮渡码头名"糖坊街"；轮渡码头以下名"河南堤街"和"镇江寺街"；再下则为"九华寺街"。堤街房屋全为吊脚楼。生意以经营花行、粮行为主，铺面虽小，却也十分兴旺。极盛时期，居民竟达3万余人。1940年6月6日，日机疯狂轰炸，堤街毁屋50余栋，死难百余人。时隔一年，即至次年的6月15日，国民党荆州专员兼游击总指挥又以阻止日寇过江为名，令直属队长唐玉庚再次火烧堤街，毁屋近四百栋，烧死达数十人，至此堤街始衰。但直至建国初期街道仍长达三里许。

历史上堤街兴起，对繁荣沿堤市镇经济，无疑起到一定积极作用，但对堤防建设却有极大妨碍。因居民不仅在堤上建房，而且还随处乱挖墙脚，建阴剅和厕所，致使堤身百孔千疮，一遇外江涨水，堤后便到处发生渗漏，特别是发生在房屋里面的一些险情，巡堤查险很难发现，而房主又唯恐拆房而不敢据实报险，因此尤属大堤致命隐患。再加房屋占据堤面，无法进行培修。对此，前清、民国时期虽屡有明令禁止，但却始终禁而未止。建国后始采取果断措施清除堤上违章建筑，1952年兴建荆江分洪工程时首先拆除沙市狗头湾至玉和坪长约4千米堤街房屋，计1500余栋，60余万平方米，并在太师渊、大赛巷等处新建宿舍，安置拆迁居民2000余户8000余人。1954年冬加固荆江大堤时，全部拆除郝穴堤街的房屋。郝穴建设路即当时拆迁堤街时新建的一条南北走向街道。此外监利城南、堤头以及江陵观音寺等城镇堤街上的房屋亦在建国以后陆续迁于堤内，从此荆江大堤堤街历史才最终消失。

官　肥　堤　瘦

民国时期全国贪污腐化成风，荆江大堤的堤防单位自然也不例外，远的不说，自1945年抗日胜利至 1949 年民国灭亡，四年时间换了四任工务所主任。每换一任主任必自带出纳、总务等亲信僚属，从中大肆贪污中饱。民国三十七年（1948 年）以洪某为主任的一伙，其会计李某以权谋私，将职工的工资，放账于中山路九和布店所开的黑钱庄，每月迟发工资十天，将所得利息全部据为己有。在任 14 个月，贪污数额折合大米 383 担，合当时纸币 4600 万元。又将工程款放账生息，分给洪某 2 亿元之多。此外，还勾结包商，接受贿赂，盗卖防汛器材，据笔者所知，仅祁家渊包商、复兴公司经理严子卿和浣市夏宏泰营造厂经理夏金连就曾分别行贿 5000 万元和 3000 万元。李某盗卖麻袋两次，牟利 500 现洋。而在这伙人把持下的荆江大堤却百孔千疮，四年来所建工程的土石方量则是微乎其微。那时正逢世界反法西斯战争全面胜利，美国在远东菲律宾储存战备物资甚巨，拟运中国作为救济，于是"行政院善后救济总署"应运而生，"湖北救济分署沙市办事处"也随之成立，并接收了大批美国面粉。工务所即采取"以工代赈"方式开支修堤工费，其实这点面粉仅够工务所员工工资而已，哪有多余的用来放赈修堤。尤其是民国三十七年（1948 年）的护岸石方工程中，由私商承包，更是行贿舞弊，丑态百出，真正能用到堤上的就要大打折扣了。故直到 1949 年人民政府接管时，大堤仍是矮小单薄不堪。

（取材于陈国竑《荆江大堤堤工琐忆》）

补　术

民国三十五年（1946 年）秋末，江水下落，下距沙市 80 里的祁家渊堤段，突然发生外滩崩坍。原有 90 余米宽的外滩，一夜之间崩坍 50 余米，而且有继续下崩趋势。堤防部门层层告急，请求专员公署急调蛮石抢护。经专员杨世英与幕僚策划，决定派沙市码头工人拆除沙市赶马台金龙寺大殿台阶及两边护阶条石，以作抢护器材之用。该寺原系川陕会馆，建筑工艺精良，是荆沙地区极有保存价值的文物之一，而当时政府不仅不谋修复保护，反将仅有部分拆除以解燃眉之急，平日不闻不问，事急挖肉补疮，笔者当时曾奉令前往监督拆运石料，目击码头工人用挖锄及洋镐挖了 3 天，才装了十几吨位的两条木船，运到祁家渊作抢护器材，然而杯水车薪，岂能有济于事！所幸那年后期水位下降较为平缓，加以马、郝堤管段又做了一些抢护的努力，因而崩势没有继续发展，直到建国后采取大量工程措施，该处险情才初步得到控制。

（节录自陈国竑《荆江大堤堤工琐忆》）

蛟子渊往事

蛟子渊亦名消滞渊，系大江支流，于金果寺入口，拖茅埠以下出流，长约 60 余里，两岸均为江中淤洲。北岸淤洲名朱阳湖，南岸淤洲为前清荆州将军牧马处，名马厂。两岸淤洲面积广达数万亩，均为石首管辖。由于该处为大江分泄支流，两岸洲地又为容水巨库，该处江面宽四五里，而蛟子渊支流及淤洲即占三分之二。为使江流畅达，历来官府严禁堵塞。清乾隆年间堵筑蛟子渊口，经江、监、石 3 县士绅呈请，出示予以刨毁，并且刊勒碑石以为永禁。民国元年湘籍客民王辅廷乘时局混乱之机堵塞该口，企图围湖霸荒，嗣经荆州万城堤工总局总理徐国彬呈请，于当年六月派兵强制刨毁。后，民国十三年（1924 年）二月，张耀南又请堵塞，未准。民国二十一年（1932 年）石首县第九区团总任新陔率团队民夫数百人堵口亦未成。至民国二十八年（1939 年）九月，江防司令郭忏以军事需要为由下令堵塞。抗日胜利后，经江陵县呈请，拨款石首实施刨毁，但仅刨约 5 米即中途而废。建国后，湖北省人民政府主席李先念、副主席聂洪钧、熊晋槐、王任重等于 1951 年 6 月 20 日到石首召开刨毁蛟子渊工程会议，随即动员石首、江陵民工 2700 余人予以彻底刨毁。1952 年春，为安置荆江分洪区移民挽筑人民大垸时再次堵塞，自此成为内垸水系。

江陵洪水围城记（节录）

按：本文写于 1935 年 7 月水灾期间，当年在《武汉日报》上发表，后又收入《荆沙水灾写真》。

作者雷啸岑是当时七区专员兼江陵县长。原文计分"洪水来源"、"洪水围城经过"、"民堤干堤溃决之实情"等目，其中"洪水围城经过"一节，似觉接近真实，兹节录如下，以存史实。

六日晨五时廿分，洪水袭至，余急驰西北门督同兵民急闭木闸，而城外难民，纷纷携同箱物及牲畜，争先入城避灾，哀恳缓闭，略稽半时，水已入城，急掩之，然仓皇间乃忘记先将城门关闭，以致水仍从闸缝中泄漏而入也。午前，四门紧闭，尚无特殊险象，惟北城下一大涵洞水流冒入颇急。驻城保安队仅有一个中队，除守护监狱及各机关勤务外，所余不过三十名，尚须四出征夫，殊觉棘手。幸驻军第十军特务团长李德惠，督饬所部两营兵士，（有一营在南门外守护大堤）分赴各处抢护，而对于北门涵洞，抢堵尤力，县府警士及团队，亦协力将事，此时人心尚安定。午后，水势愈猛，高齐城门，而北门之涵洞，又将晨间所堵筑之蚕豆布袋等冲散，水涌入城如急弩，飞机场一带，瞬时积水盈尺，西北两城垣，又以溃坍数丈闻。时大雨如注，朱团长率部以全力抢筑涵洞，余则率同全署职员，分赴四街鸣锣，征夫协助军队抢险，而居民多事收拾家物图逃难，应者廖廖。急回书写紧急标语，遍贴通衢，谓"北门城溃，水洞亦破，全城危在旦夕，望民众速起抢救"，仍少应者。乃派兵持枪四出强迫，而此拉彼逸，时逢灾患，又不便施以拘惩，费尽气力，拉来者不过二百人左右耳。西城外居民甚多，适当水冲，除房屋冲毁，人随波臣而去者外，余均僵立于屋檐上待救。五时以后，迅雷烈风，霆雨交作，余欲设法往救，而沙市方面大小船舶，无一开来城边者，继见西门套城内放有小划一支即派兵取上城，再用大绳放置城外水中，以两兵缒城下，驾往救护，至八时，救出一百三十余名，因天色暗黑狂风雨不止，尚有数十人未能续救矣。

七日午后，大雷雨又作，益以北风狂吼声，房屋树木倒折声，城外惊涛骇浪声，已令人闻之心胆悸裂。继而电报电话均断，城内监狱大墙倒坍，囚犯四百余人汹汹鼓噪将越狱。同时，西门城又告入水，城垣溃塌数丈，误北门水洞仍无法堵筑，全城民众，竞相呼号奔驰，然城被水封，逃生无路，乃群向地势较高之东南城狂走，秩序大乱。余急加派保安队赴监狱守护，复亲入狱中对囚犯训话，群犯憬然利害，暂示平静。夜间，仍有数名越逃，经哨兵鸣枪始退入，居民又起一度虚惊。经时风雨不辍，西城垣低处，离水面不过三四尺，李团长仍督饬所部及专员公署员警与一部分学兵从事抢护各地水险，昼夜不休。城内民食恐慌，灾民麕集城上数百人，嗷嗷待食。余乃一面布告统制粮食，规定米价，一面勒令各米商将存米一律平粜，复将二十六军存放某商店之军米八十余石，暂行借用，局势勉强维持。晚间，水仍飞涨。综计大水围城三天中，以今日为最艰危也。

八日晨，忽闻西城下人声鼎沸，疑囚犯越狱矣，急往视，则见多数壮丁蚁聚，声言省立第八中学校长程旨云，不该将城外太晖观旁之明襄王墓前石狮一对移至校内，此乃镇水之"水猫子"。因程移动，遂召水患，宜将其抬出置西城上，虔诚祭奠云云。一呼百诺，不可理喻。壮丁人人自告奋勇，愿往搬抬（抢险则无人来矣），呼声震屋瓦。余知其愚不可及也，派副官杨泰率赴学校，允其抬出，但禁止轨外行动耳。俄而一群愚民，簇拥"水猫子"至西城上，强商会常委王显卿主祭读祝文，并称须余前去顶礼，余应之，但嘱稍待。午后，天忽晴，如是群相欢告，谓"水猫子"之灵佑也。其实水势稍退原因，乃沙市对面之金城垸堤冲破所致也。

九日下午，据江陵县之第一小学校长蔡祖璋由万城逃难入城报告，谓荆江大堤已溃之一段，在五日下午即漫水，驻万城之堤工局主任吴锦棠，闻警声言先往关庙祭奠，旋即潜逃无踪。局内防险材料，一无所有，仅留一职员杨玉龙与众敷衍，傍晚方取出大洋六十元为防险费，而无法购得材料。马山市之联保主任朱凤章，率领壮丁二百余人前来抢险，而无人接洽，坐视该堤于晚十一时许溃决云。

一九三五年洪水决堤真象

一九三五年（民国二十四年），夏历乙亥年六月初六日，堤决得胜台（在万城北门楼出口不远之地），洪水将荆州城团团围住。当时曾由沙市《荆报》编纂《荆沙水灾写真》小册，记载其事，出版发行。但在当时因荆沙地方军政长官个人之间，意见不合，矛盾很深，平时藉故寻衅，互相责难，甚至恶意攻讦之事，屡见不鲜。堤决后，沙市驻军第十军军长徐源泉竟公开出面，硬说荆江大堤溃决，是受县堤阴湘城堤溃决所影响，为大堤主管修防负责人——荆江堤工总局局长徐国瑞辩护。而当时第七区行政督察专员兼江陵县县长雷啸岑，则谓县堤阴湘城堤之溃，是内受大堤溃口后，江水倒灌，外受沮漳河山洪暴发，内外夹攻所漫溃，属于不可抗拒的自然灾害，并非修防不力。堤决成灾的关键所在，主要责任，不在县堤，而是江堤。因此雷啸岑当时曾亲笔写就《洪水围城记》一稿，交由《荆报》在第一版首要地位刊登。十军军部也指使其参谋皮震编写《驳〈洪水围城记〉》，也在《荆报》披露。两者之间，互相诿卸责任。因此《荆沙水灾写真》的编者，在秉笔时，对此现实环境，不能不有所顾忌，尤其对于军方，不能不有所迁就，所以《荆沙水灾写真》小册中，记载内容，间有与事实不符之处。为了实事求是，补偏救蔽，爱就个人三亲（亲眼所见、亲耳所闻、亲身经历）所及，将当时实际情况缕述如次，备供广大群众考证审查，鉴定是非，而正视听。

（一）荆江大堤与阴湘城堤，对防水的重要性和堤决成灾后危害性的差别

荆江大堤，在明末曾以当时皇帝元号，定名为"隆庆"大堤（后改称万城大堤、荆江大堤、荆江北岸干堤，简称大堤）。义即此堤，乃皇帝直辖亲管之堤。清代，关于此堤修防事宜，责由荆州府府尹专管，为府尹行政事务中之首要任务。遇有堤决，府尹就要受到被参罢官处分，直接主管之修防人员，连前三任都要受到连带处分。从前清到民国，都划为省干堤。堤身缘领于江陵县属马山附近之堆金台，下迄监利县止，全长一百八十公里。其中计有一百二十公里险段，都在地势高亢之江陵县境内。所以此堤之安危，关系到江、潜、监、沔等十余县人民生命财产之安危。如遇堤决，则洪水泛滥，大地陆沉，人民生命财产之损失，实不可以数计。

阴湘城堤，位于江陵县属西北区，介属马山枣林岗之间，为县管堤。堤身全长约七公里。土质坚硬，甚为稳固。加以堤外还有两道外围：一为滨近沮漳河边之众志垸堤，一为吴家闸堤，后改称阴湘城堤；为该堤之重要屏藩，安全更有保障。其作用：仅为防止堤外九冲十一汊渍水漫溢，和众志垸堤溃河水冲入，危及堤内之用。纵使堤溃，溃口之水，亦仅由太湖港流入城河，通过关沮口流入长湖，东流入江。经过之处，除沿河两岸低洼地带，遭受灾害外，较高地方，则极少波及，与大堤防水之重要性及堤决成灾危害性之差别，诚如霄壤之不同。

（二）堤决真相

一九三五年夏季，淫雨连绵，屡月不止。堤内低洼之处，渍水成河，堤外江水与沮漳河水，连续上涨，有增无减。迨到夏历六月初头，狂风暴雨，日夜不停。同月初五日，大堤外围保障垸堤告溃，洪峰直射大堤，加以山洪江水，同时暴发，水位已平堤顶，岌岌可危。同日下午八时许，因大堤得胜台堤段附近腰店子（幺店子）地方，有一条从堤内通过堤顶到堤外，经常行走牛车小路，年深月久，被牛车把堤面碾成一道深槽，风吹浪打，洪水就从槽口向内灌，越灌越大，变成急流。这时当地群众急忙用门板稻草，进行抢救，无济于事。当时主管该堤修防人员万城修防主任吴锦棠，闻讯后，不但毫未采取措施，且因雨大风狂，畏难躲在房内睡觉，若无事然。抢险的群众，因群龙无首，也就散去。是日深夜十三时许；堤遂被槽口之水，冲垮告溃。溃口洪峰怒向内流，高屋建瓴，一泻千里，江、潜、监、沔等十余县，洪水泛滥，大地陆沉，造成乾隆五十三年来之空前浩劫。在溃堤前一段紧张时期内，堤工局长徐国瑞很少出动到堤上视察，也未部署防洪抢险紧急措施，有乖职守，百喙莫辞。

阴湘城堤方面，因堤外渍水，已淹及堤身，外围之众志垸堤和吴家闸堤，因沮漳河山洪暴发，也相继溃决。溃口之水，直向该堤猛攻，水头高过堤顶，抢救困难，因而也于同月初六日平明，为水彻底漫垮。溃口之水，沿太湖港顺流东下，与大堤溃口之水汇合，水势更加汹涌澎湃，破城之危险性更大。该堤修防主任李润之当时曾在堤上日夜冒雨抢险，但因水头高过堤顶，肇成漫溃，较诸大堤修防主任吴锦棠，视险不抢者，也就大有区别了。

（三）洪水围城时险象及抢险经过

夏历六月初六日拂晓前，洪水已把荆州古城紧紧包围。古城六门地势，西门最低，大小北门次之；东门公安门最高，南门次之。当时水位，西门已淹平垛口，如再稍涨，水就要从垛口灌入。全城生灵就要沦为鱼鳖。西门外最高的房屋，也不见屋脊，从太晖观西首高阜上坐船到西门城门南边约二百公尺处，只须一小步，就可踏上城墙。大小北门，只淹及城门四分之三。东门公安门仅淹及城门边缘。南门只上了两块半闸。是日仍然狂风大雨，整夜不停。城外风吹浪打，水啸声在城内清晰可闻。城墙摇摇欲坠。城内低处溃水如河，妨碍交通。在此险境逼人情况下，当时专员兼县长雷啸岑，亲自发动全城壮丁，会同驻军第十军特务团团长李德惠，和浙江保安团驻荆团长喻某，带领所属部队，冒着风雨，上城抢险，环城梭巡。至夜半时，小北门附近下水道洞口，被城外洪水灌入，震撼城脚，甚为危险，同时鼎甲山城脚，又突然发生下陷险象。两险齐发，人心更加惶骇。幸军民拼命抢救，化险为夷，次日雨止天晴，水位才停止未涨，此后逐次下落。一场水厄，才侥幸度过。后来十军方面，又散播说在初六日半夜，城墙两处发生险象时，雷啸岑悄悄跑到东门天主堂内躲难去了，全属事虚。

（四）抢险声中的插曲

（1）湖北省立第八中学（现粮食加工厂后门即其遗址）图书馆门前，排列有一对石狮，相传此物系明朝湘献王陵墓前青狮白象石人石马翁仲之类的残骸，因年久遭受风雨剥蚀，狮头已变成近似猫头了。在同年三月间，八中新建图书馆，便将此狮从城外抬回，排列图书馆门口作为装饰品。不料在洪水围城抢险紧急声中，有人诡谓这对石狮，是当年诸葛孔明在建修观桥时，用大法力安排的降水兽，此兽现已修炼通灵，具有降水的伟大法力。八中校长程旨云把它用作装饰品，是对神兽的极大侮辱，因此上天示警，才洪水为灾等一大篇鬼话，哄得一些愚昧无识之辈，便将石狮强行抬到西门城洞两边安放，搭红挂彩，烧香磕头，求神保佑，作法退水。

接着，又传出触怒神兽的首恶是八中校长程旨云，鼓动多人，要把程捉到城上，丢往水里，以泄神愤。并扬言要把石狮抬到专署门口，要雷专员亲自出来磕头。此刻，一方面城内绅商头面人物，纷纷出面劝解，一面由专署派出军警弹压，遣散群众，将石狮仍还原处，一场轩然大波，才告平息。

（2）城内各米店乘机趁火打劫，混水摸鱼，关门停业。有米不卖，引起民食恐惶，人心浮动，居民争往购米者，络绎于途。米店门口，人多拥挤，横塞街道，断绝交通。米店闭门不纳，雇客打门狂叫。嘈杂詈骂之声，震耳欲聋。这时县政府不得不出示，严切告诫米商照常开门营业，并指派警察分赴各米店，勒令开门卖米，并维持秩序，居民才有米可买。

（五）对当时堤工主管人员的处分

大堤深夜溃决，居民梦中葬身波底者，为数不知凡几。为了平泄民愤，搪塞舆论，藉以点缀法纪庄严门面，事后由当时湖北省政府发布通令，将大堤万城修防主任吴锦棠，阴湘城堤修防主任李润之，各给予"永不录用"处分，以示儆戒。一纸空文敷衍了事。而身负决堤成灾主要责任之荆江堤工局长徐国瑞，则因有徐源泉包庇祖护，仍然逍遥法外，官运亨通。堤工局长肥缺，一直蝉联到荆沙沦陷。他饱载几十年来鲸吞国帑，搜刮民财所取得的充盈巨囊西上重庆，养尊处优，锦衣玉食，安度寓公生活。所谓"窃钩者诛，窃国者侯"，不意又于徐国瑞渎职殃民罪恶事迹中见之。旧时代军政人员之瞻徇情面，视人民生命财产如草芥，等国家法纪若弁髦，殊堪发指！

（作者李梓楠、李东屏，原文 1982 年 4 月载于《江陵县志资料》第八期）

国 民 党 军 炸 堤 阴 谋

1949 年 6 月，蒋军撤离荆沙前夕，为挽救其军事上彻底失败的命运，川湘鄂边区绥靖公署密调爆破组到江陵万城待命，企图在汛涨时炸毁荆江大堤，以水淹荆沙方式阻止人民解放军继续南进。该组受国民党军统特务机关掌握，共由七人组成，组长姓吴，为训练有素的特工人员，人甚精悍。到万城后即在大堤埋设烈性炸药，并带有电台直接与"绥署二处"（军统系统）保持联系。当时驻防荆沙的蒋军湖北保安第六师师长周上璠在党的政策感召下，决心弃暗投明。根据中共荆沙工委的指示，在地下工作者成铁侠、杜文华的帮助下，积极作好起义准备，并相机保护大堤。这个潜伏在万城的爆破组，名义上虽然属周上璠指挥，实际上却暗里直接为军统特务系统所控制。周上璠为了完成保护荆江大堤的任务，急调 16 团前往万城驻防，暗中监视爆破组的行动，并多次与其得力部属 16 团少校团副李国章秘密策划，商议相机全部干掉爆破组。7月中旬，解放军已将荆沙外围团团围住，时值汛期，江水猛涨，水位几与堤平，蒋军川湘鄂边区绥靖公署下达命令，待解放军攻占荆沙即炸堤放水围困解放军，然后举行反攻。在这千钧一发之际，李国章根据周上璠的密令，事先挑选心腹精壮，组成特别行动组，埋伏于指定地点。7月14日7时，李国章以师长来万城视察训话，将对爆破组作机密指示为名，通知爆破组全体人员到团部开会。等他们到后，一声号令，预先埋伏的官兵一拥而出，将其全部缴械捆绑，留家看守电台的二人也同时予以逮捕，并将他们全部拖上船，架到江中处决。接着又派技术熟练的工兵取出埋设在万城堤上的炸药，至此蒋军炸堤阴谋彻底粉碎。

（根据周上璠《荆沙起义和保护荆江大堤的回顾》、李国章《保护荆江大堤亲历记》改写）

第十章 重 要 文 献

第一节　党和国家领导人题词、电报、文稿、批文、讲话

一、毛泽东题词

（1952 年 5 月 24 日）

国家主席毛泽东在授予荆江分洪工程 30 万工程建设者锦旗上题词：

为广大人民的利益，争取荆江分洪工程的胜利！

二、周恩来题词

（1952 年 5 月 24 日）

政务院总理周恩来在授予荆江分洪工程 30 万工程建设者锦旗上题词：

要使江湖都对人民有利。

三、李先念：保卫荆江大堤

（1951 年 6 月 9 日）

保障荆江大堤不发生问题，并提出洪水位在 44.49 米的标准，不得发生任何问题。如果超过了指定标准的洪水位，就由我们执行淹不淹水的急救办法。因而这一任务是重大的，关系到千百万人民的生命财产安全。望继续保持高度警惕并认真做好思想动员与组织动员，否则可能出危险。除荆江大堤外，遥堤的重要性绝不轻于荆江大堤，望重视。

在防汛期到来时，防止反革命破坏，事先应在基本群众中进行教育，到那时必须动员部队、民兵严密防守。

（此件为李先念给时任中共荆州地委书记顾大椿和荆州专署专员阎钧的电报）

四、李先念：庆祝荆江分洪工程预定计划的完工

（1952 年 6 月 21 日）

伟大的荆江分洪工程和荆江大堤加固工程，自 4 月初开始动工至 6 月 20 日左右止，为时仅两个多月，提前完成了原来预定的全部工程计划。这是前后方的指挥员、政治工作人员、技术工作者、医务人员、文化工作者，特别是 30 万军工、民工、运输工人以及承制闸门的机器工人，响应毛主席"为广大人民的利益，争取荆江分洪工程的胜利"的号召，在短短的时间内，克服了一切困难，夜以继日，紧急施工的结果。

荆江两岸，是历史上长江水患最频繁的地区。多少年来，荆江两岸的千百万人民，便在长江汛期的洪水威胁下，过着忧患重重的日子。在历次荆江大堤溃决的灾难中，数百万亩肥沃的田地和成千成万人民的生命财产，惨遭洪水的洗荡。可是，历来的反动统治阶级，他们漠视人民的利益，对于千百万人民身受的灾难，置之不闻不问。特别是国民党反动统治集团，在他们的反动政策与他们腐败无能的统治下，不但未加治理，反而更加深了荆江大堤的危险程度。因为他们只是为一小撮反动派与帝国主义的利益而服务。

现在有些人们，一方面看见这一工程的成功，激动得欢欣鼓舞，另一方面却发出了一些疑问：短暂时间内能够完成这样大的工程吗？人们为什么有那样高的热情呢？为什么那样忘我地劳动呢？中国的人民，在共产党和毛主席的领导下，推翻了帝国主义、官僚资本主义和消灭了地主阶级的统治，建立了人民民主专政的制度，这是能够完成预定工程和人们以高度热情努力不懈的泉源。中国人民在推

翻了国内外反动派的压迫与剥削之后，使社会生产力得到了迅速发展。荆江分洪工程的成就，正是反映了这一变化的例证，足以证明人民民主专政的优越性。

新中国自从成立的第一天起，就以人民的利益为最高利益，展开了各项建设工作。为保证农业的发展与丰产运动的胜利，必须战胜自然的水旱灾害。因此，继根治淮河的伟大工程之后，在中央人民政府正确的决策下，开始了初步治理长江的艰巨的荆江分洪工程。现在完成了，便保障了荆江大堤的安全，并为根本治理长江的工作准备了时间。因而，也就为祖国大规模的经济建设和国防建设准备了条件。

现在，荆江分洪工程已按预定计划完成了。全长 1054 公尺、54 孔的太平口进洪闸及黄山头节制闸雄伟地矗立在荆江南岸分洪区的南北两端，通过黄天湖的新筑大堤横矗在安乡河的北岸，随时准备宣泄长江过高的洪水。全国人民将会因为这一伟大工程的胜利完成而欢呼，那些直接受到利益的两湖千百万人民，将会从心坎里发出感谢。参加荆江分洪工程的每一个人，都会因看到这一伟大工程经过了自己努力劳动而提前完成感到欣慰、喜悦和骄傲。的确，那些勤劳勇敢的劳动者，是我们完成荆江分洪工程的主要依靠。这与反动统治阶级在任何工程上有根本的区别。反动统治阶级只是为了少数人的利益，他们的工程是依靠封建地主，是依靠腐败无能的官僚机构，是依靠帝国主义的技术人员，大量地贪污浪费、偷工减料，群众在被奴役、被剥削、被鞭打的情况下干活，自然不会积极地改进方法，提高效率。然而，我们的荆江分洪工程，则是为了广大人民的利益，所以我们的工程是依靠了广大群众的力量，特别是依靠了最有觉悟最有组织性的人民解放军、翻身农民、工厂及运输战线上的工人，依靠了高度自觉为人民办事的行政与技术干部，依靠了社会主义国家的先进水利工程经验。

这次完成的荆江分洪工程，是祖国大规模经济建设的前奏，是根治长江的开端。正因为它是这样一个伟大的开端，认真总结这一工程中各个方面所创造和积累出来的丰富经验，克服我们已经走过的弯路，纠正我们的缺点，便成为十分必要的事情。

我们知道，我国新民主主义国家制度的优越性，是表现在各方面的。然而，它更生动、更现实地表现在当前祖国水利事业的建设上面。像荆江分洪这样伟大的水利工程，在一般资本主义国家的条件下，也是需要好多年才能完成的。而我们在毛主席和中央人民政府的坚强领导下，在全国人民的支援和物资调拨的高度统一下，两个多月便完成了预定的全部工程计划。

我们知道，只有工人阶级通过他的政党——共产党的领导，只有在人民政府的领导下，才能办得到，才能将局部利益服从全体利益。长江上游下游，北岸与南岸的照顾，器材人力整体调拨等，这在反动统治下是做不到的。另一方面，依靠工人阶级和劳动农民的联盟，团结各革命阶级与革命人民，我们曾经战胜了国内外的强大敌人，取得革命的胜利。今后我们仍然要依靠工农的强大联盟，进行大规模的国家建设。荆江分洪工程，正是工农联盟力量的伟大体现，正是当前祖国建设事业中工农联盟的典型。我们从东北、上海的钢铁，京津的器材，中南、西南调集的交通工具，汉口、衡阳承制的闸门，来自各地的工程技术人员，武汉的工人以及 20 万来自湘、鄂的农民中，便可看出工农结合、群众结合的伟大力量。而荆江分洪工程所产生的经营效益，又正有利于发展我国的工农业生产，因而它又加强与巩固了工人阶级与农民的联盟。

我们知道，为了国家的迅速工业化，为了争取美好、自由、幸福的新生活，我们必须采取革命的精神和革命的办法来进行祖国的伟大建设事业。荆江分洪工程，正是采取革命精神和革命办法兴办水利工程的范例。在两个多月的紧张施工过程中，由于我们紧紧掌握依靠群众，相信群众的力量，才迅速地克服了各种困难，加强了劳动力的组织与调配，不断地提高了劳动效率，涌现了成千上万的英雄模范人物和单位。由于我们有苏联专家的帮助，由于我们强调了理论与实际结合、技术与群众结合，重视群众的创造与智慧，反对资产阶级保守的技术观点，充分吸收苏联的先进经验，因而在劳动竞赛与合理化建议中，出现了改进技术的群众性运动。工程师王咸成、李芬、丁昱、刘瀛洲等人，因大胆修正了原闸门工程和闸基底板扎钢筋工程的设计，为国家节省了大量的财富。运输工程上由于打破了保守的航运观点，成功地推行了先进的"一列式拖带法"，不但大大加强了运输能力，并大大缩短了航时，因而提前一个月，超额完成了80多万吨材料的运输任务。荆江分洪工程本身是一个庞大而复杂的组织工作，它是各种工作互相结合的伟大的集体力量。每一个参加这一伟大工程的人员，都受到了一次深刻的教育与锻炼，在工程技术、劳动组织、运输保管、供给卫生、政治工作等各方面，给将来的经济建设提供了可贵的经验。

我们的国家正在一天天向上，荆江分洪工程和荆江大堤加固工程的胜利完成，显示了我国人民无比的潜在力量，使我们对即将到来的大规模经济建设和祖国美丽的远景，更加充满信心！

（一、二、三、四均出自《中国共产党与荆江防汛抗洪》中共湖北省委党史研究室，中共湖北省荆州市委员会编，中共党史出版社，2004年8月，ISBN 7-80199-090-0）

五、邓小平批转林一山报告

1985年6月，林一山给邓小平呈送专题报告，提出长江"主泓南移"的荆江治理方案。随即，邓小平将林一山的报告批转给水电部部长钱正英。其后，钱正英给邓小平的报告中第一句话即称："对一山同志的报告，我也有同感。"

附：林一山同志给邓小平同志的报告

小平同志：

关于长江在荆州以下的荆江大堤防洪问题，我必须向你写个报告，因为在湖北，至今仍有可能发生一次世界罕见的悲惨事件，并将打乱全国经济计划。

解放以来，荆江大堤在防洪方面虽有所改善，但在本质上问题并没有解决。迄今为止，我们实际上经常都是处在冒险的情况下，采取一些临时性措施，应付可能发生的严重局势。根据历史洪水记录和今天荆江两岸的情况，如果发生一八七〇年、一八六〇年那样的洪水，我们经过多年的计算，即使采取了可以减少灾害的各种措施，如果大堤溃决事故发生在白天，要死五十万人，发生在夜间，要死六七十万人。这样的事故还不包括武汉三镇大部可能被洪水淹没的情况。这个计算是根据各种可能的水文条件，选择一种有代表性的情况作为依据的，因为洪峰的出现和降雨情况都是不完全重复的。

关于这样一个严重问题，我认为中央必须采取一切可能措施防止事故的发生。一九四九年大水，我军进入长江一带时，荆江大堤奇迹般地避免了溃决改道，这一情况为我当时亲眼所见。所谓奇迹，是指大堤正在剧烈坍陷的情况下，洪水也恰好在继续降落。当时中央很快就批准了这一工程。嗣后，由于大堤的岁修工程每年都在进行，加上兴建了分洪工程，防御荆江洪水的能力有所加强，但侥幸麻痹思想也逐步增加。由于先念同志的一贯重视，周总理认真听取汇报后，国务院于一九七一年批准了荆江北岸分洪放淤方案。不幸的是，对这一工程积极认真的湖北省长张体学同志在工程正在筹备期间因病去世，就此，这项治理荆江并对农业大有增产效益的工程被搁置下来。

荆江防洪问题如果处理不好，说不定什么时候就有可能发生一场会打乱全国计划的重大事故。对这个问题至今还有许多人不相信，不重视，甚至在水利界内部也有这种情况。这是一种麻痹侥幸心理，实际上也是一种不负责任的表现。这种表面上都有人负责而实际上无人负责的现象，正是目前仍然不能解决问题的关键所在。产生这种侥幸心理也有一定原因，因为一九五四年以来的三十年间，四川发生大水的机遇低于平均频率。一九五四年洪水的特点是洪量大而峰不高，一九八一年川江大水的特点是重庆以下基本无雨，也很侥幸，这两次洪峰只稍大于7万立方米每秒。根据宜昌站的记录和推算，一一五三年长江大水以来的800余年间，宜昌站洪峰在8万立方米每秒以上的特大洪水共8次。历史洪水记录如下表。产生麻痹思想的另一个原因是过去荆江大堤的防御政策是"舍南救北"，就是说每遇大水就向洞庭湖宣泄以保护北岸。但是现在的情况不同了，因为南岸地面普遍淤高，圩垸林立，经过计算，包括人工扒堤，要使洪水大量向洞庭湖宣泄，完全不可能解决问题。由于南岸群众利益和两湖水利纠纷，"舍南救北"也很难决策。

宜昌站历史洪水洪峰量统计

洪水年份	洪峰流量/(m³/s)	三日洪量/亿 m³	七日洪量/亿 m³
1870	105000	265.0	536.6
1227	96300	241.6	492.5
1560	93600	234.8	479.2
1153	92800	232.7	475.3
1860	92500	232.0	473.8
1788	86000	215.6	441.9
1796	82200	206.0	423.2
1613	81000	203.0	417.3

经过数十年的研究，我们已经制定了几种经济易行的荆江防洪治本方案。这类方案的指导思想是淤高北岸地面或者迫使长江主泓南移，后者是指利用河流自身的动力调整河势，使长江主泓南移。荆江问题所以严重，主要原因是南岸地面高，北岸地面低，相差5～7米。如果使长江主泓在最危险的河段南移一至数公里，这样就可以解决南高北低这个根本问题。在这种情况下，万一发生特大洪水，大堤溃决，洪峰过后，河水归槽，长江不会改道，长江改道则是招致特大灾害的根本原因。我们的这个方案还有一个好处，可以最大限度地节约国家投资，并可以尽早提高防洪效益，因为主泓南移方案可以使最危险的河段主泓逐步南移，逐步改善北岸大堤和加宽岸边滩地。经多年的研究计算，用这样的方法解决荆江问题，只在投资五千万到一亿元，就可采用逐步解决问题的办法达到治本的目的，那时，岁修工程投资也将逐年减少。可是由于国家体制问题，使我们这样一个简便易行的方案都很难尽早实施。这一工程虽属治本工程，但要求的投资已接近于现在的荆江大堤岁修工程投资。按中央权力下放政策，这个纯技术性的任务应完全交给长办负责。

上述使荆江主泓逐步南移以达到治本目的的方案，第一步实施计划可称为荆江河段溃堤不改道方案。这就是说在我们的总体方案还没有达到一定成效之前，立即组织力量，在可能改道的河段把荆江大堤加高展宽，并创造抢险条件。这样，在万一出现特大洪水时不致束手无策。这就是先保重点堤段，允许次要堤段溃决。在完成这一工程的基础上，随着主泓逐步南移，再争取时间，全面改善荆江大堤的防御条件。这个计划暂不考虑主泓南移工程，只在43公里重点堤段上加高培厚大堤，约需土方量660万立米，投资2590万元，其中包括岁修土方量270万立米，投资1030万元。关于荆江防洪的这种治本方案投资太大，由于国家财力困难，一时难以实施，则允许一部分侥幸思想的存在也还有一定道理，现在投资已压缩到五千万到一亿元，再拖延下去就是对人民的不负责任。荆江治本工程能提早一年完成就可以减少一年的冒险，同时可以减少南岸分洪工程的运用次数。根据一九八二年调查，南岸分洪工程运用一次，约需赔偿十余亿元。湖北省防汛指挥部在一九八一年大水时就曾经慎重考虑过分洪问题。关于荆江安全问题是历届湖北省委负责同志所最关心的。

由于这个问题时间紧迫，请中央尽早作出决定。

林一山
一九八五年六月一日

（出自《巍巍荆堤》，中国广播电视出版社，1988年）

第二节　国务院、国家防汛抗旱总指挥部、水利部文件

一、政务院关于荆江分洪工程的规定

（1952年3月31日）

长江中游荆江段由于河道狭窄淤垫，下游弯曲，不能承泄大量洪水，且堤身高出地面十数米，每

当汛期，洪峰逼临，险工迭出，时有溃决的危险。如一旦溃决，不仅江汉广大平原遭受淹没，并将影响长江通航，且在短期内难以堵口善后。不决，则以长江水位抬高，由四口（松滋、太平、藕池、调弦）注入洞庭湖的水量势必增多，滨湖多数堤垸必遭溃决。为保障两湖千百万人民生命财产的安全起见，在长江治本工程未完成以前，加固荆江大堤并在南岸开辟分洪区乃是当前急迫需要的措施。

荆江分洪工程完成以后，如长江发生异常洪水需要分洪时，既可减轻洪水对荆江大堤的威胁，并可减少四口注入洞庭湖的洪量；同时，做好分洪区工程又能保障滨湖区不因分洪而受危害。这一措施对湖北、湖南人民都是有利的。为此，本院特作下列规定：

（一）1952年仍以巩固荆江大堤为重点，必须大力加强，保证不致溃决，其所需经费可酌予增加。具体施工计划及预算由长江水利委员会会同湖北省人民政府拟订，限期完成。

（二）1952年汛前应保证完成南岸分洪区围堤及节制闸、进洪闸等工程，并切实加强工程质量。其所需人力，应由湖北、湖南和部队分别负担。

（三）1952年不拟分洪。如万一长江发生异常洪水威胁荆江大堤的最后安全，在荆江分洪工程业已完成的条件下，可以考虑分洪，但必须由中南军政委员会报请政务院批准。

（四）湖北省分洪区移民工作应于汛前完成。

（五）关于长江北岸的蓄洪问题，应即组织勘察测量工作，并与其他治本计划加以比较研究后再行确定。

（六）为胜利完成1952年荆江分洪各主要工程，应由中南军政委员会负责组成一强有力的荆江分洪委员会和分洪工程指挥机构，由长江水利委员会、湖南、湖北两省人民政府及参加工程的部队派人参加，并由中南军政委员会指派得力干部任正副主任，工程指挥机构的行政与技术人员由各有关单位调配。

上述各项工程，因时间紧迫必须抓紧进行周密的准备工作，并保证按期完成。至于人力、器材、运输及技术等方面，如中南力量不足时，得提出具体计划，速报请政务院予以解决。

二、国务院批转水利电力部关于黄河、长江、淮河、永定河
防御特大洪水方案报告的通知

各省、自治区、直辖市人民政府，国务院各部委、各直属机构：

国务院同意水利电力部《关于黄河、长江、淮河、永定河防御特大洪水方案的报告》，现转发给你们，请贯彻执行。

防御各大江河可能发生的特大洪水，是一件关系到社会主义经济建设和广大人民生命财产安全的大事，必须予以足够的重视，绝不可掉以轻心。应当看到，建国以来，我们虽然进行了大规模的江河整治，各大江河的防洪能力有了不同程度的提高，但对于特大洪水，现在还不能完全控制。在遭受难以抗御的特大洪水袭击的情况下，为了保全大局，减少损失，适时地采取分洪、滞洪措施是必要的。对此，各有关地区要事先做好准备。要认真研究并落实分洪区、滞洪区的特殊政策，调整生产结构，积极研究试行防洪保险或防洪基金等办法。对于分洪区、滞洪区内的安全设施、房屋形式及预警通讯建设，要及早安排好。要严格制止盲目围垦湖泊、洼地，对于应该退田还湖的，要抓紧落实。

要做好宣传教育工作，向分洪区、滞洪区广大干部和群众说明小局服从大局的道理，要求在大洪水面前，一定要以大局为重，坚决服从各级防汛指挥部的调度，干部必须以身作则，加强组织纪律性，对不服从调度命令，阻碍行洪的，要严加惩处。

对于报告中防御特大洪水的具体部署，公开宣传报道要慎重，报道时机由水电部提出，报国务院确定。

中华人民共和国国务院

1985 年 6 月 25 日

附：《黄河、长江、淮河、永定河防御特大洪水方案》第二部分：长江防御特大洪水方案

长江中下游平原地区有耕地 9000 多万亩，人口 6000 多万，有武汉、长沙、南昌、芜湖、南京、上海等重要工商业城市，是我国精华所在。这一平原地区的地面高程普遍低于长江干流及支流尾闾的洪水位，现在主要依靠总长约 3 万公里的大堤与圩垸来抗御洪水。历史上这里洪水灾害频繁、严重。据记载，从汉代到清末的 2000 多年中，长江共发生较大洪水 200 余次，平均 10 年一次。19 世纪中叶，出现过 1860 年和 1870 年两次特大洪水，宜昌站洪峰流量分别为 9.25 万立方米每秒和 11 万立方米每秒，两湖平原损失惨重。1931 年全江大水，洪水淹没耕地 5000 余万亩，受灾人口 2850 多万，死亡 14.5 万人，沙市、汉口、南京等沿江城市均被水淹。1935 年长江及支流汉江、澧水大洪水，淹没耕地 2200 余万亩，受灾人口 1000 万，死亡 14.2 万人。建国以后，1954 年长江发生了全流域型洪水，洪水超过了 1931 年，虽然保证了荆江大堤和武汉市、南京市的安全，但仍淹没耕地 4700 余万亩，死亡 3.3 万人，影响京广铁路正常行车达 100 天。

长江中下游洪水灾害的成因，主要是峰高量大而河槽泄量不够。历史上，长江洪水主要依靠两岸大小湖泊分蓄。但是，长期以来，长江干支流的泥沙将这些湖泊逐渐淤积，随着人口增加，不断围垦开发，北岸的云梦泽，自明代建成荆江大堤后，已成为 1000 多万亩耕地的江汉平原，南岸的洞庭湖，依靠圩垸保护，也已形成 1000 万亩耕地。目前，荆江河段的安全泄量，大约为 6.1 万立方米每秒，而宜昌站近百年来，洪峰超过 6 万立方米每秒的达 23 次。洞庭湖出口处城陵矶以下河段安全泄量约 6 万立方米每秒，而在 1931 年、1935 年、1954 年等几个大水年的汇合洪峰，都在 10 万立方米每秒左右，远远超过河道的泄洪能力。1931 年和 1954 年大水，超过河道安全泄量的洪水都在 1000 亿立方米以上，不是一般规模的工程可以解决的。如何处理这样大量的超额洪水，是长江中下游防洪的矛盾所在。

30 多年来，在长江干流和主要支流，已建成较为完整的堤防体系，并整治了下荆江局部河段，提高了荆江的泄洪能力。修建了荆江分洪区和汉江杜家台分洪区等分、滞洪工程，累计完成土石方 30 多亿立方米，其中石方约 3000 万立方米。在汉江上建成了丹江口水库，加上下游的分洪工程，可基本控制汉江的洪水。但是，长江干流还没有控制工程，支流大中型水库虽有 965 座，总库容 920 亿立方米，但极为分散，只能控制局部地区的灾害，不能削减长江干流的洪峰。现在干流和主要圩垸堤防只能抗御 10 年一遇到 20 年一遇洪水。

如果重现 1954 年洪水，还要有计划地分洪 500 亿～700 亿立方米，淹地 1500 万亩，临时转移 700 万人。虽然淹没面积可争取比 1954 年减少，但是由于国民经济的发展，其损失要比 1954 年大得多，估计将达数百亿元。如果遇到历史上曾经出现的 1870 年特大洪水，灾害将更加严重。

长江中下游的防汛任务是：遇到 1954 年同样严重的洪水，要确保重点堤防的安全，努力减少淹没损失。对于比 1954 年更大的洪水，仍需依靠临时扒口，努力减轻灾害。为此，要严禁围垦湖泊并有计划地整治上下荆江，提高泄洪能力，及早兴建三峡水利枢纽，改善长江中游防洪险峻局面。其防洪具体措施是：

（1）经过培修巩固堤防，尽快做到长江干流水位比 1954 年实际最高水位略有提高，以扩大洪水泄量。具体要求是：沙市保证 44.67 米，争取 45.00 米；城陵矶保证 33.95 米，争取 34.40 米，汉口维持 29.73 米不变；湖口保证 21.68 米，争取 22.50 米。

（2）明确分洪、滞洪任务，安排超额洪水。按上述水位进行合理调度，如遇 1954 年同样洪水，争取分洪量减为 500 亿～700 亿立方米。具体安排是：

当沙市水位到达 44.67 米（争取 45.00 米），预报将继续上涨时，即开荆江分洪区北闸分洪 6000～7700 立方米每秒；水位仍上涨时，扒开腊林洲堤进洪，合计分洪流量可达 1.5 万～1.7 万立方米每秒。如预报来量大，仍将上涨时，则运用涴市扩建区，最大进洪 5000 立方米，同时将虎渡河东、西两堤扒开，与荆江分洪区联合运用。这一措施，约可解决枝城洪峰流量 8 万立方米每秒洪水（荆江分洪区位于湖北省长江荆江段右岸的公安、江陵县境内，包括荆江分洪区，涴市扩建区和虎西备蓄区，共有耕地 67 万亩，人口 48.9 万，可分蓄洪水 54 亿立方米，连同涴市扩建区为 62 亿立方米）。

当荆江分洪区水位将超过 42.00 米时，在无量庵扒口泄洪，如干流泄洪不及，则分洪入人民大垸。必要时可从中洲子、青泥洲吐洪入江，再由大马洲、乌龟洲和上车湾泄洪入洪湖；再大时可由吴老渊扒口入洪湖。无量庵吐洪量大于 2 万立方米每秒时还要由石首以西江堤扒口，向南分洪入东洞庭湖。

城陵矶控制水位 33.95 米时，分洪量为 420 亿立方米（控制水位为 34.40 米时，分洪量为 320 亿立方米），由洞庭湖、洪湖各滞洪一半，即各滞洪 160 亿~210 亿立方米。洞庭湖除了力争要保的民主阳城垸、大通湖、烂泥湖、松澧、沅南、育才、乐新、安保、安造、安尤、湘滨南湖垸以外，其余垸垸为洞庭湖分洪区（洞庭湖分洪区内约有耕地 240 万亩，人口 128 万。洪湖分洪区内约有耕地 120 万亩，人口 86 万）。

武汉市附近，按汉口水位 29.73 米控制，超额洪水运用杜家台滞洪区、武湖、张渡湖、白潭湖、西凉湖和东西湖滞洪，共分蓄 68 亿~110 亿立方米（约有耕地 106 万亩，人口 71 万）。

鄱阳湖湖口附近，按湖口水位 22.00 米控制（争取 22.50 米），运用鄱阳湖和华阳河滞洪 130 亿立方米（或 50 亿立方米），各滞洪一半（鄱阳湖分洪区内有耕地 78 万亩，人口 53.9 万；华阳河分洪区内有耕地 112 万亩，人口 79 万）。

（3）如遇 1870 年同样洪水的紧急措施是：除按前述程度开闸扒口，预报枝城来量将超过 8 万立方米每秒时，即主动在上百里洲北堤、南泓采穴附近两岸堤及杨家垴一带江堤扒口，要求进洪 3 万立方米每秒；并将虎渡河西堤半边山以上、东堤夹竹园以上扒开，与荆江分洪区联合运用。无量庵吐洪 4 万多立方米每秒，人民大垸吐洪 2 万立方米每秒入洪湖；由石首以西江堤扒口分洪约 1.45 万立方米每秒南下入东洞庭湖。

在防御 1954 年同样洪水时，长江荆江分洪区的分洪运用，由中央防汛总指挥部决定；其余的行洪、滞洪区和有关湖泊的滞洪运用，由长江中下游防汛总指挥部商所在省人民政府决定。在防御 1870 年同样洪水时的分洪运用，需经国务院的批准。

三、国家防汛抗旱总指挥部文件（国汛〔2011〕22 号）
关于长江洪水调度方案的批复

（2011 年 12 月 19 日）

长江防汛抗旱总指挥部，四川、重庆、湖北、湖南、江西、安徽、江苏、上海省（市）防汛抗旱指挥部，长江水利委员会：

国家防汛抗旱总指挥部同意长江水利委员会会同四川、重庆、湖北、湖南、江西、安徽、江苏、上海八省（市）人民政府制订的《长江洪水调度方案》，现予印发，请遵照执行。国家防汛抗旱总指挥部 1999 年批准的《长江洪水调度方案》（国汛〔1999〕10 号）同时废止。

长江洪水调度工作事关长江中下游流域重点地区、重要城市和重要设施的安全，请你们认真落实方案中确定的各项任务和措施，做好长江洪水调度工作，确保防洪安全。

附：长江洪水调度方案

根据国务院批复的《长江流域防洪规划》和《三峡水库优化调度方案》，结合目前长江流域防洪工程状况和长江流域防洪形势，在《长江洪水调度方案》（国汛〔1999〕10 号）基础上，修订长江洪水调度方案如下：

一、防洪体系建设情况

经过几十年的防洪体系建设，长江中下游已基本形成了以堤防为基础、三峡水库为骨干，其他干支流水库、蓄滞洪区、河道整治相配合，以及平垸行洪、退田还湖等工程措施与防洪非工程措施相结合的综合防洪减灾体系。

（一）堤防工程

长江中下游堤防包括长江干堤、主要支流堤防，以及洞庭湖区、鄱阳湖区等堤防，总长约 30000 千米，是长江防洪的基础。目前，长江中下游 3900 余千米干堤已全部完成达标建设。

长江中下游干流堤防设计洪水位分别为沙市 45.00 米、城陵矶（莲花塘）34.40 米、汉口 29.73 米、黄石 27.50 米、湖口 22.50 米、大通 17.10 米、芜湖 13.40 米（有台风为 13.50 米）和南京 10.60 米（有台风为 11.10 米）。

荆江大堤、无为大堤、南线大堤、汉江遥堤以及沿江全国重点防洪城市堤防为 I 级堤防。松滋江堤、荆南长江干堤、洪湖监利江堤、岳阳长江干堤（岳阳市城区段除外）、四邑公堤、汉南长江干堤、粑铺大堤、黄广大堤、九江大堤（九江市城区段除外）、同马大堤、广济圩江堤、枞阳江堤、和县江堤、江苏长江干堤（南京市城区段除外）等为 II 级堤防。洞庭湖区、鄱阳湖区重点圩垸堤防为 II 级，国家确定的蓄滞洪区其他堤防为 III 级。汉江下游干流堤防为 II 级（武汉市城区段除外）。

长江中下游干流 I 级堤防堤顶超高一般为 2.0 米，II 级及 III 级堤防堤顶超高一般为 1.5 米，江苏南京以下感潮河段长江干堤堤顶超高为 2.0～2.5 米，其它堤防超高一般为 1.0 米，城陵矶附近长江干堤（北岸龙口以上监利洪湖江堤、南岸岳阳长江干堤）在上述标准的基础上增加 0.5 米的超高；洞庭湖及鄱阳湖临湖堤风浪大、吹程远，重点圩垸堤防临湖堤超高 2.0 米，临河堤超高 1.5 米，洞庭湖蓄滞洪区堤防临湖堤超高 1.5 米，临河堤超高 1.0 米，东、南洞庭湖堤防在上述标准的基础上增加 0.5 米的超高。

（二）河道治理工程

长江中下游干流河道总长 1893 千米，共划分为 30 个河段，其中宜枝、上荆江、下荆江、岳阳、武汉、鄂黄、九江、安庆、铜陵、芜裕、马鞍山、南京、镇扬、扬中、澄通、长江口等 16 个河段为重点河段；陆溪口、嘉鱼、簰洲湾、叶家洲、团风、韦源口、田家镇、龙坪、马垱、东流、太子矶、贵池、大通、黑沙洲等 14 个河段为一般河段。

长江中下游干流以控制河势和防洪保安为主要目标，开展了较大规模的河道治理，河道河势得到初步控制。干流各河段现状的行洪能力：荆江沙市河段约为 53000 立方米每秒，城陵矶河段约为 60000 立方米每秒，武汉河段约为 73000 立方米每秒，湖口河段约为 83000 立方米每秒。

（三）蓄滞洪区

长江中游干流目前安排了 40 处蓄滞洪区（如洪湖蓄滞洪区按东、中、西 3 块考虑，则蓄滞洪区总数为 42 处），总面积约为 1.2 万平方千米，耕地 711.8 万亩、人口约 632.5 万人，有效蓄洪容积约 589.7 亿立方米。

重要蓄滞洪区 13 处，分别为荆江分洪区、洪湖东分块、钱粮湖、共双茶、大通湖东、围堤湖、民主、城西、澧南、西官、建设、杜家台、康山蓄滞洪区；一般蓄滞洪区 13 处，分别为洪湖中分块、屈原、九垸、江南陆城、建新、西凉湖、武湖、张渡湖、白潭湖、珠湖、黄湖、方洲斜塘和华阳河蓄滞洪区；蓄滞洪保留区 16 处，分别为涴市扩大分洪区、人民大垸分洪区、虎西备蓄区、君山、集成安合、南汉、和康、安化、安澧、安昌、北湖、义合、南顶、六角山、洪湖西分块、东西湖蓄滞洪区。

（四）重点大型水库

长江流域在干支流上已建成大中小型水库 4.6 万座，总库容 2349 亿立方米。以防洪为首要任务的大型水库，目前已建成的有三峡、丹江口、江垭、皂市等，已建和基本建成且具有较大防洪作用的水库还有二滩、紫坪铺、瀑布沟、构皮滩、彭水、宝珠寺、隔河岩、水布垭、漳河、五强溪、柘溪、万安、柘林、廖坊等，正在建设的具有较大防洪作用的水库有溪洛渡、向家坝、锦屏一级、亭子口、峡江等。

（五）平垸行洪、退回还湖

1998 年长江大洪水后，对长江中下游干堤之间严重阻碍行洪的洲滩民垸、洞庭湖及鄱阳湖区部分在常遇洪水时即遭受洪灾的湖滩及民垸进行了平垸行洪、退田还湖建设。平垸行洪、退田还湖圩垸分两类，一是退人又退耕的"双退"圩垸，二是退人不退耕的"单退"圩垸。目前，长江中下游干流已实施单退圩垸 331 个、面积 1975 平方千米、蓄水容积 77.1 亿立方米。其中城陵矶以上河段洲滩民垸的蓄水容积为 26.4 亿立方米，城陵矶至汉口河段的蓄水容积为 8.4 亿立方米，汉口至湖口河段的蓄水容积为 6.5 亿立方米，湖口以下河段的蓄水容积为 35.8 亿立方米。

（六）防洪非工程措施

目前，长江流域向长江防汛抗旱总指挥部报汛的站点总数基本上能控制流域水雨情，随着国家防汛抗旱指挥系统的建成运行和中央报汛站实现报汛自动化，水文测报能力显著提高，初步建立了一套基本适应当前防汛需要的水情信息系统；经过不断的修编，洪水作业预报方案逐步完善；随着长江流域防汛调度系统、水情会商系统、洪水预报系统的建成，水情预报精度和时效性显著提高，在 1998 年、2010 年等抗洪斗争中发挥了重要作用，基本满足长江流域防汛需要。以三峡水库为核心的水库群联合调度技术也逐步成熟，提高了长江流域的防洪安全保障能力。

二、长江干支流现状防洪能力

长江干支流主要河段现有防洪能力大致为：荆江地区依靠堤防可防御 10 年一遇洪水，通过三峡水库调节，遇 100 年一遇及以下洪水可使沙市水位不超过 44.50 米，不需启用荆江地区蓄滞洪区，遇 1000 年一遇或 1870 年同大洪水，通过三峡水库的调节，可控制枝城泄量不超过 80000 立方米每秒，配合荆江地区蓄滞洪区的运用，可控制沙市水位不超过 45.0 米，保证荆江河段行洪安全。城陵矶河段依靠堤防可防御 10～20 年一遇洪水，通过三峡水库的调节，一般年份基本上可不分洪（各支流尾闾除外），遇 1931 年、1935 年、1954 年大洪水，可减少分蓄洪量和土地淹没，考虑本地区蓄滞洪区的运用，可防御 1954 年洪水。武汉河段依靠堤防可防御 20～30 年一遇洪水，考虑河段上游及本地区蓄滞洪区的运用，可防御 1954 年洪水（其最大 30 天洪量约 200 年一遇）。湖口河段依靠堤防可防御 20 年一遇洪水，考虑河段上游及本地区蓄滞洪区的运用，可满足防御 1954 年洪水的需要。

汉江中下游依靠堤防、丹江口水库及杜家台分洪工程可防御 20 年一遇洪水，配合新城以上民垸分洪，可防御 1935 年同大洪水，约相当于 100 年一遇。赣江可防御 20～50 年一遇洪水，其他支流大部分可防御 10～20 年一遇洪水，长江上游四川腹地各主要支流依靠堤防和水库一般可防御 10 年一遇左右洪水。

三、设计洪水

（一）荆江河段设计洪水

荆江河段的防洪标准以防御枝城 100 年一遇洪水洪峰流量为目标，同时对遭遇 1870 年同大洪水应有可靠的措施保证荆江两岸干堤不发生漫溃，防止发生毁灭性灾害。

枝城站系荆江河段的入流站，枝城站设计洪水成果见下表。

枝城站设计洪水成果表

时段	统计参数			设计流量/（m³/s）					
	E_x	C_v	C_s/C_v	0.1%	0.33%	0.5%	1%	2%	5%
日均流量	54100	0.21	4.0	102800	94600	92100	87000	82200	75200

（二）城陵矶及以下干流河段设计洪水

长江中下游城陵矶及以下干流河段总体防洪标准为防御新中国成立以来发生的最大洪水，即 1954 年洪水。

城陵矶以下河段以螺山站作为代表站。螺山站 30 天总入流设计洪水成果见下表。1954 年洪水螺山站 30 天总入流为 1975 亿立方米，约 180 年一遇。

螺山站 30 天总入流设计洪水成果表

时　段	统　计　参　数			设计流量/(m³/s)				
	E_x	C_v	C_s/C_v	0.33%	0.5%	1%	2%	5%
30 天洪量/亿 m³	1190	0.21	4.0	2088	2027	1919	1808	1652

四、洪水调度原则和目标

（一）洪水调度原则

1. 坚持以人为本、依法防洪、科学调度的原则。

2. 坚持蓄泄兼筹、以泄为主，上下游兼顾、左右岸协调，局部利益服从全局利益的原则。

3. 当发生大洪水时，适时运用洲滩民垸，充分发挥河道的泄洪能力；利用三峡及其它水库拦洪错峰，充分发挥水库的防洪作用；当河道控制站水位接近并预报将超过堤防设计水位时，适时启用蓄滞洪区分蓄超额洪水。

4. 统筹处理好防洪与排涝的关系，遇大洪水时，排涝服从防洪的要求。

5. 兴利调度服从防洪调度，在确保防洪安全和不影响排涝的前提下，兼顾洪水资源利用。

6. 各干支流水库在保证下游防洪保护对象和本身防洪安全的情况下，若中下游干流发生大洪水，应尽量拦蓄洪水，以减轻中下游干流防洪压力。

（二）洪水调度目标

发生防御标准以内洪水时，确保重要水库、重点堤防、重要城市和地区的防洪安全。遇超标准洪水或特殊情况，采取非常措施，保证重要城市和地区的防洪安全，最大限度地减轻洪灾损失。

五、洪水调度

（一）水库调度

1. 三峡水库在保证枢纽大坝安全的前提下，对长江上游洪水进行调控，使荆江河段防洪标准达到 100 年一遇，遇 100 年一遇至 1000 年一遇洪水，包括 1870 年同大洪水时，控制枝城站流量不大于 80000 立方米每秒，配合蓄滞洪区运用，保证荆江河段行洪安全，避免两岸干堤漫决发生毁灭性灾害；根据城陵矶地区防洪要求，考虑长江上游来水情况和水文气象预报，适度调控洪水，减少城陵矶地区分蓄洪量。

（1）对荆江河段实施防洪补偿调度。当三峡水库水位低于 171.0 米时，控制沙市水位不高于 44.50 米；当三峡水库水位在 171.00～175.00 米之间时，控制枝城最大流量不超过 80000 立方米每秒，配合分洪措施控制沙市水位不超过 45.00 米。

（2）对城陵矶河段实施防洪补偿调度。在长江上游来水不大，三峡水库尚不需为荆江河段防洪大量蓄水，而城陵矶附近防洪形势严峻，且三峡水库水位不高于 155.00 米时，三峡水库兼顾对城陵矶河段进行防洪补偿调度，即按控制沙市水位不高于 44.50 米、同时城陵矶水位不超过 34.40 米进行防洪补偿调度。当三峡水库水位高于 155.00 米后，转为对荆江河段进行防洪补偿调度，不再对城陵矶河段进行防洪补偿调度。

（3）三峡水库水位超过 175.00 米后，按照保枢纽安全的防洪调度方式运行。原则上，当入库流量小于水库泄流能力时，按来多少泄多少进行调度；当入库流量大于水库泄流能力时，按水库泄流能力下泄。届时可根据实时水雨情及防洪需要统筹考虑进行调度。

2. 长江上游发生中小洪水，根据实时雨水情和预测预报，三峡水库尚不需要对荆江或城陵矶河段实施防洪补偿调度，且有充分把握保障防洪安全时，三峡水库可以相机对中小洪水进行滞洪调度。

3. 沙市水位预报将超过 44.50 米，若清江来水大，利用清江隔河岩、水布垭水库配合三峡水库联合拦蓄洪水，控制沙市站水位不高于 44.50 米。

4. 根据长江中下游防洪需要，长江上游二滩、紫坪铺、瀑布沟、宝珠寺、构皮滩、彭水等干支流控制性水库在保证各水库下游和本身防洪安全的基础上，按照调度指令配合三峡水库为中下游拦蓄洪水，减轻防洪压力。

5. 清江、沮漳河、洞庭湖四水、鄱阳湖五河发生洪水时，充分发挥隔河岩、水布垭、漳河、五强溪、柘溪、凤滩、江垭、皂市、万安、柘林、廖坊等水库的拦洪作用，以减轻水库下游或长江干流防洪压力。

（二）河道及蓄滞洪区调度

1. 荆江河段（枝城—城陵矶）

（1）沙市水位预报将超过 44.50 米，相机扒开荆江两岸干堤间洲滩民垸行洪，充分利用河道下泄洪水，利用三峡等水库联合拦蓄洪水，控制沙市水位不超过 44.50 米。

（2）当三峡水库水位高于 171.00 米之后，如上游来水仍然很大，水库下泄流量将逐步加大至控制枝城站流量不超过 80000 立方米每秒，为控制沙市站水位不超过 45.00 米，需要荆江地区蓄滞洪区配合使用。

1）沙市水位达到 44.67 米并预报继续上涨时，做好荆江分洪区进洪闸（北闸）防淤堤的爆破准备。

2）沙市水位达到 45.00 米，并预报继续上涨时，视实时洪水大小和荆江堤防工程安全状况，决定是否开启荆江分洪区进洪闸（北闸）分洪。北闸分洪的同时，做好爆破腊林洲江堤分洪口门的准备。在国家防总下达荆江分洪区人员转移命令时，湖南省接守南线大堤。

在运用北闸分洪已控制住沙市水位，并预报短期内来水不再增大、水位不再上涨时，应视水情状况适时调控直至关闭进洪闸，保留蓄洪容积，以备下次洪峰到来时分洪运用。

3）荆江分洪区进洪闸全部开启进洪仍不能控制沙市水位上涨，则爆破腊林洲江堤口门分洪；同时做好涴市扩大区与荆江分洪区联合运用的准备。

4）荆江分洪区进洪闸全部开启且腊林洲江堤按设定口门爆破分洪后，仍不能控制沙市水位上涨时，则爆破涴市扩大区江堤进洪口门及虎渡河里甲口东、西堤，与荆江分洪区联合运用。运用虎渡河节制闸（南闸）兼顾上下游控制泄流，最大不超过 3800 立方米每秒，同时做好虎西备蓄区与荆江分洪区联合运用的准备。

5）预报荆江分洪区内蓄洪水位（黄金口站，下同）将超过 42.00 米，爆破虎东堤和虎西堤，使虎西备蓄区与荆江分洪区联合运用。同时做好无量庵吐洪入江及人民大垸分洪运用的准备。

6）荆江分洪区、涴市扩大区、虎西备蓄区运用后，预报荆江分洪区内蓄洪水位仍将超过 42.00 米，提前爆破无量庵江堤口门吐洪入江。预计长江干流不能安全承泄洪水，在爆破无量庵江堤口门的同时，在其对岸上游爆破人民大垸江堤分洪。并进一步落实长江监利河段主泓南侧青泥洲、北侧新洲垸扩大行洪，清除阻水障碍等措施，确保行洪畅通。

上述措施可解决枝城 1000 年一遇或 1870 年同大洪水，若遇再大洪水，视实时洪水水情和荆江堤防工程安全状况，爆破人民大垸中洲子江堤吐洪入江；若来水继续增大，爆破洪湖蓄滞洪区上车湾江堤进洪口门，分洪入洪湖蓄滞洪区。

2. 城陵矶河段（城陵矶—东荆河口）

（1）城陵矶水位达到 33.95 米，并预报继续上涨，视实时洪水水情，相机扒开城陵矶至东荆河口段长江干堤之间、洞庭湖区洲滩民垸进洪，充分利用河湖泄蓄洪水。城陵矶水位达到 34.90 米时，洲滩民垸须全部运用。

（2）城陵矶水位预报将达到 34.40 米并继续上涨，且三峡水库水位在 155.00 米以下时，三峡水库按控制城陵矶水位不高于 34.40 米进行防洪补偿调度。

（3）三峡水库水位达到 155.00 米后，如城陵矶水位仍将达到 34.40 米并继续上涨，则需采取城陵矶附近区蓄滞洪区分洪措施。视重点保护对象安全需要，首先运用洞庭湖钱粮湖、大通湖东、共双茶和洪湖蓄滞洪区东分块，并相机运用屈原垸、建新垸、建设垸、民主垸、城西垸、江南陆城、澧南垸、西官垸、围堤湖、九垸等蓄滞洪区蓄洪。若在执行上述分洪过程中，预报城陵矶超额洪峰、洪量较大，运用上述蓄滞洪区分洪不能有效控制城陵矶水位时，则运用君山垸、集成安合等蓄滞洪保留区分蓄洪水。

如城陵矶水位达到34.40米，但沙市水位低于44.50米且汉口水位低于29.00米，城陵矶运行水位可抬高到34.90米运用。

（4）洞庭湖四水尾闾水位超过其控制水位（湘江长沙站39.00米、资水益阳站39.00米、沅水常德站41.50米、澧水津市站44.00米），危及重点垸和城市安全，可先期运用四水尾闾相应蓄滞洪区。

3. 武汉河段（东荆河口—武穴）

（1）汉口水位达到28.50米，并预报继续上涨，视实时洪水水情，扒开东荆河口至武穴河段长江干堤之间洲滩民垸进洪，充分利用河道下泄洪水。汉口水位达到29.00米时，洲滩民垸应全部运用。

（2）汉口水位达到29.50米，并预报继续上涨时，视长江、汉江水情，首先运用杜家台蓄滞洪区，再运用武汉附近其他蓄滞洪区。

1）若汉江来水较大，在丹江口水库充分运用的条件下，则开启汉江下游杜家台分洪闸分洪；若汉江来水不大，首先运用黄陵矶闸分长江洪水入杜家台蓄滞洪区，若分洪量不足，视情况采取扩大分洪量的措施。

2）若武汉河段上游长江来水大，在首先运用杜家台蓄滞洪区之后，则视超额洪量大小，依次运用西凉湖、武湖、张渡湖、白潭湖蓄滞洪区蓄纳洪水，以控制汉口水位不超过29.73米。若武汉河段上游来水小，而汉口至湖口区间洪水较大，在首先运用杜家台蓄滞洪区之后，视超额洪量大小，依次运用武湖、张渡湖、白潭湖、西凉湖蓄滞洪区蓄纳洪水，以控制汉口水位不超过29.73米。

（3）武汉附近杜家台、武湖、张渡湖、白潭湖、西凉湖蓄滞洪区运用后，汉口水位仍将超过29.73米时，启用东西湖蓄滞洪保留区蓄纳洪水。

4. 湖口河段（武穴—湖口）

（1）湖口水位达到20.50米时，并预报继续上涨，视实时洪水水情，扒开武穴至湖口河段长江干堤之间、鄱阳湖区洲滩民垸进洪，充分利用河湖泄蓄洪水。湖口水位达到21.50米（鄱阳湖万亩以上单退圩堤水位为21.68米）时，洲滩民垸应全部运用。

（2）湖口水位达到22.50米，并预报继续上涨，首先运用鄱阳湖区的康山蓄滞洪区，相机运用珠湖、黄湖、方洲斜塘蓄滞洪区蓄纳洪水。同时做好华阳河蓄滞洪区分洪的各项准备。

（3）运用上述4处蓄滞洪区后仍不能控制湖口水位上涨且危及重点堤防安全时，则运用华阳河蓄滞洪区分蓄洪水，华阳河蓄滞洪区分洪口门设在占家峦。

六、调度权限

（一）荆江分洪区的运用由长江防汛抗旱总指挥部商湖北省人民政府提出方案，由国家防汛抗旱总指挥部决定，国家确定的其他蓄滞洪区的运用由长江防汛抗旱总指挥部商所在省人民政府决定，由所在省防汛抗旱指挥部负责组织实施，并报国家防总备案。当洞庭湖四水发生洪水，为保护四水下游重点地区的防洪安全，需运用国家确定的四水尾闾蓄滞洪区分洪时，由湖南省提出要求，报经长江防汛抗旱总指挥部同意后执行。洲滩民垸的运用由各省防汛抗旱指挥部负责，报长江防汛抗旱总指挥部备案。

（二）三峡水库入库流量不超过25000立方米每秒，且库水位在汛期运用水位浮动范围内，原则上由中国长江三峡集团公司负责调度；三峡水库入库流量超过25000立方米每秒，但枝城流量小于56700立方米每秒，或相机对中小洪水采取调洪运用，由长江防汛抗旱总指挥部负责调度；枝城流量超过56700立方米每秒，或需对城陵矶河段进行补偿调度，由长江防汛抗旱总指挥部提出调度方案，报国家防汛抗旱总指挥部批准，中国长江三峡集团公司执行。

（三）丹江口水库的洪水调度由长江防汛抗旱总指挥都负责。水布垭、隔河岩水库和漳河水库的洪水调度由湖北省防汛抗旱指挥部负责，当水布垭、隔河岩水库配合三峡水库对荆江河段进行防洪补偿调度时，由长江防汛抗旱总指挥部负责调度。五强溪、柘溪、凤滩、江垭、皂市等水库的洪水调度由湖南省防汛抗旱指挥部负责。万安、柘林、廖坊等水库的洪水调度由江西省防汛抗旱指挥部负责。

（四）长江上游干支流为长江中下游预留防洪库容的水库，当需要配合三峡水库为长江中下游进行防洪调度时，由长江防汛抗旱总指挥部调度。防洪影响跨省（自治区、直辖市）的水库，在洪水调度过程中可能影响到两个省级行政区域防洪时，由长江防汛抗旱总指挥部提出调度方案，报国家防汛抗旱总指挥部批准，由有关水库管理单位执行。以上水库的年度度汛方案由长江防汛抗旱总指挥部审批，并报国家防汛抗旱总指挥部备案。

七、附则

（一）嘉陵江、岷江、乌江、汉江、滁河、青弋江、水阳江、漳河及其它支流的洪水调度方案另行编制。

（二）遇特殊情况，国家防汛抗旱总指挥部、长江防汛抗旱总指挥部可按照本方案的精神及有关规定，进行应急调度。

（三）本方案中除三峡水库水位采用资用吴淞高程外，其他各控制站水位均采用冻结吴淞高程。

（四）本方案由长江防汛抗旱总指挥部负责解释。

（五）本方案自批准之日起执行，原《长江洪水调度方案》（国汛〔1999〕10 号）同时废止。

四、水利部《中国'98 大洪水》（节选）

（1999 年）

1998 年我国气候异常，长江、松花江、珠江、闽江等主要江河发生了大洪水。长江洪水仅次于 1954 年，为本世纪第二位全流域型大洪水。在以江泽民同志为核心的党中央坚强领导下，广大军民发扬"万众一心、众志成城，不怕困难、顽强拼搏，坚韧不拔、敢于胜利"的伟大抗洪精神，依靠建国以来建设的防洪工程体系和改革开放以来形成的物质基础，抵御了一次又一次洪水的袭击，保住了长江、松花江等大江大河干堤，保住了重要城市和主要交通干线，保住了人民群众的生命财产安全，最大限度地减轻了洪涝灾害造成的损失，取得了抗洪抢险救灾的全面胜利。洪水刚退，党中央、国务院立即又就灾后重建、整治江湖和兴修水利作出了一系列重大部署。

为全面总结 1998 年大洪水的经验和教训，水利部会同有关部门对与洪水相关的气象与降雨、洪水与灾情、防汛与抗洪、卫生与防疫、灾后重建与江河治理进行了认真的分析研究，提出以下总结报告。

一、气象与降雨

1998 年我国气候异常。主汛期，长江流域降雨频繁、强度大、覆盖范围广、持续时间长。气候异常的主要因素是：

——厄尔尼诺事件（即赤道东太平洋附近水温异常升高现象）。1997 年 5 月，发生了本世纪以来最强的厄尔尼诺事件，当年年底达到盛期，到 1998 年 6 月基本结束。统计资料分析表明，每次厄尔尼诺事件发生的第二年，我国夏季多出现南北两条多雨带，一条位于长江及其以南地区，另一条位于北方地区。这次异常偏强的厄尔尼诺事件，是造成 1998 年我国夏季长江流域多雨的主要原因之一。

——高原积雪偏多。根据气候规律分析，冬春欧亚和青藏高原地区积雪偏多时，东亚季风一般要推迟，夏季季风偏弱，主要雨带位置偏南，长江流域多雨。1997 年冬季，青藏高原积雪异常偏多，是影响 1998 年夏季长江及江南地区降雨偏多的一个重要因素。

——西太平洋副热带高压（以下简称副高）异常。副高是影响我国降雨带位置和强度的重要因素。1998 年 6—8 月，副高异常强大，脊线位置持续维持偏南、偏西，并且呈稳定的东北—西南走向。这一现象是近 40 年来罕见的。6 月中下旬，副高位置尚属正常，降雨带主要位于长江中下游地区；6 月底至 7 月上旬，副高短暂北抬；从 7 月中旬开始，副高反常地突然南退，位置异常偏南偏西，并持续稳定了一个多月，使江上中游地区一直处于西南气流与冷空气交汇处，暴雨天气频繁出现，导致长江上中游洪峰迭起，中下游江湖水位不断攀升。

——亚洲中纬度环流异常，阻塞高压活动频繁。1998年6—8月，在亚洲中高纬度的乌拉尔山、贝加尔湖西侧和鄂霍茨克海三个地区多次出现阻塞高压形势，尤其是鄂霍茨克海阻塞高压稳定少动，亚洲西风带经向环流占绝对优势，促使西伯利亚的冷空气频繁南下影响我国，这是长江流域持续多雨的冷空气条件。

1998年6—8月长江流域面平均降雨量为670毫米，比多年同期平均值多183毫米，偏多37.5%，仅比1954年同期少36毫米，为本世纪第二位。汛期，长江流域的雨带出现明显的南北拉锯及上下游摆动现象，大致分为四个阶段：

第一阶段为6月12—27日，江南北部和华南西部出现了入汛以来第一次大范围持续性强降雨过程，总降雨量达250~500毫米。其中江西北部、湖南北部、安徽南部、浙江西南部、福建北部、广西东北部降雨量达600~900毫米，比常年同期偏多9成至2倍。

第二阶段为6月28日至7月20日，降雨主要集中在长江上游、汉江上游和淮河上游，降雨强度较第一阶段为弱。

第三阶段为7月21—31日，降雨主要集中在江南北部和长江中游地区，雨量一般为90~300毫米，其中湖南西北部和南部、湖北东南部、江西北部等地降雨量达300~550毫米，局部超过800毫米，比常年同期偏多1~5倍。

第四阶段为8月1—27日，降雨主要在长江上游、清江、澧水、汉水流域，其中嘉陵江、三峡区间和清江、汉江流域的降雨量比常年同期偏多7成至2倍。

由于1998年气候异常，汛期降雨量明显偏多，造成了长江等流域的大洪水。

二、洪水与灾情

（一）长江洪水

1998年汛期，长江上游先后出现8次洪峰并与中下游洪水遭遇，形成了全流域型大洪水。

1. 洪水过程

6月12—27日，受暴雨影响，鄱阳湖水系暴发洪水，抚河、信江、昌江水位先后超过历史最高水位；洞庭湖水系的资水、沅江和湘江也发生了洪水。两湖洪水汇入长江，致使长江中下游干流监利以下水位迅速上涨，从6月24日起相继超过警戒水位。

6月28日至7月20日，主要雨区移至长江上游。7月2日宜昌出现第一次洪峰，流量为54500立方米每秒。监利、武穴、九江等水文站水位于7月4日超过历史最高水位。7月18日宜昌出现第二次洪峰，流量为55900立方米每秒。在此期间，由于洞庭湖水系和鄱阳湖水系的来水不大，长江中下游干流水位一度回落。

7月21—31日，长江中游地区再度出现大范围强降雨过程。7月21—23日，湖北省武汉市及其周边地区连降特大暴雨；7月24日，洞庭湖水系的沅江和澧水发生大洪水，其中澧水石门水文站洪峰流量19900立方米每秒，为本世纪第二位大洪水。与此同时，鄱阳湖水系的信江、乐安河也发生大洪水；7月24日宜昌出现第三次洪峰，流量为51700立方米每秒。长江中下游水位迅速回涨，7月26日之后，石首、监利、莲花塘、螺山、城陵矶、湖口等水文站水位再次超过历史最高水位。

8月，长江中下游及两湖地区水位居高不下，长江上游又接连出现5次洪峰，其中8月7—17日的10天内，连续出现3次洪峰，致使中游水位不断升高。8月7日宜昌出现第四次洪峰，流量为63200立方米每秒。8月8日4时沙市水位达到44.95米，超过1954年分洪水位0.28米。8月16日宜昌出现第六次洪峰，流量63300立方米每秒，为1998年的最大洪峰。这次洪峰在向中下游推进过程中，与清江、洞庭湖以及汉江的洪水遭遇，中游各水文站于8月中旬相继达到最高水位。干流沙市、监利、莲花塘、螺山等水文站洪峰水位分别为45.22米、38.31米、35.80米和34.95米，分别超过历史实测最高水位0.55米、1.25米、0.79米和0.77米；汉口水文站20日出现了1998年最高水位29.43米，为历史实测记录的第二位，比1954年水位仅低0.30米。随后宜昌出现的第七次和第八次洪峰均小于第六次洪峰。

2. 洪水量级

洪峰流量和洪水总量是衡量洪水量级大小的主要指标。长江中下游防洪特点是：城陵矶以上长江干流河段防洪主要以洪峰流量控制；城陵矶以下河段由于有洞庭湖、鄱阳湖等通江湖泊的调节作用，防洪主要以洪量控制。

1998年长江上游洪水总量大，但洪峰流量小于1954年，宜昌洪峰流量相当于6～8年一遇（详见表1）。长江中下游主要水文站洪峰流量与1954年、1931年比较（详见表2），1998年螺山、汉口、大通等站洪峰流量均小于1954年，汉口洪峰流量大于1931年。

表 1　　　　　　　　　　　　　宜 昌 站 洪 水 频 率 表

重现期/a	1000	500	100	50	20	10	5
洪峰流量/(m³/s)	98800	94600	83700	79000	72300	66600	60300

表 2　　　　　　　　1998 年、1954 年、1931 年洪峰流量对比表　　　　　　　　单位：m³/s

水文站	1998年	1954年	1931年
宜昌	63300	66800	64600
螺山	67800	78800	
汉口	71100	76100	59900
大通	82300	92600	

1998年宜昌的最大30天洪量和60天洪量与1954年、1931年比较（详见表3），30天洪量与1954年相当，比1931年多314亿立方米；60天洪量比1954年多97亿立方米，比1931年多652亿立方米，从洪水总量看，洪水重现期约为100年。

表 3　　　　　　　　　　　　　洪 水 总 量 对 比 表　　　　　　　　　　单位：亿 m³

水 文 站		1998年		1954年		1931年	
		30天	60天	30天	60天	30天	60天
宜昌	实测	1379	2545	1386	2448	1065	1893
汉口	实测	1754	3365	1730	3220		
	还原	1885	3536	2182	3830	1922	3302
大通	实测	2027	3951	2194	4210		
	还原	2193	4174	2576	4900		

注　表中还原系指将溃口、分洪的水量还原到河道中的测算总水量。

1998年长江中下游洪水情况与1954年不同。1954年长江中下游堤防多处溃口和分洪，分蓄洪水总量高达1023亿立方米；1998年主要是洲滩民垸溃决，仅分蓄洪水100余亿立方米。如果都将溃口和分洪的水量还原到河道中去，再进行对比，汉口1998年最大30天洪量比1954年少297亿立方米，比1931年少37亿立方米，洪水重现期约为30年；最大60天洪量比1954年少294亿立方米，比1931年多234亿立方米，洪水重现期约为50年。大通站最大30天洪量比1954年少383亿立方米，最大60天洪量比1954年少726亿立方米。如果不考虑溃口和分洪的水量还原，汉口实测最大30天和60天洪量分别比1954年多24亿立方米和145亿立方米；大通站分别比1954年少167亿立方米和259亿立方米。

综上所述，1998年长江荆江河段以上洪峰流量小于1931年和1954年，洪量大于1931年和1954年；城陵矶以下的洪量大于1931年，小于1954年。从总体上看，1998年长江洪水是本世纪第二位的全流域型大洪水，仅次于1954年。据1877年以来宜昌水文站实测资料统计，长江宜昌曾出现大于60000立方米每秒的洪峰27次。据历史调查资料，1860年、1870年，宜昌洪峰流量分别达到9.25

万立方米每秒、10.5 万立方米每秒，远大于 1998 年和 1954 年。

3. 水位高的原因

1998 年长江洪水量级小于 1954 年，但中下游水位却普遍高于 1954 年，有 360 公里河段的最高洪水位超过历史最高记录。水位高的主要原因是：

——溃口和分洪水量比 1954 年少。1954 年长江中下游溃口和分洪总水量高达 1023 亿立方米，1998 年只有一些洲滩民垸分洪、溃口，分蓄水量只有 100 多亿立方米。如果 1954 年分洪和溃口的水量与 1998 年相当，则当年城陵矶附近水位将比 1998 年实际水位还要高 1 米左右。

——湖泊调蓄能力降低。历史上我国江河两岸地势低洼地区分布着众多的湖泊，是调蓄洪水的天然场所。但是，随着人口的增加和经济的发展，人与水争地的现象日趋严重，大量的湖泊被围垦，调蓄容积急剧减少，加重了洪涝灾害。1949 年长江中下游通江湖泊总面积 17198 平方公里，目前只剩下洞庭湖和鄱阳湖仍与长江相通，总面积 6000 多平方公里。近 40 多年来，洞庭湖因淤积围垦减少面积 1600 平方公里，减少容量 100 多亿立方米，鄱阳湖减少面积 1400 平方公里，减少容量 80 多亿立方米。如果用 1954 年的天然调蓄容积对 1998 年实际洪水量进行演算，洞庭湖、鄱阳湖及长江中游 1998 年的洪水位可降低 1 米左右。

——长江与洞庭湖的水流关系发生变化。20 世纪 60 年代末 70 年代初，长江的下荆江河段裁弯取直后，荆江河段的泄洪能力加大，上游来水分流入洞庭湖的流量减少，而其下游河道过流能力没有相应增加，从而造成城陵矶附近水位壅高。

长江上中游地区水土流失加重了中下游地区防洪的压力。据宜昌水文站近 50 年资料统计，年平均输沙量约 5.2 亿吨，年际变化不大，没有明显增加的趋势。汉口河段年平均输沙量为 4.3 亿吨，宜昌与汉口间的年输沙量差值约 1 亿吨左右，主要淤积在洞庭湖区。近 40 多年来，洞庭湖淤积量约 40 亿吨，淤积减小了湖泊容积，抬高了洪水位。长江中下游干流河床相对变化不大，基本稳定。其中城陵矶至武汉之间部分河段较下荆江河段裁弯取直前有所淤积。

（二）松花江洪水（略）

（三）西江、闽江洪水（略）

（四）1998 年大洪水的灾情

1998 年洪水大、影响范围广、持续时间长，洪涝灾害严重。在党和政府的领导下，广大军民奋勇抗洪，新中国成立以来建设的水利工程发挥了巨大作用，大大减少了灾害造成的损失。全国共有 29 个省（自治区、直辖市）遭受了不同程度的洪涝灾害。据各省统计，农田受灾面积 2229 万公顷（3.34 亿亩），成灾面积 1378 万公顷（2.07 亿亩），死亡 4150 人，倒塌房屋 685 万间，直接经济损失 2551 亿元。江西、湖南、湖北等省受灾最重。

1998 年长江的洪水和 1931 年、1954 年一样，都是全流域型的大洪水，但洪水淹没范围和因灾死亡人数比 1931 年和 1954 年要少得多：

——洪水淹没范围小。1931 年干堤决口 300 多处，长江中下游几乎全部受淹。1954 年干堤决口 60 多处，江汉平原和岳阳、黄石、九江、安庆、芜湖等城市受淹，洪水淹没面积 317 万公顷（4755 万亩），京广铁路中断 100 多天。1998 年长江干堤只有九江大堤一处决口，而且几天之内堵口成功，沿江城市和交通干线没有受淹。长江中下游干流和洞庭湖、鄱阳湖共溃垸 1075 个，淹没总面积 32.1 万公顷（482 万亩），耕地 19.7 万公顷（295 万亩），涉及人口 229 万人，除湖南安造垸为重点垸，湖北孟溪垸为较大民垸，湖南澧南垸、西官垸为蓄洪垸外，其余均属洲滩民垸。

——死亡人数少。在本世纪长江流域发生的三次大洪水中，1931 年死亡 14.5 万人，1954 年死亡 3.3 万人，1998 年受灾严重的中下游五省死亡 1562 人，且大部分死于山区的山洪、泥石流。

三、防汛与抗洪

1998 年的抗洪斗争，是在党中央、国务院的直接领导下进行的。中央明确提出了确保长江大堤安全、确保重要城市安全、确保人民生命安全的抗洪目标，作出了大规模调动人民解放军投入抗洪抢险，军民协同作战的重大决策。广大军民发扬伟大的抗洪精神，奋力抗洪抢险，成功地抗御了一次又一次洪水的袭击，取得了抗洪抢险斗争的全面胜利。防汛抗洪的主要措施是：

——充分准备，全面部署。汛前，国家防汛抗旱总指挥部根据气象部门的预报提早作出了长江可能发生全流域型大洪水的判断；较往年提早一个月召开国家防汛抗旱总指挥部第一次会议，对防汛抗洪的各项准备工作，作出全面部署，提出明确要求；检查了大江大河特别是长江的防汛准备工作，督促落实各项措施；公布大江大河行政首长防汛责任制名单，加强社会舆论监督；组织修订印发了大江大河洪水调度方案，落实了各项防洪预案；加大汛前投资，应急加固了一批险工险段险库险闸；落实抢险队伍，储备了防汛抢险物资，为战胜洪水奠定了基础。各级水利部门认真抓好各项防汛准备工作。按照国务院和国家防汛抗旱总指挥部的统一部署，各地对防汛准备工作作了周密安排。长江流域的湖北、湖南、江西、安徽、江苏等省按照防御 1954 年全流域型大洪水的要求，加大了防汛准备工作力度。其它各省区也按照防大汛、抗大洪的要求，做了大量防汛准备工作。

——统一指挥，正确决策。在整个抗洪抢险过程中，党中央、国务院时刻关注汛情的发展，高度重视灾区群众的生命财产安全，直接领导抗洪斗争。8 月 7 日，在长江抗洪的紧要关头，中央政治局常委召开会议，作出了《关于长江抗洪抢险工作的决定》，对抗洪工作进行了全面部署。党和国家主要领导人亲赴第一线指挥抗洪抢险救灾。为贯彻落实中央的决定，8 月 11 日国家防汛抗旱总指挥部在湖北荆州召开特别会议，针对长江防汛极为严峻的形势，决定采取严防死守长江大堤的 8 条具体措施，要求各地加大巡堤查险力度，突击加高加固长江大堤，做好抢大险尤其是溃口性险情的准备，及时排除险情，及时补充抢险料物，合理部署和使用抗洪抢险力量，做好洪水科学调度。

8 月 16 日，宜昌出现第六次洪峰。根据预报，沙市水位将超过 45.00 米。按照防洪预案，荆江分洪区有可能启用，湖北省按照中央的要求提前转移了荆江分洪区内的群众，做好了分洪准备。党中央、国务院对荆江分洪区运用问题极为重视，提出明确要求。国家防汛抗旱总指挥部在现场召集有关专家分析了当时的抗洪形势：第一，荆江分洪区的作用主要是保护荆江大堤的安全。荆江大堤十多年来已按防御 45.00 米的设计水位进行了加固，大堤在设计水位之上还有 2 米超高。水文部门预报沙市洪峰水位为 45.30 米，距堤顶尚有 1.7 米安全超高。荆江大堤经过几十天高水位实际考验，无重大险情。因此，对荆江大堤来讲，只要进一步加强防守，不启用荆江分洪区，安全是有保障的。第二，长江上游和三峡区间降雨已暂时停止。据水文部门计算分析，这次洪水过程需要分洪的超额洪量只有 2 亿立方米左右，为此而启用有 54 亿立方米分洪容积的荆江分洪区损失太大。第三，从当时长江防守最紧张的洪湖、监利河段堤防防守情况看，该河段远离荆江分洪区，荆江分洪区分洪对降低这一河段的洪水位作用不大。当时水文部门预报，第六次洪峰推进到洪湖，其洪水位比前一次洪峰低。洪湖地区军民团结抗洪，已经连续战胜了五次洪峰，只要继续严防死守是可以战胜洪水的。根据以上分析，党中央、国务院决定不启用荆江分洪区，继续严防死守长江大堤；加强科学调度，湖北、湖南、四川、重庆境内的有关水库尽全力拦蓄洪水，削减洪峰流量。经广大军民奋力抗洪抢险，长江第六次洪峰 8 月 17 日通过沙市，水位 45.22 米，避免了运用荆江分洪区带来的损失。

——军民联防，全力抢险。1998 年大洪水，使长江、松花江相当一部分堤防超设计水位挡水，有 300 多公里堤防低于洪水位，靠抢修子堤挡水。长江干堤出现各类险情 9000 多处。在抗洪关键时刻，党中央及时作出了大规模调动人民解放军投入抗洪抢险的重大决策。1998 年汛期，解放军、武警部队投入长江、松花江流域抗洪抢险的总兵力达 36.24 万人，有 110 多位将军、5000 多名师团干部参加了抗洪抢险，动用车辆 56.67 万台次，舟艇 3.23 万艘次，飞机和直升机 2241 架次。他们以对国家和人民无限忠诚和勇于献身的精神，承担了急难险重的抗洪抢险任务，在防守洪湖江堤、抢堵九江决口等一系列重大抗洪战役中，发挥了关键作用。在抗洪抢险斗争中，人民子弟兵同坚守在抗洪抢险第一线的地方广大干部群众一道，发扬伟大的抗洪精神，战胜了一次又一次洪水，保住了大堤。据统计，全国参加抗洪抢险的干部群众在 8 月下旬达到高峰，共 800 多万人，其中长江流域 670 万人，东北地区 110 万人。

——齐心协力，全民抗洪。全社会各行业、各部门坚持急事急办、特事特办，克服一切困难，全力支援灾区做好抗洪救灾工作。国务院决定动用总理预备费，增拨抗洪抢险资金数十亿元。国家计委、经贸委、财政部、民政部及时下拨资金、物资。铁道部门安排抗洪救灾军用专列278对，运送部队官兵12万余人，紧急运送救灾物资5万多车皮。民航系统安排抗洪抢险救灾飞行1000多架次，运送救灾物资和设备560多吨。交通部及时决定在长江中游江段实施封航，以利大堤安全。通信部门保证了防洪抗洪的通信畅通。电力部门保障了抗洪抢险的电力供应。公安部门大力加强灾区的社会治安工作。新闻宣传部门及时、全面地报道汛情和抗洪抢险情况，大大激励了抗洪军民的斗志。国家防汛抗旱总指挥部从全国各地紧急调拨了大量抢险物资，共调拨编织袋1亿多条、编织布1400万平方米、无纺布286万平方米、橡皮船2415只、冲锋舟760艘、救生衣59.92万件、救生圈7.74万只、帐篷4650顶、照明灯3082台、铅丝455吨、砂石料6.79万立方米、防汛车136台、抢险机械46台，调出物资总价值4.94亿元。据统计，在1998年抗洪抢险斗争中，各地调用的抢险物料总价值130多亿元。全国各族人民纷纷捐款捐物，支援灾区。民政部、中华慈善总会、中国红十字会和各地民政部门收到的各界捐款35亿元，捐物折款37亿元。香港特别行政区各界人士、澳门同胞、台湾同胞、海外侨胞十分关心受灾群众，为灾区踊跃捐款捐物。友好国家、国际机构、外国企业以及国外友好人士也热情支援中国的抗洪救灾。

——科学调度，科学抢险。在抗御1998年长江大洪水过程中，湖南、湖北、江西、四川、重庆等5省市的763座大中型水库参与了拦洪削峰，拦蓄洪量340亿立方米，发挥了重要作用。在抗御长江第六次洪峰时，隔河岩、葛洲坝等水库通过拦洪削峰，降低了沙市水位0.40米左右；汉江丹江口水库最大入库流量18300立方米每秒，最大下泄流量仅1280立方米每秒，削减洪峰93％，避免了武汉附近杜家台等分洪区分洪，减轻了武汉市防守的压力。据统计，1998年全国共有1335座大中型水库参与拦洪削峰，拦蓄洪量532亿立方米，减免农田受灾面积228万公顷（3420万亩），减免受灾人口2737万人，避免200余座城市进水。

在1998年抗洪抢险斗争中，各级水利部门及时掌握并认真分析研究汛情，及时提出指挥调度意见，气象部门及时作出天气预报，为指挥调度提供依据。水利、气象等方面的专家和工程技术人员发挥了重要作用，他们对雨情、江河水情、大堤险情和防守情况进行科学分析和判断，及时提出建议和意见。国家防汛抗旱总指挥部和水利部先后派出30多个工作组和专家组，奔赴抗洪第一线进行指导。据统计，长江流域的抗洪抢险人员中共有各级工程技术人员5万多人。在工程技术人员的指导下，各地采取了正确有效的抢险措施，使大量的工程险情转危为安，确保了人民群众生命安全。

——依法防洪，严格执法。在1998年汛情紧急时刻，江西、湖南、湖北、江苏、安徽等省，依照《中华人民共和国防洪法》的规定，相继宣布进入紧急防汛期。各级防汛指挥部依法征用物料、交通工具等防汛抢险急需物资，清除江河行洪障碍，严肃惩处失职的防汛责任人。依法防洪在1998年抗洪斗争中发挥了很大作用。

——及时做好救灾和卫生防疫工作，保障灾区人民生活。党中央、国务院和灾区各级党委、政府对救灾和卫生防疫工作高度重视，各级民政和卫生部门全力以赴做好工作，受灾群众得到了妥善安置，其吃、穿、住、医等基本生活条件得到了保障。灾区群众的过冬生活也得到了妥善安排。卫生防疫工作取得了很大成绩，大灾之后没有出现大疫。受灾地区传染病疫情总体呈平稳趋势，重点传染病得到有效控制。法定报告的26种甲、乙类传染病累计发病率低于前5年的水平。病毒性肝炎、流行性出血热、乙型脑炎和疟疾发病数低于1997年。与灾害相关的皮炎、红眼病、肠炎等疾病得到了及时治疗。

关于防汛抗洪工作的具体经验，国家防汛抗旱总指挥部和水利部也作了认真总结。

四、灾后重建与江河治理

我国是水旱灾害频繁的国家。1949年以来，党和政府领导全国各族人民进行了大规模的水利建设，初步建成了防洪体系和农业灌溉系统，为保障国民经济发展、保卫人民生命财产安全，发挥了巨大作用。但随着人口增加，经济快速发展，防洪标准低、人与水争地问题日益严重，水资源供需矛盾日益加剧，水土流失和水污染、生态环境恶化等问题也逐渐暴露。洪涝灾害仍然是中华民族的心腹之患，水资源短缺越来越成为我国农业和经济社会发展的制约因素。1998年大洪水过后，党中央、国务院对灾后重建、江湖治理和兴修水利工作极为重视。1998年10月，中国共产党十五届三中全会作出《中共中央关于农业和农村工作若干重大问题的决定》，要求进一步加强水利建设；坚持全面规划、统筹兼顾、标本兼治、综合治理，实行兴利除害结合、开源节流并重、防汛抗旱并举的方针。随后，党中央、国务院下发了《关于灾后重建、整治江湖、兴修水利的若干意见》，对灾后水利建设作了全面部署。根据党中央、国务院提出的方针和部署，近期主要做好以下工作：

——实施封山植树、退耕还林，加大水土保持工作力度，改善生态环境。全面停止长江上中游天然林采伐。重点治理长江流域生态环境严重恶化地区，大力实施营造林工程，扩大和恢复草地植被，逐步实施25度以上坡地退耕还林，加快25度以下坡地改梯田。依照《中华人民共和国森林法》，开展森林植被保护工作，强化生态环境管理。

加强水土保持工作，严格执行开发建设项目水土保持方案报批制度，建设项目必须与水土保持设施同时设计、同时施工、同时投产。依法划分重点预防保护区、重点治理区、重点监督区，落实防治责任，加强监督管理，坚决控制新的水土流失。以小流域为单元，实行山、水、田、林、路全面规划、综合治理，工程措施、生物措施、蓄水保土耕作措施相结合，形成水土保持综合防护体系。

——做好平垸行洪、退田还湖、移民建镇和蓄滞洪区安全建设。对在1998年洪水中溃决和影响行洪的江河湖泊洲滩民垸，清除圩堤，移民建镇，恢复行蓄洪能力。一些条件较好的民垸，实行"退人不退耕"的办法，一般洪水年可正常耕作，遇较大洪水时，进洪调蓄洪水。加快蓄滞洪区安全建设，因地制宜地采取建安全区、筑安全台和移民建镇等方式，安置好蓄滞洪区内的居民；区内修建必要的道路和通信设施，并抓紧研究制定因分蓄洪水而遭受损失的补偿办法，建立保险机制。

——加高加固堤防。把堤防加高加固作为灾后江湖治理工作的重点，通过实施综合防洪措施，使大江大河大湖堤防能防御建国以来发生的最大洪水，重点地段达到防御百年一遇洪水的标准。重点做好堤防基础防渗和堤身隐患处理，以及高程不足堤段的加高培厚。积极推广使用新技术、新材料、新工艺。确保防洪工程质量。

——加快江河控制性工程建设。对洪涝灾害频繁，尚未修建控制性工程的主要江河，继续按照流域综合规划，抓紧修建干支流水库。抓紧三峡等在建水库工程的建设，尽快发挥防洪作用。继续抓好病险水库的除险加固。

——加强河道的整治。加强长江等江河下游河道的河势控制和崩岸治理。在洞庭湖区及其四水尾闾、鄱阳湖区及其五河尾闾、松滋口等长江三口洪道，对因淤积影响行洪的河段进行清淤疏浚。坚决清除河道行洪障碍，保持行洪畅通。

——提高防洪现代化技术水平，加大科技投入。用5年左右的时间，按照统一领导、统一规划、统一标准的原则，逐步建成覆盖全国重点防洪地区的防汛指挥系统；加速发展气象卫星和新一代多普勒天气雷达网，配备现代化水文观测设施，加强暴雨洪水预警系统建设；加强抗洪抢险方面的科研工作，组织力量开展抢险技术、堵口技术、堤防防渗技术和隐患探测技术的攻关，研制抗洪抢险急需的、实用的新设备和新材料；积极组建抗洪机械化抢险队，加强抢险人员技术培训，建设一批现代化抢险队伍。

党中央、国务院已经决定增加水利和生态环境建设的投资，加强江湖治理，兴修水利，尽快提高我国抗御洪涝灾害的能力，并同时解决水资源紧缺问题。水利部将按照党中央、国务院的部署，会同有关部门扎实做好各项工作，保障国民经济建设的顺利进行。

第三节　中南区、湖北省委、省水利厅文件

一、中南军政委员会发布长江沿岸护堤规约

（1951 年）

一、为了提高群众警觉，开展群众性的护堤运动，以期堤防巩固，保障广大人民生命财产，特制定本规约。

二、本规约通用于长江沿岸及其重要支流之干堤。

三、本规约不论党、军、政、人民等都有共同遵守的义务与责任。

四、堤内人民如见有违背规约之行为都有制止、批评、控诉、检举之责，如发现破行为者，应送交当地政府依法处分。

五、堤上不得栽植树木、竹子及其它农作物，以免损坏堤身，但堤身应普遍地种植扒根草以防冲洗。

六、堤内外种植树木、竹子及其他农作物等，应离堤脚 30 米以外，如种植农作物应在压浸台以外。

七、堤上禁止埋坟取土挖沟放水，安设阴沟、粪坑与修建房屋以及安放牛车等。

八、堤上禁止放牧猪牛及其他牲畜，并不得推行铁环独轮车，以免损坏堤身，如牲畜车辆必须经过时，应在该处加培走路。

九、江堤堤面、边坡应经常保持完整，不得损坏，如见有洞穴、裂缝、陷落凹窝、坍塌与草皮损失等情，各管理段（或修防段）应依合理负担原则调配附近民工填补。

十、每年开关闸门时期，各地管理段（或修防段）应根据每年水位情况，拟定防汛简报通告沿堤人民共同遵守。

十一、沿堤各区、乡政府，得以本规约原则，结合当地实际情况，订立公约经群众会议讨论通过执行之，并报告长江水利委员会备查。

十二、本规约如有未尽事宜，得由长江水利委员会随时修订之。

十三、本规约自公布之日起实行。

二、中共中央中南局关于荆江分洪工程的通知

（1952 年 3 月 15 日）

荆江分洪工程，关系整个治江计划，关系两湖人民及全区全国人民利益，必须限期完成，不许拖延失败。有关地区各级党的组织和有关各部门党的负责同志，必须遵照政务院和中南军政委员会决定，在荆江分洪委员会及所属指挥部统一指挥之下，动员大批人力物力，并教育两湖人民，从共同利益出发，全力合作，及时完成施工计划，为争取治理长江的历史性胜利而斗争！

三、中南军政委员会关于荆江分洪工程的决定

（1952 年 3 月 15 日）

查荆江大堤的安危，不仅关系湖北、湖南两省，而且是长江交通要道，关系全国经济体系。但荆江大堤却是长江全线最薄弱最危险地带，堤身高出地面十数公尺，堤防险工迭出，每当汛期，洪峰逼临，时有溃决之虞。如一旦溃决，将使江汉平原变成大海，不仅江汉 300 万人民、700 万亩良田被淹没，并要影响长江通航，贻祸将不堪设想。且在短时期内又难以善其后，为适当减除荆江大堤的危险，确保长江航运畅通，并保障两湖人民生命财产的安全起见，除荆江大堤本身加固外，荆江分洪工程是目前十分必要的迫切措施。

长江水利委员会在去年提出此一计划，业经中央水利部研究，提请周总理作出决定。本会 3 月 4

日召集湖南、湖北两省负责同志及本会水利、农林、交通各有关部门负责人商讨，一致同意荆江分洪的计划，认为此一计划的方针是照顾了全局，兼顾了两省，对两湖人民都是有利的。并经中南军政委员会第七十四次行政会议通过作出如下决定。

一、荆江大堤继续培修加固，保证安全渡过洪峰到达 1949 年的水位。

二、荆江南岸蓄洪区堤工及南面节制闸立即动工，必须于 6 月底前完成。北面进洪闸争取同时动工，汛前完成。

三、蓄洪区移民事宜由湖北省人民政府于汛前完成。

四、1952 年不拟分洪，如万一今年水量过大，万不得已需要分洪时须经本会报请政务院周总理批准后方能执行。

五、长江北岸蓄洪问题，应积极进行勘察，俟勘察完毕，作研究后再行确定。

六、这一工程所需人力、物力非常浩大，而时间又甚短促，为胜利完成此一艰巨的政治任务，指定：

（1）分洪工程以军工为主，南线堤工由军工担任，虎渡河西岸山地工程由湖北动员民工担任，南面节制闸由湖南动员民工 2 万人，湖北动员民工 1 万人担任。××兵团部全部调任分洪总指挥部工作。

（2）湖北省荆州及湖南省常德两专区全部军政机关力量，听候总指挥部调动，负责供应工作。

（3）中南水利部、长江水利委员会须将全力投入此一工程。

（4）荆江大堤培修加固由中游局负责。

（5）运输任务由交通部负责。

（6）物资及日用品之调拨供应由财委系统各部门负责。

（7）工人及干部的调配，宣传、教育、医药卫生、保卫工作、劳动改造队的调配管理及施工区司法工作等，由中南劳动部、人事部、文化部、教育部、卫生部、公安部及最高人民法院中南分院等部门分担，并须指定专人负责进行。

七、成立荆江分洪委员会，以李先念为主任委员，唐天际，刘斐为副主任委员，郑绍文为秘书长、黄克诚、程潜、赵毅敏、赵尔陆、潘正道、齐仲桓、张广才、李毅之、林一山、许子威、王树声、袁振、徐觉非、郑绍文、刘惠农、田维扬、李一清、刘子厚、张执一、任士舜等为委员，以统一事权，集中力量。

成立荆江分洪工程总指挥部，以唐天际为总指挥，王树声、林一山、许子威为副总指挥，李先念为总政委，袁振为副总政委。

成立南线工程指挥部，以许子威为第一指挥，田维扬为第二指挥，李毅之、徐觉非、任士舜为副指挥。

成立北闸工程指挥部，以张广才为指挥，阎钧为副指挥。

八、荆江分洪委员会及其指挥机构有权径与各方面商洽与决定一切有关分洪工程事宜，并有权调拨有关分洪工程进行的人力、物力；在工程上所需器材，加工定货，物资运输等均须享受优先权。各有关部门，必须大力支持，不得借故推延，有关地区各级人民政府必须听候调度，接受指定任务，协力完成。

九、其在人力、器材及技术等各方面，凡中南力量不足者，荆江分洪委员会总指挥部应迅速提出具体计划，请求政务院帮助解决。

四、中共湖北省委关于保证完成荆江分洪工程计划的指示

（1952 年 3 月 16 日）

中央政务院、中南军政委员会《关于荆江分洪工程计划》的决定，有关各级党委务须认真贯彻执行，保证按期胜利完成。

一、必须认识这是一件伟大的政治任务，是保证荆江两岸和长江中游千百万人民生命财产免遭洪害的重要措施，凡与分洪工程有直接关系的县、区委均应以此为压倒一切的中心，全力以赴，充分发动群众，阐明政策，讲明利害，宣传动员，克服一切困难，要使广大群众从自己切身利害中，充分认识分洪工程的伟大意义。已开始的移民工作应继续加强领导，对群众进行充分教育，有计划、有组织、有领导地妥善安置，务使他们能安家立业、进行生产。

二、必须立即组织一切可能动员的人力、物力，配备得力干部，在荆江分洪工程指挥部的统一领导使用下，开始荆江分洪的伟大工程。

三、为了保证施工顺利进行，要将调去该地区施工的军队民工所必需的生活设备，事先运输到工地，地委应派专人检查督促，保证不误工程之顺利进行。

四、荆江分洪工程指挥部有关分洪工程的一切命令，有关各级党委均应认真保证贯彻执行。

五、中南军政委员会荆江分洪工程验收团关于荆江分洪工程的验收报告
（1952 年 7 月 26 日）

荆江分洪工程系以加强荆江大堤的同时在南岸分洪，以减轻江流负担，降低荆江水位，而使荆江大堤取得一定的保障，同时又不因分洪致使洞庭湖滨湖地区发生水灾，以便争取时间，准备条件，从事长江治本工程。因此荆江分洪总指挥部于 1952 年 3 月 18 日编就荆江分洪工程计划，其全部工程包括：①荆江大堤加固工程。②进洪闸工程，在太平口附近。③节制闸工程（包括拦河坝），在虎渡河黄山头附近，距太平口以南约 90 公里。④围堤培修工程，包括培修安乡河北堤、穿越黄天湖新堤及虎渡河丘陵地带西围堤。⑤安全区十处堤防及涵管工程。⑥刨毁分洪区内旧堤、高地及临时堵口工程。⑦虎渡河裁弯取直工程。并定于 1952 年汛前完成：①荆江大堤加固工程。②进洪闸。③节制闸及拦河土坝。④围堤培修工程。⑤五个安全区及涵管工程。⑥刨毁分洪区内旧堤、高地、横堤，进洪闸前堤防太平口临时堵坝，中河口堵坝。其余工程如：①进洪闸的备用闸部分。②另五个安全区及涵管工程。③刨平横堤附近高地，太平口虎渡河西岸高地和建设新堤。④虎渡河裁弯取直等均在汛后继续兴工举办。

兹根据汛前应完成的各项工程，进行验收。今将验收情况报告如下：

一、荆江大堤加固工程

荆江大堤起自江陵枣林岗迄于监利麻布拐，全长约 133 公里。原计划除择要加培翻修 42 处，施工长度 38316 公尺，计土方 380282 公方外，对于祁家渊、冲和观等八处险工共长 5849 公尺均以抛石护岸，计需石方 41193.65 公方。

根据荆堤加固指挥部施工报告所载：荆堤加固护岸，石工于 4 月 3 日开工，5 月 30 日竣工，完成石方 41383 公方，施工长度与原计划相符。培修土工于 4 月 16 日开工，6 月 14 日竣工，完成土方 408575 公方，施工长度达 45 公里，全部工程均超额完成任务。此次所抛块石，采用抛水方，改善过去岸下抛石有头重脚轻之弊。沙市至郝穴段原有堤上房屋亦迁移安置共 1476 栋。7 月 4 日我们验收时，由沙市至郝穴段，堤上房屋均已清除，堤的断面一般合乎标准。龙二渊、祁家渊、冲和观、杨二月等处抛石护岸及矶头修补经过此次加固后，均属稳定，同意初步验收报告，拟准予验收。

二、进洪闸工程

进洪闸工程原计划包括进洪闸及备用闸各一座，进洪闸位于太平口下金城垸内，共 54 孔，每孔净宽 18 公尺，全闸总长 1054.375 公尺，采用钢筋混凝土底板"空心垛墙、坝式岸墩、弧形闸门、人力绞车启闭"，计划需用钢筋混凝土 80691.60 公方，砌、抛块石及碎石垫层合计石方 78062 公方，闸底高程 41.60 公尺，闸顶高程 46.50 公尺，分洪时最大进洪量可达 8000 秒立方公尺。备用闸建筑在太平口以东腊林洲上，全长 590 公尺，系于汛后开工，进洪闸限于 6 月底以前完成。

根据荆江北闸指挥部施工报告所载：进洪闸于 3 月 26 日开工，6 月 18 日竣工，较预计提前 12 日完成。总计实做钢筋混凝土 84185.53 公方，较原计划超出 4.4%；石方 82677.89 公方，较原计划超出

5.9%。在 6 月 28 日我们验收时，进洪闸已全部完成，荆江分洪总指挥部以前报称关于进洪闸南北岸墩发生倾斜以及第一号与第五十四号闸墙伸缩缝与底板裂缝 4 至 5 公分的情况依旧存在。惟据唐天际总指挥说，裂缝发生后迄今未见发展，想系稳定。7 月 3 日我们再去验看时，荆总已用水泥灰浆将裂缝修补，惟遗迹仍存。当日，并试开第二十八号闸门（上下游无水），计用 12 人绞动，需时约 17 分钟，相当灵活，对于有些闸门与闸墩间、闸门与底板间不能紧密结合，将有漏水情事，已提请长江水利委员会曹乐安科长注意，在江水未上涨以前，设法弥补。其它如某些工作缝未用较好水泥灰浆接合，存在末屑粗砂，与门墩完工之后，顶端加高二公分处显示细微裂纹等，据曹科长说均系忙于突击任务，疏忽所致，与全部工程应起的作用并无妨碍，本工程同意北闸指挥部工程大检查报告，拟准予验收。

三、节制闸工程（包括拦河坝）

节制闸工程包括钢筋混凝土节制闸及拦河土坝各一座。

节制闸位于黄山头东麓，计划全闸共 32 孔，每孔净宽 9 公尺，总长 336.825 公尺，采用钢筋混凝土底板、空心垛墙、坝式岸墩、弧形钢板闸门、人力绞车启闭。闸底高程 35 公尺，闸顶高程 43 公尺。主要作用，在洪水时期限制虎渡河流入洞庭湖的流量，不超过 3800 立方公尺每秒，计需做钢筋混凝土 29858 公方，砌抛块石及碎石垫层 52381 公方，限定 6 月底完成。

根据荆江南闸指挥部施工报告所载：节制闸工程于 3 月间备料，4 月 2 日开工，6 月 15 日全部完工，提前完成任务。计共完成钢筋混凝土 32501 公方，较原计划超额完成 8.9%，抛砌块石及碎石垫层 59314 公方，较原计划超额完成 13.2%。6 月 29 日在太平口临时堵坝将扒开前，我们先去一部分工作人员前往黄山头检验该闸底板及门等。6 月 30 日，我们全体人员到达黄山头，上午参加放水典礼，下午进行该闸的全面验收，并试开西岸八个闸门放水，晚上召集原初步验收人员及施工负责同志，座谈并交换意见。7 月 1 日下午除中间四孔搭台开会不能启开外，其余 28 孔闸门全开，由我们再继续进行验收。

验收的结果，认为节制闸已全部完成。关于工程质量，大致与施工报告、竣工图表以及初步验收报告相符。至于工程上一些缺点，如：混凝土有孔穴蜂窝，个别闸墩、门墩和岸墩的隔墙有细微裂纹，闸门与闸板间不紧密，有漏水情形，岸墩与闸墩间伸缩缝离开约半公分，第九和第十三孔下游底板伸缩缝有冒水小孔，西岸导水堤的浆砌块石有大小裂缝等，除导水堤浆砌块石裂缝达 3～4 公分，将来须翻砌外，所有缺点对于工程的安全并无影响，拟准予验收。

虎渡河拦河土坝位于节制闸东头，属于限制虎渡河流入洞庭湖流量的工程之一，计划土坝长 430 公尺，坝顶高程 43.50 公尺，顶宽 15 公尺，上游边坡 1∶3，下游边坡亦为 1∶3，惟在 33 公尺高程处，留 10 公尺平台，估计填土 327000 公方，亦限 6 月底完成。

根据南闸指挥部施工报告所载：拦河土坝于 4 月 17 日部分动工，最初因动员人力不够，5 月 2 日，受洞庭湖水位抬高影响，一度停工。5 月 11 日，水位降低后，采用南北两线推进施工方法，5 月 22 日，南线先合龙，29 日北线亦相继合龙，惟因施工时间短促，在水深 5 公尺以下修筑土坝是很艰巨的工作，以致由东岸 0+220～0+370 处，发生沉陷现象。截至 6 月底止，已做土方 43592 公方（据负责施工同志报告，实做土方达 53 万公方，均超出原计划土方数量很多），施工报告并称在上游边坡 39.50 公尺高程处加一道 5 公尺平台，平台以下边坡改为 1∶4，下游平台以下边坡，亦改为 1∶4（实际已在 1∶5 以下）。

7 月 1 日我们验收拦河坝时，发现该坝沉陷现象尚未停止，原沉陷的一段 150 公尺；其中一部分仍与计划高度相差 1 公尺余，且土坝下游边坡顺坝方向有显著裂缝四条，裂缝宽有的达 4 公寸（经过情形，施工报告已有详细说明）。其沉陷发展情况，目前尚难判断，对土坝本身来说，情形是值得注意的，现主管机关已在加工进行改善中。

四、围堤培修工程

原计划包括：

（1）培修安乡河北堤，自藕池口至大湾止，全长 15.969 公里，土方 1737647 公方，清淤 5000

公方。

（2）由大湾穿过黄天湖接虎渡河拦河坝之新堤，全长 4.074 公里，计土方 1975645 公方，清淤 63440 公方。

（3）虎渡河西围堤由黄山头北麓经丘陵地带至黑狗垱对岸补修堤段共长 18 公里，计土方 401144 公方，上述三处共计培修土方 4114436 公方，另在分洪区本段各堤内侧栽植防浪林。

验收结果：

（1）培修安乡河北堤根据荆江南闸指挥部施工报告所载：分为两段，一为谭家湾段，一为八家铺段，前者系由藕池口迄于上码头长 8.213 公里，于 4 月 1 日开工，6 月 22 日竣工，完成土方为 803780 公方；后者系由上码头迄于大湾长 7.756 公里，于 4 月 2 日开工，5 月 25 日竣工，完成土方为 928206 公方，两者全长 15.966 公里，堤顶高度一律为 43 公尺，共计完成土方 1731986 公方，接近原计划数量。清淤当时因缺乏工具未做，但将原设计断面改大，并为防汛便利取土起见，积有备用土 500 公方。

7 月 1 日我们验收时，仅查验谭家湾段一部分，断面符合标准规定，惟堤表面有断裂及横纵、矬裂等处，须翻修夯实，余同意初步验收报告，拟准予验收。

（2）黄天湖新堤在穿越黄天湖及低洼地段（长约 1100 公尺），均较普通，一般断面为大，称为超级断面。据南闸堤工处周工程师面谈，黄天湖底淤泥深自 2.5～3.85 公尺不等，全凭人工清除，异常艰巨，为荆江分洪工程最困难之工程。该段因任务紧迫，虽清淤宽达 37 公尺，仍感不够彻底，在施工过程中，堤身随着逐渐加高而下沉，最严重时，每日下沉一公尺余，现在堤顶高程约超过规定标准的 43 公尺，下沉亦趋稳定，每日由数公寸而减至 1 公寸。并云：现正采纳初步验收人员意见，两边拟抛石保护。

7 月 1 日我们验收时，堤身虽已稳定，但表面仍有矬裂情形，沿堤线方向裂缝长者有达 100 公尺者，宽约 2～3 公分。其他横纵细小裂缝无数，范围长约 400 公尺，宽约 70 尺。据周工程师说：均拟在最近期间翻修，对于下沉的堤围，仍须继续加高，以保持规定的标高。堤外的防浪林，未见栽植，拟改用块石砌护，现正铺设轻便铁轨，备运料石。

黄天湖新堤系于 4 月 5 日开工，截至 6 月 24 日已基本上竣工，共计完成土方 2071337 公方，超额完成任务，堤身虽仍存在着轻微沉陷问题，已渐趋稳定，我们同意初步验收意见，拟准予验收。

（3）虎渡河西围堤系于 3 月 31 日开工，5 月 31 日竣工，共计完成土方 398985 公方，均系继续补修性质，我们验看数处均符合标准，同意初步验收报告，拟准予验收。

五、安全区及涵管工程

分洪区内计划设立 10 个安全区，分散于分洪区内高地上，毗连围堤边缘，其分布情形如工程布置图所示，计共需做土方 6019409 公方，每个安全区建排水涵管一座，汛前应先完成 5 个安全区的工程。

安全区工程由湖北省水利局荆州分局负责施工，未有竣工图表和报告，据分局副局长王靖国同志报告：5 个安全区的土方工程已全部完成，工程系由湖北省府荆州专署负责，荆江分洪总指挥部无初步验收报告。

我们原定 7 月 4 日重点地进行验收有代表性的斗湖堤安全区，因长江水涨，轮渡码头被淹，不能渡江，7 月 5 日仍不能渡江，无法进行验收工作。

六、刨毁分洪区横堤及临时堵口工程

（1）分洪区内横堤在进洪闸下游约 14 公里狭颈处，堤的一般高程均高出分洪区上游地面，为分洪时不致影响进洪量起见，计划要将该横堤刨平，计需挖土 326215 公方。

刨毁横堤工程 3 月 27 日开工，至 6 月 9 日完成，计已做土方 289873 公方。我们原定派一小组于 7 月 4 日前往验查该横堤刨毁情形，但因长江水涨，轮渡码头淹没，不能渡江，中途折返。7 月 5 日再度出发，在江边等了三个钟头，仍不能渡江。

关于刨毁横堤工程，据荆江分洪总指挥部副总指挥林一山报告，该横堤尚未刨平到原定高度，原因是运距太远，无处堆放土方，因此只得就地刨毁，同时全部人力都投于重点工程，如进洪闸、节制闸、堤围等工程，横堤刨平工程只得按人力酌量进行。

（2）虎渡河太平口及中和口各建临时堵坝一座，以便于节制闸施工。太平口堵坝计划土方189918公方，中和口堵坝计划土方40121公方。

太平口堵坝在3月26日开工，5月14日完成，实做土方工程共191539.90公方。中和口堵坝5月6日完工，实际完成土方39786公方，保证了节制闸的顺利施工。

6月29日，我们前往检验太平口堵坝时，工人们正在进行刨毁，尚未过水，6月30日坝决放水，7月3日再往检验时，水流通畅。

关于太平口临时堵坝及刨毁工程，拟准予验收。

中和口堵坝暂时未刨毁。

七、财务工作

关于财务器材收付使用、结存等情况，另有财务检查小组在进行检查。该小组系由中央财政部、中央水利部、交通银行总行、交通银行中南分行等派员组成。现因工程决算尚未做出具体数字，俟结算检查完毕后，当另由该小组专案报告。

上述各项工程，我们验收的结果，除虎渡河拦河坝已照计划土方超额完成，但沉陷部分尚未继续填筑至稳定为止外，其余已证实全部照原计划任务胜利完成，并有部分工程数量超额完成。这样巨大的工程，在3月中旬才开始准备，部分土方工程在3月中旬开工外，一般的都从4月上旬起才陆续展开，而能够在规定限期6月底以前突击完成，真是历史上空前未有的奇迹。这一工程，由突击施工以至提前胜利完成，正说明了中国共产党领导的人民民主专政制度的优越性。由于毛主席伟大的号召，指出了这个工程是符合人民大众的利益，因此得到了全国人力物力的支援，人民解放军在施工中担负了最艰巨的工作，起了带头和骨干的作用，同时依靠了群众，发挥了群众的积极性，就能够在工程的进行中不断的克服各种困难，并有创造发明，提高了工作方法和效率，这都是胜利的主要原因。至于施工过程中的一切的经验教训，荆江分洪总指挥部正在进行总结。

在这次完成各工程项目之外，为充分发挥分洪工程的作用，以后还应继续办理一些工程，但不在我们此次验收范围之内。

六、中共湖北省委为确保荆江大堤安全一律不得挖堤引江水抗旱的通知

（1959年8月1日）

荆州地委：

为了确保荆江大堤安全，无论旱情如何严重，自监利县车湾以上的荆江大堤一律不得挖堤引江水抗旱。其中一弓堤已经挖开放水应当迅速备足器材，指定专人负责，保证在长江发大水时及时堵好。据闻沙市以上李家铺正在挖堤尚未挖通，应当立即停止，并且迅速堵好。必须保证堵堤质量，只能比原来好，不得比原来差。希望通知有关单位立即执行。

七、中共湖北省委、湖北省人民政府关于防御荆江特大洪水的意见

（1991年7月16日）

荆州地委、行署及地区防汛指挥部：

7月13日下午和16日上午，省委、省政府、省军区领导同志关广富、郭树言、钱运录、王申等听取了省防汛指挥部关于防御长江特大洪水的作战方案和荆江分洪区分洪爆破、人口安全转移问题的汇报，作了认真研究。会议认为，荆江防洪和分洪事关重大，务必切实加强领导，充分做好各项准备工作。会议确定了如下意见：

一、原则同意省防汛指挥部根据国务院批准的长江防御特大洪水方案制订的具体作战方案和荆江

分洪爆破、人口安全转移的意见，要求立即按上述方案和意见落实预案。分洪爆破所需的物资器材要抓紧落实到位。

二、进一步研究分洪效果。特别要研究分洪时机的掌握、爆破扒口可靠性和分洪后降低沙市水位、减轻荆江大堤压力的作用，以切实达到牺牲局部、保住重点的目的。

三、分洪的各项准备、荆江大堤的防守和分洪时的人口转移、爆破等各项具体工作，由荆州地委、行署统一领导，地区防汛指挥部具体负责落实。

四、当荆江出现大洪水、情况紧急时，荆江的防汛抗洪工作由省委、省政府直接领导。需要分洪时，省委书记关广富，省长、省防汛抗旱指挥部指挥长郭树言，省委副书记钱运录，省军区司令员王申等直接到现场决策，当前由省委副书记、省防汛抗旱指挥部第一副指挥长钱运录同志负责协调分洪的准备工作，省人大副主任、省防汛抗旱指挥部顾问王汉章同志协助进行工作。派省水利厅副厅长、省防汛抗旱指挥部副指挥长曾凡荣同志率工作小组，赴荆江分洪区，负责衔接、检查、督促落实分洪方案的各项准备工作。

八、湖北省水利厅关于荆江大堤备战加固及荆江地区防洪问题的报告

（1966 年 5 月 13 日）

水利电力部：

关于我省荆江地区防洪这一重要问题，多年来我们会同有关部门和地方进行过反复研讨，近几年来，我们又多次组织力量，反复进行了现场查勘和摸底算账，寻求新的比较防洪方案，并与地方多次交换意见。最近，我们又根据湖北省委的指示，对荆江大堤备战和有关防洪问题进行了较详尽的研讨，提出了解决这一问题的意见，现将我们对荆江大堤备战加固及荆江地区防洪的意见报告给你们。

一

流经我省江汉平原的荆江，上起枝江，下迄城陵矶，全长约 423 公里，长期生息于两岸的广大劳动人民，全赖堤防作为生产生活的唯一屏障。特别是位于荆江北岸的荆江大堤，上起枣林岗，下迄监利城，全长 182.4 公里，它直接保护着我省粮棉集中产区的荆北地区 800 万亩农田，300 万人口，以及捍卫着武汉和汉南地区工农业生产和人民生活安全，是我省江汉平原地区最重要的防洪工程，也是长江中、下游的防洪重点，并经中央明确规定为全江的确保堤段，任何情况，不准溃口。荆江地区的防洪工作，十六年来，由于中央的极端重视和支持，在湖北省委直接领导下，防洪工程取得了很大成绩，彻底改变了解放前堤防百孔千疮，险象环生，稍遇大水，即遭溃决的局面。特别是荆江分洪工程的修建，配合堤防工程，使荆江河段防洪标准和抗洪能力，都有了较显著的提高和加强。曾抗御和战胜了 1954 年的特大洪水，及 1956 年、1962 年、1964 年较大洪水，保障了这一地区工农业生产和广大人民生活的安全。但是从荆江现有河段的安全泄量远远不能适应上游频繁而又巨大的来水，堤防本身在防洪方面存在的弱点，以及当前从备战出发，所带来的要求考虑，则我们认为荆江地区的防洪问题，特别是荆江大堤的备战和防洪还存在着十分严重的问题。而当前问题集中又反映在荆江大堤的备战和如何迅速提高荆江地区的防洪标准这两个方面。

首先是全长 182.4 公里的荆江大堤，堤身高达 12～16 米，洪水时期，洪水位高于堤内地面十余米，当前堤防断面，仅从满足防洪要求培修，而完全没有考虑备战需要。据与有关部门研究，现有堤防断面，在洪水时期，仅能防御小型炸弹的袭击，但仍处于十分危险的境地。若遭到较大破坏，就有可能造成大堤溃决，洪水一泻而下，将造成十数万计的人民死亡，并直接威胁武汉和汉南地区，还可能造成航运的中断。

其次是当前荆江地区的防洪标准，按洪峰说，依靠现有堤防仅能防御 4～5 年一遇洪水，堤防配合北闸分洪，也只能防御 8～10 年一遇洪水，再加上腊林洲扒口分洪，防御标准可提高到 25 年一遇，若再加上沕市扩建区扒口分洪，大体上可防御 60 年一遇洪水，但从洪量说，根据长江流域规划办公

室对荆江洪水设计按 1931 年型峰量同频率 15 天总量，则现有荆江分洪区、虎西备蓄区、浣市扩建区的有效库容，还不能防御 16 年一遇洪水。

显然上述问题的存在，无论从地区的重要性，工农业生产的需求和当前形势的发展看，都远远不相适应。特别是以美帝为首的反动势力，日益加紧对我们的包围，随时都有可能对我们进行突然袭击。为了加速我们的社会主义建设，为备战、备荒为人民提供更多的物资准备，更要迅速促进本地区农业的稳产高产和保证江汉平原广大油田的顺利开发，则上述问题更显得尖锐突出，因而积极采取措施，加强荆江大堤备战，迅速提高荆江地区防洪能力，是迫切需要解决的问题。

二

我们遵照毛主席提出的备战、备荒为人民的指示，针对存在问题，经过较长期的反复研究，多方面的论证比较，提出了以下的方案和意见：

（一）关于荆江大堤备战问题：荆江大堤的备战，中心问题，我们认为主要是如何采取更快、更省的措施，使在洪水时期，万一堤防遭到敌机的空袭破坏后，仍保留防洪需要的最小高度与宽度，并经突击抢护不致造成决口，达到确保安全的目的。从这一要求出发，经与有关军事部门联系和反复研究比较，确定以防御 1100 磅重型炸弹，命中堤面中心的最不利情况为标准，因地因堤制宜，分别采取对现有荆江大堤加高加宽，以及培修加固荆江大堤外的支垸堤，实现两道防线相结合的措施。同时为了防止炸弹投掷于堤身内外造成因冲击波引起的巨大风浪对临水坡的冲击和临近内脚覆盖层的破坏，以及堤身遭到破坏后，能就近取土抢护，还拟进行大堤临水面的护坡和施做荆江大堤内脚戗台等工程。其方案的具体内容是：

1. 枣林岗至文村甲（不包括沙市），马家寨至柳口，杨家湾至监利城，三段全长约 120 公里，其中大部分堤段滩窄堤高，水深流急，外无支垸堤，对这些堤段的备战措施，主要是按照重型炸弹命中堤面可能造成的最大破坏平面范围和深度，加高加宽现有大堤。初步拟定，大堤加高按 1954 年最高水面线超高 1.5 米，面宽不小于 10 米，内、外边坡 1:3，总计土方约 325.6 万立方米左右。其次是沿这些堤段内脚填筑戗台，戗台高度与宽度，除了满足备战取土方便抢护及时外，也结合考虑了增厚堤内覆盖、降低堤身高度，有利于巩固堤基和汛期防守等因素。初步拟定第一期戗台平均宽不小于 50 米，堤脚附近高度不小于 3 米。总计土方 659.6 万立方米。最后是自沙市以下沿这些堤段临水坡，凡没做护坡工程的，全部予以施护，包括水下施护，总计石方 137.6 万立方米。

2. 文村甲至马家寨，柳口至杨家湾的荆江大堤，外有青安二圣洲民垸和人民上下垸，两垸堤长 87.8 公里，平均堤身垂高 5 米，面宽 4~6 米，内、外边坡 1:2.5~1:3，为了节省工程量与劳力，促使整个荆江大堤备战措施尽快实现，拟对两垸堤加高加固，加高仍按 1954 年最高水面线超高 1.5 米，内、外边坡 1:3，考虑到后面的荆江大堤仍担负主要防洪任务，因此垸堤面宽规定不小于 7 米，总计土方 460 万立方米。由于这两段堤的堤身较低，内地面较高，覆盖较厚，加之后有荆江大堤，因此对这两段堤就不做护坡与戗台。

3. 沙市市区的荆江大堤，全长 5 公里，处于荆江大堤上段，内系我省轻工业城市，人口稠密，房屋毗连，附近土源缺乏，如采取加高培厚的加固措施，实施困难，拆迁较多，对市民生产生活影响较大，因此对市区大堤备战加固，拟按 1954 年最高水面线超高 1.5 米，只加高不加宽，但为了把投弹命中堤面所造成的破坏平面范围和深度，限制在不过多影响防洪安全范围之内，拟在加高后的堤面，铺设钢性的混凝土路面，其结构按重要公路标准设计路面宽 4 米，混凝土路面厚 0.2 米，路基厚 0.3 米，工程量总计混凝土 4000 立方米，块石 6300 立方米，土方 10 万立方米。以上全堤备战措施，总计土方 1932.5 万立方米，石方 50.63 万立方米，混凝土 4000 立方米，投资 4620.5 万元。

我们认为以上工程数量，按荆江大堤以往岁修实施情况看，大体上两年就可完成，从备战出发，荆江大堤按设计标准加高加宽后，洪水时期万一遭到敌机轰炸，从最不利情况考虑，堤面破坏后，迎水面在设计洪水位以上仍保留有 0.8 米超高与平水面有 4.5 米的面宽，只要抢护得力，就不会危及防洪安全，而实施后的堤顶高与面宽，对防御设计的洪水，则绰绰有余。大堤临水面边坡进行施护后，洪水时期在炸弹命中堤外时，可以防止巨大风浪对堤坡的冲击，在汛期高水时期也可避免水流对堤坡的冲淘。至于填筑大堤后戗台，更具有就近解决抢护土源，增厚堤内覆盖，制止近脚管涌险情出现，以及改变堤高地低局面，利于防汛斗争等优点。同时上述备战加固方案，还有着工程量少，投资较省，施工期限较短，工程实施后就可立竿见影，获得预期效益等好处，因此，我们认为荆江大堤实现上述各项措施后，它不仅能满足备战的需要，同时也相应提高和加强了大堤的防洪标准和抗洪能力，这是备战防洪相结合，近期远期相结合，积极而又切实可行的措施。

（二）关于荆江地区防洪问题：为了提高荆江地区防洪能力，确保荆江大堤和在它保护下的荆北平原及武汉市、汉南地区防洪安全。长江流域规划办公室曾于1964年底提出了《荆江地区防洪补充规划报告》，报告以百年一遇设计洪水作为荆江地区防洪标准，提出了四个方面的具体措施。近几年来，我们也曾就荆江防洪问题与有关部门和地方反复多次进行过查勘、研究、讨论比较，最后一致认为长办在规划报告中所提出的下荆江系统裁弯工程，我们基本同意。对长办报告提出的荆北放淤工程，认为如能在较短时期完全按理想实现，对提高荆江大堤防洪能力，确具有一定意义。但毕竟缺乏实践，工程任务大，投资巨，而且达到预期效益，分别需时15～25年左右，这对当前的备战和防洪的迫切需要，确属缓不济急。而当前荆江地区防洪存在和亟待解决的问题众多，荆江大堤的备战必须尽快实施，因此，在今后较长时期内，还不可能支付大量劳力与投资来进行放淤工程。同时分洪放淤后，对原荆江大堤的防守等问题，都是尚待慎重考虑的。基于上述理由，我们不同意在目前进行荆北放淤工程。

至于在干流上游治本工程尚未实施之前，为了解决荆江上游巨大而又频繁的来水，与荆江河道安全泄量不相适应的矛盾，以荆江分洪区为核心，增辟部分地区，担负临时分（蓄）洪任务，我们认为是完全必要的，但对分（蓄）洪的地区选择，必须充分体现：①能满足设计或实际出现的洪水量需要；②能充分发挥分（蓄）洪工程效益；③能尽量减少淹没损失；④运用机动灵活；⑤利于分（蓄）洪区内群众安全转移；⑥有利于备荒等基本原则看，则我们认为，长办报告提出的荆江南北两岸分（蓄）洪的方案，除面积广阔，库容巨大，能满足规划拟定的设计洪水和实际已出现的实际洪水外，在其他方面并不符合，特别是对几率仅16年一遇，就要扒口分洪的荆北中下区，分洪后百万群众安全转移这一严重问题，完全未予考虑，更不合理。其次长办报告中除荆江分洪区北闸控制分洪外，其他一系列扒口运用方式。不仅不能使扒口做到标准及时，以适应变换复杂的水情需要，而且会造成对分（蓄）洪区不该蓄的蓄了，该蓄满的蓄满，随之带来的是淹没面积增加，分洪灾害扩大。最后长办报告提出将原在长江流域规划要点报告中，拟定城陵矶控制水位33.50米，提高到33.95米。我们认为，城陵矶控制水位的拟定合理与否，它不仅影响荆江防洪，对其下游与武汉市安全，影响尤甚。因此必须全局着眼，统筹考虑。从当前情况看，城陵矶控制水位的提高，就会使荆江泄量减少，洞庭湖出流增加，从而使武汉市及其上下游防洪任务加重。

鉴于上述各点，我们认为长办所提出的荆北中下区分（蓄）洪方案，一系列的扒口运用方式，及城陵矶控制水位的提高，存在着淹没损失巨大，群众安全转移困难，对人民生产生活影响深远，工程量大，对武汉市和汉南地区防洪威胁严重等较大缺点。

为了寻求解决荆江洪水较合理的分（蓄）洪方案，我们遵循着水电部1963年对长办拟定的规划报告批示中所提出的"充分利用现有荆江分洪区"的指示和前述选定分（蓄）洪地区的几个基本原则，本着荆江需要分蓄的洪水，尽量地蓄纳在我省境内，力争不增加洞庭湖的防洪负担的精神，经过反复现场查勘，摸底算账，多方面比较，最后认定以现有荆江分洪区、涴市扩建区为核心，就近增辟涴市区和淤泥湖区，并在腊林洲和涴市两处主要分洪口门建闸控制，当荆江遭遇较大洪水时，把需要分蓄的洪水，根据其来量的大小，分别用不同大小的地区，洪水全部拦蓄在荆江上段的南岸，是比较合乎理想与实际的方案。方案具体内容是培修加固现有荆江分洪区和涴市扩建区围堤，进一步提高其防洪能力，增加其有效蓄洪容量，配合已建的北闸和拟建的腊林洲和涴市闸，当荆江遭遇大的洪水，先后运用这些分洪控制工程，分蓄洪水进入荆江分洪区和涴市扩建区，并使安全蓄水达43米，有效蓄量 70 亿立方米左右，如果上游来量仍大，需要继续分蓄洪水，则在事先已对松滋河东支东堤，上起杨家垴，下迄黄四嘴以及黄四嘴至虎山 2.5 公里隔堤按超级断面标准进行加高加固的前提下，在浣里隔堤和虎西山岗堤扒口，用浣西区和淤泥湖区蓄洪，这两个地区蓄洪面积约 530 平方公里，有效蓄量约 30 亿立方米左右，连同现有分洪区总的有效蓄量约 100 亿立方米左右。这样按长办报告所拟定的设计洪水标准，可以解决 83 年一遇洪水，但从荆江实际已出现的 1931 年、1935 年、1954 年几次大洪水所需要的分洪总量看（分别为 72.5 亿立方米、66 亿立方米、93.3 亿立方米），则利用上述地区，均能满足且还有富裕。至如对百年一遇洪水需要分洪总量 107 亿立方米，除上述地区蓄纳 100 亿立方米，尚余 7 亿立方米的洪水处理则在无量庵修建泄洪闸，利用下荆江洪峰下落，安全泄量可允增加时，及时开闸泄洪。

上述方案与长办所提方案比较，可以满足设计洪水和荆江实际已出现的几次大洪水的要求，而且具有以下显著的优点：

1. 减少淹没损失：长办方案利用荆北中下区分（蓄）洪，在八尺弓到新沟嘴隔堤建成前提下，一旦分洪运用，连同人民上下垸，其淹没面积为 4175 平方公里，淹没田亩 316 万亩，而运用浣西和淤泥湖区，其淹没面积为 530 平方公里，淹没田亩 46 万亩，两相比较，减少淹没面积 3645 平方公里，减少淹没田亩 270 万亩。

2. 减少受灾人口：能做到安全迅速转移，运用荆北中下区，连同人民上下垸分（蓄）洪，其受灾并需转移安置的群众有 115 万人，而浣西和淤泥湖区受灾转移群众 21.3 万人，两相比较，减少了 93.7 万人。同时前者地势平坦低洼，面积辽阔，人口稠密，分洪区中心距江河堤防高地远达 36 公里左右，一旦分洪又时值盛夏，要在较短时期内把百万以上群众（其中老弱妇幼将占半数以上）迅速集中，并分别转移到百里以外的安全地区，就很可能造成众多人口的死亡和疾病的大量流行，从而从政治上造成的损失则不可估量，而浣西和淤泥湖区，地形狭长，或区内就近有丘陵高地（如淤泥湖），或与不分洪地区仅一河之隔（如浣西），在分洪之前，对 21 万余群众的安全迅速转移，当较容易。

3. 分洪后有利于防守，运用荆北中下区，在八尺弓至新沟嘴隔堤建成情况下，一旦分蓄洪水，自监利的八尺弓到洪湖新滩口，再沿东荆河上抵新沟嘴，全长 348 公里的堤防，处于内外皆水，仅余一线局面，而区内水面宽最大达 72 公里，江面宽亦达 3～5 公里，此时防守大军早已撤退，土场全被淹没，数百公里堤防，任凭洪水风浪摧残，必将造成漫溢或溃决，巨量洪水，夺口一泻而下，对武汉市和汉南地区防洪威胁，就甚为严重。同时八尺弓至新沟嘴全长 62.5 公里的隔堤，在一般平水年份，不挡御洪水（据长办分析其挡御洪水几率约 16 年一遇）。当一旦分洪，骤然挡水，堤身平均高达 7 米，承受水头平均 6 米，是否完全可以做到安全确保，尚难料定，如果万一溃决，则整个荆北平原，全遭陆沉，其损失更为奇重。但运用浣西和淤泥湖区，两面受水堤长仅 124 公里，分洪区最大水面宽 12 公里，河面宽仅 300 米，这些堤段，在一般平水年份，汛期经常抗御较高河水位，如按超级断面培修加固后其抗洪能力更为增强。同时这些堤段邻近不分洪地区，防守人力物力可以随时就近调集。只要预作安排，加强领导，是完全可以做到确保，不出问题的。

4. 运用机动灵活，能充分发挥分（蓄）区的蓄洪效能。荆江地区今后实际出现的洪水，毕竟不会完全按设计条件重现，它可能是峰高量小，或者是量大但峰并不高，同时，各种不同频率的洪水，今后都有可能次第出现，如果按长办选定的荆北中下区蓄洪，不论百年一遇，或者 16 年一遇，都要运用，这显然是不合理的。但增加的浣西和淤泥湖分（蓄）区，与现有荆江分洪区和浣市扩建区各成一局，这就给根据实际洪水不同峰型水量的大小，分块逐时运用，力求做到机动灵活，尽量减少淹没损失，创造了有利条件。同时，在荆江遭遇较大洪水时，运用上述地区分（蓄）洪，能充分发挥其蓄洪效能，避免了在无量庵扒口后，使用牺牲广大平原肥沃农田，换取宝贵蓄洪库容的荆江分洪区，仅起到上吞下吐，分洪旁泄，有效库容未被充分利用，这种极不合理的现象出现。

5. 避免了因分洪工程的施工和分洪后对分洪区农田水利建设的巨大打乱和破坏。利用荆北中下区蓄洪，如按长办规划修建三道隔堤，据不完全统计，隔堤跨越干支渠近 40 余条，大中型节制闸近

30 座，必须相应进行配套和加固，否则全区农业生产，将带来人为的灾害。另外在分洪运用后，在 3920 平方公里范围内的排灌渠系，大小涵闸，水冲沙淤，堵塞坍塌，对汛后的生产恢复，冬排春灌，更影响深远。而运用浣西和淤泥湖，区内无需修筑工程，在不分洪年份，根本不存在打乱农田水利问题，分洪运用后，面积仅 530 平方公里，对农业生产的影响远较荆北中下区为小，对农田水利设施的恢复也较容易。

6. 有利于灾后恢复生产，重建家园，有利于备战、备荒。运用浣西和淤泥湖分洪，其受灾面积、田亩、人口分别仅为荆北中下区和人民上下垸的 12.7％、14.6％、18.5％。灾后在荆州全区支援下（主要是荆北地区），其恢复生产重建家园，当较迅速，而这些地区的分蓄洪，又促使荆北地区广大农田的稳产高产，获得了可靠保证，这样就对支援灾区，支援国家建设，对备战备荒可以发挥其更大作用。

7. 减少工程量与投资。荆北中下区分蓄洪方案，仅隔堤一项，需做土方 3900 万立方米，如果加上区内百余万群众分洪安全转移的必要工程设施，以及因隔堤兴修对区内农田水利的配套加固等工作量，仅土方一项，总量估计将不少于 8000 万立方米左右。而浣西和淤泥湖区沿松滋河东支东堤浣西至松滋河口的荆右干堤、浣里隔堤，以及里甲口至中河口虎渡河西堤，按蓄洪水位 43 米加固，总计土方约 1500 万立方米左右。仅为荆北中下区土方量的五分之一。另一次分洪运用的损失和赔偿救济，它包括农业生产损失折价和国家用于群众生活救济、临时住棚、人畜转移、防汛抢险等投资，运用荆北中下区时其费用匡计约 3 亿元左右，而运用荆南扩大区其费用约 0.8 亿元左右，仅为荆北中下区的四分之一。

综上所述，我们认为以现有荆江分洪区、浣市扩建区为核心，新近增辟浣西和淤泥湖区，并在腊林洲和浣市两处主要分洪口门建闸控制，把超额洪水拦蓄在荆江上段南岸的我省境内的分（蓄）洪方案是符合社会主义建设方针的，也是符合毛主席备战、备荒为人民的指示精神的。

三

从国内外的形势出发，我们认为荆江大堤的备战和提高荆江地区防洪能力这两个问题，是刻不容缓，需要立即逐步加以妥善解决的大事，特别是备战，时间性强，稍一推迟，可能造成不可弥补的政治影响和经济损失，经反复研究，我们拟从今冬开始，分期进行，基本原则是：以备战为主，结合防洪，力争在第三个五年计划内，将两大问题，基本上获得妥善解决，使荆江大堤做到真正确保，使荆江地区的防洪能力获得大幅度的提高。

具体安排如下

1. 荆江大堤备战加固。安排在 1966 年开始，两年完成，总计土方 1932.5 万立方米，石方 50.63 万立方米，包括其他项目总投资概算 4620.5 万元。1966 年冬进行堤防的加高、加宽、护坡和填塘，工程量土方为 940.5 万立方米，石方 25.68 万立方米，沙市区防弹路面等共标工 1117 万个，投资概算为 2308.9 万元。1967 年冬进行堤脚戗台、护坡、排灌闸加固等，土方 992 万立方米，石方 25 万立方米，共标工 1142 万个，投资 2311.6 万元。

2. 分（蓄）洪工程。由于工程量较大，总土方 3190.2 万立方米和分洪、吐洪闸三座，总投资概算 8503.62 万元。拟从 1966 年冬开始，分五年完成，今冬重点进行荆江分洪区的南线大堤，虎渡河东堤的加高加固，土方 720 万立方米，石方 2 万立方米，投资概算为 626.1 万元。以后，每年平均按土方 600 万立方米进行安排，将全部分蓄工程在 1970 年前搞完。

以上两项初步估算总投资概算为 13124.12 万元，其中 1966 年冬为 2935 万元，工程量大又集中，省无法解决。因此，请中央能给予支持，纳入基建项目。逐年予以安排并实施。

3. 对于具有显著缩小灾害，减少损失的浣市、腊林洲建闸关键工程，我们认为有兴建的必要。无量庵加建吐洪闸，我们认为可迅速吐洪，腾出库容，迎纳汛期连续的第二次分洪水量将起着很大作用，亦有兴建的必要。以上三闸建议在两年内安排分年兴建，因技术比较复杂，投资大，器材多，因此请列入国家基建项目。

以上是我们的一些看法和意见，是否恰当，请指示。

第十一章 人　　物

荆楚大地治水历史悠久，源远流长，是华夏水利史的缩影，地区发展与治水联系密切。在治理荆江的伟大实践中，涌现出一大批卓越治水人物、抗洪英烈和先进模范代表，他们的功绩在荆楚大地广为传颂，彪炳史册。

第一节　治　水　人　物

孙叔敖（约前 630—前 593 年）　名敖，字孙叔，郢（荆州区纪南城，一说宜城楚皇城）人，春秋时楚国著名的政治家、军事家、水利专家。楚庄王时期（前 613—前 591 年）任楚国令尹，约活动于公元前 600 年。敖任楚国令尹，辅佐庄王改革内政，兴办教育，整顿吏治，惩治污吏，加强军备，使楚庄王成为"春秋五霸"之一。

据传，孙叔敖在任时，政绩卓著，"治楚三年，而楚国霸"（《韩诗外传》卷二）。任令尹前，他注重发展生产，在期思（原蒋国地，楚灭之设邑，今河南固始北境）一带征发民工排除积水。在雩娄（今河南固始东南）开挖渠道，修建了中国历史上第一个大型渠系水利工程——期思陂。期思陂的修建，使楚国"收九泽之利，以殷润国家，家富人喜"。被楚庄王任命为令尹后，"秋冬劝民山采，春夏以水，各得其所便，民皆乐其业"（《史记·循吏列传》），为保障农业发展，他组织楚人兴修水利，整治塘堰，"宣导川谷，陂障源泉，灌溉沃泽，堤防湖浦，以为池沼"。

史书所传孙叔敖所建水利工程还有：一是，《后汉书·王景传》所载"（庐江）郡界有楚相孙叔敖所起芍陂稻田。"芍陂在今安徽寿县境，历史上号称灌田万顷，经历代民众不断治理，至今仍在发挥效益。二是，《史记·河渠书》所载"于楚，西方则通渠汉水云梦之野。"《史记》未记载具体内容，现代学者谭其骧认为，"这条运河是在公元前 6 世纪初楚相孙叔敖主持下，广大劳动人民开凿的"（注，见《地理知识》1955 年第 9 期载谭其骧《黄河与运河的变迁》）。传说孙叔敖还引沮漳水用以灌溉。

今沙市中山公园东北隅有楚令尹孙叔敖之墓，相传孙叔敖死后葬于此。

杜预（222—284 年）　字元凯，京兆杜陵（今陕西西安东南）人，西晋著名政治家、文学家，司马懿之婿。司马炎代魏时，任镇南大将军，都督荆州诸军事，继羊祜之后，积极筹划灭吴。西晋统一后，杜预积极发展水利。据《晋书》本传记载："又修邵信臣遗迹，激用滍淯诸水以浸原田万余顷，分疆刊石，使有定分，公私同利。众庶赖之，号曰'杜父'。旧水道唯沔汉达江陵千数百里，北无通路。又巴丘湖，沅湘之会，表里山川，实为险固，荆蛮之所恃也。预乃开扬口，起夏水达巴陵千余里，内泻长江之险，外通零桂之漕。"关于前者，主要恢复今河南南阳地区的灌溉工程，此项工程，以引用汉江支流唐白河水系为主要水源，灌溉功效，除今河南南阳境外，亦惠及湖北襄阳地区部分县区。关于后者，即"开扬口、起夏水"的运河，工程规模宏大，后人称之为扬夏运河，不但可以泄洪、蓄洪，还可以通漕，直到东晋、南北朝时工程仍在运用。杜预博学多才，于政治、经济、军事、历法、律令、算术、工程诸方面均有研究和著述，被称为"杜武库"，所著《春秋左氏经传集解》30 卷，为现存最早之《左传》注本。

桓温（312—373 年）　字元子，谯国龙亢（安徽怀远西）人，荆江大堤肇基时期"金堤"的奠基人。东晋明帝婿，曾任琅邪太守、荆州刺史，都督荆、梁等四州诸军事。永和三年（347 年），领兵入蜀地，灭成汉，声振一时，归江陵后，进位征西大将军，封临贺郡公。永和十年（354 年），自江陵发步骑四万讨前秦，以军粮不济退师。越二年，收复洛阳。太和四年（369 年）复自江陵发步骑五万伐前秦至枋头（河南浚县西南），又因军粮不济而还。两年后，废海西公，立简文帝，以大司马职镇姑孰（安徽当涂），把持朝政，死后追谥丞相。东晋永和年间（345—356 年），恒温驻兵江陵，以江水对城威胁甚大，命陈遵自江陵城西灵溪起，沿城筑堤防水。清光绪五年（1879 年），荆州知府倪文蔚作《荆州万城堤铭》："唯荆有堤，自桓宣武（即桓温），盘折蜿蜒，二百里许，培土增高，绸缪桑土。障川东之，永固吾圉。"

陈遵 东晋时人，生卒年不详，东晋永和年间（345—356 年）荆江大堤肇基时期"金堤"的主要修建者。桓温在任荆州刺史期间，命陈遵自江陵城西的灵溪起，沿城筑堤防水。史家一般以为，所筑堤防称"金堤"，是为荆江大堤修筑之始。《晋书》本传未载其事，郦道元《水经注》则记录有此事，该注"江水二记"载："江陵城地东南倾，故缘以金堤，自灵溪始，桓温令陈遵造。遵善于防功，使人打鼓远听之，知地势高下，依旁创筑略无差矣。"南朝盛弘之《荆州记》载，该堤段"缘城堤边，悉植细柳，绿条散风，清阴交陌"，可见当时的江陵滨江堤防颇具景观，并有一定的规模。

肖憺（476—520 年） 字曾达，南朝梁都督荆、湘、益、宁、南、北秦六州之军事，平西将军，荆州刺史。天监元年（502 年）封始兴郡王，加封安西将军。肖憺任荆州刺史期间，史家称他"励精图治，广辟屯田"，注重水利，执行安民政策。天监六年（507 年），荆州大水，江溢堤坏，他率领将吏冒雨登堤堵口抢险。当时江水汹涌，随从惊惧，纷纷规劝他躲避，但肖憺举先人王尊欲以身塞堤为例，向随从表明他誓堵决口的心志，随从和丁壮大受感动，坚持抢险，直至水退。当时荆江南岸受灾严重，数百家人攀登于屋顶和大树上呼救，肖憺悬重赏招募抢救灾民，凡救活 1 口，赏钱 1 万。一时间，勇壮者纷纷参与抢救，终将被困灾民全部救出。他率领官员不顾个人安危参加抗洪抢险的事迹，在荆江防洪史上成为美谈。

段文昌（772—835 年） 字墨卿，一字景初。生于荆州江陵（荆州城区），祖籍西河（今山西汾阳）。少有才气，由剑南节度使韦皋荐为校书郎，后累有升迁。历任监察御史、中书舍人、刑部尚书、荆南节度使等职。唐太和四年至六年（830—832 年），段出任荆南节度使，主持修筑唐代沙市堤。所修堤防西接晋代金堤，东沿迎禧街、解放路、中山路、胜利街与章华寺古堤相连。唐代沙市堤的修筑，不仅保护了郡城荆州，同时也为沙市的发展兴盛作出了贡献。民众称段文昌所筑之堤为段堤，并在堤旁建有段堤寺以资纪念。

高季兴（858—928 年） 本名季昌，字贻孙，五代后梁间拜荆南节度使，后唐庄宗时，受封南平王，所建政权为五代十国中最弱小者。高季兴在位期间，先后主持修筑荆江和汉江堤防，为历代重要史籍所载。他主持修筑的荆江大堤，称寸金堤，由部将倪可福负责修筑，在江陵府龙山门外，因其修筑坚厚，谓"寸寸如金"，故称寸金堤（详见清《嘉庆一统志》卷三四二、卷三四五；《谈史方舆纪要》卷七八）。高季兴在荆南期间，大兴堤工，对荆江堤防建设有过重要贡献。

郑獬（1022—1072 年） 字毅之，北宋安州（今湖北安陆）人，官至翰林学士。据《宋史·河渠志》载："沙市据水陆之冲，地本沙渚，当蜀江下游，每遇涨潦奔冲，沙水相荡，摧地动辄数十丈。熙宁中，郑獬作守，请发卒筑堤，自是地志始以沙市名堤矣。"郑獬代理开封府事务时，因反对王安石变法受到斥责，贬为杭州知府，后移青州。不久，称病请任闲职，后被任为提举。著有《郧溪集》五十卷。

张孝祥（1132—1170 年） 南宋著名爱国词人，字安国，号于湖居士，乌江（今安徽和县乌江镇）人。绍兴二十四年（1154 年）进士，名列第一，曾任中书舍人、直学士院。孝宗隆兴元年（1163 年）宋北伐军在离符战败后，主和派得势，遣使与金议和。此时他任建康（南京）留守，因极力赞助北伐，遭主和派打击，被免职。一次因有感于时事，即席作《六州歌头》，对南宋政权的苟且偷安予以谴责，表示了要求国家统一的强烈愿望，使都督江、淮兵马的张浚听后感动罢席。孝宗乾道四年（1168 年）五月江陵寸金堤上段溃决后不久，张孝祥自长沙移驻荆州，任荆湖北路（今湖北西南部和北部）安抚使。为保护城池安全，他调集 5000 民夫，在当年冬季用 40 天时间重新挽筑一段新堤，长 20 余里。《宋史·张孝祥传》称："自是荆州无水患"。此举，对于荆江大堤早期的巩固与发展，具有一定意义，颇受史家称颂。

吴猎（1130—1213 年） 字德夫，先后任江西、湖广转运判官，总领湖广、江西京西财赋。宋宁宗即位（1195 年）后，任荆州北路安抚司公事，知江陵府。吴猎继刘甲、李师道之后，再次大修荆州三海。并增修八匮，"筑金鸾、内湖、通济、保安四匮，达于上海而注之中海；拱辰、长林、药山、枣林四匮，达于下海；分高沙、东奖之流，由寸金堤外历南纪，楚望诸门，东汇沙市为南海。又于赤湖城西南遏走马湖、熨斗陂之水，西北置李公匮，水势四合，可限戎马"（《宋史·吴猎传》）。吴猎在任期主持修建的"三海八匮"，工程规模相当宏大，对江陵附近的自然环境具有长远影响。

孟珙（1195—1246 年） 字璞玉，枣阳人，其祖辈随岳飞出征有军功，一家抗金坚决。南宋嘉定十年（1217 年），孟珙随父于襄阳、枣阳一带抗金。嘉定十四年，任校职。后任京西兵马铃辖、枣阳军驻劄、鄂州江陵府副都统、鄂州诸军都统制等职。封吉国公，谥号忠襄。孟珙驻荆期间，开展大规模屯田，大力发展屯田水利，修筑荆江堤防。他还对"荆州三海"实施大规模的修筑，引沮漳水通"三海"，东北南入汉江，使"三海"合而为一，"三百里间渺然巨浸"。今长湖水系中的部分水系，即为宋时"三海"旧迹。

储询 江苏泰州人，生卒年不详，进士出身，以兵部郎中左迁任沔阳知州（洪湖地区原属沔阳管辖）。他重视兴修水利。明正德十一年（1516 年）、十二年，江汉连续两年大水后，沔境洪灾深重，"烟火断绝，哀号相闻"。储询关心民众疾苦，于嘉靖三年（1524 年），上疏朝廷请求借支"司库官银"，用账贷蠲租办法，修筑洪湖江汉堤防。朝廷准其奏请，"疏入下抚按举行"，"询迁官去"。嘉靖四年（1525 年）初，"询之策"，由按察副史刘士元施行，长江堤防自"龙渊、牛埠、竹林、西流、平放、水洪、茅埠、玉沙滨江者为堤，统万有余丈"，均实施了大规模修筑，汛前全部完工。当年"夏四月江溢至于六月，五月汉溢于七月，皆不为灾"。储询提出灾后动用司库官银，以工代账修复堤防的办法，沿袭数百年之久，洪湖人童承叙盛赞堤防一疏，为"万世之利"。

赵贤（1532—1606 年） 字良弼，号汝泉，明代汝阳（河南汝南）人。嘉靖四十四年（1565 年）出任荆州知府。嘉靖三十九年（1560 年）堤决数十处，虎渡、黄潭诸堤频年溃决，随筑随决，房舍倒塌，稻谷淹没，瘟疫横行，死亡无数。赵贤初到任，席不暇暖，即属吏查勘灾情，抚恤救灾。他还以工代赈，组织灾民筑堤御水，先后重修江陵、监利、枝江、松滋、公安、石首 6 县堤防，共长 5.4 万余丈，质量务求坚实。经过三冬（1566—1568 年）努力，6 县大堤就绪。赵贤又主持建立"堤甲法"，规定每千丈堤设立一"堤老"，500 丈设一"堤长"，100 丈设一"堤甲"和 10 名堤夫，共计江陵北岸设堤长 66 人，松滋、公安、石首南岸设堤长 77 人，监利东西岸堤长共 80 人。这些专人的职责是"夏秋守御，冬春修补，岁以为常"。堤甲法的建立，对保护大堤的安全有重要意义。

隆庆元年（1567 年）大水，黄潭堤将决，赵贤将府库所存银两、谷米散发抢险民工，并顶风冒雨守堤旬余，忽"堤浸如漏厄，不可救"，他站立最险处，率众拼死抢救，军民感动，劝其离开险处，他流着泪说："堤溃则无民，无民安用守！"经军民奋力抢救，终于保住命堤。万历二年（1574 年），赵贤任湖广巡按，他请减库银 2 万余两，用以开采穴、新冲和承天、泗港、许家湾诸口，以分泄荆江洪水，保证荆江堤岸的安全。

李森然（1549—?） 字开扬，洪湖乌林镇青山村人。年轻时，读《尚书·禹贡》和"疏河、开峡"诸篇时，就萌发为家乡治水的志愿。万历二年（1574 年）应试时，上疏朝廷请示修筑江堤，得到朝廷批准后，并委任府协领孙戎廉、董其役。推举李森然为修筑江堤大头人。同刘璠商议合谋沿江七县业民修堤，于万历四年（1576 年）"由监邑界牌起、抵沔阳小林共一百八十里，将江堤一律修筑"，受到院司、道府嘉奖。天启元年（1621 年），江堤七处溃口，口门宽约 300 余丈，仍然委托李森然堵口复堤，受到官府表彰。李森然身为布衣，从事江堤兴修长达 46 年，毕生献身于堤防事业。

史自上 浙江余姚人，生卒年不详，举人出身，于万历九年（1581 年）任沔阳知州时，"问民疾苦，咸曰沔为水国，最患者茅埠江口，更三十年不治，东南其鱼矣"，史公主持堵塞茅江口，茅江口东侧修筑堤院，当地民众称史家垸（又分为史上垸、史下垸）。以石碑勒文铭记史公筑堤事迹，可惜石碑于"大跃进"期间遭到毁坏。

毕沅（1730—1797年） 字纕蘅，镇洋（今江苏太仓）人。清乾隆二十五年（1760年）进士。乾隆五十三年（1788年）长江大水，荆州万城堤溃，江水灌城，酿成巨灾，毕沅由河南巡抚升任湖广总督。他遵照乾隆谕旨，极力协助钦差大臣阿桂赈济抚恤灾民，堵复修葺堤工、城垣。因沙市对岸，江中窖金洲淤涨，阻滞水道，威胁北岸堤防安全，毕沅向朝廷申奏治理荆江意见，谓："江自松滋以至荆州万城堤，折而东北流，南逼窖金，荆水至无所宣泄，请筑对岸杨林洲、鸡嘴石坝，逼溜南趋，刷洲沙无致壅遏"。获准后，令人砍去洲上芦苇，以刷沙畅流，并于北岸筑坝挑溜护岸，以资保障。

汪志伊（？—1818年） 字稼门，安徽桐城人，清乾隆三十六年（1771年）举人。历任知县、知州等职，留心水利。嘉庆十一年（1806年），任工部尚书，上任不久便又被授予湖广总督。在鄂期间，他自募小舟，察看江汉平原湖泊水系，提出系统的治水设想，并修渠、筑堤、建闸多处。其中尤以修建监利福田寺、新堤茅江口二闸受到百姓赞扬。原来此二闸的水口为江、监、潜、沔四境积水出路，因长堤阻挡，水无所泄，境内数百堤垸长期受涝。汪志伊主持修建二闸后，严加管理，内泄积涝，外防倒灌，较好地解决了4县积涝问题。此项兴工，规模较大，包括修堤开渠，耗资10余万两，组织动员10余州县民工数万参加。

林则徐（1785—1850年） 字元抚，号少穆、石麟，福建侯官（今福州市）人。历任河东河道总督、江苏巡抚、两江总督、湖广总督等职，因"虎门销烟"而闻名于世。林则徐在任职期间，重视兴修水利，治水业绩显著。清道光十年（1830年）六月，林则徐任湖北布政使，时值荆州大水，他积极修筑堤防，并制定《公安、监利二县修筑堤工章程十条》，作为修堤必遵的守则。道光十六年（1836年），监利县民捣毁堤工总局案发，案由土局加增堤费，滥设散局乃至施酷刑于欠费者，激起民愤。林则徐到任后严肃处理此案，并重审设局章程，规定："局不许多设，人不许多充，用不许多开，费不许多派。"还责令地方该管道府随时秉公查核，有弊即除，有犯即惩；如或迁就因循者，查出一并处置。次年元月，他被任命为湖广总督，仍竭诚致力于江汉安澜。为防止江汉洪水，林则徐提出"与其补救于事后，莫若筹备于未然"的治江策略，并制定《林制府防汛事宜十条》。他十分重视江堤的修筑工程。认为"民生保险，全赖堤防"，应"修防兼重"。为此，他到任不久，即通令有堤各州、县将上年秋冬估修工段，限期整修，并由政府官吏加以验收。他还建立报汛制度，倡导募捐，筹集修防经费。

唐际盛 清代荆州知府，生卒年不详。清咸丰八年（1858年）秋到任，主持万城堤工三载有余，每届冬春督率员弁筹修堤防，一逢伏秋汛涨，驻工防护，不分寒暑，不辞劳瘁，并捐资以抢险，力挽狂澜，故得岁庆安澜。咸丰九年（1859年），岁修工竣，铸铁牛一尊置于郝穴镇安寺，并撰铭文镌刻于铁牛之背："维咸丰九年夏，荆州太守唐际盛修堤成，铸角端镇水于郝穴，而系以铭曰：'嶙嶙峋峋，其德贞纯，吐秘孕宝，守捍江滨，骇浪不作，怪族胥驯。繄！千秋万代兮，福我下民'"。咸丰十一年（1861年），朝廷根据其治荆政绩，赏二品顶戴，以示奖励。

倪文蔚（1823—1890年） 字茂甫，号豹岑，安徽望江雷池人。清咸丰二年（1852年）进士，历任巡抚、河道总督等职，为清代著名河臣。同治十一年（1872年）授荆州知府。在任八年，兴学校，续修府志，兴修堤防，颇有政绩。当时万城大堤每遇盛涨，滩岸崩坍严重。倪文蔚乃于陡岸铺砌坦坡，下列巨桩，上垒大石，层层收筑，自是倾塌之患大为减轻。又，沿堤城镇甚多，商贾多就堤列肆，致堤街房屋栉比，迁之则扰民，不迁又无法加固堤防，于是只得于堤上各铺户门前，安设石桩，临时上闸板以防漫溢。"闸板分储民房，每逢异涨则上，水落则下"（《新修沙市驳岸碑记》）。还严禁挽筑私垸，设水尺验水，栽植杨柳防浪等。为清除堤防积弊，使后来从事堤防工作者有法可依，"乃博采旧闻，旁搜近事"，于同治十三年（1874年）辑成《荆州万城堤志》，这是有关荆江大堤的第一部志书。"志分卷十二，分目三十六，凡述修防之义甚晰，而其所甄采故牍遗篇亦广博以严"。该志书的辑成，"于二千年来设堤御水之成绩犁然毕具，务俾有志之士考镜得失，一旦躬临巨役，不至以吏为师，后之官斯土者，庶其有所持衷"（《荆州万城堤志》李鸿章序）。光绪十三年（1887年）五月，倪文蔚升任河南巡抚，八月河决郑州，以疏于防范，自请交部议处，得到朝廷宽免，令妥筹赈抚，会同河道总督筹办堵口复堤。因处理善后堵复有功，光绪十六年（1890年）正月又受命兼署河道总督，三月即赴南阳校阅营伍，五月疾作回省，六月卒。

丁风梧 处州（今浙江丽水县）人，生卒年不详。清嘉庆间（1796—1820年），任郝穴汛主簿，因爱民如子，民众称为"丁阿公"。嘉庆十八年（1813年）江水暴涨，官民大多逃避，丁风梧却站立在最险处，誓以与堤共存亡，从日中到深夜，在水里指挥抢救，江水没过膝盖，也寸步不移。百姓深受感动，于是奋力填筑，终于化险为夷。死后，当地群众为纪念他的功德，将其木雕像置于郝穴许仙观，并修丁公祠，加以祭祀。每逢大水，还将其雕像立于险处，以激励众志。

舒惠 字畅亭，长白人，生卒年不详。清光绪十三年（1887年）起，任荆州知府十余年，重视荆江堤防建设，曾主持捐资修建沙市及郝穴驳岸，对当时巩固荆江大堤有过一定贡献。光绪十七年（1891年）冬修筑沙市二郎门至九杆椀堤段，首先是加固堤基，在低洼处填土加高1米，然后砌石筑坡。接着又加固康家桥至九杆椀堤段，长666米。派人入山采石，并主持护岸施工，在近岸抛石固脚，使碎石坦坡不致溜跐，再砌块石，叠垒成墙，逐层收为斜坡，并加帮保石，筑三合土戗，培厚堤身。新筑石岸计分四层，各层高1.6米，连坦坡共高9米，长666米，面宽3米余。光绪十八年（1892年）至次年春，又修建郝穴上新垱堤外石岸333米。以上工程建成后，均于江边适中地点购置房屋，派人常驻养护。

舒惠在修建沙市驳岸加固堤防时，试图通过在南岸窖金洲取土的途径，达到"彼亏此盈"一举两得的目的，但事后察看，取土处不仅丝毫未被水冲蚀，反而更加淤大，逼流北射荆江大堤，较之以前更为严重，致使九杆椀至洋码头一段长达666米滩岸逐渐坍塌，形如偃月。为防止其继续坍塌，又委派曹本元等人筹估接修原驳岸，以为永固之计。经过勘察，发现该处沙土松浮，不能下桩，若上垒条石，则势必下陷，即使抛护碎石也不过为一时搪护之计，一遇江水上涨，石随浪淌，仍不免坍塌，徒费人力、物力和财力，于是议论纷起，皆谓事不可为。而舒惠则认为，为政之要，当为民生着想，不能回避困难。经再三酌议，相度堤段滩岸形势，按一定比例刨成坦坡，然后仍分四层砌筑，下脚用毛碎石，每砌一层，必内灌灰浆，其余每层以青板石斜铺，石灰抿缝，并用大门坎石铺面，共计收高7.3米。下段靠洋码头处约长13米，仍按原规格砌成条石驳岸，两处合计建成石岸近1.7千米，工费十余万缗，皆系动员地方捐助。自此"易危为安"，群众莫不额手称庆，并立碑江岸，称为"舒公堤"。

舒惠在荆州任内，不仅重视堤防建设，而且重视编修堤志，除补刻再版倪文蔚编纂的《荆州万城堤志》外，并于光绪二十年（1894年）主持编纂《荆州万城堤续志》。将《堤志》断限以后20年的有关资料分类编纂成书，约4.6万字，并聘请画家黄汉卿用"计里开方法"绘成"万城大堤全图"，插入志中，颇具特色，今人评论为清代末期最为详尽准确的万城堤图。

王柏心（1799—1873年） 字子寿，号螺洲，湖北监利螺山（今属洪湖市）人，晚清著名学者、治河理论家。道光二十四年（1844年）中进士，授刑部主事，因无心仕途，任职仅一年，即辞职回家，潜心造学。计有传世著述《导江三议》一卷、《百柱棠集》五十三卷、《螺洲文集》二十卷。《导江三议》是王柏心治江方略专著，包括《浚虎渡导江流入洞庭议》和《导江续议》上、下篇。

王柏心在《浚虎渡导江流入洞庭议》一文中，充分阐述了自己的治水思想，他认为过去治江多留穴口，因而水患较少；后来治江则主要以设堤防水，因而江患随之频繁发生，从而主张"因其已分者而分之，顺其已导者而导之"。至道光二十八年（1848年）荆江南岸公安涂家港、石首、松滋高家套三处堤决，北岸监利薛家潭亦决，四邑漂庐舍，百姓四处逃亡。王柏心因而又有《导江续议》之作，主张勿塞决口，藉以分流杀势。越一年，道光二十九年荆江又发大水，再决松滋高家套及监利中车湾，庐舍漂荡、浮尸遍野，比道光二十八年水灾还要严重。王柏心因此再作《导江续议》下篇，进一步向当局进言："诚能旷然远览，勿塞决口，顺其势而导之，使水土各遂其性而不相奸，必有成功，而用财力亦寡，不然祸未艾"。后，咸丰、同治年间，藕池、松滋先后溃口不堵，致冲成藕池河、松滋河，成为荆江洪水向洞庭分流的两条重要洪道，显然就是受其影响。

咸丰二年（1852 年）冬，太平军东下至监利，王柏心携老母隐匿湖南山中，著《漆室吟》八卷。后曾国藩率湘军出洞庭，对其诗文大加赞赏，从此，王柏心与湘军将领胡林翼、左宗棠、李孟郡等人相厚。咸丰五年（1855 年）胡林翼任湖北巡抚，王柏心以监利为例，上书要求更除漕弊。胡林翼转奏朝廷获准，每担秋粮减价定为六串文，不准随意折算加派。左宗棠在任两江总督时，亦与王书信来往密切。同治十二年（1873 年），王柏心病卒于家中，光绪五年（1879 年）左宗棠收复新疆，班师回朝，闻此消息，上疏奏称："柏心学识过人，熟悉山川形势，请将事迹宣付史馆，载入史册"。朝廷诏允。

徐国彬（1866—1946 年） 字文陔，湖北黄陂县人，清末增贡生，湖北学绅法政讲习所毕业。清光绪三十年至宣统三年（1904—1911 年）任北路铁路学堂校监兼教授。民国元年（1912 年）任荆州万城堤工总局总理。民国七年荆州万城堤工总局更名荆江堤工局，徐国彬改称局长，任职至民国十二年，同时兼任全国河务会议会员、扬子江水道讨论委员会委员等职。1923 年调内务部土木司任职，民国十五年辞职回黄陂，经邑绅公举督修黄陂至汉口的首条公路—城濮公路，任黄陂县道局长。民国十九年调省建设厅与水利局供职，兼任汉口张公堤工程处长，民国二十二年辞职回家，民国三十五年（1946 年）病逝于武汉，享年 80 岁。

徐国彬任万城堤工总局总理之初，有关该堤过去的一些文件及规章，大半都已散失，局内职员多半散去，堤工经费也毫无保证。加之堤身瘦小单薄、堤基渗漏等险象随处可见，种种困难，摆在他面前，使之"几于束手"。他与江陵县有关人士广泛接触，向熟悉堤情的父老请教，并且徒步察勘江堤。经过数月时间踏勘，对于全堤所处河段江流的冲要与缓急、堤身的坚固与倾圮等情况，无不"犁然于胸臆"。然后根据了解的情况，提出培修计划，在征得乡人同意基础上向上级写出书面报告，向各级长官"婉曲陈说"，以求得上级和各方面支持。经过 5 年岁修，终于使瘦小单薄的堤段得以"壅培"和"增筑"，渗漏严重堤段也得到应有的整修和填筑。此外，还于冲流湍急处"建矶以分其势，抛石以杀其威"，从而使"袤延二百余里之江堤，无不屹金城而巩磐石"。（《万城堤防辑要》）

在治江策略上，徐国彬持疏导为主观点，主张疏浚四口，刨毁洲堤，以畅江流，认为"治水之法主于因势利导，与水争地本向例所必禁，以邻为壑，尤公理所不容"。民国初年，石首北乡群众在王辅廷煽动和石首县鲁知事支持下，堵筑蛟子渊口，严重影响江流下泄，威胁大堤安全。经徐国彬呈报民国政府副总统派兵刨毁，并招夫 200 名，连夜刨毁该口。在他要求下，对阻碍江流，妨碍大堤安全的淤洲私垸，一律由地方官疏通刨毁，并刊碑立为"铁案"。

徐国彬在荆江堤工任内，积极修筑堤防护岸工程，因沙市二郎门当沮漳河、荆江合流之冲，崩坍严重，民国二年（1913 年）修筑条石驳岸 272 米，宽约 13～17 米，高 3.7 米；又修板石坦坡长 280 米，高 6～6.3 米及 3.7～4 米不等。七里庙与南岸窖金洲对峙，激湍回旋，直逼岸脚，虽旧有条石驳岸搪护，然堤身单薄，江水泛涨时，仍不免出现险情。于是民国四年、五年两年，又用碎石 4000 余立方米抛护镇脚，加修驳岸长 174 米，宽 6 米余，高近 7 米。从此，险情大为缓解，因刻石碑于江边以为纪念。

徐国彬以险工迭出，修防乏款，为谋扩大荆江堤防经费来源，经多方活动，得到沙市部分绅商和省长公署支持，由省府行文，责成沙市各盐行向盐商代收修防公益捐，"计川盐一包重二百斤，缴公益捐四百文，精盐一包重一百五十斤，缴三百文，淮芦盐一包重一百斤，缴二百文"。从而维持了堤防经费开支，并且尽量做到"款不虚糜，工归实用"。

徐国彬负责堤工 12 年，岁岁安澜，劳绩异常，民国政府授予七等嘉禾章及三等河工奖章，以资鼓励。他还从有利堤防建设出发，制定《江陵万城大堤章程》、《万城大堤善后办法条陈》、《改良征存土费详文》及《堤警简章》等各种条例章程，既有利于当时堤防管理，又让继任者有所借鉴。有著作

《万城堤防辑要》刊行于世，手稿《万城堤工利病书》留存在原籍，但毁于"文化大革命"时期。

徐国瑞（1881—1946年） 字兰田，湖北应山县人，将校讲习所肄业，国民党员。1911年参加辛亥革命，先后任荆州水警区长、荆宜水警厅厅长，兼任两湖巡阅使署参议、长江上游总司令部顾问，授少将军衔。民国十二年至二十六年（1923—1937年）任荆江堤工局局长，民国二十六年至三十二年（1937—1943年）五月，改称江汉工程局第八工务所主任。

徐国瑞任职水警期间，即与前堤工局长徐国彬相善，人称"荆江二徐"。其友谊之深厚，徐国彬在其编辑的《万城堤防辑要》中称："水警三专署二年移节荆州，时彬供职大堤，同居沙镇，凡堤局修防事务有权力所不能及者，靡不借助警威，而每届出巡，辄与兰田同行止焉。过从既密，切劘尤多，契合之深，逾于昆仲"。因此，徐国彬于民国十二年（1923年）辞去荆江堤工局长时，极力举荐徐国瑞接任局长职务。他出任荆江堤工局长之初，即步行周视全堤，估勘工程，1925年冬投资74000缗进行整险加固。不料1926年夏监利车湾堤段溃决，加之狂风肆威助虐，荆堤崩岸甚烈，中下金果、上中下孟家垸等堤势如山颓，二三日间即将堤面崩去三分之二。他"驻工二十余日，奔走四十余里，不惮声嘶力竭，不分晴雨昼夜，督率水警堤局及就近团防员役民夫……乃于极危险时，极危险地，仰天号泣，对众宣誓，表示以身殉堤，冀邀上苍垂怜，兼电禀呈省长，以示决绝。观者感泣，奋勇争先恐后"，崩势乃止。与此同时，监利所属280米之堤弥漫危殆，该堤在拖茅埠街后，介于荆堤之间，对于大堤之影响至为重要，他"一面电告监利，一面次第抢筑，历二十余日，奔走四十余里，每遇险处，辄以身先。八月八日在曾家湾抢险之际，忽堤崩数丈，瑞亦同坠水中，幸被救起，至十二日，始将三十余里险段护妥脱险"。至1931年，又逢罕见之大水，是年7月22日至9月19日，大堤发生重大险情100余处；万城、李埠、沙市、登南、马家寨、郝穴、金果寺、拖茅埠等堤段相继告急。他除分段全面布防外，还率民夫千余人，前往重点险段组织抢护，日蒸夜露、废寝辍餐，"致面目黧黑、形容枯槁"，历数十日，终于化险为夷。国民政府中央以其"劳绩卓著"，于1934年由主席林森题赠"绩卓安澜"匾额。

徐国瑞为人尚称廉洁，唯以信佛为旨，民国二十四年（1935年）汛期满江大水，情况危急万分，他却在沙市大湾堤上搭台"祭江"，祈祷江神保佑，并以整筐整筐食物抛入江中，以飨"江蛟"，求水速退。由于抢救不力，导致荆江大堤得胜台、横店子堤溃20余处，酿成巨灾，他亦因此受"降二级改叙"处分。

徐国瑞主持堤工期间，向以确保大堤安全为己任。民国十八年（1929年）7月8日，日本日清公司"信阳丸"轮由宜昌驶抵沙市时，将沙市上巡司巷口下首江岸大石驳岸撞坏，长13米，宽近7米。时值江水上涨，全镇民众，深为愤激。他一面会同有关人员向日驻沙领事馆提出交涉，一面妥为抢护。经严重抗议，终于迫使日方承认错误和赔偿损失。民国二十二年八月，扬子江防汛委员会根据湖南省政府建议，拟将荆江南岸之四口堵塞。徐国瑞立即致电湖北省政府及江汉工程局，转呈扬子江防汛委员会，痛陈堵塞四口之利害关系。由于其"所陈各节洞烛窍要，思虑深远，甚有见地"，扬子江防汛委员会终于同意撤销原议。

1937年，由徐国瑞主持纂修的《荆江堤志》刊印出版。该书凡四卷，"宏纲细目，井井有条，而质实切近，绝无高远难行之空论，尤足备当时之采择，资后来之考镜"。1946年徐国瑞在沙市病逝，火化于章华寺，终年65岁。

张家振（1909—1976年） 天门县人，早年毕业于简易师范学校，并任教8年。1939年加入中国共产党后，在天门、京山、潜江地区从事抗日救亡工作。抗日战争胜利后，又在豫鄂边区的信随县和光山县组织支援新四军西进，先后任县府秘书、副县长和县长等职。1949年后又历任干校主任、专署民政科长、荆江分洪区工程管理处副处长等职，1955年底调荆州专区长江修防处任副处长。他参与主持荆江分洪区续建工程，参与1954年荆江分洪区的首次运用，1955年主持分洪后的堵口复堤工程和分洪区排水干渠的扩挖工程，徒步踏勘了分洪区所有围堤，熟悉每一段堤防险夷情况。

在荆州地区长江修防处工作期间，张家振分管工程，对荆江大堤堤身渗漏、堤基管涌、堤岸崩坍三大险情的整治，同技术干部反复研究整治方案，精心审查设计图纸，反复计算比较，把有限的工程量用在最急需的地方。荆江大堤白蚁危害严重，在张家振主持下，于1959年成立灭蚁专业队，系统研究蚁患防治问题，通过不断实践，摸索出一套查、找、挖、熏、灌相结合的防治办法，收到明显效益，1978年荣获全国科技大会奖。1962年汛期，荆江大堤出现严重管涌险情，汛后他主持学习外地经验，筑减压井，和技术人员反复研究和设计，并在廖子河、蔡老渊、李家埠、窑圻垴、黄灵垱等堤段内脚，先后修建减压井80余口，在一定时期内，有效地降低了渗水压力，控制了险情的发展。

张家振经常徒步深入工地现场，进行调查研究，认真听取各方面意见，从不轻易决断。安排工程，总是从农业生产全局出发，既考虑工程需要，又考虑农村劳力的闲忙，力求互不矛盾。他一贯重视知识，尊重科学，爱护人才，知人善任。支持职工自学成才，并带头学习专业知识，刻苦钻研工程技术，努力提高业务水平，被誉为"荆江通"。1968年"文化大革命"时期，他被"红卫兵"监禁，时值汛期，预报沙市水位将达到44.13米，同时沮漳河又出现洪峰，汛情异常紧张。当时机关领导已"靠边站"，防汛工作无人领导，他从广播中得知这一消息，深感形势严重，经向"红卫兵"说明利害，终于被放出来参加了当年的防汛工作。

1964年石首调关河湾卢家湾发生崩岸，张家振实地查勘后决定用3000立方米块石守点抢护，因事先未请示而受到上级领导批评。这一工程经后来实践证明，从布局到效果都很成功，但他仍然诚恳地作了自我批评，而且毫无怨言。他一生谦虚、谨慎，默默无闻地工作，直到病危，还在写《应说而未说完的话》，可惜尚未完稿便与世长辞了。

唐忠英（1911—1978年） 松滋县西斋镇人，早年参加贺龙领导的队伍，1943年加入中国共产党，先后任松滋县游击大队长、军分区科长及营长等职。

1952年唐忠英任松滋县八区区长时，率民工数千人参加荆江分洪工程建设，担负抢堵虎渡河施工任务。时值江水起涨季节，加之连日阴雨不断，河宽水深，泥泞路滑，由于他带头苦干，并采取许多正确措施，终于克服重重困难，提前完成抢堵任务，荣获工程劳模称号。施工结束后升任松滋县副县长。次年6月，又奉调任荆州专区长江修防处第一副处长。1954年夏，长江发生特大洪水，荆江大堤祁家渊、冲和观发生坦坡下滑险情，崩岸长达1000余米。因堤内外无土可取，时间又迫在眉睫，他率领数千人赶赴现场，架设轻便铁道，从远处取土，并于对岸取卵石装笼抛护，及时稳住了滩岸。7月29日，石首人民大垸溃决，洪水经该垸直逼荆江大堤金拖段，致使该段堤身裂缝、下矬，堤脚出现浑水漏洞，流势汹涌。紧急关头，他率领精壮民工3000人，冒雨赶至该处会同防守民工拼死抢救，历十昼夜始脱险。

唐忠英还先后参与1956年动工的新滩口堵口工程、1958年动工的漳河水库工程、1964年动工的荆江分洪区扩建工程及1967年动工的中洲子人工裁弯工程的领导工作，均圆满完成施工任务。新滩口原系江湖连通，每遇汛涨，四湖地区大片土地即尽沉于水底。1956年筑堤隔断江湖，由于水流湍急，施工十分困难，特别是合龙更加艰巨，他和工程技术人员反复研究，采用堉厢坝施工进占等技术措施，组织民工群众，仅用5个小时突击合龙成功。唐忠英办事勤俭，在长江修防处工作期间，为降低工程造价，就近在枝江宝塔湾、薛家溪、毛狗洞、松宜同心桥、石首笔架山、东岳山、南岳山、洪湖临江山等地开辟山场，并坚持采取块石过磅上船，核实船只吨位，逐船打上火印等办法，从而既保证了工程用石需要，又降低了护岸工程投资。

任士舜（1915—1978年） 黄陂县梅店人，幼年跟随任中正大学教授的父亲在上海读书。1934年考入复旦大学，次年加入中国共产党。1936年赴延安学习，不久被委派至东北军张学良部从事地下工作，积极参与"西安事变"。两年后回黄陂建立起该地第一支抗日武装，后任县抗日民主政府工委书记，积极领导抗日减租减息和大生产运动；还组织群众兴修水利。1946年，以军调处身份在宣化店参与国民党谈判，后赴延安。建国后，任湖北省人民政府农业厅水利局第一任局长，1952年参加荆江分洪工程建设，任荆江分洪工程委员会委员兼北闸指挥部指挥长，领导了荆江分洪主体工程施工。同年11月14日，荆江分洪第二期工程正式开工，被任命为总指挥长。工程于第二年4月25日完工，共完成土石方 1100 余万立方米。任士舜为荆州水利事业的发展作出显著贡献。

饶民太（1909—1979 年） 安陆县饶家大湾人，幼时读私塾四年。1939 年参加新四军，同年 10 月加入共产党，历任陂孝游击大队副大队长、孝感县七区区长，汉孝陂县社会部长兼公安局长，云孝工委书记兼县长，云孝县副县长。抗战时期，饶民太在艰苦复杂的险恶环境中，开辟游击根据地，歼日寇，锄汉奸，使日伪闻风丧胆。1946 年新四军五师中原突围后，他留在湖区坚持斗争，率领游击队反击敌人的"封湖围歼"行动。次年，刘邓大军挺进中原，他又率部杀回武汉外围东西湖区，开展地下斗争，为解放武汉作出了贡献。1949 年 4 月初，饶民太同曹正科率军解放孝感县城。同年 6 月，受命南下解放松滋。

建国初期，饶民太担任松滋县县长、县委书记，领导松滋人民清匪反霸，土地改革，修堤治水，发展生产。1952 年他率领 4 万民工参加举世闻名的荆江分洪工程建设，承担修筑虎渡河拦河堵坝的重要任务。当筑坝工程进行到合龙的关键时刻，因洪水汹涌，水流湍急，沉船堵口方案屡次受挫。他沉着冷静，冒雨与大家一起研究改进办法，提出著名的"八字抛枕法"堵口方案。他奋不顾身，跳上木船，振臂高呼："不怕死的跟我来！"船工们受到极大鼓舞，个个奋勇当先，克服困难，胜利完成堵口合龙任务。被评为模范县长，人民日报发表社论，号召向他学习。同时荆江分洪总指挥部授予他特等劳动模范光荣称号，记特等功一次。

1953 年饶民太调任中共荆州地委常委、荆州专署副专员，长期领导荆州地区水利建设事业和防汛抗洪斗争。并兼任荆州地区长江修防处处长、东荆河修防处处长和专区长江防汛指挥部、汉江防汛指挥部指挥长。每在关键时刻，遇有重大问题，他总是深入实际，调查研究，总结经验，果断决策，推动工作。1954 年长江特大洪水和 1964 年汉江特大洪水，他奔赴防汛分洪前线，指挥战斗，哪里有艰险就到哪里去。1956 年他带领干部、技术人员，经过反复调查研究，在防洪保安前提下，制订以七大排灌水系为骨干的荆州地区水利发展规划，经过 30 余年实践，证明了这个规划是科学的符合实际的。1958 年他参与研究丹江水库围堰截流方案，与工程师杨铭堂共同提出"以土赶水，土砂石组合围堰"方案，经付诸实施取得成功，受到省长张体学的高度赞扬，被水利专家陶述曾誉为水利上的"一个伟大的创举"，当时湖北日报作了长篇报道。1958 年饶民太领导兴建漳河大型水库工程，任指挥长，八年施工，他坐镇工地五个春秋，历尽艰辛，时值三年困难时期，他善于用政策调动民工积极性。工程建成后，发挥巨大经济效益和社会效益。1963 年 12 月至 1965 年 5 月，他任荆江分洪扩建工程指挥长。1966 年被任命为荆州专署党组书记，主持全面工作，是年冬任下荆江中洲子裁弯工程指挥长。"文化大革命"初，饶民太被错误批判和"打倒"。1969 年张体学指名要他参加洪湖长江干堤田家口溃口堵复工程，担任堵口指挥部副指挥长，适值大汛时期，江水很高，施工困难，他不顾个人安危，和其他同志一起，采取分段合龙办法，现场指挥，堵口成功。从此他重新回到工作岗位。1978 年后担任荆州地区行署顾问，为湖北省第一、二、三届人大代表。由于长期忘我工作，呕心沥血，积劳成疾，终卧病不起。在病榻上仍不忘荆州治水工作。1979 年 6 月病逝。

侯大恒（1916—1986 年） 山东郯城人，大学学历，高级工程师。1944 年武汉大学土木工程系毕业，1946 年 1 月至 1949 年 8 月，任江汉工程局第七工务所助理工程师，1949 年 8 月调荆州地区长江修防处工作，后任工务科副科长。他先后兼任江陵县政协委员、中国水利学会会员，1985 年 10 月退休，1986 年 5 月因病去世。

侯大恒长期从事堤防建设工作，具有全面、系统的专业知识和丰富的实践经验。1953 年前，主要负责荆江大堤重点险段祁家渊、冲和观、郝穴、观音寺等处护岸工程的测量、设计和施工。由他制订的"抛石工间表"和"等距纵断面图"对保证工程质量发挥显著效益。1954 年防汛抗洪斗争中，他参与许多重大险情抢护，为确保防洪安全提供了技术支持，汛后被评为甲等抗洪模范。他为荆江大堤整险加固、加高培厚、移堤还滩、消除隐患提供技术指导，并在历年防汛抢险和多次溃口抢堵等工作中发挥重要作用。他深入了解现场情况，及时抢护险情，在洪湖新滩口、松滋八宝闸、洪湖田家口等堵口复堤工程中发挥积极作用。特别是 1969 年参加田家口堵口工程时，以省长张体学为首的工程总部接受了侯大恒提出的"条件业已成熟,应立即抛石抢堵"的建议,工程得以全面展开,并提前完成了抢堵任务。他主持完成荆江地区一些大型工程的勘测、设计和施工任务,参与了中洲子裁弯工程的设计、施工工作。20世纪70年代参与水利部主办的河道堤防管理培训教材编辑工作,编写"堵口复堤"等章节内容。80年代初,出席由联合国组织的24个国家参与的郑州国际防洪会议。

邓锐辅(1910—1991年) 湖北长阳人,大学学历,高级工程师。1937年7月武汉大学土木工程专业毕业,1947年9月至1948年1月任江汉工程局工程师,1948年2月至1948年6月任湖北省鄂中公路总段工程师,1948年6月至1948年9月,任江汉工程局工程师,1948年9月至1949年5月任江汉工程局第六工务所主任,1949年5月至1949年11月在新堤军管会接管原江汉工程局第六所,仍任主任。1949年12月至1950年6月任湖北水利局荆州分局副局长,1950年7月至1951年7月,调任长江中游工程局荆州区修防处副处长。1951年8月至1956年5月任长江中游工程局荆州区长江修防处副处长。1956年6月至1968年10月任荆州专署水利局副局长。他长期从事水利堤防建设工作,具有全面系统的专业知识和丰富的实践经验,1954年抗洪斗争中,参与了许多重要险情抢护的决策指挥,主持完成荆江地区一些大型水利堤防工程的勘测、设计和施工,为荆江大堤整险加固、加高培厚、移堤还滩、消除隐患提供技术指导,特别是在调弦口堵口建闸和荆江大堤木沉渊填塘固基等工程建设中发挥重要作用。1973年调回荆州地区长江修防处工作,1975年5月离休。1991年3月因病去世。

侯泽荣(1919—1993年) 四川南充人,大学学历,高级工程师。1944年武汉大学土木工程系毕业,1946年1月至1949年8月任江汉工程局第七工务所助理工程师、藕池工程段段长。1949年8月至1950年10月,任湖北省农业厅水利局沔阳区修防处监利、石首办事处助理工程师,1950年10月至1951年12月,长江中游工程沔阳区修防处第四工务所,任助理工程师及副工程师。1951年12月至1952年12月,中游工程局荆州区长江修防处第一工程队,二级副工程师,四级8等工程师;1955年6月至1955年10月,长江委荆江修防管理处,四级8等工程师。1956年1月任湖北省中游工程局荆州区长江修防处四等乙级工程师。1958年春至1962年夏参加汉江丹江口水库工程、漳河总部观音寺大坝等工程建设,任第七民兵师参谋长、工务科长等职。1962年秋回荆州地区长江修防处工作,任七级工程师。他主持廖子河等重要险段堤基整治工程,采用导渗减压技术对堤防固基。他主持荆江大堤颜家台闸、沱里隔堤涵闸的设计、施工,保证了工程质量,并参与北河水库的建设。1968年荆江大堤盐卡段因石油爆破孔未封堵严实造成重大管涌险情,当时江水直涌,水头巨大,侯泽荣果断采取抛大块石填压水势,然后采取正反导滤控制,方化险为夷。

侯泽荣长期战斗在治理荆江的一线,多次被评为水利战线劳模、五好技术干部、先进工作者。1950年在石首藕池段竿簰湾防汛抢险有功,被监石办事处评为模范;1954年在监利上车湾堵口工程中被评为模范,1958年在漳河水库施工中被评为荆州地区先进工作者,1965年在荆江大堤颜家台闸施工中被评为五好干部。1979年10月退休,1993年7月因病辞世。

丁永善(1929—1999年) 松滋县涴市镇人。1952年春,在荆江分洪虎渡河堵口工程中,以勇打硬仗而闻名,荣获堵口英雄光荣称号。1952年,丁永善带领460名民工参加虎渡河堵口战斗,他组织民兵堵口突击队,在龙口两边同时实施抛枕,又以大船在龙口上游正面抛枕垫底,取得较好效果。经过七昼夜奋战,龙口终于合龙,为分洪工程的顺利施工创造了条件。丁永善因工程建设突出贡献被评为荆江分洪工程特等劳模,1952年10月被选派出席在维也纳召开的世界和平大会,因病未能成行。1953年被选为第二届全国团代会代表,受到毛泽东、周恩来等党和国家领导人接见。

张佑清(1922—2006年) 武汉市人,1949年5月参加工作,高级工程师。在监利长江河道管理部门工作40余年,先后担任监利县革命委员会委员、县人大常委会副主任、县政协副主席、县水利学会理事以及省人民代表大会代表,多次被评为省、地、县劳动模范和先进工作者。1994年10月离休,2006年5月15日因病去世。

1968年冬,观音洲崩岸段实施退挽工程。时值"文化大革命"期间,为使退挽工程能在汛前完成，张佑清采取在老堤上下锁口、取用近土加快施工进度的方法，遭到一些人反对，但他深信自己的措施符合实际，毅然顶住压力，坚持到底，按期完成退挽工程，保证了工程质量。经过多年大洪水考验，所挽月堤质量可靠，从未发生险情。

1972 年荆江大堤加固工程中，张佑清提出利用吸扬船进行吹填加固的方法。4 月 22 日至 5 月 8 日在荆江大堤城南进行吹填试验，从架设管道到修筑围堤，仅历时 16 天，正式开机 290 个台班，共吹填 7 万余立方米，3.97 万平方米险工范围及 50 米禁脚以内平均淤高 2 米，解决了长期难以克服的险情。整个工程仅投入经费 2.6 万余元，节约人工填塘经费 4.4 万元，这一施工方法在荆江大堤其它堤段得到推广。

张佑清不仅在堤防建设中是高明的"参谋"，而且在抗洪斗争中也是上级防汛决策指挥部门的得力助手。1980 年和 1987 年《湖北日报》重要版面分别登载《江河湖库之役——记荆州地区抗洪斗争》和《堤防老卫士——张佑清》，详细报道他在处理荆江大堤半路堤泵站 4 个管涌洞险情和新洲围堤北沟子闸内引河管涌险情的先进事迹。1996 年和 1998 年长江流域大洪水中，他虽退居二线但仍两度披挂上阵，身先士卒，到抗洪抢险一线查险整险。他总是出现在险情最严重堤段，成功处理多处重大险情。

张佑清 50 余年如一日，积累了大量有关堤防、水利资料。他先后撰写《堤防抢险知识手册》、《上车湾堵口技术方案》、《堤防水利建筑施工教材》、《荆江大堤长江干堤资料汇编》、《监利县江堤简志》和《下荆江河道整治刍议》等专著、论文，并在省级专业刊物上发表，为总结工作经验和培养专门人才作出重要贡献。

第二节　抗　洪　英　烈

原有发（1909—1954 年）　原名松发，山西平顺县人。1942 年参加中国共产党领导的革命运动，次年 7 月加入中国共产党，1947 年随军南下，次年任江监石第二区区长，1949 年起，先后任石首县人民政府财粮科长、县政府秘书、中共石首县委委员和副县长，1953 年任石首县县长。1954 年夏，长江遭遇百年罕见大洪水，原有发作为县长兼县防汛指挥部指挥长，抱病率众坚守荆江大堤外围人民大垸最险堤段。从 7 月 1 日起，连续战胜三次特大洪峰，成功抢护 70 余处严重险情。但终因洪水过大，加之堤内渍水过深，在外洪内涝、无土可取的情况下，眼看人民大垸鲁家台堤段溃在顷刻，原有发顶风冒雨毅然乘拖轮前往组织抢救，当接近险段时，堤身"海口"突然穿洞，他不顾个人安危，果断指挥以船堵口，不幸船到时堤已溃决，刹那间船被卷进洪流，原有发不幸牺牲。省人民政府追认其为烈士，石首县人民政府在大礼堂前立碑纪念。

陈士发（1961—1995 年）　石首市人，1991 年调入石首长江修防总段工作，次年任工程科副科长，1992 年 6 月入党。1995 年 8 月 29 日，为保护石首市人民生命财产安全，在北门口崩岸抢险中不幸以身殉职。陈士发牺牲后，中共石首市委、市政府追授其"优秀共产党员"、"抢险英雄"光荣称号，并号召全市人民开展向陈士发学习活动。1996 年 1 月 4 日，经省政府批准，追授其为"革命烈士"，并在牺牲地点北门口护岸工地立有"陈士发烈士殉职处"石碑一块，以示纪念。

胥良发（1944—1998 年）　石首市焦山河乡东升村人。1998 年 7 月 8 日，在长江防汛抢险中因病以身殉职。汛后，省政府批准其为革命烈士。

唐传平（1940—1998 年）　松滋市新江口镇林园村人。1998 年 7 月 26 日晨，在坚守防汛岗位 25 个日夜后，因劳累过度突发脑溢血而以身殉职。省政府当年 9 月 25 日批准其为革命烈士。

张孝贵（1974—1998 年）　石首市高基庙镇沙河村人，共青团员。1998 年 7 月 28 日在防汛抢险战斗中抢救一名落水儿童时英勇牺牲。汛后，共青团荆州市委追授其"抗洪抢险优秀团员"称号，省见义勇为基金会追授其为"湖北见义勇为先进分子"，省政府批准张孝贵为革命烈士。

杨书祥（1973—1998 年）　监利县朱河镇余杨村人，共青团员。在 1998 年抗洪抢险中，他担任抗洪青年突击队队长，7月30日与洪水搏斗中，不幸被电击而献身。汛后，共青团湖北省委授予其"抗洪抢险英雄青年"、"湖北省优秀共青团干部"光荣称号，省政府批准其为革命烈士。

李锦成（**1972—1998 年**） 洪湖市老湾回族乡石桥村人。1998年8月7日在抗洪抢险斗争中积劳成疾，不幸逝世。8月25日，省政府批准其为革命烈士。

侯明义（**1942—1998 年**） 监利县网市镇三官村人。1998年8月8日，在参加长江抗洪抢险时英勇牺牲。汛后，省、市见义勇为基金会授予其"湖北省见义勇为先进分子"、"荆州市见义勇为先进分子"光荣称号，国家民政部批准其为革命烈士。

周菊英（**1954—1998 年**） 女，石首市大垸乡黄木山村人，党员。1998年8月8日，因劳累过度牺牲在抗洪抢险"生死牌"下。汛后，省政府批准其为革命烈士。9月10日，中共中央总书记江泽民在听取周菊英事迹汇报后，称赞其为"抗洪女英雄"。全国妇联追授其为"全国三八红旗手"。

胡继成（**1975—1998 年**） 监利县上车湾镇潘揭村人，共青团员。1998年汛期，他舍生忘死，长时间带病坚持工作。8月9日，在长江分洪口堤段防抗洪抢险中，他连续参与抗洪抢险40余小时，最后劳累过度因病英勇牺牲。8月30日，省委追认其为共产党员，9月7日，省政府批准其为革命烈士。共青团中央、共青团湖北省委、共青团荆州市委分别授予其"抗洪青年突击队员英模"、"抗洪抢险英雄青年"、"湖北省优秀共青团员"、"抗洪抢险优秀共青团员"荣誉称号。省见义勇为基金会授予其"湖北见义勇为先进分子"光荣称号。

胡正军（**1967—1998 年**） 石首市横沟市镇秦家洲村人。在1998年长江抗洪抢险斗争中带病坚持战斗，连续工作27昼夜，8月10日因劳累过度牺牲。汛后，省政府批准其为革命烈士。

刘宏俭（**1951—1998 年**） 松滋市街河市镇花桥村人。1998年8月13日，他作为松滋紧急驰援公安县抗洪抢险万名民工的一员，为保卫江堤以身殉职。汛后，省政府批准其为革命烈士。

段玉华（**1962—1998 年**） 石首市大垸乡丁家垸村人。在1998年长江防汛抢险斗争中坚持参加50余天，于8月18日因劳累过度牺牲在大堤上。汛后，省政府批准其为革命烈士。

李向群（**1977—1998 年**） 海南琼山市人，党员，广州军区"塔山守备英雄团"某连战士。1998年汛期，在保卫公安南平的抗洪抢险中，他连续12天参与高强度抢险任务，坚持带病工作。8月19日在南平天兴堤抢险中因劳累过度，抢救无效牺牲。广州军区授予李向群"抗洪勇士"荣誉称号，追记一等功。1999年3月18日，中共中央总书记江泽民为"新时期英雄战士"李向群题词："努力培养和造就更多李向群式的英雄战士"。

图 11-1 江泽民为李向群题词

图 11-2 李向群烈士墓

王世卫（1969—1998年） 洪湖市燕窝镇洲脚村人，民兵抢险突击队员。在1998年抗洪抢险斗争中，坚守七家垸堤，8月20日因子堤溃决而英勇献身。省政府批准其为革命烈士。共青团中央追授其为"抗洪青年突击队员英模"。荆州市委、市政府追授其为"抗洪英雄"。

方红平（1972—1998年） 洪湖市燕窝镇洲脚村人，党员，1998年抗洪抢险斗争中任村民抢险突击队队长。当年抗洪抢险斗争中，坚守七家垸堤，反复加高子堤，8月20日因子堤溃决而英勇献身。汛后，国家民政部批准方红平为革命烈士，全国抗洪抢险表彰大会表彰他为"全国抗洪模范"，省委、省政府追记其抗洪抢险个人一等功。市委、市政府追授其为"抗洪英雄"。

胡会林（1980—1998年） 洪湖市燕窝镇洲脚村人，民兵抢险突击队员。在1998年抗洪抢险斗争中，坚守七家垸堤，8月20日因子堤溃决而英勇献身。省政府批准为革命烈士。共青团中央追授为"抗洪青年突击队员英模"。市委、市政府追授他为"抗洪英雄"。

谭金昌（1943—1998年） 石首市横沟市镇溜口子村人，1998年8月24日，在长江防汛抢险中因劳累成疾，以身殉职。汛后，省政府批准其为革命烈士。

胡贻云（1959—1998年） 石首市横沟市镇三户街村人，1998年8月28日，因抢救落水儿童而英勇献身。汛后，省政府批准其为革命烈士，省见义勇为基金追授其为"湖北省见义勇为先进分子"荣誉称号。

杨德全（1950—1998年） 松滋市老城镇横堤村人，党员。1998年8月29日，在抗洪抢险中因劳累过度，突发脑溢血而殉职。省政府批准其为革命烈士。

李远国（1972—1998年） 松滋市沙道观镇豆花湖村人，抢险突击队员。1998年8月29日，在松滋河东支朱家湖险段抢险中光荣牺牲。9月25日，省政府批准其为革命烈士。

第三节 先 进 人 物

表 11 - 1　　　　　　　　　　荆州市长江河道管理局系统获得表彰人员统计表

受表彰人员	给予表彰单位	时间	表彰内容	备注
郑定智	荆江分洪总指挥部	1952年	甲等劳动模范	松滋分局
郑定智	中共荆州地委	1981年	优秀共产党员	松滋分局
杨国俊	荆州地区行政公署	1984年3月	1983年防汛抗灾先进个人	监利分局
郑定智	荆州地区行政公署	1984年3月	1983年防汛抗灾先进个人	松滋分局
刘继春	荆州地区行政公署	1985年1月	荆州地区应用科技成果先进个人	局机关
张厚勤	沙市市人民政府	1985年	1985年沙市劳动模范	沙市分局
温甲英（女）	湖北省水利厅	1986年7月	厅直系统先进会计工作者	松滋分局
张佑清	湖北省防汛抗旱指挥部	1987年	防汛抗洪模范个人	监利分局
李知堂	湖北省水利厅	1989年11月	全省水利系统优秀财务会计工作者	局机关
吴凤平	湖北省水利厅	1989年11月	全省水利系统优秀财务会计工作者	局机关
刘传楷	荆州地区行政公署	1989年	先进工作者	局直单位
王顺英（女）	湖北省水利厅	1990年12月	水利综合经营先进个人	局机关
刘绍虎	湖北省水利厅	1990年	堤防管理达标先进工作者	监利分局
马香魁	湖北省水利厅	1991年12月	1991年抗洪抢险先进个人	局机关
王建成	荆州地区行政公署	1991年	1981—1991年地方志工作先进个人	局机关
徐禄安	水利部	1991年	全国水利管理先进工作者	局机关
万代源	沙市市人民政府	1991年	优秀社会科学成果奖	沙市分局
李永才	湖北省水利厅	1991年	1991年抗洪抢险战斗全省先进个人	沙市分局

受表彰人员	给予表彰单位	时间	表彰内容	备注
蒲龙荣	湖北省水利厅	1991 年	1991 年抗洪抢险战斗全省先进个人	沙市分局
熊立才	湖北省水利厅	1991 年	1991 年抗洪抢险战斗全省先进个人	洪湖分局
刘传楷	湖北省委、省政府	1991 年	全省劳动模范	局直单位
李立保	水利部	1991 年	全国水利管理先进工作者	洪湖分局
刘绍虎	水利部	1991 年	全国水利管理先进工作者	监利分局
恽瑞华	荆州地区行署	1991 年	堤防管理达标先进工作者	石首分局
熊立才	湖北省水利厅	1992 年	堤防管理达标先进工作者	洪湖分局
黎新茂	湖北省水利厅	1992 年	堤防管理达标先进工作者	石首分局
周铭鼎	湖北省水利厅	1992 年	堤防管理达标先进工作者	石首分局
刘绍虎	湖北省水利厅	1992 年	堤防管理达标先进工作者	监利分局
朱甘澍	湖北省水利厅	1992 年	堤防管理达标先进工作者	监利分局
罗年云	湖北省水利厅	1992 年	全省水利水保先进工作者	松滋分局
代明月	湖北省总工会	1993 年 7 月	省级优秀工会积极分子	局机关
黄明山	湖北省水利厅	1994 年 3 月	湖北省水利专业技术拔尖人才	局机关
李海香	水利部	1994 年 12 月	水利行业清产核资工作先进个人	局机关
陈士发	湖北省委、省政府、湖北省军区	1995 年	抗灾救灾先进工作者	石首分局
陈士发	湖北省人民政府	1996 年 1 月	经湖北省人民政府批准，追授陈士发为"革命烈士"	石首分局
曹祥敏	荆沙市委、市政府	1996 年 3 月	全市纪检监察系统先进工作者	局机关
徐广寿	湖北省人民政府	1996 年 5 月	全省水利先进工作者	局机关
罗琴（女）	湖北省水利厅	1996 年 9 月	"八五"期间全省水利财会先进工作者	公安分局
郑文洋	荆州市委、市政府、荆州军分区	1996 年 10 月	湖北省抗洪救灾个人二等功	局机关
袁仲实	湖北省委、省政府、湖北省军区	1996 年 10 月	湖北省抗洪救灾个人一等功	局机关
魏天亮	水利部	1996 年 10 月	1996 年度全国水利系统模范工人	局直单位
李知堂	湖北省水利厅	1996 年 12 月	全省水利财会工作先进个人	局机关
蔡烈琼（女）	湖北省水利厅	1996 年 12 月	全省河道堤防综合经营工作先进工作者	局机关
王世鉴	荆州市人民政府	1996 年	抗洪抢险先进个人	洪湖分局
杨维明	湖北省水利厅	1997 年 12 月	湖北省水利专业技术拔尖人才	局机关
蔡作武	湖北省水利厅	1997 年 12 月	湖北省水利专业技术拔尖人才	局机关
叶绿	荆州市人民政府	1997 年	劳动模范	监利分局
徐生该	湖北省水利厅	1998 年 4 月	1997 年度全省水利安全生产文明生产先进工作者	局直单位
李勇	荆州市委	1998 年 7 月	全市优秀党员	荆州分局
秦明福	荆州市委、市政府、荆州军分区	1998 年 9 月	荆州市抗洪模范	局机关
袁仲实	荆州市委、市政府、荆州军分区	1998 年 9 月	荆州市抗洪功臣	局机关
杜根发	荆州市委、市政府、荆州军分区	1998 年 9 月	荆州市抗洪功臣	局机关
李同斌	荆州市委、市政府、荆州军分区	1998 年 9 月	荆州市抗洪功臣	公安分局
万代源	荆州市委、市政府、荆州军分区	1998 年 9 月	荆州市抗洪功臣	沙市分局
杨平	荆州市委、市政府、荆州军分区	1998 年 9 月	荆州市抗洪功臣	洪湖分局
张生鹏	荆州市委、市政府、荆州军分区	1998 年 9 月	荆州市抗洪功臣	局机关

受表彰人员	给予表彰单位	时间	表彰内容	备注
张致和	荆州市委、市政府、荆州军分区	1998 年 9 月	荆州市抗洪功臣	江陵分局
李明海	荆州市委、市政府、荆州军分区	1998 年 9 月	荆州市抗洪模范	荆州分局
李成华	荆州市委、市政府、荆州军分区	1998 年 9 月	荆州市抗洪模范	洪湖分局
任天宝	荆州市委、市政府、荆州军分区	1998 年 9 月	荆州市抗洪模范	沙市分局
宋泽炎	荆州市委、市政府、荆州军分区	1998 年 9 月	荆州市抗洪模范	石首分局
张厚洪	荆州市委、市政府、荆州军分区	1998 年 9 月	荆州市抗洪模范	监利分局
郑文洋	荆州市委、市政府、荆州军分区	1998 年 9 月	荆州市抗洪模范	局机关
龚天兆	荆州市委、市政府、荆州军分区	1998 年 9 月	荆州市抗洪模范	局机关
游汉卿	荆州市委、市政府、荆州军分区	1998 年 9 月	荆州市抗洪模范	洪湖分局
熊子荣	荆州市委、市政府、荆州军分区	1998 年 9 月	荆州市抗洪模范	江陵分局
张致和	湖北省委、省政府、湖北省军区	1998 年 10 月	1998 年抗洪抢险中，抗洪抢险个人一等功	江陵分局
万代源	湖北省委、省政府、湖北省军区	1998 年 10 月	1998 年抗洪抢险中，抗洪抢险个人一等功	沙市分局
杨平	湖北省委、省政府、湖北省军区	1998 年 10 月	1998 年抗洪抢险中，抗洪抢险个人一等功	洪湖分局
李同斌	湖北省委、省政府、湖北省军区	1998 年 10 月	1998 年抗洪抢险中，抗洪抢险个人一等功	公安分局
镇万善	国家防总、人事部、解放军总政	1998 年 12 月	全国抗洪模范	局机关
陈扬志	湖北省委、省政府、湖北省军区	1998 年	湖北省抗洪抢险模范个人	局机关
李成华	湖北省人事厅、水利厅	1999 年 8 月	全省水利系统先进工作者	洪湖分局
龚天兆	湖北省人事厅、水利厅	1999 年 8 月	全省水利系统先进工作者	局机关
李立保	荆州市委	1999 年	全市防汛抗洪三等功	洪湖分局
吴凤平	湖北省水利厅	2000 年 3 月	1996—1999 年全省财会先进工作者	局机关
曹祥敏	湖北省水利厅	2000 年 3 月	全省水利系统纪检监察工作先进个人	局机关
罗琴（女）	湖北省水利厅	2000 年 3 月	1996—1999 年全省财会先进工作者	公安分局
郑重	湖北省水利厅	2000 年 3 月	1996—1999 年全省财会先进工作者	局直单位
代晓梅（女）	湖北省水利厅	2000 年 3 月	1996—1999 年全省财会先进工作者	荆州分局
朱志萍（女）	湖北省水利厅	2000 年 3 月	1996—1999 年全省财会先进工作者	石首分局
杜根发	荆州市人民政府	2000 年 9 月	特等劳动模范	局机关
朱甘澍	荆州市人民政府	2000 年	劳动模范	监利分局
越长江	国家档案局	2000 年	档案管理工作突出贡献	监利分局
王利琼（女）	国家档案局	2000 年	档案管理工作突出贡献	监利分局
邓剑	湖北省统计局	2001 年 10 月	2001 年度全省建设领域统计报表直报先进个人	局机关
镇万善	湖北省水利厅	2001 年 5 月	全省水利"十大科技英才"提名人	局机关
王建成	荆州市人民政府	2001 年	荆州市首届修志工作先进个人	局机关
鲁晓萍（女）	荆州市委宣传部、市妇联	2001 年	荆州市"三八"红旗手	局机关
丁成兵	湖北省水利厅	2001 年	全省水利系统规划计划先进个人	局机关
蔡作武	湖北省委、省政府	2002 年 7 月	湖北省有突出贡献中青年专家	局机关
邓剑	湖北省统计局	2002 年 10 月	全省建设领域统计报表直报先进个人	局机关
史法堂	荆州市委、市政府	2002 年 10 月	2002 年防汛抗灾先进个人	洪湖分局
申石华	荆州市委、市政府	2002 年 10 月	2002 年防汛抗灾先进个人	石首分局
李明海	荆州市委、市政府	2002 年 10 月	2002 年防汛抗灾先进个人	荆州分局

续表

受表彰人员	给予表彰单位	时间	表彰内容	备注
彭志平	荆州市委、市政府	2002 年 10 月	2002 年防汛抗灾先进个人	石首分局
邓剑	湖北省水利厅	2002 年 11 月	2002 年度全省水利统计工作先进个人	局机关
李立保	湖北省绿化委员会	2002 年	全省绿化先进工作者	洪湖分局
刘绍虎	荆州市委、市政府	2002 年	2002 年防汛抗灾先进个人	监利分局
朱常平	湖北省人民政府	2003 年 5 月	全省长江堤防建设先进个人	局机关
陈永华	湖北省人民政府	2003 年 5 月	全省长江堤防建设先进个人	局机关
叶绿	湖北省人民政府	2003 年 5 月	全省长江堤防建设先进个人	监利分局
李一	湖北省人民政府	2003 年 5 月	全省长江堤防建设先进个人	局机关
罗运山	湖北省人民政府	2003 年 5 月	全省长江堤防建设先进个人	局机关
王园丁	湖北省人民政府	2003 年 5 月	全省长江堤防建设先进个人	荆州分局
王继美	湖北省人民政府	2003 年 5 月	全省长江堤防建设先进个人	监利分局
李明海	湖北省人民政府	2003 年 5 月	全省长江堤防建设先进个人	荆州分局
刘义成	湖北省人民政府	2003 年 5 月	全省长江堤防建设先进个人	局机关
杜根发	湖北省人民政府	2003 年 5 月	全省长江堤防建设先进个人	局机关
张勇业	湖北省人民政府	2003 年 5 月	全省长江堤防建设先进个人	洪湖分局
彭红（女）	湖北省人民政府	2003 年 5 月	全省长江堤防建设先进个人	洪湖分局
申石华	湖北省人民政府	2003 年 5 月	全省长江堤防建设先进个人	石首分局
周运生	湖北省人民政府	2003 年 5 月	全省长江堤防建设先进个人	洪湖分局
洪长征	湖北省人民政府	2003 年 5 月	全省长江堤防建设先进个人	沙市分局
庞文高	湖北省人民政府	2003 年 5 月	全省长江堤防建设先进个人	公安分局
彭鞠香	湖北省人民政府	2003 年 5 月	全省长江堤防建设先进个人	石首分局
蔡孙荣	湖北省人民政府	2003 年 5 月	全省长江堤防建设先进个人	监利分局
鲁晓萍（女）	湖北省委组织部、省人事厅、省委老干局	2004 年 11 月	全省老干部工作先进工作者	局机关
方绍清	水利部	2006 年 10 月	全国水利建设与管理先进个人	江陵分局
张登云	湖北省水利厅	2006 年	全省河道堤防管理先进个人	松滋分局
白珍平	湖北省水利厅	2006 年	全省河道堤防管理先进个人	石首分局
刘世文	湖北省水利厅	2006 年	全省河道堤防管理先进个人	石首分局
刘长林	湖北省河道堤防建设管理局	2007 年 1 月	全省堤防管理先进个人	江陵分局
张和光	湖北省水利厅	2007 年	河道堤防管理先进个人	监利分局
赵正福	中国水利企业协会	2007 年	全国优秀企业家	局直单位
杨维明	荆州市委、市政府	2007 年	荆州市第三批专业技术拔尖人才	局机关
黄昌凤（女）	湖北省总工会	2008 年 2 月	湖北省女职工建功立业标兵	松滋分局
黄昌凤（女）	荆州市委宣传部、荆州市妇联	2008 年 3 月	荆州市"三八"红旗手	松滋分局
顿耀银（女）	水利部	2008 年	全国水利科技工作先进个人	公安分局
谭建中	荆州市总工会	2008 年	荆州市"五一劳动奖章"	局直单位
方绍清	湖北省河道堤防建设管理局	2009 年 2 月	2006—2008 年度全省堤防系统庭院建设先进工作者	江陵分局
陈永珍（女）	荆州市人民政府	2009 年 4 月	荆州市特等劳动模范	江陵分局
赵正福	中国水利工程协会	2009 年 10 月	2009 年中国水利工程优质（大禹）奖主要参与人员	局直单位

受表彰人员	给予表彰单位	时间	表彰内容	备注
杨耀华	中国水利工程协会	2009 年 10 月	2009 年中国水利工程优质（大禹）奖 主要参与人员	局直单位
张生鹏	中国水利工程协会	2009 年 10 月	2009 年中国水利工程优质（大禹）奖 主要参与人员	局机关
龚祖治	中国水利工程协会	2009 年 10 月	2009 年中国水利工程优质（大禹）奖 主要参与人员	局直单位
陈永珍（女）	荆州市委宣传部 荆州市妇联	2009 年 10 月	巾帼建功 60 年荆州女杰 荆州市三八红旗手	江陵分局
陈永珍（女）	湖北省河道堤防建设管理局	2009 年 12 月	全省堤防系统先进工作者	江陵分局
谢易	湖北省水利工会工作委员会	2009 年 9 月	全省水利系统优秀工会工作者	局机关
申晓梅（女）	湖北省人民政府	2010 年 1 月	全省水利工程管理体制改革工作先进个人	局机关
陈永珍（女）	湖北省总工会	2010 年 4 月	湖北"五一劳动奖章"	江陵分局
查于清	荆州市委、市政府	2010 年 10 月	全市防汛抗灾工作先进个人	江陵分局
刘义成	荆州市委、市政府	2010 年 10 月	全市防汛抗灾工作先进个人	局机关
刘世文	荆州市委、市政府	2010 年 10 月	全市防汛抗灾工作先进个人	石首分局
刘毅	荆州市委、市政府	2010 年 10 月	全市防汛抗灾工作先进个人	局直单位
杨兵	荆州市委、市政府	2010 年 10 月	全市防汛抗灾工作先进个人	公安分局
张根喜	荆州市委、市政府	2010 年 10 月	全市防汛抗灾工作先进个人	局机关
唐昌嗣	荆州市委、市政府	2010 年 10 月	全市防汛抗灾工作先进个人	沙市分局
容劲松	荆州市委、市政府	2010 年 10 月	全市防汛抗灾工作先进个人	松滋分局
朱常平	国家防总、社保部、解放军总政	2010 年	全国防汛抗旱先进个人	局机关
杨维明	湖北省水利厅	2010 年	湖北省水利专业技术拔尖人才	局机关
郑霞（女）	湖北省水利厅	2010 年	全省水利系统人事工作先进个人	局机关
贾维强	湖北省水利厅	2010 年	全省水利财务审计工作先进个人	局机关
吴银安	湖北省水利厅	2010 年	全省水利财务审计工作先进个人	局机关
蒋彩虹（女）	湖北省水利厅	2010 年	全省水利新闻宣传工作优秀个人	局机关
舒学斌	荆州市委、市政府	2010 年	全市防汛抗灾工作先进个人	荆州分局
熊前波	荆州市委、市政府	2010 年	全市防汛抗灾工作先进个人	洪湖分局
王光萍（女）	荆州市总工会	2010 年	荆州市五一劳动奖章	荆州分局

注 以获得表彰时间为序。

表 11-2 荆州市长江河道管理局系统获得水利部颁发献身水利水保事业贡献奖人员统计表

1985 年水利部颁发献身水利水保事业贡献奖名单							
局直单位							
刘其玉	方汉	姚荣贵	陈扬志	汪维福	孙承淦	司新民	刘培耀
赵道隆	龚仁礼	黎泽钧	马清玉	彭从喜	朱湘云	余有信	张仲坤
曾其林	艾宁清	胡厉吾	王治兴	镇万善	叶发义	高永恒	侯泽荣
李玉明	蔡大华	杨圣荣	樊定昌	陈阆	谭文普	谭德泮	望作禄
付乾章	陈必志	龚治新	刘昌发	向光明	郑圣发	陈斌	鲁承祚
周立成	王少伯	宋光长	彭述思	谭绍坤	占世元	肖松涛	马明礼
杜可仁	彭学成	邹友义	魏开元	易文选	陈松辉	朱祖根	刘藏禄
韩启富	徐冬山	于乾培	王才喜	罗哲清	佟俊杰	唐友余	涂长发

1985 年水利部颁发献身水利水保事业贡献奖名单

局直单位							
鲁绍全	徐顺义	胡年	刘必庭	朱步高	周绪坤	鲁新荣	华崇谟
赵元德	朱家文	侯大恒	李同仁	李步远	钟裕焕	袁绍伍	从克家
董志强	路振杰	孙高廉	艾德荣	任泽贵	刘昌时	张凤生	潘海涛
刘继春	龚有清	杨继昌	郑光序	张友清	梅兰卿	王广元	李平原
杨玉鹏	王永财	王承龙	吕安振	陈祖善	王丑仁	范开万	韩明炎
胡道荣	杨福祥	杨光裕	李德元	陈志凡	黄文新	郭名福	夏孟林
李世林	朱永雄	林益贵	郭卫中	江元高	高秉才	游毓尧	彭幼卿
沈国儒	魏国炳	谢孝福	张学超	陈应春	张仲逵	江正模	黄守楷
张兴棠	陈贤荣	龙林	严钦山	陈岚轩	汪必成	张大忠	楚应初
张平安（女）	任有秀（女）	徐勤兰（女）	艾学英（女）	余英（女）	欧家琛（女）	罗贻芳	马友
江陵							
杨维登	杨安庆	鲁德培	邓维海	朱汉民	余熊福	郑祖涛	王德忠
朱圣举	喻宏	郑少荣	胡定武	黄文光	袁泽民	葛家孝	任太和
张善政	魏昌金	熊昌伯	肖孚典	孟成祥	赵应双	成焕新	孙清松
王大一	徐立体	常传贤	胡绪风	叶发斌	彭成福	徐才新	王贵钦
陈文泰	马德洪	蔡世立	尹行荣	杨良雄	蔡作沛	周成文	容安宇
周大友	陈传鑫	张福端	黄介清	李伯群	蒋自成	张金海	倪文宣
曾祥斌	李昌福	邓学义	周应伦	周锦渭	雷元华	查远培	张振翠
李全玉	刘祖荣	陈木香	张光海	袁福英（女）			
沙市							
白定奎	李清山	彭华清	许成玉	肖继何	孔庆录	彭先芝	田云万
左永茂							
监利							
黄海南	陈希元	肖桂生	刘硕兰	周学毫	周正兴	黄世满	荆自祥
谢耀德	文福阳	罗炳文	王广星	王桂成	涂永辉	周继威	彭士志
刘菊初	汤龙富	彭仲斋	王业冬	刘子成	朱克祥	张家云	臧石钦
廖炳贵	方桂生	张建华	陈善益	任厚文	潘佑新	王维香	段先焕
刘忠柏	郝锦章	陈庆尚	黄友文	陈庚元	刘克益	张久成	李友光
龚有松	彭安成	程绍龙	王聚欣	唐登厚	朱克东	胡成柏	陈安才
胡学连	王伯鹏	段晋甲	邹鹏	蔡传达	薛精华	陈光礼	张佑清
蒋发良	郑依香	高国树	周正新	王学松	张德香	周贤文	朱才友
廖梅生	邱玉其	彭金吾	李际春	肖国林	文福杨	陈美意	施顺贞（女）
洪湖							
史少坤	涂玉学	李鹏举	沈国普	蔡怀愈	陈光杰	雷树庭	叶良平
廖炳林	谢友雄	邓华武	杜贵炎	杜希刚	叶昌计	王生秋	叶昌海
李春谋	朱元炳	段刚	刘凤亭	叶世钧	魏少柏	吴启友	吴启付
朱永勤	赵全新	赵礼	袁愈政	孙国清	卢项发	常连炎	刘康民
松滋							
郑定智	张济华	袁继敏					
公安							
杨先进	徐方义	王祖德	肖万里	黄万式	皮家庆	湛建庭	吴先明

1985年水利部颁发献身水利水保事业贡献奖名单

局直单位						
叶应平	肖乐银	曹洪喜	甘天运	关崇俊	冯长远	兰红月（女）
石首						
张思久	熊重赵	张道杰	汪长源	曾庆柏	盛以钧	李志柏	黄凤凯
陈振元	张继槐	刘寿云	汪佐庭	谭海清		

1990年、1991年水利部颁发献身水利水保事业贡献奖名单

局直单位						
纪敦浩	张世溢	丁桂枢	章一洲	关庆滔	吴志良	李田生	袁仲实
李卓坚	崔邦益	陈礼元	史绍权	黄元礼	王景龙	袁玉波	马东让
王俊成	郑崇怀	申庆忠	邹月恒	湛序昌	吴森泉	张焕堂	邓国益
刘礼新	齐心怡	陆建生	熊传圣	李万新	王太和	周明金	刘炎乾
樊永清	李长庆	徐绿安	李明昌	张武鑫	高永恒	李传炳	蔡洪炎
祁向前	王维刚	杨友清	孙长根	黄邦明	王宏财	罗汉秋	谭正明
刘继远	李德富	吕汉	胡义模	刘光明	张德华	王先耀	杨志堂
镇祥海	赵本全	江大海	周家旺	张成伟	邹海波	孙良鑫	徐广寿
孙良吉	刘德福	张安明	杨正礼	邹艳高	熊中元	黎邦寿	冉征炳
汪明吉	王俊	向家井	杨思德	邢子春	陈为森	杜贤作	宋天环
雷振声	丁永浩	吴兴信	王少贵	夏雷	余秀英（女）	蔡璐（女）	程掌珠（女）
郭孟瑶（女）	涂南香（女）	钟太珍（女）	王发兰（女）	张平安（女）		
江陵						
舒忠祥	江述桃	谢守金	陈业超	王俊	任有双	鲍同振	张致和
周应伦	魏文楷	马志雄	袁孝钦	孙官贵	张振翠	熊子荣	冯继长
江世凯	胡家清					
沙市						
周传柄	吴爱民	高一枝	王志祥	蒲龙荣	余章茂	李永才	黄于清
屈大英（女）						
监利						
周道瑾	龙海清	朱正初	刘扬志	朱绍云	朱甘澍	王树堂	龚友霞（女）
黄继钊	贺宗儒	熊盛斌	程绍龙	施顺贞（女）	李友光	代林保	
洪湖						
佘传仁	涂胜保	黎时新	李明荣	周传贤	游汉卿	吴炼芝	杜耀东
曾庆刚	刘纯仁	盛志强	雷正英	胡昌瑞		
松滋						
贺庭彩	黄凤祥	邓万斌	戈春山			
公安						
雷锦章	汪长海	严其武	王同山	何善林	周代权	许守兴	曹明义
杜志明	胡庆华	朱承中	朱柱良	薛顺清	尚本立	张美	
石首						
龚高栋	陈诗云	谢碧霞（女）				

注　水利系统县级以下单位工作25年以上和在县级以上单位工作30年以上的职工，享受水利部1985年、1991年颁发的献身水利
水保事业贡献奖荣誉证书、证章。

大 事 记

一、东 周 至 清 代

东 周

楚庄王元年至二十三年（前613—前591年）

《史记·司马相如传》中所载《子虚赋》称："臣闻楚有七泽，尝见其一，名曰云梦，方九百里，其南则有平原广泽，缘以大江，限以巫山。"裴骃注云："孙叔敖（约前599年任楚令尹）激沮水作云梦泽。"《湖北通志志余》云："孙叔敖治荆，陂障源泉，溉灌沃泽，堤防湖浦，以为池沼，则沧桑变易不独今日然也。"

《史记·河渠书》：于楚则通渠汉水、云梦之野。《汉书·地理志》：南郡华容县，云梦泽在南，荆州薮。

楚昭王元年至二十七年（前515—前489年）

楚昭王自郢出游，留夫人于渐台（荆州城东60里）之上，与之约召必以符。王闻江水将大至，遣使迎夫人。使者忘持符，夫人不敢从行，对其曰："知留必死也，然不敢弃约以求生。"终致江水大至，渐台崩，夫人流而死，号"贞姜"。

楚怀王元年至三十年（前328—前299年）

楚怀王六年（前323年）铸颁鄂君启节，其舟节载航程自鄂（今鄂州）上江，庚木关（今荆州），庚郢。

《史记·张仪列传》：秦西有巴蜀，大船积粟，起于汶山，浮江而下，至楚三千里。《战国策》：蜀地之甲，轻舟浮于汶，乘夏水而下江，五日而至郢（今纪南城）。

《湖北通史·先秦卷》载：楚国分田土为九等，其第三等为"原防"，即有堤防之田土。

《太平御览》：楚王好田猎之事，扬镳驰逐乎华容之下，射光鸿乎夏水之滨。

汉 代

西汉初年（约前200年）

据考古专家依简牍考证，时南郡（治今荆州市）属县醴阳（位于长江之南，澧水之北）筑江堤39里222步。全郡各县共有江堤、河堤1283里89步（不完全统计），其可治者921里240步，不可治者321里227步。

西汉高后三年（前185年）

夏，汉中、南郡大水，流四千余家。

西汉高后八年（前180年）

夏，汉中、南郡大水，流六千余家。

东汉延平元年（106年）

秋九月，荆、扬、兖、豫、青、徐州大水。

三国吴凤凰元年（272年）

此前，吴国引诸湖及沮漳水浸江陵东北地，以拒魏兵。是年，吴镇军大将军陆抗以江陵平衍，道路通利，遂令江陵督张咸筑大堰（后称北海，即今纪南城北、荆州城东北海子湖、长湖一带）遏水，渐渍平土，以绝晋军和叛寇。

晋　代

西晋咸宁二年（276年）

闰九月，荆州大水，漂流房屋四千余家。三年秋七月，荆州大水；冬十月，荆、益、梁州又大水。四年七月，荆扬六州大水，伤秋稼，坏屋室，有死者。

西晋太康元年（280年）

杜预"开扬口（江陵县东北），起夏水达巴陵（今岳阳市）千余里，内泄长江之险，外通零桂之漕"，开辟一条从汉水通江陵，沿夏水，东到巴陵的扬夏运河，沟通从南阳、襄阳直到湘南、岭南的漕运通道。后续有修浚。

西晋太康四年（283年）

七月，荆、扬六州大水，伤秋稼，坏屋室，有死者。

西晋元康二年（292年）

六月，荆扬五州水。五年六月，荆扬六州大水，遣使赈贷。六年五月，荆、扬州大水。七年秋，荆州大水。八年九月，荆扬五州大水。

东晋永昌元年（322年）

五月，荆州大水。二年五月，荆州大水。

东晋咸康元年（335年）

八月，荆州大水，大溢，漂溺人畜。

东晋永和元年至兴宁二年（345—364年）

荆州刺史桓温令陈遵自江陵城西灵溪筑金堤护城，以防江水。灵溪东距城一说九里，一说二十里。似以九里，即近今秘师桥处为是。

东晋太元四年（379年）

六月，荆州大水。六年六月，荆、扬、江州大水。十五年八月，沔中诸郡大水。

东晋太元十九年（394年）

蜀水大生，漂浮江陵数千家，荆州刺史殷仲堪"以堤防不严"受贬降军号的处分。二十年六月，荆、徐州大水，伤秋稼，遣使赈恤。

东晋隆安三年（399年）

五月，荆州大水，平地水深三丈。五年夏，荆州大水。

东晋末年

朱龄石在松滋开三明（上中下明）渠，引江水以灌稻田，大为百姓利，后堤坏遂废。时松滋县城东30步有上明城，城在渠首，故曰上明。

南　北　朝

南朝宋元嘉十八年（441年）

五月，江水、沔水泛滥，没居民，害苗稼。六月，遣使赈赡。

南朝齐永明八年（490 年）

荆州刺史、巴东王萧子响欲反，上遣卫尉胡谐之、游击将军尹略数百人诣江陵讨之。胡等至江津，筑城燕尾洲。子响白服登城，乃杀牛、具酒馔饷台军，尹弃之江流。子响怒，遣兵二千人，从灵溪西渡，自与百余人操万钧弩，宿江堤上。明日战，子响于堤上发弩射之，台军大败，尹略死，胡谐之乘单艇逃去。

南朝梁天监六年（507 年）

荆州大水，江陵江溢堤坏，始兴郡王领荆州刺史萧憺率府将吏，冒雨赋尺丈筑治之。

南朝陈光大二年（568 年）

吴明彻攻江陵，破江堤引水灌城百日，后梁主出顿纪南城以避之。副总管高琳与仆射王操守江陵三城，昼夜拒战十旬。梁将马武击败吴明彻，吴退保公安，梁主乃得还。此为历史上利用长江水作为军事进攻手段攻城的重要战例之一。

南朝陈宣帝太建二年（570 年）

陈车骑大将军、司空章昭达攻后梁，梁主萧岿告急于周襄州总管卫公直，直遣李迁哲将兵救，以其所部守江陵外城，自率骑兵出南门，使步兵出北门，首尾击陈兵，会江陵总管陆腾拒之。章昭达又因水汛涨，决龙川宁朔堤，引水灌江陵城，城中惊扰。迁哲乃先塞北堤以止水，陆腾复出战于西堤，陈兵不利，乃遁。

隋 唐 五 代

隋开皇六年（586 年）

二月，荆、浙七州水，遣使赈恤。

唐贞观十六年（642 年）

荆州大水。十八年又大水。

唐大历元年（766 年）

是年前后，荆州人戎昱作《晚次荆江》诗；又宋初《太平广记》载唐代南昌人章全素先富后贫，"流徙荆江间十余年"。皆表明此时长江荆州河段已别称"荆江"，迄今 1200 余年。

唐贞元二年（786 年）

荆南江溢。三年三月，江陵大水。六年，又溢。

唐贞元八年（792 年）

江陵大水，漂没城廓庐舍。县东北 70 里有废田傍汉古堤，堤坏决两处，每夏则浸溢为害。是年，曹王、江陵尹、荆南节度使李皋始令塞之，得良田五千顷（即后所称北海故址）。李又在江南废洲建茅房，安置流民 2000 余家；并在荆州城南架江为二桥。

唐元和元年（806 年）

夏，荆南大水。二年，江陵大水。八年，再次大水。十二年六月，江陵水害稼。

唐太和年间（827—835 年）

荆南节度使段文昌于菩提寺处筑沙市堤，菩提寺因称"段堤寺"。

唐太和四年（830 年）

荆襄大水，皆害稼。五年，大水害稼。九年，再次大水。

唐开成三年（838 年）

荆襄大水，民居及田产殆尽。

后梁乾化四年（914 年）

正月，荆南节度使高季兴攻蜀，大败而还。蜀欲以战舰冲荆南城（荆州城）。高派驾前指挥使倪可福在江陵城西龙山门外筑堤以激水御蜀，自谓其修筑坚固，"寸寸如金"，故称"寸金堤"。高季兴筑寸金堤前后，另筑堤于监利。

后梁贞明三年（917 年）

四月，高季兴令民筑堤自安远镇北禄麻山（或今荆门境），南经江陵至沱步渊，延亘 130 里，以障襄汉之水。《江陵志余》载："看花台（即章华台，在沙市太师渊西、南）一带数十五里犹存故迹，土人呼为高王古堤焉。"

后周显德元年（954 年）

南平王高保融引江水，修复纪南城北之江陵大堰（原吴张咸所筑），改名北海，长七里余。

宋　代

北宋端拱元年（988 年）

疏浚荆南城东漕河至师子口汉江，可供 200 斛（约合 15 吨以上）重载船只通荆、峡漕路至襄州。

北宋淳化二年（991 年）

秋，荆湖北路（治江陵）江水注溢，浸田亩甚众。

北宋仁宗皇祐年间（1049—1054 年）

监利县南沿长江，北沿东荆河筑堤数百里。

北宋治平二年（1065 年）

郑獬出知荆南，以沙渚本当蜀江下流，沙水相荡摧地动辄数十丈，遂乞发帑修筑沙市长堤。

北宋熙宁二年（1069 年）

是年，令天下兴修水利，洪湖江堤始创其基。

北宋建中靖国元年（1101 年）

五月，荆州沙尾水涨一丈，堤上泥深一尺。

北宋期间

石首县令谢麟在县西五里处叠石筑堤，民得安堵，号"谢公堤"；因修堤用米万石，故又称"万石堤"。

南宋建炎年间（1127—1130 年）

宋以江南之力，抗金人入侵之师，兵食常苦不足，遂为荆南留屯之计，多将湖潴开垦田亩，复沿江筑堤以御水，塞南北诸古穴。

南宋建炎二年（1128 年）

江陵县令督决城东 30 里潭陂（即黄潭堤，约位于今沙市盐卡），放入江水，设险阻以抗金兵和御盗。然夏潦涨溢，荆南数以千余里，皆被其害。

南宋绍兴三年（1133 年）

七月，江陵水。

南宋绍兴二十七年（1157 年）

刘锜镇抚荆南，因应民诉，修复前决黄潭堤，获良田几千亩，招千户流民归业耕种。监察御史都名望亦请准知县遇农隙随力修补，勿致损坏。

南宋乾道四年（1168 年）

二月至五月，江水溢数丈，寸金堤溃口。十月，荆湖北路安抚使、江陵府知府张孝祥使 5000 余人历 40 日，修复寸金堤 20 余里，自荆州西门外石斗门起，经荆南寺、龙山寺、东沿双凤桥、赶马台、青石板、江渎观、红门路与沙市堤相接。堤成，张孝祥作《金堤记》详其事，自称从此荆州无水患，置万盈仓以储诸漕之运。

南宋乾道六年（1170 年）

九月，陆游入蜀次公安（古油江口），周县令对其称：县本近江，沙虚岸摧，渐徙而南，今江流乃昔市邑也。

南宋乾道七年（1171 年）

乾道四年，江北寸金堤决口后，江陵守城统帅方滋令决江南岸虎渡堤向南分洪；至乾道七年，湖北漕臣李焘始修复虎渡堤。同年，李焘又修筑潜江西南通江陵漕河里社穴处里社堤。

南宋淳熙六年（1179 年）

荆湖北路转运副使、江陵府知府张栻于寸金堤筑二坛，绕以围墙，匾额：楚望。

南宋淳熙十五年（1188 年）

五月，大雨连旬，荆江溢，江陵水，漂军民垒舍三千余。

南宋绍熙三年（1192 年）

七月，江陵大雨，江溢，败堤防，圮民庐，溃田稼。

南宋庆元三年（1197 年）

江陵府及荆南副都统制司征发兵民修筑沙市堤坝。于此前后，袁枢知江陵府，沿堤种树数万，以为捍蔽，民德之。

南宋开禧元年（1205 年）

荆湖北路水。

南宋嘉定十六年（1223 年）

夏，荆郡水，江湖合涨，城市浸没，累月不退。秋，江溢，圮沿江民庐。

南宋端平三年（1236 年）

京西湖北路安抚制置副使（使）孟珙守长江防线抗蒙时，筑公安县赵公堤、斗湖堤、油河堤、仓堤、横堤，以御水。

南宋嘉熙元年至淳祐六年（1237—1246 年）

孟珙兼江陵知府间，修复原吴猎抗金时所建"三海八匮"（今海子湖一带，为上中下三海，亦称北海，以别于荆州、沙市南之南海）。旧沮漳水自城西入江，孟障而东之，绕城北入汉，通三海为一，随其高下为八匮，俗名九隔，以蓄水势，成三百里渺然巨浸，遂为江陵天险，以抗蒙守荆。

南宋淳祐十一年（1251 年）

九月，江陵大水。

南宋德祐元年（1275 年）

蒙将阿里海牙攻占江陵，忽必烈令廉希宪行中书省于此。廉下令开泄荆州城北"三海八匮"蓄水入江，得陆田数万亩，招民众随力耕种。

元 代

元贞二年（1296 年）

十二月，江陵大水。

大德四年（1300 年）

七月，江陵、松滋大水。江陵路水漂民居，溺死者十有八人。七年，公安县竹林港、石首县陈瓮港堤决溢，筑黄金、白杨、新兴堤护之，荆江九穴十三口湮塞大半。八年，陈瓮港堤再决。

大德九年（1305 年）

重开荆江六穴：江陵郝穴，石首杨林、小岳、宋穴、调弦，监利赤剥（今尺八）。

至大四年（1311 年）

九月，松滋大水。江陵大水，漂民居，溺死十有八人。

延祐五年（1318 年）

六月，江陵水。六年五月，江陵水。七年五月，再水。

泰定二年（1325 年）

五月，江陵路江水溢。公安水。三年五月，江陵、公安水。

至正八年（1348 年）

六月，松滋县骤雨，水暴涨，平地水深一丈五尺，漂没 60 余里，死 1500 人。九年七月，中兴路公安、石首、潜江、监利及沔阳等地大水。十二年，松滋县骤雨，水暴涨，漂民居千余家，溺死七百人。十五年六月，荆州大水。

明 代

明初

荆江两岸民众各争泽、湖大筑堤垸以自守，垸田扩展之势遂不可息止，而不知人与水争地为利，水必与人争地为害。至清康熙、乾隆时，江陵、监利各有 100 至 150 余垸，沔阳更多达 1397 垸。咸丰时，监利亦有 502 垸。垸大者广数十里，小者数里，导致自然调蓄洪水的湖泊急剧减少，水灾频仍。

复塞监利赤剥穴（俗名赤剥口）。隆庆中复议开浚，言者以为非便而止。

洪武十年（1377 年）

公安大水，冲塌城楼，民田陷没无算。十三年，荆州大水。十七年三月，江夏侯周德兴请决荆州岳山坝以通水利，从之。由是得溉田，岁增官田租 4300 余石。

洪武十三年（1380 年）

荆州大水。

洪武十八年至建文元年（1385－1399 年）

朱元璋第十二子、湘王朱柏时就藩荆州府，修筑江陵枣林岗至堆金台阴湘城堤。另一说为明末清初，居民于土岗上加筑二三尺，致成堤形，挡九冲十一汊内积水。

永乐二年（1404 年）

湖广水灾。三年，石首、监利、江陵诸县江溢，坏民田稼。

永乐九年（1411 年）

冬十月，筑湖广监利县车木堤（上车湾）4460 丈。

宣德九年（1434 年）

修江陵、枝江沿江堤岸。

正统年间（1436—1449 年）

江陵、潜江大水，荆州知府钱昕乃筑黄潭堤数十里以捍之。

正统二年（1437 年）

湖广沿江六县大水，决江堤。

天顺七年（1463 年）

五月，荆州大雨，二麦腐坏，庐舍漂没，民皆露宿。

成化年间（1465—1487 年）

成化初年，荆州知府李文仪沿黄潭堤甃石，系荆江大堤以石护岸之始。成化五年（1469 年），江陵施家渊堤决。

修新开堤即荆江大堤郝穴段。正德间布政使周季凤重筑，长 450 丈。

弘治十年（1497 年）

荆州大水，自沙市决堤灌城，冲塌公安门城楼，民溺死无数。公安狭堤渊决。十一年八月，再次大水。十二年夏，又大水。

弘治十三年（1500 年）

万城堤至镇流砥（沙市东，清代沦江，今已不明其处）60 里，当水势之冲；其李家埠堤溃，淹溺甚众，荆州知府吴彦华重修之。同年九月，辽王朱宠浸奏：荆州府旧有护城堤岸长 50 里，近堤坏岸崩，致江水冲坏城门桥楼房屋，为患甚急，请命官修筑。工部复奏，上从之。

弘治十四年（1501 年）

荆州大水溃城，文村夹堤决，知府吴彦华修复，正德十一年（1516 年）又决，荆州知府姚隆重修。

巡抚陆中丞修筑监利城南黄师堤，俗名"陆公堤"。

弘治至正德年间（1488—1521 年）

监利江堤溃堵相循，洪水涌入沔南，唐公、草马、南湖诸垸尽没，成为湖泊，形成上下洪湖。清道光年间（1821—1850 年），监利子贝渊等处堤溃，上下洪湖与附近诸湖融为一体，遂成今洪湖。

正德年间（1506—1521 年）

荆州知府蒋瑶筑黄潭堤。十一年八月，荆州大水，姚隆增筑黄潭月堤三处千余丈。枝江大水，公安郭渊决。次年，荆襄江水大涨，沔阳江堤、汉堤均溃，堤垣倒塌，田庐漂没，民多溺死。

嘉靖四年（1525 年）

春，湖广都御史黄衷拨资千金，知州储洵派艾洪督工，修筑龙渊（今洪湖界牌）、牛埠、竹林、西流、平放、水洪、茅埠、玉沙之滨江堤九处，计万余丈。同年，以水灾，诏停征湖广荆、岳二府工部物料。六年，石首大水，溃堤，市可行舟。

嘉靖十一年（1532 年）

万城堤决，水达江陵城西，决沙市之上堤而南。公安江池湖堤决。

嘉靖十二年（1533 年）

巡抚湖广都御史林大辂以地方水灾自劾乞罢。上以其受命巡抚，见灾求退，避事沽名，勒令冠带闲住。

嘉靖十八至二十一年（1539—1542 年）

陆杰、柯乔等主持修江陵、公安、石首、监利、沔阳等州县江堤 1700 余里。

嘉靖二十一年（1542 年）

堵筑荆江左岸仅存郝穴口，并加固新开堤（郝穴堤）。此前，大江经此口分流东北入红马湖。塞郝穴口后，荆江大堤从堆金台至拖茅埠 124 千米堤段连成一体。

嘉靖二十三年（1544 年）

寸金堤决，未修。

嘉靖二十七年（1548 年）

以水灾令湖广荆州、汉阳二府南粮暂改折色。

辽王朱宪㸅以庆嘉靖皇帝寿动工修建荆江大堤观音矶（象鼻矶）万寿宝塔。三十一年（1552 年）竣工，七层。2006 年 6 月被国务院列为全国重点文物保护单位。

嘉靖二十九年（1550 年）

江陵万城堤决。松滋县东五里有古堤，自堤首抵江陵古墙铺长亘 80 余里，旧有采穴一口可杀水势。宋元时故道湮塞。洪武二十八年（1385 年）决后，时或间决。自嘉靖二十九年后决无虚岁，下游诸县甚苦之。

嘉靖三十年（1551 年）

七月，石首大水，川涨堤溃，本地水深数丈，官舍民居皆没。三十三年，公安大水。

嘉靖三十五年（1556 年）

秋，石首淫雨连月，南北二水交涨，诸堤尽决，溺民无算。公安新渊堤决。

嘉靖三十九年（1560 年）

七月，荆江、洞庭湖大水。枝江百里洲决，大水灌城，民舍尽没。松滋江溢夹洲，江陵虎渡堤，公安沙堤铺、窑头铺、艾家堰，石首藕池等堤溃决殆尽。江陵寸金堤、黄潭堤溃，水至城下，高近三丈，六门筑土填塞，一月方退。荆州共决堤数十处。时徐学谟始知荆州府，增筑南北岸江堤数十处，役夫数万人。是年，宜昌站最高洪水位 58.09 米，推算最大流量 93600 立方米每秒，居历史洪水第三位。

嘉靖四十四年（1565 年）

荆州大水。公安大湖渊及雷胜旻湾决。监利县西 40 里黄师堤、县东 30 里朱家埠堤一带，大抵湮没，何家垱堤决，大兴垸大溃。六月，监利知县殷廷举增筑黄师堤，西自城南，东至王家堡（今界牌）。

嘉靖四十五年（1566 年）

荆州大水。黄潭堤荡洗殆尽，溺死者不下数十万。汛后，荆州知府赵贤计议重修江陵、监利、枝江、松滋、公安、石首县大堤 54000 余丈，务期坚厚。同年，诏加赵贤三品服色、俸级。后经三冬，六县堤防初成。

隆庆元年（1567 年）

荆州大水，居民溺死无算，或缘树升屋，等于巢居。公安大水，倾洗二圣寺。八月，以水灾免湖广荆、汉府及江陵、公安、石首、监利县各正官来朝。同年，挽谢家、古埝、由始三垸。

隆庆二年（1568 年）

赵贤设《堤甲法》，每千丈设立一堤老，五百丈设一堤长，百丈设一堤甲和十名圩夫。时江陵设堤长 66 人，松滋、公安、石首设堤长 77 人，监利设堤长 80 人。同年，公安水，艾家堰决。三年，荆州大水。

隆庆四年（1570 年）

十一月，湖广抚按官奏，废辽王朱宪㸅因罪已发高墙，其查抄财物除不动产外，余查数征税，以充松滋修堤等用。诏可。

隆庆六年（1572 年）

江陵大水。从湖广巡按舒鳌所请，工部奏修湖广荆州府所属堤塍。

万历元年（1573 年）

二月，舒鳌奏称：荆州、岳州等府州县频年堤塍冲决，量过丈尺不下十数万计，其所估钱粮不止万余。议请解京赃罚银内扣留 5000 两以为修堤。工部依议复奏，上从之。七月，荆州大水。

万历二年（1574 年）

四月，户部复工部咨称：湖广巡抚赵贤（初，赵贤将任湖广，张居正给其写信道：比来楚土，连年涝垫，目前诸务，水利为亟，望公留意焉）议开荆州采穴、新冲等口以杀水势。前此以抚按奏修堤塍，请银 15000 余两，而水患如故。今合将库贮德安仓粮银并减存备用，各禄银 3222 两，未完广阜仓银 5331 两 5 钱，准令支用。上从之。夏，江陵、公安大水。江陵江边淤出一沙洲。九月，荆、岳等府松滋等县老垸堤新筑不坚，水灾异常。赵贤请将公安、石首五县南兑二粮照例改折，多方赈济，及将冲决前堤仍令原管戴罪修筑。报可。

万历三年（1575 年）

四月，巡抚郧阳都御史王世贞奏称：荆州府所属江陵、公安、松滋、石首县额编民壮弓兵，而四县水灾频仍，民壮亦减编一半，以示宽恤。准奏。

万历四年（1576 年）

修筑监利界牌抵沔邑小林（今洪湖叶十家）江堤 180 里。自茅江口塞而新堤著，若叶、白沙诸洲，乌林、青山、牛鲁诸垸，皆江干淤壤，而鱼盐、古塘、竹林湾，南北诸江口胥截断其支流。

万历八年（1580 年）

庞公渡口位于监利城西门外，向为江襄合流之所，每夏秋之际，江水自此分流，监利北部一带田垸被水成灾。后由范扶宇赴京面请，奉旨允许堵塞。

万历十年（1582 年）

沔阳知州史自上堵塞新堤茅江口，并沿长江挽筑堤垸，民领其德，取名"史公垸"。一说张居正筑堤堵塞。

万历十九年（1591 年）

六月，荆江大堤黄潭堤决，民之溺死者不下数万。公安大水。

万历二十一年（1593 年）

万城大堤逍遥堤溃。

万历二十五年（1597 年）

沮漳河两处入江口因枝江鹳子口逐年淤塞，仅余荆州筲箕洼一处。1788 年又逐渐下移至沙市观音矶上腮，1959 年人工改道上移 800 米至新河口。1993 年 6 月再次改道上移至荆州城西临江寺入江。

万历三十六年（1608 年）

监利县谭家渊堤溃，其溃口冲刷坑为下荆江最深的临堤渊塘。

万历四十年（1612 年）

松滋大水，决堤，淹死千余人。时石应嵩知江陵，值江水泛溢，万城堤将决。石宵昼防造，赖以无虞，以力过竭，呕血堤上。后民众勒石纪功，名热血碑。

万历四十三年（1615 年）

沔阳知州郭侨督修江堤，自黑沙滩迄汉阳玉沙界（今洪湖高桥至燕窝水府）约 5300 丈。

万历间（1573—1620年）

江陵举人陆师赞著《江陵命堤说》，尤大治著《江陵水害说》。

崇祯十二年（1639年）

沔阳知州章旷督工，堵筑监利境内潭家、谢家、杨家三湾堤，加筑北口横堤，植柳护岸。

崇祯年间（1628—1644年）

下荆江监利东港湖及湖南华容老河，先后两次发生自然裁弯。

明末

荆江两岸已形成较完整堤防，北岸自当阳至茅埠（洪湖石码头）堤长七百余里，南岸自松滋至城陵矶堤长六百余里。

清 代

顺治七年（1650年）

监利大水，堤防溃决。知县蔺完瑝依粮派土兴工，重修黄师堤，并在县东修骆家湾堤、县西筑蒲家台堤，重塞庞公渡口。

顺治九年（1652年）

江水决万城堤。十年，松滋大水，黄木坑、杨润口堤决。石首大水。

顺治十年（1653年）

江堤决万城，水灌江陵城脚，西门倾塌。

顺治十五年（1658年）

夏，荆州大水，漂荡民居，人畜溺死无算。公安、松滋大水。十六年、十七年，江陵大水。

康熙元年（1662年）

七月，沔阳、江陵、松滋大水。二年夏，松滋大水，决黄木坑，大水浸公安，民溺无算。十二月，江陵大水，所在堤圩尽决，郝穴堤溃。

康熙三年（1664年）

江陵郝穴堤溃，洪水滔天，弥漫无际。

康熙七年（1668年）

监利尺八林家潭堤决。九年，松滋大水，堤溃，民舍漂溺无算。十年秋七月，江水骤涨，石首西坑堤溃，死者枕藉。松滋大水。

康熙十二年（1673年）

吴三桂攻宜昌，下令拆毁虎渡口丈宽石矶，扩大河口至数十丈，疏浚河道，以运送军需物资。

康熙十三年（1674年）

清廷议准由沿长江、汉水各府同知、县丞、典史管理江汉各堤防。每逢夏秋汛涨，昼夜巡逻防护，冬春兴工修筑。

康熙十五年（1676年）

夏，江决郝穴，江陵、监利、沔阳以下皆大水，民人多死。

康熙二十年（1681年）

夏五月，江水决黄潭堤，江陵、监利、沔阳大水，田庐漂没，死者无算。荆州知府许廷试督舟以救溺，发粟赈饥。至次年，筑月堤1528丈，同知陈廷策督工，历四月告成。

康熙二十一年（1682 年）

荆江大水，盐卡堤溃，水入城。二十四年，江陵、公安、监利、沔阳等州县水。

康熙二十八年（1689 年）

清廷设荆州水师营，额兵 300 名，后减为 280 名，战船 34 只，有巡堤之责，隶荆州城守营。

康熙三十四年（1695 年）

公安水。三十五年七月，江陵大水，黄潭堤决，潜沔一带尽淹。枝江大水入城，庐舍漂没殆尽。秋，江陵、监利等地大水。

康熙三十九年（1700 年）

清廷规定各地方官应于每年九月督率人夫，兴工加高培厚堤防，于次年二月告竣，遂成岁修之制。

康熙四十二年（1703 年）

江陵、监利、潜江、沔阳水。四十三年，监利、沔阳、潜江水。四十四年，监利水。

康熙四十六年（1707 年）

夏，公安、石首大水，黑山庙堤溃，冲决黄金堤，水溢入城，官舍库俱没。四十七年，江陵大水。四十八年，江陵、监利、沔阳、潜江大水。

康熙五十二年（1713 年）

夏，江水决于万城，荆州城东数百里茫然巨浸，户遍逃亡矣。

康熙五十三年（1714 年）

江陵文村夹堤决。

康熙五十四年（1715 年）

夏，枝江、沔阳大水。沔阳西流、龙阳、茅埠等堤俱决，湖广总督满丕以工代赈，发谷修堤。

康熙谕江堤与黄河堤不同，黄河水流无定，时常改道，故设河官看守。江水并不改移，故交地方官看守。嗣后湖广堤岸溃决，府州县官各罚俸一年，巡抚罚俸半年。

康熙五十五年（1716 年）

江陵、监利、沔阳、潜江大水。清廷支官银六万两修湖北、湖南堤防。

康熙五十九年（1720 年）

六月，石首大水，黑山庙堤溃，冲黄金堤，居民漂没无算。

雍正二年（1724 年）

五月，郝穴江堤溃。江陵、沔阳、潜江水。四年，江陵、监利、沔阳等大水。

雍正五年（1727 年）

公安、石首、潜江大水。沔阳江堤龙王庙、五柳墩、月堤头、延寿宫、预备河堤口、观音寺、太平港、胡家洲、牛字上号、中号、下号、杨泗峰、竹林湾、瓦窑头、吕蒙口、堤街口、八总口、南北湖口先后俱决。湖广总督傅敏捐养廉银，资助堵口复堤。垸民闻之，咸踊跃输资，历三月工完。次年，石首再发大水，南北交浸，冲决黄金堤，民大饥，携家入川者死半。

雍正四年、五年，湖广总督李成龙、傅敏等先后疏奏湖北荆江一带及沿江各处堤防情形，请拨银两修堤。至雍正五年，世宗谕："荆江沿州堤岸，著动用帑金，遴委贤员，监督修理。修成后，仍为民堤，令百姓加意防护，随时补葺，俾得永受其益。"后奉旨发帑修筑监利县扬码头堤等处。

雍正六年（1728 年）

清廷议准荆江两岸黄潭等六处险工每百丈设圩长一名、圩甲二名、圩役五名，督率附近居民看守。发帑银六万两修荆江沿岸堤防及文村夹堤，并浚小柳口、洪鱼口、拓林港、林家桥等处。

雍正七年（1729 年）

清廷议准武昌、荆州、襄阳三分守道加兼理水利衔，统辖各府同知、州同、县丞、主簿等官修堤防汛。于防汛、修堤等不力官员，由各道揭发参奏；该道徇隐不揭，该督抚一并题参。九年正月，荆州大水。

雍正十一年（1733 年）

六月，江陵三里司（三闾祠，下熊良工）堤决，荆州知府周钟瑄至省请赈言忤上官，罚令修筑溃堤。十一月动工，次年二月竣工，长 316 丈、脚宽 16 丈、面宽 4 丈、高 1.7 丈，约费八千余金，勒碑建亭其上，民称"周公堤"。

乾隆元年（1736 年）

江陵水。沔阳知州禹殿鳌将交监利界抵汉阳界江堤令新堤州同管理，乌林以下堤垸交巡检协同州同管理。

乾隆二年（1737 年）

清廷议准沔阳州南北两大堤计 31930 丈，东西南三方堤工归水利州同管理，北堤令州判驻仙桃就近管理。

乾隆六年（1741 年）

七月，江陵黄潭堤决，人自为筑，爰告成功。

乾隆七年（1742 年）

六月，江陵、沔阳等大水。荆州决新城下郑家堤。沔阳江堤决，全州尽淹，庄稼无收；冬，知州禹殿鳌劝谕殷实户按田亩捐款，得银 1650 两，资助民工堵口复堤。

乾隆九年（1744 年）

御史张汉、湖广总督鄂弥达上奏"三楚"治水原则。奏称：治水之法，有不可与水争地者，有不能弃地就水者。三楚之水，百派千条，其江边湖岸未开之隙地，须严禁私筑小垸，俾水有所汇，以缓其流，所谓不可争者也。其倚江傍湖已辟之沃壤，须加紧防护堤塍，俾民有所依，以资其生，所谓不能弃也。其各属迎溜顶冲处，长堤连接，责令每岁增高培厚，寓疏浚于壅筑之中。十年，江陵水，十一年又水。

乾隆十二年（1747 年）

清廷议准湖北各堤堤长，止令传唤雇工，毋许滥行苛派，如有旷误营私，严加治罪。如迎河各官，漫无觉察，经道府揭参，照堤岸溃决疏防例处分。

乾隆十三年（1748 年）

湖北巡抚彭树葵奏准禁止再筑私垸。奏称：荆襄一带，江湖袤延千余里，一遇异涨，必借余地容纳，唯有令各州县将所有民垸查造清册，著为定数，听民乐业，此后永远不许私筑新垸，已溃之垸不许修复。

乾隆二十年（1755 年）

三月至五月，荆州淫雨，江水骤涨，下乡麦禾尽淹。

乾隆二十四年（1759 年）

动员民力疏浚虎渡口。规定地方官劝民疏渠，开堰多者，酌情记功；绅士捐资 300 两以下者，给匾奖励；300 两以上者，题请议叙。

乾隆二十六年（1761 年）

江陵大水。此后三十年、三十一年、三十二年俱水。

乾隆二十九年（1764 年）

清廷拨官银 1.2 万两修监利孙家月堤。

乾隆三十四年（1769 年）

十月，江陵、石首、监利、沔阳等大水。

乾隆四十四年（1779 年）

春，江陵淫雨。夏，江陵大水，溃泰山庙堤，逆流围城，下乡田禾俱淹。此后，四十六年、四十七年、五十一年亦大水。其中四十四年、四十六年各借库银 7 万两、4 万两修堤，分年于荆州各业户名下征还。

乾隆五十三年（1788 年）

六月，长江上游连降暴雨，干流及岷、沱、涪诸水暴涨，并与三峡区间和中游洪水遭遇，造成罕见洪灾，湖北被淹 36 县。6 月 20 日，江陵万城至御路口堤溃 22 处，水冲荆州城西门、水津门两处入城，官廨民房倾圮殆尽，仓库积储漂流一空。田庐尽被淹没，兵民死万余，登城者得全活万余，诚千古奇灾。州同娄业耀由湖北藩司陈淮派在荆州城西门督夫闭闸，致被洪水冲没无踪，淹毙。灾后，乾隆连发多道旨谕，遣大学士阿桂为钦差，到荆州处理水灾善后，严惩十年内承修大堤官员舒常等三任湖广总督及六任湖北巡抚等官员 23 人，督抚各罚银 4 万至 2 万两。清廷发帑银 200 万两，调 12 州县民工修复堤防和城垣，并在杨林矶、黑窑厂、观音矶等十余处建石矶（工价银 53100 两），抚恤灾民。自此，以万城堤成于帑金，故称"钦工堤"、"皇堤"。

重庆寸滩洪痕水位 193.45 米。调查 7 月 23 日宜昌最高水位 57.50 米，推算洪峰流量 86000 立方米每秒。

乾隆五十四年（1789 年）

清廷颁布《荆江堤防岁修条例》，规定：①岁修万城堤，须派大员督工。②岁修堤防保固期，由原来土工一年，石工三年一律改为十年。③定堤面、堤身加高培厚尺寸。④修堤按工序进行。⑤核实修堤经费。⑥人夫工费，专人专管，严禁克扣侵吞。⑦新筑石岸须随时检修。⑧万城堤设立卡房，巡检轮流住宿，每年汛期，道府同知须亲上堤往来巡视。⑨堤上民房须一律拆毁。⑩逍遥堤至御路口险段，由江陵县丞专管。⑪同知衙门从城内迁至堤上办公。⑫府城各门常年备防汛物资，以应急。

奏准，荆州水师营于堤上设兵卡 26 间，自官工堤得胜台至文星楼止，每 2 里设 1 间，每卡驻兵 2 名；并于杨林矶、黑窑厂、观音矶 3 处各驻兵 1 名，共计 55 名，协防大堤。值每年四月至八月汛期，守矶兵每日录报水单一纸。

同年，江陵水，木沉渊、杨二月堤溃。

乾隆五十六年（1791 年）

奏准，荆州万城堤、中方城、上渔埠、李家埠、中独阳、御路口、杨林洲、黑窑厂、观音矶九处，各置铁牛一具。

嘉庆元年（1796 年）

江陵水，溃木沉渊、杨二月堤。松滋江堤决。挽江陵龙洲垸，后又挽天鹅垸，合称"天鹅龙洲垸"。该垸由新垸、天鹅垸、龙洲垸组成，位于荆江北岸与沮漳河之间，垸堤长 22.97 千米。

同年，修筑监利程公堤 1497 丈，护城堤 3604 丈。江陵知县王垂纪修复木沉渊溃口 117 丈，补还杨二月堤 72 丈。署江陵知县修柴纪堤 120 丈。

嘉庆二年（1797 年）

奏准江陵、监利、沔阳、石首等州县江堤加高培厚，填补缺口，并筑月堤，镶龙尾埽工，均系公款官修，勒限保用十年。保固期满照例民修。

嘉庆七年（1802 年）

六月，江陵、松滋、公安、监利、沔阳等连日大雨，江水骤涨。万城堤六节工、七节工漫溃 80 余丈，江陵城内水深丈许。松滋大水，高家套堤决。公安尤重，衙署民房城垣仓廒多塌坏，而人畜无损。秋，沔阳之潭湾等垸，水复涨，田禾被淹。

嘉庆十七年（1812 年）

荆南道责令江陵知县率保甲人员赴窖金洲，将该洲棚居住户按户拘齐，勒令搬迁，所种禾苗尽数刨毁。

公安双石碑决。

嘉庆十八年（1813 年）

八月，江陵弥陀寺堤溃，浸及石首西南，垸堤俱决。

嘉庆二十三年（1818 年）

江陵县内木樟、永兴等 256 垸迭遭巨浸，溃水原经白鹭湖过福田、新堤二闸入江，但道远迁，中多阻浅，加之双圣潭堤又溃 200 余丈，荆州知府及知县李若嶂勘得熊家河可引三湖汇归之水直出范家堤以达于江，于是奏准建郝穴范家堤排水闸，口门宽六尺。道光六年（1826 年）堤溃闸毁。

嘉庆年间（1796—1820 年）

监利县西 60 里江堤溃，宋建铁牛寺圮，寺前护堤铁牛陷入渊潭。此前，元孔思明有铁牛诗道：破幽触怪护江堤，古潭烟波冷凄凄。

道光三年（1823 年）

三月，江陵大水，郝穴堤决。石首大水，各垸堤俱溃。年内，培修万城堤横塘以下各工及监利伍家口、吴谢垸等溃决堤埂。

道光五年（1825 年）

修监利堤和荆州得胜台堤。六年，江陵水，文村下吴家湾堤溃。七年，江陵大水，蒋家埠、吴家湾堤溃。九年，公安许刘围堤决。

道光十年（1830 年）

公安大河湾溃。石首江堤溃决，连淹三年未堵筑，瘟疫流行，民死数万。沙市堤决，冲成廖子河。湖北布政使林则徐颁发《公安、监利二县修筑堤工章程十条》，并附开验工票据式样。二县依照林则徐所定章程修筑公安、监利沿江大堤。

道光十一年（1831 年）

五月中旬，公安大水，吕江口窑头埠决。石首江堤溃，饥死者大半。监利白螺矶江堤溃决，洪水横流，如顶灌足，劈头直泻，下游螺山、新堤、茅埠、锅底湾等堤垸俱溃，沔阳南部（今洪湖市）被淹，洪水持续半月方缓退。汛后，修复监利江堤。

道光十二年（1832 年）

公安秋水决堤，大风三日，民溺死者无算。石首止澜堤（梓楠堤）决，大疫，死者无算。松滋涴市堤决，民大饥。冬，郝穴堤街加高二三尺，帮宽六七丈，所有市房均经拆毁，工竣后仍复盖造，民安土重迁，势有不能禁也。

万城堤工由荆州同知督办改归荆州知府承修，并于万城、李家埠、江神庙、沙市、登南、马家寨、郝穴、金果寺、拖茅埠等 9 处设工局，分段管理修防事务。每年岁修土费由该府勘定，官民两工事同一律，仍交江陵县金董按粮派费，亦如钱粮征收，缴存府库经理。

道光十三年（1833 年）

夏，江水决万城堤，荆州城东数百里茫然巨浸。公安大水，石首江堤溃。御史朱逴吉奏请疏浚江南岸采穴、虎渡、杨林、宋穴、调弦等支河，经清廷议准，拨银以工代赈，择要兴工。同年，修荆州沿江堤岸。

道光十四年（1834 年）

公安、石首大水溃堤。松滋涴市下堤溃。沔阳、潜江等六县临江堤溃。浚沔阳、石首支河。修万城堤龙二渊段，荆州知府王若闳捐银 5200 两。

监利县堤工向系官督民修，是年经县公议章程，设县总局收取土费修堤，公推首士八人和领修数人负责江堤岁修事务，并在总局之外设立分局（土局），加添首士。

道光十七年（1837 年）

湖广总督林则徐、湖北巡抚周之琦奏报改除湖北江汉堤政积弊，对堤工总局章程重新加以稽查，规定以后不许多设收缴土费的机构和人员，不许多派费用，首士必由公举，不许留连把持，道府如有迁就因循，查出一并参处。

道光十九年（1839 年）

公安大水，松滋涴市堤溃。监利南北垸水灾，上汛廖六工、朱河汛沙城堤、铁翁月堤、何家埠头堤俱溃。

湖广总督周天爵下令拆毁万城堤一带私垸。违禁失事者，照乾隆五十三年（1788 年）"萧姓大案"办理。

道光二十年（1840 年）

江水泛溢，公安大水，松滋涴市堤溃。江陵万城堤、中方城、渔埠头、中独阳各有漏孔数十百处，孔径 2～3 寸，子堤通体忽横裂数处表里洞彻，江水入啮之，刷漏洞至数丈，复圮 20 余丈，旋筑旋陷，浑水突出如激箭，参军俞昌烈助防，募人下豆絮塞之，内渗绝，外筑始坚，致未成灾。江南岸虎渡口决，改道易家湾，在故道东三里。

湖广总督周天爵疏奏治江汉防洪工程六策。其中称：改江南岸虎渡口东支堤为西堤，别添新东堤，留宽水路四五里，下达黄金口归于洞庭，再于石首县之调弦三四十里沮洳之地泻入洞庭；江北岸旧有闸门，应改为滚坝，冬启夏闭。上谕准奏。

道光二十一年（1841 年）

公安大水溃堤，松滋涴市下堤溃。同年，江陵县尹程必远在阴湘城堤外八里许建吴家桥木闸，道光三十年，县尹姜国祺将木闸改为石闸。

道光二十二年（1842 年）

夏，荆州连日大雨，沮漳河水陡发，加之川江水势建瓴而下，容纳无所。五月二十五日，江陵张家场堤溃，冲塌万城堤上首吴家桥水闸，溃决下游十余里处上渔埠头官堤，口门宽 68 丈，堤内冲成 6～7 尺深水潭，大水直灌荆州城西门，卸甲山及白马坑（白马井）城崩，仓库、监狱均被淹没。数日后，文村夹堤亦决，口门宽 341 丈，水最深处 4.5 丈，滩桥、熊河被泥沙淤积。南岸萧石嘴、马家渡民堤亦溃，城乡漂没甚众。水退后，决口口门难以堵口合龙。太平堤（太平口处）溃口，候补道查炳华主持建石矶护堤，并置洲田 12 弓备岁修之用。湖广总督裕泰奏准修筑月堤一道，并于口门上下各筑横堤一道，至二十四年完工。此次复堤各工，唯文村夹堤清廷借官银 88938 两，勒令次年春汛前修竣，保固十年。所借款项自二十三年秋汛起，由江陵县于受益业民分作八年征还归款。唯渔埠头上下所有大堤估工修复需银 28300 余两，请旨着将荆州府知府程伊湄革职留任，责令赔修，两月竣工。

道光二十三年（1843 年）

程伊湄督同沙市绅商捐钱 13985 缗 236 文，修观音矶石工。

道光二十四年（1844 年）

七月，荆江大水，冲塌万城堤李家埠五号工段。初始，口门宽十数丈，因未及时堵塞，决口增宽至 150 余丈，深 3～5 丈不等。水冲开府城西门闸板，水灌荆州全城，深 4～5 尺，白马坑城崩。公安水，松滋黄木坑江堤溃，监利县螺山（今属洪湖）崔家堤亦溃。湖广总督裕泰因被劾奏渎职罪，摘去顶戴，罚俸三个月；湖北巡抚赵炳言罚俸六个月，荆宜施道李迁荣降四级督赔。水退后，清廷借官银 4.45 万两，于后征还。湖北所属府县捐钱 10 万缗堵口复堤。

道光二十五年（1845 年）

公安水，西支堤文龙习决。夏，荆州知府程伊湄于沙市蓝田巷江堤畔督堤工筑堤，挖深至三丈，以堵道光二十二年渗漏，不意掘得古墓石椁，遂迁葬筑堤，漏仍存。后咸丰间于街修长沟，漏遂伏流于下。

同年，铸李家埠铁牛置镇江亭侧，至光绪间亭圮。1976 年铁牛部分损坏，1982 年修复。

道光二十六年（1846 年）

监利螺山进士王柏心就荆江洪水著《导江三议》，主张疏导虎渡河，分洪水大半南注洞庭，再分引江水入长湖、白鹭湖、洪湖。对荆江堤岸决口不再堵筑，而留作分泄水口，"南决则留南，北决则留北，并决则并留"，称策无便于此者矣。

道光二十七年（1847 年）

荆州知府明善捐银 7487 两，修万城堤月堤、康家桥、毛家巷、炭码头等处（今沙市）石岸。时江陵于南门外得子庙、知府头门及郝穴街市设局征收土费，限期完缴，每岁所得多者 3.2 万串，少者二千串，统由宪台账房经理。但八旗田产不缴纳土费。

道光二十八年（1848 年）

夏，江湖并涨，堤圩冲决。万城阴湘堤溃，公安涂家港堤决，松滋江亭寺堤决。监利十八工堤，上汛麻布拐，中汛八十工、高小渊，朱河汛瓦子垸、保安月堤、粮码头堤俱溃。

道光二十九年（1849 年）

六月，江陵大水，阴湘城堤溃口。松滋江亭寺堤决。监利县螺山圮，朱河汛竹庄河、洞庭庙下首、薛家潭新挽垸溃；白螺汛青泥垸、殷公月子、张家峰、郑家峰、倪家峰等 28 处堤防冲决；中车湾堤溃，洪水吞没百余家，冲至 20 余里。石首止澜堤溃，民食柳皮、观音土。沔阳江溢，民舍多淹没。次年，石首又大水。

道光三十年（1850 年）

春，请帑以工代赈，修筑万城堤康家桥驳岸，沙市绅商捐钱 6300 缗。退挽监利新堤、螺山后堤、中车湾溃口处钦工月堤等工。

垦荒者定居突起洲。民国十三年（1924 年）由洲上居民挽筑垸堤，长 6.1 千米，洲垸面积 1.2 平方千米，1949 年后更名"南兴洲"。

道光年间（1821—1850 年）

下荆江石首西湖段发生自然裁弯。

凿山建螺山闸，光绪年间废。

至道光间，沿江各州县堤长：松滋 12218 丈、江陵 78182 丈、监利 77140 丈、公安 39576 丈、石首 10223 丈、沔阳 36007 丈。

咸丰二年（1852 年）

公安大水浸城。石首县江堤马林工（王蜂腰）溃决，以"民力拮据"未塞。至咸丰十年（1860年）荆江大水，遂决藕池月堤，冲开藕池口，口门宽 355 丈，深 3 丈，形成藕池河。藕池河横荆江折而南，北岸堤防之患稍舒，而江水携泥带沙南趋洞庭湖，西湖一带淤地渐成南洲，江湖关系大变。40年后的光绪十八年（1892 年）五月，张之洞奉上谕前往查勘藕池口原溃堤情形，奏明该口碍难堵筑，遂奉朱批，不予堵筑。

咸丰五年（1855 年）

三月，湖广总督令饬倒毁私垸，自万城大堤至监利螺山一带，南北沙洲不准私行挽垸，以畅江流。有挽者即行刨除；故意违抗者，照令例正法处理。

沔阳江堤孙家湾（今洪湖界牌）堤溃。石首重开调弦穴，设水路关卡巡检司。

咸丰七年（1857 年）

挽二圣洲垸。同治年间（1862—1874 年），与私筑六总、青安二垸合一，称青安二圣洲垸（耀新垸）。青安二圣洲堤位于荆江北岸江陵县，上起文村夹，下止马家寨，全长 13.88 千米，洲垸面积 29 平方千米。

咸丰九年（1859 年）

夏，万城堤岁修工竣，荆州知府唐际盛铸一外实内空、重约 2 吨铁牛，置郝穴镇镇安寺江堤。沙市绅商捐钱 2.2 万缗，修观音矶石岸。

咸丰十年（1860 年）

夏，金沙江下游、三峡、清江及荆江一带，先后普降暴雨，形成特大洪水，致公安县水位高出城墙一丈余，江湖连成一片。松滋高石碑堤溃。石首黄金堤溃（乡民后捐 11840 吊铜钱挽筑）。7 月 18日（六月初一），宜昌最高洪水位 57.96 米（吴淞基面），推算洪峰流量 92500 立方米每秒，居宜昌历史洪水第五位。江陵毛杨二尖决口，邑水高于城二尺许，江陵县民楼屋脊浸水中数昼夜。冬十二月，松滋、公安再大水。次年，公安复水。

咸丰年间（1851—1861 年）

咸丰间，荆州知府禄太守饬催八旗土费，令江陵县造八旗土册到府，于各旗兵名下，应缴上年土方数赴局缴纳。时设征收土费六局，城局设府署，另设局枣林岗、岑河口、郝穴、普济观、龙湾市。十年，太守唐际盛定立征土三限，告示于众：初限二月至三月，每方折钱 120 文；二限四月至六月，每方折钱 140 文；三限七月至九月，每方折钱 160 文。逾期完者，裁券为据；逾期未完者，每方再加收脚力钱 20 文。然八旗兵丁赴局缴纳者年仅 500 余方，尚欠 1.7 万余方拒不缴纳。

郝穴老庙台石矶崩燮入江，后退筑上湾。

江陵举人陈荫慈著《荆江堤防说》。

同治元年（1862 年）

公安大水。沔阳新堤（今洪湖新堤）江岸石矶建成，新堤人傅卓然作《石矶记》。二年，公安复大水。三年，公安又大水。

同治五年（1866 年）

清廷设荆州长江水师营于城西筲箕洼，设官 41 名，兵 630 名，战船 85 只，分防沿江各汛。八年裁荆州水师营，留额兵 92 名专防万城大堤。

公安大水。沔阳江堤（今洪湖江堤）三总、九总、十三总堤、潭口边皆溃，民多流亡。知州以工代赈复堤。

同治六年（1867 年）

江陵、松滋、公安县在长江干堤毛家尖、杨家尖退挽月堤，长约 4.7 千米。次年夏，公安大水。螺山铜闸建成。1958 年改建。1973 年在该闸范围内修建螺山电泵站，旧闸废。

同治九年（1870 年）

长江发生千年一遇大洪水，宜昌站最高水位达 59.50 米（吴淞高程），洪峰流量 105000 立方米每秒。松滋、公安、石首、江陵、沔阳等地水灾严重。公安斗湖堤决二处，水漫城数尺。松滋庞家湾、黄家铺江堤溃，漂没人畜房屋田禾无数；30 民垸溃口，淹田 2.33 万公顷，毁房 2 万栋，死千人。十二年（1873 年）复溃，并新决庞家湾，遂冲开新江口，形成松滋河。至此，荆江河段形成"四口"向南分江流入洞庭湖的格局。同年汛期，洞庭湖洪水入汇长江，监利邹码关、引港、螺山等处江堤俱溃。沔阳江、汉并涨，江溢，峰口以下诸民垸堤并溃。石首大小堤溃，五年未堵筑，人民流离失所。

沙市几经大水，江边磁器街、石土地街等巷陌及通济桥、惠心桥、双龙桥、东津桥、康济桥等傍岸桥梁，皆沦于江。

同治十年（1871 年）

沙市绅商捐修刘大人巷石矶（十二年又接修 400 余丈，沙市绅商捐银 2.25 万两），并在沙市米厂河至康家桥接修石岸 400 丈。

夏，公安大水。十一年、十二年、十三年，公安均大水。

同治十三年（1874 年）

湖广总督李瀚章、巡抚吴元炳奏准，由原荆州水师营所留额兵 92 名设荆州堤防营，专事修防万城大堤，始于军政无涉，驻中斗蓬（江神庙），由荆州府调遣。

光绪元年（1875 年）

江陵万城高家渊堤溃口。

光绪二年（1876 年）

荆州知府倪文蔚主修刊印《荆州万城堤志》。

荆州知府铸铁牛一座，置虎渡口大堤上，1958 年"大办钢铁"时被毁。

光绪四年（1878 年）

沔阳牛鲁湾、潭湾、李家埠头十三沟相继溃口。知州徐銮祥请巨帑，以工代赈，次第修复江堤。

光绪六年（1880 年）

三月，湖广总督李瀚章奏准荆州知府倪文蔚为万城堤代防，并令该府督文武官员亲驻堤所日夜巡查，准备抢险器材及防汛，遂成定制。

光绪七年（1881 年）

湖广总督徐家瀛拨银饬沔阳知州李辆移建新堤闸。

光绪八年（1882 年）

荆州知府倪文蔚修建七里庙至拖船埠驳岸，称"倪公堤"。

光绪九年（1883 年）

经前署督臣卞宝以土费久为民累，饬令荆宜施道于荫霖会商藩司查议，将万城大堤岁修派土总数减至 69 万余方。土价仍照咸丰十年所定三限章程，听民完纳。

光绪十一年（1885 年）

荆州府恒太守奉督宪批，将荆州堤防营每年所需薪粮各款钱 720 余串，自次年起在万城堤工土费项下加派土七千方催收，以供支放。十四年，征派土费之湖粮、山粮、正租银 41829 两。派土田计 14156 顷 69 亩。

光绪十二年（1886 年）

荆江石首河段月亮湖、街河发生自然裁弯。

监利螺山一带民众挽筑上郑垸,1949 年后并入新螺垸。

光绪十三年（1887 年）

荆江石首河段大公湖、古丈堤发生自然裁弯。江襄盛涨,沔阳江堤大木林溃,州境数百垸被淹,知州陆佑勤至省请赈以工代赈修复溃口,历五月工成,民称"陆公堤"。

光绪十七年（1891 年）

荆州知府舒惠请准修沙市驳岸,自康家桥起至九杆桅止,十二月开工,取江心窖金洲土,加高沙市堤三尺,长 500 丈,中实以土,旁撑以石,次年六月竣工。十九年冬,窖金洲取土处淤泥沙更甚,坚如铁板,江溜直逼北岸。

光绪十八年（1892 年）

监利、沔阳交界处民众在铁牛江滩合筑"护部垸",围垦 400 余公顷,阻碍新堤河段（今洪湖市）行洪,引起绅商工社各界反对,争讼十余年未果。

光绪二十年（1894 年）

荆州城南江边淤沙自杨林矶上首起,淤至黑窑厂止,宽约半里许,长约数里,形势日见其高,屹然成砥柱之势,终淤成今"学堂洲"。

光绪三十一年（1905 年）

夏秋,峡江水涨,八月又连日阴雨,外江水由松滋县黄家铺、江陵县毛杨二尖旧口同时灌入,松滋县漫溃史家湾堤。枝江县漫溃百里洲,内湖水溃石首县横堤,淹没罗城等垸和江陵县虎渡之东西大垸。江北岸万城大堤水位最高时超过沙市杨林洲老石矶约 4 米,为历史罕见。

宣统元年（1909 年）

石首横堤垸决,田禾绝收,人死无算。

下荆江监利尺八口河湾柳林渊长江河道发生自然裁弯,遂使尺八口至红庙、薛家潭地段河道变为废江,故称"老江河"。

湖广总督陈夔龙奏:公安高李公、松滋杨家垴、监利河龙庙各堤工,均拟派员督办筹修,以期巩固。准奏。

湘抚岑春萱咨商鄂督委员勘江勘湖,议定办法四项（疏江、浚湖、修港口、固堤岸）,交南北两省议会核议,未果。

宣统三年（1911 年）

石首知县堵筑蛟子渊。入民国后,由荆江堤工局局长徐国彬刨毁。

二、中 华 民 国

民国元年（1912 年）

4 月

设荆州万城堤工总局于沙市,徐国彬任总理,下设万城、李埠、江神庙、沙市、登南、马家寨、郝穴、金果寺、拖茅埠 9 分局和沙市石卡。

6 月

石首县北乡王辅廷等人堵塞江水分泄水道蛟子渊,经民国政府副总统批准派兵刨毁,严惩为首者。

10 月

民国政府内务部派员查勘,刨毁荆州沿江两岸私垸,并勒碑永禁。

民国二年（1913年）

12月

湖北行政公署训令禁筑石首县蛟子渊、朱阳湖等处，经呈内务部立案。内务部指令：所请勒石永禁亦切实可行，应即照准，并列出江陵县万城大堤南北两岸淤洲均属禁筑之列。

民国三年（1914年）

7月

荆州万城堤工总局总理徐国彬条陈万城大堤善后办法八条：一曰石工浩大，二曰砖工重要，三曰组织堤警，四曰整顿石船，五曰严禁私挽，六曰借助警威，七曰疏浚支流，八曰严催土费。经巡按使批准执行，并成立荆州万城堤工警察总督。

民国四年（1915年）

4月

徐国彬因三庆安澜，经民国政府大总统批令，奖给七等嘉禾章，万城堤工总局协理杨纪南、总稽查员韩敏荫、收支员王华梅奖给九等嘉禾章。

6月

省财政厅拟将荆江两岸私垸百万余亩，一律划征农业税，使围垦合法。徐国彬就此条陈巡按使，力陈利害，后省府未准财政厅计划。

民国六年（1917年）

7月26—27日

荆江水位续涨五六尺，部分堤段距堤面仅二三尺，江陵县知事叶锡年等上堤巡检，见涨势未已，堤内渗漏多处，随即派员分头防护，相机补救。经呈奉省长公署指令，该县、局此次抢护各工尚称得力。但两岸低洼田地在夏汛中相继被淹，告灾者有江陵、松滋、石首、公安、监利等县。

民国七年（1918年）

11月

湖北督军兼省长王占元发布"儆诚办堤员绅，对于集费施工应具天良为民造福令"，对监利绅董冯在德经修冯家湾堤刚报竣工随即崩溃事，指令各县知事应对绅董严加管教。

是年

以江陵县万城大堤的"万城"二字不能概括全部堤段，且位于荆江北岸，更名为荆江大堤。荆州万城堤工总局亦改称荆江堤工局，原设总理改称局长。

民国八年（1919年）

12月

沙市士绅齐泳苹、郑德耆等组建荆江疏防治安会，并分任正副会长，以疏浚江流，所需开办费由会员担负。后拟具筹款及疏江办法，由徐国彬呈省长公署指令财政厅及荆南道尹会同核议，齐、郑并与徐赴上海等地调查疏浚机械。后因时事艰难，筹款不易，齐旋即病故，以致未能施行。

民国九年（1920 年）

是年

荆江堤工局局长徐国彬商江陵县知事姜继襄，召集沙市绅商胡之奇等及各盐商，商议修防筹款办法。其时，适值沙市运销局裁撤。遂议定：照向例售川盐 1 包，各盐行、盐栈缴运销局规费钱 250 文及水客应缴 150 文，共计 400 文，继续追缴，易名为修防公益捐。经省长公署 1497 号指令核准，责成盐行、盐栈汇收汇缴。

民国十年（1921 年）

7 月

长江中游大雨兼旬，江河水位猛涨，江陵溃堤三圩八处，以致公安、石首、监利、沔阳等 15 县均被淹没，长江两岸数百里一片汪洋。松滋县长寿垸马兰湾堤溃，淹田 2000 余公顷；合众垸金塔湾堤溃，淹田 2333 公顷，死亡 34 人；义兴垸黄家潭亦溃。

民国十一年（1922 年）

3 月

拆除沙市堤街房屋，自二郎门起至九杆桅止，计长 533 尺，民房 390 户，各拆一重或重半，让地 2 丈数尺，堤脚加高 5 尺，培厚 1 丈，于 1925 年 6 月竣工，共耗资 77285 串。

是年

湖北省长官公署为整顿堤政，令委荆宜、江汉、襄阳 3 道尹兼堤工总。

民国十二年（1923 年）

3 月

湖北督军兼省长肖耀南派王兆虎、丁寿石、余云会为清理湖北堤防委员，饬清理堤防档案，进而实地勘察。至次年 6 月，王等编《湖北堤防纪要》并刊印成书。书中将全省堤防分为荆江、汉江、襄江三段及官堤、民堤与最要、次要等级，并附图说。其中，荆江段包括宜昌、宜都、枝江、松滋、江陵、公安、石首以及监利荆河垴湘鄂分界处堤段。

10 月

荆江疏防治安会召集荆属各县士绅开会议决分筹款项，设立筹备处，并由省长委任荆宜道尹为监督，荆江堤工局长为会办，江陵县知事为监察，各县知事为提调，假沙市泾太会馆为监督行辕。但疏江仍因筹款不易而未果。

是年

监利江堤八尺弓因临泓失险，改筑石工。

荆江堤工局局长徐国彬去职，原沙市水上警察局局长徐国瑞接任。

民国十四年（1925 年）

是年

荆江大堤外围谢家、古梗、由始三垸由垸内巨户李竹轩将其合一，统称"谢古垸"，位于沮漳河左岸，其堤上起洪家湾（荆江大堤桩号 790+850），下抵李家埠（荆江大堤桩号 776+628），长 18.5 千米。

民国十五年（1926 年）

夏

四川及湖北、湖南普降暴雨，造成长江中下游大洪水，江陵、松滋、公安、石首、监利等县江堤决口。荆江大堤金果寺、拖茅埠洲堤溃决无存，尤以监利江堤上车湾溃决最重，灾及五六县，人民逃难不及，淹毙约在万数以上。

是年

扬子江水道讨论会在荆江太平口（虎渡口）开始施测水位和流量，在藕池口、调弦口施测流量。至 1933 年，又均增测含沙量、雨量和蒸发量；藕池口、调弦口增测水位。

民国十六年（1927 年）

1 月 26 日

《湖北水利局暂行条例》经湖北政务委员会第十八次会议议定。条例规定荆河路水利分局管辖堤段上起荆宜，下迄新堤上街。新堤正街至武汉堤段，由省局派段长主管。

2 月

省水利局在监利设上车湾堤工处，委派杨烺为专员，堵修上年洪水溃口，年内工成。

6 月 24 日

省府委员会第十二次会议议定《验收堤工办法》。规定：由建设厅派员会同当地县党部、农民协会验收堤防工程，巩固期以 4 年为限。

民国十七年（1928 年）

2 月 28 日

湘鄂临时政务委员会令饬裁撤汉黄、荆河、襄河 3 个水利分局，保留荆江堤工局。

是年

汛后，监利县城干堤外淤洲大崩，省建设厅派外籍工程师安立森前往查勘，议定于城南江岸扼要建块石矶 3 座，至 1935 年完工。

民国十八年（1929 年）

7 月 8 日

日清公司（日本）"信阳丸"轮撞毁沙市巡司巷下首江岸大石岸。中方郑重声明要求按照航海通例惩办该轮负责人并负责修复，期间如发生危险情事，概由该公司负责。后赔款 1500 元。

是年

洪湖彭家码头至叶十家堤段修建木质桩基，条石砌筑石矶，名曰一、二、三矶。

民国二十年（1931 年）

夏

长江流域淫雨连绵，经月不止。8 月平均雨量达 361 毫米，为同期月平均雨量的 2 倍，宜昌站最高洪峰流量 64600 立方米每秒，中下游堤防多溃，沿江平原尽成泽国，武汉三镇被淹。荆州境内，据不完全统计，松滋县溃决 8 垸，淹没农田 2.07 万公顷。石首县东山下堤溃，管家铺至调关，均成泽国；县东北溃 7 垸；全县受灾十之六七。监利县长江干堤一弓堤、朱三弓溃决漫溢，全县淹没。7月上旬，沔阳县新滩口（今属洪湖）江水倒灌内荆河并上抵监利余家埠头，沔南（今洪湖境）尽淹，死近万人。下旬，江水续涨，28—29日，铁牛塘江堤漫溃多处，继而新堤上游3.5千米处江堤溃决，口门宽约500米。旋即朱家峰、吴家渊、章家渊、孙家渊等处江堤溃决多处，随之沙坝子、胡家洲大沙角、中沙角、小沙角、穆家河等处江堤俱溃；东荆河长河口、王家渡堤亦溃。8月9日，荆江大堤江陵沙沟子堤溃，洪水迅猛下泄，直逼东荆河堤防，造成东荆河南北两岸堤防崩溃，淹没沔阳上下新垸47垸和官城等89垸，洪湖境内堤垸溃尽。

大灾后，红十字会发放赈款600万元、小麦70万担、衣服7000套救济沔阳灾民。扬子江水利委员会设18个工赈区（局）以工代赈，培修堤防，其中第六区设于沔阳新堤，筑堤高度以高出长江最高洪水位1米为标准。国际友人路易·艾黎驻新堤，监督工赈救灾。第六工赈局派员驻铁牛、新堤、龙口、新滩口等地指导施工，上堤民工3万余人。施工堤线，自监利螺山经新堤至牛埠头，沿老干堤进行加培，形成螺山至新滩口滨江干堤。在洪湖苏区，由中共湘鄂西分局和贺龙等率红二军团官兵进行救灾及复堤、建闸。

民国二十一年（1932年）

1月

省水利局为修筑江汉干堤，特设公安、车湾、沔阳、武昌等十个堤工处。

省府裁撤江陵县土局，并取消三限制，折每土一方征费0.13元，由江陵县政府随粮附征，湖北堤管委员会派征员监征，每月由县政府解拨堤工局动用。

2月16日

省水利局奉监察院据江陵县人熊翻鹏等呈请免除荆江堤工土费一案呈请省府。内称：荆江大堤绵亘270余里，其修防费用向系取于江陵一邑。若将土费免除，堤局岁修与局用则均受影响。经省府决定："江陵土费，在未经筹有他项抵补以前，仍应照旧征收。"

4月3日

省水利局划分有堤各县为甲、乙、丙、丁、戊、己六等，按等发给堤工补助费。江陵、监利均列为甲等，每年补助1万元。此外，荆江大堤因关系重大，其岁修工款，除照历年成例补助2万元外，特准另补2万元；再加险工工资款10.08万余元。

是年

经江汉工程局核准，将松滋县东段大堤纳入长江江南干堤范围，由政府统一修防，并在浣市镇设立滨江干堤修防处。

江汉工程局在新堤设第三工务所，修防管理自鸭兰矶至新滩口、监、沔、嘉、汉四县江堤。

民国二十二年（1933年）

8月

扬子江防汛委员会拟将荆江四口堵塞，徐国瑞据此致电省府及全国经济委员会，痛陈利害关系，经扬子江防汛委员会查明，撤销原议。

是年

建石首调关矶，矶身长70米，矶头上下30米间水位差1.05米。

江汉工程局接管鄂省堤防事务，由扬子江防汛委员会划湖北为第四防汛区，荆江大堤为第九段，下设18董，64保。

民国二十三年（1934 年）

是年

荆江堤工局沿堤埋设石桩水准点，按吴淞海平面测定堤顶高程。

长江河道白螺矶上游逐渐淤涨出两个江心洲，至 1959 年合为仙峰洲。

民国二十四年（1935 年）

7 月

霪雨成灾，鄂西三峡、清江、沮漳河及湖南澧水一带暴雨强度尤甚，江水陡涨，枝城站洪峰流量 75200 立方米每秒。沮漳河上游山洪暴发，两河口水位达 49.87 米，洪峰流量 5530 立方米每秒。7 月 4 日起，江陵县民堤谢古垸、众志垸、阴湘城、吴家大堤等相继溃决，随即荆江大堤上段得胜寺、堆金台溃决，荆州城被洪水围困受淹，草市镇灭顶，江水直灌监利。7 日，荆江大堤下段麻布拐、监利陈公垸江堤溃决。上旬，松滋溃决 10 垸，长江干堤罗家潭溃。5—17 日，沔南（今洪湖境）六合垸、永乐闸、上河口、叶家边、宏恩大木林、五码头先后溃决，全境被淹。

7 月 8—10 日

民国政府军事委员会武昌行营召开防水会议。10 日，国民革命军副总司令张学良飞抵沙市，视察水灾。

冬

荆江堤工局拨款 2 万元，调集松滋、江陵两县民工堵复长江干堤罗家潭溃口。

民国二十五年（1936 年）

2 月

拟订荆江河段上车湾裁弯取直计划。4 月 12 日，由湘鄂湖江水文站派员办理上车湾土石工程，7 月修改计划。该计划整理工程为引河、石坝、护岸、堤岸工程四项，分三期进行。因工程属首创，决定经水工模型试验后再行实施。

6 月

扬子江水利委员会派员施测荆江藕池、松滋、太平及调弦"四口"地形，次年 7 月测竣。拟于"四口"择要建筑水坝，以期限制"四口"洪水夹沙灌注洞庭湖。

扬子江水利委员会拟订《修正扬子江防汛办法大纲》。规定沿江堤顶高度，应依照历年各地最高水位以上 1 米为标准。沙市堤顶高度为 11.76 米（海关水尺零点，下同），危险水位为 10.28 米，防汛标准水位为 7.50 米。

9 月 9 日

水利学家、教育家、扬子江水利委员会顾问李仪祉乘舟遍视荆江四口及湖南湘、资、沅、澧各水，撰写《整理洞庭湖之意见》一文，提出于四口设滚水坝。徐国瑞就此呈文省府，认为此议实有阻碍江流、危害荆堤情事。

民国二十六年（1937 年）

7 月 20—22 日

江陵阴湘城堤溃，受灾 4047 公顷；耀新场溃，受灾 1333 公顷；突起洲溃，受灾 113 公顷。石首古长堤（亦名百家垸）7 垸相继溃口 21 处。

11 月 25 日

荆江堤工局遵省府令改组为江汉工程局第八工务所，该局原局长徐国瑞改任工务所主任。下设万城、李家埠、祁家渊、郝穴 4 个分段，并将第四工务所辖松滋、公安县境堤段，划归第八工务所管辖。

民国二十七年（1938 年）

4 月 30 日

民国政府公务员惩戒委员会对 1935 年水灾责任者作出处理。其中，省水利局局长陈克明免职并停止任用 2 年；石首县县长卢泽东降一级改叙；沔阳县县长王星一、江陵县县长卢本权减 4 个月月俸 10％；监利县县长万树铭减 2 个月月俸 10％。5 月，原荆江堤工局局长徐国瑞降二级改叙；万城分局堤工主任吴锦堂免职并停止任用 10 年。

6 月 27 日

省府核定江汉工程局所拟《江汉干堤防汛办法》规定：防汛期以 6 月 1 日至 8 月底为标准，但得依水情酌量变更。有堤各县县长兼任防汛专员，各区区长兼任防汛委员，各地市镇由当地警察局局长兼任防汛专员，并会同江汉工程局所属各工务所督率各堤修防处保甲人员防汛。

民国二十八年（1939 年）

11 月

陆军第 44 师、49 师奉江防司令郭忏代电："堵塞蛟子渊、以利戎机"。12 月初开工，动用民工 2500 人，用工近 7 万个，短期竣工。

民国二十九年（1940 年）

2 月

江防司令部为破坏沙市以东道路以阻止日军西侵为由，在监利以上江堤挖筑工事 5099 处，其中拖茅埠至监利间堤身挖断，毁与滩平者 56 处，并在蛟子渊出入口筑堤以防日舰。

3 月

江陵县呈文省府："查蛟子渊历来禁筑，民元至四年，虽迭有堵坝，省府先后派员勘察，迭经平毁，恳乞将蛟子渊坝刨毁净尽"。省府以省建字 2332 号呈报民国政府军事委员会蒋介石："已堵工程，暂维现状；他处另需阻塞水上交通者以不阻碍消泄办理；一俟军事上无阻塞必要，即予刨毁。"军事委员会电复："核尚可行。"

6 月

日本侵略军侵占江陵，荆沙沦陷，由日伪维持会组成沙市堤防管理处。

民国三十一年（1942 年）

是年

江陵、公安、石首、监利、松滋等 13 县遭受水灾。

民国三十二年（1943 年）

是年

日伪湖北省政府建设厅在沙市成立第四堤防工务所，负责荆江大堤修防。

民国三十三年（1944年）

秋

江水退后，松滋河西支新江口堤身滑塌 250 米。

民国三十四年（1945年）

8 月 27 日

荆江南岸公安县斗湖堤下滨江干堤朱家湾老堤溃口。此处溃决，系在日本侵略军撤退，中方人员尚未到达时发生。是日下午，朱家湾新堤亦决，溃口宽 400 米、水深 1.3～2.7 丈不等。28—29 日，石首藕池口附近之蒋家塔、康王庙、杨林寺等处相继溃决，连带民堤溃口 23 处，灾情惨重。被淹范围：西达虎渡河，南至黄山，北界大江，东抵藕池口，面积约 1700 平方千米，被淹农田 2.87 万公顷，灾民 20.7 万人，毁屋 2.2 万栋，溺毙者 2.26 万人（另据公安县政府 11 月调查，淹没农田 2 万余公顷，死亡 3.1 万人）。灾后瘟疫流行，病亡 4.9 万余人。

民国三十五年（1946年）

春

用联合国救济总署面粉"以工代赈"修补沿江堤防，挽筑沔阳老湾、草场头、虾子沟 3 处月堤。

2 月 5 日

公安县长江干堤斗湖堤朱家湾堵口工程开工，计划退筑月堤一道，长 1490 米。至 6 月 24 日完工，计填土 29.88 万立方米，翻沙 2.22 万立方米，抽淤 4990 立方米，打桩 81 根，铺草皮 2.38 万平方米。

3 月

鉴于江汉干堤里程碑及水准点在抗战期间多有损失，江汉工程局自是年 3 月起，开始办理江汉干堤标石测设工作。其中，长江左岸自黄梅段至沙市万城止，计校核 802 千米，水准标点 148 个；长江右岸自阳新马家湾至松滋灵钟寺止，计校核 737 千米，水准标点 145 个。

4 月

民国政府行政院转奉国防最高委员会核定，追加湖北省本年度公安、石首等 7 县水灾赈款 1 亿元。

民国三十六年（1947年）

3 月 18 日

荆江大堤江陵祁家渊段因上年汛期崩坍 400 米。水退后重新测估，整修护岸，应修部分长 364 米。

12 月

长江水利工程总局赴洞庭湖进行实地查勘，提出"洞庭湖整理计划"。计划以 1947 年行政院核定湖界内蓄洪量为标准，使荆江四口、洞庭四水冲入之泥沙不在湖内沉积，湖区以内全由国家经营，以免私人操纵。并依此原则，在湖内留一洪道，以泄四口、四水平时注入之水，沿洪道两岸筑堤，以与其余湖面隔绝，设闸相通，作为蓄洪区。拟在四口设闸，于中、低水位关闭，使水流集中荆江以减少淤积。

民国三十七年（1948年）

5 月 12 日

江汉工程局依据堤防保护范围，将湖北省江汉干堤划分为三级。其中，新滩口至荆江大堤，总长

398 千米，保护农田 40 万公顷；公安、江陵、大兴垸、东大垸、大定垸、金城垸、虎东垸等，共长约 100 千米，保护农田 53.33 万公顷。

7月4日

荆沙防汛委员会成立，专员兼任主任委员，副主任委员由第八工务所主任洪长儒、江陵县县长李培文兼任，下设总务、工料、警卫等组。并成立荆沙防护义勇总队，计 2 个大队 9 个中队共 1887 人。

7月26日

沔阳长江干堤新堤马家码头溃决，口门宽 400 米，江堤沿线及峰口以下各垸堤溃，监利、沔阳、嘉鱼、汉阳、潜江、天门、汉川 7 县被淹。该堤溃决时，沔阳县府与江汉工程局第六工务所无人临场督导抢救。9 月 2 日，省府将沔阳县县长曾建武撤职，并饬江汉工程局将六所所长夏安伦先行撤职，以平民愤。汛期，石首江北 12 垸溃决，淹田 1.2 万公顷；江南 9 垸溃决，淹田 4000 余公顷。

是年

第八工务所在荆江大堤沙市宝塔湾河段修筑水泥挡水墙一道。

民国三十八年（1949 年）

4月

荆州修堤工地出现中国共产党"新旧修堤比"传单、布告，其词为："修堤呀！修堤，过去不分男和女，怀胎妇女也要赶上堤，王老虎（保安大队长王明初）先派办公费八百元，茶烟每户两块钱，马料每家要一斗。修堤呀！修堤！本年不同往年比，民主政府来领导，以工代赈来救济，堤工堤粮，按人按亩来担堤。堤工不受打和骂，教育自觉来启发，放鞭发奖选模范。"

7月8日

解放战争期间，国民党军队在沙市、郝穴间荆江大堤构筑工事，滥加破坏，是年入春来又不准进行培修。在长江洪水冲击下，江陵马家寨堤崩溃三分之二，所剩不足 3 米宽堤防险象环生，岌岌可危。中国人民解放军武汉市军管会得悉后甚为焦急，因沙市尚未解放，无法前去抢修，乃令原江汉工程局急电第八工务所进行抢修。

7月9日

长江沙市站洪峰水位 44.49 米，为有水文记录以来最高水位。高水位持续到 15 日。解放军一边作战，一边防汛抢险。松滋口最高水位 46.18 米，全县溃决 6 垸，淹田 5933 公顷。

7月10日

石首北门口水位 39.39 米，溃决 7 垸，淹田 1.53 万公顷。沔阳江堤局墩段堤脚出现漏洞，抢护不及，于 20 时溃决，口门宽 150 米。

7月12日

沔阳甘家码头（今属洪湖）江堤溃决，口门宽 900 米，峰口以下及沿江民垸俱溃，受灾人口 64 万，淹没农田 6.4 万公顷。

7月14日

国民党川湘鄂绥靖公署少将副参谋长兼江防司令部司令、湖北省第四行政督察区专员周上璠，三次拒绝国民党华中"剿总"副司令兼湘鄂边区绥靖司令官宋希濂炸堤命令，阻止保 7 旅在郝穴掘堤。是日，周令其 16 团代团长李国章在万城捕杀军统炸堤爆破组 7 名特务，拆除堤上预埋全部地雷和炸药，保住大堤。7 月 30 日，周率保 6 旅及保 7 旅一部在松滋街河市起义。李先念赞周"保护荆江大堤，接洽起义，有功人民"。

7 月 15 日

中国人民解放军第四野战军第 13 兵团第 49 军第 145、146、147 师解放荆沙。7 月 17 日，荆州专署及沙市市、江陵县人民政府进驻荆州、沙市，并接管荆江大堤和第八工务所。

7 月中旬

荆江大堤江陵祁家渊段在退水时发生严重滑坡，江陵县人民政府副县长涂一元等组织群众抢护脱险。

7 月

长江石首河段碾子湾弯道自然裁直，老河长 19.15 千米，新河长 2 千米。自此，石首出现江南、江北两处碾子湾。

9 月 17 日

湖北省人民政府农业厅水利局成立，下设荆州、沔阳等区水利分局。

是年

夏秋江水暴涨，而秋汛为害尤大，江陵、监利、石首、沔阳等县受灾。沔阳除仙桃一隅地势较高未受灾外，余多被淹，尤其洪湖附近尽成泽国。

三、中华人民共和国

1949 年

10 月 22 日至 11 月 18 日

湖北省人民政府组织慰问团，由团长王恢率领，前往监利、沔阳等重灾区调查灾情，慰问灾民。

10 月 25 日

沙市召开各界代表会议，同意设立堤防委员会，培修江堤为会议重要中心议题之一。

11 月 6 日

湖北省人民政府以〔1949〕农水字第四号文批准，设立荆州水利分局江（陵）公（安）松（滋）办事处，处址沙市。

12 月

江陵县组织群众，重点清除荆江大堤军工隐患。

冬

石首县成立修堤指挥部，以区为大队，下设中队、分队，共组织民工 2.5 万人修堤，每立方米土方发大米 3～5 斤。

沔阳江堤甘家码头、局墩堵口复堤，周家嘴、胡家湾退挽月堤，次年春工竣。

1950 年

3 月 20 日

中央人民政府政务院发布《关于一九五〇年水利春修工作指示》，要求"长江保证再遇一九四九年同样洪水不发生溃决"。

3 月

荆州专署发布布告：严禁耕削堤面、铲除堤面堤坡草皮、刨毁堤身堤脚，严禁在堤上栽种庄稼及建房、葬坟、建厕所、烧窑、挖泄水沟等。违禁者除责令修复外，并依法制裁。

5 月 15 日

中南军政委员会、中南军区联合发出训令，严禁挖掘堤坡，对已毁者，应予迅速填补，今后再挖者从严惩处。

6—7月

荆江大堤沙市观音矶、江陵郝穴及李家埠堤段设置防汛水尺。

7月1日

成立长江水利委员会中游工程局荆州区长江修防处，原荆州区水利分局江松公办事处改为该处第一工务所，负责管理荆江大堤及江陵、松滋、公安三县堤防。

7月10日

荆江防汛至为紧张，省人民政府发出"紧急动员起来，防汛护堤，为战胜洪水而斗争"的指示。

荆江大堤外围垸谢古垸、瓦窑垸溃。石首、公安交界处竿簍湾闸封闭不严出险，数千人抢护3天仍未控制险情。后用百余床棉絮扎成棉球并系铁链锚10个，抛于上游，随水漂流堵塞闸孔，控制险情。

7月

11日，荆江大堤外围垸龙洲垸、突起洲溃；14日，众志垸溃。本月，松滋县溃决7垸。义兴垸修防主任及技术员因抢险渎职受处分。

8月

长江委提出《荆江分洪初步意见》，并呈报水利部。

中南军政委员会水利局组织勘察组对蛟子渊进行全面勘察。

10月1日

党和国家领导人毛泽东、刘少奇、周恩来听取中南军政委员会副主席邓子恢关于荆江分洪工程的汇报，并审阅工程设计书。毛泽东同意兴建荆江分洪工程。

12月25日

中南军政委员会召开荆江安全会议，指出荆江问题总的原则是治标为主并做治本的准备工作。长江委拟利用虎渡河太平口以东，长江右岸大堤以西，藕池口以北地区兴建荆江分洪区，作为治标办法之一。

12月

荆州区长江修防处第一工务所就阴湘城堤问题向中游局写出报告，请求废弃旧堤，改经阴湘城另筑新堤。

中南军政委员会副主席邓子恢主持召开会议，专题研究荆江大堤加固问题，省人民政府主席李先念、副主席王任重与会，决定由政府拨粮1.65万吨，组织江陵、监利两县劳力5万人，民船3000只投入岁修施工，计划土方300万立方米、石方6万余立方米。

1951 年

1月2日

由长江委组织完成荆江临时分洪工程查勘，拟选虎渡河以东、荆江右岸以西、藕池口以北地区为是年临时分洪区。

1月12日

政务院总理周恩来主持召开政务院政务会议。水利部部长傅作义作《中央人民政府水利部关于水利工作 1950 年的总结和 1951 年的方针与任务》的报告。报告提出，长江最近几年的治理，应以荆江防洪工程为重点。周恩来特别指出，荆江分洪工程，在必要时，要用大力修治。

1 月

荆江大堤加固工程全面开工，中南军政委员会决定由政府拨粮，组织江陵、监利两县投入劳力 1.8 万人施工。大堤断面设计标准：堤高按 1949 年沙市最高水位 44.49 米相应水面线超高 1 米，面宽 6 米。至 1954 年，共完成土方 1000 万立方米。

2 月

长江干堤松滋丁家垱（俗称丁工月堤）退挽工程竣工。从丁家垱至丙码头，移堤长 1.58 千米，从而消除该段河泓逼近、崩坍严重的险情。

3 月 9 日

长江委中游局提出重新确定各地水位标准，将汛期控制水位划为"设防水位、防汛水位、紧急水位"三种。防汛水位：沙市站 41.40 米，监利站 32.90 米；紧急水位：沙市站 42.30 米，监利站 34.50 米；设防水位各地自定。

4 月 13 日

省人民政府接转中南军政委员会、长江委对蛟子渊的处理办法（略）："为照顾群众的迫切要求，暂准罗公、枚王张、张惠南、超易北四垸合修，经费自筹。"该垸于 1950 年 12 月 24 日开工，次年 3 月 23 日奉令停止，4 月 15 日复工，7 月 12 日完工。

4 月

长江委决定，适当培修虎渡河东堤，使之与荆江南岸大堤连成一个围堤系统。6 月底培修工程结束，完成土石方 190 万立方米。

5 月 25 日

中南军政委员会以办水五一字 3759 号代电，决定将谢古垸、保障垸、众志垸、张家垸、龙洲垸、三总垸、下百里洲、六合垸、共和垸、祝家湖垸、汪洋湖、上百里洲等 12 个民垸划为蓄洪垦殖区，垸内土地归国有。

5 月

省人民政府指示，成立省、专区、县三级防汛指挥部，区、乡、村成立防汛大队、中队、小队。

6 月 9 日

省人民政府主席李先念给荆州地委书记顾大椿和荆州专署专员阎钧发出专电："省防汛指挥部决定，荆江大堤必须保证 44.49 米不溃口。"

6 月 20 日

石首县刨毁蛟子渊原堵坝。据推算，刨毁后可分泄荆江流量 2700 立方米每秒，可降低荆江大堤最险段的洪水位。工程于 7 月 12 日完工，13 日开始泄流。共计完成土方 5 万立方米，引河全长 258 米，坝头以块石裹砌。

6 月

沔阳专署第六工务所改编为湖北省荆州区长江修防处第三工程队，同时成立洪湖县长江管理总段，队、段合署办公。

8 月

长江委提出《荆江分洪工程计划》。指出，工程直接效益是配合荆江大堤，保障荆北江汉平原 54 万公顷农田及每年 140 万吨稻谷的生产。

10 月

26 日，荆州专署颁布《1952 年水利工程负担办法》。本月，石首县修防总段成立，下设藕池、城关、调关 3 个分段，管辖长江干堤五马口至笮篓湾长 104.4 千米堤防。

12 月

荆州专署成立荆江分洪移民委员会。

是年

经上级批准，将江陵 8.35 千米阴湘城堤划入荆江大堤。至此，荆江大堤起点上延至江陵枣林岗。

1952 年

春

拆除荆江大堤沙市城区堤上大同一、二、三、四街房屋计 1316 栋，涉及 1993 户共 7446 人，以利荆江大堤加固工程顺利进行。

2 月 7 日至 4 月 16 日

为解决荆江分洪区移民安置问题，经省政府提议，中南区批准，在石首县原 4 民垸基础上，堵塞蛟子渊，扩大围挽上人民大垸。

2 月 17—19 日

周恩来主持召开湖北、湖南负责人参与的荆江分洪工程会议，协调两省对工程的不同意见，就《政务院关于荆江分洪工程的决定（草案）》进行讨论并达成一致意见。2 月 23 日，周恩来向毛泽东和中央就荆江分洪工程会议的情况进行报告。2 月 25 日，毛泽东审阅周恩来的报告后，同意周恩来意见及政务院决定。

3 月 15 日

中南军政委员会第 74 次行政会议通过并发布《关于荆江分洪工程的决定》。成立荆江分洪委员会与荆江分洪总指挥部，李先念任荆江分洪委员会主任委员，唐天际、刘斐为副主任委员；唐天际任荆江分洪总指挥部总指挥，李先念任总政委，王树声、林一山、许子威为副总指挥，袁振为副总政委。成立进洪闸（北闸）指挥部，以张广才为指挥，阎钧为副指挥。成立南线指挥部，以许子威为第一指挥，田维扬为第二指挥。

3 月 16 日

水利部副部长李葆华和长江委主任林一山、总工程师何之泰陪同苏联专家布可夫、沙巴耶夫视察荆江大堤江陵郝穴、祁家渊险段及冲和观矶头。

3 月 31 日

中央人民政府政务院发布《关于荆江分洪工程的规定》。

4 月 5 日

荆江分洪工程主体工程进洪闸、节制闸和分洪区围堤黄天湖大堤全面开工。中国人民解放军和湖南、湖北两省民工及工程技术人员共 30 万人参与施工，6 月 20 日竣工，历时 75 天。6 月 28 日至 7 月 8 日验收。共完成土方约 834.58 万立方米、石方 17.13 万立方米、混凝土 11 万立方米，耗用经费 4142.51 亿元（旧人民币）。

5 月 24 日

荆江分洪工程工地隆重举行授旗典礼大会。水利部部长傅作义代表中央到工地慰问，向参与施工的 30 万劳动大军授予国家主席毛泽东和政务院总理周恩来题词的两面锦旗。毛泽东题词："为广大人民的利益，争取荆江分洪工程的胜利！"周恩来题词："要使江湖都对人民有利。"

6月14日

荆江大堤加固工程竣工。上起江陵枣林岗，下至监利麻布拐，加培翻修 42 处，完成土方 48 万立方米；祁家渊、冲和观等 8 处险段抛石护岸长 5849 米；拆迁沙市至郝穴堤街房屋 1476 栋。

6月15日

荆江分洪工程节制闸（南闸）工程竣工。该闸 32 孔，长 336.83 米，每孔净宽 9 米，分洪时控制泄入洞庭湖流量不超过 3800 立方米每秒。

6月16日

国家副主席宋庆龄视察荆江分洪工程工地。

6月18日

荆江分洪工程进洪闸（北闸）工程竣工。进洪闸全长 1054 米，54 孔，每孔净宽 18 米，空心垛墙，箱式岸墩，轻型开敞式结构，弧形闸门，设计进洪量 8000 立方米每秒。

6月21日

唐天际、李先念代表荆江分洪总指挥部及全体建设者上书国家主席毛泽东，报告荆江分洪工程胜利竣工。

中央人民政府人民革命军事委员会总政治部、中南局、中南军政委员会、中南军区、水利部、湖南省委、湖南省政府、湖南省军区、湖北省委、湖北省政府、湖北省军区分别致电荆江分洪总指挥部，庆祝荆江分洪工程胜利竣工。

6月22—25日

荆江分洪工程总指挥部在沙市人民剧场召开英模代表大会，出席会议代表 846 人。

7月1日

4 万荆江分洪工程建设大军在黄山头节制闸前举行荆江分洪工程庆祝胜利大会，节制闸同时举行放水仪式。省人民政府主席李先念、水利部副部长张含英与会。

7月22日

中南军政委员会召开第 84 次行政会议，批准荆江分洪总指挥部《关于荆江分洪工程的总结报告》和中南军政委员会荆江分洪工程验收团《关于荆江分洪工程的验收报告》。

7月

荆江大堤沙市康家桥矶上游段（桩号 758＋540～758＋615）原条石驳岸崩塌长 75 米，宽 10 米。松滋县德胜垸、永丰垸及响水垱溃决。退水时，大同垸七里庙堤段崩坍 3520 米。

11月14日

荆江分洪第二期工程全面开工。第二期工程包括在分洪区内修建一条长 100 千米排水干渠，培修分洪区围堤，在分洪区内培修 20 个安全区及 7 个安全台。工程动员荆州、宜昌民工 18 万人施工。次年 4 月 25 日竣工。

12月12日

省委、省政府、省军区向战斗在荆江分洪工程工地的全体人员致慰问信。

是年

荆江分洪工程纪念亭建成，李先念、唐天际撰写纪念碑文。

1953 年

1 月

19—23 日，荆江分洪第二期工程总指挥部在沙市人民剧场召开英模代表大会。本月，荆右干堤、虎东干堤、虎西干堤培修工程竣工，荆江分洪区防汛分洪专线电话架设开通。

9 月

堤防部门对荆江大堤留用土地按"堤内 50 米，堤外 100 米"的要求进行测估。

10 月 27 日

荆州区长江修防处荆长工字 4768 号通知：接转中游局 10 月 17 日〔53〕中计字第 1060 号通知，经省人民政府暨长江委批准，石首县西兴垸塔市驿至章华港堤段改为长江干堤。

是年

江陵县堤防总段引进在黄河流域人工锥探灌砂法，研制成人工锥探器，并投入荆江大堤加固施工。

1954 年

2 月

省政府作出决定，将黄山头以上，虎渡河以南 84 平方千米地带，划为后备分洪区，亦称"虎西备蓄区"。

5 月 14 日

中南军政委员会发布《关于 1954 年防汛工作的指示》，要求各地充分发挥一切力量战胜洪水，努力防止大江大河严重决口或改道，影响国家建设部署。

6 月上旬

由湖北荆州、湖南常德两个专区及中游局共同组成荆江防汛分洪总指挥部，下辖石首江北指挥部和荆江分洪区南线指挥部，由阎钧、孟筱澎分别任指挥长和政委。各县、区亦相继成立指挥机构。

6 月 21 日

中南军政委员会鉴于长江中下游水位接近历史最高水位，上游雨季又将到来，情况较往年严重，特发出《关于加强防汛工作的紧急指示》，要求各地集中力量与洪水作坚决斗争。

6 月下旬

省委、省政府召开紧急会议，发布防汛《紧急动员令》。

6 月

中央人民政府水利部荆江防汛工作检查组检查荆江分洪区防汛和分洪准备工作。

7 月 5 日

长江上游出现第一次洪峰，下荆江监利河段超过保证水位，省人民政府发布《关于防汛抢险的紧急命令》。荆江县防汛指挥部发出《防汛分洪紧急动员令》，动员"住蓄洪区的群众，限于 7 月 10 日前搬完家，安好家"。荆江分洪前，省委、省政府和省军区以及荆州专区党政军各部门抽调 500 余名干部到荆江县组织和帮助群众转移。

7 月 7 日

4 时，公安县虎渡河西堤南阳湾溃决，口门宽 111 米；5 时 15 分，戴皮塔溃决，口门宽 125 米。

7月8日

石首长江干堤西兴垸于凌晨 3 时溃决，5 时民堤张智垸溃决，共淹田 1400 公顷。

7月13日

洪湖长江干堤路途湾江堤（今老湾）溃决。28 日新堤上朱家码头扒口分洪，全县被淹。

7月21—25日

荆江大堤江陵祁家渊至冲和观段先后发现浑水漏洞 22 个和直径 2 米跌窝 2 个，情况危急。副县长李大汉带领群众经三昼夜奋力抢护，转危为安。省委于 7 月 28 日向全省发出通报，表彰此次对抢险有功人员。

7月22日

7 月 20 日后，荆江水位持续上涨，22 日沙市水位达 44.38 米，预报还将继续上涨，形势危急。经省委、省政府请示，中央批准运用荆江分洪工程。2 时 22 分，荆江分洪工程进洪闸（北闸）第一次开闸，最大分洪流量 6700 立方米每秒，至 23 日 8 时，沙市水位降至 44.11 米。7 月 27 日 13 时 10 分关闸，分洪总量为 23.53 亿立方米，分洪后维持沙市水位 44.38 米。据推算，如不分洪，沙市水位将达 44.85 米。

7月29日

6 时 15 分，沙市水位再度上涨至 44.24 米时，荆江分洪工程进洪闸（北闸）第二次开闸分洪，最大分洪流量 6900 立方米每秒，沙市水位降至 44.10 米，从而使急剧上涨的洪峰再次受到遏制。至 8 月 1 日 15 时 55 分关闸，分洪总量 17.17 亿立方米，分洪区内总蓄水已达 47.2 亿立方米（有效蓄洪容积 54 亿立方米）。预计此次如不分洪，沙市水位将高达 45.03 米，超过保证水位 0.54 米。

石首人民大垸鲁家台溃口，县长原有发乘船赶赴现场抢险时不幸遇难。

8月1日

金沙江、岷江、嘉陵江、乌江连续降雨，在清溪场以下汇集成特大洪峰，加之三峡区间、清江又降暴雨，预计沙市水位将达 45.63 米，洪水将普遍漫堤。中央指示，于 8 月 1 日 21 时 40 分，在沙市水位 44.35 米时第三次开启荆江分洪工程进洪闸（北闸）分洪。此时，分洪区已经两次运用，所余库容仅 7 亿立方米，难以继续纳洪。经中央权衡得失，决定开启荆江分洪工程节制闸（南闸），扒开虎东堤及虎西山岗堤，使分洪区超额洪水进入洞庭湖和虎西备蓄区，进洪与吐洪同时进行。遵照中央指示，荆江防汛分洪总指挥部于 4 日在虎东肖家嘴爆破扒口，吐洪入虎渡河经南闸下泄，扒口宽 1436 米，分流量 4490 立方米每秒，总量 48 亿立方米。6 日，又扒开虎西山岗堤，导洪入备蓄区，扒口宽 565 米。同时，黄天湖排水闸也开启泄洪。此时，分洪区最大进洪量 7700 立方米每秒，最大吐洪量 4450 立方米每秒。因进量大于出量，分洪区黄天湖闸水位急剧上升至 42.08 米，超过原控制水位标准 1.08 米，导致荆右干堤郭家窑于 7 日 0 时漫溃，溃口宽 1380 米，分洪区内洪水经溃口回泄入江，流量 5160 立方米每秒。此时，长江上游复降大雨，荆江分洪区又正处于泄蓄超饱和状态。为减轻大堤压力，不得不于 7 日再扒开枝江上百里洲堤，扒口宽 300 米，分流量 3150 立方米每秒，蓄洪量 4 亿立方米。经过一系列分洪措施，至 7 日上下荆江流量分别为 50000 立方米每秒和 35000 立方米每秒。8 日又扒开北闸下腊林洲堤，以增加分洪区进洪量，扒口宽 250 米，分流量 1800 立方米每秒，分洪总量 17 亿立方米。由于郭家窑溃口，下荆江负担骤然加重，加之董家拐发生特大脱坡险情正在抢护，监利一带堤防也岌岌可危。在此紧急情况下，荆江防汛分洪总指挥部于 8 日 0 时在监利上车湾大月堤扒口分洪，扒口宽 1030 米，分流量 8930 立方米每秒，总量 291 亿立方米。8 月 22 日沙市水位退落至 42.70 米时，于 7 时 50 分关闸。此次分洪降低沙市水位 0.96 米，分洪总量至 8 月 16 日 23 时止，包括腊林洲扒口进洪量在内，共达 82 亿立方米。荆江分蓄洪区三次分洪累计分洪总量 122.6 亿立方米，远超其有效容量。

中央人民政府政务院致电慰问参加长江防汛的全体人员，并号召防汛大军"再接再厉，为争取最后战胜洪水而奋斗"。

8月2日

石首长江干堤陈公东垸廖家祠溃决。7月8日至8月4日，全县共溃垸6处，受灾人口15万，死亡163人，冲毁倒塌房屋8332栋，淹没农田2.09万公顷。

8月7日

下午，沙市站水位达到有水文记载以来的最高水位44.67米。7月、8月两月共通过洪峰6次，荆江大堤发生险情2440处。

8月7—11日

中央军委派原荆江分洪总指挥唐天际乘飞机视察荆江大堤和已分洪的荆江分洪区。

8月

中央人民政府从天津、武汉等地调抽水机106台，从东北调军工49人、技工68人，支援荆江分洪区抢排安全区渍水。

9月

荆江分洪区、虎西备蓄区堵口复堤工程全面开工。

11月

荆州专署组织江陵、监利、荆门、潜江、天门县民工14万余人，采取"以工代赈"方式培修荆江大堤。设计标准：按沙市最高水位44.67米超高1米，面宽7.5米，外坡比1:3，内坡比1:3～1:5。并在马家寨至祁家渊、颜家台至夹堤湾和麻布拐3处营造防浪林6万株。监利完成上车湾堵口复堤工程。

是年

汛后，经上级批准，将拖茅埠以下至监利城南50千米江堤划入荆江大堤。自此，荆江大堤全长始为182.35千米。

冬，荆州专署组织洪湖、监利、沔阳县劳力，堵塞洪湖江堤路途湾、朱家码头等处溃口，次年春竣工。

1955 年

4月10日

荆江分洪区恢复与扩建工程竣工。该工程动员荆州、宜昌10县市民工16万人施工。湖南民工承修南线大堤，历时6个月。

4月25日

全省堵口复堤工程完成全部计划任务。荆江大堤、荆江分洪区围堤完成土方1080万立方米、石方14万立方米。

6月15日

荆江分洪工程管理处与荆州区长江修防处合并，改称荆州区长江修防管理处，仍隶属长江委中游工程局。

6月27日

荆江大堤柳口段桩号684＋640处发生严重管涌，地委副书记邵敏、专署副专员饶民太赴工地组织群众抢护脱险。

11 月 16 日

洪湖分蓄洪区隔堤工程开工，长 57.6 千米。次年 1 月 26 日竣工。

1956 年

3 月

长江委将荆州区长江修防管理处交湖北省管理，更名为湖北省水利厅荆州区长江修防处。

5 月

省防指决定将设防水位定为：沙市站 42.00 米，监利站 32.50 米；警戒水位定为：沙市站 43.00 米，监利 34.00 米。

6 月

洪湖新滩口堵坝工程竣工，使长江干堤与洪湖隔堤连成一体，结束数百年来江、河洪水倒灌横溢的历史。

1957 年

4 月

荆江大堤按超 1954 年最高水位 1 米全线加高，共完成土方 136 万立方米、石方 15.3 万立方米。

6 月 23 日

反动组织"中央华中将军府"阴谋暴乱，企图炸毁荆江分洪工程进洪闸和节制闸，被公安部门侦破，首要分子被依法处决。此后至 1965 年，两闸均由公安民警负责防守。1978 年后，每年 6 月 15 日至 10 月 15 日主汛期，由中国人民解放军某部驻守。

12 月

长办组织查勘荆江四口，并于次年 5 月提出《四口查勘报告》。该报告对调弦堵口、藕池口建闸（高陵岗、老洲、沙湖垸附近三个方案）、松滋口建闸（左岸上星垸、右岸何家台两个方案），以及通航等问题提出规划。

1958 年

2 月 26 日

国务院总理周恩来，副总理李富春、李先念，湖北省委第一书记王任重及长办主任林一山等负责人及工程技术人员，乘"江峡"轮从武汉溯江而上，28 日抵江陵郝穴后改乘汽车，冒雪视察荆江大堤。

3 月 25 日

中央成都会议通过《中共中央关于三峡枢纽工程和长江流域规划的意见》，要求荆江大堤加固决不能放松。

3 月 29 日

成都会议结束，中共中央主席毛泽东从重庆乘"江峡"轮东下，途经沙市时，毛泽东走上甲板，巡视荆江大堤，接见专程从宜昌上船汇报的中共荆州地委第二书记陈明等人，详细询问荆州堤防及防汛等情况。

3—5 月

围挽石首县原陈洲乡，堤长 26.7 千米，取名下人民大垸。竣工后，行政交由监利县管辖，由省农垦厅兴办人民大垸国营农场。

5 月 20 日

湖北省委第一书记王任重根据党中央和国务院指示，邀请湖南省委第一书记周小舟、江西省委书记邵式平、长办主任林一山等在国务院举行三省水利会议，着重研究长江防洪及荆江四口问题。周恩来、李先念、李葆华等莅会指导。

7 月 16—21 日

沮漳河发生大水，荆江大堤外围垸众志垸、保障垸漫溃多处。

10 月

荆江大堤管理部门在武汉大学生物系协助下成立黑翅土白蚁研究组，摸索出一套适合荆江大堤特点的"查、找、熏、灌、挖"相结合的防治白蚁办法，其成果 1997 年获湖北省政府科技进步二等奖。

冬

根据鄂、湘、赣三省协议并经中央批准，在调弦口堵坝并建闸。协议规定，当监利水位达到 36.00 米，预报将超过 36.57 米时扒口分洪。

1959 年

3 月

调弦河口筑坝建闸工程竣工，并修河堤长 3.38 千米，围挽连心垸。

4 月 15—27 日

荆江大堤观音寺至盐卡段连续发生严重裂塌险情 5 处，荆州地委书记孟筱澎、专员单一介赶至现场查看，责令江陵县限期妥善处理。

7 月

久旱，监利县在荆江大堤一弓堤处（桩号 674＋200～674＋260）破堤引水灌溉，冬堵复。其后，1960 年、1961 年又连续两次在此处挖口抗旱，均在当年冬堵复。

1960 年

2 月

荆江大堤第一座涵闸观音寺闸（老闸）建成（1959 年 11 月开工），4 月 5 日举行隆重放水典礼，省水利厅厅长陶述曾到会祝贺并致辞。

4 月

水电部、中国科学院昆虫研究所、中国昆虫学会在荆江大堤江陵关庙段召开全国土栖白蚁防治现场会，与会者有南方 14 个省、市及福建前线解放军代表共 110 人。专家们肯定荆江大堤防治土白蚁的办法。

9 月 9 日

石首横堤垸长江干堤桩号 583＋700 处，因挖堤抗旱未堵，秋水上涨时溃决，口门宽 110 米，受灾面积 66.3 平方千米，淹没农田 3722 公顷，冲毁倒塌房屋 348 栋计 1074 间，死亡 7 人。

10 月

洪湖长江干堤新滩口船闸竣工。该闸为四湖总干渠（内荆河）通江孔道，由省交通厅设计，通航能力 300 吨级。

是年

白蚁普查中，荆江大堤江陵段万城、马山等地共查出白蚁 6321 处，消灭有翅成虫 3.6 万只。

1961 年

7 月

荆江大堤沙市廖子河段距堤脚 70 米水塘边出现冒孔 2 个，孔径 0.08～0.3 米，桩号 359＋938 处距堤脚 100 米的钻孔冒沙，经处理，安全度汛。

8 月 23 日

江陵县在龙洲垸挖堤引水抗旱，造成人为灾害，口门冲成深潭，淹没农田 200 公顷，受灾 220 户。经全力抢护，于 25 日下午脱险。

1962 年

7 月上中旬

长江中游发生自 1954 年以来大洪水。荆江沙市站水位 11 日 18 时达 44.35 米，仅较 1954 年最高水位低 0.32 米。石首水位因受调弦口建闸控制和藕池口分流量减少的影响，12 日 2 时洪峰水位 39.85 米，仅较 1954 年最高水位低 0.04 米。

7 月 12 日

荆江大堤观音寺灌溉闸内距闸 370 米处，出现冒孔 1 个，砂盘直径 4.8 米、洞深 11.6 米，另有小冒孔 3 个，同时在蔡老渊发现管涌冒孔 7 个，均及时处理脱险。

8 月

长江沙市河段三八滩被水流切割，由江北边滩变为江心洲，南北泓分流局面形成。

1963 年

春

江陵县发动荆江大堤沿堤群众 3700 余人进行白蚁普查，取出蚁巢 1600 余个，消灭有翅成虫 74 万只。

4 月 26 日

省防汛抗旱指挥部批复，沙市站设防水位确定为 42.00 米。

12 月 1 日

水电部批准扩大荆江分洪区涴市隔堤工程正式开工，荆州地区组织松滋、公安、江陵县民工 2 万余人施工。

是年

石油会战时，石油物探部门在荆江大堤盐卡距堤内脚 1000 米处进行地震勘探，爆破 57 孔。

1964 年

9 月

省水利厅荆州区长江修防处更名为荆州地区长江修防处，人事、行政由荆州地委、荆州行署管理，处长由副专员兼任，财务、工程业务由省水利厅管理。

11 月

荆江分洪工程节制闸（南闸）加固工程开工，次年汛前竣工。

是年

新建江陵万城至洪湖新堤电话杆路 284 千米。在荆江大堤蔡老渊及观音寺渠道陆续修建减压井

32 个、观测井 15 个。

1965 年

5 月

国家副主席董必武视察荆江分洪工程和荆江大堤。

7 月 13 日

松滋县八宝垸下南宫闸因闸基管涌倒闸溃决，淹没农田 6667 公顷，倒房 1.5 万间，死亡 14 人。

1966 年

2 月

石油物探部门在荆江大堤盐卡段实施爆破钻探。冬，以纯粘土泥球分层夯实封堵，地表翻筑后加筑高 2 米的土压台。

6 月

长办在荆江大堤江陵颜家台闸进行放淤试验，58 天平均淤厚 0.58 米。

10 月 25 日

下荆江中洲子裁弯工程开工。该工程是首次在长江干流实施试验性人工裁弯工程。工程包括：新河开挖、新河北堤工程、新河护岸工程、调弦弯道狭颈护岸工程和新河上下游河势控制工程。裁弯引河长 4.3 千米，老河长 36.7 千米，裁弯比 8.5。次年 5 月 22 日竣工，弯道半径 2.5 千米，完成土方 186 万立方米。

1967 年

4 月

去冬今春，江汉油田及地质物探部门分别在荆江大堤桩号 709＋000～750＋000、750＋000～761＋500、761＋500～798＋000 三段实施地震勘探爆破，总计爆破孔 839 处。至 4 月 27 日，已处理 819 处，其中距堤脚 100 米内 510 处，距堤脚 200 米内 309 处，余 20 处待进一步处理。

1968 年

3 月 5 日

越南水利考察团考察荆江大堤白蚁防治。

7 月 4 日

省革命委员会副主任张体学与武汉军区参谋长熊心乐飞抵沙市，部署荆江防汛工作。5 日，荆州地区革委会、荆州军分区、7212 部队和荆沙警备区联合发出防汛《紧急动员令》。

7 月 7 日

20 时，沙市水位上涨至 43.89 米，张体学等到荆江大堤巡视水情，深入荆江分洪区、江陵红旗闸督促检查。

7 月 11—21 日

荆江大堤盐卡段发生特大管涌险情，出险处距大堤仅 50 米。1963 年石油部门曾在此处进行地震爆破勘探，共钻探 57 孔。1966 年再次实施爆破。是年 7 月 11 日，距内堤脚 70 米内早期爆破勘探孔出现管涌险情，孔径 0.2 米，当即实施反滤围井处理。18 日，险情加剧。21 日傍晚，围井内滤料下陷，洞口直径扩大至 0.8 米，水流汹涌，反滤石料在井内翻腾如沸，大部被水冲出，并翻出黑砂 10 余立方米。紧急加大围井直径和高度后，镇以大块石，作倒反滤和正反导渗，经两昼夜抢护得以脱险。汛后重新翻筑，筑土台填压。出险后，张体学乘直升机赶赴现场查看并指导抢险。

7 月 18 日

沙市水位涨至 44.13 米，江陵谢古垸分洪；荆江大堤李家埠至万城段先后发现清、浑水漏洞及堤基渗漏 12 处，廖子河 5 号减压井发生管涌，窑圻垴段距堤脚 60 米处出现 2 个冒孔。

12 月

下荆江上车湾裁弯工程开工。上车湾河段位于洞庭湖出口城陵矶上游约 50 千米，为一舌形急弯。工程包括：引河开挖，新河护岸和上下游河势控制工程。裁弯引河长 3.5 千米，老河长 32.7 千米，裁弯比 9.3。开挖土方 260 万立方米。新河 1971 年 5 月成为主航道，6 月 26 日竣工过流，在防洪、航运、工农业生产等方面发挥明显效益。

1969 年

6 月 6 日

石首长江干堤章华港堵坝建闸工程竣工。与此同时，因质量问题，湖南华容县拆除 1959 年所建调弦闸，并在原基西边重建规格相同的混凝土箱式涵闸。

7 月 20 日

20 时，洪湖长江干堤田家口段堤脚发生管涌险情，因抢护不及，于 21 时溃决，淹没面积 1690 平方千米，耕地 5.33 万公顷。溃口时长江水位 30.55 米（溃口处），距堤顶 1.85 米，溃口口门宽 620 米，24 日最大进洪流量 9000 立方米每秒，总进水量 35 亿立方米。此次溃口是 1954 年以后长江干堤发生的第一次溃决，时值"文化大革命"时期，由多种原因造成。田家口溃口后，国务院总理周恩来打电话询问灾情，并作出重要指示，省革命委员会副主任张体学奔赴现场。7 月 21 日省政府成立田家口抢险堵口指挥部，采用抛石截流、填土闭气等措施，于 8 月 15 日，历时 23 天完成堵口工程。

7 月 21 日

田家口溃决后，省革命委员会召开荆州、孝感、黄冈 3 个地区负责人紧急电话会议，张体学通报田家口溃决情况及原因，要求将此次溃决的沉痛教训通报沿江各市县，引以为戒。并强调所有干堤凡因防守不力造成溃口者，根据情节轻重予以纪律处分。

10 月

张体学、钱正英等就荆江大堤进行"战备加固"到现场查勘。

12 月 17 日

水电部军管会以〔69〕水电军水字第 226 号文批复，同意荆江大堤按沙市水位 45.00 米、城陵矶水位 34.40 米，超高 1 米，面宽 8 米，外坡比 1∶3，内坡比 1∶3～1∶5 标准进行战备加固。同意架设沙市至宜昌专用电话，两项投资控制在 4200 万元以内。经过 5 年施工，至 1974 年基本达到标准，沙市段 15.5 千米全部达到设计标准。

是年

荆江大堤沙市城区堤段距堤脚 500 米范围内挖防空洞，至 1974 年共挖 99 处。

洪湖长江干堤加高加厚，按螺山水位 34.02 米、新堤 33.61 米、石码头 33.49 米、龙口 32.65 米、大沙 32.41 米、燕窝 31.93 米、新滩口 31.40 米的堤顶高程普遍超高 1 米，内、外坡比 1∶3，面宽 6 米标准进行施工，1955—1969 年，14 个冬春共完成土方 940.88 万立方米，加培堤长 129.2 千米，施工人员 13 万人，其中洪湖 9 万人，沔阳 4 万人。

1970 年

春

荆州地区行署组织沔阳 4 万民工，支援协修洪湖七家江堤裁弯取直工程及胡家湾至叶家边 17 千米江堤加培工程。

4 月

按省革命委员会《关于立即处理江堤沿线防空洞和石油爆破孔的紧急通知》（鄂革〔1970〕55号）的要求，4 月中旬至 6 月底，荆江大堤沿堤禁区内共查出防空洞 2744 处，处理 2670 处；117 个爆破孔全部处理。

是年

荆江大堤龙二渊土矶头削退；窑圻垴桩号 636＋350～636＋400 处填塘加宽至 60 米。

1971 年

4 月

水电部部长钱正英到湖北研究长江防洪规划，并视察荆江大堤和下荆江河段。

6 月

国务院总理周恩来在听取葛洲坝工程汇报时指示，为确保荆江大堤，尽快实施荆北放淤工程。

8 月

荆江大堤木沉渊段桩号 745＋100～745＋300 处堤内坡发生长 200 米顺堤裂缝一条，缝宽 0.1～0.3 米，可见缝深 0.5～1 米。冬工处理时发现裂缝顺堤向上延伸，长 620 米。经抽槽处理，发现裂缝向下逐渐变小，抽槽深至 4 米以下时，裂缝宽为 0.01～0.03 米。采取泥浆灌缝，后回填夯实，共完成土方 10122 立方米。同时采取填塘措施。1978 年后，采用大型挖泥船，潜管过江取土 149.5 万立方米，填塘顺堤长 600 米，平均宽 200 米，厚 7 米，填压高程达 34.00～38.00 米。

1972 年

3 月 10 日

以长办为主，由湖北省水电局参与共同组成的荆北放淤工程小组完成区域规划。12 月 12 日，长办正式提出《荆北放淤规划报告》。

7 月 15 日

省军区在处理荆江大堤沙市段及附近防空洞问题的报告中认为：沙市中山路、解放路、跃进路以南及荆江大堤沙市段堤内禁脚 200 米以内，不宜挖地下工事；规定人防工程实施计划须报地委审批，以保证大堤安全。

7 月

下荆江石首沙滩子河道发生自然裁弯。裁弯位置较计划位置偏北 2 千米，上下游衔接不顺。经过修整，新河迅速形成，8 月 13 日正式辟为航道。入冬后，裁弯新河发展为主航道。新河护岸工程共完成土石方 12 万立方米。至此，下荆江中洲子、上车湾人工裁弯和沙滩子自然裁弯，共缩短河道长度 78 千米。3 处裁弯后相应扩大荆江洪水泄量，共降低沙市洪水位约 0.5 米。

12 月

国务院副总理李先念在长办报送的《荆北放淤工程报告》上批示："接受葛洲坝教训，动工前一切设计应仔细，严禁草率行事。"水电部根据这一指示派水利司司长朱国华、总工程师冯寅生赴荆江大堤现场调查。随后写成《荆北放淤工程初步设计审查意见》报水电部。

是年

江陵堤防总段根据黄河流域经验，试制成拌浆机、压力灌浆机和手推电动锥探机，形成锥探、拌浆、输浆、灌浆一条龙机械化施工流程。

1973 年

4 月

荆江大堤江陵冲和观段吹填固基试点工程开工。长江航道局"吸扬 2 号"挖泥船 60 天内吹填土方 21.7 万立方米。

8 月 17 日

省水利电力局对长办"荆北放淤工程初步设计"提出不同意见，认为该设计工程量大、投资大，荆北地区负担过重，势必影响农业生产，主张采取挖泥船吹填结合人工填压等措施，解决荆江大堤基础问题。

是年

拟建荆北放淤闸，在盐卡堤段进行地质钻探，钻孔 43 个。

1974 年

4 月 28 日

国务院副总理李先念主持召开荆北放淤工程审查会议，并在长办编送的《关于兴建荆北放淤工程简要报告》上作出重要批示："建议用大力加强现在的荆江大堤，防止近几年，特别是本年出现意想不到的大水。无论如何要保证大堤不能出事。这一点要湖北认真执行，决不能大意。"

5 月

水电部在京召开有关部门和地区代表参与的荆北放淤工程审查会。会上湖北省水电局提出不同意见，建议采用"吹填"的办法。由于意见不统一，未能取得一致意见，荆北放淤工程被搁置。

8 月 13 日

李先念在中央防汛抗旱简报第 102 期上，针对葛洲坝和荆江大堤防汛作出批示："这是很重要的一件大事，水电部要不断与湖北联系，要直接与葛洲坝和荆江大堤通话，随时了解情况，要他们死守，决不能发生事情。"

12 月

国家计委以〔74〕计字第 587 号文，水电部以〔74〕水电计字第 227 号文批准《荆江大堤加固工程初步设计简要报告》，同意对荆江大堤进行加固，工程投资 1.25 亿元（简称一期工程）。荆州地区成立荆江大堤加固工程总指挥部，指挥长由专员或副专员担任，地区长江修防处负责人、沿江各县副县长等任副指挥长。

1975 年

2 月 26 日

水电部下达《对荆江大堤加固工程初步设计几点意见》：审查意见已报经国家计委批复同意，正式纳入国家基本建设项目。工程计划填筑土方 4000 万立方米，堤身隐患采取普查和锥探灌浆相结合的办法，加以彻底处理；抛石护岸石方 200 万立方米；全面加高培厚大堤，使堤顶高程按沙市水位

45.00 米、城陵矶水位 34.40 米的标准超高 2 米，堤顶宽度直接挡水堤段为 12 米，其它 8 米，各项工程共需投资 1.7 亿元。第一期工程 1974—1983 年，完成土方 2300 万立方米。

11 月

采用人工运土和挖泥船冲填荆江大堤廖子河段，减压井全部拔除或封闭回填，保留观测井。

是年

荆州地区水电局以荆水电〔75〕第 043 号通知，明确荆江大堤江陵段、沙市段以桩号 746＋000 为分界，其上桩号 746＋000～761＋500 交沙市管辖；其下桩号 746＋000～675＋500 交江陵管辖。

1976 年

5 月

珠江电影制片厂在荆江大堤江陵段拍摄科教片《堤坝土白蚁的防治》。

7 月

在荆江大堤建成无线电通讯网和防汛专用电话线路。

1977 年

4 月

国务院副总理李先念在水电部《警惕长江中下游发生特大洪水》简报上作出批示："宁肯信其有，不可信其无，不怕一万，就怕万一。"

7 月

江陵县修防总段灭蚁组试制成功"荆江 120 型"钻探机，并应用于荆江大堤加固工程，锥探灭蚁由人力锥探改进为机械锥探。

1978 年

3 月

挖泥船吹潜管跨江输泥填技术在荆江大堤江陵木沉渊试验成功。

水电部授予江陵县荆江大堤灭蚁工程队"水利电力科学技术先进集体"称号。

全国科技大会授予江陵县荆江大堤灭蚁工程队"合作完成堤坝白蚁防治研究成果奖"。

6 月 1 日

省防指以鄂革汛字〔78〕016 号批复，同意将荆江大堤沙市站设防水位，由原 42.00 米改为 41.50 米，警戒、保证水位不变。

9 月 20 日

荆江大堤江陵柳口段滩岸发生崩坍。10 月 14 日崩坍加剧，崩势持续到次年 2 月，崩长 1600 米，崩宽 5～45 米，最大吊坎高 10 米。荆江大堤加固工程总指挥部急令江陵、石首两县调集劳力、器材抢护。

1979 年

7 月 11 日

国家农委在京举行《长江中游平原区防洪规划要点报告》讨论会。国家农委张平化及李瑞山，水利部钱正英及李伯宁，长办林一山，湖南省孙治国、史杰，湖北省黄知真、石川等与会。重点讨论荆江防洪方案、主泓南移、四水洪道整治、维持洞庭湖自然水面等问题。会议认为，要从根本上有效治理荆江和洞庭湖区的洪水，急需早日兴建三峡工程。

是年

洪湖长江修防总段工程师涂胜保主持研制成功 PQ—12 型液压锥探机，后于 1983 年获省重大科技成果奖。

1980 年

2 月、4 月

交通部、省人民政府分别授予荆江大堤木沉渊挖泥船水下潜管冲填交通科研成果二等奖和潜管输泥二等奖。

6 月 20—30 日

水电部在京召开长江中下游防洪座谈会，提出近十年防洪任务：遇 1954 年同样严重洪水时，确保重点堤防安全，努力减少淹没损失。为扩大长江泄量，长江重点堤防防御水位应比 1954 年提高，即沙市 45.00 米，城陵矶 34.40 米，武汉 29.73 米。根据上述水位，再遇 1954 年洪水，约需分洪 500 亿立方米。

7 月

中共中央副主席、国务院副总理邓小平乘船视察长江重要河段川江和荆江，途经荆州时，详细了解荆江防洪问题。他对荆江两岸 1500 万人口、150 余万公顷良田处于荆江洪水的严重威胁之下十分关注，并指出：洪水淹到哪里，哪个地方就要倒霉，人民就要遭殃，必须采取有效措施解除这种威胁。

8 月 4 日

公安松东河支堤黄四嘴段桩号 101+550～101+685 处发生管涌险情，经导滤处理无效，17 时恶化，21 时堤身塌陷，6 日溃口口门扩展至 130 米，8 日扩展至 180 米，甘厂、孟溪、闸口等 3 个公社，52 个大队，435 个生产队受灾，淹没农田 8227 公顷，受灾人口 7.12 万，倒塌房屋 4.5 万间，死亡 16 人，伤 58 人。

10 月 28 日

由 16 个国家 26 名代表组成的联合国防洪考察组考察荆江大堤。

1981 年

5 月 6 日

美国"中国三峡考察团"一行 10 人考察荆江大堤观音寺闸、挖泥船吹填工程、文村夹土栖白蚁标本展、祁家渊锥探灌浆、郝穴铁牛矶护岸工程。

5 月 8—16 日

省委第一书记陈丕显到洪湖、监利、公安、石首、松滋、江陵等重灾区察看分洪区、溃口区和重灾社队，了解灾区群众生活；到洪湖、公安黄四嘴、监利三洲联垸等地查看水毁修复情况。

5 月 26 日

省委办公厅就湖南省在荆江四口堵坝问题向中央办公厅和国务院办公厅报告。称：长江荆江河段全在湖北省境内，荆江大堤和两岸干支堤保护着农田 54.07 万公顷，人口 516 万。近年来，湖南也有少数地方先后在荆江四口尾闾拦河筑坝，堵支并流，缩短堤距，以及大量围垦洞庭湖，使四口支流河道严重淤塞，分流量不断减少，壅高干支流水位，严重威胁荆江大堤安全。根据荆州地委和行署的建议，特恳请：遵照 1960 年 12 月湘鄂两省长沙协议精神，恳切希望湖南有关地县彻底拆除青龙窖、王守寺等处挡坝，清除行洪障碍，达到原有行洪断面。6 月 7—15 日长办叶扬眉、水电部张英实地查勘荆南四河流域。

6 月 21 日

省委第一书记陈丕显就长江防洪问题写信给中共中央总书记胡耀邦、国务院总理赵紫阳。信中反映："今年 5 月，我和林一山、于光远同志一起，到荆州地区对长江防洪问题作了一些调查研究，深感长江防洪问题是关系到国计民生的头等大事，迫切希望中央进一步加强领导，帮助我们进一步做好长江防洪建设和管理的工作，保障人民生命财产的安全和四化建设的顺利进行。建议将长江防洪建设和管理工作交由水利部直接领导负责，有关省积极参与，承担任务，并希望中央、国务院有一位主要领导亲自掌握，以利于更好地加强长江防洪工作。"

7 月上旬

水利部在京主持湘、鄂两省边界水利问题协商会议，水利部钱正英、李化一、李健生、长办林一山、叶扬眉、刘崇蓉，湖南万达，湖北黄知真等与会。此前，长办会同两省领导和技术人员到边界阻水现场查勘，并向水利部领导作过汇报。会议期间，双方从全局出发，互谅互让，表示同意维持原有河道湖泊现状和原达成协议（即 1960 年长沙协议），并对有关具体问题处理如下：两省为抗旱在有关河道上堵筑的临时土坝，包括康家岗、岩土岭、团山寺、大杨树、茅草街 5 处，分别由两省在洪水到来前刨除；拆除王守寺、横河拐、青龙窖、鲇鱼须、合兴垸、九斤麻等处矶头、堵坝及阻水坝垸，或改为顺直护岸等。部领导称此次协商为"正确处理两省边界水利问题的范例"。

7 月 19 日

13 时，沙市站洪峰水位 44.47 米，仅次于 1954 年最高水位 44.67 米和 1949 年最高水位 44.49 米。洪水进入荆江河段后，由于河槽和洞庭湖水位较低，区间又无较大洪水汇入，河槽削峰作用明显；松滋、太平、藕池三口向洞庭湖分流，洞庭湖区调蓄洪水 74 亿立方米，因此，沙市以下河段水位逐步降低。此次防汛共投入各级干部 12034 人，防汛民工 25.2 万人，武汉部队调来 5000 名指战员支援抗洪。全地区长江干支堤防出险 805 处，其中荆江大堤 71 处。

7 月 20 日

中共中央、国务院给湖北省委、省政府、武汉军区、省军区以及荆州地区发来贺电。贺电说："在葛洲坝顺利通过 7.2 万立方米每秒的洪峰之后，现在长江干流洪峰又安全地通过险要的荆江河段，葛洲坝和荆江大堤都安全无恙。这是战胜 1954 年、1980 年两次长江大洪水后的又一次重大胜利。"

9 月 1 日

省政府以鄂政文〔81〕87 号发出通知，强调沙市升格为省辖市后，荆江大堤堤段不宜分开，其基本建设、岁修管理以及机构人员仍维持地、市未分建前的办法，统一由荆州行署所属长江修防处和荆江大堤加固工程总指挥部负责。

10 月 4 日

中共中央副主席李先念在省委第一书记陈丕显陪同下视察荆江大堤。

1982 年

4 月 25 日

美国防洪和流域规划考察组考察荆江大堤江陵段。

8 月

长办提出《上荆江主泓南移方案研究报告》，报请水电部审批。

10 月 14 日

人民日报社、新华社、中央人民广播电台、中央电视台等 10 个新闻单位记者组成的新闻采访团，调查采访荆江大堤防洪工程。

1983 年

3 月

荆江大堤监利窑圻垴段由于主泓北移，发生剧烈滑坡。滑坡长 1975 米，宽 25～40 米。

5 月 3 日

国家计委召开长江三峡工程可行性研究审查会议。指出："根治长江中游洪水灾害，不能完全依赖三峡，必须配合进行堤防、排涝以及上游干支流治理等工程。"

7 月 9 日

武汉军区副司令员李光军、湖北省军区司令员王恒一对荆江分洪区进行空中和地面视察。

8 月 8 日

国务院技术研究中心办公室编印的参考材料第 36 期刊载《关于加强荆江防洪问题》一文，称：据长办认为，荆江大堤如发生溃决，将死亡 50 万～100 万人，损失财产约 400 亿元。提出荆江防洪应以上荆江主泓南移为上策；放淤工程为中策；吹填工程为下策。而湖北省、荆州地区的意见正好相反，他们视吹填为上策。我们认为，省、地的意见和做法不需移民搬迁，主要是在现有基础上内外加固。这是切实可行的，可按此办法，继续加固荆江大堤。

是 年

荆江大堤一期工程完成。实际投资 1.18 亿元，完成土方 4035 万立方米、石方 234 万立方米，提高荆江大堤抗洪能力，但是大堤的加高及险工险段治理尚未完工。

荆州地区长江修防处先后在洪湖田家口、监利天星阁等处采用土工编织布和聚乙烯尼龙绳制成土枕替代石枕护岸方案获得成功。经数年高水位考验，河床基本稳定。

1984 年

2 月 23 日

水电部在京召开下荆江河势控制规划审查会议，原则同意《下荆江河势控制工程规划报告》。后经水电部批准实施。

2 月 27 日至 3 月 12 日

江汉石油管理局地球物理勘探公司 2213 地震队严重违反堤防管理规定，擅自在荆江大堤黄灵垱、王府口险段堤内外禁区进行物探爆破达 240 孔，造成极为严重的人为险情。5 月 19 日，省委书记关广富指示：及时排除这一隐患，确保大堤安全度汛，并追查肇事者责任。5 月 21 日，副省长王汉章赴现场查看，研究制订抢护措施。抢护自 5 月 24 日开始，至 6 月 5 日完工，共填筑粘泥土球 122 立方米，筑填压台土 6930 立方米。5 月 25 日，王汉章再次实地查看抢险现场。后，2213 地震队队长受开除留用处分，江汉石油管理局有关处长及总工程师记大过一次，荆州地区长江修防处及江陵总段有关人员分别受到行政处分。

4 月 26 日

经省防汛抗旱指挥部批复，沙市站设防水位改为 42.00 米。

6月24日

水电部、省水利厅、荆州地区水利局和荆州地区长江修防处负责人到荆江分洪区检查并制订荆江分洪区1984年应急工程方案。7月3日，省长黄知真向公安县委书记部署荆江分洪区应急工程任务。7月10日，1984年应急工程全面开工。

6月30日

省水利厅以鄂水堤〔83〕217号文向水电部呈报荆江大堤加固工程完成情况。称：1974年8月，省水利电力局提出《荆江大堤加固工程初步设计报告》，水电部核定总投资1.25亿元。经过9年施工，人工挖填土方已完成1734万立方米，占计划的50.5%；挖泥船吹填固基完成土方1980万立方米，占计划的76%（未含整险土方）；护岸石方完成233余万立方米，占计划的110.9%；完成投资近1.18亿元，占核定投资的94.1%。1984年4月，加固工程进行中间验收，认为通过整险加固、抛石护岸、填塘固基等措施，堤防面貌有明显改善，滩岸稳定性有所增强，但前期施工主要集中在堤基加固，堤身断面的加高培厚任务未全面完成，所以工程投资虽已基本完成，但设计标准未全部达到。

7月16—18日

武汉军区司令员周世忠、副司令员李光军，省军区司令员王恒一、副司令员王申等一行39人视察荆江大堤、荆江分洪区，部署防洪工作。

7月27日

因沮漳河上游普降暴雨，发生较大洪水，省防指命令8时30分在江陵谢古垸上下游同时扒口分洪，扒口宽100米、深2.5米。分洪时万城水位44.15米，沙市水位42.88米，河溶水位49.96米。据调查，分洪造成经济损失1794万元。分洪后，荆州地区行署对垸内居民生活实施救济，并下达堵口复堤及恢复水毁工程款42万元。8月17—27日组织川店、马山、纪南、李埠劳力8000人堵口复堤。

10月18日

参与第二次河流泥沙国际学术研讨会的部分外国专家一行34人，参观荆江大堤陈家湾机械灌浆施工现场和冲和观、郝穴护岸段。

是年

荆江大堤二期加固工程纳入国家基本建设工程项目并开工建设。后于1987年经国家计委批准实施，总投资3.05亿元，其中国家投资2.7亿元，地方自筹3500万元，计划大堤加培土方2130万立方米，堤基铺盖土方1983万立方米，护岸石方189万立方米，改建涵闸5座，堤顶路面164千米。

1985 年

6月1日

林一山给邓小平写出专题报告，提出长江"主泓南移"的荆江治理方案。随后，水电部部长钱正英给邓小平的报告中第一句话亦说："对一山同志的报告，我也有同感。"

11月8—13日

印度防洪考察团考察荆江大堤、荆江分洪工程进洪闸（北闸）。

1986 年

1月13日

国家计委向国务院报送《关于审批湖北荆江大堤加固工程补充设计任务书的请示》（计农〔1986〕

51 号）中要求，"为使监利城南至半路堤 4.2 千米长江堤段与荆江大堤防洪标准一致，不留缺口，请湖北省按荆江大堤加固标准，负责把这段江堤加高培厚。"

2 月 3 日

湖北省荆江大堤加固工程指挥部成立，与荆州地区长江修防处合署办公，荆州地区行署专员徐林茂任指挥长。

3 月 3 日

国家计委以计农〔1986〕241 号文件通知水电部，《关于审批湖北荆江大堤加固工程补充设计任务的请示》已获国务院批准，请据此编制初步设计，认真核实工程投资概算。所需投资，在国家分配给水电部的水利投资内统一安排。

3 月 18—19 日

水电部部长钱正英在副省长王汉章、长办主任魏廷铮、省水利厅厅长童文辉等陪同下检查荆江大堤监利城南、江陵郝穴、沙市等堤段工程建设情况，听取沿堤各县市和荆州行署负责人汇报。钱正英对荆江大堤加固工程完成情况表示满意。

3 月

荆江大堤地质勘探工作全面展开。省水利勘测设计院委托长办勘测总队第七勘测队、长办水文局荆江河床实验站等单位共同分担钻探任务。

5 月 1 日

国务院总理赵紫阳、副总理李鹏、全国人大常委会副委员长王任重视察荆江大堤。

5 月 2 日

水电部以〔1986〕水电水规字 17 号文件发出通知，同意荆江大堤继续完成加高加固任务，工程在 1983 年已完成投资 1.18 亿元基础上再安排 2.7 亿元。

5 月 19 日

省防指以鄂汛字〔86〕27 号文印发《沮漳河洪水调度方案》，对沮漳河洪水的防御方针、基本情况、防御标准、控制水位、洪水调度程序和分蓄洪程序等作明确规定。

5 月 20—24 日

省政府、省军区在荆州地区长江防汛指挥部召开湖北地区部队防汛协调会议，研究部队防汛部署，明确指挥关系及有关保障问题。省军区司令员王申作会议总结。

7 月 11—16 日

荆江大堤监利凤凰段堤身加培工程桩号 630＋296～630＋420 段发生堤外坡滑塌，堤身下锉高 0.8～1.8 米，最大裂缝宽度 0.6 米，并将原外平台向外推移，形成一条顺堤隆起带。经走访调查和勘探发现，该堤段筑于 1578 年，为古夏水与长江相通的子夏口，堤基为古河道，有淤泥夹层。荆江大堤加固工程指挥部邀请专家会商，确定增筑长 150 米、宽 30 米、平台高程 33.00～34.00 米（冻结吴淞）的外平台。经整治后，堤身稳定，未再发生滑坡险情。

9 月 7 日

全国政协副主席程子华视察荆江大堤、荆江分洪区。

10 月

中旬，省水利厅、长办组成验收委员会，对荆江大堤加固工程进行中间阶段验收。验收委员会认为"这是近几十年来规模最大、任务最重、质量最好的，但也存在施工前准备不够，造成浪费及个别地方施工质量不好的问题。"检查验收后，对存在的问题均采取补救措施。

10 月 24 日

《荆江大堤志》（修改稿）评审会在荆州召开。水电部、水利水电科学研究院、长办等 10 余家单位专家、教授和编辑 50 余人与会。会议由中国江河水利志研究会主持。

11 月 17 日

加拿大考察组考察洪湖、监利长江干堤。

11 月 28 日

国务院副总理万里视察荆江大堤。

是年

长办科学院编制完成《下荆江熊家洲至城陵矶河段裁弯规划》并上报水电部。水电部批复对该段先按遏制其过度弯曲和严重崩岸发展的原则进行守护控制。后该工程于 1990 年通过初步设计审查并正式立项开工，总投资 7200 余万元。

1987 年

1 月

荆州地区行署就荆江大堤加固工程设计需在沿堤钻孔影响防洪安全问题，致电水电部，请求慎重考虑：一、能否少钻；二、谁钻、谁封、谁负责防汛安全。要求省政府下达文件，明确责任。

1 月 26 日

省防指制定《荆江大堤加固工程地质钻孔回填封孔技术质量规程》。规程对封孔回填的目的、材料、数量、方法作出明确规定；要求钻一孔封一孔，保证质量，做到万无一失。

3 月 2 日

水电部部长钱正英视察荆江大堤，重点解决荆江大堤钻孔处理问题。3 月 23—31 日，由省水利厅副厅长郭兴春等 12 人组成的荆江大堤地质钻探封孔质量抽查领导小组，抽查监利县庞公渡、窑圻垴和江陵县王八拐、郝穴、文村夹等处 8 个钻孔，7 个基本合格，1 个不合格需返工。对堤内已回填沙料的 5 个钻孔重新回填泥球处理，并制订安全度汛措施。

4 月

省水利勘测设计院地质大队在监利县荆江大堤 32 个剖面共钻孔 103 个，其中堤内 43 个、堤面 32 个、堤外 28 个。

5 月 29 日

江陵县动员近 10 万劳力投入荆江大堤二期加固工程施工，赶在大汛到来前，完成土方 151 万立方米、石方 4.2 万立方米的计划任务。

6 月 23 日

省委书记关广富、省长郭振乾视察荆江分洪区、荆江大堤，省政府特批 50 万元用于修建分洪应急工程。8 月，应急工程完工。

7 月 13 日

广州军区司令员尤太忠在省军区司令员王申、政委张学奇陪同下，冒雨视察荆江大堤、荆江分洪工程。

7 月 23 日

20 时，沙市水位上涨至 43.58 米，超过警戒水位 0.58 米。为确保安全度汛，荆江沿岸 6.4 万民工紧急上堤，日夜防守，3 万多抢险突击队员和预备队员集结待命。

广州军区武汉通信总站根据省防指汛情通报和广州军区命令，在长江第三次洪峰到达前夕，紧急增调武汉至沙市、荆州的通信线路 5 条，加强省内驻军防汛长途通信指挥联络。

7 月 24 日

14 时，沙市洪峰水位 43.89 米，超警戒水位 0.89 米，相应流量 52600 立方米每秒。18 时后水位开始缓慢回落。

国家主席李先念在《国内动态清样》1892 期《湖北省紧急部署迎战长江第三次特大洪峰》上批示：从本年水势的来头看，确定防汛的方针，不是分洪，而是抗洪，可能是正确的。但也要做出必要时分洪的方案。

中国人民解放军 34470 部队 23 日 19 时 30 分接到广州军区司令员尤太忠命令后，分乘 97 辆运兵车，经过 16 小时急行军，于本日 12 时赶到荆江抗洪前线，紧急投入荆江大堤沙市、江陵、监利段抗洪抢险战斗。

公安县松东河水位超过保证水位 0.6 米，右岸蔡田垸险段中坝距坝顶 0.1 米处渗水严重，出现缺口，情况危急。公安县防指组织 2000 余名民工连夜抢险，广州军区 34470 部队 3 营指战员接到命令后，立即赶赴现场投入抢险，将 60 米长、12 米多高的堤坝加厚 1.5 米、加高 1 米，使这一重大险情得到缓解。

11 月

水电部批复，基本同意长办提出的《荆江分洪北闸加高加固初步设计报告》。

水电部"海狸 4640 号"挖泥船从山东青岛出发，经上海吴淞口溯江而上，抵达荆江大堤加固工程沙市盐卡水上工地，执行施工任务。"海狸 4640 号"挖泥船是经国家主席李先念批准拨款 1400 万美元，为荆江大堤加固工程从荷兰购进的。

12 月 26 日

省防指授予公安县防汛指挥部、解放军某部 3 营等 10 个单位"全省防汛抗洪先进集体"称号，颁发嘉奖证书和奖牌。

1988 年

3 月 30—31 日

荆江大堤加固工程总指挥部、荆州地区科委在沙市召开 200 立方米每小时挖泥船改造配套装置鉴定会。长办、省水利厅、武汉水利电力学院、水电部十三局以及中国船舶及海洋工程设计研究院 708 所等单位应邀派代表与会。该项技术系为适应荆江大堤加固工程需要，由荆州地区长江修防处勘测设计室及船队组织实施的科研项目，获荆州地区 1988 年度科技进步一等奖。

4 月 26 日

全国政协主席李先念视察荆江大堤。李先念要求湖北省委、荆州地委要加快荆江治理，加快荆江分洪区建设，做好防千年一遇特大洪水的准备。

5 月 1 日

李先念为《荆江大堤志》题写书名。

5 月 15 日

公安县南五洲红胜堤段发生严重崩岸，崩岸堤长 2 千米，部分堤岸护坡面全部滑入江中，严重威胁洲上 1.8 万人和 2000 余公顷良田的安全。省委书记关广富、省长郭振乾 16 日分别作出批示，省水利厅派员于次日赶赴现场，成立抢险指挥部，并制订削坡减载、抛石固脚等措施，以控制险情，确保安全度汛。专家分析认为，南五洲崩岸原因系长江北岸颜家台闸以下江中逐渐形成一长约 2 千米潜洲，河床向南岸急剧冲深，致使沙性较重的南五洲红胜堤岸受到严重冲刷。

7月5—10日

水利部责成省水利厅在荆州主持召开荆江大堤加固工程座谈会。国家地震局，地质矿产部，水利部司局、流域机构、科研单位，省地震局，省水利厅及荆州、沙市等单位的专家和负责人60余人查看荆江大堤，就荆江大堤二期加固中的堤基渗流状态及渗控措施、堤基勘测成果、涵闸安全情况、附近地震烈度以及大堤科学管理等问题进行论证。全国政协副主席钱正英参与座谈，并作重要指示。

10月

国家主席杨尚昆视察荆江大堤观音矶。

11月22日

荆江分洪工程进洪闸（北闸）加固工程正式开工。工程量：混凝土3.4万立方米，钢筋、钢材2300吨，土方10万立方米，石方5万立方米，总投资2880万元。该工程由长办5月主持招标，葛洲坝工程局中标。要求1989年5月底完成水下主体工程，汛期暂停施工，汛后续建水上部分。

11月24—25日

国务院三峡工程防洪论证专家组部分专家，在水利部、省水利厅有关人员陪同下查看荆江大堤监利段堤防工程。

11月27—28日

中共中央政治局常委乔石视察荆江大堤。

是年

下荆江河势控制工程年内共安排石首金鱼沟、连心垸、中洲子和监利铺子湾、天星洲、姜介子6处护岸工程，以加强现有护岸工程，巩固裁弯效益。施工长度11.6千米，投资600万元。经两县共同努力，于汛前完工。

1989年

7月7—11日

长江发生较大洪水，荆州长江干支民堤共发现各类险情377处，其中荆江大堤12处、长江干堤57处、支民堤308处。

7月13日

石首长江干堤调关矶段发生严重坐崩，崩长50米。石首市连夜抢运块石3100立方米，经两昼夜抢护化险为夷。

国务院副总理田纪云、水利部部长杨振怀在省委书记关广富、省长郭振乾陪同下，乘直升机视察洪湖、监利、石首长江汛情，查看全线突破警戒水位的荆江河段。在沙市一下飞机，田纪云便即刻赶往荆江大堤江陵县郝穴铁牛矶和沙市观音矶险段视察。

7月14日

长江第一次洪峰安全通过沙市河段。12时，沙市水位44.20米，比1954年最高水位仅低0.47米，超警戒1.20米。

7月21—22日

中共中央总书记江泽民，在水利部部长杨振怀、农牧渔业部部长何康和省委书记关广富陪同下，先后视察荆江大堤、荆江分洪工程等防洪工程。江泽民特别指出：防汛抗洪，有备无患，要做好荆江大堤加固防护，加强分洪区防洪安全设施建设；要加强长江沿岸的气象水文预报，健全防洪通讯联络系统，做到水文信息传递畅通、及时、准确。

是年

下荆江南碾子湾至荆江门4个河段的河势控制工程，自1983年至1989年，共计守护长22.416千米，完成石方221.79万立方米、投资4880万元，河段内严重崩岸段已基本控制，对过于凸出的矶头实施削矶改造、平顺护岸等改建工程，对巩固下荆江整治成果、稳定有利河势取得初步成效。

至是年，自1964年开始施工的洪湖长江干堤七大崩岸护岸工程，共完成抛石护岸石方136.25万立方米，护岸长39.12千米。七大崩岸险段为：螺山至朱家峰、石码头至王家洲、上北堡至粮洲、蒋家墩至王家边、草场头至七家、杨树林至上北洲、新滩口至胡家湾。

至是年，洪湖长江干堤实施锥探灌浆119.2千米，钻孔249万个，灌浆14万立方米，投入资金112.65万元。该工程自1953年始，历时36年，分三个阶段施工：1953—1955年采用黄河大堤锥探方式；1956—1976年改用灌沙为灌浆方式，冬春时翻挖回填；1977—1989年采用液压锥探钻孔灌浆方式。

1990 年

4 月 17—19 日

代理省长郭树言、长江委主任魏廷铮先后检查荆江大堤、荆江分洪区进洪闸等防洪工程。

5 月 26 日

荆江分洪区进洪闸（北闸）建成38年后的首次加固工程竣工。工程历时20个月，按计划完成施工任务，经长江委验收，工程设计合理，工程质量优良，可交付使用。

6 月 2 日

全国政协副主席王任重视察荆江大堤。

10 月 16 日

中共中央政治局委员、国务委员李铁映视察荆江大堤。

11 月 9 日

中共中央政治局常委李瑞环视察荆江堤防。

11 月 21—22 日

省水利厅堤防达标检查组对石首县95.4千米长江干堤进行全面检查验收。验收结果为全部达标，名列全省第二。

11 月 22 日

黄河水利委员会及所属各省河务局一行40余人考察荆江大堤。

11 月 23 日

由国家20个部委组成的三峡考察组考察荆江大堤。

是年

水利部以水规〔1990〕11号文批复，核定荆江大堤加固二期工程总投资30489万元，其中国家投资27000万元。

1991 年

3 月 1 日

全国政协副主席钱正英率国务院三峡考察团考察荆江分洪区。

3 月 21 日

8 时，沙市（二郎矶）水文站水位 31.14 米（冻结吴淞），为 1937 年以来历史最低水位，实测流量 3740 立方米每秒。

6 月 2—3 日

国务院副总理邹家华率三峡工程审查委员会委员视察荆江大堤、荆江分洪区。

6 月 26—29 日

在荆州召开湖北防汛部队协调会，驻鄂、豫、湘有关部队首长与会。省军区司令员王申要求各部队把抗洪抢险纳入战备工作轨道，做到召之即来，来之能战，战之能胜。

7 月 3 日

国务院副总理朱镕基视察荆江大堤。

7 月 9—10 日

省长郭树言先后到监利、洪湖、江陵等地检查指导防汛抗洪工作。

7 月 18—19 日

国务院副总理、国家防总总指挥田纪云，国务委员陈俊生视察荆江大堤、荆江分洪区。田纪云指出，要确保长江中游安全度汛，确保荆江大堤万无一失。

9 月 12—19 日

中共中央政治局常委李瑞环沿长江干堤视察沙市、洪湖等地堤防工程，重点查看荆江险段和分蓄洪区。

10 月 27—30 日

全国政协副主席王光英率全国政协视察团到沙市、江陵、公安，实地考察荆江大堤险段和防洪设施。

11 月 24 日

以全国人大常委会副委员长陈慕华为团长的全国人大常委会三峡工程考察团到荆江大堤和荆江分洪区实地考察。

12 月 18 日

由国家计委、水利部、交通部共同组织的全国省长三峡工程考察团，实地考察荆江堤防和分蓄洪区。

是年

中共中央办公厅主任温家宝视察荆江大堤。

1992 年

1 月 29 日

石首市长江修防总段被评为"建国后对水利事业作出重大贡献的全国水利管理先进单位"。

2 月

荆州地区长江修防处以荆长处〔92〕022 号文，对荆南四河堤防作出规定：堤顶高程按超设计水面 1 米，面宽 6 米，堤身内、外坡比 1∶3，内外禁脚宽 30 米，高出地面 0.5～1 米。

2 月 26 日

中共中央政治局委员、国务委员李铁映率全国教育、科学、文化、卫生、体育系统 109 人组成的三峡考察团，实地考察荆江分洪区。

3 月 1 日

国家防总、水利部批准兴建长江荆江地区微波通信工程。

3 月

南线大堤加固工程开工，2003 年 3 月 28 日竣工。

4 月 3 日

中共中央政治局委员、北京市委书记李锡铭在省委书记关广富、长江委主任魏廷琤陪同下视察荆江大堤、荆江分洪区。

5 月 17—19 日

广州军区在荆州召开长江防汛协调会，专题研究荆江分洪问题。总参作战部、广州军区、济南军区、长江委、省政府、荆州地区行署领导与会。

7 月 1 日

荆州地区党政军领导和荆江分洪区农民代表在分洪区所在地公安县隆重集会，纪念荆江分洪工程建成 40 周年。全国政协副主席钱正英、中央顾问委员会常委陈丕显和水利部发来贺电。

7 月 9 日

荆州地区长江防汛指挥部与广州军区某部在松滋县有利垸废堤上进行分洪爆破试验，爆破成两个宽 15 米、深 3 米的缺口，试验获得成功。

11 月 17 日

中共中央政治局常委、国务院总理李鹏率国务院秘书长罗干、交通部部长黄镇东、公安部部长陶驷驹视察荆江分洪区。

国家防总、人事部、水利部授予荆州地区长江修防处"全国抗洪抢险先进集体"称号。

12 月 25 日

沮漳河下游综合治理第一期工程鸭子口至临江寺入江出口改道工程破土动工。工程项目：改道新河开挖 2700 米，筑堤 2300 米，土方 384.58 万立方米；修筑学堂洲南围堤 6154 米，土方 109.92 万立方米。工程于次年 6 月完工。

1993 年

5 月 17 日

水利部部长钮茂生视察荆江大堤、松滋江堤、荆江分洪区、洪湖分蓄洪区。

7 月 30 日

省军区司令员刘国裕检查荆江分洪区防汛和分洪准备情况。

11 月 15 日

被水利部列为南方 7 省（自治区）14 个堤坝白蚁防治技术推广示范点之一的石首市长江干堤章华港堤段，通过由广东、广西、江苏和湖北等省（自治区）专家组成的验收小组验收，成为全国堤防系统第三个验收合格示范点。示范点科研任务由公安县长江干堤白蚁防治科研所承担。

是年

水利部授予荆州地区长江修防处"全国水利公安保卫先进集体"称号。

荆江大堤新增达标堤段 6.9 千米，累计达标堤段 177.85 千米，占大堤总长 98％。

1994 年

3 月 12 日

省政府、长江委对监利等 6 个重要站点防汛水位标准作出调整。调整后的防汛水位（冻结吴淞）

分别为：监利城南站设防水位 33.50 米、警戒水位 34.50 米、保证水位 36.57 米；石首调关站设防水位 36.00 米、警戒水位 37.00 米、保证水位 38.44 米；洪湖螺山站设防水位 30.00 米、警戒水位 31.50 米、保证水位 33.17 米。

4 月 15—19 日

水利部总工程师朱尔明带领国家防办、水利部有关司局及水规总院、长江委等单位组成的洞庭湖区综合治理考察组一行 30 人，到松滋、公安、石首、江陵等县（市）查勘松滋河、虎渡河、藕池河、调弦河和荆江分洪区进洪闸、节制闸及长江干堤部分险工险段，就治理荆南四河提出意见。

6 月 11 日

石首河湾位于长江左岸合作垸一带的向家洲狭颈崩穿，新河迅速扩张，至 8 月 7 日，豁口宽达 1190 米，主航道正式撤弯移标通航。

6 月 25 日

因石首向家洲崩穿通流，河势发生急剧变化，急流撤开东岳山天然节点引起北门口发生大崩坍，崩长 3000 余米，最大崩宽 200 余米。至 12 月 30 日，先后发生 7 次大崩坍，总崩长 4490 米。险情发生后，国务院副总理姜春云、水利部部长钮茂生、省地市党政及水利部门主要负责人和专家先后赶到现场指挥抢险。石首市迅速成立石首河湾崩岸抢险指挥部，在严重崩岸线内完成水下抛石 2.3 万立方米，使岸线基本稳定，险情得到控制。

8 月 15 日

荆州地区长江修防处就监利县白螺镇在修筑堤防过程中弄虚作假问题发出通报：在 1993 年冬工中，白螺镇白螺管理区修筑长江干堤桩号 556＋550～556＋600 长 50 米的外平台时，违规采用一层稻草一层土的施工方法，仅用一个晚上就完成施工任务，并争得白螺镇工程进度第二名。事后被责令返工。

9 月 29 日

荆州地区、沙市市合并，成立荆沙市。次年 2 月 6 日，省政府原则同意省水利厅《关于荆沙合并后长江、汉江、东荆河、四湖流域管理机构设置意见的再次请示》，省机构编制委员会以鄂机编〔1995〕008 号文批准原荆州地区长江修防处与沙市市长江修防处合并，成立荆沙市长江河道管理处，业务上受省水利厅指导，行政、人事由荆沙市管理。相应设立荆沙市荆州区、沙市区、江陵区长江河道管理总段。长江沿线其它县、市堤防管理总段更名为河道管理总段，管理体制不变。

10 月 12—19 日

中共中央总书记江泽民由中央政治局候补委员、书记处书记温家宝，省委书记关广富陪同，在考察三峡工程开工前的准备工作后，再次视察荆江大堤。

12 月 12 日

长江中游界牌河段综合治理工程开工。界牌河段综合治理工程位于长江中游城陵矶以下 20 千米处，全长 38 千米，北岸为湖北洪湖市，南岸为湖南临湘市，是长江防汛的重要河段，同时也是长江航运的卡口河段。多年来，由于河势变化无常，水浅碍航及崩岸，严重影响长江航运和两岸经济发展以及两岸堤防安全。工程分为固滩导流及丁坝工程、护岸工程、洪湖港航道疏挖工程三部分，总投资 1.55 亿元，工期 4 年，由国家和地方共同投资兴建。次年 4 月 10 日正式开工。

12 月 13 日

松滋江堤加高加固工程开工。设计总工程量：土方填筑 383.2 万立方米，土方开挖 48.18 万立方米，干砌块石 7.04 万立方米，浆砌块石 1.23 万立方米，抛石 37.95 万立方米，锥探灌浆 12.75 万立方米，减压井 1055 米，占压土地 109.8 公顷，总投资 14945 万元，计划工期 4 年。

1995 年

1月15—18日

省委书记、省长贾志杰到石首、公安、松滋等县（市），现场查看胜利垸隔堤加固和北门口、向家洲崩岸整治及松滋江堤加高加固工程。

1月18日

长江委主任黎安田视察石首北门口、向家洲崩岸现场。

1月

水利部批准《荆江地区蓄滞洪区安全建设规划报告》，以保障荆江地区蓄滞洪区人民生命财产安全。

2月上旬

位于下荆江六大河湾之首的石首河湾继续发生剧烈崩岸，石首市城区北门口一带，崩势直逼长江干堤，崩坍距干堤最近处仅38米。虽经多方抢护，却屡护屡崩，严重威胁下荆江河势及长江干堤安全。年内，长江科学院河流研究所研究制订《下荆江石首河段裁弯规划报告》，以期纳入国家治理下荆江的总体规划。

2月24日

荆沙市人民政府办公室以荆政办发〔1995〕10号文发布《关于理顺长江河道管理体制问题的通知》，将原江陵县长江修防总段分解为两个单位，即荆州区长江河道管理总段和江陵区长江河道管理总段；原沙市市长江修防处更名为"沙市区长江河道管理总段"。其它县市堤防总段亦更名为河道管理总段，其管理体制不变。

3月27日

中共中央政治局委员、国务院副总理吴邦国视察荆江大堤。

3月

中共中央总书记、国家主席江泽民，国务院总理李鹏在第八届全国人大会议期间，批准动用总理预备金1000万元，用于荆江分洪区工程建设。

4月12日

石首北门口、向家洲、鱼尾洲整治工程全面竣工。历时4个月零6天，共守护崩岸线1640米，加固堤防3471米，整治崩岸线790米，完成土方47.5万立方米、石方12.9万立方米，抛柴枕2120个、塑枕6000个，砌坦4.56平方米，投资930万元。

4月20—22日

省军区司令员贾富坤少将实地查看荆江大堤郝穴险段、石首北门口崩岸抢护工程、荆江分洪区转移路和躲水楼等设施。

5月8日

中共中央政治局委员、国务院副总理姜春云视察荆江大堤观音矶、铁牛矶，荆江分洪区北闸，长江干堤石首北门口、向家洲等险工险段。

5月26—28日

省军区在荆沙市召开湖北防汛抢险部队协调会议，研究部队防汛指挥、协同与保障问题，保证部队在关键时刻起到关键作用。会议期间，广州军区参谋长龚谷成视察荆江分洪区。

6月

长江干堤松滋东段东大口至灵钟寺9860米堤段整治加培工程开工，次年5月底竣工。

7月25日

国家防总副总指挥、水利部部长钮茂生，省长蒋祝平来荆州检查长江干堤监利西门渊闸、白螺矶闸和尹家潭、赖家树林等险工险段。

8月29日

石首市长江修防总段工程科副科长、共产党员陈士发在石首北门口护岸险段抢险时被巨浪卷入江中殉职，时年34岁。12月28日，省政府追认陈士发为烈士。

10月28日

石首长江干堤北门口桩号565+400～565+480段发生崩岸险情，崩长80米，崩宽30米。经采取抛石护岸措施，险情得到控制。

11月23日

长江干堤石首北门口桩号565+600～565+700段发生崩岸险情，崩长100米，经采取抛石护岸措施，险情得到控制。

是年

根据荆沙市成立后行政区划的改变，荆江大堤加固工程总指挥部下设荆州区、沙市区、江陵区、监利县加固工程指挥部。

荆沙市长江防汛指挥部、荆沙市长江河道管理处制订《荆沙市＜长江荆江河段应急度汛方案＞实施意见》。

1996 年

3月7日

根据湖北省荆江大堤加固工程指挥部和荆沙市长江防汛指挥部文件精神，成立湖北省荆江防汛机动抢险队。

6月16日

中共中央政治局常委、全国人大常委会委员长乔石率全国人大常委会副委员长倪志福、李锡铭、王丙乾、王光英、布赫、铁木尔·达瓦买提等一行64人视察荆江大堤。

6月28日

由国家防总投资建造的"国汛五号"150吨级抢险救生船在沙市下水，开始用于荆江防汛抢险救灾。

7—8月

长江中游发生大洪水。沅江、资水、洞庭湖区持续暴雨，洪峰频发，长江干流监利、城陵矶、螺山诸站水位均先后超过历史最高记录，洪湖长江干堤一度出现十分危险的汛情。

7月16—22日

洪湖长江干堤周家嘴段桩号525+400～525+817长417米堤段相继发生漏洞和塌陷溃口性险情，漏洞达20余处，采用三级围井导滤措施处理。21日24时，围井被水鼓起，险情恶化，立即采取加大加固围井措施。22日凌晨3时，险情进一步恶化，17时45分，堤面突然塌陷，塌陷坑长6米、宽3米、深2米。现场水利专家迅速确定采取抢筑外帮阻水截流的方法，空降兵部队900名官兵紧急支援抢险。广大军民奋战七昼夜成功控制险情。

7月19日

省军区司令员贾富坤少将根据省防指决定，坐镇荆州指挥防汛。空降兵某部3629名官兵分别进驻洪湖市沿江燕窝、新堤、螺山、老湾等乡镇待命抢险。

7月21日

长江干堤监利西门渊闸段农资仓库发生管涌险情，经采取围井三级导滤措施进行处理，险情得到控制；20时，丁家洲白螺矶堤段告急，经8000名民工昼夜抢筑子堤，加高加固11.7千米长江干堤。

交通部长江航道局发布长江干线监利至武汉航道禁航令，于7月23日24时起执行。7月27日16时恢复通航。

7月22日

受中共中央总书记江泽民和国务院总理李鹏委托，中共中央政治局委员、国务院副总理、国家防总总指挥姜春云，在省委书记贾志杰、省长蒋祝平陪同下，到洪湖长江干堤现场指导防汛抗洪，慰问防汛军民。姜春云向周家嘴抢险现场干群发布命令，要求严防死守，确保长江干堤安全。

7月23日

监利长江干堤尹家潭（桩号562＋300）内堤脚垂高0.7米处出现浑水漏洞1个，孔径0.2米，是时城陵矶水位35.10米。采取外截内导措施进行抢护，险情得到控制。此处险情因抢护果断、及时，受到省委、省政府嘉奖。

洪湖长江干堤田家口段桩号446＋550～446＋660处发生管涌群，经现场专家、工程技术人员采用围井导滤、抽水反压等措施及200名民工连续25小时抢护，险情得到控制。

7月24日

洪湖长江干堤七家垸内发生浑水洞险情，经采取围井导滤、抽水反压措施，险情得到控制。

空降兵某部部队长马殿圣少将、副政委唐宗成少将率1100余名官兵奔赴洪湖防汛抢险。

7月25日

国家防总副总指挥、水利部部长钮茂生，省长蒋祝平分别代表国家防总和省委、省政府前往洪湖、监利防汛抗灾一线查看灾情，指导抢险。

7月26日

国家防总颁发嘉奖令，向参与洪湖长江干堤周家嘴抢险的各级干部、工程技术人员、解放军官兵、公安干警致以崇高的敬意，并奖励人民币100万元。

7月27日

省委、省政府作出决定，对参与监利观音洲荆河垴、白螺矶赖家树林，洪湖田家口、石码头等处抢险的集体予以通报表彰，并各奖励人民币20万元。同时发出慰问信，向战斗在抗洪抢险一线的党员、干部和全体军民表示亲切慰问和衷心感谢，并致以崇高敬意。

8月9日

至本日，洪湖市共发现各类险情422处，其中长江干堤357处、东荆河50处、洪湖围堤15处。

8月10日

卫生部部长陈敏章带领疫病防治专家到洪湖、监利，指导救灾防病工作。

8月13日

民政部部长多吉才让深入监利等重灾区查灾情、访灾民。

10月4日

省委、省政府、省军区在武汉洪山礼堂隆重举行湖北省抗洪救灾英模报告会，洪湖周家嘴抢险英雄群体在会上作报告。

10 月 15 日

中共荆沙市委组织部发布《关于对县市区长江河道管理总段领导班子管理体制作适当调整的通知》（荆组文〔1996〕51 号），对各堤防管理总段实行地方政府（党委）管理为主，市长江河道管理处协管的双重管理体制。

10 月 28 日至 11 月 1 日

全国政协副主席钱正英受政协主席李瑞环委托，考察荆江大堤建设及河道整治、分洪蓄洪工程。

11 月 18 日

荆沙市人民政府办公室以荆政办发〔1996〕88 号文发布《关于调整荆江大堤部分堤段管理权属的通知》，对江陵、沙市管理堤段进行调整。江陵区管辖范围 69.5 千米（桩号 675＋500～745＋000）；沙市区管辖范围 16.5 千米（桩号 745＋000～761＋500）。

11 月

以色列国家灌排委员会主席柯亨先生率代表团一行 5 人考察荆江大堤。

12 月

荆沙市更名为荆州市，荆沙市长江河道管理处随之更名为荆州市长江河道管理处。

荆江大堤荆州段闵家潭堤基处理工程竣工。完成土方 31.14 万立方米、混凝土 1914 立方米、浆砌块石 2350 立方米、土工织物布 4.62 万平方米、护岸卵石 1.19 万立方米，工程投资 1000 万元。

是年

市委、市政府、荆州军分区授予荆州市长江河道管理处"抗洪救灾集体二等功"。

1997 年

2 月 14 日

省委、省人大、省政府、省政协、省军区领导贾志杰、蒋祝平等 100 余人，到荆江大堤李埠段整险加固工地，与 2600 余名军民一起参加水利劳动。

5 月 29—30 日

中共中央政治局委员、国务院副总理、国家防总总指挥温家宝率国家防总、水利部、国家计委、财政部、长江委负责人，视察荆江大堤、荆江分洪区。

6 月 1 日

荆江大堤江陵木沉渊吹填工程第二次吹填开工。7 月上中旬完工，完成土方 13 万立方米。木沉渊系清乾隆五十四年（1789 年）、嘉庆元年（1796 年）两次溃口冲刷而成，水域面积 66.4 万平方米，当时在外滩堵口复堤。1954 年冬加固培修。1978 年又与长江航道局合作，用"吸扬五号"船进行吹填，历时两年吹填 150 万立方米，渊塘高程由 26.30 米提高至 34.00 米。

7 月 17 日

7 月中旬，距石首市城区仅 6 千米的重点险段鱼尾洲发生大面积崩岸险情。截至本日，共发生崩岸 15 处，崩长 1870 米，严重危及堤防安全。后经紧急抢险护情基本稳定。

8 月 18 日

省政府同意将荆江大堤安全管理范围由 550 米扩增至 1000 米，安全保护区由 300 米扩增至 750 米。并规定凡在管理范围内建设工程项目，550 米内报省水利厅审批，550～1000 米由荆州市长江河道管理处审批。

12 月 5 日

长江中游石首河段整治工程项目通过水利部专家小组评审，被纳入国家下荆江河势控制总体规划。

12 月 16 日

荆江大堤监利西湖段 6.5 千米吹填工程开工，工程静态投资 5516.16 万元，动态投资 5776.93 万元，工期 4 年。

是年

至本年，荆江大堤加固工程完成工程量：1950—1997 年完成土方 12910 万立方米、石方 750 万立方米、投资 5.43 亿元；长江堤防建设加固整修：1985—1997 年完成土方 11898.19 万立方米、石方 630.39 万立方米、混凝土 8.73 万立方米、投资 6.33 亿元。

南线大堤加固工程共完成投资 3074 万元、土方 101.97 万立方米、石方 23.4 万立方米、锥探灌浆 22 千米，该工程于 1992 年开工建设。

松滋江堤加固工程共完成投资 3500 万元、土方 145.8 万立方米、护岸石方 5 万立方米、锥探灌浆 18.6 千米、改建涵闸 1 座、导渗工程 1 千米。该工程于 1994 年开工建设。

下荆江河势控制工程共完成投资 7117 万元、护岸长 30.99 千米、土方 454.49 万立方米、石方 245.46 万立方米、柴枕 8.34 万个。该工程于 1983 年开工建设。

省政府授予荆州市长江河道管理处"黑翅土白蚁初建群体研究"课题研究成果"湖北省科学技术进步重大贡献二等奖"。

1998 年

2 月 10 日

市政府召开荆江大堤升级达标工作会议。提出将荆江大堤建成中华第一堤，让党中央和全国人民放心。至 1998 年止，地方累计投入资金 3000 万元（含劳务折资）。

4 月 17—18 日

长江委验收组对荆江大堤目标管理以县（市、区）为单位进行初步验收，各堤段综合评分均达到国家 I 级堤防标准。

5 月 7—8 日

空降兵某部部队长马殿圣少将查看荆江大堤，听取堤防建设和防汛准备工作汇报。

5 月 26—27 日

省委书记贾志杰，省长蒋祝平，副省长王生铁、邓道坤率省水利、地矿、贸易、电力、石油、武警总队负责人，实地查看荆江大堤沙市城区堤防、荆江分洪区进洪闸和节制闸、公安县陈家台崩岸、杨厂转移码头，石首北门口、调关矶头和监利城区堤防等重点险段。

5 月 29—30 日

中共中央政治局委员、国务院副总理、国家防总总指挥温家宝视察荆江大堤江陵郝穴铁牛矶、沙市观音矶等险工险段和荆江分洪区进洪闸。温家宝强调：防汛抗灾责任重于泰山，要按照 1954 年型大洪水的要求防御，确保万无一失。

6 月 10—11 日

省军区司令员贾富坤少将检查荆州市防汛工作，实地查看洪湖长江干堤田家口、监利县长江干堤和荆江大堤江陵区郝穴、木沉渊等堤段。

6 月 25 日

荆江分洪工程进洪闸拦淤堤爆破器材到位，共备雷管 6000 发、炸药 200 吨及导爆索等，存放于松滋洈市炸药仓库。

6月26日

荆江分洪工程进洪闸举行第三次启闭演习；洪湖、监利长江干堤自8时开始全线设防；洪湖市乌林镇松林垸、同乐垸扒口行洪。

6月27日

市长江防汛指挥部召开紧急会议，部署迎战1998年第一次洪峰。

7月1日

8时，长江干流石首以下干堤全线超警戒；15时，干流沙市站水位超设防。全市布防堤长1347.56千米，上堤防汛民工33914人、干部2311人。

荆州市抗洪抢险青年突击队总队成立，江陵、公安、石首、监利、洪湖分别成立青年突击队。全市共成立8200余支青年突击队，110余支青年志愿者小分队。

7月3日

长江第一次洪峰通过沙市，二郎矶水位43.97米，超警戒水位0.97米。全市防守长江干支堤防的干部群众达105648人，其中各级干部6693人，民工98955人。

经市防指申请，第一批抗洪部队空降兵1724名官兵由李家洪少将率领，奉命抵达监利县、洪湖市抗洪一线。

7月6日

中共中央政治局常委、国务院总理朱镕基视察荆江防汛工作。陪同视察的有副总理温家宝、省委书记贾志杰、省长蒋祝平及国务院政研室、国家计委、水利部、民政部负责人。朱镕基实地查看荆江大堤郝穴铁牛矶、沙市观音矶险段，沿途慰问巡堤查险的干部群众。

15时，监利防指和空降兵某部防汛前线指挥部在新洲围垸庙岭堤段抢险现场嘉奖抢险有功人员。李盛江、张肇柏等受到县委、县政府嘉奖，分别奖励5000元；空降兵某部3营全体官兵受到通报表扬，施海荣、代永峰等20名战士在抗洪一线光荣加入中国共产党。

7月9日

洪湖长江干堤田家口段（桩号445＋300～445＋510）距离堤脚80米水沟内发生24孔管涌，经采用围井三级导滤和蓄水反压措施，险情得到控制。

7月12日

洪湖长江干堤燕窝八十八潭段（桩号432＋310～432＋355）距堤脚260～320米处发生3孔重大管涌险情，孔径分别为0.3米、0.4米、0.55米，经采用三级导滤和蓄水反压措施，3100余名空降兵官兵及民工及时抢护，险情得到控制。

7月14日

22时30分，市委、市政府召开全市防汛抗洪紧急电视电话会议。

7月18日

10时，长江第二次洪峰通过沙市站，二郎矶最高水位44.00米。

7月19日

8时40分，洪湖长江干堤王洲段桩号495＋595距堤脚25米处突发浅层管涌险情，省防指电令作重大险情处理。至10时30分，经4000余名军民抢护，完成三级导滤，基本控制险情。

长江干堤监利何王庙闸出现闸漏险情，经采用蓄水反压措施和6000名民工奋力抢护，筑高程30.50米的拦水高坝，成功控制险情。

7月21日

17时30分，石首市小河口镇六河垸河口村二组桩号14＋300～15＋100段发生贯穿性浑水洞溃口性险情。经500军民11个小时抢护，成功控制险情。

7月23日

由于湖南澧水流域形成洪峰流量19000立方米每秒的特大洪水，长江干流第三次洪峰压境，公安县荆南河流出现自1954年以来最恶劣、最险峻的防洪形势，南平大垸万分危急，预计将有17千米堤段靠临时加筑子堤挡水0.5米以上。省防指电令严防死守，市委书记刘克毅坐镇南平指挥，打响南平保卫战。22时，南平大垸有30千米堤段开始漫水，3万军民联手抗洪抢险，60千米堤段每2米就有1人防守，抢筑起17千米长子堤。

省军区某舟桥部队1090名官兵日夜兼程抵公安县南平镇抗洪抢险。

7月24日

监利县荆江大堤窑圻垴段出现大面积管涌群，范围长150米，平均宽20米，最大孔径0.3米，4000干部群众经10小时冒雨奋战，完成围堰面积3800平方米、土方1200立方米，并进行抽水反压，成功排除这一重大险情。

长江干堤荆州区弥市镇大口段（桩号705＋380）距堤内脚12米水塘内发生8孔管涌，经300名部队官兵和1200名民工紧急抢护，险情得到控制。

南平保卫战第2天。昨日8时至今日12时，松滋河港关水位平均每小时涨速达0.14米，一天涨幅达2米多。中午，松东、松西河各水位站出现本年最高洪峰。防汛大军在风雨交加中昼夜抢筑子堤58千米，完成土方10.8万立方米，子堤挡水高度0.5米，最高挡水达1.5米。

空降兵某部2224名官兵日夜兼程，于13时抵达公安县南平镇支援抗洪抢险。

7月25日

长江第三次洪峰通过沙市，沙市站洪峰水位43.85米。

市防指发出关于决战长江特大洪水的命令（第一号）。

南平保卫战第3天。凌晨2时，市委书记刘克毅冒雨来到南平天兴垸斋公垴险段，慰问奋战近30小时的空降兵某部黄继光连全体官兵。上午，南平水位开始回落。下午，市长王平、军分区副司令员邱盛泽代表市委、市政府、荆州军分区到南平慰问抗洪抢险部队官兵，并送达捐赠款15万元。

18时至次日12时，洪湖市4万防汛大军加筑子堤85.55千米，完成土方6万立方米，确保洪湖长江干堤135千米防汛段面在34.31米高水位下安然无恙。

7月26日

经国家防总和交通部批准，0时起，长江河道石首至武汉河段实施封航。9月7日恢复通航，封航时间43天。

凌晨，洪湖长江干堤周家嘴段（桩号525＋734～525＋800）堤脚、堤坡长65米范围内出现8个清水洞，孔径分别为0.02米、0.05米（该处因1996年汛期发生浑水漏洞群和堤面塌陷重大险情而受到中央极大关注）。经紧急磋商并报省市领导同意，决定采取外帮（长150米、宽10米、高2米）和内围堰、三级导滤等措施紧急抢护。经1850名军民6小时艰苦奋战，险情得到基本控制。

7月27日

中共中央政治局委员、国务院副总理、国家防总总指挥温家宝受党中央、国务院委派，第三次到荆州抗洪第一线指挥防汛工作。温家宝一下飞机，即赶往监利、洪湖视察，先后查看监利何王庙闸抢险工地、洪湖螺山周家嘴段，并代表党中央、国务院慰问战斗在抗洪一线的干部群众及驻监利、洪湖的抗洪子弟兵。

洪湖长江干堤任公墩（桩号494＋900）距堤脚80米水塘内发现管涌9个，其中小管涌（直径

0.02 米) 8 个,大管涌 1 个（直径 0.1 米），出浑水，水头冲出地面 0.3 米。经采取三级导滤、水塘周围筑围堰抽水反压措施，险情得到控制。市长江防汛洪湖前线指挥部对洪湖石码头办事处及时处置任公墩险情给予通报表彰，并奖励发现、抢护险情有功人员奖金 1 万元。

7 月 28 日

10 时，长江第三次洪峰通过洪湖，石首以下河段均出现有水文观测以来最高水位。

宜昌市按照省防指指令，紧急调运防汛石料运抵荆州市防汛重点地区监利县、洪湖市，其中监利县 560 吨（27 日运抵），洪湖市 1310 吨。

8 月 2 日

市长江防汛洪湖前线指挥部发布《关于切实加强险情抢护的命令》（第五号）。8 月 5 日，省防指转发该命令。转发通知中指出：这个命令处险办法具体，抢险措施过硬，具有很强的操作性，请各地结合实际，认真借鉴。同日，市长江防指洪湖前线指挥部发布关于《查险报险奖励办法》的命令（第六号）。奖励办法规定：巡堤查险人员，凡在洪湖、监利境内的长江干堤、重要支民堤上发现重大险情的，立即上报，由工程技术人员鉴定后，记三等功一次，发给奖金 1000 元和立功证书。

8 月 3 日

11 时，空降兵某部 2000 名官兵按时抵达指定地点，并立即投入抢险战斗，增援洪湖抗洪抢险。

下午，市委、市政府在监利防汛前线召开紧急会议，传达贯彻省防指关于荆江汛情变化的紧急通知，对决战长江第四次洪峰作紧急部署。会议决定调整工作部署，将防汛目标由"全抗全保"转移到"三个确保"上来，作出坚定不移严防死守，确保长江大堤安全；坚定不移做好分洪准备和救生准备，确保人民生命财产安全的决策；根据省防指的命令，果断将沿江 7 个主要民垸弃守或扒口行洪。

洪湖市长江干堤 60 余千米堤段连续发生 4 次 8 处重大险情：乌林镇小沙角村邻堤水塘出现 2 处大管涌；中沙角村邻堤水塘出现 3 处大管涌；王家洲头墩出现 2 处大管涌；田家口段堤身外侧出现脱坡。经万余名军民紧急抢护，险情得到控制。

8 月 4 日

济南军区第一批抗洪部队某部 335 名官兵抵达公安南平抗洪一线。

石首市小河口镇 3 万群众安全转移。

8 月 5 日

省防汛抗旱指挥部宣布，自 8 月 6 日 8 时起，全省进入紧急防汛期。

按省防指命令，长江外滩监利西洲垸、新洲垸、血防垸和石首市六合垸、永合垸相继扒口行洪。

市委召开市"五大家"领导紧急会议，研究部署防汛抗洪工作，成立市长江防汛前线指挥部，要求全市人民紧急行动起来，确保荆江大堤安全，确保长江干堤和连江支堤安全，确保人民生命财产安全。

市长江防汛洪湖前线指挥部发布命令（第七号），要求洪湖、监利两县市树立信心，落实中共中央总书记江泽民"三个确保"精神，全面总动员，决战最高洪峰，背水一战，守住长江大堤。监利、洪湖、石首一昼夜紧急抢筑子堤 52 千米，其中监利 14.23 千米、洪湖 2.4 千米、石首 35.48 千米，共完成土方 8.13 万立方米。

8 月 6 日

1 时，长江沙市站水位 44.68 米，超过 1954 年最高水位 0.01 米，且继续上涨，预报沙市水位将达到 45.00 米，荆江防洪形势进一步恶化。凌晨，市委、市人大、市政府、市政协、荆州军分区向全市广大干部群众、解放军指战员、武警官兵、民兵预备役人员发布防汛抗洪紧急动员令，宣布从即日起，全市进入紧急防汛期。

中共中央政治局委员、国务院副总理、国家防总总指挥温家宝第四次赴荆州长江抗洪一线，并就抗御长江第四次洪峰作重要指示。

紧急增援荆州抗洪的广州军区、济南军区 5500 余名指战员和武警官兵分别抵达松滋、石首防汛前线；济南军区某集团军 1100 名官兵抵达公安抗洪前线；省军区某舟桥部队 1200 名官兵进驻沙市区荆江大堤一线；广州军区某步兵师 1250 名官兵到达江陵抗洪前线；武警某部 315 名官兵进驻荆州区弥市镇抗洪一线。此日后，经铁路、公路、飞机紧急开进，援助荆州抗洪的解放军官兵迅速急增至 5.41 万人，其中将军 38 人。

省防指下达《关于做好荆江分洪区运用准备的命令》，国务院副总理温家宝在命令上批示："如必须采取分洪措施，务请提前通知我到现场，由我报中央下决心。"

市委、市政府成立市荆江分洪前线指挥部，紧急部署分洪准备工作，要求分洪区内所有人员必须于 7 日 12 时前转移到安全地带。20 时，荆江分洪区群众开始全面转移。至次日 12 时，安全转移群众 33.5 万人。洪湖、监利、石首、公安、松滋分别按沙市洪峰水位 44.95 米、石首洪峰水位 40.65 米，再次连夜加筑子堤。

市长江防汛前线指挥部发布抗洪总决战、誓与江堤共存亡的命令。

市长江防汛前线指挥部根据《北闸拦淤堤爆破方案》，命令松滋市防指立即派警力、民工和车辆赴涴市炸药仓库将爆破器材装车待命；命令沙市区防指立即组织成建制民兵 500 人，带铁锹 200 把、水桶 120 个，集中上车待命。

荆江大堤江陵郝穴铁牛矶（桩号 709＋600）外平台上发现两处较大冲刷坑。一处位于铁牛基座与凉亭间，长 10 米、宽 8 米、深 0.8 米；另一处位于滩唇与凉亭间，长 8 米、宽 2 米、深 0.6 米。凉亭基座仅下游边一面未被冲刷且有淤沙外，其余三面均被掏空，铁牛基座左前角亦被冲垮。经解放军官兵和民工用编织袋装卵石填冲坑防冲刷，使险情得到控制。

20 时，根据市长江防汛前线指挥部命令，松滋、沙市、江陵、荆州、石首 5 县（市、区）由得力领导带领 2 万名民兵和干部群众，自带干粮，火速接防公安县 208 千米荆江分洪区围堤中的 186 千米。命令 5 县（市、区）务必在 7 日 12 时前做好荆江分洪区转移群众的接收安置工作。具体接收任务：荆州区 6772 户、28120 人；沙市区 6376 户、26174 人；江陵区 7491 户、30589 人；松滋市 2391户、11407 人；石首 7261 户、32246 人。

8月7日

0 时 45 分，公安县孟溪大垸虎右支堤严家台（桩号 53＋600）溃决，因抢堵无效，至 3 时 30 分溃口达 150 米，致使孟溪大垸被淹，13.5 万人受灾。省、市、县迅速组织营救。

市长江防汛前线指挥部发布公告（第一号），决定自 8 月 7 日 15 时起，对荆江大堤沙市段宝塔河至红星路口之间堤段实行交通管制，任何与防汛抢险无关的机动车辆、非机动车辆和行人不得在堤上通行和滞留。

11 时，石首市大垸乡北碾垸扒口行洪；14 时，石首市小河口镇张智垸扒口行洪。下午，石首市组织全市 8 万民工全面加高、加宽、加固子堤，共新筑子堤 58.5 千米，完成土方 16.4 万立方米，耗用编织袋 65 万条。监利县组织 10.4 万民工和解放军官兵，对长江干堤按城南水位 38.20 米的标准再加安全高度 0.5 米，抢筑子堤长 57.25 千米，宽 1.5 米以上，总土方达 59.8 万立方米。监利县三洲联垸、丁家洲 6.95 万灾民安全转移到长江干堤内。

晚，中共中央总书记江泽民在北京主持召开中共中央政治局常委扩大会议，听取国家防总汇报，研究当前长江抗洪抢险工作。随即中共中央发出《关于长江抗洪抢险工作的决定》。

即日晚至次日凌晨，国务院总理朱镕基办公室工作人员每小时一次，先后 24 次给市长江防汛前线指挥部打电话，询问荆州汛情。

8月8日

2 时，省委书记贾志杰在荆州宾馆主持召开荆江分洪区运用准备工作会议。

4 时，长江第四次洪峰通过沙市，沙市站洪峰流量 48500 立方米每秒，洪峰水位 44.95 米。

国务院总理朱镕基在温家宝、王忠禹等中央领导和贾志杰、蒋祝平陪同下，先后到公安、石首、洪湖视察抗洪工作，慰问抗洪抢险一线军民。

自 6 月以来连续加高加宽的石首长江干堤调关段子堤于 7 日 23 时全线漫溢。石首市防指在紧急制订抢险方案的同时，8000 余名抢险突击队员和 100 余吨抢险物料抢运到现场，闻讯赶来的 630 名解放军官兵和湖南华容 500 名"湘军突击队"一起参与决战，至 8 日 4 时，筑起一道长 5.6 千米、高 1.2 米、宽 1 米子堤。10 时 30 分，调关段有 100 米子堤又出现大面积脱坡，石首市迅即组织实施抽水反压，仅用 1 小时即排除险情。18 时 30 分，接到晚上将有 4～5 级南风，必须做好防浪准备的通知后，支援湖北的 4000 名湖南省华容县抢险突击队员和数百名解放军官兵乘百余辆交通车赶赴调关，与石首防汛大军汇合，突击加固子堤。

监利长江干堤分洪口堤段桩号（618＋850～619＋250），出现范围 400 米的重大散浸险情，其中在堤脚向上垂高 2.5 米处出现 16 米长的严重脱坡，经采取开沟导渗、筑透水支撑、外帮截渗等措施和 5000 军民奋力抢护，险情得到控制。

洪湖长江干堤红光二组（桩号 432＋070～432＋100）距堤脚 74～110 米的水塘、水沟内出现 2 个管涌，砂盘直径分别为 1.8 米、0.5 米，经采用围井导滤、投石消杀水势、大围堰抽水反压措施和 1500 名部队官兵、700 名民工 12 小时抢护，化险为夷，避免了一场溃口性特大险情。

公安县紧急开展孟溪灾民安置工作，成立孟溪大垸救灾安置转移安置前线指挥部，紧急调运物资，解决临时安置人员的吃饭、饮水、就医问题。

《中国青年报》头版刊登荆江分洪区 33 万群众大转移的消息，并在显要位置配发《荆江分洪意味着什么》的新闻分析，在国内外引起强烈关注。

8 月 9 日

10 时许，国务院总理朱镕基、副总理温家宝乘直升机来到石首长江干堤调关矶头，查看险情，慰问一线抗洪解放军官兵和干部群众。朱镕基站在调关大堤子堤上对抗洪军民说，长江大堤抗洪抢险已经到了最关键时刻，这个时候大家绝对不能松懈，不能有丝毫动摇，一定要全力以赴，再接再厉，坚持到底。11 时 20 分，在数千军民正奋力整险、排险的洪湖市中沙角险点，朱镕基代表党中央、国务院，代表中共中央总书记江泽民慰问和感谢抗洪一线军民及长江委、省市参与抗洪抢险的水利专家。

朱镕基在广州军区副司令员龚谷成中将、济南军区副司令员裴怀亮中将陪同下，乘直升机查看汛情和灾情。

广州军区司令员陶伯钧上将、政委史玉孝上将在省军区政委徐师樵少将陪同下，视察荆州市防汛抗洪工作，并慰问某师驻守沙市盐卡险段的 800 余名指战员。

上午，市荆江分洪前指新闻中心在公安举行第一次新闻发布会，介绍分洪区群众转移安置情况，海内外 260 余名记者与会。

12 时，按照省、市防指的命令，监利三洲联垸破口行洪。

监利县上车湾镇潘揭村共青团员胡继成在分洪口堤段抗洪抢险中英勇牺牲，年仅 23 岁。9 月 7 日，省政府追认其为烈士。

20 时，省委、省政府在荆州召开紧急电视电话会议，传达中共中央政治局扩大会议精神和朱镕基、温家宝视察荆江抗洪的讲话精神，紧急部署全省决战长江大洪水工作。

国家防总紧急调拨 9900 吨砂石料，从三峡开发总公司和岳阳市全部运抵洪湖市抗洪一线。

8 月 10 日

温家宝在荆州主持召开会议，贯彻落实中共中央《决定》和国务院总理朱镕基视察荆州时的讲话精神。会上，温家宝就荆江防汛抗洪发表重要讲话。会后，温家宝一行到公安县裕公乡、藕池镇查看分洪区群众安置转移和安全区、安全台，慰问抗洪抢险的解放军官兵。

省防指荆江分洪前线指挥部指挥长罗清泉、副指挥长张忠俭率7个工作组对荆江分洪区208千米围堤展开拉网式检查。

洪湖长江干堤燕窝镇段八十八潭桩号432＋100处，距堤脚仅24米的水潭中发现一处砂盘直径1.8米的特大管涌。经3000军民连续19小时抢护，筑起一座长700米、高1米、面积1.5亩的巨大围堰。这一溃口性险情终被控制。

继8月3日洪湖长江干堤乌林段小沙角潭出现2处管涌险情后，在潜水员和水手潜水探查时，分别在距堤脚约50米处又发现2处管涌，孔径0.2米，砂盘直径分别为3.5米、2.5米。均实施三级导滤进行处理，并派专人坐点观察，严密防守。

长江松东支河八宝张家巷段出现裂口约40米深层外滑坡重大险情，经3000军民30小时抢护，险情得到控制。

8月11日

温家宝在荆州主持召开国家防总特别会议，贯彻落实党中央关于长江抗洪抢险工作指示，要求沿江各地党政领导、广大军民紧急动员起来，坚决保住长江大堤，夺取抗洪抢险斗争的全面胜利。

凌晨，市长江防汛前指发出紧急通知，决定对荆江段客轮及码头、渡口从11日4时起实施封渡，以确保荆江分洪区外转安置工作安全有序进行。8月22日18时恢复营运。

省委、省政府组团奔赴荆江分洪区，分7个组慰问转移到安全区、安全台的群众，并向转移群众分发500吨大米、数万瓶食用油及价值50万元的药品。

监利长江干堤口子河段（桩号589＋000～589＋100）距堤脚30米水田内2.5平方米范围发现10个管涌冒孔，采取围堰三级导滤措施处理。此后，出险范围扩大，浑水不断，沉陷不止，下沉次数达47次，最大沉陷达4.5米。经广州军区53205部队官兵和民工数千人连续作战，8月26日险情得到控制。

公安县麻豪口镇北堤村距长江干堤约500米处排水渠内发生直径约0.5米浑水漏洞，水柱冲出2米高，经1800名部队官兵和数百名民工近20小时抢护，险情得到控制。

总政治部主任于永波上将，广州军区司令员陶伯钧上将、政委史玉孝上将，总参谋部副总参谋长隗福焰中将，总后勤部部长沈滨义中将，原国防科工委副主任陈达植中将，军委办公厅副主任杨福坤少将等率领总政治部、总参谋部、总后勤部、总装备部组成的慰问团，深入公安杨厂南五洲、埠河北闸和石首调关、监利三洲、洪湖石码头等地段慰问战斗在抗洪一线的解放军和武警官兵。

中国人民武装警察部队政委徐永清中将、武警湖北省总队政委张万华少将慰问驻守监利人民大垸珠湖分场防汛险段的省武警官兵。

9日下午开始至本日，石首调关八一大堤上的所有灾民迅速转移，济南军区某集团军、广州军区某集团军和舟桥部队组织官兵4000人，石首市组织民工6000人，对挡水子堤全面加高加宽。经两昼夜连续奋战，调关镇堤段31千米子堤加高到高出水面1米，加宽至1.5米，采取外挡内压，抽槽夯实措施，确保子堤不脱坡、不渗漏、不漫溢、不溃口。

8月12日

21时，长江第五次洪峰通过沙市河段、沙市站最高水位44.84米。

石首市合作垸鱼尾洲东港堤村守护段面发生大面积密集管涌群，孔径0.3米以上的有10余个，总面积1000余平方米，水柱高0.4米，逐渐逼近堤身，险情急剧恶化。经1200余军民3天3夜全力抢护，这一随时可能导致溃口的重大险情得到控制。

市荆江分洪前线指挥部新闻中心举行第二次新闻发布会，中央和省、市100余名记者与会。

市荆江分洪前线指挥部发出紧急通告，命令迅速做好分洪准备。分洪区第二次进入紧急状态。10时，分洪区道路全部实行交通管制，所有排水闸门全部封闭，电力、通信、自来水供应及后勤保障部门迅速做好一切分洪应急准备，安全区高程欠高地段抢筑子堤，并封堵进出口。16时，分洪区内所有人员第二次全部转移到安全地段。

中央电视台《新闻联播》、《焦点访谈》、《新闻30分》等栏目，相继播出8条中国人民解放军在公安县英勇奋战，公安县人民群众踊跃拥军支前和灾民安置方面的新闻报道。

8月13日

中共中央总书记、国家主席、中央军委主席江泽民，国务院副总理、国家防总总指挥温家宝，中央军委副主席张万年上将，中央办公厅主任曾庆红，在广州军区司令员陶伯钧上将、省委书记贾志杰、省长蒋祝平陪同下，到荆州长江抗洪抢险第一线视察，慰问广大抗洪军民。

监利长江干堤红庙段桩号578＋350和578＋500处发现两个浑水漏洞，采用围井反滤措施，经4500名军民17小时抢护，险情得到控制。

8月14日

正在湖北省视察长江抗洪抢险工作的中共中央总书记、国家主席、中央军委主席江泽民在武汉发表重要讲话，就决战阶段的长江抗洪抢险工作发出总动员。他指出，全党、全军、全国要继续全力支持抗洪抢险，直到取得最后的胜利。

根据国务院副总理温家宝关于洪湖长江干堤新滩虾子沟堤段险情升级处理的指示精神，市委书记刘克毅、荆州军分区副司令员王树华专程赶到现场，召集省、市及洪湖市工程技术人员部署落实方案，实施整治。

公安县孟溪大垸在松东左堤新渡口（桩号102＋000）扒口吐洪，以保证小虎西预备蓄洪区山岗围堤的安全，减小灾害造成的损失。

8月15日

市荆江分洪前线指挥部举行第三次新闻发布会，介绍公安县的重大灾情和面临的巨大困难以及急需解决的问题，200余名海内外记者与会。

空军司令员刘顺尧中将、政委丁文昌上将，赴洪湖长江干堤燕窝八十八潭险段视察，慰问空降兵官兵。

中央电视台《新闻调查栏目》报道公安县"南平保卫战"。

洪湖长江干堤龙口段堤面出现长35米、宽0.07米的大面积裂缝险情，经实施外帮护坡措施和3000名军民24小时抢护，险情得到控制。

8月16日

得知长江第六次洪峰正向荆江河段逼近，18时沙市水位达44.95米历史最高水位并仍呈上涨趋势后，中共中央总书记江泽民、国务院总理朱镕基高度重视这一严峻形势，指示国务院副总理、国家防总总指挥温家宝即赴荆州现场坐镇指挥。18时30分，江泽民向参与抗洪的解放军和武警部队官兵发布沿线部队全部上堤的命令，同时要求各级党政干部率领群众，军民团结，死守决战，夺取全胜，确保长江干堤安全。22时30分，温家宝率国家防总部分成员抵达荆州，现场部署指挥，迎战长江第六次洪峰。

省防指向国家防总连发5份荆江告急紧急报告。

省防指下达《关于紧急转移荆江分洪区人员的命令》（第一号）：荆州市防指，今日18时，沙市水位44.95米，且水位继续上涨。省防指命令你部，务必做好运用荆江分洪区的一切准备，立即进行分洪区的人员转移工作，务必于今日21时前，将人员全部撤离，坚决做到不留一人。

市长江防汛前指召开紧急会议，根据沙市水位45.00米的预报，研究部署迎战长江第六次洪峰。公安县委书记黄建宏发表电视讲话，要求迅速对分洪区内进行全面搜索，命令20时荆江分洪区内群众彻底转移，确保分洪区内不留一人，切实做好分洪准备。市长江防汛前指制订分洪准备工作倒计时方案：①14：00—18：00时，搜索清理转移分洪区群众。②18：45分，炸药运抵爆破地点。③19：00—22：00时，在分洪区内发布分洪警报。④19：00—24：00时，电视广播播发准备分洪警报。⑤21：30 分，炸药装填完毕。⑥22：00 时，炸药装填人员撤离。⑦22：00 时，检查炸药装置。⑧22：30 分，起爆拦淤堤。⑨23：00 时，分洪区内搜索人员撤离。⑩23：00 时，由北向南鸣枪示警，每间隔 5 千米一个示警点。⑪24：00 时，开闸泄洪（方案中第 8、11 两项没有实施）。

19 时 30 分，省防指下达《关于爆破荆江分洪北闸拦淤堤的命令》（第二号）：荆州市防指，特命令你部于 1998 年 8 月 16 日 21 时炸开荆江分洪北闸前拦淤堤（爆破未实施）。爆破时务必注意安全，确保万无一失，确保所需爆破口门宽度。分洪时间由国家防总决定。

20 时，省防指发出《关于严防死守荆江大堤、长江干堤、连江支堤的命令》（第四号）。命令沿江各地务必做到严防死守，死保死守，水涨堤高，人在堤在，确保荆江大堤、长江干堤、连江支堤的安全，确保武汉等城市的安全，确保人民生命财产安全。市长江防汛洪湖前指紧急指示洪湖、监利两地严防死守，确保安全。全市新筑和加固子堤 108 千米。

23 时 30 分，省军区司令员贾富坤少将到市长江防汛前指传达中共中央总书记江泽民和国务院副总理温家宝重要指示。

洪湖长江干堤燕窝（叶家边）段堤面长 150 米范围内出现 20 余处纵向对口裂缝，并有扩大的趋势，省防总立即向国家防总上报《关于洪湖市长江干堤燕窝堤段堤顶裂缝险情的报告》。温家宝指示：大堤经长时间被水浸泡，有可能发生较大险情，一定要有应急预案，做好各项准备工作，还需组织由技术专家组成的专门班子，及时进行技术指导。此事务必抓紧落实。经 3000 余军民近 20 小时抢护，在堤外（帮）抢筑 220 米长的新堤，险情得到控制。

8月17日

清晨，忙碌一夜的国务院副总理、国家防总总指挥温家宝沿荆江大堤巡查指导抗洪工作。

9 时，长江第六次洪峰到达沙市，沙市站水位 45.22 米，超历史最高水位 0.55 米，超过荆江分洪上限水位 0.22 米，流量 53700 立方米每秒。20 时，沙市站水位回落至 45.10 米，长江最大一次洪峰——第六次洪峰通过沙市。洪峰在洪湖河段滞留三昼夜，20 日晚螺山水位 34.95 米，超保证水位 1.78 米，超历史最高水位 0.78 米。

驻守洪湖的省市干部、专家、洪湖市直各单位、乡镇干部、技术人员 7800 余人，解放军、武警官兵 7000 余人和全体抗洪民工全部开进各自防守段面，在 48 小时内准备抢大险，作最后决战。

公安县接到准备分洪命令后，挨家搜索分洪区内滞留人员，严令各乡镇指挥体系不散，死保分洪区 208 千米围堤。分洪区围堤上，2 万名各县市民兵民工、近万名解放军官兵和 4 万多名分洪区民工组成的防汛大军严阵以待，誓与大堤共存亡。

8月18日

凌晨，国务院副总理、国家防总总指挥温家宝在荆州主持召开会议，要求坚决贯彻中共中央总书记江泽民视察湖北的重要讲话精神，进一步坚定抗洪必胜的信心和决心；进一步做好打大仗、打恶仗、打持久仗的思想、组织、物资准备，时刻准备迎战新的洪峰；进一步做好分洪的各项准备工作。上午，市长江防汛前指召开全体会议，贯彻落实国务院副总理温家宝重要讲话精神，要求坚持严防死守，做好重点堤段应急预案，做好荆江分洪区运用准备工作。

根据省委、省政府主要领导指示，罗清泉主持召开有省军区、广州军区工科所、省公安厅、荆州市分洪前指、某集团军工兵团、武汉市爆破公司等单位领导和爆破专家参加的专题会，研究北闸防淤堤内预埋炸药的安全问题。

在九江抗洪战斗中立下殊勋的北京军区专业堵口部队"尖刀营"及部分技术人员共 230 名官兵，在俞胜海少将率领下奉命急驰洪湖，以备不测。

市长江防汛洪湖前指 18 日上午发布命令，要求洪湖市在 24 小时内，将 135 千米长江干堤按抗御螺山水位 34.90 米的标准，抢筑、培高、加固子堤。接到命令后，从书记、市长到民工，从将军到士兵，12 万抗洪大军投入战斗，并在 19 日 8 时完成任务。

8月19日

为迎战洪湖螺山水位34.90米大洪水，市长江防汛洪湖前指发布《关于迎战长江特大洪水的命令》（第十一号）：①统一思想，丢掉幻想，死保死守，背水一战。②加强巡堤查险，巡堤查险要求白天查沿堤1000米，晚上查200米，重点加强对塘、堰、沟、渠等水体和住宅、厂房、涵闸、泵站、水井、下水道等处的巡查，坚决做到不留一处死角。③加强险情监护。④迅速备足备齐抢险物料。⑤做好抢大险的应急预案。⑥严肃防汛纪律。

广州军区某部战士李向群在公安县南平镇天兴堤抗洪抢险中劳累过度，昏倒在大堤上，经抢救无效牺牲。某集团军给其追记一等功。1999年3月18日，中共中央总书记江泽民题词："努力培养和造就更多李向群式的英雄战士"。

8月20日

9时，省委、省政府、广州军区前指在荆江大堤沙市段荆江分洪工程纪念碑处召开湖北省抗洪抢险战地誓师大会。省长蒋祝平主持会议，省委书记贾志杰对全省广大抗洪军民发出号召：我们为中华民族不可战胜的尊严而战！为保卫改革开放的成果而战！为保卫人民的生命财产而战！广州军区司令员陶伯钧上将代表在湖北参加抗洪抢险的陆海空三军和武警部队8万官兵表示，坚决执行中共中央总书记江泽民"军民团结，死守决战，夺取全胜"的命令，发扬英勇顽强、连续作战的作风，以全体将士的顽强精神和血肉之躯，筑起抗御洪峰的钢铁长城，誓夺抗洪抢险的全胜。

18时，洪湖长江干堤燕窝七家外垸发生子堤漫溃重大险情，新筑子堤2处共140米溃口，另有2000米堤段江水漫堤，经先后调集5批解放军和武警官兵及民工2000人经2个多小时奋力抢护，险情得到控制。

23时，洪湖长江干堤青山堤段（桩号485＋400～485＋600）发生内脱坡重大险情。其中桩号485＋550～485＋565处滑塌裂缝长15米、宽0.02米，采用开沟导滤、外帮截渗、内平台上筑透水压台、土撑及抽槽碾缝等措施，经3600余名解放军官兵和2600名民工两昼夜抢护，险情得到控制。此次抢险共耗用粗砂80立方米、卵石80立方米、编织袋10万条、土方15000立方米，调集机车60辆、船只8艘、芦苇10吨、稻草30吨。

8月21日

中共中央政治局常委、全国政协主席李瑞环到荆州长江抗洪一线视察，代表党中央、国务院、中共中央总书记江泽民慰问抗洪军民。

监利长江干堤三支角段（桩号575＋100～575＋140），距堤脚80米干涸塘内发生管涌14孔，最大砂盘直径1.2米，采用围井三级反滤堆进行处理，围井直径3米。经4600余名解放军和民工10个小时抢护，共耗用块石20吨、黄砂140吨、瓜米石250吨、卵石200吨、纱布50平方米，险情得到控制。

广州军区某部地爆连按照研究制订的方案，开始排取荆江分洪工程北闸拦淤堤内埋设的炸药和起爆体。

8月22日

中华慈善总会会长阎明复一行向洪湖灾区及抗洪军民捐赠250吨大米。

14时许，石首市大垸乡合作垸民堤焦家铺段（桩号9＋930～9＋990）发生重大崩岸险情，崩长70米，崩宽30～40米，最大冲深10米，两幢民宅崩入江中。经采取抛石固脚、挂树挑流、袋土助挑等措施进行抢护，险情有所缓解。但24日11时，因江水上涨，流速加快，险情恶化，崩岸又扩长20余米，崩进5米，冲深13米，一幢3层民宅坠入江中，崩坎离堤脚最近处仅7米，情况十分危急。经组织军民1800人，投入机械20台套、船只30艘3000吨位、麻袋3万条昼夜抢护，险情得到控制。

8 月 24 日

市长江防汛洪湖前指在洪湖市举行新闻通气会，向百余名中央、省、市记者介绍中共中央总书记江泽民打电话询问洪湖抗洪工作的情况，通报前段洪湖市、监利县抗洪救灾工作。

市长江防汛洪湖前指通报表彰监利县成功抢护姜家门重大管涌险情。监利县防指在尺八镇召开抗洪现场会，对在决战第六次洪峰过程中发生的长江干堤下红庙、芦家月等 3 处浑水漏洞，杨林港、三支角、赵家月和口子河等处管涌群，分洪口内脱坡共 9 处重大险情的查险有功者颁发嘉奖令，每处奖现金 5000 元。同时对螺山段 4 名防汛人员睡岗、脱岗给予通报批评，并进行严肃处理。

8 月 25 日

江泽民听取中央军委副主席张万年上将电话汇报，了解洪湖地区兵力部署情况，就迎战长江第七次洪峰再次作重要指示：要求抗洪抢险部队高度警惕，充分准备，全力以赴，军民团结，以洪湖地区为重点，严防死守，坚决夺取长江抗洪决战全面胜利。张万年在向广州军区司令员陶伯钧上将电话传达中央军委主席江泽民重要指示时，要求将江泽民的指示传达给长江中下游抗洪抢险部队，坚决贯彻执行。一线部队 20 时要全部上堤，严防死守。驻守洪湖部队接到军委主席江泽民指示、军委副主席张万年命令后，龚谷成中将、马殿圣少将指挥 1.5 万名官兵连夜上堤，在长江大堤上召开誓死保卫洪湖长江大堤安全誓师大会。洪湖市 12 万抗洪军民按照江泽民指示精神，进一步加大查险、排险、守险力度，对所有险情险点派兵警戒。135 千米长江干堤五步一哨，十步一岗，实行 24 小时拉网并排式巡查。省委书记贾志杰、省长蒋祝平迅即赶到洪湖抗洪前线，查看七家垸、红光村、青山等重要险工险段，看望一线抗洪军民，要求咬紧牙关，背水一战，务求全胜。

全国人大常务委员会委员长李鹏，清晨打电话给省长蒋祝平，慰问战斗在抗洪一线的各级干部和广大军民，并详细询问第七次洪峰的流量、水位情况。

市委、市政府致电在洪湖市抗洪抢险的济南军区某部、空降兵某部、河北武警某部，感谢部队在洪湖"8·20"长江干堤保卫战中敢打大仗、敢打恶仗，用血肉之躯构筑堤坝，阻挡洪水，确保长江干堤安全。

省荆江分洪前指通电嘉奖北闸防淤堤排爆有功人员，并建议广州军区给地爆连记集体功，给工程科研设计所有功人员记功。

长江支堤石首焦家铺处发生长 70 米、宽 40 米崩岸险情，经 1500 余名军民 30 个小时抢险，险情得到控制。13 时 25 分，长江干堤石首合作垸发生长 90 余米、宽 40 米重大崩岸险情，崩坍点距堤 15 米，并急剧恶化，经 3000 军民紧急抢险，险情得到控制。

8 月 26 日

长江第七次洪峰通过沙市，洪峰水位 44.39 米，相应流量 44100 立方米每秒。由于葛洲坝、隔河岩水库蓄洪错峰，有效减轻洪水威胁。27 日上午，洪峰进入洪湖河段之前，消失在荆江河段。

12 时，监利县长江干堤口子河（桩号 589＋700）距堤内脚 130 米水塘内发现 5 处管涌，孔径分别为 0.1 米、0.1 米、0.25 米、0.5 米、0.05 米。经采取水下反滤措施进行处理后出清水，险情基本稳定。

省防指通知荆江分洪前指撤销荆江分洪准备运用的命令。

8 月 27 日

广州军区司令员陶伯钧上将、政委史玉孝上将到洪湖市乌林镇青山、小沙角等险段检查军民防汛工作。

共青团中央第一书记周强到公安县慰问抗洪军民。

石首市藕池河马陵公右岸联合垸支堤马陵公堤段（桩号 25＋823～25＋897）发生剧烈崩坍，崩长 56 米，崩宽 127 米，并形成多处深洼，崩失防浪林 10 余根，离堤脚最近处仅 10 米。经采用抢筑丁坝挑流、抛石和袋土固脚、挂柳缓流等措施进行抢护，险情得到控制。

8月29日

洪湖长江干堤中沙角大堤内侧出现长313米、裂缝宽0.08米内脱坡险情,部位距堤肩1.5米,最大吊坎0.2米,脱坡处有明水渗出。空降兵某部黄继光团和兄弟部队1800名官兵奋战四昼夜,外帮截渗,内筑渗水压台,使大堤转危为安。

8月30日

公安县在孟溪大垸溃口处召开乡镇党委书记和县"四大家"领导成员紧急会议,深刻反思,吸取教训,强化措施,决战决胜,迎战新的洪峰。

荆江大堤监利杨家湾段桩号638+200处距堤脚400米沼泽内发生特大管涌,孔径0.5米,经采用围井三级导滤等措施和2300名军民紧急抢护,险情得到控制。

8月31日

长江第八次洪峰进入沙市河段,17时沙市站洪峰水位44.43米,相应流量46000立方米每秒。

国务院副总理、国家防总总指挥温家宝主持召开国家防总第四次全体会议,要求坚持到底,夺取抗洪抢险最后胜利。

省委、省政府召开紧急电视电话会议,部署迎战长江第八次洪峰。市长江防汛前指通知要求各地坚决反对麻痹松劲情绪,深刻吸取1969年长江干堤洪湖田家口、1980年公安黄四嘴退水倒堤血的教训,在决战决胜的关键时刻,严防死守,决不能因工作松懈而功亏一篑,防止退水期间脱坡倒堤。

9月1日

省委书记贾志杰、省长蒋祝平在公安县就8月7日孟家溪垸溃口事件的处理及灾后工作召开现场办公会。贾志杰建议立即撤销孟溪镇党委书记、镇长职务;要求发动群众,自力更生,重建家园;要以这次溃口事故为反面教材,汲取教训,确保抗洪全胜。

9月2日

长江第八次洪峰通过洪湖后消退,干支流水位全线回落。

中共中央政治局常委、国务院副总理李岚清在教育部部长陈至立、国务院副秘书长徐荣凯、财政部副部长张佑才、卫生部副部长殷大奎等陪同下,专程到公安孟溪大垸视察灾区学生就学和灾民衣、食、住、医情况,并代表党中央、国务院对灾区群众表示慰问。

公安县制订孟家溪大垸堵口复堤方案:先筑施工围堰,然后在紧靠围堰内脚处开始回填复堤;将围堰块石拆除作外滩护砌用;堤顶恢复至原高程,并加筑两级平台;堤内冲坑全部填平至原地面,工程设计土方42.5万立方米、石方3.8万立方米、投资760万元。9月6日,省防指批复这一方案。9月7日,公安县成立孟溪大垸严家台堵坝锁口工程指挥部,负责实施堵坝锁口工程。9月9日,复堤工程正式动工。历时4个月,动用36台机械,高峰期投入劳力3000余人,次年1月12日完工。

9月6—8日

副省长张洪祥带领23名省市水利专家、工程技术人员实地勘查洪湖135千米长江干堤出现的32处重点险情,并就防守整险、确保退水期间大堤安全等问题进行现场会商。

9月7日

8时,长江最后一段禁航水域石首至武汉航段解除禁航令。至此,禁航43天的航段全面恢复正常通航。

9月8日

8时,全市长江干支堤全线退出保证水位。

9月10日

长江干流沙市站退出设防水位。凌晨2时,支援荆州抗洪抢险的数万解放军、武警部队官兵开始凯旋返营，全市人民连续几日举行热烈隆重的欢送活动。

9月14—16日

公安部部长贾春旺先后到洪湖、沙市、江陵、公安等县（市、区）检查工作，并专程慰问坚守在抗洪一线的公安民警。

9月15日

荆州市移民建镇方案确定，平垸行洪、移民建镇工作分为三种类型区别对待：第一类为平垸行洪。对面积较小，阻碍行洪的民垸，实行退垸还江。第二类为限制水位行洪。对部分面积较大，有开发利用价值的民垸，采取蓄洪与利用并举，使其在高水位时起到削峰蓄洪作用，一般水位下可继续开发利用。第三类为维持现状。移民建镇基本原则是堤外向堤内转移，低处向高处转移，分散向集中转移。

9月17日

监利县安排落实秋冬堤防整险加固计划，整治荆江大堤井家渊、八老渊、窑圻垴、长湖、杨家湾5处管涌险情；三洲围堤3个口门复堤；东荆河堤、洪湖分蓄洪区主隔堤和洪湖围堤加培除险；下荆江铺子湾、天星阁、盐船套、熊家洲、八姓洲5个河段整险。4项工程合计土方1250.9万立方米、石方58万立方米。

9月19日

驻荆州最后一批抗洪部队——空降兵某部3220名官兵班师回营，洪湖市万民空巷欢送子弟兵。

9月19—20日

荆州市加快水毁基础设施修复工作，13个项目经国家批准落实，项目资金总额7.01亿元，其中，水利基础设施建设项目9个，项目资金4.65亿元。9个项目分别是荆江大堤加固工程、洪湖界牌河段治理工程、洪湖分蓄洪区二期工程、洪湖新堤安全区工程、荆州城市防洪工程及下荆江河控、荆江分洪区、松滋江堤、南线大堤工程。

9月25日

全市退出设防水位。汛期历时91天，荆江河段发生洪峰8次，长江干支民堤共计发生险情2042处，其中长江干堤发生险情1770处，市防指认定重点险情960处，省防指认定重点险情287处，溃口性险情25处。在抗洪抢险中英勇牺牲、殉职35人，其中20人被批准为烈士。全市390万人受灾，其中特重灾民98万。农作物绝收面积10.07万公顷，破口行洪民围垸113个，转移群众75万人，倒塌房屋35.6万间，全市直接经济损失173亿元。

9月26日

荆州市水利建设现场会在松滋市召开。9月27日，全市冬工水利建设全面展开。共开工2128处，高峰时上劳力21万人、机械180台套。是年冬工至次年春工，全市江河重要堤防加固土方5330万立方米。

9月28日

市委书记刘克毅、市长江河道管理处副处长陈扬志、市农垦局局长邓青山、洪湖市委书记雷中喜、石首市政法委书记贾汉祥、监利县水利局调研员曾祥鑫、公安县交警大队埠河中队崔庆斌等抗洪英模代表，出席在北京召开的全国抗洪抢险总结表彰大会。

9月29日

全国"抗洪救灾青年突击队"命名表彰暨重建家园誓师大会在监利县容城镇新洲管理区灾民安置点举行，洪湖市燕窝镇青年突击队、荆州市团委青年突击总队和市公安局交警支队团员青年突击队被授予全国"抗洪英雄青年突击队"荣誉称号；共青团监利县委书记彭继文以及在抗洪中英勇献身的洪湖市燕窝镇洲脚村青年农民方红平、王世卫、胡会林和监利县朱河镇余杨村团支部书记杨书祥被授予全国"抗洪青年突击队员英模"称号。

市政府在江津宾馆举行"'98荆州抗洪纪念章"首发式。

10月6日

市委、市政府召开全市抗洪抢险总结表彰暨重建家园、发展经济动员大会。荆州市长江河道管理处、洪湖市委及市政府等51个单位被授予"荆州市抗洪英雄集体"荣誉称号;荆州区委、区政府等116个单位被授予"荆州市抗洪先进集体"荣誉称号;袁仲实等53人被授予"荆州市抗洪功臣"荣誉称号;王新民等309人被授予"荆州市抗洪模范"荣誉称号。

10月9日

中共中央政治局常委、全国人大常委会委员长李鹏,副委员长布赫专程来荆州,代表党中央、国务院到公安孟溪灾区慰问灾民,视察灾后恢复生产和重建家园情况。

荆江大堤创建"中华第一堤"工作全面展开。工作目标包括:大堤全面加固;堤顶路面全部硬化;大堤全部按内坡比 1∶4、外坡比 1∶3 坡比实施整形;堤内 300 米以内所有塘堰全部填平;对沙市、郝穴、监利 3 处河湾进行全面护岸,以达到水利部颁布的 I 级堤防标准。

10月10日

监利县公布沿江民垸移民建镇方案,确定新洲垸、老台垸、血防垸、丁家洲、西洲垸、金沙垸 6 个民垸平垸行洪,退垸还江。6 个民垸内 5257 户计 24237 人迁移至该县荆江大堤、长江干堤内重建新村。

10月14日

石首北门口已护段桩号 565＋050～565＋250 处发生大面积矬崩,崩长 200 米,最大崩宽 110 米,100 米范围内堤身崩失 1 米,严重危及石首城区及洞庭湖平原 800 万人民生命财产安全。石首市紧急制订抢护方案,组织调度船只、劳力抢运块石,采取抛石固脚措施进行抢护,险情得到控制。

11月4日

石首市六合垸、永合垸、张智垸、春风垸、北碾垸等行洪民垸堵口复堤工程全面启动。

11月13日

水利部部长汪恕诚、副部长张基尧,省长蒋祝平,长江委主任黎安田视察荆州长江干堤整险加固工程、荆江分洪工程进洪闸和公安县孟溪大垸堵口复堤工程。

11月19日

由国务院新闻办公室和新华社香港分社联合组织,香港《文汇报》、《大公报》、《商报》、《亚洲电视台》等 10 家新闻单位和新华社香港分社派员参与的香港传媒记者团一行,对公安县孟溪大垸灾后重建工作进行实地采访。

12月2日

省水利水电建设招标办公室以鄂水招〔98〕06 号文发布 1998 年度荆江大堤堤顶混凝土路面工程招标公告。12月6日公开开标、评标。12月7日批复 14 个标段的中标单位,并发出中标通知书,各项目部分别与中标单位签订施工合同。12月14日,14 个标段的施工单位陆续进场施工,至 1999 年6月10日工程全线竣工。

12月19—20日

全国江河堤防建设现场总结会在荆州召开。中共中央政治局委员、国务院副总理、国家防总总指挥温家宝和国家有关部委、15 个省(自治区、直辖市)负责人及专家,视察洪湖、监利长江干堤整险加固现场，重点查看洪湖燕窝、八十八潭、叶家边、田家口段和监利县白螺段等堤防加固工程。温家宝强调，务必抓住有利时机，千方百计把堤防建设好，确保工程质量，确保 1999 年安全度汛，确保大江大河堤防长固久安。

12 月 22 日

全省灾后重建与移民建镇暨冬季群众生活安排工作总结会在荆州召开。与会者参观监利、石首、公安移民建镇和灾民建房情况。

是年

省委、省政府、省军区授予荆州市长江河道管理处"抗洪抢险集体一等功"。

长江防汛总指挥部授予荆州市长江河道管理处"抗洪抢险先进集体"称号。

市委、市政府、荆州军分区授予荆州市长江河道管理处"抗洪英雄集体"称号。

荆江大堤加固工程开始试行项目法人制、招标投标制、项目监理制"三制"管理。

1999 年

1 月 6 日

省委、省政府在洪湖召开紧急会议，动员部署贷款 6 亿元用于长江干堤整险加固建设。

1 月 7—8 日

中央电视台就松滋江堤加固工程承包方式、工程质量、青苗赔偿、土地挖压等进行现场采访报道。

1 月 9—12 日

中央电视台随同水利部、长江委、省水利厅领导及专家组成的督导检查组，对松滋江堤加固工程施工现场采取随机抽样检测方法，进行跟踪采访报道。

1 月 12 日

荆州市长江河道管理处向洪湖市、监利县长江河道管理总段发出《关于下达长江干堤 1999 年汛前加固工程任务的通知》。洪湖堤段加培工程量 1090.5 万立方米，监利堤段工程量 1195.37 万立方米。

1 月 21—24 日

中央电视台《焦点访谈》和《新闻联播》栏目分别报道洪湖螺山、松滋江堤工程转包和违法分包问题，引起省委、省政府高度重视。26 日，省委书记贾志杰、省长蒋祝平就正确对待新闻媒体批评，加强水利工程建设质量等问题作重要批示。2 月 6—7 日，省人大、省政府、省政协、省军区、省武警总队、省纪委负责人分三组对荆江大堤、长江干堤、连江支堤建设质量进行检查。

2 月 4 日

国务院总理朱镕基听取水利部部长汪恕诚汇报时，再次强调水利工程质量和基础防渗处理的重要性。荆江大堤加固工程总指挥部根据朱镕基指示精神，发出《关于加大荆江大堤堤基处理工程施工力度的紧急通知》，要求彻底消除堤基隐患。

2 月 7 日

中共中央政治局常委、中央纪律委员会书记尉健行视察荆江大堤。

2 月 5—8 日

以古纳先生为团长的世界银行考察团一行 13 人，考察荆江大堤加固工程，并与省有关单位就项目建设内容、建设标准、投资规模、配套资金和项目管理机构等问题进行会谈。

3月2—5日

受水利部委托,水利部水利水电规划设计总院在荆州审查通过《湖北省荆南长江干堤加固工程可行性研究报告》。

3月9日

湖北省机构编制委员会作出《关于进一步理顺荆州市长江河道堤防管理体制问题的批复》(鄂编发〔1999〕001号)。4月12日,荆州市机构编制委员会以荆机编〔1999〕46号文发出《关于调整和理顺荆州市长江河道管理体制及机构编制问题的通知》,将荆州市长江河道管理处更名为荆州市长江河道管理局,同时,松滋、公安、石首、荆州、沙市、江陵、监利、洪湖河道管理总段更名为分局,由市局直管,6月具体实施,10月完成人、财、物交接。

3月30日

全国政协副主席杨汝岱视察荆州市长江堤防建设情况,查看洪湖长江干堤王洲堤段、荆江大堤观音矶、郝穴铁牛矶等险工险段。

3月

省水利厅引进德国超薄防渗墙技术与设备,在监利长江干堤尺八口段上组织施工。

4月29日

针对堤防建设超常规的工程量,荆州市提出"集中力量,苦战100天,修好堤防,关好大门"的口号,组织近50万劳力、近万台机械展开堤防建设百日大会战,对洪湖、监利、石首、公安、松滋等地904千米长江干堤薄弱堤段进行加高加固,出现40余处万人大会战场面。至是日,完成土方7000万立方米,工程量约为平常年份10倍。堤防普遍加高0.5~1.5米,全市2042处险情及155处崩岸险情也得到全面整治。

6月7日

省防办对监利县长江防汛水位标准进行调整:监利城南设防水位由33.50米调整为34.00米,警戒水位由34.50米调整为35.00米,保证水位仍为36.57米。

7月4日

凌晨,长江干堤石首鱼尾洲合作垸桩号4+500~4+710段发生重大崩岸险情,崩长210米,最大崩宽40米,崩坎距堤脚最近处仅4米。大垸乡组织近万人抢护,险情得到控制。

长江干堤石首市调关矶桩号529+050~529+350段发生浪坎险情,长300米,经采用条布铺盖、袋土铺盖、块石压铺等措施,险情得到控制。

7月6—9日

中央电视台《焦点访谈》栏目报道洪湖长江干堤燕窝段加固工程中存在转包及质量问题。8日,省委常委召开紧急扩大会议,贯彻国务院总理朱镕基关于洪湖长江干堤燕窝段工程质量问题的重要批示精神,要求认真吸取教训,举一反三,彻底整改。8—9日,国家计委、水利部领导及专家组成的调查组一行13人,经过外观检查,随机选取土样检测试验,得出该堤段"总体上质量还能达到堤防施工规范要求"、"如遇1998型洪水,将不会出现危急堤防安全的重大险情"的结论。

7月8日

水利部、长江委近50名专家在崩岸险情多发的石首市召开《长江中游石首河段整治工程可行性研究报告》审查论证会议。

7月12日

国务院总理朱镕基、副总理温家宝率湖南、江苏、安徽、江西、重庆5省(直辖市)党政主要领导和国家计委、财政部、国家防总、水利部、国务院政策研究室、长江委等部委主要负责人,视察洪湖长江干堤，实地查看燕窝七家和姚湖堤段工程建设和防汛抗洪情况，慰问坚守在抗洪第一线的干部群众。朱镕基反复强调，务必把洪湖长江大堤建设好、管理好、防守好。

7月17日

广州军区某集团军军长叶爱群少将赴监利县进行防汛实地勘察，部署部队抗洪。

7月19日

凌晨，省军区紧急出动3000余名官兵赴监利、洪湖、石首等地抗洪抢险。

监利县荆江大堤杨家湾桩号638＋200距堤脚200米处发生管涌险情（管涌孔2个），经采用二级反滤措施进行处理，险情得到控制。

7月20日

长江洪峰自三峡坝区汹涌下压。21日12时，监利河段水位跃升至38.30米，改写历史第二高水位纪录。22日，长江干流、洞庭湖洪水在城陵矶遭遇，沙市以下河段全线超过1954年最高水位。省防指发布公告，宣布从即日0时起全省进入紧急防汛期。至8月3日，结束全省紧急防汛期，转入正常防汛期。

荆江大堤江陵县柳口段桩号699＋000距堤脚500米处发生机井险情，经采用围井三级导滤措施进行处理，险情得到控制。

7月21日

沙市站水位攀升至44.74米，突破保证水位；沙市至九江全线超过警戒水位，80％河段超过1954年最高水位，省防指发出《关于决战长江大洪水的命令》（第三号）。

7月27日

广州军区副司令员龚谷成中将、省委书记贾志杰视察石首长江干堤调关矶头，慰问驻监利抗洪一线的解放军官兵。

7月28日

国务院副总理温家宝就长江抗洪作出重要指示，省防指连夜向沿江各地防指传达，要求各地切实贯彻执行温家宝重要指示，确保堤防安全。

8月3—5日

省委副书记、省防指常务副指挥长王生铁率省防办专家，从沮漳河开始，沿荆江大堤而下至监利、洪湖长江干堤，检查荆州市去冬今春所加固堤防抗御高洪水位的运行情况，部署今冬明春堤防建设工作。

9月22日

石首北门口锁口还滩工程下端（564＋940～564＋090）发生崩塌，仅2小时即崩长150米，最大崩宽63米，距堤脚最近处39米。

9月

省水利水电勘测设计院编制完成《湖北省洪湖监利长江干堤整治加固工程可行性研究报告》，水利部等多次评审修改。2001年5月15日，国家计委以计农经〔2001〕812号文批复修改本。批复的主要建设工程量为：加高培厚堤防、堤身堤基处理、护坡等共计225.89千米，整治重点险工险段22处44.37千米，设置堤防内、外平台，护岸11处36千米，加固与改建涵闸、泵站共23座，总投资31.52亿元。总投资中，中央投资25.22亿元，其余6.3亿元由湖北省自筹解决，工期4年。

长江委长江勘测规划设计研究院在编制的《湖北省洞庭湖区四河堤防加固工程可行性研究报告》中提出：四河堤防加固工程长706.03千米，其中Ⅱ级堤防工程长130.1千米，Ⅲ级堤防工程长575.93千米，投资估算29.69亿元人民币。

10 月 15 日

由日本政府无偿援建的荆江大堤观音寺段、洪湖长江干堤燕窝段实施钢板桩加固防渗示范项目正式开工。观音寺段实施长度为 1000 米，燕窝段实施长度为 1200.7 米。

11 月 2 日

"长江河流国际学术会议"考察团的中国、美国、法国、英国、阿根廷等 9 个国家的专家、学者40 余人，实地考察荆江分洪工程进洪闸和荆江大堤沙市观音矶。

11 月 2—3 日

全省平垸行洪、移民建镇工作会议在荆州召开。

12 月 4 日

监利长江干堤姜家门堤段堤基防渗处理工程完成浇筑施工任务，累计工程量 1.81 万平方米，为全省长江堤防堤基防渗处理中首次采用薄型抓斗成墙工艺施工的混凝土防渗墙工程。

是年

全市长江堤防加固建设共完成施工长 652.09 千米，完成土方 4928.25 万立方米、护岸石方109.64 万立方米、混凝土路面 138 千米、堤基处理 9420 米、锥探灌浆 201 千米、白蚁普查 1159.6千米、植树造林 100 万株、涵闸维修 224 处。

2000 年

1 月 1 日

1999 年度湖北省洞庭湖区四河（荆南四河）堤防加固工程正式开工。

1 月 8 日

财政部驻鄂专员办、省水利厅联合组成水利建设督办检查组，检查督办荆州长江堤防工程建设。

3 月 16 日

由长江委组织实施的长江重要堤防隐蔽工程正式开工建设。50 余家中标施工企业进场，在荆州至马鞍山长江干支堤上，展开由 20 多个项目 50 多个标段构成的 1999 年度隐蔽工程施工。

4 月 1 日

经省防汛抗旱指挥部批准，松滋市设防水位由 42.50 米调整为 43.00 米；警戒水位由 43.50 米调整为 44.00 米；保证水位仍维持新江口（松西河）45.77 米，沙道观（松东河）45.21 米。

4 月 14 日

荆南长江干堤整险加固工程方案正式通过国家计委所属中国国际工程咨询公司的评审，计划总投资 14.5 亿元。

4 月 24—27 日

1999 年汛后，省水利水电勘测设计院经省水利厅批准，在荆江大堤监利段进行地质钻探，共钻孔 134 个（堤内 59 个、堤顶 43 个、堤外 17 个、临江 15 个）。在监利长江干堤桩号 567+200~575+000 段钻孔 103 个。同时，省水利厅检查组对荆州市长江河道管理范围内 1999 年汛后进行的地质钻孔进行开仓抽查，鉴定封孔质量。抽查表明，1999 年汛后荆州市在长江河道管理范围内开展的大规模地质钻孔封堵质量总体良好，但也存在个别封孔质量不合格的情况。

5 月 20—21 日

国家计委、建设部、水利部、农业部、国土资源部联合检查组一行，检查荆州长江干堤工程建设及国债资金使用情况，实地查看长江干堤整治加固、监利何王庙闸改建工程等施工现场及监利新洲移民安置工程。

6 月 2 日

爱德基金会及菲律宾访问团一行 12 人考察监利长江堤防建设，验收 1998 年抗灾中救济和投资的 6 个水灾治理项目。

7 月 24 日

洪湖长江干堤土方加培工程竣工并举行庆典仪式。洪湖长江干堤在原堤身基础上普遍加高 1～3 米，加宽 2～6 米，堤面宽度达到 8～12 米。

7 月 27 日

水利部水利水电规划设计总院以水总规〔2000〕89 号文向水利部报送《关于报送湖北省洞庭湖区四河堤防加固工程可行性研究报告审查意见的报告》。审查意见确定四河堤防加固总长 706.03 千米，其中Ⅱ级堤防 130.1 千米，Ⅲ级堤防 575.93 千米，投资估算 29.69 亿元。

8 月

荆江大堤加固工程建设开始按"四制"（项目法人制、招标投标制、建设监理制、合同管理制）实施管理。

10 月 21 日

经省政府批准，正式对通过荆江大堤监利西门渊堤段路面的机动车辆实行收费管理，收取堤面工程补偿费，以用于荆江大堤堤面工程维修和管理。

10 月 21—22 日

水利部副部长张基尧率国家计委、财政部、建设部、水利部等部委工作人员组成的中央检查组，代表国家基础设施建设领导小组，检查石首、监利、洪湖等地堤防整治、移民建镇、分蓄洪区建设和国债项目执行情况。

11 月 7—8 日

石首市长江干流高水行洪民垸（永和垸、六合垸、张智垸，1998 年奉命扒口行洪）行洪口门通过省水利厅验收。工程于 3 月正式动工，7 月 15 日完工。

12 月 9—10 日

全省堤防与分蓄洪区建设现场会在荆州召开，与会代表参观荆江大堤、荆南长江干堤和洞庭湖区四河工程施工现场。会议推广荆州市堤防建设管理经验。

12 月 10 日

藕池河疏浚清淤工程完工。工程位于公安县裕公乡境内，是年 6 月 19 日开工，河道疏挖长度为 1.0 千米（桩号 612＋000～613＋000），开挖宽度为 150 米，按上宽下窄梯形断面开挖；边坡坡比为 1∶3，按 0.05％的坡降。疏浚后高程平均为 26.90 米（冻结吴淞）。并对桩号 609＋300～611＋000 堤段实施吹填。设计主要工程量为 74 万立方米，合同金额 507.09 万元。完工后经荆州市长江河道管理局测量队测量验收，吹填高程在 37.30 米以上，覆盖土层厚度 0.5 米。

12 月 25 日

长江干堤洪湖段防汛哨屋工程开工，次年 8 月 15 日完工。2001 年 2 月 19 日，长江干堤监利段防汛哨屋工程开工，11 月 18 日完工。

是年

全市加大水利堤防建设力度，共完成年度水利堤防建设投资 15.21 亿元，土方 1.12 亿立方米。

荆南长江干堤整治加固工程征地移民完成房屋拆迁 11392 平方米，永久征地 35.87 公顷、临时征地 109.07 公顷、青苗补偿 79.2 公顷，国家投资 402 万元。次年，征地移民项目完成房屋拆迁 3982 平方米、永久性征地 3.27 公顷、临时征地 1715.93 公顷、青苗补偿 9.53 公顷，国家投资 2682 万元。

省水利厅授予荆州市长江河道管理局财务管理"先进集体"称号。

2001 年

2 月 5 日

全市长江河道堤防建设工作会议召开。会议确定全年堤防建设目标：力争实现荆江大堤达部颁 I 级堤防标准，长江干堤达部颁 II 级堤防标准，荆南四河支堤达部颁 III 级堤防标准。

4 月

国家发展计划委员会以计经农〔2001〕542 号文批准《湖北省荆南长江干堤加固工程可行性研究报告》。

5 月 2—4 日

全国政协副主席王文元视察荆州长江堤防工程。

6 月 4 日

被国务院列为长江干堤重点险工险段之一的洪湖叶王家洲险段护岸工程全线竣工，施工段全长 6 千米，总投资 3700 万元。

6 月 18 日

省河道堤防建设管理局在武汉举行荆南长江干堤加固工程等 2000 年世行贷款计划项目开标会。

6 月

松滋江堤整治加培工程全部完工，共加固江堤 24.42 千米，完成土方 265 余万立方米、石方 4 余万立方米，国家投资 4700 万元。

7 月 19—20 日

中共中央政治局委员、国务院副总理吴邦国视察荆江大堤。

7 月 30 日

中央电视台《焦点访谈》栏目以"如此固堤，堤难固"为题播出关于荆州市荆南长江干堤弥市段建设中出现问题的报道。次日，水利部即派出由建设与管理司、监察局、稽查办、长江委领导和专家组成的调查组赶赴现场，对《焦点访谈》报道的问题进行全面、认真、彻底的调查。调查组认为，桩号 704＋300～704＋900 堤段平台未完全按设计要求施工到位，但已实施垂直防渗墙，且内平台基础经过处理的部分，其设计功能未受影响，不会影响安全运行；荆州市疏浚吹填工程公司将运土和碾压主要工序交弥市管理段实施，不是转包，但由于全部工序通过多次口头协议方式交同一施工单位主体，已构成实质意义上的工程分包。这一行为不仅违背施工合同，也违反国家有关法规制度。

8 月 20 日

省政府召开省长办公会，听取省水利厅关于 7 月 30 日中央电视台《焦点访谈》栏目所报道的荆南长江干堤弥市段建设问题的情况汇报。省水利厅厅长段安华向省长办公会详细汇报水利部调查结论和对有关责任单位、责任人的处理情况及整改措施。

10 月

《荆南长江干堤加固工程初步设计报告（非隐蔽工程）》通过湖北省水利厅评审。12 月，长江勘测规划设计研究院提交《湖北省荆南长江干堤加固工程初步设计报告（非隐蔽工程）补充说明》。2002 年 2 月 10 日，长江委以长计〔2002〕74 号文对《初设报告》作出批复。

2002 年

1 月 26—27 日

中共中央政治局委员、省委书记俞正声视察监利半路堤、荆江大堤监利西湖段、江陵郝穴段等施工工地。

3 月 18 日

水利部部长办公会议决定，以水规计〔2002〕86 号文将《关于报送湖北省洞庭湖区四河堤防一期加固工程可行性研究报告审查意见的函》及《湖北省洞庭湖区四河堤防一期加固工程可行性研究报告》报送国家发展计划委员会。

3 月 19 日

荆江大堤江陵文村夹段发生崩岸险情，崩长 550 米，崩宽 10 米，岸坡陡峭且多处出现裂缝，崩坎距堤脚最近处仅 44 米，严重威胁荆江大堤防洪安全。

3 月 29 日至 4 月 1 日

国家防总副总指挥、水利部部长汪恕诚检查荆江大堤沙市观音矶、江陵铁牛矶护岸综合整治工程、监利长江干堤加固整险工程。

4 月 2 日

荆州市长江河道管理局招投标领导小组办公室发售荆江大堤加固工程荆州段闵家潭至万城堤基处理工程招标文件。4 月 19 日开标评标，5 月 10 日与中标施工单位签定工程施工合同书。5 月 12 日工程开工，2003 年 1 月 27 日完工。

5 月 16 日

长江防总常务副总指挥、长江委主任蔡其华查看荆江大堤江陵文村夹堤段外滩崩岸险情抢护现场，并对抢护方案及效果给予充分肯定。

5 月 17 日

市委书记刘克毅在全市防汛抗灾工作会议上，宣读国务院副总理温家宝对荆江大堤江陵文村夹崩岸抢护整险的批示。

5 月 22—24 日

济南军区某集团军副军长邬援军少将率勘察组到荆江大堤进行实地勘察，检查部队预定布防的重点堤段。

6 月 4—7 日

中共中央政治局常委、国务院总理朱镕基率财政部部长项怀诚、建设部部长汪光焘、水利部部长汪恕诚，在中共中央政治局委员、省委书记俞正声陪同下，视察荆州长江堤防整险加固建设和防汛准备工作。

6 月 5 日

世界银行官员检查荆南长江干堤整治加固工程建设情况。

8 月 23 日

中共中央政治局委员、省委书记俞正声赴监利、洪湖长江防汛第一线查看险工险段，检查指导防汛工作。

8 月 26 日

国家防总副总指挥、水利部部长汪恕诚专程从湖南赶赴监利县，检查指导荆州防汛工作，实地查看荆江大堤、监利长江干堤等重要堤防工程，并代表国家防总和水利部慰问抗洪一线军民。

8 月

荆南长江干堤（石首段）二期加固工程开工。施工长度 80.82 千米，总投资（合同价）8796.7 万元，计划土方 458.5 万立方米，加固涵闸 6 座，重建 3 座，翻筑 1 座，堤顶混凝土公路 78.82 千米。

9 月 6—8 日

由国家计委、建设部、水利部、监察部、交通部、铁道部、信息产业部、国家民航总局组成的建筑市场联合检查组，对荆州市荆南长江干堤加固工程建设和整顿规范水利建筑市场秩序情况进行检查，并听取荆州市工作汇报。

10 月

经国家计委、水利部批准，投资 2.241 亿元用于荆江大堤、洞庭湖区四河堤防和汉江堤防加固。荆江大堤计划投资 1.116 亿元，其中中央预算内专项资金 6000 万元、地方配套 5160 万元；洞庭湖区四河堤防计划投资 2500 万元，其中中央预算专项资金 2000 万元、地方配套 500 万元。

11 月 12 日

全省堤坝白蚁防治高级培训班在荆州举办，各市州水库、堤防白蚁防治站组负责人 55 人参加培训。

是年

省政府成立长江堤防建设工程竣工验收领导小组，组建专班，制订堤防建设工程验收计划。根据水利部批复意见，荆江大堤、洪湖监利长江干堤竣工验收由水利部主持；南线大堤、荆南长江干堤竣工验收由长江委主持。单位工程验收由项目法人主持，分部工程验收由监理单位主持。

2003 年

3 月 24 日

水利部副部长陈雷检查荆江大堤工程建设情况，重点查看文村夹崩岸险情整治工程。

5 月 13—14 日

中共中央政治局常委李长春视察荆江大堤。

5 月 18 日

松滋市松西河新江口镇河街无堤段城市防洪墙工程动工，年底完工，工段长 1000 米（桩号 29＋000～30＋000）。

5 月 20—21 日

中共中央政治局委员、省委书记俞正声查看监利、石首、公安、松滋 4 县（市）长江堤防加固工程。俞正声指出，在抗击"非典"的特殊时期，要做到抗击"非典"与紧抓长江防汛及堤防建设两不误。

6 月 4 日

市防汛抗旱指挥部办公室以荆汛办〔2003〕18 号文转发《湖北省长江干流防汛特征水位（试行）的通知》，对全市长江干支流部分站点的特征水位进行调整：沙市站保证水位 45.00 米，石首站保证水位 40.38 米，监利站警戒水位 35.50 米、保证水位 37.23 米，洪湖螺山站警戒水位 32.00 米、保证水位 34.01 米；虎渡河弥陀寺站警戒水位 43.00 米。

7 月 19—26 日

国家发展和改革委员会委托中国国际工程咨询公司组织专家，在荆州市对《湖北省洞庭湖区四河堤防一期加固工程可行性研究报告（修订本）》进行评估。

7月22—24日

省长罗清泉视察荆州长江防汛抗灾工作，并在公安县召开现场办公会。

8月4—6日

省河道堤防建设管理局在荆州主持召开洪湖监利长江干堤整治加固工程已完建（第一批单位）工程验收。此次验收共26个单位项目工程，评定质量等级全部合格，其中优良单位工程13个。

8月

中共中央政治局委员、省委书记俞正声，水利部部长汪恕诚，省长罗清泉检查荆州长江堤防工程建设情况。

2004 年

2月11—13日

省河道堤防建设管理局在荆州召开洪湖监利长江干堤整治加固工程第二批单位工程验收会。此次验收21个单位工程，评定质量等级全部合格，其中优良单位工程9个。

3月21—22日

省河道堤防建设管理局在荆州召开荆江大堤加固工程第一批单位工程验收会议，共验收19个单位工程，验收结论均为合格。

4月28—30日

省河道堤防建设管理局在荆州召开洪湖监利长江干堤整治加固工程第三批单位工程验收会，共验收9个单位工程，评定质量等级全部合格，其中优良单位工程5个。

5月17—18日

水利部副部长陈雷抵达荆州检查防汛措施落实情况，要求立足防大汛、抗大旱，把各项准备工作落到实处，确保人民生命财产安全。

6月3—4日

省河道堤防建设管理局在荆州主持召开洪湖监利长江干堤整治加固工程第四批单位工程验收会，共验收12个单位工程，评定质量等级全部合格，其中优良单位工程6个。

6月5日

省水利厅在荆州主持召开荆江大堤加固工程江陵郝穴土矶码头（防汛专用码头）工程单项设计报告审查会。会议基本同意将荆江大堤沿江修建的5座防汛码头合并，在江陵县郝穴土矶（桩号710＋200～710＋600）修建一座防汛专用码头，设计方案为浮码头结构型式，但要求对码头规模进一步论证，并建议对陆域皮带机引桥桩基进行优化设计。

6月9日

中共中央政治局常委、国务院总理温家宝莅临荆州检查防汛准备工作。中共中央政治局委员、省委书记俞正声，省长罗清泉陪同检查。

7月6—7日

省政协主席王生铁率省政协部分常委、委员来荆视察长江堤防建设管理工作。

10月24—25日

国家审计署武汉特派办先后开展对洪湖监利长江干堤整险加固工程、荆南长江干堤加固工程进行审计。2005年6月结束审计。

2005 年

1 月 13 日

荆江大堤江陵文村夹段（桩号 733＋800～733＋905、733＋960～734＋100）发生崩岸险情，崩长 245 米，崩宽 12 米，吊坎高 8 米。崩岸发生时长江水位 27.80 米（黄海高程），距堤脚最近处 46 米。

5 月 30 日

洪湖监利长江干堤整险加固工程水利通信信息网络及通信广播设施恢复工程、洪湖至嘉鱼长江水底通信光缆工程进行工程验收。

6 月 9—10 日

中共中央政治局委员、国务院副总理回良玉视察荆江大堤、洪湖长江干堤、荆江分洪工程进洪闸。

9 月 7—8 日

省河道堤防建设管理局在荆州主持召开荆江大堤加固第二批单位工程验收会议。2000 年度监利窑圻垴排渗沟及土方工程，闵家潭至万城堤段堤基处理工程，2003 年度荆州、江陵、监利土石方工程，共计 12 个标段通过单位工程验收。

10 月 24 日

国家审计署驻武汉特派办对荆江大堤加固工程 1998—2006 年财务情况进行全面审计，2006 年 6 月结束审计。

2006 年

4 月 25 日

荆州市长江河道管理局系统开始全面辞退"群管员"，实行干部职工直接管堤，全系统先后辞退群管员 916 名。

6 月 16—18 日

中共中央政治局委员、省委书记俞正声莅临荆州调研长江防汛工作，先后查看荆江大堤江陵文村夹、荆南长江干堤公安南五洲、中河口、斋公垴崩岸整治现场及石首调关矶头等险工险段。

9 月 16—18 日

荆州市人民政府主持召开荆江大堤加固工程征地移民专项自验会议。

12 月 22—23 日

省水利厅验收抽查工作组对荆江大堤加固工程征地移民专项验收工作进行抽查，认为荆江大堤加固工程征地移民项目具备验收复核条件。

2007 年

1 月 15—16 日

由水利部办公厅组织，长江委档案馆、省档案局、省水利厅等单位组成的荆江大堤加固工程档案专项验收组，对荆江大堤加固工程档案进行专项验收。

1 月 28 日

荆江大堤加固工程建设管理办公室在武汉主持召开荆江大堤江陵观音寺闸加固工程单位工程验收会议，验收结论为合格。

3月3—5日

石首合作垸发生重大崩岸险情，3天内崩长1250米，最大崩宽60米。3月26日，石首市成立合作垸崩岸抢险指挥部。30日，根据专家会商确认的"抛石固脚，控制崩势，削坡砌坦，因势利导，严密观察"的抢险方案，开始抢运块石实施抛石固脚。5月18日，经过近40天抢护，共完成石方2.9万立方米、土方3.97万立方米，崩势得到控制。

3月15日

由长江委、省水利厅专家组成的荆江大堤加固工程竣工初步验收专家组，通过荆江大堤整险加固工程的初步验收。

5月24日

中共中央政治局委员、国务院副总理、国家防总总指挥回良玉带领国家防总、武警部队、发改委、民政部、财政部、国土资源部、国家气象局、长江委等部门负责人，在中共中央政治局委员、省委书记俞正声，省长罗清泉陪同下，乘船视察荆江河势，沿途重点查看荆江大堤江陵观音寺险段、文村夹险段、西流河险段。随后离船上岸，冒雨查看江陵文村夹堤段崩岸现场、荆南长江干堤石首合作垸堤段崩岸现场和调关矶头险情。

7月31日

江陵县荆江大堤观音寺段（桩号739＋950）距堤脚153米处发生管涌险情。险点高程36.00米，管涌孔径0.1米，出沙量约0.3立方米每小时，出险时长江水位41.74米。抢险措施为围井五级沙石料导滤，汛后进行整治。整个汛期，长江干支民堤共发生和处理险情75处，其中荆江大堤6处、长江干堤28处、民堤41处。

10月14—15日

受长江主泓贴岸冲刷、河泓刷深影响，石首长江干堤北碾垸发生崩岸险情，崩长260米，最大崩宽90米。年内，此处相继发生多次崩岸险情，共计崩长645米。

12月21—26日

水利部、省政府、中国水利工程协会和长江委组成的专家组，对国家重点工程——荆江大堤加固二期工程的质量和工程技术等进行全面竣工验收检查。自1984年至2007年止，实际投资85174万元人民币（其中建安工程68793万元、设备2842万元、待摊13539万元），完成堤身加固长182.35千米、加培土方2529万立方米；完成堤基加固长45.25千米、处理土方2707万立方米；完成护岸护坡长60.2千米、护岸石方179万立方米；完成堤顶混凝土路面长182.35千米、钢筋混凝土防浪墙9.65千米、涵闸5座、水源补偿提水泵站2座；完成堤身防渗4850米；新建防汛哨屋85座。验收会上，水利部副部长矫勇认为，荆江大堤还存在设计标准偏低，堤身、堤基存在安全隐患等问题，荆江大堤进行综合治理势在必行。省水利厅计划尽快争取将荆江大堤综合治理工程（即三期）纳入国家基本建设项目继续进行整治。

是年

1949—2007年，荆江大堤累计完成护岸26处，长61.38千米、共计完成石方771.64万立方米、柴枕6.3万个、柴排0.55万平方米、竹笼8.69万个、铅丝笼751个。分别为：监利窑圻垴，长9千米，石方98.16万立方米；江陵柳口、熊良工、郝穴、灵官庙、祁家渊、文村夹、陈家湾、观音寺等8处，长33.3千米，石方523.28万立方米；沙市木沉渊、蔡家湾、岳家湾、盐卡、肖家巷、窑湾3处、吕家河2处、马踏疆路、文星楼、轮渡、拖船埠、刘大人巷、观音矶等16处，长16千米，石方128.51万立方米；荆州学堂洲，长3080米，石方21.69万立方米。

市长江河道管理局开始推行长江干堤管养分离，干部职工均须参与堤防管理以及堤防工程设施维修和保护等工作；实行包段管理，各段在岗人员均为养护人员，每人负责堤段长1000米，并签订责任书。管理段实行月检月评，分局对管理段实行季检季评的奖惩兑现制度。全局开始实行堤防管理年终综合评比末位黄牌警示制度。

根据《湖北省人民政府关于全省长江干堤堤顶混凝土路面限行的批复》，对全市管辖的 911.16 千米长江干堤实行限行管理，共设置拦车卡 104 座，以达到限制载重车辆，满足沿江农用车辆和防汛车辆通行，延长堤顶路面使用时间的目的。

2008 年

1 月 10 日

荆南长江干堤（公安段）堤防监测工程开工，由湖北省麦克机械设备进出口有限公司组织施工。工程范围桩号 662＋400、662＋700、663＋100，主要工程为开槽、布线、钻孔、渗压计及水位计埋设，光纤通信路由、DAU2000、相应采集模块 ND1403、ND1523、RS/485 光纤转换器及电源等设备运抵现场并安装，基础站机房设备及系统软件的安装调试。

2 月 14 日

长江河道荆江河势控制应急工程监利铺子湾（第三标）工程开工，5 月 13 日竣工。

2 月 23 日

长江河道荆江河段控制应急项目南五洲工程开工，由长江委长江工程建设局负责实施，荆州市长江河道管理局公安分局代表公安县人民政府负责工程的协调和移民拆迁工作。工程分为 5 个标段。

4 月 22—23 日

由水利部副部长周英任组长的国家防总长江防汛检查组检查荆州市长江防汛工作。

5 月 21 日

国务院三峡建设委员会泥沙专家组在荆州召开三峡工程蓄水后荆江河段变化情况及三峡工程可行性研究对荆江河段影响的论证结论阶段性评估座谈会。

6 月 2 日

8 时，2008 年北京奥运会圣火荆州段传递活动在金凤广场起跑传递。10 时 30 分火炬手在助跑人员护卫下进入荆江大堤沙市观音矶，10 名火炬手跑完荆江大堤长约 1 千米堤段。

6 月 5 日

中共中央政治局委员、国务院副总理、国家防总总指挥回良玉在省委书记罗清泉，省长李鸿忠、省水利厅厅长王忠法陪同下视察荆州长江堤防，实地查看荆江大堤江陵西流堤崩岸、观音寺管涌和沙市康家桥整治工程。

6 月 23 日

广州军区副政委张汝成中将、参谋长徐粉林少将检查荆州市长江防汛工作。

7 月 3 日

荆南长江干堤加固工程在荆州通过长江委组织的竣工验收。工程全长 189.2 千米，总投资 8.5 亿元，于 1999 年开工建设，2005 年 7 月完工。

8 月 16 日

荆州市长江河道管理局以"五个一工程"形式，隆重举行"纪念九八抗洪十周年"庆祝活动。"五个一工程"即：5—9 月在全流域开展纪念"九八抗洪"网络征文活动；8 月 16 日举办参与"九八抗洪"老干部座谈会；9 月 23 日在《荆州日报》等媒体宣传"九八抗洪"精神，报道 1998 年抗洪战斗中的先进人物、事迹；9 月 24 日在沙市凯乐大剧院举行全流域纪念"九八抗洪"十周年大型文艺汇演；9月30日至10月2日在荆州电视台连续播出纪念"九八抗洪"十周年电视专题片。此次纪念活动获得圆满成功，受到省水利厅、省河道局、荆州市委、市政府领导和社会各界人士的好评。

10月20日

《荆江堤防志》编纂大纲评审会在沙市召开。2012年3月20日，《荆江堤防志》通过有关专家、学者评审。

是年

自1994年开始实施的下荆江河势控制工程，至2008年止完成护岸14.77千米、加固7.36千米、抛石202.82万立方米、混凝土预制块3.816万立方米、塑枕1.2万个、柴枕6万个、土方109.83万立方米、投资2.55亿元。

2009 年

2月25日

国务院南水北调建设委员会办公室主任张基尧就南水北调引江济江工程建设问题来荆州实地调研。

4月16日

瑞士联邦委员会环境、交通、能源信息部部长莫里茨·卢恩贝格尔及夫人、部长助理凯瑟琳·布里尼女士、环境署副署长安德里亚斯·高兹及夫人等一行，在瑞士驻华大使顾博礼陪同下，参观荆江大堤观音矶。

4月20—24日

由水利部、财政部、审计署、长江委等42名专家组成的竣工验收委员会验收通过建设工期历时10年的洪湖监利长江干堤整治加固（非隐蔽）工程。工程建设范围：上起监利城南（与荆江大堤相连），下迄洪湖胡家湾（与东荆河堤相接），全长230千米。工程建设内容：累计完成土方7892.5万立方米，护坡、护岸石方126.4万立方米，混凝土10.32万立方米，堤顶混凝土路面230千米；重建、加固和封堵穿堤建筑物27座，堤身锥探灌浆322.98千米；防渗墙17万平方米；完成永久性征地1269.53公顷、临时用地9693.6公顷、青苗补偿5122.8公顷，零星树木补偿327万株；拆迁房屋92.48万平方米；完成投资23.44亿元，节约投资3.83亿元。工程建设中引进运用垂直铺塑、高喷防渗墙、超薄防渗墙、多头小口径搅拌桩、振沉板桩防渗等5类20余项高新技术。1999—2006年共招标152个标段。竣工验收会由水利部和省人民政府共同主持。

5月6日

公安县中河口堤段发生大范围崩岸险情，崩岸位于虎渡河右岸桩号48＋100～51＋500及松东河右岸桩号62＋950～63＋150，崩长1450米，崩宽5～10米，最大坎高3.5米，崩岸处距堤脚10米。5月13日，省河道堤防建设管理局会同长江委设计代表进行现场查勘，决定采取水下抛石镇脚的应急整治方案。至6月3日完成抛石1.35万立方米。

5月18日

公安长江干堤南五洲堤段桩号36＋450～37＋100段发生弧形崩岸险情，崩长600米，崩宽10米。5月28日，国家防总专家组一行7人实地查看崩岸现场。

6月26日

省水利厅在武汉主持召开《2009年度荆江河道演变监测及分析工作实施计划》审查会。本年度监测总长165千米，其中一类监测河段81千米，二类监测河段79千米，应急测量5千米。

8月22日

省水利水电勘测设计院所承担的荆南四河可研阶段实物调查工作展开，房屋调查组、土地林木调查组、专业调查组、综合调查组对荆南四河堤防建设范围内的所有建设征地影响实物进行调查。调查工作于 9 月结束。

9 月 17—19 日

国家发改委、交通部、长江委、中国国际工程咨询公司组成《三峡工程对长江中下游影响处理规划》评估专家组一行 9 人莅临荆州，考察评估三峡工程运行后对荆江河势的影响。专家组先后实地查看松滋城区水厂、公安中和口崩岸、沙市盐卡码头、江陵观音寺闸和石首调关矶护岸、北门口崩岸及藕池河口等。

9 月 23 日

市长江河道管理局系统干部职工 1300 余人在沙市凯乐大剧院隆重举办庆祝中华人民共和国诞生 60 周年"长江情"红歌演唱会。

11 月 19 日

中国水利工程协会决定，授予湖北省洪湖监利长江干堤整治加固（非隐蔽）工程等十大工程"中国水利工程优质（大禹）奖"。认定工程设计先进，质量优良，管理科学，经济效益和社会效益显著，属全国水利工程建设精品。该工程名列全国第二名。该奖项为国家水利工程最高级别奖。该工程亦为 2009 年"大禹奖"湖北省唯一获奖项目。

11 月 21 日

长江干堤洪湖新堤夹护岸整险工程开工。工程范围桩号 506＋955～510＋000、526＋000～527＋000，投资 2506.37 万元，次年 4 月底完工。

2010 年

3 月 26 日

南水北调中线一期引江济汉工程开工典礼在荆州区李埠龙洲垸举行，国务院南水北调建设委员会办公室主任张基尧、省委书记罗清泉、省长李鸿忠出席开工仪式。工程竣工后计划每年从长江调水 30 亿立方米，经荆州（区）、沙洋、潜江高石碑，横跨长湖北岸入汉江，渠线全长 67.23 千米，工期 4 年，总投资 80 亿元。规划的渠道中线位于荆江大堤李埠堤段桩号 772＋150，开口线桩号 771＋600～772＋700。

7 月 17 日

省长李鸿忠带领省直有关部门负责人到洪湖检查指导防汛抗洪工作，看望慰问受灾群众和奋战在一线的干部和群众、部队官兵和医务人员。

8 月 5 日

中国人民解放军总参谋部副总参谋长章沁生上将，在省委书记罗清泉、省长李鸿忠，市委书记应代明，市委副书记、代理市长李建明陪同下，冒酷暑视察荆州长江堤防并检查指导防汛抗灾工作。

8 月 16 日

省委书记罗清泉率省直有关部门负责人到洪湖市、监利县调研防汛抗灾及灾后重建工作。

9 月 13 日

国务院三峡办、水利部、长江委组织人民日报、新华社、中央人民广播电台、中央电视台、人民网等 13 家媒体的 20 余名记者参观荆江大堤，就三峡工程防洪效益发挥情况进行采访。

附　录

一、文　存

（一）云梦与云梦泽（谭其骧）

"云梦"一词，屡见先秦古籍；但汉后注疏家已不能正确理解其意义，竟与云梦泽混为一谈，因而又产生出许多关于云梦和云梦泽的误解。云梦泽汉世犹见在，故汉人言泽地所在，虽简略而基本正确；晋后随着云梦泽的消失，对经传"云梦"一词的普遍误解，释经者笔下的泽地所在，乃愈释愈谬，积久弥甚，达到了极为荒谬的地步。本文的写作，目的即在于澄清这些传统的谬说，并从而对云梦泽的演变过程作一探索，希望能为今后科学地阐述历史时期江汉平原的地貌发育过程打下一个比较可靠的基础。

1. "云梦"不一定指云梦泽

古籍中有的"云梦"指的确是云梦泽，那就是见于《周礼·职方》荆州"其泽薮曰云梦"，见于《尔雅·释地》、《吕氏春秋·有始览》十薮、《淮南子·地形训》九薮中的"楚之云梦"。但另有许多"云梦"，指的却不是云梦泽，如：

《左传》宣公四年载：令尹子文之父在郧时私通郧子之女，生下了子文。初生时其母"使弃诸梦中。虎乳之。郧子田，见之"。昭公三年载：郑伯到了楚国，楚子与郑伯"田江南之梦"。"梦"是云梦的简称[1]。这两个"梦中"既然是虎所生息可供田猎的地方，就不可能是一些湖泊沼泽，应该是一些山林原野。又定公四年载：吴师入郢，楚子自郢出走，"涉睢，济江，入于云中。王寝，盗攻之，以戈击王"。"云"也是云梦的简称。这个"云中"有盗贼出没，能危及出走中的楚王，也应该是一片林野而非水面。

在《战国策》、《楚辞》等战国时代记载中，凡是提到"云梦"的，都离不开楚国统治者的游猎生活。《国策·宋策》："荆有云梦，犀兕麋鹿盈之。"犀兕麋鹿，全是狩猎的对象。又《楚策》："于是楚王游于云梦，结驷千乘，旌旗蔽天。野火之起也若云蜺，兕虎之嗥声若雷霆。有狂兕𤘌车依轮而至，王亲引弓而射，一发而殪。王抽旃旄而抑兕首，仰天而笑曰：乐矣，今日之游也。"这里所描写的是楚宣王一次大规模的田猎活动。又《楚辞·招魂》："与王趋梦兮课后先，君王亲发兮殚青兕。"屈原说到他曾追随楚怀王的猎队在梦中驰骋，怀王亲自射中了一头青兕。可见这三处所谓"云梦"、"梦"，当然也是山林原野而非湖沼池泽。

从这些史料看来，显然先秦除云梦泽外另有一个极为广阔的楚王游猎区也叫"云梦"。因此我们不能把凡是于见古籍的"云梦"一概看做是云梦泽，应该看这两个字出现在什么样的历史记载里。上引《左传》宣公四年条下杜预注"梦，泽名"；定公四年条"云中"下注"入云梦泽中"；《楚策》条"云梦"下高诱注"泽名"；《招魂》"与王趋梦兮"王逸注"梦，泽中也，楚人名泽中为梦中"；这些汉晋人的注释，显然都是错误的。这是由于杜预等只知道《职方》、《释地》等篇中有一个泽薮叫"云梦"，对史文竟贸然不加辨析之故。

可能有人要为杜预等辩护，说是：《说文》"水草交厝曰泽"。泽的古义本不专指水域，所以杜等对上引《左传》等文字的注释不能算错。但从上引史文可以看出，这些"云梦"地区不仅不是水域，也不是什么水草交厝的低洼沮洳之地，而是一些基本上保持着原始地貌形态的山林和原野。所以放宽了讲，杜预等的注释即使不算全错，至少是很不恰当的。其实杜预等的注释若把"泽名"或"泽中"

884

改为"薮名"或"薮中",那倒是比较强一些。因为"薮"有时虽解作"大泽"[2],有时又解作"无水之泽"[3],若从后一义,还勉强可以说得通。不过也只是勉强可通而已,恰当是谈不上的。因为作为春秋战国时楚王游猎区的"云梦",很明显不光是一些卑湿的无水之泽,而是一个范围极为广阔的包括山林川泽原隰多种地貌形态的区域。

比《左传》、《国策》、《楚辞》更能反映"云梦"的具体情况的先秦史料是《国语》里的一条。《楚语》载,楚大夫王孙圉在讲到楚国之宝时,说了这么几句:"又有薮曰云连徒洲[4],金木竹箭之所生也。龟、珠、齿、角、皮革、羽毛,所以备赋用以戒不虞者也,所以供巾帛以宾享于诸侯者也。"这个"云连徒洲"应即《左传》、《国策》等书中的"云梦"。王孙圉所引举的云连徒洲的十二字产品中,只有龟、珠是生于泽薮中的,其他十字都是山野林薄中的产品,可见这个云连徒洲虽然被称为薮,实际上是一个以山林原野为主,泽薮只占其一小部分的区域。

古文献中对"云梦"所作描述最详细的是司马相如的《子虚赋》。司马相如虽是汉武帝时代的人,但他所掌握并予以铺陈的云梦情况却是战国时代的。因为汉代的楚国在淮北的楚地即西楚,并不在江汉地区;而《子虚赋》里的云梦,很明显依然是江汉地区战国时的楚王游猎区。

据《子虚赋》说:"云梦者,方九百里"。其中有山,高到上干青云,壅蔽日月;山麓的坡地下属于江河。有各种色彩的土和石,蕴藏着金属和美玉。东部的山坡和水边生长着多种香草。南部"则有平原广泽","缘以大江,限以巫山"。高燥区和卑湿区各自繁衍着无数不同的草类。西部"则有涌泉清池",中有"神龟、蛟鼍、瑇瑁、鳖鼋"。北部有长着巨木的森林和各种果林;林上有孔雀、鸾鸟和各种猿类;林下有虎豹等猛兽。楚王游猎其中,主要以驾车驱驰,射弋禽兽为乐,时而泛舟清池,网钩珍羞;时而到"云阳之台"[5]等台观中去休息进食。

《子虚赋》里的话有些当然是赋家夸饰之辞,不过它所反映的云梦中有山,有林,有平原,而池泽只占其中的一部分这一基本情况,该是无可置疑的。至于篇首说什么"臣闻楚有七泽,……臣之所见,盖特其小小者耳,名曰云梦",那是虚诞到了极点。把这个既有山林又有原野的云梦称为"泽",更属荒唐。这篇赋就其史料价值而言,其所可贵,端在于它把这个到处孕育繁衍着野生动植物的未经开发的游猎区"云梦",形象地描述了出来。

《子虚赋》里所说的"云梦"东部,当指今武汉以东的大别山麓以至江滨一带;西部的涌泉清池,当指沮漳水下游的一些湖泊;北部的高山丛林,当指今钟祥、京山一带的大洪山区;南部的平原广泽,当指分布在郢都附近以至江汉之间的平原湖沼地带,平原之西限以广义的巫山即鄂西山地的边缘,广泽之南则缘以下荆江部分的大江,这才是"云梦"中的泽薮部分,其中的广泽才是《周礼》、《尔雅》等列为九薮十薮之一的"云梦泽"。

我们根据《子虚赋》推定的这个"云梦"范围,却可以包括先秦史料中所有有地望可推的"云梦"。《左传》宣四年在鄖地的"梦"应在今云梦县境。昭三年的"江南之梦"亦即定四年的"云中",应在郢都的大江南岸今松滋公安一带。《招魂》的"梦"在庐江之南,郢都之北,约在今荆门县境。也可以包括所有下文将提到的,在古云梦区范围内见于汉代记载的地名:云杜县在今京山、天门一带;编县故治在今荆门南漳之间;西陵县故治在今新洲县西。这些地方都是非云梦泽的云梦区。云梦泽见于汉以前记载的只有华容县一地,也和《子虚赋》所述广泽在云梦的南部符合。

春秋战国时的云梦范围如此广大,估计东西约在八百里(华里)以上,南北不下五百里,比《子虚赋》所说"方九百里"要大上好几倍。实际"方九百里"应指云梦泽的面积,司马相如在这里也是把云梦和云梦泽混为一谈了。

在这么广大的范围之内,并不是说所有的土地全都属于"云梦";这中间是错杂着许多已经开发了的耕地聚落以及都邑的。解放以来考古工作者曾在这个范围内陆续发现了许多新石器时代和商周遗址[6]。见于记载的,春秋有轸、鄖(鄖)、蒲骚、州、权、那处,战国有州、竟陵等国邑[7]。《禹贡》荆州"云梦土作乂"[8],就是说这些原属云梦区的土地,在疏导后已经治理得可以耕种了。汉晋时的云杜县,也有写作"云土"的,当即云梦土的简称。云杜县治即今京山县治[9],辖境跨汉水南北两岸，东至今云梦，南至今沔阳，正是云梦区的中心地带。

这一地区本是一个自新石器时代以来早已得到相当开发的区域，其所以会迟至春秋战国时代还保留着大片大片的云梦区，那当然是由于楚国统治者长期霸占了这些土地作为他们的游乐之地——苑囿，阻挠了它的开发之故。因此，春秋战国时楚都于郢，而见于记载的郢都周围今湖北中部江汉平原一带的城邑，反而还不如今豫皖境内淮水两岸那么多。

云梦游猎区的历史大致到公元前 278 年基本结束。这一年，秦将白起攻下郢都，楚被迫放弃江汉地区，举国东迁于陈。从此秦代替楚统治了这片土地。秦都关中，统治者不需要跑到楚地来游猎，于是原来作为楚国禁地的云梦被开放了，其中的可耕地才逐步为劳动人民所垦辟，山林中的珍禽猛兽日渐绝迹。到了半个世纪后秦始皇建成统一的封建王朝时，估计已有靠十个县建立在旧日的云梦区。因此《史记·秦始皇本纪》载始皇三十七年（公元前 210 年）南巡"行至云梦"（指安陆县的云梦城，即今云梦治，详下），仅仅望祀了一下虞舜于九疑山，便浮江东下，不再在此举行田猎。此后九年（前 201 年），汉高祖用陈平计，以游云梦为名，发使者告诸侯会于陈，诱使韩信出迎被擒（《高祖本纪》、《淮阴侯列传》）。这一次所谓出游云梦，只是一个借口而已，实际上云梦游猎区罢废已将近八十年，早就面目全非，哪里还值得帝王们路远迢迢赶到这里来游览？

先秦的云梦游猎区到了西汉时代，大部分业已垦辟为邑居聚落，但仍有一部分山林池泽大致上保持着原始面貌。封建王朝在这里设置了专职官吏，对采捕者征收赋税，这种官吏即被称为云梦官。云梦官见于《汉书·地理志》的有两个：一个设在荆山东麓今荆门、南漳之间的编县，一个设在大别山南麓今麻城、红安、新洲一带的西陵县[10]。又，东汉时云梦泽所在的华容县设有云梦长，见应劭《风俗通义》，这很可能也是秦汉以来的相传旧制，而为《汉书·地理志》所脱载。编县的云梦官一直到西晋时还存在（见《晋书·地理志》）。估计云梦区的全部消失，当在永嘉乱后中原流民大量南移之后不久。

以上指出汉晋人对《左传》、《国策》、《楚辞》中"云梦"所作的注释是错误的，阐明"云梦"是一个包括多种地貌，范围极为广阔的楚王游猎区，"云梦泽"只是"云梦"区中的一小部分，并大致推定"云梦"区的地理范围及其消失过程。

2. 云梦泽在什么地方

作为先秦九薮之一的云梦泽，在《周礼》、《尔雅》等书中只说在荆州，在楚地，没提到它的具体位置。汉后有多种说法，随时在变，大致可以分为三个阶段：

（1）两汉三国时代，或作在江陵之东，江汉之间，或作在华容县境。前者如《史记·河渠书》载，春秋战国时的楚，曾"通渠汉水云梦之野"，这是说从郢都凿渠东通汉水，中间经过云梦泽地区。又，同书《货殖列传》论各地风俗有云："江陵故郢都，西通巫、巴，东有云梦之饶"，指明云梦在江陵之东。后者如班固《汉书·地理志》、应劭《风俗通义》都说云梦泽在华容南，并且还指明这就是《职方》的荆州薮。郑玄《周礼》注、高诱《战国策》、《吕氏春秋》、《淮南子》注、张揖《汉书音义》（《文选·高唐赋》注引）、韦昭《汉书音义》（《汉书·高帝纪》注引）都说泽在华容而不及方位。《水经·禹贡山水泽地》作泽在华容东。华容故城在今潜江县西南[11]，正好在江陵之东，大江、汉水之间，所以这二说在实质上是一样的。华容在汉代是南郡的属县，所以《后汉书·法雄传》说："迁南郡太守，郡滨带江沔，又有云梦薮泽。"这个泽直到东汉末年犹以见在的泽薮见于记载，建安十三年曹操赤壁战败后，在《三国志》裴松之注引乐资《山阳公载记》里作"引军从华容道步归，遇泥泞，道不通"，在《太平御览》卷一五一引王粲《英雄记》里作"行至云梦大泽中，遇大雾，迷失道路"，二书所记显然是同一事件，正可以说明云梦泽在华容道中。

《水经注》虽然是南北朝时代的著作，其所采辑的资料则往往兼包前代，关于云梦泽的记载，其中有一段即与两汉三国说基本相同，只是未著所本。《夏水注》在经文"又东过华容县南"下接着写道："夏水又东径监利县南，……县土卑下泽，多陂池；西南自州（当作"江"，见杨守敬《水经注疏》）陵东界，径于云杜、沌阳，为云梦之薮矣。"监利县，孙吴置而旋省，晋太康中复立，故城在今县北，汉晋华容县治东南。云杜县，汉置，治今京山县治，魏晋之际移治今沔阳县西。沌阳县，晋置，故城在今汉阳县南。这里所述云梦位置比上引汉魏人所说来得详细，但在江陵之东，江汉之间，在华容县治的南方和东方是一样的。

这种通行于两汉三国时代的说法，不仅时代距先秦不远，并且与《子虚赋》里所说平原广泽在"缘以大江，限以巫山"的云梦区的南部也是符合的，所以我们认为这是正确的说法，先秦云梦泽正该在这里。当然，先秦时代与两汉三国时代可能稍有不同，但差别不会很大。

（2）从西晋初年的杜预开始，云梦泽就被说成是"跨江南北"的，（《左传》昭公三年、定公四年注），在江南的就是巴丘湖亦即洞庭湖，在江北的在当时的安陆县即今云梦县境。

江南的云梦泽，杜预在其《春秋释例·土地名》昭公三年"江南之云梦中"条下说："南郡枝江县西有云梦城，江夏安陆县东南亦有云梦城。或曰：南郡华容县东南有巴丘湖，江南之云梦也。"杜预是认为春秋时江南江北都有云梦泽，又知道江南的枝江县江北的安陆县都有一个云梦城，但其地都并没有泽，而巴丘湖即洞庭湖位于华容县的东南方位，是一个大泽，有人认为就是江南的云梦泽，他便采用了这种说法，但又觉得没有把握，所以加上"或曰"二字。

杜预的说法能否成立，是否可信？

首先我们要指出：《左传》昭公三年的"江南之梦"、定公四年在江南的"云中"，从《左传》文义看来，都应该是山林原野而不是湖沼水泽，这一点上文业已阐明。再若，郑伯到了楚国，楚王和他一起"田江南之梦"，这里的梦当然应该在郢都附近的江南今松滋公安一带，不可能跑到老远的洞庭湖那边去。所以杜预这种说法是不能成立的。春秋时云梦游猎区虽然跨江南北，江南北都有，但云梦泽则不然，江南并没有云梦泽。到了战国，《国策》、《楚辞》都既见云梦，又见洞庭，洞庭在江南是很明显的，但绝无洞庭就是云梦的迹象。

再者，把位于华容县东南方位的巴丘湖作为云梦泽，表面上似乎符合于《汉志》、《水经》等汉魏人的说法，其实不然。《汉志》、《水经》所谓在某县某方位，都是说的就在这个县的辖境之内。而从《汉志》沅水至益阳入江（牂柯郡故且兰）、资水至益阳入沅（零陵郡都梁）、澧水至下隽入沅（武陵郡充）看来，洞庭湖显然在长沙国益阳、下隽县境内，不属于南郡的华容。可见《汉志》、《水经》中的云梦泽，不可能就是，也不可能包括洞庭湖。巴丘湖即云梦泽之说，显然是一种不符合于先秦两汉古义的，魏晋之际新起的说法，这一方面是由于读古书不细而妄加附会所致，一方面也应该是由于当时洞庭湖的宽阔浩渺已远过于日就埋灭的云梦泽之故。

杜预在"或曰"之下提出这种说法，还比较谨慎。到了东晋郭璞注《尔雅》，就干脆用肯定的口气："今南郡华容县东南巴丘湖是也。"《尚书》伪《孔传》也说"云梦之泽在江南"，指的当然也是洞庭湖。从此之后，南朝几种《荆州记》都跟着这么说（《初学记》卷七《御览》卷三三引）；《水经·夏水注》在正确阐述了云梦之薮的所在地区（见上文）后，还是引用了郭说而不加批驳；《元和志》在巴丘湖条下也说是"俗云古云梦泽也"（岳州巴陵县）；洞庭湖是古云梦泽的一部分这一谬说，竟成为长期以来很通行的一种说法。

江北的云梦泽在今云梦县之说，杜预除在上引《春秋释例·土地名》中提到了一下外，又在《左传》宣公四年"夫人使弃诸梦中"句下注称"梦，泽名。江夏安陆县东南有云梦城"。这是因为他既把"梦"解释为泽名，但在安陆[12]一带又找不到一个相当的泽，所以只得指出县东南有一个云梦城，意思是说既有云梦城在此，春秋时云梦泽亦应在此。

杜预所指出的云梦城是靠得住的。此城地当南北要冲，上文提到的秦始皇南巡所至云梦应指此，东汉和帝、桓帝两次因南巡章陵（今枣阳东，东汉皇室的祖籍）之便所到的云梦亦应指此（《后汉书·本纪》永元十五年、延熹七年）。到了西魏大统年间，便成为从安陆县分出来的云梦县的治所[13]。但他认为春秋时有云梦泽在这里是靠不住的。不仅他自己无法指实泽在哪里，上文业已指出，从《左传》原文看来，春秋时这里是虎狼出没的可以从事田猎的场所，也不是沼泽地带。可是杜预这种说法到唐宋时却得到了进一步的发展。杜预只说这里有一个云梦城，没有说云梦泽还见在。唐宋时则云梦城附近确有一个泽就叫做云梦泽。这个泽在安陆县东南五十里，云梦县西七里，阔数十里，见《括地志》（《史记·楚世家》正义引）、《元和志》、《寰宇记》。《通鉴》载晋天福五年晋兵追败南唐兵于安州（治安陆）南云梦泽中，指的也应该就是这个泽。但这个泽被命名为云梦显然是杜预以后的事，否则杜预注《左传》，就该直说泽在安陆县某方位，不该只提云梦城不提云梦泽。这个杜预以后新出现的"云梦泽"，当然和先秦列为九数之一的云梦泽完全是两码事。

（3）杜预还只说云梦"跨江南北"，江南江北各有一个云梦泽。从郦道元开始，便把他所看到的见于记载的所有"云梦"都看成是连成一片的云梦泽的一部分。这种看法为后人所继承，到了清朝，随着考据学的发展，有关云梦的史料搜集得日益齐备，云梦泽的范围也就愈扩愈大，终于差不多把整个江汉洞庭平原及其周遭部分山区都包括了进去。这本来应该是古代云梦游猎区的范围，却被误解为二千几百年前的云梦泽数是如此之广大。

郦道元在《水经·夏水注》里搜集了四种关于云梦泽方位的资料：第一种就是上面提到的符合于先秦古义的西至江陵东界、东至云杜、沌阳说；第二种是韦昭的华容说；第三种是郭璞的巴丘湖说；第四种是杜预的枝江县、安陆县有云梦说（杜注原文两处"云梦"下有城字，郦引脱落）。郦在一一称引之后，却无法判断孰是孰非；（也不知道韦说与第一说实质上并无差异），所以最后只得用"盖跨川亘隰，兼包势广矣"二语作为结束。意即诸家的说法都不错，但都不全，应该是从云杜、华容到巴丘湖，从枝江到安陆，到处都有云梦泽。这是最早的兼包势广说。

唐孔颖达的《尚书疏》和宋蔡沈的《尚书集传》，承袭了郦道元的兼包说，然而他们所看到的资料并不比郦道元多，所以他们笔下的云梦泽也不比郦说大。孔综合《汉志》华容南、杜预枝江县、安陆县、巴丘湖和"子虚赋""方八九百里"（按原文无"八"字）三项资料，结论是"则此泽跨江南北，每处名存焉"。蔡又以杜预、孔颖达为据，结论是"华容、枝江、江夏安陆皆其地也"。

到了清初顾祖禹著《读史方舆纪要》，他注意到了《汉书·地理志》编县下"有云梦官"四字，又根据荆门（古编县地）西北四十里有云梦山，当地有"云梦之浸，旧至于此"的传说（承天府、荆门州），把云梦泽扩展到了荆门，得出了"今巴陵（洞庭湖所在，今岳阳）、枝江、荆门、安陆之境皆云有云梦，盖云梦本跨江南北，为泽甚广，而后世悉为邑居聚落，故地之以云梦名者非一处"的结论（德安府安陆县）。

稍后于顾氏的胡渭著《禹贡锥指》，才把《汉书·地理志》一个云梦泽、两个云梦官、《水经·夏水注》所引四种资料和《沔水注》里提到的云杜东北的云梦城合在一起，把云梦泽的范围扩大到了"东起蕲州，西抵枝江，京山以南，青草以北"那么一个最高峰[14]（卷七）。

此后诸家有完全信从胡说的，如孙诒让《周礼正义》（卷六三）。但也有不完全信从的，如顾栋高《春秋大事表》（卷八下）、齐召南《水道提纲》（卷一三）、《清一统志》（德安府山川）和杨守敬所绘《春秋列国图》、《战国疆域图》；他们大概都觉得胡渭所说的范围过于广阔了，各自酌量予以减缩，而取舍又各有不同。

所有各种兼包说不管包括了多大范围，他们都不问史料上提到的云梦二字能否作泽数解释，也不问该地的地形是否允许存在大面积的水体，也不问后起的说法是否符合于早期的史料，所以他们的结论都是错误的。胡渭说包括的范围最大，错误也最大。

综上所述，我们的结论是：过去千百年来对先秦云梦泽所在所作的各种解释，只有汉魏人的江陵以东江汉之间的说法是正确的。晋以后的释经者直到清代的考据学家把云梦泽说到大江以南、汉水以北或江陵以西，全都是附会成说，不足信据。

3. 云梦泽的变迁

湖泽这种地貌的稳定性是很差的，特别是冲积平原中的湖泽，变化更为频数。云梦泽当然不会例外。由于历史记载极为贫乏，要详细阐述云梦泽的变迁是不可能的，在这里只能以少数几条资料为线索，结合当地地貌条件，作一些粗略的推断。

上节我们说到先秦云梦泽的位置基本上应与两汉三国时代的位置相同，在江陵之东，江汉之间，华容县的南方和东方。此所谓先秦，主要指的是距汉不远的战国时代。至于战国以前的云梦泽该是怎么样的？我们可以从下面两条资料中窥见一些不同的情况：

一条是《尚书·禹贡》篇里的"荆及衡阳惟荆州；江汉朝宗于海，九江孔殷，沱潜既道，云梦土作乂"。这是说荆州地区在经过大禹一番治理之后，江与汉合流归海了，江流壮盛得很，江的岔流沱和汉的岔流潜都得到了疏导，一部分云梦泽区积水既被排除，成为可耕地被开垦了。这一部分被垦辟了的云梦泽区，据《史记·夏本纪》"云梦土作乂"下《索隐》引韦昭《汉书音义》："云土为县，属江夏"，《水经》沔水"又东南过江夏云杜县东"，《注》："《禹贡》所谓云土梦作乂，故县取名焉"，都说就是汉晋的云杜县。土杜二字古通用，其说可信。汉云杜县治即今京山县治，辖境当兼有今应城天门二县地。今京山县虽多山地丘陵，应城天门则地势低洼多湖沼。如此说来，则今应城天门等县地，多半就是《禹贡》所说"作乂"了的"云梦土"。这一地区在《禹贡》著作时代业已开垦了，但在前一个时期应该还是云梦泽的一部，所以《禹贡》作者认为它之变湖泽为可耕地，是大禹治水所取得的成果。这"前一个时期"估计不应距《禹贡》写作时代太近，也不会太远，把它推定为春秋中叶以前，可能是恰当的。

还有一条就是前引《史记·河渠书》里的楚"通渠汉水云梦之野"。《史记》虽然没有说清楚这是哪一条渠道，叫什么名字，核以《水经注》，当即见于《沔水注》的杨水和子胥渎。《注》云：杨水上承纪南城即楚之郢都城西南西赤湖，一名子胥渎，"盖吴师入郢所开"，"东北出城，西南注于龙陂……又迳郢城南，东北流谓之杨水"。又东北路白湖水上承中湖、昏官湖水注之，"又东北流得东赤湖水口，湖周五十里，城下陂池，皆来会同"。"又东入华容县，有灵溪水西通赤湖，水口已下多湖。……又有子胥渎，盖入郢所开也，水东入离湖，湖在县东七十五里，《国语》所谓楚灵王阙为石郭陂汉以象帝舜者也。湖侧有章华台，……言此渎灵王立台之日，漕运所由也。其水北流注于杨水"。杨水又东北，柞溪水上承江陵县北诸池散流，东迳船官湖、女观湖来会。"又北迳竟陵县西，……又北注于沔之杨口"。寻绎这一段《水经注》文，可知通渠郢都汉水之间，盖创始于楚灵王时，本名杨水。至吴师入郢之役，伍子胥曾疏凿其一部分，遂改称子胥渎。子胥渎和杨水两岸的陂池以及路白等三湖、赤湖、离湖以及船官、女观等湖，当即这条渠道所经过的云梦泽的残留部分。这部分云梦泽也在江陵以东，但不在华容县的东南而在县西北，由此可见，春秋中叶以前的江汉之间的云梦泽，也要比汉代仅限于华容东南方位的云梦泽来得大一些。

以上说的是大约在春秋中叶以前，汉水北岸今天门应城一带也有一片云梦泽，汉晋华容县西北，今沙市以东，约当今江陵、潜江、荆门三县接壤地带，也有一片云梦泽。汉水北岸那一片，在战国中期《禹贡》写作时代业已由汉水所挟带的泥沙充填成为"云梦土"；华容西北那一片，则直到司马迁写《史记》的汉武帝时代，大概还保留着云梦泽的名称。

现在让我们再寻究一下在战国两汉时期内云梦泽的变迁。《子虚赋》里说在云梦区的南部是"缘以大江，限以巫山"的平原和广泽。根据江汉地区的地貌形态和古文化遗址分布，我们可以作出如下推断：

郢都附近跨大江两岸是一片平原：北岸郢都周遭约三五十里内是一片由江水和沮漳水冲积成的平原；南岸今公安县和松滋县的东半部是一片由江水、油洈水冲积成的平原，即"江南之梦"；其西约以今松滋县治北至老城镇，南至街河市一线鄂西山地边缘为限，即所谓"限以巫山"。郢都以东就是那片杨水两岸的湖泽区。泽区东北是汉水两岸一片由汉水泛滥冲积成的，以春秋郧邑、战国竟陵邑为中心的平原。其北岸今天门、京山、钟祥三县接壤地带则是一片在新石器时代业已成陆的平原，上面分布着许多屈家岭文化遗址。自此以东，便是那片成陆不久的"云梦土"。杨水两岸湖泽区之南，是一片由江水及其岔流夏水和涌水冲积而成的荆江东岸陆上三角洲。三角洲以"夏首"（今沙市稍南）为顶点，向东南展开，其边缘去夏首一般约在百里以上。楚灵王所筑章华台，即位于夏首以东约百里处。这个三角洲和竟陵平原以东以南，才是大片的湖泽区，"方九百里"的云梦泽，北以汉水为限，南则"缘以大江"，约当今监利全县、洪湖西北部、沔阳大部分及江陵、潜江、石首各一部分地。云梦泽以东，大江西北岸，又有一片由大江在左岸泛滥堆积而成的带状平原，其北部是春秋州国的故土，于战国为州邑，也就是《楚辞·哀郢》的"州土"，（州城故址在今洪湖县东北新滩口附近）；其南部乌林、柳关、沙湖等处，近年来发现了多处新石器时代遗址。

战国时代云梦区南部平原和广泽的分布略如上述。到了汉代，大江在江陵以东继续通过夏水涌水分流分沙把上荆江东岸的陆上三角洲进一步向东向南推进，从而导致了华容县的设置；汉水在南岸的泛滥也使竟陵平原进一步扩展，把杨水两岸的云梦泽区填淤分割成为若干不复以云梦为名的湖泊陂池，结果使这片汉水冲积土和南面的荆江陆上三角洲基本上连成了一片。此时限于华容以南的云梦泽，其宽广应已不足九百里。泽区主体西汉时主要在华容县南，已而三角洲的扩展使水体逐步向南向东推移，向东略无阻拦，向南则为大江北岸自然堤所阻，亦被挤迫转而东向，因而泽的主体到了东汉或三国的《水经》时代，已移在华容县东。随着江汉输沙日益在江汉之间堆积填淤，泽区逐步缩小淤浅，所以到了东汉末年曹操自乌林败走华容道时，他所经行的正是华容县东原来的云梦泽主体，但到此时步兵已可通过，只不过是泥泞难走而已。

江汉间平原的日益扩展，云梦泽区的日益填淤东移，到了魏晋时期更充分地显示了出来。荆江东岸分流夏涌二水所塑造的三角洲以"首尾七百里"的"夏洲"著称于世[15]。七百里的夏洲和汉水南岸正在伸展中的平原，把九百里的云梦泽水面侵占了很大一部分，结果是在汉魏之际先把原在沔北的云杜县移到了沔南（治今沔阳县西），接着孙吴西晋又在三角洲的东南部分华容县先后增设了监利（治今县北）、石首（治今县东）二县，接着东晋又在汉南平原与夏洲的接壤地带增设了惠怀县（治今沔阳县西南）；江汉之间云梦以西在汉代原来只有华容、竟陵二县，至是增加到了六县。云梦泽的东端至是也一直伸展到了大江东岸的沌阳县（治今汉阳县南）境。

夏洲东南的云梦泽主体，步杨水两岸的云梦泽的后尘，由于大面积泽体被填淤分割成许多湖沼陂池，从而丧失云梦泽的称号，这大概是东晋或南朝初期的事。郦道元在《夏水注》里说到监利县多陂池，"西南自江陵东界径于云杜、沌阳，为云梦之薮矣"。这是一段释古的话，不是在叙述现状。他只是说这个分布着许许多多陂池的地区就是古代的云梦之薮，至于这些陂池在当时的名称是什么？还叫不叫云梦泽？在这里他没有提到，而在《沔水注》和《江水注》里提到的大浐、马骨等湖和太白湖，其位置却好是在这里所说的云梦之薮的东部云杜沌阳县境内，由此可见，云梦泽在此时当早已成为历史名词。

如上所述，说明了先秦云梦泽三部分：沔北部分在战国中期以前已由泽变成了土，江陵竟陵之间杨水两岸部分约在西汉后期填淤分割为路白、东赤、船官、女观等湖，华容东南的主体部分则在渐次东移之后，终于也在东晋南朝时变成了大浐、马骨、太白等湖和许多不知名的陂池。叫做云梦泽的那个古代著名泽薮，其历史可以说至此已告结束。现在让我们再简单阐述一下云梦泽主体部分在云梦泽这一名称消失以后的演变过程。

南朝时代，江汉之间以大浐、马骨二湖为最大。《初学纪》七引盛弘之《荆州记》："云杜县左右有大浐、马骨等湖，夏水来则渺漭若海。"《水经·沔水注》："沔水又东得浐口，其水承大浐、马骨诸湖水，周三四百里；及夏水来同，渺若沧海，洪潭巨浪，荥连江沔。"大浐湖约在今沔阳县西境，马骨湖约相当于今洪湖县西北的洪湖。此外，又有太白湖，位于今汉阳县南，《水经注》里虽然没有提到周围有多少里，从《江水注》、《沔水注》两处都要提到它看来，应该不会小。

到了唐代，大浐、太白二湖不再见于记载，马骨湖据《元和志》记载则"夏秋泛涨"虽尚"森漫若海；春冬水涸，即为平田，周迥一十五里"，面积与深度都已远远不及南朝时代。

到了宋代，连马骨湖也不见记载了[16]。南宋初期陆游自越入蜀，范成大自蜀返吴，在经过今湖北中部时，舟行都取道于沌，躲开自今武汉至监利间一段大江之险。这条沌所经流之地，正是古云梦泽的东部，《水经注》中马骨、太白等湖所在，今监利、洪湖、沔阳、汉阳等县之地。二人经过这里时正值夏历八九月秋水盛涨时节，但在二人的记程之作《入蜀记》和《吴船录》中，都绝没有提到有什么巨大的湖泊。而在自东西行进入沌口（今汉阳东南沌口）不远处，"遂无复居人，两岸皆葭苇弥望，谓之百里荒"（《入蜀记》）；"皆湖泊菱芦，不复人迹，巨盗所出没"（《吴船录》）；自东而西入沌后第四日，"舟人云：自此陂泽深阻，虎狼出没，未明而行，则挽卒多为所害"（《入蜀记》）；"两岸皆芦荻，……支港通诸小湖，故为盗区"（《吴船录》）。据程途估算，百里荒应为太白湖故址，第四日后所经行的陂泽深阻处应为马骨湖故地。由此可见，南朝时那些著名大湖，至是已为葭苇弥望，荒无人烟的沼泽地所代替。继云梦泽名称消失之后，连大面积的水体也都不存在了。

可是，这种陆地逐步扩大，水面逐步缩小的地貌变迁趋势，却并没有在自宋以后的江汉之间继续下去。根据明清两代的记载和舆图，这一地区的湖泊不仅为数很多，其中有的面积还很大。相当于宋代的百里荒故地，在明代和清初又出现了一个周围二百余里的太白湖，春夏水涨，更与附近一些较小湖泊连成一片，是当时江汉间众水所归的巨浸（《方舆纪要》、《清一统志》引《汉阳府志》）。到了十八世纪中叶的乾隆《内府舆图》里，太白湖改称赤野湖，周围还有一百二三十里。赤野湖之西，在今沔阳西境有白泥、西、邋遢等湖，周围各有数十里。在今洪湖县南境又出现了自西至东，首尾连接的上洪、官、下洪三湖，面积不大，东西约六七十里，南北十里左右。又百余年后到了十九世纪后期的光绪《湖北全省分图》里，太白湖又基本消失了，只剩下几个周围不过十里左右的小湖，而洪湖竟又扩大成为一个和今图差不多的周围不下二百里的大湖。至今在江陵以东江汉之间这几个县里，除洪湖外，仍然还存在着许许多多小湖泊。其中如洪湖一县，湖泊面积竟高达占全县面积的百分之五十五，湖泊之外，陆地中还夹杂着许多旱季干涸，雨季积水的低洼区。所以合计全区水体总面积，大致决不会比千年以前的宋代小，比之二千数百年前的云梦泽全盛时代，虽然要小得多，但也只是相差几倍而已，而不是几十倍。

二千多年来江汉间古云梦泽区的地貌变迁过程，略如上述。把这种变迁过程和该地区的地质地貌因素结合起来，可以看出变迁的规律大致是这样的：

大江和汉水的含沙量都很巨大，历史时期随着江汉上游的逐步开发，江汉所挟带下来沉积在江汉盆地上的物质也与日俱增，所以总的趋势是水体逐渐缩小，陆地逐渐扩展。但是，江汉地区的近代构造运动是在不断下降。这一因素抵消了一部分泥沙堆积的造陆运动，所以水体缩小陆地扩展这种趋势并不是发展得很快的，也并不总是直线发展的。有时在局部地区甚至会出现相反的现象，即由陆变水，由小湖变大湖的现象。有些地区还会出现由水变陆，又由陆变水，由小湖变大湖，又由大湖变小湖反复多次的现象，太白湖地区和洪湖地区便是两个很好的例子。这两个湖在战国两汉时都不在云梦泽范围内，在长江左岸泛滥平原内。南北朝时出现了太白湖，到宋代消灭，明清时再度出现，近百年来又归消灭。近年来在洪湖内发现了许多新石器时代和宋代遗址，说明在那些年代里是陆地，而在南朝时这里却是渺若沧海的马骨湖所在，在近代又是极为宽阔的洪湖所在。

长江含沙量一般说来与日俱增，但其在荆江段的泛滥排沙则有时主要在北岸，有时主要在南岸，这对于江汉之间的地貌变迁影响极大。自宋以前，荆江段九穴十三口多数都在北岸，洪水季节水沙主要排向北岸，所以古云梦泽区的变迁倾向主要是水体的缩减，陆地的扩张，而同时期在大江南岸的洞庭湖区则由于下降速度超过填淤速度，相应地便由战国两汉时期夹在沅湘之间一个不很大的面积，扩大到《水经注》时代的周围五百里，更进一步扩大到宋代的周围八百里。元明以后，北岸穴口相继一一堵塞，南岸陆续开浚了太平、调弦、藕池、松滋四口，荆江水沙改为主要排向南岸，由四口输入洞庭湖。自此洞庭湖即迅速填淤。北岸江汉间则由于来沙不多，淤积速度赶不上下沉速度，以致近数百年来，水体面积又有所扩展。

注：

[1] 此从《尚书·禹贡》篇孔颖达疏。一说江北为云，江南为梦，云梦是云和梦的连称，这是错误的。邥在江北，宣四年明明用的是梦字。昭三年曰"江南之梦"，可见江北也有梦，若江北为云，梦全在江南，则梦上无需着"江南"二字。定四年楚王从睢东江北的郢城"涉睢"，到了睢西，"济江"，到了江南；入于云中，可见江南之梦也可以叫云。此事在《史记·楚世家》中记作王"亡走云梦"，可见云即云梦。

[2]《说文》："薮，大泽也。"《周礼·职方》郑玄注："大泽曰薮。"

[3]《周礼·大宰》："四曰薮牧养畜鸟兽，"郑注："泽无水曰薮。"《周礼·地官》："泽虞，每大泽大薮……"，郑注："泽，水所钟也，水希曰薮。"贾公彦疏："希，乾也。"

[4]韦昭注："梦有云梦，薮泽也。连，属也。水中之可居曰洲；徒，其名也。""薮"下读断，解作薮名为"云"，有洲曰徒洲与相连属。但清人如孙诒让《周礼·正义》，近人徐元浩《国语集解》等薮下皆不断，遂以"云连徒洲"为薮名，谓即《禹贡》之"云土"，较韦说为胜。

[5]《文选》注引孟康曰："云梦中高唐之台，宋玉所赋者，言其高出云之阳。"按：《高唐赋》作"云梦之台，高唐之观。"又《左传》昭公七年"楚子成章华之台"，杜注"今在华容城内"，于先秦亦当在云梦中。

[6]新石器时代遗址有京山屈家岭、京山石龙过江水库、京山朱家嘴、天门石家河、武昌洪山放鹰台、汉口岱家山盘城等；商周遗址有黄陂盘龙城、洪湖瞿家湾等。

[7]轸、郧、蒲骚、州见《左传》桓十一年，邘见宣四年，权、那处见庄十八年。轸在今应城县西。郧（邘）在今云梦县。蒲骚在今应城县西北。州在今洪湖县东北。权、那处在今荆门县东南。州见《楚策》。竟陵见《秦策》，在今潜江县西北。

[8]"云梦土"今本《尚书》作"云土梦"。古本或土在梦下，或梦在土下。二者哪一种符合于《禹贡》的原文，是一个长期争论不决的问题。这里用不着详辨，我们认为应该是土在梦下。

[9]汉云杜县故城，即今京山治；约汉魏之际移治汉水南岸今沔阳县沔城镇西北。《后汉书·刘玄传》注、《通典》、《清一统志》等并作汉县即在沔阳，误。别有考。

[10]一本两"官"字俱误作"宫"。洪迈：《容斋随笔》、王应麟：《玉海》皆引作"官"，本志南海郡有洭浦官，九江郡有陂官、湖官，知作"官"是。

[11]《清一统志》谓在监利县西北。今按：《左传》昭公七年杜预注云，章华台"今在华容城内"；《括地志》台在荆州"安兴县东八十里"，安兴故城在今江陵县东三十里；《渚宫旧事》注台在江陵东百余里；以方位道里计之，则台与县故址当在今潜江县西南。若监利县西北，则于江陵、安兴为东南而非东，去安兴当在百里以上矣。

[12]旧说汉晋安陆故城即今安陆县治，一作在今安陆县北，皆误。据1975年云梦睡虎地秦墓出土秦简《大事记》，并经湖北省博物馆调查，可以确定今云梦县城东北郊的楚王城废址，即汉晋安陆县故城。

[13]故城在今县东南约十里，据《元和志》，唐云梦县治（即汉晋云梦城）北去安州（治安陆）七十里，而《寰宇记》中的云梦县，在安州东南六十里。与今县同，故知唐以前故城去今县约十里。据湖北省博物馆调查，今云梦县城在汉晋安陆县（楚王城）西南郊，而《左传》宣四年杜注乃云云梦城在安陆县东南，故知故城应在今县东南。

[14]青草，洞庭湖的南部。"东抵蕲州"是因为胡渭以蕲州（今蕲春县）为汉西陵县地。今按：汉西陵县治在今新洲县治西，辖境相当今新洲、红安、麻城三县及黄陂县一部分地；迤东今黄冈、浠水、罗田、蕲春等县在汉代系邾、蕲春二县地，不属于西陵。所以按照胡氏的兼包法，"东起蕲州"这句话也不能成立。

[15]《太平御览》卷六九、《太平寰宇记》卷一四六引盛弘之《荆州记》："夏涌二水之间，谓之夏洲，首尾七百里，华容、监利二县在其中矣。"盛弘之，刘宋人，七百里夏洲之说至迟应起于魏晋时。

[16]《舆地纪胜》复州下有马骨湖条，文字与《元和志》全同，显然是从《元和志》抄下来的，不是当时的情况。《寰宇记》中已不见马骨湖而有一条马骨坂，更可证入宋马骨湖已悉成平陆。又《舆地纪胜》汉阳国下有"太白湖，在汉阳县西南一百二十里，"亦当录自前代地志。否则不应不见于《元和志》、《寰宇记》、《入蜀记》、《吴船录》。

（原载《复旦学报·社会科学版·历史地理专辑》，1980年8月）

（二）荆江近5000年来洪水位变迁的初步探讨（周凤琴）

荆江是长江中游的重点防洪地段之一，为了科学地制定防洪规划、兴建防洪工程的需要，人们对荆江历史洪水位进行了大量的研究，但其时段多在近200年内。本文在前人研究的基础上，采用地质地貌、考古、历史地理等方法，对荆江地区近5000年来的洪水位进行考证，并对洪水位的变化过程、形成机制等问题进行初步探讨。

文中"*Zn*"表示 1954 年最高洪水位;"*Z*"表示通过考证求得的历史洪水位;所有水位采用吴淞高程(资用)。

1. 荆江洪水位上升的考证

(1)埋藏古遗址的考证

考古部门先后在荆江两岸湖区及上下游相邻河段的滩面下发掘了一批新石器时代的遗址。其文化层底埋深较浅的如江陵县太湖遗址,埋藏于太湖岸边地面下 2.90 米,深的如洪湖岸边的福田寺和柳关遗址,分别埋深达 5.80~6.50 米,低于长江 1954 年最高洪水位(*Zn*)13.51~15.13 米,又如沙市周良玉桥地面下 1 米左右,发现大片春秋战国遗址,并有古屋基出露,其居住面吴淞高程为 31.00 米,比沙市二郎矶 1954 年洪水位低 13.25 米。当时的生产力极低,很大程度上是依赖于大自然而生存,在还没有堤防进行防洪的条件下,古代人之所以能在大平原中定居下来,可知当时的洪水位(*Z*)是较低的,而且还在埋藏的古遗址下。

(2)古墓葬的分布

江陵岑河姚岭谷湖边有一批东周墓葬分布,现地面标高一般仅 29.00 米,因地处一级阶地前缘地段,考虑其墓顶盖土曾被剥蚀,所以按当地的阶地面考虑以 30.50 米计算,也比当地洪水位(*Zn*)低达 13.28 米。

(3)古代水工建筑

1)古堤:据万城堤志和江陵县志等记载,寸金堤从荆州城西到沙市东连绵二十余里,于南宋乾道年间修建,至明嘉靖三十九年(1560 年)堤决,后因年久失修,日渐颓圮。其沙市青龙寺寸金堤顶高为 39.20 米,在废弃前还在挡水防洪,可见在 1560 年前,沙市洪水位(*Z*)还在 39.20 米以下,而 1954 年沙市洪水位(*Zn*)为 44.25 米,高出古寸金堤顶达 5.05 米。其它如郝穴的周公堤、张黄堤等古堤,堤顶也都分别低于洪水位(*Zn*)4.48~4.83 米。

2)石碑:修堤竣工后所立的石碑,也为洪水位(*Z*)的分析提供了依据。如沙市二码头的石碑,在碑文中明确记载了于光绪十八年(1892 年)堤加高三尺,加高的范围从二廊门至九杆椾。目前其碑座下 1 米许的平台标高为 40.97 米,可见当时沙市洪水位还在此平台以下。1980 年 8 月 31 日沙市水位 43.23 米时,此石碑碑座已淹入水中。又如 1818 年建立的郝穴九华寺石碑,碑座比现在洪水位(*Zn*)也低达 4.38 米。

3)测汛水尺:江陵县杨林矶于道光二十五年(1845 年)建有一组测汛水尺,其最大刻度高为 41.15 米,比沙市 1954 年的最高洪水位值(*Zn*)低 3.10 米。

(4)水文考古

根据洪痕测量考证,古籍文献资料的分析研究[1],提供了宝贵的历史水文资料(附录表 1、附录表 2),如据江陵 1788 年洪水记载,测得高程 38.92 米,比 1954 年洪水位(*Zn*)低 5.33 米。又如监利县 1849 年遗留洪痕高程为 31.50 米,比现在洪水位(*Zn*)低 4.79 米。另外在江陵县志上也有洪水位的有关记载,如明嘉靖三十九年(1560 年)寸金堤溃,水至城下二丈,而现在一般洪水比荆州城墙顶还高 1 米左右。

(5)现代实测水位对比

现在每年 2—3 月的沙市长江最枯水位均与市区大街北京路的街面相平,汛期洪水位则可高出 10 余米。

(6)古建筑的反映

荆江水位的上升在中枯水位同样有所反映,如郝穴下首九华寺闸,建于清嘉庆二十三年(1818 年),当时排除熊河渍水甚为方便。根据其地形分析,江水位需降低到 28.80 米以下时,渍水才能排除入江,但与现在 15 年的同期平均江水位 34.48 米相比,水位已上升达 5.68 米。又如建于明嘉靖年间的沙市宝塔,第一层现已全部埋入观音矶的地面以下。

附录表 1　　　　　　　　　　　　　荆江 1954 年最高洪水位表

地点 项目	陈家湾	沙市	观音寺	郝穴	监利	上车湾
水位/m	44.41	44.25	43.31	41.28	36.29	35.63

注　高程系统为吴淞资用。

附录表 2　　　　　　　　　　　　荆江近 5000 年来洪水位高差考证表

序号	时代	考证点名称	距今/a	埋深/m	高程/m	高差/m	备　　注
1	新石器	江陵县太湖遗址	4200~4800	2.90	30.90	13.51	荆州博物馆通过考古发掘后提供
2		监利县福田寺遗址	4200~4800	5.80	21.20	14.43	荆州博物馆通过考古发掘后提供
3		监利县柳关遗址	4200~4800	6.50	20.50	15.13	荆州博物馆通过考古发掘后提供
4	商周	沙市周良玉桥遗址	约 3000	1.00	31.00	13.25	沙市博物馆通过考古发掘后提供
5		江陵县岑河墓葬	约 2300		30.50	13.28	荆州博物馆通过考古发掘后提供
6	东汉	沙市福利院遗址	约 1800	1.00	31.70	12.55	荆州博物馆通过考古发掘后提供
7	南北朝	沙市福利院遗址	约 1400		32.20	12.05	荆州博物馆通过考古发掘后提供
8	唐	沙市西郊墓葬	约 1200	0.5	32.20	12.05	荆州博物馆通过考古发掘后提供
9	宋	沙市西干渠墓葬	800~900		32.20	12.05	荆州博物馆通过考古发掘后提供
10		江陵县马艮街出土文物	约 800		33.20	11.05	出土大量古币
11	明	沙市寸金堤遗存	411		39.20	5.05	江陵县志记载：嘉靖三十九年（1560 年）堤决，日渐颓圮
12	清	郝穴周公堤遗存	238		36.80	4.48	万城堤志记载：雍正十一年（1733 年），堤高一丈七尺换算
13		江陵洪水记载	183		32.92	5.33	1788 年洪水记载
14		郝穴九华寺石碑	153		36.90	4.38	
15		郝穴张黄堤遗存	151		36.45	4.83	
16		监利遗留洪痕	122		31.50	4.79	
17		沙市二码头石碑	79		40.97	3.28	
18	民国	沙市二郎矶水位	40		43.10	1.15	

注　高差为考证点与 1954 年（附录表 1）最高洪水位差。

（7）古城镇的设置

据历史考证[2]，荆州古城在战国时为郢都的官船码头，秦汉时已为重镇；公安在秦汉时出现，石首置于西晋。可见上荆江沿江主要城镇在南朝以前已基本设置。而从堤史来看，东晋时在荆州城外始建金堤，长仅七里，南宋时方筑沙市堤。此前可能尚有小的垸堤出现，但不难看出，当时沿江城镇设置在前，而主要堤防修筑在后，可见先秦汉晋时期荆江的洪水位还是比较低的。

2. 洪水位（Z）的推算

沿江两岸的古堤遗存和修筑堤防前的遗址、墓葬等在一定程度上反映了古代的水位，水文考古的洪痕是历史上洪水位的自然记录，古城镇、古建筑等都给洪水位的分析提供了佐证。如从新石器时代遗址的分布部位，可知当时的村落应高于当时历年最高洪水位（Z），这样才能免除常遭洪水淹没的

威胁。而古代墓葬在无堤防进行防洪保护的条件下，一般总选择在地势相对较高，而且位于洪水位之上，以免遭受淹没。又如古堤的堤顶，一般应高于当时的高洪水位（Z），以保安全，所以上述考证点一般可视为当时洪水位（Z）的上限。但是对于重要水工建筑和大型墓葬的要求标准较高，高出当时洪水位的安全系数比一般要大，所以考证点水位与现今洪水位的差值需根据建筑物的类型和重要程度进行经验修正。如堤防，现在沙市堤面高出 1954 年最高洪水位（Zn）约 1.5 米左右。而历史上万城堤的加高，在乾隆五十三年

（1788 年）按当年水痕酌量加高 3～5 尺；同治十三年（1874 年）一般加高 3～4 尺。古代生产力不高，防洪设计标准较低，古籍文献中也有洪水平堤、漫堤的记载。除考虑上述情况外，同时考虑到在历史上江湖相通，离江主流较远产生水面比降的影响，造成水位的差异，使洪水位（Z）低于主流水位的现象，为此在水位差中考虑到河流平面变形的趋势及考证点偏离主泓的远近等，分别在附录表 2 "高差"中加减经验系数进行修正后，点绘出洪水位（Z）的上升过程曲线图。从图上可见，在距今约 2200 年的汉代起，曲线开始上翘，表示考证水位差逐渐缩小，反映洪水位已逐渐上升，唐宋以来上升率不断增加，尤其是宋末元初以来开始急剧增大，近乎直线上升，根据曲线形态，洪水位（Z）的上升过程可划分为三个阶段。1. 新石器时代（相当于大溪文化中期）—汉，即距今约 4500～2200 年，历时约 2300 年，上升幅度为 0.2

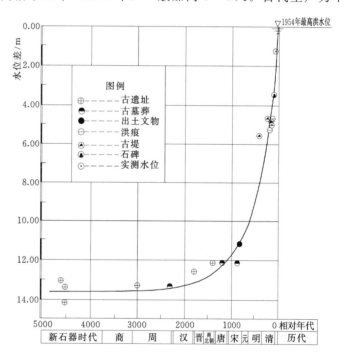

米，平均上升量约为 0.0087 厘米每年，上升速度极为缓慢，属相对稳定时期。2. 汉—宋元（距今约 2200～800 年），历时约 1400 年，上升幅度为 2.3 米，平均上升量为 0.164 厘米每年，上升速度由慢到快，为上升时期。3. 宋元至今，历史约 800 年，上升幅度达 11.10 米，平均上升量为 1.39 厘米每年，其上升速度甚快，为急剧上升时期。

从以上洪水位（Z）的上升过程看，近 5000 年来总上升幅度已达 13.60 米，其主要上升幅度产生于宋末元初以来的年代中。

关于荆江洪水位（Z）急剧上升于宋末元初以来的佐证：

（1）据史书记载："唐宋以前无大水患"[3]，"宋以前诸穴开通，故江患甚少"，可见发生水患频繁的时代仍在唐宋之后。

（2）从有关荆江地区水患的记载来看[4]，自公元前 200 年以来，早期仅有断续水灾的记载，但在公元 1000 年后开始增加，尤以公元 1500 年以后急剧增多；再从堤防历史溃口记载来看[5]，据不完全统计，从明弘治十年（1497 年）到清道光二十九年（1849 年）的 352 年间，大堤溃口达 34 次，平均约 10 年溃口 1 次，而在元代以前的仅有梁天监六年（507 年）"荆州大水，江溢堤坏"的一次记载。

历史记载虽有远粗近详的情况，但总的趋势自宋末元初以后，洪水频率逐渐增加，洪水泛滥渐趋频繁，却是十分明显的。

（3）荆江南岸水系变迁，亦有相应的反映[6]，唐宋以前荆南的油水，自西南流向东北，于公安汇入长江。南宋时期虎渡河形成，江水南下，水系改向南流，也反映了长江水位的上升。

从上可见，荆江地区洪水位（Z）在近 5000 年来的上升过程中，有明显的阶段性的特点，其中大幅度的上升主要从宋末元初开始，尤以明清以来上升速度为快。

3. 洪水位（Z）上升机制的初步探讨

荆江洪水位（Z）的上升幅度在时间上主要表现在自宋元以来的约 800 年中，空间上的表征又以本区较大。如太湖、福田寺及柳关等地的新石器时代遗址与洪水位（Z_n）的比差达 13.51～15.13 米，而荆江上、下游邻区比差相对较小，如荆江上游河段的红花套新石器时代遗址仅 3.55 米，下游河段洪湖黄蓬山遗址约 7.20 米，虽同属新石器时代大溪文化中晚期文化层，但因地段不同，相差悬殊。再从周代墓葬看也具有同样反映，如上游古老背的周代遗址洪水位比差约 4.10 米，而荆江中段的岑河姚岭墓群与洪水位（Z_n）的比差达 13.28 米，而荆江下游洪湖县乌林墓葬仅 5.20 米，以上说明洪水位（Z）的上升幅度在荆江地区较大。

关于洞庭湖的萎缩与淤积，荆南松滋、太平、藕池、调弦（现已建闸控制）等四口分流量的逐年减少对荆江洪水位的影响早已引起人们的注意，据研究[7]，沙市在 1903—1961 年的 58 年中水位上升为 1.85 米，其影响程度，四口分流量的减少占 80%，洞庭湖的变化顶托等占 15%，其余占 5%。然而现阶段分流又以松滋口和藕池口为大，但其两口形成时间分别于 1873 年和 1860 年，而水位上升自汉代已开始，宋末元初以来已加剧，显然近 5000 年来洪水位的上升幅度主要不是四口分流量的减少所致。

而荆江在自然地理环境的演变过程中，近 5000 年来却发生了几大事件。从河道演变过程来看[8]，周代以前还是江湖一片，为河道漫流阶段；周、秦、汉时荆江三角洲的发展，分流网状水系形成，为分流阶段；魏至唐宋时为统一河道形成阶段。而河道的演变历程又由分汊河道演变为唐宋时的单一顺直河道；元代起荆江弯道开始在下荆江出现，明代荆江河曲已基本形成。再从荆江堤防历史来看[9]，春秋—东晋为肇基时期（垸堤）；晋代是有江堤之始，而两宋时堤防大有发展，是荆堤的扩展时期；元明时开始了荆堤的整体加培。可见荆江洪水位的上升与荆江河道的演变、河型的发展、堤防的修筑等是密切相关的。但其上升的阶段不同，其影响的原因和因素主次有别，在新石器时代的大溪文化中晚期至秦汉时，云梦泽水域宽广，江水漫流，洪水位变幅较小，随着云梦泽中三角洲的发展，淤积加强，使水面缩小，水位逐渐上升，但幅度甚小，这时为相对稳定时期。汉—唐宋时，云梦泽逐渐衰亡，分流河道演变为统一河道，河型由分汊河道演变为单一河道，再加上人工开垦堤垸兴起，促使水位上升，即为上升时期。自宋末元初以来荆江三角洲进一步发展，南北两岸口穴堵塞，沿江堤防兴建，洪水失去调节，河道泥沙淤积，使洪水位（Z）产生急剧上升，为洪水位的急剧上升时期。由于洪水位的上升幅度增大，迫使四口分流产生，江水倒转南下，我们认为四口分流是洪水位（Z）上升的产物，其分流口的形成，分泄洪水可降低荆江水位，减缓上升速度，反之，现在洞庭湖的淤积与湖面的萎缩，四口分流量的逐年减少，又促使荆江洪水位（Z）的上升速度加快，从而成为现代洪水位上升的主要因素之一。

另外从本区地质条件和上游来沙条件分析，因荆江是新构造运动以下沉为主的沉降区，由于下沉量的长期累积，也势必使洪水位产生相对上升。上游来沙方面，因历史上人工开垦不断加剧，植被破坏，水土流失引起来砂量的增加，有利于河床的淤积。不难看出，新构造的沉降运动和上游有一定泥沙来量的综合作用是荆江洪水位（Z）上升的基本条件和前提，云梦泽的衰亡，两岸口穴堵塞，河道自身的演变，荆堤的修筑及现代四口分流量的减少等是引起洪水位（Z）产生上升的主要因素。至于其他因素如长江河口基面的变化，因 5000 年来东海面已基本稳定，关于三角洲的发展，长江河口外伸，河长增加等因素离本区较远，影响不明显，难于估量。

4. 结语

本文通过古遗址、古墓葬、古堤遗存及石碑、古建筑、出土文物、洪痕、古籍文献资料等考证，地质地貌方面的有关调查研究，查明荆江洪水位（Z）在近 5000 年来已产生较大幅度的上升，其变幅达 13.60 米，并且有其阶段性的特点，从上升过程可划分为三个阶段：即新石器时代—汉的相对稳定阶段；汉—唐宋的上升阶段；宋末元初以来的急剧上升阶段。以上三个阶段的平均上升率分别约为 0.0087 厘米每年、0.164 厘米每年、1.39 厘米每年。关于荆江洪水位的上升机制较为复杂，其云梦泽的消亡，荆江单一河道的形成与弯道的发展，泥沙淤积与口穴的堵塞，尤其堤防的修筑等是引起洪水位（Z）上升的主要因素。随着其发展，在现阶段的条件下，四口分流量的减少，洞庭湖的淤积与萎缩已成为洪水位（Z）上升的主要因素之一，但以上诸因素都是在上游有一定的泥沙来量和新构造运动的综合作用下发生发展的。

由于洪水位上升的结果，堤防不断加高，而堤内老的滩地相对较为低洼，渍水成湖，形成许多渍水湖沼，并且促使四口分流的形成与洞庭湖的扩展与萎缩，改变了荆江地区并影响洞庭湖区的自然景观。关于今后的发展趋势如何是有待深入研究的课题，但从荆江洪水位上升的主要因素分析，目前荆江尚未完全控制，上游来水来沙条件因水库的兴建虽有所改变，但目前水土流失还未完全解决，四口分流量的减少及洞庭湖的淤积萎缩还在继续发展等，所以在天然条件下，按其自然发展规律预计今后还将继续上升。但是通过人工防洪工程设施，可使条件得以改善，如下荆江系统裁弯后，增加了洪水泄量，收到了降低水位的效果。随着科学技术水平的提高和生产力的发展，不断加强研究，采取工程措施，可望使荆江洪水位的上升速度日趋缓和。

注：

[1] 详见长江流域规划办公室《长江干流宜昌—大通洪水调查资料汇编》。

[2] 详见张修桂《云梦泽的演变与下荆江河曲的形成》，复旦学报（社科版），1980 年 2 期；张修桂《洞庭湖演变的历史过程》，《历史地理》创刊号，1981 年。

[3] 详见张修桂《云梦泽的演变与下荆江河曲的形成》，复旦学报（社科版），1980 年 2 期。

[4] 同注释 [1]。

[5] 详见长办政治宣传处《长江水利发展史》（第四集）。

[6] 同注释 [3]。

[7] 详见长办规划处《近代沙市洪水位上涨的分析》。

[8] 同注释 [3]。

[9] 同注释 [5]。

（原载 1986 年《历史地理》第四辑）

（三）荆江变迁与云梦泽、洞庭湖的兴衰（郭厚祯）

一

长江中游荆江河段，横跨东西新华夏系第二沉降带的江汉—洞庭沉降区，在地势上即称为著名的两湖盆地，盆地在大地构造上位于欧亚大陆板块内的构造活动带，其南北为雪峰、淮阳两个古老的构造山块所夹持，东西为幕阜、三峡两个构造褶皱山地所圈闭，构造变动及岩浆活动相对较为活跃。始迄于印支运动，地壳大幅度的抬升，古地中海海水大踏步地向西退缩，并迅速地退出长江三峡地区，从此就结束了盆地为海洋所浸占的历史，在随后的漫长地质历史时期中，盆地长期的、反复的发生了强度不等、方向各异的构造变动及岩浆活动，特别是自燕山运动以来，在北西向秦岭断裂带及北北东向郯庐断裂带的强烈活动影响下，构造变动及岩浆活动尤为猛烈，原自印支运动开始发育的基岩断裂不断强化，并伴有岩浆活动，梯状条块构造格局终于定型，构成一级拗折—断陷构造单元，从而继承性、琴键型及非匀速式的沉降运动，控制着盆地的白垩—第三纪的沉积—构造发育。

大量的石油地质勘探资料已经揭示，盆地中的白垩系，是由数个粗—细韵律层组成迭层，它们以巨厚的坡积角砾岩、洪积砾岩及砂砾岩、干三角洲混杂岩和泥石流角砾岩等粗颗粒沉积为底层，上覆河湖相为主的沉积。盆地中的下第三系，是以泥质为主的夹多层砂岩与盐岩的沉积，其含盐岩系总达3500余米，盐岩层的累计厚度亦达1800米左右。新第三纪，盆地的构造活动性质有了明显的变化。其北部的江汉区，上第三系以湖相粘土沉积为主，向上逐渐增多冲积砂层和砂砾层沉积，但仍以杂色粘土沉积为主；其南部的洞庭区，则是以杂色粘土为主的沉积。

上述沉积—构造特征分析，可以恢复盆地的白垩—第三纪时期的历史梗概，即在燕山运动期，盆地在雪峰、淮阳南北两个不断向南掀斜抬升的古老断块构造山块的夹持下，又为东西幕阜、三峡两个不断褶皱降升的构造山地的作用下，呈琴键型及非匀速式的向下沉降。由于气候条件从干燥炎热向温湿性质的温带、亚热带环境转化，进入到了成湖期的新阶段。当时，在凹凸相间的古构造地貌的基础上发育的湖面不断缩小，湖体呈半封闭、封闭的韵律性退覆，湖水递次浓缩的湖泊，即在晚白垩纪晚期，以华容隆起为界，被分割成南北两个互不通连的浅水盐湖；古新世早始新世时期，华容隆起西部的松滋、公安一带分别沉入湖底，南北两个盐湖水体贯通，形成了一个统一的碳酸盐—硫酸盐型的半深水湖；中始新世渐新世时期，南部洞庭盐湖衰亡，北部江汉盐湖经多次收缩而成钾盐型的环境，由于受断裂构造活动的控制，盐湖沉降中心以琴键运动方式向东迁移。即以宜昌—安福寺—资福寺—潜江为中心，递次东方向转移。同时，还在早、晚始新世伴随盐湖的沉降，在江陵、沙市一带的湖底，曾爆发过数次玄武岩岩浆的喷出。进入喜山运动期后，盆地继续沉降，由于气候条件显著的向湿热性质的亚热带、热带环境发展，又一个新的成湖期到来了：北部的江汉区，呈现出以淡水湖沼为主的河网交错的泛滥平原景观，当时还没有发育形成统一东流的荆江大川的踪迹。在南部的洞庭湖，湘、资、沅、澧四水下游，已在现今湖区内发育了河道雏形，众多的小型静水湖泊较为稳定。此时，盆地的主沉降中心虽仍在潜江一带，但由于沉降作用的分解，另在江口及沙市一带出现了次级的沉降中心。

需要指出，盆地周缘山地古地貌发育过程中，最近一次大幅度的构造上升运动，比较统一的认识是在上新世，其以形成三峡山地的山原期夷平面为标志，当时统一的长江三峡河谷还没有形成，长江下游平原无中更新世及其以前时期的河相松散沉积，盆地东侧黄石隘口还没有被切开；同时，盆地伴随周缘山地的抬升，在这个较长的时段内没有发生显著的沉降运动，沉积过程基本处于停滞状态，甚至还发生过一定的风化剥蚀现象，说明在上无较大源流，下无泄水口的情况下，荆江干流亦当没有发育成型。

二

在进入距今180万～200万年以来的第四纪后，据大量的水文地质勘探资料揭示，盆地中江汉区沉积了大量的粗颗粒物质，地层最大厚度达160余米，沉降中心处在其中偏南的部位。早更新世时期，在江陵、监利一带，是以薄层湖沼相粘土和冲积砂层的沉积为主；墨山丘陵北、北东边缘的石首和广兴洲一带，它的底部出现一种属斜坡系列的次生"泥砾"堆积；另外在江陵长湖经潜江附近，有向东方向的以白色石英、黑色燧石为主，并有少量变质岩物质及铁质、钙质球状块体的砂砾石条带状沉积分布，表明了长江干流还没有在江汉区形成。

然而在洞庭区，普遍是以粗碎屑沉积为主的沉积，其中澧县、安乡、常德、沅江至湘阴一带，呈现半环带状的早更新统沉积，它们常被称为"属花岗质的砂层和砾石层"，砂砾成分以石英为主，次为长石，并含有玛瑙石；砾石的长径倾向洞庭区的中心，有变小的趋势，而在半环带状以外的早更新统沉积物，则不具上述沉积特征。而在北西方向的澧县的卷桥，松滋县的王家场和陈二口，以及枝江县的云池等地，它们的早更新统砾石层则相当一致，并组成以虎牙滩一带为顶点，向东南方向偏斜的大型冲洪积扇形体，这套巨厚的独具特征的石层，即为长江宜（昌）枝（江）河段发育六级阶地的基座，还指明了长江干流此时径直泄入洞庭区，于常德、益阳附近再折转东北向，经今洞庭湖的东北角才转入江汉区。

中更新世至晚更新世时期，江汉区以冲积成因的砂砾沉积为主，它们的分选较差，成分中增多了长石、云母、暗色矿物以及灰岩、页岩、变质岩等抗风化强度较弱的岩屑和各种火成岩物质，在形态上构成了以沙市为顶点，主轴方向偏东南展布的中更新世冲洪积扇和晚更新世选置扇形堆积体，同时在沙市以下，存有直抵武汉西南方向，几呈近东西方向伸展的宽条带状砂砾石层堆积体。这些充分表明，自中更新世以来到晚更新世时期，长江干流已经直入江汉；沙市以上的长江干流河道亦已基本成型和稳定。另外，根据大量钻孔岩心的沉积物中存在泥质夹层、胶结砾石层以及它们层位上的差异来判断，推测当时长江河道的加积与下切侵蚀是在交替发生，加积量大于侵蚀量，同时，由于江汉区普遍存在厚度较薄层位亦不甚稳定的湖相、湖沼相的沉积，表明了在江汉区中没有形成统一的大湖水面，而是只有零星的湖沼发育，相当于一种以泛滥平原为主的景观。同时，还有资料证明，大约在中更新世晚期，由西北方向而来的汉水，最终亦于潜江附近入流江汉。所有这些，也为江汉区内钻孔的孢粉资料分析，佐证了自早更新世的气候严寒条件，进入中晚更新世气候几度波动的结果。

另外，在洞庭区的中更新世至晚更新世中期的沉积，仍是以粗颗粒物质为主，沉降中心位于西洞庭的安乡—南县一带、南洞庭的辰护—沅江南侧以及东洞庭的岳阳—广兴洲一带等三处，其以冲积砂砾层和砂层为主，夹有多层薄层的湖相粘土、河漫滩相的砂粘土层沉积，还有在空间上不连续的斜坡系列的"泥砾"沉积，它们组成了6～10个旋回层组。这些表明由于构造运动的分异，长江出三峡后直至使其通过八岭山—黄山头凸起的中部缺口，径入江汉区；而在洞庭区则是由于古西水下游存在着较为稳定的河川型湖泊，由其组成交错河网，经过6～10次河湖沉积充填与河网深切的循环交替发育。再者，在松滋、公安一带的荆南地区，还发育有相当于长江宜枝河谷的Ⅵ—Ⅱ阶地，这些阶地沿两湖盆地中沉降幅度相对较小的八岭山—黄山头墙状凸起的东西两侧，呈南北条带展布，阶地的高程及高差均相对较为低小，结合钻孔资料分析，荆南地区还存在有晚更新世末期以前发育的深切河谷，表明在更新世期间，曾多次出现过荆江向南分流的现象。

目前，尚缺乏盆地更新世沉积物的系统测年数据，这对于正确的恢复两湖盆地古地貌图谱，当嫌不足，但是由于近年来对宜枝河段地貌发育研究，已取得比较完整和系统的资料，如我们宜枝河谷两侧普遍发育六级长江河谷阶地，其Ⅵ—Ⅱ阶地上部土层的古地磁样分析成果，表明它们是形成于距今73万年以来的布容正向极性世时期，Ⅰ阶地下部胶结砾石层的^{14}C年代为距今1.3万年，上部土层所夹古树及文化层，^{14}C年代为距今4～6.5千年；以及阶地沉积物的典型特征，均可与盆地中的沉积—构造特征进行对比，从而为盆地的江湖水系发育、变迁，提供不可多得的佐证资料。

晚更新世晚期末次冰期到来之前，盆地中的地形起伏，远较今日大得多，呈现出河网切割的起伏平原景观，钻孔揭示出江陵一带普遍发育了一套湖沼相淤泥质的沉积层，它们的^{14}C年代在距今3.5万～4万年之间。同时，钻孔亦揭示洞庭湖区的湖面扩张时期，大约发生在3万年左右，相对晚于江汉区。与此同时，我们还在长江河槽中亦发育一套砂卵层的沉积，在葛洲坝大江河槽中，砂卵石层底部所含岩化木，^{14}C年代为距今3.7万年，顶部所夹朽木的^{14}C年代，则为距今1.3万年，该套砂卵石层的厚度，一般在10米左右，并自宜昌至沙市以下附近，大约以0.2‰的坡度向河道主轴方向的下游倾斜。以上资料，从两个侧面证实了在末次冰期来临之前，气候条件在温湿的环境下，江湖水量增加，水位普遍上升，于江、湖中分别沉积了砂卵石层和淤泥质的物质；沙市一带以上的长江河道，已经定型和稳定，沙市一带以下则发育了偏向东南方向的水上扇形体堆积，其顶点向上大约推移至枝江附近，扇形体上则出现分流分汊或时分时合的水道。

大约自距今1.3万年的末次冰期盛时以来，气候条件变得酷寒，江湖水位下降，宜枝一带的河槽中产生了钙质的胶结砂卵石层；在江汉区的长湖一带，由于地层中的砂粘土层出现了钙质结核；在洞庭区中，于古四水槽谷部位，堆积了一定厚度的湖沼相的粘土、亚粘土或河漫的砂质粘土层。这些表明：长江宜枝河段的水位有所下降，河相堆积相对停滞，并出现淋滤淀积的作用；沙市以下出现分流分汊槽谷的深切现象，长江、汉水的径流潴汇长湖及其以东的广大地区，形成了云梦泽的雏形；洞庭区出现大片地区露出水上，四水径流经其下游河川型湖泊而径注云梦泽的局面，至使云梦泽加速扩展。于 5 千年左右的气候再度回升至温湿阶段，江湖水位逐步升高，河谷两侧自然堤发育，河道随之相对稳定，从而湖沼并联扩展，纳江、汉径流的吞吐型浅水湖沼——云梦泽，进入到了鼎盛时期，甚至在岳阳—广兴洲一带与东洞庭湖水体连成一片。应当指出，由于水量增加，水位升高，在宜枝河段，河槽中的沉积物不断地加积，于西坝、胭脂坝及红花套一带，一级阶地上部堆积最后完成，其中所夹朽木及文化层中的陶片的 ^{14}C 年代，为 4 万～6.5 万年之间；在江汉区，由于沉降运动与加积作用在量上近于相等，于是普遍形成了一级埋藏阶地。

据考古资料的报道，在江陵以东较大范围的地区，属于考古发掘的空白区，而其它地区新石器遗址的考古报道，则是屡见不鲜。在南县南湖一带，出土了 5300 年前的大溪文化晚期的遗址；在沅江北大膳出土了距今 4000 年左右的龙山文化遗址；在汉寿境内出土了 ^{14}C 年代为距今 3200 年的杉木；在大通湖农场出土了新石器文化遗址；结合沉积—构造特征的分析，距今 5000～3000 年间的洞庭区只发育纵横交错的河网及狭长的河川型湖泊，其径流从高程相对较大的洞庭区直接从广兴洲—岳阳附近出流江汉区，造成其出流的顶托作用增强，致使云梦泽水面扩大而为同一时期的考古空白区。当时，云梦泽西和北侧，还分别于以沙市和潜江为顶点发育了荆江与汉水两个陆上三角洲式的扇形堆积体，大量泥沙随荆江与汉水径流灌注云梦泽中，泥沙淤填量开始逐渐超过地壳的下降幅度，距今 5000 年以来，云梦泽逐步走向淤高、解体和衰亡的阶段，而洞庭区则由于地面相对变得较低，从而被反顶托，水位相对升高，水面逐渐扩大，洞庭湖开始进入发展阶段。需要指出，全新世地面的最低处，是在沙市至沔阳梁白庙一带，当时荆江出流的主洪道就在此处，它较现今荆江干流全新统底界，大约低下 20 米左右，只是由于地壳南向掀斜运动不停地作用，科氏力长期的影响，以及汉水陆上三角洲扇形体向南的挤压推进的结果，荆江主洪道才渐渐向南摆动。

大量的历史地理资料、沉积—构造研究成果以及部分孢粉分析资料，揭示出春秋战国时期，气候条件曾一度变为干凉，江、汉进入云梦泽的陆上三角洲扇形体，不断向东、向南推进，同人类活动对涌诸水等，产生了由北向南兴衰演绎的过程。三国时期，气温又一次的变冷时，云梦泽则已退化成沼泽状。魏晋时代，荆江左岸分流水道大都被淤（封）堵，荆江的公安弯道率先形成，石首地区摆脱湖泊状态，监利一带则呈现泓道穿串湖沼的景观。在唐宋时期，一个短暂的干冷气候出现时，荆江左岸开始兴筑人工大堤、其分流口门全部闭塞。右岸虎渡堤溃，遂在原景、沧两水的基础上，发育了虎渡河，截断油江携荆水南下洞庭，始致西、南洞庭湖迅速扩展。元明之际，气温再度下降，云梦泽彻底解体为星罗棋布的江汉湖群；洞庭湖全面扩张；下荆江统一河道在大体为现今的位置上稳定下来。晚清咸丰、同治年间，藕池、松滋两口相继溃决，并形成向南分流的河道，长江因荆江河床的抬高，而于调弦口折转，分荆水南泄洞庭，加之宋时已形成的虎渡河，终此荆江四口向南分流局面定型。与此同时，因纳四口及四水径流，洞庭湖迅猛发展，以东、南洞庭湖面扩展最为迅猛，而进入鼎盛阶段，整个湖面达 6000 余平方公里。随之由于高大水位洞庭湖，于岳阳附近入汇下荆江尾闾，荆江下泄径流被强力顶托，从而自下而上地塑造出了下荆江蜿蜒型自由河曲，在仅仅百余年的历史过程中，下荆江蜿蜒型河曲不断裁弯取直，又不断发展弯道水流，发生了"三十年河东，四十年河西"的自然演变景象。而伴随着四口分流，大量泥沙涌入洞庭湖，又导致洞庭湖不断淤填，极其迅速地萎缩。

综上所述，江汉—洞庭盆地，在继承性、琴键型以及非匀速式的状条块构造格局的拗折—断陷沉降运动的背景下，由于气候冷暖变化—江湖水位升降—泥沙运动方式的转化，导致了荆江干、支和分流水系以及与其相关联的江汉湖群与洞庭湖的发育、变迁历史。

（原载《长江志季刊》1991 年第一期）

（四）《河堤简》校读（彭浩）

2001 年香港中文大学文物馆出版了《香港中文大学文物馆藏简牍》[1]。该书收录了文物馆历年收购的 204 枚简牍的照片，并有陈松长作的释文和简要考证。

这批简牍中有一些内容与河堤相关的简牍，整理者称为《河堤简》，原来是否有篇题也无从得知。现存 24 枚，编号为 200～223。木质，长短、宽窄不一。就其内容推测，《河堤简》尚有缺失和残损。

《河堤简》的内容在已知的简牍中尚属首次发现，是一份有较高价值的历史文献。本文拟对《河堤简》重新释文、标点，并就相关问题作出讨论。

1. 《河堤简》释文

释文保留原书的简牍编号，附于简末；假借字随文注出本字并外加（）；数字的合文均改写成今式；廿、卅分别写作二十、三十。

(1) ▋南乡南均堤凡十八里百七十步，积五万五千六百五十步。衡（率）广十步[2]，积五万五千七百步，畸（奇）多实五十[3]。（200）

(2) ▋南乡宜禾堤凡十三里百三十步，积二万五千九百八十步。衡（率）广六步少半步[4]，积二万五千四百九十步[5]，畸（奇）少实四百九十步不衡（率）[6]。（201）

(3) ▋南乡瘤靡[7]堤凡十里二十步，积四万三千八百步衡（率）广十四步半步，积四万三千九百三十五步[8]，〔畸（奇）〕多实百三十五步[9]。（202）

(4) ▋　·莫阳乡河堤凡三十里二百四十六步。·积四万五◇（203）

(5) ▋莫阳乡桃丘堤凡十二里八十步，积二万二千九百二十步。衡（率）广六步，积二万二千八十步，畸（奇）多实百六十步[10]。（204）

(6) ▋莫阳乡徹丘堤凡八里百二十步，积七千五百六十步。衡（率）广三步，积七千五百六十步。（205）

(7) ▋　·北乡河堤凡七十二里七十步，积二十万七千三十步。（207）

(8) 北乡京（？）□堤凡三十二里六十步，积七万九千八百步。衡（率）广八步少半步，积八万五百步，〔畸（奇）〕多实七百步。（208）

(9) ▋北乡橐中堤凡三十里六十步，积八万五百八十步。衡（率）广八步大半步，积七万九千三百八十六步大半步，〔畸（奇）〕少实千一百九十二步[11]。（209）

(10) ▋　·箬（若）乡河堤凡二十七里百六十步[12]，积六万四千五百四十五步。（210）

(11) ▋箬（若）乡□北堤凡九里百五十二步，积万八千步。衡（率）广六步少半步，积万八千六十二步大半步，畸（奇）多实六十二步大半步[13]。（211）

(12) ▋□阳乡堤凡四十六里，积八万二千五百五十步。衡（率）广六步，积八万二千八百步，畸（奇）多〔实〕二百五十步。（206）

(13) ▋□乡婴堤凡二十二里一百五十步[14]，积四万八千一百步。衡（率）广七步少半步，积四万七千九百五十步[15]，畸（奇）少实百五十步不衡（率）[16]。（212）

(14) ◇乡厌蒹堤凡十五里三十步，积三万一千一十步。衡（率）广六步大半步，积三万二百步[17]，畸（奇）少实八百一十步不衡（率）。（213）

(15) ▋宜成河堤凡三百二十三里二十六步，积七十一万九千六百一十八〔步〕。（221）

(16) ▋竟陵河堤□□百□八里不[18]……（214）

(17) □□□堤凡三百八十里，其□□里不能治……积八十二万一千七百步。（223）

(18) ◇……里百二十步……积……五百五十四步（215）

(19) ◇□八万六千四步 19（216）

(20) ◇□万六千六百□□步◇五十步，〔畸（奇）〕多实三百步。（217）

(21) ◇千九百五十步□实四千五十四步不衡（率）。（218）

(22) ◇步积◇百五十六□三十八万一千◇（219）

(23) ◇六千九百◇（220）

(24) 宜成堤凡三百二十三里二十六步，积七十一万九千六百一十〔八步〕。·凡堤能治者九百二十一里二百四十步[19]，积三百一十八万一千八百一十二步，为田一〔百三十〕二顷五十七亩百九十二步[20]。·醴阳江堤三十九里二百二十二步[21]·凡堤不能治者三百二十一里二百二十七步[22]。·大凡千二百八十三里八十九步，（222正）实三百一十八〔万〕方一千八百一十二步[23]。·三百人分之，人得四十四亩四十六步有（又）三百分步七十二[24]。

[醴阳]堤三十九里二百二十二步。（222 背）

2.《河堤简》古算术语及计算方法解说

简文中涉及的堤段长度均以里、步为计算单位。秦统一中国后，以三百步为一里，二百四十平方步为一亩，百亩为顷，汉代因之。依此换算各简所记堤长均相符合。

（1）积

在古代算书中或指面积，或指体积。在简文中多指面积。简 222 有如下一段："·凡堤能治者九百二十一里二百四十步，积三百一十八万一千八百一十二步，为田一百三十二顷五十七亩百三十二步。"其中提到的"为田"即开垦为可耕作的土地，自然是以面积来计算的。此简又系宜成县河堤中"能治者"之总数，由此可见各简所记数字皆为面积而非体积。有关各段河堤的记录中先后两处出现"积"，紧接于堤长之后的"积"是某段河堤的面积，有可能是堤顶，但也不能排除是堤坡的可能；位于"衛（率）广"之后的"积"则是依"率广"计算所得的面积。

（2）衛

衛，通作率。率字在古书中有多种含义，与计算相关的字义主要有两种。《九章算术》"经分"术刘徽注："凡数相与者谓之率"。白尚恕在《九章算术注释》中指出："数与数的相比关系称为率"[25]，也即今日所称的两数相除。另一种含义也见于《九章算术》，"粟米"第三八问"今有出钱五百七十六，买竹七十八个。欲其大小率之，问各几何"。白尚恕云："'欲其大小率之'就是欲以大、小个竹为单位进行计算"；"'欲其贵贱斤率之'就是欲以一斤为单位进行计算。"在《九章算术》和张家山汉墓竹简《算数书》中都有"石率"，其意是以石为单位计算；"斗率"即以斗为单位计算；还有以"匹率之"、"以丈率之"。率意为按一定数量的单位计算[26]。《河堤简》中的"率"都是与堤广之步数相连，如简 200 的"率广十步"、简 201 的"率广六步少半步"等，其意是按设定的"广"的步数来计算。具体到《河堤简》，则是以"率广"步数乘以河堤长度以求得面积。如简 200，以广十步乘河堤长十八里百七十步（合五千五百七十步），得"积五万五千七百步"即为面积。

因为河堤的实际宽度并不完全一致，与统一宽度的"率广若干步"会有出入，故按"率广"计算所得面积与实际面积不一定相合。仍以简 200 为例说明如下：

南乡南堤长 18 里 170 步＝5570 步。

堤的平均宽度（以实际面积除以长度）：

$$55650 \text{平方步} \div 5570 \text{步} = 9\frac{552}{557}\text{步} \approx 9.9991 \text{步}$$

现按"衛（率）广 10 步"计算所得面积是：

$$5570 \text{步} \times 10 \text{步} = 55700 \text{平方步}$$

比实际面积多出之数：

$$55700 \text{平方步} - 55650 \text{平方步} = 50 \text{平方步}$$

简文对这一结果表述为"畸多实五十"。"畸"通作"奇"，《史记·货殖列传》索隐："餘衍也。""奇"即指余数。简文中的"奇"是按"率广"计算所得面积与实际面积之差（即多余之数），并非指"残田"。"实"并非指被除数，而是指实际面积，即 55650 平方步。"五十"指五十步。《河堤简》的"畸（奇）多实"是指计算所得面积大于实际面积，"畸（奇）少实"则指计算所得面积小于实际面积。

《河堤简》中还有"不衛（率）"一词，见于简 212、213、218。"不率"，是"率"的反义词，意为不按"率"计算。类似的文例亦见于张家山汉简《奏谳书》简 127～128："……行道六十日，乘恒马及船行五千一百四十六里，衛（率）之，日行八十五里，畸（奇）四十六里不衛（率）。"[27] 文中的"衛（率）"、"不衛（率）"与《河堤简》意义相同。

从上文讨论可知，《河堤简》在计算面积时所用的堤宽是取近似值，把不足一步的分数分别归为

"少半"、"半"、"大半"三种。其意如《史记·项羽本纪》"汉有天下大半"集解："凡数三分有二为大半，一为少半。"大半即三分之二，少半即三分之一。只采用 1/3、1/2、2/3 这三个分数是为了方便计算，因为在做分数运算时需要增加算筹，过程也更复杂。同时，在实际统计时是以最步为小单位，并不计分数步。

按常理，河堤的修筑、维护是需要计算土方体积，然而它只记有面积数，如前述简 222 记载，是把河堤垦为田地并分配的记录。为实际工作的方便，在河堤总面积折合为顷、亩时也舍去了亩以下的分数。值得注意的是，这种土地的分配是按人口进行的，而不是按张家山汉简《二年律令·户律》的规定，依户主的爵级的高低授予数量不同的土地。这些土地是否需交纳田租及如何征收不得而知。估计各乡会有具体的分配及相关情况的详细记录。

（3）从地名地望看《河堤简》的年代和性质

从前述《河堤简》的内容可推知原来的编连。它是按行政区划编连的，乡是一级统计单位，其下辖若干更小的行政管理单位，与西汉时期县、道—乡—里的行政系统大致吻合。现存较完整各简大致可分作以下几组：

南乡	南均	宜禾	瘕靡
莫阳乡	桃丘	徹丘	
北乡	京□	橐中	
若乡	□北		

其中莫阳乡（简 203）、北乡（简 207）、若乡（简 210）的简首不仅有横墨道，其下还有圆形墨钉，应是一组简的首简。依此三简所记河堤数与所属地段数字对比后可以推知，莫阳乡组缺一简，北乡组缺一简，若乡组缺一至二简。简 206 的上端书"▌□阳乡堤"，但墨道后无墨钉，简文的内容和行文格式与其他乡的下属堤段相同，故推测简文"堤"字前原有地名脱抄，似乎不能看做是乡级河堤的统计。南乡缺首简。简 221 "宜成河堤"是一枚小结简，所属河堤总长三百二十三里，比前述各乡之和还要多，究其原因，或许是各乡木简的缺失所致。简 222 实际上是一件木牍，正、背两面皆书有文字，记录了包括宜成、醴阳等处的河堤、江堤的长度，"大凡千二百八十三里八十九步"，其中包括"凡堤能治者"、"凡堤不能治者"和"醴阳江堤"。它所包括的地域已超出宜成、醴阳。如果再加上简 214 的"竟陵河堤"和简 223 "□□堤"之数，才接近"千二百八十三里八十九步"之数。因此，推测该牍极可能是全部河堤简之汇总。

《河堤简》中的宜成、醴阳、竟陵显然是比乡要大的行政区划，其所辖河堤、江堤的长度都比乡要大，极可能是县级行政区。

宜成见于《汉书·地理志》，王先谦《补注》："高帝时仍属齐悼惠王肥。"张家山汉简《二年律令·秩律》所列官秩中，宜成县令秩八百石。这说明，至少在吕后二年时宜成县并未入齐国，仍隶属中央政府管辖。昭帝、武帝时归入诸侯国，后汉省。《汉书·地理志》中的宜成县位于今山东省境内，是毫无疑义的。那么，《河堤简》中的宜成是否就在今山东境内？我们再来看看《河堤简》中的另外两个地名。简 214 记"竟陵河堤"，"竟"字原缺释，照片上此字清晰。竟陵为县名，《汉书·地理志》载，西汉初年属南郡，武帝元狩二年（公元前 121 年）改属江夏郡，位于沔水（今汉水）旁。另一县名是醴阳，不见于《汉书·地理志》，但见于张家山汉墓竹简《奏谳书》（简六九～七四）："七年八月己未江陵丞言：醴阳令恢盗县官米……恢居郦邑建成里，属南郡。南郡守强、守丞吉、卒史建舍治。"整理小组注云："醴阳，县名，醴疑为澧，县当在澧水之阳，属南郡。"[28] 此案是汉高祖七年（公元前 200 年）奏谳，案中的江陵、醴阳均为县级政府，同属南郡管辖的县。醴阳应位于长江之南，故有江堤。与竟陵、醴阳同在《河堤简》中的宜成绝无可能远在今山东省境内，极可能是位于今湖北省境内的"宜城"。在先秦、两汉时期，"成"、"城"两字互通，例子很多。张家山汉简《二年律令·秩律》有两处"城"、"成"互作之例：简四五五"新城（成）"和简四五六"阳成（城）"。宜城，秦为鄢县，西汉惠帝三年（公元前 192 年）更名，位于沔水（今汉水）旁，自然有河堤。

简文中的"若乡"或与"若"有关。《汉书·地理志》云："若，楚昭王畏吴自郢徙此。"王先谦《补注》引《水经注》："沔水自宜城县来，迳鄀县"；引《一统志》：若"故城今宜城县东南"。据此可知，鄀曾是县级行政区。张家山汉简《二年律令·秩律》所列南郡属县与《汉书·地理志》相合的有：江陵、巫、州陵、秭归、临沮、夷陵、夷道，其中并无若县。由此或可推知，在西汉早期未设鄀县，或仅存若乡，位于沔水旁。

由宜成、竟陵、醴阳三县在西汉早期皆属南郡之事实出发，我们判断《河堤简》大约是西汉早期南郡汇集各县把河堤开垦为耕地的统计文书。

注：

[1] 陈松长编著，《香港中文大学文物馆藏简牍》86～94页，香港中文大学文物馆出版，2001年。

[2] 衡，原释文注为"犹规格、标准"，不确，详正文。

[3] 原释文作"畸多，实五十"，不应点断，以下各例同。原注以为"畸"是"不整齐、不平整、不正规"，"'畸多'即不整齐的地方较多"，有误。畸，借作奇，指余数。实，于此不当解为"被除数"，应是实际的面积，详正文。

[4] 原释文"广六步、少半步"，不应点断。"少半"即三分之一。本句意为六步又三分之一步，不当理解为"五步半"。这是古算术的固定表述方式，可参见《九章算术》和张家山汉简《算数书》的相关算题。

[5] 此数有误，应为"二万五千五百二十三又少半步（三分之一步）"，即 13 里 130 步×6 $\frac{1}{3}$ 步＝（13×300＋130）步×6 $\frac{1}{3}$ 步＝25523 $\frac{1}{3}$ 平方步。

[6] 此数有误，应是"四百五十六又大半步"，即 25523 $\frac{1}{3}$ 平方步－25980 平方步＝－456 $\frac{1}{3}$ 平方步。

[7] "瘤"原释"瘤"。

[8] 此数应为"四万三千七百九十步"。

[9] 原释文"积四万三千九百三十五步多"，"多"应断入下句。依上简文例，"多"字前应有"畸（奇）"。"多"应是"少"之误。此数应为"十步"。依文意计算：43790 平方步－43800 平方步＝－10 平方步。

[10] "多"应为"少"之误。此数应为"八百四十步"，即将 2920 平方步－22080 平方步＝－840 平方步。

[11] 如依简 211 之例，保留分数步，此数应为"千一百九十三又少半步"。如把"积七万九千三百八十六步大半步"之"大半步"进位为一步，则与简文计算的"少实千一百九十二步"相符。但简 211 却保留了分数步，两者未统一。

[12] 箬，从竹从右，应为"若"字异体。"七"，原误释为"十"。

[13] 原释文"广六步，少半步"、"八千六十二步，大半步"、"六十二步，大半步"，按中国古算书体例，分数与整数间不应点断。

[14] 婴，《汉书·蒯通传》"婴城自守"注："以城自绕"。婴堤疑指江湖边的围堤。

[15] 此数应为"四万九千五百步"，即 22 里 150 步＝22×300＋150＝6750 步（堤长），按率广 7 $\frac{1}{3}$ 步计，得面积：6750 步×7 $\frac{1}{3}$ 步＝49500 平方步。

[16] "少"是"多"之误。此数应为"一千四百步"，即 49500 平方步－48100 平方步＝1400 平方步。

[17] 原释"二万"，细审照片应为"三万"，与上文相合。原释文"二万二百步"之下衍"大半步"三字。

[18] "竟"，原未释，依照片补。

[19] "九百"原误释为"六百"。

［20］"为"、"百三十"原未释。"百九十二步"有误，应为"百三十二步"之误。

［21］原释"三十九里二十□步"，据简文计算，应是"三十九里二百二十二步"。简文"大凡千二百八十三里八十九步"系"凡堤能治者九百二十一里二百四十步"加上"凡堤不能治者三百二十一里二百七十步"和"醴阳江堤三十九里二百二十二步"。

［22］"二百二十七步"，原误释为"二百二十步"。

［23］"万"，原简模糊，据上文补。"方"，原未释，从上文可知系衍文。"一十二步"，误释为"七十二步"。

［24］原释文在"有"字前点断，误。原释文注："'三百分步七十二'，即三百人再分其余下的七十二步"，误。计算结果可以为证：3181872 平方步 $\div 300 = 10606\frac{72}{300}$ 平方步 $= 44$ 亩 $46\frac{72}{300}$ 平方步。

［25］白尚恕，《＜九章算术＞注释》25～26 页，科学出版社，1983 年。

［26］参见《九章算术》"粟米"第三四至三七问。《张家山汉墓竹简·算数书》有"石衡（率）"、"贾盐"题，详《张家山汉墓竹简（二四七号墓）》258～259 页，文物出版社，2001 年。

［27］张家山汉墓竹简整理小组，《张家山汉墓竹简（二四七号墓）》223 页，文物出版社，2001 年。

［28］同注释［27］引书，219 页。

（原载《考古》2005 年第 11 期）

（五）三峡工程建成后的荆江防洪形势和任务（易光曙）

三峡工程是两湖平原防洪的希望工程，在长江防洪史上具有划时代的意义，2009 年建成运行后，长江中下游因洪水灾害频繁而严重制约经济社会发展的状况得到极大改善，特别是为实现江汉平原和洞庭湖平原经济社会可持续发展提供了可靠的安全保障，两湖平原进入新的历史发展时期。

三峡工程建成后，在荆江堤防工程、分蓄洪工程的配合运用下，荆江的防洪标准从以往十年一遇提高到百年一遇，遭遇 1860 年、1870 年那样的特大洪水也有了可靠对策，可避免洪水泛滥给两湖平原造成毁灭性灾害，也有利于改善洞庭湖区防洪形势，荆江两岸洪灾频繁的历史宣告结束。

1. 三峡工程的主要防洪作用

（1）发生百年一遇洪水，可使枝城下泄流量不超过 56700～60600 立方米每秒；遇千年一遇洪水或 1870 年同大洪水，枝城下泄流量不超过 80000 立方米每秒、沙市水位控制在 45.00 米，在荆江分洪工程的配合运用下，荆江河段可避免发生毁灭性灾害。荆江河段发生大洪水或特大洪水的几率将大大降低，可有效缓解荆江河段防洪严峻形势，减轻防洪负担，也可以提高武汉地区的防洪标准。

（2）利用三峡水库拦洪，在大水年份和特大洪水年份，可以减少荆江地区、城陵矶附近地区分洪量，降低水位，减少淹没损失；洪水漫滩历时减少，荆江洲滩和荆南三口河道洲滩的干湿状况将发生变化，有利于血吸虫病防治工作。

（3）为四口建闸（现为三口），以减少入湖水、沙量，延缓洞庭湖的萎缩，为洞庭湖的治理及调整江湖关系创造了有利条件。

2. 三峡工程建成后的荆江防洪形势

三峡工程的防洪效益是巨大的，具有其它防洪工程所不能替代的作用。但是，我们也应看到，由于荆江所处的特殊地理位置，防洪任务将是长期的。三峡工程建成是荆江防洪形势由严峻趋向缓和的开始，而不是防洪的终结。三峡水库的防洪库容相对于长江上游洪水来量仍显不足，对荆江河段而言，洪水来量大、河道安全泄量小的根本矛盾仍然存在，如果遭遇 1860 年和 1870 年那样的特大洪水，虽有三峡工程巨大的防洪库容，但仍不能解决根本问题。要防御特大洪水还需与荆江堤防系统、分蓄洪工程系统以及防洪非工程措施相配合，三口向洞庭湖分流也不可缺。因此，建设管理好荆江地区防洪工程将是长期的任务。

人们常讲，荆江所处的地理位置特殊。何谓特殊？一是荆江处在长江由山地进入平原的过渡带首端，两岸完全依凭堤防约束洪水下泄，人民依堤为命；一旦发生超额洪水，首先要在荆江地区设法处

905

置，避免洪水泛滥。二是当荆江和洞庭湖洪水威胁荆江大堤、武汉市安全时，超额洪水必须在荆江地区和武汉市以西地区有计划地分蓄处置，以上保荆江大堤安全，下保武汉市安全，这是国家的既定策略，是防洪大局所需，无论过去、现在，还是将来这都是荆江防洪的总方针和核心问题。

三峡工程建成后，长江中下游防洪形势将发生变化，但长江防洪的重点仍然在荆江，确保荆江大堤安全仍是重中之重；虽然西洞庭湖防洪形势有一定程度缓和，但仍然是荆江防洪的难点；无论荆江还是洞庭湖发生大洪水，都要进入城陵矶以下河道，对于城陵矶附近出现的超额洪水如何处理，关系湘鄂两省之利害，这是荆江防洪的焦点。这就是荆江地区防洪的总格局，近期，仅凭三峡工程是改变不了这一格局的。

三峡工程对荆江、洞庭湖以及城陵矶以下河段的防洪效果并不一样。对于荆江，其防洪效益直接、明显，洞庭湖以及城陵矶以下河段次之。当发生 1935 年型大洪水时，沮漳河流域、西洞庭湖地区仍将遭受严重洪灾损失。

再者，宜昌至城陵矶区域还有近 30 万平方公里的承雨面积并未得到完全有效控制，而该区域又属长江中游重点暴雨区，足以产生威胁荆江安全的大洪水，并充填洞庭湖和城螺河段底水，对荆江和武汉市防洪不利。这也是荆江防洪的复杂因素之一，应引起人们高度重视。

3. 三峡工程建成后，荆江防洪应特别注意的几个问题

（1）三峡工程建成后，由于清水下泄，荆江河床会发生冲刷，这对防洪是有利的。根据长江委研究成果，在无人为干预条件下，荆州河段将发生明显冲刷，30 年内宜昌至城陵矶 400 公里河段将冲刷 25 亿吨泥沙；其后荆江的冲刷还将继续发展，断面平均下切 4700 平方米。对于平均河宽约 1 公里的荆江，将发生很大变化，同流量下水位降低，同水位下流量增大。从总体趋势看，经过 30～40 年冲刷后，荆江水位降低约 3 米是可能的。这种冲刷对防洪和排涝是有利的，但可能引发新的滩岸崩坍险情。由于同流量下水位降低，凡依靠荆江和荆南四河取水的闸站设施，其灌溉保证率将明显降低，特别是春秋两季取水会愈来愈困难。随着长江上游干支流水库群的陆续兴建，这种情况将更趋严重。

（2）三峡工程建成后，由于要削峰、调峰，多数年份荆江河段汛期将处于中水位运行（低于警戒，高于设防），而且历时较长。这对荆南四河尾闾堤防、荆江洲滩民垸堤防是不利的。长江中游荆江地区民垸众多，堤垸分散，主要民垸有 20 余处，面积 1187 平方公里，耕地 89 万亩，人口 59 万，堤长 549 公里。这些洲滩民垸防守战线长、防守劳力少、防洪标准低、抢险材料缺乏、交通条件差，将成为防守最困难的地段。

（3）三峡工程建成后，由于荆江河床不断冲刷，荆南三口分流量逐年减少，对荆江防洪不利。三口分流入洞庭湖调蓄对保证荆江防洪安全至关重要，其功能是不可替代的。如果没有三口分流，无论是否有三峡工程，仅凭荆江河段自身泄洪是十分困难的，甚至是灾难性的。所以应对三口河道特别是河口段进行疏浚，引清水冲淤，使河道适当下切，对扩大三口分流、减少断流时间大有裨益。

同时，应考虑三口建闸。三峡工程建成为三口建闸创造了条件。通过建闸控制，可以减少入湖水、沙量，并与江湖洪水错峰，减轻洞庭湖区洪涝灾害。在荆江干流安全泄量允许的条件下，尽量减少入湖流量，腾出一定库容，降低湖区水位，充分发挥洞庭湖的自然调蓄作用，以达到江湖两利的效果。

荆江防洪问题是永恒的，防汛抗洪工作任何时候都不能放松，要特别警惕气候的多变性、突发性和可能出现的极端天气事件，对于可能发生的流域型或区域型大洪水，尤其是特大洪水，要始终保持高度戒备，不可心存侥幸。在荆江防洪问题上必须居安思危，既把三峡工程运行给荆江带来的巨大防洪效益向人们讲清楚，也要把三峡工程运行后荆江的防汛任务和可能出现的问题向人们讲明白，使人们对荆江防洪问题始终保持清醒认识和高度警觉。

（摘自《荆江的防洪问题》，湖北科技出版社，2006 年）

二、地名桩号对照表

荆江地区滨江堤防历史悠久。荆江大堤自东晋永和年间（345—356 年）肇基以来，至今已有 1600 余年，长江干堤兴筑历史也有上千年，历经沧桑巨变，不仅堤防面貌发了巨大变化，而且沿堤许多地方的名称也几经变易，为便于了解堤防历史和现状，特将史志中提到的一些地名、大致位置和别名列表辑录。

附录表 3   荆江大堤地名桩号对照表

地名	起止桩号	长度/m	别　名
枣林岗	802＋750～810＋350	7600	张家榨、朱家拐、阳城、孙家湾、熊家槽坊、张家沟、谢家园沟
堆金台	802＋250～802＋750	500	蔡桥、李家山
谢家倒口	798＋900～802＋250	3350	马南、冯家冲、何家榨
得德寺	798＋200～798＋900	700	周家湾
横店子	797＋000～798＋200	1200	上逍遥湖、幺店子、蒋家冲
刘家堤头	795＋200～797＋000	1800	下逍遥湖、梅花湾
万城闸	793＋200～795＋200	2000	上万城、北门洞子、洪花套、艾家湾
万城	791＋300～793＋200	1900	下万城、义和、花壕
李家湾	789＋700～791＋300	1600	上方城、来福寺、洪家湾
张家倒口	787＋700～789＋700	2000	中方城、三同
孙家屏墙	786＋100～787＋700	1600	下方城、刘家湾、东岳庙
闵家潭	783＋600～786＋100	2500	上渔埠头、新场、赵家月子
何家湾	781＋500～783＋600	2100	下渔埠头、张家老场
胡家潭	780＋200～781＋500	1300	上沙溪、刘家台、张家铺、金华
胡家巷	778＋700～780＋200	1500	下沙溪
字纸篓	777＋200～778＋700	1500	上李家埠、马路口、杨井
李家埠	775＋100～777＋200	2100	下李家埠、余家湾、肖家榨坊、蒋家湾
赵家湾	773＋900～775＋100	1200	上独阳、荷花
付家台	771＋800～773＋900	2100	中独阳、水虎庙（水浒庙）、铁牛湾
破庙子	770＋000～771＋800	1800	下独阳、白果
关庙	768＋100～770＋000	1900	东岳庙、荆西、箮箕洼、张家河
白龙桥	766＋400～768＋100	1700	上斗蓬、铁佛寺、八一畜牧场、余家土地
江神庙	764＋500～766＋400	1900	中斗蓬、果木、白龙、龙王阁、杨林矶、慈航阁
御路口	763＋500～764＋500	1000	御河、陈家茶铺、下斗蓬、肖家潭
黑窑厂	760＋800～763＋500	2700	新风、梅村、马王庙、狗头湾、杉木河、沮漳河口、二矶头
沙市	755＋900～760＋800	4900	古月堤、文星楼、轮渡、拖船埠、刘大巷、二郎门、廖子河
玉河坪	754＋100～755＋900	1800	上柳林、沙湾子、刘家碾子、严家土地、马家礓踏
唐剅子	752＋400～754＋100	1700	下柳林、张家河、吕家河、孙家河、钟家香铺
窑湾	750＋250～752＋400	2150	横堤
肖家巷	748＋250～750＋250	2000	阮家湾
盐卡	746＋450～748＋250	1800	岳家湾、黄潭、黄滩、黄陵
木沉渊	744＋600～746＋450	1850	杨二月、盛家渊、蔡家湾（尹家湾）

地名	起止桩号	长度/m	别　名
柴纪	742+600～744+600	2000	宝莲
蔡老渊	740+900～742+600	1700	月堤、蒿子垱、月子湾
观音寺	739+000～740+900	1900	獐卜穴、观中、登南、罐头炉
陈家湾	737+050～739+000	1950	观音寺
赵家垴	735+300～737+050	1750	长乐堤、赵桥、下赵家湾
文村夹	733+500～735+300	1800	文村、岳家嘴、秦家坟、蔡家坟
范家渊	731+350～733+500	2150	文新、新堤湖、文村渊、岳家嘴
张黄场	729+500～731+350	1850	梧桐桥、同心、耀新、三仙庙、刘家台
黑狗渊	727+500～729+500	2000	上林垴、杨林、王府江、岳王家台、赵家渊、黄家湾
资圣寺	725+750～727+500	1750	下林垴、龙桥、王家台、刘家渊
赵家湾	724+050～725+750	1700	方家渊、黑狗渊、赵家台、熊万家台
马家寨	722+300～724+050	1750	高渊、赵家台、高家渊、观音台
冲和观	720+100～722+300	2200	花台、刘家垱
祁家渊	718+200～720+100	1900	长坑、谢家榨、石灰垾、祝家台、格头湾
黄灵垱	716+300～718+200	1900	双圣坛、肖家洲、洗马口、谢家榨
灵官庙	714+600～716+300	1700	周家坑、陈家榨、肖家湾
方赵岗	712+900～714+600	1700	上潭子湖、国强、何家湾
蒋家湾	711+000～712+900	1900	下潭子湖、夏家垴、建国、颜家湾
龙二渊	709+600～711+000	1400	黄家台、铁牛、邹阮渊、唐坊堤
郝穴	707+100～709+600	2500	上新垱、郝穴渊、许仙观、易沟子
九华寺	705+600～707+100	1500	下新垱、新垱、新跃、范家垱
刘家车路	703+750～705+600	1850	冉家堤、雷家台、荆江
颜家台	701+950～703+750	1800	上熊良工、皮家台、袁家台、吴家台
熊良工	700+250～701+950	1700	周公堤、张家台（张家湾）、边江
吴家潭子	698+350～700+250	1900	上双渊、柳口、陈家湾、烧瓜台
夹堤湾	696+700～698+350	1650	下双渊、孟子湖、潭剅子、马家嘴、田家坊、决堤湾
洪水渊	694+900～696+700	1800	红渊、吴家台、万家台、万家湾
公管堤	692+900～694+900	2000	石家南段、侯家台、陈家台、南五台、王家台、黄家台、王小拐
余家湾	691+900～692+900	1000	上金果寺、邓家台、田家台、曾家堤头、荆马
金果寺	689+900～691+900	2000	五星、张家台
彭家台	688+200～689+900	1700	下金果寺、王家台、王家堤口、三百六十亩（移民居住）、金星
杨叉路	685+700～688+200	2500	上孟家垴、西李湾、秦家堤口、杨一、付先桥
羊子庙	683+900～685+700	1800	中孟家垴、杨庙、齐家湾、刘家湾、杨家湾
曾家湾	682+000～683+900	1900	下孟家垴、周家湾、魏家湾、傅家湾
荷叶渊	680+500～682+000	1500	永定堤、陈家台、聂家堤口、苊才树
麻布拐	677+700～680+500	2800	吴堤、齐家堤口、丁堤拐、聂堤、董家拐
小河口	675+500～677+700	2200	毛老垸、曾周、沙沟子、千合、拖茅埠、窑湾
一弓堤	673+000～675+500	2500	朝贞观、郑家路
朱三弓	672+200～673+000	800	千和

地名	起止桩号	长度/m	别 名
四弓堤	671+000～672+200	1200	铁牛寺
卡子口	670+000～671+000	1000	二十号、卡子挡
姚家塘	668+800～670+000	1200	北坝、柳树凹
二房头	667+900～668+800	900	廖王、廖王塘、刘家湖
九弓月	666+600～667+900	1300	中九工、田家大湖
永家寺	665+800～666+600	800	程公堤
田家月	666+600～665+800	2200	红旗营防
堤头	661+600～663+600	2000	窑圻司堤头、王港、王家港
三根树	660+700～661+600	900	关帝庙、关庙
郑家拐	659+400～660+700	1300	狗头湾
荆南山	658+700～659+400	700	先锋
盂兰渊	657+000～658+700	1700	闸上
沙岑头	655+400～657+000	1600	李家湖、三节挡
冬青树	654+100～655+400	1300	局屋湾、董家挡
八尺弓	652+000～654+100	2100	八十工、蔡湖
蒲家渊	650+400～652+000	1600	千家湾、沙圩凹
郑家渊	648+500～650+400	1900	流水口
窑湾	647+250～648+500	1250	新湾
祖师殿	646+750～647+250	500	何嘴套、新湾
毛老渊	645+000～646+750	1750	戴家渊、张家湾
吴洛渊	643+900～645+000	1100	上湖洛渊、吴家渊、罗码头、到口
艾家渊	643+250～643+900	650	下湖洛渊
邓码口	642+500～643+250	750	仙凤台
谭家渊	641+400～642+500	1100	
柳家渊	639+200～641+400	2200	余进工、蚊鸡公、王码口、唐码口、裴铺
杨家湾	636+600～639+200	2600	长湖、公安月堤、上搭垴、红光
窑圻垴	635+000～636+600	1500	姚圻垴
烟铺	633+000～635+100	2100	烟铺子、烟家铺、井家渊
药师庵	631+300～633+000	1700	党牛行
西门渊	630+500～631+300	800	资安寺、汤家楼
凤凰堤	629+800～630+500	700	凤凰嘴
城南	628+200～629+800	1600	护城堤
黄公垸	628+000～628+200	200	严家门

附录表 4　　　　　　　　**长江干堤地名桩号对照表**

地名	起 止 桩 号	长度/m	别 名
	监利长江干堤		
新市街	628+000～627+000	1000	砖瓦厂、同心码头
张家垱	627+000～626+000	1000	平桥

地名	起　止　桩　号	长度/m	别　名
董家垱	626＋000～625＋000	1000	董家老台
半路堤	625＋000～624＋000	1000	
九弓湾	624＋000～623＋000	1000	五岭、九弓段
曾家码口	623＋000～622＋000	1000	重阳
胡家码口	622＋000～621＋000	1000	胡家大湾
上塔路	621＋000～620＋000	1000	烟墩口
分洪口	620＋000～618＋000	2000	
狮子口	618＋000～617＋000	1000	恒心
上车湾	617＋000～616＋000	1000	后月堤、护国山
茅草街	616＋000～615＋000	1000	青果码头、蔑匠街
江家门	615＋000～614＋000	1000	
新月堤	614＋000～613＋000	1000	易家堤子、殷家堤、姜刘
何王庙	613＋000～611＋000	2000	朝门、荷花
钟家月	611＋000～609＋000	2000	史家油榨、钟家新墩
秦家后房	609＋000～608＋000	1000	
下车湾	608＋000～607＋000	1000	秦家场、坛子湾
秦家前房	607＋000～606＋000	1000	郑沱湖
王家巷	606＋000～604＋000	2000	下王家巷、王巷闸、朱河王巷
吴赵门	604＋000～603＋000	1000	
蒋家垴	603＋000～602＋000	1000	周池、柳港口
莫徐家拐	602＋000～600＋000	2000	莫家月子、吕家门
陶市	600＋000～599＋000	1000	陶家埠头、陶家市
秦刘家	599＋000～598＋000	1000	
柏子树	598＋000～597＋000	1000	
刘家墩	597＋000～596＋000	1000	彭巷、刘家台
彭刘	596＋000～595＋000	1000	簸箕湾
蔡刘	595＋000～594＋000	1000	
祝庄河	594＋000～592＋000	2000	祝刘
孙家湾	592＋000～591＋000	1000	龙儿渊
口子河	591＋000～590＋000	1000	永红
南河口	590＋000～589＋000	1000	蓼湖口、三红
何家垱	589＋000～588＋000	1000	
林家潭	588＋000～587＋000	1000	
尺八口	587＋000～586＋000	1000	赤剥穴
王家湾	586＋000～585＋000	1000	季郭
周喻家	585＋000～584＋000	1000	季党
季家月	584＋000～583＋000	1000	
肖家畈	583＋000～582＋000	1000	
王马脚	582＋000～581＋000	1000	高马
蔡家嘴	581＋000～580＋000	1000	

地名	起止桩号	长度/m	别名
红庙	580+000～578+000	2000	上红庙、下红庙
付柳	578+000～577+000	1000	付家门、四弓堤
杨林港	577+000～576+000	1000	彭湖
三支角	576+000～575+000	1000	何埠
土地塔	575+000～574+000	1000	大王庙
曾家门	574+000～573+000	1000	
北王家	573+000～572+000	1000	张家墩
薛潭	572+000～571+000	1000	六埠号、薛家潭
张扬堤	571+000～570+000	1000	新堤渊
粮码头	570+000～569+000	1000	
赵家月	569+000～568+000	1000	赵家月子、月阳
杨湖	568+000～567+000	1000	万家塔垴、陈家墩、上窑嘴
杨家老墩	567+000～566+000	1000	长江
观音洲	566+000～564+000	1500	观音庙、东头岭、夏家墩荆江
芦家月	564+000～563+000	1000	
尹家潭	563+000～562+000	1000	
郭马湾	562+000～560+000	2000	荆江、郭家潭、荆河垴、官家坛、杨家坛子
朱田王	560+000～559+000	1000	合心
驼湾	559+000～558+000	1000	高黄墩
宋家埠	558+000～557+000	1000	高彭
黄家渊	557+000～556+000	1000	高洪、刘家墩
张先口	556+000～555+000	1000	黄家塘、雷刘、黄家渊
唐邓家	555+000～554+000	1000	唐家庙
王家台	554+000～553+000	1000	
许家庙	553+000～552+000	1000	
石码头	552+000～551+000	1000	支许、贺沈湾
白螺矶	551+000～549+000	2000	狮子山、红山
赖家树林	549+000～548+000	1000	董家堤坡
瞿李家门	548+000～547+000	1000	邹家埠口
姜家门	547+000～546+000	1000	周家墩、董家门、中月子
五里庙	546+000～545+000	1000	连家门、刘家门
李家月	545+000～544+000	1000	李家公馆、李家门
引港	544+000～543+000	1000	熊码头、龚家塘
龙头湾	543+000～542+000	1000	
沈码头	542+000～541+000	1000	
间码头	541+000～540+000	1023	沈家渊塘、凤凰
杨林山	540+000～538+000	2000	山河、晒网山、先锋、余码头
杨码头	538+000～537+000	1000	
邹码头	537+000～536+000	1000	联盟
中房	536+000～535+000	1000	陈家塘、汤码头、代码头

地名	起 止 桩 号	长度/m	别 名
下房	535＋000～534＋000	1000	伍家渊、伍码头、茨子墩团坛、工农
兔耳港	534＋000～533＋000	1000	彭家塘、阳光
韩家埠	533＋000～531＋550	1450	
	洪湖长江干堤		
韩家埠	531＋550～531＋000	550	
袁家码头	531＋000～530＋000	1000	
钦宫坛	530＋000～529＋000	1000	钦宫堤
螺山街	529＋000～528＋000	1000	螺山老街、螺山汽渡
螺山电排站	528＋000～527＋350	650	
螺山船闸	527＋350～527＋000	350	
袁家湾	527＋000～526＋000	1000	
丁家堤	526＋000～525＋000	1000	
周家嘴	525＋000～524＋000	1000	
重阳树	524＋000～523＋000	1000	
谢家白屋	523＋000～522＋000	1000	伍家窑、伍家长墩
朱家峰	522＋000～521＋000	1000	王家码头
皇堤宫	521＋000～520＋000	1000	肖家寡堤
单家渊	520＋000～519＋000	1000	单家码头、吴家渊
界牌	519＋000～518＋000	1000	古龙渊
卫星塘	518＋000～517＋000	1000	刘家碾场、古西流、孙家渊
马家河	517＋000～516＋000	1000	刘家码头、古西流
彭家码头	516＋000～515＋000	1000	马家闸、中元庙、古西流
马家码头	515＋000～514＋000	1000	
蒋家码头	514＋000～513＋000	1000	
复粮洲	513＋000～512＋000	1000	
甘家码头	512＋000～510＋000	2000	
熊家窑	510＋000～509＋000	1000	
新堤大闸	509＋000～508＋500	500	
夹街头	508＋500～507＋000	1500	水厂、杨码头、新闸、古龙王庙
搬运站	507＋000～506＋000	1000	湖南码头、古茅江口
电厂	506＋000～505＋000	1000	古茅江口
磷肥厂	505＋000～504＋000	1000	官保堤
叶家门	504＋000～503＋000	1000	史上垸
甘家门	503＋000～502＋000	1000	史上垸
万家墩	502＋000～501＋000	1000	
老官庙	501＋000～500＋500	500	熊李湾
电排站	500＋500～500＋000	500	
茅埠	500＋000～499＋500	500	
石码头	499＋500～498＋000	500	
叶家洲	498＋000～497＋000	1000	

地名	起止桩号	长度/m	别名
王家洲	497+000～496000	1000	
任公墩	496000～495+500	500	
老墩	495+500～494+000	1500	
廖家墩	494+000～493+000	1000	
大沙角	493+000～492+000	1000	
中沙角	492+000～491+000	1000	
小沙角	491+000～490+000	1000	
横堤角	490+000～489+000	1000	
腰口	489+000～488+000	1000	
梅家坛	488+000～487+000	1000	
王家坛	487+000～486+000	1000	新垸子
青山	486+000～485+000	1000	
牛埠头	485+000～484+000	1000	李家坛
周家码头	484+000～482+000	2000	
宪洲	482+000～480+000	2000	
叶家墩	480+000～479+000	1000	
老湾	479+000～477+000	2000	
上北堡	477+000～474+000	3000	
宿公洲	474+000～473+000	1000	肃公洲
粮洲	473+000～472+000	1000	
利国洲	472+000～470+000	2000	
送奶洲	470+000～468+000	2000	
乌沙洲	468+000～466+000	2000	
永安洲	466+000～465+000	1000	龙口泵站、西江嘴
龙口	465+000～463+000	2000	古练口
下庙	463+000～460+000	3000	
套口	460+000～458+000	2000	
黑沙坛	458+000～457+000	1000	黑沙滩
杜家洲	457+000～456+000	1000	
汪家洲	456+000～455+000	1000	
高峰岭	455+000～454+000	1000	
梅家墩	454+000～453+000	1000	
八屋墩	453+000～452+000	1000	
一层墩	452+000～451+000	1000	
蒋家墩	451+000～450+000	1000	二十家
高六	450+000～449+000	1000	二十家
石家	449+000～448+000	1000	十家、叶十家、古小林
彭家码头	448+000～447+000	1000	古大木林
田家口	447+000～445+000	2000	
叶家边	445+000～442+000	3000	

地名	起止桩号	长度/m	别名
王家边	442＋000～440＋000	2000	刘家边
莫家河	440＋000～437＋000	3000	
天门堤	437＋000～434＋000	3000	
洲脚	434＋000～433＋000	1000	
八十八潭	433＋000～432＋000	1000	
上河口	432＋000～431＋000	1000	
八型洲	431＋000～429＋000	2000	
草场头	429＋000～428＋000	1000	
燕子窝	428＋000～427＋000	1000	
七家	427＋000～422＋000	5000	七家墩、七家垸
永乐闸	422＋000～421＋500	500	
局墩	421＋500～421＋000	500	北河口
三型码头	421＋000～420＋000	1000	
四型码头	420＋000～419＋000	1000	
五型码头	419＋000～418＋000	1000	
姚湖	418＋000～417＋000	1000	
杨树林	417＋000～414＋000	3000	
虾子沟	414＋000～412＋000	2000	下新河
上北洲	412＋000～408＋000	4000	
下北洲	408＋000～406＋000	2000	
补园	406＋000～404＋000	2000	
仰口	404＋000～7K＋000	4000	
刘家墩	7K＋000～6K＋000	1000	
大兴岭	6K＋000～5K＋000	1000	
新滩排水闸	5K＋000～4K＋000	1000	
双闸	4K＋000～3K＋000	1000	
船闸	3K＋000～2K＋680	320	
宋家湾	2K＋680～2K＋450	230	
张家地	2K＋450～1K＋100	1350	
夏家墩	1K＋100～401＋700	395	
新滩口	401＋700～400＋000	1948	401＋000为内荆河出口
胡家湾	400＋000～398＋000	2000	与东荆河堤相接，干堤起点，洪湖武汉分界点
松滋长江干堤			
灵钟寺	735＋000～737＋000	2000	
采穴垸	732＋700～735＋000	2300	
王家台子	730＋400～732＋700	2300	
陈家支嘴	729＋900～730＋400	500	陈排站
黄鱼庙	729＋200～729＋900	700	
李家垴	727＋900～729＋200	1300	宝济垸
新口	726＋400～727＋900	1500	

地名	起 止 桩 号	长度/m	别 名
财神殿	725＋900～726＋400	500	杨家路口、朝家堤
黄昏台	723＋900～725＋500	1600	
红花口	722＋350～723＋900	1550	
丙码头	720＋300～722＋350	2050	
王家大路	718＋380～720＋300	1920	五号路
新潭	718＋000～718＋380	380	
史家湾	717＋000～718＋000	1000	
杨泗庙	715＋500～717＋000	1500	杨寺庙
白骨塔	714＋600～715＋500	900	
浣市码头	714＋200～714＋600	400	
浣市横堤	713＋100～714＋200	1100	
杜家湾	712＋500～713＋100	600	
查家月堤	710＋710～712＋500	1790	渣家月堤
罗家潭	710＋260～710＋710	450	
浣里隔堤			
月堤	0＋000～2＋490	2490	
南岗	2＋490～2＋740	250	
土桥	2＋740～12＋000	9490	
里甲口	12＋000～17＋230	5230	
荆州（区）长江干堤			
陈家湾	706＋250～710＋260	4010	神保垸
王家台	700＋000～706＋250	6250	
公安长江干堤			
何家湾	601＋000～607＋500	6500	杨林寺、幸福安全台、新开铺
严家湾	607＋500～609＋500	2000	
裕公垸	609＋500～612＋500	3000	
康王庙	612＋500～615＋400	2900	
吴良庵	615＋400～619＋100	3700	郑家河头
黄家台	619＋100～620＋000	900	
黄水套	620＋000～621＋300	1300	
锄鲁湾	621＋300～629＋600	8300	
鲁家埠	629＋600～630＋600	1000	
北堤	630＋600～634＋100	3500	
黄家台	634＋100～644＋000	9900	青龙嘴、崔家湾
杨下垴	644＋000～649＋800	5800	杨家拐、黑圣庙
二圣寺	649＋800～652＋050	2250	农排总站
斗湖堤镇	652＋050～654＋450	2400	面粉厂、王家菜园
青龙庙	654＋450～657＋000	2550	
窑头埠	657＋000～659＋000	2000	
双石碑	659＋000～660＋500	1500	黄家湾

地名	起　止　桩　号	长度/m	别　名
百家湾	660+500~662+800	2300	
西湖庙	662+800~665+500	2700	吴鲁湾、唐家湾
埠河	665+500~696+800	31300	雷洲、新四弓、陈家台、西流湾、周家土地、闸新堤肚子、谢家垱
	南线大堤		
拦河坝	579+000~588+200	9200	黄填湖、八家铺
郑家祠	588+200~588+700	500	
谭家湾	588+700~594+700	6000	沙潭子
康家岗	594+700~595+650	950	
倪码头	595+650~599+100	3450	康王庙
藕池闸	599+100~601+000	1900	蒋家塔
	虎东干堤		
鄢家渡	0+300~4+300	4600	太平口、义和乡政府
麻家堤	4+300~25+600	21300	谢家渡、水月、贺家弓、军堤湾、王家月弓、向家月弓、李家大剅
李家大剅	25+600~47+700	22100	先锋、座金山、黄金口、红星、瓦池、前丰
刘家湾	47+700~53+260	5560	保恒垸
闸口	53+260~59+850	6590	车家湾、东港子、单剅口
姚公堤	59+850~68+630	8780	戈家小垸
新口	68+630~69+800	1170	雾气嘴
乐善寺	69+800~75+350	5550	积玉口
夏家坛	75+350~79+700	4350	天宝闸、南堤拐、建洪村
柯家嘴	79+700~90+580	10880	肖家嘴、赤土坡、同盟点
	虎西干堤		
王家冈	2+000~7+000	5000	合成垸
沙月堤	7+000~9+000	2000	涂家洲
顺水堤	9+000~11+000	2000	
章田寺	11+000~17+000	6000	戈家坡、南阳湾、长春
冯家嘴	17+000~24+000	7000	
罗家塔	24+000~29+000	5000	沙口市
鳝鱼垱	29+000~33+000	4000	三根松
同心弓	33+000~39+980	6980	荐祖溪、陵武当、黄山头
	北闸外围堤		
北闸外围堤	0+000~3+400	3400	
	石首长江干堤		
五马口	497+680~499+400	1720	
长江	499+400~505+200	5800	东兴
章华港	505+200~510+400	5200	
北湖	510+400~514+500	4100	茅草岭、鹅公凸
槎港	514+500~515+500	1000	青山

地　名	起　止　桩　号	长度/m	别　名
南湖	515+500～516+520	1020	青山
新河洲	516+520～521+550	5030	来家铺
沙嘴	521+550～524+065	2515	八十丈
火炬	524+065～526+590	2525	
观音庵	526+590～526+948	358	火星
沙湾	526+948～528+031	1083	调关矶头
调关	528+031～530+235	2204	调关矶头、调弦口
黄陵山	530+235～530+890	655	
大港口	530+890～531+531	641	
指路碑	531+531～531+981	450	
桂家铺	531+981～536+500	4519	
五马口	史家垸隔堤	1040	
焦山河	536+500～536+800	300	
调弦河	536+500～539+400	2900	
董家剅	536+800～537+200	500	
小湖口泵站	537+200～537+600	400	
杨林	537+600～539+400	1800	
连心垸	539+400～541+880	2480	
东升	539+400～543+900	4500	
肖家拐	541+890～542+800	910	
三合垸	542+800～548+000	5200	
余家棚	543+900～545+100	1200	
花鱼湖	545+100～547+000	1900	
王海	547+000～550+200	3200	
马船	548+000～548+200	200	
王海	548+200－548+700	500	
月亮湖	548+700～549+800	1100	
东升段渔场	549+800～550+500	700	
新堤口	550+200～553+600	3400	
新堤口	550+500～552+800	2300	
鸭子湖渔场	552+800～554+100	1300	
梓楠堤	553+600～555+600	2000	
黄家潭	554+100～557+700	3600	
易家铺	555+600～558+700	3100	
周家豆	557+700～559+000	1300	黄家拐
东方	558+700～559+000	300	
周家剅	559+000～561+200	1200	
新建	559+000～561+200	1200	
张成垸	561+200～562+400	1200	
孙家拐	561+200～562+600	1400	

地名	起 止 桩 号	长度/m	别　名
南岳山	562+600～564+400	1800	
原种场	562+400～565+000	2600	
原种场	562+400～565+500	1100	
朝天口	565+000～567+000	2000	
朝天口	565+500～567+000	1500	
建设路居委会	567+000～578+000	1000	
槐树堤	568+000～570+400	2400	
槐树堤	568+000～569+000	1000	
丢家垸	569+000～572+400	3400	
金银垱	570+400～572+400	3000	
玉皇岗	572+400～573+500	1100	
玉皇岗	572+400～572+900	500	
街河子	572+900～575+500	3400	
柳湖坝	573+500～575+500	2000	
管家铺	575+500～580+300	3700	
大刾口	580+300～584+830	4800	
老山嘴	584+830～585+000	170	

918

参 考 文 献

[1]   长江水利委员会. 长江志 自然灾害. 北京：中国大百科全书出版社，2003.
[2]   长江水利委员会. 长江志 防洪. 北京：中国大百科全书出版社，2005.
[3]   洪庆余. 中国江河防洪丛书 长江卷. 北京：中国水利水电出版社，1998.
[4]   湖北省水利志编纂委员会. 湖北水利志. 北京：中国水利水电出版社，2000.
[5]   湖北省水利志编纂委员会. 湖北水利大事记. 武汉：长江出版社，2006.
[6]   湖北省水利厅，中共湖北省委党史研究室. 湖北的水利工程建设. 北京：中共党史出版社，1999.
[7]   荆江大堤志编纂委员会. 荆江大堤志. 南京：河海大学出版社，1989.
[8]   中共湖北省委党史研究室，中共湖北省荆州市委员会. 中国共产党与荆江防汛抗洪. 北京：中共党史出版社，2004.
[9]   荆州地区地方志编纂委员会. 荆州地区志. 北京：红旗出版社，1996.
[10]   中共荆州市委政策研究室. 戊寅大水. 武汉：湖北人民出版社，1998.
[11]   '98荆州抗洪志编纂委员会，荆州市地方志办公室. '98荆州抗洪志. 北京：中国经济出版社，1999.
[12]   荆江分洪工程志编纂委员会. 荆江分洪工程志. 北京：中国水利水电出版社，2000.
[13]   湖北省计划委员会，湖北省城乡建设厅. 当代湖北基本建设. 北京：水利电力出版社，1987.
[14]   《荆州五十年》编纂委员会. 荆州五十年. 北京：中国经济出版社，1999.
[15]   黎沛虹，李可可. 长江治水. 武汉：湖北教育出版社，2004.
[16]   中华人民共和国水利部. 中国'98大洪水. 北京：中国水利水电出版社，1999.
[17]   水利部水文局，长江水利委员会水文局. 1998年长江暴雨洪水. 北京：中国水利水电出版社，2002.
[18]   余文畴，卢金友. 长江河道演变与治理. 北京：中国水利水电出版社，2005.
[19]   杨怀仁，唐日长. 长江中游荆江变迁研究. 北京：中国水利水电出版社，1999.
[20]   潘庆燊. 长江中下游河道整治研究. 北京：中国水利水电出版社，2011.
[21]   董晓伟. 长江堤防建设管理及护岸工程论文集. 武汉：长江出版社，2006.
[22]   李思慎. 堤防防渗工程技术. 武汉：长江出版社，2006.
[23]   严国璋，李俊辉. 堤坝白蚁及其防治. 武汉：湖北科学技术出版社，2001.
[24]   陈扬志. 荆江大堤白蚁研究与防治. 北京：中国水利水电出版社，1996.
[25]   易光曙. 荆江的防洪问题. 武汉：湖北科学技术出版社，2006.
[26]   易光曙. 漫谈荆江. 武汉：武汉测绘科技大学出版社，1999.
[27]   易光曙. 前事昭昭 足为明戒. 武汉：武汉测绘科技大学出版社，1998.

后　记

　　《荆江堤防志》历经五载，于 2012 年 3 月 20 日在荆州由评审委员会评审认可，终于面世。

　　本志的编纂，自始至终是在荆州市长江河道管理局的领导和高度重视下进行的。2007 年 4 月成立以局党委书记、局长秦明福为主任的编纂委员会，同时组建编撰专班开始编纂工作。编纂工作前期，在局党委委员、总工程师杨维明和局党委委员龚天兆领导下做了大量准备、协调工作，聘请修志专家授课，组织编撰专班实地察看河道堤防工程，以提高业务素质，增进对荆江地区防洪工程等情况的了解；出台了编纂方案，组织评审并确定了编写大纲。

　　编纂过程中，编撰专班广泛收集相关史籍资料，为确保志书质量，数易其稿。2011 年初稿完成并分送编委会各成员和有关专家后，又多次踏勘堤防旧址和历史遗存，进一步收集资料，开展调研工作；局属各单位、荆南三支民堤管理总段提供了大量资料，并组织专班对初稿进行认真审查。2012 年 1 月完成志书送审稿，分别送请有关领导、专家审阅，听取各方意见或建议后，编撰专班对志稿进行了又一轮全面修改。

　　本志的撰稿除个别节、目之外，均由编撰专班完成。陈江海、白超美在具体编纂组织工作上做了大量工作；许宏雷、白超美、陈江海承担了大量编写任务；白超美、许宏雷对志书文字、数据进行了考证、校核；曾凡义、杨泗浩、李道芳搜集整理了大量的资料；王建成自 2008 年负责编纂工作后，为本志的编纂花费了大量心血，对志书进行了全面终审；易光曙、李建国、白超美、许宏雷、曾凡义也参与了终审。

　　为了编纂好这部志书，编撰专班聘请长期在水利部门工作的易光曙和多年从事志书编纂工作的李建国为编纂顾问，具体指导编纂工作。编纂过程中，向耘对志稿修改提出了宝贵意见和建议。易光曙、李建国、向耘三位专家为本志内容、体例把关，对提高志书质量起到了重要作用。

　　本志的编纂得到了荆州市委、市政府的重视，得到了省水利厅及其宣传中心、河道堤防建设管理局等处室、长江委及其荆江水文水资源勘测局、荆州市地方志办公室、荆州市水利局等单位的大力支持；得到了局机关各科室、局属各单位及松滋、公安、石首 3 县（市）支民堤总段的大力协助。志书编纂过程中，得到了曾凡荣、段安华、郭志高、史芳斌、胡正显、崔思树、梅金焕、徐少军、吴克喜、刘云、黄建国、陈冬桥、戴柱新、刘曾君、王守卫、李宜孝等领导的高度重视，得到了郝永耀、张玉峰、张文教、田方兴、陈超、李玉邦、袁仲实、镇万善、陈扬志、王俊城等领导的关心；张修桂、陈章华、黎沛虹、王绍良、余文畴、陈炳金、裴海燕、王晓、刘井湘、张美德等专家、学者给予了悉心指导。特别是张修桂、黎沛虹、王绍良三位教授对志稿进行了认真地审订。出版过程中，中国水利水电出版社对本志的出版给予了很大的帮助。在此，我们一并表示诚挚的谢意。

由于我们编纂水平和资料来源所限，本志难免疏误或存在不足之处，敬请读者批评指正并给予谅解。

编　者

2012 年 6 月